注册岩土工程师必备规范汇编

（修订缩印本）

（上　册）

本社　编

中国建筑工业出版社

图书在版编目（CIP）数据

注册岩土工程师必备规范汇编/中国建筑工业出版社编.
—修订本. — 北京：中国建筑工业出版社，2017.5
ISBN 978-7-112-20770-1

Ⅰ．①注… Ⅱ．①中… Ⅲ．①岩土工程-建筑规范-
中国-资格考试-自学参考资料 Ⅳ．①TU4-65

中国版本图书馆 CIP 数据核字（2017）第 112585 号

责任编辑：咸大庆 王 梅 刘瑞霞

注册岩土工程师必备规范汇编
（修订缩印本）
本社 编

*

中国建筑工业出版社出版、发行(北京海淀三里河路 9 号)
各地新华书店、建筑书店经销
北京红光制版公司制版
北京市密东印刷有限公司印刷

*

开本：787×1092 毫米 1/16 印张：118¼ 插页：5 字数：4258 千字
2017 年 6 月第一版 2017 年 6 月第一次印刷
定价：**260.00** 元（上、下册）
ISBN 978-7-112-20770-1
(30444)

出 版 说 明

按照有关规定，我国注册岩土工程师考试分两阶段进行。第一阶段是基础考试，在考生大学本科毕业后按相应规定的年限进行，其目的是测试考生是否基本掌握进入岩土工程实践所必须具备的基础及专业理论知识。第二阶段考试是专业考试，在考生通过基础考试，并在岩土工程工作岗位上实践了规定年限的基础上进行，其目的是测试考生是否具备正确执行国家法律与技术规范进行岩土工程的勘察、设计和施工，能够保证工程的安全可靠和经济合理的能力。

按照有关规定，凡参加注册岩土工程师专业考试的考生，可携带规范入场。经注册岩土工程师考试考题设计评分专家组推荐，本汇编收录了"2017 年度全国注册土木工程师（岩土）专业考试所使用的规范、规程及法律法规"中规定必备的 26 种规范，另有 17 种规范由于种种原因，未能收录，请参见相关规范。

本汇编收录了岩土工程师常用的规范，它不仅为注册岩土工程师考试所必备，而且也是岩土工程师必备的工具书。

中国建筑工业出版社

2017 年 4 月

总 目 录

（附条文说明）

中华人民共和国国家标准

岩土工程勘察规范

Code for investigation of geotechnical engineering

GB 50021—2001

（2009 年版）

主编部门：中华人民共和国建设部
批准部门：中华人民共和国建设部
施行日期：２００２年３月１日

中华人民共和国住房和城乡建设部
公　告

第 314 号

关于发布国家标准
《岩土工程勘察规范》局部修订的公告

现批准《岩土工程勘察规范》GB 50021－2001 局部修订的条文，自 2009 年 7 月 1 日起实施。其中，第 1.0.3、4.1.18（1、2、3、4）、4.1.20（1、2、3）、4.8.5、5.7.2、7.2.2 条（款）为强制性条文，必须严格执行。经此次修改的原条文同时废止。

局部修订的条文及具体内容，将在近期出版的《工程建设标准化》刊物上登载。

中华人民共和国住房和城乡建设部
2009 年 5 月 19 日

修 订 说 明

本次局部修订系根据原建设部《关于印发〈2006 年工程建设标准规范制订、修订计划（第二批）〉的通知》（建标〔2006〕136 号）的要求，由建设综合勘察研究设计院会同有关单位对《岩土工程勘察规范》GB 50021－2001 进行修订而成。

本次局部修订的主要内容是使部分条款的表达更加严谨，与相关标准更加协调。修订的主要内容如下：

1. 对"水和土腐蚀性的评价"一章内容作了较大修改。

2. 对"污染土"一节内容进行了补充和修改。

3. 其他修改 13 条：涉及土的鉴定、勘察的基本要求、场地和地基的地震效应、地下水、钻探、原位测试等。其中有强制性条文 6 条。

本规范下划线为修改内容；用黑体字表示的条文为强制性条文，必须严格执行。

本次局部修订的主编单位：建设综合勘察研究设计院

本次局部修订的参编单位：中兵勘察设计研究院
　　　　　　　　　　　　　上海岩土工程勘察设计研究院有限公司
　　　　　　　　　　　　　中勘冶金勘察设计研究院有限责任公司
　　　　　　　　　　　　　中国有色金属工业西安勘察设计研究院
　　　　　　　　　　　　　中国建筑西南勘察设计研究院有限公司

本次局部修订的主要起草人：武　威　顾宝和
　　　　　　　　　　　　　（以下按姓氏笔画排列）
　　　　　　　　　　　　　王　铠　许丽萍　李耀刚　庞锦娟　项　勃　康景文　董忠级

本次局部修订的主要审查人员：高大钊
　　　　　　　　　　　　　（以下按姓氏笔画排列）
　　　　　　　　　　　　　王长科　化建新　卞昭庆　杨俊峰　沈小克　戚玉红

关于发布国家标准
《岩土工程勘察规范》的通知

建标〔2002〕7号

根据我部《关于印发一九九八年工程建设国家标准制订、修订计划（第二批）的通知》（建标〔1998〕244号）的要求，由建设部会同有关部门共同修订的《岩土工程勘察规范》，经有关部门会审，批准为国家标准，编号为 GB 50021-2001，自 2002 年 3 月 1 日起施行。其中，1.0.3、4.1.11、4.1.17、4.1.18、4.1.20、4.8.5、4.9.1、5.1.1、5.2.1、5.3.1、5.4.1、5.7.2、5.7.8、5.7.10、7.2.2、14.3.3 为强制性条文，必须严格执行。原《岩土工程勘察规范》

GB 50021-94 于 2002 年 12 月 31 日废止。

本规范由建设部负责管理和对强制性条文的解释，建设部综合勘察研究设计院负责具体技术内容的解释，建设部标准定额研究所组织中国建筑工业出版社出版发行。

中华人民共和国建设部
2002 年 1 月 10 日

前　　言

本规范是根据建设部建标〔1998〕244号文的要求，对 1994 年发布的国标《岩土工程勘察规范》的修订。在修订过程中，主编单位建设部综合勘察研究设计院会同有关勘察、设计、科研、教学单位组成编制组，在全国范围内广泛征求意见，重点修改的部分编写了专题报告，并与正在实施和正在修订的有关国家标准进行了协调，经多次讨论，反复修改，先后形成了《初稿》、《征求意见稿》、《送审稿》，经审查，报批定稿。

本规范基本上保持了 1994 年发布的《规范》的适用范围、总体框架和主要内容，作了局部调整。现分为 14 章：1. 总则；2. 术语和符号；3. 勘察分级和岩土分类；4. 各类工程的勘察基本要求；5. 不良地质作用和地质灾害；6. 特殊性岩土；7. 地下水；8. 工程地质测绘和调查；9. 勘探和取样；10. 原位测试；11. 室内试验；12. 水和土腐蚀性的评价；13. 现场检验和监测；14. 岩土工程分析评价和成果报告。

本次修订的主要内容有：1. 适用范围增加了"核电厂"的勘察；2. 增加了"术语和符号"章；3. 增加了岩石坚硬程度分类、完整程度分类和岩体基本质量分级；4. 修订了"房屋建筑和构筑物"以及"桩基础"勘察的要求；5. 修订了"地下洞室"、"岸边工程"、"基坑工程"和"地基处理"勘察的规定；6. 将"尾矿坝和贮灰坝"节改为"废弃物处理工程"的勘察；7. 将"场地稳定性"章名改为"不良地质作用和地质灾害"；8. 将"强震区的场地和地基"、"地震液化"合为一节，取名"场地与地基的地

震效应"；9. 对特殊性土中的"湿陷性土"和"红黏土"作了修订；10. 加强了对"地下水"勘察的要求；11. 增加了"深层载荷试验"和"扁铲侧胀试验"等。同时压缩了篇幅，突出勘察工作必须遵守的技术规则，以利作为工程质量检查的执法依据。

本规范将来可能进行局部修订，有关局部修订的信息和条文内容将刊登在《工程建设标准化》杂志上。

本规范以黑体字标志的条文为强制性条文，必须严格执行。

为了提高规范质量，请各单位在执行过程中，注意总结经验，积累资料。随时将有关意见反馈给建设部综合勘察研究设计院（北京东直门内大街 177 号，邮编 100007），以供今后修订时参考。

参加本次修订的单位和人员名单如下：

主编单位：建设部综合勘察研究设计院

参编单位：北京市勘察设计研究院
上海市岩土工程勘察设计研究院
中南勘察设计院
国家电力公司电力规划设计总院
机械工业部勘察研究院
中国兵器工业勘察设计研究院
同济大学

主要起草人：顾宝和、高大钊（以下以姓氏笔画为序）朱小林、李受祉、李耀刚、项勃、张在明、张苏民、周红、莫群欢、戴联筠

参与审阅的专家委员会成员有：林在贯（以下以

1—3

姓氏笔画为序）

王铠、王顺富、王惠昌、卜昭庆、
李荣强、邓安福、苏贻冰、张旷成、
周亮臣、周炳源、周锡元、
林颂恩、钟亮、高岱、翁鹿年、

黄志仑、傅世法、樊颂华、魏章和

建设部
2001 年 10 月

目　次

1 总 则

1.0.1 为了在岩土工程勘察中贯彻执行国家有关的技术经济政策，做到技术先进，经济合理，确保工程质量，提高投资效益，制定本规范。

1.0.2 本规范适用于除水利工程、铁路、公路和桥隧工程以外的工程建设岩土工程勘察。

1.0.3 各项建设工程在设计和施工之前，必须按基本建设程序进行岩土工程勘察。

1.0.3A 岩土工程勘察应按工程建设各勘察阶段的要求，正确反映工程地质条件，查明不良地质作用和地质灾害，精心勘察、精心分析，提出资料完整、评价正确的勘察报告。

1.0.4 岩土工程勘察，除应符合本规范的规定外，尚应符合国家现行有关标准、规范的规定。

2 术语和符号

2.1 术 语

2.1.1 岩土工程勘察 geotechnical investigation
根据建设工程的要求，查明、分析、评价建设场地的地质、环境特征和岩土工程条件，编制勘察文件的活动。

2.1.2 工程地质测绘 engineering geological mapping
采用搜集资料、调查访问、地质测量、遥感解译等方法，查明场地的工程地质要素，并绘制相应的工程地质图件。

2.1.3 岩土工程勘探 geotechnical exploration
岩土工程勘察的一种手段，包括钻探、井探、槽探、坑探、洞探以及物探、触探等。

2.1.4 原位测试 in-situ tests
在岩土体所处的位置，基本保持岩土原来的结构、湿度和应力状态，对岩土体进行的测试。

2.1.5 岩土工程勘察报告 geotechnical investigation report
在原始资料的基础上进行整理、统计、归纳、分析、评价，提出工程建议，形成系统的为工程建设服务的勘察技术文件。

2.1.6 现场检验 in-situ inspection
在现场采用一定手段，对勘察成果或设计、施工措施的效果进行核查。

2.1.7 现场监测 in-situ monitoring
在现场对岩土性状和地下水的变化，岩土体和结构物的应力、位移进行系统监视和观测。

2.1.8 岩石质量指标（RQD）rock quality designation
用直径为75mm的金刚石钻头和双层岩芯管在岩石中钻进，连续取芯，回次钻进所取岩芯中，长度大于10cm的岩芯段长度之和与该回次进尺的比值，以百分数表示。

2.1.9 土试样质量等级 quality classification of soil samples
按土试样受扰动程度不同划分的等级。

2.1.10 不良地质作用 adverse geologic actions
由地球内力或外力产生的对工程可能造成危害的地质作用。

2.1.11 地质灾害 geological disaster
由不良地质作用引发的，危及人身、财产、工程或环境安全的事件。

2.1.12 地面沉降 ground subsidence, land subsidence
大面积区域性的地面下沉，一般由地下水过量抽吸产生区域性降落漏斗引起。大面积地下采空和黄土自重湿陷也可引起地面沉降。

2.1.13 岩土参数标准值 standard value of a geotechnical parameter
岩土参数的基本代表值，通常取概率分布的0.05分位数。

2.2 符 号

2.2.1 岩土物理性质和颗粒组成
e——孔隙比；
I_L——液性指数；
I_P——塑性指数；
n——孔隙度，孔隙率；
Sr——饱和度；
w——含水量，含水率；
w_L——液限；
w_P——塑限；
W_u——有机质含量；
γ——重力密度（重度）；
ρ——质量密度（密度）；
ρ_d——干密度。

2.2.2 岩土变形参数
a——压缩系数；
C_c——压缩指数；
C_e——再压缩指数；
C_s——回弹指数；
c_h——水平向固结系数；
c_v——垂直向固结系数；
E_0——变形模量；
E_D——侧胀模量；
E_m——旁压模量；
E_s——压缩模量；
G——剪切模量；
p_c——先期固结压力。

2.2.3 岩土强度参数

c ——黏聚力；

p_0 ——载荷试验比例界限压力，旁压试验初始压力；

p_f ——旁压试验临塑压力；

p_L ——旁压试验极限压力；

p_u ——载荷试验极限压力；

q_u ——无侧限抗压强度；

τ ——抗剪强度；

φ ——内摩擦角。

2.2.4 触探及标准贯入试验指标

R_f ——静力触探摩阻比；

f_s ——静力触探侧阻力；

N ——标准贯入试验锤击数；

N_{10} ——轻型圆锥动力触探锤击数；

$N_{63.5}$ ——重型圆锥动力触探锤击数；

N_{120} ——超重型圆锥动力触探锤击数；

p_s ——静力触探比贯入阻力；

q_c ——静力触探锥头阻力。

2.2.5 水文地质参数

B ——越流系数；

k ——渗透系数；

Q ——流量，涌水量；

R ——影响半径；

S ——释水系数；

T ——导水系数；

u ——孔隙水压力。

2.2.6 其他符号

F_s ——边坡稳定系数；

I_D ——侧胀土性指数；

K_D ——侧胀水平应力指数；

p_e ——膨胀力；

U_D ——侧胀孔压指数；

ΔF_s ——附加湿陷量；

s ——基础沉降量，载荷试验沉降量；

S_t ——灵敏度；

α_w ——红黏土的含水比；

v_p ——压缩波波速；

v_s ——剪切波波速；

δ ——变异系数；

Δ_s ——总湿陷量；

μ ——泊松比；

σ ——标准差。

3 勘察分级和岩土分类

3.1 岩土工程勘察分级

3.1.1 根据工程的规模和特征，以及由于岩土工程问题造成工程破坏或影响正常使用的后果，可分为三个工程重要性等级：

1 一级工程：重要工程，后果很严重；

2 二级工程：一般工程，后果严重；

3 三级工程：次要工程，后果不严重。

3.1.2 根据场地的复杂程度，可按下列规定分为三个场地等级：

1 符合下列条件之一者为一级场地（复杂场地）：

1）对建筑抗震危险的地段；

2）不良地质作用强烈发育；

3）地质环境已经或可能受到强烈破坏；

4）地形地貌复杂；

5）有影响工程的多层地下水、岩溶裂隙水或其他水文地质条件复杂，需专门研究的场地。

2 符合下列条件之一者为二级场地（中等复杂场地）：

1）对建筑抗震不利的地段；

2）不良地质作用一般发育；

3）地质环境已经或可能受到一般破坏；

4）地形地貌较复杂；

5）基础位于地下水位以下的场地。

3 符合下列条件者为三级场地（简单场地）：

1）抗震设防烈度等于或小于 6 度，或对建筑抗震有利的地段；

2）不良地质作用不发育；

3）地质环境基本未受破坏；

4）地形地貌简单；

5）地下水对工程无影响。

注：1 从一级开始，向二级、三级推定，以最先满足的为准；第 3.1.3 条亦按本方法确定地基等级；

2 对建筑抗震有利、不利和危险地段的划分，应按现行国家标准《建筑抗震设计规范》（GB50011）的规定确定。

3.1.3 根据地基的复杂程度，可按下列规定分为三个地基等级：

1 符合下列条件之一者为一级地基（复杂地基）：

1）岩土种类多，很不均匀，性质变化大，需特殊处理；

2）严重湿陷、膨胀、盐渍、污染的特殊性岩土，以及其他情况复杂，需作专门处理的岩土。

2 符合下列条件之一者为二级地基（中等复杂地基）：

1）岩土种类较多，不均匀，性质变化较大；

2）除本条第 1 款规定以外的特殊性岩土。

3 符合下列条件者为三级地基（简单地基）：

1）岩土种类单一，均匀，性质变化不大；
2）无特殊性岩土。

3.1.4 根据工程重要性等级、场地复杂程度等级和地基复杂程度等级，可按下列条件划分岩土工程勘察等级：

甲级　在工程重要性、场地复杂程度和地基复杂程度等级中，有一项或多项为一级；

乙级　除勘察等级为甲级和丙级以外的勘察项目；

丙级　工程重要性、场地复杂程度和地基复杂程度等级均为三级。

注：建筑在岩质地基上的一级工程，当场地复杂程度等级和地基复杂程度等级均为三级时，岩土工程勘察等级可定为乙级。

3.2　岩石的分类和鉴定

3.2.1 在进行岩土工程勘察时，应鉴定岩石的地质名称和风化程度，并进行岩石坚硬程度、岩体完整程度和岩体基本质量等级的划分。

3.2.2 岩石坚硬程度、岩体完整程度和岩体基本质量等级的划分，应分别按表 3.2.2-1～表 3.2.2-3 执行。

表 3.2.2-1　岩石坚硬程度分类

坚硬程度	坚硬岩	较硬岩	较软岩	软 岩	极软岩
饱和单轴抗压强度 f_r（MPa）	$f_r>60$	$60 \geqslant f_r>30$	$30 \geqslant f_r>15$	$15 \geqslant f_r>5$	$f_r \leqslant 5$

注：1　当无法取得饱和单轴抗压强度数据时，可用点荷载试验强度换算，换算方法按现行国家标准《工程岩体分级标准》（GB50218）执行；
　　2　当岩体完整程度为极破碎时，可不进行坚硬程度分类。

表 3.2.2-2　岩体完整程度分类

完整程度	完 整	较完整	较破碎	破 碎	极破碎
完整性指数	>0.75	0.75～0.55	0.55～0.35	0.35～0.15	<0.15

注：完整性指数为岩体压缩波速度与岩块压缩波速度之比的平方，选定岩体和岩块测定波速时，应注意其代表性。

表 3.2.2-3　岩体基本质量等级分类

坚硬程度 ＼ 完整程度	完整	较完整	较破碎	破碎	极破碎
坚硬岩	Ⅰ	Ⅱ	Ⅲ	Ⅳ	Ⅴ
较硬岩	Ⅱ	Ⅲ	Ⅳ	Ⅴ	Ⅴ
较软岩	Ⅲ	Ⅳ	Ⅳ	Ⅴ	Ⅴ
软岩	Ⅳ	Ⅳ	Ⅴ	Ⅴ	Ⅴ
极软岩	Ⅴ	Ⅴ	Ⅴ	Ⅴ	Ⅴ

3.2.3 当缺乏有关试验数据时，可按本规范附录 A 表 A.0.1 和表 A.0.2 划分岩石的坚硬程度和岩体的完整程度。岩石风化程度的划分可按本规范附录 A 表 A.0.3 执行。

3.2.4 当软化系数等于或小于 0.75 时，应定为软化岩石；当岩石具有特殊成分、特殊结构或特殊性质时，应定为特殊性岩石，如易溶性岩石、膨胀性岩石、崩解性岩石、盐渍化岩石等。

3.2.5 岩石的描述应包括地质年代、地质名称、风化程度、颜色、主要矿物、结构、构造和岩石质量指标 RQD。对沉积岩应着重描述沉积物的颗粒大小、形状、胶结物成分和胶结程度；对岩浆岩和变质岩应着重描述矿物结晶大小和结晶程度。

根据岩石质量指标 RQD，可分为好的（RQD>90）、较好的（RQD＝75～90）、较差的（RQD＝50～75）、差的（RQD＝25～50）和极差的（RQD<25）。

3.2.6 岩体的描述应包括结构面、结构体、岩层厚度和结构类型，并宜符合下列规定：

　　1　结构面的描述包括类型、性质、产状、组合形式、发育程度、延展情况、闭合程度、粗糙程度、充填情况和充填物性质以及充水性质等；

　　2　结构体的描述包括类型、形状、大小和结构体在围岩中的受力情况等；

　　3　岩层厚度分类应按表 3.2.6 执行。

表 3.2.6　岩层厚度分类

层厚分类	单层厚度 h（m）	层厚分类	单层厚度 h（m）
巨厚层	$h>1.0$	中厚层	$0.5 \geqslant h>0.1$
厚 层	$1.0 \geqslant h>0.5$	薄 层	$h \leqslant 0.1$

3.2.7 对地下洞室和边坡工程，尚应确定岩体的结构类型。岩体结构类型的划分应按本规范附录 A 表 A.0.4 执行。

3.2.8 对岩体基本质量等级为Ⅳ级和Ⅴ级的岩体，鉴定和描述除按本规范第 3.2.5 条～第 3.2.7 条执行外，尚应符合下列规定：

　　1　对软岩和极软岩，应注意是否具有可软化性、膨胀性、崩解性等特殊性质；

　　2　对极破碎岩体，应说明破碎的原因，如断层、全风化等；

　　3　开挖后是否有进一步风化的特性。

3.3　土的分类和鉴定

3.3.1 晚更新世 Q_3 及其以前沉积的土，应定为老沉积土；第四纪全新世中近期沉积的土，应定为新近沉积土。根据地质成因，可划分为残积土、坡积土、洪积土、冲积土、淤积土、冰积土和风积土等。土根据有机质含量分类，应按本规范附录 A 表 A.0.5 执行。

3.3.2 粒径大于 2mm 的颗粒质量超过总质量 50% 的土，应定名为碎石土，并按表 3.3.2 进一步分类。

表 3.3.2 碎石土分类

土的名称	颗粒形状	颗粒级配
漂 石	圆形及亚圆形为主	粒径大于 200mm 的颗粒质量超过总质量 50%
块 石	棱角形为主	
卵 石	圆形及亚圆形为主	粒径大于 20mm 的颗粒质量超过总质量 50%
碎 石	棱角形为主	
圆 砾	圆形及亚圆形为主	粒径大于 2mm 的颗粒质量超过总质量 50%
角 砾	棱角形为主	

注：定名时，应根据颗粒级配由大到小以最先符合者确定。

3.3.3 粒径大于 2mm 的颗粒质量不超过总质量的 50%，粒径大于 0.075mm 的颗粒质量超过总质量 50% 的土，应定名为砂土，并按表 3.3.3 进一步分类。

表 3.3.3 砂 土 分 类

土的名称	颗 粒 级 配
砾 砂	粒径大于 2mm 的颗粒质量占总质量 25%~50%
粗 砂	粒径大于 0.5mm 的颗粒质量超过总质量 50%
中 砂	粒径大于 0.25mm 的颗粒质量超过总质量 50%
细 砂	粒径大于 0.075mm 的颗粒质量超过总质量 85%
粉 砂	粒径大于 0.075mm 的颗粒质量超过总质量 50%

注：定名时应根据颗粒级配由大到小以最先符合者确定。

3.3.4 粒径大于 0.075mm 的颗粒质量不超过总质量的 50%，且塑性指数等于或小于 10 的土，应定名为粉土。

3.3.5 塑性指数大于 10 的土应定名为黏性土。

黏性土应根据塑性指数分为粉质黏土和黏土。塑性指数大于 10，且小于或等于 17 的土，应定名为粉质黏土；塑性指数大于 17 的土应定名为黏土。

注：塑性指数应由相应于 76g 圆锥仪沉入土中深度为 10mm 时测定的液限计算而得。

3.3.6 除按颗粒级配或塑性指数定名外，土的综合定名应符合下列规定：

1 对特殊成因和年代的土类应结合其成因和年代特征定名；

2 对特殊性土，应结合颗粒级配或塑性指数定名；

3 对混合土，应冠以主要含有的土类定名；

4 对同一土层中相间呈韵律沉积，当薄层与厚层的厚度比大于 1/3 时，宜定为"互层"；厚度比为 1/10~1/3 时，宜定为"夹层"；厚度比小于 1/10 的土层，且多次出现时，宜定为"夹薄层"；

5 当土层厚度大于 0.5m 时，宜单独分层。

3.3.7 土的鉴定应在现场描述的基础上，结合室内试验的开土记录和试验结果综合确定。土的描述应符合下列规定：

1 碎石土宜描述颗粒级配、颗粒形状、颗粒排列、母岩成分、风化程度、充填物的性质和充填程度、密实度等；

2 砂土宜描述颜色、矿物组成、颗粒级配、颗粒形状、细粒含量、湿度、密实度等；

3 粉土宜描述颜色、包含物、湿度、密实度等；

4 黏性土宜描述颜色、状态、包含物、土的结构等；

5 特殊性土除应描述上述相应土类规定的内容外，尚应描述其特殊成分和特殊性质，如对淤泥尚应描述嗅味，对填土尚应描述物质成分、堆积年代、密实度和均匀性等；

6 对具有互层、夹层、夹薄层特征的土，尚应描述各层的厚度和层理特征；

7 需要时，可用目力鉴别描述土的光泽反应、摇振反应、干强度和韧性，按表 3.3.7 区分粉土和黏性土。

表 3.3.7 目力鉴别粉土和黏性土

鉴别项目	摇振反应	光泽反应	干强度	韧性
粉土	迅速、中等	无光泽反应	低	低
黏性土	无	有光泽、稍有光泽	高、中等	高、中等

3.3.8 碎石土的密实度可根据圆锥动力触探锤击数按表 3.3.8-1 或表 3.3.8-2 确定，表中的 $N_{63.5}$ 和 N_{120} 应按本规范附录 B 修正。定性描述可按本规范附录 A 表 A.0.6 的规定执行。

表 3.3.8-1 碎石土密实度按 $N_{63.5}$ 分类

重型动力触探锤击数 $N_{63.5}$	密实度	重型动力触探锤击数 $N_{63.5}$	密实度
$N_{63.5} \leq 5$	松 散	$10 < N_{63.5} \leq 20$	中 密
$5 < N_{63.5} \leq 10$	稍 密	$N_{63.5} > 20$	密 实

注：本表适用于平均粒径等于或小于 50mm，且最大粒径小于 100mm 的碎石土。对于平均粒径大于 50mm，或最大粒径大于 100mm 的碎石土，可用超重型动力触探或用野外观察鉴别。

表 3.3.8-2 碎石土密实度按 N_{120} 分类

超重型动力触探锤击数 N_{120}	密实度	超重型动力触探锤击数 N_{120}	密实度
$N_{120} \leq 3$	松 散	$11 < N_{120} \leq 14$	密 实
$3 < N_{120} \leq 6$	稍 密	$N_{120} > 14$	很 密
$6 < N_{120} \leq 11$	中 密		

3.3.9 砂土的密实度应根据标准贯入试验锤击数实测值 N 划分为密实、中密、稍密和松散，并应符合表 3.3.9 的规定。当用静力触探探头阻力划分砂土密实度时，可根据当地经验确定。

表 3.3.9 砂土密实度分类

标准贯入锤击数 N	密实度	标准贯入锤击数 N	密实度
$N \leqslant 10$	松 散	$15 < N \leqslant 30$	中 密
$10 < N \leqslant 15$	稍 密	$N > 30$	密 实

3.3.10 粉土的密实度应根据孔隙比 e 划分为密实、中密和稍密;其湿度应根据含水量 $w(\%)$ 划分为稍湿、湿、很湿。密实度和湿度的划分应分别符合表 3.3.10-1 和表 3.3.10-2 的规定。

表 3.3.10-1 粉土密实度分类

孔隙比 e	密 实 度
$e < 0.75$	密 实
$0.75 \leqslant e \leqslant 0.90$	中 密
$e > 0.9$	稍 密

注:当有经验时,也可用原位测试或其他方法划分粉土的密实度。

表 3.3.10-2 粉土湿度分类

含 水 量 w	湿 度
$w < 20$	稍 湿
$20 \leqslant w \leqslant 30$	湿
$w > 30$	很 湿

3.3.11 黏性土的状态应根据液性指数 I_L 划分为坚硬、硬塑、可塑、软塑和流塑,并应符合表 3.3.11 的规定。

表 3.3.11 黏性土状态分类

液 性 指 数	状 态	液 性 指 数	状 态
$I_L \leqslant 0$	坚 硬	$0.75 < I_L \leqslant 1$	软 塑
$0 < I_L \leqslant 0.25$	硬 塑	$I_L > 1$	流 塑
$0.25 < I_L \leqslant 0.75$	可 塑		

4 各类工程的勘察基本要求

4.1 房屋建筑和构筑物

4.1.1 房屋建筑和构筑物(以下简称建筑物)的岩土工程勘察,应在搜集建筑物上部荷载、功能特点、结构类型、基础形式、埋置深度和变形限制等方面资料的基础上进行。其主要工作内容应符合下列规定:

　　1 查明场地和地基的稳定性、地层结构、持力层和下卧层的工程特性、土的应力历史和地下水条件以及不良地质作用等;

　　2 提供满足设计、施工所需的岩土参数,确定地基承载力,预测地基变形性状;

　　3 提出地基基础、基坑支护、工程降水和地基处理设计与施工方案的建议;

　　4 提出对建筑物有影响的不良地质作用的防治

方案建议;

　　5 对于抗震设防烈度等于或大于 6 度的场地,进行场地与地基的地震效应评价。

4.1.2 建筑物的岩土工程勘察宜分阶段进行,可行性研究勘察应符合选择场址方案的要求;初步勘察应符合初步设计的要求;详细勘察应符合施工图设计的要求;场地条件复杂或有特殊要求的工程,宜进行施工勘察。

　　场地较小且无特殊要求的工程可合并勘察阶段。当建筑物平面布置已经确定,且场地或其附近已有岩土工程资料时,可根据实际情况,直接进行详细勘察。

4.1.3 可行性研究勘察,应对拟建场地的稳定性和适宜性做出评价,并应符合下列要求:

　　1 搜集区域地质、地形地貌、地震、矿产、当地的工程地质、岩土工程和建筑经验等资料;

　　2 在充分搜集和分析已有资料的基础上,通过踏勘了解场地的地层、构造、岩性、不良地质作用和地下水等工程地质条件;

　　3 当拟建场地工程地质条件复杂,已有资料不能满足要求时,应根据具体情况进行工程地质测绘和必要的勘探工作;

　　4 当有两个或两个以上拟选场地时,应进行比选分析。

4.1.4 初步勘察应对场地内拟建建筑地段的稳定性做出评价,并进行下列主要工作:

　　1 搜集拟建工程的有关文件、工程地质和岩土工程资料以及工程场地范围的地形图;

　　2 初步查明地质构造、地层结构、岩土工程特性、地下水埋藏条件;

　　3 查明场地不良地质作用的成因、分布、规模、发展趋势,并对场地的稳定性做出评价;

　　4 对抗震设防烈度等于或大于 6 度的场地,应对场地和地基的地震效应做出初步评价;

　　5 季节性冻土地区,应调查场地土的标准冻结深度;

　　6 初步判定水和土对建筑材料的腐蚀性;

　　7 高层建筑初步勘察时,应对可能采取的地基基础类型、基坑开挖与支护、工程降水方案进行初步分析评价。

4.1.5 初步勘察的勘探工作应符合下列要求:

　　1 勘探线应垂直地貌单元、地质构造和地层界线布置;

　　2 每个地貌单元均应布置勘探点,在地貌单元交接部位和地层变化较大的地段,勘探点应予加密;

　　3 在地形平坦地区,可按网格布置勘探点;

　　4 对岩质地基,勘探线和勘探点的布置,勘探孔的深度,应根据地质构造、岩体特性、风化情况等,按地方标准或当地经验确定;对土质地基,应符合本节第 4.1.6 条～第 4.1.10 条的规定。

4.1.6 初步勘察勘探线、勘探点间距可按表 4.1.6 确定，局部异常地段应予加密。

表 4.1.6　初步勘察勘探线、勘探点间距（m）

地基复杂程度等级	勘探线间距	勘探点间距
一级（复杂）	50～100	30～50
二级（中等复杂）	75～150	40～100
三级（简单）	150～300	75～200

注：1　表中间距不适用于地球物理勘探；
　　2　控制性勘探点宜占勘探点总数的 1/5～1/3，且每个地貌单元均应有控制性勘探点。

4.1.7 初步勘察勘探孔的深度可按表 4.1.7 确定。

表 4.1.7　初步勘察勘探孔深度（m）

工程重要性等级	一般性勘探孔	控制性勘探孔
一级（重要工程）	≥15	≥30
二级（一般工程）	10～15	15～30
三级（次要工程）	6～10	10～20

注：1　勘探孔包括钻孔、探井和原位测试孔等；
　　2　特殊用途的钻孔除外。

4.1.8 当遇下列情形之一时，应适当增减勘探孔深度：

　1　当勘探孔的地面标高与预计整平地面标高相差较大时，应按其差值调整勘探孔深度；

　2　在预定深度内遇基岩时，除控制性勘探孔仍应钻入基岩适当深度外，其他勘探孔达到确认的基岩后即可终止钻进；

　3　在预定深度内有厚度较大，且分布均匀的坚实土层（如碎石土、密实砂、老沉积土等）时，除控制性勘探孔应达到规定深度外，一般性勘探孔的深度可适当减小；

　4　当预定深度内有软弱土层时，勘探孔深度应适当增加，部分控制性勘探孔应穿透软弱土层或达到预计控制深度；

　5　对重型工业建筑应根据结构特点和荷载条件适当增加勘探孔深度。

4.1.9 初步勘察采取土试样和进行原位测试应符合下列要求：

　1　采取土试样和进行原位测试的勘探点应结合地貌单元、地层结构和土的工程性质布置，其数量可占勘探点总数的 1/4～1/2；

　2　采取土试样的数量和孔内原位测试的竖向间距，应按地层特点和土的均匀程度确定；每层土均应采取土试样或进行原位测试，其数量不宜少于 6 个。

4.1.10 初步勘察应进行下列水文地质工作：

　1　调查含水层的埋藏条件，地下水类型、补给排泄条件，各层地下水位，调查其变化幅度，必要时

应设置长期观测孔，监测水位变化；

　2　当需绘制地下水等水位线图时，应根据地下水的埋藏条件和层位，统一量测地下水位；

　3　当地下水可能浸湿基础时，应采取水试样进行腐蚀性评价。

4.1.11 详细勘察应按单体建筑物或建筑群提出详细的岩土工程资料和设计、施工所需的岩土参数；对建筑地基作出岩土工程评价，并对地基类型、基础形式、地基处理、基坑支护、工程降水和不良地质作用的防治等提出建议。主要应进行下列工作：

　1　搜集附有坐标和地形的建筑总平面图，场区的地面整平标高，建筑物的性质、规模、荷载、结构特点，基础形式、埋置深度，地基允许变形等资料；

　2　查明不良地质作用的类型、成因、分布范围、发展趋势和危害程度，提出整治方案的建议；

　3　查明建筑范围内岩土层的类型、深度、分布、工程特性，分析和评价地基的稳定性、均匀性和承载力；

　4　对需进行沉降计算的建筑物，提供地基变形计算参数，预测建筑物的变形特征；

　5　查明埋藏的河道、沟浜、墓穴、防空洞、孤石等对工程不利的埋藏物；

　6　查明地下水的埋藏条件，提供地下水位及其变化幅度；

　7　在季节性冻土地区，提供场地土的标准冻结深度；

　8　判定水和土对建筑材料的腐蚀性。

4.1.12 对抗震设防烈度等于或大于 6 度的场地，勘察工作应按本规范第 5.7 节执行；当建筑物采用桩基础时，应按本规范第 4.9 节执行；当需进行基坑开挖、支护和降水设计时，应按本规范第 4.8 节执行。

4.1.13 详细勘察应论证地下水在施工期间对工程和环境的影响。对情况复杂的重要工程，需论证使用期间水位变化和需提出抗浮设防水位时，应进行专门研究。

4.1.14 详细勘察勘探点布置和勘探孔深度，应根据建筑物特性和岩土工程条件确定。对岩质地基，应根据地质构造、岩体特性、风化情况等，结合建筑物对地基的要求，按地方标准或当地经验确定；对土质地基，应符合本节第 4.1.15 条～第 4.1.19 条的规定。

4.1.15 详细勘察勘探点的间距可按表 4.1.15 确定。

表 4.1.15　详细勘察勘探点的间距（m）

地基复杂程度等级	勘探点间距	地基复杂程度等级	勘探点间距
一级（复杂）	10～15	三级（简单）	30～50
二级（中等复杂）	15～30		

4.1.16 详细勘察的勘探点布置，应符合下列规定：

　1　勘探点宜按建筑物周边线和角点布置，对无

特殊要求的其他建筑物可按建筑物或建筑群的范围布置；

2 同一建筑范围内的主要受力层或有影响的下卧层起伏较大时，应加密勘探点，查明其变化；

3 重大设备基础应单独布置勘探点；重大的动力机器基础和高耸构筑物，勘探点不宜少于 3 个；

4 勘探手段宜采用钻探与触探相配合，在复杂地质条件、湿陷性土、膨胀岩土、风化岩和残积土地区，宜布置适量探井。

4.1.17 详细勘察的单栋高层建筑勘探点的布置，应满足对地基均匀性评价的要求，且不应少于 4 个；对密集的高层建筑群，勘探点可适当减少，但每栋建筑物至少应有 1 个控制性勘探点。

4.1.18 详细勘察的勘探深度自基础底面算起，应符合下列规定：

1 勘探孔深度应能控制地基主要受力层，当基础底面宽度不大于 5m 时，勘探孔的深度对条形基础不应小于基础底面宽度的 3 倍，对单独柱基不应小于 1.5 倍，且不应小于 5m；

2 对高层建筑和需作变形验算的地基，控制性勘探孔的深度应超过地基变形计算深度；高层建筑的一般性勘探孔应达到基底下 0.5～1.0 倍的基础宽度，并深入稳定分布的地层；

3 对仅有地下室的建筑或高层建筑的裙房，当不能满足抗浮设计要求，需设置抗浮桩或锚杆时，勘探孔深度应满足抗拔承载力评价的要求；

4 当有大面积地面堆载或软弱下卧层时，应适当加深控制性勘探孔的深度；

5 在上述规定深度内遇基岩或厚层碎石土等稳定地层时，勘探孔深度可适当调整。

4.1.19 详细勘察的勘探孔深度，除应符合 4.1.18 条的要求外，尚应符合下列规定：

1 地基变形计算深度，对中、低压缩性土可取附加压力等于上覆土层有效自重压力 20% 的深度；对于高压缩性土层可取附加压力等于上覆土层有效自重压力 10% 的深度；

2 建筑总平面内的裙房或仅有地下室部分（或当基底附加压力 p_0≤0 时）的控制性勘探孔的深度可适当减小，但应深入稳定分布地层，且根据荷载和土质条件不宜少于基底下 0.5～1.0 倍基础宽度；

3 当需进行地基整体稳定性验算时，控制性勘探孔深度应根据具体条件满足验算要求；

4 当需确定场地抗震类别而邻近无可靠的覆盖层厚度资料时，应布置波速测试孔，其深度应满足确定覆盖层厚度的要求；

5 大型设备基础勘探孔深度不宜小于基础底面宽度的 2 倍；

6 当需进行地基处理时，勘探孔的深度应满足地基处理设计与施工要求；当采用桩基时，勘探孔的深度应满足本规范第 4.9 节的要求。

4.1.20 详细勘察采取土试样和进行原位测试应满足岩土工程评价要求，并符合下列要求：

1 采取土试样和进行原位测试的勘探孔的数量，应根据地层结构、地基土的均匀性和工程特点确定，且不应少于勘探孔总数的 1/2，钻探取土试样孔的数量不应少于勘探孔总数的 1/3；

2 每个场地每一主要土层的原状土试样或原位测试数据不应少于 6 件（组），当采用连续记录的静力触探或动力触探为主要勘察手段时，每个场地不应少于 3 个孔；

3 在地基主要受力层内，对厚度大于 0.5m 的夹层或透镜体，应采取土试样或进行原位测试；

4 当土层性质不均匀时，应增加取土试样或原位测试数量。

4.1.21 基坑或基槽开挖后，岩土条件与勘察资料不符或发现必须查明的异常情况时，应进行施工勘察；在工程施工或使用期间，当地基土、边坡体、地下水等发生未曾估计到的变化时，应进行监测，并对工程和环境的影响进行分析评价。

4.1.22 室内土工试验应符合本规范第 11 章的规定，为基坑工程设计进行的土的抗剪强度试验，应满足本规范第 4.8.4 条的规定。

4.1.23 地基变形计算应按现行国家标准《建筑地基基础设计规范》（GB50007）或其他有关标准的规定执行。

4.1.24 地基承载力应结合地区经验按有关标准综合确定。有不良地质作用的场地，建在坡上或坡顶的建筑物，以及基础侧旁开挖的建筑物，应评价其稳定性。

4.2 地下洞室

4.2.1 本节适用于人工开挖的无压地下洞室的岩土工程勘察。

4.2.2 地下洞室勘察的围岩分级方法应与地下洞室设计采用的标准一致。

4.2.3 可行性研究勘察应通过搜集区域地质资料、现场踏勘和调查，了解拟选方案的地形地貌、地层岩性、地质构造、工程地质、水文地质和环境条件，做出可行性评价，选择合适的洞址和洞口。

4.2.4 初步勘察应采用工程地质测绘、勘探和测试等方法，初步查明选定方案的地质条件和环境条件，初步确定岩体质量等级（围岩类别），对洞址和洞口的稳定性做出评价，为初步设计提供依据。

4.2.5 初步勘察时，工程地质测绘和调查应初步查明下列问题：

1 地貌形态和成因类型；

2 地层岩性、产状、厚度、风化程度；

3 断裂和主要裂隙的性质、产状、充填、胶结、贯通及组合关系；

    4 不良地质作用的类型、规模和分布；

    5 地震地质背景；

    6 地应力的最大主应力作用方向；

    7 地下水类型、埋藏条件、补给、排泄和动态变化；

    8 地表水体的分布及其与地下水的关系，淤积物的特征；

    9 洞室穿越地面建筑物、地下构筑物、管道等既有工程时的相互影响。

4.2.6 初步勘察时，勘探与测试应符合下列要求：

    1 采用浅层地震剖面法或其他有效方法圈定隐伏断裂、构造破碎带，查明基岩埋深、划分风化带；

    2 勘探点宜沿洞室外侧交叉布置，勘探点间距宜为100～200m，采取试样和原位测试勘探孔不宜少于勘探孔总数的2/3；控制性勘探孔深度，对岩体基本质量等级为Ⅰ级和Ⅱ级的岩体宜钻入洞底设计标高下1～3m；对Ⅲ级岩体宜钻入3～5m，对Ⅳ级、Ⅴ级的岩体和土层，勘探孔深度应根据实际情况确定；

    3 每一主要岩层和土层均应采取试样，当有地下水时应采取水试样；当洞区存在有害气体或地温异常时，应进行有害气体成分、含量或地温测定；对高地应力地区，应进行地应力量测；

    4 必要时，可进行钻孔弹性波或声波测试，钻孔地震CT或钻孔电磁波CT测试；

    5 室内岩石试验和土工试验项目，应按本规范第11章的规定执行。

4.2.7 详细勘察应采用钻探、钻孔物探和测试为主的勘察方法，必要时可结合施工导洞布置洞探，详细查明洞址、洞口、洞室穿越线路的工程地质和水文地质条件，分段划分岩体质量等级（围岩类别），评价洞体和围岩的稳定性，为设计支护结构和确定施工方案提供资料。

4.2.8 详细勘察应进行下列工作：

    1 查明地层岩性及其分布，划分岩组和风化程度，进行岩石物理力学性质试验；

    2 查明断裂构造和破碎带的位置、规模、产状和力学属性，划分岩体结构类型；

    3 查明不良地质作用的类型、性质、分布，并提出防治措施的建议；

    4 查明主要含水层的分布、厚度、埋深，地下水的类型、水位、补给排泄条件，预测开挖期间出水状态、涌水量和水质的腐蚀性；

    5 城市地下洞室需降水施工时，应分段提出工程降水方案和有关参数；

    6 查明洞室所在位置及邻近地段的地面建筑和地下构筑物、管线状况，预测洞室开挖可能产生的影响，提出防护措施。

4.2.9 详细勘察可采用浅层地震勘探和孔间地震CT

或孔间电磁波CT测试等方法，详细查明基岩埋深、岩石风化程度，隐伏体（如溶洞、破碎带等）的位置，在钻孔中进行弹性波波速测试，为确定岩体质量等级（围岩类别），评价岩体完整性，计算动力参数提供资料。

4.2.10 详细勘察时，勘探点宜在洞室中线外侧6～8m交叉布置，山区地下洞室按地质构造布置，且勘探点间距不应大于50m；城市地下洞室的勘探点间距，岩土变化复杂的场地宜小于25m，中等复杂的宜为25～40m，简单的宜为40～80m。

    采集试样和原位测试勘探孔数量不应少于勘探孔总数的1/2。

4.2.11 详细勘察时，第四系中的控制性勘探孔深度应根据工程地质、水文地质条件、洞室埋深、防护设计等需要确定；一般性勘探孔可钻至基底设计标高下6～10m。控制性勘探孔深度，可按本节第4.2.6条第2款的规定执行。

4.2.12 详细勘察的室内试验和原位测试，除应满足初步勘察的要求外，对城市地下洞室尚应根据设计要求进行下列试验：

    1 采用承压板边长为30cm的载荷试验测求地基基床系数；

    2 采用面热源法或热线比较法进行热物理指标试验，计算热物理参数：导温系数、导热系数和比热容；

    3 当需提供动力参数时，可用压缩波波速 v_p 和剪切波波速 v_s 计算求得，必要时，可采用室内动力性质试验，提供动力参数。

4.2.13 施工勘察应配合导洞或毛洞开挖进行，当发现与勘察资料有较大出入时，应提出修改设计和施工方案的建议。

4.2.14 地下洞室围岩的稳定性评价可采用工程地质分析与理论计算相结合的方法，可采用数值法或弹性有限元图谱法计算。

4.2.15 当洞室可能产生偏压、膨胀压力、岩爆和其他特殊情况时，应进行专门研究。

4.2.16 详细勘察阶段地下洞室岩土工程勘察报告，除按本规范第14章的要求执行外，尚应包括下列内容：

    1 划分围岩类别；

    2 提出洞址、洞口、洞轴线位置的建议；

    3 对洞口、洞体的稳定性进行评价；

    4 提出支护方案和施工方法的建议；

    5 对地面变形和既有建筑的影响进行评价。

4.3 岸边工程

4.3.1 本节适用于港口工程、造船和修船水工建筑物以及取水构筑物的岩土工程勘察。

4.3.2 岸边工程勘察应着重查明下列内容：

1 地貌特征和地貌单元交界处的复杂地层；

2 高灵敏软土、层状构造土、混合土等特殊土和基本质量等级为Ⅴ级岩体的分布和工程特性；

3 岸边滑坡、崩塌、冲刷、淤积、潜蚀、沙丘等不良地质作用。

4.3.3 可行性研究勘察时，应进行工程地质测绘或踏勘调查，内容包括地层分布、构造特点、地貌特征、岸坡形态、冲刷淤积、水位升降、岸滩变迁、淹没范围等情况和发展趋势。必要时应布置一定数量的勘探工作，并应对岸坡的稳定性和场址的适宜性做出评价，提出最优场址方案的建议。

4.3.4 初步设计阶段勘察应符合下列规定：

1 工程地质测绘，应调查岸线变迁和动力地质作用对岸线变迁的影响；埋藏河、湖、沟谷的分布及其对工程的影响；潜蚀、沙丘等不良地质作用的成因、分布、发展趋势及其对场地稳定性的影响；

2 勘探线宜垂直岸向布置；勘探线和勘探点的间距，应根据工程要求、地貌特征、岩土分布、不良地质作用等确定；岸坡地段和岩石与土层组合地段宜适当加密；

3 勘探孔的深度应根据工程规模、设计要求和岩土条件确定；

4 水域地段可采用浅层地震剖面或其他物探方法；

5 对场地的稳定性应作出进一步评价，并对总平面布置、结构和基础形式、施工方法和不良地质作用的防治提出建议。

4.3.5 施工图设计阶段勘察时，勘探线和勘探点应结合地貌特征和地质条件，根据工程总平面布置确定，复杂地基地段应予加密。勘探孔深度应根据工程规模、设计要求和岩土条件确定，除建筑物和结构物特点与荷载外，应考虑岸坡稳定性、坡体开挖、支护结构、桩基等的分析计算需要。

根据勘察结果，应对地基基础的设计和施工及不良地质作用的防治提出建议。

4.3.6 原位测试除应符合本规范第10章的要求外，软土中可用静力触探或静力触探与旁压试验相结合，进行分层，测定土的模量、强度和地基承载力等；用十字板剪切试验，测定土的不排水抗剪强度。

4.3.7 测定土的抗剪强度选用剪切试验方法时，应考虑下列因素：

1 非饱和土在施工期间和竣工以后受水浸成为饱和土的可能性；

2 土的固结状态在施工和竣工后的变化；

3 挖方卸荷或填方增荷对土性的影响。

4.3.8 各勘察阶段勘探线和勘探点的间距、勘探孔的深度、原位测试和室内试验的数量等的具体要求，应符合现行有关标准的规定。

4.3.9 评价岸坡和地基稳定性时，应考虑下列因素：

1 正确选用设计水位；

2 出现较大水头差和水位骤降的可能性；

3 施工时的临时超载；

4 较陡的挖方边坡；

5 波浪作用；

6 打桩影响；

7 不良地质作用的影响。

4.3.10 岸边工程岩土工程勘察报告除应遵守本规范第14章的规定外，尚应根据相应勘察阶段的要求，包括下列内容：

1 分析评价岸坡稳定性和地基稳定性；

2 提出地基基础与支护设计方案的建议；

3 提出防治不良地质作用的建议；

4 提出岸边工程监测的建议。

4.4 管道和架空线路工程

（Ⅰ）管 道 工 程

4.4.1 本节适用于长输油、气管道线路及其大型穿、跨越工程的岩土工程勘察。

4.4.2 长输油、气管道工程可分选线勘察、初步勘察和详细勘察三个阶段。对岩土工程条件简单或有工程经验的地区，可适当简化勘察阶段。

4.4.3 选线勘察应通过搜集资料、测绘与调查，掌握各方案的主要岩土工程问题，对拟选穿、跨越河段的稳定性和适宜性做出评价，并应符合下列要求：

1 调查沿线地形地貌、地质构造、地层岩性、水文地质等条件，推荐线路越岭方案；

2 调查各方案通过地区的特殊性岩土和不良地质作用，评价其对修建管道的危害程度；

3 调查控制线路方案河流的河床和岸坡的稳定程度，提出穿、跨越方案比选的建议；

4 调查沿线水库的分布情况，近期和远期规划，水库水位、回水浸没和坍岸的范围及其对线路方案的影响；

5 调查沿线矿产、文物的分布概况；

6 调查沿线地震动参数或抗震设防烈度。

4.4.4 穿越和跨越河流的位置应选择河段顺直，河床与岸坡稳定，水流平缓，河床断面大致对称，河床岩土构成比较单一，两岸有足够施工场地等有利河段。宜避开下列河段：

1 河道异常弯曲，主流不固定，经常改道；

2 河床为粉细砂组成，冲淤变幅大；

3 岸坡岩土松软，不良地质作用发育，对工程稳定性有直接影响或潜在威胁；

4 断层河谷或发震断裂。

4.4.5 初步勘察应包括下列内容：

1 划分沿线的地貌单元；

2 初步查明管道埋设深度内岩土的成因、类型、厚度和工程特性；

　　3　调查对管道有影响的断裂的性质和分布；

　　4　调查沿线各种不良地质作用的分布、性质、发展趋势及其对管道的影响；

　　5　调查沿线井、泉的分布和地下水位情况；

　　6　调查沿线矿藏分布及开采和采空情况；

　　7　初步查明拟穿、跨越河流的洪水淹没范围，评价岸坡稳定性。

4.4.6　初步勘察应以搜集资料和调查为主。管道通过河流、冲沟等地段宜进行物探。地质条件复杂的大中型河流，应进行钻探。每个穿、跨越方案宜布置勘探点 1～3 个；勘探孔深度应按本节第 4.4.8 条的规定执行。

4.4.7　详细勘察应查明沿线的岩土工程条件和水、土对金属管道的腐蚀性，提出工程设计所需要的岩土特性参数。穿、跨越地段的勘察应符合下列规定：

　　1　穿越地段应查明地层结构、土的颗粒组成和特性；查明河床冲刷和稳定程度；评价岸坡稳定性，提出护坡建议；

　　2　跨越地段的勘探工作应按本节第 4.4.15 条和第 4.4.16 条的规定执行。

4.4.8　详细勘察勘探点的布置，应满足下列要求：

　　1　对管道线路工程，勘探点间距视地质条件复杂程度而定，宜为 200～1000m，包括地质点及原位测试点，并应根据地形、地质条件复杂程度适当增减；勘探孔深度宜为管道埋设深度以下 1～3m；

　　2　对管道穿越工程，勘探点应布置在穿越管道的中线上，偏离中线不应大于 3m，勘探点间距宜为 30～100m，并不应少于 3 个；当采用沟埋敷设方式穿越时，勘探孔深度宜钻至河床最大冲刷深度以下 3～5m；当采用顶管或定向钻方式穿越时，勘探孔深度应根据设计要求确定。

4.4.9　抗震设防烈度等于或大于 6 度地区的管道工程，勘察工作应满足本规范第 5.7 节的要求。

4.4.10　岩土工程勘察报告应包括下列内容：

　　1　选线勘察阶段，应简要说明线路各方案的岩土工程条件，提出各方案的比选推荐建议；

　　2　初步勘察阶段，应论述各方案的岩土工程条件，并推荐最优线路方案；对穿、跨越工程尚应评价河床及岸坡的稳定性，提出穿、跨越方案的建议；

　　3　详细勘察阶段，应分段评价岩土工程条件，提出岩土工程设计参数和设计、施工方案的建议；对穿越工程尚应论述河床和岸坡的稳定性，提出护岸措施的建议。

（Ⅱ）架空线路工程

4.4.11　本节适用于大型架空线路工程，包括 220kV 及其以上的高压架空送电线路、大型架空索道等的岩土工程勘察。

4.4.12　大型架空线路工程可分初步设计勘察和施工图设计勘察两阶段；小型架空线路可合并勘察阶段。

4.4.13　初步设计勘察应符合下列要求：

　　1　调查沿线地形地貌、地质构造、地层岩性和特殊性岩土的分布、地下水及不良地质作用，并分段进行分析评价；

　　2　调查沿线矿藏分布、开发计划与开采情况；线路宜避开可采矿层；对已开采区，应对采空区的稳定性进行评价；

　　3　对大跨越地段，应查明工程地质条件，进行岩土工程评价，推荐最优跨越方案。

4.4.14　初步设计勘察应以搜集和利用航测资料为主。大跨越地段应作详细的调查或工程地质测绘，必要时，辅以少量的勘探、测试工作。

4.4.15　施工图设计勘察应符合下列要求：

　　1　平原地区应查明塔基土层的分布、埋藏条件、物理力学性质，水文地质条件及环境水对混凝土和金属材料的腐蚀性；

　　2　丘陵和山区除查明本条第 1 款的内容外，尚应查明塔基近处的各种不良地质作用，提出防治措施建议；

　　3　大跨越地段尚应查明跨越河段的地形地貌、塔基范围内地层岩性、风化破碎程度、软弱夹层及其物理力学性质；查明对塔基有影响的不良地质作用，并提出防治措施建议；

　　4　对特殊设计的塔基和大跨越塔基，当抗震设防烈度等于或大于 6 度时，勘察工作应满足本规范第 5.7 节的要求。

4.4.16　施工图设计勘察阶段，对架空线路工程的转角塔、耐张塔、终端塔、大跨越塔等重要塔基和地质条件复杂地段，应逐个进行塔基勘探。直线塔基地段宜每 3～4 个塔基布置一个勘探点；深度应根据杆塔受力性质和地质条件确定。

4.4.17　架空线路岩土工程勘察报告应包括下列内容：

　　1　初步设计勘察阶段，应论述沿线岩土工程条件和跨越主要河流地段的岸坡稳定性，选择最优线路方案；

　　2　施工图设计勘察阶段，应提出塔位明细表，论述塔位的岩土条件和稳定性，并提出设计参数和基础方案以及工程措施等建议。

4.5　废弃物处理工程

（Ⅰ）一般规定

4.5.1　本节适用于工业废渣堆场、垃圾填埋场等固体废弃物处理工程的岩土工程勘察。核废料处理场地的勘察尚应满足有关规范的要求。

4.5.2　废弃物处理工程的岩土工程勘察，应着重查明下列内容：

    1 地形地貌特征和气象水文条件；

    2 地质构造、岩土分布和不良地质作用；

    3 岩土的物理力学性质；

    4 水文地质条件、岩土和废弃物的渗透性；

    5 场地、地基和边坡的稳定性；

    6 污染物的运移，对水源和岩土的污染，对环境的影响；

    7 筑坝材料和防渗覆盖用黏土的调查；

    8 全新活动断裂、场地地基和堆积体的地震效应。

4.5.3 废弃物处理工程勘察的范围，应包括堆填场（库区）、初期坝、相关的管线、隧洞等构筑物和建筑物，以及邻近相关地段，并应进行地方建筑材料的勘察。

4.5.4 废弃物处理工程的勘察应配合工程建设分阶段进行。可分为可行性研究勘察、初步勘察和详细勘察，并应符合有关标准的规定。

    可行性研究勘察应主要采用踏勘调查，必要时辅以少量勘探工作，对拟选场地的稳定性和适宜性作出评价。

    初步勘察应以工程地质测绘为主，辅以勘探、原位测试、室内试验，对拟建工程的总平面布置、场地的稳定性、废弃物对环境的影响等进行初步评价，并提出建议。

    详细勘察应采用勘探、原位测试和室内试验等手段进行，地质条件复杂地段应进行工程地质测绘，获取工程设计所需的参数，提出设计施工和监测工作的建议，并对不稳定地段和环境影响进行评价，提出治理建议。

4.5.5 废弃物处理工程勘察前，应搜集下列技术资料：

    1 废弃物的成分、粒度、物理和化学性质，废弃物的日处理量、输送和排放方式；

    2 堆场或填埋场的总容量、有效容量和使用年限；

    3 山谷型堆填场的流域面积、降水量、径流量、多年一遇洪峰流量；

    4 初期坝的坝长和坝顶标高，加高坝的最终坝顶标高；

    5 活动断裂和抗震设防烈度；

    6 邻近的水源地保护带、水源开采情况和环境保护要求。

4.5.6 废弃物处理工程的工程地质测绘应包括场地的全部范围及其邻近有关地段，其比例尺，初步勘察宜为1：2000～1：5000,详细勘察的复杂地段不应小于1：1000，除应按本规范第8章的要求执行外，尚应着重调查下列内容：

    1 地貌形态、地形条件和居民区的分布；

    2 洪水、滑坡、泥石流、岩溶、断裂等与场地稳定性有关的不良地质作用；

    3 有价值的自然景观、文物和矿产的分布，矿产的开采和采空情况；

    4 与渗漏有关的水文地质问题；

    5 生态环境。

4.5.7 废弃物处理工程应按本规范第7章的要求，进行专门的水文地质勘察。

4.5.8 在可溶岩分布区，应着重查明岩溶发育条件，溶洞、土洞、塌陷的分布，岩溶水的通道和流向，岩溶造成地下水和渗出液的渗漏，岩溶对工程稳定性的影响。

4.5.9 初期坝的筑坝材料勘察及防渗和覆盖用黏土材料的勘察，应包括材料的产地、储量、性能指标、开采和运输条件。可行性勘察时应确定产地，初步勘察时应基本完成。

（Ⅱ）工业废渣堆场

4.5.10 工业废渣堆场详细勘察时，勘探工作应符合下列规定：

    1 勘探线宜平行于堆填场、坝、隧洞、管线等构筑物的轴线布置，勘探点间距应根据地质条件复杂程度确定；

    2 对初期坝，勘探孔的深度应能满足分析稳定、变形和渗漏的要求；

    3 与稳定、渗漏有关的关键性地段，应加密加深勘探孔或专门布置勘探工作；

    4 可采用有效的物探方法辅助钻探和井探；

    5 隧洞勘察应符合本规范第4.2节的规定。

4.5.11 废渣材料加高坝的勘察，应采用勘探、原位测试和室内试验的方法进行，并应着重查明下列内容：

    1 已有堆积体的成分、颗粒组成、密实程度、堆积规律；

    2 堆积材料的工程特性和化学性质；

    3 堆积体内浸润线位置及其变化规律；

    4 已运行坝体的稳定性，继续堆积至设计高度的适宜性和稳定性；

    5 废渣堆积坝在地震作用下的稳定性和废渣材料的地震液化可能性；

    6 加高坝运行可能产生的环境影响。

4.5.12 废渣材料加高坝的勘察，可按堆积规模垂直坝轴线布设不少于三条勘探线，勘探点间距在堆场内可适当增大；一般勘探孔深度应进入自然地面以下一定深度，控制性勘探孔深度应能查明可能存在的软弱层。

4.5.13 工业废渣堆场的岩土工程评价应包括下列内容：

    1 洪水、滑坡、泥石流、岩溶、断裂等不良地质作用对工程的影响；

2 坝基、坝肩和库岸的稳定性，地震对稳定性的影响；

3 坝址和库区的渗漏及建库对环境的影响；

4 对地方建筑材料的质量、储量、开采和运输条件，进行技术经济分析。

4.5.14 工业废渣堆场的勘察报告，除应符合本规范第 14 章的规定外，尚应满足下列要求：

1 按本节第 4.5.13 条的要求，进行岩土工程分析评价，并提出防治措施的建议；

2 对废渣加高坝的勘察，应分析评价现状和达到最终高度时的稳定性，提出堆积方式和应采取措施的建议；

3 提出边坡稳定、地下水位、库区渗漏等方面监测工作的建议。

（Ⅲ）垃圾填埋场

4.5.15 垃圾填埋场勘察前搜集资料时，除应遵守本节第 4.5.5 条的规定外，尚应包括下列内容：

1 垃圾的种类、成分和主要特性以及填埋的卫生要求；

2 填埋方式和填埋程序以及防渗衬层和封盖层的结构，渗出液集排系统的布置；

3 防渗衬层、封盖层和渗出液集排系统对地基和废弃物的容许变形要求；

4 截污坝、污水池、排水井、输液输气管道和其他相关构筑物情况。

4.5.16 垃圾填埋场的勘探测试，除应遵守本节第 4.5.10 条的规定外，尚应符合下列要求：

1 需进行变形分析的地段，其勘探深度应满足变形分析的要求；

2 岩土和似土废弃物的测试，可按本规范第 10 章和第 11 章的规定执行，非土废弃物的测试，应根据其种类和特性采用合适的方法，并可根据现场监测资料，用反分析方法获取设计参数；

3 测定垃圾渗出液的化学成分，必要时进行专门试验，研究污染物的运移规律。

4.5.17 垃圾填埋场勘察的岩土工程评价除应按本节第 4.5.13 条的规定执行外，尚宜包括下列内容：

1 工程场地的整体稳定性以及废弃物堆积体的变形和稳定性；

2 地基和废弃物变形，导致防渗衬层、封盖层及其他设施失效的可能性；

3 坝基、坝肩、库区和其他有关部位的渗漏；

4 预测水位变化及其影响；

5 污染物的运移及其对水源、农业、岩土和生态环境的影响。

4.5.18 垃圾填埋场的岩土工程勘察报告，除应符合本规范第 14 章的规定外，尚应符合下列规定：

1 按本节第 4.5.17 条的要求进行岩土工程分析评价；

2 提出保证稳定、减少变形、防止渗漏和保护环境措施的建议；

3 提出筑坝材料、防渗和覆盖用黏土等地方材料的产地及相关事项的建议；

4 提出有关稳定、变形、水位、渗漏、水土和渗出液化学性质监测工作的建议。

4.6 核 电 厂

4.6.1 本节适用于各种核反应堆型的陆地固定式商用核电厂的岩土工程勘察。核电厂勘察除按本节执行外，尚应符合有关核安全法规、导则和有关国家标准、行业标准的规定。

4.6.2 核电厂岩土工程勘察的安全分类，可分为与核安全有关建筑和常规建筑两类。

4.6.3 核电厂岩土工程勘察可划分为初步可行性研究、可行性研究、初步设计、施工图设计和工程建造等五个勘察阶段。

4.6.4 初步可行性研究勘察应以搜集资料为主，对各拟选厂址的区域地质、厂址工程地质和水文地质、地震动参数区划、历史地震及历史地震的影响烈度以及近期地震活动等方面资料加以研究分析，对厂址的场地稳定性、地基条件、环境水文地质和环境地质作出初步评价，提出建厂的适宜性意见。

4.6.5 初步可行性研究勘察，厂址工程地质测绘的比例尺应选用 1:10000～1:25000；范围应包括厂址及其周边地区，面积不宜小于 4km²。

4.6.6 初步可行性研究勘察，应通过必要的勘探和测试，提出厂址的主要工程地质分层，提供岩土初步的物理力学性质指标，了解预选核岛区附近的岩土分布特征，并应符合下列要求：

1 每个厂址勘探孔不宜少于两个，深度应为预计设计地坪标高以下 30～60m；

2 应全断面连续取芯，回次岩芯采取率对一般岩石应大于 85%，对破碎岩石应大于 70%；

3 每一主要岩土层应采取 3 组以上试样；勘探孔内间隔 2～3m 应作标准贯入试验一次，直至连续的中等风化以上岩体为止；当钻进至岩石全风化层时，应增加标准贯入试验频次，试间间隔不应大于 0.5m；

4 岩石试验项目应包括密度、弹性模量、泊松比、抗压强度、软化系数、抗剪强度和压缩波速度等；土的试验项目应包括颗粒分析、天然含水量、密度、比重、塑限、液限、压缩系数、压缩模量和抗剪强度等。

4.6.7 初步可行性研究勘察，对岩土工程条件复杂的厂址，可选用物探辅助勘察，了解覆盖层的组成、厚度和基岩面的埋藏特征，了解隐伏岩体的构造特征，了解是否存在洞穴和隐伏的软弱带。

在河海岸坡和山丘边坡地区，应对岸坡和边坡的稳定性进行调查，并作出初步分析评价。

4.6.8 评价厂址适宜性应考虑下列因素：

1 有无能动断层，是否对厂址稳定性构成影响；

2 是否存在影响厂址稳定的全新世火山活动；

3 是否处于地震设防烈度大于8度的地区，是否存在与地震有关的潜在地质灾害；

4 厂址区及其附近有无可开采矿藏，有无影响地基稳定的人类历史活动、地下工程、采空区、洞穴等；

5 是否存在可造成地面塌陷、沉降、隆起和开裂等永久变形的地下洞穴、特殊地质体、不稳定边坡和岸坡、泥石流及其他不良地质作用；

6 有无可供核岛布置的场地和地基，并具有足够的承载力；

7 是否危及供水水源或对环境地质构成严重影响。

4.6.9 可行性研究勘察内容应符合下列规定：

1 查明厂址地区的地形地貌、地质构造、断裂的展布及其特征；

2 查明厂址范围内地层成因、时代、分布和各岩层的风化特征，提供初步的动静物理力学参数；对地基类型、地基处理方案进行论证，提出建议；

3 查明危害厂址的不良地质作用及其对场地稳定性的影响，对河岸、海岸、边坡稳定性做出初步评价，并提出初步的治理方案；

4 判断抗震设计场地类别，划分对建筑物有利、不利和危险地段，判断地震液化的可能性；

5 查明水文地质基本条件和环境水文地质的基本特征。

4.6.10 可行性研究勘察应进行工程地质测绘，测绘范围应包括厂址及其周边地区，测绘地形图比例尺为1:1000～1:2000，测绘要求按本规范第8章和其他有关规定执行。

本阶段厂址区的岩土工程勘察应以钻探和工程物探相结合的方式，查明基岩和覆盖层的组成、厚度和工程特性；基岩埋深、风化特征、风化层厚度等；并应查明工程区存在的隐伏软弱带、洞穴和重要的地质构造；对水域应结合水工建筑物布置方案，查明海（湖）积地层分布、特征和基岩面起伏状况。

4.6.11 可行性研究阶段的勘探和测试应符合下列规定：

1 厂区的勘探应结合地形、地质条件采用网格状布置，勘探点间距宜为150m。控制性勘探点应结合建筑物和地质条件布置，数量不宜少于勘探点总数的1/3，沿核岛和常规岛中轴线应布置勘探线，勘探点间距宜适当加密，并应满足主体工程布置要求，保证每个核岛和常规岛不少于1个；

2 勘探孔深度，对基岩场地宜进入基础底面以下基本质量等级为Ⅰ级、Ⅱ级的岩体不少于10m；对第四纪地层场地宜达到设计地坪标高以下40m，或进入Ⅰ级、Ⅱ级岩体不少于3m；核岛区控制性勘探孔深度，宜达到基础底面以下2倍反应堆厂房直径；常规岛区控制性勘探孔深度，不宜小于地基变形计算深度，或进入基础底面以下Ⅰ级、Ⅱ级、Ⅲ级岩体3m；对水工建筑物应结合水下地形布置，并考虑河岸、海岸的类型和最大冲刷深度；

3 岩石钻孔应全断面取芯，每回次岩芯采取率对一般岩石应大于85%，对破碎岩石应大于70%，并统计RQD、节理条数和倾角；每一主要岩层应采取3组以上的岩样；

4 根据岩土条件，选用适当的原位测试方法，测定岩土的特性指标，并可用声波测试方法，评价岩体的完整程度和划分风化等级；

5 在核岛位置，宜选1～2个勘探孔，采用单孔法或跨孔法，测定岩土的压缩波速和剪切波速，计算岩土的动力参数；

6 岩土室内试验项目除应符合本节第4.6.6条的要求外，增加每个岩体（层）代表试样的动弹性模量、动泊松比和动阻尼比等动态参数测试。

4.6.12 可行性研究阶段的地下水调查和评价应符合下列规定：

1 结合区域水文地质条件，查明厂区地下水类型，含水层特征，含水层数量、埋深、动态变化规律及其与周围水体的水力联系和地下水化学成分；

2 结合工程地质钻探对主要地层分别进行注水、抽水或压水试验，测求地层的渗透系数和单位吸水率，初步评价岩体的完整性和水文地质条件；

3 必要时，布置适当的长期观测孔，定期观测和记录水位，每季度定时取水样一次作水质分析，观测周期不应少于一个水文年。

4.6.13 可行性研究阶段应根据岩土工程条件和工程需要，进行边坡勘察、土石方工程和建筑材料的调查和勘察。具体要求按本规范第4.7节和有关标准执行。

4.6.14 初步设计勘察应分核岛、常规岛、附属建筑和水工建筑四个地段进行，并应符合下列要求：

1 查明各建筑地段的岩土成因、类别、物理性质和力学参数，并提出地基处理方案；

2 进一步查明勘察区内断层分布、性质及其对场地稳定性的影响，提出治理方案的建议；

3 对工程建设有影响的边坡进行勘察，并进行稳定性分析和评价，提出边坡设计参数和治理方案的建议；

4 查明建筑地段的水文地质条件；

5 查明对建筑物有影响的不良地质作用，并提出治理方案的建议。

4.6.15 初步设计核岛地段勘察应满足设计和施工的

需要，勘探孔的布置、数量和深度应符合下列规定：

1 应布置在反应堆厂房周边和中部，当场地岩土工程条件较复杂时，可沿十字交叉线加密或扩大范围。勘探点间距宜为 10～30m；

2 勘探点数量应能控制核岛地段地层岩性分布，并能满足原位测试的要求。每个核岛勘探点总数不应少于 10 个，其中反应堆厂房不应少于 5 个，控制性勘探点不应少于勘探点总数的 1/2；

3 控制性勘探孔深度宜达到基础底面以下 2 倍反应堆厂房直径，一般性勘探孔深度宜进入基础底面以下Ⅰ、Ⅱ级岩体不少于 10m。波速测试孔深度不应小于控制性勘探孔深度。

4.6.16 初步设计常规岛地段勘察，除应符合本规范第 4.1 节的规定外，尚应符合下列要求：

1 勘探点应沿建筑物轮廓线、轴线或主要柱列线布置，每个常规岛勘探点总数不应少于 10 个，其中控制性勘探点不宜少于勘探点总数的 1/4；

2 控制性勘探孔深度对岩质地基应进入基础底面下Ⅰ级、Ⅱ级岩体不少于 3m，对土质地基应钻至压缩层以下 10～20m；一般性勘探孔深度，岩质地基应进入中等风化层 3～5m，土质地基应达到压缩层底部。

4.6.17 初步设计阶段水工建筑的勘察应符合下列规定：

1 泵房地段钻探工作应结合地层岩性特点和基础埋置深度，每个泵房勘探点数量不应少于 2 个，一般性勘探孔应达到基础底面以下 1～2m，控制性勘探孔应进入中等风化岩石 1.5～3.0m；土质地基中控制性勘探孔深度应达到压缩层以下 5～10m；

2 位于土质场地的进水管线，勘探点间距不宜大于 30m，一般性勘探孔深度应达到管线底标高以下 5m，控制性勘探孔应进入中等风化岩石 1.5～3.0m；

3 与核安全有关的海堤、防波堤，钻探工作应针对该地段所处的特殊地质环境布置，查明岩土物理力学性质和不良地质作用；勘探点宜沿堤轴线布置，一般性勘探孔深度应达到堤底设计标高以下 10m，控制性勘探孔应穿透压缩层或进入中等风化岩石 1.5～3.0m。

4.6.18 初步设计阶段勘察的测试，除应满足本规范第 4.1 节、第 10 章和第 11 章的要求外，尚应符合下列规定：

1 根据岩土性质和工程需要，选择合适的原位测试方法，包括波速测试、动力触探试验、抽水试验、注水试验、压水试验和岩体静载荷试验等；并对核反应堆厂房地基进行跨孔法波速测试和钻孔弹模测试，测求核反应堆厂房地基波速和岩石的应力应变特性；

2 室内试验除进行常规试验外，尚应测定岩土的动静弹性模量、动静泊松比、动阻尼比、动静剪切

模量、动抗剪强度、波速等指标。

4.6.19 施工图设计阶段应完成附属建筑的勘察和主要水工建筑以外其他水工建筑的勘察，并根据需要进行核岛、常规岛和主要水工建筑的补充勘察。勘察内容和要求可按初步设计阶段有关规定执行，每个与核安全有关的附属建筑物不应少于一个控制性勘探孔。

4.6.20 工程建造阶段勘察主要是现场检验和监测，其内容和要求应按本规范第 13 章和有关规定执行。

4.6.21 核电厂的液化判别应按现行国家标准《核电厂抗震设计规范》（GB50267）执行。

4.7 边 坡 工 程

4.7.1 边坡工程勘察应查明下列内容：

1 地貌形态，当存在滑坡、危岩和崩塌、泥石流等不良地质作用时，应符合本规范第 5 章的要求；

2 岩土的类型、成因、工程特性，覆盖层厚度，基岩面的形态和坡度；

3 岩体主要结构面的类型、产状、延展情况、闭合程度、充填状况、充水状况、力学属性和组合关系，主要结构面与临空面关系，是否存在外倾结构面；

4 地下水的类型、水位、水压、水量、补给和动态变化，岩土的透水性和地下水的出露情况；

5 地区气象条件（特别是雨期、暴雨强度），汇水面积、坡面植被，地表水对坡面、坡脚的冲刷情况；

6 岩土的物理力学性质和软弱结构面的抗剪强度。

4.7.2 大型边坡勘察宜分阶段进行，各阶段应符合下列要求：

1 初步勘察应搜集地质资料，进行工程地质测绘和少量的勘探和室内试验，初步评价边坡的稳定性；

2 详细勘察应对可能失稳的边坡及相邻地段进行工程地质测绘、勘探、试验、观测和分析计算，做出稳定性评价，对人工边坡提出最优开挖坡角；对可能失稳的边坡提出防护处理措施的建议；

3 施工勘察应配合施工开挖进行地质编录，核对、补充前阶段的勘察资料，必要时，进行施工安全预报，提出修改设计的建议。

4.7.3 边坡工程地质测绘除应符合本规范第 8 章的要求外，尚应着重查明天然边坡的形态和坡角，软弱结构面的产状和性质。测绘范围应包括可能对边坡稳定有影响的地段。

4.7.4 勘探线应垂直边坡走向布置，勘探点间距应根据地质条件确定。当遇有软弱夹层或不利结构面时，应适当加密。勘探孔深度应穿过潜在滑动面并深入稳定层 2～5m。除常规钻探外，可根据需要，采用探洞、探槽、探井和斜孔。

4.7.5 主要岩土层和软弱层应采取试样。每层的试样对土层不应少于6件，对岩层不应少于9件，软弱层宜连续取样。

4.7.6 三轴剪切试验的最高围压和直剪试验的最大法向压力的选择，应与试样在坡体中的实际受力情况相近。对控制边坡稳定的软弱结构面，宜进行原位剪切试验。对大型边坡，必要时可进行岩体应力测试、波速测试、动力测试、孔隙水压力测试和模型试验。

抗剪强度指标，应根据实测结果结合当地经验确定，并宜采用反分析方法验证。对永久性边坡，尚应考虑强度可能随时间降低的效应。

4.7.7 边坡的稳定性评价，应在确定边坡破坏模式的基础上进行，可采用工程地质类比法、图解分析法、极限平衡法、有限单元法进行综合评价。各区段条件不一致时，应分区段分析。

边坡稳定系数 F_s 的取值，对新设计的边坡、重要工程宜取 $1.30 \sim 1.50$，一般工程宜取 $1.15 \sim 1.30$，次要工程宜取 $1.05 \sim 1.15$。采用峰值强度时取大值，采取残余强度时取小值。验算已有边坡稳定时，F_s 取 $1.10 \sim 1.25$。

4.7.8 大型边坡应进行监测，监测内容根据具体情况可包括边坡变形、地下水动态和易风化岩体的风化速度等。

4.7.9 边坡岩土工程勘察报告除应符合本规范第14章的规定外，尚应论述下列内容：

1 边坡的工程地质条件和岩土工程计算参数；

2 分析边坡和建在坡顶、坡上建筑物的稳定性，对坡下建筑物的影响；

3 提出最优坡形和坡角的建议；

4 提出不稳定边坡整治措施和监测方案的建议。

4.8 基 坑 工 程

4.8.1 本节主要适用于土质基坑的勘察。对岩质基坑，应根据场地的地质构造、岩体特征、风化情况、基坑开挖深度等，按当地标准或当地经验进行勘察。

4.8.2 需进行基坑设计的工程，勘察时应包括基坑工程勘察的内容。在初步勘察阶段，应根据岩土工程条件，初步判定开挖可能发生的问题和需要采取的支护措施；在详细勘察阶段，应针对基坑工程设计的要求进行勘察；在施工阶段，必要时尚应进行补充勘察。

4.8.3 基坑工程勘察的范围和深度应根据场地条件和设计要求确定。勘察深度宜为开挖深度的 $2 \sim 3$ 倍，在此深度内遇到坚硬黏性土、碎石土和岩层，可根据岩土类别和支护设计要求减少深度。勘察的平面范围宜超出开挖边界外开挖深度的 $2 \sim 3$ 倍。在深厚软土区，勘察深度和范围尚应适当扩大。在开挖边界外，勘察手段以调查研究、搜集已有资料为主，复杂场地和斜坡场地应布置适量的勘探点。

4.8.4 在受基坑开挖影响和可能设置支护结构的范围内，应查明岩土分布，分层提供支护设计所需的抗剪强度指标。土的抗剪强度试验方法，应与基坑工程设计要求一致，符合设计采用的标准，并应在勘察报告中说明。

4.8.5 当场地水文地质条件复杂，在基坑开挖过程中需要对地下水进行控制（降水或隔渗），且已有资料不能满足要求时，应进行专门的水文地质勘察。

4.8.6 当基坑开挖可能产生流砂、流土、管涌等渗透性破坏时，应有针对性地进行勘察，分析评价其产生的可能性及对工程的影响。当基坑开挖过程中有渗流时，地下水的渗流作用宜通过渗流计算确定。

4.8.7 基坑工程勘察，应进行环境状况的调查，查明邻近建筑物和地下设施的现状、结构特点以及对开挖变形的承受能力。在城市地下管网密集分布区，可通过地理信息系统或其他档案资料了解管线的类别、平面位置、埋深和规模，必要时应采用有效方法进行地下管线探测。

4.8.8 在特殊性岩土分布区进行基坑工程勘察时，可根据本规范第6章的规定进行勘察，对软土的蠕变和长期强度，软岩和极软岩的失水崩解，膨胀土的膨胀性和裂隙性以及非饱和土增湿软化等对基坑的影响进行分析评价。

4.8.9 基坑工程勘察，应根据开挖深度、岩土和地下水条件以及环境要求，对基坑边坡的处理方式提出建议。

4.8.10 基坑工程勘察应针对以下内容进行分析，提供有关计算参数和建议：

1 边坡的局部稳定性、整体稳定性和坑底抗隆起稳定性；

2 坑底和侧壁的渗透稳定性；

3 挡土结构和边坡可能发生的变形；

4 降水效果和降水对环境的影响；

5 开挖和降水对邻近建筑物和地下设施的影响。

4.8.11 岩土工程勘察报告中与基坑工程有关的部分应包括下列内容：

1 与基坑开挖有关的场地条件、土质条件和工程条件；

2 提出处理方式、计算参数和支护结构选型的建议；

3 提出地下水控制方法、计算参数和施工控制的建议；

4 提出施工方法和施工中可能遇到的问题的防治措施的建议；

5 对施工阶段的环境保护和监测工作的建议。

4.9 桩 基 础

4.9.1 桩基岩土工程勘察应包括下列内容：

1 查明场地各层岩土的类型、深度、分布、工程特性和变化规律；

2 当采用基岩作为桩的持力层时，应查明基岩的岩性、构造、岩面变化、风化程度，确定其坚硬程度、完整程度和基本质量等级，判定有无洞穴、临空面、破碎岩体或软弱岩层；

3 查明水文地质条件，评价地下水对桩基设计和施工的影响，判定水质对建筑材料的腐蚀性；

4 查明不良地质作用，可液化土层和特殊性岩土的分布及其对桩基的危害程度，并提出防治措施的建议；

5 评价成桩可能性，论证桩的施工条件及其对环境的影响。

4.9.2 土质地基勘探点间距应符合下列规定：

1 对端承桩宜为 12～24m，相邻勘探孔揭露的持力层层面高差宜控制为 1～2m；

2 对摩擦桩宜为 20～35m；当地层条件复杂，影响成桩或设计有特殊要求时，勘探点应适当加密；

3 复杂地基的一柱一桩工程，宜每柱设置勘探点。

4.9.3 桩基岩土工程勘察宜采用钻探和触探以及其他原位测试相结合的方式进行，对软土、黏性土、粉土和砂土的测试手段，宜采用静力触探和标准贯入试验；对碎石土宜采用重型或超重型圆锥动力触探。

4.9.4 勘探孔的深度应符合下列规定：

1 一般性勘探孔的深度应达到预计桩长以下 3～5d（d 为桩径），且不得小于 3m；对大直径桩，不得小于 5m；

2 控制性勘探孔深度应满足下卧层验算要求；对需验算沉降的桩基，应超过地基变形计算深度；

3 钻至预计深度遇软弱层时，应予加深；在预计勘探孔深度内遇稳定坚实岩土时，可适当减小；

4 对嵌岩桩，应钻入预计嵌岩面以下 3～5d，并穿过溶洞、破碎带，到达稳定地层；

5 对可能有多种桩长方案时，应根据最长桩方案确定。

4.9.5 岩土室内试验应满足下列要求：

1 当需估算桩的侧阻力、端阻力和验算下卧层强度时，宜进行三轴剪切试验或无侧限抗压强度试验；三轴剪切试验的受力条件应模拟工程的实际情况；

2 对需估算沉降的桩基工程，应进行压缩试验，试验最大压力应大于上覆自重压力与附加压力之和；

3 当桩端持力层为基岩时，应采取岩样进行饱和单轴抗压强度试验，必要时尚应进行软化试验；对软岩和极软岩，可进行天然湿度的单轴抗压强度试验。对无法取样的破碎和极破碎的岩石，宜进行原位测试。

4.9.6 单桩竖向和水平承载力，应根据工程等级、岩土性质和原位测试成果并结合当地经验确定。对地

基基础设计等级为甲级的建筑物和缺乏经验的地区，应建议做静载荷试验。试验数量不宜少于工程桩数的 1‰，且每个场地不少于 3 个。对承受较大水平荷载的桩，应建议进行桩的水平载荷试验；对承受上拔力的桩，应建议进行抗拔试验。勘察报告应提出估算的有关岩土的基桩侧阻力和端阻力。必要时提出估算的竖向和水平承载力和抗拔承载力。

4.9.7 对需要进行沉降计算的桩基工程，应提供计算所需的各层岩土的变形参数，并宜根据任务要求，进行沉降估算。

4.9.8 桩基工程的岩土工程勘察报告除应符合本规范第 14 章的要求，并按第 4.9.6 条、第 4.9.7 条提供承载力和变形参数外，尚应包括下列内容：

1 提供可选的桩基类型和桩端持力层；提出桩长、桩径方案的建议；

2 当有软弱下卧层时，验算软弱下卧层强度；

3 对欠固结土和有大面积堆载的工程，应分析桩侧产生负摩阻力的可能性及其对桩基承载力的影响，并提供负摩阻力系数和减少负摩阻力措施的建议；

4 分析成桩的可能性，成桩和挤土效应的影响，并提出保护措施的建议；

5 持力层为倾斜地层，基岩面凹凸不平或岩土中有洞穴时，应评价桩的稳定性，并提出处理措施的建议。

4.10 地 基 处 理

4.10.1 地基处理的岩土工程勘察应满足下列要求：

1 针对可能采用的地基处理方案，提供地基处理设计和施工所需的岩土特性参数；

2 预测所选地基处理方法对环境和邻近建筑物的影响；

3 提出地基处理方案的建议；

4 当场地条件复杂且缺乏成功经验时，应在施工现场对拟选方案进行试验或对比试验，检验方案的设计参数和处理效果；

5 在地基处理施工期间，应进行施工质量和施工对周围环境和邻近工程设施影响的监测。

4.10.2 换填垫层法的岩土工程勘察宜包括下列内容：

1 查明待换填的不良土层的分布范围和埋深；

2 测定换填材料的最优含水量、最大干密度；

3 评定垫层以下软弱下卧层的承载力和抗滑稳定性，估算建筑物的沉降；

4 评定换填材料对地下水的环境影响；

5 对换填施工过程应注意的事项提出建议；

6 对换填垫层的质量进行检验或现场试验。

4.10.3 预压法的岩土工程勘察宜包括下列内容：

1 查明土的成层条件，水平和垂直方向的分布，

排水层和夹砂层的埋深和厚度，地下水的补给和排泄条件等；

2 提供待处理软土的先期固结压力、压缩性参数、固结特性参数和抗剪强度指标、软土在预压过程中强度的增长规律；

3 预估预压荷载的分级和大小、加荷速率、预压时间、强度的可能增长和可能的沉降；

4 对重要工程，建议选择代表性试验区进行预压试验；采用室内试验、原位测试、变形和孔压的现场监测等手段，推算软土的固结系数、固结度与时间的关系和最终沉降量，为预压处理的设计施工提供可靠依据；

5 检验预压处理效果，必要时进行现场载荷试验。

4.10.4 强夯法的岩土工程勘察宜包括下列内容：

1 查明强夯影响深度范围内土层的组成、分布、强度、压缩性、透水性和地下水条件；

2 查明施工场地和周围受影响范围内的地下管线和构筑物的位置、标高；查明有无对振动敏感的设施，是否需在强夯施工期间进行监测；

3 根据强夯设计，选择代表性试验区进行试夯，采用室内试验、原位测试、现场监测等手段，查明强夯有效加固深度，夯击能量、夯击遍数与夯沉量的关系，夯坑周围地面的振动和地面隆起，土中孔隙水压力的增长和消散规律。

4.10.5 桩土复合地基的岩土工程勘察宜包括下列内容：

1 查明暗塘、暗浜、暗沟、洞穴等的分布和埋深；

2 查明土的组成、分布和物理力学性质，软弱土的厚度和埋深，可作为桩基持力层的相对硬层的埋深；

3 预估成桩施工可能性（有无地下障碍、地下洞穴、地下管线、电缆等）和成桩工艺对周围土体、邻近建筑、工程设施和环境的影响（噪声、振动、侧向挤土、地面沉陷或隆起等），桩体与水土间的相互作用（地下水对桩材的腐蚀性，桩材对周围水土环境的污染等）；

4 评定桩间土承载力，预估单桩承载力和复合地基承载力；

5 评定桩间土、桩身、复合地基、桩端以下变形计算深度范围内土层的压缩性，任务需要时估算复合地基的沉降量；

6 对需验算复合地基稳定性的工程，提供桩间土、桩身的抗剪强度；

7 任务需要时应根据桩土复合地基的设计，进行桩间土、单桩和复合地基载荷试验，检验复合地基承载力。

4.10.6 注浆法的岩土工程勘察宜包括下列内容：

1 查明土的级配、孔隙性或岩石的裂隙宽度和分布规律，岩土渗透性，地下水埋深、流向和流速，岩土的化学成分和有机质含量；岩土的渗透性宜通过现场试验测定；

2 根据岩土性质和工程要求选择浆液和注浆方法（渗透注浆、劈裂注浆、压密注浆等），根据地区经验或通过现场试验确定浆液浓度、黏度、压力、凝结时间、有效加固半径或范围，评定加固后地基的承载力、压缩性、稳定性或抗渗性；

3 在加固施工过程中对地面、既有建筑物和地下管线等进行跟踪变形观测，以控制灌注顺序、注浆压力、注浆速率等；

4 通过开挖、室内试验、动力触探或其他原位测试，对注浆加固效果进行检验；

5 注浆加固后，应对建筑物或构筑物进行沉降观测，直至沉降稳定为止，观测时间不宜少于半年。

4.11 既有建筑物的增载和保护

4.11.1 既有建筑物的增载和保护的岩土工程勘察应符合下列要求：

1 搜集建筑物的荷载、结构特点、功能特点和完好程度资料，基础类型、埋深、平面位置，基底压力和变形观测资料；场地及其所在地区的地下水开采历史，水位降深、降速，地面沉降、形变，地裂缝的发生、发展等资料；

2 评价建筑物的增层、增载和邻近场地大面积堆载对建筑物的影响时，应查明地基土的承载力，增载后可能产生的附加沉降和沉降差；对建造在斜坡上的建筑物尚应进行稳定性验算；

3 对建筑物接建或在其紧邻新建建筑物，应分析新建建筑物在既有建筑物地基土中引起的应力状态改变及其影响；

4 评价地下水抽降对建筑物的影响时，应分析抽降引起地基土的固结作用和地面下沉、倾斜、挠曲或破裂对既有建筑物的影响，并预测其发展趋势；

5 评价基坑开挖对邻近既有建筑物的影响时，应分析开挖卸载导致的基坑底部剪切隆起，因坑内外水头差引发管涌，坑壁土体的变形与位移、失稳等危险；同时还应分析基坑降水引起的地面不均匀沉降的不良环境效应；

6 评价地下工程施工对既有建筑物的影响时，应分析伴随岩土体内的应力重分布出现的地面下沉、挠曲等变形或破裂，施工降水的环境效应，过大的围岩变形或坍塌等对既有建筑物的影响。

4.11.2 建筑物的增层、增载和邻近场地大面积堆载的岩土工程勘察应包括下列内容：

1 分析地基土的实际受荷程度和既有建筑物结构、材料状况及其适应新增荷载和附加沉降的能力；

2 勘探点应紧靠基础外侧布置，有条件时宜在基础中心线布置，每栋单独建筑物的勘探点不宜少于3个；在基础外侧适当距离处，宜布置一定数量勘探点；

3 勘探方法除钻探外，宜包括探井和静力触探或旁压试验；取土和旁压试验的间距，在基底以下一倍基宽的深度范围内宜为 0.5m，超过该深度时可为1m；必要时，应专门布置探井查明基础类型、尺寸、材料和地基处理等情况；

4 压缩试验成果中应有 e-$\lg p$ 曲线，并提供先期固结压力、压缩指数、回弹指数和与增荷后土中垂直有效压力相应的固结系数，以及三轴不固结不排水剪切试验成果；当拟增层数较多或增载量较大时，应作载荷试验，提供主要受力层的比例界限荷载、极限荷载、变形模量和回弹模量；

5 岩土工程勘察报告应着重对增载后的地基土承载力进行分析评价，预测可能的附加沉降和差异沉降，提出关于设计方案、施工措施和变形监测的建议。

4.11.3 建筑物接建、邻建的岩土工程勘察应符合下列要求：

1 除应符合本规范第 4.11.2 条第 1 款的要求外，尚应评价建筑物的结构和材料适应局部挠曲的能力；

2 除按本规范第 4.1 节的有关要求对新建建筑物布置勘探点外，尚应为研究接建、邻建部位的地基土、基础结构和材料现状布置勘探点，其中应有探井或静力触探孔，其数量不宜少于 3 个，取土间距宜为 1m；

3 压缩试验成果中应有 e-$\lg p$ 曲线，并提供先期固结压力、压缩指数、回弹指数和与增荷后土中垂直有效压力相应的固结系数，以及三轴不固结不排水剪切试验成果；

4 岩土工程勘察报告应评价由新建部分的荷载在既有建筑物地基土中引起的新的压缩和相应的沉降差；评价新基坑的开挖、降水、设桩等对既有建筑物的影响，提出设计方案、施工措施和变形监测的建议。

4.11.4 评价地下水抽降影响的岩土工程勘察应符合下列要求：

1 研究地下水抽降与含水层埋藏条件、可压缩土层厚度、土的压缩性和应力历史等的关系，作出评价和预测；

2 勘探孔深度应超过可压缩地层的下限，并应取土试验或进行原位测试；

3 压缩试验成果中应有 e-$\lg p$ 曲线，并提供先期固结压力、压缩指数、回弹指数和与增荷后土中垂直有效压力相应的固结系数，以及三轴不固结不排水剪切试验成果；

4 岩土工程勘察报告应分析预测场地可能产生地面沉降、形变、破裂及其影响，提出保护既有建筑物的措施。

4.11.5 评价基坑开挖对邻近建筑物影响的岩土工程勘察应符合下列要求：

1 搜集分析既有建筑物适应附加沉降和差异沉降的能力，与拟挖基坑在平面与深度上的位置关系和可能采用的降水、开挖与支护措施等资料；

2 查明降水、开挖等影响所及范围内的地层结构，含水层的性质、水位和渗透系数，土的抗剪强度、变形参数等工程特性；

3 岩土工程勘察报告除应符合本规范第 4.8 节的要求外，尚应着重分析预测坑底和坑外地面的卸荷回弹，坑周土体的变形位移和坑底发生剪切隆起或管涌的危险，分析施工降水导致的地面沉降的幅度、范围和对邻近建筑物的影响，并就安全合理的开挖、支护、降水方案和监测工作提出建议。

4.11.6 评价地下开挖对建筑物影响的岩土工程勘察应符合下列要求：

1 分析已有勘察资料，必要时应做补充勘探测试工作；

2 分析沿地下工程主轴线出现槽形地面沉降和在其两侧或四周的地面倾斜、挠曲的可能性及其对两侧既有建筑物的影响，并就安全合理的施工方案和保护既有建筑物的措施提出建议；

3 提出对施工过程中地面变形、围岩应力状态、围岩或建筑物地基失稳的前兆现象等进行监测的建议。

5 不良地质作用和地质灾害

5.1 岩 溶

5.1.1 拟建工程场地或其附近存在对工程安全有影响的岩溶时，应进行岩溶勘察。

5.1.2 岩溶勘察宜采用工程地质测绘和调查、物探、钻探等多种手段结合的方法进行，并应符合下列要求：

1 可行性研究勘察应查明岩溶洞隙、土洞的发育条件，并对其危害程度和发展趋势作出判断，对场地的稳定性和工程建设的适宜性作出初步评价。

2 初步勘察应查明岩溶洞隙及其伴生土洞、塌陷的分布、发育程度和发育规律，并按场地的稳定性和适宜性进行分区。

3 详细勘察应查明拟建工程范围及有影响地段的各种岩溶洞隙和土洞的位置、规模、埋深，岩溶堆填物性状和地下水特征，对地基基础的设计和岩溶的治理提出建议。

4 施工勘察应针对某一地段或尚待查明的专门

问题进行补充勘察。当采用大直径嵌岩桩时，尚应进行专门的桩基勘察。

5.1.3 岩溶场地的工程地质测绘和调查，除应遵守本规范第 8 章的规定外，尚应调查下列内容：

1 岩溶洞隙的分布、形态和发育规律；

2 岩面起伏、形态和覆盖层厚度；

3 地下水赋存条件、水位变化和运动规律；

4 岩溶发育与地貌、构造、岩性、地下水的关系；

5 土洞和塌陷的分布、形态和发育规律；

6 土洞和塌陷的成因及其发展趋势；

7 当地治理岩溶、土洞和塌陷的经验。

5.1.4 可行性研究和初步勘察宜采用工程地质测绘和综合物探为主，勘探点的间距不应大于本规范第 4 章的规定，岩溶发育地段应予加密。测绘和物探发现的异常地段，应选择有代表性的部位布置验证性钻孔。控制性勘探孔的深度应穿过表层岩溶发育带。

5.1.5 详细勘察的勘探工作应符合下列规定：

1 勘探线应沿建筑物轴线布置，勘探点间距不应大于本规范第 4 章的规定，条件复杂时每个独立基础均应布置勘探点；

2 勘探孔深度除应符合本规范第 4 章的规定外，当基础底面下的土层厚度不符合本节第 5.1.10 条第 1 款的条件时，应有部分或全部勘探孔钻入基岩；

3 当预定深度内有洞体存在，且可能影响地基稳定时，应钻入洞底基岩面下不少于 2m，必要时应圈定洞体范围；

4 对一柱一桩的基础，宜逐柱布置勘探孔；

5 在土洞和塌陷发育地段，可采用静力触探、轻型动力触探、小口径钻探等手段，详细查明其分布；

6 当需查明断层、岩组分界、洞隙和土洞形态、塌陷等情况时，应布置适当的探槽或探井；

7 物探应根据物性条件采用有效方法，对异常点应采用钻探验证，当发现或可能存在危害工程的洞体时，应加密勘探点；

8 凡人员可以进入的洞体，均应入洞勘查，人员不能进入的洞体，宜用井下电视等手段探测。

5.1.6 施工勘察工作量应根据岩溶地基设计和施工要求布置。在土洞、塌陷地段，可在已开挖的基槽内布置触探或钎探。对重要或荷载较大的工程，可在槽底采用小口径钻探，进行检测。对大直径嵌岩桩，勘探点应逐桩布置，勘探深度应不小于底面以下桩径的 3 倍并不小于 5m，当相邻桩底的基岩面起伏较大时应适当加深。

5.1.7 岩溶发育地区的下列部位宜查明土洞和土洞群的位置：

1 土层较薄、土中裂隙及其下岩体洞隙发育部位；

2 岩面张开裂隙发育，石芽或外露的岩体与土体交接部位；

3 两组构造裂隙交汇处和宽大裂隙带；

4 隐伏溶沟、溶槽、漏斗等，其上有软弱土分布的负岩面地段；

5 地下水强烈活动于岩土交界面的地段和大幅度人工降水地段；

6 低洼地段和地表水体近旁。

5.1.8 岩溶勘察的测试和观测宜符合下列要求：

1 当追索隐伏洞隙的联系时，可进行连通试验；

2 评价洞隙稳定性时，可采取洞体顶板岩样和充填物土样作物理力学性质试验，必要时可进行现场顶板岩体的载荷试验；

3 当需查明土的性状与土洞形成的关系时，可进行湿化、胀缩、可溶性和剪切试验；

4 当需查明地下水动力条件、潜蚀作用，地表水与地下水联系，预测土洞和塌陷的发生、发展时，可进行流速、流向测定和水位、水质的长期观测。

5.1.9 当场地存在下列情况之一时，可判定为未经处理不宜作为地基的不利地段：

1 浅层洞体或溶洞群，洞径大，且不稳定的地段；

2 埋藏的漏斗、槽谷等，并覆盖有软弱土体的地段；

3 土洞或塌陷成群发育地段；

4 岩溶水排泄不畅，可能暂时淹没的地段。

5.1.10 当地基属下列条件之一时，对二级和三级工程可不考虑岩溶稳定性的不利影响：

1 基础底面以下土层厚度大于独立基础宽度的 3 倍或条形基础宽度的 6 倍，且不具备形成土洞或其他地面变形的条件；

2 基础底面与洞体顶板间岩土厚度虽小于本条第 1 款的规定，但符合下列条件之一时：

1）洞隙或岩溶漏斗被密实的沉积物填满且无被水冲蚀的可能；

2）洞体为基本质量等级为Ⅰ级或Ⅱ级岩体，顶板岩石厚度大于或等于洞跨；

3）洞体较小，基础底面大于洞的平面尺寸，并有足够的支承长度；

4）宽度或直径小于 1.0m 的竖向洞隙、落水洞近旁地段。

5.1.11 当不符合本规范第 5.1.10 条的条件时，应进行洞体地基稳定性分析，并符合下列规定：

1 顶板不稳定，但洞内为密实堆积物充填且无流水活动时，可认为堆填物受力，按不均匀地基进行评价；

2 当能取得计算参数时，可将洞体顶板视为结构自承重体系进行力学分析；

3 有工程经验的地区，可按类比法进行稳定性

评价;

4 在基础近旁有洞隙和临空面时,应验算向临空面倾覆或沿裂面滑移的可能;

5 当地基为石膏、岩盐等易溶岩时,应考虑溶蚀继续作用的不利影响;

6 对不稳定的岩溶洞隙可建议采用地基处理或桩基础。

5.1.12 岩溶勘察报告除应符合本规范第14章的规定外,尚应包括下列内容:

1 岩溶发育的地质背景和形成条件;

2 洞隙、土洞、塌陷的形态、平面位置和顶底标高;

3 岩溶稳定性分析;

4 岩溶治理和监测的建议。

5.2 滑 坡

5.2.1 拟建工程场地或其附近存在对工程安全有影响的滑坡或有滑坡可能时,应进行专门的滑坡勘察。

5.2.2 滑坡勘察应进行工程地质测绘和调查,调查范围应包括滑坡及其邻近地段。比例尺可选用1:200~1:1000。用于整治设计时,比例尺应选用1:200~1:500。

5.2.3 滑坡区的工程地质测绘和调查,除应遵守本规范第8章的规定外,尚应调查下列内容:

1 搜集地质、水文、气象、地震和人类活动等相关资料;

2 滑坡的形态要素和演化过程,圈定滑坡周界;

3 地表水、地下水、泉和湿地等的分布;

4 树木的异态、工程设施的变形等;

5 当地治理滑坡的经验。

对滑坡的重点部位应摄影或录像。

5.2.4 勘探线和勘探点的布置应根据工程地质条件、地下水情况和滑坡形态确定。除沿主滑方向应布置勘探线外,在其两侧滑坡体外也应布置一定数量勘探线。勘探点间距不宜大于40m,在滑坡体转折处和预计采取工程措施的地段,也应布置勘探点。

勘探方法除钻探和触探外,应有一定数量的探井。

5.2.5 勘探孔的深度应穿过最下一层滑面,进入稳定地层,控制性勘探孔应深入稳定地层一定深度,满足滑坡治理需要。

5.2.6 滑坡勘察应进行下列工作:

1 查明各层滑坡面(带)的位置;

2 查明各层地下水的位置、流向和性质;

3 在滑坡体、滑坡面(带)和稳定地层中采取土试样进行试验。

5.2.7 滑坡勘察时,土的强度试验宜符合下列要求:

1 采用室内、野外滑面重合剪,滑带宜作重塑土或原状土多次剪试验,并求出多次剪和残余剪的抗剪强度;

2 采用与滑动受力条件相似的方法;

3 采用反分析方法检验滑动面的抗剪强度指标。

5.2.8 滑坡的稳定性计算应符合下列要求:

1 正确选择有代表性的分析断面,正确划分牵引段、主滑段和抗滑段;

2 正确选用强度指标,宜根据测试成果、反分析和当地经验综合确定;

3 有地下水时,应计入浮托力和水压力;

4 根据滑面(滑带)条件,按平面、圆弧或折线,选用正确的计算模型;

5 当有局部滑动可能时,除验算整体稳定外,尚应验算局部稳定;

6 当有地震、冲刷、人类活动等影响因素时,应计及这些因素对稳定的影响。

5.2.9 滑坡稳定性的综合评价,应根据滑坡的规模、主导因素、滑坡前兆、滑坡区的工程地质和水文地质条件,以及稳定性验算结果进行,并应分析发展趋势和危害程度,提出治理方案的建议。

5.2.10 滑坡勘察报告除应符合本规范第14章的规定外,尚应包括下列内容:

1 滑坡的地质背景和形成条件;

2 滑坡的形态要素、性质和演化;

3 提供滑坡的平面图、剖面图和岩土工程特性指标;

4 滑坡稳定分析;

5 滑坡防治和监测的建议。

5.3 危岩和崩塌

5.3.1 拟建工程场地或其附近存在对工程安全有影响的危岩或崩塌时,应进行危岩和崩塌勘察。

5.3.2 危岩和崩塌勘察宜在可行性研究或初步勘察阶段进行,应查明产生崩塌的条件及其规模、类型、范围,并对工程建设适宜性进行评价,提出防治方案的建议。

5.3.3 危岩和崩塌地区工程地质测绘的比例尺宜采用1:500~1:1000;崩塌方向主剖面的比例尺宜采用1:200。除应符合本规范第8章的规定外,尚应查明下列内容:

1 地形地貌及崩塌类型、规模、范围,崩塌体的大小和崩落方向;

2 岩体基本质量等级、岩性特征和风化程度;

3 地质构造,岩体结构类型,结构面的产状、组合关系、闭合程度、力学属性、延展及贯穿情况;

4 气象(重点是大气降水)、水文、地震和地下水的活动;

5 崩塌前的迹象和崩塌原因;

6 当地防治崩塌的经验。

5.3.4 当需判定危岩的稳定性时,宜对张裂缝进行监测。对有较大危害的大型危岩，应结合监测结果，对可能发生崩塌的时间、规模、滚落方向、途径、危害范围等作出预报。

5.3.5 各类危岩和崩塌的岩土工程评价应符合下列规定：

    1 规模大，破坏后果很严重，难于治理的，不宜作为工程场地，线路应绕避；

    2 规模较大，破坏后果严重的，应对可能产生崩塌的危岩进行加固处理，线路应采取防护措施；

    3 规模小，破坏后果不严重的，可作为工程场地，但应对不稳定危岩采取治理措施。

5.3.6 危岩和崩塌区的岩土工程勘察报告除应遵守本规范第14章的规定外，尚应阐明危岩和崩塌区的范围、类型，作为工程场地的适宜性，并提出防治方案的建议。

5.4 泥 石 流

5.4.1 拟建工程场地或其附近有发生泥石流的条件并对工程安全有影响时，应进行专门的泥石流勘察。

5.4.2 泥石流勘察应在可行性研究或初步勘察阶段进行，应查明泥石流的形成条件和泥石流的类型、规模、发育阶段、活动规律，并对工程场地作出适宜性评价，提出防治方案的建议。

5.4.3 泥石流勘察应以工程地质测绘和调查为主。测绘范围应包括沟谷至分水岭的全部地段和可能受泥石流影响的地段。测绘比例尺，对全流域宜采用1:50 000;对中下游可采用1:2 000～1:10 000。除应符合本规范第8章的规定外，尚应调查下列内容：

    1 冰雪融化和暴雨强度、一次最大降雨量，平均及最大流量，地下水活动等情况；

    2 地形地貌特征，包括沟谷的发育程度、切割情况、坡度、弯曲、粗糙程度，并划分泥石流的形成区、流通区和堆积区，圈绘整个沟谷的汇水面积；

    3 形成区的水源类型、水量、汇水条件、山坡坡度，岩层性质和风化程度；查明断裂、滑坡、崩塌、岩堆等不良地质作用的发育情况及可能形成泥石流固体物质的分布范围、储量；

    4 流通区的沟床纵横坡度、跌水、急湾等特征；查明沟床两侧山坡坡度、稳定程度，沟床的冲淤变化和泥石流的痕迹；

    5 堆积区的堆积扇分布范围，表面形态，纵坡，植被，沟道变迁和冲淤情况；查明堆积物的性质、层次、厚度、一般粒径和最大粒径；判定堆积区的形成历史、堆积速度，估算一次最大堆积量；

    6 泥石流沟谷的历史，历次泥石流的发生时间、频数、规模、形成过程、暴发前的降雨情况和暴发后产生的灾害情况；

    7 开矿弃渣、修路切坡、砍伐森林、陡坡开荒和过度放牧等人类活动情况；

    8 当地防治泥石流的经验。

5.4.4 当需要对泥石流采取防治措施时，应进行勘探测试，进一步查明泥石流堆积物的性质、结构、厚度、固体物质含量、最大粒径，流速、流量，冲出量和淤积量。

5.4.5 泥石流的工程分类，宜遵守本规范附录C的规定。

5.4.6 泥石流地区工程建设适宜性的评价，应符合下列要求：

    1 I_1类和II_1类泥石流沟谷不应作为工程场地，各类线路宜避开；

    2 I_2类和II_2类泥石流沟谷不宜作为工程场地，当必须利用时应采取治理措施；线路应避免直穿堆积扇，可在沟口设桥（墩）通过；

    3 I_3类和II_3类泥石流沟谷可利用其堆积区作为工程场地，但应避开沟口；线路可在堆积扇通过，可分段设桥和采取排洪、导流措施，不宜改沟、并沟；

    4 当上游大量弃渣或进行工程建设，改变了原有供排平衡条件时，应重新判定产生新的泥石流的可能性。

5.4.7 泥石流岩土工程勘察报告，除应遵守本规范第14章的规定外，尚应包括下列内容：

    1 泥石流的地质背景和形成条件；

    2 形成区、流通区、堆积区的分布和特征，绘制专门工程地质图；

    3 划分泥石流类型，评价其对工程建设的适宜性；

    4 泥石流防治和监测的建议。

5.5 采 空 区

5.5.1 本节适用于老采空区、现采空区和未来采空区的岩土工程勘察。采空区勘察应查明老采空区上覆岩层的稳定性，预测现采空区和未来采空区的地表移动、变形的特征和规律性；判定其作为工程场地的适宜性。

5.5.2 采空区的勘察宜以搜集资料、调查访问为主，并应查明下列内容：

    1 矿层的分布、层数、厚度、深度、埋藏特征和上覆岩层的岩性、构造等；

    2 矿层开采的范围、深度、厚度、时间、方法和顶板管理，采空区的塌落、密实程度、空隙和积水等；

    3 地表变形特征和分布，包括地表陷坑、台阶、裂缝的位置、形状、大小、深度、延伸方向及其与地质构造、开采边界、工作面推进方向等的关系；

    4 地表移动盆地的特征，划分中间区、内边缘区和外边缘区，确定地表移动和变形的特征值；

    5 采空区附近的抽水和排水情况及其对采空区

稳定的影响；

 6 搜集建筑物变形和防治措施的经验。

5.5.3 对老采空区和现采空区，当工程地质调查不能查明采空区的特征时，应进行物探和钻探。

5.5.4 对现采空区和未来采空区，应通过计算预测地表移动和变形的特征值，计算方法可按现行标准《建筑物、水体、铁路及主要井巷煤柱留设与压煤开采规程》执行。

5.5.5 采空区宜根据开采情况，地表移动盆地特征和变形大小，划分为不宜建筑的场地和相对稳定的场地，并宜符合下列规定：

 1 下列地段不宜作为建筑场地：

  1）在开采过程中可能出现非连续变形的地段；

  2）地表移动活跃的地段；

  3）特厚矿层和倾角大于 55°的厚矿层露头地段；

  4）由于地表移动和变形引起边坡失稳和山崖崩塌的地段；

  5）地表倾斜大于 10mm/m，地表曲率大于 0.6mm/m² 或地表水平变形大于 6mm/m 的地段。

 2 下列地段作为建筑场地时，应评价其适宜性：

  1）采空区采深采厚比小于 30 的地段；

  2）采深小，上覆岩层极坚硬，并采用非正规开采方法的地段；

  3）地表倾斜为 3～10mm/m，地表曲率为 0.2～0.6mm/m² 或地表水平变形为 2～6mm/m 的地段。

5.5.6 采深小、地表变形剧烈且为非连续变形的小窑采空区，应通过搜集资料、调查、物探和钻探等工作，查明采空区和巷道的位置、大小、埋藏深度、开采时间、开采方式、回填塌落和充水等情况；并查明地表裂缝、陷坑的位置、形状、大小、深度、延伸方向及其与采空区的关系；

5.5.7 小窑采空区的建筑物应避开地表裂缝和陷坑地段。对次要建筑且采空区采深采厚比大于 30，地表已经稳定时可不进行稳定性评价；当采深采厚比小于 30 时，可根据建筑物的基底压力、采空区的埋深、范围和上覆岩层的性质等评价地基的稳定性，并根据矿区经验提出处理措施的建议。

5.6 地 面 沉 降

5.6.1 本节适用于抽吸地下水引起水位或水压下降而造成大面积地面沉降的岩土工程勘察。

5.6.2 对已发生地面沉降的地区，地面沉降勘察应查明其原因和现状，并预测其发展趋势，提出控制和治理方案。

 对可能发生地面沉降的地区，应预测发生的可能性，并对可能的沉降层位做出估计，对沉降量进行估算，提出预防和控制地面沉降的建议。

5.6.3 对地面沉降原因，应调查下列内容：

 1 场地的地貌和微地貌；

 2 第四纪堆积物的年代、成因、厚度、埋藏条件和土性特征，硬土层和软弱压缩层的分布；

 3 地下水位以下可压缩层的固结状态和变形参数；

 4 含水层和隔水层的埋藏条件和承压性质，含水层的渗透系数、单位涌水量等水文地质参数；

 5 地下水的补给、径流、排泄条件，含水层间或地下水与地面水的水力联系；

 6 历年地下水位、水头的变化幅度和速率；

 7 历年地下水的开采量和回灌量，开采或回灌的层段；

 8 地下水位下降漏斗及回灌时地下水反漏斗的形成和发展过程。

5.6.4 对地面沉降现状的调查，应符合下列要求：

 1 按精密水准测量要求进行长期观测，并按不同的结构单元设置高程基准标、地面沉降标和分层沉降标；

 2 对地下水的水位升降，开采量和回灌量，化学成分，污染情况和孔隙水压力消散、增长情况进行观测；

 3 调查地面沉降对建筑物的影响，包括建筑物的沉降、倾斜、裂缝及其发生时间和发展过程；

 4 绘制不同时间的地面沉降等值线图，并分析地面沉降中心与地下水位下降漏斗的关系及地面回弹与地下水位反漏斗的关系；

 5 绘制以地面沉降为特征的工程地质分区图。

5.6.5 对已发生地面沉降的地区，可根据工程地质和水文地质条件，建议采取下列控制和治理方案：

 1 减少地下水开采量和水位降深，调整开采层次，合理开发，当地面沉降发展剧烈时，应暂时停止开采地下水；

 2 对地下水进行人工补给，回灌时应控制回灌水源的水质标准，以防止地下水被污染；

 3 限制工程建设中的人工降低地下水位。

5.6.6 对可能发生地面沉降的地区应预测地面沉降的可能性和估算沉降量，并可采取下列预测和防治措施：

 1 根据场地工程地质、水文地质条件，预测可压缩层的分布；

 2 根据抽水压密试验、渗透试验、先期固结压力试验、流变试验、载荷试验等的测试成果和沉降观测资料，计算分析地面沉降量和发展趋势；

 3 提出合理开采地下水资源，限制人工降低地下水位及在地面沉降区内进行工程建设应采取措施的建议。

5.7 场地和地基的地震效应

5.7.1 抗震设防烈度等于或大于 6 度的地区，应进行场地和地基地震效应的岩土工程勘察，并应根据国家批准的地震动参数区划和有关的规范，提出勘察场地的抗震设防烈度、设计基本地震加速度和设计地震分组。

5.7.2 在抗震设防烈度等于或大于 6 度的地区进行勘察时，应确定场地类别。当场地位于抗震危险地段时，应根据现行国家标准《建筑抗震设计规范》GB 50011 的要求，提出专门研究的建议。

5.7.3 对需要采用时程分析的工程，应根据设计要求，提供土层剖面、覆盖层厚度和剪切波速度等有关参数。任务需要时，可进行地震安全性评估或抗震设防区划。

5.7.4 为划分场地类别布置的勘探孔，当缺乏资料时，其深度应大于覆盖层厚度。当覆盖层厚度大于 80m 时，勘探孔深度应大于 80m，并分层测定剪切波速。10 层和高度 30m 以下的丙类和丁类建筑，无实测剪切波速时，可按现行国家标准《建筑抗震设计规范》（GB 50011）的规定，按土的名称和性状估计土的剪切波速。

5.7.5 抗震设防烈度为 6 度时，可不考虑液化的影响，但对沉陷敏感的乙类建筑，可按 7 度进行液化判别。甲类建筑应进行专门的液化勘察。

5.7.6 场地地震液化判别应先进行初步判别，当初步判别认为有液化可能时，应再作进一步判别。液化的判别宜采用多种方法，综合判定液化可能性和液化等级。

5.7.7 液化初步判别除按现行国家有关抗震规范进行外，尚宜包括下列内容进行综合判别：

　　1 分析场地地形、地貌、地层、地下水等与液化有关的场地条件；

　　2 当场地及其附近存在历史地震液化遗迹时，宜分析液化重复发生的可能性；

　　3 倾斜场地或液化层倾向水面或临空面时，应评价液化引起土体滑移的可能性。

5.7.8 地震液化的进一步判别应在地面以下 15m 的范围内进行；对于桩基和基础埋深大于 5m 的天然地基，判别深度应加深至 20m。对判别液化而布置的勘探点不应少于 3 个，勘探孔深度应大于液化判别深度。

5.7.9 地震液化的进一步判别，除应按现行国家标准《建筑抗震设计规范》（GB 50011）的规定执行外，尚可采用其他成熟方法进行综合判别。

　　当采用标准贯入试验判别液化时，应按每个试验孔的实测击数进行。在需作判定的土层中，试验点的竖向间距宜为 1.0～1.5m，每层土的试验点数不宜少于 6 个。

5.7.10 凡判别为可液化的场地、应按现行国家标准《建筑抗震设计规范》（GB 50011）的规定确定其液化指数和液化等级。

勘察报告除应阐明可液化的土层、各孔的液化指数外，尚应根据各孔液化指数综合确定场地液化等级。

5.7.11 抗震设防烈度等于或大于 7 度的厚层软土分布区，宜判别软土震陷的可能性并估算震陷量。

5.7.12 场地或场地附近有滑坡、滑移、崩塌、塌陷、泥石流、采空区等不良地质作用时，应进行专门勘察，分析评价在地震作用时的稳定性。

5.8 活动断裂

5.8.1 抗震设防烈度等于或大于 7 度的重大工程场地应进行活动断裂（以下简称断裂）勘察。断裂勘察应查明断裂的位置和类型，分析其活动性和地震效应，评价断裂对工程建设可能产生的影响，并提出处理方案。

　　对核电厂的断裂勘察，应按核安全法规和导则进行专门研究。

5.8.2 断裂的地震工程分类应符合下列规定：

　　1 全新活动断裂为在全新地质时期（一万年）内有过地震活动或近期正在活动，在今后一百年可能继续活动的断裂；全新活动断裂中、近期（近 500 年来）发生过地震震级 $M \geqslant 5$ 级的断裂，或在今后 100 年内，可能发生 $M \geqslant 5$ 级的断裂，可定为发震断裂；

　　2 非全新活动断裂：一万年以前活动过，一万年以来没有发生过活动的断裂。

5.8.3 全新活动断裂可按表 5.8.3 分级。

表 5.8.3　全新活动断裂分级

指标 断裂分级	活 动 性	平均活动速率 v（mm/a）	历史地震震级 M
I	强烈全新活动断裂	中晚更新世以来有活动，全新世活动强烈	$v > 1$	$M \geqslant 7$
II	中等全新活动断裂	中晚更新世以来有活动，全新世活动较强烈	$1 \geqslant v \geqslant 0.1$	$7 > M \geqslant 6$
III	微弱全新活动断裂	全新世有微弱活动	$v < 0.1$	$M < 6$

5.8.4 断裂勘察，应搜集和分析有关文献档案资料，包括卫星航空相片，区域构造地质，强震震中分布，地应力和地形变，历史和近期地震等。

5.8.5 断裂勘察工程地质测绘，除应符合本规范第 8 章的要求外，尚应包括下列内容的调查：

　　1 地形地貌特征：山区或高原不断上升剥蚀或有长距离的平滑分界线；非岩性影响的陡坡、峭壁，深切的直线形河谷，一系列滑坡、崩塌和山前叠置的洪积扇；定向断续线形分布的残丘、洼地、沼泽、芦苇地、盐碱地、湖泊、跌水、泉、温泉等；水系定向展布或同向扭曲错动等。

2 地质特征：近期断裂活动留下的第四系错动，地下水和植被的特征；断层带的破碎和胶结特征等；深色物质宜采用放射性碳14（C^{14}）法，非深色物质宜采用热释光法或铀系法，测定已错断层位和未错断层位的地质年龄，并确定断裂活动的最新时限。

3 地震特征：与地震有关的断层、地裂缝、崩塌、滑坡、地震湖、河流改道和砂土液化等。

5.8.6 大型工业建设场地，在可行性研究勘察时，应建议避让全新活动断裂和发震断裂。避让距离应根据断裂的等级、规模、性质、覆盖层厚度、地震烈度等因素，按有关标准综合确定。非全新活动断裂可不采取避让措施，但当浅埋且破碎带发育时，可按不均匀地基处理。

6 特殊性岩土

6.1 湿 陷 性 土

6.1.1 本节适用于干旱和半干旱地区除黄土以外的湿陷性碎石土、湿陷性砂土和其他湿陷性土的岩土工程勘察。对湿陷性黄土的勘察应按现行国家标准《湿陷性黄土地区建筑规范》（GB 50025）执行。

6.1.2 当不能取试样做室内湿陷性试验时，应采用现场载荷试验确定湿陷性。在200kPa压力下浸水载荷试验的附加湿陷量与承压板宽度之比等于或大于0.023的土，应判定为湿陷性土。

6.1.3 湿陷性土场地勘察，除应遵守本规范第4章的规定外，尚应符合下列要求：

1 勘探点的间距应按本规范第4章的规定取小值。对湿陷性土分布极不均匀的场地应加密勘探点；

2 控制性勘探孔深度应穿透湿陷性土层；

3 应查明湿陷性土的年代、成因、分布和其中的夹层、包含物、胶结物的成分和性质；

4 湿陷性碎石土和砂土，宜采用动力触探试验和标准贯入试验确定力学特性；

5 不扰动土试样应在探井中采取；

6 不扰动土试样除测定一般物理力学性质外，尚应作土的湿陷性和湿化试验；

7 对不能取得不扰动土试样的湿陷性土，应在探井中采用大体积法测定密度和含水量；

8 对于厚度超过2m的湿陷性土，应在不同深度处分别进行浸水载荷试验，并应不受相邻试验的浸水影响。

6.1.4 湿陷性土的岩土工程评价应符合下列规定：

1 湿陷性土的湿陷程度划分应符合表6.1.4的规定；

2 湿陷性土的地基承载力宜采用载荷试验或其他原位测试确定；

3 对湿陷性土边坡，当浸水因素引起湿陷性土本身或其与下伏地层接触面的强度降低时，应进行稳定性评价。

6.1.5 湿陷性土地基受水浸湿至下沉稳定为止的总湿陷量 Δ_s（cm），应按下式计算：

$$\Delta_s = \sum_{i=1}^{n} \beta \Delta F_{si} h_i \qquad (6.1.5)$$

式中 ΔF_{si}——第i层土浸水载荷试验的附加湿陷量（cm）；

h_i——第i层土的厚度（cm），从基础底面（初步勘察时自地面下1.5m）算起，$\Delta F_{si}/b < 0.023$的不计入；

β——修正系数（cm^{-1}）。承压板面积为0.50m^2时，$\beta = 0.014$；承压板面积为0.25m^2时，$\beta = 0.020$。

表6.1.4 湿陷程度分类

试验条件 湿陷程度	附加湿陷量 ΔF_s（cm）	
	承压板面积 0.50m^2	承压板面积 0.25m^2
轻 微	1.6<ΔF_s≤3.2	1.1<ΔF_s≤2.3
中 等	3.2<ΔF_s≤7.4	2.3<ΔF_s≤5.3
强 烈	ΔF_s>7.4	ΔF_s>5.3

注：对能用取土器取得不扰动试样的湿陷性粉砂，其试验方法和评定标准按现行国家标准《湿陷性黄土地区建筑规范》（GB 50025）执行。

6.1.6 湿陷性土地基的湿陷等级应按表6.1.6判定。

6.1.7 湿陷性土地基的处理应根据土质特征、湿陷等级和当地建筑经验等因素综合确定。

表6.1.6 湿陷性土地基的湿陷等级

总湿陷量 Δ_s（cm）	湿陷性土总厚度（m）	湿陷等级
5<Δ_s≤30	>3	I
	≤3	II
30<Δ_s≤60	>3	
	≤3	III
Δ_s>60	>3	
	≤3	IV

6.2 红 黏 土

6.2.1 本节适用于红黏土（含原生与次生红黏土）的岩土工程勘察。颜色为棕红或褐黄，覆盖于碳酸盐岩系之上，其液限大于或等于50%的高塑性黏土，应判定为原生红黏土。原生红黏土经搬运、沉积后仍保留其基本特征，且其液限大于45%的黏土，可判定为次生红黏土。

6.2.2 红黏土地区的岩土工程勘察，应着重查明其状态分布、裂隙发育特征及地基的均匀性。

1 红黏土的状态除按液性指数判定外，尚可按表 6.2.2-1 判定；

表 6.2.2-1 红黏土的状态分类

状 态	含 水 比 α_w
坚 硬	$\alpha_w \leq 0.55$
硬 塑	$0.55 < \alpha_w \leq 0.70$
可 塑	$0.70 < \alpha_w \leq 0.85$
软 塑	$0.85 < \alpha_w \leq 1.00$
流 塑	$\alpha_w > 1.00$

注：$\alpha_w = w/w_L$。

2 红黏土的结构可根据其裂隙发育特征按表 6.2.2-2 分类；

3 红黏土的复浸水特性可表 6.2.2-3 分类；

4 红黏土的地基均匀性可按表 6.2.2-4 分类。

表 6.2.2-2 红黏土的结构分类

土体结构	裂隙发育特征
致密状的	偶见裂隙（<1 条/m）
巨块状的	较多裂隙（1~2 条/m）
碎块状的	富裂隙（>5 条/m）

表 6.2.2-3 红黏土的复浸水特性分类

类 别	I_r 与 I'_r 关系	复浸水特性
I	$I_r \geq I'_r$	收缩后复浸水膨胀，能恢复到原位
II	$I_r < I'_r$	收缩后复浸水膨胀，不能恢复到原位

注：$I_r = w_L/w_P$，$I'_r = 1.4 + 0.0066w_L$。

表 6.2.2-4 红黏土的地基均匀性分类

地基均匀性	地基压缩层范围内岩土组成
均匀地基	全部由红黏土组成
不均匀地基	由红黏土和岩石组成

6.2.3 红黏土地区的工程地质测绘和调查应按本规范第 8 章的规定进行，并着重查明下列内容：

1 不同地貌单元红黏土的分布、厚度、物质组成、土性等特征及其差异；

2 下伏基岩岩性、岩溶发育特征及其与红黏土土性、厚度变化的关系；

3 地裂分布、发育特征及其成因，土体结构特征，土体中裂隙的密度、深度、延展方向及其发育规律；

4 地表水体和地下水的分布、动态及其与红黏土状态垂向分带的关系；

5 现有建筑物开裂原因分析，当地勘察、设计、施工经验等。

6.2.4 红黏土地区勘探点的布置，应取较密的间距，查明红黏土厚度和状态的变化。初步勘察勘探点间距宜取 30~50m；详细勘察勘探点间距，对均匀地基宜取 12~24m，对不均匀地基宜取 6~12m。厚度和状态变化大的地段，勘探点间距还可加密。各阶段勘探孔的深度可按本规范第 4.1 节的有关规定执行。对不均匀地基，勘探孔深度应达到基岩。

对不均匀地基、有土洞发育或采用岩面端承桩时，宜进行施工勘察，其勘探点间距和勘探孔深度根据需要确定。

6.2.5 当岩土工程评价需要详细了解地下水埋藏条件、运动规律和季节变化时，应在测绘调查的基础上补充进行地下水的勘察、试验和观测工作。有关要求按本规范第 7 章的规定执行。

6.2.6 红黏土的室内试验除应满足本规范第 11 章的规定外，对裂隙发育的红黏土应进行三轴剪切试验或无侧限抗压强度试验。必要时，可进行收缩试验和复浸水试验。当需评价边坡稳定性时，宜进行重复剪切试验。

6.2.7 红黏土的地基承载力应按本规范第 4.1.24 条的规定确定。当基础浅埋、外侧地面倾斜、有临空面或承受较大水平荷载时，应结合以下因素综合考虑确定红黏土的承载力：

1 土体结构和裂隙对承载力的影响；

2 开挖面长时间暴露，裂隙发展和复浸水对土质的影响。

6.2.8 红黏土的岩土工程评价应符合下列要求：

1 建筑物应避免跨越地裂密集带或深长地裂地段；

2 轻型建筑物的基础埋深应大于大气影响急剧层的深度；炉窑等高温设备的基础应考虑地基土的不均匀收缩变形；开挖明渠时应考虑土体干湿循环的影响；在石芽出露的地段，应考虑地表水下渗形成的地面变形；

3 选择适宜的持力层和基础形式，在满足本条第 2 款要求的前提下，基础宜浅埋，利用浅部硬壳层，并进行下卧层承载力的验算；不能满足承载力和变形要求时，应建议进行地基处理或采用桩基础；

4 基坑开挖时宜采取保湿措施，边坡应及时维护，防止失水干缩。

6.3 软 土

6.3.1 天然孔隙比大于或等于 1.0，且天然含水量大于液限的细粒土应判定为软土，包括淤泥、淤泥质土、泥炭、泥炭质土等。

6.3.2 软土勘察除应符合常规要求外，尚应查明下列内容：

1 成因类型、成层条件、分布规律、层理特征、水平向和垂直向的均匀性；

2 地表硬壳层的分布与厚度、下伏硬土层或基岩的埋深和起伏；

3 固结历史、应力水平和结构破坏对强度和变形的影响；

4 微地貌形态和暗埋的塘、浜、沟、坑、穴的分布、埋深及其填土的情况；

5 开挖、回填、支护、工程降水、打桩、沉井等对软土应力状态、强度和压缩性的影响；

6 当地的工程经验。

6.3.3 软土地区勘察宜采用钻探取样与静力触探结合的手段。勘探点布置应根据土的成因类型和地基复杂程度确定。当土层变化较大或有暗埋的塘、浜、沟、坑、穴时应予加密。

6.3.4 软土取样应采用薄壁取土器，其规格应符合本规范第9章的要求。

6.3.5 软土原位测试宜采用静力触探试验、旁压试验、十字板剪切试验、扁铲侧胀试验和螺旋板载荷试验。

6.3.6 软土的力学参数宜采用室内试验、原位测试，结合当地经验确定。有条件时，可根据堆载试验、原型监测反分析确定。抗剪强度指标室内宜采用三轴试验，原位测试宜采用十字板剪切试验。

压缩系数、先期固结压力、压缩指数、回弹指数、固结系数，可分别采用常规固结试验、高压固结试验等方法确定。

6.3.7 软土的岩土工程评价应包括下列内容：

1 判定地基产生失稳和不均匀变形的可能性；当工程位于池塘、河岸、边坡附近时，应验算其稳定性；

2 软土地基承载力应根据室内试验、原位测试和当地经验，并结合下列因素综合确定：

1）软土成层条件、应力历史、结构性、灵敏度等力学特性和排水条件；

2）上部结构的类型、刚度、荷载性质和分布，对不均匀沉降的敏感性；

3）基础的类型、尺寸、埋深和刚度等；

4）施工方法和程序。

3 当建筑物相邻高低层荷载相差较大时，应分析其变形差异和相互影响；当地面有大面积堆载时，应分析对相邻建筑物的不利影响；

4 地基沉降计算可采用分层总和法或土的应力历史法，并应根据当地经验进行修正，必要时，应考虑软土的次固结效应；

5 提出基础形式和持力层的建议；对于上为硬层，下为软土的双层土地基应进行下卧层验算。

6.4 混　合　土

6.4.1 由细粒土和粗粒土混杂且缺乏中间粒径的土应定名为混合土。

当碎石土中粒径小于0.075mm的细粒土质量超过总质量的25%时，应定名为粗粒混合土；当粉土或黏性土中粒径大于2mm的粗粒土质量超过总质量的25%时，应定名为细粒混合土。

6.4.2 混合土的勘察应符合下列要求：

1 查明地形和地貌特征，混合土的成因、分布，下卧土层或基岩的埋藏条件；

2 查明混合土的组成、均匀性及其在水平方向和垂直方向上的变化规律；

3 勘探点的间距和勘探孔的深度除应满足本规范第4章的要求外，尚应适当加密加深；

4 应有一定数量的探井，并应采取大体积土试样进行颗粒分析和物理力学性质测定；

5 对粗粒混合土宜采用动力触探试验，并应有一定数量的钻孔或探井检验；

6 现场载荷试验的承压板直径和现场直剪试验的剪切面直径都应大于试验土层最大粒径的5倍，载荷试验的承压板面积不应小于0.5m²，直剪试验的剪切面面积不宜小于0.25m²。

6.4.3 混合土的岩土工程评价应包括下列内容：

1 混合土的承载力应采用载荷试验、动力触探试验并结合当地经验确定；

2 混合土边坡的容许坡度值可根据现场调查和当地经验确定。对重要工程应进行专门试验研究。

6.5 填　　土

6.5.1 填土根据物质组成和堆填方式，可分为下列四类：

1 素填土：由碎石土、砂土、粉土和黏性土等一种或几种材料组成，不含杂物或含杂物很少；

2 杂填土：含有大量建筑垃圾、工业废料或生活垃圾等杂物；

3 冲填土：由水力冲填泥砂形成；

4 压实填土：按一定标准控制材料成分、密度、含水量，分层压实或夯实而成。

6.5.2 填土勘察应包括下列内容：

1 搜集资料，调查地形和地物的变迁，填土的来源、堆填年限和堆积方式；

2 查明填土的分布、厚度、物质成分、颗粒级配、均匀性、密实性、压缩性和湿陷性；

3 判定地下水对建筑材料的腐蚀性。

6.5.3 填土勘察应在本规范第4章规定的基础上加密勘探点，确定暗埋的塘、浜、坑的范围。勘探孔的深度应穿透填土层。

勘探方法应根据填土性质确定。对由粉土或黏性土组成的素填土，可采用钻探取样、轻型钻具与原位测试相结合的方法；对含较多粗粒成分的素填土和杂填土宜采用动力触探、钻探，并应有一定数量的探井。

6.5.4 填土的工程特性指标宜采用下列测试方法确定:

　　1 填土的均匀性和密实度宜采用触探法,并辅以室内试验;

　　2 填土的压缩性、湿陷性宜采用室内固结试验或现场载荷试验;

　　3 杂填土的密度试验宜采用大容积法;

　　4 对压实填土,在压实前应测定填料的最优含水量和最大干密度,压实后应测定其干密度,计算压实系数。

6.5.5 填土的岩土工程评价应符合下列要求:

　　1 阐明填土的成分、分布和堆积年代,判定地基的均匀性、压缩性和密实度;必要时应按厚度、强度和变形特性分层或分区评价;

　　2 对堆积年限较长的素填土、冲填土和由建筑垃圾或性能稳定的工业废料组成的杂填土,当较均匀和较密实时可作为天然地基;由有机质含量较高的生活垃圾和对基础有腐蚀性的工业废料组成的杂填土,不宜作为天然地基;

　　3 填土地基承载力应按本规范第 4.1.24 条的规定综合确定;

　　4 当填土底面的天然坡度大于 20% 时,应验算其稳定性。

6.5.6 填土地基基坑开挖后应进行施工验槽。处理后的填土地基应进行质量检验。对复合地基,宜进行大面积载荷试验。

6.6 多 年 冻 土

6.6.1 含有固态水,且冻结状态持续二年或二年以上的土,应判定为多年冻土。

6.6.2 根据融化下沉系数 δ_0 的大小,多年冻土可分为不融沉、弱融沉、融沉、强融沉和融陷五级,并应符合表 6.6.2 的规定。冻土的平均融化下沉系数 δ_0 可按下式计算:

$$\delta_0 = \frac{h_1 - h_2}{h_1} = \frac{e_1 - e_2}{1 + e_1} \times 100(\%) \quad (6.6.2)$$

式中　h_1、e_1——冻土试样融化前的高度(mm)和孔隙比;

　　　　h_2、e_2——冻土试样融化后的高度(mm)和孔隙比。

表 6.6.2 多年冻土的融沉性分类

土的名称	总含水量 w_0(%)	平均融沉系数 δ_0	融沉等级	融沉类别	冻土类型
碎石土,砾、粗、中砂(粒径小于0.075mm 的颗粒含量不大于15%)	$w_0 < 10$	$\delta_0 \leq 1$	I	不融沉	少冰冻土
	$w_0 \geq 10$	$1 < \delta_0 \leq 3$	II	弱融沉	多冰冻土

续表 6.6.2

土的名称	总含水量 w_0(%)	平均融沉系数 δ_0	融沉等级	融沉类别	冻土类型
碎石土,砾、粗、中砂(粒径小于 0.075mm 的颗粒含量大于 15%)	$w_0 < 12$	$\delta_0 \leq 1$	I	不融沉	少冰冻土
	$12 \leq w_0 < 15$	$1 < \delta_0 \leq 3$	II	弱融沉	多冰冻土
	$15 \leq w_0 < 25$	$3 < \delta_0 \leq 10$	III	融沉	富冰冻土
	$w_0 \geq 25$	$10 \leq \delta_0 \leq 25$	IV	强融沉	饱冰冻土
粉砂、细砂	$w_0 < 14$	$\delta_0 \leq 1$	I	不融沉	少冰冻土
	$14 \leq w_0 < 18$	$1 < \delta_0 \leq 3$	II	弱融沉	多冰冻土
	$18 \leq w_0 < 28$	$3 < \delta_0 \leq 10$	III	融沉	富冰冻土
	$w_0 \geq 28$	$10 \leq \delta_0 \leq 25$	IV	强融沉	饱冰冻土
粉土	$w_0 < 17$	$\delta_0 \leq 1$	I	不融沉	少冰冻土
	$17 \leq w_0 < 21$	$1 < \delta_0 \leq 3$	II	弱融沉	多冰冻土
	$21 \leq w_0 < 32$	$3 < \delta_0 \leq 10$	III	融沉	富冰冻土
	$w_0 \geq 32$	$10 \leq \delta_0 \leq 25$	IV	强融沉	饱冰冻土
黏性土	$w_0 < w_p$	$\delta_0 \leq 1$	I	不融沉	少冰冻土
	$w_p \leq w_0 < w_p + 4$	$1 < \delta_0 \leq 3$	II	弱融沉	多冰冻土
	$w_p + 4 \leq w_0 < w_p + 15$	$3 < \delta_0 \leq 10$	III	融沉	富冰冻土
	$w_p + 15 \leq w_0 < w_p + 35$	$10 \leq \delta_0 \leq 25$	IV	强融沉	饱冰冻土
含土冰层	$w_0 \geq w_p + 35$	$\delta_0 > 25$	V	融陷	含土冰层

注:　1 总含水量 w_0 包括冰和未冻水;

　　　2 本表不包括盐渍化冻土、冻结泥炭化土、腐殖土、高塑性黏土。

6.6.3 多年冻土勘察应根据多年冻土的设计原则、多年冻土的类型和特征进行,并应查明下列内容:

　　1 多年冻土的分布范围及上限深度;

　　2 多年冻土的类型、厚度、总含水量、构造特征、物理力学和热学性质;

　　3 多年冻土层上水、层间水和层下水的赋存形式、相互关系及其对工程的影响;

　　4 多年冻土的融沉性分级和季节融化层土的冻胀性分级;

　　5 厚层地下冰、冰椎、冰丘、冻土沼泽、热融滑塌、热融湖塘、融冻泥流等不良地质作用的形态特征、形成条件、分布范围、发生发展规律及其对工程的危害程度。

6.6.4 多年冻土地区勘探点的间距,除应满足本规范第 4 章的要求外,尚应适当加密。勘探孔的深度应满足下列要求:

　　1 对保持冻结状态设计的地基,不应小于基底以下 2 倍基础宽度,对桩基应超过桩端以下 3～5m;

　　2 对逐渐融化状态和预先融化状态设计的地基,应符合非冻土地基的要求;

　　3 无论何种设计原则,勘探孔的深度均宜超过多年冻土上限深度的 1.5 倍；

 4 在多年冻土的不稳定地带，应查明多年冻土下限深度；当地基为饱冰冻土或含土冰层时，应穿透该层。

6.6.5 多年冻土的勘探测试应满足下列要求：

 1 多年冻土地区钻探宜缩短施工时间，宜采用大口径低速钻进，终孔直径不宜小于 108mm，必要时可采用低温泥浆，并避免在钻孔周围造成人工融区或孔内冻结；

 2 应分层测定地下水位；

 3 保持冻结状态设计地段的钻孔，孔内测温工作结束后应及时回填；

 4 取样的竖向间隔，除应满足本规范第 4 章的要求外，在季节融化层应适当加密，试样在采取、搬运、贮存、试验过程中应避免融化；

 5 试验项目除按常规要求外，尚应根据需要，进行总含水量、体积含冰量、相对含冰量、未冻水含量、冻结温度、导热系数、冻胀量、融化压缩等项目的试验；对盐渍化多年冻土和泥炭化多年冻土，尚应分别测定易溶盐含量和有机质含量；

 6 工程需要时，可建立地温观测点，进行地温观测；

 7 当需查明与冻土融化有关的不良地质作用时，调查工作宜在二月至五月份进行；多年冻土上限深度的勘察时间宜在九、十月份。

6.6.6 多年冻土的岩土工程评价应符合下列要求：

 1 多年冻土的地基承载力，应区别保持冻结地基和容许融化地基，结合当地经验用载荷试验或其他原位测试方法综合确定，对次要建筑物可根据邻近工程经验确定；

 2 除次要工程外，建筑物宜避开饱冰冻土、含土冰层地段和冰锥、冰丘、热融湖、厚层地下冰、融区与多年冻土区之间的过渡带，宜选择坚硬岩层、少冰冻土和多冰冻土地段以及地下水位或冻土层上水位低的地段和地形平缓的高地。

6.7 膨胀岩土

6.7.1 含有大量亲水矿物，湿度变化时有较大体积变化，变形受约束时产生较大内应力的岩土，应判定为膨胀岩土。膨胀土的初判应符合本规范附录 D 的规定；终判应在初判的基础上按本节第 6.7.7 条进行。

6.7.2 膨胀岩土场地，按地形地貌条件可分为平坦场地和坡地场地。符合下列条件之一者应划为平坦场地：

 1 地形坡度小于 5°，且同一建筑物范围内局部高差不超过 1m；

 2 地形坡度大于 5°小于 14°，与坡肩水平距离大于 10m 的坡顶地带。

不符合以上条件的应划为坡地场地。

6.7.3 膨胀岩土地区的工程地质测绘和调查应包括下列内容：

 1 查明膨胀岩土的岩性、地质年代、成因、产状、分布以及颜色、节理、裂缝等外观特征；

 2 划分地貌单元和场地类型，查明有无浅层滑坡、地裂、冲沟以及微地貌形态和植被情况；

 3 调查地表水的排泄和积聚情况以及地下水类型、水位和变化规律；

 4 搜集当地降水量、蒸发力、气温、地温、干湿季节、干旱持续时间等气象资料，查明大气影响深度；

 5 调查当地建筑经验。

6.7.4 膨胀岩土的勘察应遵守下列规定：

 1 勘探点宜结合地貌单元和微地貌形态布置；其数量应比非膨胀岩土地区适当增加，其中采取试样的勘探点不应少于全部勘探点的 1/2；

 2 勘探孔的深度，除应满足基础埋深和附加应力的影响深度外，尚应超过大气影响深度；控制性勘探孔不应小于 8m，一般性勘探孔不应小于 5m；

 3 在大气影响深度内，每个控制性勘探孔均应采取Ⅰ、Ⅱ级土试样，取样间距不应大于 1.0m，在大气影响深度以下，取样间距可为 1.5～2.0m；一般性勘探孔从地表下 1m 开始至 5m 深度内，可取Ⅲ级土试样，测定天然含水量。

6.7.5 膨胀岩土的室内试验，除应遵守本规范第 11 章的规定外，尚应测定下列指标：

 1 自由膨胀率；

 2 一定压力下的膨胀率；

 3 收缩系数；

 4 膨胀力。

6.7.6 重要的和有特殊要求的工程场地，宜进行现场浸水载荷试验、剪切试验或旁压试验。对膨胀岩应进行黏土矿物成分、体膨胀量和无侧限抗压强度试验。对各向异性的膨胀岩土，应测定其不同方向的膨胀率、膨胀力和收缩系数。

6.7.7 对初判为膨胀土的地区，应计算土的膨胀变形量、收缩变形量和胀缩变形量，并划分胀缩等级。计算和划分方法应符合现行国家标准《膨胀土地区建筑技术规范》（GBJ 112）的规定。有地区经验时，亦可根据地区经验分级。

 当拟建场地或其邻近有膨胀岩土损坏的工程时，应判定为膨胀岩土，并进行详细调查，分析膨胀岩土对工程的破坏机制，估计膨胀力的大小和胀缩等级。

6.7.8 膨胀岩土的岩土工程评价应符合下列规定：

 1 对建在膨胀岩土上的建筑物，其基础埋深、地基处理、桩基设计、总平面布置、建筑和结构措施、施工和维护，应符合现行国家标准《膨胀土地区建筑技术规范》（GBJ 112）的规定；

2 一级工程的地基承载力应采用浸水载荷试验方法确定；二级工程宜采用浸水载荷试验；三级工程可采用饱和状态下不固结不排水三轴剪切试验计算或根据已有经验确定。

3 对边坡及位于边坡上的工程，应进行稳定性验算；验算时应考虑坡体内含水量变化的影响；均质土可采用圆弧滑动法，有软弱夹层及层状膨胀岩土应按最不利的滑动面验算；具有胀缩裂缝和地裂缝的膨胀土边坡，应进行沿裂缝滑动的验算。

6.8 盐渍岩土

6.8.1 岩土中易溶盐含量大于 0.3%，并具有溶陷、盐胀、腐蚀等工程特性时，应判定为盐渍岩土。

6.8.2 盐渍岩按主要含盐矿物成分可分为石膏盐渍岩、芒硝盐渍岩等。盐渍土根据其含盐化学成分和含盐量可按表 6.8.2-1 和 6.8.2-2 分类。

表 6.8.2-1 盐渍土按含盐化学成分分类

盐渍土名称	$\dfrac{c\,(Cl^-)}{2c\,(SO_4^{2-})}$	$\dfrac{2c\,(CO_3^{2-})+c\,(HCO_3^-)}{c\,(Cl^-)+2c\,(SO_4^{2-})}$
氯盐渍土	>2	—
亚氯盐渍土	2～1	—
亚硫酸盐渍土	1～0.3	—
硫酸盐渍土	<0.3	—
碱性盐渍土	—	>0.3

注：表中 $c\,(Cl^-)$ 为氯离子在 100g 土中所含毫摩数，其他离子同。

表 6.8.2-2 盐渍土按含盐量分类

盐渍土名称	平均含盐量（%）		
	氯及亚氯盐	硫酸及亚硫酸盐	碱性盐
弱盐渍土	0.3～1.0	—	—
中盐渍土	1～5	0.3～2.0	0.3～1.0
强盐渍土	5～8	2～5	1～2
超盐渍土	>8	>5	>2

6.8.3 盐渍岩土地区的调查工作，应包括下列内容：

1 盐渍岩土的成因、分布和特点；

2 含盐化学成分、含盐量及其在岩土中的分布；

3 溶蚀洞穴发育程度和分布；

4 搜集气象和水文资料；

5 地下水的类型、埋藏条件、水质、水位及其季节变化；

6 植物生长状况；

7 含石膏为主的盐渍岩石膏的水化深度，含芒硝较多的盐渍岩，在隧道通过地段的地温情况；

8 调查当地工程经验。

6.8.4 盐渍岩土的勘探测试应符合下列规定：

1 除应遵守本规范第 4 章规定外，勘探点布置尚应满足查明盐渍岩土分布特征的要求；

2 采取岩土试样宜在干旱季节进行，对用于测定含盐离子的扰动土取样，宜符合表 6.8.4 的规定；

表 6.8.4 盐渍土扰动土试样取样要求

勘察阶段	深度范围（m）	取土试样间距（m）	取样孔占勘探孔总数的百分数（%）
初步勘察	<5	1.0	100
	5～10	2.0	50
	>10	3.0～5.0	20
详细勘察	<5	0.5	100
	5～10	1.0	50
	>10	2.0～3.0	30

注：浅基取样深度到 10m 即可。

3 工程需要时，应测定有害毛细水上升的高度；

4 应根据盐渍土的岩性特征，选用载荷试验等适宜的原位测试方法，对于溶陷性盐渍土尚应进行浸水载荷试验确定其溶陷性；

5 对盐胀性盐渍土宜现场测定有效盐胀厚度和总盐胀量，当土中硫酸钠含量不超过 1% 时，可不考虑盐胀性；

6 除进行常规室内试验外，尚应进行溶陷性试验和化学成分分析，必要时可对岩土的结构进行显微结构鉴定；

7 溶陷性指标的测定可按湿陷性土的湿陷试验方法进行。

6.8.5 盐渍岩土的岩土工程评价应包括下列内容：

1 岩土中含盐类型、含盐量及主要含盐矿物对岩土工程特性的影响；

2 岩土的溶陷性、盐胀性、腐蚀性和场地工程建设的适宜性；

3 盐渍土地基的承载力宜采用载荷试验确定，当采用其他原位测试方法时，应与载荷试验结果进行对比；

4 确定盐渍岩地基的承载力时，应考虑盐渍岩的水溶性影响；

5 盐渍岩边坡的坡度宜比非盐渍岩的软质岩石边坡适当放缓，对软弱夹层、破碎带应部分或全部加以防护；

6 盐渍岩土对建筑材料的腐蚀性评价应按本规范第 12 章执行。

6.9 风化岩和残积土

6.9.1 岩石在风化营力作用下，其结构、成分和性质已产生不同程度的变异，应定名为风化岩。已完全风化成土而未经搬运的应定名为残积土。

6.9.2 风化岩和残积土的勘察应着重查明下列内容：

1 母岩地质年代和岩石名称；

2 按本规范附录 A 表 A.0.3 划分岩石的风化

程度；

3 岩脉和风化花岗岩中球状风化体（孤石）的分布；

4 岩土的均匀性、破碎带和软弱夹层的分布；

5 地下水赋存条件。

6.9.3 风化岩和残积土的勘探测试应符合下列要求：

1 勘探点间距应取本规范第 4 章规定的小值；

2 应有一定数量的探井；

3 宜在探井中或用双重管、三重管采取试样，每一风化带不应少于 3 组；

4 宜采用原位测试与室内试验相结合，原位测试可采用圆锥动力触探、标准贯入试验、波速测试和载荷试验；

5 室内试验除应按本规范第 11 章的规定执行外，对相当于极软岩和极破碎的岩体，可按土工试验要求进行，对残积土，必要时应进行湿陷性和湿化试验。

6.9.4 对花岗岩残积土，应测定其中细粒土的天然含水量 w、塑限 w_P、液限 w_L。

6.9.5 花岗岩类残积土的地基承载力和变形模量应采用载荷试验确定。有成熟地方经验时，对于地基基础设计等级为乙级、丙级的工程，可根据标准贯入试验等原位测试资料，结合当地经验综合确定。

6.9.6 风化岩和残积土的岩土工程评价应符合下列要求：

1 对于厚层的强风化和全风化岩石，宜结合当地经验进一步划分为碎块状、碎屑状和土状；厚层残积土可进一步划分为硬塑残积土和可塑残积土，也可根据含砾或含砂量划分为黏性土、砂质黏性土和砾质黏性土；

2 建在软硬互层或风化程度不同地基上的工程，应分析不均匀沉降对工程的影响；

3 基坑开挖后应及时检验，对于易风化的岩类，应及时砌筑基础或采取其他措施，防止风化发展；

4 对岩脉和球状风化体（孤石），应分析评价其对地基（包括桩基）的影响，并提出相应的建议。

6.10 污 染 土

6.10.1 由于致污物质的侵入，使土的成分、结构和性质发生了显著变异的土，应判定为污染土。污染土的定名可在原分类名称前冠以"污染"二字。

6.10.2 本节适用于工业污染土、尾矿污染土和垃圾填埋场渗滤液污染土的勘察，不适用于核污染土的勘察。污染土对环境影响的评价可根据任务要求进行。

6.10.3 污染土场地和地基可分为下列类型，不同类型场地和地基勘察应突出重点。

1 已受污染的已建场地和地基；

2 已受污染的拟建场地和地基；

3 可能受污染的已建场地和地基；

4 可能受污染的拟建场地和地基。

6.10.4 污染土场地和地基的勘察，应根据工程特点和设计要求选择适宜的勘察手段，并应符合下列要求：

1 以现场调查为主，对工业污染应着重调查污染源、污染史、污染途径、污染物成分、污染场地已有建筑物受影响程度、周边环境等。对尾矿污染应重点调查不同的矿物种类和化学成分，了解选矿所采用工艺、添加剂及其化学性质和成分等。对垃圾填埋场应着重调查垃圾成分、日处理量、堆积容量、使用年限、防渗结构、变形要求及周边环境等。

2 采用钻探或坑探采取土试样，现场观察污染土颜色、状态、气味和外观结构等，并与正常土比较，查明污染土分布范围和深度。

3 直接接触试验样品的取样设备应严格保持清洁，每次取样后均应用清洁水冲洗后再进行下一个样品的采取；对易分解或易挥发等不稳定组分的样品，装样时应尽量减少土样与空气的接触时间，防止挥发性物质流失并防止发生氧化；土样采集后宜采取适宜的保存方法并在规定时间内运送试验室。

4 对需要确定地基土工程性能的污染土，宜采用以原位测试为主的多种手段；当需要确定污染土地基承载力时，宜进行载荷试验。

6.10.5 对污染土的勘探测试，当污染物对人体健康有害或对机具仪器有腐蚀性时，应采取必要的防护措施。

6.10.6 拟建场地污染土勘察宜分为初步勘察和详细勘察两个阶段。条件简单时，可直接进行详细勘察。

初步勘察应以现场调查为主，配合少量勘探测试，查明污染源性质、污染途径，并初步查明污染土分布和污染程度；详细勘察应在初步勘察的基础上，结合工程特点、可能采用的处理措施，有针对性地布置勘察工作量，查明污染土的分布范围、污染程度、物理力学和化学指标，为污染土处理提供参数。

6.10.7 勘探测试工作量的布置应结合污染源和污染途径的分布进行，近污染源处勘探点间距宜密，远污染源处勘探点间距宜疏。为查明污染土分布的勘探孔深度应穿透污染土。详细勘察时，采取污染土试样的间距应根据其厚度及可能采取的处理措施等综合确定。确定污染土与非污染土界限时，取土间距不宜大于 1m。

6.10.8 有地下水的勘探孔应采取不同深度地下水试样，查明污染物在地下水中的空间分布。同一钻孔内采取不同深度的地下水试样时，应采用严格的隔离措施，防止因采取混合水样而影响判别结论。

6.10.9 污染土和水的室内试验，应根据污染情况和任务要求进行下列试验：

1 污染土和水的化学成分；

2 污染土的物理力学性质；

3 对建筑材料腐蚀性的评价指标；

4 对环境影响的评价指标；

5 力学试验项目和试验方法应充分考虑污染土的特殊性质，进行相应的试验，如膨胀、湿化、湿陷性试验等；

6 必要时进行专门的试验研究。

6.10.10 污染土评价应根据任务要求进行，对场地和建筑物地基的评价应符合下列要求：

1 污染源的位置、成分、性质、污染史及对周边的影响；

2 污染土分布的平面范围和深度、地下水受污染的空间范围；

3 污染土的物理力学性质、污染对土的工程特性指标的影响程度；

4 工程需要时，提供地基承载力和变形参数，预测地基变形特征；

5 污染土和水对建筑材料的腐蚀性；

6 污染土和水对环境的影响；

7 分析污染发展趋势；

8 对已建项目的危害性或拟建项目适宜性的综合评价。

6.10.11 污染土和水对建筑材料的腐蚀性评价和腐蚀等级的划分，应符合本规范第 12 章的有关规定。

6.10.12 污染对土的工程特性的影响程度可按表6.10.12 划分。根据工程具体情况，可采用强度、变形、渗透等工程特性指标进行综合评价。

表 6.10.12 污染对土的工程特性的影响程度

影响程度	轻微	中等	大
工程特性指标变化率（%）	<10	10～30	>30

注："工程特性指标变化率"是指污染前后工程特性指标的差值与污染前指标之百分比。

6.10.13 污染土和水对环境影响的评价应结合工程具体要求进行，无明确要求时可按现行国家标准《土壤环境质量标准》GB 15618、《地下水质量标准》GB/T 14848 和《地表水环境质量标准》GB 3838 进行评价。

6.10.14 污染土的处置与修复应根据污染程度、分布范围、土的性质、修复标准、处理工期和处理成本等综合考虑。

7 地 下 水

7.1 地下水的勘察要求

7.1.1 岩土工程勘察应根据工程要求，通过搜集资料和勘察工作，掌握下列水文地质条件：

1 地下水的类型和赋存状态；

2 主要含水层的分布规律；

3 区域性气候资料，如年降水量、蒸发量及其变化和对地下水位的影响；

4 地下水的补给排泄条件、地表水与地下水的补排关系及其对地下水位的影响；

5 勘察时的地下水位、历史最高地下水位、近3～5 年最高地下水位、水位变化趋势和主要影响因素；

6 是否存在对地下水和地表水的污染源及其可能的污染程度。

7.1.2 对缺乏常年地下水位监测资料的地区，在高层建筑或重大工程的初步勘察时，宜设置长期观测孔，对有关层位的地下水进行长期观测。

7.1.3 对高层建筑或重大工程，当水文地质条件对地基评价、基础抗浮和工程降水有重大影响时，宜进行专门的水文地质勘察。

7.1.4 专门的水文地质勘察应符合下列要求：

1 查明含水层和隔水层的埋藏条件，地下水类型、流向、水位及其变化幅度，当场地有多层对工程有影响的地下水时，应分层量测地下水位，并查明互相之间的补给关系；

2 查明场地地质条件对地下水赋存和渗流状态的影响；必要时应设置观测孔，或在不同深度处埋设孔隙水压力计，量测压力水头随深度的变化；

3 通过现场试验，测定地层渗透系数等水文地质参数。

7.1.5 水试样的采取和试验应符合下列规定：

1 水试样应能代表天然条件下的水质情况；

2 水试样的采取和试验项目应符合本规范第 12章的规定；

3 水试样应及时试验，清洁水放置时间不宜超过 72 小时，稍受污染的水不宜超过 48 小时，受污染的水不宜超过 12 小时。

7.2 水文地质参数的测定

7.2.1 水文地质参数的测定方法应符合本规范附录E 的规定。

7.2.2 地下水位的量测应符合下列规定：

1 遇地下水时应量测水位；

2 （此款取消）

3 对工程有影响的多层含水层的水位量测，应采取止水措施，将被测含水层与其他含水层隔开。

7.2.3 初见水位和稳定水位可在钻孔、探井或测压管内直接量测，稳定水位的间隔时间按地层的渗透性确定，对砂土和碎石土不得少于 0.5h，对粉土和黏性土不得少于 8h，并宜在勘察结束后统一量测稳定水位。量测读数至厘米，精度不得低于±2cm。

7.2.4 测定地下水流向可用几何法，量测点不应少于呈三角形分布的 3 个测孔（井）。测点间距按岩土的渗透性、水力梯度和地形坡度确定，宜为 50～

100m。应同时量测各孔（井）内水位，确定地下水的流向。

地下水流速的测定可采用指示剂法或充电法。

7.2.5 抽水试验应符合下列规定：

1 抽水试验方法可按表7.2.5选用；

2 抽水试验宜三次降深，最大降深应接近工程设计所需的地下水位降深的标高；

3 水位量测应采用同一方法和仪器，读数对抽水孔为厘米，对观测孔为毫米；

4 当涌水量与时间关系曲线和动水位与时间的关系曲线，在一定范围内波动，而没有持续上升和下降时，可认为已经稳定；

5 抽水结束后应量测恢复水位。

表7.2.5 抽水试验方法和应用范围

试 验 方 法	应 用 范 围
钻孔或探井简易抽水	粗略估算弱透水层的渗透系数
不带观测孔抽水	初步测定含水层的渗透性参数
带观测孔抽水	较准确测定含水层的各种参数

7.2.6 渗水试验和注水试验可在试坑或钻孔中进行。对砂土和粉土，可采用试坑单环法；对黏性土可采用试坑双环法；试验深度较大时可采用钻孔法。

7.2.7 压水试验应根据工程要求，结合工程地质测绘和钻探资料，确定试验孔位，按岩层的渗透特性划分试验段，按需要确定试验的起始压力、最大压力和压力级数，及时绘制压力与压入水量的关系曲线，计算试段的透水率，确定 p-Q 曲线的类型。

7.2.8 孔隙水压力的测定应符合下列规定：

1 测定方法可按本规范附录E表E.0.2确定；

2 测试点应根据地质条件和分析需要布置；

3 测压计的安装和埋设应符合有关安装技术规定；

4 测试数据应及时分析整理，出现异常时应分析原因，并采取相应措施。

7.3 地下水作用的评价

7.3.1 岩土工程勘察应评价地下水的作用和影响，并提出预防措施的建议。

7.3.2 地下水力学作用的评价应包括下列内容：

1 对基础、地下结构物和挡土墙，应考虑在最不利组合情况下，地下水对结构物的上浮作用；对节理不发育的岩石和黏土且有地方经验或实测数据时，可根据经验确定；

有渗流时，地下水的水头和作用宜通过渗流计算进行分析评价；

2 验算边坡稳定时，应考虑地下水对边坡稳定的不利影响；

3 在地下水位下降的影响范围内，应考虑地面

沉降及其对工程的影响；当地下水位回升时，应考虑可能引起的回弹和附加的浮托力；

4 当墙背填土为粉砂、粉土或黏性土，验算支挡结构物的稳定时，应根据不同排水条件评价地下水压力对支挡结构物的作用；

5 因水头压差而产生自下向上的渗流时，应评价产生潜蚀、流土、管涌的可能性；

6 在地下水位以下开挖基坑或地下工程时，应根据岩土的渗透性、地下水补给条件，分析评价降水或隔水措施的可行性及其对基坑稳定和邻近工程的影响。

7.3.3 地下水的物理、化学作用的评价应包括下列内容：

1 对地下水位以下的工程结构，应评价地下水对混凝土、金属材料的腐蚀性，评价方法按本规范第12章执行；

2 对软质岩石、强风化岩石、残积土、湿陷性土、膨胀岩土和盐渍岩土，应评价地下水的聚集和散失所产生的软化、崩解、湿陷、胀缩和潜蚀等有害作用；

3 在冻土地区，应评价地下水对土的冻胀和融陷的影响。

7.3.4 对地下水采取降低水位措施时，应符合下列规定：

1 施工中地下水位应保持在基坑底面以下0.5~1.5m；

2 降水过程中应采取有效措施，防止土颗粒的流失；

3 防止深层承压水引起的突涌，必要时应采取措施降低基坑下的承压水头。

7.3.5 当需要进行工程降水时，应根据含水层渗透性和降深要求，选用适当的降低水位方法。当几种方法有互补性时，亦可组合使用。

8 工程地质测绘和调查

8.0.1 岩石出露或地貌、地质条件较复杂的场地应进行工程地质测绘。对地质条件简单的场地，可用调查代替工程地质测绘。

8.0.2 工程地质测绘和调查宜在可行性研究或初步勘察阶段进行。在可行性研究阶段搜集资料时，宜包括航空相片、卫星相片的解译结果。在详细勘察阶段可对某些专门地质问题作补充调查。

8.0.3 工程地质测绘和调查的范围，应包括场地及其附近地段。测绘的比例尺和精度应符合下列要求：

1 测绘的比例尺，可行性研究勘察可选用1：5 000~1：50 000；初步勘察可选用1：2 000~1：10 000；详细勘察可选用1：500~1：2 000；条件复杂时，比例尺可适当放大；

2 对工程有重要影响的地质单元体（滑坡、断层、软弱夹层、洞穴等），可采用扩大比例尺表示；

3 地质界线和地质观测点的测绘精度，在图上不应低于3mm。

8.0.4 地质观测点的布置、密度和定位应满足下列要求：

1 在地质构造线、地层接触线、岩性分界线、标准层位和每个地质单元体应有地质观测点；

2 地质观测点的密度应根据场地的地貌、地质条件、成图比例尺和工程要求等确定，并应具代表性；

3 地质观测点应充分利用天然和已有的人工露头，当露头少时，应根据具体情况布置一定数量的探坑或探槽；

4 地质观测点的定位应根据精度要求选用适当方法；地质构造线、地层接触线、岩性分界线、软弱夹层、地下水露头和不良地质作用等特殊地质观测点，宜用仪器定位。

8.0.5 工程地质测绘和调查，宜包括下列内容：

1 查明地形、地貌特征及其与地层、构造、不良地质作用的关系，划分地貌单元；

2 岩土的年代、成因、性质、厚度和分布；对岩层应鉴定其风化程度，对土层应区分新近沉积土、各种特殊性土；

3 查明岩体结构类型，各类结构面（尤其是软弱结构面）的产状和性质，岩、土接触面和软弱夹层的特性等，新构造活动的形迹及其与地震活动的关系；

4 查明地下水的类型、补给来源、排泄条件，井泉位置，含水层的岩性特征、埋藏深度、水位变化、污染情况及其与地表水体的关系；

5 搜集气象、水文、植被、土的标准冻结深度等资料；调查最高洪水位及其发生时间、淹没范围；

6 查明岩溶、土洞、滑坡、崩塌、泥石流、冲沟、地面沉降、断裂、地震震害、地裂缝、岸边冲刷等不良地质作用的形成、分布、形态、规模、发育程度及其对工程建设的影响；

7 调查人类活动对场地稳定性的影响，包括人工洞穴、地下采空、大挖大填、抽水排水和水库诱发地震等；

8 建筑物的变形和工程经验。

8.0.6 工程地质测绘和调查的成果资料宜包括实际材料图、综合工程地质图、工程地质分区图、综合地质柱状图、工程地质剖面图以及各种素描图、照片和文字说明等。

8.0.7 利用遥感影像资料解译进行工程地质测绘时，现场检验地质观测点数宜为工程地质测绘点数的30%～50%。野外工作应包括下列内容：

1 检查解译标志；

2 检查解译结果；

3 检查外推结果；

4 对室内解译难以获得的资料进行野外补充。

9 勘 探 和 取 样

9.1 一 般 规 定

9.1.1 当需查明岩土的性质和分布，采取岩土试样或进行原位测试时，可采用钻探、井探、槽探、洞探和地球物理勘探等。勘探方法的选取应符合勘察目的和岩土的特性。

9.1.2 布置勘探工作时应考虑勘探对工程自然环境的影响，防止对地下管线、地下工程和自然环境的破坏。钻孔、探井和探槽完工后应妥善回填。

9.1.3 静力触探、动力触探作为勘探手段时，应与钻探等其他勘探方法配合使用。

9.1.4 进行钻探、井探、槽探和洞探时，应采取有效措施，确保施工安全。

9.2 钻 探

9.2.1 钻探方法可根据岩土类别和勘察要求按表9.2.1选用。

表9.2.1 钻探方法的适用范围

钻探方法		钻进地层					勘察要求	
		黏性土	粉土	砂土	碎石土	岩石	直观鉴别、采取不扰动试样	直观鉴别、采取扰动试样
回转	螺旋钻探	++	+	+	—	—	++	++
	无岩芯钻探	++	++	++	+	++	—	—
	岩芯钻探	++	++	++	+	++	++	++
冲击	冲击钻探	—	+	++	++	—	—	—
	锤击钻探	++	++	++	+	—	++	++
振动钻探		++	++	++	+	—	+	++
冲洗钻探		+	++	++	—	—	—	—

注：++适用；+部分适用；—不适用。

9.2.2 勘探浅部土层可采用下列钻探方法：

1 小口径麻花钻（或提土钻）钻进；

2 小口径勺形钻钻进；

3 洛阳铲钻进。

9.2.3 钻探口径和钻具规格应符合现行国家标准的规定。成孔口径应满足取样、测试和钻进工艺的要求。

9.2.4 钻探应符合下列规定：

1 钻进深度和岩土分层深度的量测精度，不应低于±5cm；

2 应严格控制非连续取芯钻进的回次进尺，使分层精度符合要求；

3 对鉴别地层天然湿度的钻孔，在地下水位以上应进行干钻；当必须加水或使用循环液时，应采用双层岩芯管钻进；

  4 岩芯钻探的岩芯采取率，对完整和较完整岩体不应低于80%，较破碎和破碎岩体不应低于65%；对需重点查明的部位（滑动带、软弱夹层等）应采用双层岩芯管连续取芯；

  5 当需确定岩石质量指标 RQD 时，应采用75mm 口径（N 型）双层岩芯管和金刚石钻头；

  <u>**6**</u> （此款取消）

9.2.5 钻探操作的具体方法，应按现行标准《建筑工程地质钻探技术标准》（JGJ87）执行。

9.2.6 钻孔的记录和编录应符合下列要求：

  1 野外记录应由经过专业训练的人员承担；记录应真实及时，按钻进回次逐段填写，严禁事后追记；

  2 钻探现场可采用肉眼鉴别和手触方法，有条件或勘察工作有明确要求时，可采用微型贯入仪等定量化、标准化的方法；

  3 钻探成果可用钻孔野外柱状图或分层记录表示；岩土芯样可根据工程要求保存一定期限或长期保存，亦可拍摄岩芯、土芯彩照纳入勘察成果资料。

9.3 井探、槽探和洞探

9.3.1 当钻探方法难以准确查明地下情况时，可采用探井、探槽进行勘探。在坝址、地下工程、大型边坡等勘察中，当需详细查明深部岩层性质、构造特征时，可采用竖井或平洞。

9.3.2 探井的深度不宜超过地下水位。竖井和平洞的深度、长度、断面按工程要求确定。

9.3.3 对探井、探槽和探洞除文字描述记录外，尚应以剖面图、展示图等反映井、槽、洞壁和底部的岩性、地层分界、构造特征、取样和原位试验位置，并辅以代表性部位的彩色照片。

9.4 岩土试样的采取

9.4.1 土试样质量应根据试验目的按表9.4.1分为四个等级。

表 9.4.1 土试样质量等级

级别	扰动程度	试验内容
I	不扰动	土类定名、含水量、密度、强度试验、固结试验
II	轻微扰动	土类定名、含水量、密度
III	显著扰动	土类定名、含水量
IV	完全扰动	土类定名

注：1 不扰动是指原位应力状态虽已改变，但土的结构、密度和含水量变化很小，能满足室内试验各项要求；

  2 除地基基础设计等级为甲级的工程外，在工程技术要求允许的情况下可用II级土试样进行强度和固结试验，但宜先对土试样受扰动程度作抽样鉴定，判定用于试验的适宜性，并结合地区经验使用试验成果。

9.4.2 试样采取的工具和方法可按表9.4.2选择。

表 9.4.2 不同等级土试样的取样工具和方法

土试样质量等级	取样工具和方法		流塑	软塑	可塑	硬塑	坚硬	粉土	粉砂	细砂	中砂	粗砂	砾砂、碎石土、软岩
			黏性土					粉土	砂土				
I	薄壁取土器	固定活塞	++	++	++	−	−	−	+	+			
		水压固定活塞	++	++	++	−	−	−	+	+			
		自由活塞	−	+	+								
		敞口	+	+	+								
	回转取土器	单动三重管	−	−	+	+	+	+					
		双动三重管				+	+			+	+	+	++
	探井（槽）中刻取块状土样		++	++	++	+	+	++	+	+	+	+	++
II	薄壁取土器	水压固定活塞	+	+	+				+	+			
		自由活塞	+	+	+								
		敞口	+	+	+								
	回转取土器	单动三重管			+	+	+	+					
		双动三重管				+	+			+	+	+	++
	厚壁敞口取土器		+	+	+	+	+	+					
III	厚壁敞口取土器		+	+	+	+	+	+	+	+	+	+	
	标准贯入器		+	+	+	+	+	+	+	+	+	+	
	螺纹钻头		+	+	+	+	+						
	岩芯钻头												+
IV	标准贯入器		+	+	+	+	+	+	+	+	+	+	+
	螺纹钻头		+	+	+	+	+	+					
	岩芯钻头								+	+	+	+	++

注：1 ++：适用；+：部分适用；−：不适用；

  2 采取砂土试样应有防止试样失落的补充措施；

  3 有经验时，可用束节式取土器代替薄壁取土器。

9.4.3 取土器的技术规格应按本规范附录F执行。

9.4.4 在钻孔中采取I、II级砂样时，可采用原状取砂器，并按相应的现行标准执行。

9.4.5 在钻孔中采取I、II级土试样时，应满足下列要求：

  1 在软土、砂土中宜采用泥浆护壁；如使用套管，应保持管内水位等于或稍高于地下水位，取样位置应低于套管底三倍孔径的距离；

  2 采用冲洗、冲击、振动等方式钻进时，应在预计取样位置1m 以上改用回转钻进；

  3 下放取土器前应仔细清孔，清除扰动土，孔底残留浮土厚度不应大于取土器废土段长度（活塞取土器除外）；

  4 采取土试样宜用快速静力连续压入法；

  5 具体操作方法应按现行标准《原状土取样技术标准》（JGJ89）执行。

9.4.6 I、II、III级土试样应妥善密封，防止湿度变化，严防曝晒或冰冻。在运输中应避免振动，保存时间不宜超过三周。对易于振动液化和水分离析的土试样宜就近进行试验。

9.4.7 岩石试样可利用钻探岩芯制作或在探井、探槽、竖井和平洞中刻取。采取的毛样尺寸应满足试块加工的要求。在特殊情况下，试样形状、尺寸和方向由岩体力学试验设计确定。

9.5 地球物理勘探

9.5.1 岩土工程勘察中可在下列方面采用地球物理勘探：

1 作为钻探的先行手段，了解隐蔽的地质界线、界面或异常点；

2 在钻孔之间增加地球物理勘探点，为钻探成果的内插、外推提供依据；

3 作为原位测试手段，测定岩土体的波速、动弹性模量、动剪切模量、卓越周期、电阻率、放射性辐射参数、土对金属的腐蚀性等。

9.5.2 应用地球物理勘探方法时，应具备下列条件：

1 被探测对象与周围介质之间有明显的物理性质差异；

2 被探测对象具有一定的埋藏深度和规模，且地球物理异常有足够的强度；

3 能抑制干扰，区分有用信号和干扰信号；

4 在有代表性地段进行方法的有效性试验。

9.5.3 地球物理勘探，应根据探测对象的埋深、规模及其与周围介质的物性差异，选择有效的方法。

9.5.4 地球物理勘探成果判释时，应考虑其多解性，区分有用信息与干扰信号。需要时应采用多种方法探测，进行综合判释，并应有已知物探参数或一定数量的钻孔验证。

10 原位测试

10.1 一般规定

10.1.1 原位测试方法应根据岩土条件、设计对参数的要求、地区经验和测试方法的适用性等因素选用。

10.1.2 根据原位测试成果，利用地区性经验估算岩土工程特性参数和对岩土工程问题做出评价时，应与室内试验和工程反算参数作对比，检验其可靠性。

10.1.3 原位测试的仪器设备应定期检验和标定。

10.1.4 分析原位测试成果资料时，应注意仪器设备、试验条件、试验方法等对试验的影响，结合地层条件，剔除异常数据。

10.2 载荷试验

10.2.1 载荷试验可用于测定承压板下应力主要影响范围内岩土的承载力和变形模量。浅层平板载荷试验适用于浅层地基土；深层平板载荷试验适用于深层地基土和大直径桩的桩端土；螺旋板载荷试验适用于深层地基土或地下水位以下的地基土。深层平板载荷试验的试验深度不应小于 5m。

10.2.2 载荷试验应布置在有代表性的地点，每个场地不宜少于 3 个，当场地内岩土体不均匀时，应适当增加。浅层平板载荷试验应布置在基础底面标高处。

10.2.3 载荷试验的技术要求应符合下列规定：

1 浅层平板载荷试验的试坑宽度或直径不应小于承压板宽度或直径的三倍；深层平板载荷试验的试井直径应等于承压板直径；当试井直径大于承压板直径时，紧靠承压板周围土的高度不应小于承压板直径；

2 试坑或试井底的岩土应避免扰动，保持其原状结构和天然湿度，并在承压板下铺设不超过 20mm 的砂垫层找平，尽快安装试验设备；螺旋板头入土时，应按每转一圈下入一个螺距进行操作，减少对土的扰动；

3 载荷试验宜采用圆形刚性承压板，根据土的软硬或岩体裂隙密度选用合适的尺寸；土的浅层平板载荷试验承压板面积不应小于 0.25m²，对软土和粒径较大的填土不应小于 0.5m²；土的深层平板载荷试验承压板面积宜选用 0.5m²；岩石载荷试验承压板的面积不宜小于 0.07m²；

4 载荷试验加荷方式应采用分级维持荷载沉降相对稳定法（常规慢速法）；有地区经验时，可采用分级加荷沉降非稳定法（快速法）或等沉降速率法；加荷等级宜取 10～12 级，并不应少于 8 级，荷载量测精度不应低于最大荷载的 ±1%；

5 承压板的沉降可采用百分表或电测位移计量测，其精度不应低于 ±0.01mm；

6 对慢速法，当试验对象为土体时，每级荷载施加后，间隔 5 min、5 min、10 min、10 min、15 min、15min 测读一次沉降，以后间隔 30 min 测读一次沉降，当连读两小时每小时沉降量小于等于 0.1mm 时，可认为沉降已达相对稳定标准，施加下一级荷载；当试验对象是岩体时，间隔 1 min、2 min、2 min、5min 测读一次沉降，以后每隔 10min 测读一次，当连续三次读数差小于等于 0.01mm 时，可认为沉降已达相对稳定标准，施加下一级荷载；

7 当出现下列情况之一时，可终止试验：

1）承压板周边的土出现明显侧向挤出，周边岩土出现明显隆起或径向裂缝持续发展；

2）本级荷载的沉降量大于前级荷载沉降量的 5 倍，荷载与沉降曲线出现明显陡降；

3）在某级荷载下 24h 沉降速率不能达到相对稳定标准；

4）总沉降量与承压板直径（或宽度）之比超过 0.06。

10.2.4 根据载荷试验成果分析要求，应绘制荷载（p）与沉降（s）曲线，必要时绘制各级荷载下沉

（s）与时间（t）或时间对数（lg$t$）曲线。

应根据 p-s 曲线拐点，必要时结合 s-lg$t$ 曲线特征，确定比例界限压力和极限压力。当 p-s 呈缓变曲线时，可取对应于某一相对沉降值（即 s/d，d 为承压板直径）的压力评定地基土承载力。

10.2.5 土的变形模量应根据 p-s 曲线的初始直线段，可按均质各向同性半无限弹性介质的弹性理论计算。

浅层平板载荷试验的变形模量 E_0（MPa），可按下式计算：

$$E_0 = I_0(1 - \mu^2)\frac{pd}{s} \qquad (10.2.5\text{-}1)$$

深层平板载荷试验和螺旋板载荷试验的变形模量 E_0（MPa），可按下式计算：

$$E_0 = \omega\frac{pd}{s} \qquad (10.2.5\text{-}2)$$

式中 I_0——刚性承压板的形状系数，圆形承压板取 0.785；方形承压板取 0.886；

μ——土的泊松比（碎石土取 0.27，砂土取 0.30，粉土取 0.35，粉质黏土取 0.38，黏土取 0.42）；

d——承压板直径或边长（m）；

p——p-s 曲线线性段的压力（kPa）；

s——与 p 对应的沉降（mm）；

ω——与试验深度和土类有关的系数，可按表 10.2.5 选用。

10.2.6 基准基床系数 K_v 可根据承压板边长为 30cm 的平板载荷试验，按下式计算：

$$K_v = \frac{p}{s} \qquad (10.2.6)$$

表 10.2.5 深层载荷试验计算系数 ω

土类 \\ d/z	碎石土	砂土	粉土	粉质黏土	黏土
0.30	0.477	0.489	0.491	0.515	0.524
0.25	0.469	0.480	0.482	0.506	0.514
0.20	0.460	0.471	0.474	0.497	0.505
0.15	0.444	0.454	0.457	0.479	0.487
0.10	0.435	0.446	0.448	0.470	0.478
0.05	0.427	0.437	0.439	0.461	0.468
0.01	0.418	0.429	0.431	0.452	0.459

注：d/z 为承压板直径和承压板底面深度之比。

10.3 静力触探试验

10.3.1 静力触探试验适用于软土、一般黏性土、粉土、砂土和含少量碎石的土。静力触探可根据工程需要采用单桥探头、双桥探头或带孔隙水压力量测的单、双桥探头，可测定比贯入阻力（p_s）、锥尖阻力（q_c）、侧壁摩阻力（f_s）和贯入时的孔隙水压力（u）。

10.3.2 静力触探试验的技术要求应符合下列规定：

1 探头圆锥锥底截面积应采用 10cm^2 或 15cm^2，单桥探头侧壁高度应分别采用 57mm 或 70mm，双桥探头侧壁面积应采用 150～300cm^2，锥尖锥角应为 60°；

2 探头应匀速垂直压入土中，贯入速率为 1.2m/min；

3 探头测力传感器应连同仪器、电缆进行定期标定，室内探头标定测力传感器的非线性误差、重复性误差、滞后误差、温度漂移、归零误差均应小于 1%FS，现场试验归零误差应小于 3%，绝缘电阻不小于 500MΩ；

4 深度记录的误差不应大于触探深度的 ±1%；

5 当贯入深度超过 30m，或穿过厚层软土后再贯入硬土层时，应采取措施防止孔斜或断杆，也可配置测斜探头，量测触探孔的偏斜角，校正土层界线的深度；

6 孔压探头在贯入前，应在室内保证探头应变腔为已排除气泡的液体所饱和，并在现场采取措施保持探头的饱和状态，直至探头进入地下水位以下的土层为止；在孔压静探试验过程中不得上提探头；

7 当在预定深度进行孔压消散试验时，应量测停止贯入后不同时间的孔压值，其计时间隔由密而疏合理控制；试验过程不得松动探杆。

10.3.3 静力触探试验成果分析应包括下列内容：

1 绘制各种贯入曲线：单桥和双桥探头应绘制 p_s-z 曲线、q_c-z 曲线、f_s-z 曲线、R_f-z 曲线；孔压探头尚应绘制 u_i-z 曲线、q_t-z 曲线、f_t-z 曲线、B_q-z 曲线和孔压消散曲线：u_t-lg$t$ 曲线；

其中 R_f——摩阻比；

u_i——孔压探头贯入土中量测的孔隙水压力（即初始孔压）；

q_t——真锥头阻力（经孔压修正）；

f_t——真侧壁摩阻力（经孔压修正）；

B_q——静探孔压系数，$B_q = \dfrac{u_i - u_0}{q_t - \sigma_{vo}}$；

u_0——试验深度处静水压力（kPa）；

σ_{vo}——试验深度处总上覆压力（kPa）；

u_t——孔压消散过程时刻 t 的孔隙水压力。

2 根据贯入曲线的线型特征，结合相邻钻孔资料和地区经验，划分土层和判定土类；计算各土层静力触探有关试验数据的平均值，或对数据进行统计分析，提供静力触探数据的空间变化规律。

10.3.4 根据静力触探资料，利用地区经验，可进行力学分层，估算土的塑性状态或密实度、强度、压缩性、地基承载力、单桩承载力、沉桩阻力，进行液化判别等。根据孔压消散曲线可估算土的固结系数和渗透系数。

10.4 圆锥动力触探试验

10.4.1 圆锥动力触探试验的类型可分为轻型、重型和超重型三种，其规格和适用土类应符合表10.4.1的规定。

表10.4.1 圆锥动力触探类型

类 型		轻 型	重 型	超重型
落锤	锤的质量（kg）	10	63.5	120
	落距（cm）	50	76	100
探头	直径（mm）	40	74	74
	锥角（°）	60	60	60
探杆直径（mm）		25	42	50～60
指 标		贯入30cm的读数N_{10}	贯入10cm的读数$N_{63.5}$	贯入10cm的读数N_{120}
主要适用岩土		浅部的填土、砂土、粉土、黏性土	砂土、中密以下的碎石土、极软岩	密实和很密的碎石土、软岩、极软岩

10.4.2 圆锥动力触探试验技术要求应符合下列规定：

1 采用自动落锤装置；

2 触探杆最大偏斜度不应超过2%，锤击贯入应连续进行；同时防止锤击偏心、探杆倾斜和侧向晃动，保持探杆垂直度；锤击速率每分钟宜为15～30击；

3 每贯入1m，宜将探杆转动一圈半；当贯入深度超过10m，每贯入20cm宜转动探杆一次；

4 对轻型动力触探，当$N_{10}>100$或贯入15cm锤击数超过50时，可停止试验；对重型动力触探，当连续三次$N_{63.5}>50$时，可停止试验或改用超重型动力触探。

10.4.3 圆锥动力触探试验成果分析应包括下列内容：

1 单孔连续圆锥动力触探试验应绘制锤击数与贯入深度关系曲线；

2 计算单孔分层贯入指标平均值时，应剔除临界深度以内的数值、超前和滞后影响范围内的异常值；

3 根据各孔分层的贯入指标平均值，用厚度加权平均法计算场地分层贯入指标平均值和变异系数。

10.4.4 根据圆锥动力触探试验指标和地区经验，可进行力学分层，评定土的均匀性和物理性质（状态、密实度）、土的强度、变形参数、地基承载力、单桩承载力，查明土洞、滑动面、软硬土层界面，检测地基处理效果等。应用试验成果时是否修正或如何修正，应根据建立统计关系时的具体情况确定。

10.5 标准贯入试验

10.5.1 标准贯入试验适用于砂土、粉土和一般黏性土。

10.5.2 标准贯入试验的设备应符合表10.5.2的规定。

表10.5.2 标准贯入试验设备规格

落 锤		锤的质量（kg）	63.5
		落 距（cm）	76
贯入器	对开管	长 度（mm）	>500
		外 径（mm）	51
		内 径（mm）	35
	管靴	长 度（mm）	50～76
		刃口角度（°）	18～20
		刃口单刃厚度（mm）	1.6
钻杆		直 径（mm）	42
		相对弯曲	<1/1000

10.5.3 标准贯入试验的技术要求应符合下列规定：

1 标准贯入试验孔采用回转钻进，并保持孔内水位略高于地下水位。当孔壁不稳定时，可用泥浆护壁，钻至试验标高以上15cm处，清除孔底残土后再进行试验；

2 采用自动脱钩的自由落锤法进行锤击，并减小导向杆与锤间的摩阻力，避免锤击时的偏心和侧向晃动，保持贯入器、探杆、导向杆连接后的垂直度，锤击速率应小于30击/min；

3 贯入器打入土中15cm后，开始记录每打入10cm的锤击数，累计打入30cm的锤击数为标准贯入试验锤击数N。当锤击数已达50击，而贯入深度未达30cm时，可记录50击的实际贯入深度，按下式换算成相当于30cm的标准贯入试验锤击数N，并终止试验。

$$N = 30 \times \frac{50}{\Delta S} \qquad (10.5.3)$$

式中 ΔS——50击时的贯入度（cm）。

10.5.4 标准贯入试验成果N可直接标在工程地质剖面图上，也可绘制单孔标准贯入击数N与深度关系曲线或直方图。统计分层标贯击数平均值时，应剔除异常值。

10.5.5 标准贯入试验锤击数 N 值，可对砂土、粉土、黏性土的物理状态，土的强度、变形参数、地基承载力、单桩承载力，砂土和粉土的液化，成桩的可能性等作出评价。应用 N 值时是否修正和如何修正，应根据建立统计关系时的具体情况确定。

10.6 十字板剪切试验

10.6.1 十字板剪切试验可用于测定饱和软黏性土（$\varphi \approx 0$）的不排水抗剪强度和灵敏度。

10.6.2 十字板剪切试验点的布置，对均质土竖向间距可为 1m，对非均质或夹薄层粉细砂的软黏性土，宜先作静力触探，结合土层变化，选择软黏土进行试验。

10.6.3 十字板剪切试验的主要技术要求应符合下列规定：

1 十字板板头形状宜为矩形，径高比 1：2，板厚宜为 2～3mm；

2 十字板头插入钻孔底的深度不应小于钻孔或套管直径的 3～5 倍；

3 十字板插入至试验深度后，至少应静止 2～3min，方可开始试验；

4 扭转剪切速率宜采用（1°～2°）/10s，并应在测得峰值强度后继续测记 1min；

5 在峰值强度或稳定值测试完后，顺扭转方向连续转动 6 圈后，测定重塑土的不排水抗剪强度；

6 对开口钢环十字板剪切仪，应修正轴杆与土间的摩阻力的影响。

10.6.4 十字板剪切试验成果分析应包括下列内容：

1 计算各试验点土的不排水抗剪峰值强度、残余强度、重塑土强度和灵敏度；

2 绘制单孔十字板剪切试验土的不排水抗剪峰值强度、残余强度、重塑土强度和灵敏度随深度的变化曲线，需要时绘制抗剪强度与扭转角度的关系曲线；

3 根据土层条件和地区经验，对实测的十字板不排水抗剪强度进行修正。

10.6.5 十字板剪切试验成果可按地区经验，确定地基承载力、单桩承载力，计算边坡稳定，判定软黏性土的固结历史。

10.7 旁压试验

10.7.1 旁压试验适用于黏性土、粉土、砂土、碎石土、残积土、极软岩和软岩等。

10.7.2 旁压试验应在有代表性的位置和深度进行，旁压器的量测腔应在同一土层内。试验点的垂直间距应根据地层条件和工程要求确定，但不宜小于 1m，试验孔与已有钻孔的水平距离不宜小于 1m。

10.7.3 旁压试验的技术要求应符合下列规定：

1 预钻式旁压试验应保证成孔质量，钻孔直径与旁压器直径应良好配合，防止孔壁坍塌；自钻式旁压试验的自钻钻头、钻头转速、钻进速率、刃口距离、泥浆压力和流量等应符合有关规定；

2 加荷等级可采用预期临塑压力的 1/5～1/7，初始阶段加荷等级可取小值，必要时，可作卸荷再加荷试验，测定再加荷旁压模量；

3 每级压力应维持 1min 或 2min 后再施加下一级压力，维持 1min 时，加荷后 15s、30s、60s 测读变形量，维持 2min 时，加荷后 15s、30s、60s、120s 测读变形量；

4 当量测腔的扩张体积相当于量测腔的固有体积时，或压力达到仪器的容许最大压力时，应终止试验。

10.7.4 旁压试验成果分析应包括下列内容：

1 对各级压力和相应的扩张体积（或换算为半径增量）分别进行约束力和体积的修正后，绘制压力与体积曲线，需要时可作蠕变曲线；

2 根据压力与体积曲线，结合蠕变曲线确定初始压力、临塑压力和极限压力；

3 根据压力与体积曲线的直线段斜率，按下式计算旁压模量：

$$E_m = 2(1+\mu)\left(V_c + \frac{V_0 + V_f}{2}\right)\frac{\Delta p}{\Delta V} \qquad (10.7.4)$$

式中 E_m——旁压模量（kPa）；

μ——泊松比，按式 10.2.5 取值；

V_c——旁压器量测腔初始固有体积（cm³）；

V_0——与初始压力 p_0 对应的体积（cm³）；

V_f——与临塑压力 p_f 对应的体积（cm³）；

$\Delta p/\Delta V$——旁压曲线直线段的斜率（kPa/cm³）。

10.7.5 根据初始压力、临塑压力、极限压力和旁压模量，结合地区经验可评定地基承载力和变形参数。根据自钻式旁压试验的旁压曲线，还可测求土的原位水平应力、静止侧压力系数、不排水抗剪强度等。

10.8 扁铲侧胀试验

10.8.1 扁铲侧胀试验适用于软土、一般黏性土、粉土、黄土和松散～中密的砂土。

10.8.2 扁铲侧胀试验技术要求应符合下列规定：

1 扁铲侧胀试验探头长 230～240mm、宽 94～96mm、厚 14～16mm；探头前缘刃角 12°～16°，探头侧面钢膜片的直径 60mm；

2 每孔试验前后均应进行探头率定，取试验前后的平均值为修正值；膜片的合格标准为：

率定时膨胀至 0.05mm 的气压实测值 $\Delta A = 5$～25kPa；

率定时膨胀至 1.10mm 的气压实测值 $\Delta B = 10$～110kPa；

3 试验时，应以静力匀速将探头贯入土中，贯入速率宜为 2cm/s；试验点间距可取 20～50cm；

4 探头达到预定深度后，应匀速加压和减压测定膜片膨胀至 0.05mm、1.10mm 和回到 0.05mm 的压力 A、B、C 值；

5 扁铲侧胀消散试验，应在需测试的深度进行，测读时间间隔可取 1min、2min、4min、8min、15min、30min、90min，以后每 90min 测读一次，直至消散结束。

10.8.3 扁铲侧胀试验成果分析应包括下列内容：

1 对试验的实测数据进行膜片刚度修正：

$$p_0 = 1.05(A - z_m + \Delta A) \\ - 0.05(B - z_m - \Delta B) \quad (10.8.3-1)$$

$$p_1 = B - z_m - \Delta B \quad (10.8.3-2)$$

$$p_2 = C - z_m + \Delta A \quad (10.8.3-3)$$

式中 p_0——膜片向土中膨胀之前的接触压力（kPa）；

p_1——膜片膨胀至 1.10mm 时的压力（kPa）；

p_2——膜片回到 0.05mm 时的终止压力（kPa）；

z_m——调零前的压力表初读数（kPa）。

2 根据 p_0、p_1 和 p_2 计算下列指标：

$$E_D = 34.7(p_1 - p_0) \quad (10.8.3-4)$$

$$K_D = (p_0 - u_0)/\sigma_{vo} \quad (10.8.3-5)$$

$$I_D = (p_1 - p_0)/(p_0 - u_0) \quad (10.8.3-6)$$

$$U_D = (p_2 - u_0)/(p_0 - u_0) \quad (10.8.3-7)$$

式中 E_D——侧胀模量（kPa）；

K_D——侧胀水平应力指数；

I_D——侧胀土性指数；

U_D——侧胀孔压指数；

u_0——试验深度处的静水压力（kPa）；

σ_{vo}——试验深度处土的有效上覆压力（kPa）。

3 绘制 E_D、I_D、K_D 和 U_D 与深度的关系曲线。

10.8.4 根据扁铲侧胀试验指标和地区经验，可判别土类，确定黏性土的状态、静止侧压力系数、水平基床系数等。

10.9 现场直接剪切试验

10.9.1 现场直剪试验可用于岩土体本身、岩土体沿软弱结构面和岩体与其他材料接触面的剪切试验，可分为岩土体试体在法向应力作用下沿剪切面剪切破坏的抗剪断试验，岩土体剪断后沿剪切面继续剪切的抗剪试验（摩擦试验），法向应力为零时岩体剪切的抗切试验。

10.9.2 现场直剪试验可在试洞、试坑、探槽或大口径钻孔内进行。当剪切面水平或近于水平时，可采用平推法或斜推法；当剪切面较陡时，可采用楔形体法。

同一组试验体的岩性应基本相同，受力状态应与岩土体在工程中的实际受力状态相近。

10.9.3 现场直剪试验每组岩体不宜少于 5 个。剪切面积不得小于 0.25m²。试体最小边长不宜小于 50cm，高度不宜小于最小边长的 0.5 倍。试体之间的距离应大于最小边长的 1.5 倍。

每组土体试验不宜少于 3 个。剪切面积不宜小于 0.3m²，高度不宜小于 20cm 或为最大粒径的 4～8 倍，剪切面开缝应为最小粒径的 1/3～1/4。

10.9.4 现场直剪试验的技术要求应符合下列规定：

1 开挖试坑时应避免对试体的扰动和含水量的显著变化；在地下水位以下试验时，应避免水压力和渗流对试验的影响；

2 施加的法向荷载、剪切荷载应位于剪切面、剪切缝的中心；或使法向荷载与剪切荷载的合力通过剪切面的中心，并保持法向荷载不变；

3 最大法向荷载应大于设计荷载，并按等量分级；荷载精度应为试验最大荷载的 ±2%；

4 每一试体的法向荷载可分 4～5 级施加；当法向变形达到相对稳定时，即可施加剪切荷载；

5 每级剪切荷载按预估最大荷载的 8%～10% 分级等量施加，或按法向荷载的 5%～10% 分级等量施加；岩体按每 5～10min，土体按每 30s 施加一级剪切荷载；

6 当剪切变形急剧增长或剪切变形达到试体尺寸的 1/10 时，可终止试验；

7 根据剪切位移大于 10mm 时的试验成果确定残余抗剪强度，需要时可沿剪切面继续进行摩擦试验。

10.9.5 现场直剪试验成果分析应包括下列内容：

1 绘制剪切应力与剪切位移曲线、剪应力与垂直位移曲线，确定比例强度、屈服强度、峰值强度、剪胀点和剪胀强度；

2 绘制法向应力与比例强度、屈服强度、峰值强度、残余强度的曲线，确定相应的强度参数。

10.10 波 速 测 试

10.10.1 波速测试适用于测定各类岩土体的压缩波、剪切波或瑞利波的波速，可根据任务要求，采用单孔法、跨孔法或面波法。

10.10.2 单孔法波速测试的技术要求应符合下列规定：

1 测试孔应垂直；

2 将三分量检波器固定在孔内预定深度处，并紧贴孔壁；

3 可采用地面激振或孔内激振；

4 应结合土层布置测点，测点的垂直间距宜取 1～3m。层位变化处加密，并宜自下而上逐点测试。

10.10.3 跨孔法波速测试的技术要求应符合下列规定：

1 振源孔和测试孔，应布置在一条直线上；

2 测试孔的孔距在土层中宜取 2～5m，在岩层中宜取 8～15m，测点垂直间距宜取 1～2m；近地表测点宜布置在 0.4 倍孔距的深度处，震源和检波器应置于同一地层的相同标高处；

3 当测试深度大于 15m 时，应进行激振孔和测试孔倾斜度和倾斜方位的量测，测点间距宜取 1m。

10.10.4 面波法波速测试可采用瞬态法或稳态法，宜采用低频检波器，道间距可根据场地条件通过试验确定。

10.10.5 波速测试成果分析应包括下列内容：

1 在波形记录上识别压缩波和剪切波的初至时间；

2 计算由振源到达测点的距离；

3 根据波的传播时间和距离确定波速；

4 计算岩土小应变的动弹性模量、动剪切模量和动泊松比。

10.11　岩体原位应力测试

10.11.1 岩体应力测试适用于无水、完整或较完整的岩体。可采用孔壁应变法、孔径变形法和孔底应变法测求岩体空间应力和平面应力。

10.11.2 测试岩体原始应力时，测点深度应超过应力扰动影响区；在地下洞室中进行测试时，测点深度应超过洞室直径的二倍。

10.11.3 岩体应力测试技术要求应符合下列规定：

1 在测点测段内，岩性应均一完整；

2 测试孔的孔壁、孔底应光滑、平整、干燥；

3 稳定标准为连续三次读数（每隔 10min 读一次）之差不超过 $5\mu\varepsilon$；

4 同一钻孔内的测试读数不应少于三次。

10.11.4 岩芯应力解除后的围压试验应在 24 小时内进行；压力宜分 5～10 级，最大压力应大于预估岩体最大主应力。

10.11.5 测试成果整理应符合下列要求：

1 根据测试成果计算岩体平面应力和空间应力，计算方法应符合现行国家标准《工程岩体试验方法标准》(GB/T 50266)的规定；

2 根据岩芯解除应变值和解除深度，绘制解除过程曲线；

3 根据围压试验资料，绘制压力与应变关系曲线，计算岩石弹性常数。

10.12　激振法测试

10.12.1 激振法测试可用于测定天然地基和人工地基的动力特性，为动力机器基础设计提供地基刚度、阻尼比和参振质量。

10.12.2 激振法测试应采用强迫振动方法，有条件时宜同时采用强迫振动和自由振动两种测试方法。

10.12.3 进行激振法测试时，应搜集机器性能、基础形式、基底标高、地基土性质和均匀性、地下构筑物和干扰振源等资料。

10.12.4 激振法测试的技术要求应符合下列规定：

1 机械式激振设备的最低工作频率宜为 3～5Hz，最高工作频率宜大于 60Hz；电磁激振设备的扰力不宜小于 600N；

2 块体基础的尺寸宜采用 2.0m×1.5m×1.0m。在同一地层条件下，宜采用两个块体基础进行对比试验，基底面积一致，高度分别为 1.0m 和 1.5m；桩基测试应采用两根桩，桩间距取设计间距；桩台边缘至桩轴的距离可取桩间距的 1/2，桩台的长宽比应为 2∶1，高度不宜小于 1.6m；当进行不同桩数的对比试验时，应增加桩数和相应桩台面积；测试基础的混凝土强度等级不宜低于 C15；

3 测试基础应置于拟建基础附近和性质类似的土层上，其底面标高应与拟建基础底面标高一致；

4 应分别进行明置和埋置两种情况的测试，埋置基础的回填土应分层夯实；

5 仪器设备的精度，安装、测试方法和要求等，应符合现行国家标准《地基动力特性测试规范》(GB/T 50269)的规定。

10.12.5 激振法测试成果分析应包括下列内容：

1 强迫振动测试应绘制下列幅频响应曲线：

　　1） 竖向振动为竖向振幅随频率变化的幅频响应曲线（A_z-f 曲线）；

　　2） 水平回转耦合振动为水平振幅随频率变化的幅频响应曲线（$A_{x\varphi}$-f 曲线）和竖向振幅随频率变化的幅频响应曲线（$A_{z\varphi}$-f 曲线）；

　　3） 扭转振动为扭转扰力矩作用下的水平振幅随频率变化的幅频响应曲线（$A_{x\psi}$-f 曲线）。

2 自由振动测试应绘制下列波形图：

　　1） 竖向自由振动波形图；

　　2） 水平回转耦合振动波形图。

3 根据强迫振动测试的幅频响应曲线和自由振动测试的波形图，按现行国家标准《地基动力特性测试规范》(GB/T 50269)计算地基刚度系数、阻尼比和参振质量。

11　室内试验

11.1　一般规定

11.1.1 岩土性质的室内试验项目和试验方法应符合本章的规定，其具体操作和试验仪器应符合现行国家标准《土工试验方法标准》(GB/T 50123)和国家标准《工程岩体试验方法标准》(GB/T 50266)的规定。岩土工程评价时所选用的参数值，宜与相应的原位测试成果或原型观测反分析成果比较，经修正后确定。

11.1.2 试验项目和试验方法，应根据工程要求和岩土性质的特点确定。当需要时应考虑岩土的原位应力场和应力历史，工程活动引起的新应力场和新边界条件，使试验条件尽可能接近实际；并应注意岩土的非均质性、非等向性和不连续性以及由此产生的岩土体与岩土试样在工程性状上的差别。

11.1.3 对特种试验项目，应制定专门的试验方案。

11.1.4 制备试样前，应对岩土的重要性状做肉眼鉴定和简要描述。

11.2 土的物理性质试验

11.2.1 各类工程均应测定下列土的分类指标和物理性质指标：

砂土：颗粒级配、比重、天然含水量、天然密度、最大和最小密度。

粉土：颗粒级配、液限、塑限、比重、天然含水量、天然密度和有机质含量。

黏性土：液限、塑限、比重、天然含水量、天然密度和有机质含量。

注：1 对砂土，如无法取得Ⅰ级、Ⅱ级、Ⅲ级土试样时，可只进行颗粒级配试验；
2 目测鉴定不含有机质时，可不进行有机质含量试验。

11.2.2 测定液限时，应根据分类评价要求，选用现行国家标准《土工试验方法标准》（GB/T 50123）规定的方法，并应在试验报告上注明。有经验的地区，比重可根据经验确定。

11.2.3 当需进行渗流分析，基坑降水设计等要求提供土的透水性参数时，可进行渗透试验。常水头试验适用于砂土和碎石土；变水头试验适用于粉土和黏性土；透水性很低的软土可通过固结试验测定固结系数、体积压缩系数，计算渗透系数。土的渗透系数取值应与野外抽水试验或注水试验的成果比较后确定。

11.2.4 当需对土方回填或填筑工程进行质量控制时，应进行击实试验，测定土的干密度与含水量关系，确定最大干密度和最优含水量。

11.3 土的压缩—固结试验

11.3.1 当采用压缩模量进行沉降计算时，固结试验最大压力应大于土的有效自重压力与附加压力之和，试验成果可用 $e\text{-}p$ 曲线整理，压缩系数和压缩模量的计算应取自土的有效自重压力至土的有效自重压力与附加压力之和的压力段。当考虑基坑开挖卸荷和再加荷影响时，应进行回弹试验，其压力的施加应模拟实际的加、卸荷状态。

11.3.2 当考虑土的应力历史进行沉降计算时，试验成果应按 $e\text{-}\lg p$ 曲线整理，确定先期固结压力并计算压缩指数和回弹指数。施加的最大压力应满足绘制完整的 $e\text{-}\lg p$ 曲线。为计算回弹指数，应在估计的先期固结压力之后，进行一次卸荷回弹，再继续加荷，直至完成预定的最后一级压力。

11.3.3 当需进行沉降历时关系分析时，应选取部分土试样在土的有效自重压力与附加压力之和的压力下，作详细的固结历时记录，并计算固结系数。

11.3.4 对厚层高压缩性软土上的工程，任务需要时应取一定数量的土试样测定次固结系数，用以计算次固结沉降及其历时关系。

11.3.5 当需进行土的应力应变关系分析，为非线性弹性、弹塑性模型提供参数时，可进行三轴压缩试验，并宜符合下列要求：

1 采用三个或三个以上不同的固定围压，分别使试样固结，然后逐级增加轴压，直至破坏；每个围压的试验宜进行一至三次回弹，并将试验结果整理成相应于各固定围压的轴向应力与轴向应变关系曲线。

2 进行围压与轴压相等的等压固结试验，逐级加荷，取得围压与体积应变关系曲线。

11.4 土的抗剪强度试验

11.4.1 三轴剪切试验的试验方法应按下列条件确定：

1 对饱和黏性土，当加荷速率较快时宜采用不固结不排水（UU）试验；饱和软土应对试样在有效自重压力下预固结后再进行试验；

2 对经预压处理的地基、排水条件好的地基、加荷速率不高的工程或加荷速率较快但土的超固结程度较高的工程，以及需验算水位迅速下降时的土坡稳定性时，可采用固结不排水（CU）试验；当需提供有效应力抗剪强度指标时，应采用固结不排水测孔隙水压力（$\overline{C}\overline{U}$）试验。

11.4.2 直接剪切试验的试验方法，应根据荷载类型、加荷速率和地基土的排水条件确定。对内摩擦角 $\varphi \approx 0$ 的软黏土，可用Ⅰ级土试样进行无侧限抗压强度试验。

11.4.3 测定滑坡带等已经存在剪切破裂面的抗剪强度时，应进行残余强度试验。在确定计算参数时，宜与现场观测反分析的成果比较后确定。

11.4.4 当岩土工程评价有专门要求时，可进行 K_0 固结不排水试验、K_0 固结不排水测孔隙水压力试验，特定应力比固结不排水试验，平面应变压缩试验和平面应变拉伸试验等。

11.5 土的动力性质试验

11.5.1 当工程设计要求测定土的动力性质时，可采用动三轴试验、动单剪试验或共振柱试验。在选择试验方法和仪器时，应注意其动应变的适用范围。

11.5.2 动三轴和动单剪试验可用于测定土的下列动力性质：

1 动弹性模量、动阻尼比及其与动应变的关系；
2 既定循环周数下的动应力与动应变关系；
3 饱和土的液化剪应力与动应力循环周数关系。

11.5.3 共振柱试验可用于测定小动应变时的动弹性模量和动阻尼比。

11.6 岩石试验

11.6.1 岩石的成分和物理性质试验可根据工程需要选定下列项目：

1 岩矿鉴定；
2 颗粒密度和块体密度试验；
3 吸水率和饱和吸水率试验；
4 耐崩解性试验；
5 膨胀试验；
6 冻融试验。

11.6.2 单轴抗压强度试验应分别测定干燥和饱和状态下的强度，并提供极限抗压强度和软化系数。岩石的弹性模量和泊松比，可根据单轴压缩变形试验测定。对各向异性明显的岩石应分别测定平行和垂直层理面的强度。

11.6.3 岩石三轴压缩试验宜根据其应力状态选用四种围压，并提供不同围压下的主应力差与轴向应变关系、抗剪强度包络线和强度参数 c、φ 值。

11.6.4 岩石直接剪切试验可测定岩石以及节理面、滑动面、断层面或岩层层面等不连续面上的抗剪强度，并提供 c、φ 值和各法向应力下的剪应力与位移曲线。

11.6.5 岩石抗拉强度试验可在试件直径方向上，施加一对线性荷载，使试件沿直径方向破坏，间接测定岩石的抗拉强度。

11.6.6 当间接确定岩石的强度和模量时，可进行点荷载试验和声波速度测试。

12 水和土腐蚀性的评价

12.1 取样和测试

12.1.1 当有足够经验或充分资料，认定工程场地及其附近的土或水（地下水或地表水）对建筑材料为微腐蚀时，可不取样试验进行腐蚀性评价。否则，应取水试样或土试样进行试验，并按本章评定其对建筑材料的腐蚀性。

土对钢结构腐蚀性的评价可根据任务要求进行。

12.1.2 采取水试样和土试样应符合下列规定：

1 混凝土结构处于地下水位以上时，应取土试样作土的腐蚀性测试；

2 混凝土结构处于地下水或地表水中时，应取

水试样作水的腐蚀性测试；

3 混凝土结构部分处于地下水位以上、部分处于地下水位以下时，应分别取土试样和水试样作腐蚀性测试；

4 水试样和土试样应在混凝土结构所在的深度采取，每个场地不应少于2件。当土中盐类成分和含量分布不均匀时，应分区、分层取样，每区、每层不应少于2件。

12.1.3 水和土腐蚀性的测试项目和试验方法应符合下列规定：

1 水对混凝土结构腐蚀性的测试项目包括：pH值、Ca^{2+}、Mg^{2+}、Cl^-、SO_4^{2-}、HCO_3^-、CO_3^{2-}、侵蚀性 CO_2、游离 CO_2、NH_4^+、OH^-、总矿化度；

2 土对混凝土结构腐蚀性的测试项目包括：pH值、Ca^{2+}、Mg^{2+}、Cl^-、SO_4^{2-}、HCO_3^-、CO_3^{2-} 的易溶盐（土水比1:5）分析；

3 土对钢结构的腐蚀性的测试项目包括：pH值、氧化还原电位、极化电流密度、电阻率、质量损失；

4 腐蚀性测试项目的试验方法应符合表12.1.3的规定。

表 12.1.3　腐蚀性试验方法

序号	试验项目	试 验 方 法
1	pH值	电位法或锥形玻璃电极法
2	Ca^{2+}	EDTA 容量法
3	Mg^{2+}	EDTA 容量法
4	Cl^-	摩尔法
5	SO_4^{2-}	EDTA 容量法或质量法
6	HCO_3^-	酸滴定法
7	CO_3^{2-}	酸滴定法
8	侵蚀性 CO_2	盖耶尔法
9	游离 CO_2	碱滴定法
10	NH_4^+	钠氏试剂比色法
11	OH^-	酸滴定法
12	总矿化度	计算法
13	氧化还原电位	铂电极法
14	极化电流密度	原位极化法
15	电阻率	四极法
16	质量损失	管罐法

12.1.4 水和土对建筑材料的腐蚀性，可分为微、弱、中、强四个等级，并可按本规范第12.2节进行评价。

12.2 腐蚀性评价

12.2.1 受环境类型影响，水和土对混凝土结构的腐蚀性，应符合表12.2.1的规定；环境类型的划分按

本规范附录 G 执行。

12.2.2 受地层渗透性影响，水和土对混凝土结构的腐蚀性评价，应符合表 12.2.2 的规定。

12.2.3 当按表 12.2.1 和 12.2.2 评价的腐蚀等级不同时，应按下列规定综合评定：

表 12.2.1　按环境类型水和土对混凝土结构的腐蚀性评价

腐蚀等级	腐蚀介质	环境类型		
		Ⅰ	Ⅱ	Ⅲ
微	硫酸盐含量 SO_4^{2-} (mg/L)	<200	<300	<500
弱		200~500	300~1500	500~3000
中		500~1500	1500~3000	3000~6000
强		>1500	>3000	>6000
微	镁盐含量 Mg^{2+} (mg/L)	<1000	<2000	<3000
弱		1000~2000	2000~3000	3000~4000
中		2000~3000	3000~4000	4000~5000
强		>3000	>4000	>5000
微	铵盐含量 NH_4^+ (mg/L)	<100	<500	<800
弱		100~500	500~800	800~1000
中		500~800	800~1000	1000~1500
强		>800	>1000	>1500
微	苛性碱含量 OH^- (mg/L)	<35000	<43000	<57000
弱		35000~43000	43000~57000	57000~70000
中		43000~57000	57000~70000	70000~100000
强		>57000	>70000	>100000
微	总矿化度 (mg/L)	<10000	<20000	<50000
弱		10000~20000	20000~50000	50000~60000
中		20000~50000	50000~60000	60000~70000
强		>50000	>60000	>70000

注：1　表中的数值适用于有干湿交替作用的情况，Ⅰ、Ⅱ类腐蚀环境无干湿交替作用时，表中硫酸盐含量数值应乘以 1.3 的系数；

2　（此注取消）；

3　表中数值适用于水的腐蚀性评价，对土的腐蚀性评价，应乘以 1.5 的系数；单位以 mg/kg 表示；

4　表中苛性碱（OH^-）含量（mg/L）应为 NaOH 和 KOH 中的 OH^- 含量（mg/L）。

表 12.2.2　按地层渗透性水和土对混凝土结构的腐蚀性评价

腐蚀等级	pH 值		侵蚀性 CO_2 (mg/L)		HCO_3^- (mmol/L)
	A	B	A	B	A
微	≥6.5	≥5.0	<15	<30	>1.0
弱	6.5~5.0	5.0~4.0	15~30	30~60	1.0~0.5
中	5.0~4.0	4.0~3.5	30~60	60~100	<0.5
强	<4.0	<3.5	>60	—	—

注：1　表中 A 是指直接临水或强透水层中的地下水；B 是指弱透水层中的地下水。强透水层是指碎石土和砂土；弱透水层是指粉土和黏性土。

2　HCO_3^- 含量是指水的矿化度低于 0.1g/L 的软水时，该类水质 HCO_3^- 的腐蚀性；

3　土的腐蚀性评价只考虑 pH 值指标；评价其腐蚀性时，A 是指强透水土层；B 是指弱透水土层。

1　腐蚀等级中，只出现弱腐蚀，无中等腐蚀或强腐蚀时，应综合评价为弱腐蚀；

2　腐蚀等级中，无强腐蚀；最高为中等腐蚀时，应综合评价为中等腐蚀；

3　腐蚀等级中，有一个或一个以上为强腐蚀，应综合评价为强腐蚀。

12.2.4　水和土对钢筋混凝土结构中钢筋的腐蚀性评价，应符合表 12.2.4 的规定。

表 12.2.4　对钢筋混凝土结构中钢筋的腐蚀性评价

腐蚀等级	水中的 Cl^- 含量（mg/L）		土中的 Cl^- 含量（mg/kg）	
	长期浸水	干湿交替	A	B
微	<10000	<100	<400	<250
弱	10000~20000	100~500	400~750	250~500
中		500~5000	750~7500	500~5000
强		>5000	>7500	>5000

注：A 是指地下水位以上的碎石土、砂土，稍湿的粉土，坚硬、硬塑的黏性土；B 是湿、很湿的粉土，可塑、软塑、流塑的黏性土。

12.2.5　土对钢结构的腐蚀性评价，应符合表 12.2.5 的规定。

表 12.2.5　土对钢结构腐蚀性评价

腐蚀等级	pH	氧化还原电位 (mV)	视电阻率 (Ω·m)	极化电流密度 (mA/cm²)	质量损失 (g)
微	≥5.5	>400	>100	<0.02	≤1
弱	5.5~4.5	400~200	100~50	0.02~0.05	1~2
中	4.5~3.5	200~100	50~20	0.05~0.20	2~3
强	<3.5	<100	<20	>0.20	≥3

注：土对钢结构的腐蚀性评价，取各指标中腐蚀等级最高者。

12.2.6　水、土对建筑材料腐蚀的防护，应符合现行国家标准《工业建筑防腐蚀设计规范》（GB 50046）的规定。

13　现场检验和监测

13.1　一般规定

13.1.1　现场检验和监测应在工程施工期间进行。对有特殊要求的工程，应根据工程特点，确定必要的项目，在使用期内继续进行。

13.1.2　现场检验和监测的记录、数据和图件，应保持完整，并应按工程要求整理分析。

13.1.3　现场检验和监测资料，应及时向有关方面报送。当监测数据接近危及工程的临界值时，必须加密监测，并及时报告。

13.1.4 现场检验和监测完成后，应提交成果报告。报告中应附有相关曲线和图纸，并进行分析评价，提出建议。

13.2 地基基础的检验和监测

13.2.1 天然地基的基坑（基槽）开挖后，应检验开挖揭露的地基条件是否与勘察报告一致。如有异常情况，应提出处理措施或修改设计的建议。当与勘察报告出入较大时，应建议进行施工勘察。检验应包括下列内容：

1 岩土分布及其性质；

2 地下水情况；

3 对土质地基，可采用轻型圆锥动力触探或其他机具进行检验。

13.2.2 桩基工程应通过试钻或试打，检验岩土条件是否与勘察报告一致。如遇异常情况，应提出处理措施。当与勘察报告差异较大时，应建议进行施工勘察。单桩承载力的检验，应采用载荷试验与动测相结合的方法。对大直径挖孔桩，应逐桩检验孔底尺寸和岩土情况。

13.2.3 地基处理效果的检验，除载荷试验外，尚可采用静力触探、圆锥动力触探、标准贯入试验、旁压试验、波速测试等方法，并应按本规范第10章的规定执行。

13.2.4 基坑工程监测方案，应根据场地条件和开挖支护的施工设计确定，并应包括下列内容：

1 支护结构的变形；

2 基坑周边的地面变形；

3 邻近工程和地下设施的变形；

4 地下水位；

5 渗漏、冒水、冲刷、管涌等情况。

13.2.5 下列工程应进行沉降观测：

1 地基基础设计等级为甲级的建筑物；

2 不均匀地基或软弱地基上的乙级建筑物；

3 加层、接建，邻近开挖、堆载等，使地基应力发生显著变化的工程；

4 因抽水等原因，地下水位发生急剧变化的工程；

5 其他有关规范规定需要做沉降观测的工程。

13.2.6 沉降观测应按现行标准《建筑物变形测量规范》（JGJ 8）的规定执行。

13.2.7 工程需要时可进行岩土体的下列监测：

1 洞室或岩石边坡的收敛量测；

2 深基坑开挖的回弹量测；

3 土压力或岩体应力量测。

13.3 不良地质作用和地质灾害的监测

13.3.1 下列情况应进行不良地质作用和地质灾害的监测：

1 场地及其附近有不良地质作用或地质灾害，并可能危及工程的安全或正常使用时；

2 工程建设和运行，可能加速不良地质作用的发展或引发地质灾害时；

3 工程建设和运行，对附近环境可能产生显著不良影响时。

13.3.2 不良地质作用和地质灾害的监测，应根据场地及其附近的地质条件和工程实际需要编制监测纲要，按纲要进行。纲要内容包括：监测目的和要求、监测项目、测点布置、观测时间间隔和期限、观测仪器、方法和精度、应提交的数据、图件等，并及时提出灾害预报和采取措施的建议。

13.3.3 岩溶土洞发育区应着重监测下列内容：

1 地面变形；

2 地下水位的动态变化；

3 场区及其附近的抽水情况；

4 地下水位变化对土洞发育和塌陷发生的影响。

13.3.4 滑坡监测应包括下列内容：

1 滑坡体的位移；

2 滑面位置及错动；

3 滑坡裂缝的发生和发展；

4 滑坡体内外地下水位、流向、泉水流量和滑带孔隙水压力；

5 支挡结构及其他工程设施的位移、变形、裂缝的发生和发展。

13.3.5 当需判定崩塌剥离体或危岩的稳定性时，应对张裂缝进行监测。对可能造成较大危害的崩塌，应进行系统监测，并根据监测结果，对可能发生崩塌的时间、规模、塌落方向和途径、影响范围等做出预报。

13.3.6 对现采空区，应进行地表移动和建筑物变形的观测，并应符合下列规定：

1 观测线宜平行和垂直矿层走向布置，其长度应超过移动盆地的范围；

2 观测点的间距可根据开采深度确定，并大致相等；

3 观测周期应根据地表变形速度和开采深度确定。

13.3.7 因城市或工业区抽水而引起区域性地面沉降，应进行区域性的地面沉降监测，监测要求和方法应按有关标准进行。

13.4 地下水的监测

13.4.1 下列情况应进行地下水监测：

1 地下水位升降影响岩土稳定时；

2 地下水位上升产生浮托力对地下室或地下构筑物的防潮、防水或稳定性产生较大影响时；

3 施工降水对拟建工程或相邻工程有较大影响时；

4 施工或环境条件改变，造成的孔隙水压力、地下水压力变化，对工程设计或施工有较大影响时；

5 地下水位的下降造成区域性地面沉降时；

6 地下水位升降可能使岩土产生软化、湿陷、胀缩时；

7 需要进行污染物运移对环境影响的评价时。

13.4.2 监测工作的布置，应根据监测目的、场地条件、工程要求和水文地质条件确定。

13.4.3 地下水监测方法应符合下列规定：

1 地下水位的监测，可设置专门的地下水位观测孔，或利用水井、地下水天然露头进行；

2 孔隙水压力、地下水压力的监测，可采用孔隙水压力计、测压计进行；

3 用化学分析法监测水质时，采样次数每年不应少于 4 次，进行相关项目的分析。

13.4.4 监测时间应满足下列要求：

1 动态监测时间不应少于一个水文年；

2 当孔隙水压力变化可能影响工程安全时，应在孔隙水压力降至安全值后方可停止监测；

3 对受地下水浮托力的工程，地下水压力监测应进行至工程荷载大于浮托力后方可停止监测。

14 岩土工程分析评价和成果报告

14.1 一般规定

14.1.1 岩土工程分析评价应在工程地质测绘、勘探、测试和搜集已有资料的基础上，结合工程特点和要求进行。各类工程、不良地质作用和地质灾害以及各种特殊性岩土的分析评价，应分别符合本规范第 4 章、第 5 章和第 6 章的规定。

14.1.2 岩土工程分析评价应符合下列要求：

1 充分了解工程结构的类型、特点、荷载情况和变形控制要求；

2 掌握场地的地质背景，考虑岩土材料的非均质性、各向异性和随时间的变化，评估岩土参数的不确定性，确定其最佳估值；

3 充分考虑当地经验和类似工程的经验；

4 对于理论依据不足、实践经验不多的岩土工程问题，可通过现场模型试验或足尺试验取得实测数据进行分析评价；

5 必要时可建议通过施工监测，调整设计和施工方案。

14.1.3 岩土工程分析评价应在定性分析的基础上进行定量分析。岩土体的变形、强度和稳定应定量分析；场地的适宜性、场地地质条件的稳定性，可仅作定性分析。

14.1.4 岩土工程计算应符合下列要求：

1 按承载能力极限状态计算，可用于评价岩土地基承载力和边坡、挡墙、地基稳定性等问题，可根据有关设计规范规定，用分项系数或总安全系数方法计算，有经验时也可用隐含安全系数的抗力容许值进行计算；

2 按正常使用极限状态要求进行验算控制，可用于评价岩土体的变形、动力反应、透水性和涌水量等。

14.1.5 岩土工程的分析评价，应根据岩土工程勘察等级区别进行。对丙级岩土工程勘察，可根据邻近工程经验，结合触探和钻探取样试验资料进行；对乙级岩土工程勘察，应在详细勘探、测试的基础上，结合邻近工程经验进行，并提供岩土的强度和变形指标；对甲级岩土工程勘察，除按乙级要求进行外，尚宜提供载荷试验资料，必要时应对其中的复杂问题进行专门研究，并结合监测对评价结论进行检验。

14.1.6 任务需要时，可根据工程原型或足尺试验岩土体性状的量测结果，用反分析的方法反求岩土参数，验证设计计算，查验工程效果或事故原因。

14.2 岩土参数的分析和选定

14.2.1 岩土参数应根据工程特点和地质条件选用，并按下列内容评价其可靠性和适用性。

1 取样方法和其他因素对试验结果的影响；

2 采用的试验方法和取值标准；

3 不同测试方法所得结果的分析比较；

4 测试结果的离散程度；

5 测试方法与计算模型的配套性。

14.2.2 岩土参数统计应符合下列要求：

1 岩土的物理力学指标，应按场地的工程地质单元和层位分别统计；

2 应按下列公式计算平均值、标准差和变异系数：

$$\phi_{\mathrm{m}} = \frac{\sum\limits_{i=1}^{n} \phi_i}{n} \tag{14.2.2-1}$$

$$\sigma_{\mathrm{f}} = \sqrt{\frac{1}{n-1}\left[\sum\limits_{i=1}^{n} \phi_i^2 - \frac{\left(\sum\limits_{i=1}^{n} \phi_i\right)^2}{n}\right]} \tag{14.2.2-2}$$

$$\delta = \frac{\sigma_{\mathrm{f}}}{\phi_{\mathrm{m}}} \tag{14.2.2-3}$$

式中 ϕ_{m} ——岩土参数的平均值；

σ_{f} ——岩土参数的标准差；

δ ——岩土参数的变异系数。

3 分析数据的分布情况并说明数据的取舍标准。

14.2.3 主要参数宜绘制沿深度变化的图件，并按变化特点划分为相关型和非相关型。需要时应分析参数在水平方向上的变异规律。

相关型参数宜结合岩土参数与深度的经验关系，按下式确定剩余标准差，并用剩余标准差计算变异系数。

$$\sigma_r = \sigma_f \sqrt{1-r^2} \qquad (14.2.3-1)$$

$$\delta = \frac{\sigma_r}{\phi_m} \qquad (14.2.3-2)$$

式中 σ_r——剩余标准差；

　　r——相关系数；对非相关型，$r=0$。

14.2.4 岩土参数的标准值 ϕ_k 可按下列方法确定：

$$\phi_k = \gamma_s \phi_m \qquad (14.2.4-1)$$

$$\gamma_s = 1 \pm \left\{ \frac{1.704}{\sqrt{n}} + \frac{4.678}{n^2} \right\} \delta \qquad (14.2.4-2)$$

式中 γ_s——统计修正系数。

注：式中正负号按不利组合考虑，如抗剪强度指标的修正系数应取负值。

统计修正系数 γ_s 也可按岩土工程的类型和重要性、参数的变异性和统计数据的个数，根据经验选用。

14.2.5 在岩土工程勘察报告中，应按下列不同情况提供岩土参数值：

1 一般情况下，应提供岩土参数的平均值、标准差、变异系数、数据分布范围和数据的数量；

2 承载能力极限状态计算所需的岩土参数标准值，应按式（14.2.4-1）计算；当设计规范另有专门规定的标准值取值方法时，可按有关规范执行。

14.3 成果报告的基本要求

14.3.1 岩工工程勘察报告所依据的原始资料，应进行整理、检查、分析，确认无误后方可使用。

14.3.2 岩土工程勘察报告应资料完整、真实准确、数据无误、图表清晰、结论有据、建议合理、便于使用和适合长期保存，并应因地制宜，重点突出，有明确的工程针对性。

14.3.3 岩土工程勘察报告应根据任务要求、勘察阶段、工程特点和地质条件等具体情况编写，并应包括下列内容：

1 勘察目的、任务要求和依据的技术标准；

2 拟建工程概况；

3 勘察方法和勘察工作布置；

4 场地地形、地貌、地层、地质构造、岩土性质及其均匀性；

5 各项岩土性质指标，岩土的强度参数、变形参数、地基承载力的建议值；

6 地下水埋藏情况、类型、水位及其变化；

7 土和水对建筑材料的腐蚀性；

8 可能影响工程稳定的不良地质作用的描述和对工程危害程度的评价；

9 场地稳定性和适宜性的评价。

14.3.4 岩土工程勘察报告应对岩土利用、整治和改造的方案进行分析论证，提出建议；对工程施工和使用期间可能发生的岩土工程问题进行预测，提出监控

和预防措施的建议。

14.3.5 成果报告应附下列图件：

1 勘探点平面布置图；

2 工程地质柱状图；

3 工程地质剖面图；

4 原位测试成果图表；

5 室内试验成果图表。

注：当需要时，尚可附综合工程地质图、综合地质柱状图、地下水等水位线图、素描、照片、综合分析图表以及岩土利用、整治和改造方案的有关图表、岩土工程计算简图及计算成果图表等。

14.3.6 对岩土的利用、整治和改造的建议，宜进行不同方案的技术经济论证，并提出对设计、施工和现场监测要求的建议。

14.3.7 任务需要时，可提交下列专题报告：

1 岩土工程测试报告；

2 岩土工程检验或监测报告；

3 岩土工程事故调查与分析报告；

4 岩土利用、整治或改造方案报告；

5 专门岩土工程问题的技术咨询报告。

14.3.8 勘察报告的文字、术语、代号、符号、数字、计量单位、标点，均应符合国家有关标准的规定。

14.3.9 对丙级岩土工程勘察的成果报告内容可适当简化，采用以图表为主，辅以必要的文字说明；对甲级岩土工程勘察的成果报告除应符合本节规定外，尚可对专门性的岩土工程问题提交专门的试验报告、研究报告或监测报告。

附录 A 岩土分类和鉴定

A.0.1 岩石坚硬程度等级可按表 A.0.1 定性划分。

表 A.0.1 岩石坚硬程度等级的定性分类

坚硬程度等级		定性鉴定	代表性岩石
硬质岩	坚硬岩	锤击声清脆，有回弹，震手，难击碎，基本无吸水反应	未风化—微风化的花岗岩、闪长岩、辉绿岩、玄武岩、安山岩、片麻岩、石英岩、石英砂岩、硅质砾岩、硅质石灰岩等
	较硬岩	锤击声较清脆，有轻微回弹，稍震手，较难击碎，有轻微吸水反应	1 微风化的坚硬岩；2 未风化—微风化的大理岩、板岩、石灰岩、白云岩、钙质砂岩等

坚硬程度等级		定性鉴定	代表性岩石
软质岩	较软岩	锤击声不清脆，无回弹，较易击碎，浸水后指甲可刻出印痕	1 中等风化—强风化的坚硬岩或较硬岩；2 未风化—微风化的凝灰岩、千枚岩、泥灰岩、砂质泥岩等
	软岩	锤击声哑，无回弹，有凹痕，易击碎，浸水后手可掰开	1 强风化的坚硬岩或较硬岩；2 中等风化—强风化的较软岩；3 未风化—微风化的页岩、泥岩、泥质砂岩等
极软岩		锤击声哑，无回弹，有较深凹痕，手可捏碎，浸水后可捏成团	1 全风化的各种岩石；2 各种半成岩

A.0.2 岩体完整程度等级可按表 A.0.2 定性划分。

表 A.0.2　岩体完整程度的定性分类

完整程度	结构面发育程度		主要结构面的结合程度	主要结构面类型	相应结构类型
	组数	平均间距(m)			
完整	1~2	>1.0	结合好或结合一般	裂隙、层面	整体状或巨厚层状结构
较完整	1~2	>1.0	结合差	裂隙、层面	块状或厚层状结构
	2~3	1.0~0.4	结合好或结合一般		块状结构
较破碎	2~3	1.0~0.4	结合差	裂隙、层面、小断层	裂隙块状或中厚层状结构
	≥3	0.4~0.2	结合好		镶嵌碎裂结构
			结合一般		中、薄层状结构
破碎	≥3	0.4~0.2	结合差	各种类型结构面	裂隙块状结构
		≤0.2	结合一般或结合差		碎裂状结构
极破碎	无序		结合很差		散体状结构

注：平均间距指主要结构面（1~2组）间距的平均值。

A.0.3 岩石风化程度可按表 A.0.3 划分。

表 A.0.3　岩石按风化程度分类

风化程度	野外特征	风化程度参数指标	
		波速比 K_v	风化系数 K_f
未风化	岩质新鲜，偶见风化痕迹	0.9~1.0	0.9~1.0
微风化	结构基本未变，仅节理面有渲染或略有变色，有少量风化裂隙	0.8~0.9	0.8~0.9
中等风化	结构部分破坏，沿节理面有次生矿物，风化裂隙发育，岩体被切割成岩块。用镐难挖，岩芯钻方可钻进	0.6~0.8	0.4~0.8
强风化	结构大部分破坏，矿物成分显著变化，风化裂隙很发育，岩体破碎，用镐可挖，干钻不易钻进	0.4~0.6	<0.4
全风化	结构基本破坏，但尚可辨认，有残余结构强度，可用镐挖，干钻可钻进	0.2~0.4	
残积土	组织结构全部破坏，已风化成土状，锹镐易挖掘，干钻易钻进，具可塑性	<0.2	

注：1　波速比 K_v 为风化岩石与新鲜岩石压缩波速度之比；
2　风化系数 K_f 为风化岩石与新鲜岩石饱和单轴抗压强度之比；
3　岩石风化程度，除按表列野外特征和定量指标划分外，也可根据当地经验划分；
4　花岗岩类岩石，可采用标准贯入试验划分，$N \geqslant 50$ 为强风化；$50 > N \geqslant 30$ 为全风化；$N < 30$ 为残积土；
5　泥岩和半成岩，可不进行风化程度划分。

A.0.4 岩体根据结构类型可按表 A.0.4 划分：

表 A.0.4　岩体按结构类型划分

岩体结构类型	岩体地质类型	结构体形状	结构面发育情况	岩土工程特征	可能发生的岩土工程问题
整体状结构	巨块状岩浆岩和变质岩，巨厚层沉积岩	巨块状	以层面和原生、构造节理为主，多呈闭合型，间距大于1.5m，一般为1~2组，无危险结构面	岩体稳定，可视为均质弹性各向同性体	局部滑动或坍塌，深埋洞室的岩爆
块状结构	厚层状沉积岩，块状岩浆岩和变质岩	块状柱状	有少量贯穿性节理裂隙，结构面间距0.7~1.5m，一般为2~3组，有少量分离体	结构面互相牵制，岩体基本稳定，接近弹性各向同性体	

岩体结构类型	岩体地质类型	结构体形状	结构面发育情况	岩土工程特征	可能发生的岩土工程问题
层状结构	多韵律薄层、中厚层状沉积岩，副变质岩	层状板状	有层理、片理、节理，常有层间错动	变形和强度受层面控制，可视为各向异性弹塑性体，稳定性较差	可沿结构面滑塌，软岩可产生塑性变形
碎裂状结构	构造影响严重的破碎岩层	碎块状	断层、节理、片理、层理发育，结构面间距0.25～0.50m，一般3组以上，有许多分离体	整体强度很低，并受软弱结构面控制，呈弹塑性体，稳定性很差	易发生规模较大的岩体失稳，地下水加剧失稳
散体状结构	断层破碎带，强风化及全风化带	碎屑状	构造和风化裂隙密集，结构面错综复杂，多充填黏性土，形成无序小块和碎屑	完整性遭极大破坏，稳定性极差，接近松散体介质	易发生规模较大的岩体失稳，地下水加剧失稳

A.0.5 土根据有机质含量可按表 A.0.5 分类。

表 A.0.5　土按有机质含量分类

分类名称	有机质含量 W_u（%）	现场鉴别特征	说　　明
无机土	$W_u < 5\%$		
有机质土	$5\% \leqslant W_u \leqslant 10\%$	深灰色，有光泽，味臭，除腐殖质外尚含少量未完全分解的动植物体，浸水后水面出现气泡，干燥后体积收缩	1 如现场能鉴别或有地区经验时，可不做有机质含量测定； 2 当 $w > w_L$，$1.0 \leqslant e < 1.5$ 时称淤泥质土； 3 当 $w > w_L$，$e \geqslant 1.5$ 时称淤泥
泥炭质土	$10\% < W_u \leqslant 60\%$	深灰或黑色，有腥臭味，能看到未完全分解的植物结构，浸水体胀，易崩解，有植物残渣浮于水中，干缩现象明显	可根据地区特点和需要按 W_u 细分为： 弱泥炭质土（$10\% < W_u \leqslant 25\%$） 中泥炭质土（$25\% < W_u \leqslant 40\%$） 强泥炭质土（$40\% < W_u \leqslant 60\%$）
泥炭	$W_u > 60\%$	除有泥炭质土特征外，结构松散，土质很轻，暗无光泽，干缩现象极为明显	

注：有机质含量 W_u 按灼失量试验确定。

A.0.6 碎石土密实度野外鉴别可按表 A.0.6 执行。

表 A.0.6　碎石土密实度野外鉴别

密实度	骨架颗粒含量和排列	可挖性	可钻性
松散	骨架颗粒质量小于总质量的60%，排列混乱，大部分不接触	锹可以挖掘，井壁易坍塌，从井壁取出大颗粒后，立即塌落	钻进较易，钻杆稍有跳动，孔壁易坍塌
中密	骨架颗粒质量等于总质量的60%～70%，呈交错排列，大部分接触	锹镐可挖掘，井壁有掉块现象，从井壁取出大颗粒处能保持凹面形状	钻进较困难，钻杆、吊锤跳动不剧烈，孔壁有坍塌现象
密实	骨架颗粒质量大于总质量的70%，呈交错排列，连续接触	锹镐挖掘困难，用撬棍方能松动，井壁较稳定	钻进困难，钻杆、吊锤跳动剧烈，孔壁较稳定

注：密实度应按表列各项特征综合确定。

附录 B　圆锥动力触探锤击数修正

B.0.1 当采用重型圆锥动力触探确定碎石土密实度时，锤击数 $N_{63.5}$ 应按下式修正：

$$N_{63.5} = \alpha_1 \cdot N'_{63.5} \qquad (B.0.1)$$

式中　$N_{63.5}$——修正后的重型圆锥动力触探锤击数；

　　　　α_1——修正系数，按表 B.0.1 取值；

　　　　$N'_{63.5}$——实测重型圆锥动力触探锤击数。

表 B.0.1 重型圆锥动力触探锤击数修正系数

$N'_{63.5}$ / L(m)	5	10	15	20	25	30	35	40	≥50
2	1.00	1.00	1.00	1.00	1.00	1.00	1.00	1.00	1.00
4	0.96	0.95	0.93	0.92	0.90	0.89	0.87	0.86	0.84
6	0.93	0.90	0.88	0.85	0.83	0.81	0.79	0.78	0.75
8	0.90	0.86	0.83	0.80	0.77	0.75	0.73	0.71	0.67
10	0.88	0.83	0.79	0.75	0.72	0.69	0.67	0.64	0.61
12	0.85	0.79	0.75	0.70	0.67	0.64	0.61	0.59	0.55
14	0.82	0.76	0.71	0.66	0.62	0.58	0.56	0.53	0.50
16	0.79	0.73	0.67	0.62	0.57	0.54	0.51	0.48	0.45
18	0.77	0.70	0.63	0.57	0.53	0.49	0.46	0.43	0.40
20	0.75	0.67	0.59	0.53	0.48	0.44	0.41	0.39	0.36

注：表中 L 为杆长。

B.0.2 当采用超重型圆锥动力触探确定碎石土密实度时，锤击数 N_{120} 应按下式修正：

$$N_{120} = \alpha_2 \cdot N'_{120} \qquad (B.0.2)$$

式中 N_{120}——修正后的超重型圆锥动力触探锤击数；

α_2——修正系数，按表 B.0.2 取值；

N'_{120}——实测超重型圆锥动力触探锤击数。

表 B.0.2 超重型圆锥动力触探锤击数修正系数

N'_{120} / L(m)	1	3	5	7	9	10	15	20	25	30	35	40
1	1.00	1.00	1.00	1.00	1.00	1.00	1.00	1.00	1.00	1.00	1.00	1.00
2	0.96	0.92	0.91	0.90	0.90	0.90	0.90	0.89	0.89	0.88	0.88	0.88
3	0.94	0.88	0.86	0.85	0.84	0.84	0.84	0.83	0.82	0.82	0.81	0.81
5	0.92	0.82	0.79	0.78	0.77	0.77	0.76	0.75	0.74	0.73	0.72	0.72
7	0.90	0.78	0.75	0.74	0.73	0.72	0.71	0.70	0.68	0.68	0.67	0.66
9	0.88	0.75	0.72	0.70	0.69	0.69	0.66	0.64	0.63	0.63	0.62	0.62
11	0.87	0.73	0.69	0.67	0.66	0.66	0.63	0.61	0.60	0.59	0.59	0.58
13	0.86	0.71	0.67	0.65	0.64	0.63	0.60	0.58	0.57	0.56	0.56	0.55
15	0.86	0.69	0.65	0.63	0.62	0.61	0.59	0.56	0.55	0.55	0.54	0.53
17	0.85	0.68	0.63	0.61	0.60	0.60	0.57	0.55	0.54	0.53	0.53	0.50
19	0.84	0.66	0.62	0.60	0.58	0.58	0.56	0.54	0.52	0.51	0.50	0.48

注：表中 L 为杆长。

附录 C 泥石流的工程分类

C.0.1 泥石流的工程分类应按表 C.0.1 执行。

表 C.0.1 泥石流的工程分类和特征

类别	泥石流特征	流域特征	亚类	严重程度	流域面积(km²)	固体物质一次冲出量(×10⁴m³)	流量(m³/s)	堆积区面积(km²)
I 高频率泥石流沟谷	基本上每年均有泥石流发生。固体物质主要来源于沟谷的滑坡、崩塌。暴发雨强在10min内大于2~4mm，除岩性因素外，滑坡、崩塌严重的沟多发生黏性泥石流，规模大，反之多发生稀性泥石流，规模小	多位于强抬升区，岩层破碎，风化强烈，山体稳定性差。泥石流堆积物新鲜，无植被或仅有稀疏草丛。沟谷中下游沟床坡度大，于4%	I₁	严重	>5	>5	>100	>1
			I₂	中等	1~5	1~5	30~100	<1
			I₃	轻微	<1	<1	<30	—

续表 C.0.1

类别	泥石流特征	流域特征	亚类	严重程度	流域面积(km²)	固体物质一次冲出量(×10⁴m³)	流量(m³/s)	堆积区面积(km²)
II 低频率泥石流沟谷	暴发周期一般在10年以上。固体物质主要来源于沟床，泥石流发生时"揭床"现象明显。暴雨时坡面产生的浅层滑坡往往是激发泥石流形成的重要因素。暴发雨强，一般大于4mm/10min。规模一般较大，性质有黏有稀	山体稳定性相对较好，无大型活动性滑坡、崩塌，沟床和扇形地上巨砾成片分布。植被被较好，沟内灌木丛密布，扇形地多已辟为农田。黏性泥石流沟中下游沟床度小于4%	II₁	严重	>10	>5	>100	>1
			II₂	中等	1~10	1~5	30~100	<1
			II₃	轻微	<1	<1	<30	—

注：1 表中流量对高频率泥石流沟指百年一遇流量；对低频率泥石流沟指历史最大流量。

2 泥石流的工程分类宜采用野外特征与定量指标相结合的原则，定量指标满足其中一项即可。

附录 D 膨胀土初判方法

D.0.1 具有下列特征的土可初判为膨胀土：

1 多分布在二级或二级以上阶地、山前丘陵和盆地边缘；

2 地形平缓，无明显自然陡坎；

3 常见浅层滑坡、地裂，新开挖的路堑、边坡、基槽易发生坍塌；

4 裂缝发育，方向不规则，常有光滑面和擦痕，裂缝中常充填灰白、灰绿色黏土；

5 干时坚硬，遇水软化，自然条件下呈坚硬或硬塑状态；

6 自由膨胀率一般大于40%；

7 未经处理的建筑物成群破坏，低层较多层严重，刚性结构较柔性结构严重；

8 建筑物开裂多发生在旱季，裂缝宽度随季节变化。

附录 E 水文地质参数测定方法

E.0.1 水文地质参数可用表 E.0.1 的方法测定。

表 E.0.1 水文地质参数测定方法

参 数	测 定 方 法
水位	钻孔、探井或测压管观测
渗透系数、导水系数	抽水试验、注水试验、压水试验、室内渗透试验
给水度、释水系数	单孔抽水试验、非稳定流抽水试验、地下水位长期观测、室内试验
越流系数、越流因数	多孔抽水试验（稳定流或非稳定流）
单位吸水率	注水试验、压水试验
毛细水上升高度	试坑观测、室内试验

注：除水位外，当对数据精度要求不高时，可采用经验数值。

E.0.2 孔隙水压力可按表 E.0.2 的方法测定。

表 E.0.2　孔隙水压力测定方法和适用条件

仪器类型		适用条件	测定方法
测压计式	立管式测压计	渗透系数大于 10^{-4} cm/s 的均匀孔隙含水层	将带有过滤器的测压管打入土层,直接在管内量测
	水压式测压计	渗透系数低的土层,量测由潮汐涨落、挖方引起的压力变化	用装在孔壁的小型测压计探头,地下水压力通过塑料管传导至水银压力计测定
	电测式测压计(电阻应变式、钢弦应变式)	各种土层	孔压通过透水石传导至膜片,引起挠度变化,诱发电阻片(或钢弦)变化,用接收仪测定
	气动测压计	各种土层	利用两根排气管使压力为常数,传来的孔压在透水元件中的水压阀产生压差测定
孔压静力触探仪		各种土层	在探头上装有多孔透水过滤器、压力传感器,在贯入过程中测定

附录 F　取土器技术标准

F.0.1 取土器技术参数应符合表 F.0.1 的规定。

表 F.0.1　取土器技术参数

取土器参数	厚壁取土器	薄壁取土器		
		敞口自由活塞	水压固定活塞	固定活塞
面积比 $\dfrac{D_w^2-D_e^2}{D_e^2}\times100(\%)$	13~20	≤10	10~13	
内间隙比 $\dfrac{D_s-D_e}{D_e}\times100(\%)$	0.5~1.5	0	0.5~1.0	
外间隙比 $\dfrac{D_w-D_t}{D_t}\times100(\%)$	0~2.0	0		
刃口角度 $\alpha(°)$	<10	5~10		
长度 L(mm)	400,550	对砂土:(5~10)D_e 对黏性土:(10~15)D_e		
外径 D_t(mm)	75~89,108	75,100		
衬管	整圆或半合管,塑料、酚醛层压纸或镀锌铁皮制成	无衬管,束节式取土器衬管同左		

注:1　取样管及衬管内壁必须光滑圆整;
　　2　在特殊情况下取土器直径可增大至 150~250mm;
　　3　表中符号:
　　　　D_e——取土器刃口内径;
　　　　D_s——取样管内径,加衬管时为衬管内径;
　　　　D_t——取样管外径;
　　　　D_w——取土器管靴外径,对薄壁管 $D_w=D_t$。

附录 G　场地环境类型

G.0.1 场地环境类型的分类,应符合表 G.0.1 的规定。

表 G.0.1　环境类型分类

环境类型	场地环境地质条件
Ⅰ	高寒区、干旱区直接临水;高寒区、干旱区强透水层中的地下水
Ⅱ	高寒区、干旱区弱透水层中的地下水;各气候区湿、很湿的弱透水层湿润区直接临水;湿润区强透水层中的地下水
Ⅲ	各气候区稍湿的弱透水层;各气候区地下水位以上的强透水层

注:1　高寒区是指海拔高度等于或大于 3000m 的地区;干旱区是指海拔高度小于 3000m,干燥度指数 K 值等于或大于 1.5 的地区;湿润区是指干燥度指数 K 值小于 1.5 的地区;
　　2　强透水层是指碎石土和砂土;弱透水层是指粉土和黏性土;
　　3　含水量 w<3% 的土层,可视为干燥土层,不具有腐蚀环境条件;
　　3A　当混凝土结构一边接触地面水或地下水,一边暴露在大气中,水可以通过渗透或毛细作用在暴露大气中的一边蒸发时,应定为Ⅰ类;
　　4　当有地区经验时,环境类型可根据地区经验划分;当同一场地出现两种环境类型时,应根据具体情况选定。

G.0.2 (此条取消)

G.0.3 (此条取消)

附录 H　规范用词说明

H.0.1 为便于在执行本规范条文时区别对待,对于要求严格程度不同的用词,说明如下:
　　1　表示很严格,非这样做不可的用词:正面词采用"必须",反面词采用"严禁"。
　　2　表示严格,在正常情况下均应这样做的用词:正面词采用"应",反面词采用"不应"或"不得"。
　　3　表示允许稍有选择,在条件许可时首先应这样做的用词:正面词采用"宜"或"可",反面词采用"不宜"。

H.0.2 条文中指定应按其他有关标准、规范执行时,写法为"应符合……的规定"。非必须按所指定的标准、规范或其他规定执行时,写法为"可参照……"。

中华人民共和国国家标准

岩土工程勘察规范

GB 50021—2001

（2009 年版）

条 文 说 明

目　次

1 总　　则

1.0.1　本规范是在《岩土工程勘察规范》（GB 50021—94）（以下简称《94 规范》）基础上修订而成的。《94 规范》是我国第一本岩土工程勘察规范，执行以来，对保证勘察工作的质量，促进岩土工程事业的发展，起到了应有的作用。本次修订基本保持《94 规范》的适用范围和总体框架，作了局部调整。加强和补充了近年来发展的新技术和新经验；改正和删除了《94 规范》某些不适当、不确切的条款；按新的规范编写规定修改了体例；并与有关规范进行了协调。修订时，注意了本规范是强制性的国家标准，是勘察方面的"母规范"，原则性的技术要求，适用于全国的技术标准，应在本规范中体现；因地制宜的具体细节和具体数据，留给相关的行业标准和地方标准规定。

1.0.2　岩土工程的业务范围很广，涉及土木工程建设中所有与岩体和土体有关的工程技术问题。相应的，本规范的适用范围也较广，一般土木工程都适用，但对于水利工程、铁路、公路和桥隧工程，由于专业性强，技术上有特殊要求，因此，上述工程的岩土工程勘察应符合现行有关标准、规范的规定。

对航天飞行器发射基地，文物保护等工程的勘察要求，本规范未作具体规定，应根据工程具体情况进行勘察，满足设计和施工的需要。

《94 规范》未包括核电厂勘察。近十余年来，我国进行了一批核电厂的勘察，积累了一定经验，故本次修订增加了有关核电厂勘察的内容。

1.0.3　先勘察，后设计、再施工，是工程建设必须遵守的程序，是国家一再强调的十分重要的基本政策。但是，近年来仍有一些工程，不进行岩土工程勘察就设计施工，造成工程安全事故或安全隐患。为此，本条规定："各项工程建设在设计和施工之前，必须按基本建设程序进行岩土工程勘察"。

20 世纪 80 年代以前，我国的勘察体制基本上还是建国初期的前苏联模式，即工程地质勘察体制。其任务是查明场地或地区的工程地质条件，为规划、设计、施工提供地质资料。在实际工作中，一般只提出勘察场地的工程地质条件和存在的地质问题，而很少涉及解决问题的具体办法。所提资料设计单位如何应用也很少了解和过问，使勘察与设计施工严重脱节。20 世纪 80 年代以来，我国开始实施岩土工程体制，经过 20 年的努力，这种体制已经基本形成。岩土工程勘察的任务，除了应正确反映场地和地基的工程地质条件外，还应结合工程设计、施工条件，进行技术论证和分析评价，提出

解决岩土工程问题的建议，并服务于工程建设的全过程，具有很强的工程针对性。《94 规范》按此指导思想编制，本次修订继续保持了这一正确的指导思想。

场地或其附近存在不良地质作用和地质灾害时，如岩溶、滑坡、泥石流、地震区、地下采空区等，这些场地条件复杂多变，对工程安全和环境保护的威胁很大，必须精心勘察，精心分析评价。此外，勘察时不仅要查明现状，还要预测今后的发展趋势。工程建设对环境会产生重大影响，在一定程度上干扰了地质作用原有的动态平衡。大填大挖，加载卸载，蓄水排水，控制不好，会导致灾难。勘察工作既要对工程安全负责，又要对保护环境负责，做好勘察评价。

1.0.3A　**【修订说明】**

原文均为强制性，考虑到"岩土工程勘察应按工程建设各勘察阶段的要求，正确反映工程地质条件，查明不良地质作用和地质灾害，精心勘察、精心分析，提出资料完整、评价正确的勘察报告"，是原则性、政策性规定，可操作性不强，容易被延伸。故本次局部修订分为两条，原文第一句保留为强制性条文；第二句另列一条，不列为强制性条文。

1.0.4　由于规范的分工，本规范不可能将岩土工程勘察中遇到的所有技术问题全部包括进去。勘察人员在进行工作时，还需遵守其他有关规范的规定。

2　术语和符号

2.1　术　　语

2.1.1　本条对"岩土工程勘察"的释义来源于 2000 年 9 月 25 日国务院 293 号令《建设工程勘察设计管理条例》。其总则第二条有关的原文如下：

"本条例所称建设工程勘察，是指根据建设工程的要求，查明、分析、评价建设场地的地质地理环境特征和岩土工程条件，编制建设工程勘察文件的活动。"

本条基本全文引用。但注意到，这里定义的是"建设工程勘察"，内涵较"岩土工程勘察"宽，故稍有删改，现作以下说明：

1　岩土工程勘察是为了满足工程建设的要求，有明确的工程针对性，不同于一般的地质勘察；

2　"查明、分析、评价"需要一定的技术手段，即工程地质测绘和调查、勘探和取样、原位测试、室内试验、检验和监测、分析计算、数据处理等；不同的工程要求和地质条件，采用不同的技术方法；

3　"地质、环境特征和岩土工程条件"是勘察工作的对象，主要指岩土的分布和工程特征，地下水

的赋存及其变化，不良地质作用和地质灾害等；

4 勘察工作的任务是查明情况，提供数据，分析评价和提出处理建议，以保证工程安全，提高投资效益，促进社会和经济的可持续发展；

5 岩土工程勘察是岩土工程中的一个重要组成，岩土工程包括勘察、设计、施工、检验、监测和监理等，既有一定的分工，又密切联系，不宜机械分割。

2.1.3 触探包括静力触探和动力触探，用以探测地层，测定土的参数，既是一种勘探手段，又是一种测试手段。物探也有两种功能，用以探测地层、构造、洞穴等，是勘探手段；用以测波速，是测试手段。钻探、井探等直接揭露地层，是直接的勘探手段；而触探通过力学分层判定地层，物探通过各种物理方法探测，有一定的推测因素，都是间接的勘探手段。

2.1.5 岩土工程勘察报告一般由文字和图表两部分组成。表示地层分布和岩土数据，可用图表；分析论证，提出建议，可用文字。文字与图表互相配合，相辅相成，效果较好。

2.1.10 断裂、地震、岩溶、崩塌、滑坡、塌陷、泥石流、冲刷、潜蚀等等，《94规范》及其他书籍，称之为"不良地质现象"。其实，"现象"只是一种表现，只是地质作用的结果。勘察工作应调查和研究的不仅是现象，还包括其内在规律，故用现名。

2.1.11 灾害是危及人类人身、财产、工程或环境安全的事件。地质灾害是由不良地质作用引发的这类事件，可能造成重大人员伤亡、重大经济损失和环境改变，因而是岩土工程勘察的重要内容。

2.2 符　号

2.2.1 岩土的重力密度（重度）γ 和质量密度（密度）ρ 是两个概念。前者是单位体积岩土所产生的重力，是一种力；后者是单位体积内所含的质量。

2.2.3 土的抗剪强度指标，有总应力法和有效应力法，总应力法符号为 C、φ，有效应力法符号为 c'、φ'。对于总应力法，由于不同的固法条件和排水条件，试验成果各不相同。故勘察报告应对试验方法作必要的说明。

2.2.4 重型圆锥动力触探锤击数的符号原用 $N_{(63.5)}$，以便与标准贯入锤击数 $N_{63.5}$ 区分。现在，已将标准贯入锤击数符号改为 N，重型圆锥动力触探锤击数符号已无必要用 $N_{(63.5)}$，故改为 $N_{63.5}$，与 N_{10}、N_{120} 的表示方法一致。

3　勘察分级和岩土分类

3.1　岩土工程勘察分级

3.1.1 《建筑结构可靠度设计统一标准》（GB 50068—

2001），将建筑结构分为三个安全等级，《建筑地基基础设计规范》（GB 50007）将地基基础设计分为三个等级，都是从设计角度考虑的。对于勘察，主要考虑工程规模大小和特点，以及由于岩土工程问题造成破坏或影响正常使用的后果。由于涉及各行各业，涉及房屋建筑、地下洞室、线路、电厂及其他工业建筑、废弃物处理工程等，很难做出具体划分标准，故本条做了比较原则的规定。以住宅和一般公用建筑为例，30层以上的可定为一级，7～30层的可定为二级，6层及6层以下的可定为三级。

3.1.2 "不良地质作用强烈发育"，是指泥石流沟谷、崩塌、滑坡、土洞、塌陷、岸边冲刷、地下水强烈潜蚀等极不稳定的场地，这些不良地质作用直接威胁着工程安全；"不良地质作用一般发育"是指虽有上述不良地质作用，但并不十分强烈，对工程安全的影响不严重。

"地质环境"是指人为因素和自然因素引起的地下采空、地面沉降、地裂缝、化学污染、水位上升等。所谓"受到强烈破坏"是指对工程的安全已构成直接威胁，如浅层采空、地面沉降盆地的边缘地带、横跨地裂缝、因蓄水而沼泽化等；"受到一般破坏"是指已有或将有上述现象，但不强烈，对工程安全的影响不严重。

3.1.3 多年冻土情况特殊，勘察经验不多，应列为一级地基。"严重湿陷、膨胀、盐渍、污染的特殊性岩土"是指Ⅲ级和Ⅲ级以上的自重湿陷性土、Ⅲ级膨胀性土等。其他需作专门处理的，以及变化复杂，同一场地上存在多种强烈程度不同的特殊性岩土时，也应列为一级地基。

3.1.4 划分岩土工程勘察等级，目的是突出重点，区别对待，以利管理。岩土工程勘察等级应在工程重要性等级、场地等级和地基等级的基础上划分。一般情况下，勘察等级可在勘察工作开始前，通过搜集已有资料确定。但随着勘察工作的开展，对自然认识的深入，勘察等级也可能发生改变。

对于岩质地基，场地地质条件的复杂程度是控制因素。建造在岩质地基上的工程，如果场地和地基条件比较简单，勘察工作的难度是不大的。故即使是一级工程，场地和地基为三级时，岩土工程勘察等级也可定为乙级。

3.2　岩石的分类和鉴定

3.2.1～3.2.3 岩石的工程性质极为多样，差别很大，进行工程分类十分必要。《94规范》首先按岩石强度分类，再进行风化分类。按岩石强度分为极硬、次硬、次软和极软，列举了代表性岩石名称。又以新鲜岩块的饱和抗压强度30MPa为分界标准。问题在于，新鲜的末风化的岩块在现场有时很难取得，难以执行。

岩石的分类可以分为地质分类和工程分类。地质分类主要根据其地质成因、矿物成分、结构构造和风化程度，可以用地质名称（即岩石学名称）加风化程度表达，如强风化花岗岩、微风化砂岩等。这对于工程的勘察设计确是十分必要的。工程分类主要根据岩体的工程性状，使工程师建立起明确的工程特性概念。地质分类是一种基本分类，工程分类应在地质分类的基础上进行，目的是为了较好地概括其工程性质，便于进行工程评价。

为此，本次修订除了规定应确定地质名称和风化程度外，增加了岩块的"坚硬程度"、岩体的"完整程度"和"岩体基本质量等级"的划分。并分别提出了定性和定量的划分标准和方法，可操作性较强。岩石的坚硬程度直接与地基的承载力和变形性质有关，其重要性是无疑的。岩体的完整程度反映了它的裂隙性，而裂隙性是岩体十分重要的特性，破碎岩石的强度和稳定性较完整岩石大大削弱，尤其对边坡和基坑工程更为突出。

本次修订将岩石的坚硬程度和岩体的完整程度各分五级，二者综合又分五个基本质量等级。与国标《工程岩体分级标准》(GB 50218—94)和《建筑地基基础设计规范》(GB 50007—2002)协调一致。

划分出极软岩十分重要，因为这类岩石不仅极软，而且常有特殊的工程性质，例如某些泥岩具有很高的膨胀性；泥质砂岩、全风化花岗岩等有很强的软化性（单轴饱和抗压强度可等于零）；有的第三纪砂岩遇水崩解，有流砂性质。划分出极破碎岩体也很重要，有时开挖时很硬，暴露后逐渐崩解。片岩各向异性特别显著，作为边坡极易失稳。事实上，对于岩石地基，特别注意的主要是软岩、极软岩、破碎和极破碎的岩石以及基本质量等级为 V 级的岩石，对可取原状试样的，可用土工试验方法测定其性状和物理力学性质。

举例：

1 花岗岩，微风化：为较硬岩，完整，质量基本等级为 Ⅱ 级；

2 片麻岩，中等风化：为较软岩，较破碎，质量基本等级为 Ⅳ 级；

3 泥岩，微风化：为软岩，较完整，质量基本等级为 Ⅳ 级；

4 砂岩（第三纪），微风化：为极软岩，较完整，质量基本等级为 V 级；

5 糜棱岩（断层带）：极破碎，质量基本等级为 V 级。

岩石风化程度分为五级，与国际通用标准和习惯一致。为了便于比较，将残积土也列在表 A.0.3 中。国际标准 ISO/TC 182/SC1 也将风化程度分为五级，并列入残积土。风化带是逐渐过渡的，没有明确的界线，有些情况不一定能划分出五个完全的等级。一般

花岗岩的风化分带比较完全，而石灰岩、泥岩等常常不存在完全的风化分带。这时可采用类似"中等风化-强风化""强风化-全风化"等语句表述。同样，岩体的完整性也可用类似的方法表述。第三系的砂岩、泥岩等半成岩，处于岩石与土之间，划分风化带意义不大，不一定都要描述风化。

3.2.4 关于软化岩石和特殊性岩石的规定，与《94规范》相同，软化岩石浸水后，其承载力会显著降低，应引起重视。以软化系数 0.75 为界限，是借鉴国内外有关规范和数十年工程经验规定的。

石膏、岩盐等易溶性岩石，膨胀性泥岩，湿陷性砂岩等，性质特殊，对工程有较大危害，应专门研究，故本规范将其专门列出。

3.2.5、3.2.6 岩石和岩体的野外描述十分重要，规定应当描述的内容是必要的。岩石质量指标 RQD 是国际上通用的鉴别岩石工程性质好坏的方法，国内也有较多经验，《94 规范》中已有反映，本次修订作了更为明确的规定。

3.3　土的分类和鉴定

3.3.1　本条由《94 规范》2.2.3 和 2.2.4 条合并而成。

3.3.2　本条与《94 规范》的规定一致。

3.3.3　本条与《94 规范》的规定一致。

3.3.4　本条对于粉土定名的规定与《94 规范》一致。

粉土的性质介于砂土和黏性土之间，较粗的接近砂土而较细的接近于黏性土。将粉土划分为亚类，在工程上是需要的。在修订过程中，曾经讨论过是否划分亚类，并有过几种划分亚类的方案建议。但考虑到在全国范围内采用统一的分类界限，如果没有足够的资料复核，很难把握适应各种不同的情况。因此，这次修订仍然采用《94 规范》的方法，不在全国规范中对粉土规定亚类的划分标准，需要对粉土划分亚类的地区，可以根据地方经验，确定相应的亚类划分标准。

3.3.5　本条与《94 规范》的规定一致。

3.3.6　本条与《94 规范》的规定基本一致，仅增加了"夹层厚度大于 0.5m 时，宜单独分层"。各款举例如下：

1　对特殊成因和年代的土类，如新近沉积粉土，残坡积碎石土等；

2　对特殊性土，如淤泥质黏土，弱盐渍粉土，碎石素填土等；

3　对混合土，如含碎石黏土，含黏土角砾等；

4　对互层，如黏土与粉砂互层；对夹薄层，如黏土夹薄层粉砂。

3.3.7　本条基本上与《94 规范》一致，仅局部修改了土的描述内容。

有人建议，应对砂土和粉土的湿度规定划分标准。《规范》修订组考虑，砂土和粉土取样困难，饱和度难以测准，规定了标准不易执行。作为野外描述，不一定都要有定量标准。至于是否饱和（涉及液化判别），地下水位上下是明确的界线，勘察人员是容易确定的。

对于黏性土和粉土的描述，《94规范》比较简单，不够完整。参照美国ASTM土的统一分类法，关于土的目力鉴别方法和《土的分类标准》（GBJ 145）的简易鉴别方法，补充了摇振反应、光泽反应、干强度和韧性的描述内容。为了便于描述，给出了如表3.1所示的描述等级。

表 3.1　土的描述等级

	摇振反应	光泽反应	干强度	韧性
粉　土	迅速、中等	无光泽反应	低	低
黏性土	无	有光泽、稍有光泽	高、中等	高、中等

3.3.7　【修订说明】

本条1～4款规定描述的内容，有时不一定全部需要，故将"应"改为"宜"。土的光泽反应、摇振反应、干强度和韧性的鉴定是现场区分粉土和黏性土的有效方法，但原文在执行中产生一些误解，以为必须描述，成为例行套话，故增加第7款，明确目力鉴别的用途。

3.3.8　对碎石土密实度的划分，《94规范》只给出了野外鉴别的方法，完全根据经验进行定性划分，可比性和可靠性都比较差。在实际工程中，有些地区已经积累了用动力触探鉴别碎石土密实度的经验，这次修订时在保留定性鉴别方法的基础上，补充了重型动力触探和超重型动力触探定量鉴别碎石土密实度的方法。现作如下说明：

1　关于划分档次

对碎石土的密实度，表3.3.8-1分为四档，表3.3.8-2分为五档，附录A表A.0.6分为三档，似不统一。这是由于$N_{63.5}$较N_{120}能量小，不适用于"很密"的碎石土，故只能分四档；野外鉴别很难明确客观标准，往往因人而异，故只能粗一些，分为三档；所以，野外鉴别的"密实"，相当于用N_{120}的"密实"和"很密"；野外鉴别的"松散"，相当于用动力触探鉴别的"稍密"和"松散"。由于这三种鉴别方法所得结果不一定一致，故勘察报告中应交待依据的是"野外鉴别"、"重型圆锥动力触探"还是"超重型圆锥动力触探"。

2　关于划分依据

圆锥动力触探多年积累的经验，是锤击数与地基承载力之间的关系；由于影响承载力的因素较多，不便于在全国范围内建立统一的标准，故本次修订只考虑了用锤击数划分碎石土的密实度，并与国标《建

地基基础设计规范》（GB 50007—2002）协调；至于如何根据密实度或根据锤击数确定地基承载力，则由地方标准或地方经验确定。

表3.3.8-1是根据铁道部第二勘测设计院研究成果，进行适当调整后编制而成的。表3.3.8-2是根据中国建筑西南勘察研究院的研究成果，由王顺富先生向本《规范》修订组提供的。

3　关于成果的修正

圆锥动力触探成果的修正问题，虽已有一些研究成果，但尚缺乏统一的认识；这里包括杆长修正、上覆压力修正、探杆摩擦修正、地下水修正等；作为国家标准，目前做出统一规定的条件还不成熟；但有一条原则，即勘察成果首先要如实反映实测值，应用时可以进行修正，并适当交待修正的依据。应用表3.3.8-1和表3.3.8-2时，根据该成果研制单位的意见，修正方法列在本规范附录B中；表B.0.1和表B.0.2中的数据均源于唐贤强等著《地基工程原位测试技术》（中国铁道出版社，1996）。为表达统一，均取小数点后二位。

3.3.9　砂土密实度的鉴别方法保留了《94规范》的内容，但在修改过程中，曾讨论过对划分密实度的标准贯入击数是否需要修正的问题。

标准贯入击数的修正方法一般包括杆长修正和上覆压力修正。本规范在术语中规定标准贯入击数N为实测值；在勘察报告中所提供的成果也规定为实测值，不进行任何修正。在使用时可根据具体情况采用实测值或修正后的数值。

采用标准贯入击数估计土的物理力学指标或地基承载力时，其击数是否需要修正应与经验公式统计时所依据的原始数据的处理方法一致。

用标准贯入试验判别饱和砂土或粉土液化时，由于当时建立液化判别式的原始数据是未经修正的实测值，且在液化判别式中也已经反映了测点深度的影响，因此用于判别液化的标准贯入击数不作修正，直接用实测值进行判别。

在《94规范》报批稿形成以后，曾有专家提出过用标准贯入击数鉴别砂土密实度时需要进行上覆压力修正的建议，鉴于当时已经通过审查会审查，不宜再进行重大变动，因此将这一问题留至本次修订时处理。

本次修订时，经过反复论证，认为应当从用标准贯入击数鉴别砂土密实度方法的形成历史过程来判断是否应当加以修正。采用标准贯入击数鉴别砂土密实度的方法最早由太沙基和泼克在1948年提出，其划分标准如表3.2所示。这一标准对世界各国有很大的影响，许多国家的鉴别标准大多是在太沙基和泼克1948年的建议基础上发展的。

我国自1953年南京水利实验处引进标准贯入试验后，首先在治淮工程中应用，以后在许多部门推广

应用。制定《工业与民用建筑地基基础设计规范》（TJ 7-74）时将标准贯入试验正式作为勘察手段列入规范，后来在修订《建筑地基基础设计规范》（GBJ 7-89）时总结了我国应用标准贯入击数划分砂土密实度的经验，给出了如表 3.3 所示的划分标准。这一标准将小于 10 击的砂土全部定为"松散"，不划分出"很松"的一档；将 10~30 击的砂土划分为两类，增加了击数为 10~15 的"稍密"一档；将击数大于 30 击的统称为"密实"，不划分出"很密"的密实度类型；而在实践中当标准贯入击数达到 50 击时一般就终止了贯入试验。

表 3.2　太沙基和泼克建议的标准

标准贯入击数	<4	4~10	10~30	30~50	>50
密实度	很松	松散	中密	密实	很密

表 3.3　我国通用的密实度划分标准

标准贯入击数	<10	10~15	15~30	>30
密实度	松散	稍密	中密	密实

从上述演变可以看出，我国目前所通用的密实度划分标准实际上就是 1948 年太沙基和泼克建议的标准，而当时还没有提出杆长修正和上覆压力修正的方法。也就是说，太沙基和泼克当年用以划分砂土密实度的标准贯入击数并没有经过修正。因此，根据本规范对标准贯入击数修正的处理原则，在采用这一鉴别密实度的标准时，应当使用标准贯入击数的实测值。本次修订时仍然保持《94 规范》的规定不变，即鉴别砂土密实度时，标准贯入击数用不加修正的实测值 N。

3.3.10　本条与《94 规范》一致。

在征求意见的过程中，有意见认为粉土取样比较困难，特别是地下水位以下的土样在取土过程中容易失水，使孔隙比减小，因此不易评价正确，故建议改用原位测试方法评价粉土的密实度。在修订过程中曾考虑过采用静力触探划分粉土密实度的方案，但经资料分析发现，静力触探比贯入阻力与孔隙比之间的关系非常分散，不同地区的粉土，其散点的分布范围不同。如图 3.1 所示，分别为山东东营粉土、江苏启东粉土、郑州粉土和上海粉土，由于静力触探比贯入阻力不仅反映了土的密实度，而且也反映了土的结构性。由于不同地区粉土的结构强度不同，在散点图上各地的粉土都处于不同的部位。有的地区粉土具有很小的孔隙比，但比贯入阻力不大；而另外的地区粉土的孔隙比比较大，可是比贯入阻力却很大。因此，在全国范围内，根据目前的资料，没有可能用静力触探比贯入阻力的统一划分界限来评价粉土的密实度。但是在同一地区的粉土，如结构性相差不大且具备比较

充分的资料条件，采用静力触探或其他原位测试手段划分粉土的密实度具有一定的可能性，可以进行试划分以积累地区的经验。

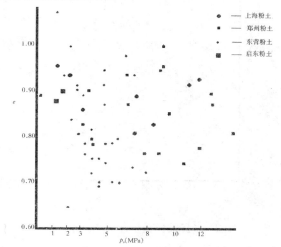

图 3.1　孔隙比与比贯入阻力的散点图

有些建议认为，水下取土求得的孔隙比一般都小于 0.75，不能反映实际情况，采用孔隙比鉴别粉土密实度会造成误判。由于取土质量低劣而造成严重扰动时，出现这种情况是可能的，但制定标准时不能将取土质量不符合要求的情况作为依据。只要认真取土，采取合格的土样，孔隙比的指标还是能够反映实际情况的。为了验证，随机抽取了粉土地区的勘察报告，对东营地区的粉土资料进行散点图分析。该地区地下水位 2~3m，最大取土深度 9~12m，取样点在地下水位上下都有，多数取自地下水位以下。考虑到压缩模量数据比较多，因此分析了压缩模量与各种物理指标之间的关系。

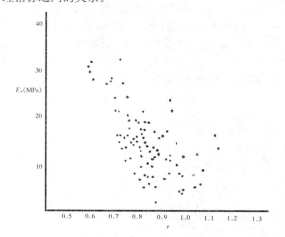

图 3.2　压缩模量与孔隙比的散点图

图 3.2 显示了压缩模量与孔隙比之间存在比较好的规律性，孔隙比分布在 0.55~1.0 之间，大约有 2/3 的孔隙比大于 0.75，说明无论是水上或水下，孔

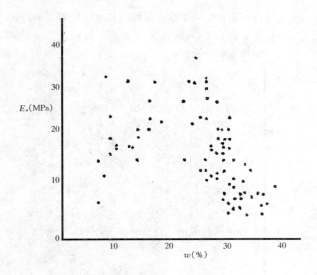

图 3.3　压缩模量与含水量的散点图

隙比都是反映粉土力学性能比较敏感的指标。如果用含水量来描述压缩模量的变化，则从图 3.3 可以发现，当含水量小于 20% 时，含水量增大，模量相应增大；但在含水量超过 20% 以后则出现相反的现象。在低含水量阶段，模量随含水量增大而增大的变化规律可能与非饱和土的基质吸力有关。采用饱和度描述时，在图 3.4 中，当土处于低饱和度时，压缩模量也随饱和度增大而增大；但当饱和度大于 80% 以后，压缩模量与饱和度之间则没有明显的规律性。对比图 3.2 和图 3.4，也说明地下水位以下处于饱和状态的粉土，影响其力学性质的主要因素是土的孔隙比而不是饱和度。

　　从散点图分析，可以说明对于粉土的描述，饱和度并不是一个十分重要的指标。鉴别粉土是否饱和不在于饱和度的数值界限，而在于是否在地下水位以下，在地下水以下的粉土都是饱和的。饱和粉土的力学性能取决于土的密实度，而不是饱和度的差异。孔隙比对粉土的力学性质有明显的影响，而含水量对压缩模量的影响在 20% 左右出现一个明显的转折点。

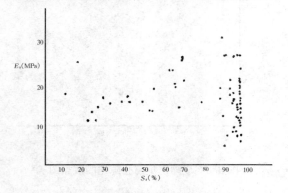

图 3.4　压缩模量与饱和度的散点图

　　鉴于上述分析，认为没有充分理由修改规范原来

的规定，因此仍采用孔隙比和含水量描述粉土的密实度和湿度。

3.3.11　本条与《94 规范》的规定一致。

　　在修订过程中，也提出过采用静力触探划分黏性土状态的建议。对于这一建议进行了专门的研究，研究结果认为，黏性土的范围相当广泛，其结构性的差异比粉土更大，而黏性土中静力触探比贯入阻力的差别在很大程度上反映了土的结构强度的强弱而不是土的状态的不同。其实，直接采用静力触探比贯入阻力判别土的状态，并不利于正确认识与土的 Atterberg 界限有关的许多工程性质。静力触探比贯入阻力值与采用液性指数判别的状态之间存在的差异，反映了客观存在的结构性影响。例如比贯入阻力比较大，而状态可能是软塑或流塑，这正说明了土的结构强度使比贯入阻力比较大，一旦扰动结构，强度将急剧下降。可以提醒人们注意保持土的原状结构，避免结构扰动以后土的力学指标的弱化。

4　各类工程的勘察基本要求

4.1　房屋建筑和构筑物

4.1.1　本条主要对房屋建筑和构筑物的岩土工程勘察，在原则上规定了应做的工作和应有的深度。岩土工程勘察应有明确的针对性，因而要求了解建筑物的上部荷载、功能特点、结构类型、基础形式、埋置深度和变形限制的要求，以便提出岩土工程设计参数和地基基础设计方案的建议。不同的勘察阶段，对建筑结构了解的深度是不同的。

4.1.2　本规范规定勘察工作宜分阶段进行，这是根据我国工程建设的实际情况和数十年勘察工作的经验规定的。勘察是一种探索性很强的工作，总有一个从不知到知，从知之不多到知之较多的过程，对自然的认识总是由粗而细，由浅而深，不可能一步到位。况且，各设计阶段对勘察成果也有不同的要求，因此，分阶段勘察的原则必须坚持。但是，也应注意到，各行业设计阶段的划分不完全一致，工程的规模和要求各不相同，场地和地基的复杂程度差别很大，要求每个工程都分阶段勘察，是不实际也是不必要的。勘察单位应根据任务要求进行相应阶段的勘察工作。

　　岩土工程既然要服务于工程建设的全过程，当然应当根据任务要求，承担后期的服务工作，协助解决施工和使用过程中的岩土工程问题。

　　在城市和工业区，一般已经积累了大量工程勘察资料。当建筑物平面布置已经确定时，可以直接进行详勘。但对于高层建筑和其他重要工程，在短时间内不易查明复杂的岩土工程问题，并作出明确的评价，故仍宜分阶段进行。

4.1.4　对拟建场地做出稳定性评价，是初步勘察的主要内容。稳定性问题应在初步勘察阶段基本解决，不宜留给详勘阶段。

高层建筑的地基基础，基坑的开挖与支护，工程降水等问题，有时相当复杂，如果这些问题都留到详勘时解决，往往因时间仓促，解决不好，故要求初勘阶段提出初步分析评价，为详勘时进一步深入评价打下基础。

4.1.5 岩质地基的特征和土质地基很不一样，与岩体特征，地质构造，风化规律有关，且沉积岩与岩浆岩、变质岩，地槽区与地台区，情况有很大差别，本节规定主要针对平原区的土质地基，对岩质地基只作了原则规定，具体勘察要求应按有关行业标准或地方标准执行。

4.1.6 初勘时勘探线和勘探点的间距，《94 规范》按"岩土工程勘察等级"分档。"岩土工程勘察等级"包含了工程重要性等级、场地等级和地基等级，而勘探孔的疏密则主要决定于地基的复杂程度，故本次修订改为按"地基复杂程度等级"分档。

4.1.7 初勘时勘探孔的深度，《94 规范》按"岩土工程勘察等级"分档。实际上，勘探孔的深度主要决定于建筑物的基础埋深、基础宽度、荷载大小等因素，而初勘时又缺乏这些数据，故表 4.1.7 按工程重要性等级分档，且给了一个相当宽的范围，勘察人员可根据具体情况选择。

4.1.8 根据地质条件和工程要求适当增减勘探孔深度的规定，不仅适用于初勘阶段，也适用于详勘及其他勘察阶段。

4.1.10 地下水是岩土工程分析评价的主要因素之一，搞清地下水是勘察工作的重要任务。但只限于查明场地当时的情况有时还不够，故在初勘和详勘中，应通过资料搜集等工作，掌握工程场地所在的城市或地区的宏观水文地质条件，包括：

1 地下水的空间赋存状态及类型；

2 决定地下水空间赋存状态、类型的宏观地质背景；主要含水层和隔水层的分布规律；

3 历史最高水位，近 3～5 年最高水位，水位的变化趋势和影响因素；

4 宏观区域和场地内的主要渗流类型。

工程需要时，还应设置长期观测孔，设置孔隙水压力装置，量测水头随平面、深度和随时间的变化，或进行专门的水文地质勘察。

4.1.11 这两条规定了详细勘察的具体任务。到了详勘阶段，建筑总平面布置已经确定，面临单体工程地基基础设计的任务。因此，应当提供详细的岩土工程资料和设计施工所需的岩土参数，并进行岩土工程评价，提出相应的工程建议。现作以下几点说明：

1 为了使勘察工作的布置和岩土工程的评价具有明确的工程针对性，解决工程设计和施工中的实际问题，搜集有关工程结构资料，了解设计要求，是十分重要的工作；

2 地基的承载力和稳定性是保证工程安全的前提，这是毫无疑问的；但是，工程经验表明，绝大多数与岩土工程有关的事故是变形问题，包括总沉降、差异沉降、倾斜和局部倾斜；变形控制是地基设计的主要原则，故本条规定了应分析评价地基的均匀性，提供岩土变形参数，预测建筑物的变形特性；有的勘察单位根据设计单位要求和业主委托，承担变形分析任务，向岩土工程设计延伸，是值得肯定的；

3 埋藏的古河道、沟浜，以及墓穴、防空洞、孤石等，对工程的安全影响很大，应予查明；

4 地下水的埋藏条件是地基基础设计和基坑设计施工十分重要的依据，详勘时应予查明；由于地下水位有季节变化和多年变化，故规定应"提供地下水位及其变化幅度"，有关地下水更详细的规定见本规范第 7 章。

4.1.13 地下停车场、地下商店等，近年来在城市中大量兴建。这些工程的主要特点是"超补偿式基础"，开挖较深，挖土卸载量较大，而结构荷载很小。在地下水位较高的地区，防水和抗浮成了重要问题。高层建筑一般带多层地下室，需防水设计，在施工过程中有时也有抗浮问题。在这样的条件下，提供防水设计水位和抗浮设计水位成了关键。这是一个较为复杂的问题，有时需要进行专门论证。

4.1.13 【修订说明】

抗浮设防水位是很重要的设计参数，但要预测建筑物使用期间水位可能发生的变化和最高水位有时相当困难，不仅与气候、水文地质等自然因素有关，有时还涉及地下水开采、上下游水量调配、跨流域调水等复杂因素，故规定应进行专门研究。

地下工程的防水高度，已在《地下工程防水技术规范》（GB 50108）中明确规定，不属于工程勘察的内容。该规范第 3.1.3 条规定：地下工程的防水设计，应考虑地表水、地下水、毛细管水等的作用，以及由于人为因素引起的附近水文地质改变的影响。单建式的地下工程应采用全封闭、部分封闭防排水设计，附建式的全地下或半地下工程的防水设防高度，应高出室外地坪高程 500mm 以上。

4.1.14 本条规定的指导思想与第 4.1.5 条一致。

4.1.15 本次修订时，除了改为按"地基复杂程度等级"分档外，根据近年来的工程经验，对勘探点间距的数值也作了调整。

4.1.16 建筑地基基础设计的原则是变形控制，将总沉降、差异沉降、局部倾斜、整体倾斜控制在允许的限度内。影响变形控制最重要的因素是地层在水平方向上的不均匀性，故本条第 2 款规定，地层起伏较大时应补充勘探点。尤其是古河道，埋藏的沟浜，基岩面的局部变化等。

勘探方法应精心选择，不应单纯采用钻探。触探可以获取连续的定量的数据，又是一种原位测试手段，井探可以直接观察岩土结构，避免单纯依据岩芯判断。因此，勘探手段包括钻探、井探、静力触探和动力触探，应根据具体情况选择。为了发挥钻探和触探的各自特点，宜配合应用。以触探方法为主时，应有一定数量的钻探配合。对复杂地质条件和某些特殊性岩土，布置一定数量的探井是很必要的。

4.1.17 高层建筑的荷载大，重心高，基础和上部结构的刚度大，对局部的差异沉降有较好的适应能力，而整体倾斜是主要控制因素，尤其是横向倾斜。为此，本条对高层建筑勘探点的布置作了明确规定，以满足岩土工程评价和地基基础设计的要求。

4.1.18、4.1.19 由于高层建筑的基础埋深和宽度都很大，钻孔比较深。钻孔深度适当与否，将极大地影响勘察质量、费用和周期。对天然地基，控制性钻孔的深度，应满足以下几个方面的要求：

1 等于或略深于地基变形计算的深度，满足变形计算的要求；

2 满足地基承载力和弱下卧层验算的需要；

3 满足支护体系和工程降水设计的要求；

4 满足对某些不良地质作用追索的要求。

以上各点中起控制作用的是满足变形计算要求。

确定变形计算深度有"应力比法"和"沉降比法"，现行国家标准《建筑地基基础设计规范》（GB 50007—2002）是沉降比法。但对于勘察工作，由于缺乏荷载和模量等数据，用沉降比法确定孔深是无法实施的。过去的办法是将孔深与基础宽度挂钩，虽然简便，但不全面。本次修订采用应力比法。经分析，第4.1.19条第1款的规定是完全可以满足变形计算要求的，在计算机已经普及的今天，也完全可以做到。

对于需要进行稳定分析的情况，孔深应根据稳定分析的具体要求确定。对于基础侧旁开挖，需验算稳定时，控制性钻孔达到基底下2倍基宽时可以满足；对于建筑在坡顶和坡上的建筑物，应结合边坡的具体条件，根据可能的破坏模式确定孔深。

当场地或场地附近没有可信的资料时，至少要有一个钻孔满足划分建筑场地类别对覆盖层厚度的要求。

建筑平面边缘的控制性钻孔，因为受压层深度较小，经过计算，可以适当减小。但应深入稳定地层。

4.1.18 【修订说明】

第5款如违反，不影响工程安全和质量，故改为非强制性条款。

本条指的是天然地基上的高层建筑。

4.1.20 由于土性指标的变异性，单个指标不能代表土的工程特性，必须通过统计分析确定其代表值，故本条第2款规定了原状土试样和原位测试的最少数量，以满足统计分析的需要。当场地较小时，可利用场地邻近的已有资料。

4.1.20 【修订说明】

取土试样和原位测试的数量以及试验项目，应由岩土工程师根据具体情况，因地制宜，因工程制宜。但从我国目前勘察市场的实际情况看，为了确保勘察质量，规范仍应控制取土试样和原位测试勘探孔的最少数量。因此在本条第1款增加规定取土试样和原位测试钻孔的数量，不应少于勘探孔总数的1/2，作为最低限度。合理数量应视具体情况确定，必要时可全部勘探孔取土试样或做原位测试。

规定钻探取土试样孔的最少数量也是必要的，否则无法掌握土的基本物理力学性质。

基岩较浅地区可能要多布置一些鉴别孔查基岩面深度，埋藏的河、沟、池、浜以及杂填土分布区等，为了查明其分布也需布置一些鉴别孔，不在此规定。

本条第2款前半句的意思与原文相同，作文字上的修改是为了更明确指的是试验或测试的数据，不合格或不能用的数据当然不包括在内，并且强调了取多少土样，做什么试验，应根据工程要求、场地大小、土层厚薄、土层在场地和地基评价中所起的作用等具体情况确定，6组数据仅是最低要求。本款前半句的原位测试，主要指标准贯入试验以及十字板剪切试验、扁铲侧胀试验等，不包括载荷试验，也不包括连续记录的静力触探和动力触探。载荷试验的数量要求本规范另有规定。本次修订增加了后半句，连续记录的静力触探或动力触探，每个场地不应少于3个孔。6组取土试验数据和3个触探孔两个条件至少满足其中之一。不同测试方法的数量不能相加，例如取土试样与标准贯入试验不能相加，静力触探与动力触探不能相加。

第4款为原则性规定，故改为非强制性条款。

4.1.23、4.1.24 地基承载力、地基变形和地基的稳定性，是建筑物地基勘察中分析评价的主要内容。鉴于已在有关国家标准中作了明确的规定，这两条强调了根据地方经验综合评定的原则，不再作具体规定。

4.2 地下洞室

4.2.2 国内目前围岩分类方法很多，国家标准有：《锚杆喷射混凝土支护技术规范》（GBJ 86—85）、《工程岩体分级标准》（GB 50218—94）和《地下铁道、轻轨交通岩土工程勘察规范》（GB 50307—99）。另外，水电系统、铁路系统和公路系统均有自己的围岩分类。

本规范推荐国家标准《工程岩体分级标准》（GB 50218—94）中的岩体质量分级标准和《地下铁道、轻轨交通岩土工程勘察规范》（GB 50307—99）中的围岩分类。

前者首先确定基本质量级别，然后考虑地下水、主要软弱结构面和地应力等因素对基本质量级别进行修正，并以此衡量地下洞室的稳定性，岩体级别越高，则洞室的自稳能力越好。

后者则为了与《地下铁道设计规范》（GB 50157—92）相一致，采用了铁路系统的围岩分类法。这种围岩分类是根据围岩的主要工程地质特征（如岩石强度、受构造的影响大小、节理发育情况和有无软弱结构面等）、结构特征和完整状态以及围岩开挖后的稳定状态等综合确定围岩类别，并可根据围岩类别估算围岩的均布压力。

而《锚杆喷射混凝土支护技术规范》（GBJ 86—85）的围岩分类，则是根据岩体结构、受构造的影响程度、结构面发育情况、岩石强度和声波指标以及毛洞稳定性情况等综合确定。

以上三种围岩分类，都是国家标准，各有特点，各有用途，使用时应注意与设计采用的标准相一致。

4.2.2 【修订说明】

修订后只保留"地下洞室勘察的围岩分级应与地下洞室设计采用的标准一致"。将后面的文字删去。因为前一句意思已很明确，且《地下铁道、轻轨交通岩土工程勘察规范》（GB 50307）所依据的是铁路规范对围岩类别的规定，现铁路规范已经修改。

4.2.3 根据多年的实践经验，地下洞室勘察分阶段实施是十分必要的。这不仅符合按程序办事的基本建设原则，也是由于自然界地质现象的复杂性和多变性所决定。因为这种复杂多变性，在一定的勘察阶段内难以全部认识和掌握，需要一个逐步深化的认识过程。分阶段实施勘察工作，可以减少工作的盲目性，有利于保证工程质量。《94 规范》分为可行性与初步勘察、详细勘察和施工勘察三个阶段。但各阶段的勘察内容和勘察方法不够明确。本次修订，划分为可行性研究勘察、初步勘察、详细勘察和施工勘察四个阶段，并详细规定了各勘察阶段的勘察内容和勘察方法。当然，也可根据拟建工程的规模、性质和地质条件，因地制宜地简化勘察阶段。

可行性研究勘察阶段可通过搜集资料和现场踏勘，对拟选方案的适宜性做出评价，选择合适的洞址和洞口。

4.2.4～4.2.6 这三条规定了地下洞室初步勘察的勘察内容和勘察方法。规定初步勘察宜采用工程地质测绘，并结合工程需要，辅以物探、钻探和测试工作。

工程地质测绘的任务是查明地形地貌、地层岩性、地质构造、水文地质条件和不良地质作用，为评价洞区稳定性和建洞适宜性提供资料；为布置物探和钻探工作量提供依据。在地下洞室勘察中，工程地质测绘做好了，可以起到事半功倍的作用。

工程物探可采用浅层地震剖面勘探和地震 CT 等方法圈定地下隐伏体，探测构造破碎带；在钻孔内测定弹性波或声波波速，可评价岩体完整性，计算岩体动力参数，划分围岩类别等。

钻探工作可根据工程地质测绘的疑点和工程物探的异常点布置。本节第 4.2.6 条规定的勘探点间距和勘探孔深度是综合了《军队地下工程勘测规范》（GJB 2813—1997）、《地下铁道、轻轨交通岩土工程勘察规范》（GB 50307—99）和《公路隧道勘测规程》（JTJ 063—85）等几本规范的有关内容制定的。

4.2.7～4.2.12 这六条规定的是详细勘察。

详细勘察阶段是地下洞室勘察的一个重要勘察阶段，其任务是在查明洞体地质条件的基础上，分段划分岩体质量级别或围岩类别，评价洞体和围岩稳定性，为洞室支护设计和确定施工方案提供资料。勘探方法应采用钻探、孔内物探和测试，必要时，还可布置洞探。工程地质测绘在详勘阶段一般情况下不单独进行，只是根据需要做一些补充性调查。

试验工作除常规的以外，对地下铁道，尚应测定基床系数和热物理参数。

1 基床系数用于衬砌设计时计算围岩的弹性抗力强度，应通过载荷试验求得（参见本规范第10.2.6 条）；

2 热物理参数用于地下洞室通风负荷设计，通常采用面热源法和热线比较法测定潮湿土层的导温系数、导热系数和比热容；热线比较法还适用于测定岩石的导热系数，比热容还可用热平衡法测定，具体测定方法可参见国家标准《地下铁道、轻轨交通岩土工程勘察规范》（GB 50307—99）条文说明；

3 室内动力性质试验包括动三轴试验、动单剪试验和共振柱试验等；动力参数包括动弹性模量、动剪切模量、动泊松比。

4.2.13 地下洞室勘察，凭工程地质测绘、工程物探和少量的钻探工作，其精度是难以满足施工要求的，尚需依靠施工勘察和超前地质预报加以补充和修正。因此，施工勘察和地质超前预报关系到地下洞室掘进速度和施工安全，可以起到指导设计和施工的作用。

超前地质预报主要内容包括下列四方面：

1 断裂、破碎带和风化囊的预报；

2 不稳定块体的预报；

3 地下水活动情况的预报；

4 地应力状况的预报。

超前预报的方法，主要有超前导坑预报法、超前钻孔测试法和掌子面位移量测法等。

4.2.14 评价围岩稳定性，应采用工程地质分析与理论计算相结合的方法。两者不可偏颇。

本次删去了《94 规范》中的围岩压力计算公式，理由是随着科技的发展，计算方法进步很快，而这些公式显得有些陈旧，继续保留在规范中，不利于新技术、新方法的应用，不利于技术进步和发展。

关于地下洞室围岩稳定性计算分析，可采用数值法或"弹性有限元图谱法"，计算方法可参照有关书籍。

4.3 岸边工程

4.3.1 本节规定主要适用于港口工程的岩土工程勘察，对修船、造船水工建筑物、通航工程和取水构筑物的勘察，也可参照执行。

4.3.2 本条强调了岸边工程勘察需要重点查明的几个问题。

岸边工程处于水陆交互地带，往往一个工程跨越几个地貌单元；地层复杂，层位不稳定，常分布有软土、混合土、层状构造土；由于地表水的冲淤和地下水动水压力的影响，不良地质作用发育，多滑坡、坍岸、潜蚀、管涌等现象；船舶停靠挤压力，波浪、潮汐冲击力，系揽力等均对岸坡稳定产生不利影响。岸边工程勘察任务就是要重点查明和评价这些问题，并提出治理措施的建议。

4.3.3～4.3.5 岸边工程的勘察阶段，大、中型工程分为可行性研究、初步设计和施工图设计三个勘察阶段；对小型工程、地质条件简单或有成熟经验地区的工程可简化勘察阶段。第4.3.3条～第4.3.5条分别列出了上述三个勘察阶段的勘察方法和内容的原则性规定。

4.3.6 本条列出的几种原位测试方法，大多是港口工程勘察经常采用的测试方法，已有成熟的经验。

4.3.7 测定土的抗剪强度方法应结合工程实际情况，例如：

1 当非饱和土在施工期间和竣工后可能受水浸泡成为饱和土时，应进行饱和状态下的抗剪强度试验；

2 当土的固结状态在施工期间或竣工后可能变化时，宜进行土的不同固结度的抗剪强度试验；

3 挖方区宜进行卸荷条件下的抗剪强度试验，填方区则可进行常规方法的抗剪强度试验。

4.3.8 各勘察阶段的勘探工作量的布置和数量可参照《港口工程勘察规范》(JTJ 240)执行。

4.3.9 评价岸坡和地基稳定性时，应按地质条件和土的性质，划分若干个区段进行验算。

对于持久状况的岸坡和地基稳定性验算，设计水位应采用极端低水位，对有波浪作用的直立坡，应考虑不同水位和波浪力的最不利组合。

当施工过程中可能出现较大的水头差、较大的临时超载、较陡的挖方边坡时，应按短暂状况验算其稳定性。如水位有骤降的情况，应考虑水位骤降对土坡稳定的影响。

4.4 管道和架空线路工程
（Ⅰ）管道工程

4.4.1 本节主要适用于长输油、气管道线路及其穿、跨越工程的岩土工程勘察。长输油气管道主要或优先采用地下埋设方式，管道上覆土厚 1.0～1.2m；自然

条件比较特殊的地区，经过技术论证，亦可采用土堤埋设、地上敷设和水下敷设等方式。

4.4.2 管道工程勘察阶段的划分应与设计阶段相适应。大型管道工程和大型穿越、跨越工程可分为选线勘察、初步勘察和详细勘察三个阶段。中型工程可分为选线勘察和详细勘察两个阶段。对于小型线路工程和小型穿、跨越工程一般不分阶段，一次达到详勘要求。

4.4.3 选线勘察主要是搜集和分析已有资料，对线路主要的控制点（例如大中型河流穿、跨越点）进行踏勘调查，一般不进行勘探工作。选线勘察是一个重要的勘察阶段。以往有些单位在选线工作中，由于对地质工作不重视，没有工程地质专业人员参加，甚至不进行选线勘察，事后发现选定的线路方案有不少岩土工程问题。例如沿线的滑坡、泥石流等不良地质作用较多，不易整治。如果整治，则耗费很大，增加工程投资；如不加以整治，则后患无穷。在这种情况下，有时不得不重新组织选线。为此，加强选线勘察是十分必要的。

4.4.4 管道遇有河流、湖泊、冲沟等地形、地物障碍时，必须跨越或穿越通过。根据国内外的经验，一般是穿越较跨越好。但是管道线路经过的地区，各种自然条件不尽相同，有时因为河床不稳，要求穿越管线埋藏很深；有时沟深坡陡，管线敷设的工程量很大；有时水深流急施工穿越工程特别困难；有时因为对河流经常疏浚或渠道经常扩宽，影响穿越管道的安全。在这些情况下，采用跨越的方式比穿越方式好。因此应根据具体情况因地制宜地确定穿越或跨越方式。

河流的穿、跨越点选得是否合理，是关系到设计、施工和管理的关键问题。所以，在确定穿、跨越点以前，应进行必要的选址勘察工作。通过认真的调查研究，比选出最佳的穿、跨越方案。既要照顾到整个线路走向的合理性，又要考虑到岩土工程条件的适宜性。本条从岩土工程的角度列举了几种不适宜作为穿、跨越点的河段，在实际工作中应结合具体情况适当掌握。

4.4.5、4.4.6 初勘工作，主要是在选线勘察的基础上，进一步搜集资料，现场踏勘，进行工程地质测绘和调查，对拟选线路方案的岩土工程条件做出初步评价，协同设计人员选择出最优的线路方案。这一阶段的工作主要是进行测绘和调查，尽量利用天然和人工露头，一般不进行勘探和试验工作，只在地质条件复杂、露头条件不好的地段，才进行简单的勘探工作。因为在初勘时，还可能有几个比选方案，如果每一个方案都进行较为详细的勘察工作，工作量太大。所以，在确定工作内容时，要求初步查明管道埋设深度内的地层岩性、厚度和成因。这里的"初步查明"是指把岩土的基本性质查清楚，如有无流砂、软土和对

工程有影响的不良地质作用。

穿、跨越工程的初勘工作，也以搜集资料、踏勘、调查为主，必要时进行物探工作。山区河流，河床的第四系覆盖层厚度变化大，单纯用钻探手段难以控制，可采用电法或地震勘探，以了解基岩埋藏深度。对于大中型河流，除地面调查和物探工作外，尚需进行少量的钻探工作。对于勘探线上的勘探点间距，未作具体规定，以能初步查明河床地质条件为原则。这是考虑到本阶段对河床地层的研究仅是初步的，山区河流同平原河流的河床沉积差异性很大，即使是同一条河流，上游与下游也有较大的差别。因此，勘探点间距应根据具体情况确定。至于勘探孔的深度，可以与详勘阶段的要求相同。

4.4.8 管道穿越工程详勘阶段的勘探点间距，规定"宜为 30～100m"，范围较大。这是考虑到山区河流与平原河流的差异大。对山区河流而言，30m 的间距，有时还难以控制地层的变化。对平原河流，100m 的间距，甚至再增大一些，也可以满足要求。因此，当基岩面起伏大或岩性变化大时，勘探点的间距应适当加密，或采用物探方法，以控制地层变化。按现用设备，当采用定向钻方式穿越时，钻探点应偏离中心线 15m。

（Ⅱ）架空线路工程

4.4.11 本节适用于大型架空线路工程，主要是高压架空线路工程，其他架空线路工程可参照执行。

4.4.13、4.4.14 初勘阶段应以搜集资料和踏勘调查为主，必要时可做适当的勘探工作。为了能选择地质、地貌条件较好、路径短、安全、经济、交通便利、施工方便的线路路径方案，可按不同地质、地貌情况分段提出勘察报告。

调查和测绘工作，重点是调查研究路径方案跨河地段的岩土工程条件和沿线的不良地质作用，对各路径方案沿线地貌、地层岩性、特殊性岩土分布、地下水情况也应了解，以便正确划分地貌、地质地段，结合有关文献资料归纳整理提出岩土工程勘察报告。对特殊设计的大跨越地段和主要塔基，应做详细的调查研究，当已有资料不能满足要求时，尚应进行适量的勘探测试工作。

4.4.15、4.4.16 施工图设计勘察是在已经选定的线路下进行杆塔定位，结合塔位进行工程地质调查、勘探和测试，提出合理的地基基础和地基处理方案、施工方法的建议等。下面阐述各地段的具体要求：

1 平原地区勘察，转角、耐张、跨越和终端塔等重要塔基和复杂地段应逐基勘探，对简单地段的直线塔基勘探点间距可酌情放宽；

根据国内已建和在建的 500kV 送电线路工程勘察方案的总结，结合土质条件、塔的基础类型、基础埋深和荷重大小以及塔基受力的特点，按有

关理论计算结果，勘探孔深度一般为基础埋置深度下 0.5～2.0 倍基础底面宽度，表 4.1 可作参考；

表 4.1　不同类型塔基勘探深度

塔　　型	勘探孔深度（m）		
	硬塑土层	可塑土层	软塑土层
直线塔	$d+0.5b$	$d+(0.5\sim1.0)b$	$d+(1.0\sim1.5)b$
耐张、转角、跨越和终端塔	$d+(0.5\sim1.0)b$	$d+(1.0\sim1.5)b$	$d+(1.5\sim2.0)b$

注：1 本表适用于均质土层。如为多层土或碎石土、砂土时，可适当增减；

2 d—基础埋置深度（m），b—基础底面宽度（m）。

2 线路经过丘陵和山区，应围绕塔基稳定性并以此为重点进行勘察工作；主要是查明塔基及其附近是否有滑坡、崩塌、倒石堆、冲沟、岩溶和人工洞穴等不良地质作用及其对塔基稳定性的影响；

3 跨越河流、湖沼勘察，对跨越地段杆塔位置的选择，应与有关专业共同确定；对于岸边和河中立塔，尚需根据水文调查资料（包括百年一遇洪水、淹没范围、岸边与河床冲刷以及河床演变等），结合塔位工程地质条件，对杆塔地基的稳定性做出评价。

跨越河流或湖沼，宜选择在跨距较短、岩土工程条件较好的地点布设杆塔。对跨越塔，宜布置在两岸地势较高、岸边稳定、地基土质坚实、地下水埋藏较深处；在湖沼地区立塔，则宜将塔位布设在湖沼沉积层较薄处，并需着重考虑杆塔地基环境水对基础的腐蚀性。

架空线路杆塔基础受力的基本特点是上拔力、下压力或倾覆力。因此，应根据杆塔性质（直线塔或耐张塔等），基础受力情况和地基情况进行基础上拔稳定计算、基础倾覆计算和基础下压地基计算，具体的计算方法可参照原水利电力部标准《送电线路基础设计技术规定》（SDGJ62）执行。

4.5　废弃物处理工程
（Ⅰ）一般规定

本节在《94 规范》的基础上，有较大修改和补充，主要为：

1 《94 规范》适用范围为矿山尾矿和火力发电厂灰渣，本次修订扩大了适用范围，包括矿山尾矿、火力发电厂灰渣、氧化铝厂赤泥等工业废料，还包括城市固体垃圾等各种废弃物；这是由于我国工业和城市废弃物处理的问题日益突出，废弃物处理工程的建设日益增多，客观上有扩大本节适用范围的需要；同时，各种废弃物堆场的特点虽各有不同，但其基本特征是类似的，可作为一节加以规定；

2 核废料的填埋处理要求很高，有核安全方面的专门要求，尚应满足相关规范的规定；

3 作为国家标准，本规范只对通用性的技术要求作了规定，具体的专门性的技术要求由各行业标准自行规定，与《94规范》比，条文内容更为简明；

4 《94规范》只规定了"尾矿坝"和"贮灰坝"的勘察；事实上，对于山谷型堆填场，不仅有坝，还有其他工程设施。除山谷型外，还有平地型、坑埋型等，本次修订作了相应补充；

5 需要指出，矿山废石、冶炼厂炉渣等粗粒废弃物堆场，目前一般不作勘察，故本节未作规定；但有时也会发生岩土工程问题，如引发泥石流，应根据任务要求和具体情况确定如何勘察。

4.5.3 本条规定了废弃物处理工程的勘察范围。对于山谷型废弃物堆场，一般由下列工程组成：

1 初期坝：一般为土石坝，有的上游用砂石、土工布组成反滤层；

2 堆填场：即库区，有的还设截洪沟，防止洪水入库；

3 管道、排水井、隧洞等，用以输送尾矿、灰渣，降水、排水，对于垃圾堆埋场，尚有排气设施；

4 截污坝、污水池、截水墙、防渗帷幕等，用以集中有害渗出液，防止对周围环境的污染，对垃圾填埋场尤为重要；

5 加高坝：废弃物堆填超过初期坝高后，用废渣材料加高坝体；

6 污水处理厂，办公用房等建筑物；

7 垃圾填埋场的底部设有复合型密封层，顶部设有密封层；赤泥堆场底部也有土工膜或其他密封层；

8 稳定、变形、渗漏、污染等的监测系统。

由于废弃物的种类、地形条件、环境保护要求等各不相同，工程建设运行过程有较大差别，勘察范围应根据任务要求和工程具体情况确定。

4.5.4 废弃物处理工程分阶段勘察是必要的，但由于各行业情况不同，各工程规模不同，要求不同，不宜硬性规定。废渣材料加高坝不属于一般意义勘察，而属于专门要求的详细勘察。

4.5.5 本条规定了勘探前需搜集的主要技术资料。这里主要规定废弃物处理工程勘察需要的专门性资料，未列入与一般场地勘察要求相同的地形图、地质图、工程总平面图等资料。各阶段搜集资料的重点亦有所不同。

4.5.6～4.5.8 洪水、滑坡、泥石流、岩溶、断裂等地质灾害，对工程的稳定有严重威胁，应予查明。滑坡和泥石流还可挤占库区，减小有效库容。有价值的自然景观包括，有科学意义需要保护的特殊地貌、地层剖面、化石群等。文物和矿产常有重要的文化和经济价值，应进行调查，并由专业部门评估，对废弃物处理工程建设的可行性有重要影响。与渗透有关的水文地质条件，是建造防渗帷幕、截污坝、截水墙等工程的主要依据，测绘和勘探时应着重查明。

4.5.9 初期坝建筑材料及防渗和覆盖用黏土的费用对工程的投资影响较大，故应在可行性勘察时确定产地，初步勘察时基本查明。

（Ⅱ）工业废渣堆场

4.5.10 对勘探测试工作量和技术要求，本节未作具体规定，应根据工程实际情况和有关行业标准的要求确定，以能满足查明情况和分析评价要求为准。

（Ⅲ）垃圾填埋场

4.5.16 废弃物的堆积方式和工程性质不同于天然土，按其性质可分为似土废弃物和非土废弃物。似土废弃物如尾矿、赤泥、灰渣等，类似于砂土、粉土、黏性土，其颗粒组成、物理性质、强度、变形、渗透和动力性质，可用土工试验方法测试。非土废弃物如生活垃圾，取样测试都较困难，应针对具体情况，专门考虑。有些力学参数也可通过现场监测，用反分析确定。

4.5.17 力学稳定和化学污染是废弃物处理工程评价两大主要问题，故条文对评价内容作了具体规定。

变形有时也会影响工程的安全和正常使用。土石坝的差异沉降可引起坝身裂缝；废弃物和地基土的过量变形，可造成封盖和底部密封系统开裂。

4.6 核 电 厂

4.6.1 核电厂是各类工业建筑中安全性要求最高、技术条件最为复杂的工业设施。本节是在总结已有核电厂勘察经验的基础上，遵循核电厂安全法规和导则的有关规定，参考国外核电厂前期工作的经验制定的，适用于各种核反应堆型的陆上商用核电厂的岩土工程勘察。

4.6.2 核电厂的下列建筑物为与核安全有关建筑物：

1 核反应堆厂房；

2 核辅助厂房；

3 电气厂房；

4 核燃料厂房及换料水池；

5 安全冷却水泵房及有关取水构筑物；

6 其他与核安全有关的建筑物。

除上列与核安全有关建筑物之外，其余建筑物均为常规建筑物。与核安全有关建筑物应为岩土工程勘察的重点。

4.6.3 本条核电厂勘察五个阶段划分的规定，是根据基建审批程序和已有核电厂工程的实际经验确定的。各个阶段循序渐进、逐步投入。

4.6.4 根据原电力工业部《核电厂工程建设项目可行性研究内容与深度规定》（试行），初步可行性研究阶段应对2个或2个以上厂址进行勘察，最终确定1～2个候选厂址。勘察工作以搜集资料为主，根据地质复杂程度，进行调查、测绘、钻探、测试和试验，满足初步可行性研究阶段的深度要求。

4.6.5 初步可行性研究阶段工程地质测绘内容包括地形、地貌、地层岩性、地质构造、水文地质以及岩溶、滑坡、崩塌、泥石流等不良地质作用。重点调查断层构造的展布和性质，必要时应实测剖面。

4.6.6、4.6.7 本阶段的工程物探要根据厂址的地质条件选择进行。结合工程地质调查，对岸坡、边坡的稳定性进行分析，必要时可做少量的勘察工作。

4.6.8 厂址和厂址附近是否存在能动断层是评价厂址适宜性的重要因素。根据有关规定，在地表或接近地表处有可能引起明显错动的断层为能动断层。符合下列条件之一者，应鉴定为能动断层：

1 该断层在晚更新世（距今约10万年）以来在地表或近地表处有过运动的证据；

2 证明与已知能动断层存在构造上的联系，由于已知能动断层的运动可能引起该断层在地表或近地表处的运动；

3 厂址附近的发震构造，当其最大潜在地震可能在地表或近地表产生断裂时，该发震构造应认为是能动断层。

根据我国目前的实际情况，核岛基础一般选择在中等风化、微风化或新鲜的硬质岩石地基上，其他类型的地基并不是不可以放置核岛，只是由于我国在这方面的经验不足，应当积累经验。因此，本节规定主要适用于核岛地基为岩石地基的情况。

4.6.10 工程地质测绘的范围应视地质、地貌、构造单元确定。测绘比例尺在厂址周边地区可采用1：2000，但在厂区不应小于1：1000。工程物探是本阶段的重点勘察手段，通常选择2～3种物探方法进行综合物探，物探与钻探应互相配合，以便有效地获得厂址的岩土工程条件和有关参数。

4.6.11 《核电厂地基安全问题》（HAF0108）中规定：厂区钻探采用150m×150m网格状布置钻孔，对于均匀地基厂址或简单地质条件厂址较为适用。如果地基条件不均匀或较为复杂，则钻孔间距应适当调整。对水工建筑物宜垂直河床或海岸布置2～3条勘探线，每条勘探线2～4个钻孔。泵房位置不应少于1个钻孔。

4.6.12 本条所指的水文地质工作，包括对核环境有影响的水文地质工作和常规的水文地质工作两方面。

4.6.14 根据核电厂建筑物的功能和组合，划分为4个不同的建筑地段，这些不同建筑地段的安全性质及其结构、荷载、基础形式和埋深等方面的差异，是考虑勘察手段和方法的选择、勘探深度和布置要求的依据。

断裂属于不良地质作用范畴，考虑到核电厂对断裂的特殊要求，单列一项予以说明。这里所指的断裂研究，主要是断裂工程性质的研究，即结合其位置、

规模，研究其与建筑物安全稳定的关系，查明其危害性。

4.6.15 核岛是指反应堆厂房及其紧邻的核辅助厂房。对核岛地段钻孔的数量只提出了最低的界限，主要考虑了核岛的几何形状和基础面积。在实际工作中，可根据场地实际工程地质条件进行适当调整。

4.6.16 常规岛地段按其建筑物安全等级相当于火力发电厂汽轮发电机厂房，考虑到与核岛系统的密切关系，本条对常规岛的勘探工作量作了具体的规定。在实际工作中，可根据场地工程地质条件适当调整工作量。

4.6.17 水工建筑物种类较多，各具不同的结构和使用特点，且每个场地工程地质条件存在着差别。勘察工作应充分考虑上述特点，有针对性地布置工作量。

4.6.18 本条列举的几种原位测试方法是进行岩土工程分析与评价所需要的项目，应结合工程的实际情况予以选择采用。核岛地段波速测试，是一项必须进行的工作，是取得岩土体动力参数和抗震设计分析的主要手段，该项目测试对设备和技术有很高的要求，因此，对服务单位的选择、审查十分重要。

4.7 边坡工程

4.7.1 本条规定了边坡勘察应查明的主要内容。根据边坡的岩土成分，可分为岩质边坡和土质边坡，土质边坡的主要控制因素是土的强度，岩质边坡的主要控制因素一般是岩体的结构面。无论何种边坡，地下水的活动都是影响边坡稳定的重要因素。进行边坡工程勘察时，应根据具体情况有所侧重。

4.7.2 本条规定的"大型边坡勘察宜分阶段进行"，是指对大型边坡的专门性勘察。一般情况下，边坡勘察和建筑物的勘察是同步进行的。边坡问题应在初勘阶段基本解决，一步到位。

4.7.3 对于岩质边坡，工程地质测绘是勘察工作首要内容，本条指出三点：

1 着重查明边坡的形态和坡角，这对于确定边坡类型和稳定坡率是十分重要的；

2 着重查明软弱结构面的产状和性质，因为软弱结构面一般是控制岩质边坡稳定的主要因素；

3 测绘范围不能仅限于边坡地段，应适当扩大到可能对边坡稳定有影响的地段。

4.7.4 对岩质边坡，勘察的一个重要工作是查明结构面。有时，常规钻探难以解决问题，需辅用一定数量的探洞，探井，探槽和斜孔。

4.7.6 正确确定岩土和结构面的强度指标，是边坡稳定分析和边坡设计成败的关键。本条强调了以下几点：

1 岩土强度室内试验的应力条件应尽量与自然条件下岩土体的受力条件一致；

2 对控制性的软弱结构面，宜进行原位剪切试

验，室内试验成果的可靠性较差；对软土可采用十字板剪切试验；

3 实测是重要的，但更要强调结合当地经验，并宜根据现场坡角采用反分析验证；

4 岩土性质有时有"蠕变"，强度可能随时间而降低，对于永久性边坡应予注意。

4.7.7 本条首先强调，"边坡的稳定性评价，应在确定边坡破坏模式的基础上进行"。不同的边坡有不同的破坏模式。如果破坏模式选错，具体计算失去基础，必然得不到正确结果。破坏模式有平面滑动、圆弧滑动、楔形体滑落、倾倒、剥落等，平面滑动又有沿固定平面滑动和沿（$45°+\varphi/2$）倾角滑动等。有的专家将边坡分为若干类型，按类型确定破坏模式，并列入了地方标准，这是可取的。但我国地质条件十分复杂，各地差别很大，尚难归纳出全国统一的边坡分类和破坏模式，可继续积累数据和资料，待条件成熟后再作修订。

鉴于影响边坡稳定的不确定因素很多，故本条建议用多种方法进行综合评价。其中，工程地质类比具有经验性和地区性的特点，应用时必须全面分析已有边坡与新研究边坡的工程地质条件的相似性和差异性，同时还应考虑工程的规模、类型及其对边坡的特殊要求。可用于地质条件简单的中、小型边坡。

图解分析法需在大量的节理裂隙调查统计的基础上进行。将结构面调查统计结果绘制等密度图，得出结构面的优势方位。在赤平极射投影图上，根据优势方位结构面的产状和坡面投影关系分析边坡的稳定性。

1 当结构面或结构面交线的倾向与坡面倾向相反时，边坡为稳定结构；

2 当结构面或结构面交线的倾向与坡面倾向一致，但倾角大于坡角时，边坡为基本稳定结构；

3 当结构面或结构面交线的倾向与坡面倾向之间夹角小于45°，且倾角小于坡角时，边坡为不稳定结构。

求潜在不稳定体的形状和规模需采用实体比例投影。对图解法所得出的潜在不稳定边坡应计算验证。

本条稳定系数的取值与《94规范》一致。

4.7.8 大型边坡工程一般需要进行地下水和边坡变形的监测，目的在于为边坡设计提供参数，检验措施（如支挡、疏干等）的效果和进行边坡稳定的预报。

4.8 基 坑 工 程

4.8.1、4.8.2 目前基坑工程的勘察很少单独进行，大多是与地基勘察一并完成的。但是由于有些勘察人员对基坑工程的特点和要求不很了解，提供的勘察成果不一定能满足基坑支护设计的要求。例如，对采用桩基的建筑地基勘察往往对持力层、下卧层研究较仔细，而忽略浅部土层的划分和取样试验；侧重于针对

地基的承载性能提供土质参数，而忽略支护设计所需要的参数；只在划定的轮廓线以内进行勘探工作，而忽略对周边的调查了解等等。因深基坑开挖属于施工阶段的工作，一般设计人员提供的勘察任务委托书可能不会涉及这方面的内容。此时勘察部门应根据本节的要求进行工作。

岩质基坑的勘察要求和土质基坑有较大差别，到目前为止，我国基坑工程的经验主要在土质基坑方面，岩质基坑的经验较少。故本节规定只适用于土质基坑。岩质基坑的勘察可根据实际情况按地方经验进行。

4.8.3 基坑勘察深度范围 $2H$ 大致相当于在一般土质条件下悬臂桩墙的嵌入深度。在土质特别软弱时可能需要更大的深度。但一般地基勘察的深度比这更大，所以满足本条规定的要求不会有问题。但在平面扩大勘察范围可能会遇到困难。考虑这一点，本条规定对周边以调查研究、搜集原有勘察资料为主。在复杂场地和斜坡场地，由于稳定性分析的需要，或布置锚杆的需要，必须有实测地质剖面，故应适量布置勘探点。

4.8.4 抗剪强度是支护设计最重要的参数，但不同的试验方法（有效应力法或总应力法，直剪或三轴，UU 或 CU）可能得出不同的结果。勘察时应按照设计所依据的规范、标准的要求进行试验，提供数据。表 4.2 列出不同标准对土压力计算的规定，可供参考。

表 4.2　不同规范、规程对土压力计算的规定

规范规程标准	计算方法	计算参数	土压力调整
建设部行标	采用朗肯理论	砂土、粉土水土分算，黏性土有经验时水土合算	直剪固快峰值 c、φ 或三轴 c_{cu}、φ_{cu}	主动侧开挖面以下土自重压力不变
冶金部行标	采用朗肯或库伦理论按水土分算原则计算，有经验时对黏性土也可以水土合算	分算时采用有效应力指标 c'、φ' 或用 c_{cu}、φ_{cu} 代替，合算时采用 c_{cu}、φ_{cu} 乘以 0.7 的强度折减系数	有邻近建筑物基础时 $K_{ma}=(K_0+K_a)/2$；被动区不能充分发挥时 $K_{mp}=(0.3\sim0.5)K_p$
湖北省规定	采用朗肯理论	黏性土、粉土水土合算，砂土水土分算，有经验时也可水土合算	分算时采用有效应力指标 c'、φ'；合算时采用总应力指标 c、φ；提供有强度指标的经验值	一般不作调整
深圳规范	采用朗肯理论	水位以上水土合算；水位以下黏性土水土合算，粉土、砂土、碎石土水土分算	分算时采用有效应力指标 c'、φ'；合算时采用总应力指标 c、φ	无规定

续表 4.2

规范规程标准	计算方法	计算参数	土压力调整
上海规程	采用朗肯理论 以水土分算为主，对水泥土围护结构水土合算	水土分算采用 c_{cu}、φ_{cu}，水土合算采用经验主动土压力系数 η_a	对有支撑的围护结构开挖面以下土压力为矩形分布。提出动土压力概念，提高的主动土压力系数界于 $K_0 \sim (K_a+K_0)/2$ 之间，降低的被动土压力系数界于 $(0.5 \sim 0.9) K_p$ 之间
广州规定	采用朗肯理论 以水土分算为主，有经验时对黏性土、淤泥可水土合算	采用 c_{cu}、φ_{cu}，有经验时可采用其他参数	开挖面以下采用矩形分布模式

从理论上说基坑开挖形成的边坡是侧向卸荷，其应力路径是 σ_1 不变，σ_3 减小，明显不同于承受建筑物荷载的地基土。另外有些特殊性岩土（如超固结老黏性土、软质岩），开挖暴露后会发生应力释放、膨胀、收缩开裂、浸水软化等现象，强度急剧衰减。因此选择用于支护设计的抗剪强度参数，应考虑开挖造成的边界条件改变、地下水条件的改变等影响，对超固结土原则上取值应低于原状试样的试验结果。

4.8.5 深基坑工程的水文地质勘察工作不同于供水水文地质勘察工作，其目的应包括两个方面：一是满足降水设计（包括降水井的布置和井管设计）需要，二是满足对环境影响评估的需要。前者按通常供水水文地质勘察工作的方法即可满足要求，后者因涉及问题很多，要求更高。降水对环境影响评估需要对基坑外围的渗流进行分析，研究流场优化的各种措施，考虑降水延续时间长短的影响。因此，要求勘察对整个地层的水文地质特征作更详细的了解。具体的勘察和试验工作可执行本规范第 7 章及其他相关规范的规定。

4.8.5 【修订说明】

当已做的勘察工作比较全面，获取的水文地质资料已满足要求时，可不必再作专门的水文地质勘察。故增加"且已有资料不能满足要求时"。

4.8.7 环境保护是深基坑工程的重要任务之一，在建筑物密集、交通流量大的城区尤其突出。由于对周边建（构）筑物和地下管线情况不了解，就盲目开挖造成损失的事例很多，有的后果十分严重。所以一定要事先进行环境状况的调查，设计、施工才能有针对性地采取有效保护措施。对地面建筑物可通过观察访

问和查阅档案资料进行了解，对地下管线可通过地面标志，档案资料进行了解。有的城市建立有地理信息系统，能提供更详细的资料。如确实搜集不到资料，应采用开挖、物探、专用仪器或其他有效方法进行探测。

4.8.9 目前采用的支护措施和边坡处理方式多种多样，归纳起来不外乎表 4.3 所列的三大类。由于各地地质情况不同，勘察人员提供建议时应充分了解工程所在地区经验和习惯，对已有的工程进行调查。

表 4.3 基坑边坡处理方式类型和适用条件

类　型	结　构　种　类	适　用　条　件
设置挡土结构	地下连续墙、排桩、钢板桩、悬臂、加内支撑或加锚	开挖深度大，变形控制要求高，各种土质条件
	水泥土挡墙	开挖深度不大，变形控制要求一般，土质条件中等或较好
土体加固或锚固	喷锚支护	开挖深度不大，变形控制要求一般，土质条件中等或较好
	土钉墙	
放坡减载	根据土质情况按一定坡率放坡，加强面保护处理	开挖深度不大，变形控制要求不严，土质条件较好，有放坡减荷的场地条件

注：1 表中处理方式可组合使用；
　　2 变形控制要求应根据工程的安全等级和环境条件确定。

4.8.10 本条文所列内容应是深基坑支护设计的工作内容。但作为岩土工程勘察，应在岩土工程评价方面有一定的深度。只有通过比较全面的分析评价，才能使支护方案选择的建议更为确切，更有依据。

进行上述评价的具体方法可参考表 4.4。

表 4.4 不同规范、规程对支护结构设计计算的规定

规范规程标准	设计方法	稳定性分析	渗流稳定分析
建设部行标	悬臂和支点刚度大的桩墙采用被动区极限应力法，支点刚度小时采用弹性支点法，内力取上述两者的大值，变形按弹性支点法计算	抗隆起采用 Prandtl 承载力公式，整体稳定用圆弧法分析	抗底部突涌验算，抗侧壁管涌验算
冶金部行标	采用极限平衡法计算入土深度，二、三级基坑采用极限平衡法计算内力，一级基坑采用土压力法计算内力和变形，坑边有重要保护对象时采用平面有限元法计算位移	用不排水强度 τ_0（$\varphi = 0$）验算底部承载力，也可用小圆弧法验算坑底土的稳定，验算时可考虑桩墙的抗弯，整体稳定用圆弧法分析	抗底部突涌验算，抗侧壁管涌验算

1—73

续表 4.4

规范规程标准	设计方法	稳定性分析	渗流稳定分析
湖北省规定	采用极限平衡法计算入土深度，采用弹性抗力法计算内力和变形，有条件时可采用平面有限元法计算变形	抗隆起采用 prandtl 承载力公式，整体稳定用圆弧法分析	以抗底部突涌验算为主，抗侧壁管涌验算列有公式，但很少应用
深圳规范	悬臂、单支点采用极限土压力平衡法计算，用 m 法计算变形 多支点用极限土压力平衡法计算插入深度，用弹性支点杆有限元法、m 法计算内力和变形	抗隆起稳定性验算采用 Caguot-Prandtl 承载力公式，整体稳定用圆弧法分析	抗侧壁管涌验算
上海规程	以桩墙下段的极限土压力力矩平衡验算抗倾覆稳定性 板式支护结构采用竖向弹性地基梁基床系数法，弹性抗力分布有多种选择	Prandtl 承载力公式，也可用小圆弧法，可考虑或不考虑桩墙的抗弯 整体稳定用圆弧法分析	抗底部突涌验算，抗侧壁管涌验算
广州规定	悬臂、单支点用极限土压力平衡法确定嵌固深度 多支点采用弹性抗力法	圆弧法 GB 50007—2002 的折线形滑动面分析法	抗侧壁管涌用验算

注：1 稳定性分析的小圆弧法是以最下一层支撑点为圆心，该点至桩墙底的距离为半径作圆，然后进行滑动力矩和稳定力矩计算的分析方法；

　　2 弹性支点杆系有限元法，竖向弹性地基梁基床系数法，土抗力法实际上是指同一类型的分析方法，可简称弹性抗力法。即将桩墙视为一维杆件，承受主动区某种分布形式已知的土压力荷载，被动区的土抗力和支撑锚点的支反力则以弹簧模拟，认为抗力、反力值随变形而变化；在此假定下模拟桩墙与土的相互作用，求解内力和变形；

　　3 极限土压力平衡法是假定支护结构、被动侧的土压力均达到理论的极限值，对支护结构进行整体平衡计算的方法；

　　4 当坑底以下存在承压水含水层时进行抗突涌验算，一般只考虑承压水含水层上覆土层自重能否平衡承压水水头压力；当侧壁有含水层且依靠隔水帷幕阻隔地下水进入基坑时进行抗侧壁管涌验算，计算原则是按最短渗流路径计算水力坡降，与临界水力坡降比较。

降水消耗水资源。我国是水资源贫乏的国家，应尽量避免降水，保护水资源。降水对环境会有或大或小的影响，对环境影响的评价目前还没有成熟的得到公认的方法。一些规范、规程、规定上所列的方法是根据水头下降在土层中引起的有效应力增量和各土层

的压缩模量分层计算地面沉降，这种粗略方法计算结果并不可靠。根据武汉地区的经验，降水引起的地面沉降与水位降幅、土层剖面特征、降水延续时间等多种因素有关；而建筑物受损害的程度不仅与动水位坡降有关，而且还与土层水平方向压缩性的变化和建筑物的结构特点有关。地面沉降最大区域和受损害建筑物不一定都在基坑近旁，而可能在远离基坑外的某处。因此评价降水对环境的影响主要依靠调查了解地区经验，有条件时宜进行考虑时间因素的非稳定流渗流场分析和压缩层的固结时间过程分析。

4.9 桩 基 础

4.9.1 本节适用于已确定采用桩基础方案时的勘察工作。本条是对桩基勘察内容的总要求。

本条第 2 款，查明基岩的构造，包括产状、断裂、裂隙发育程度以及破碎带宽度和充填物等，除通过钻探、井探手段外，尚可根据具体情况辅以地表露头的调查测绘和物探等方法。本次修订，补充应查明风化程度及其厚度，确定其坚硬程度、完整程度和基本质量等级。这对于选择基岩为桩基持力层时是非常必要的。查明持力层下一定深度范围内有无洞穴、临空面、破碎岩体或软弱岩层，对桩的稳定也是非常重要的。

本条第 5 款，桩的施工对周围环境的影响，包括打入预制桩和挤土成孔的灌注桩的振动、挤土对周围既有建筑物、道路、地下管线设施和附近精密仪器设备基础等带来的危害以及噪声等公害。

4.9.2 为满足设计时验算地基承载力和变形的需要，勘察时应查明拟建建筑物范围内的地层分布、岩土的均匀性。要求勘探点布置在柱列线位置上，对群桩应根据建筑物的体型布置在建筑物轮廓的角点、中心和周边位置上。

勘探点的间距取决于岩土条件的复杂程度。根据北京、上海、广州、深圳、成都等许多地区的经验，桩基持力层为一般黏性土、砂卵石或软土，勘探点的间距多数在 12～35m 之间。桩基设计，特别是预制桩，最为担心的就是持力层起伏情况不清，而造成截桩或接桩。为此，应控制相邻勘探点揭露的持力层层面坡度、厚度以及岩土性状的变化。本条给出控制持力层层面高差幅度为 1～2m，预制桩应取小值。不能满足时，宜加密勘探点。复杂地基的一柱一桩工程，往往采用大口径桩，荷载很大，一旦出事，无以补救，结构设计上要求更严。实际工程中，每个桩位都需有可靠的地质资料。

4.9.3 作为桩基勘察已不再是单一的钻探取样手段，桩基础设计和施工所需的某些参数单靠钻探取土是无法取得的。而原位测试有其独特之处。我国幅员广大，各地区地质条件不同，难以统一规定原位测试手段。因此，应根据地区经验和地质条件选择合适的原

位测试手段与钻探配合进行。如上海等软土地基条件下，静力触探已成为桩基勘察中必不可少的测试手段。砂土采用标准贯入试验也颇为有效，而成都、北京等地区的卵石层地基中，重型和超重型圆锥动力触探为选择持力层起到了很好的作用。

4.9.4 设计对勘探深度的要求，既要满足选择持力层的需要，又要满足计算基础沉降的需要。因此，对勘探孔有控制性孔和一般性孔（包括钻探取土孔和原位测试孔）之分。勘探孔深度的确定原则，目前各地各单位在实际工作中，一般有以下几种：

1 按桩端深度控制：软土地区一般性勘探孔深度达桩端下 3～5m 处；

2 按桩径控制：持力层为砂、卵石层或基岩情况下，勘探孔深度进入持力层（3～5）d（d 为桩径）；

3 按持力层顶板深度控制：较多做法是，一般软土地区持力层为硬塑黏性土、粉土或密实砂土时，要求达到顶板深度以下 2～3m；残积土或粒状土地区要求达到顶板深度以下 2～6m；而基岩地区应注意将孤石误判为基岩的问题；

4 按变形计算深度控制：一般自桩端下算起，最大勘探深度取决于变形计算深度；对软土，如《上海市地基基础设计规范》（GBJ 08—11）一般算至附加应力等于土自重应力的 20％处；上海市民用建筑设计院通过实测，以各种公式计算，认为群桩中变形计算深度主要与桩群宽度 b 有关，而与桩长关系不大；当群桩平面形状接近于方形时，桩尖以下压缩层厚度大约等于一倍 b；但仅仅将钻探深度与基础宽度挂钩的做法是不全面的，还与建筑平面形状、基础埋深和基底的附加压力有关；根据北京市勘察设计研究院对若干典型住宅和办公楼的计算，对于比较坚硬的场地，当建筑层数为 14、24、32 层，基础宽度为 25～45m，基础埋深为 7～15m，以及地下水位变化很大的情况下，变形计算深度（从桩尖算起）为（0.6～1.25）b；对于比较软弱的地基，各项条件相同时，为（0.9～2.0）b。

4.9.5 基岩作为桩基持力层时，应进行风干状态和饱和状态下的极限抗压强度试验，但对软岩和极软岩，风干和浸水均可使岩样破坏，无法试验，因此，应封样保持天然湿度，做天然湿度的极限抗压强度试验。性质接近土时，按土工试验要求。破碎和极破碎的岩石无法取样，只能进行原位测试。

4.9.6 从全国范围来看，单桩极限承载力的确定较可靠的方法仍为桩的静载荷试验。虽然各地、各单位有经验方法估算单桩极限承载力，如用静力触探指标估算等方法，也都与载荷试验建立相应关系后采用。根据经验确定桩的承载力一般比实际偏低较多，从而影响了桩基技术和经济效益的发挥，造成浪费。但也有不安全不可靠的，以致发生工程事故，故本规范强

调以静载荷试验为主要手段。

对于承受较大水平荷载或承受上拔力的桩，鉴于目前计算的方法和经验尚不多，应建议进行现场试验。

4.9.7 沉降计算参数和指标，可以通过压缩试验或深层载荷试验取得，对于难以采取原状土和难以进行深层载荷试验的情况，可采用静力触探试验、标准贯入试验、重型动力触探试验、旁压试验、波速测试等综合评价，求得计算参数。

4.9.8 勘察报告中可以提出几个可能的桩基持力层，进行技术、经济比较后，推荐合理的桩基持力层。一般情况下应选择具有一定厚度、承载力高、压缩性较低、分布均匀，稳定的坚实土层或岩层作为持力层。报告中应按不同的地质剖面提出桩端标高建议，阐明持力层厚度变化、物理力学性质和均匀程度。

沉桩的可能性除与锤击能量有关外，还受桩身材料强度、地层特性、桩群密集程度、群桩的施工顺序等多种因素制约，尤其是地质条件的影响最大，故必须在掌握准确可靠的地质资料，特别是原位测试资料的基础上，提出对沉桩可能性的分析意见。必要时，可通过试桩进行分析。

对钢筋混凝土预制桩、挤土成孔的灌注桩等的挤土效应，打桩产生的振动，以及泥浆污染，特别是在饱和软黏土中沉入大量、密集的挤土桩时，将会产生很高的超孔隙水压力和挤土效应，从而对周围已成的桩和已有建筑物、地下管线等产生危害。灌注桩施工中的泥浆排放产生的污染，挖孔桩排水造成地下水位下降和地面沉降，对周围环境都可产生不同程度的影响，应予分析和评价。

4.10 地 基 处 理

4.10.1 进行地基处理时应有足够的地质资料，当资料不全时，应进行必要的补充勘察。本条规定了地基处理时对岩土工程勘察的基本要求。

1 岩土参数是地基处理设计成功与否的关键，应选用合适的取样方法、试验方法和取值标准；

2 选用地基处理方法应注意其对环境和附近建筑物的影响；如选用强夯法施工时，应注意振动和噪声对周围环境产生不利影响；选用注浆法时，应避免化学浆液对地下水、地表水的污染等；

3 每种地基处理方法都有各自的适用范围、局限性和特点；因此，在选择地基处理方法时都要进行具体分析，从地基条件、处理要求、处理费用和材料、设备来源等综合考虑，进行技术、经济、工期等方面的比较，以选用技术上可靠，经济上合理的地基处理方法；

4 当场地条件复杂，或采用某种地基处理方法缺乏成功经验，或采用新方法、新工艺时，应进行现场试验，以取得可靠的设计参数和施工控制指标；当

难以选定地基处理方案时，可进行不同地基处理方法的现场对比试验，通过试验选定可靠的地基处理方法；

5 在地基处理施工过程中，岩土工程师应在现场对施工质量和施工对周围环境的影响进行监督和监测，保证施工顺利进行。

4.10.2 换填垫层法是先将基底下一定范围内的软弱土层挖除，然后回填强度较高、压缩性较低且不含有机质的材料，分层碾压后作为地基持力层，以提高地基承载力和减少变形。

换填垫层法的关键是垫层的碾压密实度，并应注意换填材料对地下水的污染影响。

4.10.3 预压法是在建筑物建造前，在建筑场地进行加载预压，使地基的固结沉降提前基本完成，从而提高地基承载力。预压法适用于深厚的饱和软黏土，预压方法有堆载预压和真空预压。

预压法的关键是使荷载的增加与土的承载力增长率相适应。为加速土的固结速率，预压法结合设置砂井或排水板以增加土的排水途径。

4.10.4 强夯法适用于从碎石土到黏性土的各种土类，但对饱和软黏土使用效果较差，应慎用。

强夯施工前，应在施工现场进行试夯，通过试验确定强夯的设计参数——单点夯击能、最佳夯击能、夯击遍数和夯击间歇时间等。

强夯法由于振动和噪声对周围环境影响较大，在城市使用有一定的局限性。

4.10.5 桩土复合地基是在土中设置由散体材料（砂、碎石）或弱胶结材料（石灰土、水泥土）或胶结材料（水泥）等构成桩柱体，与桩间土一起共同承受建筑荷载。这种由两种不同强度的介质组成的人工地基称为复合地基。复合地基中的桩柱体的作用，一是置换，二是挤密。因此，复合地基除可提高地基承载力、减少变形外，还有消除湿陷和液化的作用。

复合地基适用于松砂、软土、填土和湿陷性黄土等土类。

4.10.6 注浆法包括粒状剂和化学剂注浆法。粒状剂包括水泥浆、水泥砂浆、黏土浆、水泥黏土浆等，适用于中粗砂、碎石土和裂隙岩体；化学剂包括硅酸钠溶液、氢氧化钠溶液、氯化钙溶液等，可用于砂土、粉土、黏性土等。作业工艺有旋喷法、深层搅拌、压密注浆和劈裂注浆等。其中粒状剂注浆法和化学剂注浆法属渗透注浆，其他属混合注浆。

注浆法有强化地基和防水止渗的作用，可用于地基处理、深基坑支挡和护底、建造地下防渗帷幕、防止砂土液化、防止基础冲刷等方面。

因大部分浆液有一定的毒性，应防止浆液对地下水的污染。

4.11 既有建筑物的增载和保护

4.11.1 条文所列举的既有建筑物的增载和保护的类型主要系指在大中城市的建筑密集区进行改建和新建时可能遇到的岩土工程问题。特别是在大城市，高层建筑的数量增加很快，高度也在增高，建筑物增层、增载的情况较多；不少大城市正在兴建或计划兴建地铁，城市道路的大型立交工程也在增多等。深基坑，地下掘进，较深、较大面积的施工降水，新建建筑物的荷载在既有建筑物地基中引起的应力状态的改变等是这些工程的岩土工程特点，给我们提出了一些特殊的岩土工程问题。我们必须重视和解决好这些问题，以避免或减轻对既有建筑物可能造成的影响，在兴建建筑物的同时，保证既有建筑物的完好与安全。

本条逐一指出了各类增载和保护工程的岩土工程勘察的工作重点，注意搞清所指出的重点问题，就能使勘探、试验工作的针对性强，所获的数据资料科学、适用，从而使岩土工程分析和评价建议，能抓住主要矛盾，符合实际情况。此外，系统的监测工作是重要手段之一，往往不能缺少。

4.11.2 为建筑物的增载或增层而进行的岩土工程勘察的目的，是查明地基土的实际承载能力（临塑荷载、极限荷载），从而确定是否尚有潜力可以增层或增载。

1 增层、增载所需的地基承载力潜力是不宜通过查以往有关的承载力表的办法来衡量的；这是因为：

  1）地基土的承载力表是建立在数理统计基础上的；表中的承载力只是符合一定的安全保证概率的数值，并不直接反映地基土的承载力和变形特性，更不是承载力与变形关系上的特性点；

  2）地基土承载力表的使用是有条件的；岩土工程师应充分了解最终的控制与衡量条件是建筑物的容许变形（沉降、挠曲、倾斜）；

因此，原位测试和室内试验方法的选择决定于测试成果能否比较直接地反映地基土的承载力和变形特性，能否直接显示土的应力-应变的变化、发展关系和有关的力学特性点；

2 下列是比较明确的土的力学特性点：

  1）载荷试验 s-p 曲线上的比例界限和极限荷载；

  2）固结试验 e-$\lg p$ 曲线上的先期固结压力和再压缩指数与压缩指数；

  3）旁压试验 V-p 曲线上的临塑压力 p_f 与极限压力 p_L 等。

静力触探锥尖阻力亦能在相当接近的程度上反映土的原位不排水强度。

根据测试成果分析得出的地基土的承载力与计划增层、增载后地基将承受的压力进行比较，并结合必要的沉降历时关系预测，就可得出符合或接近实际的岩土工程结论。当然，在作出关于是否可以增层、增载和增层、增载的量值和方式、步骤的最后结论之前，还应考虑既有建筑物结构的承受能力。

4.11.3 建筑物的接建、邻建所带来的主要岩土工程问题，是新建建筑物的荷载引起的、在既有建筑物紧邻新建部分的地基中的应力叠加。这种应力叠加会导致既有建筑物地基土的不均匀附加压缩和建筑物的相对变形或挠曲，直至严重裂损。针对这一主要问题，需要在接建、邻建部位专门布置勘探点。原位测试和室内试验的重点，如同第 4.11.2 条所述，也应以获得地基土的承载力和变形特性参数为目的，以便分析研究接建、邻建部位的地基土在新的应力状态下的稳定程度，特别是预测地基土的不均匀附加沉降和既有建筑物将承受的局部性的相对变形或挠曲。

4.11.4 在国内外由于城市、工矿地区开采地下水或以疏干为目的的降低地下水位所引起的地面沉降、挠曲或破裂的例子日益增多。这种地下水抽降与伴随而来的地面形变严重时，可导致沿江沿海城市的海水倒灌或扩大洪水淹没范围，成群成带的建筑物沉降、倾斜与裂损，或一些采空区、岩溶区的地面塌陷等。

由地下水抽降所引起的地面沉降与形变不仅发生在软黏性土地区，土的压缩性并不很高，但厚度巨大的土层也可能出现数值可观的地面沉降与挠曲。若一个地区或城市的土层巨厚、不均或存在有先期隐伏的构造断裂时，地下水抽降引起的地面沉降会以地面的显著倾斜、挠曲，以至有方向性的破裂为特征。

表现为地面沉降的土层压缩可以涉及很深处的土层，这是因为由地下水抽降造成的作用于土层上的有效压力的增加是大范围的。因此，岩土工程勘察需要勘探、取样和测试的深度很大，这样才能预测可能出现的土层累计压缩总量（地面沉降）。本条的第 2 款要求"勘探孔深度应超过可压缩地层的下限"和第 3 款关于试验工作的要求，就是这个目的。

4.11.5 深基坑开挖是高层建筑岩土工程问题之一。高层建筑物通常有多层地下室，需要进行深的开挖；有些大型工业厂房、高耸构筑物和生产设备等也要求将基础埋置很深，因而也有深基坑问题。深基坑开挖对相邻既有建筑物的影响主要有：

1 基坑边坡变形、位移，甚至失稳的影响；

2 由于基坑开挖、卸荷所引起的四邻地面的回弹、挠曲；

3 由于施工降水引起的邻近建筑物软基的压缩或地基土中部分颗粒的流失而造成的地面不均匀沉降、破裂；在岩溶、土洞地区施工降水还可能导致地面塌陷。

岩土工程勘察研究内容就是要分析上述影响产生的可能性和程度，从而决定采取何种预防、保护措施。本条还提出了关于基坑开挖过程中的监测工作的要求。对基坑开挖，这种信息法的施工方法可以弥补

岩土工程分析和预测的不足，同时还可积累宝贵的科学数据，提高今后分析、预测水平。

4.11.6 地下开挖对建筑物的影响主要表现为：

1 由地下开挖引起的沿工程主轴线的地面下沉和轴线两侧地面的对倾与挠曲。这种地面变形会导致地面既有建筑物的倾斜、挠曲甚至破坏；为了防止这些破坏性后果的出现，岩土工程勘察的任务是在勘探测试的基础上，通过工程分析，提出合理的施工方法、步骤和最佳保护措施的建议，包括系统的监测；

2 地下工程施工降水，其可能的影响和分析研究方法同第 4.11.5 条的说明。

在地下工程的施工中，监测工作特别重要。通过系统的监测，不但可验证岩土工程分析预测和所采取的措施的正确与否，而且还能通过对岩土与支护工程性状及其变化的直接跟踪，判断问题的演变趋势，以便及时采取措施。系统的监测数据、资料还是进行科学总结，提高岩土工程学术水平的基础。

5 不良地质作用和地质灾害

5.1 岩 溶

5.1.1 岩溶在我国是一种相当普遍的不良地质作用，在一定条件下可能发生地质灾害，严重威胁工程安全。特别在大量抽吸地下水，使水位急剧下降，引发土洞的发展和地面塌陷的发生，我国已有很多实例。故本条强调"拟建工程场地或其附近存在对工程安全有影响的岩溶时，应进行岩溶勘察"。

5.1.2 本条规定了岩溶的勘察阶段划分及其相应工作内容和要求。

1 强调可行性研究或选址勘察的重要性。在岩溶区进行工程建设，会带来严重的工程稳定性问题；故在场址比选中，应加深研究，预测其危害，做出正确抉择；

2 强调施工阶段补充勘察的必要性；岩溶土洞是一种形态奇特、分布复杂的自然现象，宏观上虽有发育规律，但在具体场地上，其分布和形态则是无常的；因此，进行施工勘察非常必要。

岩溶勘察的工作方法和程序，强调下列各点：

1 重视工程地质研究，在工作程序上必须坚持以工程地质测绘和调查为先导；

2 岩溶规律研究和勘探应遵循从面到点、先地表后地下、先定性后定量、先控制后一般以及先疏后密的工作准则；

3 应有针对性地选择勘探手段，如为查明浅层岩溶，可采用槽探，为查明浅层土洞可用钎探，为查明深埋土洞可用静力触探等；

4 采用综合物探，用多种方法相互印证，但不宜以未经验证的物探成果作为施工图设计和地基处理

的依据。

岩溶地区有大片非可溶性岩石存在时，勘察工作应与岩溶区段有所区别，可按一般岩质地基进行勘察。

5.1.3 本条规定了岩溶场地工程地质测绘应着重查明的内容，共 7 款，都与岩土工程分析评价密切有关。岩溶洞隙、土洞和塌陷的形成和发展，与岩性、构造、土质、地下水等条件有密切关系。因此，在工程地质测绘时，不仅要查明形态和分布，更要注意研究机制和规律。只有做好了工程地质测绘，才能有的放矢地进行勘探测试，为分析评价打下基础。

土洞的发展和塌陷的发生，往往与人工抽吸地下水有关。抽吸地下水造成大面积成片塌陷的例子屡见不鲜，进行工程地质测绘时应特别注意。

5.1.4 岩溶地区可行性研究勘察和初步勘察的目的，是查明拟建场地岩溶发育规律和岩溶形态的分布规律，宜采用工程地质测绘和多种物探方法进行综合判释。勘探点间距宜适当加密；勘探孔深度揭穿对工程有影响的表层发育带即可。

5.1.5 详勘阶段，勘探点应沿建筑物轴线布置。对地质条件复杂或荷载较大的独立基础应布置一定深度的钻孔。对一柱一桩的基础，应一柱一孔予以控制。当基底以下土层厚度不符合第 5.1.10 条第 1 款的规定时，应根据荷载情况，将部分或全部钻孔钻入基岩；当在预定深度内遇见洞体时，应将部分钻孔钻入洞底以下。

对荷载大或一柱多桩时，即使一柱一孔，有时还难以完全控制，有些问题可留到施工勘察去解决。

5.1.6 施工勘察阶段，应在已开挖的基槽内，布置轻型动力触探、钎探或静力触探，判断土洞的存在，桂林等地经验证明，坚持这样做十分必要。

5.1.7 土洞与塌陷对工程的危害远大于岩体中的洞隙，查明其分布尤为重要。但是，对单个土洞一一查明，难度及工作量都较大。土洞和塌陷的形成和发展，是有规律的。本条根据实践经验，提出在岩溶发育区中，土洞可能密集分布的地段，在这些地段上重点勘探，使勘察工作有的放矢。

5.1.8 工程需要时，应积极创造条件，更多地进行一些洞体顶板试验，积累资料。目前实测资料很少，岩溶定量评价缺少经验，铁道部第二设计院曾在高速行车的条件下，在路基浅层洞体内进行顶板应力量测，贵州省建筑设计院曾在白云岩的天然洞体上进行两组载荷试验，所得结果都说明天然岩溶洞体对外荷载具有相当的承受能力，据此可以认为，现行评价洞体稳定性的方法是有较大安全储备的。

5.1.9 当前岩溶评价仍处于经验多于理论、宏观多于微观、定性多于定量阶段。本条根据已有经验，提出几种对工程不利的情况。当遇所列情况时，宜建议绕避或舍弃，否则将会增大处理的工作量，在经济上

是不合理的。

5.1.10 第 5.1.9 条从不利和否定角度，归纳出了一些条件，本条从有利和肯定的角度提出当符合所列条件时，可不考虑岩溶稳定影响的几种情况。综合两者，力图从两个相反的侧面，在稳定性评价中，从定性上划出去了一大块，而余下的就只能留给定量评价去解决了。本条所列内容与《建筑地基基础设计规范》（GB 50007—2002）有关部分一致。

5.1.11 本条提出了如不符合第 5.1.10 条规定的条件需定量评价稳定性时，需考虑的因素和方法。在解决这一问题时，关键在于查明岩溶的形态和计算参数的确定。当岩溶体隐伏于地下，无法量测时，只能在施工开挖时，边揭露边处理。

5.2 滑 坡

5.2.1 拟建工程场地存在滑坡或有滑坡可能时，应进行滑坡勘察；拟建工程场地附近存在滑坡或有滑坡可能，如危及工程安全，也应进行滑坡勘察。这是因为，滑坡是一种对工程安全有严重威胁的不良地质作用和地质灾害，可能造成重大人身伤亡和经济损失，产生严重后果。考虑到滑坡勘察的特点，故本条指出，"应进行专门的滑坡勘察"。

滑坡勘察阶段的划分，应根据滑坡的规模、性质和对拟建工程的可能危害确定。例如，有的滑坡规模大，对拟建工程影响严重，即使为初步设计阶段，对滑坡也要进行详细勘察，以免等到施工图设计阶段再由于滑坡问题否定场址，造成浪费。

5.2.3 有些滑坡勘察对地下水问题重视不足，如含水层层数、位置、水量、水压、补给来源等未搞清楚，给整治工作造成困难甚至失败。

5.2.4 滑坡勘察的工作量，由于滑坡的规模不同，滑动面的形状不同，很难做出统一的具体规定。因此，应由勘察人员根据实际情况确定。本条只规定了勘探点的间距不宜大于 40m。对规模小的滑坡，勘探点的间距应慎重考虑，以查清滑坡为原则。

滑坡勘察，布置适量的探井以直接观察滑动面，并采取包括滑面的土样，是非常必要的。动力触探、静力触探常有助于发现和寻找滑动面，适当布置动力触探、静力触探孔对搞清滑坡是有益的。

5.2.7 本条规定采用室内或野外滑面重合剪，或取滑带土作重塑土或原状土多次重复剪，求取抗剪强度。试验宜采用与滑动条件相类似的方法，如快剪、饱和快剪等。当用反分析方法检验时，应采用滑动后实测主断面计算。对正在滑动的滑坡，稳定系数 F_s 可取 0.95~1.00，对处在暂时稳定的滑坡，稳定系数 F_s 可取 1.00~1.05。可根据经验，给定 c、φ 中的一个值，反求另一值。

5.2.8 应按本条规定考虑诸多影响因素。当滑动面为折线形时，滑坡稳定性分析，可采用如下方法计算

稳定安全系数：

$$F_s = \frac{\sum_{i=1}^{n-1}\left(R_i\prod_{j=i}^{n-1}\psi_j\right) + R_n}{\sum_{i=1}^{n-1}\left(T_i\prod_{j=i}^{n-1}\psi_j\right) + T_n} \qquad (5.1)$$

$$\psi_j = \cos(\theta_i - \theta_{i+1}) - \sin(\theta_i - \theta_{i+1})\tan\varphi_{i+1} \quad (5.2)$$

$$R_i = N_i\tan\varphi_i + c_iL_i \qquad (5.3)$$

式中 F_s——稳定系数；

θ_i——第 i 块段滑动面与水平面的夹角（°）；

R_i——作用于第 i 块段的抗滑力（kN/m）；

N_i——第 i 块段滑动面的法向分力（kN/m）；

φ_i——第 i 块段土的内摩擦角（°）；

c_i——第 i 块段土的黏聚力（kPa）；

L_i——第 i 块段滑动面长度（m）；

T_i——作用于第 i 块段滑动面上的滑动分力（kN/m），出现与滑动方向相反的滑动分力时，T_i 应取负值；

ψ_j——第 i 块段的剩余下滑动力传递至 $i+1$ 块段时的传递系数（$j=i$）。

稳定系数 F_s 应符合下式要求：

$$F_s \geqslant F_{st} \qquad (5.4)$$

式中 F_{st}——滑坡稳定安全系数，根据研究程度及其对工程的影响确定。

当滑坡体内地下水已形成统一水面时，应计入浮托力和动水压力。

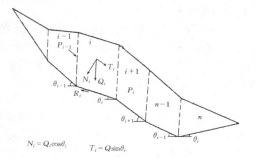

$$N_i = Q_i\cos\theta_i \qquad T_i = Q\sin\theta_i$$

图 5.1 滑坡稳定系数计算

滑坡推力的计算，是滑坡治理成败以及是否经济合理的重要依据，也是对滑坡的定量评价。因此，计算方法和计算参数的选取都应十分慎重。《建筑地基基础设计规范》（GB 50007—2000）采用的滑坡推力计算公式，是切合实际的。本条还建议采用室内外试验反分析方法验证滑面或滑带上土的抗剪强度。

5.2.9 由于影响滑坡稳定的因素十分复杂，计算参数难以选定，故不宜单纯依靠计算，应综合评价。

5.3 危岩和崩塌

5.3.1、5.3.2 在山区选择场址和考虑总平面布置时，应判定山体的稳定性，查明是否存在危岩和崩塌。实践证明，这些问题如不在选择场址或可行性研究阶段及早发现和解决，会给工程建设造成巨大的损失。因此，本条规定危岩和崩塌勘察应在选择场址或初步勘察阶段进行。

危岩和崩塌的涵义有所区别，前者是指岩体被结构面切割，在外力作用下产生松动和塌落，后者是指危岩的塌落过程及其产物。

5.3.3 危岩和崩塌勘察的主要方法是进行工程地质测绘和调查，着重分析研究形成崩塌的基本条件，这些条件包括：

1 地形条件：斜坡高陡是形成崩塌的必要条件，规模较大的崩塌，一般产生在高度大于 30m，坡度大于 45°的陡峻斜坡上；而斜坡的外部形状，对崩塌的形成也有一定的影响；一般在上陡下缓的凸坡和凹凸不平的陡坡上易发生崩塌；

2 岩性条件：坚硬岩石具有较大的抗剪强度和抗风化能力，能形成陡峻的斜坡，当岩层节理裂隙发育，岩石破碎时易产生崩塌；软硬岩石互层，由于风化差异，形成锯齿状坡面，当岩层上硬下软时，上陡下缓或上凸下凹的坡面亦易产生崩塌；

3 构造条件：岩层的各种结构面，包括层面、裂隙面、断层面等都是抗剪性较低的、对边坡稳定不利的软弱结构面。当这些不利结构面倾向临空面时，被切割的不稳定岩块易沿结构面发生崩塌；

4 其他条件：如昼夜温差变化、暴雨、地震、不合理的采矿或开挖边坡，都能促使岩体产生崩塌。

危岩和崩塌勘察的任务就是要从上述形成崩塌的基本条件着手，分析产生崩塌的可能性及其类型、规模、范围，提出防治方案的建议，预测发展趋势，为评价场地的适宜性提供依据。

5.3.4 危岩的观测可通过下列步骤实施：

1 对危岩及裂隙进行详细编录；

2 在岩体裂隙主要部位要设置伸缩仪，记录其水平位移量和垂直位移量；

3 绘制时间与水平位移、时间与垂直位移的关系曲线；

4 根据位移随时间的变化曲线，求得移动速度。

必要时可在伸缩仪上联接警报器，当位移量达到一定值或位移突然增大时，即可发出警报。

5.3.5 《94 规范》有崩塌分类的条文。由于城市和乡村，建筑物与线路，崩塌造成的后果对不同工程不一致，难以用落石方量作为标准来分类，故本次修订时删去。

5.3.6 危岩和崩塌区的岩土工程评价应在查明形成崩塌的基本条件的基础上，圈出可能产生崩塌的范围和危险区，评价作为工程场地的适宜性，并提出相应的防治对策和方案的建议。

5.4 泥 石 流

5.4.1、5.4.2 泥石流对工程威胁很大。泥石流问题若不在前期发现和解决，会给以后工作造成被动或在经济上造成损失，故本条规定泥石流勘察应在可行性研究或初步勘察阶段完成。

泥石流虽然有其危害性，但并不是所有泥石流沟谷都不能作为工程场地，而决定于泥石流的类型、规模，目前所处的发育阶段，暴发的频繁程度和破坏程度等，因而勘察的任务应认真做好调查研究，做出确切的评价，正确判定作为工程场地的适宜性和危害程度，并提出防治方案的建议。

5.4.3 泥石流勘察在一般情况下，不进行勘探或测试，重点是进行工程地质测绘和调查。测绘和调查的范围应包括沟口至分水岭的全部地段，即包括泥石流的形成区、流通区和堆积区。

现将工程地质测绘和调查中的几个主要问题说明如下：

1 泥石流沟谷在地形地貌和流域形态上往往有其独特反映，典型的泥石流沟谷，形成区多为高山环抱的山间盆地；流通区多为峡谷，沟谷两侧山坡陡峻，沟床顺直，纵坡梯度大；堆积区则多呈扇形或锥形分布，沟道摆动频繁，大小石块混杂堆积，垄岗起伏不平；对于典型的泥石流沟谷，这些区段均能明显划分，但对不典型的泥石流沟谷，则无明显的流通区，形成区与堆积区直接相连；研究泥石流沟谷的地形地貌特征，可从宏观上判定沟谷是否属泥石流沟谷，并进一步划分区段；

2 形成区应详细调查各种松散碎屑物质的分布范围和数量；对各种岩层的构造破碎情况、风化层厚度、滑坡、崩塌、岩堆等现象均应调查清楚，正确划分各种固体物质的稳定程度，以估算一次供给的可能数量；

3 流通区应详细调查沟床纵坡，因为典型的泥石流沟谷，流通区没有冲淤现象，其纵坡梯度是确定"不冲淤坡度"（设计疏导工程所必需的参数）的重要计算参数；沟谷的急湾、基岩跌水陡坎往往可减弱泥石流的流通，是抑制泥石流活动的有利条件；沟谷的阻塞情况可说明泥石流的活动强度，阻塞严重者多为破坏性较强的黏性泥石流，反之则为破坏性较弱的稀性泥石流；固体物质的供给主要来源于形成区，但流通区两侧山坡及沟床内仍可能有固体物质供给，调查时应予注意；

泥石流痕迹是了解沟谷在历史上是否发生过泥石流及其强度的重要依据，并可了解历史上泥石流的形成过程、规模，判定目前的稳定程度，预测今后的发展趋势；

4 堆积区应调查堆积区范围、最新堆积物分布特点等；以分析历次泥石流活动规律，判定其活动程度、危害性，说明并取得一次最大堆积量等重要数据。

一般地说，堆积扇范围大，说明以往的泥石流规模也较大，堆积区目前的河道如已形成了较固定的河

槽，说明近期泥石流活动已不强烈。从堆积物质的粒径大小、堆积的韵律，亦可分析以往泥石流的规模和暴发的频繁程度，并估算一次最大堆积量。

5.4.4 泥石流堆积物的性质、结构、厚度、固体物质含量百分比，最大粒径、流速、流量、冲积量和淤积量等指标，是判定泥石流类型、规模、强度、频繁程度、危害程度的重要标志，同时也是工程设计的重要参数。如年平均冲出量、淤积总量是拦淤设计和预测排导沟沟口可能淤积高度的依据。

5.4.5 泥石流的工程分类是要解决泥石流沟谷作为工程场地的适宜性问题。本分类首先根据泥石流特征和流域特征，把泥石流分为高频率泥石流沟谷和低频率泥石流沟谷两类；每类又根据流域面积，固体物质一次冲出量、流量，堆积区面积和严重程度分为三个亚类。定量指标的具体数据是参照了《公路路线、路基设计手册》和原中国科学院成都地理研究所1979年资料，并经修改而成的。

5.4.6 泥石流地区工程建设适宜性评价，一方面应考虑到泥石流的危害性，确保工程安全，不能轻率地将工程设在有泥石流影响的地段；另一方面也不能认为凡属泥石流沟谷均不能兴建工程，而应根据泥石流的规模、危害程度等区别对待。因此，本条根据泥石流的工程分类，分别考虑建筑的适宜性。

1 考虑到 I_1 类和 II_1 类泥石流沟谷规模大，危害性大，防治工作困难且不经济，故不能作为各类工程的建设场地；

2 对于 I_2 类和 II_2 类泥石流沟谷，一般地说，以避开为好，故作了不宜作为工程建设场地的规定，当必须作为建设场地时，应提出综合防治措施的建议；对线路工程（包括公路、铁路和穿越线路工程）宜在流通区或沟口选择沟床固定、沟形顺直、沟道纵坡比较一致、冲淤变化较小的地段设桥或墩通过，并尽量选择在沟道比较狭窄的地段以一孔跨越通过，当不可能一孔跨越时，应采用大跨径，以减少桥墩数量；

3 对于 I_3 类和 II_3 类泥石流沟谷，由于其规模及危害性均较小，防治也较容易和经济，堆积扇可作为工程建设场地；线路工程可以在堆积扇通过，但宜用一沟一桥，不宜任意改沟、并沟，根据具体情况做好排洪、导流等防治措施。

5.5 采 空 区

5.5.1 由于不同采空区的勘察内容和评价方法不同，所以本规范把采空区划分为老采空区、现采空区和未来采空区三类。对老采空区主要应查明采空区的分布范围、埋深、充填情况和密实程度等，评价其上覆岩层的稳定性；对现采空区和未来采空区应预测地表移动的规律，计算变形特征值。通过上述工作判定其作为建筑场地的适宜性和对建筑物的危害程度。

5.5.2、5.5.3　采空区勘察主要通过搜集资料和调查访问，必要时辅以物探、勘探和地表移动的观测，以查明采空区的特征和地表移动的基本参数。其具体内容如第5.5.2条1～6款所列，其中第4款主要适用于现采空区和未来采空区。

5.5.4　由地下采煤引起的地表移动有下沉和水平移动，由于地表各点的移动量不相等，又由此产生三种变形：倾斜、曲率和水平变形。这两种移动和三种变形将引起其上建筑物基础和建筑物本身产生移动和变形。地表呈平缓而均匀的下沉和水平移动，建筑物不会变形，没有破坏的危险，但过大的不均匀下沉和水平移动，就会造成建筑物严重破坏。

地表倾斜将引起建筑物附加压力的重分配。建筑的均匀荷重将会变成非均匀荷重，导致建筑结构内应力发生变化而引起破坏。

地表曲率对建筑物也有较大的影响。在负曲率（地表下凹）作用下，使建筑物中央部分悬空。如果建筑物长度过大，则在其重力作用下从底部断裂，使建筑物破坏。在正曲率（地表上凸）作用下，建筑物两端将会悬空，也能使建筑物开裂破坏。

地表水平变形也会造成建筑物的开裂破坏。

《建筑物、水体、铁路及主要井巷煤柱留设与压煤开采规程》附录四列出了地表移动与变形的三种计算方法：典型曲线法、负指数函数法（剖面函数法）和概率积分法。岩土工程师可根据需要选用。

5.5.5　根据地表移动特征、地表移动所处阶段和地表移动、变形值的大小等进行采空区场地的建筑适宜性评价。下列场地不宜作为建筑场地：

　　1　在开采过程中可能出现非连续变形的地段，当采深采厚比大于25～30，无地质构造破坏和采用正规采矿方法的条件下，地表一般出现连续变形；连续变形的分布是有规律的，其基本指标可用数学方法或图解方法表示；在采深采厚比小于25～30，或虽大于25～30，但地表覆盖层很薄，且采用高落式等非正规开采方法或上覆岩层有地质构造破坏时，易出现非连续变形，地表将出现大的裂缝或陷坑；非连续变形是没有规律的、突变的，其基本指标目前尚无严密的数学公式表示；非连续变形对地面建筑的危害要比连续变形大得多；

　　2　处于地表移动活跃阶段的地段，在开采影响下的地表移动是一个连续的时间过程，对于地表每一个点的移动速度是有规律的，亦即地表移动都是由小逐渐增大到最大值，随后又逐渐减小直至零。在地表移动的总时间中，可划分为起始阶段、活跃阶段和衰退阶段；其中对地表建筑物危害最大的是地表移动的活跃阶段，是一个危险变形期；

　　3　地表倾斜大于10mm/m或地表曲率大于0.6mm/m²或地表水平变形大于6mm/m的地段；这些地段对砖石结构建筑物破坏等级已达Ⅳ级，建筑物

将严重破坏甚至倒塌；对工业构筑物，此值也已超过容许变形值，有的已超过极限变形值，因此本条作了相应的规定。

应该说明的是，如果采取严格的抗变形结构措施，则即使是处于主要影响范围内，可能出现非连续变形的地段或水平变形值较大（$\varepsilon = 10～17$mm/m）的地段，也是可以建筑的。

5.5.6　小窑一般是手工开挖，采空范围较窄，开采深度较浅，一般多在50m深度范围内，但最深也可达200～300m，平面延伸达100～200m，以巷道采掘为主，向两边开挖支巷道，一般呈网格状分布或无规律，单层或2～3层重叠交错，巷道的高宽一般为2～3m，大多不支撑或临时支撑，任其自由垮落。因此，地表变形的特征是：

　　1　由于采空范围较窄，地表不会产生移动盆地。但由于开采深度小，又任其垮落，因此地表变形剧烈，大多产生较大的裂缝和陷坑；

　　2　地表裂缝的分布常与开采工作面的前进方向平行；随开采工作面的推进，裂缝也不断向前发展，形成互相平行的裂缝。裂缝一般上宽下窄，两边无显著高差出现。

小窑开采区一般不进行地质勘探，搜集资料的工作方法主要是向有关方面调查访问，并进行测绘、物探和勘探工作。

5.5.7　小窑采空区稳定性评价，首先是根据调查和测绘圈定地表裂缝、塌陷范围，如地表尚未出现裂缝或裂缝尚未达到稳定阶段，可参照同类型的小窑开采区的裂缝角用类比法确定。其次是确定安全距离。地表裂缝或塌陷区属不稳定阶段，建筑物应予避开，并有一定的安全距离。安全距离的大小可根据建筑物等级、性质确定，一般应大于5～15m。当建筑物位于采空区影响范围之内时，要进行顶板稳定分析，但目前顶板稳定性的力学计算方法尚不成熟。因此，本规范未推荐计算公式。主要靠搜集当地矿区资料和当地建筑经验，确定其是否需要处理和采取何种处理措施。

5.6　地　面　沉　降

5.6.1　本条规定了本节内容的适用范围。

　　1　从沉降原因来说，本节指的是由于常年抽吸地下水引起水位或水压下降而造成的地面沉降；它往往具有沉降速率大，年沉降量达到几十至几百毫米和持续时间长（一般将持续几年到几十年）的特征。本节不包括由于以下原因所造成的地面沉降：

　　　　1）地质构造运动和海平面上升所造成的地面沉降；

　　　　2）地下水位上升或地面水下渗造成的黄土自重湿陷；

　　　　3）地下洞穴或采空区的塌陷；

4）建筑物基础沉降时对附近地面的影响；

5）大面积堆载造成的地面沉降；

6）欠压密土的自重固结；

7）地震、滑坡等造成的地面陷落。

2 本节规定适用于较大范围的地面沉降，一般在100km² 以上，不适用于局部范围由于抽吸地下水引起水位下降（例如基坑施工降水）而造成的地面沉降。

5.6.2 地面沉降勘察有两种情况，一是勘察地区已发生了地面沉降；一是勘察地区有可能发生地面沉降。两种情况的勘察内容是有区别的，对于前者，主要是调查地面沉降的原因，预测地面沉降的发展趋势，并提出控制和治理方案；对于后者，主要应预测地面沉降的可能性和估算沉降量。

5.6.3 地面沉降原因的调查包括三个方面的内容。即场地工程地质条件，场地地下水埋藏条件和地下水变化动态。

国内外地面沉降的实例表明，发生地面沉降地区的共同特点是它们都位于厚度较大的松散堆积物，主要是第四纪堆积物之上。沉降的部位几乎无例外地都在较细的砂土和黏性土互层之上。当含水层上的黏性土厚度较大，性质松软时，更易造成较大沉降。因此，在调查地面沉降原因时，应首先查明场地的沉积环境和年代，弄清楚冲积、湖积或浅海相沉积平原或盆地中第四纪松散堆积物的岩性、厚度和埋藏条件。特别要查明硬土层和软弱压缩层的分布。必要时尚可根据这些地层单元体的空间组合，分出不同的地面沉降地质结构区。例如，上海地区按照三个软黏土压缩层和暗绿色硬黏土层的空间组合，分成四个不同的地面沉降地质结构区，其产生地面沉降的效应也不一样。

从岩土工程角度研究地面沉降，应着重研究地表下一定深度内压缩层的变形机理及其过程。国内外已有研究成果表明，地面沉降机制与产生沉降的土层的地质成因、固结历史、固结状态、孔隙水的赋存形式及其释水机理等有密切关系。

抽吸地下水引起水位或水压下降，使上覆土层有效自重压力增加，所产生的附加荷载使土层固结，是产生地面沉降的主要原因。因此，对场地地下水埋藏条件和历年来地下水变化动态进行调查分析，对于研究地面沉降来说是至关重要的。

5.6.4 对地面沉降现状的调查主要包括下列三方面内容：

1 地面沉降量的观测；

2 地下水的观测；

3 对地面沉降范围内已有建筑物的调查。

地面沉降量的观测是以高精度的水准测量为基础的。由于地面沉降的发展和变化一般都较缓慢，用常规水准测量方法已满足不了精度要求。因此本条要求

地面沉降观测应满足专门的水准测量精度要求。

进行地面沉降水准测量时一般需要设置三种标点。高程基准标，也称背景标，设置在地面沉降所不能影响的范围，作为衡量地面沉降基准的标点。地面沉降标用于观测地面升降的地面水准点。分层沉降标，用于观测某一深度处土层的沉降幅度的观测标。

地面沉降水准测量的方法和要求应按现行国家标准《国家一、二等水准测量规范》（GB 12897）规定执行。一般在沉降速率大时可用Ⅱ等精度水准，缓慢时要用Ⅰ等精度水准。

对已发生地面沉降的地区进行调查研究，其成果可综合反映到以地面沉降为主要特征的专门工程地质分区图上。从该图可以看出地下水开采量、回灌量、水位变化、地质结构与地面沉降的关系。

5.6.5 对已发生地面沉降的地区，控制地面沉降的基本措施是进行地下水资源管理。我国上海地区首先进行了各种措施的试验研究，先后采取了压缩用水量、人工补给地下水和调整地下水开采层次等综合措施，在上海市区取得了基本控制地面沉降的成效。在这三种主要措施中，压缩地下水开采量使地下水位恢复是控制地面沉降的最主要措施，这些措施的综合利用已为国内条件与上海类似的地区所采用。

向地下水进行人工补给灌注时，要严格控制回灌水源的水质标准，以防止地下水被污染，并要根据地下水动态和地面沉降规律，制定合理的采灌方案。

5.6.6 可能发生地面沉降的地区，一般是指具有以下情况的地区：

1 具有产生地面沉降的地质环境模式，如冲积平原、三角洲平原、断陷盆地等；

2 具有产生地面沉降的地质结构，即第四纪松散堆积层厚度很大；

3 根据已有地面测量和建筑物观测资料，随着地下水的进一步开采，已有发生地面沉降的趋势。

对可能发生地面沉降的地区，主要是预测地面沉降的发展趋势，即预测地面沉降量和沉降过程。国内外有不少资料对地面沉降提供了多种计算方法。归纳起来大致有理论计算方法、半理论半经验方法和经验方法等三种。由于地面沉降区地质条件和各种边界条件的复杂性，采用半理论半经验方法或经验方法，经实践证明是较简单实用的计算方法。

5.7 场地和地基的地震效应

5.7.1 本条规定在抗震设防烈度等于或大于6度的地区勘察时，应考虑地震效应问题，现作如下说明：

1 《建筑抗震设计规范》（GB 50011—2001）规定了设计基本地震加速度的取值，6度为0.05g，7度为0.10（0.15）g，8度为0.20（0.30）g，9度为0.40g；为了确定地震影响系数曲线上的特征周期值，通过勘察确定建筑场地类别是必须做的工作；

2 饱和砂土和饱和粉土的液化判别，6 度时一般情况下可不考虑，但对液化沉陷敏感的乙类建筑应判别液化，并规定可按 7 度考虑；

3 对场地和地基地震效应，不同的烈度区有不同的考虑，所谓场地和地基的地震效应一般包括以下内容：

　　1）相同的基底地震加速度，由于覆盖层厚度和土的剪切模量不同，会产生不同的地面运动；

　　2）强烈的地面运动会造成场地和地基的失稳或失效，如地裂、液化、震陷、崩塌、滑坡等；

　　3）地表断裂造成的破坏；

　　4）局部地形、地质结构的变异引起地面异常波动造成的破坏。

由国家批准，中国地震局主编的《中国地震动参数区划图》（GB 18306—2001）已于 2001 年 8 月 1 日实施。由地震烈度区划向地震动参数区划过渡是一项重要的技术进步。《中国地震动参数区划图》（GB 18306—2001）的内容包括"中国地震动峰值加速度区划图"、"中国地震动反应谱特征周期区划图"和"关于地震基本烈度向地震动参数过渡的说明"等。同时，《建筑抗震设计规范》（GB 50011—2001）规定了我国主要城镇抗震设防烈度、设计基本地震加速度和设计特征周期分区。勘察报告应提出这些基本数据。

5.7.2～5.7.4 对这几条做以下说明：

1 划分建筑场地类别，是岩土工程勘察在地震烈度等于或大于 6 度地区必须进行的工作，现行国家标准《建筑抗震设计规范》（GB 50011）根据土层等效剪切波速和覆盖层厚度划分为四类，当有可靠的剪切波速和覆盖层厚度值而场地类别处于类别的分界线附近时，可按插值方法确定场地反应谱特征周期。

2 勘察时应有一定数量的勘探孔满足上述要求，其深度应大于覆盖层厚度，并分层测定土的剪切波速；当场地覆盖层厚度已大致掌握并在以下情况时，为测量土层剪切波速的勘探孔可不必穿过覆盖层，而只需达到 20m 即可：

　　1）对于中软土，覆盖层厚度能肯定不在 50m 左右；

　　2）对于软弱土，覆盖层厚度能肯定不在 80m 左右。

如果建筑场地类别处在两种类别的分界线附近，需要按插值方法确定场地反应谱特征周期时，勘察时应提供可靠的剪切波速和覆盖层厚度值。

3 测量剪切波速的勘探孔数量，《建筑抗震设计规范》（GB 50011—2001）有下列规定：

"在场地初步勘察阶段，对大面积的同一地质单元，测量土层剪切波速的钻孔数量，应为控制性钻孔数量的 1/3～1/5，山间河谷地区可适量减少，但不宜少于 3 个；在场地详细勘察阶段，对单幢建筑，测量土层剪切波速的钻孔数量不宜少于 2 个，数据变化较大时，可适量增加；对小区中处于同一地质单元的密集高层建筑群，测量土层剪切波速的钻孔数量可适当减少，但每幢高层建筑不得少于一个"。

4 划分对抗震有利、不利或危险的地段和对抗震不利的地形，《建筑抗震设计规范》（GB 50011）有明确规定，应遵照执行。

5.7.2 【修订说明】

本条原文尚有应划分对抗震有利、不利或危险地段的规定，这是与《建筑抗震设计规范》（GB 50011—2001）协调而规定的。现该规范已修订，应根据该规范修订后的规定执行，本规范不再重复规定。

当场地位于抗震危险地段时，常规勘察往往不能解决问题，应提出进行专门研究的建议。

5.7.5 地震液化的岩土工程勘察，应包括三方面的内容，一是判定场地土有无液化的可能性；二是评价液化等级和危害程度；三是提出抗液化措施的建议。

地震震害调查表明，6 度区液化对房屋结构和其他各类工程所造成的震害是比较轻的，故本条规定抗震设防烈度为 6 度时，一般情况下可不考虑液化的影响，但为安全计，对液化沉陷敏感的乙类建筑（包括相当于乙类建筑的其他重要工程），可按 7 度进行液化判别。

由于甲类建筑（包括相当于甲类建筑的其他特别重要工程）的地震作用要按本地区设防烈度提高一度计算，当为 8、9 度时尚应专门研究，所以本条相应地规定甲类建筑应进行专门的液化勘察。

本节所指的甲、乙、丙、丁类建筑，系按现行国家标准《建筑物抗震设防分类标准》（GB 50223—95）的规定划分。

5.7.6、5.7.7 主要强调三点：

1 液化判别应先进行初步判别，当初步判别认为有液化可能时，再作进一步判别；

2 液化判别宜用多种方法综合判定，这是因为地震液化是由多种内因（土的颗粒组成、密度、埋藏条件、地下水位、沉积环境和地质历史等）和外因（地震动强度、频谱特征和持续时间等）综合作用的结果；例如，位于河曲凸岸新近沉积的粉细砂特别容易发生液化，历史上曾经发生过液化的场地容易再次发生液化等；目前各种判别液化的方法都是经验方法，都有一定的局限性和模糊性，故强调"综合判别"；

3 河岸和斜坡地带的液化，会导致滑移失稳，对工程的危害很大，应予特别注意；目前尚无简易的判别方法，应根据具体条件专门研究。

5.7.8 关于液化判别的深度问题，《94 规范》和《建筑抗震设计规范》89 版均规定为 15m。在规范修订过程中，曾考虑加深至 20m，但经过反复研究后认为，根据现有的宏观震害调查资料，地震液化主要发生在浅层，深度超过 15m 的实例极少。将判别深度普遍增加至 20m，科学依据不充分，又加大了勘察工作量，故规定一般情况仍为 15m，桩基和深埋基础才加深至 20m。

5.7.9 说明以下三点：

1 液化的进一步判别，现行国家标准《建筑抗震设计规范》（GB 50011—2001）的规定如下：

当饱和土标准贯入锤击数（未经杆长修正）小于液化判别标准贯入锤击数临界值时，应判为液化土。液化判别标准贯入锤击数临界值可按下式计算：

$$N_{cr} = N_0 [0.9 + 0.1(d_s - d_w)] \sqrt{\frac{3}{\rho_c}} \quad (d_s \leqslant 15)$$
$$(5.5)$$

$$N_{cr} = N_0 (2.4 - 0.1 d_w) \sqrt{\frac{3}{\rho_c}} \quad (15 < d_s \leqslant 20)$$
$$(5.6)$$

式中 N_{cr}——液化判别标准贯入锤击数临界值；

N_0——液化判别标准贯入锤击数基准值，应按表 5.1 采用；

d_s——饱和土标准贯入点深度（m）；

ρ_c——粘粒含量百分率，当小于 3 或为砂土时，应采用 3。

表 5.1 标准贯入锤击数基准值

设计地震分组	烈度		
	7	8	9
第一组	6 (8)	10 (13)	16
第二、三组	8 (10)	12 (15)	18

注：括号内数值用于设计基本地震加速度取 0.15g 和 0.30g 的地区。

2 《94 规范》曾规定，采用静力触探试验判别，是根据唐山地震不同烈度区的试验资料，用判别函数法统计分析得出的，已纳入铁道部《铁路工程抗震设计规范》和《铁路工程地质原位测试规程》，适用于饱和砂土和饱和粉土的液化判别；具体规定是：当实测计算比贯入阻力 p_s 或实测计算锥尖阻力 q_c 小于液化比贯入阻力临界值 p_{scr} 或液化锥尖阻力临界值 q_{ccr} 时，应判别为液化土，并按下列公式计算：

$$p_{scr} = p_{s0} \alpha_w \alpha_u \alpha_p \tag{5.7}$$
$$q_{ccr} = q_{c0} \alpha_w \alpha_u \alpha_p \tag{5.8}$$
$$\alpha_w = 1 - 0.065(d_w - 2) \tag{5.9}$$
$$\alpha_u = 1 - 0.05(d_u - 2) \tag{5.10}$$

式中 p_{scr}、q_{ccr}——分别为饱和土静力触探液化比贯入阻力临界值及锥尖阻力临界值（MPa）；

p_{s0}、q_{c0}——分别为地下水深度 $d_w = 2$m，上覆非液化土层厚度 $d_u = 2$m 时，饱和土液化判别比贯入阻力基准值和液化判别锥尖阻力基准值（MPa），可按表 5.2 取值；

α_w——地下水位埋深修正系数，地面常年有水且与地下水有水力联系时，取 1.13；

α_u——上覆非液化土层厚度修正系数，对深基础，取 1.0；

d_w——地下水位深度（m）；

d_u——上覆非液化土层厚度（m），计算时应将淤泥和淤泥质土层厚度扣除；

α_p——与静力触探摩阻比有关的土性修正系数，可按表 5.3 取值。

表 5.2 比贯入阻力和锥尖阻力基准值 p_{s0}、q_{c0}

抗震设防烈度	7 度	8 度	9 度
p_{s0}（MPa）	5.0~6.0	11.5~13.0	18.0~20.0
q_{c0}（MPa）	4.6~5.5	10.5~11.8	16.4~18.2

表 5.3 土性修正系数 α_p 值

土 类	砂 土	粉 土	
静力触探摩阻比 R_f	$R_f \leqslant 0.4$	$0.4 < R_f \leqslant 0.9$	$R_f > 0.9$
α_p	1.00	0.60	0.45

3 用剪切波速判别地面下 15m 范围内饱和砂土和粉土的地震液化，可采用以下方法：

实测剪切波速 v_s 大于按下式计算的临界剪切波速时，可判为不液化；

$$v_{scr} = v_{s0} (d_s - 0.0133 d_s^2)^{0.5} \left[1.0 - 0.185 \left(\frac{d_w}{d_s} \right) \right]$$
$$\times \left(\frac{3}{\rho_c} \right)^{0.5} \tag{5.11}$$

式中 v_{scr}——饱和砂土或饱和粉土液化剪切波速临界值（m/s）；

v_{s0}——与烈度、土类有关的经验系数，按表 5.4 取值；

d_s——剪切波速测点深度（m）；

d_w——地下水深度（m）。

表 5.4 与烈度、土类有关的经验系数 v_{s0}

土 类	v_{s0}（m/s）		
	7 度	8 度	9 度
砂土	65	95	130
粉土	45	65	90

该法是石兆吉研究员根据 Dobry 刚度法原理和我国现场资料推演出来的，现场资料经筛选后共 68 组砂土，其中液化 20 组，未液化 48 组；粉土 145 组，其中液化 93 组，不液化 52 组。有粘粒含量值的 33

组。《天津市建筑地基基础设计规范》（TBJ1—88）结合当地情况引用了该成果。

5.7.10 评价液化等级的基本方法是：逐点判别（按照每个标准贯入试验点判别液化可能性），按孔计算（按每个试验孔计算液化指数），综合评价（按照每个孔的计算结果，结合场地的地质地貌条件，综合确定场地液化等级）。

5.7.11 强烈地震时软土发生震陷，不仅被科学实验和理论研究证实，而且在宏观震害调查中，也证明它的存在，但研究成果尚不够充分，较难进行预测和可靠的计算，《94规范》主要根据唐山地震经验提出的下列标准，可作为参考：

当地基承载力特征值或剪切波速大于表5.5数值时，可不考虑震陷影响。

表5.5 临界承载力特征值和等效剪切波速

抗震设防烈度	7度	8度	9度
承载力特征值 f_a（kPa）	>80	>100	>120
等效剪切波速 v_{sr}（m/s）	>90	>140	>200

根据科研成果，湿度大的黄土在地震作用下，也会发生液化和震陷，已在室内动力试验和古地震的调查中得到证实。鉴于迄今为止尚无公认的预测判别方法，故本次修订未予列入。

5.8 活 动 断 裂

5.8.1 活动断裂的勘察和评价是重大工程在选址时应进行的一项重要工作。重大工程一般是指对社会有重大价值或者有重大影响的工程，其中包括使用功能不能中断或需要尽快恢复的生命线工程，如医疗、广播、通讯、交通、供水、供电、供气等工程。重大工程的具体确定，应按照国务院、省级人民政府和各行业部门的有关规定执行。大型工业建设场地或者《建筑抗震设计规范》（GB 50011）规定的甲类、乙类及部分重要的丙类建筑，应属于重大工程。考虑到断裂勘察的主要研究问题是断裂的活动性和地震，断裂主要在地震作用下才会对场地稳定性产生影响。因此，本条规定在抗震设防烈度等于或大于7度的地区应进行断裂勘察。

5.8.2 本条从岩土工程和地震工程的观点出发，考虑到工程安全的实际需要，对断裂的分类及其涵义作了明确的规定，既与传统的地质观点有区别，又保持了一定的连续性，更考虑到工程建设的需要和适用性。在活动断裂前冠以"全新"二字，并赋予较为确切的涵义。考虑到"发震断裂"与"全新活动断裂"的密切关系，将一部分近期有强烈地震活动的"全新活动断裂"定义为"发震断裂"。这样划分可以将地壳上存在的绝大多数断裂归入对工程建设场地稳定性无影响的"非全新活动断裂"中去，对工程建设

有利。

5.8.3 考虑到全新活动断裂的规模、活动性质、地震强度、运动速率差别很大，十分复杂。重要的是其对工程稳定性的评价和影响也很不相同，不能一概而论。本条根据我国断裂活动的继承性、新生性特点和工程实践经验，参考了国外的一些资料，考虑断裂的活动时间、活动速率和地震强度等因素，将全新活动断裂分为强烈全新活动断裂，中等全新活动断裂和微弱全新活动断裂。

5.8.4、5.8.5 当前国内外地震地质研究成果和工程实践经验都较为丰富，在工程中勘察与评价活动断裂一般都可以通过搜集、查阅文献资料，进行工程地质测绘和调查就可以满足要求，只有在必要的情况下，才进行专门的勘探和测试工作。

搜集和研究厂址所在地区的地质资料和有关文献档案是鉴别活动断裂的第一步，也是非常重要的一步，在许多情况下，甚至只要搜集、分析、研究已有的丰富的文献资料，就能基本查明和解决有关活动断裂的问题。

在充分搜集已有文献资料和进行航空相片、卫星、相片解译的基础上进行野外调查，开展工程地质测绘是目前进行断裂勘察、鉴别活动断裂的最重要、最常用的手段之一。活动断裂都是在老构造的基础上发生新活动的断裂，一般说来它们的走向、活动特点、破碎带特性等断裂要素与构造有明显的继承性。因此，在对一个工程地区的断裂进行勘察时，应首先对本地区的构造格架有清楚的认识和了解。野外测绘和调查可以根据断裂活动引起的地形地貌特征、地质地层特征和地震迹象等鉴别活动特征。

5.8.6 本条对断裂的处理措施作了原则的规定。首先规定了重大工程场地或大型工业场地在可行性研究中，对可能影响工程稳定性的全新活动断裂，应采取避让的处理措施。避让的距离应根据工程和活动断裂的情况进行具体分析和研究确定。当前有些标准已作了一些具体的规定，如《建筑抗震设计规范》（GB 50011—2001）在仅考虑断裂错动影响的条件下，按单个建筑物的分类提出了避让距离。《火力发电厂岩土工程勘测技术规程》（DL/T 5074—1997）提出了"大型发电厂与断裂的安全距离及处理措施"。

6 特殊性岩土

6.1 湿 陷 性 土

6.1.1 湿陷性土在我国分布广泛，除常见的湿陷性黄土外，在我国干旱和半干旱地区，特别是在山前洪、坡积扇（裙）中常遇到湿陷性碎石土、湿陷性砂土等。这种土在一定压力下浸水也常呈现强烈的湿陷性。由于这类湿陷性土在评价方面尚不能完全沿用我

国现行国家标准《湿陷性黄土地区建筑规范》（GB 50025）的有关规定，所以本规范补充了这部分内容。

6.1.2 这类非黄土的湿陷性土的勘察评价首先要判定是否具有湿陷性。由于这类土不能如黄土那样用室内浸水压缩试验，在一定压力下测定湿陷系数 δ_s，并以 δ_s 值等于或大于 0.015 作为判定湿陷性黄土的标准界限。本规范规定采用现场浸水载荷试验作为判定湿陷性土的基本方法，并规定以在 200kPa 压力作用下浸水载荷试验的附加湿陷量与承压板宽度之比等于或大于 0.023 的土应判定为湿陷性土，其基本思路为：

1 假设在 200kPa 压力作用下载荷试验主要受压层的深度范围 z 等于承压板底面以下 1.5 倍承压板宽度；

2 浸水后产生的附加湿陷量 ΔF_s 与深度 z 之比 $\Delta F_s/z$，即相当于土的单位厚度产生的附加湿陷量；

3 与室内浸水压缩试验相类比，把单位厚度的附加湿陷量（在室内浸水压缩试验即为湿陷系数 δ_s）作为判定湿陷性土的定量界限指标，并将其值规定为 0.015，即

$$\Delta F_s/z = \delta_s = 0.015 \qquad (6.1)$$
$$z = 1.5b \qquad (6.2)$$
$$\Delta F_s/b = 1.5 \times 0.015 \approx 0.023 \qquad (6.3)$$

以上这种判定湿陷性的方法当然是很粗略的，从理论上说，现场载荷试验与室内压缩试验的应力状态和变形机制是不相同的。但是考虑到目前没有其他更好的方法来判定这类土的湿陷性，从《94 规范》施行以来，也还没有收集到不同意见，所以本规范暂且仍保留 0.023 作为用 $\Delta F_s/b$ 值判定湿陷性的界限值的规定，以便进一步积累数据，总结经验。这个值与现行国家标准《湿陷性黄土地区建筑规范》（GB 50025）规定的载荷试验"取浸水下沉量（s）与承压板宽度（b）之比值等于 0.017 所对应的压力作为湿陷起始压力值"略有差异，现行国家标准《湿陷性黄土地区建筑规范》（GB 50025）的 0.017 大致相当于主要受压层的深度范围 z 等于承压板宽度的 1.1 倍。

6.1.3 本条基本上保留了《94 规范》第 5.1.2 条的内容，突出强调了以下内容：

1 有这种土分布的勘察场地，由于地貌、地质条件比较特殊，土层产状多较复杂，所以勘探点间距不宜过大，应按本规范第 4 章的规定取小值，必要时还应适当加密；

2 控制性勘探孔深度应穿透湿陷土层；

3 对于碎石土和砂土，宜采用动力触探试验和标准贯入试验确定力学特性；

4 不扰动土试样应在探井中采取；

5 增加了对厚度较大的湿陷性土，应在不同深度处分别进行浸水载荷试验的要求。

6.1.4 本条内容与《94 规范》相比，有了一些变动，主要为：

1 将湿陷性土的湿陷程度与地基湿陷等级两个不同的概念区别开来，湿陷程度主要按湿陷系数（也就是在压力作用下浸水时湿陷性土的单位厚度所产生的附加湿陷量）的大小来划分，为了与现行《湿陷性黄土地区建筑规范》（GB 50025）相适应，将湿陷程度分为轻微、中等和强烈三类；

2 从本规范第 6.1.2 条的基本思路出发，可以得出不同湿陷程度的土的载荷试验附加湿陷量界限值，如表 6.1 所示。

表 6.1 湿陷程度分类

湿陷程度	湿陷性黄土的湿陷系数 δ_s	与此相当的 $\Delta F_s/b$	附加湿陷量 ΔF_s (cm) 承压板面积 0.50m²	附加湿陷量 ΔF_s (cm) 承压板面积 0.25m²
轻微	$0.015 \leqslant \delta_s < 0.03$	$0.023 \leqslant \Delta F_s/b < 0.045$	$1.6 \leqslant \Delta F_s < 3.2$	$1.1 \leqslant \Delta F_s < 2.3$
中等	$0.03 < \delta_s \leqslant 0.07$	$0.045 < \Delta F_s/b \leqslant 0.105$	$3.2 < \Delta F_s \leqslant 7.4$	$2.3 < \Delta F_s \leqslant 5.3$
强烈	$\delta_s > 0.07$	$\Delta F_s/b > 0.105$	$\Delta F_s > 7.4$	$\Delta F_s > 5.3$

6.1.5 与湿陷性黄土相似，本规范采用基础底面以下各湿陷性土层的累计总湿陷量 Δ_s 作为判定湿陷性地基湿陷等级的定量标准。

由于湿陷性土的湿陷性是用载荷试验附加湿陷量来表示的，所以总湿陷量 Δ_s 的计算公式中，引入附加湿陷量 ΔF_s，并对修正系数 β 值作了相应的调整。

1 基本思路是与现行国家标准《湿陷性黄土地区建筑规范》（GB 50025）的总湿陷量计算公式相协调，β 取值考虑两方面的因素，一是基础底面以下湿陷性土层的厚度一般都不大，可以按现行国家标准《湿陷性黄土地区建筑规范》（GB 50025）中基底下 5m 深度内的相应 β 值考虑；二是 β 值与承压板宽度 b 有关，可推导得出 β 是承压板宽度 b 的倒数，所以当承压板面积为 0.50m²（$b=70.7$cm）和 0.25m²（$b=50$cm）时，β 分别取 0.014cm^{-1} 和 0.020cm^{-1}；

2 由于载荷试验的结果主要代表承压板底面以下 $1.5b$ 范围内土层的湿陷性；对于基础底面以下湿陷性土层厚度超过 2m 时，应在不同深度处分别进行浸水载荷试验。

6.1.6 湿陷性土地基的湿陷等级根据总湿陷量 Δ_s 按表 6.1.6 判定，需要说明的是：

1 湿陷性土地基的湿陷等级分为 Ⅰ（轻微）、Ⅱ（中等）、Ⅲ（严重）、Ⅳ（很严重）四级；

2 湿陷等级的分级标准基本上与现行国家标准《湿陷性黄土地区建筑规范》（GB 50025）相近；

3 由于缺乏非黄土湿陷性土的自重湿陷性资料，故一般不作建筑场地湿陷类型的判定，在确定地基湿陷等级时，总湿陷量 Δ_s 大于 30cm 时，一般可按照自重湿陷性场地考虑；

4 在总湿陷量 Δ_s 相同的情况下，基底下湿陷性土总厚度较小意味着土层湿陷性较为强烈，因此体现出表 6.1.6 中基底下湿陷性土总厚度小于 3m 的地

基湿陷等级按提高一级考虑。

6.1.7 在湿陷性土地区进行建设，应根据湿陷性土的特点、湿陷等级、工程要求，结合当地建筑经验，因地制宜，采取以地基处理为主的综合措施，防止地基湿陷。

6.2 红 黏 土

6.2.1 本节所指的红黏土是我国红土的一个亚类，即母岩为碳酸盐岩系（包括间夹其间的非碳酸盐岩类岩石），经湿热条件下的红土化作用形成的特殊土类。本条明确了红黏土包括原生与次生红黏土。以下各条规定均适用于这两类红黏土。按照本条的定义，原生红黏土比较易于判定，次生红黏土则可能具备某种程度的过渡性质。勘察中应通过第四纪地质、地貌的研究，根据红黏土特征保留的程度确定是否判定为次生红黏土。

6.2.2 本条着重指出红黏土作为特殊性土有别于其他土类的主要特征是：上硬下软、表面收缩、裂隙发育。地基是否均匀也是红黏土分布区的重要问题。本节以后各条的规定均针对这些特征作出。至于与其他土类具有共性的勘察内容，可按有关章节的规定执行，本节不予重复。为了反映上硬下软的特征，勘察中应详细划分土的状态。红黏土状态的划分可采用一般黏性土的液性指数划分法，也可采用红黏土特有含水比划分法。为反映红黏土裂隙发育的特征，应根据野外观测的裂隙密度对土体结构进行分类。红黏土的网状裂隙分布，与地貌有一定联系，如坡度、朝向等，且呈由浅而深递减之势。红黏土中的裂隙会影响土的整体强度，降低其承载力，是土体稳定的不利因素。

红黏土天然状态膨胀率仅 0.1%～2.0%，其胀缩性主要表现为收缩，线缩率一般 2.5%～8%，最大达 14%。但在缩后复水，不同的红黏土有明显的不同表现，根据统计分析提出了经验方程 $I_r' \approx 1.4 + 0.0066 w_r$ 以此对红黏土进行复水特性划分。划属 I 类者，复水后随含水量增大而解体，胀缩循环呈现胀势，缩后土样高大于原始高，胀量逐次积累以崩解告终；风干复水，土的分散性、塑性恢复、表现出凝聚与胶溶的可逆性。划属 II 类者，复水土的含水量增量微，外形完好，胀缩循环呈现缩势，缩量逐次积累，缩后土样高小于原始高；风干复水，干缩后形成的团粒不完全分离，土的分散性、塑性及 I_r 值降低，表现出胶体的不可逆性。这两类红黏土表现出不同的水稳性和工程性能。

红黏土地区地基的均匀性差别很大。如地基压缩层范围均为红黏土，则为均匀地基；否则，上覆硬塑红黏土较薄，红黏土与岩石组成的土岩组合地基，是很严重的不均匀地基。

6.2.3 红黏土地区的工程地质测绘和调查，是在一般性的工程地质测绘基础上进行的。其内容与要求可根据工程和现场的实际情况确定。条文中提及的五个方面，工作中可以灵活掌握，有所侧重，或有所简略。

6.2.4 由于红黏土具有垂直方向状态变化大，水平方向厚度变化大的特点，故勘探工作应采用较密的点距，特别是土岩组合的不均匀地基。红黏土底部常有软弱土层，基岩面的起伏也很大，故勘探孔的深度不宜单纯根据地基变形计算深度来确定，以免漏掉对场地与地基评价至关重要的信息。对于土岩组合的不均匀地基，勘探孔深度应达到基岩，以便获得完整的地层剖面。

基岩面上土层特别软弱，有土洞发育时，详细勘察阶段不一定能查明所有情况，为确保安全，在施工阶段补充进行施工勘察是必要的，也是现实可行的。基岩面高低不平，基岩面倾斜或有临空面时，嵌岩桩容易失稳，进行施工勘察是必要的。

6.2.5 水文地质条件对红黏土评价是非常重要的因素。仅仅通过地面的测绘调查往往难以满足岩土工程评价的需要。此时补充进行水文地质勘察、试验、观测工作是必要的。

6.2.6 裂隙发育是红黏土的重要特性，故红黏土的抗剪强度应采用三轴试验。红黏土有收缩特性，收缩再浸水（复水）时又有不同的性质，故必要时可做收缩试验和复浸水试验。

6.2.7 红黏土承载力的确定方法，原则上与一般土并无不同。应特别注意的是红黏土裂隙的影响以及裂隙发展和复浸水可能使其承载力下降。考虑到各种不利的临空边界条件，尽可能选用符合实际的测试方法。过去积累的确定红黏土承载力的地区性成熟经验，应予充分利用。

6.2.8 地裂是红黏土地区的一种特有的现象。地裂规模不等，长可达数百米，深可延伸至地表下数米，所经之处地面建筑无一不受损坏。故评价时应建议建筑物绕避地裂。

红黏土中基础埋深的确定可能面临矛盾。从充分利用硬层，减轻下卧软层的压力而言，宜尽量浅埋；但从避免地面不利因素影响而言，又必须深于大气影响急剧层的深度。评价时应充分权衡利弊，提出适当的建议。如果采用天然地基难以解决上述矛盾，则宜放弃天然地基，改用桩基。

6.3 软 土

6.3.1 软土中淤泥和淤泥质土，现行国家标准《建筑地基基础设计规范》（GB 50007—2002）已有明确定义。泥炭和泥炭质土中含有大量未分解的腐殖质，有机质含量大于 60% 为泥炭；有机质含量 10%～60% 为泥炭质土。

6.3.2 从岩土工程的技术要求出发，对软土的勘察应特别注意查明下列问题：

1 对软土的排水固结条件、沉降速率、强度增长等起关键作用的薄层理与夹砂层特征；

2 土层均匀性，即厚度、土性等在水平向和垂直向的变化；

3 可作为浅基础、深基础持力层的硬土层或基岩的埋藏条件；

4 软土的固结历史，确定是欠固结、正常固结或超固结土，是十分重要的。先期固结压力前后变形特性有很大不同，不同固结历史的软土的应力应变关系有不同特征；要很好确定先期固结压力，必须保证取样的质量；另外，应注意灵敏性黏土受扰动后，结构破坏对强度和变形的影响；

5 软土地区微地貌形态与不同性质的软土层分布有内在联系，查明微地貌、旧堤、堆土场、暗埋的塘、浜、沟、穴等，有助于查明软土层的分布；

6 施工活动引起的软土应力状态、强度、压缩性的变化；

7 地区的建筑经验是十分重要的工程实践经验，应注意搜集。

6.3.3 软土勘察应考虑下列问题：

1 对勘探点的间距，提出了针对不同成因类型的软土和地基复杂程度采用不同布置的原则；

2 对勘探孔的深度，不要简单地按地基变形计算深度确定，而提出根据地质条件、建筑物特点、可能的基础类型确定；此外还应预计到可能采取的地基处理方案的要求；

3 勘探手段以钻探取样与静力触探相结合为原则；在软土地区用静力触探孔取代相当数量的勘探孔，不仅减少钻探取样和土工试验的工作量，缩短勘察周期，而且可以提高勘察工作质量；静力触探是软土地区十分有效的原位测试方法；标准贯入试验对软土并不适用，但可用于软土中的砂土、硬黏性土等。

6.3.4 软土易扰动，保证取土质量十分重要，故本条作了专门规定。

6.3.5 本条规定了软土地区适用的原位测试方法，这是几十年经验的总结。静力触探最大的优点在于精确的分层，用旁压试验测定软土的模量和强度，用十字板剪切试验测定内摩擦角近似为零的软土强度，实践证明是行之有效的。扁铲侧胀试验与螺旋板载荷试验，虽然经验不多，但最适用于软土也是公认的。

6.3.6 试验土样的初始应力状态、应力变化速率、排水条件和应变条件均应尽可能模拟工程的实际条件。故对正常固结的软土应在自重应力下预固结后再作不固结不排水三轴剪切试验。

6.3.7 软土的岩土工程分析与评价应考虑下列问题：

1 分析软土地基的均匀性，包括强度、压缩性的均匀性，注意边坡稳定性；

2 选择合适的持力层，并对可能的基础方案进行技术经济论证，尽可能利用地表硬壳层；

3 注意不均匀沉降和减少不均匀沉降的措施；

4 对评定软土地基承载力强调了综合评定的原则，不单靠理论计算，要以当地经验为主，对软土地基承载力的评定，变形控制原则十分重要；

5 软土地基的沉降计算仍推荐分层总和法，一维固结沉降计算模式并乘经验系数的计算方法，但也可采用其他新的计算方法，以便积累经验，提高技术水平。

6.4 混 合 土

6.4.1 混合土在颗粒分布曲线形态上反映出呈不连续状。主要成因有坡积、洪积、冰水沉积。

经验和专门研究表明：黏性土、粉土中的碎石组分的质量只有超过总质量的25%时，才能起到改善土的工程性质的作用；而在碎石土中，粘粒组分的质量大于总质量的25%时，则对碎石土的工程性质有明显的影响，特别是当含水量较大时。

6.4.2 本条是从混合土的特点出发，提出了勘察时应重点注意的问题。混合土大小颗粒混杂，故应有一定数量的探井，以便直接观察，采取试样。动力触探对粗粒混合土是很好的手段，但应有一定数量的钻孔或探井配合。

6.5 填 土

6.5.3 填土的勘察方法，应针对不同的物质组成，采用不同的手段。轻型动力触探适用于黏性土、粉土素填土，静力触探适用于冲填土和黏性土素填土，动力触探适用于粗粒填土。杂填土成分复杂，均匀性很差，单纯依靠钻探难以查明，应有一定数量的探井。

6.5.4 素填土和杂填土可能有湿陷性，如无法取样作室内试验，可在现场用浸水载荷试验确定。本条的压实填土指的是压实黏性土填土。

6.5.5 除了控制质量的压实填土外，一般说来，填土的成分比较复杂，均匀性差，厚度变化大，利用填土作为天然地基应持慎重态度。

6.6 多 年 冻 土

6.6.1 我国多年冻土主要分布在青藏高原、帕米尔及西部高山（包括祁连山、阿尔泰山、天山等），东北的大小兴安岭和其他高山的顶部也有零星分布。冻土的主要特点是含有冰，本次修订时，参照《冻土地区建筑地基基础设计规范》（JGJ118—98），对多年冻土定义作了调整，从保持冻结状态3年或3年以上改为2年或2年以上。

多年冻土中如含有易溶盐或有机质，对其热学性质和力学性质都会产生明显影响，前者称为盐渍化多年冻土，后者称为泥炭化多年冻土，勘察时应予注意。

6.6.2 多年冻土对工程的主要危害是其融沉性（或

称融陷性），故应进行融沉性分级。本次修订时，仍将融沉性分为五级，并参考《冻土地区建筑地基基础设计规范》（JGJ118—98），对具体指标作了调整。

6.6.3 多年冻土的设计原则有"保持冻结状态的设计"、"逐渐融化状态的设计"和"预先融化状态的设计"。不同的设计原则对勘察的要求是不同的。在多年冻土勘察中，多年冻土上限深度及其变化值，是各项工程设计的主要参数。影响上限深度及其变化的因素很多，如季节融化层的导热性能、气温及其变化，地表受日照和反射热的条件，多年地温等。确定上限深度主要有下列方法：

1 野外直接测定：

在最大融化深度的季节，通过勘探或实测地温，直接进行鉴定；在衔接的多年冻土地区，在非最大融化深度的季节进行勘探时，可根据地下冰的特征和位置判断上限深度；

2 用有关参数或经验方法计算：

东北地区常用上限深度的统计资料或公式计算，或用融化速率推算；青藏高原常用外推法判断或用气温法、地温法计算。

多年冻土的类型，按埋藏条件分为衔接多年冻土和不衔接多年冻土；按物质成分有盐渍多年冻土和泥炭多年冻土；按变形特性分为坚硬多年冻土、塑性多年冻土和松散多年冻土。多年冻土的构造特征有整体状构造、层状构造、网状构造等。多年冻土的冻胀性分级，按现行《冻土地区建筑地基基础设计规范》（JGJ118—98）执行。

6.6.4 多年冻土勘探孔的深度，应符合设计原则的要求。参照《冻土地区建筑地基基础设计规范》（JGJ118—98）做出了本条第1、2款的规定。多年冻土的上限深度，不稳定地带的下限深度，对于设计也很重要，亦宜查明。饱冰冻土和含土冰层的融沉量很大，勘探时应予穿透，查明其厚度。

6.6.5 对本条作以下几点说明：

1 为减少钻进中摩擦生热，保持岩芯核心土温不变，钻速要低，孔径要大，一般开孔孔径不宜小于130mm，终孔孔径不宜小于108mm；回次钻进时间不宜超过5min，进尺不宜超过0.3m，遇含冰量大的泥炭或黏性土可进尺0.5m；

钻进中使用的冲洗液可加入适量食盐，以降低冰点；

2 进行热物理和冻土力学试验的冻土试样，取出后应立即冷藏，尽快试验；

3 由于钻进过程中孔内蓄存了一定热量，要经过一段时间的散热后才能恢复到天然状态的地温，其恢复的时间随深度的增加而增加，一般20m深的钻孔需一星期左右的恢复时间，因此孔内测温工作应在终孔7天后进行；

4 多年冻土的室内试验和现场观测项目，应根据工程要求和现场具体情况，与设计单位协商后确定；室内试验方法可按照现行国家标准《土工试验方法标准》（GB/T 50123）的规定执行。

6.6.6 多年冻土地基设计时，保持冻结地基与容许融化地基的承载力大不相同，必须区别对待。地基承载力目前尚无计算方法，只能根据载荷试验、其他原位测试并结合当地经验确定。除了次要的临时性的工程外，一定要避开不良地段，选择有利地段。

6.7 膨 胀 岩 土

6.7.1 膨胀岩土包括膨胀岩和膨胀土。由于膨胀岩的资料较少，故本节只作了原则性的规定，尚待以后积累经验。

膨胀岩土的判定，目前尚无统一的指标和方法，多年来采用综合判定。本规范仍采用这种方法，并分为初判和终判两步。对膨胀土初判主要根据地貌形态、土的外观特征和自由膨胀率；终判是在初判的基础上结合各种室内试验及邻近工程损坏原因分析进行，这里需说明三点：

1 自由膨胀率是一个很有用的指标，但不能作为惟一依据，否则易造成误判；

2 从实用出发，应以是否造成工程的损害为最直接的标准；但对于新建工程，不一定已有工程的经验可借鉴，此时仍可通过各种室内试验指标结合现场特征判定；

3 初判和终判不是互相分割的，应互相结合，综合分析，工作的次序是从初判到终判，但终判时仍应综合考虑现场特征，不宜只凭个别试验指标确定。

对于膨胀岩的判定尚无统一指标，作为地基时，可参照膨胀土的判定方法进行判定。因此，本节一般将膨胀岩土的判定方法相提并论。目前，膨胀岩作为其他环境介质时，其膨胀性的判定标准也不统一。例如，中国科学院地质研究所将钠蒙脱石含量5%～6%，钙蒙脱石含量11%～14%作为判定标准。铁道部第一勘测设计院以蒙脱石含量8%、或伊利石含量20%作为标准。此外，也有将粘粒含量作为判定指标的，例如铁道部第一勘测设计院以粒径小于0.002mm含量占25%或粒径小于0.005mm含量占30%作为判定标准。还有将干燥饱和吸水率25%作为膨胀岩和非膨胀岩的划分界线。

但是，最终判定时岩石膨胀性的指标还是膨胀力和不同压力下的膨胀率，这一点与膨胀土相同。

对于膨胀岩，膨胀率与时间的关系曲线以及在一定压力下膨胀率与膨胀力的关系，对洞室的设计和施工具有重要的意义。

6.7.2 大量调查研究资料表明，坡地膨胀岩土的问题比平坦场地复杂得多，故将场地类型划分为"平坦"和"坡地"是十分必要的。本条的规定与现行国家标准《膨胀土地区建筑技术规范》（GBJ 112—87）

一致，只是在表述方式上作了改进。

6.7.3 工程地质测绘和调查规定的五项内容，是为了综合判定膨胀土的需要设定的。即从岩性条件、地形条件、水文地质条件、水文和气象条件以及当地建筑损坏情况和治理膨胀土的经验等诸方面判定膨胀土及其膨胀潜势，进行膨胀岩土评价，并为治理膨胀岩土提供资料。

6.7.4 勘探点的间距、勘探孔的深度和取土数量是根据膨胀土的特殊情况规定的。大气影响深度是膨胀土的活动带，在活动带内，应适当增加试样数量。我国平坦场地的大气影响深度一般不超过5m，故勘察孔深度要求超过这个深度。

采取试样要求从地表下1m开始，这是因为在计算含水量变化值 Δw 需要地表下1m处土的天然含水量和塑限含水量值。对于膨胀岩中的洞室，钻探深度应按洞室勘察要求考虑。

6.7.5 本条提出的四项指标是判定膨胀岩土，评价膨胀潜势，计算分级变形量和划分地基膨胀等级的主要依据，一般情况下都应测定。

6.7.6 膨胀岩土性质复杂，不少问题尚未搞清。因此对膨胀岩土的测试和评价，不宜采用单一方法，宜在多种测试数据的基础上进行综合分析和综合评价。

膨胀岩土常具各向异性，有时侧向膨胀力大于竖向膨胀力，故规定应测定不同方向的胀缩性能，从安全考虑，可选用最大值。

6.7.7 本条规定的对建在膨胀岩土上的建筑物与构筑物应计算的三项重要指标和胀缩等级的划分，与现行国家标准《膨胀土地区建筑技术规范》（GBJ 112—87）的规定一致。不同地区膨胀岩土对建筑物的作用是很不相同的，有的以膨胀为主，有的以收缩为主，有的交替变形，因而设计措施也不同，故本条强调要进行这方面的预测。

膨胀岩土是否可能造成工程的损害以及损害的方式和程度，通过对已有工程的调查研究来确定，是最直接最可靠的方法。

6.7.8 膨胀岩土的承载力一般较高，承载力问题不是主要矛盾，但应注意承载力随含水量的增加而降低。膨胀岩土裂隙很多，易沿裂隙面破坏，故不应采用直剪试验确定强度，应采用三轴试验方法。

膨胀岩土往往在坡度很小时就发生滑动，故坡地场地应特别重视稳定性分析。本条根据膨胀岩土的特点对稳定分析的方法做了规定。其中考虑含水量变化的影响十分重要，含水量变化的原因有：

1 挖方填方量较大时，岩土体中含水状态将发生变化；

2 平整场地破坏了原有地貌、自然排水系统和植被，改变了岩土体吸水和蒸发；

3 坡面受多向蒸发，大气影响深度大于平坦地带；

4 坡地旱季出现裂缝，雨季雨水灌入，易产生浅层滑坡；久旱降雨造成坡体滑动。

6.8 盐渍岩土

6.8.1 关于易溶盐含量的标准，《94规范》采用0.5％，是沿用前苏联的标准。根据资料，现在俄罗斯建设部门的有关规定，是对不同土类分别定出不同含盐量界限，其中最小的易溶盐含量为0.3％。我国石油天然气总公司颁发的《盐渍土地区建筑规定》也定为0.3％。我国柴达木、准噶尔、塔里木地区的资料表明："不少土样的易溶盐含量虽然小于0.5％，但其溶陷系数却大于0.01，最大的可达0.09；我国有些地区，如青海西部的盐渍土厚度很大，超过20m，浸水后累计溶陷量大。"（据徐攸在《盐渍土的工程特性、评价及改良》）。因此，将易溶盐含量标准由0.5％改为0.3％，对保证工程安全是必要的。

除了细粒盐渍土外，我国西北内陆盆地山前冲积扇的砂砾层中，盐分以层状或窝状聚集在细粒土夹层的层面上，形状为几厘米至十几厘米厚的结晶盐层或含盐砂砾透镜体，盐晶呈纤维状晶族（华遵孟《西北内陆盆地粗颗粒盐渍土研究》）。对这类粗粒盐渍土，研究成果和工程经验不多，勘察时应予注意。

6.8.2 盐渍岩当环境条件变化时，其工程性质亦产生变化。以含盐量指标确定盐渍岩，有待今后继续积累资料。盐渍岩一般见于湖相或深湖相沉积的中生界地层。如白垩系红色泥质粉砂岩、三叠系泥灰岩及页岩。

含盐化学成分、含盐量对盐渍土有下列影响：

1 含盐化学成分的影响

1）氯盐类的溶解度随温度变化甚微，吸湿保水性强，使土体软化；

2）硫酸盐类则随温度的变化而胀缩，使土体变软；

3）碳酸盐类的水溶液有强碱性反应，使黏土胶体颗粒分散，引起土体膨胀；

表6.8.2-1采用易溶盐阴离子，在100g土中各自含有毫摩数的比值划分盐渍土类型；铁道部在内陆盐渍土地区多年工作经验，认为按阴离子比值划分比较简单易行，并将这种方法纳入现行行业标准《铁路工程地质技术规范》（TB10012—2001）；

2 含盐量的影响

盐渍土中含盐量的多少对盐渍土的工程特性影响较为明显，表6.8.2-2是在含盐性质的基础上，根据含盐量的多少划分的，这个标准也是沿用了现行行业标准《铁路工程地质技术规范》（TB10012—2001）的标准；根据部分单位的使用，认为基本反映了我国实际情况。

6.8.3 盐渍岩土地区的调查工作是根据盐渍岩土的具体条件拟定的。

1 硬石膏（CaSO₄）经水化后形成石膏（CaSO₄·2H₂O），在水化过程中体积膨胀，可导致建筑物的破坏；另外，在石膏-硬石膏分布地区，几乎都发育岩溶化现象，在建筑物运营期间内，在石膏-硬石膏中出现岩溶化洞穴，而造成基础的不均匀沉陷；

2 芒硝（Na₂SO₄）的物态变化导致其体积的膨胀与收缩；芒硝的溶解度，当温度在 32.4℃ 以下时，随着温度的降低而降低。因此，温度变化，芒硝将发生严重的体积变化，造成建筑物基础和洞室围岩的破坏。

6.8.4 为了划分盐渍土，应按表 6.8.4 的要求采取扰动土样。盐渍土平面分区可为总平面图设计选择最佳建筑场地；竖向分区则为地基设计、地下管道的埋设以及盐渍土对建筑材料腐蚀性评价等，提供有关资料。

据柴达木盆地实际观测结果，日温差引起的盐胀深度仅达表层下 0.3m 左右，深层土的盐胀由年温差引起，其盐胀深度范围在 0.3m 以下。

盐渍土盐胀临界深度，是指盐渍土的盐胀处于相对稳定时的深度。盐胀临界深度可通过野外观测获得。方法是在拟建场地自地面向下 5m 左右深度内，于不同深度处埋设测标，每日定时数次观测气温、各测标的盐胀量及相应深度处的地温变化，观测周期为一年。

柴达木盆地盐胀临界深度一般大于 3.0m，大于一般建筑物浅基的埋深，如某深度处盐渍土由温差变化影响而产生的盐胀压力，小于上部有效压力时，其基础可适当浅埋，但室内地面下需作处理。以防由盐渍土的盐胀而导致的地面膨胀破坏。

6.8.5 盐渍土由于含盐性质及含盐量的不同，土的工程特性各异，地域性强，目前尚不具备以土工试验指标与载荷试验参数建立关系的条件，故载荷试验是获取盐渍土地基承载力的基本方法。

氯和亚氯盐渍土的力学强度的总趋势是总含盐量（S_{DS}）增大，比例界限（p_0）随之增大，当 S_{DS} 在 10% 范围内，p_0 增加不大，超过 10% 后，p_0 有明显提高。这是因为土中氯盐在其含量超过一定的临界溶解含量时，则以晶体状态析出，同时对土粒产生胶结作用。使土的力学强度提高。

硫酸和亚硫酸盐渍土的总含盐量对力学强度的影响与氯盐渍土相反，即土的力学强度随 S_{DS} 的增大而减小。其原因是，当温度变化超越硫酸盐盐胀临界温度时，将发生硫酸盐体积的胀与缩，引起土体结构破坏，导致地基承载力降低。

6.9 风化岩和残积土

6.9.1 本条阐述风化岩和残积土的定义。不同的气候条件和不同的岩类具有不同风化特征，湿润气候以化学风化为主，干燥气候以物理风化为主。花岗岩类多沿节理风化，风化厚度大，且以球状风化为主。层状岩，多受岩性控制，硅质比黏土质不易风化，风化后层理尚较清晰，风化厚度较薄。可溶岩以溶蚀为主，有岩溶现象，不具完整的风化带，风化岩保持原岩结构和构造，而残积土则已全部风化成土，矿物结晶、结构、构造不易辨认，成碎屑状的松散体。

6.9.2 本条规定了风化岩和残积土勘察的任务，但对不同的工程应有所侧重。如作为建筑物天然地基时，应着重查明岩土的均匀性及其物理力学性质，作为桩基础时应重点查明破碎带和软弱夹层的位置和厚度等。

6.9.3 勘探点布置除遵循一般原则外，对层状岩应垂直走向布置，并考虑具有软弱夹层的特点。

勘探取样，规定在探井中刻取或采用双重管、三重管取样器，目的是为了保证采取风化岩样质量的可靠性。风化岩和残积土一般很不均匀，取样试验的代表性差，故应考虑原位测试与室内试验结合的原则，并以原位测试为主。

对风化岩和残积土的划分，可用标准贯入试验或无侧限抗压强度试验，也可采用波速测试，同时也不排除用规定以外的方法，可根据当地经验和岩土的特点确定。

6.9.4 对花岗岩残积土，为求得合理的液性指数，应确定其中细粒土（粒径小于 0.5mm）的天然含水量 w_f、塑性指数 I_P、液性指数 I_L，试验应筛去粒径大于 0.5mm 的粗颗粒后再作。而常规试验方法所作出的天然含水量失真，计算出的液性指数都小于零，与实际情况不符。细粒土的天然含水量可以实测，也可用下式计算：

$$w_f = \frac{w - w_A 0.01 P_{0.5}}{1 - 0.01 P_{0.5}} \quad (6.4)$$

$$I_P = w_L - w_P \quad (6.5)$$

$$I_L = \frac{w_f - w_P}{I_P} \quad (6.6)$$

式中 w——花岗岩残积土（包括粗、细粒土）的天然含水量（%）；

w_A——粒径大于 0.5mm 颗粒吸着水含水量（%），可取 5%；

$P_{0.5}$——粒径大于 0.5mm 颗粒质量占总质量的百分比（%）；

w_L——粒径小于 0.5mm 颗粒的液限含水量（%）；

w_P——粒径小于 0.5mm 颗粒的塑限含水量（%）。

6.9.5 花岗岩分布区，因为气候湿热，接近地表的残积土受水的淋滤作用，氧化铁富集，并稍具胶结状态，形成网纹结构，土质较坚硬。而其下强度较低，再下由于风化程度减弱强度逐渐增加。因此，同一岩性的残积土强度不一，评价时应予注意。

6.10 污 染 土

6.10.1 【修订说明】

本规范关于污染土定义的原有条文不包括环境评价。经广泛听取意见，多数专家认为，随着人们环境保护和生态建设意识的增强，污染对土和地下水造成的环境影响，尤其是对人体健康的影响日益受到重视，国际上环境岩土工程也已成为十分突出的问题。因此，本次修改对污染土的定义作了适当修改，不仅包括致污物质侵入导致土的物理力学性状和化学性质的改变，也包括致污物质侵入对人体健康和生态环境的影响。

6.10.2 【修订说明】

工业生产废水废渣污染，因生产或储存中废水、废渣和油脂的泄漏，造成地下水和土中酸碱度的改变，重金属、油脂及其他有害物质含量增加，导致基础严重腐蚀，地基土的强度急剧降低或产生过大变形，影响建筑物的安全及正常使用，或对人体健康和生态环境造成严重影响。

尾矿堆积污染，主要体现在对地表水、地下水的污染以及周围土体的污染，与选矿方法、工艺及添加剂和堆存方式等密切相关。

垃圾填埋场渗滤液的污染，因许多生活垃圾未能进行卫生填埋或卫生填埋不达标，生活垃圾的渗滤液污染土体和地下水，改变了原状土和地下水的性质，对周围环境也造成不良影响。

核污染主要是核废料污染，因其具有特殊性，故本节不包括核污染勘察。实际工程中如遇核污染问题时，应建议进行专题研究。

因人类活动所致的地基土污染一般在地表下一定深度范围内分布，部分地区地下潜水位高，地基土和地下水同时污染。因此在具体工程勘察时，污染土和地下水的调查应同步进行。

污染土勘察包括：对建筑材料的腐蚀性评价、污染对土的工程特性指标的影响程度评价以及污染土对环境的影响程度评价。考虑污染土对环境影响程度的评价需根据相关标准进行大量的室内试验，故可根据任务要求进行。

6.10.3 【修订说明】

污染土场地和地基的勘察可分为四种类型，不同类型的勘察重点有所不同。已受污染的已建场地和地基的勘察，主要针对污染土、水造成建筑物损坏的调查，是对污染土处理前的必要勘察，重点调查污染土强度和变形参数的变化、污染土和地下水对基础腐蚀程度等。对已受污染的拟建场地和地基的勘察，则在初步查明污染土和地下水空间分布特点的基础上，重点结合拟建建筑物基础形式及可能采用的处理措施，进行针对性勘察和评价。对可能受污染的场地和地基的勘察，则重点调查污染源和污染物质的分布、污染

途径，判定土、水可能受污染的程度，为已建工程的污染预防和拟建工程的设计措施提供依据。

6.10.4 【修订说明】

本条列出污染土现场勘察的适用手段，其中现场调查和钻探（或坑探）取样分析是必要手段，强调污染土勘察以现场调查为主。根据已有工程经验，应先调查污染源位置及相关背景资料。如不重视先期调查，按常规勘察盲目布置很多勘察工作量，则针对性差，有可能遗漏和淡化严重污染地段，造成土、水试样采取量不足，以致影响评价结论的可靠性。

用于不同测试目的及不同测试项目的样品，其保存的条件和保存的时间不同。国家环保总局发布的《土壤环境监测技术规范》（HJ/T 166—2004）中对新鲜样品的保存条件和保存的时间规定如表 6.2 所示。

表 6.2 新鲜样品的保存条件和保存时间

测试项目	容器材质	温度 (℃)	可保存时间(d)	备注
金属（汞和六价铬除外）	聚乙烯、玻璃	<4	180	—
汞	玻璃	<4	28	—
砷	聚乙烯、玻璃	<4	180	—
六价铬	聚乙烯、玻璃	<4	1	—
氰化物	聚乙烯、玻璃	<4	2	—
挥发性有机物	玻璃（棕色）	<4	7	采样瓶装满装实并密封
半挥发性有机物	玻璃（棕色）	<4	10	采样瓶装满装实并密封
难挥发性有机物	玻璃（棕色）	<4	14	—

根据国外文献资料，多功能静力触探在环境岩土工程中应用已较为广泛。需要时，也可采用地球物理勘探方法（如电阻率法、电磁法等），配合钻探和其他原位测试，查明污染土的分布。

6.10.5 【修订说明】

本条即原规范第 6.10.6 条，内容未作修改。

6.10.6 【修订说明】

由于污染土空间分布一般具有不均匀、污染程度变化大的特点，勘察过程是一个从表面认知到逐步查明的过程，且勘察工作量与处理方法密切相关，因此污染土场地勘察宜分阶段进行，实际工程勘察也大多如此。第一阶段在承接常规勘察任务时，通过现场污染源调查、采取少量土样和地下水样进行化学分析，初步判定场地地基土和地下水是否受污染、污染的程度、污染的大致范围。第二阶段则在第一阶段勘察的基础上，经与委托方、设计方交流，并结合可能采用的基础方案、处理措施，明确详细的勘察方法并予以

实施。第二阶段的勘察工作应有很强的针对性。

6.10.7 【修订说明】

考虑到全国范围内污染物的侵入途径、污染土性质及处理方法差异均很大，勘察时需因地制宜，合理确定勘探点间距，不宜作统一规定。故本节对勘探点间距未作明确规定。

考虑污染土其污染的程度一般在深度方向变化较大，且处理方法也与污染土的深度密切相关，因此详细勘察时，划分污染土与非污染土界限时其取土试样的间距不宜过大。

6.10.8 【修订说明】

为了查明污染物在地下水不同深度的分布情况，需要采取不同深度的地下水试样。不同深度的地下水试样可以通过布设不同深度的勘探孔采取；当在同一钻孔中采取不同深度的地下水样时，需要采取严格的隔离措施，否则所取水试样是混合水样。

6.10.9 【修订说明】

污染土和水的化学成分试验内容，应根据任务要求确定。无环境评价要求时，测试的内容主要满足地基土和地下水对建筑材料的腐蚀性评价；有环境评价要求时，则应根据相关标准与任务委托时的具体要求，确定需要测试的内容。

工程需要时，研究土在不同类型和浓度污染液作用下被污染的程度、强度与变形参数的变化以及污染物的迁移特征等。主要用于污染源未隔离或未完全隔离情况下的预测分析。

6.10.10 【修订说明】

对污染土的评价，应根据污染土的物理、水理和力学性质，综合原位和室内试验结果，进行系统分析，用综合分析方法评价场地稳定性和地基适宜性。

考虑污染土和水对建筑材料的腐蚀程度、污染对土的工程特性（强度、变形、渗透性）指标的影响程度、污染土和水对环境的影响程度三方面的判别标准不同，污染等级划分标准不同，且后期处理方法也有差异，勘察报告中宜分别评价。

污染土的岩土工程评价应突出重点：对基岩地区，岩体裂隙和不良地质作用要重点评价。如有些垃圾填埋场建在山谷中，垃圾渗滤液是否沿岩体裂隙特别是构造裂隙扩散或岩体滑坡导致污染扩散等；对松软土地区，渗透性、土的力学性（强度和变形）评价则相对重要。

评价宜针对可能采用的处理方法突出重点，如挖除法处理，则主要查明污染土的分布范围；对需要提供污染土承载力的地基土，则其力学性质（强度和变形参数）评价应作为重点；对污染源未隔离或隔离效果差的场地，污染发展趋势的预测评价是重点。

6.10.12 【修订说明】

除对建筑材料的腐蚀性外，污染土的强度、渗透等工程特性指标是地基基础设计中重要的岩土参数，需要有一个污染对土的工程特性影响程度的划分标准。但污染土性质复杂，化学成分多样，化学性质有极性和非极性，有的还含有有机质，工程要求也各不相同，很难用一个指标概括。本次修订按污染前后土的工程特性指标的变化率判别地基土受污染影响的程度。"变化率"是指污染前后工程特性指标的差值与污染前指标之比，具体选用哪种指标应根据工程具体情况确定。强度和变形指标可选用抗剪强度、压缩模量、变形模量等，也可用标贯锤击数、静力触探、动力触探指标，或载荷试验的地基承载力等。土被污染后一般对工程特性产生不利影响，但也有被胶结加固，产生有利影响，应在评价时说明。尤其应注意同一工程，经受同样程度的污染，当不同工程特性指标判别结果有差异时，宜在分别评价的基础上根据工程要求进行综合评价。

当场地地基土局部污染时，污染前工程特性指标（本底值）可依据未污染区的测试结果确定；当整个建设场地地基土均发生污染时，其污染前工程特性指标（本底值）可参考邻近未污染场地或该地区区域资料确定。

6.10.13 【修订说明】

污染土和水对环境影响的评估标准，可参照国家环境质量标准《土壤环境质量标准》（GB 15618）、《地下水质量标准》（GB/T 14848）和《地表水环境质量标准》（GB 3838）。值得注意的是我国环境质量标准与发达国家的同类标准有较大的差距。因此对环境影响评价应结合工程具体要求进行。

《土壤环境质量标准》（GB 15618—1995）中将土壤质量分为三类，分级标准分别为维持自然背景的土壤环境质量限制值、维持人体健康的土壤限制值、保障植物生长的土壤限制值。《地下水质量标准》（GB/T 14848—93）中将地下水质量分为五类，分别反映地下水化学成分天然低背景值、天然背景值、以人体健康基准值为依据、以农业及工业用水要求为依据、不宜饮用。《地表水环境质量标准》（GB 3838—2002）将地表水环境质量标准分为五类，分别主要适用于源头水及国家自然保护区、集中式生活饮用水地表水源地一级保护区、集中式生活饮用水地表水源地二级保护区、一般工业用水区、农业用水区及一般景观要求水域。根据上述标准可判定污染土和水对人体健康及植物生长等是否有影响。

根据《土壤环境监测技术规范》（HJ/T 166—2004），土壤环境质量评价一般以土壤单项污染指数、土壤污染超标率（倍数）等为主，也可用内梅罗污染指数划分污染等级（详见表 6.3）。

其中：土壤单项污染指数＝土壤污染实测值/土壤污染物质量标准；

土壤污染超标率（倍数）＝（土壤某污染物实测值－某污染物质量标准）/某污染

物质量标准

内梅罗污染指数 $(P_N) = \{[(Pl_{均}^2) + (Pl_{最大}^2)]/2\}^{1/2}$

式中 $Pl_{均}$ 和 $Pl_{最大}$ 分别是平均单项污染指数和最大单项污染指数。

表 6.3　土壤内梅罗污染指数评价标准

等级	内梅罗污染指数	污染等级
I	$P_N \leqslant 0.7$	清洁（安全）
II	$0.7 < P_N \leqslant 1.0$	尚清洁（警戒限）
III	$1.0 < P_N \leqslant 2.0$	轻度污染
IV	$2.0 < P_N \leqslant 3.0$	中度污染
V	$P_N > 3.0$	重污染

6.10.14　【修订说明】

目前工程界处理污染土的方法有：隔离法、挖除换垫法、酸碱中和法、水稀释减低污染程度以及采用抗腐蚀的建筑材料等。总体要求是快速处理、成本控制、确保安全。需要注意的是污染土在外运处置时要防止二次污染的发生。

环境修复国外工程案例较多，修复方法包括物理方法（换土、过滤、隔离、电处理）、化学方法（酸碱中和、氧化还原、加热分解）和生物方法（微生物、植物），其中部分简单修复方法与目前我国工程界处理方法类同。生物修复历时较长，修复费用较高。仅从环境角度考虑修复方法时，不关注土体结构是否破坏，强度是否降低等岩土工程问题。

7　地　下　水

7.1　地下水的勘察要求

7.1.1～7.1.4　这 4 条都是在本次修订中增加的内容，归纳了近年来各地在岩土工程勘察，特别是高层建筑勘察中取得的一些经验。条文中的"主要含水层"，包括上层滞水的含水层。

随着城市建设的高速发展，特别是高层建筑的大量兴建，地下水的赋存和渗流形态对基础工程的影响日渐突出。表现在：

1　很多高层建筑的基础埋深超过 10m，甚至超过 20m，加上建筑体型往往比较复杂，大部分"广场式建筑（plaza）"的建筑平面内都包含有纯地下室部分，在北京、上海、西安、大连等城市还修建了地下广场；在抗浮设计和地下室外墙承力验算中，正确确定抗浮设防水位成为一个牵涉巨额造价以及施工难度和周期的十分关键的问题；

2　高层建筑的基础，除埋置较深外，其主体结构部分多采用箱基或筏基；基础宽度很大，加上基底压力较大，基础的影响深度可数倍、甚至十数倍于一般多层建筑；在这个深度范围内，有时可能遇到 2 层或 2 层以上的地下水，比如北京规划区东部望京小区一带，在地面下 40m 范围内，地下水有 5 层之多；不同层位的地下水之间，水力联系和渗流形态往往各不相同，造成人们难于准确掌握建筑场地孔隙水压力场的分布；由于孔隙水压力在土力学和工程分析中的重要作用，对孔压的考虑不周将影响建筑沉降分析、承载力验算、建筑整体稳定性验算等一系列重要的工程评价问题；

3　显而易见，在基坑支护工程中，地下水控制设计和支护结构的侧向压力更与上述问题紧密相关。

工程经验表明，在大规模的工程建设中，对地下水的勘察评价将对工程的安全与造价产生极大影响。为适应这一客观需要，本次修订中强调：

1　加强对有关宏观资料的搜集工作，加重初步勘察阶段对地下水勘察的要求；

2　由于，第一、地下水的赋存状态是随时间变化的，不仅有年变化规律，也有长期的动态规律；第二、一般情况下详细勘察阶段时间紧迫，只能了解勘察时刻的地下水状态，有时甚至没有足够的时间进行本章第 7.2 节规定的现场试验；因此，除要求加强对长期动态规律的搜集资料和分析工作外，提出了有关在初勘阶段预设长期观测孔和进行专门的水文地质勘察的条文；

3　认识到地下水对基础工程的影响，实质上是水压力或孔隙水压力场的分布状态对工程结构影响的问题，而不仅仅是水位问题；了解在基础受压层范围内孔隙水压力场的分布，特别是在黏性土层中的分布，在高层建筑勘察与评价中是至关重要的；因此提出了有关了解各层地下水的补给关系、渗流状态，以及量测压力水头随深度变化的要求；有条件时宜进行渗流分析，量化评价地下水的影响；

4　多层地下水分层水位（水头）的观测，尤其是承压水压力水头的观测，虽然对基础设计和基坑设计都十分重要，但目前不少勘察人员忽视这件工作，造成勘察资料的欠缺，本次修订作了明确的规定；

5　渗透系数等水文地质参数的测定，有现场试验和室内试验两种方法。一般室内试验误差较大，现场试验比较切合实际，故本条规定通过现场试验测定，当需了解某些弱透水性地层的参数时，也可采用室内试验方法。

7.1.5　地下水样的采取应注意下列几点：

1　简分析水样取 1000ml，分析侵蚀性二氧化碳的水样取 500ml，并加大理石粉 2～3g，全分析水样取 3000ml；

2　取水容器要洗净，取样前应用水试样的水对水样瓶反复冲洗三次；

3　采取水样时应将水样瓶沉入水中预定深度缓慢将水注入瓶中，严防杂物混入，水面与瓶塞间要留

1cm左右的空隙；

4 水样采取后要立即封好瓶口，贴好水样标签，及时送化验室。

7.2 水文地质参数的测定

7.2.1 测定水文地质参数的方法有多种，应根据地层透水性能的大小和工程的重要性以及对参数的要求，按附录E选择。

7.2.2、7.2.3 地下水位的量测，着重说明下列几点：

1 稳定水位是指钻探时的水位经过一定时间恢复到天然状态后的水位；地下水位恢复到天然状态的时间长短受含水层渗透性影响最大，根据含水层渗透性的差异，第7.2.3条规定了至少需要的时间；当需要编制地下水等水位线图或工期较长时，在工程结束后宜统一量测一次稳定水位；

2 采用泥浆钻进时，为了避免孔内泥浆的影响，需将测水管打入含水层20cm方能较准确地测得地下水位；

3 地下水位量测精度规定为±2cm是指量测工具、观测等造成的总误差的限值，因此量测工具应定期用钢尺校正。

7.2.2 【修订说明】

第2款在第7.2.3条中已作规定，故删去。第3款原文为，"对多层含水层的水位量测，应采取止水措施将被测含水层与其他含水层隔开"。事实上，第7.1.4条已规定，"当场地有多层对工程有影响的地下水时，应分层量测地下水位"。如只看强制性条文，未全面理解规范，可能造成执行偏差，修改后将第7.1.4条的意思加了进去，以免造成片面理解。

上层滞水常无稳定水位，但应量测。

7.2.4 对地下水流向流速的测定作如下说明：

1 用几何法测定地下水流向的钻孔布置，除应在同一水文地质单元外，尚需考虑形成锐角三角形，其中最小的夹角不宜小于40°；孔距宜为50～100m，过大和过小都将影响量测精度；

2 用指示剂法测定地下水流速，试验孔与观测孔的距离由含水层条件确定，一般细砂层为2～5m，含砾粗砂层为5～15m，裂隙岩层为10～15m，对岩溶水可大于50m；指示剂可采用各种盐类、着色颜料等，其用量决定于地层的透水性和渗透距离；

3 用充电法测定地下水的流速适用于地下水位埋深不大于5m的潜水。

7.2.5 本条是对抽水试验的原则规定，具体说明下列几点：

1 抽水试验是求算含水层的水文地质参数较有效的方法；岩土工程勘察一般用稳定流抽水试验即可满足要求，正文表7.2.5所列的应用范围，可结合工程特点、勘察阶段及对水文地质参数精度的要求

选择；

2 抽水量和水位降深应根据工程性质、试验目的和要求确定；对于要求比较高的工程，应进行3次不同水位降深，并使最大的水位降深接近工程设计的水位标高，以便得到较符合实际的数据；一般工程可进行1～2次水位降深；

3 试验孔和观测孔的水位量测采用同一方法和器具，可以减少其间的相对误差；对观测孔的水位量测读数至毫米，是因其不受抽水泵和抽水时水面波动的影响，水位下降较小，且直接影响水文地质参数计算的精度；

4 抽水试验的稳定标准是当出水量和动水位与时间关系曲线均在一定范围内同步波动而没有持续上升和下降的趋势时即认为达到稳定；稳定延续时间，可根据工程要求和含水地层的渗透性确定；

5 试验成果分析可参照《供水水文地质勘察规范》（TJ27）进行。

7.2.6 本条所列注水试验的几种方法是国内外测定饱和松散土渗透性能的常用方法。试坑法和试坑单环法只能近似地测得土的渗透系数。而试坑双环法因排除侧向渗透的影响。测试精度较高。试坑试验时坑内注水水层厚度常用10cm。

7.2.7 本条主要参照《水利水电工程钻孔压水试验规程》（SL25—92）及美国规范制定。具体说明下列几点：

1 常规性的压水试验为吕荣试验，该方法是1933年吕荣（M. Lugeon）首次提出，经多次修正完善，已为我国和大多数国家采用；成果表达采用透水率，单位为吕荣（Lu），当试段压力为1MPa，每米试段的压入流量为1L/min时，称为1Lu；

除了常规性的吕荣试验外，也可根据工程需要，进行专门性的压水试验；

2 压水试验的试验段长度一般采用5m，要根据地层的单层厚度，裂隙发育程度以及工程要求等因素确定；

3 按工程需要确定试验最大压力、压力施加的分级数及起始压力；调整压力表的工作压力为起始压力；一般采用三级压力五个阶段进行，取1.0MPa为试验最大压力；每1～2min记录压入水量，当连续五次读数的最大值和最小值与最终值之差，均小于最终值的10%时，为本级压力的最终压入水量，这是为了更好地控制压入量的最终值接近极值，以控制试验精度；

4 压水试验压力施加方法应由小到大，逐级增加到最大压力后，再由大到小逐级减小到起始压力；并逐级测定相应的压入水量，及时绘制压力与压入水量的相关图表，其目的是了解岩层裂隙在各种压力下的特点，如高压堵塞、成孔填塞、裂隙张闭、周围井泉等因素的影响；

5 p-Q 曲线可分为五种类型：A 型（层流型）、B 型（紊流型）、C 型（扩张型）、D 型（冲蚀型）、E 型（充填型）；

6 试验时应经常观测工作管外的水位变化及附近可能受影响的坑、孔、井、泉的水位和水量变化，出现异常时应分析原因，并及时采取相应措施。

7.2.8 对孔隙水压力的测定具体说明以下几点：

1 所列孔隙水压力测定方法及适用条件主要参考英国规范及我国实际情况制定，各种测试方法的优缺点简要说明如下：

立管式测压计安装简单，并可测定土的渗透性，但过滤器易堵塞，影响精度，反应时间较慢；

水压式测压计反应快，可同时测定渗透性，宜用于浅埋，有时也用于在钻孔中量测大的孔隙水压力，但因装置埋设在土层，施工时易受损坏；

电测式测压计（电阻应变式、钢弦应变式）性能稳定、灵敏度高，不受电线长短影响，但安装技术要求高，安装后不能检验，透水探头不能排气，电阻应变片不能保持长期稳定性；

气动测压计价格低廉，安装方便，反应快，但透水探头不能排气，不能测渗透性；

孔压静力触探仪操作简便，可在现场直接得到超孔隙水压力曲线，同时测出土层的锥尖阻力；

2 目前我国测定孔隙水压力，多使用振弦式孔隙压力计即电测式测压计和数字式钢弦频率接收仪；

3 孔隙水压力试验点的布置，应考虑地层性质、工程要求、基础型式等，包括量测地基土在荷载不断增加过程中，新建筑物对临近建筑物的影响、深基础施工和地基处理引起孔隙水压力的变化；对圆形基础一般以圆心为基点按径向布孔，其水平及垂直方向的孔距多为 5～10m；

4 测压计的埋设与安装直接影响测试成果的正确性；埋设前必须经过标定。安装时将测压计探头放置到预定深度，其上覆盖 30cm 砂均匀充填，并投入膨润土球，经压实注入泥浆密封；泥浆的配合比为 4（膨润土）：8～12（水）：1（水泥）地表部分应有保护罩以防水灌入；

5 试验成果应提供孔隙水压力与时间变化的曲线图和剖面图（同一深度），孔隙水压力与深度变化曲线图。

7.3 地下水作用的评价

7.3.1 在岩土工程的勘察、设计、施工过程中，地下水的影响始终是一个极为重要的问题，因此，在工程勘察中应当对其作用进行预测和评估，提出评价的结论与建议。

地下水对岩土体和建筑物的作用，按其机制可以划分为两类。一类是力学作用；一类是物理、化学作用。力学作用原则上应当是可以定量计算的，通过力学模型的建立和参数的测定，可以用解析法或数值法得到合理的评价结果。很多情况下，还可以通过简化计算，得到满足工程要求的结果。由于岩土特性的复杂性，物理、化学作用有时难以定量计算，但可以通过分析，得出合理的评价。

7.3.2 地下水对基础的浮力作用，是最明显的一种力学作用。在静水环境中，浮力可以用阿基米德原理计算。一般认为，在透水性较好的土层或节理发育的岩石地基中，计算结果即等于作用在基底的浮力；对于渗透系数很低的黏土来说，上述原理在原则上也应该是适用的，但是有实测资料表明，由于渗透过程的复杂性，黏土中基础所受到的浮托力往往小于水柱高度。在铁路路基设计规范中，曾规定在此条件下，浮力可作一定折减。由于这个问题缺乏必要的理论依据，很难确切定量，故本条规定，只有在具有地方经验或实测数据时，方可进行一定的折减；在渗流条件下，由于土单元体的体积 V 上存在与水力梯度 i 和水的重力密度 γ_w 呈正比的渗流力（体积力）J，

$$J = i\gamma_w V \qquad (7.1)$$

造成了土体中孔隙水压力的变化，因此，浮力与静水条件下不同，应该通过渗流分析得到。

无论用何种条分极限平衡方法验算边坡稳定性，孔隙水压力都会对各分条底部的有效应力条件产生重大影响，从而影响最后的分析结果。当存在渗流条件时，和上述原理一样，渗流状态还会影响到孔隙水压力的分布，最后影响到安全系数的大小。因此条文对边坡稳定性分析中地下水作用的考虑作了原则规定。

验算基坑支护支挡结构的稳定性时，不管是采用水土合算还是水土分算的方法，都需要首先将地下水的分布搞清楚，才能比较合理地确定作用在支挡结构上的水土压力。当渗流作用影响明显时，还应该考虑渗流对水压力的影响。

渗流作用可能产生潜蚀、流砂、流土或管涌现象，造成破坏。以上几种现象，都是因为基坑底部某个部位的最大渗流梯度 i_{max} 大于临界梯度 i_{cr}，致使安全系数 F_s 不能满足要求：

$$F_s = \frac{i_{cr}}{i_{max}} \qquad (7.2)$$

从土质条件来判断，不均匀系数小于 10 的均匀砂土，或不均匀系数虽大于 10，但含细粒量超过 35% 的砂砾石，其表现形式为流砂或流土；正常级配的砂砾石，当其不均匀系数大于 10，但细粒含量小于 35% 时，其表现形式为管涌；缺乏中间粒径的砂砾石，当细粒含量小于 20% 时为管涌，大于 30% 时为流土。以上经验可供分析评价时参考。

在防止由于深处承压水水压力而引起的基底隆起，需验算基坑底不透水层厚度与承压水水头压力，见图 7.1 并按平衡式（7.3）进行计算：

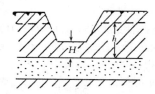

图 7.1　含水层示意图

$$\gamma H = \gamma_w \cdot h \qquad (7.3)$$

要求基坑开挖后不透水层的厚度按式（7.4）计算：

$$H \geqslant (\gamma_w/\gamma) \cdot h \qquad (7.4)$$

式中　H——基坑开挖后不透水层的厚度（m）；

　　　　γ——土的重度；

　　　　γ_w——水的重度；

　　　　h——承压水头高于含水层顶板的高度（m）。

以上式子中当 $H = (\gamma_w/\gamma) \cdot h$ 时处在极限平衡状态，工程实践中，应有一定的安全度，但多少为宜，应根据实际工程经验确定。

对于地下水位以下开挖基坑需采取降低地下水位的措施时，需要考虑的问题主要有：1. 能否疏干基坑内的地下水，得到便利安全的作业面；2. 在造成水头差条件下，基坑侧壁和底部土体是否稳定；3. 由于地下水的降低，是否会对邻近建筑、道路和地下设施造成不利影响。

7.3.2 【修订说明】

本条无实质性修改，仅使文字表述更科学合理。

原文中的"动水压力"一词源于前苏联，词义不够准确。动水压力实际指的是渗透力，渗透力是一种体积力，不是面积力。地下水作用既可用体积力表达，如渗透力，也可用面积力表达，如静水压力，故对第 2 款作了相应修改。

静水压力是一种面积力，渗透力是一种体积力，二者应分开考虑，原文第 4 款写在一起易被误解，故作相应修改。

第 5 款中删去了"流砂"，因流砂一词表达不确切。

7.3.3 即使是在赋存条件和水质基本不变的前提下，地下水对岩土体和结构基础的作用往往也是一个渐变的过程，开始可能不为人们所注意，一旦危害明显就难以处理。由于受环境，特别是人类活动的影响，地下水位和水质还可能发生变化。所以在勘察时要注意调查研究，在充分了解地下水赋存环境和岩土条件的前提下做出合理的预测和评价。

7.3.4、7.3.5 要求施工中地下水位应降至开挖面以下一定距离（砂土应在 0.5m 以下，黏性土和粉土应在 1m 以下）是为了避免由于土体中毛细作用使槽底土质处于饱和状态，在施工活动中受到严重扰动，影响地基的承载力和压缩性。在降水过程中如不满足有关规范要求，带出土颗粒，有可能使基底土体受到扰动，严重时可能影响拟建建筑的安

全和正常使用。

工程降水方法可参考表 7.1 选用。

表 7.1　降低地下水位方法的适用范围

技术方法	适用地层	渗透系数（m/d）	降水深度
明排井	黏性土、粉土、砂土	<0.5	<2m
真空井点	黏性土、粉土、砂土	0.1～20	单级<6m 多级<20m
电渗井点	黏性土、粉土	<0.1	按井的类型确定
引渗井	黏性土、粉土、砂土	0.1～20	根据含水层条件选用
管井	砂土、碎石土	1.0～200	>5m
大口井	砂土、碎石土	1.0～200	<20m

8　工程地质测绘和调查

8.0.1、8.0.2 为查明场地及其附近的地貌、地质条件，对稳定性和适宜性做出评价，工程地质测绘和调查具有很重要的意义。工程地质测绘和调查宜在可行性研究或初步勘察阶段进行；详细勘察时，可在初步勘察测绘和调查的基础上，对某些专门地质问题（如滑坡、断裂等）作必要的补充调查。

8.0.3 对本条作以下几点说明：

1　地质点和地质界线的测绘精度，本次修订统一定为在图上不应低于 3mm，不再区分场地内和其他地段，因同一张工程地质图，精度应当统一；

2　本条明确提出：对工程有特殊意义的地质单元体，如滑坡、断层、软弱夹层、洞穴、泉等，都应进行测绘，必要时可用扩大比例尺表示，以便更好地解决岩土工程的实际问题；

3　为了达到精度要求，通常要求在测绘填图中，采用比提交成图比例尺大一级的地形图作为填图的底图；如进行 1：10000 比例尺测绘时，常采用 1：5000 的地形图作为外业填图底图；外业填图完成后再缩成 1：10000 的成图，以提高测绘的精度。

8.0.4 地质观测点的布置是否合理，是否具有代表性，对于成图的质量至关重要。地质观测点宜布置在地质构造线、地层接触线、岩性分界线、不整合面和不同地貌单元、微地貌单元的分界线和不良地质作用分布的地段。同时，地质观测点应充分利用天然和已有的人工露头，例如采石场、路堑、井、泉等。当天然露头不足时，应根据场地的具体情况布置一定数量的勘探工作。条件适宜时，还可配合进行物探工作，探测地层、岩性、构造、不良地质作用等问题。

地质观测点的定位标测，对成图的质量影响很

大，常采用以下方法：

　　1　目测法，适用于小比例尺的工程地质测绘，该法系根据地形、地物以目估或步测距离标测；

　　2　半仪器法，适用于中等比例尺的工程地质测绘，它是借助于罗盘仪、气压计等简单的仪器测定方位和高度，使用步测或测绳量测距离；

　　3　仪器法，适用于大比例尺的工程地质测绘，即借助于经纬仪、水准仪等较精密的仪器测定地质观测点的位置和高程；对于有特殊意义的地质观测点，如地质构造线、不同时代地层接触线、不同岩性分界线、软弱夹层、地下水露头以及有不良地质作用等，均宜采用仪器法；

　　4　卫星定位系统（GPS）：满足精度条件下均可应用。

8.0.5　对于工程地质测绘和调查的内容，本条特别强调应与岩土工程紧密结合，应着重针对岩土工程的实际问题。

8.0.6　测绘和调查成果资料的整理，本条只作了一般内容的规定，如果是为解决某一专门的岩土工程问题，也可编绘专门的图件。

　　在成果资料整理中应重视素描图和照片的分析整理工作。美国、加拿大、澳大利亚等国的岩土工程咨询公司都充分利用摄影和素描这个手段。这不仅有助于岩土工程成果资料的整理，而且在基坑、竖井等回填后，一旦由于科研上或法律诉讼上的需要，就比较容易恢复和重现一些重要的背景资料。在澳大利亚几乎每份岩土工程勘察报告都附有典型的彩色照片或素描图。

8.0.7　搜集航空相片和卫星相片的数量，同一地区应有2～3套，一套制作镶嵌略图，一套用于野外调绘，一套用于室内清绘。

　　在初步解译阶段，对航空相片或卫星相片进行系统的立体观测，对地貌和第四纪地质进行解译，划分松散沉积物与基岩的界线，进行初步构造解译等。

　　第二阶段是野外踏勘和验证。核实各典型地质体在照片上的位置，并选择一些地段进行重点研究，作实测地质剖面和采集必要的标本。

　　最后阶段是成图，将解译资料，野外验证资料和其他方法取得的资料，集中转绘到地形底图上，然后进行图面结构的分析。如有不合理现象，要进行修正，重新解译或到野外复验。

9　勘探和取样

9.1　一　般　规　定

9.1.1　为达到理想的技术经济效果，宜将多种勘探手段配合使用，如钻探加触探，钻探加地球物理勘探等。

9.1.2　钻孔和探井如不妥善回填，可能造成对自然环境的破坏，这种破坏往往在短期内或局部范围内不

易察觉，但能引起严重后果。因此，一般情况下钻孔、探井和探槽均应回填，且应分段回填夯实。

9.1.3　钻探和触探各有优缺点，有互补性，二者配合使用能取得良好的效果。触探的力学分层直观而连续，但单纯的触探由于其多解性容易造成误判。如以触探为主要勘探手段，除非有经验的地区，一般均应有一定数量的钻孔配合。

9.2　钻　　探

9.2.1　选择钻探方法应考虑的原则是：

　　1　地层特点及钻探方法的有效性；

　　2　能保证以一定的精度鉴别地层，了解地下水的情况；

　　3　尽量避免或减轻对取样段的扰动影响。

　　正文表9.2.1就是按照这些原则编制的。现在国外的一些规范、标准中，都有关于不同钻探方法或工具的条款。实际工作中的偏向是着重注意钻进的有效性，而不太重视如何满足勘察技术要求。为了避免这种偏向，本条规定，为达到一定的目的，制定勘察工作纲要时，不仅要规定孔位、孔深，而且要规定钻探方法。钻探单位应按任务书指定的方法钻进，提交成果中也应包括钻进方法的说明。

9.2.3　美国金刚石岩芯钻机制造者协会的标准（简称DCDMA标准）在国际上应用最广，已有形成世界标准的趋势。国外有关岩土工程勘探、测试的规范标准以及合同文件中均习惯以该标准的代号表示钻孔口径，如Nx、Ax、Ex等。由于多方面的原因，我国现行的钻探管材标准与DCDMA比较还有一定的差别，故容许两种标准并行。

9.2.4　本条所列各项要求，是针对既要求直观鉴别地层，又要求采取不扰动土试样的情况提出的，如果勘察要求降低，对钻探的要求也可相应地放宽。

　　岩石质量指标RQD是岩芯中长度在10cm以上的分段长度总和与该回次钻进深度之比，以百分数表示，国际岩石力学学会建议，量测时应以岩芯的中心线为准。RQD值是对岩体进行工程评价广泛应用的指标。显然，只有在钻进操作统一标准的条件下测出的RQD值才具有可比性，才是有意义的。对此本条按照国际通用标准作出了规定。

9.2.4　【修订说明】

　　本条原文第6款有定向钻进的规定，定向钻进属于专门性钻进技术，对倾角和方位角的要求随工程而异，不宜在本规范中具体规定，故删去。

9.2.6　本条是有关钻探成果的标准化要求。钻探野外记录是一项重要的基础工作，也是一项有相当难度的技术工作，因此应配备有足够专业知识和经验的人员来承担。野外描述一般以目测手触鉴别为主，结果往往因人而异。为实现岩土描述的标准化，除本条的原则规定外，如有条件可补充一些标准化定量化的鉴

别方法，将有助于提高钻探记录的客观性和可比性，这类方法包括：使用标准粒度模块区分砂土类别，用孟塞尔（Munsell）色标比色法表示颜色；用微型贯入仪测定土的状态；用点荷载仪判别岩石风化程度和强度等。

9.3 井探、槽探和洞探

本节无条文说明。

9.4 岩土试样的采取

9.4.1 本条改变了过去将土试样简单划分为"原状土样"和"扰动土样"的习惯，而按可供试验项目将土试样分为四个级别。绝对不扰动的土样从理论上说是无法取得的。因此 Hvorslev 将"能满足所有室内试验要求，能用以近似测定土的原位强度、固结、渗透以及其他物理性质指标的土样"定义为"不扰动土样"。但是，在实际工作中并不一定要求一个试样做所有的试验，而不同试验项目对土样扰动的敏感程度是不同的。因此可以针对不同的试验目的来划分土试样的质量等级。采取不同级别土试样花费的代价差别很大。按本条规定可根据试验内容选定试样等级。

土试样扰动程度的鉴定有多种方法，大致可分以下几类：

1 现场外观检查 观察土样是否完整，有无缺陷，取样管或衬管是否挤扁、弯曲、卷折等；

2 测定回收率 按照 Hvorslev 的定义，回收率为 L/H；H 为取样时取土器贯入孔底以下土层的深度，L 为土样长度，可取土试样毛长，而不必是净长，即可从土试样顶端算至取土器刃口，下部如有脱落可不扣除；回收率等于 0.98 左右是最理想的，大于 1.0 或小于 0.95 是土样受扰动的标志；取样回收率可在现场测定，但使用敞口式取土器时，测定有一定的困难；

3 X 射线检验 可发现裂纹、空洞、粗粒包裹体等；

4 室内试验评价 由于土的力学参数对试样的扰动十分敏感，土样受扰动的程度可以通过力学性质试验结果反映出来；最常见的方法有两种：

1）根据应力应变关系评定 随着土试样扰动程度增加，破坏应变 ε_f 增加，峰值应力降低，应力应变关系曲线线型趋缓。根据国际土力学基础工程学会取样分会汇集的资料，不同地区对不扰动土试样作不排水压缩试验得出的破坏应变值 ε_f 分别是：加拿大黏土 1%；南斯拉夫黏土 1.5%；日本海相黏土 6%；法国黏性土 3%~8%；新加坡海相黏土 2%~5%；如果测得的破坏应变值大于上述特征值，该土样即可认为是受扰动的；

2）根据压缩曲线特征评定 定义扰动指数 $I_D = (\Delta e_0/\Delta e_m)$，式中 Δe_0 为原位孔隙比与土样在先期固结压力处孔隙比的差值，Δe_m 为原位孔隙比与重塑土在上述压力处孔隙比的差值。如果先期固结压力未能确定，可改用体积应变 ε_v 作为评定指标；

$$\varepsilon_v = \Delta V/V = \Delta e/(1+e_0)$$

式中 e_0 为土样的初始孔隙比，Δe 为加荷至自重压力时的孔隙比变化量。

近年来，我国沿海地区进行了一些取样研究，采用上述指标评定的标准见表 9.1。

表 9.1 评价土试样扰动程度的参考标准

扰动程度 评价指标	几乎未扰动	少量扰动	中等扰动	很大扰动	严重扰动	资料来源
ε_f	1%~3%	3%~5%	5%~6%	6%~10%	>10%	上海
ε_f	3%~5%	5%~8%	5%~8%	>10%	>15%	连云港
I_p	<0.15	0.15~0.30	0.30~0.50	0.50~0.75	>0.75	上海
ε_v	<1%	1%~2%	2%~4%	4%~10%	>10%	上海

应当指出，上述指标的特征值不仅取决于土试样的扰动程度，而且与土的自身特性和试验方法有关，故不可能提出一个统一的衡量标准，各地应按照本地区的经验参考使用上述方法和数据。

一般而言，事后检验把关并不是保证土试样质量的积极措施。对土试样作质量分级的指导思想是强调事先的质量控制，即对采取某一级别土试样所必须使用的设备和操作条件做出严格的规定。

9.4.2 正文表 9.4.2 中所列各种取土器大都是国外常见的取土器。按壁厚可分为薄壁和厚壁两类，按进入土层的方式可分为贯入和回转两类。

薄壁取土器壁厚仅 1.25~2.00mm，取样扰动小，质量高，但因壁薄，不能在硬和密实的土层中使用。按其结构形式有以下几种：

1 敞口式，国外称为谢尔贝管，是最简单的一种薄壁取土器，取样操作简便，但易逃土；

2 固定活塞式，在敞口薄壁取土器内增加一个活塞以及一套与之相连接的活塞杆，活塞杆可通过取土器的头部并经由钻杆的中空延伸至地面；下放取土器时，活塞处于取样管刃口端部，活塞杆与钻杆同步下放，到达取样位置后，固定活塞杆与活塞，通过钻杆压入取样管进行取样；活塞的作用在于下放取土器时可排开孔底浮土，上提时可隔绝土样顶端的水压、气压、防止逃土，同时又不会像上提活阀那样产生过度的负压引起土样扰动；取样过程中，固定活塞还可以限制土样进入取样管后顶端的膨胀上凸趋势；因此，固定活塞取土器取样质量高，成功率也高；但需要两套杆件，操作比较费事；固定活塞薄壁取土器是目前国际公认的高质量取土器，其代表性型号有

Hvorslev 型、NGI 型等；

3 水压固定活塞式，是针对固定活塞式的缺点而制造的改进型；国外以其发明者命名为奥斯特伯格取土器；其特点是去掉活塞杆，将活塞连接在钻杆底端，取样管则与另一套在活塞缸内的可动活塞联结，取样时通过钻杆施加水压，驱动活塞缸内的可动活塞，将取样管压入土中，其取样效果与固定活塞式相同，操作较为简便，但结构仍较复杂；

4 自由活塞式，与固定活塞式不同之处在于活塞杆不延伸至地面，而只穿过接头，并用弹簧锥卡予以控制；取样时依靠土试样将活塞顶起，操作较为简便，但土试样上顶活塞时易受扰动，取样质量不及以上两种。

回转型取土器有两种：

1 单动三重（二重）管取土器，类似岩芯钻探中的双层岩芯管，取样时外管旋转，内管不动，故称单动；如在内管内再加衬管，则成为三重管；其代表性型号为丹尼森（Denison）取土器。丹尼森取土器的改进型称为皮切尔（Pitcher）取土器，其特点是内管刃口的超前值可通过一个竖向弹簧按土层软硬程度自动调节，单动三重管取土器可用于中等以至较硬的土层；

2 双动三重（二重）管取土器，与单动不同之处在于取样内管也旋转，因此可切削进入坚硬的地层，一般适用于坚硬黏性土，密实砂砾以至软岩。

厚壁敞口取土器，系指我国目前大多数单位使用的内装镀锌铁皮衬管的对分式取土器。这种取土器与国际上惯用的取土器相比，性能相差甚远，最理想的情况下，也只能取得Ⅱ级土样，不能视为高质量的取土器。

目前，厚壁敞口取土器中，大多使用镀锌铁皮衬管，其弊病甚多，对土样质量影响很大，应逐步予以淘汰，代之以塑料或酚醛层压纸管。目前仍允许使用镀锌铁皮衬管，但要特别注意保持其形状圆整，重复使用前应注意整形，清除内外壁粘附的蜡、土或锈斑。

考虑我国目前的实际情况，薄壁取土器尚需逐步普及，故允许以束节式取土器代替薄壁取土器。但只要有条件，仍以采用标准薄壁取土器为宜。

9.4.4 有关标准为 1996 年 10 月建设部发布，中华人民共和国建设部工业行业标准《原状取砂器》（JG/T 5061.10—1996）。

9.4.5 关于贯入取土器的方法，本条规定宜用快速静力连续压入法，即只要能压入的要优先采用压入法，特别对软土必须采用压入法。压入应连续而不间断，如用钻机给进机构施压，则应配备有足够压入行程和压入速度的钻机。

9.5 地球物理勘探

本节内容仅涉及采用地球物理勘探方法的一般原则，目的在于指导非地球物理勘探专业的工程地质与岩土工程师结合工程特点选择地球物理勘探方法。强调工程地质、岩土工程与地球物理勘探的工程师密切配合，共同制定方案，分析判释成果。地球物理勘探方法具体方案的制定与实施，应执行现行工程地球物理勘探规程的有关规定。

地球物理勘探发展很快，不断有新的技术方法出现。如近年来发展起来的瞬态多道面波法、地震 CT、电磁波 CT 法等，效果很好。当前仍允许使用的工程物探方法详见表 9.2。

表 9.2 地球物理勘探方法的适用范围

方法名称		适用范围
电法	自然电场法	1 探测隐伏断层、破碎带； 2 测定地下水流速、流向
	充电法	1 探测地下洞穴； 2 测定地下水流速、流向； 3 探测地下或水下隐埋物体； 4 探测地下管线
	电阻率测深	1 测定基岩埋深，划分松散沉积层序和基岩风化带； 2 探测隐伏断层、破碎带； 3 探测地下洞穴； 4 测定潜水面深度和含水层分布； 5 探测地下或水下隐埋物体
	电阻率剖面法	1 测定基岩埋深； 2 探测隐伏断层、破碎带； 3 探测地下洞穴； 4 探测地下或水下隐埋物体
	高密度电阻率法	1 测定潜水面深度和含水层分布； 2 探测地下或水下隐埋物体
	激发极化法	1 探测隐伏断层、破碎带； 2 探测地下洞穴； 3 划分松散沉积层序； 4 测定潜水面深度和含水层分布； 5 探测地下或水下隐埋物体
电磁法	甚低频	1 探测隐伏断层、破碎带； 2 探测地下或水下隐埋物体； 3 探测地下管线
	频率测深	1 测定基岩埋深，划分松散沉积层序和风化带； 2 探测隐伏断层、破碎带； 3 探测地下洞穴； 4 探测河床水深及沉积泥沙厚度； 5 探测地下或水下隐埋物体； 6 探测地下管线
	电磁感应法	1 测定基岩埋深； 2 探测隐伏断层、破碎带； 3 探测地下洞穴； 4 探测地下或水下隐埋物体； 5 探测地下管线

方法名称		适用范围
电磁法	地质雷达	1 测定基岩埋深、划分松散沉积层序和基岩风化带； 2 探测隐伏断层、破碎带； 3 探测地下洞穴； 4 测定潜水面深度和含水层分布； 5 探测河床水深及沉积泥沙厚度； 6 探测地下或水下隐埋物体； 7 探测地下管线
	地下电磁波法（无线电波透视法）	1 探测隐伏断层、破碎带； 2 探测地下洞穴； 3 探测地下或水下隐埋物体； 4 探测地下管线
地震波法和声波法	折射波法	1 测定基岩埋深、划分松散沉积层序和基岩风化带； 2 测定潜水面深度和含水层分布； 3 探测河床水深及沉积泥沙厚度
	反射波法	1 测定基岩埋深、划分松散沉积层序和基岩风化带； 2 探测隐伏断层、破碎带； 3 探测地下洞穴； 4 测定潜水面深度和含水层分布； 5 探测河床水深及沉积泥沙厚度； 6 探测地下或水下隐埋物体； 7 探测地下管线
	直达波法（单孔法和跨孔法）	划分松散沉积层序和基岩风化带；
	瑞雷波法	1 测定基岩埋深、划分松散沉积层序和基岩风化带； 2 探测隐伏断层、破碎带； 3 探测地下洞穴； 4 探测地下隐埋物体； 5 探测地下管线
	声波法	1 测定基岩埋深、划分松散沉积层序和基岩风化带； 2 探测隐伏断层、破碎带； 3 探测含水层； 4 探测洞穴和地下或水下隐埋物体； 5 探测地下管线； 6 探测滑坡体的滑动面
	声纳浅层剖面法	1 探测河床水深及沉积泥沙厚度； 2 探测地下或水下隐埋物体
地球物理测井（放射性测井、电测井、电视测井）		1 探测地下洞穴； 2 划分松散沉积层序及基岩风化带； 3 测定潜水面深度和含水层分布； 4 探测地下或水下隐埋物体

10 原 位 测 试

10.1 一 般 规 定

10.1.1 在岩土工程勘察中，原位测试是十分重要的手段，在探测地层分布、测定岩土特性、确定地基承载力等方面，有突出的优点，应与钻探取样和室内试验配合使用。在有经验的地区，可以原位测试为主。在选择原位测试方法时，应考虑的因素包括土类条件、设备要求、勘察阶段等，而地区经验的成熟程度最为重要。

布置原位测试，应注意配合钻探取样进行室内试验。一般应以原位测试为基础，在选定的代表性地点或有重要意义的地点采取少量试样，进行室内试验。这样的安排，有助于缩短勘察周期，提高勘察质量。

10.1.2 原位测试成果的应用，应以地区经验的积累为依据。由于我国各地的土层条件、岩土特性有很大差别，建立全国统一的经验关系是不可取的，应建立地区性的经验关系，这种经验关系必须经过工程实践的验证。

10.1.4 各种原位测试所得的试验数据，造成误差的因素是较为复杂的，由测试仪器、试验条件、试验方法、操作技能、土层的不均匀性等所引起。对此应有基本估计，并剔除异常数据，提高测试数据的精度。静力触探和圆锥动力触探，在软硬地层的界面上，有超前和滞后效应，应予注意。

10.2 载 荷 试 验

10.2.1 平板载荷试验（plate loading test）是在岩土体原位，用一定尺寸的承压板，施加竖向荷载，同时观测承压板沉降，测定岩土体承载力和变形特性；螺旋板载荷试验（screw plate loading test）是将螺旋板旋入地下预定深度，通过传力杆向螺旋板施加竖向荷载，同时量测螺旋板沉降，测定土的承载力和变形特性。

常规的平板载荷试验，只适用于地表浅层地基和地下水位以上的地层。对于地下深处和地下水位以下的地层，浅层平板载荷试验已显得无能为力。以前在钻孔底进行的深层载荷试验，由于孔底土的扰动，板土间的接触难以控制等原因，早已废弃不用。《94规范》规定了螺旋板载荷试验，本次修订仍列入不变。

进行螺旋板载荷试验时，如旋入螺旋板深度与螺距不相协调，土层也可能发生较大扰动。当螺距过大，竖向荷载作用大，可能发生螺旋板本身的旋进，影响沉降的量测。上述这些问题，应注意避免。

本次修订增加了深层平板载荷试验方法，适用于地下水位以上的一般土和硬土。这种方法已经积累了一定经验，为了统一操作标准和计算方法，列入了本规范。

10.2.1 【修订说明】

本条原文的写法易被误解，故稍作调整。深层载荷试验与浅层载荷试验的区别，在于试土是否存在边载，荷载作用于半无限体的表面还是内部。深层载荷试验过浅，不符合变形模量计算假定荷载作用于半无限体内部的条件。深层载荷试验的条件与基础宽度、土的内摩擦角等有关，原规定 3m 偏浅，现改为 5m。原规定深层载荷试验适用于地下水位以上，但地下水位以下的土，如采取降水措施并保证试土维持原来的饱和状态，试验仍可进行，故删除了这个限制。

例如：载荷试验深度为 6m，但试坑宽度符合浅层载荷试验条件，无边载，则属于浅层载荷试验；反之，假如载荷试验深度为 5.5m，但试井直径与承压板直径相同，有边载，则属于深层载荷试验。

浅层载荷试验只用于确定地基承载力和土的变形模量，不能用于确定桩的端阻力；深层载荷试验可用于确定地基承载力、桩的端阻力和土的变形模量。但载荷试验只是一种模拟，与实际工程的工作状态总是有差别的。深层载荷试验反映了土的应力水平，反映了侧向超载对试土承载力的影响，作为地基承载力，不必作深度修正，只需宽度修正，是比较合理的方法。但深层载荷试验的破坏模式是局部剪切破坏，而浅基础一般假定为整体剪切破坏，塑性区开展的模式也不同，因而工作状态是有差别的。桩基虽是局部剪切破坏，但与深层载荷试验的工作状态仍有差别。深层载荷试验时孔壁临空，而桩的侧壁限制了土体变形，桩与土之间存在法向力和剪力。此外，还有试土的代表性问题，试土扰动问题，试验操作造成的误差问题等，确定地基承载力和桩的端阻力仍需综合判定。

10.2.2 一般认为，载荷试验在各种原位测试中是最为可靠的，并以此作为其他原位测试的对比依据。但这一认识的正确性是有前提条件的，即基础影响范围内的土层应均一。实际土层往往是非均质土或多层土，当土层变化复杂时，载荷试验反映的承压板影响范围内地基土的性状与实际基础下地基土的性状将有很大的差异。故在进行载荷试验时，对尺寸效应要有足够的估计。

10.2.3 对载荷试验的技术要求作如下说明：

1 对于深层平板载荷试验，试井截面应为圆形，直径宜取 0.8～1.2m，并有安全防护措施；承压板直径取 800mm 时，采用厚约 300mm 的现浇混凝土板或预制的刚性板；可直接在外径为 800mm 的钢环或钢筋混凝土管柱内浇筑；紧靠承压板周围土层高度不应小于承压板直径，以尽量保持半无限体内部的受力状态，避免试验时土的挤出；用立柱与地面的加荷装置连接，亦可利用井壁护圈作为反力，加荷试验时应直接测读承压板的沉降；

2 对试验面，应注意使其尽可能平整，避免扰动，并保证承压板与土之间有良好的接触；

3 承压板宜采用圆形压板，符合轴对称的弹性理论解，方形板则成为三维复杂课题；板的尺寸，国外采用的标准承压板直径为 0.305m，根据国内的实际经验，可采用 $0.25 \sim 0.5 m^2$，软土应采用尺寸大些的承压板，否则易发生歪斜；对碎石土，要注意碎石的最大粒径；对硬的裂隙性黏土及岩层，要注意裂隙的影响；

4 加荷方法，常规方法以沉降相对稳定法（即一般所谓的慢速法）为准；如试验目的是确定地基承载力，加荷方法可以考虑采用沉降非稳定法（快速法）或等沉降速率法，但必须有对比的经验，在这方面应注意积累经验，以加快试验周期；如试验目的是确定土的变形特性，则快速加荷的结果只反映不排水条件的变形特性，不反映排水条件的固结变形特性；

5 承压板的沉降量测的精度影响沉降稳定的标准；当荷载沉降曲线无明确拐点时，可加测承压板周围土面的升降、不同深度土层的分层沉降或土层的侧向位移；这有助于判别承压板下地基土受荷后的变化，发展阶段及破坏模式，判定拐点；

6 一般情况下，载荷试验应做到破坏，获得完整的 p-s 曲线，以便确定承载力特征值；只有试验目的为检验性质时，加荷至设计要求的二倍时即可终止；发生明显侧向挤出隆起或裂缝，表明受荷地层发生整体剪切破坏，这属于强度破坏极限状态；等速沉降或加速沉降，表明承压板下产生塑性破坏或刺入破坏，这是变形破坏极限状态；过大的沉降（承压板直径的 0.06 倍），属于超过限制变形的正常使用极限状态。

在确定终止试验标准时，对岩体而言，常表现为承压板上和板外的测表不停地变化，这种变化有增加的趋势。此外，有时还表现为荷载加不上，或加上去后很快降下来。当然，如果荷载已达到设备的最大出力，则不得不终止试验，但应判定是否满足了试验要求。

10.2.5 用浅层平板载荷试验成果计算土的变形模量的公式，是人们熟知的，其假设条件是荷载在弹性半无限空间的表面。深层平板载荷试验荷载作用在半无限体内部，不宜采用荷载作用在半无限体表面的弹性理论公式，式（10.2.5-2）是在 Mindlin 解的基础上推算出来的，适用于地基内部垂直均布荷载作用下变形模量的计算。根据岳建勇和高大钊的推导（《工程勘察》2002 年 1 期），深层载荷试验的变形模量可按下式计算：

$$E_0 = I_0 I_1 I_2 (1 - \mu^2) \frac{pd}{s} \qquad (10.1)$$

式中，I_1 为与承压板埋深有关的系数，I_2 为与土的

泊松比有关的系数，分别为

$$I_1 = 0.5 + 0.23 \frac{d}{z} \qquad (10.2)$$

$$I_2 = 1 + 2\mu^2 + 2\mu^4 \qquad (10.3)$$

为便于应用，令

$$\omega = I_0 I_1 I_2 (1 - \mu^2) \qquad (10.4)$$

则

$$E_0 = \omega \frac{pd}{s} \qquad (10.5)$$

式中，ω 为与承压板埋深和土的泊松比有关的系数，如碎石的泊松比取 0.27，砂土取 0.30，粉土取 0.35，粉质黏土取 0.38，黏土取 0.42，则可制成本规范表 10.2.5。

10.3 静力触探试验

10.3.1 静力触探试验（CPT）（cone penetration test）是用静力匀速将标准规格的探头压入土中，同时量测探头阻力，测定土的力学特性，具有勘探和测试双重功能；孔压静力触探试验（piezocone penetration test）除静力触探原有功能外，在探头上附加孔隙水压力量测装置，用于量测孔隙水压力增长与消散。

10.3.2 对静力触探的技术要求中的主要问题作如下说明：

1 圆锥截面积，国际通用标准为 10cm^2，但国内勘察单位广泛使用 15cm^2 的探头；10cm^2 与 15cm^2 的贯入阻力相差不大，在同样的土质条件和机具贯入能力的情况下，10cm^2 比 15cm^2 的贯入深度更大；为了向国际标准靠拢，最好使用锥头底面积为 10cm^2 的探头。探头的几何形状及尺寸会影响测试数据的精度，故应定期进行检查；

以 10cm^2 探头为例，锥头直径 d_e、侧壁筒直径 d_s 的容许误差分别为：

$$34.8 \leqslant d_e \leqslant 36.0\text{mm};$$

$$d_e \leqslant d_s \leqslant d_e + 0.35\text{mm};$$

锥截面积应为 $10.00\text{cm}^2 \pm (3\% \sim 5\%)$；

侧壁筒直径必须大于锥头直径，否则会显著减小侧壁摩阻力；侧壁摩擦筒侧面积应为 $150\text{cm}^2 \pm 2\%$；

2 贯入速率要求匀速，贯入速率 (1.2 ± 0.3) m/min 是国际通用的标准；

3 探头传感器除室内率定误差（重复性误差、非线性误差、归零误差、温度漂移等）不应超过 $\pm 1.0\%$FS 外，特别提出在现场当探头返回地面时应记录归零误差，现场的归零误差不应超过 3%，这是试验数据质量好坏的重要标志；探头的绝缘度不应小于 $500\text{M}\Omega$ 的条件，是 3 个工程大气压下保持 2h；

4 贯入读数间隔一般采用 0.1m，不超过 0.2m，深度记录误差不超过 $\pm 1\%$；当贯入深度超过 30m 或穿过软土层贯入硬土层后，应有测斜数据；当偏斜度

明显，应校正土层分层界线；

5 为保证触探孔与垂直线间的偏斜度小，所使用探杆的偏斜度应符合标准：最初 5 根探杆每米偏斜小于 0.5mm，其余小于 1mm；当使用的贯入深度超过 50m 或使用 15～20 次，应检查探杆的偏斜度；如贯入厚层软土，再穿入硬层、碎石土、残积土，每用过一次应作探杆偏斜度检查。

触探孔一般至少距探孔 25 倍孔径或 2m。静力触探宜在钻孔前进行，以免钻孔对贯入阻力产生影响。

10.3.3、10.3.4 对静力触探成果分析做以下说明：

1 绘制各种触探曲线应选用适当的比例尺。

例如：深度比例尺：1 个单位长度相当于 1m；

q_c（或 p_s）：1 个单位长度相当于 2MPa；

f_s：1 个单位长度相当于 0.2MPa；

u（或 Δu）：1 个单位长度相当于 0.05MPa；

$R_f = (f_s / q_c \times 100\%)$：1 个单位长度相当于 1；

2 利用静力触探贯入曲线划分土层时，可根据 q_c（或 p_s）、R_f 贯入曲线的线型特征、u 或 Δu 或 $[\Delta u / (q_c - p'_0)]$ 等，参照邻近钻孔的分层资料划分土层。利用孔压触探资料，可以提高土层划分的能力和精度，分辨薄夹层的存在；

3 利用静探资料可估算土的强度参数、浅基或桩基的承载力、砂土或粉土的液化。只要经验关系经过检验已证实是可靠的，利用静探资料可以提供有关设计参数。利用静探资料估算变形参数时，由于贯入阻力与变形参数间不存在直接的机理关系，可能可靠性差些；利用孔压静探资料有可能评定土的应力历史，这方面还有待于积累经验。由于经验关系有其地区局限性，采用全国统一的经验关系不是方向，宜在地方规范中解决这一问题。

10.4 圆锥动力触探试验

10.4.1 圆锥动力触探试验（DPT）（dynamic penetration test）是用一定质量的重锤，以一定高度的自由落距，将标准规格的圆锥形探头贯入土中，根据打入土中一定距离所需的锤击数，判定土的力学特性，具有勘探和测试双重功能。

本规范列了三种圆锥动力触探（轻型、重型和超重型）。轻型动力触探的优点是轻便，对于施工验槽、填土勘察、查明局部软弱土层、洞穴等分布，均有实用价值。重型动力触探是应用最广泛的一种，其规格标准与国际通用标准一致。超重型动力触探的能量指数（落锤能量与探头截面积之比）与国外的并不一致，但相近，适用于碎石土。

表中所列贯入指标为贯入一定深度的锤击数（如 N_{10}、$N_{63.5}$、N_{120}），也可采用动贯入阻力。动贯入阻

力可采用荷兰的动力公式：

$$q_{d} = \frac{M}{M+m} \cdot \frac{M \cdot g \cdot H}{A \cdot e} \qquad (10.6)$$

式中 q_{d}——动贯入阻力（MPa）；

M——落锤质量（kg）；

m——圆锥探头及杆件系统（包括打头、导向杆等）的质量（kg）；

H——落距（m）；

A——圆锥探头截面积（cm²）；

e——贯入度，等于 D/N，D 为规定贯入深度，N 为规定贯入深度的击数；

g——重力加速度，其值为 9.81m/s²。

上式建立在古典的牛顿非弹性碰撞理论（不考虑弹性变形量的损耗）。故限用于：

1）贯入土中深度小于 12m，贯入度 2～50mm。

2）$m/M<2$。如果实际情况与上述适用条件出入大，用上式计算应慎重。

有的单位已经研制电测动贯入阻力的动力触探仪，这是值得研究的方向。

10.4.2 本条考虑了对试验成果有影响的一些因素。

1 锤击能量是最重要的因素。规定落锤方式采用控制落距的自动落锤，使锤击能量比较恒定，注意保持杆件垂直，探杆的偏斜度不超过 2%。锤击时防止偏心及探杆晃动。

2 触探杆与土间的侧摩阻力是另一重要因素。试验过程中，可采取下列措施减少侧摩阻力的影响：

1）使探杆直径小于探头直径。在砂土中探头直径与探杆直径比应大于 1.3，而在黏土中可小些；

2）贯入一定深度后旋转探杆（每 1m 转动一圈或半圈），以减少侧摩阻力；贯入深度超过 10m，每贯入 0.2m，转动一次；

3）探头的侧摩阻力与土类、土性、杆的外形、刚度、垂直度、触探深度等均有关，很难用一固定的修正系数处理，应采取切合实际的措施，减少侧摩阻力，对贯入深度加以限制。

3 锤击速度也影响试验成果，一般采用每分钟 15～30 击；在砂土、碎石土中，锤击速度影响不大，则可采用每分钟 60 击。

4 贯入过程应不间断地连续击入，在黏性土中击入的间歇会使侧摩阻力增大。

5 地下水位对击数与土的力学性质的关系没有影响，但对击数与土的物理性质（砂土孔隙比）的关系有影响，故应记录地下水位埋深。

10.4.3 对动力触探成果分析作如下说明：

1 根据触探击数、曲线形态，结合钻探资料可进行力学分层，分层时注意超前滞后现象，不同土层的超前滞后量是不同的。

上为硬土层下为软土层，超前约为 0.5～0.7m，滞后约为 0.2m；上为软土层下为硬土层，超前约为 0.1～0.2m，滞后约为 0.3～0.5m。

2 在整理触探资料时，应剔除异常值，在计算土层的触探指标平均值时，超前滞后范围内的值不反映真实土性；临界深度以内的锤击数偏小，不反映真实土性，故不应参加统计。动力触探本来是连续贯入的，但也有配合钻探，间断贯入的做法，间断贯入时临界深度以内的锤击数同样不反映真实土性，不应参加统计。

3 整理多孔触探资料时，应结合钻探资料进行分析，对均匀土层，可用厚度加权平均法统计场地分层平均触探击数值。

10.4.4 动力触探指标可用于评定土的状态、地基承载力、场地均匀性等，这种评定系建立在地区经验的基础上。

10.5 标准贯入试验

10.5.1 标准贯入试验（SPT）（standard penetration test）是用质量为 63.5kg 的穿心锤，以 76cm 的落距，将标准规格的贯入器，自钻孔底部预打 15cm，记录再打入 30cm 的锤击数，判定土的力学特性。

本条提出标准贯入试验仅适用于砂土、粉土和一般黏性土，不适用于软塑～流塑软土。在国外用实心圆锥头（锥角 60°）替换贯入器下端的管靴，使标贯适用于碎石土、残积土和裂隙性硬黏土以及软岩。但由于国内尚无这方面的具体经验，故在条文内未列入，可作为有待开发的内容。

10.5.2 正文表 10.5.2 是考虑了国内各单位实际使用情况，并参考了国际标准制定的。贯入器规格，国外标准多为外径 51mm，内径 35mm，全长 660～810mm。

贯入器内外径的误差，欧洲标准确定为 ±1mm 是合理的。

本规范采用 42mm 钻杆。日本采用 40.5、50、60mm 钻杆。钻杆的弯曲度小于 1%，应定期检查，剔除弯管。

欧洲标准，落锤的质量误差为 ±0.5kg。

10.5.2 【修订说明】

本表中关于刃口厚度的规定原文为 2.5mm，现修订为 1.6mm。我国其他标准一般不作规定，美国 ASTM D1586（1967，1974 再批准）为 1/16 英寸，ASTM D1586（1999）为 2.54mm，英国 BS 为 1.6mm，我国《水利电力部土工试验规程》（SD128-022-86）为 0.8mm，本规范修订后与国际多数标准基本相当，与我国实际情况基本一致。

10.5.3 关于标准贯入试验的技术要求，作如下说明：

1 根据欧洲标准，锤击速度不应超过 30 击/min；

2 宜采用回转钻进方法，以尽可能减少对孔底土的扰动。钻进时注意：

    1）保持孔内水位高出地下水位一定高度，保持孔底土处于平衡状态，不使孔底发生涌砂变松，影响 N 值；

    2）下套管不要超过试验标高；

    3）要缓慢地下放钻具，避免孔底土的扰动；

    4）细心清孔；

    5）为防止涌砂或塌孔，可采用泥浆护壁；

3 由于手拉绳牵引贯入试验时，绳索与滑轮的摩擦阻力及运转中绳索所引起的张力，消耗了一部分能量，减少了落锤的冲击能，使锤击数增加；而自动落锤完全克服了上述缺点，能比较真实地反映土的性状。据有关单位的试验，N 值自动落锤为手拉落锤的 0.8 倍，为 SR-30 型钻机直接吊打时的 0.6 倍；据此，本规范规定采用自动落锤法；

4 通过标贯实测，发现真正传输给杆件系统的锤击能量有很大差异，它受机具设备、钻杆接头的松紧、落锤方式、导向杆的摩擦、操作水平及其他偶然因素等支配；美国 ASTM-D4633-86 制定了实测锤击的力-时间曲线，用应力波能量法分析，即计算第一压缩波应力波曲线积分可得传输杆件的能量；通过现场实测锤击应力波能量，可以对不同锤击能量的 N 值进行合理的修正。

10.5.5 关于标贯试验成果的分析整理，作如下说明：

1 修正问题，国外对 N 值的传统修正包括：饱和粉细砂的修正、地下水位的修正、土的上覆压力修正；国内长期以来并不考虑这些修正，而着重考虑杆长修正；杆长修正是依据牛顿碰撞理论，杆件系统质量不得超过锤重二倍，限制了标贯使用深度小于 21m，但实际使用深度已远超过 21m，最大深度已达 100m 以上；通过实测杆件的锤击应力波，发现锤击传输给杆件的能量变化远大于杆长变化时能量的衰减，故建议不作杆长修正的 N 值是基本的数值；但考虑到过去建立的 N 值与土性参数、承载力的经验关系，所用 N 值均经杆长修正，而抗震规范评定砂土液化时，N 值又不作修正；故在实际应用 N 值时，应按具体岩土工程问题，参照有关规范考虑是否作杆长修正或其他修正；勘察报告应提供不作杆长修正的 N 值，应用时再根据情况考虑修正或不修正，用何种方法修正；

2 由于 N 值离散性大，故在利用 N 值解决工程问题时，应持慎重态度，依据单孔标贯资料提供设计参数是不可信的；在分析整理时，与动力触探相同，应剔除个别异常的 N 值；

3 依据 N 值提供定量的设计参数时，应有当地的经验，否则只能提供定性的参数，供初步评定用。

10.6 十字板剪切试验

10.6.1 十字板剪切试验（VST）（vane shear test）是用插入土中的标准十字板探头，以一定速率扭转，量测土破坏时的抵抗力矩，测定土的不排水抗剪强度。

十字板剪切试验的适用范围，大部分国家规定限于饱和软黏性土（$\varphi \approx 0$），我国的工程经验也限于饱和软黏性土，对于其他的土，十字板剪切试验会有相当大的误差。

10.6.2 试验点竖向间隔规定为 1m，以便均匀地绘制不排水抗剪强度－深度变化曲线；当土层随深度的变化复杂时，可根据静力触探成果和工程实际需要，选择有代表性的点布置试验点，不一定均匀间隔布置试验点，遇到变层，要增加测点。

10.6.3 十字板剪切试验的主要技术标准作如下说明：

1 十字板头形状国外有矩形、菱形、半圆形等，但国内均采用矩形，故本规范只列矩形。当需要测定不排水抗剪强度的各向异性变化时，可以考虑采用不同菱角的菱形板头，也可以采用不同径高比板头进行分析。矩形十字板头的径高比 1：2 为通用标准。十字板头面积比，直接影响插入板头时对土的挤压扰动，一般要求面积比小于 15%；十字板头直径为 50mm 和 75mm，翼板厚度分别为 2mm 和 3mm，相应的面积比为 13%～14%。

2 十字板头插入孔底的深度影响测试成果，美国规定为 $5b$（b 为钻孔直径），前苏联规定为 0.3～0.5m，原联邦德国规定为 0.3m，我国规定为 $(3～5)b$。

3 剪切速率的规定，应考虑能满足在基本不排水条件下进行剪切；Skempton 认为用 $0.1°/s$ 的剪切速率得到的 c_u 误差最小；实际上对不同渗透性的土，规定相应的不排水条件的剪切速率是合理的；目前各国规程规定的剪切速率在 $0.1°/s～0.5°/s$，如美国 $0.1°/s$，英国 $0.1°/s～0.2°/s$，前苏联 $0.2°/s～0.3°/s$，原联邦德国 $0.5°/s$。

4 机械式十字板剪切仪由于轴杆与土层间存在摩阻力，因此应进行轴杆校正。由于原状土与重塑土的摩阻力是不同的，为了使轴杆与土间的摩阻力减到最低值，使进行原状土和扰动土不排水抗剪强度试验时有同样的摩阻力值，在进行十字板试验前，应将轴杆先快速旋转十余圈。

由于电测式十字板直接测定的是施加于板头的扭矩，故不需进行轴杆摩擦的校正。

5 国外十字板剪切试验规程对精度的规定，美国为 1.3kPa，英国 1kPa，前苏联 1～2kPa，原联邦德国 2kPa，参照这些标准，以 1～2kPa 为宜。

10.6.4 十字板剪切试验的成果分析应用作如下说明：

1 实践证明，正常固结的饱和软黏性土的不排水抗剪强度是随深度增加的；室内抗剪强度的试验成果，由于取样扰动等因素，往往不能很好反映这一变化规律；利用十字板剪切试验，可以较好地反映不排水抗剪强度随深度的变化。

2 根据原状土与重塑土不排水抗剪强度的比值可计算灵敏度，可评价软黏土的触变性。

3 绘制抗剪强度与扭转角的关系曲线，可了解土体受剪时的剪切破坏过程，确定软土的不排水抗剪强度峰值、残余值及剪切模量（不排水）。目前十字板头扭转角的测定还存在困难，有待研究。

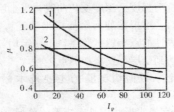

图 10.1 修正系数 μ

4 十字板剪切试验所测得的不排水抗剪强度峰值，一般认为是偏高的，土的长期强度只有峰值强度的 60%～70%。因此在工程中，需根据土质条件和当地经验对十字板测定的值作必要的修正，以供设计采用。

Daccal 等建议用塑性指数确定修正系数 μ（如图 10.1）。图中曲线 2 适用于液性指数大于 1.1 的土，曲线 1 适用于其他软黏土。

10.6.5 十字板不排水抗剪强度，主要用于可假设 $\varphi \approx 0$，按总应力法分析的各类土工问题中：

1 计算地基承载力

按中国建筑科学研究院、华东电力设计院的经验，地基容许承载力可按式（10.7）估算：

$$q_a = 2c_u + \gamma h \qquad (10.7)$$

式中 c_u——修正后的不排水抗剪强度（kPa）；

γ——土的重度（kN/m³）；

h——基础埋深（m）；

2 地基抗滑稳定性分析；

3 估算桩的端阻力和侧阻力：

桩端阻力 $\qquad q_p = 9c_u \qquad (10.8)$

桩侧阻力 $\qquad q_s = \alpha \cdot c_u \qquad (10.9)$

α 与桩类型、土类、土层顺序等有关；

依据 q_p 及 q_s 可以估算单桩极限承载力；

4 通过加固前后土的强度变化，可以检验地基的加固效果；

5 根据 $c_u - h$ 曲线，判定软土的固结历史：若 $c_u - h$ 曲线大致呈一通过地面原点的直线，可判定为正常固结土；若 $c_u - h$ 直线不通过原点，而与纵坐标的向上延长轴线相交，则可判定为超固结土。

10.7 旁压试验

10.7.1 旁压试验（PMT）（pressuremeter test）是用可侧向膨胀的旁压器，对钻孔孔壁周围的土体施加径向压力的原位测试，根据压力和变形关系，计算土的模量和强度。

旁压仪包括预钻式、自钻式和压入式三种。国内目前以预钻式为主，本节以下各条规定也是针对预钻式的。压入式目前尚无产品，故暂不列入。旁压器分单腔式和三腔式。当旁压器有效长径比大于 4 时，可认为属无限长圆柱扩张轴对称平面应变问题。单腔式、三腔式所得结果无明显差别。

10.7.2 旁压试验点的布置，应在了解地层剖面的基础上进行，最好先做静力触探或动力触探或标准贯入试验，以便能合理地在有代表性的位置上布置试验。布置时要保证旁压器的量测腔在同一土层内。根据实践经验，旁压试验的影响范围，水平向约为 60cm，上下方向约为 40cm。为避免相邻试验点应力影响范围重叠，建议试验点的垂直间距至少为 1m。

10.7.3 对旁压试验的主要技术要求说明如下：

1 成孔质量是预钻式旁压试验成败的关键，成孔质量差，会使旁压曲线反常失真，无法应用。为保证成孔质量，要注意：

1）孔壁垂直、光滑、呈规则圆形，尽可能减少对孔壁的扰动；

2）软弱土层（易发生缩孔、坍孔）用泥浆护壁；

3）钻孔孔径应略大于旁压器外径，一般宜大 2～8mm。

2 加荷等级的选择是重要的技术问题，一般可根据土的临塑压力或极限压力而定，不同土类的加荷等级，可按表 10.1 选用。

表 10.1 旁压试验加荷等级表

土的特征	加荷等级（kPa）	
	临塑压力前	临塑压力后
淤泥、淤泥质土、流塑黏性土和粉土、饱和松散的粉细砂	≤15	≤30
软塑黏性土和粉土、疏松黄土、稍密很湿粉细砂、稍密中粗砂	15～25	30～50
可塑—硬塑黏性土和粉土、黄土、中密—密实很湿粉细砂、稍密—中密中粗砂	25～50	50～100
坚硬黏性土和粉土、密实中粗砂	50～100	100～200
中密—密实碎石土、软质岩	≥100	≥200

3 关于加荷速率，目前国内有"快速法"和"慢速法"两种。国内一些单位的对比试验表明，两种不同加荷速率对临塑压力和极限压力影响不大。为提高试验效率，本规范规定使用每级压力维持 1min 或 2min 的快速法。在操作和读数熟练的情况下，尽

可能采用短的加荷时间；快速加荷所得旁压模量相当于不排水模量。

4 加荷后按 15s、30s、60s 或 15s、30s、60s 和 120s 读数。

5 旁压试验终止试验条件为：

1）加荷接近或达到极限压力；

2）量测腔的扩张体积相当于量测腔的固有体积，避免弹性膜破裂；

3）国产 PY2-A 型旁压仪，当量管水位下降刚达 36cm 时（绝对不能超过 40cm），即应终止试验；

4）法国 GA 型旁压仪规定，当蠕变变形等于或大于 50cm³ 或量筒读数大于 600cm³ 时应终止试验。

10.7.4、10.7.5 对旁压试验成果分析和应用作如下说明：

1 在绘制压力（p）与扩张体积（ΔV）或（$\Delta V/V_0$）、水管水位下沉量（s）、或径向应变曲线前，应先进行弹性膜约束力和仪器管路体积损失的校正。由于约束力随弹性膜的材质、使用次数和气温而变化，因此新装或用过若干次后均需对弹性膜的约束力进行标定。仪器的综合变形，包括调压阀、量管、压力计、管路等在加压过程中的变形。国产旁压仪还需作体积损失的校正，对国外 GA 型和 GAm 型旁压仪，如果体积损失很小，可不作体积损失的校正。

2 特征值的确定：

特征值包括初始压力（p_0），临塑压力（p_f）和极限压力（p_L）：

1）p_0 的确定：按 M'enard，定为旁压曲线中段直线段的起始点或蠕变曲线的第一拐点相应的压力；按国内经验，该压力比实际的原位初始侧向应力大，因此推荐直接按旁压曲线用作图法确定 p_0；

2）临塑压力 p_f 为旁压曲线中段直线的末尾点或蠕变曲线的第二拐点相应的压力；

3）极限压力 p_L 定义为：

（a）量测腔扩张体积相当于量测腔固有体积（或扩张后体积相当于二倍固有体积）时的压力；

（b）p-ΔV 曲线的渐近线对应的压力，或用 p-$(1/\Delta V)$ 关系，末段直线延长线与 p 轴的交点相应的压力。

3 利用旁压曲线的特征值评定地基承载力：

1）根据当地经验，直接取用 p_f 或 p_f-p_0 作为地基土承载力；

2）根据当地经验，取（$p_L - p_0$）除以安全系数作为地基承载力。

4 计算旁压模量：

由于加荷采用快速法，相当于不排水条件，依据

弹性理论，对于预钻式旁压仪，可用下式计算旁压模量：

$$E_m = 2(1+\mu)\left(V_c + \frac{V_0 + V_f}{2}\right)\frac{\Delta p}{\Delta V} \quad (10.10)$$

式中 E_m——旁压模量（kPa）；

μ——泊松比；

V_c——旁压器量测腔初始固有体积（cm³）；

V_0——与初始压力 p_0 对应的体积（cm³）；

V_f——与临塑压力 p_f 对应的体积（cm³）；

$\Delta p/\Delta V$——旁压曲线直线段的斜率（kPa/cm³）。

国内原有用旁压系数及旁压曲线直线段计算变形模量的公式，由于采用慢速法加荷，考虑了排水固结变形。而本规范规定统一使用快速加荷法，故不再推荐旁压试验变形模量的计算公式。

对于自钻式旁压试验，仍可用式（10.10）计算旁压模量。由于自钻式旁压试验的初始条件与预钻式旁压试验不同，预钻式旁压试验的原位侧向应力经钻孔后已释放。两种试验对土的扰动也不相同，故两者的旁压模量并不相同，因此应说明试验所用旁压仪类型。

10.8 扁铲侧胀试验

10.8.1 扁铲侧胀试验（DMT）（dilatometer test），也有译为扁板侧胀试验，系 20 世纪 70 年代意大利 Silvano Marchetti 教授创立。扁铲侧胀试验是将带有膜片的扁铲压入土中预定深度，充气使膜片向孔壁土中侧向扩张，根据压力与变形关系，测定土的模量及其他有关指标。因能比较准确地反映小应变的应力应变关系，测试的重复性较好，引入我国后，受到岩土工程界的重视，进行了比较深入的试验研究和工程应用，已列入铁道部《铁路工程地质原位测试规程》2002 年报批稿，美国 ASTM 和欧洲 EUROCODE 亦已列入。经征求意见，决定列入本规范。

扁铲侧胀试验最适宜在软弱、松散土中进行，随着土的坚硬程度或密实程度的增加，适宜性渐差。当采用加强型薄膜片时，也可应用于密实的砂土，参见表 10.2。

10.8.2 本条规定的探头规格与国际通用标准和国内生产的扁铲侧胀仪探头规格一致。要注意探头不能有明显弯曲，并应进行老化处理。探头加工的具体技术标准由有关产品标准规定。

可用贯入能力相当的静力触探机将探头压入土中。

10.8.3 扁铲侧胀试验成果资料的整理按以下步骤进行：

1 根据探头率定所得的修正值 ΔA 和 ΔB，现场试验所得的实测值 A、B、C，计算接触压力 p_0，膜片膨胀至 1.10mm 的压力 p_1 和膜片回到 0.05mm 的压力 p_2；

2 根据 p_0、p_1 和 p_2 计算侧胀模量 E_D、侧胀水平应力指数 K_D、侧胀土性指数 I_D 和侧胀孔压指数 U_D；

3 绘制上述 4 个参数与深度的关系曲线。

上述各种数据的测定方法和参数的计算方法，均与国内外通用方法一致。

表 10.2　扁铲侧胀试验在不同土类中的适用程度

土类＼土的性状	$q_c<1.5$MPa，$N<5$ 未压实填土	自然状态	$q_c=7.5$MPa，$N=25$ 轻压实填土	自然状态	$q_c=15$MPa，$N=40$ 紧密压实填土	自然状态
黏土	A	A	B	B	B	B
粉土	B	B	B	B	C	C
砂土	A	A	B	B	C	C
砾石	C	C	G	G	G	G
卵石	G	G	G	G	G	G
风化岩石	G	G	G	G	G	G
带状黏土	A	A	B	B	C	C
黄土	A	A	B	B	B	B
泥炭	A	A	B	B	B	B
沉泥、尾矿砂	A	—	B	—	—	—

注：适用性分级：A 最适用；B 适用；C 有时适用；G 不适用。

10.8.4 扁铲侧胀试验成果的应用经验目前尚不丰富。根据铁道部第四勘测设计院的研究成果，利用侧胀土性指数 I_D 划分土类，黏性土的状态，利用侧胀模量计算饱和黏性土的水平不排水弹性模量，利用侧胀水平应力指数 K_D 确定土的静止侧压力系数等，有良好的效果，并列入铁道部《铁路工程地质原位测试规程》2002 年报批稿。上海、天津以及国际上都有一些研究成果和工程经验，由于扁铲侧胀试验在我国开展较晚，故应用时必须结合当地经验，并与其他测试方法配合，相互印证。

10.9　现场直接剪切试验

10.9.1 《94 规范》中本节包括现场直剪试验和现场三轴试验，本次修订时，考虑到现场三轴试验已非常规，属于专门性试验，故不列入本规范。国家标准《工程岩体试验方法标准》(GB/T 50266—99) 也未包括现场三轴试验。现场直剪试验，应根据现场工程地质条件、工程荷载特点、可能发生的剪切破坏模式、剪切面的位置和方向、剪切面的应力等条件，确定试验对象，选择相应的试验方法。由于试验岩土体远比室内试样大，试验成果更符合实际。

10.9.2 本条所列的各种试验布置方案，各有适用条件。

图 10.2 中 (a)、(b)、(c) 剪切荷载平行于剪切面，为平推法；(d) 剪切荷载与剪切面成 α 角，为斜推法。(a) 施加的剪切荷载有一力臂 e_1 存在，使剪切面的剪应力和法向应力分布不均匀。(b) 使施加的法向荷载产生的偏心力矩与剪切荷载产生的力矩平衡，改善剪切面上的应力分布，使趋于均匀分布，但法向荷载的偏心力矩 e_2 较难控制，故应力分布仍可能

不均匀。(c) 剪切面上的应力分布是均匀的，但试验施工存在一定困难。

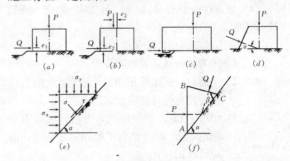

图 10.2　现场直剪方案布置

图 10.2 中 (d) 法向荷载和斜向荷载均通过剪切面中心，α 角一般为 15°。在试验过程中，为保持剪切面上的正应力不变，随着 α 值的增加，P 值需相应降低，操作比较麻烦。进行混凝土与岩体的抗剪试验，常采用斜推法，进行土体、软弱面（水平或近乎水平）的抗剪试验，常采用平推法。

当软弱面倾角大于其内摩擦角时，常采用楔形体 (e)、(f) 方案，前者适用于剪切面上正应力较大的情况，后者则相反。

图中符号 P 为竖向（法向）荷载；Q 为剪切荷载；σ_x、σ_y 为均布应力；τ 为剪应力；σ 为法向应力；e_1、e_2 为偏心距；(e)、(f) 为沿倾向软弱面剪切的楔形试体。

10.9.3 岩体试样尺寸不小于 50cm×50cm，一般采用 70cm×70cm 的方形体，与国际标准一致。土体试样可采用圆柱体或方柱体，使试样高度不小于最小边长的 0.5 倍；土体试样高度则与土中的最大粒径有关。

10.9.4 对现场直剪试验的主要技术要求作如下说明：

1 保持岩土样的原状结构不受扰动是非常重要的，故在爆破、开挖和切样过程中，均应避免岩土样或软弱结构面破坏和含水量的显著变化；对软弱岩土体，在顶面和周边加护层（钢或混凝土），护套底边应在剪切面以上；

2 在地下水位以下试验时，应先降低水位，安装试验装置恢复水位后，再进行试验；

3 法向荷载和剪切荷载应尽可能通过剪切面中心；试验过程中注意保持法向荷载不变；对于高含水量的塑性软弱层，法向荷载应分级施加，以免软弱层挤出；

10.9.5 绘制剪应力与剪切位移关系曲线和剪应力与垂直位移曲线。依据曲线特征，确定强度参数，见图 10.3。

1 比例界限压力定义为剪应力与剪切位移曲线直线段的末端相应的剪应力，如直线段不明显，可采用一些辅助手段确定：

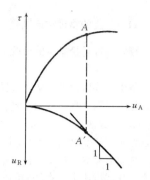

图 10.3　确定屈服
强度的辅助方法

1)　用循环荷载方法　在比例强度前卸荷后的剪切位移基本恢复,过比例界限后则不然;

2)　利用试体以下基底岩土体的水平位移与试样的水平位移的关系判断　在比例界限之前,两者相近;过比例界限后,试样的水平位移大于基底岩土的水平位移;

3)　绘制 τ-u/τ 曲线（τ-剪应力,u-剪切位移）在比例界限之前,u/τ 变化极小;过比例界限后,u/τ 值增大加快;

2　屈服强度可通过绘制试样的绝对剪切位移 u_A 与试样和基底间的相对位移 u_R 以及与剪应力 τ 的关系曲线来确定,在屈服强度之前,u_R 的增率小于 u_A,过屈服强度后,基底变形趋于零,则 u_A 与 u_R 的增率相等,其起始点为 A,剪应力 τ 与 u_A 曲线上 A 点相应的剪应力即屈服强度;

3　峰值强度和残余强度是容易确定的;

4　剪胀强度相当于整个试样由于剪切带发生体积变大而发生相对的剪应力,可根据剪应力与垂直位移曲线判定;

5　岩体结构面的抗剪强度,与结构面的形状、闭合、充填情况和荷载大小及方向等有关。

根据长江科学院的经验,对于脆性破坏岩体,可以采取比例强度确定抗剪强度参数;而对于塑性破坏岩体,可以利用屈服强度确定抗剪强度参数。

验算岩土体滑动稳定性,可以采取残余强度确定的抗剪强度参数。因为在滑动面上破坏的发展是累进的,发生峰值强度破坏后,破坏部分的强度降为残余强度。

10.10　波　速　测　试

10.10.1　波速测试目的,是根据弹性波在岩土体内的传播速度,间接测定岩土体在小应变条件下（10^{-4}～10^{-6}）动弹性模量。试验方法有跨孔法、单孔法（检层法）和面波法。

10.10.2　单孔波速法,可沿孔向上或向下检层进行测试。主要检测水平的剪切波速,识别第一个剪切波的初至是关键。关于激振方法,通常的做法是:用锤水平敲击上压重物的木板或混凝土板,作为水平剪切波的振源。板与孔口距离取 1～3m,板上压重大于 400kg,板与地面紧密接触。沿板的纵轴从两个相反方向敲击两端,记录极性相反的两组剪切波形。除地面激振外,也可在孔内激振。

10.10.3　跨孔法以一孔为激振孔,宜布置 2 个钻孔作为检波孔,以便校核。钻孔应垂直,当孔深较大,应对钻孔的倾斜度和倾斜方位进行量测,量测精度应达到 0.1°,以便对激振孔与检波孔的水平距离进行修正。在现场应及时对记录波形进行鉴别判断,确定是否可用;如不行,在现场可立即重做。钻孔如有倾斜,应作孔距的校正。

10.10.4　面波的传统测试方法为稳态法,近年来,瞬态多道面波法获得很大发展,并已在工程中大量应用,技术已经成熟,故列入了本规范。

10.10.5　小应变动剪切模量、动弹性模量和动泊松比,应按下列公式计算:

$$G_d = \rho v_S^2 \qquad (10.11)$$

$$E_d = \frac{\rho v_S^2 (3 v_P^2 - 4 v_S^2)}{v_P^2 - v_S^2} \qquad (10.12)$$

$$\mu_d = \frac{v_P^2 - 2 v_S^2}{2(v_P^2 - v_S^2)} \qquad (10.13)$$

式中　v_S、v_P——分别为剪切波波速和压缩波波速;

　　　　G_d——土的动剪切模量;

　　　　E_d——土的动弹性模量;

　　　　μ_d——土的动泊松比;

　　　　ρ——土的质量密度。

10.11　岩体原位应力测试

10.11.1　孔壁应变法测试采用孔壁应变计,量测套钻解除应力后钻孔孔壁的岩石应变;孔径变形法测试采用孔径变形计,量测套钻解除应力后的钻孔孔径的变化;孔底应变法测试采用孔底应变计,量测套钻解除应力后的钻孔孔底岩面应变。按弹性理论公式计算岩体内某点的应力。当需测求空间应力时,应采用三个钻孔交会法测试。

10.11.3　岩体应力测试的设备、测试准备、仪器安装和测试过程按现行国家标准《工程岩体试验方法标准》（GB/T 50266）执行。

10.11.4　应力解除后的岩石若不能在 24h 内进行围压试验,应对岩芯进行蜡封,防止含水率变化。

10.11.5　孔壁应变法、孔径变形法和孔底应变法计算空间应力、平面应力分量和空间主应力及其方向,可按《工程岩体试验方法标准》（GB/T 50266）附录 A 执行。

10.12　激　振　法　测　试

10.12.1　激振法测试包括强迫振动和自由振动,用于测定天然地基和人工地基的动力特性。

10.12.2　具有周期性振动的机器基础,应采用强迫振动测试。由于竖向自由振动试验，当阻尼比较大时，特别是有埋深的情况，实测的自由振动波数少，很快就衰减了。从波形上测得的固有频率值以及由振幅计算的阻尼比，都不如强迫振动试验准确。但是，当基础固有频率较高时，强迫振动测不出共振峰值的情况也是有的。因此，本条规定，"有条件时，宜同时采用强迫振动和自由振动两种测试方法"，以便互相补充，互为印证。

10.12.4 由于块体基础水平回转耦合振动的固有频率及在软弱地基土的竖向振动固有频率一般均较低，因此激振设备的最低频率规定为 3～5Hz，使测出的幅频响应共振曲线能较好地满足数据处理的需要。而桩基础的竖向振动固有频率高，要求激振设备的最高工作频率尽可能地高，最好能达到 60Hz 以上，以便能测出桩基础的共振峰值。电磁式激振设备的工作频率范围很宽，但扰力太小时对桩基础的竖向振动激不起来，因此规定，扰力不宜小于 600N。

为了获得地基的动力参数，应进行明置基础的测试，而埋置基础的测试是为获得埋置后对动力参数的提高效果，有了两者的动力参数，就可进行机器基础的设计。因此本条规定"测试基础应分别做明置和埋置两种情况的测试"。

10.12.5 强迫振动测试结果经数据处理后可得到变扰力或常扰力的幅频响应曲线。自由振动测试结果为波形图。根据幅频响应曲线上的共振频率和共振振幅可计算动力参数，根据波形图上的振幅和周期数计算动力参数。具体计算方法和计算公式按现行国家标准《地基动力特性测试规范》（GB/T 50269）的规定执行。

11 室 内 试 验

11.1 一 般 规 定

11.1.1、11.1.2 本章只规定了岩土试验项目和试验方法的选取以及一些原则性问题，主要供岩土工程师所用。至于具体的操作和试验仪器规格，则应按有关的规范、标准执行。由于岩土试样和试验条件不可能完全代表现场的实际情况，故规定在岩土工程评价时，宜将试验结果与原位测试成果或原型观测反分析成果比较，并作必要的修正。

一般的岩土试验，可以按标准的、通用的方法进行。但是，岩土工程师必须注意到岩土性质和现场条件中存在的许多复杂情况，包括应力历史、应力场、边界条件、非均质性、非等向性、不连续性等等，使岩土体与岩土试样的性状之间存在不同程度的差别。试验时应尽可能模拟实际，使用试验成果时不要忽视这些差别。

11.2 土的物理性质试验

11.2.1 本条规定的都是最基本的试验项目，一般工程都应进行。

11.2.2 测定液限，我国通常用76g瓦氏圆锥仪，但在国际上更通用卡氏碟式仪，故目前在我国是两种方法并用，《土工试验方法标准》（GB/T 50123—1999）也同时规定这两种方法和液塑限联合测定法。由于测定方法的试验成果有差异，故应在试验报告上注明。

土的比重变化幅度不大，有经验的地区可根据经验判定，误差不大，是可行的。但在缺乏经验的地区，仍应直接测定。

11.3 土的压缩—固结试验

11.3.1 采用常规固结试验求得的压缩模量和一维固结理论进行沉降计算，是目前广泛应用的方法。由于压缩系数和压缩模量的值随压力段而变，故本条作了明确的规定，并与现行国家标准《建筑地基基础设计规范》（GB 50007—2002）一致。

11.3.2 考虑土的应力历史，按 $e-\lg p$ 曲线整理固结试验成果，计算压缩指数、回弹指数，确定先期固结压力，并按不同的固结状态（正常固结、欠固结、超固结）进行沉降计算，是国际上通用的方法，故本条作了相应的规定，并与现行国家标准《土工试验方法标准》（GB/T 50123—1999）一致。

11.3.4 沉降计算时一般只考虑主固结，不考虑次固结。但对于厚层高压缩性软土，次固结沉降可能占相当分量，不应忽视。故本条作了相应规定。

11.3.5 除常规的沉降计算外，有的工程需建立较复杂的土的力学模型进行应力应变分析，试验方法包括：

1 三轴试验，按需要采用若干不同围压，使土试样分别固结后逐级增加轴压，取得在各级围压下的轴向应力与应变关系，供非线性弹性模型的应力应变分析用；各级围压下的试验，宜进行 1～3 次回弹试验；

2 当需要时，除上述试验外，还要在三轴仪上进行等向固结试验，即保持围岩与轴压相等；逐级加荷，取得围压与体积应变关系，计算相应的体积模量，供弹性、非线性弹性、弹塑性等模型的应力应变分析用。

11.4 土的抗剪强度试验

11.4.1 排水状态对三轴试验成果影响很大，不同的排水状态所测得的 c、φ 值差别很大，故本条在这方面作了一些具体的规定，使试验时的排水状态尽量与工程实际一致。不固结不排水剪得到的抗剪强度最小，用其进行计算结果偏于安全，但是饱和软黏土的原始固结程度不高，而且取样等过程又难免有一定的扰动影响，故为了不使试验结果过低，规定了在有效自重压力下进行预固结的要求。

11.4.2 虽然直剪试验存在一些明显的缺点，受力条件比较复杂，排水条件不能控制等，但由于仪器和操作都比较简单，又有大量实践经验，故在一定条件下仍可利用，但对其应用范围应予限制。

无侧限抗压强度试验实际上是三轴试验的一个特例，适用于 $\varphi \approx 0$ 的软黏土，国际上用得较多，故在本条作了相应的规定，但对土试样的质量等级作了严格规定。

11.4.3 测滑坡带上土的残余强度，应首先考虑采用含有滑面的土样进行滑面重合剪试验。但有时取不到这种土样，此时可用取自滑面或滑带附近的原状土样或控制含水量和密度的重塑土样做多次剪切。试验可用直剪仪，必要时可用环剪仪。

11.4.4 本条规定的是一些非常规的特种试验，当岩土工程分析有专门需要时才做，主要包括两大类：

1 采用接近实际的固结应力比，试验方法包括 K_0 固结不排水（CK_0U）试验、K_0 固结不排水测孔压（$CK_0\bar{U}$）试验和特定应力比固结不排水（CKU）试验；

2 考虑到沿可能破坏面的大主应力方向的变化，试验方法包括平面应变压缩（PSC）试验，平面应变拉伸（PSE）试验等。

这些试验一般用于应力状态复杂的堤坝或深挖方的稳定性分析。

11.5 土的动力性质试验

11.5.1 动三轴、动单剪、共振柱是土的动力性质试验中目前比较常用的三种方法。其他方法或还不成熟，或仅作专门研究之用。故不在本规范中规定。

不但土的动力参数值随动应变而变化，而且不同仪器或试验方法有其应变值的有效范围。故在提出试验要求时，应考虑动应变的范围和仪器的适用性。

11.5.2 用动三轴仪测定动弹性模量、动阻尼比及其与动应变的关系时，在施加动荷载前，宜在模拟原位应力条件下先使土样固结。动荷载的施加应从小应力开始，连续观测若干循环周数，然后逐渐加大动应力。

测定既定的循环周数下轴向应力与应变关系，一般用于分析震陷和饱和砂土的液化。

11.6 岩石试验

本节规定了岩土工程勘察时，对岩石试验的一般要求，具体试验方法按现行国家标准《工程岩体试验方法标准》（GB/T 50266）执行。

11.6.5 由于岩石对于拉伸的抗力很小，所以岩石的抗拉强度是岩石的重要特征之一。测定岩石抗拉强度的方法很多，但比较常用的有劈裂法和直接拉伸法。

本规范推荐的是劈裂法。

11.6.6 点荷载试验和声波速度试验都是间接试验方法，利用试验关系确定岩石的强度参数，在工程上是很实用的方法。

12 水和土腐蚀性的评价

12.1 取样和测试

12.1.1 本条规定的目的是想减少一些不必要的工作量。一些地方规范也有类似的规定，如《北京地区建筑地基基础勘察设计规范》（DBJ01—501—92）规定："一般情况下，可不考虑地下水的腐蚀性，但对有环境水污染的地区，应查明地下水对混凝土的腐蚀性。"《上海地基基础设计规范》（DBJ08—11—89）规定："上海市地下水对混凝土一般无侵蚀性，在地下水有可能受环境水污染地段，勘察时应取水样化验，判定其有无侵蚀性。"

水、土对建筑材料的腐蚀危害是非常大的，因此除对有足够经验和充分资料的地区可以不进行水、土腐蚀性评价外，其他地区均应采取水、土试样，进行腐蚀性分析。

12.1.1 【修订说明】

1 关于地方经验

混凝土和钢结构腐蚀的化学和电化学原理虽已比较清楚，但所处的水土环境复杂多变，目前还难以定量计算，只能根据影响腐蚀的主要因素进行腐蚀性分级，根据分级采取措施。在研究成果和数据积累尚不够的情况下，当地工程结构的腐蚀情况和防腐蚀经验应予充分重视。本条中的"当有足够经验或充分资料，认定场地的水或土对建筑材料为微腐蚀性时"，指的是有专门研究论证，并经地方主管部门组织审查认可，或地方规范规定，并非个别单位意见。

2 关于对钢结构的腐蚀性

土对钢结构的腐蚀性，并非每项工程勘察都有这个任务，故规定可根据任务要求进行。

钢结构在土中的腐蚀问题非常复杂，涉及因素很多，腐蚀途径多样，任务需要时宜专门论证或研究。

12.1.2 地下水位以上的构筑物，规定只取土样，不取水样，但实际工作中应注意地下水位的季节变化幅度，当地下水位上升，可能浸没构筑物时，仍应取水样进行水的腐蚀性测试。

12.1.2 【修订说明】

本条对取样部位和数量作了规定，便于操作，与原有规定基本一致，但更加明确。本条第1、3款中规定，当混凝土结构处于地下水位以上和混凝土结构部分处于地下水位以上时，应采取土试样进行腐蚀性测试，但当地下水位很浅，且其上的土长年处于毛细带上时可不取土样。

对盐类成分和含盐量分布不均匀的土类，如盐渍土，若仍按每个场地采取 2 件试样，可能缺乏代表性，故规定应分区、分层取样，每区、每层不应少于 2 件。土中含盐量在水平方向上分布不均匀时应分区，在垂直方向上分布不均匀时应分层。如分层不明显，呈渐变状，则应加密取样，查明变化规律。

当有多层地下水时，应分层采取水试样。

12.1.3 《94 规范》表 13.2.2-1 和表 13.2.2-2 中的测试项目和方法均相同，故将其合并为一个表，稍作调整，即现在的表 12.1.3。

序号 13～16 是原位测试项目，用于评价土对钢结构的腐蚀性。试验方法和评价标准可参见林宗元主编的《岩土工程试验监测手册》。

12.1.4 【修订说明】

本规范原将腐蚀等级分为弱、中、强三个等级，弱腐蚀以下为无腐蚀，并与《工业建筑防腐蚀设计规范》（GB 50046）协调一致。该规范本次修改时认为，"无腐蚀"的提法不确切，在长期化学、物理作用下，总是有腐蚀的，因此将"无腐蚀"改为"微腐蚀"。并协调，水和土对材料的腐蚀等级判定由本规范规定，防腐蚀措施由《工业建筑防腐蚀设计规范》（GB 50046）规定。为便于相关条文互相引用，本规范本次局部修订分为微、弱、中、强 4 个等级，但并不意味着多了一个等级，所谓"微腐蚀"即相当于原来的无腐蚀。

12.2 腐蚀性评价

12.2.1、12.2.2 场地环境类型对土、水的腐蚀性影响很大，附录 G 作了具体规定。不同的环境类型主要表现为气候所形成的干湿交替、冻融交替、日气温变化、大气湿度等。附录 G 第 G.0.1 条表注 1 中的干燥度，是说明气候干燥程度的指标。我国干燥度大于 1.5 的地区有：新疆（除局部）、西藏（除东部）、甘肃（除局部）、青海（除局部）、宁夏、内蒙（除局部）、陕西北部、山西北部、河北北部、辽宁西部、吉林西部，其他各地基本上小于 1.5。不能确认或需干燥度的具体数据时，可向各地气象部门查询。

在不同的环境类型中，腐蚀介质构成腐蚀的界限值是不同的。表 12.2.1 和表 12.2.2 是根据《环境水对混凝土侵蚀性判定方法及标准》专题研究组的研究成果编制的。专题研究组进行了下列工作：

1 调查研究了我国各地区混凝土的破坏实例，并分析了区域水化学分布状况，及其产生的自然地理环境条件，总结了腐蚀破坏的规律；

2 在新疆焉耆盆地盐渍土地区和青海红层盆地建立了野外试验点，进行了野外暴露试验；

3 在华北地区的气候条件下，进行室内、外长期的对比暴露试验；

4 调查研究了某些国家的腐蚀性判定标准，并对我国各部门现行标准进行了对比分析研究。

表 12.2.1 中的数值适用于有干湿交替和不冻区（段）水的腐蚀性评价标准，对无干湿交替作用、冰冻区和微冻区，对土的腐蚀性评价，尚应乘以一定的系数，这在表注中已加以说明，使用该表时应予注意。

干湿交替是指地下水位变化和毛细水升降时，建筑材料的干湿变化情况。干湿交替和气候区与腐蚀性的关系十分密切。相同浓度的盐类，在干旱区和湿润区，其腐蚀程度是不同的。前者可能是强腐蚀，而后者可能是弱腐蚀或无腐蚀性。冻融交替也是影响腐蚀的重要因素。如盐的浓度相同，在不冻区尚达不到饱和状态，因而不会析出结晶，而在冰冻区，由于气温降低，盐易析出结晶，从而破坏混凝土。

12.2.2 【修订说明】

本次局部修订仅对表注作了修改。注 3 删去了 A 中的"含水量 $w \geqslant 20\%$ 的"和 B 中的"含水量 $w \geqslant 30\%$ 的"等文字。

12.2.4 表 12.2.4 水、土对钢筋混凝土结构中的钢筋的腐蚀性判定标准，引自前苏联《建筑物防腐蚀设计规范》（СНИП2—03—11—85）。

钢筋长期浸泡在水中，由于氧溶入较少，不易发生电化学反应，故钢筋不易被腐蚀；相反，处于干湿交替状态的钢筋，由于氧溶入较多，易发生电化学反应，钢筋易被腐蚀。

12.2.4 【修订说明】

本规范原有将 SO_4^{2-} 换算为 Cl^- 进行评价，这是前苏联的规定。欧美各国现行规范无此规定，故本次局部修订取消。

把土中氯的腐蚀环境由原来的定量指标改为定性指标，更符合实际情况。

根据我国港口工程的经验，将长期浸水的条件下，Cl^- 对钢筋混凝土中钢筋的腐蚀定为：微腐蚀＜10000mg/L，弱腐蚀 10000～20000mg/L，大于 20000mg/L，因缺乏工程经验，应专门研究。

12.2.5 表 12.2.5-1 和表 12.2.5-2 是参考了国外有关水、土对钢结构的腐蚀性评价标准，并结合我国实际情况编制的。这些标准有德国的 DIN50929（1985）、前苏联的 ГОСТ9.015—74（1984 年版本）和美国的 ANSI/AWWAC105/A21.5—82。我国武钢 1.7m 轧机工程、上海宝钢工程和前苏联设计的一些火电厂等均由国外设计，腐蚀性评价均是按他们提供的标准进行测试和评价的。以上两表在近几年的工程实践中，进行了多次检验，对不同土质、环境，效果较好。

12.2.5 【修订说明】

由于本规范不包含地下水对井管等管道的腐蚀，因此本次局部修订删去了水对钢结构、钢管道的腐蚀性评价的内容。

本次局部修订对视电阻率指标作了调整。当有成熟地方经验时，可根据视电阻率的实测值，结合地方经验确定腐蚀等级。

12.2.6 水、土对建筑材料腐蚀的防护，国家标准《工业建筑防腐蚀设计规范》(GB 50046) 和《建筑防腐蚀工程施工及验收规范》(GB 50212) 已有详细的规定。为了避免重复，本规范不再列入"防护措施"。当水、土对建筑材料有腐蚀性时，可按上述规范的规定，采取防护措施。

13 现场检验和监测

13.1 一般规定

13.1.1 所谓有特殊要求的工程，是指有特殊意义的，一旦损坏将造成生命财产重大损失，或产生重大社会影响的工程；对变形有严格限制的工程；采用新的设计施工方法，而又缺乏经验的工程。

13.1.3 监测工作对保证工程安全有重要作用。例如：建筑物变形监测，基坑工程的监测，边坡和洞室稳定的监测，滑坡监测，崩塌监测等。当监测数据接近安全临界值时，必须加密监测，并迅速向有关方面报告，以便及时采取措施，保证工程和人身安全。

13.2 地基基础的检验和监测

13.2.1 天然地基的基坑（基槽）检验，是必须做的常规工作，通常由勘察人员会同建设、设计、施工、监理以及质量监督部门共同进行。下列情况应着重检验：

1 天然地基持力层的岩性、厚度变化较大时；桩基持力层顶面标高起伏较大时；

2 基础平面范围内存在两种或两种以上不同地层时；

3 基础平面范围内存在异常土质，或有坑穴、古墓、古遗址、古井、旧基础时；

4 场地存在破碎带、岩脉以及湮废河、湖、沟、浜时；

5 在雨期、冬期等不良气候条件下施工，土质可能受到影响时。

检验时，一般首先核对基础或基槽的位置、平面尺寸和坑底标高，是否与图纸相符。对土质地基，可用肉眼、微型贯入仪、轻型动力触探等简易方法，检验土的密实度和均匀性，必要时可在槽底普遍进行轻型动力触探。但坑底下埋有砂层，且承压水头高于坑底时，应特别慎重，以免造成冒水涌砂。当岩土条件与勘察报告出入较大或设计有较大变动时，可有针对性地进行补充勘察。

13.2.2 桩长设计一般采用地层和标高双控制，并以勘察报告为设计依据。但在工程实践中，实际地层情

况与勘察报告不一致是常有的事，故应通过试打试钻，检验岩土条件是否与设计时预计的一致，在工程桩施工时，也应密切注意是否有异常情况，以便及时采取必要的措施。

13.2.4 目前基坑工程的设计计算，还不能十分准确，无论计算模式还是计算参数，常常和实际情况不一致。为了保证工程安全，监测是非常必要的。通过对监测数据的分析，必要时可调整施工程序，调整支护设计。遇有紧急情况时，应及时发出警报，以便采取应急措施。本条规定的 5 款是监测的基本内容，主要从保证基坑安全的角度提出的。为科研积累数据所需的监测项目，应根据需要另行考虑。

监测数据应及时整理，及时报送，发现异常或趋于临界状态时，应立即向有关部门报告。

13.2.7 对于地下洞室，常需进行岩体内部的变形监测。可根据具体情况，在洞室顶部，洞壁水平部位，45°角部，采用机械钻孔埋设多点位移计，监测成洞时围岩的变形和成洞后围岩的蠕动。

13.3 不良地质作用和地质灾害的监测

13.3.3 岩溶对工程的最大危害是土洞和塌陷。而土洞和塌陷的发生和发展又与地下水的运动密切相关，特别是人工抽吸地下水，使地下水位急剧下降时，常常引发大面积的地面塌陷。故本条规定，岩溶土洞区监测工作的内容中，除了地面变形外，特别强调对地下水的监测。

13.3.4 滑坡体位移监测时，应建立平面和高程控制测量网，通过定期观测，确定位移边界、位移方向、位移速率和位移量。滑面位置的监测可采用钻孔测斜仪、单点或多点钻孔挠度计、钻孔伸长仪等进行，钻孔应穿过滑面，量测元件应通过滑带。地下水对滑坡的活动极为重要，应根据滑坡体及其附近的水文地质条件精心布置，并应搜集当地的气象水文资料，以便对比分析。

对滑坡地点和规模的预报，应在搜集区域地质、地形地貌、气象水文、人类活动等资料的基础上，结合监测成果分析判定。对滑坡时间的预报，应在地点预报的基础上，根据滑坡要素的变化，结合地面位移和高程位移监测、地下水监测，以及测斜仪、地音仪、测震仪、伸长计的监视进行分析判定。

13.3.6 现采空区的地表移动和建筑物变形观测工作，一般由矿产开采单位进行，勘察单位可向其搜集资料。

13.4 地下水的监测

13.4.1 地下水的动态变化，包括水位的季节变化和多年变化，人为因素造成的地下水的变化，水中化学成分的运移等，对工程的安全和环境的保护，常常是最重要最关键的因素，故本条作了相应的规定。

13.4.2 为工程建设进行的地下水监测，与区域性的地下水长期观测不同，监测要求随工程而异，不宜对监测工作的布置作具体而统一规定。

13.4.4 孔隙水压力和地下水压力的监测，应特别注意设备的埋设和保护，建立长期良好而稳定的工作状态。水质监测每年不少于 4 次，原则上可以每季度一次。

14 岩土工程分析评价和成果报告

14.1 一般规定

14.1.1 本条主要提出了岩土工程分析评价的总要求，说明与本规范各章的关系。

14.1.2 基本内容与《94 规范》相同，仅修改了部分提法。

14.1.3 将《94 规范》的定性分析和定量分析两条合并为一条，写法比较精炼。

14.1.6 将《94 规范》中有关原型观测、足尺试验和反分析的主要规定综合而成。在《94 规范》中关于反分析设了专门一节，在工程勘察中，反分析仅作为分析数据的一种手段，并不是勘察阶段的主要内容，与成果报告中其他节的内容也不匹配，因此不单独设节。

14.2 岩土参数的分析和选定

14.2.1 评价岩土参数的可靠性与适用性，在《94 规范》规定的基础上，增加了测试结果的离散程度和测试方法与计算模型的配套性两个要求。

14.2.3 岩土参数的标准差可以作为参数离散性的尺度，但由于标准差是有量纲的指标，不能用于不同参数离散性的比较。为了评价岩土参数的变异特点，引入了变异系数 δ 的概念。变异系数 δ 是无量纲系数，使用上比较方便，在国际上是一个通用的指标，许多学者给出了不同国家、不同土类、不同指标的变异系数经验值。在正确划分地质单元和标准试验方法的条件下，变异系数反映了岩土指标固有的变异性特征，例如，土的重度的变异系数一般小于 0.05，渗透系数的变异系数一般大于 0.4；对于同一个指标，不同的取样方法和试验方法得到的变异系数可能相差比较大，例如用薄壁取土器取土测定的不排水强度的变异系数比常规厚壁取土器取土测定的结果小得多。

在《94 规范》中给出了按参数变异性大小评价的标准，划分为很低、低、中等、高、很高五种变异性，目的是"按变异系数划分变异类型，有助于工程师定量地判别与评价岩土参数的变异特性，以便区别对待，提出不同的设计参数值。"但在使用中发现，容易将这一规定误解为判别指标是否合格的标准，对有些变异系数本身比较大的指标认为勘察试验有问

题，这显然不是规范条文的原意。为了避免不必要的误解，修订时取消了这个评价岩土参数变异性的标准。

14.2.4 岩土参数标准值的计算公式与《94 规范》的方法没有差异。

岩土参数的标准值是岩土工程设计的基本代表值，是岩土参数的可靠性估值。这是采用统计学区间估计理论基础上得到的关于参数母体平均值置信区间的单侧置信界限值：

$$\phi_k = \phi_m \pm t_\alpha \sigma_m = \phi_m(1 \pm t_\alpha \delta) = \gamma_s \phi_m \quad (14.1)$$

$$\gamma_s = 1 \pm t_\alpha \delta \quad (14.2)$$

式中 σ_m——场地的空间均值标准差

$$\sigma_m = \Gamma(L)\sigma_f \quad (14.3)$$

标准差折减系数 $\Gamma(L)$ 可用随机场理论方法求得，

$$\Gamma(L) = \sqrt{\frac{\delta_c}{h}} \quad (14.4)$$

式中 δ_e——相关距离（m）；

h——计算空间的范围（m）；

考虑到随机场理论方法尚未完全实用化，可以采用下面的近似公式计算标准差折减系数：

$$\Gamma(L) = \frac{1}{\sqrt{n}} \quad (14.5)$$

将公式（14.3）和（14.4）代入公式（14.2）中得到下式：

$$\gamma_s = 1 \pm t_\alpha \delta = 1 \pm t_\alpha \Gamma(L)\delta = 1 \pm \frac{t_\alpha}{\sqrt{n}}\delta \quad (14.6)$$

式中 t_α 为统计学中的学生氏函数的界限值，一般取置信概率 α 为 95%。为了便于应用，也为了避免工程上误用统计学上的过小样本容量（如 $n=2$、3、4 等）在规范中不宜出现学生氏函数的界限值。因此，通过拟合求得下面的近似公式：

$$\frac{t_\alpha}{\sqrt{n}} = \left\{\frac{1.704}{\sqrt{n}} + \frac{4.678}{n^2}\right\} \quad (14.7)$$

从而得到规范的实用公式（14.2.4-2）。

14.2.5 岩土工程勘察报告一般只提供岩土参数的标准值，不提供设计值，故本条未列岩土参数设计值的计算。需要时，当采用分项系数描述设计表达式计算时，岩土参数设计值 ϕ_d 按下式计算：

$$\phi_d = \frac{\phi_k}{\gamma} \quad (14.8)$$

式中 γ——岩土参数的分项系数，按有关设计规范的规定取值。

14.3 成果报告的基本要求

14.3.1 原始资料是岩土工程分析评价和编写成果报告的基础，加强原始资料的编录工作是保证成果报告质量的基本条件。这些年来，经常发现有些单位勘探测试工作做得不少，但由于对原始资料的检查、整

理、分析、鉴定不够重视，因而不能如实反映实际情况，甚至造成假象，导致分析评价的失误。因此，本条强调，对岩土工程分析所依据的一切原始资料，均应进行整理、检查、分析、鉴定，认定无误后方可利用。

14.3.3、14.3.4 鉴于岩土工程的规模大小各不相同，目的要求、工程特点、自然条件等差别很大，要制订一个统一的适用于每个工程的报告内容和章节名称，显然是不切实际的。因此，本条只规定了岩土工程勘察报告的基本内容。

与传统的工程地质勘察报告比较，岩土工程勘察报告增加了下列内容：

1 岩土利用、整治、改造方案的分析和论证；

2 工程施工和运营期间可能发生的岩土工程问题的预测及监控、预防措施的建议。

14.3.7 本条指出，除综合性的岩土工程勘察报告外，尚可根据任务要求，提交专题报告。例如：

某工程旁压试验报告（单项测试报告）；

某工程验槽报告（单项检验报告）；

某工程沉降观测报告（单项监测报告）；

某工程倾斜原因及纠倾措施报告（单项事故调查分析报告）；

某工程深基开挖的降水与支挡设计（单项岩土工程设计）；

某工程场地地震反应分析（单项岩土工程问题咨询）；

某工程场地土液化势分析评价（单项岩土工程问题咨询）。

附录 G 场地环境类型

G.0.1～G.0.3 【修订说明】

本次局部修订增加了注 4。混凝土结构一侧与地表水或地下水接触，另一侧暴露在大气中，水通过渗透作用不断蒸发，如隧洞、坑道、竖井、地下洞室、路堑护面等，渗入面腐蚀轻微，而渗出面腐蚀严重。这种情况对混凝土腐蚀是最严重的，应定为Ⅰ类，大气越寒冷，越干燥，环境越恶劣。

由于冰冻区和冰冻段的概念不是很明确，也不便于操作，故本次局部修订删去了 G.0.2 和 G.0.3 两条。

中华人民共和国行业标准

建筑工程地质勘探与取样技术规程

Technical specification for engineering geological
prospecting and sampling of constructions

JGJ/T 87—2012

批准部门：中华人民共和国住房和城乡建设部
施行日期：2 0 1 2 年 5 月 1 日

中华人民共和国住房和城乡建设部
公 告

第 1230 号

关于发布行业标准《建筑工程
地质勘探与取样技术规程》的公告

现批准《建筑工程地质勘探与取样技术规程》为行业标准，编号为 JGJ/T 87 - 2012，自 2012 年 5 月 1 日起实施。原行业标准《建筑工程地质钻探技术标准》JGJ 87 - 92 和《原状土取样技术标准》JGJ 89 - 92 同时废止。

本规程由我部标准定额研究所组织中国建筑工业出版社出版发行。

中华人民共和国住房和城乡建设部

2011 年 12 月 26 日

前 言

根据住房和城乡建设部《关于印发〈2009 年工程建设标准规范制订、修订计划〉的通知》（建标〔2009〕88 号）的要求，规程编制组经广泛调查研究，认真总结实践经验，参考国内外有关先进标准，并在广泛征求意见的基础上，对原行业标准《建筑工程地质钻探技术标准》JGJ 87 - 92 和《原状土取样技术标准》JGJ 89 - 92 进行了修订。

本规程的主要技术内容是：1. 总则；2. 术语；3. 基本规定；4. 勘探点位测设；5. 钻探；6. 钻孔取样；7. 井探、槽探和洞探；8. 探井、探槽和探洞取样；9. 特殊性岩土；10. 特殊场地；11. 地下水位量测及取水试样；12. 岩土样现场检验、封存及运输；13. 钻孔、探井、探槽和探洞回填；14. 勘探编录与成果。

修订的主要技术内容是：1. 对原行业标准《建筑工程地质钻探技术标准》JGJ 87 - 92 和《原状土取样技术标准》JGJ 89 - 92 进行了合并修订；2. 增加了"术语"章节；3. 增加了"基本规定"章节；4. 修订了"钻孔护壁"的部分内容；5. 增加了"特殊性岩土"的勘探与取样要求；6. 增加了"特殊场地"勘探要求；7. 增加了"探洞及取样"的要求；8. 修订了"钻孔、探井、探槽和探洞回填"的部分内容；9. 修订了"勘探编录与成果"的部分内容；10. 增加了附录 D"取土器技术标准"中"环刀取砂器技术指标"，增加了附录 E"环刀取砂器结构示意图"；11. 修订了附录 G"岩土的现场鉴别"的部分内容，并增

加了"红黏土、膨胀岩土、残积土、黄土、冻土、污染土"的内容。

本规程由住房和城乡建设部负责管理，由中南勘察设计院有限公司负责具体技术内容的解释。执行过程中如有意见或建议，请寄送中南勘察设计院有限公司（地址：湖北省武汉市中南路 18 号；邮编：430071）。

本规程主编单位：中南勘察设计院有限公司

本规程参编单位：建设综合勘察研究设计院有限公司

西北综合勘察设计研究院

河北建设勘察研究院有限公司

深圳市勘察研究院有限公司

中交第二航务工程勘察设计院有限公司

本规程主要起草人员：刘佑祥　郭明田　龙雄华　邓文龙　孙连和　张晓玉　苏志刚　陈刚　陈加红　赵治海　姚平　徐张建　聂庆科　梁金国　梁书奇　李受祉

本规程主要审查人员：顾宝和　董忠级　卞昭庆　王步云　乌孟庄　张苏民　张文华　侯石涛　姚永华

目　次

Contents

1 总　则

1.0.1 为在建筑工程地质勘探与取样工作中贯彻执行国家有关技术经济政策，做到安全适用、技术先进、经济合理、确保质量，制定本规程。

1.0.2 本规程适用于建筑工程的工程地质勘探与取样技术工作。

1.0.3 在工程地质勘探与取样工作中，应采取有效措施，保护环境和节约资源，保障人身和施工安全，保证勘探和取样质量。

1.0.4 工程地质勘探与取样，除应符合本规程外，尚应符合国家现行有关标准的规定。

2　术　语

2.0.1 工程地质勘探　engineering geological prospecting

为查明工程地质条件而进行的钻探、井探、槽探和洞探等工作的总称。

2.0.2 钻探　drilling

利用钻机或专用工具，以机械或人力作动力，向地下钻孔以取得工程地质资料的勘探方法。

2.0.3 钻进　drilling，boring

钻具钻入岩土层或其他介质形成钻孔的过程。

2.0.4 回转钻进　rotary drilling

利用回转器或孔底动力机具转动钻头，切削或破碎孔底岩土的钻进方法。

2.0.5 螺旋钻进　auger drilling

利用螺旋钻具转动旋入孔底土层的钻进方法。

2.0.6 冲击钻进　percussion drilling

借助钻具重量，在一定的冲程高度内，周期性地冲击孔底破碎岩土的钻进方法。

2.0.7 锤击钻进　blow drilling

利用筒式钻具，在一定的冲程高度内，周期性地锤击钻具切削砂、土的钻进方法。

2.0.8 绳索取芯钻进　wire-line core drilling

利用带绳索的打捞器，以不提钻方式经钻杆内孔取出岩芯容纳管的钻进方法。

2.0.9 冲击回转钻进　percussion-rotary drilling

在回转钻具上安装冲击器，利用液压（风压）产生冲击，使钻具既有冲击作用又有回转作用的综合性钻进方法。

2.0.10 硬质合金钻进　tungsten-carbide drilling

利用硬质合金钻头切削或破碎孔底岩土的钻进方法。

2.0.11 金刚石钻进　diamond drilling

利用金刚石钻头切削或破碎孔底岩土的钻进方法。

2.0.12 反循环钻进　reverse circulation drilling

利用冲洗液从钻杆与孔壁间的环状间隙中流入孔底来冷却钻头，并携带岩屑由钻杆内孔返回地面的钻进技术。分为全孔反循环钻进和局部反循环钻进。

2.0.13 岩石可钻性　rock drillability

岩石由于矿物成分和结构构造不同所表现的钻进的难易程度。

2.0.14 钻孔倾角　dip angle of drilling hole

钻孔轴线上某点沿轴线延伸方向的切线与其水平投影之间的夹角称为该点的钻孔倾角。

2.0.15 冲洗液　drilling fluid

钻进中用来冷却钻头、排除钻孔中岩粉的流体。

2.0.16 泥浆　mud

黏土颗粒均匀而稳定地分散在液体中形成的浆液。

2.0.17 套管　casing

用螺纹连接或焊接成管柱后下入钻孔内，保护孔壁、隔离与封闭油、气、水层及漏失层的管材。

2.0.18 钻孔取土器　borehole sampler

在钻孔中采取岩土样的管状器具。

2.0.19 薄壁取土器　thin-wall sampler

内径为75mm～100mm、面积比不大于10％（内间隙比为0）或面积比为10％～13％（内间隙比为0.5～1.0）的无衬管取土器。

2.0.20 厚壁取土器　thick-wall sampler

内径为75mm～100mm、面积比为13％～20％的有衬管取土器。

2.0.21 岩芯　rock-core

从钻孔中提取出的土柱、岩柱。

2.0.22 岩芯采样率　core recovery percent

采取的岩芯长度之和与相应实际钻探进尺之比，以百分数表示。

2.0.23 岩石质量指标（RQD）　rock quality designation

用直径75mm（N型）双层岩芯管和金刚石钻头在岩石中连续钻进取芯，回次钻进所取得岩芯中长度大于10cm的芯段长度之和与相应回次总进尺的比值，以百分数表示。

2.0.24 土试样质量等级　quality classification of soil samples

按土试样受扰动程度不同而划分的等级。

3　基　本　规　定

3.0.1 建筑工程地质勘探应符合下列要求：

1 能正确鉴别岩土名称及其基本性质，并确定其埋藏深度及厚度；

2 能采取符合质量要求的岩土试样或进行原位测试；

3 能查明勘探深度内地下水的赋存情况。

3.0.2 建筑工程地质勘探与取样应按勘探任务书或勘察纲要执行。

3.0.3 建筑工程地质勘探应符合现行国家标准《岩土工程勘察安全规范》GB 50585 的规定。

3.0.4 布置建筑工程地质勘探工作时，应进行资料搜集和现场调查，分析评估勘探对既有地上、地下建（构）筑物和自然环境的影响，并制定有效措施，防止损害地下工程、管线等设施。

3.0.5 建筑工程地质勘探与取样方法应根据岩土样质量级别要求和岩土层性质确定。

3.0.6 现场勘探记录应由经过专业培训的编录人员或工程技术人员承担，并应由工程技术负责人签字验收。

4 勘探点位测设

4.0.1 勘探点位应根据委托方提供的坐标和高程控制点由专业人员测放。勘探点位测设于实地的允许偏差应根据勘察阶段、场地和工程情况以及勘探任务要求等确定，并应符合下列规定：

1 陆域：初步勘察阶段平面位置允许偏差为 $^{+0.50m}_{0}$，高程允许偏差为 ±0.10m；详细勘察阶段平面位置允许偏差为 $^{+0.25m}_{0}$，高程允许偏差为 ±0.05m；对于可行性勘察阶段、城市规划勘察阶段、选址勘察阶段，可利用适当比例尺的地形图，根据地形地物特征确定勘探点位和孔口高程；

2 水域：初步勘察阶段平面位置允许偏差为 $^{+2.0m}_{0}$，高程允许偏差为 ±0.20m；详细勘察阶段平面位置允许偏差为 $^{+1.0m}_{0}$，高程允许偏差为 ±0.10m。

4.0.2 陆域勘探点位应设置有编号的标志桩，开钻或掘进之前应按设计要求核对桩号及其实地位置，两者应相符。水域勘探点位可设置浮标，并应采用测量仪器等方法按孔位坐标定位。

4.0.3 当调整勘探点位时，应将实际勘探孔位置标明在平面图上，并应注明与原孔位的偏差距离、方位和高差。必要时应重新测定孔位和高程。

4.0.4 勘探成果中的平面图除应表示实际完成勘探点位之外，尚应提供各点的坐标及高程数据，且宜采用地区的统一坐标和高程系。

5 钻 探

5.1 一般规定

5.1.1 钻探工作应根据勘探技术要求、地层类别、场地及环境条件，选择合适的钻机、钻具和钻进方法。

5.1.2 钻探操作人员应履行岗位职责，并应执行操作规程。现场编录人员应详细记录、分析钻探过程和岩芯情况。

5.1.3 特殊岩土、特殊场地钻探尚应分别符合本规程第9章、第10章的相关规定。

5.2 钻孔规格

5.2.1 工程地质钻孔口径和钻具规格应符合本规程附录 A 的规定。

5.2.2 钻孔成孔口径应根据钻孔取样、测试要求、地层条件和钻进工艺等确定，并应符合表 5.2.2 的规定。

表 5.2.2 钻孔成孔口径（mm）

钻孔性质		第四纪土层	基 岩
鉴别与划分地层/岩芯钻孔		≥36	≥59
取Ⅰ、Ⅱ级土试样钻孔	一般黏性土、粉土残积土、全风化岩层	≥91	≥75
	湿陷性黄土	≥150	
	冻土	≥130	
原位测试钻孔		大于测试探头直径	
压水、抽水试验钻孔		≥110	软质岩石 ≥75 / 硬质岩石 ≥59

注：采取Ⅰ、Ⅱ级土试样的钻孔，孔径应比使用的取土器外径大一个径级。

5.2.3 钻孔深度量测应符合下列规定：

1 对于钻进深度和岩土层分层深度的量测精度，陆域最大允许偏差为 ±0.05m，水域最大允许偏差为 ±0.2m；

2 每钻进 25m 和终孔后，应校正孔深，并宜在变层处校核孔深；

3 当孔深偏差超过规定时，应找出原因，并应更正记录报表。

5.2.4 钻孔的垂直度或预计的倾斜度与倾斜方向应符合下列规定：

1 对于垂直钻孔，每 50m 应测量一次垂直度，每 100m 的允许偏差为 $\pm2°$；

2 对于定向钻孔，每 25m 应测量一次倾斜角和方位角，钻孔倾角和方位角的测量精度分别为 $\pm0.1°$ 和 $\pm3°$；

3 当钻孔斜度及方位偏差超过规定时，应立即采取纠斜措施；

4 当勘探任务有要求时，应根据勘探任务要求测斜和防斜。

5.3 钻 进 方 法

5.3.1 钻进方法和钻进工艺应根据岩土类别、岩土可钻性分级和钻探技术要求等确定。岩土可钻性应按本规程附录 B 确定。钻进方法可按表 5.3.1 选用。

表 5.3.1 钻 进 方 法

钻进方法		钻进地层					勘察要求	
		黏性土	粉土	砂土	碎石土	岩石	直观鉴别、采取不扰动试样	直观鉴别、采取扰动试样
回转	螺旋钻进	++	+	+	—	—	++	++
	无岩芯钻进	++	++	++	+	++	—	++
	岩芯钻进	++	++	++	+	++	++	++
冲击钻进		—	+	++	++	+	—	—
锤击钻进		++	++	+	—	+	++	++
振动钻进		++	++	+	—	+	++	++
冲洗钻进		+	++	++	—	—	—	+

注：1 ++：适用；+：部分适用；—：不适用；
　　2 螺旋钻进不适用于地下水位以下的松散粉土和饱和砂土。

5.3.2 对于要求采取岩芯的钻孔，应采用回转钻进；对于黏性土，可根据地区经验采用螺旋钻进或锤击钻进方法；对于碎石土，可采用植物胶浆液护壁金刚石单动双管钻具钻进。

5.3.3 对于需要鉴别土层天然湿度和划分地层的钻孔，当处于地下水位以上时，应采用干钻；当需要加水或使用循环液时，可采用内管超前的双层岩芯管钻进或三重管取土器钻进；当处于地下水位以下，且采用单层岩芯管钻进时，可采用无泵反循环钻进。

5.3.4 地下水位以下饱和粉土、砂土，宜采用回转钻进方法；粉、细砂层可采用活套闭水接头单管钻进；中、粗、砾砂层可采用无泵反循环单层岩芯管回转钻进并连续取芯，取芯困难时，可用对分式取样器或标准贯入器间断取样。

5.3.5 岩石宜采用金刚石钻头或硬质合金钻头回转钻进。软质岩石及风化破碎岩宜采用双层岩芯管钻头钻进或绳索取芯钻进，易冲刷和松软的岩石可采用双管钻具或无泵反循环钻进；硬、脆、碎岩石宜采用双管钻具、喷射式孔底反循环钻进或冲击回转钻进。

5.3.6 当需要测定岩石质量指标（RQD）时，应采用外径 75mm（N 型）的双层岩芯管和金刚石钻头。

5.3.7 预计采取Ⅰ、Ⅱ级土试样或进行原位测试的钻孔，应按本规程表 5.3.1 选择钻进方法，并应满足本规程第 6 章的有关规定。

5.3.8 勘探浅部土层时，可采用下列钻进方法：

　　1 小口径螺旋麻花钻（或提土钻）钻进；

　　2 小口径勺形钻钻进；

　　3 洛阳铲钻进。

5.4 冲洗液和护壁堵漏

5.4.1 钻孔冲洗液和护壁堵漏材料应根据地层岩性、任务要求、钻进方法、设备条件和环境保护要求等进行选择。常用冲洗液和护壁堵漏材料宜按表 5.4.1 选择。

表 5.4.1 常用冲洗液和护壁堵漏材料

冲洗液和护壁堵漏材料	适 用 范 围
清水	致密、稳定地层
泥浆（无固相冲洗液）	松散破碎地层，吸水膨胀性地层，节理裂隙较发育的漏失性地层
黏土	局部孔段的坍塌漏失地层，钻孔浅部或覆盖层有裂隙，产生漏、涌水等情况的地层
水泥浆	较厚的破碎带，塌漏较严重的地层，特殊泥浆及黏土处理无效，漏失严重的裂隙地层等
生物、化学浆液	裂隙很发育的破碎、坍塌漏失地层，一般用于短孔段的局部护壁堵漏
植物胶	松散、掉快、裂隙地层或胶结较差的地层，如，卵砾石层、砂层
套管	严重坍塌、缩孔、漏失、涌水性地层，较大的溶洞，松散的土层，砂层，其他护壁堵漏方法无效时，水文地质试验需封闭的孔段，水上钻探的水中孔段

5.4.2 钻孔冲洗液的选用应符合下列规定：

　　1 钻进致密、稳定地层时，应选用清水作冲洗液；

　　2 用作水文地质试验的孔段，宜选用清水或易于洗孔的泥浆作冲洗液；

　　3 钻进松散、掉块、裂隙地层或胶结较差的地层时，宜选用植物胶泥浆、聚丙烯酰胺泥浆等作冲洗液；

　　4 钻进片岩、千枚岩、页岩、黏土岩等遇水膨胀地层时，宜采用钙处理泥浆或不分散低固相泥浆作冲洗液；

　　5 钻进可溶性盐类地层时，应采用与该地层可溶性盐类相应的饱和水泥浆作冲洗液；

　　6 钻进高压含水层或极易坍塌的岩层时，应采用密度大、失水量少的泥浆作冲洗液；

7 金刚石钻进宜选用清水、低固相或无固相泥浆、乳化泥浆等作冲洗液。

5.4.3 钻孔护壁堵漏应符合下列规定：

1 根据孔壁稳定程度和钻进方法，可选用清水、泥浆、套管等护壁措施，当孔壁坍塌严重时，可采用水泥浆灌注护壁堵漏；

2 在地下水位以上松散填土及其他易坍塌的岩土层钻进时，可采用套管护壁；

3 在地下水位以下的饱和软黏性土层、粉土层、砂土层钻进时，宜采用泥浆护壁；在碎石土钻进取芯困难时，可采取植物胶浆液护壁钻进；

4 在破碎岩层中可根据需要采用优质泥浆、水泥浆或化学浆液护壁；冲洗液漏失严重时，应采取充填、封闭等堵漏措施；

5 采用冲击钻进时，宜采用套管护壁。

5.4.4 采用套管护壁时，应先钻进后跟进套管，不得向未钻过的土层中强行击入套管。钻进过程中应保持孔内水头压力大于或等于孔周地下水压，提钻时应能通过钻具向孔底通气通水。

5.5 采取鉴别土样及岩芯

5.5.1 钻探过程中，岩芯采取率应逐回次计算。岩芯采取率应根据勘探任务书要求确定，并应符合表 5.5.1 的规定。

表 5.5.1 岩芯采取率

岩土层		岩芯采取率（%）
黏土层		≥90
粉土、砂土层	地下水位以上	≥80
	地下水位以下	≥70
碎石土层		≥50
完整岩层		≥80
破碎岩层		≥65

5.5.2 对于需要重点研究的破碎带、滑动带，应根据工程技术要求提高取芯率，并宜定向连续取芯。

5.5.3 钻进回次进尺应根据岩土地层情况、钻进方法及工艺要求、工程特点等确定，并应符合下列规定：

1 满足鉴别厚度小于 0.2m 的薄层的要求；

2 在黏性土中，回次进尺不宜超过 2.0m；在粉土、饱和砂土中，回次进尺不宜超过 1.0m，且不得超过螺纹长度或取土筒（器）长度；在预计的地层界线附近及重点探查部位，回次进尺不宜超过 0.5m；采取原状土样前用螺旋钻头清土时，回次进尺不宜超过 0.3m；

3 在岩层中钻进时，回次进尺不得超过岩芯管长度；在软质岩层中，回次进尺不得超过 2.0m；在破碎岩石或软弱夹层中，回次进尺应为 0.5m～0.8m。

5.5.4 鉴别土样及岩芯的保留与存放应符合下列规定：

1 除用作试验的土样及岩芯外，其余土样及岩芯应存放于岩芯盒内，并应按钻进回次先后顺序排列，注明深度和岩土名称，且每一回次应用岩芯牌隔开；

2 易冲蚀、风化、软化、崩解的岩芯，应进行封存；

3 存放土样及岩芯的岩芯盒应平稳安放，不得日晒、雨淋和融冻，搬运时应盖上岩芯盒箱盖，小心轻放；

4 岩芯宜拍摄照片保存；

5 岩芯保留时间应根据勘察要求确定，并应保留至钻探工作检查验收完成。

6 钻孔取样

6.1 一般规定

6.1.1 采取的土试样质量等级应符合表 6.1.1 的规定。

表 6.1.1 土试样质量等级

级别	扰动程度	试验内容
Ⅰ	不扰动	土类定名、含水量、密度、强度试验、固结试验
Ⅱ	轻微扰动	土类定名、含水量、密度
Ⅲ	显著扰动	土类定名、含水量
Ⅳ	完全扰动	土类定名

注：1 不扰动是指原位应力状态虽已改变，但土的结构、含水量、密度变化很小，能满足室内试验各项要求；

2 除地基基础设计等级为甲级的工程外，对于可塑、硬塑黏性土及非饱和的中密、密实粉土在工程技术要求允许的情况下，可用Ⅱ级土试样进行强度和固结试验，但宜先对土试样受扰动程度作抽样鉴定，判断用于试验的适宜性，并结合地区经验使用试验成果。

6.1.2 不同等级土试样的取样工具可按本规程附录 C 选择。

6.1.3 采用套管护壁时，套管的下设深度与取样位置之间应保留三倍管径以上的距离。采用振动、冲击或锤击等钻进方法时，应在预计取样位置 1m 以上改用回转钻进。

6.1.4 下放取土器前应清孔，且除活塞取土器取样外，孔底残留浮土厚度不应大于取土器废土段长度。

6.1.5 采取土试样时，宜采用快速静力连续压入法。对于较硬土质，宜采用二、三重管回转取土器钻进取样，有地区经验时，可采用重锤少击法取样。

6.1.6 在粉土、饱和砂土层中采取Ⅰ、Ⅱ级砂样时，可采用原状取砂器；砂土扰动样可从贯入器中采取。

6.1.7 岩石试样可利用钻探岩芯制作。采取的毛样尺寸应满足试块加工的要求。有特殊要求时，试样形状、尺寸和方向应按岩石力学试验设计要求确定。

6.2 钻孔取土器

6.2.1 钻孔取土器技术规格应符合本规程附录 D 的规定。各类钻孔取土器的结构应符合本规程附录 E 的规定。

6.2.2 取土试样前，应对所使用的钻孔取土器进行检查，并应符合下列规定：

　　1 刃口卷折、残缺累计长度不应超过周长的 3%，刃口内径偏差不应大于标准值的 1%；

　　2 对于取土器，应量测其上、中、下三个截面的外径，每个截面应量测三个方向，且最大与最小之差不应超过 1.5mm；

　　3 取样管内壁应保持光滑，其内壁的锈斑和粘附土块应清除；

　　4 各类活塞取土器的活塞杆的锁定装置应保持清洁、功能正常、活塞松紧适度、密封有效；

　　5 取土器的衬筒应保证形状圆整、内侧清洁平滑、缝口平接、盒盖配合适当，重复使用前，应予清洗和整形；

　　6 敞口取土器头部的逆止阀应保持清洁、顺向排气排水畅通、逆向封闭有效；

　　7 回转取土器的单动、双动功能应保持正常，内管超前度应符合要求，自动调节内管超前度的弹簧功能应符合设计要求；

　　8 当零部件功能失效或有缺陷者时，应修复或更换后才能投入使用。

6.3 贯入式取样

6.3.1 采取贯入式取样时，取土器应平稳下放，并不得碰撞孔壁和冲击孔底。取土器下放后，应核对孔深与钻具长度，当残留浮土厚度超过本规程第 6.1.4 条的规定时，应提出取土器重新清孔。

6.3.2 采取Ⅰ级土试样时，应采用快速、连续的静压方式贯入取土器，贯入速度不应小于 0.1m/s。当利用钻机的给进系统施压时，应保证具有连续贯入的足够行程。采用Ⅱ级土试样，可使用间断静压方式或重锤少击方式贯入取土器。

6.3.3 在压入固定活塞取土器时，应将活塞杆与钻架牢固连接，活塞不得向下移动。当贯入过程中需监视活塞杆的位移变化时，可在活塞杆上设定相对于地面固定点的标志，并记其高差。活塞杆位移量不得超过总贯入深度的 1%。

6.3.4 取土器贯入深度宜控制在取样管总长的 90%。贯入深度应在贯入结束后准确量测并记录。当取土器压入预计深度后，应将取土器回转 2～3 圈或稍加静置后再提出取土器。

6.4 回转式取样

6.4.1 采用单动、双动二（三）重管采取Ⅰ、Ⅱ级土试样时，应保证钻机平稳、钻具垂直、平稳回转钻进，并可在取土器上加接重杆。

6.4.2 回转式取样时，回转钻进宜根据各场地地层特点通过试钻或经验确定钻进参数，选择清水、泥浆、植物胶等作冲洗液。

6.4.3 回转式取样时，取土器应具备可改变内管超前长度的替换管靴。宜采用具有自动调节功能的单动二（三）重管取土器，取土器内管超前量宜为 50mm～150mm，内管管口压进后，应至少与外管齐平。对软硬交替的土层，宜采用具有自动调节功能的改进型单动二（三）重管取土器。

6.4.4 对硬塑以上的黏性土、密实砾砂、碎石土和软岩，可采用双动三重管取样器采取不扰动土试样。对非胶结的砂、卵石层，取样时可在底靴上加置逆爪，在采取不扰动土试样困难时，可采用植物胶冲洗液。

7 井探、槽探和洞探

7.0.1 井探、槽探和洞探时，应采取相应的安全措施。

7.0.2 探井、探槽和探洞的深度、长度、断面尺寸等应按勘探任务要求确定，并应符合下列规定：

　　1 探井深度不宜超过地下水位，且不宜超过 20m，掘进深度超过 7m 时，应向井内通风、照明；遇地下水时，应采取相应的排水和降水措施；

　　2 探井断面可采用圆形或矩形，且圆形探井直径不小于 0.8m；矩形探井不宜小于 1.0m×1.2m；当根据土质情况需要放坡或分级开挖时，井口宜加大；

　　3 探槽挖掘深度不宜大于 3m，大于 3m 时，应根据槽壁的稳定情况增加支撑或改用探井方法，槽底宽度不应小于 0.6m；探槽两壁的坡度，应按开挖深度及岩土性质确定；

　　4 探洞断面可采用梯形、矩形或拱形，洞宽不宜小于 1.2m，洞高不宜小于 1.8m；

　　5 探井的井口、探洞的洞口位置宜选择在坚固且稳定的部位，并应能满足施工安全和勘探的要求。

7.0.3 当地层破碎或岩土层不稳定、易坍塌又不允许放坡或分级开挖时，应对井、槽、洞壁设支撑保护。支护方式可采用全面支护或间隔支护。全面支护时，每隔0.5m及在需要重点观察部位应留下检查间隙。当需要采取Ⅰ、Ⅱ级岩土试样时，应采取措施减少对井、槽、洞壁取样点附近岩土层的扰动。

7.0.4 探井、探槽和探洞开挖过程中的土石方堆放位置离井、槽、洞口边缘应大于1.0m。雨期施工时，应在井、槽、洞口设防雨篷和截水沟。

7.0.5 遇大块孤石或基岩，人工开挖难以掘进时，可采用控制爆破或动力机械方式掘进。

7.0.6 对于井探、槽探和洞探，除应文字描述记录外，尚应以剖面图、展开图等反映井、槽、洞壁和底部的岩性、地层分界、构造特征、取样和原位试验位置，并应辅以代表性部位的彩色照片。探井、探槽和探洞展开图式可按本规程附录F执行。

8 探井、探槽和探洞取样

8.0.1 探井、探槽和探洞中采取的Ⅰ、Ⅱ级岩土试样宜用盒装。试样容器可采用ϕ120mm×200mm或120mm×120mm×200mm、ϕ150mm×200mm或150mm×150mm×200mm等规格。对于含有粗颗粒的非均质土及岩石样，可按试验设计要求确定尺寸。试样容器宜做成装配式，并应具有足够刚度，避免土样因自重过大而产生变形。容器应有足够净空，以便采取相应的密封和防扰动措施。

8.0.2 采取盒状土试样宜按下列步骤进行：
    1 整平取试样处的表面；
    2 按土样容器净空轮廓，除去四周土体，形成土柱，其大小应比容器内腔尺寸小20mm；
    3 套上容器边框，边框上缘应高出土样柱10mm，然后浇入热蜡液，蜡液应填满土样与容器之间的空隙至框顶，并应与之齐平，待蜡液凝固后，将盖板封上；
    4 挖开土试样根部，使之与母体分离，再颠倒过来削去根部多余土料，土试样应比容器边框低10mm，然后浇满热蜡液，待凝固后将底盖板封上。

8.0.3 按本规程第8.0.1条和第8.0.2条采取的岩土试样，可作为Ⅰ级试样。

8.0.4 采取断层泥、滑动带（面）或较薄土层的试样，可用试验环刀直接压入取样。

8.0.5 在探井、探槽和探洞中取样时，应与开挖掘进同步进行，且样品应有代表性。

9 特殊性岩土

9.1 软　　土

9.1.1 软土钻进应符合下列规定：

1 软土钻进可采用空心螺纹提土器或活套闭水接头单管钻具钻进取芯；当采用空心螺纹提土器钻进时，提土器上端应有排水孔，下端应用排水活门。

2 钻进宜连续进行；当成孔困难或需间歇作业时，应采用套管、清水、泥浆等护壁措施。

3 对于钻进回次进尺长度，厚层软土不宜大于2.0m，中厚层软土不宜大于1.0m，地层含粉质成分较多时，不宜超过0.5m，并应保证分层清楚，提土率应大于80%；当夹有大量砂土互层，提土率不能满足要求时，应辅以标准贯入器取样作土层鉴别。

9.1.2 软土取样应符合下列规定：

1 软土应采用薄壁取土器静力压入法取样，不宜采用厚壁取土器或击入法取样；

2 应采取措施防止所采的土试样水分流失和蒸发，土试样应置于柔软防振的样品箱中，在运输过程中，不得改变其原有结构状态。

9.2 膨胀岩土

9.2.1 膨胀岩土钻进应符合下列规定：

1 宜采用肋骨合金钻头回转钻进，并应加大水口高度和水槽宽度，严禁采用振动或冲击方法钻进；

2 钻孔取芯宜采用双管单动岩芯管或无泵反循环钻进；

3 钻进时宜采取干钻，采取Ⅰ、Ⅱ级土试样时，严禁送水钻进；

4 回次进尺宜控制在0.5m～1.0m；

5 当孔壁严重收缩时，应随钻随下套管护壁；

6 采用泥浆护壁时，应选用失水量小、护壁性能好的泥浆。

9.2.2 膨胀岩土取样应符合下列规定：

1 采用薄壁取土器，取土器入土深度不得大于其直径的3倍，土试样直径不得小于89mm；

2 保持土试样的天然湿度和天然结构，并应防止土试样湿水膨胀或失水干裂。

9.3 湿陷性土

9.3.1 湿陷性土钻进应符合下列规定：

1 湿陷性土钻进应采用干钻方式，并严禁向孔内注水；

2 采取Ⅰ级土试样的钻孔应使用螺旋（纹）钻头回转钻进；

3 采取Ⅰ、Ⅱ级土试样的钻孔应根据地层情况控制钻进速度和旋转速度，并应按一米三钻控制回次进尺；

4 宜使用薄壁取土器进行清孔；当采用螺旋钻头清孔时，宜采取不施压或少加压慢速钻进。

9.3.2 湿陷性土取样应符合下列规定：

1 Ⅰ、Ⅱ级土试样宜在探井、探槽中刻取；

2 在钻孔中采取Ⅰ、Ⅱ级土试样时，应使用黄土薄壁取土器采取压入法取样；当压入法取样困难时，可采用一次击入法取样；

3 采用无内衬取土器取土时，应确保内壁干净平滑，并可在内壁均匀涂上润滑油；采取结构松散的土样时，应采用有内衬取土器，内衬应平整光滑，端部不得上翘或翻卷，并应与取土器内壁紧贴；

4 清孔时，应慢速低压连续压入或一次击入，清孔深度不应超过取样管长度，并不得采用小钻头钻进，大钻头清孔；

5 取样时应先将取土器轻轻吊放至孔底，然后匀速连续快速压入或一次击入，中途不得停顿，在压入过程中，钻杆应保持垂直、不摇摆，压入或击入深度宜保证土样超过盛土段50mm；

6 卸土时不得敲击取土器；土试样取出后，应检查试样质量，当试样受压、破裂或变形扰动时，应废弃并重新取样。

9.4 多年冻土

9.4.1 多年冻土钻进应符合下列规定：

1 第四系松散冻土层，宜采用慢速干钻方法，钻进回次时间不宜超过5min，回次进尺不宜大于0.5m；

2 对于高含冰量的黏性土层，应采取快速干钻方法，钻进回次进尺不宜大于0.80m；

3 钻进冻结碎石土或基岩时，可采用低温冲洗液；低温冲洗液的含盐浓度可根据表9.4.1确定；

表9.4.1 低温冲洗液的含盐浓度

冰 点	含盐溶液浓度（%）
−4℃	4.7
−6℃	9.4
−8℃	14.1

4 孔内有残留岩芯时，应及时设法清除；不能连续钻进时，应将钻具及时从孔内提出；

5 为防止地表水或地下水渗入钻孔，应设置护孔管封水或采取其他止水措施，孔口应加盖密封；护孔管应固定且高出地面0.1m～0.2m，下端应至冻土上限以下0.5m～1.0m；

6 起拔冻土孔内的套管可采用振动拔管，也可用热水加温套管或在钻孔四周钻小口径钻孔并辅以振动拔管；

7 在钻探和测温期间，应减少对场地地表植被的破坏。

9.4.2 多年冻土取样应符合下列规定：

1 采取Ⅰ、Ⅱ级冻土试样宜在探井、探槽和探洞中刻取；钻孔取样宜采取大直径试样；

2 冻土可用岩芯管取样；岩芯管取样困难时，可采用薄壁取土器击入法取样；

3 从岩芯管内取芯时，可采用缓慢泵压法退芯，当退芯困难时可辅以热水加热岩芯管；取出的岩芯应自上而下按顺序摆放，并应标记岩芯深度；

4 Ⅰ、Ⅱ级冻土试样取出后，宜在现场及时进行试验。当现场不具备试验条件时，应立即密封、包装、编号并冷藏土样送至试验室，在运输中应避免试样振动。

9.5 污 染 土

9.5.1 当污染土对人体有害或对钻具仪表有腐蚀性时，应采取必要的保护措施。

9.5.2 在污染土中钻进时，不宜采用冲洗液，可采用清水或不产生附加污染的可生物降解的酯基洗孔液。

9.5.3 在较深钻孔和坚实土层中，应采用回转法取样；在较浅钻孔和松散土层中，宜采用压入法或冲击法取样。

9.5.4 取样工具应保持清洁，应采取有效措施避免污染土与大气及操作人员接触受到二次污染，并应防止挥发性物质流失、氧化。

9.5.5 土试样采集后应采取适当的封存方法，并应按规定的要求及时试验。

10 特 殊 场 地

10.1 岩 溶 场 地

10.1.1 在岩溶地区钻探时，进场前应搜集当地区域地质资料，并应配置相应钻具、护管和早强水泥等。

10.1.2 岩溶发育地区钻探宜采用液压钻机，并应低压、中慢速钻进。

10.1.3 岩溶发育地区钻进过程中，当钻穿溶洞顶板时，应立即停钻，并用钻杆或标准贯入器试探，然后根据该溶洞的特点，确定后续钻进方法和应采用的钻具。同时应详细记录溶洞顶、底板的深度，洞内充填物及其性质、成分、水文地质情况等。

10.1.4 当溶洞内有充填物时，应采用双层岩芯管钻进或采用单层岩芯管无泵钻进。

10.1.5 对无充填物或充填物不满的溶洞，钻进时，应按溶洞大小及时下相应长度的护管。

10.1.6 岩溶发育地区钻进时，应采用带卡簧或爪簧岩芯管取芯。钻具应慢速起落，遇阻时应分析原因并采取相应措施。

10.1.7 当遇有蜂窝状小型溶洞群、严重漏水并无法干钻钻进且护管无效时，应使用早强水泥浆进行封堵。

10.2 水 域 钻 探

10.2.1 水域钻探开工前，应收集相关水域的水文、气象、航运等资料，并应做好钻探计划和安全措施。

10.2.2 水域钻探应在水上固定式钻探平台或钻探船、筏等浮式平台上进行。钻探平台类型应根据钻探水域的水文、气象、地质条件和勘探技术要求等确定。

10.2.3 钻探点定位测量的仪器与方法，可根据场地离岸的距离进行选择。钻探点应按设计点位施放，开孔后应实测点位坐标和高程，并应与最新测绘的水域地形图及水文、潮汐等资料进行核对。

10.2.4 钻探点的点位高程应由多次同步测量的水深与水位确定，并可用处于稳定状态套管的长度作校核。在水深流急区域，不宜使用水砣绳测水深法确定点位标高。

10.2.5 水深测量应在孔位附近进行，水深测量和水位观测应同时进行。在潮汐影响水域采用勘探船、筏等浮式平台作业时，应按勘探任务书要求定时进行水位观测，并应校正水面标高。在地层变层时，应及时记录同步测量的水尺读数和水深水位观测数据，并应准确计算变层和钻进深度。

10.2.6 对于水域钻孔的护孔套管，除应满足陆域钻进的要求外，插入土层的套管长度应进入密实地层，并应保持稳定，确保冲洗液不跑漏。

10.2.7 在涨落潮水域采用浮动平台钻探时，可安装与浮动平台连接的导向管，并应配备 0.3m～1.0m 短套管。

10.3 冰上钻探

10.3.1 冰上钻探前，应收集该区域的结冰期、冰层厚度及气象变化规律等资料。钻探施工过程中，应设专人定时对气象和冰层厚度变化进行观测。

10.3.2 冰上钻探宜在封冰期进行，且冰层厚度不得小于 0.4m。春融期间，冰层实际厚度应大于 0.6m，且冰水之间不应有空隙；冰层厚度应满足钻探设备及人员的自重要求。

10.3.3 冰上钻探前，应规划、设定冰上人员行走和机具设备、材料搬运路线，并应避开冰眼和薄弱冰带。

10.3.4 钻场 20m 范围内，不得随意开凿冰洞。抽水、回水冰洞应在钻场 20m 以外。

10.3.5 冲洗液中应加入适量的防冻液。冲洗液池与基台间的距离宜大于 3.0m。

10.3.6 冰上钻探时，应做好人员及土样防冻工作，钻场内炉具底部及附近应铺垫砂土等隔热层。

10.3.7 在受海潮影响的河流、湖泊进行冰上钻探时，基台应高于冰面 0.3m 以上，并应根据冰面变化随时进行调整。

11 地下水位量测及取水试样

11.0.1 地下水位的量测应符合下列规定：

1 遇地下水时应量测水位；

2 对工程有影响的多层含水层的水位量测，应采取分层隔水措施，将被测含水层与其他含水层隔开。

11.0.2 对于初见水位和稳定水位，可在钻孔、探井或测压管内直接量测。稳定水位量测的间隔时间应根据地层的渗透性确定，且对砂土和碎石土，不得少于 30min，对粉土和黏性土，不得少于 8h，并宜在勘探结束后统一量测稳定水位。

11.0.3 水位量测读数精度不得低于 ±20mm。

11.0.4 因采用泥浆护壁影响地下水位观测时，可在场地范围内另外布置专用的地下水位观测孔。

11.0.5 取水试样应符合下列规定：

1 采取的水试样应代表天然条件下的水质情况；

2 当有多层含水层时，应做好分层隔水措施，并应分层采取水样；

3 取水试样前，应洗净盛水容器，不得有残留杂质；

4 取水试样过程中，应尽量减少水试样的暴露时间，及时封口；对需测定不稳定成分的水样时，应及时加入稳定剂；

5 采取水试样后，应做好取样记录，记录内容应包括取样时间、孔号、取样深度、取样人、是否加入稳定剂等；

6 水试样应及时送验，放置时间应符合试验项目的相关要求。

12 岩土样现场检验、封存及运输

12.0.1 钻孔取土器提出地面之后，应小心地将土试样连同容器（衬管）卸下，并应符合下列规定：

1 对于以螺钉连接的薄壁管，卸下螺钉后可立即取下取样管；

2 对丝扣连接的取样管、回转型取土器，应采用链钳、自由钳或专用扳手卸开，不得使用管钳等易于使土样受挤压或使取样管受损的工具；

3 采用外管非半合管的带衬管取土器时，应将衬管与土样从外管推出，并应事先将土样削至略低于衬管边缘，推土时，土试样不得受压；

4 对各种活塞取土器，卸下取样管之前应打开活塞气孔，消除真空。

12.0.2 对钻孔中采取的 I 级原状土试样，应在现场测定取样回收率。使用活塞取土器取样回收率大于 1.00 或小于 0.95 时，应检查尺寸量测是否有误，土试样是否受压，并应根据实际情况决定土试样废弃或降低级别使用。

12.0.3 采取的土试样应密封，密封可选用下列方法：

1 方法一：在钻孔取土器中取出土样时，先将

上下两端各去掉约20mm，再加上一块与土样截面积相当的不透水圆片，然后浇灌蜡液，至与容器端齐平，待蜡液凝固后扣上胶皮或塑料保护帽；

　　2 方法二：取出土样用配合适当的盒将两端盖严后，将所有接缝采用纱布条蜡封封口；

　　3 方法三：采用方法一密封后，再用方法二密封。

12.0.4 对软质岩石试样，应采用纱布条蜡封或黏胶带立即密封。

12.0.5 每个岩土试样密封后均应填贴标签，标签上下应与土试样上下一致，并应牢固地粘贴在容器外壁上。土试样标签应记载下列内容：

　　1 工程名称或编号；

　　2 孔（井、槽、洞）号、岩土样编号、取样深度、岩土试样名称、颜色和状态；

　　3 取样日期；

　　4 取样人姓名；

　　5 取土器型号、取样方法、回收率等。

12.0.6 试样标签记载应与现场钻探记录相符。取样的取土器型号、取样方法、回收率等应在现场记录中详细记载。

12.0.7 采取的岩土试样密封后应置于温度及湿度变化小的环境中，不得暴晒或受冻。土试样应直立放置，严禁倒放或平放。

12.0.8 运输岩土试样时，应采用专用土样箱包装，试样之间应用柔软缓冲材料填实。

12.0.9 对易于振动液化、水分离析的砂土试样，宜在现场或就近进行试验，并可采用冰冻法保存和运输。

12.0.10 岩土试样采取之后至开土试验之间的贮存时间，不宜超过两周。

13 钻孔、探井、探槽和探洞回填

13.0.1 钻孔、探井、探槽、探洞等勘探工作完成后，应根据工程要求选用适宜的材料分层回填。回填材料及方法可按表13.0.1的要求选择。

表13.0.1 回填材料及方法

回填材料	回填方法
原土	每0.5m分层夯实
直径20mm左右黏土球	均匀回填，每0.5m～1m分层捣实
水泥、膨润土（4∶1）制成浆液或水泥浆	泥浆泵送入孔底，逐步向上灌注
素混凝土	分层捣实
灰土	每0.3m分层夯实

13.0.2 钻孔、探井、探槽宜采用原土回填，并应分层夯实，回填土的密实度不宜小于天然土层。

13.0.3 需要时，应对探洞洞口采取封堵处理。

13.0.4 临近堤防的钻孔应采用干黏土球回填，并应边回填边夯实；有套管护壁的钻孔应边起拔套管边回填；对隔水有特殊要求时，可用水泥浆或4∶1水泥、膨润土浆液通过泥浆泵由孔底向上灌注回填。

13.0.5 特殊地质或特殊场地条件下的钻孔、探井、探槽和探洞的回填，应按勘探任务书的要求回填，并应符合有关主管部门的规定。

14 勘探编录与成果

14.1 勘探现场记录

14.1.1 勘探记录应在勘探进行过程中同时完成，记录内容应包括岩土描述及钻进过程两个部分。现场岩土性鉴别应符合本规程附录G的规定，现场勘探记录可按本规程附录H执行。

14.1.2 勘探现场记录表的各栏均应按钻进回次逐项填写。当同一回次中发生变层时，应分行填写，不得将若干回次或若干层合并一行记录。现场记录的内容，不得事后追记或转抄，误写之处可用横线划去在旁边更正，不得在原处涂抹修改。

14.1.3 各类地层的描述应符合下列规定：

　　1 碎石土和卵砾石土应描述下列内容：

　　　　1） 颗粒级配、颗粒含量、颗粒粒径、磨圆度、颗粒排列及层理特征；

　　　　2） 粗颗粒形状、母岩成分、风化程度和起骨架作用状况；

　　　　3） 充填物的性质、湿度、充填程度及密实度。

　　2 砂土应描述下列内容：

　　　　颜色、湿度、密实度：

　　　　① 颗粒级配、颗粒形状和矿物组成及层理特征；

　　　　② 黏性土含量。

　　3 粉土应描述下列内容：

　　　　1） 颜色、湿度、密实度；

　　　　2） 包含物、颗粒级配及层理特征；

　　　　3） 干强度、韧性、摇振反应、光泽反应。

　　4 黏性土应描述下列内容：

　　　　1） 颜色、湿度、状态；

　　　　2） 包含物、结构及层理特征；

　　　　3） 光泽反应、干强度、韧性等。

　　5 填土应描述下列内容：

　　　　1） 填土的类别，可分为素填土、杂填土、充填土、压密填土；

　　　　2） 颜色、状态或密实度；

　　　　3） 物质组成、结构特征、均匀性；

4）堆积时间、堆积方式等。

　　6　对于特殊性岩土，除应描述相应土类的内容外，尚应描述其特殊成分和特殊性质。

　　7　对具有互层、夹层、夹薄层特征的土，尚应描述各层的厚度和层理特征。

14.1.4　岩石的描述应包括地质年代、地质名称、颜色、主要矿物、结构、构造和风化程度、岩芯采取率、岩石质量指标（RQD）。对沉积岩尚应描述沉积物的颗粒大小、形状、胶结物成分和胶结程度；对岩浆岩和变质岩尚应描述矿物结晶大小和结晶程度。

14.1.5　岩体的描述应包括结构面、结构体、岩层厚度和结构类型，并宜符合下列规定：

　　1　结构面的描述宜包括类型、性质、产状、组合形式、发育程度、延展情况、闭合程度、粗糙程度、充填情况和充填物性质以及充水性质等；

　　2　结构体的描述宜包括类型、形状和大小、完整程度等情况。

14.1.6　岩土定名、描述术语及记录均应符合国家现行《岩土工程勘察规范》GB 50021 等标准的规定。鉴定描述应以目测、手触方法为主，并可辅以部分标准化、定量化的方法或仪器。

14.1.7　钻探过程的记录应包括下列内容：

　　1　使用的钻进方法、钻具名称、规格、护壁方式等；

　　2　钻进的难易程度、进尺速度、操作手感、钻进参数的变化情况；

　　3　孔内情况，应注意缩径、回淤、地下水位或冲洗液位及其变化等；

　　4　取样及原位测试的编号、深度位置、取样工具名称规格、原位测试类型及其结果；

　　5　异常情况。

14.2　勘探成果

14.2.1　勘探成果应包括下列内容：

　　1　勘探现场记录；

　　2　岩土芯样、岩芯照片；

　　3　钻孔、探井（槽、洞）的柱状图、展开图等；

　　4　勘探点坐标、高程数据一览表。

14.2.2　勘探点应按要求保存岩土芯样，并可拍摄岩土芯样的彩色照片，纳入勘察成果资料。

14.2.3　探井、探槽应按本规程附录F绘制展开图、剖面图，并宜按本规程附录J绘制现场钻孔柱状图。

14.2.4　钻探成果应有钻探机（班）长、记录员及工程负责人或检查人签名。

附录A　工程地质钻孔口径及钻具规格

表A　工程地质钻孔口径及钻具规格

钻孔口径(mm)	钻具规格（mm）										相应于DCDMA标准的级别
	岩芯外管		岩芯内管		套管		钻杆		绳索钻杆		
	D	d	D	d	D	d	D	d	D	d	
36	35	29	26.5	23	45	38	33	23	—	—	E
46	45	38	35	31	58	49	43	31	43.5	34	A
59	58	51	47.5	43.5	73	63	54	42	55.5	46	B
75	73	65.5	62	56.5	89	81	65	55	71	61	N
91	89	81	77	70	108	99.5	65	55	—	—	—
110	108	99.5	—	—	127	118	—	—	—	—	—
130	127	118	—	—	146	137	—	—	—	—	—
150	146	137	—	—	168	156	—	—	—	—	S

注：DCDMA标准为美国金钢石钻机制造者协会标准。

附录B　岩土可钻性分级

表B　岩土可钻性分级

岩土可钻性分级	岩土硬度	代表性岩土	普氏坚固系数	可钻性指标(m/h)	
				金刚石	硬质合金
I	松软、松散	流～软塑的黏性土、有机土（淤泥、泥炭、耕土），稍密的粉土，含硬杂质在10%以内的人工填土	0.3～1		
II	较松软、松散	可塑的黏性土，中密的粉土，新黄土，含硬杂质在(10～25)%的人工填土，粉砂、细砂、中砂	1～2		
III	软	硬塑、坚硬的黏性土，密实的粉土，含杂质在25%以上的人工填土，老黄土，残积土，粗砂、砾砂、砾石、轻微胶结的砂土，石膏、褐煤、软烟煤、软白垩	2～4		

岩土可钻性分级	岩土硬度	代表性岩土	普氏坚固系数	可钻性指标(m/h)	
				金刚石	硬质合金
IV	稍软	页岩，砂质页岩，油页岩，炭质页岩，钙质页岩，砂页岩互层，较致密的泥灰岩，泥质砂岩，中等硬度煤层，岩盐，结晶石膏，高岭土，火山凝灰岩，冻结的含水砂层	4~6		>3.9
V	稍硬	崩积层，泥质板岩，绿泥石、云母、绢云母板岩，千枚岩，片岩，块状石灰岩，白云岩，细粒结晶灰岩，大理岩，蛇纹岩，纯橄榄岩，硬烟煤，冻结的粗砂、砾石层，冻土层，粒径大于20mm含量大于50%的卵石、碎石，金属矿渣	6~7	2.9~3.6	2.5
VI	中	轻微硅化的灰岩，方解石、绿帘石矽卡岩，钙质胶结的砾岩，长石砂岩，石英砂岩，石英粗面岩，角闪石斑岩，透辉石岩，辉长岩，冻结的砾石层，粒径大于40mm含量大于50%的卵石、碎石，混凝土构件、砌块、路面	7~8	2.3~3.1	2.0
VII		微硅化的板岩、千枚岩、片岩，长石石英砂岩，石英二长岩，微片岩化的钠长石斑岩，粗面岩，角闪石斑岩，玢岩，微风化的粗粒花岗岩、正长岩、斑岩、辉长岩及其他火成岩，硅质灰岩，燧石岩，粒径大于60mm含量大于50%的卵石、碎石	8~10	1.9~2.6	1.4
VIII	硬	硅化绢云母板岩，千枚岩，片岩，片麻岩，绿帘石岩，含石英的碳酸盐岩石，含石英重晶石岩石，含磁铁矿和赤铁矿石英岩，钙质胶结的砾岩，玄武岩，辉绿岩，安山岩，辉石岩，石英安山斑岩，中粒结晶的钠长斑岩和角闪石斑岩，细粒硅质胶结的石英砂岩和长石砂岩，含大块燧石灰岩，轻微风化的花岗岩、花岗片麻岩，伟晶岩，闪长岩，辉长岩等，粒径大于80mm含量大于50%的卵石、碎石	11~14	1.5~2.1	0.8

岩土可钻性分级	岩土硬度	代表性岩土	普氏坚固系数	可钻性指标(m/h)	
				金刚石	硬质合金
IX	硬	高硅化的板岩、千枚岩、灰岩、砂岩，粗粒的花岗岩、花岗闪长岩、花岗片麻岩、正长岩、粗面岩，微硅化的石英粗面岩，伟晶花岗岩、灰岩、硅化的凝灰岩、角页岩化的凝灰岩、细粒石英岩、石英质磷灰岩，伟晶岩，粒径大于100mm含量大于50%的卵石、碎石，半胶结的卵石土	14~16	1.1~1.7	
X	坚硬	细粒的花岗岩、花岗闪长岩、花岗片麻岩、流纹岩，微晶花岗岩，石英粗面岩，石英钠长斑岩，坚硬的石英伟晶岩，燧石层，粒径大于130mm含量大于50%的卵石、碎石，胶结的卵石土	16~18	0.8~1.2	
XI		刚玉岩，石英岩，碧玉岩，块状石英，最坚硬的铁质角页岩，碧玉质的硅化板岩，燧石岩，粒径大于160mm含量大于50%的卵石、碎石	18~20	0.5~0.9	
XII	最坚硬	未风化及致密的石英岩、碧玉岩、角页岩、纯钠辉石刚玉岩，燧石，石英，粒径大于200mm含量大于50%的漂石、块石		<0.6	

注：岩石的强风化、全风化和残积土，可参照类似土层确定。

附录 C 不同等级土试样的取样工具适宜性

表 C 不同等级土试样的取样工具适宜性

土试样质量等级	取样工具		适用土类									
			黏性土				粉土	砂土				砾砂、碎石土、软岩
			流塑	软塑	可塑	硬塑	坚硬		粉砂	细砂	中砂	粗砂	
I	薄壁取土器	固定活塞	++	++	+	-	-	+	+	+	-	-	-
		水压固定活塞	++	++	+	-	-	+	+	+	-	-	-
		自由活塞	-	+	++	-	-	+	+	+	-	-	-
		敞口	-	+	+	-	-	+	+	+	-	-	-

续表C

土试样质量等级	取样工具		黏性土					粉土	砂土				砾砂、碎石土、软岩
			流塑	软塑	可塑	硬塑	坚硬		粉砂	细砂	中砂	粗砂	
Ⅰ	回转取土器	单动三重管	−	+	++	++	+	++	++	−	−	−	−
		双动三重管			+	++	+			+	++	++	++
	探井(槽)中刻取块状土样		++	++	++	++	++	++	++	++	++	++	++
Ⅰ~Ⅱ	束节式取土器		+	++	++	−	−	−	+	−	−	−	−
	黄土取土器													
	原状取砂器		−	−	−	−	−	+	++	++	++	++	+
Ⅱ	薄壁取土器	水压固定活塞	++	++	+								
		自由活塞	+	++	+								
		敞口	++	+									
	回转取土器	单动三重管		+	++	++							
		双动三重管			+	++				+	++	++	++
	厚壁敞口取土器		+	+	+	+	+	+	+	+			
Ⅲ	厚壁敞口取土器		++	++									
	标准贯入器		++	++									
	螺纹钻头		++	++									
	岩芯钻头												+
Ⅳ	标准贯入器		++	++	++								
	螺纹钻头		++	++	++								
	岩芯钻头		++	++	++								++

注：1 ++：适用；+：部分适用；−：不适用；

　　2 采取砂土试样应有防止试样失落的补充措施；

　　3 有经验时，可用束节式取土器代替薄壁取土器；

　　4 黄土取土器是专门在黄土层中取样工具，适用于湿陷性土、黄土、黄土类土，在严格操作方法下可以取得Ⅰ级土样；

　　5 三重管回转取土器的内管超前长度应根据土类不同予以调整，也可采用有自动调整装置的取土器，如皮切尔(Pitcher)取土器。

附录 D　取土器技术标准

D.0.1　贯入式取土器技术指标应符合表 D.0.1 的规定。

表 D.0.1　贯入式取土器技术指标

取土器		取样管外径(mm)	刃口角度(°)	面积比(%)	内间隙比(%)	外间隙比(%)	薄壁管总长(mm)	衬管长度(mm)	衬管材料	说明
薄壁取土器	敞口	50, 75, 100		<10	0		500, 700, 1000	−	−	−
	自由活塞	75, 100	5~10			0				
	水压固定活塞			10~13	0.5~1.0					
	固定活塞									

续表 D.0.1

取土器	取样管外径(mm)	刃口角度(°)	面积比(%)	内间隙比(%)	外间隙比(%)	薄壁管总长(mm)	衬管长度(mm)	衬管材料	说明
束节式取土器	50, 75, 100	管靴薄壁段同薄壁取土器，长度不小于内径的3倍					200, 300	塑料、酚醛层压纸或用环刀	−
黄土取土器	127	10	15	1.5	1.0		150	塑料、酚醛层压纸	废土段长度200mm
厚壁取土器	75~89, 108	<10 双刃角 13~20	0.5~1.5	0~2.0		150, 200, 300		塑料、酚醛层压纸或镀锌薄钢板	废土段长度200mm

注：1 如果使用镀锌薄钢板衬管，应保证形状圆整，满足面积比要求，重复使用前应注意清理和整形；

　　2 厚壁取土器亦可不用衬管，另备盛样管。

D.0.2　回转式取土器技术指标应符合表 D.0.2 的规定。

表 D.0.2　回转式取土器技术指标

取土器类型		外径(mm)	土样直径(mm)	长度(mm)	内管超前	说明
双重管(加内衬管即为三重管)	单动	102	71	1500	固定可调	直径尺寸可视材料规格稍作变动，但土样直径不得小于71mm
		140	104			
	双动	102	71	1500	固定可调	
		140	104			

D.0.3　环刀取砂器技术指标应符合表 D.0.3 的规定。

表 D.0.3　环刀取砂器技术指标

取砂器类型	外径(mm)	砂样直径(mm)	长度(mm)	内管超前(mm)	应用范围取样等级	取样方法
内环刀取砂器	75~95	61.8~79.8	710	无内管	1 粉砂、细砂、中砂、粗砂、砾砂，亦可用于软塑、可塑性黏性土及部分粉土。 2 Ⅰ、Ⅱ级试样	压入法或重锤少击法取样
双管单动内环刀取砂器	108	61.8	675	20~50（根据土层硬度超前量自动调节）	1 粉砂、细砂、中砂、粗砂、砾砂，亦可用于软塑、可塑性黏性土及部分粉土。 2 Ⅰ、Ⅱ级试样	回转钻进法取样

附录 E 各类取土器结构示意图

E. 0. 1 各类取土器结构示意图见图 E. 0. 1-1～图 E. 0. 1-12。

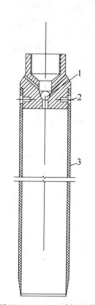

图 E. 0. 1-1 敞口薄
壁取土器

1—阀球；2—固定螺钉；
3—薄壁器

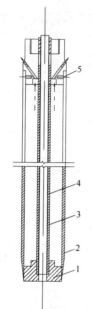

图 E. 0. 1-2 固定活塞
取土器

1—固定活塞；2—薄壁取样管；
3—活塞杆；4—消除真空杆；
5—固定螺钉

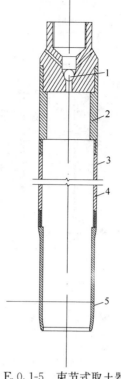

图 E. 0. 1-5 束节式取土器

1—阀球；2—废土管；
3—半合土样管；
4—衬管或环刀；
5—束节薄壁管靴

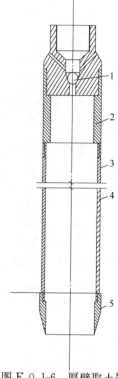

图 E. 0. 1-6 厚壁取土器

1—阀球；2—废土管；
3—半合取土样管；
4—衬管；5—加厚
管靴

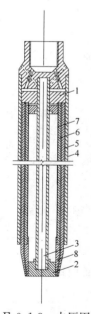

图 E. 0. 1-3 水压固定
活塞取土器

1—可动活塞；2—固定活塞；
3—活塞杆；4—活塞缸；
5—竖向导杆；6—取样管；
7—衬管（采用薄壁管
时无衬管）；
8—取样管刃靴

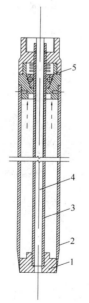

图 E. 0. 1-4 自由活塞
取土器

1—活塞；2—薄壁取样管；
3—活塞杆；4—消除真
空杆；5—弹簧锥卡

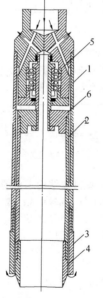

图 E. 0. 1-7 单动二（三）
重管取土器

1—外管；2—内管
（取样管及衬管）；
3—外管钻头；
4—内管管靴；
5—轴承；6—内
管头（内装逆止阀）

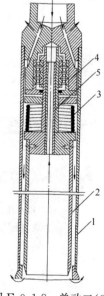

图 E. 0. 1-8 单动二（三）
重管取土器
（自动调节超前）

1—外管；2—内管
（取样管及衬管）；
3—调节弹簧
（压缩状态）；
4—轴承；
5—滑动阀

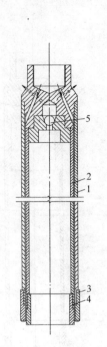
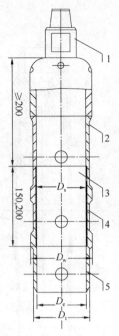

图 E.0.1-9　双动二(三)
重管取土器

1—外管；2—内管；
3—外管钻头；4—内
管钻头；5—逆止阀

图 E.0.1-10　黄土薄壁
取土器

1—导径接头；2—废土筒；
3—衬管；4—取样管；
5—刃口；D_s—衬管内径；
D_w—取样管外径；
D_e—刃口内径；
D_t—刃口外径

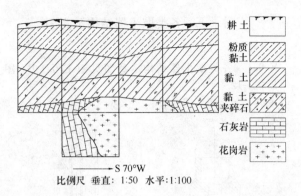

　　　　← S 70°W
比例尺　垂直：1:50　水平：1:100

图 F.0.1　探井剖面展开图式

四个侧面分别按上、下、左、右展开，并应标识方向
标、比例尺、图例等（图 F.0.2）。

F.0.3　绘制探洞剖面展开图式应以底（或顶）面为
轴心，将两个侧面分别向上下展开，并应标识方向
标、比例尺、图例等（图 F.0.3）。

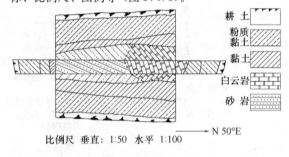

比例尺　垂直：1:50　水平：1:100　　　N 50°E →

图 F.0.2　探槽剖面展开图式

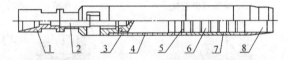

图 E.0.1-11　内环刀取砂器结构示意图

1—接头；2—六角提杆；3—活塞及"O"形密封圈；4—废土管；
5—隔环；6—环刀；7—取砂筒；8—管靴

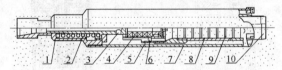

图 E.0.1-12　双管单动内环刀取砂器结构示意图

1—接头；2—弹簧；3—水冲口；4—回转总成；
5—排气排水孔；6—钢球单向阀；7外管钻头；
8—环刀；9—隔环；10—管靴图

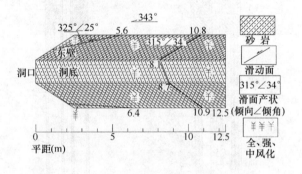

图 F.0.3　探洞剖面展开图式

附录 F　探井、探槽、探洞
剖面展开图式

F.0.1　绘制探井剖面展开图式应将四个侧面连续展
开，底面在第二个侧面底部向下展开，并应标识方向
标、比例尺、图例等（图 F.0.1）。

F.0.2　绘制探槽剖面展开图式应以底面为中心，将

附录 G　岩土的现场鉴别

G.0.1　黏性土、粉土的现场鉴别应符合表 G.0.1 的
规定。

表 G.0.1　黏性土、粉土的现场鉴别

鉴别方法和特征	黏　土	粉质黏土	粉　土
湿润时用刀切	切面非常光滑，刀刃有黏腻的阻力	稍有光滑面，切面规则	无光滑面，切面比较粗糙
用手捻摸的感觉	捻摸湿土有滑腻感，当水分较大时极易黏手，感觉不到有颗粒的存在	仔细捻摸感觉到有少量细颗粒，稍有滑腻感，有黏滞感	感觉有细颗粒存在或感觉粗糙，有轻微黏滞感或无黏滞感
黏着程度	湿土极易黏着物体（包括金属与玻璃），干燥后不易剥去，用水反复洗才能去掉	能黏着物体，干燥后容易剥掉	一般不黏着物体，干后一碰就掉
湿土搓条情况	能搓成小于 0.5mm 的土条（长度不短于手掌）手持一端不致断裂	能搓成(0.5～2)mm 的土条	能搓成(2～3)mm 的土条
干土的性质	坚硬，类似陶器碎片，用锤击才能打碎，不易击成粉末	用锤易击碎，用手难捏碎	用手很易捏碎
摇震反应	无	无	有
光泽反应	有光泽	稍有光泽	无
干强度	高	中等	低
韧性	高	中等	低

G.0.2　黏性土状态的现场鉴别应符合表 G.0.2 的规定。

表 G.0.2　黏性土状态的现场鉴别

稠度状态	坚硬	硬塑	可塑	软塑	流塑
黏土	干而坚硬，很难掰成块	1　用力捏先裂成块后显柔性，手捏感觉干，不易变形；2　手按无指印	1　手捏似橡皮有柔性；2　手按有指印	1　手捏很软，易变形，土块掰时似橡皮；2　用力不大就能按成坑	土柱不能直立，自行变形
粉质黏土	干硬，能掰开或捏成块，有棱角	1　手捏感觉硬，不易变形，土块用力可掰散成碎块；2　手按无指印	1　手按土易变形，有柔性，掰时似橡皮；2　能按成浅凹坑	1　手捏很软，易变形，土块掰时似橡皮；2　用力不大就能按成坑	土柱不能直立，自行变形

G.0.3　粉土湿度的现场鉴别应符合表 G.0.3 的规定。

表 G.0.3　粉土湿度的现场鉴别

湿　度	稍　湿	湿	很　湿
鉴别特征	土扰动后不易握成团，一摇即散	土扰动后能握成团，摇动时土表面稍出水，手中有湿印，用手捏水即吸回	用手摇动时有水析出，土体塌流成扁圆形

G.0.4　砂土的现场鉴别应符合表 G.0.4 的规定。

表 G.0.4　砂土的现场鉴别

鉴别特征	砾　砂	粗　砂	中　砂	细　砂	粉　砂
颗粒粗细	约有 1/4 以上颗粒比荞麦或高粱粒(2mm)大	约有一半以上颗粒比小米粒(0.5mm)大	约有一半以上颗粒与砂糖或白菜籽(>0.25mm)近似	大部分颗粒与粗玉米粉(>0.1mm)近似	大部分颗粒与米粉近似

鉴别特征	砾 砂	粗 砂	中 砂	细 砂	粉 砂
干燥时的状态	颗粒完全分散	颗粒完全分散,个别胶结	颗粒基本分散,部分胶结,胶结部分一碰即散	颗粒大部分分散,少量胶结,胶结部分稍加碰撞即散	颗粒少部分分散,大部分胶结,稍加压即能分散
湿润时用手拍后的状态	表面无变化	表面无变化	表面偶有水印	表面有水印及翻浆现象	表面有显著翻浆现象
黏着程度	无黏着感	无黏着感	无黏着感	偶有轻微黏着感	有轻微黏着感

G.0.5 砂土湿度的现场鉴别应符合表 G.0.5 的规定。

表 G.0.5　砂土湿度的现场鉴别

湿　度	稍　湿	很　湿	饱　和
鉴别特征	呈松散状,用手握时感到湿、凉,放在纸上不会浸湿,加水时吸收很快	可以勉强握成团,放在手上有湿感、水印,放在纸上浸湿很快,加水时吸收很慢	钻头上有水,放在手掌上水自然渗出

G.0.6 碎石土、卵石土密实度的现场鉴别应符合表 G.0.6 的规定。

表 G.0.6　碎石土、卵石土密实度的现场鉴别

状态	天然陡坎或坑壁情况	骨架和充填物	挖掘情况	钻探情况	说明
密实	天然陡坎稳定,能陡立,坎下堆积物少;坑壁稳定,无掉块现象	骨架颗粒含量大于总重的70%,呈交错排列,连续紧密接触,孔隙填满,坚硬密实,掏取大颗粒后填充物能成窝形,不易掉落	用镐挖掘困难,用撬棍方能松动,用手掏取大颗粒有困难	钻进极困难,冲击钻探时钻杆和吊锤跳动剧烈	1 密实程度按表列各项综合确定; 2 本表不包括半胶结的碎石、卵石土; 3 本表未考虑风化和地下水影响
中密	天然陡坎不能陡立或陡坎下有较多的堆积物,自然坡大于颗粒的安息角	骨架颗粒含量占总重的(60~70)%,呈交错排列,大部分接触,疏密不均,孔隙填满,填充砂土时掏取大颗粒后填充物难成窝形	用镐可挖掘,用手可掏取大颗粒	钻进较困难,冲击钻探时钻杆和吊锤跳动不剧烈	
稍密	不能形成陡坎,自然坡接近于颗粒的安息角坑壁不能稳定,易发生坍塌	骨架颗粒含量小于总重的60%,排列混乱,大部分不接触,而被填充物包裹填充砂土时,掏取大颗粒后砂随即坍塌	用镐易刨开,手锤轻击即可引起部分塌落	钻进较容易,冲击钻探时钻杆稍有跳动	

G.0.7 岩石风化程度的现场鉴别应符合表 G.0.7 的规定。

表 G.0.7 岩石风化程度的现场鉴别

岩石类别	风化程度	野外观察的特征	开挖或钻探情况
硬质岩石	微风化	组织结构基本未变，仅节理面有铁锰质浸染或矿物略有变色。有少量风化裂隙，岩体完整性好	开挖需爆破，一般金刚石岩芯钻方可钻进
	中风化	组织结构部分破坏，矿物成分基本未变化，仅沿节理面出现次生矿物。风化裂隙发育，岩体被切割成 20cm～50cm 的岩块，锤击声脆，且不易击碎	不能用镐挖掘，一般金刚石岩芯钻方可钻进
	强风化	组织结构已大部分破坏，矿物成分已显著变化，长石、云母已风化成次生矿物，裂隙很发育，岩体被切割成 2cm～20cm 的岩块，可用手折断	用镐可挖掘，干钻不易钻进
软质岩石	微风化	组织结构基本未变，仅节理面有铁锰质浸染或矿物略有变色，有少量风化裂隙，岩体完整性好	开挖用撬棍或爆破，一般金刚石、硬质合金均可钻进
	中风化	组织结构部分破坏，矿物成分发生变化，节理面附近的矿物已风化成土状，风化裂隙发育，岩体被切割成 20cm～50cm 岩块，锤击易碎	开挖用镐或撬棍，硬质合金可钻进
	强风化	组织结构已大部分破坏，矿物成分已显著变化，含大量黏土矿物，风化裂隙很发育，岩体被切割成碎块，干时可用手折断或捏碎，浸水或干湿交替时可较迅速地软化或崩解	用镐可挖掘，干钻可钻进
全风化		组织结构已基本破坏，但尚可辨认，有残余结构强度，风化成土混砂砾状或土夹碎粒状，岩芯手可掰断捏碎	用镐锹可挖掘，干钻可钻进
残积土		组织结构已全部破坏，已风化成土状，具可塑性	用镐锹可挖掘，干钻可钻进

G.0.8 岩石硬度的现场鉴别应符合表 G.0.8 的规定。

表 G.0.8 岩石硬度的现场鉴别

硬 度	鉴 别 特 征
很软的	用手指易压碎，锤轻击有凹痕
软 的	用手指不易压碎，用笔尖刻划可有划痕
中等的	用笔尖难于刻划，用小刀刻划有划痕，用钎击有凹痕
中硬的	用小刀难于刻划，用锤轻击有击痕或破碎
坚硬的	用锤重击出现击痕破碎
很坚硬	用锤反复重击方能破碎

G.0.9 红黏土的现场鉴别应符合表 G.0.9 的规定。

表 G.0.9 红黏土的现场鉴别

主要鉴别项目	特 征
母岩名称	石灰岩、白云岩
母岩岩性	主要为碳酸盐类岩石，岩层褶皱剧烈，岩石较破碎，易风化，成土后土质较细，液限大于 50%，塑性高，黏粒含量在 50%以上

续表 G.0.9

主要鉴别项目	特 征
分布规律及特征	多分布在山区或丘陵地带，见于山坡、山麓、盆地或洼地中，其厚度取决于基岩的起伏，一般是低处厚，高处薄，变化极大。 颜色棕红、褐黄、直接覆盖于碳酸岩系之上的黏土，具有表面收缩，上硬下软，裂隙发育的特征。地下水位以上的土，一般结构性好，强度高；地下水位以下的土，一般呈可塑、软塑或流塑状态，强度低，压缩性高。切面很光滑

G.0.10 膨胀岩土的现场鉴别应符合表 G.0.10 的规定。

表 G.0.10 膨胀岩土的现场鉴别

主要鉴别项目	特 征
分布规律	分布于盆地的边缘和较高级的阶地上。下接湖积或冲积平原，上邻丘陵山地；在堆积时代上多属更新世，在成因类型上冲积、坡积和残积均有

续表 G.0.10

主要鉴别项目	特 征
矿物成分	含多量的蒙脱石、伊利石(水云母)、多水高岭土等(化学成分以 SiO_2 和 Al_2O_3、Fe_2O_3 为主)
颗粒与结构	黏土颗粒含量较高,塑性指数大,一般接近于黏土,土的结构强度高,但在水的作用下其表部易成泥泞的稀泥并在一定范围内膨胀
干燥后的特征	干燥时土质坚硬,易裂,具有不甚明显的垂直节理,在现场可见高度 2m ～5m 左右的陡壁,有崩塌现象

G.0.11 残积土的现场鉴别应符合表 G.0.11 的规定。

表 G.0.11　残积土的现场鉴别

主要鉴别项目	特 征
结 构	结构已全部破坏,矿物成分除石英外,已风化成土状。镐易挖掘,干钻易钻进,具可塑性
分布规律	分布于基岩起伏平缓地区,与下卧基岩风化带呈渐变关系
残积砂土	未经分选,可具母岩矿物成分,表面粗糙,有棱角,常与碎石及黏性土混在一起,其厚度不均
残积粉土和残积黏性土	产状复杂,厚度不均,深埋者常为硬塑或坚硬状态。裸露地表者,孔隙比较大
残积碎石土	碎石成分与母岩相同,未经搬运,分选差、大小混杂、颗粒呈棱角形

G.0.12 新近沉积土的现场鉴别应符合表 G.0.12 的规定。

表 G.0.12　新近沉积土的现场鉴别

沉积环境	颜色	结构性	含有物
河漫滩、山前洪、冲积扇(锥)的表层、古河道、已填塞的湖、塘、沟、谷和河道泛滥区	较深而暗,呈褐、暗黄或灰色,含有机质较多时带灰黑色	结构性差,用手扰动原状土时极易变软,塑性较低的土还有振动水析现象	在完整的剖面中无粒状结核体,但可能含有圆形及亚圆形钙质结核体(如礓结石)或贝壳等,在城镇附近可能含有少量碎砖、瓦片、陶瓷、铜币或朽木等人类活动遗物

G.0.13 黄土的现场鉴别应符合表 G.0.13 的规定。

表 G.0.13　黄土的现场鉴别

黄土名称	颜色	特征及包含物	古土壤	沉积环境	挖掘情况
Q_4^2 新近堆积黄土	浅褐至深褐色,或黄至黄褐色	土质松散不均,多虫孔和植物根孔,有粉末状或条纹状碳酸盐结晶,含少量小砾石或钙质结核,有时有砖瓦碎块或朽木等	无	河漫滩低级阶地,山间洼地的表面,黄土源、峁的坡脚,洪积扇或山前坡积地带,老河道及填塞的沟槽洼地的上部	锹挖很容易,进度较快
Q_4^1 黄土状土	褐黄至黄褐色	具有大孔、虫孔和植物根孔,含少量小的钙质结核或小砾石。有时有人类活动遗物,土质较均匀	底部有深褐色黑垆土	河流阶地的上部	锹挖容易,但进度稍慢
Q_3 马兰黄土	浅黄、褐黄或黄褐色	土质均匀、大孔发育,具垂直节理,有虫孔及植物根孔,有少量小的钙质结核,呈零星分布	底部有一层古土壤,作为与 Q_2 黄土的分界	河流阶地和黄土源、梁、峁的上部,以及黄土高原与河谷平原的过渡地带	锹、镐挖掘不困难
Q_2 离石黄土	深黄、棕黄或黄褐色	土质较密实,有少量大孔。古土壤层下部钙质结核含量增多,粒径可达 5cm～20cm,常成层分布成为钙质结核层	夹有多层古土壤层,称"红三条"或"红五条"甚至更多	河流高阶地和黄土源、梁、峁的黄土主体	锹、镐挖掘困难
Q_1 午城黄土	浅红或棕红色	土质密实,无大孔,柱状节理发育,钙质结核含量较 Q_2 黄土少	古土壤层不多	第四纪早期沉积,底部与第三纪红黏土或砂砾层接触	锹、镐挖掘很困难

G.0.14 冻土构造与现场鉴别应符合表 G.0.14 的规定。

表 G.0.14 冻土构造与现场鉴别

构造类别	冰的产状	岩性与地貌条件	冻结特征	融化特征
整体构造	晶粒状	1 岩性多为细颗粒土，但砂砾石土冻结亦可产生此种构造； 2 一般分布在长草或幼树的阶地和缓坡地带以及其他地带； 3 土壤湿度：稍湿	1 粗颗粒土冻结，结构较紧密，孔隙中有冰晶，可用放大镜观察到； 2 细颗粒土冻结，呈整体状； 3 冻结强度一般(中等)，可用锤子击碎	1 融化后原土结构不产生变化； 2 无渗水现象； 3 融化后，不产生融沉现象
层状构造	微层状(冰厚一般可达1mm~5mm)	1 岩性以粉砂或黏性土为主； 2 多分布在冲-洪积扇及阶地其他地带，植被较茂密； 3 土壤湿度：潮湿	1 粗颗粒土冻结，孔隙被较多冰晶充填，偶尔可见薄冰层； 2 细颗粒土冻结，呈微层状构造，可见薄冰层或薄透镜体冰； 3 冻结强度很高，不易击碎	1 融化后原土体积缩小现象不明显； 2 有少量水分渗出； 3 融化后，产生弱融沉现象
层状构造	层状(冰厚一般可达5mm~10mm)	1 岩性以粉砂为主； 2 一般分布在阶地或塔头沼泽地带； 3 有一定的水源补给条件； 4 土壤湿度：很湿	1 粗颗粒土如砾石被冰分离，可见到较多冰透镜体； 2 细颗粒土冻结，可见到层状冰； 3 冻结强度高，极难击碎	1 融化后土体积缩小； 2 有较多水分渗出； 3 融化后产生融沉现象

续表 G.0.14

构造类别	冰的产状	岩性与地貌条件	冻结特征	融化特征
网状构造	网状(冰厚一般可达10mm~25mm)	1 岩性以细颗粒土为主； 2 一般分布在塔头沼泽与低洼地带； 3 土壤湿度：饱和	1 粗颗粒土冻结，有大量冰层或冰透镜体存在； 2 细颗粒土冻结，冻土互层； 3 冻结强度偏低，易击碎	1 融化后土体积明显缩小，水土界限分明，并可成流动状态； 2 融化后产生融沉现象
网状构造	厚层网状(冰厚一般可达25mm以上)	1 岩性以细颗粒土为主； 2 分布在低洼积水地带，植被以塔头、苔藓、灌丛为主； 3 土壤湿度：超饱	1 以中厚层状构造为主； 2 冰体积大于土体积； 3 冻结强度很低，极易击碎	1 融化后水土分离现象极其明显，并成流动体； 2 融化后产生融陷现象

附录 H 钻孔现场记录表式

表 H 钻孔现场记录表式

_____工程钻探野外记录　　　　全___页，第___页

钻孔(探井)编号：_____　　　孔(井)口标高：_____ m

工作地点：_____钻机型号_____

钻孔口径　开孔_____ m　　　孔(井)位坐标　X：_____ m

终孔_____ m　　　　　　　　　　　　　　　　Y：_____ m

地下水位　初见：_____ m　　　时间　自___年___月___日起

静止：_____ m　　　　　　　　　　　　至___年___月___日止

回次	进尺(m)		地层名称	地层描述					岩石质量指标RQD	岩芯采取率	土样				原位测试类型及成果	钻进工程情况记载
	自	至		颜色	状态	密度	湿度	成分及其他			编号	取样深度	取土器型号	回收率		

钻探单位_____　　工程技术负责人_____　　钻探机长_____　　记录员_____　　检查人_____

附录 J 现场钻孔柱状图式

表 J 现场钻孔柱状图式

工程名称　　终孔深度　　m　钻机型号　　　钻进日期　　　　年　月　日

孔号　　孔口标高　　m　孔位坐标 $\begin{array}{l}X\\Y\end{array}$ m　地下水位 $\begin{array}{l}初见\\静止\end{array}$ $\begin{array}{l}m\\m\end{array}$

层序	深度及(标高)(m)	层厚(m)	图例	岩性描述	岩芯		土样	原位测试	
					采取率(%)	RQD(%)	取样深度及取土器型号	类型	测试结果

制图　　　　　　　　校对　　　工程技术负责人

本规程用词说明

1　为便于在执行本规程条文时区别对待，对于要求严格程度不同的用词说明如下：

　1) 表示很严格，非这样做不可的：

　　正面词采用"必须"，反面词采用"严禁"；

　2) 表示严格，在正常情况均应这样做的：

　　正面词采用"应"，反面词采用"不应"或"不得"；

　3) 表示允许稍有选择，在条件许可时首先应这样做的：

　　正面词采用"宜"，反面词采用"不宜"；

　4) 表示有选择，在一定条件下可以这样做的，采用"可"。

2　条文中指定应按其他有关标准执行的写法为："应符合……的规定"或"应按……执行"。

引用标准名录

1　《岩土工程勘察规范》GB 50021

2　《岩土工程勘察安全规范》GB 50585

中华人民共和国行业标准

建筑工程地质勘探与取样技术规程

JGJ/T 87—2012

条 文 说 明

修 订 说 明

《建筑工程地质勘探与取样技术规程》JGJ/T 87-2012，经住房和城乡建设部 2011 年 12 月 26 日以第 1230 号公告批准、发布。

《建筑工程地质钻探技术标准》JGJ 87-92 和《原状土取样技术标准》JGJ 89-92 主编单位是中南勘察设计院，参编单位是建设部综合勘察研究院、陕西省综合勘察院，主要起草人是李受址、苏贻冰、陈景秋。

本规程修订过程中，编制组进行了广泛的调查研究，总结了我国工程建设勘探与取样的实践经验，积极采用实践中证明行之有效的新技术、新工艺、新设备。

为便于广大勘察设计、施工、科研、学校等有关单位在使用本规程时能正确理解和执行条文规定，《建筑工程地质勘探与取样技术规程》编制组按章、节、条顺序编制了本规程的条文说明，对条文规定的目的、依据以及执行过程中需注意的有关事项进行了说明，供使用者作为理解和把握标准规定的参考。

目　次

1 总　则

1.0.1 勘探与取样是工程地质和岩土工程勘察的基本手段，其成果是进行工程地质评价和岩土工程设计、施工的基础资料。勘探和取样质量的高低对整个勘察的质量起决定性的作用。本标准的制定旨在实现岩土工程勘察中勘探以及取样工作的标准化，明确工程地质勘探及取样的质量要求，为勘探与取样工作方案的确定、工序质量控制和成果检查与验收提供依据。

1.0.2 本规程适用范围包括建筑工程、市政工程（含轨道交通）。

1.0.3 本条强调环境保护、资源节约的重要性，要求以人为本，保障操作人员的生命安全，保障质量和安全。

2 术　语

2.0.13 反循环钻进可分为全孔反循环钻进和局部反循环钻进。根据形成孔底反循环方式不同，局部反循环钻进又分为喷射式孔底反循环钻进和无泵反循环钻进。全孔反循环钻进是指冲洗液从钻杆与孔壁间或双层钻杆的内外层间的环状间隙中流入孔底来冷却钻头，并携带岩屑由钻杆内孔返回地面的钻进技术；喷射式孔底反循环钻进是指冲洗液从钻杆进入到喷反钻具，利用射流泵原理，冲洗液一部分在剩余压力作用下，沿孔壁与钻具之间的环状间隙返回地面，另一部分在高速射流产生的负压作用下流向孔底，并不断被吸入岩心管内，形成对孔底反循环冲洗的钻进技术；无泵反循环钻进是指钻进过程中冲洗液的循环流动不是依靠水泵的压力，而是利用孔内的静水压力和上下提动钻具在孔底形成局部反循环，实现冲洗孔底的钻进技术。

3 基本规定

3.0.1 本条是工程地质勘探的基本技术要求。有时勘探（特别是钻探）需要配合原位测试（包括物探）、取样试验工作。

3.0.2 《勘探任务书》或《勘察纲要》是勘察工作的基础文件之一，是勘探工作的作业指导书。有的工程勘察规模较大要编制钻探任务书，有的工艺复杂时要专门编制钻探设计。

3.0.3 《岩土工程勘察安全规范》GB 50585-2010对勘探安全作了明确规定。

3.0.4 在工程地质勘探实施过程中，可能会影响交通、给人们的生产生活带来不便，甚至危及生命安全；可能会破坏地下设施（如地下人防、电力、通信、给水排水管道等），造成其无法正常运行，甚至危及钻探操作人员的生命安全；可能会破坏环境、污染地下水等，因而采取有效措施，避免或减少事故发生是非常必要的。

3.0.5 本规程包括钻探、井探、槽探和洞探等。钻探还有不同工艺，不同的方法、工艺对钻探质量影响很大。根据勘察的目的和地层的性质来选择适当的钻探方法十分重要。取样方法和工具的选择也是同样道理。

3.0.6 现场勘探记录是勘察工作的一项重要成果，是编写勘察报告的基础资料之一，真实性是其基本保证。由经过专业训练的人员且有上岗证或专业技术人员及时记录，实行持证上岗制度，都是保障措施。

4 勘探点位测设

4.0.1 本规程所指的勘探点包括钻探、井探、槽探、洞探点。为了满足本条规定的精度要求，初步勘察阶段和详细勘察阶段一般应采用仪器测定钻孔位置与高程数据。

勘探点设计位置与实际位置允许偏差因勘察阶段、工程特点、地质情况等会有不同要求。实际工作中应根据任务书的要求进行，但应满足本条提出的基本要求。

4.0.2 水域勘探点位定位难度较大，一般可先设置浮标，钻探设备定位后，再采用测量仪器测量孔位坐标确定位置。采用 GPS 定位技术也是一种可靠的勘探孔位定位方法，在实践中应用较多。

5 钻　探

5.1 一般规定

5.1.1 勘探工作经常受地质条件、场地条件、环境的限制，应根据实际情况，合理地选择钻机、钻具和钻进或掘进方法，能保障勘探任务的顺利进行。

5.1.2 遵守岗位职责，严格执行操作程序，是工程质量和操作安全的重要保障措施。

5.2 钻孔规格

5.2.1 本条钻孔和钻具口径规格系列，既考虑我国现行的产品标准，也考虑与国际标准尽可能相符或接近。其中 36、46、59、75、91 用于金刚石钻头钻孔，91、110、130、150 则用于合金、钢砂钻头钻孔和土层中螺旋钻头钻孔。DCDMA 标准是目前国际最通行的标准，即美国金刚石岩芯钻机制造者协会的标准。国外有关岩土工程勘察、测试的规范、标准以及合同文件中均习惯以该标准的代号表示钻孔口径，如 N_x，A_x，E_x 等。

5.2.2 钻孔成孔直径既要满足钻孔技术的一般要求，也要满足勘察技术要求。砂土、碎石土、其他特殊岩土采取土试样时对钻孔孔径也有要求。

5.2.3 钻孔深度测量精度因钻探目的的不同，会有差异，本条的规定是钻孔深度测量精度的基本要求。

5.2.4 对钻孔垂直度（或预计倾斜度）偏差的要求在过去的勘察规范中没有明确的规定。过去一般建筑工程勘察钻孔深度在 100m 以内，不做垂直度控制是可以的。但随着建筑物规模的扩大、深基础的广泛应用以及某些特殊要求，勘探孔深度在增加，垂直度偏差带来的误差越来越不容忽视。本条参照地矿、铁道等部门的有关规定提出钻孔测斜要求和偏差控制标准。钻进中，特别是深孔钻进应加强钻孔倾斜的预防，采取防止孔斜的各种措施。

目前相关规范对钻孔倾斜度有不同要求，如《铁路工程地质钻探规程》TB 10014-98 钻孔顶角允许偏差，垂直孔为 2°，斜孔 3°；《水利水电工程钻探规程》SL 291-2003 钻孔顶角允许偏差，垂直孔为 3°，斜孔 4°；《建筑工程地质钻探技术标准》JGJ 87-92、《电力工程钻探技术规程》DL/T 5096-2008 钻孔顶角允许偏差，垂直孔为 2°，斜孔则未具体规定；原地质矿产部《工程地质钻探规程》DZ/T 0017-91 钻孔顶角允许偏差，垂直孔为 2°，斜孔 4°；《钻探、井探、槽探操作规程》YS 5208-2000 规定钻孔顶角允许偏差，垂直孔为 1.5°，斜孔 3.0°。对钻孔倾斜，重要的是采取有效措施加以防止。由于工程情况差异较大，本条规定是一个基本要求。

5.3 钻 进 方 法

5.3.1 选择钻进方法考虑的因素：

1 钻探方法能适应钻探地层的特点；

2 能保证以一定的精度鉴别地层，了解地下水的情况；

3 尽量避免或减轻对取样段的扰动影响；

4 能满足原位测试的钻探要求。

目前国内外的一些规范、标准中，都有关于不同钻探方法或工具的条款，但侧重点依据其行业有所不同，实际工作中着重注意钻进的有效性，忽视勘察技术要求。为了避免这种偏向，制定勘察工作纲要时，不仅要规定孔位、孔深，而且要规定钻进方法。钻探单位应按任务书指定的方法钻进，提交成果中也应包括钻进方法的说明。

5.3.2 采取回转方式钻进是为了尽量减少对地层的扰动，保证地层鉴别的可靠性和取样质量。我国的一

些地区和单位习惯于采用锤击钻进，钻进效率高，鉴别地层、调查地下水位效果较好，在一般黏性土层钻探中配合取样、原位测试应用效果也较好。碎石土特别是卵石层、漂石层的特点是结构松散，石块之间有砂、土充填物，孔隙大，石质较坚硬，钻探时钻孔易坍塌、掉块、冲洗液易漏失，取芯困难。用植物胶作冲洗液，取芯质量高，多用于卵砾石层，在砂卵石地层和破碎地层、软弱夹层钻进，岩芯采取率可达到 90%～100%，值得推广。无取芯要求时，通常用振动或冲击等钻进方法。

5.3.4 在粉土、饱和砂土中钻进取芯困难。采用对分式取样器或标准贯入器配合钻探可一定程度上弥补其不足，但取样间距不能太大。采用单层岩芯管无泵"反循环"钻进方式可连续取芯。这种方式在武汉、上海等地应用很广，效果良好，特别适用于砂、粉土与黏性土交互薄层的鉴别。

5.3.5 金刚石钻头主要用于钻进硬度高的岩石。金刚石钻头转速高，切削锐利，对岩芯产生的扭矩较小，取芯率和取芯质量都很高。在风化、破碎、软弱的岩层中，采用双层岩芯管金刚石钻头钻进，能获取很有代表性的岩芯样品，采用绳索取芯钻进效果更好。绳索取芯钻进是一种比较先进的钻探工艺，可以减少提钻时间，提高钻进效率，尤其在深孔时表现得特别明显，利用绳索取芯气压栓塞，可以从钻杆下入孔内进行压水试验，无需起出钻具。该方法在水利水电工程等行业中应用广泛。

5.3.6 按照国际统一的规定，测定 RQD 值时需采用 N 级（75mm）双层岩芯管钻头钻进。

5.4 冲洗液和护壁堵漏

5.4.1 泥浆护壁和化学浆液护壁是行之有效的护壁方式，较之套管护壁，既能提高钻进速度，又有利于减轻对地层的扰动破坏。钻孔护壁堵漏可根据岩土层坍塌或漏失的实际情况，选择一种方法或综合利用几种护壁堵漏方法。

5.4.2 冲洗液除冷却和润滑钻头、带走岩粉外，还起到保护孔壁和岩芯等作用。合理选用冲洗液，可以保证钻探质量和进度。

5.4.4 孔底管涌既妨碍钻进，又严重破坏土层，影响标准贯入和取样质量。保持孔内水头压力是防止孔底管涌的有效措施。采用泥浆护壁时一般都能做到这一点；若采用螺纹钻头钻进易引起管涌，采用带底阀的空心螺纹钻头（提土器）可以防止提钻时产生负压。

5.5 采取鉴别土样及岩芯

5.5.1 本条提出了一个基本要求，具体标准需根据工程情况确定。表 1～表 6 是国内常用标准的岩芯采取率要求。

表1　《工程地质钻探规程》DZ/T 0017-91 规定岩芯采取率指标

地层 ＼ 岩芯采取率	岩芯采取率（%）		无岩心间隔（m）
	平均	单层	
黏性土、完整基岩	>80	>70	<1
砂类土	>60	>50	
风化基岩、构造破碎带	>50	>40	<2
松散砂砾卵石层		满足颗粒级配分析的要求	

表2　《水利水电工程钻探规程》SL 291-2003 规定岩芯采取率

地　层	岩芯采取率（%）
完整新鲜基岩	≥95
较完整的弱风化岩层、微风化岩层	≥90
较破碎的弱风化岩层、微风化岩层	≥85
软硬互层、硬脆碎、软酥碎、软硬不均和强风化层	根据地质要求确定
软弱夹层和断层角砾岩	
土层、泥层、砂层	
砂卵砾石层	

表3　《铁路工程地质钻探规程》TB 10014-98 规定岩芯采取率

岩层		回次进尺采取率（%）
土类	黏性土	≥90
	砂类土	≥70
	碎石类土	≥50
基岩	滑动面及重要结构上下5m范围内	≥70
	风化轻微带（W1）、风化颇重带（W2）	≥70
	风化严重带（W1）、风化极严重带（W2）、构造破碎带	≥50
	完整基岩	≥80

表4　《钻探、井探、槽探操作规程》YS 5208-2000 规定的岩芯采取率

地　层	岩芯采取率（%）
黏性土、基岩	≥80
破碎带、松散砂砾、卵石层	≥65

表5　《港口岩土工程勘察规范》JTS 133-1-2010 规定岩芯采取率

岩石	一般岩石	破碎岩石
岩芯采取率	≥80%	≥65%

表6　《建筑工程地质钻探技术标准》JGJ 87-92 和《电力工程钻探技术规程》DL/T 5096-2008 规定的岩芯采取率

地　层	岩芯采取率（%）
完整岩层	≥80
破碎岩层	≥65

5.5.4　习惯上有将装岩芯的箱（盒）子称作岩芯箱，也有将装土样的盒子称作土芯盒的，本标准统称为岩芯盒。岩芯牌要求用油漆或签字笔填写，防止字迹因雨水、日晒等原因褪色或消失。

6　钻孔取样

6.1　一般规定

6.1.3　下设套管对土层的扰动和取样质量的影响，Hvorslev早就作过研究。其结论是在一般情况下，套管管靴以下约三倍管径范围内的土层会受到严重的扰动，在这一范围内不能采取原状土样。在实际工作中经常发生下设套管后因水头控制不当引起孔底管涌的现象，此时土层受扰动的范围和程度更大、更严重。因此在软黏性土、粉土、粉细砂层中钻进，因泥浆护壁比套管效果好而成为优先选择。

6.1.5　本条规定采用贯入取土器时，优先选用压入法。

6.1.6　原状取砂器又分为贯入式和回转式，贯入式取砂器内衬环刀又叫内环刀取砂器；回转式取砂器多内置环刀，有的加内管，又叫双管单动取砂器。采用内衬环刀较易取得Ⅰ级砂土试样。

6.2　钻孔取土器

6.2.1　本规程所列的取土器规格及其结构特征与现行《岩土工程勘察规范》GB 50021的规定相同，与当前国际通行的标准也是基本一致的。关于不同类型原状取土器的优劣，存在不同意见，各地的使用习惯也不尽相同。

6.2.2　为保障取样质量，妥善保护取土器，使用前应仔细检查其性能、规格是否符合要求。有关薄壁管几何尺寸、形状的检查标准是参照日本土质工学会标准提出来的。关于零部件功能目前尚未见有定量的检验标准。

6.3 贯入式取样

6.3.2 取土器的贯入是取样操作的关键环节。对贯入的三点要求，即快速（不小于 0.1m/s）、连续、静压，是按照国际通行的标准提出来的。要达到这些要求，目前主要的困难是大多数现有的钻探设备性能不能适应，如静压能力不足，给进机构的行程不够或速度不够。不完全禁止使用锤击法，重锤少击效果相对较好。

6.3.3 活塞杆的固定方式一般是采用花篮螺栓与钻架相连并收紧，以限制活塞杆与活塞系统在取样时向下移动。能否固定的前提是钻架必须稳固，钻架支腿受力时不应挠曲，支腿着地点不应下坐。

6.3.4 为减少掉土的可能，本条规定可采用回转和静置两种方法。回转的作用在于扭断土试样；静置的目的在于增加土样与容器壁之间的摩擦力，以便提升时拉断土试样。这两种方法在国外标准中都是允许的，可根据各地的经验和习惯选用。

6.4 回转式取样

6.4.1 回转取样最忌钻具抖动或偏心摇晃。抖动或摇晃一方面破坏孔壁，一方面扰动土样，因此保证钻进平稳至关重要。主要的措施是将钻机安装牢固，加大钻具质量，钻具应有良好的平直度和同心度。加接重杆是增加钻进平稳性的有效措施。

6.4.2 使用泥浆作冲洗液，钻进时起到护壁、冷却钻头、携带岩渣的作用。在泥浆中加入化学添加剂形成化学泥浆，改进了泥浆性能，此种方法在石油钻探中已广泛使用。

植物胶作为钻井冲洗液材料，既可直接配制成无固相冲洗液，又可作为一种增黏、降失水及提高润滑减阻作用的泥浆处理剂，还可配制成低固相泥浆，适用于不同的复杂地层，取样时又能在试样周围形成一层保护膜，可以很好的采取到较松散砂土的原状样，在水利钻探中已经得到较广泛的应用。

合理的回转取样钻进参数是随地层的条件而变化的，目前尚未见有统一的标准，因此一般应通过试钻确定。国内现有钻机根据型号的不同，钻进转速一般几十（48）至一千（1010）r/min，在钻进土层、砂层时一般采用中～高转速，钻进碎石、卵石层一般采用中～低转速，钻进硬塑以上地层、岩石时一般使用高转速。国际土力学基础工程学会取样分会编制的手册提供的一些经验参数列于表7，可供参考。

6.4.3 采用自动调节功能的单动二（三）重管取土器，避免频繁更换管靴，可在软硬变化频繁的地层中提高钻进效率。

表 7 回转取样钻进参数

资料来源	钻进参数				
	转速(r/s)	给进速度(mm/s)	给进压力(N)	泵压(kPa)	冲洗液流量(L/s)
美国垦务局	砂类土 1.3~1.7 黏性土 1.7	砂 100~127 黏性土 50~100	—	砂 105~175 粉质软黏土 250~200 较硬黏土 350~530	—
美军工程师团	1.0	—	—	—	孔径100 1.2~2.0 孔径150 3.2~3.6
日本土质工学会	0.8~0.25	—	500		

7 井探、槽探和洞探

7.0.1 当钻探作业条件不具备或采用钻探方法难以准确查明地下情况时，常采用井探、槽探和洞探勘探方法。但尤其要注意做好作业过程中的安全技术措施，达到既能满足勘探任务的技术要求，又能保证人身安全的双重目的。

7.0.2 探井、探槽及探洞，其开挖受到岩土性质、地下水位等条件的制约。探井和探洞的深度、长度、断面的大小，除满足工程要求确定外，还应视地层条件和地下水的情况，采取措施确保便利施工、保持侧壁稳定，安全可靠。探井较深时，其直径或边长应加大；探洞不宜过宽，否则会增加不必要的开挖工作量和支护的难度，但要确保便于开挖和观察；洞高大于1.8m，也是从便于施工的角度考虑。探洞深度增加时，洞高、洞宽均应适当加大。

7.0.3 井、槽、洞壁应根据地层条件设支撑保护。支撑可采用全面支护或间隔支护。全面支护时，每隔0.5m 及在需要重点观察部位留下检查间隙，其目的是为了便于观测、编录和拍照。

7.0.4 本条规定了井探、槽探和洞探开挖过程中的土石方堆放的安全距离，避免在井、槽、洞口边缘产生较大的附加土压力而塌方，造成人身安全事故。

8 探井、探槽和探洞取样

8.0.1 本条列出了在探井、探槽和探洞中采取的Ⅰ、Ⅱ级岩土试样的尺寸。

8.0.2 探井、探槽和探洞开挖过程及取样过程存在一系列扰动因素，如果操作不当，质量就难以保证。按本条规定的方法，可降低样品暴露时间，保持样品与容器之间密封，减少样品的扰动。

8.0.4 用试验环刀直接在土层取样，其步骤是先将取样位置削平，然后将环刀刃口垂直下压，边削边压至土样高出环刀，再用取土刀削掉两端土样。

8.0.5 探井、探槽和探洞中取样与开挖掘进同步，可减少样品暴露时间，减少含水量变化，减少样品的应力状态变化。

9 特殊性岩土

9.1 软 土

9.1.1 根据铁路部门的经验，采用活套闭水接头单管钻具钻进取芯等方法，孔壁不收缩，能够提高取芯及试样质量。

9.2 膨胀岩土

9.2.1 在膨胀性土层中钻进，易引起缩孔、糊钻、蹩泵等现象，用优质泥浆作冲洗液，是克服这些现象的主要措施。加大水口高度和水槽宽度的肋骨合金钻头钻孔间隙增大，能减少孔内阻力，加大泵量和转速。

9.3 湿陷性土

9.3.1 湿陷性土钻进常遇到的问题：

1 湿陷性土层由于其结构的特殊性，遇水产生湿陷变形，湿陷性砂土和碎石土尤为明显，天然状态下松散，遇水产生沉陷，密实度增大。在坚硬黄土层中钻进困难时向孔内注入少量清水，可能导致土样含水量增大，湿陷性黄土含水量与其物理力学性质指标密切相关，含水量增大，湿陷性减弱，压缩性增强。因此，为保证采取的土样保持原状结构，要求在湿陷性土层中钻进不得采用水钻，严禁向孔内注水。

2 螺旋（纹）钻头回转钻进法对下部土样扰动小，且操作方便，钻进效率高，因此，要求采取原状土样时应使用螺旋（纹）钻头回转钻进方法。薄壁钻头锤击钻进法相对来讲质量不易保障。但对于湿陷性砂土和碎石土，螺旋（纹）钻头提下钻时易造成孔壁坍塌，或卵石粒径较大，钻进困难时，可采用薄壁钻头锤击钻进。

3 操作应符合"分段钻进、逐次缩减、坚持清孔"的原则，控制每一回次进尺深度，愈接近取样深度愈应严格控制回次进尺深度，并于取样前清孔，严格坚持"1米3钻"，即取样间距1m时，第一钻进尺为（0.5~0.6）m，第二钻清孔进尺为0.3m，第三钻取样。当取样间距大于1m时，其下部1m仍按上述方法操作。湿陷性黄土层钻进对比试验表明，不控制回次进尺和不清孔导致湿陷性等级Ⅲ级误判为Ⅰ级。

9.3.2 湿陷性土取样常遇到的问题：

2 通常在钻孔中采取湿陷性土试样应采用压入法，如压入法采取坚硬状态湿陷性土困难时，可采用一次击入法取样。湿陷性黄土取样应使用黄土薄壁取土器，其规格应符合现行国家标准《湿陷性黄土地区建筑规范》GB 50025 的规定。

关于压入法和击入法采取土试样的质量差别，西北综合勘察设计研究院曾对湿陷性黄土取样进行过对比试验，湿陷系数结果见表8。

表8 压入法和击入法取样湿陷系数 δ_s 值对比表

取样方法 土样编号	压入法	击入法			
	探井	1号钻孔	2号钻孔	3号钻孔	4号钻孔
1	0.063	0.059	0.083	0.069	0.077
2	0.074	0.072	0.068	0.060	0.058
3	0.071	0.054	0.028	0.021	0.020
4	0.055	0.072	0.049	0.077	0.054
5	0.059	0.053	0.072	0.048	0.042
6	0.061	0.061	0.072	0.036	0.036
平均值	0.064	0.062	0.060	0.052	0.048

可见，与探井土样相比，压入法采取土样质量优于击入法采取土样。击入法采取土样质量与操作者的经验关系很大，其人为影响因素较大，经验丰富的钻工认真按操作程序作业时，取样质量不低于压入法取土。

3 多年来采用的有内衬黄土薄壁取土器，当内衬薄钢板生锈、变形或蜡封清除不净时，衬与取样器内壁无法紧贴，这样会影响取土器的内腔尺寸、形状和内间隙比，在土层压入取土器的过程中土试样受压变形，经常发现薄钢板上卷，土试样严重受压扰动，导致土试样报废。因此，采用有内衬的薄壁取土器时，内衬必须是完好、干净、无变形，且安装内衬应与取土器内壁紧贴。近年来，西安地区的勘察单位经过不断探索，在黄土地区逐步推广使用无衬黄土薄壁取土器，这种取土器克服了有内衬黄土薄壁取土器取土过程中内衬挤压土样的缺点，提取土试样后卸掉环刀，将土试样从取样管推出后再装入土试样盒密封。使用无衬黄土薄壁取土器应注意保持取土器内腔干净、光滑，为减小土试样与内壁的摩擦，取样前可在内壁涂上润滑油，便于土试样轻轻推出。

4 取样前清孔是保证取样质量的重要一步，一些钻机为了追求钻探进尺，不注意清孔。清孔的目的一方面是消除钻进过程中提钻掉入孔底的虚土，另一方面是清除钻进造成下部土体压密的部分，以保证采取土试样为原状结构。

5、6 取样要匀速连续快速压入或一次击入，压入速度应控制在 0.1m/s，如果压入过程不连续或多次击入，则采取的土样多断裂或受压呈层状。由于湿陷性土结构敏感，敲击取土器会扰动土样，影响取土质量，因此，应轻轻推出或使用专用工具取出。

9.4 多年冻土

9.4.1 多年冻土钻进常遇到的问题：

1～3 冻土钻探回次进尺随含水量的增加、土温降低而加大。但对含卵石较多的冻土应少钻勤提，以避免冻土全部融化。实际上，冻土钻探对富冰冻土、饱冰冻土和含土冰层回次进尺可达 1.0m。对卵石含量较多的土层钻探（0.1～0.2）m 即需提钻。在冻土层钻进，钻探产生的热量破坏了原来冻土温度的平衡条件，引起冻土融化、孔壁坍塌或掉块，影响正常钻进，为此，应采用低温泥浆护孔，表 9.4.1 本条引用于现行行业标准《铁路工程地质钻探规程》TB 10014—98。

5 在孔中下入金属套管防止孔壁坍塌和掉块，应保持套管孔口高出孔口一定高度，以防止地表水流入孔内融化冻土。

7 钻探期间对场地植被的破坏，将引起冻土工程地质条件变化，这对建筑物地基处理方案、基础类型和结构产生影响。因此，尽量减少对地表植被的破坏，及时恢复植被自然状态，对保护冻土自然工程地质条件至关重要。

9.4.2 多年冻土取样常遇到的问题：

钻探取样不易控制质量，因此，有条件时应在探井、探槽中刻取，钻孔取样宜采取大直径试样。

采取保持天然冻结状态土样主要取决于钻进方法、取样方法和取土工具。必须保证孔底待取土样不受钻进方法产生的热影响，要求取样前应使孔底恢复到天然温度状态，在接近取样深度严格控制回次进尺，以保证取出的土样保持天然冻结状态。取出的冻结土样应及时装入具有保温性能的容器或专门的冷藏车内，土样如不能及时送验，应在现场进行试验。

9.5 污 染 土

对于污染土的钻进和取样方法所见不多，也少见相关的文献资料，故本标准只作了一些原则上的要求。钻进时要求尽可能不采用洗孔液，在必要的情况下采用清水或不产生附加污染的可生物降解的酯基洗孔液。少数场合还采用空气，甚至低温氮气作洗孔介质，以保持孔壁稳定和采集松散土层的样品。

取样是污染土钻探的重要工作。要求样品中的气体和挥发性物质不致逸散，不产生二次污染，土样应尽量不受扰动。通常取土器都带 PVC 衬管，使土样易从中取出，可以避免污染物质与大气及操作人员接触。近来国外试验了低温氮气洗孔钻进，可将土壤中的水和液态污染物冻结在原处（例如被焦油污染的砂层），样品不受扰动；同时氮气又是惰性气体，不会使土样受到二次污染。

10 特 殊 场 地

10.1 岩溶场地

10.1.2 洞穴（主要为岩溶）地区钻进，使用液压钻进效果较好。而钻探前对溶洞的分布范围、深度、大小、岩层稳定性等进行初步调查和了解，可以更有效确定针对性的钻具钻进及护壁堵漏措施。

10.2 水域钻探

10.2.2 水域钻探平台的种类很多，可根据水流、水深、波浪等条件选择，故不作具体规定，但需对水域钻探平台的安全性、稳定性和承载力进行复核；锚和锚缆的规格、种类和长度，应结合勘区水底表层土的情况，根据船的吨位及水深确定。

10.2.3 观测水尺通常设置在勘探区域内，或紧靠勘探区域。大范围水域钻探时，需加大观测水尺的设置密度。

10.2.5 在有潮汐的水域，水深是随时间变化的，须定时观察变化的水位，校正水面标高，以准确计算钻孔深度。

10.2.6 水域钻探如护孔套管不稳定或冲洗液不能从套管口回流，会直接影响钻探质量，甚至发生孔内事故。故套管的入土应有足够深度，在保证其稳定的前提下，使冲洗液不在水底泥面和套管底部处流失。

水域钻探须按照海事、航道等部门的有关规定，在通航水域钻探须与海事、航道等部门联系，通过船检，须备齐救生、消防、通信、信号等设施，并办理水域施工作业证以及安全航行等事宜；作业时悬挂相应的信号旗和信号灯，做好瞭望工作，注意水上飘浮物和过往船只对钻探作业的影响等。

10.3 冰上钻探

本节的规定适用于河流、湖泊区。滨海区潮汐影响大，冰面不平整，冰层不稳定，不适宜进行冰上作业。

钻探人员进场前进行实地详细踏勘，制定出切实可行的实施方案，须包含作业风险分析和安全应急预案，是保障人员和钻机设备安全的有效方法。

11 地下水位量测及取水试样

11.0.1 为了在两个以上含水层分层测量地下水位，在钻穿第一含水层并进行稳定水位观测之后，应采用套管隔水，抽干孔内存水，变径钻进，再对下一含水层进行水位观测。

11.0.2 稳定水位是指钻探时的水位经过一定时间恢复到天然状态后的水位；地下水位恢复到天然状态的时间长短受含水层渗透影响最大，根据含水层渗透性的差异，本条规定了至少需要的时间；在工程结束后宜统一量测一次稳定水位可防止因不同时间水位波动导致地下水状态误判。

11.0.3 地下水量测精度规定为±20mm是指量测工具、观测等造成的总误差的限值，量测工具定期用钢尺校正是保证测量精度的措施之一。

11.0.4 泥浆护壁对提高钻进效率，减少土层扰动是有利的，但泥浆妨碍地下水位的观测。本条提出可另设专用的水文地质观测孔。

12 岩土样现场检验、封存及运输

12.0.2 测定回收率是鉴定土样质量的方法之一。但只有在使用活塞取土时才便于测定，回收率大于1.0时，表面土样隆起，活塞上移；回收率低于1.0时，则活塞随同取样管下移，土样可能受压；回收率的正常值应介于0.95～1.0之间。

12.0.3 土试样的密封方法和效果，会直接影响到土样质量的好坏。本条的三种密封方法，在实践中证明其可靠度是有保证的。

12.0.9 储存期间的扰动影响很大，而又往往被人们忽视。有关研究结果表明，储存期间的扰动可能更甚于取样过程中的扰动，因此建议最长储存时间不超过两周。

13 钻孔、探井、探槽和探洞回填

钻孔、探井、探槽不回填可能造成以下危害：①影响人、畜安全；②形成地表水和地下水通道，污染地下水；③在堤防附近钻孔形成管涌通道，可能引起堤防的渗透破坏；④有深层承压水时，在隔水层中形成通道，引起基坑突涌；⑤建筑基础附近的钻孔或探井渗水，影响基坑安全；⑥地下工程、过江或跨海隧道的钻孔可能引起透水、涌沙，影响地下工程安全；⑦影响地基承载力和单桩承载力阻力，造成施工中的错判。

要求对钻孔、探井、探槽、探洞进行回填，主要是防止其对工程施工造成不良影响，尤其是对地下工程和深基坑工程。其次是防止造成人员伤害，并保护地质环境和生态环境，实现文明施工。在特殊土场地，如位于湿陷性土、膨胀土、冻土地区以及堤防、隧道和坝址处的钻孔、探井、探槽、探洞，对回填要求更为严格，应引起重视，相关行业法规也有相应的规定。本章规定的不同回填方式与要求，可根据各勘探场地的具体情况选用，必要时需要采取综合处理措施。

14 勘探编录与成果

14.1 勘探现场记录

14.1.1 以往现场记录所描述的内容多侧重于岩土性质，而不大重视钻进过程，包括钻进难易、孔内情况、进尺速度及其他钻探参数的记载，因而遗漏许多能够反映地下情况的可贵信息。因此本条特别指出钻探记录应该包括的两个部分并在附录中提供了相应的格式。各地可参照此格式并结合本地需要制定合适的记录表格。

14.1.2 钻探记录一般有现场记录与岩芯编录两种方式。由于岩土工程勘察在绝大多数情况下要求仔细研究覆盖土层，而覆盖土层的样品取出地面之后湿度、状态会随时间迅速变化，因此强调现场记录要在钻进过程中及时完成，不得采用事后追忆进行编录的方法。基岩岩芯的编录不能忽视，特别对于岩性不稳定的软质岩尤其是极软岩，岩芯取出后经暴露时间过长岩性将发生较大变化，如志留系泥岩暴露后逐渐崩解，见水膨胀软化。因此，这里要特别强调基岩钻孔也应及时进行编录，不得事后追记。

14.1.3、14.1.4 岩土描述内容是根据现行岩土工程勘察规范的原则要求规定。有些特征项不是所有情况下都能判定并描述出来的。例如碎石类土中粗颗粒是否起骨架作用，只有在探井、探槽中才能观察到。对砂土、粉土采用冲洗钻探，所有项目均无从判定。因此对描述的要求应视采用的钻探方式而定。由于必须在钻探过程中随时描述，只能以目测、手触的经验鉴别方法为主，描述结果在很大程度上存在差异，除要求描述人员应接受严格训练外，还应提倡采用一些辅助性的标准化、定量化的鉴别工具和方法。

土的目力鉴别是野外区别黏性土与粉土较好的方法，《岩土工程勘察规范》GB 50021－2001对黏性土与粉土的描述也增加了这部分内容。目力鉴别包括光泽反应、摇振反应、干强度和韧性。光泽反应：用小刀切开稍湿的土，并用小刀抹过土面，观察有无光泽以及粗糙的程度。摇振试验：用含水量接近饱和的土搓成小球，放在手掌上左右摇晃，并以另一手振击该手，如土球表面有水渗出并呈光泽，但用手指捏土球时水分与光泽很快消失，称摇振反应。反应迅速的表示粉粒含量较多，反之黏粒含量较多。干强度试验：将风干的小土球，用手指捏碎的难易程度来划分。韧性试验：将土调成含水量略高于塑限、柔软而不黏手的土膏，在手掌中搓成约3mm的土条，再搓成土团二次搓条，根据再次搓条的可能性，分为低韧性、中等韧性和高韧性。各试验等级见表9。

表9 野外鉴别干强度、摇振反应和韧性

鉴别方法	等级	特征、反应及特点
干强度	无或低干强度	仅用手压就碎
	低干强度	用手指能压成粉末
	中等干强度	要用相当大的压力才能将土样压得粉碎
	高干强度	虽然用手指能压碎，但不能成粉末
	极高干强度	不能在大拇指和坚硬表面之间压碎
摇振反应	反应迅速	摇动时水很快从表面渗出（表面发亮），挤压时很快消失（表面发暗）
	反应缓慢	如果需要用力敲打才能使水从表面渗出，且挤压时外表改变甚少
	无反应	看不出试样有什么变化
韧性试验	柔和软	在接近塑限含水量时，只能用很轻的压力滚搓，土条极易碎裂，碎裂以后土条不能再重塑成土团
	中等	在接近塑限含水量时，需要用中等压力滚搓，几寸长的土条能支持其自身的重量，并在碎裂以后可以捏拢重塑成土团，但轻搓又碎裂
	很硬	在接近塑限含水量时，需要用相当大的压力滚搓，几寸长的土条能支持其自身的重量，在碎裂之后土条可以重塑成土团

碎石土、砂土的密实度在钻探过程中可根据动力触探、标准贯入试验进行定量判别，判别方法引用《岩土工程勘察规范》GB 50021－2001 第 3.3.8 条和第 3.3.9 条，见表10、表11。

表10 碎石土密实度判别表

密实度	重型动力触探锤击数 $N_{63.5}$	超重型动力触探锤击数 N_{120}
松散	$N_{63.5} \leqslant 5$	$N_{120} \leqslant 3$
稍密	$5 < N_{63.5} \leqslant 10$	$3 < N_{120} \leqslant 6$
中密	$10 < N_{63.5} \leqslant 20$	$6 < N_{120} \leqslant 11$
密实	$N_{63.5} > 20$	$11 < N_{120} \leqslant 14$
很密		$N_{120} > 14$

注：$N_{63.5}$、N_{120} 是杆长修正后的值。

表11 砂土密实度判别表

密实度	标准贯入锤击数 N	密实度	标准贯入锤击数 N
松散	$N \leqslant 10$	中密	$15 < N \leqslant 30$
稍密	$10 < N \leqslant 15$	密实	$N > 30$

填土根据物质组成和堆填方式，可分为下列四类：

1 素填土：由碎石土、砂土、粉土和黏性土等一种或几种材料组成，不含杂物或含杂物很少；

2 杂填土：含有大量建筑垃圾、工业废料或生活垃圾等杂物；

3 冲填土：由水力冲填泥沙形成；

4 压实填土：按一定标准控制材料成分、密度、含水量，分层压实或夯实而成。

14.1.5 随着岩土工程的飞速发展，基岩已作为岩土工程重点研究对象，岩石的野外描述十分重要。岩石的风化程度按风化渐变过程可分为5个等级，其野外鉴别见本规程附录 G 表 G.0.7 和表 G.0.8，因硬质岩石与软质岩石的全风化与残积土差异不大，故未细分。残积土的描述内容可与黏性土相同。岩体的描述一般在探槽与探洞中进行。

14.2 勘探成果

14.2.1 本条对勘探成果应包括几个方面作了规定，并强调现场柱状图的绘制。单孔柱状图能翔实地反映钻进情况的原貌，而在剖面中却不能表现更多的细节。剖面图的作用偏于综合，柱状图的作用则偏于分析，二者各有所长。一律以剖面图取代柱状图是不可取的。20 世纪五六十年代，大家对钻探的质量控制是比较严格的。当时虽然采用较落后的人力钻具，但能严格执行操作规程。现场描述人员大多训练有素，能认真采取并保存岩土芯样，对每个勘探点逐一绘制柱状图、展开图等，因此钻探成果质量是较高的。这些早期的严谨的工作习惯现在应继续保持下去。有鉴于此，本条重申钻探成果应该包括的内容。今后，随着岩土工程技术体制的发展，岩土工程技术与钻探作业的社会分工将趋于明确，承担钻探作业的单位要提供全面的钻探成果，以利分清责任，保证钻探质量。

14.2.2 岩土芯样保存是保障勘察报告、甚至工程质量的重要措施。保持时间根据工程而定。一般保持到钻探工作检查验收为止，有特别要求时遵其规定。

14.2.3 现场钻孔柱状图是现场记录员为该钻孔地层作一个简单的分层，是现场技术人员对原始资料的小结，是室内资料整理的依据。

附录 B 岩土可钻性分级

可钻性分级是以使用 XB-300 型和 XB-500 型钻

机在表 12 规定的技术条件下测定的，与目前建筑工程岩土工程勘察使用的钻进工具相差较大。

目前岩土可钻性分级在分级数量上是不相同的。铁路规范采用的是八级分级，水利水电规范采用的是十二级分级。

表 12　岩土可钻性分级的钻机技术条件

技术条件	Ⅰ～Ⅷ级岩土用合金钻进	Ⅶ～Ⅻ级岩石用钢粒钻进
钻头直径（mm）	91	91
立轴转数（r/min）	160	160
轴心压力（kN）	7	—
钻头底部单位面积压力（MPa）	—	2.5
冲洗液量（L/s）	1～2.5	0.17～0.42
投粒方法	—	一次投粒法或连续投粒法

中华人民共和国国家标准

城市轨道交通岩土工程勘察规范

Code for geotechnical investigations of urban rail transit

GB 50307—2012

主编部门：北 京 市 规 划 委 员 会
批准部门：中华人民共和国住房和城乡建设部
施行日期：2 0 1 2 年 8 月 1 日

中华人民共和国住房和城乡建设部
公　告

第 1269 号

关于发布国家标准
《城市轨道交通岩土工程勘察规范》的公告

现批准《城市轨道交通岩土工程勘察规范》为国家标准，编号为 GB 50307 - 2012，自 2012 年 8 月 1 日起实施。其中，第 7.2.3、7.3.6、7.4.5、10.3.2、11.1.1 条为强制性条文，必须严格执行。原《地下铁道、轻轨交通岩土工程勘察规范》GB 50307 - 1999 同时废止。

本规范由我部标准定额研究所组织中国计划出版社出版发行。

中华人民共和国住房和城乡建设部
二〇一二年一月二十一日

前　　言

本规范是根据原建设部《关于印发〈2007 年工程建设标准规范制订、修订计划（第一批）〉的通知》（建标〔2007〕125 号）的要求，由北京城建勘测设计研究院有限责任公司会同有关单位，在原国家标准《地下铁道、轻轨交通岩土工程勘察规范》GB 50307—1999（以下简称：原规范）的基础上修订完成的。

本规范在修订过程中，编制组认真总结实践经验，重点修改的部分编写了专题报告，与正在实施和正在修订的有关国家标准进行了协调，经多次讨论，反复修改，并在广泛征求意见的基础上，最后经审查定稿。

本规范共分为 19 章和 11 个附录，主要技术内容：总则，术语和符号，基本规定，岩土分类、描述与围岩分级，可行性研究勘察，初步勘察，详细勘察，施工勘察，工法勘察，地下水，不良地质作用，特殊性岩土，工程地质调查与测绘，勘探与取样，原位测试，岩土室内试验，工程周边环境专项调查，成果分析与勘察报告，现场检验与检测等。

本规范修订的主要内容是：

1. 修订了场地复杂程度等级划分标准，增加了工程周边环境风险等级及岩土工程勘察等级；

2. 增加了岩体完整程度分类和岩土基本质量等级，修订了围岩分级及岩土施工工程等级；

3. 修订了各阶段的勘察要求并独立成章；

4. 修订了工法勘察要求，将原规范"明挖法勘

察"和"暗挖法勘察"合并为"工法勘察"；

5. 增加了沉管法施工的勘察要求；

6. 增加了"不良地质作用"章节；

7. 增加了扁铲侧胀试验、岩体原位应力测试、现场直接剪切试验、地温测试；

8. 增加了工程周边环境调查。

本规范中以黑体字标志的条文为强制性条文，必须严格执行。

本规范由住房和城乡建设部负责管理和对强制性条文的解释，北京市规划委员会负责日常管理，北京城建勘测设计研究院有限责任公司负责具体技术内容的解释。本规范在执行过程中，请各单位认真总结经验，注意积累资料，如发现需要修改和补充之处，请将意见和建议寄至北京城建勘测设计研究院有限责任公司（地址：北京市朝阳区安慧里五区六号；邮政编码：100101），以供今后修订时参考。

本规范主编单位、参编单位、主要起草人和主要审查人：

主 编 单 位：北京城建勘测设计研究院有限责任公司

参 编 单 位：北京城建设计研究总院有限责任公司
广州地铁设计研究院有限公司
西北综合勘察设计研究院
铁道第三勘察设计院集团有限公司
建设综合勘察研究设计院有限公司

上海岩土工程勘察设计研究院有限公司　　　刘永勤　许再良　张荣成　张　华

北京市勘察设计研究院有限公司　　　李书君　李静荣　杨俊峰　杨石飞

中铁二院工程集团有限责任公司　　　杨秀仁　沈小克　林在贯　周宏磊

中航勘察设计研究院有限公司　　　竺维彬　罗富荣　赵　平　徐张建

北京轨道交通建设管理有限公司　　　郭明田　顾宝和　顾国荣　彭友君

广州市地下铁道总公司　　　谢　明　燕建龙　鞠世健

广东有色工程勘察设计院　　　主要审查人：施仲衡　张　雁　翁鹿年　袁炳麟

主要起草人：金　淮　高文新　马雪梅　刘志强　　　万姜林　刁日明　王笃礼　史海鸥

冯永能

目　　次

Contents

1 总　则

1.0.1 为规范城市轨道交通岩土工程勘察的技术要求,做到安全适用、技术先进、经济合理、保护环境、确保质量、控制风险,制定本规范。

1.0.2 本规范适用于城市轨道交通工程的岩土工程勘察。

1.0.3 城市轨道交通岩土工程勘察应广泛搜集已有的勘察设计与施工资料,科学制订勘察方案,精心组织实施,提供资料完整、数据可靠、评价正确、建议合理的勘察报告。

1.0.4 城市轨道交通岩土工程勘察除应执行本规范外,尚应符合国家现行有关标准的规定。

2　术语和符号

2.1　术　语

2.1.1 城市轨道交通　urban rail transit,mass transit

在不同型式轨道上运行的大、中运量城市公共交通工具,是当代城市中地铁、轻轨、单轨、自动导向、磁浮、市域快速轨道交通等轨道交通的统称。

2.1.2 工程周边环境　environment around engineering

泛指城市轨道交通工程施工影响范围内的建(构)筑物、地下管线、城市道路、城市桥梁、既有城市轨道交通、既有铁路和地表水体等环境对象。

2.1.3 围岩　surrounding rock

由于开挖,地下洞室周围初始应力状态发生了变化的岩土体。

2.1.4 基床系数　coefficient of subgrade reaction

岩土体在外力作用下,单位面积岩土体产生单位变形时所需的压力,也称弹性抗力系数或地基反力系数。按照岩土体受力方向分为水平基床系数和垂直基床系数。

2.1.5 热物理指标　thermophysical index

反映岩土体导热、导温、储热等能力的指标,一般包括导热系数、导温系数和比热容等。

2.1.6 工法勘察　geotechnical investigations for construction methods

为施工方法和工艺选择、设备选型及施工组织设计提供有针对性的工程地质、水文地质资料进行的勘察工作。

2.1.7 明挖法　cut and cover method

由地面开挖基坑修筑城市轨道交通工程的方法。

2.1.8 矿山法　mining method

在岩土体内采用新奥法或浅埋暗挖法修筑城市轨道交通工程隧道的施工方法统称。

2.1.9 盾构法　shield tunnelling method

在岩土体内采用盾构机修筑城市轨道交通工程隧道的施工方法。

2.1.10 沉管法　immersed tube method

采用预制管段沉放修筑水底隧道的方法。

2.2　符　号

ρ——质量密度(密度);

w——含水量,含水率;

e——孔隙比;

W_u——土中有机质含量;

I_L——液性指数;

I_P——塑性指数;

d_{10}——有效粒径;

d_{50}——中值粒径;

α——导温系数;

λ——导热系数;

C——比热容;

N——标准贯入锤击数;

$N_{63.5}$——重型圆锥动力触探锤击数;

N_{120}——超重型圆锥动力触探锤击数;

q_c——静力触探锥头阻力;

p_0——旁压试验初始压力;

p_L——旁压试验极限压力;

p_y——旁压试验临塑压力;

f_L——地基极限强度;

f_y——地基临塑强度;

c_u——原状土的十字板剪切强度;

$c_u{}'$——重塑土的十字板剪切强度;

E_d——动弹性模量;

E_0——变形模量

E_D——侧胀模量;

E_m——旁压模量;

f_r——岩石饱和单轴抗压强度;

K——基床系数;

K_h——水平基床系数;

K_v——垂直基床系数;

v_s——剪切波波速;

S_t——土的灵敏度;

μ——泊松比;

δ_{ef}——自由膨胀率;

Δ_s——湿陷量;

Δ_{zs}——自重湿陷量。

3　基 本 规 定

3.0.1 城市轨道交通岩土工程勘察应按规划、设计阶段的技术要求,分阶段开展相应的勘察工作。

3.0.2 城市轨道交通岩土工程勘察应分为可行性研究勘察、初步勘察和详细勘察。施工阶段可根据需要开展施工勘察工作。

3.0.3 城市轨道交通岩土工程勘察线路或场地附近存在对工程设计方案和施工有重大影响的岩土工程问题时应进行专项勘察。

3.0.4 城市轨道交通岩土工程勘察应取得工程沿线地形图、管线及地下设施分布图等资料,分析工程与环境的相互影响,提出工程周边环境保护措施的建议。必要时根据任务要求开展工程周边环境专项调查工作。

3.0.5 城市轨道交通岩土工程勘察应在搜集当地已有勘察资料、建设经验的基础上,针对线路敷设形式以及各类工程的建筑类型、结构形式、施工方法等工程条件开展工作。

3.0.6 城市轨道交通岩土工程勘察应根据工程重要性等级、场地复杂程度等级和工程周边环境风险等级制订勘察方案,采用综合的勘察方法,布置合理的勘察工作量,查明工程地质条件、水文地质条件,进行岩土工程评价,提供设计、施工所需的岩土参数,提出岩土治理、环境保护以及工程监测等建议。

3.0.7 工程重要性等级可根据工程规模、建筑类型和特点以及因岩土工程问题造成工程破坏的后果,按照表 3.0.7 的规定进行划分。

表 3.0.7 工程重要性等级

工程重要性等级	工程破坏的后果	工程规模及建筑类型
一级	很严重	车站主体、各类通道、地下区间、高架区间、大中桥梁、地下停车场、控制中心、主变电站
二级	严重	路基、涵洞、小桥、车辆基地内的各类房屋建筑、出入口、风井、施工竖井、盾构始发(接收)井
三级	不严重	次要建筑物、地面停车场

3.0.8 场地复杂程度等级可根据地形地貌、工程地质条件、水文地质条件按照下列规定进行划分,从一级开始,向二级、三级推定,以最先满足的为准。

1 符合下列条件之一者为一级场地(或复杂场地):
 1)地形地貌复杂。
 2)建筑抗震危险和不利地段。
 3)不良地质作用强烈发育。
 4)特殊性岩土需要专门处理。
 5)地基、围岩或边坡的岩土性质较差。
 6)地下水对工程的影响较大需要进行专门研究和治理。

2 符合下列条件之一者为二级场地(或中等复杂场地):
 1)地形地貌较复杂。
 2)建筑抗震一般地段。
 3)不良地质作用一般发育。
 4)特殊性岩土不需要专门处理。
 5)地基、围岩或边坡的岩土性质一般。
 6)地下水对工程的影响较小。

3 符合下列条件者为三级场地(或简单场地):
 1)地形地貌简单。
 2)抗震设防烈度小于或等于6度或对建筑抗震有利地段。
 3)不良地质作用不发育。
 4)地基、围岩或边坡的岩土性质较好。
 5)地下水对工程无影响。

3.0.9 工程周边环境风险等级可根据工程周边环境与工程的相互影响程度及破坏后果的严重程度进行划分:

1 一级环境风险:工程周边环境与工程相互影响很大,破坏后果很严重。

2 二级环境风险:工程周边环境与工程相互影响大,破坏后果严重。

3 三级环境风险:工程周边环境与工程相互影响较大,破坏后果较严重。

4 四级环境风险:工程周边环境与工程相互影响小,破坏后果轻微。

3.0.10 岩土工程勘察等级,可按下列条件划分:

1 甲级:在工程重要性等级、场地复杂程度等级和工程周边环境风险等级中,有一项或多项为一级的勘察项目。

2 乙级:除勘察等级为甲级和丙级以外的勘察项目。

3 丙级:工程重要性等级、场地复杂程度等级均为三级且工程周边环境风险等级为四级的勘察项目。

3.0.11 城市轨道交通线路工程和地面建筑工程的场地土类型划分、建筑场地类别划分、地基土液化判别应分别执行现行国家标准《铁道工程抗震设计规范》GB 50111、《建筑抗震设计规范》GB 50011 的有关规定。

4 岩土分类、描述与围岩分级

4.1 岩石分类

4.1.1 岩石按成因应分为岩浆岩、沉积岩和变质岩。

4.1.2 岩石坚硬程度应按表4.1.2分为坚硬岩、较硬岩、较软岩、软岩和极软岩。现场工作中可按本规范附录A的规定进行定性划分。

表 4.1.2 岩石坚硬程度分类

坚硬程度	坚硬岩	较硬岩	较软岩	软岩	极软岩
饱和单轴抗压强度(MPa)	$f_r > 60$	$30 < f_r \leqslant 60$	$15 < f_r \leqslant 30$	$5 < f_r \leqslant 15$	$f_r \leqslant 5$

注:1 当无法取得饱和单轴抗压强度数据时,可用点荷载试验强度换算,换算方法按现行国家标准《工程岩体分级标准》GB 50218执行。
 2 当岩体完整程度为极破碎时,可不进行坚硬程度分类。

4.1.3 岩体完整程度可根据完整性指数按表4.1.3的规定进行分类。

表 4.1.3 岩体完整程度分类

完整程度	完整	较完整	较破碎	破碎	极破碎
完整性指数	>0.75	0.55~0.75	0.35~0.55	0.15~0.35	<0.15

注:完整性指数为岩体压缩波速度与岩块压缩波速度之比的平方,选定岩体和岩块测波速时,应注意其代表性。

4.1.4 岩体基本质量等级应根据岩石坚硬程度和岩体完整程度按表4.1.4的规定进行划分。

表 4.1.4 岩体基本质量等级分类

完整程度 坚硬程度	完整	较完整	较破碎	破碎	极破碎
坚硬岩	I	II	III	IV	V
较硬岩	II	III	IV	IV	V
较软岩	III	IV	IV	V	V
软岩	IV	IV	V	V	V
极软岩	V	V	V	V	V

4.1.5 岩石风化程度应按本规范附录B分为未风化岩石、微风化岩石、中等风化岩石、强风化岩石和全风化岩石。

4.1.6 当软化系数小于或等于0.75时,应定为软化岩石。当岩石具有特殊成分、特殊结构或特殊性质时,应定为特殊性岩石,如易溶性岩石、膨胀性岩石、崩解性岩石、盐渍化岩石等。

4.1.7 岩石可根据岩石质量指标(RQD)进行划分,RQD大于90为好的,RQD为75~90为较好的,RQD为50~75为较差的,RQD为25~50为差的,RQD小于25为极差的。

4.2 土的分类

4.2.1 土按沉积年代分为老沉积土、一般沉积土、新近沉积土并应符合下列规定:

1 老沉积土:第四纪晚更新世(Q_3)及其以前沉积的土。

2 一般沉积土:第四纪全新世早期沉积的土。

3 新近沉积土:第四纪全新世中、晚期沉积的土。

4.2.2 土按地质成因可分为残积土、坡积土、洪积土、冲积土、淤积土、冰积土、风积土等。

4.2.3 土根据有机质含量(W_u)可按表4.2.3的规定进行分类。

表 4.2.3 土按有机质含量(W_u)分类

土 的 名 称	有机质含量(%)
无机土	$W_u \leqslant 5$
有机质土	$5 < W_u \leqslant 10$
泥炭质土	$10 < W_u \leqslant 60$
泥炭	$W_u > 60$

注:有机质含量 W_u 为550℃时的灼失量。

4.2.4 土按颗粒级配或塑性指数可分为碎石土、砂土、粉土和黏性土。

4.2.5 粒径大于2mm颗粒的质量超过总质量50%的土,应定名为碎石土,并按表4.2.5的规定进一步分类。

表 4.2.5 碎石土的分类

土的名称	颗粒形状	颗粒含量
漂石	圆形和亚圆形为主	粒径大于200mm颗粒的质量超过总质量的50%
块石	棱角形为主	
卵石	圆形和亚圆形为主	粒径大于20mm颗粒的质量超过总质量的50%
碎石	棱角形为主	

土的名称	颗粒形状	颗粒含量
圆砾	圆形和亚圆形为主	粒径大于 2mm 颗粒的质量超过总质量的 50%
角砾	棱角形为主	

注：分类时应根据粒组含量由大到小，以最先符合者确定。

4.2.6 粒径大于 2mm 颗粒的质量不超过总质量 50%、粒径大于 0.075mm 颗粒的质量超过总质量 50% 的土，应定名为砂土，并按表 4.2.6 的规定进一步分类。

表 4.2.6 砂土的分类

土的名称	颗粒含量
砾砂	粒径大于 2mm 颗粒的质量占总质量大于 25%，且小于 50%
粗砂	粒径大于 0.5mm 颗粒的质量超过总质量 50%
中砂	粒径大于 0.25mm 颗粒的质量超过总质量 50%
细砂	粒径大于 0.075mm 颗粒的质量超过总质量 85%
粉砂	粒径大于 0.075mm 颗粒的质量超过总质量 50%

注：分类时应根据粒组含量由大到小，以最先符合者确定。

4.2.7 粒径大于 0.075mm 颗粒的质量不超过总质量 50%，且塑性指数 I_P 小于或等于 10 的土，应定名为粉土。粉土可按表 4.2.7 的规定进一步划分为砂质粉土和黏质粉土。

表 4.2.7 粉土的分类

土的名称	塑性指数 I_P
砂质粉土	$3 < I_P \leqslant 7$
黏质粉土	$7 < I_P \leqslant 10$

注：塑性指数由相应于 76g 圆锥体沉入土样中深度为 10mm 时测定的液限计算而得。当有地区经验时，可结合地区经验综合考虑。

4.2.8 塑性指数 I_P 大于 10 的土应定名为黏性土，并按表 4.2.8 的规定进一步分类。

表 4.2.8 黏性土分类

土的名称	塑性指数 I_P
粉质黏土	$10 < I_P \leqslant 17$
黏土	$I_P > 17$

注：塑性指数由相应于 76g 圆锥体沉入土样中深度为 10mm 时测定的液限计算而得。

4.2.9 土按特殊性质可分为填土、软土（包括淤泥和淤泥质土）、湿陷性土、膨胀岩土、残积土、盐渍土、红黏土、多年冻土、混合土及污染土等。

4.3 岩土的描述

4.3.1 岩石的描述应包括地质年代、名称、风化程度、颜色、主要矿物、结构、构造和岩石质量指标（RQD）。对沉积岩应着重描述沉积物的颗粒大小、形状、胶结物成分和胶结程度；对岩浆岩和变质岩应着重描述矿物结晶大小和结晶程度。

4.3.2 岩体的描述应包括结构面、结构体、岩层厚度和结构类型，并应符合下列规定：

1 结构面的描述包括类型、性质、产状、组合形式、发育程度、延展情况、闭合程度、粗糙程度、充填情况和充填物性质以及充水性质等。

2 结构体的描述包括类型、形状、大小和结构体在围岩中的受力情况等。

3 结构类型可按本规范附录 C 进行分类。

4 岩层厚度分类应按表 4.3.2 的规定执行。

表 4.3.2 岩层厚度分类

层厚分类	单层厚度 h(m)	层厚分类	单层厚度 h(m)
巨厚层	$h > 1.0$	中厚层	$0.1 < h \leqslant 0.5$
厚层	$0.5 < h \leqslant 1.0$	薄层	$h \leqslant 0.1$

4.3.3 对岩体基本质量等级为 Ⅳ 级和 Ⅴ 级的岩体，鉴定和描述除按本规范第 4.3.1 条、第 4.3.2 条执行外，尚应符合下列规定：

1 对软岩和极软岩，应注意是否具有可软化性、膨胀性、崩解性等特殊性质。

2 对极破碎岩体，应说明破碎原因。

3 开挖后是否有进一步风化的特性。

4.3.4 土的描述应符合下列规定：

1 碎石土宜描述颜色、颗粒级配、最大粒径、颗粒形状、颗粒排列、母岩成分、风化程度、充填物和充填程度、密实度、层理特征等。

2 砂土宜描述颜色、矿物组成、颗粒级配、颗粒形状、细粒含量、湿度、密实度及层理特征等。

3 粉土宜描述颜色、含有物、湿度、密实度、摇震反应及层理特征等。

4 黏性土宜描述颜色、状态、含有物、光泽反应、土的结构、层理特征及状态、断面状态等。

5 特殊性土除描述上述相应各类规定的内容外，尚应描述其特殊成分和特殊性质；如对淤泥尚应描述嗅味，对填土尚应描述物质成分、堆积年代、密实度和厚度的均匀程度等。

6 对具有互层、夹层、夹薄层特征的土，尚应描述各层的厚度和层理特征。

4.3.5 土的密实度可按下列规定划分：

1 碎石土的密实度可根据圆锥动力触探锤击数按表 4.3.5-1 和表 4.3.5-2 的规定确定。表中的 $N'_{63.5}$ 和 N'_{120} 是根据实测圆锥动力触探锤击数 $N_{63.5}$ 和 N_{120} 按本规范附录 D 中第 D.0.2 和第 D.0.3 条的规定进行修正后得到的锤击数。定性描述可按本规范附录 D 中第 D.0.1 条的规定执行。

表 4.3.5-1 碎石土密实度按 $N'_{63.5}$ 分类

重型动力触探锤击数 $N'_{63.5}$	密实度	重型动力触探锤击数 $N'_{63.5}$	密实度
$N'_{63.5} \leqslant 5$	松散	$10 < N'_{63.5} \leqslant 20$	中密
$5 < N'_{63.5} \leqslant 10$	稍密	$N'_{63.5} > 20$	密实

注：本表适用于平均粒径小于或等于 50mm，且最大粒径小于 100mm 的碎石土。对于平均粒径大于 50mm，或最大粒径大于 100mm 的碎石土，可用超重型动力触探或用野外观察鉴别。

表 4.3.5-2 碎石土密实度按 N'_{120} 分类

超重型动力触探锤击数 N'_{120}	密实度	超重型动力触探锤击数 N'_{120}	密实度
$N'_{120} \leqslant 3$	松散	$11 < N'_{120} \leqslant 14$	密实
$3 < N'_{120} \leqslant 6$	稍密	$N'_{120} > 14$	很密
$6 < N'_{120} \leqslant 11$	中密	—	—

2 砂土的密实度应根据标准贯入试验锤击数实测值 N 划分为密实、中密、稍密和松散，并应符合表 4.3.5-3 的规定。

表 4.3.5-3 砂土密实度分类

标准贯入锤击数 N	密实度	标准贯入锤击数 N	密实度
$N \leqslant 10$	松散	$15 < N \leqslant 30$	中密
$10 < N \leqslant 15$	稍密	$N > 30$	密实

3 粉土的密实度应根据孔隙比 e 划分为密实、中密和稍密，并符合表 4.3.5-4 的规定。

表 4.3.5-4 粉土密实度分类

孔隙比 e	密实度
$e < 0.75$	密实
$0.75 \leqslant e \leqslant 0.90$	中密
$e > 0.9$	稍密

注：当有经验时，可用原位测试或其他方法划分粉土的密实度。

4.3.6 粉土的湿度应根据含水量 w(%) 划分为稍湿、湿和很湿，并符合表 4.3.6 的规定。

表 4.3.6 粉土湿度分类

含水量 w(%)	湿度
$w < 20$	稍湿
$20 \leqslant w \leqslant 30$	湿
$w > 30$	很湿

4.3.7 黏性土状态应根据液性指数 I_L 划分为坚硬、硬塑、可塑、软塑和流塑，并符合表4.3.7的规定。

表4.3.7 黏性土状态分类

液性指数 I_L	状态	液性指数 I_L	状态
$I_L \leq 0$	坚硬	$0.75 < I_L \leq 1.00$	软塑
$0 < I_L \leq 0.25$	硬塑	$I_L > 1.00$	流塑
$0.25 < I_L \leq 0.75$	可塑	—	—

4.4 围岩分级与岩土施工工程分级

4.4.1 围岩分级应根据隧道围岩的工程地质条件、开挖后的稳定状态、弹性纵波波速按本规范附录 E 划分为 Ⅰ 级、Ⅱ 级、Ⅲ 级、Ⅳ 级、Ⅴ 级和Ⅵ 级。

4.4.2 岩土施工工程分级可根据岩土名称及特征、岩石饱和单轴抗压强度、钻探难度按本规范附录 F 分为松土、普通土、硬土、软质岩、次坚石和坚石。

5 可行性研究勘察

5.1 一般规定

5.1.1 可行性研究勘察应针对城市轨道交通工程线路方案开展工程地质勘察工作，研究线路场地的地质条件，为线路方案比选提供地质依据。

5.1.2 可行性研究勘察应重点研究影响线路方案的不良地质作用、特殊性岩土及关键工程的工程地质条件。

5.1.3 可行性研究勘察应在搜集已有地质资料和工程地质调查与测绘的基础上，开展必要的勘探与取样、原位测试、室内试验等工作。

5.2 目的与任务

5.2.1 可行性研究勘察应调查城市轨道交通工程线路场地的岩土工程条件、周边环境条件，研究控制线路方案的主要工程地质问题和重要工程周边环境，为线位、站位、线路敷设形式、施工方法等方案的设计与比选、技术经济论证、工程周边环境保护及编制可行性研究报告提供地质资料。

5.2.2 可行性研究勘察应进行下列工作：

1 搜集区域地质、地形、地貌、水文、气象、地震、矿产等资料，以及沿线的工程地质条件、水文地质条件、工程周边环境条件和相关工程建设经验。

2 调查线路沿线的地层岩性、地质构造、地下水埋藏条件等，划分工程地质单元，进行工程地质分区，评价场地稳定性和适宜性。

3 对控制线路方案的工程周边环境，分析其与线路的相互影响，提出规避、保护的初步建议。

4 对控制线路方案的不良地质作用、特殊性岩土，了解其类型、成因、范围及发展趋势，分析其对线路的危害，提出规避、防治的初步建议。

5 研究场地的地形、地貌、工程地质、水文地质、工程周边环境等条件，分析路基、高架、地下等工程方案及施工方法的可行性，提出线路比选方案的建议。

5.3 勘察要求

5.3.1 可行性研究勘察的资料搜集应包括下列内容：

1 工程所在地的气象、水文以及与工程相关的水利、防洪设施等资料。

2 区域地质、构造、地震及液化等资料。

3 沿线地形、地貌、地层岩性、地下水、特殊性岩土、不良地质作用和地质灾害等资料。

4 沿线古城址及河、湖、沟、坑的历史变迁及工程活动引起的地质变化等资料。

5 影响线路方案的重要建(构)筑物、桥涵、隧道、既有轨道交通设施等工程周边环境的设计与施工资料。

5.3.2 可行性研究勘察的勘探工作应符合下列要求：

1 勘探点间距不宜大于1000m，每个车站应有勘探点。

2 勘探点数量应满足工程地质分区的要求；每个工程地质单元应有勘探点，在地质条件复杂地段应加密勘探点。

3 当有两条或两条以上比选线路时，各比选线路均应布置勘探点。

4 控制线路方案的江、河、湖等地表水体及不良地质作用和特殊性岩土地段应布置勘探点。

5 勘探孔深度应满足场地稳定性、适宜性评价和线路方案设计、工法选择等需要。

5.3.3 可行性研究勘察的取样、原位测试、室内试验的项目和数量，应根据线路方案、沿线工程地质和水文地质条件确定。

6 初步勘察

6.1 一般规定

6.1.1 初步勘察应在可行性研究勘察的基础上，针对城市轨道交通工程线路敷设形式、各类工程的结构形式、施工方法等开展工作，为初步设计提供地质依据。

6.1.2 初步勘察应对控制线路平面、埋深及施工方法的关键工程或区段进行重点勘察，并结合工程周边环境提出岩土工程防治和风险控制的初步建议。

6.1.3 初步勘察工作应根据沿线区域地质和场地工程地质、水文地质、工程周边环境等条件，采用工程地质调查与测绘、勘探与取样、原位测试、室内试验等多种手段相结合的综合勘察方法。

6.2 目的与任务

6.2.1 初步勘察应初步查明城市轨道交通工程线路、车站、车辆基地和相关附属设施的工程地质和水文地质条件，分析评价地基基础形式和施工方法的适宜性，预测可能出现的岩土工程问题，提供初步设计所需的岩土参数，提出复杂或特殊地段岩土治理的初步建议。

6.2.2 初步勘察应进行下列工作：

1 搜集带地形图的拟建线路平面图、线路纵断面图、施工方法等有关设计文件及可行性研究勘察报告、沿线地下设施分布图。

2 初步查明沿线地质构造、岩土类型及分布、岩土物理力学性质、地下水埋藏条件，进行工程地质分区。

3 初步查明特殊性岩土的类型、成因、分布、规模、工程性质，分析其对工程的危害程度。

4 查明沿线场地不良地质作用的类型、成因、分布、规模，预测其发展趋势，分析其对工程的危害程度。

5 初步查明沿线地表水的水位、流量、水质、河湖淤积物的分布，以及地表水与地下水的补排关系。

6 初步查明地下水水位，地下水类型，补给、径流、排泄条件，历史最高水位，地下水动态和变化规律。

7 对抗震设防烈度大于或等于6度的场地，应初步评价场地和地基的地震效应。

8 评价场地稳定性和工程适宜性。

9 初步评价水和土对建筑材料的腐蚀性。

10 对可能采取的地基基础类型、地下工程开挖与支护方案、地下水控制方案进行初步分析评价。

11 季节性冻土地区，应调查场地土的标准冻结深度。

12 对环境风险等级较高的工程周边环境，分析可能出现的工程问题，提出预防措施的建议。

6.3 地下工程

6.3.1 地下车站与区间工程初步勘察除应符合本规范第 6.2.2 条的规定外，尚应满足下列要求：

1 初步划分车站、区间隧道的围岩分级和岩土施工工程分级。

2 根据车站、区间隧道的结构形式及埋置深度，结合岩土工程条件，提供初步设计所需的岩土参数，提出地基基础方案的初步建议。

3 每个水文地质单元选择代表性地段进行水文地质试验，提供水文地质参数，必要时设置地下水位长期观测孔。

4 初步查明地下有害气体、污染土层的分布、成分，评价其对工程的影响。

5 针对车站、区间隧道的施工方法，结合岩土工程条件，分析基坑支护、围岩支护、盾构设备选型、岩土加固与开挖、地下水控制等可能遇到的岩土工程问题，提出处理措施的初步建议。

6.3.2 地下车站的勘探点宜按结构轮廓线布置，每个车站勘探点数量不宜少于 4 个，且勘探点间距不宜大于 100m。

6.3.3 地下区间的勘探点应根据场地复杂程度和设计方案布置，并符合下列要求：

1 勘探点间距宜为 100m～200m，在地貌、地质单元交接部位、地层变化较大地段以及不良地质作用和特殊性岩土发育地段应加密勘探点。

2 勘探点宜沿区间线路布置。

6.3.4 每个地下车站或区间取样、原位测试的勘探点数量不应少于勘探点总数的 2/3。

6.3.5 勘探孔深度应根据地质条件及设计方案综合确定，并符合下列规定：

1 控制性勘探孔进入结构底板以下不应小于 30m；在结构埋深范围内如遇强风化、全风化岩石地层进入结构底板以下不应小于 15m；在结构埋深范围内如遇中等风化、微风化岩石地层宜进入结构底板以下 5m～8m。

2 一般性勘探孔进入结构底板以下不应小于 20m；在结构埋深范围内如遇强风化、全风化岩石地层进入结构底板以下不应小于 10m；在结构埋深范围内如遇中等风化、微风化岩石地层进入结构底板以下不应小于 5m。

3 遇岩溶和破碎带时钻孔深度应适当加深。

6.4 高架工程

6.4.1 高架车站与区间工程初步勘察除应符合本规范第 6.2.2 条的规定外，尚应满足下列要求：

1 重点查明对高架方案有控制性影响的不良地质体的分布范围，指出工程设计应注意的事项。

2 采用天然地基时，初步评价墩台基础地基稳定性和承载力，提供地基变形、基础抗倾覆和抗滑移稳定性验算所需的岩土参数。

3 采用桩基时，初步查明桩基持力层的分布、厚度变化规律，提出桩型及成桩工艺的初步建议，提供桩侧土层摩阻力、桩端土层端阻力初步建议值，并评价桩施工对工程周边环境的影响。

4 对跨河桥，还应初步查明河流水文条件，提供冲刷计算所需的颗粒级配等参数。

6.4.2 勘探点间距应根据场地复杂程度和设计方案确定，宜为

80m～150m；高架车站勘探点数量不宜少于 3 个；取样、原位测试的勘探点数量不应少于勘探点总数的 2/3。

6.4.3 勘探孔深度应符合下列规定：

1 控制性勘探孔深度应满足墩台基础或桩基沉降计算和软弱下卧层验算的要求，一般性勘探孔应满足查明墩台基础或桩基持力层和软弱下卧土层分布的要求。

2 墩台基础置于无地表水地段时，应穿过最大冻结深度达持力层以下；墩台基础置于地表水下时，应穿过水流最大冲刷深度达持力层以下。

3 覆盖层较薄，下伏基岩风化层不厚时，勘探孔应进入微风化地层 3m～8m。为确认是基岩而非孤石，应将岩芯同当地岩层露头、岩性、层理、节理和产状进行对比分析，综合判断。

6.5 路基、涵洞工程

6.5.1 路基工程初步勘察除应符合本规范第 6.2.2 条的规定外，尚应符合下列规定：

1 初步查明各岩土层的岩性、分布情况及物理力学性质，重点查明对路基工程有控制性影响的不稳定岩土体、软弱土层等不良地质体的分布范围。

2 初步评价路基基底的稳定性，划分岩土施工工程等级，指出路基设计应注意的事项并提出相关建议。

3 初步查明水文地质条件，评价地下水对路基的影响，提出地下水控制措施的建议。

4 对高路堤应初步查明软弱土层的分布范围和物理力学性质，提出天然地基的填土允许高度或地基处理建议，对路堤的稳定性进行初步评价；必要时进行取土场勘察。

5 对深路堑，应初步查明岩土体的不利结构面，调查沿线天然边坡、人工边坡的工程地质条件，评价边坡稳定性，提出边坡治理措施的建议。

6 对支挡结构，应初步评价地基稳定性和承载力，提出地基基础形式及地基处理措施的建议。对路堑挡土墙，还应提供墙后岩土体物理力学性质指标。

6.5.2 涵洞工程初步勘察除应符合本规范第 6.2.2 条的规定外，尚应符合下列规定：

1 初步查明涵洞场地地貌、地层分布和岩性、地质构造、天然沟床稳定状态、隐伏的基岩倾斜面、不良地质作用和特殊性岩土。

2 初步查明涵洞地基的水文地质条件，必要时进行水文地质试验，提供水文地质参数。

3 初步评价涵洞地基稳定性和承载力，提供涵洞设计、施工所需的岩土参数。

6.5.3 路基、涵洞工程勘探点间距应符合下列要求：

1 每个地貌、地质单元均应布置勘探点，在地貌、地质单元交接部位和地层变化较大地段应加密勘探点。

2 路基的勘探点间距宜为 100m～150m，支挡结构、涵洞应有勘探点控制。

3 高路堤、深路堑应布置横断面。

6.5.4 取样、原位测试的勘探点数量不应少于路基、涵洞工程勘探点总数的 2/3。

6.5.5 路基、涵洞工程的控制性勘探孔深度应满足稳定性评价、变形计算、软弱下卧层验算的要求；一般性勘探孔宜进入基底以下 5m～10m。

6.6 地面车站、车辆基地

6.6.1 车辆基地的路基工程初步勘察要求应符合本规范第 6.5 节的规定。

6.6.2 地面车站、车辆基地的（建）构筑物初步勘察应符合现行国家标准《岩土工程勘察规范》GB 50021 的有关规定。

7 详细勘察

7.1 一般规定

7.1.1 详细勘察应在初步勘察的基础上,针对城市轨道交通各类工程的建筑类型、结构形式、埋置深度和施工方法等开展工作,满足施工图设计要求。

7.1.2 详细勘察工作应根据各类工程场地的工程地质、水文地质和工程周边环境等条件,采用勘探与取样、原位测试、室内试验,辅以工程地质调查与测绘、工程物探的综合勘察方法。

7.2 目的与任务

7.2.1 详细勘察应查明各类工程场地的工程地质和水文地质条件,分析评价地基、围岩及边坡稳定性,预测可能出现的岩土工程问题,提出地基基础、围岩加固与支护、边坡治理、地下水控制、周边环境保护方案建议,提供设计、施工所需的岩土参数。

7.2.2 详细勘察工作前应搜集附有坐标和地形的拟建工程的平面图、纵断面图、荷载、结构类型与特点、施工方法、基础形式及埋深、地下工程埋置深度及上覆土层的厚度、变形控制要求等资料。

7.2.3 详细勘察应进行下列工作:

1 查明不良地质作用的特征、成因、分布范围、发展趋势和危害程度,提出治理方案的建议。

2 查明场地范围内岩土层的类型、年代、成因、分布范围、工程特性,分析和评价地基的稳定性、均匀性和承载能力,提出天然地基、地基处理或桩等地基基础方案的建议,对需进行沉降计算的建(构)筑物、路基等,提供地基变形计算参数。

3 分析地下工程围岩的稳定性和可挖性,对围岩进行分级和岩土施工工程分级,提出对地下工程有不利影响的工程地质问题及防治措施的建议,提供基坑支护、隧道初期支护和衬砌设计与施工所需的岩土参数。

4 分析边坡的稳定性,提供边坡稳定性计算参数,提出边坡治理的工程措施建议。

5 查明对工程有影响的地表水体的分布、水位、水深、水质、防渗措施、淤积物分布及地表水与地下水的水力联系等,分析地表水体对工程可能造成的危害。

6 查明地下水的埋藏条件,提供场地的地下水类型、勘察时水位、水质、岩土渗透系数、地下水位变化幅度等水文地质资料,分析地下水对工程的作用,提出地下水控制措施的建议。

7 判定地下水和土对建筑材料的腐蚀性。

8 分析工程周边环境与工程的相互影响,提出环境保护措施的建议。

9 应确定场地类别,对抗震设防烈度大于6度的场地,应进行液化判别,提出处理措施的建议。

10 在季节性冻土地区,应提供场地土的标准冻结深度。

7.3 地下工程

7.3.1 地下车站主体、出入口、风井、通道、地下区间、联络通道等地下工程的详细勘察,除应符合本规范第7.2.3条的规定外,尚应符合本节规定。

7.3.2 地下工程详细勘察尚应符合下列规定:

1 查明各岩土层的分布,提供各岩土层的物理力学性质指标及地下工程设计、施工所需的基床系数、静止侧压力系数、热物理指标和电阻率等岩土参数。

2 查明不良地质作用、特殊性岩土及对工程施工不利的饱和砂层、卵石层、漂石层等地质条件的分布与特征,分析其对工程

危害和影响,提出工程防治措施的建议。

3 在基岩地区应查明岩石风化程度,岩层层理、片理、节理等软弱结构面的产状及组合形式,断裂构造和破碎带的位置、规模、产状和力学属性,划分岩体结构类型,分析隧道偏压的可能性及危害。

4 对隧道围岩的稳定性进行评价,按照本规范附录E、附录F进行围岩分级、岩土施工工程分级。分析隧道开挖、围岩加固及初期支护等可能出现的岩土工程问题,提出防治措施建议,提供隧道围岩加固、初期支护和衬砌设计与施工所需的岩土参数。

5 对基坑边坡的稳定性进行评价,分析基坑支护可能出现的岩土工程问题,提出防治措施建议,提供基坑支护设计所需的岩土参数。

6 分析地下水对工程施工的影响,预测基坑和隧道突水、涌砂、流土、管涌的可能性及危害程度。

7 分析地下水对工程结构的作用,对需采取抗浮措施的地下工程,提出抗浮设防水位的建议,提供抗拔桩或抗浮锚杆设计所需的各岩土层的侧摩阻力或锚固力等计算参数,必要时对抗浮设防水位进行专项研究。

8 分析评价工程降水、岩土开挖对工程周边环境的影响,提出周边环境保护措施的建议。

9 对出入口与通道、风井与风道、施工竖井与施工通道、联络通道等附属工程及隧道断面尺寸变化较大区段,应根据工程特点、场地地质条件和工程周边环境条件进行岩土工程分析与评价。

10 对地基承载力、地基处理和围岩加固效果等的工程检测提出建议,对工程结构、工程周边环境、岩土体的变形及地下水位变化等的工程监测提出建议。

7.3.3 勘探点间距根据场地的复杂程度、地下工程类别及地下工程的埋深、断面尺寸等特点可按表7.3.3的规定综合确定。

表7.3.3 勘探点间距(m)

场地复杂程度	复杂场地	中等复杂场地	简单场地
地下车站勘探点间距	10~20	20~40	40~50
地下区间勘探点间距	10~30	30~50	50~60

7.3.4 勘探点的平面布置应符合下列规定:

1 车站主体勘探点宜沿结构轮廓线布置,结构角点以及出入口与通道、风井与风道、施工竖井与施工通道等附属工程部位应有勘探点控制。

2 每个车站不应少于2条纵剖面和3条有代表性的横剖面。

3 车站采用承重桩时,勘探点的平面布置宜结合承重桩的位置布设。

4 区间勘探点宜在隧道结构外侧3m~5m的位置交叉布置。

5 在区间隧道洞口、陡坡段、大断面、异型断面、工法变换等部位以及联络通道、渡线、施工竖井等应有勘探点控制,并布设剖面。

6 山岭隧道勘探点的布置可执行现行行业标准《铁路工程地质勘察规范》TB 10012的有关规定。

7.3.5 勘探孔深度应符合下列规定:

1 控制性勘探孔的深度应满足地基、隧道围岩、基坑边坡稳定性分析、变形计算以及地下水控制的要求。

2 对车站工程,控制性勘探孔进入结构底板以下不应小于25m或进入结构底板以下中等风化或微风化岩石不应小于5m,一般性勘探孔深度进入结构底板以下不应小于15m或进入结构底板以下中等风化或微风化岩石不应小于3m。

3 对区间工程,控制性勘探孔进入结构底板以下不应小于3倍隧道直径(宽度)或进入结构底板以下中等风化或微风化岩石不应小于5m,一般性勘探孔进入结构底板以下不应小于2倍隧道直径(宽度)或进入结构底板以下中等风化或微风化岩石不应小

于 3m。

4 当采用承重桩、抗拔桩或抗浮锚杆时,勘探孔深度应满足其设计的要求。

5 当预定深度范围内存在软弱土层时,勘探孔应适当加深。

7.3.6 地下工程控制性勘探孔的数量不应少于勘探点总数的1/3。采取岩土试样及原位测试勘探孔的数量:车站工程不应少于勘探点总数的1/2,区间工程不应少于勘探点总数的2/3。

7.3.7 采取岩土试样和进行原位测试应满足岩土工程评价的要求。每个车站或区间工程每一主要土层的原状土试样或原位测试数据不应少于 10 件(组),且每一地质单元的每一主要土层不应少于 6 件(组)。

7.3.8 原位测试应根据需要和地区经验选取适合的测试手段,并符合本规范第 15 章的规定;每个车站或区间工程的波速测试孔不宜少于 3 个,电阻率测试孔不宜少于 2 个。

7.3.9 室内试验除应符合本规范第 16 章的规定外,尚应符合下列规定:

1 抗剪强度室内试验方法应根据施工方法、施工条件、设计要求等确定。

2 静止侧压力系数和热物理指标试验数据每一主要土层不宜少于 3 组。

3 宜在基底以下压缩层范围内采取岩土试样进行回弹再压缩试验,每层试验数据不宜少于 3 组。

4 对隧道范围内的碎石土和砂土应测定颗粒级配,对粉土应测定黏粒含量。

5 应采取地表水、地下水水试样或地下结构范围内的岩土试样进行腐蚀性试验,地表水每处不应少于 1 组,地下水岩土试样或每层不应少于 2 组。

6 在基岩地区应进行岩块的弹性波波速测试,并应进行岩石的饱和单轴抗压强度试验,必要时尚应进行软化试验;对软岩、极软岩可进行天然湿度的单轴抗压强度试验。每个场地每一主要岩层的试验数据不应少于 3 组。

7.3.10 在基床系数在有经验地区可通过原位测试、室内试验结合本规范附录 H 的经验值综合确定,必要时通过专题研究或现场 K_{30} 载荷试验确定。

7.3.11 在基岩地区应根据需要提供抗剪强度指标、软化系数、完整性指数、岩体基本质量等级等参数。

7.3.12 岩土的抗剪强度指标宜通过室内试验、原位测试结合当地的工程经验综合确定。

7.3.13 当地下水对车站和区间工程有影响时应布置长期水文观测孔,对需要进行地下水控制的车站和区间工程宜进行水文地质试验。

7.4 高 架 工 程

7.4.1 高架工程详细勘察包括高架车站、高架区间及其附属工程的勘察,除应符合本规范第 7.2.3 条的规定外,尚应符合本节要求。

7.4.2 高架工程详细勘察尚应符合下列规定:

1 查明场地各岩土层类型、分布、工程特性和变化规律;确定墩台基础与桩基的持力层,提供各岩土层的物理力学性质指标;分析桩基承载性状,结合当地经验提供桩基承载力计算和变形计算参数。

2 查明溶洞、土洞、人工洞穴、采空区、可液化土层和特殊性岩土的分布与特征,分析其对墩台基础和桩基的危害程度,评价墩台地基和桩基的稳定性,提出防治措施的建议。

3 采用基岩作为墩台基础或桩基的持力层时,应查明基岩的岩性、构造、岩面变化、风化程度,确定岩石的坚硬程度、完整程度和岩体基本质量等级,判定有无洞穴、临空面、破碎岩体或软弱岩层。

4 查明水文地质条件,评价地下水对墩台基础及桩基设计和施工的影响;判定地下水和土对建筑材料的腐蚀性。

5 查明场地是否存在产生桩侧负摩阻力的地层,评价负阻力对桩基承载力的影响,并提出处理措施的建议。

6 分析桩基施工存在的岩土工程问题,评价成桩的可能性,论证桩基施工对工程周边环境的影响,并提出处理措施的建议。

7 对桩的完整性和承载力提出检测的建议。

7.4.3 勘探点的平面布置应符合下列规定:

1 高架车站勘探点应沿结构轮廓线和柱网布置,勘探点间距宜为 15m~35m。当桩端持力层起伏较大、地层分布复杂时,应加密勘探点。

2 高架区间勘探点应逐墩布设,地质条件简单时可适当减少勘探点。地质条件复杂或跨度较大时,可根据需要增加勘探点。

7.4.4 勘探孔深度应符合下列规定:

1 墩台基础的控制性勘探孔应满足沉降计算和下卧层验算要求。

2 墩台基础的一般性勘探孔应达到基底以下 10m~15m 或墩台基础底面宽度的 2 倍~3 倍;在基岩地段,当风化层不厚或为硬质岩时,应进入基底以下中等风化岩石地层 2m~3m;

3 桩基的控制性勘探孔深度应满足沉降计算和下卧层验算要求,应穿透桩端平面以下压缩层厚度;对嵌岩桩,控制性勘探孔应达到预计桩端平面以下 3 倍~5 倍桩身设计直径,并穿过溶洞、破碎带,进入稳定地层。

4 桩基的一般性勘探孔深度应达到预计桩端平面以下 3 倍~5 倍桩身设计直径,且不应小于 3m,对大直径桩,不应小于 5m。嵌岩桩一般性勘探孔应达到预计桩端平面以下 1 倍~3 倍桩身设计直径。

5 当预定深度范围内存在软弱土层时,勘探孔应适当加深。

7.4.5 高架工程控制性勘探孔的数量不应少于勘探点总数的1/3。取样及原位测试孔的数量不应少于勘探点总数的 1/2。

7.4.6 采取岩土试样和原位测试应符合本规范第 7.3.7 条的规定。

7.4.7 原位测试应根据需要和地区经验选取适合的测试手段,并符合本规范第 15 章的规定;每个车站或区间工程的波速测试孔不宜少于 3 个。

7.4.8 室内试验应符合本规范第 16 章的规定,并应符合下列规定:

1 当需估算基桩的侧阻力、端阻力和验算下卧层强度时,宜进行三轴剪切试验或无侧限抗压强度试验,三轴剪切试验受力条件应模拟工程实际情况。

2 需要进行沉降计算的桩基工程,应进行压缩试验,试验最大压力应大于自重压力与附加压力之和。

3 桩端持力层为基岩时,应采取岩样进行饱和单轴抗压强度试验,必要时尚应进行软化试验;对软岩和极软岩,可进行天然湿度的单轴抗压强度试验;对无法取样的破碎和极破碎岩石,应进行原位测试。

7.5 路基、涵洞工程

7.5.1 路基、涵洞工程勘察包括路基工程、涵洞工程、支挡结构及其附属工程的勘察。路基、涵洞工程勘察除应符合本规范第7.2.3 条的规定外,尚应符合本节规定。

7.5.2 一般路基详细勘察应包括下列内容:

1 查明地层结构、岩土性质、岩层产状、风化程度及水文地质特征;分段划分岩土施工工程等级;评价路基基底的稳定性。

2 应采取岩土试样进行物理力学试验,采取水试样进行水质分析。

7.5.3 高路堤详细勘察应包括下列内容:

1 查明基底地层结构,岩土性质,覆盖层与基岩接触面的形态。查明不利倾向的软弱夹层,并评价其稳定性。

2 调查地下水活动对基底稳定性的影响。

3 地质条件复杂的地段应布置横剖面。

4 应采取岩土试样进行物理力学试验,提供验算地基强度及变形的岩土参数。

5 分析基底和斜坡稳定性,提出路基和斜坡加固方案的建议。

7.5.4 深路堑详细勘察应包括下列内容:

1 查明场地的地形、地貌、不良地质作用和特殊地质问题;调查沿线天然边坡、人工边坡的工程地质条件;分析边坡工程对周边环境产生的不利影响。

2 土质边坡应查明土层厚度、地层结构、成因类型、密实程度及下伏基岩面形态和坡度。

3 岩质边坡应查明岩层性质、厚度、成因、节理、裂隙、断层、软弱夹层的分布、风化破碎程度;主要结构面的类型、产状及充填物。

4 查明影响深度范围的含水层、地下水埋藏条件、地下水动态,评价地下水对路堑边坡及结构稳定性的影响,需要时应提供路堑结构抗浮设计的建议。

5 建议路堑边坡坡度,分析评价路堑边坡的稳定性,提供边坡稳定性计算参数,提出路堑边坡治理措施的建议。

6 调查雨期、暴雨量、汇水范围和雨水对坡面、坡脚的冲刷及对坡体稳定性的影响。

7.5.5 支挡结构详细勘察应包括下列内容:

1 查明支挡地段地形、地貌、不良地质作用和特殊性岩土,地层结构及岩土性质,评价支挡结构地基稳定性和承载力,提供支挡结构设计所需的岩土参数,提出支挡形式和地基基础方案的建议。

2 查明支挡地段水文地质条件,评价地下水对支挡结构的影响,提出处理措施的建议。

7.5.6 涵洞详细勘察应符合下列规定:

1 查明地形、地貌、地层、岩性、天然沟床稳定状态、隐伏的基岩斜坡、不良地质作用和特殊性岩土。

2 查明涵洞场地的水文地质条件,必要时进行水文地质试验,提供水文地质参数。

3 应采取岩探、测试和试验等方法综合确定地基承载力,提供涵洞设计所需的岩土参数。

4 调查雨期、雨量等气象条件及涵洞附近的汇水面积。

7.5.7 勘探点的平面布置应符合下列规定:

1 一般路基勘探点间距为50m~100m,高路堤、深路堑、支挡结构勘探点间距可根据场地复杂程度按表7.5.7的规定综合确定。

表7.5.7 勘探点间距(m)

复杂场地	中等复杂场地	简单场地
15~30	30~50	50~60

2 高路堤、深路堑应根据基底和边坡的特征,结合工程处理措施,确定代表性工程地质断面的位置和数量。每个断面的勘探点不宜少于3个,地质条件简单时不宜少于2个。

3 深路堑工程遇有软弱夹层或不利结构面时,勘探点应适当加密。

4 支挡结构的勘探点不宜少于3个。

5 涵洞的勘探点不宜少于2个。

7.5.8 控制性勘探孔的数量不应少于勘探点总数的1/3,取样及原位测试孔数量应根据地层结构、土的均匀性及设计要求确定,不应少于勘探点总数的1/2。

7.5.9 勘探孔深度应满足下列要求:

1 控制性勘探孔深度应满足地基、边坡稳定性分析,及地基变形计算的要求。

2 一般路基的一般性勘探孔深度不应小于5m,高路堤不应小于8m。

3 路堑的一般性勘探孔深度应能探明软弱层厚度及软弱结构面产状,且穿过潜在滑动面并深入稳定地层内2m~3m,满足支护设计要求;在地下水发育地段,根据排水工程需要适当加深。

4 支挡结构的一般性勘探孔深度应达到基底以下不应小于5m。

5 基础置于土中的涵洞一般性勘探孔深度应按表7.5.9的规定确定。

表7.5.9 涵洞勘探孔深度(m)

碎石土	砂土、粉土和黏性土	软土、饱和砂土等
3~8	8~15	15~20

注:1 勘探孔深度应由结构底板面算起。
 2 箱型涵洞勘探孔深度应适当加深。

6 遇软弱土层时,勘探孔应适当加深。

7.6 地面车站、车辆基地

7.6.1 车辆基地的详细勘察包括站场股道、出入线、各类房屋建筑及其附属设施的勘察。

7.6.2 车辆基地可根据不同建筑类型分别进行勘察,同时考虑场地挖填方对勘察的要求。

7.6.3 地面车站、各类建筑及附属设施的详细勘察应按现行国家标准《岩土工程勘察规范》GB 50021的有关规定执行。

7.6.4 站场股道及出入线的详细勘察,可根据线路敷设形式按照本规范第7.3节~第7.5节的规定执行。

8 施 工 勘 察

8.0.1 施工勘察应针对施工方法、施工工艺的特殊要求和施工中出现的工程地质问题等开展工作,提供地质资料,满足施工方案调整和风险控制的要求。

8.0.2 施工阶段施工单位宜开展下列地质工作:

1 研究工程勘察资料,掌握场地工程地质条件及不良地质作用和特殊性岩土的分布情况,预测施工中可能遇到的岩土工程问题。

2 调查了解工程周边环境条件变化、周边工程施工情况、场地地下水位变化及地下管线渗漏情况,分析地质与周边环境条件的变化对工程可能造成的危害。

3 施工中应通过观察开挖面岩土成分、密实度、湿度,地下水情况,软弱夹层,地质构造、裂隙、破碎带等实际地质条件,核实、修正勘察资料。

4 绘制边坡和隧道地质素描图。

5 对复杂地质条件下的地下工程应开展超前地质探测工作,进行超前地质预报。

6 必要时对地下水动态进行观测。

8.0.3 遇下列情况宜进行施工专项勘察:

1 场地地质条件复杂、施工过程中出现地质异常,对工程结构及工程施工产生较大危害。

2 场地存在暗浜、古河道、空洞、岩溶、土洞等不良地质条件影响工程安全。

3 场地存在孤石、漂石、球状风化体、破碎带、风化深槽等特殊岩土体对工程施工造成不利影响。

4 场地地下水位变化较大或施工中发现不明水源,影响工程施工或危及工程安全。

5 施工方案有较大变更或采用新技术、新工艺、新方法、新材料,详细勘察资料不能满足要求。

6 基坑或隧道施工过程中出现桩(墙)变形过大、基底隆起、涌水、坍塌、失稳等岩土工程问题,或发生地面沉降过大、地面塌陷、相邻建筑开裂等工程环境问题。

7 工程降水,土体冻结,盾构始发(接收)井端头、联络通道的岩土加固等辅助工法需要时。

8 需进行施工勘察的其他情况。

8.0.4 对抗剪强度、基床系数、桩端阻力、桩侧摩阻力等关键岩土参数缺少相关工程经验的地区,宜在施工阶段进行现场原位试验。

8.0.5 施工专项勘察工作应符合下列规定:

1 搜集施工方案、勘察报告、工程周边环境调查报告以及施工中形成的相关资料。

2 搜集和分析工程检测、监测和观测资料。

3 充分利用施工开挖面了解工程地质条件,分析需要解决的工程地质问题。

4 根据工程地质问题的复杂程度、已有的勘察工作和场地条件等确定施工勘察的方法和工作量。

5 针对具体的工程地质问题进行分析评价,并提供所需岩土参数,提出工程处理措施的建议。

9 工法勘察

9.1 一般规定

9.1.1 采用明挖法、矿山法、盾构法、沉管法等施工方法修筑地下工程时,岩土工程勘察除应符合本规范第 6 章、第 7 章的规定外,尚应根据施工工法特点,满足本章各节的相应要求,为施工方法的比选与设计提供所需的岩土工程资料。

9.1.2 各勘察阶段均应开展工法勘察工作,满足相应阶段工法设计深度的要求。原位测试、室内试验方法及所提供的岩土参数应结合施工方法、辅助措施的特点综合确定。

9.2 明挖法勘察

9.2.1 明挖法勘察应提供放坡开挖、支护开挖及盖挖等设计、施工所需的岩土工程资料。

9.2.2 明挖法勘察应为下列工作提供勘察资料:

1 基坑支护设计与施工。

2 土方开挖设计与施工。

3 地下水控制设计与施工。

4 基坑突涌和基底隆起的防治。

5 施工设备选型和工艺参数的确定。

6 工程风险评估、工程周边环境保护以及工程监测方案设计。

9.2.3 明挖法勘察应符合下列要求:

1 查明场地岩土类型、成因、分布与工程特性;重点查明填土、暗浜、软弱土夹层及饱和砂层的分布,基岩埋深较浅地区的覆盖层厚度、基岩起伏、坡度及岩层产状。

2 根据开挖方法和支护结构设计的需要按照本规范附录 J 提供必要的岩土参数。

3 土的抗剪强度指标应根据土的性质、基坑安全等级、支护形式和工况条件选择室内试验方法;当地区经验成熟时,也可通过原位测试结合地区经验综合确定。

4 查明场地水文地质条件,判定人工降低地下水位的可能性,为地下水控制设计提供参数;分析地下水位降低对工程及工程周边环境的影响,当采用坑内降水时还应预测降低地下水位对基底、坑壁稳定性的影响,并提出处理措施的建议。

5 根据粉土、粉细砂分布及地下水特征,分析基坑发生突水、涌砂流土、管涌的可能性。

6 搜集场地附近既有建(构)筑物基础类型、埋深和地下设施资料,并对既有建(构)筑物、地下设施与基坑边坡的相互影响进行分析,提出工程周边环境保护措施的建议。

9.2.4 明挖法勘察宜在开挖边界外按开挖深度的 1 倍~2 倍范围内布置勘探点,当开挖边界外无法布置勘探点时,可通过搜集、调查取得相应资料。对于软土勘察范围尚应适当扩大。

9.2.5 明挖法勘探点间距及平面布置应符合本规范第 7.3.3 条和第 7.3.4 条的要求,地层变化较大时,应加密勘探点。

9.2.6 明挖法勘探孔深度应满足基坑稳定分析、地下水控制、支护结构设计的要求。

9.2.7 放坡开挖法勘察应提供边坡稳定性计算所需岩土参数,提出人工边坡最佳开挖坡形和坡角、平台位置及边坡坡度允许值的建议。

9.2.8 盖挖法勘察应查明支护桩墙和立柱桩端的持力层深度、厚度,提供桩墙和立柱桩承载力及变形计算参数。

9.2.9 勘察报告除应符合本规范第 18 章的要求外,尚应包括下列内容:

1 提供基坑支护设计、施工所需的岩土及水文地质参数。

2 指出基坑支护设计、施工需重点关注的岩土工程问题。

3 对不良地质作用和特殊性岩土可能引起的明挖法施工风险提出控制措施的建议。

9.3 矿山法勘察

9.3.1 矿山法勘察应提供全断面法、台阶法、洞桩(柱)法等施工方法及辅助工法设计、施工所需要的岩土工程资料。

9.3.2 矿山法勘察应为下列工作提供勘察资料:

1 隧道轴线位置的选定。

2 隧道断面形式及尺寸的选定。

3 洞口、施工竖井位置和明、暗挖施工分界点的选定。

4 开挖方案及辅助施工方法的比选。

5 围岩加固、初期支护及衬砌设计与施工。

6 开挖设备选型及工艺参数的确定。

7 地下水控制设计与施工。

8 工程风险评估、工程周边环境保护和工程监测方案设计。

9.3.3 矿山法勘察应符合下列要求:

1 土层隧道应查明场地岩土类型、成因、分布与工程特性;重点查明隧道通过土层的性状、密实度及自稳性,古河道、古湖泊、地下水、饱和粉细砂层、有害气体的分布,填土的组成、性质及厚度。

2 在基岩地区应查明基岩起伏、岩石坚硬程度、岩体结构形态和完整状态、岩层风化程度、结构面发育情况、构造破碎带特征、岩溶发育及富水情况、围岩的膨胀性等。

3 了解隧道影响范围内的地下人防、地下管线、古墓穴及废弃工程的分布,以及地下管线渗漏、人防充水等情况。

4 根据隧道开挖方法及围岩岩土类型与特征,按照本规范附录 J 提供所需的岩土参数。

5 预测施工可能产生突水、涌水、开挖面坍塌、冒顶、边墙失稳、洞底隆起、岩爆、滑坡、围岩松动等风险的地段,并提出防治措施的建议。

6 查明场地水文地质条件,分析地下水对工程施工的危害,建议合理的地下水控制措施,提供地下水控制设计、施工所需的水文地质参数;当采用降水措施时应分析地下水位降低对工程及工程周边环境的影响。

7 根据围岩岩土条件、隧道断面形式和尺寸、开挖特点分析隧道开挖引起的围岩变形特征;根据围岩变形特征和工程周边环境变形控制要求,对隧道开挖步序、围岩加固、初期支护、隧道衬砌以及环境保护提出建议。

9.3.4 矿山法勘察的勘探点间距及平面布置应符合本规范第7.3.3条和第7.3.4条的要求。

9.3.5 采用掘进机开挖隧道时,应查明沿线的地质构造、断层破碎带及溶洞等,必要时进行岩石抗磨性试验,在含有大量石英或其他坚硬矿物的地层中,应做含量分析。

9.3.6 采用钻爆法施工时,应测试振动波传播速度和振幅衰减参数;在施工过程中进行爆破振动监测。

9.3.7 采用洞桩(柱)法施工时,应提供地基承载力、单桩承载力计算和变形计算参数,当洞内桩身承受侧向岩土压力时应提供岩土压力计算参数。

9.3.8 采用气压法时,应进行透气试验。

9.3.9 采用导管注浆加固围岩时,应提供地层的孔隙率和渗透系数。

9.3.10 采用管棚超前支护围岩施工时,应评价管棚施工的难易程度,建议合适的施工工艺,指出施工应注意的问题。

9.3.11 勘察报告除应符合本规范第18章的要求外,尚应包括下列内容:

1 开挖方法、大型开挖设备选型及辅助施工措施的建议。

2 分析地层条件,提出隧道初期支护形式的建议。

3 对存在的不良地质作用及特殊性岩土可能引起矿山法施工风险提出控制措施的建议。

9.4 盾构法勘察

9.4.1 盾构法勘察应提供盾构选型、盾构施工、隧道管片设计等所需要的岩土工程资料。

9.4.2 盾构法勘察应为下列工作提供勘察资料:

1 隧道轴线和盾构始发(接收)井位置的选定。

2 盾构设备选型、设计制造和刀盘、刀具的选择。

3 盾构管片及管片背后注浆设计。

4 盾构推进压力、推进速度、盾构姿态等施工工艺参数的确定。

5 土体改良设计。

6 盾构始发(接收)井端头加固设计与施工。

7 盾构开仓检修与换刀位置的选定。

8 工程风险评估、工程周边环境保护及工程监测方案设计。

9.4.3 盾构法勘察应符合下列要求:

1 查明场地岩土类型、成因、分布与工程特性;重点查明高灵敏度软土层、松散砂土层、高塑性黏性土层、含承压水砂层、软硬不均地层、含漂石或卵石地层等的分布和特征,分析评价其对盾构施工的影响。

2 在基岩地区应查明岩土分界面位置、岩石坚硬程度、岩石风化程度、结构面发育情况、构造破碎带、岩脉的分布与特征等,分析其对盾构施工可能造成的危害。

3 通过专项勘察查明岩溶、土洞、孤石、球状风化体、地下障碍物、有害气体的分布。

4 提供砂土、卵石和全风化、强风化岩石的颗粒组成、最大粒径及曲率系数、不均匀系数、耐磨矿物成分及含量,岩石质量指标(RQD)、土层的黏粒含量等。

5 对盾构始发(接收)井及区间联络通道的地质条件进行分析和评价,预测可能发生的岩土工程问题,提出岩土加固范围和方法的建议。

6 根据隧道围岩条件、断面尺寸和形式,对盾构设备选型及刀盘、刀具的选择以及辅助工法的确定提出建议,并按照本规范附录J提供所需的岩土参数。

7 根据围岩岩土条件及工程周边环境变形控制要求,对不良地质体的处理及环境保护提出建议。

9.4.4 盾构法勘察勘探点间距及平面布置符合本规范第7.3.3条和第7.3.4条的要求,勘探过程中应结合盾构施工要求对勘探孔进行封填,并详细记录钻孔内遗留物。

9.4.5 盾构下穿地表水体时应调查地表水与地下水之间的水力联系,分析地表水体对盾构施工可能造成的危害。

9.4.6 分析评价隧道下伏的淤泥层及易产生液化的饱和粉土层、砂层对盾构施工和隧道运营的影响,提出处理措施的建议。

9.4.7 勘察报告除应符合本规范第18章的要求外,尚应包括下列内容:

1 盾构始发(接收)井端头及区间联络通道岩土加固方法的建议。

2 对不良地质作用及特殊性岩土可能引起的盾构法施工风险提出控制措施的建议。

9.5 沉管法勘察

9.5.1 沉管法勘察应为下列工作提供勘察资料:

1 沉管法施工的适宜性评价。

2 沉管隧道选址及沉管设置高程的确定。

3 沉管的浮运及沉放方案。

4 沉管的结构设计。

5 沉管的地基处理方案。

6 工程风险评估、工程周边环境保护及工程监测方案设计。

9.5.2 沉管法勘察应符合下列要求:

1 搜集河流的宽度、流量、流速、含砂(泥)量、最高洪水位、最大冲刷线、汛期等水文资料。

2 调查河道的变迁、冲淤的规律以及隧道位置处的障碍物。

3 查明水底以下软弱地层的分布及工程特性。

4 勘探点应布置在基槽及周围影响范围内,沿线路方向勘探点间距宜为20m~30m,在垂直线路方向勘探点间距宜为30m~40m。

5 勘探孔深度应达到基槽底以下不小于10m,并满足变形计算的要求。

6 河岸的管节临时停放位置宜布置勘探点。

7 提供砂土水下休止角、水下开挖边坡坡角。

9.5.3 勘察报告除应符合本规范第18章的要求外,尚应包括下列内容:

1 水体深度、水面标高及其变化幅度。

2 管节停放位置的建议。

3 对存在的不良地质作用及特殊性岩土可能引起沉管法施工风险提出控制措施的建议。

9.6 其他工法及辅助措施勘察

9.6.1 其他工法及辅助措施的岩土工程勘察应提供采用沉井、导管注浆、冻结等工法及辅助措施设计、施工所需的岩土工程资料。

9.6.2 沉井法勘察应符合下列要求:

1 沉井的位置应有勘探点控制,并宜根据沉井的大小和工程地质条件的复杂程度布置1个~4个勘探孔。

2 勘探孔进入沉井底以下的深度:进入土层不宜小于10m,或进入中等风化或微风化岩层不宜小于5m。

3 查明岩土层的分布及物理力学性质,特别是影响沉井施工的基岩面起伏、软弱岩土层中的坚硬夹层、球状风化体、漂石等。

4 查明含水层的分布、地下水位、渗透系数等水文地质条件,必要时进行抽水试验。

5 提供岩土层与沉井侧壁的摩擦系数、侧壁摩阻力。

9.6.3 导管注浆法勘察应符合下列要求:

1 注浆加固的范围内应布置勘探点。

2 查明土的颗粒级配、孔隙率、有机质含量,岩石的裂隙宽度和分布规律,岩土渗透性,地下水埋深、流向和流速。

3 宜通过现场试验测定岩土的渗透性。

4 预测注浆施工中可能遇到的工程地质问题，并提出处理措施的建议。

9.6.4 冻结法勘察应符合下列要求：

1 查明需冻结土层的分布及物理力学性质，其中包括含水量、饱和度、固结系数、抗剪强度。

2 查明需冻结土层周围含水层的分布，提供地下水流速、地下水中的含盐量。

3 提供地层温度、热物理指标、冻胀率、融沉系数等参数。

4 查明冻结施工场地周围的建（构）筑物、地下管线等分布情况，分析冻结法施工对周边环境的影响。

10 地 下 水

10.1 一 般 规 定

10.1.1 城市轨道交通岩土工程勘察应查明沿线与工程有关的水文地质条件，并应根据工程需要和水文地质条件，评价地下水对工程结构和工程施工可能产生的作用并提出防治措施的建议。

10.1.2 当水文地质条件复杂且对工程及地下水控制有重要影响时应进行水文地质专项勘察。

10.1.3 地下水勘察应在搜集已有工程地质和水文地质资料的基础上，采用调查与测绘、钻探、物探、试验、动态观测等多种手段相结合的综合勘察方法。

10.2 地下水的勘察要求

10.2.1 地下水的勘察应符合下列规定：

1 搜集区域气象资料，评价其对地下水的影响。

2 查明地下水的类型和赋存状态、含水层的分布规律，划分水文地质单元。

3 查明地下水的补给、径流和排泄条件，地表水与地下水的水力联系。

4 查明勘察时的地下水位，调查历史最高地下水位、近3年~5年最高地下水位、地下水水位年变化幅度、变化趋势和主要影响因素。

5 提供地下水控制所需的水文地质参数。

6 调查是否存在污染地下水和地表水的污染源及可能的污染程度。

7 评价地下水对工程结构、工程施工的作用和影响，提出防治措施的建议。

8 必要时评价地下工程修建对地下水环境的影响。

10.2.2 山岭隧道或基岩隧道工程地下水的勘察还应符合下列规定：

1 查明不同岩性接触带、断层破碎带及富水带的位置与分布范围。

2 当隧道通过可溶岩地区时，查明岩溶的类型、蓄水构造、垂直渗流带、水平径流带的分布位置及特征。

3 预测隧道通过地段施工中可能发生集中涌水段、点的位置以及对工程的危害程度。

4 分段预测施工阶段可能发生的最大涌水量和正常涌水量，并提出工程措施的建议。

10.2.3 应根据地下水类型、基坑形状与含水构造特点等条件，提出地下水控制措施的建议。

10.2.4 地下水对地下工程有影响时，应根据工程实际情况布设一定数量的水文地质试验孔和长期观测孔。

10.2.5 对工程有影响的地下水应采取水试样进行水质分析，水质分析试验应符合现行国家标准《岩土工程勘察规范》GB 50021

的有关规定。

10.3 水文地质参数的测定

10.3.1 当水文地质条件复杂且对工程影响重大时，应通过现场试验确定水文地质参数。

10.3.2 勘察时遇地下水应量测水位。当场地存在对工程有影响的多层含水层时，应分层量测。

10.3.3 初见水位和稳定水位的量测，可在钻孔、探井和测压管内直接量测，精度不得低于±2cm，并注明量测时间。量测稳定水位的间隔时间应根据地层的渗透性确定。从停钻至量测的时间：砂土和碎石土不宜少于0.5h，粉土和黏性土不宜少于8h。对位于江边、岸边的工程，地表水与地下水应同时量测。

10.3.4 测定地下水流向可用几何法，量测点不应少于呈三角形分布的3个测孔（井）。地下水流速的测定可采用指示剂法或充电法。

10.3.5 含水层的渗透系数及导水系数宜采用抽水试验、注水试验求得；含水层的透水性根据渗透系数 k 按表10.3.5的规定划分。

表10.3.5 含水层的透水性

类别	特强透水	强透水	中等透水	弱透水	微透水	不透水
k(m/d)	$k>200$	$10 \leqslant k \leqslant 200$	$1 \leqslant k<10$	$0.01 \leqslant k<1$	$0.001 \leqslant k<0.01$	$k<0.001$

10.3.6 含水层的给水度宜采用抽水试验确定。松散岩类含水层的给水度，可采用室内试验确定；岩石裂隙、岩溶的给水度，可采用裂隙率、岩溶率代替。有经验的地区，可采用经验值。

10.3.7 越流系数宜进行带观测孔的多孔抽水试验确定。影响半径可通过计算法求得，当工程需要时，可用实测法确定。

10.3.8 土中孔隙水压力的测定应符合下列规定：

1 测试点位置应根据地质条件和分析需要选定。

2 测压计的安装和埋设应符合有关技术规定。

3 测试数据应及时分析整理，出现异常时应分析原因，采取相应措施。

10.3.9 抽水试验和注水试验布置应符合下列规定：

1 试验应布置在不同地貌单元、不同含水层（组）且富水性较强的地段，并应距隧道外侧3m~5m。

2 在需人工降低地下水位的车站、区间宜布置试验孔。

3 抽水试验的观测孔宜垂直或平行地下水流向。

4 在含水构造复杂且富水性较强的地段应分层或分段进行抽水试验；对潜水与承压水应分别进行抽水试验。

10.3.10 抽水试验应符合下列规定：

1 抽水试验方法可按表10.3.10的规定确定。

2 抽水试验宜三次降深，最大降深宜接近工程设计所需的地下水位降深的标高。

3 水位量测应采用同一方法与仪器，读数单位对抽水孔为厘米，对观测孔为毫米。

4 当涌水量与时间关系曲线和动水位与时间关系曲线，在一定的范围内波动，而没有持续上升或下降时，可认为已经稳定。稳定水位的延续时间：卵石、圆砾和粗砂含水层为8h，中砂、细砂和粉砂含水层为16h，基岩含水层（带）为24h。

5 抽水试验应同时观测水位和水量，抽水结束后应量测恢复水位。

表10.3.10 抽水试验方法和应用范围

试验方法	应用范围
钻孔或探井简易抽水	粗略估算弱透水层的渗透系数
不带观测孔抽水	初步测定含水层的渗透性参数
带观测孔抽水	较准确测定含水层的各种参数

10.3.11 注水试验可在试坑或钻孔中进行，注水稳定时间宜为4h~6h。

10.3.12 压水试验应根据工程要求,结合工程地质测绘和钻探资料确定试验孔位,并按岩层的渗透特性划分试验段。

10.4 地下水的作用

10.4.1 城市轨道交通岩土工程勘察应评价地下水的作用,包括地下水力学作用和物理、化学作用。

10.4.2 地下水力学作用的评价应包括下列内容:

1 对地下结构物和挡土墙应考虑在最不利组合情况下,地下水对结构物的上浮作用,提供抗浮设防水位;对节理不发育的岩石和黏土可根据地方经验或实测数据确定。有渗流时,地下水的水头和作用宜通过渗流计算进行分析评价。

2 验算边坡稳定时,应考虑地下水对边坡稳定的不利影响。

3 在地下水位下降的影响范围内,应分析地面沉降及其对工程和周边环境的影响。

4 在有水头压差的粉细砂、粉土地层中,应分析产生潜蚀、流土、管涌的可能性。

10.4.3 地下水的物理、化学作用的评价应包括下列内容:

1 对地下水位以下的工程结构,应评定地下水对建筑材料的腐蚀性。

2 对软质岩、强风化岩、残积土、湿陷性土、膨胀岩土和盐渍岩土,应评价地下水的聚集和散失所产生的软化、崩解、湿陷、胀缩和潜蚀等有害作用。

3 在冻土地区,应评价地下水对土的冻胀和融陷的影响。

10.4.4 地下水、土对建筑材料的腐蚀性评价应符合现行国家标准《岩土工程勘察规范》GB 50021 的有关规定。

10.5 地下水控制

10.5.1 城市轨道交通岩土工程勘察应根据施工方法、开挖深度、含水层岩性和地层组合关系、地下水资源和环境要求,建议适宜的地下水控制方法。

10.5.2 降水方法可按表 10.5.2 的规定选用。

表 10.5.2 降水方法的适用范围

名称		适用地层	渗透系数 k(m/d)	水位降深(m)
集水坑明排		风化岩石、黏性土、砂土	<20.0	<2
井点降水	电渗井点	黏性土	<0.1	<6
	喷射井点	填土、黏性土、粉土、粉砂	0.1~20.0	8~20
	真空井点	黏性土、粉土、粉砂、细砂	0.1~20.0	单级<6,多级<20
管井		砂类土、碎石土、岩溶、裂隙	1.0~200.0	>5
大口井		砂类土、碎石土	1.0~200.0	5~20
辐射井		黏性土、粉土、砂土	0.1~20.0	<20
引渗井		黏性土、粉土、砂土	0.1~20.0	将上层水引渗到下层含水层

10.5.3 采用降水方法进行地下水控制时,应评价工程降水可能引起的岩土工程问题:

1 评价降水对工程周边环境的影响程度。

2 评价降水形成区域性降落漏斗和引发地下水补给、径流、排泄条件的改变。

3 采用辐射井降水方法时,应评价土层颗粒流失对工程周边环境的影响。

4 采用减压井降水方法时,应分析评价基底稳定性和水位下降对工程周边环境的影响。

10.5.4 采用帷幕隔水方法时,应分析截水帷幕的深度、施工工艺的可行性,并分析施工中存在的风险。

10.5.5 采用引渗方法时,应评价上层水的下渗效果及对下层水水环境的影响。

10.5.6 采用回灌方法时,应评价同层回灌或异层回灌的可能性,异层回灌时应评价不同含水层地下水混合后对地下水环境的影响。

11 不良地质作用

11.1 一般规定

11.1.1 拟建工程场地或其附近存在对工程安全有不利影响的不良地质作用且无法规避时,应进行专项勘察工作。

11.1.2 采空区、岩溶、地裂缝、地面沉降、有害气体等不良地质作用的勘察应符合本章规定;对工程有影响的其他不良地质作用应按照国家现行有关规范、规程进行勘察。

11.1.3 应查明工程沿线不良地质作用的成因类型、分布范围、规模及特征,评价对工程的影响程度,以及工程施工对不良地质作用的诱发,提出避让或防治措施的建议,满足工程设计、施工和运营的需要。

11.1.4 不良地质作用的勘察应采用遥感解译、地质调查与测绘、工程勘探、野外及室内试验、现场监测相结合的综合勘察手段和资料综合分析,根据不同的成因类型,确定具体工作内容、勘察方法,有针对性地开展工作。

11.1.5 对城市轨道交通地下工程附近的燃气、油气管道渗漏、化学污染、人工有机物堆积、化粪池等产生、储存有害气体地段,应参照本章第 11.6 节的规定进行有害气体的勘察与评价,并提出处理建议。

11.2 采空区

11.2.1 采空区根据开采现状可分为古老采空区、现代采空区和未来采空区;根据采空程度可分为大面积采空区和小窑采空区。

11.2.2 遇下列情况应按采空区开展工作:

1 正在开采的各类大型和小型矿区。

2 已废弃的各类大型和小型矿区。

3 尚未开采但已规划好的矿区。

4 沿沟、河岸有矿线露头、矿点分布的地带。

5 线路附近分布有连续防空洞的地段。

11.2.3 采空区地段工程地质调查与测绘应符合下列要求:

1 调查与测绘前应搜集各种地质图,矿床分布图,矿区规划图,地表变形和有关变形的观测、计算资料,地表最大下沉值、最大倾斜值、最小曲率半径、移动角等资料,了解加固处理措施及效果。

2 工程地质调查与测绘宜包括下列内容:

1)地层层序、岩性、地质构造,矿层的分布范围、开采深度、厚度。

2)采空区的开采历史、开采计划、开采方法、开采边界、顶板管理方法、工作面推进方向和速度,巷道平面展布、断面尺寸及相应的地表位置,顶板的稳定情况,洞壁完整性和稳定程度。

3)地下水的季节与年变化幅度、最高与最低水位及地下水动态变化对坑洞稳定性的影响;了解采空区附近工业、农业抽水和水利工程建设情况及其对采空区稳定的影响。

4)采空区的空间位置、塌落、支撑、回填和充水情况。

5)有害气体的类型、分布特征、压力和危害程度。在调查与测绘过程中应注意有害气体对人体造成的危害。

3 地表变形调查宜包括下列内容:

1)地表变形的特征和分布规律,地表塌陷、裂缝、台阶的分布位置、高度、延伸方向、发生时间、发展速度,以及它们与采空区、岩层产状、主要节理、断层、开采边界、工作面推进方向等的相互关系。

2)移动盆地的特征和边界,划分均匀下沉区、移动区和轻微变形区。

4 建(构)筑物变形调查宜包括下列内容:

1)建(构)筑物变形的特征,变形开始时间,发展速度,裂缝分布规律、延伸方向、形状、宽度等。

2)建(构)筑物的结构类型、所处位置与采空区、地质构造、开采边界、工作面推进方向的相互关系。

11.2.4 采空区地段勘探与测试应符合下列要求:

1 在采空区分布无规律、地面痕迹不明显、无法进入坑洞内进行调查和验证的地区,应采用电法、地震和地质雷达等综合物探,并用物探结果指导钻探,必要时进行综合测井。各种方法的勘探结果应得到相互补充和验证。

2 勘探线、勘探点应根据工程线路走向、敷设形式,并结合坑洞的埋藏深度、延伸方向布置,勘探孔数量和深度应满足稳定性评价与加固、治理工程设计的要求。

3 对上覆不同性质的岩土层应分别取代表性试样进行物理力学性质试验,提供稳定性验算及工程设计所需岩土参数;应分别取地下水和地表水试样进行水质分析;对可能储气部位,必要时应进行有害气体含量、压力的现场测试。

11.2.5 当缺乏资料且难以查明采空区的基本特征时应进行定位观测。

11.2.6 采空区地段岩土工程分析与评价应包括下列内容:

1 采空区的稳定性。

2 采空区的变形情况和发展趋势。

3 采空区对工程建设可能造成的影响。

4 采空区中残存的有害气体、充水情况及其造成危害的可能性。

5 线路通过采空区应采取的工程措施。

6 施工和运营期间防治措施的建议。

7 必要时应编制采空区地段的工程地质图(比例尺1:2000~1:5000)、工程地质横断面图(比例尺1:100~1:200)、工程地质纵断面图(比例尺横1:500~1:5000、竖1:200~1:500)、坑洞平面图(比例尺1:200~1:500)等。

11.3 岩 溶

11.3.1 对地表或地下分布可溶性岩层并存在各种岩溶现象,以及可溶岩地区的上覆土层曾发生地面塌陷或有土洞存在的地段或地区,应按岩溶地段开展岩土工程勘察。

11.3.2 根据岩溶埋藏条件可分为裸露型岩溶、覆盖型岩溶和埋藏型岩溶;根据岩溶发育程度可分为强烈发育、中等发育、弱发育和微弱发育的岩溶。

11.3.3 岩溶勘察应查明下列内容:

1 可溶岩表岩溶形态特征,溶蚀地貌类型。

2 可溶岩层分布、地层年代、岩性成分、地层厚度、结晶程度、裂隙发育程度、单层厚度、产状、所含杂质及溶蚀、风化程度。

3 可溶岩与非可溶岩的分布特征、接触关系。

4 地下岩溶发育程度,较大岩溶洞穴、暗河的空间位置、形态、深度及分布和充填情况,岩溶与工程的关系。

5 断裂的力学性质、产状,断裂带的破碎程度、宽度、胶结程度、阻水或导水条件,以及与岩溶发育程度的关系。

6 褶曲不同部位的特征、节理、裂隙性质,岩体破碎程度,以及与岩溶发育程度的关系。

7 溶洞或暗河发育的层数、标高、连通性,分析区域侵蚀基准面、地方侵蚀基准面与岩溶发育的关系。

8 岩溶地下水分布特征及补给、径流、排泄条件,岩溶地下水的流向、流速,地表岩溶泉的出露位置、水量及变化情况,岩溶水与地表水的联系。

9 岩溶发育强度分级,圈定岩溶水富水区。

11.3.4 覆盖型岩溶发育地区还应查明下列内容:

1 查明覆盖层成因、性质、厚度。

2 地下水补给来源,埋藏深度,各含水层间的水力联系,地下水开采量、开采方式。

3 土洞和塌陷的分布、形态和发育规律。

4 土洞和塌陷的成因及其发展趋势。

5 治理土洞和塌陷的经验。

11.3.5 岩溶勘探应符合下列要求:

1 岩溶地区勘探应采用综合物探、钻探、钻孔电视等综合勘探方法。

2 浅层溶洞和覆盖土层厚度可用挖探查明或验证,土洞可用轻便型、密集型勘探查明或验证。

3 岩溶勘探点布置、勘探深度、钻孔护壁方法及材料应根据勘察阶段并结合物探方法和水文地质试验的要求确定。

4 岩芯采取率:

1)完整岩层大于或等于80%。

2)破碎带大于或等于50%。

3)溶洞充填物大于50%(软塑、流塑体除外)。

5 勘探中应测定岩芯中的岩溶率。

6 岩溶区钻探深度进入结构底板或桩端平面以下不应小于10m,揭露溶洞时应根据工程需要适当加深。

7 岩溶发育且形态复杂时,施工阶段应结合工程开挖和处理措施,采用探灌结合的方法进一步查明岩溶发育形态。

11.3.6 岩溶测试、试验应符合下列要求:

1 地表水、地下水水样除进行一般试验项目外应增加游离CO_2和侵蚀性CO_2含量分析,必要时进行放射性同位素测试。

2 覆盖层土样应进行物理力学性质、膨胀性、渗透性试验,必要时进行矿物与化学成分分析;溶洞充填物样应进行物理力学性质试验,必要时进行黏土矿物成分分析。

3 代表性岩样应进行物理力学性质试验,必要时选样进行镜下鉴定、化学分析和溶蚀试验;泥灰岩应增加软化系数试验。

4 与线路有关的暗河、大型溶洞、岩溶泉等应进行连通试验,查明其分布规律、主发育方向。

5 水文地质条件复杂的岩溶地段应进行水文地质试验或地下水动态观测,对于重点工程区段,必要时应选择一定数量的钻孔与岩溶泉(井),进行不应少于一个水文年的水文地质动态观测。

11.3.7 岩溶的岩土工程分析与评价应包括下列内容:

1 应阐明岩溶的空间分布、发育程度、发育规律,对各类工程的影响和处理原则,存在问题及施工中注意事项等。

2 岩溶地段基坑、隧道涌水量应采用多种方法计算比较确定,并应对岩溶突水、突泥位置和强度、地下水位下降的可能性、对地表水和工程周边环境的影响、可能发生地面塌陷的地段等岩土工程问题作出预测和评估,提出可行的设计、施工措施建议。

3 岩溶地面塌陷应根据岩溶发育程度、土层厚度与结构、地下水位等主要因素综合评价,分析塌陷的主要原因,提出处理措施的建议。

4 线路工程跨越、置于隐伏溶洞之上时,应评价隐伏溶洞的稳定性。

5 必要时编制岩溶工程地质平面图(比例尺1:500~1:5000)、工程地质纵断面图(比例尺横向1:200~1:2000、竖向1:100~1:500)、工程地质横断面图(比例尺1:200~1:500)及隐伏岩溶、洞穴或暗河的平面、纵横剖面图(比例尺视需要确定,纵、横比例宜一致),图中应标出各类岩溶形态分布位置、与线路工程相互关系。

11.4 地 裂 缝

11.4.1 本节适用于由构造、地震、地面沉降或人工采空等原因造成的长距离地裂缝的岩土工程勘察。地裂缝包括在地表出露的地裂缝和未在地表出露的隐伏地裂缝。

11.4.2 地裂缝勘察主要应包括下列内容:

1 搜集研究区域地质条件及前人的工作成果资料,查明地裂缝的性质、成因、形成年代、发生发展规律。

2 调查场地的地形、地貌、地层岩性及地质构造等地质背景，研究其与地裂缝之间的关系；对有显著特征的地层，可确定为勘探时的标志层。

3 调查场地的新构造运动和地震活动情况，研究其与地裂缝之间的关系。

4 调查场地的地下水类型、含水层分布、地下水开采及水位变化情况，研究其与地裂缝之间的关系。

5 调查场地人工坑洞分布及地面沉降等情况，研究其与地裂缝之间的关系。

6 查明地裂缝的分布规律、具体位置、出露情况、延伸长度、产状、上下盘主变形区和微变形区的宽度、次生裂缝发育情况。

7 查明地裂缝形态、宽度、充填物、充填程度。

8 查明地裂缝的活动性、活动速率、不同位置的垂直和水平错距。

9 查明地裂缝对既有建(构)筑物的破坏情况及针对地裂缝破坏所采取工程措施的成功经验。

10 对地裂缝进行长期监测。

11.4.3 地裂缝勘察应符合下列要求：

1 地裂缝勘察宜采用地质调查与测绘、槽探、钻探、静力触探、物探等综合方法。

2 每个场地勘探线数量不宜少于 3 条，勘探线间距宜为 20m~50m，在线路通过位置应布置勘探线。

3 地裂缝每一侧勘探点数量不宜少于 3 个，勘探线长度不宜小于 30m；对埋深 30m 以内标志层错断，勘探点间距不宜大于 4m；对埋深 20m 以下标志层错断，勘探点间距不宜大于 10m。

4 勘探孔深度应能查明主要标志层的错动情况，并达到主要标志层层底以下 5m。

5 物探可采用人工浅层地震反射波法，并应对场地异常点进行钻探验证。

11.4.4 地裂缝场地岩土工程分析与评价应包括下列内容：

1 工程地质图中应标明地裂缝在地面的位置、延伸方向及相应的坐标，分出主变形区和微变形区。

2 工程地质剖面图中应标明地裂缝的倾向、倾角及主变形区和微变形区。

3 评价地裂缝的活动性及活动速率，预估地裂缝在工程设计周期内的最大变形量。

4 提出减缓或预防地裂缝活动的措施。

5 地上工程不宜建在地裂缝上，应根据其重要程度建议合理地避让距离，必须建在地裂缝上时，应建议需采取的工程措施。

6 地下工程宜避开地裂缝，应根据其分布情况建议合理地避让距离，无法避开时，宜大角度穿越，并建议需采取的工程措施。对于活动地裂缝，尚应建议工程线路的通过方式。

7 应评价地裂缝对工程开挖、隧道涌水的影响，建议需采取的工程措施。

8 提出对工程结构和地裂缝进行长期监测的建议。

11.5 地面沉降

11.5.1 本节适用于抽吸地下水引起水位或水压下降而造成大面积地面沉降的岩土工程勘察。

11.5.2 对已发生地面沉降的地区，地面沉降勘察应查明其原因及现状，并预测其发展趋势，评价对城市轨道交通既有线路或新建线路的影响，提出控制和治理方案；对可能发生地面沉降的地区，应预测发生的可能性，并对可能的固结压缩层位作出估计，对沉降量进行估算，分析对城市轨道交通线路可能造成的影响，提出预防和控制地面沉降的建议。

11.5.3 对地面沉降原因应调查下列内容：

1 场地的地貌和微地貌。

2 第四系堆积物的年代、成因、厚度、埋藏条件和土性特征，硬土层与软弱压缩层的分布。

3 地下水位以下可压缩层的固结应力历史、最大历史压力和固结变形参数。

4 含水层和隔水层的埋藏条件和承压性质，含水层的渗透系数、单位涌水量等水文地质参数。

5 地下水的补给、径流、排泄条件，含水层间或地下水与地表水的水力联系。

6 历年地下水位、水头的变化幅度和速率。

7 历年地下水的开采量和回灌量，开采或回灌的层段。

8 地下水位下降漏斗及回灌时地下水反漏斗的形成和发展过程。

11.5.4 对地面沉降现状的调查，应符合下列要求：

1 搜集城市轨道交通通过地段地面沉降及地下水位的监测资料。

2 按精密水准测量要求进行长期观测，并按不同的结构单元设置高程基准标、地面沉降标和分层沉降标。

3 对地下水的水位升降，开采量和回灌量，化学成分，污染情况和孔隙水压力消散、增长情况进行观测。

4 调查地面沉降对建筑物、既有城市轨道交通线路的影响，包括建筑物和既有城市轨道交通线路的沉降、倾斜、裂缝及其发生时间和发展过程。

5 绘制不同时间的地面沉降等值线图，并分析地面沉降中心与地下水位下降漏斗形成、发展的关系及沉降缓解、地面回弹与地下水位回升的关系。

6 绘制以地面沉降为特征的工程地质分区图。

11.5.5 城市轨道交通线路通过已发生地面沉降或可能发生地面沉降的地区时，应评价地面沉降对工程线路的影响，提出建设和运营期间的工程措施建议。

11.6 有害气体

11.6.1 在城市轨道交通地下工程通过工业垃圾和生活垃圾地段，富含有机质的软土地区，以及煤、石油、天然气层或曾发现过有害气体的地区应开展有害气体勘察工作。

11.6.2 有害气体的勘察应查明下列内容：

1 地层成因、沉积环境、岩性特征、结构、构造、分布规律、厚度变化。

2 含气地层的物理化学特征、具体位置、层数、厚度、产状及纵、横方向上的变化特征、圈闭构造。

3 有害气体生成、储藏和保存条件，确定有害气体运移、排放、液气相转换和储存的压力、温度和地质因素。

4 地下水水位与变化幅度、补给、径流、排泄条件，含水层分布位置、孔隙率与渗透性，地下水与有害气体的共存关系。

5 有害气体的分布、范围、规模、类型、物理化学性质。

6 当地有关有害气体的利用及危害情况和工程处理经验。

11.6.3 有害气体的勘察应符合下列要求：

1 应采用钻探、物探和现场测试等综合勘探手段。勘探点应结合地层复杂程度、含气构造和工程类型确定，勘探线宜按线路纵、横断面方向布置，并应有部分勘探点通过生气层、储气层部位。勘探点的数量应根据实际情况确定。

2 勘探孔深度宜结合生气层、储气层深度确定。

3 岩层、砂层岩芯采取率不宜小于 80%，黏性土、粉土、煤层不宜小于 90%。

4 各生气层、储气层应取样不少于 2 组，隔气顶、底板各不少于 1 组。

11.6.4 有害气体的测试应包括下列内容：

1 有害气体的类型、含量、浓度、压力、温度及物理化学性质。

2 生气层、储气层的密度、含水量、液限、塑限、有机质含量、孔隙率、饱和度、渗透系数。煤层的密度、孔隙率、水分、挥发分、全硫、坚固性系数、瓦斯放散初速度、等温吸附常数、自然倾向性、煤尘爆炸性。

3 封闭有害气体的顶、底板的物理力学性质。

4 水的腐蚀性。

11.6.5 有害气体的分析与评价应包括下列内容：

1 地下工程通过段的工程地质与水文地质条件，有害气体生气层、储气层的埋深、长度、厚度、与线路交角、分布趋势、物理化学性质及封闭圈特征。

2 地下工程通过段的有害气体类型、含量、浓度、压力，预测施工时有害气体突出危险性、突出位置、突出量，评价有害气体对施工及运营的影响，提出工程措施的建议。

3 必要时编制详细工程地质图（比例尺 1：500～1：5000）、工程地质纵、横断面图（比例尺 1：200～1：2000），应填绘有害气体的类型、分布范围及生气层、储气层的具体位置、有关测试参数等。

12 特殊性岩土

12.1 一般规定

12.1.1 城市轨道交通工程建设中常见的特殊性岩土主要有填土、软土、湿陷性土、膨胀岩土、强风化岩、全风化岩与残积土，若工作中遇到红黏土、混合土、多年冻土、盐渍岩土和污染土等特殊性岩土，应按国家现行有关规范、规程进行岩土工程勘察。

12.1.2 在分布特殊性岩土的场地，应通过踏勘、搜集已有工程资料和进行工程地质调查与测绘等，初步判断勘察场地的特殊性岩土种类和场地的复杂程度，结合工程的重要程度，制定合理的岩土工程勘察方案。

12.1.3 在分布特殊性岩土的场地，应结合城市轨道交通工程特点有针对性地布置勘察工作。勘探点的种类、数量、间距和深度等，应能查明特殊性岩土的分布特征，其原位测试和室内试验的项目、方法和数量等，应能查明特殊性岩土的工程特性。

12.1.4 特殊性岩土的勘探与测试方法、工艺和操作要点等，应确保能充分反映特殊性岩土的工程特性。

12.1.5 应评价特殊性岩土对城市轨道交通工程建设和运营的影响，提供设计与施工所需的特殊性岩土的物理力学参数。

12.2 填 土

12.2.1 填土的勘察应查明下列内容：

1 地形、地物的变迁，填土的来源、物质成分、堆填方式。

2 不同物质成分填土的分布、厚度、深度、均匀程度及相互接触关系。

3 不同物质成分填土的堆填时间与加载、卸荷经历。

4 填土的含水量、密度、颗粒级配、有机质含量、密实度、压缩性、湿陷性及腐蚀性等。

5 地下水的赋存状态、补给、径流、排泄方式及腐蚀性等。

12.2.2 填土的勘探应符合下列要求：

1 勘探点的密度应能查明暗埋的塘、浜、坑的范围，查明不同种类与物质成分填土的分布、厚度、工程性质及其变化。

2 勘探孔的深度应穿透填土层，并应满足工程设计及地基加固施工的需要。

3 勘探方法应根据填土性质确定。对由粉土或黏性土组成的素填土，可采用钻探取样、轻型钻具与原位测试相结合的方法；对含较多粗粒成分的素填土和杂填土，宜采用动力触探、钻探，在具备施工条件时，可适当布置一定数量的探井。

12.2.3 填土的工程特性指标宜采用下列方法确定：

1 填土的均匀性和密实度宜采用触探法，并辅以室内试验。

2 填土的压缩性和湿陷性宜采用室内固结试验或现场载荷试验。

3 杂填土的密度试验宜采用大容积法。

4 对压实填土应测定其干密度，并应测定填料的最优含水量和最大干密度，计算压实系数。

5 填土的承载力可采用原位测试方法结合当地经验确定，必要时应做载荷试验。

12.2.4 填土的岩土工程分析与评价应包括下列内容：

1 阐明填土的成分、分布、厚度与岩土工程性质及其变化。

2 对填土的承载力、抗剪强度、基床系数和天然密度等提出建议值。

3 暗挖工程应评价填土及其含水状况对隧道围岩稳定性的影响，提出处理措施和监测工作的建议。

4 明挖、盖挖工程应评价填土对边坡坡度、支护形式及施工的影响，提出处理措施和监测工作的建议。

5 填土开挖时应进行验槽，必要时应补充勘探及测试工作。

12.3 软 土

12.3.1 软土勘察应包括下列内容：

1 软土的成因类型、形成年代、岩性、分布规律、厚度变化、地层结构及均匀性。

2 软土分布区的地形、地貌特征，尤其是沿线微地貌与软土分布的关系，以及古牛轭湖、埋藏谷，暗埋的塘、浜、坑、穴、沟、渠等分布范围及形态。

3 软土硬壳层的分布、厚度、性质及随季节变化情况；硬夹层的空间分布、形态、厚度及性质；下伏硬底层的岩土组成、性质、埋深和起伏。

4 软土的沉积环境、固结程度、强度、压缩特性、灵敏度、有机质含量等。

5 地下水类型、埋藏深度与变化幅度、补给与排泄条件，软土中各含水层的分布、颗粒成分、渗透系数；地表水汇流和水位季节变化、地表水疏干条件等。

6 调查基坑开挖施工、隧道掘进、基桩施工、填筑工程、工程降水等造成的土性变化、土体位移、地面变形及由此引起的工程设施受损或破坏及处理的情况。

12.3.2 软土的勘探应符合下列要求：

1 应采用钻探取样和原位测试相结合的综合勘探方法。原位测试可采用静力触探试验、十字板剪切试验、扁铲侧胀试验、旁压试验、螺旋板载荷试验等方法。

2 勘探点的平面布置应根据城市轨道交通的工程类型、施工方法、基础形式及软土的地层结构、成因类型、成层条件和岩土工程治理的需要确定；勘探点的密度应满足相应勘察阶段岩土工程评价、工程设计的需要，一般宜为 25m～50m。当需要圈定重要的局部变化时，可加密勘探点。必要时进行横断面勘探。

3 勘探孔的深度应满足设计要求，一般应穿透软土层，钻至硬层或下伏基岩内 2m～5m。当软土层较厚时，勘探、测试孔深度应满足地基压缩层的计算深度和围护结构计算的要求。

4 软土应采用薄壁取土器采取 I 级土样，应严格按相关要求进行钻探、取样及时送样、试验。对重要工点和重要的建筑物，在工程地质单元中每层的试样数量不应少于 10 组。

12.3.3 软土的室内试验应符合下列要求：

1 试验项目应根据不同勘察阶段，不同工程类别和处理措施选定。

2 除常规项目外，一般还应包括：渗透系数、固结系数、抗剪强度、静止侧压力系数、灵敏度、有机质含量等。

3 在每一地貌单元应有代表性高压固结试验，成果按 e-$\lg p$

曲线的形式整理，确定先期固结压力并计算压缩指数和回弹指数。

12.3.4 软土的岩土工程分析与评价应包括下列内容：

1 应按土的先期固结压力与上覆有效土自重压力之比，判定土的历史固结程度。

2 邻近有河湖、池塘、洼地、河岸、边坡时，或软土围岩和地基受力范围内有起伏、倾斜的基岩、硬土层或存在较厚的透镜体时，应分析软土侧向塑性挤出或产生滑移的危险程度，分析软土发生变形、不均匀变形的可能性，并提出工程处理措施建议。

3 软土地基主要受力层中有薄的砂层或软土与砂土互层时，应根据其固结排水条件，判定其对地基变形的影响。

4 应根据软土的成层、分布及物理力学性质对影响或危及城市轨道交通工程安全的不均匀沉降、滑动、变形作出评价，提出加固处理措施的建议。

5 判定地下水位的变化幅度和承压水头等水文地质条件对软土地基和隧道围岩稳定性和变形的影响。

6 对软土地层基坑和隧道的开挖、支护结构类型、地下水控制提出建议，提供抗剪强度参数、土压力系数、渗透系数等岩土参数。

7 根据建（构）筑物对沉降的限制要求，采用多种方法综合分析评价软土地基的承载力：一般建筑物可利用静力触探及其他原位测试成果，结合地区经验确定，或采用工程地质类比法确定；对重要建筑物和缺乏经验的地区，宜采用载荷试验方法确定。

8 桩基评价应考虑软土继续固结所产生的负摩擦力。当桩基邻近有堆载时，还应分析桩的侧向位移或倾斜。

9 抗震设防烈度大于或等于 7 度的厚层软土，应判别软土震陷的可能性。

10 对含有沼气等有害气体的软土地基、围岩，应判定有害气体逸出对地基和围岩稳定性、变形及施工的影响。

11 对软土场地因施工、取土、运输等原因产生的环境地质问题应作出评价，并提出相应措施。

12.4 湿陷性土

12.4.1 湿陷性土的勘察应查明下列内容：

1 湿陷性土的年代、成因、分布及其与地质、地貌、气候之间的关系。

2 湿陷性土的地层结构、厚度变化以及与非湿陷性土层的关系。

3 湿陷系数、自重湿陷系数随深度的变化。

4 湿陷类型和不同湿陷等级的平面分布。

5 古墓、井坑、井巷、地道等的分布。

6 大气降水的积聚与排泄条件，地下水位季节变化幅度及升降趋势。

7 当地消除湿陷性的建筑经验。

12.4.2 湿陷性土的勘探应符合下列规定：

1 探井数量宜占取土勘探点总数的 1/3～1/2。

2 取土勘探点的数量应为勘探点总数的 1/2～2/3，当勘探点间距较大或数量不多时，宜将所有勘探点作为取土勘探点。

3 勘探孔的深度，除应大于地基压缩层深度外，在非自重湿陷性场地尚应达到基础底面以下不小于 10m；在自重湿陷性场地尚应大于自重湿陷性土层的深度，并应满足工程设计与施工的特殊需要。

4 土试样应为 I 级土样，并应在探井中取样，竖向间距宜为 1m，土样直径不应小于 120mm；取样应按现行国家标准《湿陷性黄土地区建筑规范》GB 50025 的有关规定执行。

5 探井和钻孔应分层回填夯实，回填土的干密度不应小于 1.5g/cm³。

12.4.3 湿陷性土的试验应符合下列规定：

1 室内试验除应满足本规范第 16 章的要求外，尚应进行湿陷系数、自重湿陷系数、湿陷起始压力等试验，对浸水可能性大的工程，应进行饱和状态下的压缩和剪切试验。

2 黄土的基坑稳定性计算与支护设计所需抗剪强度指标宜采用三轴固结不排水剪试验(CU)，在初步设计阶段可采用固结快剪试验。

3 根据工程需要可进行现场试坑浸水试验和现场载荷试验。

4 湿陷性土的原位及室内试验应按现行国家标准《湿陷性黄土地区建筑规范》GB 50025 的有关规定执行。

12.4.4 湿陷性土的岩土工程分析与评价应包括下列内容：

1 判定场地湿陷类型：当实测自重湿陷量 Δ_{zs}' 或计算自重湿陷量 Δ_{zs} 大于 70mm 时应判定为自重湿陷性场地；小于或等于 70mm 时应判定为非自重湿陷性场地。

2 湿陷性黄土地基湿陷量 Δ_s 计算方法按现行国家标准《湿陷性黄土地区建筑规范》GB 50025 的有关规定执行；对不能采取不扰动土试样的湿陷性碎石土、湿陷性砂土、湿陷性粉土和湿陷性填土等，地基湿陷量 Δ_s 计算方法按现行国家标准《岩土工程勘察规范》GB 50021 的有关规定执行。

3 湿陷性黄土地基的湿陷等级应根据场地的湿陷类型、计算自重湿陷量 Δ_{zs} 和湿陷量 Δ_s 按表 12.4.4-1 的规定确定；湿陷性碎石土、湿陷性砂土、湿陷性粉土和湿陷性填土等地基的湿陷等级应根据湿陷量 Δ_s 和湿陷性土总厚度按表 12.4.4-2 的规定确定。

表 12.4.4-1 湿陷性黄土地基的湿陷等级

湿陷类型 湿陷量 Δ_s(mm)	非自重湿陷性场地 自重湿陷量 Δ_{zs}(mm) $\Delta_{zs}\leqslant70$	自重湿陷性场地 $70<\Delta_{zs}\leqslant350$	$\Delta_{zs}>350$
$\Delta_s\leqslant300$	I (轻微)	II (中等)	—
$300<\Delta_s\leqslant700$	II (中等)	II (中等)或 III (严重)	III (严重)
$\Delta_s>700$	II (中等)	III (严重)	IV (很严重)

注：当湿陷量的计算值 Δ_s 大于 600mm、自重湿陷量的计算值 Δ_{zs} 大于 300mm 时，可判为 III 级，其他情况可判为 II 级。

表 12.4.4-2 湿陷性碎石土等其他湿陷性土地基的湿陷等级

湿陷量 Δ_s(mm)	湿陷性土总厚度(m)	湿陷等级
$50<\Delta_s\leqslant300$	>3	I
	≤3	II
$300<\Delta_s\leqslant600$	>3	
	≤3	III
$\Delta_s>600$	>3	
	≤3	IV

4 应提出消除地基湿陷性措施的建议。

5 湿陷性黄土的承载力应按现行国家标准《湿陷性黄土地区建筑规范》GB 50025 的有关规定确定。湿陷性碎石土、湿陷性砂土、湿陷性粉土和湿陷性填土等的承载力宜按载荷试验确定。

6 应对自重湿陷性场地的桩基设计提出关于负摩阻力值的建议。测定负摩阻力宜进行现场试验。当进行现场试验有困难时，可参照《湿陷性黄土地区建筑规范》GB 50025 的有关规定进行估算。

7 应对黄土中可能存在的钙质结核及钙质结核富集层对隧道施工的影响进行分析评价。

12.5 膨胀岩土

12.5.1 膨胀土的勘察应查明下列内容：

1 膨胀土的地层岩性、形成年代、成因、结构、分布及节理、裂隙等特征。

2 膨胀土分布区的地形、地貌特征。

3 膨胀土分布区不良地质作用的发育情况与危害程度。

4 膨胀土的强度、胀缩特性及不同膨胀潜势、胀缩等级的分布特征。

5 地表水的排泄条件，地下水位与变化幅度。

6 多年的气象资料及大气的影响深度。

7 当地的建筑经验，建筑物与道路的破坏形式，发生发展特点与防治措施等。

12.5.2 膨胀土的勘探应符合下列要求：

1 勘探点宜结合地貌特征和工程类型布置，采用钻探和井探相结合，钻探宜采用干钻。

2 取土试样钻孔、探井的数量不应少于钻孔、探井总数的1/2。

3 勘探孔深度，除应超过压缩层深度外，尚应大于大气影响深度。勘探孔深度还应满足各类工程设计的需要。

4 在大气影响深度内的土试样，取样间隔宜为1m，在大气影响深度以下，取样间隔可适当增大。

5 钻孔、探井应分层回填夯实。

12.5.3 膨胀土室内试验应符合下列要求：

1 一般应包括常规物理力学指标、无侧限抗压强度、自由膨胀率、一定压力下的膨胀率、收缩系数、膨胀力等特性指标，必要时可测定蒙脱石含量和阳离子含量。

2 计算在荷载作用下的地基膨胀量时，应测定土样在自重与附加压力之和作用下的膨胀率。

3 必要时，进行三轴剪切试验、残余强度试验等。

12.5.4 膨胀岩的勘察应符合下列要求：

1 除满足本规范第12.5.1条的规定外，尚应查明膨胀岩的地质构造、岩层产状、风化程度。

2 勘探点应结合工程类型布置，勘探孔深度应大于大气影响深度和满足各类工程设计的需要。

3 按岩性、风化带分层采取代表性样品，进行密度、含水量、自由膨胀率、膨胀力、岩石的饱和吸水率等试验。

12.5.5 膨胀岩土的岩土工程分析与评价应包括下列内容：

1 膨胀土膨胀潜势应按表12.5.5-1的规定进行分类：

表12.5.5-1 膨胀潜势分类

膨胀潜势 \ 分类指标	弱	中	强
自由膨胀率 δ_{ef} (%)	$40 \leq \delta_{ef} < 60$	$60 \leq \delta_{ef} < 90$	$\delta_{ef} \geq 90$
蒙脱石含量 M' (%)	$7 \leq M' < 17$	$17 \leq M' < 27$	$M' \geq 27$
阳离子交换量 $CEC(NH_4^+)$ (mmol/kg)	$170 \leq CEC(NH_4^+)$ < 260	$260 \leq CEC(NH_4^+)$ < 360	$CEC(NH_4^+) \geq 360$

注：当有两项指标符合时，即判定为该等级。

2 场地应按下列条件进行分类：

1）平坦场地：地形坡度小于5°；地形坡度大于5°、小于14°而距坡肩的水平距离大于10m的坡顶地带。

2）坡地场地：地形坡度大于或等于5°；地形坡度虽小于5°但同一座建筑物或工程设施范围内的局部地形高差大于1m。

3 膨胀土地基胀缩等级应按表12.5.5-2的规定进行划分：

表12.5.5-2 膨胀土地基胀缩等级

级 别	地基分级变形量 s_c (mm)
Ⅰ	$15 \leq s_c < 35$
Ⅱ	$35 \leq s_c < 70$
Ⅲ	$s_c \geq 70$

注：1 测定膨胀率的试验压力应为50kPa；
2 分级变形量的计算应按现行国家标准《膨胀土地区建筑技术规范》GBJ 112的有关规定进行。

4 确定地基土的承载力应按下列要求进行：

1）重要建（构）筑物或工程设施的地基承载力宜采用载荷试验或浸水载荷试验确定。

2）一般建（构）筑物或工程设施的地基承载力宜根据三轴不固结不排水剪（UU）试验结果计算确定。

5 确定土体抗剪强度应按下列要求进行：

1）表面风化层宜采用干湿循环试验确定。

2）地下水位以下或坡面无封闭、有雨水、地表水渗入，宜采用浸水条件下的直剪仪慢剪试验确定。

3）地下水位以上或坡面及时封闭、无雨水、无地表水渗入，宜采用非浸水条件下的直剪仪慢剪试验确定。

4）裂隙面强度宜采用无侧限抗压强度试验或直剪仪裂面重合剪试验确定。

6 分析膨胀岩土对工程的影响，建议相应的基础埋深、地基处理及隧道、边坡、基坑支护和防水、保湿措施等。

7 应对建（构）筑物、工程设施、边坡等的变形、岩土的含水量变化及气候等环境条件变异的监测提出建议。

12.6 强风化岩、全风化岩与残积土

12.6.1 强风化岩、全风化岩与残积土的勘察应着重查明下列内容：

1 母岩的地质年代和名称。

2 强风化岩、全风化岩与残积土的分布、埋深与厚度变化。

3 原岩矿物的风化程度、组织结构的变化程度。

4 强风化岩、全风化岩与残积土的不均匀程度，破碎带和软弱夹层的分布、特征。

5 强风化岩、全风化岩与残积土中岩脉的分布。

6 强风化岩、全风化岩与残积土的透水性和富水性。

7 强风化岩、全风化岩与残积土的物理力学性质及参数。

8 当地强风化岩、全风化岩与残积土的工程经验。

12.6.2 强风化岩、全风化岩与残积土的勘探与测试应符合下列要求：

1 采用钻探与标准贯入试验、重型动力触探试验、波速测试等原位测试相结合的手段进行勘察工作。

2 应有一定数量的探井。

3 勘探点间距应按照本规范第7.3.3条的规定取小值。

4 在强风化岩、全风化岩与残积土中应取得Ⅰ级试样。

5 根据工程需要按本规范第16章的规定，对全风化岩、残积土和呈土状的强风化岩进行土工试验，对呈岩块状的强风化岩进行岩石试验，对残积土必要时进行湿陷性和湿化试验。

12.6.3 强风化岩、全风化岩与残积土的技术指标和参数宜采用原位测试与室内试验相结合的方法确定。其承载力和变形模量 E_0 宜采用原位测试方法确定，亦可按现行国家标准《建筑地基基础设计规范》GB 50007的有关规定确定。

12.6.4 对花岗岩类的强风化岩、全风化岩与残积土的勘察，应符合下列要求：

1 花岗岩类的强风化岩、全风化岩与残积土可按表12.6.4的规定划分。

2 可根据含砾或含砂量将花岗岩类残积土划分为砾质黏性土、砂质黏性土和黏性土。

表12.6.4 花岗岩类的强风化岩、全风化岩与残积土划分

岩土名称 \ 测试项目及指标	标准贯入 N 值（实测值）	剪切波波速 v_s (m/s)
强风化岩	$N \geq 50$	$v_s \geq 400$
全风化岩	$50 > N \geq 30$	$400 > v_s \geq 300$
残积土	$N < 30$	$v_s < 300$

3 除满足本规范第12.6.1条的规定外，尚应着重查明花岗

岩分布区强风化岩、全风化岩与残积土中球状风化体（孤石）的分布。

4 对花岗岩类残积土和全风化岩进行细粒土的天然含水量、塑性指数、液性指数等试验。

12.6.5 强风化岩、全风化岩与残积土的岩土工程分析与评价应包括下列内容：

1 评价强风化岩、全风化岩与残积土的地基及边坡稳定性，并提出工程措施的建议。

2 评价强风化岩、全风化岩与残积土中的桩基承载力和稳定性。

3 分析岩土的不均匀程度，尤其是破碎带和软弱夹层的分布，指出隧道和基坑开挖、桩基施工中存在的岩土工程问题，提出工程措施的建议。

4 评价强风化岩、全风化岩与残积土的透水性和地下水的富水性，分析在不同工法下，地下水对岩土体稳定性的影响，提出地下水控制措施的建议。

5 分析岩脉、孤石和球状风化体对工程的影响，提出工程措施的建议。

13 工程地质调查与测绘

13.1 一般规定

13.1.1 工程地质调查与测绘应包括工程场地的地形地貌、地层岩性、地质构造、工程地质条件、水文地质条件、不良地质作用和特殊性岩土等。

13.1.2 应通过调查与测绘掌握场地主要工程地质问题，结合区域地质资料对城市轨道交通工程场地的稳定性、适宜性作出评价，划分场地复杂程度，分析工程建设中存在的岩土工程问题，提出防治措施的建议，并为各勘察阶段的勘探与测试工作布置提供依据。

13.2 工作方法

13.2.1 工程地质调查与测绘应搜集工程沿线的既有资料，并进行综合分析研究。

13.2.2 在工程地质调查与测绘工作中，必要时可进行适量的勘探、物探和测试工作。

13.2.3 在采用遥感技术的地段，应对室内解译结果进行现场核实。

13.2.4 地质观测点的布置应符合下列规定：

1 地质观测点应布置在具有代表性的岩土露头、地层界线、断层及重要的节理、地下水露头、不良地质、特殊岩土界线等处。

2 地质观测点密度应根据技术要求、地质条件和成图比例尺等因素综合确定。其密度应能控制不同类型地质界线和地质单元体的变化。

3 地质观测点的定位应根据精度要求和地质复杂程度选用目测法、半仪器法、仪器法。对构造线、地下水露头、不良地质作用等重要的地质观测点，应采用仪器定位。

13.2.5 当地质条件复杂时，宜采用填图的方法进行调查与测绘。当地质条件简单或既有地质资料比较充分时，可采用编图方法进行调查与测绘。

13.3 工作范围

13.3.1 应按勘察阶段所确定的线路、建（构）筑物平面范围及邻近地段开展地质调查与测绘工作，其范围应满足线路方案比选和建（构）筑物选址、地质条件评价的需要。

13.3.2 一般区间直线段向两侧不应少于100m；车站、区间弯道段及车辆基地向外侧不应少于200m。

13.3.3 对工程建设有影响的不良地质作用、特殊性岩土、断裂构造、地下富水区、既有建筑工程等地段应扩大工作范围。

13.3.4 工程建设可能诱发地质灾害地段，其工作范围应包含可能的地质灾害发生的范围。

13.3.5 当地质条件特别复杂或需进行专项研究时，工作范围应专门研究确定。

13.4 工作内容

13.4.1 工程地质调查与测绘的资料搜集应包括下列内容：

1 区域性的地质、水文、气象、航卫片、建筑及植被等资料。

2 既有建（构）筑物的岩土工程勘察资料和施工经验。

3 已发生的岩土工程事故案例，了解其发生的原因、处理措施和整治效果。

13.4.2 工程地质调查与测绘工作应包括下列内容：

1 调查、测绘地形与地貌的形态，划分地貌单元，确定成因类型，分析其与基底岩性和新构造运动的关系。

2 调查天然和人工边坡的形式、坡率、防护措施和稳定情况。

3 调查地层的岩性、结构、构造、产状，岩体的结构特征和风化程度，了解岩石的坚硬程度和岩体的完整程度。

4 调查构造类型、形态、产状、分布，对断裂、节理等构造进行分类，确定主要结构面与线路的关系。

5 对主干断裂、强烈破碎带，应调查其分布范围、形态和物质组成，分析地下水软化作用对隧道围岩稳定性的影响和危害程度。

6 调查地表水体及河床演变历史，搜集主要河流的最高洪水位、流速、流量、河床标高、淹没范围等。

7 调查地下水各含水层类型、水位、变化幅度、水力联系、补给来源和排泄条件，地下水动态变化与地表水系的联系、腐蚀性情况，以及历年地下水位的长期观测资料。

8 调查填土的堆积年代、坑塘淤积层的厚度，以及软土、盐渍岩土、膨胀性岩土、风化岩和残积土等特殊性岩土的分布范围和工程地质特征。

9 调查岩溶、人工空洞、滑坡、岸边冲刷、地面沉降、地裂缝、地下古河道、暗浜、含放射性或有害气体地层等不良地质的形成、规模、分布、发展趋势及对工程建设的影响。

13.5 工作成果

13.5.1 工程地质调查与测绘的资料应准确可靠、图文相符。对工程设计、施工有影响的工程地质现象，应用素描图或照片记录并附文字说明。

13.5.2 工程地质测绘的比例尺和精度应符合下列要求：

1 测绘用图比例尺宜选用比最终成果图大一级的地形图作底图，在可行性研究勘察阶段选用1∶1000～1∶2000；在初步勘察、详细勘察和施工勘察阶段选用1∶500～1∶1000；在工程地质条件复杂地段应适当放大比例尺。

2 在可行性研究勘察阶段地层单位划分到"阶"或"组"；岩体年代单位划分到"期"；在初步勘察、详细勘察和施工勘察阶段均划分到"段"。第四系应划分不同的成因类型，年代应划分到"世"。

3 地质界线、地质观测点测绘在图上的位置误差不应大于2mm。

4 地质单元体在图上的宽度大于或等于2mm时，均应在图上表示。有特殊意义或对工程有重要影响的地质单元体，在图面上宽度小于2mm时，应采用扩大比例尺的方法标示并加以注明。

13.5.3 工程地质调查与测绘的成果资料宜符合下列规定：

1 对地质条件简单地段，工程地质调查与测绘的成果可纳入相应阶段的岩土工程勘察报告。

2 对地质条件复杂地段，应编制工程地质调查与测绘报告。报告内容包括文字报告、地质柱状图、工程地质图、纵横地质剖面图、遥感地质解译资料、素描图和照片等。

14 勘探与取样

14.1 一般规定

14.1.1 钻探、井探、槽探、物探等勘探方法的选择，应根据地层、勘探深度、取样、原位测试及场地现状确定。

14.1.2 勘探应分层准确，不得遗漏对工程有影响的软弱夹层、软弱面（带）。

14.1.3 勘探点测量应采用与设计相符的高程、坐标系统，引测基准点应满足其精度要求。

14.1.4 岩土试样的采取方法应结合地层条件、岩土试验技术要求确定。

14.1.5 勘探作业应考虑对工程及环境的影响，防止对地下管线、地下构筑物和环境的破坏，并采取有效措施，确保勘探施工安全。

14.1.6 钻孔、探井、探槽完后应及时妥善回填，并记录回填方法、材料和过程，回填质量应满足工程施工要求，避免对工程施工造成危害。

14.2 钻 探

14.2.1 钻探方法可根据岩土类别和勘察要求按表 14.2.1 的规定选用。

表 14.2.1 钻探方法的适用范围

钻进方法		钻进地层					勘察要求	
		黏性土	粉土	砂土	碎石土	岩石	直观鉴别，采取不扰动试样	直观鉴别，采取扰动试样
回转	螺纹钻探	○	△	△	—	—	○	○
	无岩芯钻探	○	○	○	△	○	—	—
	岩芯钻探	○	○	○	○	○	○	○
冲击钻探		—	△	○	○	—	—	○
锤击钻探		○	○	○.	△	—	·○	○
振动钻探		○	○	○	△	—	△	○
冲洗钻探		△	○	○	—	—	—	○

注：○代表适用；△代表部分情况适用；—代表不适用。

14.2.2 钻孔直径和钻具规格应符合现行国家标准的规定。成孔口径应满足取样、原位测试、水文地质试验、综合测井和钻进工艺的要求。

14.2.3 钻探应符合下列规定：

1 钻进深度、岩土分层深度允许偏差为±50mm，地下水位量测允许偏差为±20mm。

2 对鉴别地层天然湿度的钻孔，在地下水位以上应进行干钻；当必须加水或使用循环液时，应采用双层岩芯管钻进。

3 钻进的回次进尺，应在保证获得准确地质资料的前提下，根据地层条件和岩芯管长度确定。钻进时回次进尺不应超过岩芯管的长度。在砂土、碎石土等取芯困难地层中钻进时，应控制回次进尺或回次时间，以确保分层与描述的要求。

4 工程地质钻探的岩芯采取率应符合表 14.2.3 的规定。

表 14.2.3 工程地质钻探岩芯采取率

岩土类型		岩芯采取率（%）
土类	黏性土、粉土	≥90
	砂土	≥70
	碎石土	≥50
基岩	滑动面及重要结构面上下5m范围内	≥70
	微风化带、中风化带	≥70
	强风化带、全风化带，构造破碎带	≥65
	完整岩层	≥80

注：1 岩芯采取率：圆柱状、圆片状或合成柱状岩芯长度与破碎岩芯装入同径岩芯管中高度之总和与该回次进尺的百分比。
2 滑动面及重要结构面在第四系土中时，岩芯采取率应符合相应土类的规定。

5 当需确定岩石质量指标（RQD）时，应采用 75mm 口径（N型）双层岩芯管和金刚石钻头。

14.2.4 岩芯整理应符合下列规定：

1 采取的岩芯应按上下顺序装箱摆放，填写回次标签，在同一回次内采得两种不同岩芯时应注明变层深度。

2 当发现滑动面、软弱结构面或薄层时，应加填标签注明起止深度，放在岩芯相应位置。

3 对重要的钻孔，应装箱妥善保存岩芯、土样，分箱拍摄彩色照片。

14.2.5 钻探记录和编录应符合下列规定：

1 钻探现场岩芯鉴别可采用肉眼鉴别和手触方法，有条件或勘探工作有明确要求时，可采用微型贯入仪等定量化、标准化的方法。

2 钻探记录应包括回次进尺和深度、钻进情况、孔内情况、钻进参数、地下水位、岩芯记录等内容。

14.3 井探、槽探

14.3.1 在建筑物密集、地下管线复杂等工程周边环境条件下，可采用挖探的方法查明地下情况。对卵石、碎石、漂石、块石等粗颗粒土勘探难以查明岩性性质或需要做大型原位测试时，应采用挖探的方法。挖探宜在地下水位以上进行。

14.3.2 井探宜采用圆形或方形断面，在井内取样应随挖探工作及时进行。在松散地层中掘进时应进行护壁，且应每隔 0.5m～1.0m 设一检查孔。井探施工时，应根据实际情况，向井中送风并应监测井内有害气体含量。

14.3.3 对井探、槽探除文字描述记录外，尚应以剖面图、展示图等反映井、槽壁和底部的岩性、地层分界、构造特征、取样和原位测试位置，并辅以代表性部位的彩色照片。

14.4 取 样

14.4.1 土试样质量等级应根据用途按表 14.4.1 的规定划分为四级：

表 14.4.1 土试样质量等级

级别	扰动程度	试验内容
Ⅰ级	不扰动	土类定名、含水量、密度、强度试验、固结试验
Ⅱ级	轻微扰动	土类定名、含水量、密度
Ⅲ级	显著扰动	土类定名、含水量
Ⅳ级	完全扰动	土类定名

注：不扰动土样是指虽然土的原位应力状态改变，但土的结构、密度、含水量变化很小，可满足各项室内试验要求的土样。

14.4.2 土试样采取的工具和方法可按本规范附录 G 选取。

14.4.3 对特殊土的取样应符合本规范第 12 章的有关规定。

14.4.4 在钻孔中采取Ⅰ、Ⅱ级砂试样时，可采用原状取砂器。

14.4.5 在钻孔中采取Ⅰ、Ⅱ级土试样时，应满足下列条件：

1 在软土、砂土中，宜采用泥浆护壁；如使用套管，应保持管内水位等于或稍高于地下水位，取样位置应低于套管底 3 倍孔径的距离。

2 采用冲洗、冲击、振动等方式钻进时，应在预计采样位置 1m 以上改用回转钻进。

3 下放取土器前应仔细清孔，清除扰动土，孔底残留浮土厚度不应大于取土器废土段长度。

4 采取土试样宜采用快速静力连续压入法。在硬塑和坚硬的黏性土和密实的粉土层中压入法取样有困难时，可采用击入法，并应重锤少击。

14.4.6 Ⅰ、Ⅱ、Ⅲ级土试样应妥善密封，防止湿度变化，严防暴晒或冰冻，保存时间不宜超过两周。在运输中应避免振动，对易于振动液化和水分离析的土试样宜就近进行试验。

14.4.7 岩石试样可利用钻探岩芯制作或在探井、探槽、竖井和平洞中采取。采取的毛样尺寸应满足试块加工的要求。在特殊情况下,试样形状、尺寸和方向由岩体力学试验设计确定。

14.4.8 比热容、导热系数、导温系数、基床系数、动三轴特殊试验项目的取样,应满足试验的要求。

14.5 地球物理勘探

14.5.1 城市轨道交通岩土工程勘察宜在下列方面采用地球物理勘探:

1 探测隐伏的地质界线、界面、不良地质体、地下管线、地下空洞、土洞、溶洞等。

2 在钻孔之间增加地球物理勘探点,为钻探成果的内插、外推提供依据。

3 测定沿线大地导电率、岩土体波速、岩土体电阻率、放射性辐射参数等,计算动弹性模量、动剪切模量、卓越周期。

14.5.2 采用地球物理勘探方法时,应具备下列条件:

1 被探测对象与其周围介质间存在一定的物性(电性、弹性、磁性、密度、温度、放射性等)差异。

2 被探测对象的几何尺寸与其埋藏深度或探测距离之比不应小于1/10。

3 能抑制各种干扰,区分有用信号和干扰信号。

14.5.3 在应用地球物理勘探方法时,应进行方法的有效性试验;试验地段应选择在有对比资料,且具有代表性的地段。

14.5.4 解译地球物理勘探资料时,应考虑其多解性。当需要时,应采用多种勘探手段,包括多种地球物理勘探方法,并应有一定数量的钻孔验证孔,在相互印证的基础上,对资料进行综合解译。

14.5.5 提交地球物理勘探解译成果图及解译报告内容、格式应满足设计要求,必要时还应交付地震时间剖面图、电阻率断面图等原始资料。

15 原位测试

15.1 一般规定

15.1.1 原位测试方法应根据岩土条件、设计对参数的需要、地区经验和测试方法的适用性等因素综合确定。

15.1.2 原位测试成果应与原型试验、室内试验及工程经验等结合使用,并进行综合分析。对重要的工程或缺乏使用经验的地区,应与工程反算参数作对比,检验其可靠性。

15.1.3 原位测试的仪器设备应定期检查和标定。

15.1.4 原位测试应符合国家或行业有关测试规程的规定。

15.2 标准贯入试验

15.2.1 标准贯入试验适用于砂土、粉土、黏性土、残积土、全风化岩及强风化岩。

15.2.2 标准贯入试验的设备应符合表15.2.2的规定。

表 15.2.2 标准贯入试验设备规格

落锤	锤的质量(kg)		63.5
	落距(cm)		76
贯入器	对开管	长度(mm)	>500
		外径(mm)	51
		内径(mm)	35
	管靴	长度(mm)	50~76
		刃口角度(°)	18~20
		刃口单刃厚度(mm)	1.6
钻杆	直径(mm)		42
	相对弯曲		<1/1000

15.2.3 标准贯入试验可在钻孔全深度范围内或在个别土层内以1m~2m的间距进行。标准贯入试验孔采用回转钻进,水位下试验时应保证孔内水位不低于原地下水位。当孔壁不稳定时,可用泥浆护壁,钻至试验标高以上15cm处,清除孔底残土后再进行试验。

15.2.4 当30cm内锤击数已达50击时,可不再强行贯入,但应记录50击时的贯入深度,试验成果可按下式换算为相当于30cm的锤击数。

$$N = 30n/\Delta S \qquad (15.2.4)$$

式中:N——实测标准贯入锤击数;

n——所取锤击数为50击;

ΔS——相应于n的贯入深度(cm)。

15.2.5 标准贯入试验成果,应采用实测值,按数理统计方法进行统计。不宜使用单孔的N值对土的工程性质作出评价。

15.2.6 标准贯入试验成果资料整理应包括下列内容:

1 标准贯入试验成果N可直接标在工程地质剖面图上,也可绘制单孔标准贯入锤击数N与深度关系曲线或直方图。统计分层标准贯入锤击数平均值时,应剔除异常值。

2 应用N值时是否修正和如何修正,应根据建立统计关系时的具体情况确定。

15.3 圆锥动力触探试验

15.3.1 圆锥动力触探类型应符合表15.3.1的规定。轻型圆锥动力触探试验适用于浅部的黏性土、粉土、砂土及填土。重型圆锥动力触探试验和超重型圆锥动力触探试验适用于强风化、全风化的硬质岩石、各种软质岩石及砂土、圆砾(角砾)和卵石(碎石)。

表 15.3.1 圆锥动力触探类型

类型		轻型	重型	超重型
落锤	锤的质量(kg)	10	63.5	120
	落距(cm)	50	76	100
探头	直径(mm)	40	74	74
	锥角(°)	60	60	60
探杆直径(mm)		25	42	50~60
贯入指标	贯入深度(cm)	30	10	10
	锤击数符号	N_{10}	$N_{63.5}$	N_{120}

15.3.2 圆锥动力触探试验应结合地区经验并与其他方法配合使用。

15.3.3 不宜使用单孔锤击数对土的工程性质作出评价。

15.3.4 圆锥动力触探试验成果资料整理应包括下列内容:

1 单孔连续圆锥动力触探试验应绘制锤击数与贯入深度关系曲线。

2 计算单孔分层贯入指标平均值时,应剔除临界深度以内的数值、超前和滞后影响范围内的异常值。

3 根据各孔分层的贯入指标平均值,用厚度加权平均法计算场地分层贯入指标平均值和变异系数。

15.4 旁压试验

15.4.1 旁压试验适用于黏性土、粉土、砂土、碎石土、残积土、极软岩和软岩等。

15.4.2 旁压试验应在有代表性的位置和深度进行,旁压器的量测腔应在同一土层内,试验点的垂直间距不宜小于1m,每层土的测点不应少于1个,厚度大于3m的土层测点不应少于3个。

15.4.3 预钻式旁压试验应保证成孔质量,钻孔直径与旁压器直径应配合良好,防止孔壁坍塌;自钻式旁压试验的自钻钻头、钻头转速、钻进速率、刃口距离、泥浆压力和流量等应符合有关规定。

15.4.4 在饱和软黏性土层中宜采用自钻式旁压试验,在试验前宜通过试钻确定最佳回转速率、冲洗液流量、切削器的距离等技术参数。

15.4.5 加荷等级可采用预期临塑压力的 $1/7 \sim 1/5$ 或极限压力的 $1/12 \sim 1/10$，如不易预估临塑压力或极限压力时，可按表 15.4.5 的规定确定加载增量。初始阶段加荷等级可取小值，必要时，可做卸荷再加荷试验，测定再加荷旁压模量。

表 15.4.5 试验加载增量

土性特征	加载增量（kPa）
淤泥、淤泥质土、流塑黏性土、松散的粉土及砂土	≤15
软塑黏性土、新黄土、稍密的粉土及砂土	15～25
可塑—硬塑黏性土、一般黄土、中密的粉土、砂土	25～50
坚硬黏性土、老黄土、密实的粉土、砂土	50～150
软质岩、风化岩	100～600

注：为确定 P-V 曲线上直线段起点对应的压力 p_0，开始的 1 级～2 级加载增量宜减半施加。

15.4.6 每级压力应保持相对稳定的观测时间，对黏性土、砂土宜为 3min，对软质岩石和风化岩宜为 1min。维持 1min 时，加荷后 15、30、60s 测读变形量；维持 3min 时，加荷后 15、30、60、120、180s 测读变形量。

15.4.7 旁压试验成果资料整理应包括下列内容：

1 对各级压力及相应的扩张体积或半径增量分别进行约束力及体积的修正后，绘制压力与体积曲线，需要时可作蠕变曲线。

2 根据压力与体积曲线，结合蠕变曲线确定初始压力、临塑压力和极限压力，地基极限强度 f_L 和临塑强度 f_y，按下列公式计算：

$$f_L = p_L - p_0 \qquad (15.4.7-1)$$
$$f_y = p_f - p_0 \qquad (15.4.7-2)$$

式中：p_0——旁压试验初始压力（kPa）；
p_L——旁压试验极限压力（kPa）；
p_f——旁压试验临塑压力（kPa）。

3 根据压力与体积曲线的直线段斜率，按下式计算旁压模量：

$$E_m = 2(1+\mu)\left(V_c + \frac{V_0 + V_l}{2}\right)\frac{\Delta p}{\Delta V} \qquad (15.4.7-3)$$

式中：E_m——旁压模量（kPa）；
μ——泊松比（碎石土取 0.27，砂土取 0.30，粉土取 0.35，粉质黏土取 0.38，黏土取 0.42）；
V_c——旁压器量测腔起始固有体积（cm³）；
V_0——与初始压力 p_0 对应的体积（cm³）；
V_f——与临塑压力 p_f 对应的体积（cm³）；
$\Delta p / \Delta V$——旁压曲线直线段的斜率（kPa/cm³）。

15.5 静力触探试验

15.5.1 静力触探试验适用于软土、一般黏性土、粉土、砂土和含少量碎石的土。静力触探可根据工程需要和地区经验采用单桥探头、双桥探头或带孔隙水压力量测的单桥、双桥探头，可测定比贯入阻力（p_s）、锥头阻力（q_c）、侧壁摩阻力（f_s）和贯入时的孔隙水压力（u）。

15.5.2 当贯入深度较大，或穿过厚层软土后再贯入硬土层或密实砂土时，应采取措施防止孔斜或断杆，也可配置测斜探头，量测触探孔的偏斜角，校正土层界线的深度。

15.5.3 水上触探应有保证孔位不致发生偏移以及在试验过程中不发生探头上下移动的稳定措施，水底以上部位应加设防止探杆挠曲的装置。

15.5.4 当在预定深度进行孔压消散试验时，应量测停止贯入后不同时间的孔压值，其计量时间间隔由密而疏合理控制。

15.5.5 静力触探试验成果资料整理应包括下列内容：

1 绘制比贯入阻力与深度曲线、锥尖阻力与深度曲线、侧壁摩阻力与深度曲线、侧壁摩阻力与锥尖阻力之比与深度曲线、孔隙

水压力与深度曲线以及超孔隙水压力与深度曲线。

2 根据贯入曲线的线型特征，结合相邻钻孔资料和地区经验划分土层。计算各土层静力探触有关试验数据的平均值。

3 根据静力探触资料，利用地区经验估算土的强度、变形参数和估算单桩承载力等。

15.6 载荷试验

15.6.1 载荷试验一般包括平板载荷试验和螺旋板载荷试验。浅层平板载荷试验适用于浅层地基土；深层平板载荷试验适用于深层地基土和大直径桩的桩端土；螺旋板载荷试验适用于深层地基土或地下水位以下的地基土。

15.6.2 刚性承压板根据土的软硬或岩体裂隙密度选用合适的尺寸，土的浅层平板载荷试验承压板面积不应小于 0.25m²，对软土和粒径较大的填土不应小于 0.5m²；土的深层板载荷试验承压板面积宜选用 0.5m²；岩石载荷试验承压板的面积不宜小于 0.07m²；螺旋板载荷试验承压板直径根据土性分别取 0.160m 或 0.252m。

15.6.3 基床系数在现场测定时宜采用 K_{30} 方法，即采用直径 30cm 的荷载板垂直或水平加载试验，可直接测定地基土的垂直基床系数 K_v 和水平基床系数 K_h。

15.6.4 载荷试验应布置在围岩内或基础埋置深度处，当土质不均匀或多层土时，应选择有代表性的地点和深度进行，必要时，宜在不同土层深度进行试验。

15.6.5 浅层平板载荷试验的试坑宽度或直径不应小于承压板宽度或直径的 3 倍；深层平板载荷试验的试井直径应等于承压板直径，试坑或试井底的岩土应避免扰动，保持其原状结构和天然湿度；螺旋板头入土时，应按每转一圈下入一个螺距进行操作，减少对土的扰动。

15.6.6 载荷试验加荷方式应采用分级维持荷载沉降相对稳定法（常规慢速法）；有地区经验时，可采用分级加载沉降非稳定法（快速法）或等沉降速率法；加荷等级宜取 10 级～12 级，并不应少于 8 级；当极限荷载不易估计时，可按表 15.6.6 的规定取值。

表 15.6.6 荷载增量取值

试验土层及特性	荷载增量（kPa）
淤泥、流塑黏性土、松散粉土、砂土	<15
软塑黏性土、新近沉积黄土、稍密粉土、砂土	15～25
硬塑黏性土、新黄土（Q_4）、中密粉土、砂土	25～50
坚硬黏性土、老黄土、新黄土（Q_3）、密实粉土、砂土	50～100
碎石类土、软岩及风化岩	100～200

15.6.7 试验点附近宜采土试验提供土工试验指标，或其他原位测试资料，试验后应在承压板中心向下开挖取土试验，并描述 2 倍承压板直径或宽度范围内土层的结构变化。

15.6.8 载荷试验成果资料整理与计算应符合下列规定：

1 根据载荷试验分析要求，应绘制荷载（p）与沉降（s）曲线，必要时绘制各级荷载下沉降（s）与时间（t）或时间对数（$\lg t$）曲线。应根据 p-s 曲线拐点，必要时结合 s-$\lg t$ 曲线特征，确定比例界限压力和极限压力。

2 当 p-s 呈缓变曲线时，可按表 15.6.8-1 的规定取对应于某一相对沉降值（即 s/d 或 s/b，d 和 b 为承压板直径和宽度）的压力评定地基承载力，但其值不应大于最大加载量的一半。

表 15.6.8-1 各类土的相对沉降值（s/d 或 s/b）

土名	黏性土					粉土			砂土			
状态	流塑	软塑	可塑	硬塑	坚硬	稍密	中密	密实	松散	稍密	中密	密实
s/d 或 s/b	0.020	0.016	0.014	0.012	0.010	0.020	0.015	0.010	0.020	0.016	0.012	0.008

注：对于软—极软的软质岩、强风化—全风化的风化岩，应根据工程的重要性和地基的复杂程度取 s/d 或 $s/b=0.001\sim0.002$ 所对应的压力为地基承载力。

3 土的变形模量应根据 p-s 曲线的初始直线段，可根据均质

各向同性半无限弹性介质的弹性理论计算。

浅层平板载荷试验的变形模量 E_0(MPa)，可按下式计算：

$$E_0 = I_0(1 - \mu^2)\frac{pd}{s} \qquad (15.6.8\text{-}1)$$

深层平板载荷试验和螺旋板载荷试验的变形模量 E_0(MPa)，可按下式计算：

$$E_0 = \omega\frac{pd}{s} \qquad (15.6.8\text{-}2)$$

式中：I_0——刚性承压板的形状系数，圆形承压板取 0.785；方形承压板取 0.886；

μ——土的泊松比按式(15.4.7-3)取值；

d——承压板直径或边长(m)；

p——p-s 曲线线性段的压力(kPa)；

s——与压力 p 对应的沉降(mm)；

ω——与试验深度和土类有关的系数，可按表 15.6.8-2 的规定选用。

表 15.6.8-2　深层载荷试验计算系数 ω

土类 d/z	碎石土	砂土	粉土	粉质黏土	黏土
0.30	0.477	0.489	0.491	0.515	0.524
0.25	0.469	0.480	0.482	0.506	0.514
0.20	0.460	0.471	0.474	0.497	0.505
0.15	0.444	0.454	0.457	0.479	0.487
0.10	0.435	0.446	0.448	0.470	0.478
0.05	0.427	0.437	0.439	0.461	0.468
0.01	0.418	0.429	0.431	0.452	0.459

注：d/z 为承压板直径或边长与承压板底面深度之比。

15.6.9 确定地基土承载力应符合下列规定：

1 同一土层参加统计的试验点数不应少于 3 个；

2 试验点的地基土承载力的极差小于或等于其平均值的 30% 时，可采用平均值作为地基土承载力；当极差大于其平均值的 30% 时，应查找、分析出现异常值原因，并按极差剔除准则补充试验和剔除异常值。

15.7　扁铲侧胀试验

15.7.1 扁铲侧胀试验适用于软土、一般黏性土、粉土、黄土和松散或稍密的砂土。

15.7.2 扁铲侧胀试验应在有代表性的地点进行，测试点间距一般为 0.2m～0.5m。

15.7.3 扁铲侧胀试验应符合下列规定：

1 每孔试验前后均应进行探头率定，取试验前后的平均值为修正值；膜片的合格标准为：

率定时膨胀至 0.05mm 的气压实测值 ΔA 为 5kPa～25kPa；

率定时膨胀至 1.10mm 的气压实测值 ΔB 为 10kPa～110kPa。

2 试验时，应以静力匀速将探头贯入土中，贯入速率宜为 2cm/s。

3 探头达到预定深度后，应匀速加压和减压测定膜片膨胀至 0.05、1.10mm 和回到 0.05mm 的压力 A、B、C 值。

4 扁铲侧胀消散试验，应在需测试的深度进行，读数时间间隔可取 1、2、4、8、15、30、90min，以后每 90min 测读一次，直至消散结束。

15.7.4 扁铲侧胀试验成果资料整理应包括下列内容：

1 对试验的实测数据进行膜片刚度修正：

$$p_0 = 1.05(A - z_m + \Delta A) - 0.05(B - z_m - \Delta B)$$
$$(15.7.4\text{-}1)$$
$$p_1 = B - z_m - \Delta B \qquad (15.7.4\text{-}2)$$
$$p_2 = C - z_m + \Delta A \qquad (15.7.4\text{-}3)$$

式中：p_0——膜片向土中膨胀之前的接触压力(kPa)；

p_1——膜片膨胀至 1.10mm 时的压力(kPa)；

p_2——膜片回到 0.05mm 时的终止压力(kPa)；

z_m——调零前的压力表初读数(kPa)。

2 根据 p_0、p_1 和 p_2 计算下列指标：

$$E_D = 34.7(p_1 - p_0) \qquad (15.7.4\text{-}4)$$
$$K_D = (p_0 - u_0)/\sigma_{VO} \qquad (15.7.4\text{-}5)$$
$$I_D = (p_1 - p_0)/(p_0 - u_0) \qquad (15.7.4\text{-}6)$$
$$U_D = (p_2 - u_0)/(p_0 - u_0) \qquad (15.7.4\text{-}7)$$

式中：E_D——侧胀模量(kPa)；

K_D——侧胀水平应力指数；

I_D——侧胀土性指数；

U_D——侧胀孔压指数；

u_0——试验深度处的静水压力(kPa)；

σ_{VO}——试验深度处的有效上覆压力(kPa)。

3 绘制 E_D、I_D、K_D 和 U_D 与深度的关系曲线。

15.8　十字板剪切试验

15.8.1 十字板剪切试验适用于均质饱和软黏性土。

15.8.2 试验点竖向间距可取 1m～2m，或根据静力触探试验等资料布置。

15.8.3 十字板头插入钻孔底的深度不应小于钻孔或套管直径的 3 倍～5 倍；插入至试验深度后，至少应静止 2min～3min，方可开始试验；扭转剪切速率宜采用 1°/10s～2°/10s，并应在测得峰值强度后继续测记 1min；在峰值强度或稳定值测试完后，顺扭转方向连续转动大于或等于 6 圈后，测定重塑土的不排水抗剪强度。

15.8.4 十字板剪切试验成果资料整理应包括下列内容：

1 计算土的不排水抗剪强度峰值、残余值和灵敏度。

2 绘制不排水抗剪强度峰值和残余值随深度的变化曲线，需要时，绘制抗剪强度与扭转角度的关系曲线。

3 根据土层条件及地区经验，对不排水抗剪强度应进行修正。

15.8.5 根据原状土的十字板强度 c_u 和重塑土的十字板强度 c_u'，土的灵敏度 S_t，按下式计算：

$$S_t = c_u/c_u' \qquad (15.8.5)$$

15.9　波速测试

15.9.1 波速测试可采用单孔法、跨孔法或面波法；波速测试可用于下列目的：

1 确定场地类别、判断场地地震液化的可能性，提供地震反应分析所需的场地动力参数。

2 计算设计动力机器基础和计算结构物与地基土共同作用所需的动力参数。

3 判定碎石土的密实度，评价地基土加固处理效果。

4 利用岩体纵波速度与岩石单轴极限抗压强度进行围岩分级，确定岩石风化程度，并初步确定基床系数，围岩稳定程度。

15.9.2 单孔法波速测试的技术要求应符合下列规定：

1 测试孔应垂直。

2 将三分量检波器固定在孔内预定深度处，并紧贴孔壁。

3 可采用地面激振或孔内激振。

4 应结合土层布置测点，测点的垂直间距宜取 1m～3m。层位变化处加密，并宜自下而上逐点测试。

15.9.3 跨孔法波速测试的技术要求应符合下列规定：

1 应设置 2 个或 3 个试验孔，且成一条直线，在第四系覆盖层地段孔距宜为 2m～5m，在基岩地段孔距宜为 8m～15m。

2 试验钻孔应圆直，并应下定向套管，套管与孔壁间应灌浆或填砂。

3 当钻孔深度大于 15m 时，应对试验孔进行测斜，测斜点竖向间距宜为1m，测得每一试验深度的倾斜角与方位。

4　竖向测试点间距宜为1m～2m，三分量传感器应紧贴孔壁，同一深度的剪切波，锤击应正反向重复激振，并应互换激振孔与接收孔，经重复试验，确定剪切波的初至时间。

15.9.4　面波法波速测试可采用瞬态法或稳态法，宜采用低频检波器，道间距可根据场地条件通过试验确定。

15.9.5　波速测试成果资料整理应包括下列内容：

1　在波形记录上识别压缩波和第一个剪切波的初至时间。

2　根据压缩波和剪切波传播时间和距离，确定压缩波与剪切波的波速。

3　确定地层小应变的动剪切模量、动弹性模量、动泊松比和动刚度。

4　稳态面波法尚应提供波长、波速。

15.9.6　土层的动剪切模量 G_d 和动弹性模量 E_d 可按下列公式计算：

$$G_d = \rho \cdot v_s^2 \tag{15.9.6-1}$$

$$E_d = 2(1 + \mu_d)\rho \cdot v_s^2 \tag{15.9.6-2}$$

式中：μ_d——土的动泊松比；

ρ——土的质量密度（kg/m³）；

v_s——剪切波波速（m/s）。

15.10　岩体原位应力测试

15.10.1　岩体应力测试适用于无水、完整或较完整的岩体。可采用孔壁应变法、孔径变形法和孔底应变法求得岩体空间应力和平面应力。

15.10.2　孔壁应变法、孔径变形法和孔底应变法的选用应根据岩体条件、设计对参数的需要、地区经验和测试方法的适用性等因素综合确定。

15.10.3　测试岩体原始应力时，测点深度应超过应力扰动影响区；在地下洞室中进行测试时，测点深度应超过洞室直径的2倍。

15.10.4　岩体应力测试技术要求应符合下列规定：

1　在测点测段内，岩性应均一完整。

2　测试孔壁、孔底应光滑、平整、干燥。

3　稳定标准为连续三次读数（每隔10min读一次）之差不超过5με。

4　同一钻孔内的测试读数不应少于3次。

15.10.5　岩芯应力解除后的围压试验应在24h内进行；压力宜分5级～10级，最大压力应大于预估岩体最大主应力。

15.10.6　岩体原位应力测试成果资料整理应符合下列要求：

1　根据测试成果计算岩体平面应力和空间应力，计算方法应符合现行国家标准《工程岩体试验方法标准》GB/T 50266的有关规定。

2　根据岩芯解除应变值和解除深度，绘制解除过程曲线。

3　根据围压试验资料，绘制压力与应变关系曲线，计算岩石弹性常数。

15.11　现场直接剪切试验

15.11.1　现场直剪试验可用于岩土体本身、岩土体沿软弱结构面和岩体与其他材料接触面的剪切试验，可分为岩土体试体在法向应力作用下沿剪切面剪切破坏的抗剪断试验，岩土体剪断后沿剪切面继续剪切的抗剪试验（摩擦试验），法向应力为零时岩体剪切的抗切试验。

15.11.2　现场直剪试验布置应符合下列规定：

1　现场直剪试验可在试洞、试坑、探槽或大口径钻孔内进行。当剪切面水平或近于水平时，可采用平推法或斜推法；当剪切面较陡时，可采用楔形体法。

2　同一组试验体的岩性应基本相同，受力状态应与岩土体在工程中的实际受力状态相近。

3　每组岩体不宜少于5个。剪切面积不得小于0.25m²，试体最小边长不宜小于50cm，高度不宜小于最小边长的0.5倍。试体之间的最小间距应大于最小边长的1.5倍。

4　每组土体试验不宜少于3个。剪切面不宜小于0.3m²，高度不宜小于20cm或为最大粒径的4倍～8倍，剪切面开缝应为最小粒径的1/4～1/3。

15.11.3　直剪试验设备包括试体制备、加载、传力、量测及其他配套设备。直剪试验设备应采用电动式和自动化仪器。

15.11.4　试验前应对试体及所在试验地段进行描述与记录下列内容：

1　岩石名称及岩性、风化破裂程度、岩体软弱面的成因、类型、产状、分布状况、连续性及所夹充填物的性状（厚度、颗粒组成、泥化程度和含水状态等）。

2　在岩洞内应记录岩洞编号、位置、洞线走向、洞底高程、岩洞和试点的纵、横地质剖面。

3　在露天或基坑内应记录试点位置、高程及周围的地形、地质情况。

4　记录试验地段开挖情况和试体制备方法；试体编号、位置、剪切面尺寸和剪切方向；试验地段和试点部位地下水的类型、化学成分、活动规律和流量等。

15.11.5　试验后应描述剪切面尺寸、剪切破坏形式、剪切面起伏差、擦痕的方向和长度、碎块分布状况、剪切面上充填物性质，并对剪切面拍照记录。

15.11.6　现场直剪试验的技术要求应符合下列规定：

1　开挖试坑时应避免对试体的扰动和含水量的显著变化；在地下水位以下试验时，应避免水压力和渗流对试验的影响。

2　施加的法向荷载、剪切荷载应位于剪切面、剪切缝的中心；或使法向荷载与剪切荷载的合力通过剪切面的中心，并保持法向荷载不变。

3　最大法向荷载应大于设计荷载，并按等量分级；荷载精度应为试验最大荷载的±2%。

4　每一试体的法向荷载可分4级～5级施加；当法向变形达到相对稳定时，即可施加剪切荷载。

5　每级剪切荷载按预估最大荷载的8%～10%分级等量增加，或按法向荷载的5%～10%分级等量施加；岩体按每5min～10min，土体按每30s施加一级剪切荷载。

6　当剪切变形急剧增长或剪切变形达到试体尺寸的1/10时，可终止试验。

7　根据剪切位移大于10mm时的试验成果确定残余抗剪强度，需要时可沿剪切面继续进行摩擦试验。

15.11.7　现场直剪试验成果资料整理应包括下列内容：

1　绘制剪切应力与剪切位移曲线、剪应力与垂直位移曲线、确定比例强度、屈服强度、峰值强度、剪胀点和剪胀强度。

2　绘制法向应力与比例强度、屈服强度、峰值强度、残余强度的曲线，确定相应的强度参数。

15.12　地温测试

15.12.1　地温测试可采用钻孔法、贯入法、埋设温度传感器法，地温长期观测宜采用埋设温度传感器法。

15.12.2　温度传感器的测量范围宜为−20℃～100℃，测量误差不宜大于±0.5℃，温度传感器和读数仪使用前应进行校验。

15.12.3　每个地下车站均宜进行地温测试，测试点宜布设在隧道上下各一倍洞径深度范围；发现有热源影响区域、采用冻结法施工或设计有特殊要求的部位应布置测试点。

15.12.4　钻孔法测试应符合下列规定：

1　在钻孔中进行瞬态测温时，地下水位静止时间不宜小于24h，稳态测温时，地下水位静止时间不宜小于5d。

2　重复测量应在观测后8h内进行，两次测量误差不超过

0.5℃。

15.12.5 贯入法测试时,温度传感器插入钻孔底的深度不应小于钻孔或套管直径的3倍~5倍,插入至测试深度后,至少应静止5min~10min,方可开始观测。

15.12.6 地温长期观测周期应根据当地气温变化确定。

15.12.7 测试成果资料整理应符合下列要求:

    1 地温测试前应记录测试点气温、天气、日期、时间以及光线遮挡情况,钻孔法应记录地下水稳定水位。

    2 绘制地温随深度变化曲线图,对照不同深度土性、孔隙比、含水量、饱和度及热物理指标变化情况;一年期测试结果宜绘制不同深度温度随时间变化曲线图。

    3 不同气温条件下地层测温结果对比,推算地层稳态温度。

16 岩土室内试验

16.1 一般规定

16.1.1 岩土室内试验的试验方法、操作和采用的仪器设备应符合现行国家标准《土工试验方法标准》GB/T 50123和《工程岩体试验方法标准》GB/T 50266的有关规定。

16.1.2 岩土室内试验项目应根据岩土性质、工程类型和设计、施工需要确定。

16.1.3 应正确分析整理岩土室内试验的资料,为工程设计、施工提供准确可靠的参数。

16.2 土的物理性质试验

16.2.1 土的物理性质试验应测定颗粒级配、比重、天然含水量、天然密度、塑限、液限、有机质含量等。

16.2.2 土的比重,可直接测定也可根据经验值确定。

16.2.3 当需进行渗流分析、基坑降水设计等要求提供土的透水性参数时,可进行渗透试验。常水头试验适用于砂类和碎石土;变水头试验适用于粉土和黏性土;透水性很低的软土可通过固结试验测定固结系数、体积压缩系数,计算渗透系数。土的渗透系数取值应与抽水试验或注水试验的成果比较后确定。

16.2.4 当需对填筑工程进行质量控制时,应进行击实试验,确定最大干密度和最优含水量。

16.2.5 结合地质条件和工程类型,必要时应进行土的腐蚀性试验。

16.2.6 岩土热物理指标的测定,可采用面热源法、热线法或热平衡法。三个热物理指标有下列相互关系:

$$\alpha = 3.6 \frac{\lambda}{C\rho} \quad (16.2.6-1)$$

式中:ρ——密度(kg/m³);

    α——导温系数(m²/h);

    λ——导热系数[W/(m·K)];

    C——比热容[kJ/(kg·K)]。

岩土热物理指标的经验值,见本规范附录K。

16.3 土的力学性质试验

16.3.1 土的力学性质试验一般包括固结试验、直剪试验、三轴压缩试验、膨胀试验、湿陷性试验、无侧限抗压强度试验、静止侧压力系数试验、回弹试验、基床系数试验等。

16.3.2 压缩试验的最大压力值应大于土的有效自重压力与附加压力之和。

16.3.3 需确定先期固结压力时,施加的最大压力应满足绘制完整的e-$\lg p$曲线的要求,必要时测定回弹模量和回弹再压缩模量。

16.3.4 内摩擦角、黏聚力在有经验地区可采用直接快剪和固结快剪的方法测定。采用三轴试验方法测定时:当排水条件不好或施工速度较快时,宜采用三轴不固结不排水剪(UU);当排水条件较好或施工速度较慢时,宜采用三轴固结不排水剪(CU)。

16.3.5 必要时应进行无侧限抗压强度试验,确定灵敏度时应进行重塑土的无侧限抗压强度试验。

16.3.6 当工程需要时可采用侧压力仪测定土体的静止侧压力系数。

16.3.7 在有经验的地区可采用三轴试验或固结试验的方法测得土的基床系数。

16.3.8 当需要测定土的动力性质时,可采用动三轴试验、动单剪试验或共振柱试验。

    1 动三轴和动单剪试验适用分析测定土的下列动力性质:

        1)动弹性模量、动阻尼比及其与动应变的关系。

        2)既定循环周数下的动应力与动应变关系。

        3)饱和砂土、粉土的液化剪应力与动应力循环周数关系。当出现孔隙水压力上升达到初始固结压力时,或轴向动应变达到5%时,或振动次数在相应的预计地震震级限度之内,即可判定土样液化。

    2 共振柱试验可用于测定小动应变时的动弹性模量和动阻尼比。

16.4 岩石试验

16.4.1 岩石的试验包括颗粒密度、块体密度、吸水性试验、软化或崩解试验、膨胀试验、抗压、抗剪、抗拉试验等,具体项目应根据工程需要确定。

16.4.2 单轴抗压强度应分别测定干燥和饱和状态下的强度,软岩可测定天然状态下的强度,并应提供有关参数。

16.4.3 岩石抗剪试验,应沿节理面、层面等薄弱环节进行。应在不同法向应力下测定。

16.4.4 岩石抗拉强度试验可在试件直径方向上,施加一对线性荷载,使试件沿直径方向破坏,间接测定岩石的抗拉强度。

16.4.5 当间接测定岩石的力学性质时,可采用点荷载试验和波速测试方法。

17 工程周边环境专项调查

17.1 一般规定

17.1.1 工程周边环境专项调查范围、对象及内容,可根据工程设计方案、环境风险等级、工程地质、水文地质及施工工法等条件确定。

17.1.2 工程周边环境专项调查应在取得工程沿线地形图、管线及地下设施分布图等资料的基础上,采用实地调查、资料调阅、现场勘查与探测等多种手段相结合的综合方法开展工作。

17.2 调查要求

17.2.1 工程周边环境专项调查的内容主要包括环境类型、权属单位、使用单位、管理单位、使用性质、建设年代、设计使用年限、地质资料、设计文件、变形要求、与工程的空间关系、相关影像资料等。

17.2.2 建(构)筑物应重点调查建(构)筑物的平面图、上部结构形式、地基基础形式与埋深、持力层性质、基坑支护、桩基或地基处理设计、施工参数、建(构)筑物的沉降观测资料等。

17.2.3 地下构筑物及人防工程应重点调查工程的平面图、结构形式、顶板和底板标高、工程施工方法以及使用、充水情况等。

17.2.4 地下管线应重点调查管线的类型、平面位置、埋深(或高程）、铺设方式、材质、管节长度、接口形式、介质类型、工作压力、节门位置等。

17.2.5 既有城市轨道交通线路与铁路应重点调查下列内容：

1 地下结构调查应包括结构的平面图、剖面图，地基基础形式与埋深，隧道断面形式与尺寸，支护形式与参数，施工方法。

2 高架线路调查应包括桥梁的结构形式、墩台跨度与荷载、基础桩桩位、桩长、桩径等。

3 地面线路调查应包括路基的类型、结构形式、道床类型、涵洞与支挡结构形式以及地基基础形式与埋深。

17.2.6 城市道路及高速公路应重点调查下列内容：

1 路基调查应包括道路的等级、路面材料、路堤高度、路堑深度；支挡结构形式及地基基础形式与埋深。

2 桥涵调查应包括桥涵的类型、结构形式、基础形式、跨度，桩基或地基加固设计、施工参数等。

17.2.7 文物建筑应重点调查文物建筑的平面位置、名称、保护等级、结构形式、地基基础形式与埋深等。

17.2.8 水工构筑物应重点调查构筑物的类型、结构形式、地基基础形式与埋深、使用现状等。

17.2.9 架空线缆应重点调查架空线缆的类型、走廊宽度、线塔地基基础形式与埋深、缆线与轨道交通线路的交汇点坐标、悬高等。

17.2.10 地表水体应重点调查水位、水深、水体底部淤积物及厚度、防渗措施，河流的流量、流速、水质及河床宽度，河床冲刷深度等。

17.3 成果资料

17.3.1 建（构）筑物调查成果资料的整理应符合下列规定：

1 编制调查报告，报告内容包括文字报告、调查对象成果表、调查对象平面位置图、调查对象的影像资料等。

2 文字报告主要包括：工程概述、调查依据、调查范围、调查对象及内容、调查方法、工作量完成情况及调查成果汇总，初步分析工程与建（构）筑物的相互影响，划分环境风险等级，提出有关的措施和建议，说明调查工作遗留问题。

3 调查对象成果表主要包括：名称、产权单位、使用单位、使用性质、修建年代、地上和地下层数、地基基础形式与埋深等。

4 调查对象应在平面位置图上进行标识。

5 工程环境调查报告中应详细说明资料获取方式及来源。

17.3.2 地下管线探测成果资料整理应符合现行行业标准《城市地下管线探测技术规程》CJJ 61 有关报告书编制的要求。

17.3.3 其他各类环境对象的调查成果资料可参照本规范第17.3.1条的有关规定进行整理。

18 成果分析与勘察报告

18.1 一般规定

18.1.1 城市轨道交通岩土工程勘察报告，应在搜集已有资料，取得工程地质调查与测绘、勘探、测试和室内试验成果的基础上，根据勘察阶段、工程特点、设计方案、施工方法对勘察工作的要求，进行岩土工程分析与评价，提供工程场地的工程地质和水文地质资料。

18.1.2 勘察报告应资料完整，数据真实，内容可靠，逻辑清晰，文字、表格、图件互相印证；文字、标点符号、术语、数字和计量单位等应符合国家现行有关标准的规定。

18.1.3 勘察报告中的岩土工程分析评价，应论据充分、针对性强，所提建议应技术可行、经济合理、安全适用。岩土参数的分析与选用应符合现行国家标准《岩土工程勘察规范》GB 50021 的有

关规定。

18.1.4 可行性研究阶段岩土工程勘察报告宜按照线路编制，初步勘察阶段岩土工程勘察报告宜按照线路编制或按照地质单元、线路敷设形式编制，详细勘察阶段岩土工程勘察报告宜按照车站、区间、车辆基地等分别编制；报告中应统一全线地质单元、工程地质和水文地质分区、岩土分层的划分标准。

18.1.5 勘察成果资料整理应符合下列规定：

1 各阶段勘察成果应具有连续性、完整性。

2 相邻区段、相邻工点的衔接部位或不同线路交叉部位的勘察成果资料应互相利用、保持一致。

3 勘探点平面图宜取合适的比例尺，应包含地形、线位、站位、里程、结构轮廓线等。

4 绘制工程地质断面图时，勘探点宜投影至线路断面上，断面图应包含里程标、地面高程、线路及车站断面等。

5 地质构造图、区域交通位置图等平面图应包含线路位置和必要的车站、区间名称的标识。

18.1.6 勘察报告中的图例宜符合本规范附录 L 的规定。

18.2 成果分析与评价

18.2.1 勘察报告中的岩土工程分析评价应包括下列内容：

1 工程建设场地的稳定性、适宜性评价。

2 地下工程、高架工程、路基及各类建筑工程的地基基础形式、地基承载力及变形的分析与评价。

3 不良地质作用及特殊性岩土对工程影响的分析与评价，避让或防治措施的建议。

4 划分场地土类型和场地类别，抗震设防烈度大于或等于 6 度的场地，评价地震液化和震陷的可能性。

5 围岩、边坡稳定性和变形分析，支护方案和施工措施的建议。

6 工程建设与工程周边环境相互影响的预测及防治对策的建议。

7 地下水对工程的静水压力、浮托作用分析。

8 水和土对建筑材料腐蚀性的评价。

18.2.2 明挖法施工应重点分析评价下列内容：

1 分析基底隆起、基坑突涌的可能性，提出基坑开挖方式及支护方案的建议。

2 支护桩墙类型分析，连续墙、立柱桩的持力层和承载力。

3 软弱结构面空间分布、特性及其对边坡、坑壁稳定的影响。

4 分析岩土层的渗透性及地下水动态，评价排水、降水、截水等措施的可行性。

5 分析基坑开挖过程中可能出现的岩土工程问题，以及对附近地面、邻近建（构）筑物和管线的影响。

18.2.3 矿山法施工应重点分析评价下列内容：

1 分析岩土及地下水的特性，进行围岩分级，评价隧道围岩的稳定性，提出隧道开挖方式、超前支护形式等建议。

2 指出可能出现坍塌、冒顶、边墙失稳、洞底隆起、涌水等风险的地段，提出防治措施的建议。

3 分析隧道开挖引起的地面变形及影响范围，提出环境保护措施的建议。

4 采用爆破法施工时，分析爆破可能产生的影响及范围，提出防治措施的建议。

18.2.4 盾构法施工应重点分析评价下列内容：

1 分析岩土层的特征，指出盾构选型应注意的地质问题。

2 分析复杂地质条件以及河流、湖泊等地表水体对盾构施工的影响。

3 提出在软硬不均地层中的开挖措施及开挖面障碍物处理方法的建议。

4 分析盾构施工可能造成的土体变形,对工程周边环境的影响,提出防治措施的建议。

18.2.5 高架工程应重点分析评价下列内容:

1 分析岩土层的特征,建议天然地基、桩基持力层,评价天然地基承载力、桩基承载力,提供变形计算参数。

2 评价成桩的可能性,指出成桩过程应注意的问题。

3 分析评价岩溶、土洞等不良地质作用和膨胀土、填土等特殊性岩土对桩基稳定性和承载力的影响,提出防治措施的建议。

18.2.6 地面建(构)筑物的岩土工程分析评价,应符合现行国家标准《岩土工程勘察规范》GB 50021 的有关规定。

18.2.7 工程建设对工程周边环境影响的分析评价可包括下列内容:

1 基坑开挖、隧道掘进和桩基施工等可能引起的地面沉降、隆起和土体的水平位移对邻近建(构)筑物及地下管线的影响。

2 工程建设导致地下水位变化、区域性降落漏斗、水源减少、水质恶化、地面沉降、生态失衡等情况,提出防治措施的建议。

3 工程建成后或运营过程中,可能对周围岩土体、工程周边环境的影响,提出防治措施的建议。

18.3 勘察报告的内容

18.3.1 勘察报告应包括文字部分、表格、图件,重要的支持性资料可作为附件。

18.3.2 勘察报告的文字部分宜包括下列内容:

1 勘察任务依据、拟建工程概况、执行的技术标准、勘察目的与要求、勘察范围、勘察方法、完成工作量等。

2 区域地质概况及勘察场地的地形、地貌、水文、气象条件。

3 场地地面条件及工程周边环境条件等。

4 岩土特征描述,岩土分区与分层,岩土物理力学性质、岩土施工工程分级、隧道围岩分级。

5 地下水类型、赋存、补给、径流、排泄条件,地下水位及其变化幅度,地层的透水和隔水性质。

6 不良地质作用、特殊性岩土的描述,及其对工程危害程度的评价。

7 场地土类型、场地类别、抗震设防烈度、液化判别。

8 场地稳定性和适宜性评价。

9 按本规范第 18.2 节的要求进行岩土工程分析评价,并提出相应的建议。

10 其他需要说明的问题。

18.3.3 勘察报告的表格宜包括下列内容:

1 勘探点主要数据一览表。

2 标准贯入试验、静力触探等原位测试,岩土室内试验,抽水试验,水质分析等成果表。

3 各岩土层的原位测试、岩土室内试验统计汇总表;地震液化判别成果表。

4 各岩土层物理力学性质指标综合统计表及参数建议值表。

5 其他的相关分析表格。

18.3.4 勘察报告的图件宜包括下列内容:

1 区域地质构造图,水文地质图。

2 线路综合工程地质图、工程地质及水文地质单元分区图、工程地质及水文地质分区图。

3 水文地质试验成果图。

4 勘探点平面位置图,工程地质纵、横断(剖)面图。

5 钻孔柱状图,岩芯照片。

6 室内土工试验、岩石试验成果图。

7 波速、电阻率测井试验成果图,静力触探、载荷试验等原位测试曲线图。

8 填土、软土及基岩埋深等值线图。

9 其他相关图件。

18.3.5 勘察报告可附室内土工试验、岩石试验、岩矿鉴定等试验原始记录。

18.3.6 专项勘察报告的内容,可根据专项勘察的目的、要求参照本规范第 18.3.2 条~第 18.3.5 条执行。工程周边环境调查报告应符合本规范第 17.3 节的要求。

19 现场检验与检测

19.0.1 现场检验、检测方法可根据工程类型、岩土条件及周边环境采用现场观察、试验、仪器量测等手段。

19.0.2 基槽、基坑、路基开挖后及隧道开挖过程中,应检验地基和围岩的地质条件与勘察报告是否一致,遇到异常情况时,应提出处理措施或修改设计的建议,当与勘察报告有较大差异时宜进行施工勘察。

19.0.3 地基检验应包括下列内容:

1 岩土分布、均匀性和特征。

2 地下水情况。

3 检查是否有暗浜、古井、古墓、洞穴、防空掩体及地下埋设物,并查清其位置、深度、性状。

4 检查地基是否受到施工的扰动,及扰动的范围和深度。

5 冬季、雨季施工时应注意检查地基的防护措施,地基土质是否受冻、浸泡和冲刷、干裂等,并查明影响的范围和深度。

6 对土质地基,可采用轻型圆锥动力触探进行检验。

19.0.4 隧道围岩检验应包括下列内容:

1 开挖揭露的围岩性质、分布和特征。

2 地下水渗漏情况。

3 工作面岩土体的稳定状态。

4 围岩超挖或坍塌情况。

5 根据开挖揭露的岩石情况,对围岩分级进行确认或修正。

19.0.5 高架工程的桩基应通过试钻或试打,检验岩土条件是否与勘察报告一致。如遇异常情况,应提出处理措施。对大直径人工挖孔桩,应检验孔底尺寸和岩土情况。

19.0.6 现场检验应填写检验报告,必要时绘制开挖面实际地层素描图或拍照。

19.0.7 桩基检测内容包括桩身完整性和承载力,应符合现行行业标准《建筑基桩检测技术规范》JGJ 106 的有关规定。

19.0.8 地基处理效果检测的项目、方法、数量应按现行国家标准《建筑地基基础工程施工质量验收规范》GB 50202 和现行行业标准《建筑地基处理技术规范》JGJ 79 的有关规定执行。

19.0.9 路基工程可通过环刀法、灌砂法或核子密度仪法等对路基的密实度进行检测。

19.0.10 基坑支护结构监测与检测应符合现行行业标准《建筑基坑支护技术规程》JGJ 120 的有关规定。

19.0.11 应对隧道围岩加固的范围、效果等进行检测,可采用钻芯、原位测试或物探等检测方法。检测工作宜包括下列内容:

1 盾构始发(接收)井加固体的强度、抗渗性、完整性。

2 隧道衬砌或管片背后注浆的范围和充填情况。

3 止水帷幕的强度、完整性和止水效果。

4 冷冻法加固土体的范围、强度、温度等。

19.0.12 遇下列情况应对城市轨道交通工程结构进行沉降观测:

1 地质条件复杂、地基软弱或采用人工加固地基。

2 因地基变形、局部失稳影响工程结构安全时。

3 受力条件复杂的工程结构、设计有特殊要求的工程结构。

4 采用新的施工技术时。

5 地面沉降等不良地质作用发育区段。

6 受附近深基坑开挖、隧道开挖、工程降水等施工影响的工程结构。

19.0.13 沉降观测方法和要求应符合国家现行标准《国家一、二等水准测量规范》GB/T 12897、《城市轨道交通工程测量规范》GB 50308及《建筑变形测量规范》JGJ 8 的有关规定。

附录A 岩石坚硬程度的定性划分

表A 岩石坚硬程度等级的定性划分

名称		定性鉴定	代表性岩石
硬质岩	坚硬岩	锤击声清脆,有回弹,振手,难击碎;基本无吸水反应	未风化—微风化的花岗岩、闪长岩、辉绿岩、玄武岩、安山岩、片麻岩、石英岩、石英砂岩、硅质砾岩、硅质灰岩等
	较硬岩	锤击声较清脆,有轻微回弹,稍震手,较难击碎;有轻微吸水反应	1. 微风化的坚硬岩; 2. 未风化—微风化的大理岩、板岩、石灰岩、白云岩、钙质砂岩等
软质岩	较软岩	锤击声不清脆,无回弹,较易击碎;指甲可刻出印痕	1. 中等风化—强风化的坚硬岩或较硬岩; 2. 未风化—微风化的凝灰岩、千枚岩、砂质泥岩、泥灰岩等
	软岩	锤击声哑,无回弹,有凹痕,易击碎;浸水后手可掰开	1. 强风化的坚硬岩或较硬岩; 2. 中等风化—强风化的较软岩; 3. 未风化—微风化的页岩、泥岩、泥质砂岩等
极软岩		锤击声哑,无回弹,有较深凹痕,手可捏碎;浸水后,可捏成团	1. 全风化的各种岩石; 2. 各种半成岩

附录B 岩石按风化程度分类

表B 岩石按风化程度分类

风化程度	野外特征	风化程度参数指标	
		波速比	风化系数
未风化	结构和构造未变,岩质新鲜,偶见风化痕迹	0.9~1.0	0.9~1.0
微风化	结构和构造基本未变,仅节理面有铁锰质渲染或矿物略有变色,有少量风化裂隙	0.8~0.9	0.8~0.9
中等风化	1. 组织结构部分破坏,矿物成分基本未变,沿节理面出现次生矿物,风化裂隙发育; 2. 岩体被节理、裂隙分割成块状 200mm~500mm;硬质岩,锤击声脆,且不易击碎,软质岩,锤击易碎; 3. 用镐难挖掘,用岩芯钻方可钻进	0.6~0.8	0.4~0.8
强风化	1. 组织结构已大部分破坏,矿物成分已显著变化; 2. 岩体被节理、裂隙分割成碎石状 20mm~200mm,碎石用手可以折断; 3. 用镐可以挖掘,用干钻不易钻进	0.4~0.6	<0.4
全风化	1. 结构已基本破坏,但尚可辨认; 2. 岩已风化成坚硬或密实土状,可用镐挖,干钻可钻进; 3. 需用机械普遍刨松方能铲挖满载	0.2~0.4	—
残积土	组织结构全部破坏,已风化成土状,镐锹易挖掘,干钻钻进,具有可塑性	<0.2	—

注:1 波速比为风化岩与新鲜岩石压缩波速之比。
　2 风化系数为风化岩与新鲜岩石饱和单轴抗压强度之比。
　3 岩石风化程度,除按表列野外特征和定量指标划分外,也可根据经验划分。
　4 花岗岩类岩石,当 N≥50 为强风化;30≤N<50 为全风化;N<30 为残积土。
　5 泥岩和半成岩,可不进行风化程度划分。

附录C 岩体按结构类型分类

表C 岩体按结构类型分类

岩体结构类型	岩体地质类型	结构体形状	结构面发育情况	岩土工程特征	可能发生的岩土工程问题
整体状结构	巨块状岩浆岩和变质岩,巨厚层沉积岩	巨块状	以层面和原生构造节理为主,多呈闭合型,间距大于1.5m,一般1组~2组,无危险结构	岩体稳定,可视为均质弹性各向同性体	局部滑动或坍塌,深埋洞室的岩爆
块状结构	厚层状沉积岩,块状岩浆岩和变质岩	块状柱状	具有少量贯穿性节理裂隙,结构面间距0.7m~1.5m一般2组~3组,有少量分离体	结构面互相牵制,岩体基本稳定,接近弹性各向同性体	
层状结构	多韵律的薄层、中厚层状沉积岩,副变质岩	层状板状	有层理、片理、节理,常有层间错动	变形和强度受层面控制,可视为各向异性弹性体,稳定性较差	可沿结构面滑塌,软岩可产生塑性变形
碎裂状结构	构造影响严重的破碎岩层	碎块状	断层、节理、片理、层面发育,结构面间距0.25m~0.5m,一般3组以上,有许多分离体	整体强度很低,并受软弱结构面控制,呈弹塑性体,稳定性很差	易发生规模较大的岩体失稳,地下水加剧失稳
散体状结构	断层破碎带,强风化及全风化带	碎屑状	构造和风化裂隙密集,结构面错综复杂,多填充黏性土,形成无序小块和碎屑	完整性遭极大破坏,稳定性极差,接近松散体介质	易发生规模较大的岩体失稳,地下水加剧失稳

附录D 碎石土的密实度

D.0.1 碎石土的密实度野外鉴别可按表 D.0.1 的规定执行。

表 D.0.1 碎石土密实度野外鉴别

密实度	骨架颗粒的质量和排列	可挖性	可钻性
密实	骨架颗粒的质量大于总质量的70%,呈交错排列,连续接触,孔隙为中、粗、砾砂等填充	锹镐挖掘困难,用撬棍方能松动,井壁较稳定	钻进极困难,冲击钻探时钻杆、吊锤跳动剧烈,孔壁较稳定
中密	骨架颗粒的质量等于总质量的60%~70%,呈交错排列,大部分接触,孔隙为砂土或密实坚硬的黏性土、粉土填充	锹镐可挖掘,井壁有掉块现象,从井壁取出大颗粒后能保持颗粒凹面形状	钻进较困难,冲击钻探时钻杆、吊锤跳动不剧烈,孔壁有坍塌现象
稍密(松散)	骨架颗粒的质量小于总质量的60%,排列较乱,大部分不接触,孔隙为中密的砂土或可塑的黏性土填充	锹可挖掘,井壁易坍塌,从井壁取出大颗粒后,砂土立即坍落	钻进较容易,冲击钻探时钻杆稍有跳动,孔壁易坍塌

D.0.2 当采用重型圆锥动力触探确定碎石土密实度时,锤击数 $N'_{63.5}$ 应按下式修正:

$$N'_{63.5} = \alpha_1 \times N_{63.5} \tag{D.0.2}$$

式中:$N'_{63.5}$——修正后的重型圆锥动力触探锤击数;
　　　α_1——修正系数,按表 D.0.2 的规定取值;
　　　$N_{63.5}$——实测重型圆锥动力触探锤击数。

表 D.0.2 重型圆锥动力触探锤击数修正系数

$N_{63.5}$ L(m)	5	10	15	20	25	30	35	40	≥50
2	1.00	1.00	1.00	1.00	1.00	1.00	1.00	1.00	1.00
4	0.96	0.95	0.93	0.92	0.90	0.89	0.87	0.86	0.84
6	0.93	0.90	0.88	0.85	0.83	0.81	0.79	0.78	0.75
8	0.90	0.86	0.83	0.80	0.77	0.75	0.73	0.71	0.67
10	0.88	0.83	0.79	0.75	0.72	0.69	0.67	0.64	0.61
12	0.85	0.79	0.75	0.70	0.67	0.64	0.61	0.59	0.55
14	0.82	0.76	0.71	0.66	0.62	0.58	0.56	0.54	0.50
16	0.79	0.73	0.67	0.62	0.57	0.54	0.51	0.48	0.45
18	0.77	0.70	0.63	0.57	0.52	0.49	0.46	0.43	0.40
20	0.75	0.67	0.59	0.53	0.48	0.44	0.41	0.39	0.36

注:表中 L 为杆长。

D.0.3 当采用超重型圆锥动力触探确定碎石土密实度时,锤击数 N'_{120} 应按下式修正:

$$N'_{120} = \alpha_2 \times N_{120} \qquad (D.0.3)$$

式中:N'_{120}——修正后的超重型圆锥动力触探锤击数;

α_2——修正系数,按表 D.0.3 的规定取值;

N_{120}——实测超重型圆锥动力触探锤击数。

表 D.0.3 超重型圆锥动力触探锤击数修正系数

N_{120} L(m)	1	3	5	7	9	10	15	20	25	30	35	40
1	1.00	1.00	1.00	1.00	1.00	1.00	1.00	1.00	1.00	1.00	1.00	1.00
2	0.96	0.92	0.91	0.90	0.90	0.90	0.90	0.89	0.89	0.88	0.88	0.88
3	0.94	0.88	0.86	0.85	0.84	0.84	0.84	0.83	0.82	0.82	0.81	0.81
5	0.92	0.82	0.79	0.78	0.77	0.77	0.76	0.75	0.74	0.73	0.72	0.72
7	0.90	0.78	0.75	0.74	0.73	0.72	0.71	0.70	0.68	0.67	0.67	0.66
9	0.88	0.75	0.72	0.70	0.69	0.68	0.67	0.64	0.63	0.62	0.62	0.62
11	0.87	0.73	0.69	0.67	0.66	0.65	0.63	0.61	0.60	0.59	0.58	0.58
13	0.86	0.71	0.67	0.65	0.63	0.61	0.60	0.58	0.57	0.56	0.56	0.55
15	0.86	0.69	0.65	0.63	0.62	0.61	0.59	0.56	0.55	0.54	0.54	0.53
17	0.85	0.68	0.63	0.61	0.60	0.60	0.57	0.55	0.54	0.53	0.52	0.51
19	0.84	0.66	0.62	0.60	0.58	0.58	0.55	0.54	0.52	0.51	0.50	0.48

注:表中 L 为杆长。

附录 E 隧道围岩分级

表 E 隧道围岩分级

围岩级别	围岩主要工程地质条件 主要工程地质特征	围岩主要工程地质条件 结构形态和完整状态	围岩开挖后的稳定状态(单线)	围岩压缩波速 v_p(km/s)
Ⅰ	坚硬岩(单轴饱和抗压强度 f_r>60MPa);受地质构造影响轻微,节理不发育,无软弱面(或夹层);层状岩层为巨厚层或厚层,层间结合良好,岩体完整	呈巨块状整体结构	围岩稳定,无坍塌,可能产生岩爆	>4.5
Ⅱ	坚硬岩(f_r>60MPa);受地质构造影响较重,节理较发育,有少量软弱面(或夹层)和贯通微张节理,但其产状及组合关系不致产生滑动;层状岩层为中厚或厚层,层间结合一般,很少有分离现象;或为硬质岩偶夹软质岩石;岩体较完整	呈大块状砌体结构	暴露时间长,可能会出现局部小坍塌,侧壁稳定,层间结合差的平缓岩层顶板易坍塌	3.5~4.5
Ⅱ	较硬岩(30MPa<f_r≤60MPa)受地质构造影响轻微,节理不发育;层状岩层厚层,层间结合良好,岩体完整	呈巨块状整体结构		
Ⅲ	坚硬岩和较硬岩;受地质构造影响较重,节理较发育,有层状软弱面(或夹层),但其产状组合关系尚不致产生滑动;层状岩层为薄层或中层,层间结合差,多有分离现象;或为硬、软质岩石互层	呈块石状镶嵌结构	拱部无支护时可能产生局部小坍塌,侧壁基本稳定,爆破震动过大易塌落	2.5~4.0
Ⅲ	较软岩(15MPa<f_r≤30MPa)和软岩(5MPa<f_r≤15MPa);受地质构造影响严重,节理较发育;层状岩层为薄层、中厚层或厚层,层间结合一般	呈大块状砌体结构		
Ⅳ	坚硬岩和较硬岩;受地质构造影响极严重,节理较发育;层状软弱面(或夹层)已基本破坏	呈碎石状压碎结构	拱部无支护时可产生较大坍塌,侧壁有时失去稳定	1.5~3.0
Ⅳ	较软岩和软岩;受地质构造影响严重,节理较发育	呈块石、碎石状镶嵌结构		
Ⅳ	土体: 1.具压密或成岩作用的黏性土、粉土及碎石土 2.黄土(Q1、Q2) 3.一般钙质或铁质胶结的碎石土、卵石土、粗角砾土、粗圆砾土、大块石土	1、2呈大块状压密结构;3呈巨块状整体结构		
Ⅴ	软岩受地质构造影响严重,裂隙杂乱,呈片状或土夹石状,极软岩(f_r≤5MPa)	呈角砾、碎石状松散结构	围岩易坍塌,处理不当会出现大坍塌,侧壁经常小坍塌;浅埋时出现地表下沉(陷)或塌至地表	1.0~2.0
Ⅴ	土体:一般第四系的坚硬、硬塑的黏性土,稍密及以上、稍密或潮湿的碎石土、卵石土、圆砾土、角砾土、粉土及黄土(Q3、Q4)	非黏性土呈松散结构,黏性土及黄土呈松软结构		
Ⅵ	岩体:受地质构造影响严重,呈碎石、角砾及粉末、泥土状	呈松软状	围岩极易坍塌变形,有水时土砂常与水一齐涌出,浅埋时易塌至地表	<1.0(饱和状态的土<1.5)
Ⅵ	土体:可塑、软塑状黏性土、饱和的粉土和砂类土等	黏性土呈易蠕动的松软结构,砂性土呈潮湿松散结构		

注:1 表中"围岩级别"和"围岩主要工程地质条件"栏,不包括膨胀性围岩、多年冻土等特殊岩土。

2 Ⅲ、Ⅳ、Ⅴ级围岩遇有地下水时,可根据具体情况和施工条件适当降低围岩级别。

附录 F 岩土施工工程分级

表 F 岩土施工工程分级

等级	分类	岩土名称及特征	钻1m所需时间 液压凿岩台车、潜孔钻机(净钻分钟)	手持风枪湿式凿岩合金钻头(净钻分钟)	双人打眼(工日)	岩石单轴饱和抗压强度(MPa)	开挖方法
Ⅰ	松土	砂类土、种植土、未经压实的填土	—	—	—	—	用铁锹挖,脚蹬一下到底的松散土层,机械能全部直接铲挖,普通装载机可满载
Ⅱ	普通土	坚硬的、硬塑和软塑的粉质黏土、硬塑和软塑的黏土、膨胀土、粉土、Q3、Q4黄土、稍密、中密的细角砾土、细圆砾土、松散的粗角砾土、碎石土、粗圆砾土、卵石土、压密的填土、风积沙	—	—	—	—	部分用镐刨松,再用锹挖,脚蹬连续数次才能挖动的。挖掘机、带齿尖口装载机、普通装载机可直接铲挖,但不能满载
Ⅲ	硬土	坚硬的黏性土、膨胀土、Q1、Q2黄土、稍密、中密粗角砾土、碎石土、粗圆砾土、碎石土、密实的细圆砾土、细角砾土、各种风化成土状的岩石	—	—	—	—	必须用镐先全部松动才能用锹挖。挖掘机、带齿尖口装载机不能满载,大部分采用松土器松动方能铲挖装载
Ⅳ	软质岩	块石土、漂石土、含块石、漂石30%～50%的土及密实的碎石土、粗角砾土、卵石土,各类较软岩、软岩及成岩作用差的岩石:泥质砂岩、煤、凝灰岩、云母片岩、千枚岩	—	<7	<0.2	<30	部分用撬棍及大锤开挖或挖掘机、单钩裂土器松动,部分需借助液压冲击镐解碎或部分采用爆破方法开挖
Ⅴ	次坚石	各种硬质岩:硅质页岩、钙质岩、白云岩、石灰岩、泥灰岩、玄武岩、片岩、片麻岩、正长岩、花岗岩	≤10	7～20	0.2～1.0	30～60	能用液压冲击镐解碎,部分需用爆破法开挖

续表 F

等级	分类	岩土名称及特征	钻1m所需时间 液压凿岩台车、潜孔钻机(净钻分钟)	手持风枪湿式凿岩合金钻头(净钻分钟)	双人打眼(工日)	岩石单轴饱和抗压强度(MPa)	开挖方法
Ⅵ	坚石	各种极硬岩:硅质砂岩、硅质砾岩、石灰岩、石英岩、大理岩、玄武岩、闪长岩、花岗岩、角岩	>10	>20	>1.0	>60	可用液压冲击镐解碎,需用爆破法开挖

注:1 软土(软黏性土、淤泥质土、淤泥、泥炭质土、泥炭)的施工工程分级,一般可定为Ⅱ级,多年冻土一般可定为Ⅳ级。

2 表中所列岩石均按完整结构岩体考虑,若岩体极破碎、节理很发育或强风化时,其等级应按表对应岩石的等级降低一个等级。

附录 G 不同等级土试样的取样工具和方法

表 G 不同等级土试样的取样工具和方法

土试样质量等级	取样工具和方法		适用土类 黏性土 流塑	软塑	可塑	硬塑	坚硬	粉土	砂土 粉砂	细砂	中砂	粗砂	砾砂、碎石土、软岩
Ⅰ	薄壁取土器	固定活塞	++	++	+			+	+				
		水压固定活塞	++	++	+			+	+				
		自由活塞	—	+	++	+		+	+				
		敞口	+	+	++	+		+	+				
	回转取土器	单动三重管	—	+	++	++	+	++	++	+			
		双动三重管	—			+	++			+	++	++	+
	探井(槽)中刻取块状土样		++	++	++	++	++	++	+	+	+	+	++
Ⅱ	薄壁取土器	水压固定活塞	++	++	+			+	+				
		自由活塞	+	+	++	+		+	+				
		敞口	++	++	++	+		+	+				
	回转取土器	单动三重管	—	+	++	++	+	++	++	+			
		双动三重管	—			+	++			+	++	++	++
	厚壁敞口取土器		+	+	++	++	++	++	+	+	+	+	
Ⅲ	厚壁敞口取土器 标准贯入器 螺纹钻头 岩芯钻头		++	++	++	++	++	++	++	++	++	++	+
Ⅳ	标准贯入器 螺纹钻头 岩芯钻头		++	++	++	++	++	++	++	++	++	++	++

注:++表示适用;+表示部分适用;—表示不适用。采取砂土试样应有防止试样失落的补充措施;有经验时,可用束节式取土器代替薄壁取土器。

附录 H 基床系数经验值

表 H 基床系数经验值

岩土类别		状态/密实度	基床系数 K(MPa/m) 水平基床系数 K_h	垂直基床系数 K_v
新近沉积土	黏性土	软塑	10～20	5～15
		可塑	12～30	10～25
	粉土	稍密	10～20	12～18
		中密	15～25	10～25

岩土类别	状态/密实度	基床系数 K(MPa/m) 水平基床系数 K_h	垂直基床系数 K_v
软土(软黏性土、软粉土、淤泥、淤泥质土、泥炭和泥炭质土等)	—	1~12	1~10
黏性土	流塑	3~15	4~10
	软塑	10~25	8~22
	可塑	20~45	20~45
	硬塑	30~65	30~70
	坚硬	60~100	55~90
粉土	稍密	10~25	11~20
	中密	15~40	15~35
	密实	20~70	25~70
砂类土	松散	3~15	5~15
	稍密	10~30	12~30
	中密	20~45	20~40
	密实	25~60	25~65
圆砾、角砾	稍密	15~40	15~40
	中密	25~55	25~60
	密实	55~90	60~80
卵石、碎石	稍密	17~50	20~60
	中密	25~85	35~100
	密实	50~120	50~120
新黄土	可塑、硬塑	30~50	30~60
老黄土	可塑、硬塑	40~70	40~80
软质岩石	全风化	35~39	41~45
	强风化	135~160	160~180
	中等风化	200	220~250
硬质岩石	强风化或中等风化	200~1000	
	未风化	1000~15000	

注:基床系数宜采用 K_{30} 试验结合原位测试和室内试验以及当地经验综合确定。

附录 J 工法勘察岩土参数选择

J.0.1 明挖法勘察所需提供的岩土参数可从表 J.0.1 中选用。

表 J.0.1 明挖法勘察岩土参数选择表

开挖施工方法	密度	黏聚力	内摩擦角	静止侧压力系数	无侧限抗压强度	十字板剪切强度	水平基床系数	水平基床系数的比例系数	回弹及回弹再压缩模量	弹性模量	渗透系数	土体与锚固体粘结强度	桩基设计参数
放坡开挖	√	√	√	—	√	○					√		
支护开挖 土钉墙	√	√	√	—	√	○					√	√	
排桩	√	√	√	○	√	√	○	○	○	○	○	○	○
钢板桩	√	√	√	○	√	√	○	○	○	○	○		
地下连续墙	√	√	√	○	√	√	○	○	○	○	○	○	○
水泥土挡墙	√	√	√	—	√	○				○	√		
盖挖	√	√	√	○	√	○	○	○	○	○	√	○	√

注:表中○表示可提供，√表示应提供，—表示不可提供。

J.0.2 矿山法勘察所需提供的岩土参数可从表 J.0.2 中选用。

表 J.0.2 矿山法勘察岩土参数选择表

类别	参数	类别	参数
地下水	1.地下水位、水量; 2.渗透系数	物理性质	1.含水量、密度、孔隙比; 2.液限、塑限; 3.黏粒含量; 4.颗粒级配; 5.围岩的纵、横波速度
力学性质	1.无侧限抗压强度; 2.抗拉强度; 3.黏聚力、内摩擦角; 4.岩体的弹性模量; 5.土体的变形模量及压缩模量; 6.泊松比; 7.标准贯入锤击数; 8.静止侧压力系数; 9.基床系数; 10.岩石质量指标(RQD)	矿物组成及工程特性	1.矿物组成; 2.浸水崩解性; 3.吸水率、膨胀率; 4.热物理指标
		有害气体	1.土的化学成分; 2.有害气体成分、压力、含量

J.0.3 盾构法勘察所需提供的岩土参数可从表 J.0.3 中选用。

表 J.0.3 盾构法勘察岩土参数选择表

类别	参数	类别	参数
地下水	1.地下水位; 2.孔隙水压力; 3.渗透系数	物理性质	1.比重、含水量、密度、孔隙比; 2.含砾石量、含砂量、含粉砂量、含黏土量; 3.d_{10}、d_{50}、d_{60} 及不均匀系数 d_{60}/d_{10}; 4.砾石中的石英、长石等硬质矿物含量; 5.最大粒径、砾石形状、尺寸及硬度; 6.颗粒级配; 7.液限、塑限; 8.灵敏度; 9.围岩的纵、横波速度; 10.岩石岩矿组成及硬质矿物含量
力学性质	1.无侧限抗压强度; 2.黏聚力、内摩擦角; 3.压缩模量、压缩系数; 4.泊松比; 5.静止侧压力系数; 6.标准贯入锤击数; 7.基床系数; 8.岩石质量指标(RQD); 9.岩石天然湿度抗压强度	有害气体	1.土的化学成分; 2.有害气体成分、压力、含量

附录 K 岩土热物理指标经验值

表 K 岩土热物理指标

岩土类别	含水量 $w(\%)$	密度 $\rho(g/cm^3)$	比热容 C $[kJ/(kg \cdot K)]$	导热系数 λ $[W/(m \cdot K)]$	导温系数 $a \times 10^{-3}$ (m^2/h)
黏性土	$5 \leq w < 15$	1.90~2.00	0.82~1.35	0.25~1.25	0.55~1.65
	$15 \leq w < 25$	1.85~1.95	1.05~1.65	1.08~1.85	0.80~2.35
	$25 \leq w < 35$	1.75~1.85	1.25~1.85	1.15~1.95	0.95~2.55
	$35 \leq w < 45$	1.70~1.80	1.55~2.35	1.25~2.05	1.05~2.65
粉土	$w < 5$	1.55~1.85	0.92~1.25	0.28~1.05	1.05~2.05
	$5 \leq w < 15$	1.65~1.90	1.05~1.35	0.88~1.35	1.25~2.35
	$15 \leq w < 25$	1.75~2.00	1.15~1.65	1.15~1.85	1.45~2.55
	$25 \leq w < 35$	1.85~2.05	1.15~1.95	1.35~2.05	1.65~2.65
粉、细砂	$w < 5$	1.55~1.85	0.85~1.15	0.35~0.95	0.90~2.45
	$5 \leq w < 15$	1.65~1.95	1.05~1.45	1.05~1.45	1.10~2.55
	$15 \leq w < 25$	1.75~2.15	1.25~1.65	1.20~1.85	1.25~2.75
中砂、粗砂、砾砂	$w < 5$	1.65~2.30	0.85~1.05	0.45~1.05	0.90~2.45
	$5 \leq w < 15$	1.75~2.25	1.05~1.35	1.05~1.55	1.05~3.15
	$15 \leq w < 25$	1.85~2.35	1.15~1.75	1.35~1.95	1.90~3.55
圆砾、角砾	$w < 5$	1.85~2.25	0.95~1.25	0.65~1.15	1.35~3.55
	$5 \leq w < 15$	2.05~2.45	1.05~1.50	0.75~2.55	1.55~3.55
卵石、碎石	$w < 5$	1.95~2.35	1.00~1.35	0.75~1.25	1.35~3.45
	$5 \leq w < 10$	2.05~2.45	1.15~1.45	0.85~2.75	1.65~3.65

岩土类别	含水量 w(%)	密度 ρ(g/cm³)	热物理指标		
			比热容 C [kJ/(kg·K)]	导热系数 λ [W/(m·K)]	导温系数 α×10⁻³ (m²/h)
全风化 软质岩	5≤w<15	1.85~2.05	1.05~1.35	1.05~2.25	0.95~2.05
	15≤w<25	1.90~2.15	1.15~1.45	1.20~2.45	1.15~2.85
全风化 硬质岩	10≤w<15	1.85~2.15	0.75~1.45	0.85~1.15	1.10~2.15
	15≤w<25	1.90~2.25	0.85~1.65	0.95~2.15	1.25~3.00
强风化 软质岩	2≤w<10	2.05~2.40	0.57~1.55	1.00~1.75	1.30~3.50
强风化 硬质岩	2≤w<10	2.05~2.45	0.43~1.46	0.90~1.85	1.50~4.50
中风化 软质岩	w<5	2.25~2.45	0.85~1.15	1.65~2.45	1.60~4.00
中风化 硬质岩	w<5	2.25~2.55	0.75~1.25	1.85~2.75	1.60~5.50

附录 L 常用图例

L.0.1 常用岩石图例(图 L.0.1)。

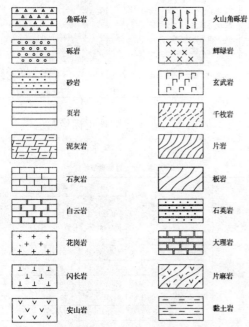

图 L.0.1 常用岩石图例

L.0.2 松散土层图例(图 L.0.2)。

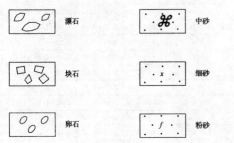

图 L.0.2 松散土图例(一)

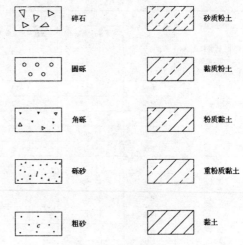

图 L.0.2 松散土图例(二)

L.0.3 其他图例(图 L.0.3-1、图 L.0.3-2)。

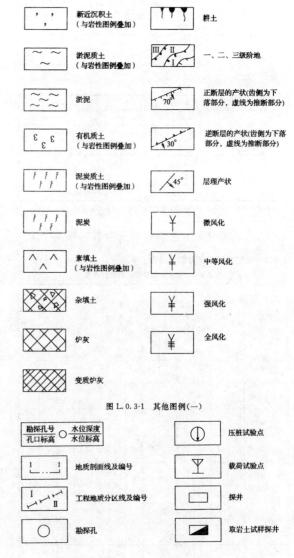

图 L.0.3-1 其他图例(一)

图 L.0.3-2 其他图例(二)

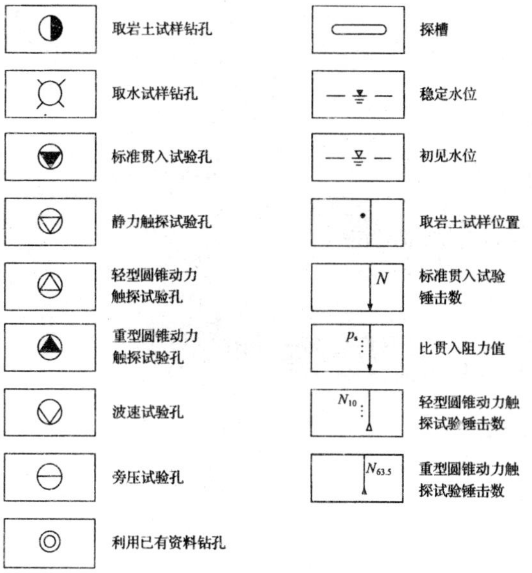

符号	说明	符号	说明
◑	取岩土试样钻孔	⬭	探槽
⌀	取水试样钻孔	— ∇ —	稳定水位
◓	标准贯入试验孔	— ⊻ —	初见水位
▽	静力触探试验孔	▮	取岩土试样位置
△	轻型圆锥动力触探试验孔	N ↓	标准贯入试验锤击数
▲	重型圆锥动力触探试验孔	p_s ↓	比贯入阻力值
◉	波速试验孔	N_{10} ↓	轻型圆锥动力触探试验锤击数
⊖	旁压试验孔	$N_{63.5}$ ↓	重型圆锥动力触探试验锤击数
◎	利用已有资料钻孔		

图 L.0.3-2　其他图例(二)

本规范用词说明

1　为便于在执行本规范条文时区别对待,对要求严格程度不同的用词说明如下:

1)表示很严格,非这样做不可的:
正面词采用"必须",反面词采用"严禁";

2)表示严格,在正常情况下均应这样做的:
正面词采用"应",反面词采用"不应"或"不得";

3)表示允许稍有选择,在条件许可时首先应这样做的:
正面词采用"宜",反面词采用"不宜";

4)表示有选择,在一定条件下可以这样做的,采用"可"。

2　条文中指明应按其他有关标准执行的写法为:"应符合……的规定"或"应按……执行"。

引用标准名录

《建筑地基基础设计规范》GB 50007
《建筑抗震设计规范》GB 50011
《岩土工程勘察规范》GB 50021
《湿陷性黄土地区建筑规范》GB 50025
《铁道工程抗震设计规范》GB 50111
《土工试验方法标准》GB/T 50123
《建筑地基基础工程施工质量验收规范》GB 50202
《工程岩体分级标准》GB 50218
《工程岩体试验方法标准》GB/T 50266
《城市轨道交通工程测量规范》GB 50308
《国家一、二等水准测量规范》GB 12897
《膨胀土地区建筑技术规范》GBJ 112
《建筑变形测量规范》JGJ 8
《建筑地基处理技术规范》JGJ 79
《建筑桩基检测技术规范》JGJ 106
《建筑基坑支护技术规程》JGJ 120
《城市地下管线探测技术规程》CJJ 61
《铁路工程地质勘察规范》TB 10012

中华人民共和国国家标准

城市轨道交通岩土工程勘察规范

GB 50307—2012

条 文 说 明

修 订 说 明

《城市轨道交通岩土工程勘察规范》GB 50307—2012，经住房和城乡建设部2012年1月21日以第1269号公告批准发布。

本规范是在《地下铁道、轻轨交通岩土工程勘察规范》GB 50307—1999的基础上修订而成。由于近年来随着城市轨道交通的发展，出现了单轨交通、中低速磁悬浮轨道交通等新的制式，"地下铁道、轻轨交通"不能包含所有城市轨道交通的制式。"城市轨道交通"目前是业内约定俗成，能够代表包括地铁、轻轨、单轨、磁悬浮等制式在内的所有轨道类交通的名称。同时，已修编完成的《城市轨道交通工程测量规范》等规范也已更名，正在编制的《城市轨道交通工程监测技术规范》也按此定名；为了与城市轨道交通系列的规范定名相一致，将《地下铁道、轻轨交通岩土工程勘察规范》更名为《城市轨道交通岩土工程勘察规范》。

上一版的主编单位是北京市城建勘察测绘院（改制后为北京城建勘测设计研究院有限责任公司），参编单位是北京市城建设计研究院、广州市地下铁道总公司、上海岩土工程勘察设计研究院、北京市勘察设计研究院、西北综合勘察设计研究院、沈阳市勘察测绘研究院、青岛市勘察测绘研究院、建设部综合勘察研究设计院、铁道部科学研究院、深圳市勘察测绘院，主要起草人员是袁绍武、王元湘、刘官熙、史存林、庄宝璠、吴成孝、林在贯、张乃瑞、金淮、周士鉴、罗梅云、顾宝和、顾国荣、贾信远、傅遒鑫、彭家骏、鞠世健、陈玉梅。

本规范修订过程中，编制组进行了细致深入的调查研究，开展了多项专题研究，总结了我国城市轨道交通岩土工程勘察的实践经验，同时参考了国外先进技术法规、技术标准，通过研究取得了城市轨道交通岩土工程勘察的重要技术参数。

为便于广大设计、施工、科研、学校等单位有关人员在使用本规范时能正确理解和执行条文规定，《城市轨道交通岩土工程勘察规范》编制组按章、节、条顺序编制了本规范的条文说明，对条文规定的目的、依据及执行中需注意的有关事项进行了说明，还着重对强制性条文的强制性理由作了解释。本条文说明不具备与规范正文同等的法律效力，仅供使用者作为理解和把握标准规定的参考。

目　次

1 总 则

1.0.1 随着国民经济的发展,我国迎来了城市轨道交通工程建设的高潮,目前已有 27 个城市开展了城市轨道交通工程的建设工作。岩土工程勘察是为城市轨道交通工程建设提供基础资料的一个重要环节,根据构建和谐社会、科学发展的要求,岩土工程勘察应综合考虑生存、发展、环境、安全、效益诸方面的问题。

城市轨道交通工程属于高风险工程,安全事故时有发生,目前全国各个城市的轨道交通工程建设都开展了安全风险管理工作,因此,本规范在《地下铁道、轻轨交通岩土工程勘察规范》GB 50307—1999(以下简称原规范)基础上增加了控制风险的原则。

1.0.2 本规范针对城市轨道交通工程的各种敷设形式、各种结构类型和施工方法,提出了具体的勘察要求,能够满足城市轨道交通新建和改、扩建工程的要求。

1.0.3 城市轨道交通工程多在大城市建设,城市中的勘察资料往往比较丰富,特别是各种大型工业与民用建筑工程的基础设计、施工、监测资料,均可供城市轨道交通工程参考和借鉴。所以收集与利用既有资料对城市轨道交通工程勘察工作是十分有益的。

城市轨道交通工程建设过程中基坑、隧道的坍塌,周边建筑物、管线等环境破坏,往往与地质条件密切相关。因此,应引起岩土工程勘察人员的重视,科学制订方案、精心组织实施。

城市轨道交通岩土工程勘察应密切结合工程特点进行工程地质、水文地质勘察,针对各类结构设计及各种施工方法,依据工程地质、水文地质条件进行技术论证和评价,提出合理可行的工程建议是十分重要的。

1.0.4 城市轨道交通工程各项岩土工程勘察工作,均应按照本规范执行。凡是本规范未涉及的内容,对于线路工程可根据城市轨道交通工程的特点,参照铁道部的有关规范执行。对于建筑工程可按照现行工业与民用建筑有关规范执行。

3 基 本 规 定

3.0.1 城市轨道交通工程建设阶段一般包括规划、可行性研究、总体设计、初步设计、施工图设计、工程施工、试运营等阶段。由于城市轨道交通工程投资巨大,线路穿越城市中心地带,地质、环境风险极大,建设各阶段对工程技术的要求高,各个阶段所解决的工程问题不同,对岩土工程勘察的资料深度要求也不同。如:规划阶段应规避对线路方案产生重大影响的地质和环境风险。在设计阶段应针对所有的岩土工程问题开展设计工作,并对各类环境提出保护方案。

若不按照建设阶段及各阶段的技术要求开展岩土工程勘察工作,可能会导致工程投资浪费、工期延误,甚至在施工阶段产生重大的工程风险。根据规划和各设计阶段的要求,分阶段开展岩土工程勘察工作,规避工程风险,对轨道交通工程建设意义重大。

3.0.2 岩土工程勘察分阶段开展工作,就是坚持由浅入深、不断深化的认识过程,逐步认识沿线区域及场地的工程地质条件,准确提供不同阶段所需的岩土工程资料。特别在地质条件复杂地区,若不按阶段进行岩土工程勘察工作,轻者给后期工作造成被动,形成返工浪费,重者给工程造成重大损失或给运营线路留下无穷后患。

鉴于工程地质现象的复杂性和不确定性,按一定间距布设勘探点所揭示地层信息存在局限性;受周边环境条件限制,部分钻孔

在详细勘察阶段无法实施;工程施工阶段周期较长(一般为 2 年~4 年),在此期间,地下水和周边环境会发生较大变化;同时在工程施工中经常会出现一些工程问题。因此,城市轨道交通工程在施工阶段有必要开展勘察工作,对地质资料进行验证、补充或修正。

3.0.3 不良地质作用、地质灾害、特殊性岩土等往往对城市轨道交通工程线位规划、敷设形式、结构设计、工法选择等工程方案产生重大影响,严重时危及工程施工和线路运营的安全。不良地质作用、地质灾害、特殊性岩土等岩土工程问题往往具有复杂性和特殊性,采用常规的勘探手段,在常规的勘探工作量条件下难以查清。因此,对工程方案有重大影响的岩土工程问题应进行专项勘察工作,提出有针对性的工程措施建议,确保工程规划设计经济、合理,工程施工安全、顺利。

西安城市轨道交通工程建设能否穿越地裂缝,济南城市轨道交通工程建设能否避免对泉水产生影响,是西安和济南城市轨道交通工程建设的控制因素。因此,这两个城市在轨道交通工程建设中都进行了专项岩土工程勘察工作,专项勘察成果指导了城市轨道交通工程的规划、设计、施工工作。

3.0.4 城市轨道交通工程周边存在着大量的地上、地下建(构)筑物、地下管线、人防工程等环境条件,对工程设计方案和工程安全产生重大的影响,同时,轨道交通的敷设形式多采用地下线形式,地下工程的施工容易导致周边环境产生破坏。因此,岩土工程勘察前需要从建设单位获取地形图、地下管线及地下设施分布图,以便勘察单位在勘察期间确保地下管线和设施的安全,并在勘察成果中分析工程与周边环境的相互影响。

工程周边环境资料是工程设计、施工的重要依据,地形图及地下管线图往往不能满足周边环境与工程相互影响分析及工程环境保护设计、施工的要求。因此,有必要在工程建设中开展周边环境专项调查工作,取得周边环境的详细资料,以便采取环境保护措施,保证环境和城市轨道交通工程建设的安全。

目前,工程周边环境的专项调查工作,是由建设单位单独委托,承担环境调查工作的单位,可以是设计单位、勘察单位或其他单位。

3.0.5 搜集当地已有勘察资料和建设经验是岩土工程勘察的基本要求,充分利用已有勘察资料和建设经验可以达到事半功倍的效果。

城市轨道交通工程线路敷设形式多,结构类型多,施工方法复杂;不同类型的工程对岩土工程勘察的要求不同,解决的问题不同。因此,针对线路敷设形式以及各类工程的建筑类型、结构形式、施工方法等工程条件开展工作是十分必要的。

3.0.6 城市轨道交通岩土工程勘察等级的划分,主要考虑了工程结构类型、破坏后果的严重性、场地工程地质条件的复杂程度、环境安全风险等级等因素,以便在勘察工作量布置、岩土工程评价、参数获取、工程措施建议等方面突出重点、区别对待。

3.0.7 城市轨道交通工程本身是一个复杂的系统工程,是各类工程和建筑类型的集合体,为了使岩土工程勘察工作更具针对性,本规范根据各个工程的规模和建筑类型的特点以及破坏后果的严重性进行了重要性等级划分,并划分为三个等级。本条在原规范的基础上进行了适当的调整。

3.0.8 本条主要依据现行国家标准《岩土工程勘察规范》GB 50021制定。考虑到城市轨道交通隧道工程的岩土工程问题主要是围岩的稳定性问题,因此在地基、边坡岩土性质的条款中增加了围岩。

对建筑抗震有利、不利和危险地段的划分,应按现行国家标准《建筑抗震设计规范》GB 50011 的有关规定确定。

3.0.9 城市轨道交通工程周边环境复杂,不同环境类型与城市轨道交通工程建设的相互影响不同,工程环境风险与环境的重要性、环境与工程的空间位置关系密切相关。

目前,各个城市在城市轨道交通建设中,针对不同等级的环境

风险采取的管理措施不同：一级环境风险需进行专项评估、专项设计和编制专项施工方案；二级的环境风险在设计文件中应提出环境保护措施并编制专项施工方案；三级环境风险应在工程施工方案中制订环境保护措施。不同级别环境风险的保护和控制对岩土工程勘察的要求不同。

一般可行性研究阶段应重点关注一级环境风险，并提出规避措施建议；初步勘察阶段应重点关注一级和二级环境风险，并提出保护措施建议；详细勘察阶段应关注所有环境风险，并提出明确的环境保护措施建议。

北京市城市轨道交通工程的环境风险分级如下：

1 特级环境风险：下穿既有轨道线路（含铁路）。

2 一级环境风险：下穿重要既有建（构）筑物、重要市政管线及河流，上穿既有轨道线路（含铁路）。

3 二级环境风险：下穿一般既有建（构）筑物、重要市政道路，临近重要既有建（构）筑物、重要市政管线及河流。

4 三级环境风险：下穿一般市政管线、一般市政道路及其他市政基础设施，临近一般既有建（构）筑物、重要市政道路。

3.0.11 城市轨道交通工程的结构类型大体可归属为铁路和建筑两大行业，两大行业对岩土工程设计参数的选取有一定的差异，岩土工程勘察时需要根据设计单位的要求参照相应的行业规范提供。

一般路基、隧道、跨河桥、跨线桥、高架桥、高架车站中与车站结构完全分开的线路、桥梁等岩土设计参数参照现行铁路行业规范；建筑、房屋等其他结构参照现行建筑行业规范。城市轨道交通工程沿线场地和地基地震效应的岩土工程评价，需要采用与结构设计相同行业类别的抗震设计规范。

4 岩土分类、描述与围岩分级

4.1 岩石分类

4.1.2 岩石坚硬程度的划分，现有国家和行业规范逐渐统一到现行国家标准《工程岩体分级标准》GB 50218。从表 1 可看出，现行行业标准《铁路工程地质勘察规范》TB 10012 中岩石坚硬程度的定量划分与现行国家标准《工程岩体分级标准》GB 50218 和《岩土工程勘察规范》GB 50021 原则上一致，本次修订参照现行国家标准《工程岩体分级标准》GB 50218 和《岩土工程勘察规范》GB 50021 进行分类，分为 5 类。

表 1 岩石坚硬程度的划分比较

《工程岩体分级标准》GB 50218 和《岩土工程勘察规范》GB 5002 中坚硬程度划分	坚硬岩	较硬岩	较软岩	软岩	极软岩
《铁路工程岩石分类标准》TB 10012 中坚硬程度划分	极硬岩	硬岩	较软岩	软岩	极软岩
饱和单轴抗压强度 f_r（MPa）	$f_r > 60$	$30 < f_r \leqslant 60$	$15 < f_r \leqslant 30$	$5 < f_r \leqslant 15$	$f_r \leqslant 5$

4.1.5 风化程度分类参照现行国家标准《工程岩体分级标准》GB 50218 和《岩土工程勘察规范》GB 50021，残积土作为岩石风化后的残积物，具有土的特性，工程意义重要，为便于比较，附录中把残积土列出。

全风化岩石在工程中是常常遇到的岩石，国内外一些规范也有类似规定和提法。未风化岩石按工程岩体分级标准，含义是岩质新鲜，结构未变。

4.1.6 软化系数是衡量水对岩石强度影响程度的判别准则之一，软化的岩石浸水后的承载力明显降低。分类标准和现行国家

标准《岩土工程勘察规范》GB 50021 一致，规定 0.75 作为不软化和软化的界限值。条文中增加了特殊性岩石的定名。

4.1.7 本条为本次修订增加的内容。岩体的完整程度反映了它的裂隙性，而裂隙性是岩体十分重要的特性，破碎岩石的强度比完整岩石大大削弱；RQD 指钻孔中用 N 型（直径 75mm）二重管金刚石钻头获取的大于 10cm 的岩芯段长度与该回次钻进深度之比，是国际上通用的鉴别岩石工程性质好坏的方法。英国岩石质量指标 RQD 分类见表 2，和国内分类是一致的，国内也有较多经验，本次修订按现行国家标准《岩土工程勘察规范》GB 50021 作了明确的规定。

表 2 岩体按岩石的质量指标（RQD）分类

岩体分类	岩石的质量指标 RQD（%）
很好（excellent）	>90
好的（good）	75～90
中等（fair）	50～75
坏的（poor）	25～50
极坏（very poor）	<25

注：摘自英国标准《英国岩土工程勘察规范》BS 5930：1981。

4.2 土的分类

4.2.1～4.2.8 粉土在原规范和现行的国家标准《岩土工程勘察规范》GB 50021 和《建筑地基基础设计规范》GB 50007 中，没有进一步划分。本次修订是以塑性指数 7 为界，划分为黏质粉土和砂质粉土，主要考虑工程性质的差异，在存在地下水时砂质粉土和黏质粉土性状不同，尤其对地下开挖工程的影响，砂质粉土易产生流土等渗流变形，接近粉砂的性状，黏质粉土接近粉质黏土的性状。对条文中粉土划分标准说明如下：

1 在划分相当于粉质黏土和黏质粉土的问题上，一直存在两种意见，有人认为应以塑性指数 I_P 等于 10 为界线，同时也有人认为应以塑性指数 I_P 等于 7 为界线。两方面都有资料数据和实验结果为依据。现行国家标准《建筑地基基础设计规范》GB 50007 中以塑性指数 I_P 等于 10 为界，并将塑性指数 I_P 小于或等于 10 的土作为一个不属于黏性土的大类别划分出来，称为粉土。但塑性指数 I_P 等于 7 的确也是一个界线，这可以从液限（w_L）与塑限（w_P）、液限（w_L）与塑性指数（I_P）、塑限（w_P）与塑性指数（I_P）关系图 [长春地质学院学报《工程地质专辑》中《我国黏性土分类的研究》 李克巽等著，1988] 看出。因此，用塑性指数 I_P 等于 7 作为粉土类点的亚类划分界线是完全可以的。

2 据统计塑性指数 I_P 小于 7 的土，粘粒含量（粒径小于 0.005mm）一般小于 10%。塑性指数 I_P 小于 7 的土液化势较高。

3 北京市多年来用塑性指数 I_P 小于或等于 7 作为界线，划分出黏质粉土和砂质粉土，效果较好，积累了大量的野外鉴别和评价的经验和资料。

4 用塑性指数简单易行，可避免繁琐的颗粒分析工作，在有经验的地区可采用颗粒分析资料对粉土进行进一步划分。

5 一般在室内试验塑性指数 I_P 小于 3 的土的塑性指数已做不出来，故将塑性指数 I_P 等于 3 作为粉土与砂类土的界线。

其他土类定名与原规范一致。

4.2.9 特殊土的划分具有重要的工程意义。

填土：在城市中填土分布很广，但规律性很差，成分复杂，对城市轨道交通工程设计和施工影响很大，在已有城市轨道交通工程建设中，由于对填土重视程度不够和相关措施不到位，工程事故时有发生。

湿陷性土：黄土是一种湿陷性土，在我国北方广泛分布的特殊土，主要分布在秦岭、伏牛山以北的华北、西北、东北广大地域。如西安城市轨道交通工程存在着湿陷性黄土。

膨胀岩土：由于膨胀岩土富含亲水矿物，吸水显著膨胀、软化、崩解，失水急剧收缩；对工程结构和施工往往产生较大影响。高塑

性指数的膨胀岩土,在盾构施工时,易形成泥饼,勘察时应高度重视。如在南宁和合肥地区的城市轨道交通工程勘察中发现了膨胀性岩土。

混合土:混合土是指颗粒级配极不连续,主要由黏粒、粉粒、砾粒和漂粒组成。如进行筛分,根据其颗粒组成可定名为碎石土或砂土,再将其细粒部分进行可塑性试验,根据其塑性指数又可定名为粉土或黏性土。这类土的性质,常处于粗粒土和细粒土之间,粗粒土和细粒土在施工中需要采取的工程措施不同,勘察过程中对隧道或基坑开挖不能简单地按照粗粒或细粒土进行评价。

污染土:随着城市建设的发展,历史或现状存在一些污染企业,如印染、造纸、制革、冶炼、铸造等,对岩土层产生污染和腐蚀,岩土性状发生变化。由于城市轨道交通工程线路不可避免会穿越城市历史或现状的工业场地,可能分布有污染土层,对于富集有毒成分(包括气体)的土层,对施工与运营安全带来潜在风险,特别是地下线路,在勘察过程中应引起重视。

4.3 岩土的描述

4.3.1~4.3.3 岩石和岩体的野外描述十分重要,规定应当描述的内容十分必要,岩石质量指标(RQD)是国际上通用的鉴别岩石工程性质好坏的方法。本规范的岩石和岩体的描述参照了现行国家标准《岩土工程勘察规范》GB 50021制定。

4.3.4~4.3.7 本规范的土的描述及土的密实度、粉土的湿度、黏性土的状态等划分标准参照了现行的国家标准《岩土工程勘察规范》GB 50021制定。

碎石土的最大粒径对地下隧道工程施工工艺的选择十分重要,砂卵石地层中卵石最大粒径的大小和含量的多少是盾构设备选型和施工参数确定的关键因素。

4.4 围岩分级与岩土施工工程分级

4.4.1、4.4.2 现行国家标准《地铁设计规范》GB 50157规定,暗挖结构的围岩分级按现行行业标准《铁路隧道设计规范》TB 10003确定。根据这一原则,本次岩土工程勘察规范的修订中围岩分级与现行国家标准《地铁设计规范》GB 50157配套。

对于围岩等级为Ⅴ、Ⅵ级的土层可结合地方经验进一步划分亚级,以更好为工程建设服务。

岩土施工工程分级依据现行行业标准《铁路工程地质勘察规范》TB 10012制定。

5 可行性研究勘察

5.1 一般规定

5.1.1、5.1.2 可行性研究阶段勘察是城市轨道交通工程建设的一个重要环节。城市轨道交通工程在规划可研阶段,就需要考虑众多的影响和制约因素,如城市发展规划、交通方式、预测客流等,以及地质条件、环境设施、施工难度等。这些因素是确定线路走向、埋深和工法时应重点考虑的内容。

制约线路敷设方式、工期、投资的地质因素主要为不良地质作用、特殊性岩土和线路控制节点的工程地质与水文地质问题。因此,这些地质问题是可行性研究阶段勘察工作的重点。

5.1.3 由于城市轨道交通工程设计中,一般可行性研究阶段与初步设计阶段之间还有总体设计阶段,在实际工作中,可行性研究阶段的勘察报告还需要满足总体设计阶段的需要。如果仅依靠搜集资料来编制可研勘察报告难以满足上述两个阶段的工作需要,因此强调应进行必要的现场勘探、测试和试验工作。

5.2 目的与任务

5.2.1 由于比选线路方案、完善线路走向、确定敷设方式和稳定

车站等工作,需要同时考虑对环境的保护和协调,如重点文物单位的保护、既有桥隧、地下设施等,并认识和把握既有地上、地下环境所处的岩土工程背景条件。因此,可行性研究阶段勘察,应从岩土工程角度,提出线路方案与环境保护的建议。

5.2.2 轨道交通工程为线状工程,不良地质作用、特殊性岩土以及重要的工程周边环境决定了工程线路敷设形式、开挖形式、线路走向等方案的可行性,并影响着工程的造价、工期及施工安全。

5.3 勘察要求

5.3.2 可行性研究阶段勘察所依据的线路方案一般都不稳定和具体,并且各地的场地复杂程度、线路的城市环境条件也不同,所以编制组研究认为,可行性研究阶段勘探点间距需要根据地质条件和实际灵活掌握。

广州城市轨道交通工程可行性研究阶段勘察的做法是:沿线路正线250m～350m布置一个钻孔,每个车站均有钻孔。当搜集到可利用钻孔时,对钻孔进行删减。

北京城市轨道交通工程可行性研究阶段勘察的做法是:沿线路正线1000m布置一个钻孔,并满足每个车站和每个地质单元均有钻孔控制。对控制线路方案的不良地质条件进行钻孔加密。

6 初步勘察

6.1 一般规定

6.1.1 初步设计是城市轨道交通工程建设非常重要的设计阶段,初步设计工作往往是在线路总体设计的基础上开展工点设计工作,不同的敷设形式初步设计的内容不同,如:初步设计阶段的地下工程一般根据环境及地质条件需完成车站主体及区间的平面布置、埋置深度、开挖方法、支护形式、地下水控制、环境保护、监测量测等的初步方案。初步设计阶段的岩土工程勘察需要满足以上初步设计工作的要求。

因此,本次修编在提出对初步勘察总的任务要求基础上,按照线路敷设方式,针对地下工程、高架工程和路基与涵洞工程、地面车站和车辆基地分别提出了初步勘察要求。

6.1.2 初步设计过程中,对一些控制性工程,如穿越水体、重要建筑物地段,换乘节点等往往需要对位置、埋深、施工方法进行多种方案的比选,因此,初步勘察需要为控制性节点工程的设计和比选,确定切实可行的工程方案,提供必要的地质资料。

6.2 目的与任务

本节对原规范进行了梳理,增加了"标准冻结深度"、"环境影响分析评价"、"对可能采取的地基基础类型、地下工程开挖与支护方案、地下水控制方案进行初步分析评价"、"评价场地稳定性和工程适宜性"等内容。同时将"土石可开挖性分级和围岩分级"调整到本规范第6.3节地下工程的勘察要求中。

6.3 地下工程

6.3.1 城市轨道交通工程初步设计阶段的地下工程主要涉及地下车站、区间隧道,本条是在满足本规范第6.2.2条的基础上,针对地下工程的特点提出的勘察要求。勘察要求主要包括了围岩分级、岩土施工工程分级、地基基础形式、围岩加固形式、有害气体、污染土、支护形式和盾构选型等隧道工程、基坑工程所需要查明和评价的内容。

6.3.2 原规范对初勘勘探点间距确定为100m～200m,未考虑敷设形式和车站与区间的差异,本次修订在综合各地初勘的经验和设计要求的基础上,对地下工程的车站和区间分别提出钻孔布置要求。其中地下车站至少布置4个勘探点,当地质条件复杂时,还需增加钻孔。例如,北京地区初勘阶段,每个车站一般布置4个～

6个钻孔。

6.3.3 地下区间初步勘察的勘探点间距与原规范一致，但增加了钻孔加密的条件。例如，广州地铁1号线广钢至广州东站，其地层为第四纪沉积层，下伏白垩系红层，多为中等风化或强风化，局部为海陆交互层，地层复杂，因此钻孔间距一般为20m～30m。

6.3.5 地下区间、车站的勘探孔深度的制定原则在原规范的基础上进行了细化，考虑到满足设计方案调整以及初勘勘探孔的可利用性，将钻孔深度适当增加，并针对第四系和基岩的地质条件分别作出规定。

6.4 高架工程

6.4.1 城市轨道交通工程初步设计阶段高架工程主要涉及高架车站、区间桥梁，本条是在满足本规范第6.2.2条的基础上，针对高架工程的特点提出的勘察要求。勘察要求主要考虑轨道交通高架结构对沉降控制较为严格，一般采用桩基方案，因此勘察工作的重点是桩基方案的评价和建议，关于桩基方案的勘察评价可参照相关的专业规范执行。

6.4.2 原规范对初勘勘探点间距确定为100m～200m，未考虑敷设形式和车站与区间的差异，本次修订在综合各地初勘的经验和设计要求的基础上，对高架工程的车站和区间分别提出钻孔布置要求。由于初步设计阶段的高架结构柱跨或桥墩台位置尚不确定，所以参考各地经验，提出勘探点的布置间距要求。对于已经基本明确桥柱位置和柱跨情况，初勘点位应尽量结合桥柱、框架柱布设。

6.4.3 高架区间、车站的勘探孔深度的制定原则在原规范的基础上进行了细化，分墩台基础和桩基础，并针对第四系和基岩的地质条件分别作出规定。

6.5 路基、涵洞工程

6.5.1 城市轨道交通路基工程主要包括一般路基、路堤、路堑、支挡结构及其他的线路附属设施，本条是在满足本规范第6.2.2条的基础上，针对不同的路基形式和支挡结构提出了勘察要求。

6.5.3 本次修订在综合各地初勘的经验和设计要求的基础上，对路基勘探点间距进行了缩小，对高路堤、陡坡路堤、深路堑等提出了横断面的布置要求。

7 详细勘察

7.1 一般规定

7.1.1 城市轨道交通工程结构、建筑类型多，一般包括：地下车站和地下区间、高架车站和高架区间、地面车站和地面区间，以及各类地上地下通道、出入口、风井、施工竖井、车辆段、停车场、变电站及附属设施等。不同的工程和结构类型的岩土工程问题不同，设计所需的岩土参数不同；地下工程的埋深不同，工程风险不同，因此，需要针对工程的特点、工程的建筑类型和结构形式、结构埋置深度、施工方法提出勘察要求。

本章按照线路不同的敷设形式即地下工程、高架工程、路基、涵洞工程、地面车站与车辆基地提出勘察要求。

7.2 目的与任务

7.2.1 城市轨道交通工程所遇到的岩土工程问题概括起来主要为各类建筑工程的地基基础问题、隧道围岩稳定问题、天然边坡人工边坡稳定性问题、周边环境保护问题等，为分析评价和解决好这些岩土工程问题，详细勘察阶段需要详细查明其地质条件，提出处理措施建议，提供所需的岩土参数。

7.2.2 为了使勘察工作的布置和岩土工程的评价具有明确的工程针对性，解决工程设计和施工中的实际问题，搜集工程有关资料，了解设计要求是十分重要的工作，也是勘察工作的基本要求。

7.2.3 本条为强制性条文，必须严格执行。本条规定了城市轨道交通工程详细勘察的具体任务，对其中的第1款～第5款和第8款分别作以下几点说明：

1 城市轨道交通工程建设，一般分布于大中城市人口稠密的地区，对危害人类生命财产安全的重大地质灾害，如滑坡、泥石流、危岩、崩塌的情况比较少见，且多数进行了治理。但是，线路经过地面沉降区段、砂土液化地段、地下隐伏断裂和第四地层中活动断裂、地裂缝等情况还是比较常见，这些常见的不良地质作用对城市轨道交通工程的施工安全和长期运营造成危害。

2 查明场地内的岩土类型、分布、成因等是岩土工程勘察的基本要求。由于城市轨道交通工程线路较长，结构类型多，地基基础类型多，差异沉降会给工程结构与运营安全带来危害，在软土地区和地质条件复杂地区已出现过此类问题。因此，需要提出各类工程地基基础方案建议并对其地基变形特征进行评价。

3 城市轨道交通地下工程结构复杂、施工工法工艺多，不同工法对地层的适应性不同，例如饱和粉细砂、松散填土层、高承压水地层等地质条件一般会造成矿山法施工隧道掌子面失稳和突涌；软弱土层会导致盾构法施工隧道管片错台、衬砌开裂、渗水等问题。这些工程地质问题会影响地下工程土方开挖、支护体系施工和隧道运行的安全。基坑、隧道岩土压力及计算模型，以及基坑、隧道的支护体系变形是地下工程设计计算的主要内容。岩土工程勘察需要为这些工程问题的解决提供岩土参数。

4 城市轨道交通在山区、丘陵地区或穿越临近环境以及开挖会遇到天然边坡和人工边坡问题。

5 城市轨道交通工程经常要穿越和跨越江、河、湖、沟、渠、塘等各种类型的地表水体。地表水体是控制线路工程的重要因素，而且施工风险极高，易产生灾难性的后果，如上海地铁4号线联络通道的坍塌导致江水灌入隧道，北京地铁也发生过雨后河水上涨灌入隧道的情况。因此查明地表水体的分布、水位、水深、水质、防渗措施、淤积物分布及地表水与地下水的水力联系等，对工程施工安全风险控制十分重要。

8 城市轨道交通工程一般临近或穿越地下管线、既有轨道交通、周边建(构)筑物、桥梁以及文物等工程周边环境，与城市轨道交通工程存在着相互影响；工程周边环境保护是城市轨道交通工程建设的一项重要工作，也是一个难点。因此，根据岩土工程条件及城市轨道交通工程的建设特点分析环境与工程的相互作用，提出环境拆、改、移及保护等措施建议，是城市轨道交通工程勘察的一项重要工作。

7.3 地下工程

7.3.2 本条根据地下工程的特点规定了在详细勘察阶段需要重点勘察的内容。对其中的第1、2、7、9款分别作以下几点说明：

1 地下工程勘察主要包括基坑工程和暗挖隧道工程，除常规岩土物理力学参数外，基床系数、静止侧压力系数、热物理指标和电阻率等是城市轨道交通地下工程设计、施工所需要的重要岩土参数。

同时，由于各设计单位的设计习惯和采用的计算软件不同，勘察时应考虑设计单位的设计习惯提供基床系数或地基土的抗力系数比例系数。

在城市轨道交通运营期间，行车和乘客会散发出大量的热量，若不及时通风排出，将逐日积蓄热量，在围岩中形成热套。在冻结法施工中也涉及热的置换，为此尚需测定围岩的热物理指标，以作为通风设计和冻结法设计的依据。

2 饱和砂层、卵石层、漂石层、人工空洞、污染土、有害气体等对地下工程施工安全影响很大，应予以查明。例如杭州地铁1号线和武汉地铁2号线均在地下施工断面发现有可燃气体;北京地铁9号线的卵石、漂石地层,北京地区的浅层人工空洞等对工程的影响很大。

7 抗浮设防水位是很重要的设计参数,但要预测建(构)筑物使用期间水位可能发生的变化和最高水位有时相当困难,它不仅与气候、水文地质等因素有关,有时还涉及地下水开采、上下游水量调配、跨流域调水等复杂因素,故规定应进行专门研究。一般抗浮设防水位的确定方法详见本规范第10.4.2条的条文说明。

9 出入口、通道、风井、风道、施工竖井等附属工程一般位于路口或穿越道路,工程周边环境复杂,通道与井交接部位受力复杂,经常发生工程事故,安全风险较高。因此应进行单独勘察评价。

7.3.3 表7.3.3所列钻孔间距比原规范规定的严格一些,主要是结合全国各地勘察的实际情况、城市地下工程的复杂性以及设计、施工的要求等进行修订。

7.3.4 本条要求勘探点在满足表7.3.3规定间距的基础上,勘探点平面布置还要考虑工程结构特点、场地条件、施工方法、附属结构、特殊部位的要求。

2 车站横剖面一般结合通道、出入口、风井的分布情况布设,数量可根据地质条件复杂程度和设计要求进行调整。

4 在结构范围内布置钻孔容易导致地下水贯通,给工程施工带来危害。隧道采用单线单洞时,左右洞距离大于3倍洞径时采用双排孔布置,左右线距离小于3倍洞径或隧道采用双线单洞时可交叉布点。

7.3.5 本条结合车站主体工程的一般宽度和以往全国各城市的勘察经验,给出了勘探孔深度的确定要求。城市轨道交通地下工程受各种因素的制约,埋置深度往往在施工图设计阶段还需进行调整,因此,勘探孔深度比原规范的要求适当加深。

7.3.6 本条为强制性条文,必须严格执行。原规范对控制性勘探孔和取样及原位测试的试验孔的数量未作规定,城市轨道交通工程设计年限长,为百年大计工程,且工程复杂,施工难度大,变形控制要求高等,必须有一定数量的控制性钻孔,以及取样及原位测试钻孔以取得满足变形计算、稳定性分析、地下水控制等所需的岩土参数,本条参照现行国家标准《岩土工程勘察规范》GB 50021的相关规定,并考虑到车站工程的钻孔数量比较多,且附属设施需要单独布置钻孔,测试、试验数据数量能满足统计分析要求,将取样和原位测试孔的数量规定为不应少于1/2;区间工程的取样测试孔数量要求严于现行国家标准《岩土工程勘察规范》GB 50021的规定,主要考虑区间工程孔间距较大,钻孔数量较少,因此将取样和原位测试孔的数量规定为不应少于2/3。

7.3.7 本条规定的取样和测试的数量主要是考虑城市轨道交通工程为百年大计工程,同时周边的环境条件一般比较复杂,为了提高工程设计的可靠度,减小参数变异风险,将取样或原位测试数量定为不应少于10组。

7.3.10 基床系数是城市轨道交通地下工程设计的重要参数,其数值的准确性关系到工程的安全性和经济性;对于没有工程经验积累的地区需要进行现场试验和专题研究,当有成熟地区经验时,可通过原位测试、室内试验结合附录H的经验值综合确定。

本次修订对基床系数进行了专题研究,主要成果如下:

1 基床系数 K 的定义与 K_{30} 试验。

基床系数是地基土在外力作用下产生单位变形时所需的应力,也称弹性抗力系数或地基反力系数,一般可表示为:

$$K = P/s \tag{1}$$

式中:K——基床系数(MPa/m);
  P——地基土所受的应力(MPa);
  s——地基的变形(m)。

基床系数与地基土的类别(砾状土、黏性土)、土的状况(密度、含水量)、物理力学特性、基础的形状及作用面积有关。

基床系数用于模拟地基土与结构物的相互作用,计算结构物内力及变形。结构物是指受水平力、垂直力和弯矩作用的基础、衬砌及桩等。变形是指基础竖向变形、衬砌的侧向变形、桩的水平变形和竖向变形等。基床系数的确定方法如下:

地基土的基床系数 K 可由原位荷载板试验(或 K_{30} 试验)结果计算确定。考虑到荷载板尺寸的影响,K 值随着基础宽度 B 的增加而有所减小。

对于砾状土、砂土上的条形基础:

$$K = K_1 \left(\frac{B + 0.305}{2B} \right)^2 \tag{2}$$

对于黏性土上的条形基础:

$$K = K_1 \left(\frac{0.305}{B} \right) \tag{3}$$

式中:K_1——0.305m宽标准荷载板的标准基床系数或 K_{30} 值。

铁路常用的 K_{30} 荷载板试验是用直径为30cm的承载板,测定土的 K_{30} 值。其 K_{30} 值是指在 p-s 曲线上对应地基土变形为0.125cm时的 p 值与 $p_{0.125}$ 变形的比值:

$$K_{30} = \frac{p_{0.125}}{0.125} \tag{4}$$

基床系数 K 这个指标,不同的试验方法和不同的试验条件,其结果会有较大的差别。为便于统一和比较,建议 K_{30} 荷载板试验值作为标准基床系数 K_1 值,即标准基床系数 K_1 值应用 K_{30} 荷载板试验。对于具体设计中基床系数 K 的取值,应考虑施工程序和施工过程中的结构变形,由设计人员修正确定。

2 基床系数的室内试验。

由于原位荷载板试验受试验方法的局限性,适合测定表层土和施工阶段基坑开挖深度范围内土体的基床系数,在勘察阶段对不开挖的表层以下各土层很难直接通过实测方法测定,具体岩土勘察过程中常用原位测试、室内试验、结合经验值等方法综合分析确定基床系数。

1)原规范中规定的三轴试验法和固结试验法。

三轴试验法:三轴试验法是将土样经饱和处理后,在 K_0 状态下固结,对一组土样分别做试验:

$$\sigma_3 = K_0 \gamma h, \sigma_1 = \gamma h \tag{5}$$
$$n = \Delta\sigma_3 / \Delta\sigma_1 = 0.0, 0.1, 0.2, 0.3 \tag{6}$$

不同应力路径下的三轴试验(慢剪),得到 $\Delta\sigma_1' \sim \Delta h_0$ 曲线,求得初始切线模量或某一割线模量,定义为基床系数 K。

固结试验法:根据固结试验中测得的应力与变形关系来确定基床系数 K:

$$K = \frac{\sigma_2 - \sigma_1}{e_1 - e_2} \times \frac{1 + e_m}{h_0} \tag{7}$$

式中:$\sigma_2 - \sigma_1$——应力增量(MPa);
  $e_1 - e_2$——相应的孔隙比减量;
  e_m——$e_m = (e_1 + e_2)/2$;
  h_0——样品高度(m)。

2)上述室内试验方法的现状和分析。

目前国内对于这两种试验方法都有采用。通过对国内北京、天津、沈阳、上海、深圳和西安等地铁室内试验项目固结法和三轴法试验的对比研究,特别是通过天津地铁大量数据统计分析:固结法试验结果大于三轴割线法;固结法比原位载荷板试验结果大4倍~20倍;三轴割线法比原位载荷板试验结果大2倍~8倍。由于试件尺寸及试验条件与实际工况的差别,室内试验应在与原位载荷板试验大量对比试验的基础上,各地区根据实际情况确定基床系数的取值。

原位载荷板试验与室内试验的对比分析:由于原位载荷板试验与室内试验除存在着试验尺寸的差异外,尚存在如下差异:第一,原位载荷板试验下的土体有侧限变形,而室内固结试验土样侧向受限,无侧限变形;第二,原位载荷板试验的压缩层厚度为影响深度范围内的土层厚度，而室内试验的土试样高度 h_0 即为压缩层厚度，在假定相同的压缩面积下，室内试验下沉量更小。综合考虑上述因素，室内试验求得基床系数与原位载荷板试验数据存在差异。

通过以上国内各勘察单位室内试验结果综合分析，固结法和三轴割线法求取的基床系数数据与土体实际不一致，而且偏差很大。

3）建议。

a. 由于固结法试验结果比原位载荷板试验结果大 4 倍～20 倍，三轴割线法比原位载荷板试验结果大 2 倍～8 倍，建议在以后的工作中进一步研究和积累经验。

b. 利用三轴法，操作过程模拟现场 K_{30} 原位平板载荷试验的试验原理，应是以后发展的方向。

c. 铁三院中心试验室通过模拟现场 K_{30} 试验的做法，在常规三轴仪上对土样按取样深度进行固结，地下水位以下固结压力 $P_1=10H$（H 为取样深度），地下水位以上固结压力 $P_2=20H$，这样模拟土的原始状态，试样制备和三轴试验法相同，通过土的静止侧压力系数 K_0 计算所施加围压 σ_3（固结压力乘以静止侧压力系数 K_0 求得），静止侧压力系数 K_0 可以通过实测或经验值得到，试样施加围压 σ_3 后对试样进行压缩剪切，试验得出应变为 1.25mm 时对应的应力，通过计算得到基床系数值。该方法试验结果接近经验值。

d. 上海岩土工程勘察设计研究院有限公司使用三轴法测定基床系数。三轴法不同于原规范上的描述方法，具体如下：利用传统三轴仪，根据取样深度确定固结压力，进行等向固结。固结稳定后用固结排水剪方法进行试验，得出应力应变关系曲线。试验结果较接近经验值。

总之，研究表明在同一压力作用下，基床系数不是常数，它除了与土体的性质、类别有关外，还与基础底面积的大小、形状以及基础的埋深等因素有关。上述所列基床系数的室内试验方法仅提供了一个研究方向，后期的研究中还应加强现场 K_{30} 平板载荷试验数据与室内试验数据的对比分析，逐步积累资料和经验。同时，在施工过程中通过监测结构物的变形，反分析求解，不断积累数据形成经验推算法，也是今后需进一步研究的方向。

3 确定基床系数的其他方法。

1）基床系数值与地基土的标贯锤击数 N 的经验关系为：

$$K=(1.5\sim3.0)N \tag{8}$$

2）地基土的基床系数 K 与土体介质的弹性模量 E、泊松比 μ 及基础面积 A 的关系为：

$$K=\frac{E}{(1-\mu^2)\sqrt{A}} \tag{9}$$

4 有关基床系数经验值的说明。

本规范附录 H 的制定是在当前国内外部分基床系数试验成果的基础上综合确定的。本次修订工作统计了北京、上海、天津、广州、成都、深圳、西安、沈阳等地区的岩土工程勘察报告中提供的基床系数值、专项研究成果，并考虑了其他行业和地方标准的规定。

5 岩石的基床系数。

1）北京地铁工程在 20 世纪 60 年代根据工程的需要，在公主坟第三纪红色砂砾岩中做了现场大型试验，根据试验成果提出了第三纪强风化—全风化砂砾岩基床系数 K 值为 120MPa/m～150MPa/m。

2）青岛地铁花岗岩中等风化、微风化、未风化，岩体单位基床系数 K 计算及测试方法如下：

计算公式：

$$K=\frac{E}{(1+\mu)100} \tag{10}$$

K 与岩体弹性模量 E 和泊松比 μ 关系密切。测定 E 和 μ，简便易行。因此，可根据 E、μ 与 K 值之间的关系，计算出 K 的值。

测试方法有两种：

一是用静力法测得 E、μ 值，是把岩芯加工成立方体、长柱体，贴应变片，以应变方法测出 μ 值，计算出 K 为静基床系数。

二是用动力法测得 E_d、μ_d 值，是在岩芯上由超声波检测仪分别测出纵波速 v_p、横波速 v_s；然后计算出 E_d、μ_d；根据上述公式，可求得动基床系数。

E_d、μ_d 计算公式如下：

动弹性模量 E_d，

$$E_d=\frac{\rho v_s^2(3v_p^2-4v_s^2)}{v_p^2-v_s^2} \tag{11}$$

动泊松比 μ_d，

$$\mu_d=\frac{v_p^2-2v_s^2}{2(v_p^2-v_s^2)} \tag{12}$$

式中：$\rho=2.60\sim2.70$。

7.4 高架工程

7.4.2 本条根据高架工程大多采用桩基的特点规定了在详细勘察阶段对桩基工程需要重点勘察的要求。需要注意的是，高架线路桩基设计依据的规范主要有现行行业标准《铁路桥涵设计基本规范》TB 10002.1 和《建筑桩基技术规范》JGJ 94；勘察时应根据设计单位选用的规范，并结合当地经验提出桩基设计参数。

7.4.3 高架车站的勘探点间距 15m～35m，主要是依据场地的复杂程度和柱网间距确定，同时与现行行业标准《建筑桩基技术规范》JGJ 94 相一致。

高架区间勘探点间距取决于高架桥柱距，目前各城市地铁高架桥的柱距一般采用 30m，跨既有铁路、公路线路采用大跨度的柱距一般为 50m。城市轨道交通工程高架桥对变形要求较高，一般条件下每柱均应布置勘探点；对地质条件复杂，且跨度较大的高架桥一个柱下可以布置 2 个～4 个勘探点。

7.4.5 本条为强制性条文，必须严格执行。城市轨道交通运营对变形要求高，需要进行变形计算，必须有一定数量的控制性钻孔、取样及原位测试钻孔，以取得桩侧摩阻力、桩端阻力及变形计算的岩土参数，为确保高架工程的结构安全，规定了对控制性钻孔及取样原位测试钻孔数量，其中取样与原位测试钻孔的数量与现行国家标准《岩土工程勘察规范》GB 50021 的规定相一致。

7.5 路基、涵洞工程

7.5.3 高路堤的基底稳定、变形等是路堤勘察的重点工作。既有线调查表明，路堤病害绝大多数是由于路堤基底有软弱夹层或对地下水没处理好，其次是填料不合要求，夯实不紧密而引起的。为此需要查明基底有无软弱夹层及地下水出露范围和埋藏情况。在填方边坡高及工程地质条件较差地段岩土工程问题较多，设置路基横断面查清地质条件是非常必要的。勘探深度视地层情况与路堤高度而定。

7.5.4 深路堑在路基工程中是属于比较重要的工程，城市轨道交通工程路堑一般采用 U 型槽形式，路堑工程涉及挡墙地基稳定性、结构抗浮稳定性等诸多问题，在岩土工程勘察中不可忽视。

路堑受地形、地貌、地质、水文地质、气候等条件影响较大，且边坡又较高，容易出现边坡病害。为了路堑边坡及地基的稳定，避免工程病害出现，勘察工作需按本条基本要求详细查明岩土工程条件，并针对不同情况提出相应的处理措施。

7.5.5 挡土墙及其他支护建筑物是确保路堑等边坡稳固的重要措施。当路堑边坡稳定条件较差，需要设置支挡构筑物时，勘察工作可在详勘阶段结合深路堑工程勘察同时进行。

7.6 地面车站、车辆基地

7.6.1 车辆基地的各类房屋建筑一般包括停车列检库、物资总库、洗车库、办公楼、培训中心等，附属设施一般包括变电站、门卫室、供水井、地下管线、道路等。

7.6.2 车辆基地一般占地范围较大，多为近郊不适合开发的土地，甚至为垃圾场，一般地形起伏大，需要考虑挖填方等场地平整的要求。目前场地平整和股道路基设计时需要勘察单位提供场地的地质横断面图。在填土变化较大时需要提供填土厚度等值线图以及不良土层平面分布图等图件。

根据广州市轨道交通工程的经验，车辆基地一般需要提供如下图纸、文件：

1 为进行软基处理，勘察报告提供车辆段场坪范围内软土平面分布图，软土顶面、底面等高线图；液化砂层分区图；中等风化岩面等高线图。

2 为满足填方需要，勘察报告提供填料组别。

3 车辆基地勘察完毕，尚应进行专门的工程地质断面填图，断面线间距25m～30m，断面的水平比例为1∶200，竖直比例为1∶200。

8 施 工 勘 察

8.0.1 城市轨道交通工程尤其是地下工程经常发生因地质条件变化而产生的施工安全事故，因此施工阶段的勘察非常重要。施工阶段的勘察主要包括施工中的地质工作以及施工专项勘察工作。

8.0.2 施工地质工作是施工单位在施工过程中的必要工作，是信息化施工的重要手段。本条规定了施工中常开展的地质工作，在实际工作中不限于这些工作。

8.0.3 施工阶段需进行的专项勘察工作内容主要是从以往勘察和工程施工工作中总结出来的，这些内容往往对城市轨道交通工程施工的安全和解决工程施工中的重大问题起重要作用，需要在施工阶段重点查明。

1 由于钻孔为点状地质信息，地质条件复杂时在钻孔之间会出现大的地层异常情况，超出详细勘察报告分析推测范围。施工过程中常见的地质异常主要包括地层岩性出现较大的变化，地下水位明显上升，出现不明水源，出现新的含水层或透镜体。

2、3 在施工过程中经常会遇见暗浜、古河道、空洞、岩溶、土洞以及卵石地层中的漂石、残积土中的孤石、球状风化等增加施工难度、危及施工安全的地质条件。这些地质条件在前期勘察工作中虽已发现，但其分布具有随机性，同时受详细勘察精度和场地条件的影响，难以查清其确切分布状况。因此，在施工阶段有必要开展针对性的勘察工作以查清此类地质条件，为工程施工提供依据。

比如广州地铁针对溶洞、孤石等委托原勘察单位开展了施工阶段的专门性勘察工作，钻孔间距达到3m～5m，北京地铁9号线针对卵石地层中的漂石对盾构和基坑护坡桩施工的影响，委托原勘察单位开展了施工阶段的专门性勘察工作，采用了人工探井、现场颗分试验等勘察手段。

4 由于勘察阶段距离施工阶段的时间跨度较大，场地周边环境可能会发生较大变化，常见的包括场地范围内埋设了新的地下管线，周边出现新的工程施工，既有管线发生渗漏等。

6 地下工程施工过程中出现桩（墙）变形过大、开裂，基坑或隧道出现涌水、坍塌和失稳等意外情况，或发生地面沉降过大等岩土工程问题，需要查明其地质情况为工程抢险和恢复施工提供依据。

7 一般城市轨道交通工程的盾构始发接收井、联络通道加固，工程降水，冻结等辅助措施的施工方案在施工阶段方能确定，详细勘察阶段的地质工作往往缺乏针对性，需要在施工阶段补充相应的岩土工程资料。

8.0.4 施工阶段由于地层已开挖，为验证原位试验提供了良好条件，本规范建议在缺少工程经验的地区开展关键参数的原位试

验为工程积累资料。

8.0.5 施工勘察是专门为解决施工中出现的问题而进行的勘察，因此，施工勘察的分析评价，提出的岩土参数、工程处理措施建议应具有针对性。

9 工 法 勘 察

9.1 一 般 规 定

9.1.1 城市轨道交通工程勘察工作不仅要为工程结构设计服务，还需要满足施工方案和施工组织设计的需要。城市轨道交通工程施工的工法较多、工艺复杂，不同的工法工艺对地质条件的适应性不同，需要的岩土参数不同，对地下水的敏感性不同，需要解决的工程地质问题也不相同，因此，需要针对不同的施工方法提出具体的勘察要求。本次修订将原规范中的明挖法勘察和暗挖法勘察两章合并为工法勘察一章，同时增加了沉管法勘察和其他工法与辅助措施的勘察。

9.1.2 工法的选择往往会影响工程的成败，对工程造价、工期、工程安全均会产生较大的影响，在各阶段的勘察均要根据施工方法的要求开展相应的勘察工作。工法的勘察应结合工法的具体特点、地质条件选择合理的勘察手段和方法，并进行分析评价，提出适合工法要求的措施、建议及岩土参数。

9.2 明 挖 法 勘 察

9.2.1 盖挖法包括盖挖顺筑法和盖挖逆筑法，盖挖顺筑法是在地面修筑维持地面交通的临时路面及其支撑后自上而下开挖土方至坑底设计标高再自下而上修筑结构；盖挖逆筑法是开挖地面修筑结构顶板及其竖向支撑结构后在顶板的下面自上而下分层开挖土方分层修筑结构。

9.2.3 明挖法勘察内容与一般基坑工程勘察具有相同之处，但是城市轨道交通工程明挖法具有工程开挖深度大、周边环境复杂、变形控制要求严、存在明暗相接区段、明挖结构开洞较多等自身的一些特点。本条规定了明挖法的重点勘察内容。

1 特别强调要查明软弱土夹层、粉细砂层的分布。实践证明这种岩土条件往往给支护工程带来极大麻烦，如沿软弱夹层产生整体滑动，产生流砂而造成地面塌陷等。因此，必须给予更多的投入查清其产状与分布，以便采取防范措施。

3 按工程施工情况和现场的饱和黏性土存在的不同排水条件，考虑究竟采用总应力法或有效应力法，以期更接近实际，取得较好效果。

如饱和黏性土层不甚厚，有较好的排水条件，工程进展较慢，宜采用排水剪的抗剪强度指标；一般土质或黏性土层较厚，工程进展较快，来不及排水，为分析此间地基失稳问题，宜采用不排水剪的抗剪强度指标。

有效应力法的黏聚力、内摩擦角用于分析饱和黏性土地基稳定性时，在理论上比较严密，但它要求必须求出孔隙水压分布、荷载应力分布。实践中由于仪器不尽完善，要测准孔隙水压力有一定难度。

总应力法比较方便，广为使用。但它要求地层统一，这在客观上是不多见的，所以它的计算成果较粗略。

4 人工降低水位与深基坑开挖密切相关。勘察工作首先要分析判断要不要人工降低水位，并应对降低水位形成地层固结导致地面沉降、建筑物变形以及潜蚀带来的危害等有充分估计。实践中这类教训是不少的，为此勘察中应充分论证和预测，以便采取有效措施，使之对既有建筑的危害减至最低限度。

9.2.7 边坡稳定性计算，可分段进行。勘察中应逐段提供岩土密度、黏聚力、内摩擦角及工程地质剖面图，粗估可能产生的破坏

形式.

软弱结构面的方位是边坡稳定评价的重要因素。地下工程放坡开挖施工,基坑又深又长,临空面暴露又多,为此在软弱面上取样作三轴剪切出黏聚力、内摩擦角是评价边坡稳定的重要依据。对基岩结构面进行地质测绘了解产状、构造等条件,作出比较接近实际的稳定性计算与评价,也是很必要的。

为确定人工边坡最佳坡形及边坡允许值可考虑概念设计的原则,在定性分析的基础上,进行定量设计,较为稳妥。

9.2.8 确定地下连续墙的入土深度及立柱桩的桩基持力层至关重要,因此需查明桩(墙)端持力层的性质、含水层与隔水层的特性。为有效控制地下连续墙与中间桩的差异沉降,设计时应考虑开挖的各个工况的变形规律(土体隆起与沉降),因此一般盖挖施工,其勘探孔深度较大,当地质条件复杂时,应加密钻孔间距,与常规基坑勘察要求有所不同。

9.2.9 对明挖法的勘察,其勘察报告除满足常规基坑评价内容,宜结合岩土条件、周边环境条件,提出其明挖法基坑围护方法的建议与相应的设计参数;根据大量地铁工程经验,对存在的不良地质作用,如暗浜、厚度较大的杂填土等,如果勘察未查明或施工处理不当,可能引起支护结构施工质量问题(如地下连续墙露筋、接头分叉,灌注桩缩径,止水结构断裂),对周边环境产生不利影响(如地面塌陷,管道断裂,房屋倾斜等),因此,在勘察报告中应增加不良地质作用可能引起明挖法施工风险的分析,并提出控制措施及建议的要求。

9.3 矿山法勘察

9.3.1 矿山法施工的工艺较多,工法名称尚没有统一的规定,目前常见的矿山法施工的开挖方法一般包括全断面法、上半断面临时封闭正台阶法、正台阶环形开挖法、单侧壁导坑正台阶法、双侧壁导坑法(眼镜工法)、中隔墙法(CD法、CRD法)、中洞法、侧洞法、柱洞法、洞桩法(PBA法)等方法开挖。

9.3.2 矿山法隧道轴线位置选定,隧道断面形式和尺寸,洞口、施工竖井位置和明、暗挖施工的分界点的选定,开挖方案及辅助施工方法,围岩加固、初期支护等与工程地质条件和水文地质条件密切相关。岩土工程条件对矿山法施工工工法工艺的影响主要体现在以下几个方面:

1 矿山法隧道的埋置深度应根据运营使用和环境保护要求结合地层情况通过技术经济比较确定。无水地层中,在不影响地铁运营和车站使用的前提下,宜区间隧道处于深埋状态,以节约工程费用。但在第四纪土层中往往难以做到。这种情况在选择隧道穿越的土层时,最好使其拱部及以上有一定厚度的可塑—硬塑状的黏性土层,以减少施工中的辅助措施费用,有条件时宜隧道底板置于地下水位以上。在综合以上考虑的基础上,隧道的埋深宜选择较大的覆跨比(覆盖层厚度与隧道开挖宽度之比)。

2 矿山法地铁隧道的结构断面形式,应根据围岩条件、使用要求,施工工艺及开挖断面的尺度等从结构受力、围岩稳定及环境保护等方面综合考虑合理确定,宜采用连接圆顺的马蹄形断面。围岩条件较好时,采用拱形与直墙或曲墙相组合的形状,软岩及土、砂地层中应设仰拱或受力平底板。浅埋区间隧道,一般采用两单线平行隧道,岩石地层中则采用双线单洞断面较为经济,也有利于大型施工机具的使用。

土层中的车站隧道,一般采用三跨或双跨的拱形结构;岩石地层中的车站隧道,从减少施工对围岩的扰动和提高车站的使用效果等方面考虑,宜采用单跨结构。矿山法车站隧道,视需要也可做成多层。

视地层及地下水条件、环境条件、施工方法及隧道开挖断面尺寸的不同,矿山法隧道可选用单层衬砌或双层衬砌。轨道交通行车隧道不宜单独采用喷锚衬砌,当岩层的整体性好、基本无地下水,从

开挖到衬砌这段时间围岩能够自稳,或通过锚喷临时支护围岩能够自稳时,可采用单层整体现浇混凝土衬砌或装配式衬砌。双层衬砌一般用于Ⅴ、Ⅵ级围岩或车站、折返线等大跨度隧道中,其外层衬砌为初期支护,由注浆加固的地层、锚喷支护及格栅等组合而成,内层衬砌为二次支护,大多采用模筑混凝土或钢筋混凝土。

4 开挖方法对支护结构的受力、围岩稳定、周围环境、工期和造价等有重大影响。对一般的单双线区间隧道和开挖宽度在15m内的其他隧道,可根据地层条件、埋深、机具设备及环境条件等,从图1中选择合适的开挖方法。车站隧道的开挖方法则要根据结构型式、跨度及围岩条件等来选择。例如,埋置于第四纪地层中的北京西单地铁车站,采用双层三跨拱形结构覆盖层厚度6m,隧道开挖尺寸为26.14m(宽)×13.5m(高)。采用侧洞法施工,首先开挖两侧的行车隧道,完成边洞的二衬及立柱后,再开挖中洞并施作中洞拱部及仰拱的二衬;侧洞采用双侧壁导洞法开挖。埋置于岩石地层中的大跨度单拱车站隧道,当地层较差或为浅埋时,多采用品字形开挖先墙后拱法施工;在Ⅴ、Ⅵ类围岩中的深埋单拱车站,也可采用先拱后墙法施工。

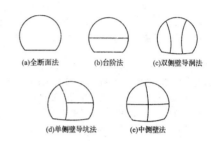

(a)全断面法 (b)台阶法 (c)双侧壁导洞法

(d)单侧壁导坑法 (e)中侧壁法

图1 中小跨度单跨地铁隧道的开挖方法

关于辅助施工方法。在土、砂等软弱围岩中,遇下列情况在隧道开挖前应考虑使用辅助施工方法:

1)采用缩短进尺、分部开挖和及时支护等时空效应的综合利用手段仍不能保证从开挖到支护起作用这段时间内围岩自稳时。

2)在隧道上方或一侧有重要建(构)筑物或地下管线需要保护,采用以上时空效应综合利用手段或设置临时仰拱等常规方法仍不能把隧道开挖引发的地面沉降控制在允许范围以内时。

3)开挖及出渣等需要采用机械化作业或因工期要求,不允许通过以上缩短进尺等措施作为主要手段来稳定围岩和控制地表沉降时。

4)需处理地下水时。

作为稳定围岩和控制地面沉降的辅助施工方法大致可分为预支护和围岩预加固两类。常用的预支护方法有超前杆或超前插板、小导管注浆、管棚、超前长桩、预切槽、管拱和超前盖板等;围岩预加固有垂直砂浆锚杆加固和地层注浆等。作为地下水处理的辅助施工方法有降排水法、气压法、地层注浆法和冻结法。

辅助施工方法的选择与地层条件、隧道断面大小及采用目的等因素有关,并对工程造价和施工机具的配置等产生直接影响。

5 预支护与围岩预加固。工程实践和理论分析证明,隧道开挖过程中,围岩应力状态的改变和松弛将波及开挖面前方一定范围内的地层。所以提高开挖面前方土体强度和改善其受力条件,是保证开挖面稳定和控制开挖产生过大沉降的重要手段。因此,预支护和围岩预加固就成为上质浅埋隧道中经常使用的施工措施。

所谓预支护,就是在隧道开挖前,预先设在隧道轮廓线以外一定范围内的支护,有的还与开挖面后方的支架等共同组成支护体系。超前杆和小导管注浆是一般土质隧道采用较多的预支护方法,前者适用于拱顶以上黏性土地层较薄或为粉土地层,后者多用于砂层或砂卵石地层。它们能有效防止顶部围岩坍塌,在一定程度也有利于提高开挖面的稳定性,但由于预支护长度短(一般

3m～5m），在特别松软的地层中，难以有效地支承开挖面前方破坏棱体上方的土体；此外，对限制土体变形的作用也不够明显。所以国外在对地层扰动大或开挖成型困难的超浅埋隧道、多连拱隧道和平顶直墙隧道，都无例外地采用了管棚等大型预支护手段。

管棚和超前长桩是对传统预支护手段的重大改进，不仅把预支护长度增加到10m～20m以上，有的还在开挖面前方形成空间刚度很大、纵横两个方向均能传力的伞形预支护体系，因而对控制开挖产生的地面沉降特别有效。一种常见的超前长桩是意大利人开发的旋喷水平桩，利用专用设备，根据土层分别选用不同的注浆方法及注浆材料，可以在隧道外周构筑直径0.6m～2.0m的砂浆桩（在砂性土中，采用单管法，使用水泥浆加固，砂浆桩的直径为0.6m～0.8m；在淤泥和黏性土中，采用双重管法，用压缩空气＋水泥浆加固，砂浆桩的直径为1.2m，若采用三重管法，用压缩空气＋水＋水泥浆加固，砂浆桩的直径可达2.0m）。

管拱实际上是一种直径达2m的巨型钢筋混凝土超前长桩，它同时又作为隧道主要承载结构的一部分。米兰地铁verriezia车站采用了这一技术。车站主体为净跨22.8m、净高16m的单拱隧道，开挖宽度达28m，覆盖层厚度为4m～5m，埋置于砂砾和粉细砂组成的地层中。先在墙脚处开挖两个侧导洞并浇筑混凝土；在车站两端的竖井内沿隧道顶部依次顶入12根覆盖整个车站的钢筋混凝土管，在管内充填混凝土；从侧导洞沿拱圈每隔6m开挖一个弧导洞，施作支承顶管的钢筋混凝土拱肋；在管拱的下面开挖隧道，施作仰拱。实测施工引起的地面沉降为10mm～14mm。

预切槽法是在隧道开挖前，沿隧道外轮廓用专用设备切出一条1.5m～5.0m的深槽，当为土质隧道时必须用喷混凝土立即充填，形成一个预拱。它可用于开挖断面积为30m²～150m²、土质比较均匀的隧道。

围岩预加固多用于浅埋隧道或对地面沉降控制特别严格的隧道。其中垂直砂浆锚杆加固，是在地面按一定间距垂直钻孔后，设置一直伸到拱外缘的砂浆锚杆，用以加固地层。注浆法则常与封闭地下水的目的配合使用。

7 地下水对矿山法施工隧道的设计、施工、使用以及由它引发的环境问题的影响，主要表现在以下两个方面：

一是隧道施工中，地下水大量涌入，不仅影响正常作业，严重的还会导致开挖面失稳。事故统计资料表明，塌方总量的95%都与地下水有关。

二是在某些地层中由于施工降水措施不当，或在隧道建成后的运营过程中，由于长期渗漏造成城市地下水位的大幅度变化，引起周围建筑物因沉陷过大而破坏。此外，在粉状土中长期渗漏会把土颗粒带进隧道，最终将削弱对隧道的侧向和底部支撑，严重时可导致隧道破坏。

地下水的处理，必须因地制宜，结合隧道所处地质条件、环境条件及施工方法等，选择经济、适宜的方法。

9.3.3 本条规定了矿山法的重点勘察内容。

1～3 第四纪覆盖地区土层的密实度、自稳性、地下水、饱和粉细砂层等，基岩地区的基岩起伏、结构面、构造破碎带、岩层风化带、岩溶、地热、温泉、膨胀岩等，以及隧道分布范围内的古河道、古湖泊、地下人防、地下管线、古墓穴、废弃工程残留物等均是影响矿山法隧道施工安全的重要因素，应重点查明其分布和范围。

对人体带来不良影响的各种有毒气体，以及能形成爆炸、火灾等可燃性气体，统称为有害气体。除洞内作业生成的以外，从地层涌出的有害气体主要包括缺氧空气、硫化氢（H_2S）、二氧化碳（CO_2）、二氧化氮（NO_2）、有机溶液的蒸汽及甲烷等天然气。

其中垃圾及沼泽回填地中的甲烷属可燃性气体，由于它的比重仅约为空气比重的一半，极易沿地层的裂隙上升到地表附近，是隧道施工中遭遇频度最高的一种有害气体。硫化氢气体主要产生于火山温泉地带，它可燃，能引起人员中毒，还会腐蚀衬砌结构。

缺氧气体多出现在以下地层中：

1） 在上部有不透水层的砂砾层或砂层中，由于抽取地下水或用气压法施工等原因，使地下水完全枯竭或含水量大量减少，如果地层中含有氧化亚铁等还原物质或有机物等，就会与空气产生氧化作用而消耗氧气，使之变为缺氧气体。

2） 含有甲烷或其他可燃气体时，在通风不良的隧道或竖井中，因施工作业大量消耗氧气，使空气中氧气浓度降低，也会导致缺氧。

人体吸入氧气浓度低于18%的缺氧空气而产生的各种病症，称为缺氧症；低于10%时能造成神志不清或窒息死亡。

5 隧道突水、涌砂、开挖面坍塌、冒顶、边墙失稳、洞底隆起、岩爆、滑坡、围岩松动等是矿山法施工常见的工程地质问题，会给隧道施工带来灾难性的后果。勘察过程中应根据所揭露的地质条件，预测其可能发生的部位并提出防治措施建议，是矿山法勘察的重要内容之一。

9.3.5 掘进机是一种先进、高效的开挖设备，它根据以剪裂为主的滚刀破岩原理，充分利用了岩石抗剪强度较低的特点，尤其适用于长隧道的施工。但它也存在以下问题：

1 掘进机掘进速度取决于岩石硬度、完整性和节理情况。节理越密，掘进越快；节理方向与掘进方向的夹角在45°左右，掘进速度较快；节理平行或垂直掘进方向，速度较慢；在软岩中最快，但在断层、溶岩发达区则问题较多，还出现过难以用正常方法掘进的实例。因此，事前对沿线地质进行深入细致的调查，对掘进机的选型、设计、估算工程进度等都至关重要。

2 工作中刀片消耗极大，需要经常更换。

9.3.6 爆破对地面建筑和居民的主要影响表现在爆破地震动效应和爆破噪声。爆破地震动在达到一定的量值之后，不仅引起建筑物的裂损和破坏，而且也会影响居民的正常生活。大量的试验观察结果表明，地震动对建筑物的破坏和对居民的影响与爆破产生的地面震动速度关系极大，爆破噪声也与爆破地面震动速度关系密切。所以各国大都把爆破产生的地面震动速度作为评价爆破次生效应的基础，制定出建筑物和人员所能承受的地面安全震动速度标准。

据现行国家标准《爆破安全规程》GB 6722规定，不同类型建筑物地面安全震动速度为：

土窑洞、土坯房、毛石房屋：1.0cm/s；

一般砖房、非抗震的大型砌块建筑物：2cm/s～3cm/s；

钢筋混凝土框架房屋：5cm/s。

9.3.7 洞桩（柱）法一般用于城市轨道交通工程的暗挖车站工程，通过先施工上下导洞，在上导洞中向下导洞中施作立柱或桩，柱下要施作基础。通常桩或柱需要承担上部荷载，边桩还要承担侧向岩土压力。在桩或柱体的支护下，再进行车站的开挖。这种开挖方式又称为PBA法或暗挖逆筑法。勘察时，根据该工法的特点提供地基承载力、桩基承载力及变形计算的岩土参数，以及侧向土压力计算参数是勘察工作的重要内容。

9.3.8 气压法是在软弱含水地层中，向开挖面输送能抵抗水压力的压缩空气，以控制涌水、保证开挖面稳定的一种开挖隧道的方法。

覆盖层厚度、土的粒径、颗粒组成、密度、土的透气性、地下水状态和隧道开挖断面的大小等对压气作用的效果影响很大。一般在黏性土地层中，压气效果显著。在粉性地层中，由于透水性小，压气效果较好，但当覆盖层薄而气压高时，有造成地表隆起的危险；而气压过低又容易使隧道底部呈现泥泞状态，引起开挖面松弛。这时，应结合实际情况，及时调整气压。在透水性和透气性大的砂土地层中，当开挖面的顶部有一层不透水的黏性土层时，也是一种使用气压法施工的较好条件；如果砂土中黏土成分占30%～40%，则有一定的压气效果；在黏土含量在15%～20%以下的砂层中,当覆盖层薄或上部无不透水层时,过高的气压有使地表喷发的危险,此时往往需要与注浆法或降低地下水位法同时使用;当隧道开挖断面较大时,由于隧道底部的气压无法平衡外部的水压力,有可能出现涌水甚至是流砂。而隧道顶部由于"过剩压力"而导致的地层过度脱水,又极易引起地层坍塌。

9.4 盾构法勘察

9.4.2 盾构法隧道轴线和盾构始发井、接收井位置的选定,盾构设备选型和刀盘、刀具的选择,盾构管片设计及管片背后注浆设计,盾构推进压力、推进速度、土体改良、盾构姿态等施工工艺参数的确定,盾构始发、接收端头加固设计与施工,盾构开仓检修与换刀位置的选定等与工程地质条件和水文地质条件密切相关。

1 盾构隧道轴线和覆土厚度的确定,必须确保施工安全,并且不给周围环境带来不利影响,应综合考虑地面及地下建筑物的状况、围岩条件、开挖断面大小、施工方法等因素后确定。覆盖层过小,不仅可能造成漏气、喷发(当采用气压盾构时)、上浮、地面沉降或隆起、地下管线破坏等,而且盾构推进时也容易产生蛇行;过大则会影响施工的作业效率,增大工程投入。根据工程经验,盾构隧道的最小覆盖层厚度以控制在1倍开挖直径为宜。

2 由于盾构选型与地质条件、开挖和出渣方式、辅助施工方法的选用关系密切,各种盾构的造价、施工费用、工程进度和推进中对周围环境的影响差异又相当大,加之施工中盾构难以更换,所以必须结合地质条件、场地条件、使用要求和施工条件等慎重比选。

盾构机械根据前端的构造型式和开挖方式的不同,大致分为图2所示的几种基本型式:

1)全面开放型盾构:又称敞口盾构,是开挖面前方未封闭的盾构的总称。根据所配备的开挖设备,又区分为人工开挖式盾构、半机械开挖式盾构和机械开挖式盾构。

全面开放型盾构原则上适用于洪积层的密实的砂、砂砾、黏土等开挖面能够自稳的地层。当在含水地层或在冲积层的软弱砂土、粉砂和黏土等开挖面不能自稳的地层中采用时,需与气压法、降低地下水位法或注浆法结合使用。

其中人工开挖式盾构是利用铲、风镐、锄、碎石机等工具开挖地层,根据需要,开挖面可设置挡土千斤顶进行全断面挡土。它比较容易处理开挖面出现软硬不匀的地层或夹有漂石、卵石等的地层,清除开挖面前方的障碍物也较为便利。一般当开挖断面很大时,可在盾构机内装备可动工作平台采用分层开挖,来保证开挖面的稳定。

半机械开挖式盾构是指断面的一部分或大部分的开挖和装渣使用了动力机械的盾构。由于在使用挖掘机和装渣机的部分采用挡土千斤顶等支护措施比较困难,只能实现部分挡土,且往往工作面的敞开比用人工开挖式盾构时大。因此对地层稳定性的要求比后者更为严格。

机械开挖式盾构采用旋转的切削头连续地进行开挖。刀头安装在刀盘或条幅上,前者可利用刀盘起到支护作用,对开挖面的稳定有利;后者工作面敞开较大,适用于可在相当长的时间内自稳的地层。

```
              ┌ 人工开挖式
      ┌ 全面开放型 ┤ 半机械开挖式
      │          └ 机械开挖式
      │
      ├ 部分开放型——闭胸式
盾构 ┤          ┌ 泥水式
      │  密闭型 ┤        ┌ 土压式
      │          └ 土压式 ┤ 泥土加压式
      │                    └ 泥浆式
      └ 混合型
```

图2 盾构类型

2)部分开放式盾构:这种盾构在距开挖面稍后处设置隔墙,其部分是开口的,用以排除工作面上呈塑性流动状的土砂,是一种适合在冲积层的黏土和粉砂地层中使用的机种;不适用于洪积黏土层、砂土和碎石土地层。此种盾构对土层的含砂量及液性指数等有一定要求(见图3及表3)。从日本的工程实践看,多用于含砂量小于15%的地层;一般适用范围为含砂量小于25%、黏聚力小于45kPa、液性指数大于0.80的地层。如果超出以上范围,随着地层强度和含砂增大,盾构推进时的千斤顶推力亦增大,易造成对管片和盾构机的损伤,并会产生盾构方向控制和地表隆起问题。

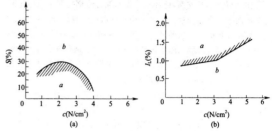

图3 部分开放式盾构的适用范围

a—可用封闭;b—不能用封闭;S—含砂率;c—黏聚力;I_L—液性指数

表3 部分开放盾构适用的地层特性

项目	土 壤 参 数			
	名称	符号	单位	适用范围
1	颗粒组成 砂	S	%	<20
	粉土	M		>20
	黏土	C		>20
2	土的粒径 有效粒径 d_{10}	d_{10}	mm	<0.001
	60%的粒径 d_{60}	d_{60}		<0.030
3	天然含水量	w	%	40~60
4	天然含水量/液限	w/w_L		>1
5	内摩擦角(三轴)	φ	°	<12
6	黏聚力(三轴)	c	kPa	<20
7	无侧限抗压强度	q_u	kPa	<60

3)密闭型盾构:包括土压平衡盾构和泥水平衡盾构两大类。它们是现代盾构技术发展的结晶,具有施工安全可靠、掘进速度快,在大多数情况下可不用辅助施工方法等特点。这两类盾构在工法形成的基本条件方面有许多共同点,前端都有一个全断面的切削刀盘和设在刀盘后面的密封舱,把从液状到半固体状的各种状态的弃土充满在舱室内,用以保持开挖面的稳定,并通过适当的手段把密封工作面的弃土排除掉。

土压平衡盾构:其特点是利用与密封舱相连的螺旋输送机排土,通过充填在密封舱内的弃土并调节螺旋输送机的排土量以平衡开挖面上的水、土压力。为了达到上述目的,对密封舱内的弃土最基本要求是应具有一定的流动性和抗渗性。前者至少有使土颗粒容易移动的尽可能适度的孔隙量(含水量、孔隙比)。此孔隙量随地层而异,作为大致的标准,黏性土是液性限界、砂性土是最大孔隙比。此外渗透系数 $k=10^{-5}$ cm/s 被认为是土压平衡盾构操作的一个经验限制值。如果土质的渗透性过高,地下水可能穿透密封舱和螺旋输送机的土壤。因此,在不具备流动性或渗透性能过高的土层中,需要通过对密封舱内的弃土注入附加剂的方法改善其特性。这种措施使得土压平衡盾构可以适用于多种地层,包括砂砾、砂、粉砂、黏土等固结度低的软弱地层和软、硬相兼的地层。视地层条件的不同,可以采用不同类型的土压平衡盾构,其中:

土压式适用于一般的软黏土和含水量及颗粒组成适当、有一定黏性的粉土。弃土经刀盘搅拌后已具备较大的流动性,能以流态充满密封舱。

泥土加压式适用于无流动性的砂、砂砾地层或洪积黏土层中。通过对舱内弃土添加水、膨润土、黏土浆液、气泡、高级水性树脂等外加剂，经强制搅拌使挖土获得必要的流动性和抗渗性。

泥浆式适用于松散、透水性大，易于崩塌的含水砂砾层或覆土较薄、泥土易于喷出地面的情况。将压力泥浆送入密封舱，与弃土搅拌后成为高浓度泥浆（比重为 1.6～1.8），用以平衡开挖面的水、土压力。

泥水平衡盾构：此种盾构的特点是向密封舱内注入适当压力的泥浆用以支撑开挖面，将弃土和泥水混合后用排泥泵及管道输送至地面进行排泥处理。泥水盾构不仅适用于砂砾、砂、粉土、黏土等固结度低的含水软弱地层及软、硬相间的地层，并且对上述地层中上部有河流、湖泊、海洋等高水压的情况也是有效的。但是对渗透系数 $k \geqslant 10^{-2}$ cm/s，细粒含量在 10%以下的土层难以通过泥水取得加压效果，并可能使地层产生流动化。

泥水盾构的主要缺点是需要配备一套昂贵的泥水处理设备，且占地较大。

4）混合型盾构：为适应沿线地质条件有明显差异的长隧道的施工而开发的新型盾构。实质是根据具体工程的地质、水文、隧道、环境等方面的实际条件将土盾构和硬岩掘进机的功能和结构，合理地加以组合与改进，可以适应从饱和软土到硬岩的开挖。例如，带有伸缩式刀盘并设有土压平衡设施，刀盘上备有能分别适应于软、硬岩切削的割刀和滚刀两种刀具，还装备有横向支撑等。当盾构在硬岩中掘进时，横向支撑将盾构固定在围岩中，刀盘旋转并向前伸进，弃土进入土舱后经螺旋输送机排除，此时土舱中的弃土不充满，也不需要进行土压平衡控制。当遇不稳定含水地层时，利用盾构千斤顶顶进，弃土全部充满土舱，必要时施加添加剂，采用土压平衡盾构的方式工作。

9.4.3 从以下几个方面理解盾构法岩土工程勘察的要求。

1 常见的不良岩土条件对盾构法施工的影响主要为以下几个方面：

1）灵敏度高的软土层：由于土层流动造成开挖面失稳；

2）透水性强的松散砂土层：涌水并引起开挖面失稳和地面下沉；

3）高塑性的黏性土层：因黏着造成盾构设备或管路堵塞，使开挖难以进行；

4）含有承压水的砂土层：突发性的涌水和流砂，随着地层空洞的扩大引起地面大范围的突然塌陷；

5）含漂石或卵石的地层：难以排除，或因被切削头带动而扰动地层，造成超挖和地层下沉；

6）上软下硬复合地层：因软弱层排土过多引起地层下沉，并造成盾构在线路方向上的偏离。

因此，以上岩土条件是盾构法的重点勘察内容。

4 当盾构穿越含有漂石或卵石的地层时，粒径大小、含量及强度对盾构机的选型、设计，以及设备配置等有直接影响。随着盾构技术的发展，在此种含水地层中，采用密闭型盾构施工的实例正在增多，但也不乏因情况不明或设计不周导致机械故障，造成难以推进的例子。所以，当用常规钻孔无法搞清情况时，就应该采用大口径勘探孔以便摸清地质情况，据此设计盾构机切削刀头的前面形状、支承方式，确定刀盘的开口形状和尺寸，刀头的材质和形状，螺旋输送机或其他水力输送机的直径、结构等。由于受到盾构内部作业空间的限制，输送管道允许采用的口径与盾构内径有关。一般当粒径大于输送管道直径的 1/3 时，就容易出现堵塞现象，需在盾构中设置破碎机。

5 盾构始发、到达井及联络通道是盾构施工中最容易出现事故的部位，因此，盾构法的岩土工程勘察工作需要对盾构始发、接收井及盾构区间联络通道的地质条件进行分析和评价，预测可能发生的岩土工程问题，提出岩土加固范围和方法建议。

6 盾构勘察中各项勘察试验目的见表 4。

表 4　各项勘察试验目的

勘察项目	勘察试验目的
地下水位	计算水压力（衬砌及盾构设计用）；决定气压盾构的气压和最小覆土厚度；盾构选型
孔隙水压力	计算水压力
渗透系数	决定降水方法及抽水量；判定注浆难易；选择注浆材料及注浆方法；盾构选型；求得土层的透气系数
地下水流速、流向	分析注浆法和冻结法的可行性
无侧限抗压强度	推算黏性土的抗剪强度；评价开挖面的稳定性
土的黏聚力	计算土压力；盾构选型；推算黏性土强度
内摩擦角	计算土压力；盾构选型；推算砂性土强度；确定剪切破坏区
变形系数	有限元分析的输入参数；计算地层变形量
泊松比	有限元分析的输入参数；计算地层变形量
标贯击数	盾构选型（表示土的强度及密实度）；液化判定
基床系数	计算地基反力
土的重力密度	计算土压力
孔隙比	了解土孔隙的大小；估计注浆率；计算黏性土的固结下沉量
含水量	计算浆体充填量；施工稳定性分析
颗粒分布曲线	明确颗粒粗细；推算渗透系数；测算注入率；选择注浆材料和压注方式；判定砂土液化；开挖面自稳性分析
液限	推算土的稳定性；结合土的灵敏度；选择注入率；黏性土固结下沉量估算
塑限	推算土的稳定性；结合土的灵敏度；选择注入率
岩石的岩性和风化程度	盾构设计和刀具选择
岩石的单轴抗压强度	盾构设计和刀具选择
岩石的 RQD 值	盾构刀具的配置
岩石的结构、构造和矿物成分	施工参数的选择和刀具磨损的评估

9.4.4 盾构法施工管片背后注浆压力比较大，如钻孔封填不密实，浆液可能沿钻孔喷出地面。此类现象在北京、成都、深圳、广州的城市轨道交通工程盾构施工中均出现过。因此，需要按照要求对勘探孔封填密实，广州市城市轨道交通工程勘察中一般采用水泥砂浆通过钻杆注浆回填至地面。

9.4.5 盾构下穿地表水体时，尤其是盾构处在掘进困难时，受到地表水体危害的可能性是较大的，因此，岩土工程勘察应对这种情况进行分析。

9.4.6 淤泥层、可液化的饱和粉土层及砂层等对盾构施工产生很大影响，而且这种影响会持续到运营期间，严重时会影响盾构隧道的稳定性。因此，岩土工程勘察不仅需要分析评价淤泥层、可液化的饱和粉土层及砂层对盾构施工安全的影响，还要提出这些不良地层对将来运营期间隧道稳定性可能产生的影响。

9.5　沉管法勘察

9.5.1 沉管法已应用于城市轨道交通工程地下工程穿越河流等水体的施工，例如，广州市城市轨道交通工程建设中曾有应用。本条规定了沉管法勘察应解决的设计、施工问题。

9.5.2 在符合本规范详细勘察要求的基础上，沉管隧道、水下基槽开挖、管节停放等是沉管法的重要勘察部位。有关说明如下：

1 钻孔的布置范围一般包括水下开挖基槽、管节停放、临时停放的范围。

2 一般钻孔的布设可按网格状布置钻孔，揭示基槽及两侧的岩土情况。钻孔间距的规定来源于广州市轨道交通工程勘察，已应用于工程实践。

3 管节位置是指水下开挖基槽中沉放管节的部位，条款强调钻孔深度应达到水下开挖基槽以下 10m 并穿过压缩层，以满足计算沉降量的需要。

　　4　河岸的管节临时停放位置，需要布置少量钻孔，揭示此处土层的承载力。

　　5　干坞是管节预制的场所，属于临时工程，干坞的勘察要求视干坞的规模、场地条件等而确定，未列入本规范。

9.6　其他工法及辅助措施勘察

　　9.6.1　沉井、导管注浆、冻结等工法及辅助措施在一定程度上决定了城市轨道交通工程建设成败，其勘察工作一般在车站、区间的详细勘察中完成。当辅助施工需要补充更为详细的岩土资料时，可在详细勘察的基础上进行施工勘察。本规范未涉及的高压旋喷、搅拌桩等辅助工法可参照其他有关规范进行勘察。

　　9.6.2　沉井可用于矿山法竖井或盾构法竖井的施工。本条特别说明了沉井或沉箱的勘察要求，主要包括钻孔布置、终孔深度，以及查明岩土层的分布、物理力学性质和水文地质条件，特别提及可能遇到对沉井施工不利情况的勘察要求。钻孔数量不宜多，一般1个～4个钻孔可满足要求。

　　9.6.3　导管注浆法是将水泥浆、硅酸钠（水玻璃）等液体注入地层使之固化，用以加固围岩，提高其止水性能的一种施工方法。为此需根据围岩的渗透系数、孔隙率、地下水埋深、流向和流速等，选定与注浆目的相适应的注浆材料和施工方法，决定注浆范围、注浆压力和注浆量等。

　　9.6.4　冻结法是临时用人工方法将软弱围岩或含水层冻结成具有较高强度和抗渗性能的冻土，以安全地进行隧道作业的一种施工方法。由于成本较高，一般是在其他辅助施工方法不能达到目的时方可采用。

　　冻结法可用于砂层和黏性地层中，但当土层的含水率在10%以下或地下水流速为1m/d～5m/d时，难以获得预期的冻结效果。对于后一种情况，可以通过注浆来降低水流速度。采用本法时，必须对围岩的含水量、地下水流速、土的冻胀特性及冻土解冻时地层下沉等问题进行充分地调查与研究。

　　土壤冻结时产生的体积膨胀与土壤的物理力学性质、有无上覆荷载及所采用的冻结方法等有关，一般在砂层和砂砾土中几乎不会产生，在黏土和粉砂中较大。通常人工冻土的体积膨胀不会超过5%，产生的冻胀力可达2500kN/m²～3000kN/m²。为了获得黏性土的冻胀量，可进行不扰动土取样的室内试验。

　　在接近建筑物或地下管线处采用冻结施工时，必要时可采取以下措施：

　　1　控制冻土成长；

　　2　限定冻结范围，设置冻胀吸收带，使建筑物周围不冻结；

　　3　对建筑物进行临时支撑或加固等。

　　解冻产生的地层下沉主要出现在黏性土中。解冻时，由于土颗粒的结合被切断而产生的孔隙，在上覆荷载和自重的作用下就会产生下沉。下沉量可比冻胀量大20%。为此，可配合注浆法加以克服。

　　冻土强度与温度和地层的含水量有关。同一温度下的饱和土，冻土强度大小依次按砂砾大于砂大于黏土的顺序排列。表5的数值可供参考。

表5　冻土强度（kN/m²）

土质	-10℃			-15℃		
	单轴抗压强度	弯曲抗拉强度	抗剪强度	单轴抗压强度	弯曲抗拉强度	抗剪强度
黏土、粉砂	4000	2000	2000	5000	2500	2500
砂	7000	2000	2000	10000	3000	2000

　　例如，2000年广州市地下铁道二号线纪念堂至越秀公园区间隧道过清泉街断裂采用水平冻结法施工（冻结长度64m），2006年

广州市轨道交通三号线天河客运站折返线隧道在燕山期花岗岩残积层中采用水平冻结法加固地层，均为矿山法开挖。

　　冻结法勘察需要着重解决以下几个问题：

　　1　冻结使土体的物理力学性质发生突变，与未冻结相比，主要表现在：土体的黏聚力增大、强度提高，压缩量明显减小，体积增大，原来松散的含水土体成为不透水土体。因此，特别强调查明需冻结土层的物理力学性质，其中包括含水量、孔隙比、固结系数、剪切强度。

　　2　冻结法利用冻结壁隔绝岩土层中的地下水与开挖体的联系，以便在冻结壁的保护下进行开挖和衬砌施工。因此，查明需冻结土层周围含水层的分布及含水量是勘察的重要工作内容。

　　3　地温、导温系数、导热系数和比热容等热物理指标是影响冻结温度场的主要因素。勘察工作中需要依据本规范第15.12节测试需冻结土层的地温，依据第16.2.6条测定土层的热物理指标。

　　4　冻结土层的冻胀率、融沉率等冻结参数需在冻结施工中测定。尽可能收集已有的冻结法施工经验，包括不同土层的冻结参数，以及冻胀、融沉对环境的影响程度，为指导施工提供依据。在冻结法施工中，应防止严重的冻胀和融沉。

　　5　冻结和解冻过程中，土体的物理力学性质发生突变，要求查明冻结施工周围的地面条件、建（构）筑物分布、地下管线等分布情况。

　　6　在施工前，要求分析冻结法施工对周围环境的影响，并将影响减至最小。

10　地　下　水

10.1　一　般　规　定

　　10.1.1　在城市轨道交通工程建设中，地下水对工程影响重大，如结构抗浮问题、抗渗问题、施工方法选择、地下水控制、结构水土压力计算等均与地下水密切相关，在施工过程中因地下水问题产生的工程事故频发，地下水勘察是岩土工程勘察的重要组成部分。

　　10.1.2　水文地质条件简单时，在详细勘察工作中采取的一些水位观测、水文地质试验等可满足工程需要；鉴于地下水对城市轨道交通工程建设的重要性，对于复杂的水文地质条件和存在泉水等地下水景观时，一般通过采用专门水文地质钻孔、专门地下水动态长期观测孔、抽水试验孔等手段开展水文地质专项勘察工作。

10.2　地下水的勘察要求

　　10.2.1　本条是城市轨道交通工程地下水的勘察基本要求。

　　2　由于地下含水透镜体分布的复杂性，在勘察中不但要查明稳定含水层分布规律，还应查明地下含水透镜体的分布。

　　4　历史最高水位指长期观测孔中历年地下水达到的最高纪录。

　　5　城市轨道交通的地下工程勘察一般通过现场勘察、试验取得具体水文地质参数。

　　10.2.2　山岭隧道中不同岩性接触带、断层带和富水带是隧道施工中最易发生大量涌水的地段和部位，为此查明"三带"是非常重要的。

　　1　山岭隧道地下水类型主要为孔隙水、裂隙水和岩溶水。有的还根据岩性、构造分为亚类，如裂隙水分为不同岩性接触带裂隙

水、断层裂隙水和节理裂隙密集带水，从已有隧道涌水类型看，以孔隙水、裂隙水为主，其次为综合性涌水，断层水和岩溶水也占一定比例。

2　岩溶水的垂直分带即垂直渗流带、水平径流带和深部缓流带可根据现行行业标准《铁路工程不良地质规程》TB 10027 划分。查明岩溶水的垂直分带与隧道设计高程的关系以及蓄水结构是至关重要的。

3　预测隧道施工中的集中涌水段、点的位置及其涌水量和对围岩影响是极其重要的。所谓集中涌水，国内尚无量的规定，日本的《隧道地质学》，将隧道施工中开挖面的涌水划分为四个等级，以开挖面10m区间涌水量计，1级为无水或涌水量1L/min，2级为滴水或涌水量 1L/min～20L/min，3级为涌水量 20L/min～100L/min，4级为全面涌水 100L/min 以上。

4　集中涌水段或点在施工过程中可能发生的最大涌水量和正常涌水量的预测方法，目前国内外尚无固定的计算模型，主要根据地质、水文地质条件综合分析确定。

10.3　水文地质参数的测定

10.3.1　具体工程勘察中，首先根据地层、岩性、透水性和工程重要性等条件的不同确定地下水作用的评价内容，并根据评价内容的要求，明确水文地质参数及其测定方法，表6是各种水文地质参数常用的测试方法。

表6　水文地质参数及测定方法

参　数	测　定　方　法
水位	钻孔、探井或测压管观测
渗透系数、导水系数	抽水试验、提水试验、注水试验、压水试验、室内渗透试验
给水度、释水系数	单孔抽水试验、非稳定流抽水试验、地下水长期观测、室内试验
越流系数、越流因数	多孔抽水试验
单位吸水率	注水试验、压水试验
毛细水上升高度	试验观测、室内试验

10.3.2　本条为强制性条文，必须严格执行。地下水一般分层赋存于含水地层中，各含水层的地下水位多数情况下不同，多层地下水分层水位的量测，尤其是承压水水头的观测，对隧道设计与施工、地下车站基础和基坑支护设计与施工十分重要，目前不少勘察人员忽视这项工作，造成勘察资料的欠缺，本次修订作了明确的规定。

多层地下水分层水位的量测要注意钻探过程中套管是否隔开上层水的影响，这是需要在现场进行判断的，如果无法取得准确的各层水位，就需要设置分层观测孔。

10.3.4　对地下水流向流速的测定作如下说明：

1　用几何法测定地下水流向的钻孔布置，除应在同一水文地质单元外，尚需考虑形成锐角三角形，其中最小的夹角不宜小于40°；孔距宜为 50m～100m，过大和过小都将影响量测精度。

2　用指示剂法测定地下水流速，试验孔与观测孔的距离由含水层条件确定，一般细砂层为 2m～5m，含砾粗砂层为 5m～15m，裂隙岩层为 10m～15m，岩溶地区可大于50m。指示剂可采用各种盐类、着色颜料、I^{131} 等，其用量决定于地层的透水性和渗透距离。

3　当工程对地下水流速精度要求不高时，可以采用水力梯度法计算。水力梯度法是间接求得场区地下水流速的方法，只要知道场区含水层的渗透系数 k 和水力梯度 i，则流速为：

$$\nu = ki \qquad (13)$$

10.3.5　为了使渗透系数等水文参数更接近工程实际情况，在城市轨道交通勘察工作中一般采用抽水试验、注水试验等现场测试方法确定。表7的渗透系数经验值可供参考。

由于渗透系数大于 200m/d 的含水层的水量往往很大，这类地层中进行施工降水时，常配合采用堵水、截水等方法才能满足设计和施工的要求，所以本规范中特别列出"特强透水"一类。

10.3.6　松散类岩土给水度可参考表8的经验值。

表7　岩土的渗透系数经验值

岩土名称	渗透系数 k	
	(m/d)	(cm/s)
黏土	<0.001	<1.2×10⁻⁶
粉质黏土	0.001～0.100	1.2×10⁻⁶～1.2×10⁻⁴
粉土	0.100～0.500	1.2×10⁻⁴～6.0×10⁻⁴
黄土	0.250～0.500	3.0×10⁻⁴～6.0×10⁻⁴
粉砂	0.500～1.000	6.0×10⁻⁴～1.2×10⁻³
细砂	1.000～5.000	1.2×10⁻³～6.0×10⁻³
中砂	5.000～20.000	6.0×10⁻³～2.4×10⁻²
均质中砂	35.000～50.000	4.0×10⁻²～6.0×10⁻²
粗砂	20.000～50.000	2.4×10⁻²～6.0×10⁻²
均质粗砂	60.000～75.000	7.0×10⁻²～8.6×10⁻²
圆砾	50.000～100.000	6.0×10⁻²～1.2×10⁻¹
卵石	100.000～500.000	1.2×10⁻¹～6.0×10⁻¹
无充填的卵石	500.000～1000.000	6.0×10⁻¹～1.2
稍有裂隙岩石	20.000～60.000	2.4×10⁻²～7.0×10⁻²
裂隙多的岩石	>60.000	>7.0×10⁻²

表8　岩土给水度的经验值

岩土名称	给水度	岩土名称	给水度
粉砂与黏土	0.100～0.150	粗砂与砾砂	0.250～0.350
细砂与泥质砂	0.150～0.200	黏土胶结的砂岩	0.020～0.030
中砂	0.200～0.250	裂隙灰岩	0.008～0.100

10.3.7　采用计算法求影响半径时，表9列出了常用的计算公式：

表9　影响半径计算公式

计 算 公 式		适用条件	备注
潜水	承压水		
$\lg R=\dfrac{s_w(2H-s_w)\lg r_1-s_1(2H-s_1)\lg r_1}{(s_w-s_1)(2H-s_w-s_1)}$	$\lg R=\dfrac{s_w\lg r_1-s_1\lg r_w}{s_w-s_1}$	1 完整井 2 一个观测孔	结果偏大
$\lg R=\dfrac{s_1(2H-s_1)\lg r_2-s_2(2H-s_2)\lg r_1}{(s_1-s_2)(2H-s_1-s_2)}$	$\lg R=\dfrac{s_1\lg r_2-s_2\lg r_1}{s_1-s_2}$	两个观测孔	精度可靠
$\lg R=\dfrac{1.366k(2H-s_w)s_w}{Q}\lg r_w$	$\lg R=\dfrac{2.73kMs_w}{Q}+\lg r_w$	单孔	一般偏大
$R=2s_w\sqrt{Hk}$	$R=10s_w\sqrt{k}$	单孔	概略计算

10.3.8　孔隙水压力对土体的变形和稳定性有很大影响。在隧道开挖阶段，采取工程降水时，为了控制地面沉降，对有关土层进行孔隙水压力的监测有利于地面沉降原因的分析。

10.3.9、10.3.10　城市轨道交通工程地下水控制往往是决定工程成败的关键，地下工程往往埋深大、涉及多个含水层，仅靠经验参数进行地下水控制的设计不能满足要求，因此需要在现场布置一定数量的抽水试验，通过现场试验获取可靠的参数满足地下水控制设计与施工的需要。

10.4　地下水的作用

10.4.1　地下水对岩土体和城市轨道交通工程的作用，按其机制可以划分为两类。一类是力学作用；一类是物理、化学作用。

10.4.2　地下水对城市轨道交通工程的力学作用及评价方法主要包括以下几个方面：

1　地下水对地下工程的浮力是最明显的一种力学作用。在静水环境中，浮力可以用阿基米德原理计算。一般认为，在透水性较好的土层或节理发育的岩体中，计算结果即等于作用在基底的浮力。对于节理不发育的岩体,尚缺乏必要的理论依据,很难确切定量,故本款规定,有经验或实测数据时,按经验或实测数据确定。

在渗流条件下,由于土单元体的体积 V 上存在与水力梯度 i 和水的重力密度 γ_w 呈正比的渗透力(体积力)J:

$$J = i\gamma_w V \qquad (14)$$

造成了土体中孔隙水压力的变化,因此,浮力与静水条件下不同,应该通过渗流分析求出。

在工程设计中,抗浮设防水位的确定十分重要,目前,设计工程师寄希望勘察报告中能准确给出抗浮设防水位。由于地下水位变化影响的因素很多,主要有:

1)地下含水层的水位与大气降水入渗的关系;

2)城市规划中地下水的开采量变化对该地下水的影响;

3)建筑物周围的环境,与周围水系的联系;

4)其他各层地下水与其补给排泄的影响。

从其影响因素看,抗浮设防水位的确定十分复杂,本次修订在第7.3.2条中规定应进行专项工作。

一般抗浮设防水位可采用综合方法确定:

1)当有长期水位观测资料时,抗浮设防水位可根据该层地下水实测最高水位和地下工程运营期间地下水的变化来确定;无长期水位观测资料或资料缺乏时,按勘察期间实测最高稳定水位并结合场地地形地貌、地下水补给、排泄条件等因素综合确定;

2)场地有承压水且与潜水有水力联系时,应实测承压水水位并考虑其对抗浮设防水位的影响。

2 验算边坡稳定性时需考虑地下水渗流对边坡稳定的影响。对基坑支护结构的稳定性验算时,不管是采用水土合算还是水土分算,都需要首先将地下水的分布搞清楚,才能比较合理地确定作用在支护结构上的水土压力。

4 渗流作用可能产生潜蚀、流土或管涌现象,造成破坏。以上几种现象,都是因为基坑底部某个部位的最大渗流梯度大于临界梯度,流土和管涌的判别方法可参阅有关规范和文献。

在防止由于深处承压水的水压力而引起的基坑隆起即突涌,需验算基坑底不透水层厚度与承压水头压力,见图4,并按平衡式(15)进行计算:

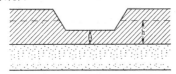

图 4 突涌验算示意

$$\gamma H = \gamma_w \cdot h \qquad (15)$$

基坑开挖后不透水层的安全厚度按式(16)计算:

$$H \geqslant (\gamma_w/\gamma) \cdot h \qquad (16)$$

式中:H——基坑开挖后不透水层的安全厚度(m);

γ——土的重度(g/cm^3);

γ_w——水的重度(g/cm^3);

h——承压水头高于含水层顶板的高度(m)。

10.5 地下水控制

10.5.3 降水对周边环境影响主要有降水引起地面沉降、地下水资源的消耗。关于降水引起地面沉降的估算可参考相关规范、手册。

10.5.4～10.5.6 地下水控制不管采用什么方法都是有利有弊:

1 帷幕截水方法以现有的技术当属地下连续墙最为可靠,但造价偏高,目前采用的薄壁地下连续墙已经在城市建设中有所应用,由于造价降低不少,是值得研究应用的方法。

2 采用旋喷桩帷幕截水,虽然有根桩深度不受过多限制,但由于成桩过程中存在的垂直度不能保证达到要求,可能会出现局部缝隙,在施工开挖时会造成严重后果。因此深大基坑应慎重选择旋喷桩截水帷幕,如选择旋喷桩截水帷幕,应强调施工的质量要求。

3 目前,国内许多城市的浅层地下水污染较严重,深部地下水质量相对较好。自渗方法降低地下水位就是把上层水通过自渗井导入下层水,在不考虑地下水环境的情况下,是施工降水比较节省的方法。如上层水导入下层水可能恶化下层水的水质,则不宜采用这类方法。

4 地下水回灌具有两方面作用:一是保障基坑周边地面不发生沉降;二是保障地下水资源量不受施工降水的影响。采用回灌方法是与抽水方法相伴生的。回灌可在同层进行,也可以在异层进行。同层回灌应保证回灌井回灌的水量不能过多地流入抽水井,加重抽取水量。这就要保证在工程场区存在同层回灌的条件,即存在设置回灌井的位置,能够保证回灌井与抽水井的距离。异层回灌虽然不受场地大小的限制,但考虑到上层水质往往较差,在选择采用异层回灌前,应评价不同层位地下水混合后对地下水环境的影响,避免产生水质型水资源损失。

11 不良地质作用

11.1 一般规定

11.1.1 本条为强制性条文,必须严格执行。本规范所列入的不良地质作用是城市轨道交通工程建设中常见的地质现象,对城市轨道交通工程的线路方案、施工方案、工程安全、工程造价、工期等会产生重大影响,同时不良地质作用随时空的变化而变化,伴随在城市轨道交通工程建设和运营的全过程中,因此,应对不良地质作用进行专项的勘察工作。

11.1.2 本规范列入的不良地质作用有采空区、岩溶、地裂缝、地面沉降、有害气体,是目前勘察中遇到的。随着国内城市轨道交通工程的不断发展,在今后勘察工作中可能遇到滑坡、危岩落石、岩堆、泥石流、活动断裂等不良地质作用,国家现行标准《岩土工程勘察规范》GB 50021、《铁路工程不良地质勘察规程》TB 10027 对勘察有明确规定。

11.2 采空区

11.2.1 采空区是指有地层规律可循,并沿某一特征地层挖掘的坑洞。如煤矿(窑)、掏金洞、掏沙坑、坎儿井等。采空区的采空程度和稳定性分区是该类地段工程地质勘察必须解决的问题。由于开采矿体不同和开采时期不同,采空程度差异很大;影响采空区稳定性的因素众多,地质勘察积累的资料较少,在规范中一直未列出划分标准。近几年随着城市轨道交通工程建设的发展,通过和即将通过开采矿区、规划矿区、地下人防等越来越多,上述问题更加突出。为适应工程建设需要,本规范规定按采空程度和开采现状的分类方法,并希望在使用过程中积累资料,补充完善分类标准。

11.2.2 城市轨道交通工程由于主要分布在城市及近郊,这些地区人类活动频繁,多留有人类活动的痕迹,如防空洞、枯井、墓穴、采砂坑等,这些人工坑洞大部分分布较浅,对城市轨道交通工程建设影响较大,因此将其他纳入人工坑洞的勘察范围,勘察时参照采空区的相关规定执行。

11.2.3 有设计、有计划开采的矿区和规划矿区,将矿区设计、实施资料移放在线路平面图上与该区段区域地质资料综合分析后圈定移动盆地或保留煤柱。

小窑采空区,开采多为乱采乱挖,要确定其采空范围则必须经过实地调查、坑洞测量、结合该段区域地质资料,初步圈定采空范围,用钻探和物探查明坑洞含水和采空范围,根据区域地质资料和钻探资料获取采空层位的埋深和顶板地层的物理力学性质。

时间久远的古窑采空区,由于时间久远知情人少,坑洞坍塌又不能实地测量,采空范围和采空程度确定十分困难。为达勘察目的,可采用广泛访问、了解地区开采历史、开采方式、开采能力、开采设备、年开采量、开采时段,分析区域地质资料和水文地质情况,初步确定开采层位,圈定采空范围和采空程度。有条件时,应以物探为先导指导钻探验证采空范围。

11.2.6 采空区稳定性评价,应根据采空程度和坑洞顶板地层的物理力学性质进行。大面积采空,根据开采矿体的范围、矿层的倾斜程度、上覆地层的物理力学性质确定移动盆地。根据工程性质确定线路通过位置。小窑采空区,根据上覆地层物理力学性质进行评价。浅埋的人防空洞应根据其与城市轨道交通工程的空间位置关系和土层的物理力学性质进行评价。

铁一院通过在陕西、山西煤系地层小窑采空区的铁路建设,根据前述的小煤窑开采情况和该地区煤层主要位于石炭、二叠系泥页岩夹砂岩地层的特点,提出了该地区小煤窑采空稳定性评价标准。即当基岩顶板厚度小于30m时,为可能坍塌区,要求所有工程均需处理;当基岩顶板厚度等于30m~60m时,为可能变形区,重点工程应处理;当基岩顶板厚度大于60m时,为基本稳定区,一般工程不处理,重大工程结合其重要性单独考虑。其中顶板为第四系土层时,按3:1换算为基岩(即3m土层换算为1m基岩)。依据上述标准,在孝柳、侯月、神朔等线小煤窑采空区进行工程处理,经过施工、运营考验尚未发生工程地质问题。

11.3 岩 溶

11.3.1 岩溶亦称喀斯特,是指可溶性岩层如碳酸盐类的石灰岩、白云岩以及硫酸盐类的石膏等受水的化学和物理作用产生沟槽、裂隙和空洞,以及由于空洞顶板塌落使地表产生陷穴、洼地等侵蚀及堆积地貌形态特征和地质作用的总称。

11.3.2 按埋藏条件的岩溶分类参考表10:

表 10 按埋藏条件的岩溶分类及其特征

岩溶类型	岩溶特征	分布特征
裸露型岩溶	可溶性岩石直接出露于地表,地表岩溶显著,裸露型岩溶多出现于新构造运动上升地区	我国绝大部分岩溶均属此类
覆盖型岩溶	可溶性岩石被第四系松散堆积物所覆盖,覆盖层厚度一般小于50m,覆盖层下的岩溶常对地表地形有影响,如在地面形成洼地、漏斗、浅塘、塌陷坑等	多分布于广西、云贵高原等地
埋藏型岩溶	可溶性岩石被上覆基岩深埋达几百米至一、二千米,在地下深处发育岩溶,地表上无岩溶现象	分布于四川盆地、华北平原等

岩溶发育程度按表11进行分级:

表 11 岩溶发育强度分级

级别	岩溶强烈发育	岩溶中等发育	岩溶弱发育	岩溶微弱发育
岩溶形态	以大型暗河、廊道、较大规模溶洞、竖井和落水洞为主	沿断层、层面、不整合面等有显著溶蚀、中小型串珠状洞穴发育	沿裂隙、层面溶蚀扩大为主岩溶化裂隙或小型溶穴	以裂隙状岩溶或溶孔为主
连通性	地下洞穴系统基本形成	地下洞穴系统未形成	裂隙连通性差	溶孔、裂隙不连通
地下水	有大型暗河	有小型暗河或集中径流	少见集中径流,常有裂隙水流	裂隙透水性差

11.3.5 岩溶地区的地质条件一般都很复杂,勘察难度大,采用综合勘探手段取得的地质资料相互补充、相互验证,是岩溶地区勘察的基本原则。

岩溶地区的钻探深度应结合工程类别考虑,作为地基时从溶洞的顶板安全厚度考虑,太薄则不安全;作为建筑物环境,一方面应考虑环境条件的要求,另一方面还应考虑基底岩层顶板的安全厚度;对于覆盖型岩溶一般应穿透覆盖层至下伏完整基岩。

11.3.7 岩溶岩土工程分析与评价包括岩土工程勘察报告和各类图件。不同勘察阶段,岩溶岩土工程分析与评价的内容、深度不同:

1 可行性研究阶段,岩土工程勘察报告主要包括可溶岩地层岩性、空间分布、岩溶发育的形态特征、岩溶地下水类型及补、径、排条件,对线路工程的影响程度、方案比选意见,宜采取的对策措施。

2 初勘阶段,岩土工程勘察报告主要包括可溶岩地层岩性、空间分布、岩溶发育的形态特征、岩溶地下水类型及补、径、排条件,对线路方案评价意见及比选建议,重点工程的评价和处理原则,基坑及隧道涌水量的预测和评价,存在问题及下阶段勘察中注意事项。

3 详勘阶段,岩土工程勘察报告主要包括可溶岩地层岩性、空间分布、岩溶发育的形态特征、岩溶地下水类型及补、径、排条件,岩溶对各类工程的影响程度及采取的相应处理措施,基坑及隧道涌水量的预测和评价,存在问题及施工中应注意事项。

4 施工阶段,岩土工程勘察报告主要是具体分析与评价报告,应阐明隐伏岩溶、洞穴或暗河的空间走向、与工程的空间关系,评价对工程的影响程度,采取的工程处理措施建议。

关于岩溶地面塌陷可按表12进行综合评价:

表 12 岩溶地面塌陷预测分析参考标准

基本条件	主要影响因素	因素的水平	指标分数
水——塌陷动力	水位(40分)	水位能在土、石界面上下波动	40
		水位不能在土、石界面上下波动	20
覆盖层——塌陷物质	土的性质与土层结构(20分)	黏性土	10
		砂性土	20
		风化砂页岩	10
		多元结构	20
	土层厚度(10分)	<10m	10
		10m~20m	7
		>20m	5
岩溶——塌陷与储运条件	地貌(15分)	平原、谷地、溶蚀洼地	15
		谷坡、山丘	5
	岩溶发育程度(15分)	漏斗、洼地、落水洞、溶槽、石牙、竖井、暗河、溶洞较多	10~15
		漏斗、洼地、落水洞、溶槽、石牙、竖井、暗河、溶洞稀少	5~9

注:1 累计指标分大于或等于90为极易塌陷区,71~89为易塌陷区,小于或等于70为不易塌陷区。
　　2 近期产生过塌陷区,累计指标分应为100。
　　3 地表降水入渗至塌陷地区,水的指标分为40。

11.4 地 裂 缝

11.4.1 历史上我国许多地方都出现过地裂缝。唐山地震前后,华北广大地区出现地裂缝活动,涉及10余省200多个县市,发育达上千处之多;山西运城鸣条岗早在20世纪20年代就出现地裂缝,到1975年该地裂缝还在活动,总体走向为北东向,全长约12000m,宽度一般200mm~300mm;陕西的礼泉、泾阳、长安也出现地裂缝;最具有代表性的属于西安地裂缝,到目前为止已发现13条。西安地裂缝是指在过量开采承压水,产生不均匀地面沉降的条件下,临潼—长安断裂带西北侧(上盘)存在的一组北东走向的隐伏地裂缝的被动"活动",在浅表形成的破裂。西安地裂缝的基本特征有以下几点：

1 西安地裂缝大多是由主地裂缝和分枝裂缝组成的，少数地裂缝则由主地裂缝、次生地裂缝和分枝裂缝组成。

2 主地裂缝总体走向北东，近似于平行临潼—长安断裂，倾向南东，与临潼—长安断裂倾向相反，倾角约为80°，平面形态呈不等间距近似平行排列。次生地裂缝分布在主地裂缝的南侧，总体倾向北西，在剖面上与主地裂缝组成"Y"字形。

3 地裂缝具有很好的连续性，每条地裂缝的延伸长度可达数公里至数十公里。

4 地裂缝都发育在特定的构造地貌部位（现在可见的和地质年代存在过的构造地貌），即梁岗的南侧陡坡上，梁间洼地的北侧边缘。

5 地裂缝的活动方式是蠕动，主要表现为主地裂缝的南侧（上盘）下降，北侧（下盘）相对上升。次生地裂缝则表现为北侧（上盘）下降，南侧（下盘）相对上升。

6 地裂缝的垂直位移具有单向累积的特性，断距随深度的增大而增大。

从上述情况看，地裂缝的形成往往与构造、地震、地面沉降等因素有关。

这里对地裂缝的规模提出了要求。"长距离地裂缝"原则上指长度超过1000m的地裂缝。山西运城鸣条岗地裂缝、陕西的礼泉地裂缝、泾阳地裂缝以及西安地裂缝的长度都超过了1000m。这也是为了区分由地下采空、边坡失稳、挖填分界、黄土湿陷及地震液化等原因造成的小规模地裂缝。

从西安地裂缝的长期研究结果看，地裂缝既有地表可见到的地裂缝，也有地表看不到的隐伏地裂缝。

11.4.3 对本条的有关内容说明如下：

1 地裂缝调查是地裂缝勘察中非常重要的手段，因为地裂缝的活动往往是周期性的，延续时间也较长，而我们的城市轨道交通工程都建设在城市中及近郊，这些地段人类活动频繁，对地形地貌的改造较为剧烈，地裂缝活动的痕迹难以保留，只有通过深入细致的调查才能了解地裂缝的基本分布情况，指导进一步的勘察工作。确定地裂缝的历史活动性及错距，主要是通过对标志层的对比来实现的，因此在地裂缝调查时，应确定出哪些层位可作为标志层。西安地裂缝场地勘察时主要采用三类标志层。

第一类标志层为地表层，其场地特征主要为：场地内地裂缝是活动的，在地表已形成破裂；地表破裂具有清晰的垂直位移，地面呈台阶状；地表破裂有较长的延伸距离；地表破裂与错断上更新统或中更新统的隐伏地裂缝位置相对应。

第二类标志层为上更新统和中更新统红褐色古土壤层，其场地特征主要为：场地内的地裂缝现今没有活动，或活动产生的地表破裂已被人类工程活动所掩埋；场地内埋藏有上更新统或中更新统红褐色古土壤层。

第三类标志层主要指埋藏深度40m～80m的中更新统河湖相地层和60m～500m深度内可连续追索的六个人工地震反射层组。

采用人工浅层地震反射波法勘探时，宜进行现场试验，确定合理的仪器参数和观测系统。野外数据采集系统的基本要求为：覆盖次数不宜少于24次，道距3m～5m，偏移距不小于50m。对区域地层结构不清楚的场地，不宜采用人工浅层地震反射波法勘探。

对地表出露明显的地裂缝，宜以地质调查与测绘、槽探、钻探、静力触探等方法为主；对隐伏地裂缝，宜以地质调查与测绘、钻探、静力触探、物探等方法为主。

2 若地层分布较稳定，结构清楚，采用静力触探能较准确地查明地裂缝两侧的地层错位。西安市广泛分布的上更新统红褐色古土壤层（地面下第一层古土壤层），层底一般有钙质结核富集层，

静力触探曲线上该层呈非常突出的峰值，是比较好的标志层。且静力触探施工方便，速度快。

3 由于城市轨道交通工程呈线状工程，且主要沿城市已有交通要道布设，线位选择余地少，因此在线位与地裂缝走向基本正交时，对地裂缝勘察的勘探线有2条就基本能确定地裂缝的走向。若有左右线，左右线的勘探线也就是地裂缝的勘探线。但线路通过位置应布置勘探线。若线位与地裂缝走向基本平行，地裂缝的勘探线要根据实际情况增加。

4 这些规定是保证发现地裂缝及确定其位置的最基本要求，也是西安地裂缝长期勘察的经验。

5 勘探孔深度主要根据标志层深度确定，以能查明标志层错位情况为原则。

6 人工浅层地震反射波法反映的异常，不一定都是由地裂缝造成的，因此需要用钻探验证。

11.4.4 对本条的有关内容说明如下：

西安市地方标准《西安地裂缝场地勘察与工程设计规程》DBJ 61—6—2006对地裂缝影响区范围和建（构）筑物总平面布置以及工程设计措施主要有以下规定：

地裂缝影响区范围上盘0～20m，其中主变形区0～6m，微变形区6m～20m；下盘0～12m，其中主变形区0～4m，微变形区4m～12m。以上分区范围均从主地裂缝或次生地裂缝起算。

在地裂缝场地，同一建筑物的基础不得跨越地裂缝布置。采用特殊结构跨越地裂缝的建筑物应进行专门研究；在地裂缝影响区内，建筑物长边宜平行地裂缝布置。

建筑物基础底面外沿（桩基时为桩端外沿）到地裂缝的最小避让距离，一类建筑应进行专门研究或按表13采用；二类、三类建筑应满足表12的规定，且基础的任何部分都不得进入主变形区内；四类建筑允许布置在主变形区内。

表13 地裂缝场地建筑物最小避让距离（m）

结构类别	构造位置	建筑物重要性类别		
		一	二	三
砌体结构	上盘	—	—	6
	下盘	—	—	4
钢筋混凝土结构、钢结构	上盘	40	20	6
	下盘	24	12	4

注：使用表13时，应同时满足下列条件：
  1 底部框架砌体结构、框支剪力墙结构建筑物的避让距离应按表中数值的1.2倍采用。
  2 Δk 大于2m时，实际避让距离等于最小避让距离加上 Δk。
  3 桩基础计算避让距离时，地裂缝倾角统一采用80°。

主地裂缝与次生地裂缝之间，间距小于100m时，可布置体型简单的三类、四类建筑；间距大于100m时，可布置二类、三类、四类建筑。

地裂缝场地的建筑工程设计，采用减小地裂缝影响的措施主要有：采取合理的避让距离；加强建筑物适应不均匀沉降的能力；采取防水措施或地基处理措施，避免水渗入地裂缝产生次生灾害；在地裂缝影响区范围内，不得采用用水量较大的地基处理方法；在地裂缝影响区内的建筑，应增加其结构的整体刚度与强度，体型应简单，体型复杂时，应设置沉降缝将建筑物分成几个体型简单的独立单元，单元长高比不应大于2.5；在地裂缝影响区内的砌体建筑，应在每层楼盖和屋盖处及基础设置钢筋混凝土现浇圈梁；在地裂缝影响区内的建筑宜采用钢筋混凝土双向条基、筏基或箱基等整体刚度较大的基础。

采用路堤方式跨越地裂缝时，除查明地裂缝外，应定期监测地裂缝的活动，及时调整线路坡度。桥梁工程场地及附近存在地裂缝时，除查明地裂缝外，还要采取以下防治措施：

1）当桥梁长度方向与地裂缝走向重合时，应适当调整线位，宜置于相对稳定的下盘；

2)桥墩基础的避让距离,单孔跨径大、中、小桥可按三类建筑物的避让距离确定;单孔跨径特大桥可按二类建筑物的避让距离确定;

3)跨越地裂缝的桥梁上部结构应采用静定结构,特大桥宜选用柔性桥型,并采取适当的预防措施,定期监测地裂缝的活动,及时进行调整。采用隧道结构穿越地裂缝时,宜采用大角度穿越,必要时采用柔性结构设计,定期监测地裂缝的活动,及时进行调整。

11.5 地面沉降

本节是按照现行国家标准《岩土工程勘察规范》GB 50021 的相关规定修订。

11.6 有害气体

11.6.1 对人体或工程造成危害的有害气体种类较多,常见的有在有机质、工业垃圾、生活垃圾地层中产生的沼气、毒气,煤层中的瓦斯,油气田中的天然气,及缺氧空气。有害气体常造成可燃气体的爆炸事故,缺氧气体的缺氧事故,毒性气体的中毒事故等危害。

有害气体勘察前,应十分重视对区域地质和有害气体资料的收集和分析,了解线路通过地区是否存在有害气体及其种类、分布情况,对指导下一步的勘察工作非常有益。目前有害气体的勘察、设计资料积累不多,需要在今后的工作中不断地去总结和完善。

遇到煤、石油、天然气层可参照现行行业标准《铁路工程不良地质勘察规程》TB 10027 进行工程地质勘察。

11.6.3 有害气体的勘探以钻探为主,并在钻孔中测定有害气体的压力、温度,采岩土样、气样进行有害气体的类型、含量、浓度及物理力学、化学指标分析,取得的资料需综合分析、相互验证。勘探点的布置、数量、深度应以查明有害气体的分布范围、空间位置和有关参数为目的,一般应结合各地下工程类型的勘探,必要时增加纵、横向勘探点。

11.6.4 目前测试土层中有害气体的方法较多,有抽水后孔内气体浓度测定法、孔内水取样法、气液分离法、泥水探测法、BAT 系统法,前 4 种方法均存在弊病,而由 B. A. Torstensson 开发的 BAT 系统法,能较好地测定土中气体含量和浓度。BAT 系统法的取样装置主要由过滤头、导管、取样筒、压力计组成;操作流程为过滤头设置、取样筒准备(充 He 气)→土中气体的取样、回收(测定气压、孔内温度)→减压→用气相色谱仪对气体作气相、液相分析→评价。

11.6.5 有害气体的评价应重点说明有害气体的类型、含量、浓度、压力、是否会发生突出,其突出的位置、突出量和危害性。盾构隧道施工段,当土层中甲烷浓度 $CH_4 \geqslant 1.5\%$、氧气浓度 $O_2 \leqslant 18\%$ 时,应制订必要的通风、防爆等安全措施。

目前,上海等城市对土层中勘察查明的浅层沼气进行预先控制排气,即在隧道施工前 3~6 个月采用套管钻井,安装减压阀,控制放气,其控制标准为不导致对放气孔周围地层显著扰动,不出现放气过程中带走泥砂现象。排气孔尺寸与数量应根据气囊的大小、气压与连通性确定,其位置距离隧道一定距离。预先控制排气措施是预防浅层沼气对隧道施工和今后运营中产生不利影响的较好方法,但一次性提前放气可能不彻底,且沼气可能有一定程度的回窜,故仍需要在施工中加强监测和采取安全措施。

目前,城市轨道交通工程勘察中遇到的有害气体主要为甲烷,需要说明如下:

1 甲烷(CH_4)气体,别名沼气,其一般性质见表 14。

表 14 甲烷气体一般性质

项 目	内 容
分子量	16.03
0℃ 1大气压 1mol 的容积	22.361L/mol
1m³ 的质量	0.7168kg

续表 14

项 目		内 容		
0℃ 1大气压下的相对密度		0.5545		
1大气压下的水中溶解度	温度(℃)	15	20	25
	亨利定数(atm/mol)	3.28E+4	3.66E+4	4.04E+4
危险程度		爆炸,着火点为537℃,爆炸界限 5%		
性质		可燃性,无色,无味,无臭,与氧气结合有发生爆炸的危险		
中毒症状		呼吸困难,呈缺氧症状		

2 甲烷在海相、海陆交互相、滨海相、湖沼相等有机质土层中产生,称为生气层,储存于孔渗性较好的砂、贝壳、颗粒状多孔粉质黏土等土层中,称为储气层,各土层大多交互沉积,呈现条带透镜体状、扁豆体状、薄层状砂与黏土互层等形态。

3 查明生气层、储气层的具体位置和特征,对评价有害气体的分布、范围是十分重要的,勘察中还应注意生气层、储气层可能具有多层性的特点。

4 甲烷生成后,以溶存于地下水中的溶存气体及存在于土颗粒空隙中的游离气体两种形式存在于土层中,其扩散与地层的渗水特性有关。当压力或温度变化时,部分溶存气体与游离气体可相互转换。

5 水文地质特征影响着甲烷在土中的存在形式。饱和土仅存在溶存甲烷,非饱和土中存在溶存甲烷和游离甲烷。甲烷气体的运移与地下水的补给、径流、排泄条件有较密切的关系。

12 特殊性岩土

12.1 一般规定

12.1.1 由于红黏土、混合土、多年冻土和盐渍岩土等特殊性岩土在大、中城市分布不是很普遍,且分布深度较浅,对城市轨道交通工程建设影响较小,故本规范中没有作具体规定。若在勘察时遇到,应执行相关标准。

12.1.3、12.1.4 我国特殊性岩土种类繁多,对分布范围较广的特殊性岩土已进行了深入的研究,先后制定了不少国家标准、行业标准和地方标准,如国家现行标准《湿陷性黄土地区建筑规范》GB 50025、《膨胀土地区建筑技术规范》GBJ 112、《冻土工程地质勘察规范》GB 50324、《软土地区工程地质勘察规范》JGJ 83 等,这些标准都是从特殊性岩土的工程特性出发,对勘察工作量、勘察方法、勘察手段和勘察成果等进行了较为详细的规定。本规范制定第 12.1.3 条和第 12.1.4 条之目的,也是要求在特殊性岩土场地勘察时,要有针对性地开展勘察工作。

12.2 填 土

12.2.1 对本条主要说明以下两点:

1 掌握填土的堆填年限和固结程度。特别是填土是否经过超载,在对填土的岩土工程评价中有重要意义。一般而言,填土之所以"松"、压缩性高,主要是由于它只经过自重压力(这一压力是不大的)固结或(对年轻的填土)仍在经受自重压力的固结。归纳言之,一是固结压力小,二是正常固结或欠固结的。这就是填土常常难以直接作为地基土的主要原因。若填土在历史上曾有过超载,则它是超固结的;超载愈大,超固结比愈大。有过这样经历的填土就有被直接利用作为天然地基的可能性。填土年代愈久，经受过超载的概率愈高，因此，往往年代和超载指的是同一过程和效应。

2 强调查明填土的种类和物质成分，是为了划分素填土、杂填土和冲填土，而这三个基本种类还可细分。在本款中，还要求对其厚度变化予以特别注意。这是因为填土不是自然过程形成的物质。它不但成分多变，厚度也极不稳定。将本款与上款的内容归纳之，填土的主要特点是：成分不一，厚薄多变，固结程度低，往往系欠固结的（即高压缩性的）。

12.2.2 填土与湿陷性土、软土、膨胀土与残积土、风化岩一样，对勘探与取样亦有其特殊要求；下面就第1款、第3款依次给予必要说明：

1 由于填土的物质成分和厚度多变，勘探点的密度自然宜大于一般情况，但在具体布置上不应一步到位而宜采取逐步加密和有目的追索、圈定的方法。

3 像其他特殊土一样，填土的勘探与取样也应有一定数量的探井。这既是对填土成分和组织结构进行直接观察的需要，也是采取高质量等级的土样和进行大体积密度测定的需要。便携钻具由于成本低、能进入到钻机不易去的地方等，在圈定填土范围时能发挥较大的作用。

12.2.3 由于填土的物质成分多变，取高质量等级的土样不但不易而且所测得的岩土技术性质参数变异性大，为弥补这些不足应充分利用原位测试技术，特别是轻便型的原位测试设备。只有勘探取样和原位测试结合起来，才能取得好的效果。

12.2.4 填土的岩土工程分析与评价应结合填土的前述主要特点。

1 如前指出，填土的历史超载程度与其压缩性高低和强度大小有直接关系。填土是否有过超载和超载程度，除进行调查和经验分析外，有时还可通过室内试验解决。在有相似建筑经验的地区，轻便静力触探、动力触探等测试数据有时亦能反映超载效应是否存在。

2 对于城市轨道交通工程而言，除了地基问题外主要就是基坑和隧道开挖问题，因此填土的承载力、抗剪强度、基床系数和天然密度等物理力学指标是必不可少的。

3 有较厚填土分布场地，基坑坑壁局部或大范围坍塌是深基坑开挖时的常遇现象，特别当填土形成年代较短和成分复杂时更为常见。

5 施工验槽是针对填土的物质成分和分布厚度多变的现实情况提出来的。坚持施工验槽能揭露勘探过程中遗漏的重要现象（即使勘探工作密度和数量可观时）。补充勘探测试工作可以修改岩土工程评价和建议中的不当、不足之处，防止事故，总结经验。

12.3 软 土

12.3.1 本条的各款内容是针对软土形成的地理—地质环境条件和主要的岩土技术特性提出的，现对有关内容加以说明：

1 所谓的"软土"泛指软黏性土、淤泥质土、淤泥和泥炭质土、泥炭等几种类型的软弱土类。它们的成因类型见表15：

表15 软土的成因类型

地貌特征	成因类型	沉积特征
滨海平原	滨海相	土质不均匀、较疏松，具交错层理，常与砂砾层混杂，砂砾分选、磨圆度好，有时出有生物贝壳及其碎片局部富集
	泻湖相	颗粒细、孔隙比大、强度低，显示水平纹层，交错层理不发育，常夹有泥炭薄层
	溺谷相	孔隙比大、结构松、含水量高
	三角洲相	分选性差、结构疏松，多交错层理，多粉砂薄层

续表15

地貌特征	成因类型	沉积特征
湖积平原	湖相	沉积物中粉黏土颗粒成分高，季节韵律带状层理，结构松软，表层硬壳层厚度不规律
河流冲积平原	河漫滩相	沉积物成层情况较复杂，呈特殊的洪水层理，成分不均一，以淤泥及软黏性土为主，间与砂或泥炭互层
	牛轭湖相	沉积物成层情况较复杂，成分不均一，以淤泥及软黏性土为主，间与砂或泥炭互层，下部含有各种植物物质和软体动物贝壳
山间谷地	谷地相	软土呈片状、带状分布，靠山边浅，谷地中心深，厚度变化大；颗粒由山前到谷地中心逐渐变细，下伏硬层坡度较大
泥炭沼泽地	沼泽相	以泥炭沉积为主，且常出露于地表，孔隙极大，富有弹性，下部有淤泥层或薄层淤泥与泥炭互层

不同成因的软土，由于其沉积环境不同，其分布范围、层位的稳定性、土层的厚度均有其特点。

软土的厚度及其变化对沉降和差异沉降的预测，地基处理与结构措施的选择，桩基设计及基坑开挖与支护方法关系甚大，其中应特别重视查明砂层和含砂交互层的存在与分布，因为这涉及软土地层的排水固结条件，沉降历时长短与强度在荷载作用下的递增速度，甚至会关系到一个工程项目的可行性。

2 地貌的变化在很大程度上反映了地质情况的变化，特别是微地貌，往往是地层变化或软土分布在地表上的反映（例如：在平原区地貌突变处，有可能有暗埋湖塘、洼浜或古河道），因此，注意微地貌的变化。

3 查明软土的硬壳和硬底状态，对分析各类工程的稳定和变形具有重要意义。

4 软土的固结应力历史及反映这个历史的不排水抗剪强度，先期固结压力（亦称最大历史压力），e—$\lg P$ 曲线上的回弹指数与压缩指数等对确定软土的承载力，选择地基处理方法与预测地基性状与表现等是重要的依据。将软土按超固结比 OCR 划分为欠固结土、正常固结土与超固结土（后者还可进一步划分）对反映软土固结应力历史具有实用意义。

5 软土中的含水层数量、位置、颗粒组成与各层的水头高度是深基坑降水、开挖与支护设计及地下结构的防水所需要的资料。

6 应指出施工或相邻工程的施工（包括降水、开挖、设桩或大面积填筑等）会导致软土中应力状态的突变或孔隙水压的骤升，使土体和已竣工工程变形、位移或破坏。软土的勘察应特别注意此类问题的分析，并提出措施建议。

12.3.2 本条主要针对软土的特殊性，提出的勘探与取样要求。

1 勘探（简易勘探、挖探、钻探等）和原位测试（静力触探、十字板剪切试验、旁压试验、螺旋板载荷试验等）应在地质调绘的基础上综合运用，一般情况下，宜先采用简易勘探、静力触探，再布置钻探、十字板剪切试验等。在软土地区应充分采用静力触探测定软土层在天然结构下的物理力学性能，划分地层层次。原位测试进行软土地基的勘探、测试虽然具有显著的优越性，但目前还只能通过各种相关关系的建立来提供软土的物理力学指标。所以，对各种勘探、测试方法、设计参数的选取，在有经验的地区，应充分利用当地的有关规则、规定和经验公式，宜结合当地经验进行，以保证勘探结果的可靠性。

国内外经验证明静力触探、十字板剪切试验及自钻式旁压试验是软土地区行之有效的原位测试方法，它们能大大弥补钻探取样与室内试验的不足。

由于软土钻探采取原状土样比较困难，取土后又容易受震动失水，致使室内试验数据不准，而采用十字板剪切试验可以弥补这一缺陷，所以，为测定软土层在不排水状态下的抗剪强度指标一般采用十字板剪切试验。

3 压缩层计算深度宜用应力比法控制，在实际工作中，软土地基计算压缩层的计算深度可作如下控制：

1）对于均质厚层软土，软土地基附加应力为自重应力的比例为0.1～0.15时相应的深度；

2）对于非均质分布的软土地层，软土地基附加应力为自重应力的比例为0.15～0.2时相应的深度；如果在影响深度范围内，软土层下出现有密实或硬塑的下卧硬层（如半坚硬黏土层等硬土层、砂层等）或岩质底板时，在查明其性质并确定有一定厚度后，可不再继续计算；

3）压缩层计算中应注意：对可透水性饱和土层的自重应力应用浮重度；当软弱土地基不均匀时，所确定的计算深度下如果还有软土层，则应继续向下计算，以避免计算深度下的软土层的变形使总变形量超过允许变形值。

12.3.3 室内试验方法测定软土的力学性质时，应合理进行试验方法的选取：

1 为地基承载力计算测定强度参数时，当加荷速率高，土中超孔隙水压力消散慢，宜采用自重压力预固结的不固结不排水剪（UU）试验或快剪试验。当加荷速率低，土中孔隙水压力消散快，可采用固结不排水剪（CU）试验或固结快剪试验。

2 支护结构设计中土压力计算所需用的抗剪强度参数应根据不同条件和要求选用总应力强度参数或有效应力强度参数。后者可用固结不排水剪（CU）测孔隙水压力试验确定。

3 固结试验方法，各土样的最大试验压力及所取得的系数应符合沉降计算的需要。

12.3.4 本条中各款的规定，对软土而言是有很强的针对性的，按超固结比划分软土，对确定承载力和预测沉降有启发、指导作用，掌握了软土的灵敏度有助于重视挖土方法，选好支护措施或合理布置打桩施工程序，以防止出现坑底隆起、土体滑移或桩基变位等事故。

软土地区的城市轨道交通运营线路已经出现了过量沉降问题，并导致隧道结构开裂、渗漏水等问题。产生过量沉降的因素很复杂，一般包括施工扰动、自然固结以及运营震动影响等。因此，软土地区的城市轨道交通工程的沉降问题应引起勘察与设计人员的高度重视。

12.4 湿陷性土

12.4.1 本条所列的7个重点是重要的经验总结，现对前三款给予说明：

1 土的湿陷性是否显示和显示大小与所施加的压力有密切关系。一般的情况是土的形成时间愈早，使其在浸水时显示湿陷性所需的压力愈大。例如新近堆积黄土（Q_4^2）和一般湿陷性黄土（$Q_4^1+Q_3^2$）在200kPa的压力下就较充分地显示其湿陷性，较之于老的离石黄土（Q_2^2和Q_2^1）则不然，要它们显示出湿陷性需要较高的压力，而且时代愈早所需的压力愈大。成因与土的湿陷性高低也有一定关系。例如，在形成时代相同的条件下，坡积土的湿陷性一般要比冲积土高。

2 地层结构系指不同时代湿陷性土的序列分布及它们与其中的非湿陷性土层的位置关系，包括基岩、砂砾层等下卧地层的深度与起伏。这与湿陷性场地的岩土工程评价、防止湿陷事故与消除湿陷性措施的选取关系密切。

3 查明湿陷系数与自重湿陷系数沿深度的变化，既有助于对地基的岩土工程的深入评价，也有助于针对性地选取工程技术措施。图5中所示的是陕北洛川坡头和河南陕县的黄土自重湿陷系数δ_{zs}、先期固结压力（也是自重湿陷系数起始压力）P_{cw}与自重压力P'_{ow}三者沿深度方向变化的比较。可见前者的自重湿陷系数起始压力P_{cw}到50多米仍小于自重压力，这与δ_{zs}一直大于0.015一致。后者的自重湿陷系数起始压力P_{cw}，到20多米等于或略小于自重压力P'_{ow}，再深则一直大于自重压力，故可被认为基本上是非自重湿陷性场地。其δ_{zs}值的变化与之一致。

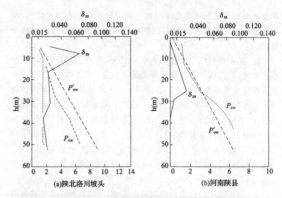

图5 黄土 δ_{zs}、P_{cw} 与 P'_{ow} 三者沿深度的变化与相互关系的比较

P'_{ow}—自重压力；P_{cw}—先期固结压力；h—深度；δ_{zs}—黄土自重湿陷系数

12.4.2 本条的特殊要求系基于湿陷性土的特殊结构与该结构的易破坏性。现作如下说明：

1 由于湿陷性土的结构易破坏，迄今无论国外或国内，探井仍是采取原状黄土样不可缺少的手段，有时还可以作为主要的手段。

2 湿陷性土的地层结构的持续性一般好于其他土类，故勘探点间距可比别的土类的间距大些。同理，不取样的"鉴别"钻孔作用有限，不宜很多。在这种情况下，取土勘探点的比例就应大些或可将所有勘探点当作取土勘探点，以保证满足湿陷性评价的需要。

3 为了保证湿陷性评价的准确性，湿陷性土样的质量等级必须是Ⅰ级，否则可能错误地歪曲或降低地基的湿陷等级，严重时还会将等级本属严重湿陷性的地基错定为非湿陷性或轻微湿陷性地基。对黄土钻探取样必须采用专用的黄土薄壁取土器和相应的钻进取样工艺（见现行国家标准《湿陷性黄土地区建筑规范》GB 50025附录D）。

12.4.3 由于湿陷性土的特殊性，在浸水情况下强度降低很多，因此对有浸水可能性或地下水位可能上升的工程，除进行天然状态下的试验外，建议进行饱和状态下的压缩和剪切试验。

12.4.4 本条中相关款的说明可参阅现行国家标准《湿陷性黄土地区建筑规范》GB 50025 和《岩土工程勘察规范》GB 50021 条文说明的相关部分。

12.5 膨胀岩土

12.5.1 本条的内容十分强调微地貌、当地气象特点和建筑物破坏情况的调查，这对膨胀岩土来说是有针对性的，不同于其他土类的情况，因而也是对膨胀岩土进行评价所必需的。

膨胀岩土包括膨胀土和膨胀岩，目前尚无统一的判定标准，一般采用综合判定，分初判和详判两步。初判主要根据野外地质特征和自由膨胀率，详判是在初判的基础上，作进一步的室内试验分析。常见的膨胀岩有泥岩、泥质粉砂岩、页岩、风化的泥灰岩、蒙脱石化的凝灰岩、含硬石膏、芒硝的岩石等。

12.5.2 由于膨胀土中有众多裂隙，钻探取样难免扰动，而且在膨胀土中钻进难度较大，而用水是绝对不允许的，故为了取得质量等级为Ⅰ级的土样，必须有一定数量的探井。关于钻探、探井中取土钻探、探井的比例，考虑问题的依据同湿陷性土。

气候的干湿周期性交替对膨胀土的胀缩有直接的影响。多年一周期的气候干湿大变化的影响能达到较大的深度，称之为大气影响深度，国外常称之为活动层（Active zone）。经多年观测，我国膨胀土分布区内平坦场地的大气影响深度一般在5m以内，再往下土的含水量受气候变化影响很小，以至消失。显而易见，勘探取样深度必须超过这个深度的下限，而且在这个深度范围内应采用Ⅰ级土样，取样间隔宜为1m，往下要求可以放宽。

12.5.3 关于在设计(实际)压力作用下的地基胀缩量计算，应按现行国家标准《膨胀土地区建筑技术规范》GBJ 112 的有关规定执行。

12.5.5 对本条的岩土工程分析与评价说明如下：

1 铁路系统对膨胀土采用自由膨胀率、蒙脱石含量、阳离子交换量作为详判指标，经过了大量的工程实践，证明是可行的，而城市轨道交通工程与铁路有相似性，故参照纳入，这样既充分考虑了线路工程的特点，又避免采用自由膨胀率单一指标可能造成的漏判。膨胀岩的判定尚处于研究、总结阶段，建议参照膨胀土的判定方法或现行行业标准《铁路工程特殊岩土勘察规程》TB 10038 进行综合判定。

2 调查和长期观测证明，在坡地场地上建筑物的损毁程度较平坦场地要严重得多，因此认为有必要将原简单场地改称平坦场地，而将原中等复杂场地和复杂场地改划为坡地场地。现举一些数据和实例：

1)在坡地场地上的建筑物破坏程度和数量较在平坦场地上更大，据统计：

对坡顶上的 324 栋建筑物的调查，损坏的占 64%，其中程度严重的占 24.8%；

在 291 栋建于坡腰的建筑物中，损坏的占 77.4%，其中程度严重的占 30.6%；

在 36 栋建于坡脚的建筑物中，损坏的占 6.8%，其程度仅为轻微一中等；

在阶地上和盆地中部的建筑物，除少量的遭到了破坏，大多数完好。

2)边坡变形的特点以湖北郧县法院边坡为例。从图 6 和表 16 可见，在边坡上的观测点不但有升降变化而且有水平位移。它们都以坡面上的为最大，随着离坡面距离的增大而减小，水平位移还导致坡肩附近裂缝的产生。

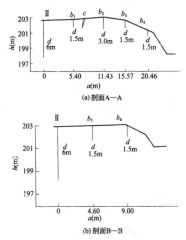

图 6 湖北郧县法院变形观测剖面
h—高程；a—水平距离；b—边坡；c—裂缝；d—桩深

表 16 湖北郧县法院边坡变形观测结果

剖面长度(m)	点号	距离(m)	水平位移(mm)		点号	升降变形幅度(mm)
			"+"	"-"		
20.46(Ⅱ—b4)	Ⅱ-b1	5.40	4.00	3.10	Ⅱ	10.29
	Ⅱ-b2	11.43	—	9.90	b1	49.29
	Ⅱ-b3	15.57	20.60	10.70	b2	34.66
	Ⅱ-b4	20.46	34.20	—	b3	47.45
					b4	47.07
9.00(Ⅱ—b6)	Ⅱ-b5	4.60	3.00	6.10	b5	45.01
	Ⅱ-b6	9.00	24.80	—	b6	51.96

注："+"表示位移增大，"-"表示位移减小。

3)坡地上建筑物变形特点，以云南个旧东方红农场小学的教室和该市冶炼厂 5 栋在 5°～12°斜坡上的升降观测结果为例，临坡面的变形与时间关系曲线是逐年渐次下降的，在非临坡面则基本上是波状升降。这说明边坡的影响加剧了建筑临坡面的变形，导致建筑物的破坏。

6 为了防止膨胀岩土地基的过量胀缩变形引起的对建筑物的影响和破坏，集中起来是"防水保湿"四个字，做到了这点，便没有膨胀岩土的胀缩变形。这一点对开挖的基坑的保护也完全适用。

20 世纪 70 年代我国的几条通过膨胀土地区铁道的修筑中经验教训十分深刻。由于忽视了及时的必要支护与防水保湿措施，膨胀土开裂严重，滑坡频繁(以中小型浅层为多)。以后花了多年的科研与治理的时间和巨额的补充投资才基本完成了整治。至于支护结构遭受膨胀岩土的膨胀压力而变形开裂的实例也不鲜见。

12.6 强风化岩、全风化岩与残积土

12.6.1 强风化岩、全风化岩与残积土的勘察着重点与其他岩土层的勘察着重点有明显不同。

1 确定母岩的地质年代、岩石的类别，是强风化岩、全风化岩与残积土勘察的基本要求。

2 强风化岩、全风化岩与残积土的分布、埋深与厚度变化对线路敷设方式、线路埋深、施工工法选择都有重要影响。

3 原岩矿物的风化程度、组织结构的变化程度是岩石定名的基本依据。

4 岩土的不均匀程度，岩块和软弱夹层的分布、特征对岩体的整体强度和稳定性常起着控制作用。

5 由于强风化岩、全风化岩与残积土中的球状风化体及孤石对隧道工程施工的影响很大，应给以查明。

6 由于原岩矿物成分的不同和节理裂隙密度与发育程度的差别，强风化岩、全风化岩与残积土的透水性和富水性有很低的，也有很高的，必须予以查明。而且，在水的作用下，强风化岩、全风化岩与残积土往往具有遇水易崩解的工程特征。

12.6.2 本条规定了强风化岩、全风化岩与残积土的勘探、测试的基本要求。

1 本款强调钻探与原位测试，特别是标准贯入试验相结合。这是由于强风化岩、全风化岩与残积土的Ⅰ级试样采取困难，数量有限。国内外常用标准贯入试验等方法，通过击数等指标与风化岩的工程性质建立相关关系，以更好地进行风化岩的分级并推求工程技术性质指标。除标准贯入试验外，在有些国家旁压试验用得较多，并已较系统地总结了经验。我国的超重型动力触探(N_{120})在碎石、卵石地层中应用颇有成效，亦宜通过比较试验，建立相关关系，可推广应用到强风化岩、全风化岩与残积土的勘察评价上来。

4 强风化岩、全风化岩与残积土的结构极易受到扰动。本款规定在强风化岩、全风化岩与残积土中应取Ⅰ级试样，以保证取样质量。为了取得质量等级属Ⅰ级的试样，现行国家标准《岩土工程勘察规范》GB 50021 规定，应采用三重管(单动)取样器，其中的第三重管是衬管。利用三重管取样器达到 100%的岩心采取率并取得Ⅰ级试样，这在国外也很普及或成定规。

5 本款根据轨道交通的工程实践，对强风化岩、全风化岩与残积土的岩土试验方法作了明确规定，即对全风化岩、残积土和呈土状的强风化岩进行土工试验，对呈岩块状的强风化岩进行岩石试验，对残积土必要时进行湿陷性和湿化试验，还可以进行现场点荷载试验。

12.6.3 鉴于取得Ⅰ级土样比较困难，而且有的试验(如压缩试验)不易在试验室内完成，原位测试作为取样试验的必要补充，迄今几乎已是必不可缺。例如：

1 用旁压试验确定地基土的承载力、变形模量等岩土技术参

数,以计算建筑物的沉降,为锚杆或土钉设计确定土的抗拔摩阻力等,在一些国家(如法国、加拿大、澳大利亚等)已成常规或常规之一。原苏联也有类似做法。在我国推广应用旁压试验的条件首先是要有能提供足够工作压力(如大于或等于 15000kPa)测试设备;其次是进行必要数量的对比试验,建立旁压试验指标(临塑压力 P_f、极限压力 P_1、旁压模量 E_m 等)和岩土技术设计参数(承载力、抗拔摩阻力、不排水剪强度、变形模量等)之间的相关关系。

2 用标准贯入击数确定风化岩或残积土的变形模量或压缩模量国外也有不少实例,如 Decourt(1989)等提出根据标准贯入实击值(N)可按下式计算残积土的变形模量 E_0:

$$E_0 = 3N \tag{17}$$

但计算结果可能较实际偏高。

每一种原位测试方法都有其最佳适用范围,为此在选用时应区别不同要求,有针对性地选用最适用的方法或方法组合,以获得最佳效果。除此之外,本条还规定可按现行国家标准《建筑地基基础设计规范》GB 50007 的有关规定确定承载力和变形模量 E_0。

对于花岗岩残积土、全风化与强风化岩的变形模量可用标准贯入试验实击值 N 按下式,结合当地经验和类比验证确定。

$$E_0 = 0.4N \sim 1.4N \quad (N < 100) \tag{18}$$

式 18 系来自日本的一份内容较丰富的总结性材料。它综合反映了花岗岩残积土、全风化岩与强风化岩的压缩性(变形模量)与标准贯入试验实击值之间的关系。

$$E_0 = 2.2N' \tag{19}$$

式 19 系我国部分地区根据标贯试验和载荷试验的约 30 个对比资料总结出来的。用此式计算 E_0 值时需结合当地经验,必要时可进行载荷试验确定。

12.6.4 工程实践表明,若处理不慎,花岗岩类的强风化岩、全风化岩与残积土会对工程实施造成严重影响。因此,在第 12.6.1 条的基础上,本条专门规定了花岗岩类的强风化岩、全风化岩与残积土的勘察要求。某些以花岗岩为母岩的变质岩或其他类似岩石的强风化岩、全风化岩与残积土的勘察,可参照本条规定执行。

1 关于花岗岩类的强风化岩、全风化岩与残积土划分修改情况如下:

1)原规范采用标准贯入击数修正值划分花岗岩风化程度与残积土,并在条文说明解释了采用该方法的理由,但是,它列举的情况现以已经发生了变化。现行国家标准《岩土工程勘察规范》GB 50021 和广东省地方标准《建筑地基基础设计规范》DBJ 15—31 已明确采用标准贯入试验实测值划分花岗岩强风化、全风化岩和残积土。为与现行国家标准《岩土工程勘察规范》GB 50021 等协调一致,本款修改了原规范关于花岗岩风化程度的划分指标,现以标准贯入试验实击值作为花岗岩强风化、全风化岩和残积土的划分指标之一。按标准贯入试验确定地基承载力时,是否修正以及如何修正实击值,可根据当地经验选择确定。

2)原采用单轴抗压强度(f_r)作为划分指标之一,实际难以操作,予以删除。

3)根据工程实践经验,调整了作为划分指标之一的剪切波速值。例如,广州地铁一号线越秀公园站的花岗岩类强风化岩、全风化岩与残积土的剪切波速分别为 1105m/s、349m/s、286m/s,轨道交通三号线 A 标段的分别为 433m/s、361m/s、182m/s~225m/s,轨道交通四号线海傍至黄阁间的分别为 474.3m/s~508m/s、369.5m/s~389m/s、259.8m/s~263.2m/s,轨道交通六号线东湖至燕塘区间的分别为 518.2m/s、352.3m/s、206.5m/s~283.7m/s。

2 本款根据含砾或含砂量将花岗岩类残积土划分为砾质黏性土、砂质黏性土和黏性土。根据广东省的经验,在花岗岩类残积土中,当大于 2mm 颗粒含量超过总质量 20% 的为砾质黏性土,当大于 2mm 颗粒含量在 5%~20% 的为砂质黏性土,当大于 2mm 颗粒含量小于 5% 的为黏性土。

3 花岗岩类岩石多沿节理风化,风化厚度大,且以球状风化

为主,在强风化岩、全风化岩与残积土中易形成球状风化核。花岗岩及某些以花岗岩为母岩的变质岩,其全风化岩与残积土的孔隙比通常较大,液性指数较小,压缩性较低,但易扰动,遇水易软化崩解。岩脉和花岗岩球状风化体往往较周围岩石坚硬,造成地层的软硬不均,隧道掘进困难;花岗岩球状风化体也会影响桩基持力层的确定。因此,除满足本规范第 12.6.1 条的规定外,本款特别规定,勘察尚应着重查明花岗岩分布区球状风化体(孤石)的分布,强风化岩、全风化岩与残积土的工程特性及其水文地质条件。特别说明,在大多情况下是指花岗岩类或以花岗岩为母岩的强风化岩、全风化岩与残积土遇水易软化崩解等特征。

4 残积土细粒土的天然含水量 w_f,塑性指数 I_P,液性指数 I_L 分别按下列公式计算:

$$w_f = \frac{w - w_A 0.01 P_{0.5}}{1 - 0.01 P_{0.5}} \tag{20}$$

$$I_P = w_L - w_P \tag{21}$$

$$I_L = \frac{w_f - w_P}{I_P} \tag{22}$$

式中:w——花岗岩残积土(包括粗、细粒土)的天然含水量(%);

w_A——土中粒径大于 0.5mm 颗粒吸着水含水量(%),可取 5%;

$P_{0.5}$——土中粒径大于 0.5mm 颗粒质量占总质量的百分数(%);

w_L——土中粒径小于 0.5mm 颗粒的液限含水量(%);

w_P——土中粒径小于 0.5mm 颗粒的塑限含水量(%)。

12.6.5 本条规定应对强风化岩、全风化岩与残积土进行岩土工程分析与评价,并根据岩土工程特性和轨道交通工程实践,列举了可能包括的分析与评价内容,但不限于这些内容。

1、2 这两款所称的"评价稳定性",主要针对强风化岩、全风化岩与残积土遇水易软化崩解的工程特征而言。

3 工程实践表明,强风化岩、全风化岩与残积土的不均匀程度,尤其是岩块和软弱夹层的分布,对隧道掘进和基坑、桩基施工的影响很大。在强风化岩或全风化岩中往往夹有中风化岩块,桩基施工遇到这种情况时,切勿认为已经挖到中等风化岩层。

4 强风化岩、全风化岩和残积土本身的渗透系数不一定较大,但经过扰动之后,其中的含水量不论多寡,会使岩土体迅速崩解。因此,本款提出了对地下水的评价要求。

5 为进一步查明球状风化体(孤石),可在地面和隧道内进行超前钻。

13 工程地质调查与测绘

13.1 一般规定

13.1.1、13.1.2 针对城市轨道交通工程的特点,工程地质调查与测绘工作是极其必要的,是岩土工程勘察的基础工作内容,是从宏观上获取场地地质条件的主要手段。工程地质调查与测绘工作主要在可行性研究和初步勘察阶段进行,在详细勘察和施工勘察阶段主要进行专题性的调绘工作。由于轨道交通工程的特殊性,勘察设计的各个阶段线、站位置会有调整或变化,因此,工程地质调查与测绘工作要贯穿勘察设计各阶段的始终。

加强工程地质调查与测绘工作有助于增加地质信息量,指导后期勘探量布置,在岩土勘察工作中起到事半功倍的作用。

对工程有重大影响的地质问题,如活动性断裂、滑坡和采空区等,常规的工程地质调查与测绘是不够的,应进行专项工程地质调查与测绘工作。

13.2 工作方法

13.2.1 对搜集的各种资料进行综合分析,不仅可在岩土工程勘察资料编制过程中加以利用,也是合理布置勘探量、制订勘察大纲等工作的必要的前期工作。

13.2.2 工程地质调查与测绘过程中原则上不投入大量勘探工作量,必要时可适量进行勘探、物探和原位测试工作,勘探一般以简易勘探为主。

13.2.3 利用航片、卫片等遥感判释手段尤其适用于可行性研究和初步勘察阶段的方案比选工作。如地貌单元的划分、地质构造、不良地质和特殊岩土的判释等。遥感地质解译应按"建立解译标志、分析解释成果、确定调查重点、实地核对、修改、补充解译、复判"的程序开展工作。利用遥感手段可以宏观性掌控区域地质条件,减少外业调查强度,提高大面积调绘的工作质量。

13.2.4 对本条作以下说明:

1 地质观察点的布置是否合理,对于调绘工作质量、成果质量以及岩土工程评价至关重要。地质观察点应布置在不同类型的地质界线上,例如:地层、岩体、岩性、构造、不整合面、不同地貌成因类型等地质界线。

地质观察点的布置要充分利用岩石露头。例如,采石场、路堑、基坑、基槽、冲沟、基岩裸露等。它们可以提供有关岩土体的工程地质性状,包括:岩性、物质成分、粒度成分、层序及其变化、岩石风化程度、岩体结构类型、构造类型、结构面形态及其力学性质、地下水等。当地质体隐蔽时或天然露头、人工露头稀少时,应根据具体情况(场地的地形、工作环境、技术要求等),选择适宜的手段、布置一定数量的勘探与测试工作。

2 在工程地质调查与测绘中关于地质观察点的密度,国内外未有统一的规定。本款只是从原则上作出这一规定,具体实施时,应从实际出发,根据技术要求,工程地质条件和成图比例尺等因素综合确定。

3 地质观测点的定位,直接影响成图的质量,常用的定位方法如下:

目测法:适用于小比例尺的地质调绘,主要是根据地形、地物以目估或步测距离进行标测。

半仪器法:适用于中比例尺的地质调绘,主要是使用罗盘仪测定方位、气压计测定高程、步测或量绳确定距离。

仪器法:适用于大比例尺的地质调绘,主要是使用高精度的经纬仪测定方位、水准仪测定高程。

卫星定位系统(GPS):根据精度要求选择使用。

13.2.5 工程地质调查与测绘的最终产品是图件和文字报告。生产图件的工作方法基本上有两种,一是填图,二是编图。填图与编图不仅是工程地质调查与测绘常用的方法,而且也是在区域地质调绘或地质普查与勘探过程中常用的传统方法。

13.3 工作范围

13.3.1、13.3.2 工程地质调查与测绘的宽度以往没有具体的规定。第13.3.2条的要求根据国内一些城市轨道交通工程岩土勘察的经验总结出来的。

13.3.5 工程地质调查与测绘具有多学科、多工种、综合性强、服务领域广的特点。根据国内地铁岩土勘察实践经验,设专题研究的目的是为了把影响设计施工的重大地质问题研究透彻,使提供的结论经济合理。

13.4 工作内容

13.4.1 各种既有资料的搜集是地质调绘重要工作,必须在岩土工程勘察前期统筹规划、全面考虑和认真落实。

调查搜集以往岩土工程事故发生的原因、处理的措施和整治效果,在岩土勘察工作中有重要意义。

13.5 工作成果

13.5.1 对工程有重要意义的工程地质现象,应拍彩色照片附文字说明,存档备查。这项工作在国内外都是常用的,这样做有利于地质资料的分析研究与综合整理,也有利于后期工作开展。

13.5.2 工程地质测绘比例尺的选择和精度,一般与轨道交通工程设计的需要及工程地质条件的复杂程度有关,同时与本地区在城区规划、勘察、设计、施工等常用比例尺和精度的要求相一致,以利于使用。为了达到精度要求,在测绘工作中习惯采用比提交成果图大一级的地形图作为测绘的底图,或者直接采用城区建设常用的1:500的比例尺地形图作底图,待外业完成后根据设计需要可缩成提交成果图所需的比例尺图件。

地质界线、地质观察点在图面上的位置误差,目前各行业的规定一般为2mm或3mm。本条提出:"在图上不应大于2mm",主要是考虑轨道交通工程的特点和精度要求。

在测绘成图面中所表示地质单元体的最小尺寸,尚无统一规定。"有特殊意义或对工程有重要影响的地质单元体,在图面上宽度小于2mm时,应采用扩大比例尺方法标示并加以注明"。这样可确保重要地质现象不漏失,提高测绘精度。

13.5.3 工程地质调查与测绘,一般成果资料可纳入相应的岩土工程勘察报告中,不必单独编制调绘报告。如果为了解决某一专题性的岩土工程问题,也可编制专项用途的成果资料。对于各种文字报告、图件和图表的表示内容,可按设计的需要和有关规定执行。

14 勘探与取样

14.1 一般规定

14.1.5 城市轨道交通工程勘探多在大城市的繁华街道上进行。其特点是地上有高压电线,地下有各种管网。还可能有地下构筑物、地下古迹。如不小心,钻坏地下管网,其后果不堪设想。所以在施钻前应搜集街道管网分布图,在布孔时躲避各种地下设施,并采用地下管道探测仪了解地下设施,或用探坑查明,确无设施时,再行钻探。

安装钻机除要避开地下设施外,还要注意钻架距高压线要有一定的安全距离,防止发生触电事故。

14.1.6 钻孔完成后,根据地层情况,分层回填,孔口要用不透水黏性土封好孔,以免地上污水污染地下水。位于隧道结构线范围内的勘探点应列为回填的重点,因为若回填不好,将成为地下水涌入隧道的通道,可能对施工造成严重的影响;或者隧道衬砌背后注浆时,浆液通过钻孔喷出地面,对环境造成污染。

14.2 钻探

14.2.1 选择钻探方法应考虑的原则是:

1 地层特点及钻探方法的有效性;

2 能保证以一定的精度鉴别地层,了解地下水的情况;

3 尽量避免或减轻对取样段的扰动影响。

条文中表14.2.1就是按照这些原则编制的。通过勘察工作纲要规定钻探方法,不仅要考虑钻进的有效性,而且要满足勘察技术要求。钻探单位应按任务书指定的方法钻进,提交成果中也应说明钻进方法。

14.2.3 城市轨道交通工程勘探在技术上要求较高,为充分取得有效的地质资料,通过勘察纲要对孔位、孔深、钻探方法、岩芯采取率、取样、原位测试等提出具体技术要求。

在砂土、碎石土等取芯困难地层中钻进时,可通过控制回次进尺提高岩芯采取率,回次进尺可参照表17。

表17 工程地质钻探回次进尺长度

岩　层	回次进尺(m)
黏性土、粉土	1.0~1.5
薄层黏性土与薄层砂类土互层	1.0~1.5
砂类土	泥浆钻进1.0~1.5
	跟管回转钻进0.3~0.5
碎石类土	双管钻具钻进0.5~1.0
	无泵反循环钻进软质岩石1.0~1.5
	无泵反循环钻进破碎岩石0.5~0.7
冻土	0.3~0.5
软土	0.3~1.0
黄土	钻进取芯时1.0~1.5,取原状土时,1m三钻,第一钻0.5~0.6,第二钻0.2~0.3,第三钻取样
膨胀性岩层	0.5~1.0
滑动面及重要结构面上下5m	预计滑动面及其以上5m范围小于或等于0.3
	重要结构面上下5m为0.3~0.5
软硬互层、软硬不均风化带及硬、脆、碎基岩	0.5~1.0
较完整、轻微风化基岩	1.0~2.5
完整基岩	<3.5

14.3 井探、槽探

14.3.1 在无条件进行钻探的地点,利用人工挖探可达到技术要求。目前井探已广泛应用而且能保证质量,便于鉴定、描述和取样。

14.3.2 井探的支护可根据地质情况及当地施工经验,采取不同方法,并符合当地政府主管部门的规定。

14.4 取 样

14.4.1 土试样的质量要求,应根据工程的需要而定。在工程的关键部位取样质量,需要Ⅰ级土样。进行热物理指标的土样可用Ⅱ级土样。进行颗粒分析的土样质量可用Ⅳ级土样。

14.4.4 过去对砂层的压缩模量、密度等技术指标,多根据其他方法换算求得,准确度不高。而砂土的压缩模量和密度是城市轨道交通工程勘察的重要指标之一。所以要推广取砂器,在取砂器内放置环刀,将环刀取出后,即可求得砂的密度,并放入压缩仪,直接试验砂土的压缩模量。

14.5 地球物理勘探

本节内容仅涉及采用地球物理勘探方法的一般原则与注意事项。目的在于指导非地球物理勘探专业的岩土工程勘察技术人员结合工程特点选择适宜的地球物理勘探方法。强调岩土工程勘察人员与地球物理勘探人员的密切配合,共同制订方案,分析解释成果。各种地球物理勘探方法具体方案的制订与实施,应执行现行地球物理勘探规程,如现行行业标准《铁路工程物理勘探规程》TB 10013、《城市工程地球物理探测规范》CJJ 7的有关规定。

近20年来,在城市轨道交通工程岩土工程勘察中,作为综合勘探的重要手段之一,地球物理勘探已在地质界线、断层、岩溶、小煤窑采空区及地下管线的探测和隧道围岩级别、场地土类型及类

别的划分方面得到了广泛应用,取得了较好的勘探效果。

地球物理勘探发展很快,不断有新的技术方法出现,如近十几年发展迅猛的隧道超前地质预报(TSP)、弹性波层析成像(CT)、电磁波层析成像(CT)、地质雷达、瑞雷面波法等,在城市轨道交通工程岩土工程勘察中取得了较好的效果。

当前常用的物探方法详见表18。

表18 地球物理勘探方法应用范围表

方法名称		应 用 范 围
直流电法	自然电场法	1.探测隐伏断层、破碎带; 2.测定地下水流速、流向
	充电法	1.探测地下洞穴; 2.测定地下水流速、流向
	电阻率测深法	1.探测基岩埋深,划分松散沉积层序和基岩风化带; 2.探测隐伏断层、破碎带; 3.探测地下洞穴; 4.探测含水层分布; 5.探测地下或水下隐埋物体; 6.测定沿线大地导电率和牵引变电所土壤电阻率
	电阻率剖面法	探测隐伏断层、破碎带
	高密度电阻率法	1.探测基岩埋深,划分松散沉积层序和基岩风化带; 2.探测隐伏断层、破碎带; 3.探测地下洞穴; 4.探测含水层分布; 5.探测地下或水下隐埋物体
	激发激化法	1.探测隐伏断层、破碎带; 2.探测地下洞穴; 3.划分松散沉积层序; 4.测定潜水面深度和含水层分布; 5.探测地下或水下隐埋物体
交流电法	频率测深法	1.探测基岩埋深,划分松散沉积层序和基岩风化带; 2.探测隐伏断层、破碎带; 3.探测地下洞穴; 4.探测河床水深及沉积泥沙厚度; 5.探测地下或水下隐埋物体; 6.探测地下管线
	电磁感应法	1.探测基岩埋深; 2.探测隐伏断层、破碎带; 3.探测地下或水下隐埋物体; 4.探测地下洞穴; 5.探测地下管线
	地质雷达	1.探测基岩埋深,划分松散沉积层序和基岩风化带; 2.探测隐伏断层、破碎带; 3.探测地下洞穴; 4.探测地下或水下隐埋物体; 5.探测河床水深及沉积泥沙厚度; 6.探测地下管线
	跨孔电磁波层析成像(CT)法	1.探测岩溶洞穴; 2.探测隐伏断层
地震波法	折射波法	1.探测基岩埋深,划分松散沉积层序和基岩风化带; 2.探测河床水深及沉积泥沙厚度
	反射波法	1.探测基岩埋深,划分松散沉积层序和基岩风化带; 2.探测隐伏断层、破碎带; 3.探测地下洞穴; 4.探测河床水深及沉积泥沙厚度; 5.探测地下或水下隐埋物体
	跨孔透射波层析成像(CT)法	1.探测小煤窑采空洞穴; 2.探测隐伏断层、破碎带; 3.划分松散沉积层序及基岩风化带
	瑞雷面波法	1.探测基岩埋深,划分松散沉积层序和基岩风化带; 2.探测隐伏断层、破碎带; 3.探测地下洞穴; 4.探测地下管线

方法名称		应用范围
地震波法	TSP法	1.探测隧道掌子面前方地层界线; 2.探测隧道掌子面前方断层、破碎带; 3.探测隧道掌子面前方岩溶发育情况
	声呐浅层剖面法	1.探测河床水深及泥沙厚度; 2.探测地下或水下隐埋物体
地球物理测井(含电测井、放射性测井、电视测井、声波测井、地震压缩波测井、地震剪切波测井等)		1.划分地层界线; 2.划分含水层; 3.测定潜水面深度或含水层; 4.划分场地土类型和类别; 5.计算动弹性模量、动剪切模量及卓越周期等; 6.测定放射性辐射参数; 7.测定土对金属的腐蚀性
红外辐射法		1.探测热力管道; 2.探测断层、破碎带; 3.探测地下热水

15 原位测试

15.1 一般规定

15.1.1、15.1.2 原位测试基本上是在原位的应力条件下对土体进行测试,其测试结果有较好的可靠性和代表性,但原位测试评定土的工程参数主要是建立在统计的经验基础上,有很强的地区性和土类的局限性,因此,在选择原位试验方法时应根据岩土条件、设计对参数的要求、地区经验和试验方法的适用性等确定。原位测试的试验项目、测定参数、主要试验目的可参照表19。

表19 原位测试项目一览表

试验项目	测定参数	主要试验目的
标准贯入试验	标准贯入锤击数 N(击)	1.判别土层均匀性和划分土层; 2.判别地基液化可能性及等级(标准贯入试验); 3.估算砂土密实度、黏性土状态; 4.估算土体基床系数和比例系数; 5.估算土体强度指标; 6.选择桩基持力层、估算单桩承载力; 7.判断沉桩的可能性
动力触探试验	动力触探锤击数 N_{10}、$N_{63.5}$、N_{120}(击)	
旁压试验	初始压力 p_0(kPa)、临塑压力 p_y(kPa)、极限压力 p_L(kPa)和旁压模量 E_m(kPa)	1.估算地基土强度和变形指标; 2.计算土的侧向基床系数; 3.估算桩承载力; 4.确定土的原位水平向和静止侧压力系数(自钻式旁压试验)
静力触探试验	单桥比贯入阻力 p_s(MPa)、双桥锥尖阻力 q_c(MPa)、侧壁摩阻力 f_s(kPa)、摩阻比 R_f(%)、孔压静力触探的孔隙水压力 u(kPa)	1.判别土层均匀性和划分土层; 2.估算地基土强度和变形指标; 3.估算土的侧向基床系数和比例系数; 4.判断盾构推进难易程度; 5.估算桩承载力; 6.判断沉桩可能性; 7.判别地基液化可能性及等级
载荷试验(平板、螺旋板)	比例界限压力 p_0(kPa)、极限压力 p_u(kPa)和压力与变形关系,地基基床系数 K_v(kPa/	1.评定岩土承载力; 2.估算土的变形模量; 3.计算土竖向基床系数

试验项目	测定参数	主要试验目的
扁铲侧胀试验	侧胀模量 E_D(kPa)、侧胀土性指数 I_D、侧胀水平应力指数 K_D 和侧胀孔压指数 U_D	1.划分土层和区分土类; 2.计算土的侧向基床系数; 3.判别地基土液化可能性
十字板剪切试验	不排水抗剪强度 c_u(kPa)和重塑土不排水抗剪强度 c'_u(kPa)	1.测求饱和黏性土的不排水抗剪强度和灵敏度; 2.估算地基承载力和单桩侧阻力; 3.计算边坡稳定性; 4.判断软黏性土的应力历史
波速测试	压缩波波速 v_p(m/s)、剪切波波速 v_s(m/s)	1.划分场地类别; 2.提供地震反应分析所需的场地土动力参数; 3.评价岩体完整性; 4.估算场地卓越周期
岩体现场直接剪切试验	岩体的摩擦角 φ_p(°)、残余摩擦角 φ_R(°)、黏聚力 c(kPa)	1.确定岩体抗剪强度; 2.计算岩质边坡的稳定性
岩体原位应力测试	岩体空间应力、平面应力	1.岩体应力与应变关系; 2.测求岩石弹性常数

布置原位试验,应注意配合钻探取样进行室内土工试验,其目的是建立统计经验公式并有助于缩短勘察周期和提高勘察质量。

原位测试成果的应用主要应以地区性经验的积累为依据,建立相应的经验关系,这种经验关系必须经过工程实践的验证。

原位测试中的第15.7节扁铲侧胀试验,第15.9节波速测试,第15.10节岩体原位应力测试,第15.11节现场直接剪切试验是按照现行国家标准《岩土工程勘察规范》GB 50021 的有关规定修订。

15.2 标准贯入试验

15.2.1 标准贯入试验对砂土、粉土和一般黏性土较为适用,尤其对砂土,标准贯入试验是可行的重要测试手段。目前,国内的一些地方在残积土及强风化岩也采用标准贯入试验,并取得了这方面的经验,故适用范围也将残积土及强风化岩列入其中。

15.2.3 本条文对标准贯入试验间距作了一般性的规定,并提出了相应的钻探施工工艺要求,以保证标准贯入试验锤击数的准确性。

15.2.4 标准贯入试验要求分两段进行:

1 预打阶段:先将贯入器打入土中15cm,并记录锤击数。

2 试验阶段:将贯入器打入土中30cm,记录每打入10cm锤击数;累计打入30cm的锤击数即为标准贯入试验 N 值;当累计锤击数已达50击,而贯入度未达30cm,可不再强行贯入,但应记录50击时的贯入深度,试验成果以大于50击表示或换算为相当于30cm的锤击数。

15.2.5 由于 N 值离散性大,故在利用 N 值解决工程问题时,应持慎重态度,依据单孔标贯资料提供设计参数必须与其他试验综合分析。

15.3 圆锥动力触探试验

15.3.1 动力触探(圆锥)试验是利用一定的锤击动能,将一定规格的圆锥探头打入土中,根据其打入击数,对土层进行力学分层,它对难以取样的砂土、粉土、碎石类土等是一种有效的勘探测试手段,本规范列入了目前国内常用的三种动力触探试验规格(轻型、重型、超重型),并对其岩土条件的适用性作了规定。

15.3.2 动力触探试验由于不能采取土样对土进行直接鉴别描述,试验误差较大、再现性差等缺点,故在使用试验成果时,应结合地区经验并与其他方法相配合使用。

15.3.4 动力触探试验成果分析:

1 根据触探击数、曲线形态,结合其他钻孔资料可进行力学分层,分层时注意超前滞后现象。

2 在整理触探资料时,应剔除异常值,在计算土层的触探指标平均值时,超前滞后范围内的值不反映土性的变化,所以不应参加统计。

3 整理多孔触探资料时,应结合钻探地质资料进行分析,对土质均匀,动探数据离散性不大时,可取各孔分层平均动探值,用厚度加权平均法计算场地分层平均动探值;当动探数据离散性大时,可采用多孔资料或与钻探资料及其他原位测试资料综合分析。

4 采用动力触探指标进行评定土的工程性能时,必须建立在地区经验的基础上。

15.4 旁压试验

15.4.1 旁压试验包括预钻式旁压试验、自钻式旁压试验和压入式旁压试验。预钻式旁压试验适用于易成孔的土层;自钻式旁压试验适用于软黏性土以及松散—稍密的粉土或砂土,但含碎石的土不适用;压入式旁压试验适用于一般黏性土、粉土和软土,但硬土和密实土不易压入。

15.4.2 旁压试验点的布置,先做静力触探试验或标准贯入试验,以便能合理地在有代表性的位置上进行试验。布置时使旁压器的量测腔在同一土层内,并建议试验点的垂直间距不宜小于1m。

15.4.3 预钻式旁压试验成孔要求孔壁垂直、光滑、呈规则圆形,尽可能减少对孔壁的扰动;在软弱土层(易缩孔、坍孔)需用泥浆护壁;钻进孔径应略大于旁压器外径,但一般不宜大于8mm。

当采用自钻式旁压试验,应先通过试钻,以便确定各种技术参数及最佳的匹配,保证对周围土体的扰动最小,保证试验质量。

15.4.5 旁压试验的加荷等级,一般可根据土的临塑压力和极限压力而定,加荷等级一般为10级~12级。

15.4.6 旁压试验加荷速率,目前国内有"快速法"和"慢速法"两种。一般情况下,为求土的强度参数时,常用"快速法";而为求土的变形参数往往强调采用"慢速法"。据国内一些单位的对比试验,两种不同加荷速率对试验结果影响不大。为提高试验效率,本规范规定使用每一级压力维持1min或3min的快速法。

15.4.7 旁压试验成果分析:

1 在绘制压力与扩张体积 ΔV 或 $\Delta V/V_0$、水管水位下沉量 s、或径向应变曲线前,应先进行弹性膜约束力及仪器管路体积损失的校正。由于约束力随弹性膜的材质、使用次数和气温而变化,因此新装或用过若干次后均需对弹性膜的约束力进行标定。仪器的综合变形,包括调压阀、量管、压力计、管路等在加压过程中的变形。国产旁压仪还需作体积损失的校正。

2 旁压模量。由于加荷采用快速法,相当于不排水条件。预钻式的旁压试验所测定的旁压模量由于原位侧向应力经钻孔后已释放,一般所得的旁压模量偏小,建议采用卸荷再加荷方法确定再加荷旁压模量,可减少孔壁扰动对试验的影响;或采用自钻式旁压试验。

15.5 静力触探试验

15.5.1 静力触探试验主要用于黏性土、粉土、砂土,对杂填土、碎石是不适用的。它可测定比贯入阻力(单桥探头)、锥尖阻力、侧壁摩擦力(双桥探头)和孔隙水压力(孔压静探探头)。

静力触探探头除当前广泛采用的单桥探头、双桥探头外,增加了孔压探头,孔压探头在国际上已成为取代双桥探头的换代新探

头。考虑到国内一些单位已经引进国外的孔压探头,同济大学等单位已研制了孔压探头,并在一些工程中成功地使用了孔压探头,所以在本规范中列入。

静探探头圆锥截面积,国际上通用标准为 $10cm^2$,但与国内大多数单位广泛使用 $15cm^2$ 探头测得的比贯入阻力相差不大。

15.5.2、15.5.3 根据工程经验,当静力触探试验贯入硬层,易发生触探孔的偏斜及发生断杆事故。孔斜使土层界线及比贯入阻力发生失真,影响桩基持力层埋深的判定,因此,对静力触探试验的孔斜作了规定。参照国外的多功能探头的产品技术标准,测斜传感器所能测的偏斜角最大 $14°$,为避免发生断杆及失真分层界线和阻力,要求采用导管护壁,防止孔斜或断杆。或装配测斜装置,量测探头偏斜角,校正土分层界线,当偏斜角超过 $15°$ 时宜停止贯入。

15.5.5 静力触探试验成果分析:

1 利用静力触探试验比贯入曲线划分土层,可根据锥尖阻力、侧壁摩阻力与锥尖阻力之比曲线参照钻孔的分层资料划分土层;利用孔隙水压力曲线,可以提高土层划分的精度并能分辨薄夹层。

2 利用静力触探资料,结合地区经验估算土的强度、变形参数等。由于经验关系有地区局限性,因此只有当经验关系经过检验已证实是可靠的,则可以提供设计参数。

3 利用孔压静力触探试验资料,可评定土的应力历史、估算土的渗透系数和固结系数,一般均采用半理论半经验公式计算,在这方面有待于积累经验。

根据孔压静探的孔压消散曲线资料,可按式23估算土的固结系数 C_v 值:

$$C_v = (T_{50}/t_{50})r_0^2 \qquad (23)$$

式中:T_{50}——相当于 50% 固结度的时间因数,当滤水器位于探头锥尖后时,T_{50} 可取为 6.87;当滤水器位于探头锥尖上时,T_{50} 可取为 1.64;

t_{50}——超孔隙水压力消散达 50% 时的历时时间(min);

r_0——孔压探头的半径(cm)。

15.6 载荷试验

15.6.7 本条的目的是建立载荷试验与室内土工试验指标或其他原位测试结果的相关经验公式,有利于缩短勘察周期和提高勘察质量。

15.6.8 对载荷试验成果的分析和应用,应特别注意承压板影响深度范围内土层的不均匀性,否则会降低试验成果的使用价值。

15.7 扁铲侧胀试验

扁铲侧胀试验(dilatometer test,DMT),也有译为扁板侧胀试验,系 20 世纪 70 年代意大利 Silvano Marchetti 教授创立。扁铲侧胀试验是将带有膜片的扁铲压入土中预定深度,充气使膜片向孔壁土中侧向扩张,根据压力与变形关系,测定土的模量及其有关指标。因能比较准确地反映小应变的应力应变关系,测试的重复性较好,引入我国后,受到岩土工程界的重视,进行了比较深入的试验研究和工程应用,已列入现行国家标准《岩土工程勘察规范》GB 50021 中。

15.8 十字板剪切试验

15.8.1 十字板剪切试验适用范围,大部分国家规定限于饱和软黏土($\varphi_u \approx 0$)。虽然有的国家把它扩大到非饱和土,但需进一步的研究和实践。

美国 ASTM-STP1014(1988)提出十字板剪切试验适用于灵敏度 $S_t \leqslant 10$,固结系数 $C_v \leqslant 100m^2/a$ 的均质饱和软黏性土,对于其他的土(如夹有薄层粉细砂或粉土的软黏性土)十字板剪切试验

会有相当大的误差。

15.8.2 十字板剪切试验点的布置,对均质土试验点竖向间距可取1m～2m,对于非均质土,根据静力触探等资料选择有代表性的点布置,不宜机械地按等间距布置试验点。

15.8.4 十字板剪切试验成果分析:

1 实践证明,正常固结的天然饱和软黏性土的不排水抗剪强度是随深度增加,室内抗剪强度的试验成果,由于取样扰动等因素,往往不能反映这一变化规律。

2 十字板剪切试验所得的不排水抗剪强度峰值,一般认为是偏高的,土的长期强度只有峰值强度的60%～70%,因此在使用过程中,需对十字板测定的强度值作必要的修正。

15.12 地温测试

15.12.1 地温是地铁设计时结构温度应力、暖通设计等所需参数,但目前地铁勘察中地温测试手段仍相对单一,可靠性尚待提高。目前地温测试主要有三种方法:一种是采用电阻式水温仪,通过测量钻孔水温确定土体温度,主要用于深层地温探测;一种是将温度传感器附设于静探、十字板等传感器上,通过贯入设备,在进行其他原位测试时同步完成;另一种是直接将温度计或温度传感器埋入地下,测量地表一定深度范围内温度。上述三种方法可归纳为钻孔法、贯入法和埋设法。

地表一定深度范围内土体温度主要受大气影响,研究表明,地温在地表以下10m范围内受大气温度影响较敏感,因此变化幅度较大,10m以后趋于稳定,其影响因素主要包括土性(砂性、黏性)、孔隙比、含水量和饱和度等,一般而言,土颗粒越密实、孔隙越少,导热系数就越大,温度变化越明显。图7是美国弗吉尼亚州矿产能源部对土体温度长期监测结果,图中横坐标表示与平均温度差异值,纵坐标表示深度;图8是一年不同时期不同深度平均温度变化情况。

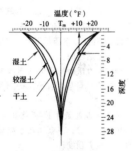

图7 土体温度随深度变化曲线

地铁车站以及区间段一般都在地温变化范围内,因此地温测量原则上应超过车站或区间埋深,当埋深超过10m后可认为温度稳定。

15.12.3 本条规定了地温测试的范围和部位。

15.12.5 贯入法测温静置目的是减少贯入过程中产生热量对测温结果影响,对比试验表明,其对结果影响比较明显。

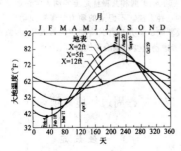

图8 土体温度随时间变化曲线

16 岩土室内试验

16.1 一般规定

16.1.1 本章未对室内试验方法作出具体规定,室内试验的试验方法、操作和采用的仪器设备要与现行国家标准相一致。确保岩土试验遵循共同的试验准则,使试验结果具有一致性和可比性。

在使用和评价岩土试验数据时,必须注意到,岩土试样与实际状态是存在着差别的,试验方法应尽量模拟实际,评价成果时,宜结合原位测试成果和既有的经验数据进行比较分析,综合给出合理的推荐值。

16.1.2 岩土工程勘察的目的是为设计、施工服务的,试验项目的选择要结合工程类型和设计、施工需要综合确定。

16.1.3 试验资料的分析,对提供准确可靠的试验指标是十分重要的,内容涉及成果整理、试验指标的选择等。对不合理的数据要分析原因,有条件时,进行一定的补充试验,以便决定对可疑数据的取舍或更正。

16.2 土的物理性质试验

16.2.1 土的物理性质试验,主要应满足岩土工程勘察过程中所要求的土的常规物理试验项目。

采用原状土或扰动土进行土的物理性质试验一般需要保持其天然含水状态。试样制备首先对土样进行描述,了解土样的均匀程度、含夹杂物等,保证物理性质试验所选用的试样一致,并作为统计分层的依据。

16.2.2 土粒比重变化幅度不大,有经验的地区可根据经验判定。但对缺乏经验的地区,仍应直接测定。

16.2.6 热物理指标是城市轨道交通岩土工程勘察需要提供的一个特殊参数,对本条作如下说明:

1 城市轨道交通工程通风负荷计算方法确定后,合理地选择岩土热物理指标,对保证城市轨道交通工程建筑良好的使用功能及降低工程造价和运行管理有着不可忽视的影响。而岩土的热物理性能是与密度、湿度及化学成分有关。导热系数、导温系数随着密度和湿度的增加而变大,而湿度对比热容的影响较大。此外,在相同密度及湿度的情况下,由于化学成分不同,其值也相差很大。因此,应通过试验取得数据,以保证设计合理。

2 由于土的热物理指标与土的密度和含水率等状态密切相关,因此需要对原状土的级别进行鉴别。为了真实反映地下土层的热物理特性,保证试验成果的可靠性,质量不符合要求的土样不能做该项目试验。

3 测定热物理性能试验方法较多,各种不同的方法都有一定的适用范围。因此,根据岩土自身的特性,本规范选用了三种方法测定岩土的热物理性能。面热源法能够一次测得岩土的导温系数和导热系数,并计算出比热容。但测试仪器及操作计算较复杂,中山大学采用此方法试验。热线法和热平衡法分别适用于测定潮湿土质材料的导热系数和比热容,利用关系式计算出导温系数。这两种组合测试方法测试装置简单,测试快捷方便,北京城建勘测设计研究院有限责任公司采用此方法试验。

1)面热源法: 是在被测物体中间作用一个恒定的短时间的平面热源,则物体温度将随时间而变化,其温度变化是与物体的性能有关。通过求解导热微分方程,并通过试验测出有关参数,然后按下列一些公式就可计算出被测物体的导温系数、导热系数和比热容。

导温系数:

$$\alpha = \frac{d^2}{4\tau'y^2} \tag{24}$$

式中：α——导温系数(m^2/h)；

　　　τ'——距热源面 $d(m)$ 温度升高 θ' 时的时间(h)；

　　　y——函数 $B(y)$ 的自变量。

函数 $B(y)$ 值：

$$B(y) = \frac{\theta'(\sqrt{\tau_2} - \sqrt{\tau_2 - \tau_1})}{\theta_2 \sqrt{\tau'}} \quad (25)$$

式中：$B(y)$——自变量为 y 的函数值；

　　　τ_1——关掉加热器的时间(h)；

　　　τ_2——加热停止后，热源上温度升高为 θ_2 时的时间(h)。

导热系数：

$$\lambda = \frac{I^2 R \sqrt{\alpha}(\sqrt{\tau_2} - \sqrt{\tau_2 - \tau_1})}{S\theta_2 \sqrt{\pi}} \quad (26)$$

式中：λ——导热系数$[W/(m \cdot K)]$；

　　　I——加热电流(A)；

　　　R——加热器电阻(Ω)；

　　　S——加热器面积(m^2)。

比热容：

$$C = 3.6 \frac{\lambda}{\alpha\rho} \quad (27)$$

式中：C——比热容$[kJ/(kg \cdot K)]$；

　　　ρ——密度(kg/m^3)。

2）热线法：是在匀温的各向同性均质试样中放置一根电阻丝，即所谓的"热线"，当热线以恒定的功率放热时，热线及其附近试样的温度将会随时间升高。根据其温度随时间变化的关系，可确定试样的导热系数。通过试验测出有关参数后，按下式计算岩土的导热系数。

$$\lambda = \frac{I \cdot V}{4\pi L} \cdot \frac{\ln \frac{t_2}{t_1}}{\theta_2 - \theta_1} \quad (28)$$

或

$$\lambda = \frac{I^2 \cdot R}{4\pi L} \cdot \frac{\ln \frac{t_2}{t_1}}{\theta_2 - \theta_1} \quad (29)$$

式中：λ——导热系数$[W/(m \cdot K)]$；

　　　V——热线 A、B 段的加热电压(V)；

　　　R——加热丝的电阻(Ω)；

　　　I——加热丝的电流(A)；

　　　L——加热线 A、B 间的长度(m)；

　　　θ_1、θ_2——热线的两次测量温升($℃$)；

　　　t_1、t_2——测 θ_1、θ_2 时的加热时间(s)。

3）热平衡法：是测定岩土比热容的常用方法。在试样中心插入热电偶，通过测量试样与水的初温及热量传递到温度均衡状态时的温度，按下式计算岩土的比热容。

$$C_m = \frac{(G_1 + E) \cdot C_w(t_3 - t_2)}{G_2(t_1 - t_3)} - \frac{G_3}{G_2} \cdot C_b \quad (30)$$

式中：C_m——岩土在 t_3 到 t_1 温度范围内的平均比热容$[J/(kg \cdot K)]$；

　　　C_b——试样筒材料（黄铜）在 t_3 到 t_1 温度范围内的平均比热容$[J/(kg \cdot K)]$；

　　　C_w——杜瓦瓶中水在 t_2 到 t_3 温度范围内的平均比热容$[J/(kg \cdot K)]$；

　　　E——水当量（用已知比热的试样进行测定，可得到 E 值）(g)；

　　　t_1——岩土下落时的初温($℃$)；

　　　t_2——杜瓦瓶中水的初温($℃$)；

　　　t_3——杜瓦瓶中水的计算终温($℃$)；

　　　G_1——水重量(g)；

　　　G_2——试样重量(g)；

　　　G_3——试样筒重量(g)。

4 本规范附录 K 是常见的 12 类岩土的热物理指标，来源于

北京、广州、天津等地区近 30 年的试验值。其数值的大小与密度、含水量有关，在可行性研究和初步勘察阶段可根据岩土的密度、含水量的实际情况按附录 K 选用。在详细勘察和施工勘察阶段有特殊要求的工点需取样试验确定，对于有工程经验的地区，可通过试验和经验值综合分析确定。

16.3　土的力学性质试验

16.3.1　本系列举了土的主要力学试验内容。

　　膨胀土地区应取样做膨胀性试验，根据试验指标作出场地的膨胀潜势分析。水位以上黄土应取样做湿陷性试验，确定黄土的湿陷性。固结试验、直剪试验、三轴压缩试验、无侧限抗压强度试验、静止侧压力系数试验、回弹试验、基床系数试验等应根据工程类型、设计、施工需要和岩土条件综合确定。

　　选用试验数据时，宜结合原位测试成果和既有的经验数据进行综合分析研究，给出合理的推荐值。

16.3.2　条文中的要求是考虑当采用压缩模量进行沉降计算时，压缩系数和压缩模量一般选取有效自重压力至有效自重压力与附加压力之和的压力段，才能使计算结果更接近工程实际情况。

16.3.3　当采用土的应力历史进行沉降计算时，试验成果应按 e-$\lg p$ 曲线整理，确定先期固结压力并计算压缩指数和回弹指数。施加的最大压力应满足绘制完整的 e-$\lg p$ 曲线的要求。回弹模量和回弹再压缩模量的取样测试主要是为了计算基底卸荷回弹量，做固结试验时要考虑基坑的开挖深度，要对土的有效自重压力进行分段取整，获得回弹和回弹再压缩曲线，利用回弹曲线的割线斜率计算回弹模量，利用回弹再压缩曲线的割线斜率计算回弹再压缩模量。实际工作中，若两者差别不大，可用前者代替后者。

16.3.4　直接剪切试验包含快剪、固结快剪和慢剪。直接剪切试验由于设备和操作都比较简单，试验结果存在明显的缺点，但由于已经积累了大量的勘察和设计经验，仍可以有条件地使用。快剪试验所得到的抗剪强度指标最小，用于设计计算结果偏于安全，对于基坑工程而言可代表性进行快剪试验。基坑工程施工一般都属于加荷固结速度缓慢，土体在排水条件下有一定的自重固结时间，因此选择固结快剪试验是适合的。

　　选用不同的三轴试验方法所取得 c、φ 值数据差别很大，故本条规定采用的试验方法应尽量与工程施工的加荷速率、排水条件相一致。

16.3.5　土在侧面不受限制的条件下，抵抗垂直压力的极限强度称为土的无侧限抗压强度(q_u)。主要适用于测试饱和软黏性土，用于估算土的承载力和抗剪强度。

16.3.6　土在不允许有侧向变形的条件下，试样在轴向压力增量 $\Delta\sigma_1$ 的作用下将引起的侧向压力的相应增量 $\Delta\sigma_3$，其 $\Delta\sigma_3/\Delta\sigma_1$ 的比值称为土的侧压力系数(ξ)或静止土压力系数(K_0)，水利水电设计规范中称为静止侧压力系数。本规范统一称为土的静止侧压力系数(K_0)，试验仪器采用侧压力仪。

16.3.7　关于基床系数的说明参见本规范第 7.3.10 条的条文说明。

16.3.8　动三轴、动单剪和共振柱是土的动力学性质试验中较常用和较成熟的三种方法。不但土的动力学参数随动应变而变化，不同的试验仪器或试验方法有其应变值的有效范围，故在提出试验要求时，应考虑动应变的范围和仪器的适用性。

17　工程周边环境专项调查

17.1　一般规定

17.1.1、17.1.2　工程周边环境是影响城市轨道交通工程规划、设

计和施工的重要因素，一旦对某一环境因素没有查清，可能引起线路埋深、车站结构等的变更，严重时引发工程事故和人员伤亡。北京市轨道交通建设管理有限公司为避免和减少环境安全事故的发生制定了《北京市轨道交通工程建设工程环境调查指南》。由于各个设计阶段对环境调查的范围和深度要求不同，因此，需要分阶段开展环境调查工作，满足各个阶段的设计要求。

17.2 调查要求

17.2.2 建筑物一般指供人们进行生产、生活或其他活动的房屋或场所。例如，工业建筑、民用建筑、农业建筑和园林建筑等，工程周边环境调查涉及的建筑物主要是房屋建筑和工业厂房。

构筑物一般指人们不直接在内进行生产和生活活动的场所。如水塔、烟囱、堤坝、蓄水池、人防工程、化粪池、地下油库、地下暗渠以及各种地下管线隧道等。

17.2.4 在国内城市轨道交通工程施工过程中，经常发生因地下管线与线路发生冲突的情况，导致线路无法穿越，造成管线改移，以及施工过程中对管线的直接破坏，或由于管线的渗漏造成基坑边坡和隧道的坍塌，给工程带来了很大的工期和经济损失。因此，地下管线的调查对城市轨道交通工程的设计、施工是非常重要的。

17.2.6 城市道路包括高速公路、城市快速路、城市主干道、次干道、支路等。桥涵包括城市立交桥、跨河桥、过街天桥、过街地道以及涵洞等。

17.2.9 架空线缆是泛指，还包括其他的架空电线或电缆。

17.3 成 果 资 料

17.3.1～17.3.3 成果资料的核心内容是查明影响范围内已有建（构）筑物、道路、地下管线等设施的位置、现状，根据它们和轨道交通工程在空间上的相互关系，结合工程地质和水文地质条件，预测由于开挖和降水等工程施工对工程周边环境的影响，提出必要的预防、控制和监测措施。

18 成果分析与勘察报告

18.1 一 般 规 定

18.1.1 本条明确提出了对岩土工程勘察报告两方面的基本要求：

1 提供工程场地及沿线的工程地质、水文地质及岩土性质资料。

2 结合工程特点和要求，进行岩土工程分析评价。

18.1.4 城市轨道交通工程线路较长、勘察单位比较多；目前多数地区没有勘察总体单位或勘察监理单位总体把关。为了便于勘察资料的使用和各勘察阶段资料的延续性，需要制订地质单元、工程地质水文地质分区、岩土分层的统一标准。

18.2 成果分析与评价

18.2.1 本条主要针对城市轨道交通工程结构提出分析评价的综合要求，即分不同的敷设形式提出成果分析与评价的要求。地下工程主要是围岩和土体的稳定和变形问题，高架工程和地面工程主要是地基的承载力和变形问题，并特别强调了工程建设对环境的影响和对地下水作用的分析评价。

18.2.2 对于明挖法施工的分析评价，侧重于分析岩土层的稳定性、透水性和富水性，这关系到边坡、基坑的稳定；分析不同支护方式可能出现的工程问题，提出防治措施的建议。

18.2.3 对于矿山法施工的分析评价，侧重于分析不良地质和地下水的情况，以及由此带来的工程问题，提出防治措施的建议。

18.2.4 对于盾构法施工的分析评价，侧重于盾构机选型应注意的地质问题，指出影响盾构施工的地质条件。

18.2.5 对于高架工程的分析评价，侧重于桩基设计所需的岩土参数，指出影响桩基施工的不良地质和特殊岩土，提出防治措施的建议。

18.2.7 本条基本保留了原规范的内容。轨道交通工程建设对城市环境的影响较大，勘察报告通过分析、评价和预测，提出防治措施的建议。环境问题涉及面广，本条仅涉及属于岩土工程方面的内容。

18.3 勘察报告的内容

18.3.1 本条概括规定了轨道交通岩土工程勘察报告的内容组成，将勘察报告的内容组成分为文字部分、表格、图件和附件。

18.3.2～18.3.4 根据轨道交通工程勘察的实践，列出了勘察报告的内容组成，这是根据完整的报告要求列出的。各地地质条件差别很大，勘察报告的内容组成不可能相同。根据工程规模和任务要求等，选择适合于实际勘察的内容组成编写报告。其中，勘察任务依据、拟建工程概况、勘察要求与目的、勘察范围、勘察方法与执行标准、完成工作量等，是勘察文字报告必备的基本内容。

18.3.6 鉴于施工勘察报告、专项勘察报告的特殊性，其内容组成难以统一，可根据勘察的要求、目的在本规范第18.3.2条～第18.3.5条中合理选取。

19 现场检验与检测

19.0.1 现场检验与检测是保证工程质量与安全的重要手段之一，为保证工程周边环境安全、工程结构安全以及工程施工安全，岩土工程勘察报告中需要根据工程岩土特点、结构特点和施工特点，提出工程检验与检测的建议。目前现场检验与检测的方法主要有现场观察、试验和仪器量测等。

19.0.2 城市轨道交通工程地基、路基及隧道的现场检验，是工程建设中对地质体检查的最后一道关口，通过检验发现异常地层，及时采取措施确保工程施工和结构的安全。该项工作是必须做的常规工作，通常由地质人员会同建设、设计、施工、监理以及质量监督部门共同进行。

检验时，一般首先核对基础或基槽的位置、平面尺寸和坑底标高，是否与图纸相符。对土质地基，可用肉眼、微型贯入仪、轻型动力触探等简易方法，检验土的密实度和均匀性，必要时可在槽底普遍进行轻型动力触探。但坑底下埋有砂层，且承压水头高于坑底时，应特别慎重，以免造成冒水涌砂。当岩土条件与勘察报告出入较大或设计有较大变动时，可有针对性地进行施工专项勘察。

19.0.3、19.0.4 这两条所列检验内容，都是以往工程实践中发现的，影响地基、路基和围岩稳定和变形的重要因素，在现场检验时需要给予充分的重视。

19.0.5 桩长设计一般采用地层和标高双控制，并以勘察报告为设计依据。但在工程实践中，会有实际地层情况与勘察报告不一致的情况，故应通过试打试钻，检验岩土条件是否与设计时预计的一致，在工程桩施工时，也应密切注意是否有异常情况，以便及时采取必要的措施。大直径挖孔桩，一般设计承载力很高，对工程影响重大，所以应逐桩检验孔底尺寸和岩土情况，并且人工挖孔也为检验提供了良好的条件。

19.0.7 现行行业标准《建筑基桩检测技术规范》JGJ 106 对施工完成后的工程桩的检验范围和方法作了明确的规定。确定桩的承载能力虽然有多种方法，但目前最可靠的仍是载荷试验。

目前在桩身质量检验方面，动力测桩技术已较为成熟，普遍使用，但对操作人员和仪器要求较高，必须符合有关规范和规定。

19.0.8 地基处理施工前，应根据设计文件，现场核查设计图纸、设计参数、设计要求、施工机械、施工工艺及质量控制指标等；复合地基的竖向增强体，尚应试打或试钻，通过试打或试钻检验岩土条件与勘察成果的相符性，确定沉桩或成孔的可能性，确定施工机械、施工工艺的适用性以及质量控制指标。对于有经验的工程场地，试打或试钻可结合工程桩进行。发现问题及时与有关部门研究解决。对缺乏施工经验的场地或采用新工艺时，应进行地基处理效果的测试。

19.0.10 基坑支护体系的检测是为了确保其施工质量达到设计要求，具体检测方法和技术执行现行行业标准《建筑基坑支护技术规程》JGJ 120 的有关要求。

19.0.11 对围岩加固范围、加固效果进行检测是确保工程施工安全的重要环节，本条对目前城市轨道交通涉及围岩加固检测的情况和采用的检测方法进行了归纳总结。

19.0.12 对城市轨道交通工程结构进行沉降观测，一方面为城市轨道交通工程施工及运营的安全提供保证；另一方面可以起到积累建筑经验或对工程进行设计反分析的作用。本条对城市轨道交通工程需要进行沉降观测的情况进行了规定。

中华人民共和国国家标准

工程岩体分级标准

Standard for engineering classification of rock mass

GB/T 50218—2014

主编部门：中 华 人 民 共 和 国 水 利 部
批准部门：中华人民共和国住房和城乡建设部
施行日期：２ ０ １ ５ 年 ５ 月 １ 日

中华人民共和国住房和城乡建设部
公　　告

第 531 号

住房城乡建设部关于发布国家标准
《工程岩体分级标准》的公告

现批准《工程岩体分级标准》为国家标准，编号为 GB/T 50218-2014，自 2015 年 5 月 1 日起实施。原《工程岩体分级标准》GB 50218-94 同时废止。

本标准由我部标准定额研究所组织中国计划出版社出版发行。

中华人民共和国住房和城乡建设部

2014 年 8 月 27 日

前　　言

本标准是根据住房城乡建设部《关于印发〈2011 年工程建设标准规范制订、修订计划〉的通知》（建标〔2011〕17 号）的要求，由长江水利委员会长江科学院会同有关单位在原《工程岩体分级标准》GB 50218—94 的基础上修订而成的。

本标准在编制过程中，编制组经广泛调查研究，认真总结实践经验，参考相关国家标准和国外先进标准，并在广泛征求意见的基础上，最后经审查定稿。

本标准的主要技术内容为总则、术语和符号、岩体基本质量的分级因素、岩体基本质量分级和工程岩体级别的确定等。

本标准修订的主要内容包括：

1. 对原标准中的岩体基本质量指标 BQ 计算公式，在原有样本数据基础上，新增了 54 组样本数据，重新进行了回归分析，论证了岩体基本质量指标 BQ 计算公式的有效性，并对 BQ 公式进行了局部修订。

2. 增加了边坡工程岩体质量指标的计算、边坡工程岩体级别的划分以及边坡工程岩体自稳能力的确定等内容。

3. 收集与整理了自标准颁布以来的有关工程岩体现场试验成果资料，依据基于岩体质量级别的试验资料统计结果，对附录 D 岩体及结构面物理力学参数进行了论证与局部修订。

4. 收集与整理了不同岩体级别条件下的岩石地基现场载荷试验资料，对基岩承载力基本值（f_0）进行了论证。

5. 在初始应力对地下工程岩体质量指标影响修正方面，将岩体初始应力状态对地下工程岩体级别的影响调整为以相应初始应力和围岩强度确定的强度应力比值作为修正控制因素。

6. 对章节和附录结构以及内容进行了局部调整和补充，对岩石风化程度的划分及结构面结合程度的划分等内容进行了局部修订。

本标准由住房城乡建设部负责管理，由水利部负责日常管理，由长江水利委员会长江科学院负责具体技术内容的解释。执行过程中如有意见或建议，请寄送给长江水利委员会长江科学院（地址：武汉市黄浦大街 23 号；邮政编码：430010）。

本标准主编单位、参编单位、主要起草人和主要审查人：

主 编 单 位：长江水利委员会长江科学院

参 编 单 位：东北大学

总参工程兵第四设计研究院

中铁西南科学研究院有限公司

建设综合勘察研究设计院有限公司

长江勘测规划设计研究有限责任公司

中国水电顾问集团成都勘测设计研究院

煤炭科学研究总院开采研究分院

中交第二公路勘察设计研究院有限公司

华北有色工程勘察院有限公司

主要起草人：邬爱清　赵　文　周火明　柳赋铮
　　　　　　龚固墙　徐复安　何发亮　孙　毅
　　　　　　李会中　宋胜武　陈卫东　冯夏庭
　　　　　　康红普　吴万平　刘新社　朱杰兵

　　　　　　张宜虎　汪　斌

主要审查人：司富安　陈德基　王行本　高玉生
　　　　　　董学晟　邢念信　齐俊修　朱维申
　　　　　　聂德新　李小和　丁小军　陈昌彦
　　　　　　雷兴顺　林韵梅　王石春　陈梦德

目　次

Contents

1 总　则

1.0.1 为统一工程岩体分级方法，并为岩石工程勘察、设计、施工和运行提供基本依据，制定本标准。

1.0.2 本标准适用于各类型岩石工程的岩体分级。

1.0.3 工程岩体分级应采用定性与定量相结合的方法，并分两步进行，先确定岩体基本质量，再结合具体工程的特点确定工程岩体级别。

1.0.4 工程岩体分级，除应符合本标准外，尚应符合国家现行有关标准的规定。

2 术语和符号

2.1 术　语

2.1.1 岩石工程 rock engineering

以岩体为工程建筑物地基或环境，并对其进行开挖或加固的工程，主要包括岩石地下工程、岩石边坡工程和岩石地基工程。

2.1.2 工程岩体 engineering rock mass

岩石工程影响范围内的岩体。

2.1.3 岩体基本质量 rock mass basic quality

岩体所固有的、影响工程岩体稳定性的最基本属性。本标准规定，岩体基本质量由岩石坚硬程度和岩体完整程度所决定。

2.1.4 结构面 structural plane (discontinuity)

岩体内部具有一定方向、一定规模、一定形态和特性的面、缝、层和带状的地质界面。

2.1.5 岩体完整性指数 intactness index of rock mass

岩体弹性纵波速度与岩石弹性纵波速度之比的平方。

2.1.6 岩体体积节理数 volumetric joint count of rock mass

每立方米岩体体积内的结构面数目。

2.1.7 点荷载强度指数 point load strength index

直径 50mm 圆柱体试件径向加压时的点荷载强度。

2.1.8 初始应力场 initial geo-stress field

自然状态下岩体中的应力场，也称天然应力场。

2.1.9 工程岩体自稳能力 stand-up time of engineering rock mass

在无支护或无加固条件下，工程岩体保持稳定的能力。

2.1.10 基岩承载力基本值 basic value of bearing capacity of

rock foundation

岩石地基工程中，与岩体载荷—位移曲线中的比例极限或屈服极限相对应的荷载。

2.2 符　号

γ——岩体重力密度；

R_c——岩石饱和单轴抗压强度；

$I_{s(50)}$——岩石点荷载强度指数；

E——岩体变形模量；

μ——岩体泊松比；

φ——岩体或结构面内摩擦角；

c——岩体或结构面黏聚力；

K_v——岩体完整性指数；

J_v——岩体体积节理数；

K_1——地下工程地下水影响修正系数；

K_2——地下工程主要结构面产状影响修正系数；

K_3——初始应力状态影响修正系数；

K_4——边坡工程地下水影响修正系数；

K_5——边坡工程主要结构面产状影响修正系数；

λ——边坡工程主要结构面类型与延伸性修正系数；

f_0——岩体基岩承载力基本值；

BQ——岩体基本质量指标；

[BQ]——工程岩体质量指标；

H——岩石地下工程埋深或岩石边坡高度。

3 岩体基本质量的分级因素

3.1 分级因素及其确定方法

3.1.1 岩体基本质量应由岩石坚硬程度和岩体完整程度两个因素确定。

3.1.2 岩石坚硬程度和岩体完整程度，应采用定性划分和定量指标两种方法确定。

3.2 分级因素的定性划分

3.2.1 岩石坚硬程度的定性划分应符合表 3.2.1 的规定。

表 3.2.1　岩石坚硬程度的定性划分

坚硬程度		定性鉴定	代表性岩石
硬质岩	坚硬岩	锤击声清脆，有回弹，震手，难击碎； 浸水后，大多无吸水反应	未风化～微风化的： 花岗岩、正长岩、闪长岩、辉绿岩、玄武岩、安山岩、片麻岩、硅质板岩、石英岩、硅质胶结的砾岩、石英砂岩、硅质石灰岩等
	较坚硬岩	锤击声较清脆，有轻微回弹，稍震手，较难击碎； 浸水后，有轻微吸水反应	1.中等（弱）风化的坚硬岩； 2.未风化～微风化的： 熔结凝灰岩、大理岩、板岩、白云岩、石灰岩、钙质砂岩、粗晶大理岩等
软质岩	较软岩	锤击声不清脆，无回弹，较易击碎； 浸水后，指甲可刻出印痕	1.强风化的坚硬岩； 2.中等（弱）风化的较坚硬岩； 3.未风化～微风化的： 凝灰岩、千枚岩、砂质泥岩、泥灰岩、泥质砂岩、粉砂岩、砂质页岩等

续表 3.2.1

坚硬程度		定性鉴定	代表性岩石
软质岩	软岩	锤击声哑,无回弹,有凹痕,易击碎; 浸水后,手可掰开	1. 强风化的坚硬岩; 2. 中等(弱)风化~强风化的较坚硬岩; 3. 中等(弱)风化的较软岩; 4. 未风化的泥岩、泥质页岩、绿泥石片岩、绢云母片岩等
	极软岩	锤击声哑,无回弹,有较深凹痕,手可捏碎; 浸水后,可捏成团	1. 全风化的各种岩石; 2. 强风化的软岩; 3. 各种半成岩

3.2.2 岩石坚硬程度定性划分时,其风化程度应按表3.2.2的规定确定。

表 3.2.2 岩石风化程度的划分

风化程度	风化特征
未风化	岩石结构构造未变,岩质新鲜
微风化	岩石结构构造、矿物成分和色泽基本未变,部分裂隙面有铁锰质渲染或略有变色
中等(弱)风化	岩石结构构造部分破坏,矿物成分和色泽较明显变化,裂隙面风化较剧烈
强风化	岩石结构构造大部分破坏,矿物成分和色泽明显变化,长石、云母和铁镁矿物已风化蚀变
全风化	岩石结构构造完全破坏,已崩解和分解成松散土状或砂状,矿物全部变色,光泽消失,除石英颗粒外的矿物大部分风化蚀变为次生矿物

3.2.3 岩体完整程度的定性划分应符合表3.2.3的规定。

表 3.2.3 岩体完整程度的定性划分

完整程度	结构面发育程度		主要结构面的结合程度	主要结构面类型	相应结构类型
	组数	平均间距(m)			
完整	1~2	>1.0	结合好或结合一般	节理、裂隙、层面	整体状或巨厚层状结构
较完整	1~2	>1.0	结合差	节理、裂隙、层面	块状或厚层状结构
	2~3	1.0~0.4	结合好或结合一般		块状结构
较破碎	2~3	1.0~0.4	结合差	节理、裂隙、劈理、层面、小断层	裂隙块状或中厚层状结构
	≥3	0.4~0.2	结合好		镶嵌碎裂结构
			结合一般		薄层状结构
破碎	≥3	0.4~0.2	结合差	各种类型结构面	裂隙块状结构
		≤0.2	结合一般或结合差		碎裂状结构
极破碎	无序		结合很差		散体状结构

注:平均间距指主要结构面间距的平均值。

3.2.4 结构面的结合程度,应根据结构面特征,按表3.2.4确定。

表 3.2.4 结构面结合程度的划分

结合程度	结构面特征
结合好	张开度小于1mm,为硅质、铁质或钙质胶结,或结构面粗糙,无充填物; 张开度1mm~3mm,为硅质或铁质胶结; 张开度大于3mm,结构面粗糙,为硅质胶结
结合一般	张开度小于1mm,结构面平直,钙泥质胶结或无充填物; 张开度1mm~3mm,为钙质胶结; 张开度大于3mm,结构面粗糙,为铁质或钙质胶结
结合差	张开度1mm~3mm,结构面平直,钙泥质胶结或钙泥质充填物; 张开度大于3mm,多为泥质或岩屑充填
结合很差	泥质充填或泥夹岩屑充填,充填物厚度大于起伏差

3.3 分级因素的定量指标

3.3.1 岩石坚硬程度的定量指标,应采用岩石饱和单轴抗压强度 R_c。R_c 应采用实测值。当无条件取得实测值时,也可采用实测的岩石点荷载强度指数 $I_{s(50)}$ 的换算值,并按下式换算:

$$R_c = 22.82 I_{s(50)}^{0.75} \qquad (3.3.1)$$

式中:R_c——岩石饱和单轴抗压强度(MPa)。

3.3.2 岩体完整程度的定量指标,应采用岩体完整性指数 K_v。K_v 应采用实测值。当无条件取得实测值时,也可用岩体体积节理数 J_v,并按表3.3.2确定对应的 K_v 值。

表 3.3.2 J_v 与 K_v 的对应关系

J_v(条/m³)	<3	3~10	10~20	20~35	≥35
K_v	>0.75	0.75~0.55	0.55~0.35	0.35~0.15	≤0.15

3.3.3 岩石饱和单轴抗压强度 R_c 与岩石坚硬程度的对应关系,可按表3.3.3确定。

表 3.3.3 R_c 与岩石坚硬程度的对应关系

R_c(MPa)	>60	60~30	30~15	15~5	≤5
坚硬程度	硬质岩			软质岩	
	坚硬岩	较坚硬岩	较软岩	软岩	极软岩

3.3.4 岩体完整性指数 K_v 与岩体完整程度的对应关系,可按表3.3.4确定。

表 3.3.4 K_v 与岩体完整程度的对应关系

K_v	>0.75	0.75~0.55	0.75~0.35	0.35~0.15	≤0.15
完整程度	完整	较完整	较破碎	破碎	极破碎

3.3.5 定量指标 R_c、$I_{s(50)}$ 的测试应符合本标准附录A的规定。

3.3.6 定量指标 K_v、J_v 的测试应符合本标准附录B的规定。

4 岩体基本质量分级

4.1 基本质量级别的确定

4.1.1 岩体基本质量分级,应根据岩体基本质量的定性特征和岩体基本质量指标BQ两者相结合,并应按表4.1.1确定。

表 4.1.1 岩体基本质量分级

岩体基本质量级别	岩体基本质量的定性特征	岩体基本质量指标(BQ)
I	坚硬岩,岩体完整	>550
II	坚硬岩,岩体较完整; 较坚硬岩,岩体完整	550~451
III	坚硬岩,岩体较破碎; 较坚硬岩,岩体较完整; 较软岩,岩体完整	450~351
IV	坚硬岩,岩体破碎; 较坚硬岩,岩体较破碎~破碎; 较软岩,岩体完整~较完整; 软岩,岩体完整~较完整	350~251
V	较软岩,岩体破碎; 软岩,岩体较破碎~破碎; 全部极软岩及全部极破碎岩	≤250

4.1.2 当根据基本质量定性特征和岩体基本质量指标BQ确定的级别不一致时,应通过对定性划分和定量指标的综合分析,确定岩体基本质量级别。当两者的级别划分相差达1级及以上时,应进一步补充测试。

4.1.3 各基本质量级别岩体的物理力学参数,可按本标准表

D.0.1确定。结构面抗剪断峰值强度参数,可根据其两侧岩石的坚硬程度和结构面结合程度,按本标准表 D.0.2 确定。

4.2 基本质量的定性特征和基本质量指标

4.2.1 岩体基本质量的定性特征,应由本标准表 3.2.1 和表 3.2.3所确定的岩石坚硬程度及岩体完整程度组合确定。

4.2.2 岩体基本质量指标的确定应符合下列规定:

1 岩体基本质量指标 BQ,应根据分级因素的定量指标 R_c 的兆帕数值和 K_v,按下式计算:

$$BQ = 100 + 3R_c + 250K_v \qquad (4.2.2)$$

2 使用公式(4.2.2)计算时,应符合下列规定:

1)当 $R_c > 90K_v + 30$ 时,应以 $R_c = 90K_v + 30$ 和 K_v 代入计算 BQ 值;

2)当 $K_v > 0.04R_c + 0.4$ 时,应以 $K_v = 0.04R_c + 0.4$ 和 R_c 代入计算 BQ 值。

5 工程岩体级别的确定

5.1 一般规定

5.1.1 对工程岩体进行初步定级时,应按本标准表 4.1.1 确定的岩体基本质量级别作为岩体级别。

5.1.2 对工程岩体进行详细定级时,应在岩体基本质量分级的基础上,结合不同类型工程的特点,根据地下水状态、初始应力状态、工程轴线或工程走向线的方位与主要结构面产状的组合关系等修正因素,确定各类工程岩体质量指标。

5.1.3 岩体初始应力状态对地下工程岩体级别的影响,应按本标准表 C.0.2 以相应初始应力和围岩强度确定的强度应力比值作为修正控制因素。

5.1.4 岩体初始应力状态,有实测的应力成果时,应采用实测值;无实测成果时,可根据工程埋深或开挖深度、地形地貌、地质构造运动史、主要构造线、钻孔中的岩心饼化和开挖过程中出现的岩爆等特殊地质现象,按本标准附录 C 作出评估。

5.1.5 对膨胀性及易溶性等特殊岩类,还应根据其特殊的变形破坏特性、岩溶发育程度及其对工程岩体的影响,综合确定工程岩体的级别。

5.2 地下工程岩体级别的确定

5.2.1 地下工程岩体详细定级,当遇有下列情况之一时,应对岩体基本质量指标 BQ 进行修正,并以修正后获得的工程岩体质量指标值依据本标准表 4.1.1 确定岩体级别。

1 有地下水;

2 岩体稳定性受结构面影响,且有一组起控制作用;

3 工程岩体存在由强度应力比所表征的初始应力状态。

5.2.2 地下工程岩体质量指标[BQ],可按下式计算。其修正系数 K_1、K_2、K_3值,可分别按表 5.2.2-1、表 5.2.2-2 和表 5.2.2-3 确定。

$$[BQ] = BQ - 100(K_1 + K_2 + K_3) \qquad (5.2.2)$$

式中:[BQ]——地下工程岩体质量指标;

K_1——地下工程地下水影响修正系数;

K_2——地下工程主要结构面产状影响修正系数;

K_3——初始应力状态影响修正系数。

表 5.2.2-1 地下工程地下水影响修正系数 K_1

地下水出水状态	BQ				
	>550	550~451	450~351	350~251	≤250
潮湿或点滴状出水, $p \leq 0.1$ 或 $Q \leq 25$	0	0	0~0.1	0.2~0.3	0.4~0.6
淋雨状或线流状出水, $0.1 < p \leq 0.5$ 或 $25 < Q \leq 125$	0~0.1	0.1~0.2	0.2~0.3	0.4~0.6	0.7~0.9
涌流状出水, $p > 0.5$ 或 $Q > 125$	0.1~0.2	0.2~0.3	0.4~0.6	0.7~0.9	1.0

注:1 p 为地下工程围岩裂隙水压(MPa);

2 Q 为每 10m 洞长出水量(L/min·10m)。

表 5.2.2-2 地下工程主要结构面产状影响修正系数 K_2

结构面产状及其与洞轴线的组合关系	结构面走向与洞轴线夹角<30° 结构面倾角30°~75°	结构面走向与洞轴线夹角>60° 结构面倾角>75°	其他组合
K_2	0.4~0.6	0~0.2	0.2~0.4

表 5.2.2-3 初始应力状态影响修正系数 K_3

围岩强度应力比 $\left(\dfrac{R_c}{\sigma_{max}}\right)$	BQ				
	>550	550~451	450~351	350~251	≤250
<4	1.0	1.0	1.0~1.5	1.0~1.5	1.0
4~7	0.5	0.5	0.5	0.5~1.0	0.5~1.0

5.2.3 对跨度不大于 20m 的地下工程,岩体自稳能力可按本标准附录 E 中表 E.0.1 确定。当其实际的自稳能力与本标准表 E.0.1 中相应级别的自稳能力不相符时,应对岩体级别作相应调整。

5.2.4 对跨度大于 20m 或特殊的地下工程岩体,除应按本标准确定基本质量级别外,详细定级时,尚可采用其他有关标准中的方法,进行对比分析,综合确定岩体级别。

5.3 边坡工程岩体级别的确定

5.3.1 岩石边坡工程详细定级时,应根据控制边坡稳定性的主要结构面类型与延伸性、边坡内地下水发育程度以及结构面产状与坡面间关系等影响因素,对岩体基本质量指标 BQ 进行修正,并以获得的工程岩体质量指标值按本标准表 4.1.1 确定岩体级别。

5.3.2 边坡工程岩体质量指标[BQ],可按下列公式计算。其修正系数 λ、K_4、K_5值,可分别按表 5.3.2-1、表 5.3.2-2 和表5.3.2-3 确定。

$$[BQ] = BQ - 100(K_4 + \lambda K_5) \qquad (5.3.2-1)$$

$$K_5 = F_1 \times F_2 \times F_3 \qquad (5.3.2-2)$$

式中:λ——边坡工程主要结构面类型与延伸性修正系数;

K_4——边坡工程地下水影响修正系数;

K_5——边坡工程主要结构面产状影响修正系数;

F_1——反映主要结构面倾向与边坡倾向间关系影响的系数;

F_2——反映主要结构面倾角影响的系数;

F_3——反映边坡倾角与主要结构面倾角间关系影响的系数。

表 5.3.2-1 边坡工程主要结构面类型与延伸性修正系数 λ

结构面类型与延伸性	修正系数 λ
断层、夹泥层	1.0
层面、贯通性较好的节理和裂隙	0.9~0.8
断续节理和裂隙	0.7~0.6

表 5.3.2-2 边坡工程地下水影响修正系数 K_4

边坡地下水发育程度	BQ				
	>550	550~451	450~351	350~251	≤250
潮湿或点滴状出水，$p_w<0.2H$	0	0	0~0.1	0.2~0.3	0.4~0.6
线流状出水，$0.2H<p_w≤0.5H$	0~0.1	0.1~0.2	0.2~0.3	0.4~0.6	0.7~0.9
涌流状出水，$p_w>0.5H$	0.1~0.2	0.2~0.3	0.4~0.6	0.7~0.9	1.0

注：1 p_w 为边坡坡内潜水或承压水头（m）；
2 H 为边坡高度（m）。

表 5.3.2-3 边坡工程主要结构面产状影响修正

序号	条件与修正系数	影响程度划分				
		轻微	较小	中等	显著	很显著
1	结构面倾向与边坡坡面倾向间的夹角（°）	>30	30~20	20~10	10~5	≤5
	F_1	0.15	0.40	0.70	0.85	1.0
2	结构面倾角（°）	<20	20~30	30~35	35~45	≥45
	F_2	0.15	0.40	0.70	0.85	1.0
3	结构面倾角与边坡坡面倾角之差（°）	>10	10~0	0	0~−10	≤−10
		0	0.2	0.8	2.0	2.5

注：表中负值表示结构面倾角小于坡面倾角，在坡面出露。

5.3.3 对高度不大于60m的边坡工程岩体，可根据已确定的级别，按本标准附录E中表E.0.2确定其自稳能力。

5.3.4 对高度大于60m或特殊边坡工程岩体，除按本标准第5.3.2条确定[BQ]值外，尚应根据坡高影响，结合工程进行专门论证，综合确定岩体级别。

5.4 地基工程岩体级别的确定

5.4.1 地基工程岩体应按本标准表4.1.1规定的岩体基本质量级别定级。

5.4.2 地基工程各级别岩体基岩承载力基本值 f_0 可按表5.4.2确定。

表 5.4.2 基岩承载力基本值 f_0

岩体级别	I	II	III	IV	V
f_0(MPa)	>7.0	7.0~4.0	4.0~2.0	2.0~0.5	≤0.5

附录 A R_c、$I_{s(50)}$ 测试的规定

A.0.1 岩石饱和单轴抗压强度 R_c 的测试应符合下列规定：

1 试验取样应根据地层岩性变化及岩体分级单元进行布置，并能反映拟分级岩体的坚硬程度及其变化规律。

2 标准试件为圆柱形，可用钻孔岩心或在坑探槽中采取岩块加工制成。试件直径宜为48mm~54mm，并应大于岩石最大颗粒直径的10倍。试件高度与直径之比宜为2.0~2.5。

3 试件加工精度应符合下列要求：
1）试件两端面不平行度误差不应大于0.05mm；
2）沿试件高度、直径的误差不应大于0.3mm；
3）端面应垂直于试件轴线，最大偏差不应大于0.25°。

4 可采用自由吸水法或强制饱和法使试件吸水饱和。对软岩或极软岩，试件应采取保护措施。

5 试验时，试件应置于试验机承压板中心，试件两端面应与试验机上下压板接触均匀。应以每秒0.5MPa~1.0MPa的速率加载直至破坏。应根据破坏载荷及试件截面面积计算岩石单轴抗压强度。

6 每组试件数量不应少于3个。

A.0.2 岩石点荷载强度指数 $I_{s(50)}$ 的测试应符合下列规定：

1 岩石点荷载强度指数 $I_{s(50)}$ 的测试，其试件尺寸应符合下列规定：
1）径向岩心加载试验，岩心直径宜为30mm~70mm，长度应为试件直径的1.4倍；
2）岩心轴向加载试验，岩心直径宜为30mm~70mm，长度为试件直径的0.5倍~1.0倍；
3）方块体试件或不规则块体试件，试件的最短边长宜为30mm~80mm，加荷点间距 D 与通过两加载点的最小截面平均宽度 W 之比宜为0.5~1.0，且加载点至自由端的距离 L 应大于0.5D。

2 岩石点荷载强度指数测试过程中，沿加载点间的距离量测允许偏差应为±2%。岩心轴向试验中的试件纵截面宽度 W、方块体试件及不规则块体试件的通过两加载点的最小截面平均宽度 W，其量测允许偏差应为±5%。

3 试验时应连续均匀加载，使试件控制在10s~60s内破坏。当破坏面贯穿整个试件，并通过两加载点时，试验结果方应有效。

4 未经修正的岩石点荷载强度指数应按下式计算：

$$I_s = \frac{P}{D_e^2} \quad\quad (A.0.2-1)$$

式中：I_s——未经修正的点荷载强度指数（MPa）；
P——破坏载荷（N）；
D_e——等价岩心直径（mm）。

岩心径向加载、岩心轴向加载、方块体及不规则块体加载试验，其等效岩心直径 D_e 应分别按下列公式计算：

$$D_e = D \quad\quad (A.0.2-2)$$

$$D_e = \sqrt{\frac{4A}{\pi}} \quad\quad (A.0.2-3)$$

$$D_e = \sqrt{\frac{4WD}{\pi}} \quad\quad (A.0.2-4)$$

式中：D——加载点间的距离（mm）；
A——通过两加载点的最小截面积（mm²）；
W——通过两加载点的最小截面平均宽度（mm）。

5 岩石点荷载强度指数应换算成直径为50mm的标准试件的点荷载强度指数 $I_{s(50)}$。$I_{s(50)}$ 可按下列公式计算：

$$I_{s(50)} = K_d I_s \quad\quad (A.0.2-5)$$

$$K_d = \left(\frac{D_e}{50}\right)^m \qquad \text{(A.0.2-6)}$$

式中：K_d——尺寸效应修正系数；

    m——修正指数，可取 $0.40\sim0.45$，也可根据同类岩石的实测资料，通过在对数坐标图上绘制不同等效直径的 $P\sim D_e^2$ 关系图，并用作图法确定。

6 点荷载强度指数测试，同组试验岩样数量不应少于 10 个。试验成果应为舍去最大、最小测试值后的算术平均值。

7 点荷载测试不适用于砾岩和 R_c 不大于 5MPa 的极软岩。

方位，计算该组结构面沿法线方向的真间距，其算术平均值的倒数即为该组结构面沿法向每米长结构面的条数。

4) 对迹线长度大于 1m 的分散节理应予以统计，已为硅质、铁质、钙质胶结的节理不应参与统计。

5) J_v 值应根据节理统计结果按下式计算：

$$J_v = \sum_{i=1}^{n} S_i + S_0, \quad i = 1, \cdots n \qquad \text{(B.0.2)}$$

式中：J_v——岩体体积节理数（条/m^3）；

    n——统计区域内结构面组数；

    S_i——第 i 组结构面沿法向每米长结构面的条数；

    S_0——每立方米岩体非成组节理条数。

附录 B　K_v、J_v 测试的规定

B.0.1 岩体完整性指数 K_v 的测试应符合下列规定：

1 应针对不同的工程地质岩组或岩性段，选择有代表性的测段，测试岩体弹性纵波速度，并应在同一岩体中取样，测试岩石弹性纵波速度。

2 对于岩浆岩，岩体弹性纵波速度测试宜覆盖岩体内各裂隙组发育区域；对沉积岩和沉积变质岩层，弹性波测试方向宜垂直于或大角度相交于岩层层面。

3 K_v 值应按下式计算：

$$K_v = \left(\frac{V_{pm}}{V_{pr}}\right)^2 \qquad \text{(B.0.1)}$$

式中：V_{pm}——岩体弹性纵波速度（km/s）；

    V_{pr}——岩石弹性纵波速度（km/s）。

B.0.2 岩体体积节理数 J_v 的测试应符合下列规定：

1 应针对不同的工程地质岩组或岩性段，选择有代表性的出露面或开挖壁面进行节理（结构面）统计。有条件时宜选择两个正交岩体壁面进行统计。

2 岩体体积节理数 J_v 的测试应采用直接法或间距法。

3 间距法的测试应符合下列规定：

1) 测线应水平布置，测线长度不宜小于 5m；根据具体情况，可增加垂直测线，垂直测线长度不宜小于 2m。

2) 应对与测线相交的各结构面迹线交点位置及相应结构面产状进行编录，并根据产状分布情况对结构面进行分组。

3) 应对测线上同组结构面沿测线方向间距进行测量与统计，获得沿测线方向视间距。应根据结构面产状与测线

附录 C　岩体初始应力场评估

C.0.1 没有岩体初始应力实测成果时，可根据地形和地质勘察资料，按下列方法对初始应力场作出评估：

1 较平缓的孤山体，一般情况下，初始应力的铅直向应力为自重应力，水平向应力不大于 $\frac{\mu}{1-\mu} \times \gamma H$。

2 通过对历次构造形迹的调查和对近期构造运动的分析，以第一序次为准，根据复合关系，确定最新构造体系，据此确定初始应力的最大主应力方向。

当铅直向应力为自重应力，且是主应力之一时，水平向主应力较大的一个，可取 $0.8\,\gamma H\sim1.2\,\gamma H$ 或更大。

3 埋深大于 1000m，随着深度的增加，初始应力场逐渐趋向于静水压力分布；大于 1500m 以后，可按静水压力分布确定。

4 在峡谷地段，从谷坡至山体以内，可划分为应力松弛区、应力过渡区、应力稳定区和河底应力集中区。峡谷的影响范围，在水平方向一般为谷宽的 1 倍～3 倍。在谷底较深部位，最大主应力趋于水平且多垂直于河谷。

5 地表岩体剥蚀显著地区，水平向应力应按原覆盖层厚度计算，其覆盖层厚度应包括已剥蚀的部分。

C.0.2 根据岩体开挖或钻孔取心过程中出现的高初始应力条件下的主要现象，可按表 C.0.2 评估工程岩体所对应的强度应力比范围值。

表 C.0.2　工程岩体强度应力比评估

高初始应力条件下的主要现象	$\dfrac{R_c}{\sigma_{max}}$
1. 硬质岩；岩心常有饼化现象；开挖过程中时有岩爆发生，有岩块弹出，洞壁岩体发生剥离，新生裂缝多，围岩易失稳；基坑有剥离现象，成形性差。 2. 软质岩；开挖过程中洞壁岩体有剥离，位移极为显著，其至发生大位移，持续时间长，不易成洞；基坑发生显著隆起或剥离，不易成形	<4
1. 硬质岩；岩心时有饼化现象；开挖过程中偶有岩爆发生，洞壁岩体有剥离和掉块现象，新生裂缝较多；基坑时有剥离现象，成形性一般尚好。 2. 软质岩；开挖过程中洞壁岩体位移显著，持续时间较长，围岩易失稳；基坑有隆起现象，成形性较差	4～7

注：σ_{max} 为垂直洞轴线方向的最大初始应力。

附录 D　岩体及结构面物理力学参数

D.0.1 岩体物理力学参数可按表 D.0.1 确定。

表 D.0.1　岩体物理力学参数

岩体基本质量级别	重力密度 γ (kN/m³)	抗剪断峰值强度		变形模量 E(GPa)	泊松比 μ
		内摩擦角 $\varphi(°)$	黏聚力 c(MPa)		
Ⅰ	>26.5	>60	>2.1	>33	<0.20
Ⅱ		60～50	2.1～1.5	33～16	0.20～0.25
Ⅲ	26.5～24.5	50～39	1.5～0.7	16～6	0.25～0.30
Ⅳ	24.5～22.5	39～27	0.7～0.2	6～1.3	0.30～0.35
Ⅴ	<22.5	<27	<0.2	<1.3	>0.35

D.0.2 岩体结构面抗剪断峰值强度参数可按表 D.0.2 确定。

表 D.0.2　岩体结构面抗剪断峰值强度

类别	两侧岩石的坚硬程度及结构面的结合程度	内摩擦角 $\varphi(°)$	黏聚力 c(MPa)
1	坚硬岩，结合好	>37	>0.22
2	坚硬～较坚硬岩，结合一般；较软岩，结合好	37～29	0.22～0.12
3	坚硬～较坚硬岩，结合差；较软岩～软岩，结合一般	29～19	0.12～0.08
4	较坚硬～较软岩，结合差～结合很差；软岩，结合差；软质岩的泥化面	19～13	0.08～0.05
5	较坚硬岩及全部软质岩，结合很差；软质岩泥化层本身	<13	<0.05

附录 E　工程岩体自稳能力

E.0.1 地下工程岩体自稳能力，应按表 E.0.1 确定。

表 E.0.1　地下工程岩体自稳能力

岩体级别	自稳能力
Ⅰ	跨度≤20m，可长期稳定，偶有掉块，无塌方
Ⅱ	跨度<10m，可长期稳定，偶有掉块； 跨度10m～20m，可基本稳定，局部可发生掉块或小塌方
Ⅲ	跨度<5m，可基本稳定； 跨度5m～10m，可稳定数月，可发生局部块体位移及小、中塌方； 跨度10m～20m，可稳定数日至1个月，可发生小、中塌方
Ⅳ	跨度>5m，一般无自稳能力，数日至数月内可发生松动变形、小塌方，进而发展为中、大塌方，埋深小时，以拱部松动破坏为主，埋深大时，有明显塑性流动变形和挤压破坏
Ⅴ	无自稳能力

注：1　小塌方：塌方高度小于3m，或塌方体积小于30m³；
　　2　中塌方：塌方高度3m～6m，或塌方体积30m³～100m³；
　　3　大塌方：塌方高度大于6m，或塌方体积大于100m³。

E.0.2 边坡工程岩体自稳能力，应按表 E.0.2 确定。

表 E.0.2　边坡工程岩体自稳能力

岩体级别	自稳能力
Ⅰ	高度≤60m，可长期稳定，偶有掉块
Ⅱ	高度<30m，可长期稳定，偶有掉块； 高度30m～60m，可基本稳定，局部可发生楔形体破坏
Ⅲ	高度<15m，可基本稳定，局部可发生楔形体破坏； 高度15m～30m，可稳定数月，可发生由结构面及局部岩桥组成的平面或楔形体破坏，或由反倾结构面引起的倾倒破坏
Ⅳ	高度<8m，可稳定数月，局部可发生楔形体破坏； 高度8m～15m，可稳定数日至1个月，可发生由不连续面及岩桥组成的平面或楔形体破坏，或由反倾结构面引起的倾倒破坏
Ⅴ	不稳定

注：表中边坡指坡角大于70°的陡倾岩质边坡。

本标准用词说明

1　为便于在执行本标准条文时区别对待，对要求严格程度不同的用词说明如下：
　　1）表示很严格，非这样做不可的：
　　　　正面词采用"必须"，反面词采用"严禁"；
　　2）表示严格，在正常情况下均应这样做的：
　　　　正面词采用"应"，反面词采用"不应"或"不得"；
　　3）表示允许稍有选择，在条件许可时首先应这样做的：
　　　　正面词采用"宜"，反面词采用"不宜"；
　　4）表示有选择，在一定条件下可以这样做的，采用"可"。
2　条文中指明应按其他有关标准执行的写法为："应符合……的规定"或"应按……执行"。

中华人民共和国国家标准

工程岩体分级标准

GB/T 50218—2014

条 文 说 明

修 订 说 明

《工程岩体分级标准》GB/T 50218－2014，经住房和城乡建设部 2014 年 8 月 27 日以第 531 号公告批准、发布。

本标准是在原《工程岩体分级标准》GB 50218—94 的基础上修订而成，上一版的主编单位是长江水利委员会长江科学院，参编单位是东北大学、总参工程兵第四设计研究院、铁道部科学研究院西南分院、建设综合勘察研究设计院。主要起草人（按姓氏笔画）是：王石春、邢念信、李云林、李兆权、苏贻冰、张可诚、林韵梅、柳赋铮、徐复安、董学晟。本次修订的主要内容包括：1. 对原标准中的岩体基本质量指标 BQ 计算公式，在原有样本数据基础上，新增了 54 组样本数据，重新进行了回归分析，论证了岩体基本质量指标 BQ 计算公式的有效性，并对 BQ 公式进行了局部修订；2. 增加了边坡工程岩体质量指标的计算、边坡工程岩体级别的划分以及边坡工程岩体自稳能力的确定等内容；3. 收集与整理了自标准颁布以来的有关工程岩体现场试验成果资料，依据基于岩体质量级别的试验资料统计结果，对岩体及结构面物理力学参数进行了论证与局部修订；4. 收集与整理了不同岩体级别条件下的岩石地基工程现场载荷试验资料，对基岩承载力基本值 f_0 进行了论证；5. 在初始应力条件下地下工程岩体质量修正方面，将岩体初始应力状态对地下工程岩体级别的影响调整为以相应初始应力和围岩强度确定的强度应力比值作为修正控制因素；6. 对章节和附录和结构以及内容进行了局部调整和补充，对岩石风化程度的划分及结构面结合程度的划分等内容进行了局部修订。

本标准修订过程中，编制组通过资料收集与调研，总结了标准颁布实施以来在我国工程建设中的应用实践、效果以及在相关行业标准制定中的应用情况，同时参考了国外先进技术法规、技术标准，完成本标准的修订工作。

为便于广大设计、施工、科研、学校等单位有关人员在使用本标准时能正确理解和执行条文规定，编制组按章、节、条顺序编制了本标准的条文说明，对条文规定的目的、依据以及执行中需注意的有关事项进行了说明。但是，本条文说明不具备与正文同等的法律效力，仅供使用者作为理解和把握标准规定的参考。

目　次

1 总 则

1.0.1 本标准涉及的工程岩体分级方法主要是与工程岩体质量及其稳定性评价相关的岩体分级方法。随着国家现代化建设事业的发展,在水利水电、铁道、交通、矿山、工业与民用建筑、国防等工程中,各种类型、各种用途的岩石工程日益增多。在工程建设的各阶段(规划、勘察、设计和施工),正确地对工程岩体的质量及其稳定性作出评价,具有十分重要的意义。质量优、稳定性好的岩体,不需要或只需要很少的加固支护措施,并且施工安全、简便;质量差、稳定性不好的岩体,需要复杂、昂贵的加固支护等处理措施。正确、及时地对工程建设涉及的岩体质量及稳定性作出评价,是经济合理地进行岩体开挖和加固支护设计、快速安全施工,以及建筑物安全运行必不可少的条件。

针对不同类型岩石工程的特点,根据影响岩体稳定性的各种地质条件和岩石物理力学特性,将工程岩体划分为岩体质量及稳定程度不同的若干级别,以此为标尺作为评价岩体稳定的依据,是岩体稳定性评价的一种简易快速的方法。工程岩体分级既是对岩体复杂的性质与状况的分解,又是对性质与状况相近岩体的归并,由此区分出不同的岩体质量等级。

岩体分级方法是建立在以往工程实践经验和大量岩石力学试验基础上的一种方法。只需进行少量简易的地质勘察和岩石力学试验就能确定岩体级别,作出岩体稳定性评价,给出相应的物理力学参数,为岩石工程建设的勘察、设计和施工等提供基本依据。

考虑到需要区分的是稳定程度的不同,具有量的差别,是有序的;"分类"一词通常指的是属性不同的类型的区分,如按地质成因,岩石可分为岩浆岩、沉积岩、变质岩三大类,是无序的。而"级"是"等级"的意思,有量的概念,一般将带有"量"的划分称为"分级",因此,本标准采用"分级"一词,而不用以往比较流行的"分类"一词。

此外,本标准采用"工程岩体"一词,旨在明确指出其对象是与岩石工程有关的岩体,是工程结构的一部分。工程岩体与工程结构共同承受荷载,是工程整体稳定性评价的对象。至于"岩石"一词,一般多指小块的岩石或岩块,而建设工程总是以一定范围的岩体(并不是小块岩石)为其地基或环境的。严格来说,应以"岩体工程"来代替过去常用的"岩石工程"一词,但考虑习惯上多称这类工程为"岩石工程","岩体工程"的提法少见,故本标准仍采用"岩石工程"一词。

1.0.2 本标准适用于各类型岩石工程,如矿井、巷道、水工、铁路和公路隧道,地下厂房、地下采场、地下仓库等各种地下洞室工程;坝肩、船闸、渠道、露天矿、路堑、码头等各类地面岩石开挖形成的岩石边坡工程,以及闸坝、桥梁、港口、工业与民用建筑物等岩石地基工程。

由于工程建设各阶段的地质勘察、岩石力学试验的工作深度不同,确定的工程岩体级别的代表性和准确性也不同。随着勘测设计阶段的深入,获得更多的勘察、试验资料,重复使用本标准,逐步缩小划分单元,使定级的代表性和准确性提高。对于某些大型或重要工程,在施工阶段,还可进一步用实际揭露的岩体情况检验、修正已定的岩体级别。

本标准属于国家标准第二层次的通用标准,适用于各部门、各行业的岩石工程。考虑到岩石工程建设和使用行业的特点,各部门还可根据自己的经验和实际需要,在本标准的基础上进一步作出详细规定,制定适合于行业的工程岩体分级标准。

1.0.3 国内外现有的各种岩体分级方法,或是定性或是定量,或是定性与定量相结合。定性分级,是在现场对影响岩体质量的诸因素进行鉴别、判断,或对某些指标作出评判、打分,可从全局上去

把握,充分利用工程实践经验,但这一方法经验的成分较大,有一定人为因素和不确定性。定量分级,是依据对岩体(或岩石)性质进行测试的数据,经计算获得岩体质量指标,能够建立确定的量的概念,但由于岩体性质和赋存条件十分复杂,分级时仅用少数参数和某个数学公式难以全面、准确地概括所有情况,实际工作中测试数量又总是有限,抽样的代表性也受操作者的经验所局限。本标准采用定性与定量相结合的分级方法,在分级过程中,定性与定量同时进行并对比检验,最后综合评定级别,这样可以提高分级的准确性和可靠性。

由于各种类型工程岩体的受力状态不同,它们的稳定标准是不同的。即使对于同一类型岩石工程(如地下工程),由于各行业(各部门)运用条件上的差异,对岩体稳定性的要求也有很大差别,而且各部门的勘察、设计、施工以及与施工技术有密切关系的加固或支护措施,都有自己的一套专门要求和做法。

为了编制一个统一的,各行业都能适用的工程岩体分级的通用标准,总结分析现有众多的分级方法,以及大量的岩石工程实践和岩石力学试验研究成果,按照共性提升的原则,将其中决定各类型工程岩体质量和稳定性的基本的共性抽出来,这就是只考虑岩石作为材料时的属性——岩石坚硬程度,和考虑岩石作为地质体而存在的属性——岩体完整程度,将它们作为衡量各种类型工程岩体质量和稳定性高低的基本尺度,作为岩体分级的基本因素。

至于其他影响岩体质量和稳定性的属性,以及岩体存在的环境条件影响,如结构面的产状和组合、岩体初始应力状态、地下水状态等,它们对不同类型岩石工程影响的程度各不相同,也与行业的要求有关,体现了各工程类型和行业的特殊性。因此,所有其他因素可以作为各类型工程岩体个性的修正因素,用以为各具体类型的工程岩体作进一步的定级。

因此,本标准规定了分两步进行的工程岩体分级方法:首先将由岩石坚硬程度和岩体完整程度这两个因素所决定的工程岩体性质,定义为"岩体基本质量",据此为工程岩体进行初步定级;然后针对各类型工程岩体的特点,分别考虑其他影响因素,对已经给出的岩体基本质量进行修正,对各类型工程岩体再作详细定级。由此形成一个各类型岩石工程,各行业都能适用的分级标准。

3 岩体基本质量的分级因素

3.1 分级因素及其确定方法

3.1.1 本标准在确定分级因素及其指标时,采取了两种方法平行进行,以便互相校核和检验,提高分级因素选择的准确性和可靠性。一种是从地质条件和岩石力学的角度分析影响岩体稳定性的主要因素,总结国内外实践经验,进而确定分级因素,并综合分析、选取分级因素的定量指标。另一种是采用统计分析方法,研究我国各部门多年积累的大量测试数据,从中寻找符合统计规律的最佳分级因素。

影响岩体稳定的因素主要是岩石的物理力学性质、构造发育情况、承受的荷载(工程荷载和初始应力)、应力应变状态、几何边界条件、水的赋存状态等。在这些因素中,只有岩石的物理力学性质和构造发育情况是独立于各种工程类型之外的,两者反映了岩体的基本特性。在岩石的各项物理力学性质中,对稳定性影响最大的是岩石坚硬程度。岩体的构造发育状况,则集中反映了岩体的不连续性及不完整性这一属性。这两者是各种类型岩石工程的共性,对各种类型工程岩体的稳定性都是重要的,是控制性的。因此,岩体基本质量分级的因素,应当是岩石坚硬程度和岩体完整程度这两个因素。

至于岩石风化,虽然也是影响工程岩体质量和稳定性的重要因素,但是风化程度对工程岩体特性的影响,一方面是使岩石疏软以至松散,物理力学性质变坏,另一方面是使岩体中裂隙增多,这些已分别在岩石坚硬程度和岩体完整程度中得到反映,所以本标准没有把风化程度作为一个独立的分级因素。

应用聚类分析、相关分析等统计方法,并根据工程实践经验来研究、选取分级因素。收集了来自各部门、各工程的 460 组实测数据,从中遴选了包括岩石饱和单轴抗压强度 R_c、岩石点荷载强度指数 I_s、岩石弹性纵波速度 V_{pr}、岩体弹性纵波速度 V_{pm}、岩体重力密度 γ、岩石地下工程埋深 H、平均节理间距 d_p 或 RQD 等七项测试指标,以及岩体完整性指数 K_v、应力强度比 $\gamma H/R_c$ 二项复合变量作为子样。对同一工程且岩体性质相同的各区段,以其测试结果的平均值作为统计子样。这样,最终选定的抽样总体来自各部门的 103 组工程数据,其中来自国防 21 组、铁道 13 组、水电 24 组、冶金和有色金属 30 组、煤炭 8 组、人防 1 组和建筑部门 6 组。经过对抽样总体的相关分析、聚类分析和可靠性分析之后,确定岩体基本质量指标的因素的参数是 R_c、K_v、d_p 与 γ。在这四项参数中,经进一步分析,γ 值绝大多数在 $23kN/m^3 \sim 28kN/m^3$ 之间变动,对岩体质量的影响不敏感,可反映在公式的常数项中;而 K_v 与 d_p 在一定意义上同属反映岩体完整性的参数,考虑到 K_v 在公式中的方差贡献大于 d_p,并考虑到国内使用的广泛性与简化公式的需要,仅选用 K_v。这样,最终确定以 R_c 和 K_v 为定量评价岩体基本质量的分级因素。这与根据地质条件和岩石力学综合分析的结果是一致的。

3.1.2 根据定性与定量相结合的原则,岩体基本质量的两个分级因素应当同时采用定性划分和定量指标两种方法确定,并相互比对。

分级因素定性划分依据工程地质勘察中对岩体(石)性质和状态的定性描述,需要在勘察过程中,对这两个分级因素的一些要素认真观察和记录。这些资料由于获取方法直观,简便易行,有经验的工程人员易于对此进行鉴定和划分。

分级因素的定量指标是通过现场原位测试或取样进行室内试验取得的,这些测试和试验简单易行,一般工程条件下都可以进行。在某些情况下,如果进行规定的测试和试验有困难,还可以采用代用测试和试验方法,经过换算求得所需的分级因素定量指标。

对于定性划分出的各档次,给出了相应的定量指标范围值,以便使定性划分和定量指标两种方法确定的分级因素可以相互对比。

3.2 分级因素的定性划分

3.2.1 岩石坚硬程度的确定,主要应考虑岩石的矿物成分、结构及其成因,还应考虑岩石受风化作用的程度,以及岩石受水作用后的软化、吸水反应等情况。为了便于现场勘察时直观地鉴别岩石坚硬程度,在"定性鉴定"中规定采用锤击难易程度、回弹程度、手触感觉和吸水反应等行之有效、简单易行的方法。

本条表 3.2.1 中,规定了用"定性鉴定"作为定性评价岩石坚硬程度的依据,并给出了相应代表性岩石。在定性划分时,应注意作综合评价,在相互检验中确定坚硬程度并定名。

在确定岩石坚硬程度的划分档数时,考虑到划分过粗不能满足不同岩石工程对不同岩石的要求,在对岩体基本质量进行分级时,不便于对不同情况进行合理地组合;划分过细又显繁杂,不便使用。鉴于上述考虑,总结并参考国内已有的划分方法和工程实践中的经验,本条先将岩石划分为硬质岩和软质岩两个大档次,再进一步划分为坚硬岩、较坚硬岩、较软岩、软岩和极软岩五个档次。

3.2.2 岩石长期受物理、化学等自然营力作用,即风化作用,致使岩石疏松以至松散,物理力学性质变坏。在确定代表性岩石时,仅仅说明属于哪一种岩石是不够的,还必须指明其风化程度,以便确定风化后的岩石坚硬程度档次。

关于风化程度的划分或定义,国内外在工程地质工作上,大都从大范围的地层或风化壳的划分着眼,把裂隙密度、裂隙分布及发育情况、弹性纵波速度以及岩石结构被破坏、矿物变异等多种因素都包括进去。本条表 3.2.2 关于岩石风化特征的描述和风化程度的划分,仅针对岩块,是为表 3.2.1 服务的,它并不代替工程地质中对岩体风化程度的定义和划分。这项专门为描述岩石坚硬程度所作的规定,主要考虑了岩石结构构造被破坏、矿物蚀变和颜色变化程度,把地质特征描述中的有关裂隙及其发育情况等归入另一个基本质量分级因素,即归入岩体完整程度中去。

在自然界里,岩石风化程度总是从未风化逐渐演变为全风化的,是普遍存在的一个地质现象。本条总结了我国采用的划分方法,并考虑在岩石坚硬程度划分和在岩体基本质量分级时便于对不同情况加以组合,将岩石风化程度划分为未风化、微风化、中等(弱)风化、强风化和全风化五种情况。

3.2.3 岩体完整程度是决定岩体基本质量的另一个重要因素。影响岩体完整性的因素很多,从结构面的几何特征来看,有结构面组数、产状、密度和延伸程度,以及各组结构面相互切割关系;从结构面状性特征来看,有结构面的张开度、粗糙度、起伏度、充填情况、充填物、水的赋存状态等,如将这些因素逐项考虑,用来对岩体完整程度进行划分,显然是困难的。从工程岩体的稳定性着眼,应抓住影响岩体稳定的主要方面,使评判划分易于进行。经分析综合,将结构面几何特征诸项综合为"结构面发育程度";将结构面性状特征诸项综合为"主要结构面的结合程度"。

本条表 3.2.3 中,规定了用结构面发育程度、主要结构面的结合程度和主要结构面类型作为划分岩体完整程度的依据。在定性划分时,应注意对这三者作综合分析评价,进而对岩体完整程度进行定性划分并定名。

表中所谓"主要结构面"是指相对发育的结构面,即张开度较大、充填物较差、成组性好的结构面。在对洞室及边坡工程进行工程岩体级别确定时,主要结构面是产状、发育程度及结合程度等因素对工程稳定性起主要影响的结构面。

结构面发育程度包括结构面组数和平均间距,它们是影响岩体完整性的重要方面。我国各部门对结构面间距的划分不尽相同(表 1),也有别于国外(表 2)。本条在对结构面平均间距进行划分时,主要参考了我国工程实践和有关规范的划分情况,也酌情考虑了国外划分情况。

表1 国内结构面间距划分(m)

结构类型	岩土工程勘察规范 GB 50021	铁路工程岩土分类标准 TB 10077	锚杆喷射混凝土支护技术规范 GB 50086	水力发电工程地质勘察规范 GB 50287	工程地质手册(第四版)	本标准
完整(整体状)	>1.5 (1~2)	>1.0 (1~2)	>0.8 (2~3)	>1.0 (1~2)	>1.5 (1~2)	>1.0 (1~2)
较完整(块状)	1.5~0.7 (2~3)	1.0~0.4 (2~3)	0.80~0.4 (3)	1.0~0.5 (1~2) 0.5~0.3 (2~3)	1.5~0.7 (2~3)	>1.0 (1~2) 1.0~0.4 (2~3)
较破碎(层状)	—	0.4~0.2 (3)	0.4~0.2 (3)	0.3~0.1 (2~3) <0.1 (2~3)	—	1.0~0.4 (2~3) 0.4~0.2 (2~3)
破碎(碎裂状)	0.5~0.25 (>3)	<0.2 (>3)	0.4~0.2 (3)	<0.1 (>3)	0.5~0.25 (>3)	0.4~0.2 (2~3) ≤0.2 (>3)
极破碎(散体状)	—	无序	无序	无序	—	无序

注：表中括号内数值为结构面组数。

表2 国外裂隙间距划分 (m)

名称	资料来源		
	加拿大岩土工程手册，1985年(能源部华北电力设计院译，1990年)	美国工程师和施工者联合公司(冶金勘察总公司译，1979年)《土与岩石的鉴定和分类》	ISO/TC182/SC/WG1《土与岩石的鉴定和分类》
极宽	>6.0		
很宽	6.0~2.0	>3.0	>2.0
宽的	2.0~0.6	3.0~0.9	2.0~0.6
中的	0.6~0.2	0.9~0.3	0.6~0.2
密的	0.2~0.06	0.3~0.05	0.2~0.06
很密	0.06~0.02	<0.05	<0.06
极密	<0.02		

表3.2.3中所列的"相应结构类型"，是国内对岩体完整程度比较流行的一种划分方法。为了适应已形成的习惯，在使用本标准时有一个逐渐过渡的过程，列出了这些结构类型以作参考。表3引自《水利水电工程地质勘察规范》GB 50487和《水力发电工程地质勘察规范》GB 50287中关于岩体结构类型的划分方法。比较表3.2.3和表3，对于结合好或结合一般的情况，条文表3.2.3中各类岩体完整程度下的结构面发育程度与表3中的划分基本一致；当结构面结合程度为结合差时，对应的岩体结构类型向劣化方向降低一个亚类。

表3 岩体结构分类

类型	亚类	岩体结构特征
块状结构	整体结构	岩体完整，呈巨块状，结构面不发育，间距大于100cm
	块状结构	岩体较完整，呈块状，结构面轻度发育，间距一般为100cm~50cm
	次块状结构	岩体较完整，呈次块状，结构面中等发育，间距一般为50cm~30cm
层状结构	巨厚层状结构	岩体完整，呈巨厚层状，层面不发育，间距大于100cm
	厚层状结构	岩体较完整，呈厚层状，层面轻度发育，间距一般为100cm~50cm
	中厚层状结构	岩体较完整，呈中厚层状，层面中等发育，间距一般为50cm~30cm
	互层结构	岩体较完整或完整性差，呈互层状，层面较发育或发育，间距一般为30cm~10cm
	薄层结构	岩体完整性差，呈薄层状，层面发育，间距一般小于10cm

续表3

类型	亚类	岩体结构特征
镶嵌结构		岩体完整性差，岩块镶嵌紧密，结构面较发育到很发育，间距一般为30cm~10cm
碎裂结构	块裂结构	岩体完整性差，岩块间有岩屑和泥质物充填，嵌合中等紧密到较松弛，结构面较发育到很发育，间距一般为30cm~10cm
	碎裂结构	岩体破碎，结构面很发育，间距一般小于10cm
散体结构	碎块状结构	岩体破碎，岩块夹岩屑或泥质物
	碎屑状结构	岩体破碎，岩屑或泥质物夹岩块

本标准各条文表中的有关数据(如本条表3.2.3)，均采用范围值而没有给出确定的界限值，是考虑到岩体(岩石)复杂多变，有一定随机性。这些数据只是从一个侧面反映其性质，评价时必须结合物性特征。在划分或以后定级时，若其有关数据恰好处于界限值上，应结合物性特征作出判定。

3.2.4 结构面结合程度，应从各种结构面特征，即张开度、粗糙程度、充填物性质及其性状等方面进行综合评价。本条规定这几个方面内容作为评价划分的依据，一是因为它们是决定结构面的结合程度的主要方面，再则也是为了便于在进行划分时适应野外工作的特点，工程师在野外观察时凭直观就能判断。将这几方面的情况分析综合，划分为结合好、结合一般、结合差、结合很差四种情况。

张开度是指结构面缝隙紧密的程度，国内一些部门在工程实践中，各自作了定量划分，见表4所列。从表中可看出张开度划分界限最大值为5.0mm，最小值为0.1mm。考虑到适用于野外定性鉴别，对大于3.0mm者，从工程角度看，已认为是张开的，再细分无实际意义；小于1.0mm者再细分肉眼不易判别。所以本标准确定了本条表3.2.4张开度的划分界限。

当鉴定结构面结合程度时，还应注意描述缝隙两侧壁岩性的变化，充填物性质(来源、成分、颗粒粗细)，胶结情况及赋水状态等，综合分析评价它们对结合程度的影响。

结构面粗糙程度，是决定结构面结合程度好坏的一个重要方面。从工程稳定方面看，对于结构面，人们所关心的是其抗滑能力，而结构面侧壁的粗糙度程度，常在很大程度上影响着它的抗滑能力。因此，国内各方面都着力对结构面粗糙度进行鉴别和划分，这些划分方法对粗糙度尚无确切的含义和标准，仅从结构面的成因和形态来划分，较为抽象，不便使用。再者，考虑到本标准系高层次的通用标准，也不宜作繁杂具体的规定。

表4 结构面张开度划分情况

名称	张开度(mm)	张开程度
军队地下工程勘测规范 GJB 2813	>1.0	张开
	<1.0	闭合
铁路隧道设计规范 TB 10003	>1.0	无充填张开
	0.5~1.0	张开
	0.1~0.5	部分张开
	<0.1	密闭
铁路工程岩土分类标准 TB 10077	≥5.0	宽张
	3.0~5.0	张开
	1.0~3.0	微张
	<1.0	密闭
火力发电厂工程地质测绘技术规定 DL/T 5104	>5.0	宽开
	1.0~5.0	张开
	0.2~1.0	微张
	<0.2	闭合
水利水电工程地质测绘规程 SL 299	≥5.0	张开
	0.5~5.0	微张
	≤0.5	闭合
本标准	>3.0	张开
	1.0~3.0	微张
	<1.0	闭合

3.3 分级因素的定量指标

3.3.1 岩石坚硬程度,是岩石(或岩块)在工程中的最基本性质之一。它的定量指标和岩石组成的矿物成分、结构、致密程度、风化程度以及受水软化程度有关。表现为岩石在外荷载作用下,抵抗变形直至破坏的能力。表示这一性质的定量指标,有岩石饱和单轴抗压强度 R_c、点载荷强度指数 $I_{s(50)}$、回弹值 r 等。在这些力学指标中,饱和单轴抗压强度容易测得,代表性强,使用最广,与其他强度指标密切相关,同时又能反映出岩石受水软化的性质,因此,采用饱和单轴抗压强度 R_c 作为反映岩石坚硬程度的定量指标。

岩石点荷载强度试验主要用于岩石分级和估算岩石饱和单轴抗压强度。这项试验以其方法简便、成本低、便于现场试验、可对未加工成型的岩块进行测试等优点,得到广泛使用,在我国已取得新的进展,并积累了大量测试资料。

国内外研究结果表明,岩石点荷载强度与饱和单轴抗压强度之间有一定的相关性,表5列举了二者之间的回归方程。

根据国内现有的测试方法和试验研究成果,考虑测试岩石种类的代表性、测试数据的可靠程度,本条采用公式(3.3.1)。该式主要是在铁道部第二勘测设计院试验成果回归方程的基础上获得。考察国际岩石力学学会试验方法委员会建议方法和国内对不同岩性试验成果回归方程式,基于公式(3.3.1)的饱和单轴抗压强度结果基本合适。

由于点荷载试验的加荷特点和试件受荷载时的破坏特征,该项试验不适用于砾岩和 R_c 不大于 5MPa 的极软岩。

在本标准中,宜首先考虑采用饱和单轴抗压强度作为评价岩石坚硬程度的指标,并参与岩体基本质量指标的计算。若用实测的 $I_{s(50)}$ 时,则必须按公式(3.3.1)换算成 R_c 值后再使用。

表5 岩石饱和单轴抗压强度与点荷载强度关系

名　　　称	R_c 与 $I_{s(50)}$ 的关系	相关系数	岩石类别
Broch & Franklin(1972),Bieniawski(1975)	$R_c=(23.7\sim24)I_{s(50)}$	0.88	砂岩、板岩、大理岩、玄武岩、花岗岩、苏长岩等十多种岩石
国际岩石力学学会试验方法委员会建议方法(1985)	$R_c=(20\sim25)I_{s(50)}$	—	—
成都地质学院(向桂馥,1986)	$R_c=18.9\,I_{s(50)}$	0.88	沉积岩
长沙矿山研究院(姜荣超、金иdentsa,1984)	对坚硬岩石$R_c=20.01I_{s(50)}$	—	砂岩、白云岩、页岩、灰岩、大理岩、花岗岩、石英岩等
铁道部第二勘测设计院(李茂兰,1990)	$R_c=22.819I_{s(50)}^{0.746}$	0.90	包括高、中、低3类强度的岩石,共计743组对比试验
北京勘测设计研究院(胡庆华,1997)	$R_c=19.59\,I_{s(50)}$	0.78	安山岩
中铁大桥勘测设计院有限公司(何凤雨,2009)	$R_c=(17.65\sim25.2)I_{s(50)}$	—	砂岩、白云岩、花岗岩、玄武岩,不同风化程度
长江科学院(2011)	$R_c=21.86\,I_{s(50)}$	0.85	灰岩、砂岩、大理岩、花岗岩、粉砂岩等
铁路工程岩石试验规程TB 10115	$R_c=24.382\,I_{s(50)}^{0.7333}$		

3.3.2 岩体完整程度的定量指标,国内外采用的不尽相同。较普遍的有:岩体完整性指数 K_v、岩体体积节理数 J_v、岩石质量指标 RQD、节理平均间距 d_p、岩体与岩块动静弹模比、岩体龟裂系数、

1.0m 长岩心段包括的裂隙数等。这些指标均从某个侧面反映了岩体的完整程度。目前国内的诸多岩体分级方法中,大多数认为前三项指标能较全面地体现岩体的完整状态,其中 K_v 和 J_v 两项具有应用广泛、测试或量测方法简便的特点,且两者相互间关系的论证相对较为充分,因此本标准选用 K_v 和 J_v 来定量评定岩体的完整程度和计算岩体基本质量指标。

岩体内普遍存在的各种结构面及充填的各种物质,使得声波在它们内部的传播速度有不同程度的降低,岩体弹性纵波速度(V_{pm})反映了由于岩体不完整性而降低了的物理力学性质。岩块则认为基本上不包含明显的结构面,测得的岩石弹性纵波速度(V_{pr})反映的是完整岩石的物理力学性质。所以,K_v 既反映了岩体结构面的发育程度,又反映了结构面的性状,是一项能较全面地从量上反映岩体完整程度的指标。因此,本标准规定以 K_v 值为主要定量指标。

岩体体积节理数 J_v(本标准泛指各种结构面数)是国际岩石力学学会试验方法委员会推荐用来定量评价岩体理化程度和单元岩体块度的一个指标。经国内铁道、水电及国防等部门一些单位应用,认为它具有上述物理含意,而且在工程地质勘察各阶段及施工阶段均容易获得。考虑到它不能反映结构面的结合程度,特别是结构面的张开程度和充填物性状等,而这些恰是决定岩体完整程度的重要方面。因此,本条规定 J_v 值作为评价岩体完整程度的代用定量指标,没有作为主要的定量指标。采用 J_v 值时,须按表 3.3.2 查得对应的 K_v 值后再使用。

表 3.3.2 中数值范围的界限处理采用了约定表达方式(下同)。如对 J_v 值规定,分别表示 $J_v<3$、$10>J_v\geqslant3$、$20>J_v\geqslant10$、$35>J_v\geqslant20$ 及 $J_v\geqslant35$ 等 5 种条件。

国内一些单位对 J_v 与 K_v 的关系做了研究,认为这二者之间有较好的对应关系,如表6、表7所列。本条中的 J_v 与 K_v 对应关系表 3.3.2 是综合这些科研成果的结果。

表6 J_v 与 K_v 对照表(水电部昆明勘测设计院)

岩体完整程度	完整	较完整	完整性差	破碎
J_v(条/m³)	<3	3~10	10~30	>30
K_v	1.0~0.75	0.75~0.45	0.45~0.2(软岩) 0.45~0.1(硬岩)	<0.2(软岩) <0.1(硬岩)

表7 J_v 与 K_v 对照表(铁道部科学研究院西南分院)

J_v(条/m³)	<5(巨块状)	5~15(块状)	15~25(中等块状)	25~35(小块状)	>35(碎块状)
K_v	1.0~0.85(极完整)	0.85~0.65(完整)	0.65~0.45(中等完整)	0.45~0.25(完整性差)	<0.25(破碎)

3.3.3 本条表 3.3.3 给出 R_c 值与岩石坚硬程度的对应关系,使定性划分的岩石坚硬程度有一个大致的定量范围值。值得说明的是,表 3.3.3 并不是岩体质量定性和定量分级中必须用到的表,只是定量指标在定性划分上的初步对应关系。国内各部门,多采用 R_c 这一定量指标来划分岩石坚硬程度,参见表8。从表中可知,各部门所划分的档数和界限值虽不尽相同,但都以 30MPa 作为硬质岩与软质岩的划分界限。关于坚硬岩石的划分,这里选取 60MPa 作为界限值,是考虑到工程界的已有习惯,为工程界所接受。实际上,对坚硬岩石,岩石的饱和单轴抗压强度值一般都在较大程度上高于 60MPa。

表8 国内岩石坚硬程度的强度划分

名　　称	硬质岩 R_c(MPa)			软质岩 R_c(MPa)		
	极硬岩	坚硬岩	较硬岩	较软岩	软岩	极软岩
建筑地基基础设计规范 GB 50007	>60	60~30		30~15	15~5	≤5
公路桥涵地基与基础设计规范 JTJ D63	>60	60~30		30~15	15~5	≤5

续表8

名称	硬质岩 R_c (MPa)			软质岩 R_c (MPa)		
	极硬岩	坚硬岩	较硬岩	较软岩	软岩	极软岩
军队地下工程勘测规范 GJB 2813	>60	60~30	30~15	15~5	<5	
铁路工程地质勘察规范 TB 10012	>60	60~30		<30		
铁路隧道设计规范 TB 10003	>60	60~30	30~15	15~5	≤5	
工程地质手册(第四版), 2007 年	>60	60~30	30~15	15~5	≤5	
岩土工程勘察规范 GB 50021	>60	60~30	30~15	30~15	<5	
水工隧洞设计规范 DL/T 5195		>60	60~30	30~15	—	
水利水电工程地质勘察规范 GB 50487		>60	60~30	30~15	≤5	
水力发电工程地质勘察规范 GB 50287		>60	60~30	30~15	—	
水电站大型地下洞室围岩稳定和支护的研究和实践成果汇编(原水利电力部昆明勘测设计院)(1986 年)	>100	100~60	60~30	30~15	<5	
本标准	>60	60~30	30~15	15~5	≤5	

3.3.4 本条表 3.3.4 给出 K_v 值与岩体完整程度的对应关系,使定性划分的岩体完整程度有一个大致的定量范围值。

国内一些单位或规范根据 K_v 值对岩体完整程度作了划分,如表 9 所列。本标准总结和参考了这些划分情况,并根据编制过程中收集的样本资料,在表 3.3.4 中给出了与定性划分相对应的各档次的岩体完整性指数 K_v 值。

表9 国内岩体完整性指数 K_v 划分情况

名称	完整程度 K_v				
	整体状结构	块状结构	碎裂镶嵌结构	碎裂结构	散体结构
锚杆喷射混凝土技术规范 GB 50086	>0.75	0.75~0.55	0.55~0.35	0.35~0.15	<0.15
水工隧洞设计规范 DL/T 5195	>0.75	0.75~0.55	0.55~0.35	0.35~0.15	<0.15
《岩体工程地质力学基础》(谷德振),科学出版社,1979)	>0.75	0.75~0.5	0.5~0.3	0.3~0.2	<0.2
建筑地基基础设计规范 GB 50007	>0.75	0.75~0.55	0.55~0.35	0.35~0.15	<0.15
公路桥涵地基与基础设计规范 JTG D63	>0.75	0.75~0.55	0.55~0.35	0.35~0.15	<0.15
铁路工程地质勘察规范 TB 10012	>0.75	0.75~0.55	0.55~0.35	0.35~0.15	<0.15
水利水电工程地质勘察规范 GB 50487	>0.75	0.75~0.55	0.55~0.35	0.35~0.15	≤0.15

4 岩体基本质量分级

4.1 基本质量级别的确定

4.1.1 岩体基本质量分级,是各类型工程岩体定级的基础。本条强调应根据岩体基本质量的定性特征与岩体基本质量指标 BQ 相结合,进行岩体基本质量分级。

岩体基本质量的定性特征是两个分级因素定性划分的组合,根据这些组合可以进行岩体基本质量的定性分级。而岩体基本质量指标 BQ 是用两个分级因素定量指标计算取得的,根据所确定的 BQ 值可以进行岩体基本质量的定量分级。定性分级与定量分级相互验证,可以获得更准确的定级。

在工程建设的不同阶段,地质勘察和参数测试等工作的深度不同,对分级精度的要求也不尽相同。可行性研究阶段,可以定性分级为主;初步设计、技术设计和施工设计阶段,必须进行定性和定量相结合的分级工作。在工程施工期间,还应根据开挖所揭露的岩体情况,补充勘察及测试资料,对已划分的岩体等级加以检验和修正。

对岩体基本质量进行分级,需要决定分级档数。可靠性分析的研究成果表明,评级的可靠程度随着档数的增多而降低;但另一方面,当抽样总体中的样本足够时,评级的预报精度却往往随分级档数的增多而增加。因此,应当选择一个适中的档数,既便于工程界使用,又有合理的可靠度与精度。考虑到目前在国内外的分级方法中,多采用五级分级法,这个档数能较好地满足以上要求,故本标准将分级档数定为五级。

4.1.2 本条规定了根据基本质量的定性特征作出的岩体基本质量定性分级,与根据岩体基本质量指标 BQ 作出的定量分级不一致时的处理方法。出现定性分级与定量分级不吻合的情况是经常发生的。若两者定级不一致,可能是定性评级不符合岩体实际的级别,也可能是测试数据在选用或实测时缺乏代表性,或两者兼而有之。必要时,应重新进行定性鉴定和定量指标的复核,在此基础上综合分析,重新确定岩体基本质量的级别。

为了提高定级的准确性,宜由有经验的技术人员进行定性分级,定量指标测试的地点与定性分级的岩石工程部位应一致。

4.1.3 岩体物理力学参数和结构面抗剪断峰值强度参数,是岩体和结构面所固有的物理力学性质,从量上反映了岩体和结构面的基本属性。大量的岩石力学试验研究工作表明,岩体的物理力学参数与决定岩体基本质量的岩石坚硬程度和岩体完整程度密切相关。进行工程岩体基本质量分级的目的之一,就是根据对工程岩体所定的级别,迅速评估岩体的物理力学参数。与其他相关规范中的岩体力学参数建议值或采用值不同,本标准附录 D 所给出的岩体力学参数为不同基本质量级别岩体的岩体力学试验统计值,相当于现场原位实测值。

4.2 基本质量的定性特征和基本质量指标

4.2.1 本条规定了由两个分级因素定性划分来评定岩体基本质量定性特征的方法。岩石坚硬程度和岩体完整程度定性划分后,二者组合成定性特征,进行仔细的综合分析、评价,按本标准表 4.1.1对岩体基本质量作出定性评级。

4.2.2 本条规定了岩体基本质量指标 BQ 的计算方法及应遵守的限制条件。

根据分级因素的定量指标对岩体质量进行定量分级的方法有上百种,经归纳大致可分为三种:(1)单参数法,如 RQD 法(U. D. Deere,1969);(2)多参数法,如围岩稳定性动态分级法(林韵梅等,1984);(3)多参数组成的综合指标法,如坑道工程围岩分类(邢念信等,1984)、Q 分类法(N. Barton,1974)等。

本标准采用多参数组成的综合指标法,以两个分级因素的定量指标 R_c 及 K_v 为参数,计算取得岩体基本质量指标 BQ,作为划分级别的定量依据。

由 R_c 和 K_v 两因素构成的基本质量指标可由多种函数形式来表达。流行的方法有积商法与和差法。本标准采用逐步回归、逐步判别等方法建立并检验基本质量指标 BQ 的计算公式,属于和差模型。

由 R_c 和 K_v 确定 BQ 值的公式是根据逐次回归法建立的。其计算模式以 R_c 和 K_v 为因素,BQ 为因变量,经回归比较,先后采用二元线性回归及二元二次多项式回归等方式,最后选定为带两个限定条件的二元线性回归公式,如本条公式(4.2.2)。

原《工程岩体分级标准》GB 50218—94 在建立 BQ 计算公式时,样本数据为 103 组,包括国防 21 组,铁道 13 组,水电 24 组,冶金和有色金属 30 组,煤炭 8 组,人防 1 组及建筑部门 6 组。

经应用以来的综合调研及理论分析表明,BQ 计算公式有较好的合理性,在各行业的岩体工程中得到了应用。本条在修编时,针对标准颁布以来收集到的 54 组新增样本数据,其中水电部门 31 组,建筑部门 15 组,公路部门 8 组,与原样本数据一起重新进行了回归分析研究,得到的 BQ 公式的参数与原来基本一致,根据计算结果以及本标准执行过程中的反馈意见,将原 BQ 公式的常数项作了细微调整,原公式前面系数由 90 调整为 100,其他参数和限制条件都未做调整。

本条还规定了使用公式(4.2.2)时应遵守的限制条件。限制条件之一是对公式(4.2.2)中 R_c 值上限的限制,这是注意到岩石的 R_c 值很大,而岩体的 K_v 值不大时,对于这样坚硬但完整性较差的岩体,其质量和稳定性仍然是比较差的,R_c 值虽高但对质量和稳定性起不了那么大的作用,如果不加区别地将测得的 R_c 值代入公式,过大的 R_c 值将使得岩体基本质量指标 BQ 大为增高,造成对岩体质量等级及实际稳定性作出错误的判断。使用这一限制条件,可获得经修正过的 R_c 值。例如,当 $K_v = 0.55$ 时,$R_c = 90 \times 0.55 + 30 = 79.5$MPa,如实测 R_c 值大于 79.5MPa,则直接取用 79.5MPa,而不应取用实测值。

本条给出的第二个限制条件,是对公式(4.2.2)中 K_v 值上限的限制,这是针对岩石的 R_c 值很低,而相应的岩体 K_v 值过高的情况下给定的。这是注意到,完整性虽好但甚为软弱的岩体,其质量和稳定性也是不好的,将过高的实测 K_v 值代入公式也会得出高于岩体实际稳定性或质量等级的错误判断。使用这一限制条件,可获得经修正过的 K_v 值。例如,当 $R_c = 10$MPa 时,$K_v = 0.04 \times 10 + 0.4 = 0.8$,如实测 K_v 值大于 0.8,则取用 0.8,而不应取用实测值。

5 工程岩体级别的确定

5.1 一般规定

5.1.1 岩体基本质量反映了岩体的最基本的属性,也反映了影响工程岩体稳定的主要方面。

对各类型工程岩体,作为分级工作的第一步,在基本质量确定后,可用基本质量的级别作为工程岩体的初步定级。初步定级一般是在工程勘察设计的初期阶段采用,该阶段勘察资料不全,工作还不够深入,各项修正因素尚难于确定,作为初步定级,可以采用基本质量的级别作为工程岩体的级别。

5.1.2 本条规定了对工程岩体详细定级时应考虑的修正因素。影响工程岩体稳定性的诸因素中,岩石坚硬程度和岩体完整程度是岩体的基本属性,是各类型工程岩体的共性,反映了岩体质量的基本特征,但它们并不是影响岩体质量和稳定性的全部重要因素。地下水状态、初始应力状态、工程轴线或走向线的方位与主要结构面产状的组合关系等,也都是影响岩体质量和稳定性的重要因素。这些因素对不同类型的工程岩体,其影响程度往往是不一样的。例如,某一陡倾角结构面,走向近乎平行工程轴线方位,对地下工程来说,对岩体稳定可能很不利,但对坝基抗滑稳定的影响就不那么大,若结构面倾向上游,则可基本上不考虑它的影响。

随着设计工作的深入,地质勘察资料增多,就应结合不同类型工程的特点、边界条件、所受荷载(含初始应力)情况和运行条件等,引入影响岩体稳定的主要修正因素,对工程岩体作详细的定级。

所谓"工程轴线"是指地下洞室的洞轴线、大坝的坝轴线;"工程走向线"是指边坡工程的坡面走向线。

5.1.3 地下工程岩体级别的确定中,将影响岩体稳定性的初始应力状态作为修正因素。工程实践表明,岩体初始应力对地下工程岩体稳定性的影响,一方面取决于初始应力绝对值量的大小,另一方面也取决于围岩抗压强度的高低。引入强度应力比,强调将此值作为反映岩体初始应力状态对地下工程岩体级别的影响,相比仅考虑初始应力绝对值大小而言,对反映岩体初始应力作用对洞室围岩稳定性影响程度方面,将更符合实际。

5.1.5 对于膨胀性、易溶性等特殊岩类,它们对工程岩体稳定性的影响与一般岩类很不相同。本标准分级的方法未反映其特殊性,也无成熟的经验或依据用修正的办法反映其对稳定性的影响。对这些带有特殊性的问题,需针对其对工程岩体的特殊影响,在专题研究的基础上,综合确定工程岩体的级别。

5.2 地下工程岩体级别的确定

5.2.1 本条规定了地下工程岩体在岩体基本质量级别确定后,作详细定级时应考虑的几个修正因素和修正后的定级原则。

国内外对地下工程岩体分级做了大量的探索和研究工作,比其他类型的工程岩体分级研究得更深入一些,资料也比较丰富。从表 10 中可以看出,这些分级方法所考虑的主要因素是比较一致的。本标准分析总结了这些已有的成果,并结合工程实践,将最基本的带共性的岩石坚硬程度(岩石强度)和岩体完整程度,作为岩体基本质量的影响因素,而将另外几项主要影响因素,包括地下水、结构面与洞轴线组合关系、初始应力状态等作为修正因素。

引入修正因素,对岩体基本质量进行修正后,本条规定仍按4.1.1进行定级。这是因为本标准分级的标准只有一个,只是岩体基本质量指标 BQ 和地下工程岩体质量指标[BQ]所包含的影响因素的内容不同。例如,某地下工程在一个地段的岩体基本质量指标 BQ = 280,其基本质量属Ⅳ级,由于有淋雨状出水,出水量(25 ~ 125)L / min · 10m,则修正系数 $K_1 = 0.5$,经修正后的[BQ] = 230,按表 4.1.1 的规定,工程岩体质量应定为Ⅴ级。

表 10 国内外部分岩体分级考虑因素情况

代表性岩体分级	考虑的主要因素							
	岩石强度	岩体完整程度	地下水	初始应力状态	结构面与洞轴线组合关系	结构面状态	声波速度	其他
岩石结构评价(G. E. Wickham,1972)	✓	✓	✓		✓			
节理化岩体地质力学分类(Z. T. Bieniawski,1973)	✓	节理间距	✓		✓	✓		RQD指标
工程岩体分类(Q值)(N. Barton 等,1974)	SRF	RQD/Jn	(Jw)	(SRF)	✓	(Jr、Ja)		
岩体工程地质力学基础(谷德振,1979)	✓	✓				抗剪强度		
围岩稳定性动态分级(东北工学院,1984)	✓	节理间距					✓	稳定时间
军队地下工程勘测规范 GJB 2813	✓	✓	✓	✓		辅助	辅助	
铁路隧道设计规范 TB 10003	✓	✓	✓			✓		
铁路隧洞工程岩体围岩分级方法(铁道部科学研究院西南所,1986)	✓	✓	✓		✓	✓		
锚杆喷射混凝土技术规范 GB 50086	✓	✓	✓		✓			
水工隧洞设计规范 DL/T 5195	✓	✓	✓		✓			
水利水电工程地质勘察规范 GB 50487	✓	✓	辅助	限定	辅助			岩体结构类型
水力发电工程地质勘察规范 GB 50287	✓	✓	辅助	限定	辅助			岩体结构类型
大型水电站地下洞室围岩分类(水电部昆明勘测设计院,1988)	✓	✓	✓		✓			
本标准	✓	✓	✓		✓	✓		

并给出定量的修正系数,这一方法不仅考虑了出水等水的赋存状态,还考虑了岩体基本质量级别。

表 11 为现有规范对洞室围岩出水状态的有关描述。在出水量定量描述中,一般以 10m 洞长渗水量为统计量。为便于现场测量,这里以 10m 洞长渗水量[单位:L/(min·10m)]代替原标准中单位渗水量。

关于裂隙水压,原标准中对三种状态下的水压值分别规定为:不计入≤0.1MPa 和>0.1MPa 三种条件。本次修订时,对上述三种情况下的水压力值适当提高,分别规定为≤0.1MPa、0.1MPa~0.5MPa 和>0.5MPa 三种条件。由表 11 可看出修订后的水压规定值与表中其他方法规定值相比较,仍相对严格。

表 11 地下洞室围岩出水状态的描述

资料来源	地下水出水状态	状态名称与定量描述		
		状态 1	状态 2	状态 3
水工隧洞设计规范 DL/T 5195	10m洞长水量Q(L/min·10m)或压力水头H(MPa)	干燥到渗水滴水,Q≤25 或 H≤0.1	线状流水,25<Q≤125 0.1<H≤1.0	涌水,Q>125 H>1.0
水利水电工程地质勘察规程 GB 50487	10m洞长水量Q(L/min·10m)或压力水头H(MPa)	渗水到滴水,Q≤25 或 H≤0.1	线状流水,25<Q≤125 0.1<H≤1.0	涌水,Q>125 H>1.0
铁路隧道设计规范 TB 10003	10m洞长渗水量Q(L/min·10m)	干燥或湿润,<10	偶有渗水,10~25	经常渗水,25~125
节理岩体地质力学分级(RMR法)	10m洞长水量Q(L/min·10m)或裂隙水压力与最大主应力比值ξ	干燥,湿润,滴水,Q≤25 或 ξ≤0.2	线状流水,25<Q≤125 0.2<ξ≤0.5	涌水,Q>125 ξ>0.5
原《工程岩体分级标准》GB 50218—94	水压H(MPa),或每延m水量Q(L/min)	湿润或滴水状出水	淋雨或涌流状出水,H≤0.1 或 Q≤10	淋雨状或涌流状出水,H>0.1 或 Q>10
本标准	水压p(MPa),或10m洞长出水量Q(L/min·10m)	潮湿或点滴状出水,p<0.1 或 Q≤25	淋雨状或线流状出水,0.1<p≤0.5 或 25<Q≤125	涌流状出水,p>0.5 或 Q>125

水对岩体质量的影响,不仅与水的赋存状态有关,还与岩石性质和岩体完整程度有关。岩石愈致密,强度愈高,完整性愈好,则水的影响愈小。反之,水的不利影响愈大。基本质量为Ⅰ级、Ⅱ级的岩体,且含水不多,无水压时,认为水对岩体质量无不利影响,取修正系数 $K_1=0$;基本质量为Ⅴ级的岩体,呈涌水状出水,水压力较大时,不利影响最大,取 $K_1=1.0$(即降一级)。对其他中间情况,认同在同一出水状态下,基本质量愈差的岩体,影响程度愈大,因而修正系数也随之加大。

地下水修正系数的确定,除考虑上述原则外,还参考了国内相关规范规定与研究成果,见表 12。

2 主要结构面产状修正。主要结构面是就其产状、发育程度及结合程度等因素,对地下工程岩体稳定性起主要影响的结构面。其中,更应注意对稳定影响大、起着控制作用的结构面,如层状岩体的泥化层面、一组很发育的裂隙、次生泥化夹层、含断层泥、糜棱岩的小断层等。

由于结构面产状不同,与洞轴线的组合关系不同,对地下工程岩体稳定的影响程度亦不同。如层状岩体层面性状较差,为陡倾角且走向与洞轴线夹角很大时,对岩体稳定性影响很小。反之,倾

5.2.2 本条规定了对地下水影响等三项修正因素的修正方法和修正系数取值原则,并给出了相应的修正系数值。当地下工程岩体质量指标为负值时,修正后的工程岩体质量直接按Ⅴ级岩体考虑。

1 地下工程地下水影响修正。地下水是影响岩体稳定的重要因素。水的作用主要表现为溶蚀岩石和结构面中易溶胶结物,潜蚀充填物中的细小颗粒,使岩石软化、疏松,充填物泥化、强度降低,增加动、静水压力等。这些作用对岩体质量的影响,有的可在基本质量中反映出来,如对岩石的软化作用,采用了饱和单轴抗压强度。水的其他作用在基本质量中得不到反映,需采用修正措施来反映它们对岩体质量的影响。

目前国内外在地下工程围岩分级中,考虑水的影响时主要有四种方法:修正法、降级法、限制法、不考虑。本标准采用修正法,

表 12　地下水影响修正系数汇总

出水状态	资料来源	岩体基本质量级别				
		Ⅰ	Ⅱ	Ⅲ	Ⅳ	Ⅴ
渗水到滴水状出水	大型水电站地下洞室围岩分类(水电部昆明勘察设计院,1986)	0	0	0～0.1 (软岩)	0.2～0.4 (硬岩～软岩)	0.4～0.5 (硬岩～软岩)
	水工隧洞设计规范 DL/T 5195	0	0～0.1	0.1～0.3	0.3～0.5	0.5～0.7
	水利水电工程地质勘察规范 GB 50487	0	0～0.1	0.1～0.3	0.3～0.5	0.5～0.7
	铁道隧道工程岩体分级方案(铁道部科学研究院西南研究所,1986)	0	0.1 (硬岩)	0.1～0.25 (硬岩～软岩)	0.1～0.25 (硬岩～软岩)	0.1～0.25 (硬岩～软岩)
	铁路隧道设计规范 TB 10003	0	0	0	0	0
	军队地下工程勘测规范 GJB 2813	0	0	0.1	0.25	0.5
	本标准	0	0	0.1	0.2～0.3	0.4～0.6
淋雨状或线流状出水	大型水电站地下洞室围岩分类(水电部昆明勘察设计院,1986)	0	0～0.1 (硬岩)	0.1～0.25 (硬岩～软岩)	0.3～0.6 (硬岩～软岩)	0.6～0.9 (硬岩～软岩)
	水工隧洞设计规范 DL/T 5195	0～0.1	0.1～0.3	0.3～0.5	0.5～0.7	0.7～0.9
	水利水电工程地质勘察规范 GB 50487	0～0.1	0.1～0.3	0.3～0.5	0.5～0.7	0.7～0.9
淋雨状或线流状出水	铁道隧道工程岩体分级方案(铁道部科学研究院西南研究所,1986)	0	0.1 (硬岩)	0.1～0.5 (硬岩～软岩)	0.1～0.5 (硬岩～软岩)	0.1～0.5 (硬岩～软岩)
	铁路隧道设计规范 TB 1003	0	0	1.0	1.0	1.0
	军队地下工程勘测规范 GJB 2813	0	0	0.25	0.5	0.75
	本标准	0	0.1	0.2～0.3	0.4～0.6	0.7～0.9
涌流状出水	大型水电站地下洞室围岩分类(水电部昆明勘察设计院,1986)	0	0～0.2 (硬岩)	0.2～0.5 (硬岩～软岩)	0.4～0.8 (硬岩～软岩)	0.8～1.0 (硬岩～软岩)
	水工隧洞设计规范 DL/T 5195	0.1～0.3	0.3～0.5	0.5～0.7	0.7～0.9	0.9～1.0
	水利水电工程地质勘察规范 GB 50487	0.1～0.3	0.3～0.5	0.5～0.7	0.7～0.9	0.9～1.0
	铁道隧道工程岩体分级方案(铁道部科学研究院西南研究所,1986)	0	0.25 (硬岩)	0.25～0.75 (硬岩～软岩)	0.25～0.75 (硬岩～软岩)	0.25～0.75 (硬岩～软岩)
	铁路隧道设计规范 TB 10003	1.0	1.0	1.0	1.0	1.0
	军队地下工程勘测规范 GJB 2813	0	0.25	0.5	0.75	1.0
	本标准	0	0.20	0.4～0.6	0.7～0.9	1.0

角较缓且走向与洞轴线夹角很小时，就容易发生沿层面的过大变形，甚至发生拱顶坍塌或侧壁滑移。再如一条小断层，当其倾角很陡，且与洞轴线夹角很大时，对洞室稳定影响很小，反之则有很大的影响。这种不利影响在岩体基本质量及其指标中反映不出来。

为了反映这组组合关系对稳定性的影响，本标准仍采用对基本质量进行修正的方法，其修正系数 K_2 见本标准表 5.2.2-2，该表是根据工程经验、力学分析，并参考表 13 制定的。所谓"其他组合"，是指结构面倾角<30°，夹角为任意值；倾角>30°，夹角为30°～60°；倾角 30°～75°，夹角>60°；倾角>75°，夹角<30°四种情况。

需指出，这里是指存在一组起控制作用结构面的情况，若有两组或两组以上起控制作用的结构面，组合情况就复杂得多，不能用修正岩体基本质量的方法，而需通过专门的稳定性分析解决。

表 13 　国内对结构面影响的修正情况

代表性分级	修正系数
水利水电工程地质勘察规范 GB 50487	0～0.6
军队地下工程勘测规范 GJB 2813	0～0.5
大型水电站地下洞室围岩分类（水电部昆明勘察设计院，1986）	0～0.6
水工隧洞设计规范 DL/T 5195	0～0.6
节理化岩体地质力学分类（Z. T. Bieniawski，1973）	0～0.6
岩体结构评价（G. E. Wichham，1972）	0～0.6
本标准	0～0.6

3 岩体初始应力状态影响修正。岩体初始应力对地下工程岩体稳定性的影响是众所周知的，特别是高初始应力的存在。岩石强度与初始应力之比 R_c/σ_{max} 大于一定值时，可以认为对洞室岩体稳定不起控制作用，当此比值小于一定值时，再加上洞室周边应力集中的结果，对岩体稳定性或变形破坏的影响就表现得显著，尤其岩石强度接近初始应力值时，这种现象就更为突出。采用降低岩体基本质量指标 BQ，从而限制岩体级别的办法来处理，引入修正系数 K_3。

根据工程实践经验，当围岩强度应力比值很小时（相当于极高初始应力条件，本标准规定强度应力比小于 4），对于基本质量为Ⅲ、Ⅳ级的岩体，将会发生不同程度的塑性挤压、流动变形，基本上没有自稳能力，故必须较大幅度地限制岩体的级别。为此，进行了如下处理，如：当 BQ＝351～450 和 BQ＝251～350 时，均取 $K_3=1.0～1.5$。BQ 值较小时取较大的修正系数 K_3，反之取较小的修正系数。基本质量为Ⅰ、Ⅱ级的岩体在该强度应力比条件下，虽然未丧失自稳能力，但明显地影响了自稳性。对于相当于高初始应力区的强度应力比条件，初始应力对岩体的影响大为减小，但仍影响岩体稳定性，故取较小的修正系数 K_3，适当限制其级别。

对初始应力这一修正因素，采用降低岩体 BQ 指标的处理办法，可用于经验方法确定支护参数的设计。

按照这种办法进行修正，修正前后可能仍属同一级，似无意义，其实经修正后可能从原来靠某级上限而变为处于该级中部或接近下限。不仅如此，若单修正地下水的影响，由某级的上限修正到该级的中部，如果再加上另一个影响因素的修正，就可能降一级。这些修正对于评价地下工程岩体稳定性和选用支护等参数是有意义的，因为有关规范中的支护等参数表，每级都有一定的范围值。对 BQ<250 时也作修正，就是据此考虑的。

5.2.3 地下工程岩体的级别是地下洞室稳定性的尺度，岩体级别越高的洞室在无支护条件下的稳定性（即自稳能力）越好。针对跨度不大于 20m 的地下工程，本条规定了不同级别工程岩体的自稳能力情况。同时，本条还强调，可以将洞室开挖后的实际自稳能力，作为检验原来地下工程岩体定级正确与否的标志。

地下工程岩体的自稳能力，不仅与工程岩体级别有关，还与洞室跨度有关。对于跨度不大于 20m 的工程岩体，实践经验比较丰富，经统计分析给出表 E.0.1（参见附录 E 说明），作为各级别岩体自稳能力的基本评价。

对照表 E.0.1，开挖后岩体的实际稳定性与原定级别不符时，应将岩体级别调整到与实际情况相适应的级别。当开挖后岩体的稳定性比原定级别高时，由低级别调整到高级别须慎重。

5.2.4 对于跨度大于 20m 的岩石地下工程，通常存在支护条件影响，岩体稳定性应与支护条件结合进行。对于特殊的地下工程，往往有特殊要求，加之行业或专业的特点，对工程施工和运行，进而对工程岩体稳定性评价的要求不尽相同，评价时引入的影响工程岩体稳定性的修正因素及其侧重点也不同。本标准作为通用的基础标准，难以将所有各种影响因素都考虑进去，更难以全面照顾各行业的特殊需要。有关行业标准的规定更具有针对性，更详细些。国内外在实施岩体分级工作时，往往采用几种分级方法进行对比，对大型和特殊的地下工程，为了慎重这样做是适宜的。考虑到这些情况，本条规定在详细定级时尚可应用其他有关标准方法进行对比分析，综合确定岩体级别。

5.3　边坡工程岩体级别的确定

5.3.1 本条规定了边坡工程岩体在岩体基本质量确定以后，作详细定级时，应考虑的几个修正因素和修正后的定级原则。

影响岩质边坡稳定性的因素很多，主要有岩性、岩体风化程度、岩体结构特征、结构面产状及延伸性、岩体初始应力、地下水、地表水、开挖施工方法与效果等。前面 3 项及边坡开挖施工方法与效果，已在本标准中的岩体坚硬程度和岩体完整程度两项岩体基本质量分级因素中得到考虑。本标准所涉及边坡主要是 60m 高度以下的中、高边坡，岩体初始应力一般不属高应力，故不考虑初始应力的修正。

5.3.2 本条给出了边坡工程岩体质量指标的计算公式以及边坡工程岩体质量诸修正系数的确定方法。当边坡工程岩体质量指标为负值时，修正后的工程岩体质量直接按Ⅴ级岩体考虑。

在边坡工程岩体分级方法研究中，Romana M.（1985）在 RMR 分级基础上，提出的边坡质量指标 SMR 方法（Slope Mass Rating）相对成熟。该方法在 RMR 岩体质量评价基础上，引入结构面及边坡面产状关系修正及边坡开挖方法影响等，实现不同岩体质量级别下的稳定性评价。中国水利水电工程边坡登记小组（孙东亚、陈祖煜，1997）在国家八五科技攻关项目成果中，对 SMR 在边坡岩体分级中的适用性进行了研究，并提出了考虑边坡坡高及边坡主要控制结构面条件修正系数的 CSMR 方法，该方法已作为《水电水利工程边坡工程地质勘察技术规程》DL/T 5337 中有关边坡岩体质量分类的推荐方法之一。20 世纪 90 年代后，SMR 法、CSMR 法及各种改进方法，已在国内水电及公路等行业边坡工程分级中得到初步应用。另外，在建筑工程领域，根据边坡岩体的完整程度、结构面结合程度及结构面与边坡间的产状关系，提出了岩质边坡的岩体分类，见《建筑边坡工程技术规范》GB 50330。

根据对水电及公路等领域十余个工程 200 余组 BQ 和 RMR 实测值回归分析发现，本标准中的 BQ 值与 RMR 间具有良好的线性关系，其线性回归方程为：

$$BQ = 80.786 + 6.0943 RMR (r = 0.81) \qquad (1)$$

根据回归方程（1），对 RMR 分级及本标准依据 BQ 的定量分级作进一步对比分析发现，RMR 与 BQ 五级划分各级界限划分值具有较好的对应关系。仅在Ⅴ级和Ⅳ级岩体中，依据方程（1），BQ 方法可能会保守半级至 $\frac{1}{4}$ 级。

针对上述研究成果，综合了 SMR 方法及 CSMR 特点，提出了本条规定的基于 BQ 的边坡工程岩体质量指标计算方法。

在边坡工程岩体质量指标［BQ］计算中，分别考虑了边坡地下水影响、边坡控制性结构面类型与延伸性以及边坡控制性结构面产状影响等因素的修正。

（1）边坡控制性结构面类型与延伸性修正系数 λ 是引用了 CSMR 方法中的结构面条件系数的影响规定，并将其改名为结构面类型与延伸性修正系数，其物理意义更明确。在取值方面，对断

4—23

续节理和裂隙，根据发育程度，给出了取值范围。

（2）边坡地下水影响修正。关于水对边坡的影响，其影响程度主要是边坡降雨的入渗性、边坡渗透压力形成情况以及控制性结构面中软弱充填物被浸蚀及软化的程度。与地下洞室围岩中有关水的赋存特点不同，边坡岩体中的水与降雨及地下水状态密切相关。对一个给定边坡，评价水的影响程度，应结合可能的降雨强度及已有的边坡水文地质条件，研究与评价最不利条件下边坡内地下水发育程度及其对边坡岩体质量与稳定性的影响。这里，综合岩体坡面上地下水出水状态的定性程度划分以及反映坡内岩体地下水发育程度的潜水或承压水头等指标，确定边坡岩体中地下水影响修正系数 K_4。现行国家标准《建筑边坡工程技术规范》GB 50330 中建议，当边坡地下水发育时，Ⅱ、Ⅲ类岩体可根据具体情况降低一档，其规定与表 5.3.2-2 规定基本相符。

（3）边坡控制性结构面产状影响修正。在提出的边坡岩体质量指标计算方法中，对边坡稳定性起控制作用的主要结构面修正系数 K_5，是在吸收 SMR 思路基础上，针对主要结构面的可能影响确定的。与 SMR 或 CSMR 方法不同之处是，鉴于边坡岩体发生倾倒破坏的复杂性以及倾倒破坏具有渐进性破坏特点，表5.3.2-3 仅考虑了边坡岩体因内因结构面存在引起的平面滑动破坏这一主要类型。若边坡岩体中存在因反倾向结构面可能引起的倾倒破坏以及由多组结构面切割形成的楔体失稳问题，建议针对具体情况进行专门论证。

5.3.3 对于高度不大于 60m 的岩石边坡工程，本条规定了不同级别工程岩体的自稳能力。关于边坡工程岩体自稳能力，主要是依据极限平衡分析、已有规范的规定，并结合现场调查和经验给出。对岩石边坡，确定 60m 高陡倾坡（在边坡自稳能力评价中，假定边坡为坡角大于 70°的陡倾边坡）为高度划分的界限点主要依据两个方面的考虑：一是有成功的工程实例验证。三峡工程永久船闸岩石为闪云斜长花岗岩，属Ⅰ级岩体，双线闸室为垂直开挖边坡，高达 60m，岩体自稳能力较好；二是适用性较强。针对具有普遍性的各类岩石边坡工程，主要考虑到在建筑、公路及铁路等工程领域，边坡的高度一般在数十米高度以下。对这类工程规模的边坡，因数量多，工程勘察手段相对简单，一般的设计过程是，在进行简单测试或试验基础上对岩石边坡稳定性进行宏观判断，并根据规范要求和经验给出相应的工程措施。因此，对这类边坡进行工程岩体详细定级，具有工程应用和推广价值。

5.3.4 由于岩石边坡工程的复杂性，对水电或矿山工程等行业中的超高边坡，或特殊边坡，其工程岩体级别的确定，应在坡高修正的基础上，或应结合工程特点和行业要求，作专门论证。《水利水电工程边坡工程地质勘察技术规程》DL/T 5337 中的 CSMR 边坡岩体质量分类方法，给出了坡高修正系数计算公式，可供参考。

5.4 地基工程岩体级别的确定

5.4.1 岩石地基工程主要是指以岩石作为承载地基的工业与民用建筑物岩石地基、公路与铁路桥涵岩石地基以及港口工程岩石地基等。岩石地基工程设计中，最关心的是地基的承载能力。由于岩体的基本质量综合反映了岩石的坚硬程度和岩体的完整程度，而此两项指标是影响岩石基础承载力的主要因素，因此，本条规定，岩石地基工程岩体的级别可以直接由岩体的基本质量定级。以往常采用岩石饱和单轴抗压强度 R_c 的折减来确定地基的承载力，本标准岩体基本质量则不仅考虑了 R_c，还考虑了岩体的完整性，评价方法更为科学。

5.4.2 岩体作为工业与民用建筑物及公路与铁路桥涵等工程地基，其承载能力很高，一般都能满足设计要求。针对岩石地基的承载能力，目前国内外有关规范确定的地基承载力，大多以评估方法为主，有的主要利用岩石单轴抗压强度试验资料，并综合裂隙的发育程度及工程经验确定，总体偏于安全，见表 14～表 20。表 14 中，岩石地基的基本承载能力是指建筑物基础短边宽度不大于

2.0m、埋置深度不大于 3.0m 时的地基容许承载力。地基容许承载力即是在保证地基稳定和建筑物沉降量不超过容许值的条件下，地基单位面积所能承受的最大压力。表 15 中，岩石地基的极限承载力是指地基岩土体即将破坏时单位面积所承受的压力。表16 中，岩石地基承载力基本容许值是指基础短边宽度不大于2.0m，埋置深度不大于 3.0m 时，地基压力变形曲线上，在线性变形段内某一变形所对应的压力值，物理概念上也即是表 14 中的岩石地基的基本承载能力。

随着工程建设中工程规模的增大，对地基承载能力的要求也越来越高，并为满足土地优良资源的控制及合理利用土地的要求，利用岩石地基为承载体的支撑结构（如高速铁路与公路领域的桥基及桩基等）已作为工程规划与设计方案比选中的重要内容。鉴于岩石地基评价的复杂性，提供一套基于各级别岩体现场载荷试验资料的岩体基本承载力，对各行业有关岩石地基基本承载力的制定，具有重要的参考价值。这里的基本承载力是指裂隙岩体在载荷试验过程中，与岩体载荷一位移曲线中的比例极限或屈服极限相对应的荷载。表 21 中所列各级别岩体基本承载力比例极限特征值是对 14个工程 98 点现场载荷试验资料，按岩体质量级别分别统计获得。

现场岩体载荷试验结果表明，表 21 所给出的岩体基本承载力与表 14～表 20 中所列建议值都要高。考虑到岩石地基的复杂性，对软岩、破碎岩体或受大型载荷条件下的工程岩体（如大跨度桥梁地基岩体等），通常应通过现场岩体载荷试验确定岩体基本承载力。这里，基岩承载力基本值仍沿用原标准中偏于保守的值。

表 14　岩石地基的基本承载力 (kPa)

节理发育程度	定性描述	节理不发育	节理发育	节理很发育	资料来源
	节理间距 (cm)	>40	40～20	20～2	
坚硬程度	硬质岩	>3000	3000～2000	2000～1500	《铁路工程地质勘察规范》TB 10012
	较软岩	3000～1500	1500～1000	1000～800	
	软岩	1200～900	1000～700	800～500	
	极软岩	500～400	400～300	300～200	

表 15　岩石地基的极限承载力 (kPa)

节理发育程度	定性描述	节理不发育	节理发育	节理很发育	资料来源
	节理间距 (cm)	>40	40～20	20～2	
坚硬程度	坚硬岩、较硬岩	>9000	9000～6000	6000～4500	《铁路工程地质勘察规范》TB 10012
	较软岩	9000～4500	4500～3000	3000～2400	
	软岩	3600～2700	3000～2100	2400～1250	
	极软岩	1250～1000	1500～750	750～500	

表 16　岩石地基承载力基本容许值 (kPa)

节理发育程度	定性描述	节理不发育	节理发育	节理很发育	资料来源
	节理间距 (cm)	>40	40～20	20～2	
坚硬程度	坚硬岩、较硬岩	>3000	3000～2000	2000～1500	《公路桥涵地基与基础设计规范》JTG D63
	较软岩	3000～1500	1500～1000	1000～800	
	软岩	1200～1000	1000～800	800～500	
	极软岩	500～400	400～300	200～200	

表 17　岩石地基允许承载力

岩石名称	允许承载力	资料来源
坚硬岩石	$\left(\dfrac{1}{20}\sim\dfrac{1}{25}\right)R_c$	《水利水电工程地质勘察规范》GB 50487
中等坚硬岩石	$\left(\dfrac{1}{10}\sim\dfrac{1}{20}\right)R_c$	
较软弱岩石	$\left(\dfrac{1}{5}\sim\dfrac{1}{10}\right)R_c$	

表 18　岩石地基允许承载力

岩体级别	Ⅰ	Ⅱ	Ⅲ	Ⅳ	Ⅴ	资料来源
$R_m=R_c \cdot K_v$ (MPa)	>60	60～30	30～15	15～5	<5	《军队地下工程勘察规范》GJB 2813
允许承载力 (kPa)	>6000	6000～3000	3000～1500	1500～500	<500	

表 19　岩石地基允许承载力(kPa)

岩石性质	承载力允许值	资料来源
岩石好	2000~4000	《德国地基规范》DIN 1054
岩石差	1000~1500	

表 20　岩石地基允许承载力(kPa)

名　称	允许承载力	资料来源
未风化完整的坚硬火成岩及片麻岩	10000	《英国标准实用规范(基础工程)》BS 8004
未风化坚硬石灰岩和坚硬砂岩	4000	
未风化片岩和板岩	3000	
未风化坚硬页岩、泥岩和粉砂岩	2000	

表 21　岩体基岩承载力比例界限统计特征值

岩体质量级别	I	II	III	IV	V
样本个数		9	23	41	25
均值(MPa)		36.16	16.15	13.27	1.83
均方差(MPa)		2.47	9.61	6.66	1.49
偏差系数		0.07	0.60	0.50	0.81

附录 A　R_c、$I_{s(50)}$ 测试的规定

A.0.1　岩石饱和单轴抗压强度试验是测定试件在无侧限条件下,受轴向压力作用破坏时,单位面积上所承受的载荷。

　　鉴于圆形试件具有轴对称性,应力分布均匀,本标准推荐圆柱试件作为标准试件。对于没有条件加工圆柱体试件时,允许采用方柱体试件,但试件高度与横向边长之比应为 2.0~2.5。

　　为反映岩石受水软化的性质,本标准采用岩石饱和单轴抗压强度 R_c 值作为岩石坚硬程度的定量指标。采用自由吸水或强制饱和法使试件吸水饱和。

A.0.2　岩石点荷载强度指数试验是将试件置于点荷载仪上下一对球端圆锥之间,施加集中载荷直至破坏,据此测定岩石点荷载强度指数的一种试验方法。本试验可间接确定岩石强度。点荷载试验仪球端的曲率半径应为 5mm,圆锥体顶角应为 60°。

附录 B　K_v、J_v 测试的规定

B.0.1　由于声波测试设备及工作条件的不同,岩体弹性纵波速度(V_{pm})的测试方法主要有跨孔测试法、单孔测井法、锤击法等几种。根据弹性波测试频率范围,有地震波(频率小于 5kHz)、声波(频率 5kHz~20kHz)和超声波(频率大于 20kHz)三类。不同测试方法结果略有差异,由它们计算得到的 K_v 值,彼此相差约为 ±10%,但仍可用来定量地评价岩体的完整程度。因此,本附录规定 V_{pm} 的测试以岩体弹性纵波速度测试为主。为正确把握被测岩体 K_v 值的物理意义,以及便于确立由不同方法获得的 K_v 值之间的关系,各工程的勘察试验报告中,应当说明测试方法。

　　跨孔测试方法所取得的 V_{pm},能较好地反映岩体的完整性程度,在可能的条件下,宜首先考虑采用此测试方法。若在洞室内进行测试,应避开爆破影响带。

B.0.2　岩体体积节理数 J_v 值的测量方法主要有三种,包括直接测量法、间距法和条数法。直接测量法是直接数出单位体积岩体中的结构面数;间距法是通过测量岩体中各组结构面的间距,并以其平均值计算岩体单位体积中结构面的条数;条数法是指在单测量区域内数出单位面积内的结构面条数,并乘以修正经验系数。本附录推荐岩体体积节理数 J_v 值的测量可采用直接测量法或结构面间距法。

　　当采用结构面间距法时,测线布置一般采用与某组结构面出露迹线呈大角度相交的原则,鉴于一般的岩体露头主要是边坡坡面或勘察平洞等部位,这里规定测线布置一般为水平布置。若有结构面与测线近平行或小夹角展布,可布置另一条与主测线垂直的辅助测线。关于测线长度,根据国际岩石力学学会建议,测线长度应不小于 10 倍的被测量结构面间距,这里规定,水平向测线长不宜小于 5m,垂直向辅助测线长不宜小于 2m。

　　鉴于现代计算技术的普及,对测线间距的处理,本条规定应将测得的沿测线方向的视间距转换为沿每组结构面法向上的真间距,以获得更准确的 J_v 值。

　　由于被硅质、铁质、钙质充填再胶结的结构面已不再成为分割岩体的界面。因此,在确定 J_v 时,不予统计。对延伸长度大于 1m 的非成组分散的结构面予以统计,即需加上每立方米岩体非成组节理条数 S_0,使计算的 J_v 值更符合实际。

附录C 岩体初始应力场评估

C.0.1 岩体初始应力或称地应力,是在天然状态下,存在于岩体内部的应力,是岩石工程的基本外荷载之一。岩体初始应力是三维应力状态,一般为压应力。初始应力场受多种因素的影响,一般来讲,其主要影响因素依次为埋深、构造运动、地形地貌、地表剥蚀等。当然,在不同地方这个主次关系可能改变。

准确地获得岩体初始应力值的最有效方法,是进行现场测试。对大型或特殊工程,宜现场实测岩体初始应力,以取得定量数据。对一般工程,当有岩体初始应力实测数据时,应采用实测值;无实测资料时,可根据地质勘探资料,对初始应力场进行评估。

1 在其他因素的影响不显著情况下,初始应力为自重应力场。上覆岩体的重量为铅直向主应力,沿深度线性增加。

2 历次地质构造运动,常影响并改变自重应力场。国内外大量实测资料表明,铅直向应力值σ_v往往大于岩体自重。若用$\lambda_0 = \frac{\sigma_v}{\gamma H}$表示这个比例系数,我国实测资料$\lambda_0 < 0.8$者约占13%、$\lambda_0 = 0.8 \sim 1.2$者占17%、$\lambda_0 > 1.2$者约65%以上。这些资料大多是在200m深度内测得的,最深达500m。A·B裴伟整理的苏联资料,$\lambda_0 < 0.8$者占4%、$\lambda_0 = 0.8 \sim 1.2$者占23%、$\lambda_0 > 1.2$者占73%。

国内外的实测水平应力,普遍大于泊松效应产生的$\frac{\mu}{1-\mu} \times \gamma H$,且大于或接近实测铅直应力。用最大水平应力($\sigma_{H1}$)与$\sigma_v$之比表示侧压系数($\lambda_1 = \sigma_{H1}/\sigma_v$),一般$\lambda_1$为$0.5 \sim 5.5$,大部分在$0.8 \sim 2.0$之间,$\lambda_1$最大达30。若用两个水平应力的平均值($\sigma_{H.an}$)与$\sigma_v$之比表示侧压系数($\lambda_{av} = \sigma_{H.an}/\sigma_v$),一般$\lambda_{av}$为$0.5 \sim 5.0$,大多数为$0.8 \sim 1.5$。我国实测资料$\lambda_{av}$在$0.8 \sim 3.0$之间,$\lambda_{av} < 0.8$者约占30%,$\lambda_{av} = 0.8 \sim 1.2$者占40%,$\lambda_{av} > 1.2$者约占30%。

确定初始应力的方向是一个极为复杂的问题,本附录没有具体给出,在使用本条第2款时,可用以下方法对初始应力的方向进行评估。

分析历次构造运动,特别是近期构造运动,确定最新构造体系,进行地质力学分析,根据构造线确定应力场主轴方向。根据地质构造和岩石强度理论,一般认为自重应力是主应力之一,另一主应力与断裂构造体系正交。对于正断层,σ_v为大主应力,即$\sigma_1 = \gamma H$,小主应力σ_3与断层带正交;对于逆断层,σ_v为小主应力,即$\sigma_3 = \gamma H$,σ_1与断层带正交;对于平移断层,σ_v是中间主应力,即$\sigma_2 = \gamma H$,σ_1与断层面成$30° \sim 45°$的交角,且σ_1与σ_3均为水平方向。

依据工程勘探平洞局部围岩片帮等高地应力现象也可以初步判断局部地段岩体初始应力的方向和大小。一般情况下,片帮所在位置的切向方向与断面上最大主应力方向一致,片帮的程度可以说明断面上最大和最小主应力的差别大小。与最大主应力方向相垂直的平洞,片帮和片顶破坏的程度也越强烈。

3 实测资料还表明,水平应力并不总是占优势,到达一定深度以后,水平应力逐渐趋向等于或略小于铅直应力,即趋向静水压力场。这个转变点的深度,即临界深度,经实测资料统计,大约在1000m~1500m之间。也有人提出,这个临界深度在各国不尽相同,如南非为1200m,美国为1000m,日本为500m,冰岛最浅,为200m,我国为1000余米。

在目前测试技术和现有实测成果的基础上,本附录规定深度在1000m~1500m为过渡段,1500m为临界深度是比较合适的。况且,就岩石工程而言,绝大部分工程的埋深小于1500m。

4 由于地质构造与河流切割的原因,河流峡谷地段,从谷坡至山体一定区域内,岩体初始应力场通常具有明显的区域分布特

性。另外,由于地质构造及岩性差异,岩体初始应力分布也具有不均匀性特征。一般而言,断层及影响带内,岩体应力较低,近影响带岩体局部可能有应力集中现象,远离断层带,岩体应力趋于稳定应力值。软硬相间层状岩体和软弱岩层中,岩体初始应力通常较低,硬质岩层中,岩体初始应力通常较高。

C.0.2 高初始应力区的存在,已为工程实践所证实。岩爆和岩心饼化产生的共同条件是高初始应力。一般情况下,岩爆发生在岩性坚硬完整或较完整的地区,岩心饼化发生在中等强度以下的岩体。在我国,二滩工程的正长岩、白鹤滩工程的玄武岩、大岗山工程的花岗岩、鲁布革工程的白云岩、大瑶山隧道的浅变质长石石英砂岩、拉西瓦工程的花岗岩、锦屏一级和二级工程中的大理岩以及天生桥二级引水隧洞、渔子溪工程的引水洞、河南省故县工程、甘肃金川矿等,在勘探和掘进过程都有岩爆或岩心饼化发生,经实测均存在高初始应力。在国外,如瑞典的Victas隧洞,开挖期间在300m长的地段发生岩爆,该洞位于高水平应力区,最大主应力为35MPa,倾角10°,方向垂直洞轴线。美国大古力坝,厂房基坑为花岗岩,开挖中水平层状裂开,剥离了一层又一层。

一定的初始应力值,对不同岩性的岩体,影响其稳定性的程度是不一样的。为此,用岩石饱和单轴抗压强度R_c与最大主应力σ_1的比值,作为评价岩爆和岩心饼化发生的条件,进而评价初始应力对工程岩体稳定性影响的指标。实测资料表明,一般当$R_c/\sigma_1 = 3 \sim 6$时就会发生岩爆和岩心饼化,小于3可能发生严重岩爆。实际上,洞室周边应力集中系数最小为2,这样高的初始应力值σ_1,引起洞周边应力集中,从而使得部分洞壁岩体接近或超过强度极限。

考虑到空间最大主应力σ_1与工程轴线(如洞室轴线)夹角的不同,对工程岩体稳定的影响程度也不同,只有垂直工程轴线方向的最大初始应力σ_{max},对工程岩体稳定的影响最大,且荷载作用明确。所以本附录表C.0.2采用R_c/σ_{max}作为评价岩体初始应力影响的定量指标。

由于高初始应力对工程岩体稳定性的影响程度,尚缺乏成熟的资料,目前还不能给出更详细的规定,表C.0.2将应力情况定为两种是适宜的。

初始应力的最大主应力方向与工程主要特征尺寸方位(如洞室轴线、坝轴线、边坡走向等)的关系不同,对工程岩体稳定性的影响也不同,特别是地下工程岩体。由于目前在这方面缺乏足够的依据,无法在分级标准中作出规定,而且这类问题也不是分级工作所能解决的,应在工程设计和施工中根据具体情况给予充分注意。

附录 D 岩体及结构面物理力学参数

D.0.1 本条在各级别岩体现场试验成果综合整理分析基础上，给出了与岩体基本质量级别对应的岩体物理力学参数。

原标准在给出各级别岩体物理力学参数建议值时，主要根据当时所收集的现场岩体力学试验资料，按平均值以上划分二级及平均值以下划分三级的原则，给定各级别岩体力学参数建议值。其中，岩体抗剪断峰值强度确定，依据的资料来源于29个工程60组样本确定，涉及花岗岩、石灰岩、砂岩、页岩、黏土岩等24种岩石；岩体变形模量的确定，依据资料有47个工程的143个样本，涉及花岗岩、白云质灰岩、石灰岩、砂岩、凝灰岩、大理岩、页岩及泥岩等21种岩石；岩体结构面抗剪断峰值强度，资料来源于34个工程的94组试验样本，涉及花岗岩、石灰岩、砂岩、页岩、黏土岩等21种岩石。

本次修订进一步收集与整理了自标准颁布以来的有关工程岩体现场试验成果资料，并按岩体基本质量级别分别进行统计。依据基于岩体质量级别的试验资料统计结果与原标准各级岩体参数建议值进行比较，以分析与论证原标准参数建议值的合理性。

（1）岩体抗剪断峰值强度统计。样品总数192组，取自44个工程，系大型试件双千斤顶法（部分为双压力钢枕）直剪试验成果。其中Ⅰ级岩体样本14组，Ⅱ级岩体样本38组，Ⅲ级岩体样本48组，Ⅳ级岩体样本76组，Ⅴ级岩体样本16组。最大实测内摩擦角 $\varphi=70.1°$、黏聚力 $C=5.31MPa$（新鲜完整花岗岩）；最小测值 $\varphi=17.8°$、$C=0.02MPa$（破碎的粉砂质黏土岩）。各级岩体样本统计结果见表22和表23。

表22　各级岩体内摩擦角 φ 统计结果(°)

岩体基本质量级别	Ⅰ	Ⅱ	Ⅲ	Ⅳ	Ⅴ
样本组数	14	38	48	76	16
最小值	54.10	45.02	42.01	19.81	17.75
最大值	70.05	70.12	64.03	65.59	54.30
均值	63.07	58.35	54.48	44.56	35.87
均方差	5.07	6.00	5.67	11.24	10.01

表23　各级岩体黏聚力 C 统计结果(MPa)

岩体基本质量级别	Ⅰ	Ⅱ	Ⅲ	Ⅳ	Ⅴ
样本组数	14	38	48	76	16
最小值	1.12	0.36	0.20	0.04	0.02
最大值	6.86	3.88	3.80	2.64	1.91
均值	3.84	1.77	1.66	0.91	0.50
均方差	1.66	0.99	0.93	0.71	0.53

（2）岩体变形模量统计。样品总数897个，取自65个工程，系刚性（部分为柔性）承压板法试验成果。其中Ⅰ级岩体样本89个，Ⅱ级岩体样本184个，Ⅲ级岩体样本262个，Ⅳ级岩体样本184个，Ⅴ级岩体样本178个。最大实测值为72.2GPa（新鲜完整闪云斜长花岗岩）；最小实测值为0.003GPa（断层带破碎岩）。各级岩体样本统计结果见表24。

表24　各级岩体变形模量 E 统计结果(GPa)

岩体基本质量级别	Ⅰ	Ⅱ	Ⅲ	Ⅳ	Ⅴ
样本个数	89	184	262	184	178
最小值	20.60	5.24	0.92	0.57	0.003
最大值	72.19	57.50	25.10	9.55	2.32
均值	42.70	26.30	10.82	4.12	0.56
均方差	11.36	10.96	5.19	1.92	0.58

基于岩体基本质量级别的统计分析结果表明，原标准中各级

岩体力学参数总体合理。但是，Ⅲ级以下岩体的内摩擦角和黏聚力本次统计结果比原建议值略高；Ⅱ级岩体变形模量区间下限或Ⅲ级岩体变形模量区间上限比原标准建议值低。结合各级岩体现场试验资料统计特征值，并通过综合分析，除Ⅱ级与Ⅲ级岩体变形模量界限值从20GPa下调到16GPa外，其他参数基本维持原标准参数表不变。

D.0.2 本条在现场各类岩体结构面剪切断试验成果综合整理基础上，给出了各类型结构面抗剪断强度参数。

岩体结构面抗剪断值强度，取决于两侧岩石的坚硬程度和结构面本身的结合程度。本条首先根据结构面两侧岩石的坚硬程度和结构面本身的结合程度对结构面进行分类，在收集结构面原位抗剪强度试验资料的基础上，对各类结构面抗剪断值强度参数分别进行统计，以获得各类岩体结构面抗剪断强度参数分布特征。

结构面抗剪断强度统计样本情况。样品总数350组，取自40个工程，试验剪断面控制在结构面上；其中1类结构面样本84组，2类结构面样本111组，3类结构面样本115组，4类结构面样本30组，5类结构面样本10组。最大实测内摩擦角 $\varphi=66.7°$、黏聚力 $C=2.97MPa$（未风化～微风化闪长花岗岩的裂隙面、闭合、起伏粗糙）；最小实测内摩擦角 $\varphi=9°$、$C=0.01MPa$（黏土岩泥化夹层）。各类结构面样本统计结果见表25和表26。

表25　各类结构面内摩擦角 φ 统计结果(°)

结构面类别	1	2	3	4	5
样本组数	84	111	115	30	10
最小值	26.12	21.32	14.58	14.04	9.09
最大值	66.72	62.00	46.96	40.72	20.31
均值	43.72	34.67	25.51	21.01	15.45
均方差	7.58	6.33	5.52	6.12	3.67

表26　各类结构面黏聚力 C 统计结果(MPa)

结构面类别	1	2	3	4	5
样本组数	84	111	115	30	10
最小值	0.14	0.01	0.01	0.01	0.01
最大值	2.97	1.50	0.80	0.55	0.09
均值	0.75	0.31	0.16	0.09	0.03
均方差	0.48	0.24	0.14	0.12	0.02

依据统计结果，绘制各类结构面抗剪断强度参数累计概率曲线。依据累计概率曲线，确定第1类至第5类结构面抗剪断峰值强度内摩擦角 φ 分级界限值为38°、29°、22°、17°，黏聚力 C 分级界限值为0.40MPa、0.18MPa、0.10MPa、0.03MPa。这里，各类型结构面抗剪断强度参数界限值的确定是在累计概率曲线上，累计概率为0.2的分位值。与原标准相比，各类岩体结构面抗剪强度参数比原标准强度参数略高。考虑到 C 值的实测值分散性和随机性较大，从保守的角度出发，各类结构面抗剪强度参数仍维持原标准建议参数。

附录E 工程岩体自稳能力

E.0.1 由工程岩体质量指标[BQ]确定的地下工程岩体级别与洞室的自稳能力之间，有很好的对应关系。据对48项地下工程，416个区段，总长度12000m洞室的工程岩体质量指标[BQ]值和塌方破坏关系的统计，BQ>550的52段无一处塌方，其中最大跨度为18m～22m无支护，稳定超过20年。其他情况见表27。值得注意的是，表中所列的[BQ]<351地段（Ⅲ级岩体），所发生的塌方多数是没有按要求及时支护，若长期不支护，可能有100%的地段发生塌方。经工程实践统计分析，本附录给出地下工程岩体自稳能力表。

表27 塌方情况统计

项 目	工程岩体级别				
	Ⅰ	Ⅱ	Ⅲ	Ⅳ	Ⅴ
段数	52	80	81	108	95
发生塌方段数	0	10	14	39	59
塌方段占总段数比(%)	0	12.5	17.3	36.1	62.1
最大塌方高度(m)	0	2	3	10	65

表E.0.1所描述的稳定性（自稳能力），包括变形和破坏两方面，是指长期作用的结果。开挖后短时间不破坏并不能说明岩体是稳定的，需通过变形观测和较长时间作用的检验。

E.0.2 本条给出了各级别边坡工程岩体的自稳能力。这里，边坡工程岩体的自稳能力评价是指正常工况条件，而不包括地震及强暴雨等特殊工况条件。边坡岩体的自稳能力划分为四个层次：长期稳定，指边坡岩体仅需用随机锚杆对局部结构面切割问题进行支护，即能保持稳定；基本稳定，即边坡的长期稳定性还需在进行系统支护和排水条件下，才能保持稳定；稳定数月或稳定数日至1个月，即是边坡整体稳定性总体欠稳定，需进行加强支护和排水，才能保持稳定。

关于边坡工程岩体自稳能力的确定，主要是依据各级别边坡岩体可能的强度参数进行系统的极限平衡分析，参照SMR方法、《建筑边坡工程技术规范》GB 50330、《水电水利工程边坡工程地质勘察技术规程》DL/T 5337等文献资料，结合现场调查和经验，综合给出。表28中给出了相关规范对各级边坡岩体稳定性的评价。

表28 各级岩体边坡的稳定性评价

资料名称	工程岩体级别				
	Ⅰ	Ⅱ	Ⅲ	Ⅳ	Ⅴ
SMR方法(Romana, M., 1985)	稳定性很好，无破坏	稳定性好，一些块体破坏	稳定性一般，一些不连续面构成平面或楔体破坏	稳定性差，节理构成平面或大楔体破坏	稳定性很坏，大型平面或类似土体破坏
《水电水利工程边坡工程地质勘察技术规程》DL/T 5337	岩体质量很好，很稳定	岩体质量好，稳定	岩体质量中等，基本稳定	岩体质量差，不稳定	岩体质量很差，很不稳定
《建筑边坡工程技术规范》GB 50330	30m高边坡长期稳定，偶有掉块	整体结构，15m高边坡稳定，15m～25m高边坡欠稳定；较完整结构，边坡出现局部塌落	8m高边坡稳定，15m高边坡不稳定	8m高边坡不稳定	—

中华人民共和国国家标准

工程岩体试验方法标准

Standard for test methods of engineering rock mass

GB/T 50266—2013

主编部门：中 国 电 力 企 业 联 合 会
批准部门：中华人民共和国住房和城乡建设部
实行日期：2 0 1 3 年 9 月 1 日

中华人民共和国住房和城乡建设部
公　告

第 1633 号

住房城乡建设部关于发布国家标准《工程岩体试验方法标准》的公告

现批准《工程岩体试验方法标准》为国家标准，编号为 GB/T 50266—2013，自 2013 年 9 月 1 日起实施。原国家标准《工程岩体试验方法标准》GB/T 50266—1999 同时废止。

本标准由我部标准定额研究所组织中国计划出版

社出版发行。

中华人民共和国住房和城乡建设部

2013 年 1 月 28 日

前　言

本标准是根据住房和城乡建设部《关于印发〈2008 年工程建设标准规范制订、修订计划（第二批）〉的通知》（建标标函〔2008〕35 号）的要求，由中国水电顾问集团成都勘测设计研究院会同有关单位对原国家标准《工程岩体试验方法标准》GB/T 50266—1999 进行修订而成。

本标准分为 7 章，包括：总则、岩块试验、岩体变形试验、岩体强度试验、岩石声波测试、岩体应力测试、岩体观测。

本次修订的主要技术内容包括：增加了岩块冻融试验、混凝土与岩体接触面直剪试验、岩体载荷试验、水压致裂法岩体应力试验、岩体表面倾斜观测、岩体渗压观测等试验项目，增加了水中称量法岩石颗粒密度试验、千分表法单轴压缩变形试验、方形承压板法岩体变形试验等试验方法。

本标准由住房和城乡建设部负责管理，由中国电力企业联合会负责日常管理，由中国水电顾问集团成都勘测设计研究院负责具体技术内容的解释。执行过程中如有意见或建议，请寄送中国水电顾问集团成都勘测设计研究院（地址：四川省成都浣花北路 1 号，邮政编码：610072）。

主 编 单 位：中国水电顾问集团成都勘测设计研

究院

水电水利规划设计总院

中国电力企业联合会

参 编 单 位：水利部长江水利委员会长江科学院

中国科学院武汉岩土力学研究所

同济大学

中国水利水电科学研究院

铁道科学院

煤炭科学研究总院

交通运输部公路科学研究院

主要起草人：　王建洪　邹爱清　盛　谦　汤大明

　　　　　　　胡建忠　刘怡林　曾纪全　尹健民

　　　　　　　周火明　李海波　沈明荣　袁培进

　　　　　　　刘艳青　贺如平　康红普　陈梦德

主要审查人：　董学晟　汪　毅　翁新雄　李晓新

　　　　　　　侯红英　张建华　刘　艳　陈文华

　　　　　　　朱绍友　廖建军　徐志纬　何永红

　　　　　　　杨　建　唐纯华　王永年　席福来

　　　　　　　和再良　杨　建　贾志欣　李光煜

　　　　　　　汪家林　张家生　胡卸文　谢松林

　　　　　　　谷明成　赵静波

目　次

Contents

1 总　　则

1.0.1 为统一工程岩体试验方法，提高试验成果的质量，增强试验成果的可比性，制定本标准。

1.0.2 本标准适用于地基、围岩、边坡以及填筑料的工程岩体试验。

1.0.3 工程岩体试验对象应具有地质代表性。试验内容、试验方法、技术条件等应符合工程建设勘测、设计、施工、质量检验的基本要求和特性。

1.0.4 工程岩体试验除应符合本标准外，尚应符合国家现行有关标准的规定。

2 岩块试验

2.1 含水率试验

2.1.1 各类岩石含水率试验均应采用烘干法。

2.1.2 岩石试件应符合下列要求：

　　1 保持天然含水率的试样应在现场采取，不得采用爆破法。试样在采取、运输、储存和制备试件过程中，应保持天然含水状态。其他试验需测含水率时，可采用试验完成后的试件制备。

　　2 试件最小尺寸应大于组成岩石最大矿物颗粒直径的10倍，每个试件的质量为40g～200g，每组试验试件的数量应为5个。

　　3 测定结构面充填物含水率时，应符合现行国家标准《土工试验方法标准》GB/T 50123 的有关规定。

2.1.3 试件描述应包括下列内容：

　　1 岩石名称、颜色、矿物成分、结构、构造、风化程度、胶结物性质等。

　　2 为保持含水状态所采取的措施。

2.1.4 应包括下列主要仪器和设备：

　　1 烘箱和干燥器。

　　2 天平。

2.1.5 试验应按下列步骤进行：

　　1 应称试件烘干前的质量。

　　2 应将试件置于烘箱内，在105℃～110℃的温度下烘24h。

　　3 将试件从烘箱中取出，放入干燥器内冷却至室温，应称烘干后试件的质量。

　　4 称量应准确至0.01g。

2.1.6 试验成果整理应符合下列要求：

　　1 岩石含水率应按下式计算：

$$w = \frac{m_0 - m_s}{m_s} \times 100 \qquad (2.1.6)$$

式中：w——岩石含水率（%）；

　　　m_0——烘干前的试件质量（g）；

　　　m_s——烘干后的试件质量（g）。

　　2 计算值应精确至0.01。

2.1.7 岩石含水率试验记录应包括工程名称、试件编号、试件描述、试件烘干前后的质量。

2.2 颗粒密度试验

2.2.1 岩石颗粒密度试验应采用比重瓶法或水中称量法。各类岩石均可采用比重瓶法，水中称量法应符合本标准第2.4节的规定。

2.2.2 岩石试件的制作应符合下列要求：

　　1 应将岩石用粉碎机粉碎成岩粉，使之全部通过0.25mm筛孔，并应用磁铁吸去铁屑。

　　2 对含有磁性矿物的岩石，应采用瓷研体或玛瑙研体粉碎，使之全部通过0.25mm筛孔。

2.2.3 试件描述应包括下列内容：

　　1 岩石粉碎前的名称、颜色、矿物成分、结构、构造、风化程度、胶结物性质等。

　　2 岩石的粉碎方法。

2.2.4 应包括下列主要仪器和设备：

　　1 粉碎机、瓷研体或玛瑙研体、磁铁块和孔径为0.25mm的筛。

　　2 天平。

　　3 烘箱和干燥器。

　　4 煮沸设备和真空抽气设备。

　　5 恒温水槽。

　　6 短颈比重瓶：容积100mL。

　　7 温度计：量程0℃～50℃，最小分度值0.5℃。

2.2.5 试验应按下列步骤进行：

　　1 应将制备好的岩粉置于105℃～110℃温度下烘干，烘干时间不应少于6h，然后放入干燥器内冷却至室温。

　　2 应用四分法取两份岩粉，每份岩粉质量为15g。

　　3 应将岩粉装入烘干的比重瓶内，注入试液（蒸馏水或煤油）至比重瓶容积的一半处。对含水溶性矿物的岩石，应使用煤油作试液。

　　4 当使用蒸馏水作试液时，可采用煮沸法或真空抽气法排除气体。当使用煤油作试液时，应采用真空抽气法排除气体。

　　5 当采用煮沸法排除气体时，在加热沸腾后煮沸时间不应少于1h。

　　6 当采用真空抽气法排除气体时，真空压力表读数宜为当地大气压。抽气至无气泡逸出时，继续抽气时间不宜少于1h。

　　7 应将经过排除气体的试液注入比重瓶至近满，然后置于恒温水槽内，应使瓶内温度保持恒定并待上部悬液澄清。

　　8 应塞上瓶塞，使多余试液自瓶塞毛细孔中溢出，将瓶外擦干，应称瓶、试液和岩粉的总质量，并应测定瓶内试液的温度。

　　9 应洗净比重瓶，注入经排除气体并与试验同温度的试液至比重瓶内，应按本条第7、8款步骤称瓶和试液的质量。

　　10 称量应准确至0.001g，温度应准确至0.5℃。

2.2.6 试验成果整理应符合下列要求：

　　1 岩石颗粒密度应按下式计算：

$$\rho_s = \frac{m_s}{m_1 + m_s - m_2}\rho_{WT} \qquad (2.2.6)$$

式中：ρ_s——岩石颗粒密度（g/cm³）；

　　　m_s——烘干岩粉质量（g）；

　　　m_1——瓶、试液总质量（g）；

　　　m_2——瓶、试液、岩粉总质量（g）；

　　　ρ_{WT}——与试验温度同温度的试液密度（g/cm³）。

　　2 计算值应精确至0.01。

　　3 颗粒密度试验应进行两次平行测定，两次测定的差值不应大于0.02，颗粒密度应取两次测值的平均值。

2.2.7 岩石颗粒密度试验记录应包括工程名称、试件编号、试件描述、比重瓶编号、试液温度、试液密度、干岩粉质量、瓶和试液总质量，以及瓶、试液和岩粉总质量。

2.3 块体密度试验

2.3.1 岩石块体密度试验可采用量积法、水中称量法或蜡封法，并应符合下列要求：

　　1 凡能制备成规则试件的各类岩石，宜采用量积法。

2 除遇水崩解、溶解和干缩湿胀的岩石外,均可采用水中称量法。水中称量法试验应符合本标准第2.4节的规定。

3 不能用量积法或水中称量法进行测定的岩石,宜采用蜡封法。

4 本标准用水采用洁净水,水的密度取为1g/cm³。

2.3.2 量积法岩石试件应符合下列要求:

1 试件尺寸应大于岩石最大矿物颗粒直径的10倍,最小尺寸不宜小于50mm。

2 试件可采用圆柱体、方柱体或立方体。

3 沿试件高度、直径或边长的误差不应大于0.3mm。

4 试件两端面不平行度误差不应大于0.05mm。

5 试件端面应垂直试件轴线,最大偏差不得大于0.25°。

6 方柱体或立方体试件相邻两面应互相垂直,最大偏差不得大于0.25°。

2.3.3 蜡封法试件宜为边长40mm~60mm的浑圆状岩块。

2.3.4 测湿密度每组试验试件数量应为5个,测干密度每组试验试件数量应为3个。

2.3.5 试件描述应包括下列内容:

1 岩石名称、颜色、矿物成分、结构、构造、风化程度、胶结物性质等。

2 节理裂隙的发育程度及其分布。

3 试件的形态。

2.3.6 应包括下列主要仪器和设备:

1 钻石机、切石机、磨石机和砂轮机等。

2 烘箱和干燥器。

3 天平。

4 测量平台。

5 熔蜡设备。

6 水中称量装置。

7 游标卡尺。

2.3.7 量积法试验应按下列步骤进行:

1 应量测试件两端和中间三个断面上相互垂直的两个直径或边长,应按平均值计算截面积。

2 应量测两端面周边对称四点和中心点的五个高度,计算高度平均值。

3 应将试件置于烘箱中,在105℃~110℃温度下烘24h,取出放入干燥器内冷却至室温,应称烘干试件质量。

4 长度量测应准确至0.02mm,称量应准确至0.01g。

2.3.8 蜡封法试验应按下列步骤进行:

1 测湿密度时,应取有代表性的岩石制备试件并称量;测干密度时,试件应在105℃~110℃温度下烘24h,取出放入干燥器内冷却至室温,应称烘干试件质量。

2 应将试件系上细线,置于温度60℃左右的熔蜡中约1s~2s,使试件表面均匀涂上一层蜡膜,其厚度约1mm。当试件上蜡膜有气泡时,应用热针刺穿并用蜡液涂平,待冷却后应称蜡封试件质量。

3 应将蜡封试件置于水中称量。

4 取出试件,应擦干表面水分后再次称量。当浸水后的蜡封试件质量增加时,应重做试验。

5 湿密度试件在剥除密封蜡膜后,应按本标准第2.1.5条的步骤,测定岩石含水率。

6 称量应准确至0.01g。

2.3.9 试验成果整理应符合下列要求:

1 采用量积法,岩石块体干密度应按下式计算:

$$\rho_d = \frac{m_s}{AH} \qquad (2.3.9-1)$$

式中:ρ_d——岩石块体干密度(g/cm³);

m_s——烘干试件质量(g);

A——试件截面积(cm²);

H——试件高度(cm)。

2 采用蜡封法,岩石块体干密度和块体湿密度应分别按下列公式计算:

$$\rho_d = \frac{m_s}{\frac{m_1 - m_2}{\rho_w} - \frac{m_1 - m_s}{\rho_p}} \qquad (2.3.9-2)$$

$$\rho = \frac{m}{\frac{m_1 - m_2}{\rho_w} - \frac{m_1 - m}{\rho_p}} \qquad (2.3.9-3)$$

式中:ρ——岩石块体湿密度(g/cm³);

m——湿试件质量(g);

m_1——蜡封试件质量(g);

m_2——蜡封试件在水中的称量(g);

ρ_w——水的密度(g/cm³);

ρ_p——蜡的密度(g/cm³);

w——岩石含水率(%)。

3 岩石块体湿密度换算成岩石块体干密度时,应按下式计算:

$$\rho_d = \frac{\rho}{1 + 0.01w} \qquad (2.3.9-4)$$

4 计算值应精确至0.01。

2.3.10 岩石密度试验记录应包括工程名称、试件编号、试件描述、试验方法、试件质量、试件水中称量、试件尺寸、水的密度、蜡的密度。

2.4 吸水性试验

2.4.1 岩石吸水性试验应包括岩石吸水率试验和岩石饱和吸水率试验,并应符合下列要求:

1 岩石吸水率应采用自由浸水法测定。

2 岩石饱和吸水率应采用煮沸法或真空抽气法强制饱和后测定。岩石饱和吸水率应在岩石吸水率测定后进行。

3 在测定岩石吸水率与饱和吸水率的同时,宜采用水中称量法测定岩石块体干密度和岩石颗粒密度。

4 凡遇水不崩解、不溶解和不干缩膨胀的岩石,可采用本标准。

5 试验用水应采用洁净水,水的密度取为1g/cm³。

2.4.2 岩石试件应符合下列要求:

1 规则试件应符合本标准第2.3.2条的要求。

2 不规则试件宜采用边长为40mm~60mm的浑圆状岩块。

3 每组试验试件的数量应为3个。

2.4.3 试件描述应符合本标准第2.3.5条的规定。

2.4.4 应包括下列主要仪器和设备:

1 钻石机、切石机、磨石机和砂轮机等。

2 烘箱和干燥器。

3 天平。

4 水槽。

5 真空抽气设备和煮沸设备。

6 水中称量装置。

2.4.5 试验应按下列步骤进行:

1 应将试件置于烘箱内,在105℃~110℃温度下烘24h,取出放入干燥器内冷却至室温后应称量。

2 当采用自由浸水法时,应将试件放入水槽,先注水至试件高度的1/4处,以后每隔2h分别注水至试件高度的1/2和3/4处,6h后全部浸没试件。试件应在水中自由吸水48h后取出,并沾去表面水分后称量。

3 当采用煮沸法饱和试件时,煮沸容器内的水面应始终高于试件,煮沸时间不得少于6h。经煮沸的试件应放置在原容器中冷却至室温,取出并沾去表面水分后称量。

4 当采用真空抽气法饱和试件时,饱和容器内的水面应高于试件,真空压力表读数宜为当地大气压值。抽气直至无气泡逸出为止,但抽气时间不得少于 4h。经真空抽气的试件,应放置在原容器中,在大气压力下静置 4h,取出并沾去表面水分后称量。

5 应将经煮沸或真空抽气饱和的试件置于水中称量装置上,称其在水中的称量。

6 称量应准确至 0.01g。

2.4.6 试验成果整理应符合下列要求:

1 岩石吸水率、饱和吸水率、块体干密度和颗粒密度应分别按下列公式计算:

$$\omega_a = \frac{m_0 - m_s}{m_s} \times 100 \qquad (2.4.6\text{-}1)$$

$$\omega_{sa} = \frac{m_p - m_s}{m_s} \times 100 \qquad (2.4.6\text{-}2)$$

$$\rho_d = \frac{m_s}{m_p - m_w}\rho_w \qquad (2.4.6\text{-}3)$$

$$\rho_s = \frac{m_s}{m_s - m_w}\rho_w \qquad (2.4.6\text{-}4)$$

式中：ω_a——岩石吸水率(%);

ω_{sa}——岩石饱和吸水率(%);

m_0——试件浸水 48h 后的质量(g);

m_s——烘干试件质量(g);

m_p——试件经强制饱和后的质量(g);

m_w——强制饱和试件在水中的称量(g);

ρ_w——水的密度(g/cm³)。

2 计算值应精确至 0.01。

2.4.7 岩石吸水性试验记录应包括工程名称、试件编号、试件描述、试验方法、烘干试件质量、浸水后质量、强制饱和后质量、强制饱和试件在水中称量、水的密度。

2.5 膨胀性试验

2.5.1 岩石膨胀性试验应包括岩石自由膨胀率试验、岩石侧向约束膨胀率试验和岩石体积不变条件下的膨胀压力试验,并应符合下列要求:

1 遇水不易崩解的岩石可采用岩石自由膨胀率试验,遇水易崩解的岩石不应采用岩石自由膨胀率试验。

2 各类岩石均可采用岩石侧向约束膨胀率试验和岩石体积不变条件下的膨胀压力试验。

2.5.2 试样应在现场采取,并应保持天然含水状态,不得采用爆破法取样。

2.5.3 岩石试件应符合下列要求:

1 试件应采用干法加工。

2 圆柱体自由膨胀率试验的试件的直径宜为 48mm～65mm,试件高度宜等于直径,两端面应平行;正方体自由膨胀率试验的试件的边长宜为 48mm～65mm,各相对面应平行。每组试验试件的数量应为 3 个。

3 侧向约束膨胀率试验和保持体积不变条件下的膨胀压力试验的试件高度不应小于 20mm,或不应大于组成岩石最大矿物颗粒直径的 10 倍,两端面应平行。试件直径宜为 50mm～65mm,试件直径应小于金属套环直径 0.0mm～0.1mm。同一膨胀方向每组试验试件的数量应为 3 个。

2.5.4 试件描述应包括下列内容:

1 岩石名称、颜色、矿物成分、结构、构造、风化程度、胶结物性质等。

2 膨胀变形和加载方向分别与层理、片理、节理裂隙之间的关系。

3 试件加工方法。

2.5.5 应包括下列主要仪器和设备:

1 钻石机、切石机、磨石机等。

2 测量平台。

3 自由膨胀率试验仪。

4 侧向约束膨胀率试验仪。

5 膨胀压力试验仪。

6 温度计。

2.5.6 自由膨胀率试验应按下列步骤进行:

1 应将试件放入自由膨胀率试验仪中,在试件上、下端分别放置透水板,顶部放置一块金属板。

2 应在试件上部和四侧对称的中心部位安装千分表,分别量测试件的轴向变形和径向变形。四侧千分表与试件接触处宜放置一块薄铜片。

3 记录千分表读数,应每隔 10min 测读变形 1 次,直至 3 次读数不变。

4 应缓慢地向盛水容器内注入蒸馏水,直至淹没上部透水板,并立即读数。

5 应在第 1h 内,每隔 10min 测读变形 1 次,以后每隔 1h 测读变形 1 次,直至所有千分表的 3 次读数差不大于 0.001mm 为止,但浸水后的试验时间不得少于 48h。

6 在试验加水后,应保持水位不变,水温变化不得大于 2℃。

7 在试验过程中及试验结束后,应详细描述试件的崩解、开裂、掉块、表面泥化或软化现象。

2.5.7 侧向约束膨胀率试验应按下列步骤进行:

1 应将试件放入内壁涂有凡士林的金属套环内,应在试件上、下端分别放置薄型滤纸和透水板。

2 顶部应放上固定金属载荷块并安装垂直千分表。金属载荷块的质量应能对试件产生 5kPa 的持续压力。

3 试验及稳定标准应符合本标准第 2.5.6 条中第 3 款至第 6 款步骤。

4 试验结束后,应描述试件的泥化和软化现象。

2.5.8 体积不变条件下的膨胀压力试验应按下列步骤进行:

1 应将试件放入内壁涂有凡士林的金属套环内,并应在试件上、下端分别放置薄型滤纸和金属透水板。

2 按膨胀压力试验仪的要求,应安装加压系统和量测试件变形的千分表。

3 应使仪器各部位和试件在同一轴线上,不应出现偏心载荷。

4 应对试件施加 10kPa 压力的载荷,应记录千分表和测力计读数,每隔 10min 测读 1 次,直至 3 次读数不变。

5 应缓慢地向盛水容器内注入蒸馏水,直至淹没上部金属透水板,观测千分表的变化。当变形量大于 0.001mm 时,应调节所施加的载荷,应使试件膨胀变形或试件厚度在整个试验过程中始终保持不变,并应记录测力计读数。

6 开始时应每隔 10min 读数一次,连续 3 次读数差小于 0.001mm 时,应改为每 1h 读数一次;当每 1h 读数连续 3 次读数差小于 0.001mm 时,可认为稳定并应记录试验载荷。浸水后总的试验时间不得少于 48h。

7 在试验加水后,应保持水位不变。水温变化不得大于 2℃。

8 试验结束后,应描述试件的泥化和软化现象。

2.5.9 试验成果整理应符合下列要求:

1 岩石轴向自由膨胀率、径向自由膨胀率、侧向约束膨胀率和体积不变条件下的膨胀压力应分别按下列公式计算:

$$V_H = \frac{\Delta H}{H} \times 100 \qquad (2.5.9\text{-}1)$$

$$V_D = \frac{\Delta D}{D} \times 100 \qquad (2.5.9\text{-}2)$$

$$V_{HP} = \frac{\Delta H_1}{H} \times 100 \qquad (2.5.9\text{-}3)$$

$$p_e = \frac{F}{A} \qquad (2.5.9\text{-}4)$$

式中：V_H——岩石轴向自由膨胀率（%）；

$\quad\quad V_D$——岩石径向自由膨胀率（%）；

$\quad\quad V_{HP}$——岩石侧向约束膨胀率（%）；

$\quad\quad p_e$——体积不变条件下的岩石膨胀压力（MPa）；

$\quad\quad \Delta H$——试件轴向变形值（mm）；

$\quad\quad H$——试件高度（mm）；

$\quad\quad \Delta D$——试件径向平均变形值（mm）；

$\quad\quad D$——试件直径或边长（mm）；

$\quad\quad \Delta H_1$——有侧向约束试件的轴向变形值（mm）；

$\quad\quad F$——轴向载荷（N）；

$\quad\quad A$——试件截面积（mm²）。

2 计算值应取 3 位有效数字。

2.5.10 岩石膨胀性试验记录应包括工程名称、取样位置、试件编号、试件描述、试件尺寸、试验方法、温度、试验时间、轴向变形、径向变形和轴向载荷。

2.6 耐崩解性试验

2.6.1 遇水易崩解岩石可采用岩石耐崩解性试验。

2.6.2 岩石试件应符合下列要求：

1 应在现场采取保持天然含水状态的试样并密封。

2 试件应制成浑圆状，且每个质量应为 40g～60g。

3 每组试验试件的数量应为 10 个。

2.6.3 试件描述应包括岩石名称、颜色、矿物成分、结构、构造、风化程度、胶结物性质等。

2.6.4 应包括下列主要仪器和设备：

1 烘箱和干燥器。

2 天平。

3 耐崩解性试验仪（由动力装置、圆柱形筛筒和水槽组成，其中圆柱形筛筒长 100mm、直径 140mm、筛孔直径 2mm）。

4 温度计。

2.6.5 试验应按下列步骤进行：

1 应将试件装入耐崩解试验仪的圆柱形筛筒内，在 105℃～110℃的温度下烘 24h，取出后应放入干燥器内冷却至室温称量。

2 应将装有试件的筛筒放入水槽，向水槽内注入蒸馏水，水面应在转动轴下约 20mm。筛筒以 20r/min 的转速转动 10min 后，应将装有残留试件的筛筒在 105℃～110℃的温度下烘 24h，在干燥器内冷却至室温称量。

3 重复本条第 2 款的步骤，求得第二次循环后的筛筒和残留试件质量。根据需要，可进行 5 次循环。

4 试验过程中，水温应保持在 20℃±2℃范围内。

5 试验结束后，应对残留试件、水的颜色和水中沉淀物进行描述。根据需要，应对水中沉淀物进行颗粒分析、界限含水率测定和黏土矿物成分分析。

6 称量应准确至 0.01g。

2.6.6 试验成果整理应符合下列要求：

1 岩石二次循环耐崩解性指数应按下式计算：

$$I_{d2} = \frac{m_r}{m_s} \times 100 \qquad (2.6.6)$$

式中：I_{d2}——岩石二次循环耐崩解性指数（%）；

$\quad\quad m_s$——原试件烘干质量（g）；

$\quad\quad m_r$——残留试件烘干质量（g）。

2 计算值应取 3 位有效数字。

2.6.7 岩石耐崩解性试验记录应包括工程名称、取样位置、试件编号、试件描述、水的温度、循环次数、试件在试验前后的烘干

质量。

2.7 单轴抗压强度试验

2.7.1 能制成圆柱体试件的各类岩石均可采用岩石单轴抗压强度试验。

2.7.2 试件可用钻孔岩心或岩块制备。试样在采取、运输和制备过程中，应避免产生裂缝。

2.7.3 试件尺寸应符合下列规定：

1 圆柱体试件直径宜为 48mm～54mm。

2 试件的直径应大于岩石中最大颗粒直径的 10 倍。

3 试件高度与直径之比宜为 2.0～2.5。

2.7.4 试件精度应符合下列要求：

1 试件两端面不平行度误差不得大于 0.05mm。

2 沿试件高度，直径的误差不得大于 0.3mm。

3 端面应垂直于试件轴线，偏差不得大于 0.25°。

2.7.5 试验的含水状态，可根据需要选择天然含水状态、烘干状态、饱和状态或其他含水状态。试件烘干和饱和方法应符合本标准第 2.4.5 条的规定。

2.7.6 同一含水状态和同一加载方向下，每组试验试件的数量应为 3 个。

2.7.7 试件描述应包括下列内容：

1 岩石名称、颜色、矿物成分、结构、构造、风化程度、胶结物性质等。

2 加载方向与岩石试件层理、节理、裂隙的关系。

3 含水状态及所使用的方法。

4 试件加工中出现的现象。

2.7.8 应包括下列主要仪器和设备：

1 钻石机、切石机、磨石机和车床等。

2 测量平台。

3 材料试验机。

2.7.9 试验应按下列步骤进行：

1 应将试件置于试验机承压板中心，调整球形座，使试件两端面与试验机上下压板接触均匀。

2 应以每秒 0.5MPa～1.0MPa 的速度加载直至试件破坏。应记录破坏载荷及加载过程中出现的现象。

3 试验结束后，应描述试件的破坏形态。

2.7.10 试验成果整理应符合下列要求：

1 岩石单轴抗压强度和软化系数应分别按下列公式计算：

$$R = \frac{P}{A} \qquad (2.7.10\text{-}1)$$

$$\eta = \frac{\overline{R}_w}{\overline{R}_d} \qquad (2.7.10\text{-}2)$$

式中：R——岩石单轴抗压强度（MPa）；

$\quad\quad \eta$——软化系数；

$\quad\quad P$——破坏载荷（N）；

$\quad\quad A$——试件截面积（mm²）；

$\quad\quad \overline{R}_w$——岩石饱和单轴抗压强度平均值（MPa）；

$\quad\quad \overline{R}_d$——岩石烘干单轴抗压强度平均值（MPa）。

2 岩石单轴抗压强度计算值应取 3 位有效数字，岩石软化系数计算值应精确至 0.01。

2.7.11 岩石单轴抗压强度试验记录应包括工程名称、取样位置、试件编号、试件描述、含水状态、受力方向、试件尺寸和破坏载荷。

2.8 冻融试验

2.8.1 岩石冻融试验应采用直接冻融法，能制成圆柱体试件的各类岩石均可采用直接冻融法。

2.8.2 岩石试件应符合本标准第 2.7.2 条至第 2.7.5 条的要求。

2.8.3 同一加载方向下,每组试验试件的数量应为6个。

2.8.4 试件描述应符合本标准第2.7.7条的要求。

2.8.5 应包括下列主要仪器和设备:

1 天平。

2 冷冻温度能达到一24℃的冰箱或低温冰柜、冷冻库。

3 白铁皮盒和铁丝架。

4 其他应符合本标准第2.7.8条的要求。

2.8.6 试验应按下列步骤进行:

1 应将试件烘干,应称试验前试件的烘干质量。再将试件进行强制饱和,并应称试件的饱和质量。试件进行烘干和强制饱和方法应符合本标准第2.4.5条的规定。

2 应取3个经强制饱和的试件进行冻融前的单轴抗压强度试验。

3 应将另3个经强制饱和的试件放入铁皮盒内的铁丝架中,把铁皮盒放入冰箱或冰柜或冷冻库内,应在一20℃±2℃温度下冻4h,然后取出铁皮盒,应往盒内注水浸没试件,使水温保持在20℃±2℃下融解4h,即为一个冻融循环。

4 冻融循环次数应为25次。根据需要,冻融循环次数也可采用50次或100次。

5 每进行一次冻融循环,应详细检查各试件有无掉块、裂缝等,应观察其破坏过程。冻融循环结束后应作一次总的检查,并应作详细记录。

6 冻融循环结束后,应把试件从水中取出,应沾干表面水分后称其质量,进行单轴抗压强度试验。

7 单轴抗压强度试验应符合本标准第2.7.9条的规定。

8 称量应准确至0.01g。

2.8.7 试验成果整理应符合下列要求:

1 岩石冻融质量损失率、岩石冻融单轴抗压强度和岩石冻融系数应分别按下列公式计算:

$$M = \frac{m_p - m_{fm}}{m_s} \times 100 \qquad (2.8.7\text{-}1)$$

$$R_{fm} = \frac{P}{A} \qquad (2.8.7\text{-}2)$$

$$K_{fm} = \frac{\overline{R}_{fm}}{\overline{R}_w} \qquad (2.8.7\text{-}3)$$

式中:M——岩石冻融质量损失率(%);

R_{fm}——岩石冻融单轴抗压强度(MPa);

K_{fm}——岩石冻融系数;

m_p——冻融前饱和试件质量(g);

m_{fm}——冻融后试件质量(g);

m_s——试验前烘干试件质量(g);

$\overline{R}_{fm}$——冻融后岩石单轴抗压强度平均值(MPa);

$\overline{R}_w$——岩石饱和单轴抗压强度平均值(MPa)。

2 岩石冻融质量损失率和岩石冻融单轴抗压强度计算值应取3位有效数字,岩石冻融系数计算值应精确至0.01。

2.8.8 岩石冻融试验记录应包括工程名称、取样位置、试件编号、试件描述、试件尺寸、烘干试件质量、饱和试件质量、冻融后试件质量、破坏载荷。

2.9 单轴压缩变形试验

2.9.1 岩石单轴压缩变形试验应采用电阻应变片法或千分表法,能制成圆柱体试件的各类岩石均可采用电阻应变片法或千分表法。

2.9.2 岩石试件应符合本标准第2.7.2条至第2.7.6条的要求。

2.9.3 试件描述应符合本标准第2.7.7条的要求。

2.9.4 应包括下列主要仪器和设备:

1 静态电阻应变仪。

2 惠斯顿电桥、兆欧表、万用电表。

3 电阻应变片、千(百)分表。

4 千分表架、磁性表架。

5 其他应符合本标准第2.7.8条的要求。

2.9.5 电阻应变片法试验应按下列步骤进行:

1 选择电阻应变片时,应变片栅格长度应大于岩石最大矿物颗粒直径的10倍,并应小于试件半径;同一试件所选定的工作片与补偿片的规格、灵敏系数等应相同,电阻值允许偏差为0.2Ω。

2 贴片位置应选择在试件中部相互垂直的两对称部位,应以相对面为一组,分别粘贴轴向、径向应变片,并应避开裂隙或斑晶。

3 贴片位置应打磨平整光滑,并应用清洗液清洗干净。各种含水状态的试件,应在贴片位置的表面均匀地涂一层防底潮胶液,厚度不宜大于0.1mm,范围应大于应变片。

4 应变片应牢固地粘贴在试件上,轴向或径向应变片的数量可采用2片或4片,其绝缘电阻值不应小于200MΩ。

5 在焊接导线后,可在应变片上作防潮处理。

6 应将试件置于试验机承压板中心,调整球形座,使试件受力均匀,并应测初始读数。

7 加载宜采用一次连续加载法。应以每秒0.5MPa～1.0MPa的速度加载,逐级测读载荷与各应变片应变值至试件破坏,应记录破坏载荷。测值不宜少于10组。

8 应记录加载过程及破坏时出现的现象,并应对破坏后的试件进行描述。

2.9.6 千分表法试验应按下列步骤进行:

1 千分表架应固定在试件预定的标距上,在表架上的对称部位应分别安装量测试件轴向或径向变形的测表。标距长度和试件直径应大于岩石最大矿物颗粒直径的10倍。

2 对于变形较大的试件,可将试件置于试验机承压板中心,应将磁性表架对称安装在下承压板上,量测试件轴向变形的测表表头应对称,应直接与上承压板接触。量测试件径向变形的测表表头直接与试件中部表面接触,径向测表应分别安装在试件直径方向的对称位置上。

3 量测轴向或径向变形的测表可采用2只或4只。

4 其他应符合本标准第2.9.5条中第6款至第8款试验步骤。

2.9.7 试验成果整理应符合下列要求:

1 岩石单轴抗压强度应按本标准式(2.7.10-1)计算。

2 各级应力应按下式计算:

$$\sigma = \frac{P}{A} \qquad (2.9.7\text{-}1)$$

式中:σ——各级应力(MPa);

P——与所测各组应变值相应的载荷(N)。

3 千分表各级应力的轴向应变值,与ε_1同应力的径向应变值应分别按下列公式计算:

$$\varepsilon_1 = \frac{\Delta L}{L} \qquad (2.9.7\text{-}2)$$

$$\varepsilon_d = \frac{\Delta D}{D} \qquad (2.9.7\text{-}3)$$

式中:ε_1——各级应力的轴向应变值;

ε_d——与ε_1同应力的径向应变值;

ΔL——各级载荷下的轴向变形平均值(mm);

ΔD——与ΔL同载荷下径向变形平均值(mm);

L——轴向测量标距或试件高度(mm);

D——试件直径(mm)。

4 应绘制应力与轴向应变及径向应变关系曲线。

5 岩石平均弹性模量和岩石平均泊松比应分别按下列公式计算:

$$E_{av} = \frac{\sigma_b - \sigma_a}{\varepsilon_{1b} - \varepsilon_{1a}} \qquad (2.9.7\text{-}4)$$

$$\mu_{av} = \frac{\varepsilon_{db} - \varepsilon_{da}}{\varepsilon_{lb} - \varepsilon_{la}} \qquad (2.9.7\text{-}5)$$

式中：E_{av}——岩石平均弹性模量（MPa）；

μ_{av}——岩石平均泊松比；

σ_a——应力与轴向应变关系曲线上直线段始点的应力值（MPa）；

σ_b——应力与轴向应变关系曲线上直线段终点的应力值（MPa）；

ε_{la}——应力为 σ_a 时的轴向应变值；

ε_{lb}——应力为 σ_b 时的轴向应变值；

ε_{da}——应力为 σ_a 时的径向应变值；

ε_{db}——应力为 σ_b 时的径向应变值。

6 岩石割线弹性模量及相应的岩石泊松比应分别按下列公式计算：

$$E_{50} = \frac{\sigma_{50}}{\varepsilon_{l50}} \qquad (2.9.7\text{-}6)$$

$$\mu_{50} = \frac{\varepsilon_{d50}}{\varepsilon_{l50}} \qquad (2.9.7\text{-}7)$$

式中：E_{50}——岩石割线弹性模量（MPa）；

μ_{50}——岩石泊松比；

σ_{50}——相当于岩石单轴抗压强度 50% 时的应力值（MPa）；

ε_{l50}——应力为 σ_{50} 时的轴向应变值；

ε_{d50}——应力为 σ_{50} 时的径向应变值。

7 岩石弹性模量值应取 3 位有效数字，岩石泊松比计算值应精确至 0.01。

2.9.8 岩石单轴压缩变形试验记录应包括工程名称、取样位置、试件编号、试件描述、试件尺寸、含水状态、受力方向、试验方法、各级载荷下的应力及轴向和径向变形值或应变值、破坏载荷。

2.10 三轴压缩强度试验

2.10.1 岩石三轴压缩强度试验应采用等侧向压力，能制成圆柱体试件的各类岩石均可采用等侧向压力三轴压缩强度试验。

2.10.2 岩石试件应符合下列要求：

1 圆柱体试件直径应为试验机承压板直径的 0.96～1.00。试件高度与直径之比宜为 2.0～2.5。

2 同一含水状态和同一加载方向下，每组试验试件的数量应为 5 个。

3 其他应符合本标准第 2.7.2 条至第 2.7.5 条的要求。

2.10.3 试件描述应符合本标准 2.7.7 条的要求。

2.10.4 应包括下列主要仪器和设备：

1 钻石机、切石机、磨石机和车床等。

2 测量平台。

3 三轴试验机。

2.10.5 试验应按下列步骤进行：

1 各试件侧压力可按等差级数或等比级数进行选择。最大侧压力应根据工程需要和岩石特性及三轴试验机性能确定。

2 应根据三轴试验机要求安装试件和轴向变形测表。试件应采用防油措施。

3 应以每秒 0.05MPa 的加载速度同步施加侧向压力和轴向压力至预定的侧压力值，应记录试件轴向变形值并作为初始值。在试验过程中应使侧向压力始终保持为常数。

4 加载应采用一次连续加载法。应以每秒 0.5MPa～1.0MPa 的加载速度施加轴向载荷，应逐级测读轴向载荷及轴向变形，直至试件破坏，并应记录破坏载荷。测值不宜少于 10 组。

5 按本条第 2 款～4 款步骤，应进行其余试件在不同侧压力下的试验。

6 应对破坏后的试件进行描述。当有完整的破坏面时，应量测破坏面与试件轴线方向的夹角。

2.10.6 试验成果整理符合下列要求：

1 不同侧压条件下的最大主应力应按下式计算：

$$\sigma_1 = \frac{P}{A} \qquad (2.10.6\text{-}1)$$

式中：σ_1——不同侧压条件下的最大主应力（MPa）；

P——不同侧压条件下的试件轴向破坏载荷（N）。

A——试件截面积（mm²）。

2 应根据计算的最大主应力 σ_1 及相应施加的侧向压力 σ_3，在 τ-σ 坐标图上绘制莫尔应力圆；应根据莫尔—库伦强度准则确定岩石在三向应力状态下的抗剪强度参数，应包括摩擦系数 f 和黏聚力 c 值。

3 抗剪强度参数也可采用下述方法予以确定。应在以 σ_1 为纵坐标和 σ_3 为横坐标的坐标图上，根据各试件的 σ_1、σ_3 值，点绘出各试件的坐标点，并应建立下列线性方程式：

$$\sigma_1 = F\sigma_3 + R \qquad (2.10.6\text{-}2)$$

式中：F——σ_1-σ_3 关系曲线的斜率；

R——σ_1-σ_3 关系曲线在 σ_1 轴上的截距，等同于试件的单轴抗压强度（MPa）。

4 根据参数 F、R，莫尔—库伦强度准则参数分别按下列公式计算：

$$f = \frac{F - 1}{2\sqrt{F}} \qquad (2.10.6\text{-}3)$$

$$c = \frac{R}{2\sqrt{F}} \qquad (2.10.6\text{-}4)$$

式中：f——摩擦系数；

c——黏聚力（MPa）。

2.10.7 岩石三轴压缩强度试验记录应包括工程名称、取样位置、试件编号、试件描述、试件尺寸、含水状态、受力方向、各侧压力下的各级轴向载荷及轴向变形、破坏载荷。

2.11 抗拉强度试验

2.11.1 岩石抗拉强度试验应采用劈裂法，能制成规则试件的各类岩石均可采用劈裂法。

2.11.2 岩石试件应符合下列要求：

1 圆柱体试件的直径宜为 48mm～54mm。试件厚度宜为直径的 0.5 倍～1.0 倍，并应大于岩石中最大颗粒直径的 10 倍。

2 其他应符合本标准第 2.7.2 条、第 2.7.4 条至第 2.7.6 条的要求。

2.11.3 岩石试件描述应符合本标准第 2.7.7 条的要求。

2.11.4 主要仪器设备应符合本标准第 2.7.8 条的要求。

2.11.5 试验应按下列步骤进行：

1 应根据要求的劈裂方向，通过试件直径的两端，沿轴线方向画两条相互平行的加载基线，应将 2 根垫条沿加载基线固定在试件两侧。

2 应将试件置于试验机承压板中心，调整球形座，应使试件均匀受力，并使垫条与试件在同一加载轴线上。

3 应以每秒 0.3MPa～0.5MPa 的速度加载直至破坏。

4 应记录破坏载荷及加载过程中出现的现象，并应对破坏后的试件进行描述。

2.11.6 试验成果整理应符合下列要求：

1 岩石抗拉强度应按下式计算：

$$\sigma_t = \frac{2P}{\pi Dh} \qquad (2.11.6)$$

式中：σ_t——岩石抗拉强度（MPa）；

P——试件破坏载荷（N）；

D——试件直径（mm）；

h——试件厚度（mm）。

2 计算值应取 3 位有效数字。

2.11.7 岩石抗拉强度试验的记录应包括工程名称、取样位置、试件编号、试件描述、试件尺寸、破坏载荷等。

2.12 直剪试验

2.12.1 岩石直剪试验应采用平推法。各类岩石、岩石结构面以及混凝土与岩石接触面均可采用平推法直剪试验。

2.12.2 试样应在现场采取，在采取、运输、储存和制备过程中，应防止产生裂隙和扰动。

2.12.3 岩石试件应符合下列要求：

　　1 岩石直剪试验试件的直径或边长不得小于50mm，试件高度应与直径或边长相等。

　　2 岩石结构面直剪试验试件的直径或边长不得小于50mm，试件高度宜与直径或边长相等。结构面应位于试件中部。

　　3 混凝土与岩石接触面直剪试验试件宜为正方体，其边长不宜小于150mm。接触面应位于试件中部，浇筑前岩石接触面的起伏差宜为边长的1%～2%。混凝土应按预定的配合比浇筑，骨料的最大粒径不得大于边长的1/6。

2.12.4 试验的含水状态，可根据需要选择天然含水状态、饱和状态或其他含水状态。

2.12.5 每组试验试件的数量应为5个。

2.12.6 试件描述应包括下列内容：

　　1 岩石名称、颜色、矿物成分、结构、构造、风化程度、胶结物性质等。

　　2 层理、片理、节理裂隙的发育程度及其与剪切方向的关系。

　　3 结构面的充填物性质、充填程度以及试样采取和试件制备过程中受扰动的情况。

2.12.7 应包括下列主要仪器和设备：

　　1 试件制备设备。

　　2 试件饱和与养护设备。

　　3 应力控制式平推法直剪试验仪。

　　4 位移测表。

2.12.8 试件安装应符合下列规定：

　　1 应将试件置于直剪仪的剪切盒内，试件受剪方向宜与预定受力方向一致，试件与剪切盒内壁的间隙用填料填实，应使试件与剪切盒成为一整体。预定剪切面应位于剪切缝中部。

　　2 安装试件时，法向载荷和剪切载荷的作用力方向应通过预定剪切面的几何中心。法向位移测表和剪切位移测表应对称布置，各测表数量不得少于2只。

　　3 预留剪切缝宽度应为试件剪切方向长度的5%，或为结构面充填物的厚度。

　　4 混凝土与岩石接触面试件，应达到预定混凝土强度等级。

2.12.9 法向载荷施加应符合下列规定：

　　1 在每个试件上分别施加不同的法向载荷，对应的最大法向应力值不宜小于预定的法向应力。各试件的法向载荷，宜根据最大法向载荷等分确定。

　　2 在施加法向载荷前，应测读各法向位移测表的初始值。应每10min测读一次，各个测表三次读数差值不超过0.02mm时，可施加法向载荷。

　　3 对于岩石结构面中含有充填物的试件，最大法向载荷应以不挤出充填物为宜。

　　4 对于不需要固结的试件，法向载荷可一次施加完毕；施加完毕法向荷载应测读法向位移，5min后应再测读一次，即可施加剪切载荷。

　　5 对于需要固结的试件，应按充填物的性质和厚度分1～3级施加。在法向载荷施加至预定值后的第一小时内，应每隔15min读数一次；然后每30min读数一次。当各测表每小时法向位移不超过0.05mm时，应视作固结稳定，即可施加剪切载荷。

　　6 在剪切过程中，应使法向载荷始终保持恒定。

2.12.10 剪切载荷施加应符合下列规定：

　　1 应测读各位移测表读数，必要时可调整测表读数。根据需要，可调整剪切千斤顶位置。

　　2 根据预估最大剪切载荷，宜分8级～12级施加。每级载荷施加后，即应测读剪切位移和法向位移，5min后再测读一次，即可施加下一级剪切载荷直至破坏。当剪切位移量增幅变大时，可适当加密剪切载荷分级。

　　3 试件破坏后，应继续施加剪切载荷，应直至测出趋于稳定的剪切载荷值为止。

　　4 应将剪切载荷退至零。根据需要，待试件回弹后，调整测表，应按本条第1款至3款步骤进行摩擦试验。

2.12.11 试验结束后，应对试件剪切面进行下列描述：

　　1 应量测剪切面，确定有效剪切面积。

　　2 应描述剪切面的破坏情况，擦痕的分布、方向和长度。

　　3 应测定剪切面的起伏差，绘制沿剪切方向断面高度的变化曲线。

　　4 当结构面内有充填物时，应查找剪切面的准确位置，并应记述其组成成分、性质、厚度、结构构造、含水状态。根据需要，可测定充填物的物理性质和黏土矿物成分。

2.12.12 试验成果整理应符合下列要求：

　　1 各法向载荷下，作用于剪切面上的法向应力和剪应力应分别按下列公式计算：

$$\sigma = \frac{P}{A} \qquad (2.12.12\text{-}1)$$

$$\tau = \frac{Q}{A} \qquad (2.12.12\text{-}2)$$

式中：σ——作用于剪切面上的法向应力（MPa）；

　　　　τ——作用于剪切面上的剪应力（MPa）；

　　　　P——作用于剪切面上的法向载荷（N）；

　　　　Q——作用于剪切面上的剪切载荷（N）；

　　　　A——有效剪切面面积（mm²）。

　　2 应绘制各法向应力下的剪应力与剪切位移及法向位移关系曲线，应根据曲线确定各剪切阶段特征点的剪应力。

　　3 应将各剪切阶段特征点的剪应力和法向应力点绘在坐标图上，绘制剪应力与法向应力关系曲线，并应按库伦—奈维表达式确定相应的岩石强度参数（f, c）。

2.12.13 岩石直剪试验记录包括工程名称、取样位置、试件编号、试件描述、含水状态、混凝土配合比和强度等级、剪切面积、各法向载荷下各级剪切载荷时的法向位移和剪切位移，剪切面描述。

2.13 点荷载强度试验

2.13.1 各类岩石均可采用岩石点荷载强度试验。

2.13.2 试件可采用钻孔取心，或从岩石露头、勘探坑槽、平洞、巷道或其他硐室中采取的岩块。在试样采取和试件制备过程中，应避免产生裂缝。

2.13.3 岩石试件应符合下列规定：

　　1 作径向试验的岩心试件，长度与直径之比应大于1.0；作轴向试验的岩心试件，长度与直径之比宜为0.3～1.0。

　　2 方块体或不规则块体试件，其尺寸宜为50mm±35mm，两加载点间距与加载处平均宽度之比宜为0.3～1.0。

2.13.4 试件的含水状态可根据需要选择天然含水状态、烘干状态、饱和状态或其他含水状态。试件烘干和饱和方法应符合本标准第2.4.5条的规定。

2.13.5 同一含水状态和同一加载方向下，岩心试件每组试验试件数量宜为5个～10个，方块体和不规则块体试件每组试验试件数量宜为15个～20个。

2.13.6 试件描述应包括下列内容：

1 岩石名称、颜色、矿物成分、结构、构造、风化程度、胶结物性质等。

2 试件形状及制备方法。

3 加载方向与层理、片理、节理的关系。

4 含水状态及所使用的方法。

2.13.7 应包括下列主要仪器和设备:

1 点荷载试验仪。

2 游标卡尺。

2.13.8 试验应按下列步骤进行:

1 径向试验时,应将岩心试件放入球端圆锥之间,使上下锥端与试件直径两端应紧密接触。应量测加载点间距,加载点距试件自由端的最小距离不应小于加载两点间距的 0.5。

2 轴向试验时,应将岩心试件放入球端圆锥之间,加载方向应垂直试件两端面,使上下锥端连线通过岩心试件中截面的圆心处并应与试件紧密接触。应量测加载点间距及垂直于加载方向的试件宽度。

3 方块体与不规则块体试验时,应选择试件最小尺寸方向为加载方向。应将试件放入球端圆锥之间,使上下锥端位于试件中心处并应与试件紧密接触。应量测加载点间距及通过两加载点最小截面的宽度或平均宽度,加载点距试件自由端的距离不应小于加载点间距的 0.5。

4 应稳定地施加载荷,使试件在 10s～60s 内破坏,应记录破坏载荷。

5 有条件时,应量测试件破坏瞬间的加载点间距。

6 试验结束后,应描述试件的破坏形态。破坏面贯穿整个试件并通过两加载点为有效试验。

2.13.9 试验成果整理应符合下列要求:

1 未经修正的岩石点荷载强度应按下式计算:

$$I_s = \frac{P}{D_e^2} \quad (2.13.9\text{-}1)$$

式中:I_s——未经修正的岩石点荷载强度(MPa);

P——破坏载荷(N);

D_e——等价岩心直径(mm)。

2 等价岩心直径采用径向试验应分别按下列公式计算:

$$D_e^2 = D^2 \quad (2.13.9\text{-}2)$$
$$D_e^2 = DD' \quad (2.13.9\text{-}3)$$

式中:D——加载点间距(mm);

D'——上下锥端发生贯入后,试件破坏瞬间的加载点间距(mm)。

3 轴向、方块或不规则块体试验的等价岩心直径应分别按下列公式计算:

$$D_e^2 = \frac{4WD}{\pi} \quad (2.13.9\text{-}4)$$
$$D_e^2 = \frac{4WD'}{\pi} \quad (2.13.9\text{-}5)$$

式中:W——通过两加载点最小截面的宽度或平均宽度(mm)。

4 当等价岩心直径不等于 50mm 时,应对计算值进行修正。当试验数据较多,且同一组试件中的等价岩心直径具有多种尺寸而不等于 50mm 时,应根据试验结果,绘制 D_e^2 与破坏载荷 P 的关系曲线,并应在曲线上查找 D_e^2 为 2500mm² 时对应的 P_{50} 值,岩石点荷载强度指数应按下式计算:

$$I_{s(50)} = \frac{P_{50}}{2500} \quad (2.13.9\text{-}6)$$

式中:$I_{s(50)}$——等价岩心直径为 50mm 的岩石点荷载强度指数(MPa);

P_{50}——根据 $D_e^2 \sim P$ 关系曲线求得的 D_e^2 为 2500mm² 时的 P 值(N)。

5 当等价岩心直径不为 50mm,且试验数据较少时,不宜按本条第 4 款方法进行修正,岩石点荷载强度指数应分别按下列公

式计算:

$$I_{s(50)} = FI_s \quad (2.13.9\text{-}7)$$
$$F = \left(\frac{D_e}{50}\right)^m \quad (2.13.9\text{-}8)$$

式中:F——修正系数;

m——修正指数,可取 0.40～0.45,或根据同类岩石的经验值确定。

6 岩石点荷载强度各向异性指数应按下式计算:

$$I_{a(50)} = \frac{I'_{s(50)}}{I''_{s(50)}} \quad (2.13.9\text{-}9)$$

式中:$I_{a(50)}$——岩石点荷载强度各向异性指数;

$I'_{s(50)}$——垂直于弱面的岩石点荷载强度指数(MPa);

$I''_{s(50)}$——平行于弱面的岩石点荷载强度指数(MPa)。

7 按式(2.13.9-7)计算的垂直和平行弱面岩石点荷载强度指数应取平均值。当一组有效的试验数据不超过 10 个时,应舍去最高值和最低值,再计算其余数据的平均值;当一组有效的试验数据超过 10 个时,应依次舍去 2 个最高值和 2 个最低值,再计算其余数据的平均值。

8 计算值应取 3 位有效数字。

2.13.10 岩石点荷载强度试验记录应包括工程名称、取样位置、试件编号、试件描述、含水状态、试验类型、试件尺寸、破坏载荷。

3 岩体变形试验

3.1 承压板法试验

3.1.1 承压板法试验应按承压板性质,可采用刚性承压板或柔性承压板。各类岩体均可采用刚性承压板法试验,完整和较完整岩体也可采用柔性承压板法试验。

3.1.2 试验地段开挖时,应减少对岩体的扰动和破坏。

3.1.3 在岩体的预定部位加工试点,应符合下列要求:

1 试点受力方向宜与工程岩体实际受力方向一致。各向异性的岩体,也可按要求的受力方向制备试点。

2 加工的试点面积应大于承压板,承压板的直径或边长不宜小于 30cm。

3 试点表层受扰动的岩体宜清除干净。试点表面应修凿平整,表面起伏差不宜大于承压板直径或边长的 1%。

4 承压板外 1.5 倍承压板直径范围以内的岩体表面应平整,应无松动岩块和石碴。

3.1.4 试点的边界条件应符合下列要求:

1 试点中心至试验洞侧壁或顶底板的距离,应大于承压板直径或边长的 2.0 倍;试点中心至洞口或掌子面的距离,应大于承压板直径或边长的 2.5 倍;试点中心至临空面的距离,应大于承压板直径或边长的 6.0 倍。

2 两试点中心之间的距离,应大于承压板直径或边长的 4.0 倍。

3 试点表面以下 3.0 倍承压板直径或边长深度范围内的岩体性质宜相同。

3.1.5 试点的反力部位岩体应能承受足够的反力,表面应凿平。

3.1.6 柔性承压板中心孔法应采用钻孔轴向位移计进行深部岩体变形量测的试点,应在试点中心垂直试点表面钻孔并取心,钻孔应符合钻孔轴向位移计对钻孔的要求,孔深不应小于承压板直径的 6.0 倍。孔内残留岩心与石碴应打捞干净,孔壁应清洗,孔口应保护。

3.1.7 试点可在天然状态下试验,也可在人工泡水条件下试验。

3.1.8 试点地质描述应包括下列内容:

1 试段开挖和试点制备的方法以及出现的情况。

2 岩石名称、结构及主要矿物成分。

3 岩体结构面的类型、产状、宽度、延伸性、密度、充填物性质，以及与受力方向的关系等。

4 试段岩体风化状态及地下水情况。

5 试验段地质展示图、试验段地质纵横剖面图、试点地质素描图和试点中心钻孔柱状图。

3.1.9 应包括下列主要仪器和设备：

1 液压千斤顶。

2 环形液压枕。

3 液压泵及管路。

4 压力表。

5 圆形或方形刚性承压板。

6 垫板。

7 环形钢板和环形传力箱。

8 传力柱。

9 反力装置。

10 测表支架。

11 变形测表。

12 磁性表座。

13 钻孔轴向位移计。

3.1.10 刚性承压板法加压系统安装应符合下列要求：

1 应清洗试点岩体表面，铺垫一层水泥浆，放上刚性承压板，轻击承压板，并应挤出多余水泥浆，使承压板平行试点表面。水泥浆的厚度不宜大于承压板直径或边长的1%，并应防止水泥浆内有气泡产生。

2 应在承压板上放置千斤顶，千斤顶的加压中心应与承压板中心重合。

3 应在千斤顶上依次安装垫板、传力柱、垫板，在垫板和反力后座岩体之间填筑砂浆或安装反力装置。

4 在露天场地或无法利用洞室顶板作为反力部位时，可采用堆载法或地锚作为反力装置。

5 安装完毕后，可启动千斤顶稍加压力，使整个系统结合紧密。

6 加压系统应具有足够的强度和刚度，所有部件的中心应保持在同一轴线上并与加压方向一致。

3.1.11 柔性承压板法加压系统安装应符合下列规定：

1 进行中心孔法试验的试点，应在放置液压枕之前先在孔内安装钻孔轴向位移计。钻孔轴向位移计的测点布置，可按液压枕直径的0.25、0.50、0.75、1.00、1.50、2.00、3.00倍的钻孔不同深度进行，但孔口及孔底应设测点或固定点。

2 应清洗试点岩体表面，铺垫一层水泥浆，应放置两面凹槽已用水泥砂浆填平且经养护的环形液压枕，并挤出多余水泥浆，应使环形液压枕平行试点表面。水泥浆的厚度不宜大于1cm，应防止水泥浆内有气泡产生。

3 应在环形液压枕上放置环形钢板和环形传力箱，并应依次安装垫板、液压枕或千斤顶、垫板、传力柱、垫板，在垫板和反力部位之间填筑砂浆或安装反力装置。

4 其他应符合本标准第3.1.10条中第4款至第6款的规定。

3.1.12 变形量测系统安装应符合下列规定：

1 在承压板或液压枕两侧应各安放测表支架1根，测表支架应满足刚度要求，支承形式宜为简支。支架的支点应设在距承压板或液压枕中心2.0倍直径或边长以外，可采用浇筑在岩面上的混凝土墩作为支点。应防止支架在试验过程中产生沉陷。

2 在测表支架上应通过磁性表座安装变形测表。刚性承压板法试验应在承压板上对称布置4个测表，柔性承压板法试验应在环形液压枕中心表面上布置1个测表。

3 根据需要，可在承压板外试点的影响范围内，通过承压板中心且相互垂直的两条轴线上对称布置若干测表。

3.1.13 安装时浇筑的水泥浆和混凝土应进行养护。

3.1.14 试验及稳定标准应符合下列要求：

1 试验最大压力不宜小于预定压力的1.2倍。压力宜分为5级，应按最大压力等分施加。

2 加压前应对测表进行初始稳定读数观测，应每隔10min同时测读各测表一次，连续三次读数不变，可开始加压试验，并应将此读数作为各测表的初始读数值。钻孔轴向位移计各测点及板外测表观测，可在表面测表稳定不变后进行初始读数。

3 加压方式宜采用逐级一次循环法。根据需要，可采用逐级多次循环法，或大循环法。

4 每级压力加压后应立即读数，以后每隔10min读数一次，当刚性承压板上所有测表或柔性承压板中心岩体上的测表，相邻两次读数差与同级压力下第一次变形读数和前一级压力下最后一次变形读数差之比小于5%时，可认为变形稳定，并应进行退压。退压后的稳定标准，应与加压时的稳定标准相同。退压稳定后，应按上述步骤依次加压至最大压力，可结束试验。

5 在加压、退压过程中，均应测读相应过程压力下测表读数一次。

6 钻孔轴向位移计各测点、板外测表可在读数稳定后读取读数。

3.1.15 试验时应对加压设备和测表运行情况、试点周围岩体隆起和裂缝开展、反力部位掉块和变形等进行记录和描述。试验期间，应控制试验环境温度的变化，露天场地进行试验时宜搭建专门试验棚。

3.1.16 试验结束后，应及时拆卸试验设备。必要时，可在试点处切槽检查。

3.1.17 试验成果整理应符合下列要求：

1 刚性承压板法岩体弹性（变形）模量应按下式计算：

$$E = I_0 \frac{(1 - \mu^2)pD}{W} \quad (3.1.17-1)$$

式中：E——岩体弹性（变形）模量（MPa）。当以总变形W_0代入式中计算的为变形模量E_0；当以弹性变形W_e代入式中计算的为弹性模量E；

W——岩体变形（cm）；

p——按承压板面积计算的压力（MPa）；

I_0——刚性承压板的形状系数，圆形承压板取0.785，方形压板取0.886；

D——承压板直径或边长（cm）；

μ——岩体泊松比。

2 柔性承压板法试验量测岩体表面变形时，岩体弹性（变形）模量数应按下式计算：

$$E = \frac{(1 - \mu^2)p}{W} \times 2(r_1 - r_2) \quad (3.1.17-2)$$

式中：r_1、r_2——环形柔性承压板的有效外半径和内半径（cm）；

W——柔性承压板中心岩体表面变形（cm）。

3 柔性承压板法试验量测中心孔深部变形时，岩体弹性（变形）模量应分别按下列公式计算：

$$E = \frac{p}{W_z}K_z \quad (3.1.17-3)$$

$$K_z = 2(1 - \mu^2)(\sqrt{r_1^2 + Z^2} - \sqrt{r_2^2 + Z^2}) - (1 + \mu)$$
$$\left(\frac{Z^2}{\sqrt{r_1^2 + Z^2}} - \frac{Z^2}{\sqrt{r_2^2 + Z^2}}\right) \quad (3.1.17-4)$$

式中：W_z——深度在Z处的岩体变形（cm）；

Z——测点深度（cm）；

K_z——与承压板尺寸、测点深度和泊松比有关的系数（cm）。

4 当柔性承压板中心孔法试验量测到不同深度两点的岩体变形值时，两点之间岩体弹性（变形）模量应按下式计算：

$$E = \frac{p(K_{z1} - K_{z2})}{W_{z1} - W_{z2}} \quad (3.1.17\text{-}5)$$

式中：W_{z1}、W_{z2}——深度分别为 Z_1 和 Z_2 处的岩体变形(cm)；

K_{z1}、K_{z2}——深度分别为 Z_1 和 Z_2 处的相应系数(cm)。

5 当方形刚性承压板边长为 30cm 时，基准基床系数应按下式计算：

$$K_v = \frac{p}{W} \quad (3.1.17\text{-}6)$$

式中：K_v——基准基床系数(kN/m^3)；

p——按方形刚性承压板计算的压力(kN/m^2)；

W——岩体变形(cm)。

6 应绘制压力与变形关系曲线、压力与变形模量和弹性模量及基准基床系数关系曲线。中心孔法试验应绘制不同压力下沿中心孔深度与变形关系曲线。

3.1.18 承压板法岩体变形试验记录应包括工程名称、试点编号、试点位置、试验方法、试点描述、压力表和千斤顶(液压枕)编号、承压板尺寸、测表布置及编号、各级压力下的测表读数。

3.2 钻孔径向加压法试验

3.2.1 钻孔径向加压法试验可采用钻孔膨胀计或钻孔弹模计。完整和较完整的中硬岩和软质岩可采用钻孔膨胀计，各类岩体均可采用钻孔弹模计。

3.2.2 试点应符合下列要求：

1 试验孔应采用金刚石钻头钻进，孔壁应平直光滑，孔内残留岩心与石碴应打捞干净，孔壁应清洗，孔口应保护。孔径应根据仪器要求确定。

2 采用钻孔膨胀计进行试验时，试验孔应铅直。

3 试验段岩性应均一。

4 两试点加压段边缘之间的距离不应小于 1.0 倍加压段长；加压段边缘距孔口的距离不应小于 1.0 倍加压段长；加压段边缘距孔底的距离不应小于加压段长的 0.5 倍。

3.2.3 试点地质描述应包括下列内容：

1 钻孔钻进过程中的情况。

2 岩石名称、结构及主要矿物成分。

3 岩体结构面的类型、产状、宽度、充填物性质。

4 地下水水位、含水层及隔水层分布。

5 钻孔平面布置图和钻孔柱状图。

3.2.4 应包括下列主要仪器和设备：

1 钻孔膨胀计或钻孔弹模计。

2 液压泵及高压软管。

3 压力表。

4 扫孔器。

5 模拟管。

6 校正仪。

7 定向杆。

8 起吊设备。

3.2.5 采用钻孔膨胀计进行试验时，试验准备工作应符合下列要求：

1 应向钻孔内注水至孔口，并应将扫孔器放入孔内进行扫孔，直至上下连续三次收集不到岩块为止。应将模拟管放入孔内直至孔底，如畅通无阻即可进行试验。

2 应按仪器使用要求，将组装后的探头放入孔内预定深度，施加 0.5MPa 的初始压力，探头即自行固定，应读取初始读数。

3.2.6 采用钻孔弹模计进行试验时，试验准备工作应符合下列要求：

1 任意方向钻孔均可采用钻孔弹模计，可在水下试验，也可在干孔中试验。

2 应将扫孔器放入孔内进行扫孔，直至上下连续三次收集不到岩块为止。应将模拟管放入孔内直至孔底，如畅通无阻即可进

行试验。

3 应根据试验段岩性情况，选择承压板。

4 应按仪器使用要求，将组装后的探头用定向杆放入孔内预定深度。应在定向后立即施加 0.5MPa～2.0MPa 的初始压力，探头即自行固定，应读取初始读数。

3.2.7 试验及稳定标准应符合下列规定：

1 试验最大压力应根据需要而定，可为预定压力的 1.2 倍～1.5 倍。压力可分为 5 级～10 级，应按最大压力等分施加。

2 加压方式宜采用逐级一次循环法或大循环法。

3 采用逐级一次循环法时，每级压力加压后应立即读数，以后应每隔 3min～5min 读数一次，当相邻两次读数差与同级压力下第一次变形读数和前一级压力下最后一次变形读数差之比小于 5%时，可认为变形稳定，即可进行退压。

4 采用大循环法时，每级过程压力应稳定 3min～5min，并应测读稳定前后读数，最后一级压力稳定标准同本条第 3 款。变形稳定后，即可进行退压。大循环次数不应少于 3 次。

5 退压后的稳定标准应与加压时的稳定标准相同。

6 每一循环过程中退压时，压力应退至初始压力。最后一次循环在退至初始压力后，应进行稳定值读数，然后全部压力退至零并保持一段时间，应根据仪器要求移动探头。

7 试验应由孔底向孔口逐段进行。

3.2.8 试验结束后，应及时取出探头。

3.2.9 试验成果整理应符合下列要求：

1 采用钻孔膨胀计进行试验时，岩体弹性(变形)模量应按下式计算：

$$E = p(1 + \mu)\frac{d}{\Delta d} \quad (3.2.9\text{-}1)$$

式中：E——岩体弹性(变形)模量(MPa)。当以总变形 Δd_t 代入式中计算的为变形模量 E_0；当以弹性变形 Δd_e 代入式中计算的为弹性模量 E；

p——计算压力，为试验压力与初始压力之差(MPa)；

d——实测钻孔直径(cm)；

Δd——岩体径向变形(cm)。

2 采用钻孔弹模计进行试验时，岩体弹性(变形)模量应按下式计算：

$$E = Kp(1 + \mu)\frac{d}{\Delta d} \quad (3.2.9\text{-}2)$$

式中：K——与三维效应、传感器灵敏度、加压角和弯曲效应等有关的系数，根据率定确定。

3 应绘制各测点的压力与变形关系曲线、各测点的压力与变形模量和弹性模量关系曲线，以及与钻孔岩心柱状图相对应的沿孔深的变形模量和弹性模量分布图。

3.2.10 钻孔变形试验记录应包括工程名称、试验孔编号、试验孔位置、钻孔岩心柱状图、测点编号、测点深度、试验方法、测点方向、测点处钻孔直径、初始压力、钻孔弹模计率定系数、各级压力下的读数。

4 岩体强度试验

4.1 混凝土与岩体接触面直剪试验

4.1.1 混凝土与岩体接触面直剪试验可采用平推法或斜推法。

4.1.2 试验地段开挖时，应减少对岩体产生扰动和破坏。试验段的岩性应均一，同一组试验剪切面的岩体性质应相同，剪切面下不应有贯穿性的近于平行剪切面的裂隙通过。

4.1.3 在岩体预定部位加工剪切面时，应符合下列要求：

1 加工的剪切面尺寸宜大于混凝土试体尺寸 10cm，实际剪

切面面积不应小于 2500cm²,最小边长不应小于 50cm。

    2 剪切面表面起伏差宜为试体推力方向边长的 1%～2%。

    3 各试体间距不宜小于试体推力方向的边长。

    4 剪切面应垂直预定的法向应力方向,试体的推力方向宜与预定的剪切方向一致。

    5 在试体的推力部位,应留有安装千斤顶的足够空间。平推法直剪试验应开挖千斤顶槽。

    6 剪切面周围的岩体应凿平,浮渣应清除干净。

4.1.4 混凝土试体制备应符合下列要求:

    1 浇筑混凝土前,应将剪切面岩体表面清洗干净。

    2 混凝土试体高度不应小于推力方向边长的 1/2。

    3 根据预定的混凝土配合比浇筑试体,骨料的最大粒径不应大于试体最小边长的 1/6。混凝土可直接浇筑在剪切面上,也可预先在剪切面上先浇筑一层厚度为 5cm 的砂浆垫层。

    4 在制备混凝土试体的同时,可在试体预定部位埋设量测位移标点。

    5 在浇筑混凝土和砂浆垫层的同时,应制备一定数量的混凝土和砂浆试件。

    6 混凝土试体的顶面应平行剪切面,试体各侧面应垂直剪切面。当采用斜推法时,试体推力面也可按预定的推力夹角浇筑成斜面,推力夹角宜采用 12°～20°。

    7 应对混凝土试体和试件进行养护。试验前应测定混凝土强度,在确认混凝土达到预定强度后,应及时进行试验。

4.1.5 试体的反力部位应能承受足够的反力。反力部位岩体表面应凿平。

4.1.6 每组试验试体的数量不宜少于 5 个。

4.1.7 试验可在天然状态下进行,也可在人工泡水条件下进行。

4.1.8 试验地质描述应包括下列内容:

    1 试验地段开挖、试体制备的方法及出现的情况。

    2 岩石名称、结构构造及主要矿物成分。

    3 岩体结构面的类型、产状、宽度、延伸性、密度、充填物性质以及与受力方向的关系等。

    4 试验段岩体完整程度、风化程度及地下水情况。

    5 试验段工程地质图、及平面布置图及剪切面素描图。

    6 剪切面表面起伏差。

4.1.9 应包括下列主要仪器和设备:

    1 液压千斤顶。

    2 液压泵及管路。

    3 压力表。

    4 垫板。

    5 滚轴排。

    6 传力柱。

    7 传力块。

    8 斜垫板。

    9 反力装置。

    10 测表支架。

    11 磁性表座。

    12 位移测表。

4.1.10 应标出法向载荷和剪切载荷的安装位置。应按照先安装法向载荷系统后安装剪切载荷系统以及量测系统的顺序进行。

4.1.11 法向载荷系统安装应符合下列要求:

    1 在试件顶部应铺设一层水泥砂浆,并放上垫板,应轻击垫板,使垫板平行预定剪切面。试件顶部也可铺设橡皮板或细砂,再放置垫板。

    2 在垫板上应依次安放滚轴排、垫板、千斤顶、垫板、传力柱及顶部垫板。

    3 在顶部垫板和反力座之间应填筑混凝土(或砂浆)或安装反力装置。

    4 在露天场地或无法利用洞室顶板作为反力部位时,可采用堆载法或地锚作为反力装置。当法向载荷较小时,也可采用压重法。

    5 安装完毕后,可启动千斤顶稍加压力,应使整个系统结合紧密。

    6 整个法向载荷系统的所有部件,应保持在加载方向的同一轴线上,并应垂直预定剪切面。法向载荷的合力应通过预定剪切面的中心。

    7 法向载荷系统应具有足够的强度和刚度。当剪切面为倾斜或载荷系统超过一定高度时,对法向载荷系统进行支撑。

    8 液压千斤顶活塞在安装前应启动部分行程。

4.1.12 剪切载荷系统安装应符合下列要求:

    1 采用平推法进行直剪试验时,在试体受力面应用水泥砂浆粘贴一块垫板,垫板应垂直预定剪切面。在垫板后应依次安放传力块、液压千斤顶、垫板。在垫板和反力座之间应填筑混凝土(或砂浆)。

    2 采用斜推法进行直剪试验时,当试体受力面为垂直预定剪切面时,在试体受力面应用水泥砂浆粘贴一块垫板,垫板应垂直预定剪切面,在垫板后应依次安放斜垫板、液压千斤顶、垫板、滚轴排、垫板;当试体受力面为斜面时,在试体受力面应用水泥砂浆粘贴一块垫板,垫板与预定剪切面的夹角应等于预定推力夹角,在垫板后应依次安放传力块、液压千斤顶、垫板、滚轴排、垫板。在垫板和反力座之间填筑混凝土(或砂浆)。

    3 在试体受力面粘贴垫板时,垫板底部与剪切面之间,应预留约 1cm 间隙。

    4 安装剪切载荷千斤顶时,应使剪切方向与预定的推力方向一致,其轴线在剪切面上的投影,应通过预定剪切面中心。平推法剪切载荷作用轴线应平行预定剪切面,轴线与剪切面的距离不宜大于剪切方向试体边长的 5%;斜推法剪切载荷方向应按预定的夹角安装,剪切载荷合力的作用点应通过预定剪切面中心。

4.1.13 量测系统安装应符合下列要求:

    1 安装量测试体绝对位移的测表支架,应牢固地安放在支点上,支架的支点应在变形影响范围以外。

    2 在支架上应通过磁性表座安装测表。在试体的对称部位应分别安装剪切和法向位移测表,每种测表的数量不宜少于 2 只。

    3 根据需要,在试体与基岩表面之间,可布置量测试体相对位移的测表。

    4 所有测表及标点应予以定向,应分别垂直或平行预定剪切面。

4.1.14 应对安装时所浇筑的水泥砂浆和混凝土进行养护。

4.1.15 试验准备应包括下列各项:

    1 应根据液压千斤顶率定曲线和试体剪切面积,计算施加的各级载荷与压力表读数。

    2 应检查各测表的工作状态,测读初始读数值。

4.1.16 法向载荷的施加方法应符合下列要求:

    1 应在每个试体上施加不同的法向载荷,可分别为最大法向载荷的等分值。剪切面上的最大法向应力不宜小于预定的法向应力。

    2 对于每个试体,法向载荷宜分 1 级～3 级施加,分级可视法向应力的大小和岩性而定。

    3 加载采用时间控制,应每 5min 施加一级载荷,加载后应立即测读每级载荷下的法向位移,5min 后再测读一次,即可施加下一级载荷。施加至预定载荷后,应每 5min 测读一次,当连续两次测读的法向位移之差不大于 0.01mm 时,可开始施加剪切载荷。

    4 在剪切过程中,应使法向应力始终保持为常数。

4.1.17 剪切载荷的施加方法应符合下列要求:

1 剪切载荷施加前，应对剪切载荷系统和测表进行检查，必要时应进行调整。

2 应按预估的最大剪切载荷分 8 级~12 级施加。当施加剪切载荷引起的剪切位移明显增大时，可适当增加剪切载荷分级。

3 剪切载荷的施加方法应采用时间控制。每 5min 施加一级，应在每级载荷施加前后对各位移表测读一次。接近剪断时，应密切注视和测读载荷变化情况及相应的位移，载荷及位移应同步观测。

4 采用斜推法分级施加载荷时，为保持法向应力始终为一常数，应同步降低因施加斜向剪切载荷而产生的法向分量的增量。作用于剪切面上的总法向载荷应按下式计算：

$$P = P_0 - Q\sin\alpha \qquad (4.1.17)$$

式中：P——作用于剪切面上的总法向载荷（N）；

P_0——试验开始时作用于剪切面上的总法向载荷（N）；

Q——试验时的各级总斜向剪切载荷（N）；

α——斜向剪切载荷施力方向与剪切面的夹角（°）。

5 试体剪断后，应继续施加剪切载荷，直至测出趋于稳定的剪切载荷值为止。

6 将剪切载荷缓慢退载至零，观测试体回弹情况，抗剪断试验即告结束。在剪切载荷归零过程中，仍应保持法向应力为常数。

7 根据需要，在抗剪断试验结束以后，可保持法向应力不变，调整设备和测表，应按本条第 2 款至第 6 款沿剪断面进行抗剪（摩擦）试验。剪切载荷可按抗剪断试验最后稳定值进行分级施加。

8 抗剪试验结束后，根据需要，可在不同的法向载荷下进行重复摩擦试验，即单点摩擦试验。

4.1.18 在试验过程中，对加载设备和测表运行情况、试验中出现的响声、试体和岩体中出现松动或掉块以及裂缝开展等现象，作详细描述和记录。

4.1.19 试验结束及时拆卸设备。在清理试验场地后，翻转试体，对剪切面进行描述。剪切面的描述应包括下列内容：

1 量测剪切面面积。

2 剪切面的破坏情况、擦痕的分布、方向及长度。

3 岩体或混凝土试体内局部剪断的部位和面积。

4 剪切面上碎屑物质的性质和分布。

4.1.20 试验成果整理应符合下列规定：

1 采用平推法，各法向载荷下的法向应力和剪应力应分别按下列公式计算：

$$\sigma = \frac{P}{A} \qquad (4.1.20-1)$$

$$\tau = \frac{Q}{A} \qquad (4.1.20-2)$$

式中：σ——作用于剪切面上的法向应力（MPa）；

τ——作用于剪切面上的剪应力（MPa）；

P——作用于剪切面上的总法向载荷（N）；

Q——作用于剪切面上的总剪切载荷（N）；

A——剪切面面积（mm^2）。

2 采用斜推法，各法向载荷下的法向应力和剪应力应分别按下列公式计算：

$$\sigma = \frac{P}{A} + \frac{Q}{A}\sin\alpha \qquad (4.1.20-3)$$

$$\tau = \frac{Q}{A}\cos\alpha \qquad (4.1.20-4)$$

式中：Q——作用于剪切面上的总斜向剪切载荷（N）；

α——斜向载荷施力方向与剪切面的夹角（°）。

3 应绘制各法向应力下的剪应力与剪切位移及法向位移关系曲线。应根据关系曲线，确定各法向应力下的抗剪断峰值。

4 应绘制各法向应力及与其对应的抗剪断峰值关系曲线，应按库伦-奈维表达式确定相应的抗剪断强度参数（f,c）。应根据需要确定抗剪（摩擦）强度参数。

5 应根据需要，在剪应力与位移曲线上确定其他剪切阶段特征点，并应根据各特征点确定相应的抗剪强度参数。

4.1.21 混凝土与岩体接触面直剪试验记录应包括工程名称、试验段位置和编号及试体布置、试体编号、试验方法、试体和剪切面描述、混凝土强度、剪切面面积、千斤顶和压力表编号、测表布置和编号、各法向载荷下各级剪切载荷时的法向位移及剪切位移。

4.2 岩体结构面直剪试验

4.2.1 岩体结构面直剪试验可采用平推法或斜推法。

4.2.2 试验段开挖时，应减少对岩体结构面产生扰动和破坏。同一组试验各试体的岩体结构面性质应相同。

4.2.3 应在探明岩体中结构面部位和产状后，在预定的试验部位加工试体。试体应符合下列要求：

1 试体中结构面面积不宜小于 2500cm²，试体最小边长不宜小于 50cm，结构面以上的试体高度不应小于试体推力方向长度的 1/2。

2 各试体间距不宜小于试体推力方向的边长。

3 作用于试体的法向载荷方向应垂直剪切面，试体的推力方向宜与预定的剪切方向一致。

4 在试体的推力部位，应留有安装千斤顶的足够空间。平推法直剪试验应开拓千斤顶槽。

5 试体周围的结构面充填物及浮碴，应清除干净。

6 对结构面上部不需浇筑保护套的完整岩石试体，试体的各个面应大致修凿平整，顶面宜平行预定剪切面。在加压过程中，可能出现破裂或松动的试体，应浇筑钢筋混凝土保护套（或采取其他措施）。保护套应具有足够的强度和刚度，保护套顶面应平行预定剪切面，底部应在预定剪切面上缘。当采用斜推法时，试体推力面也可按预定推力夹角加工或浇筑成斜面，推力夹角宜为 12°~20°。

7 对于剪切面倾斜的试体，在加工试体前应采取保护措施。

4.2.4 试体的反力部位，应能承受足够的反力。反力部位岩体表面应凿平。

4.2.5 每组试验试体的数量不宜少于 5 个。

4.2.6 试验可在天然含水状态下进行，也可在人工泡水条件下进行。对结构面中具有较丰富的地下水时，在试体加工前应先切断地下水来源，防止试验段开挖至试验进行时，试验段反复泡水。

4.2.7 试验地质描述应包括下列内容：

1 试验地段开挖、试体制备及出现的情况。

2 结构面的产状、成因、类型、连续性及起伏差情况。

3 充填物的厚度、矿物成分、颗粒组成、泥化软化程度、风化程度、含水状态等。

4 结构面两侧岩体的名称、结构构造及主要矿物成分。

5 试段的地下水情况。

6 试段工程地质图、试验段平面布置图、试体地质素描图和结构面剖面示意图。

4.2.8 主要仪器和设备应符合本标准第 4.1.9 条的要求。

4.2.9 设备安装应符合本标准第 4.1.10 条至第 4.1.13 条的规定。

4.2.10 试验前应对水泥砂浆和混凝土进行养护。

4.2.11 对于无充填物的结构面或充填岩块、岩屑的结构面，试验应符合本标准第 4.1.15 条~第 4.1.18 条的规定。

4.2.12 对于充填物含泥的结构面，试验应符合下列规定：

1 剪切面上的最大法向应力，不宜小于预定的法向应力，但不应使结构面中的夹泥挤出。

2 法向载荷可视法向应力的大小宜分 3 级~5 级施加。加载采用时间控制，每 5min 施加一级载荷，加载后应立即测读每级载荷下的法向位移，5min 后再测读一次。在最后一级载荷作用下，要求法向位移值相对稳定。法向位移稳定标准可视充填物的厚度和性质而定，按每 10min 或 15min 测读一次，连续两次每一测表读数之差不超过 0.05mm,可视为稳定,施加剪切载荷。

3 剪切载荷的施加方法采用时间控制,可视充填物的厚度和性质而定,按每 10min 或 15min 加施一级。加载前后均应测读各测表读数。

4 其他应符合本标准第 4.1.15 条至第 4.1.18 条的规定。

4.2.13 试验结束应及时拆卸设备。在清理试验场地后,翻转试体,应对剪切面进行描述。剪切面的描述应包括下列内容:

1 应量测剪切面面积。

2 当结构面中同时存在多个剪切面时,应准确判断主剪切面。

3 应描述剪切面的破坏情况,擦痕的分布、方向及长度。

4 应量测剪切面的起伏差,绘制沿剪切方向断面高度的变化曲线。

5 对于结构面中的充填物,应记述其组成成分、风化程度、性质、厚度。根据需要,测定充填物的物理性质及黏土矿物成分。

4.2.14 试验成果整理应符合本标准第 4.1.20 条的要求。

4.2.15 岩体结构面直剪试验记录应包括工程名称、试验段位置和编号及试体布置、试体编号、试验方法、试体和剪切面描述、剪切面面积、千斤顶和压力表编号、测表布置和编号、各法向载荷下各级剪切载荷时的法向位移及剪切位移。

4.3 岩体直剪试验

4.3.1 岩体直剪试验可采用平推或斜推法。

4.3.2 试验地段开挖时,应减少对岩体产生扰动和破坏。试验段的岩性应均一。同一组试验各试体的岩体性质应相同,试体及剪切面下不应有贯通性裂隙通过。

4.3.3 在岩体的预定部位加工试体时,应符合下列要求:

1 试体底部剪切面面积不应小于 2500cm²,试体最小边长不应小于 50cm,试体高度应大于推力方向试体边长的 1/2。

2 各试体间距应大于试体推力方向的边长。

3 施加于试体的法向载荷方向应垂直剪切面,试体的推力方向宜与预定的剪切方向一致。

4 在试体的推力部位,应留有安装千斤顶的足够空间。平推法直剪试验应开挖千斤顶槽。

5 试体周围岩面宜修凿平整,宜与预定剪切面在同一平面上。

6 对不需要浇筑保护套的完整岩石试体,试体的各个面应大致修凿平整,顶面宜平行预定剪切面。在加压或剪切过程中,可能出现破裂或松动的试体,应浇筑钢筋混凝土保护套(或采取其他措施)。保护套应具有足够的强度和刚度,保护套顶面应平行预定剪切面,底部应预留剪切缝,剪切缝宽度宜为试体推力方向边长的 5%。试体推力面也可按预定的推力夹角加工成斜面(斜推法),推力夹角宜为 12°~20°。

4.3.4 试体的反力部位应能承受足够的反力,反力部位岩体表面应凿平。

4.3.5 每组试验试体的数量不应少于 5 个。

4.3.6 试验可在天然含水状态下进行,也可在人工泡水条件下进行。

4.3.7 试验地质描述应包括下列内容:

1 试体素描图。

2 其他应符合本标准第 4.1.8 条中第 1 款~第 5 款的要求。

4.3.8 主要仪器和设备应符合本标准第 4.1.9 条的要求。

4.3.9 设备安装应符合本标准第 4.1.10 条至第 4.1.14 条的规定。

4.3.10 试验应符合本标准第 4.1.15 条至第 4.1.18 条的规定。

4.3.11 试验结束应及时拆卸设备。在清理试验场地后,应翻转试体,对剪切面进行描述。剪切面描述应包括下列内容:

1 应量测剪切面面积。

2 应描述剪切面的破坏情况,破坏情况应包括破坏形式及范围,剪切碎块的大小及范围,擦痕的分布、方向及长度。

3 应绘制剪切面素描图。量测剪切面的起伏差,绘制沿剪切方向断面高度的变化曲线。应根据需要,作剪切面等高线图。

4.3.12 试验成果整理应符合本标准第 4.1.20 条的要求。

4.3.13 岩体直剪试验记录应包括工程名称、试验段位置和编号及试体布置、试体编号、试验方法、试体和剪切面描述、剪切面面积、千斤顶和压力表编号、测表布置和编号、各法向载荷下各级剪切载荷时的法向位移及剪切位移。

4.4 岩体载荷试验

4.4.1 岩体载荷试验应采用刚性承压板法进行浅层静力载荷试验。

4.4.2 试点制备应符合本标准第 3.1.2 条至第 3.1.5 条和第 3.1.7 条的要求。

4.4.3 试点地质描述应符合本标准第 3.1.8 条的要求。

4.4.4 主要仪器和设备应符合本标准第 3.1.9 条中刚性承压板法的要求。

4.4.5 设备安装应符合本标准第 3.1.10 条、3.1.12 条、3.1.13 条中刚性承压板法的规定。应布置板外测表。

4.4.6 载荷的施加方法应符合下列规定:

1 应采用一次逐级连续加载的方式施加载荷,直至试点岩体破坏。破坏前不应卸载。

2 在试验初期阶段,每级载荷可按预估极限载荷的 10% 施加。

3 当载荷与变形关系曲线不再呈直线,或承压板周围岩面开始出现隆起或裂缝时,应及时调整载荷等级,每级载荷可按预估极限载荷的 5% 施加。

4 当承压板上测表变形速度明显增大,或承压板周围岩面隆起或裂缝开展速度加剧时,应加密载荷等级,每级载荷可按预估极限载荷的 2%~3% 施加。

4.4.7 试验及稳定标准应符合下列规定:

1 加压前应对测表进行初始稳定读数观测,应每隔 10min 同时测读各测表一次,连续三次读数不变,可开始加载。

2 每级载荷加载后应立即读数,以后应每隔 10min 读数一次,当所有测表相邻两次读数之差与同级载荷下第一次变形读数和前一级载荷下最后一次变形读数差之比小于 5% 时认为变形稳定,可施加下一级载荷。

3 每级读数累计时间不应小于 1h。

4 承压板外岩面上的测表读数,可在板上测表读数稳定后测读一次。

4.4.8 当出现下列情况之一时,即可终止加载:

1 在本级载荷下,连续测读 2h 变形无法稳定。

2 在本级载荷下,变形急剧增加,承压板周围岩面发生明显隆起或裂缝持续发展。

3 总变形量超过承压板直径或边长的 1/12。

4 已经达到加载设备的最大出力,且已经超过比例极限的 15% 或超过预定工程压力的两倍。

4.4.9 终止加载后,载荷可分 3 级~5 级进行卸载,每级载荷应测读测表一次。载荷完全卸除后,每隔 10min 应测读一次,应连续测读 1h。

4.4.10 在试验过程中,应对承压板周围岩面隆起和裂隙的发生及开展情况,以及与载荷大小和时间的关系等,作详细观测、描述和记录。

4.4.11 试验结束应及时拆卸设备。在清理试验场地后,应对试点及周围岩面进行描述。描述应包括下列内容:

1 裂缝的产状及性质。

2 岩面隆起的位置及范围。

3 必要时进行切槽检查。

4.4.12 试验成果整理应符合下列要求：

1 应计算各级载荷下的岩体表面压力。

2 应绘制压力与板内和板外变形关系曲线。

3 应根据关系曲线确定各载荷阶段特征点。关系曲线中，直线段的终点对应的压力为比例界限压力；关系曲线中，符合本标准第4.4.8条中第1款至第3款情况之一对应的压力应为极限压力。

4 根据关系曲线直线段的斜率，应按本标准式(3.1.17-1)计算岩体变形参数。

4.4.13 岩体载荷试验记录应包括工程名称、试点编号、试点位置、试验方法、试点描述、承压板尺寸、压力表和千斤顶编号、测表布置及编号、各级载荷下各测表的变形。

5 岩石声波测试

5.1 岩块声波速度测试

5.1.1 能制成规则试件的岩石均可采用岩块声波速度测试。

5.1.2 岩石试件应符合本标准第2.7.2条至第2.7.6条的要求。

5.1.3 试件描述应符合本标准第2.7.7条的要求。

5.1.4 应包括下列主要仪器和设备：

1 钻石机、锯石机、磨石机、车床等。

2 测量平台。

3 岩石超声波参数测定仪。

4 纵、横波换能器。

5 测试架。

5.1.5 应检查仪器接头性状、仪器接线情况以及开机后仪器和换能器的工作状态。

5.1.6 测试应按下列步骤进行：

1 发射换能器的发射频率应符合下式要求：

$$f \geqslant \frac{2v_p}{D} \qquad (5.1.6)$$

式中：f——发射换能器发射频率(Hz)；

v_p——岩石纵波速度(m/s)；

D——试件的直径(m)。

2 测试纵波速度时，耦合剂可采用凡士林或黄油；测试横波速度时，耦合剂可采用铝箔、铜箔或水杨酸苯脂等固体材料。

3 对非受力状态下的直透法测试，应将试件置于测试架上，换能器置于试件轴线的两端，并应量测两换能器中心距离。应对换能器施加约0.05MPa的压力，测读纵波或横波在试件中传播时间。受力状态下的测试，宜与单轴压缩变形试验同时进行。

4 需要采用平透法测试时，应将一个发射换能器和两个(或两个以上)接收换能器置于试件的同一侧的一条直线上，并应量测发射换能器中心至每一接收换能器中心的距离，并应测读纵波或横波在试件中传播时间。

5 直透法测试结束后，应测定声波在不同长度的标准有机玻璃棒中的传播时间，应绘制时距曲线，以确定仪器系统的零延时。也可将发射、接收换能器对接测读零延时。

6 使用切变振动模式的横波换能器时，收、发换能器的振动方向应一致。

5.1.7 距离应准确至1mm，时间应准确至0.1μs。

5.1.8 测试成果整理应符合下列要求：

1 岩石纵波速度、横波速度应分别按下列公式计算：

$$v_p = \frac{L}{t_p - t_0} \qquad (5.1.8-1)$$

$$v_s = \frac{L}{t_s - t_0} \qquad (5.1.8-2)$$

$$v_p = \frac{L_2 - L_1}{t_{p2} - t_{p1}} \qquad (5.1.8-3)$$

$$v_s = \frac{L_2 - L_1}{t_{s2} - t_{s1}} \qquad (5.1.8-4)$$

式中：v_p——纵波速度(m/s)；

v_s——横波速度(m/s)；

L——发射、接收换能器中心间的距离(m)；

t_p——直透法纵波的传播时间(s)；

t_s——直透法横波的传播时间(s)；

t_0——仪器系统的零延时(s)；

$L_1(L_2)$——平透法发射换能器至第一(二)个接收换能器两中心的距离(m)；

$t_{p1}(t_{s1})$——平透法发射换能器至第一个接收换能器纵(横)波的传播时间(s)；

$t_{p2}(t_{s2})$——平透法发射换能器至第二个接收换能器纵(横)波的传播时间(s)。

2 岩石各种动弹性参数应分别按下列公式计算：

$$E_d = \rho v_p^2 \frac{(1+\mu)(1-2\mu)}{1-\mu} \times 10^{-3} \qquad (5.1.8-5)$$

$$E_d = 2\rho v_s^2 (1+\mu) \times 10^{-3} \qquad (5.1.8-6)$$

$$\mu_d = \frac{\left(\frac{v_p}{v_s}\right)^2 - 2}{2\left[\left(\frac{v_p}{v_s}\right)^2 - 1\right]} \qquad (5.1.8-7)$$

$$G_d = \rho v_s^2 \times 10^{-3} \qquad (5.1.8-8)$$

$$\lambda_d = \rho(v_p^2 - 2v_s^2) \times 10^{-3} \qquad (5.1.8-9)$$

$$K_d = \rho \frac{3v_p^2 - 4v_s^2}{3} \times 10^{-3} \qquad (5.1.8-10)$$

式中：E_d——岩石动弹性模量(MPa)；

μ_d——岩石动泊松比；

G_d——岩石动刚性模量或动剪切模量(MPa)；

λ_d——岩石动拉梅系数(MPa)；

K_d——岩石动体积模量(MPa)；

ρ——岩石密度(g/cm³)。

3 计算值应取三位有效数字。

5.1.9 岩石声波速度测试记录应包括工程名称、取样位置、试件编号、试件描述、试件尺寸、测试方法、换能器间的距离、声波传播时间、仪器系统零延时。

5.2 岩体声波速度测试

5.2.1 各类岩体均可采用岩体声波速度测试。

5.2.2 测点布置应符合下列要求：

1 测点可选择在洞室、钻孔、风钻孔或地表露头。

2 测线应根据岩体特性布置：当测点岩性为各向同性时，测线应按直线布置；当测点岩性为各向异性时，测线应分别按平行或垂直岩体的主要结构面布置。

3 相邻两测点的距离，宜根据声波激发方式确定：当采用换能器发射声波时，测距宜为1m~3m；当采用锤击法激发声波时，测距不应小于3m；当采用电火花激发声波时，测距宜为10m~30m。

4 单孔测试时，源距宜为0.3m~0.5m，换能器每次移动距离不宜小于0.2m。

5 在钻孔或风钻孔中进行孔间穿透测试时，两换能器每次移动距离宜为0.2m~1.0m。

5.2.3 测点地质描述应包括下列内容：

1 岩石名称、颜色、矿物成分、结构、构造、风化程度、胶结物性质等。

2 岩体结构面的产状、宽度、粗糙程度、充填物性质、延伸情况等。

3 层理、节理、裂隙的延伸方向与测线关系。

4 测线、测点平面地质图、展示图及剖面图。

5 钻孔柱状图。

5.2.4 应包括下列主要仪器和设备：

1 岩体声波参数测定仪。

2 孔中发射、接收换能器。

3 一发双收单孔测试换能器。

4 弯曲式接收换能器。

5 夹心式发射换能器。

6 干孔测试设备。

7 声波激发锤。

8 电火花振源。

9 仰孔注水设备。

10 测孔换能器扶位器。

5.2.5 岩体表面平透法测试准备应符合下列规定：

1 测点表面应大致修凿平整，对各测点应进行编号。

2 应擦净测点表面，将换能器放置在测点上，并应压紧换能器。在试点和换能器之间，应有耦合剂。纵波换能器可涂 1mm～2mm 厚的凡士林或黄油作为耦合剂，横波换能器可采用多层铝箔或铜箔作为耦合剂。

3 应量测发射换能器或锤击点与接收换能器之间的距离，测距相对误差应小于 1%。

5.2.6 钻孔或风钻孔中岩体测试准备应符合下列要求：

1 钻孔或风钻孔应冲洗干净，孔内应注满水，并应对各孔进行编号。

2 进行孔间穿透测试时，应量测两孔口中心点的距离，测距相对误差应小于 1%。当两孔轴线不平行时，应量测钻孔或风钻孔轴线的倾角和方位角，计算不同深度处两测点的距离。

3 进行单孔平透折射波法测试采用一发双收时，应安装扶位器。

4 对向上倾的斜孔，应采取供水、止水措施。

5 根据需要可采用干孔测试。

5.2.7 仪器和设备安装应符合下列要求：

1 应检查仪器接头性状、仪器接线情况及开机后仪器和换能器的工作状态。在洞室中进行测试时，应注意仪器防潮。

2 采用换能器发射声波时，应将仪器置于内同步工作方式。

3 采用锤击或电火花振源激发声波时，应将仪器置于外同步方式。

5.2.8 测试应按下列步骤进行：

1 可将荧光屏上的光标（游标）关门讯号调整到纵波或横波初至位置，应测读声波传播时间，或利用自动关门装置测读声波传播时间。

2 每一对测点应读数 3 次，最大读数之差不宜大于 3%。

3 测试结束，应采用绘制岩体的、或者水的、空气的时距曲线方法，确定仪器系统的零延时。采用发射换能器发射声波，也可采用有机玻璃棒或换能器对接方式确定仪器系统的零延时。

4 测试时，应保持测试环境处于安静状态，应避免钻探、爆破、车辆等干扰。

5.2.9 测试成果整理应符合下列要求：

1 岩体声波测试参数计算应符合本标准第 5.1.8 条的要求。

2 应绘制沿测线或孔深与孔速关系曲线。必要时，可列入动弹性参数关系曲线。

3 岩体完整性指数应按下式计算：

$$K_v = \left(\frac{v_{pm}}{v_{pr}}\right)^2 \qquad (5.2.9)$$

式中：K_v——岩体完整性指数，精确至 0.01；

v_{pm}——岩体纵波速度（m/s）；

v_{pr}——岩块纵波速度（m/s）。

5.2.10 岩体声波速度测试记录应包括工程名称、测点编号、测点位置、测试方法、测点描述、测点布置、测点间距、传播时间、仪器系统零延时。

6 岩体应力测试

6.1 浅孔孔壁应变法测试

6.1.1 完整和较完整岩体可采用浅孔孔壁应变法测试，测试深度不宜大于 30m。

6.1.2 测点布置应符合下列要求：

1 在同一测段内，岩性应均一、完整。

2 同一测段内，有效测点不应少于 2 个。

6.1.3 地质描述应包括下列内容：

1 钻孔钻进过程中的情况。

2 岩石名称、结构、构造及主要矿物成分。

3 岩体结构面的类型、产状、宽度、充填物性质。

4 测区的岩体应力现象。

5 区域地质图、测区工程地质图、测点工程地质剖面图和钻孔柱状图。

6.1.4 应包括下列主要仪器和设备：

1 浅孔孔壁应变计或空心包体式孔壁应变计。

2 钻机。

3 金刚石钻头包括小孔径钻头、套钻解除钻头、扩孔器、磨平钻头和锥形钻头。各类钻头规格应与应变计配套。

4 静态电阻应变仪。

5 安装器。

6 岩心围压率定器。

7 钻孔烘烤设备。

6.1.5 测试准备应符合下列要求：

1 应根据测试要求，选择适当场地，安装并固定好钻机，并应按预定的方位角和倾角进行钻进。

2 应用套钻解除钻头钻至预定的测试深度，并应取出岩心，进行描述。

3 应用磨平钻头磨平孔底，并应用锥形钻头打喇叭口。

4 应用小孔径钻头钻中心测试孔，深度应视应变计要求长度而定。中心测试孔应与解除孔同轴，两孔孔轴允许偏差不应大于 2mm。

5 中心测试孔钻进过程中，应施力均匀并一次完成，取出岩心进行描述。当孔壁不光滑时，应采用金刚石扩孔器扩孔；当岩心不能满足测试要求时，应重复本条第 2 款～第 4 款步骤，直至找到完整岩心位置。

6 应用水冲洗中心测试孔直至回水不含岩粉为止。

7 应根据所选类型的孔壁应变计和黏结剂要求，对中心测试孔孔壁进行干燥处理或清洗。

6.1.6 浅孔孔壁应变计安装应符合下列要求：

1 在中心测试孔孔壁和应变计上应均匀涂上黏结剂。

2 应用安装器将应变计送入中心测试孔，就位定向，施加并保持一定的预压力，应使应变计牢固地黏结在孔壁上。

3 待黏结剂充分固化后，应取出安装器，记录测点方位角、倾角及埋设深度。

4 应检查系统绝缘值，不应小于 50MΩ。

6.1.7 空心包体式孔壁应变计安装应符合下列要求：

1 应在应变计内腔的胶管内注满黏结剂胶液。

2 应用安装器将应变计送入中心测试孔，就位定向。应推动安装杆，切断定位销钉，挤出黏结剂。

3 其他应符合本标准第 6.1.6 条中第 3 款、第 4 款的规定。

6.1.8 测试及稳定标准应符合下列规定：

1 应从钻具中引出应变计电缆，连接电阻应变仪。

2 向钻孔内冲水，应每隔 10min 读数一次，连续三次读数相差不大于 $5\mu\varepsilon$ 时，即认为稳定，应将最后一次读数作为初始读数。

3 用套钻解除钻头在匀压匀速条件下，应进行连续套钻解除，可按每钻进 2cm 读数一次。也可按每钻进 2cm 停钻后读数一次。

4 套钻解除深度应超过孔底应力集中影响区。当解除至一定深度后，应变计读数趋于稳定，可终止钻进。最终解除深度，即应变计中应变丛位置至解除孔孔底深度，不应小于解除岩心外径的 2.0 倍。

5 向钻孔内继续充水，应每隔 10min 读数一次，连续三次读数相差不大于 $5\mu\varepsilon$ 时，可认为稳定，应取最后一次读数作为最终读数。

6 在套钻解除过程中，当发现异常情况时，应及时停钻检查，进行处理并记录。

7 应检查系统绝缘值。退出钻具，应取出装有应变计的岩心，进行描述。

6.1.9 岩心围压试验应按下列步骤进行：

1 现场测试结束后，应将解除后带有应变计的岩心放入岩心围压率定器中，进行围压试验。其间隔时间，不宜超过 24h。

2 应将应变计电缆与电阻应变仪连接，对岩心施加围压。率定的最大压力宜大于预估的岩体最大主应力，或根据围岩率定器的设计压力确定。压力宜分为 5 级～10 级，宜按最大压力等分施加。

3 采用大循环加压时，每级压力下应读数一次，两相邻循环的最大压力读数不超过 $5\mu\varepsilon$ 时，可终止试验，但大循环的次数不应少于 3 次。

4 采用一次逐级加压时，每级压力下应读取稳定读数，每隔 5min 读数一次，连续两次读数相差不大于 $5\mu\varepsilon$ 时，即认为稳定，可施加下一级压力。

6.1.10 测试成果整理应符合下列要求：

1 应根据岩心解除应变值和解除深度，绘制解除过程曲线。

2 应根据围压试验资料，绘制压力与应变关系曲线，并应计算岩石弹性模量。

3 应按本标准附录 A 的规定计算岩体应力参数。

6.1.11 孔壁应变法测试记录应包括工程名称、钻孔编号、钻孔位置、孔口高程、测点编号、测点位置、测试方法、地质描述、相应于解除深度的各应变片应变值、各应变片及应变丛布置、钻孔轴向方位角和倾角、围压试验资料。

6.2 浅孔孔径变形法测试

6.2.1 完整和较完整岩体可采用浅孔孔径变形法测试，测试深度不宜大于 30m。

6.2.2 测点布置应符合下列要求：

1 当测试岩体空间应力状态时，应布置交会于岩体某点的三个测试孔，两个辅助测试孔与主测试孔夹角宜为 45°，三个测试孔宜在同一平面内。测点宜布置在交会点附近。

2 其他应符合本标准第 6.1.2 条的要求。

6.2.3 地质描述应符合本标准第 6.1.3 条的规定。

6.2.4 应包括下列主要仪器和设备：

1 四分向钢环式孔径变形计。

2 其他应符合本标准第 6.1.4 条中第 2 款至第 6 款的规定。

6.2.5 测试准备应符合本标准第 6.1.5 条中第 1 款至第 6 款的要求。

6.2.6 孔径变形计安装应符合下列规定：

1 应根据中心测试孔直径调整触头长度，孔径变形计应变钢环的预压缩量宜为 0.2mm～0.6mm。应将孔径变形计与应变仪连接，应装上定位器后用安装器将变形计送入中心测试孔内。在将孔径变形计送入中心测试孔的同时，应观测应变仪的读数变化情况。

2 将孔径变形计送至预定位置后，应适当锤击安装杆端部，使孔径变形计锥体楔入中心测试孔内，与孔口紧密接触。

3 应退出安装器，记录测点方位角及深度。

4 检查系统绝缘值，不应小于 50MΩ。

6.2.7 测试及稳定标准应符合本标准第 6.1.8 条的规定。

6.2.8 岩心围压试验应按本标准第 6.1.9 条规定的步骤进行。

6.2.9 测试成果整理应符合下列要求：

1 各级解除深度的相对孔径变形应按下式计算：

$$\varepsilon_i = K\frac{\varepsilon_{ni} - \varepsilon_0}{d} \tag{6.2.9}$$

式中：ε_i——各级解除深度的相对孔径变形；

ε_{ni}——各级解除深度的应变仪读数；

ε_0——初始读数；

K——测量元件率定系数（mm）；

d——中心测试钻孔直径（mm）。

2 应根据套钻解除时应变仪读数计算的相对孔径变形和解除深度，绘制解除过程曲线。

3 应根据围压试验资料，绘制压力与孔径变形关系曲线，计算岩石弹性模量。

4 应按本标准附录 A 的规定计算岩体应力参数。

6.2.10 孔径变形法测试记录应包括工程名称、钻孔编号、钻孔位置、孔口标高、测点编号、测点位置、测试方法、地质描述、相应于解除深度的各应变片应变值、孔径变形计触头布置、钻孔轴向方位角和倾角、中心测试孔直径、各元件率定系数、围压试验资料。

6.3 浅孔孔底应变法测试

6.3.1 完整和较完整岩体可采用浅孔孔底应变法测试，测试深度不宜大于 30m。

6.3.2 测点布置应符合本标准第 6.2.2 条的要求。

6.3.3 地质描述应符合本标准第 6.1.3 条的规定。

6.3.4 应包括下列主要仪器和设备：

1 孔底应变计。

2 其他应符合本标准第 6.1.4 条的第 2 款至第 7 款的规定。

6.3.5 测试准备应符合下列要求：

1 应根据测试要求，选择适当场地，安装并固定好钻机，按预定的方位角和倾角进行钻进。

2 应用套钻解除钻头钻至预定的测试深度，取出岩心，进行描述。当不能满足测试要求时，应继续钻进，直至找到合适位置。

3 应用粗磨钻头将孔底磨平，再用细磨钻头进行精磨。孔底应平整光滑。

4 应根据所选类型的孔底应变计和黏结剂要求，对孔底进行干燥处理或清洗。

6.3.6 应变计安装应符合下列规定：

1 在孔底平面和孔底应变计底面应分别均匀涂上黏结剂。

2 应用安装器将应变计送至孔底中央部位，经定向定位后对应变计施加一定的预压力，并应使应变计牢固地黏结在孔底上。

3 应待黏结剂充分固化后，取出安装器，应记录测点方位角及埋设深度。

4 检查系统绝缘值，不应小于 50MΩ。

6.3.7 测试及稳定标准应符合下列规定：

1 读取初始读数时，钻孔内冲水时间不宜少于 30min。

2 应每解除 1cm 读数一次。

3 最终解除深度不应小于解除岩心直径的 0.8。

4 其他应符合本标准第 6.1.8 条的规定。

6.3.8 岩心围压试验应按本标准第 6.1.9 条规定的步骤进行。试验时应变计应位于围压器中间，另一端应接装直径和岩性相同的岩心。

6.3.9 测试成果整理应符合下列要求：

1 应根据岩心解除应变值和解除深度，绘制解除过程曲线。

2 应根据围压试验资料，绘制压力与应变关系曲线，计算岩石弹性模量。

3 应按本标准附录 A 的规定计算岩体应力参数。

6.3.10 孔底应变计测试记录应包括工程名称、钻孔编号、钻孔位置、孔口标高、测点编号、测点位置、测试方法、地质描述、相应于解除深度的各应变片应变值、各应变片位置、钻孔轴向方位角和倾角、围压试验资料。

6.4 水压致裂法测试

6.4.1 完整和较完整岩体可采用水压致裂法测试。

6.4.2 测点布置应符合下列规定：

1 测点的加压段长度应大于测试孔直径的 6.0 倍。加压段的岩性应均一、完整。

2 加压段与封隔段岩体的透水率不宜大于 1Lu。

3 应根据钻孔岩心柱状图或钻孔电视选择测点。同一测试孔内测点的数量，应根据地形地质条件、岩心变化、测试孔孔深而定。两测点间距宜大于 3m。

6.4.3 地质描述应包括下列内容：

1 测试钻孔的透水性指标。

2 测试钻孔地下水位。

3 其他应符合本标准第 6.1.3 条的要求。

6.4.4 应包括下列主要仪器和设备：

1 钻机。

2 高压大流量水泵。

3 联结管路。

4 封隔器。

5 压力表和压力传感器。

6 流量表和流量传感器。

7 函数记录仪。

8 印模器或钻孔电视。

6.4.5 测试准备应符合下列规定：

1 应根据测试要求，在选定部位按预定的方位角和倾角进行钻孔。测试孔孔径应满足封隔器要求，孔壁应光滑，孔深宜超过预定测试部位 10m。测试孔应进行压水试验。

2 测试孔应全孔取心，每一回次应进行冲孔，终孔时孔底沉淀不宜超过 0.5m。应量测岩体内稳定地下水位。

3 对联结管路应进行密封性能试验，试验压力不应小于 15MPa，或为预估破裂压力的 1.5 倍。

6.4.6 仪器安装应符合下列要求：

1 加压系统宜采用双回路加压，分别向封隔器和加压段施加压力。

2 应按仪器使用要求，将两个封隔器按加压段要求的距离串接，并应用联结管路通过压力表与水泵相连。

3 加压段应用联结管路通过流量计、压力表与水泵相连，在管路中接入压力传感器与流量传感器，并应接入函数记录仪。

4 应将组装后的封隔器用安装器送入测试孔预定测点的加压段，对封隔器进行充水加压，使封隔器座封与测试孔孔壁紧密接触，形成充水加压孔段。施加的压力应小于预估的测试岩体破裂缝的重张压力。

6.4.7 测试及稳定标准应符合下列规定：

1 打开函数记录仪，应同时记录压力与时间关系曲线和流量与时间关系曲线。

2 应对加压段进行充水加压，按预估的压力稳定地升压，加压时间不宜少于 1min，加压时应观察关系曲线的变化。岩体的破裂压力值应在压力上升至曲线出现拐点、压力突然下降、流量急剧上升时读取。

3 瞬时关闭压力值应在关闭水泵、压力下降并趋于稳定时读取。

4 应打开水泵阀门进行卸压退零。

5 应按本条第 2 款至第 4 款继续进行加压、卸压循环，此时的峰值压力即为岩体的重张压力。循环次数不宜少于 3 次。

6 测试结束后，应将封隔器内压力退至零，在测试孔内移动封隔器，应按本条第 2 款～第 5 款进行下一测点的测试。测试应自孔底向孔口逐点进行。

7 全孔测试结束后，应从测试孔中取出封隔器，用印模器或钻孔电视记录加压段岩体裂缝的长度和方向。裂缝的方向应为最大平面主应力的方向。

6.4.8 测试成果整理应符合下列要求：

1 应根据压力与时间关系曲线和流量与时间关系曲线确定各循环特征点参数。

2 岩体钻孔横截面上岩体平面最小主应力应分别按下列公式计算：

$$S_h = p_s \quad (6.4.8\text{-}1)$$
$$S_H = 3S_h - p_b - p_0 + \sigma_t \quad (6.4.8\text{-}2)$$
$$S_H = 3p_s - p_r - p_0 \quad (6.4.8\text{-}3)$$

式中：S_h——钻孔横截面上岩体平面最小主应力(MPa)；

S_H——钻孔横截面上岩体平面最大主应力(MPa)；

σ_t——岩体抗拉强度(MPa)；

p_s——瞬时关闭压力(MPa)；

p_r——重张压力(MPa)；

p_b——破裂压力(MPa)；

p_0——岩体孔隙水压力(MPa)。

3 钻孔横截面上岩体平面最大主应力计算时，应视岩性和测试情况选择式(6.4.8-2)或式(6.4.8-3)之一进行计算。

4 应根据印模器或钻孔电视记录，绘制裂缝形状、长度图，并应据此确定岩体平面最大主应力方向。

5 当压力传感器与测点有高程差时，岩体应力应叠加静水压力。岩体孔隙水压力可采用岩体内稳定地下水位在测点处的静水压力。

6 应绘制岩体应力与测试深度关系曲线。

6.4.9 水力致裂法测试记录应包括工程名称、钻孔编号、钻孔位置、孔口高程、钻孔轴向方位角和倾角、测点编号、测点位置、测试方法、地质描述、压力与时间关系曲线、流量与时间关系曲线、最大主应力方向。

7 岩体观测

7.1 围岩收敛观测

7.1.1 各类岩体均可采用围岩收敛观测。

7.1.2 观测布置应符合下列规定：

1 应根据地质条件、围岩应力、施工方法、断面形式、支护形式及围岩的时间和空间效应等因素，按一定的间距选择观测断面和测点位置。

2 观测断面间距宜大于 2 倍洞径。

3 初测观测断面宜靠近开挖掌子面，距离不宜大于 1.0m。

4 基线的数量和方向,应根据围岩的变形条件及洞室的形状和大小确定。

7.1.3 地质描述应包括下列内容:

1 观测段的岩石名称、结构构造、岩层产状及主要矿物成分。

2 岩体结构面的类型、产状、宽度及充填物性质。

3 地下洞室开挖过程中岩体应力特征。

4 水文地质条件。

5 观测断面地质剖面图和观测段地质展视图。

7.1.4 应包括下列主要仪器和设备:

1 卷尺式收敛计。

2 测桩及保护装置。

3 温度计。

7.1.5 测点安装应符合下列要求:

1 应清除测点埋设处的松动岩石。

2 应用钻孔工具在选定的测点处垂直洞壁钻孔,并应将测桩固定在孔内。测桩端头宜位于岩体表面,不宜出露过长。

3 测点应设保护装置。

7.1.6 观测准备应包括下列内容:

1 对于同一工程部位进行收敛观测,应使用同一收敛计。

2 需要对收敛计进行更换时,应重新建立基准值。

3 收敛计应在观测前进行标定。

7.1.7 观测应按下列步骤进行:

1 应将测桩端头擦拭干净。

2 应将收敛计两端分别固定在基线两端测桩的端头上,并应按基线长度固定尺长。钢尺不应受扭。

3 应根据基线长度确定的收敛计恒定张力,调节张力装置,读取观测值,然后松开张力装置。

4 每次观测应重复测读3次,3次观测读数的最大差值不应大于收敛计的精度范围。应取3次读数的平均值作为观测读数值,第1次观测读数值作为观测基准值。

5 应量测环境温度。

6 观测时间间隔应根据观测目的、工程需要和围岩收敛情况确定。

7 应记录工程施工或运行情况。

7.1.8 观测成果整理应符合下列要求:

1 应根据仪器使用要求,计算基线观测长度。

2 经温度修正的实际收敛值应按下式计算:

$$\Delta L_i = L_0 - [L_i + aL_i(T_i - T_0)] \qquad (7.1.8)$$

式中:ΔL_i——实际收敛值(mm);

L_0——基线基准长度(mm);

L_i——基线观测长度(mm);

a——收敛计系统温度线胀系数(1/℃);

T_i——收敛计观测时的环境温度(℃);

T_0——收敛计第一次读数时的环境温度(℃)。

3 应绘制收敛值与时间关系曲线、收敛值与开挖空间变化关系曲线。

4 需要进行收敛观测各测点位移的分配计算时,可根据测点的布置形式选择相应的计算方法进行。

7.1.9 围岩收敛观测记录应包括工程名称、观测段和观测断面及观测点的位置与编号、地质描述、收敛计编号、观测时间、观测读数、基线长度、环境温度、工程施工或运行情况。

7.2 钻孔轴向岩体位移观测

7.2.1 各类岩体均可采用钻孔轴向岩体位移观测,观测深度不宜大于60m。

7.2.2 观测布置应符合下列要求:

1 观测断面及断面上观测孔的数量,应根据工程规模、工程特点和地质条件确定。

2 观测孔的位置、方向和深度,应根据观测目的和地质条件确定。观测孔的深度宜大于最深测点0.5m~1.0m。

3 观测孔中测点的位置,宜据位移变化梯度确定,位移变化大的部位宜加密测点。测点宜避开构造破碎带。

4 当以最深点为绝对位移基准时,最深点应设置在应力扰动区外。

5 当有条件时,位移可在开挖前进行预埋,或在同一断面上的重要部位选择1孔~2孔进行预埋。预埋孔中最深测点,距开挖面距离宜大于1.0m。

6 当无条件进行预埋时,埋设断面距掌子面不宜大于1.0m。当工程开挖为分台阶开挖时,可在下一台阶开挖前进行埋设。

7.2.3 地质描述应包括下列内容:

1 观测区段的岩石名称、岩性及地质分层。

2 岩体结构面的类型、产状、宽度及充填物性质。

3 观测孔钻孔柱状图、观测区段地质纵横剖面图和观测区段平面地质图。

7.2.4 应包括下列主要仪器设备:

1 钻孔设备。

2 杆式轴向位移计。

3 读数仪。

4 安装器。

5 灌浆设备。

7.2.5 观测准备应符合下列规定:

1 在预定部位应按要求的孔径、方向和深度钻孔。孔口松动岩石应清除干净,孔口应平整。

2 应清洗钻孔,检查钻孔通畅程度。

3 应根据钻孔岩心柱状图和观测要求,确定测点位置和选择锚头类型。

7.2.6 仪器安装应符合下列要求:

1 应根据位移计的安装要求,进行位移计安装。应按确定的测点位置,由孔底向孔口逐点安装各测点,最后安装孔口装置。并联式位移计安装时,应防止各测点间传递位移的连接杆相互干扰。

2 应根据锚头类型和安装要求,逐点固定锚头。当使用灌浆锚头时,应预置灌浆管和排气管。

3 安装位移传感器时应对传感器和观测电缆进行编号。调整每个测点的初始读数,当采用灌浆锚头时,应在浆液充分固化后进行。

4 需要设置集线箱时,位移传感器通过观测电缆应按编号接入集成箱。

5 孔口、观测电缆、集线箱应设保护装置。

6 仪器安装情况应进行记录。

7.2.7 观测应按下列步骤进行:

1 应在连接读数仪后进行观测。

2 每个测点宜重复测读3次,3次读数的最大差值不应大于读数仪的精度范围。应取3次读数的平均值作为观测读数值,第1次观测读数值应作为观测基准值。

3 观测时间间隔应根据观测目的、工程需要和岩体位移情况确定。

4 应记录工程施工或运行情况。

7.2.8 观测成果整理应符合下列要求:

1 应计算各测点位移。

2 应绘制测点位移与时间关系曲线。

3 应绘制观测孔位移与孔深关系曲线。

4 应绘制观测断面上,各观测孔的位移与孔深关系曲线。

5 应选择典型观测孔,绘制各测点位移与开挖面距离变化的关系曲线。

7.2.9 钻孔轴向岩体位移观测记录包括工程名称、观测断面和观测孔及测点的位置与编号、地质描述、仪器安装记录、读数仪编号、传感器编号、观测时间、观测读数、工程施工或运行情况。

7.3 钻孔横向岩体位移观测

7.3.1 各类岩体均可采用铅垂向钻孔进行钻孔横向岩体位移观测。

7.3.2 观测布置应符合下列要求：

1 观测断面及断面上观测孔的数量，应根据工程规模、工程特点和地质条件确定。

2 观测断面方向宜与预计的岩体最大位移方向或倾斜方向一致。

3 观测孔应根据地质条件和岩体受力状态布置在最有可能产生滑移、倾斜或对工程施工及运行安全影响最大的部位。

4 观测孔的深度宜超过预计最深滑移带或倾斜岩体底部5m。

7.3.3 地质描述应包括下列内容：

1 观测区段的岩石名称、岩性及地质分层。

2 岩体结构面的类型、产状、宽度及充填物性质。

3 观测孔钻孔柱状图、观测区段地质纵横剖面图和观测区段平面地质图。

7.3.4 应包括下列主要仪器和设备：

1 钻孔设备。

2 伺服加速度计式滑动测斜仪。

3 模拟测头。

4 测斜管及管接头。

5 安装设备。

6 灌浆设备。

7 测扭仪。

7.3.5 观测准备应符合下列要求：

1 应在预定部位按要求的孔径和深度进行铅垂向钻孔。观测孔孔径宜大于测斜管外径50mm。

2 应清洗钻孔，检查钻孔通畅程度。

3 应进行全孔取心，绘制钻孔柱状图，并记录钻进过程中的情况。

7.3.6 测斜管安装应符合下列要求：

1 应按要求长度将测斜管进行逐节预接，打好铆钉孔，在对接处作好对准标记并编号，底部测斜管进行密封。对接处导槽应对准，铆钉孔应避开导槽。

2 应按测斜管的对准标记和编号逐节对接、固定和密封后，逐节吊入观测孔内，直至将测斜管全部下入观测孔内。

3 应调整导槽方向，其中一对导槽方向宜与预计的岩体位移或倾斜方向一致。用模拟测头检查导槽畅通无阻后，将测斜管就位锁紧。

4 应在测斜管内灌注洁净水，必要时施加压重。

5 应封闭测斜管管口，并将灌浆管沿测斜管外侧下入孔内至孔底以上1m处，进行灌浆。待浆液从孔口溢出，溢出的浆液与灌入浆液相同时，边灌浆边取出灌浆管。浆液应按要求配制。

6 灌浆结束后，孔口应设保护装置。

7 测斜管安装情况应进行记录。

7.3.7 观测应按下列步骤进行：

1 应待浆液充分固化后，量测测斜管导槽方位。

2 应用模拟测头检查测斜管导槽通畅程度。必要时，应用测扭仪测导槽的扭曲度。

3 使测斜仪处于工作状态，应将测头导轮插入测斜管导槽，缓慢地下至孔底，由孔底自下而上进行连续观测，并应记录测点观测读数和测点深度。测读完成后，应将测头旋转180°插入同一对

导槽内，并按上述步骤再测读1次，测点深度应与第1次相同。

4 测读完一对导槽后，将测头旋转90°，并应按本条第3款步骤测另一对导槽两个方向的观测读数。

5 每次观测时，应保持测点在同一深度上。同一深度一对导槽正反两次观测数的误差应满足仪器精度要求，取两次读数的平均值作为观测读数值。

6 应取第1次的观测读数值作为观测基准值。也可在浆液固化后，按一定的时间间隔进行观测，取其读数稳定值作为观测基准值。

7 当读数有异常时，应及时补测，或分析原因后采取相应措施。

8 观测时间间隔，应根据工程需要和岩体位移情况确定。

9 应记录工程施工或运行情况。

7.3.8 观测成果整理应符合下列要求：

1 应根据仪器要求，计算各测点位移和累积位移。

2 应绘制位移与深度关系曲线，并附钻孔柱状图。

3 应绘制各观测时间的位移与深度关系曲线。

4 对有明显位移的部位，应绘制该深度的位移与时间关系曲线。

5 应根据需要，计算测点的位移矢量及其方位角，绘制位移矢量与深度关系曲线，以及方位角与深度关系曲线、测区位移矢量平面分布图。

7.3.9 钻孔横向岩体位移观测记录应包括工程名称、观测区和观测断面位置和编号、观测孔位置和编号、测点位置和编号、导槽方向、地质描述、测斜管安装记录、测斜仪编号、观测时间、观测读数、工程施工或运行情况。

7.4 岩体表面倾斜观测

7.4.1 各类岩体均可采用岩体表面倾斜观测。

7.4.2 观测布置应符合下列要求：

1 观测范围、测点的位置和数量应根据工程规模、工程特点和地质条件确定。

2 测点应布置在能反映岩体整体倾斜趋势的部位。

3 测点宜直接布置在岩体表面。当条件无法满足时，也可采用浇筑混凝土墩与岩体连接。

4 需要设置参照基准测点时，应布置在受扰动岩体范围外的稳定岩体上。

5 测点应设置在方便观测的位置，并有观测通道。

7.4.3 地质描述应包括下列内容：

1 岩石名称、结构、主要矿物成分。

2 岩体主要结构面类型、产状、宽度、充填物性质。

3 岩体风化程度及范围。

4 观测区工程地质平面图。

7.4.4 应包括下列主要仪器和设备：

1 倾角计。

2 读数仪。

3 基准板。

7.4.5 测点安装应符合下列规定：

1 基准板宜水平向布置。

2 应在预定的测点部位，清理出50cm×50cm的新鲜岩面，清洗后用水泥浆或黏结胶按预计最大倾斜方向将基准板固定在岩面上。

3 根据岩体的风化程度或完整性，可采用锚杆将岩体连成一整体，或开挖一定深度后，先设置锚杆再浇筑混凝土墩。混凝土墩断面尺寸宜为50cm×50cm，并应高出岩体表面约20cm，按本条第1款要求固定基准板。

4 根据需要，基准板也可任意向布置。采用任意向布置时，

应按本条第 2 款要求固定基准板。

5 基准板应设保护装置。水泥浆和混凝土应进行养护。

6 测点安装情况应进行记录。

7.4.6 观测应按下列步骤进行：

1 应擦净基准板表面和倾角计底面，应按基准板上要求的方向将倾角计安装在基准板上后进行测读，记录观测读数。

2 每次观测应重复测读 3 次，3 次观测读数的最大差值不应大于读数仪的允许误差，取 3 次读数的平均值作为观测读数值。

3 应将倾角计旋转 180° 进行安装，并应按本条第 1 款、第 2 款步骤测读倾角计旋转 180° 后的观测读数值。

4 应将倾角计旋转 90°，并应按本条第 1 款至第 3 款步骤测读另一方向的观测读数值。

5 应取第一次的一组观测读数值作为观测基准值。

6 参照基准测点应在同一观测时间内进行测读。

7 观测时间间隔应根据工程需要和岩体位移情况确定。

8 应记录工程施工或运行情况。

7.4.7 观测成果整理应符合下列要求：

1 应根据观测读数值和倾角计给定的关系式，计算两个方向的角位移。

2 根据需要，可计算最大角位移及其方向。

3 应绘制角位移和时间关系曲线。根据需要，可绘制观测区平面矢量图。

7.4.8 岩体表面倾斜观测记录应包括工程名称、观测区和观测点位置和编号、观测方向、地质描述、测角计编号、读数仪编号、观测时间、观测读数、工程施工或运行情况。

7.5 岩体渗压观测

7.5.1 各类岩体均可采用岩体渗压观测。

7.5.2 观测布置应符合下列要求：

1 应根据工程区的工程地质和水文地质条件、工程采取的防渗和排水措施选择观测断面和测点位置。

2 观测断面应选择在断面渗压分布变化较大部位，断面方向宜平行渗流方向。

3 测点应布置在渗压坡降大的部位、防渗或排水设施上下游、相对隔水层两侧、不同渗透介质的接触面、可能产生渗透稳定破坏的部位、工程需要观测的部位。

4 应利用已有的孔、井、地下水出露点布置测点。

5 应根据不同的观测目的、岩体结构条件、岩体渗流特性及仪器埋设条件，选用测压管或渗压计进行观测。对于重要部位，宜采用不同类型仪器进行平行观测。

7.5.3 地质描述应包括下列内容：

1 岩石名称、结构、主要矿物成分。

2 观测孔钻孔柱状图，并附钻孔透水性指标。

3 观测区工程地质、水文地质图。

7.5.4 应包括下列主要仪器和设备：

1 钻孔设备。

2 灌浆设备。

3 测压管：由进水管和导管组成。

4 水位计或测绳。

5 压力表。

6 渗压计。

7 读数仪。

7.5.5 测压管安装应符合下列规定：

1 应在预定部位按要求的孔径、方向和深度钻孔，清洗钻孔。钻孔方向除有专门要求外，宜选择铅垂向。

2 钻孔应进行全孔取心，绘制钻孔柱状图。对需要布置测点的孔段，应进行压水试验。

3 应根据钻孔柱状图、压水试验成果、工程要求确定测点位置和观测段长度。

4 应根据测点位置，计算导管和进水管长度。用于点压力观测的进水管长度不宜大于 0.5m。进水管底部应预留 0.5m 长的沉淀管段。

5 应在钻孔底部填入约 0.3m 厚的中砾石层。

6 将测压管的进水管和导管依次连接放入孔内，顶部宜高出地面 1.0m。连接处应密封，孔口应保护。必要时，进水管应设置反滤层。

7 应在测压管和孔壁间隙中填入中砾石至进水管顶部，再填入 1.0m 厚的中细砂，上部充填水泥砂浆或水泥膨润土浆至孔口。

8 当全孔处于完整和较完整岩体中时，可不安装测压管，应安装管口装置。

9 需要进行分层观测渗压时，可采用一孔多管式，应在各进水管间采用封闭隔离措施。

10 当测压管水平向安装时，钻孔宜向下倾斜，倾角约 3°。

11 仪器安装情况应进行记录。

7.5.6 渗压计安装应符合下列要求：

1 应按本标准第 7.5.5 条中第 1 款至第 3 款要求进行钻孔并确定测点位置。测点观测段长不应小于 1.0m。

2 应向孔内填入中粗砂至渗压计埋设位置，厚度不应小于 0.4m。应将装有经预饱和渗压计的细砂包置于砂层顶部，引出观测电缆。渗压计在埋设前和定位后，应检查渗压计使用状态。

3 应填入中砂至观测段顶部，再填入厚 1.0m 的细砂，上部充填水泥砂浆或膨润土浆至孔口。

4 在干孔中填砂后，加水使砂层达到饱和。

5 分层观测渗压时，可在一个钻孔内埋设多个渗压计，应对渗压计和观测电缆进行编号。应在各观测段间采取封闭隔离措施。

6 观测点压力时，观测段长度不应大于 0.5m。

7 进行岩体和混凝土接触面渗压观测时，应在岩体测点部位表面，选择有透水裂隙通过处挖槽，先铺设中粗砂，放入装有经预饱和渗压计的细砂包，引出观测电缆，用水泥砂浆封闭。

8 需要设置集线箱时，渗压计应通过观测电缆按编号接入集线箱。应量测观测电缆长度。

9 观测电缆、集线箱应设保护装置。

10 仪器安装情况应进行记录。

7.5.7 观测应按下列步骤进行：

1 无压测压管水位可采用测绳或水位计观测，观测读数应准确至 0.01m。

2 有压测压管应在管口安装压力表，应读取压力表值，并应估读至 0.1 格。如水位变化缓慢，开始阶段可采用本条第 1 款方法观测，当水位溢出管口时，再安装压力表。当压力长期低于压力表量程的 1/3，或压力超过压力表量程的 2/3 时，应更换压力表。

3 渗压计每次观测读数不应少于 2 次，当相邻 2 次读数不大于读数仪允许误差时，取 2 次读数平均值作为观测读数值。

4 测压管和渗压计观测时间间隔应根据工程需要和渗压变化情况确定。

5 应记录工程施工或运行情况。

7.5.8 观测成果整理应符合下列要求：

1 应根据测压管读数和孔口高程计算水位。

2 应根据渗压计要求，计算岩体渗压值。

3 应绘制水位或渗压与时间关系曲线。当地面水水位与渗压有关时，应同时绘制地面水水位与时间关系曲线。

4 应绘制水位或渗压沿断面方向分布曲线。

7.5.9 岩体渗压观测记录应包括工程名称、观测断面位置和编号、测点位置和编号、地质描述、水位计或压力表或渗压计型号和编号、观测电缆型号和长度、读数仪编号、观测时间、观测读数、工程施工或运行情况。

附录 A 岩体应力参数计算

A.1 孔壁应变法计算

A.1.1 孔壁应变法大地坐标系中空间应力分量应分别按下列公式计算：

$$E\varepsilon_{ij} = A_{xx}\sigma_x + A_{yy}\sigma_y + A_{zz}\sigma_z + A_{xy}\tau_{xy} + A_{yz}\tau_{yz} + A_{zx}\tau_{zx} \quad (A.1.1-1)$$

$$A_{xx} = (l_x^2 + l_y^2 - \mu l_z^2)\sin^2\varphi_{ij} - [\mu(l_x^2 + l_y^2) - l_z^2]\cos^2\varphi_{ij} - 2(1-\mu^2)[(l_x^2 - l_y^2)\cos2\theta_i + 2l_xl_y\sin2\theta_i]\sin^2\varphi_{ij} + 2(1+\mu)(l_yl_z\cos\theta_i - l_xl_z\sin\theta_i)\sin2\varphi_{ij} \quad (A.1.1-2)$$

$$A_{yy} = (m_x^2 + m_y^2 - \mu m_z^2)\sin^2\varphi_{ij} - [\mu(m_x^2 + m_y^2) - m_z^2]\cos^2\varphi_{ij} - 2(1-\mu^2)[(m_x^2 - m_y^2)\cos2\theta_i + 2m_xm_y\sin2\theta_i]\sin^2\varphi_{ij} + 2(1+\mu)(m_ym_z\cos\theta_i - m_xm_z\sin\theta_i)\sin2\varphi_{ij} \quad (A.1.1-3)$$

$$A_{zz} = (n_x^2 + n_y^2 - \mu n_z^2)\sin^2\varphi_{ij} - [\mu(n_x^2 + n_y^2) - n_z^2]\cos^2\varphi_{ij} - 2(1-\mu^2)[(n_x^2 - n_y^2)\cos2\theta_i + 2n_xn_y\sin2\theta_i]\sin^2\varphi_{ij} + 2(1+\mu)(n_yn_z\cos\theta_i - n_xn_z\sin\theta_i)\sin2\varphi_{ij} \quad (A.1.1-4)$$

$$A_{xy} = 2(l_xm_x + l_ym_y - \mu l_zm_z)\sin^2\varphi_{ij} - 2[\mu(l_xm_x + l_ym_y) - l_zm_z]\cos^2\varphi_{ij} - 4(1-\mu^2)[(l_xm_x - l_ym_y)\cos2\theta_i + (l_xm_y + l_ym_x)\sin2\theta_i]\sin^2\varphi_{ij} + 2(1+\mu)[(l_ym_z + l_zm_y)\cos\theta_i - (l_xm_z + l_zm_x)\sin\theta_i]\sin2\varphi_{ij} \quad (A.1.1-5)$$

$$A_{yz} = 2(m_xn_x + m_yn_y - \mu m_zn_z)\sin^2\varphi_{ij} - 2[\mu(m_xn_x + m_yn_y) - m_zn_z]\cos^2\varphi_{ij} - 4(1-\mu^2)[(m_xn_x - m_yn_y)\cos2\theta_i + (m_xn_y + m_yn_x)\sin2\theta_i]\sin^2\varphi_{ij} + 2(1+\mu)[(m_yn_z + m_zn_y)\cos\theta_i - (m_xn_z + m_zn_x)\sin\theta_i]\sin2\varphi_{ij} \quad (A.1.1-6)$$

$$A_{zx} = 2(n_xl_x + n_yl_y - \mu n_zl_z)\sin^2\varphi_{ij} - 2[\mu(n_xl_x + n_yl_y) - n_zl_z]\cos^2\varphi_{ij} - 4(1-\mu^2)[(n_xl_x - n_yl_y)\cos2\theta_i + (n_xl_y + n_yl_x)\sin2\theta_i]\sin^2\varphi_{ij} + 2(1+\mu)[(n_yl_z + n_zl_y)\cos\theta_i - (n_xl_z + n_zl_x)\sin\theta_i]\sin2\varphi_{ij} \quad (A.1.1-7)$$

式中：　E——岩体弹性模量（MPa）；

　ε_{ij}——序号为 i 应变丛中序号为 j 应变片的应变计算值；

　μ——岩体泊松比；

　φ_{ij}——序号为 i 应变丛中序号为 j 应变片的倾角（°）；

　θ_i——序号为 i 应变丛的极角（°）；

　$\sigma_x, \sigma_y, \sigma_z, \tau_{xy}, \tau_{yz}, \tau_{zx}$——岩体空间应力分量（MPa）；

　$A_{xx}, A_{yy}, A_{zz}, A_{xy}, A_{yz}, A_{zx}$——应力系数；

　$l_x, m_x, n_x, l_y, m_y, n_y, l_z, m_z, n_z$——测试钻孔坐标系各轴对于大地坐标系的方向余弦。

A.1.2 采用空心包体进行孔壁应变法测试时，在计算中应根据空心包体几何尺寸、材料变形参数进行修正。空心包体应提供有关技术参数。

A.2 孔径变形法计算

A.2.1 孔径变形法大地坐标系中空间应力分量应分别按下列公式计算：

$$E\varepsilon_{ij} = A_{xx}^i\sigma_x + A_{yy}^i\sigma_y + A_{zz}^i\sigma_z + A_{xy}^i\tau_{xy} + A_{yz}^i\tau_{yz} + A_{zx}^i\tau_{zx} \quad (A.2.1-1)$$

$$A_{xx}^i = l_{xi}^2 + l_{yi}^2 - \mu l_{zi}^2 + 2(1-\mu^2)[(l_{xi}^2 - l_{yi}^2)\cos2\theta_{ij} + 2l_{xi}l_{yi}\sin2\theta_{ij}] \quad (A.2.1-2)$$

$$A_{yy}^i = m_{xi}^2 + m_{yi}^2 - \mu m_{zi}^2 + 2(1-\mu^2)[(m_{xi}^2 - m_{yi}^2)\cos2\theta_{ij} + 2m_{xi}m_{yi}\sin2\theta_{ij}] \quad (A.2.1-3)$$

$$A_{zz}^i = n_{xi}^2 + n_{yi}^2 - \mu n_{zi}^2 + 2(1-\mu^2)[(n_{xi}^2 - n_{yi}^2)\cos2\theta_{ij} + 2n_{xi}n_{yi}\sin2\theta_{ij}] \quad (A.2.1-4)$$

$$A_{xy}^i = 2(l_{xi}m_{xi} + l_{yi}m_{yi} - \mu l_{zi}m_{zi}) + 4(1-\mu^2)[(l_{xi}m_{xi} - l_{yi}m_{yi})\cos2\theta_{ij} + (l_{xi}m_{yi} + m_{xi}l_{yi})\sin2\theta_{ij}] \quad (A.2.1-5)$$

$$A_{yz}^i = 2(m_{xi}n_{xi} + m_{yi}n_{yi} - \mu m_{zi}n_{zi}) + 4(1-\mu^2)[(m_{xi}n_{xi} - m_{yi}n_{yi})\cos2\theta_{ij} + (m_{xi}n_{yi} + n_{xi}m_{yi})\sin2\theta_{ij}] \quad (A.2.1-6)$$

$$A_{zx}^i = 2(n_{xi}l_{xi} + n_{yi}l_{yi} - \mu n_{zi}l_{zi}) + 4(1-\mu^2)[(n_{xi}l_{xi} - n_{yi}l_{yi})\cos2\theta_{ij} + (n_{xi}l_{yi} + l_{xi}n_{yi})\sin2\theta_{ij}] \quad (A.2.1-7)$$

式中：　ε——序号为 i 测试钻孔中 j 测试方向中心测试孔的相对孔径变形值；

　i——测试钻孔序号；

　j——孔径变形计钢环序号；

　θ_{ij}——序号为 i 测试钻孔中 j 测试方向钢环触头极角（°）；

　$A_{xx}^i, A_{yy}^i, A_{zz}^i, A_{xy}^i, A_{yz}^i, A_{zx}^i$——序号 i 测试钻孔的应力系数；

　$l_{xi}, m_{xi}, n_{xi}, l_{yi}, m_{yi}, n_{yi}, l_{zi}, m_{zi}, n_{zi}$——序号 i 测试钻孔坐标系各轴对于大地坐标系的方向余弦。

A.2.2 当只在一个测试钻孔内，进行垂直于钻孔轴线平面内各应力分量沿孔深度变化趋势分析时，作平面应力假定，各平面内的应力分量应按下式计算：

$$E\varepsilon_j = [1 + 2(1-\mu^2)\cos2\theta_j]\sigma_x + [1 - 2(1-\mu^2)\cos2\theta_j]\sigma_y + 4(1-\mu^2)\cos2\theta_j\tau_{xy} \quad (A.2.2)$$

式中：　ε_j——j 测试方向中心测试孔的相对孔径变形值；

　$\sigma_x, \sigma_y, \tau_{xy}$——岩体平面应力分量（MPa）；

　θ_j——j 测试方向钢环触头极角（°）。

A.3 孔底应变法计算

A.3.1 孔底应变法大地坐标系中空间应力分量应分别按下列公式计算：

$$E\varepsilon_{ij} = A_{xx}^i\sigma_x + A_{yy}^i\sigma_y + A_{zz}^i\sigma_z + A_{xy}^i\tau_{xy} + A_{yz}^i\tau_{yz} + A_{zx}^i\tau_{zx} \quad (A.3.1-1)$$

$$A_{xx}^i = \lambda_{i1}l_{xi}^2 + \lambda_{i2}l_{yi}^2 + \lambda_{i3}l_{zi}^2 + \lambda_{i4}l_{xi}l_{yi} \quad (A.3.1-2)$$

$$A_{yy}^i = \lambda_{i1}m_{xi}^2 + \lambda_{i2}m_{yi}^2 + \lambda_{i3}m_{zi}^2 + \lambda_{i4}m_{xi}m_{yi} \quad (A.3.1-3)$$

$$A_{zz}^i = \lambda_{i1}n_{xi}^2 + \lambda_{i2}n_{yi}^2 + \lambda_{i3}n_{zi}^2 + \lambda_{i4}n_{xi}n_{yi} \quad (A.3.1-4)$$

$$A_{xy}^i = 2(\lambda_{i1}l_{xi}m_{xi} + \lambda_{i2}l_{yi}m_{yi} + \lambda_{i3}l_{zi}m_{zi}) + \lambda_{i4}(l_{xi}m_{yi} + m_{xi}l_{yi}) \quad (A.3.1-5)$$

$$A_{yz}^i = 2(\lambda_{i1}m_{xi}n_{xi} + \lambda_{i2}m_{yi}n_{yi} + \lambda_{i3}m_{zi}n_{zi}) + \lambda_{i4}(m_{xi}n_{xi} + n_{xi}m_{xi}) \quad (A.3.1-6)$$

$$A_{zx}^i = 2(\lambda_{i1}n_{xi}l_{xi} + \lambda_{i2}n_{yi}l_{yi} + \lambda_{i3}n_{zi}l_{zi}) + \lambda_{i4}(n_{xi}l_{yi} + l_{xi}n_{yi}) \quad (A.3.1-7)$$

$$\lambda_{i1} = 1.25(\cos^2\varphi_{ij} - \mu\sin^2\varphi_{ij}) \quad (A.3.1-8)$$

$$\lambda_{i2} = 1.25(\sin^2\varphi_{ij} - \mu\cos^2\varphi_{ij}) \quad (A.3.1-9)$$

$$\lambda_{i3} = -0.75(0.645 + \mu)(1-\mu) \quad (A.3.1-10)$$

$$\lambda_{i4} = 1.25(1+\mu)\sin2\varphi_{ij} \quad (A.3.1-11)$$

式中：　ε_{ij}——序号为 i 测试钻孔中 j 测试方向应变片的应变计算值；

　i——测试钻孔序号；

　j——应变丛中应变片序号；

　φ_{ij}——序号为 i 测试钻孔中 j 测试方向应变片倾角

λ_{i1}、λ_{i2}、λ_{i3}、λ_{i4}——序号 i 测试钻孔与泊松比和应变片夹角有关的计算系数。

A.3.2 计算系数 λ 适用于一般的孔底应变计,也可根据试验或建立的数学模型确定计算系数。

A.4 空间主应力参数计算

A.4.1 空间主应力计算应符合下列规定:

1 空间主应力应分别按下列公式计算:

$$\sigma_1 = 2\sqrt{-\frac{P}{3}}\cos\frac{\omega}{3} + \frac{1}{3}J_1 \qquad (A.4.1\text{-}1)$$

$$\sigma_2 = 2\sqrt{-\frac{P}{3}}\cos\frac{\omega+2\pi}{3} + \frac{1}{3}J_1 \qquad (A.4.1\text{-}2)$$

$$\sigma_3 = 2\sqrt{-\frac{P}{3}}\cos\frac{\omega+4\pi}{3} + \frac{1}{3}J_1 \qquad (A.4.1\text{-}3)$$

$$\omega = \arccos\left[-\frac{Q}{2\sqrt{-\left(\frac{P}{3}\right)^3}}\right] \qquad (A.4.1\text{-}4)$$

$$P = -\frac{1}{3}J_1^2 + J_2 \qquad (A.4.1\text{-}5)$$

$$Q = -2\left(\frac{J_1}{3}\right)^3 + \frac{1}{3}J_1J_2 - J_3 \qquad (A.4.1\text{-}6)$$

$$J_1 = \sigma_x + \sigma_y + \sigma_z \qquad (A.4.1\text{-}7)$$

$$J_2 = \sigma_x\sigma_y + \sigma_y\sigma_z + \sigma_z\sigma_x - \tau_{xy}^2 - \tau_{yz}^2 - \tau_{zx}^2 \qquad (A.4.1\text{-}8)$$

$$J_3 = \sigma_x\sigma_y\sigma_z - \sigma_x\tau_{yz}^2 - \sigma_y\tau_{zx}^2 - \sigma_z\tau_{xy}^2 - 2\tau_{xy}\tau_{yz}\tau_{zx} \qquad (A.4.1\text{-}9)$$

式中: σ_1、σ_2、σ_3——岩体空间主应力(MPa);

ω、P、Q、J_1、J_2、J_3——为简化应力计算公式而设置的计算代号。

2 各主应力对于大地坐标系各轴的方向余弦应分别按下列公式计算:

$$l_i = \frac{A}{\sqrt{A^2+B^2+C^2}} \qquad (A.4.1\text{-}10)$$

$$m_i = \frac{B}{\sqrt{A^2+B^2+C^2}} \qquad (A.4.1\text{-}11)$$

$$n_i = \frac{C}{\sqrt{A^2+B^2+C^2}} \qquad (A.4.1\text{-}12)$$

$$A = \tau_{xy}\tau_{yz} - (\sigma_y - \sigma_i)\tau_{zx} \qquad (A.4.1\text{-}13)$$

$$B = \tau_{xy}\tau_{zx} - (\sigma_x - \sigma_i)\tau_{yz} \qquad (A.4.1\text{-}14)$$

$$C = (\sigma_x - \sigma_i)(\sigma_y - \sigma_i) - \tau_{xy}^2 \qquad (A.4.1\text{-}15)$$

式中: l_i、m_i、n_i——各主应力对于大地坐标系各轴的方向余弦(°);

A、B、C——为简化方向余弦计算公式而设置的计算代号。

3 各主应力方向应分别按下列公式计算:

$$\alpha_i = \arcsin n_i \qquad (A.4.1\text{-}16)$$

$$\beta_i = \beta_0 - \arcsin\frac{m_i}{\sqrt{1-n_i^2}} \qquad (A.4.1\text{-}17)$$

式中: α_i——主应力 σ_i 的倾角(°);

β_0——大地坐标系 X 轴方位角(°);

β_i——主应力 σ_i 在水平面上投影线的方位角(°)。

A.4.2 按式(A.2.2)进行平面应力分量解时,平面主应力参数计算应符合下列规定:

1 平面主应力应分别按下列公式计算:

$$\sigma_1 = \frac{1}{2}\left[(\sigma_x + \sigma_y) + \sqrt{(\sigma_x - \sigma_y)^2 + 4\tau_{xy}^2}\right] \qquad (A.4.2\text{-}1)$$

$$\sigma_2 = \frac{1}{2}\left[(\sigma_x + \sigma_y) - \sqrt{(\sigma_x - \sigma_y)^2 + 4\tau_{xy}^2}\right] \qquad (A.4.2\text{-}2)$$

式中: σ_1、σ_2——岩体平面主应力(MPa)。

2 主应力方向应按下式计算:

$$\alpha = \frac{1}{2}\arctan\frac{2\tau_{xy}}{\sigma_x - \sigma_y} \qquad (A.4.2\text{-}3)$$

式中: α——σ_1 与 X 轴夹角(°)。

本标准用词说明

1 为便于在执行本标准条文时区别对待,对要求严格程度不同的用词说明如下:

1)表示很严格,非这样做不可的:

正面词采用"必须",反面词采用"严禁";

2)表示严格,在正常情况下均应这样做的:

正面词采用"应",反面词采用"不应"或"不得";

3)表示允许稍有选择,在条件许可时首先应这样做的:

正面词采用"宜",反面词采用"不宜";

4)表示有选择,在一定条件下可以这样做的,采用"可"。

2 条文中指明应按其他有关标准执行的写法为:"应符合……的规定"或"应按……执行"。

引用标准名录

《土工试验方法标准》GB/T 50123

中华人民共和国国家标准

工程岩体试验方法标准

GB/T 50266—2013

条 文 说 明

修 订 说 明

《工程岩体试验方法标准》GB/T 50266—2013，经住房和城乡建设部 2013 年 1 月 28 日以第 1633 号公告批准发布。

本标准是在《工程岩体试验方法标准》GB/T 50266—1999 的基础上修订而成，上一版的主编单位为：水电水利规划设计总院。参加单位为：成都勘测设计研究院、中国水利水电科学研究院、长沙矿冶研究院、煤炭科学研究院、武汉岩体土力学研究所、长江科学院、黄河水利委员会勘测规划设计院、昆明勘测设计研究院、东北勘测设计院、铁道科学研究院西南研究所。主要起草人为：陈祖安、张性一、陈梦德、李迪、陈扬辉、傅冰骏、崔志莲、潘青莲、袁澄文、王永年、阎政翔、夏万仁、陈成宗、郭惠丰、吴玉山、刘永燮。

本次修订的主要内容为：1. 增加了岩块冻融试验、混凝土与岩体接触面直剪试验、岩体载荷试验、水压致裂法岩体应力测试、岩体表面倾斜观测、岩体渗压观测 6 个试验项目；2. 增加了水中称量法比重试验、千分表法单轴压缩变形试验、方形承压板法岩体变形试验 3 种试验方法。

为便于广大设计、施工、科研、学校等单位有关人员在使用本规范时能正确理解和执行条文规定，《工程岩体试验方法标准》编制组按章、节、条顺序编制了本规范的条文说明。对条文规定的目的、依据以及执行中需注意的有关事项进行了说明。但是，本条文说明不具备与规范正文同等的法律效力，仅供使用者作为理解和把握标准规定的参考。

目 次

1 总　则

1.0.1　工程岩体试验的成果，既取决于工程岩体本身的特性，又受试验方法、试件形状、测试条件和试验环境等的影响。本标准就上述内容作了统一规定，有利于提高岩石试验成果的质量，增强同类工程岩体试验成果的可比性。

1.0.2　本条由原标准适用的行业修改为适用的工程对象。考虑到各行业对工程岩体技术标准的特殊要求，各行业可根据自己的经验和要求，在本标准基础上，制定适应本行业的具体试验方法标准。

1.0.3　本次修改增加质量检验内容。

2 岩块试验

2.1　含水率试验

2.1.1　岩石含水率是岩石在 105℃～110℃温度下烘至恒量时所失去的水的质量与岩石固体颗粒质量的比值，以百分数表示。

（1）岩石含水率试验，主要用于测定岩石的天然含水状态或试件在试验前后的含水状态。

（2）对于含有结晶水易逸出矿物的岩石，在未取得充分论证前，一般采用烘干温度为 55℃～65℃，或在常温下采用真空抽气干燥方法。

2.1.2　在地下水丰富的地区，无法采用干钻法，本次修订允许采用湿钻法。结构面充填物的含水状态将影响其物理力学性质，本次修订增加此方法。

2.1.5　本次修订将称量控制修改为烘干时间控制。其他试验均采用烘干时间为 24h，且经过论证，为统一试验方法和便于操作，含水率试验烘干时间采用 24h。

2.2　颗粒密度试验

2.2.1　岩石颗粒密度是岩石在 105℃～110℃温度下烘至恒量时岩石固相颗粒质量与其体积的比值。岩石颗粒密度试验除采用比重瓶法外，本次修订增加水中称量法，列入本标准第 2.4 节吸水性试验中。

2.2.2　本条对试件作了以下规定：

　1　颗粒密度试验的试件一般采用块体密度试验后的试件粉碎成岩粉，其目的是减少岩石不均一性的影响。

　2　试件粉碎后的最大粒径，不含闭合裂隙。已有实测资料表明，当最大粒径为 1mm 时，对试验成果影响甚微。根据国内有关规定，同时考虑我国现有技术条件，本标准规定岩石粉碎成岩粉后需全部通过 0.25mm 筛孔。

2.2.4　本标准只采用容积为 100ml 的短颈比重瓶，是考虑了岩石的不均一性和我国现有的实际条件。

2.2.6　蒸馏水密度可查物理手册；煤油密度实测。

2.3　块体密度试验

2.3.1　岩石块体密度是岩石质量与岩石体积之比。根据岩石含水状态，岩石密度可分为天然密度、烘干密度和饱和密度。

（1）选择试验方法时，主要考虑试件制备的难度和水对岩石的影响。

（2）对于不能用量积法和直接在水中称量进行测定的干缩湿胀类岩石采用密封法。选用石蜡密封试件时，由于石蜡的熔点较高，在蜡封过程中可能会引起试件含水率的变化，同时试件也会产生干缩现象，这些都将影响岩石含水率和密度测定的准确性。高分子树脂胶是在常温下使用的涂料，能确保含水量和试件体积不变，在取得经验的基础上，可以代替石蜡作为密封材料。

2.3.2　用量积法测定岩石密度，适用于能制成规则试件的各类岩石。该方法简便、成果准确、且不受环境的影响，一般采用单轴抗压强度试验试件，以利于建立各指标间的相互关系。

2.3.3　蜡封法一般用不规则试件，试件表面有明显棱角或缺陷时，对测试成果有一定影响，因此要求试件加工成浑圆状。

2.3.7　用量积法测定岩石密度时，对于具有干缩湿胀的岩石，试件体积量测在烘干前进行，避免试件烘干对计算密度的影响。

2.3.8　用蜡封法测定岩石密度时，需掌握好熔蜡温度，温度过高容易使蜡液浸入试件缝隙中；温度低了会使试件封闭不均，不易形成完整蜡膜。因此，本试验规定的熔蜡温度略高于蜡的熔点（约57℃）。蜡的密度变化较大，在进行蜡封法试验时，需测定蜡的密度，其方法与岩石密度试验中水中称量法相同。

2.3.10　鉴于岩石属不均质体，并受节理裂隙等结构的影响，因此同组岩石的每个试件试验成果值存在一定差异。在试验成果中列出每一试件的试验值。在后面章节条文说明中，凡无计算平均值的要求，均按此条文说明，不再另行说明。

2.4　吸水性试验

2.4.1　岩石吸水率是岩石在大气压力和室温条件下吸入水的质量与岩石固体颗粒质量的比值，以百分数表示；岩石饱和吸水率是岩石在强制条件下的最大吸水量与岩石固体颗粒质量的比值，以百分数表示。

水中称量法可以连续测定岩石吸水性、块体密度、颗粒密度等指标，对简化试验步骤，建立岩石指标相关关系具有明显的优点。因此，水中称量法和比重瓶法测定岩石颗粒密度的对比试验研究，从原标准修订前至今，始终在进行。水中称量法测定岩石颗粒密度的试验方法，在土工和材料试验中，已被制订在相关的标准中。

由于在岩石中可能存在封闭空隙，水中称量法测得的岩石颗粒密度值等于或小于比重瓶法。经对比试验，饱和吸水率小于0.30% 时，误差基本在 0.00～0.02 之间。

水中称量法测定岩石颗粒密度方法简单，精度能满足一般使用要求，本次修订将水中称量法测定岩石颗粒密度方法正式列入本标准。对于含较多封闭孔隙的岩石，仍需采用比重瓶法。

2.4.2　试件形态对岩石吸水率的试验成果有影响，不规则试件的吸水率可以是规则试件的两倍多，这和试件与水的接触面积大小有很大关系。采用单轴抗压强度试验的试件作为吸水性试验的标准试件，能与抗压强度等指标建立良好的相关关系。因此，只有在试件制备困难时，才允许采用不规则试件，但要求试件为浑圆形，有一定的尺寸要求（40mm～60mm），才能确保试验成果的精度。

2.4.7　本条说明同本标准第 2.3.10 条的说明。

2.5　膨胀性试验

2.5.1　岩石膨胀性试验是测定岩石在吸水后膨胀的性质，主要是测定含有遇水易膨胀矿物的各类岩石，其他岩石也可采用本标准。主要包括下列内容：

（1）岩石自由膨胀率是岩石试件在浸水后产生的径向和轴向变形分别与试件原直径和高度之比，以百分数表示。

（2）岩石侧向约束膨胀率是岩石试件在有侧限条件下，轴向受有限载荷时，浸水后产生的轴向变形与试件原高度之比，以百分数表示。

(3)岩石体积不变条件下的膨胀压力是岩石试件浸水后保持原形体积不变所需的压力。

2.5.3 由于国内进行膨胀性试验采用的仪器大多为土工压缩仪，本次修订将试件尺寸修改为满足土工仪器要求，同时考虑膨胀的方向性。

2.5.7 侧向约束膨胀率试验仪中的金属套环高度需大于试件高度与二透水板厚度之和。避免由于金属套环高度不够，引起试件浸水饱和后出现三向变形。

2.5.8 岩石膨胀压力试验时，为使试件体积始终不变，需随时调节所加荷，并在加压时扣除仪器的系统变形。

2.5.10 本条说明同本标准第2.3.10条的说明。

2.6 耐崩解性试验

2.6.1 岩石耐崩解性试验是测定岩石在经过干燥和浸水两个标准循环后，岩石残留的质量与其原质量之比，以百分数表示。岩石耐崩解性试验主要适用于在干、湿交替环境中易崩解的岩石，对于坚硬完整岩石一般不需进行此项试验。

2.7 单轴抗压强度试验

2.7.1 岩石单轴抗压强度试验是测定岩石在无侧限条件下，受轴向压力作用破坏时，单位面积上所承受的载荷。本试验采用直接压坏试件的方法来求得岩石单轴抗压强度，也可在进行岩石单轴压缩变形试验的同时，测定岩石单轴抗压强度。为了建立各指标间的关系，尽可能利用同一试件进行多种项目测试。

2.7.3 鉴于圆形试件具有轴对称特性，应力分布均匀，而且试件可直接取自钻孔岩心，在室内加工程序简单，本标准推荐圆柱体作为标准试件的形状。在没有条件加工圆柱体试件时，允许采用方柱体试件，试件高度与边长之比为2.0～2.5，并在成果中说明。

2.7.9 加载速度对岩石抗压强度测试结果有一定影响。本试验所规定的每秒0.5MPa～1.0MPa的加载速度，与当前国内外习惯使用的加载速度一致。在试验中，可根据岩石强度的高低选用上限或下限。对软弱岩石，加载速度视情况再适当降低。

根据现行国家标准《岩土工程勘察规范》GB 50021的要求，本次修订增加软化系数计算公式。由于岩石的不均一性，导致试验值存在一定的离散性，试验中软化系数可能出现大于1的现象。软化系数是统计的结果，要求试验有足够的数量，才能保证软化系数的可靠性。

2.7.10 当试件无法制成本标准要求的高径比时，按下列公式对其抗压强度进行换算：

$$R = \frac{8R'}{7 + \frac{2D}{H}} \tag{1}$$

式中：R——标准高径比试件的抗压强度；

R'——任意高径比试件的抗压强度；

D——试件直径；

H——试件高度。

2.7.11 本条说明同本标准第2.3.10条的说明。

2.8 冻融试验

2.8.1 岩石冻融试验是指岩石经过多次反复冻融后，测定其质量损失和单轴抗压强度变化，并以冻融系数表示岩石的抗冻性能。根据现行国家标准《岩土工程勘察规范》GB 50021的要求，本次修订增加本试验。岩石冻融破坏，是由于裂隙中的水结冰后体积膨胀，从而造成岩石胀裂。当岩石吸水率小于0.05％时，不必做冻融试验。

岩石冻融试验，本标准采用直接冻融的方法，又分慢冻和快冻两种方式。慢冻是在空气中冻4h，水中融4h，每一次循环为8h；

快冻是将试件放在装有水的铁盒中，铁盒放入冻融试验槽中，往槽中交替输入冷、热氯化钙溶液，使岩石冻融，每一次循环为2h。因此，快冻较慢冻具有试验周期短、劳动强度低等优点，但需要较大的冷库和相应的设备，在目前情况下，不便普及，因此本标准推荐慢冻方式。

2.8.6 本次修订参考了混凝土试验的有关标准，冻融循环次数明确为25次，也可视工程需要和地区气候条件确定为25的倍数。

2.8.8 本条说明同本标准第2.3.10条说明。

2.9 单轴压缩变形试验

2.9.1 岩石单轴压缩变形试验是测定岩石在单轴压缩条件下的轴向和径向应变值，据此计算岩石弹性模量和泊松比。本次修订增列千分表法，在计算时先将变形换算成应变。

2.9.5 试验时一般采用分点测量，这样有利于检查和判断试件受力状态的偏心程度，以便及时调整试件位置，使之受力均匀。

2.9.6 采用千分表架试验时，标距一般为试件高度的一半，位于试件中部。可以根据试件高度大小和设备条件作适当调整。千分表法的测表，按经验选用百分表或千分表。

2.9.7 本试验用两种方法计算岩石弹性模量和泊松比，即岩石平均弹性模量与岩石割线弹性模量及相对应的泊松比。根据需要，可以确定任何应力下的岩石弹性模量和泊松比。

2.9.8 本条说明同本标准第2.3.10条的说明。

2.10 三轴压缩强度试验

2.10.1 岩石三轴压缩强度试验是测定一组岩石试件在不同侧压条件下的三向压缩强度，据此计算岩石在三轴压缩条件下的强度参数。本标准采用等压条件下的三轴试验，为三向应力状态中的特殊情况，即$\sigma_2 = \sigma_3$。在进行三轴试验的同时进行岩石单轴抗压强度、抗拉强度试验，有利于试验成果整理。

2.10.5 侧向压力值主要依据工程特性、试验内容、岩石性质以及三轴试验机性能选定。为了便于成果分析，侧压力级差可选择等差级数或等比级数。

试件采取防油措施，以避免油液渗入试件而影响试验成果。

2.10.6 为便于资料整理，本次修订补充了强度参数的计算公式。

2.11 抗拉强度试验

2.11.1 岩石抗拉强度试验是在试件直径方向上，施加一对线性载荷，使试件沿直径方向破坏，间接测定岩石的抗拉强度。本试验采用劈裂法，属间接拉伸法。

2.11.5 垫条可采用直径为4mm左右的钢丝或胶木棍，其长度大于试件厚度。垫条的硬度与岩石试件硬度相匹配，垫条硬度过大，易于贯入试件；垫条硬度过低，自身将严重变形，从而会影响试验成果。试件最终破坏为沿试件直径贯穿破坏，如未贯穿整个截面，而是局部脱落，属无效试验。

2.11.7 本条说明同本标准第2.3.10条的说明。

2.12 直剪试验

2.12.1 岩石直剪试验是将同一类型的一组岩石试件，在不同的法向载荷下进行剪切，根据库伦-奈维表达式确定岩石的抗剪强度参数。

本标准采用应力控制式的平推法直剪。完整岩石采用双面剪时，可参照本标准。

2.12.9 预定的法向应力一般是指工程设计应力。因此法向应力的选取，根据工程设计应力（或工程设计压力）、岩石或岩体的强度、岩体的应力状态以及设备的精度和出力等确定。

2.12.12 当剪切位移量不大时，剪切面积可直接采用试件剪切面积，当剪切位移量过大而影响计算精度时，采用最终的重叠剪切面积。确定剪切阶段特征点时，按现在常用的有比例极限、屈服极限、峰值强度、摩擦强度，在提供剪切强度参数时，均需提供抗剪断的峰值强度参数值。

计算剪切载荷时，需减去滚轴排的摩阻力。

2.13 点荷载强度试验

2.13.1 岩石点荷载强度试验是将试件置于点荷载仪上下一对球端圆锥之间，施加集中载荷直至破坏，据此求得岩石点荷载强度指数和岩石点荷载强度各向异性指数。本试验是间接确定岩石强度的一种试验方法。

2.13.7 点荷载试验仪的球端的曲率半径为 5mm，圆锥体顶角为 60°。

2.13.8 当试件中存在弱面时，加载方向分别垂直弱面和平行弱面，以求得各向异性岩石的垂直和平行的点荷载强度。

2.13.9 修正指数 m，一般可取 $0.40\sim0.45$。也可在 $\log P\sim\log D_e^2$ 关系曲线上求取曲线的斜率 n，这时 $m=2(1-n)$。

3 岩体变形试验

3.1 承压板法试验

3.1.1 本条说明了该试验的适用范围。

(1)承压板法岩体变形试验是通过刚性或柔性承压板施力于半无限空间岩体表面，量测岩体变形，按弹性理论公式计算岩体变形参数。

(2)本次修订，根据现行国家标准《岩土工程勘察规范》GB 50021 的要求，增加了方形刚性承压板。

(3)采用刚性承压板或柔性承压板，按岩体性质和设备拥有情况选用。

(4)在露天进行试验或无法利用洞室岩壁作为反力座时，反力装置可采用地锚法或压重法，但需注意试验时的环境温度变化，以免影响试验成果。

3.1.9 由于岩体性质和试验要求不同，无法规定具体的量程和精度，因此本条只明确了试验必要的仪器和设备，以后各项试验有关仪器设备条文说明同本条说明。

3.1.10 当刚性承压板刚性不足时，采用叠置垫板的方式增加承压板刚度。

3.1.12 对均质完整岩体，板外测点一般按平行和垂直试验洞轴线布置；对具明显各向异性的岩体，一般可按平行和垂直主要结构面走向布置。

3.1.14 逐级一次循环加压时，每一循环压力需退零，使岩体充分回弹。当加压方向与地面不相垂直时，考虑安全的原因，允许保持一小压力，这时岩体回弹是不充分的，所计算的岩体弹性模量值可能偏大，在记录中予以说明。

柔性承压板中心孔法变形试验中，由于岩体中应力传递到深部，需要一定时间过程，稳定读数时间作适当延长，各测表同时读取变形稳定值。注意保护钻孔轴向位移计的引出线，不使异物掉入孔内。

3.1.15 当试点距洞口的距离大于 30m 时，一般可不考虑外部气温变化对试验值的影响，但避免由于人为因素(人员、照明、取暖等)造成洞内温度变化幅度过大。通常要求试验期间温度变化范围为 ±1℃。当试点距离洞口较近时，需采取设置隔温门等措施。

3.1.17 本条规定了试验成果整理的内容，成果整理时注意以下事项：

(1)当测表因量程不足而需调表时，需读取调表前后的稳定读数值，并在计算中减去稳定读数值之差。如在试验中，因掉块等原因引起碰动，也可按此方法进行。

(2)刚性承压板法试验，用 4 个测表的平均值作为岩体变形计算值。当其中一个测表因故障或其他原因被判断为失效时，需采用另一对称的两个测表的平均值作为岩体变形计算值，并予以说明。

(3)本次修订，根据现行国家标准《岩土工程勘察规范》GB 50021 的要求，增加基底基床系数计算公式。

3.2 钻孔径向加压法试验

3.2.1 钻孔径向加压法试验是在岩体钻孔中的一有限长度内对孔壁施加压力，同时量测孔壁的径向变形，按弹性理论解求得岩体变形参数。

原标准名称为钻孔变形试验，为区别钻孔孔底加压法试验，本次修订改称为钻孔径向加压法试验。

3.2.4 钻孔膨胀计为柔性加压，直接或间接量测孔壁岩体变形；钻孔弹模计为刚性加压，直接量测孔壁岩体变形。本次修订增加钻孔弹模计。

3.2.7 试验最大压力系根据岩体强度、岩体应力状态、工程设计应力和设备条件确定。孔径效应问题通过增大试验压力的方法解决。

4 岩体强度试验

4.1 混凝土与岩体接触面直剪试验

4.1.1 直剪试验是将同一类型的一组试件，在不同的法向载荷下进行剪切，根据库伦-奈维表达式确定抗剪强度参数。直剪试验可分为在剪切面未受扰动的情况下进行的第一次剪断的抗剪断试验、剪断后沿剪切面继续进行剪切的抗剪试验(或称摩擦试验)、试件上不施加法向载荷的抗切试验。直剪试验可以预先选择剪切面的位置，剪切载荷可以按预定的方向施加。混凝土与岩体接触面直剪试验的最终破坏面有下列几种形式：

1)沿接触面剪断；

2)在混凝土试件内部剪断；

3)在岩体内部剪断；

4)上述三种的组合形式。

本次修订，根据现行国家标准《岩土工程勘察规范》GB 50021 的要求，增加本试验。

4.1.3 本条规定了对试件的要求：

(1)本标准推荐方形(或矩形)试件。

(2)确定试件间距的最小尺寸，主要考虑在进行试验时，不致扰动两侧尚未进行试验的试件，包括基侧沉陷和裂缝开展的影响，同时要满足设备安装所需的空间。

(3)对于均匀且各向同性的岩体，推力方向也可根据试验条件确定，不必强求与建筑物推力方向一致。

以后各节均按此条文说明。

4.1.4 本条规定了对混凝土试件制备的要求：

(1)砂浆垫层一般采用将试件混凝土中粗骨料剔除后先进行铺设，也可采用试件混凝土配合比中水、水泥、砂的配合比单独拌制后铺设。

(2)剪切载荷平行于剪切面施加为平推法，剪切载荷与剪切面成一定角度施加为斜推法。由于平推法和斜推法两种试验方法的最终成果无明显差别，本标准仍将两种方法并列，一般可根据设备条件和经验进行选择。斜推法的推力夹角一般为 12°～25°，本标准推荐 12°～20°。

（3）混凝土或砂浆的养护包括两部分。在对混凝土试件和测定混凝土强度等级的试件养护时，在同一环境条件下进行，试验在试件混凝土达到设计强度等级后进行。安装过程中浇筑的混凝土或砂浆，达到一定强度后即可进行试验。在寒冷地区养护时，注意环境温度对混凝土的影响。

4.1.11 试件在剪切过程中，会出现上抬现象，一般称为"扩容"现象，在安装法向载荷液压千斤顶时，启动部分行程以适应试件上抬引起液压千斤顶活塞的压缩变形。

4.1.13 根据试验观测，绘制应力与位移关系曲线时，在试件对称部位各布置2只测表所取得的数据，能满足确定峰值强度的要求，还可以观测到岩体的不均一性和载荷的偏心程度。

4.1.16 本条规定了法向载荷的施加方法，并作如下说明：

（1）一组试件中，施加在剪切面上的最大法向应力，一般可定为1.2倍的预定法向应力。预定法向应力通常指工程设计应力或工程设计压力，在确定试验时所施加的最大法向应力时，还要考虑岩体的强度、岩体的应力状态以及设备的出力和精度。

（2）采用斜推法进行试验时，预先计算施加斜向剪切载荷在试件剪切时产生的法向分载荷，并相应减除施加在试件上的法向载荷，以保持法向应力在试验过程中始终为一常数。

（3）法向载荷施加分级为1级～3级，没有考虑载荷大小和岩性因素，在实际操作中，可参考法向位移的大小进行调整。

4.1.17 本条规定了剪切载荷的施加方法，并作如下说明：

（1）由于"残余抗剪强度"在岩石力学领域中，至今概念尚不明确，试验要求"试件剪断后，应继续施加剪切载荷，直至测出趋于稳定的剪切载荷值为止"，这对取得准确的抗剪（摩擦）值有利。

（2）本标准规定直剪试验应进行抗剪断试验，建议进行抗剪（摩擦）试验，并提出相应的抗剪断峰值和抗剪（摩擦）强度参数。对于单点法试验仍继续积累资料，以利今后修改标准时使用。

4.1.20 本条规定了试验成果整理的要求，并进行下述说明：

（1）作用于剪切面上的总剪切载荷是施加的剪切载荷与滚轴排摩阻力之差。斜推法计算法向应力时，总斜向剪切载荷中不包括滚轴排的摩阻力。

（2）鉴于在剪应力与剪切位移关系曲线上确定比例极限和屈服极限的方法，至今尚未统一，有一定的随意性，本标准要求提供抗剪断峰值强度参数。

（3）抗剪值一般采用抗剪稳定值。出现峰值说明剪切面未被全部剪断，或出现新的剪断面。

4.2 岩体结构面直剪试验

4.2.3 本标准推荐方形（或矩形）试件。对于高倾角结构面，首先考虑加工方形试件，在加工方形试件确有困难而需采用楔形试件时，注意在试验过程中保持法向应力为常数。对于倾斜的结构面试件，在试件加工过程中或安装法向加载系统时，易发生位移，可以采用预留岩柱或支撑的方法固定试件，在施加法向载荷后予以去除。

4.2.12 对于具有一定厚度黏性土充填的结构面，为能在试验中施加较大的法向应力而不致挤出夹泥，可以适当加大剪切面面积。对于膨胀性较大的夹泥，可以采用预锚法。

4.3 岩体直剪试验

4.3.1 对于完整坚硬的岩体，一般采用室内三轴试验。

4.3.3 剪切缝的宽度为推力方向试件边长的5%，能够满足一般岩体的要求，也可根据岩体的不均一性，作适当调整。

4.3.10 试验过程中及时记录试件中的声响和试件周围裂缝开展情况，以供成果整理时参考。

4.3.12 岩体的强度参数一般离散性较大。在试验中，可以根据设备和岩性条件，适当加大剪切面上的最大法向应力，或增加试件

的数量，以取得可靠的强度参数值。

4.4 岩体载荷试验

4.4.1 岩体载荷试验的主要目的是确定岩体的承载力。

4.4.7 由于塑性变形有一个时间积累过程，本标准规定"每级读数累计时间不小于1h"。

4.4.8 本标准确定终止试验有4种情况。第3种情况为岩体发生过大的变形（承压板直径的1/12），属于限制变形的正常使用极限状态。第4种情况是由于岩体承载力的不确定性，限于加载设备的最大出力条件，加载达不到极限载荷，这时的试验载荷若达到岩体设计压力的2倍或超过岩体比例界限载荷的15%，试验仍有效，否则重新选择出力更大的加载设备再进行试验。

5 岩石声波测试

5.1 岩块声波速度测试

5.1.1 岩块声波速度测试是测定声波的纵、横波在试件中传播的时间，据此计算声波在岩块中的传播速度及岩块的动弹性参数。

5.1.2 本测试试件采用单轴抗压强度试验的试件，这是为了便于建立各指标间的相互关系。如只进行岩块声波速度测试，也可采用其他型式试件。

5.1.6 对换能器施加一定的压力，挤出多余的耦合剂或压紧耦合剂，是为了使换能器和岩体接触良好，减少对测试成果的影响。

5.1.9 本条说明同本标准第2.3.10条的说明。

5.2 岩体声波速度测试

5.2.1 岩体声波速度测试是利用电脉冲、电火花、锤击等方式激发声波，测试声波在岩体中的传播时间，据此计算声波在岩体中的传播速度及岩体的动弹性参数。

5.2.8 在测试过程中，横波可按下列方法判定：

（1）在岩体介质中，横波与纵波传播时间之比约为1.7。

（2）接收到的纵波频率大于横波频率。

（3）横波的振幅比纵波的振幅大。

（4）采用锤击法时，改变锤击的方向或采用换能器时，改变发射电压的极性，此时接收到的纵波相位不变，横波的相位改变180°。

（5）反复调整仪器放大器的增益和衰减挡，在荧光屏上可见到较为清晰的横波，然后加大增益，可较准确测出横波初至时间。

（6）利用专用横波换能器测定横波。

5.2.9 由于岩体完整性指数已被广泛应用于工程中，本次修订列入计算公式。

6 岩体应力测试

6.1 浅孔孔壁应变法测试

6.1.1 孔壁应变法测试采用孔壁应变计，即在钻孔孔壁粘贴电阻应变片，量测套钻解除后钻孔孔壁的岩石应变，按弹性理论建立的应变与应力之间的关系式，求出岩体内该点的空间应力参数。为防止应变计引出电缆在钻杆内被截断，要求测试深度不大于30m。

6.1.2 如需测试原岩应力时，测点深度需超过应力扰动影响区。在地下洞室中进行测试时，测点深度一般超过洞室直径（或相应尺

寸)的 2 倍。

6.1.3 由于工程区域构造应力场、岩体特性及边界条件等对应力测试成果有直接影响,因此需收集上述有关资料。

6.1.4 本次修订增加了空心包体式孔壁应变计,此类应变计已在工程中被广泛应用,由于岩石应变通过黏结剂和包体传递至电阻应变片,因此在对实测资料进行计算时,需引入电阻应变片而非直接粘贴在钻孔岩壁上的修正系数。修正系数一般由空心包体厂商提供。

要求各类钻头规格与应力计配套是为了减少中心测试孔安装应变计的误差,以及套钻解除后的岩心满足弹性理论中厚壁圆筒的条件。

6.1.5 由于黏结技术的进步,对于有水钻孔可以采用适用于水下黏结的黏结剂。当采用一般黏结剂时,适用于无水孔内进行测试,同时对孔壁进行干燥处理后再涂黏结剂。

6.1.8 最小套钻解除深度需超过孔底应力集中影响区,这一深度大致相当于测孔内粘贴应变计应变丛部位至解除孔孔底的距离达到解除岩心外径的 1/2。为保证成果的可靠性,本次修订将解除深度定为 2.0 倍。

为保证测试成果的可靠性,一个测段需布置若干个测点进行测试,并保证有 2 个测点为有效测点,各测点尽量靠拢。

关于套钻解除过程中分级读数方法,原标准制订时有分级停钻测读和连续钻进分级测读两种方法,根据当时设备条件和测试技术水平,选择分级停钻测读。本次修订改为匀压匀速连续钻进分级测读,主要考虑:钻孔技术进步;电阻应变仪已具备自动量测和记录功能;分级读数目的是为了绘制解除曲线,两种方法均能满足;连续钻进可避免再次钻进发生冲击载荷。

6.1.9 解除后的岩心如不能在 24h 内进行围压加载试验,立即对其包封,防止干燥。在进行围压试验时,不允许移动测试元件位置,以保证测试成果的准确性。

6.1.10 岩石弹性模量和泊松比也可以参考室内岩块试验成果。

6.2 浅孔孔径变形法测试

6.2.1 孔径变形法测试采用孔径变形计,即在钻孔内埋设孔径变形计,量测套钻解除后钻孔孔径的变形,经换算成孔径应变后,按弹性理论建立的应变和应力之间的关系式,求出岩体内该点的平面应力参数。要求测试深度不大于 30m。

6.2.2 测求岩体内某点的空间应力状态,本标准推荐前交会法,成果符合实际情况。当受条件限制时,也可采用后交会法,但需说明。

6.2.6 将变形计送入中心测试孔后,应变钢环的预压缩量控制在 0.2mm~0.6mm 范围内,否则需取出变形计,更换适当长度的触头重新安装。根据以往工程实测经验,在该预压范围内,一般可以满足套钻解除全过程中孔径的变化。

6.2.7 本条说明同第 6.1.8 条说明。

6.2.8 本条说明同第 6.1.10 条说明。

6.2.9 根据式(6.2.9)计算结果是中心测试孔的相对孔径变形,为与其他测试统一,以及应力测试的习惯和计算方便,本次修订仍用应变符号 ε 表示。

6.3 浅孔孔底应变法测试

6.3.1 孔底应变计测试采用孔底应变计,即在钻孔孔底平面粘贴电阻应变片,量测套钻解除后钻孔孔底的岩石平面应变,按弹性理论建立的应变与应力之间的关系式,求出岩体内该点的平面应力参数。要求测试深度不大于 30m。

6.3.2 测求岩体内某点的空间应力状态,本标准推荐前交会法,成果符合实际情况。当受条件限制时,也可采用后交会法,但需说明。

6.3.5 清洁剂一般采用丙酮,清洗后采用风吹干或用红外线光源进行烘烤。

6.3.6 根据有关研究,在钻孔孔底平面中央 2/3 直径范围内,应力分布较为均匀,因此要求将孔底应变计内电阻片的位置准确粘贴在该范围以内。

6.3.7 解除深度在超过解除岩心直径的 0.5 以后,基本上开始不受孔底应力集中的影响,本标准确定为岩心直径的 0.8。此外,可以考虑岩体围压率定器要求的岩心长度,予以适当加长。

6.3.9 本条说明同第 6.1.10 条说明。

6.4 水压致裂法测试

6.4.1 水压致裂法测试是采用两个长约 1m 串接起来可膨胀的橡胶封隔器阻塞钻孔,形成一封闭的加压段(长约 1m),对加压段加压直致孔壁岩体产生张拉破裂,根据破裂压力等压力参数按弹性理论公式计算岩体应力参数。

本测试假定岩体为均匀和各向同性的线弹性体,岩体为非渗透性的,并假设岩体中有一个主应力分量与钻孔轴线平行。

采用水压致裂法测试岩体应力这一方法,已被广泛应用于深部岩体应力测试,1987 年被国际岩石力学学会实验室和现场试验标准化委员会列为推荐方法,本次修订将此方法列入本标准。

6.4.2 本测试利用高压水直接作用于钻孔岩壁,要求岩体渗透性等级为微透水或极微透水,本标准要求岩体透水率不宜大于 1Lu。

6.4.4 高压大流量水泵按岩体应力量级和岩性进行选择,一般采用最大压力为 40MPa,流量不小于 8L/min 的水泵。当流量不够时,可以采用两台并联。

6.4.8 水压致裂法测试一般在铅垂向钻孔中进行,求得随孔深岩体应力参数的变化规律,作为建筑物布置的依据。需要进行空间应力状态测试时,可以参考有关的技术文献进行。

7 岩 体 观 测

7.1 围岩收敛观测

7.1.1 围岩收敛观测是采用收敛计量测地下洞室围岩表面两点之间在连线(基线)方向上的相对位移,即收敛值。本观测也可用于岩体表面两点间距变化的观测。

7.1.2 本条规定了观测断面和观测点布置的基本原则:

(1)当地质条件、地下洞室尺寸和形状、施工方法已确定时,围岩位移主要受空间和时间两种因素影响。围岩位移存在"空间效应"和"时间效应",这两种效应是围岩稳定状态的重要标志,可用来判断围岩稳定性、推算位移速度和最终位移值,确定支护合理时机。

(2)根据工程经验,在一般情况下,当开挖掌子面距观测断面 1.5 倍~2.0 倍洞径后,"空间效应"基本消除。观测断面距掌子面 1.0 倍洞径时,位移释放量约为总量的 10%~20%,距离掌子面越远,释放量越大,因此要求测点埋设尽量接近掌子面。

(3)原标准要求断面距掌子面不宜超过 0.5m,在实施过程中不易控制,本次修订改为不大于 1.0m。

7.1.4 本观测推荐卷尺式收敛计,采用其他形式收敛计,可以参照本标准进行。

7.1.7 本条规定了观测步骤和观测过程中注意的问题:

(1)收敛计根据不同的尺长采用不同的恒定张力,是为了减少尺的曲率和保持曲率的相对一致,以减小观测误差。恒定张力的大小视基线长度参照收敛计的使用要求确定。

(2)观测时间间隔当观测断面距掌子面在 2 倍洞径范围内时,每次开挖前后需观测 1 次。在 2 倍洞径范围外时,观测时间间隔一般按收敛位移变化情况而定。

7.1.8 原标准只列出温度修正值的计算公式。本次修订后的公式,适用于任何型式收敛计的计算。

采用收敛计观测的围岩位移是两测点位移之和,可以通过近似分配计算求得各测点的位移,选择计算方法的假设需接近洞室条件。

7.2 钻孔轴向岩体位移观测

7.2.1 钻孔轴向岩体位移观测是通过位移计量测不同深度孔壁岩体沿钻孔轴线方向的位移。本标准推荐并联式或串联式采用金属杆传递位移的多点位移计。当采用其他形式位移计时,可参照本标准。

观测深度过大,将影响位移传递精度。本标准要求测试深度不宜大于60m。

7.2.4 位移观测一般采用位移传感器和读数仪进行,当位移量较大且观测方便时,也可采用百分表直接读数。

锚头种类较多,适用于各类岩体和施工条件,一般按使用经验选择。

7.3 钻孔横向岩体位移观测

7.3.1 钻孔横向岩体位移观测是采用伺服加速度式滑动测斜仪量测孔壁岩体不同深度与钻孔轴线垂直的位移。本观测按单向伺服加速度计式滑动侧斜仪编写,采用双向、三向或其他型式仪器时,可参照本标准进行。

7.3.2 超过滑移带一定深度是为保证有可靠的基准点,一般根据

岩性的滑移带性质确定。当地表配合其他观测方法可以确定位移量和位移方向时,基准点也可设置在地表。

7.3.6 对于软岩或破碎岩体,也可采用砂充填间隙。在预计的位移突变段,一般采用填砂方法,以防止侧斜管发生剪断。

7.4 岩体表面倾斜观测

7.4.1 岩体表面倾斜观测是采用倾角计量测岩体表面倾斜角位移,本标准推荐便携式倾角计。由于倾角观测已被应用于工程中,且方法简便可行,本次修订增列此方法。

7.4.5 测点安装需保证测点与岩体之间不产生相对位移,并能准确反映被测岩体的位移情况。选择测点时,首先考虑基准板直接置于岩体表面,当条件不许可时,采用本条第2款的方法。

7.5 岩体渗压观测

7.5.1 岩体渗压观测是通过埋设的测压管或渗压计量测岩体内地下水的渗透压力值。岩体渗压观测是较成熟的观测方法,本次修订增列本方法。

7.5.2 本条根据岩土工程的特点确定布置原则,目的是观测建筑物的防渗或排水效果、堤坝坝基和软弱夹带下扬压力观测、边坡滑动面地下水压力观测、混凝土构筑物的静水压力观测。

7.5.4 测压管坚固耐用、观测方便、经济,但观测值具有一定的滞后性,适用在地下水较丰富部位使用。渗压计对地下水压力反应较为敏感,对工程中需要及时反映地下水压力变化部位、岩体渗透性很小的部位,以及不宜埋设测压管的部位采用渗压计。

压力表和渗压计的量程按预估的地下水最大压力选用,渗压计需有足够的富裕度。

中华人民共和国国家标准

土工试验方法标准

Standard for soil test method

GB/T 50123—1999

主编部门：中华人民共和国水利部
批准部门：中华人民共和国建设部
施行日期：1999年10月1日

关于发布国家标准
《土工试验方法标准》的通知

建标〔1999〕148 号

根据国家计委《一九九四年工程建设标准定额制订修订计划》（计综合〔1994〕240 号文附件九）的要求，由水利部会同有关部门共同修订的《土工试验方法标准》，经有关部门会审，批准为推荐性国家标准，编号为 GB/T 50123—1999，自 1999 年 10 月 1 日起施行，原国家标准《土工试验方法标准》GBJ 123—88 同时废止。

本标准由水利部负责管理，南京水利科学研究院负责具体解释工作，建设部标准定额研究所组织中国计划出版社出版发行。

中华人民共和国建设部
一九九九年六月十日

前　　言

本标准是根据国家计委计综合〔1994〕240 号文的精神，由南京水利科学研究院会同有关单位，在 1988 年颁布的国家标准《土工试验方法标准》GBJ 123—88 基础上修订而成。

本标准在修订过程中，收集了国内外资料，反复进行研究讨论，并结合国内工程发展需要，在此基础上提出了讨论稿、征求意见稿，广泛征求意见后，经多次修改提出送审稿，最后通过专家审查定稿。

本标准共分三十五章四个附录，对原标准作了补充和修改，较原标准增加七项试验和一个方法，主要内容有：

1. 根据国家法定计量单位的规定，对部分名词和化学性试验的计量单位进行了修改，增列了术语、符号一章。

2. 物理性试验项目中，对部分试验方法作了补充和修改，例如含水率试验中增补了冻土含水率的测定、颗粒分析试验中增加了洗盐步骤等。

3. 力学性试验项目中除对部分试验作了补充外，增加了回弹模量试验、应变控制连续加荷固结试验（GBJ 123—88 颁布后的课题研究成果）。对承载比试验、黄土湿陷性试验和土的化学性试验等在方法上作了较大的修改。

4. 增加了冻土试样的物理性试验，包括冻土密度试验、冻结温度试验、未冻含水率试验、导热系数试验、冻胀量试验和冻土融化压缩试验。

5. 每项试验附记录表列入附录 D。

在附录中列入了试验资料的整理和试验报告；土样要求和管理；室内土工仪器的通用要求，以保证试验数据的准确可靠。附录 D 为各项试验记录表，以供参考。

本标准由水利部负责管理，南京水利科学研究院负责具体解释工作。希望各单位在使用过程中注意积累经验，并将建议和意见寄往南京水利科学研究院（地址：南京市广州路 223 号；邮编 210029），以供今后修订时参考。

本标准主编单位、参加单位和主要起草人：

主编单位：南京水利科学研究院

参加单位：铁道部第一勘测设计院
中国科学院兰州冰川冻土研究所
水利部东北勘测设计院
中国建筑科学研究院
交通部公路科学研究所

主要起草人：盛树馨　吴连荣　徐敩祖　徐伯孟
阎明礼　饶鸿雁　陶秀珍

目　　次

1 总 则

1.0.1 为了测定土的基本工程性质,统一试验方法,为工程设计和施工提供可靠的参数,特制订本标准。

1.0.2 本标准适用于工业和民用建筑、水利、交通等各类工程的地基土及填筑土料的基本工程性质试验。

1.0.3 本标准中仅将土分为粗粒土和细粒土两类,土的名称,应根据现行国家标准《土的分类标准》GBJ 145确定。

1.0.4 土工试验资料的整理,应通过对样本(试验测得的数据)的研究来估计土体单元特征及其变化的规律,使土工试验的成果为工程设计和施工提供准确可靠的土性指标。试验成果的分析整理应按附录A进行。

1.0.5 土工试验所用的仪器、设备应按现行国家标准《土工仪器的基本参数及通用技术条件》GB/T15406采用,并定期按现行有关规程进行检定和校准。

1.0.6 土工试验方法除应遵守本标准外,尚应符合有关现行强制性国家标准的规定。

2 术语、符号

2.1 术 语

2.1.1 酸碱度 acidity and alkalinity
溶液中氢离子浓度的负对数。

2.1.2 校准 calibration
在规定条件下,为确定计量仪器或测量系统的示值或实物量具所代表的值与相对应的被测量的已知值之间关系的一组操作。

2.1.3 有效应力路径 effective shress path
在土体的加压过程中,体内某平面上有效应力变化的轨迹。

2.1.4 冻结温度 freezing temperature
土中孔隙水发生冻结的最高温度。

2.1.5 测力计 load meter
强度试验时所用的钢环或负荷传感器。

2.1.6 荷载率 load rate
某级荷载增量与前一级荷载总量之比。

2.1.7 平行测定 parallel measure
在相同条件下,采用二个以上试样同时进行试验。

2.1.8 抗剪强度参数 parameters of shear streagth
表征土体抗剪性能的指标,包括粘聚力和内摩擦角。

2.1.9 纯水 pure water
脱气水和离子交换水。

2.1.10 土试样 soil specimen
用于试验的具有代表性的土样。

2.1.11 饱和土 saturation soil

孔隙体积完全被水充满的土样。

2.1.12 悬液 suspension
土粒与水的混合液。

2.1.13 试验 test
按照规定的程序为给定的试样测试一种或多种特性的技术操作。

2.1.14 导热系数 thermal conductivity
表示土体导热能力的指标。

2.1.15 融化压缩系数 thaw compressibility coefficient
冻土融化后,在单位压力作用下产生的相对压缩变形量。

2.1.16 融化下沉系数 thaw-settelment coefficient
冻土融化过程中,在自重压力作用下产生的相对下沉量。

2.1.17 未冻含水率 unfrozen-water content
在一定负温下,冻土中未冻水的质量与干土质量之比,以百分数表示。

2.1.18 检定 verification
通过检测,提供证明来确认满足规定的要求。

2.2 符 号

2.2.1 尺寸和时间
A —— 试样断面积
D —— 试样的平均直径
d —— 土颗粒直径
h —— 试样高度
t —— 时间
V —— 试样体积

2.2.2 物理性指标
C_c —— 曲率系数
C_u —— 不均匀系数
D_r —— 相对密度
e —— 孔隙比
G_s —— 土粒比重
I_L —— 液性指数
I_P —— 塑性指数
S_r —— 饱和度
w —— 含水率
w_L —— 液限
w_P —— 塑限
w_n —— 缩限
ρ —— 试样密度

2.2.3 力学性指标
A_f —— 试样破坏时的孔隙水压力系数
a_{tc} —— 融化压缩系数
a_v —— 压缩系数
B —— 孔隙水压力系数
C_c —— 压缩指数
C_s —— 回弹指数
C_v —— 固结系数
CBR —— 承载比
c —— 粘聚力
E_e —— 回弹模量
E_s —— 压缩模量
k —— 渗透系数
m —— 试样质量
m_v —— 体积压缩系数
p —— 单位压力
p_c —— 先期固结压力

p_e ——膨胀力

Q ——渗水量

q_u ——无侧限抗压强度

S ——抗剪强度

S_i ——单位沉降量

s_r ——土的残余强度

S_t ——灵敏度

u ——孔隙水压力

δ_s ——湿陷系数

δ_e ——无荷载膨胀率

δ_{ef} ——自由膨胀率

δ_{ep} ——有荷载膨胀率

δ_{wt} ——溶滤湿陷系数

δ_{zs} ——自重湿陷系数

ε_a ——轴向应变

η ——动力粘滞系数

η_f ——冻胀率

σ ——正应力

σ' ——有效应力

τ ——剪应力

ϕ ——内摩擦角

λ_n ——收缩系数

2.2.4 热学指标

T ——温度

λ ——导热系数

2.2.5 化学指标

B_b ——质量摩尔浓度

C_b ——浓度

M_b ——摩尔质量

n ——物质的量

O_m ——有机质

pH ——酸碱度

V_n ——摩尔体积

W ——易溶盐含量

ρ_n ——质量浓度

3 试样制备和饱和

3.1 试样制备

3.1.1 本试验方法适用于颗粒粒径小于 60mm 的原状土和扰动土。

3.1.2 根据力学性质试验项目要求,原状土样同一组试样间密度的允许差值为 0.03g/cm³;扰动土样同一组试样的密度与要求的密度之差不得大于 ±0.01g/cm³,一组试样的含水率与要求的含水率之差不得大于 ±1%。

3.1.3 试样制备所需的主要仪器设备,应符合下列规定:

1 细筛:孔径 0.5mm、2mm。

2 洗筛:孔径 0.075mm。

3 台秤和天平:称量 10kg,最小分度值 5g;称量 5000g,最小分度值 1g;称量 1000g,最小分度值 0.5g;称量 500g,最小分度值 0.1g;称量 200g,最小分度值 0.01g。

4 环刀:不锈钢材料制成,内径 61.8mm 和 79.8mm,高 20mm;内径 61.8mm,高 40mm。

5 击样器:如图 3.1.3-1 所示。

6 压样器:如图 3.1.3-2 所示。

7 抽气设备:应附真空表和真空缸。

8 其他:包括切土刀、钢丝锯、碎土工具、烘箱、保湿缸、喷水设备等。

3.1.4 原状土试样制备,应按下列步骤进行:

1 将土样筒按标明的上下方向放置,剥去蜡封和胶带,开启土样筒取出土样。检查土样结构,当确定土样已受扰动或取土质量不符合规定时,不应制备力学性质试验的试样。

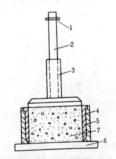

图 3.1.3-1 击样器
1—定位环;2—导杆;3—击锤;4—击样筒;
5—环刀;6—底座;7—试样

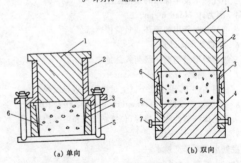

图 3.1.3-2 压样器
1—活塞;2—导筒;3—护环;
4—环刀;5—拉杆;6—试样　　1—上活塞;2—上导筒;3—环刀;
4—下导筒;5—下活塞;6—试样;7—销钉

2 根据试验要求用环刀切取试样时,应在环刀内壁涂一薄层凡士林,刃口向下放在土样上,将环刀垂直下压,并用切土刀沿环刀外侧切削土样,边压边削至土样高出环刀,根据试样的软硬采用钢丝锯或切土刀整平环刀两端土样,擦净环刀外壁,称环刀和土的总质量。

3 从余土中取代表性试样测定含水率。比重、颗粒分析、界限含水率等项试验的取样,应按本标准第3.1.5条2款步骤的规定进行。

4 切削试样时,应对土样的层次、气味、颜色、夹杂物、裂缝和均匀性进行描述,对低塑性和高灵敏度的软土,制样时不得扰动。

3.1.5 扰动土试样的备制,应按下列步骤进行:

1 将土样从土样筒或包装袋中取出,对土样的颜色、气味、夹杂物和土类及均匀程度进行描述,并将土样切成碎块,拌和均匀,取代表性土样测定含水率。

2 对均质和含有机质的土样,宜采用天然含水率状态下代表性土样,供颗粒分析、界限含水率试验。对非均质土应根据试验项目取足够数量的土样,置于通风处阴干至可碾散为止。对砂土和进行比重试验的土样宜在105~110℃温度下烘干,对有机质含量超过5%的土、含石膏和硫酸盐的土,应在65~70℃温度下烘干。

3 将风干或烘干的土样放在橡皮板上用木碾碾散,对不含砂和砾的土样,可用碎土器碾散(碎土器不得将土粒破碎)。

4 对分散后的粗粒土和细粒土,应按本标准表B.0.1的要求过筛。对含细粒土的砾质土,应先用水浸泡并充分搅拌,使粗细颗粒分离后按不同试验项目的要求进行过筛。

3.1.6 扰动土试样的制样,应按下列步骤进行:

1 试样的数量视试验项目而定,应有备用试样1~2个。

2 将碾散的风干土样通过孔径2mm或5mm的筛,取筛下足够试验用的土样,充分拌匀,测定风干含水率,装入保湿缸或塑料袋内备用。

3 根据试验所需的土量与含水率,制备试样所需的加水量应按下式计算:

$$m_w = \frac{m_0}{1 + 0.01w_0} \times 0.01(w_1 - w_0) \quad (3.1.6-1)$$

式中 m_w ——制备试样所需要的加水量(g);
m_0 ——湿土(或风干土)质量(g);
w_0 ——湿土(或风干土)含水率(%);
w_1 ——制样要求的含水率(%)。

4 称取过筛的风干土样平铺在搪瓷盘内,将水均匀喷洒在土样上,充分拌匀后装入盛土容器内盖紧,润湿一昼夜,砂土的润湿时间可酌减。

5 测定润湿土样不同位置处的含水率,不应少于两点,含水率差值应符合本标准第3.1.2条的规定。

6 根据环刀容积及所需的干密度,制样所需的湿土量应按下式计算:

$$m_0 = (1 + 0.01w_0)\rho_d V \quad (3.1.6-2)$$

式中 ρ_d ——试样的干密度(g/cm³);
V ——试样体积(环刀容积)(cm³)。

7 扰动土制样可采用击样法和压样法。
1)击样法:将根据环刀容积和要求干密度所需质量的湿土倒入装有环刀的击样器内,击实到所需密度。
2)压样法:将根据环刀容积和要求干密度所需质量的湿土倒入装有环刀的压样器内,以静压力通过活塞将土样压紧到所需密度。

8 取出带有试样的环刀,称环刀和试样总质量,对不需要饱和,且不立即进行试验的试样,应存放在保湿器内备用。

3.2 试样饱和

3.2.1 试样饱和宜根据土样的透水性能,分别采用下列方法:

1 粗粒土采用浸水饱和法。

2 渗透系数大于10^{-4}cm/s的细粒土,采用毛细管饱和法;渗透系数小于、等于10^{-4}cm/s的细粒土,采用抽气饱和法。

3.2.2 毛细管饱和法,应按下列步骤进行:

1 选用框式饱和器(图3.2.4-1b),试样上、下面放滤纸和透水板,装入饱和器内,并旋紧螺母。

2 将装好的饱和器放入水箱内,注入清水,水面不宜将试样淹没,关箱盖,浸水时间不得少于两昼夜,使试样充分饱和。

3 取出饱和器,松开螺母,取出环刀,擦干外壁,称环刀和试样的总质量,并计算试样的饱和度。当饱和度低于95%时,应继续饱和。

3.2.3 试样的饱和度应按下式计算:

$$S_r = \frac{(\rho_{sr} - \rho_d)G_s}{\rho_d \cdot e} \quad (3.2.3-1)$$

或

$$S_r = \frac{w_{sr}G_s}{e} \quad (3.2.3-2)$$

式中 S_r ——试样的饱和度(%);
w_{sr} ——试样饱和后的含水率(%);
ρ_{sr} ——试样饱和后的密度(g/cm³);
G_s ——土粒比重;
e ——试样的孔隙比。

3.2.4 抽气饱和法,应按下列步骤进行:

1 选用叠式或框式饱和器(图3.2.4-1)和真空饱和装置(图3.2.4-2)。在叠式饱和器下夹板的正中,依次放置透水板、滤纸、带试样的环刀、滤纸、透水板,如此顺序重复,由下向上重叠至拉杆高度,将饱和器上夹板盖好后,拧紧拉杆上端的螺母,将各个环刀在上、下夹板间夹紧。

2 将装有试样的饱和器放入真空缸内,真空缸和盖之间涂一薄层凡士林,盖紧。将真空缸与抽气机接通,启动抽气机,当真空压力表读数接近当地一个大气压力值时(抽气时间不少于1h),微开管夹,使清水徐徐注入真空缸,在注水过程中,真空压力表读数宜保持不变。

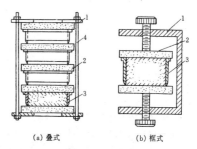

(a)叠式　　　　(b)框式
图3.2.4-1 饱和器
1—夹板;2—透水板;3—环刀;4—拉杆

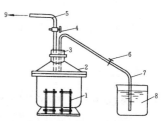

图3.2.4-2 真空饱和装置
1—饱和器;2—真空缸;3—橡皮塞;4—二通阀;5—排气管;
6—管夹;7—引水管;8—盛水器;9—接抽气机

3 待水淹没饱和器后停止抽气。开管夹使空气进入真空缸,静止一段时间,细粒土宜为10h,使试样充分饱和。

4 打开真空缸,从饱和器内取出带环刀的试样,称环刀和试样总质量,并按本标准式(3.2.3)计算饱和度。当饱和度低于95%时,应继续抽气饱和。

其自然蒸发或用吸球吸出,但不得将土粒带出;土太干时,可适当加水,称土糊和盘质量,准确至0.1g。从糊状土中取样测定含水率,其试验步骤和计算按本标准第4.0.3、4.0.4条进行。

4.0.6 层状和网状冻土的含水率,按下式计算,准确至0.1%。

$$w=\left[\frac{m_1}{m_2}(1+0.01w_h)-1\right]\times100 \qquad (4.0.6)$$

式中　w——含水率(%);

　　　　m_1——冻土试样质量(g);

　　　　m_2——糊状试样质量(g);

　　　　w_h——糊状试样的含水率(%)。

4.0.7 本试验必须对两个试样进行平行测定,测定的差值:当含水率小于40%时为1%;当含水率等于、大于40%时为2%,对层状和网状构造的冻土不大于3%。取两个测值的平均值,以百分数表示。

4.0.8 含水率试验的记录格式见附录D表D-1。

4 含水率试验

4.0.1 本试验方法适用于粗粒土、细粒土、有机质土和冻土。

4.0.2 本试验所用的主要仪器设备,应符合下列规定:

1 电热烘箱:应能控制温度为105～110℃。

2 天平:称量200g,最小分度值0.01g;称量1000g,最小分度值0.1g。

4.0.3 含水率试验,应按下列步骤进行:

1 取具有代表性试样15～30g或用环刀中的试样,有机质土、砂类土和整体状构造冻土为50g,放入称量盒内,盖上盒盖,称盒加湿土质量,准确至0.01g。

2 打开盒盖,将盒置于烘箱内,在105～110℃的恒温下烘至恒量。烘干时间对粘土、粉土不得少于8h,对砂土不得少于6h,对含有机质超过干土质量5%的土,应将温度控制在65～70℃的恒温下烘至恒量。

3 将称量盒从烘箱中取出,盖上盒盖,放入干燥容器内冷却至室温,称盒加干土质量,准确至0.01g。

4.0.4 试样的含水率,应按下式计算,准确至0.1%。

$$w_0=\left(\frac{m_0}{m_d}-1\right)\times100 \qquad (4.0.4)$$

式中　m_d——干土质量(g);

　　　　m_0——湿土质量(g)。

4.0.5 对层状和网状构造的冻土含水率试验应按下列步骤进行:用四分法切取200～500g试样(视冻土结构均匀程度而定,结构均匀少取,反之多取)放入搪瓷盘中,称盘和试样质量,准确至0.1g。待冻土试样融化后,调成均匀糊状(土太湿时,多余的水分让

5 密度试验

5.1 环刀法

5.1.1 本试验方法适用于细粒土。

5.1.2 本试验所用的主要仪器设备,应符合下列规定:

1 环刀:内径61.8mm和79.8mm,高度20mm。

2 天平:称量500g,最小分度值0.1g;称量200g,最小分度值0.01g。

5.1.3 环刀法测定密度,应按本标准第3.1.4条2款的步骤进行。

5.1.4 试样的湿密度,应按下式计算:

$$\rho_0=\frac{m_0}{V} \qquad (5.1.4)$$

式中　ρ_0——试样的湿密度(g/cm³),准确到0.01g/cm³。

5.1.5 试样的干密度,应按下式计算:

$$\rho_d=\frac{\rho_0}{1+0.01w_0} \qquad (5.1.5)$$

5.1.6 本试验应进行两次平行测定,两次测定的差值不得大于0.03g/cm³,取两次测值的平均值。

5.1.7 环刀法试验的记录格式见附录D表D-2。

5.2 蜡封法

5.2.1 本试验方法适用于易破裂土和形状不规则的坚硬土。

5.2.2 本试验所用的主要仪器设备,应符合下列规定:

1 蜡封设备:应附熔蜡加热器。

2 天平：应符合本标准第5.1.2条2款的规定。

5.2.3 蜡封法试验，应按下列步骤进行：

1 从原状土样中，切取体积不小于30cm³的代表性试样，清除表面浮土及尖锐棱角，系上细线，称试样质量，准确至0.01g。

2 持线将试样缓缓浸入刚达熔点的蜡液中，浸没后立即提出，检查试样周围的蜡膜，当有气泡时应用针刺破，再用蜡液补平，冷却后称蜡封试样质量。

3 将蜡封试样挂在天平的一端，浸没于盛有纯水的烧杯中，称蜡封试样在纯水中的质量，并测定纯水的温度。

4 取出试样，擦干蜡面上的水分，再称蜡封试样质量。当浸水后试样质量增加时，应另取试样重做试验。

5.2.4 试样的密度，应按下式计算：

$$\rho_0 = \frac{m_0}{\frac{m_n - m_{nw}}{\rho_{wT}} - \frac{m_n - m_0}{\rho_n}} \qquad (5.2.4)$$

式中 m_n ——蜡封试样质量(g)；

m_{nw} ——蜡封试样在纯水中的质量(g)；

ρ_{wT} ——纯水在$T℃$时的密度(g/cm³)；

ρ_n ——蜡的密度(g/cm³)。

5.2.5 试样的干密度，应按式(5.1.5)计算。

5.2.6 本试验应进行两次平行测定，两次测定的差值不得大于0.03g/cm³，取两次测值的平均值。

5.2.7 蜡封法试验的记录格式见附录D表D-3。

5.3 灌 水 法

5.3.1 本试验方法适用于现场测定粗粒土的密度。

5.3.2 本试验所用的主要仪器设备，应符合下列规定：

1 储水筒：直径应均匀，并附有刻度及出水管。

2 台秤：称量50kg，最小分度值10g。

5.3.3 灌水法试验，应按下列步骤进行：

1 根据试样最大粒径，确定试坑尺寸见表5.3.3。

表5.3.3 试坑尺寸(mm)

试样最大粒径	试坑尺寸	
	直 径	深 度
5(20)	150	200
40	200	250
60	250	300

2 将选定试验处的试坑地面整平，除去表面松散的土层。

3 按确定的试坑直径划出坑口轮廓线，在轮廓线内下挖至要求深度，边挖边将坑内的试样装入盛土容器内，称试样质量，准确到10g，并应测定试样的含水率。

4 试坑挖好后，放上相应尺寸的套环，用水准尺找平，将大于试坑容积的塑料薄膜袋平铺于坑内，翻过套环压住薄膜四周。

5 记录储水筒内初始水位高度，拧开储水筒出水管开关，将水缓慢注入塑料薄膜袋中。当袋内水面接近套环边缘时，将水流调小，直至袋内水面与套环边缘齐平时关闭出水管，持续3～5min，记录储水筒内水位高度。当袋内出现水面下降时，应另取塑料薄膜袋重做试验。

5.3.4 试坑的体积，应按下式计算：

$$V_p = (H_1 - H_2) \times A_w - V_0 \qquad (5.3.4)$$

式中 V_p ——试坑体积(cm³)；

H_1 ——储水筒内初始水位高度(cm)；

H_2 ——储水筒内注水终了时水位高度(cm)；

A_w ——储水筒断面积(cm²)；

V_0 ——套环体积(cm³)。

5.3.5 试样的密度，应按下式计算：

$$\rho_0 = \frac{m_p}{V_p} \qquad (5.3.5)$$

式中 m_p ——取自试坑内的试样质量(g)。

5.3.6 灌水法试验的记录格式见附录D表D-4。

5.4 灌 砂 法

5.4.1 本试验方法适用于现场测定粗粒土的密度。

5.4.2 本试验所用的主要仪器设备，应符合下列规定：

1 密度测定器：由容砂瓶、灌砂漏斗和底盘组成(图5.4.2)。灌砂漏斗高135mm，直径165mm，尾部有孔径为13mm的圆柱形阀门；容砂瓶容积为4L，容砂瓶和灌砂漏斗之间用螺纹接头联接。底盘承托灌砂漏斗和容砂瓶。

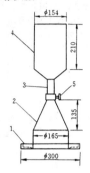

图 5.4.2 密度测定器
1—底盘；2—灌砂漏斗；3—螺纹接头；4—容砂瓶；5—阀门

2 天平：称量10kg，最小分度值5g，称量500g，最小分度值0.1g。

5.4.3 标准砂密度的测定，应按下列步骤进行：

1 标准砂应清洗洁净，粒径宜选用0.25～0.50mm，密度宜选用1.47～1.61g/cm³。

2 组装容砂瓶与灌砂漏斗，螺纹接头处应旋紧，称其质量。

3 将密度测定器竖立，灌砂漏斗口向上，关阀门，向灌砂漏斗中注满标准砂，打开阀门使灌砂漏斗内的标准砂漏入容砂瓶内，继续向漏斗内注砂漏入瓶内，当砂停止流动时迅速关闭阀门，倒掉漏斗内多余的砂，称容砂瓶、灌砂漏斗和标准砂的总质量，准确至5g。试验中应避免震动。

4 倒出容砂瓶内的标准砂，通过漏斗向容砂瓶内注水至水面高出阀门，关阀门，倒掉漏斗中多余的水，称容砂瓶、漏斗和水的总质量，准确到5g，并测定水温，准确到0.5℃。重复测定3次，3次测值之间的差值不得大于3mL，取3次测值的平均值。

5.4.4 容砂瓶的容积，应按下式计算：

$$V_r = (m_{r2} - m_{r1}) / \rho_{wt} \qquad (5.4.4)$$

式中 V_r ——容砂瓶容积(mL)；

m_{r2} ——容砂瓶、漏斗和水的总质量(g)；

m_{r1} ——容砂瓶和漏斗的质量(g)；

ρ_{wt} ——不同水温时水的密度(g/cm³)，查表5.4.4。

表5.4.4 水的密度

温度(℃)	水的密度(g/cm³)	温度(℃)	水的密度(g/cm³)	温度(℃)	水的密度(g/cm³)
4.0	1.0000	15.0	0.9991	26.0	0.9968
5.0	1.0000	16.0	0.9989	27.0	0.9965
6.0	0.9999	17.0	0.9988	28.0	0.9962
7.0	0.9999	18.0	0.9986	29.0	0.9959
8.0	0.9999	19.0	0.9984	30.0	0.9957
9.0	0.9998	20.0	0.9982	31.0	0.9953
10.0	0.9997	21.0	0.9980	32.0	0.9950
11.0	0.9996	22.0	0.9978	33.0	0.9947
12.0	0.9995	23.0	0.9975	34.0	0.9944
13.0	0.9994	24.0	0.9973	35.0	0.9940
14.0	0.9992	25.0	0.9970	36.0	0.9937

5.4.5 标准砂的密度,应按下式计算:

$$\rho_s = \frac{m_{rs} - m_{r1}}{V_r} \quad (5.4.5)$$

式中 ρ_s ——标准砂的密度(g/cm³);

m_{rs} ——容砂瓶、漏斗和标准砂的总质量(g)。

5.4.6 灌砂法试验,应按下列步骤进行:

1 按本标准第5.3.3条1~3款的步骤挖好规定的试坑尺寸,并称试样质量。

2 向容砂瓶内注满砂,关阀门,称容砂瓶、漏斗和砂的总质量,准确至10g。

3 将密度测定器倒置(容砂瓶向上)于挖好的坑口上,打开阀门,使砂注入试坑。在注砂过程中不应震动。当砂注满试坑时关闭阀门,称容砂瓶、漏斗和余砂的总质量,准确至10g,并计算注满坑所用的标准砂质量。

5.4.7 试样的密度,应按下式计算:

$$\rho_0 = \frac{m_p}{\dfrac{m_s}{\rho_s}} \quad (5.4.7)$$

式中 m_s ——注满试坑所用标准砂的质量(g)。

5.4.8 试样的干密度,应按下式计算,准确至0.01g/cm³。

$$\rho_d = \frac{m_p}{\dfrac{1 + 0.01w_1}{\dfrac{m_s}{\rho_s}}} \quad (5.4.8)$$

5.4.9 灌砂法试验的记录格式见附录D表D-5。

6 土粒比重试验

6.1 一般规定

6.1.1 对小于、等于和大于5mm土颗粒组成的土,应分别采用比重瓶法、浮称法和虹吸管法测定比重。

6.1.2 土颗粒的平均比重,应按下式计算:

$$G_{sm} = \frac{1}{\dfrac{P_1}{G_{s1}} + \dfrac{P_2}{G_{s2}}} \quad (6.1.2)$$

式中 G_{sm} ——土颗粒平均比重;

G_{s1} ——粒径大于、等于5mm的土颗粒比重;

G_{s2} ——粒径小于5mm的土颗粒比重;

P_1 ——粒径大于、等于5mm的土颗粒质量占试样总质量的百分比(%);

P_2 ——粒径小于5mm的土颗粒质量占试样总质量的百分比(%)。

6.1.3 本试验必须进行两次平行测定,两次测定的差值不得大于0.02,取两次测值的平均值。

6.2 比重瓶法

6.2.1 本试验方法适用于粒径小于5mm的各类土。

6.2.2 本试验所用的主要仪器设备,应符合下列规定:

1 比重瓶:容积100mL或50mL,分长颈和短颈两种。

2 恒温水槽:准确度应为±1℃。

3 砂浴:应能调节温度。

4 天平:称量200g,最小分度值0.001g。

5 温度计:刻度为0~50℃,最小分度值为0.5℃。

6.2.3 比重瓶的校准,应按下列步骤进行:

1 将比重瓶洗净、烘干,置于干燥器内,冷却后称量,准确至0.001g。

2 将煮沸经冷却的纯水注入比重瓶。对长颈比重瓶注水至刻度处;对短颈比重瓶应注满纯水,塞紧瓶塞,多余水自瓶塞毛细管中溢出,将比重瓶放入恒温水槽直至瓶内水温稳定。取出比重瓶,擦干外壁,称瓶、水总质量,准确至0.001g。测定恒温水槽内水温,准确至0.5℃。

3 调节数个恒温水槽内的温度,温度差宜为5℃,测定不同温度下的瓶、水总质量。每个温度时均应进行两次平行测定,两次测定的差值不得大于0.002,取两次测值的平均值。绘制温度与瓶、水总质量的关系曲线,见图6.2.3。

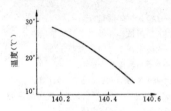

图6.2.3 温度和瓶、水质量关系曲线

6.2.4 比重瓶法试验的试样制备,应按本标准第3.1.5条1、2款的步骤进行。

6.2.5 比重瓶法试验,应按下列步骤进行:

1 将比重瓶烘干。称烘干试样15g(当用50mL的比重瓶时,称烘干试样10g)装入比重瓶,称试样和瓶的总质量,准确至0.001g。

2 向比重瓶内注入半瓶纯水,摇动比重瓶,并放在砂浴上煮沸,煮沸时间自悬液沸腾起砂土不应少于30min,粘土、粉土不得少于1h。沸腾后应调节砂浴温度,比重瓶内悬液不得溢出。对砂土宜用真空抽气法;对含有可溶盐、有机质和亲水性胶体的土必须用中性液体(煤油)代替纯水,采用真空抽气法排气,真空表读数宜接近当地一个大气负压值,抽气时间不得少于1h。

注:用中性液体,不能用煮沸法。

3 将煮沸经冷却的纯水(或抽气后的中性液体)注入装有试样悬液的比重瓶。当用长颈比重瓶时注纯水至刻度处;当用短颈比重瓶时应将纯水注满,塞紧瓶塞,多余的水分自瓶塞毛细管中溢出。将比重瓶置于恒温水槽内至温度稳定,且瓶内上部悬液澄清。取出比重瓶,擦干瓶外壁,称比重瓶、水、试样总质量,准确至0.001g,并应测定瓶内的水温,准确至0.5℃。

4 从温度与瓶、水总质量的关系曲线中查得各试验温度下的瓶、水总质量。

6.2.6 土粒的比重,应按下式计算:

$$G_s = \frac{m_d}{m_{bw} + m_d - m_{bws}} \cdot G_{iT} \quad (6.2.6)$$

式中 m_{bw} ——比重瓶、水总质量(g);

m_{bws} ——比重瓶、水、试样总质量(g);

G_{iT} —— $T℃$ 时纯水或中性液体的比重。

水的比重可查物理手册;中性液体的比重应实测,称量应准确至0.001g。

6.2.7 比重瓶法试验的记录格式见附录D表D-6。

6.3 浮称法

6.3.1 本试验方法适用于粒径等于、大于5mm的各类土,且其中粒径大于20mm的土质量应小于总土质量的10%。

6.3.2 本试验所用的主要仪器设备，应符合下列规定：

1 铁丝筐：孔径小于 5mm，边长为 10～15cm，高为 10～20cm。

2 盛水容器：尺寸应大于铁丝筐。

3 浮秤天平：称量 2000g，最小分度值 0.5g，（图 6.3.2）。

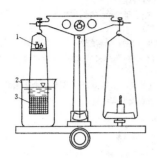

图 6.3.2　浮秤天平
1—平衡砝码；2—盛水容器；3—盛粗粒土的铁丝筐

6.3.3 浮称法试验，应按下列步骤进行：

1 取代表性试样 500～1000g，将试样表面清洗洁净，浸入水中一昼夜后取出，放入铁丝筐，并缓慢地将铁丝筐浸没于水中，在水中摇动至试样中无气泡逸出。

2 称铁丝筐和试样在水中的质量，取出试样烘干，并称烘干试样质量。

3 称铁丝筐在水中的质量，并测定盛水容器内水温，准确至 0.5℃。

6.3.4 土粒比重，应按下式计算：

$$G_s = \frac{m_d}{m_d - (m_{1s} - m'_1)} \cdot G_{wT} \qquad (6.3.4)$$

式中　m_{1s}——铁丝筐和试样在水中的质量（g）；

　　　m'_1——铁丝筐在水中的质量（g）；

　　　G_{wT}——T℃时纯水的比重，查有关物理手册。

6.3.5 浮称法试验的记录格式见附录 D 表 D-7。

6.4　虹吸筒法

6.4.1 本试验方法适用于粒径等于、大于 5mm 的各类土，且其中粒径大于 20mm 的土质量等于、大于总土质量的 10%。

6.4.2 本试验所用的主要仪器设备，应符合下列规定：

1 虹吸筒装置（图 6.4.2）：由虹吸筒和虹吸管组成。

2 天平：称量 1000g，最小分度值 0.1g。

3 量筒：容积应大于 500mL。

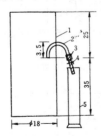

图 6.4.2　虹吸筒
1—虹吸筒；2—虹吸管；3—橡皮管；4—管夹；5—量筒

6.4.3 虹吸筒法比重试验，应按下列步骤进行：

1 取代表性试样 700～1000g，试样应清洗洁净。浸入水中一昼夜后取出晾干，对大颗粒试样宜用干布擦干表面，并称晾干试样质量。

2 将清水注入虹吸筒至虹吸管口有水溢出时关管夹，试样缓缓放入虹吸筒中，边放边搅拌，至试样中无气泡逸出为止，搅动时

水不得溅出筒外。

3 当虹吸筒内水面平稳时开管夹，让试样排开的水通过虹吸管流入量筒，称量筒与水总质量，准确至 0.5g。并测定量筒内水温，准确到 0.5℃。

4 取出试样烘至恒量，称烘干试样质量，准确至 0.1g。称量筒质量，准确至 0.5g。

6.4.4 土粒的比重，应按下式计算：

$$G_s = \frac{m_d}{(m_{cw} - m_c) - (m_{ad} - m_d)} \cdot G_{wT} \qquad (6.4.4)$$

式中　m_c——量筒质量（g）；

　　　m_{cw}——量筒与水总质量（g）；

　　　m_{ad}——晾干试样的质量（g）。

6.4.5 虹吸筒法比重试验的记录格式见附录 D 表 D-8。

7　颗粒分析试验

7.1　筛析法

7.1.1 本试验方法适用于粒径小于、等于 60mm，大于 0.075mm 的土。

7.1.2 本试验所用的仪器设备应符合下列规定：

1 分析筛：

1) 粗筛：孔径为 60、40、20、10、5、2mm。

2) 细筛：孔径为 2.0、1.0、0.5、0.25、0.075mm。

2 天平：称量 5000g，最小分度值 1g；称量 1000g，最小分度值 0.1g；称量 200g，最小分度值 0.01g。

3 振筛机：筛析过程中应能上下震动。

4 其他：烘箱、研钵、瓷盘、毛刷等。

7.1.3 筛析法的取样数量，应符合表 7.1.3 的规定：

表 7.1.3　取样数量

颗粒尺寸(mm)	取样数量(g)
<2	100～300
<10	300～1000
<20	1000～2000
<40	2000～4000
<60	4000 以上

7.1.4 筛析法试验,应按下列步骤进行:

1 按本标准表 7.1.3 的规定称取试样质量,应准确至 0.1g,试样数量超过 500g 时,应准确至 1g。

2 将试样过 2mm 筛,称筛上和筛下的试样质量。当筛下的试样质量小于试样总质量的 10% 时,不作细筛分析;筛上的试样质量小于试样总质量的 10% 时,不作粗筛分析。

3 取筛上的试样倒入依次叠好的粗筛中,筛下的试样倒入依次叠好的细筛中,进行筛析。细筛宜置于振筛机上震筛,振筛时间宜为 10～15min。再按由上而下的顺序将各筛取下,称各级筛上及底盘内试样的质量,应准确至 0.1g。

4 筛后各级筛上和筛底上试样质量的总和与筛前试样总质量的差值,不得大于试样总质量的 1%。

注:根据土的性质和工程要求可适当增减不同筛径的分析筛。

7.1.5 含有细粒土颗粒的砂土的筛析法试验,应按下列步骤进行:

1 按本标准表 7.1.3 的规定称取代表性试样,置于盛水容器中充分搅拌,使试样的粗颗粒完全分离。

2 将容器中的试样悬液通过 2mm 筛,取筛上的试样烘至恒量,称烘干试样质量,应准确到 0.1g,并按本标准第 7.1.4 条 3、4 款的步骤进行粗分析,取筛下的试样悬液,用带橡皮头的研杆研磨,再过 0.075mm 筛,并将筛上试样烘至恒量,称烘干试样质量,应准确至 0.1g,然后按本标准第 7.1.4 条 3、4 款的步骤进行细筛分析。

3 当粒径小于 0.075mm 的试样质量大于试样总质量的 10% 时,应按本标准密度计法或移液管法测定小于 0.075mm 的颗粒组成。

7.1.6 小于某粒径的试样质量占试样总质量的百分比,应按下式计算:

$$X = \frac{m_A}{m_B} \cdot d_x \qquad (7.1.6)$$

式中 X —— 小于某粒径的试样质量占试样总质量的百分比(%);

m_A —— 小于某粒径的试样质量(g);

m_B —— 细筛分析时为所取的试样质量;粗筛分析时为试样总质量(g);

d_x —— 粒径小于 2mm 的试样质量占试样总质量的百分比(%)。

7.1.7 以小于某粒径的试样质量占试样总质量的百分比为纵坐标,颗粒粒径为横坐标,在单对数坐标上绘制颗粒大小分布曲线,见图 7.1.7。

7.1.8 必要时计算级配指标:不均匀系数和曲率系数。

1 不均匀系数按下式计算:

$$C_u = d_{60}/d_{10} \qquad (7.1.8-1)$$

式中 C_u —— 不均匀系数;

d_{60} —— 限制粒径,颗粒大小分布曲线上的某粒径,小于该粒径的土含量占总质量的 60%;

d_{10} —— 有效粒径,颗粒大小分布曲线上的某粒径,小于该粒径的土含量占总质量的 10%。

2 曲率系数按下式计算:

$$C_c = \frac{d_{30}^2}{d_{10} \cdot d_{60}} \qquad (7.1.8-2)$$

式中 C_c —— 曲率系数;

d_{30} —— 颗粒大小分布曲线上的某粒径,小于该粒径的土含量占总质量的 30%。

7.1.9 筛析法试验的记录格式见附录 D 表 D-9。

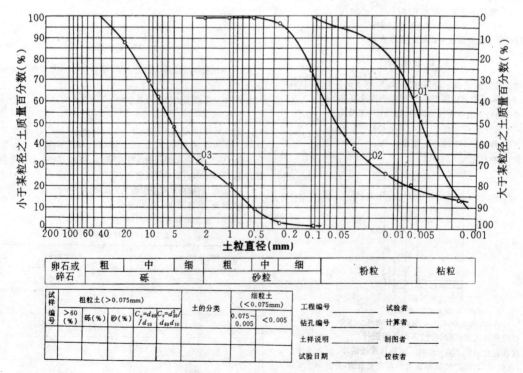

图 7.1.7 颗粒大小分布曲线

7.2 密度计法

7.2.1 本试验方法适用于粒径小于 0.075mm 的试样。

7.2.2 本试验所用的主要仪器设备,应符合下列规定:

1 密度计:

　1)甲种密度计,刻度−5℃~50℃,最小分度值为 0.5。

　2)乙种密度计(20℃/20℃),刻度为 0.995~1.020,最小分度值为 0.0002。

2 量筒:内径约 60mm,容积 1000mL,高约 420mm,刻度 0~1000mL,准确至 10mL。

3 洗筛:孔径 0.075mm。

4 洗筛漏斗:上口直径大于洗筛直径,下口直径略小于量筒内径。

5 天平:称量 1000g,最小分度值 0.1g;称量 200g,最小分度值 0.01g。

6 搅拌器:轮径 50mm,孔径 3mm,杆长约 450mm,带螺旋叶。

7 煮沸设备:附冷凝管装置。

8 温度计:刻度 0~50℃,最小分度值 0.5℃。

9 其他:秒表,锥形瓶(容积 500mL)、研钵、木杵、电导率仪等。

7.2.3 本试验所用试剂,应符合下列规定:

1 4%六偏磷酸钠溶液:溶解 4g 六偏磷酸钠($NaPO_3)_6$ 于 100mL 水中。

2 5%酸性硝酸银溶液:溶解 5g 硝酸银($AgNO_3$)于 100mL 的 10%硝酸(HNO_3)溶液中。

3 5%酸性氯化钡溶液:溶解 5g 氯化钡($BaCl_2$)于 100mL 的 10%盐酸(HCl)溶液中。

7.2.4 密度计法试验,应按下列步骤进行:

1 试验的试样,宜采用风干试样。当试样中易溶盐含量大于 0.5%时,应洗盐。易溶盐含量的检验方法可用电导法或目测法。

　1)电导法:按电导率仪使用说明书操作测定 T℃时,试样溶液(土水比为 1:5)的电导率,并按下式计算 20℃时的电导率:

$$K_{20} = \frac{K_T}{1 + 0.02(T-20)} \quad (7.2.4\text{-}1)$$

式中 K_{20}——20℃时悬液的电导率(μS/cm);

　　　K_T——T℃时悬液的电导率(μS/cm);

　　　T——测定时悬液的温度(℃)。

当 K_{20} 大于 1000μS/cm 时应洗盐。

注:若 K_{20} 大于 2000μS/cm 应按本标准第 31.2 节各步骤测定易溶盐含量。

　2)目测法:取风干试样 3g 于烧杯中,加适量纯水调成糊状研散,再加纯水 25mL,煮沸 10min,冷却后移入试管中,放置过夜,观察试管,出现凝聚现象应洗盐。易溶盐含量测定按本标准第 31.2 节各步骤进行。

　3)洗盐方法:按式(7.2.4-3)计算,称取干土质量为 30g 的风干试样质量,准确至 0.01g,倒入 500mL 的锥形瓶中,加纯水 200mL,搅拌后用滤纸过滤或抽气过滤,并用纯水洗滤到滤纸的电导率 K_{20} 小于 1000μS/cm(或对 5%酸性硝酸银溶液和 5%酸性氯化钡溶液无白色沉淀反应)为止,滤纸上的试样按第 4 款步骤进行操作。

2 称取具有代表性风干试样 200~300g,过 2mm 筛,求出筛上试样占试样总质量的百分比。对筛下土测定试样风干含水率。

3 试样干质量为 30g 的风干试样质量按下式计算:

当易溶盐含量小于 1%时,

$$m_0 = 30(1 + 0.01 w_0) \quad (7.2.4\text{-}2)$$

当易溶盐含量大于、等于 1%时,

$$m_0 = \frac{30(1 + 0.01 w_0)}{1 - W} \quad (7.2.4\text{-}3)$$

式中 W——易溶盐含量(%)。

4 将风干试样或洗盐后在滤纸上的试样,倒入 500mL 锥形瓶,注入纯水 200mL,浸泡过夜,然后置于煮沸设备上煮沸,煮沸时间宜为 40min。

5 将冷却后的悬液移入烧杯中,静置 1min,通过洗筛漏斗将上部悬液过 0.075mm 筛,遗留杯底沉淀物用带橡皮头研杵研散,再加适量水搅拌,静置 1min,再将上部悬液过 0.075mm 筛,如此重复倾洗(每次倾洗,最后所得悬液不得超过 1000mL)直至杯底砂粒洗净,将筛上和杯中砂粒合并洗入蒸发皿中,倾去清水,烘干,称量并按本标准第 7.1.4 条 3、4 款的步骤进行细筛分析,并计算各级颗粒占试样总质量的百分比。

6 将过筛悬液倒入量筒,加入 4%六偏磷酸钠 10mL,再注入纯水至 1000mL。

注:对加入六偏磷酸钠后仍产生凝聚的试样应选用其他分散剂。

7 将搅拌器放入量筒中,沿悬液深度上下搅拌 1min,取出搅拌器,立即开动秒表,将密度计放入悬液中,测记 0.5、1、2、5、15、30、60、120 和 1440min 时的密度计读数。每次读数均应在预定时间前 10~20s,将密度计放入悬液中。且接近读数的深度,保持密度计浮泡在量筒中心,不得贴近筒内壁。

8 密度计读数均以弯液面上缘为准。甲种密度计应准确至 0.5,乙种密度计应准确至 0.0002。每次读数后,应取出密度计放入盛有纯水的量筒中,并应测定相应的悬液温度,准确至 0.5℃,放入或取出密度计时,应小心轻放,不得扰动悬液。

7.2.5 小于某粒径的试样质量占试样总质量的百分比应按下式计算:

1 甲种密度计:

$$X = \frac{100}{m_d} C_G(R + m_T + n - C_D) \quad (7.2.5\text{-}1)$$

式中 X——小于某粒径的试样质量百分比(%);

　　　m_d——试样干质量(g);

　　　C_G——土粒比重校正值,查表 7.2.5-1;

　　　m_T——悬液温度校正值,查表 7.2.5-2;

　　　n——弯月面校正值;

　　　C_D——分散剂校正值;

　　　R——甲种密度计读数。

2 乙种密度计:

$$X = \frac{100 V_x}{m_d} C'_G[(R'-1) + m'_T + n' - C'_D] \cdot \rho_{w20} \quad (7.2.5\text{-}2)$$

式中 C'_G——土粒比重校正值,查表 7.2.5-1;

　　　m'_T——悬液温度校正值,查表 7.2.5-2;

　　　n'——弯月面校正值;

　　　C'_D——分散剂校正值;

　　　R'——乙种密度计读数;

　　　V_x——悬液体积(=1000mL);

　　　ρ_{w20}——20℃时纯水的密度(=0.998232g/cm³)。

表 7.2.5-1　土粒比重校正表

土粒比重	比重校正值	
	甲种密度计 C_G	乙种密度计 C'_G
2.50	1.038	1.666
2.52	1.032	1.658
2.54	1.027	1.649
2.56	1.022	1.641
2.58	1.017	1.632
2.60	1.012	1.625
2.62	1.007	1.617
2.64	1.002	1.609
2.66	0.998	1.603
2.68	0.993	1.595
2.70	0.989	1.588

续表 7.2.5-1

土粒比重	比重校正值	
	甲种密度计 C_G	乙种密度计 C'_G
2.72	0.985	1.581
2.74	0.981	1.575
2.76	0.977	1.568
2.78	0.973	1.562
2.80	0.969	1.556
2.82	0.965	1.549
2.84	0.961	1.543
2.86	0.958	1.538
2.88	0.954	1.532

表 7.2.5-2 温度校正值表

悬液温度（℃）	甲种密度计温度校正值 m_T	乙种密度计温度校正值 m'_T	悬液温度（℃）	甲种密度计温度校正值 m_T	乙种密度计温度校正值 m'_T
10.0	−2.0	−0.0012	18.0	−0.5	−0.0003
10.5	−1.9	−0.0012	18.5	−0.4	−0.0003
11.0	−1.9	−0.0012	19.0	−0.3	−0.0002
11.5	−1.8	−0.0011	19.5	−0.1	−0.0001
12.0	−1.8	−0.0011	20.0	0.0	0.0000
12.5	−1.7	−0.0010	20.5	+0.1	+0.0001
13.0	−1.6	−0.0010	21.0	+0.3	+0.0002
13.5	−1.5	−0.0009	21.5	+0.5	+0.0003
14.0	−1.4	−0.0009	22.0	+0.6	+0.0004
14.5	−1.3	−0.0008	22.5	+0.8	+0.0005
15.0	−1.2	−0.0008	23.0	+0.9	+0.0006
15.5	−1.1	−0.0007	23.5	+1.1	+0.0007
16.0	−1.0	−0.0006	24.0	+1.3	+0.0008
16.5	−0.9	−0.0006	24.5	+1.5	+0.0009
17.0	−0.8	−0.0005	25.0	+1.7	+0.0010
17.5	−0.7	−0.0004	25.5	+1.9	+0.0011

续表 7.2.5-2

悬液温度（℃）	甲种密度计温度校正值 m_T	乙种密度计温度校正值 m'_T	悬液温度（℃）	甲种密度计温度校正值 m_T	乙种密度计温度校正值 m'_T
26.0	+2.1	+0.0013	28.5	+3.1	+0.0019
26.5	+2.2	+0.0014	29.0	+3.3	+0.0021
27.0	+2.5	+0.0015	29.5	+3.5	+0.0022
27.5	+2.6	+0.0016	30.0	+3.7	+0.0023
28.0	+2.9	+0.0018			

7.2.6 试样颗粒粒径应按下式计算：

$$d=\sqrt{\frac{1800\times10^4\cdot\eta}{(G_s-G_{wT})\rho_{wT}g}\cdot\frac{L}{t}} \qquad (7.2.6)$$

式中 d ——试样颗粒粒径（mm）；

η ——水的动力粘滞系数（kPa·s×10^{-6}），查表13.1.3；

G_{wT} ——T℃时水的比重；

ρ_{wT} ——4℃时纯水的密度（g/cm³）；

L ——某一时间内的土粒沉降距离（cm）；

t ——沉降时间（s）；

g ——重力加速度（cm/s²）。

7.2.7 颗粒大小分布曲线，应按本标准第7.1.7条的步骤绘制，当密度计法和筛析法联合分析时，应将试样总质量折算后绘制颗粒大小分布曲线；并应将两段曲线连成一条平滑的曲线见本标准图7.1.7。

7.2.8 密度计法试验的记录格式见附录D表D-10。

7.3 移液管法

7.3.1 本试验方法适用于粒径小于0.075mm的试样。

7.3.2 本试验所用的主要仪器设备应符合下列要求：

1 移液管（图7.3.2）：容积25mL；

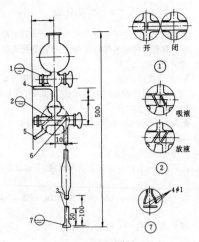

图 7.3.2 移液管装置
1—二通阀；2—三通阀；3—移液管；4—接吸球；
5—放液口；6—移液管容积（25±0.5mL）；7—移液管口

2 烧杯：容积50mL；

3 天平：称量200g，最小分度值0.001g。

4 其他与密度计法相同。

7.3.3 移液管法试验，应按下列步骤进行：

1 取代表性试样，粘土10~15g；砂土20g，准确至0.001g，并按本标准第7.2.4条1~5款的步骤制备悬液。

2 将装置悬液的量筒置于恒温水槽中，测记悬液温度，准确至0.5℃，试验过程中悬液温度变化范围为±0.5℃。并按本标准式(7.2.6)计算粒径小于0.05、0.01、0.005、0.002mm和其他所需粒径下沉一定深度所需的静置时间（或查表7.3.3）。

3 用搅拌器沿悬液深度上、下搅拌1min，取出搅拌器，开动秒表，将移液管的二通阀置于关闭位置，三通阀置于移液管和吸球相通的位置，根据各粒径所需的静置时间，提前10s将移液管放入悬液中，浸入深度为10cm，用吸球吸取悬液。吸取量应不少于25mL。

4 旋转三通阀，使吸球与放液口相通，将多余的悬液从放液口流出，收集后倒入原悬液中。

5 将移液管下口放入烧杯内，旋转三通阀，使吸球与移液管相通，用吸球将悬液挤入烧杯中，从上口倒入少量纯水，旋转二通阀，使上下口连通，水则通过移液管将悬液洗入烧杯中。

6 将烧杯内的悬液蒸干，在105~110℃温度下烘至恒量，称烧杯内试样质量，准确至0.001g。

7.3.4 小于某粒径的试样质量占试样总质量的百分比，应按下式计算：

$$X=\frac{m_x\cdot V_x}{V'_x m_d}\times100 \qquad (7.3.4)$$

式中 V_x ——悬液总体积（1000mL）；

V'_x ——吸取悬液的体积（=25mL）；

m_x ——吸取25mL悬液中的试样干质量（g）。

7.3.5 颗粒大小分布曲线应按本标准第7.1.7条绘制。当移液管法和筛析法联合分析时，应将试样总质量折算后绘制颗粒大小分布曲线，并将两段曲线连成一条平滑的曲线见本标准图7.1.7。

7.3.6 移液管法试验的记录格式见附录D表D-11。

表 7.3.3 土粒在不同温度静水中沉降时间表

土粒比重	土粒直径(mm)	沉降距离(cm)	10℃ (h min s)	12.5℃ (h min s)	15℃ (h min s)	17.5℃ (h min s)	20℃ (h min s)	22.5℃ (h min s)	25℃ (h min s)	27.5℃ (h min s)	30℃ (h min s)	32.5℃ (h min s)	35℃ (h min s)
2.60	0.050	25.0	2 29	2 19	2 10	2 02	1 55	1 49	1 43	1 37	1 32	1 27	1 23
	0.050	12.5	1 14	1 09	1 05	1 01	58	54	51	48	46	44	41
	0.010	10.0	24 52	23 12	21 45	20 24	19 14	18 06	17 06	16 09	15 39	14 38	13 49
	0.005	10.0	39 26	1 32 48	1 26 59	1 21 37	1 16 55	1 12 24	1 08 25	1 04 14	1 01 10	58 23	55 16
2.65	0.050	25.0	2 25	2 15	2 06	1 59	1 52	1 45	1 40	1 34	1 29	1 25	1 20
	0.050	12.5	1 12	1 07	1 03	59	56	53	50	47	44	42	40
	0.010	10.0	24 07	22 30	21 05	19 47	18 39	17 33	16 35	15 39	14 50	14 06	13 24
	0.005	10.0	36 27	1 29 59	1 24 21	1 19 08	1 14 34	1 10 12	1 06 21	1 02 38	59 19	56 24	53 34
2.70	0.050	25.0	2 20	2 11	2 03	1 55	1 49	1 42	1 36	1 31	1 21	1 22	1 18
	0.050	12.5	1 10	1 05	1 01	58	54	51	48	45	43	41	39
	0.010	10.0	23 24	21 50	20 28	19 13	18 06	17 02	16 06	15 12	14 23	13 41	13 00
	0.005	10.0	33 38	1 27 21	1 21 54	1 16 50	1 12 24	1 08 10	1 04 24	1 00 47	57 34	54 44	52 00
2.75	0.050	25.0	2 16	2 07	1 59	1 52	1 45	1 39	1 34	1 28	1 24	1 21	1 16
	0.050	12.5	1 08	1 04	1 00	56	53	50	47	44	42	40	38
	0.010	10.0	22 44	21 13	19 53	18 40	17 35	16 33	15 38	14 46	13 59	13 26	12 37
	0.005	10.0	30 55	1 24 52	1 19 33	1 14 38	1 10 19	1 06 13	1 02 34	59 04	55 56	53 48	50 31
2.80	0.050	25.0	2 13	2 04	1 56	1 49	1 42	1 36	1 31	1 26	1 21	1 17	1 14
	0.050	12.5	1 06	1 02	58	54	51	48	46	43	41	39	37
	0.010	10.0	22 06	20 38	19 20	18 09	17 05	16 06	15 12	14 21	13 35	12 55	12 17
	0.005	10.0	28 25	1 22 30	1 17 20	1 12 33	1 08 22	1 04 22	1 00 50	57 25	54 21	51 42	49 07

注：表也可以固定相同的沉降距离计算出相应的沉降时间。

8 界限含水率试验

8.1 液、塑限联合测定法

8.1.1 本试验方法适用于粒径小于 0.5mm 以及有机质含量不大于试样总质量 5% 的土。

8.1.2 本试验所用的主要仪器设备，应符合下列规定：

1 液、塑限联合测定仪（图 8.1.2）：包括带标尺的圆锥仪、电磁铁、显示屏、控制开关和试样杯。圆锥质量为 76g，锥角为 30°；读数显示宜采用光电式、游标式和百分表式；试样杯内径为 40mm，高度为 30mm。

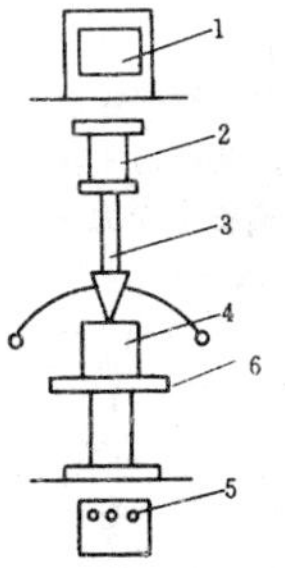

图 8.1.2 液、塑限联合测定仪示意图

1—显示屏；2—电磁铁；3—带标尺的圆锥仪；4—试样杯；5—控制开关；6—升降座

2 天平：称量 200g，最小分度值 0.01g。

8.1.3 液、塑限联合测定法试验，应按下列步骤进行：

1 本试验宜采用天然含水率试样，当土样不均匀时，采用风干试样，当试样中含有粒径大于 0.5mm 的土粒和杂物时，应过 0.5mm 筛。

2 当采用天然含水率土样时，取代表性土样 250g；采用风干试样时，取 0.5mm 筛下的代表性土样 200g，将试样放在橡皮板上用纯水将土样调成均匀膏状，放入调土皿，浸润过夜。

3 将制备的试样充分调拌均匀，填入试样杯中，填样时不应留有空隙，对较干的试样应充分搓揉，密实地填入试样杯中，填满后刮平表面。

4 将试样杯放在联合测定仪的升降座上，在圆锥上抹一薄层凡士林，接通电源，使电磁铁吸住圆锥。

5 调节零点，将屏幕上的标尺调在零位，调整升降座，使圆锥尖接触试样表面，指示灯亮时圆锥在自重下沉入试样，经 5s 后测读圆锥下沉深度（显示在屏幕上），取出试样杯，挖去锥尖入土处的凡士林，取锥体附近的试样不少于 10g，放入称量盒内，测定含水率。

6 将全部试样再加水或吹干并调匀，重复本条 3 至 5 款的步骤分别测定第二点、第三点试样的圆锥下沉深度及相应的含水率。液塑限联合测定应不少于三点。

注：圆锥入土深度宜为 3～4mm，7～9mm，15～17mm。

8.1.4 试样的含水率应按本标准式（4.0.4）计算。

8.1.5 以含水率为横坐标，圆锥入土深度为纵坐标在双对数坐标纸上绘制关系曲线（图 8.1.5），三点应在一直线上如图中 A 线。当三点不在一直线上时，通过高含水率的点和其余两点连成二条直线，在下沉为 2mm 处查得相应的 2 个含水率，当两个含水率的差值小于 2% 时，应以两点含水率的平均值与高含水率的点连一直线如图中 B 线，当两个含水率的差值大于、等于 2% 时，应重做试验。

8.1.6 在含水率与圆锥下沉深度的关系图（见本标准图 8.1.5）

上查得下沉深度为17mm所对应的含水率为液限，查得下沉深度为10mm所对应的含水率为10mm液限，查得下沉深度为2mm所对应的含水率为塑限，取值以百分数表示，准确至0.1%。

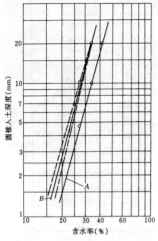

图8.1.5 圆锥下沉深度与含水率关系曲线

8.1.7 塑性指数应按下式计算：

$$I_P = w_L - w_P \qquad (8.1.7)$$

式中 I_P ——塑性指数；

$\quad\quad w_L$ ——液限（%）；

$\quad\quad w_P$ ——塑限（%）。

8.1.8 液性指数应按下式计算：

$$I_L = \frac{w_0 - w_P}{I_P} \qquad (8.1.8)$$

式中 I_L ——液性指数，计算至0.01。

8.1.9 液、塑限联合测定法试验的记录格式见附录D表D-12。

8.2 碟式仪液限试验

8.2.1 本试验方法适用于粒径小于0.5mm的土。

8.2.2 本试验所用的主要仪器设备，应符合下列规定：

1 碟式液限仪：由铜碟、支架及底座组成（图8.2.2），底座应为硬橡胶制成。

2 开槽器：带量规，具有一定形状和尺寸（图8.2.2）。

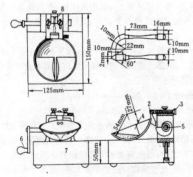

图8.2.2 碟式液限仪
1—开槽器；2—销子；3—支架；4—土碟；
5—蜗轮；6—摇柄；7—底座；8—调整板

8.2.3 碟式仪的校准应按下列步骤进行：

1 松开调整板的定位螺钉，将开槽器上的量规垫在铜碟与底座之间，用调整螺钉将铜碟提升高度调整到10mm。

2 保持量规位置不变，迅速转动摇柄以检验调整是否正确。当蜗形轮碰击从动器时，铜碟不动，并能听到轻微的声音，表明调整正确。

3 拧紧定位螺钉，固定调整板。

8.2.4 试样制备应按本标准第8.1.3条1、2款的步骤制备不同含水率的试样。

8.2.5 碟式仪法试验，应按下列步骤进行：

1 将制备好的试样充分调拌均匀，铺于铜碟前半部，用调土刀将铜碟前沿试样刮成水平，使试样中心厚度为10mm，用开槽器经蜗形轮的中心沿铜碟直径将试样划开，形成V形槽。

2 以每秒两转的速度转动摇柄，使铜碟反复起落，坠击于底座上，数记击数，直至槽底两边试样的合拢长度为13mm时，记录击数，并在槽的两边取试样不应少于10g，放入称量盒内，测定含水率。

3 将加不同水量的试样，重复本条1、2款的步骤测定槽底两边试样合拢长度为13mm所需的击数及相应的含水率，试样宜为4～5个，槽底试样合拢所需的击数宜控制在15～35击之间。含水率按本标准式（4.0.4）计算。

8.2.6 以击次为横坐标，含水率为纵坐标，在单对数坐标纸上绘制击次与含水率关系曲线（图8.2.6），取曲线上击次为25所对应的整数含水率为试样的液限。

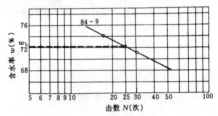

图8.2.6 液限曲线

8.2.7 碟式仪法液限试验的记录格式见附录D表D-13。

8.3 滚搓法塑限试验

8.3.1 本试验方法适用于粒径小于0.5mm的土。

8.3.2 本试验所用的主要仪器设备，应符合下列规定：

1 毛玻璃板：尺寸宜为200mm×300mm。

2 卡尺：分度值为0.02mm。

8.3.3 滚搓法试验，应按下列步骤进行：

1 取0.5mm筛下的代表性试样100g，放在盛土皿中加纯水拌匀，湿润过夜。

2 将制备好的试样在手中揉捏至不粘手，捏扁，当出现裂缝时，表示其含水率接近塑限。

3 取接近塑限含水率的试样8～10g，用手搓成椭圆形，放在毛玻璃板上用手掌滚搓，滚搓时手掌的压力要均匀地加在土条上，不得使土条在毛玻璃板上无力滚动，土条不得有空心现象，土条长度不宜大于手掌宽度。

4 当土条直径搓成3mm时产生裂缝，并开始断裂，表示试样的含水率达到塑限含水率。当土条直径搓成3mm时不产生裂缝或土条直径大于3mm时开始断裂，表示试样的含水率高于塑限或低于塑限，都应重新取样进行试验。

5 取直径3mm有裂缝的土条3～5g，测定土条的含水率。

8.3.4 本试验应进行两次平行测定，两次测定的差值应符合本标准第4.0.7条的规定，取两次测值的平均值。

8.3.5 滚搓法试验的记录格式见附录D表D-14。

8.4 收缩皿法缩限试验

8.4.1 本试验方法适用于粒径小于0.5mm的土。

8.4.2 本试验所用的主要仪器设备应符合下列规定：

1 收缩皿：金属制成，直径为45～50mm，高度20～30mm。

2 卡尺：分度值为0.02mm。

8.4.3 收缩皿法试验,应按下列步骤进行:

1 取代表性试样200g,搅拌均匀,加纯水制备成含水率等于、略大于10mm液限的试样。

2 在收缩皿内涂一薄层凡士林,将试样分层填入收缩皿中,每次填入后,将收缩皿底拍击试验桌,直至驱尽气泡,收缩皿内填满试样后刮平表面。

3 擦净收缩皿外部,称收缩皿和试样的总质量,准确至0.01g。

4 将填满试样的收缩皿放在通风处晾干,当试样颜色变淡时,放入烘箱内烘至恒量,取出置于干燥器内冷却至室温,称收缩皿和干试样的总质量,准确至0.01g。

5 用蜡封法测定干试样的体积。

8.4.4 本试验应进行两次平行测定,两次测定的差值应符合本标准第4.0.7条的规定,取两次测定的平均值。

8.4.5 土的缩限,应按下式计算,准确至0.1%。

$$w_n = w - \frac{V_0 - V_d}{m_d}\rho_w \times 100 \qquad (8.4.5)$$

式中 w_n ——土的缩限(%);

$\quad\quad w$ ——制备时的含水率(%);

$\quad\quad V_0$ ——湿试样的体积(cm^3);

$\quad\quad V_d$ ——干试样的体积(cm^3)。

8.4.6 收缩皿法试验的记录格式见附录D表D-15。

9 砂的相对密度试验

9.1 一般规定

9.1.1 本试验方法适用于粒径不大于5mm的土,且粒径2~5mm的试样质量不大于试样总质量的15%。

9.1.2 砂的相对密度试验是进行砂的最大干密度和最小干密度试验,砂的最小干密度试验宜采用漏斗法和量筒法,砂的最大干密度试验采用振动锤击法。

9.1.3 本试验必须进行两次平行测定,两次测定的密度差值不得大于0.03g/cm³,取两次测值的平均值。

9.2 砂的最小干密度试验

9.2.1 本试验所用的主要仪器设备,应符合下列规定:

1 量筒:容积500mL和1000mL,后者内径应大于60mm。

2 长颈漏斗:颈管的内径为1.2cm,颈口应磨平。

3 锥形塞:直径为1.5cm的圆锥体,焊接在铁杆上(图9.2.1)。

4 砂面拂平器:十字形金属平面焊接在铜杆下端。

9.2.2 最小干密度试验,应按下列步骤进行:

1 将锥形塞杆自长颈漏斗下口穿入,并向上提起,使锥底堵住漏斗管口,一并放入1000mL的量筒内,使其下端与量筒底接触。

2 称取烘干的代表性试样700g,均匀缓慢地倒入漏斗中,将漏斗和锥形塞杆同时提高,移动塞杆,使锥体略离开管口,管口应经常保持高出砂面1~2cm,使试样缓慢且均匀分布地落入量筒中。

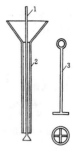

图9.2.1 漏斗及拂平器
1—锥形塞;2—长颈漏斗;3—砂面拂平器

3 试样全部落入量筒后,取出漏斗和锥形塞,用砂面拂平器将砂面拂平,测记试样体积,估读到5mL。

注:若试样中不含大于2mm的颗粒时,可取试样400g用500mL的量筒进行试验。

4 用手掌或橡皮板堵住量筒口,将量筒倒转并缓慢地转回到原来位置,重复数次,记下试样在量筒内所占体积的最大值,估读至5mL。

5 取上述两种方法测得的较大体积值,计算最小干密度。

9.2.3 最小干密度应按下式计算:

$$\rho_{dmin} = \frac{m_d}{V_d} \qquad (9.2.3)$$

式中 ρ_{dmin} ——试样的最小干密度(g/cm^3)。

9.2.4 最大孔隙比应按下式计算:

$$e_{max} = \frac{\rho_w \cdot G_s}{\rho_{dmin}} - 1 \qquad (9.2.4)$$

式中 e_{max} ——试样的最大孔隙比。

9.2.5 砂的最小干密度试验记录格式见附录D表D-16。

9.3 砂的最大干密度试验

9.3.1 本试验所用的主要仪器设备,应符合下列规定:

1 金属圆筒:容积250mL,内径为5cm;容积1000mL,内径为10cm,高度均为12.7cm,附护筒。

2 振动叉(图9.3.1-1)。

3 击锤:锤质量1.25kg,落高15cm,锤直径5cm(图9.3.1-2)。

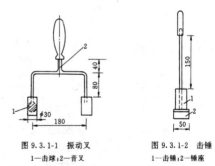

图9.3.1-1 振动叉　　　图9.3.1-2 击锤
1—击球;2—音叉　　　　1—击锤;2—锤座

9.3.2 最大干密度试验,应按下列步骤进行:

1 取代表性试样2000g,拌匀,分3次倒入金属圆筒进行振击,每次试样宜为圆筒容积的1/3,试样倒入筒后用振动叉以每分钟往返150~200次的速度敲打圆筒两侧,并在同一时间内用击锤锤击试样表面,每分种30~60次,直至试样体积不变为止。如此重复第二层和第三层。

2 取下护筒,刮平试样,称圆筒和试样的总质量,计算出试样质量。

9.3.3 最大干密度应按下式计算:

$$\rho_{dmax}=\frac{m_d}{V_d} \qquad (9.3.3)$$

式中　ρ_{dmax}——砂的最大干密度(g/cm^3)。

9.3.4 最小孔隙比应按下式计算：

$$e_{min}=\frac{\rho_w \cdot G_s}{\rho_{dmax}}-1 \qquad (9.3.4)$$

式中　e_{min}——最小孔隙比。

9.3.5 砂的相对密度应按下式计算：

$$D_r=\frac{e_{max}-e_0}{e_{max}-e_{min}} \qquad (9.3.5\text{-}1)$$

或

$$D_r=\frac{\rho_{dmax}(\rho_d-\rho_{dmin})}{\rho_d(\rho_{dmax}-\rho_{dmin})} \qquad (9.3.5\text{-}2)$$

式中　e_0——砂的天然孔隙比；

　　　D_r——砂的相对密度；

　　　ρ_d——要求的干密度（或天然干密度）(g/cm^3)。

9.3.6 最大干密度试验记录格式见附录D表D-16。

10 击实试验

10.0.1 本试验分轻型击实和重型击实。轻型击实试验适用于粒径小于 5mm 的粘性土，重型击实试验适用于粒径不大于 20mm 的土。采用三层击实时，最大粒径不大于 40mm。

10.0.2 轻型击实试验的单位体积击实功约 592.2kJ/m³，重型击实试验的单位体积击实功约 2684.9kJ/m³。

10.0.3 本试验所用的主要仪器设备（如图 10.0.3）应符合下列规定：

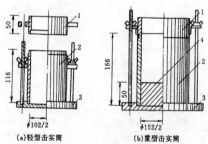

图 10.0.3-1　击实筒(mm)

1—套筒；2—击实筒；3—底板；4—垫块

1 击实仪的击实筒和击锤尺寸应符合表 10.0.3 规定。

2 击实仪的击锤应配导筒，击锤与导筒间应有足够的间隙使锤能自由下落；电动操作的击锤必须有控制落距的跟踪装置和锤击点按一定角度（轻型 53.5°，重型 45°）均匀分布的装置（重型击实仪中心点每圈要加一击）。

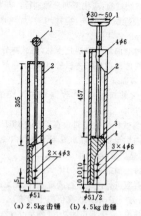

图 10.0.3-2　击锤与导筒(mm)

1—提手；2—导筒；3—硬橡皮垫；4—击锤

表 10.0.3　击实仪主要部件规格表

试验方法	锤底直径(mm)	锤质量(kg)	落高(mm)	击实筒			护筒高度(mm)
				内径(mm)	筒高(mm)	容积(cm³)	
轻型	51	2.5	305	102	116	947.4	50
重型	51	4.5	457	152	116	2103.9	50

3 天平：称量200g，最小分度值，0.01g。

4 台秤：称量10kg，最小分度值5g。

5 标准筛：孔径为 20mm、40mm 和 5mm。

6 试样推出器：宜用螺旋式千斤顶或液压式千斤顶，如无此类装置，亦可用刮刀和修土刀从击实筒中取出试样。

10.0.4 试样制备分为干法和湿法两种。

1 干法制备试样应按下列步骤进行：用四分法取代表性土样20kg（重型为50kg），风干碾碎，过 5mm（重型过 20mm 或 40mm）筛，将筛下土样拌匀，并测定土样的风干含水率。根据土的塑限预估最优含水率，并按本标准第 3.1.6 条 4、5 款的步骤制备 5 个不同含水率的一组试样，相邻 2 个含水率的差值宜为 2%。

注：轻型击实中 5 个含水率中应有 2 个大于塑限，2 个小于塑限，1 个接近塑限。

2 湿法制备试样应按下列步骤进行：取天然含水率的代表性土样 20kg（重型为50kg），碾碎，过 5mm 筛（重型过 20mm 或 40mm），将筛下土样拌匀，并测定土样的天然含水率。根据土样的塑限预估最优含水率，按本条 1 款注的原则选择至少 5 个含水率的土样，分别将天然含水率的土样风干或加水进行制备，应使制备好的土样水分均匀分布。

10.0.5 击实试验应按下列步骤进行：

1 将击实仪平稳置于刚性基础上，击实筒与底座联接好，安装好护筒，在击实筒内壁均匀涂一薄层润滑油。称取一定量试样，倒入击实筒内，分层击实，轻型击实试样为 2~5kg，分 3 层，每层 25 击；重型击实试样为 4~10kg，分 5 层，每层 56 击，若分 3 层，每层 94 击。每层试样高度宜相等，两层交界处的土面应刨毛。击实完成时，超出击实筒顶的试样高度应小于 6mm。

2 卸下护筒，用直刮刀修平击实筒顶部的试样，拆除底板，试样底部若超出筒外，也应修平，擦净筒外壁，称筒与试样的总质量，准确至1g，并计算试样的湿密度。

3 用推土器将试样从击实筒中推出，取 2 个代表性试样测定含水率，2 个含水率的差值应不大于 1%。

4 对不同含水率的试样依次击实。

10.0.6 试样的干密度应按下式计算：

$$\rho_d=\frac{\rho_0}{1+0.01w_i} \qquad (10.0.6)$$

式中　w_i——某点试样的含水率（%）。

10.0.7 干密度和含水率的关系曲线，应在直角坐标纸上绘制（如

图 10.0.7)。并应取曲线峰值点相应的纵坐标为击实试样的最大干密度,相应的横坐标为击实试样的最优含水率。当关系曲线不能绘出峰值点时,应进行补点,土样不宜重复使用。

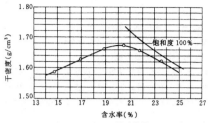

图 10.0.7 ρ_d-w 关系曲线

10.0.8 气体体积等于零(即饱和度 100%)的等值线应按下式计算,并应将计算值绘于本标准图 10.0.7 的关系曲线上。

$$w_{set} = \left(\frac{\rho_w}{\rho_d} - \frac{1}{G_s}\right) \times 100 \qquad (10.0.8)$$

式中 w_{set}——试样的饱和含水率(%);

ρ_w——温度 4℃时水的密度(g/cm³);

ρ_d——试样的干密度(g/cm³);

G_s——土颗粒比重。

10.0.9 轻型击实试验中,当试样中粒径大于 5mm 的土质量小于或等于试样总质量的 30% 时,应对最大干密度和最优含水率进行校正。

1 最大干密度应按下式校正:

$$\rho'_{dmax} = \frac{1}{\dfrac{1 - P_5}{\rho_{dmax}} + \dfrac{P_5}{\rho_w \cdot G_{s2}}} \qquad (10.0.9\text{-}1)$$

式中 ρ'_{dmax}——校正后试样的最大干密度(g/cm³);

P_5——粒径大于 5mm 土的质量百分数(%);

G_{s2}——粒径大于 5mm 土粒的饱和面干比重。

注:饱和面干比重指土粒呈饱和面干状态时的土粒总质量与相当于土粒总体积的纯水 4℃时质量的比值。

2 最优含水率应按下式进行校正,计算至 0.1%。

$$w'_{opt} = w_{opt}(1 - P_5) + P_5 \cdot w_{ab} \qquad (10.0.9\text{-}2)$$

式中 w'_{opt}——校正后试样的最优含水率(%);

w_{opt}——击实试样的最优含水率(%);

w_{ab}——粒径大于 5mm 土粒的吸着含水率(%)。

10.0.10 击实试验的记录格式见附录 D 表 D-17。

11 承载比试验

11.0.1 本试验方法适用于在规定试样筒内制样后,对扰动土进行试验,试样的最大粒径不大于 20mm。采用 3 层击实制样时,最大粒径不大于 40mm。

11.0.2 本试验所用的主要仪器设备,应符合下列规定:

1 试样筒:内径 152mm,高 166mm 的金属圆筒,护筒高 50mm;筒内垫块直径 151mm,高 50mm。试样筒型式见图 11.0.2-1。

2 击锤和导筒:锤底直径 51mm,锤质量 4.5kg,落距 457mm,

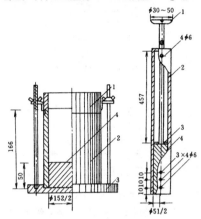

图 11.0.2-1 试样筒　　图 11.0.2-2 击锤和导筒

1—护筒;2—击实筒;3—底板;4—垫块　　1—提手;2—导筒;3—硬橡皮垫;4—击锤

且应符合本标准第 10.0.3 条 2 款的规定。图 11.0.2-2。

3 标准筛:孔径 20mm、40mm 和 5mm。

4 膨胀量测定装置(图 11.0.2-3)由三脚架和位移计组成。

5 带调节杆的多孔顶板(图 11.0.2-4),板上孔径宜小于 2mm。

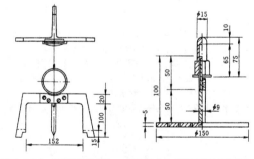

图 11.0.2-3 膨胀量测定装置　图 11.0.2-4 带调节杆的多孔顶板

6 贯入仪(图 11.0.2-5)由下列部件组成:

1)加压和测力设备:测力计量程不小于 50kN,最小贯入速度应能调节至 1mm/min。

2)贯入杆:杆的端面直径 50mm,长约 100mm,杆上应配有安装位移计的夹孔。

3)位移计 2 只,最小分度值为 0.01mm 的百分表或准确度为全量程 0.2% 的位移传感器。

7 荷载块(图 11.0.2-6):直径 150mm,中心孔眼直径 52mm,每块质量 1.25kg,共 4 块,并沿直径分为两个半圆块。

8 水槽:浸泡试样用,槽内水面应高出试样顶面 25mm。

9 其他:台秤,脱模器等。

11.0.3 试样制备应按下列步骤进行:

1 取代表性试样测定风干含水率,按本标准第 10.0.4 条中的重型击实试验步骤进行备样。土样需过 20mm 或 40mm 筛，以筛除大于 20mm 或 40mm 的颗粒，并记录超径颗粒的百分比，按需要制备数份试样，每份试样质量约 6kg。

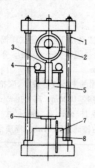

图 11.0.2-5 贯入仪
1—框架；2—测力计；3—贯入杆；4—位移计；5—试样；
6—升降台；7—蜗轮蜗杆箱；8—播把

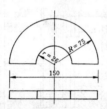

图 11.0.2-6 荷载块

2 试样制备应按本标准第 10.0.5 条步骤进行重型击实试验，测定试样的最大干密度和最优含水率。再按最优含水率备样，进行重型击实试验（击实时放垫块）制备 3 个试样，若需要制备 3 种干密度试样，应制备 9 个试样，试样的干密度可控制在最大干密度的 95%～100%。击实完成后试样超高应小于 6mm。

3 卸下护筒，用修土刀或直刮刀沿试样筒顶修平试样，表面不平整处应细心用细料填补，取出垫块，称试样筒和试样总质量。

11.0.4 浸水膨胀应按下列步骤进行：

1 将一层滤纸铺于试样表面，放上多孔底板，并用拉杆将试样筒与多孔底板固定。倒转试样筒，在试样另一表面铺一层滤纸，并在该面上放上带调节杆的多孔顶板，再放上 4 块荷载板。

2 将整个装置放入水槽内（先不放水），安装好膨胀量测定装置，并读取初读数。向水槽内注水，使水自由进入试样的顶部和底部，注水后水槽内水面应保持高出试样顶面 25mm（图 11.0.4），通常浸泡 4 昼夜。

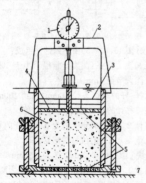

图 11.0.4 浸水膨胀装置
1—位移计；2—膨胀量测定装置；3—荷载板；
4—多孔顶板；5—滤纸；6—试样；7—多孔底板

3 量测浸水后试样的高度变化，并按下式计算膨胀量：

$$\delta_w = \frac{\Delta h_w}{h_0} \times 100 \tag{11.0.4}$$

式中 δ_w ——浸水后试样的膨胀量（%）；
Δh_w ——试样浸水后的高度变化（mm）；
h_0 ——试样初始高度（116mm）。

4 卸下膨胀量测定装置，从水槽中取出试样筒，吸去试样顶面的水，静置 15min 后卸下荷载块、多孔顶板和多孔底板，取下滤纸，称试样及试样筒的总质量，并计算试样的含水率及密度的变化。

11.0.5 贯入试验应按下列步骤进行：

1 将浸水后的试样放在贯入仪的升降台上，调整升降台的高度，使贯入杆与试样顶面刚好接触，试样顶面放上 4 块荷载块，在贯入杆上施加 45N 的荷载，将测力计和变形量测设备的位移计调整至零位。

2 启动电动机，施加轴向压力，使贯入杆以 1～1.25mm/min 的速度压入试样，测定测力计内百分表在指定整读数（如 20,40,60 等）下相应的贯入量，使贯入量在 2.5mm 时的读数不少于 5 个，试验至贯入量为 10～12.5mm 时终止。

3 本试验应进行 3 个平行试验，3 个试样的干密度差值应小于 0.03g/cm³，当 3 个试验结果的变异系数（见附录 A）大于 12% 时，去掉一个偏离大的值，取其余 2 个结果的平均值，当变异系数小于 12% 时，取 3 个结果的平均值。

4 以单位压力为横坐标，贯入量为纵坐标，绘制单位压力与贯入量关系曲线（图 11.0.5），图上曲线 1 是合适的，图上曲线 2 的开始段呈凹曲线，应按下列方法进行修正；通过变曲率点引一切线与纵坐标相交于 O′ 点，O′ 点即为修正后的原点。

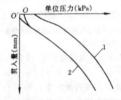

图 11.0.5 单位压力与贯入量关系曲线

11.0.6 承载比应按下式计算：

1 贯入量为 2.5mm 时

$$CBR_{2.5} = \frac{p}{7000} \times 100 \tag{11.0.6-1}$$

式中 $CBR_{2.5}$ ——贯入量 2.5mm 时的承载比（%）；
p ——单位压力（kPa）；
7000 ——贯入量 2.5mm 时所对应的标准压力（kPa）。

2 贯入量 5.0mm 时

$$CBR_{5.0} = \frac{p}{10500} \times 100 \tag{11.0.6-2}$$

式中 $CBR_{5.0}$ ——贯入量 5.0mm 时的承载比（%）；
10500 ——贯入量 5.0mm 时的标准压力（kPa）。

11.0.7 当贯入量为 5mm 时的承载比大于贯入量 2.5mm 时的承载比时，试验应重做。若数次试验结果仍相同时，则采用 5mm 时的承载比。

11.0.8 承载比试验的记录格式见附录 D 表 D-18、表 D-19。

12 回弹模量试验

12.1 杠杆压力仪法

12.1.1 本试验方法适用于不同含水率和不同密度的细粒土。

12.1.2 本试验所用的主要仪器设备,应符合下列规定:

1 杠杆压力仪:最大压力 1500N,如图 12.1.2-1。试验前应按仪器说明书的要求进行校准。

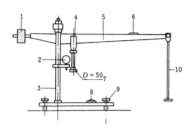

图 12.1.2-1 杠杆压力仪

1—调平砝码;2—千分表;3—立柱;4—加压杆;5—水平杆;
6—水平气泡;7—加压球座;8—底座水平气泡;9—调平脚螺丝;10—加压架

2 试样筒:见本标准第 10.0.3 条仅在与夯击底板的立柱联接的缺口板上多一个内径 5mm,深 5mm 的螺丝孔,用来安装千分表支架(图 12.1.2-2)。

3 承压板:直径 50mm 高 80mm(图 12.1.2-3)。

4 千分表:量程 2.0mm2 只。

5 秒表:最小分度值 0.1s。

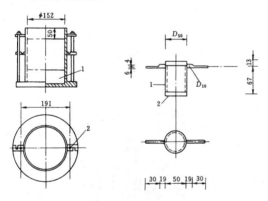

图 12.1.2-2 试样筒
1—垫块;2—φ5 螺丝孔

图 12.1.2-3 承压板
1—厚 5mm 钢板;2—厚 10mm 钢板

12.1.3 杠杆压力仪法试验应按下列步骤进行:

1 根据工程要求选择轻型或重型击实法,按本标准第 10.0.4 条步骤备试样,得出最优含水率和最大干密度。然后按最优含水率备样,用同类击实方法制备试件。

2 将装有试样的试样筒底面放在杠杆压力仪的底盘上,将承压板放在试样中心位置,并与杠杆压力仪的加压球座对正,将千分表固定在立柱上,并将千分表的测头安放在承压板的支架上。

3 在杠杆压力仪的加压架上施加砝码,用预定的最大压力进行预压,含水率大于塑限的试样,压力为 50~100kPa;含水率小于塑限的试样,压力为 100~200kPa。预压应进行 1~2 次,每次预压 1min,预压后调整承压板位置,并将千分表调到零位。

4 将预定的最大压力分为 4~6 级进行加压,每级压力加载

时间为 1min,记录千分表读数,同时卸压,当卸载 1min 时,再次记录千分表读数,同时施加下一级压力,如此逐级进行加压和卸压,并记录千分表读数,直到最后一级压力,为使试验曲线的开始部分比较准确,第一级压力可分成二小级进行加压和卸压,试验中的最大压力可略大于预定的最大压力。

5 本试验需进行 3 次平行测定,每次试验结果与回弹模量的均值之差应不超过 5%。

12.1.4 以单位压力 p 为横坐标,回弹变形 l 为纵坐标,绘制单位压力与回弹变形曲线如图 12.1.4。试样的回弹模量取 p-l 曲线的直线段计算,对较软的土,如果 p-l 曲线不通过原点允许用初始直线段与纵坐标的交点作为原点,修正各级压力下的回弹变形。

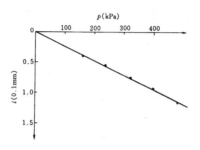

图 12.1.4 p-l 关系曲线

12.1.5 每级压力下的回弹模量应按下式计算:

$$E_e = \frac{\pi p D}{4l}(1-\mu^2) \qquad (12.1.5)$$

式中 E_e——回弹模量(kPa);

p——承压板上的单位压力(kPa);

D——承压板直径(cm);

l——相应于该级压力的回弹变形(加压读数—卸压读数);

μ——土的泊松比,取 0.35。

12.1.6 杠杆压力仪法试验记录格式见附录 D 表 D-20。

12.2 强度仪法

12.2.1 本试验方法适用于不同含水率和不同密度的细粒土及其加固土。

12.2.2 本试验所用的主要仪器设备,应符合下列规定:

1 路面材料强度仪:与本标准第 11.0.2 条 6 款的贯入仪相同。

2 试样筒:与本标准第 10.0.3 条 1 款的击实筒相同。

3 承压板:与本标准第 12.1.2 条 3 款相同。

4 量表支杆及表夹:支杆长 200mm,直径 10mm,一端带有长 5mm 与试样筒螺丝孔联接的螺丝杆;表夹可用钢材也可用硬塑料制成。

12.2.3 强度仪法试验应按下列步骤进行:

1 试样制备应按本标准第 12.1.3 条 1 款步骤进行。

2 将装有试样的试样筒底面放在强度仪的升降台上,千分表支杆拧在试样筒两侧,将承压板放在试样表面中心位置,并与强度仪的贯入杆对正,将千分表和表夹安装在支杆上,千分表测头安放在承压板两侧的支架上。

3 摇动摇把,用预定的最大压力进行预压,预压方法按本标准 12.1.3 条 3 款的步骤进行。

4 将预定的最大压力分成 4~6 级,每级压力折算成测力计百分表读数,然后逐级加压,卸压按本标准第 12.1.3 条 4 款的步骤进行。当试样较硬,预定压力偏小时,可以不受预定压力的限制,增加加压级数至需要的压力为止。

5 本试验应进行 3 次平行测定,每次试验的结果与回弹模量

的均值之差应不超过5%。

12.2.4 单位压力与回弹变形关系曲线应按本标准第12.1.4条绘制。

12.2.5 回弹模量计算按本标准式(12.1.5)计算。

12.2.6 强度仪法试验记录格式见附录D表D-20。

13 渗透试验

13.1 一般规定

13.1.1 常水头渗透试验适用于粗粒土,变水头渗透试验适用于细粒土。

13.1.2 本试验采用的纯水,应在试验前用抽气法或煮沸法脱气。试验时的水温宜高于试验室温度3~4℃。

13.1.3 本试验以水温20℃为标准温度,标准温度下的渗透系数应按下式计算:

$$k_{20} = k_T \frac{\eta_T}{\eta_{20}}$$ (13.1.3)

式中 k_{20}——标准温度时试样的渗透系数(cm/s);

η_T——T℃时水的动力粘滞系数(kPa·s);

η_{20}——20℃时水的动力粘滞系数(kPa·s)。

粘滞系数比 η_T/η_{20} 查表13.1.3。

表13.1.3 水的动力粘滞系数、粘滞系数比、温度校正值

温度(℃)	动力粘滞系数 η [kPa·s(10⁻⁶)]	η_T/η_{20}	温度校正值 T_p	温度(℃)	动力粘滞系数 η [kPa·s(10⁻⁶)]	η_T/η_{20}	温度校正值 T_p
5.0	1.516	1.501	1.17	8.0	1.387	1.373	1.28
5.5	1.498	1.478	1.19	8.5	1.367	1.353	1.30
6.0	1.470	1.455	1.21	9.0	1.347	1.334	1.32
6.5	1.449	1.435	1.23	9.5	1.328	1.315	1.34
7.0	1.428	1.414	1.25	10.0	1.310	1.297	1.36
7.5	1.407	1.393	1.27	10.5	1.292	1.279	1.38

续表 13.1.3

温度(℃)	动力粘滞系数 η [kPa·s(10⁻⁶)]	η_T/η_{20}	温度校正值 T_p	温度(℃)	动力粘滞系数 η [kPa·s(10⁻⁶)]	η_T/η_{20}	温度校正值 T_p
11.0	1.274	1.261	1.40	20.5	0.998	0.988	1.78
11.5	1.256	1.243	1.42	21.0	0.986	0.976	1.80
12.0	1.239	1.227	1.44	21.5	0.974	0.964	1.83
12.5	1.223	1.211	1.46	22.0	0.968	0.958	1.85
13.0	1.206	1.194	1.48	22.5	0.952	0.943	1.87
13.5	1.188	1.176	1.50	23.0	0.941	0.932	1.89
14.0	1.175	1.168	1.52	24.0	0.919	0.910	1.94
14.5	1.160	1.148	1.54	25.0	0.899	0.890	1.98
15.0	1.144	1.133	1.56	26.0	0.879	0.870	2.03
15.5	1.130	1.119	1.58	27.0	0.859	0.850	2.07
16.0	1.115	1.104	1.60	28.0	0.841	0.833	2.12
16.5	1.101	1.090	1.62	29.0	0.823	0.815	2.16
17.0	1.088	1.077	1.64	30.0	0.806	0.798	2.21
17.5	1.074	1.066	1.66	31.0	0.789	0.781	2.25
18.0	1.061	1.050	1.68	32.0	0.773	0.765	2.30
18.5	1.048	1.038	1.70	33.0	0.757	0.750	2.34
19.0	1.035	1.025	1.72	34.0	0.742	0.735	2.39
19.5	1.022	1.012	1.74	35.0	0.727	0.720	2.43
20.0	1.010	1.000	1.76				

13.1.4 根据计算的渗透系数,应取3~4个在允许差值范围内的数据的平均值,作为试样在该孔隙比下的渗透系数(允许差值不大于2×10⁻ⁿ)。

13.1.5 当进行不同孔隙比下的渗透试验时,应以孔隙比为纵坐标,渗透系数的对数为横坐标,绘制关系曲线。

13.2 常水头渗透试验

13.2.1 本试验所用的主要仪器设备,应符合下列规定:

常水头渗透仪装置:由金属封底圆筒、金属孔板、滤网、测压管和供水瓶组成(图13.2.1)。金属圆筒内径为10cm,高40cm。当使用其他尺寸的圆筒时,圆筒内径应大于试样最大粒径的10倍。

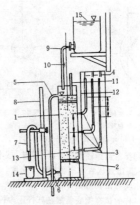

图 13.2.1 常水头渗透装置

1—金属圆筒;2—金属孔板;3—测压孔;4—测压管;5—溢水孔;6—渗水孔;7—调节管;8—滑动架;9—供水管;10—止水夹;11—温度计;12—砾石层;13—试样;14—量杯;15—供水瓶

13.2.2 常水头渗透试验,应按下列步骤进行:

1 按本标准图13.2.1装好仪器,量测滤网至筒顶的高度,将调节管和供水管相连,从渗水孔向圆筒充水至高出滤网顶面。

2 取具有代表性的风干土样3~4kg,测定其风干含水率。将风干土样分层装入圆筒内,每层2~3cm,根据要求的孔隙比,控制试样厚度。当试样中含粘粒时，应在滤网上铺 2cm 厚的粗砂作为过滤层，防止细粒流失。每层试样装完后从渗水孔向圆筒充水至试样顶面，最后一层试样应高出测压管 3～4cm，并在试样顶面铺 2cm 砾石作为缓冲层。当水面高出试样顶面时，应继续充水至溢水孔有水溢出。

3 量试样顶面至筒顶高度，计算试样高度，称剩余土样的质量，计算试样质量。

4 检查测压管水位，当测压管与溢水孔水位不平时，用吸球调整测压管水位，直至两者水位齐平。

5 将调节管提高至溢水孔以上，将供水管放入圆筒内，开启止水夹，使水由顶部注入圆筒，降低调节管至试样上部 1/3 高度处，形成水位差使水渗入试样，经过调节管流出。调节供水管止水夹，使进入圆筒的水量多于溢出的水量，溢水孔始终有水溢出，保持圆筒内水位不变，试样处于常水头下渗透。

6 当测压管水位稳定后，测记水位，并计算各测压管之间的水位差。按规定时间记录渗透水量，接取渗出水量时，调节管口不得浸入水中，测量进水和出水处的水温，取平均值。

7 降低调节管至试样的中部和下部 1/3 处，按本条 5、6 款的步骤重复测定渗出水量和水温，当不同水力坡降下测定的数据接近时，结束试验。

8 根据工程需要，改变试样的孔隙比，继续试验。

13.2.3 常水头渗透系数应按下式计算：

$$k_T = \frac{QL}{AHt} \qquad (13.2.3)$$

式中 k_T——水温为 $T℃$ 时试样的渗透系数(cm/s)；

Q——时间 t 秒内的渗透水量(cm³)；

L——两测压管中心间的距离(cm)；

A——试样的断面积(cm²)；

H——平均水位差(cm)；

t——时间(s)。

注：平均水位差 H 可按 $(H_1+H_2)/2$ 公式计算。

13.2.4 标准温度下的渗透系数应按式(13.1.3)计算。

13.2.5 常水头渗透试验的记录格式见附录 D 表 D-21。

13.3 变水头渗透试验

13.3.1 本试验所用的主要仪器设备，应符合下列规定：

1 渗透容器：由环刀、透水石、套环、上盖和下盖组成。环刀内径 61.8mm，高 40mm；透水石的渗透系数应大于 10^{-3}cm/s。

2 变水头装置：由渗透容器、变水头管、供水瓶、进水管等组成(图 13.3.1)。变水头管的内径应均匀，管径不大于 1cm，管外壁应有最小分度为 1.0mm 的刻度，长度宜为 2m 左右。

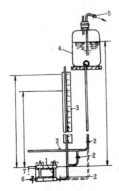

图 13.3.1 变水头渗透装置
1—渗透容器；2—进水管夹；3—变水头管；4—供水瓶；
5—接水源处；6—排气管；7—出水管

13.3.2 试样制备应按本标准第 3.1.4 条或第 3.1.6 条的规定进行，并应测定试样的含水率和密度。

13.3.3 变水头渗透试验，应按下列步骤进行：

1 将装有试样的环刀装入渗透容器，用螺母旋紧，要求密封至不漏水不漏气。对不易透水的试样，按本标准第 3.2.4 条的规定进行抽气饱和；对饱和试样和较易透水的试样，直接用变水头装置的水头进行试样饱和。

2 将渗透容器的进水口与变水头管连接，利用供水瓶中的纯水向进水管注满水，并渗入渗透容器，开排气阀，排除渗透容器底部的空气，直至溢出水中无气泡，关排水阀，放平渗透容器，关进水管夹。

3 向变水头管注纯水。使水升至预定高度，水头高度根据试样结构的疏松程度确定，一般不应大于 2m，待水位稳定后切断水源，开进水管夹，使水通过试样，当出水口有水溢出时开始测记变水头管中起始水头高度和起始时间，按预定时间间隔测记水头和时间的变化，并测出出水口的水温。

4 将变水头管中的水位变换高度，待水位稳定再进行测记水头和时间变化，重复试验 5～6 次。当不同开始水头下测定的渗透系数在允许差值范围内时，结束试验。

13.3.4 变水头渗透系数应按下式计算：

$$k_T = 2.3 \frac{aL}{A(t_2-t_1)} \log \frac{H_1}{H_2} \qquad (13.3.4)$$

式中 a——变水头管的断面积(cm²)；

2.3——ln 和 log 的变换因数；

L——渗径，即试样高度(cm)；

t_1、t_2——分别为测读水头的起始和终止时间(s)；

H_1、H_2——起始和终止水头。

13.3.5 标准温度下的渗透系数应按式(13.1.3)计算。

13.3.6 变水头渗透试验的记录格式见附录 D 表 D-22。

14 固 结 试 验

14.1 标准固结试验

14.1.1 本试验方法适用于饱和的粘土。当只进行压缩时，允许用于非饱和土。

14.1.2 本试验所用的主要仪器设备，应符合下列规定：

1 固结容器：由环刀、护环、透水板、水槽、加压上盖组成(图 14.1.2)。

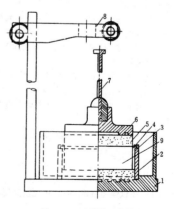

图 14.1.2 固结仪示意图
1—水槽；2—护环；3—环刀；4—导环；5—透水板；
6—加压上盖；7—位移计导杆；8—位移计架；9—试样

1）环刀：内径为 61.8mm 和 79.8mm，高度为 20mm。环刀应
具有一定的刚度，内壁应保持较高的光洁度，宜涂一薄层
硅脂或聚四氟乙烯。

2）透水板：氧化铝或不受腐蚀的金属材料制成，其渗透系数
应大于试样的渗透系数。用固定式容器时，顶部透水板直
径应小于环刀内径 0.2~0.5mm；用浮环式容器时上下
端透水板直径相等，均应小于环刀内径。

2 加压设备：应能垂直地在瞬间施加各级规定的压力，且没
有冲击力，压力准确度应符合现行国家标准《土工仪器的基本参数
及通用技术条件》GB/T15406 的规定。

3 变形量测设备：量程 10mm，最小分度值为 0.01mm 的百
分表或准确度为全量程 0.2% 的位移传感器。

14.1.3 固结仪及加压设备应定期校准，并应作仪器变形校正曲
线，具体操作见有关标准。

14.1.4 试样制备应按本标准第 3.1.4 条的规定进行。并测定试
样的含水率和密度，取切下的余土测定土粒比重。试样需要饱和
时，应按本标准第 3.2.4 条步骤的规定进行抽气饱和。

14.1.5 固结试验应按下列步骤进行：

1 在固结容器内放置护环、透水板和薄型滤纸，将带有试样
的环刀装入护环内，放上导环、试样上依次放上薄型滤纸、透水板
和加压上盖，并将固结容器置于加压框架正中，使加压上盖与加压
框架中心对准，安装百分表或位移传感器。

注：滤纸和透水板的湿度应接近试样的湿度。

2 施加 1kPa 的预压力使试样与仪器上下各部件之间接触，
将百分表或传感器调整到零位或测读初读数。

3 确定需要施加的各级压力，压力等级宜为 12.5、25、50、
100、200、400、800、1600、3200kPa。第一级压力的大小可视土的软
硬程度而定，宜用 12.5、25kPa 或 50kPa。最后一级压力应大于土
的自重压力与附加压力之和。只需测定压缩系数时，最大压力不小
于 400kPa。

4 需要确定原状土的先期固结压力时，初始段的荷重率应小
于 1，可采用 0.5 或 0.25。施加的压力应使测得的 $e-\log p$ 曲线下
段出现直线段。对超固结土，应进行卸压、再加压来评价其再压缩
特性。

5 对于饱和试样，施加第一级压力后应立即向水槽中注水浸
没试样。非饱和试样进行压缩试验时，须用湿棉纱围住加压板周
围。

6 需要测定沉降速率、固结系数时，施加每一级压力后宜按
下列时间顺序测记试样的高度变化。时间为 6s、15s、1min、
2min15s、4min、6min15s、9min、12min15s、16min、20min15s、
25min、30min15s、36min、42min15s、49min、64min、100min、
200min、400min、23h、24h，至稳定为止。不需要测定沉降速率时，
则施加每级压力后 24h 测定试样高度变化作为稳定标准，只需测
定压缩系数的试样，施加每级压力后，每小时变形达 0.01mm 时，
测定试样高度变化作为稳定标准。按此步骤逐级加压至试验结束。

注：测定沉降速率仅适用饱和土。

7 需要进行回弹试验时，可在某级压力下固结稳定后退压，
直至退到要求的压力，每次退压至 24h 后测定试样的回弹量。

8 试验结束后吸去容器中的水，迅速拆除仪器各部件，取出
整块试样，测定含水率。

14.1.6 试样的初始孔隙比，应按下式计算：

$$e_0 = \frac{(1+w_0)G_s\rho_w}{\rho_0} - 1 \qquad (14.1.6)$$

式中 e_0——试样的初始孔隙比。

14.1.7 各级压力下试样固结稳定后的单位沉降量，应按下式计
算：

$$S_i = \frac{\Sigma \Delta h_i}{h_0} \times 10^3 \qquad (14.1.7)$$

式中 S_i——某压力下的单位沉降量(mm/m)；

h_0——试样初始高度(mm)；

$\Sigma \Delta h_i$——某级压力下试样固结稳定后的总变形量(mm)(等
于该级压力下固结稳定读数减去仪器变形量)；

10^3——单位换算系数。

14.1.8 各级压力下试样固结稳定后的孔隙比，应按下式计算：

$$e_i = e_0 - \frac{1+e_0}{h_0} \Delta h_i \qquad (14.1.8)$$

式中 e_i——各级压力下试样固结稳定后的孔隙比。

14.1.9 某一压力范围内的压缩系数，应按下式计算：

$$a_v = \frac{e_i - e_{i+1}}{p_{i+1} - p_i} \qquad (14.1.9)$$

式中 a_v——压缩系数(MPa^{-1})；

p_i——某级压力值(MPa)。

14.1.10 某一压力范围内的压缩模量，应按下式计算：

$$E_s = \frac{1+e_0}{a_v} \qquad (14.1.10)$$

式中 E_s——某压力范围内的压缩模量(MPa)。

14.1.11 某一压力范围内的体积压缩系数，应按下式计算：

$$m_v = \frac{1}{E_s} = \frac{a_v}{1+e_0} \qquad (14.1.11)$$

式中 m_v——某压力范围内的体积压缩系数(MPa^{-1})。

14.1.12 压缩指数和回弹指数，应按下式计算：

$$C_c \ 或 \ C_s = \frac{e_i - e_{i+1}}{\log p_{i+1} - \log p_i} \qquad (14.1.12)$$

式中 C_c——压缩指数；

C_s——回弹指数。

14.1.13 以孔隙比为纵坐标，压力为横坐标绘制孔隙比与压力的
关系曲线，见图 14.1.13。

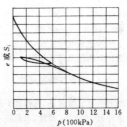

图 14.1.13 $e(S_i)-p$ 关系曲线

14.1.14 以孔隙比为纵坐标，以压力的对数为横坐标，绘制孔隙
比与压力的对数关系曲线，见图 14.1.14。

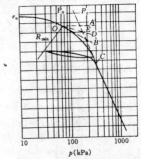

图 14.1.14 $e-\log p$ 曲线求 p_c 示意图

14.1.15 原状土试样的先期固结压力，应按下列方法确定。在
$e-\log p$ 曲线上找出最小曲率半径 R_{min} 的点 O (见本标准图
14.1.14)，过 O 点做水平线 OA，切线 OB 及 $\angle AOB$ 的平分线
OD，OD 与曲线下段直线段的延长线交于 E 点，则对应于 E 点的
压力值即为该原状土试样的先期固结压力。

14.1.16 固结系数应按下列方法确定:

1 时间平方根法:对某一级压力,以试样的变形为纵坐标,时间平方根为横坐标,绘制变形与时间平方根关系曲线(图14.1.16-1),延长曲线开始段的直线,交纵坐标于 d_s 为理论零点,过 d_s 作另一直线,令其横坐标为前一直线横坐标的1.15倍,则后一直线与 $d-\sqrt{t}$ 曲线交点所对应的时间的平方即为试样固结度达90%所需的时间 t_{90},该压力下的固结系数按下式计算:

$$C_v = \frac{0.848\bar{h}^2}{t_{90}} \qquad (14.1.16-1)$$

式中 C_v ——固结系数(cm²/s);

$\bar{h}$ ——最大排水距离,等于某级压力下试样的初始和终了高度的平均值之半(cm)。

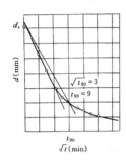

图14.1.16-1 时间平方根法求 t_{90}

2 时间对数法:对某一级压力,以试样的变形为纵坐标,时间的对数为横坐标,绘制变形与时间对数关系曲线(图14.1.16-2),在关系曲线的开始段,选任一时间 t_1,查得相对应的变形值 d_1,再取时间 $t_2=t_1/4$,查得相对应的变形值 d_2,则 $2d_2-d_1$ 即为 d_{01};另取一时间依同法求得 d_{02}、d_{03}、d_{04},取其平均值为理论零点 d_s,延长曲线中部的直线段和通过曲线尾部数点切线的交点即为理论终点 d_{100},则 $d_{50}=(d_s+d_{100})/2$,对应于 d_{50} 的时间即为试样固结度达50%所需的时间 t_{50},某一级压力下的固结系数应按下式计算:

$$C_v = \frac{0.197\bar{h}^2}{t_{50}} \qquad (14.1.16-2)$$

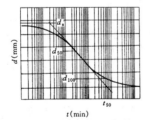

图14.1.16-2 时间对数法求 t_{50}

14.1.17 固结试验的记录格式见附录D表D-23。

14.2 应变控制连续加荷固结试验

14.2.1 本试验方法适用于饱和的细粒土。

14.2.2 本试验所用的主要仪器设备,应符合下列规定:

1 固结容器:由刚性底座(具有连接测孔隙水压力装置的通孔)、护环、环刀、上环、透水板、加荷上盖和密封圈组成。底部可测孔隙水压力(图14.2.2)。

1)环刀:直径61.8mm,高度20mm,一端有刀刃,应具有一定刚度,内壁应保持较高的光洁度,宜涂一薄层硅脂或聚四氟乙烯。

2)透水板:由氧化铝或不受腐蚀的金属材料制成。渗透系数应大于试样的渗透系数。试样上部透水板直径宜小于环刀内径0.2~0.5mm,厚度5mm。

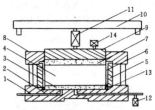

图14.2.2 固结仪组装示意图
1—底座;2—排气孔;3—下透水板;4—试样;
5—护环;6—环刀;7—上透水板;8—上盖;
9—加压上盖;10—加荷梁;11—负荷传感器;
12—孔隙水压传感器;13—密封圈;14—位移传感器

2 轴向加压设备:应能反馈、伺服跟踪连续加荷。轴向测力计(负荷传感器,量程为0~10kN)量测误差应小于、等于1%。

3 孔隙水压力量测设备:压力传感器,量程0~1MPa,准确度应小于、等于0.5%,其体积因数应小于 1.5×10^{-5} cm³/kPa。

4 变形量测设备:位移传感器,量程0~10mm,准确度为全量程的0.2%。

5 采集系统和控制系统:压力和变形范围应满足试验要求。

14.2.3 固结容器、加压设备、量测系统和控制采集系统应定期率定。具体操作可见仪器说明书。

14.2.4 连续加荷固结试验应按下列步骤进行:

1 试样制备应按本标准第3.1.4条的步骤进行。从切下的余土中取代表性试样测定土粒比重和含水率,试样需要饱和时,应按本标准第3.2.4条的步骤进行。

2 将固结容器底部孔隙水压力阀门打开充纯水,排除底部及管路中滞留的气泡,将装有试样的环刀装入护环,依次将透水板、薄型滤纸、护环置于容器底座上,关孔隙水压力阀,在试样顶部放薄型滤纸、上透水板,套上上盖,用螺栓拧紧,使上盖、护环和底座密封,然后放加压上盖,将整个容器移入轴向加荷设备正中,调平,装上位移传感器。对试样施加1kPa的预压力,使仪器上、下各部件接触,调整孔隙水压力传感器和位移传感器至零位或初始读数。

3 选择适宜的应变速率,其标准是使试验时的任何时间内试样底部产生的孔隙水压力为同时施加轴向荷重的3%~20%,应变速率可按表14.2.4选择估算值。

表14.2.4 应变速率估算值

液限(%)	应变速率 $\dot{\varepsilon}$(%/min)	备 注
0~40	0.04	液限为下沉17mm时的含水率或碟式仪液限
40~60	0.01	
60~80	0.004	
80~100	0.001	

4 接通控制系统、采集系统和加压设备的电源,预热30min。待装样完毕,采集初始读数,在所选的应变速率下,对试样施加轴向压力,仪器按试验要求自动加压,定时采集数据或打印,数据采集时间间隔在历时前10min每隔1min,随后1h内每隔5min;1h后每隔15min或30min采集一次轴向压力、孔隙水压力和变形值。

5 连续加压至预期的压力为止。当轴向压力施加完毕后,在轴向压力不变的条件下,使孔隙水压力消散。

6 要求测定回弹或卸荷特性时,试样在同样的应变速率下卸荷,卸荷时关闭孔隙水压力阀,按本条第4款的规定时间间隔记录轴向压力和变形值。

7 试验结束,关电源,拆除仪器,取出试样,称试样质量,测定试验后试样的含水率。

14.2.5 试样初始孔隙比应按式(14.1.6)计算。

14.2.6 任意时刻时试样的孔隙比应按式(14.1.8)计算。

14.2.7 任意时刻施加于试样的有效压力应按下式计算：

$$\sigma'_i = \sigma_i - \frac{2}{3}u_b \qquad (14.2.7)$$

式中 σ'_i ——任意时刻时施加于试样的有效压力(kPa)；
$\quad\sigma_i$ ——任意时刻时施加于试样的总压力(kPa)；
$\quad u_b$ ——任意时刻试样底部的孔隙压力(kPa)。

14.2.8 某一压力范围内的压缩系数，应按下式计算：

$$a_v = \frac{e_i - e_{i+1}}{\sigma'_{i+1} - \sigma'_i} \qquad (14.2.8)$$

14.2.9 某一压力范围内的压缩指数，回弹指数应按下式计算：

$$C_c(C_s) = \frac{e_i - e_{i+1}}{\log \sigma'_{i+1} - \log \sigma'_i} \qquad (14.2.9)$$

14.2.10 任意时刻试样的固结系数应按下式计算：

$$C_v = \frac{\Delta\sigma'}{\Delta t} \cdot \frac{H_i^2}{2u_b} \qquad (14.2.10)$$

式中 $\Delta\sigma'$ —— Δt 时段内施加于试样的有效压力增量(kPa)；
$\quad\Delta t$ ——两次读数之间的历时(s)；
$\quad H_i$ ——试样在 t 时刻的高度(mm)；
$\quad u_b$ ——两次读数之间试样底部孔隙水压力的平均值(kPa)。

14.2.11 某一压力范围内试样的体积压缩系数，应按下式计算：

$$m_v = \frac{\Delta e}{\Delta\sigma'} \cdot \frac{1}{1+e_0} \qquad (14.2.11)$$

式中 Δe ——在 $\Delta\sigma'$ 作用下，试样孔隙比的变化。

14.2.12 以孔隙比为纵坐标，有效压力为横坐标，在单对数坐标纸上，绘制孔隙比与有效压力关系曲线(图 14.2.12)。

14.2.13 以固结系数为纵坐标，有效压力为横坐标，绘制固结系数与有效压力关系曲线(图 14.2.13)。

14.2.14 连续加荷固结试验的记录格式见附录 D 表 D-24。

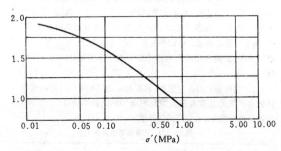

图 14.2.12 e-σ' 关系曲线

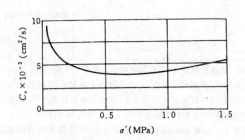

图 14.2.13 C_v-σ' 关系曲线

15 黄土湿陷试验

15.1 一般规定

15.1.1 本试验方法适用于各种黄土类土。

15.1.2 本试验应根据工程要求，分别测定黄土的湿陷系数、自重湿陷系数、溶滤变形系数和湿陷起始压力。

15.1.3 进行本试验时，从同一土样中制备的试样，其密度的允许差值为 0.03g/cm³。

15.1.4 本试验所用的仪器设备，应符合本标准第14.1.2条的规定，环刀内径为 79.8mm。试验所用的滤纸及透水石的湿度应接近试样的天然湿度。

15.1.5 黄土湿陷试验的变形稳定标准为每小时变形不大于 0.01mm；溶滤变形稳定标准为每 3d 变形不大于 0.01mm。

15.2 湿陷系数试验

15.2.1 湿陷系数试验，应按下列步骤进行：

1 试样制备应按本标准第 3.1.4 条的步骤进行；试样安装应按本标准第 14.1.5 条 1、2 款的步骤进行。

2 确定需要施加的各级压力，压力等级宜为 50、100、150、200kPa，大于 200kPa 后每级压力为 100kPa。最后一级压力应按取土深度而定：从基础底面算起至 10m 深度以内，压力为 200kPa；10mm 以下至非湿陷土层顶面，应用其上覆土的饱和自重压力(当大于 300kPa 时，仍应用 300kPa)。当基底压力大于 300kPa 时(或有特殊要求的建筑物)，宜按实际压力确定。

3 施加第一级压力后，每隔 1h 测定一次变形读数，直至试样变形稳定为止。

4 试样在第一级压力下变形稳定后，施加第二级压力，如此类推。试样在规定浸水压力下变形稳定后，向容器内自上而下或自下而上注入纯水，水面宜高出试样顶面，每隔 1h 测记一次变形读数，直至试样变形稳定为止。

5 测记试样浸水变形稳定读数后，按本标准第 14.1.5 条 8 款步骤的规定拆卸仪器及试样。

15.2.2 湿陷系数应按下式计算：

$$\delta_s = \frac{h_1 - h_2}{h_0} \qquad (15.2.2)$$

式中 δ_s ——湿陷系数；
$\quad h_1$ ——在某级压力下，试样变形稳定后的高度(mm)；
$\quad h_2$ ——在某级压力下，试样浸水湿陷变形稳定后的高度(mm)。

15.2.3 湿陷系数试验的记录格式见附录 D 表 D-25。

15.3 自重湿陷系数试验

15.3.1 自重湿陷系数试验应按下列步骤进行：

1 试样制备应按本标准第 3.1.4 条的步骤进行；试样安装应按本标准第 14.1.5 条 1、2 款的步骤进行。

2 施加土的饱和自重压力，当饱和自重压力小于、等于 50kPa 时，可一次施加；当压力大于 50kPa 时，应分级施加，每级压力不大于 50kPa，每级压力时间不少于 15min，如此连续加至饱和自重压力。加压每隔 1h 测记一次变形读数，直至试样变形稳定为止。

3 向容器内注入纯水，水面应高出试样顶面，每隔 1h 测记一次变形读数，直至试样浸水变形稳定为止。

4 测记试样变形稳定读数后,按本标准第14.1.5条8款的步骤拆卸仪器及试样。

15.3.2 自重湿陷系数应按下式计算:

$$\delta_{zs} = \frac{h_z - h'_z}{h_0} \qquad (15.3.2)$$

式中 δ_{zs}——自重湿陷系数;

h_z——在饱和自重压力下,试样变形稳定后的高度(mm);

h'_z——在饱和自重压力下,试样浸水湿陷变形稳定后的高度(mm)。

15.3.3 自重湿陷系数试验记录格式见附录 D 表 D-26。

15.4 溶滤变形系数试验

15.4.1 溶滤变形系数试验应按下列步骤进行:

1 试样制备应按本标准第3.1.4条的步骤进行;试样安装应按本标准第14.1.5条1、2款的步骤进行。

2 试验按本标准第15.2.1条2~4款的步骤进行后继续用水渗透,每隔2h测记一次变形读数,24h后每天测记1~3次,直至变形稳定为止。

3 测记试样溶滤变形稳定读数后,按本标准第14.1.5条8款的步骤拆卸仪器及试样。

15.4.2 溶滤变形系数应按下式计算:

$$\delta_{wt} = \frac{h_z - h_s}{h_0} \qquad (15.4.2)$$

式中 δ_{wt}——溶滤变形系数;

h_s——在某级压力下,长期渗透而引起的溶滤变形稳定后的试样高度(mm)。

15.4.3 溶滤变形系数试验的记录格式见附录 D 表 D-25。

15.5 湿陷起始压力试验

15.5.1 本试验可用单线法或双线法。

15.5.2 湿陷起始压力试验应按下列步骤进行:

1 试样制备应按本标准第3.1.4条的步骤进行,单线法切取5个环刀试样,双线法切取2个环刀试样;试样安装应按本标准第14.1.5条1、2款的步骤进行。

2 单线法试验:对5个试样均在天然湿度下分级加压,分别加至不同的规定压力,按本标准第15.2.1条2~4款的步骤进行试验,直至试样湿陷变形稳定为止。

3 双线法试验:一个试样在天然湿度下分级加压,按本标准第15.2.1条2~4款的步骤进行试验,直至湿陷变形稳定为止;另一个试样在天然湿度下施加第一级压力后浸水,直至第一级压力下湿陷稳定后,再分级加压,直至试样在各级压力下浸水变形稳定为止。

压力等级,在150kPa 以内,每级增量为 25~50kPa;150kPa以上,每级增量为 50~100kPa。

4 测记试样湿陷变形稳定读数后,按本标准第14.1.5条8款的步骤拆卸仪器及试样。

15.5.3 各级压力下的湿陷系数应按下式计算:

$$\delta_{sp} = \frac{h_{pn} - h_{pw}}{h_0} \qquad (15.5.3)$$

式中 δ_{sp}——各级压力下的湿陷系数;

h_{pw}——在各级压力下试样浸水变形稳定后的高度(mm);

h_{pn}——在各级压力下试样变形稳定后的高度(mm)。

15.5.4 以压力为横坐标,湿陷系数为纵坐标,绘制压力与湿陷系数关系曲线(图15.5.4),湿陷系数为0.015所对应的压力即为湿陷起始压力。

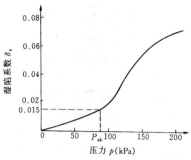

图 15.5.4 湿陷系数与压力关系曲线

15.5.5 湿陷起始压力试验记录格式见附录 D 表 D-27。

16 三轴压缩试验

16.1 一般规定

16.1.1 本试验方法适用于细粒土和粒径小于 20mm 的粗粒土。

16.1.2 本试验应根据工程要求分别采用不固结不排水剪(UU)试验、固结不排水剪(CU)测孔隙水压力(CU)试验和固结排水剪(CD)试验。

16.1.3 本试验必须制备 3 个以上性质相同的试样,在不同的周围压力下进行试验。周围压力宜根据工程实际荷重确定。对于填土,最大一级周围压力应与最大的实际荷重大致相等。

注:试验宜在恒温条件下进行。

16.2 仪器设备

16.2.1 本试验所用的主要仪器设备,应符合下列规定:

1 应变控制式三轴仪(图16.2.1-1):由压力室、轴向加压设备、周围压力系统、反压力系统、孔隙水压力量测系统、轴向变形和体积变化量测系统组成。

2 附属设备:包括击样器、饱和器、切土器、原状土分样器、切土盘、承膜筒和对开圆膜,应符合下图要求:

1)击样器(图 16.2.1-2),饱和器(图 16.2.1-3)。

2)切土盘、切土器和原状土分样器(图 16.2.1-4)。

3)承膜筒及对开圆模(图 16.2.1-5 及图 16.2.1-6)。

3 天平:称量200g,最小分度值 0.01g;称量1000g,最小分度值 0.1g。

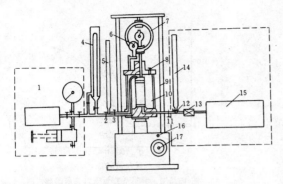

图 16.2.1-1 应变控制式三轴仪
1—周围压力系统;2—周围压力阀;3—排水阀;4—体变管;5—排水管;
6—轴向位移表;7—测力计;8—排气孔;9—轴向加压设备;10—压力室;11—孔压阀;
12—量管阀;13—孔压传感器;14—量管;15—孔压量测系统;16—离合器;17—手轮

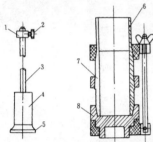

图 16.2.1-2 击样器
1—套环;2—定位螺丝;3—导杆;4—击锤;
5—底板;6—套筒;7—击样筒;8—底座

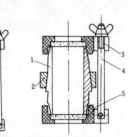

图 16.2.1-3 饱和器
1—圆模(3片);2—紧箍;
3—夹板;4—拉杆;5—透水板

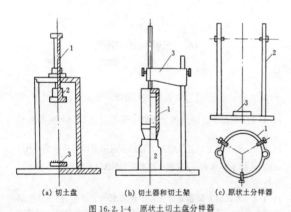

图 16.2.1-4 原状土切土盘分样器
(a):1—轴;2—上盘;3—下盘
(b):1—切土器;2—土样;3—切土架 (q):1—钢丝锯;2—滑杆;3—底盘

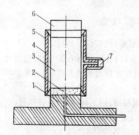

图 16.2.1-5 承膜筒
1—压力室底座;2—透水板;
3—试样;4—承膜筒;5—橡皮膜;
6—上帽;7—吸气孔

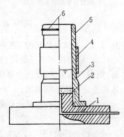

图 16.2.1-6 对开圆模
1—压力室底座;2—透水板;
3—制样圆模(两片合成);
4—紧箍;5—橡皮膜;6—橡皮圈

4 橡皮膜:应具有弹性的乳胶膜,对直径 39.1 和 61.8mm 的试样,厚度以 0.1~0.2mm 为宜,对直径 101mm 的试样,厚度以 0.2~0.3mm 为宜。

5 透水板,直径与试样直径相等,其渗透系数宜大于试样的渗透系数,使用前在水中煮沸并泡于水中。

16.2.2 试验时的仪器,应符合下列规定:

1 周围压力的测量准确度应为全量程的 1%,根据试样的强度大小,选择不同量程的测力计,应使最大轴向压力的准确度不低于 1%。

2 孔隙水压力量测系统内的气泡应完全排除。系统内的气泡可用纯水冲出或施加压力使气泡溶解于水,并从试样底座溢出。整个系统的体积变化因数应小于 $1.5 \times 10^{-5} \mathrm{cm}^3/\mathrm{kPa}$。

3 管路应畅通,各连接处应无漏水,压力室活塞杆在轴套内应能滑动。

4 橡皮膜在使用前应作仔细检查,其方法是扎紧两端,向膜内充气,在水中检查,应无气泡溢出,方可使用。

16.3 试样制备和饱和

16.3.1 本试验采用的试样最小直径为 φ35mm,最大直径为 φ101mm,试样高度宜为试样直径的 2~2.5 倍,试样的允许最大粒径应符合表 16.3.1 的规定。对于有裂缝、软弱面和构造面的试样,试样直径宜大于 60mm。

表 16.3.1 试样的土粒最大粒径(mm)

试样直径	允许最大粒径
<100	试样直径的 1/10
>100	试样直径的 1/5

16.3.2 原状土试样制备应按本标准第 16.3.1 条的规定将土样切成圆柱形试样。

1 对于较软的土样,先用钢丝锯或切土刀切取一稍大于规定尺寸的土柱,放在切土盘上下圆盘之间,用钢丝锯或切土刀紧靠侧板,由上往下细心切削,边削边转动圆盘,直至土样被削成规定的直径为止。试样切削时应避免扰动,当试样表面遇有砾石或凹坑时,允许用削下的余土填补。

2 对较硬的土样,先用切土刀切取一稍大于规定尺寸的土柱,放在切土架上,用切土器削样,边削边压切土器,直至切削到超出试样高度约 2cm 为止。

3 取出试样,按规定的高度将两端削平,称量。并取余土测定试样的含水率。

4 对于直径大于 10cm 的土样,可用分样器切成 3 个土柱,按上述方法切取 φ39.1mm 的试样。

16.3.3 扰动土试样制备应根据预定的干密度和含水率,按本标准第 3.1.5 条的步骤备样后,在击样器内分层击实,粉土宜为 3~5 层,粘土宜为 5~8 层,各层土料数量应相等,各层接触面应刨毛。击完最后一层,将击样器内的试样两端整平,取出试样称量。对制备好的试样,应量测其直径和高度。试样的平均直径应按下式计算:

$$D_0 = \frac{D_1 + 2D_2 + D_3}{4} \quad (16.3.3)$$

式中 D_1、D_2、D_3——分别为试样上、中、下部位的直径(mm)。

16.3.4 砂类土的试样制备应先在压力室底座上依次放上不透水板、橡皮膜和对开圆模(见图 16.2.1-6)。根据砂样的干密度及试样体积,称取所需的砂样质量,分三等份,将每份砂样填入橡皮膜内,填至该层要求的高度,依次第二层、第三层,直至膜内填满为止。当制备饱和试样时,在压力室底座上依次放透水板,橡皮膜和对开圆模,在模内注入纯水至试样高度的 1/3,将砂样分三等份,在水中煮沸，待冷却后分三层，按预定的干密度填入橡皮膜内，直至膜内填满为止。当要求的干密度较大时，填砂过程中，轻轻敲打对开圆模，使所称的砂样填满规定的体积，整平砂面，放上不透水板或透水板，试样帽，扎紧橡皮膜。对试样内部施加5kPa负压力使试样能站立，拆除对开圆模。

16.3.5 试样饱和宜选用下列方法：

1 抽气饱和：将试样装入饱和器内，按本标准第3.2.4条2～4款的步骤进行。

2 水头饱和：将试样按本标准第16.5.1条的步骤安装于压力室内。试样周围不贴滤纸条。施加20kPa周围压力。提高试样底部量管水位，降低试样顶部量管的水位，使两管水位差在1m左右，打开孔隙水压力阀、量管阀和排水管阀，使纯水从底部进入试样，从试样顶部溢出，直至流入水量和溢出水量相等为止。当需要提高试样的饱和度时，宜在水头饱和前，从底部将二氧化碳气体通入试样，置换孔隙中的空气。二氧化碳的压力以5～10kPa为宜，再进行水头饱和。

3 反压力饱和：试样要求完全饱和时，应对试样施加反压力。反压力系统和周围压力系统相同（对不固结不排水剪试验可用同一套设备施加），但应用双层体变管代替排水管。试样装好后，调节孔隙水压力等于大气压力，关闭孔隙水压力阀、反压力阀、体变管阀，测记体变管读数。开围压力阀，先对试样施加20kPa的周围压力，开孔隙水压力阀，待孔隙水压力变化稳定，测记读数，关孔隙水压力阀。反压力应分级施加，同时分级施加周围压力，以尽量减少对试样的扰动。周围压力和反压力的每级增量宜为30kPa，开体变管阀和反压力阀，同时施加周围压力和反压力，缓慢打开孔隙水压力阀，检查孔隙水压力增量，待孔隙水压力稳定后，测记孔隙水压力和体变管读数，再施加下一级周围压力和孔隙水压力。计算每级周围压力引起的孔隙水压力增量，当孔隙水压力增量与周围压力增量之比 $\Delta u/\Delta \sigma_3 > 0.98$ 时，认为试样饱和。

16.4 不固结不排水剪试验

16.4.1 试样的安装，应按下列步骤进行：

1 在压力室的底座上，依次放上不透水板、试样及不透水试样帽，将橡皮膜用承膜筒套在试样外，并用橡皮圈将橡皮膜两端与底座及试样帽分别扎紧。

2 将压力室罩顶部活塞提高，放下压力室罩，使活塞对准试样中心，并均匀地拧紧底座连接螺母。向压力室内注满纯水，待压力室顶部排气孔有水溢出时，拧紧排气孔，并将活塞对准测力计和试样顶部。

3 将离合器调至粗位，转动粗调手轮，当试样帽与活塞及测力计接近时，将离合器调至细位，改用细调手轮，使试样帽与活塞及测力计接触，装上变形指示计，将测力计和变形指示计调至零位。

4 关排水阀，开周围压力阀，施加周围压力。

16.4.2 剪切试样应按下列步骤进行：

1 剪切应变速率宜为每分钟应变0.5%～1.0%。

2 启动电动机，合上离合器，开始剪切。试样每产生0.3%～0.4%的轴向应变（或0.2mm变形值），测记一次测力计读数和轴向变形值。当轴向应变大于3%时，试样每产生0.7%～0.8%的轴向应变（或0.5mm变形值），测记一次。

3 当测力计读数出现峰值时，剪切应继续进行到轴向应变为15%～20%。

4 试验结束，关电动机，关周围压力阀，脱开离合器，将离合器调至粗位，转动粗调手轮，将压力室降下，打开排气孔，排除压力室内的水，拆卸压力室罩，拆除试样，描述试样破坏形状，称试样质量，并测定含水率。

16.4.3 轴向应变应按下式计算：

$$\varepsilon_1 = \frac{\Delta h_1}{h_0} \times 100 \qquad (16.4.3)$$

式中 ε_1 —— 轴向应变（%）；

h_1 —— 剪切过程中试样的高度变化（mm）；

h_0 —— 试样初始高度（mm）。

16.4.4 试样面积的校正，应按下式计算：

$$A_a = \frac{A_0}{1 - \varepsilon_1} \qquad (16.4.4)$$

式中 A_a —— 试样的校正断面积（cm²）；

A_0 —— 试样的初始断面积（cm²）。

16.4.5 主应力差应按下式计算：

$$\sigma_1 - \sigma_3 = \frac{CR}{A_a} \times 10 \qquad (16.4.5)$$

式中 $\sigma_1 - \sigma_3$ —— 主应力差（kPa）；

σ_1 —— 大总主应力（kPa）；

σ_3 —— 小总主应力（kPa）；

C —— 测力计率定系数（N/0.01mm或N/mV）；

R —— 测力计读数（0.01mm）；

10 —— 单位换算系数。

16.4.6 以主应力差为纵坐标，轴向应变为横坐标，绘制主应力差与轴向应变关系曲线（图16.4.6）。取曲线上主应力差的峰值作为破坏点，无峰值时，取15%轴向应变时的主应力差值作为破坏点。

16.4.7 以剪应力为纵坐标，法向应力为横坐标，在横坐标轴上破坏时的 $\frac{\sigma_{1f} + \sigma_{3f}}{2}$ 为圆心，以 $\frac{\sigma_{1f} - \sigma_{3f}}{2}$ 为半径，在 $\tau - \sigma$ 应力平面上绘制破损应力圆，并绘制不同周围压力下破损应力圆的包线，求出不排水强度参数（图16.4.7）。

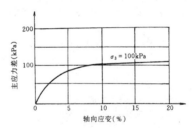

图16.4.6 主应力差与轴向应变关系曲线

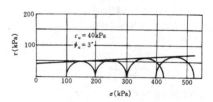

图16.4.7 不固结不排水剪强度包线

16.4.8 不固结不排水剪试验的记录格式，见附录D表D-28。

16.5 固结不排水剪试验

16.5.1 试样的安装，应按下列步骤进行：

1 开孔隙水压力阀和量管阀，对孔隙水压力系统及压力室底座充水排气后，关孔隙水压力阀和量管阀。压力室底座上依次放上透水板、湿滤纸、试样、湿滤纸、透水板，试样周围贴浸水的滤纸条7～9条。将橡皮膜用承膜筒套在试样外，并用橡皮圈将橡皮膜下端与底座扎紧。打开孔隙水压力阀和量管阀，使水缓慢地从试样底部流入，排除试样与橡皮膜之间的气泡，关闭孔隙水压力阀和量管阀。打开排水阀，使试样帽中充水，放在透水板上，用橡皮圈将橡皮膜上端与试样帽扎紧,降低排水管,使管内水面位于试样中心以下 20~40cm,吸除试样与橡皮膜之间的余水,关排水阀。需要测定土的应力应变关系时,应在试样与透水板之间放置中间夹有硅脂的两层圆形橡皮膜,膜间应留有直径为1cm的圆孔排水。

 2 压力室罩安装、充水及测力计调整应按本标准第16.4.1条3款的步骤进行。

16.5.2 试样排水固结应按下列步骤进行:

 1 调节排水管使管内水面与试样高度的中心齐平,测记排水管水面读数。

 2 开孔隙水压力阀,使孔隙水压力等于大气压力,关孔隙水压力阀,记初始读数。当需要施加反压力时,应按本标准第16.3.5条3款的步骤进行。

 3 将孔隙水压力调至接近周围压力值,施加周围压力后,再打开孔隙水压力阀,待孔隙水压力稳定测定孔隙水压力。

 4 打开排水阀。当需要测定排水过程时,应按本标准第14.1.5条6款的步骤测记排水管水面及孔隙水压力读数,直至孔隙水压力消散95%以上。固结完成后,关排水阀,测记孔隙水压力和排水管水面读数。

 5 微调压力机升降台,使活塞与试样接触,此时轴向变形指示计的变化值为试样固结时的高度变化。

16.5.3 剪切试样应按下列步骤进行:

 1 剪切应变速率粘土宜为每分钟应变 0.05%~0.1%;粉土为每分钟应变 0.1%~0.5%。

 2 将测力计、轴向变形指示计及孔隙水压力读数均调整至零。

 3 启动电动机,合上离合器,开始剪切。测力计、轴向变形、孔隙水压力应按本标准第16.4.2条2、3款的步骤进行测记。

 4 试验结束,关电动机,关各阀门,脱开离合器,将离合器调至粗位,转动粗调手轮,将压力室降下,打开排气孔,排除压力室内的水,拆卸压力室罩,拆除试样,描述试样破坏形状,称试样质量,并测定试样含水率。

16.5.4 试样固结后的高度,应按下式计算:

$$h_c = h_0 \left(1 - \frac{\Delta V}{V_0}\right)^{1/3} \qquad (16.5.4)$$

式中 h_c ——试样固结后的高度(cm);

   ΔV ——试样固结后与固结前的体积变化(cm³)。

16.5.5 试样固结后的面积,应按下式计算:

$$A_c = A_0 \left(1 - \frac{\Delta V}{V_0}\right)^{2/3} \qquad (16.5.5)$$

式中 A_c ——试样固结后的断面积(cm²)。

16.5.6 试样面积的校正,应按下式计算:

$$A_a = \frac{A_0}{1 - \varepsilon_1} \qquad (16.5.6)$$

$$\varepsilon_1 = \frac{\Delta h}{h_0}$$

16.5.7 主应力差按本标准式(16.4.5)计算。

16.5.8 有效主应力比应按下式计算:

 1 有效大主应力:

$$\sigma'_1 = \sigma_1 - u \qquad (16.5.8\text{-}1)$$

式中 σ'_1 ——有效大主应力(kPa);

   u ——孔隙水压力(kPa)。

 2 有效小主应力:

$$\sigma'_3 = \sigma_3 - u \qquad (16.5.8\text{-}2)$$

式中 σ'_3 ——有效小主应力(kPa)。

 3 有效主应力比:

$$\frac{\sigma'_1}{\sigma'_3} = 1 + \frac{\sigma'_1 - \sigma'_3}{\sigma'_3} \qquad (16.5.8\text{-}3)$$

16.5.9 孔隙水压力系数,应按下式计算:

 1 初始孔隙水压力系数:

$$B = \frac{u_0}{\sigma_3} \qquad (16.5.9\text{-}1)$$

式中 B ——初始孔隙水压力系数;

   u_0 ——施加周围压力产生的孔隙水压力(kPa)。

 2 破坏时孔隙水压力系数:

$$A_f = \frac{u_f}{B(\sigma_1 - \sigma_3)} \qquad (16.5.9\text{-}2)$$

式中 A_f ——破坏时的孔隙水压力系数;

   u_f ——试样破坏时,主应力差产生的孔隙水压力(kPa)。

16.5.10 主应力差与轴向应变关系曲线,应按本标准第16.4.6款的规定绘制(图16.4.6)。

16.5.11 以有效应力比为纵坐标,轴向应变为横坐标,绘制有效应力比与轴向应变曲线(图16.5.11)。

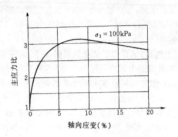

图 16.5.11 有效应力比与轴向应变关系曲线

16.5.12 以孔隙水压力为纵坐标,轴向应变为横坐标,绘制孔隙水压力与轴向应变关系曲线(图16.5.12)。

16.5.13 以 $\frac{\sigma'_1 - \sigma'_3}{2}$ 为纵坐标,$\frac{\sigma'_1 + \sigma'_3}{2}$ 为横坐标,绘制有效应力路径曲线(图16.5.13)。并计算有效内摩擦角和有效粘聚力。

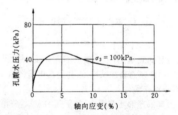

图 16.5.12 孔隙水压力与轴向应变关系曲线

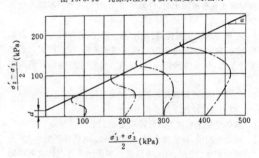

图 16.5.13 应力路径曲线

 1 有效内摩擦角:

$$\varphi = \sin^{-1} \text{tg}\alpha \qquad (16.5.13\text{-}1)$$

式中 φ ——有效内摩擦角(°);

   α ——应力路径图上破坏点连线的倾角(°)。

 2 有效粘聚力:

$$c' = \frac{d}{\cos\varphi} \qquad (16.5.13\text{-}2)$$

式中 c' ——有效粘聚力(kPa);

d——应力路径上破坏点连线在纵轴上的截距(kPa)。

16.5.14 以主应力差或有效主应力比的峰值作为破坏点,无峰值时,以有效应力路径的密集点或轴向应变15%时的主应力差值作为破坏点,按本标准第16.4.7条的规定绘制破损应力圆及不同周围压力下的破损应力圆包线,并求出总应力强度参数;有效内摩擦角和有效粘聚力,应以$\frac{\sigma'_1+\sigma'_3}{2}$为圆心,$\frac{\sigma'_1-\sigma'_3}{2}$为半径绘制有效破损应力圆确定(图16.5.14)。

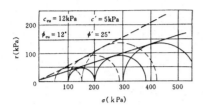

图16.5.14 固结不排水剪强度包线

16.5.15 固结不排水剪试验的记录格式见附录D表D-29。

16.6 固结排水剪试验

16.6.1 试样的安装、固结、剪切应按本标准第16.5.1~16.5.3条的步骤进行。但在剪切过程中应打开排水阀。剪切速率采用每分钟应变0.003%~0.012%。

16.6.2 试样固结后的高度、面积,应按本标准式(16.5.4)和式(16.5.5)计算。

16.6.3 剪切时试样面积的校正,应按下式计算:

$$A_a = \frac{V_c - \Delta V_i}{h_c - \Delta h_i} \qquad (16.6.3)$$

式中 ΔV_i——剪切过程中试样的体积变化(cm³);

Δh_i——剪切过程中试样的高度变化(cm)。

16.6.4 主应力差按本标准式(16.4.5)计算。

16.6.5 有效应力比及孔隙水压力系数,应按本标准式(16.5.8)和式(16.5.9)计算。

16.6.6 主应力差与轴向应变关系曲线应按本标准第16.4.6条规定绘制。

16.6.7 主应力比与轴向应变关系曲线应按本标准第16.5.11条规定绘制。

16.6.8 以体积应变为纵坐标,轴向应变为横坐标,绘制体应变与轴向应变关系曲线。

16.6.9 破损应力圆,有效内摩擦角和有效粘聚力应按本标准第16.5.14条的步骤绘制和确定(图16.6.9)。

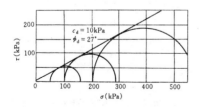

图16.6.9 固结排水剪强度包线

16.6.10 固结排水剪试验的记录格式见附录D表D-30。

16.7 一个试样多级加荷试验

16.7.1 本试验仅适用于无法切取多个试样、灵敏度较低的原状土。

16.7.2 不固结不排水剪试验,应按下列步骤进行:

1 试样的安装,应按本标准第16.4.1条的步骤进行。

2 施加第一级周围压力,试样剪切应按本标准第16.4.2条1款规定的应变速率进行。当测力计读数达到稳定或出现倒退时,

测记测力计和轴向变形读数。关电动机,将测力计调整为零。

3 施加第二级周围压力,此时测力计因施加围压读数略有增加,应将测力计读数调至零位。然后转动手轮,使测力计与试帽接触,并按同样方法剪切到测力计读数稳定。如此进行第三、第四级周围压力下的剪切。累计的轴向应变不超过20%。

4 试验结束后,按本标准第16.4.2条4款的步骤拆除试样,称试样质量,并测定含水率。

5 计算及绘图应按本标准第16.4.3~16.4.7条的规定进行,试样的轴向应变按累计变形计算(图16.7.2)。

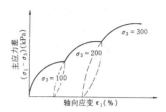

图16.7.2 不固结不排水剪的应力-应变关系

16.7.3 固结不排水剪试验,应按下列步骤进行:

1 试样的安装,应按本标准第16.5.1条的规定进行。

2 试样固结应按本标准第16.5.2条的规定进行。第一级周围压力宜采用50kPa,第二级和以后各级周围压力应等于、大于前一级周围压力下的破坏大主应力。

3 试样剪切按本标准第16.5.3条的规定进行。第一级剪切完成后,退除轴向压力,待孔隙水压力稳定后施加第二级周围压力,进行排水固结。

4 固结完成后进行第二级周围压力下的剪切,并按上述步骤进行第三级周围压力下的剪切,累计的轴向应变不超过20%。

5 试验结束后,拆除试样,称试样质量,并测定含水率。

6 计算及绘图应按本标准第16.5.4~16.5.14条的规定进行。试样的轴向变形,应以前一级剪切终了退去轴向压力后的试样高度作为后一级的起始高度,计算各级周围压力下的轴向应变(图16.7.3)。

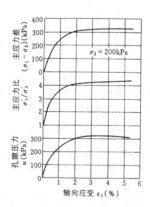

图16.7.3 固结不排水剪应力-应变关系

16.7.4 一个试样多级加荷试验的记录格式应与本标准第16.4.8和16.5.15条的要求相同。

17 无侧限抗压强度试验

17.0.1 本试验方法适用于饱和粘土。

17.0.2 本试验所用的主要仪器设备,应符合下列规定:

1 应变控制式无侧限压缩仪:由测力计、加压框架、升降设备组成(图17.0.2)。

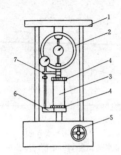

图17.0.2 应变控制式无侧限压缩仪

1—轴向加荷架;2—轴向测力计;
3—试样;4—上、下传压板;5—手轮;
6—升降板;7—轴向位移计

2 轴向位移计:量程10mm,分度值0.01mm的百分表或准确度为全量程0.2%的位移传感器。

3 天平:称量500g,最小分度值0.1g。

17.0.3 原状土试样制备应按本标准第16.3.1、16.3.2条的步骤进行。试样直径宜为35～50mm,高度与直径之比宜采用2.0～2.5。

17.0.4 无侧限抗压强度试验,应按下列步骤进行:

1 将试样两端抹一薄层凡士林,在气候干燥时,试样周围亦需抹一薄层凡士林,防止水分蒸发。

2 将试样放在底座上,转动手轮,使底座缓慢上升,试样与加压板刚好接触,将测力计读数调整为零。根据试样的软硬程度选用不同量程的测力计。

3 轴向应变速率宜为每分钟应变1%～3%。转动手柄,使升降设备上升进行试验,轴向应变小于3%时,每隔0.5%应变(或0.4mm)读数一次;轴向应变等于、大于3%时,每隔1%应变(或0.8mm)读数一次。试验宜在8～10min内完成。

4 当测力计读数出现峰值时,继续进行3%～5%的应变后停止试验;当读数无峰值时,试验应进行到应变达20%为止。

5 试验结束,取下试样,描述试样破坏后的形状。

6 当需要测定灵敏度时,应立即将破坏后的试样除去涂有凡士林的表面,加少许余土,包于塑料薄膜内用手搓捏,破坏其结构,重塑成圆柱形,放入重塑筒内,用金属垫板,将试样挤成与原状试样尺寸、密度相等的试样,并按本条1～5款的步骤进行试验。

17.0.5 轴向应变,应按下式计算:

$$\varepsilon_1 = \frac{\Delta h}{h_0} \qquad (17.0.5)$$

17.0.6 试样面积的校正,应按下式计算:

$$A_a = \frac{A_0}{1 - \varepsilon_1} \qquad (17.0.6)$$

17.0.7 试样所受的轴向应力,应按下式计算:

$$\sigma = \frac{C \cdot R}{A_a} \times 10 \qquad (17.0.7)$$

式中 σ——轴向应力(kPa);

10——单位换算系数。

17.0.8 以轴向应力为纵坐标,轴向应变为横坐标,绘制轴向应力

与轴向应变关系曲线(图17.0.8)。取曲线上最大轴向应力作为无侧限抗压强度,当曲线上峰值不明显时,取轴向应变15%所对应的轴向应力作为无侧限抗压强度。

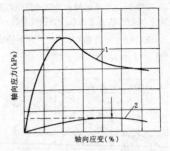

图17.0.8 轴向应力与轴向应变关系曲线

1—原状试样;2—重塑试样

17.0.9 灵敏度应按下式计算:

$$S_t = \frac{q_u}{q'_u} \qquad (17.0.9)$$

式中 S_t——灵敏度;

q_u——原状试样的无侧限抗压强度(kPa);

q'_u——重塑试样的无侧限抗压强度(kPa)。

17.0.10 无侧限抗压强度试验的记录格式见附录D表D-31。

18 直接剪切试验

18.1 慢 剪 试 验

18.1.1 本试验方法适用于细粒土。

18.1.2 本试验所用的主要仪器设备,应符合下列规定:

1 应变控制式直剪仪(图18.1.2):由剪切盒、垂直加压设备、剪切传动装置、测力计、位移量测系统组成。

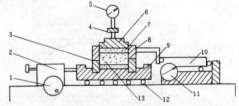

图18.1.2 应变控制式直剪仪

1—剪切传动机构;2—推动器;3—下盒;4—垂直加压框架;
5—垂直位移计;6—传压板;7—透水板;8—上盒;
9—储水盒;10—测力计;11—水平位移计;12—滚珠;13—试样

2 环刀:内径61.8mm,高度20mm。

3 位移量测设备:量程为10mm,分度值为0.01mm的百分表;或准确度为全量程0.2%的传感器。

18.1.3 慢剪试验,应按下列步骤进行:

1 原状土试样制备,应按本标准第3.1.4条的步骤进行,扰动土试样制备应按本标准第3.1.5、3.1.6条的步骤进行,每组试样不得少于4个;当试样需要饱和时,应按本标准第3.2.4条的步骤

进行。

2 对准剪切容器上下盒，插入固定销，在下盒内放透水板和滤纸，将带有试样的环刀刃口向上，对准剪切盒口，在试样上放滤纸和透水板，将试样小心地推入剪切盒内。

注：透水板和滤纸的湿度接近试样的湿度。

3 移动传动装置，使上盒前端钢珠刚好与测力计接触，依次放上传压板、加压框架，安装垂直位移和水平位移量测装置，并调至零位或测记初读数。

4 根据工程实际和土的软硬程度施加各级垂直压力，对松软试样垂直压力应分级施加，以防土样挤出。施加压力后，向盒内注水，当试样为非饱和试样时，应在加压板周围包以湿棉纱。

5 施加垂直压力后，每1h测读垂直变形一次，直至试样固结变形稳定。变形稳定标准为每小时不大于0.005mm。

6 拔去固定销，以小于0.02mm/min的剪切速度进行剪切，试样每产生剪切位移0.2～0.4mm测记测力计和位移读数，直至测力计读数出现峰值，应继续剪切至剪切位移为4mm时停机，记下破坏值；当剪切过程中测力计读数无峰值时，应剪切至剪切位移为6mm时停机。

7 当需要估算试样的剪切破坏时间，可按下式计算：

$$t_f = 50t_{50} \qquad (18.1.3)$$

式中　t_f——达到破坏所经历的时间(min)；
　　　t_{50}——固结度达50%所需的时间(min)。

8 剪切结束，吸去盒内积水，退去剪切力和垂直压力，移动加压框架，取出试样，测定试样含水率。

18.1.4 剪应力应按下式计算：

$$\tau = \frac{C \cdot R}{A_0} \times 10 \qquad (18.1.4)$$

式中　τ——试样所受的剪应力(kPa)；
　　　R——测力计量表读数(0.01mm)。

18.1.5 以剪应力为纵坐标，剪切位移为横坐标，绘制剪应力与剪切位移关系曲线(图18.1.5)，取曲线上剪应力的峰值为抗剪强度，无峰值时，取剪切位移4mm所对应的剪应力为抗剪强度。

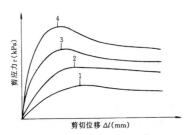

图18.1.5　剪应力与剪切位移关系曲线

18.1.6 以抗剪强度为纵坐标，垂直压力为横坐标，绘制抗剪强度与垂直压力关系曲线(图18.1.6)，直线的倾角为摩擦角，直线在纵坐标上的截距为粘聚力。

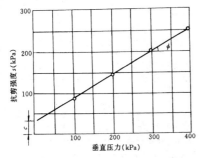

图18.1.6　抗剪强度与垂直压力关系曲线

18.1.7 慢剪试验的记录格式见附录D表D-32。

18.2 固结快剪试验

18.2.1 本试验方法适用于渗透系数小于10^{-6}cm/s的细粒土。

18.2.2 本试验所用的主要仪器设备，应与本标准第18.1.2条相同。

18.2.3 固结快剪试验，应按下列步骤进行：

1 试样制备、安装和固结，应按本标准第18.1.3条1～5款的步骤进行。

2 固结快剪试验的剪切速度为0.8mm/min，使试样在3～5min内剪损，其剪切步骤应按本标准第18.1.3条6、8款的步骤进行。

18.2.4 固结快剪试验的计算应按本标准第18.1.4条的规定进行。

18.2.5 固结快剪试验的绘图应按本标准第18.1.5、18.1.6条的规定进行。

18.2.6 固结快剪试验的记录格式与本标准第18.1.7条相同。

18.3 快剪试验

18.3.1 本试验方法适用于渗透系数小于10^{-6}cm/s的细粒土。

18.3.2 本试验所用的主要仪器设备，应与本标准第18.1.2条相同。

18.3.3 快剪试验，应按下列步骤进行：

1 试样制备、安装按本标准第18.1.3条1～4款的步骤进行。安装时应以硬塑料薄膜代替滤纸，不需安装垂直位移量测装置。

2 施加垂直压力，拔去固定销，立即以0.8mm/min的剪切速度按本标准第18.1.3条6、8款的步骤进行剪切至试验结束。使试样在3～5min内剪损。

18.3.4 快剪试验的计算应按本标准第18.1.4条的规定进行。

18.3.5 快剪试验的绘图应按本标准第18.1.5、18.1.6条的规定进行。

18.3.6 快剪试验的记录格式与本标准第18.1.7条相同。

18.4 砂类土的直剪试验

18.4.1 本试验方法适用于砂类土。

18.4.2 本试验所用的主要仪器设备，应与本标准第18.1.2条相同。

18.4.3 砂类土的直剪试验，应按下列步骤进行：

1 取过2mm筛的风干砂样1200g，按本标准第3.1.5条的步骤制备砂样。

2 根据要求的试样干密度和试样体积称取每个试样所需的风干砂样质量，准确至0.1g。

3 对准剪切容器上下盒，插入固定销，放干透水板和干滤纸，将砂样倒入剪切容器内，拂平表面，放上硬木块轻轻敲打，使试样达到预定的干密度，取出硬木块，拂平砂面。依次放上干滤纸、干透水板和传压板。

4 安装垂直加压框架，施加垂直压力，试样剪切应按本标准第18.2.3条2款的步骤进行。

18.4.4 砂类土直剪试验的计算，应按本标准第18.1.4条的规定进行。

18.4.5 砂类土直剪试验的绘图，应按本标准第18.1.5、18.1.6条的规定进行。

18.4.6 砂类土直剪试验的记录格式与本标准第18.1.7条相同。

19 反复直剪强度试验

19.0.1 本试验方法适用于粘土和泥化夹层。

19.0.2 本试验所用的主要仪器设备,应符合下列规定:

1 应变控制式反复直剪仪(图19.0.2),由剪切盒、垂直加压设备、剪切传动装置、测力计、位移量测系统、剪切变速设备、剪切反推装置和可逆电动机组成。

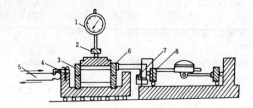

图 19.0.2 反复直剪仪示意图
1—垂直变形位移计;2—加压框架;3—试样;4—连接件;
5—推动轴;6—剪切盒;7—限制连接件;8—测力计

2 其他:应与本标准第18.1.2条2、3款的规定相同。

19.0.3 反复直剪强度试验,应按下列步骤进行:

1 试样制备:

1)对于有软弱面的原状土样,先整平土样两端,使土的顶面、底面平行土体软弱面,用环刀切取试样,当切到软弱面后向下切10mm,使软弱面位于试样高度的中部,密度较低的试样,下半部应略大于10mm。

2)对于无软弱面的原状土样,应按本标准第3.1.4条的步骤进行。

3)对于泥化夹层或滑坡层面,无法取得原状土样时,可刮取夹层或层面上的土样,制备成10mm液限状态的土膏,分层填入环刀内,边填边排气,同一组试样填入密度的允许差值为0.03g/cm³,并取软弱面上的土样测定含水率。

4)当试样需要饱和时,应按本标准第3.2.4条的步骤进行。

2 试样安装、固结排水应按本标准第18.1.3条2~5款的步骤进行。

3 拔去固定销,启动电动机正向开关,以0.02mm/min(粉土采用0.06mm/min)的剪切速度进行剪切,试样每产生剪切位移0.2~0.4mm时记测测力计和位移读数,当剪应力超过峰值后,按剪切位移0.5mm测读一次,直至最大位移达8~10mm停止剪切。

4 第一次剪切完成后,启动反向开关,将剪切盒退回原位,插入固定销,反推速率应小于0.6mm/min。

5 等待半小时后,重复本条3、4款的步骤进行第二次剪切,如此反复剪切多次,直至最后两次剪切时测力计读数接近为止。对粉质粘土,需剪切5~6次,总剪切位移量达40~50mm;对粘质土需剪切3~4次,总剪切位移量达30~40mm。

6 剪切结束,吸去盒中积水,卸除压力,取出试样,描述剪切面破坏情况,取剪切面上的试样测定剪后含水率。

19.0.4 剪应力应按本标准式(18.1.4)计算。

19.0.5 以剪应力为纵坐标,剪切位移为横坐标,绘制剪应力与剪切位移关系曲线(图19.0.5)。图上第一次的剪应力峰值为慢剪强度,最后剪应力的稳定值为残余强度。

19.0.6 残余强度与垂直压力的关系曲线的绘制及残余内摩擦角 ϕ_r 和残余粘聚力 c_r 的确定,应按本标准18.1.6的规定进行(图19.0.6)。

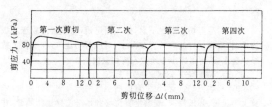

图 19.0.5 剪应力与剪切位移关系曲线

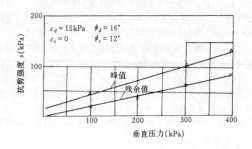

图 19.0.6 抗剪强度与垂直压力关系曲线

19.0.7 反复直剪强度试验的记录格式见附录D表D-33。

20 自由膨胀率试验

20.0.1 本试验方法适用于粘土。

20.0.2 本试验所用的主要仪器设备,应符合下列规定:

1 量筒:容积为50mL,最小刻度为1mL,容积与刻度需经过校正。

2 量土杯:容积为10mL,内径为20mm。

3 无颈漏斗:上口直径50~60mm,下口直径4~5mm。

4 搅拌器:由直杆和带孔圆盘构成(图20.0.2)。

5 天平:称量200g,最小分度值0.01g。

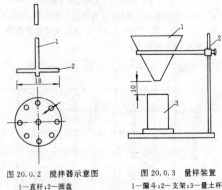

图 20.0.2 搅拌器示意图
1—直杆;2—圆盘

图 20.0.3 量样装置
1—漏斗;2—支架;3—量土杯

20.0.3 自由膨胀率试验,应按下列步骤进行:

1 用四分角法取代表性风干土,碾细并过0.5mm筛。将筛下土样拌匀,在105~110℃温度下烘干,置于干燥器内冷却至室温。

2 将无颈漏斗放在支架上,漏斗下口对准量土杯中心并保持距离 10mm,见图 20.0.3。

3 用取土匙取适量试样倒入漏斗中,倒时取土应与漏斗壁接触,并尽量靠近漏斗底部,边倒边用细铁丝轻轻搅动,当量杯装满土样并溢出时,停止向漏斗倒土,移开漏斗刮去量杯口多余土,称量土杯中试样质量,将土杯中试样倒入匙中,再次将量土杯按图 20.0.3 所示置于漏斗下方,将匙中土样按上述方法全部倒回漏斗并落入量土杯,刮去多余土,称量土杯中试样质量。本步应进行两次平行测定,两次测定的差值不得大于 0.1g。

4 在量筒内注入 30mL 纯水,加入 5mL 浓度为 5% 的分析纯氯化钠(NaCl)溶液,将试样倒入量筒内,用搅拌器上下搅拌各 10 次,用纯水冲洗搅拌器和量筒壁至悬液达 50mL。

5 待悬液澄清后,每 2h 测读 1 次土面读数(估读至 0.1mL)。直至两次读数差值不超过 0.2mL,膨胀稳定。

20.0.4 自由膨胀率应按下式计算,准确至 1.0%

$$\delta_{ef} = \frac{V_{we} - V_0}{V_0} \times 100 \qquad (20.0.4)$$

式中 δ_{ef} ——自由膨胀率(%);

V_{we} ——试样在水中膨胀后的体积(mL);

V_0 ——试样初始体积,10mL。

20.0.5 本试验应进行两次平行测定。当 δ_{ef} 小于 60% 时,平行差值不得大于 5%;当 δ_{ef} 大于、等于 60% 时,平行差值不得大于 8%。取两次测值的平均值。

20.0.6 自由膨胀率试验的记录格式见附录 D 表 D-34。

21 膨胀率试验

21.1 有荷载膨胀率试验

21.1.1 本试验方法适用于测定原状土或扰动粘土在特定荷载和有侧限条件下的膨胀率。

21.1.2 本试验所用的主要仪器设备,应符合下列规定:

1 固结仪(见本标准图 14.1.2):应附加荷设备,试验前必须率定不同压力下的仪器变形量。

注:加压上盖应为轻质材料并带护环。

2 环刀:直径为 61.8mm 或 79.8mm,高度为 20mm。

3 位移计:量程 10mm,最小分度值 0.01mm 的百分表或准确度为全量程 0.2% 的位移传感器。

21.1.3 有荷载膨胀率试验,应按下列步骤进行:

1 试样制备应按本标准第 3.1.4 条或第 3.1.6 条的步骤进行。

2 试样安装应按本标准第 14.1.5 条 1、2 款的步骤进行,并在试样和透水板之间加薄型滤纸。

3 分级或一次连续施加所要求的荷载(一般指上覆土质量或上覆土加建筑物附加荷载),直至变形稳定,测记位移计读数,变形稳定标准为每小时变形不超过 0.01mm,再自下而上向容器内注入纯水,并保持水面高出试样 5mm。

4 浸水后每隔 2h 测记读数一次,直至两次读数差值不超过 0.01mm 时膨胀稳定,测记位移计读数。

5 试验结束,吸去容器中的水,卸除荷载,取出试样,称试样质量,并测定其含水率。

21.1.4 特定荷载下的膨胀率,应按下式计算:

$$\delta_{ep} = \frac{z_p + \lambda - z_0}{h_0} \times 100 \qquad (21.1.4)$$

式中 δ_{ep} ——某荷载下的膨胀率(%);

z_p ——某荷载下膨胀稳定后的位移计读数(mm);

z_0 ——加荷前位移计读数(mm);

λ ——某荷载下的仪器压缩变形量(mm);

h_0 ——试样的初始高度(mm)。

21.1.5 有荷载膨胀率试验的记录格式见附录 D 表 D-35。

21.2 无荷载膨胀率试验

21.2.1 本试验方法适用于测定原状土或扰动粘土在无荷载有侧限条件下的膨胀率。

21.2.2 本试验所用的主要仪器设备,应与本标准第 14.1.2 条相同,应有套环。

21.2.3 无荷载膨胀率试验,应按下列步骤进行:

1 试样制备应按本标准第 3.1.4 条或第 3.1.6 条的步骤进行。

2 试样安装应按本标准第 14.1.5 条 1、2 款的步骤进行。

3 自下而上向容器内注入纯水,并保持水面高出试样 5mm,注水后每隔 2h 测定位移计读数一次,直至两次读数差值不超过 0.01mm 时,膨胀稳定。

4 试验结束后,吸去容器中的水,取出试样,称试样质量,测定其含水率和密度,并计算孔隙比。

21.2.4 任一时间的膨胀率,应按下式计算:

$$\delta_e = \frac{z_t - z_0}{h_0} \times 100 \qquad (21.2.4)$$

式中 δ_e ——时间为 t 时的无荷载膨胀率(%);

z_t ——时间为 t 时的位移计读数(mm)。

21.2.5 无荷载膨胀率试验,宜绘制膨胀率与时间关系曲线。

21.2.6 无荷载膨胀率试验的记录格式见附录 D 表 D-35。

22 膨胀力试验

22.0.1 本试验方法适用于原状土和击实粘土,采用加荷平衡法。

22.0.2 本试验所用的主要仪器设备,应与本标准第21.1.2条相同。

22.0.3 膨胀力试验,应按下列步骤进行:

1 试样制备应按本标准第3.1.4条或第3.1.6条的步骤进行。

2 试样安装应按本标准第14.1.5条1、2款的步骤进行,并自下而上向容器注入纯水,并保持水面高出试样顶面。

3 百分表开始顺时针转动时,表明试样开始膨胀,立即施加适当的平衡荷载,使百分表指针回到原位。

4 当施加的荷载足以使仪器产生变形时,在施加下一级平衡荷载时,百分表指针应逆时针转动一个等于仪器变形量的数值。

5 当试样在某级荷载下间隔2h不再膨胀时,则试样在该级荷载下达到稳定,允许膨胀量不应大于0.01mm,记录施加的平衡荷载。

6 试验结束后,吸去容器内水,卸除荷载,取出试样,称试样质量,并测定含水率。

20.0.4 膨胀力应按下式计算:

$$P_e = \frac{W}{A} \times 10 \qquad (22.0.4)$$

式中 P_e——膨胀力(kPa);

W——施加在试样上的总平衡荷载(N);

A——试样面积(cm^2)。

22.0.5 膨胀力试验的记录格式见附录D表D-36。

23 收 缩 试 验

23.0.1 本试验方法适用于原状土和击实粘土。

23.0.2 本试验所用的主要仪器设备,应符合下列规定:

1 收缩仪(图23.0.2):多孔板上孔的面积应占整个板面积的50%以上。

2 环刀:直径61.8mm,高度20mm。

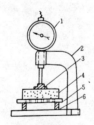

图 23.0.2 收缩仪
1—量表;2—支架;3—测板;
4—试样;5—多孔板;6—垫块

23.0.3 收缩试验应按下列步骤进行:

1 试样制备,应按本标准第3.1.4条或第3.1.6条的步骤进行。将试样推出环刀(当试样不紧密时,应采用风干脱环法)置于多孔板上,称试样和多孔板的质量,准确至0.1g。装好百分表,记下初始读数。

2 在室温不得高于30℃条件下进行收缩试验,根据试样含水率及收缩速度,每隔1~4h测记百分表读数,并称整套装置和试样质量,准确至0.1g。2d后,每隔6~24h测记百分表读数并称质量,至两次百分表读数基本不变。称质量时应保持百分表读数不变。在收缩曲线的Ⅰ阶段内,应取得不少于4个数据。

3 试验结束,取出试样,并在105~110℃下烘干。称干土质量,准确至0.1g。

4 按本标准密度试验中第5.2节的蜡封法测定烘干试样体积。

23.0.4 试样在不同时间的含水率,应按下式计算:

$$w_i = \left(\frac{m_i}{m_d} - 1\right) \times 100 \qquad (23.0.4)$$

式中 w_i——某时刻试样的含水率(%);

m_i——某时刻试样的质量(g);

m_d——试样烘干后的质量(g)。

23.0.5 线缩率应按下式计算:

$$\delta_{si} = \frac{z_i - z_0}{h_0} \times 100 \qquad (23.0.5)$$

式中 δ_{si}——试样在某时刻的线缩率(%);

z_i——某时刻的百分表读数(mm)。

23.0.6 体缩率应按下式计算:

$$\delta_v = \frac{V_0 - V_d}{V_0} \times 100 \qquad (23.0.6)$$

式中 δ_v——体缩率(%);

V_d——烘干后试样的体积(cm^3)。

23.0.7 土的缩限应按下列作图法确定:

以线缩率为纵坐标,含水率为横坐标,绘制关系曲线(图23.0.7)延长第Ⅰ、Ⅲ阶段的直线段至相交,交点E所对应的横坐标w_s,即为原状土的缩限。

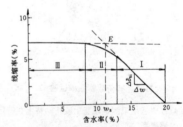

图 23.0.7 线缩率与含水率关系曲线

注:土的缩限也可按本标准式(8.4.5)计算。

23.0.8 收缩系数应按下式计算:

$$\lambda_n = \frac{\Delta \delta_{si}}{\Delta w} \qquad (23.0.8)$$

式中 λ_n——竖向收缩系数;

Δw——收缩曲线上第Ⅰ阶段两点的含水率之差(%);

$\Delta \delta_{si}$——与Δw相对应的两点线缩率之差(%)。

23.0.9 收缩试验的记录格式见附录D表D-37。

24 冻土密度试验

24.1 一般规定

24.1.1 本试验方法适用于原状冻土和人工冻土。

24.1.2 密度试验应根据冻土的特点和试验条件选用浮称法、联合测定法、环刀法或充砂法。

24.1.3 冻土密度试验宜在负温环境下进行。无负温环境时，应采取保温措施和快速测定，试验过程中冻土表面不得发生融化。

24.2 浮称法

24.2.1 本试验方法适用于各类冻土。

24.2.2 本试验所用的主要仪器设备，应符合下列规定：

1 天平：称量1000g，最小分度值0.1g；

2 液体密度计：分度值为0.001g/cm³；

3 温度表：测量范围为−30～+20℃，分度值为0.1℃；

4 量筒：容积为1000mL；

5 盛液筒：容积为1000～2000mL。

24.2.3 试验所用的溶液采用煤油或0℃纯水。采用煤油时，应首先用密度计法测定煤油在不同温度下的密度，并绘出密度与温度关系曲线。采用0℃纯水和试样温度较低时，应快速测定，试样表面不得发生融化。

24.2.4 浮称法试验，应按下列步骤进行：

1 调整天平，将空的盛液筒置于称重一端。

2 切取质量为300～1000g的冻土试样，用细线捆紧，放入盛液筒中称盛液筒和冻土试样质量(m_1)，准确至0.1g。

3 将事先预冷至接近冻土试样温度的煤油缓慢注入盛液筒，液面宜超过试样顶面2cm，并用温度表测量煤油温度，准确至0.1℃。

4 称取试样在煤油中的质量(m_2)，准确至0.1g。

5 从煤油中取出冻土试样，削去表层带煤油的部分，然后按本标准第4.0.3条的规定取样测定冻土的含水率。

24.2.5 冻土密度应按下列公式计算：

$$\rho_t = \frac{m_1}{V} \quad (24.2.5\text{-}1)$$

$$V = \frac{m_1 - m_2}{\rho_{ct}} \quad (24.2.5\text{-}2)$$

式中 ρ_t——冻土密度(g/cm³)；

$\quad V$——冻土试样体积(cm³)；

$\quad m_1$——冻土试样质量(g)；

$\quad m_2$——冻土试样在煤油中的质量(g)；

$\quad \rho_{ct}$——试验温度下煤油的密度(g/cm³)，可由煤油密度与温度关系曲线查得。

24.2.6 冻土的干密度应按下式计算：

$$\rho_{td} = \frac{\rho_t}{1 + 0.01w} \quad (24.2.6)$$

式中 ρ_{td}——冻土干密度(g/cm³)；

$\quad w$——冻土含水率(%)。

24.2.7 本试验应进行不少于两组平行试验。对于整体状构造的冻土，两次测定的差值不得大于0.03g/cm³，取两次测值的平均值；对于层状和网状构造的其他富冰冻土，宜提出两次测值。

24.2.8 本试验记录格式见附录D表D-38。

24.3 联合测定法

24.3.1 本试验方法适用于砂土和层状、网状构造的粘质冻土。在无烘干设备的现场或需要快速测定密度和含水率时，可采用本方法。

24.3.2 本试验所用的仪器设备，应符合下列规定：

1 排液筒(图24.3.2)；

2 台秤：称量5kg，最小分度值1g；

3 量筒：容积为1000mL，分度值10mL。

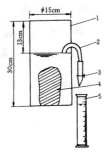

图 24.3.2 排液筒示意图

1—排液筒；2—虹吸管；3—止水夹；4—冻土试样；5—量筒

24.3.3 联合测定法试验，应按下列步骤进行：

1 将排液筒置于台秤上，拧紧虹吸管止水夹，排液筒在台秤上的位置在试验过程中不得移动。将接近0℃的纯水缓慢倒入排液筒，使水面超过虹吸管顶。

2 松开虹吸管的止水夹，使排液筒中的水面徐徐下降，待水面稳定和虹吸管不再出水时，拧紧止水夹，称筒和水的质量(m_1)。

3 取1000～1500g的冻土试样，并称质量(m)。

4 将冻土试样轻轻放入排液筒。随即松开止水夹，使筒中的水流入量筒中。水流停止后，拧紧止水夹，立即称筒、水和试样总质量(m_2)。同时测读量筒中水的体积，用以核校冻土试样的体积。

5 使冻土试样在筒中充分融化成松散状态，澄清。补加纯水使水面超过虹吸管顶。

6 松开止水夹，排水。当水流停止后，拧紧止水夹，并称筒、水和试样总质量(m_3)。

7 在试验过程中应保持水面平稳，在排水和放入冻土试样时排液筒不得发生上下剧烈晃动。

24.3.4 冻土的含水率和密度应按下列各式计算。

$$w = \left[\frac{m(G_s - 1)}{(m_3 - m_1)G_s} - 1\right] \times 100 \quad (24.3.4\text{-}1)$$

$$V = \frac{m + m_1 - m_2}{\rho_w} \quad (24.3.4\text{-}2)$$

$$\rho_t = \frac{m}{V} \quad (24.3.4\text{-}3)$$

$$\rho_{td} = \frac{\rho_t}{1 + 0.01w} \quad (24.3.4\text{-}4)$$

式中 w——冻土的含水率(%)；

$\quad V$——冻土试样体积(cm³)；

$\quad m$——冻土试样质量(g)；

$\quad m_1$——冻土试样放入排液筒前的筒、水总质量(g)；

$\quad m_2$——放入冻土试样后的筒、水、试样总质量(g)；

$\quad m_3$——冻土融解后的筒、水、土颗粒总质量(g)；

$\quad \rho_w$——水的密度(g/cm³)；

$\quad G_s$——土颗粒比重。

含水率计算至0.1%，密度计算至0.01g/cm³。

24.3.5 本试验应进行二次平行测定试验，取两次测值的算术平均值，并标明两次测值。

24.3.6 联合测定法试验记录格式见附录D表D-39。

24.4 环刀法

24.4.1 本试验方法适用于温度高于−3℃的粘质和砂质冻土。

24.4.2 本试验所用的主要仪器设备，应符合下列规定：

1 环刀：容积应大于或等于 500cm³；

2 天平：称量 3000g，最小分度值 0.2g；

3 其他：切土器、钢丝锯等。

24.4.3 环刀法试验应按本标准第 3.1.4 条 2 款的步骤进行。

24.4.4 本试验应进行两次平行测定。两次测定的平行差值应符合本标准第 24.2.7 条的规定。

24.4.5 环刀法密度试验记录格式见附录 D 表 D-2。

24.5 充 砂 法

24.5.1 本试验适用于试样表面有明显孔隙的冻土。

24.5.2 本试验所用的仪器设备，应符合下列规定。

1 测筒：内径宜用 15cm，高度宜用 13cm。

2 漏斗：上口直径可为 15cm，下口直径可为 5cm，高度可为 10cm。

3 天平：称量 5000g，最小分度值 1g。

24.5.3 测筒的容积，应按下列步骤测定。

1 测筒注满水，水面必须与测筒上口齐平。称筒、水的总质量。

2 测量水温，并查取相应水温下水的密度。

3 测筒的容积应按下式计算：

$$V_0 = (m_2 - m_1)/\rho_{wt} \qquad (24.5.3)$$

式中 V_0——测筒的容积(cm^3)；

　　　m_2——筒、水总质量(g)；

　　　m_1——测筒质量(g)；

　　　ρ_{wt}——不同温度下水的密度(g/cm^3)。

4 测筒的容积应进行 3 次平行测定，并取 3 次测定值的算术平均值。各次测定结果之差不应大于 3mL。

24.5.4 测筒充砂密度，应按下列步骤进行测定。

1 准备不少于 5000g 清洗干净的干燥标准砂。标准砂的温度应接近冻土试样的温度。

2 将测筒放平。用漏斗架将漏斗置于测筒上方。漏斗下口与测筒上口应保持 5~10cm 的距离。用薄板挡住漏斗下口，并将标准砂充满漏斗后移开挡板，使砂充入测筒。与此同时，不断向漏斗中补充标准砂，使砂面始终保持与漏斗上口齐平。在充砂过程中不得敲击或振动漏斗和测筒。

3 当测筒充满标准砂后，移开漏斗，轻轻刮平砂面，使之与测筒上口齐平。在刮砂过程中不应压砂。称测筒、砂的总质量。

4 充砂的密度应按下式计算：

$$\rho_s = \frac{m_s - m_1}{V_0} \qquad (24.5.4)$$

式中 ρ_s——充砂密度(g/cm^3)；

　　　m_s——测筒、砂的总质量(g)。

5 充砂密度应重复测定 3~4 次，并取其测值的算术平均值。各次测值之差应小于 0.02g/cm³。

24.5.5 充砂法试验应按下列步骤进行：

1 切取冻土试样。试样宜用直径为 8~10cm 的圆形或 $L \times B$ (cm)：(8~10)×(8~10)的方形。试样底面必须削平，称试样质量。

2 将试样平面朝下放入筒内。试样底面与测筒底面必须接触紧密。用标准砂充填冻土试样与筒壁之间的空隙和试样顶面。充砂和刮平砂面应按第 24.5.4 条 2、3 款的步骤进行。

3 称测筒、试样和充砂的总质量。

4 冻土密度应按下式计算，计算至 0.01g/cm³：

$$\rho_t = \frac{m}{V} \qquad (24.5.5\text{-}1)$$

$$V = V_0 - \frac{m_4 - m_1 - m}{\rho_s} \qquad (24.5.5\text{-}2)$$

式中 V——冻土试样的体积(cm^3)；

m_4——测筒、试样和量砂的总质量(g)。

5 本试验应重复进行两次，并取两次测值的算术平均值。两次测值的差值应不大于 0.03g/cm³。

24.5.6 充砂法密度试验记录格式见附录 D 表 D-40。

25 冻结温度试验

25.0.1 本试验方法适用于原状和扰动的粘土和砂土。

25.0.2 本试验所用主要仪器设备，应符合下列规定：

1 冻结温度试验宜用图 25.0.2 所示的试验装置。该装置由零温瓶、数字电压表、热电偶、塑料管和试样杯等组成。

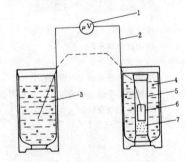

图 25.0.2 冻结温度试验装置示意图

1—数字电压表；2—热电偶；3—零温瓶；4—低温瓶；
5—塑料管；6—试样杯；7—干砂

2 零温瓶容积为 3.57L，内盛冰水混合物(其温度应为 0±0.1℃)。

3 低温瓶容积为 3.57L，内盛低熔冰晶混合物，其温度宜为 −7.6℃。

4 数字电压表，其量程可取 2mV，分度值应为 1μV。

5 铜和康铜热电偶，其线径宜用 0.2mm。

6 塑料管可用内径 5cm、壁厚 5mm，长 25cm 的硬质聚氯乙烯管。管底应密封，管内装 5cm 高干砂。

7 试样杯应用黄铜制成，其直径 3.5cm、高 5cm，带有杯盖。

25.0.3 原状土试验，应按下列步骤进行：

1 土样应按自然沉积方向放置，剥去蜡封和胶带，开启土样筒取出土样。

2 试样杯内壁涂一薄层凡士林，杯口向下放在土样上，将试样杯垂直下压，并用切土刀沿杯外壁切削土样，边压边削至土样高出试样杯，用钢丝锯锯整平杯口，擦净外壁，盖上杯盖，并取余土测定含水率。

3 将热电偶的测温端插入试样中心，杯盖周侧用硝基漆密封。

4 零温瓶内装入用纯水制成的冰块，冰块直径应小于 2cm，再倒入纯水，使水面与冰块面相平，然后插入热电偶零温端。

5 低温瓶内装入用 2mol/L 氯化钠溶液制成的盐冰块，其直径应小于 2cm，再倒入相同浓度的氯化钠溶液制成的盐冰块，使之与冰块面相平。

6 将封好底且内装 5cm 高干砂的塑料管插入低温瓶内，再把试样杯放入塑料管内。然后，塑料管口和低温瓶口分别用橡皮塞和瓶盖密封。

7 将热电偶测温端与数字电压表相连，每分钟测量一次热电势，当势值突然减小并 3 次测值稳定，试验结束。

25.0.4 扰动冻土试验，应按下列步骤进行：

1 称取风干土样 200g，平铺于搪瓷盘内，按所需的加水量将纯水均匀喷洒在土样上，充分拌匀后装入盛土器内盖紧，润湿一昼夜（砂土的润湿时间可酌减）。

2 将配好的土装入试样杯中，以装实装满为度。杯口加盖。将热电偶测温端插入试样中心。杯盖周侧用硝基漆密封。

3 按本标准第 25.0.3 条 4～7 款的步骤进行试验。

25.0.5 冻结温度应按下式计算：

$$T = V/K \qquad (25.0.5)$$

式中 T ——冻结温度（℃）；

V ——热电势跳跃后的稳定值（μV）；

K ——热电偶的标定系数（℃/μV）。

25.0.6 冻结温度试验的记录格式见附录 D 表 D-41。

26 未冻含水率试验

26.0.1 本试验方法适用于扰动粘土和砂土。

26.0.2 本试验所用仪器设备应符合本标准第 25.0.2 条的规定。

26.0.3 未冻含水率试验应按本标准第 25.0.4 条 1 款的步骤制备 3 个试样，其中 1 个试样按所需的加水量制备，另 2 个试样应分别采用试样的液限和塑限作为初始含水率，并分别测定在该两个界限含水率时的冻结温度。

注：液限为 10mm 液限。

26.0.4 将制备好的试样，按本标准第 25.0.4 条 2、3 款的步骤进行试验。

26.0.5 未冻含水率应按下式计算：

$$w_n = A T_f^{-B} \qquad (26.0.5-1)$$
$$A = w_L T_L^{B} \qquad (26.0.5-2)$$
$$B = \frac{\ln w_L - \ln w_P}{\ln T_P - \ln T_L} \qquad (26.0.5-3)$$

式中 w_n ——未冻含水率（%）；

w_P ——塑限（%）；

w_L ——液限（%）；

$A、B$ ——与土的性质有关的常数；见式（26.0.5-2）和式（26.0.5-3）。

T_f ——温度绝对值（℃）；

T_P ——塑限时的冻结温度绝对值（℃）；

T_L ——液限时的冻结温度绝对值（℃）。

26.0.6 未冻含水率试验的记录格式见附录 D 表 D-42。

27 冻土导热系数试验

27.0.1 本试验适用于扰动粘土和砂土。

27.0.2 本试验所用的仪器设备，应符合下列规定：

1 导热系数试验装置，由恒温系统、测温系统和试样盒组成（图 27.0.2）。

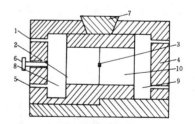

图 27.0.2 导热系数试验装置示意图

1—冷浴循环液出口；2—试样盒；3—热电偶测温端；
4—保温材料；5—冷浴循环液进口；6—夹紧螺杆；7—保温盖；
8——10℃恒温箱；9——25℃恒温箱；10—石蜡盒

2 恒温系统由两个尺寸为 $L \times B \times H$（cm）：50×20×50 的恒温箱和两台低温循环冷浴组成。恒温箱与试样盒接触面应采用 5mm 厚的平整铜板。两个恒温箱分别提供两个不同的负温环境（—10℃和—25℃）。恒温精度应为 ±0.1℃。

3 测温系统由热电偶、零温瓶和量程为 2mV、分度值 1μV 的数字电压表组成。有条件时，后者可用数据采集仪，并与计算机连接。

4 试样盒两只，其外形尺寸均为 $L \times B \times H$（cm）：25×25×

25,盒面两侧为厚 0.5cm 的平整铜板,试样盒的两侧,底面和上端盒盖应采用尺寸为 25cm×25cm,厚 0.3cm 的胶木板。

27.0.3 导热系数试验,应按下列步骤进行:

1 将风干试样平铺在搪瓷盘内,按所需的含水率和土样备要求制备土样。

2 将制配好的土样按要求的密度装入一个试样盒,盖上盒盖。装土时,将两支热电偶的测温端安装在试样两侧铜板内壁的中心位置。

3 另一个试样盒装入石蜡,作为标准试样。装石蜡时,按本条 2 款的要求安装两支电偶。

4 将分别装好石蜡和试样的两个试样盒按本标准图 27.0.2 的方式安装好,驱动夹紧螺杆使试样盒和恒温箱的各铜板面接触紧密。

5 接通测温系统。

6 开动两个低温循环冷浴,分别设定冷浴循环液温度为 −10℃ 和 −25℃。

7 冷浴循环液达到要求温度再运行 8h 后,开始测温。每隔 10min 分别测定一次标准试样和冻土试样两侧壁面的温度,并记录。当各点的温度连续 3 次测得的差值小于 0.1℃ 时,试验结束。

8 取出冻土试样,测定其含水率和密度。

27.0.4 导热系数应按下式计算:

$$\lambda = \frac{\lambda_0 \Delta\theta_0}{\Delta\theta} \qquad (27.0.4)$$

式中 λ ——冻土的导热系数〔W/(m·K)〕;

λ_0 ——石蜡的导热系数〔0.279W/(m·K)〕;

$\Delta\theta_0$ ——石蜡样品盒中两壁面温差(℃);

$\Delta\theta$ ——待测试样中两壁面温差(℃)。

27.0.5 导热系数试验的记录格式见附录 D 表 D-43。

28 冻胀量试验

28.0.1 本试验方法适用于原状、扰动粘土和砂土。

28.0.2 本试验所用主要仪器设备,应符合下列规定:

1 冻胀试验装置,由试样盒、恒温箱、温度控制系统、温度监测系统、补水系统、变形监测系统和加压系统组成。

2 试样盒外径为 12cm、壁厚为 1cm 的有机玻璃筒和与之配套的顶、底板组成(图 28.0.2)。

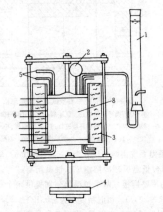

图 28.0.2 试样盒结构示意图
1—供水装置;2—位移计;3—保温材料;4—加压装置;5—正温循环液进出口;
6—热敏电阻测温点;7—负温循环液进出口;8—试样盒

有机玻璃筒周侧每隔 1cm 设热敏电阻温度计插入孔。顶底板

的结构能提供恒温液循环和外界水源补给通道,并使板面温度均匀。

3 恒温箱的容积不小于 0.8m³,内设冷液循环管路和加热器(功率为 500W),通过热敏电阻温度计与温度控制仪相连,使试验期间箱温保持在 1±0.5℃。

4 温度控制系统由低温循环浴和温度控制仪组成,提供试验所需的顶、底板温度。

5 温度监测系统由热敏电阻温度计、数据采集仪和电子计算机组成,监测试验过程中土样、顶、底板温度和箱温变化。

6 补水系统由恒定水位的供水装置(见图 28.0.2)通过塑料管与顶板相连,水位应高出顶板与土样接触面 1cm,试验过程中定时记录水位以确定补水量。

7 变形监测系统可用百分表或位移传感器(量程 30mm 最小分度值 0.01mm),有条件时可采用数据采集仪和计算机组成,监测试验过程中土样变形量。

8 加压系统由液压油源及加压装置(或加压框架和砝码)组成。(加压系统仅在需要模拟原状土天然受压状况时使用,加载等级根据天然受压状况确定)。

28.0.3 原状土试验,应按下列步骤进行:

1 土样应按自然沉积方向放置,剥去蜡封和胶带,开启土样筒取出土样。

2 用土样切削器将原状土样削成直径为 10cm、高为 5cm 的试样,称量确定密度并取余土测定初始含水率。

3 有机玻璃试样盒内壁涂上一薄层凡士林,放在底板上,盒内放一张薄型滤纸,然后将试样装入盒内,让其自由滑落在底板上。

4 在试样顶面再加上一张薄型滤纸,然后放上顶板,并稍稍加力,以使试样与顶、底板接触紧密。

5 将盛有试样的试样盒放入恒温箱内,试样周侧、顶、底板内插入热敏电阻温度计,试样周侧冷液循环管路及底板补水管路,供水并排除底板内气泡,调节水位。安装位移传感器。

6 开启恒温箱、试样盒、顶、底板冷浴,设定恒温箱冷浴温度为 −15℃,箱内气温为 1℃,顶、底板冷浴温度为 1℃。

7 试样恒温 6h,并监测温度和变形。待试样初始温度均匀达到 1℃ 以后,开始试验。

8 底板温度调节到 −15℃ 并持续 0.5h,让试样迅速从底面冻结,然后将底板温度调节到 −2℃。使粘土以 0.3℃/h,砂土以 0.2℃/h 的速度下降。保持箱温和顶板温度均为 1℃,记录初始水位。每隔 1h 记录水位、温度和变形量各一次。试验持续 72h。

9 试验结束后,迅速从试样盒中取出土样,测量试样高度并测定冻结深度。

28.0.4 扰动土试验,应按下列步骤进行:

1 称取风干土样 500g,加纯水拌匀呈稀泥浆,装入内径为 10cm 的有机玻璃筒内,加压固结,直至达到所需初始含水率后,将土样从有机玻璃筒中推出,并将土样高度修正到 5cm。

2 继续按第 28.0.3 条 3~9 款的步骤进行试验。

28.0.5 冻胀率应按下式计算:

$$\eta = \frac{\Delta h}{H_f} \times 100 \qquad (28.0.5)$$

式中 η ——冻胀率(%);

Δh ——试验期间总冻胀量(mm);

H_f ——冻结深度(不包括冻胀量)(mm)。

28.0.6 冻胀量试验的记录格式见附录 D 表 D-44。

29 冻土融化压缩试验

29.1 一般规定

29.1.1 本试验的目的是测定冻土融化过程中的相对下沉量(融沉系数)和融沉后的变形与压力关系(融化压缩系数)。

29.1.2 本试验分为室内融化压缩试验和现场原位冻土融化压缩试验两种。

29.2 室内冻土融化压缩试验

29.2.1 本试验适用于冻结粘土和粒径小于2mm的冻结砂土。

29.2.2 试验宜在负温环境下进行。严禁在切样和装样过程中使试样表面发生融化。试验过程中试样应满足自上而下单向融化。

29.2.3 本试验所用的仪器设备应符合下列规定:

1 融化压缩仪(图29.2.3):加热传压板应采用导热性能好的金属材料制成;试样环应采用有机玻璃或其他导热性低的非金属材料制成。其尺寸宜为:内径79.8mm,高40.0mm;保温外套可用聚苯乙烯或聚胺酯泡沫塑料。

2 原状冻土钻样器:钻样器宜由钻架和钻具两部分组成。钻具开口内径为79.8mm。钻样时将试样环套入钻具内,环外壁与钻具内壁应吻合平滑。

3 恒温供水设备。

4 加荷和变形测量设备应符合本标准第14.1.2条2、3款的规定。

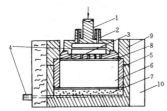

图 29.2.3 融化压缩仪示意图
1—加热传压板;2—热循环水进口;3—透水板;4—上下排水孔;
5—试样环;6—试样;7—透水板;8—滤纸;9—导环;10—保温外套

29.2.4 融化压缩仪和加荷设备应定期校准,并作出仪器变形量校正曲线或数值表。

29.2.5 融化压缩试验,应按下列步骤进行:

1 钻取冻土试样,其高度应大于试样环高度。从钻样剩余的冻土中取样测定含水率。钻样时必须保持试样的层面与原状土一致,且不得上下倒置。

2 冻土试样必须与试样环内壁紧密接触。刮平上下面,但不得造成试样表面发生融化。测定冻土试样的密度。

3 在融化压缩容器内先放透水板,其上放一张润湿滤纸。将装有试样的试样环放在滤纸上,套上护环。在试样上铺滤纸和透水板,再放上加热传压板。然后套上保温外套。将融化压缩容器置于加压框架正中。安装百分表或位移传感器。

4 施加1kPa的压力。调平加压杠杆。调整百分表或位移传感器到零位。

5 用胶管连接加热传压板的热水循环水进出口与事先装有温度为40～50℃水的恒温水槽,并打开开关和开动恒温器,以保持水温。

6 试样开始融沉时即开动秒表,分别记录1、2、5、10、30、60min时的变形量。以后每2h观测记录一次,直至变形量在2h内小于0.05mm时为止,并测记最后一次变形量。

7 融沉稳定后,停止热水循环,并开始加荷进行压缩试验。加荷等级视实际工程需要确定,宜取50、100、200、400、800kPa,最后一级荷载应比土层的计算压力大100～200kPa。

8 施加每级荷载后24h为稳定标准,并测记相应的压缩量。直至施加最后一级荷载压缩稳定为止。

9 试验结束后,迅速拆除仪器各部件,取出试样,测定含水率。

29.2.6 融沉系数应按下式计算:

$$a_0 = \frac{\Delta h_0}{h_0} \qquad (29.2.6)$$

式中 a_0——冻土融沉系数;

Δh_0——冻土融化下沉量(mm);

h_0——冻土试样初始高度(mm)。

29.2.7 某一压力下稳定后的单位变形量应按下式计算:

$$S_i = \frac{\Delta h_i}{h_0} \qquad (29.2.7)$$

式中 S_i——某一压力下的单位变形量(mm);

Δh_i——某一压力下的变形量(mm)。

29.2.8 某一压力范围内的冻土融化压缩系数应按下式计算:

$$a_{tc} = \frac{S_{i+1} - S_i}{p_{i+1} - p_i} \qquad (29.2.8)$$

式中 a_{tc}——融化压缩系数(MPa^{-1});

p_i——某级压力值(MPa)。

29.2.9 绘出单位变形量与压力关系曲线,如图29.2.9所示。

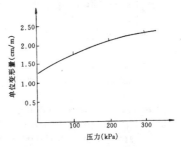

图 29.2.9 S_i-p 关系曲线

29.2.10 室内融化压缩试验记录格式见附录D表D-23。

29.3 现场冻土融化压缩试验

29.3.1 本试验适用于除漂石以外的各类冻土。

29.3.2 本试验应在现场试坑内进行。试坑深度不应小于季节融化深度,对于非衔接的多年冻土应等于或超过多年冻土层的上限深度。试坑底面积不应小于2m×2m。

29.3.3 试验前应进行冻结土层的岩性和冷生构造的描述,并取样进行其物理性试验。

29.3.4 本试验所用的主要仪器设备,应符合下列规定:

1 内热式传压钢板。传压板可取圆形或方形,中空式平板。应有足够刚度,承受上部荷载时不发生变形,面积不宜小于5000cm²。

2 加热系统:传压板加热可用电热或水(汽)热,加热应均匀,加热温度不应超过90℃。

传压板周围应形成一定的融化圈,其宽度宜等于或大于传压板直径的0.3倍。

加热系统应根据上述加热方式和要求确定。

3 加荷系统:传压板加荷可通过传压杆自设在坑顶上的加荷装置实现。加荷方式可用千斤顶或压块。当冻土的总含水率超过液限时,加荷装置的压重应等于或小于传压板底面高程处的原始压力。

4 沉降测量系统:沉降测量可采用百分表或位移传感器。测量准确度应为 0.1mm。

5 温度测量系统:温度测量系统可由热电偶及数字电压表组成,测量准确度为 0.1℃。

29.3.5 试验前应按下列步骤进行试验准备和仪器设备的安装:

1 仔细开挖试坑,整平坑底面,不得破坏基土。必要时应进行坑壁保护。

2 在传压板的边侧打钻孔,孔径 3~5cm,孔深宜为 50cm。将五支热电偶测温端自下而上每隔 10cm 逐个放入孔内,并用粘土填实钻孔。

3 坑底面铺砂找平。铺砂厚度不应大于 2cm。

4 将传压板放置在坑底中央砂面上。

5 安装加荷装置,应使加荷点处于传压板中心部位。

6 在传压板周边等距安装 3 个沉降位移计。

7 接通加热、测温系统,并进行安全和安装可靠性检查后,向传压板施加等于该处上部原始土层的压力(不小于 50kPa),直至传压板沉降稳定后,调整位移计至零读数,作好记录。

29.3.6 试验应按下列步骤进行:

1 施加等于原始土层的上覆压力(包括加荷设备)。接通电源,使传压板下和周围冻土缓慢均匀融化。每隔 1h 测记一次土温和位移。

2 当融化深度达到 25~30cm 时,切断电源停止加热。用钢钎探测一次融化深度,并继续测记土温和位移。当融化深度接近 40cm(0.5 倍传压板直径)时,每 15min 测记一次融化深度。当 0℃温度达到 40cm 时测记位移量,并用钢钎测记一次融化深度。

3 当停止加热后,依靠余热不能使传压板下的冻土继续融化达到 0.5 倍传压板直径的深度时,应继续补热,直至满足这一要求。

4 经上述步骤达到融沉稳定后,开始逐级加荷进行压缩试验。加荷等级视实际工程需要确定,对粘土宜取 50kPa,砂土宜取 75kPa,巨粒土宜取 100kPa,最后一级荷载应比土层的计算压力大 100~200kPa。

5 施加一级荷载后,每 10、20、30、60min 测记一次位移示值,此后每 1h 测记一次,直至传压板沉降稳定后再加下一级荷载。沉降量可取 3 个位移计读数的平均值。沉降稳定标准对粘土宜取 0.05mm/h,砂和含巨粒土宜取 0.1mm/h。

6 试验结束后,拆除加荷装置,清除垫砂和 10cm 厚表土,然后取 2~3 个融化压实土样,用作含水率、密度及其他必要的试验。最后,应挖除其余融化压实土测量融化盘。

29.3.7 进行下一土层的试验时,应刮除表面 5~10cm 土层。

29.3.8 融沉系数应按下式计算:

$$a_0 = \frac{S_0}{H_0} \qquad (29.3.8)$$

式中 S_0——冻土融沉($p \approx 0$)阶段的沉降量(cm);

H_0——融化深度(cm)。

29.3.9 融化压缩系数,应按下式计算:

$$a_{tc} = \frac{\Delta \delta}{\Delta p} K \qquad (29.3.9)$$

式中 $\Delta \delta$——相应于某一压力范围(Δp)的相对沉降;

K——系数:粘土为 1.0,粉质粘土为 1.2,砂土为 1.3,巨粒土为 1.35。

29.3.10 以单位变形量为纵坐标,压力为横坐标绘制单位变形量与压力关系曲线,见图 29.2.9。

29.3.11 现场融化压缩试验的记录格式见附录 D 表 D-23。

30 酸碱度试验

30.0.1 本试验方法采用电测法,适用于各类土。

30.0.2 本试验所用的主要设备应符合下列规定:

1 酸度计:应附玻璃电极、甘汞电极或复合电极。

2 分析筛:孔径 2mm。

3 天平:称量 200g,最小分度值 0.01g。

4 电动振荡器和电动磁力搅拌器。

5 其他设备:烘箱、烧杯、广口瓶、玻璃棒、1000mL 容量瓶、滤纸等。

30.0.3 本试验所用试剂应符合下列规定。

1 标准缓冲溶液:

1)pH=4.01:称取经 105~110℃烘干的邻苯二甲酸氢钾(KHC_8H_4O_4)10.21g,通过漏斗用纯水冲洗入 1000mL 容量瓶中,使溶解后稀释,定容至 1000mL。

2)pH=6.87:称取在 105~110℃烘干冷却后的磷酸氢二钠(Na_2HPO_4)3.53g 和磷酸二氢钾(KH_2PO_4)3.39g,经漏斗用纯水冲洗入 1000mL 容量瓶中,待溶解后,继续用纯水稀释,定容至 1000mL。

3)pH=9.18:称取硼砂(Na_2B_4O_7·10H_2O)3.80g,经漏斗用已除去 CO_2 的纯水冲洗入 1000mL 容量瓶中,待溶解后继续用除去 CO_2 的纯水稀释,定容至 1000mL。宜贮于干燥密闭的塑料瓶中保存,使用 2 个月。

2 饱和氯化钾溶液:向适量纯水中加入氯化钾(KCl),边加边搅拌,直至不再溶解为止。

注:所有试剂均为分析纯化学试剂。

30.0.4 酸度计校正:应在测定试样悬液之前,按照酸度计使用说明书,用标准缓冲溶液进行标定。

30.0.5 试样悬液的制备:称取过 2mm 筛的风干试样 10g,放入广口瓶中,加纯水 50mL(土水比为 1:5),振荡 3min,静置 30min。

30.0.6 酸碱度试验应按下列步骤进行:

1 于小烧杯中倒入试样悬液至杯容积的 2/3 处,杯中投入搅拌棒一只,然后将杯置于电动磁力搅拌器上。

2 小心地将玻璃电极和甘汞电极(或复合电极)放入杯中,直至玻璃电极球部被悬液浸没为止,电极与杯底应保持适量距离,然后将电极固定于电极架上,并使电极与酸度计连接。

3 开动磁力搅拌器,搅拌悬液约 1min 后,按照酸度计使用说明书测定悬液的 pH 值,准确至 0.01。

4 测定完毕,关闭电源,用纯水洗净电极,并用滤纸吸干,或将电极浸泡于纯水中。

30.0.7 电测法酸碱度试验记录格式见附录 D 表 D-45。

31 易溶盐试验

31.1 浸出液制取

31.1.1 本试验方法适用于各类土。

31.1.2 浸出液制取所用的主要仪器设备,应符合下列规定:

1 分析筛:孔径 2mm。
2 天平:称量 200g,最小分度值 0.01g。
3 电动振荡器。
4 过滤设备:包括抽滤瓶、平底瓷漏斗、真空泵等。
5 离心机:转速为 1000r/min。
6 其他设备:广口瓶、容量瓶、角勺、玻璃棒、烘箱等。

31.1.3 浸出液制取应按下列步骤进行:

1 称取过 2mm 筛下的风干试样 50~100g(视土中含盐量和分析项目而定),准确至 0.01g。置于广口瓶中,按土水比 1:5 加入纯水,搅匀,在振荡器上振荡 3min 后抽气过滤。另取试样 3~5g 测定风干含水率。

2 将滤纸用纯水浸湿后贴在漏斗底部,漏斗装在抽滤瓶上,联通真空泵抽气,使滤纸与漏斗贴紧,将振荡后的试样悬液摇匀,倒入漏斗中抽气过滤,过滤时漏斗应用表面皿盖好。

3 当发现滤液混浊时,应重新过滤,经反复过滤,如果仍然混浊,应用离心机分离。所得的透明滤液,即为试样浸出液,贮于细口瓶中供分析用。

31.2 易溶盐总量测定

31.2.1 本试验采用蒸干法,适用于各类土。

31.2.2 本试验所用的主要仪器设备,应符合下列规定:

1 分析天平:称量 200g,最小分度值 0.0001g。
2 水浴锅、蒸发皿。
3 烘箱、干燥器、坩埚钳等。
4 移液管。

31.2.3 本试验所用的试剂,应符合下列规定:

1 15% 双氧水溶液。
2 2% 碳酸钠溶液。

31.2.4 易溶盐总量测定,应按下列步骤进行:

1 用移液管吸取试样浸出液 50~100mL,注入已知质量的蒸发皿中,盖上表面皿,放在水浴锅上蒸干。当蒸干残渣中呈现黄褐色时,应加入 15% 双氧水 1~2mL,继续在水浴锅上蒸干,反复处理至黄褐色消失。

2 将蒸发皿放入烘箱,在 105~110℃温度下烘干 4~8h,取出后放入干燥器中冷却,称蒸发皿加试样的总质量,再烘干 2~4h,于干燥器中冷却后再称蒸发皿加试样的总质量,反复进行至最后相邻两次质量差值不大于 0.0001g。

3 当浸出液蒸干残渣中含有大量结晶水时,将使测得易溶盐质量偏高,遇此情况,可取蒸发皿两个,一个加浸出液 50mL,另一个加纯水 50mL(空白),然后各加入等量 2% 碳酸钠溶液,搅拌均匀后,一起按照本条 1、2 款的步骤操作,烘干温度改为 180℃。

31.2.5 未经 2% 碳酸钠处理的易溶盐总量按下式计算:

$$W=\frac{(m_2-m_1)\frac{V_w}{V_s}(1+0.01w)}{m_s}\times100 \quad (31.2.5)$$

式中 W ——易溶盐总量(%);

V_w ——浸出液用纯水体积(mL);

V_s ——吸取浸出液体积(mL);

m_s ——风干试样质量(g);

w ——风干试样含水率(%);

m_2 ——蒸发皿加烘干残渣质量(g);

m_1 ——蒸发皿质量(g)。

31.2.6 用 2% 碳酸钠溶液处理后的易溶盐总量按下式计算:

$$W=\frac{(m-m_0)V_w/V_s(1+0.01w)}{m_s}\times100 \quad (31.2.6\text{-}1)$$

$$\left.\begin{array}{l}m_0=m_3-m_1\\m=m_4-m_1\end{array}\right\} \quad (31.2.6\text{-}2)$$

式中 m_3 ——蒸发皿加碳酸钠蒸干后质量(g);

m_4 ——蒸发皿加 Na_2CO_3 加试样蒸干后的质量(g);

m_0 ——蒸干后 Na_2CO_3 质量(g);

m ——蒸干后试样加 Na_2CO_3 质量(g)。

31.2.7 易溶盐总量测定的记录格式见附录 D 表 D-46。

31.3 碳酸根和重碳酸根的测定

31.3.1 本试验方法适用于各类土。

31.3.2 碳酸根和重碳酸根测定所用的主要仪器设备,应符合下列规定:

1 酸式滴定管:容量 25mL,最小分度值 0.05mL。
2 分析天平:称量 200g,最小分度值 0.0001g。
3 其他设备:移液管、锥形瓶、烘箱、容量瓶。

31.3.3 碳酸根和重碳酸根测定所用试剂,应符合下列规定:

1 甲基橙指示剂(0.1%):称 0.1g 甲基橙溶于 100mL 纯水中。

2 酚酞指示剂(0.5%):称取 0.5g 酚酞溶于 50mL 乙醇中,用纯水稀释至 100mL。

3 硫酸标准溶液:溶解 3mL 分析纯浓硫酸于适量纯水中,然后继续用纯水稀释至 1000mL。

4 硫酸标准溶液的标定:称取预先在 160~180℃烘干 2~4h 的无水碳酸钠 3 份,每份 0.1g。精确至 0.0001g,放入 3 个锥形瓶中,各加入纯水 20~30mL,再各加入甲基橙指示剂 2 滴,用配制好的硫酸标准溶液滴定至溶液由黄色变为橙色为终点,记录硫酸标准溶液用量,按下式计算硫酸标准溶液的准确浓度。

$$c(H_2SO_4)=\frac{m(Na_2CO_3)\times1000}{V(H_2SO_4)M(Na_2CO_3)} \quad (31.3.3)$$

式中 $c(H_2SO_4)$ ——硫酸标准溶液浓度(mol/L);

$V(H_2SO_4)$ ——硫酸标准溶液用量(mL);

$m(Na_2CO_3)$ ——碳酸钠的用量(g);

$M(Na_2CO_3)$ ——碳酸钠的摩尔质量(g/mol)。

计算至 0.0001mol/L。3 个平行滴定,平行误差不大于 0.05mL,取算术平均值。

注:硫酸标准溶液也可用标定过的氢氧化钠标准溶液标定,也可以用盐酸(HCl)标准溶液代替硫酸标准溶液。

31.3.4 碳酸根和重碳酸根的测定,应按下列步骤进行:

1 用移液管吸取试样浸出液 25mL,注入锥形瓶中,加酚酞指示剂 2~3 滴,摇匀,试液如不显红色,表示无碳酸根存在,如果试液显红色,即用硫酸标准溶液滴定至红色刚褪去为止,记下硫酸标准溶液用量,准确至 0.05mL。

2 在加酚酞滴定后的试液中,再加甲基橙指示剂 1~2 滴,继续用硫酸标准溶液滴定至试液由黄色变为橙色为终点,记下硫酸标准溶液用量,准确至 0.05mL。

31.3.5 碳酸根和重碳酸根的含量应按下列公式计算。

1 碳酸根含量应按下式计算:

$$b(CO_3^{2-})=\frac{2V_1c(H_2SO_4)\frac{V_w}{V_s}(1+0.01w)\times1000}{m_s} \quad (31.3.5\text{-}1)$$

$$CO_3^{2-}=b(CO_3^{2-})\times10^{-3}\times0.060\times100 \quad (\%) \quad (31.3.5\text{-}2)$$

$$CO_3^{2-} = b(CO_3^{2-}) \times 60 \qquad (mg/kg \pm) \quad (31.3.5-3)$$

式中 $b(CO_3^{2-})$ ——碳酸根的质量摩尔浓度（mmol/kg 土）；

   CO_3^{2-} ——碳酸根的含量（%或 mg/kg 土）；

   V_1 ——酚酞为指示剂滴定硫酸标准溶液的用量（mL）；

   V_s ——吸取试样浸出液体积（mL）；

   10^{-3} ——换算因数；

   0.060 ——碳酸根的摩尔质量（kg/mol）；

   60 ——碳酸根的摩尔质量（g/mol）。

计算至 0.01mmol/kg 土和 0.001%或 1mg/kg 土，平行滴定误差不大于 0.1mL，取算术平均值。

2 重碳酸根含量应按下式计算：

$$b(HCO_3^-) = \frac{2(V_2 - V_1)c(H_2SO_4)\dfrac{V_w}{V_s}(1+0.01w)\times 1000}{m_s}$$

$$(31.3.5-4)$$

$$HCO_3^- = b(HCO_3^-) \times 10^{-3} \times 0.061 \times 100 \quad (\%) \quad (31.3.5-5)$$

或 $HCO_3^- = b(HCO_3^-) \times 61 \qquad (mg/kg \pm) \quad (31.3.5-6)$

式中 $b(HCO_3^-)$ ——重碳酸根的质量摩尔浓度（mmol/kg 土）；

   HCO_3^- ——重碳酸根的含量（%或 mg/kg 土）；

   10^{-3} ——换算因数；

   V_2 ——甲基橙为指示剂滴定硫酸标准溶液的用量（mL）；

   0.061 ——重碳酸根的摩尔质量（kg/mol）；

   61 ——重碳酸根的摩尔质量（g/mol）。

计算至 0.01mmol/kg 土和 0.001%或 1mg/kg 土，平行滴定，允许误差不大于 0.1mL，取算术平均值。

31.3.6 碳酸根和重碳酸根测定的记录格式见附录 D 表 D-47(1) 和表 D-47(2)。

31.4 氯根的测定

31.4.1 本试验方法适用于各类土。

31.4.2 氯根测定所用的主要仪器设备，应符合下列规定：

1 分析天平：称量 200g，最小分度值 0.0001g。

2 酸式滴定管：容量 25mL，最小分度值 0.05mL，棕色。

3 其他设备：移液管、烘箱、锥形瓶、容量瓶等。

31.4.3 氯根测定所用试剂，应符合下列规定：

1 铬酸钾指示剂（5%）：称取 5g 铬酸钾（K_2CrO_4）溶于适量纯水中，然后逐滴加入硝酸银标准溶液至出现砖红色沉淀为止。放置过夜后过滤，滤液用纯水稀释至 100mL，贮于滴瓶中。

2 硝酸银 $c(AgNO_3)$ 标准溶液：称取预先在 105～110℃ 温度烘干 30min 的分析纯硝酸银（$AgNO_3$）3.3974g，通过漏斗冲洗入 1L 容量瓶中，待溶解后，继续用纯水稀释至 1000mL，贮于棕色瓶中，则硝酸银的浓度为：

$$c(AgNO_3) = \frac{m(AgNO_3)}{V \cdot M(AgNO_3)}$$

$$= \frac{3.3974}{1 \times 169.868} = 0.02 (mol/L)$$

3 重碳酸钠 $c(NaHCO_3)$ 溶液：称取重碳酸钠 1.7g 溶于纯水中，并用纯水稀释至 1000mL，其浓度约为 0.02mol/L。

4 甲基橙指示剂：配制见本标准第 31.3.3 条 1 款。

31.4.4 氯根测定应按下列步骤进行：

1 吸取试样浸出液 25mL 于锥形瓶中，加甲基橙指示剂 1～2 滴，逐滴加入 0.02mol/L 浓度的重碳酸钠至溶液呈纯黄色（控制 pH 值为7）。再加入铬酸钾指示剂 5～6 滴，用硝酸银标准溶液滴定至生成砖红色沉淀为终点，记下硝酸银标准溶液的用量。

2 另取纯水 25mL，按本条 1 款的步骤操作，作空白试验。

31.4.5 氯根的含量应按下式计算：

$$b(Cl^-) = \frac{(V_1 - V_2)c(AgNO_3)\dfrac{V_w}{V_s}(1+0.01w)\times 1000}{m_s}$$

$$(31.4.5-1)$$

$$Cl^- = b(Cl^-) \times 10^{-3} \times 0.0355 \times 100 \quad (\%) \quad (31.4.5-2)$$

或 $Cl^- = b(Cl^-) \times 35.5 \qquad (mg/kg \pm) \quad (31.4.5-3)$

式中 $b(Cl^-)$ ——氯根的质量摩尔浓度（mmol/kg 土）；

   Cl^- ——氯根的含量（%或 mg/kg 土）；

   V_1 ——浸出液消耗硝酸银标准溶液的体积（mL）；

   V_2 ——纯水（空白）消耗硝酸银标准溶液的体积（mL）；

   0.0355 ——氯根的摩尔质量（kg/mol）。

计算准确至 0.01mmol/kg 土和 0.001%或 1mg/kg 土，平行滴定偏差不大于 0.1mL，取算术平均值。

31.4.6 氯根测定的记录格式见附录 D 表 D-48。

31.5 硫酸根的测定
——EDTA 络合容量法

31.5.1 本试验方法适用于硫酸根含量大于、等于 0.025%（相当于 50mg/L）的土。

31.5.2 EDTA 络合容量法测定所用的主要仪器设备，应符合下列规定：

1 天平：称量 200g，最小分度值 0.0001g。

2 酸式滴定管：容量 25mL，最小分度值 0.1mL。

3 其他设备：移液管、锥形瓶、容量瓶、量杯、角匙、烘箱、研钵和杵、量筒。

31.5.3 EDTA 络合容量法测定所用的试剂，应符合下列规定：

1 1:4 盐酸溶液：将 1 份浓盐酸与 4 份纯水互相混合均匀。

2 钡镁混合剂：称取 1.22g 氯化钡（$BaCl_2 \cdot 2H_2O$）和 1.02g 氯化镁（$MgCl_2 \cdot 6H_2O$），一起通过漏斗用纯水冲洗入 500mL 容量瓶中，待溶解后继续用纯水稀释至 500mL。

3 氨缓冲溶液：称取 70g 氯化铵（NH_4Cl）于烧杯中，加适量纯水溶解后移入 1000mL 量筒中，再加入分析纯浓氨水 570mL，最后用纯水稀释至 1000mL。

4 铬黑 T 指示剂：称取 0.5g 铬黑 T 和 100g 预先烘干的氯化钠（NaCl），互相混合研细均匀，贮于棕色瓶中。

5 锌基准溶液：称取预先在 105～110℃ 烘干的分析纯锌粉（粒）0.6538g 于烧杯中，小心地分次加入 1:1 盐酸溶液 20～30mL，置于水浴上加热至锌完全溶解（切勿溅失），然后移入 1000mL 容量瓶中用纯水稀释至 1000mL。即得锌基准溶液浓度为：

$$c(Zn^{2+}) = \frac{m(Zn^{2+})}{V \cdot M(Zn^{2+})} = \frac{0.6538}{1 \times 65.38} = 0.0100 (mol/L)$$

6 EDTA 标准溶液：

1）配制：称取乙二铵四乙酸二钠 3.72g 溶于热纯水中，冷却后移入 1000mL 容量瓶中，再用纯水稀释至 1000mL。

2）标定：用移液管吸取 3 份锌基准溶液，每份 20mL，分别置于 3 个锥形瓶中，用适量纯水稀释后，加氨缓冲溶液 10mL，铬黑 T 指示剂少许，再加 95%乙醇 5mL，然后用 EDTA 标准溶液滴定至溶液由红色变亮蓝色为终点，记下用量。按下式计算 EDTA 标准溶液的浓度：

$$c(EDTA) = \frac{V(Zn^{2+})c(Zn^{2+})}{V(EDTA)} \qquad (31.5.3)$$

式中 $c(EDTA)$ ——EDTA 标准溶液浓度（mol/L）；

   $V(EDTA)$ ——EDTA 标准溶液用量（mL）；

   $c(Zn^{2+})$ ——锌基准溶液的浓度（mol/L）；

   $V(Zn^{2+})$ ——锌基准溶液的用量（mL）。

计算至 0.0001mol/L，3 份平行滴定，滴定误差不大于 0.05mL，取算术平均值。

7 乙醇：95%分析纯。

8 1:1 盐酸溶液：取 1 份盐酸与 1 份水混合均匀。

9 5%氯化钡（BaCl₂）溶液：溶解 5g 氯化钡（BaCl₂）于 1000mL 纯水中。

31.5.4 EDTA 络合容量法测定，应按下列步骤进行：

1 硫酸根（SO_4^{2-}）含量的估测：取浸出液 5mL 于试管中，加入 1:1 盐酸 2 滴，再加 5%氯化钡溶液 5 滴，摇匀，按表 31.5.4 估测硫酸根含量。当硫酸盐含量小于 50mg/L 时，应采用比浊法，按本标准第 31.6 节进行操作。

表 31.5.4 硫酸根估测方法选择与试剂用量表

加氯化钡后溶液混浊情况	SO_4^{2-} 含量（mg/L）	测定方法	吸取土浸出液（mL）	钡镁混合剂用量（mL）
数分钟后微混浊	<10	比浊法	—	—
立即呈生混浊	25～50	比浊法	—	—
立即混浊	50～100	EDTA	25	4～5
立即沉淀	100～200	EDTA	25	8
立即大量沉淀	>200	EDTA	10	10～12

2 按表 31.5.4 估测硫酸根含量，吸取一定量试样浸出液于锥形瓶中，用适量纯水稀释后，投入刚果红试纸一片，滴加（1:4）盐酸溶液至试纸呈蓝色，再过 2～3 滴，加热煮沸，趁热由滴定管准确滴加过量钡镁合剂，边滴边摇，直到预计的需要量（注意滴入量至少应过量 50%）；继续加热微沸 5min，取下冷却静置 2h。然后加氨缓冲溶液 10mL，铬黑 T 少许，95%乙醇 5mL，摇匀，再用 EDTA 标准溶液滴定至试液由红色变为天蓝色为终点，记下用量 V_1（mL）。

3 另取一个锥形瓶加入适量纯水，投刚果红试纸一片，滴加（1:4）盐酸溶液至试纸呈蓝色，再过 2～3 滴。由滴定管准确加入与本条 2 款步骤等量的钡镁合剂，然后加氨缓冲溶液 10mL，铬黑 T 指示剂少许。95%乙醇 5mL 摇匀，再用 EDTA 标准溶液滴定至由红色变为天蓝色为终点，记下用量 V_2（mL）。

4 再取一个锥形瓶加入与本条 2 款步骤等体积的试样浸出液，然后按本标准第 31.8.4 条 1 款的步骤测定同体积浸出液中钙镁对 EDTA 标准溶液的用量 V_3（mL）。

31.5.5 硫酸根含量应按下式计算：

$$b(SO_4^{2-}) = \frac{(V_3 + V_2 - V_1)c(\text{EDTA})\frac{V_w}{V_s}(1+0.01w)\times 1000}{m_s}$$

(31.5.5-1)

$$SO_4^{2-} = b(SO_4^{2-})\times 10^{-3}\times 0.096\times 100 \quad (\%) \quad (31.5.5-2)$$

或 $SO_4^{2-} = b(SO_4^{2-})\times 96 \quad (\text{mg/kg 土}) \quad (31.5.5-3)$

式中 $b(SO_4^{2-})$——硫酸根的质量摩尔浓度（mmol/kg 土）；

SO_4^{2-}——硫酸根的含量（%或 mg/kg 土）；

V_1——浸出液中钙镁与钡镁合剂对 EDTA 标准溶液的用量（mL）；

V_2——用同体积钡镁合剂（空白）对 EDTA 标准溶液的用量（mL）；

V_3——同体积浸出液中钙镁对 EDTA 标准溶液的用量（mL）；

0.096——硫酸根的摩尔质量（kg/mol）；

$c(\text{EDTA})$——EDTA 标准溶液的浓度（mol/L）。

计算准确至 0.01mmol/kg 土和 0.001%或 1mg/kg 土，平行滴定允许偏差不大于 0.1mL，取算术平均值。

31.5.6 EDTA 络合容量法硫酸根测定的记录格式见附录 D 表 D-49。

31.6 硫酸根的测定
—— 比浊法

31.6.1 本试验方法适用于硫酸根含量小于 0.025%（相当于 50mg/L）的土。

31.6.2 比浊法测定所用的主要仪器设备，应符合下列规定：

1 光电比色计或分光光度计。

2 电动磁力搅拌器。

3 量匙容量 0.2～0.3cm³。

4 其他设备：移液管、容量瓶、筛子（0.6～0.85mm）、烘箱、分析天平（最小分度值 0.1mg）。

31.6.3 比浊法测定所用的试剂，应符合下列规定：

1 悬浊液稳定剂：将浓盐酸（HCl）30mL，95%的乙醇 100mL，纯水 300mL，氯化钠（NaCl）25g 混匀的溶液与 50mL 甘油混合均匀。

2 结晶氯化钡（BaCl₂）：将氯化钡结晶过筛取粒径在 0.6～0.85mm 之间的晶粒。

3 硫酸根标准液：称取预先在 105～110℃ 烘干的无水硫酸钠 0.1479g，用纯水通过漏斗冲洗入 1000mL 容量瓶中，溶解后，继续用纯水稀释至 1000mL，此溶液中硫酸根含量为 0.1 mg/mL。

31.6.4 比浊法测定，应按下列步骤进行：

1 标准曲线的绘制：用移液管分别吸取硫酸根标准溶液 5、10、20、30、40mL 注入 100mL 容量瓶中，然后均用纯水稀释至刻度，制成硫酸根含量分别为 0.5、1.0、2.0、3.0、4.0mg/100mL 的标准系列。再分别移入烧杯中，各加悬浊液稳定剂 5.0mL 和一量匙的氯化钡结晶，置于磁力搅拌器上搅拌 1min。以纯水为参比，在光电比色计上用紫色滤光片（如用分光光度计，则用 400～450mm 的波长）进行比浊，在 3min 内每隔 30s 测读一次悬浊液吸光值，取稳定后的吸光值。再以硫酸根含量为纵坐标，相对应的吸光值为横坐标，在坐标纸上绘制关系曲线，即得标准曲线。

2 硫酸根含量的测定：用移液管吸取试样浸出液 100mL（硫酸根含量大于 4mg/mL 时，应少取浸出液并用纯水稀释至 100mL）置于烧杯中，然后按本条 1 款的标准系列溶液加悬浊液稳定剂等一系列步骤进行操作，以同一试样浸出液为参比，测定悬浊液的吸光值，取稳定后的读数，由标准曲线查得相应硫酸根的含量（mg/100mL）。

31.6.5 硫酸根含量按下式计算：

$$SO_4^{2-} = \frac{m(SO_4^{2-})\frac{V_w}{V_s}(1+0.01w)\times 100}{m_s\cdot 10^3} \quad (\%) \quad (31.6.5-1)$$

或 $SO_4^{2-} = (SO_4^{2-}\%)\times 10^6 \quad (\text{mg/kg 土}) \quad (31.6.5-2)$

$b(SO_4^{2-}) = (SO_4^{2-}\%/0.096)\times 1000 \quad (31.6.5-3)$

式中 SO_4^{2-}——硫酸根含量（%或 mg/kg 土）；

$b(SO_4^{2-})$——硫酸根的质量摩尔浓度（mmol/kg 土）；

$m(SO_4^{2-})$——由标准曲线查得 SO_4^{2-} 含量（mg）；

$SO_4^{2-}\%$——硫酸根含量以小数计；

0.096——SO_4^{2-} 的摩尔质量（kg/mol）。

计算准确至 0.01mmol/kg 土和 0.001%或 1mg/kg 土。

31.6.6 比浊法硫酸根测定的记录格式见附录 D 表 D-50。

31.7 钙离子的测定

31.7.1 本试验方法适用于各类土。

31.7.2 钙离子测定所用的主要仪器设备，应符合下列规定：

1 酸式滴定管，容量 25mL，最小分度值 0.1mL。

2 其他设备：移液管、锥形瓶、量杯、天平、研体等。

31.7.3 钙离子测定所用的试剂，应符合下列规定：

1 2mol/L 氢氧化钠溶液：称取 8g 氢氧化钠溶于 100mL 纯水中。

2 钙指示剂：称取 0.5g 钙指示剂与 50g 预先烘焙的氯化钠一起置于研体中研细混合均匀，贮于棕色瓶中，保存于干燥器内。

3 EDTA 标准溶液：配制与标定按本标准第 31.5.3 条 6 款的步骤操作。

4 1:4盐酸溶液:按本标准第31.5.3条1款的步骤配制。

5 刚果红试纸。

6 95%乙醇溶液。

31.7.4 钙离子测定,应按下列步骤进行:

1 用移液管吸取试样浸出液25mL于锥形瓶中,投刚果红试纸一片,滴加(1:4)盐酸溶液至试纸变为蓝色为止,煮沸除去二氧化碳(当浸出液中碳酸根和重碳酸根含量很少时,可省去此步骤)。

2 冷却后,加入2mol/L氢氧化钠溶液2mL(控制pH≈12)摇匀。放置1～2min后,加钙指示剂少许,95%乙醇5mL,用EDTA标准溶液滴定至试液由红色变为浅蓝色为终点。记下EDTA标准溶液用量,估读至0.05mL。

31.7.5 钙离子含量按下式计算:

$$b(Ca^{2+}) = \frac{V(EDTA)c(EDTA)\frac{V_w}{V_s}(1+0.01w)\times1000}{m_s}$$

$$(31.7.5-1)$$

$$Ca^{2+} = b(Ca^{2+})\times10^{-3}\times0.040\times100 \quad (\%) \quad (31.7.5-2)$$

$$或 \quad Ca^{2+} = b(Ca^{2+})\times40 \quad (mg/kg \pm) \quad (31.7.5-3)$$

式中 $b(Ca^{2+})$——钙离子的质量摩尔浓度(mmol/kg 土);

Ca^{2+}——钙离子含量(%或 mg/kg 土);

$c(EDTA)$——EDTA 标准溶液浓度(mol/L);

$V(EDTA)$——EDTA 标准溶液用量(mL);

0.040——钙离子的摩尔质量(kg/mol)。

计算准确至 0.01mmol/kg 土和 0.001%或 1mg/kg 土,需平行滴定,滴定偏差不应大于 0.1mL,取算术平均值。

31.7.6 钙离子测定的记录格式见附录D表D-51。

31.8 镁离子的测定

31.8.1 本试验方法适用于各类土。

31.8.2 镁离子测定所用的主要仪器设备,应符合本标准第31.7.2条的规定。

31.8.3 镁离子测定所用试剂,应符合本标准第31.5.3和31.7.3条的规定。

31.8.4 镁离子的测定,应按下列步骤进行:

1 用移液管吸取试样浸出液25mL于锥形瓶中,加入氨缓冲溶液5mL,摇匀后加入铬黑T指示剂少许,95%乙醇5mL,充分摇匀,用EDTA标准溶液滴定至试液由红色变为亮蓝色为终点,记下EDTA标准溶液用量,精确至0.05mL。

2 用移液管吸取与本条1款等体积的试样浸出液,按照本标准第31.7.4条的试验步骤操作,滴定钙离子对EDTA标准溶液的用量。

31.8.5 镁离子含量按下列公式计算:

$$b(Mg^{2+}) = \frac{(V_2-V_1)c(EDTA)\frac{V_w}{V_s}(1+0.01w)\times1000}{m_s}$$

$$(31.8.5-1)$$

$$Mg^{2+} = b(Mg^{2+})\times10^{-3}\times0.024\times100 \quad (\%) \quad (31.8.5-2)$$

$$或 \quad Mg^{2+} = b(Mg^{2+})\times24 \quad (mg/kg \pm) \quad (31.8.5-3)$$

式中 $b(Mg^{2+})$——镁离子的质量摩尔浓度(mmol/kg 土);

Mg^{2+}——镁离子含量(%或 mg/kg 土);

V_2——钙镁离子对 EDTA 标准溶液的用量(mL);

V_1——钙离子对 EDTA 标准溶液的用量(mL);

$c(EDTA)$——EDTA 标准溶液浓度(mol/L);

0.024——镁离子的摩尔质量(kg/mol)。

计算准确至 0.01mmol/kg 土和 0.001%或 1mg/kg 土,需平行滴定,滴定偏差不应大于 0.1mL,取算术平均值。

31.8.6 镁离子测定记录格式见附录D表D-52。

31.9 钙离子和镁离子的原子吸收分光光度测定

31.9.1 本试验方法适用于各类土。

31.9.2 钙、镁离子的原子吸收分光光度测定所用的主要仪器设备,应符合下列规定:

1 原子吸收分光光度计:附有元素灯和空气与乙炔燃气等设备以及仪器操作使用说明书。

2 分析天平:称量200g,最小分度值0.0001g。

3 其他设备:烘箱、1L容量瓶、50mL容量瓶、移液管、烧杯。

31.9.3 钙、镁离子原子吸收分光光度测定所用试剂,应符合下列规定:

1 钙离子标准溶液:称取预先在105～110℃烘干的分析纯碳酸钙0.2497g于烧杯中,加入少量稀盐酸至完全溶解,然后移入1L容量瓶中,用纯水冲洗烧杯并稀释至刻度,贮于塑料瓶中。此液浓度$\rho(Ca^{2+})$为100mg/L。

2 镁离子标准溶液:称取光谱纯金属镁0.1000g置于烧杯中,加入稀盐酸至完全溶解,然后用纯水冲洗入1L容量瓶中并继续稀释至刻度,贮于塑料瓶中。此液浓度$\rho(Mg^{2+})$为100mg/L。

3 5%氯化镧溶液:称取光谱纯的氯化镧($LaCl_3 \cdot 7H_2O$)13.4g溶于100mL纯水中。

31.9.4 钙、镁离子原子吸收分光光度测定,应按下列步骤进行:

1 绘制标准曲线:

1)配制标准系列:取50mL容量瓶6个,准确加入$\rho(Ca^{2+})$为100mg/L的标准溶液0、1、3、5、7、10mL(相当于0～20mg/L Ca^{2+})和$\rho(Mg^{2+})$为100mg/L的标准溶液0、0.5、1、2、3、5mL(相当于0～10mg/L Mg^{2+}),再各加入5%氯化镧溶液5mL,最后用纯水稀释至刻度。

2)绘制标准曲线:分别选用钙和镁的空心阴极灯,波长钙离子(Ca^{2+})为422.7nm,镁离子(Mg^{2+})为285.2nm,以空气-乙炔燃气等为工作条件,按原子吸收分光光度计的使用说明书操作,分别测定钙和镁的吸收值。然后分别以吸收值为纵坐标,相应浓度为横坐标分别绘制钙、镁的标准曲线。也可采用最小二乘法建立回归方程,即:

$$\left. \begin{array}{l} y = f+nx \\ x = \dfrac{y-f}{n} \end{array} \right\}$$

$$(31.9.4)$$

式中 y——测得吸收值;

x——相应的钙、镁浓度(mg/L);

f——截距;

n——斜率。

回归方程的相关系数γ,应满足$1 > \gamma > 0.999$的要求。

2 试样测定:用移液管吸取一定量的试样浸出液(钙浓度小于20mg/L,镁浓度小于10mg/L),于50mL容量瓶中,加入5%氯化镧溶液5mL,用纯水稀释至50mL。然后同本条1款标准曲线绘制的工作条件,按原子吸收分光光度计使用说明书操作,分别测定钙和镁的吸收值,并用测得的钙、镁吸收值,从标准曲线查得或由式(31.9.4)求得相应的钙、镁离子浓度。

31.9.5 钙、镁离子含量按下列公式计算:

$$Ca^{2+} = \frac{\rho(Ca^{2+})V_c\frac{V_w}{V_s}(1+0.01w)\times100}{m_s\times10^3} \quad (\%) \quad (31.9.5-1)$$

$$或 \quad Ca^{2+} = (Ca^{2+}\%)\times10^6 \quad (mg/kg \pm) \quad (31.9.5-2)$$

$$Mg^{2+} = \frac{\rho(Mg^{2+})V_c\frac{V_w}{V_s}(1+0.01w)\times100}{m_s\times10^3} \quad (\%) \quad (31.9.5-3)$$

$$或 \quad Mg^{2+} = (Mg^{2+}\%)\times10^6 \quad (mg/kg \pm) \quad (31.9.5-4)$$

$$b(Ca^{2+}) = (Ca^{2+}\%/0.040)\times1000 \quad (31.9.5-5)$$

$$b(Mg^{2+}) = (Mg^{2+}\%/0.024)\times1000 \quad (31.9.5-6)$$

式中 $\rho(Ca^{2+})$——由标准曲线查得或本标准式(31.9.4)求得钙

离子浓度(mg/L);

$\rho(Mg^{2+})$——由标准曲线查得或本标准式(31.9.4)求得镁离子浓度(mg/L);

V_c——测定溶液定容体积(=0.05L);

10^3——将毫克换算成克。

计算准确至 0.01mmol/kg 土和 0.001%或 1mg/kg 土。

31.9.6 钙、镁离子原子吸收分光光度测定的记录格式见附录 D 表 D-53。

31.10 钠离子和钾离子的测定

31.10.1 本试验方法适用于各类土。

31.10.2 钠离子和钾离子测定所用的主要仪器设备,应符合下列规定:

1 火焰光度计及其附属设备。

2 天平:称量 200g,最小分度值 0.0001g。

3 其他设备:高温炉、烘箱、移液管、1L 容量瓶、50mL 容量瓶、烧杯等。

31.10.3 钠离子和钾离子测定所用的试剂,应符合下列规定:

1 钠(Na^+)标准溶液:称取预先于 550℃灼烧过的氯化钠(NaCl)0.2542g,在少量纯水中溶解后,冲洗入 1L 容量瓶中,继续用纯水稀释至 1000mL,贮于塑料瓶中。此溶液含钠离子(Na^+)为 0.1mg/mL(100mg/L)。

2 钾(K^+)标准溶液:称取预先于 105~110℃烘干的氯化钾(KCl)0.1907g,在少量纯水中溶解后,冲洗入 1L 容量瓶中,继续用水稀释至 1000mL,贮于塑料瓶中。此溶液含钾离子(K^+)为 0.1mg/mL(100mg/L)。

31.10.4 钠离子和钾离子的测定,应按下列步骤进行:

1 绘制标准曲线。

1)配制标准系列:取 50mL 容量瓶 6 个,准确加入钠(Na^+)标准溶液和钾(K^+)标准溶液各为 0、1、5、10、15、25mL,然后各用纯水稀释至 50mL,此系列相应浓度范围为$\rho(Na^+)$0~50mg/L、$\rho(K^+)$0~50mg/L。

2)按照火焰光度计使用说明书操作,分别用钠滤光片和钾滤光片,逐个测定其吸收值。然后分别以吸收值为纵坐标,相应钠离子(Na^+)、钾离子(K^+)浓度为横坐标,分别绘制钠(Na^+)、钾(K^+)的标准曲线。也可采用最小二乘法建立回归方程。统计方法和相关系数 γ 应符合本标准式(31.9.4)的规定。

2 试样测定:用移液管吸取一定量试样浸出液(以不超出标准曲线浓度范围为准)于 50mL 容量瓶中,用纯水稀释至 50mL,然后同本条 1 款绘制标准曲线的工作条件,按火焰光度计使用说明书操作,分别用钠滤光片和钾滤光片测定其吸收值。并用测得的钠、钾吸收值,从标准曲线查得或由回归方程求得相应的钠、钾离子浓度。

31.10.5 钠离子和钾离子应按下列公式计算:

$$Na^+ = \frac{\rho(Na^+)V_c\frac{V_w}{V_s}(1+0.01w) \times 100}{m_s \times 10^3} \quad (\%) \quad (31.10.5\text{-}1)$$

或 $Na^+ = (Na^+\%) \times 10^6 \quad (mg/kg \pm) \quad (31.10.5\text{-}2)$

$$K^+ = \frac{\rho(K^+)V_c\frac{V_w}{V_s}(1+0.01w) \times 100}{m_s \times 10^3} \quad (\%) \quad (31.10.5\text{-}3)$$

或 $K^+ = (K^+\%) \times 10^6 \quad (mg/kg \pm) \quad (31.10.5\text{-}4)$

$b(Na^+) = (Na^+\%/0.023) \times 1000 \quad (31.10.5\text{-}5)$

$b(K^+) = (K^+\%/0.039) \times 1000 \quad (31.10.5\text{-}6)$

式中 Na^+、K^+——分别为试样中钠、钾的含量(%或 mg/kg 土);

$b(Na^+)$、$b(K^+)$——分别为试样中钠、钾的质量摩尔浓度(mmol/kg 土);

0.023、0.039——分别为 Na^+ 和 K^+ 的摩尔质量(kg/mol)。

31.10.6 钠、钾离子测定的记录格式见附录 D 表 D-54。

32 中溶盐(石膏)试验

32.0.1 本试验方法适用于含石膏较多的土类。本试验规定采用酸浸提—质量法。

32.0.2 本试验所用的主要仪器设备,应符合下列规定:

1 分析天平:称量 200g,最小分度值 0.0001g。

2 加热设备:电炉、高温炉。

3 过滤设备:漏斗及架、定量滤纸、洗瓶、玻璃棒。

4 制样设备:瓷盘、0.5mm 筛子、玛瑙研钵及杵。

5 其他设备:烧杯、瓷坩埚、干燥器、坩埚钳、试管、量筒、水浴锅、石棉网、烘箱。

32.0.3 本试验所用试剂,应符合下列规定:

1 0.25mol/L c(HCl)溶液:量取浓盐酸 20.8mL,用纯水稀释至 1000mL。

2 (1:1)盐酸溶液:取 1 份浓盐酸与 1 份纯水相互混合均匀。

3 10%氢氧化铵溶液:量取浓氨水 31mL,用纯水稀释至 100mL。

4 10%氯化钡($BaCl_2$)溶液:称取 10g 氯化钡溶于少量纯水中,稀释至 100mL。

5 1%硝酸银($AgNO_3$)溶液:溶解 0.5g 硝酸银于 50mL 纯水中,再加数滴浓硝酸酸化,贮于棕色滴瓶中。

6 甲基橙指示剂:称取 0.1g 甲基橙溶于 100mL 水中,贮于滴瓶中。

32.0.4 中溶盐试验,应按下列步骤进行:

1 试样制备:将潮湿试样捏碎摊开于瓷盘中,除去试样中杂物(如植物根茎叶等),置于阴凉通风处晾干,然后用四分法选取试样约100g,置于玛瑙研钵中研磨,使其全部通过0.5mm筛(不得弃去或撒失)备用。

2 称取已制备好的风干试样1~5g(视其含量而定),准确至0.0001g,放入200mL烧杯中,缓慢地加入0.25mol/L c(HCl)50mL边加边搅拌。如试样含有大量碳酸盐,应继续如此盐酸至无气泡产生为止,放置一夜。另取此风干试样约5g,准确至0.01g,测定其含水率。

3 过滤,沉淀用0.25mol/L c(HCl)淋洗至最后滤液中无硫酸根离子为止(取最后滤液于试管中,加少许氯化钡溶液,应无白色浑浊),即得酸浸提液(滤液)。

4 收集滤液于烧杯中,将其浓缩至约150mL。冷却后,加甲基橙指示剂,用10%氢氧化铵溶液中和至溶液呈黄色为止,再用(1:1)盐酸溶液调至红色后,多加10滴,加热煮沸,在搅拌下趁热、缓慢滴加10%氯化钡溶液,直至溶液中硫酸根离子沉淀完全,并少有过量为止(让溶液静置澄清后,沿杯壁滴加氯化钡溶液,如无白色浑浊生成,表示已沉淀完全)。置于水浴锅上,在60℃保持2h。

5 用致密定量滤纸过滤,并用热的纯水洗涤沉淀,直到最后洗液无氯离子为止(用1%硝酸银检验,应无白色浑浊)。

6 用滤纸包好洗净的沉淀,放入预先已在600℃灼烧至恒量的瓷坩埚中,置于电炉上灰化滤纸(不得出现明火燃烧)。然后移入高温炉中,控制在600℃灼烧1h,取出放于石棉网上稍冷,再放入干燥器中冷却至室温,用分析天平称量,准确至0.0001g。再将其放入高温炉中控制600℃灼烧30min,取出冷却,称量。如此反复操作至恒量为止。

7 另取1份试样按本标准第31.5节或第31.6节测定易溶盐中的硫酸根离子,并求其水浸出液中硫酸根含量 $W(SO_4^{2-})_w$。

32.0.5 中溶盐(石膏)含量,应按下式计算:

$$W(SO_4^{2-})_b = \frac{(m_2 - m_1) \times 0.4114 \times (1 + 0.01w) \times 100}{m_s}$$

(32.0.5-1)

$$CaSO_4 \cdot 2H_2O = [W(SO_4^{2-})_b - W(SO_4^{2-})_w] \times 1.7992 \quad (32.0.5-2)$$

式中 $CaSO_4 \cdot 2H_2O$ ——中溶盐(石膏)含量(%);
　　　　$W(SO_4^{2-})_b$ ——酸浸出液中硫酸根的含量(%);
　　　　$W(SO_4^{2-})_w$ ——水浸出液中硫酸根的含量(%);
　　　　m_1 ——坩埚的质量(g);
　　　　m_2 ——坩埚加沉淀物质量(g);
　　　　m_s ——风干试样的质量(g);
　　　　w ——风干试样含水率(%);
　　　　0.4114 ——由硫酸钡换算成硫酸根($SO_4^{2-}/BaSO_4$)的因数;
　　　　1.7922 ——由硫酸根换算成硫酸钙(石膏)$CaSO_4 \cdot 2H_2O/SO_4^{2-}$的因数。

计算至0.01%。

注:如果试验前试样预先进行洗盐,则式(32.0.5-2)中的 $W(SO_4^{2-})_w$ 项,应含弃不计。

32.0.6 中溶盐(石膏)试验的记录格式见附录D表D-55。

33 难溶盐(碳酸钙)试验

33.0.1 本试验方法适用于碳酸盐含量较低的各类土,采用气量法。

33.0.2 本试验所用的主要仪器设备,应符合下列规定:

1 二氧化碳约测计:如图33.0.2。

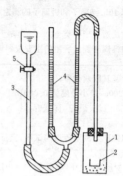

图 33.0.2 二氧化碳约测计示意图
1—广口瓶;2—坩埚;3—移动管;4—量管;5—阀门

2 天平:称量200g,最小分度值0.01g。

3 制样设备:同本标准第32.0.2条。

4 其他设备:烘箱、坩埚钳、长柄瓶夹、气压计、温度计、干燥器等。

33.0.3 本试验所用试剂,应符合下列规定:

1 (1:3)盐酸溶液:取1份盐酸加3份纯水即得。

2 0.1%甲基红溶液:溶解0.1g甲基红于100mL纯水中。

33.0.4 难溶盐试验,应按下列步骤进行:

1 试样制备:按本标准第32.0.4条1款的步骤进行。

2 安装好二氧化碳约测计(如本标准图33.0.2),将加有微量盐酸和0.1%甲基红溶液的红色水溶液注入量管中至移动管和二量管三管水面齐平,同处于量管零刻度处。

3 称取预先在105~110℃烘干的试样1~5g(视碳酸钙含量而定),准确至0.01g。放入测计的广口瓶中,再对瓷坩埚注入适量(1:3)盐酸溶液,小心地移入广口瓶中放稳,盖紧广口瓶塞,打开阀门,上下移动移动管,使移动管和二量管三管水面齐平。

4 继续将移动管下移,观察量管的右管水面是否平稳,如果水面下降很快,表示漏气,应仔细检查各接头并用热石蜡密封直至不漏气为止。

5 三管水面齐平后,关闭阀门,记下量管的右管起始水位读数。

6 用长柄瓶夹夹住广口瓶颈部,轻轻摇动,使瓷坩埚中盐酸溶液倾出与瓶中试样充分反应。当量管的右管水面受到二氧化碳气体压力而下降时,打开阀门,使量管的左右管水面应保持同一水平,静置10min,至量管的右管水面稳定(说明已反应完全),再移动移动管使三管水面齐平,记下量管的右管最终水位读数,同时记下试验时的水温和大气压力。

7 重复本条2~6款的步骤进行空白试验。并从试样产生的二氧化碳体积中减去空白试验值。

33.0.5 难溶盐(碳酸钙)含量应按下式计算:

1 按下式计算碳酸钙含量。

$$CaCO_3 = \frac{V(CO_2)\rho(CO_2) \times 2.272}{m_d \times 10^6} \times 100 \quad (33.0.5-1)$$

式中 $CaCO_3$ ——难溶盐(碳酸钙)含量(%);
　　　　$V(CO_2)$ ——二氧化碳体积(mL);
　　　　$\rho(CO_2)$ ——在试验时的水温和大气压力下二氧化碳密度(μg/mL),由表33.0.5查得。

表 33.0.5　不同温度和大气压力下 CO_2 密度（μg/mL）

气压(kPa) / 水温(℃)	98.925	99.258	99.591	99.858	100.125	100.458	100.791	101.059	101.325	101.658	101.991	102.258	102.525	102.791	103.191
28	1778	1784	1791	1797	1804	1810	1817	1823	1828	1833	1837	1842	1847	1852	1856
27	1784	1790	1797	1803	1810	1816	1823	1829	1834	1839	1843	1848	1853	1858	1863
26	1791	1797	1803	1809	1816	1822	1829	1835	1840	1845	1849	1854	1859	1864	1869
25	1797	1803	1810	1816	1823	1829	1836	1842	1847	1852	1856	1861	1866	1871	1876
24	1803	1809	1816	1822	1829	1835	1842	1848	1853	1858	1862	1867	1872	1877	1882
23	1809	1815	1822	1828	1835	1841	1848	1854	1859	1864	1868	1873	1878	1883	1888
22	1815	1821	1828	1834	1841	1847	1854	1860	1865	1870	1875	1880	1885	1890	1895
21	1822	1828	1835	1841	1848	1854	1861	1867	1872	1877	1882	1887	1892	1897	1902
20	1828	1834	1841	1847	1854	1860	1867	1873	1878	1883	1888	1893	1898	1903	1908
19	1834	1840	1847	1853	1860	1866	1873	1879	1884	1889	1894	1899	1904	1909	1914
18	1840	1846	1853	1859	1866	1872	1879	1885	1890	1895	1900	1905	1910	1915	1920
17	1846	1853	1860	1866	1873	1879	1886	1892	1897	1902	1907	1912	1917	1922	1927
16	1853	1860	1866	1873	1879	1886	1892	1898	1903	1908	1913	1918	1923	1928	1933
15	1859	1866	1872	1879	1886	1892	1899	1905	1910	1915	1920	1925	1930	1935	1940
14	1865	1872	1878	1885	1892	1899	1906	1912	1917	1922	1927	1932	1937	1942	1947
13	1872	1878	1885	1892	1899	1906	1912	1919	1924	1929	1934	1939	1944	1949	1954
12	1878	1885	1892	1899	1906	1912	1919	1925	1930	1935	1940	1945	1950	1955	1960
11	1885	1892	1899	1906	1913	1919	1926	1932	1937	1942	1947	1952	1957	1962	1967
10	1892	1899	1906	1913	1919	1926	1933	1939	1944	1949	1954	1959	1964	1969	1974

2.272 —— 由二氧化碳换算成碳酸钙（$CaCO_3/CO_2$）的因数；

m_d —— 试样干质量（g）；

10^6 —— 将微克换算成克数。

2 当水温和大气压力在表 33.0.5 的范围之外时，按下式计算碳酸钙含量。

$$\left.\begin{aligned}CaCO_3 &= \frac{M(CaCO_3)n(CO_2)\times100}{m_d}\\n(CO_2) &= \frac{P \cdot V(CO_2)}{RT}\end{aligned}\right\} \quad (33.0.5\text{-}2)$$

式中　$M(CaCO_3)$ —— 碳酸钙摩尔质量（=100g/mol）；

$n(CO_2)$ —— 二氧化碳物质的量（mol）；

P —— 试验时大气压力（kPa）；

T —— 试验时水温（=273+℃）K；

R —— 摩尔气体常数〔=8314kPa·mL/（mol·K）〕。

计算准确至 0.1%。

33.0.6 难溶盐（碳酸钙）试验的记录格式见附录 D 表 D-56。

34　有机质试验

34.0.1 本试验方法适用于有机质含量不大于 15% 的土，采用重铬酸钾容量法。

34.0.2 本试验所用的主要仪器设备，应符合下列规定：

1 分析天平：称量 200g，最小分度值 0.0001g。

2 油浴锅：带铁丝笼，植物油。

3 加热设备：烘箱、电炉。

4 其他设备：温度计（0～200℃，刻度 0.5℃）、试管、锥形瓶、滴定管、小漏斗、洗瓶、玻璃棒、容量瓶、干燥器、0.15mm 筛子等。

34.0.3 本试验所用试剂，应符合下列规定：

1 重铬酸钾标准溶液：准确称取预先在 105～110℃ 烘干并研细的重铬酸钾（$K_2Cr_2O_7$）44.1231g，溶于 800mL 纯水中（必要时可加热），在不断搅拌下，缓慢地加入浓硫酸 1000mL，冷却后移入 2L 容量瓶中，用纯水稀释至刻度。此标准溶液浓度：

$$c(K_2Cr_2O_7) = 0.075mol/L$$

2 硫酸亚铁标准溶液：称取硫酸亚铁（$FeSO_4 \cdot 7H_2O$）56g（或硫酸亚铁铵 80g），溶于适量纯水中，加 3mol/L $c(H_2SO_4)$ 溶液 30mL，然后用纯水稀释至 1L。按如下标定。

准确量取重铬酸钾标准溶液 10.00mL 3 份，分别置于锥形瓶中，各用纯水稀释至约 60mL，再分别加入邻啡啰啉指示剂 3～5 滴，用硫酸亚铁标准溶液滴定，使溶液由黄色经绿突变至橙红色为终点，记录其用量。3 份平行误差不得超过 0.05mL，取算术平均值。求硫酸亚铁标准溶液准确浓度：

$$c(FeSO_4) = \frac{c(K_2Cr_2O_7)V(K_2Cr_2O_7)}{V(FeSO_4)} \quad (34.0.3)$$

式中　$c(FeSO_4)$——硫酸亚铁的浓度(mol/L)；

$\quad\quad V(FeSO_4)$——滴定硫酸亚铁用量(mL)；

$\quad\quad c(K_2Cr_2O_7)$——重铬酸钾浓度(mol/L)；

$\quad\quad V(K_2Cr_2O_7)$——取重铬酸钾体积(mL)。

计算至 0.0001mol/L。

3 邻啡锣啉指示剂：称取邻啡锣啉 1.845g 和硫酸亚铁 0.695g 溶于 100mL 纯水中，贮于棕色瓶中。

34.0.4 有机质试验应按下列步骤进行：

1 当试样中含有机碳小于 8mg 时，准确称取已除去植物根并通过 0.15mm 筛的风干试样 0.1000～0.5000g，放入干燥的试管底部，用滴定管缓慢滴入重铬酸钾标准溶液 10.00mL，摇匀，于试管口插一小漏斗。

2 将试管插入铁丝笼中，放入 190℃ 左右的油浴锅内，试管内的液面应低于油面。控制在 170～180℃ 的温度范围，从试管内溶液沸腾时开始计时，煮沸 5min，取出稍冷。

3 将试管内溶液倒入锥形瓶中，用纯水洗净试管底部，并使试液控制在 60mL，加入邻啡锣啉指示剂 3～5 滴，用硫酸亚铁标准溶液滴定至溶液由黄色经绿色突变为橙红色时为终点。记下硫酸亚铁标准溶液的用量，估读到 0.05mL。

4 试验同时，按本条 1～3 款的步骤操作，以纯砂代试样进行空白试验。

34.0.5 有机质按下式计算：

$$O_m = \frac{c(Fe^{2+})\{V'(Fe^{2+}) - V(Fe^{2+})\} \times 0.003 \times 1.724 \times (1+0.01w) \times 100}{m_s}$$

$$(34.0.5)$$

式中　O_m——有机质含量(%)；

$\quad\quad c(Fe^{2+})$——硫酸亚铁标准溶液浓度(mol/L)；

$\quad\quad V'(Fe^{2+})$——空白滴定硫酸亚铁用量(mL)；

$\quad\quad V(Fe^{2+})$——试样测定硫酸亚铁用量(mL)；

$\quad\quad 0.003$——1/4 硫酸亚铁标准溶液浓度时的摩尔质量(kg/mol)；

$\quad\quad 1.724$——有机碳换算成有机质的因数。

计算准确至 0.01%。

34.0.6 有机质试验的记录格式见附录 D 表 D-57。

35　土的离心含水当量试验

35.0.1 本试验方法适用于粒径小于 0.5mm 的土。应在恒温下进行试验。

土的离心含水当量定义为饱和土(经过浸泡)经受 1000 倍重力的离心作用 1h 后的含水率。以烘干土量的百分比表示。

35.0.2 本试验所用的主要仪器设备，应符合下列规定：

1 离心机(图 35.0.2)：能对试样重心施加相当于 1000 倍重力的离心力达 1h。

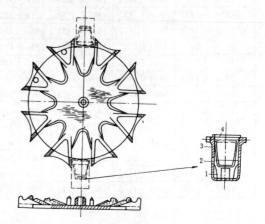

图 35.0.2　离心机主零件示意图
1—坩埚支承架；2—滤纸；3—离心枢轴杯；4—坩埚

2 瓷坩埚：具有底孔，高度宜为 40mm，顶部直径为 25mm，底部直径为 20mm。

3 套杯：带有盖子的离心枢轴杯，内装多孔埚底的瓷坩埚及相应的支架，要求套杯与坩埚支承架彼此对应平衡，并成对地编号。

35.0.3 土的离心含水当量试验，应按下列步骤进行：

1 试样制备应按本标准第 3.1.5 条的规定进行。过 0.5mm 筛，搅拌均匀，称试样 5g，数量不得少于两份，将试样倒入底面铺湿滤纸的坩埚内。

2 将坩埚置于盛有纯水的盆内，水深应高出试样表面，静置 8～10h，当试样表面出现自由水时，表示试样已饱和，再将装有试样的坩锅放入保湿缸内静置，时间不应少于 2h。

3 取出坩埚，吸去试样表面的自由水，放入离心机枢轴杯中，将成对的坩埚放在离心机的对称位置上。将离心机调至预定的转速，该转速应使试样重心处经受 1000 倍重力的离心力，旋转 1h，再减小转速，使离心机在 5min 内停止转动。

4 试验结束，取出坩埚，称坩埚和湿土的总质量。

5 将坩埚置于烘箱内，在 105～110℃ 温度下烘干，称坩埚和干土的总质量。

注：试验后，当试样顶部出现自由水时，表示试样有积水作用，应该将水分算入湿土质量，但必须在记录中加以说明。

35.0.4 土的离心含水当量，应按下式计算，准确至 0.1%。

$$w_{cme} = \frac{m_a - m_b}{m_b - m_c} \times 100 \qquad (35.0.4)$$

式中　w_{cme}——离心含水当量(%)；

$\quad\quad m_a$——离心后坩埚和湿土总质量(g)；

$\quad\quad m_b$——烘干后坩埚和干土总质量(g)；

$\quad\quad m_c$——坩埚质量(g)。

35.0.5 土的离心含水当量试验成对试样所测得的两个含水当量

的平行差值,应符合下列规定:离心含水当量小于、等于 15% 时,平行差值不大于 1%;离心含水当量大于 15% 时,平行差值不大于 2%。

35.0.6 离心含水当量试验记录格式见附录 D 表 D-58。

附录 A 试验资料的整理与试验报告

A.0.1 为使试验资料可靠和适用,应进行正确的数据分析和整理。整理时对试验资料中明显不合理的数据,应通过研究,分析原因(试样是否具有代表性、试验过程中是否出现异常情况等)或在有条件时,进行一定的补充试验后,可决定对可疑数据的取舍或改正。

A.0.2 舍弃试验数据时,应根据误差分析或概率的概念,按三倍标准差(即 ±3s)作为舍弃标准,即在资料分析中应该舍弃那些在 $\bar{x} \pm 3s$ 范围以外的测定值,然后重新计算整理。

A.0.3 土工试验测得的土性指标,可按其在工程设计中的实际作用分为一般特性指标和主要计算指标。前者如土的天然密度、天然含水率、土粒比重、颗粒组成、液限、塑限、有机质、水溶盐等,系指作为对土分类定名和阐明其物理化学特性的土性指标;后者如土的粘聚力、内摩擦角、压缩系数、变形模量、渗透系数等,系指在设计计算中直接用以确定土体的强度、变形和稳定性等力学性的土性指标。

A.0.4 对一般特性指标的成果整理,通常可采用多次测定值 x_i 的算术平均值 $\bar{x}$,并计算出相应的标准差 s 和变异系数 c_v,以反映实际测定值对算术平均值的变化程度,从而判别其采用算术平均值时的可靠性。

  1 算术平均值 $\bar{x}$ 按下式计算:

$$\bar{x} = \frac{1}{n}\sum_{i=1}^{n} x_i \qquad (A.0.4\text{-}1)$$

式中 $\sum_{i=1}^{n} x_i$ ——指标测定值的总和;

n ——指标测定的总次数。

  2 标准差 s 按下式计算:

$$s = \sqrt{\frac{1}{n-1}\sum_{i=1}^{n}(x_i - \bar{x})^2} \qquad (A.0.4\text{-}2)$$

  3 变异系数 c_v 按下式计算,并按表 A.0.4 评价变异性。

$$c_v = \frac{s}{\bar{x}} \qquad (A.0.4\text{-}3)$$

表 A.0.4 变异性评价

变异系数	$c_v < 0.1$	$0.1 \leqslant c_v < 0.2$	$0.2 \leqslant c_v < 0.3$	$0.3 \leqslant c_v < 0.4$	$c_v \geqslant 0.4$
变异性	很小	小	中 等	大	很大

A.0.5 对于主要计算指标的成果整理,如果测定的组数较多,此时指标的最佳值接近于诸测值的算术平均值,仍可按一般特性指标的方法确定其设计计算值,即采用算术平均值。但通常由于试验的数据较少,考虑到测定误差、土体本身不均匀性和施工质量的影响等,为安全考虑,对初步设计和次要建筑物宜采用标准差平均值,即对算术平均值加(或减)一个标准差的绝对值($\bar{x} \pm |s|$)。

A.0.6 对不同应力条件下测得的某种指标(如抗剪强度等)应经过综合整理求取。在有些情况下,尚需求出不同土体单元综合使用时的计算指标。这种综合性的土性指标,一般采用图解法或最小二乘方分析法确定。

  1 图解法:将不同应力条件下测得的指标值(如抗剪强度)求得算术平均值,然后以不同应力为横坐标,指标平均值为纵坐标作图,并求得关系曲线,确定其参数(如土的粘聚力 c 和角摩擦系数 $\mathrm{tg}\phi$)。

  2 最小二乘方分析法:根据各测定值同关系曲线的偏差的平方和为最小的原理求取参数值。

  3 当设计计算几个土体单元土性参数的综合值时,可按土体单元在设计计算中的实际影响,采用加权平均值,即:

$$\bar{x} = \frac{\sum w_i x_i}{\sum w_i} \qquad (A.0.6)$$

式中 x_i ——不同土体单元的计算指标;

w_i ——不同土体单元的对应权。

A.0.7 试验报告的编写和审核应符合下列要求:

  1 试验报告所依据的试验数据,应进行整理、检查、分析,经确定无误后方可采用。

  2 试验报告所需提供的依据,一般应包括根据不同建筑物的设计和施工的具体要求所拟试验的全部土性指标。

  3 试验报告的内容应包括:试验方案的简要说明(工程概况,所需解决的问题以及由此对试样的采制、试验项目和试验条件提出的要求)、试验数据和基本结论。

  4 试验报告中一律采用国家颁布的法定计量单位。

  5 试验报告应按以下方面审查:

    1)对照委托任务书,检查试验项目是否齐全。

    2)检查试验项目是否按照试验方法标准进行。

    3)综合分析检查各指标间的关系是否合理。

    4)对需要进行数据统计分析的试验报告应检查选用的方法是否合理,结果是否正确。

    5)检查土的定义是否与相关规范标准相符。

  6 试验报告审批应符合以下程序:

    1)由试验人员填写成果汇总表。

    2)经校核人员校核汇总表中的数据。

    3)由试验负责人编写试验报告。

    4)由技术负责人签字并盖章发送。

附录 B 土样的要求与管理

B.0.1 采样数量应满足要求进行的试验项目和试验方法的需要,采样的数量按表 B.0.1 规定采取,并应附取土记录及土样现场描述。

表 B.0.1 试验取样数量和过土筛标准

试验项目 \ 土样数量 \ 土类	粘 土 原状土(筒) φ10cm×20cm	粘 土 扰动土 (g)	砂 土 原状土(筒) φ10cm×20cm	砂 土 扰动土 (g)	过筛标准 (mm)
含水率		800		500	
比 重		800		500	
颗粒分析		800		500	
界限含水率		500			0.5
密 度	1		1		
固 结	1	2000			2.0
黄土湿陷	1				2.0
三轴压缩	2	5000		5000	2.0
膨胀、收缩	2	2000		8000	2.0
直接剪切	1	2000			2.0
击 实		轻型>15000 重型>30000			5.0
承载比					
无侧限抗压强度	1				
反复直剪	1	2000			2.0
相对密度				2000	
渗 透	1	1000		2000	2.0
化学分析		300			
离心含水当量		300			0.5

B.0.2 土样的验收和管理。

1 土样送达试验单位,必须附送样单及试验委托书或其他有关资料。送样单位应有原始记录和编号。内容应包括工程名称,试坑或钻孔编号、高程、取土深度、取样日期。如原状土应有地下水位高程、土样现场鉴别和描述及定义、取土方法等。试验委托书应包括工程名称、工程项目、试验目的、试验项目、试验方法及要求。例如原状土进行力学性试验时,试样是在天然含水率状态下还是饱和状态下进行;剪切试验的仪器(三轴或直剪);剪切试验方法(快剪、固快,不固结不排水,固结不排水等);剪切和固结的最大荷重;渗透试验是垂直还是水平方向,求哪一级荷重或某一个干密度(孔隙比)下的固结系数或湿陷渗透系数;黄土压缩试验须提出设计荷重。扰动土样的力学性试验要提出初步设计干密度和施工现场可能达到的平均含水率等。

2 试验单位接到土样后,应按试验委托书验收。验收中需查明土样数量是否有误,编号是否相符,所送土样是否满足试验项目和试验方法的要求。必要时可抽取土样质量,验收后登记,编号。登记内容应包括:工程名称、委托单位、送样日期、土样室内编号和野外编号、取土地点和取土深度、试验项目的要求以及要求提出成果的日期等。

3 土样送交试验单位验收、登记后,即将土样按顺序妥善存放,应将原状土样和保持天然含水率的扰动土样置于阴凉的地方,尽量防止扰动和水分蒸发。土样从取样之日起至开始试验的时间不应超过 3 周。

4 土样经过试验之后,余土应贮存于适当容器内,并标记工程名称及室内土样编号,妥善保管,以备审核试验成果之用。一般保存到试验报告提出 3 个月以后,委托单位对试验报告未提出任何疑义时,方可处理。

5 处理试验余土时要考虑余土对环境的污染、卫生等要求。

附录 C 室内土工仪器通用要求

C.0.1 本标准适用于室内土工仪器,规定试验仪器的通用要求,以保证试验数据的准确可靠。

C.0.2 室内土工仪器设备的通用要求。

1 室内土工仪器的基本参数应能满足各类土性指标试验的要求,各类试验所用仪器的参数应符合现行国家标准《土工仪器的基本参数及通用技术条件》GB/T15406 第一篇之 4 的规定。

2 室内土工仪器应具备预计使用所要求的计量特性(如准确度、稳定度、量程及分辨力等),基本特性要求可按国家标准 GB/T15406 第一篇之 5.5 的规定选用。

3 室内土工仪器的结构、材料、工作环境应满足 GB/T15406 第一篇之 5.2、5.3 和 5.4 规定的要求。

C.0.3 室内土工仪器的准确度和校准。

1 各类室内土工仪器的准确度应符合 GB/T15406 第一篇之 5.5.1、5.6.2 及该标准附录《土工室内主要仪器准确度表》规定的要求。

2 仪器中配备计量标准器具时,应按规定的检定周期送交有计量检定能力的单位检定。

3 所有室内土工仪器使用前应按有关校验规程进行校准。

4 对专用性强、结构和原理较复杂的仪器,尚未制订计量检定规程和检验方法的,可按《国家计量检定规程编写规则》的要求编写校验方法,按程序审批后进行仪器校验。

C.0.4 不合格仪器及处理方法。

1 不合格仪器系指已经损坏;过载或误动作;工作不正常;功能出现可疑;超过规定的确认间隔时间;铅封完整性被破坏。

2 凡不合格的仪器应停止使用,隔离存放,作出明显的标记。

3 不合格的仪器应作以下处理:
 1)仪器不准确或有其他故障时,应先进行调整,仔细检查或修理,再经检定或检验合格后重新投入使用。
 2)对不能调整或修复的仪器,应报废。
 3)对具有多功能和多量程的仪器,经证实能在一种或多种功能或量程内正常使用时,应标明限制使用的范围,可在规定的正常功能和量程内使用。

C.0.5 仪器设备管理应符合以下要求:

1 编制仪器设备一览表,其内容为:仪器名称、技术指标、制造厂家、购置日期、保管人。

2 编制仪器设备检定(校验)周期表,其内容包括:仪器设备名称、编号、检定周期、检定单位、最近检定日期、送检负责人。

3 所有仪器设备应有统一格式的标志。
 1)标志分"合格""准用""停用"3 种,分别以绿、黄、红 3 种颜色表示。
 2)标志内容:仪器编号、检定结论、检定日期、检定单位。
 3)可拆卸的检测仪表组合成的仪器,每个仪表应有独立的标志;不可拆卸仪表组合成的仪器,可以只有一个标志。

4 仪器说明书应妥善保存,并能方便使用。

5 建立仪器档案,其内容为:使用记录、故障及维修情况记录。

附录 D　各项试验记录

表 D-1　含水率试验记录

工程名称＿＿＿＿＿＿　　试验者＿＿＿＿＿＿
工程编号＿＿＿＿＿＿　　计算者＿＿＿＿＿＿
试验日期＿＿＿＿＿＿　　校核者＿＿＿＿＿＿

试样编号	盒号	盒质量(g)	盒加湿土质量(g)	盒加干土质量(g)	湿土质量(g)	干土质量(g)	含水率(%)	平均含水率(%)

表 D-2　密度试验记录(环刀法)

工程名称＿＿＿＿＿＿　　试验者＿＿＿＿＿＿
工程编号＿＿＿＿＿＿　　计算者＿＿＿＿＿＿
试验日期＿＿＿＿＿＿　　校核者＿＿＿＿＿＿

试样编号	环刀号	湿土质量(g)	试样体积(cm³)	湿密度(g/cm³)	试样含水率(%)	干密度(g/cm³)	平均干密度(g/cm³)

表 D-3　密度试验记录(蜡封法)

工程名称＿＿＿＿＿＿　　试验者＿＿＿＿＿＿
工程编号＿＿＿＿＿＿　　计算者＿＿＿＿＿＿
试验日期＿＿＿＿＿＿　　校核者＿＿＿＿＿＿

试样编号	试样质量(g)	蜡封试样质量(g)	蜡封试样水中质量(g)	温度(℃)	纯水在 T℃ 时的密度(g/cm³)	蜡封试样体积(cm³)	蜡体积(cm³)	试样体积(cm³)	湿密度(g/cm³)	含水率(%)	干密度(g/cm³)	平均干密度(g/cm³)
	(1)	(2)	(3)	(4)	$(5)=\dfrac{(2)-(3)}{(4)}$	(6)$=\dfrac{(2)-(1)}{\rho_n}$	(7)=(5)-(6)	(8)$=\dfrac{(1)}{(7)}$	(9)	(10)$=\dfrac{(8)}{1+0.01(9)}$		

表 D-4　密度试验记录(灌水法)

工程名称＿＿＿＿＿＿　　试验者＿＿＿＿＿＿
工程编号＿＿＿＿＿＿　　计算者＿＿＿＿＿＿
试验日期＿＿＿＿＿＿　　校核者＿＿＿＿＿＿

试坑编号	储水筒水位(cm) 初始	储水筒水位(cm) 终了	储水筒断面积(cm²)	试坑体积(cm³)	试样质量(g)	湿密度(g/cm³)	含水率(%)	干密度(g/cm³)	试样重度(kN/cm³)
	(1)	(2)	(3)	(4)=[(2)-(1)]×(3)	(5)	(6)$=\dfrac{(5)}{(4)}$	(7)	(8)$=\dfrac{(6)}{1+0.01(7)}$	(9)=9.81×(8)

表 D-5　密度试验记录(灌砂法)

工程名称＿＿＿＿＿＿　　试验者＿＿＿＿＿＿
工程编号＿＿＿＿＿＿　　计算者＿＿＿＿＿＿
试验日期＿＿＿＿＿＿　　校核者＿＿＿＿＿＿

试坑编号	量砂容器质量加原有量砂质量(g)	量砂容器质量加剩余量砂质量(g)	试坑用砂质量(g)	量砂密度(g/cm³)	试坑体积(cm³)	试坑加容器质量(g)	容器质量(g)	试样质量(g)	试样密度(g/cm³)	试样含水率(%)	试样干密度(g/cm³)	试样重度(kN/cm³)
	(1)	(2)	(3)=(1)-(2)	(4)	(5)$=\dfrac{(3)}{(4)}$	(6)	(7)	(8)=(6)-(7)	(9)$=\dfrac{(8)}{(5)}$	(10)	(11)$=\dfrac{(9)}{1+0.01(10)}$	(12)=9.81×(9)

表 D-6　比重试验记录(比重瓶法)

工程名称＿＿＿＿＿＿　　试验者＿＿＿＿＿＿
工程编号＿＿＿＿＿＿　　计算者＿＿＿＿＿＿
试验日期＿＿＿＿＿＿　　校核者＿＿＿＿＿＿

试样编号	比重瓶号	温度(℃)	液体比重查表	比重瓶质量(g)	干土质量(g)	瓶加液体质量(g)	瓶加液体加干土总质量(g)	与干土同体积的液体质量(g)	比重	平均值
		(1)	(2)	(3)	(4)	(5)	(6)	(7)=(4)+(5)-(6)	(8)$=\dfrac{(4)}{(7)}×(2)$	(9)

表 D-7 比重试验记录(浮称法)

工程名称_____　　　　试验者_____
工程编号_____　　　　计算者_____
试验日期_____　　　　校核者_____

试样编号	铁丝筐号	温度(℃)	水的比重查表	干土质量(g)	铁丝筐加试样水中质量(g)	铁丝筐在水中质量(g)	试样在水中质量(g)	比重	平均值
		(1)	(2)	(3)	(4)	(5)	(6)=(4)−(5)	$(7)=\dfrac{(3)+(4)}{(3)-(6)}$	(8)

表 D-8 比重试验记录(虹吸筒法)

工程名称_____　　　　试验者_____
工程编号_____　　　　计算者_____
试验日期_____　　　　校核者_____

试样编号	温度(℃)	水的比重查表	烘干土质量(g)	晾干土质量(g)	量筒加排开水质量(g)	量筒质量(g)	排开水质量(g)	吸着水质量(g)	比重	平均值
	(1)	(2)	(3)	(4)	(5)	(6)	(7)=(5)−(6)	(8)=(4)−(3)	$(9)=\dfrac{(3)\times(2)}{(7)-(8)}$	(10)

表 D-9 颗粒大小分析试验记录(筛析法)

工程名称_____　　　　试验者_____
土样编号_____　　　　计算者_____
试验日期_____　　　　校核者_____

风干土质量=　　 g　　小于 0.075mm 的土占总土质量百分数=　　 %
2mm 筛上土质量=　　 g　　小于 2mm 的土占总土质量百分数 d_x=　　 %
2mm 筛下土质量=　　 g　　细筛分析时所取试样质量=　　 g

筛号	孔径(mm)	累积留筛土质量(g)	小于该孔径的土质量(g)	小于该孔径的土质量百分数(%)	小于该孔径的总土质量百分数(%)
底盘总计					

表 D-10 颗粒分析试验记录(密度计法)

工程编号_____　　　　试验者_____
土样编号_____　　　　计算者_____
试验日期_____　　　　校核者_____

风干土质量_____
干土总质量　30g

小于 0.075mm 颗粒土质量百分数_____　密度计号_____
湿土质量_____　　　　　　　　　量筒号_____
含水率_____　　　　　　　　　　烧瓶号_____
干土质量_____　　　　　　　　　土粒比重_____
含盐量_____　　　　　　　　　　比重校正值_____
试样处理说明_____　　　　　　　弯液面校正值_____

试验时间		密度计读数			土粒落距 L(cm)	粒径 d(mm)	小于某粒径的土的总土量百分数(%)	小于某粒径土质量百分数(%)
下沉时间 t (min)	液温温度 T (℃)	密度计读数 R	温度校正值 m	分散剂校正值 C_D	$R_M=R+m+n-C_D$ $R_H=R_M\times C_G$			

表 D-11 颗粒分析试验记录(移液管法)

工程名称_____　　　　试验者_____
土样编号_____　　　　计算者_____
试验日期_____　　　　校核者_____

<2mm 颗粒土质量百分数_____　　　三角烧瓶号_____
<0.075mm 颗粒土质量百分数_____　烧杯号_____
试样干质量 m_d_____ g　　　　　量筒号_____
土粒比重(G_s)_____　　　　　　吸管体积_____mL

粒径(mm)	杯号	杯加土质量(g)	杯质量(g)	吸管内质量(g)	1000mL量筒内土质量(g)	小于某粒径土质量百分数(%)	小于某粒径土占总土质量百分数(%)
(1)	(2)	(3)	(4)	(5)=(3)−(4)	(6)	(7)	(8)
<0.05							
<0.01							
<0.005							

表 D-12 界限含水率试验记录(液、塑限联合测定法)

工程名称_____　　　　试验者_____
工程编号_____　　　　计算者_____
试验日期_____　　　　校核者_____

试样编号	圆锥下沉深度(mm)	盒号	湿土质量(g)	干土质量(g)	含水率(%)	液限(%)	塑限(%)	塑性指数
	(1)		(2)		$(3)=\left[\dfrac{(1)}{(2)}-1\right]\times100$	(4)	(5)	(6)=(4)−(5)

表 D-13 碟式仪液限试验记录

工程名称＿＿＿＿＿＿　　试验者＿＿＿＿＿＿
工程编号＿＿＿＿＿＿　　计算者＿＿＿＿＿＿
试验日期＿＿＿＿＿＿　　校核者＿＿＿＿＿＿

试样编号	击数	盒号	湿土质量(g)	干土质量(g)	含水率(%)	液限(%)
			(1)	(2)	$(3)=\left[\dfrac{(1)}{(2)}-1\right]\times100$	(4)

表 D-14 搓条法塑限试验记录

工程名称＿＿＿＿＿＿　　试验者＿＿＿＿＿＿
工程编号＿＿＿＿＿＿　　计算者＿＿＿＿＿＿
试验日期＿＿＿＿＿＿　　校核者＿＿＿＿＿＿

试样编号	盒号	湿土质量(g)	干土质量(g)	含水率(%)	塑限(%)
		(1)	(2)	$(3)=\left[\dfrac{(1)}{(2)}-1\right]\times100$	(4)

表 D-15 收缩皿法缩限记录

工程名称＿＿＿＿＿＿　　试验者＿＿＿＿＿＿
工程编号＿＿＿＿＿＿　　计算者＿＿＿＿＿＿
试验日期＿＿＿＿＿＿　　校核者＿＿＿＿＿＿

试样编号	收缩皿号	湿土质量(g)	干土质量(g)	含水率(%)	湿土体积(cm³)	干土体积(cm³)	缩限指数(%)	平均值
		(1)	(2)	$(3)=\left[\dfrac{(1)}{(2)}-1\right]\times100$	(4)	(5)	$(6)=(3)-\dfrac{(4)-(5)}{(2)}\rho_w\times100$	(7)

表 D-16 相对密度试验记录

工程名称＿＿＿＿＿＿　　试验者＿＿＿＿＿＿
工程编号＿＿＿＿＿＿　　计算者＿＿＿＿＿＿
试验日期＿＿＿＿＿＿　　校核者＿＿＿＿＿＿

	试验项目	最小干密度	最大干密度	备注
	试验方法	漏斗法	振击法	
试样质量(g)	(1)			
试样体积(cm³)	(2)			
干密度(g/cm³)	(3)			
平均干密度(g/cm³)	(4)			
土粒比重	(5)			
天然干密度(g/cm³)	$(6)\rho_d$			
相对密度	$(7)=\dfrac{(\rho_d-\rho_{dmin})\rho_{dmax}}{\rho_d(\rho_{dmax}-\rho_{dmin})}$			

表 D-17 击实试验记录

工程编号＿＿＿＿＿＿　　试验者＿＿＿＿＿＿
试样编号＿＿＿＿＿＿　　计算者＿＿＿＿＿＿
试验日期＿＿＿＿＿＿　　校核者＿＿＿＿＿＿

预估最优含水率＿＿＿＿＿％　　风干含水率＿＿＿＿＿％　　试验类别＿＿＿＿＿

试验序号	筒加试样质量(g)	筒质量(g)	试样质量(g)	筒体积(cm³)	湿密度(g/cm³)	干密度(g/cm³)	盒号	湿土质量(g)	干土质量(g)	含水率(%)	平均含水率(%)
	(1)	(2)	$(3)=(1)-(2)$	(4)	$(5)=(3)/(4)$	$(6)=\dfrac{(5)}{1+0.01(10)}$	(7)	(8)		$(9)=\left[\dfrac{(7)}{(8)}-1\right]\times100$	(10)

表 D-18 *CBR* 试验记录（膨胀量）

工程名称_____ 　　　　　　　　试验者_____
试样筒体积_____ cm³　　　　　　计算者_____
试验日期_____ 　　　　　　　　校核者_____

	试样编号	(1)	1	2	3		试样编号	(1)	1	2	3
	试样筒编号	(2)				密度	干 密 度 (g/cm³)	$(11)=\dfrac{(10)}{1+0.01(7)}$			
含水率	盒加湿土质量(g)	(3)					干密度平均值(g/cm³)	(12)			
	盒加干土质量(g)	(4)					浸水前试样高度(mm)	(13)			
	盒质量(g)	(5)				膨胀比	浸水后试样高度(mm)	(14)			
	含水率(%)	$(6)=\left[\dfrac{(3)-(5)}{(4)-(5)}-1\right]\times100$					膨 胀 比(%)	$(15)=\dfrac{(14)-(13)}{(13)}\times100$			
	平均含水率(%)	(7)					膨胀量平均值(%)	(16)			
密度	筒加试样质量(g)	(8)				吸水	浸水后筒加试样质量(g)	(17)			
	筒质量(g)	(9)					吸水量(g)	(18)=(17)-(8)			
	湿密度(g/cm³)	$(10)=\dfrac{(8)-(9)}{V}$					吸水量平均值(g)	(19)			

表 D-19 *CBR* 试验记录（贯入）

工程名称_____ 　浸水条件_____ 　　　击　次_____
试样制备方法_____ 　荷载板质量_____ g　试验者_____
试样状态_____ 　贯入速度_____ mm/min　试验日期_____
试样最大粒径_____ mm　测力计率定系数 $C=\quad$ kPa/0.01mm　校核者_____

试件编号	量表Ⅰ 读 数 (0.01mm)	量表Ⅱ 读 数 (0.01mm)	平均 读数 (0.01mm)	测力计 读数 (0.01mm)	荷载 强度 (kPa)	量表Ⅰ 读 数 (0.01mm)	平均 读数 (0.01mm)	测力计 读数 (0.01mm)	荷载 强度 (kPa)	量表Ⅱ 读 数 (0.01mm)	平均 读数 (0.01mm)	测力计 读数 (0.01mm)	荷载 强度 (kPa)
	(1)	(2)	$(3)=\dfrac{1}{2}$ $[(1)+(2)]$	(4)	$(5)=$ $\dfrac{(4)\cdot C}{A}$	(2)	$(3)=\dfrac{1}{2}$ $[(1)+(2)]$	(4)	$(5)=$ $\dfrac{(4)\cdot C}{A}$	(2)	$(3)=\dfrac{1}{2}$ $[(1)+(2)]$	(4)	$(5)=$ $\dfrac{(4)\cdot C}{A}$
贯入量	0												
	50												
	100												
	150												
	200												
	250												
	300												
	400												
	500												
	750												
	1000												
$CBR_{2.5}$(%)													
$CBR_{5.0}$(%)													
CBR(%)													
平均 *CBR*(%)													

注：表中公式 *A* 为试样面积。

表 D-20 回弹模量试验记录

工程名称_____ 　　　　　　试验日期_____
试样编号_____ 　　　　　　仪器编号_____
土样分类_____ 　　　　　　试验者_____
试验方法_____ 　　　　　　校核者_____

加载级数	单位压力 (kPa)	砝码重力(N)或测力计读数(0.01mm)	量 表 读 数 (0.001mm)						回弹变形 (0.1mm)		回弹模量 (kPa)
			加　载			卸　载			读数值	修正值	
			左	右	平均	左	右	平均			

表 D-21 常水头渗透试验记录

工程编号＿＿＿＿＿＿＿＿　　　　　　　　试验者＿＿＿＿＿＿＿＿

试样编号＿＿＿＿＿＿＿＿　　　　　　　　计算者＿＿＿＿＿＿＿＿

试验日期＿＿＿＿＿＿＿＿　　　　　　　　校核者＿＿＿＿＿＿＿＿

试验次数	经过时间(s)	测压管水位(cm) I	II	III	水 位 差 H_1	H_2	平均	水力坡降	渗水量(cm)	渗透系数(cm/s)	水温(℃)	校正系数	水温20℃时的渗透系数(cm/s)	平均渗透系数(cm/s)
(1)	(2)	(3)	(4)		$(5)=(2)-(3)$	$(6)=(3)-(4)$	$(7)=\frac{(5)+(6)}{2}$	$(8)=\frac{1}{(7)\cdot L}$	(9)	$(10)=\frac{(9)}{A\times(8)\times(1)}$	(11)	$(12)=\frac{\eta_T}{\eta_{20}}$	$(13)=(10)\times(12)$	(14)

表 D-22 变水头渗透试验记录

工程名称＿＿＿＿＿＿＿＿　　试样面积(A)＿＿＿＿＿＿＿＿　　试验者＿＿＿＿＿＿＿＿

试样编号＿＿＿＿＿＿＿＿　　试样高度(L)＿＿＿＿＿＿＿＿　　计算者＿＿＿＿＿＿＿＿

仪器编号＿＿＿＿＿＿＿＿　　测压管断面积(a)＿＿＿＿＿＿　　校核者＿＿＿＿＿＿＿＿

试验日期＿＿＿＿＿＿＿＿　　孔隙比(e)＿＿＿＿＿＿＿＿

开始时间 t_1(s)	终了时间 t_2(s)	经过时间 t(s)	开始水头 H_1(cm)	终了水头 H_2(cm)	$2.3\frac{a\times L}{A\times(3)}$	$\lg\frac{H_1}{H_2}$	T℃时间渗透系数(cm/s)	水温(℃)	校准系数	水温20℃时的渗透系数(cm/s)	平均渗透系数(cm/s)
(1)	(2)	(3)=(2)-(1)	(4)	(5)	(6)	(7)	(8)=(6)×(7)	(9)	$(10)=\eta_T/\eta_{20}$	(11)=(8)×(10)	(12)

表 D-23(1) 固结试验记录(1)

工程编号＿＿＿＿＿＿＿＿　　试样面积＿＿＿＿＿＿＿＿　　　　　　试验者＿＿＿＿＿＿＿＿

试样编号＿＿＿＿＿＿＿＿　　土粒比重 G_s＿＿＿＿＿＿＿＿　　　计算者＿＿＿＿＿＿＿＿

仪器编号＿＿＿＿＿＿＿＿　　试验前试样高度 h_0＿＿＿＿mm　　校核者＿＿＿＿＿＿＿＿

试验日期＿＿＿＿＿＿＿＿　　试验前孔隙比 e_0＿＿＿＿＿＿

含水率试验

	盒号	湿土质量(g)	干土质量(g)	含水率(%)	平均含水率(%)
试验前					
试验后					

密度试验

环刀号	湿土质量(g)	环刀容积(cm³)	湿密度(g/cm³)

加压历时(h)	压力(MPa)	试样变形量(mm)	压缩后试样高度(mm)	孔 隙 比	压缩系数(MPa⁻¹)	压缩模量(MPa)	固结系数(cm²/s)
	p	$\sum\Delta h_i$	$h=h_0-\sum\Delta h_i$	$e_i=e_0-\frac{1+e_0}{h_0}\sum\Delta h_i$	$a_v=\frac{e_i-e_{i+1}}{p_{i+1}-p_i}$	$E_s=\frac{1+e_0}{a_v}$	$C_v=\frac{T_v\bar{h}^2}{t}$
24							

表 D-23(2) 固结试验记录(2)

工程编号＿＿＿＿＿＿　　　试验者＿＿＿＿＿＿

试样编号＿＿＿＿＿＿　　　计算者＿＿＿＿＿＿

仪器编号＿＿＿＿＿＿　　　校核者＿＿＿＿＿＿

试验日期＿＿＿＿＿＿

经过时间(min)	压力 MPa 时间	变形读数	MPa 时间	变形读数	MPa 时间	变形读数	MPa 时间	变形读数	MPa 时间	变形读数
0										
0.1										
0.25										
1										
2.25										
6.25										
9										
12.25										
16										
20.25										
25										

经过时间(min)	压力 MPa 时间	变形读数	MPa 时间	变形读数	MPa 时间	变形读数	MPa 时间	变形读数	MPa 时间	变形读数
30.25										
36										
42.25										
49										
64										
100										
200										
23(h)										
24(h)										
总变形量(mm)										
仪器变形量(mm)										
试样总变形量(mm)										

表 D-24 应变控制加荷固结试验记录

工程名称＿＿＿＿＿＿＿＿＿＿　　　　　　　试验者＿＿＿＿＿＿＿＿＿＿

土样编号＿＿＿＿＿＿＿＿＿＿　　　　　　　计算者＿＿＿＿＿＿＿＿＿＿

试验日期＿＿＿＿＿＿＿＿＿＿　　　　　　　校核者＿＿＿＿＿＿＿＿＿＿

试样初始高度　$h_0=$ 　　　(mm)		应变速率：(%/s)	
试样初始孔隙比　$e_0=$		负荷传感器系数 α：	
试样面积　　$A=$ 　　　(cm²)		孔压传感器系数 β：	

经过时间 t(min)	轴向变形 Δh (0.01mm)	应变 (%)	t 时孔隙比 e_i	负荷传感器读数	轴向负荷 P (kN)	轴向压力 σ (MPa)	孔压传感器读数	孔隙压力 U_b (MPa)	轴向有效压力 σ (MPa)
(1)	(2)	(3)=(2)/h_0	(4)=e_0－(1-e_0)·(3)	(5)	(6)=(5)·α	(7)=(6)/A	(8)	(9)=(8)·β	(10)=(7)－(9)

表 D-25 黄土湿陷试验记录

工程编号＿＿＿＿＿＿＿＿＿　　试样含水率＿＿＿＿＿＿＿＿　　试验者＿＿＿＿＿＿＿＿

试样编号＿＿＿＿＿＿＿＿＿　　试样密度＿＿＿＿＿＿＿＿　　计算者＿＿＿＿＿＿＿＿

仪器编号＿＿＿＿＿＿＿＿＿　　土粒比重＿＿＿＿＿＿＿＿　　校核者＿＿＿＿＿＿＿＿

试验方法＿＿＿＿＿＿＿＿＿　　试样初始高度＿＿＿＿＿＿＿＿mm

变形读数 (mm) ＼压力(kPa)											浸水湿陷		浸水溶滤	
	时间	读数	时间	读数	时间	读数	时间	读数	时间	读数	时间	读数	时间	读数
总变形量														
仪器变形量														
试样变形量														
试样高度														
	自重湿陷系数 $\delta_{zs}=\dfrac{h_z-h'_z}{h_0}$				湿陷变形系数 $\delta_s=\dfrac{h_1-h_2}{h_0}$				溶滤变形系数 $\delta_{wt}=\dfrac{h_s-h_s}{h_0}$					

表 D-26 黄土湿陷性试验记录(自重湿陷系数)

工程编号＿＿＿＿＿＿＿＿＿＿　　　　　　试验者＿＿＿＿＿＿＿＿＿＿

试样编号＿＿＿＿＿＿＿＿＿＿　　　　　　计算者＿＿＿＿＿＿＿＿＿＿

试验日期＿＿＿＿＿＿＿＿＿＿　　　　　　校核者＿＿＿＿＿＿＿＿＿＿

| 试样编号：＿＿＿＿＿＿＿＿＿ | | 环 刀 号：＿＿＿＿＿＿＿＿＿ | |
| 仪 器 号：＿＿＿＿＿＿＿＿＿ | | 试样初始高度：＿＿＿＿＿＿(mm) | |

层数	饱 和 自 重 压 力 计 算							试 验 测 试		
	密度 (g/cm³)	含水率 (%)	比重	孔隙度 (%)	饱和密度 (g/cm³)	层厚 (m)	土层自重 (kPa)	经过时间 (min)	百分表读数 (mm)	
									自重压力 (kPa)	浸水
	(1)	(2)	(3)	(4)=1－$\dfrac{(1)}{(3)\times[1+(2)]}$	(5)=$\dfrac{(1)}{1+(2)}$+0.85×(4)	(6)	(7)=9.81×(6)×(5)	(8)	(9)	(10)
								稳定读数		
自重压力(kPa)$\sum$(7)							自重湿陷系数			

表 D-27　黄土湿陷性试验记录(湿陷起始压力)

工程编号＿＿＿＿＿＿＿＿＿　　　　　　　试验者＿＿＿＿＿＿＿＿＿

试样编号＿＿＿＿＿＿＿＿＿　　　　　　　计算者＿＿＿＿＿＿＿＿＿

试验日期＿＿＿＿＿＿＿＿＿　　　　　　　校核者＿＿＿＿＿＿＿＿＿

试样编号：	环刀号：		试样初始高度：			(mm)		环刀号：		试样初始高度：				(mm)
经过时间 (min)	天　然　状　态						仪器号：	浸　水　状　态						仪器号：
	50 (25) (kPa)	100 (50) (kPa)	150 (75) (kPa)	200 (100) (kPa)	250 (150) (kPa)	300 (200) (kPa)	浸 水	50 (25) (kPa)	浸 水	100 (50) (kPa)	150 (75) (kPa)	200 (100) (kPa)	250 (150) (kPa)	300 (200) (kPa)
	百 分 表 读 数 (mm)							百 分 表 读 数 (mm)						
仪器变形量														
试样变形量														
湿 陷 系 数														

表 D-28　不固结不排水剪三轴试验记录

工程编号＿＿＿＿＿＿　　试验者＿＿＿＿＿＿

试样编号＿＿＿＿＿＿　　计算者＿＿＿＿＿＿

试验日期＿＿＿＿＿＿　　校核者＿＿＿＿＿＿

(1)含水率

盒　号		
湿土质量(g)		
干土质量(g)		
含水率(%)		
平均含水率(%)		

试样 草图

(2)密度

试样面积(cm²)	
试样高度(cm)	
试样体积(cm³)	
试样质量(g)	
密度(g/cm³)	

试样 破坏 描述

钢环系数＿＿＿N/0.01mm

剪切速率＿＿＿mm/mim

周围压力＿＿＿kPa

(3)不排水量

轴向变形	轴向应变	校正面积	钢环读数	$\sigma_1-\sigma_3$
(0.01mm)	ε(%)	$\dfrac{A_0}{1-\varepsilon}$(cm²)	(0.01mm)	(kPa)

表 D-29　固结不排水剪三轴试验记录

工程编号＿＿＿＿＿＿　　试验者＿＿＿＿＿＿

试样编号＿＿＿＿＿＿　　计算者＿＿＿＿＿＿

试验日期＿＿＿＿＿＿　　校核者＿＿＿＿＿＿

(1)含水率

	试验前	试验后
盒　号		
湿土质量(g)		
干土质量(g)		
含水率(%)		
平均含水率(%)		

(2)密度

试样高度(cm)	
试样体积(cm³)	
试样质量(g)	
密度(g/cm³)	
试样草图	
试样破坏描述	
备注	

(3)反压力饱和

周围压力 (kPa)	反压力 (kPa)	孔隙水压力 (kPa)	孔隙压力增量 (kPa)

(4)固结排水

周围压力＿＿＿kPa　　反压力＿＿＿kPa

孔隙水压力＿＿＿kPa

经过时间 (h·min·s)	孔隙水压力 (kPa)	量管读数 (mL)	排出水量 (mL)

6—59

(5)不排水剪切

钢环系数＿＿＿ N/0.01mm　　　　剪切速率＿＿＿ mm/min　　　　周围压力＿＿＿ kPa

反压力＿＿＿kPa　　　　初始孔隙压力＿＿＿ kPa　　　　温度＿＿＿℃

轴向变形 (0.01mm)	轴向应变 $\varepsilon(\%)$	校正面积 $\dfrac{A_0}{1-\varepsilon}$ (cm²)	钢环读数 (0.01mm)	$\sigma_1-\sigma_3$ (kPa)	孔隙压力 (kPa)	σ_1' (kPa)	σ_3' (kPa)	σ_1'/σ_3'	$\dfrac{\sigma_1'-\sigma_3'}{2}$ (kPa)	$\dfrac{\sigma_1'+\sigma_3'}{2}$ (kPa)

表 D-30　固结排水剪三轴试验记录

工程编号＿＿＿＿＿＿　　　　　　　试验者＿＿＿＿＿＿

试样编号＿＿＿＿＿＿　　　　　　　计算者＿＿＿＿＿＿

试验日期＿＿＿＿＿＿　　　　　　　校核者＿＿＿＿＿＿

(1)含水率

	试验前	试验后
盒号		
湿土质量(g)		
干土质量(g)		
含水率(%)		
平均含水率(%)		

(3)反压力饱和

周围压力 (kPa)	反压力 (kPa)	孔隙水压力 (kPa)	孔隙压力增量 (kPa)

(2)密度

	试验前	试验后
试样面积(cm²)		
试样高度(cm)		
试样体积(cm³)		
试样质量(g)		
密度(g/cm³)		
试样草图		
试样破坏描述		
备注		

(4)固结排水

周围压力＿＿＿＿＿kPa　　　反压力＿＿＿＿＿kPa

孔隙水压力＿＿＿＿＿kPa

经过时间 (h min s)	孔隙水压力 (kPa)	量管读数 (mL)	排出水量 (mL)

(5)排水剪切

钢环系数＿＿＿ N/0.01mm　　　　剪切速率＿＿＿ mm/min　　　　周围压力＿＿＿ kPa

反压力＿＿＿kPa　　　　初始孔隙压力＿＿＿ kPa　　　　温度＿＿＿℃

轴向变形 0.01mm	轴向应变 $\varepsilon_a(\%)$	校正面积 $\dfrac{V_c-\Delta V_i}{h_c-\Delta h_i}$ (cm²)	钢环读数 0.01mm	主应力差 $\sigma_1-\sigma_3$ (kPa)	比值 $\dfrac{\varepsilon_a}{\sigma_1-\sigma_3}$	量管读数 (cm³)	剪切排水量 (cm³)	体应变 $\varepsilon_v=\dfrac{\Delta V}{V_c}(\%)$	径向应变 $\varepsilon_r=\dfrac{\varepsilon_v-\varepsilon_a}{2}(\%)$	比值 $\dfrac{\varepsilon_r}{\varepsilon_a}$	应力比 $\dfrac{\sigma_1}{\sigma_3}$

表 D-31　无侧限抗压强度试验记录

工程编号＿＿＿＿＿＿＿　　　　试验者＿＿＿＿＿＿

试样编号＿＿＿＿＿＿＿　　　　计算者＿＿＿＿＿＿

试验日期＿＿＿＿＿＿＿　　　　校核者＿＿＿＿＿＿

试样初始高度 h_0＿＿＿ cm　　　量力环定系数 $c=$＿＿＿ N/0.01mm

试样直径 D＿＿＿ cm　　　原状试样无侧限抗压强度 $q_u=$＿＿＿ kPa

试样面积 A_0＿＿＿ cm²　　　重塑试样无侧限抗压强度 $q'_u=$＿＿＿ kPa

试样质量 m＿＿＿ g　　　灵敏度 S_t＿＿＿

试样密度 ρ＿＿＿ g/cm³

轴向变形 (mm)	量力环读数 (0.01mm)	轴向应变 (%)	校正面积(cm²)	轴向应力 (kPa)	试样破坏描述
(1)	(2)	$(3)=\dfrac{(1)}{h_0}100$	$(4)=\dfrac{A_0}{1-(3)}$	$(5)=\dfrac{(2)\cdot C}{(4)}\times10$	

表 D-32　直剪试验记录

工程编号＿＿＿＿＿＿＿　　　　试验者＿＿＿＿＿＿

试样编号＿＿＿＿＿＿＿　　　　计算者＿＿＿＿＿＿

试验方法＿＿＿＿＿＿＿　　　　校核者＿＿＿＿＿＿

试验日期＿＿＿＿＿＿＿　　　　测力计系数＿＿＿(kPa/0.01mm)

仪器编号	(1)	(2)	(3)	(4)
盒号				
湿土质量(g)				
干土质量(g)				
含水率(%)				
试样质量(g)				
试样密度(g/cm³)				
垂直压力(kPa)				
固结沉降量(mm)				

剪切位移读数 (0.01mm)	量力环读数 (0.01mm)	剪应力 (kPa)	垂直位移 (0.01mm)
(1)	(2)	$(3)=\dfrac{C\cdot(2)}{A_0}$	(4)

表 D-33　反复直剪试验记录

工程编号_____　　　试验者_____
试样编号_____　　　计算者_____
试验日期_____　　　校核者_____
测力计系数_____(kPa/0.01mm)

仪器编号	(1)	(2)	(3)	(4)	剪切位移(0.01mm)	测力计读数(0.01mm)	剪应力(kPa)	垂直位移(0.01mm)
盒号								
湿土质量(g)								
干土质量(g)								
含水率(%)								
试样质量(g)								
试样密度(g/cm³)								
垂直压力(kPa)								
固结沉降量(mm)								

表 D-34　自由膨胀率试验记录

工程编号_____　　　试验者_____
试样编号_____　　　计算者_____
试验日期_____　　　校核者_____

试样编号	干土质量(g)	量筒编号	不同时间(h)体积读数(mL)						自由膨胀率(%)
			2	4	6	8	10	12	

表 D-35　有荷载膨胀率试验记录

工程编号_____　　　试验者_____
试样编号_____　　　计算者_____
仪器编号_____　　　校核者_____
试验日期_____

项　目		试验状态		膨胀量测定			
		试验前	试验后	测定时间(d h min)	经过时间(d h min)	过表读数(0.01mm)	膨胀率(%)
环刀编号							
环刀加湿土质量(g)	(1)						
环刀加干土质量(g)	(2)						
环刀质量(g)	(3)						
湿土质量(g)	(4)	(1)-(3)	(1)-(3)				
干土质量(g)	(5)		(2)-(3)				
含水率(%)	(6)	$\left[\frac{(4)}{(5)}-1\right]\times100$	$\left[\frac{(4)}{(5)}-1\right]\times100$				
试样体积(cm³)	(7)	V_1	$V_1(1+V_h)$				
试样密度(g/cm³)	(8)	$\frac{(4)}{(7)}$	$\frac{(4)}{(7)}$				
干密度(g/cm³)	(9)	$\frac{(5)}{(7)}$	$\frac{(5)}{(7)}$				
土粒比重	(10)						
孔隙比	(11)	$\frac{(10)}{(9)}-1$					

注：V_h 为膨胀体积。

表 D-36　膨胀力试验记录

工程编号_____　　　试验者_____
试样编号_____　　　计算者_____
仪器编号_____　　　校核者_____
试验日期_____

项　目		试验状态		膨胀力测定			
		试验前	试验后	测定时间(h min s)	平衡荷重(N)	压力(kPa)	仪器变形量(0.01mm)
环刀编号							
环刀加湿土质量(g)	(1)						
环刀加干土质量(g)	(2)						
环刀质量(g)	(3)						
湿土质量(g)	(4)	(1)-(3)	(1)-(3)				
干土质量(g)	(5)		(2)-(3)				
含水率(%)	(6)	$\left[\frac{(4)}{(5)}-1\right]\times100$	$\left[\frac{(4)}{(5)}-1\right]\times100$				
试样体积(cm³)	(7)	V_1	$V_1(1+V_h)$				
试样密度(g/cm³)	(8)	$\frac{(4)}{(7)}$	$\frac{(4)}{(7)}$				
干密度(g/cm³)	(9)	$\frac{(5)}{(7)}$	$\frac{(5)}{(7)}$				
土粒比重	(10)						
孔隙比	(11)	$\frac{(10)}{(9)}-1$					
备注							

注：V_h 为膨胀体积。

表 D-37　收缩试验记录

工程编号_____　　　试验者_____
试样编号_____　　　计算者_____
试验日期_____　　　校核者_____

时间(d.h)	百分表读数(0.01mm)	单向收缩(mm)	线缩率(%)	试样质量(g)	水质量(g)	含水率(%)

表 D-38　冻土密度试验记录(浮称法)

工程编号_____　　　试验者_____
钻孔编号_____　　　计算者_____
试验日期_____　　　校核者_____

试样编号	土样描述	煤油温度(℃)	煤油密度(g/cm³)	试样质量(g)	试样在油中的质量(g)	试样体积(cm³)	密度(g/cm³)	平均值(g/cm³)

表 D-39　冻土密度试验记录(联合测定法)

工程编号_____　　　试验者_____
钻孔编号_____　　　计算者_____
试验日期_____　　　校核者_____

试样编号	试样质量	筒加水质量	筒加水加试样质量	筒加水加土粒质量	土粒比重	试样体积(cm³)	密度(g/cm³)	含水率(%)

表 D-40　冻土密度试验记录(充砂法)

工程编号_____　　　试验者_____
钻孔编号_____　　　计算者_____
试验日期_____　　　校核者_____

试样编号	测筒质量(g)	试样质量(g)	测筒加试样加量砂质量(g)	量砂质量(g)	量砂密度(g/cm³)	测筒容积(cm³)	试样体积(cm³)	冻土密度(g/cm³)

表 D-41 冻结温度试验记录

工程编号＿＿＿＿＿＿　　　　　试验者＿＿＿＿＿＿
钻孔编号＿＿＿＿＿＿　　　　　计算者＿＿＿＿＿＿
试验日期＿＿＿＿＿＿　　　　　校核者＿＿＿＿＿＿

热电偶编号：		热电偶系数	℃/μV	
序号	历时 (min)	电压表示值 (mV)	实际温度 (℃)	备注

表 D-42 未冻含水率试验记录

工程编号＿＿＿＿＿＿　　　　　试验者＿＿＿＿＿＿
钻孔编号＿＿＿＿＿＿　　　　　计算者＿＿＿＿＿＿
试验日期＿＿＿＿＿＿　　　　　校核者＿＿＿＿＿＿

热电偶编号：		热电偶系数	℃/μV	液限＿＿＿塑限＿＿＿
序号	历时 (min)	电压表示值 (mV)	实际温度 (℃)	备注

表 D-43 冻土导热系数试验记录

工程编号＿＿＿＿＿＿　　　　　试验者＿＿＿＿＿＿
试样编号＿＿＿＿＿＿　　　　　计算者＿＿＿＿＿＿
试验日期＿＿＿＿＿＿　　　　　校核者＿＿＿＿＿＿

试样含水率：＿＿＿％ 试样密度＿＿＿＿g/cm³ 石蜡导热系数 0.279W/m·K					
序号	历时 (min)	石蜡样温差 (℃)	试样温差 (℃)	导热系数 〔W/(m·K)〕	备注

表 D-44 冻胀量试验记录

工程编号＿＿＿＿＿＿　　　　　试验者＿＿＿＿＿＿
试样编号＿＿＿＿＿＿　　　　　计算者＿＿＿＿＿＿
试验日期＿＿＿＿＿＿　　　　　校核者＿＿＿＿＿＿

试样含水率：＿＿＿％		试样密度＿＿＿＿g/cm³	
序号	时间(h)	测温数字电压表读数(mV)	变形量(mm)

表 D-45 pH 试验记录（电测法）

工程编号＿＿＿＿＿＿　　　　　试验者＿＿＿＿＿＿
试样编号＿＿＿＿＿＿　　　　　计算者＿＿＿＿＿＿
试验日期＿＿＿＿＿＿　　　　　校核者＿＿＿＿＿＿

试样编号	土水比	试样悬液体积 (mL)	pH 测定值			
			1	2	3	4

表 D-46 易溶盐总量试验记录

试样编号	土水比	称取风干试样质量 m_s (g)	风干试样含水率 w (%)	浸出液用纯水体积 V_w (mL)	吸取浸出液体积 V_s (mL)	蒸发皿编号	蒸发皿质量 m_1 (g)	蒸发皿加残渣质量 m_2 (g)	计算 $\dfrac{(m_2-m_1)\dfrac{V_w}{V_s}(1+0.01w)\times100}{m_s}$	试验结果 易溶盐总量 W (%)

试验者　　　　　　　　　　复核者　　　　　　　　　试验日期

表 D-47（1） 碳酸根试验记录

试样编号	称取风干试样质量 m_s (g)	风干试样含水率 w (%)	浸出液用纯水体积 V_w (mL)	吸取浸出液体积 V_s (mL)	标准溶液浓度 $c(H_2SO_4)$ (mol/L)	滴定 V_1(mL) 自	至	耗	平均	$\dfrac{2V_1c(H_2SO_4)\frac{V_w}{V_s}(1+0.01w)\times1000}{m_s}$ $b(CO_3^{2-})\times0.060\times100\times10^{-3}$	$b(CO_3^{2-})$ (mmol/kg土)	CO_3^{2-} (%)

试验者　　　　　　　　　复核者　　　　　　　　试验日期

表 D-47（2） 重碳酸根试验记录

试样编号	称取风干试样质量 m_s (g)	风干试样含水率 w (%)	浸出液用纯水体积 V_w (mL)	吸取浸出液体积 V_s (mL)	标准溶液浓度 $c(H_2SO_4)$ (mol/L)	滴定 V_2(mL) 自	至	耗	平均	$\dfrac{2(V_2-V_1)c(H_2SO_4)\frac{V_w}{V_s}(1+0.01w)\times1000}{m_s}$ $b(HCO_3^-)\times0.061\times100\times10^{-3}$	$b(HCO_3^-)$ (mmol/kg土)	HCO_3^- (%)

试验者　　　　　　　　　复核者　　　　　　　　试验日期

表 D-48 氯根试验记录

试样编号	称取风干试样质量 m_s (g)	风干试样含水率 w (%)	浸出液用纯水体积 V_w (mL)	吸取浸出液体积 V_s (mL)	标准溶液浓度 $c(AgNO_3)$ (mol/L)	滴定 V_2(mL) 自	至	耗	平均	$\dfrac{(V_1-V_2)c(AgNO_3)\frac{V_w}{V_s}(1+0.01w)\times1000}{m_s}$ $b(Cl^-)\times0.0355\times100\times10^{-3}$	$b(Cl^-)$ (mmol/kg土)	Cl^- (%)

试验者　　　　　　　　　复核者　　　　　　　　试验日期

6—63

表 D-49 SO₄⁻ 试验记录(EDTA 法)

试样编号	称取风干试样质量 m_s (g)	风干试样含水率 w (%)	浸出液用纯水体积 V_w (mL)	吸取浸出液体积 V_s (mL)	标准溶液浓度 $c(EDTA)$ (mol/L)	代号	滴定 V_2 自	至	耗	平均 (mL)	计算 $\dfrac{(V_3+V_2-V_1)c(EDTA)\frac{V_w}{V_s}(1+0.01w)\times1000}{m_s}$ $b(SO_4^{2-})\times0.096\times100\times10^{-3}$	试验结果 $b(SO_4^{2-})$ (mmol/kg土)	SO_4^{2-} (%)
						V_1							
						V_2							
						V_3							
						V_1							
						V_2							
						V_3							
						V_1							
						V_2							
						V_3							
						V_1							
						V_2							
						V_3							
						V_1							
						V_2							
						V_3							

试验者　　　　　　　　　复核者　　　　　　　　　试验日期

表 D-50 SO₄²⁻ 试验记录(比浊法)

试样编号	称取风干试样质量 m_s (g)	风干试样含水率 w (%)	浸出液用纯水体积 V_w (mL)	吸取浸出液体积 V_s (mL)	测得吸光值	查得相应 SO_4^{2-} 含量 $m(SO_4^{2-})$ (mg)	计算 $SO_4^{2-}=\dfrac{m(SO_4^{2-})\frac{V_w}{V_s}(1+0.01w)\times100}{m_s10^3}$ $b(SO_4^{2-})=(SO_4^{2-}\%/0.096)\times1000$	试验结果 $b(SO_4^{2-})$ (mmol/kg土)	SO_4^{2-} (%)

试验者　　　　　　　　　复核者　　　　　　　　　试验日期

表 D-51 钙离子试验记录

试样编号	称取风干试样质量 m_s (g)	风干试样含水率 w (%)	浸出液用纯水体积 V_w (mL)	吸取浸出液体积 V_s (mL)	标准溶液浓度 $c(EDTA)$ (mol/L)	代号	滴定 自	至	耗	平均 (mL)	计算 $\dfrac{V(EDTA)c((EDTA)\frac{V_w}{V_s}(1+0.01w)\times1000}{m_s}$ $b(Ca^{2+})\times0.040\times100\times10^{-3}$	试验结果 $b(Ca^{2+})$ (mmol/kg土)	Ca^{2+} (%)
						V_1							
						V_2							
						V_1							
						V_2							
						V_1							
						V_2							
						V_1							
						V_2							
						V_1							
						V_2							
						V_1							
						V_2							

试验者　　　　　　　　　复核者　　　　　　　　　试验日期

表 D-52 镁离子试验记录

试样编号	称取风干试样质量 m_s (g)	风干试样含水率 w (%)	浸出液用纯水体积 V_w (mL)	吸取浸出液体积 V_s (mL)	标准溶液浓度 $c(EDTA)$ (mol/L)	滴定 代号	自	至	耗 (mL)	平均	计算 $\dfrac{(V_2-V_1)c(EDTA)\dfrac{V_w}{V_s}(1+0.01w)\times1000}{m_s}$ $b(Mg^{2+})\times0.024\times100\times10^{-3}$	试验结果 $b(Mg^{2+})$ (mmol/kg 土)	Mg^{2+} (%)
						V_1							
						V_2							
						V_1							
						V_2							
						V_1							
						V_2							
						V_1							
						V_2							
						V_1							
						V_2							
						V_1							
						V_2							

试验者　　　　　　　复核者　　　　　　　试验日期

表 D-53 Ca²⁺、Mg²⁺试验记录（原子吸收法）

试样编号	称取风干试样质量 m_s (g)	风干试样含水率 w (%)	浸出液用纯水体积 V_w (mL)	吸取浸出液体积 V_s (mL)	测定时溶液定容体积 V_c (L)	测得吸收值 Ca	测得吸收值 Mg	相应的浓度 $\rho(Ca^{2+})$ (mg/L)	相应的浓度 $\rho(Mg^{2+})$ (mg/L)	计算 $\dfrac{\rho_B V_c\dfrac{V_w}{V_s}(1+0.01w)\times100}{m_s\times10^3}$ $b(Ca^{2+})=(Ca^{2+}\%/0.040)\times1000$ $b(Mg^{2+})=(Mg^{2+}\%/0.024)\times1000$	试验结果 钙离子 $b(Ca^{2+})$ (mmol/kg 土)	试验结果 钙离子 Ca^{2+} (%)	试验结果 镁离子 $b(Mg^{2+})$ (mmol/kg 土)	试验结果 镁离子 Mg^{2+} (%)

试验者　　　　　　　复核者　　　　　　　试验日期

表 D-54 Na⁺、K⁺试验记录

试样编号	称取风干试样质量 m_s (g)	风干试样含水率 w (%)	浸出液用纯水体积 V_w (mL)	吸取浸出液体积 V_s (mL)	测定时溶液定容体积 V_c (L)	测得吸收值 Na⁺	测得吸收值 K⁺	相应的浓度 $\rho(Na^+)$ (mg/L)	相应的浓度 $\rho(K^+)$ (mg/L)	计算 $\dfrac{\rho_B V_c\dfrac{V_w}{V_s}(1+0.01w)\times100}{m_s\times10^3}$ $b(K^+)=(K^+\%/0.039)\times1000$ $b(Na^+)=(Na^+\%/0.023)\times1000$	试验结果 钠离子 $b(Na^+)$ (mmol/kg 土)	试验结果 钠离子 Na^+ (%)	试验结果 钾离子 $b(K^+)$ (mmol/kg 土)	试验结果 钾离子 K^+ (%)

试验者　　　　　　　复核者　　　　　　　试验日期

表 D-55 中溶盐(石膏)试验记录

试样编号	称取风干试样质量 m_s (g)	风干试样含水率 w (%)	酸浸出液硫酸根含量 $m(SO_4^{2-})$ (g)				水浸出液硫酸根含量 $W(SO_4^{2-})_w$ (%)	计 算	试验结果	
			坩埚号	坩埚质量 (g)	坩埚加沉淀物质量 (g)	沉淀物质量 (g)		$W(SO_4^{2-})_b$ $= \dfrac{(m_2-m_1)(SO_4^{2-}) \times 0.4114 \times (1+0.01w) \times 100}{m_s}$ $CaSO_4 \cdot 2H_2O = [W(SO_4^{2-})_b - W(SO_4^{2-})_w] \times 1.7992$	石膏含量 $(CaSO_4 \cdot 2H_2O)$ (%)	平均 (%)

试验者　　　　　　　　　复核者　　　　　　试验日期

表 D-56 难溶盐(碳酸钙)试验记录

$R = 8310 \text{kPa;ml/(mol·K)}$ 　　　　　　　　　　　　　　　$M(CaCO_3) = 100 \text{g/mol}$

试样编号	试样干质量 m_d (g)	测得二氧化碳体积 $V(CO_2)$ (ml)			试验时水温度		试验时大气压 P (kPa)	计 算	试验结果
		初读数	终读数	结果	摄氏度 t (℃)	热力学度 T (K)		$V(CO_2)\rho(CO_2) \times 2.272/(m_d \times 10^6)$ (1) $M(CaCO_3)n(CO_2) \times 100/m_d$ (2) $n(CO_2) = PV(CO_2)/RT$	$CaCO_3$ (%)

试验者　　　　　　　　　复核者　　　　　　试验日期

表 D-57 有机质试验记录

试样编号	称取风干试样质量 m_s (g)	风干试样含水率 w (%)	标准溶液 $c(FeSO_4)$ (mol/L)	滴　定				计 算	试验结果
				$V(Fe^{2+})$	由	至	耗	$\dfrac{c(Fe)\{V'(Fe)-V(Fe)\}(1+0.01w) \times 0.5172}{m_s}$	有机质 O_m (%)
						(mL)			
				V'					
				V					
				V'					
				V					
				V'					
				V					
				V'					
				V					
				V'					
				V					

试验者　　　　　　　　　复核者　　　　　　试验日期

表 D-58　离心含水当量试验记录

工程名称＿＿＿＿＿＿　　　　　　　　　　试验者＿＿＿＿＿＿
工程编号＿＿＿＿＿＿　　　　　　　　　　计算者＿＿＿＿＿＿
试验日期＿＿＿＿＿＿　　　　　　　　　　校核者＿＿＿＿＿＿

试样编号	坩埚号	坩埚质量(g)	坩埚加湿土质量(g)	坩埚加干土质量(g)	湿土质量(g)	干土质量(g)	离心含水当量(%)	平均离心含水当量(%)
	(1)	(2)	(3)	(4)	(5)=(3)-(2)	(6)=(4)-(2)	$(7)=\left[\frac{(5)}{(6)}-1\right]\times100$	(8)

本标准用词说明

1. 为便于在执行本规范条文时区别对待,对于要求严格程度不同的用词说明如下:

1)表示很严格,非这样做不可的用词:
正面词采用"必须",反面词采用"严禁";

2)表示严格,在正常情况下均应这样做的用词:
正面词采用"应",反面词采用"不应"或"不得";

3)表示允许稍有选择,在条件许可时首先应这样做的用词:
正面词采用"宜",反面词采用"不宜";
表示有选择,在一定条件下可以这样做的用词采用"可"。

2. 规范中指定应按其他有关标准、规范执行时,写法为:"应符合……的规定"或"应按……执行"。

中华人民共和国国家标准

土工试验方法标准

GB/T 50123—1999

条 文 说 明

目　　次

1 总　　则

1.0.1 《土工试验方法标准》GBJ 123-88(以下简称"原标准")自1989年实施以来,已有7年多时间,在这期间,岩土工程有一定的发展,要求提供更多、更可靠的计算参数和判定指标,同时,测试技术也有进步,因此,有必要对原标准进行修改,使各系统的土工试验有一个能满足岩土工程发展需要的试验准则,使所有的试验及试验结果具有一致性和可比性。

1.0.2 水利、公路、铁路、冶金等系统均有相应的土工试验规程,基本内容与本标准相同,但有些试验方法使用条件不同,为此在一些具体的参数或规定上有特殊要求时,允许以相应的专业标准为依据。

1.0.3 现行国家标准《土的分类标准》GBJ 145属专门分类标准,内容包括对土类进行鉴别,确定其名称和代号,并给以必要的描述。本标准中将土分成粗粒土和细粒土两大类。土的名称和具体分类按现行国家标准《土的分类标准》GBJ 145确定。土的工程分类试验是土工试验的内容之一,故分类试验应遵照本标准有关试验项目中规定的方法和要求进行。

1.0.4 土工试验资料的分析整理,对提供准确可靠的土性指标是十分重要的。内容涉及成果整理、土性指标的选择,并计算相应的标准差、变异系数或绝对误差与精度指标等。根据误差分析,对不合理的数据进行研究、分析原因,或有条件时,进行一定的补充试验,以便决定对可疑数据的取舍或改正。为此,列入附录A。

1.0.5 土工试验所用的仪器应符合现行国家标准《土工仪器的基本参数及通用技术条件》GB/T15406规定。根据国家计量法的要求,土工试验所用的仪器、设备应定期检定或校验。对通用仪器设备,应按有关检定规程进行,对专用仪器设备可参照国家现行标准《土工试验专用仪器校验方法》SL110~118进行校验。

1.0.6 执行本标准过程中,有些要求应符合现行国家标准《建筑地基基础设计规范》GBJ7、《湿陷性黄土地区建筑规范》GBJ25、《膨胀土地区建筑技术规范》GBJ112、《土的分类标准》GBJ 145和《岩土工程基本术语标准》GB/T 50275中的规定。

3　试样制备和饱和

3.1　试样制备

3.1.1 本标准所规定的试验方法,仅适用于颗粒粒径小于60mm的原状土和扰动土,对粒径等于、大于60mm的土应按有关粗粒料的试验方法进行。

3.1.2 原标准中第2.0.2至2.0.4条规定的试验所需土样的数量以及取土要求等列入附录B"土样的要求与管理"。

　　同一组试样间的均匀性主要表现在密度和含水率的均匀性方面,规定密度和含水率的允许差值,使试验结果的离散性减小,避免力学性指标之间相互矛盾的现象。

3.1.4 原状土试样制备过程中,应先对土样进行描述,了解土样的均匀程度、含夹杂质等情况后,才能保证物理性试验的试样和力学性试验所选用的试样一致,避免产生试验结果相互矛盾的现象,并作为统计分层的依据。

　　用环刀切取试样时,规定环刀必须垂直下压,因环刀不垂直切取的试样层次倾斜,与天然结构不符;其次,试样与环刀内壁之间容易产生间隙,切取试样时要防止扰动,否则均会影响测试结果。

3.1.5 扰动土试样备样过程中对含有机质的土样规定采用天然含水率状态下的代表性土样,供颗粒分析、界限含水率试验,因为这些土在105~110℃温度下烘干后,胶体颗粒和粘粒会胶结在一起,试验中影响分散,使测试结果有差异。

3.1.6 扰动土试样制备时所需的加水量要求均匀喷洒在土样上,润湿一昼夜,目的是使制备含水率均匀,达到密度的差异小。击样法制备试样时,若分层击样,每层试样的密度也要均匀。

3.2　试样饱和

3.2.2 毛细管饱和法:原标准中选用叠式或框式饱和器,现修改成用框式饱和器,因为毛细管饱和,水面不宜将试样淹没,而叠式饱和器达不到该要求,否则上层试样浸不到水。

3.2.3 抽气饱和法:原标准中没有说明用何种饱和器,仅列出真空饱和装置,本次修改时,条文中明确规定采用叠式或框式饱和器。

4 含水率试验

4.0.1 原标准中为含水量试验,虽然名称通用,但与定义不符,根据现行国家标准《岩土工程基本术语标准》GB/T 50279 的规定改成含水率试验。

土的含水率定义为试样在 105～110℃ 温度下烘至恒量时所失去的水质量和达恒量后干土质量的比值,以百分数表示。

4.0.3 含水率试验方法有多种,但能确保质量,操作简便又符合含水率定义的试验方法仍以烘干法为主,故本标准规定以烘干法为标准方法。烘干温度采用 105～110℃,这是因为取决于土的水理性质,以及目前国际上一些主要试验标准,例如美国 ASTM、英国 BS、日本 JIS、德国 DIN,烘干温度在 100～115℃ 之间,且多数采用 105～110℃ 为标准,故本标准用 105～110℃。对含有机质超过干土质量 5% 的土,规定烘干温度为 65～70℃,因为含有机质土在 105～110℃ 温度下,经长时间烘干后,有机质特别是腐植酸会在烘干过程中逐渐分解而不断损失,使测得的含水率比实际的含水率大,土中有机质含量越高误差就越大。

试样烘干至恒量所需的时间与土的类别及取土数量有关。本标准取代表性试样 15～30g,对粘土、粉土烘干时间不少于 8h,是根据多年来比较试验而定的,对砂土不少于 6h,由于砂土持水性差,颗粒大小相差悬殊,含水率易于变化,所以试样应多取一些,本标准规定取 50g。采用环刀中试样测定含水率更具有代表性。

4.0.5、4.0.6 对层状和网状构造的冻土的含水率试验,因试样均匀程度所取试样数量相差较大,且试验过程中需待冻土融化后进行,为此另列条文说明。

4.0.7 对层状和网状构造的冻土含水率平行测定的允许误差因均匀性放宽至 3%。

5 密 度 试 验

5.1 环 刀 法

5.1.1 环刀法是测定土样密度的基本方法,本方法在测定试样密度的同时,可将试样用于固结和直剪试验。

5.1.2 环刀的尺寸是根据现行国家标准《土工仪器的基本参数及通用技术条件》GB/T 15406 的规定选用内径 61.8mm 和 79.8mm,高 20mm。

5.2 蜡 封 法

5.2.3 蜡封法密度试验中的蜡液温度,以蜡液到达熔点以后不出现气泡为准。蜡液温度过高,对土样的含水率和结构都会造成一定的影响,而温度过低,蜡溶解不均匀,不易封好蜡皮。

蜡封试样在水中的质量,与水的密度有关,水的密度随温度而变化,条文中规定测定水温的目的是为了消除因水密度变化而产生的影响。因各种蜡的密度不相同,试验前应测定石蜡的密度。

5.3 灌 水 法

5.3.3 灌水采用的塑料薄膜袋材料为聚氯乙烯,薄膜袋的尺寸应与试坑大小相适应。

开挖试坑时,坑壁和坑底应规则,试坑直径与深度只能略小于薄膜塑料袋的尺寸,铺设时应使薄膜塑料袋紧贴坑壁,否则测得的容积就偏小,求得偏大的密度值。

5.4 灌 砂 法

5.4.1 灌砂法比较复杂,需要一套量砂设备,但能准确的测定试坑的容积,适用于我国半干旱、干旱的西部和西北地区。

5.4.3 标准砂的粒径选用 0.25～0.5mm,因为在此范围内,标准砂的密度变化较小。

6 土粒比重试验

6.1 一般规定

6.1.1 土粒比重定义为土粒在 105～110℃ 温度下烘至恒量时的质量与同体积 4℃ 时纯水质量的比值。根据现行国家标准《岩土工程基本术语标准》GB/T 50279 仍使用"土粒比重"这个无量纲的名词,作为土工试验中的专用名词。

6.1.2 当试样中既有粒径大于 5mm 的土颗粒,又含有粒径小于 5mm 的土颗粒时,工程中采用平均比重,取粗细颗粒比重的加权平均值。

6.2 比重瓶法

6.2.1、6.2.2 颗粒小于 5mm 的土用比重瓶法测定比重,比重瓶有 100mL 和 50mL 两种,经比较试验认为瓶的大小对比重成果影响不大,因用 100mL 的比重瓶可多取些试样,使试样的代表性和试验准确度可以提高。第 6.2.5 条条文中采用 100mL 的比重瓶,也允许采用 50mL 的比重瓶。

6.2.3 比重瓶的校正有称量校正法和计算校正法,前一种方法准确度较高,后一种方法引入了某些假设,但一般认为对比重影响不大,本标准以称量校正法为准。

6.2.5 试样规定用烘干土,认为可减少计算中的累计误差,也适合于含有机质、可溶盐、亲水性胶体等的土中性液体测定。

试验用水规定为纯水,要求水质纯度高,不含任何被溶解的固体物质。一般规定有机质含量小于 5% 时,可以用纯水,超过 5% 时用中性液体。土中易溶盐含量等于、大于 0.5% 时,用中性液体测定。

排气方法条文中规定用煮沸法,此法简单易行,效果好。如需用中性液体时,应采用真空抽气法。砂土煮沸时砂粒容易跳出,亦允许用真空抽气法代替煮沸法。

6.3 浮称法

6.3.1 浮称法所测结果较为稳定,但大于 20mm 的粗粒较多时,用本方法将增加试验设备,室内使用不便,故条文规定粒径大于 5mm 的试样中 20mm 的颗粒小于 10% 时使用浮称法。

6.4 虹吸筒法

6.4.1 虹吸筒法测定比重的结果不稳定,因为粗颗粒的实体积测不准,测得的比重值一般偏小。只在粒径大于 5mm 的试样中 20mm 的颗粒等于、大于 10% 时,使用虹吸筒法。用虹吸筒法测定比重时,要特别注意排气,因粗颗粒内部包含着封闭孔隙。

若要测定粗粒土饱和面干比重亦采用虹吸筒法。

7 颗粒分析试验

7.1 筛 析 法

7.1.2 筛析法颗粒分析试验在选用分析筛的孔径时,可根据试样颗粒的粗细情况灵活选用。

7.1.5 当大于 0.075mm 的颗粒超过试样总质量的 10% 时,应先进行筛析法试验,然后经过洗筛过 0.075mm 筛,再用密度计法或移液管法进行试验。

7.2 密度计法

7.2.1 原标准中适用于粒径小于 0.074mm 的土,现行国家标准《土的分类标准》GBJ 145 中将粒径 0.074mm 已改成 0.075mm,为此,本标准洗筛改成 0.075mm。

7.2.2 密度计制造过程中刻度往往不易准确,使用前须进行刻度及弯液面校正,土粒有效沉降距离的校正,但这些校正工作极繁杂,目前国内已有生产厂制造甲种密度计准确至 0.5°,乙种密度计准确至 0.0002 的刻度,并对土粒有效沉降距离及弯液面在出厂前都已进行校正的产品,如果采用此种标准的密度计,且备有检定合格证书,在使用前不需进行密度计校正。其他密度计均需在使用前按有关《密度计校正规程》进行校正。

7.2.4 试样的洗盐:本试验规定了当试样中易溶盐含量大于 0.5% 时,须经过洗盐手续才能进行密度计法颗粒分析试验,试样中含有易溶盐会影响试验成果,见表 1。

表 1 盐渍土洗盐与不洗盐的比较

省区	土样号	含盐量(%)	粉粒含量(%) 0.050～0.005mm		粘粒含量(%) <0.005mm	
			洗盐前	洗盐后	洗盐前	洗盐后
新疆	146	5.26	22.33	6.0	9.08	18.61
	147	14.66	17.23	13.10	40.04	41.17
甘肃	133	2.1	62.20	47.50	1.50	14.00
	142	2.19	54.50	43.50	1.50	14.00
	143	1.11	24.99	22.47	17.99	21.34
	149	5.13	20.79	7.21	5.25	16.52
	156	0.88	41.50	34.70	9.50	18.00

注:按密度计测定。

从表 1 中可见,未经洗盐的试样与洗盐后的试样的颗粒分析,前者粉粒含量高,粘粒含量低;后者粉粒含量低,粘粒含量高。为此,本试验规定对易溶盐含量大于 0.5% 的试样,应进行洗盐。

含盐量的检验方法,本试验采用电导率法和目测法以供选用,电导率法具有方便、快速估计试样含盐状况的优点。它的原理是根据电导率在低浓度溶液范围内,与悬液中易溶盐浓度成正比关系,电导率因盐性不同而异,但根据实验证明,K_{20} 小于 1000μS/cm 时,相应的含盐量不会大于 0.5%。因此,本试验规定用电导率法检验洗盐应洗到溶液的 K_{20} 小于 1000μS/cm。并规定当试样溶液的 K_{20} 大于 2000μS/cm 时应将含盐量计入,否则会影响试验计算结果。

目测法是比较简易的方法,当没有电导率仪时可采用目测法检验试样溶液是否含盐。

1) 试样的分散标准。粘性土的土粒可分成原级颗粒和团粒两种。对于颗粒分析的分散标准,有的主张用全分散法,理由是颗粒分析本身应该反映土的各种真实原级颗粒的组成;有的主张用半分散法或微集成法,即不加任何分散剂使其在水中自然分散,以符合实际土未被完全分散的情况。

对照国内外有关标准对分散标准选择的调查,本试验采用了半分散法,用煮沸加化学分散剂来达到土粒既能充分分散,又不破坏土的原级颗粒及其聚合体。这些分散方法比较符合工程实际,基本上可以使土结构单元在不受任何破坏时,求得土的粒组所占土总质量的百分数。

2)分散剂品种问题。国内对土的分散剂品种选用问题有不少争论,主要反映在:从不同土类的角度出发,选用不同的合适的分散剂;从不同的分散理论角度出发,如有的从土悬液 pH 值大小来考虑,有的从粘土的离子交换容量能力来考虑,选用合适的分散剂。

从目前国际上的趋势看,分散剂的品种有采用强分散剂而不再考虑对不同土用不同分散剂的趋势,以便统一标准和方法。美国的 ASTM-82 已用六偏磷酸钠的搅拌方法。英国 BS1377-75 也改用六偏磷酸钠加硅酸钠振荡 4h 的方法。德国 DIN18123-71 是采用 5%焦磷酸钠 25mL 后搅拌 10min 的方法。前苏联 ГОСТ 12536-67,则未作硬性规定,而在一般情况下,采用浓度 25%氨水 10mL 煮沸的方法,如有凝聚现象,才加入焦磷酸钠作为稳定剂。

国内大多数规程也均用钠盐作为分散剂,以六偏磷酸钠使用最广,使用偏磷酸钠和焦磷酸钠的也不少,还有一些单位使用 25%氨水作分散剂。

3)分散剂的选择,应考虑各种不同土类的粘粒矿物组成,结晶性质及浓度,同时又要考虑到试验资料的可比性及国内外交流的需要。根据我国以往对分散剂使用的现状及我国土类分布的多样性,本标准规定了对一般易分散的土用浓度 4%六偏磷酸钠作为分散剂。至于特殊的土类,应按工程实际需要及土类的特点选择不同的合适的分散剂。如土中易溶盐含量超过 0.5%,则需经洗盐手续。

7.3 移液管法

7.3.1 移液管法颗粒分析试验适用于粒径小于 0.075mm 而比重大的土,虽然操作不如密度计法简单和迅速,仍然得到较广泛的应用。

8 界限含水率试验

8.1 液、塑限联合测定法

8.1.1 目前国际上测定液限的方法是碟式仪法和圆锥仪法。各国采用的碟式仪和圆锥仪规格不尽相同,对试验结果有影响,利用碟式仪和我国采用的 76g 锥入土深度 10mm 圆锥仪进行比较,结果是随着液限的增大,两者所测得的差值增大。一般情况下碟式仪测得的液限大于圆锥仪液限。鉴于国际上对液限的测定没有统一的标准,为了使本标准向国际通用标准靠拢,制订本标准时认为与美国 ASTM 碟式仪标准等效是合适的。根据圆锥仪的特点和我国几十年的使用实践,认为圆锥仪操作简单,所测数据比较稳定,标准易于统一,所以本标准中圆锥仪法和碟式仪法均列入。

塑限的测定长期采用滚搓法,该法最大的缺点是人为因素影响大。十多年来,我国一些试验单位用圆锥仪测定塑限,已找出与塑限相对应的下沉深度求得的塑限与滚搓法基本一致,该法定名为液、塑限联合测定法。其主要优点是易于掌握,采用电磁落锥可减少人为因素影响。水利部、交通部公路系统、原冶金工业部和原地质矿产部的土工试验规程中均将该法列入。为此,本标准中规定使用圆锥仪时,采用液、塑限联合测定法;使用碟式仪时,采用滚搓法测定塑限。联合测定法的理论基础是圆锥下沉深度与相应含水率在双对数坐标纸上具有直线关系。

8.1.2 本标准中图 8.1.2 液、塑限联合测定仪示意图,实际使用时读数显示有光电式、游标式和百分表式,目前仅光电式有定型产品,故绘制的是液、塑限联合测定仪示意图。

8.1.3 试验标准:液限是试样从牛顿液体(粘滞液体)状态变成宾哈姆体(粘滞塑性)状态时的含水率,在此界限值时,试样出现一定的流动阻力,即最小可量度的抗剪强度,理论上是强度“从无到有”的分界点。这是采用各种测定方法等效的标准。根据以往的研究,卡萨格兰特(Casagrande)得到土在液限状态时的不排水强度约为 2~3kPa。而使用 76g 圆锥,下沉深度 10mm 时测得土的强度为 5.4kPa,比其他液限标准下的强度高几倍(见表 2),实际上,按 76g 锥,下沉深度 10mm 对应的试样含水率不是土的真正液限,不能反映土的真正物理状态,因此,必须改进,使液限标准向国标上通用标准靠拢。本试验采用与碟式仪测得液限时土的抗剪强度相一致的方法来确定圆锥仪的入土深度,作为液限标准。

表 2 碟式仪液限土的不排水强度

基座材料	抗剪强度 c_u (kPa)	资 料 来 源	
硬 橡 胶	2.55	Seed 等人	(1964)
胶 木	2.04~3.00	Casagrande	(1958)
	1.12~2.35	Norman	(1958)
	1.33~2.45	Ycussef 等人	(1965)
	0.51~4.08	Karisson	(1977)
英国标准 橡胶	0.82~1.68	Norman	(1958)
	0.71~1.48	Skempton Northey	(1952)
	1.02~3.06	Skopek Ter-Stepanian	(1975)

交通部公路系统在制订标准时,用不同质量的圆锥仪(76g,80g,100g)对 1000 多个土样进行对比试验表明,锥质量 100g,锥角 30°,下沉深度 20mm 时的含水率作为液限精度最高。原水利电力部制订规程时,对 16 种不同土类,用 76g,80g,100g 质量的圆锥仪进行比较,测定不同下沉深度下土的十字板剪切强度和无侧限抗压强度的结果表明,以 76g 锥下沉深度 17mm 和 100g 锥下沉深度 20mm 时的含水率作为液限与美国 ASTM D423 碟式液限仪测得液限时土的强度(平均值)一致,说明这两种标准与 ASTM 标准

等效，鉴于目前使用 76g 锥较多，本标准将 76g 锥，下沉深度 17mm 时的含水率作为液限标准。尽管过去用 76g 圆锥仪，下沉深度 10mm 测定液限时土的强度偏高，但由于 50 年代以来一直使用这个标准，需要有一个过渡时期，从实用出发，本标准既采用 76g 锥下沉深度 17mm 时的含水率定为液限的标准，又采用下沉深度 10mm 时的含水率定为 10mm 液限标准。使用于不同目的，当确定土的液限值用于了解土的物理性质及塑性图分类时，应采用碟式仪法或 17mm 时的含水率确定液限；现行国家标准《建筑地基基础设计规范》GBJ 7 确定粘性土承载力标准值时，按 10mm 液限计算塑性指数和液性指数，是配套的专门规定。

使用圆锥仪测定塑限，是以滚搓法作为比较的，制订过程中，交通部公路系统进行了大量对比试验得出了不同土类塑限时的下沉深度和液限含水率的关系曲线，提出对粘性土用双曲线确定塑限时锥的下沉深度 h_p，对砂类土用正交三次多项式曲线确定 h_p 值（图1），然后根据 h_p 值从本标准图 8.1.5 查得含水率即为塑限。原水利电力部经过对比试验，绘制圆锥下沉深度与塑限时抗剪强度的关系曲线有一剧烈的变化段（图2），引两直线的交点，该点的下沉深度约为 1.8mm，相对应抗剪强度约 130kPa，与国外塑限时的强度接近，认为该点的含水率即为塑限。为此，建议 76g 锥，下沉深度 2mm 时的含水率定为塑限。

通过实践，有的单位发现，对于粉土用液、塑限联合测定法测得的液、塑限偏低，因此，对下沉深度提出疑义，通过分析认为，本标准的规定有个平均值的概念，同时，由于粉土的液、塑限状态，本身就很难以确定，加之下沉速度影响下沉深度不稳定，因此，对粉土进行试验时应特别注意控制下沉深度，本次修订时，鉴于目前积累的资料尚不足以说明此问题，本标准中的塑限仍以圆锥下沉深度 2mm 时的含水率为标准，待积累更多资料后再作修改。

原标准中液、塑限联合测定采用三皿法，即制备 3 份不同含水率的试样进行测定，根据试验发现，3 份试样取得不匀时影响试验结果。为此，本标准修订时改用一皿法。

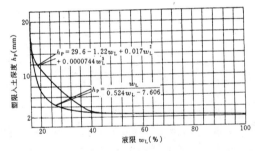

图 1 圆锥下沉深度与液限关系曲线

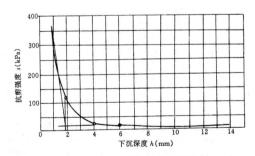

图 2 圆锥下沉深度与塑限时抗剪强度关系

8.2 碟式仪液限试验

8.2.1 碟式仪测定液限时，由于底座材料和槽刀规格不同，所测得液限时相应的强度是不同的，见表2。卡萨格兰特得到液限时的不排水抗剪强度为 2～3kPa，为此，本标准中使用美国 ASTM

D423 所采用的碟式仪规格，便于国际技术交往和对外资工程的开发。

8.2.3 槽刀尖端宽度应为 2mm，如磨损应更换。

8.2.5 槽底试样的合拢长度可用槽刀的一端量测。

8.3 滚搓法塑限试验

8.3.1 长期以来，国内外采用滚搓法测定塑限，该法的缺点主要是标准不易掌握，人为因素影响较大，对低塑性土影响尤甚，往往得出偏大的结果，本标准中已列入液限、塑限联合法可以替代滚搓法，考虑到与碟式仪配套，故仍作为一种试验方法列入本标准。

8.3.3 滚搓法测定塑限时，各国的搓条方法不尽相同，土条断裂时的直径多数采用 3mm，美国 ASTM D424 规定为 1/8in（约 3.2mm），我国一直使用 3mm，故本标准仍规定为 3mm。对于某些低液限粉质土，始终搓不到 3mm，可认为塑性极低或无塑性，可按细砂处理。

8.4 收缩皿法缩限试验

8.4.1 原标准中为土的缩限试验，为与前三节标题统一，改为收缩皿法缩限试验。即用收缩皿法测定土的缩限。本试验区别于原状试样的收缩试验。

9 砂的相对密度试验

9.1 一般规定

9.1.1 相对密度是砂类土紧密程度的指标。对于土作为材料的建筑物和地基的稳定性，特别是在抗震稳定性方面具有重要的意义。

相对密度试验适用于透水性良好的无粘性土，对含细粒较多的试样不宜进行相对密度试验，美国 ASTM 规定 0.074mm 土粒的含量不大于试样总质量的 12%。

相对密度试验中的三个参数即最大干密度，最小干密度和现场干密度（或填土干密度）对相对密度都很敏感，因此，试验方法和仪器设备的标准化是十分重要的。然而目前尚没有统一而完善的测定方法，故仍将原法列入。从国外情况看，最大干密度用振动台法测定，而国内振动台没有定型产品，为此，将美国 ASTM D2049 标准的仪器设备和试验方法附在条文说明中，供各试验室参阅。

9.2 砂的最小干密度试验

9.2.1 目前国际上对砂的最大孔隙比即最小干密度的测定一般用漏斗法。该法是用小的管径控制砂样，使其均匀缓慢地落入量筒，以达到最疏松的堆积，但由于受漏斗管径的限制，有些粗颗粒受到阻塞，加大管径又不易控制砂样的缓慢流出，故适用于较小颗粒的砂样。

9.2.2 用量筒倒转法时，采用慢速倒转，虽然细颗粒下落慢，粗粒下落快，粗细颗粒稍有分离现象，但能达到较松的状态，测得最小干密度，故本标准中以慢速倒转法作为测定最小干密度的一种方法。原标准中将漏斗法和量筒法两种方法分开写，实际试验时，是可以结合在一起进行的，修订时考虑便于使用，将两种方法合并在一起。

9.3 砂的最大干密度试验

9.3.1 制订原标准时，曾用振动锤击法和振动台法进行比较，结果表明：振动锤击法测得的最大干密度比振动台法测得的密度大（见表3），振动台法是按照美国 ASTM D2049 标准的规定，采用一定的频率、振幅、时间和加重物块，用两种仪器分别进行了干法和湿法试验，表3中标准砂是均匀的中砂，黄砂是级配良好的砂。试验结果表明振动锤击法的干法所测得的干密度最大，故本标准仍以振动锤击法为标准。鉴于国际上采用振动台法较多，而国内又无定型设备，为此，将《美国材料试验学会无凝聚性土相对密度标准试验方法(ASTM D2049-69)介绍》附在此，供参阅。

表3 不同方法测得的最大干密度（g/cm³）

土类	振动台法		振动锤击法	
	干法	湿法	干法	湿法
标准砂	1.65	1.72	1.78	1.72
黄砂	1.88	1.94	2.04	1.96

9.3.2 用振动锤击法测定砂的最大干密度时，需尽量避免由于振击功能不同而产生的人为误差，为此，在振击时，击锤应提高到规定高度，并自由下落，在水平振击时，容器周围均有相等数量的振击点。

〔附〕美国材料试验学会无凝聚性土相对密度标准试验方法（ASTM D 2049-69）介绍

1 适用范围。本法用于测定无凝聚性、能自由排水的砂土的相对密度，凡用压实试验不能得出明确的含水率与干密度关系曲线，而且最大密度比振动法得到的最大密度小的粗粒土，其中细粒含量（<0.075mm）不大于12%，且有自由排水性能的土，均可用本法测定。本法利用振动压实求其最大密度，用倒转法求最小密度。

2 仪器设备。仪器总装置图见图A，各部件及辅助设备如下：

1) 震动台：带有座垫的钢质震动台面板，尺寸约为 30in×30in（762mm×762mm），由半无声式电磁震动机启动，净重超过 100 lb（45.4kg），频率为 3600r/min，振幅 250 lb（113.5kg）荷重下由 0.002in（0.05mm）至 0.025in（0.64mm），交流电压230V。

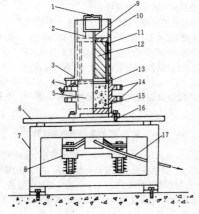

图 A 仪器总装置图

1—起吊把手；2—约 1"(2.5cm)；3—焊接；4—夹具；5—0.1ft(3.05cm)试样筒；6—底板；7—震动台；8—震动机；9—9.5mm钢杆；10—套筒；11—加重铅；12—加重物；13—加重底板；14—导向瓦；15—试样；16—固定螺丝；17—电线

2) 试样筒：圆筒容积为 0.1ft³ 与 0.5ft³（2830cm³ 与14160cm³），尺寸要求如表 A-1。

表 A-1 试样筒尺寸及所需试样质量

土粒最大尺寸		所需试样质量		最小密度试验采用的倒注设备	试样筒所需尺寸	
in	(mm)	lb	(kg)		ft³	(cm³)
3	(76.2)	100	(45.3)	铲或特大勺	0.5	(14160)
1½	(38.1)	25	(11.3)	勺	0.1	(2830)
3/4	(19.1)	25	(11.3)	勺	0.1	(2830)
3/8	(9.5)	25	(11.3)	漏斗管径(25.4mm)	0.1	(2830)
3/16	(4.76)	25	(11.3)	漏斗管径(12.7mm)	0.1	(2830)

3) 套筒：每种尺寸的试样筒有一个套筒，它带有固定夹具。

4) 加重底板：每种尺寸的试样筒有一厚 $\frac{1}{2}$in（12.7mm）的底板。

5) 加重物：每种尺寸的试样筒有一加重物，对于所用的试样筒加重底板与加重物的总重力相当于 2 lb/in²（14kPa）。

6) 加重底板把手：每一加重底板有一个。

7) 量表架及量表：量表量程 2in（50.8mm），精度 0.001in（0.025mm）。

8) 校正杆：金属制 3in×12in×$\frac{1}{8}$in（76.2mm×304.8mm×3.2mm）。

9) 倒注设备：装有漏斗状管嘴的金属罐，管嘴直径为 $\frac{1}{2}$in（12.7mm）和 1in（25.4mm），罐径 6in（152.4mm），罐高12in（304.8mm）。

10) 其他设备：搅拌盘、台秤、起重机（起重力至少 1.36kN）等。

3 试样筒体积的率定。利用直接测量试样筒尺寸来计算其体积。量测时精确到 0.001in（0.025mm），对筒体积计算准确到0.0001ft³（2.83cm³），对大筒体积准确到 0.001ft³（28.3cm³）。再用水校核，测定时要保证水充满筒内，将筒内水称量，测水温 t℃，再以 t℃下每克水的体积（mL）乘水质量即得筒体积。不同温度下每克水的体积见表 A-2。

表 A-2 不同温度下每克水的体积（mL/g）

温度 ℃	12	14	16	18	20	22	24	26	28	30	32
温度 °F	53.6	57.2	60.8	64.4	68.0	71.6	75.2	78.8	82.4	86.0	89.6
水的体积 (mL/g)	1.00048	1.00073	1.00103	1.00138	1.00177	1.00221	1.00268	1.00320	1.00375	1.00435	1.00497

4 试样制备。选用代表性土样在110±5℃下烘干过筛，筛孔要足够小，使弱胶结的土粒能分散。

5 最小密度的测定。根据试样的最大粒径，选用倒注设备与试样筒，称筒质量并记录：

1) 把粒径小于 3/8in（9.5mm）的烘干土尽量疏松地放入试样筒内，方法是用漏斗管把土均匀稳定地注入，随时调整管口的高度，使自由下落距离为 1in（25.4mm），同时要从外侧向中心呈螺旋线地移动，使土层厚度均匀而不产生分选。当充填到高出筒顶约 1in（25.4mm），用钢质直刃刀沿筒口刮去余土，注意在试验过程中不能扰动试样筒。称量并记录。

2) 粒径大于 3/8in（9.5mm）的烘干土，应用大勺（或铲）将试样铲入试样筒内，勺应紧挨筒内土面，使勺内土粒滑入而不是跌落入筒。必要时用手扶持大颗粒土，以免从勺内滚落入筒。填土直至溢出筒顶，但余土高不大于 1in（25.4mm），用钢质直刃刀将筒面刮平，当有大颗粒时，凸出筒面的体积应能近似地与筒面以下的大孔隙体积抵消。称量并记录。

6 最大密度的测定。测定最大密度（最小孔隙比）用湿法或干法。

1)干法:先拌和烘干土样,使分布均匀,尽量不要粗细分离。将土样填入试样筒称量,填法与最小密度的测定相同,通常情况是直接用最小密度试验中装好的筒不再重装。装上套筒,把加重底板放到土面上,加重物放到加重底板上。将震动机调到最大振幅,将此加重的试样震动8min,卸除荷重与套筒,测读量表读数,算出试样体积。如震动过程中颗粒土有损失时,需再称量并记录。

2)湿法:有些土在饱和状态时可得最大密度。因此,在试验开始时应同时用干法与湿法作比较,确定何者较大(只要超过1%)。湿法是将烘干料中充分加水,至少浸泡半小时,最好用天然湿土。装时充分加水,使有少量自由水积于土面。装完后立即震动6min,在此期间要减小振幅,以防止某些土过分的土沸。在震动的最后几分钟,要吸除土面上的水,再装上套筒,放加重底板,加重物,震动8min。震完后卸除加重物与套筒,测读量表读数,烘干试样并称量记录。

7 最大、最小密度计算:

最小密度 $\quad \rho_{\min}=\dfrac{m_d}{V_c}$

最大密度 $\quad \rho_{\max}=\dfrac{m_d}{V}$

式中 m_d ——干土质量(lb)(g);

V_c ——试样筒率定后的体积(ft³)(cm³);

V ——土体积$=V_c-[(R_i-R_f)/12]\times A$(ft³)(cm³);

R_f ——震后在加重底板上的读数(in)(mm);

R_i ——开始读数(in)(mm);

A ——试样筒断面积(ft²)(cm²)。

10 击实试验

10.0.1 室内扰动土的击实试验一般根据工程实际情况选用轻型击实试验和重型击实试验。我国以往采用轻型击实试验比较多,水库、堤防、铁路路基填土均采用轻型击实试验,高等级公路填土和机场跑道等采用重型击实较多。重型击实仪的击实筒内径大,最大粒径可以允许达到20mm。原标准定为40mm,按5层击样超高太大,按3层击样可允许达到40mm。

10.0.2 单位体积击实功能是将作用于土面上的总的功除以击实筒容积而得。本标准单位体积功能计算中 g 采用9.81m/s²,若按10换算即得604kJ/m³与国外通用标准一致,与交通部公路规程的功能也是相同的。

10.0.3 击实试验所用的主要仪器。原标准采用文字叙述,考虑到列表比较清楚,修订中改为表格式,将主要的击实筒、击锤和护筒尺寸列出。其他的主要仪器中,因重型击实试验土料用多,所以将台秤从5kg改为10kg;增加了标准筛一项,考虑到标准筛亦属计量仪器,也是属于主要的仪器,故增此项。

10.0.4 本条为击实试验的试样制备。本次修改重点补充了重型击实试验的有关内容,原标准条文中内容偏重于轻型击实试验。试样制备的具体操作和本标准第3.1.5条相同,因此条文中没有详细叙述。

由于击实曲线一定出现峰值点,由经验可知,最大干密度的峰值往往都在塑限含水率附近,根据土的压实原理,峰值点就是孔隙比最小的点,所以建议2个含水率高于塑限,有2个含水率低于塑限,以使试验结果不需补点就能满足要求。

注:重型击实试验最优含水率较轻型的小,所以制备含水率可以向较小方向移。

10.0.5 试样击实后总会有部分土超过筒顶高,这部分土柱称为余土高度。标准击实试验所得的击实曲线是指余土高度为零时的单位体积击实功能下土的干密度和含水率的关系曲线。也就是说,此关系曲线是以击实筒容积为体积的等单位功能曲线,由于实际操作中总是存在或多或少的余土高度,如果余土高度过大,则关系曲线上的干密度就不再是一定功能下的干密度,试验结果的误差会增大。因此,为了控制人为因素造成的误差,根据比较试验结果及有关资料,本标准规定余土高度不应超过6mm。

10.0.9 对轻型击实试验,试样中含有粒径大于5mm颗粒的试验结果的校正。土样中常掺杂有较大的颗粒,这些颗粒的存在对最大干密度与最优含水率均有影响。由于仪器尺寸的限制,必须将试样过5mm筛,因此,就产生了对含有粒径大于5mm颗粒试样试验结果的校正。一般情况下,在粘性土料中,大于5mm以上的颗粒含量占总土量的百分数是不大的,大颗粒间的孔隙能被细粒土所填充,可以根据土料中大于5mm的颗粒含量和该颗粒的饱和面干比重,用过筛后土料的击实试验结果来推算总土料的最大干密度和最优含水率。如果大于5mm粒径的含量超过30%时,此时大颗粒土间的孔隙将不能被细粒土所填充,应使用其他试验方法。

11 承载比试验

11.0.1 本试验主要参考美国ASTM D1883-78和AASHTO-74规程编制。承载比试验是由美国加州公路局首先提出来的,简称CBR(California Bearing Ratio 的缩写)试验。日本也把CBR试验纳入全国工业规格土质试验方法规程(JIS A1211-70)。所谓CBR值,是指采用标准尺寸的贯入杆贯入试样中2.5mm时,所需的荷载强度与相同贯入量时标准荷载强度的比值。标准荷载与贯入量之间的关系如表4所示。

表4 不同贯入量时的标准荷载强度和标准荷载

贯入量 (mm)	标准荷载强度 (kPa)	标准荷载 (kN)
2.5	7000	13.7
5.0	10500	20.3
7.5	13400	26.3
10.0	16200	31.3
12.5	18300	36.0

标准荷载强度与贯入量之间的关系用下式表示:

$$P=162\times l^{0.61} \tag{1}$$

式中 P ——标准荷载强度(kPa);

l ——贯入量(mm)。

承载比(CBR)是路基和路面材料的强度指标,是柔性路面设计的主要参数之一。

本试验方法只适用于室内扰动土的CBR试验。由于击实筒高为166mm,除去垫块的高度50mm,实际试样高度为116mm,按5层击实,与重型击实的击实筒相同,只能适用粒径小于20mm的土,若按 3 层击样,可采用 40mm,为此,本次修订改成 20mm 或 40mm。

11.0.3 本试验制备试样采用风干法,按四分法备料,先根据重型击实试验方法求得试样最优含水率后,再按最优含水率制备所需试样,使试样的干密度与含水率保持与施工时一致。

11.0.5 进行 CBR 试验时,应模拟试料在使用过程中处于最不利状态,贯入试验前一般将试样浸水饱和 4 昼夜作为设计状态,国内外的标准均以浸水 4 昼夜作为浸水时间,当然也可根据不同地区、地形、排水条件、路面结构等情况适当改变试样的浸水方法和浸水时间,使 CBR 试验更符合实际情况。

为了模拟地基的上复压力,在浸水膨胀和贯入试验时,试样表面需要加荷载块,尽管希望能施加与实际荷载或设计荷载相同的力,但对于粘性土来说,特别是上复压力较大时,荷载块的影响是无法达到要求的,因此,本次修订规定施加 4 块荷载块(5kg)作为标准方法。

在加荷装置上安装好贯入杆时,需使杆端面与试样表面充分接触,所以先要在贯入杆上施加 45N 的预压力,将此荷载作为试验时的零荷载,并将该状态的贯入量为零点。

绘制单位压力 P 和贯入量 l 的关系曲线时,如发现曲线起始部分呈反弯,则表示试验开始时贯入杆端面与土表面接触不好,应对曲线进行修正,以 O' 点作为修正后的原点。

11.0.6 公式中的分母 7000 和 10500 是原标准以 kgf/cm² 表示时的 70 和 105 乘以换算系数(1kgf/cm²≈100kPa)而得。

当制备 3 个干密度试样时,使击实后的干密度控制在最大干密度的 95%～100%。

12 回弹模量试验

12.1 杠杆压力仪法

12.1.1 在采用杠杆压力仪法时,当压力较大时,加卸载将比较困难,因此,主要适用于含水率较大,硬度较小的土。

12.1.2 本标准将承载板的直径定为 50mm,是根据交通部公路土工试验规程的规定,因此杠杆压力仪的加压球座直径也相应定为 50mm。目的是与现场承载板试验结果较好地一致。原尺寸 37.4mm 的室内承载试验得出的回弹模量往往比现场试验偏大很多,为减轻质量,承载板用空心圆柱体。

室内试验回弹变形很小,尤其在加载初始阶段,估读误差大,故测定变形的量表采用千分表。

12.1.4 由于加载开始时的土样塑性变形,得出的 $p-l$ 曲线有可能与纵坐标轴相交于原点以下的位置,如果仍按读数值计算回弹变形,其中将包括一部分塑性变形,故应对读数进行修正。

12.2 强度仪法

12.2.1 强度仪法适用于各种湿度、密度的土和加固土。对于硬度较大的土用本法尤为方便。

12.2.2 本标准所用的击实筒,仅需在一般击实试验和 CBR 试验所用的试样筒上钻一直径 5mm,深 5mm 的螺丝孔。

强度仪法和杠杆压力仪法所用的承载板相同,两种仪器通用。

12.2.3 加载后由于土样的微小变形可能会使测力计发生轻微卸载,对于较硬的土卸载很小可以忽略不计;当土样较软时,可用手稍稍触动强度仪摇把,补上卸掉的微小压力。

13 渗透试验

13.1 一般规定

13.1.1 渗透是液体在多孔介质中运动的现象,渗透系数是表达这一现象的定量指标,由于影响渗透系数的因素十分复杂,目前室内和现场用各种方法所测定的渗透系数,仍然是个比较粗略的数值。

测定土的渗透系数对不同的土类应选用不同的试验方法。试验类型分为常水头渗透试验和变水头渗透试验,前者适用于砂土,后者适用于粘土和粉土。

13.1.2 关于试验用水问题。水中含气对渗透系数的影响主要由于水中气体分离,形成气泡堵塞土的孔隙,致使渗透系数逐渐降低,因此,试验中要求用无气水,最好用实际作用于土中的天然水。本标准规定采用的纯水要脱气,并规定水温高于室温 3～4℃,目的是避免水进入试样因温度升高而分解出气泡。

13.1.3 水的动力粘滞系数随温度而变化,土的渗透系数与水的动力粘滞系数成反比,因此在任一温度下测定的渗透系数应换算到标准温度下的渗透系数。关于标准温度,目前各国不统一,美国采用 20℃,日本采用 15℃,前苏联采用 10℃,考虑到标准温度应有标准温度的定义去解释,以及国内各系统采用的标准均为 20℃,为此,本标准以 20℃ 作为标准温度。

13.1.4 由于渗透系数的测值不够正确,试验中应多测几次,取在允许差值范围内的平均值作为实测值。

13.1.5 土的渗透性是水流通过土孔隙的能力,显然,土的孔隙大小,决定着渗透系数的大小,因此测定渗透系数时,必须说明与渗透系数相适应的土的密度状态。

13.2 常水头渗透试验

13.2.1 用于常水头渗透试验的仪器有多种,常用的有 70 型渗透仪和土样管渗透仪,这些仪器设备,操作方法和量测技术等方面与国外大同小异,国内各单位通过多年来的工作实践认为是可行的。为此,本标准中没有规定采用何种仪器类型,只要求仪器结构简单,试验成果可靠合理。

13.2.2 试样安装时,在滤网上铺 2cm 厚的粗砂作为过滤层,在试样顶面铺 2cm 厚的砾石作为缓冲层,过滤层和缓冲层材料的渗透系数应恒大于试样的渗透系数。

13.2.3 常水头渗透系数的计算公式是根据达西定律推导的,求得的渗透系数为测试温度下的渗透系数。计算时需要校正到标准温度下的渗透系数。

13.3 变水头渗透试验

13.3.1 变水头渗透试验使用的仪器设备除应符合试验结果可靠合理、结构简单外,要求止水严格,易于排气。仪器形式常用的是 55 型渗透仪,负压式渗透仪,为适应各试验室的设备,仪器形式不作具体规定。

13.3.3 试样饱和是变水头渗透试验中的重要问题,土样的饱和度愈小,土的孔隙内残留气体愈多,使土的有效渗透面积减小。同时,由于气体因孔隙水压的变化而胀缩,因而饱和度的影响成为一个不定的因素,为了保证试验准确度,要求试样必须饱和。采用真空抽气饱和法是有效的方法。

13.3.4 变水头渗透系数的计算公式是根据达西定律利用同一时间内经过土样的渗流量与水头量管流量相等推导而得,求得的渗透系数也是测试温度下的渗透系数,同样需要校正到标准温度下的渗透系数。

14 固 结 试 验

14.1 标准固结试验

14.1.1 本试验以往在国内的土工试验规程中定名为压缩试验，国际上通用的名称是固结试验(Consolidation Test)，为了与国际通用的名称一致，本标准将该项试验定名为固结试验，同时表明本试验是以泰沙基(Terzaghi)的单向固结理论为基础的，故明确规定适用于饱和土。对非饱和土仅作压缩试验提供一般的压缩性指标，不能用于测定固结系数。

14.1.2 固结试验所用固结仪的加荷设备，目前常用的是杠杆式和磅秤式。近年来，随着工程建设的发展，以及测定先期固结压力，需要高压力、高精度的压力设备，目前国内也有用液压式和气压式等加荷设备，本标准没有规定具体形式。仪器准确度应符合现行国家标准 GB 4935 及 GB/T15406 的技术条件。垂直变形量测设备一般用百分表，随着仪器自动化(数据自动采集)，应采用准确度为全量程 0.2% 的位移传感器。

14.1.3 固结仪在使用过程中，各部件在每次试验时是装拆的，透水石也易磨损，为此，应定期定和校验。

14.1.4 试样尺寸。在国外资料中，对试样的径高比作了规定，实践证明，在相同的试验条件下，高度不同的试样，所反映的各固结阶段的沉降量以及时间过程均有差异。由于国内的仪器，环刀直径均为 61.8mm 和 79.8mm，高度为 20mm，为此，试样尺寸仍用规定的统一尺寸，径高比接近国外资料。

14.1.5 关于荷重率。固结试验中一般规定荷重率等于1。由于荷重率对确定土的先期固结压力有影响，特别是软土，这种影响更为明显，因此，条文中规定：如需测定土的先期固结压力，荷重率宜小于1，可采用 0.5 或 0.25，在实际试验中，可根据土的状态分段采用不同的荷重率，例如在孔隙比与压力的对数关系曲线最小曲率半径出现前，荷重率应小些，而曲线尾部直线段荷重率等于1是合适的。

稳定标准。目前国内外的土工试验标准(或规程)大多采用每级压力下固结24h的稳定标准，一方面考虑土的变形能达到稳定，另一方面也考虑到每天在同一时间施加压力和测记变形读数。本标准规定每级荷重下固结24h作为稳定标准。试验中仅测定压缩系数时，施加每级压力后，每小时变形达 0.01mm 时作为稳定标准，满足生产需要。前一标准与国际上通用标准一致。对于要求次固结压缩量的试样，可延长稳定时间。一小时快速法由于缺乏理论根据，标准中不列。

14.1.15 土的先期固结压力用作图法确定，该法属于经验方法，亦是国际上通用的方法，在作图时，绘制孔隙比与压力的对数关系曲线，纵横坐标比例的选择直接影响曲线的形状和 p_c 值的确定，为了使确定的 p_c 值相对稳定，作图时应选择合适的纵横坐标比例。日本标准(JIS)中规定，在纵轴上取 $\Delta e = 0.1$ 时的长度与横轴上取一个对数周期长度比值为 0.4~1.0。我国有色金属总公司和原冶金工业部合编的土工试验规程中规定为 0.4~0.8，试验者在实际工作中可参考使用。

14.1.16 固结系数的确定方法有多种，常用的有时间平方根法、时间对数法和时间对数坡度法。按理，在同一组试验结果中，用 3 种方法确定的固结系数应该比较一致，实际上却相差甚大，原因是这些方法是利用理论和试验的时间和变形关系曲线的形状相似性，以经验配合法，找某一固结度 U 下，理论曲线上时间因数 T_v 相当于试验曲线上某一时间的 t 值，但实际试验的变形和时间关系曲线的形状因土的性质、状态和荷载历史而不同，不可能得出一致的结果。一致认为，按时间对数坡度法确定 t_{68}，求得的 C_v 值

误差较大。因此，本标准仅列入时间平方根法和时间对数法，在应用时，宜先用时间平方根法，如不能准确定出开始的直线段，则用时间对数法。

14.2 应变控制连续加荷固结试验

14.2.1 应变控制加荷法是连续加荷固结试验方法之一。它是在试样上连续加荷，随时测定试样的变形量和底部孔隙水压力。按控制条件，连续加荷固结试验除等应变加荷(CRS)外，尚有等加荷率(CRL)和等孔隙水压力梯度(CGC)试验。

连续加荷固结试验的理论依据仍然是泰沙基固结理论。要求试样完全饱和或实际上接近完全饱和。由于在试样底部测孔隙水压力，试样底部相当于标准试验中试样的中间平面。

14.2.2 试验过程中，在试样底部测定孔隙水压力，要求仪器结构应能符合试样与环刀、环刀及护环、底部与刚性底座之间密封良好，且易于排除滞留于底部的气泡。

控制的等应变速率是通过加压设备的测力系统传递的，因此，要求测力系统有相应的准确度。

测量孔隙水压力的传感器，要求体积因数(单位孔隙水压力下的体积变化)小，使从试样底部孔隙水的排出可以忽略，而较及时测定试样中的孔隙水压力变化。体积因数采用三轴试验所规定的标准。该试验中，孔隙水压力一般不超过轴向压力的30%，要求传感器的准确度为全量程的 0.5%。

14.2.3 固结容器在使用过程中，各部件在每次试验时是装拆的，为此应定期检验。

14.2.4 从已有的试验资料表明，应变速率对一般土(液限低、活动性小)的压缩性指标和固结系数影响不大，但对高液限土(液限大于100)，应变速率大的试验结果表明，土的压缩偏小(与标准固结试验相比)。因此，为了使不同方法所得的结果具有可比性，要求试验过程中，试样底部孔隙水压力不超过轴向压力 σ 的某一值，通过对不同应变速率条件下试样底部孔隙水压力值变化的试验结果表明，对正常固结土，在加荷过程中试样底部孔隙水压力 u_b 达到稳定值时，其比值 u_b/σ 一般在 20%~30%，本标准采用 ASTM4186-82 的规定，u_b/σ 取值范围为 3%~20%，根据该范围估计的应变速率如本条文中表 14.2.4，对于特殊土，根据经验可以修正该估计值。

数据采集时间间隔的规定基于以下理由：

1 试验开始时，试样底部孔隙水压力迅速增大；

2 取足够的读数确定应力应变曲线，当试验数据发生重大变化时，增加读数。

14.2.7 计算有效压力时，假定试样中的孔隙水压力处于稳定状态，沿试样的分布为一抛物线。

15 黄土湿陷试验

15.1 一般规定

15.1.1 黄土为第四纪沉积物,由于成因的不同,历史条件、地理条件的改变以及区域性自然气候条件的影响,使黄土的外部特性、结构特性、物质成分以及物理、化学、力学特性均不相同。本标准将原生黄土、次生黄土、黄土状土及新近堆积黄土统称为黄土类土。因为它们具有某些共同的变形特性,需要通过压缩试验来测定。

15.1.2 湿陷变形是指黄土在荷重和浸水共同作用下,由于结构遭破坏产生显著的湿陷变形,这是黄土的重要特性。湿陷系数大于或等于 0.015 时,称为湿陷性黄土,当湿陷系数小于 0.015 时,称非湿陷性黄土。

黄土受水浸湿后,在土的自重压力下发生湿陷的,称为自重湿陷性黄土,在土的自重压力下不发生湿陷的,称为非自重湿陷性黄土。

渗透溶滤变形是指黄土在荷重及渗透水长期作用下,由于盐类溶滤及土中孔隙继续被压密而产生的垂直变形,实际上是湿陷变形的继续,一般很缓慢,在水工建筑物地基是常见的。

黄土在荷重作用下,受水浸湿后开始出现湿陷的压力,称为湿陷起始压力。黄土湿陷试验对房屋地基来说,主要是测定自重湿陷系数、起始压力和规定压力下的湿陷系数,而对水工建筑物来说,主要是测定施工和运用阶段相应的湿陷性指标,包括本试验的所有内容。

15.1.5 稳定标准。黄土粘性机理与粘土不同,例如水源来自河流、渠道、塘库则自上而下,若是地下水位上升则自下而上。黄土的变形稳定标准规定为每小时变形量不大于 0.01mm。对于渗透溶滤变形,由于变形特性除粒间应力引起的缓慢塑性变形以外,也取决于长期渗透时盐类溶滤作用,故规定 3d 的变形量不大于 0.01mm。

15.2 湿陷系数试验

15.2.1 浸水压力和湿陷系数是划分湿陷等级的主要指标,为了对比地基优劣情况,需要在同一条件即规定某一浸水压力下求得湿陷系数。本次修改时,浸水压力是根据现行国家标准《湿陷性黄土地区建筑规范》GBJ 25 中的规定。而水工建筑物的地基,必须考虑土体的压力强度与结构强度被破坏的作用,分级加荷至浸水时的压力应是恰好代表土层中部断面上所受的实际荷重。在实际荷重下沉降稳定后,根据工程实际情况用自上而下或自下而上的方式,使试样浸水,确定土的湿陷变形。

15.3 自重湿陷系数试验

15.3.1 土的饱和自重压力应分层计算,以工程地质勘察分层为依据,当工程未提供分层资料时,才允许按取样深度和试样密度粗略的划分层次。

饱和自重压力大于 50kPa 时,应分级施加,每级压力不大于50kPa。每级压力时间视变形情况而定,为使试验时有个参考,本条文中规定不小于 15min,参考原冶金部规程。

15.4 溶滤变形系数试验

15.4.1 溶滤变形系数是水工建筑物施工和运用阶段所要求的湿陷性指标。一般在实际荷重下进行试验,浸水后长期渗透求得溶滤变形。

15.5 湿陷起始压力试验

15.5.1 湿陷起始压力利用湿陷系数和压力关系曲线求得。测定湿陷起始压力(或不同压力下的湿陷系数)国内外都沿用单线、双线两种方法。从理论上和试验结果来说,单线法比双线法更适用于黄土变形的实际情况,如果土质均匀可以得出良好的结果。双线法简便,工作量少,但与变形的实际情况不完全符合,为与现行国家标准《湿陷性黄土地区建筑规范》GBJ 25 一致,本标准改成单线法、双线法并列,供试验人员根据实际情况选用。进行双线法时,保持天然湿度施加压力的试样,在完成最后一级压力后仍要求浸水测定湿陷系数,其目的在于与浸水条件下最后一级压力的湿陷系数比较,以便二者进行校核。

16 三轴压缩试验

16.1 一般规定

16.1.2 三轴压缩试验根据排水情况不同分为三种类型:即不固结不排水剪(UU)试验、固结不排水剪(CU)测孔隙水压力($\overline{CU}$)试验和固结排水剪(CD)试验,以适应不同工程条件而进行强度指标的测定。

16.1.3 本标准规定三轴压缩试验必须制备 3 个以上性质相同的试样,在不同周围压力下进行试验。周围压力宜根据工程实际确定。在只要求提供土的强度指标时,浅层土可采用较小压力 50、100、200、300kPa,10m 以下采用 100、200、300、400kPa。

16.2 仪器设备

16.2.1 原标准将仪器设备列入不固结不排水试验,考虑到其他类型试验使用仪器设备相同,而安装试样等有差别,故将仪器设备抽出单列一节。

应变控制式三轴仪中的加压设备和测量系统均没有规定采用何种方式,因为三轴仪生产至今在不断改进,前后生产的形式只要符合试验要求均可采用。

16.2.2 试验前对仪器必须进行检查,以保证施加的周围压力能保持恒压。孔隙水压力量测系统应无气泡,保证测量准确度。仪器管路应畅通,但无漏水现象。本试验中规定橡皮膜用充气方法检查,亦允许使用其他方法检查。

16.3 试样制备和饱和

16.3.1 三轴压缩试验试样制备和饱和与其他力学性试验的试样制备不完全相同，因为试样采用圆柱体，有其一套制样设备，另外有特制的饱和器。3 种类型试验均有试样制备和饱和的问题，为此，抽出单列一节。

试样的尺寸及最大允许粒径是根据国内现有的三轴仪压力室尺寸确定的。国产的三轴仪试样尺寸为 $\phi39.1mm$、$\phi61.8mm$ 和 $\phi101mm$，但从国外引进的三轴仪试样尺寸最小的为 $\phi35mm$，故本条文规定试样直径为 $\phi35\sim\phi101mm$。试样的最大允许粒径参考国内外的标准，规定为试样直径的 1/10 及 1/5，以便扩大适用范围。

16.3.2、16.3.3 试样制备。原状试样制备用切土器切取即可。对扰动土试样可以采用压样法和击样法。压样法制备的试样均匀，但时间较长，故通常采用击样法制备，击样法制备时建议击锤的面积应小于试样的面积。击实分层是为使试样均匀，层数多，效果好，但分层过多，一方面操作麻烦，另一方面层与层之间的接触面太多，操作不注意会影响土的强度，为此，本条文规定：粉土为 3~5 层，粘土为 5~8 层。

16.3.5 原状试样由于取样时应力释放，有可能产生孔隙中不完全充满水而不饱和，试验时采用人工方法使试样饱和，扰动土试样也需要饱和。饱和方法有抽气饱和、水头饱和、反压力饱和，根据不同土类和要求饱和程度而选用不同的方法。

当采用抽气饱和和水头饱和试样不能完全饱和时，在试验时应对试样施加反压力。反压力是人为地对试样同时增加孔隙水压力和周围压力，使试样孔隙内的空气在压力下溶解于水，对试样施加反压力的大小与试样起始饱和度有关。当起始饱和度过低时，即使施加很大的反压力，不一定使试样饱和，加上受三轴仪压力的限制，为此，当试样起始饱和度低时，应首先进行抽气饱和，然后再加反压力饱和。

16.4 不固结不排水剪试验

16.4.1 本试验在对试样施加周围压力后，即施加轴向压力，使试样在不固结不排水条件下剪切。因不需要排水，试样底部和顶部均放置不透水板或不透水试样帽，当需要测定试样的初始孔隙水压力系数或施加反压力时，试样底部和顶部需放置透水板。

16.4.2 轴向加荷速率即剪切应变速率是三轴试验中的一个重要问题，它不仅关系试验的历时，而且也影响成果，不固结不排水剪试验，因不测孔隙水压力，在通常的速率范围内对强度影响不大，故可根据试验方便来选择剪切应变速率，本条文规定采用每分钟应变 0.5%~1.0%。

16.4.6 破坏标准的选择是正确选用土的抗剪强度参数的关键；由于不同土类的破坏特性不同，不能用一种标准来选择破坏值。从实践来看，以主应力差 $(\sigma_1-\sigma_3)$ 的峰值作为破坏标准是可行的，而且易被接受，然而有些土很难选择到明显的峰值，为了简便，主应力差无峰值时采用应变 15% 时的主应力差作为破坏值。

16.5 固结不排水剪试验

16.5.1 为加快固结排水和剪切时试样内孔隙水压力均匀，规定在试样周围贴湿滤纸条，通常上下均与透水板相接的滤纸条，如对试样施加反压力，宜采用间断式(滤纸条上部与透水板间断 1/4 或试样中部间断 1/4)的滤纸条，以防止反压力与孔隙水压力测量直接连通。滤纸条的宽度与试样尺寸有关。对直径 $\phi39.1mm$ 的试样，一般采用 6mm 宽的滤纸条 7~9 条；对直径 $\phi61.8mm$ 和 $\phi101mm$ 的试样，可用 8~10mm 宽的滤纸条 9~11 条。

在试样两端涂硅脂可以减少端部约束，有利于试样内应力分布均匀，孔隙水压力传递快，国外标准将此列入条文，国内也有单位使用，为使试验有所选择，以便积累资料和改进试验技术，本条文编制时考虑这一内容，并规定测定土的应力应变关系时，应该涂硅脂。

16.5.2 排水固结稳定判别标准有两种方法：一种是以固结排水量达到稳定作为固结标准；另一种是以孔隙水压力完全消散作为固结标准。在一般试验中，都以孔隙水压力消散度来检验固结完成情况，故本条文规定以孔隙水压力消散 95% 作为判别固结稳定标准。

16.5.3 剪切时，对不同的土类应选择不同的剪切应变速率，目的是使剪切过程中形成的孔隙水压力均匀增长，能测得比较符合实际的孔隙水压力。在三轴固结不排水试验中，在试样底部测定孔隙水压力，在剪切过程中，试样剪切区的孔隙水压力是通过试样或滤纸条逐渐传递到试样底部的，这需要一定时间。剪切应变速率较快时，试样底部的孔隙水压力将产生明显的滞后，测得的数值偏低。由于粘土和粉土的剪切速率相差较大，故本条文对粘土和粉土分别作规定。

16.5.4~16.5.6 试样固结后的高度及面积可根据实际的垂直变形量和排水量两种方法计算，因为在试验过程中，装样时有剩余水存在，且垂直变形也不易测准确，为此，本标准采用根据等向应变条件下推导而得的公式，并认为饱和试样固结前后的质量之差即为体积之差，剪切过程中的校正面积按平均断面积计算剪损面积。

16.5.10~16.5.14 固结不排水剪试验的破坏标准除选用主应力差的峰值和轴向应变 15% 所对应的主应力差作为破坏值外，增加了有效主应力比最大值和有效应力路径的特征点所对应的主应力差作为破坏值。以有效主应力比最大值作为破坏值是可以理解的，也符合强度定义。而应力路径的实质是应力圆顶点的轨迹。应用有效应力路径配合孔隙水压力的变化进行分析，往往可以对土体的破坏得到更全面的认识。整理试验成果能较好地反映试样在整个过程中的剪胀性和超固结程度。有效应力路径和孔隙水压力变化曲线配合使用，还可以验证固结不排水剪试验和排水剪试验的成果。为此，将应力路径线上的特征点作为选择破坏值的一种方法。

16.6 固结排水剪试验

16.6.1 固结排水剪试验是为了得出土的有效强度指标，更有意义的是测出土的应力应变关系，从而研究各种土类的变形特性。为使试样内部应力均匀，应消除端部约束，为此，装样时应在试样两端与透水板之间放置中间涂有硅脂的双层圆形乳胶膜，膜中心应留有 1cm 的圆孔排水。

固结排水剪试验的剪切应变速率对试验结果的影响，主要反映在剪切过程中是否存在孔隙水压力，如剪切速度较快，孔隙水压力不完全消散，就不能得到真实的有效强度指标。通过比较采用每分钟应变 0.003%~0.012% 的剪切应变速率基本上可满足剪切过程中不产生孔隙水压力的要求，对粘土可能仍有微量的孔隙水压力产生，但对强度影响不大。

16.7 一个试样多级加荷试验

16.7.1 三轴压缩试验中遇到试样不均匀或无法切取 3~4 个试样时，允许采用一个试样多级加荷的三轴试验。由于采用一个试样避免了试样不均匀而造成的应力圆分散，各应力圆能切于强度包线，但一个试样的代表性低于多个试样的代表性，且土类的适用性问题没有解决，为此，本条文规定一个试样多级加荷试验只限于无法切取多个试样的特殊情况下采用，并不建议替代作为常规方法采用。

16.7.2 试样剪切完后，须退除轴向压力(测力计调零)，使试样恢复到等向受力状态，再施加下一级周围压力，这样可消除固结时偏应力的影响，不致产生轴向蠕变变形，以保持试样在等向压力下固结，故本条文作了退除轴向压力的规定。

一个试样多级加荷试验过程中，往往会出现前一级周围压力下的破坏大主应力大于下一级的周围压力，这样试样受到"预压力"的作用,使受力条件复杂,为消除这一影响,规定后一级的周围压力应等于或大于前一级周围压力下试样破坏时的大主应力。

试样的面积校正与多个试样试验方法相同。

16.7.3 固结不排水剪试验,试样在每级周围压力下固结,为使试样恢复到等向固结状态,必须退去上一级剪切时施加的轴向压力。

试样的面积校正,应按分级计算方法进行,即第一级周围压力下试样剪切终了时的状态作为下一级周围压力下试样的初始状态。本条文提到的计算规定,是指本标准第 16.5.6 条计算公式中的 A_i 应为本级周围压力下固结后试样的计算面积,ε_1 为本级压力下的剪切变形(不累计)。

17 无侧限抗压强度试验

17.0.1 无侧限抗压强度是试样在侧面不受任何限制的条件下承受的最大轴向应力。试验的适用范围以往规定为"能切成圆柱状,且在自重作用下不发生变形的饱和软粘土"。美国 ASTM 标准规定"适用于那些具有足够粘性,而允许在无侧限状态下进行试验的饱和粘性土"。因为无侧限抗压强度试验的主要目的是快速取得土样抗压强度的近似定量值。英国 BS1377 标准规定"适用于饱和的无裂隙的粘性土"。为此,本条文的适用范围规定为饱和粘性土,但需具有两个条件:一个是在不排水条件下,即要求试验时有一定的应变速率,在较短的时间内完成试验;另一个是试样在自重作用下能自立不变形,对塑性指数较小的土加以限制。

17.0.4 本试验明确规定应变速率和剪切时间,目的是针对不同试样,控制剪切速率,防止试验过程中试样发生排水现象及表面水分蒸发。

测定土的灵敏度是判别土的结构受扰动对强度的影响程度,因此,重塑试样除了不具有原状试样的结构外,应保持与原状试样相同的密度和含水率。天然结构的土经重塑后,它的结构粘聚力已全部消散,但放置一段时间后,可以恢复一部分,放置时间愈长,恢复程度愈大,所以需要测定灵敏度时,重塑试样试验应立即进行。

17.0.8 试样受力破坏时,一般有脆性破坏及塑性破坏两种,脆性破坏有明显的破坏裂面,轴向压力具有峰值,破坏值容易选取,对塑性破坏的试样,应力无峰值,选取应变为 15% 的抗压强度为破坏值,与三轴压缩试验一致,但试验应进行到应变达 20%。重塑试样的取值标准与原状试样相同即峰值或 15% 轴向应变所对应的轴向应力为无侧限抗压强度。

18 直接剪切试验

18.1 慢剪试验

18.1.1 直接剪切试验是最直接的测定抗剪强度的方法。仪器结构简单,操作方便。由于应力条件和排水条件受仪器结构的限制,国外仅用直剪仪进行慢剪试验。本标准规定慢剪试验是主要方法,并适用于细粒土。

18.1.2 采用应变控制式直剪仪,为适应不同试验方法的需要,宜配置变速箱和电动剪切装置,便于试验。

18.1.3 关于固结稳定标准。考虑到不同土类的固结稳定时间不同,因此,本条文规定对粘土和粉土采用垂直变形每小时不大于 0.005mm 为稳定标准。

慢剪试验的剪切速率应保证在剪切过程中试样能充分排水,测得的慢剪强度指标稳定,以往资料表明,剪切速率在 0.017~0.024mm/min 范围内,试样能充分排水,为此本条文规定采用 0.02mm/min 的剪切速率。也可用本条文式(18.1.3)估算。

为绘制完整的剪应力与剪切位移的关系曲线,易于确立破坏值,剪切过程中测力计读数有峰值时,应继续剪切至剪切位移达 4mm,测力计无峰值时,应剪切至剪切位移达 6mm。

18.2 固结快剪试验

18.2.1 由于仪器结构的限制,无法控制试样的排水条件,仅以剪切速度的快慢来控制试样的排水条件,实际上对渗透性大的土类还是要排水的,测得的强度参数 φ 值就偏大,为此,本条文规定渗透系数小于 10^{-6}cm/s 的土类,才允许利用直剪仪进行固结快剪试验测定土的固结快剪的强度参数。对渗透系数大于 10^{-6}cm/s 的土应采用三轴仪进行试验。

18.2.3 固结快剪试验的剪切速率规定为 0.8mm/min,要求在 3~5min 内剪损,其目的是为了在剪切过程中尽量避免试样有排水现象。

18.3 快剪试验

18.3.1 快剪试验适用于土体上施加荷重和剪切过程中都不发生固结和排水的情况,这一点在直剪仪是很难达到的。为此,只能对土类加以限制,仅适用于渗透系数小于 10^{-6}cm/s 的细粒土。

18.3.3 快剪试验的剪切速率规定为 0.8mm/min,要求在 3~5min 内剪损,实际上即使加快速率也难免排水,对于渗透系数大于 10^{-6}cm/s 的土类,应在三轴仪上进行。

18.4 砂类土的直剪试验

18.4.3 影响砂土抗剪强度除颗粒大小、形状外,试样的密实度是主要因素,为此,制备试样时,同一组的密度要求尽量相同。

砂土的渗透性较大,剪切速率对强度几乎无影响,因此,可采用较快的剪切速率。

19 反复直剪强度试验

19.0.1 反复直剪强度试验是测定试样残余强度。残余强度是指粘性土试样在有效应力作用下进行排水剪切，当强度达到峰值强度以后，随着剪切位移的增大，强度逐渐减小，最后达到稳定值。残余强度的测定是随着具有泥化夹层的地基工程、硬裂隙粘土坡的长期稳定、古滑坡地区的工程研究而提出的，故本条文规定适用于粘土和泥化夹层。

19.0.2 测定残余强度的仪器除直剪仪外，还有环剪仪等，目前国内测定该项指标的仪器尚少，常用直剪仪进行排水反复直剪强度试验。本条文采用应变控制式反复直剪仪，即在直剪仪上增加反推装置、变速装置和可逆电动机。

19.0.3 测定土的残余强度，制备试样时要求软弱面或泥化夹层处于试样高度的中部，即正好是剪切面，目的是测定符合工程实际情况的强度值。

测定土的残余强度要求在剪切过程中土中孔隙水压力得到完全消散，因此，必须采用排水剪，且剪切速率要求缓慢。国内曾先后对粘土、粉质粘土进行了不同剪切速率的对比试验，得出高液限粘土宜采用 0.02mm/min，低液限粘土宜采用 0.06mm/min 的剪切速率。肯尼(Kermey)曾采用 0.017～0.024mm/min 的速率在直剪仪上进行，并指出，在此剪切速率范围内测得的强度值变化不大。日本曾用单面直剪仪对"丸の内粘土"用 7 种不同的剪切速率进行试验，试验表明，当剪切速率小于 0.027mm/min 时，抗剪强度稳定。国外测定残余强度的最快速率均小于 0.06mm/min。根据以上资料，本条文规定粘土采用 0.02mm/min，粉土采用 0.06mm/min 的剪切速率。反推速率要求不严格，只是复位，不测剪应力，故规定为 0.6mm/min。

残余强度的稳定值的基本要求是剪切面上颗粒充分定向排列。采用环剪仪进行试验时，剪切至剪应力稳定即可停止试验，而采用反复直剪试验时，强度是随着剪切次数的增加而逐渐降低，颗粒逐渐达到定向排列，最后强度达到稳定值。斯开普顿(Skempton)对伦敦粘土试样剪切 6 次获得残余强度，他认为当强度达到峰值后，继续剪切到位移达 25～50mm 可降低到稳定值。诺布尔(H.L.Noble)在直剪仪上以 0.004mm/min 的速率进行试验，每次剪切 2.5mm，反复剪 10～15 次，总位移达 50～75mm，可达到稳定值。国内有单位以 0.025mm/min 的速率反复剪切，试验结果表明，不同颗粒组成的试样，所需要的总位移是不一样的，一般讲粘粒含量大的试样，需要的总位移量小些，反之亦然，粉土一般需要 40～48mm，粘土 24～32mm，为此，本条文除规定最后二次剪切时测力计读数接近外，对粉质粘土要求总剪切位移量达 40～50mm，粘土总剪切位移量达 30～40mm。

19.0.5 关于试样面积的校正。用直剪仪测定土的残余强度时，由于每次剪切位移较大，上半块试样与仪器下盒铜壁边缘接触的部分随着剪切位移增加而增大，剪切过程中所测的剪应力包括了试样与试样间，试样与仪器盒之间两部分，根据比较试验资料，以仪器盒与土的摩擦代替土与土的摩擦所产生的误差不大，故一般可不作校正，本条文中没有考虑校正，若遇到某些土类影响较大，则参考有关资料进行校正。

20 自由膨胀率试验

20.0.1 本试验的目的是测定粘土在无结构力影响下的膨胀潜势，初步评定粘土的胀缩性。自由膨胀率是反映土的膨胀性的指标之一，它与土的粘土矿物成分、胶粒含量、化学成分和水溶液性质等有着密切的关系。自由膨胀率是指用人工制备的烘干土，在纯水中膨胀后增加的体积与原体积之比值，用百分数表示。

20.0.2 国内各工厂生产的量筒，刻度不够准确，对计算成果影响甚大，故规定试验前必须进行刻度校正。

20.0.3 自由膨胀率试验中的试样制备是非常重要的，首先是土样过筛的孔径大小，用不同孔径过筛的试样进行比较试验，其结果是过筛孔径越小，10mL 容积的土越轻，自由膨胀率越小。不同分散程度也会引起粘粒含量的差异，为了取得相对稳定的试验条件，本条文规定采用 0.5mm 过筛，用四分对角法取样，并要求充分分散。

试样用体积法量取，紧密或疏松会影响自由膨胀率的大小，为消除这个影响因素，规定采用漏斗和支架，固定落距，一次倒入的方法，并将量杯的内径统一规定为 20mm，高度略大于内径，便于在装土、刮平时避免或减轻自重和振动的影响。

搅拌的目的是使悬液中土粒分散，充分吸水膨胀，搅拌的方法有量筒反复倒转和上下来回搅拌两种。前者操作困难，工作强度大；后者有随搅拌次数增加，读数增大的趋势，故本条文规定上下各搅拌 10 次。

粘土颗粒在悬液中有时有长期混浊的现象，为了加速试验，采用加凝聚剂的方法，但凝聚剂的浓度和用量实际上对不同土类有不同反映，为了增强可比性，本条文统一规定采用浓度为 5% 的氯化钠溶液 5mL。

21 膨胀率试验

21.1 有荷载膨胀率试验

21.1.1 有荷载膨胀率是指试样在特定荷载及有侧限条件下浸水膨胀稳定后试样增加的高度（稳定后高度与初始高度之差）与试样初始高度之比，用百分比表示。

21.1.2 仪器在压力下的变形会影响试验结果，应予校正。对于固结仪可利用按本标准第 14.1.3 条规定拟定的校正曲线。

21.1.3 有荷载膨胀率试验会发生沉降或胀升，安装量表时要予以考虑。

一次连续加荷是指将总荷重分几级一次连续加完，也可以根据砝码的具体条件，分级连续加荷，目的是为了使土体在受压时有个时间间歇，同时避免荷重太大产生冲击力。

为保持试样始终浸在水中，要求注水至试样顶面以上 5mm。为了便于排气，采取逐步加水。同一种试样，荷载越大，稳定越快；无荷载时，膨胀稳定越慢。对不同试样，则反映出膨胀越大，稳定越慢，历时越长，因此，本条文规定 2h 的读数差值不超过 0.01mm，作为稳定标准是可行的，但要防止因试样含水率过高或荷载过大产生的假稳定，因此，本条文规定测定试样试验前、后的含水率、计算孔隙比，根据计算的饱和度推断试样是否已充分吸水膨胀。

21.2 无荷载膨胀率试验

21.2.1 无荷载膨胀率试验是指试样在无荷载有侧限条件下浸水后的膨胀量与初始高度之比，用百分比表示。

21.2.3 试样尺寸对膨胀率是有影响的。在统一的膨胀稳定标准下,膨胀率随试样的高度增加而减小,随直径的增大而增大。为了在无荷载条件下试验时间不致拖得太长,选用高度为 20mm 的试样。

膨胀率与土的自然状态关系非常密切,初始含水率、干密度都直接影响试验成果,为了防止透水石的水分影响初始读数,要求先将透水石烘干,再埋置在切削试样剩余的碎土中 1h,使其大致具备与试样相同的湿度。

无荷载膨胀率试验中,有些规程规定不放滤纸,以排除滤纸变形对试验结果的影响,但有时透水石会沾带试样表层土,使试验后物理指标的测定受到影响,国内有单位采用薄型滤纸(似打字纸中间的垫纸),在不同压力下量测其浸水前后的变形量,结果见表 5。

表 5　滤纸浸水前后的变形量

压 力(kPa)	50	100		200		400	
浸水前百分表读数(mm)	0.129	0.089	0.169	0.009	0.159	0.319	0.249
浸水后百分表读数(mm)	0.129	0.090	0.169	0.011	0.159	0.319	0.250
浸水前后百分表读数差值(mm)	0	0.001	0	0.002	0	0	0.001

由表可见这种滤纸浸水前后的变形量相差很小,可以忽略对试验的影响。

稳定标准规定每隔 2h 百分表读数差值不大于 0.01mm,与有荷载膨胀试验一致。

22　膨胀力试验

22.0.1 膨胀力是粘土遇水膨胀而产生的内应力。在伴随此力的解除时,土体发生膨胀,从而使土基上建筑物与路面等遭受到破坏。根据实测,当不允许土体发生膨胀时,某些粘土的膨胀力可达 1600kPa,所以对膨胀力的测定是有现实意义的。在室内测定膨胀力的方法和仪器有多种,国内外采用最多的是以外力平衡内力的方法,即平衡法。本条文亦规定采用平衡法。但在现场应尽量接近原位情况。

22.0.3 平衡法的允许变形标准,在平衡法试验中,平衡不及时或加了过量的压力都会影响到土的潜能势的发挥。表 6 中试验资料表明,膨胀力随允许膨胀量的增大而增加,当允许膨胀量由 0.01 增至 0.1mm 时,膨胀力将提高 50%左右。为了提高试验准确度,允许膨胀量应限制到 0.005mm。但由于仪器本身的变形和量测准确度不够,引起操作上的困难,所以本条文规定允许膨胀量为 0.01mm。

试验资料表明,达到最大膨胀力的时间并不长,浸水后在短时间内变化较大,以后则趋于平缓,为此规定加荷平衡后 2h 不再膨胀作为稳定是可行的。

表 6　试样允许膨胀量与膨胀力的关系

允许变形值(mm)	密 度(g/cm³)	孔隙比	试验前含水率(%)	试验后含水率(%)	膨胀力(kPa)
0.01	2.0	0.61	16.9	22.3	119
0.05	2.0	0.61	16.9	22.3	140
0.10	2.0	0.61	16.8	22.1	182
0.20	2.0	0.61	16.6	21.9	208

23　收 缩 试 验

23.0.1 收缩试验的目的是测定原状土试样和击实土试样在自然风干条件下的线缩率、体缩率、缩限及收缩系数等指标。

23.0.3 扰动土的收缩试验,分层装填试样时,要切实注意不断挤压拍击,以充分排气。否则不符合体积收缩等于水分减小的基本假定,而使计算结果失真。

23.0.7 随着土体含水率的减小,土的收缩过程大致分为三个阶段,即直线收缩阶段(Ⅰ),其斜率为收缩系数;曲线过渡阶段(Ⅱ),随土质不同,曲率各异;近水平直线阶段(Ⅲ),此时土体积基本上不再收缩。

24　冻土密度试验

24.1　一 般 规 定

24.1.1、24.1.2 冻土密度是冻土的基本物理指标之一。它是冻土地区工程建设中计算土的冻结或融化深度、冻胀或融沉、冻土热学和力学指标、验算冻土地基强度等需要的重要指标。测定冻土的密度,关键是准确测定试样的体积。本条文规定的 4 种方法是目前常用的方法。

24.1.3 考虑到国内不少单位没有低温试验室,故规定无负温环境时应保持试验过程中试样表面不得发生融化,以免改变冻土的体积。

24.2　浮 称 法

24.2.1 浮称法是根据物体浮力等于排开同等体积液体的质量这一原理,通过称取冻土试样在空气和液体中的质量算出浮力,并换算出试样体积,求得冻土密度。因此,对于不同土质、结构、含冰状况的各类冻土均可采用。

24.2.3 浮称法试验中所用的液体常用的是煤油,有时用 0℃的纯水。为避免液体温度与试样温度差过大造成试样表面可能发生融化,煤油温度应接近试样温度;使用 0℃纯水时应快速测定。

煤油的密度与温度的关系较大,也与其品种有关,故所用的煤油应进行不同温度下的密度率定。

24.2.7 冻土的基本构造有整体状、层状和网状,不同构造的冻土,均匀性差别较大。因此,冻土密度平行试验的差值较之融土密度平行试验的差值要大。整体状冻土的结构一般比较均匀,故要求平行试验差值为 0.03g/cm³,与融土试验的规定一致,而层状和网状构造冻土的结构均匀性差,平行试验的差值往往大于 0.03 g/cm³,此时,可以提供试验值的范围。

24.3 联合测定法

24.3.1 由于前述冻土结构的不均匀性,用一般方法分别取试样测定密度和含水率时,往往出现二个指标不协调。例如用分别测定的含水率和密度指标计算出的饱和度,有时大于100%,这就与指标的物理意义相矛盾。联合测定法是采用一个体积较大的试样同时测定密度和含水率,从而解决了上述分别测定中存在的问题。

整体状构造的粘质冻土,特别是高塑性粘土在水中不易搅散,土孔隙中的气体不能完全排出,因而影响试验准确度,故规定本试验适用于砂质冻土和层状、网状构造的冻土。

24.3.3 试验过程中,排液筒中水面的稳定对试验成果的准确度至关重要。为了做到这一点,台秤要稳固地安放在水平台面上,排液筒要放在称盘的固定位置,称重加砝码和充水排水时均应平稳,不致造成称盘上下剧烈晃动。

过冷、跳跃、恒定和递降4个降低(图3)。当出现跳跃时,电势会突然减小,接着稳定在某一数值,此即为开始冻结。

土中水的过冷及其持续时间主要取决于土的含水率和冷却速度。土温接近0℃时,土中水可长期处于不结晶状态。土温低于0℃且快速冷却时,过冷温度高且结束时间早。当土的含水率低于塑限后,过冷温度降低。室内试验中,当土的含水率大于塑限时,土柱端面温度控制为－4℃,一般过冷时间在半小时之内即可结束。

25 冻结温度试验

25.0.1 冻结温度是判别土是否处于冻结状态的指标。纯水的结冰温度为0℃,土中水分由于受到土颗粒表面能的束缚且含有化学物质,其冻结温度均低于0℃。土的冻结温度主要取决于土颗粒的分散度、土中水的化学成分和外加载荷。

25.0.2 本试验采用热电偶测温法,因此需要零温瓶和低温瓶。若采用贝克曼温度计分辨度为 0.05℃,量程为－10～+20℃,测温,则可省略零温瓶、数字电压表和热电偶。

25.0.3 土中的液态水变成固态的冰这一结晶过程大致要经历三个阶段:先形成很小的分子集团,称为结晶中心或称生长点(germs);再由这种分子集团生长变成稍大一些团粒,称为晶核(nuclei),最后由这些小团粒结合或生长,产生冰晶(icecrystal)。冰晶生长的温度称为水的冻结温度或冰点,结晶中心是在比冰点更低的温度下才能形成,所以土中水冰结的时间过程一般须经历

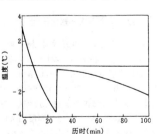

图3 土中水冻结的时间过程

26 未冻含水率试验

26.0.1 土体冻结后并非土中所有的液态水全部冻结成冰,其中始终保持一定数量的未冻水。未冻含水率不但是热工计算的必需指标,而且是冻土物理力学性质变化的主导因子。未冻含水率主要取决于土的分散度、矿物成分、土中水的化学成分及温度和外载。对于给定土质,未冻含水率始终与温度保持动态平衡关系,即随温度升高,未冻含水率增大,随温度降低,未冻含水率减少。

26.0.5 未冻含水率的测定方法有许多种,诸如量热法、核磁共振法、时域反射计法和超声波法等。这些方法大都需要复杂而昂贵的仪器,一般单位难以采用。本试验方法是依据未冻含水率与负温为指数函数规律,采用已知含水率的试样,测定其冻结温度,推求未冻含水率,此法具有快速、简便等优点,其平行差值稍大于融土,为此纳入本试验方法标准。

27 冻土导热系数试验

27.0.3 导热系数的测定方法分两大类:稳定态法和非稳定态法。稳定态法测定时间较长,但试验结果的重复性较好;非稳定态法具有快速特点,试验结果重复性较差。因此,本试验采用稳定态法。稳定态法中,通常使用热流计法,但国产热流计的性能欠佳,故采用比较法,以石蜡作为标准原件,可认为其导热系数是稳定的。

操作中应注意铜板平整且接触紧密,否则会影响试验结果。

基于稳定态比较法应遵循测点温度不随时间而变化的原则,但实际上很难做到测点温度绝对不变,因此规定连续3次同一点测温差值小于0.1℃,则认为已满足方法原理。

表7 冻胀性分级表
(ГОСТ 28622-90)

冻胀率(%)	$\eta \leq 1$	$1 < \eta \leq 4$	$4 < \eta \leq 7$	$7 < \eta \leq 10$	$\eta > 10$
冻胀等级	不冻胀	弱冻胀	冻胀	强冻胀	特强冻胀

表8 冻胀性分级表
(美国寒地研究和工程实验)

平均冻胀速度 (mm/d)	$V_v < 0.5$	$0.5 < V_v \leq 2.0$	$2.0 < V_v \leq 4.0$	$4.0 < V_v \leq 8.0$	$V_v > 8.0$
冻胀等级	不冻胀	弱冻胀	冻胀	强冻胀	特强冻胀

表9 冻胀性分级表
(《冻土地区建筑地基基础设计规范》)

冻胀率(%)	$\eta \leq 1$	$1 < \eta \leq 3.5$	$3.5 < \eta \leq 6$	$6 < \eta \leq 12$	$\eta > 12$
冻胀等级	不冻胀	弱冻胀	冻胀	强冻胀	特强冻胀

表10 冻胀性分级表
(《水工建筑物抗冰冻设计规范》)

冻胀性级别	I	II	III	IV	V
冻胀量 Δh(mm)	$\Delta h \leq 20$	$20 < \Delta h \leq 50$	$50 < \Delta h \leq 120$	$120 < \Delta h \leq 220$	$\Delta h > 220$

分析国内外现有的冻胀划分方法和标准,并考虑到冻胀率与冻胀量之间存在 $\eta = \Delta h / H_f$ 的关系,可以根据室内试验所得的冻胀率按天然土层的冻深换算冻胀量,故本条文规定可按冻胀率作为评价指标,在数值上暂取与国家现行标准《冻土地区建筑地基基础设计规范》JTJ 118 一致。

28 冻胀量试验

28.0.1 土体不均匀冻胀是寒区工程大量破坏的重要因素之一。因此,各项工程开展之前,必须对工程所在地区的土体作出冻胀敏感性评价,以便采取相应措施,确保工程构筑物的安全可靠。因为原状土和扰动土的结构差异较大,为对冻胀敏感性作出正确评价,试验一般应采用原状土进行。若条件不允许,非采用扰动土不可时,应在试验报告中予以说明。本试验方法与目前美国、俄罗斯等国所用方法基本一致。所得数据用于评价该种土的冻胀量略偏大,从工程设计上偏安全。

28.0.3 土体冻胀量是土质、温度和外载条件的函数。当土质已确定且不考虑外载时,温度条件就至关重要。其中起主导作用的因素是降温速度。冻胀量与降温速度大致呈抛物线型关系。考虑到自然界地表温度是逐渐下降的,在本试验中规定底板温度粘土以0.3℃/h、砂土以0.2℃/h的速度下降,是照顾各类土的特点并处于试验所得冻胀量较大的情况。

28.0.6 在特定条件下,土的冻胀量是确定的,但是在土的冻胀性评价方法和等级划分标准上,目前国内外不尽一致,例如俄罗斯国家建筑委员会颁布的标准(ГОСТ 28622-90)按表7划分;美国寒区研究和工程实验室是规定冻结速度为1.3cm/d的条件下,用平均冻胀速度按表8进行分级;我国国家现行标准《冻土地区建筑地基基础设计规范》JTJ 118 的分级如表9;国家现行标准《水工建筑物抗冰冻设计规范》SL 211 则按冻胀量进行划分(见表10)。

29 冻土融化压缩试验

29.1 一般规定

29.1.1 冻土融化时在荷载作用下将同时发生融化下沉和压密。在单向融化条件下,这种沉降量完全符合普通土力学中的一维沉降关系。融化下沉是在土体自重作用下发生的,而压缩沉降则与外部压力有关。目前国内外在进行冻土融化压缩试验时首先是在微小压力下测出冻土融化后的沉降量,计算冻土的融沉系数,然后分级施加荷载测定各级荷载下的压缩沉降,并取某压力范围计算融化压缩系数。由此可以计算冻土融化压缩的总沉降量。已有试验证明,在一定压力范围内,孔隙比与外压力基本呈线性关系,这个压力值大致为0~0.4MPa,因此,在一般实际应用和试验条件下,在这个压力范围内按线性关系确定的融化压缩系数可以有足够的精度。

29.2 室内冻土融化压缩试验

29.2.3 冻土融化压缩试验的试样尺寸,国外取高度(h)与直径(d)之比 $h/d \geq 1/2$,最小直径取5cm,对于不均匀的层状和网状构造的粘土,则根据其构造情况加大直径,使 $h/d = 1/3 \sim 1/5$。国内曾采用的试样面积为45cm²、78cm²,试样高度有2.5cm、4cm。考虑到便于采用本条文中固结仪改装融化压缩仪,故规定可取试验环直径与固结仪大直径(7.98cm)一致,高度则考虑冻土构造的不均匀性,取4cm,这样高度与直径之比基本为1:2。

为了模拟天然地基土的融化过程,在试验过程中使试样满足单向融化至为重要。为此,除采用循环热水单向加热外,试样环应采用导热性较低的非金属材料(胶木、有机玻璃等)制作,并在容器周围加保温套,试验时在负温环境下或较低室温下进行,以保证试样不发生侧向融化。

29.2.5 试验中当融化速度超过天然条件下的排水速度时,融化土层不能及时排水,使融化下沉发生滞后现象。当遇到试样含冰(水)率较大时,若融化速度过快,土体常发生崩解现象,使土颗粒与水分一起挤出,导致试验失败或融沉系数 a_0 值偏大。因此,循环热水的温度应加以控制。根据已有试验,本条文规定水温控制在 $40\sim50℃$。加热循环水应畅通,水温要逐渐升高。当试样含冰(水)率大或试验环境温度较高时,可适当降低水温,以控制 4cm 高度的试样在 2h 内融化完为宜。

测定融沉系数 a_0 值时,本条文规定施加 1kPa 的荷载。这主要是考虑克服试样与环壁之间的摩擦力。而且,冻土在融化过程中单靠自重下沉的过程往往很长,所以,施加这一小量荷载可以加快下沉速度,又不致对融化土骨架产生过大的压缩,对 a_0 的影响甚微。

29.3 现场冻土融化压缩试验

29.3.1 本试验与暖土荷载试验方法相似。这种方法可适用于除漂石($d>200mm$)以外的各种冻土,可以逐层进行试验,取得建筑场地预计融化深度内冻土的融化压缩性质即融沉系数和压缩系数,但由于这种方法试验设备和操作比较复杂,劳动强度大,因此,一般只对较重要的工程或室内试验难于进行的含巨粒土、粗粒土和富冰冻土才采用这种方法。

29.3.4 传压板面积小于 5000cm² 时,试验误差较大,故规定不宜小于此面积。形状可为圆形(直径 798mm)或正方形(边长707mm)。

30 酸碱度试验

30.0.1 酸碱度通常以氢离子浓度的负对数,即 pH 表示。pH 值的测定可用比色法、电测法,但比色法不如电测法方便、准确。因此,本条文选用电测法。电测法实际上是一种以 pH 值标记的电位计,故称为酸度计。

30.0.2 酸度计是由选择性玻璃电极、甘汞参比电极和二次仪表电位计组成。作为电极产品玻璃电极和甘汞电极一般是分开出售,复合电极是将这两种电极合并为一支电极,只是形式不同。其测定原理实际上是一样的。

30.0.3 标准缓冲溶液,如果能够买到市售 pH 标准缓冲试剂,可按说明书配制以代替本条文的 pH 标准缓冲溶液的配制。

30.0.5 试样悬液的制备,土水比例大小对测定结果有一定影响。土水比例究竟以多大适宜,目前尚无一致结论。国内外以土水比例 1:5 较多,故本条文也采用 1:5,振荡 3min,静置 30min。

31 易溶盐试验

31.1 浸出液制取

31.1.3 用水浸提易溶盐时,土水比例和浸提时间的选择,是力求将易溶盐从土中完全溶解出来,而又能尽量减少中、难溶盐的溶解。关于土水比例,根据各种盐类在水中溶解度不同,合理地控制土水比就有可能将易溶盐与中、难溶盐分开,即土水比例愈小,中、难溶盐被浸出的可能性愈小。如有采用 1:2.5、1:1 等土水比例的,但土水比愈小,会给操作带来困难也愈大。因此,国内普遍选用 1:5 的土水比例。关于浸提时间,在同一土水比例下,浸提时间不同,试验结果亦有差异。浸提时间愈长,中、难溶盐被溶解的可能性愈大,土粒和水溶液间离子交换反应亦显著。所以浸提时间宜短不宜长。研究表明,浸提时间在 $2\sim3min$ 即可。为了统一试验条件,本条文采用 1:5 土水比例,浸提时间为 3min。

浸出液过滤,在试验中经常遇到过滤困难,特别是粘土,需要很长时间才能获得需要的滤液数量,而且不易得到清澈的滤液。因此,本条文推荐采用抽气过滤方法效果较好,操作也简便,过滤速度快。如果滤液混浊,则应改用离心或超级滤心过滤。

31.2 易溶盐总量测定

31.2.4 易溶盐总量测定,本条文采用烘干法。由于此法不需特殊仪器设备,测定结果比较精确,故在室内试验中应用广泛。国内外有资料推荐电导法,虽然简单快速,但是易溶盐属多盐性混合物,其摩尔电导率因盐性不同而异。因此,测得电导率与实际含量,因盐性不定比例而存在着不稳定的差异,故本标准未列。

加 2% 碳酸钠(Na_2CO_3)的目的,是使钙离子(Ca^{2+})、镁离子(Mg^{2+})的硫酸盐、氯盐转化为碳酸盐以除去大量结晶水,此残渣应在 180℃ 烘干,才能得到较稳定的试验结果。

31.3 碳酸根和重碳酸根的测定

31.3.4 碳酸根和重碳酸根的测定应在土浸出液过滤后立即进行,否则将由于大气中二氧化碳(CO_2)的侵入或浸出液 pH 的变化引起二氧化碳释出而影响试验结果。

本条文使用的双指示剂是采用酚酞和甲基橙指示剂,滴定终点 pH 值分别为 8.3 和 4.4。目前有些单位采用混合指示剂代替甲基橙指示剂,目的是为提高滴定终点的分辨效果,但是混合指示剂的配方并不统一,因此,本条文未采用混合指示剂。

31.3.5 根据现行国家标准《岩土工程勘察规范》GB50021 有关土对混凝土腐蚀性判定(以 mg/kg 土表示)和盐渍土分类规定:盐渍土按含盐性质分类,是采用含盐量摩尔浓度的比值进行分类的。盐渍土按含盐量分类,是采用含盐质量分数进行分类的,因此试验成果必须分别计算提供两个不同量的名称和单位。

质量摩尔浓度,过去采用计量单位是 mmol/100g 土,按照国家法定计量单位,单位中不得含有数值,因此,本条文采用计量单位为 mmol/kg 土,与现行国家标准《量和单位》GB3102.8 的规定一致。

含盐量的计算为说明各数值的定义而分别列出,在实际工作中可以将公式简化,直接将数值代入。

31.4 氯根的测定

31.4.4 氯根的测定,除采用硝酸银容量法之外,还有采用硝酸汞滴定法、硫氰酸汞光度法以及近来建立的离子色谱法等。但是这些方法一般仅适用于氯根浓度较低的试样,操作也不如硝酸银容量法简便,有些还需要专门的仪器设备。因此,本条文选择被广泛采用的硝酸银容量法。

31.4.5 见本标准第31.3.5条的条文说明。

31.5 硫酸根的测定
——EDTA络合容量法

31.5.1 硫酸根常量的测定方法，最经典的是硫酸钡质量法，此方法虽然准确，但操作烦琐，设备笨重，近年逐步地被EDTA络合容量法所替代，我国环保部门的水质监测和矿泉饮用水等均认定EDTA络合容量法为标准方法。因此，本条文也认定此方法为常量的测定方法。

关于含盐度质量分数 w_B(%)按土水比为1:5计算与质量浓度 ρ_B(g/L)的关系为:

$$w_B : \rho_B = \frac{V_B C_B M_B \times 500}{V_s} : \frac{V_c C_B M_B \times 1000}{V_s} \quad (2)$$

$$w_B / \rho_B = \frac{500}{1000} = \frac{1}{2} \quad (3)$$

式中 V_B、C_B、M_B——分别为物质B的体积、浓度和摩尔质量
$(V_B:L, C_B:mmol/L, M_B:kg/mol)$;

V_s——取试液的体积(L)。

所以0.025(%)相当于0.050g/L(50mg/L)。

31.5.5 见本标准第31.3.5条的条文说明。

31.6 硫酸根的测定
——比浊法

31.6.1 低含量硫酸根的测定方法很多，其中有硫酸钡比浊法、铬酸钡光度法、原子吸收光度法、离子色谱法等。在这些方法中以比浊法最为简便，其准确性亦基本可满足这一指标的实际要求。国内多数单位的仪器设备容易满足。因此，本条文对低含量的硫酸根测定，选用硫酸钡比浊法。

31.6.5 见本标准第31.3.5条的条文说明。但比浊法测定结果是硫酸根百分含量，因此，质量摩尔浓度必须由百分含量换算而得。

31.7 钙离子的测定

31.7.1 钙的测定方法很多，但是钙的常量测定目前采用最普遍的是EDTA容量法，它具有设备简单、操作简便的特点。因此，本条文选用此方法。

31.7.3 本方法测定钙的指示剂，可用钙指示剂(Calconcarboxyic Acid)或紫尿酸铵(Murexide)，在强碱介质中与钙指示剂络合终点由红变蓝色，与紫尿酸铵络合终点由红变紫色，两者的终点指示效果，后者不如前者指示效果好，故本条文选用钙指示剂。

31.7.4 当土浸出液中镁离子(Mg^{2+})含量高时，将生成大量氢氧化镁〔$Mg(OH)_2$〕沉淀，影响终点判别，遇此情况时，可先滴定一定量EDTA标准溶液(不得过量)后，加1mol/L氢氧化钾(KOH)溶液，放置片刻，再加入0.5%氰化钾(KCN)和1%盐酸羟胺和指示剂，然后继续滴定至终点，可获得比较好的指示效果。

31.7.5 见本标准第31.3.5条的条文说明。

31.8 镁离子的测定

31.8.1 常量镁离子的测定方法也很多，但目前被广泛采用的为EDTA容量法，同钙一样具有快速、简便，不需专用设备的优点。因此本条文采用此方法。

31.8.4 EDTA测定镁，实际上是先测定钙、镁离子合量再减去Ca^{++}含量。所以，本方法为求得镁离子含量，必须同时测定钙离子的含量。测定钙、镁离子合量的指示剂，可用铬黑T(Eriochrome black T)或铬蓝黑(Eriochrome blue black)，两者的滴定终点均由红变为蓝色，但是前者比后者的终点指示更为灵敏，故本条文选用铬黑T指示剂。

31.8.5 见本标准第31.3.5条的条文说明。

31.9 钙离子和镁离子的原子吸收分光光度测定

31.9.1 低含量钙、镁离子的测定，可用原子吸收法或火焰光度计法，鉴于原子吸收分光光度计已普遍应用，成为化学分析的常规仪器，它的操作快速、简便，灵敏度又比火焰光度计法高，故本条文选用原子吸收分光光度计法。

31.9.5 见本标准第31.3.5条和第31.6.5条的条文说明。

31.10 钠离子和钾离子的测定

31.10.1 钠、钾离子的测定，以往是采用差减法计算钠、钾离子总含量，而不能将钠、钾离子含量分开计算，同时还由于种种因素带来的误差较大，故本标准未列入。鉴于火焰光度计测定钠、钾离子的方法已得到普遍应用，该方法还具有操作简便、快速、灵敏度高，又能同时对钠、钾离子含量分开测定等优点，故本条文列入火焰光度计法。

31.10.5 见本标准第31.3.5条和第31.6.5条的条文说明。

32 中溶盐(石膏)试验

32.0.1 中溶盐含量测定，也可用EDTA容量法，该法虽然设备简单、操作快速，但难溶盐大量共存对测定有影响，故本条文仍采用经典的标准方法，酸浸提——质量法。

32.0.4 本条文是以石膏($CaSO_4 \cdot 2H_2O$)代表土中中溶盐的含量。对酸不溶物的测定未列入。如属石膏土，需要测定酸不溶物。可将本试验酸浸提过滤残渣进行烘干、称量，计算而得。

33 难溶盐（碳酸钙）试验

33.0.1 难溶盐测定除用气量法外，还可用中和法（适用于难溶盐含量高的土）和碱吸收法（适用于较精密的测定），但这两种方法都各具有其局限性，而气量法则具有操作简便，又能满足土中难溶盐实际含量的测定范围，因而被普遍采用。故本条文选用气量法。

33.0.5 气量法的计算是以测量产生的二氧化碳体积为基础，它与测量时的温度和大气压力关系密切，本条文表 33.0.5 提供二氧化碳密度仅适用于大气压力大于或等于 98.925kPa 范围，对地处海拔高的地区，大气压力一般小于 98.925kPa。遇此情况则不能用本条文式(33.0.5-1)计算，因此，本条文增列式(33.0.5-2)以满足海拔高，大气压力小于 98.925kPa 地区的需要。

34 有机质试验

34.0.1 有机质的测定方法很多，如有质量法、容量法、比色法、双氧水氧化法等。这些方法经过反复比较认为以重铬酸钾容量法为最好，它具有操作简便、快速、再现性好，不受大量碳酸盐存在的干扰，设备简单，适合于批量试样的试验，在土工试验中已广泛采用。因此，本条文选用重铬酸钾容量法。但是采用此法测得有机质偏低，一般只有机质实际含量的 90%，因此，有的资料认为对测定结果应乘以 1.1 校正因数加以校正。也有人建议以灼烧减量估计有机质含量。但是灼烧的结果不仅烧去有机质，而且还烧去结合水和挥发性盐类，从而使测定结果偏高，偏高大小与土中存在的结合水和挥发性盐类的多少有很大关系。一般比容量法可高出数十倍不等，因此，本条文未列入。如果土中含有大量粗有机质，在一定条件下，也可考虑采用灼烧减量法。

34.0.2 有关资料介绍油浴可采用石蜡、硫酸、磷酸等，但这些介质都不理想，均具有污染环境，烟雾具有腐蚀剂刺激性，有害健康。本条文选用植物油相对地说比较安全。

34.0.3 本试验用指示剂种类有二苯胺、邻啡锣啉。二苯胺虽然便宜，但配制麻烦，对环境污染，对健康不利，近来已广泛采用较昂贵的邻啡锣啉为指示剂。它具有易配制、安全和滴定终点易掌握等优点，故本条文采用该指示剂。

34.0.4 消煮温度范围和时间必须严格控制，这是本试验方法规定的统一条件，否则将对试验结果产生很大影响。

35 土的离心含水当量试验

35.0.1 土的离心含水当量试验是应用离心技术测定土的离心含水当量，用于近似地估算土的空气孔隙比和滞留率（或滞水能力）。本试验参照美国 ASTM 岩土工程试验标准编制。

35.0.3 本条文规定离心试验后称坩埚和湿土（土样表面出现自由水不允许倒掉）总质量，而后将坩埚放入烘箱内，烘至其质量不变，再称坩埚和干土总质量，以此计算土的离心含水当量。而美国规定离心试验后将试样取出，放入铝盒后称量，这样对试样的含水率会有影响。

35.0.4 原公式中有湿滤纸和干滤纸质量，本次修改时将滤纸取掉后称量，故现公式中不计其质量。

中华人民共和国国家标准

建筑结构荷载规范

Load code for the design of building structures

GB 50009—2012

主编部门：中华人民共和国住房和城乡建设部
批准部门：中华人民共和国住房和城乡建设部
施行日期：２０１２年１０月１日

中华人民共和国住房和城乡建设部
公　　告

第 1405 号

关于发布国家标准《建筑结构
荷载规范》的公告

现批准《建筑结构荷载规范》为国家标准，编号为 GB 50009－2012，自 2012 年 10 月 1 日起实施。其中，第 3.1.2、3.1.3、3.2.3、3.2.4、5.1.1、5.1.2、5.3.1、5.5.1、5.5.2、7.1.1、7.1.2、8.1.1、8.1.2 条为强制性条文，必须严格执行。原《建筑结构荷载规范》GB 50009－2001（2006 年版）同时废止。

本规范由我部标准定额研究所组织中国建筑工业出版社出版发行。

中华人民共和国住房和城乡建设部
2012 年 5 月 28 日

前　　言

根据住房和城乡建设部《关于印发〈2009 年工程建设标准规范制订、修订计划〉的通知》（建标〔2009〕88 号文）的要求，本规范由中国建筑科学研究院会同各有关单位在国家标准《建筑结构荷载规范》GB 50009－2001（2006 年版）的基础上进行修订而成。修订过程中，编制组认真总结了近年来的设计经验，参考了国外规范和国际标准的有关内容，开展了多项专题研究，在全国范围内广泛征求了建设主管部门以及设计、科研和教学单位的意见，经反复讨论、修改和试设计，最后经审查定稿。

本规范共分 10 章和 9 个附录，主要技术内容是：总则、术语和符号、荷载分类和荷载组合、永久荷载、楼面和屋面活荷载、吊车荷载、雪荷载、风荷载、温度作用、偶然荷载。

本规范修订的主要技术内容是：1. 增加可变荷载考虑设计使用年限的调整系数的规定；2. 增加偶然荷载组合表达式；3. 增加第 4 章"永久荷载"；4. 调整和补充了部分民用建筑楼面、屋面均布活荷载标准值，修改了设计墙、柱和基础时消防车活荷载取值的规定，修改和补充了栏杆活荷载；5. 补充了部分屋面积雪不均匀分布的情况；6. 调整了风荷载高度变化系数和山峰地形修正系数；7. 补充完善了风荷载体型系数和局部体型系数，补充了高层建筑群干扰效应系数的取值范围，增加对风洞试验设备和方法要求的规定；8. 修改了顺风向风振系数的计算表达式和计算参数，增加大跨屋盖结构风振计算的原则规定；9. 增加了横风向和扭转风振等效风荷载计算的规定，增加了顺风向风荷载、横风向及扭转风振等效风荷载组合工况的规定；10. 修改了阵风系数的计算公式与表格；11. 增加了第 9 章"温度作用"；12. 增加了第 10 章"偶然荷载"；13. 增加了附录 B"消防车活荷载考虑覆土厚度影响的折减系数"；14. 根据新的观测资料，重新统计全国各气象台站的雪压和风压，调整了部分城市的基本雪压和基本风压值，绘制了新的全国基本雪压和基本风压图；15. 根据历年月平均最高和月平均最低气温资料，经统计给出全国各气象台站的基本气温，增加了全国基本气温分布图；16. 增加了附录 H"横风向及扭转风振的等效风荷载"；17. 增加附录 J"高层建筑顺风向和横风向风振加速度计算"。

本规范中以黑体字标志的条文为强制性条文，必须严格执行。

本规范由住房和城乡建设部负责管理和对强制性条文的解释，由中国建筑科学研究院负责具体技术内容的解释。在执行中如有意见和建议，请寄送中国建筑科学研究院国家标准《建筑结构荷载规范》管理组（地址：北京市北三环东路 30 号，邮编 100013）。

本规范主编单位：中国建筑科学研究院
本规范参编单位：同济大学
中国建筑设计研究院
中国建筑标准设计研究院
北京市建筑设计研究院

中国气象局公共气象服务
中心
哈尔滨工业大学
大连理工大学
中国航空规划建设发展有
限公司
华东建筑设计研究院有限
公司
中国建筑西南设计研究院
有限公司
中南建筑设计院股份有限
公司
深圳市建筑设计研究总院
有限公司

浙江省建筑设计研究院

本规范主要起草人员：金新阳（以下按姓氏笔画
排列）

王　建　王国砚　冯　远
朱　丹　贡金鑫　李　霆
杨振斌　杨蔚彪　束伟农
陈　凯　范　重　范　峰
林　政　顾　明　唐　意
韩纪升

本规范主要审查人员：程懋堃　汪大绥　徐永基
陈基发　薛　桁　任庆英
娄　宇　袁金西　左　江
吴一红　莫　庸　郑文忠
方小丹　章一萍　樊小卿

目　　次

Contents

1 总　　则

1.0.1 为了适应建筑结构设计的需要，符合安全适用、经济合理的要求，制定本规范。

1.0.2 本规范适用于建筑工程的结构设计。

1.0.3 本规范依据国家标准《工程结构可靠性设计统一标准》GB 50153－2008 规定的基本准则制订。

1.0.4 建筑结构设计中涉及的作用应包括直接作用（荷载）和间接作用。本规范仅对荷载和温度作用作出规定，有关可变荷载的规定同样适用于温度作用。

1.0.5 建筑结构设计中涉及的荷载，除应符合本规范的规定外，尚应符合国家现行有关标准的规定。

2　术语和符号

2.1　术　　语

2.1.1 永久荷载　permanent load

在结构使用期间，其值不随时间变化，或其变化与平均值相比可以忽略不计，或其变化是单调的并能趋于限值的荷载。

2.1.2 可变荷载　variable load

在结构使用期间，其值随时间变化，且其变化与平均值相比不可以忽略不计的荷载。

2.1.3 偶然荷载　accidental load

在结构设计使用年限内不一定出现，而一旦出现其量值很大，且持续时间很短的荷载。

2.1.4 荷载代表值　representative values of a load

设计中用以验算极限状态所采用的荷载量值，例如标准值、组合值、频遇值和准永久值。

2.1.5 设计基准期　design reference period

为确定可变荷载代表值而选用的时间参数。

2.1.6 标准值　characteristic value/nominal value

荷载的基本代表值，为设计基准期内最大荷载统计分布的特征值（例如均值、众值、中值或某个分位值）。

2.1.7 组合值　combination value

对可变荷载，使组合后的荷载效应在设计基准期内的超越概率，能与该荷载单独出现时的相应概率趋于一致的荷载值；或使组合后的结构具有统一规定的可靠指标的荷载值。

2.1.8 频遇值　frequent value

对可变荷载，在设计基准期内，其超越的总时间为规定的较小比率或超越频率为规定频率的荷载值。

2.1.9 准永久值　quasi-permanent value

对可变荷载，在设计基准期内，其超越的总时间约为设计基准期一半的荷载值。

2.1.10 荷载设计值　design value of a load

荷载代表值与荷载分项系数的乘积。

2.1.11 荷载效应　load effect

由荷载引起结构或结构构件的反应，例如内力、变形和裂缝等。

2.1.12 荷载组合　load combination

按极限状态设计时，为保证结构的可靠性而对同时出现的各种荷载设计值的规定。

2.1.13 基本组合　fundamental combination

承载能力极限状态计算时，永久荷载和可变荷载的组合。

2.1.14 偶然组合　accidental combination

承载能力极限状态计算时永久荷载、可变荷载和一个偶然荷载的组合，以及偶然事件发生后受损结构整体稳固性验算时永久荷载与可变荷载的组合。

2.1.15 标准组合　characteristic/nominal combination

正常使用极限状态计算时，采用标准值或组合值为荷载代表值的组合。

2.1.16 频遇组合　frequent combination

正常使用极限状态计算时，对可变荷载采用频遇值或准永久值为荷载代表值的组合。

2.1.17 准永久组合　quasi-permanent combination

正常使用极限状态计算时，对可变荷载采用准永久值为荷载代表值的组合。

2.1.18 等效均布荷载　equivalent uniform live load

结构设计时，楼面上不连续分布的实际荷载，一般采用均布荷载代替；等效均布荷载系指其在结构上所得的荷载效应能与实际的荷载效应保持一致的均布荷载。

2.1.19 从属面积　tributary area

考虑梁、柱等构件均布荷载折减所采用的计算构件负荷的楼面面积。

2.1.20 动力系数　dynamic coefficient

承受动力荷载的结构或构件，当按静力设计时采用的等效系数，其值为结构或构件的最大动力效应与相应的静力效应的比值。

2.1.21 基本雪压　reference snow pressure

雪荷载的基准压力，一般按当地空旷平坦地面上积雪自重的观测数据，经概率统计得出 50 年一遇最大值确定。

2.1.22 基本风压　reference wind pressure

风荷载的基准压力，一般按当地空旷平坦地面上 10m 高度处 10min 平均的风速观测数据，经概率统计得出 50 年一遇最大值确定的风速，再考虑相应的空气密度，按贝努利（Bernoulli）公式（E.2.4）确定的风压。

2.1.23 地面粗糙度　terrain roughness

风在到达结构物以前吹越过 2km 范围内的地面时，描述该地面上不规则障碍物分布状况的等级。

2.1.24 温度作用 thermal action

结构或结构构件中由于温度变化所引起的作用。

2.1.25 气温 shade air temperature

在标准百叶箱内测量所得按小时定时记录的温度。

2.1.26 基本气温 reference air temperature

气温的基准值，取 50 年一遇月平均最高气温和月平均最低气温，根据历年最高温度月内最高气温的平均值和最低温度月内最低气温的平均值经统计确定。

2.1.27 均匀温度 uniform temperature

在结构构件的整个截面中为常数且主导结构构件膨胀或收缩的温度。

2.1.28 初始温度 initial temperature

结构在施工某个特定阶段形成整体约束的结构系统时的温度，也称合拢温度。

2.2 符 号

2.2.1 荷载代表值及荷载组合

A_d ——偶然荷载的标准值；

C ——结构或构件达到正常使用要求的规定限值；

G_k ——永久荷载的标准值；

Q_k ——可变荷载的标准值；

R_d ——结构构件抗力的设计值；

S_{A_d} ——偶然荷载效应的标准值；

S_{Gk} ——永久荷载效应的标准值；

S_{Qk} ——可变荷载效应的标准值；

S_d ——荷载效应组合设计值；

γ_0 ——结构重要性系数；

γ_G ——永久荷载的分项系数；

γ_Q ——可变荷载的分项系数；

γ_{Lj} ——可变荷载考虑设计使用年限的调整系数；

ψ_c ——可变荷载的组合值系数；

ψ_f ——可变荷载的频遇值系数；

ψ_q ——可变荷载的准永久值系数。

2.2.2 雪荷载及风荷载

$a_{D,z}$ ——高层建筑 z 高度顺风向风振加速度（m/s^2）；

$a_{L,z}$ ——高层建筑 z 高度横风向风振加速度（m/s^2）；

B ——结构迎风面宽度；

B_z ——脉动风荷载的背景分量因子；

C'_L ——横风向风力系数；

C'_T ——风致扭矩系数；

C_m ——横风向风力的角沿修正系数；

C_{sm} ——横风向风力功率谱的角沿修正系数；

D ——结构平面进深（顺风向尺寸）或直径；

f_1 ——结构第 1 阶自振频率；

f_{T1} ——结构第 1 阶扭转自振频率；

f_1^* ——折算频率；

f_{T1}^* ——扭转折算频率；

F_{Dk} ——顺风向单位高度风力标准值；

F_{Lk} ——横风向单位高度风力标准值；

T_{Tk} ——单位高度风致扭矩标准值；

g ——重力加速度，或峰值因子；

H ——结构或山峰顶部高度；

I_{10} ——10m 高度处风的名义湍流强度；

K_L ——横风向振型修正系数；

K_T ——扭转振型修正系数；

R ——脉动风荷载的共振分量因子；

R_L ——横风向风振共振因子；

R_T ——扭转风振共振因子；

Re ——雷诺数；

St ——斯脱罗哈数；

S_k ——雪荷载标准值；

S_0 ——基本雪压；

T_1 ——结构第 1 阶自振周期；

T_{L1} ——结构横风向第 1 阶自振周期；

T_{T1} ——结构扭转第 1 阶自振周期；

w_0 ——基本风压；

w_k ——风荷载标准值；

w_{Lk} ——横风向风振等效风荷载标准值；

w_{Tk} ——扭转风振等效风荷载标准值；

α ——坡度角，或风速剖面指数；

β_z ——高度 z 处的风振系数；

β_{gz} ——阵风系数；

v_{cr} ——横风向共振的临界风速；

v_H ——结构顶部风速；

μ_r ——屋面积雪分布系数；

μ_z ——风压高度变化系数；

μ_s ——风荷载体型系数；

μ_{sl} ——风荷载局部体型系数；

η ——风荷载地形地貌修正系数；

η_a ——顺风向风振加速度的脉动系数；

ρ ——空气密度，或积雪密度；

ρ_x、ρ_z ——水平方向和竖直方向脉动风荷载相关系数；

φ_z ——结构振型系数；

ζ ——结构阻尼比；

ζ_a ——横风向气动阻尼比。

2.2.3 温度作用

T_{max}、T_{min} ——月平均最高气温，月平均最低气温；

$T_{s,max}$、$T_{s,min}$ ——结构最高平均温度，结构最低平均温度；

$T_{0,max}$、$T_{0,min}$ ——结构最高初始温度，结构最低初始温度；

ΔT_k ——均匀温度作用标准值；

α_T ——材料的线膨胀系数。

2.2.4 偶然荷载

A_V ——通口板面积（m^2）；

K_{dc} ——计算爆炸等效均布静力荷载的动力系数；

m ——汽车或直升机的质量；

P_k ——撞击荷载标准值；

p_c ——爆炸均布动荷载最大压力；

p_V ——通口板的核定破坏压力；

q_{ce} ——爆炸等效均布静力荷载标准值；

t ——撞击时间；

v ——汽车速度（m/s）；

V ——爆炸空间的体积。

3 荷载分类和荷载组合

3.1 荷载分类和荷载代表值

3.1.1 建筑结构的荷载可分为下列三类：

1 永久荷载，包括结构自重、土压力、预应力等。

2 可变荷载，包括楼面活荷载、屋面活荷载和积灰荷载、吊车荷载、风荷载、雪荷载、温度作用等。

3 偶然荷载，包括爆炸力、撞击力等。

3.1.2 建筑结构设计时，应按下列规定对不同荷载采用不同的代表值：

1 对永久荷载应采用标准值作为代表值；

2 对可变荷载应根据设计要求采用标准值、组合值、频遇值或准永久值作为代表值；

3 对偶然荷载应按建筑结构使用的特点确定其代表值。

3.1.3 确定可变荷载代表值时应采用 50 年设计基准期。

3.1.4 荷载的标准值，应按本规范各章的规定采用。

3.1.5 承载能力极限状态设计或正常使用极限状态按标准组合设计时，对可变荷载应按规定的荷载组合采用荷载的组合值或标准值作为其荷载代表值。可变荷载的组合值，应为可变荷载的标准值乘以荷载组合值系数。

3.1.6 正常使用极限状态按频遇组合设计时，应采用可变荷载的频遇值或准永久值作为其荷载代表值；按准永久组合设计时，应采用可变荷载的准永久值作为其荷载代表值。可变荷载的频遇值，应为可变荷载标准值乘以频遇值系数。可变荷载准永久值，应为可变荷载标准值乘以准永久值系数。

3.2 荷载组合

3.2.1 建筑结构设计应根据使用过程中在结构上可能同时出现的荷载，按承载能力极限状态和正常使用极限状态分别进行荷载组合，并应取各自的最不利的组合进行设计。

3.2.2 对于承载能力极限状态，应按荷载的基本组合或偶然组合计算荷载组合的效应设计值，并应采用下列设计表达式进行设计：

$$\gamma_0 S_d \leqslant R_d \qquad (3.2.2)$$

式中：γ_0 ——结构重要性系数，应按各有关建筑结构设计规范的规定采用；

S_d ——荷载组合的效应设计值；

R_d ——结构构件抗力的设计值，应按各有关建筑结构设计规范的规定确定。

3.2.3 荷载基本组合的效应设计值 S_d，应从下列荷载组合值中取用最不利的效应设计值确定：

1 由可变荷载控制的效应设计值，应按下式进行计算：

$$S_d = \sum_{j=1}^{m} \gamma_{G_j} S_{G_jk} + \gamma_{Q_1} \gamma_{L_1} S_{Q_1k} + \sum_{i=2}^{n} \gamma_{Q_i} \gamma_{L_i} \psi_{c_i} S_{Q_ik}$$

$$(3.2.3-1)$$

式中：γ_{G_j} ——第 j 个永久荷载的分项系数，应按本规范第 3.2.4 条采用；

γ_{Q_i} ——第 i 个可变荷载的分项系数，其中 γ_{Q_1} 为主导可变荷载 Q_1 的分项系数，应按本规范第 3.2.4 条采用；

γ_{L_i} ——第 i 个可变荷载考虑设计使用年限的调整系数，其中 γ_{L_1} 为主导可变荷载 Q_1 考虑设计使用年限的调整系数；

S_{G_jk} ——按第 j 个永久荷载标准值 G_{jk} 计算的荷载效应值；

S_{Q_ik} ——按第 i 个可变荷载标准值 Q_{ik} 计算的荷载效应值，其中 S_{Q_1k} 为诸可变荷载效应中起控制作用者；

ψ_{c_i} ——第 i 个可变荷载 Q_i 的组合值系数；

m ——参与组合的永久荷载数；

n ——参与组合的可变荷载数。

2 由永久荷载控制的效应设计值，应按下式进行计算：

$$S_d = \sum_{j=1}^{m} \gamma_{G_j} S_{G_jk} + \sum_{i=1}^{n} \gamma_{Q_i} \gamma_{L_i} \psi_{c_i} S_{Q_ik}$$

$$(3.2.3-2)$$

注：1 基本组合中的效应设计值仅适用于荷载与荷载效应为线性的情况；

2 当对 S_{Q_1k} 无法明显判断时，应轮次以各可变荷载效应作为 S_{Q_1k}，并选取其中最不利的荷载组合的效应设计值。

3.2.4 基本组合的荷载分项系数，应按下列规定采用：

1 永久荷载的分项系数应符合下列规定：

1）当永久荷载效应对结构不利时，对由可变荷载效应控制的组合应取1.2，对由永久荷载效应控制的组合应取1.35；

2）当永久荷载效应对结构有利时，不应大于1.0。

2 可变荷载的分项系数应符合下列规定：

1）对标准值大于4kN/m²的工业房屋楼面结构的活荷载，应取1.3；

2）其他情况，应取1.4。

3 对结构的倾覆、滑移或漂浮验算，荷载的分项系数应满足有关的建筑结构设计规范的规定。

3.2.5 可变荷载考虑设计使用年限的调整系数γ_L应按下列规定采用：

1 楼面和屋面活荷载考虑设计使用年限的调整系数γ_L应按表3.2.5采用。

表3.2.5 楼面和屋面活荷载考虑设计使用年限的调整系数γ_L

结构设计使用年限（年）	5	50	100
γ_L	0.9	1.0	1.1

注：1 当设计使用年限不为表中数值时，调整系数γ_L可按线性内插确定；

2 对于荷载标准值可控制的活荷载，设计使用年限调整系数γ_L取1.0。

2 对雪荷载和风荷载，应取重现期为设计使用年限，按本规范第E.3.3条的规定确定基本雪压和基本风压，或按有关规范的规定采用。

3.2.6 荷载偶然组合的效应设计值S_d可按下列规定采用：

1 用于承载能力极限状态计算的效应设计值，应按下式进行计算：

$$S_d = \sum_{j=1}^{m} S_{G_j k} + S_{A_d} + \psi_{f_1} S_{Q_1 k} + \sum_{i=2}^{n} \psi_{q_i} S_{Q_i k}$$

(3.2.6-1)

式中：S_{A_d}——按偶然荷载标准值A_d计算的荷载效应值；

ψ_{f_1}——第1个可变荷载的频遇值系数；

ψ_{q_i}——第i个可变荷载的准永久值系数。

2 用于偶然事件发生后受损结构整体稳固性验算的效应设计值，应按下式进行计算：

$$S_d = \sum_{j=1}^{m} S_{G_j k} + \psi_{f_1} S_{Q_1 k} + \sum_{i=2}^{n} \psi_{q_i} S_{Q_i k}$$

(3.2.6-2)

注：组合中的设计值仅适用于荷载与荷载效应为线性的情况。

3.2.7 对于正常使用极限状态，应根据不同的设计要求，采用荷载的标准组合、频遇组合或准永久组合，并应按下列设计表达式进行设计：

$$S_d \leqslant C$$

(3.2.7)

式中：C——结构或结构构件达到正常使用要求的规定限值，例如变形、裂缝、振幅、加速度、应力等的限值，应按各有关建筑结构设计规范的规定采用。

3.2.8 荷载标准组合的效应设计值S_d应按下式进行计算：

$$S_d = \sum_{j=1}^{m} S_{G_j k} + S_{Q_1 k} + \sum_{i=2}^{n} \psi_{c_i} S_{Q_i k}$$ (3.2.8)

注：组合中的设计值仅适用于荷载与荷载效应为线性的情况。

3.2.9 荷载频遇组合的效应设计值S_d应按下式进行计算：

$$S_d = \sum_{j=1}^{m} S_{G_j k} + \psi_{f_1} S_{Q_1 k} + \sum_{i=2}^{n} \psi_{q_i} S_{Q_i k}$$

(3.2.9)

注：组合中的设计值仅适用于荷载与荷载效应为线性的情况。

3.2.10 荷载准永久组合的效应设计值S_d应按下式进行计算：

$$S_d = \sum_{j=1}^{m} S_{G_j k} + \sum_{i=1}^{n} \psi_{q_i} S_{Q_i k}$$ (3.2.10)

注：组合中的设计值仅适用于荷载与荷载效应为线性的情况。

4 永 久 荷 载

4.0.1 永久荷载应包括结构构件、围护构件、面层及装饰、固定设备、长期储物的自重，土压力、水压力，以及其他需要按永久荷载考虑的荷载。

4.0.2 结构自重的标准值可按结构构件的设计尺寸与材料单位体积的自重计算确定。

4.0.3 一般材料和构件的单位自重可取其平均值，对于自重变异较大的材料和构件，自重的标准值应根据对结构的不利或有利状态，分别取上限值或下限值。常用材料和构件单位体积的自重可按本规范附录A采用。

4.0.4 固定隔墙的自重可按永久荷载考虑，位置可灵活布置的隔墙自重应按可变荷载考虑。

5 楼面和屋面活荷载

5.1 民用建筑楼面均布活荷载

5.1.1 民用建筑楼面均布活荷载的标准值及其组合值系数、频遇值系数和准永久值系数的取值，不应小于表5.1.1的规定。

表 5.1.1 民用建筑楼面均布活荷载标准值及其组合值、频遇值和准永久值系数

项次	类　别			标准值 (kN/m²)	组合值 系数 ψ_c	频遇值 系数 ψ_f	准永久值 系数 ψ_q
1	（1）住宅、宿舍、旅馆、办公楼、医院病房、托儿所、幼儿园			2.0	0.7	0.5	0.4
	（2）试验室、阅览室、会议室、医院门诊室			2.0	0.7	0.6	0.5
2	教室、食堂、餐厅、一般资料档案室			2.5	0.7	0.6	0.5
3	（1）礼堂、剧场、影院、有固定座位的看台			3.0	0.7	0.5	0.3
	（2）公共洗衣房			3.0	0.7	0.6	0.5
4	（1）商店、展览厅、车站、港口、机场大厅及其旅客等候室			3.5	0.7	0.6	0.5
	（2）无固定座位的看台			3.5	0.7	0.5	0.3
5	（1）健身房、演出舞台			4.0	0.7	0.6	0.5
	（2）运动场、舞厅			4.0	0.7	0.6	0.3
6	（1）书库、档案库、贮藏室			5.0	0.9	0.9	0.8
	（2）密集柜书库			12.0	0.9	0.9	0.8
7	通风机房、电梯机房			7.0	0.9	0.9	0.8
8	汽车通道及客车停车库	（1）单向板楼盖（板跨不小于2m）和双向板楼盖（板跨不小于3m×3m）	客车	4.0	0.7	0.7	0.6
			消防车	35.0	0.7	0.5	0.0
		（2）双向板楼盖（板跨不小于6m×6m）和无梁楼盖（柱网不小于6m×6m）	客车	2.5	0.7	0.7	0.6
			消防车	20.0	0.7	0.5	0.0
9	厨房	（1）餐厅		4.0	0.7	0.7	0.7
		（2）其他		2.0	0.7	0.6	0.5
10	浴室、卫生间、盥洗室			2.5	0.7	0.6	0.5
11	走廊、门厅	（1）宿舍、旅馆、医院病房、托儿所、幼儿园、住宅		2.0	0.7	0.5	0.4
		（2）办公楼、餐厅、医院门诊部		2.5	0.7	0.6	0.5
		（3）教学楼及其他可能出现人员密集的情况		3.5	0.7	0.5	0.3
12	楼梯	（1）多层住宅		2.0	0.7	0.5	0.4
		（2）其他		3.5	0.7	0.5	0.3
13	阳台	（1）可能出现人员密集的情况		3.5	0.7	0.6	0.5
		（2）其他		2.5	0.7	0.6	0.5

注：1　本表所给各项活荷载适用于一般使用条件，当使用荷载较大、情况特殊或有专门要求时，应按实际情况采用；

2　第6项书库活荷载当书架高度大于2m时，书库活荷载尚应按每米书架高度不小于2.5kN/m²确定；

3　第8项中的客车活荷载仅适用于停放载人少于9人的客车；消防车活荷载适用于满载总重为300kN的大型车辆；当不符合本表的要求时，应将车轮的局部荷载按结构效应的等效原则，换算为等效均布荷载；

4　第8项消防车活荷载，当双向板楼盖板跨介于3m×3m～6m×6m之间时，应按跨度线性插值确定；

5　第12项楼梯活荷载，对预制楼梯踏步平板，尚应按1.5kN集中荷载验算；

6　本表各项荷载不包括隔墙自重和二次装修荷载；对固定隔墙的自重应按永久荷载考虑，当隔墙位置可灵活自由布置时，非固定隔墙的自重应取不小于1/3的每延米长墙重（kN/m）作为楼面活荷载的附加值（kN/m²）计入，且附加值不应小于1.0kN/m²。

5.1.2 设计楼面梁、墙、柱及基础时，本规范表 5.1.1 中楼面活荷载标准值的折减系数取值不应小于下列规定：

1 设计楼面梁时：
1）第 1（1）项当楼面梁从属面积超过 25m² 时，应取 0.9；
2）第 1（2）~7 项当楼面梁从属面积超过 50m² 时，应取 0.9；
3）第 8 项对单向板楼盖的次梁和槽形板的纵肋应取 0.8，对单向板楼盖的主梁应取 0.6，对双向板楼盖的梁应取 0.8；
4）第 9~13 项应采用与所属房屋类别相同的折减系数。
2 设计墙、柱和基础时：
1）第 1（1）项应按表 5.1.2 规定采用；
2）第 1（2）~7 项应采用与其楼面梁相同的折减系数；
3）第 8 项的客车，对单向板楼盖应取 0.5，对双向板楼盖和无梁楼盖应取 0.8；
4）第 9~13 项应采用与所属房屋类别相同的折减系数。

注：楼面梁的从属面积应按梁两侧各延伸二分之一梁间距的范围内的实际面积确定。

表 5.1.2 活荷载按楼层的折减系数

墙、柱、基础计算截面以上的层数	1	2~3	4~5	6~8	9~20	>20
计算截面以上各楼层活荷载总和的折减系数	1.00（0.90）	0.85	0.70	0.65	0.60	0.55

注：当楼面梁的从属面积超过 25m² 时，应采用括号内的系数。

5.1.3 设计墙、柱时，本规范表 5.1.1 中第 8 项的消防车活荷载可按实际情况考虑；设计基础时可不考虑消防车荷载。常用板跨的消防车活荷载按覆土厚度的折减系数可按附录 B 规定采用。

5.1.4 楼面结构上的局部荷载可按本规范附录 C 的规定，换算为等效均布活荷载。

5.2 工业建筑楼面活荷载

5.2.1 工业建筑楼面在生产使用或安装检修时，由设备、管道、运输工具及可能拆移的隔墙产生的局部荷载，均应按实际情况考虑，可采用等效均布活荷载代替。对设备位置固定的情况，可直接按固定位置对结构进行计算，但应考虑因设备安装和维修过程中的位置变化可能出现的最不利效应。工业建筑楼面堆放原料或成品较多、较重的区域，应按实际情况考虑；一般的堆放情况可按均布活荷载或等效均布活荷载考虑。

注：1 楼面等效均布活荷载，包括计算次梁、主梁和基础时的楼面活荷载，可分别按本规范附录 C 的规定确定；
2 对于一般金工车间、仪器仪表生产车间、半导体器件车间、棉纺织车间、轮胎准备车间和粮食加工车间，当缺乏资料时，可按本规范附录 D 采用。

5.2.2 工业建筑楼面（包括工作平台）上无设备区域的操作荷载，包括操作人员、一般工具、零星原料和成品的自重，可按均布荷载 2.0kN/m² 考虑。在设备所占区域内可不考虑操作荷载和堆料荷载。生产车间的楼梯活荷载，可按实际情况采用，但不宜小于 3.5kN/m²。生产车间的参观走廊活荷载，可采用 3.5kN/m²。

5.2.3 工业建筑楼面活荷载的组合值系数、频遇值系数和准永久值系数除本规范附录 D 中给出的以外，应按实际情况采用；但在任何情况下，组合值和频遇值系数不应小于 0.7，准永久值系数不应小于 0.6。

5.3 屋面活荷载

5.3.1 房屋建筑的屋面，其水平投影面上的屋面均布活荷载的标准值及其组合值系数、频遇值系数和准永久值系数的取值，不应小于表 5.3.1 的规定。

表 5.3.1 屋面均布活荷载标准值及其组合值系数、频遇值系数和准永久值系数

项次	类 别	标准值（kN/m²）	组合值系数 ψ_c	频遇值系数 ψ_f	准永久值系数 ψ_q
1	不上人的屋面	0.5	0.7	0.5	0.0
2	上人的屋面	2.0	0.7	0.5	0.4
3	屋顶花园	3.0	0.7	0.6	0.5
4	屋顶运动场地	3.0	0.7	0.6	0.4

注：1 不上人的屋面，当施工或维修荷载较大时，应按实际情况采用；对不同类型的结构应按有关设计规范的规定采用，但不得低于 0.3kN/m²；
2 当上人的屋面兼作其他用途时，应按相应楼面活荷载采用；
3 对于因屋面排水不畅、堵塞等引起的积水荷载，应采取构造措施加以防止；必要时，应按积水的可能深度确定屋面活荷载；
4 屋顶花园活荷载不应包括花圃土石等材料自重。

5.3.2 屋面直升机停机坪荷载应按下列规定采用：

1 屋面直升机停机坪荷载应按局部荷载考虑，或根据局部荷载换算为等效均布荷载考虑。局部荷载标准值应按直升机实际最大起飞重量确定，当没有机型技术资料时，可按表 5.3.2 的规定选用局部荷载标准值及作用面积。

表 5.3.2 屋面直升机停机坪局部荷载标准值及作用面积

类型	最大起飞重量 (t)	局部荷载标准值 (kN)	作用面积
轻型	2	20	0.20m×0.20m
中型	4	40	0.25m×0.25m
重型	6	60	0.30m×0.30m

2 屋面直升机停机坪的等效均布荷载标准值不应低于 5.0kN/m²。

3 屋面直升机停机坪荷载的组合值系数应取 0.7，频遇值系数应取 0.6，准永久值系数应取 0。

5.3.3 不上人的屋面均布活荷载，可不与雪荷载和风荷载同时组合。

5.4 屋面积灰荷载

5.4.1 设计生产中有大量排灰的厂房及其邻近建筑时，对于具有一定除尘设施和保证清灰制度的机械、冶金、水泥等的厂房屋面，其水平投影面上的屋面积灰荷载标准值及其组合值系数、频遇值系数和准永久值系数，应分别按表 5.4.1-1 和表 5.4.1-2 采用。

表 5.4.1-1 屋面积灰荷载标准值及其组合值系数、频遇值系数和准永久值系数

项次	类 别	标准值（kN/m²）屋面无挡风板	屋面有挡风板挡风板内	屋面有挡风板挡风板外	组合值系数 ψ_c	频遇值系数 ψ_f	准永久值系数 ψ_q
1	机械厂铸造车间（冲天炉）	0.50	0.75	0.30			
2	炼钢车间（氧气转炉）	—	0.75	0.30			
3	锰、铬铁合金车间	0.75	1.00	0.30			
4	硅、钨铁合金车间	0.30	0.50	0.30			
5	烧结室、一次混合室	0.50	1.00	0.20	0.9	0.9	0.8
6	烧结厂通廊及其他车间	0.30					
7	水泥厂有灰源车间（窑房、磨房、联合贮库、烘干房、破碎房）	1.00					
8	水泥厂无灰源车间（空气压缩机站、机修间、材料库、配电站）	0.50	—	—			

注：1 表中的积灰均布荷载，仅应用于屋面坡度 α 不大于 25°；当 α 大于 45°时，可不考虑积灰荷载；当在 25°～45°范围内时，可按插值法取值；

2 清灰设施的荷载另行考虑；

3 对第 1～4 项的积灰荷载，仅应用于距烟囱中心 20m 半径范围内的屋面；当邻近建筑在该范围内时，其积灰荷载对第 1、3、4 项应按车间屋面无挡风板的采用，对第 2 项应按车间屋面挡风板外的采用。

表 5.4.1-2 高炉邻近建筑的屋面积灰荷载标准值及其组合值系数、频遇值系数和准永久值系数

高炉容积（m³）	标准值（kN/m²）屋面离高炉距离（m）≤50	100	200	组合值系数 ψ_c	频遇值系数 ψ_f	准永久值系数 ψ_q
<255	0.50	—	—			
255～620	0.75	0.30	—	1.0	1.0	1.0
>620	1.00	0.50	0.30			

注：1 表 5.4.1-1 中的注 1 和注 2 也适用本表；

2 当邻近建筑屋面离高炉距离为表内中间值时，可按插入法取值。

5.4.2 对于屋面上易形成灰堆处，当设计屋面板、檩条时，积灰荷载标准值宜乘以下列规定的增大系数：

1 在高低跨处两倍于屋面高差但不大于 6.0m 的分布宽度内取 2.0；

2 在天沟处不大于 3.0m 的分布宽度内取 1.4。

5.4.3 积灰荷载应与雪荷载或不上人的屋面均布活荷载两者中的较大值同时考虑。

5.5 施工和检修荷载及栏杆荷载

5.5.1 施工和检修荷载应按下列规定采用：

1 设计屋面板、檩条、钢筋混凝土挑檐、悬挑雨篷和预制小梁时，施工或检修集中荷载标准值不应小于 1.0kN，并应在最不利位置处进行验算；

2 对于轻型构件或较宽的构件，应按实际情况验算，或应加垫板、支撑等临时设施；

3 计算挑檐、悬挑雨篷的承载力时，应沿板宽每隔 1.0m 取一个集中荷载；在验算挑檐、悬挑雨篷的倾覆时，应沿板宽每隔 2.5m～3.0m 取一个集中荷载。

5.5.2 楼梯、看台、阳台和上人屋面等的栏杆活荷载标准值，不应小于下列规定：

1 住宅、宿舍、办公楼、旅馆、医院、托儿所、幼儿园，栏杆顶部的水平荷载应取 1.0 kN/m；

2 学校、食堂、剧场、电影院、车站、礼堂、展览馆或体育场，栏杆顶部的水平荷载应取 1.0 kN/m，竖向荷载应取 1.2kN/m，水平荷载与竖向荷载应分别考虑。

5.5.3 施工荷载、检修荷载及栏杆荷载的组合值系数应取 0.7，频遇值系数应取 0.5，准永久值系数取 0。

5.6 动 力 系 数

5.6.1 建筑结构设计的动力计算，在有充分依据时，可将重物或设备的自重乘以动力系数后，按静力计算方法设计。

5.6.2 搬运和装卸重物以及车辆启动和刹车的动力

系数，可采用 1.1～1.3；其动力荷载只传至楼板和梁。

5.6.3 直升机在屋面上的荷载，也应乘以动力系数，对具有液压轮胎起落架的直升机可取 1.4；其动力荷载只传至楼板和梁。

6 吊车荷载

6.1 吊车竖向和水平荷载

6.1.1 吊车竖向荷载标准值，应采用吊车的最大轮压或最小轮压。

6.1.2 吊车纵向和横向水平荷载，应按下列规定采用：

1 吊车纵向水平荷载标准值，应按作用在一边轨道上所有刹车轮的最大轮压之和的 10% 采用；该项荷载的作用点位于刹车轮与轨道的接触点，其方向与轨道方向一致。

2 吊车横向水平荷载标准值，应取横行小车重量与额定起重量之和的百分数，并应乘以重力加速度，吊车横向水平荷载标准值的百分数应按表 6.1.2 采用。

表 6.1.2　吊车横向水平荷载标准值的百分数

吊车类型	额定起重量（t）	百分数（%）
软钩吊车	≤10	12
	16～50	10
	≥75	8
硬钩吊车	—	20

3 吊车横向水平荷载应等分于桥架的两端，分别由轨道上的车轮平均传至轨道，其方向与轨道垂直，并应考虑正反两个方向的刹车情况。

注：1 悬挂吊车的水平荷载应由支撑系统承受；设计该支撑系统时，尚应考虑风荷载与悬挂吊车水平荷载的组合。

2 手动吊车及电动葫芦可不考虑水平荷载。

6.2 多台吊车的组合

6.2.1 计算排架考虑多台吊车竖向荷载时，对单层吊车的单跨厂房的每个排架，参与组合的吊车台数不宜多于 2 台；对单层吊车的多跨厂房的每个排架，不宜多于 4 台；对双层吊车的单跨厂房宜按上层和下层吊车分别不多于 2 台进行组合；对双层吊车的多跨厂房宜按上层和下层吊车分别不多于 4 台进行组合，且当下层吊车满载时，上层吊车应按空载计算；上层吊车满载时，下层吊车不应计入。考虑多台吊车水平荷载时，对单跨或多跨厂房的每个排架，参与组合的吊车台数不应多于 2 台。

注：当情况特殊时，应按实际情况考虑。

6.2.2 计算排架时，多台吊车的竖向荷载和水平荷载的标准值，应乘以表 6.2.2 中规定的折减系数。

表 6.2.2　多台吊车的荷载折减系数

参与组合的吊车台数	吊车工作级别	
	A1～A5	A6～A8
2	0.90	0.95
3	0.85	0.90
4	0.80	0.85

6.3 吊车荷载的动力系数

6.3.1 当计算吊车梁及其连接的承载力时，吊车竖向荷载应乘以动力系数。对悬挂吊车（包括电动葫芦）及工作级别 A1～A5 的软钩吊车，动力系数可取 1.05；对工作级别为 A6～A8 的软钩吊车、硬钩吊车和其他特种吊车，动力系数可取为 1.1。

6.4 吊车荷载的组合值、频遇值及准永久值

6.4.1 吊车荷载的组合值系数、频遇值系数及准永久值系数可按表 6.4.1 中的规定采用。

表 6.4.1　吊车荷载的组合值系数、频遇值系数及准永久值系数

吊车工作级别		组合值系数 ψ_c	频遇值系数 ψ_f	准永久值系数 ψ_q
软钩吊车	工作级别 A1～A3	0.70	0.60	0.50
	工作级别 A4、A5	0.70	0.70	0.60
	工作级别 A6、A7	0.70	0.70	0.70
硬钩吊车及工作级别 A8 的软钩吊车		0.95	0.95	0.95

6.4.2 厂房排架设计时，在荷载准永久组合中可不考虑吊车荷载；但在吊车梁按正常使用极限状态设计时，宜采用吊车荷载的准永久值。

7 雪 荷 载

7.1 雪荷载标准值及基本雪压

7.1.1 屋面水平投影面上的雪荷载标准值应按下式计算：

$$s_k = \mu_r s_0 \qquad (7.1.1)$$

式中：s_k——雪荷载标准值（kN/m²）；

μ_r——屋面积雪分布系数；

s_0——基本雪压（kN/m²）。

7.1.2 基本雪压应采用按本规范规定的方法确定的 50 年重现期的雪压；对雪荷载敏感的结构，应采用 100 年重现期的雪压。

7.1.3 全国各城市的基本雪压值应按本规范附录E中表E.5重现期 R 为50年的值采用。当城市或建设地点的基本雪压值在本规范表E.5中没有给出时，基本雪压值应按本规范附录E规定的方法，根据当地年最大雪压或雪深资料，按基本雪压定义，通过统计分析确定，分析时应考虑样本数量的影响。当地没有雪压和雪深资料时，可根据附近地区规定的基本雪压或长期资料，通过气象和地形条件的对比分析确定；也可比照本规范附录E中附图E.6.1全国基本雪压分布图近似确定。

7.1.4 山区的雪荷载应通过实际调查后确定。当无实测资料时，可按当地邻近空旷平坦地面的雪荷载值乘以系数1.2采用。

7.1.5 雪荷载的组合值系数可取0.7；频遇值系数可取0.6；准永久值系数应按雪荷载分区Ⅰ、Ⅱ和Ⅲ的不同，分别取0.5、0.2和0；雪荷载分区应按本规范附录E.5或附图E.6.2的规定采用。

7.2 屋面积雪分布系数

7.2.1 屋面积雪分布系数应根据不同类别的屋面形式，按表7.2.1采用。

表7.2.1 屋面积雪分布系数

项次	类别	屋面形式及积雪分布系数 μ_r	备注
1	单跨单坡屋面	 	α	≤25°	30°	35°	40°	45°	50°	55°	≥60°	 μ_r 1.0 / 0.85 / 0.7 / 0.55 / 0.4 / 0.25 / 0.1 / 0	—
2	单跨双坡屋面	均匀分布的情况 μ_r 不均匀分布的情况 $0.75\mu_r$ $1.25\mu_r$	μ_r 按第1项规定采用
3	拱形屋面	均匀分布的情况 μ_r 不均匀分布的情况 $0.5\mu_{r,m}$ $\mu_{r,m}$ $l_e/4$ $l_e/4$ $l_e/4$ $l_e/4$ l_e $\mu_r=l/(8f)$ $(0.4\leqslant\mu_r\leqslant 1.0)$ 60° f l $\mu_{r,m}=0.2+10f/l$ $(\mu_{r,m}\leqslant 2.0)$	—
4	带天窗的坡屋面	均匀分布的情况 1.0 不均匀分布的情况 1.1 0.8 1.1	—
5	带天窗有挡风板的坡屋面	均匀分布的情况 1.0 不均匀分布的情况 1.0 1.4 0.8 1.4 1.0	—

项次	类别	屋面形式及积雪分布系数 μ_r	备 注
6	多跨单坡屋面（锯齿形屋面）	均匀分布的情况 1.0 不均匀分布的情况1 0.6 1.4 0.6 1.4 0.6 1.4 $l/2$ $l/2$ 不均匀分布的情况2 μ_r 2.0 μ_r 2.0 2.0 $l/2$ $l/2$ α l l	μ_r 按第 1 项规定采用
7	双跨双坡或拱形屋面	均匀分布的情况 1.0 不均匀分布的情况1 μ_r 1.4 μ_r 不均匀分布的情况2 μ_r 2.0 μ_r α f l l	μ_r 按第 1 或 3 项规定采用
8	高低屋面	情况1: 1.0 $\mu_{r,m}$ 1.0 1.0 $\mu_{r,m}$ a a 情况2: 1.0 2.0 1.0 1.0 2.0 a a h h b_1 b_2 b_1 $b_2<a$ $a=2h$（$4\text{m}<a<8\text{m}$） $\mu_{r,m}=(b_1+b_2)/2h\,(2.0\leqslant\mu_{r,m}\leqslant4.0)$	—
9	有女儿墙及其他突起物的屋面	$\mu_{r,m}$ μ_r $\mu_{r,m}$ a a h $a=2h$ $\mu_{r,m}=1.5h/s_0\ (1.0\leqslant\mu_{r,m}\leqslant2.0)$	—
10	大跨屋面（$l>100\text{m}$）	$0.8\mu_r$ $1.2\mu_r$ $0.8\mu_r$ $l/4$ $l/2$ $l/4$ l	1 还应同时考虑第 2 项、第 3 项的积雪分布； 2 μ_r 按第 1 或 3 项规定采用

注：1 第 2 项单跨双坡屋面仅当坡度 α 在 $20°\sim30°$ 范围时，可采用不均匀分布情况；

2 第 4、5 项只适用于坡度 α 不大于 $25°$ 的一般工业厂房屋面；

3 第 7 项双跨双坡或拱形屋面，当 α 不大于 $25°$ 或 f/l 不大于 0.1 时，只采用均匀分布情况；

4 多跨屋面的积雪分布系数，可参照第 7 项的规定采用。

7.2.2 设计建筑结构及屋面的承重构件时,应按下列规定采用积雪的分布情况:

1 屋面板和檩条按积雪不均匀分布的最不利情况采用;

2 屋架和拱壳应分别按全跨积雪的均匀分布、不均匀分布和半跨积雪的均匀分布按最不利情况采用;

3 框架和柱可按全跨积雪的均匀分布情况采用。

8 风 荷 载

8.1 风荷载标准值及基本风压

8.1.1 垂直于建筑物表面上的风荷载标准值,应按下列规定确定:

1 计算主要受力结构时,应按下式计算:

$$w_k = \beta_z \mu_s \mu_z w_0 \qquad (8.1.1-1)$$

式中:w_k——风荷载标准值（kN/m²）；

β_z——高度 z 处的风振系数；

μ_s——风荷载体型系数；

μ_z——风压高度变化系数；

w_0——基本风压（kN/m²）。

2 计算围护结构时,应按下式计算:

$$w_k = \beta_{gz} \mu_{sl} \mu_z w_0 \qquad (8.1.1-2)$$

式中:β_{gz}——高度 z 处的阵风系数；

μ_{sl}——风荷载局部体型系数。

8.1.2 基本风压应采用按本规范规定的方法确定的 50 年重现期的风压,但不得小于 0.3kN/m²。对于高层建筑、高耸结构以及对风荷载比较敏感的其他结构,基本风压的取值应适当提高,并应符合有关结构设计规范的规定。

8.1.3 全国各城市的基本风压值应按本规范附录 E 中表 E.5 重现期 R 为 50 年的值采用。当城市或建设地点的基本风压值在本规范表 E.5 没有给出时,基本风压值应按本规范附录 E 规定的方法,根据基本风压的定义和当地年最大风速资料,通过统计分析确定,分析时应考虑样本数量的影响。当地没有风速资料时,可根据附近地区规定的基本风压或长期资料,通过气象和地形条件的对比分析确定;也可比照本规范附录 E 中附图 E.6.3 全国基本风压分布图近似确定。

8.1.4 风荷载的组合值系数、频遇值系数和准永久值系数可分别取 0.6、0.4 和 0.0。

8.2 风压高度变化系数

8.2.1 对于平坦或稍有起伏的地形,风压高度变化系数应根据地面粗糙度类别按表 8.2.1 确定。地面粗糙度可分为 A、B、C、D 四类:A 类指近海海面和海岛、海岸、湖岸及沙漠地区;B 类指田野、乡村、丛林、丘陵以及房屋比较稀疏的乡镇;C 类指有密集建筑群的城市市区;D 类指有密集建筑群且房屋较高的城市市区。

表 8.2.1 风压高度变化系数 μ_z

离地面或海平面高度（m）	地面粗糙度类别			
	A	B	C	D
5	1.09	1.00	0.65	0.51
10	1.28	1.00	0.65	0.51
15	1.42	1.13	0.65	0.51
20	1.52	1.23	0.74	0.51
30	1.67	1.39	0.88	0.51
40	1.79	1.52	1.00	0.60
50	1.89	1.62	1.10	0.69
60	1.97	1.71	1.20	0.77
70	2.05	1.79	1.28	0.84
80	2.12	1.87	1.36	0.91
90	2.18	1.93	1.43	0.98
100	2.23	2.00	1.50	1.04
150	2.46	2.25	1.79	1.33
200	2.64	2.46	2.03	1.58
250	2.78	2.63	2.24	1.81
300	2.91	2.77	2.43	2.02
350	2.91	2.91	2.60	2.22
400	2.91	2.91	2.76	2.40
450	2.91	2.91	2.91	2.58
500	2.91	2.91	2.91	2.74
≥550	2.91	2.91	2.91	2.91

8.2.2 对于山区的建筑物,风压高度变化系数除可按平坦地面的粗糙度类别由本规范表 8.2.1 确定外,还应考虑地形条件的修正,修正系数 η 应按下列规定采用:

1 对于山峰和山坡,修正系数应按下列规定采用:

1） 顶部 B 处的修正系数可按下式计算:

$$\eta_B = \left[1 + \kappa \tan\alpha \left(1 - \frac{z}{2.5H} \right) \right]^2 \qquad (8.2.2)$$

式中:$\tan\alpha$——山峰或山坡在迎风面一侧的坡度；当 $\tan\alpha$ 大于 0.3 时,取 0.3；

κ——系数,对山峰取 2.2,对山坡取 1.4；

H——山顶或山坡全高（m）；

z——建筑物计算位置离建筑物地面的高度（m）；当 $z > 2.5H$ 时,取 $z = 2.5H$。

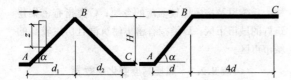

图 8.2.2 山峰和山坡的示意

2）其他部位的修正系数，可按图 8.2.2 所示，取 A、C 处的修正系数 η_A、η_C 为 1，AB 间和 BC 间的修正系数按 η 的线性插值确定。

2 对于山间盆地、谷地等闭塞地形，η 可在 0.75～0.85 选取。

3 对于与风向一致的谷口、山口，η 可在 1.20～1.50 选取。

8.2.3 对于远海海面和海岛的建筑物或构筑物，风压高度变化系数除可按 A 类粗糙度类别由本规范表 8.2.1 确定外，还应考虑表 8.2.3 中给出的修正系数。

表 8.2.3 远海海面和海岛的修正系数 η

距海岸距离（km）	η
＜40	1.0
40～60	1.0～1.1
60～100	1.1～1.2

8.3 风荷载体型系数

8.3.1 房屋和构筑物的风荷载体型系数，可按下列规定采用：

1 房屋和构筑物与表 8.3.1 中的体型类同时，可按表 8.3.1 的规定采用；

2 房屋和构筑物与表 8.3.1 中的体型不同时，可按有关资料采用；当无资料时，宜由风洞试验确定；

3 对于重要且体型复杂的房屋和构筑物，应由风洞试验确定。

表 8.3.1 风荷载体型系数

项次	类 别	体型及体型系数 μ_s		备 注
1	封闭式 落地 双坡屋面	μ_s α −0.5	α / μ_s 0° / 0.0 30° / +0.2 ≥60° / +0.8	中间值按线性插值法计算
2	封闭式 双坡屋面	+0.8 μ_s α −0.5 / −0.5 +0.8 −0.7 −0.5 / −0.7	α / μ_s ≤15° / −0.6 30° / 0.0 ≥60° / +0.8	1 中间值按线性插值法计算； 2 μ_s 的绝对值不小于 0.1
3	封闭式 落地 拱形屋面	μ_s −0.8 f −0.5 l	f/l / μ_s 0.1 / +0.1 0.2 / +0.2 0.5 / +0.6	中间值按线性插值法计算
4	封闭式 拱形屋面	μ_s −0.8 f −0.5 +0.8 −0.5 l	f/l / μ_s 0.1 / −0.8 0.2 / 0.0 0.5 / +0.6	1 中间值按线性插值法计算； 2 μ_s 的绝对值不小于 0.1
5	封闭式 单坡屋面	μ_s +0.8 α −0.5 / +0.8 −0.5		迎风坡面的 μ_s 按第 2 项采用

续表 8.3.1

项次	类　别	体型及体型系数 μ_s	备　注
6	封闭式 高低双坡屋面	μ_s α +0.8 −0.6 −0.6 −0.5 / +0.8 −0.2 −0.6 −0.5 −0.5	迎风坡面的 μ_s 按第 2 项采用
7	封闭式 带天窗 双坡屋面	−0.2 +0.6 −0.7 −0.6 −0.6 +0.8 −0.5	带天窗的拱形屋面可按照本图采用
8	封闭式 双跨双坡 屋面	μ_s α +0.8 −0.5 −0.4 −0.4 −0.4	迎风坡面的 μ_s 按第 2 项采用
9	封闭式 不等高不 等跨的双 跨双坡 屋面	μ_s α +0.8 −0.6 −0.6 −0.6 −0.4 −0.4 / +0.8 μ_s α −0.6 −0.6 −0.2 −0.5 −0.4	迎风坡面的 μ_s 按第 2 项采用
10	封闭式 不等高不 等跨的三 跨双坡 屋面	μ_s α +0.8 μ_{s1} −0.6 −0.2 h_1 h −0.5 −0.5 −0.5 −0.4	1 迎风坡面的 μ_s 按第 2 项采用; 2 中跨上部迎风墙面的 μ_{s1} 按下式采用: $\mu_{s1}=0.6（1-2h_1/h）$ 当 $h_1=h$,取 $\mu_{s1}=-0.6$
11	封闭式 带天窗带坡的 双坡屋面	−0.2 +0.6 −0.7 −0.6 +0.8 −0.5 −0.6 −0.5 −0.5 / +0.8 −0.2 +0.7 0.3 −0.6 −0.5 −0.5	－
12	封闭式 带天窗带双坡 的双坡屋面	−0.2 +0.7 −0.3 0.3 −0.6 −0.6 −0.5 −0.4 +0.8 +0.4	－
13	封闭式不等高 不等跨且中 跨带天窗的 三跨双坡屋面	μ_s −0.6 α +0.8 μ_{s1} −0.3 0.3 −0.6 −0.6 h_1 h −0.6 −0.5 −0.4 −0.4	1 迎风坡面的 μ_s 按第 2 项采用; 2 中跨上部迎风墙面的 μ_{s1} 按下式采用: $\mu_{s1}=0.6(1-2h_1/h)$ 当 $h_1=h$,取 $\mu_{s1}=-0.6$
14	封闭式 带天窗的 双跨双坡 屋面	−0.2 +0.6 −0.7 a −0.6 −0.5 +0.8 −0.5 h −0.5 h −0.4 −0.4	迎风面第 2 跨的天窗面的 μ_s 下列规定采用: 1 当 $a\leq 4h$,取 $\mu_s=0.2$; 2 当 $a>4h$,取 $\mu_s=0.6$

7—19

项次	类 别	体型及体型系数 μ_s	备 注
15	封闭式带女儿墙的双坡屋面	+1.3　0 +0.8　−0.5	当屋面坡度不大于15°时，屋面上的体型系数可按无女儿墙的屋面采用
16	封闭式带雨篷的双坡屋面	(a) μ_s −0.6 −0.3 α +0.8　−0.5 (b) −1.4 −0.9 −0.5 +0.8　−0.5	迎风坡面的 μ_s 按第2项采用
17	封闭式对立两个带雨篷的双坡屋面	μ_s −0.4 −0.3 α　−0.2 −0.4 −0.5 +0.8 −0.4　+0.2 −0.3 s	1 本图适用于 s 为 8m～20m 范围内； 2 迎风坡面的 μ_s 按第2项采用
18	封闭式带下沉天窗的双坡屋面或拱形屋面	−0.8 −0.5 [−1.2] +0.8　−0.5	—
19	封闭式带下沉天窗的双跨双坡或拱形屋面	−0.8 −0.5 −0.4 [−1.2] [−1.2] +0.8　−0.4	—
20	封闭式带天窗挡风板的坡屋面	+1.4 +0.8 −0.7 +0.6 0 +0.3 −0.7 −0.6 +0.8 −0.8 −0.6 −0.5	—
21	封闭式带天窗挡风板的双跨坡屋面	+1.4 +0.8 −0.7 +0.6 +0.1 −0.5 −0.6 +0.4 0 +0.3 −0.6 +0.1 −0.4 −0.4 +0.8 −0.8 −0.6 −0.4	—
22	封闭式锯齿形屋面	μ_s −0.6 −0.5 −0.5 −0.4 −0.4　−0.6 −0.6 −0.5 −0.5 −0.4 −0.4 α +0.8　+0.8　−0.4 (1) (2) (3)　(1) (2) (3)	1 迎风坡面的 μ_s 按第2项采用； 2 齿面增多或减少时，可均匀地在(1)、(2)、(3)三个区段内调节
23	封闭式复杂多跨屋面	a a −0.7 −0.5 a +0.6 −0.7 +0.6 −0.6 +0.6 −0.5 −0.6 −0.5 −0.5 +h −0.2 −0.5 +0.2 +0.8 −0.2 −0.6 −0.5 −0.5 −0.4 −0.4 −0.4	天窗面的 μ_s 按下列规定采用： 1 当 $a \leqslant 4h$ 时，取 $\mu_s = 0.2$； 2 当 $a > 4h$ 时，取 $\mu_s = 0.6$

项次	类别	体型及体型系数 μ_s	备 注

项次 24 靠山封闭式双坡屋面

本图适用于 $H_m/H \geqslant 2$ 及 $s/H = 0.2 \sim 0.4$ 的情况

体型系数 μ_s 按下表采用:

β	α	A	B	C	D	E
30°	15°	+0.9	−0.4	0.0	+0.2	−0.2
	30°	+0.9	+0.2	−0.2	−0.2	−0.3
	60°	+1.0	+0.7	−0.4	−0.2	−0.5
60°	15°	+1.0	+0.3	+0.4	+0.5	+0.4
	30°	+1.0	+0.4	+0.3	+0.4	+0.2
	60°	+1.0	+0.8	−0.3	0.0	−0.5
90°	15°	+1.0	+0.5	+0.7	+0.8	+0.6
	30°	+1.0	+0.6	+0.8	+0.9	+0.7
	60°	+1.0	+0.9	−0.1	+0.2	−0.4

体型系数 μ_s 按下表采用:

β	ABCD	E	A′B′C′D′	F
15°	−0.8	+0.9	−0.2	−0.2
30°	−0.9	+0.9	−0.2	−0.2
60°	−0.9	+0.9	−0.2	−0.2

项次 25 靠山封闭式带天窗的双坡屋面

本图适用于 $H_m/H \geqslant 2$ 及 $s/H = 0.2 \sim 0.4$ 的情况

体型系数 μ_s 按下表采用:

β	A	B	C	D	D′	C′	B′	A′	E
30°	+0.9	+0.2	−0.6	−0.4	−0.3	−0.3	−0.3	−0.2	−0.5
60°	+0.9	+0.6	+0.1	+0.1	+0.2	+0.2	+0.2	+0.4	+0.1
90°	+1.0	+0.8	+0.6	+0.2	+0.6	+0.6	+0.6	+0.8	+0.6

项次 26 单面开敞式双坡屋面

备注:迎风坡面的 μ_s 按第 2 项采用

项次	类别	体型及体型系数 μ_s	备 注
27	双面开敞及四面开敞式双坡屋面	(a) 两端有山墙　　(b) 四面开敞 体型系数 μ_s 表： α / μ_{s1} / μ_{s2} $\leqslant 10°$ / -1.3 / -0.7 $30°$ / $+1.6$ / $+0.4$	1　中间值按线性插值法计算； 2　本图屋面对风作用敏感，风压时正时负，设计时应考虑 μ_s 值变号的情况； 3　纵向风荷载对屋面所引起的总水平力，当 $\alpha \geqslant 30°$ 时，为 $0.05Aw_h$；当 $\alpha < 30°$ 时，为 $0.10Aw_h$；其中，A 为屋面的水平投影面积，w_h 为屋面高度 h 处的风压； 4　当室内堆放物品或房屋处于山坡时，屋面吸力应增大，可按第 26 项（a）采用
28	前后纵墙半开敞双坡屋面	μ_s -0.3　-0.8 $+0.5$　α　-0.8	1　迎风坡面的 μ_s 按第 2 项采用； 2　本图适用于墙的上部集中开敞面积 $\geqslant 10\%$ 且 $< 50\%$ 的房屋； 3　当开敞面积达 50% 时，背风墙面的系数改为 -1.1
29	单坡及双坡顶盖	(a) μ_{s1} μ_{s2}　μ_{s3} μ_{s4} α / μ_{s1} / μ_{s2} / μ_{s3} / μ_{s4} $\leqslant 10°$ / -1.3 / -0.5 / $+1.3$ / $+0.5$ $30°$ / -1.4 / -0.6 / $+1.4$ / $+0.6$ (b) μ_{s1}　μ_{s2} (c) μ_{s1} μ_{s2} α / μ_{s1} / μ_{s2} $\leqslant 10°$ / $+1.0$ / $+0.7$ $30°$ / -1.6 / -0.4	1　中间值按线性插值法计算； 2　（b）项体型系数按第 27 项采用； 3　（b）、（c）应考虑第 27 项注 2 和注 3
30	封闭式房屋和构筑物	(a) 正多边形（包括矩形）平面 $+0.8$　-0.7　-0.5 -0.7 0　$+0.4$ -0.5	—

项次	类 别	体型及体型系数 μ_s	备 注
30	封闭式房屋和构筑物	(b) Y形平面 (c) L形平面　(d) Π形平面 (e) 十字形平面　(f) 截角三边形平面 	—
31	高度超过45m的矩形截面高层建筑	 <table><tr><td>D/B</td><td>$\leqslant 1$</td><td>1.2</td><td>2</td><td>$\geqslant 4$</td></tr><tr><td>μ_{s1}</td><td>-0.6</td><td>-0.5</td><td>-0.4</td><td>-0.3</td></tr><tr><td>μ_{s2}</td><td colspan="4">-0.7</td></tr></table>	—
32	各种截面的杆件	$\mu=+1.3$	—
33	桁架	(a) 单榀桁架的体型系数 $\mu_{st} = \phi\mu_s$ 式中：μ_s 为桁架构件的体型系数，对型钢杆件按第32项采用，对圆管杆件按第37（b）项采用； $\phi = A_n/A$ 为桁架的挡风系数； A_n 为桁架杆件和节点挡风的净投影面积； $A = hl$ 为桁架的轮廓面积。 (b) n 榀平行桁架的整体体型系数 $\mu_{stw} = \mu_{st}\dfrac{1-\eta^n}{1-\eta}$ 式中：μ_{st} 为单榀桁架的体型系数； η 系数按下表采用。	—

ϕ ＼ b/h	$\leqslant 1$	2	4	6
$\leqslant 0.1$	1.00	1.00	1.00	1.00
0.2	0.85	0.90	0.93	0.97
0.3	0.66	0.75	0.80	0.85
0.4	0.50	0.60	0.67	0.73
0.5	0.33	0.45	0.53	0.62
0.6	0.15	0.30	0.40	0.50

项次	类 别	体型及体型系数 μ_s	备 注

34 独立墙壁及围墙

$\longrightarrow$ $+1.3$

备注：—

35 塔架

(a) 角钢塔架整体计算时的体型系数 μ_s 按下表采用。

挡风系数 ϕ	方形			三角形 风向 ③④⑤
	风向①	风向②		
		单角钢	组合角钢	
≤0.1	2.6	2.9	3.1	2.4
0.2	2.4	2.7	2.9	2.2
0.3	2.2	2.4	2.7	2.0
0.4	2.0	2.2	2.4	1.8
0.5	1.9	1.9	2.0	1.6

(b) 管子及圆钢塔架整体计算时的体型系数 μ_s：

当 $\mu_z w_0 d^2$ 不大于 0.002 时，μ_s 按角钢塔架的 μ_s 值乘以 0.8 采用；

当 $\mu_z w_0 d^2$ 不小于 0.015 时，μ_s 按角钢塔架的 μ_s 值乘以 0.6 采用。

备注：中间值按线性插值法计算

36 旋转壳顶

(a) $f/l > \frac{1}{4}$

(b) $f/l \leqslant \frac{1}{4}$ $\mu_s = -\cos^2\phi$

$$\mu_s = 0.5 \sin^2\phi \sin\psi - \cos^2\phi$$

式中：ϕ 为平面角，ψ 为仰角。

备注：—

37 圆截面构筑物（包括烟囱、塔桅等）

(a) 局部计算时表面分布的体型系数

备注：

1 (a) 项局部计算用表中的值适用于 $\mu_z w_0 d^2$ 大于 0.015 的表面光滑情况，其中 w_0 以 kN/m^2 计，d 以 m 计。

2 (b) 项整体计算用表中的中间值按线性插值法计算；Δ 为表面凸出高度

项次	类别	体型及体型系数 μ_s	备注
37	圆截面构筑物（包括烟囱、塔桅等）	<table><tr><td>α</td><td>$H/d \geqslant 25$</td><td>$H/d=7$</td><td>$H/d=1$</td></tr><tr><td>0°</td><td>+1.0</td><td>+1.0</td><td>+1.0</td></tr><tr><td>15°</td><td>+0.8</td><td>+0.8</td><td>+0.8</td></tr><tr><td>30°</td><td>+0.1</td><td>+0.1</td><td>+0.1</td></tr><tr><td>45°</td><td>-0.9</td><td>-0.8</td><td>-0.7</td></tr><tr><td>60°</td><td>-1.9</td><td>-1.7</td><td>-1.2</td></tr><tr><td>75°</td><td>-2.5</td><td>-2.2</td><td>-1.5</td></tr><tr><td>90°</td><td>-2.6</td><td>-2.2</td><td>-1.7</td></tr><tr><td>105°</td><td>-1.9</td><td>-1.7</td><td>-1.2</td></tr><tr><td>120°</td><td>-0.9</td><td>-0.8</td><td>-0.7</td></tr><tr><td>135°</td><td>-0.7</td><td>-0.6</td><td>-0.5</td></tr><tr><td>150°</td><td>-0.6</td><td>-0.5</td><td>-0.4</td></tr><tr><td>165°</td><td>-0.6</td><td>-0.5</td><td>-0.4</td></tr><tr><td>180°</td><td>-0.6</td><td>-0.5</td><td>-0.4</td></tr></table>（b）整体计算时的体型系数<table><tr><td>$\mu_z w_0 d^2$</td><td>表面情况</td><td>$H/d \geqslant 25$</td><td>$H/d=7$</td><td>$H/d=1$</td></tr><tr><td rowspan="3">$\geqslant 0.015$</td><td>$\Delta \approx 0$</td><td>0.6</td><td>0.5</td><td>0.5</td></tr><tr><td>$\Delta = 0.02d$</td><td>0.9</td><td>0.8</td><td>0.7</td></tr><tr><td>$\Delta = 0.08d$</td><td>1.2</td><td>1.0</td><td>0.8</td></tr><tr><td>$\leqslant 0.002$</td><td></td><td>1.2</td><td>0.8</td><td>0.7</td></tr></table>	1 （a）项局部计算用表中的值适用于 $\mu_z w_0 d^2$ 大于 0.015 的表面光滑情况，其中 w_0 以 kN/m² 计，d 以 m 计。 2 （b）项整体计算用表中的中间值按线性插值法计算；Δ 为表面凸出高度
38	架空管道	（a）上下双管<table><tr><td>s/d</td><td>$\leqslant 0.25$</td><td>0.5</td><td>0.75</td><td>1.0</td><td>1.5</td><td>2.0</td><td>$\geqslant 3.0$</td></tr><tr><td>μ_s</td><td>+1.20</td><td>+0.90</td><td>+0.75</td><td>+0.70</td><td>+0.65</td><td>+0.63</td><td>+0.60</td></tr></table>（b）前后双管<table><tr><td>s/d</td><td>$\leqslant 0.25$</td><td>0.5</td><td>1.5</td><td>3.0</td><td>4.0</td><td>6.0</td><td>8.0</td><td>$\geqslant 10.0$</td></tr><tr><td>μ_s</td><td>+0.68</td><td>+0.86</td><td>+0.94</td><td>+0.99</td><td>+1.08</td><td>+1.11</td><td>+1.14</td><td>+1.20</td></tr></table>（c）密排多管 $\mu_s = +1.4$	1 本图适用于 $\mu_z w_0 d^2 \geqslant 0.015$ 的情况； 2 （b）项前后双管的 μ_s 值为前后两管之和，其中前管为 0.6； 3 （c）项密排多管的 μ_s 值为各管之总和

项次	类 别	体型及体型系数 μ_s	备 注
39	拉索	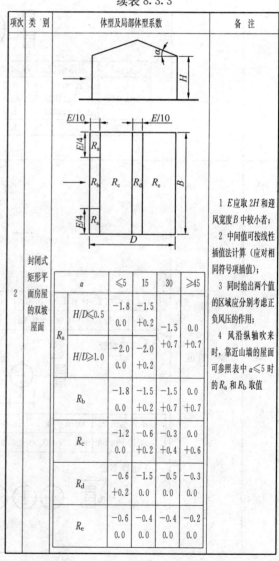 风荷载水平分量 w_x 的体型系数 μ_{sx} 及垂直分量 w_y 的体型系数 μ_{sy} 按下表采用:	—

α	μ_{sx}	μ_{sy}	α	μ_{sx}	μ_{sy}
0°	0.00	0.00	50°	0.60	0.40
10°	0.05	0.05	60°	0.85	0.40
20°	0.10	0.10	70°	1.10	0.30
30°	0.20	0.25	80°	1.20	0.20
40°	0.35	0.40	90°	1.25	0.00

8.3.2 当多个建筑物,特别是群集的高层建筑,相互间距较近时,宜考虑风力相互干扰的群体效应;一般可将单独建筑物的体型系数 μ_s 乘以相互干扰系数。相互干扰系数可按下列规定确定:

1 对矩形平面高层建筑,当单个施扰建筑与受扰建筑高度相近时,根据施扰建筑的位置,对顺风向风荷载可在 1.00~1.10 范围内选取,对横风向风荷载可在 1.00~1.20 范围内选取;

2 其他情况可比照类似条件的风洞试验资料确定,必要时宜通过风洞试验确定。

8.3.3 计算围护构件及其连接的风荷载时,可按下列规定采用局部体型系数 μ_{sl}:

1 封闭式矩形平面房屋的墙面及屋面可按表 8.3.3 的规定采用;

2 檐口、雨篷、遮阳板、边棱处的装饰条等突出构件,取 −2.0;

3 其他房屋和构筑物可按本规范第 8.3.1 条规定体型系数的 1.25 倍取值。

表 8.3.3 封闭式矩形平面房屋的局部体型系数

项次	类 别	体型及局部体型系数	备 注
1	封闭式矩形平面房屋的墙面	迎风面 1.0 侧面 S_a −1.4 S_b −1.0 背风面 −0.6	E 应取 $2H$ 和迎风宽度 B 中较小者

项次	类 别	体型及局部体型系数					备 注
2	封闭式矩形平面房屋的双坡屋面						1 E 应取 $2H$ 和迎风宽度 B 中较小者; 2 中间值可按线性插值法计算(应对相同符号项插值); 3 同时给出两个值的区域应分别考虑正负风压的作用; 4 风沿纵轴吹来时,靠近山墙的屋面可参照表中 $\alpha \leqslant 5$ 时的 R_a 和 R_b 取值
		α	≤5	15	30	≥45	
		R_a ($H/D \leqslant 0.5$)	−1.8 0.0	−1.5 +0.2	−1.5 +0.7	0.0 +0.7	
		R_a ($H/D \geqslant 1.0$)	−2.0 0.0	−2.0 +0.2			
		R_b	−1.8 0.0	−1.5 +0.2	−1.5 +0.7	0.0 +0.7	
		R_c	−1.2 0.0	−0.6 +0.2	−0.3 +0.4	0.0 +0.6	
		R_d	−0.6 +0.2	−1.5 0.0	−0.5 0.0	−0.3 0.0	
		R_e	−0.6 0.0	−0.4 0.0	−0.4 0.0	−0.2 0.0	

项次	类别	体型及局部体型系数	备 注
3	封闭式矩形平面房屋的单坡屋面	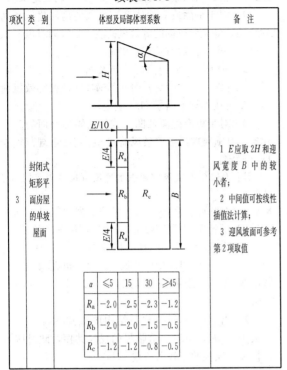	1 E 应取 $2H$ 和迎风宽度 B 中的较小者; 2 中间值可按线性插值法计算; 3 迎风坡面可参考第 2 项取值

α	$\leqslant 5$	15	30	$\geqslant 45$
R_a	−2.0	−2.5	−2.3	−1.2
R_b	−2.0	−2.0	−1.5	−0.5
R_c	−1.2	−1.2	−0.8	−0.5

8.3.4 计算非直接承受风荷载的围护构件风荷载时,局部体型系数 μ_{sl} 可按构件的从属面积折减,折减系数按下列规定采用:

1 当从属面积不大于 $1m^2$ 时,折减系数取 1.0;

2 当从属面积大于或等于 $25m^2$ 时,对墙面折减系数取 0.8,对局部体型系数绝对值大于 1.0 的屋面区域折减系数取 0.6,对其他屋面区域折减系数取 1.0;

3 当从属面积大于 $1m^2$ 小于 $25m^2$ 时,墙面和绝对值大于 1.0 的屋面局部体型系数可采用对数插值,即按下式计算局部体型系数:

$$\mu_{sl}(A)=\mu_{sl}(1)+[\mu_{sl}(25)-\mu_{sl}(1)]\log A/1.4 \tag{8.3.4}$$

8.3.5 计算围护构件风荷载时,建筑物内部压力的局部体型系数可按下列规定采用:

1 封闭式建筑物,按其外表面风压的正负情况取 −0.2 或 0.2;

2 仅一面墙有主导洞口的建筑物,按下列规定采用:

1) 当开洞率大于 0.02 且小于或等于 0.10 时,取 $0.4\mu_{sl}$;

2) 当开洞率大于 0.10 且小于或等于 0.30 时,取 $0.6\mu_{sl}$;

3) 当开洞率大于 0.30 时,取 $0.8\mu_{sl}$。

3 其他情况,应按开放式建筑物的 μ_{sl} 取值。

注:1 主导洞口的开洞率是指单个主导洞口面积与该墙面全部面积之比;

2 μ_{sl} 应取主导洞口对应位置的值。

8.3.6 建筑结构的风洞试验,其试验设备、试验方法和数据处理应符合相关规范的规定。

8.4 顺风向风振和风振系数

8.4.1 对于高度大于 30m 且高宽比大于 1.5 的房屋,以及基本自振周期 T_1 大于 0.25s 的各种高耸结构,应考虑风压脉动对结构产生顺风向风振的影响。顺风向风振响应应计算应按结构随机振动理论进行。对于符合本规范第 8.4.3 条规定的结构,可采用风振系数法计算其顺风向风荷载。

注:1 结构的自振周期应按结构动力学计算;近似的基本自振周期 T_1 可按附录 F 计算;

2 高层建筑顺风向风振加速度可按本规范附录 J 计算。

8.4.2 对于风敏感的或跨度大于 36m 的柔性屋盖结构,应考虑风压脉动对结构产生风振的影响。屋盖结构的风振响应,宜依据风洞试验结果按随机振动理论计算确定。

8.4.3 对于一般竖向悬臂型结构,例如高层建筑和构架、塔架、烟囱等高耸结构,均可仅考虑结构第一振型的影响,结构的顺风向风荷载可按公式(8.1.1-1)计算。z 高度处的风振系数 β_z 可按下式计算:

$$\beta_z=1+2gI_{10}B_z\sqrt{1+R^2} \tag{8.4.3}$$

式中:g ——峰值因子,可取 2.5;

I_{10} ——10m 高度名义湍流强度,对应 A、B、C 和 D 类地面粗糙度,可分别取 0.12、0.14、0.23 和 0.39;

R ——脉动风荷载的共振分量因子;

B_z ——脉动风荷载的背景分量因子。

8.4.4 脉动风荷载的共振分量因子可按下列公式计算:

$$R=\sqrt{\frac{\pi}{6\zeta_1}\frac{x_1^2}{(1+x_1^2)^{4/3}}} \tag{8.4.4-1}$$

$$x_1=\frac{30f_1}{\sqrt{k_w w_0}},x_1>5 \tag{8.4.4-2}$$

式中:f_1 ——结构第 1 阶自振频率(Hz);

k_w ——地面粗糙度修正系数,对 A 类、B 类、C 类和 D 类地面粗糙度分别取 1.28、1.0、0.54 和 0.26;

ζ_1 ——结构阻尼比,对钢结构可取 0.01,对有填充墙的钢结构房屋可取 0.02,对钢筋混凝土及砌体结构可取 0.05,对其他结构可根据工程经验确定。

8.4.5 脉动风荷载的背景分量因子可按下列规定确定:

1 对体型和质量沿高度均匀分布的高层建筑和高耸结构,可按下式计算:

$$B_z=kH^{a_1}\rho_x\rho_z\frac{\phi_1(z)}{\mu_z} \tag{8.4.5}$$

式中：$\phi_1(z)$——结构第1阶振型系数；

H——结构总高度（m），对 A、B、C 和 D 类地面粗糙度，H 的取值分别不应大于 300m、350m、450m 和 550m；

ρ_x——脉动风荷载水平方向相关系数；

ρ_z——脉动风荷载竖直方向相关系数；

k、a_1——系数，按表 8.4.5-1 取值。

表 8.4.5-1　系数 k 和 a_1

粗糙度类别		A	B	C	D
高层建筑	k	0.944	0.670	0.295	0.112
	a_1	0.155	0.187	0.261	0.346
高耸结构	k	1.276	0.910	0.404	0.155
	a_1	0.186	0.218	0.292	0.376

2 对迎风面和侧风面的宽度沿高度按直线或接近直线变化，而质量沿高度按连续规律变化的高耸结构，式（8.4.5）计算的背景分量因子 B_z 应乘以修正系数 θ_B 和 θ_v。θ_B 为构筑物在 z 高度处的迎风面宽度 $B(z)$ 与底部宽度 $B(0)$ 的比值；θ_v 可按表 8.4.5-2 确定。

表 8.4.5-2　修正系数 θ_v

$B(H)/B(0)$	1	0.9	0.8	0.7	0.6	0.5	0.4	0.3	0.2	$\leqslant 0.1$
θ_v	1.00	1.10	1.20	1.32	1.50	1.75	2.08	2.53	3.30	5.60

8.4.6 脉动风荷载的空间相关系数可按下列规定确定：

1 竖直方向的相关系数可按下式计算：

$$\rho_z = \frac{10\sqrt{H + 60e^{-H/60} - 60}}{H} \qquad (8.4.6-1)$$

式中：H——结构总高度（m）；对 A、B、C 和 D 类地面粗糙度，H 的取值分别不应大于 300m、350m、450m 和 550m。

2 水平方向相关系数可按下式计算：

$$\rho_x = \frac{10\sqrt{B + 50e^{-B/50} - 50}}{B} \qquad (8.4.6-2)$$

式中：B——结构迎风面宽度（m），$B \leqslant 2H$。

3 对迎风面宽度较小的高耸结构，水平方向相关系数可取 $\rho_x = 1$。

8.4.7 振型系数应根据结构动力计算确定。对外形、质量、刚度沿高度按连续规律变化的竖向悬臂型高耸结构及沿高度比较均匀的高层建筑，振型系数 $\phi_1(z)$ 也可根据相对高度 z/H 按本规范附录 G 确定。

8.5　横风向和扭转风振

8.5.1 对于横风向风振作用效应明显的高层建筑以及细长圆形截面构筑物，宜考虑横风向风振的影响。

8.5.2 横风向风振的等效风荷载可按下列规定采用：

1 对于平面或立面体型较复杂的高层建筑和高耸结构，横风向风振的等效风荷载 w_{Lk} 宜通过风洞试验确定，也可比照有关资料确定；

2 对于圆形截面高层建筑及构筑物，其由跨临界强风共振（旋涡脱落）引起的横风向风振等效风荷载 w_{Lk} 可按本规范附录 H.1 确定；

3 对于矩形截面及凹角或削角矩形截面的高层建筑，其横风向风振等效风荷载 w_{Lk} 可按本规范附录 H.2 确定。

注：高层建筑横风向风振加速度可按本规范附录 J 计算。

8.5.3 对圆形截面的结构，应按下列规定对不同雷诺数 Re 的情况进行横风向风振（旋涡脱落）的校核：

1 当 $Re < 3 \times 10^5$ 且结构顶部风速 v_H 大于 v_{cr} 时，可发生亚临界的微风共振。此时，可在构造上采取防振措施，或控制结构的临界风速 v_{cr} 不小于 15m/s。

2 当 $Re \geqslant 3.5 \times 10^6$ 且结构顶部风速 v_H 的 1.2 倍大于 v_{cr} 时，可发生跨临界的强风共振，此时应考虑横风向风振的等效风荷载。

3 当雷诺数为 $3 \times 10^5 \leqslant Re < 3.5 \times 10^6$ 时，则发生超临界范围的风振，可不作处理。

4 雷诺数 Re 可按下列公式确定：

$$Re = 69000vD \qquad (8.5.3-1)$$

式中：v——计算所用风速，可取临界风速值 v_{cr}；

D——结构截面的直径（m），当结构的截面沿高度缩小时（倾斜度不大于 0.02），可近似取 2/3 结构高度处的直径。

5 临界风速 v_{cr} 和结构顶部风速 v_H 可按下列公式确定：

$$v_{cr} = \frac{D}{T_i St} \qquad (8.5.3-2)$$

$$v_H = \sqrt{\frac{2000\mu_H w_0}{\rho}} \qquad (8.5.3-3)$$

式中：T_i——结构第 i 振型的自振周期，验算亚临界微风共振时取基本自振周期 T_1；

St——斯脱罗哈数，对圆截面结构取 0.2；

μ_H——结构顶部风压高度变化系数；

w_0——基本风压（kN/m²）；

ρ——空气密度（kg/m³）。

8.5.4 对于扭转风振作用效应明显的高层建筑及高耸结构，宜考虑扭转风振的影响。

8.5.5 扭转风振等效风荷载可按下列规定采用：

1 对于体型较复杂以及质量或刚度有显著偏心的高层建筑，扭转风振等效风荷载 w_{Tk} 宜通过风洞试验确定，也可比照有关资料确定；

2 对于质量和刚度较对称的矩形截面高层建筑，其扭转风振等效风荷载 w_{Tk} 可按本规范附录 H.3 确定。

8.5.6 顺风向风荷载、横风向风振及扭转风振等效风荷载宜按表8.5.6考虑风荷载组合工况。表8.5.6中的单位高度风力 F_{Dk}、F_{Lk} 及扭矩 T_{Tk} 标准值应按下列公式计算：

$$F_{Dk} = (w_{k1} - w_{k2})B \quad (8.5.6-1)$$

$$F_{Lk} = w_{Lk}B \quad (8.5.6-2)$$

$$T_{Tk} = w_{Tk}B^2 \quad (8.5.6-3)$$

式中：F_{Dk} ——顺风向单位高度风力标准值（kN/m）；

F_{Lk} ——横风向单位高度风力标准值（kN/m）；

T_{Tk} ——单位高度风致扭矩标准值（kN·m/m）；

w_{k1}、w_{k2} ——迎风面、背风面风荷载标准值（kN/m²）；

w_{Lk}、w_{Tk} ——横风向风振和扭转风振等效风荷载标准值（kN/m²）；

B ——迎风面宽度（m）。

表8.5.6 风荷载组合工况

工况	顺风向风荷载	横风向风振等效风荷载	扭转风振等效风荷载
1	F_{Dk}	—	—
2	$0.6F_{Dk}$	F_{Lk}	—
3	—	—	T_{Tk}

8.6 阵风系数

8.6.1 计算围护结构（包括门窗）风荷载时的阵风系数应按表8.6.1确定。

表8.6.1 阵风系数 β_{gz}

离地面高度 (m)	地面粗糙度类别 A	B	C	D
5	1.65	1.70	2.05	2.40
10	1.60	1.70	2.05	2.40
15	1.57	1.66	2.05	2.40
20	1.55	1.63	1.99	2.40
30	1.53	1.59	1.90	2.40
40	1.51	1.57	1.85	2.29
50	1.49	1.55	1.81	2.20
60	1.48	1.54	1.78	2.14
70	1.48	1.52	1.75	2.09
80	1.47	1.51	1.73	2.04
90	1.46	1.50	1.71	2.01
100	1.46	1.50	1.69	1.98
150	1.43	1.47	1.63	1.87
200	1.42	1.45	1.59	1.79
250	1.41	1.43	1.57	1.74
300	1.40	1.42	1.54	1.70
350	1.40	1.41	1.53	1.67
400	1.40	1.41	1.51	1.64
450	1.40	1.41	1.50	1.62
500	1.40	1.41	1.50	1.60
550	1.40	1.41	1.50	1.59

9 温 度 作 用

9.1 一 般 规 定

9.1.1 温度作用应考虑气温变化、太阳辐射及使用热源等因素，作用在结构或构件上的温度作用应采用其温度的变化来表示。

9.1.2 计算结构或构件的温度作用效应时，应采用材料的线膨胀系数 α_T。常用材料的线膨胀系数可按表9.1.2采用。

表9.1.2 常用材料的线膨胀系数 α_T

材 料	线膨胀系数 α_T（$\times 10^{-6}$/℃）
轻骨料混凝土	7
普通混凝土	10
砌体	6～10
钢，锻铁，铸铁	12
不锈钢	16
铝，铝合金	24

9.1.3 温度作用的组合值系数、频遇值系数和准永久值系数可分别取0.6、0.5和0.4。

9.2 基 本 气 温

9.2.1 基本气温可采用按本规范附录E规定的方法确定的50年重现期的月平均最高气温 T_{max} 和月平均最低气温 T_{min}。全国各城市的基本气温值可按本规范附录E中表E.5采用。当城市或建设地点的基本气温值在本规范附录E中没有给出时，基本气温值可根据当地气象台站记录的气温资料，按附录E规定的方法通过统计分析确定。当地没有气温资料时，可根据附近地区规定的基本气温，通过气象和地形条件的对比分析确定；也可比照本规范附录E中图E.6.4和图E.6.5近似确定。

9.2.2 对金属结构等对气温变化较敏感的结构，宜考虑极端气温的影响，基本气温 T_{max} 和 T_{min} 可根据当地气候条件适当增加或降低。

9.3 均 匀 温 度 作 用

9.3.1 均匀温度作用的标准值应按下列规定确定：

1 对结构最大温升的工况，均匀温度作用标准值按下式计算：

$$\Delta T_k = T_{s,max} - T_{0,min} \quad (9.3.1-1)$$

式中：ΔT_k ——均匀温度作用标准值（℃）；

$T_{s,max}$ ——结构最高平均温度（℃）；

$T_{0,min}$ ——结构最低初始平均温度（℃）。

2 对结构最大温降的工况，均匀温度作用标准值按下式计算：

$$\Delta T_k = T_{s,min} - T_{0,max} \qquad (9.3.1-2)$$

式中：$T_{s,min}$——结构最低平均温度（℃）；

　　　　$T_{0,max}$——结构最高初始平均温度（℃）。

9.3.2 结构最高平均温度 $T_{s,max}$ 和最低平均温度 $T_{s,min}$ 宜分别根据基本气温 T_{max} 和 T_{min} 按热工学的原理确定。对于有围护的室内结构，结构平均温度应考虑室内外温差的影响；对于暴露于室外的结构或施工期间的结构，宜依据结构的朝向和表面吸热性质考虑太阳辐射的影响。

9.3.3 结构的最高初始平均温度 $T_{0,max}$ 和最低初始平均温度 $T_{0,min}$ 应根据结构的合拢或形成约束的时间确定，或根据施工时结构可能出现的温度按不利情况确定。

10 偶 然 荷 载

10.1 一 般 规 定

10.1.1 偶然荷载应包括爆炸、撞击、火灾及其他偶然出现的灾害引起的荷载。本章规定仅适用于爆炸和撞击荷载。

10.1.2 当采用偶然荷载作为结构设计的主导荷载时，在允许结构出现局部构件破坏的情况下，应保证结构不致因偶然荷载引起连续倒塌。

10.1.3 偶然荷载的荷载设计值可直接取用按本章规定的方法确定的偶然荷载标准值。

10.2 爆 炸

10.2.1 由炸药、燃气、粉尘等引起的爆炸荷载宜按等效静力荷载采用。

10.2.2 在常规炸药爆炸动荷载作用下，结构构件的等效均布静力荷载标准值，可按下式计算：

$$q_{ce} = K_{dc} p_c \qquad (10.2.2)$$

式中：q_{ce}——作用在结构构件上的等效均布静力荷载标准值；

　　　　p_c——作用在结构构件上的均布动荷载最大压力，可按国家标准《人民防空地下室设计规范》GB 50038-2005 中第 4.3.2 条和第 4.3.3 条的有关规定采用；

　　　　K_{dc}——动力系数，根据构件在均布动荷载作用下的动力分析结果，按最大内力等效的原则确定。

注：其他原因引起的爆炸，可根据其等效 TNT 装药量，参考本条方法确定等效均布静力荷载。

10.2.3 对于具有通口板的房屋结构，当通口板面积 A_v 与爆炸空间体积 V 之比在 0.05~0.15 之间且体积 V 小于 $1000m^3$ 时，燃气爆炸的等效均布静力荷载 p_k 可按下列公式计算并取其较大值：

$$p_k = 3 + p_v \qquad (10.2.3-1)$$

$$p_k = 3 + 0.5 p_v + 0.04 \left(\frac{A_v}{V}\right)^2 \qquad (10.2.3-2)$$

式中：p_v——通口板（一般指窗口的平板玻璃）的额定破坏压力（kN/m^2）；

　　　　A_v——通口板面积（m^2）；

　　　　V——爆炸空间的体积（m^3）。

10.3 撞 击

10.3.1 电梯竖向撞击荷载标准值可在电梯总重力荷载的(4~6)倍范围内选取。

10.3.2 汽车的撞击荷载可按下列规定采用：

1 顺行方向的汽车撞击力标准值 P_k(kN) 可按下式计算：

$$P_k = \frac{mv}{t} \qquad (10.3.2)$$

式中：m——汽车质量（t），包括车自重和载重；

　　　　v——车速（m/s）；

　　　　t——撞击时间（s）。

2 撞击力计算参数 m、v、t 和荷载作用点位置宜按照实际情况采用；当无数据时，汽车质量可取 15t，车速可取 22.2m/s，撞击时间可取 1.0s，小型车和大型车的撞击力荷载作用点位置可分别取位于路面以上 0.5m 和 1.5m 处。

3 垂直行车方向的撞击力标准值可取顺行方向撞击力标准值的 0.5 倍，二者可不考虑同时作用。

10.3.3 直升飞机非正常着陆的撞击荷载可按下列规定采用：

1 竖向等效静力撞击力标准值 P_k(kN) 可按下式计算：

$$P_k = C\sqrt{m} \qquad (10.3.3)$$

式中：C——系数，取 $3kN \cdot kg^{-0.5}$；

　　　　m——直升飞机的质量（kg）。

2 竖向撞击力的作用范围宜包括停机坪内任何区域以及停机坪边缘线 7m 之内的屋顶结构。

3 竖向撞击力的作用区域宜取 2m×2m。

附录 A 常用材料和构件的自重

表 A 常用材料和构件的自重表

项次	名　称		自重	备　注
1	木材 (kN/m^3)	杉木	4.0	随含水率而不同
		冷杉、云杉、红松、华山松、樟子松、铁杉、拟赤杨、红椿、杨木、枫杨	4.0~5.0	随含水率而不同
		马尾松、云南松、油松、赤松、广东松、桤木、枫香、柳木、檫木、秦岭落叶松、新疆落叶松	5.0~6.0	随含水率而不同

项次	名称		自重	备注
1	木材 (kN/m³)	东北落叶松、陆均松、榆木、桦木、水曲柳、苦楝、木荷、臭椿	6.0～7.0	随含水率而不同
		锥木(栲木)、石栎、槐木、乌墨	7.0～8.0	随含水率而不同
		青冈栎(槠木)、栎木(柞木)、桉树、木麻黄	8.0～9.0	随含水率而不同
		普通木板条、椽檩木料	5.0	随含水率而不同
		锯末	2.0～2.5	加防腐剂时为3kN/m³
		木丝板	4.0～5.0	—
		软木板	2.5	—
		刨花板	6.0	—
2	胶合板材 (kN/m²)	胶合三夹板(杨木)	0.019	
		胶合三夹板(椴木)	0.022	
		胶合三夹板(水曲柳)	0.028	
		胶合五夹板(杨木)	0.030	
		胶合五夹板(椴木)	0.034	
		胶合五夹板(水曲柳)	0.040	
		甘蔗板(按10mm厚计)	0.030	常用厚度为13mm、15mm、19mm、25mm
		隔声板(按10mm厚计)	0.030	常用厚度为13mm、20mm
		木屑板(按10mm厚计)	0.120	常用厚度为6mm、10mm
3	金属矿产 (kN/m³)	锻铁	77.5	—
		铁矿渣	27.6	—
		赤铁矿	25.0～30.0	—
		钢	78.5	—
		紫铜、赤铜	89.0	—
		黄铜、青铜	85.0	—
		硫化铜矿	42.0	—
		铝	27.0	—
		铝合金	28.0	—
		锌	70.5	—
		亚锌矿	40.5	—
		铅	114.0	—
		方铅矿	74.5	—
		金	193.0	—
		白金	213.0	—
		银	105.0	—

项次	名称	自重	备注
3	锡	73.5	—
金属矿产 (kN/m³)	镍	89.0	—
	水银	136.0	—
	钨	189.0	—
	镁	18.5	—
	锑	66.6	—
	水晶	29.5	—
	硼砂	17.5	—
	硫矿	20.5	—
	石棉矿	24.6	—
	石棉	10.0	压实
	石棉	4.0	松散,含水量不大于15%
	石垩(高岭土)	22.0	—
	石膏矿	25.5	—
	石膏	13.0～14.5	粗块堆放 $\varphi=30°$ 细块堆放 $\varphi=40°$
	石膏粉	9.0	—
4	腐殖土	15.0～16.0	干,$\varphi=40°$;湿,$\varphi=35°$;很湿,$\varphi=25°$
土、砂、砂砾、岩石 (kN/m³)	黏土	13.5	干,松,空隙比为1.0
	黏土	16.0	干,$\varphi=40°$,压实
	黏土	18.0	湿,$\varphi=35°$,压实
	黏土	20.0	很湿,$\varphi=25°$,压实
	砂土	12.2	干,松
	砂土	16.0	干,$\varphi=35°$,压实
	砂土	18.0	湿,$\varphi=35°$,压实
	砂土	20.0	很湿,$\varphi=25°$,压实
	砂土	14.0	干,细砂
	砂土	17.0	干,粗砂
	卵石	16.0～18.0	干
	黏土夹卵石	17.0～18.0	干,松
	砂夹卵石	15.0～17.0	干,松
	砂夹卵石	16.0～19.2	干,压实
	砂夹卵石	18.9～19.2	湿
	浮石	6.0～8.0	干

项次	名　称		自重	备　注
4	土、砂、砂砾、岩石(kN/m³)	浮石填充料	4.0～6.0	—
		砂岩	23.6	—
		页岩	28.0	—
		页岩	14.8	片石堆置
		泥灰石	14.0	φ＝40°
		花岗岩、大理石	28.0	—
		花岗岩	15.4	片石堆置
		石灰石	26.4	—
		石灰石	15.2	片石堆置
		贝壳石灰岩	14.0	—
		白云石	16.0	片石堆置 φ＝48°
		滑石	27.1	—
		火石(燧石)	35.2	—
		云斑石	27.6	—
		玄武岩	29.5	—
		长石	25.5	—
		角闪石、绿石	30.0	—
		角闪石、绿石	17.1	片石堆置
		碎石子	14.0～15.0	堆置
		岩粉	16.0	黏土质或石灰质的
		多孔黏土	5.0～8.0	作填充料用，φ＝35°
		硅藻土填充料	4.0～6.0	—
		辉绿岩板	29.5	—
5	砖及砌块(kN/m³)	普通砖	18.0	240mm×115mm×53mm(684块/m³)
		普通砖	19.0	机器制
		缸砖	21.0～21.5	230mm×110mm×65mm(609块/m³)
		红缸砖	20.4	—
		耐火砖	19.0～22.0	230mm×110mm×65mm(609块/m³)
		耐酸瓷砖	23.0～25.0	230mm×113mm×65mm(590块/m³)
		灰砂砖	18.0	砂:白灰＝92:8
		煤渣砖	17.0～18.5	—
		矿渣砖	18.5	硬矿渣:烟灰:石灰＝75:15:10
		焦渣砖	12.0～14.0	—
		烟灰砖	14.0～15.0	炉渣:电石渣:烟灰＝30:40:30

项次	名　称		自重	备　注
5	砖及砌块(kN/m³)	黏土坯	12.0～15.0	—
		锯末砖	9.0	—
		焦渣空心砖	10.0	290mm×290mm×140mm(85块/m³)
		水泥空心砖	9.8	290mm×290mm×140mm(85块/m³)
		水泥空心砖	10.3	300mm×250mm×110mm(121块/m³)
		水泥空心砖	9.6	300mm×250mm×160mm(83块/m³)
		蒸压粉煤灰砖	14.0～16.0	干重度
		陶粒空心砌块	5.0	长600mm、400mm，宽150mm、250mm，高250mm，200mm
			6.0	390mm×290mm×190mm
		粉煤灰轻渣空心砌块	7.0～8.0	390mm×190mm×190mm，390mm×240mm×190mm
		蒸压粉煤灰加气混凝土砌块	5.5	—
		混凝土空心小砌块	11.8	390mm×190mm×190mm
		碎砖	12.0	堆置
		水泥花砖	19.8	200mm×200mm×24mm(1042块/m³)
		瓷面砖	17.8	150mm×150mm×8mm(5556块/m³)
		陶瓷马赛克	0.12kN/m²	厚5mm
6	石灰、水泥、灰浆及混凝土(kN/m³)	生石灰块	11.0	堆置，φ＝30°
		生石灰粉	12.0	堆置，φ＝35°
		熟石灰膏	13.5	—
		石灰砂浆、混合砂浆	17.0	—
		水泥石灰焦渣砂浆	14.0	—
		石灰炉渣	10.0～12.0	—
		水泥炉渣	12.0～14.0	—
		石灰焦渣砂浆	13.0	—
		灰土	17.5	石灰:土＝3:7，夯实
		稻草石灰泥	16.0	—
		纸筋石灰泥	16.0	—
		石灰锯末	3.4	石灰:锯末＝1:3
		石灰三合土	17.5	石灰、砂子、卵石
		水泥	12.5	轻质松散，φ＝20°
		水泥	14.5	散装，φ＝30°

项次	名称	自重	备注
6 石灰、水泥、灰泥及混凝土 (kN/m³)	水泥	16.0	袋装压实，$\varphi=40°$
	矿渣水泥	14.5	—
	水泥砂浆	20.0	—
	水泥蛭石砂浆	5.0~8.0	—
	石棉水泥浆	19.0	—
	膨胀珍珠岩砂浆	7.0~15.0	—
	石膏砂浆	12.0	—
	碎砖混凝土	18.5	—
	素混凝土	22.0~24.0	振捣或不振捣
	矿渣混凝土	20.0	—
	焦渣混凝土	16.0~17.0	承重用
	焦渣混凝土	10.0~14.0	填充用
	铁屑混凝土	28.0~65.0	—
	浮石混凝土	9.0~14.0	—
	沥青混凝土	20.0	—
	无砂大孔性混凝土	16.0~19.0	—
	泡沫混凝土	4.0~6.0	—
	加气混凝土	5.5~7.5	单块
	石灰粉煤灰加气混凝土	6.0~6.5	—
	钢筋混凝土	24.0~25.0	—
	碎砖钢筋混凝土	20.0	—
	钢丝网水泥	25.0	用于承重结构
	水玻璃耐酸混凝土	20.0~23.5	—
	粉煤灰陶砾混凝土	19.5	—
7 沥青、煤灰、油料 (kN/m³)	石油沥青	10.0~11.0	根据相对密度
	柏油	12.0	—
	煤沥青	13.4	—
	煤焦油	10.0	—
	无烟煤	15.5	整体
	无烟煤	9.5	块状堆放，$\varphi=30°$
	无烟煤	8.0	碎状堆放，$\varphi=35°$
	煤末	7.0	堆放，$\varphi=15°$
	煤球	10.0	堆放
	褐煤	12.5	—
	褐煤	7.0~8.0	堆放
	泥炭	7.5	—
	泥炭	3.2~3.4	堆放
	木炭	3.0~5.0	—
	煤焦	12.0	—

项次	名称	自重	备注
7 沥青、煤灰、油料 (kN/m³)	煤焦	7.0	堆放，$\varphi=45°$
	焦渣	10.0	—
	煤灰	6.5	—
	煤灰	8.0	压实
	石墨	20.8	—
	煤蜡	9.0	—
	油蜡	9.6	—
	原油	8.8	—
	煤油	8.0	—
	煤油	7.2	桶装，相对密度 0.82~0.89
	润滑油	7.4	—
	汽油	6.7	—
	汽油	6.4	桶装，相对密度 0.72~0.76
	动物油、植物油	9.3	—
	豆油	8.0	大铁桶装，每桶360kg
8 杂项 (kN/m³)	普通玻璃	25.6	—
	钢丝玻璃	26.0	—
	泡沫玻璃	3.0~5.0	—
	玻璃棉	0.5~1.0	作绝缘层填充料用
	岩棉	0.5~2.5	—
	沥青玻璃棉	0.8~1.0	导热系数 0.035~0.047[W/(m·K)]
	玻璃棉板(管套)	1.0~1.5	—
	玻璃钢	14.0~22.0	—
	矿渣棉	1.2~1.5	松散，导热系数 0.031~0.044[W/(m·K)]
	矿渣棉制品(板、砖、管)	3.5~4.0	导热系数 0.047~0.07[W/(m·K)]
	沥青矿渣棉	1.2~1.6	导热系数 0.041~0.052[W/(m·K)]
	膨胀珍珠岩粉料	0.8~2.5	干，松散，导热系数 0.052~0.076[W/(m·K)]
	水泥珍珠岩制品、憎水珍珠岩制品	3.5~4.0	强度 1N/m²；导热系数 0.058~0.081[W/(m·K)]
	膨胀蛭石	0.8~2.0	导热系数 0.052~0.07[W/(m·K)]
	沥青蛭石制品	3.5~4.5	导热系数 0.81~0.105[W/(m·K)]

项次	名称		自重	备注
8	杂项(kN/m³)	水泥蛭石制品	4.0~6.0	导热系数 0.093~0.14[W/(m·K)]
		聚氯乙烯板(管)	13.6~16.0	
		聚苯乙烯泡沫塑料	0.5	导热系数不大于 0.035[W/(m·K)]
		石棉板	13.0	含水率不大于 3%
		乳化沥青	9.8~10.5	—
		软性橡胶	9.30	
		白磷	18.30	
		松香	10.70	
		磁	24.00	
		酒精	7.85	100%纯
		酒精	6.60	桶装,相对密度 0.79~0.82
		盐酸	12.00	浓度 40%
		硝酸	15.10	浓度 91%
		硫酸	17.90	浓度 87%
		火碱	17.00	浓度 60%
		氯化铵	7.50	袋装堆放
		尿素	7.50	袋装堆放
		碳酸氢铵	8.00	袋装堆放
		水	10.00	温度 4℃密度最大时
		冰	8.96	—
		书籍	5.00	书架藏置
		道林纸	10.00	
		报纸	7.00	
		宣纸类	4.00	
		棉花、棉纱	4.00	压紧平均重量
		稻草	1.20	
		建筑碎料(建筑垃圾)	15.00	
9	食品(kN/m³)	稻谷	6.00	$\varphi = 35°$
		大米	8.50	散放
		豆类	7.50~8.00	$\varphi = 20°$
		豆类	6.80	袋装
		小麦	8.00	$\varphi = 25°$
		面粉	7.00	—
		玉米	7.80	$\varphi = 28°$
		小米、高粱	7.00	散装
		小米、高粱	6.00	袋装

项次	名称		自重	备注
9	食品(kN/m³)	芝麻	4.50	袋装
		鲜果	3.50	散装
		鲜果	3.00	箱装
		花生	2.00	袋装带壳
		罐头	4.50	箱装
		酒、酱、油、醋	4.00	成瓶箱装
		豆饼	9.00	圆饼放置,每块 28kg
		矿盐	10.0	成块
		盐	8.60	细粒散放
		盐	8.10	袋装
		砂糖	7.50	散装
		砂糖	7.00	袋装
10	砌体(kN/m³)	浆砌细方石	26.4	花岗石,方整石块
		浆砌细方石	25.6	石灰石
		浆砌细方石	22.4	砂岩
		浆砌毛方石	24.8	花岗石,上下面大致平整
		浆砌毛方石	24.0	石灰石
		浆砌毛方石	20.8	砂岩
		干砌毛石	20.8	花岗石,上下面大致平整
		干砌毛石	20.0	石灰石
		干砌毛石	17.6	砂岩
		浆砌普通砖	18.0	—
		浆砌机砖	19.0	
		浆砌缸砖	21.0	
		浆砌耐火砖	22.0	
		浆砌矿渣砖	21.0	
		浆砌焦渣砖	12.5~14.0	—
		土坯砖砌体	16.0	
		黏土砖空斗砌体	17.0	中填碎瓦砾,一眠一斗
		黏土砖空斗砌体	13.0	全斗
		黏土砖空斗砌体	12.5	不能承重
		黏土砖空斗砌体	15.0	能承重
		粉煤灰泡沫砌块砌体	8.0~8.5	粉煤灰:电石渣:废石膏=74:22:4
		三合土	17.0	灰:砂:土=1:1:9~1:1:4

项次	名 称		自重	备 注
11	隔墙与墙面 (kN/m²)	双面抹灰板条隔墙	0.9	每面抹灰厚16～24mm，龙骨在内
		单面抹灰板条隔墙	0.5	灰厚16～24mm，龙骨在内
		C形轻钢龙骨隔墙	0.27	两层12mm纸面石膏板，无保温层
			0.32	两层12mm纸面石膏板，中填岩棉保温板50mm
			0.38	三层12mm纸面石膏板，无保温层
			0.43	三层12mm纸面石膏板，中填岩棉保温板50mm
			0.49	四层12mm纸面石膏板，无保温层
			0.54	四层12mm纸面石膏板，中填岩棉保温板50mm
		贴瓷砖墙面	0.50	包括水泥砂浆打底，共厚25mm
		水泥粉刷墙面	0.36	20mm厚，水泥粗砂
		水磨石墙面	0.55	25mm厚，包括打底
		水刷石墙面	0.50	25mm厚，包括打底
		石灰粗砂粉刷	0.34	20mm厚
		剁假石墙面	0.50	25mm厚，包括打底
		外墙拉毛墙面	0.70	包括25mm水泥砂浆打底
12	屋架、门窗 (kN/m²)	木屋架	0.07＋0.007l	按屋面水平投影面积计算，跨度l以m计算
		钢屋架	0.12＋0.011l	无天窗，包括支撑，按屋面水平投影面积计算，跨度l以m计算
		木框玻璃窗	0.20～0.30	—
		钢框玻璃窗	0.40～0.45	—
		木门	0.10～0.20	—
		钢铁门	0.40～0.45	—

项次	名 称	自重	备 注
13	屋顶 (kN/m²) 黏土平瓦屋面	0.55	按实际面积计算，下同
	水泥平瓦屋面	0.50～0.55	—
	小青瓦屋面	0.90～1.10	—
	冷摊瓦屋面	0.50	—
	石板瓦屋面	0.46	厚6.3mm
	石板瓦屋面	0.71	厚9.5mm
	石板瓦屋面	0.96	厚12.1mm
	麦秸泥灰顶	0.16	以10mm厚计
	石棉板瓦	0.18	仅瓦自重
	波形石棉瓦	0.20	1820mm×725mm×8mm
	镀锌薄钢板	0.05	24号
	瓦楞铁	0.05	26号
	彩色钢板波形瓦	0.12～0.13	0.6mm厚彩色钢板
	拱形彩色钢板屋面	0.30	包括保温及灯具重0.15kN/m²
	有机玻璃屋面	0.06	厚1.0mm
	玻璃屋顶	0.30	9.5mm夹丝玻璃，框架自重在内
	玻璃砖顶	0.65	框架自重在内
	油毡防水层(包括改性沥青防水卷材)	0.05	一层油毡刷油两遍
		0.25～0.30	四层做法，一毡二油上铺小石子
		0.30～0.35	六层做法，二毡三油上铺小石子
		0.35～0.40	八层做法，三毡四油上铺小石子
	捷罗克防水层	0.10	厚8mm
	屋顶天窗	0.35～0.40	9.5mm夹丝玻璃，框架自重在内
14	顶棚 (kN/m²) 钢丝网抹灰吊顶	0.45	—
	麻刀灰板条顶棚	0.45	吊木在内，平均灰厚20mm
	砂子灰板条顶棚	0.55	吊木在内，平均灰厚25mm
	苇箔抹灰顶棚	0.48	吊顶龙骨在内
	松木板顶棚	0.25	吊木在内
	三夹板顶棚	0.18	吊木在内
	马粪纸顶棚	0.15	吊木及盖缝条在内
	木丝板吊顶棚	0.26	厚25mm，吊木及盖缝条在内

项次	名　称	自重	备　注
14	顶棚 (kN/m²)	木丝板吊顶棚	0.29	厚 30mm，吊木及盖缝条在内
		隔声纸板顶棚	0.17	厚 10mm，吊木及盖缝条在内
		隔声纸板顶棚	0.18	厚 13mm，吊木及盖缝条在内
		隔声纸板顶棚	0.20	厚 20mm，吊木及盖缝条在内
		V 形轻钢龙骨吊顶	0.12	一层 9mm 纸面石膏板，无保温层
			0.17	二层 9mm 纸面石膏板，有厚 50mm 的岩棉板保温层
			0.20	二层 9mm 纸面石膏板，无保温层
			0.25	二层 9mm 纸面石膏板，有厚 50mm 的岩棉板保温层
		V 形轻钢龙骨及铝合金龙骨吊顶	0.10~0.12	一层矿棉吸声板厚 15mm，无保温层
		顶棚上铺焦渣锯末绝缘层	0.20	厚 50mm 焦渣、锯末按 1:5 混合
15	地面 (kN/m²)	地板格栅	0.20	仅格栅自重
		硬木地板	0.20	厚 25mm，剪刀撑、钉子等自重在内，不包括格栅自重
		松木地板	0.18	—
		小瓷砖地面	0.55	包括水泥粗砂打底
		水泥花砖地面	0.60	砖厚 25mm，包括水泥粗砂打底
		水磨石地面	0.65	10mm 面层，20mm 水泥砂浆打底
		油地毡	0.02~0.03	油地纸，地板表面用
		木块地面	0.70	加防腐油膏铺砌厚 76mm
		菱苦土地面	0.28	厚 20mm
		铸铁地面	4.00~5.00	60mm 碎石垫层，60mm 面层
		缸砖地面	1.70~2.10	60mm 砂垫层，53mm 棉层，平铺
		缸砖地面	3.30	60mm 砂垫层，115mm 棉层，侧铺
		黑砖地面	1.50	砂垫层，平铺

项次	名　称	自重	备　注
16	建筑用压型钢板 (kN/m²)	单波型 V-300(S-30)	0.120	波高 173mm，板厚 0.8mm
		双波型 W-500	0.110	波高 130mm，板厚 0.8mm
		三波型 V-200	0.135	波高 70mm，板厚 1mm
		多波型 V-125	0.065	波高 35mm，板厚 0.6mm
		多波型 V-115	0.079	波高 35mm，板厚 0.6mm
17	建筑墙板 (kN/m²)	彩色钢板金属幕墙板	0.11	两层，彩色钢板厚 0.6mm，聚苯乙烯芯材厚 25mm
		金属绝热材料(聚氨酯)复合板	0.14	板厚 40mm，钢板厚 0.6mm
			0.15	板厚 60mm，钢板厚 0.6mm
			0.16	板厚 80mm，钢板厚 0.6mm
		彩色钢板夹聚苯乙烯保温板	0.12~0.15	两层，彩色钢板厚 0.6mm，聚苯乙烯芯材板厚(50~250)mm
		彩色钢板岩棉夹心板	0.24	板厚 100mm，两层彩色钢板，Z 型龙骨岩棉芯材
			0.25	板厚 120mm，两层彩色钢板，Z 型龙骨岩棉芯材
		GRC 增强水泥聚苯复合保温板	1.13	—
		GRC 空心隔墙板	0.30	长(2400~2800)mm，宽 600mm，厚 60mm
		GRC 内隔墙板	0.35	长(2400~2800)mm，宽 600mm，厚 60mm
		轻质 GRC 保温板	0.14	3000mm×600mm×60mm
		轻质 GRC 空心隔墙板	0.17	3000mm×600mm×60mm
		轻质大型墙板(太空板系列)	0.70~0.90	6000mm×1500mm×120mm，高强水泥发泡芯材

续表 A

项次	名 称			自重	备 注
17	建筑墙板（kN/m²）	轻质条型墙板（太空板系列）	厚度 80mm	0.40	标准规格 3000mm×1000(1200、1500)mm 高强水泥发泡
			厚度 100mm	0.45	芯材，按不同檩距及荷载配有不同钢骨架及冷拔钢丝网
			厚度 120mm	0.50	
		GRC 墙板		0.11	厚 10mm
		钢丝网岩棉夹芯复合板（GY 板）		1.10	岩棉芯材厚 50mm，双面钢丝网水泥砂浆各厚 25mm
		硅酸钙板		0.08	板厚 6mm
				0.10	板厚 8mm
				0.12	板厚 10mm
		泰柏板		0.95	板厚 10mm，钢丝网片夹聚苯乙烯保温层，每面抹水泥砂浆层 20mm
		蜂窝复合板		0.14	厚 75mm
		石膏珍珠岩空心条板		0.45	长(2500～3000)mm，宽 600mm，厚 60mm
		加强型水泥石膏聚苯保温板		0.17	3000mm×600mm×60mm
		玻璃幕墙		1.00～1.50	一般可按单位面积玻璃自重增大 20%～30%采用

附录 B 消防车活荷载考虑覆土厚度影响的折减系数

B.0.1 当考虑覆土对楼面消防车活荷载的影响时，可对楼面消防车活荷载标准值进行折减，折减系数可按表 B.0.1、表 B.0.2 采用。

表 B.0.1 单向板楼盖楼面消防车活荷载折减系数

折算覆土厚度 $\bar{s}$（m）	楼板跨度（m）		
	2	3	4
0	1.00	1.00	1.00
0.5	0.94	0.94	0.94
1.0	0.88	0.88	0.88
1.5	0.82	0.80	0.81
2.0	0.70	0.70	0.71
2.5	0.56	0.60	0.62
3.0	0.46	0.51	0.54

表 B.0.2 双向板楼盖楼面消防车活荷载折减系数

折算覆土厚度 $\bar{s}$（m）	楼板跨度（m）			
	3×3	4×4	5×5	6×6
0	1.00	1.00	1.00	1.00
0.5	0.95	0.96	0.99	1.00
1.0	0.88	0.93	0.98	1.00
1.5	0.79	0.83	0.93	1.00
2.0	0.67	0.72	0.81	0.92
2.5	0.57	0.62	0.70	0.81
3.0	0.48	0.54	0.61	0.71

B.0.2 板顶折算覆土厚度 $\bar{s}$ 应按下式计算：

$$\bar{s} = 1.43s\tan\theta \qquad (B.0.2)$$

式中：s——覆土厚度（m）；

θ——覆土应力扩散角，不大于 45°。

附录 C 楼面等效均布活荷载的确定方法

C.0.1 楼面（板、次梁及主梁）的等效均布活荷载，应在其设计控制部位上，根据需要按内力、变形及裂缝的等值要求来确定。在一般情况下，可仅按内力的等值来确定。

C.0.2 连续梁、板的等效均布活荷载，可按单跨简支计算。但计算内力时，仍应按连续考虑。

C.0.3 由于生产、检修、安装工艺以及结构布置的不同，楼面活荷载差别较大时，应划分区域分别确定等效均布活荷载。

C.0.4 单向板上局部荷载（包括集中荷载）的等效均布活荷载可按下列规定计算：

1 等效均布活荷载 q_e 可按下式计算：

$$q_e = \frac{8M_{max}}{bl^2} \qquad (C.0.4-1)$$

式中：l——板的跨度；

b——板上荷载的有效分布宽度，按本附录 C.0.5 确定；

M_{max}——简支单向板的绝对最大弯矩，按设备的最不利布置确定。

2 计算 M_{max} 时，设备荷载应乘以动力系数，并扣去设备在该板跨内所占面积上由操作荷载引起的弯矩。

C.0.5 单向板上局部荷载的有效分布宽度 b，可按下列规定计算：

1 当局部荷载作用面的长边平行于板跨时，简支板上荷载的有效分布宽度 b 为（图 C.0.5-1）：

当 $b_{cx} \geq b_{cy}$，$b_{cy} \leq 0.6l$，$b_{cx} \leq l$ 时：

$$b = b_{cy} + 0.7l \qquad (C.0.5-1)$$

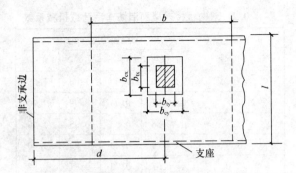

图 C.0.5-1 简支板上局部荷载的有效分布宽度
（荷载作用面的长边平行于板跨）

当 $b_{cx} \geqslant b_{cy}$，$0.6l < b_{cy} \leqslant l$，$b_{cx} \leqslant l$ 时：

$$b = 0.6b_{cy} + 0.94l \qquad (C.0.5-2)$$

2 当荷载作用面的长边垂直于板跨时，简支板上荷载的有效分布宽度 b 按下列规定确定（图 C.0.5-2）：

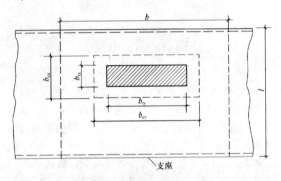

图 C.0.5-2 简支板上局部荷载的有效分布宽度
（荷载作用面的长边垂直于板跨）

1) 当 $b_{cx} < b_{cy}$，$b_{cy} \leqslant 2.2l$，$b_{cx} \leqslant l$ 时：

$$b = \frac{2}{3}b_{cy} + 0.73l \qquad (C.0.5-3)$$

2) 当 $b_{cx} < b_{cy}$，$b_{cy} > 2.2l$，$b_{cx} \leqslant l$ 时：

$$b = b_{cy} \qquad (C.0.5-4)$$

式中：l——板的跨度；

b_{cx}、b_{cy}——荷载作用面平行和垂直于板跨的计算宽度，分别取 $b_{cx} = b_{tx} + 2s + h$，$b_{cy} = b_{ty} + 2s + h$。其中 b_{tx} 为荷载作用面平行于板跨的宽度，b_{ty} 为荷载作用面垂直于板跨的宽度，s 为垫层厚度，h 为板的厚度。

3 当局部荷载作用在板的非支承边附近，即 $d < \frac{b}{2}$ 时（图 C.0.5-1），荷载的有效分布宽度应予折减，可按下式计算：

$$b' = \frac{b}{2} + d \qquad (C.0.5-5)$$

式中：b'——折减后的有效分布宽度；

d——荷载作用面中心至非支承边的距离。

4 当两个局部荷载相邻且 $e < b$ 时（图 C.0.5-3），荷载的有效分布宽度应予折减，可按下式计算：

$$b' = \frac{b}{2} + \frac{e}{2} \qquad (C.0.5-6)$$

式中：e——相邻两个局部荷载的中心间距。

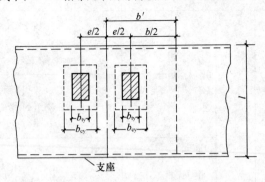

图 C.0.5-3 相邻两个局部荷载的有效分布宽度

5 悬臂板上局部荷载的有效分布宽度（图 C.0.5-4）按下式计算：

$$b = b_{cy} + 2x \qquad (C.0.5-7)$$

式中：x——局部荷载作用面中心至支座的距离。

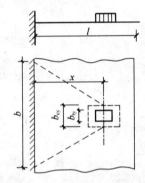

图 C.0.5-4 悬臂板上局部荷载的有效分布宽度

C.0.6 双向板的等效均布荷载可按与单向板相同的原则，按四边简支板的绝对最大弯矩等值来确定。

C.0.7 次梁（包括槽形板的纵肋）上的局部荷载应按下列规定确定等效均布活荷载：

1 等效均布活荷载应取按弯矩和剪力等效的均布活荷载中的较大者，按弯矩和剪力等效的均布活荷载分别按下列公式计算：

$$q_{eM} = \frac{8M_{max}}{sl^2} \qquad (C.0.7-1)$$

$$q_{eV} = \frac{2V_{max}}{sl} \qquad (C.0.7-2)$$

式中：s——次梁间距；

l——次梁跨度；

M_{max}、V_{max}——简支次梁的绝对最大弯矩与最大剪力，按设备的最不利布置确定。

2 按简支梁计算 M_{max} 与 V_{max} 时，除了直接传给次梁的局部荷载外，还应考虑邻近板面传来的活荷载（其中设备荷载应考虑动力影响，并扣除设备所占面积上的操作荷载），以及两侧相邻次梁卸荷作用。

C.0.8 当荷载分布比较均匀时，主梁上的等效均布活荷载可由全部荷载总和除以全部受荷面积求得。

C.0.9 柱、基础上的等效均布活荷载，在一般情况下，可取与主梁相同。

附录 D 工业建筑楼面活荷载

D.0.1 一般金工车间、仪器仪表生产车间、半导体器件车间、棉纺织车间、轮胎厂准备车间和粮食加工车间的楼面等效均布活荷载，可按表 D.0.1-1～表 D.0.1-6 采用。

表 D.0.1-1　金工车间楼面均布活荷载

序号	项目	标准值（kN/m²）					组合值系数 ψ_c	频遇值系数 ψ_f	准永久值系数 ψ_q	代表性机床型号
		板		次梁（肋）		主梁				
		板跨 ≥1.2m	板跨 ≥2.0m	梁间距 ≥1.2m	梁间距 ≥2.0m					
1	一类金工	22.0	14.0	14.0	10.0	9.0	1.00	0.95	0.85	CW6180、X53K、X63W、B690、M1080、Z35A

续表 D.0.1-1

序号	项目	标准值（kN/m²）					组合值系数 ψ_c	频遇值系数 ψ_f	准永久值系数 ψ_q	代表性机床型号
		板		次梁（肋）		主梁				
		板跨 ≥1.2m	板跨 ≥2.0m	梁间距 ≥1.2m	梁间距 ≥2.0m					
2	二类金工	18.0	12.0	12.0	9.0	8.0	1.00	0.95	0.85	C6163、X52K、X62W、B6090、M1050A、Z3040
3	三类金工	16.0	10.0	10.0	8.0	7.0	1.00	0.95	0.85	C6140、X51K、X61W、B6050、M1040、Z3025
4	四类金工	12.0	8.0	8.0	6.0	5.0	1.00	0.95	0.85	C6132、X50A、X60W、B635-1、M1010、Z32K

注：1 表列荷载适用于单向支承的现浇梁板及预制槽形板等楼面结构，对于槽形板，表列板跨系指槽形板纵肋间距。
　　2 表列荷载不包括隔墙和吊顶自重。
　　3 表列荷载考虑了安装、检修和正常使用情况下的设备（包括动力影响）和操作荷载。
　　4 设计墙、柱、基础时，表列楼面活荷载可采用与设计主梁相同的荷载。

表 D.0.1-2　仪器仪表生产车间楼面均布活荷载

序号	车间名称		标准值（kN/m²）				组合值系数 ψ_c	频遇值系数 ψ_f	准永久值系数 ψ_q	附注
			板		次梁（肋）	主梁				
			板跨 ≥1.2m	板跨 ≥2.0m						
1	光学车间	光学加工	7.0	5.0	5.0	4.0	0.80	0.80	0.70	代表性设备 H015 研磨机、ZD-450 型及 GZD300 型镀膜机、Q8312 型透镜抛光机
2		较大型光学仪器装配	7.0	5.0	5.0	4.0	0.80	0.80	0.70	代表性设备 C0502A 精整车床，万能工具显微镜
3		一般光学仪器装配	4.0	4.0	4.0	3.0	0.70	0.70	0.60	产品在桌面上装配
4	较大型光学仪器装配		7.0	5.0	5.0	4.0	0.80	0.80	0.70	产品在楼面上装配
5	一般光学仪器装配		4.0	4.0	4.0	3.0	0.70	0.70	0.60	产品在桌面上装配
6	小模数齿轮加工，晶体元件（宝石）加工		7.0	5.0	5.0	4.0	0.80	0.80	0.70	代表性设备 YM3680 滚齿机，宝石平面磨床
7	车间仓库	一般仪器仓库	4.0	4.0	4.0	3.0	1.0	0.95	0.85	—
		较大型仪器仓库	7.0	7.0	7.0	6.0	1.0	0.95	0.85	—

注：见表 D.0.1-1 注。

表 D.0.1-3　半导体器件车间楼面均布活荷载

序号	车间名称	标准值（kN/m²）					组合值系数 ψ_c	频遇值系数 ψ_f	准永久值系数 ψ_q	代表性设备单件自重（kN）
		板		次梁（肋）		主梁				
		板跨 ≥1.2m	板跨 ≥2.0m	梁间距 ≥1.2m	梁间距 ≥2.0m					
1	半导体器件车间	10.0	8.0	8.0	6.0	5.0	1.0	0.95	0.85	14.0～18.0
2		8.0	6.0	6.0	5.0	4.0	1.0	0.95	0.85	9.0～12.0
3		6.0	5.0	5.0	4.0	3.0	1.0	0.95	0.85	4.0～8.0
4		4.0	4.0	3.0	3.0	3.0	1.0	0.95	0.85	≤3.0

注：见表 D.0.1-1 注。

表 D.0.1-4　棉纺织造车间楼面均布活荷载

序号	车间名称		标准值（kN/m²）				组合值系数 ψ_c	频遇值系数 ψ_f	准永久值系数 ψ_q	代表性设备
			板		次梁（肋）		主梁				
			板跨≥1.2m	板跨≥2.0m	梁间距≥1.2m	梁间距≥2.0m					
1	梳棉间		12.0	8.0	10.0	7.0	5.0	0.8	0.8	0.7	FA201，203
			15.0	10.0	12.0	8.0					FA221A
2	粗纱间		8.0 (15.0)	6.0 (10.0)	6.0 (8.0)	5.0	4.0				FA401，415A，421TJEA458A
3	细纱间络筒间		6.0 (10.0)	5.0	5.0	5.0	4.0				FA705，506，507A GA013，015ESPERO
4	捻线间整经间		8.0	6.0	6.0	5.0	4.0	0.8	0.8	0.7	FAT05，721，762 ZC-L-180 D3-1000-180
5	织布间	有梭织机	12.5	6.5	6.5	5.5	4.4				GA615-150 GA615-180
		剑杆织机	18.0	9.0	10.0	6	4.5				GA731-190，733-190 TP600-200 SOMET-190

注：括号内的数值仅用于粗纱机机头部位局部楼面。

表 D.0.1-5　轮胎厂准备车间楼面均布活荷载

序号	车间名称	标准值（kN/m²）				组合值系数 ψ_c	频遇值系数 ψ_f	准永久值系数 ψ_q	代表性设备
		板		次梁（肋）	主梁				
		板跨≥1.2m	板跨≥2.0m						
1	准备车间	14.0	14.0	12.0	10.0	1.0	0.95	0.85	炭黑加工投料
2		10.0	8.0	8.0	6.0	1.0	0.95	0.85	化工原料加工配合、密炼机炼胶

注：1　密炼机检修用的电葫芦荷载未计入，设计时应另行考虑。
　　2　炭黑加工投料活荷载系考虑兼作炭黑仓库使用的情况，若不兼作仓库时，上述荷载应予降低。
　　3　见表 D.0.1-1 注。

表 D.0.1-6　粮食加工车间楼面均布活荷载

序号	车间名称		标准值（kN/m²）							组合值系数 ψ_c	频遇值系数 ψ_f	准永久值系数 ψ_q	代表性设备
			板			次梁			主梁				
			板跨≥2.0m	板跨≥2.5m	板跨≥3.0m	梁间距≥2.0m	梁间距≥2.5m	梁间距≥3.0m					
1	拉丝车间		14.0	12.0	12.0	12.0	12.0	12.0	12.0				JMN10 拉丝机
2	磨子间		12.0	10.0	9.0	10.0	9.0	8.0	9.0				MF011 磨粉机
3	面粉厂	麦间及制粉车间	5.0	5.0	4.0	5.0	4.0	4.0	4.0				SX011 振动筛 GF031 擦麦机 GF011 打麦机
4		吊平筛的顶层	2.0	2.0	2.0	6.0	6.0	6.0	6.0	1.0	0.95	0.85	SL011 平筛
5		洗麦车间	14.0	12.0	10.0	12.0	10.0	9.0	9.0				洗麦机
6	米厂	砻谷机及碾米车间	7.0	6.0	5.0	5.0	4.0	4.0	4.0				LG309 胶辊砻谷机
7		清理车间	4.0	3.0	3.0	4.0	3.0	3.0	3.0				组合清理筛

注：1　当拉丝车间不可能满布磨辊时，主梁活荷载可按 10kN/m² 采用。
　　2　吊平筛的顶层荷载系按设备吊在梁下考虑的。
　　3　米厂清理车间采用 SX011 振动筛时，等效均布活荷载可按面粉厂麦间的规定采用。
　　4　见表 D.0.1-1 注。

附录 E 基本雪压、风压和温度的确定方法

E.1 基 本 雪 压

E.1.1 在确定雪压时，观察场地应符合下列规定：

1 观察场地周围的地形为空旷平坦；

2 积雪的分布保持均匀；

3 设计项目地点应在观察场地的地形范围内，或它们具有相同的地形；

4 对于积雪局部变异特别大的地区，以及高原地形的山区，应予以专门调查和特殊处理。

E.1.2 雪压样本数据应符合下列规定：

1 雪压样本数据应采用单位水平面积上的雪重（kN/m²）；

2 当气象台站有雪压记录时，应直接采用雪压数据计算基本雪压；当无雪压记录时，可采用积雪深度和密度按下式计算雪压 s：

$$s = h\rho g \qquad (E.1.2)$$

式中：h——积雪深度，指从积雪表面到地面的垂直深度（m）；

ρ——积雪密度（t/m³）；

g——重力加速度，9.8m/s²。

3 雪密度随积雪深度、积雪时间和当地的地理气候条件等因素的变化有较大幅度的变异，对于无雪压直接记录的台站，可按地区的平均雪密度计算雪压。

E.1.3 历年最大雪压数据按每年7月份到次年6月份间的最大雪压采用。

E.1.4 基本雪压按 E.3 中规定的方法进行统计计算，重现期应取 50 年。

E.2 基 本 风 压

E.2.1 在确定风压时，观察场地应符合下列规定：

1 观测场地及周围应为空旷平坦的地形；

2 能反映本地区较大范围内的气象特点，避免局部地形和环境的影响。

E.2.2 风速观测数据资料应符合下述要求：

1 应采用自记式风速仪记录的 10min 平均风速资料，对于以往非自记的定时观测资料，应通过适当修正后加以采用。

2 风速仪标准高度应为 10m；当观测的风速仪高度与标准高度相差较大时，可按下式换算到标准高度的风速 v：

$$v = v_z \left(\frac{10}{z}\right)^\alpha \qquad (E.2.2)$$

式中：z——风速仪实际高度（m）；

v_z——风速仪观测风速（m/s）；

α——空旷平坦地区地面粗糙度指数，取 0.15。

3 使用风杯式测风仪时，必须考虑空气密度受温度、气压影响的修正。

E.2.3 选取年最大风速数据时，一般应有 25 年以上的风速资料；当无法满足时，风速资料不宜少于 10 年。观测数据应考虑其均一性，对不均一数据应结合周边气象站状况等作合理性订正。

E.2.4 基本风压应按下列规定确定：

1 基本风压 w_0 应根据基本风速按下式计算：

$$w_0 = \frac{1}{2}\rho v_0^2 \qquad (E.2.4-1)$$

式中：v_0——基本风速；

ρ——空气密度（t/m³）。

2 基本风速 v_0 应按本规范附录 E.3 中规定的方法进行统计计算，重现期应取 50 年。

3 空气密度 ρ 可按下列规定采用：

1）空气密度 ρ 可按下式计算：

$$\rho = \frac{0.001276}{1 + 0.00366t}\left(\frac{p - 0.378p_{vap}}{100000}\right) \qquad (E.2.4-2)$$

式中：t——空气温度（℃）；

p——气压（Pa）；

p_{vap}——水汽压（Pa）。

2）空气密度 ρ 也可根据所在地的海拔高度按下式近似估算：

$$\rho = 0.00125e^{-0.0001z} \qquad (E.2.4-3)$$

式中 z——海拔高度（m）。

E.3 雪压和风速的统计计算

E.3.1 雪压和风速的统计样本均应采用年最大值，并采用极值Ⅰ型的概率分布，其分布函数应为：

$$F(x) = \exp\{-\exp[-\alpha(x-u)]\} \qquad (E.3.1-1)$$

$$\alpha = \frac{1.28255}{\sigma} \qquad (E.3.1-2)$$

$$u = \mu - \frac{0.57722}{\alpha} \qquad (E.3.1-3)$$

式中：x——年最大雪压或年最大风速样本；

u——分布的位置参数，即其分布的众值；

α——分布的尺度参数；

σ——样本的标准差；

μ——样本的平均值。

E.3.2 当由有限样本 n 的均值 $\bar{x}$ 和标准差 σ_1 作为 μ 和 σ 的近似估计时，分布参数 u 和 α 应按下列公式计算：

$$\alpha = \frac{C_1}{\sigma_1} \qquad (E.3.2-1)$$

$$u = \bar{x} - \frac{C_2}{\alpha} \qquad (E.3.2-2)$$

式中：C_1、C_2——系数，按表 E.3.2 采用。

表 E.3.2　系数 C_1 和 C_2

n	C_1	C_2	n	C_1	C_2
10	0.9497	0.4952	60	1.17465	0.55208
15	1.02057	0.5182	70	1.18536	0.55477
20	1.06283	0.52355	80	1.19385	0.55688
25	1.09145	0.53086	90	1.20649	0.5586
30	1.11238	0.53622	100	1.20649	0.56002
35	1.12847	0.54034	250	1.24292	0.56878
40	1.14132	0.54362	500	1.2588	0.57240
45	1.15185	0.54630	1000	1.26851	0.57450
50	1.16066	0.54853	∞	1.28255	0.57722

E.3.3　重现期为 R 的最大雪压和最大风速 x_R 可按下式确定：

$$x_R = u - \frac{1}{\alpha} \ln \left[\ln \left(\frac{R}{R-1} \right) \right] \quad (E.3.3)$$

E.3.4　全国各城市重现期为 10 年、50 年和 100 年的雪压和风压值可按表 E.5 采用，其他重现期 R 的相应值可根据 10 年和 100 年的雪压和风压值按下式确定：

$$x_R = x_{10} + (x_{100} - x_{10})(\ln R / \ln 10 - 1)$$

$$(E.3.4)$$

E.4　基 本 气 温

E.4.1　气温是指在气象台站标准百叶箱内测量所得按小时定时记录的温度。

E.4.2　基本气温根据当地气象台站历年记录所得的最高温度月的月平均最高气温值和最低温度月的月平均最低气温值资料，经统计分析确定。月平均最高气温和月平均最低气温可假定其服从极值 I 型分布，基本气温取极值分布中平均重现期为 50 年的值。

E.4.3　统计分析基本气温时，选取的月平均最高气温和月平均最低气温资料一般应取最近 30 年的数据；当无法满足时，不宜少于 10 年的资料。

E.5　全国各城市的雪压、风压和基本气温

表 E.5　全国各城市的雪压、风压和基本气温

省市名	城 市 名	海拔高度(m)	风压(kN/m²)			雪压(kN/m²)			基本气温(℃)		雪荷载准永久值系数分区
			$R=10$	$R=50$	$R=100$	$R=10$	$R=50$	$R=100$	最低	最高	
北京	北京市	54.0	0.30	0.45	0.50	0.25	0.40	0.45	−13	36	Ⅱ
天津	天津市	3.3	0.30	0.50	0.60	0.25	0.40	0.45	−12	35	Ⅱ
	塘沽	3.2	0.40	0.55	0.65	0.20	0.35	0.40	−12	35	Ⅱ
上海	上海市	2.8	0.40	0.55	0.60	0.10	0.20	0.25	−4	36	Ⅲ
重庆	重庆市	259.1	0.25	0.40	0.45	—	—	—	1	37	
	奉节	607.3	0.25	0.35	0.45	0.20	0.35	0.40	−1	35	Ⅲ
	梁平	454.6	0.20	0.30	0.35	—	—	—	−1	36	
	万州	186.7	0.20	0.35	0.45	—	—	—	0	38	
	涪陵	273.5	0.20	0.30	0.35	—	—	—	1	37	
	金佛山	1905.9	—	—	—	0.35	0.50	0.60	−10	25	Ⅱ
河北	石家庄市	80.5	0.25	0.35	0.40	0.20	0.30	0.35	−11	36	Ⅱ
	蔚县	909.5	0.20	0.30	0.35	0.20	0.30	0.35	−24	33	Ⅱ
	邢台市	76.8	0.20	0.30	0.35	0.25	0.35	0.40	−10	36	Ⅱ
	丰宁	659.7	0.30	0.40	0.45	0.15	0.25	0.30	−22	33	Ⅱ
	围场	842.8	0.35	0.45	0.50	0.20	0.30	0.35	−23	32	Ⅱ
	张家口市	724.2	0.35	0.55	0.60	0.15	0.25	0.30	−18	34	Ⅱ
	怀来	536.8	0.25	0.35	0.40	0.15	0.20	0.25	−17	35	Ⅱ

续表 E.5

省市名	城市名	海拔高度(m)	风压(kN/m²)			雪压(kN/m²)			基本气温(℃)		雪荷载准永久值系数分区
			R=10	R=50	R=100	R=10	R=50	R=100	最低	最高	
河北	承德市	377.2	0.30	0.40	0.45	0.20	0.30	0.35	−19	35	Ⅱ
	遵化	54.9	0.30	0.40	0.45	0.25	0.40	0.50	−18	35	Ⅱ
	青龙	227.2	0.25	0.30	0.35	0.25	0.40	0.45	−19	34	Ⅱ
	秦皇岛市	2.1	0.35	0.45	0.50	0.15	0.25	0.30	−15	33	Ⅱ
	霸县	9.0	0.25	0.40	0.45	0.20	0.30	0.35	−14	36	Ⅱ
	唐山市	27.8	0.30	0.40	0.45	0.25	0.35	0.40	−15	35	Ⅱ
	乐亭	10.5	0.30	0.40	0.45	0.25	0.40	0.45	−16	34	Ⅱ
	保定市	17.2	0.30	0.40	0.45	0.20	0.35	0.40	−12	36	Ⅱ
	饶阳	18.9	0.30	0.35	0.40	0.20	0.30	0.35	−14	36	Ⅱ
	沧州市	9.6	0.30	0.40	0.45	0.20	0.30	0.35	—	—	Ⅱ
	黄骅	6.6	0.30	0.40	0.45	0.20	0.30	0.35	−13	36	Ⅱ
	南宫市	27.4	0.25	0.35	0.40	0.15	0.25	0.30	−13	37	Ⅱ
山西	太原市	778.3	0.30	0.40	0.45	0.25	0.35	0.40	−16	34	Ⅱ
	右玉	1345.8	—	—	—	0.20	0.30	0.35	−29	31	Ⅱ
	大同市	1067.2	0.35	0.55	0.65	0.15	0.25	0.30	−22	32	Ⅱ
	河曲	861.5	0.30	0.50	0.60	0.20	0.30	0.35	−24	35	Ⅱ
	五寨	1401.0	0.30	0.40	0.45	0.25	0.30	0.35	−25	31	Ⅱ
	兴县	1012.6	0.25	0.45	0.55	0.25	0.30	0.35	−19	34	Ⅱ
	原平	828.2	0.30	0.50	0.60	0.20	0.30	0.35	−19	34	Ⅱ
	离石	950.8	0.30	0.45	0.50	0.25	0.30	0.35	−19	34	Ⅱ
	阳泉市	741.9	0.30	0.40	0.45	0.25	0.35	0.40	−13	34	Ⅱ
	榆社	1041.4	0.20	0.30	0.35	0.25	0.30	0.35	−17	33	Ⅱ
	隰县	1052.7	0.25	0.35	0.40	0.20	0.30	0.35	−16	34	Ⅱ
	介休	743.9	0.25	0.40	0.45	0.20	0.30	0.35	−15	35	Ⅱ
	临汾市	449.5	0.25	0.40	0.45	0.15	0.25	0.30	−14	37	Ⅱ
	长治县	991.8	0.30	0.50	0.60	—	—	—	−15	32	—
	运城市	376.0	0.30	0.45	0.50	0.15	0.25	0.30	−11	38	Ⅱ
	阳城	659.5	0.30	0.45	0.50	0.20	0.30	0.35	−12	34	Ⅱ
内蒙古	呼和浩特市	1063.0	0.35	0.55	0.60	0.25	0.40	0.45	−23	33	Ⅱ
	额右旗拉布达林	581.4	0.35	0.50	0.60	0.35	0.45	0.50	−41	30	Ⅰ
	牙克石市图里河	732.6	0.30	0.40	0.45	0.40	0.60	0.70	−42	28	Ⅰ
	满洲里市	661.7	0.50	0.65	0.70	0.20	0.30	0.35	−35	30	Ⅰ
	海拉尔市	610.2	0.45	0.65	0.75	0.35	0.45	0.50	−38	30	Ⅰ
	鄂伦春小二沟	286.1	0.30	0.40	0.45	0.25	0.50	0.55	−40	31	Ⅰ
	新巴尔虎右旗	554.2	0.45	0.60	0.65	0.25	0.40	0.45	−32	32	Ⅰ
	新巴尔虎左旗阿木古朗	642.0	0.40	0.55	0.60	0.25	0.35	0.40	−34	31	Ⅰ
	牙克石市博克图	739.7	0.40	0.55	0.60	0.35	0.55	0.65	−31	28	Ⅰ

续表 E.5

省市名	城 市 名	海拔高度(m)	风压(kN/m²)			雪压(kN/m²)			基本气温(℃)		雪荷载准永久值系数分区
			$R=10$	$R=50$	$R=100$	$R=10$	$R=50$	$R=100$	最低	最高	
内蒙古	扎兰屯市	306.5	0.30	0.40	0.45	0.35	0.55	0.65	−28	32	I
	科右翼前旗阿尔山	1027.4	0.35	0.50	0.55	0.45	0.60	0.70	−37	27	I
	科右翼前旗索伦	501.8	0.45	0.55	0.60	0.25	0.35	0.40	−30	31	I
	乌兰浩特市	274.7	0.40	0.55	0.60	0.20	0.30	0.35	−27	32	I
	东乌珠穆沁旗	838.7	0.35	0.55	0.65	0.20	0.30	0.35	−33	32	I
	额济纳旗	940.5	0.40	0.60	0.70	0.05	0.10	0.15	−23	39	II
	额济纳旗拐子湖	960.0	0.45	0.55	0.60	0.05	0.10	0.10	−23	39	II
	阿左旗巴彦毛道	1328.1	0.40	0.55	0.60	0.10	0.15	0.20	−23	35	II
	阿拉善右旗	1510.1	0.45	0.55	0.60	0.05	0.10	0.10	−20	35	II
	二连浩特市	964.7	0.55	0.65	0.70	0.15	0.25	0.30	−30	34	II
	那仁宝力格	1181.6	0.40	0.55	0.60	0.20	0.30	0.35	−33	31	I
	达茂旗满都拉	1225.2	0.50	0.75	0.85	0.15	0.20	0.25	−25	34	II
	阿巴嘎旗	1126.1	0.35	0.50	0.55	0.30	0.45	0.50	−33	31	I
	苏尼特左旗	1111.4	0.40	0.50	0.55	0.25	0.35	0.40	−32	33	I
	乌拉特后旗海力素	1509.6	0.45	0.50	0.55	0.10	0.15	0.20	−25	33	II
	苏尼特右旗朱日和	1150.8	0.50	0.65	0.75	0.15	0.20	0.25	−26	33	II
	乌拉特中旗海流图	1288.0	0.45	0.60	0.65	0.20	0.30	0.35	−26	33	II
	百灵庙	1376.6	0.50	0.75	0.85	0.25	0.35	0.40	−27	32	II
	四子王旗	1490.1	0.40	0.60	0.70	0.30	0.45	0.55	−26	30	II
	化德	1482.7	0.45	0.75	0.85	0.15	0.25	0.30	−26	29	II
	杭锦后旗陕坝	1056.7	0.30	0.45	0.50	0.15	0.20	0.25	—	—	II
	包头市	1067.2	0.35	0.55	0.60	0.15	0.25	0.30	−23	34	II
	集宁市	1419.3	0.40	0.60	0.70	0.25	0.35	0.40	−25	30	II
	阿拉善左旗吉兰泰	1031.8	0.35	0.50	0.55	0.05	0.10	0.15	−23	37	II
	临河市	1039.3	0.30	0.50	0.60	0.15	0.25	0.30	−21	35	II
	鄂托克旗	1380.3	0.35	0.55	0.65	0.15	0.20	0.20	−23	33	II
	东胜市	1460.4	0.30	0.50	0.60	0.25	0.35	0.40	−21	31	II
	阿腾席连	1329.3	0.40	0.50	0.55	0.20	0.30	0.35	—	—	II
	巴彦浩特	1561.4	0.40	0.60	0.70	0.15	0.20	0.25	−19	33	II
	西乌珠穆沁旗	995.9	0.45	0.55	0.60	0.30	0.40	0.45	−30	30	I
	扎鲁特鲁北	265.0	0.40	0.55	0.60	0.20	0.30	0.35	−23	34	II
	巴林左旗林东	484.4	0.40	0.55	0.60	0.25	0.35	0.35	−26	32	II
	锡林浩特市	989.5	0.40	0.55	0.60	0.20	0.40	0.45	−30	31	I
	林西	799.0	0.45	0.60	0.70	0.25	0.40	0.45	−25	32	I
	开鲁	241.0	0.40	0.55	0.60	0.20	0.30	0.35	−25	34	II
	通辽	178.5	0.40	0.55	0.60	0.20	0.30	0.35	−25	33	II
	多伦	1245.4	0.40	0.55	0.60	0.20	0.30	0.35	−28	30	I
	翁牛特旗乌丹	631.8	—	—	—	0.20	0.30	0.35	−23	32	II
	赤峰市	571.1	0.30	0.55	0.65	0.20	0.30	0.35	−23	33	II
	敖汉旗宝国图	400.5	0.40	0.50	0.55	0.25	0.40	0.45	−23	33	II

省市名	城 市 名	海拔高度(m)	风压(kN/m²)			雪压(kN/m²)			基本气温(℃)		雪荷载准永久值系数分区
			R=10	R=50	R=100	R=10	R=50	R=100	最低	最高	
辽宁	沈阳市	42.8	0.40	0.55	0.60	0.30	0.50	0.55	−24	33	I
	彰武	79.4	0.35	0.45	0.50	0.20	0.30	0.35	−22	33	II
	阜新市	144.0	0.40	0.60	0.70	0.25	0.40	0.45	−23	33	II
	开原	98.2	0.30	0.45	0.50	0.35	0.45	0.55	−27	33	I
	清原	234.1	0.25	0.40	0.45	0.45	0.70	0.80	−27	33	I
	朝阳市	169.2	0.40	0.55	0.60	0.30	0.45	0.55	−23	35	II
	建平县叶柏寿	421.7	0.30	0.35	0.40	0.25	0.35	0.40	−22	35	II
	黑山	37.5	0.45	0.65	0.75	0.30	0.45	0.50	−21	33	II
	锦州市	65.9	0.40	0.60	0.70	0.30	0.40	0.45	−18	33	II
	鞍山市	77.3	0.30	0.50	0.60	0.30	0.45	0.55	−18	34	II
	本溪市	185.2	0.35	0.45	0.50	0.40	0.55	0.60	−24	33	I
	抚顺市章党	118.5	0.30	0.45	0.50	0.35	0.45	0.50	−28	33	I
	桓仁	240.3	0.25	0.30	0.35	0.35	0.50	0.55	−25	32	I
	绥中	15.3	0.25	0.40	0.45	0.25	0.35	0.40	−19	33	II
	兴城市	8.8	0.35	0.45	0.50	0.20	0.30	0.35	−19	32	II
	营口市	3.3	0.40	0.65	0.75	0.30	0.40	0.45	−20	33	II
	盖县熊岳	20.4	0.30	0.40	0.45	0.25	0.40	0.45	−22	33	II
	本溪县草河口	233.4	0.25	0.45	0.55	0.35	0.55	0.60	—		I
	岫岩	79.3	0.30	0.45	0.50	0.35	0.50	0.55	−22	33	II
	宽甸	260.1	0.30	0.50	0.60	0.40	0.60	0.70	−26	32	II
	丹东市	15.1	0.35	0.55	0.65	0.30	0.40	0.45	−18	32	II
	瓦房店市	29.3	0.35	0.50	0.55	0.20	0.30	0.35	−17	32	II
	新金县皮口	43.2	0.35	0.50	0.55	0.20	0.30	0.35	—	—	II
	庄河	34.8	0.35	0.50	0.55	0.25	0.35	0.40	−19	32	II
	大连市	91.5	0.40	0.65	0.75	0.25	0.40	0.45	−13	32	II
吉林	长春市	236.8	0.45	0.65	0.75	0.30	0.45	0.50	−26	32	I
	白城市	155.4	0.45	0.65	0.75	0.15	0.20	0.25	−29	33	II
	乾安	146.3	0.35	0.45	0.55	0.15	0.20	0.23	−28	33	II
	前郭尔罗斯	134.7	0.30	0.45	0.50	0.15	0.25	0.30	−28	33	II
	通榆	149.5	0.35	0.50	0.55	0.15	0.25	0.30	−28	33	II
	长岭	189.3	0.30	0.45	0.50	0.15	0.20	0.25	−27	32	II
	扶余市三岔河	196.6	0.40	0.60	0.70	0.25	0.35	0.40	−29	32	II
	双辽	114.9	0.35	0.50	0.55	0.20	0.30	0.35	−27	33	I
	四平市	164.2	0.40	0.55	0.60	0.20	0.35	0.40	−24	33	II
	磐石县烟筒山	271.6	0.30	0.40	0.45	0.25	0.40	0.45	−31	31	I
	吉林市	183.4	0.40	0.50	0.55	0.30	0.45	0.50	−31	32	I
	蛟河	295.0	0.30	0.45	0.50	0.50	0.75	0.85	−31	32	I

续表 E.5

省市名	城 市 名	海拔高度(m)	风压(kN/m²)			雪压(kN/m²)			基本气温(℃)		雪荷载准永久值系数分区
			R=10	R=50	R=100	R=10	R=50	R=100	最低	最高	
吉林	敦化市	523.7	0.30	0.45	0.50	0.30	0.50	0.60	−29	30	I
	梅河口市	339.9	0.30	0.40	0.45	0.30	0.45	0.50	−27	32	I
	桦甸	263.8	0.30	0.40	0.45	0.40	0.65	0.75	−33	32	I
	靖宇	549.2	0.25	0.35	0.40	0.40	0.60	0.70	−32	31	I
	扶松县东岗	774.2	0.30	0.45	0.55	0.80	1.15	1.30	−27	30	I
	延吉市	176.8	0.35	0.50	0.55	0.35	0.55	0.65	−26	32	I
	通化市	402.9	0.30	0.50	0.60	0.50	0.80	0.90	−27	32	I
	浑江市临江	332.7	0.20	0.30	0.30	0.45	0.70	0.80	−27	33	I
	集安市	177.7	0.20	0.30	0.35	0.45	0.70	0.80	−26	33	I
	长白	1016.7	0.35	0.45	0.50	0.40	0.60	0.70	−28	29	I
黑龙江	哈尔滨市	142.3	0.35	0.55	0.70	0.30	0.45	0.50	−31	32	I
	漠河	296.0	0.25	0.35	0.40	0.60	0.75	0.85	−42	30	I
	塔河	357.4	0.25	0.30	0.35	0.50	0.65	0.75	−38	30	I
	新林	494.6	0.25	0.35	0.40	0.50	0.65	0.75	−40	29	I
	呼玛	177.4	0.30	0.50	0.60	0.45	0.60	0.70	−40	31	I
	加格达奇	371.7	0.25	0.35	0.40	0.65	0.65	0.70	−38	30	I
	黑河市	166.4	0.35	0.50	0.55	0.60	0.75	0.85	−35	31	I
	嫩江	242.2	0.40	0.55	0.60	0.40	0.50	0.60	−39	31	I
	孙吴	234.5	0.40	0.60	0.70	0.45	0.60	0.70	−40	31	I
	北安市	269.7	0.30	0.50	0.60	0.40	0.55	0.60	−36	31	I
	克山	234.6	0.30	0.45	0.50	0.30	0.50	0.55	−34	31	I
	富裕	162.4	0.30	0.40	0.45	0.25	0.35	0.40	−34	32	I
	齐齐哈尔市	145.9	0.35	0.45	0.50	0.25	0.40	0.45	−30	32	I
	海伦	239.2	0.35	0.55	0.65	0.30	0.40	0.45	−32	31	I
	明水	249.2	0.35	0.45	0.50	0.25	0.40	0.45	−30	31	I
	伊春市	240.9	0.25	0.35	0.40	0.50	0.65	0.75	−36	31	I
	鹤岗市	227.9	0.30	0.40	0.45	0.45	0.65	0.70	−27	31	I
	富锦	64.2	0.30	0.45	0.50	0.40	0.55	0.60	−30	31	I
	泰来	149.5	0.30	0.45	0.50	0.20	0.30	0.35	−28	33	I
	绥化市	179.6	0.35	0.55	0.65	0.35	0.50	0.60	−32	31	I
	安达市	149.3	0.35	0.55	0.65	0.20	0.30	0.35	−31	32	I
	铁力	210.5	0.25	0.35	0.40	0.50	0.75	0.85	−34	31	I
	佳木斯市	81.2	0.40	0.65	0.75	0.60	0.85	0.95	−30	32	I
	依兰	100.1	0.45	0.65	0.75	0.30	0.45	0.50	−29	32	I
	宝清	83.0	0.30	0.40	0.45	0.55	0.85	1.00	−30	31	I
	通河	108.6	0.35	0.50	0.55	0.50	0.75	0.85	−33	32	I
	尚志	189.7	0.35	0.55	0.60	0.40	0.55	0.60	−32	32	I

续表 E.5

省市名	城 市 名	海拔高度(m)	风压(kN/m²)			雪压(kN/m²)			基本气温(℃)		雪荷载准永久值系数分区
			R=10	R=50	R=100	R=10	R=50	R=100	最低	最高	
黑龙江	鸡西市	233.6	0.40	0.55	0.65	0.45	0.65	0.75	−27	32	I
	虎林	100.2	0.35	0.45	0.50	0.95	1.40	1.60	−29	31	I
	牡丹江市	241.4	0.35	0.50	0.55	0.50	0.75	0.85	−28	32	I
	绥芬河市	496.7	0.40	0.60	0.70	0.60	0.75	0.85	−30	29	I
山东	济南市	51.6	0.30	0.45	0.50	0.20	0.30	0.35	−9	36	II
	德州市	21.2	0.30	0.45	0.50	0.20	0.35	0.40	−11	36	II
	惠民	11.3	0.40	0.50	0.55	0.25	0.35	0.40	−13	36	II
	寿光县羊角沟	4.4	0.30	0.45	0.50	0.15	0.25	0.30	−11	36	II
	龙口市	4.8	0.45	0.60	0.65	0.25	0.35	0.40	−11	35	II
	烟台市	46.7	0.40	0.55	0.60	0.30	0.40	0.45	−8	32	II
	威海市	46.6	0.45	0.65	0.75	0.30	0.50	0.60	−8	32	II
	荣成市成山头	47.7	0.60	0.70	0.75	0.25	0.40	0.45	−7	30	II
	莘县朝城	42.7	0.35	0.45	0.50	0.25	0.35	0.40	−12	36	II
	泰安市泰山	1533.7	0.65	0.85	0.95	0.40	0.55	0.60	−16	25	II
	泰安市	128.8	0.30	0.40	0.45	0.20	0.35	0.40	−12	33	II
	淄博市张店	34.0	0.30	0.40	0.45	0.30	0.45	0.50	−12	36	II
	沂源	304.5	0.30	0.35	0.40	0.20	0.30	0.35	−13	35	II
	潍坊市	44.1	0.30	0.40	0.45	0.25	0.35	0.40	−12	36	II
	莱阳市	30.5	0.30	0.40	0.45	0.15	0.25	0.30	−13	35	II
	青岛市	76.0	0.45	0.60	0.70	0.15	0.20	0.25	−9	33	II
	海阳	65.2	0.40	0.55	0.60	0.10	0.15	0.15	−10	33	II
	荣成市石岛	33.7	0.40	0.55	0.65	0.10	0.15	0.15	−8	31	II
	菏泽市	49.7	0.25	0.40	0.45	0.20	0.30	0.35	−10	36	II
	兖州	51.7	0.25	0.40	0.45	0.25	0.35	0.45	−11	36	II
	营县	107.4	0.25	0.35	0.45	0.20	0.35	0.40	−11	35	II
	临沂	87.9	0.30	0.40	0.45	0.25	0.40	0.45	−10	35	II
	日照市	16.1	0.30	0.40	0.45	—	—	—	−8	33	—
江苏	南京市	8.9	0.25	0.40	0.45	0.40	0.65	0.75	−6	37	II
	徐州市	41.0	0.25	0.35	0.40	0.25	0.35	0.40	−8	35	II
	赣榆	2.1	0.30	0.45	0.50	0.25	0.35	0.40	−8	35	II
	盱眙	34.5	0.25	0.35	0.40	0.20	0.30	0.35	−7	36	II
	淮阴市	17.5	0.25	0.40	0.45	0.25	0.40	0.45	−7	35	II
	射阳	2.0	0.30	0.45	0.50	0.15	0.20	0.25	−7	35	III
	镇江	26.5	0.30	0.40	0.45	0.25	0.35	0.40	—	—	III
	无锡	6.7	0.30	0.45	0.50	0.30	0.40	0.45	—	—	III
	泰州	6.6	0.25	0.40	0.45	0.25	0.35	0.40	—	—	III
	连云港	3.7	0.35	0.55	0.65	0.25	0.40	0.45	—	—	II

省市名	城 市 名	海拔高度(m)	风压(kN/m²)			雪压(kN/m²)			基本气温(℃)		雪荷载准永久值系数分区
			$R=10$	$R=50$	$R=100$	$R=10$	$R=50$	$R=100$	最低	最高	
江苏	盐城	3.6	0.25	0.45	0.55	0.20	0.35	0.40	—	—	Ⅲ
	高邮	5.4	0.25	0.40	0.45	0.20	0.35	0.40	−6	36	Ⅲ
	东台市	4.3	0.30	0.40	0.45	0.20	0.30	0.35	−6	36	Ⅲ
	南通市	5.3	0.30	0.45	0.50	0.15	0.25	0.30	−4	36	Ⅲ
	启东县吕泗	5.5	0.35	0.50	0.55	0.10	0.20	0.25	−4	35	Ⅲ
	常州市	4.9	0.25	0.40	0.45	0.20	0.35	0.40	−4	37	Ⅲ
	溧阳	7.2	0.25	0.40	0.45	0.30	0.50	0.55	−5	37	Ⅲ
	吴县东山	17.5	0.30	0.45	0.50	0.25	0.40	0.45	−5	36	Ⅲ
浙江	杭州市	41.7	0.30	0.45	0.50	0.30	0.45	0.50	−4	38	Ⅲ
	临安县天目山	1505.9	0.55	0.75	0.85	1.00	1.60	1.85	−11	28	Ⅱ
	平湖县乍浦	5.4	0.35	0.45	0.50	0.25	0.35	0.40	−5	36	Ⅲ
	慈溪市	7.1	0.30	0.45	0.50	0.25	0.35	0.40	−4	37	Ⅲ
	嵊泗	79.6	0.85	1.30	1.55	—	—	—	−2	34	—
	嵊泗县嵊山	124.6	1.00	1.65	1.95	—	—	—	0	30	—
	舟山市	35.7	0.50	0.85	1.00	0.30	0.50	0.60	−2	35	Ⅲ
	金华市	62.6	0.25	0.35	0.40	0.35	0.55	0.65	−3	39	Ⅲ
	嵊县	104.3	0.25	0.40	0.50	0.35	0.55	0.65	−3	39	Ⅲ
	宁波市	4.2	0.30	0.50	0.60	0.20	0.30	0.35	−3	37	Ⅲ
	象山县石浦	128.4	0.75	1.20	1.45	0.20	0.30	0.35	−2	35	Ⅲ
	衢州市	66.9	0.25	0.35	0.40	0.30	0.50	0.60	−3	38	Ⅲ
	丽水市	60.8	0.20	0.30	0.35	0.30	0.45	0.50	−3	39	Ⅲ
	龙泉	198.4	0.20	0.30	0.35	0.35	0.55	0.65	−2	38	Ⅲ
	临海市括苍山	1383.1	0.60	0.90	1.05	0.45	0.65	0.75	−8	29	Ⅲ
	温州市	6.0	0.35	0.60	0.70	0.25	0.35	0.40	0	36	Ⅲ
	椒江市洪家	1.3	0.35	0.55	0.65	0.20	0.30	0.35	−2	36	Ⅲ
	椒江市下大陈	86.2	0.95	1.45	1.75	0.25	0.35	0.40	−1	33	Ⅲ
	玉环县坎门	95.9	0.70	1.20	1.45	0.20	0.35	0.40	0	34	Ⅲ
	瑞安市北麂	42.3	1.00	1.80	2.20	—	—	—	2	33	—
安徽	合肥市	27.9	0.25	0.35	0.40	0.40	0.60	0.70	−6	37	Ⅱ
	砀山	43.2	0.25	0.35	0.40	0.25	0.40	0.45	−9	36	Ⅱ
	亳州市	37.7	0.25	0.45	0.55	0.25	0.40	0.45	−8	37	Ⅱ
	宿县	25.9	0.25	0.40	0.50	0.25	0.40	0.45	−8	36	Ⅱ
	寿县	22.7	0.25	0.35	0.40	0.30	0.50	0.55	−7	35	Ⅱ
	蚌埠市	18.7	0.25	0.35	0.40	0.30	0.45	0.55	−6	36	Ⅱ
	滁县	25.3	0.25	0.35	0.40	0.30	0.50	0.60	−6	36	Ⅱ
	六安市	60.5	0.20	0.35	0.40	0.35	0.55	0.60	−5	37	Ⅱ
	霍山	68.1	0.20	0.35	0.40	0.45	0.65	0.75	−6	37	Ⅱ

省市名	城 市 名	海拔高度(m)	风压(kN/m²)			雪压(kN/m²)			基本气温(℃)		雪荷载准永久值系数分区
			R=10	R=50	R=100	R=10	R=50	R=100	最低	最高	
安徽	巢湖	22.4	0.25	0.35	0.40	0.30	0.45	0.50	−5	37	Ⅱ
	安庆市	19.8	0.25	0.40	0.45	0.20	0.35	0.40	−3	36	Ⅲ
	宁国	89.4	0.25	0.35	0.40	0.30	0.50	0.55	−6	38	Ⅲ
	黄山	1840.4	0.50	0.70	0.80	0.35	0.45	0.50	−11	24	Ⅲ
	黄山市	142.7	0.25	0.35	0.40	0.30	0.45	0.50	−3	38	Ⅲ
	阜阳市	30.6	—	—	—	0.35	0.55	0.60	−7	36	Ⅱ
江西	南昌市	46.7	0.30	0.45	0.55	0.30	0.45	0.50	−3	38	Ⅲ
	修水	146.8	0.20	0.30	0.35	0.25	0.40	0.50	−4	37	Ⅲ
	宜春市	131.3	0.20	0.30	0.35	0.25	0.40	0.45	−3	38	Ⅲ
	吉安	76.4	0.25	0.30	0.35	0.25	0.35	0.45	−2	38	Ⅲ
	宁冈	263.1	0.20	0.30	0.35	0.30	0.45	0.50	−3	38	Ⅲ
	遂川	126.1	0.20	0.30	0.35	0.30	0.45	0.55	−1	38	Ⅲ
	赣州市	123.8	0.20	0.30	0.35	0.20	0.35	0.40	0	38	Ⅲ
	九江	36.1	0.25	0.35	0.40	0.30	0.40	0.45	−2	38	Ⅲ
	庐山	1164.5	0.40	0.55	0.60	0.60	0.95	1.05	−9	29	Ⅲ
	波阳	40.1	0.25	0.40	0.45	0.35	0.60	0.70	−3	38	Ⅲ
	景德镇市	61.5	0.25	0.35	0.40	0.25	0.35	0.40	−3	38	Ⅲ
	樟树市	30.4	0.20	0.30	0.35	0.25	0.40	0.45	−3	38	Ⅲ
	贵溪	51.2	0.20	0.30	0.35	0.35	0.50	0.60	−2	38	Ⅲ
	玉山	116.3	0.20	0.30	0.35	0.35	0.55	0.65	−3	38	Ⅲ
	南城	80.8	0.25	0.30	0.35	0.25	0.35	0.40	−3	37	Ⅲ
	广昌	143.8	0.20	0.30	0.35	0.30	0.45	0.50	−2	38	Ⅲ
	寻乌	303.9	0.25	0.30	0.35	—	—	—	−0.3	37	—
福建	福州市	83.8	0.40	0.70	0.85	—	—	—	3	37	—
	邵武市	191.5	0.20	0.30	0.35	0.25	0.35	0.40	−1	37	Ⅲ
	崇安县七仙山	1401.9	0.55	0.70	0.80	0.40	0.60	0.70	−5	28	Ⅲ
	浦城	276.9	0.20	0.30	0.35	0.35	0.55	0.65	−2	37	Ⅲ
	建阳	196.9	0.25	0.35	0.40	0.35	0.50	0.55	−2	38	Ⅲ
	建瓯	154.9	0.25	0.35	0.40	0.25	0.35	0.40	0	38	Ⅲ
	福鼎	36.2	0.35	0.70	0.90	—	—	—	1	37	—
	泰宁	342.9	0.20	0.30	0.35	0.30	0.50	0.60	−2	37	Ⅲ
	南平市	125.6	0.20	0.35	0.45	—	—	—	2	38	—
	福鼎县台山	106.6	0.75	1.00	1.10	—	—	—	4	30	—
	长汀	310.0	0.20	0.35	0.40	0.15	0.25	0.30	0	36	Ⅲ
	上杭	197.9	0.25	0.30	0.35	—	—	—	2	36	—
	永安市	206.0	0.25	0.40	0.45	—	—	—	2	38	—
	龙岩市	342.3	0.20	0.35	0.45	—	—	—	3	36	—

省市名	城 市 名	海拔高度 (m)	风压(kN/m²)			雪压(kN/m²)			基本气温(℃)		雪荷载准永久值系数分区
			$R=10$	$R=50$	$R=100$	$R=10$	$R=50$	$R=100$	最低	最高	
福建	德化县九仙山	1653.5	0.60	0.80	0.90	0.25	0.40	0.50	-3	25	Ⅲ
	屏南	896.5	0.20	0.30	0.35	0.25	0.45	0.50	-2	32	Ⅲ
	平潭	32.4	0.75	1.30	1.60	—	—	—	4	34	—
	崇武	21.8	0.55	0.85	1.05	—	—	—	5	33	—
	厦门市	139.4	0.50	0.80	0.95	—	—	—	5	35	—
	东山	53.3	0.80	1.25	1.45	—	—	—	7	34	—
陕西	西安市	397.5	0.25	0.35	0.40	0.20	0.25	0.30	-9	37	Ⅱ
	榆林市	1057.5	0.25	0.40	0.45	0.20	0.25	0.30	-22	35	Ⅱ
	吴旗	1272.6	0.25	0.40	0.50	0.15	0.20	0.20	-20	33	Ⅱ
	横山	1111.0	0.30	0.40	0.45	0.15	0.25	0.30	-21	35	Ⅱ
	绥德	929.7	0.30	0.40	0.45	0.20	0.35	0.40	-19	35	Ⅱ
	延安市	957.8	0.25	0.35	0.40	0.15	0.25	0.30	-17	34	Ⅱ
	长武	1206.5	0.20	0.30	0.35	0.20	0.30	0.35	-15	32	Ⅱ
	洛川	1158.3	0.25	0.35	0.40	0.25	0.35	0.40	-15	32	Ⅱ
	铜川市	978.9	0.20	0.35	0.40	0.15	0.20	0.25	-12	33	Ⅱ
	宝鸡市	612.4	0.20	0.35	0.40	0.15	0.20	0.25	-8	37	Ⅱ
	武功	447.8	0.20	0.35	0.40	0.20	0.25	0.30	-9	37	Ⅱ
	华阴县华山	2064.9	0.40	0.50	0.55	0.50	0.70	0.75	-15	25	Ⅱ
	略阳	794.2	0.25	0.35	0.40	0.10	0.15	0.15	-6	34	Ⅲ
	汉中市	508.4	0.20	0.30	0.35	0.15	0.20	0.25	-5	34	Ⅲ
	佛坪	1087.7	0.25	0.35	0.45	0.20	0.25	0.30	-8	33	Ⅲ
	商州市	742.2	0.25	0.30	0.35	0.20	0.30	0.35	-8	35	Ⅱ
	镇安	693.7	0.20	0.35	0.40	0.20	0.30	0.35	-7	36	Ⅲ
	石泉	484.9	0.20	0.30	0.35	0.20	0.30	0.35	-5	35	Ⅲ
	安康市	290.8	0.30	0.45	0.50	0.10	0.15	0.20	-4	37	Ⅲ
甘肃	兰州	1517.2	0.20	0.30	0.35	0.10	0.15	0.20	-15	34	Ⅱ
	吉河德	966.5	0.45	0.55	0.60	—	—	—	—	—	—
	安西	1170.8	0.40	0.55	0.60	0.10	0.20	0.25	-22	37	Ⅱ
	酒泉市	1477.2	0.40	0.55	0.60	0.20	0.30	0.35	-21	33	Ⅱ
	张掖市	1482.7	0.30	0.50	0.60	0.05	0.10	0.15	-22	34	Ⅱ
	武威市	1530.9	0.35	0.55	0.65	0.15	0.20	0.25	-20	33	Ⅱ
	民勤	1367.0	0.40	0.50	0.55	0.05	0.10	0.10	-21	35	Ⅱ
	乌鞘岭	3045.1	0.35	0.40	0.45	0.35	0.55	0.60	-22	21	Ⅱ
	景泰	1630.5	0.25	0.40	0.45	0.10	0.15	0.20	-18	33	Ⅱ
	靖远	1398.2	0.20	0.30	0.35	0.15	0.20	0.25	-18	33	Ⅱ
	临夏市	1917.0	0.20	0.30	0.35	0.15	0.25	0.30	-18	30	Ⅱ
	临洮	1886.6	0.20	0.30	0.35	0.30	0.50	0.55	-19	30	Ⅱ
	华家岭	2450.6	0.30	0.40	0.45	0.25	0.40	0.45	-17	24	Ⅱ

续表 E.5

省市名	城 市 名	海拔高度(m)	风压(kN/m²)			雪压(kN/m²)			基本气温(℃)		雪荷载准永久值系数分区
			$R=10$	$R=50$	$R=100$	$R=10$	$R=50$	$R=100$	最低	最高	
甘肃	环县	1255.6	0.20	0.30	0.35	0.15	0.25	0.30	−18	33	Ⅱ
	平凉市	1346.6	0.25	0.30	0.35	0.15	0.25	0.30	−14	32	Ⅱ
	西峰镇	1421.0	0.20	0.30	0.35	0.25	0.40	0.45	−14	31	Ⅱ
	玛曲	3471.4	0.25	0.30	0.35	0.15	0.20	0.25	−23	21	Ⅱ
	夏河县合作	2910.0	0.25	0.30	0.35	0.25	0.40	0.45	−23	24	Ⅱ
	武都	1079.1	0.25	0.35	0.40	0.05	0.10	0.15	−5	35	Ⅲ
	天水市	1141.7	0.20	0.35	0.40	0.15	0.20	0.25	−11	34	Ⅱ
	马宗山	1962.7	—	—	—	0.10	0.15	0.20	−25	32	Ⅱ
	敦煌	1139.0	—	—	—	0.10	0.15	0.20	−20	37	Ⅱ
	玉门市	1526.0	—	—	—	0.15	0.20	0.25	−21	33	Ⅱ
	金塔县鼎新	1177.4	—	—	—	0.05	0.10	0.15	−21	36	Ⅱ
	高台	1332.2	—	—	—	0.10	0.15	0.20	−21	34	Ⅱ
	山丹	1764.6	—	—	—	0.15	0.20	0.25	−21	32	Ⅱ
	永昌	1976.1	—	—	—	0.10	0.15	0.20	−22	29	Ⅱ
	榆中	1874.1	—	—	—	0.15	0.20	0.25	−19	30	Ⅱ
	会宁	2012.2	—	—	—	0.20	0.30	0.35	—	—	Ⅱ
	岷县	2315.0	—	—	—	0.10	0.15	0.20	−19	27	Ⅱ
宁厦	银川	1111.4	0.40	0.65	0.75	0.15	0.20	0.25	−19	34	Ⅱ
	惠农	1091.0	0.45	0.65	0.70	0.05	0.10	0.10	−20	35	Ⅱ
	陶乐	1101.6	—	—	—	0.05	0.10	0.10	−20	35	Ⅱ
	中卫	1225.7	0.30	0.45	0.50	0.05	0.10	0.15	−18	33	Ⅱ
	中宁	1183.3	0.30	0.35	0.40	0.10	0.15	0.20	−18	34	Ⅱ
	盐池	1347.8	0.30	0.40	0.45	0.20	0.30	0.35	−20	34	Ⅱ
	海源	1854.2	0.25	0.35	0.40	0.25	0.40	0.45	−17	30	Ⅱ
	同心	1343.9	0.20	0.30	0.35	0.10	0.15	0.15	−18	34	Ⅱ
	固原	1753.0	0.25	0.35	0.40	0.30	0.40	0.45	−20	29	Ⅱ
	西吉	1916.5	0.20	0.30	0.35	0.15	0.20	0.20	−20	29	Ⅱ
青海	西宁	2261.2	0.25	0.35	0.40	0.15	0.20	0.25	−19	29	Ⅱ
	茫崖	3138.5	0.30	0.40	0.45	0.05	0.10	0.10	—	—	Ⅱ
	冷湖	2733.0	0.40	0.55	0.60	0.05	0.10	0.10	−26	29	Ⅱ
	祁连县托勒	3367.0	0.30	0.40	0.45	0.20	0.25	0.30	−32	22	Ⅱ
	祁连县野牛沟	3180.0	0.30	0.40	0.45	0.15	0.20	0.20	−31	21	Ⅱ
	祁连县	2787.4	0.25	0.35	0.40	0.10	0.15	0.15	−25	25	Ⅱ
	格尔木市小灶火	2767.0	0.30	0.40	0.45	0.05	0.10	0.10	−25	30	Ⅱ
	大柴旦	3173.2	0.30	0.40	0.45	0.10	0.15	0.15	−27	26	Ⅱ
	德令哈市	2981.5	0.25	0.35	0.40	0.10	0.15	0.20	−22	28	Ⅱ
	刚察	3301.5	0.25	0.35	0.40	0.20	0.25	0.30	−26	21	Ⅱ

省市名	城市名	海拔高度(m)	风压(kN/m²)			雪压(kN/m²)			基本气温(℃)		雪荷载准永久值系数分区
			R=10	R=50	R=100	R=10	R=50	R=100	最低	最高	
青海	门源	2850.0	0.25	0.35	0.40	0.20	0.30	0.30	−27	24	Ⅱ
	格尔木市	2807.6	0.30	0.40	0.45	0.10	0.20	0.25	−21	29	Ⅱ
	都兰县诺木洪	2790.4	0.35	0.50	0.60	0.05	0.10	0.10	−22	30	Ⅱ
	都兰	3191.1	0.30	0.45	0.55	0.20	0.25	0.30	−21	26	Ⅱ
	乌兰县茶卡	3087.6	0.25	0.35	0.40	0.15	0.20	0.20	−25	25	Ⅱ
	共和县恰卜恰	2835.0	0.25	0.35	0.40	0.10	0.15	0.20	−22	26	Ⅱ
	贵德	2237.1	0.25	0.30	0.35	0.05	0.10	0.10	−18	30	Ⅱ
	民和	1813.9	0.20	0.30	0.35	0.10	0.10	0.15	−17	31	Ⅱ
	唐古拉山五道梁	4612.2	0.35	0.45	0.50	0.20	0.30	0.30	−29	17	Ⅰ
	兴海	3323.2	0.25	0.35	0.40	0.15	0.20	0.20	−25	23	Ⅱ
	同德	3289.4	0.25	0.35	0.40	0.25	0.30	0.35	−28	23	Ⅱ
	泽库	3662.8	0.25	0.30	0.35	0.30	0.40	0.45	—	—	Ⅱ
	格尔木市托托河	4533.1	0.40	0.50	0.55	0.30	0.35	0.40	−33	19	Ⅰ
	治多	4179.0	0.25	0.30	0.35	0.15	0.20	0.25	—	—	Ⅰ
	杂多	4066.4	0.25	0.35	0.40	0.20	0.25	0.30	−25	22	Ⅱ
	曲麻莱	4231.2	0.25	0.35	0.40	0.15	0.25	0.30	−28	20	Ⅰ
	玉树	3681.2	0.20	0.30	0.35	0.15	0.20	0.25	−20	24.4	Ⅱ
	玛多	4272.3	0.30	0.40	0.45	0.25	0.35	0.40	−33	18	Ⅰ
	称多县清水河	4415.4	0.25	0.35	0.40	0.25	0.30	0.35	−33	17	Ⅰ
	玛沁县仁峡姆	4211.1	0.30	0.35	0.40	0.25	0.30	0.35	−33	18	Ⅰ
	达日县吉迈	3967.5	0.25	0.35	0.40	0.20	0.25	0.30	−27	20	Ⅱ
	河南	3500.0	0.25	0.40	0.45	0.20	0.25	0.30	−29	21	Ⅱ
	久治	3628.5	0.20	0.30	0.35	0.25	0.30	0.35	−24	21	Ⅱ
	昂欠	3643.7	0.25	0.30	0.35	0.10	0.20	0.25	−18	25	Ⅱ
	班玛	3750.0	0.20	0.30	0.35	0.15	0.20	0.25	−20	22	Ⅱ
新疆	乌鲁木齐市	917.9	0.40	0.60	0.70	0.65	0.90	1.00	−23	34	Ⅰ
	阿勒泰市	735.3	0.40	0.70	0.85	1.20	1.65	1.85	−28	32	Ⅰ
	阿拉山口	284.8	0.95	1.35	1.55	0.20	0.25	0.25	−25	39	Ⅰ
	克拉玛依市	427.3	0.65	0.90	1.00	0.20	0.30	0.35	−27	38	Ⅰ
	伊宁市	662.5	0.40	0.60	0.70	1.00	1.40	1.55	−23	35	Ⅰ
	昭苏	1851.0	0.25	0.40	0.45	0.65	0.85	0.95	−23	26	Ⅰ
	达坂城	1103.5	0.55	0.80	0.90	0.15	0.20	0.20	−21	32	Ⅰ
	巴音布鲁克	2458.0	0.25	0.35	0.40	0.55	0.75	0.85	−40	22	Ⅰ
	吐鲁番市	34.5	0.50	0.85	1.00	0.15	0.20	0.25	−20	44	Ⅱ
	阿克苏市	1103.8	0.30	0.45	0.50	0.20	0.25	0.30	−20	36	Ⅱ
	库车	1099.0	0.35	0.50	0.60	0.15	0.20	0.30	−19	36	Ⅱ
	库尔勒	931.5	0.30	0.45	0.50	0.15	0.20	0.30	−18	37	Ⅱ

省市名	城 市 名	海拔高度(m)	风压(kN/m²)			雪压(kN/m²)			基本气温(℃)		雪荷载准永久值系数分区
			R=10	R=50	R=100	R=10	R=50	R=100	最低	最高	
新疆	乌恰	2175.7	0.25	0.35	0.40	0.35	0.50	0.60	-20	31	Ⅱ
	喀什	1288.7	0.35	0.55	0.65	0.30	0.45	0.50	-17	36	Ⅱ
	阿合奇	1984.9	0.25	0.35	0.40	0.25	0.35	0.40	-21	31	Ⅱ
	皮山	1375.4	0.20	0.30	0.35	0.15	0.20	0.25	-18	37	Ⅱ
	和田	1374.6	0.25	0.40	0.45	0.10	0.20	0.25	-15	37	Ⅱ
	民丰	1409.3	0.20	0.30	0.35	0.10	0.15	0.15	-19	37	Ⅱ
	安德河	1262.8	0.20	0.30	0.35	0.05	0.05	0.05	-23	39	Ⅱ
	于田	1422.0	0.20	0.30	0.35	0.10	0.15	0.15	-17	36	Ⅱ
	哈密	737.2	0.40	0.60	0.70	0.15	0.25	0.30	-23	38	Ⅱ
	哈巴河	532.6	—	—	—	0.70	1.00	1.15	-26	33.6	Ⅰ
	吉木乃	984.1	—	—	—	0.85	1.15	1.35	-24	31	Ⅰ
	福海	500.9	—	—	—	0.30	0.45	0.50	-31	34	Ⅰ
	富蕴	807.5	—	—	—	0.95	1.35	1.50	-33	34	Ⅰ
	塔城	534.9	—	—	—	1.10	1.55	1.75	-23	35	Ⅰ
	和布克塞尔	1291.6	—	—	—	0.25	0.40	0.45	-23	30	Ⅰ
	青河	1218.2	—	—	—	0.90	1.30	1.45	-35	31	Ⅰ
	托里	1077.8	—	—	—	0.55	0.75	0.85	-24	32	Ⅰ
	北塔山	1653.7	—	—	—	0.55	0.65	0.70	-25	28	Ⅰ
	温泉	1354.6	—	—	—	0.35	0.45	0.50	-25	30	Ⅰ
	精河	320.1	—	—	—	0.20	0.30	0.35	-27	38	Ⅰ
	乌苏	478.7	—	—	—	0.40	0.55	0.60	-26	37	Ⅰ
	石河子	442.9	—	—	—	0.50	0.70	0.80	-28	37	Ⅰ
	蔡家湖	440.5	—	—	—	0.40	0.50	0.55	-32	38	Ⅰ
	奇台	793.5	—	—	—	0.55	0.75	0.85	-31	34	Ⅰ
	巴仑台	1752.5	—	—	—	0.20	0.30	0.35	-20	30	Ⅱ
	七角井	873.2	—	—	—	0.05	0.10	0.15	-23	38	Ⅱ
	库米什	922.4	—	—	—	0.10	0.15	0.15	-25	38	Ⅱ
	焉耆	1055.8	—	—	—	0.15	0.20	0.25	-24	35	Ⅱ
	拜城	1229.2	—	—	—	0.20	0.30	0.35	-26	34	Ⅱ
	轮台	976.1	—	—	—	0.15	0.20	0.30	-19	38	Ⅱ
	吐尔格特	3504.4	—	—	—	0.40	0.55	0.65	-27	18	Ⅱ
	巴楚	1116.5	—	—	—	0.10	0.15	0.20	-19	38	Ⅱ
	柯坪	1161.8	—	—	—	0.05	0.10	0.15	-20	37	Ⅱ
	阿拉尔	1012.2	—	—	—	0.05	0.10	0.10	-20	36	Ⅱ
	铁干里克	846.0	—	—	—	0.10	0.15	0.15	-20	39	Ⅱ
	若羌	888.3	—	—	—	0.10	0.15	0.20	-18	40	Ⅱ
	塔吉克	3090.9	—	—	—	0.15	0.25	0.30	-28	28	Ⅱ

续表 E.5

省市名	城市名	海拔高度(m)	风压(kN/m²)			雪压(kN/m²)			基本气温(℃)		雪荷载准永久值系数分区
			$R=10$	$R=50$	$R=100$	$R=10$	$R=50$	$R=100$	最低	最高	
新疆	莎车	1231.2	—	—	—	0.15	0.20	0.25	−17	37	Ⅱ
	且末	1247.5	—	—	—	0.10	0.15	0.20	−20	37	Ⅱ
	红柳河	1700.0	—	—	—	0.10	0.15	0.15	−25	35	Ⅱ
河南	郑州市	110.4	0.30	0.45	0.50	0.25	0.40	0.45	−8	36	Ⅱ
	安阳市	75.5	0.25	0.45	0.55	0.25	0.40	0.45	−8	36	Ⅱ
	新乡市	72.7	0.30	0.40	0.45	0.20	0.30	0.35	−8	36	Ⅱ
	三门峡市	410.1	0.25	0.40	0.45	0.15	0.20	0.25	−8	36	Ⅱ
	卢氏	568.8	0.20	0.30	0.35	0.20	0.30	0.35	−10	35	Ⅱ
	孟津	323.3	0.30	0.45	0.50	0.30	0.40	0.50	−8	35	Ⅱ
	洛阳市	137.1	0.25	0.40	0.45	0.35	0.40		−6	36	Ⅱ
	栾川	750.1	0.20	0.30	0.35	0.25	0.40	0.45	−9	34	Ⅱ
	许昌市	66.8	0.30	0.40	0.45	0.25	0.40	0.45	−8	36	Ⅱ
	开封市	72.5	0.30	0.45	0.50	0.20	0.30	0.35	−8	36	Ⅱ
	西峡	250.3	0.25	0.35	0.40	0.25	0.30	0.35	−6	36	Ⅱ
	南阳市	129.2	0.25	0.35	0.40	0.30	0.45	0.50	−7	36	Ⅱ
	宝丰	136.4	0.25	0.35	0.40	0.20	0.30	0.35	−8	36	Ⅱ
	西华	52.6	0.25	0.45	0.55	0.30	0.45	0.50	−8	37	Ⅱ
	驻马店市	82.7	0.25	0.40	0.45	0.30	0.45	0.50	−8	36	Ⅱ
	信阳市	114.5	0.25	0.35	0.40	0.35	0.55	0.65	−6	36	Ⅱ
	商丘市	50.1	0.20	0.35	0.45	0.30	0.45	0.50	−8	36	Ⅱ
	固始	57.1	0.20	0.35	0.40	0.35	0.55	0.65	−6	36	Ⅱ
湖北	武汉市	23.3	0.25	0.35	0.40	0.30	0.50	0.60	−5	37	Ⅱ
	郧县	201.9	0.20	0.30	0.35	0.25	0.40	0.45	−3	37	Ⅱ
	房县	434.4	0.20	0.30	0.35	0.20	0.30	0.35	−7	35	Ⅲ
	老河口市	90.0	0.20	0.30	0.35	0.25	0.40	0.40	−6	36	Ⅱ
	枣阳	125.5	0.25	0.40	0.45	0.25	0.40	0.45	−6	36	Ⅱ
	巴东	294.5	0.15	0.30	0.35	0.15	0.20	0.25	−2	38	Ⅲ
	钟祥	65.8	0.20	0.30	0.35	0.25	0.35	0.40	−4	36	Ⅱ
	麻城市	59.3	0.20	0.35	0.45	0.35	0.55	0.65	−4	37	Ⅱ
	恩施市	457.1	0.20	0.30	0.35	0.15	0.20	0.25	−2	36	Ⅲ
	巴东县绿葱坡	1819.3	0.30	0.35	0.40	0.65	0.95	1.10	−10	26	Ⅲ
	五峰县	908.4	0.20	0.30	0.35	0.25	0.35	0.40	−5	34	Ⅲ
	宜昌市	133.1	0.20	0.30	0.35	0.20	0.30	0.35	−3	37	Ⅲ
	荆州	32.6	0.20	0.30	0.35	0.25	0.40	0.45	−4	36	Ⅱ
	天门市	34.1	0.20	0.30	0.35	0.25	0.35	0.45	−5	36	Ⅱ
	来凤	459.5	0.20	0.30	0.35	0.15	0.20	0.25	−3	35	Ⅲ
	嘉鱼	36.0	0.20	0.35	0.45	0.25	0.35	0.40	−3	37	Ⅲ
	英山	123.8	0.20	0.30	0.35	0.25	0.40	0.45	−5	37	Ⅲ
	黄石市	19.6	0.25	0.35	0.40	0.25	0.35	0.40	−3	38	Ⅲ

续表 E.5

省市名	城市名	海拔高度(m)	风压(kN/m²)			雪压(kN/m²)			基本气温(℃)		雪荷载准永久值系数分区
			$R=10$	$R=50$	$R=100$	$R=10$	$R=50$	$R=100$	最低	最高	
湖南	长沙市	44.9	0.25	0.35	0.40	0.30	0.45	0.50	−3	38	Ⅲ
	桑植	322.2	0.20	0.30	0.35	0.25	0.35	0.40	−3	36	Ⅲ
	石门	116.9	0.25	0.30	0.35	0.25	0.35	0.40	−3	36	Ⅲ
	南县	36.0	0.25	0.40	0.50	0.30	0.45	0.50	−3	36	Ⅲ
	岳阳市	53.0	0.25	0.40	0.45	0.35	0.55	0.65	−2	36	Ⅲ
	吉首市	206.6	0.20	0.30	0.35	0.20	0.30	0.35	−2	36	Ⅲ
	沅陵	151.6	0.20	0.30	0.35	0.20	0.35	0.40	−3	37	Ⅲ
	常德市	35.0	0.25	0.40	0.50	0.30	0.50	0.60	−3	36	Ⅱ
	安化	128.3	0.20	0.30	0.35	0.30	0.45	0.50	−3	38	Ⅱ
	沅江市	36.0	0.25	0.40	0.45	0.35	0.55	0.65	−3	37	Ⅲ
	平江	106.3	0.20	0.30	0.35	0.25	0.40	0.45	−4	37	Ⅲ
	芷江	272.2	0.20	0.30	0.35	0.25	0.35	0.45	−3	36	Ⅲ
	雪峰山	1404.9	—	—	—	0.50	0.75	0.85	−8	27	Ⅱ
	邵阳市	248.6	0.20	0.30	0.35	0.20	0.30	0.35	−3	37	Ⅲ
	双峰	100.0	0.20	0.30	0.35	0.25	0.40	0.45	−4	38	Ⅲ
	南岳	1265.9	0.60	0.75	0.85	0.50	0.75	0.85	−8	28	Ⅲ
	通道	397.5	0.25	0.30	0.35	0.15	0.25	0.30	−3	35	Ⅲ
	武岗	341.0	0.20	0.30	0.35	0.20	0.30	0.35	−3	36	Ⅲ
	零陵	172.6	0.25	0.40	0.45	0.15	0.25	0.30	−2	37	Ⅲ
	衡阳市	103.2	0.25	0.40	0.45	0.20	0.35	0.40	−2	38	Ⅲ
	道县	192.2	0.25	0.35	0.40	0.15	0.20	0.25	−1	37	Ⅲ
	郴州市	184.9	0.20	0.30	0.35	0.20	0.30	0.35	−2	38	Ⅲ
广东	广州市	6.6	0.30	0.50	0.60	—	—	—	6	36	—
	南雄	133.8	0.20	0.30	0.35	—	—	—	1	37	—
	连县	97.6	0.20	0.30	0.35	—	—	—	2	37	—
	韶关	69.3	0.20	0.35	0.45	—	—	—	2	37	—
	佛岗	67.8	0.20	0.30	0.35	—	—	—	4	36	—
	连平	214.5	0.20	0.30	0.35	—	—	—	2	36	—
	梅县	87.8	0.20	0.30	0.35	—	—	—	4	37	—
	广宁	56.8	0.20	0.30	0.35	—	—	—	4	36	—
	高要	7.1	0.30	0.50	0.60	—	—	—	6	36	—
	河源	40.6	0.20	0.30	0.35	—	—	—	5	36	—
	惠阳	22.4	0.35	0.55	0.60	—	—	—	6	36	—
	五华	120.9	0.20	0.30	0.35	—	—	—	4	36	—
	汕头市	1.1	0.50	0.80	0.95	—	—	—	6	35	—
	惠来	12.9	0.45	0.75	0.90	—	—	—	7	35	—
	南澳	7.2	0.50	0.80	0.95	—	—	—	9	32	—

省市名	城 市 名	海拔高度(m)	风压(kN/m²)			雪压(kN/m²)			基本气温(℃)		雪荷载准永久值系数分区
			R=10	R=50	R=100	R=10	R=50	R=100	最低	最高	
广东	信宜	84.6	0.35	0.60	0.70	—	—	—	7	36	—
	罗定	53.3	0.20	0.30	0.35	—	—	—	6	37	—
	台山	32.7	0.35	0.55	0.65	—	—	—	6	35	—
	深圳市	18.2	0.45	0.75	0.90	—	—	—	8	35	—
	汕尾	4.6	0.50	0.85	1.00	—	—	—	7	34	—
	湛江市	25.3	0.50	0.80	0.95	—	—	—	9	36	—
	阳江	23.3	0.45	0.75	0.90	—	—	—	7	35	—
	电白	11.8	0.45	0.70	0.80	—	—	—	8	35	—
	台山县上川岛	21.5	0.75	1.05	1.20	—	—	—	8	35	—
	徐闻	67.9	0.45	0.75	0.90	—	—	—	10	36	—
广西	南宁市	73.1	0.25	0.35	0.40	—	—	—	6	36	—
	桂林市	164.4	0.20	0.30	0.35	—	—	—	1	36	—
	柳州市	96.8	0.20	0.30	0.35	—	—	—	3	36	—
	蒙山	145.7	0.20	0.30	0.35	—	—	—	2	36	—
	贺山	108.8	0.20	0.30	0.35	—	—	—	2	36	—
	百色市	173.5	0.25	0.45	0.55	—	—	—	5	37	—
	靖西	739.4	0.20	0.30	0.35	—	—	—	4	32	—
	桂平	42.5	0.20	0.30	0.35	—	—	—	5	36	—
	梧州市	114.8	0.20	0.30	0.35	—	—	—	4	36	—
	龙舟	128.8	0.20	0.30	0.35	—	—	—	7	36	—
	灵山	66.0	0.20	0.30	0.35	—	—	—	5	35	—
	玉林	81.8	0.20	0.30	0.35	—	—	—	5	36	—
	东兴	18.2	0.45	0.75	0.90	—	—	—	8	34	—
	北海市	15.3	0.45	0.75	0.90	—	—	—	7	35	—
	涠洲岛	55.2	0.70	1.10	1.30	—	—	—	9	34	—
海南	海口市	14.1	0.45	0.75	0.90	—	—	—	10	37	—
	东方	8.4	0.55	0.85	1.00	—	—	—	10	37	—
	儋县	168.7	0.40	0.70	0.85	—	—	—	9	37	—
	琼中	250.9	0.30	0.45	0.55	—	—	—	8	36	—
	琼海	24.0	0.50	0.85	1.05	—	—	—	10	37	—
	三亚市	5.5	0.50	0.85	1.05	—	—	—	14	36	—
	陵水	13.9	0.50	0.85	1.05	—	—	—	12	36	—
	西沙岛	4.7	1.05	1.80	2.20	—	—	—	18	35	—
	珊瑚岛	4.0	0.70	1.10	1.30	—	—	—	16	36	—
四川	成都市	506.1	0.20	0.30	0.35	0.10	0.10	0.15	−1	34	III
	石渠	4200.0	0.25	0.30	0.35	0.35	0.50	0.60	−28	19	II
	若尔盖	3439.6	0.25	0.30	0.35	0.30	0.40	0.45	−24	21	II
	甘孜	3393.5	0.35	0.45	0.50	0.30	0.50	0.55	−17	25	II

省市名	城 市 名	海拔高度(m)	风压(kN/m²)			雪压(kN/m²)			基本气温(℃)		雪荷载准永久值系数分区
			R=10	R=50	R=100	R=10	R=50	R=100	最低	最高	
四川	都江堰市	706.7	0.20	0.30	0.35	0.15	0.25	0.30	—	—	Ⅲ
	绵阳市	470.8	0.20	0.30	0.35	—	—	—	−3	35	—
	雅安市	627.6	0.20	0.30	0.35	0.10	0.20	0.20	0	34	Ⅲ
	资阳	357.0	0.20	0.30	0.35	—	—	—	1	33	—
	康定	2615.7	0.30	0.35	0.40	0.30	0.50	0.55	−10	23	Ⅱ
	汉源	795.9	0.20	0.30	0.35	—	—	—	2	34	—
	九龙	2987.3	0.20	0.30	0.35	0.15	0.20	0.20	−10	25	Ⅲ
	越西	1659.0	0.25	0.30	0.35	0.15	0.25	0.30	−4	31	Ⅲ
	昭觉	2132.4	0.25	0.30	0.35	0.25	0.35	0.40	−6	28	Ⅲ
	雷波	1474.9	0.20	0.30	0.40	0.20	0.25	0.35	−4	29	Ⅲ
	宜宾市	340.8	0.20	0.30	0.35	—	—	—	2	35	—
	盐源	2545.0	0.20	0.30	0.35	0.20	0.30	0.35	−6	27	Ⅲ
	西昌市	1590.9	0.20	0.30	0.35	0.20	0.30	0.35	−1	32	Ⅲ
	会理	1787.1	0.20	0.30	0.35	—	—	—	−4	30	—
	万源	674.0	0.20	0.30	0.35	0.05	0.10	0.15	−3	35	Ⅲ
	阆中	382.6	0.20	0.30	0.35	—	—	—	−1	36	—
	巴中	358.9	0.20	0.30	0.35	—	—	—	−1	36	—
	达县市	310.4	0.20	0.35	0.45	—	—	—	0	37	—
	遂宁市	278.2	0.20	0.30	0.35	—	—	—	0	36	—
	南充市	309.3	0.20	0.30	0.35	—	—	—	0	36	—
	内江市	347.1	0.25	0.40	0.50	—	—	—	0	36	—
	泸州市	334.8	0.20	0.30	0.35	—	—	—	1	36	—
	叙永	377.5	0.20	0.30	0.35	—	—	—	1	36	—
	德格	3201.2	—	—	—	0.15	0.20	0.25	−15	26	Ⅲ
	色达	3893.9	—	—	—	0.30	0.40	0.45	−24	21	Ⅲ
	道孚	2957.2	—	—	—	0.15	0.20	0.25	−16	28	Ⅲ
	阿坝	3275.1	—	—	—	0.25	0.40	0.45	−19	22	Ⅲ
	马尔康	2664.4	—	—	—	0.15	0.25	0.30	−12	29	Ⅲ
	红原	3491.6	—	—	—	0.25	0.40	0.45	−26	22	Ⅱ
	小金	2369.2	—	—	—	0.10	0.15	0.15	−8	31	Ⅱ
	松潘	2850.7	—	—	—	0.20	0.30	0.35	−16	26	Ⅱ
	新龙	3000.0	—	—	—	0.10	0.15	0.15	−16	27	Ⅱ
	理唐	3948.9	—	—	—	0.35	0.50	0.60	−19	21	Ⅱ
	稻城	3727.7	—	—	—	0.20	0.30	0.30	−19	23	Ⅲ
	峨眉山	3047.4	—	—	—	0.40	0.55	0.60	−15	19	Ⅱ
贵州	贵阳市	1074.3	0.20	0.30	0.35	0.10	0.20	0.25	−3	32	Ⅲ
	威宁	2237.5	0.25	0.35	0.40	0.25	0.35	0.40	−6	26	Ⅲ

续表 E.5

省市名	城 市 名	海拔高度(m)	风压(kN/m²)			雪压(kN/m²)			基本气温(℃)		雪荷载·准永久值系数分区
			$R=10$	$R=50$	$R=100$	$R=10$	$R=50$	$R=100$	最低	最高	
贵州	盘县	1515.2	0.25	0.35	0.40	0.25	0.35	0.45	—3	30	Ⅲ
	桐梓	972.0	0.20	0.30	0.35	0.10	0.15	0.20	—4	33	Ⅲ
	习水	1180.2	0.20	0.30	0.35	0.15	0.20	0.25	—5	31	Ⅲ
	毕节	1510.6	0.20	0.30	0.35	0.15	0.20	0.30	—4	30	Ⅲ
	遵义市	843.9	0.20	0.30	0.35	0.10	0.15	0.20	—2	34	Ⅲ
	湄潭	791.8	—	—	—	0.15	0.20	0.25	—3	34	Ⅲ
	思南	416.3	0.20	0.30	0.35	0.10	0.20	0.25	—1	36	Ⅲ
	铜仁	279.7	0.20	0.30	0.35	0.20	0.30	0.35	—2	37	Ⅲ
	黔西	1251.8	—	—	—	0.15	0.20	0.25	—4	32	Ⅲ
	安顺市	1392.9	0.20	0.30	0.35	0.20	0.30	0.35	—3	30	Ⅲ
	凯里市	720.3	0.20	0.30	0.35	0.15	0.20	0.25	—3	34	Ⅲ
	三穗	610.5	—	—	—	0.20	0.30	0.35	—4	34	Ⅲ
	兴仁	1378.5	0.20	0.30	0.35	0.20	0.35	0.40	—2	30	Ⅲ
	罗甸	440.3	0.20	0.30	0.35	—	—	—	1	37	—
	独山	1013.3	—	—	—	0.20	0.30	0.35	—3	32	Ⅲ
	榕江	285.7	—	—	—	0.10	0.15	0.20	—1	37	Ⅲ
云南	昆明市	1891.4	0.20	0.30	0.35	0.20	0.30	0.35	—1	28	Ⅲ
	德钦	3485.0	0.25	0.35	0.40	0.60	0.90	1.05	—12	22	Ⅱ
	贡山	1591.3	0.20	0.30	0.35	0.45	0.75	0.90	—3	30	Ⅱ
	中甸	3276.1	0.20	0.30	0.35	0.50	0.80	0.90	—15	22	Ⅱ
	维西	2325.6	0.20	0.30	0.35	0.45	0.65	0.75	—6	28	Ⅲ
	昭通市	1949.5	0.25	0.35	0.40	0.15	0.25	0.30	—6	28	Ⅲ
	丽江	2393.2	0.25	0.30	0.35	0.20	0.30	0.35	—5	27	Ⅲ
	华坪	1244.8	0.30	0.45	0.55	—	—	—	—1	35	—
	会泽	2109.5	0.25	0.35	0.40	0.25	0.35	0.40	—4	26	Ⅲ
	腾冲	1654.6	0.20	0.30	0.35	—	—	—	—3	27	—
	泸水	1804.9	0.20	0.30	0.35	—	—	—	1	26	—
	保山市	1653.5	0.20	0.30	0.35	—	—	—	—2	29	—
	大理市	1990.5	0.45	0.65	0.75	—	—	—	—2	28	—
	元谋	1120.2	0.25	0.35	0.40	—	—	—	2	35	—
	楚雄市	1772.0	0.20	0.35	0.40	—	—	—	—2	29	—
	曲靖市沾益	1898.7	0.25	0.30	0.35	0.25	0.40	0.45	—1	28	Ⅲ
	瑞丽	776.6	0.20	0.30	0.35	—	—	—	3	32	—
	景东	1162.3	0.20	0.30	0.35	—	—	—	1	32	—
	玉溪	1636.7	0.20	0.30	0.35	—	—	—	—1	30	—
	宜良	1532.1	0.25	0.45	0.55	—	—	—	1	28	—
	泸西	1704.3	0.25	0.30	0.35	—	—	—	—2	29	—

省市名	城 市 名	海拔高度(m)	风压(kN/m²)			雪压(kN/m²)			基本气温(℃)		雪荷载准永久值系数分区
			$R=10$	$R=50$	$R=100$	$R=10$	$R=50$	$R=100$	最低	最高	
云南	孟定	511.4	0.25	0.40	0.45	—	—	—	−5	32	—
	临沧	1502.4	0.20	0.30	0.35	—	—	—	0	29	—
	澜沧	1054.8	0.20	0.30	0.35	—	—	—	1	32	—
	景洪	552.7	0.20	0.40	0.50	—	—	—	7	35	—
	思茅	1302.1	0.25	0.45	0.50	—	—	—	3	30	—
	元江	400.9	0.25	0.30	0.35	—	—	—	7	37	—
	勐腊	631.9	0.20	0.30	0.35	—	—	—	7	34	—
	江城	1119.5	0.20	0.40	0.50	—	—	—	4	30	—
	蒙自	1300.7	0.25	0.35	0.45	—	—	—	3	31	—
	屏边	1414.1	0.20	0.40	0.35	—	—	—	2	28	—
	文山	1271.6	0.20	0.30	0.35	—	—	—	3	31	—
	广南	1249.6	0.25	0.35	0.40	—	—	—	0	31	—
西藏	拉萨市	3658.0	0.20	0.30	0.35	0.10	0.15	0.20	−13	27	Ⅲ
	班戈	4700.0	0.35	0.55	0.65	0.20	0.25	0.30	−22	18	Ⅰ
	安多	4800.0	0.45	0.75	0.90	0.25	0.40	0.45	−28	17	Ⅰ
	那曲	4507.0	0.30	0.45	0.50	0.30	0.40	0.45	−25	19	Ⅰ
	日喀则市	3836.0	0.20	0.30	0.35	0.10	0.15	0.15	−17	25	Ⅲ
	乃东县泽当	3551.7	0.20	0.30	0.35	0.10	0.15	0.15	−12	26	Ⅲ
	隆子	3860.0	0.30	0.45	0.50	0.10	0.15	0.20	−18	24	Ⅲ
	索县	4022.8	0.30	0.40	0.50	0.20	0.25	0.30	−23	22	Ⅰ
	昌都	3306.0	0.20	0.30	0.35	0.15	0.20	0.20	−15	27	Ⅱ
	林芝	3000.0	0.25	0.35	0.45	0.10	0.15	0.15	−9	25	Ⅲ
	葛尔	4278.0	—	—	—	0.10	0.15	0.15	−27	25	Ⅰ
	改则	4414.9	—	—	—	0.20	0.30	0.35	−29	23	Ⅰ
	普兰	3900.0	—	—	—	0.50	0.70	0.80	−21	25	Ⅰ
	申扎	4672.0	—	—	—	0.15	0.20	0.20	−22	19	Ⅰ
	当雄	4200.0	—	—	—	0.30	0.45	0.50	−23	21	Ⅱ
	尼木	3809.4	—	—	—	0.15	0.20	0.25	−17	26	Ⅲ
	聂拉木	3810.0	—	—	—	2.00	3.30	3.75	−13	18	Ⅰ
	定日	4300.0	—	—	—	0.15	0.25	0.30	−22	23	Ⅱ
	江孜	4040.0	—	—	—	0.10	0.10	0.15	−19	24	Ⅲ
	错那	4280.0	—	—	—	0.60	0.90	1.00	−24	16	Ⅲ
	帕里	4300.0	—	—	—	0.95	1.50	1.75	−23	16	Ⅱ
	丁青	3873.1	—	—	—	0.25	0.35	0.40	−17	22	Ⅱ
	波密	2736.0	—	—	—	0.25	0.35	0.40	−9	27	Ⅲ
	察隅	2327.6	—	—	—	0.35	0.55	0.65	−4	29	Ⅲ

省市名	城 市 名	海拔高度 (m)	风压(kN/m²)			雪压(kN/m²)			基本气温(℃)		雪荷载准永久值系数分区
			$R=10$	$R=50$	$R=100$	$R=10$	$R=50$	$R=100$	最低	最高	
台湾	台北	8.0	0.40	0.70	0.85	—					—
	新竹	8.0	0.50	0.80	0.95	—					—
	宜兰	9.0	1.10	1.85	2.30	—					—
	台中	78.0	0.50	0.80	0.90	—					—
	花莲	14.0	0.40	0.70	0.85	—					—
	嘉义	20.0	0.50	0.80	0.95	—					—
	马公	22.0	0.85	1.30	1.55	—					—
	台东	10.0	0.65	0.90	1.05	—					—
	冈山	10.0	0.55	0.80	0.95	—					—
	恒春	24.0	0.70	1.05	1.20	—					—
	阿里山	2406.0	0.25	0.35	0.40	—					—
	台南	14.0	0.60	0.85	1.00	—					—
香港	香港	50.0	0.80	0.90	0.95	—					—
	横澜岛	55.0	0.95	1.25	1.40	—					—
澳门	澳门	57.0	0.75	0.85	0.90	—					—

注：表中"—"表示该城市没有统计数据。

E.6 全国基本雪压、风压及基本气温分布图

E.6.1 全国基本雪压分布图见图 E.6.1。

E.6.2 雪荷载准永久值系数分区图见图 E.6.2。

E.6.3 全国基本风压分布图见图 E.6.3。

E.6.4 全国基本气温(最高气温)分布图见图 E.6.4。

E.6.5 全国基本气温(最低气温)分布图见图 E.6.5。

附录 F 结构基本自振周期的经验公式

F.1 高耸结构

F.1.1 一般高耸结构的基本自振周期，钢结构可取下式计算的较大值，钢筋混凝土结构可取下式计算的较小值：

$$T_1 = (0.007 \sim 0.013)H \qquad (F.1.1)$$

式中：H——结构的高度(m)。

F.1.2 烟囱和塔架等具体结构的基本自振周期可按下列规定采用：

  1 烟囱的基本自振周期可按下列规定计算：

    1)高度不超过 60m 的砖烟囱的基本自振周期按下式计算：

$$T_1 = 0.23 + 0.22 \times 10^{-2} \frac{H^2}{d} \qquad (F.1.2-1)$$

    2)高度不超过 150m 的钢筋混凝土烟囱的基本

自振周期按下式计算：

$$T_1 = 0.41 + 0.10 \times 10^{-2} \frac{H^2}{d} \qquad (F.1.2-2)$$

    3)高度超过 150m，但低于 210m 的钢筋混凝土烟囱的基本自振周期按下式计算：

$$T_1 = 0.53 + 0.08 \times 10^{-2} \frac{H^2}{d} \qquad (F.1.2-3)$$

式中：H——烟囱高度(m)；

      d——烟囱 1/2 高度处的外径(m)。

  2 石油化工塔架(图 F.1.2)的基本自振周期可按下列规定计算：

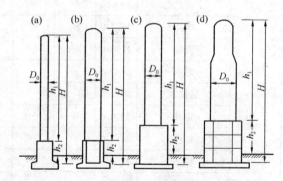

图 F.1.2 设备塔架的基础形式

(a)圆柱基础塔；(b)圆筒基础塔；(c)方形(板式)框架基础塔；(d)环形框架基础塔

    1)圆柱(筒)基础塔(塔壁厚不大于 30mm)的基

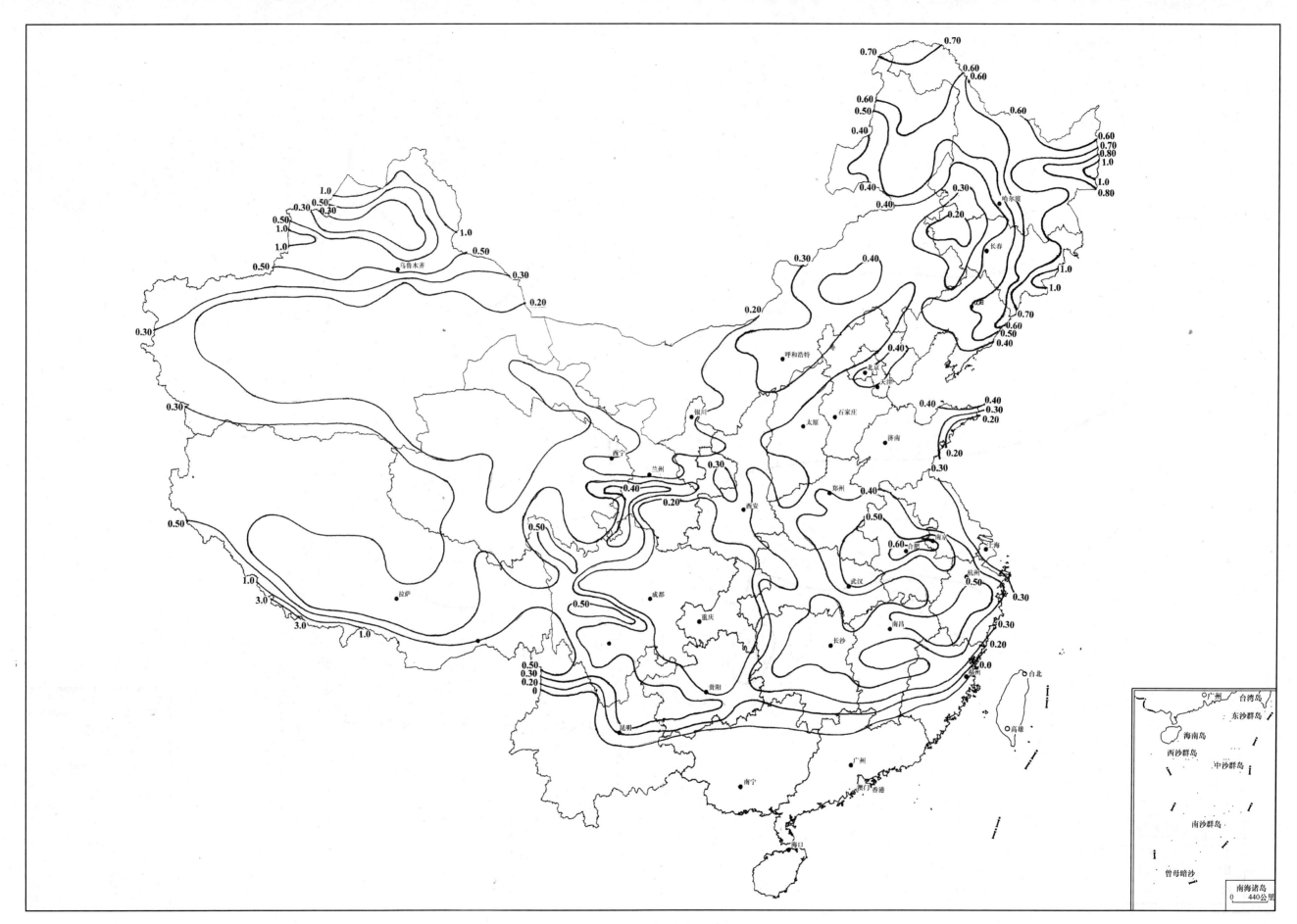

图 E.6.1　全国基本雪压分布图（kN/m²）

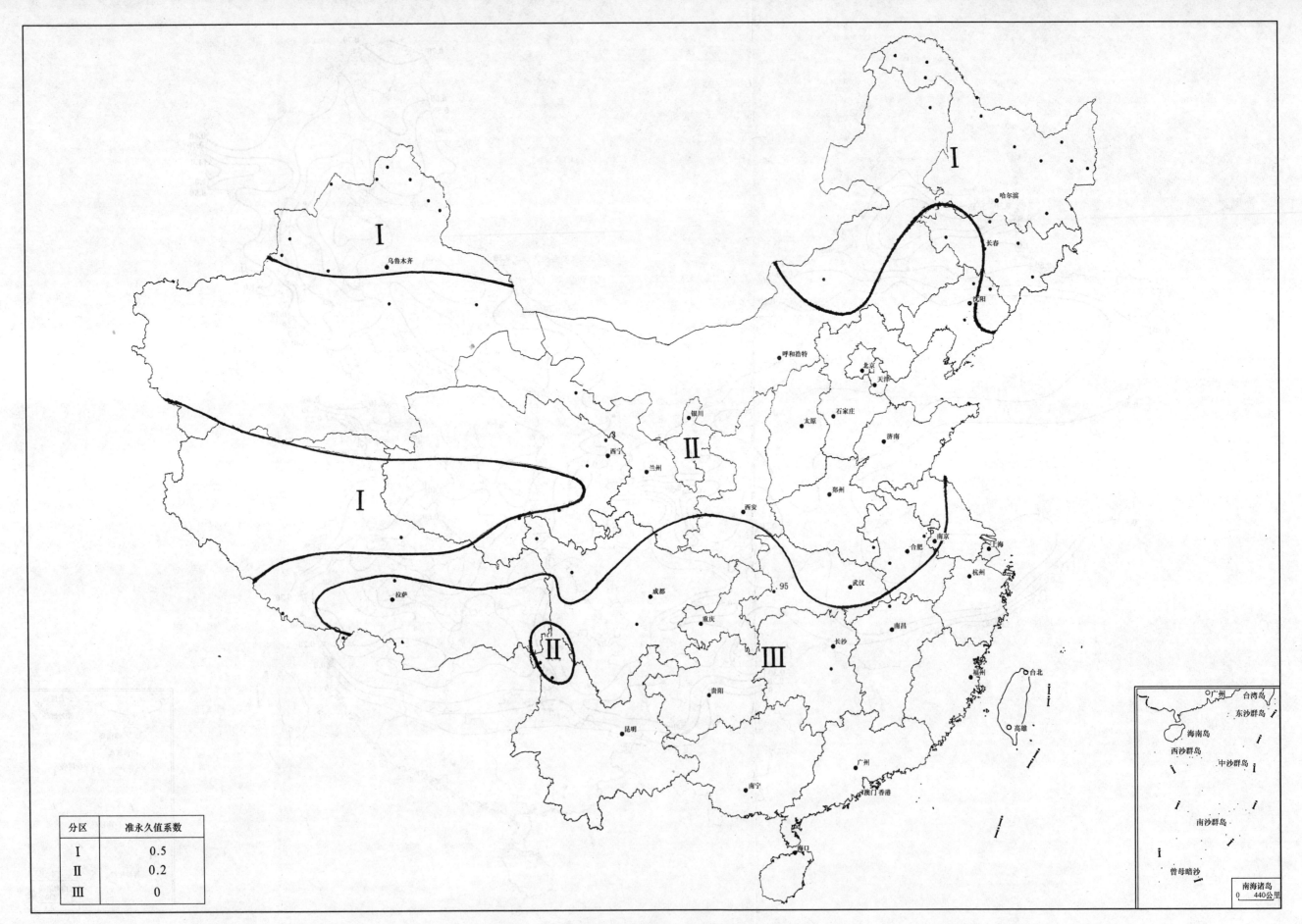

分区	准永久值系数
I	0.5
II	0.2
III	0

图 E.6.2　雪荷载准永久值系数分区图

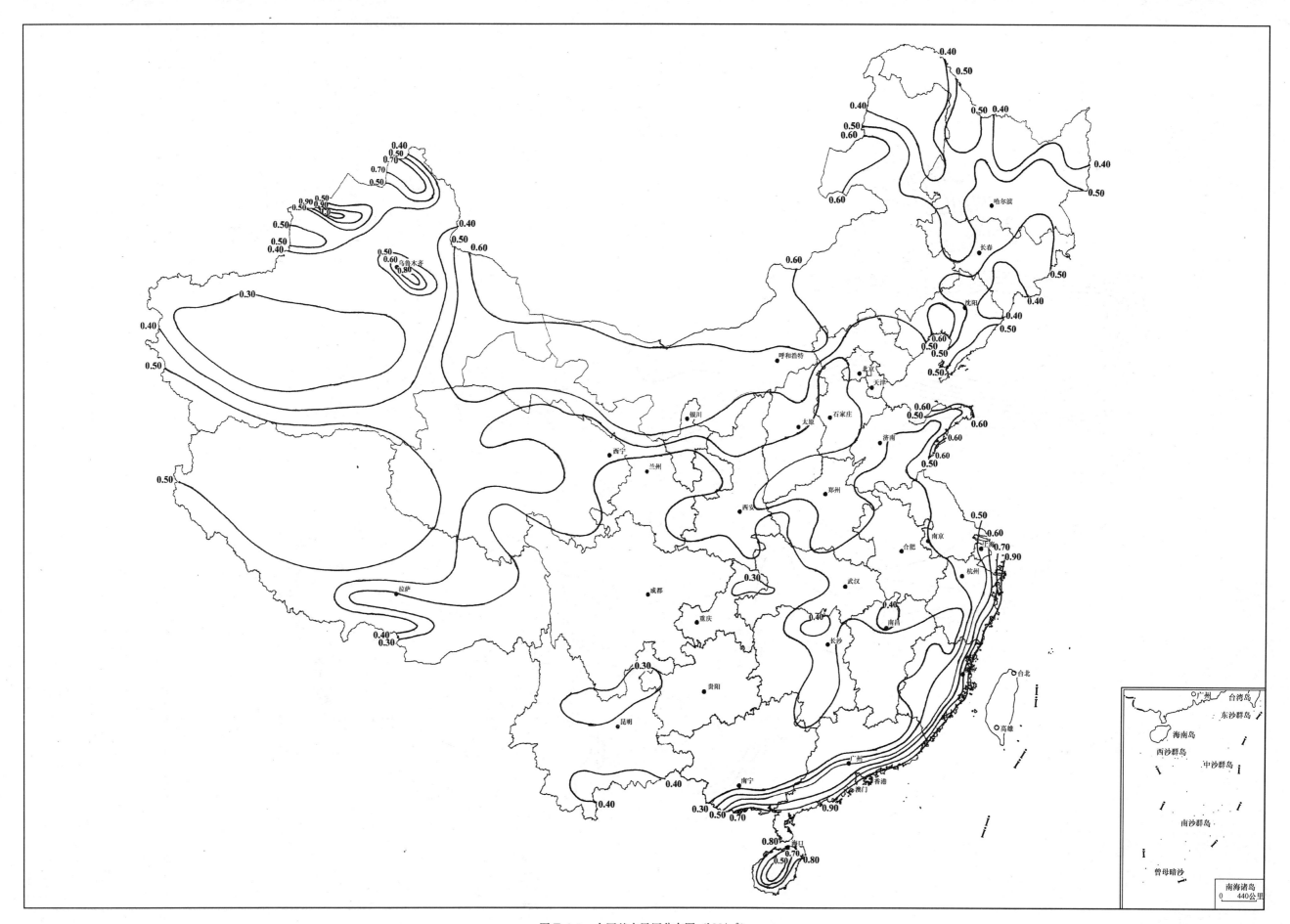

图 E.6.3　全国基本风压分布图（kN/m²）

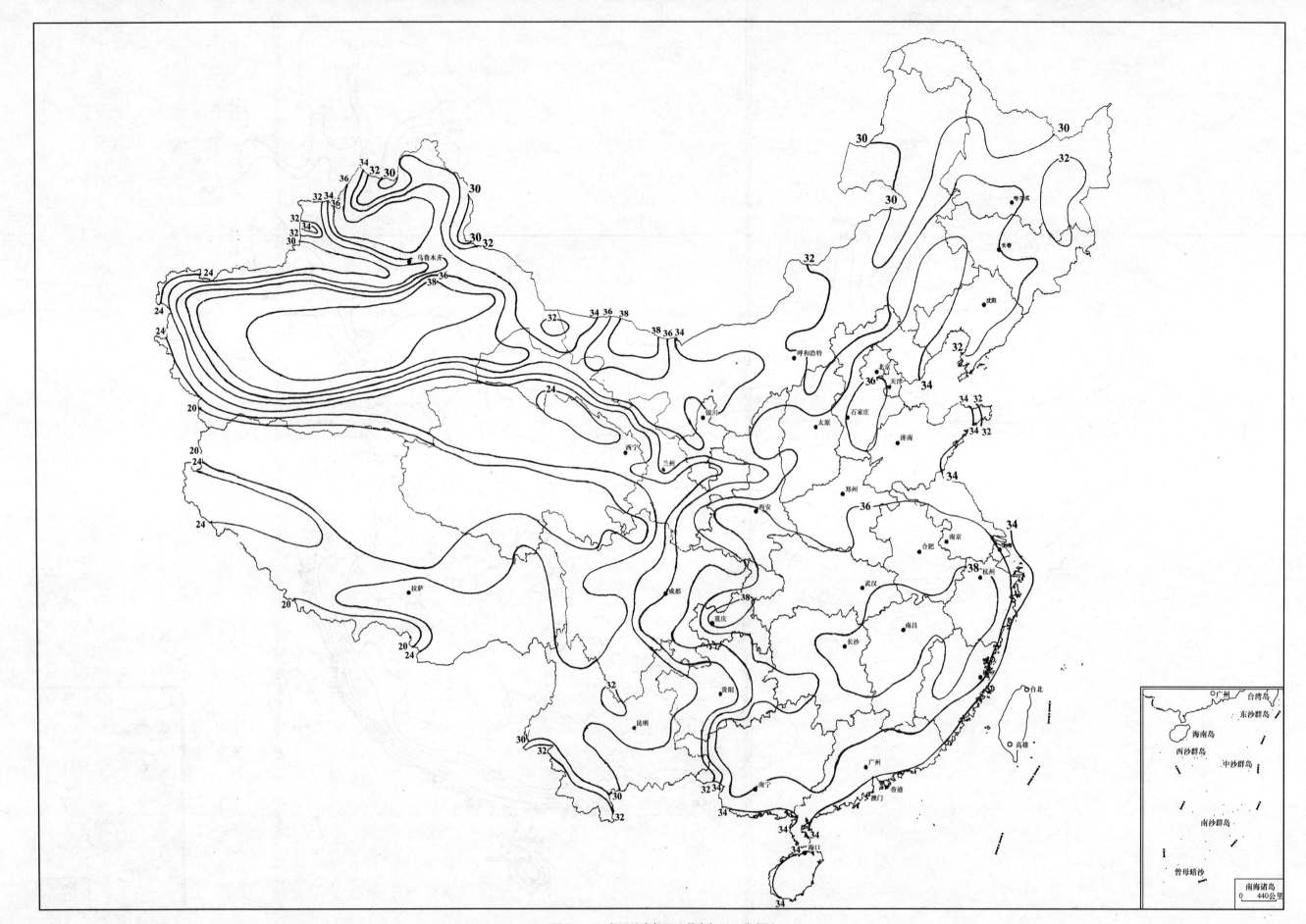

图 E.6.4 全国基本气温（最高气温）分布图

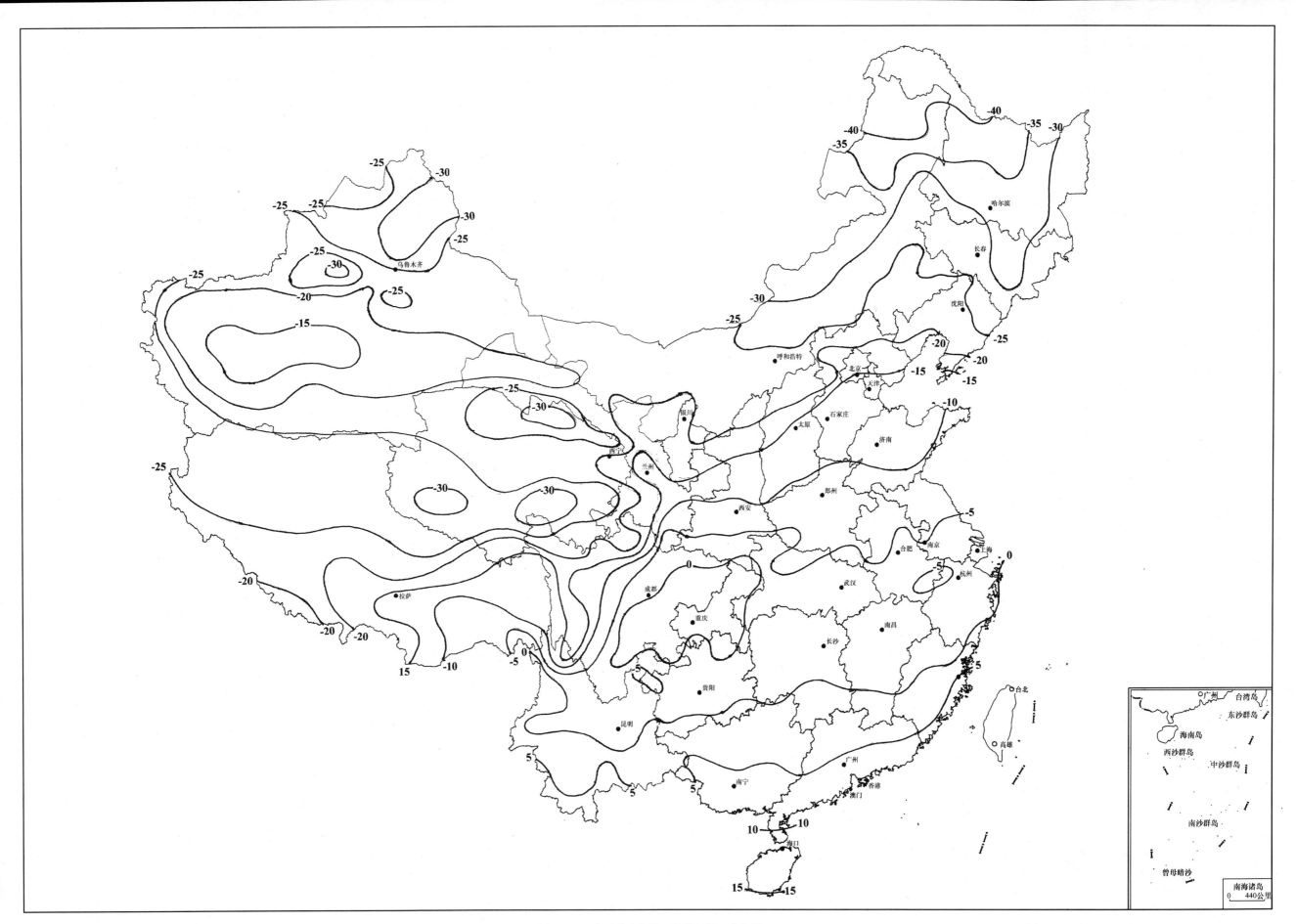

图 E.6.5 全国基本气温（最低气温）分布图

本自振周期按下列公式计算：

当 $H^2/D_0 < 700$ 时

$$T_1 = 0.35 + 0.85 \times 10^{-3} \frac{H^2}{D_0} \quad \text{(F.1.2-4)}$$

当 $H^2/D_0 \geqslant 700$ 时

$$T_1 = 0.25 + 0.99 \times 10^{-3} \frac{H^2}{D_0} \quad \text{(F.1.2-5)}$$

式中：H——从基础底板或柱基顶面至设备塔顶面的总高度(m)；

D_0——设备塔的外径(m)；对变直径塔，可按各段高度为权，取外径的加权平均值。

2）框架基础塔（塔壁厚不大于 30mm）的基本自振周期按下式计算：

$$T_1 = 0.56 + 0.40 \times 10^{-3} \frac{H^2}{D_0} \quad \text{(F.1.2-6)}$$

3）塔壁厚大于 30mm 的各类设备塔架的基本自振周期应按有关理论公式计算。

4）当若干塔由平台连成一排时，垂直于排列方向的各塔基本自振周期 T_1 可采用主塔（即周期最长的塔）的基本自振周期值；平行于排列方向的各塔基本自振周期 T_1 可采用主塔基本自振周期乘以折减系数 0.9。

F.2 高层建筑

F.2.1 一般情况下，高层建筑的基本自振周期可根据建筑总层数近似地按下列规定采用：

1 钢结构的基本自振周期按下式计算：

$$T_1 = (0.10 \sim 0.15)n \quad \text{(F.2.1-1)}$$

式中：n——建筑总层数。

2 钢筋混凝土结构的基本自振周期按下式计算：

$$T_1 = (0.05 \sim 0.10)n \quad \text{(F.2.1-2)}$$

F.2.2 钢筋混凝土框架、框剪和剪力墙结构的基本自振周期可按下列规定采用：

1 钢筋混凝土框架和框剪结构的基本自振周期按下式计算：

$$T_1 = 0.25 + 0.53 \times 10^{-3} \frac{H^2}{\sqrt[3]{B}} \quad \text{(F.2.2-1)}$$

2 钢筋混凝土剪力墙结构的基本自振周期按下式计算：

$$T_1 = 0.03 + 0.03 \frac{H}{\sqrt[3]{B}} \quad \text{(F.2.2-2)}$$

式中：H——房屋总高度(m)；

B——房屋宽度(m)。

附录 G 结构振型系数的近似值

G.0.1 结构振型系数应按实际工程由结构动力学计算得出。一般情况下，对顺风向响应可仅考虑第 1 振型的影响，对圆截面高层建筑及构筑物横风向的共振响应，应验算第 1 至第 4 振型的响应。本附录列出相应的前 4 个振型系数。

G.0.2 迎风面宽度远小于其高度的高耸结构，其振型系数可按表 G.0.2 采用。

表 G.0.2 高耸结构的振型系数

相对高度	振 型 序 号			
z/H	1	2	3	4
0.1	0.02	−0.09	0.23	−0.39
0.2	0.06	−0.30	0.61	−0.75
0.3	0.14	−0.53	0.76	−0.43
0.4	0.23	−0.68	0.53	0.32
0.5	0.34	−0.71	0.02	0.71
0.6	0.46	−0.59	−0.48	0.33
0.7	0.59	−0.32	−0.66	−0.40
0.8	0.79	0.07	−0.40	−0.64
0.9	0.86	0.52	0.23	−0.05
1.0	1.00	1.00	1.00	1.00

G.0.3 迎风面宽度较大的高层建筑，当剪力墙和框架均起主要作用时，其振型系数可按表 G.0.3 采用。

表 G.0.3 高层建筑的振型系数

相对高度	振 型 序 号			
z/H	1	2	3	4
0.1	0.02	−0.09	0.22	−0.38
0.2	0.08	−0.30	0.58	−0.73
0.3	0.17	−0.50	0.70	−0.40
0.4	0.27	−0.68	0.46	0.33
0.5	0.38	−0.63	−0.03	0.68
0.6	0.45	−0.48	−0.49	0.29
0.7	0.67	−0.18	−0.63	−0.47
0.8	0.74	0.17	−0.34	−0.62
0.9	0.86	0.58	0.27	−0.02
1.0	1.00	1.00	1.00	1.00

G.0.4 对截面沿高度规律变化的高耸结构，其第 1 振型系数可按表 G.0.4 采用。

表 G.0.4 高耸结构的第 1 振型系数

相对高度	高 耸 结 构				
z/H	$B_H/B_0=1.0$	0.8	0.6	0.4	0.2
0.1	0.02	0.02	0.01	0.01	0.01
0.2	0.06	0.06	0.05	0.04	0.03
0.3	0.14	0.12	0.11	0.09	0.07
0.4	0.23	0.21	0.19	0.16	0.13
0.5	0.34	0.32	0.29	0.26	0.21
0.6	0.46	0.44	0.41	0.37	0.31
0.7	0.59	0.57	0.55	0.51	0.45
0.8	0.79	0.71	0.69	0.66	0.61
0.9	0.86	0.86	0.85	0.83	0.80
1.0	1.00	1.00	1.00	1.00	1.00

注：表中 B_H、B_0 分别为结构顶部和底部的宽度。

附录 H 横风向及扭转风振的等效风荷载

H.1 圆形截面结构横风向风振等效风荷载

H.1.1 跨临界强风共振引起在 z 高度处振型 j 的等效风荷载标准值可按下列规定确定：

1 等效风荷载标准值 $w_{Lk,j}$（kN/m²）可按下式计算：

$$w_{Lk,j} = |\lambda_j| v_{cr}^2 \phi_j(z)/12800\zeta_j \quad (H.1.1-1)$$

式中：λ_j——计算系数；

v_{cr}——临界风速，按本规范公式（8.5.3-2）计算；

$\phi_j(z)$——结构的第 j 振型系数，由计算确定或按本规范附录 G 确定；

ζ_j——结构第 j 振型的阻尼比；对第 1 振型，钢结构取 0.01，房屋钢结构取 0.02，混凝土结构取 0.05；对高阶振型的阻尼比，若无相关资料，可近似按第 1 振型的值取用；

2 临界风速起始点高度 H_1 可按下式计算：

$$H_1 = H \times \left(\frac{v_{cr}}{1.2v_H}\right)^{1/\alpha} \quad (H.1.1-2)$$

式中：α——地面粗糙度指数，对 A、B、C 和 D 四类地面粗糙度分别取 0.12、0.15、0.22 和 0.30；

v_H——结构顶部风速（m/s），按本规范公式（8.5.3-3）计算。

注：横风向风振等效风荷载所考虑的高阶振型序号不大于 4，对一般悬臂型结构，可只取第 1 或第 2 阶振型。

3 计算系数 λ_j 可按表 H.1.1 采用。

表 H.1.1 λ_j 计算用表

结构类型	振型序号	H_1/H										
		0	0.1	0.2	0.3	0.4	0.5	0.6	0.7	0.8	0.9	1.0
高耸结构	1	1.56	1.55	1.54	1.49	1.42	1.31	1.15	0.94	0.68	0.37	0
	2	0.83	0.82	0.76	0.60	0.37	0.09	-0.16	-0.33	-0.38	-0.27	0
	3	0.52	0.48	0.32	0.06	-0.19	-0.30	-0.21	0.00	0.20	0.23	0
	4	0.30	0.33	0.20	-0.20	0.03	0.16	0.16	-0.05	-0.18		0
高层建筑	1	1.56	1.56	1.54	1.49	1.41	1.28	1.12	0.91	0.65	0.35	0
	2	0.73	0.72	0.63	0.45	0.19	-0.11	-0.36	-0.52	-0.53	-0.36	0

H.2 矩形截面结构横风向风振等效风荷载

H.2.1 矩形截面高层建筑当满足下列条件时，可按本节的规定确定其横风向风振等效风荷载：

1 建筑的平面形状和质量在整个高度范围内基本相同；

2 高宽比 $H/\sqrt{BD}$ 在 4～8 之间，深宽比 D/B 在 0.5～2 之间，其中 B 为结构的迎风面宽度，D 为结构平面的进深（顺风向尺寸）；

3 $v_H T_{L1}/\sqrt{BD} \leqslant 10$，$T_{L1}$ 为结构横风向第 1 阶自振周期，v_H 为结构顶部风速。

H.2.2 矩形截面高层建筑横风向风振等效风荷载标准值可按下式计算：

$$w_{Lk} = gw_0\mu_z C_L'\sqrt{1+R_L^2} \quad (H.2.2)$$

式中：w_{Lk}——横风向风振等效风荷载标准值（kN/m²），计算横风向风力时应乘以迎风面的面积；

g——峰值因子，可取 2.5；

C_L'——横风向风力系数；

R_L——横风向共振因子。

H.2.3 横风向风力系数可按下列公式计算：

$$C_L' = (2+2\alpha)C_m\gamma_{CM} \quad (H.2.3-1)$$

$$\gamma_{CM} = C_R - 0.019\left(\frac{D}{B}\right)^{-2.54} \quad (H.2.3-2)$$

式中：C_m——横风向风力角沿修正系数，可按本附录第 H.2.5 条的规定采用；

α——风速剖面指数，对应 A、B、C 和 D 类粗糙度分别取 0.12、0.15、0.22 和 0.30；

C_R——地面粗糙度系数，对应 A、B、C 和 D 类粗糙度分别取 0.236、0.211、0.202 和 0.197。

H.2.4 横风向共振因子可按下列规定确定：

1 横风向共振因子 R_L 可按下列公式计算：

$$R_L = K_L\sqrt{\frac{\pi S_{F_L} C_{sm}/\gamma_{CM}^2}{4(\zeta_1+\zeta_{a1})}} \quad (H.2.4-1)$$

$$K_L = \frac{1.4}{(\alpha+0.95)C_m} \cdot \left(\frac{z}{H}\right)^{-2\alpha+0.9} \quad (H.2.4-2)$$

$$\zeta_{a1} = \frac{0.0025(1-T_{L1}^{*2})T_{L1}^* + 0.000125T_{L1}^{*2}}{(1-T_{L1}^{*2})^2 + 0.0291T_{L1}^{*2}} \quad (H.2.4-3)$$

$$T_{L1}^* = \frac{v_H T_{L1}}{9.8B} \quad (H.2.4-4)$$

式中：S_{F_L}——无量纲横风向广义风力功率谱；

C_{sm}——横风向风力功率谱的角沿修正系数，可按本附录第 H.2.5 条的规定采用；

ζ_1——结构第 1 阶振型阻尼比；

K_L——振型修正系数；

ζ_{a1}——结构横风向第1阶振型气动阻尼比；

T_{L1}^*——折算周期。

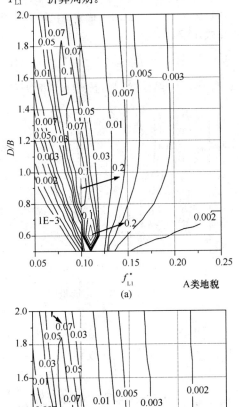

图 H.2.4 无量纲横风向广义风力功率谱(一)

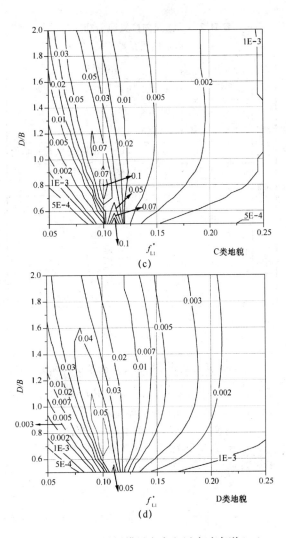

图 H.2.4 无量纲横风向广义风力功率谱(二)

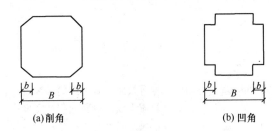

图 H.2.5 截面削角和凹角示意图

2 无量纲横风向广义风力功率谱 S_{F_L}，可根据深宽比 D/B 和折算频率 f_{L1}^* 按图 H.2.4 确定。折算频率 f_{L1}^* 按下式计算：

$$f_{L1}^* = f_{L1} B/v_H \qquad (\text{H.2.4-5})$$

式中：f_{L1}——结构横风向第1阶振型的频率(Hz)。

H.2.5 角沿修正系数 C_m 和 C_{sm} 可按下列规定确定：

1 对于横截面为标准方形或矩形的高层建筑，C_m 和 C_{sm} 取 1.0；

2 对于图 H.2.5 所示的削角或凹角矩形截面，横风向风力系数的角沿修正系数 C_m 可按下式计算：

$$C_m = \begin{cases} 1.00 - 81.6 \left(\dfrac{b}{B}\right)^{1.5} + 301 \left(\dfrac{b}{B}\right)^2 - 290 \left(\dfrac{b}{B}\right)^{2.5} \\ \qquad 0.05 \leqslant b/B \leqslant 0.2 \quad \text{凹角} \\ 1.00 - 2.05 \left(\dfrac{b}{B}\right)^{0.5} + 24 \left(\dfrac{b}{B}\right)^{1.5} - 36.8 \left(\dfrac{b}{B}\right)^2 \\ \qquad 0.05 \leqslant b/B \leqslant 0.2 \quad \text{削角} \end{cases}$$

$$(\text{H.2.5})$$

式中：b——削角或凹角修正尺寸(m)(图 H.2.5)。

3 对于图 H.2.5 所示的削角或凹角矩形截面，横风向广义风力功率谱的角沿修正系数 C_{sm} 可按表 H.2.5 取值。

表 H.2.5 横风向广义风力功率谱的角沿修正系数 C_{sm}

角沿情况	地面粗糙度类别	b/B	折减频率(f_{L1}^*)						
			0.100	0.125	0.150	0.175	0.200	0.225	0.250
削角	B类	5%	0.183	0.905	1.2	1.2	1.2	1.2	1.1
		10%	0.070	0.349	0.568	0.653	0.684	0.670	0.653
		20%	0.106	0.902	0.953	0.819	0.743	0.667	0.626
削角	D类	5%	0.368	0.749	0.922	0.955	0.943	0.917	0.897
		10%	0.256	0.504	0.659	0.706	0.713	0.697	0.686
		20%	0.339	0.974	0.977	0.894	0.841	0.805	0.790
凹角	B类	5%	0.106	0.595	0.980	1.0	1.0	1.0	1.0
		10%	0.033	0.228	0.450	0.565	0.610	0.604	0.594
		20%	0.042	0.842	0.563	0.451	0.421	0.400	0.400
凹角	D类	5%	0.267	0.586	0.839	0.955	0.987	0.991	0.984
		10%	0.091	0.261	0.452	0.567	0.613	0.633	0.628
		20%	0.169	0.954	0.659	0.527	0.475	0.447	0.453

注：1 A类地面粗糙度的 C_{sm} 可按B类取值；

　　2 C类地面粗糙度的 C_{sm} 可按B类和D类插值取用。

H.3 矩形截面结构扭转风振等效风荷载

H.3.1 矩形截面高层建筑当满足下列条件时，可按本节的规定确定其扭转风振等效风荷载：

1 建筑的平面形状在整个高度范围内基本相同；

2 刚度及质量的偏心率（偏心距/回转半径）小于0.2；

3 $\dfrac{H}{\sqrt{BD}} \leqslant 6$，$D/B$ 在1.5～5范围内，$\dfrac{T_{T1} v_H}{\sqrt{BD}} \leqslant 10$，其中 T_{T1} 为结构第1阶扭转振型的周期(s)，应按结构动力计算确定。

H.3.2 矩形截面高层建筑扭转风振等效风荷载标准值可按下式计算：

$$w_{Tk} = 1.8 g w_0 \mu_H C_T' \left(\frac{z}{H}\right)^{0.9} \sqrt{1 + R_T^2}$$

(H.3.2)

式中：w_{Tk}——扭转风振等效风荷载标准值(kN/m²)，扭矩计算应乘以迎风面面积和宽度；

μ_H——结构顶部风压高度变化系数；

g——峰值因子，可取2.5；

C_T'——风致扭矩系数；

R_T——扭转共振因子。

H.3.3 风致扭矩系数可按下式计算：

$$C_T' = \{0.0066 + 0.015 (D/B)^2\}^{0.78} \quad \text{(H.3.3)}$$

H.3.4 扭转共振因子可按下列规定确定：

1 扭转共振因子可按下列公式计算：

$$R_T = K_T \sqrt{\frac{\pi F_T}{4 \zeta_1}} \qquad \text{(H.3.4-1)}$$

$$K_T = \frac{(B^2 + D^2)}{20 r^2} \left(\frac{z}{H}\right)^{-0.1} \qquad \text{(H.3.4-2)}$$

式中：F_T——扭矩谱能量因子；

K_T——扭转振型修正系数；

r——结构的回转半径(m)。

2 扭矩谱能量因子 F_T 可根据深宽比 D/B 和扭转折算频率 f_{T1}^* 按图 H.3.4 确定。扭转折算频率 f_{T1}^* 按下式计算：

$$f_{T1}^* = \frac{f_{T1} \sqrt{BD}}{v_H} \qquad \text{(H.3.4-3)}$$

式中：f_{T1}——结构第1阶扭转自振频率(Hz)。

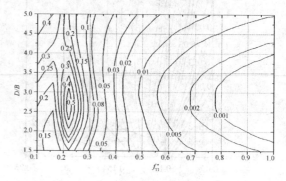

图 H.3.4　扭矩谱能量因子

附录 J　高层建筑顺风向和横风向风振加速度计算

J.1 顺风向风振加速度计算

J.1.1 体型和质量沿高度均匀分布的高层建筑，顺风向风振加速度可按下式计算：

$$a_{D,z} = \frac{2 g I_{10} w_R \mu_s \mu_z B_z \eta_a B}{m} \qquad \text{(J.1.1)}$$

式中，$a_{D,z}$——高层建筑 z 高度顺风向风振加速度(m/s²)；

g——峰值因子，可取2.5；

I_{10}——10m高度名义湍流度，对应A、B、C和D类地面粗糙度，可分别取0.12、0.14、0.23和0.39；

w_R——重现期为 R 年的风压(kN/m²)，可按本规范附录E公式(E.3.3)计算；

B——迎风面宽度(m)；

m——结构单位高度质量(t/m)；

μ_z——风压高度变化系数；

μ_s——风荷载体型系数；

B_z——脉动风荷载的背景分量因子，按本规范公式(8.4.5)计算；

η_a——顺风向风振加速度的脉动系数。

J.1.2 顺风向风振加速度的脉动系数 η_a 可根据结构阻尼比 ζ_1 和系数 x_1，按表J.1.2确定。系数 x_1 按本规范公式(8.4.4-2)计算。

表 J.1.2　顺风向风振加速度的脉动系数 η_a

x_1	$\zeta_1=0.01$	$\zeta_1=0.02$	$\zeta_1=0.03$	$\zeta_1=0.04$	$\zeta_1=0.05$
5	4.14	2.94	2.41	2.10	1.88
6	3.93	2.79	2.28	1.99	1.78
7	3.75	2.66	2.18	1.90	1.70
8	3.59	2.55	2.09	1.82	1.63
9	3.46	2.46	2.02	1.75	1.57
10	3.35	2.38	1.95	1.69	1.52
20	2.67	1.90	1.55	1.35	1.21
30	2.34	1.66	1.36	1.18	1.06
40	2.12	1.51	1.23	1.07	0.96
50	1.97	1.40	1.15	1.00	0.89
60	1.86	1.32	1.08	0.94	0.84
70	1.76	1.25	1.03	0.89	0.80
80	1.69	1.20	0.98	0.85	0.76
90	1.62	1.15	0.94	0.82	0.74
100	1.56	1.11	0.91	0.79	0.71
120	1.47	1.05	0.86	0.74	0.67
140	1.40	0.99	0.81	0.71	0.63
160	1.34	0.95	0.78	0.68	0.61
180	1.29	0.91	0.75	0.65	0.58
200	1.24	0.88	0.72	0.63	0.56
220	1.20	0.85	0.70	0.61	0.55
240	1.17	0.83	0.68	0.59	0.53
260	1.14	0.81	0.66	0.58	0.52
280	1.11	0.79	0.65	0.56	0.50
300	1.09	0.77	0.63	0.55	0.49

J.2　横风向风振加速度计算

J.2.1　体型和质量沿高度均匀分布的矩形截面高层建筑，横风向风振加速度可按下式计算：

$$a_{L,z}=\frac{2.8gw_R\mu_H B}{m}\phi_{L1}(z)\sqrt{\frac{\pi S_{F_L}C_{sm}}{4(\zeta_1+\zeta_{a1})}}$$

$$(J.2.1)$$

式中：$a_{L,z}$——高层建筑 z 高度横风向风振加速度（m/s²）；

　　　　g——峰值因子，可取 2.5；

　　　　w_R——重现期为 R 年的风压（kN/m²），可按本规范附录 E 第 E.3.3 条的规定计算；

　　　　B——迎风面宽度（m）；

　　　　m——结构单位高度质量（t/m）；

　　　　μ_H——结构顶部风压高度变化系数；

　　　　S_{F_L}——无量纲横风向广义风力功率谱，可按本规范附录 H 第 H.2.4 确定；

　　　　C_{sm}——横风向风力谱的角沿修正系数，可按本规范附录 H 第 H.2.5 条的规定采用；

　　　　$\phi_{L1}(z)$——结构横风向第 1 阶振型系数；

　　　　ζ_1——结构横风向第 1 阶振型阻尼比；

　　　　ζ_{a1}——结构横风向第 1 阶振型气动阻尼比，可按本规范附录 H 公式（H.2.4-3）计算。

本规范用词说明

1　为便于在执行本规范条文时区别对待，对执行规范严格程度的用词说明如下：

1）表示很严格，非这样做不可的用词：

正面词采用"必须"，反面词采用"严禁"；

2）表示严格，在正常情况下均应这样做的用词：

正面词采用"应"，反面词采用"不应"或"不得"；

3）表示允许稍有选择，在条件许可时首先应这样做的用词：

正面词采用"宜"，反面词采用"不宜"；

4）表示有选择，在一定条件下可以这样做的，采用"可"。

2　条文中指明应按其他有关标准执行的写法为："应符合……的规定"或"应按……执行"。

引用标准名录

1　《人民防空地下室设计规范》GB 50038

2　《工程结构可靠性设计统一标准》GB 50153

中华人民共和国国家标准

建筑结构荷载规范

GB 50009—2012

条 文 说 明

修 订 说 明

《建筑结构荷载规范》GB 50009-2012，经住房和城乡建设部 2012 年 5 月 28 日以第 1405 号公告批准、发布。

本规范是在《建筑结构荷载规范》GB 50009-2001（2006 年版）的基础上修订而成。上一版的主编单位是中国建筑科学研究院，参编单位是同济大学、建设部建筑设计院、中国轻工国际工程设计院、中国建筑标准设计研究所、北京市建筑设计研究院、中国气象科学研究院。主要起草人是陈基发、胡德炘、金新阳、张相庭、顾子聪、魏才昂、蔡益燕、关桂学、薛桁。本次修订中，上一版主要起草人陈基发、张相庭、魏才昂、薛桁等作为顾问专家参与修订工作，发挥了重要作用。

本规范修订过程中，编制组开展了设计使用年限可变荷载调整系数与偶然荷载组合、雪荷载灾害与屋面积雪分布、风荷载局部体型系数与内压系数、高层建筑群体干扰效应、高层建筑结构顺风向风振响应计算、高层建筑横风向与扭转风振响应计算、国内外温度作用规范与应用、国内外偶然作用规范与应用等多项专题研究，收集了自上一版发布以来反馈的意见和建议，认真总结了工程设计经验，参考了国内外规范和国际标准的有关内容，在全国范围内广泛征求了建设主管部门和设计院等有关使用单位的意见，并对反馈意见进行了汇总和处理。

本次修订增加了第 4 章、第 9 章和第 10 章，增加了附录 B、附录 H 和附录 J，规范的涵盖范围和技术内容有较大的扩充和修订。

为了便于设计、审图、科研和学校等单位的有关人员在使用本规范时能正确理解和执行条文规定，《建筑结构荷载规范》编制组按章、节、条顺序编写了本规范的条文说明，对条文规定的目的、编制依据以及执行中需注意的有关事项进行了说明，部分条文还列出了可提供进一步参考的文献。但是，本条文说明不具备与规范正文同等的法律效力，仅供使用者作为理解和把握条文内容的参考。

目　次

1 总　　则

1.0.1 制定本规范的目的首先是要保证建筑结构设计的安全可靠，同时兼顾经济合理。

1.0.2 本规范的适用范围限于工业与民用建筑的主结构及其围护结构的设计，其中也包括附属于该类建筑的一般构筑物在内，例如烟囱、水塔等。在设计其他土木工程结构或特殊的工业构筑物时，本规范中规定的风、雪荷载也可作为设计的依据。此外，对建筑结构的地基基础设计，其上部传来的荷载也应以本规范为依据。

1.0.3 本标准在可靠性理论基础、基本原则以及设计方法等方面遵循《工程结构可靠性设计统一标准》GB 50153-2008 的有关规定。

1.0.4 结构上的作用是指能使结构产生效应（结构或构件的内力、应力、位移、应变、裂缝等）的各种原因的总称。直接作用是指作用在结构上的力集（包括集中力和分布力），习惯上统称为荷载，如永久荷载、活荷载、吊车荷载、雪荷载、风荷载以及偶然荷载等。间接作用是指那些不是直接以力集的形式出现的作用，如地基变形、混凝土收缩和徐变、焊接变形、温度变化以及地震等引起的作用等。

本次修订增加了温度作用的规定，因此本规范涉及的内容范围也由直接作用（荷载）扩充到间接作用。考虑到设计人员的习惯和使用方便，在规范条文中规定对于可变荷载的规定同样适用于温度作用，这样，在后面的条文的用词中涉及温度作用有关内容时不再区分作用与荷载，统一以荷载来表述。

对于其他间接作用，目前尚不具备条件列入本规范。尽管在本规范中没有给出各类间接作用的规定，但在设计中仍应根据实际可能出现的情况加以考虑。

对于位于地震设防地区的建筑结构，地震作用是必须考虑的主要作用之一。由于《建筑抗震设计规范》GB 50011 已经对地震作用作了相应规定，本规范不再涉及。

1.0.5 除本规范中给出的荷载外，在某些工程中仍有一些其他性质的荷载需要考虑，例如塔桅结构上结构构件、架空线、拉绳表面的裹冰荷载，由《高耸结构设计规范》GB 50135 规定，储存散料的储仓荷载由《钢筋混凝土筒仓设计规范》GB 50077 规定，地下构筑物的水压力和土压力由《给水排水工程构筑物结构设计规范》GB 50069 规定，烟囱结构的温差作用由《烟囱设计规范》GB 50051 规定，设计中应按相应的规范执行。

2　术语和符号

术语和符号是根据现行国家标准《工程结构设计基本术语和通用符号》GBJ 132、《建筑结构设计术语和符号标准》GB/T 50083 的规定，并结合本规范的具体情况给出的。

本次修订在保持原有术语符号基本不变的情况下，增加了与温度作用相关的术语，如温度作用、气温、基本气温、均匀温度以及初始温度等，增加了横风向与扭转风振、温度作用以及偶然荷载相关的符号。

3　荷载分类和荷载组合

3.1　荷载分类和荷载代表值

3.1.1 《工程结构可靠性设计统一标准》GB 50153 指出，结构上的作用可按随时间或空间的变异分类，还可按结构的反应性质分类，其中最基本的是按随时间的变异分类。在分析结构可靠度时，它关系到概率模型的选择；在按各类极限状态设计时，它还关系到荷载代表值及其效应组合形式的选择。

本规范中的永久荷载和可变荷载，类同于以往所谓的恒荷载和活荷载；而偶然荷载也相当于 50 年代规范中的特殊荷载。

土压力和预应力作为永久荷载是因为它们都是随时间单调变化而能趋于限值的荷载，其标准值都是依其可能出现的最大值来确定。在建筑结构设计中，有时也会遇到有水压力作用的情况，对水位不变的水压力可按永久荷载考虑，而水位变化的水压力应按可变荷载考虑。

地震作用（包括地震力和地震加速度等）由《建筑抗震设计规范》GB 50011 具体规定。

偶然荷载，如撞击、爆炸等是由各部门以其专业本身特点，一般按经验确定采用。本次修订增加了偶然荷载一章，偶然荷载的标准值可按该章规定的方法确定采用。

3.1.2 结构设计中采用何种荷载代表将直接影响到荷载的取值和大小，关系结构设计的安全，要以强制性条文给以规定。

虽然任何荷载都具有不同性质的变异性，但在设计中，不可能直接引用反映荷载变异性的各种统计参数，通过复杂的概率运算进行具体设计。因此，在设计时，除了采用能便于设计者使用的设计表达式外，对荷载仍应赋予一个规定的量值，称为荷载代表值。荷载可根据不同的设计要求，规定不同的代表值，以使之能更确切地反映它在设计中的特点。本规范给出荷载的四种代表值：标准值、组合值、频遇值和准永久值。荷载标准值是荷载的基本代表值，而其他代表值都可在标准值的基础上乘以相应的系数后得出。

荷载标准值是指其在结构的使用期间可能出现的最大荷载值。由于荷载本身的随机性，因而使用期间的最大荷载也是随机变量，原则上也可用它的统计分布来描述。按《工程结构可靠性设计统一标准》GB 50153 的规定，荷载标准值统一由设计基准期最大荷载概率分布的某个分位值来确定，设计基准期统一规定为 50 年，而对该分位值的百分位未作统一规定。

因此，对某类荷载，当有足够资料而有可能对其统计分布作出合理估计时，则在其设计基准期最大荷载的分布上，可根据协议的百分位，取其分位值作为该荷载的代表值，原则上可取分布的特征值（例如均值、众值或中值），国际上习惯称之为荷载的特征值（Characteristic value）。实际上，对于大部分自然荷载，包括风雪荷载，习惯上都以其规定的平均重现期来定义标准值，也即相当于以其重现期内最大荷载的分布的众值为标准值。

目前，并非对所有荷载都能取得充分的资料，为此，不得不从实际出发，根据已有的工程实践经验，通过分析判断后，协议一个公称值（Nominal value）作为代表值。在本规范中，对按这两种方式规定的代表值统称为荷载标准值。

3.1.3 在确定各类可变荷载的标准值时，会涉及出现荷载最大值的时域问题，本规范统一采用一般结构的设计使用年限 50 年作为规定荷载最大值的时域，在此也称之为设计基准期。采用不同的设计基准期，会得到不同的可变荷载代表值，因而也会直接影响结构的安全，必须以强制性条文予以确定。设计人员在按本规范的原则和方法确定其他可变荷载时，也应采用 50 年设计基准期，以便与本规范规定的分项系数、组合值系数等参数相匹配。

3.1.4 本规范所涉及的荷载，其标准值的取值应按本规范各章的规定采用。本规范提供的荷载标准值，若属于强制性条款，在设计中必须作为荷载最小值采用；若不属于强制性条款，则应由业主认可后采用，并在设计文件中注明。

3.1.5 当有两种或两种以上的可变荷载在结构上要求同时考虑时，由于所有可变荷载同时达到其单独出现时可能达到的最大值的概率极小，因此，除主导荷载（产生最大效应的荷载）仍可以其标准值为代表值外，其他伴随荷载均应采用相应时段内的最大荷载，也即以小于其标准值的组合值为荷载代表值，而组合值原则上可按相应时段最大荷载分布中的协议分位值（可取与标准值相同的分位值）来确定。

国际标准对组合值的确定方法另有规定，它出于可靠指标一致性的目的，并采用经简化后的敏感系数 α，给出两种不同方法的组合值系数表达式。在概念上这种方式比用分位值的表达方式更为合理，但在研究中发现，采用不同方法所得的结果对实际应用来说，并没有明显的差异，考虑到目前实际荷载取样的局限性，因此本规范暂时不明确组合值的确定方法，主要还是在工程设计的经验范围内，偏保守地加以确定。

确定。

3.1.6 荷载的标准值是在规定的设计基准期内最大荷载的意义上确定的，它没有反映荷载作为随机过程而具有随时间变异的特性。当结构按正常使用极限状态的要求进行设计时，例如要求控制房屋的变形、裂缝、局部损坏以及引起不舒适的振动时，就应从不同的要求出发，来选择荷载的代表值。

在可变荷载 Q 的随机过程中，荷载超过某水平 Q_x 的表示方式，国际标准对此建议有两种：

1 用超过 Q_x 的总持续时间 $T_x = \Sigma_i$，或其与设计基准期 T 的比值 $\mu_x = T_x/T$ 来表示，见图 1 (a)。图 1 (b) 给出的是可变荷载 Q 在非零时域内任意时点荷载 Q^* 的概率分布函数 $F_{Q^*}(Q)$，超越 Q_x 的概率为 p^* 可按下式确定：

$$p^* = 1 - F_{Q^*}(Q_x)$$

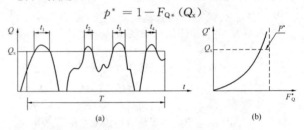

图 1 可变荷载按持续时间确定代表值示意图

对于各态历经的随机过程，μ_x 可按下式确定：

$$\mu_x = \frac{T_x}{T} = p^* q$$

式中，q 为荷载 Q 的非零概率。

当 μ_x 为规定时，则相应的荷载水平 Q_x 按下式确定：

$$Q_x = F_{Q^*}^{-1}\left(1 - \frac{\mu_x}{q}\right)$$

对于与时间有关联的正常使用极限状态，荷载的代表值均可考虑按上述方式取值。例如允许某些极限状态在一个较短的持续时间内被超过，或在总体上不长的时间内被超过，可以采用较小的 μ_x 值（建议不大于 0.1）计算荷载频遇值 Q_f 作为荷载的代表值，它相当于在结构上时而出现的较大荷载值，但总是小于荷载的标准值。对于在结构上经常作用的可变荷载，应以荷载准永久值为代表值，相应的 μ_x 值建议取 0.5，相当于可变荷载在整个变化过程中的中间值。

2 用超越 Q_x 的次数 n_x 或单位时间内的平均超越次数 $\nu_x = n_x/T$（跨阈率）来表示（图 2）。

跨阈率可通过直接观察确定，一般也可应用随机过程的某些特性（例如其谱密度函数）间接确定。当其任意时点荷载的均值 μ_{Q^*} 及其跨阈率 ν_m 为已知，而且荷载是高斯平稳各态历经的随机过程，则对应于跨阈率 ν_x 的荷载水平 Q_x 按下式确定：

$$Q_x = \mu_{Q^*} + \sigma_{Q^*} \sqrt{\ln{(\nu_m/\nu_x)^2}}$$

对于与荷载超越次数有关联的正常使用极限状态，荷载的代表值可考虑按上述方式取值，国际标准

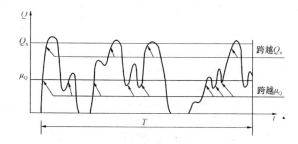

图 2 可变荷载按跨阈率确定代表值示意图

建议将此作为确定频遇值的另一种方式，尤其是当结构振动时涉及人的舒适性、影响非结构构件的性能和设备的使用功能的极限状态，但是国际标准关于跨阈率的取值目前并没有具体的建议。

按严格的统计定义来确定频遇值和准永久值目前还比较困难，本规范所提供的这些代表值，大部分还是根据工程经验并参考国外标准的相关内容后确定的。对于有可能再划分为持久性和临时性两类的可变荷载，可以直接引用荷载的持久性部分，作为荷载准永久值取值的依据。

3.2 荷 载 组 合

3.2.1、3.2.2 当整个结构或结构的一部分超过某一特定状态，而不能满足设计规定的某一功能要求时，则称此特定状态为结构对该功能的极限状态。设计中的极限状态往往以结构的某种荷载效应，如内力、应力、变形、裂缝等超过相应规定的标志为依据。根据设计中要求考虑的结构功能，结构的极限状态在总体上可分为两大类，即承载能力极限状态和正常使用极限状态。对承载能力极限状态，一般是以结构的内力超过其承载能力为依据；对正常使用极限状态，一般是以结构的变形、裂缝、振动参数超过设计允许的限值为依据。在当前的设计中，有时也通过结构应力的控制来保证结构满足正常使用的要求，例如地基承载应力的控制。

对所考虑的极限状态，在确定其荷载效应时，应对所有可能同时出现的诸荷载作用加以组合，求得组合后在结构中的总效应。考虑荷载出现的变化性质，包括出现与否和不同的作用方向，这种组合可以多种多样，因此还必须在所有可能组合中，取其中最不利的一组作为该极限状态的设计依据。

3.2.3 对于承载能力极限状态的荷载组合，可按《工程结构可靠性设计统一标准》GB 50153-2008 的规定，根据所考虑的设计状况，选用不同的组合；对持久和短暂设计状况，应采用基本组合，对偶然设计状况，应采用偶然组合。

在承载能力极限状态的基本组合中，公式（3.2.3-1）和公式（3.2.3-2）给出了荷载效应组合设计值的表达式，由于直接涉及结构的安全性，故要以

强制性条文规定。建立表达式的目的是保证在各种可能出现的荷载组合情况下，通过设计都能使结构维持在相同的可靠度水平上。必须注意，规范给出的表达式都是以荷载与荷载效应有线性关系为前提，对于明显不符合该条件的情况，应在各本结构设计规范中对此作出相应的补充规定。这个原则同样适用于正常使用极限状态的各个组合的表达式。

在应用公式（3.2.3-1）时，式中的 S_{Q_1K} 为诸可变荷载效应中其设计值为控制其组合为最不利者，当设计者无法判断时，可轮次以各可变荷载效应 S_{Q_iK} 为 S_{Q_1K}，选其中最不利的荷载效应组合为设计依据，这个过程建议由计算机程序的运算来完成。

GB 50009-2001 修订时，增加了结构的自重占主要荷载时，由公式（3.2.3-2）给出由永久荷载效应控制的组合设计值。考虑这个组合式后可以避免可靠度可能偏低的后果；虽然过去在有些结构设计规范中，也曾为此专门给出某些补充规定，例如对某些以自重为主的构件采用提高重要性系数、提高屋面活荷载的设计规定，但在实际应用中，总不免有挂一漏万的顾虑。采用公式（3.2.3-2）后，可在结构设计规范中撤销这些补充的规定，同时也避免了永久荷载为主的结构安全度可能不足的后果。

在应用公式（3.2.3-2）的组合式时，对可变荷载，出于简化的目的，也可仅考虑与结构自重方向一致的竖向荷载，而忽略影响不大的横向荷载。此外，对某些材料的结构，可考虑自身的特点，由各结构设计规范自行规定，可不采用该组合式进行校核。

考虑到简化规则缺乏理论依据，现在结构分析及荷载组合基本由计算机软件完成，简化规则已经用得很少，本次修订取消原规范第 3.2.4 条关于一般排架、框架结构基本组合的简化规则。在方案设计阶段，当需要用手算初步进行荷载效应组合计算时，仍允许采用对所有参与组合的可变荷载的效应设计值，乘以一个统一的组合系数 0.9 的简化方法。

必须指出，条文中给出的荷载效应组合值的表达式是采用各项可变荷载效应叠加的形式，这在理论上仅适用于各项可变荷载的效应与荷载为线性关系的情况。当涉及非线性问题时，应根据问题性质，或按有关设计规范的规定采用其他不同的方法。

GB 50009-2001 修订时，摒弃了原规范"遇风组合"的惯例，即只有在可变荷载包含风荷载时才考虑组合值系数的方法，而要求基本组合中所有可变荷载在作为伴随荷载时，都必须以其组合值为代表值。对组合值系数，除风荷载取 $\psi_c=0.6$ 外，对其他可变荷载，目前建议统一取 $\psi_c=0.7$。但为避免与以往设计结果有过大差异，在任何情况下，暂时建议不低于频遇值系数。

参照《工程结构可靠性设计统一标准》GB 50153-2008，本次修订引入了可变荷载考虑结构设计使用

年限的调整系数 γ_L。引入可变荷载考虑结构设计使用年限调整系数的目的，是为解决设计使用年限与设计基准期不同时对可变荷载标准值的调整问题。当设计使用年限与设计基准期不同时，采用调整系数 γ_L 对可变荷载的标准值进行调整。

设计基准期是为统一确定荷载和材料的标准值而规定的年限，它通常是一个固定值。可变荷载是一个随机过程，其标准值是指在结构设计基准期内可能出现的最大值，由设计基准期最大荷载概率分布的某个分位值来确定。

设计使用年限是指设计规定的结构或结构构件不需要进行大修即可按其预定目的使用的时期，它不是一个固定值，与结构的用途和重要性有关。设计使用年限长短对结构设计的影响要从荷载和耐久性两个方面考虑。设计使用年限越长，结构使用中荷载出现"大值"的可能性越大，所以设计中应提高荷载标准值；相反，设计使用年限越短，结构使用中荷载出现"大值"的可能性越小，设计中可降低荷载标准值，以保持结构安全和经济的一致性。耐久性是决定结构设计使用年限的主要因素，这方面应在结构设计规范中考虑。

3.2.4 荷载效应组合的设计值中，荷载分项系数应根据荷载不同的变异系数和荷载的具体组合情况（包括不同荷载的效应比），以及与抗力有关的分项系数的取值水平等因素确定，以使在不同设计情况下的结构可靠度能趋于一致。但为了设计上的方便，将荷载分成永久荷载和可变荷载两类，相应给出两个规定的系数 γ_G 和 γ_Q。这两个分项系数是在荷载标准值已给定的前提下，使按极限状态设计表达式设计所得的各类结构构件的可靠指标，与规定的目标可靠指标之间，在总体上误差最小为原则，经优化后选定的。

《建筑结构设计统一标准》GBJ 68-84 编制组曾选择了 14 种有代表性的结构构件；针对永久荷载与办公楼活荷载、永久荷载与住宅活荷载以及永久荷载与风荷载三种简单组合情况进行分析，并在 γ_G = 1.1、1.2、1.3 和 γ_Q = 1.1、1.2、1.3、1.4、1.5、1.6 共 3×6 组方案中，选得一组最优方案为 γ_G = 1.2 和 γ_Q = 1.4。但考虑到前提条件的局限性，允许在特殊的情况下作合理的调整，例如对于标准值大于 4kN/m² 的工业楼面活荷载，其变异系数一般较小，此时从经济上考虑，可取 γ_Q = 1.3。

分析表明，当永久荷载效应与可变荷载效应相比很大时，若仍采用 γ_G = 1.2，则结构的可靠度就不能达到目标值的要求，因此，在本规范公式 (3.2.3-2) 给出的由永久荷载效应控制的设计组合值中，相应取 γ_G = 1.35。

分析还表明，当永久荷载效应与可变荷载效应异号时，若仍采用 γ_G = 1.2，则结构的可靠度会随永久荷载效应所占比重的增大而严重降低，此时，γ_G 宜

取小于 1.0 的系数。但考虑到经济效果和应用方便的因素，建议取 γ_G = 1.0。地下水压力作为永久荷载考虑时，由于受地表水位的限制，其分项系数一般建议取 1.0。

在倾覆、滑移或漂浮等有关结构整体稳定性的验算中，永久荷载效应一般对结构是有利的，荷载分项系数一般应取小于 1.0 的值。虽然各结构标准已经广泛采用分项系数表达方式，但对永久荷载分项系数的取值，如地下水荷载的分项系数，各地方有差异，目前还不可能采用统一的系数。因此，在本规范中原则上不规定与此有关的分项系数的取值，以免发生矛盾。当在其他结构设计规范中对结构倾覆、滑移或漂浮的验算有具体规定时，应按结构设计规范的规定执行，当没有具体规定时，对永久荷载分项系数应按工程经验采用不大于 1.0 的值。

3.2.5 本条为本次修订增加的内容，规定了可变荷载设计使用年限调整系数的具体取值。

《工程结构可靠性设计统一标准》GB 50153-2008 附录 A1 给出了设计使用年限为 5、50 和 100 年时考虑设计使用年限的可变荷载调整系数 γ_L。确定 γ_L 可采用两种方法：(1) 使结构在设计使用年限 T_L 内的可靠指标与在设计基准期 T 的可靠指标相同；(2) 使可变荷载按设计使用年限 T_L 定义的标准值 Q_{kL} 与按设计基准期 T（50 年）定义的标准值 Q_k 具有相同的概率分位值。按第二种方法进行分析比较简单，当可变荷载服从极值 I 型分布时，可以得到下面 γ_L 的表达式：

$$\gamma_L = 1 + 0.78 k_Q \delta_Q \ln\left(\frac{T_L}{T}\right)$$

式中，k_Q 为可变荷载设计基准期内最大值的平均值与标准值之比；δ_Q 为可变荷载设计基准期最大值的变异系数。表 1 给出了部分可变荷载对应不同设计使用年限时的调整系数，比较可知规范的取值基本偏于保守。

表 1　考虑设计使用年限的可变荷载调整系数 γ_L 计算值

设计使用年限（年）	5	10	20	30	50	75	100
办公楼活荷载	0.839	0.858	0.919	0.955	1.000	1.036	1.061
住宅活荷载	0.798	0.859	0.920	0.955	1.000	1.036	1.061
风荷载	0.651	0.756	0.861	0.923	1.000	1.061	1.105
雪荷载	0.713	0.799	0.886	0.936	1.000	1.051	1.087

对于风、雪荷载，可通过选择不同重现期的值来考虑设计使用年限的变化。本规范在附录 E 除了给出

重现期为 50 年（设计基准期）的基本风压和基本雪压外，也给出了重现期为 10 年和 100 年的风压和雪压值，可供选用。对于吊车荷载，由于其有效荷载是核定的，与使用时间没有太大关系。对温度作用，由于是本次规范修订新增内容，还没有太多设计经验，考虑设计使用年限的调整尚不成熟。因此，本规范引入的《工程结构可靠性设计统一标准》GB 50153-2008 表 A.1.9 可变荷载调整系数 γ_L 的具体数据，仅限于楼面和屋面活荷载。

根据表 1 计算结果，对表 3.2.5 中所列以外的其他设计使用年限对应的 γ_L 值，按线性内插计算是可行的。

荷载标准值可控制的活荷载是指那些不会随时间明显变化的荷载，如楼面均布活荷载中的书库、储藏室、机房、停车库，以及工业楼面均布活荷载等。

3.2.6 本次修订针对结构承载能力计算和偶然事件发生后受损结构整体稳固性验算分别给出了偶然组合效应设计值的计算公式。

对于偶然设计状况（包括撞击、爆炸、火灾事故的发生），均应采用偶然组合进行设计。偶然荷载的特点是出现的概率很小，而一旦出现，量值很大，往往具有很大的破坏作用，甚至引起结构与起因不成比例的连续倒塌。我国近年因撞击或爆炸导致建筑物倒塌的事件时有发生，加强建筑物的抗连续倒塌设计刻不容缓。目前美国、欧洲、加拿大、澳大利亚等有关规范都有关于建筑结构抗连续倒塌设计的规定。原规范只是规定了偶然荷载效应的组合原则，本规范分别给出了承载能力计算和整体稳定验算偶然荷载效应组合的设计值的表达式。

偶然荷载效应组合的表达式主要考虑到：（1）由于偶然荷载标准值的确定往往带有主观和经验的因素，因而设计表达式中不再考虑荷载分项系数，而直接采用规定的标准值为设计值；（2）对偶然设计状况，偶然事件本身属于小概率事件，两种不相关的偶然事件同时发生的概率更小，所以不必同时考虑两种或两种以上偶然荷载；（3）偶然事件的发生是一个强不确定性事件，偶然荷载的大小也是不确定的，所以实际情况下偶然荷载值超过规定设计值的可能性是存在的，按规定设计值设计的结构仍然存在破坏的可能性；但为保证人的生命安全，设计还要保证偶然事件发生后受损的结构能够承担对应于偶然设计状况的永久荷载和可变荷载。所以，表达式分别给出了偶然事件发生时承载能力计算和发生后整体稳固性验算两种不同的情况。

设计人员和业主首先要控制偶然荷载发生的概率或减小偶然荷载的强度，其次才是进行抗连续倒塌设计。抗连续倒塌设计有多种方法，如直接设计法和间接设计法等。无论采用直接方法还是间接方法，均需要验算偶然荷载下结构的局部强度及偶然荷载发生后

结构的整体稳固性，不同的情况采用不同的荷载组合。

3.2.7～3.2.10 对于结构的正常使用极限状态设计，过去主要是验算结构在正常使用条件下的变形和裂缝，并控制它们不超过限值。其中，与之有关的荷载效应都是根据荷载的标准值确定的。实际上，在正常使用的极限状态设计时，与状态有关的荷载水平，不一定非以设计基准期内的最大荷载为准，应根据所考虑的正常使用具体条件来考虑。参照国际标准，对正常使用极限状态的设计，当考虑短期效应时，可根据不同的设计要求，分别采用荷载的标准组合或频遇组合，当考虑长期效应时，可采用准永久组合。频遇组合系指永久荷载标准值、主导可变荷载的频遇值与伴随可变荷载的准永久值的效应组合。

可变荷载的准永久值系数仍按原规范的规定采用；频遇值系数原则上应按本规范第 3.1.6 条的条文说明中的规定，但由于大部分可变荷载的统计参数并不掌握，规范中采用的系数目前是按工程经验经判断后给出。

此外，正常使用极限状态要求控制的极限标志也不一定仅限于变形、裂缝等常见现象，也可延伸到其他特定的状态，如地基承载应力的设计控制，实质上是控制地基的沉降，因此也可归入这一类。

与基本组合中的规定相同，对于标准、频遇及准永久组合，其荷载效应组合的设计值也仅适用于各项可变荷载效应与荷载为线性关系的情况。

4 永 久 荷 载

4.0.1 本章为本次修订新增的内容，主要是为了完善规范的章节划分，并与国外标准保持一致。本章内容主要由原规范第 3.1.3 条扩充而来。

民用建筑二次装修很普遍，而且增加的荷载较大，在计算面层及装饰自重时必须考虑二次装修的自重。

固定设备主要包括：电梯及自动扶梯，采暖、空调及给排水设备，电器设备，管道、电缆及其支架等。

4.0.2、4.0.3 结构或非承重构件的自重是建筑结构的主要永久荷载，由于其变异性不大，而且多为正态分布，一般以其分布的均值作为荷载标准值，由此，即可按结构设计规定的尺寸和材料或结构构件单位体积的自重（或单位面积的自重）平均值确定。对于自重变异性较大的材料，如现场制作的保温材料、混凝土薄壁构件等，尤其是制作屋面的轻质材料，考虑到结构的可靠性，在设计中应根据该荷载对结构有利或不利，分别取其自重的下限值或上限值。在附录 A 中，对某些变异性较大的材料，都分别给出其自重的上限和下限值。

对于在附录 A 中未列出的材料或构件的自重，应根据生产厂家提供的资料或设计经验确定。

4.0.4 可灵活布置的隔墙自重按可变荷载考虑时，可换算为等效均布荷载，换算原则在本规范表 5.1.1 注 6 中规定。

5 楼面和屋面活荷载

5.1 民用建筑楼面均布活荷载

5.1.1 作为强制性条文，本次修订明确规定表 5.1.1 中列入的民用建筑楼面均布活荷载的标准值及其组合值系数、频遇值系数和准永久值系数为设计时必须遵守的最低要求。如设计中有特殊需要，荷载标准值及其组合值、频遇值和准永久值系数的取值可以适当提高。

本次修订，对不同类别的楼面均布活荷载，除调整和增加个别项目外，大部分的标准值仍保持原有水平。主要修订内容为：

1) 提高教室活荷载标准值。原规范教室活荷载取值偏小，目前教室除传统的讲台、课桌椅外，投影仪、计算机、音响设备、控制柜等多媒体教学设备显著增加；班级学生人数可能出现超员情况。本次修订将教室活荷载取值由 $2.0kN/m^2$ 提高至 $2.5kN/m^2$。

2) 增加运动场的活荷载标准值。现行规范中尚未包括体育馆中运动场的活荷载标准值。运动场除应考虑举办运动会、开闭幕式、大型集会等密集人流的活动外，还应考虑跑步、跳跃等冲击力的影响。本次修订运动场活荷载标准值取为 $4.0kN/m^2$。

3) 第 8 项的类别修改为汽车通道及"客车"停车库，明确本项荷载不适用于消防车的停车库；增加了板跨为 3m×3m 的双向板楼盖停车库活荷载标准值。在原规范中，对板跨小于 6m×6m 的双向板楼盖和柱网小于 6m×6m 的无梁楼盖的消防车活荷载未作出具体规定。由于消防车活荷载本身较大，对结构构件截面尺寸、层高与经济性影响显著，设计人员使用不方便，故在本次修订中予以增加。

根据研究与大量试算，在表注 4 中明确规定板跨在 3m×3m 至 6m×6m 之间的双向板，可以按线性插值方法确定活荷载标准值。

对板上有覆土的消防车活荷载，明确规定可以考虑覆土的影响，一般可在原消防车轮压作用范围的基础上，取扩散角为 35°，以扩散后的作用范围按等效均布方法确定活荷载标准值。新增加附录 B，给出常用板跨消防车活荷载覆土厚度折减系数。

4) 提高原规范第 10 项第 1 款浴室和卫生间的活荷载标准值。近年来，在浴室、卫生间中安装浴缸、坐便器等卫生设备的情况越来越普遍，故在本次修订中，将浴室和卫生间的活荷载统一规定为 $2.5kN/m^2$。

5) 楼梯单列一项，提高除多层住宅外其他建筑楼梯的活荷载标准值。在发生特殊情况时，楼梯对于人员疏散与逃生的安全性具有重要意义。汶川地震后，楼梯的抗震构造措施已经大大加强。在本次修订中，除了使用人数较少的多层住宅楼梯活荷载仍按 $2.0kN/m^2$ 取值外，其余楼梯活荷载取值均改为 $3.5kN/m^2$。

在《荷载暂行规范》规结 1—58 中，民用建筑楼面活荷载取值是参照当时的苏联荷载规范并结合我国具体情况，按经验判断的方法来确定的。《工业与民用建筑结构荷载规范》TJ 9-74 修订前，在全国一定范围内对办公室和住宅的楼面活荷载进行了调查。当时曾对 4 个城市（北京、兰州、成都和广州）的 606 间住宅和 3 个城市（北京、兰州和广州）的 258 间办公室的实际荷载作了测定。按楼板内弯矩等效的原则，将实际荷载换算为等效均布荷载，经统计计算，分别得出其平均值为 $1.051kN/m^2$ 和 $1.402kN/m^2$，标准差为 $0.23kN/m^2$ 和 $0.219kN/m^2$；按平均值加两倍标准差的标准荷载定义，得出住宅和办公室的标准活荷载分别为 $1.513kN/m^2$ 和 $1.84kN/m^2$。但在规结 1—58 中对办公楼允许按不同情况可取 $1.5kN/m^2$ 或 $2kN/m^2$ 进行设计，而且较多单位根据当时的设计实践经验取 $1.5kN/m^2$，而只对兼作会议室的办公楼可提高到 $2kN/m^2$。对其他用途的民用楼面，由于缺乏足够数据，一般仍按实际荷载的具体分析，并考虑当时的设计经验，在原规范的基础上适当调整后确定。

《建筑结构荷载规范》GBJ 9-87 根据《建筑结构统一设计标准》GBJ 68-84 对荷载标准值的定义，重新对住宅、办公室和商店的楼面活荷载作了调查和统计，并考虑荷载随空间和时间的变异性，采用了适当的概率统计模型。模型中直接采用房间面积平均荷载来代替等效均布荷载，这在理论上虽然不很严格，但对结果估计不会有严重影响，而调查和统计工作却可得到很大的简化。

楼面活荷载按其随时间变异的特点，可分持久性和临时性两部分。持久性活荷载是指楼面上在某个时段内基本保持不变的荷载，例如住宅内的家具、物品，工业房屋内的机器、设备和堆料，还包括常住人员自重。这些荷载，除非发生一次搬迁，一般变化不大。临时性活荷载是指楼面上偶尔出现短期荷载，例如聚会的人群、维修时工具和材料的堆积、室内扫除时家具的集聚等。

对持续性活荷载 L_i 的概率统计模型，可根据调查给出荷载变动的平均时间间隔 τ 及荷载的统计分布，采用等时段的二项平稳随机过程（图 3）。

对临时性活荷载 L_r 由于持续时间很短，要通过调查确定荷载在单位时间内出现次数的平均率及其荷载值的统计分布，实际上是有困难的。为此，提出一

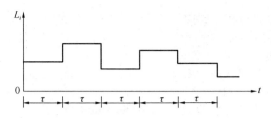

图 3 持续性活荷载随时间变化示意图

个勉强可以代替的方法，就是通过对用户的查询，了解到最近若干年内一次最大的临时性荷载值，以此作为时段内的最大荷载 L_{rs}，并作为荷载统计的基础。对 L_r 也采用与持久性活荷载相同的概率模型（图4）。

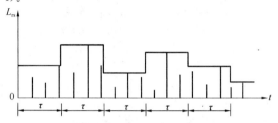

图 4 临时性活荷载随时间变化示意图

出于分析上的方便，对各类活荷载的分布类型采用了极值 I 型。根据 L_r 和 L_{rs} 的统计参数，分别求出 50 年最大荷载值 L_{iT} 和 L_{rT} 的统计分布和参数。再根据 Tukstra 的组合原则，得出 50 年内总荷载最大值 L_T 的统计参数。在 1977 年以后的三年里，曾对全国某些城市的办公室、住宅和商店的活荷载情况进行了调查，其中：在全国 25 个城市实测了 133 栋办公楼共 2201 间办公室，总面积为 63700m²，同时调查了 317 栋用户的搬迁情况；对全国 10 个城市的住宅实测了 556 间，总为 7000m²，同时调查了 229 户的搬迁情况；在全国 10 个城市实测了 21 家百货商店共 214 个柜台，总面积为 23700m²。

表 2 中的 L_K 系指《建筑结构荷载规范》GBJ 9-87 中给出的活荷载的标准值。按《建筑结构可靠度设计统一标准》GB 50068 的规定，标准值应为设计基准期 50 年内荷载最大值分布的某一个分位值。虽然没有对分位值的百分数作具体规定，但对性质类同的可变荷载，应尽量使其取值在保证率上保持相同的水平。从表 5.1.1 中可见，若对办公室而言，L_K = 1.5kN/m²，它相当于 L_T 的均值 μ_{LT} 加 1.5 倍的标准差 σ_{LT}，其中 1.5 系数指保证率系数 α。若假设 L_T 的分布仍为极值 I 型，则与 α 对应的保证率为 92.1%，也即 L_K 取 92.1%的分位值。以此为标准，则住宅的活荷载标准值就偏低较多。鉴于当时调查时的住宅荷载还是偏高的实际情况，因此原规范仍保持以往的取值。但考虑到工程界普遍的意见，认为对于建设工程量比较大的住宅和办公楼来说，其荷载标准值与国外相比显然偏低，又鉴于民用建筑的楼面活荷载今后的变化趋势也难以预测，因此，在《建筑结构荷载规范》GB 50009—2001 修订时，楼面活荷载的最小值规定为 2.0kN/m²。

表 2 全国部分城市建筑楼面活荷载统计分析表

	办公室			住宅			商店		
	μ	σ	τ	μ	σ	τ	μ	σ	τ
L_i	0.386	0.178	10年	0.504	0.162	10年	0.580	0.351	10年
L_{rs}	0.355	0.244		0.468	0.252		0.955	0.428	
L_{iT}	0.610	0.178		0.707	0.162		4.650	0.351	
L_{rT}	0.661	0.244		0.784	0.252		2.261	0.428	
L_T	1.047	0.302		1.288	0.300		2.841	0.553	
L_K	1.5			1.5			3.5		
α	1.5			0.7			1.2		
p (%)	92.1			79.1			88.5		

关于其他类别的荷载，由于缺乏系统的统计资料，仍按以往的设计经验，并参考国际标准化组织 1986 年颁布的《居住和公共建筑的使用和占用荷载》ISO 2103 而加以确定。

对藏书库和档案库，根据 70 年代初期的调查，其荷载一般为 3.5kN/m² 左右，个别超过 4kN/m²，而最重的可达 5.5kN/m²（按书架高 2.3m，净距 0.6m，放 7 层精装书籍估计）。GBJ 9-87 修订时参照 ISO 2103 的规定采用为 5kN/m²，并在表注中又给出按书架每米高度不少于 2.5kN/m² 的补充规定。对于采用密集柜的无过道书库规定荷载标准值为 12kN/m²。

客车停车库及车道的活荷载仅考虑由小轿车、吉普车、小型旅行车（载人少于 9 人）的车轮局部荷载以及其他必要的维修设备荷载。在 ISO 2103 中，停车库活荷载标准值取 2.5kN/m²。按荷载最不利布置核算其等效均布荷载后，表明该荷载值只适用于板跨不小于 6m 的双向板或无梁楼盖。对国内目前常用的单向板楼盖，当板跨不小于 2m 时，应取 4.0kN/m² 比较合适。当结构情况不符合上述条件时，可直接按车轮局部荷载计算楼板内力，局部荷载取 4.5kN，分布在 0.2m×0.2m 的局部面积上。该局部荷载也可作为验算结构局部效应的依据（如抗冲切等）。对其他车的车库和车道，应按车辆最大轮压作为局部荷载确定。

目前常见的中型消防车总质量小于 15t，重型消防车总质量一般在（20～30）t。对于住宅、宾馆等建筑物，灭火时以中型消防车为主，当建筑物总高在 30m 以上或建筑物面积较大时，应考虑重型消防车。消防车楼面活荷载按等效均布活荷载确定，本次修订对消防车活荷载进行了更加广泛的研究和计算，扩大了楼板跨度的取值范围，考虑了覆土厚度影响。计算中选用的消防车为重型消防车，全车总重 300kN，前轴重为 60kN，后轴重为 $2 \times 120kN$，有 2 个前轮与 4 个后轮，轮压作用尺寸均为 $0.2m \times 0.6m$。选择的楼板跨度为 2m～4m 的单向板和跨度为 3m～6m 的双向板。计算中综合考虑了消防车台数、楼板跨度、板长宽比以及覆土厚度等因素的影响，按照荷载最不利布置原则确定消防车位置，采用有限元软件分析了在消防车轮压作用下不同板跨单向板和双向板的等效均布活荷载值。

根据单向板和双向板的等效均布活荷载值计算结果，本次修订规定板跨在 3m 至 6m 之间的双向板，活荷载可根据板跨按线性插值确定。当单向板楼盖板跨介于 2m～4m 之间时，活荷载可按跨度在（35～25）kN/m^2 范围内线性插值确定。

当板顶有覆土时，可根据覆土厚度对活荷载进行折减，在新增的附录 B 中，给出了不同板跨、不同覆土厚度的活荷载折减系数。

在计算折算覆土厚度的公式（B.0.2）中，假定覆土应力扩散角为 35°，常数 1.43 为 tan35° 的倒数。使用者可以根据具体情况采用实际的覆土应力扩散角 θ，按此式计算折算覆土厚度。

对于消防车不经常通行的车道，也即除消防站以外的车道，适当降低了其荷载的频遇值和准永久值系数。

对民用建筑楼面可根据在楼面上活动的人和设施的不同状况，可以粗略将其标准值分成以下七个档次：

（1）活动的人很少 $L_K = 2.0kN/m^2$；

（2）活动的人较多且有设备 $L_K = 2.5kN/m^2$；

（3）活动的人很多且有较重的设备 $L_K = 3.0kN/m^2$；

（4）活动的人很集中，有时很挤或有较重的设备 $L_K = 3.5kN/m^2$；

（5）活动的性质比较剧烈 $L_K = 4.0kN/m^2$；

（6）储存物品的仓库 $L_K = 5.0kN/m^2$；

（7）有大型的机械设备 $L_K = (6～7.5)kN/m^2$。

对于在表 5.1.1 中没有列出的项目可对照上述类别和档次选用，但当有特别重的设备时应另行考虑。

作为办公楼的荷载还应考虑会议室、档案室和资料室等的不同要求，一般应在（2.0～2.5）kN/m^2 范围内采用。

对于洗衣房、通风机房以及非固定隔墙的楼面均布活荷载，均系参照国内设计经验和国外规范的有关内容酌情增添的。其中非固定隔墙的荷载应按活荷载考虑，可采用每延米长度的墙重（kN/m）的 1/3 作为楼面活荷载的附加值（kN/m^2），该附加值建议不小于 1.0kN/m^2，但对于楼面活荷载大于 4.0kN/m^2 的情况，不小于 0.5kN/m^2。

走廊、门厅和楼梯的活荷载标准值一般应按相连通房屋的活荷载标准值采用，但对有可能出现密集人流的情况，活荷载标准值不应低于 3.5kN/m^2。可能出现密集人流的建筑主要是指学校、公共建筑和高层建筑的消防楼梯等。

5.1.2 作为强制性条文，本次修订明确规定本条列入的设计楼面梁、墙、柱及基础时的楼面均布活荷载的折减系数，为设计时必须遵守的最低要求。

作用在楼面上的活荷载，不可能以标准值的大小同时布满在所有的楼面上，因此在设计梁、墙、柱和基础时，还要考虑实际荷载沿楼面分布的变异情况，也即在确定梁、墙、柱和基础的荷载标准值时，允许按楼面活荷载标准值乘以折减系数。

折减系数的确定实际上是比较复杂的，采用简化的概率统计模型来解决这个问题还不够成熟。目前除美国规范是按结构部位的影响面积来考虑外，其他国家均按传统方法，通过从属面积来虑荷载折减系数。对于支撑单向板的梁，其从属面积为梁两侧各延伸二分之一的梁间距范围内的面积；对于支撑双向板的梁，其从属面积由板面的剪力零线围成。对于支撑梁的柱，其从属面积为所支撑梁的从属面积的总和；对于多层房屋，柱的从属面积为其上部所有柱从属面积的总和。

在 ISO 2103 中，建议按下述不同情况对荷载标准值乘以折减系数 λ。

当计算梁时：

1 对住宅、办公楼等房屋或其房间按下式计算：

$$\lambda = 0.3 + \frac{3}{\sqrt{A}} \quad (A > 18m^2)$$

2 对公共建筑或其房间按下式计算：

$$\lambda = 0.5 + \frac{3}{\sqrt{A}} \quad (A > 36m^2)$$

式中：A——所计算梁的从属面积，指向梁两侧各延伸 1/2 梁间距范围内的实际楼面面积。

当计算多层房屋的柱、墙和基础时：

1 对住宅、办公楼等房屋按下式计算：

$$\lambda = 0.3 + \frac{0.6}{\sqrt{n}}$$

2 对公共建筑按下式计算：

$$\lambda = 0.5 + \frac{0.6}{\sqrt{n}}$$

式中：n——所计算截面以上的楼层数，n≥2。

为了设计方便，而又不明显影响经济效果，本条文的规定作了一些合理的简化。在设计柱、墙和基础时，对第 1 (1) 建筑类别采用的折减系数改用 $\lambda = 0.4 + \frac{0.6}{\sqrt{n}}$。对第 1 (2) ～8 项的建筑类别，直接按楼面梁的折减系数，而不另考虑按楼层的折减。这与 ISO 2103 相比略为保守，但与以往的设计经验比较接近。

停车库及车道的楼面活荷载是根据荷载最不利布置下的等效均布荷载确定，因此本条文给出的折减系数，实际上也是根据次梁、主梁或柱上的等效均布荷载与楼面等效均布荷载的比值确定。

本次修订，设计墙、柱和基础时针对消防车的活荷载的折减不再包含在本强制性条文中，单独列为第5.1.3条，便于设计人员灵活掌握。

5.1.3 消防车荷载标准值很大，但出现概率小，作用时间短。在墙、柱设计时应容许作较大的折减，由设计人员根据经验确定折减系数。在基础设计时，根据经验和习惯，同时为减少平时使用时产生的不均匀沉降，允许不考虑消防车通道的消防车活荷载。

5.2 工业建筑楼面活荷载

5.2.1 本规范附录C的方法主要是为确定楼面等效均布活荷载而制订的。为了简化，在方法上作了一些假设：计算等效均布荷载时统一假定结构的支承条件都为简支，并按弹性阶段分析内力。这对实际上为非简支的结构以及考虑材料处于弹塑性阶段的设计会有一定的设计误差。

计算板面等效均布荷载时，还必须明确板面局部荷载实际作用面的尺寸。作用面一般按矩形考虑，从而可确定荷载传递到板轴心面处的计算宽度，此时假定荷载按45°扩散线传递。

板面等效均布荷载按板内分布弯矩等效的原则确定，也即在实际的局部荷载作用下在简支板内引起的绝对最大的分布弯矩，使其等于在等效均布荷载作用下在该简支板内引起的最大分布弯矩作为条件。所谓绝对最大是指在设计时假定实际荷载的作用位置是在对板最不利的位置上。

在局部荷载作用下，板内分布弯矩的计算比较复杂，一般可参考有关的计算手册。对于边长比大于2的单向板，本规范附录C中给出更为具体的方法。在均布荷载作用下，单向板内分布弯矩沿板宽方向是均匀分布的，因此可按单位宽度的简支板来计算其分布弯矩；在局部荷载作用下，单向板内分布弯矩沿板宽方向不再是均匀分布，而是在局部荷载处具有最大值，并逐渐向宽度两侧减小，形成一个分布宽度。现以均布荷载代替，为使板内分布弯矩等效，可相应确定板的有效分布宽度。在本规范附录C中，根据计算结果，给出了五种局部荷载情况下有效分布宽度的近似公式，从而可直接按公式（C.0.4-1）确定单向板的等效均布活荷载。

不同用途的工业建筑，其工艺设备的动力性质不尽相同。对一般情况，荷载中应考虑动力系数1.05～1.1；对特殊的专用设备和机器，可提高到1.2～1.3。

本次修订增加固定设备荷载计算原则，增加原料、成品堆放荷载计算原则。

5.2.2 操作荷载对板面一般取2kN/m²。对堆料较多的车间，如金工车间，操作荷载取2.5kN/m²。有的车间，例如仪器仪表装配车间，由于生产的不均衡性，某个时期的成品、半成品堆放特别严重，这时可定为4kN/m²。还有些车间，其荷载基本上由堆料所控制，例如粮食加工厂的拉丝车间、轮胎厂的准备车间、纺织车间的齿轮室等。

操作荷载在设备所占的楼面面积内不予考虑。

本次修订增加设备区域内可不考虑操作荷载和堆料荷载的规定，增加参观走廊活荷载。

5.3 屋面活荷载

5.3.1 作为强制性条文，本次修订明确规定表5.3.1中列入的屋面均布荷载的标准值及其组合值系数、频遇值系数和准永久值系数为设计时必须遵守的最低要求。

对不上人的屋面均布活荷载，以往规范的规定是考虑在使用阶段作为维修时所必需的荷载，因而取值较低，统一规定为0.3kN/m²。后来在屋面结构上，尤其是钢筋混凝土屋面上，出现了较多的事故，原因无非是屋面超重、超载或施工质量偏低。特别对无雪地区，按过低的屋面活荷载设计，就更容易发生质量事故。因此，为了进一步提高屋面结构的可靠度，在GBJ 9-87中将不上人的钢筋混凝土屋面活荷载提高到0.5kN/m²。根据原颁布的GBJ 68-84，对永久荷载和可变荷载分别采用不同的荷载分项系数以后，荷载以自重为主的屋面结构可靠度相对又有所下降。为此，GBJ 9-87有区别地适当提高其屋面活荷载的值为0.7kN/m²。

GB 50009-2001修订时，补充了以恒载控制的不利组合式，而屋面活荷载中主要考虑的仅是施工或维修荷载，故将原规范项次1中对重屋盖结构附加的荷载值0.2kN/m²取消，也不再区分屋面性质，统一取为0.5kN/m²。但在不同材料的结构设计规范中，尤其对于轻质屋面结构，当出于设计方面的历史经验而有必要改变屋面荷载的取值时，可由该结构设计规范自行规定，但不得低于0.3kN/m²。

关于屋顶花园和直升机停机坪的荷载是参照国内设计经验和国外规范有关内容确定的。

本次修订增加了屋顶运动场地的活荷载标准值。随着城市建设的发展，人民的物质文化生活水平不断提高，受到土地资源的限制，出现了屋面作为运动场地的情况，故在本次修订中新增屋顶运动场活荷载的内容。参照体育馆的运动场，屋顶运动场地的活荷载值为4.0kN/m²。

5.4 屋面积灰荷载

5.4.1 屋面积灰荷载是冶金、铸造、水泥等行业的建筑所特有的问题。我国早已注意到这个问题，各设计、生产单位也积累了一定的经验和数据。在制订TJ 9-74前，曾对全国15个冶金企业的25个车间，

13个机械工厂的18个铸造车间及10个水泥厂的27个车间进行了一次全面系统的实际调查。调查了各车间设计时所依据的积灰荷载、现场的除尘装置和实际清灰制度，实测了屋面不同部位、不同灰源距离、不同风向下的积灰厚度，并计算其平均日积灰量，对灰的性质及其重度也作了研究。

调查结果表明，这些工业建筑的积灰问题比较严重，而且其性质也比较复杂。影响积灰的主要因素是：除尘装置的使用维修情况、清灰制度执行情况、风向和风速、烟囱高度、屋面坡度和屋面挡风板等。对积灰特别严重或情况特殊的工业厂房屋面积灰荷载应根据实际情况确定。

确定积灰荷载只有在工厂设有一般的除尘装置，且能坚持正常的清灰制度的前提下才有意义。对一般厂房，可以做到（3～6）个月清灰一次。对铸造车间的冲天炉附近，因积灰速度较快，积灰范围不大，可以做到按月清灰一次。

调查中所得的实测平均日积灰量列于表3中。

表3　实测平均日积灰量

车间名称		平均日积灰量（cm）
贮矿槽、出铁场		0.08
炼钢车间	有化铁炉	0.06
	无化铁炉	0.065
铁合金车间		0.067～0.12
烧结车间	无挡风板	0.035
	有挡风板（挡风板内）	0.046
铸造车间		0.18
水泥厂	窑房	0.044
	磨房	0.028
生、熟料库和联合贮库		0.045

对积灰取样测定了灰的天然重度和饱和重度，以其平均值作为灰的实际重度，用以计算积灰周期内的最大积灰荷载。按灰源类别不同，分别得出其计算重度（表4）。

表4　积灰重度

车间名称	灰源类别	重度（kN/m³）			备注
		天然	饱和	计算	
炼铁车间	高炉	13.2	17.9	15.55	
炼钢车间	转炉	9.4	15.5	12.45	
铁合金车间	电炉	8.1	16.6	12.35	—
烧结车间	烧结炉	7.8	15.8	11.80	
铸造车间	冲天炉	11.2	15.6	13.40	
水泥厂	生料库	8.1	12.6	10.35	建议按熟料库采用
	熟料库			15.00	

5.4.2　易于形成灰堆的屋面处，其积灰荷载的增大

系数可参照雪荷载的屋面积雪分布系数的规定来确定。

5.4.3　对有雪地区，积灰荷载应与雪荷载同时考虑。此外，考虑到雨季的积灰有可能接近饱和，此时的积灰荷载的增值为偏于安全，可通过不上人屋面活荷载来补偿。

5.5　施工和检修荷载及栏杆荷载

5.5.1　设计屋面板、檩条、钢筋混凝土挑檐、雨篷和预制小梁时，除了按第5.3.1条单独考虑屋面均布活荷载外，还应另外验算在施工、检修时可能出现在最不利位置上，由人和工具自重形成的集中荷载。对于宽度较大的挑檐和雨篷，在验算其承载力时，为偏于安全，可沿其宽度每隔1.0m考虑有一个集中荷载；在验算其倾覆时，可根据实际可能的情况，增大集中荷载的间距，一般可取（2.5～3.0）m。

地下室顶板等部位在建造施工和使用维修时，往往需要运输、堆放大量建筑材料与施工机具，因施工超载引起建筑物楼板开裂甚至破坏时有发生，应该引起设计与施工人员的重视。在进行首层地下室顶板设计时，施工活荷载一般不小于4.0kN/m²，但可以根据情况扣除尚未施工的建筑地面做法与隔墙的自重，并在设计文件中给出相应的详细规定。

5.5.2　作为强制性条文，本次修订明确规定栏杆活荷载的标准值为设计时必须遵守的最低要求。

本次修订时，考虑到楼梯、看台、阳台和上人屋面等的栏杆在紧急情况下对人身安全保护的重要作用，将住宅、宿舍、办公楼、旅馆、医院、托儿所、幼儿园等的栏杆顶部水平荷载从0.5kN/m提高至1.0kN/m。对学校、食堂、剧场、电影院、车站、礼堂、展览馆或体育场等的栏杆，除了将顶部水平荷载提高至1.0kN/m外，还增加竖向荷载1.2kN/m。参照《城市桥梁设计荷载标准》CJJ 77-98对桥上人行道栏杆的规定，计算桥上人行道栏杆时，作用在栏杆扶手上的竖向活荷载采用1.2kN/m，水平向外活荷载采用1.0kN/m。两者应分别考虑，不应同时作用。

6　吊车荷载

6.1　吊车竖向和水平荷载

6.1.1　按吊车荷载设计结构时，有关吊车的技术资料（包括吊车的最大或最小轮压）都应由工艺提供。多年实践表明，由各工厂设计的起重机械，其参数和尺寸不太可能完全与该标准保持一致。因此，设计时仍应直接参照制造厂当时的产品规格作为设计依据。

选用的吊车是按其工作的繁重程度来分级的，这不仅对吊车本身的设计有直接的意义，也和厂房结构的设计有关。国家标准《起重机设计规范》GB

3811-83 是参照国际标准《起重设备分级》ISO 4301-1980 的原则，重新划分了起重机的工作级别。在考虑吊车繁重程度时，它区分了吊车的利用次数和荷载大小两种因素。按吊车在使用期内要求的总工作循环次数分成 10 个利用等级，又按吊车荷载达到其额定值的频繁程度分成 4 个载荷状态（轻、中、重、特重）。根据要求的利用等级和载荷状态，确定吊车的工作级别，共分 8 个级别作为吊车设计的依据。

这样的工作级别划分在原则上也适用于厂房的结构设计，虽然根据过去的设计经验，在按吊车荷载设计结构时，仅参照吊车的载荷状态将其划分为轻、中、重和超重 4 级工作制，而不考虑吊车的利用因素，这样做实际上也并不会影响到厂房的结构设计，但是，在执行国家标准《起重机设计规范》GB 3811-83 以来，所有吊车的生产和定货，项目的工艺设计以及土建原始资料的提供，都以吊车的工作级别为依据，因此在吊车荷载的规定中也相应改用按工作级别划分。采用的工作级别是按表 5 与过去的工作制等级相对应的。

表 5 吊车的工作制等级与工作级别的对应关系

工作制等级	轻级	中级	重级	超重级
工作级别	A1～A3	A4，A5	A6，A7	A8

6.1.2 吊车的水平荷载分纵向和横向两种，分别由吊车的大车和小车的运行机构在启动或制动时引起的惯性力产生。惯性力为运行重量与运行加速度的乘积，但必须通过制动轮与钢轨间的摩擦传递给厂房结构。因此，吊车的水平荷载取决于制动轮的轮压和它与钢轨间的滑动摩擦系数，摩擦系数一般可取 0.14。

在规范 TJ 9-74 中，吊车纵向水平荷载取作用在一边轨道上所有刹车轮最大轮压之和的 10%，虽比理论值为低，但经长期使用检验，尚未发现有问题。太原重机学院曾对 1 台 300t 中级工作制的桥式吊车进行了纵向水平荷载的测试，得出大车制动力系数为 0.084～0.091，与规范规定值比较接近。因此，纵向水平荷载的取值仍保持不变。

吊车的横向水平荷载可按下式取值：

$$T = \alpha(Q + Q_1)g$$

式中：Q——吊车的额定起重量；

$\quad\quad Q_1$——横行小车重量；

$\quad\quad g$——重力加速度；

$\quad\quad \alpha$——横向水平荷载系数（或称小车制动力系数）。

如考虑小车制动轮数占总轮数之半，则理论上 α 应取 0.07，但 TJ 9-74 当年对软钩吊车取 α 不小于 0.05，对硬钩吊车取 α 为 0.10，并规定该荷载仅由一边轨道上各车轮平均传递到轨顶，方向与轨道垂直，同时考虑正反两个方向。

经浙江大学、太原重机学院及原第一机械工业部第一设计院等单位，在 3 个地区对 5 个厂房及 12 个露天栈桥的额定起重量为 5t～75t 的中级工作制桥式吊车进行了实测。实测结果表明：小车制动力的上限均超过规范的规定值，而且横向水平荷载系数 α 往往随吊车起重量的减小而增大，这可能是由于司机对起重量大的吊车能控制以较低的运行速度所致。根据实测资料分别给出 5t～75t 吊车上小车制动力的统计参数，见表 6。若对小车制动力的标准值按保证率 99.9% 取值，则 $T_k = \mu_T + 3\sigma_T$，由此得出系数 α，除 5t 吊车明显偏大外，其他约在 0.08～0.11 之间。经综合分析比较，将吊车额定起重量按大小分成 3 个组别，分别规定了软钩吊车的横向水平荷载系数为 0.12，0.10 和 0.08。

对于夹钳、料耙、脱锭等硬钩吊车，由于使用频繁，运行速度高，小车附设的悬臂结构使起吊的重物不能自由摆动等原因，以致制动时产生较大的惯性力。TJ 9-74 规范规定它的横向水平荷载虽已比软钩吊车大一倍，但与实测相比还是偏低，曾对 10t 夹钳吊车进行实测，实测的制动力为规范规定值的 1.44 倍。此外，硬钩吊车的另一个问题是卡轨现象严重。综合上述情况，GBJ 9-87 已将硬钩吊车的横向水平荷载系数 α 提高为 0.2。

表 6 吊车制动力统计参数

吊车额定起重量 (t)	制动力 T (kN)		标准值 T_k (kN)	$\alpha = \dfrac{T_k}{(Q + Q_1)g}$
	均值 μ_T	标准差 σ_T		
5	0.056	0.020	0.116	0.175
10	0.074	0.022	0.140	0.108
20	0.121	0.040	0.247	0.079
30	0.181	0.048	0.325	0.081
75	0.405	0.141	0.828	0.080

经对 13 个车间和露天栈桥的小车制动力实测数据进行分析，表明吊车制动轮与轨道之间的摩擦力足以传递小车制动时产生的制动力。小车制动力是由支承吊车的两边相应的承重结构共同承受，并不是 TJ 9-74 规范中所认为的仅由一边轨道传递横向水平荷载。经对实测资料的统计分析，当两边柱的刚度相等时，小车制动力的横向分配系数多数为 0.45/0.55，少数为 0.4/0.6，个别为 0.3/0.7，平均为 0.474/0.526。为了计算方便，GBJ 9-87 规范已建议吊车的横向水平荷载在两边轨道上平等分配，这个规定与欧美的规范也是一致的。

6.2 多台吊车的组合

6.2.1 设计厂房的吊车梁和排架时，考虑参与组合的吊车台数是根据所计算的结构构件能同时产生效应的吊车台数确定。它主要取决于柱距大小和厂房跨间的数量，其次是各吊车同时集聚在同一柱距范围内的可能性。根据实际观察，在同一跨度内，2 台吊车以邻接距离运行的情况还是常见的，但 3 台吊车相邻运行却很罕见，即使发生，由于柱距所限，能产生影响的也只是 2 台。因此，对单跨厂房设计时最多考虑 2 台吊车。

对多跨厂房，在同一柱距内同时出现超过 2 台吊车的机会增加。但考虑隔跨吊车对结构的影响减弱，为了计算上的方便，容许在计算吊车竖向荷载时，最多只考虑 4 台吊车。而在计算吊车水平荷载时，由于同时制动的机会很小，容许最多只考虑 2 台吊车。

本次修订增加了双层吊车组合的规定；当下层吊车满载时，上层吊车只考虑空载的工况；当上层吊车满载时，下层吊车不应同时作业，不予考虑。

6.2.2 TJ 9-74 规范对吊车荷载，无论是由 2 台还是 4 台吊车引起的，都按同时满载，且其小车位置都按同时处于最不利的极限工作位置上考虑。根据在北京、上海、沈阳、鞍山、大连等地的实际观察调查，实际上这种最不利的情况是不可能出现的。对不同工作制的吊车，其吊车载荷有所不同，即不同吊车有各自的满载概率，而 2 台或 4 台同时满载，且小车又同时处于最不利位置的概率就更小。因此，本条文给出的折减系数是从概率的观点考虑多台吊车共同作用时的吊车荷载效应组合相对于最不利效应的折减。

为了探讨多台吊车组合后的折减系数，在编制 GBJ 68-84 时，曾在全国 3 个地区 9 个机械工厂的机械加工、冲压、装配和铸造车间，对额定起重量为 2t ~50t 的轻、中、重级工作制的 57 台吊车做了吊车竖向荷载的实测调查工作。根据所得资料，经整理并通过统计分析，根据分析结果表明，吊车荷载的折减系数与吊车工作的载荷状态有关，随吊车工作载荷状态由轻级到重级而增大；随额定起重量的增大而减小；同跨 2 台和相邻跨 2 台的差别不大。在对竖向吊车荷载分析结果的基础上，并参考国外规范的规定，本条文给出的折减系数值还是偏于保守的；并将此规定直接引用到横向水平荷载的折减。GB 50009-2001 修订时，在参与组合的吊车数量上，插入了台数为 3 的可能情况。

双层吊车的吊车荷载折减系数可以参照单层吊车的规定采用。

6.3 吊车荷载的动力系数

6.3.1 吊车竖向荷载的动力系数，主要是考虑吊车在运行时对吊车梁及其连接的动力影响。根据调查了解，产生动力的主要因素是吊车轨道接头的高低不平和工件翻转时的振动。从少量实测资料来看，其量值都在 1.2 以内。TJ 9-74 规范对钢吊车梁取 1.1，对钢筋混凝土吊车梁按工作制级别分别取 1.1，1.2 和

1.3。在前苏联荷载规范 CHИП6-74 中，不分材料，仅对重级工作制的吊车梁取动力系数 1.1。GBJ 9-87 修订时，主要考虑到吊车荷载分项系数统一按可变荷载分项系数 1.4 取值后，相对于以往的设计而言偏高，会影响吊车梁的材料用量。在当时对吊车梁的实际动力特性不甚清楚的前提下，暂时采用略为降低的值 1.05 和 1.1，以弥补偏高的荷载分项系数。

TJ 9-74 规范当时对横向水平荷载还规定了动力系数，以计算重级工作制的吊车梁上翼缘及其制动结构的强度和稳定性以及连接的强度，这主要是考虑在这类厂房中，吊车在实际运行过程中产生的水平卡轨力。产生卡轨力的原因主要在于吊车轨道不直或吊车行驶时的歪斜，其大小与吊车的制造、安装、调试和使用期间的维护等管理因素有关。在下沉的条件下，不应出现严重的卡轨现象，但实际上由于生产中难以控制的因素，尤其是硬钩吊车，经常产生较大的卡轨力，使轨道被严重啃蚀，有时还会造成吊车梁与柱连接的破坏。假如采用按吊车的横向制动力乘以所谓动力系数的方式来规定卡轨力，在概念上是不够清楚的。鉴于目前对卡轨力的产生机理、传递方式以及在正常条件下的统计规律还缺乏足够的认识，因此在取得更为系统的实测资料以前，还无法建立合理的计算模型，给出明确的设计规定。TJ 9-74 规范中关于这个问题的规定，已从本规范中撤销，由各结构设计规范和技术标准根据自身特点分别自行规定。

6.4 吊车荷载的组合值、频遇值及准永久值

6.4.2 处于工作状态的吊车，一般很少会持续地停留在某一个位置上，所以在正常条件下，吊车荷载的作用都是短时间的。但当空载吊车经常被安置在指定的某个位置时，计算吊车梁的长期荷载效应可按本条文规定的准永久值采用。

7 雪 荷 载

7.1 雪荷载标准值及基本雪压

7.1.1 影响结构雪荷载大小的主要因素是当地的地面积雪自重和结构上的积雪分布，它们直接关系到雪荷载的取值和结构安全，要以强制性条文规定雪荷载标准值的确定方法。

7.1.2 基本雪压的确定方法和重现期直接关系到当地基本雪压值的大小，因而也直接关系到建筑结构在雪荷载作用下的安全，必须以强制性条文作规定。确定基本雪压的方法包括对雪压观测场地、观测数据以及统计方法的规定，重现期为 50 年的雪压即为传统意义上的 50 年一遇的最大雪压，详细方法见本规范附录 E。对雪荷载敏感的结构主要是指大跨、轻质屋盖结构，此类结构的雪荷载经常是控制荷载，极端雪

荷载作用下的容易造成结构整体破坏，后果特别严重，应此基本雪压要适当提高，采用100年重现期的雪压。

本规范附录E表E.5中提供的50年重现期的基本雪压值是根据全国672个地点的基本气象台（站）的最大雪压或雪深资料，按附录E规定的方法经统计得到的雪压。本次修订在原规范数据的基础上，补充了全国各台站自1995年至2008年的年极值雪压数据，进行了基本雪压的重新统计。根据统计结果，新疆和东北部分地区的基本雪压变化较大，如新疆的阿勒泰基本雪压由1.25增加到1.65，伊宁由1.0增加到1.4，黑龙江的虎林由0.7增加到1.4。近几年西北、东北及华北地区出现了历史少见的大雪天气，大跨轻质屋盖结构工程因雪灾遭受破坏的事件时有发生，应引起设计人员的足够重视。

我国大部分气象台（站）收集的都是雪深数据，而相应的积雪密度数据又不齐全。在统计中，当缺乏平行观测的积雪密度时，均以当地的平均密度来估算雪压值。

各地区的积雪的平均密度按下述取用：东北及新疆北部地区的平均密度取150kg/m³；华北及西北地区取130kg/m³，其中青海取120kg/m³；淮河、秦岭以南地区一般取150kg/m³，其中江西、浙江取200kg/m³。

年最大雪压的概率分布统一按极值I型考虑，具体计算可按本规范附录E的规定。我国基本雪压分布图具有如下特点：

1）新疆北部是我国突出的雪压高值区。该区由于冬季受北冰洋南侵的冷湿气流影响，雪量丰富，且阿尔泰山、天山等山脉对气流有阻滞和抬升作用，更利于降雪。加上温度低，积雪可以保持整个冬季不融化，新雪覆老雪，形成了特大雪压。在阿尔泰山区域雪压值达1.65kN/m²。

2）东北地区由于气旋活动频繁，并有山脉对气流的抬升作用，冬季多降雪天气，同时因气温低，更有利于积雪。因此大兴安岭及长白山区是我国又一个雪压高值区。黑龙江省北部和吉林省东部的广泛地区，雪压值可达0.7kN/m²以上。但是吉林西部和辽宁北部地区，因地处大兴安岭的东南背风坡，气流有下沉作用，不易降雪，积雪不多，雪压不大。

3）长江中下游及淮河流域是我国稍南地区的一个雪压高值区。该地区冬季积雪情况不很稳定，有些年份一冬无积雪，而有些年份在某种天气条件下，例如寒潮南下，到此区后冷暖空气僵持，加上水汽充足，遇较低温度，即降下大雪，积雪很深，也带来雪灾。1955年元旦，江淮一带降大雪，南京雪深达51cm，正阳关达52cm，合肥达40cm。1961年元旦，浙江中部降大雪，东阳雪深达55cm，金华达45cm。江西北部以及湖南一些地点也会出现（40~50）cm

以上的雪深。因此，这一地区不少地点雪压达（0.40~0.50）kN/m²。但是这里的积雪期是较短的，短则1、2天，长则10来天。

4）川西、滇北山区的雪压也较高。因该区海拔高，温度低，湿度大，降雪较多而不易融化。但该区的河谷内，由于落差大，高度相对低和气流下沉增温作用，积雪就不多。

5）华北及西北大部地区，冬季温度虽低，但水汽不足，降水量较少，雪压也相应较小，一般为（0.2~0.3）kN/m²。西北干旱地区，雪压在0.2kN/m²以下。该区内的燕山、太行山、祁连山等山脉，因有地形的影响，降雪稍多，雪压可在0.3kN/m²以上。

6）南岭、武夷山脉以南，冬季气温高，很少降雪，基本无积雪。

对雪荷载敏感的结构，例如轻型屋盖，考虑到雪荷载有时会远超过结构自重，此时仍采用雪荷载分项系数为1.40，屋盖结构的可靠度可能不够，因此对这种情况，建议将基本雪压适当提高，但这应由有关规范或标准作具体规定。

7.1.4 对山区雪压未开展实测研究仍按原规范作一般性的分析估计。在无实测资料的情况下，规范建议比附近空旷地面的基本雪压增大20%采用。

7.2 屋面积雪分布系数

7.2.1 屋面积雪分布系数就是屋面水平投影面积上的雪荷载 s_r 与基本雪压 s_0 的比值，实际也就是地面基本雪压换算为屋面雪荷载的换算系数。它与屋面形式、朝向及风力等有关。

我国与前苏联、加拿大、北欧等国相比，积雪情况不甚严重，积雪期也较短。因此本规范根据以往的设计经验，参考国际标准ISO 4355及国外有关资料，对屋面积雪分布仅概括地规定了典型屋面积雪分布系数，现就这些图形作以下几点说明：

1 坡屋面

我国南部气候转暖，屋面积雪容易融化，北部寒潮风较大，屋面积雪容易吹掉。

本次修订根据屋面积雪的实际情况，并参考欧洲规范的规定，将第1项中屋面积雪为0的最大坡度 α 由原规范的50°修改为60°，规定当 $\alpha \geq 60°$ 时 $\mu_r = 0$；规定当 $\alpha \leq 25°$ 时 $\mu_r = 1$；屋面积雪分布系数 μ_r 的值也作相应修改。

2 拱形屋面

原规范只给出了均匀分布的情况，所给积雪系数与矢跨比有关，即 $\mu_r = l/8f$（l 为跨度，f 为矢高），规定 μ_r 不大于1.0及不小于0.4。

本次修订增加了一种不均匀分布情况，考虑拱形屋面积雪的飘移效应。通过对拱形屋面实际积雪分布的调查观测，这类屋面由于飘积作用往往存在不均匀分布的情况，积雪在屋脊两侧的迎风面和背风面都有分布，峰值出现在有积雪范围内（屋面切线角小于等于60°）的中间处，迎风面的峰值大约是背风面峰值的50%。增加的不均匀积雪分布系数与欧洲规范相当。

3 带天窗屋面及带天窗有挡风板的屋面

天窗顶上的数据0.8是考虑了滑雪的影响，挡风板内的数据1.4是考虑了堆雪的影响。

4 多跨单坡及双跨（多跨）双坡或拱形屋面

其系数1.4及0.6则是考虑了屋面凹处范围内，局部堆雪影响及局部滑雪影响。

本次修订对双坡屋面和锯齿形屋面都增加了一种不均匀分布情况（不均匀分布情况2），双坡屋面增加了一种两个屋脊间不均匀积雪的分布情况，而锯齿形屋面增加的不均匀情况则考虑了类似高低跨衔接处的积雪效应。

5 高低屋面

前苏联根据西伯里亚地区的屋面雪荷载的调查，规定屋面积雪分布系数 $\mu_r = \dfrac{2h}{s_0}$，但不大于4.0，其中 h 为屋面高低差，以"m"计，s_0 为基本雪压，以"kN/m^2"计；又规定积雪分布宽度 $a_1 = 2h$，但不小于5m，不大于10m；积雪按三角形状分布，见图5。

我国高雪地区的基本雪压 $s_0 = (0.5\sim0.8)\ kN/m^2$，当屋面高低差达2m以上时，则 μ_r 通常均取4.0。根据我国积雪情况调查，高低屋面堆雪集中程度远次于西伯里亚地区，形成三角形分布的情况较少，一般高低屋面处存在风涡作用，雪堆多形成曲线图形的堆积情况。本规范将它简化为矩形分布的雪堆，μ_r 取平均值为2.0，雪堆长度为2h，但不小于4m，不大于8m。

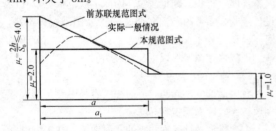

图5 高低屋面处雪堆分布图示

本次修订增加了一种不均匀分布情况，考虑高跨墙体对低跨屋面积雪的遮挡作用，使得计算的积雪分布更接近于实际，同时还增加了低跨屋面跨度较小时的处理。$\mu_{r,m}$ 的取值主要参考欧洲规范。

这种积雪情况同样适用于雨篷的设计。

6 有女儿墙及其他突起物的屋面

本次修订新增加的内容，目的是要规范和完善女儿墙及其他突起物屋面积雪分布系数的取值。

7 大跨屋面

本次修订针对大跨屋面增加一种不均匀分布情

况。大跨屋面结构对雪荷载比较敏感，因雪破坏的情况时有发生，设计时增加一类不均匀分布情况是必要的。由于屋面积雪在风作用下的飘移效应，屋面积雪会呈现中部大边缘小的情况，但对于不均匀积雪分布的范围以及屋面积雪系数具体的取值，目前尚没有足够的调查研究作依据，规范提供的数值供酌情使用。

8 其他屋面形式

对规范典型屋面图形以外的情况，设计人员可根据上述说明推断酌定，例如天沟处及下沉式天窗内建议 $\mu_r = 1.4$，其长度可取女儿墙高度的（1.2~2）倍。

7.2.2 设计建筑结构及屋面的承重构件时，原则上应按表7.2.1中给出的两种积雪分布情况，分别计算结构构件的效应值，并按最不利的情况确定结构构件的截面，但这样的设计计算工作量较大。根据长期以来积累的设计经验，出于简化的目的，规范允许设计人员按本条文的规定进行设计。

8 风 荷 载

8.1 风荷载标准值及基本风压

8.1.1 影响结构风荷载因素较多，计算方法也可以有多种多样，但是它们将直接关系到风荷载的取值和结构安全，要以强制性条文分别规定主体结构和围护结构风荷载标准值的确定方法，以达到保证结构安全的最低要求。

对于主要受力结构，风荷载标准值的表达可有两种形式，其一为平均风压加上由脉动风引起结构风振的等效风压；另一种为平均风压乘以风振系数。由于在高层建筑和高耸结构等悬臂型结构的风振计算中，往往是第1振型起主要作用，因而我国与大多数国家相同，采用后一种表达形式，即采用平均风压乘以风振系数 β_z，它综合考虑了结构在风荷载作用下的动力响应，其中包括风速随时间、空间的变异性和结构的阻尼特性等因素。对非悬臂型的结构，如大跨空间结构，计算公式（8.1.1-1）中风荷载标准值也可理解为结构的静力等效风荷载。

对于围护结构，由于其刚性一般较大，在结构效应中可不必考虑其共振分量，此时可仅在平均风压的基础上，近似考虑脉动风瞬间的增大因素，可通过局部风压体型系数 μ_{s1} 和阵风系数 β_{gz} 来计算其风荷载。

8.1.2 基本风压的确定方法和重现期直接关系到当地基本风压值的大小，因而也直接关系到建筑结构在风荷载作用下的安全，必须以强制性条文作规定。确定基本风压的方法包括对观测场地、风速仪的类型和高度以及统计方法的规定，重现期为50年的风压即为传统意义上的50年一遇的最大风压。

基本风压 w_0 是根据当地气象台站历年来的最大风速记录，按基本风速的标准要求，将不同风速仪高度和时次时距的年最大风速，统一换算为离地 10m 高，自记 10min 平均年最大风速数据，经统计分析确定重现期为 50 年的最大风速，作为当地的基本风速 v_0，再按以下贝努利公式计算得到：

$$w_0 = \frac{1}{2}\rho v_0^2$$

详细方法见本规范附录 E。

对风荷载比较敏感的高层建筑和高耸结构，以及自重较轻的钢木主体结构，这类结构风荷载很重要，计算风荷载的各种因素和方法还不十分确定，因此基本风压应适当提高。如何提高基本风压值，仍可由各结构设计规范，根据结构的自身特点作出规定，没有规定的可以考虑适当提高其重现期来确定基本风压。对于此类结构物中的围护结构，其重要性与主体结构相比要低些，可仍取 50 年重现期的基本风压。对于其他设计情况，其重现期也可由有关的设计规范另行规定，或由设计人员自行选用，附录 E 给出了不同重现期风压的换算公式。

本规范附录 E 表 E. 5 中提供的 50 年重现期的基本风压值是根据全国 672 个地点的基本气象台（站）的最大风速资料，按附录 E 规定的方法经统计和换算得到的风压。本次修订在原规范数据的基础上，补充了全国各台站自 1995 年至 2008 年的年极值风速数据，进行了基本风压的重新统计。虽然部分城市在采用新的极值风速数据统计后，得到的基本风压比原规范小，但考虑到近年来气象台站地形地貌的变化等因素，在没有可靠依据情况下一般保持原值不变。少量城市在补充新的气象资料重新统计后，基本风压有所提高。

20 世纪 60 年代前，国内的风速记录大多数根据风压板的观测结果，刻度所反映的风速，实际上是统一根据标准的空气密度 $\rho=1.25\text{kg/m}^3$ 按上述公式反算而得，因此在按该风速确定风压时，可统一按公式 $w_0=v_0^2/1600$（kN/m^2）计算。

鉴于通过风压板的观测，人为的观测误差较大，再加上时次时距换算中的误差，其结果就不太可靠。当前各气象台站已累积了较多的根据风杯式自记风速仪记录的 10min 平均年最大风速数据，现在的基本风速统计基本上都是以自记的数据为依据。因此在确定风压时，必须考虑各台站观测当时的空气密度，当缺乏资料时，也可参考附录 E 的规定采用。

8.2 风压高度变化系数

8.2.1 在大气边界层内，风速随离地面高度增加而增大。当气压场随高度不变时，风速随高度增大的规律，主要取决于地面粗糙度和温度垂直梯度。通常认为在离地面高度为 300m～550m 时，风速不再受地面粗糙度的影响，也即达到所谓“梯度风速”，该高度称之梯度风高度 H_G。地面粗糙度等级低的地区，其梯度风高度比等级高的地区为低。

风速剖面主要与地面粗糙度和风气候有关。根据气象观测和研究，不同的风气候和风结构对应的风速剖面是不同的。建筑结构要承受多种风气候条件下的风荷载的作用，从工程应用的角度出发，采用统一的风速剖面表达式是可行和合适的。因此规范在规定风剖面和统计各地基本风压时，对风的性质并不加以区分。主导我国设计风荷载的极端风气候为台风或冷锋风，在建筑结构关注的近地面范围，风速剖面基本符合指数律。自 GBJ 9－87 以来，本规范一直采用如下的指数律作为风速剖面的表达式：

$$v_z = v_{10}\left(\frac{z}{10}\right)^{\alpha}$$

GBJ 9－87 将地面粗糙度类别划分为海上、乡村和城市 3 类，GB 50009－2001 修订时将地面粗糙度类别规定为海上、乡村、城市和大城市中心 4 类，指数分别取 0.12、0.16、0.22 和 0.30，梯度高度分别取 300m、350m、400m 和 450m，基本上适应了各类工程建设的需要。

但随着国内城市发展，尤其是诸如北京、上海、广州等超大型城市群的发展，城市涵盖的范围越来越大，使得城市地貌下的大气边界层厚度与原来相比有显著增加。本次修订在保持划分 4 类粗糙度类别不变的情况下，适当提高了 C、D 两类粗糙度类别的梯度风高度，由 400m 和 450m 分别修改为 450m 和 550m。B 类风速剖面指数由 0.16 修改为 0.15，适当降低了标准场地类别的平均风荷载。

根据地面粗糙度指数及梯度风高度，即可得出风压高度变化系数如下：

$$\mu_z^A = 1.284\left(\frac{z}{10}\right)^{0.24}$$

$$\mu_z^B = 1.000\left(\frac{z}{10}\right)^{0.30}$$

$$\mu_z^C = 0.544\left(\frac{z}{10}\right)^{0.44}$$

$$\mu_z^D = 0.262\left(\frac{z}{10}\right)^{0.60}$$

针对 4 类地貌，风压高度变化系数分别规定了各自的截断高度，对应 A、B、C、D 类分别取为 5m、10m、15m 和 30m，即高度变化系数取值分别不小于 1.09、1.00、0.65 和 0.51。

在确定城区的地面粗糙度类别时，若无 α 的实测可按下述原则近似确定：

1 以拟建房 2km 为半径的迎风半圆影响范围内的房屋高度和密集度来区分粗糙度类别，风向原则上应以该地区最大风的风向为准，但也可取其主导风；

2 以半圆影响范围内建筑物的平均高度 $\bar{h}$ 来划分地面粗糙度类别，当 $\bar{h}\geqslant 18\text{m}$，为 D 类，$9\text{m}<\bar{h}<18\text{m}$，为 C 类，$\bar{h}\leqslant 9\text{m}$，为 B 类；

3 影响范围内不同高度的面域可按下述原则确

定，即每座建筑物向外延伸距离为其高度的面域内均为该高度，当不同高度的面域相交时，交叠部分的高度取大者；

  4 平均高度 $\overline{h}$ 取各面域面积为权数计算。

8.2.2 地形对风荷载的影响较为复杂。原规范参考加拿大、澳大利亚和英国的相关规范，以及欧洲钢结构协会 ECCS 的规定，针对较为简单的地形条件，给出了风压高度变化系数的修正系数，在计算时应注意公式的使用条件。更为复杂的情形可根据相关资料或专门研究取值。

  本次修订将山峰修正系数计算公式中的系数 κ 由 3.2 修改为 2.2，原因是原规范规定的修正系数在 z/H 值较小的情况下，与日本、欧洲等国外规范相比偏大，修正结果偏于保守。

8.3 风荷载体型系数

8.3.1 风荷载体型系数是指风作用在建筑物表面一定面积范围内所引起的平均压力（或吸力）与来流风的速度压的比值，它主要与建筑物的体型和尺度有关，也与周围环境和地面粗糙度有关。由于它涉及的是关于固体与流体相互作用的流体动力学问题，对于不规则形状的固体，问题尤为复杂，无法给出理论上的结果，一般均应由试验确定。鉴于原型实测的方法对结构设计的不现实性，目前只能根据相似性原理，在边界层风洞内对拟建的建筑物模型进行测试。

  表 8.3.1 列出 39 项不同类型的建筑物和各类结构体型及其体型系数，这些都是根据国内外的试验资料和国外规范中的建议性规定整理而成，当建筑物与表中列出的体型类同时可参考应用。

  本次修订增加了第 31 项矩形截面高层建筑，考虑深宽比 D/B 对背风面体型系数的影响。当平面深宽比 $D/B\leqslant1.0$ 时，背风面的体型系数由 -0.5 增加到 -0.6，矩形高层建筑的风力系数也由 1.3 增加到 1.4。

  必须指出，表 8.3.1 中的系数是有局限性的，风洞试验仍应作为抗风设计重要的辅助工具，尤其是对于体型复杂而且重要的房屋结构。

8.3.2 当建筑群，尤其是高层建筑群，房屋相互间距较近时，由于旋涡的相互干扰，房屋某些部位的局部风压会显著增大，设计时应予注意。对比较重要的高层建筑，建议在风洞试验中考虑周围建筑物的干扰因素。

  本条文增加的矩形平面高层建筑的相互干扰系数取值是根据国内大量风洞试验研究结果给出的。试验研究直接以基底弯矩响应作为目标，采用基于基底弯矩的相互干扰系数来描述基底弯矩由于干扰所引起的静力和动力干扰作用。相互干扰系数定义为受扰后的结构风荷载和单体结构风荷载的比值。在没有充分依据的情况下，相互干扰系数的取值一般不小于1.0。

建筑高度相同的单个施扰建筑的顺风向和横风向风荷载相互干扰系数的研究结果分别见图6和图7。图中假定风向是由左向右吹，b 为受扰建筑的迎风面宽度，x 和 y 分别为施扰建筑离受扰建筑的纵向和横向距离。

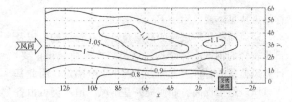

图 6 单个施扰建筑作用的
顺风向风荷载相互干扰系数

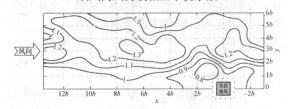

图 7 单个施扰建筑作用的横风向
风荷载相互干扰系数

  建筑高度相同的两个干扰建筑的顺风向荷载相互干扰系数见图8。图中 l 为两个施扰建筑 A 和 B 的中心连线，取值时 l 不能和 l_1 和 l_2 相交。图中给出的是两个施扰建筑联合作用时的最不利情况，当这两个建筑都不在图中所示区域时，应按单个施扰建筑情况处理并依照图6选取较大的数值。

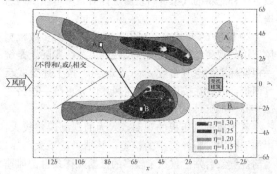

图 8 两个施扰建筑作用的
顺风向风荷载相互干扰系数

8.3.3 通常情况下，作用于建筑物表面的风压分布并不均匀，在角隅、檐口、边棱处和在附属结构的部位（如阳台、雨篷等外挑构件），局部风压会超过按本规范表 8.3.1 所得的平均风压。局部风压体型系数是考虑建筑物表面风压分布不均匀而导致局部部位的风压超过全表面平均风压的实际情况作出的调整。

  本次修订细化了原规范对局部体型系数的规定，补充了封闭式矩形平面房屋墙面及屋面的分区域局部体型系数，反映了建筑物高宽比和屋面坡度对局部体型系数的影响。

8.3.4 本条由原规范 7.3.3 条注扩充而来，考虑了从属面积对局部体型系数的影响，并将折减系数的应用限于验算非直接承受风荷载的围护构件，如檩条、幕墙骨架等，最大的折减从属面积由 $10m^2$ 增加到 $25m^2$，屋面最小的折减系数由 0.8 减小到 0.6。

8.3.5 本条由原规范 7.3.3 条第 2 款扩充而来，增加了建筑物某一面有主导洞口的情况，主导洞口是指开孔面积较大且大风期间也不关闭的洞口。对封闭式建筑物，考虑到建筑物内实际存在的个别孔口和缝隙，以及机械通风等因素，室内可能存在正负不同的气压，参照国外规范，大多取 $\pm(0.18\sim0.25)$ 的压力系数，本次修订仍取 ±0.2。

对于有主导洞口的建筑物，其内压分布要复杂得多，和洞口面积、洞口位置、建筑物内部格局以及其他墙面的背景透风率等因素都有关系。考虑到设计工作的实际需要，参考国外规范规定和相关文献的研究成果，本次修订对仅有一面墙有主导洞口的建筑物内压作出了简化规定。根据本条第 2 款进行计算时，应注意考虑不同风向下内部压力的不同取值。本条第 3 款所称的开放式建筑是指主导洞口面积过大或不止一面墙存在大洞口的建筑物（例如本规范表 8.3.1 的 26 项）。

8.3.6 风洞试验虽然是抗风设计的重要研究手段，但必须满足一定的条件才能得出合理可靠的结果。这些条件主要包括：风洞风速范围、静压梯度、流场均匀度和气流偏角等设备的基本性能；测试设备的量程、精度、频响特性等；平均风速剖面、湍流度、积分尺度、功率谱等大气边界层的模拟要求；模型缩尺比、阻塞率、刚度；风洞试验数据的处理方法等。由住房与城乡建设部立项的行业标准《建筑工程风洞试验方法标准》正在制订中，该标准将对上述条件作出具体规定。在该标准尚未颁布实施之前，可参考国外相关资料确定风洞试验应满足的条件，如美国 ASCE 编制的 Wind Tunnel Studies of Buildings and Structures、日本建筑中心出版的《建筑风洞实验指南》（中国建筑工业出版社，2011，北京）等。

8.4 顺风向风振和风振系数

8.4.1 参考国外规范及我国建筑工程抗风设计和理论研究的实践情况，当结构基本自振周期 $T \geqslant 0.25s$ 时，以及对于高度超过 30m 且高宽比大于 1.5 的高柔房屋，由风引起的结构振动比较明显，而且随着结构自振周期的增长，风振也随之增强。因此在设计中应考虑风振的影响，而且原则上还应考虑多个振型的影响；对于前几阶频率比较密集的结构，例如桅杆、屋盖等结构，需要考虑的振型可多达 10 个及以上。应按随机振动理论对结构的响应进行计算。

对于 $T < 0.25s$ 的结构和高度小于 30m 或高宽比小于 1.5 的房屋，原则上也应考虑风振影响。但已有研究表明，对这类结构，往往按构造要求进行结构设计，结构已有足够的刚度，所以这类结构的风振响应一般不大。一般来说，不考虑风振响应不会影响这类结构的抗风安全性。

8.4.2 对如何考虑屋盖结构的风振问题过去没有提及，这次修订予以补充。需考虑风振的屋盖结构指的是跨度大于 36m 的柔性屋盖结构以及质量轻刚度小的索膜结构。

屋盖结构风振响应和等效静力风荷载计算是一个复杂的问题，国内外规范均没有给出一般性计算方法。目前比较一致的观点是，屋盖结构不宜采用与高层建筑和高耸结构相同的风振系数计算方法。这是因为，高层及高耸结构的顺风向风振系数方法，本质上是直接采用风速谱估计风压谱（准定常方法），然后计算结构的顺风向振动响应。对于高层（耸）结构的顺风向风振，这种方法是合适的。但屋盖结构的脉动风压除了和风速脉动有关外，还和流动分离、再附、旋涡脱落等复杂流动现象有关，所以风压谱不能直接用风速谱来表示。此外，屋盖结构多阶模态及模态耦合效应比较明显，难以简单采用风振系数方法。

悬挑型大跨屋盖结构与一般悬臂型结构类似，第 1 阶振型对风振响应的贡献最大。另有研究表明，单侧独立悬挑型大跨屋盖结构可按照准定常方法计算风振响应。比如澳洲规范（AS/NZS 1170.2：2002）基于准定常方法给出悬挑型大跨屋盖的设计风荷载。但需要注意的是，当存在另一侧看台挑篷或其他建筑物干扰时，准定常方法有可能也不适用。

8.4.3~8.4.6 对于一般悬臂型结构，例如框架、塔架、烟囱等高耸结构，高度大于 30m 且高宽比大于 1.5 的高柔房屋，由于频谱比较稀疏，第一振型起到绝对的作用，此时可以仅考虑结构的第一振型，并通过下式的风振系数来表达：

$$\beta(z) = \frac{\overline{F}_{Dk}(z) + \hat{F}_{Dk}(z)}{\overline{F}_{Dk}(z)} \qquad (1)$$

式中：$\overline{F}_{Dk}(z)$ 为顺风向单位高度平均风力（kN/m），可按下式计算：

$$\overline{F}_{Dk}(z) = w_0 \mu_s \mu_z(z) B \qquad (2)$$

$\hat{F}_{Dk}(z)$ 为顺风向单位高度第 1 阶风振惯性力峰值（kN/m），对于重量沿高度无变化的等截面结构，采用下式计算：

$$\hat{F}_{Dk}(z) = g\omega_1^2 m\phi_1(z)\sigma_{q_1} \qquad (3)$$

式中：ω_1 为结构顺风向第 1 阶自振圆频率；g 为峰值因子，取为 2.5，与原规范取值 2.2 相比有适当提高；σ_{q_1} 为顺风向一阶广义位移均方根，当假定相干函数与频率无关时，σ_{q_1} 可按下式计算：

$$\sigma_{q_1} = \frac{2w_0 I_{10} B \mu_s}{\omega_1^2 m}$$

$$\sqrt{\frac{\int_0^B \int_0^B coh_x(x_1,x_2)\mathrm{d}x_1\mathrm{d}x_2 \int_0^H \int_0^H [\mu_z(z_1)\phi_1(z_1)\overline{I}_z(z_1)][\mu_z(z_2)\phi_1(z_2)\overline{I}_z(z_2)]coh_z(z_1,z_2)\mathrm{d}z_1\mathrm{d}z_2}{\int_0^H \phi_1^2(z)\mathrm{d}z}}$$

$$\times \sqrt{\int_0^\infty \omega_1^4 |H_j(i\omega)|^2 S_f(\omega)\mathrm{d}\omega} \qquad (4)$$

将风振响应近似取为准静态的背景分量及窄带共振响应分量之和。则式（4）与频率有关的积分项可近似表示为：

$$\left[\omega_1^4 \int_{-\infty}^\infty |H_{q_1}(i\omega)|^2 S_f(\omega)\cdot\mathrm{d}\omega\right]^{1/2} \approx \sqrt{1+R^2}$$

$$(5)$$

而式（4）中与频率无关的积分项乘以 $\phi_1(z)/\mu_z(z)$ 后以背景分量因子表达：

$$B_z = \frac{\sqrt{\int_0^B \int_0^B coh_x(x_1,x_2)\mathrm{d}x_1\mathrm{d}x_2 \int_0^H \int_0^H [\mu_z(z_1)\phi_1(z_1)\overline{I}_z(z_1)][\mu_z(z_2)\phi_1(z_2)\overline{I}_z(z_2)]coh_z(z_1,z_2)\mathrm{d}z_1\mathrm{d}z_2}}{\int_0^H \phi_1^2(z)\mathrm{d}z} \frac{\phi_1(z)}{\mu_z(z)}$$

$$(6)$$

将式（2）~式（6）代入式（1），就得到规范规定的风振系数计算式（8.4.3）。

共振因子 R 的一般计算式为：

$$R = \sqrt{\frac{\pi f_1 S_f(f_1)}{4\zeta_1}} \qquad (7)$$

S_f 为归一化风速谱，若采用 Davenport 建议的风速谱密度经验公式，则：

$$S_f(f) = \frac{2x^2}{3f(1+x^2)^{4/3}} \qquad (8)$$

利用式（7）和式（8）可得到规范的共振因子计算公式（8.4.4-1）。

在背景因子计算中，可采用 Shiotani 提出的与频率无关的竖向和水平向相干函数：

$$coh_z(z_1,z_2) = e^{\frac{-|z_1-z_2|}{60}} \qquad (9)$$

$$coh_x(x_1,x_2) = e^{\frac{-|x_1-x_2|}{50}} \qquad (10)$$

湍流度沿高度的分布可按下式计算：

$$I_z(z) = I_{10}\overline{I}_z(z) \qquad (11)$$

$$\overline{I}_z(z) = \left(\frac{z}{10}\right)^{-\alpha} \qquad (12)$$

式中 α 为地面粗糙度指数，对应于 A、B、C 和 D 类地貌，分别取为 0.12、0.15、0.22 和 0.30。I_{10} 为 10m 高名义湍流度，对应 A、B、C 和 D 类地面粗糙度，可分别取 0.12、0.14、0.23 和 0.39，取值比原规范有适当提高。

式（6）为多重积分式，为方便使用，经过大量试算及回归分析，采用非线性最小二乘法拟合得到简化经验公式（8.4.5）。拟合计算过程中，考虑了迎风面和背风面的风压相关性，同时结合工程经验乘以了 0.7 的折减系数。

对于体型或质量沿高度变化的高耸结构，在应用公式（8.4.5）时应注意如下问题：对于进深尺寸比

较均匀的构筑物，即使迎风面宽度沿高度有变化，计算结果也和按等截面计算的结果十分接近，故对这种情况仍可采用公式（8.4.5）计算背景分量因子；对于进深尺寸和宽度沿高度按线性或近似于线性变化、而重量沿高度按连续规律变化的构筑物，例如截面为正方形或三角形的高耸塔架及圆形截面的烟囱，计算结果表明，必须考虑外形的影响，对背景分量因子予以修正。

本次修订在附录 J 中增加了顺风向风振加速度计算的内容。顺风向风振加速度计算的理论与上述风振系数计算所采用的相同，在仅考虑第一振型情况下，加速度响应峰值可按下式计算：

$$a_D(z) = g\phi_1(z)\sqrt{\int_{-\infty}^\infty \omega^4 S_{q_1}(\omega)\mathrm{d}\omega}$$

式中，$S_{q_1}(\omega)$ 为顺风向第 1 阶广义位移响应功率谱。

采用 Davenport 风速谱和 Shiotani 空间相关性公式，上式可表示为：

$$a_D(z) = \frac{2g I_{10} w_R \mu_s \mu_z B_z B}{m}\sqrt{\int_0^\infty \omega^4 |H_{q_1}(i\omega)|^2 S_f(\omega)\mathrm{d}\omega}$$

为便于使用，上式中的根号项用顺风向风振加速度的脉动系数 η_a 表示，则可得到本规范附录 J 的公式（J.1.1）。经计算整理得到 η_a 的计算用表，即本规范表 J.1.2。

8.4.7 结构振型系数按理应通过结构动力分析确定。为了简化，在确定风荷载时，可采用近似公式。按结构变形特点，对高耸构筑物可按弯曲型考虑，采用下述近似公式：

$$\phi_1 = \frac{6z^2 H^2 - 4z^3 H + z^4}{3H^4}$$

对高层建筑，当以剪力墙的工作为主时，可按弯剪型考虑，采用下述近似公式：

$$\phi_1 = \tan\left[\frac{\pi}{4}\left(\frac{z}{H}\right)^{0.7}\right]$$

对高层建筑也可进一步考虑框架和剪力墙各自的弯曲和剪切刚度，根据不同的综合刚度参数 λ，给出不同的振型系数。附录 G 对高层建筑给出前四个振型系数，它是假设框架和剪力墙均起主要作用时的情况，即取 $\lambda = 3$。综合刚度参数 λ 可按下式确定：

$$\lambda = \frac{C}{\eta}\left(\frac{1}{EI_w} + \frac{1}{EI_N}\right)H^2$$

式中：C——建筑物的剪切刚度；

EI_w——剪力墙的弯曲刚度；

EI_N——考虑墙柱轴向变形的等效刚度；

$$\eta = 1 + \frac{C_f}{C_w}$$

C_f——框架剪切刚度；

C_w——剪力墙剪切刚度；

H——房屋总高。

8.5 横风向和扭转风振

8.5.1 判断高层建筑是否需要考虑横风向风振的影响这一问题比较复杂，一般要考虑建筑的高度、高宽比、结构自振频率及阻尼比等多种因素，并要借鉴工程经验及有关资料来判断。一般而言，建筑高度超过 150m 或高宽比大于 5 的高层建筑可出现较为明显的横风向风振效应，并且效应随着建筑高度或建筑高宽比增加而增加。细长圆形截面构筑物一般指高度超过 30m 且高宽比大于 4 的构筑物。

8.5.2、8.5.3 当建筑物受到风力作用时，不但顺风向可能发生风振，而且在一定条件下也能发生横风向的风振。导致建筑横风向风振的主要激励有：尾流激励（旋涡脱落激励）、横风向紊流激励以及气动弹性激励（建筑振动和风之间的耦合效应），其激励特性远比顺风向要复杂。

对于圆截面柱体结构，若旋涡脱落频率与结构自振频率相近，可能出现共振。大量试验表明，旋涡脱落频率 f_s 与平均风速 v 成正比，与截面的直径 D 成反比，这些变量之间满足如下关系：$St = \frac{f_s D}{v}$，其中，St 是斯脱罗哈数，其值仅决定于结构断面形状和雷诺数。

雷诺数 $Re = \frac{vD}{\nu}$（可用近似公式 $Re = 69000vD$ 计算，其中，分母中 ν 为空气运动黏性系数，约为 $1.45 \times 10^{-5}\ \text{m}^2/\text{s}$；分子中 v 是平均风速；D 是圆柱结构的直径）将影响圆截面柱体结构的横风向风力和振动响应。当风速较低，即 $Re \leqslant 3 \times 10^5$ 时，$St \approx 0.2$。一旦 f_s 与结构频率相等，即发生亚临界的微风共振。当风速增大而处于超临界范围，即 $3 \times 10^5 \leqslant Re < 3.5 \times 10^6$ 时，旋涡脱落没有明显的周期，结构的横向振动也呈随机性。当风更大，$Re \geqslant 3.5 \times 10^6$，即进入跨临界范围，重新出现规则的周期性旋涡脱落。一旦与结构自振频率接近，结构将发生强风共振。

一般情况下，当风速在亚临界或超临界范围内时，只要采取适当构造措施，结构不会在短时间内出现严重问题。也就是说，即使发生亚临界微风共振或超临界随机振动，结构的正常使用可能受到影响，但不至于造成结构破坏。当风速进入跨临界范围内时，结构有可能出现严重的振动，甚至于破坏，国内外都曾发生过很多这类损坏和破坏的事例，对此必须引起注意。

规范附录 H.1 给出了发生跨临界强风共振时的圆形截面横风向风振等效风荷载计算方法。公式（H.1.1-1）中的计算系数 λ_j 是对 j 振型情况下考虑与共振区分布有关的折算系数。此外，应注意公式中的临界风速 v_{cr} 与结构自振周期有关，也即对同一结构不同振型的强风共振，v_{cr} 是不同的。

附录 H.2 的横风向风振等效风荷载计算方法是依据大量典型建筑模型的风洞试验结果给出的。这些典型建筑的截面为均匀矩形，高宽比（$H/\sqrt{BD}$）和截面深宽比（D/B）分别为 4~8 和 0.5~2。试验结果的适用折算风速范围为 $v_H T_{L1}/\sqrt{BD} \leqslant 10$。

大量研究结果表明，当建筑截面深宽比大于 2 时，分离气流将在侧面发生再附，横风向风力的基本特征变化较大；当设计折算风速大于 10 或高宽比大于 8，可能发生不利并且难以准确估算的气动弹性现象，不宜采用附录 H.2 计算方法，建议进行专门的风洞试验研究。

高宽比 $H/\sqrt{BD}$ 在 4~8 之间以及截面深宽比 D/B 在 0.5~2 之间的矩形截面高层建筑的横风向广义力功率谱可按下列公式计算得到：

$$S_{F_L} = \frac{S_p \beta_k (f_{L1}^*/f_p)^\gamma}{\{1 - (f_{L1}^*/f_p)^2\}^2 + \beta_k (f_{L1}^*/f_p)^2}$$

$$f_p = 10^{-5}\left(191 - 9.48 N_R + \frac{1.28H}{\sqrt{DB}} + \frac{N_R H}{\sqrt{DB}}\right)$$

$$\left[68 - 21\left(\frac{D}{B}\right) + 3\left(\frac{D}{B}\right)^2\right]$$

$$S_p = (0.1 N_R^{-0.4} - 0.0004 e^{N_R})$$

$$\left[\frac{0.84H}{\sqrt{DB}} - 2.12 - 0.05\left(\frac{H}{\sqrt{DB}}\right)^2\right] \times$$

$$\left[0.422 + \left(\frac{D}{B}\right)^{-1} - 0.08\left(\frac{D}{B}\right)^{-2}\right]$$

$$\beta_K = (1 + 0.00473 e^{1.7 N_R})$$

$$(0.065 + e^{1.26 - \frac{0.63B}{\sqrt{DB}}}) e^{1.7 - \frac{3.44B}{D}}$$

$$\gamma = (-0.8 + 0.06 N_R + 0.0007 e^{N_R})$$

$$\left[-\left(\frac{H}{\sqrt{DB}}\right)^{0.34} + 0.00006 e^{\frac{H}{\sqrt{DB}}}\right] \times$$

$$\left[\frac{0.414D}{B} + 1.67\left(\frac{D}{B}\right)^{-1.23}\right]$$

式中：f_p——横风向风力谱的谱峰频率系数；

N_R——地面粗糙度类别的序号，对应 A、B、C 和 D 类地貌分别取 1、2、3 和 4；

S_p——横风向风力谱的谱峰系数；

β_K——横风向风力谱的带宽系数；

γ——横风向风力谱的偏态系数。

图 H.2.4 给出的是将 $H/\sqrt{BD}=6.0$ 代入该公式计算得到的结果，供设计人员手算时用。此时，因取高宽比为固定值，忽略了其影响，对大多数矩形截面高层建筑，计算误差是可以接受的。

本次修订在附录 J 中增加了横风向风振加速度计算的内容。横风向风振加速度计算的依据和方法与横风向风振等效风荷载相似，也是基于大量的风洞试验结果。大量风洞试验结果表明，高层建筑横风向风力以旋涡脱落激励为主，相对于顺风向风力谱，横风向风力谱的峰值比较突出，谱峰的宽度较小。根据横风向风力谱的特点，并参考相关研究成果，横风向加速度响应可只考虑共振分量的贡献，由此推导可得到本规范附录 J 横风向加速度计算公式（J.2.1）。

8.5.4、8.5.5 扭转风荷载是由于建筑各个立面风压的非对称作用产生的，受截面形状和湍流度等因素的影响较大。判断高层建筑是否需要考虑扭转风振的影响，主要考虑建筑的高度、高宽比、深宽比、结构自振频率、结构刚度与质量的偏心等因素。

建筑高度超过 150m，同时满足 $H/\sqrt{BD}\geqslant3$、$D/B\geqslant1.5$、$\dfrac{T_{T1}v_H}{\sqrt{BD}}\geqslant0.4$ 的高层建筑 [T_{T1} 为第 1 阶扭转周期（s）]，扭转风振效应明显，宜考虑扭转风振的影响。

截面尺寸和质量沿高度基本相同的矩形截面高层建筑，当其刚度或质量的偏心率（偏心距/回转半径）不大于 0.2，且同时满足 $\dfrac{H}{\sqrt{BD}}\leqslant6$，$D/B$ 在 $1.5\sim5$ 范围，$\dfrac{T_{T1}v_H}{\sqrt{BD}}\leqslant10$，可按附录 H.3 计算扭转风振等效风荷载。

当偏心率大于 0.2 时，高层建筑的弯扭耦合风振效应显著，结构风振响应规律非常复杂，不能直接采用附录 H.3 给出的方法计算扭转风振等效风荷载；大量风洞试验结果表明，风致扭矩与横风向风力具有较强相关性，当 $\dfrac{H}{\sqrt{BD}}>6$ 或 $\dfrac{T_{T1}v_H}{\sqrt{BD}}>10$ 时，两者的耦合作用易发生不稳定的气动弹性现象。对于符合上述情况的高层建筑，建议在风洞试验基础上，有针对性地进行专门研究。

8.5.6 高层建筑结构在脉动风荷载作用下，其顺风向风荷载、横风向风振等效风荷载和扭转风振等效风荷载一般是同时存在的，但三种风荷载的最大值并不一定同时出现，因此在设计中应当按表 8.5.6 考虑三种风荷载的组合工况。

表 8.5.6 主要参考日本规范方法并结合我国的实际情况和工程经验给出。一般情况下顺风向风振响应与横风向风振响应的相关性较小，对于顺风向风荷载为主的情况，横风向风荷载不参与组合；对于横风向风荷载为主的情况，顺风向风荷载仅静力部分参与组合，简化为在顺风向风荷载标准值前乘以 0.6 的折减系数。

虽然扭转风振与顺风向及横风向风振响应之间存在相关性，但由于影响因素较多，在目前研究尚不成熟情况下，暂不考虑扭转风振等效风荷载与另外两个方向的风荷载的组合。

8.6 阵 风 系 数

8.6.1 计算围护结构的阵风系数，不再区分幕墙和其他构件，统一按下式计算：

$$\beta_{zg} = 1 + 2gI_{10}\left(\frac{z}{10}\right)^{-\alpha}$$

其中 A、B、C、D 四类地面粗糙度类别的截断高度分别为 5m、10m、15m 和 30m，即对应的阵风系数不大于 1.65、1.70、2.05 和 2.40。调整后的阵风系数与原规范相比系数有变化，来流风的极值速度压（阵风系数乘以高度变化系数）与原规范相比降低了约 5% 到 10%。对幕墙以外的其他围护结构，由于原规范不考虑阵风系数，因此风荷载标准值会有明显提高，这是考虑到近几年来轻型屋面围护结构发生风灾破坏的事件较多的情况而作出的修订。但对低矮房屋非直接承受风荷载的围护结构，如檩条等，由于其最小局部体型系数由 −2.2 修改为 −1.8，按面积的最小折减系数由 0.8 减小到 0.6，因此风荷载的整体取值与原规范相当。

9 温 度 作 用

9.1 一 般 规 定

9.1.1 引起温度作用的因素很多，本规范仅涉及气温变化及太阳辐射等由气候因素产生的温度作用。有使用热源的结构一般是指有散热设备的厂房、烟囱、储存热物的筒仓、冷库等，其温度作用应由专门规范作规定，或根据建设方和设备供应商提供的指标确定温度作用。

温度作用是指结构或构件内温度的变化。在结构构件任意截面上的温度分布，一般认为可由三个分量叠加组成：① 均匀分布的温度分量 ΔT_u（图 9a）；② 沿截面线性变化的温度分量（梯度温差）ΔT_{My}、ΔT_{Mz}（图 9b、c），一般采用截面边缘的温度差表示；③ 非线性变化的温度分量 ΔT_E（图 9d）。

结构和构件的温度作用即指上述分量的变化，对超大型结构、由不同材料部件组成的结构等特殊情况，尚需考虑不同结构部件之间的温度变化。对大体积结构，尚需考虑整个温度场的变化。

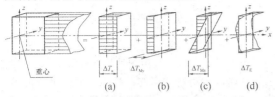

图 9 结构构件任意截面上的温度分布

建筑结构设计时，应首先采取有效构造措施来减少或消除温度作用效应，如设置结构的活动支座或节点、设置温度缝、采用隔热保温措施等。当结构或构件在温度作用和其他可能组合的荷载共同作用下产生的效应（应力或变形）可能超过承载能力极限状态或正常使用极限状态时，比如结构某一方向平面尺寸超过伸缩缝最大间距或温度区段长度、结构约束较大、房屋高度较高等，结构设计中一般应考虑温度作用。是否需要考虑温度作用效应的具体条件由《混凝土结构设计规范》GB 50010、《钢结构设计规范》GB 50017 等结构设计规范作出规定。

9.1.2 常用材料的线膨胀系数表主要参考欧洲规范的数据确定。

9.1.3 温度作用属于可变的间接作用，考虑到结构可靠指标及设计表达式的统一，其荷载分项系数取值与其他可变荷载相同，取 1.4。该值与美国混凝土设计规范 ACI 318 的取值相当。

作为结构可变荷载之一，温度作用应根据结构施工和使用期间可能同时出现的情况考虑其与其他可变荷载的组合。规范规定的组合值系数、频遇值系数及准永久值系数主要依据设计经验及参考欧洲规范确定。

混凝土结构在进行温度作用效应分析时，可考虑混凝土开裂等因素引起的结构刚度的降低。混凝土材料的徐变和收缩效应，可根据经验将其等效为温度作用。具体方法可参考有关资料和文献。如在行业标准《水工混凝土结构设计规范》SL 191-2008 中规定，初估混凝土干缩变形时可将其影响折算为（10～15）℃的温降。在《铁路桥涵设计基本规范》TB 10002.1-2005 中规定混凝土收缩的影响可按降低温度的方法来计算，对整体浇筑的混凝土和钢筋混凝土结构分别相当于降低温度 20℃和 15℃。

9.2 基 本 气 温

9.2.1 基本气温是气温的基准值，是确定温度作用所需最主要的气象参数。基本气温一般是以气象台站记录所得的某一年极值气温数据为样本，经统计得到的具有一定年超越概率的最高和最低气温。采用什么气温参数作为年极值气温样本数据，目前还没有统一

模式。欧洲规范 EN 1991-1-5：-2003 采用小时最高和最低气温；我国行业标准《铁路桥涵设计基本规范》TB 10002.1-2005 采用七月份和一月份的月平均气温，《公路桥涵设计通用规范》JTG D60-2004 采用有效温度并将全国划分为严寒、寒冷和温热三个区来规定。目前国内在建筑结构设计中采用的基本气温也不统一，钢结构设计有的采用极端最高、最低气温，混凝土结构设计有的采用最高或最低月平均气温，这种情况带来的后果是难以用统一尺度评判温度作用下结构的可靠性水准，温度作用分项系数及其他各系数的取值也很难统一。作为结构设计的基本气象参数，有必要加以规范和统一。

根据国内的设计现状并参考国外规范，本规范将基本气温定义为 50 年一遇的月平均最高和月平均最低气温。分别根据全国各基本气象台站最近 30 年历年最高温度月的月平均最高和最低温度月的月平均最低气温为样本，经统计（假定其服从极值 I 型分布）得到。

对于热传导速率较慢且体积较大的混凝土及砌体结构，结构温度接近当地月平均气温，可直接采用月平均最高气温和月平均最低气温作为基本气温。

对于热传导速率较快的金属结构或体积较小的混凝土结构，它们对气温的变化比较敏感，这些结构要考虑昼夜气温变化的影响，必要时应对基本气温进行修正。气温修正的幅度大小与地理位置相关，可根据工程经验及当地极值气温与月平均最高和月平均最低气温的差值以及保温隔热性能酌情确定。

9.3 均匀温度作用

9.3.1 均匀温度作用对结构影响最大，也是设计时最常考虑的，温度作用的取值及结构分析方法较为成熟。对室内外温差较大且没有保温隔热面层的结构，或太阳辐射较强的金属结构等，应考虑结构或构件的梯度温度作用，对体积较大或约束较强的结构，必要时应考虑非线性温度作用。对梯度和非线性温度作用的取值及结构分析目前尚没有较为成熟统一的方法，因此，本规范仅对均匀温度作用作出规定，其他情况设计人员可参考有关文献或根据设计经验酌情处理。

以结构的初始温度（合拢温度）为基准，结构的温度作用效应要考虑温升和温降两种工况。这两种工况产生的效应和可能出现的控制应力或位移是不同的，温升工况会使构件产生膨胀，而温降则会使构件产生收缩，一般情况两者都应校核。

气温和结构温度的单位采用摄氏度（℃），零上为正，零下为负。温度作用标准值的单位也是摄氏度（℃），温升为正，温降为负。

9.3.2 影响结构平均温度的因素较多，应根据工程施工期间和正常使用期间的实际情况确定。

对暴露于环境气温下的室外结构，最高平均温度

和最低平均温度一般可依据基本气温 T_{max} 和 T_{min} 确定。

对有围护的室内结构，结构最高平均温度和最低平均温度一般可依据室内和室外的环境温度按热工学的原理确定，当仅考虑单层结构材料且室内外环境温度类似时，结构平均温度可近似地取室内外环境温度的平均值。

在同一种材料内，结构的梯度温度可近似假定为线性分布。

室内环境温度应根据建筑设计资料的规定采用，当没有规定时，应考虑夏季空调条件和冬季采暖条件下可能出现的最低温度和最高温度的不利情况。

室外环境温度一般可取基本气温，对温度敏感的金属结构，尚应根据结构表面的颜色深浅及朝向考虑太阳辐射的影响，对结构表面温度予以增大。夏季太阳辐射对外表面最高温度的影响，与当地纬度、结构方位、表面材料色调等因素有关，不宜简单近似。参考早期的国际标准化组织文件《结构设计依据—温度气候作用》技术报告 ISO TR 9492 中相关的内容，经过计算发现，影响辐射量的主要因素是结构所处的方位，在我国不同纬度的地方（北纬 20 度～50 度）虽然有差别，但不显著。

结构外表面的材料及其色调的影响肯定是明显的。表 7 为经过计算归纳近似给出围护结构表面温度的增大值。当没有可靠资料时，可参考表 7 确定。

表 7　考虑太阳辐射的围护结构表面温度增加

朝向	表面颜色	温度增加值（℃）
平屋面	浅亮	6
	浅色	11
	深暗	15
东向、南向和西向的垂直墙面	浅亮	3
	浅色	5
	深暗	7
北向、东北和西北向的垂直墙面	浅亮	2
	浅色	4
	深暗	6

对地下室与地下结构的室外温度，一般应考虑离地表面深度的影响。当离地表面深度超过 10m 时，土体基本为恒温，等于年平均气温。

9.3.3 混凝土结构的合拢温度一般可取后浇带封闭时的月平均气温。钢结构的合拢温度一般可取合拢时的日平均温度，但当合拢时有日照时，应考虑日照的影响。结构设计时，往往不能准确确定施工工期，因此，结构合拢温度通常是一个区间值。这个区间值应包括施工可能出现的合拢温度，即应考虑施工的可行性和工期的不可预见性。

10　偶　然　荷　载

10.1　一　般　规　定

10.1.1 产生偶然荷载的因素很多，如由炸药、燃气、粉尘、压力容器等引起的爆炸，机动车、飞行器、电梯等运动物体引起的撞击，罕遇出现的风、雪、洪水等自然灾害及地震灾害等等。随着我国社会经济的发展和全球反恐面临的新形势，人们使用燃气、汽车、电梯、直升机等先进设施和交通工具的比例大大提高，恐怖袭击的威胁仍然严峻。在建筑结构设计中偶然荷载越来越重要，为此本次修订专门增加偶然荷载这一章。

限于目前对偶然荷载的研究和认知水平以及设计经验，本次修订仅对炸药及燃气爆炸、电梯及汽车撞击等较为常见且有一定研究资料和设计经验的偶然荷载作出规定，对其他偶然荷载，设计人员可以根据本规范规定的原则，结合实际情况或参考有关资料确定。

依据 ISO 2394，在设计中所取的偶然荷载代表值是由有关权威机构或主管工程人员根据经济和社会政策、结构设计和使用经验按一般性的原则确定的，其值是唯一的。欧洲规范进一步规定偶然荷载的确定应从三个方面来考虑：①荷载的机理，包括形成的原因、短暂时间内结构的动力响应、计算模型等；②从概率的观点对荷载发生的后果进行分析；③针对不同后果采取的措施从经济上考虑优化设计的问题。从上述三方面综合确定偶然荷载代表值相当复杂，因此欧洲规范提出当缺乏后果定量分析及经济优化设计数据时，对偶然荷载可以按年失效概率万分之一确定，相当于偶然荷载万年一遇。其思路大致如此：假设在偶然荷载设计状况下结构的可靠指标为 $\beta = 3.8$（稍高于一般的 3.7），则其取值的超越概率为：

$$\Phi(-\alpha\beta) = \Phi(-0.7 \times 3.8) = \Phi(-2.66) = 0.003$$

这是对设计基准期是 50 年而言，对 1 年的超越概率则为万分之零点六，近似取万分之一。由于偶然荷载的有效统计数据在很多情况下不够充分，此时只能根据工程经验来确定。

10.1.2 偶然荷载的设计原则，与《工程结构可靠性设计统一标准》GB 50153 - 2008 一致。建筑结构设计中，主要依靠优化结构方案、增加结构冗余度、强化结构构造等措施，避免因偶然荷载作用引起结构发生连续倒塌。在结构分析和构件设计中是否需要考虑偶然荷载作用，要视结构的重要性、结构类型及复杂程度等因素，由设计人员根据经验决定。

结构设计中应考虑偶然荷载发生时和偶然荷载发生后两种设计状况。首先，在偶然事件发生时应保证某些特殊部位的构件具备一定的抵抗偶然荷载的承载能力，结构构件受损可控。此时结构在承受偶然荷载的同时，还要承担永久荷载、活荷载或其他荷载，应采用结构承载能力设计的偶然荷载效应组合。其次，要保证在偶然事件发生后，受损结构能够承担对应于偶然设计状况的永久荷载和可变荷载，保证结构有足够的整体稳固性，不致因偶然荷载引起结构连续倒塌，此时应采用结构整体稳固验算的偶然荷载效应组合。

10.1.3 与其他可变荷载根据设计基准期通过统计确定荷载标准值的方法不同，在设计中所取的偶然荷载代表值是由有关的权威机构或主管工程人员根据经济和社会政策、结构设计和使用经验按一般性的原则来确定的，因此不考虑荷载分项系数，设计值与标准值取相同的值。

10.2 爆　炸

10.2.1 爆炸一般是指在极短时间内，释放出大量能量，产生高温，并放出大量气体，在周围介质中造成高压的化学反应或状态变化。爆炸的类型很多，例如炸药爆炸（常规武器爆炸、核爆炸）、煤气爆炸、粉尘爆炸、锅炉爆炸、矿井下瓦斯爆炸、汽车等物体燃烧时引起的爆炸等。爆炸对建筑物的破坏程度与爆炸类型、爆炸源能量大小、爆炸距离及周围环境、建筑物本身的振动特性等有关，精确度量爆炸荷载的大小较为困难。本规范首次加入爆炸荷载的内容，对目前工程中较为常用且有一定研究和应用经验的炸药爆炸和燃气爆炸荷载进行规定。

10.2.2 爆炸荷载的大小主要取决于爆炸当量和结构离爆炸源的距离，本条主要依据《人民防空地下室设计规范》GB 50038-2005 中有关常规武器爆炸荷载的计算方法制定。

确定等效均布静力荷载的基本步骤为：

1) 确定爆炸冲击波形参数，即等效动荷载。

常规武器地面爆炸空气冲击波形可取按等冲量简化的无升压时间的三角形，见图 10。

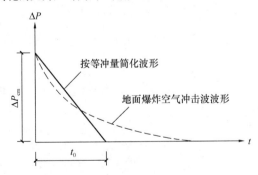

图 10　常规武器地面爆炸
空气冲击波简化波形

常规武器地面爆炸冲击波最大超压（N/mm²）ΔP_{cm} 可按下式计算：

$$\Delta P_{cm} = 1.316 \left(\frac{\sqrt[3]{C}}{R} \right)^3 + 0.369 \left(\frac{\sqrt[3]{C}}{R} \right)^{1.5}$$

式中：C——等效 TNT 装药量（kg），应按国家现行有关规定取值；

R——爆心至作用点的距离（m），爆心至外墙外侧水平距离应按国家现行有关规定取值。

地面爆炸空气冲击波按等冲量简化的等效作用时间 t_0（s），可按下式计算：

$$t_0 = 4.0 \times 10^{-4} \Delta P_{cm}^{-0.5} \sqrt[3]{C}$$

2) 按单自由度体系强迫振动的方法分析得到构件的内力。

从结构设计所需精度和尽可能简化设计的角度考虑，在常规武器爆炸动荷载或核武器爆炸动荷载作用下，结构动力分析一般采用等效静荷载法。试验结果与理论分析表明，对于一般防空地下室结构在动力分析中采用等效静荷载法除了剪力（支座反力）误差相对较大外，不会造成设计上明显不合理。

研究表明，在动荷载作用下，结构构件振型与相应静荷载作用下挠曲线很相近，且动荷载作用下结构构件的破坏规律与相应静荷载作用下破坏规律基本一致，所以在动力分析时，可将结构构件简化为单自由度体系。运用结构动力学中对单自由度集中质量等效体系分析的结果，可获得相应的动力系数。

等效静荷载法一般适用于单个构件。实际结构是个多构件体系，如有顶板、底板、墙、梁、柱等构件，其中顶板、底板与外墙直接受到不同峰值的外加动荷载，内墙、柱、梁等承受上部构件传来的动荷载。由于动荷载作用的时间有先后，动荷载的变化规律也不一致，因此对结构体系进行综合的精确分析是较为困难的，故一般均采用近似方法，将它拆成单个构件，每一个构件都按单独的等效体系进行动力分析。各构件的支座条件应按实际支承情况来选取。例如对钢筋混凝土结构，顶板与外墙的刚度接近，其连接处可近似按弹性支座（介于固端与铰支之间）考虑。而底板与外墙的刚度相差较大，在计算外墙时可将二者连接处视作固定端。对通道或其他简单、规则的结构，也可近似作为一个整体构件按等效静荷载法进行动力计算。

对于特殊结构也可按有限自由度体系采用结构动力学方法，直接求出结构内力。

3) 根据构件最大内力（弯矩、剪力或轴力）等效的原则确定等效均布静力荷载。

等效静力荷载法规定结构构件在等效静力荷载作用下的各项内力（如弯矩、剪力、轴力）等与动荷载作用下相应内力最大值相等，这样即可把动荷载视为静荷载。

10.2.3 当前在房屋设计中考虑燃气爆炸的偶然荷载是有实际意义的。本条主要参照欧洲规范《由撞击和爆炸引起的偶然作用》EN 1991-1-7 中的有关规定。设计的主要思想是通过通口板破坏后的泄压过程，提供爆炸空间内的等效静力荷载公式，以此确定关键构件的偶然荷载。

爆炸过程是十分短暂的，可以考虑构件设计抗力的提高，爆炸持续时间可近似取 $t=0.2s$。

EN 1991 Part 1.7 给出的抗力提高系数的公式为：

$$\varphi_d = 1 + \sqrt{\frac{p_{SW}}{p_{Rd}}} \sqrt{\frac{2u_{max}}{g(\Delta t)^2}}$$

式中：p_{SW}——关键构件的自重；

　　　p_{Rd}——关键构件的在正常情况下的抗力设计值；

　　　u_{max}——关键构件破坏时的最大位移；

　　　g——重力加速度。

10.3 撞　击

10.3.1 当电梯运行超过正常速度一定比例后，安全钳首先作用，将轿厢（对重）卡在导轨上。安全钳作用瞬间，将轿厢（对重）传来的冲击荷载作用给导轨，再由导轨传至底坑（悬空导轨除外）。在安全钳失效的情况下，轿厢（对重）才有可能撞击缓冲器，缓冲器将吸收轿厢（对重）的动能，提供最后的保护。因此偶然情况下，作用于底坑的撞击力存在四种情况：轿厢或对重的安全钳通过导轨传至底坑；轿厢或对重通过缓冲器传至底坑。由于这四种情况不可能同时发生，表 10 中的撞击力取值为这四种情况下的最大值。根据部分电梯厂家提供的样本，计算出不同的电梯品牌、类型的撞击力与电梯总重力荷载的比值（表 8）。

根据表 8 结果，并参考了美国 IBC 96 规范以及我国《电梯制造与安装安全规范》GB 7588-2003，确定撞击荷载标准值。规范值适用于电力驱动的拽引式或强制式乘客电梯、病床电梯及载货电梯，不适用于杂物电梯和液压电梯。电梯总重力荷载为电梯核定载重和轿厢自重之和，忽略了电梯装饰荷载的影响。额定速度较大的电梯，相应的撞击荷载也较大，高速电梯（额定速度不小于 2.5m/s）宜取上限值。

表 8　撞击力与电梯总重力荷载比值计算结果

电梯类型		品牌 1	品牌 2	品牌 3
无机房	低速客梯	3.7～4.4	4.1～5.0	3.7～4.7
有机房	低速客梯	3.7～3.8	4.1～4.3	4.0～4.8
	低速观光梯	3.7	4.9～5.6	4.9～5.4
	低速医梯	4.2～4.7	5.2	4.0～4.5
	低速货梯	3.5～4.1	3.9～7.4	3.6～5.2
	高速客梯	4.7～5.4	5.9～7.0	6.5～7.1

10.3.2 本条借鉴了《公路桥涵设计通用规范》JTG D60-2004 和《城市人行天桥与人行地道技术规范》CJJ 69-95 的有关规定，基于动量定理给出了撞击力的一般公式，概念较为明确。按上述公式计算的撞击力，与欧洲规范相当。

我国公路上 10t 以下中、小型汽车约占总数的 80%，10t 以上大型汽车占 20%。因此，该规范规定计算撞击力时撞击车质量取 10t。而《城市人行天桥与人行地道技术规范》CJJ 69-95 则建议取 15t。本规范建议撞击车质量按照实际情况采用，当无数据时可取为 15t。又据《城市人行天桥与人行地道技术规范》CJJ 69-95，撞击车速建议取国产车平均最高车速的 80%。目前高速公路、一级公路、二级公路的最高设计车速分别为 120km/h、100km/h 和 80km/h，综合考虑取车速为 80km/h（22.2m/s）。

在没有试验资料时，撞击时间按《公路桥涵设计通用规范》JTG D60-2004 的建议，取值 1s。

参照《城市人行天桥与人行地道技术规范》CJJ 69-95 和欧洲规范 EN 1991-1-7，垂直行车方向撞击力取顺行方向撞击力的 50%，二者不同时作用。

建筑结构可能承担的车辆撞击主要包括地下车库及通道的车辆撞击、路边建筑物车辆撞击等，由于所处环境不同，车辆质量、车速等变化较大，因此在给出一般值的基础上，设计人员可根据实际情况调整。

10.3.3 本条主要参考欧洲规范 EN 1991-1-7 的有关规定。

中华人民共和国国家标准

建筑地基基础设计规范

Code for design of building foundation

GB 50007—2011

主编部门：中华人民共和国住房和城乡建设部
批准部门：中华人民共和国住房和城乡建设部
施行日期：２０１２年８月１日

中华人民共和国住房和城乡建设部
公　告

第 1096 号

关于发布国家标准
《建筑地基基础设计规范》的公告

　　现批准《建筑地基基础设计规范》为国家标准，编号为 GB 50007-2011，自 2012 年 8 月 1 日起实施。其中，第 3.0.2、3.0.5、5.1.3、5.3.1、5.3.4、6.1.1、6.3.1、6.4.1、7.2.7、7.2.8、8.2.7、8.4.6、8.4.9、8.4.11、8.4.18、8.5.10、8.5.13、8.5.20、8.5.22、9.1.3、9.1.9、9.5.3、10.2.1、10.2.10、10.2.13、10.2.14、10.3.2、10.3.8 条为强制性条文，必须严格执行。原《建筑地基基础设计规范》GB 50007-2002 同时废止。

　　本规范由我部标准定额研究所组织中国建筑工业出版社出版发行。

中华人民共和国住房和城乡建设部

2011 年 7 月 26 日

前　　言

　　本规范是根据住房和城乡建设部《关于印发〈2008 年工程建设标准规范制订、修订计划（第一批）〉的通知》（建标〔2008〕102 号）的要求，由中国建筑科学研究院会同有关单位在原《建筑地基基础设计规范》GB 50007-2002 的基础上修订完成的。

　　本规范在编制过程中，编制组经广泛调查研究，认真总结实践经验，参考国外先进标准，与国内相关标准协调，并在广泛征求意见的基础上，最后经审查定稿。

　　本规范共分 10 章和 22 个附录，主要技术内容包括：总则、术语和符号、基本规定、地基岩土的分类及工程特性指标、地基计算、山区地基、软弱地基、基础、基坑工程、检验与监测。

　　本规范修订的主要技术内容是：

　　1. 增加地基基础设计等级中基坑工程的相关内容；

　　2. 地基基础设计使用年限不应小于建筑结构的设计使用年限；

　　3. 增加泥炭、泥炭质土的工程定义；

　　4. 增加回弹再压缩变形计算方法；

　　5. 增加建筑物抗浮稳定计算方法；

　　6. 增加当地基中下卧岩面为单向倾斜，岩面坡度大于 10%，基底下的土层厚度大于 1.5m 的土岩组合地基设计原则；

　　7. 增加岩石地基设计内容；

　　8. 增加岩溶地区场地根据岩溶发育程度进行地基基础设计的原则；

　　9. 增加复合地基变形计算方法；

　　10. 增加扩展基础最小配筋率不应小于 0.15% 的设计要求；

　　11. 增加当扩展基础底面短边尺寸小于或等于柱宽加 2 倍基础有效高度的斜截面受剪承载力计算要求；

　　12. 对桩基沉降计算方法，经统计分析，调整了沉降经验系数；

　　13. 增加对高地下水位地区，当场地水文地质条件复杂，基坑周边环境保护要求高，设计等级为甲级的基坑工程，应进行地下水控制专项设计的要求；

　　14. 增加对地基处理工程的工程检验要求；

　　15. 增加单桩水平载荷试验要点，单桩竖向抗拔载荷试验要点。

　　本规范中以黑体字标志的条文为强制性条文，必须严格执行。

　　本规范由住房和城乡建设部负责管理和对强制性条文的解释，由中国建筑科学研究院负责具体技术内容的解释。本规范在执行过程中如有意见或建议，请寄送中国建筑科学研究院国家标准《建筑地基基础设计规范》管理组（地址：北京市北三环东路 30 号，邮编：100013，Email：tyjcabr@sina.com.cn）。

　　本 规 范 主 编 单 位：中国建筑科学研究院

　　本 规 范 参 编 单 位：建设综合勘察设计研究院
　　　　　　　　　　　　　北京市勘察设计研究院

中国建筑西南勘察设计研究院

贵阳建筑勘察设计有限公司

北京市建筑设计研究院

中国建筑设计研究院

上海现代设计集团有限公司

中国建筑东北设计研究院

辽宁省建筑设计研究院

云南怡成建筑设计公司

中南建筑设计院

湖北省建筑科学研究院

广州市建筑科学研究院

黑龙江省寒地建筑科学研究院

黑龙江省建筑工程质量监督总站

中冶北方工程技术有限公司

中国建筑工程总公司

天津大学

同济大学

太原理工大学

广州大学

郑州大学

东南大学

重庆大学

本规范主要起草人员： 滕延京　黄熙龄　王曙光
　　　　　　　　　　宫剑飞　王卫东　王小南
　　　　　　　　　　王公山　白晓红　任庆英
　　　　　　　　　　刘松玉　朱　磊　沈小克
　　　　　　　　　　张丙吉　张成金　张季超
　　　　　　　　　　陈祥福　杨　敏　林立岩
　　　　　　　　　　郑　刚　周同和　武　威
　　　　　　　　　　郝江南　侯光瑜　胡岱文
　　　　　　　　　　袁内镇　顾宝和　唐孟雄
　　　　　　　　　　顾晓鲁　梁志荣　康景文
　　　　　　　　　　裴　捷　潘凯云　薛慧立

本规范主要审查人员： 徐正忠　黄绍铭　吴学敏
　　　　　　　　　　顾国荣　化建新　王常青
　　　　　　　　　　肖自强　宋昭煌　徐天平
　　　　　　　　　　徐张建　梅全亭　黄质宏
　　　　　　　　　　窦南华

目　次

Contents

1 总　则

1.0.1 为了在地基基础设计中贯彻执行国家的技术经济政策，做到安全适用、技术先进、经济合理、确保质量、保护环境，制定本规范。

1.0.2 本规范适用于工业与民用建筑（包括构筑物）的地基基础设计。对于湿陷性黄土、多年冻土、膨胀土以及在地震和机械振动荷载作用下的地基基础设计，尚应符合国家现行相应专业标准的规定。

1.0.3 地基基础设计，应坚持因地制宜、就地取材、保护环境和节约资源的原则；根据岩土工程勘察资料，综合考虑结构类型、材料情况与施工条件等因素，精心设计。

1.0.4 建筑地基基础的设计除应符合本规范的规定外，尚应符合国家现行有关标准的规定。

2　术语和符号

2.1　术　语

2.1.1 地基　ground, foundation soils

支承基础的土体或岩体。

2.1.2 基础　foundation

将结构所受的各种作用传递到地基上的结构组成部分。

2.1.3 地基承载力特征值　characteristic value of subsoil bearing capacity

由载荷试验测定的地基土压力变形曲线线性变形段内规定的变形所对应的压力值，其最大值为比例界限值。

2.1.4 重力密度（重度）　gravity density, unit weight

单位体积岩土体所承受的重力，为岩土体的密度与重力加速度的乘积。

2.1.5 岩体结构面　rock discontinuity structural plane

岩体内开裂的和易开裂的面，如层面、节理、断层、片理等，又称不连续构造面。

2.1.6 标准冻结深度　standard frost penetration

在地面平坦、裸露、城市之外的空旷场地中不少于10年的实测最大冻结深度的平均值。

2.1.7 地基变形允许值　allowable subsoil deformation

为保证建筑物正常使用而确定的变形控制值。

2.1.8 土岩组合地基　soil-rock composite ground

在建筑地基的主要受力层范围内，有下卧基岩表面坡度较大的地基；或石芽密布并有出露的地基；或大块孤石或个别石芽出露的地基。

2.1.9 地基处理　ground treatment, ground improvement

为提高地基承载力，或改善其变形性质或渗透性质而采取的工程措施。

2.1.10 复合地基　composite ground, composite foundation

部分土体被增强或被置换，而形成的由地基土和增强体共同承担荷载的人工地基。

2.1.11 扩展基础　spread foundation

为扩散上部结构传来的荷载，使作用在基底的压应力满足地基承载力的设计要求，且基础内部的应力满足材料强度的设计要求，通过向侧边扩展一定底面积的基础。

2.1.12 无筋扩展基础　non-reinforced spread foundation

由砖、毛石、混凝土或毛石混凝土、灰土和三合土等材料组成的，且不需配置钢筋的墙下条形基础或柱下独立基础。

2.1.13 桩基础　pile foundation

由设置于岩土中的桩和连接于桩顶端的承台组成的基础。

2.1.14 支挡结构　retaining structure

使岩土边坡保持稳定、控制位移、主要承受侧向荷载而建造的结构物。

2.1.15 基坑工程　excavation engineering

为保证地面向下开挖形成的地下空间在地下结构施工期间的安全稳定所需的挡土结构及地下水控制、环境保护等措施的总称。

2.2　符　号

2.2.1 作用和作用效应

E_a——主动土压力；

F_k——相应于作用的标准组合时，上部结构传至基础顶面的竖向力值；

G_k——基础自重和基础上的土重；

M_k——相应于作用的标准组合时，作用于基础底面的力矩值；

p_k——相应于作用的标准组合时，基础底面处的平均压力值；

p_0——基础底面处平均附加压力；

Q_k——相应于作用的标准组合时，轴心竖向力作用下桩基中单桩所受竖向力。

2.2.2 抗力和材料性能

a——压缩系数；

c——黏聚力；

E_s——土的压缩模量；

e——孔隙比；

f_a——修正后的地基承载力特征值；

f_{ak}——地基承载力特征值；

f_{rk}——岩石饱和单轴抗压强度标准值；

q_{pa}——桩端土的承载力特征值；

q_{sa}——桩周土的摩擦力特征值；

R_a——单桩竖向承载力特征值；

w——土的含水量；

w_L——液限；

w_p——塑限；

γ——土的重力密度，简称土的重度；

δ——填土与挡土墙墙背的摩擦角；

δ_r——填土与稳定岩石坡面间的摩擦角；

θ——地基的压力扩散角；

μ——土与挡土墙基底间的摩擦系数；

ν——泊松比；

φ——内摩擦角。

2.2.3 几何参数

A——基础底面面积；

b——基础底面宽度（最小边长）；或力矩作用方向的基础底面边长；

d——基础埋置深度，桩身直径；

h_0——基础高度；

H_f——自基础底面算起的建筑物高度；

H_g——自室外地面算起的建筑物高度；

L——房屋长度或沉降缝分隔的单元长度；

l——基础底面长度；

s——沉降量；

u——周边长度；

z_0——标准冻结深度；

z_n——地基沉降计算深度；

β——边坡对水平面的坡角。

2.2.4 计算系数

$\bar{\alpha}$——平均附加应力系数；

η_b——基础宽度的承载力修正系数；

η_d——基础埋深的承载力修正系数；

ψ_s——沉降计算经验系数。

3 基 本 规 定

3.0.1 地基基础设计应根据地基复杂程度、建筑物规模和功能特征以及由于地基问题可能造成建筑物破坏或影响正常使用的程度分为三个设计等级，设计时应根据具体情况，按表 3.0.1 选用。

表 3.0.1 地基基础设计等级

设计等级	建筑和地基类型
甲级	重要的工业与民用建筑物 30 层以上的高层建筑 体型复杂，层数相差超过 10 层的高低层连成一体建筑物

设计等级	建筑和地基类型
甲级	大面积的多层地下建筑物（如地下车库、商场、运动场等） 对地基变形有特殊要求的建筑物 复杂地质条件下的坡上建筑物（包括高边坡） 对原有工程影响较大的新建建筑物 场地和地基条件复杂的一般建筑物 位于复杂地质条件及软土地区的二层及二层以上地下室的基坑工程 开挖深度大于 15m 的基坑工程 周边环境条件复杂、环境保护要求高的基坑工程
乙级	除甲级、丙级以外的工业与民用建筑物 除甲级、丙级以外的基坑工程
丙级	场地和地基条件简单、荷载分布均匀的七层及七层以下民用建筑及一般工业建筑；次要的轻型建筑物 非软土地区且场地地质条件简单、基坑周边环境条件简单、环境保护要求不高且开挖深度小于 5.0m 的基坑工程

3.0.2 根据建筑物地基基础设计等级及长期荷载作用下地基变形对上部结构的影响程度，地基基础设计应符合下列规定：

1 所有建筑物的地基计算均应满足承载力计算的有关规定；

2 设计等级为甲级、乙级的建筑物，均应按地基变形设计；

3 设计等级为丙级的建筑物有下列情况之一时应作变形验算：

　　1）地基承载力特征值小于 **130kPa**，且体型复杂的建筑；

　　2）在基础上及其附近有地面堆载或相邻基础荷载差异较大，可能引起地基产生过大的不均匀沉降时；

　　3）软弱地基上的建筑物存在偏心荷载时；

　　4）相邻建筑距离近，可能发生倾斜时；

　　5）地基内有厚度较大或厚薄不均的填土，其自重固结未完成时。

4 对经常受水平荷载作用的高层建筑、高耸结构和挡土墙等，以及建造在斜坡上或边坡附近的建筑物和构筑物，尚应验算其稳定性；

5 基坑工程应进行稳定性验算；

6 建筑地下室或地下构筑物存在上浮问题时，尚应进行抗浮验算。

3.0.3 表 3.0.3 所列范围内设计等级为丙级的建筑物可不作变形验算。

表 3.0.3 可不作地基变形验算的设计
等级为丙级的建筑物范围

地基主要受力层情况	地基承载力特征值 f_{ak}(kPa)			$80 \leqslant f_{ak}$ <100	$100 \leqslant f_{ak}$ <130	$130 \leqslant f_{ak}$ <160	$160 \leqslant f_{ak}$ <200	$200 \leqslant f_{ak}$ <300
	各土层坡度(%)			$\leqslant 5$	$\leqslant 10$	$\leqslant 10$	$\leqslant 10$	$\leqslant 10$
建筑类型	砌体承重结构、框架结构(层数)			$\leqslant 5$	$\leqslant 5$	$\leqslant 6$	$\leqslant 6$	$\leqslant 7$
	单层排架结构(6m 柱距)	单跨	吊车额定起重量(t)	10~15	15~20	20~30	30~50	50~100
			厂房跨度(m)	$\leqslant 18$	$\leqslant 24$	$\leqslant 30$	$\leqslant 30$	$\leqslant 30$
		多跨	吊车额定起重量(t)	5~10	10~15	15~20	20~30	30~75
			厂房跨度(m)	$\leqslant 18$	$\leqslant 24$	$\leqslant 30$	$\leqslant 30$	$\leqslant 30$
	烟囱	高度(m)		$\leqslant 40$	50	$\leqslant 75$		$\leqslant 100$
	水塔	高度(m)		$\leqslant 20$	$\leqslant 30$	$\leqslant 30$		$\leqslant 30$
		容积(m³)		50~100	100~200	200~300	300~500	500~1000

注：1 地基主要受力层系指条形基础底面下深度为 $3b$(b 为基础底面宽度)，独立基础下为 $1.5b$，且厚度均不小于 5m 的范围(二层以下一般的民用建筑除外)；

2 地基主要受力层中如有承载力特征值小于 130kPa 的土层，表中砌体承重结构的设计，应符合本规范第 7 章的有关要求；

3 表中砌体承重结构和框架结构均指民用建筑，对于工业建筑可按厂房高度、荷载情况折合成与其相当的民用建筑层数；

4 表中吊车额定起重量、烟囱高度和水塔容积的数值系指最大值。

3.0.4 地基基础设计前应进行岩土工程勘察，并应符合下列规定：

1 岩土工程勘察报告应提供下列资料：

1) 有无影响建筑场地稳定性的不良地质作用，评价其危害程度；

2) 建筑物范围内的地层结构及其均匀性，各岩土层的物理力学性质指标，以及对建筑材料的腐蚀性；

3) 地下水埋藏情况、类型和水位变化幅度及规律，以及对建筑材料的腐蚀性；

4) 在抗震设防区应划分场地类别，并对饱和砂土及粉土进行液化判别；

5) 对可供采用的地基基础设计方案进行论证分析，提出经济合理、技术先进的设计方案建议；提供与设计要求相对应的地基承载力及变形计算参数，对设计与施工应注意的问题提出建议；

6) 当工程需要时，尚应提供：深基坑开挖的边坡稳定计算和支护设计所需的岩土技术

参数，论证其对周边环境的影响；基坑施工降水的有关技术参数及地下水控制方法的建议；用于计算地下水浮力的设防水位。

2 地基评价宜采用钻探取样、室内土工试验、触探，并结合其他原位测试方法进行。设计等级为甲级的建筑物应提供载荷试验指标、抗剪强度指标、变形参数指标和触探资料；设计等级为乙级的建筑物应提供抗剪强度指标、变形参数指标和触探资料；设计等级为丙级的建筑物应提供触探及必要的钻探和土工试验资料。

3 建筑物地基均应进行施工验槽。当地基条件与原勘察报告不符时，应进行施工勘察。

3.0.5 地基基础设计时，所采用的作用效应与相应的抗力限值应符合下列规定：

1 按地基承载力确定基础底面积及埋深或按单桩承载力确定桩数时，传至基础或承台底面上的作用效应应按正常使用极限状态下作用的标准组合；相应的抗力应采用地基承载力特征值或单桩承载力特征值；

2 计算地基变形时，传至基础底面上的作用效应应按正常使用极限状态下作用的准永久组合，不应计入风荷载和地震作用；相应的限值应为地基变形允许值；

3 计算挡土墙、地基或滑坡稳定以及基础抗浮稳定时，作用效应应按承载能力极限状态下作用的基本组合，但其分项系数均为 1.0；

4 在确定基础或桩基承台高度、支挡结构截面、计算基础或支挡结构内力、确定配筋和验算材料强度时，上部结构传来的作用效应和相应的基底反力、挡土墙土压力以及滑坡推力，应按承载能力极限状态下作用的基本组合，采用相应的分项系数；当需要验算基础裂缝宽度时，应按正常使用极限状态下作用的标准组合；

5 基础设计安全等级、结构设计使用年限、结构重要性系数应按有关规范的规定采用，但结构重要性系数 γ_0 不应小于 1.0。

3.0.6 地基基础设计时，作用组合的效应设计值应符合下列规定：

1 正常使用极限状态下，标准组合的效应设计值 S_k 应按下式确定：

$$S_k = S_{Gk} + S_{Q1k} + \psi_{c2} S_{Q2k} + \cdots\cdots + \psi_{cn} S_{Qnk}$$

(3.0.6-1)

式中：S_{Gk}——永久作用标准值 G_k 的效应；

S_{Qik}——第 i 个可变作用标准值 Q_{ik} 的效应；

ψ_{ci}——第 i 个可变作用 Q_i 的组合值系数，按现行国家标准《建筑结构荷载规范》GB 50009 的规定取值。

2 准永久组合的效应设计值 S_k 应按下式确定：

$$S_k = S_{Gk} + \psi_{q1} S_{Q1k} + \psi_{q2} S_{Q2k} + \cdots\cdots + \psi_{qn} S_{Qnk}$$

$$\text{(3.0.6-2)}$$

式中：ψ_{qi}——第 i 个可变作用的准永久值系数，按现行国家标准《建筑结构荷载规范》GB 50009 的规定取值。

3 承载能力极限状态下，由可变作用控制的基本组合的效应设计值 S_d，应按下式确定：

$$S_d = \gamma_G S_{Gk} + \gamma_{Q1} S_{Q1k} + \gamma_{Q2} \psi_{c2} S_{Q2k} + \cdots\cdots + \gamma_{Qn} \psi_{cn} S_{Qnk}$$

$$\text{(3.0.6-3)}$$

式中：γ_G——永久作用的分项系数，按现行国家标准《建筑结构荷载规范》GB 50009 的规定取值；

γ_{Qi}——第 i 个可变作用的分项系数，按现行国家标准《建筑结构荷载规范》GB 50009 的规定取值。

4 对由永久作用控制的基本组合，也可采用简化规则，基本组合的效应设计值 S_d 可按下式确定：

$$S_d = 1.35 S_k \qquad \text{(3.0.6-4)}$$

式中：S_k——标准组合的作用效应设计值。

3.0.7 地基基础的设计使用年限不应小于建筑结构的设计使用年限。

4 地基岩土的分类及工程特性指标

4.1 岩土的分类

4.1.1 作为建筑地基的岩土，可分为岩石、碎石土、砂土、粉土、黏性土和人工填土。

4.1.2 作为建筑地基的岩石，除应确定岩石的地质名称外，尚应按本规范第 4.1.3 条划分岩石的坚硬程度，按本规范第 4.1.4 条划分岩体的完整程度。岩石的风化程度可分为未风化、微风化、中等风化、强风化和全风化。

4.1.3 岩石的坚硬程度应根据岩块的饱和单轴抗压强度 f_{rk} 按表 4.1.3 分为坚硬岩、较硬岩、较软岩、软岩和极软岩。当缺乏饱和单轴抗压强度资料或不能进行该项试验时，可在现场通过观察定性划分，划分标准可按本规范附录 A.0.1 条执行。

表 4.1.3 岩石坚硬程度的划分

坚硬程度类别	坚硬岩	较硬岩	较软岩	软岩	极软岩
饱和单轴抗压强度标准值 f_{rk}(MPa)	$f_{rk}>60$	$60\geqslant f_{rk}$ >30	$30\geqslant f_{rk}$ >15	$15\geqslant f_{rk}$ >5	$f_{rk}\leqslant 5$

4.1.4 岩体完整程度应按表 4.1.4 划分为完整、较完整、较破碎、破碎和极破碎。当缺乏试验数据时可

按本规范附录 A.0.2 条确定。

表 4.1.4 岩体完整程度划分

完整程度等级	完整	较完整	较破碎	破碎	极破碎
完整性指数	>0.75	0.75～0.55	0.55～0.35	0.35～0.15	<0.15

注：完整性指数为岩体纵波波速与岩块纵波波速之比的平方。选定岩体、岩块测定波速时应有代表性。

4.1.5 碎石土为粒径大于 2mm 的颗粒含量超过全重 50% 的土。碎石土可按表 4.1.5 分为漂石、块石、卵石、碎石、圆砾和角砾。

表 4.1.5 碎石土的分类

土的名称	颗粒形状	粒组含量
漂石块石	圆形及亚圆形为主棱角形为主	粒径大于 200mm 的颗粒含量超过全重 50%
卵石碎石	圆形及亚圆形为主棱角形为主	粒径大于 20mm 的颗粒含量超过全重 50%
圆砾角砾	圆形及亚圆形为主棱角形为主	粒径大于 2mm 的颗粒含量超过全重 50%

注：分类时应根据粒组含量栏从上到下以最先符合者确定。

4.1.6 碎石土的密实度，可按表 4.1.6 分为松散、稍密、中密、密实。

表 4.1.6 碎石土的密实度

重型圆锥动力触探锤击数 $N_{63.5}$	密实度
$N_{63.5}\leqslant 5$	松散
$5<N_{63.5}\leqslant 10$	稍密
$10<N_{63.5}\leqslant 20$	中密
$N_{63.5}>20$	密实

注：1 本表适用于平均粒径小于或等于 50mm 且最大粒径不超过 100mm 的卵石、碎石、圆砾、角砾；对于平均粒径大于 50mm 或最大粒径大于 100mm 的碎石土，可按本规范附录 B 鉴别其密实度；

2 表内 $N_{63.5}$ 为经综合修正后的平均值。

4.1.7 砂土为粒径大于 2mm 的颗粒含量不超过全重 50%、粒径大于 0.075mm 的颗粒超过全重 50% 的土。砂土可按表 4.1.7 分为砾砂、粗砂、中砂、细砂和粉砂。

表 4.1.7 砂土的分类

土的名称	粒组含量
砾砂	粒径大于 2mm 的颗粒含量占全重 25%～50%

续表 4.1.7

土的名称	粒组含量
粗砂	粒径大于 0.5mm 的颗粒含量超过全重 50%
中砂	粒径大于 0.25mm 的颗粒含量超过全重 50%
细砂	粒径大于 0.075mm 的颗粒含量超过全重 85%
粉砂	粒径大于 0.075mm 的颗粒含量超过全重 50%

注：分类时应根据粒组含量栏从上到下以最先符合者确定。

4.1.8 砂土的密实度，可按表 4.1.8 分为松散、稍密、中密、密实。

表 4.1.8 砂土的密实度

标准贯入试验锤击数 N	密实度
N≤10	松散
10<N≤15	稍密
15<N≤30	中密
N>30	密实

注：当用静力触探探头阻力判定砂土的密实度时，可根据当地经验确定。

4.1.9 黏性土为塑性指数 I_p 大于 10 的土，可按表 4.1.9 分为黏土、粉质黏土。

表 4.1.9 黏性土的分类

塑性指数 I_p	土的名称
I_p>17	黏土
10<I_p≤17	粉质黏土

注：塑性指数由相应于 76g 圆锥体沉入土样中深度为 10mm 时测定的液限计算而得。

4.1.10 黏性土的状态，可按表 4.1.10 分为坚硬、硬塑、可塑、软塑、流塑。

表 4.1.10 黏性土的状态

液性指数 I_L	状态
I_L≤0	坚硬
0<I_L≤0.25	硬塑
0.25<I_L≤0.75	可塑
0.75<I_L≤1	软塑
I_L>1	流塑

注：当用静力触探探头阻力判定黏性土的状态时，可根据当地经验确定。

4.1.11 粉土为介于砂土与黏性土之间，塑性指数 I_p 小于或等于 10 且粒径大于 0.075mm 的颗粒含量不超过全重 50% 的土。

4.1.12 淤泥为在静水或缓慢的流水环境中沉积，并经生物化学作用形成，其天然含水量大于液限、天然孔隙比大于或等于 1.5 的黏性土。当天然含水量大于液限而天然孔隙比小于 1.5 但大于或等于 1.0 的黏性土或粉土为淤泥质土。含有大量未分解的腐殖质，有机质含量大于 60% 的土为泥炭，有机质含量大于或等于 10% 且小于或等于 60% 的土为泥炭质土。

4.1.13 红黏土为碳酸盐岩系的岩石经红土化作用形成的高塑性黏土。其液限一般大于 50%。红黏土经再搬运后仍保留其基本特征，其液限大于 45% 的土为次生红黏土。

4.1.14 人工填土根据其组成和成因，可分为素填土、压实填土、杂填土、冲填土。素填土为由碎石土、砂土、粉土、黏性土等组成的填土。经过压实或夯实的素填土为压实填土。杂填土为含有建筑垃圾、工业废料、生活垃圾等杂物的填土。冲填土为由水力冲填泥砂形成的填土。

4.1.15 膨胀土为土中黏粒成分主要由亲水性矿物组成，同时具有显著的吸水膨胀和失水收缩特性，其自由膨胀率大于或等于 40% 的黏性土。

4.1.16 湿陷性土为在一定压力下浸水后产生附加沉降，其湿陷系数大于或等于 0.015 的土。

4.2 工程特性指标

4.2.1 土的工程特性指标可采用强度指标、压缩性指标以及静力触探探头阻力、动力触探锤击数、标准贯入试验锤击数、载荷试验承载力等特性指标表示。

4.2.2 地基土工程特性指标的代表值应分别为标准值、平均值及特征值。抗剪强度指标应取标准值，压缩性指标应取平均值，载荷试验承载力应取特征值。

4.2.3 载荷试验应采用浅层平板载荷试验或深层平板载荷试验。浅层平板载荷试验适用于浅层地基，深层平板载荷试验适用于深层地基。两种载荷试验的试验要求应分别符合本规范附录 C、D 的规定。

4.2.4 土的抗剪强度指标，可采用原状土室内剪切试验、无侧限抗压强度试验、现场剪切试验、十字板剪切试验等方法测定。当采用室内剪切试验确定时，宜选择三轴压缩试验的自重压力下预固结的不固结不排水试验。经过预压固结的地基可采用固结不排水试验。每层土的试验数量不得少于六组。室内试验抗剪强度指标 c_k、φ_k，可按本规范附录 E 确定。在验算坡体的稳定性时，对于已有剪切破裂面或其他软弱结构面的抗剪强度，应进行野外大型剪切试验。

4.2.5 土的压缩性指标可采用原状土室内压缩试验、原位浅层或深层平板载荷试验、旁压试验确定，并应符合下列规定：

1 当采用室内压缩试验确定压缩模量时，试验所施加的最大压力应超过土自重压力与预计的附加压力之和，试验成果用 e-p 曲线表示；

2 当考虑土的应力历史进行沉降计算时，应进行高压固结试验，确定先期固结压力、压缩指数，试验成果用 e-lg$p$ 曲线表示；为确定回弹指数，应在估计的先期固结压力之后进行一次卸荷，再继续加荷至预定的最后一级压力；

3 当考虑深基坑开挖卸荷和再加荷时，应进行回弹再压缩试验，其压力的施加应与实际的加卸荷状况一致。

4.2.6 地基土的压缩性可按 p_1 为 100kPa，p_2 为 200kPa 时相对应的压缩系数值 a_{1-2} 划分为低、中、高压缩性，并符合以下规定：

1 当 $a_{1-2} < 0.1$MPa^{-1} 时，为低压缩性土；

2 当 0.1MPa$^{-1} \leqslant a_{1-2} < 0.5$MPa^{-1} 时，为中压缩性土；

3 当 $a_{1-2} \geqslant 0.5$MPa^{-1} 时，为高压缩性土。

5 地基计算

5.1 基础埋置深度

5.1.1 基础的埋置深度，应按下列条件确定：

1 建筑物的用途，有无地下室、设备基础和地下设施，基础的形式和构造；

2 作用在地基上的荷载大小和性质；

3 工程地质和水文地质条件；

4 相邻建筑物的基础埋深；

5 地基土冻胀和融陷的影响。

5.1.2 在满足地基稳定和变形要求的前提下，当上层地基的承载力大于下层土时，宜利用上层土作持力层。除岩石地基外，基础埋深不宜小于 0.5m。

5.1.3 高层建筑基础的埋置深度应满足地基承载力、变形和稳定性要求。位于岩石地基上的高层建筑，其基础埋深应满足抗滑稳定性要求。

5.1.4 在抗震设防区，除岩石地基外，天然地基上的箱形和筏形基础其埋置深度不宜小于建筑物高度的 1/15；桩箱或桩筏基础的埋置深度（不计桩长）不宜小于建筑物高度的 1/18。

5.1.5 基础宜埋置在地下水位以上，当必须埋在地下水位以下时，应采取地基土在施工时不受扰动的措施。当基础埋置在易风化的岩层上，施工时应在基坑开挖后立即铺筑垫层。

5.1.6 当存在相邻建筑物时，新建建筑物的基础埋深不宜大于原有建筑基础。当埋深大于原有建筑基础时，两基础间应保持一定净距，其数值应根据建筑荷载大小、基础形式和土质情况确定。

5.1.7 季节性冻土地基的场地冻结深度应按下式进行计算：

$$z_d = z_0 \cdot \psi_{zs} \cdot \psi_{zw} \cdot \psi_{ze} \qquad (5.1.7)$$

式中：z_d——场地冻结深度（m），当有实测资料时按 $z_d = h' - \Delta z$ 计算；

h'——最大冻深出现时场地最大冻土层厚度（m）；

Δz——最大冻深出现时场地地表冻胀量（m）；

z_0——标准冻结深度（m）；当无实测资料时，按本规范附录F采用；

ψ_{zs}——土的类别对冻结深度的影响系数，按表 5.1.7-1 采用；

ψ_{zw}——土的冻胀性对冻结深度的影响系数，按表 5.1.7-2 采用；

ψ_{ze}——环境对冻结深度的影响系数，按表 5.1.7-3 采用。

表 5.1.7-1 土的类别对冻结深度的影响系数

土的类别	影响系数 ψ_{zs}
黏性土	1.00
细砂、粉砂、粉土	1.20
中、粗、砾砂	1.30
大块碎石土	1.40

表 5.1.7-2 土的冻胀性对冻结深度的影响系数

冻胀性	影响系数 ψ_{zw}
不冻胀	1.00
弱冻胀	0.95
冻胀	0.90
强冻胀	0.85
特强冻胀	0.80

表 5.1.7-3 环境对冻结深度的影响系数

周围环境	影响系数 ψ_{ze}
村、镇、旷野	1.00
城市近郊	0.95
城市市区	0.90

注：环境影响系数一项，当城市市区人口为 20 万~50 万时，按城市近郊取值；当城市市区人口大于 50 万小于或等于 100 万时，只计入市区影响；当城市市区人口超过 100 万时，除计入市区影响外，尚应考虑 5km 以内的郊区近郊影响系数。

5.1.8 季节性冻土地区基础埋置深度宜大于场地冻结深度。对于深厚季节冻土地区，当建筑基础底面土层为不冻胀、弱冻胀、冻胀土时，基础埋置深度可以小于场地冻结深度，基础底面下允许冻土层最大厚度应根据当地经验确定。没有地区经验时可按本规范附录G查取。此时，基础最小埋置深度 d_{min} 可按下式计算：

$$d_{min} = z_d - h_{max} \qquad (5.1.8)$$

式中：h_{max}——基础底面下允许冻土层最大厚度

(m)。

5.1.9 地基土的冻胀类别分为不冻胀、弱冻胀、冻胀、强冻胀和特强冻胀，可按本规范附录 G 查取。在冻胀、强冻胀和特强冻胀地基上采用防冻害措施时应符合下列规定：

1 对在地下水位以上的基础，基础侧表面应回填不冻胀的中、粗砂，其厚度不应小于 200mm；对在地下水位以下的基础，可采用桩基础、保温性基础、自锚式基础（冻土层下有扩大板或扩底短桩），也可将独立基础或条形基础做成正梯形的斜面基础。

2 宜选择地势高、地下水位低、地表排水条件好的建筑场地。对低洼场地，建筑物的室外地坪标高应至少高出自然地面 300mm～500mm，其范围不宜小于建筑四周向外各一倍冻结深度距离的范围。

3 应做好排水设施，施工和使用期间防止水浸入建筑地基。在山区应设截水沟或在建筑物下设置暗沟，以排走地表水和潜水。

4 在强冻胀性和特强冻胀性地基上，其基础结构应设置钢筋混凝土圈梁和基础梁，并控制建筑的长高比。

5 当独立基础连系梁下或桩基承台下有冻土时，应在梁或承台下留有相当于该土层冻胀量的空隙。

6 外门斗、室外台阶和散水坡等部位宜与主体结构断开，散水坡分段不宜超过 1.5m，坡度不宜小于 3%，其下宜填入非冻胀性材料。

7 对跨年度施工的建筑，入冬前应对地基采取相应的防护措施；按采暖设计的建筑物，当冬季不能正常采暖时，也应对地基采取保温措施。

5.2 承载力计算

5.2.1 基础底面的压力，应符合下列规定：

1 当轴心荷载作用时

$$p_k \leqslant f_a \qquad (5.2.1-1)$$

式中：p_k——相应于作用的标准组合时，基础底面处的平均压力值（kPa）；

f_a——修正后的地基承载力特征值（kPa）。

2 当偏心荷载作用时，除符合式（5.2.1-1）要求外，尚应符合下式规定：

$$p_{kmax} \leqslant 1.2 f_a \qquad (5.2.1-2)$$

式中：p_{kmax}——相应于作用的标准组合时，基础底面边缘的最大压力值（kPa）。

5.2.2 基础底面的压力，可按下列公式确定：

1 当轴心荷载作用时

$$p_k = \frac{F_k + G_k}{A} \qquad (5.2.2-1)$$

式中：F_k——相应于作用的标准组合时，上部结构传至基础顶面的竖向力值（kN）；

G_k——基础自重和基础上的土重（kN）；

A——基础底面面积（m²）。

2 当偏心荷载作用时

$$p_{kmax} = \frac{F_k + G_k}{A} + \frac{M_k}{W} \qquad (5.2.2-2)$$

$$p_{kmin} = \frac{F_k + G_k}{A} - \frac{M_k}{W} \qquad (5.2.2-3)$$

式中：M_k——相应于作用的标准组合时，作用于基础底面的力矩值（kN·m）；

W——基础底面的抵抗矩（m³）；

p_{kmin}——相应于作用的标准组合时，基础底面边缘的最小压力值（kPa）。

3 当基础底面形状为矩形且偏心距 $e > b/6$ 时（图 5.2.2），p_{kmax} 应按下式计算：

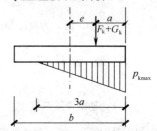

图 5.2.2 偏心荷载（$e > b/6$）
下基底压力计算示意
b—力矩作用方向基础底面边长

$$p_{kmax} = \frac{2(F_k + G_k)}{3la} \qquad (5.2.2-4)$$

式中：l——垂直于力矩作用方向的基础底面边长（m）；

a——合力作用点至基础底面最大压力边缘的距离（m）。

5.2.3 地基承载力特征值可由载荷试验或其他原位测试、公式计算，并结合工程实践经验等方法综合确定。

5.2.4 当基础宽度大于 3m 或埋置深度大于 0.5m 时，从载荷试验或其他原位测试、经验值等方法确定的地基承载力特征值，尚应按下式修正：

$$f_a = f_{ak} + \eta_b \gamma (b - 3) + \eta_d \gamma_m (d - 0.5) \qquad (5.2.4)$$

式中：f_a——修正后的地基承载力特征值（kPa）；

f_{ak}——地基承载力特征值（kPa），按本规范第 5.2.3 条的原则确定；

η_b、η_d——基础宽度和埋置深度的地基承载力修正系数，按基底下土的类别查表 5.2.4 取值；

γ——基础底面以下土的重度（kN/m³），地下水位以下取浮重度；

b——基础底面宽度（m），当基础底面宽度小于 3m 时按 3m 取值，大于 6m 时按 6m 取值；

γ_m——基础底面以上土的加权平均重度（kN/m³），位于地下水位以下的土层取有效重度；

d——基础埋置深度（m），宜自室外地面标高算起。在填方整平地区，可自填土地面标高算起，但填土在上部结构施工后完成时，应从天然地面标高算起。对于地下室，当采用箱形基础或筏基时，基础埋置深度自室外地面标高算起；当采用独立基础或条形基础时，应从室内地面标高算起。

表 5.2.4　承载力修正系数

土 的 类 别		η_b	η_d
淤泥和淤泥质土		0	1.0
人工填土 e 或 I_L 大于等于 0.85 的黏性土		0	1.0
红黏土	含水比 $\alpha_w > 0.8$ 含水比 $\alpha_w \le 0.8$	0 0.15	1.2 1.4
大面积压实填土	压实系数大于 0.95、黏粒含量 $\rho_c \ge 10\%$ 的粉土 最大干密度大于 2100kg/m³ 的级配砂石	0 0	1.5 2.0
粉 土	黏粒含量 $\rho_c \ge 10\%$ 的粉土 黏粒含量 $\rho_c < 10\%$ 的粉土	0.3 0.5	1.5 2.0
e 及 I_L 均小于 0.85 的黏性土 粉砂、细砂（不包括很湿与饱和时的稍密状态） 中砂、粗砂、砾砂和碎石土		0.3 2.0 3.0	1.6 3.0 4.4

注：1　强风化和全风化的岩石，可参照所风化成的相应土类取值，其他状态下的岩石不修正；

　　2　地基承载力特征值按本规范附录 D 深层平板载荷试验确定时 η_d 取 0；

　　3　含水比是指土的天然含水量与液限的比值；

　　4　大面积压实填土是指填土范围大于两倍基础宽度的填土。

5.2.5　当偏心距 e 小于或等于 0.033 倍基础底面宽度时，根据土的抗剪强度指标确定地基承载力特征值可按下式计算，并应满足变形要求：

$$f_a = M_b \gamma b + M_d \gamma_m d + M_c c_k \quad (5.2.5)$$

式中：f_a——由土的抗剪强度指标确定的地基承载力特征值（kPa）；

$M_b、M_d、M_c$——承载力系数，按表 5.2.5 确定；

b——基础底面宽度（m），大于 6m 时按 6m 取值，对于砂土小于 3m 时按 3m 取值；

c_k——基底下一倍短边宽度的深度范围内土的黏聚力标准值（kPa）。

表 5.2.5　承载力系数 M_b、M_d、M_c

土的内摩擦角标准值 φ_k(°)	M_b	M_d	M_c
0	0	1.00	3.14
2	0.03	1.12	3.32
4	0.06	1.25	3.51
6	0.10	1.39	3.71
8	0.14	1.55	3.93
10	0.18	1.73	4.17
12	0.23	1.94	4.42
14	0.29	2.17	4.69
16	0.36	2.43	5.00
18	0.43	2.72	5.31
20	0.51	3.06	5.66
22	0.61	3.44	6.04
24	0.80	3.87	6.45
26	1.10	4.37	6.90
28	1.40	4.93	7.40
30	1.90	5.59	7.95
32	2.60	6.35	8.55
34	3.40	7.21	9.22
36	4.20	8.25	9.97
38	5.00	9.44	10.80
40	5.80	10.84	11.73

注：φ_k——基底下一倍短边宽度的深度范围内土的内摩擦角标准值(°)。

5.2.6　对于完整、较完整、较破碎的岩石地基承载力特征值可按本规范附录 H 岩石地基载荷试验方法确定；对破碎、极破碎的岩石地基承载力特征值，可根据平板载荷试验确定。对完整、较完整和较破碎的岩石地基承载力特征值，也可根据室内饱和单轴抗压强度按下式进行计算：

$$f_a = \psi_r \cdot f_{rk} \quad (5.2.6)$$

式中：f_a——岩石地基承载力特征值（kPa）；

f_{rk}——岩石饱和单轴抗压强度标准值（kPa），可按本规范附录 J 确定；

ψ_r——折减系数。根据岩体完整程度以及结构面的间距、宽度、产状和组合，由地方经验确定。无经验时，对完整岩体可取 0.5；对较完整岩体可取 0.2~0.5；对较破碎岩体可取 0.1~0.2。

注：1　上述折减系数值未考虑施工因素及建筑物使用后风化作用的继续；

　　2　对于黏土质岩，在确保施工期及使用期不致遭水浸泡时，也可采用天然湿度的试样，不进行饱和处理。

5.2.7　当地基受力层范围内有软弱下卧层时，应符合下列规定：

1　应按下式验算软弱下卧层的地基承载力：

$$p_z + p_{cz} \le f_{az} \quad (5.2.7-1)$$

式中：p_z——相应于作用的标准组合时，软弱下卧层顶面处的附加压力值（kPa）；

p_{cz}——软弱下卧层顶面处土的自重压力值（kPa）；

f_{az}——软弱下卧层顶面处经深度修正后的地基承载力特征值（kPa）。

2 对条形基础和矩形基础，式（5.2.7-1）中的 p_z 值可按下列公式简化计算：

条形基础

$$p_z = \frac{b(p_k - p_c)}{b + 2z\tan\theta} \qquad (5.2.7\text{-}2)$$

矩形基础

$$p_z = \frac{lb(p_k - p_c)}{(b + 2z\tan\theta)(l + 2z\tan\theta)} \qquad (5.2.7\text{-}3)$$

式中：b——矩形基础或条形基础底边的宽度（m）；

l——矩形基础底边的长度（m）；

p_c——基础底面处土的自重压力值（kPa）；

z——基础底面至软弱下卧层顶面的距离（m）；

θ——地基压力扩散线与垂直线的夹角（°），可按表5.2.7采用。

表 5.2.7 地基压力扩散角 θ

E_{s1}/E_{s2}	z/b	
	0.25	0.50
3	6°	23°
5	10°	25°
10	20°	30°

注：1 E_{s1} 为上层土压缩模量；E_{s2} 为下层土压缩模量；

2 $z/b < 0.25$ 时取 $\theta = 0°$，必要时，宜由试验确定；$z/b > 0.50$ 时 θ 值不变；

3 z/b 在 0.25 与 0.50 之间可插值使用。

5.2.8 对于沉降已经稳定的建筑或经过预压的地基，可适当提高地基承载力。

5.3 变形计算

5.3.1 建筑物的地基变形计算值，不应大于地基变形允许值。

5.3.2 地基变形特征可分为沉降量、沉降差、倾斜、局部倾斜。

5.3.3 在计算地基变形时，应符合下列规定：

1 由于建筑地基不均匀、荷载差异很大、体型复杂等因素引起的地基变形，对于砌体承重结构应由局部倾斜值控制；对于框架结构和单层排架结构应由相邻柱基的沉降差控制；对于多层或高层建筑和高耸结构应由倾斜值控制；必要时尚应控制平均沉降量。

2 在必要情况下，需要分别预估建筑物在施工期间和使用期间的地基变形值，以便预留建筑物有关部分之间的净空，选择连接方法和施工顺序。

5.3.4 建筑物的地基变形允许值应按表5.3.4规定采用。对表中未包括的建筑物，其地基变形允许值应根据上部结构对地基变形的适应能力和使用上的要求确定。

表 5.3.4 建筑物的地基变形允许值

变形特征		地基土类别	
		中、低压缩性土	高压缩性土
砌体承重结构基础的局部倾斜		0.002	0.003
工业与民用建筑相邻柱基的沉降差	框架结构	0.002l	0.003l
	砌体墙填充的边排柱	0.0007l	0.001l
	当基础不均匀沉降时不产生附加应力的结构	0.005l	0.005l
单层排架结构（柱距为6m）柱基的沉降量（mm）		(120)	200
桥式吊车轨面的倾斜（按不调整轨道考虑）	纵 向		0.004
	横 向		0.003
多层和高层建筑的整体倾斜	$H_g \leqslant 24$		0.004
	$24 < H_g \leqslant 60$		0.003
	$60 < H_g \leqslant 100$		0.0025
	$H_g > 100$		0.002
体型简单的高层建筑基础的平均沉降量（mm）			200
高耸结构基础的倾斜	$H_g \leqslant 20$		0.008
	$20 < H_g \leqslant 50$		0.006
	$50 < H_g \leqslant 100$		0.005
	$100 < H_g \leqslant 150$		0.004
	$150 < H_g \leqslant 200$		0.003
	$200 < H_g \leqslant 250$		0.002
高耸结构基础的沉降量（mm）	$H_g \leqslant 100$		400
	$100 < H_g \leqslant 200$		300
	$200 < H_g \leqslant 250$		200

注：1 本表数值为建筑物地基实际最终变形允许值；

2 有括号者仅适用于中压缩性土；

3 l 为相邻柱基的中心距离（mm）；H_g 为自室外地面起算的建筑物高度（m）；

4 倾斜指基础倾斜方向两端点的沉降差与其距离的比值；

5 局部倾斜指砌体承重结构沿纵向 6m～10m 内基础两点的沉降差与其距离的比值。

5.3.5 计算地基变形时，地基内的应力分布，可采用各向同性均质线性变形体理论。其最终变形量可按下式进行计算：

$$s = \psi_s s' = \psi_s \sum_{i=1}^{n} \frac{p_0}{E_{si}} (z_i \bar{\alpha}_i - z_{i-1} \bar{\alpha}_{i-1}) \quad (5.3.5)$$

式中：s——地基最终变形量（mm）；

s'——按分层总和法计算出的地基变形量（mm）；

ψ_s——沉降计算经验系数，根据地区沉降观测资料及经验确定，无地区经验时可根据变形计算深度范围内压缩模量的当量值（$\overline{E}_s$）、基底附加压力按表5.3.5取值；

n——地基变形计算深度范围内所划分的土层数（图5.3.5）；

p_0——相应于作用的准永久组合时基础底面处的附加压力（kPa）；

E_{si}——基础底面下第i层土的压缩模量（MPa），应取土的自重压力至土的自重压力与附加压力之和的压力段计算；

z_i、z_{i-1}——基础底面至第i层土、第$i-1$层土底面的距离（m）；

$\overline{\alpha}_i$、$\overline{\alpha}_{i-1}$——基础底面计算点至第i层土、第$i-1$层土底面范围内平均附加应力系数，可按本规范附录K采用。

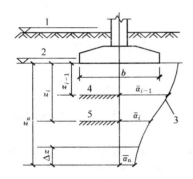

图 5.3.5 基础沉降计算的分层示意

1—天然地面标高；2—基底标高；3—平均附加
应力系数 $\overline{\alpha}$ 曲线；4—$i-1$ 层；5—i 层

表 5.3.5 沉降计算经验系数 ψ_s

$\overline{E}_s$ (MPa) 基底附加压力	2.5	4.0	7.0	15.0	20.0
$p_0 \geq f_{ak}$	1.4	1.3	1.0	0.4	0.2
$p_0 \leq 0.75 f_{ak}$	1.1	1.0	0.7	0.4	0.2

5.3.6 变形计算深度范围内压缩模量的当量值（$\overline{E}_s$），应按下式计算：

$$\overline{E}_s = \frac{\Sigma A_i}{\Sigma \dfrac{A_i}{E_{si}}} \qquad (5.3.6)$$

式中：A_i——第i层土附加应力系数沿土层厚度的积分值。

5.3.7 地基变形计算深度 z_n（图5.3.5），应符合式（5.3.7）的规定。当计算深度下部仍有较软土层时，应继续计算。

$$\Delta s'_n \leq 0.025 \sum_{i=1}^{n} \Delta s'_i \qquad (5.3.7)$$

式中：$\Delta s'_i$——在计算深度范围内，第i层土的计算变形值（mm）；

$\Delta s'_n$——在由计算深度向上取厚度为 Δz 的土层计算变形值（mm），Δz 见图5.3.5并按表5.3.7确定。

表 5.3.7 Δz

b (m)	≤ 2	$2 < b \leq 4$	$4 < b \leq 8$	$b > 8$
Δz (m)	0.3	0.6	0.8	1.0

5.3.8 当无相邻荷载影响，基础宽度在1m～30m范围内时，基础中点的地基变形计算深度也可按简化公式（5.3.8）进行计算。在计算深度范围内存在基岩时，z_n 可取至基岩表面；当存在较厚的坚硬黏性土层，其孔隙比小于0.5、压缩模量大于50MPa，或存在较厚的密实砂卵石层，其压缩模量大于80MPa时，z_n 可取至该土层表面。此时，地基土附加压力分布应考虑相对硬层存在的影响，按本规范公式（6.2.2）计算地基最终变形量。

$$z_n = b(2.5 - 0.4 \ln b) \qquad (5.3.8)$$

式中：b——基础宽度（m）。

5.3.9 当存在相邻荷载时，应计算相邻荷载引起的地基变形，其值可按应力叠加原理，采用角点法计算。

5.3.10 当建筑物地下室基础埋置较深时，地基土的回弹变形量可按下式进行计算：

$$s_c = \psi_c \sum_{i=1}^{n} \frac{p_c}{E_{ci}} (z_i \overline{\alpha}_i - z_{i-1} \overline{\alpha}_{i-1}) \qquad (5.3.10)$$

式中：s_c——地基的回弹变形量（mm）；

ψ_c——回弹量计算的经验系数，无地区经验时可取1.0；

p_c——基坑底面以上土的自重压力（kPa），地下水位以下应扣除浮力；

E_{ci}——土的回弹模量（kPa），按现行国家标准《土工试验方法标准》GB/T 50123中土的固结试验回弹曲线的不同应力段计算。

5.3.11 回弹再压缩变形量计算可采用再加荷的压力小于卸荷土的自重压力段内再压缩变形线性分布的假定按下式进行计算：

$$s'_c = \begin{cases} r'_0 s_c \dfrac{p}{p_c R'_0} & p < R'_0 p_c \\[2mm] s_c \left[r'_0 + \dfrac{r'_{R'=1.0} - r'_0}{1 - R'_0} \left(\dfrac{p}{p_c} - R'_0 \right) \right] & R'_0 p_c \leq p \leq p_c \end{cases}$$
$$(5.3.11)$$

式中：s'_c——地基土回弹再压缩变形量（mm）；

s_c——地基的回弹变形量（mm）；

r'_0——临界再压缩比率，相应于再压缩比率与再加荷比关系曲线上两段线性交点对应的再压缩比率，由土的固结回弹再压缩试验确定；

R'_0 —— 临界再加荷比，相应在再压缩比率与再加荷比关系曲线上两段线性交点对应的再加荷比，由土的固结回弹再压缩试验确定；

$r'_{R'=1.0}$ —— 对应于再加荷比 $R'=1.0$ 时的再压缩比率，由土的固结回弹再压缩试验确定，其值等于回弹再压缩变形增大系数；

p —— 再加荷的基底压力（kPa）。

5.3.12 在同一整体大面积基础上建有多栋高层和低层建筑，宜考虑上部结构、基础与地基的共同作用进行变形计算。

5.4 稳定性计算

5.4.1 地基稳定性可采用圆弧滑动面法进行验算。最危险的滑动面上诸力对滑动中心所产生的抗滑力矩与滑动力矩应符合下式要求：

$$M_R/M_S \geqslant 1.2 \qquad (5.4.1)$$

式中：M_S —— 滑动力矩（kN·m）；

M_R —— 抗滑力矩（kN·m）。

5.4.2 位于稳定土坡坡顶上的建筑，应符合下列规定：

1 对于条形基础或矩形基础，当垂直于坡顶边缘线的基础底面边长小于或等于 3m 时，其基础底面外边缘线至坡顶的水平距离（图 5.4.2）应符合下式要求，且不得小于 2.5m：

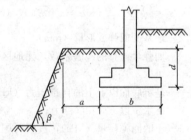

图 5.4.2 基础底面外边缘线至坡顶的水平距离示意

条形基础

$$a \geqslant 3.5b - \frac{d}{\tan\beta} \qquad (5.4.2-1)$$

矩形基础

$$a \geqslant 2.5b - \frac{d}{\tan\beta} \qquad (5.4.2-2)$$

式中：a —— 基础底面外边缘线至坡顶的水平距离（m）；

b —— 垂直于坡顶边缘线的基础底面边长（m）；

d —— 基础埋置深度（m）；

β —— 边坡坡角（°）。

2 当基础底面外边缘线至坡顶的水平距离不满

足式（5.4.2-1）、式（5.4.2-2）的要求时，可根据基底平均压力按式（5.4.1）确定基础距坡顶边缘的距离和基础埋深。

3 当边坡坡角大于 45°、坡高大于 8m 时，尚应按式（5.4.1）验算坡体稳定性。

5.4.3 建筑物基础存在浮力作用时应进行抗浮稳定性验算，并应符合下列规定：

1 对于简单的浮力作用情况，基础抗浮稳定性应符合下式要求：

$$\frac{G_k}{N_{w,k}} \geqslant K_w \qquad (5.4.3)$$

式中：G_k —— 建筑物自重及压重之和（kN）；

$N_{w,k}$ —— 浮力作用值（kN）；

K_w —— 抗浮稳定安全系数，一般情况下可取 1.05。

2 抗浮稳定性不满足设计要求时，可采用增加压重或设置抗浮构件等措施。在整体满足抗浮稳定性要求而局部不满足时，也可采用增加结构刚度的措施。

6 山区地基

6.1 一般规定

6.1.1 山区（包括丘陵地带）地基的设计，应对下列设计条件分析认定：

1 建设场地内，在自然条件下，有无滑坡现象，有无影响场地稳定性的断层、破碎带；

2 在建设场地周围，有无不稳定的边坡；

3 施工过程中，因挖方、填方、堆载和卸载等对山坡稳定性的影响；

4 地基内岩石厚度及空间分布情况、基岩面的起伏情况、有无影响地基稳定性的临空面；

5 建筑地基的不均匀性；

6 岩溶、土洞的发育程度，有无采空区；

7 出现危岩崩塌、泥石流等不良地质现象的可能性；

8 地面水、地下水对建筑地基和建设场区的影响。

6.1.2 在山区建设时应对场区作出必要的工程地质和水文地质评价。对建筑物有潜在威胁或直接危害的滑坡、泥石流、崩塌以及岩溶、土洞强烈发育地段，不应选作建设场地。

6.1.3 山区建设工程的总体规划，应根据使用要求、地形地质条件合理布置。主体建筑宜设置在较好的地基上，使地基条件与上部结构的要求相适应。

6.1.4 山区建设中，应充分利用和保护天然排水系统和山坡植被。当必须改变排水系统时，应在易于导流或拦截的部位将水引出场外。在受山洪影响的地段，应采取相应的排洪措施。

6.2 土岩组合地基

6.2.1 建筑地基（或被沉降缝分隔区段的建筑地基）的主要受力层范围内，如遇下列情况之一者，属于土岩组合地基：

1 下卧基岩表面坡度较大的地基；

2 石芽密布并有出露的地基；

3 大块孤石或个别石芽出露的地基。

6.2.2 当地基中下卧基岩面为单向倾斜、岩面坡度大于10%、基底下的土层厚度大于1.5m时，应按下列规定进行设计：

1 当结构类型和地质条件符合表6.2.2-1的要求时，可不作地基变形验算。

表6.2.2-1 下卧基岩表面允许坡度值

地基土承载力特征值 f_{ak}(kPa)	四层及四层以下的砌体承重结构，三层及三层以下的框架结构	具有150kN和150kN以下吊车的一般单层排架结构	
		带墙的边柱和山墙	无墙的中柱
≥150	≤15%	≤15%	≤30%
≥200	≤25%	≤30%	≤50%
≥300	≤40%	≤50%	≤70%

2 不满足上述条件时，应考虑刚性下卧层的影响，按下式计算地基的变形：

$$s_{gz} = \beta_{gz} s_z \qquad (6.2.2)$$

式中：s_{gz}——具刚性下卧层时，地基土的变形计算值（mm）；

β_{gz}——刚性下卧层对上覆土层的变形增大系数，按表6.2.2-2采用；

s_z——变形计算深度相当于实际土层厚度按本规范第5.3.5条计算确定的地基最终变形计算值（mm）。

表6.2.2-2 具有刚性下卧层时地基变形增大系数 β_{gz}

h/b	0.5	1.0	1.5	2.0	2.5
β_{gz}	1.26	1.17	1.12	1.09	1.00

注：h—基底下的土层厚度；b—基础底面宽度。

3 在岩土界面上存在软弱层（如泥化带）时，应验算地基的整体稳定性。

4 当土岩组合地基位于山间坡地、山麓洼地或冲沟地带，存在局部软弱土层时，应验算软弱下卧层的强度及不均匀变形。

6.2.3 对于石芽密布并有出露的地基，当石芽间距小于2m，其间为硬塑或坚硬状态的红黏土时，对于

房屋为六层和六层以下的砌体承重结构、三层和三层以下的框架结构或具有150kN和150kN以下吊车的单层排架结构，其基底压力小于200kPa，可不作地基处理。如不能满足上述要求时，可利用经检验稳定性可靠的石芽作支墩式基础，也可在石芽出露部位作褥垫。当石芽间有较厚的软弱土层时，可用碎石、土夹石等进行置换。

6.2.4 对于大块孤石或个别石芽出露的地基，当土层的承载力特征值大于150kPa、房屋为单层排架结构或一、二层砌体承重结构时，宜在基础与岩石接触的部位采用褥垫进行处理。对于多层砌体承重结构，应根据土质情况，结合本规范第6.2.6条、第6.2.7条的规定综合处理。

6.2.5 褥垫可采用炉渣、中砂、粗砂、土夹石等材料，其厚度宜取300mm～500mm，夯填度应根据试验确定。当无资料时，夯填度可按下列数值进行设计：

中砂、粗砂   0.87±0.05；

土夹石（其中碎石含量为20%～30%）

0.70±0.05。

注：夯填度为褥垫夯实后的厚度与虚铺厚度的比值。

6.2.6 当建筑物对地基变形要求较高或地质条件比较复杂不宜按本规范第6.2.3条、第6.2.4条有关规定进行地基处理时，可调整建筑平面位置，或采用桩基或梁、拱跨越等处理措施。

6.2.7 在地基压缩性相差较大的部位，宜结合建筑平面形状、荷载条件设置沉降缝。沉降缝宽度宜取30mm～50mm，在特殊情况下可适当加宽。

6.3 填 土 地 基

6.3.1 当利用压实填土作为建筑工程的地基持力层时，在平整场地前，应根据结构类型、填料性能和现场条件等，对拟压实的填土提出质量要求。未经检验查明以及不符合质量要求的压实填土，均不得作为建筑工程的地基持力层。

6.3.2 当利用未经填方设计处理形成的填土作为建筑物地基时，应查明填料成分与来源，填土的分布、厚度、均匀性、密实度与压缩性以及填土的堆积年限等情况，根据建筑物的重要性、上部结构类型、荷载性质与大小、现场条件等因素，选择合适的地基处理方法，并提出填土地基处理的质量要求与检验方法。

6.3.3 拟压实的填土地基应根据建筑物对地基的具体要求，进行填方设计。填方设计的内容包括填料的性质、压实机械的选择、密实度要求、质量监督和检验方法等。对重大的填方工程，必须在填方设计前选择典型的场区进行现场试验，取得填方设计参数后，才能进行填方工程的设计与施工。

6.3.4 填方工程设计前应具备详细的场地地形、地貌及工程地质勘察资料。位于塘、沟、积水洼地等地

区的填土地基，应查明地下水的补给与排泄条件、底层软弱土体的清除情况、自重固结程度等。

6.3.5 对含有生活垃圾或有机质废料的填土，未经处理不宜作为建筑物地基使用。

6.3.6 压实填土的填料，应符合下列规定：

　　1 级配良好的砂土或碎石土；以卵石、砾石、块石或岩石碎屑作填料时，分层压实时其最大粒径不宜大于 200mm，分层夯实时其最大粒径不宜大于 400mm；

　　2 性能稳定的矿渣、煤渣等工业废料；

　　3 以粉质黏土、粉土作填料时，其含水量宜为最优含水量，可采用击实试验确定；

　　4 挖高填低或开山填沟的土石料，应符合设计要求；

　　5 不得使用淤泥、耕土、冻土、膨胀性土以及有机质含量大于 5% 的土。

6.3.7 压实填土的质量以压实系数 λ_c 控制，并应根据结构类型、压实填土所在部位按表 6.3.7 确定。

表 6.3.7　压实填土地基压实系数控制值

结构类型	填土部位	压实系数 (λ_c)	控制含水量 (%)
砌体承重及框架结构	在地基主要受力层范围内	≥0.97	$w_{op} \pm 2$
	在地基主要受力层范围以下	≥0.95	
排架结构	在地基主要受力层范围内	≥0.96	
	在地基主要受力层范围以下	≥0.94	

注：1　压实系数 (λ_c) 为填土的实际干密度 (ρ_d) 与最大干密度 (ρ_{dmax}) 之比；w_{op} 为最优含水量；

　　2　地坪垫层以下及基础底面标高以上的压实填土，压实系数不应小于 0.94。

6.3.8 压实填土的最大干密度和最优含水量，应采用击实试验确定，击实试验的操作应符合现行国家标准《土工试验方法标准》GB/T 50123 的有关规定。对于碎石、卵石，或岩石碎屑等填料，其最大干密度可取 2100kg/m³～2200kg/m³。对于黏性土或粉土填料，当无试验资料时，可按下式计算最大干密度：

$$\rho_{dmax} = \eta \frac{\rho_w d_s}{1 + 0.01 w_{op} d_s} \qquad (6.3.8)$$

式中：ρ_{dmax}——压实填土的最大干密度（kg/m³）；

　　　　η——经验系数，粉质黏土取 0.96，粉土取 0.97；

　　　　ρ_w——水的密度（kg/m³）；

　　　　d_s——土粒相对密度（比重）；

　　　　w_{op}——最优含水量（%）。

6.3.9 压实填土地基承载力特征值，应根据现场原位测试（静载荷试验、动力触探、静力触探等）结果确定。其下卧层顶面的承载力特征值应满足本规范第

5.2.7 条的要求。

6.3.10 填土地基在进行压实施工时，应注意采取地面排水措施，当其阻碍原地表水畅通排泄时，应根据地形修建截水沟，或设置其他排水设施。设置在填土区的上、下水管道，应采取防渗、防漏措施，避免因漏水使填土颗粒流失，必要时应在填土土坡的坡脚处设置反滤层。

6.3.11 位于斜坡上的填土，应验算其稳定性。对由填土而产生的新边坡，当填土边坡坡度符合表 6.3.11 的要求时，可不设置支挡结构。当天然地面坡度大于 20% 时，应采取防止填土可能沿坡面滑动的措施，并应避免雨水沿斜坡排泄。

表 6.3.11　压实填土的边坡坡度允许值

填土类型	边坡坡度允许值（高宽比）		压实系数 (λ_c)
	坡高在 8m 以内	坡高为 8m～15m	
碎石、卵石	1:1.50～ 1:1.25	1:1.75～ 1:1.50	0.94～ 0.97
砂夹石（碎石、卵石占全重 30%～50%）	1:1.50～ 1:1.25	1:1.75～ 1:1.50	
土夹石（碎石、卵石占全重 30%～50%）	1:1.50～ 1:1.25	1:2.00～ 1:1.50	
粉质黏土，黏粒含量 $\rho_c \geq 10\%$ 的粉土	1:1.75～ 1:1.50	1:2.25～ 1:1.75	

6.4　滑坡防治

6.4.1 在建设场区内，由于施工或其他因素的影响有可能形成滑坡的地段，必须采取可靠的预防措施。对具有发展趋势并威胁建筑物安全使用的滑坡，应及早采取综合整治措施，防止滑坡继续发展。

6.4.2 应根据工程地质、水文地质条件以及施工影响等因素，分析滑坡可能发生或发展的主要原因，采取下列防治滑坡的处理措施：

　　1 排水：应设置排水沟以防止地面水浸入滑坡地段，必要时尚应采取防渗措施。在地下水影响较大的情况下，应根据地质条件，设置地下排水系统。

　　2 支挡：根据滑坡推力的大小、方向及作用点，可选用重力式抗滑挡墙、阻滑桩及其他抗滑结构。抗滑挡墙的基底及阻滑桩的桩端应埋置于滑动面以下的稳定土（岩）层中。必要时，应验算墙顶以上的土（岩）体从墙顶滑出的可能性。

　　3 卸载：在保证卸载区上方及两侧岩土稳定的情况下，可在滑体主动区卸载，但不得在滑体被动区卸载。

　　4 反压：在滑体的阻滑区段增加竖向荷载以提高滑体的阻滑安全系数。

6.4.3 滑坡推力可按下列规定进行计算：

1 当滑体有多层滑动面（带）时，可取推力最大的滑动面（带）确定滑坡推力。

2 选择平行于滑动方向的几个具有代表性的断面进行计算。计算断面一般不得少于 2 个，其中应有一个是滑动主轴断面。根据不同断面的推力设计相应的抗滑结构。

3 当滑动面为折线形时，滑坡推力可按下列公式进行计算（图 6.4.3）。

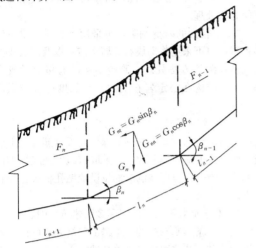

图 6.4.3 滑坡推力计算示意

$$F_n = F_{n-1}\psi + \gamma_t G_{nt} - G_{nn}\tan\varphi_n - c_n l_n$$
(6.4.3-1)

$$\psi = \cos(\beta_{n-1} - \beta_n) - \sin(\beta_{n-1} - \beta_n)\tan\varphi_n$$
(6.4.3-2)

式中：F_n、F_{n-1}——第 n 块、第 $n-1$ 块滑体的剩余下滑力（kN）；

ψ——传递系数；

γ_t——滑坡推力安全系数；

G_{nt}、G_{nn}——第 n 块滑体自重沿滑动面、垂直滑动面的分力（kN）；

φ_n——第 n 块滑体沿滑动面土的内摩擦角标准值（°）；

c_n——第 n 块滑体沿滑动面土的黏聚力标准值（kPa）；

l_n——第 n 块滑体沿滑动面的长度（m）；

4 滑坡推力作用点，可取在滑体厚度的 1/2 处。

5 滑坡推力安全系数，应根据滑坡现状及其对工程的影响等因素确定，对地基基础设计等级为甲级的建筑物宜取 1.30，设计等级为乙级的建筑物宜取 1.20，设计等级为丙级的建筑物宜取 1.10。

6 根据土（岩）的性质和当地经验，可采用试验和滑坡反算相结合的方法，合理地确定滑动面上的抗剪强度。

6.5 岩 石 地 基

6.5.1 岩石地基基础设计应符合下列规定：

1 置于完整、较完整、较破碎岩体上的建筑物可仅进行地基承载力计算。

2 地基基础设计等级为甲、乙级的建筑物，同一建筑物的地基存在坚硬程度不同，两种或多种岩体变形模量差异达 2 倍及 2 倍以上，应进行地基变形验算。

3 地基主要受力层深度内存在软弱下卧岩层时，应考虑软弱下卧岩层的影响进行地基稳定性验算。

4 桩孔、基底和基坑边坡开挖应采用控制爆破，到达持力层后，对软岩、极软岩表面应及时封闭保护。

5 当基岩面起伏较大，且都使用岩石地基时，同一建筑物可以使用多种基础形式。

6 当基础附近有临空面时，应验算向临空面倾覆和滑移稳定性。存在不稳定的临空面时，应将基础埋深加大至下伏稳定基岩；亦可在基础底部设置锚杆，锚杆应进入下伏稳定岩体，并满足抗倾覆和抗滑移要求。同一基础的地基可以放阶处理，但应满足抗倾覆和抗滑移要求。

7 对于节理、裂隙发育及破碎程度较高的不稳定岩体，可采用注浆加固和清爆填塞等措施。

6.5.2 对遇水易软化和膨胀、易崩解的岩石，应采取保护措施减少其对岩体承载力的影响。

6.6 岩溶与土洞

6.6.1 在碳酸盐岩为主的可溶性岩石地区，当存在岩溶（溶洞、溶蚀裂隙等）、土洞等现象时，应考虑其对地基稳定的影响。

6.6.2 岩溶场地可根据岩溶发育程度划分为三个等级，设计时应根据具体情况，按表 6.6.2 选用。

表 6.6.2 岩溶发育程度

等 级	岩溶场地条件
岩溶强发育	地表有较多岩溶塌陷、漏斗、洼地、泉眼 溶沟、溶槽、石芽密布，相邻钻孔间存在临空面且基岩面高差大于 5m 地下有暗河、伏流 钻孔见洞隙率大于 30% 或线岩溶率大于 20% 溶槽或串珠状竖向溶洞发育深度达 20m 以上
岩溶中等发育	介于强发育和微发育之间
岩溶微发育	地表无岩溶塌陷、漏斗 溶沟、溶槽较发育 相邻钻孔间存在临空面且基岩面相对高差小于 2m 钻孔见洞隙率小于 10% 或线岩溶率小于 5%

6.6.3 地基基础设计等级为甲级、乙级的建筑物主体宜避开岩溶强发育地段。

6.6.4 存在下列情况之一且未经处理的场地，不应作为建筑物地基：

1 浅层溶洞成群分布，洞径大，且不稳定的地段；

2 漏斗、溶槽等埋藏浅，其中充填物为软弱土体；

3 土洞或塌陷等岩溶强发育的地段；

4 岩溶水排泄不畅，有可能造成场地暂时淹没的地段。

6.6.5 对于完整、较完整的坚硬岩、较硬岩地基，当符合下列条件之一时，可不考虑岩溶对地基稳定性的影响：

1 洞体较小，基础底面尺寸大于洞的平面尺寸，并有足够的支承长度；

2 顶板岩石厚度大于或等于洞的跨度。

6.6.6 地基基础设计等级为丙级且荷载较小的建筑物，当符合下列条件之一时，可不考虑岩溶对地基稳定性的影响：

1 基础底面以下的土层厚度大于独立基础宽度的 3 倍或条形基础宽度的 6 倍，且不具备形成土洞的条件时；

2 基础底面与洞体顶板间土层厚度小于独立基础宽度的 3 倍或条形基础宽度的 6 倍，洞隙或岩溶漏斗被沉积物填满，其承载力特征值超过 150kPa，且无被水冲蚀的可能性时；

3 基础底面存在面积小于基础底面积 25% 的垂直洞隙，但基底岩石面积满足上部荷载要求时。

6.6.7 不符合本规范第 6.6.5 条、第 6.6.6 条的条件时，应进行洞体稳定性分析；基础附近有临空面时，应验算向临空面倾覆和沿岩体结构面滑移稳定性。

6.6.8 土洞对地基的影响，应按下列规定综合分析与处理：

1 在地下水强烈活动于岩土交界面的地区，应考虑由地下水作用所形成的土洞对地基的影响，预测地下水位在建筑物使用期间的变化趋势。总图布置前，应获得场地土洞发育程度分区资料。施工时，除已查明的土洞外，尚应沿基槽进一步查明土洞的特征和分布情况。

2 在地下水位高于基岩表面的岩溶地区，应注意人工降水引起土洞进一步发育或地表塌陷的可能性。塌陷区的范围及方向可根据水文地质条件和抽水试验的观测结果综合分析确定。在塌陷范围内不应采用天然地基。并应注意降水对周围环境和建（构）物的影响。

3 由地表水形成的土洞或塌陷，应采取地表截流、防渗或堵塞等措施进行处理。应根据土洞埋深，

分别选用挖填、灌砂等方法进行处理。由地下水形成的塌陷及浅埋土洞，应清除软土，抛填块石作反滤层，面层用黏土夯填；深埋土洞宜用砂、砾石或细石混凝土灌填。在上述处理的同时，尚应采用梁、板或拱跨越。对重要的建筑物，可采用桩基处理。

6.6.9 对地基稳定性有影响的岩溶洞隙，应根据其位置、大小、埋深、围岩稳定性和水文地质条件综合分析，因地制宜采取下列处理措施：

1 对较小的岩溶洞隙，可采用镶补、嵌塞与跨越等方法处理。

2 对较大的岩溶洞隙，可采用梁、板和拱等结构跨越，也可采用浆砌块石等堵塞措施以及洞底支撑或调整柱距等方法处理。跨越结构应有可靠的支承面。梁式结构在稳定岩石上的支承长度应大于梁高 1.5 倍。

3 基底有不超过 25% 基底面积的溶洞（隙）且充填物难以挖除时，宜在洞隙部位设置钢筋混凝土底板，底板宽度应大于洞隙，并采取措施保证底板不向洞隙方向滑移。也可在洞隙部位设置钻孔桩进行穿越处理。

4 对于荷载不大的低层和多层建筑，围岩稳定，如溶洞位于条形基础末端，跨越工程量大，可按悬臂梁设计基础，若溶洞位于单独基础重心一侧，可按偏心荷载设计基础。

6.7 土质边坡与重力式挡墙

6.7.1 边坡设计应符合下列规定：

1 边坡设计应保护和整治边坡环境，边坡水系应因势利导，设置地表排水系统，边坡工程应设内部排水系统。对于稳定的边坡，应采取保护及营造植被的防护措施。

2 建筑物的布局应依山就势，防止大挖大填。对于平整场地而出现的新边坡，应及时进行支挡或构造防护。

3 应根据边坡类型、边坡环境、边坡高度及可能的破坏模式，选择适当的边坡稳定计算方法和支挡结构形式。

4 支挡结构设计应进行整体稳定性验算、局部稳定性验算、地基承载力计算、抗倾覆稳定性验算、抗滑移稳定性验算及结构强度计算。

5 边坡工程设计前，应进行详细的工程地质勘察，并应对边坡的稳定性作出准确的评价；对周围环境的危害性作出预测；对岩石边坡的结构面调查清楚，指出主要结构面的所在位置；提供边坡设计所需要的各项参数。

6 边坡的支挡结构应进行排水设计。对于可以向坡外排水的支挡结构，应在支挡结构上设置排水孔。排水孔应沿着横竖两个方向设置，其间距宜取 2m～3m，排水孔外斜坡度宜为 5%，孔眼尺寸不宜

小于100mm。支挡结构后面应做好滤水层，必要时应做排水暗沟。支挡结构后面有山坡时，应在坡脚处设置截水沟。对于不能向坡外排水的边坡，应在支挡结构后面设置排水暗沟。

7 支挡结构后面的填土，应选择透水性强的填料。当采用黏性土作填料时，宜掺入适量的碎石。在季节性冻土地区，应选择不冻胀的炉渣、碎石、粗砂等填料。

6.7.2 在坡体整体稳定的条件下，土质边坡的开挖应符合下列规定：

1 边坡的坡度允许值，应根据当地经验，参照同类土层的稳定坡度确定。当土质良好且均匀、无不良地质现象、地下水不丰富时，可按表6.7.2确定。

表6.7.2 土质边坡坡度允许值

土的类别	密实度或状态	坡度允许值（高宽比）	
		坡高在5m以内	坡高为5m～10m
碎石土	密实	1：0.35～1：0.50	1：0.50～1：0.75
	中密	1：0.50～1：0.75	1：0.75～1：1.00
	稍密	1：0.75～1：1.00	1：1.00～1：1.25
黏性土	坚硬	1：0.75～1：1.00	1：1.00～1：1.25
	硬塑	1：1.00～1：1.25	1：1.25～1：1.50

注：1 表中碎石土的充填物为坚硬或硬塑状态的黏性土；
   2 对于砂土或充填物为砂土的碎石土，其边坡坡度允许值均按自然休止角确定。

2 土质边坡开挖时，应采取排水措施，边坡的顶部应设置截水沟。在任何情况下不应在坡脚及坡面上积水。

3 边坡开挖时，应由上往下开挖，依次进行。弃土应分散处理，不得将弃土堆置在坡顶及坡面上。当必须在坡顶或坡面上设置弃土转运站时，应进行坡体稳定性验算，严格控制堆栈的土方量。

4 边坡开挖后，应立即对边坡进行防护处理。

6.7.3 重力式挡土墙土压力计算应符合下列规定：

1 对土质边坡，边坡主动土压力应按式（6.7.3-1）进行计算。当填土为无黏性土时，主动土压力系数可按库仑土压力理论确定。当支挡结构满足朗肯条件时，主动土压力系数可按朗肯土压力理论确定。黏性土或粉土的主动土压力也可采用楔体试算法图解求得。

$$E_a = \frac{1}{2}\psi_a \gamma h^2 k_a \qquad (6.7.3-1)$$

式中：E_a——主动土压力（kN）；

   ψ_a——主动土压力增大系数，挡土墙高度小于5m时宜取1.0，高度5m～8m时宜取1.1，高度大于8m时宜取1.2；

   γ——填土的重度（kN/m³）；

   h——挡土结构的高度（m）；

k_a——主动土压力系数，按本规范附录L确定。

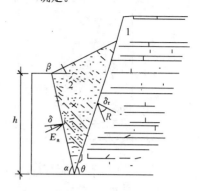

图6.7.3 有限填土挡土墙土压力计算示意
1—岩石边坡；2—填土

2 当支挡结构后缘有较陡峻的稳定岩石坡面，岩坡的坡角$\theta > (45° + \varphi/2)$时，应按有限范围填土计算土压力，取岩石坡面为破裂面。根据稳定岩石坡面与填土间的摩擦角按下式计算主动土压力系数：

$$k_a = \frac{\sin(\alpha+\theta)\sin(\alpha+\beta)\sin(\theta-\delta_r)}{\sin^2\alpha\sin(\theta-\beta)\sin(\alpha-\delta+\theta-\delta_r)}$$

$$(6.7.3-2)$$

式中：θ——稳定岩石坡面倾角（°）；

   δ_r——稳定岩石坡面与填土间的摩擦角（°），根据试验确定。当无试验资料时，可取$\delta_r = 0.33\varphi_k$，φ_k为填土的内摩擦角标准值（°）。

6.7.4 重力式挡土墙的构造应符合下列规定：

1 重力式挡土墙适用于高度小于8m、地层稳定、开挖土石方时不会危及相邻建筑物的地段。

2 重力式挡土墙可在基底设置逆坡。对于土质地基，基底逆坡坡度不宜大于1：10；对于岩石地基，基底逆坡坡度不宜大于1：5。

3 毛石挡土墙的墙顶宽度不宜小于400mm；混凝土挡土墙的墙顶宽度不宜小于200mm。

4 重力式挡墙的基础埋置深度，应根据地基承载力、水流冲刷、岩石裂隙发育及风化程度等因素进行确定。在特强冻涨、强冻涨地区应考虑冻涨的影响。在土质地基中，基础埋置深度不宜小于0.5m；在软质岩地基中，基础埋置深度不宜小于0.3m。

5 重力式挡土墙应每间隔10m～20m设置一道伸缩缝。当地基有变化时宜加设沉降缝。在挡土结构的拐角处，应采取加强的构造措施。

6.7.5 挡土墙的稳定性验算应符合下列规定：

1 抗滑移稳定性应按下列公式进行验算（图6.7.5-1）：

$$\frac{(G_n + E_{an})\mu}{E_{at} - G_t} \geq 1.3 \qquad (6.7.5-1)$$

$$G_n = G\cos\alpha_0 \qquad (6.7.5-2)$$

$$G_t = G\sin\alpha_0 \qquad (6.7.5-3)$$

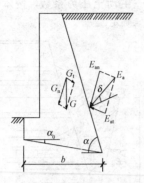

图 6.7.5-1 挡土墙抗滑
稳定验算示意

$$E_{at} = E_a \sin(\alpha - \alpha_0 - \delta) \quad (6.7.5\text{-}4)$$

$$E_{an} = E_a \cos(\alpha - \alpha_0 - \delta) \quad (6.7.5\text{-}5)$$

式中：G——挡土墙每延米自重（kN）；

　　　α_0——挡土墙基底的倾角（°）；

　　　α——挡土墙墙背的倾角（°）；

　　　δ——土对挡土墙墙背的摩擦角（°），可按表
6.7.5-1 选用；

　　　μ——土对挡土墙基底的摩擦系数，由试验确
定，也可按表 6.7.5-2 选用。

表 6.7.5-1　土对挡土墙墙背的摩擦角 δ

挡土墙情况	摩擦角 δ
墙背平滑、排水不良	$(0\sim0.33)\varphi_k$
墙背粗糙、排水良好	$(0.33\sim0.50)\varphi_k$
墙背很粗糙、排水良好	$(0.50\sim0.67)\varphi_k$
墙背与填土间不可能滑动	$(0.67\sim1.00)\varphi_k$

注：φ_k 为墙背填土的内摩擦角。

表 6.7.5-2　土对挡土墙基底的摩擦系数 μ

土的类别		摩擦系数 μ
黏性土	可塑	$0.25\sim0.30$
	硬塑	$0.30\sim0.35$
	坚硬	$0.35\sim0.45$
粉土		$0.30\sim0.40$
中砂、粗砂、砾砂		$0.40\sim0.50$
碎石土		$0.40\sim0.60$
软质岩		$0.40\sim0.60$
表面粗糙的硬质岩		$0.65\sim0.75$

注：1　对易风化的软质岩和塑性指数 I_p 大于 22 的黏性
土，基底摩擦系数应通过试验确定；

　　2　对碎石土，可根据其密实程度、填充物状况、风
化程度等确定。

2　抗倾覆稳定性应按下列公式进行验算（图
6.7.5-2）：

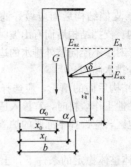

图 6.7.5-2　挡土墙抗
倾覆稳定验算示意

$$\frac{Gx_0 + E_{az}x_f}{E_{ax}z_f} \geqslant 1.6 \quad (6.7.5\text{-}6)$$

$$E_{ax} = E_a \sin(\alpha - \delta) \quad (6.7.5\text{-}7)$$

$$E_{az} = E_a \cos(\alpha - \delta) \quad (6.7.5\text{-}8)$$

$$x_f = b - z\cot\alpha \quad (6.7.5\text{-}9)$$

$$z_f = z - b\tan\alpha_0 \quad (6.7.5\text{-}10)$$

式中：z——土压力作用点至墙踵的高度（m）；

　　　x_0——挡土墙重心至墙趾的水平距离（m）；

　　　b——基底的水平投影宽度（m）。

3　整体滑动稳定性可采用圆弧滑动面法进行
验算。

4　地基承载力计算，除应符合本规范第 5.2 节
的规定外，基底合力的偏心距不应大于 0.25 倍基础
的宽度。当基底下有软弱下卧层时，尚应进行软弱下
卧层的承载力验算。

6.8　岩石边坡与岩石锚杆挡墙

6.8.1　在岩石边坡整体稳定的条件下，岩石边坡的
开挖坡度允许值，应根据当地经验按工程类比的原
则，参照本地区已有稳定边坡的坡度值加以确定。

6.8.2　当整体稳定的软质岩边坡高度小于 12m，硬
质岩边坡高度小于 15m 时，边坡开挖时可进行构造
处理（图 6.8.2-1、图 6.8.2-2）。

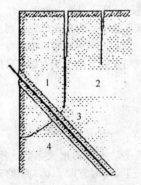

图 6.8.2-1　边坡顶部支护
1—崩塌体；2—岩石边坡顶部
裂隙；3—锚杆；4—破裂面

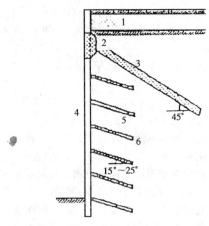

图 6.8.2-2　整体稳定边坡支护

1—土层；2—横向连系梁；3—支护锚杆；
4—面板；5—防护锚杆；6—岩石

6.8.3 对单结构面外倾边坡作用在支挡结构上的推力，可根据楔体平衡法进行计算，并应考虑结构面填充物的性质及其浸水后的变化。具有两组或多组结构面的交线倾向于临空面的边坡，可采用棱形体分割法计算棱体的下滑力。

6.8.4 岩石锚杆挡土结构设计，应符合下列规定（图 6.8.4）：

　　1 岩石锚杆挡土结构的荷载，宜采用主动土压力乘以 1.1～1.2 的增大系数；

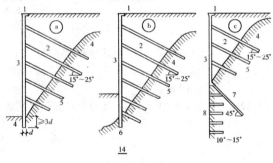

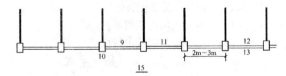

图 6.8.4　锚杆体系支挡结构

1—压顶梁；2—土层；3—立柱及面板；4—岩石；5—岩石锚杆；6—立柱嵌入岩体；7—顶撑锚杆；8—护面；9—面板；10—立柱（竖柱）；11—土体；12—土坡顶部；13—土坡坡脚；14—剖面图；15—平面图

　　2 挡板计算时，其荷载的取值可考虑支承挡板的两立柱间土体的卸荷拱作用；

　　3 立柱端部应嵌入稳定岩层内，并应根据端部的实际情况假定为固定支承或铰支承，当立柱插入岩层中的深度大于 3 倍立柱长边时，可按固定支承

计算；

　　4 岩石锚杆应与立柱牢固连接，并应验算连接处立柱的抗剪切强度。

6.8.5 岩石锚杆的构造应符合下列规定：

　　1 岩石锚杆由锚固段和非锚固段组成。锚固段应嵌入稳定的基岩中，嵌入基岩深度应大于 40 倍锚杆筋体直径，且不得小于 3 倍锚杆的孔径。非锚固段的主筋必须进行防护处理。

　　2 作支护用的岩石锚杆，锚杆孔径不宜小于 100mm；作防护用的锚杆，其孔径可小于 100mm，但不应小于 60mm。

　　3 岩石锚杆的间距，不应小于锚杆孔径的 6 倍。

　　4 岩石锚杆与水平面的夹角宜为 15°～25°。

　　5 锚杆筋体宜采用热轧带肋钢筋，水泥砂浆强度不宜低于 25MPa，细石混凝土强度不宜低于 C25。

6.8.6 岩石锚杆锚固段的抗拔承载力，应按照本规范附录 M 的试验方法经现场原位试验确定。对于永久性锚杆的初步设计或对于临时性锚杆的施工阶段设计，可按下式计算：

$$R_t = \xi f u_r h_r \qquad (6.8.6)$$

式中：R_t——锚杆抗拔承载力特征值（kN）；

　　　ξ——经验系数，对于永久性锚杆取 0.8，对于临时性锚杆取 1.0；

　　　f——砂浆与岩石间的粘结强度特征值（kPa），由试验确定，当缺乏试验资料时，可按表 6.8.6 取用；

　　　u_r——锚杆的周长（m）；

　　　h_r——锚杆锚固段嵌入岩层中的长度（m）当长度超过 13 倍锚杆直径时，按 13 倍直径计算。

表 6.8.6　砂浆与岩石间的粘结强度特征值（MPa）

岩石坚硬程度	软岩	较软岩	硬质岩
粘结强度	<0.2	0.2～0.4	0.4～0.6

注：水泥砂浆强度为 30MPa 或细石混凝土强度等级为 C30。

7　软　弱　地　基

7.1　一　般　规　定

7.1.1 当地基压缩层主要由淤泥、淤泥质土、冲填土、杂填土或其他高压缩性土层构成时应按软弱地基进行设计。在建筑地基的局部范围内有高压缩性土层时，应按局部软弱土层处理。

7.1.2 勘察时，应查明软弱土层的均匀性、组成、分布范围和土质情况；冲填土尚应查明排水固结条件；杂填土应查明堆积历史，确定自重压力下的稳定性、湿陷性等。

7.1.3 设计时,应考虑上部结构和地基的共同作用。对建筑体型、荷载情况、结构类型和地质条件进行综合分析,确定合理的建筑措施、结构措施和地基处理方法。

7.1.4 施工时,应注意对淤泥和淤泥质土基槽底面的保护,减少扰动。荷载差异较大的建筑物,宜先建重、高部分,后建轻、低部分。

7.1.5 活荷载较大的构筑物或构筑物群(如料仓、油罐等),使用初期应根据沉降情况控制加载速率,掌握加载间隔时间,或调整活荷载分布,避免过大倾斜。

7.2 利用与处理

7.2.1 利用软弱土层作为持力层时,应符合下列规定:

1 淤泥和淤泥质土,宜利用其上覆较好土层作为持力层,当上覆土层较薄,应采取避免施工时对淤泥和淤泥质土扰动的措施;

2 冲填土、建筑垃圾和性能稳定的工业废料,当均匀性和密实度较好时,可利用作为轻型建筑物地基的持力层。

7.2.2 局部软弱土层以及暗塘、暗沟等,可采用基础梁、换土、桩或其他方法处理。

7.2.3 当地基承载力或变形不能满足设计要求时,地基处理可选用机械压实、堆载预压、真空预压、换填垫层或复合地基等方法。处理后的地基承载力应通过试验确定。

7.2.4 机械压实包括重锤夯实、强夯、振动压实等方法,可用于处理由建筑垃圾或工业废料组成的杂填土地基,处理有效深度应通过试验确定。

7.2.5 堆载预压可用于处理较厚淤泥和淤泥质土地基。预压荷载宜大于设计荷载,预压时间应根据建筑物的要求以及地基固结情况决定,并应考虑堆载大小和速率对堆载效果和周围建筑物的影响。采用塑料排水带或砂井进行堆载预压和真空预压时,应在塑料排水带或砂井顶部做排水砂垫层。

7.2.6 换填垫层(包括加筋垫层)可用于软弱地基的浅层处理。垫层材料可采用中砂、粗砂、砾砂、角(圆)砾、碎(卵)石、矿渣、灰土、黏性土以及其他性能稳定、无腐蚀性的材料。加筋材料可采用高强度、低徐变、耐久性好的土工合成材料。

7.2.7 复合地基设计应满足建筑物承载力和变形要求。当地基土为欠固结土、膨胀土、湿陷性黄土、可液化土等特殊性土时,设计采用的增强体和施工工艺应满足处理后地基土和增强体共同承担荷载的技术要求。

7.2.8 复合地基承载力特征值应通过现场复合地基载荷试验确定,或采用增强体载荷试验结果和其周边土的承载力特征值结合经验确定。

7.2.9 复合地基基础底面的压力除应满足本规范公式(5.2.1-1)的要求外,还应满足本规范公式(5.2.1-2)的要求。

7.2.10 复合地基的最终变形量可按式(7.2.10)计算:

$$s = \psi_{sp}s' \qquad (7.2.10)$$

式中:s——复合地基最终变形量(mm);

ψ_{sp}——复合地基沉降计算经验系数,根据地区沉降观测资料经验确定,无地区经验时可根据变形计算深度范围内压缩模量的当量值($\overline{E}_s$)按表7.2.10取值;

s'——复合地基计算变形量(mm),可按本规范公式(5.3.5)计算;加固土层的压缩模量可取复合土层的压缩模量,按本规范第7.2.12条确定;地基变形计算深度应大于加固土层的厚度,并应符合本规范第5.3.7条的规定。

表7.2.10 复合地基沉降计算经验系数 ψ_{sp}

$\overline{E}_s$(MPa)	4.0	7.0	15.0	20.0	35.0
ψ_{sp}	1.0	0.7	0.4	0.25	0.2

7.2.11 变形计算深度范围内压缩模量的当量值($\overline{E}_s$),应按下式计算:

$$\overline{E}_s = \frac{\sum_{i=1}^{n}A_i + \sum_{j=1}^{m}A_j}{\sum_{i=1}^{n}\dfrac{A_i}{E_{spi}} + \sum_{j=1}^{m}\dfrac{A_j}{E_{sj}}} \qquad (7.2.11)$$

式中:E_{spi}——第 i 层复合土层的压缩模量(MPa);

E_{sj}——加固土层以下的第 j 层土的压缩模量(MPa)。

7.2.12 复合地基变形计算时,复合土层的压缩模量可按下列公式计算:

$$E_{spi} = \xi \cdot E_{si} \qquad (7.2.12-1)$$

$$\xi = f_{spk}/f_{ak} \qquad (7.2.12-2)$$

式中:E_{spi}——第 i 层复合土层的压缩模量(MPa);

ξ——复合土层的压缩模量提高系数;

f_{spk}——复合地基承载力特征值(kPa);

f_{ak}——基础底面下天然地基承载力特征值(kPa)。

7.2.13 增强体顶部应设褥垫层。褥垫层可采用中砂、粗砂、砾砂、碎石、卵石等散体材料。碎石、卵石宜掺入20%~30%的砂。

7.3 建筑措施

7.3.1 在满足使用和其他要求的前提下,建筑体型应力求简单。当建筑体型比较复杂时,宜根据其平面形状和高度差异情况,在适当部位用沉降缝将其划分成若干个刚度较好的单元;当高度差异或荷载差异较大时,可将两者隔开一定距离,当拉开距离后的两单元必须连接时，应采用能自由沉降的连接构造。

7.3.2 当建筑物设置沉降缝时，应符合下列规定：

1 建筑物的下列部位，宜设置沉降缝：

1）建筑平面的转折部位；

2）高度差异或荷载差异处；

3）长高比过大的砌体承重结构或钢筋混凝土框架结构的适当部位；

4）地基土的压缩性有显著差异处；

5）建筑结构或基础类型不同处；

6）分期建造房屋的交界处。

2 沉降缝应有足够的宽度，沉降缝宽度可按表7.3.2选用。

表 7.3.2　房屋沉降缝的宽度

房屋层数	沉降缝宽度（mm）
二～三	50～80
四～五	80～120
五层以上	不小于120

7.3.3 相邻建筑物基础间的净距，可按表7.3.3选用。

表 7.3.3　相邻建筑物基础间的净距(m)

影响建筑的预估平均沉降量 s（mm） ＼ 被影响建筑的长高比	$2.0 \leqslant \dfrac{L}{H_f} < 3.0$	$3.0 \leqslant \dfrac{L}{H_f} < 5.0$
70～150	2～3	3～6
160～250	3～6	6～9
260～400	6～9	9～12
＞400	9～12	不小于12

注：1 表中 L 为建筑物长度或沉降缝分隔的单元长度（m）；H_f 为自基础底面标高算起的建筑物高度（m）；

2 当被影响建筑的长高比为 $1.5 < L/H_f < 2.0$ 时，其间净距可适当缩小。

7.3.4 相邻高耸结构或对倾斜要求严格的构筑物的外墙间隔距离，应根据倾斜允许值计算确定。

7.3.5 建筑物各组成部分的标高，应根据可能产生的不均匀沉降采取下列相应措施：

1 室内地坪和地下设施的标高，应根据预估沉降量予以提高。建筑物各部分（或设备之间）有联系时，可将沉降较大者标高提高。

2 建筑物与设备之间，应留有净空。当建筑物有管道穿过时，应预留孔洞，或采用柔性的管道接头等。

7.4　结 构 措 施

7.4.1 为减少建筑物沉降和不均匀沉降，可采用下列措施：

1 选用轻型结构，减轻墙体自重，采用架空地板代替室内填土；

2 设置地下室或半地下室，采用覆土少、自重轻的基础形式；

3 调整各部分的荷载分布、基础宽度或埋置深度；

4 对不均匀沉降要求严格的建筑物，可选用较小的基底压力。

7.4.2 对于建筑体型复杂、荷载差异较大的框架结构，可采用箱基、桩基、筏基等加强基础整体刚度，减少不均匀沉降。

7.4.3 对于砌体承重结构的房屋，宜采用下列措施增强整体刚度和承载力：

1 对于三层和三层以上的房屋，其长高比 L/H_f 宜小于或等于2.5；当房屋的长高比为 $2.5 < L/H_f \leqslant 3.0$ 时，宜做到纵墙不转折或少转折，并应控制其内横墙间距或增强基础刚度和承载力。当房屋的预估最大沉降量小于或等于120mm时，其长高比可不受限制。

2 墙体内宜设置钢筋混凝土圈梁或钢筋砖圈梁。

3 在墙体上开洞时，宜在开洞部位配筋或采用构造柱及圈梁加强。

7.4.4 圈梁应按下列要求设置：

1 在多层房屋的基础和顶层处应各设置一道，其他各层可隔层设置，必要时也可逐层设置。单层工业厂房、仓库，可结合基础梁、连系梁、过梁等酌情设置。

2 圈梁应设置在外墙、内纵墙和主要内横墙上，并宜在平面内连成封闭系统。

7.5　大面积地面荷载

7.5.1 在建筑范围内有地面荷载的单层工业厂房、露天车间和单层仓库的设计，应考虑由于地面荷载所产生的地基不均匀变形及其对上部结构的不利影响。当有条件时，宜利用堆载预压过的建筑场地。

注：地面荷载系指生产堆料、工业设备等地面堆载和天然地面上的大面积填土。

7.5.2 地面堆载应均衡，并应根据使用要求、堆载特点、结构类型和地质条件确定允许堆载量和范围。

堆载不宜压在基础上。大面积的填土，宜在基础施工前三个月完成。

7.5.3 地面堆载荷载应满足地基承载力、变形、稳定性要求，并应考虑对周边环境的影响。当堆载量超过地基承载力特征值时应进行专项设计。

7.5.4 厂房和仓库的结构设计，可适当提高柱、墙的抗弯能力，增强房屋的刚度。对于中、小型仓库，宜采用静定结构。

7.5.5 对于在使用过程中允许调整吊车轨道的单层钢筋混凝土工业厂房和露天车间的天然地基设计，除应遵守本规范第5章的有关规定外，尚应符合下式要求：

$$s'_g \leqslant [s'_g] \qquad (7.5.5)$$

式中：s'_g——由地面荷载引起柱基内侧边缘中点的地基附加沉降量计算值，可按本规范附录 N 计算；

$[s'_g]$——由地面荷载引起柱基内侧边缘中点的地基附加沉降量允许值，可按表 7.5.5 采用。

表 7.5.5 地基附加沉降量允许值 $[s'_g]$ (mm)

b \ a	6	10	20	30	40	50	60	70
1	40	45	50	55	55			
2	45	50	55	60	60			
3	50	55	60	65	75			
4	55	60	65	70	75	80	85	90
5	65	70	75	80	85	90	95	100

注：表中 a 为地面荷载的纵向长度 (m)；b 为车间跨度方向基础底面边长 (m)。

7.5.6 按本规范第 7.5.5 条设计时，应考虑在使用过程中垫高或移动吊车轨道和吊车梁的可能性。应增大吊车顶面与屋架下弦间的净空和吊车边缘与上柱边缘间的净距，当地基土平均压缩模量 E_s 为 3MPa 左右，地面平均荷载大于 25kPa 时，净空宜大于 300mm，净距宜大于 200mm。并应按吊车轨道可能移动的幅度，加宽钢筋混凝土吊车梁腹部及配置抗扭钢筋。

7.5.7 具有地面荷载的建筑地基遇到下列情况之一时，宜采用桩基：

1 不符合本规范第 7.5.5 条要求；

2 车间内设有起重量 300kN 以上、工作级别大于 A5 的吊车；

3 基底下软土层较薄，采用桩基经济者。

8 基 础

8.1 无筋扩展基础

8.1.1 无筋扩展基础（图 8.1.1）高度应满足下式的要求：

$$H_0 \geqslant \frac{b - b_0}{2\tan\alpha} \qquad (8.1.1)$$

式中：b——基础底面宽度 (m)；

b_0——基础顶面的墙体宽度或柱脚宽度 (m)；

H_0——基础高度 (m)；

$\tan\alpha$——基础台阶宽高比 $b_2 : H_0$，其允许值可按表 8.1.1 选用；

b_2——基础台阶宽度 (m)。

表 8.1.1 无筋扩展基础台阶宽高比的允许值

基础材料	质量要求	台阶宽高比的允许值		
		$p_k \leqslant 100$	$100 < p_k \leqslant 200$	$200 < p_k \leqslant 300$
混凝土基础	C15 混凝土	1:1.00	1:1.00	1:1.25
毛石混凝土基础	C15 混凝土	1:1.00	1:1.25	1:1.50
砖基础	砖不低于 MU10、砂浆不低于 M5	1:1.50	1:1.50	1:1.50
毛石基础	砂浆不低于 M5	1:1.25	1:1.50	—
灰土基础	体积比为 3:7 或 2:8 的灰土，其最小干密度：粉土 1550kg/m³ 粉质黏土 1500kg/m³ 黏土 1450kg/m³	1:1.25	1:1.50	—
三合土基础	体积比 1:2:4～1:3:6（石灰:砂:骨料），每层约虚铺 220mm，夯至 150mm	1:1.50	1:2.00	—

注：1 p_k 为作用的标准组合时基础底面处的平均压力值 (kPa)；

2 阶梯形毛石基础的每阶伸出宽度，不宜大于 200mm；

3 当基础由不同材料叠合组成时，应对接触部分作抗压验算；

4 混凝土基础单侧扩展范围内基础底面处的平均压力值超过 300kPa 时，尚应进行抗剪验算；对基底反力集中于立柱附近的岩石地基，应进行局部受压承载力验算。

8.1.2 采用无筋扩展基础的钢筋混凝土柱，其柱脚高度 h_1 不得小于 b_1（图 8.1.1），并不应小于 300mm 且不小于 20d。当柱纵向钢筋在柱脚内的竖向锚固长度不满足锚固要求时，可沿水平方向弯折，弯折后的水平锚固长度不应小于 10d 也不应大于 20d。

注：d 为柱中的纵向受力钢筋的最大直径。

8.2 扩展基础

8.2.1 扩展基础的构造，应符合下列规定：

1 锥形基础的边缘高度不宜小于 200mm，且两个方向的坡度不宜大于 1:3；阶梯形基础的每阶高度，宜为 300mm～500mm。

2 垫层的厚度不宜小于 70mm，垫层混凝土强度等级不宜低于 C10。

3 扩展基础受力钢筋最小配筋率不应小于 0.15%，底板受力钢筋的最小直径不应小于 10mm，间距不应大于 200mm，也不应小于 100mm。墙下钢

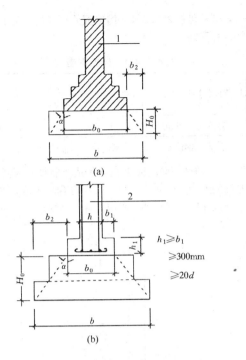

图 8.1.1　无筋扩展基础构造示意

d—柱中纵向钢筋直径；

1—承重墙；2—钢筋混凝土柱

筋混凝土条形基础纵向分布钢筋的直径不应小于8mm；间距不应大于300mm；每延米分布钢筋的面积不应小于受力钢筋面积的15%。当有垫层时钢筋保护层的厚度不应小于40mm；无垫层时不应小于70mm。

　4 混凝土强度等级不应低于C20。

　5 当柱下钢筋混凝土独立基础的边长和墙下钢筋混凝土条形基础的宽度大于或等于2.5m时，底板受力钢筋的长度可取边长或宽度的0.9倍，并宜交错布置（图8.2.1-1）。

　6 钢筋混凝土条形基础底板在T形及十字形交接处，底板横向受力钢筋仅沿一个主要受力方向通长布置，另一方向的横向受力钢筋可布置到主要受力方向底板宽度1/4处（图8.2.1-2）。在拐角处底板横向受力钢筋应沿两个方向布置（图8.2.1-2）。

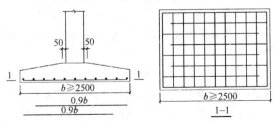

图 8.2.1-1　柱下独立基础底板受力钢筋布置

8.2.2 钢筋混凝土柱和剪力墙纵向受力钢筋在基础内的锚固长度应符合下列规定：

　1 钢筋混凝土柱和剪力墙纵向受力钢筋在基础

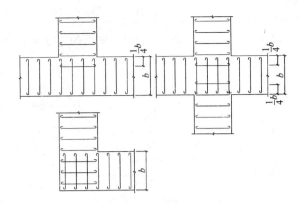

图 8.2.1-2　墙下条形基础纵横交叉处底板受力钢筋布置

内的锚固长度（l_a）应根据现行国家标准《混凝土结构设计规范》GB 50010有关规定确定；

　2 抗震设防烈度为6度、7度、8度和9度地区的建筑工程，纵向受力钢筋的抗震锚固长度（l_{aE}）应按下式计算：

　　1) 一、二级抗震等级纵向受力钢筋的抗震锚固长度（l_{aE}）应按下式计算：

$$l_{aE} = 1.15 l_a \qquad (8.2.2\text{-}1)$$

　　2) 三级抗震等级纵向受力钢筋的抗震锚固长度（l_{aE}）应按下式计算：

$$l_{aE} = 1.05 l_a \qquad (8.2.2\text{-}2)$$

　　3) 四级抗震等级纵向受力钢筋的抗震锚固长度（l_{aE}）应按下式计算：

$$l_{aE} = l_a \qquad (8.2.2\text{-}3)$$

式中：l_a——纵向受拉钢筋的锚固长度（m）。

　3 当基础高度小于l_a（l_{aE}）时，纵向受力钢筋的锚固总长度除符合上述要求外，其最小直锚段的长度不应小于20d，弯折段的长度不应小于150mm。

8.2.3 现浇柱的基础，其插筋的数量、直径以及钢筋种类应与柱内纵向受力钢筋相同。插筋的锚固长度应满足本规范第8.2.2条的规定，插筋与柱的纵向受力钢筋的连接方法，应符合现行国家标准《混凝土结构设计规范》GB 50010的有关规定。插筋的下端宜做成直钩放在基础底板钢筋网上。当符合下列条件之一时，可仅将四角的插筋伸至底板钢筋网上，其余插筋锚固在基础顶面下l_a或l_{aE}处（图8.2.3）。

　1 柱为轴心受压或小偏心受压，基础高度大于或等于1200mm；

　2 柱为大偏心受压，基础高度大于或等

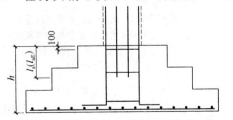

图 8.2.3　现浇柱的基础中插筋构造示意

于 1400mm。

8.2.4 预制钢筋混凝土柱与杯口基础的连接（图8.2.4），应符合下列规定：

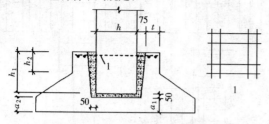

图 8.2.4 预制钢筋混凝土柱与杯口
基础的连接示意

注：$a_2 \geqslant a_1$；1—焊接网

1 柱的插入深度，可按表8.2.4-1选用，并应满足本规范第8.2.2条钢筋锚固长度的要求及吊装时柱的稳定性。

表8.2.4-1 柱的插入深度 h_1（mm）

矩形或工字形柱				双肢柱
$h<500$	$500 \leqslant h$ <800	$800 \leqslant h$ $\leqslant 1000$	$h>1000$	
$h \sim 1.2h$	h	$0.9h$ 且 $\geqslant 800$	$0.8h$ $\geqslant 1000$	$(1/3 \sim 2/3) h_a$ $(1.5 \sim 1.8) h_b$

注：1 h 为柱截面长边尺寸；h_a 为双肢柱全截面长边尺寸；h_b 为双肢柱全截面短边尺寸；
　2 柱轴心受压或小偏心受压时，h_1 可适当减小，偏心距大于 $2h$ 时，h_1 应当加大。

2 基础的杯底厚度和杯壁厚度，可按表8.2.4-2选用。

表8.2.4-2 基础的杯底厚度和杯壁厚度

柱截面长边尺寸 h（mm）	杯底厚度 a_1（mm）	杯壁厚度 t（mm）
$h<500$	$\geqslant 150$	$150 \sim 200$
$500 \leqslant h<800$	$\geqslant 200$	$\geqslant 200$
$800 \leqslant h<1000$	$\geqslant 200$	$\geqslant 300$
$1000 \leqslant h<1500$	$\geqslant 250$	$\geqslant 350$
$1500 \leqslant h<2000$	$\geqslant 300$	$\geqslant 400$

注：1 双肢柱的杯底厚度值，可适当加大；
　2 当有基础梁时，基础梁下的杯壁厚度，应满足其支承宽度的要求；
　3 柱子插入杯口部分的表面应凿毛，柱子与杯口之间的空隙，应用比基础混凝土强度等级高一级的细石混凝土充填密实，当达到材料设计强度的70%以上时，方能进行上部吊装。

3 当柱为轴心受压或小偏心受压且 $t/h_2 \geqslant 0.65$ 时，或大偏心受压且 $t/h_2 \geqslant 0.75$ 时，杯壁可不配筋；当柱为轴心受压或小偏心受压且 $0.5 \leqslant t/h_2 < 0.65$

时，杯壁可按表8.2.4-3构造配筋；其他情况下，应按计算配筋。

表8.2.4-3 杯壁构造配筋

柱截面长边尺寸（mm）	$h<1000$	$1000 \leqslant h$ <1500	$1500 \leqslant h$ $\leqslant 2000$
钢筋直径（mm）	$8 \sim 10$	$10 \sim 12$	$12 \sim 16$

注：表中钢筋置于杯口顶部，每边两根（图8.2.4）。

8.2.5 预制钢筋混凝土柱（包括双肢柱）与高杯口基础的连接（图8.2.5-1），除应符合本规范第8.2.4条插入深度的规定外，尚应符合下列规定：

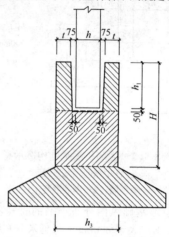

图 8.2.5-1 高杯口基础
H—短柱高度

1 起重机起重量小于或等于750kN，轨顶标高小于或等于14m，基本风压小于0.5kPa的工业厂房，且基础短柱的高度不大于5m。

2 起重机起重量大于750kN，基本风压大于0.5kPa，应符合下式的规定：

$$\frac{E_2 J_2}{E_1 J_1} \geqslant 10 \qquad (8.2.5-1)$$

式中：E_1——预制钢筋混凝土柱的弹性模量（kPa）；
　　　J_1——预制钢筋混凝土柱对其截面短轴的惯性矩（m⁴）；
　　　E_2——短柱的钢筋混凝土弹性模量（kPa）；
　　　J_2——短柱对其截面短轴的惯性矩（m⁴）。

3 当基础短柱的高度大于5m，应符合下式的规定：

$$\Delta_2/\Delta_1 \leqslant 1.1 \qquad (8.2.5-2)$$

式中：Δ_1——单位水平力作用在以高杯口基础顶面为固定端的柱顶时，柱顶的水平位移（m）；
　　　Δ_2——单位水平力作用在以短柱底面为固定端的柱顶时，柱顶的水平位移（m）。

4 杯壁厚度应符合表8.2.5的规定。高杯口基础短柱的纵向钢筋，除满足计算要求外，在非地震区及抗震设防烈度低于9度地区，且满足本条第1、2、3款的要求时，短柱四角纵向钢筋的直径不宜小于20mm，并延伸至基础底板的钢筋网上；短柱长边的纵向钢筋，当长边尺寸小于或等于1000mm时，其钢筋直径不应小于12mm，间距不应大于300mm；当长边尺寸大于1000mm时，其钢筋直径不应小于16mm，间距不应大于300mm，且每隔一米左右伸下一根并作150mm的直钩支在基础底部的钢筋网上，其余钢筋锚固至基础底板顶面下 l_a 处（图 8.2.5-2）。短柱短边每隔300mm应配置直径不小于12mm的纵向钢筋且每边的配筋率不少于0.05%短柱的截面面积。短柱中杯口壁内横向箍筋不应小于φ8@150；短柱中其他部位的箍筋直径不应小于8mm，间距不应大于300mm；当抗震设防烈度为8度和9度时，箍筋直径不应小于8mm，间距不应大于150mm。

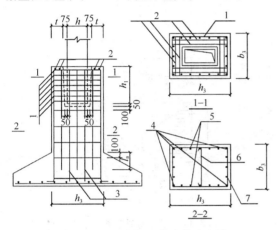

图 8.2.5-2　高杯口基础构造配筋

1—杯口壁内横向箍筋 φ8@150；2—顶层焊接钢筋网；3—插入基础底部的纵向钢筋不应少于每米1根；4—短柱四角钢筋一般不小于Φ20；5—短柱长边纵向钢筋当 h_3 ≤1000用 φ12@300，当 h_3>1000用 Φ 16@300；6—按构造要求；7—短柱短边纵向钢筋每边不小于 0.05% b_3h_3（不小于 φ12@300）

表 8.2.5　高杯口基础的杯壁厚度 t

h（mm）	t（mm）
600＜h≤800	≥250
800＜h≤1000	≥300
1000＜h≤1400	≥350
1400＜h≤1600	≥400

8.2.6　扩展基础的基础底面积，应按本规范第5章有关规定确定。在条形基础相交处，不应重复计入基础面积。

8.2.7　扩展基础的计算应符合下列规定：

1　对柱下独立基础，当冲切破坏锥体落在基础底面以内时，应验算柱与基础交接处以及基础变阶处的受冲切承载力；

2　对基础底面短边尺寸小于或等于柱宽加两倍基础有效高度的柱下独立基础，以及墙下条形基础，应验算柱（墙）与基础交接处的基础受剪切承载力；

3　基础底板的配筋，应按抗弯计算确定；

4　当基础的混凝土强度等级小于柱的混凝土强度等级时，尚应验算柱下基础顶面的局部受压承载力。

8.2.8　柱下独立基础的受冲切承载力应按下列公式验算：

$$F_l \leq 0.7\beta_{hp}f_t a_m h_0 \qquad (8.2.8-1)$$

$$a_m = (a_t + a_b)/2 \qquad (8.2.8-2)$$

$$F_l = p_j A_l \qquad (8.2.8-3)$$

式中：β_{hp}——受冲切承载力截面高度影响系数，当 h 不大于 800mm 时，β_{hp} 取 1.0；当 h 大于或等于 2000mm 时，β_{hp} 取 0.9，其间按线性内插法取用；

f_t——混凝土轴心抗拉强度设计值（kPa）；

h_0——基础冲切破坏锥体的有效高度（m）；

a_m——冲切破坏锥体最不利一侧计算长度（m）；

a_t——冲切破坏锥体最不利一侧斜截面的上边长（m），当计算柱与基础交接处的受冲切承载力时，取柱宽；当计算基础变阶处的受冲切承载力时，取上阶宽；

a_b——冲切破坏锥体最不利一侧斜截面在基础底面积范围内的下边长（m），当冲切破坏锥体的底面落在基础底面以内（图 8.2.8a、b）时，计算柱与基础交接处的受冲切承载力时，取柱宽加两倍基础有效高度；当计算基础变阶处的受冲切承载力时，取上阶宽加两倍该处的基础有效高度；

p_j——扣除基础自重及其上土重后相应于作用的基本组合时的地基土单位面积净反力（kPa），对偏心受压基础可取基础边缘处最大地基土单位面积净反力；

A_l——冲切验算时取用的部分基底面积（m²）（图 8.2.8a、b 中的阴影面积 ABCDEF）；

F_l——相应于作用的基本组合时作用在 A_l 上的地基土净反力设计值（kPa）。

8.2.9　当基础底面短边尺寸小于或等于柱宽加两倍基础有效高度时，应按下列公式验算柱与基础交接处截面受剪承载力：

$$V_s \leq 0.7\beta_{hs}f_t A_0 \qquad (8.2.9-1)$$

$$\beta_{hs} = (800/h_0)^{1/4} \qquad (8.2.9-2)$$

式中：V_s——相应于作用的基本组合时，柱与基础交接处的剪力设计值（kN），图 8.2.9 中

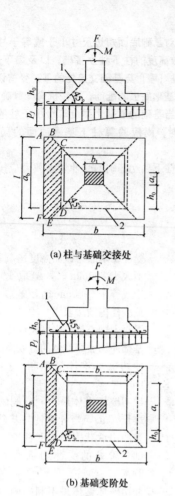

(a) 柱与基础交接处

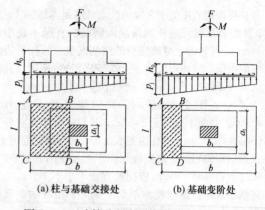

(a) 柱与基础交接处   (b) 基础变阶处

图 8.2.9　验算阶形基础受剪切承载力示意

(b) 基础变阶处

图 8.2.8　计算阶形基础的受冲切承载力截面位置

1—冲切破坏锥体最不利一侧的斜截面；

2—冲切破坏锥体的底面线

的阴影面积乘以基底平均净反力；

β_{hs}——受剪切承载力截面高度影响系数，当 h_0 ＜800mm 时，取 $h_0 = 800$mm；当 $h_0 >$ 2000mm 时，取 $h_0 = 2000$mm；

A_0——验算截面处基础的有效截面面积（m^2）。当验算截面为阶形或锥形时，可将其截面折算成矩形截面，截面的折算宽度和截面的有效高度按本规范附录 U 计算。

8.2.10　墙下条形基础底板应按本规范公式（8.2.9-1）验算墙与基础底板交接处截面受剪承载力，其中 A_0 为验算截面处基础底板的单位长度垂直截面有效面积，V_s 为墙与基础交接处由基底平均净反力产生的单位长度剪力设计值。

8.2.11　在轴心荷载或单向偏心荷载作用下，当台阶的宽高比小于或等于 2.5 且偏心距小于或等于 1/6 基础宽度时，柱下矩形独立基础任意截面的底板弯矩可按下列简化方法进行计算（图 8.2.11）：

$$M_I = \frac{1}{12}a_1^2\left[(2l+a')\left(p_{max}+p-\frac{2G}{A}\right)+(p_{max}-p)l\right]$$

(8.2.11-1)

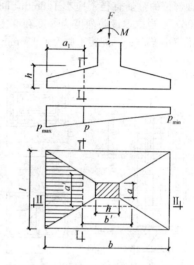

图 8.2.11　矩形基础底板的计算示意

$$M_{II} = \frac{1}{48}(l-a')^2(2b+b')\left(p_{max}+p_{min}-\frac{2G}{A}\right)$$

(8.2.11-2)

式中：M_I、M_{II}——相应于作用的基本组合时，任意截面 I-I、II-II 处的弯矩设计值（kN·m）；

a_1——任意截面 I-I 至基底边缘最大反力处的距离（m）；

l、b——基础底面的边长（m）；

p_{max}、p_{min}——相应于作用的基本组合时的基础底面边缘最大和最小地基反力设计值（kPa）；

p——相应于作用的基本组合时在任意截面 I-I 处基础底面地基反力设计值（kPa）；

G——考虑作用分项系数的基础自重及其上的土自重（kN）；当组合值由永久作用控制时，作用分项系数可取 1.35。

8.2.12　基础底板配筋除满足计算和最小配筋率要求外，尚应符合本规范第 8.2.1 条第 3 款的构造要求。

计算最小配筋率时，对阶形或锥形基础截面，可将其截面折算成矩形截面，截面的折算宽度和截面的有效高度，按附录 U 计算。基础底板钢筋可按式（8.2.12）计算。

$$A_s = \frac{M}{0.9 f_y h_0} \qquad (8.2.12)$$

8.2.13 当柱下独立柱基底面长短边之比 ω 在大于或等于 2、小于或等于 3 的范围时，基础底板短向钢筋应按下述方法布置：将短向全部钢筋面积乘以 λ 后求得的钢筋，均匀分布在与柱中心线重合的宽度等于基础短边的中间带宽范围内（图 8.2.13），其余的短向钢筋则均匀分布在中间带宽的两侧。长向配筋应均匀分布在基础全宽范围内。λ 按下式计算：

$$\lambda = 1 - \frac{\omega}{6} \qquad (8.2.13)$$

8.2.14 墙下条形基础（图 8.2.14）的受弯计算和配筋应符合下列规定：

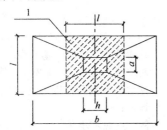

图 8.2.13 基础底板短向
钢筋布置示意

1—λ 倍短向全部钢筋面积
均匀配置在阴影范围内

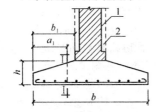

图 8.2.14 墙下条形
基础的计算示意
1—砖墙；2—混凝土墙

1 任意截面每延米宽度的弯矩，可按下式进行计算。

$$M_1 = \frac{1}{6} a_1^2 \left(2 p_{\max} + p - \frac{3G}{A} \right) \qquad (8.2.14)$$

2 其最大弯矩截面的位置，应符合下列规定：

1）当墙体材料为混凝土时，取 $a_1 = b_1$；

2）如为砖墙且放脚不大于 1/4 砖长时，取 $a_1 = b_1 + 1/4$ 砖长。

3 墙下条形基础底板每延米宽度的配筋除满足计算和最小配筋率要求外，尚应符合本规范第 8.2.1 条第 3 款的构造要求。

8.3 柱下条形基础

8.3.1 柱下条形基础的构造，除应符合本规范第 8.2.1 条的要求外，尚应符合下列规定：

1 柱下条形基础梁的高度宜为柱距的 1/4～1/8。翼板厚度不应小于 200mm。当翼板厚度大于 250mm 时，宜采用变厚度翼板，其顶面坡度宜小于或等于 1∶3。

2 条形基础的端部宜向外伸出，其长度宜为第一跨距的 0.25 倍。

3 现浇柱与条形基础梁的交接处，基础梁的平面尺寸应大于柱的平面尺寸，且柱的边缘至基础梁边缘的距离不得小于 50mm（图 8.3.1）。

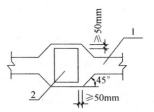

图 8.3.1 现浇柱与条形
基础梁交接处平面尺寸
1—基础梁；2—柱

4 条形基础梁顶部和底部的纵向受力钢筋除应满足计算要求外，顶部钢筋应按计算配筋全部贯通，底部通长钢筋不应少于底部受力钢筋截面总面积的 1/3。

5 柱下条形基础的混凝土强度等级，不应低于 C20。

8.3.2 柱下条形基础的计算，除应符合本规范第 8.2.6 条的要求外，尚应符合下列规定：

1 在比较均匀的地基上，上部结构刚度较好，荷载分布较均匀，且条形基础梁的高度不小于 1/6 柱距时，地基反力可按直线分布，条形基础梁的内力可按连续梁计算，此时边跨跨中弯矩及第一内支座的弯矩值宜乘以 1.2 的系数。

2 当不满足本条第 1 款的要求时，宜按弹性地基梁计算。

3 对交叉条形基础，交点上的柱荷载，可按静力平衡条件及变形协调条件，进行分配。其内力可按本条上述规定，分别进行计算。

4 应验算柱边缘处基础梁的受剪承载力。

5 当存在扭矩时，尚应作抗扭计算。

6 当条形基础的混凝土强度等级小于柱的混凝土强度等级时，应验算柱下条形基础梁顶面的局部受压承载力。

8.4 高层建筑筏形基础

8.4.1 筏形基础分为梁板式和平板式两种类型，其选型应根据地基土质、上部结构体系、柱距、荷载大小、使用要求以及施工条件等因素确定。框架-核心筒结构和筒中筒结构宜采用平板式筏形基础。

8.4.2 筏形基础的平面尺寸，应根据工程地质条件、上部结构的布置、地下结构底层平面以及荷载分布等因素按本规范第5章有关规定确定。对单幢建筑物，在地基土比较均匀的条件下，基底平面形心宜与结构竖向永久荷载重心重合。当不能重合时，在作用的准永久组合下，偏心距 e 宜符合下式规定：

$$e \leqslant 0.1W/A \tag{8.4.2}$$

式中：W——与偏心距方向一致的基础底面边缘抵抗矩（m^3）；

A——基础底面积（m^2）。

8.4.3 对四周与土层紧密接触带地下室外墙的整体式筏基和箱基，当地基持力层为非密实的土和岩石，场地类别为Ⅲ类和Ⅳ类，抗震设防烈度为8度和9度，结构基本自振周期处于特征周期的1.2倍~5倍范围时，按刚性地基假定计算的基底水平地震剪力、倾覆力矩可按设防烈度分别乘以0.90和0.85的折减系数。

8.4.4 筏形基础的混凝土强度等级不应低于C30，当有地下室时应采用防水混凝土。防水混凝土的抗渗等级应按表8.4.4选用。对重要建筑，宜采用自防水并设置架空排水层。

表8.4.4　防水混凝土抗渗等级

埋置深度 d（m）	设计抗渗等级	埋置深度 d（m）	设计抗渗等级
$d < 10$	P6	$20 \leqslant d < 30$	P10
$10 \leqslant d < 20$	P8	$30 \leqslant d$	P12

8.4.5 采用筏形基础的地下室，钢筋混凝土外墙厚度不应小于250mm，内墙厚度不宜小于200mm。墙的截面设计除满足承载力要求外，尚应考虑变形、抗裂及外墙防渗等要求。墙体内应设置双面钢筋，钢筋不宜采用光面圆钢筋，水平钢筋的直径不应小于12mm，竖向钢筋的直径不应小于10mm，间距不应大于200mm。

8.4.6 平板式筏基的板厚应满足受冲切承载力的要求。

8.4.7 平板式筏基柱下冲切验算应符合下列规定：

1 平板式筏基柱下冲切验算时应考虑作用在冲切临界截面重心上的不平衡弯矩产生的附加剪力。对基础边柱和角柱冲切验算时，其冲切力应分别乘以1.1和1.2的增大系数。距柱边 $h_0/2$ 处冲切临界截面的最大剪应力 τ_{max} 应按式（8.4.7-1）、式（8.4.7-2）进行计算（图8.4.7）。板的最小厚度不应小于500mm。

$$\tau_{max} = \frac{F_l}{u_m h_0} + \alpha_s \frac{M_{unb} c_{AB}}{I_s} \tag{8.4.7-1}$$

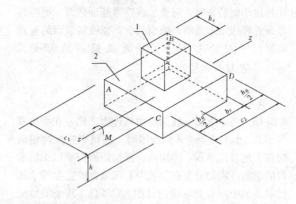

图8.4.7　内柱冲切临界截面示意

1—筏板；2—柱

$$\tau_{max} \leqslant 0.7(0.4 + 1.2/\beta_s)\beta_{hp} f_t \tag{8.4.7-2}$$

$$\alpha_s = 1 - \frac{1}{1 + \frac{2}{3}\sqrt{\left(\frac{c_1}{c_2}\right)}} \tag{8.4.7-3}$$

式中：F_l——相应于作用的基本组合时的冲切力（kN），对内柱取轴力设计值减去筏板冲切破坏锥体内的基底净反力设计值；对边柱和角柱，取轴力设计值减去筏板冲切临界截面范围内的基底净反力设计值；

u_m——距柱边缘不小于 $h_0/2$ 处冲切临界截面的最小周长（m），按本规范附录P计算；

h_0——筏板的有效高度（m）；

M_{unb}——作用在冲切临界截面重心上的不平衡弯矩设计值（kN·m）；

c_{AB}——沿弯矩作用方向，冲切临界截面重心至冲切临界截面最大剪应力点的距离（m），按附录P计算；

I_s——冲切临界截面对其重心的极惯性矩（m^4），按本规范附录P计算；

β_s——柱截面长边与短边的比值，当 $\beta_s < 2$ 时，β_s 取2，当 $\beta_s > 4$ 时，β_s 取4；

β_{hp}——受冲切承载力截面高度影响系数，当 $h \leqslant 800mm$ 时，取 $\beta_{hp} = 1.0$；当 $h \geqslant 2000mm$ 时，取 $\beta_{hp} = 0.9$，其间按线性内插法取值；

f_t——混凝土轴心抗拉强度设计值（kPa）；

c_1——与弯矩作用方向一致的冲切临界截面的边长（m），按本规范附录P计算；

c_2——垂直于 c_1 的冲切临界截面的边长（m），按本规范附录P计算；

α_s——不平衡弯矩通过冲切临界截面上的偏心剪力来传递的分配系数。

2 当柱荷载较大，等厚度筏板的受冲切承载力不能满足要求时，可在筏板上面增设柱墩或在筏板下局部增加板厚或采用抗冲切钢筋等措施满足受冲切承载能力要求。

8.4.8 平板式筏基内筒下的板厚应满足受冲切承载力的要求，并应符合下列规定：

1 受冲切承载力应按下式进行计算：

$$F_l/u_m h_0 \leqslant 0.7\beta_{hp} f_t/\eta \qquad (8.4.8)$$

式中：F_l——相应于作用的基本组合时，内筒所承受的轴力设计值减去内筒下筏板冲切破坏锥体内的基底净反力设计值（kN）；

u_m——距内筒外表面 $h_0/2$ 处冲切临界截面的周长（m）（图 8.4.8）；

h_0——距内筒外表面 $h_0/2$ 处筏板的截面有效高度（m）；

η——内筒冲切临界截面周长影响系数，取 1.25。

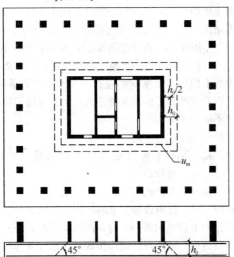

图 8.4.8 筏板受内筒冲切的临界截面位置

2 当需要考虑内筒根部弯矩的影响时，距内筒外表面 $h_0/2$ 处冲切临界截面的最大剪应力可按公式（8.4.7-1）计算，此时 $\tau_{max} \leqslant 0.7\beta_{hp} f_t/\eta$。

8.4.9 平板式筏基应验算距内筒和柱边缘 h_0 处截面的受剪承载力。当筏板变厚度时，尚应验算变厚度处筏板的受剪承载力。

8.4.10 平板式筏基受剪承载力应按式（8.4.10）验算，当筏板的厚度大于 2000mm 时，宜在板厚中间部位设置直径不小于 12mm、间距不大于 300mm 的双向钢筋网。

$$V_s \leqslant 0.7\beta_{hs} f_t b_w h_0 \qquad (8.4.10)$$

式中：V_s——相应于作用的基本组合时，基底净反力平均值产生的距内筒或柱边缘 h_0 处筏板单位宽度的剪力设计值（kN）；

b_w——筏板计算截面单位宽度（m）；

h_0——距内筒或柱边缘 h_0 处筏板的截面有效高度（m）。

8.4.11 梁板式筏基底板应计算正截面受弯承载力，其厚度尚应满足受冲切承载力、受剪切承载力的要求。

8.4.12 梁板式筏基底板受冲切、受剪切承载力计算应符合下列规定：

1 梁板式筏基底板受冲切承载力应按下式进行计算：

$$F_l \leqslant 0.7\beta_{hp} f_t u_m h_0 \qquad (8.4.12-1)$$

式中：F_l——作用的基本组合时，图 8.4.12-1 中阴影部分面积上的基底平均净反力设计值（kN）；

u_m——距基础梁边 $h_0/2$ 处冲切临界截面的周长（m）（图 8.4.12-1）。

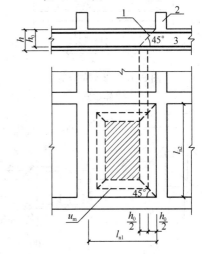

图 8.4.12-1 底板的冲切计算示意
1—冲切破坏锥体的斜截面；2—梁；3—底板

2 当底板区格为矩形双向板时，底板受冲切所需的厚度 h_0 应按式（8.4.12-2）进行计算，其底板厚度与最大双向板格的短边净跨之比不应小于 1/14，且板厚不应小于 400mm。

$$h_0 = \frac{(l_{n1} + l_{n2}) - \sqrt{(l_{n1} + l_{n2})^2 - \dfrac{4 p_n l_{n1} l_{n2}}{p_n + 0.7\beta_{hp} f_t}}}{4}$$

$$(8.4.12-2)$$

式中：l_{n1}、l_{n2}——计算板格的短边和长边的净长度（m）；

p_n——扣除底板及其上填土自重后，相应于作用的基本组合时的基底平均净反力设计值（kPa）。

3 梁板式筏基双向底板斜截面受剪承载力应按下式进行计算：

$$V_s \leqslant 0.7\beta_{hs} f_t (l_{n2} - 2h_0) h_0 \qquad (8.4.12-3)$$

式中：V_s——距梁边缘 h_0 处，作用在图 8.4.12-2 中阴影部分面积上的基底平均净反力产生的剪力设计值（kN）。

4 当底板板格为单向板时，其斜截面受剪承载力应按本规范第 8.2.10 条验算，其底板厚度不应小于 400mm。

8.4.13 地下室底层柱、剪力墙与梁板式筏基的基础梁连接的构造应符合下列规定：

1 柱、墙的边缘至基础梁边缘的距离不应小于 50mm（图 8.4.13）：

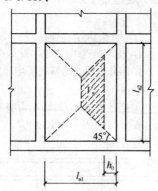

图 8.4.12-2 底板剪切
计算示意

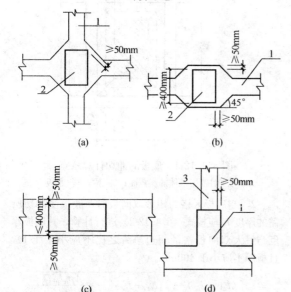

图 8.4.13 地下室底层柱或剪力墙与梁板式
筏基的基础梁连接的构造要求
1—基础梁；2—柱；3—墙

2 当交叉基础梁的宽度小于柱截面的边长时，交叉基础梁连接处应设置八字角，柱角与八字角之间的净距不宜小于 50mm（图 8.4.13a）；

3 单向基础梁与柱的连接，可按图 8.4.13b、c 采用；

4 基础梁与剪力墙的连接，可按图 8.4.13d 采用。

8.4.14 当地基土比较均匀、地基压缩层范围内无软弱土层或可液化土层、上部结构刚度较好，柱网和荷载较均匀、相邻柱荷载及柱间距的变化不超过 20%，且梁板式筏基梁的高跨比或平式筏基板的厚跨比不

小于 1/6 时，筏形基础可仅考虑局部弯曲作用。筏形基础的内力，可按基底反力直线分布进行计算，计算时基底反力应扣除底板自重及其上填土的自重。当不满足上述要求时，筏基内力可按弹性地基梁板方法进行分析计算。

8.4.15 按基底反力直线分布计算的梁板式筏基，其基础梁的内力可按连续梁分析，边跨跨中弯矩以及第一内支座的弯矩值宜乘以 1.2 的系数。梁板式筏基的底板和基础梁的配筋除满足计算要求外，纵横方向的底部钢筋尚应有不少于 1/3 贯通全跨，顶部钢筋按计算配筋全部连通，底板上下贯通钢筋的配筋率不应小于 0.15%。

8.4.16 按基底反力直线分布计算的平板式筏基，可按柱下板带和跨中板带分别进行内力分析。柱下板带中，柱宽及其两侧各 0.5 倍板厚且不大于 1/4 板跨的有效宽度范围内，其钢筋配置量不应小于柱下板带钢筋数量的一半，且应能承受部分不平衡弯矩 $\alpha_m M_{unb}$。M_{unb} 为作用在冲切临界截面重心上的不平衡弯矩，α_m 应按式（8.4.16）进行计算。平板式筏基柱下板带和跨中板带的底部支座钢筋应有不少于 1/3 贯通全跨，顶部钢筋应按计算配筋全部连通，上下贯通钢筋的配筋率不应小于 0.15%。

$$\alpha_m = 1 - \alpha_s \qquad (8.4.16)$$

式中：α_m——不平衡弯矩通过弯曲来传递的分配系数；

α_s——按公式（8.4.7-3）计算。

8.4.17 对有抗震设防要求的结构，当地下一层结构顶板作为上部结构嵌固端时，嵌固处的底层框架柱下端截面组合弯矩设计值应按现行国家标准《建筑抗震设计规范》GB 50011 的规定乘以与其抗震等级相对应的增大系数。当平板式筏形基础板作为上部结构的嵌固端、计算柱下板带截面组合弯矩设计值时，底层框架柱下端内力应考虑地震作用组合及相应的增大系数。

8.4.18 梁板式筏基基础梁和平板式筏基的顶面应满足底层柱下局部受压承载力的要求。对抗震设防烈度为 9 度的高层建筑，验算柱下基础梁、筏板局部受压承载力时，应计入竖向地震作用对柱轴力的影响。

8.4.19 筏板与地下室外墙的接缝、地下室外墙沿高度处的水平接缝应严格按施工缝要求施工，必要时可设通长止水带。

8.4.20 带裙房的高层建筑筏形基础应符合下列规定：

1 当高层建筑与相连的裙房之间设置沉降缝时，高层建筑的基础埋深应大于裙房基础的埋深至少 2m。地面以下沉降缝的缝隙应用粗砂填实（图 8.4.20a）。

2 当高层建筑与相连的裙房之间不设置沉降缝时，宜在裙房一侧设置用于控制沉降差的后浇带，当沉降实测值和计算确定的后期沉降差满足设计要求

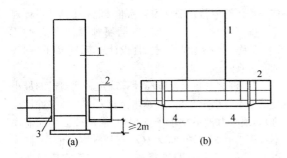

图 8.4.20 高层建筑与裙房间的沉降缝、
后浇带处理示意
1—高层建筑；2—裙房及地下室；3—室外地坪以下
用粗砂填实；4—后浇带

后，方可进行后浇带混凝土浇筑。当高层建筑基础面积满足地基承载力和变形要求时，后浇带宜设在与高层建筑相邻裙房的第一跨内。当需要满足高层建筑地基承载力、降低高层建筑沉降量、减小高层建筑与裙房间的沉降差而增大高层建筑基础面积时，后浇带可设在距主楼边柱的第二跨内，此时应满足以下条件：

1) 地基土质较均匀；

2) 裙房结构刚度较好且基础以上的地下室和裙房结构层数不少于两层；

3) 后浇带一侧与主楼连接的裙房基础底板厚度与高层建筑的基础底板厚度相同（图8.4.20b）。

3 当高层建筑与相连的裙房之间不设沉降缝和后浇带时，高层建筑及与其紧邻一跨裙房的筏板应采用相同厚度，裙房筏板的厚度宜从第二跨裙房开始逐渐变化，应同时满足主、裙楼基础整体性和基础板的变形要求；应进行地基变形和基础内力的验算，验算时应分析地基与结构间变形的相互影响，并采取有效措施防止产生有不利影响的差异沉降。

8.4.21 在同一大面积整体筏形基础上建有多幢高层和低层建筑时，筏板厚度和配筋宜按上部结构、基础与地基土共同作用的基础变形和基底反力计算确定。

8.4.22 带裙房的高层建筑下的整体筏形基础，其主楼下筏板的整体挠度值不宜大于 0.05%，主楼与相邻的裙房柱的差异沉降不应大于其跨度的 0.1%。

8.4.23 采用大面积整体筏形基础时，与主楼连接的外扩地下室其角隅处的楼板板角，除配置两个垂直方向的上部钢筋外，尚应布置斜向上部构造钢筋，钢筋直径不应小于 10mm、间距不应大于 200mm，该钢筋伸入板内的长度不宜小于 1/4 的短边跨度；与基础整体弯曲方向一致的垂直于外墙的楼板上部钢筋以及主裙楼交界处的楼板上部钢筋，钢筋直径不应小于 10mm、间距不应大于 200mm，且钢筋的面积不应小于现行国家标准《混凝土结构设计规范》GB 50010 中受弯构件的最小配筋率，钢筋的锚固长度不应小于 30d。

8.4.24 筏形基础地下室施工完毕后，应及时进行基坑回填工作。填土应按设计要求选料，回填时应先清除基坑中的杂物，在相对的两侧或四周同时回填并分层夯实，回填土的压实系数不应小于 0.94。

8.4.25 采用筏形基础带地下室的高层和低层建筑、地下室四周外墙与土层紧密接触且土层为非松散填土、松散粉细砂土、软塑流塑黏性土，上部结构为框架、框剪或框架一核心筒结构，当地下一层结构顶板作为上部结构嵌固部位时，应符合下列规定：

1 地下一层的结构侧向刚度大于或等于与其相连的上部结构底层楼层侧向刚度的 1.5 倍。

2 地下一层结构顶板应采用梁板式楼盖，板厚不应小于 180mm，其混凝土强度等级不宜小于 C30；楼面应采用双层双向配筋，且每层每个方向的配筋率不宜小于 0.25%。

3 地下室外墙和内墙边缘的板面不应有大洞口，以保证将上部结构的地震作用或水平力传递到地下室抗侧力构件中。

4 当地下室内、外墙与主体结构墙体之间的距离符合表 8.4.25 的要求时，该范围内的地下室内、外墙可计入地下一层的结构侧向刚度，但此范围内的侧向刚度不能重叠使用于相邻建筑。当不符合上述要求时，建筑物的嵌固部位可设在筏形基础的顶面，此时宜考虑基侧土和基底土对地下室的抗力。

表 8.4.25 地下室墙与主体结构墙之间的最大间距 d

抗震设防烈度 7 度、8 度	抗震设防烈度 9 度
$d \leqslant 30m$	$d \leqslant 20m$

8.4.26 地下室的抗震等级、构件的截面设计以及抗震构造措施应符合现行国家标准《建筑抗震设计规范》GB 50011 的有关规定。剪力墙底部加强部位的高度应从地下室顶板算起；当结构嵌固在基础顶面时，剪力墙底部加强部位的范围尚应延伸至基础顶面。

8.5 桩 基 础

8.5.1 本节包括混凝土预制桩和混凝土灌注桩低桩承台基础。竖向受压桩按桩身竖向受力情况可分为摩擦型桩和端承型桩。摩擦型桩的桩顶竖向荷载主要由桩侧阻力承受；端承型桩的桩顶竖向荷载主要由桩端阻力承受。

8.5.2 桩基设计应符合下列规定：

1 所有桩基均应进行承载力和桩身强度计算。对预制桩，尚应进行运输、吊装和锤击等过程中的强度和抗裂验算。

2 桩基础沉降验算应符合本规范第 8.5.15 条的规定。

3 桩基础的抗震承载力验算应符合现行国家标准《建筑抗震设计规范》GB 50011 的有关规定。

4 桩基宜选用中、低压缩性土层作桩端持力层。

5 同一结构单元内的桩基，不宜选用压缩性差异较大的土层作桩端持力层，不宜采用部分摩擦桩和部分端承桩。

6 由于欠固结软土、湿陷性土和场地填土的固结，场地大面积堆载、降低地下水位等原因，引起桩周土的沉降大于桩的沉降时，应考虑桩侧负摩擦力对桩基承载力和沉降的影响。

7 对位于坡地、岸边的桩基，应进行桩基的整体稳定验算。桩基应与边坡工程统一规划，同步设计。

8 岩溶地区的桩基，当岩溶上覆土层的稳定性有保证，且桩端持力层承载力及厚度满足要求，可利用上覆土层作为桩端持力层。当必须采用嵌岩桩时，应对岩溶进行施工勘察。

9 应考虑桩基施工中挤土效应对桩基及周边环境的影响；在深厚饱和软土中不宜采用大片密集有挤土效应的桩基。

10 应考虑深基坑开挖中，坑底土回弹隆起对桩身受力及桩承载力的影响。

11 桩基设计时，应结合地区经验考虑桩、土、承台的共同工作。

12 在承台及地下室周围的回填中，应满足填土密实度要求。

8.5.3 桩和桩基的构造，应符合下列规定：

1 摩擦型桩的中心距不宜小于桩身直径的 3 倍；扩底灌注桩的中心距不宜小于扩底直径的 1.5 倍，当扩底直径大于 2m 时，桩端净距不宜小于 1m。在确定桩距时尚应考虑施工工艺中挤土等效应对邻近桩的影响。

2 扩底灌注桩的扩底直径，不应大于桩身直径的 3 倍。

3 桩底进入持力层的深度，宜为桩身直径的 1 倍～3 倍。在确定桩底进入持力层深度时，尚应考虑特殊土、岩溶以及震陷液化等影响。嵌岩灌注桩桩周边嵌入完整和较完整的未风化、微风化、中风化硬质岩体的最小深度，不宜小于 0.5m。

4 布置桩位时宜使桩基承载力合力点与竖向永久荷载合力作用点重合。

5 设计使用年限不少于 50 年时，非腐蚀环境中预制桩的混凝土强度等级不应低于 C30，预应力桩不应低于 C40，灌注桩的混凝土强度等级不应低于 C25；二 b 类环境及三类及四类、五类微腐蚀环境中不应低于 C30；在腐蚀环境中的桩，桩身混凝土的强度等级应符合现行国家标准《混凝土结构设计规范》GB 50010 的有关规定。设计使用年限不少于 100 年的桩，桩身混凝土的强度等级宜适当提高。水下灌注混凝土的桩身混凝土强度等级不宜高于 C40。

6 桩身混凝土的材料、最小水泥用量、水灰比、抗渗等级等应符合现行国家标准《混凝土结构设计规范》GB 50010、《工业建筑防腐蚀设计规范》GB 50046 及《混凝土结构耐久性设计规范》GB/T 50476 的有关规定。

7 桩的主筋配置应经计算确定。预制桩的最小配筋率不宜小于 0.8%（锤击沉桩）、0.6%（静压沉桩），预应力桩不宜小于 0.5%；灌注桩最小配筋率不宜小于 0.2%～0.65%（小直径桩取大值）。桩顶以下 3 倍～5 倍桩身直径范围内，箍筋宜适当加密。

8 桩身纵向钢筋配筋长度应符合下列规定：

1）受水平荷载和弯矩较大的桩，配筋长度应通过计算确定；

2）桩基承台下存在淤泥、淤泥质土或液化土层时，配筋长度应穿过淤泥、淤泥质土层或液化土层；

3）坡地岸边的桩、8 度及 8 度以上地震区的桩、抗拔桩、嵌岩端承桩应通长配筋；

4）钻孔灌注桩构造钢筋的长度不宜小于桩长的 2/3；桩施工在基坑开挖前完成时，其钢筋长度不宜小于基坑深度的 1.5 倍。

9 桩身配筋可根据计算结果及施工工艺要求，可沿桩身纵向不均匀配筋。腐蚀环境中的灌注桩主筋直径不宜小于 16mm，非腐蚀性环境中灌注桩主筋直径不应小于 12mm。

10 桩顶嵌入承台内的长度不应小于 50mm。主筋伸入承台内的锚固长度不应小于钢筋直径（HPB235）的 30 倍和钢筋直径（HRB335 和 HRB400）的 35 倍。对于大直径灌注桩，当采用一柱一桩时，可设置承台或将桩和柱直接连接。桩和柱的连接可按本规范第 8.2.5 条高杯口基础的要求选择截面尺寸和配筋，柱纵筋插入桩身的长度应满足锚固长度的要求。

11 灌注桩主筋混凝土保护层厚度不应小于 50mm；预制桩不应小于 45mm，预应力管桩不应小于 35mm；腐蚀环境中的灌注桩不应小于 55mm。

8.5.4 群桩中单桩桩顶竖向力应按下列公式进行计算：

1 轴心竖向力作用下：

$$Q_k = \frac{F_k + G_k}{n} \qquad (8.5.4-1)$$

式中：F_k——相应于作用的标准组合时，作用于桩基承台顶面的竖向力（kN）；

G_k——桩基承台自重及承台上土自重标准值（kN）；

Q_k——相应于作用的标准组合时，轴心竖向力作用下任一单桩的竖向力（kN）；

n——桩基中的桩数。

2 偏心竖向力作用下：

$$Q_{ik} = \frac{F_k + G_k}{n} \pm \frac{M_{xk} y_i}{\sum y_i^2} \pm \frac{M_{yk} x_i}{\sum x_i^2} \quad (8.5.4-2)$$

式中：Q_{ik}——相应于作用的标准组合时，偏心竖向力作用下第 i 根桩的竖向力（kN）；

M_{xk}、M_{yk}——相应于作用的标准组合时，作用于承台底面通过桩群形心的 x、y 轴的力矩（kN·m）；

x_i、y_i——第 i 根桩至桩群形心的 y、x 轴线的距离（m）。

3 水平力作用下：

$$H_{ik} = \frac{H_k}{n} \quad (8.5.4-3)$$

式中：H_k——相应于作用的标准组合时，作用于承台底面的水平力（kN）；

H_{ik}——相应于作用的标准组合时，作用于任一单桩的水平力（kN）。

8.5.5 单桩承载力计算应符合下列规定：

1 轴心竖向力作用下：

$$Q_k \leqslant R_a \quad (8.5.5-1)$$

式中：R_a——单桩竖向承载力特征值（kN）。

2 偏心竖向力作用下，除满足公式（8.5.5-1）外，尚应满足下列要求：

$$Q_{ik max} \leqslant 1.2 R_a \quad (8.5.5-2)$$

3 水平荷载作用下：

$$H_{ik} \leqslant R_{Ha} \quad (8.5.5-3)$$

式中：R_{Ha}——单桩水平承载力特征值（kN）。

8.5.6 单桩竖向承载力特征值的确定应符合下列规定：

1 单桩竖向承载力特征值应通过单桩竖向静载荷试验确定。在同一条件下的试桩数量，不宜少于总桩数的 1% 且不应少于 3 根。单桩的静载荷试验，应按本规范附录 Q 进行。

2 当桩端持力层为密实砂卵石或其他承载力类似的土层时，对单桩竖向承载力很高的大直径端承型桩，可采用深层平板载荷试验确定桩端土的承载力特征值，试验方法应符合本规范附录 D 的规定。

3 地基基础设计等级为丙级的建筑物，可采用静力触探及标贯试验参数结合工程经验确定单桩竖向承载力特征值。

4 初步设计时单桩竖向承载力特征值可按下式进行估算：

$$R_a = q_{pa} A_p + u_p \sum q_{sia} l_i \quad (8.5.6-1)$$

式中：A_p——桩底端横截面面积（m²）；

q_{pa}、q_{sia}——桩端阻力特征值、桩侧阻力特征值（kPa），由当地静载荷试验结果统计分析算得；

u_p——桩身周边长度（m）；

l_i——第 i 层岩土的厚度（m）。

5 桩端嵌入完整及较完整的硬质岩中，当桩长较短且入岩较浅时，可按下式估算单桩竖向承载力特征值：

$$R_a = q_{pa} A_p \quad (8.5.6-2)$$

式中：q_{pa}——桩端岩石承载力特征值（kN）。

6 嵌岩灌注桩桩端以下 3 倍桩径且不小于 5m 范围内应无软弱夹层、断裂破碎带和洞穴分布，且在桩底应力扩散范围内应无岩体临空面。当桩端无沉渣时，桩端岩石承载力特征值应根据岩石饱和单轴抗压强度标准值按本规范第 5.2.6 条确定，或按本规范附录 H 用岩石地基载荷试验确定。

8.5.7 当作用于桩基上的外力主要为水平力或高层建筑承台下为软弱土层、液化土层时，应根据使用要求对桩顶变位的限制，对桩基的水平承载力进行验算。当外力作用面的桩距较大时，桩基的水平承载力可视为各单桩水平承载力的总和。当承台侧面的土未经扰动或回填密实时，可计算土抗力的作用。当水平推力较大时，宜设置斜桩。

8.5.8 单桩水平承载力特征值应通过现场水平载荷试验确定。必要时可进行带承台桩的载荷试验。单桩水平载荷试验，应按本规范附录 S 进行。

8.5.9 当桩基承受拔力时，应对桩基进行抗拔验算。单桩抗拔承载力特征值应通过单桩竖向抗拔载荷试验确定，并应加载至破坏。单桩竖向抗拔载荷试验，应按本规范附录 T 进行。

8.5.10 桩身混凝土强度应满足桩的承载力设计要求。

8.5.11 按桩身混凝土强度计算桩的承载力时，应按桩的类型和成桩工艺的不同将混凝土的轴心抗压强度设计值乘以工作条件系数 φ_c，桩轴心受压时桩身强度应符合式（8.5.11）的规定。当桩顶以下 5 倍桩身直径范围内螺旋式箍筋间距不大于 100mm 且钢筋耐久性得到保证的灌注桩，可适当计入桩身纵向钢筋的抗压作用。

$$Q \leqslant A_p f_c \varphi_c \quad (8.5.11)$$

式中：f_c——混凝土轴心抗压强度设计值（kPa），按现行国家标准《混凝土结构设计规范》GB 50010 取值；

Q——相应于作用的基本组合时的单桩竖向力设计值（kN）；

A_p——桩身横截面面积（m²）；

φ_c——工作条件系数，非预应力预制桩取 0.75，预应力桩取 0.55～0.65，灌注桩取 0.6～0.8（水下灌注桩、长桩或混凝土强度等级高于 C35 时用低值）。

8.5.12 非腐蚀环境中的抗拔桩应根据环境类别控制裂缝宽度满足设计要求，预应力混凝土管桩应按桩身裂缝控制等级为二级的要求进行桩身混凝土抗裂验算。腐蚀环境中的抗拔桩和受水平力或弯矩较大的桩应进行桩身混凝土抗裂验算，裂缝控制等级应为二级；预应力混凝土管桩裂缝控制等级应为一级。

8.5.13 桩基沉降计算应符合下列规定：

  1 对以下建筑物的桩基应进行沉降验算：

   1） 地基基础设计等级为甲级的建筑物桩基；

   2） 体形复杂、荷载不均匀或桩端以下存在软弱土层的设计等级为乙级的建筑物桩基；

   3） 摩擦型桩基。

  2 桩基沉降不得超过建筑物的沉降允许值，并应符合本规范表 5.3.4 的规定。

8.5.14 嵌岩桩、设计等级为丙级的建筑物桩基、对沉降无特殊要求的条形基础下不超过两排桩的桩基、吊车工作级别 A5 及 A5 以下的单层工业厂房且桩端下为密实土层的桩基，可不进行沉降验算。当有可靠地区经验时，对地质条件不复杂、荷载均匀、对沉降无特殊要求的端承型桩基也可不进行沉降验算。

8.5.15 计算桩基沉降时，最终沉降量宜按单向压缩分层总和法计算。地基内的应力分布宜采用各向同性均质线性变形体理论，按实体深基础方法或明德林应力公式方法进行计算，计算按本规范附录 R 进行。

8.5.16 以控制沉降为目的设置桩基时，应结合地区经验，并满足下列要求：

  1 桩身强度应按桩顶荷载设计值验算；

  2 桩、土荷载分配应按上部结构与地基共同作用分析确定；

  3 桩端进入较好的土层，桩端平面处土层应满足下卧层承载力设计要求；

  4 桩距可采用 4 倍～6 倍桩身直径。

8.5.17 桩基承台的构造，除满足受冲切、受剪切、受弯承载力和上部结构的要求外，尚应符合下列要求：

  1 承台的宽度不应小于 500mm。边桩中心至承台边缘的距离不宜小于桩的直径或边长，且桩的外边缘至承台边缘的距离不小于 150mm。对于条形承台梁，桩的外边缘至承台梁边缘的距离不小于 75mm。

  2 承台的最小厚度不应小于 300mm。

  3 承台的配筋，对于矩形承台，其钢筋应按双向均匀通长布置（图 8.5.17a），钢筋直径不宜小于 10mm，间距不宜大于 200mm；对于三桩承台，钢筋应按三向板带均匀布置，且最里面的三根钢筋围成的三角形应在柱截面范围内（图 8.5.17b）。承台梁的主筋除满足计算要求外，尚应符合现行国家标准《混凝土结构设计规范》GB 50010 关于最小配筋率的规定，主筋直径不宜小于 12mm，架立筋不宜小于 10mm，箍筋直径不宜小于 6mm（图 8.5.17c）；柱下独立桩基承台的最小配筋率不应小于 0.15%。钢筋锚固长度自边桩内侧（当为圆桩时，应将其直径乘以 0.886 等效为方桩）算起，锚固长度不应小于 35 倍钢筋直径，当不满足时应将钢筋向上弯折，此时钢筋水平段的长度不应小于 25 倍钢筋直径，弯折段的长

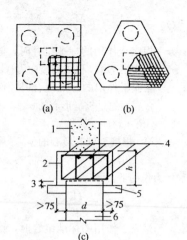

图 8.5.17 承台配筋

1—墙；2—箍筋直径≥6mm；3—桩顶入承台≥50mm；4—承台梁内主筋除须按计算配筋外尚应满足最小配筋率；5—垫层 100mm 厚 C10 混凝土

度不应小于 10 倍钢筋直径。

  4 承台混凝土强度等级不应低于 C20；纵向钢筋的混凝土保护层厚度不应小于 70mm，当有混凝土垫层时，不应小于 50mm；且不应小于桩头嵌入承台内的长度。

8.5.18 柱下桩基承台的弯矩可按以下简化计算方法确定：

  1 多桩矩形承台计算截面取在柱边和承台高度变化处（杯口外侧或台阶边缘，图 8.5.18a）：

$$M_x = \sum N_i y_i \tag{8.5.18-1}$$
$$M_y = \sum N_i x_i \tag{8.5.18-2}$$

式中：M_x、M_y——分别为垂直 y 轴和 x 轴方向计算截面处的弯矩设计值（kN·m）；

   x_i、y_i——垂直 y 轴和 x 轴方向自桩轴线到相应计算截面的距离（m）；

   N_i——扣除承台和其上填土自重后相应于作用的基本组合时的第 i 桩竖向力设计值（kN）。

  2 三桩承台

  1） 等边三桩承台（图 8.5.18b）。

$$M = \frac{N_{max}}{3}\left(s - \frac{\sqrt{3}}{4}c\right) \tag{8.5.18-3}$$

式中：M——由承台形心至承台边缘距离范围内板带的弯矩设计值（kN·m）；

   N_{max}——扣除承台和其上填土自重后的三桩中相应于作用的基本组合时的最大单桩竖向力设计值（kN）；

   s——桩距（m）；

   c——方柱边长（m），圆柱时 $c = 0.886d$（d 为圆柱直径）。

  2） 等腰三桩承台（图 8.5.18c）。

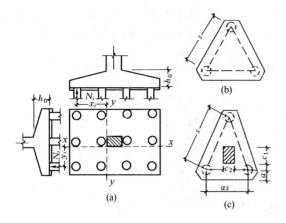

图 8.5.18 承台弯矩计算

$$M_1 = \frac{N_{max}}{3}\left(s - \frac{0.75}{\sqrt{4-\alpha^2}}c_1\right) \quad (8.5.18\text{-}4)$$

$$M_2 = \frac{N_{max}}{3}\left(\alpha s - \frac{0.75}{\sqrt{4-\alpha^2}}c_2\right) \quad (8.5.18\text{-}5)$$

式中：M_1、M_2——分别为由承台形心到承台两腰和底边的距离范围内板带的弯矩设计值（kN·m）；

$\quad\quad s$——长向桩距（m）；

$\quad\quad \alpha$——短向桩距与长向桩距之比，当 α 小于 0.5 时，应按变截面的二桩承台设计；

$\quad\quad c_1$、c_2——分别为垂直于、平行于承台底边的柱截面边长（m）。

8.5.19 柱下桩基础独立承台受冲切承载力的计算，应符合下列规定：

1 柱对承台的冲切，可按下列公式计算（图 8.5.19-1）：

$$F_l \leqslant 2\left[\alpha_{ox}(b_c + a_{oy}) + \alpha_{oy}(h_c + a_{ox})\right]\beta_{hp}f_t h_0 \quad (8.5.19\text{-}1)$$

$$F_l = F - \Sigma N_i \quad (8.5.19\text{-}2)$$

$$\alpha_{ox} = 0.84/(\lambda_{ox} + 0.2) \quad (8.5.19\text{-}3)$$

$$\alpha_{oy} = 0.84/(\lambda_{oy} + 0.2) \quad (8.5.19\text{-}4)$$

式中：F_l——扣除承台及其上填土自重，作用在冲切破坏锥体上相应于作用的基本组合时的冲切力设计值（kN），冲切破坏锥体应采用自柱边或承台变阶处至相应桩顶边缘连线构成的锥体，锥体与承台底面的夹角不小于 45°（图 8.5.19-1）；

$\quad\quad h_0$——冲切破坏锥体的有效高度（m）；

$\quad\quad \beta_{hp}$——受冲切承载力截面高度影响系数，其值按本规范第 8.2.8 条的规定取用；

$\quad\quad \alpha_{ox}$、α_{oy}——冲切系数；

$\quad\quad \lambda_{ox}$、λ_{oy}——冲跨比，$\lambda_{ox} = a_{ox}/h_0$、$\lambda_{oy} = a_{oy}/h_0$，$a_{ox}$、$a_{oy}$ 为柱边或变阶处至桩边的水平距离；当 $a_{ox}(a_{oy})<0.25h_0$ 时，$a_{ox}(a_{oy})$

$=0.25h_0$；当 $a_{ox}(a_{oy})>h_0$ 时，$a_{ox}(a_{oy})$ $=h_0$；

$\quad\quad F$——柱根部轴力设计值（kN）；

$\quad\quad \Sigma N_i$——冲切破坏锥体范围内各桩的净反力设计值之和（kN）。

对中低压缩性土上的承台，当承台与地基土之间没有脱空现象时，可根据地区经验适当减小柱下桩基础独立承台受冲切计算的承台厚度。

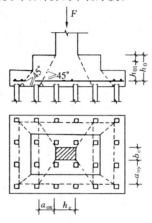

图 8.5.19-1 柱对承台冲切

2 角桩对承台的冲切，可按下列公式计算：

1）多桩矩形承台受角桩冲切的承载力应按下列公式计算（图 8.5.19-2）：

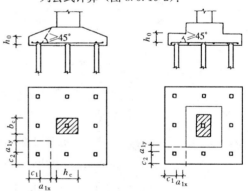

图 8.5.19-2 矩形承台角桩冲切验算

$$N_l \leqslant \left[\alpha_{1x}\left(c_2 + \frac{a_{1y}}{2}\right) + \alpha_{1y}\left(c_1 + \frac{a_{1x}}{2}\right)\right]\beta_{hp}f_t h_0 \quad (8.5.19\text{-}5)$$

$$\alpha_{1x} = \frac{0.56}{\lambda_{1x} + 0.2} \quad (8.5.19\text{-}6)$$

$$\alpha_{1y} = \frac{0.56}{\lambda_{1y} + 0.2} \quad (8.5.19\text{-}7)$$

式中：N_l——扣除承台和其上填土自重后的角桩桩顶相应于作用的基本组合时的竖向力设计值（kN）；

$\quad\quad \alpha_{1x}$、α_{1y}——角桩冲切系数；

$\quad\quad \lambda_{1x}$、λ_{1y}——角桩冲跨比，其值满足 0.25～1.0，λ_{1x} $= a_{1x}/h_0$，$\lambda_{1y} = a_{1y}/h_0$；

c_1、c_2——从角桩内边缘至承台外边缘的距离（m）；

a_{1x}、a_{1y}——从承台底角桩内边缘引45°冲切线与承台顶面或承台变阶处相交点至角桩内边缘的水平距离（m）；

h_0——承台外边缘的有效高度（m）。

2）三桩三角形承台受角桩冲切的承载力可按下列公式计算（图8.5.19-3）。对圆柱及圆桩，计算时可将圆形截面换算成正方形截面。

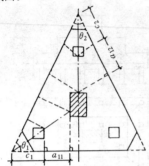

图 8.5.19-3　三角形承台角桩冲切验算

底部角桩

$$N_l \leqslant \alpha_{11}(2c_1 + a_{11})\tan\frac{\theta_1}{2}\beta_{hp}f_t h_0$$

$$(8.5.19-8)$$

$$\alpha_{11} = \frac{0.56}{\lambda_{11} + 0.2}$$

$$(8.5.19-9)$$

顶部角桩

$$N_l \leqslant \alpha_{12}(2c_2 + a_{12})\tan\frac{\theta_2}{2}\beta_{hp}f_t h_0$$

$$(8.5.19-10)$$

$$\alpha_{12} = \frac{0.56}{\lambda_{12} + 0.2}$$

$$(8.5.19-11)$$

式中：λ_{11}、λ_{12}——角桩冲跨比，其值满足0.25～1.0，$\lambda_{11} = \frac{a_{11}}{h_0}$，$\lambda_{12} = \frac{a_{12}}{h_0}$；

a_{11}、a_{12}——从承台底角桩内边缘向相邻承台边引45°冲切线与承台顶面相交点至角桩内边缘的水平距离（m）；当柱位于该45°线以内时则取柱边与桩内边缘连线为冲切锥体的锥线。

8.5.20　柱下桩基础独立承台应分别对柱边和桩边、变阶处和桩边连线形成的斜截面进行受剪计算。当柱边外有多排桩形成多个剪切斜截面时，尚应对每个斜截面进行验算。

8.5.21　柱下桩基独立承台斜截面受剪承载力可按下列公式进行计算（图8.5.21）：

$$V \leqslant \beta_{hs}\beta f_t b_0 h_0$$

$$(8.5.21-1)$$

$$\beta = \frac{1.75}{\lambda + 1.0}$$

$$(8.5.21-2)$$

式中：V——扣除承台及其上填土自重后相应于作用的基本组合时的斜截面的最大剪力设计值（kN）；

b_0——承台计算截面处的计算宽度（m）；阶梯形承台变阶处的计算宽度、锥形承台的计算宽度应按本规范附录U确定；

h_0——计算宽度处的承台有效高度（m）；

β——剪切系数；

β_{hs}——受剪切承载力截面高度影响系数，按公式（8.2.9-2）计算；

λ——计算截面的剪跨比，$\lambda_x = \frac{a_x}{h_0}$，$\lambda_y = \frac{a_y}{h_0}$；

a_x、a_y 为柱边或承台变阶处至x、y方向计算一排桩的桩边的水平距离，当$\lambda < 0.25$时，取$\lambda = 0.25$；当$\lambda > 3$时，取$\lambda = 3$。

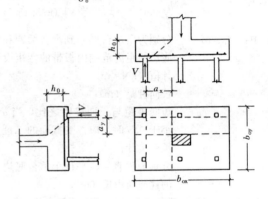

图 8.5.21　承台斜截面受剪计算

8.5.22　当承台的混凝土强度等级低于柱或桩的混凝土强度等级时，尚应验算柱下或桩上承台的局部受压承载力。

8.5.23　承台之间的连接应符合下列要求：

1　单桩承台，应在两个互相垂直的方向上设置连系梁。

2　两桩承台，应在其短向设置连系梁。

3　有抗震要求的柱下独立承台，宜在两个主轴方向设置连系梁。

4　连系梁顶面宜与承台位于同一标高。连系梁的宽度不应小于250mm，梁的高度可取承台中心距的1/10～1/15，且不小于400mm。

5　连系梁的主筋应按计算要求确定。连系梁内上下纵向钢筋直径不应小于12mm且不应少于2根，并应按受拉要求锚入承台。

8.6　岩石锚杆基础

8.6.1　岩石锚杆基础适用于直接建在基岩上的柱基，以及承受拉力或水平力较大的建筑物基础。锚杆基础应与基岩连成整体，并应符合下列要求：

1　锚杆孔直径，宜取锚杆筋体直径的3倍，但不应小于一倍锚杆筋体直径加 50mm。锚杆基础的构造要求，可按图 8.6.1 采用。

2 锚杆筋体插入上部结构的长度，应符合钢筋的锚固长度要求。

3 锚杆筋体宜采用热轧带肋钢筋，水泥砂浆强度不宜低于 30MPa，细石混凝土强度不宜低于 C30。灌浆前，应将锚杆孔清理干净。

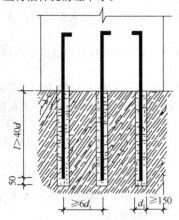

图 8.6.1 锚杆基础
d_1—锚杆直径；l—锚杆的有效
锚固长度；d—锚杆筋体直径

8.6.2 锚杆基础中单根锚杆所承受的拔力，应按下列公式验算：

$$N_{ti} = \frac{F_k + G_k}{n} - \frac{M_{xk} y_i}{\sum y_i^2} - \frac{M_{yk} x_i}{\sum x_i^2} \quad (8.6.2-1)$$

$$N_{tmax} \leqslant R_t \quad (8.6.2-2)$$

式中：F_k——相应于作用的标准组合时，作用在基础顶面上的竖向力（kN）；

G_k——基础自重及其上的土自重（kN）；

M_{xk}、M_{yk}——按作用的标准组合计算作用在基础底面形心的力矩值（kN·m）；

x_i、y_i——第 i 根锚杆至基础底面形心的 y、x 轴线的距离（m）；

N_{ti}——相应于作用的标准组合时，第 i 根锚杆所承受的拔力值（kN）；

R_t——单根锚杆抗拔承载力特征值（kN）。

8.6.3 对设计等级为甲级的建筑物，单根锚杆抗拔承载力特征值 R_t 应通过现场试验确定；对于其他建筑物应符合下式规定：

$$R_t \leqslant 0.8\pi d_1 l f \quad (8.6.3)$$

式中：f——砂浆与岩石间的粘结强度特征值（kPa），可按本规范表 6.8.6 选用。

9 基 坑 工 程

9.1 一 般 规 定

9.1.1 岩、土质场地建（构）筑物的基坑开挖与支护，包括桩式和墙式支护、岩层或土层锚杆以及采用逆作法施工的基坑工程应符合本章的规定。

9.1.2 基坑支护设计应确保岩土开挖、地下结构施工的安全，并应确保周围环境不受损害。

9.1.3 基坑工程设计应包括下列内容：

1 支护结构体系的方案和技术经济比较；

2 基坑支护体系的稳定性验算；

3 支护结构的承载力、稳定和变形计算；

4 地下水控制设计；

5 对周边环境影响的控制设计；

6 基坑土方开挖方案；

7 基坑工程的监测要求。

9.1.4 基坑工程设计安全等级、结构设计使用年限、结构重要性系数，应根据基坑工程的设计、施工及使用条件按有关规范的规定采用。

9.1.5 基坑支护结构设计应符合下列规定：

1 所有支护结构设计均应满足强度和变形计算以及土体稳定性验算的要求；

2 设计等级为甲级、乙级的基坑工程，应进行因土方开挖、降水引起的基坑内外土体的变形计算；

3 高地下水位地区设计等级为甲级的基坑工程，应按本规范第 9.9 节的规定进行地下水控制的专项设计。

9.1.6 基坑工程设计采用的土的强度指标，应符合下列规定：

1 对淤泥及淤泥质土，应采用三轴不固结不排水抗剪强度指标；

2 对正常固结的饱和黏性土应采用在土的有效自重应力下预固结的三轴不固结不排水抗剪强度指标；当施工挖土速度较慢，排水条件好，土体有条件固结时，可采用三轴固结不排水抗剪强度指标；

3 对砂类土，采用有效应力强度指标；

4 验算软黏土隆起稳定性时，可采用十字板剪切强度或三轴不固结不排水抗剪强度指标；

5 灵敏度较高的土，基坑邻近有交通频繁的主干道或其他对土的扰动源时，计算采用土的强度指标宜适当进行折减；

6 应考虑打桩、地基处理的挤土效应等施工扰动原因造成对土强度指标降低的不利影响。

9.1.7 因支护结构变形、岩土开挖及地下水条件变化引起的基坑内外土体变形应符合下列规定：

1 不得影响地下结构尺寸、形状和正常施工；

2 不得影响既有桩基的正常使用；

3 对周围已有建、构筑物引起的地基变形不得超过地基变形允许值；

4 不得影响周边地下建（构）筑物、地下轨道交通设施及管线的正常使用。

9.1.8 基坑工程设计应具备以下资料：

1 岩土工程勘察报告；

2 建筑物总平面图、用地红线图；

3 建筑物地下结构设计资料，以及桩基础或地基处理设计资料；

4 基坑环境调查报告，包括基坑周边建（构）筑物、地下管线、地下设施及地下交通工程等的相关资料。

9.1.9 基坑土方开挖应严格按设计要求进行，不得超挖。基坑周边堆载不得超过设计规定。土方开挖完成后应立即施工垫层，对基坑进行封闭，防止水浸和暴露，并应及时进行地下结构施工。

9.2 基坑工程勘察与环境调查

9.2.1 基坑工程勘察宜在开挖边界外开挖深度的 1 倍～2 倍范围内布置勘探点。勘察深度应满足基坑支护稳定性验算、降水或止水帷幕设计的要求。当基坑开挖边界外无法布置勘察点时，应通过调查取得相关资料。

9.2.2 应查明场区水文地质资料及与降水有关的参数，并应包括下列内容：

1 地下水的类型、地下水位高程及变化幅度；

2 各含水层的水力联系、补给、径流条件及土层的渗透系数；

3 分析流砂、管涌产生的可能性；

4 提出施工降水或隔水措施以及评估地下水位变化对场区环境造成的影响。

9.2.3 当场地水文地质条件复杂，应进行现场抽水试验，并进行水文地质勘察。

9.2.4 严寒地区的大型越冬基坑应评价各土层的冻胀性，并应对特殊土受开挖、振动影响以及失水、浸水影响引起的土的特性参数变化进行评估。

9.2.5 岩体基坑工程勘察除查明基坑周围的岩层分布、风化程度、岩石破碎情况和各岩层物理力学性质外，还应查明岩体主要结构面的类型、产状、延展情况、闭合程度、填充情况、力学性质等，特别是外倾结构面的抗剪强度以及地下水情况，并评估岩体滑动、岩块崩塌的可能性。

9.2.6 需对基坑工程周边进行环境调查时，调查的范围和内容应符合下列规定：

1 应调查基坑周边 2 倍开挖深度范围内建（构）筑物及设施的状况，当附近有轨道交通设施、隧道、防汛墙等重要建（构）筑物及设施时，或降水深度较大时应扩大调查范围。

2 环境调查应包括下列内容：

1）建（构）筑物的结构形式、材料强度、基础形式与埋深、沉降与倾斜及保护要求等；

2）地下交通工程、管线设施等的平面位置、埋深、结构形式、材料强度、断面尺寸、运营情况及保护要求等。

9.3 土压力与水压力

9.3.1 支护结构的作用效应包括下列各项：

1 土压力；

2 静水压力、渗流压力；

3 基坑开挖影响范围以内的建（构）筑物荷载、地面超载、施工荷载及邻近场地施工的影响；

4 温度变化及冻胀对支护结构产生的内力和变形；

5 临水支护结构尚应考虑波浪作用和水流退落时的渗流力；

6 作为永久结构使用时建筑物的相关荷载作用；

7 基坑周边主干道交通运输产生的荷载作用。

9.3.2 主动土压力、被动土压力可采用库仑或朗肯土压力理论计算。当对支护结构水平位移有严格限制时，应采用静止土压力计算。

9.3.3 作用于支护结构的土压力和水压力，对砂性土宜按水土分算计算；对黏性土宜按水土合算计算；也可按地区经验确定。

9.3.4 基坑工程采用止水帷幕并插入坑底下部相对不透水层时，基坑内外的水压力，可按静水压力计算。

9.3.5 当按变形控制原则设计支护结构时，作用在支护结构的计算土压力可按支护结构与土体的相互作用原理确定，也可按地区经验确定。

9.4 设 计 计 算

9.4.1 基坑支护结构设计时，作用的效应设计值应符合下列规定：

1 基本组合的效应设计值可采用简化规则，应按下式进行计算：

$$S_d = 1.25 S_k \qquad (9.4.1-1)$$

式中：S_d——基本组合的效应设计值；

S_k——标准组合的效应设计值。

2 对于轴向受力为主的构件，S_d 简化计算可按下式进行：

$$S_d = 1.35 S_k \qquad (9.4.1-2)$$

9.4.2 支护结构的入土深度应满足基坑支护结构稳定性及变形验算的要求，并结合地区工程经验综合确定。有地下水渗流作用时，应满足抗渗流稳定的验算，并宜插入坑底下部不透水层一定深度。

9.4.3 桩、墙式支护结构设计计算应符合下列规定：

1 桩、墙式支护可为柱列式排桩、板桩、地下连续墙、型钢水泥土墙等独立支护或与内支撑、锚杆组合形成的支护体系，适用于施工场地狭窄、地质条件差、基坑较深或需要严格控制支护结构或基坑周边环境地基变形时的基坑工程。

2 桩、墙式支护结构的设计应包括下列内容：

1）确定桩、墙的入土深度；

2）支护结构的内力和变形计算；

3）支护结构的构件和节点设计；

4）基坑变形计算，必要时提出对环境保护的工程技术措施；

5）支护桩、墙作为主体结构一部分时，尚应计算在建筑物荷载作用下的内力及变形；

6）基坑工程的监测要求。

9.4.4 根据基坑周边环境的复杂程度及环境保护要求，可按下列规定进行变形控制设计，并采取相应的保护措施：

1 根据基坑周边的环境保护要求，提出基坑的各项变形设计控制指标；

2 预估基坑开挖对周边环境的附加变形值，其总变形值应小于其允许变形值；

3 应从支护结构施工、地下水控制及开挖三个方面分别采取相关措施保护周围环境。

9.4.5 支护结构的内力和变形分析，宜采用侧向弹性地基反力法计算。土的侧向地基反力系数可通过单桩水平载荷试验确定。

9.4.6 支护结构应进行稳定验算。稳定验算应符合本规范附录 V 的规定。当有可靠工程经验时，稳定安全系数可按地区经验确定。

9.4.7 地下水渗流稳定性验算，应符合下列规定：

1 当坑内外存在水头差时，粉土和砂土应按本规范附录 W 进行抗渗流稳定性验算；

2 当基坑底上部土体为不透水层，下部具有承压水头时，坑内土体应按本规范附录 W 进行抗突涌稳定性验算。

9.5 支护结构内支撑

9.5.1 支护结构的内支撑必须采用稳定的结构体系和连接构造，优先采用超静定内支撑结构体系，其刚度应满足变形计算要求。

9.5.2 支撑结构计算分析应符合下列原则：

1 内支撑结构应按与支护桩、墙节点处变形协调的原则进行内力与变形分析；

2 在竖向荷载及水平荷载作用下支撑结构的承载力和位移计算应符合国家现行结构设计规范的有关规定，支撑体系可根据不同条件按平面框架、连续梁或简支梁分析；

3 当基坑内坑底标高差异大，或因基坑周边土层分布不均匀，土性指标差异大，导致作用在内支撑周边侧向土压力值变化较大时，应按桩、墙与内支撑系统节点的位移协调原则进行计算；

4 有可靠经验时，可采用空间结构分析方法，对支撑、围檩（压顶梁）和支护结构进行整体计算；

5 内支撑系统的各水平及竖向受力构件，应按结构构件的受力条件及施工中可能出现的不利影响因素，设置必要的连接构件，保证结构构件在平面内及

平面外的稳定性。

9.5.3 支撑结构的施工与拆除顺序，应与支护结构的设计工况相一致，必须遵循先撑后挖的原则。

9.6 土 层 锚 杆

9.6.1 土层锚杆锚固段不应设置在未经处理的软弱土层、不稳定土层和不良地质地段及钻孔注浆引发较大土体沉降的土层。

9.6.2 锚杆杆体材料宜选用钢绞线、螺纹钢筋，当锚杆极限承载力小于 400kN 时，可采用 HRB 335 钢筋。

9.6.3 锚杆布置与锚固体强度应满足下列要求：

1 锚杆锚固体上下排间距不宜小于 2.5m，水平方向间距不宜小于 1.5m；锚杆锚固体上覆土层厚度不宜小于 4.0m。锚杆的倾角宜为 15°～35°。

2 锚杆定位支架沿锚杆轴线方向宜每隔 1.0m～2.0m 设置一个，锚杆杆体的保护层不得少于 20mm。

3 锚固体宜采用水泥砂浆或纯水泥浆，浆体设计强度不宜低于 20.0MPa。

4 土层锚杆钻孔直径不宜小于 120mm。

9.6.4 锚杆设计应包括下列内容：

1 确定锚杆类型、间距、排距和安设角度、断面形状及施工工艺；

2 确定锚杆自由段、锚固段长度、锚固体直径、锚杆抗拔承载力特征值；

3 锚杆筋体材料设计；

4 锚具、承压板、台座及腰梁设计；

5 预应力锚杆张拉荷载值、锁定荷载值；

6 锚杆试验和监测要求；

7 对支护结构变形控制需要进行的锚杆补张拉设计。

9.6.5 锚杆预应力筋的截面面积应按下式确定：

$$A \geqslant 1.35 \frac{N_t}{\gamma_P f_{Pt}} \qquad (9.6.5)$$

式中：N_t——相应于作用的标准组合时，锚杆所承受的拉力值（kN）；

γ_P——锚杆张拉施工工艺控制系数，当预应力筋为单束时可取 1.0，当预应力筋为多束时可取 0.9；

f_{Pt}——钢筋、钢绞线强度设计值（kPa）。

9.6.6 土层锚杆锚固段长度（L_a）应按基本试验确定，初步设计时也可按下式估算：

$$L_a \geqslant \frac{K \cdot N_t}{\pi \cdot D \cdot q_s} \qquad (9.6.6)$$

式中：D——锚固体直径（m）；

K——安全系数，可取 1.6；

q_s——土体与锚固体间粘结强度特征值（kPa），由当地锚杆抗拔试验结果统计

分析算得。

9.6.7 锚杆应在锚固体和外锚头强度达到设计强度的 80%以上后逐根进行张拉锁定，张拉荷载宜为锚杆所受拉力值的 1.05 倍~1.1 倍，并在稳定 5min~10min 后退至锁定荷载锁定。锁定荷载宜取锚杆设计承载力的 0.7 倍~0.85 倍。

9.6.8 锚杆自由段超过潜在的破裂面不应小于 1m，自由段长度不宜小于 5m，锚固段在最危险滑动面以外的有效长度应满足稳定性计算要求。

9.6.9 对设计等级为甲级的基坑工程，锚杆轴向拉力特征值应按本规范附录 Y 土层锚杆试验确定。对设计等级为乙级、丙级的基坑工程可按物理参数或经验数据设计，现场试验验证。

9.7 基坑工程逆作法

9.7.1 逆作法适用于支护结构水平位移有严格限制的基坑工程。根据工程具体情况，可采用全逆作法、半逆作法、部分逆作法。

9.7.2 逆作法的设计应包含下列内容：

　　1 基坑支护的地下连续墙或排桩与地下结构侧墙、内支撑、地下结构楼盖体系一体的结构分析计算；

　　2 土方开挖及外运；

　　3 临时立柱做法；

　　4 侧墙与支护结构的连接；

　　5 立柱与底板和楼盖的连接；

　　6 坑底土卸载和回弹引起的相邻立柱之间，立柱与侧墙之间的差异沉降对已施工结构受力的影响分析计算；

　　7 施工作业程序、混凝土浇筑及施工缝处理；

　　8 结构节点构造措施。

9.7.3 基坑工程逆作法设计应保证地下结构的侧墙、楼板、底板、柱满足基坑开挖时作为基坑支护结构及作为地下室永久结构工况时的设计要求。

9.7.4 当采用逆作法施工时，可采用支护结构体系与地下结构结合的设计方案：

　　1 地下结构墙体作为基坑支护结构；

　　2 地下结构水平构件（梁、板体系）作为基坑支护的内支撑；

　　3 地下结构竖向构件作为支护结构支承柱。

9.7.5 当地下连续墙同时作为地下室永久结构使用时，地下连续墙的设计计算尚应符合下列规定：

　　1 地下连续墙应分别按照承载能力极限状态和正常使用极限状态进行承载力、变形计算和裂缝验算。

　　2 地下连续墙墙身的防水等级应满足永久结构使用防水设计要求。地下连续墙与主体结构连接的接缝位置（如地下结构顶板、底板位置）根据地下结构的防水等级要求，可设置刚性止水片、遇水膨胀橡胶止水条以及预埋注浆管等构造措施。

　　3 地下连续墙与主体结构的连接应根据其受力特性和连接刚度进行设计计算。

　　4 墙顶承受竖向偏心荷载时，应按偏心受压构件计算正截面受压承载力。墙顶圈梁与墙体及上部结构的连接处应验算截面抗剪承载力。

9.7.6 主体地下结构的水平构件用作支撑时，其设计应符合下列规定：

　　1 用作支撑的地下结构水平构件宜采用梁板结构体系进行分析计算；

　　2 宜考虑由立柱桩差异变形及立柱桩与围护墙之间差异变形引起的地下结构水平构件的结构次应力，并采取必要措施防止有害裂缝的产生；

　　3 对地下结构的同层楼板面存在高差的部位，应验算该部位构件的抗弯、抗剪、抗扭承载能力，必要时应设置可靠的水平转换结构或临时支撑等措施；

　　4 对结构楼板的洞口或车道开口部位，当洞口两侧的梁板不能满足支撑的水平传力要求时，应在缺少结构楼板处设置临时支撑等措施；

　　5 在各层结构留设结构分缝或基坑施工期间不能封闭的后浇带位置，应通过计算设置水平传力构件。

9.7.7 竖向支承结构的设计应符合下列规定：

　　1 竖向支承结构宜采用一根结构柱对应布置一根临时立柱和立柱桩的形式（一柱一桩）。

　　2 立柱应按偏心受压构件进行承载力计算和稳定性验算，立柱桩应进行单桩竖向承载力与沉降计算。

　　3 在主体结构底板施工之前，相邻立柱桩间以及立柱桩与邻近基坑围护墙之间的差异沉降不宜大于 1/400 柱距，且不宜大于 20mm。作为立柱桩的灌注桩宜采用桩端后注浆措施。

9.8 岩体基坑工程

9.8.1 岩体基坑包括岩石基坑和土岩组合基坑。基坑工程实施前应对基坑工程有潜在威胁或直接危害的滑坡、泥石流、崩塌以及岩溶、土洞强烈发育地段，采取可靠的整治措施。

9.8.2 岩体基坑工程设计时应分析岩体结构、软弱结构面对边坡稳定的影响。

9.8.3 在岩石边坡整体稳定的条件下，可采用放坡开挖方案。岩石边坡的开挖坡度允许值，应根据当地经验按工程类比的原则，可按本地区已有稳定边坡的坡度值确定。

9.8.4 对整体稳定的软质岩边坡，开挖时应按本规范第 6.8.2 条的规定对边坡进行构造处理。

9.8.5 对单结构面外倾边坡作用在支挡结构上的横推力，可根据楔形平衡法进行计算，并应考虑结构面填充物的性质及其浸水后的变化。具有两组或多组结构面的交线倾向于临空面的边坡，可采用棱形体分割法计算棱体的下滑力。

9.8.6 对土岩组合基坑，当采用岩石锚杆挡土结构进行支护时，应符合本规范第 6.8.2 条、第 6.8.3 条的规定。岩石锚杆的构造要求及设计计算应符合本规范第 6.8.4 条、第 6.8.5 条的规定。

9.9 地下水控制

9.9.1 基坑工程地下水控制应防止基坑开挖过程及使用期间的管涌、流砂、坑底突涌及与地下水有关的坑外地层过度沉降。

9.9.2 地下水控制设计应满足下列要求：

1 地下工程施工期间，地下水位控制在基坑面以下 0.5m～1.5m；

2 满足坑底突涌验算要求；

3 满足坑底和侧壁抗渗流稳定的要求；

4 控制坑外地面沉降量及沉降差，保证邻近建（构）筑物及地下管线的正常使用。

9.9.3 基坑降水设计应包括下列内容：

1 基坑降水系统设计应包括下列内容：

1）确定降水井的布置、井数、井深、井距、井径、单井出水量；

2）疏干井和减压井过滤管的构造设计；

3）人工滤层的设置要求；

4）排水管路系统。

2 验算坑底土层的渗流稳定性及抗承压水突涌的稳定性。

3 计算基坑降水域内各典型部位的最终稳定水位及水位降深随时间的变化。

4 计算降水引起的对邻近建（构）筑物及地下设施产生的沉降。

5 回灌井的设置及回灌系统设计。

6 渗流作用对支护结构内力及变形的影响。

7 降水施工、运营、基坑安全监测要求，除对周边环境的监测外，还应包括对水位和水中微细颗粒含量的监测要求。

9.9.4 隔水帷幕设计应符合下列规定：

1 采用地下连续墙或隔水帷幕隔离地下水，隔离帷幕渗透系数宜小于 1.0×10^{-4} m/d，竖向截水帷幕深度应插入下卧不透水层，其插入深度应满足抗渗流稳定的要求。

2 对封闭式隔水帷幕，在基坑开挖前应进行坑内抽水试验，并通过坑内外的观测井观察水位变化、抽水量变化等确认帷幕的止水效果和质量。

3 当隔水帷幕不能有效切断基坑深部承压含水层时，可在承压含水层中设置减压井，通过设计计算，控制承压含水层的减压水头，按需减压，确保坑底土不发生突涌。对承压水进行减压控制时，因降水

减压引起的坑外地面沉降不得超过环境控制要求的地面变形允许值。

9.9.5 基坑地下水控制设计应与支护结构的设计统一考虑，由降水、排水和支护结构水平位移引起的地层变形和地表沉陷不应大于变形允许值。

9.9.6 高地下水位地区，当水文地质条件复杂，基坑周边环境保护要求高，设计等级为甲级的基坑工程，应进行地下水控制专项设计，并应包括下列内容：

1 应具备专门的水文地质勘察资料、基坑周边环境调查报告及现场抽水试验资料；

2 基坑降水风险分析及降水设计；

3 降水引起的地面沉降计算及环境保护措施；

4 基坑渗漏的风险预测及抢险措施；

5 降水运营、监测与管理措施。

10 检验与监测

10.1 一般规定

10.1.1 为设计提供依据的试验应在设计前进行，平板载荷试验、基桩静载试验、基桩抗拔试验及锚杆的抗拔试验等应加载到极限或破坏，必要时，应对基底反力、桩身内力和桩端阻力等进行测试。

10.1.2 验收检验静载荷试验最大加载量不应小于承载力特征值的 2 倍。

10.1.3 抗拔桩的验收检验应采取工程桩裂缝宽度控制的措施。

10.2 检 验

10.2.1 基槽（坑）开挖到底后，应进行基槽（坑）检验。当发现地质条件与勘察报告和设计文件不一致、或遇到异常情况时，应结合地质条件提出处理意见。

10.2.2 地基处理的效果检验应符合下列规定：

1 地基处理后载荷试验的数量，应根据场地复杂程度和建筑物重要性确定。对于简单场地上的一般建筑物，每个单体工程载荷试验点数不宜少于 3 处；对复杂场地或重要建筑物应增加试验点数。

2 处理地基的均匀性检验深度不应小于设计处理深度。

3 对回填风化岩、山坯土、建筑垃圾等特殊土，应采用波速、超重型动力触探、深层载荷试验等多种方法综合评价。

4 对遇水软化、崩解的风化岩、膨胀性土等特殊土层，除根据试验数据评价承载力外，尚应评价由于试验条件与实际条件的差异对检测结果的影响。

5 复合地基除应进行静载荷试验外，尚应进行

竖向增强体及周边土的质量检验。

6 条形基础和独立基础复合地基载荷试验的压板宽度宜按基础宽度确定。

10.2.3 在压实填土的施工过程中，应分层取样检验土的干密度和含水量。检验点数量，对大基坑每 $50m^2$ ～ $100m^2$ 面积内不应少于一个检验点；对基槽每 $10m$ ～ $20m$ 不应少于一个检验点；每个独立柱基不应少于一个检验点。采用贯入仪或动力触探检验垫层的施工质量时，分层检验点的间距应小于 $4m$。根据检验结果求得的压实系数，不得低于本规范表 6.3.7 的规定。

10.2.4 压实系数可采用环刀法、灌砂法、灌水法或其他方法检验。

10.2.5 预压处理的软弱地基，在预压前后应分别进行原位十字板剪切试验和室内土工试验。预压处理的地基承载力应进行现场载荷试验。

10.2.6 强夯地基的处理效果应采用载荷试验结合其他原位测试方法检验。强夯置换的地基承载力检验除应采用单墩载荷试验检验外，尚应采用动力触探等方法查明施工后土层密度随深度的变化。强夯地基或强夯置换地基载荷试验的压板面积应按处理深度确定。

10.2.7 砂石桩、振冲碎石桩的处理效果应采用复合地基载荷试验方法检验。大型工程及重要建筑应采用多桩复合地基载荷试验方法检验；桩间土应在处理后采用动力触探、标准贯入、静力触探等原位测试方法检验。砂石桩、振冲碎石桩的桩体密实度可采用动力触探方法检验。

10.2.8 水泥搅拌桩成桩后可进行轻便触探和标准贯入试验结合钻取芯样，分段取芯样作抗压强度试验评价桩身质量。

10.2.9 水泥土搅拌桩复合地基承载力检验应进行单桩载荷试验和复合地基载荷试验。

10.2.10 复合地基应进行桩身完整性和单桩竖向承载力检验以及单桩或多桩复合地基载荷试验，施工工艺对桩间土承载力有影响时还应进行桩间土承载力检验。

10.2.11 对打入式桩、静力压桩，应提供经确认的施工过程有关参数。施工完成后尚应进行桩顶标高、桩位偏差等检验。

10.2.12 对混凝土灌注桩，应提供施工过程有关参数，包括原材料的力学性能检验报告，试件留置数量及制作养护方法、混凝土抗压强度试验报告、钢筋笼制作质量检查报告。施工完成后尚应进行桩顶标高、桩位偏差等检验。

10.2.13 人工挖孔桩终孔时，应进行桩端持力层检验。单柱单桩的大直径嵌岩桩，应视岩性检验孔底下 3 倍桩身直径或 5m 深度范围内有无土洞、溶洞、破碎带或软弱夹层等不良地质条件。

10.2.14 施工完成后的工程桩应进行桩身完整性检验和竖向承载力检验。承受水平力较大的桩应进行水平承载力检验，抗拔桩应进行抗拔承载力检验。

10.2.15 桩身完整性检验宜采用两种或多种合适的检验方法进行。直径大于 800mm 的混凝土嵌岩桩应采用钻孔抽芯法或声波透射法检测，检测桩数不得少于总桩数的 10%，且不得少于 10 根，且每根柱下承台的抽检桩数不应少于 1 根。直径不大于 800mm 的桩以及直径大于 800mm 的非嵌岩桩，可根据桩径和桩长的大小，结合桩的类型和当地经验采用钻孔抽芯法、声波透射法或动测法进行检测。检测的桩数不应少于总桩数的 10%，且不得少于 10 根。

10.2.16 竖向承载力检验的方法和数量可根据地基基础设计等级和现场条件，结合当地可靠的经验和技术确定。复杂地质条件下的工程桩竖向承载力的检验应采用静载荷试验，检验桩数不得少于同条件下总桩数的 1%，且不得少于 3 根。大直径嵌岩桩的承载力可根据终孔时桩端持力层岩性报告结合桩身质量检验报告核验。

10.2.17 水平受荷桩和抗拔桩承载力的检验可分别按本规范附录 S 单桩水平载荷试验和附录 T 单桩竖向抗拔静载试验的规定进行，检验桩数不得少于同条件下总桩数的 1%，且不得少于 3 根。

10.2.18 地下连续墙应提交经确认的有关成墙记录和施工报告。地下连续墙完成后应进行墙体质量检验。检验方法可采用钻孔抽芯或声波透射法，非承重地下连续墙检验槽段数不得少于同条件下总槽段数的 10%；对承重地下连续墙检验槽段数不得少于同条件下总槽段数的 20%。

10.2.19 岩石锚杆完成后应按本规范附录 M 进行抗拔承载力检验，检验数量不得少于锚杆总数的 5%，且不得少于 6 根。

10.2.20 当检验发现地基处理的效果、桩身或地下连续墙质量、桩或岩石锚杆承载力不满足设计要求时，应结合工程场地地质和施工情况综合分析，必要时应扩大检验数量，提出处理意见。

10.3 监 测

10.3.1 大面积填方、填海等地基处理工程，应对地面沉降进行长期监测，直到沉降达到稳定标准；施工过程中还应对土体位移、孔隙水压力等进行监测。

10.3.2 基坑开挖应根据设计要求进行监测，实施动态设计和信息化施工。

10.3.3 施工过程中降低地下水对周边环境影响较大时，应对地下水位变化、周边建筑物的沉降和位移、土体变形、地下管线变形等进行监测。

10.3.4 预应力锚杆施工完成后应对锁定的预应力进行监测，监测锚杆数量不得少于锚杆总数的 5%，且不得少于6根。

10.3.5 基坑开挖监测包括支护结构的内力和变形，地下水位变化及周边建（构）筑物、地下管线等市政设施的沉降和位移等监测内容可按表10.3.5选择。

表10.3.5 基坑监测项目选择表

地基基础设计等级	支护结构水平位移	邻近建（构）筑物沉降与地下管线变形	地下水位	锚杆拉力	支撑轴力或变形	立柱变形	桩墙内力	地面沉降	基坑底隆起	土侧向变形	孔隙水压力	土压力
甲级	√	√	√	√	√	√	√	√	√	√	△	△
乙级	√	√	√	△	△	△	△	△	△	△	△	△
丙级	√	√	○	○	○	○	○	○	○	○	○	○

注：1 √为应测项目，△为宜测项目，○为可不测项目；
　2 对深度超过15m的基坑宜设坑底土回弹监测点；
　3 基坑周边环境进行保护要求严格时，地下水位监测应包括对基坑内、外地下水位进行监测。

10.3.6 边坡工程施工过程中，应严格记录气象条件、挖方、填方、堆载等情况。尚应对边坡的水平位移和竖向位移进行监测，直到变形稳定为止，且不得少于二年。爆破施工时，应监控爆破对周边环境的影响。

10.3.7 对挤土桩布桩较密或周边环境保护要求严格时，应对打桩过程中造成的土体隆起和位移、邻桩桩顶标高及桩位、孔隙水压力等进行监测。

10.3.8 下列建筑物应在施工期间及使用期间进行沉降变形观测：
　1 地基基础设计等级为甲级建筑物；
　2 软弱地基上的地基基础设计等级为乙级建筑物；
　3 处理地基上的建筑物；
　4 加层、扩建建筑物；
　5 受邻近深基坑开挖施工影响或受场地地下水等环境因素变化影响的建筑物；
　6 采用新型基础或新型结构的建筑物。

10.3.9 需要积累建筑物沉降经验或进行设计反分析的工程，应进行建筑物沉降观测和基础反力监测。沉降观测宜同时设分层沉降监测点。

附录A 岩石坚硬程度及岩体完整
程度的划分

A.0.1 岩石坚硬程度根据现场观察进行定性划分应符合表A.0.1的规定。

表A.0.1 岩石坚硬程度的定性划分

名称		定 性 鉴 定	代表性岩石
硬质岩	坚硬岩	锤击声清脆，有回弹，振手，难击碎，基本无吸水反应	未风化—微风化的花岗岩、闪长岩、辉绿岩、玄武岩、安山岩、片麻岩、石英岩、硅质砾岩、石英砂岩、硅质石灰岩等
	较硬岩	锤击声较清脆，有轻微回弹，稍振手，较难击碎，有轻微吸水反应	1. 微风化的坚硬岩；2. 未风化—微风化的大理岩、板岩、石灰岩、白云岩、钙质砂岩等
软质岩	较软岩	锤击声不清脆，无回弹，较易击碎，浸水后指甲可刻出印痕	1. 中等风化—强风化的坚硬岩或较硬岩；2. 未风化—微风化的凝灰岩、千枚岩、砂质泥岩、泥灰岩等
	软岩	锤击声哑，无回弹，有凹痕，易击碎，浸水后手可掰开	1. 强风化的坚硬岩和较硬岩；2. 中等风化—强风化的较软岩；3. 未风化—微风化的页岩、泥质砂岩、泥岩等
	极软岩	锤击声哑，无回弹，有较深凹痕，手可捏碎，浸水后可捏成团	1. 全风化的各种岩石；2. 各种半成岩

A.0.2 岩体完整程度的划分宜按表A.0.2的规定。

表A.0.2 岩体完整程度的划分

名　称	结构面组数	控制性结构面平均间距（m）	代表性结构类型
完整	1～2	>1.0	整状结构
较完整	2～3	0.4～1.0	块状结构
较破碎	>3	0.2～0.4	镶嵌状结构
破碎	>3	<0.2	碎裂状结构
极破碎	无序	—	散体状结构

附录B 碎石土野外鉴别

表B.0.1 碎石土密实度野外鉴别方法

密实度	骨架颗粒含量和排列	可挖性	可钻性
密实	骨架颗粒含量大于总重的70%，呈交错排列，连续接触	锹镐挖掘困难，用撬棍方能松动，井壁一般较稳定	钻进极困难，冲击钻探时，钻杆、吊锤跳动剧烈，孔壁较稳定

续表 B.0.1

密实度	骨架颗粒含量和排列	可挖性	可钻性
中密	骨架颗粒含量等于总重的 60%~70%，呈交错排列，大部分接触	锹镐可挖掘，井壁有掉块现象，从井壁取出大颗粒处，能保持颗粒凹面形状	钻进较困难，冲击钻探时，钻杆、吊锤跳动不剧烈，孔壁有坍塌现象
稍密	骨架颗粒含量等于总重的 55%~60%，排列混乱，大部分不接触	锹可以挖掘，井壁易坍塌，从井壁取出大颗粒后，砂土立即坍落	钻进较容易，冲击钻探时，钻杆稍有跳动，孔壁易坍塌
松散	骨架颗粒含量小于总重的 55%，排列十分混乱，绝大部分不接触	锹易挖掘，井壁极易坍塌	钻进很容易，冲击钻探时，钻杆无跳动，孔壁极易坍塌

注：1 骨架颗粒系指与本规范表 4.1.5 相对应粒径的颗粒；

2 碎石土的密实度应按表列各项要求综合确定。

附录 C 浅层平板载荷试验要点

C.0.1 地基土浅层平板载荷试验适用于确定浅部地基土层的承压板下应力主要影响范围内的承载力和变形参数，承压板面积不应小于 $0.25m^2$，对于软土不应小于 $0.5m^2$。

C.0.2 试验基坑宽度不应小于承压板宽度或直径的三倍。应保持试验土层的原状结构和天然湿度。宜在拟试压表面用粗砂或中砂层找平，其厚度不应超过 20mm。

C.0.3 加荷分级不应少于 8 级。最大加载量不应小于设计要求的两倍。

C.0.4 每级加载后，按间隔 10min、10min、10min、15min、15min，以后为每隔半小时读一次沉降量，当在连续两小时内，每小时的沉降量小于 0.1mm 时，则认为已趋稳定，可加下一级荷载。

C.0.5 当出现下列情况之一时，即可终止加载：

1 承压板周围的土明显地侧向挤出；

2 沉降 s 急骤增大，荷载-沉降（p-s）曲线出现陡降段；

3 在某一级荷载下，24h 内沉降速率不能达到稳定标准；

4 沉降量与承压板宽度或直径之比大于或等于 0.06。

C.0.6 当满足第 C.0.5 条前三款的情况之一时，其

对应的前一级荷载为极限荷载。

C.0.7 承载力特征值的确定应符合下列规定：

1 当 p-s 曲线上有比例界限时，取该比例界限所对应的荷载值；

2 当极限荷载小于对应比例界限的荷载值的 2 倍时，取极限荷载值的一半；

3 当不能按上述二款要求确定时，当压板面积为 $0.25m^2$~$0.50m^2$，可取 $s/b=0.01$~0.015 所对应的荷载，但其值不应大于最大加载量的一半。

C.0.8 同一土层参加统计的试验点不应少于三点，各试验实测值的极差不得超过其平均值的 30%，取此平均值作为该土层的地基承载力特征值（f_{ak}）。

附录 D 深层平板载荷试验要点

D.0.1 深层平板载荷试验适用于确定深部地基土层及大直径桩桩端土层在承压板下应力主要影响范围内的承载力和变形参数。

D.0.2 深层平板载荷试验的承压板采用直径为 0.8m 的刚性板，紧靠承压板周围外侧的土层高度应不少于 80cm。

D.0.3 加荷等级可按预估极限承载力的 1/10~1/15 分级施加。

D.0.4 每级加荷后，第一个小时内按间隔 10min、10min、10min、15min、15min，以后为每隔半小时测读一次沉降。当在连续两小时内，每小时的沉降量小于 0.1mm 时，则认为已趋稳定，可加下一级荷载。

D.0.5 当出现下列情况之一时，可终止加载：

1 沉降 s 急剧增大，荷载-沉降（p-s）曲线上有可判定极限承载力的陡降段，且沉降量超过 0.04d（d 为承压板直径）；

2 在某级荷载下，24h 内沉降速率不能达到稳定；

3 本级沉降量大于前一级沉降量的 5 倍；

4 当持力层土层坚硬，沉降量很小时，最大加载量不小于设计要求的 2 倍。

D.0.6 承载力特征值的确定应符合下列规定：

1 当 p-s 曲线上有比例界限时，取该比例界限所对应的荷载值；

2 满足终止加载条件前三款的条件之一时，其对应的前一级荷载定为极限荷载，当该值小于对应比例界限的荷载值的 2 倍时，取极限荷载值的一半；

3 不能按上述二款要求确定时，可取 $s/d=0.01$~0.015 所对应的荷载值，但其值不应大于最大加载量的一半。

D.0.7 同一土层参加统计的试验点不应少于三点，当试验实测值的极差不超过平均值的 30% 时，取此平均值作为该土层的地基承载力特征值（f_{ak}）。

附录 F 中国季节性冻土标准冻深线图

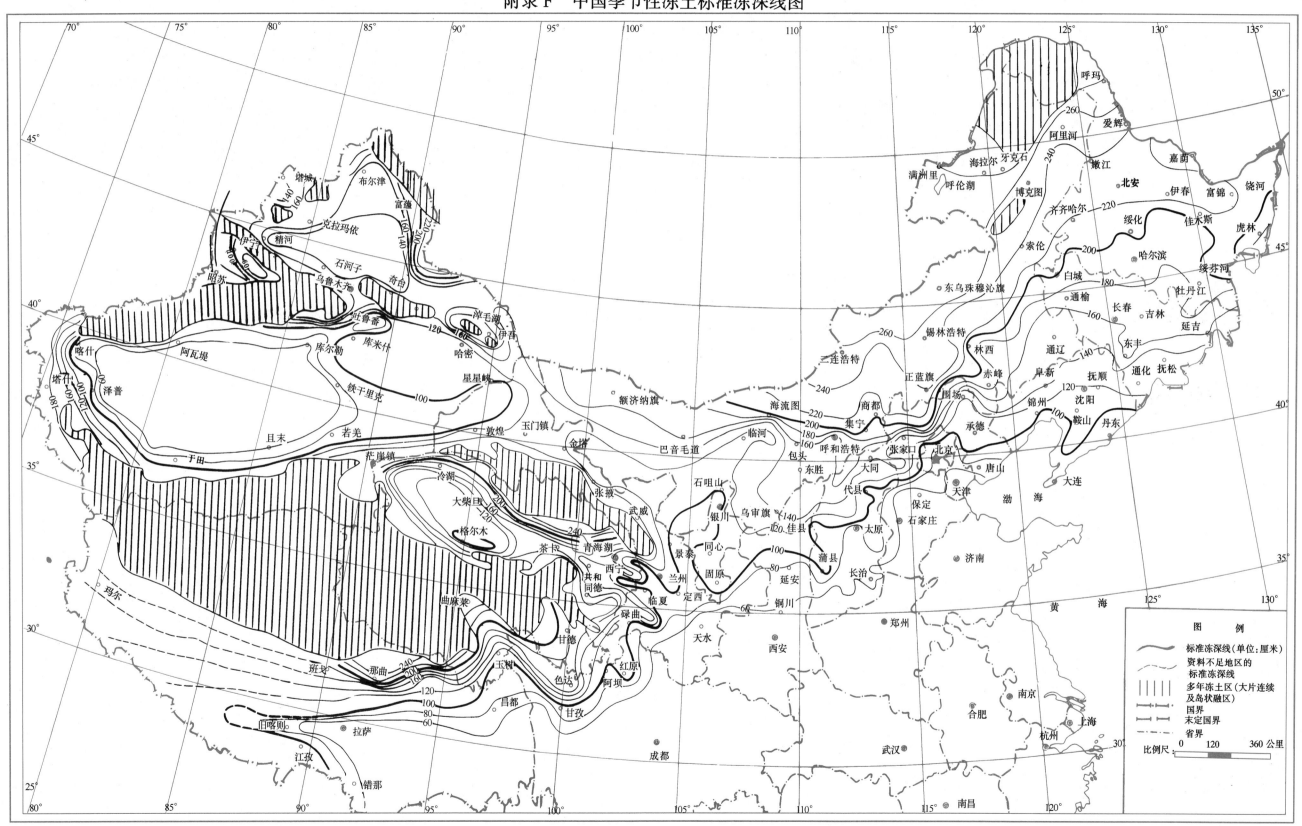

图 例

标准冻深线（单位：厘米）

资料不足地区的标准冻深线

多年冻土区（大片连续及岛状融区）

国界

未定国界

省界

比例尺 0 120 360公里

附录 E 抗剪强度指标 c、φ 标准值

E.0.1 内摩擦角标准值 φ_k，黏聚力标准值 c_k，可按下列规定计算：

1 根据室内 n 组三轴压缩试验的结果，按下列公式计算变异系数、某一土性指标的试验平均值和标准差：

$$\delta = \sigma/\mu \tag{E.0.1-1}$$

$$\mu = \frac{\sum\limits_{i=1}^{n}\mu_i}{n} \tag{E.0.1-2}$$

$$\sigma = \sqrt{\frac{\sum\limits_{i=1}^{n}\mu_i^2 - n\mu^2}{n-1}} \tag{E.0.1-3}$$

式中 δ——变异系数；

  μ——某一土性指标的试验平均值；

  σ——标准差。

2 按下列公式计算内摩擦角和黏聚力的统计修正系数 ψ_φ、ψ_c：

$$\psi_\varphi = 1 - \left(\frac{1.704}{\sqrt{n}} + \frac{4.678}{n^2}\right)\delta_\varphi \tag{E.0.1-4}$$

$$\psi_c = 1 - \left(\frac{1.704}{\sqrt{n}} + \frac{4.678}{n^2}\right)\delta_c \tag{E.0.1-5}$$

式中 ψ_φ——内摩擦角的统计修正系数；

  ψ_c——黏聚力的统计修正系数；

  δ_φ——内摩擦角的变异系数；

  δ_c——黏聚力的变异系数。

3
$$\varphi_k = \psi_\varphi \varphi_m \tag{E.0.1-6}$$

$$c_k = \psi_c c_m \tag{E.0.1-7}$$

式中 φ_m——内摩擦角的试验平均值；

  c_m——黏聚力的试验平均值。

附录 G 地基土的冻胀性分类及建筑基础底面下允许冻土层最大厚度

G.0.1 地基土的冻胀性分类，可按表 G.0.1 分为不冻胀、弱冻胀、冻胀、强冻胀和特强冻胀。

G.0.2 建筑基础底面下允许冻土层最大厚度 h_{max}（m），可按表 G.0.2 查取。

表 G.0.1 地基土的冻胀性分类

土的名称	冻前天然含水量 w（%）	冻结期间地下水位距冻结面的最小距离 h_w（m）	平均冻胀率 η（%）	冻胀等级	冻胀类别
碎（卵）石，砾、粗、中砂（粒径小于 0.075mm 颗粒含量大于 15%），细砂（粒径小于 0.075mm 颗粒含量大于 10%）	$w \leqslant 12$	>1.0	$\eta \leqslant 1$	I	不冻胀
		$\leqslant 1.0$	$1 < \eta \leqslant 3.5$	II	弱胀冻
	$12 < w \leqslant 18$	>1.0			
		$\leqslant 1.0$	$3.5 < \eta \leqslant 6$	III	胀冻
	$w > 18$	>0.5			
		$\leqslant 0.5$	$6 < \eta \leqslant 12$	IV	强胀冻
粉砂	$w \leqslant 14$	>1.0	$\eta \leqslant 1$	I	不冻胀
		$\leqslant 1.0$	$1 < \eta \leqslant 3.5$	II	弱胀冻
	$14 < w \leqslant 19$	>1.0			
		$\leqslant 1.0$	$3.5 < \eta \leqslant 6$	III	胀冻
	$19 < w \leqslant 23$	>1.0			
		$\leqslant 1.0$	$6 < \eta \leqslant 12$	IV	强胀冻
	$w > 23$	不考虑	$\eta > 12$	V	特强胀冻
粉土	$w \leqslant 19$	>1.5	$\eta \leqslant 1$	I	不冻胀
		$\leqslant 1.5$	$1 < \eta \leqslant 3.5$	II	弱胀冻
	$19 < w \leqslant 22$	>1.5	$1 < \eta \leqslant 3.5$	II	弱胀冻
		$\leqslant 1.5$	$3.5 < \eta \leqslant 6$	III	胀冻
粉土	$22 < w \leqslant 26$	>1.5			
		$\leqslant 1.5$	$6 < \eta \leqslant 12$	IV	强胀冻
	$26 < w \leqslant 30$	>1.5			
		$\leqslant 1.5$			
	$w > 30$	不考虑	$\eta > 12$	V	特强胀冻

续表 G.0.1

土的名称	冻前天然含水量 w（%）	冻结期间地下水位距冻结面的最小距离 h_w（m）	平均冻胀率 η（%）	冻胀等级	冻胀类别
黏性土	$w \leqslant w_p + 2$	>2.0	$\eta \leqslant 1$	I	不冻胀
		≤2.0	$1 < \eta \leqslant 3.5$	II	弱胀冻
	$w_p + 2 < w \leqslant w_p + 5$	>2.0			
		≤2.0	$3.5 < \eta \leqslant 6$	III	胀冻
	$w_p + 5 < w \leqslant w_p + 9$	>2.0			
		≤2.0	$6 < \eta \leqslant 12$	IV	强胀冻
	$w_p + 9 < w \leqslant w_p + 15$	>2.0			
		≤2.0	$\eta > 12$	V	特强胀冻
	$w > w_p + 15$	不考虑			

注：1 w_p——塑限含水量（%）；

　　w——在冻土层内冻前天然含水量的平均值（%）；

　　2 盐渍化冻土不在表列；

　　3 塑性指数大于 22 时，冻胀性降低一级；

　　4 粒径小于 0.005mm 的颗粒含量大于 60% 时，为不冻胀土；

　　5 碎石类土当充填物大于全部质量的 40% 时，其冻胀性按充填物土的类别判断；

　　6 碎石土、砾砂、粗砂、中砂（粒径小于 0.075mm 颗粒含量不大于 15%）、细砂（粒径小于 0.075mm 颗粒含量不大于 10%）均按不冻胀考虑。

表 G.0.2　建筑基础底面下允许冻土层最大厚度 h_{max}（m）

冻胀性	基础形式	采暖情况	基底平均压力（kPa） 110	130	150	170	190	210
弱冻胀土	方形基础	采暖	0.90	0.95	1.00	1.10	1.15	1.20
		不采暖	0.70	0.80	0.95	1.00	1.05	1.10
	条形基础	采暖	>2.50	>2.50	>2.50	>2.50	>2.50	>2.50
		不采暖	2.20	2.50	>2.50	>2.50	>2.50	>2.50
冻胀土	方形基础	采暖	0.65	0.70	0.75	0.80	0.85	—
		不采暖	0.55	0.60	0.65	0.70	0.75	—
	条形基础	采暖	1.55	1.80	2.00	2.20	2.50	—
		不采暖	1.15	1.35	1.55	1.75	1.95	—

注：1 本表只计算法向冻胀力，如果基侧存在切向冻胀力，应采取防切向力措施；

　　2 基础宽度小于 0.6m 时不适用，矩形基础取短边尺寸按方形基础计算；

　　3 表中数据不适用于淤泥、淤泥质土和欠固结土；

　　4 计算基底平均压力时取永久作用的标准组合值乘以 0.9，可以内插。

附录 H　岩石地基载荷试验要点

H.0.1　本附录适用于确定完整、较完整、较破碎岩石地基作为天然地基或桩基础持力层时的承载力。

H.0.2　采用圆形刚性承压板，直径为 300mm。当岩石埋藏深度较大时，可采用钢筋混凝土桩，但桩周需采取措施以消除桩身与土之间的摩擦力。

H.0.3　测量系统的初始稳定读数观测应在加压前，每隔 10min 读数一次，连续三次读数不变可开始试验。

H. 0. 4 加载应采用单循环加载，荷载逐级递增直到破坏，然后分级卸载。

H. 0. 5 加载时，第一级加载值应为预估设计荷载的 1/5，以后每级应为预估设计荷载的 1/10。

H. 0. 6 沉降量测读应在加载后立即进行，以后每 10min 读数一次。

H. 0. 7 连续三次读数之差均不大于 0.01mm，可视为达到稳定标准，可施加下一级荷载。

H. 0. 8 加载过程中出现下述现象之一时，即可终止加载：

 1 沉降量读数不断变化，在 24h 内，沉降速率有增大的趋势；

 2 压力加不上或勉强加上而不能保持稳定。

 注：若限于加载能力，荷载也应增加到不少于设计要求的两倍。

H. 0. 9 卸载及卸载观测应符合下列规定：

 1 每级卸载为加载时的两倍，如为奇数，第一级可为 3 倍；

 2 每级卸载后，隔 10min 测读一次，测读三次后可卸下一级荷载；

 3 全部卸载后，当测读到半小时回弹量小于 0.01mm 时，即认为达到稳定。

H. 0. 10 岩石地基承载力的确定应符合下列规定：

 1 对应于 p-s 曲线上起始直线段的终点为比例界限。符合终止加载条件的前一级荷载为极限荷载。将极限荷载除以 3 的安全系数，所得值与对应于比例界限的荷载相比较，取小值。

 2 每个场地载荷试验的数量不应少于 3 个，取最小值作为岩石地基承载力特征值。

 3 岩石地基承载力不进行深宽修正。

附录 J　岩石饱和单轴抗压强度试验要点

J. 0. 1 试料可用钻孔的岩芯或坑、槽探中采取的岩块。

J. 0. 2 岩样尺寸一般为 ϕ50mm×100mm，数量不应少于 6 个，进行饱和处理。

J. 0. 3 在压力机上以每秒 500kPa～800kPa 的加载速度加荷，直到试样破坏为止，记下最大加载，做好试验前后的试样描述。

J. 0. 4 根据参加统计的一组试样的试验值计算其平均值、标准差、变异系数，取岩石饱和单轴抗压强度的标准值为：

$$f_{rk} = \psi \cdot f_{rm} \qquad \text{(J. 0. 4-1)}$$

$$\psi = 1 - \left(\frac{1.704}{\sqrt{n}} + \frac{4.678}{n^2}\right)\delta \qquad \text{(J. 0. 4-2)}$$

式中：f_{rm}——岩石饱和单轴抗压强度平均值（kPa）；

  f_{rk}——岩石饱和单轴抗压强度标准值（kPa）；

  ψ——统计修正系数；

  n——试样个数；

  δ——变异系数。

附录 K　附加应力系数 α、平均附加应力系数 $\bar{\alpha}$

K. 0. 1 矩形面积上均布荷载作用下角点的附加应力系数 α（表 K. 0. 1-1）、平均附加应力系数 $\bar{\alpha}$（表 K. 0. 1-2）。

表 K. 0. 1-1　矩形面积上均布荷载作用下角点附加应力系数 α

z/b	l/b											
	1.0	1.2	1.4	1.6	1.8	2.0	3.0	4.0	5.0	6.0	10.0	条形
0.0	0.250	0.250	0.250	0.250	0.250	0.250	0.250	0.250	0.250	0.250	0.250	0.250
0.2	0.249	0.249	0.249	0.249	0.249	0.249	0.249	0.249	0.249	0.249	0.249	0.249
0.4	0.240	0.242	0.243	0.243	0.244	0.244	0.244	0.244	0.244	0.244	0.244	0.244
0.6	0.223	0.228	0.230	0.232	0.232	0.233	0.234	0.234	0.234	0.234	0.234	0.234
0.8	0.200	0.207	0.212	0.215	0.216	0.218	0.220	0.220	0.220	0.220	0.220	0.220
1.0	0.175	0.185	0.191	0.195	0.198	0.200	0.203	0.204	0.204	0.204	0.205	0.205
1.2	0.152	0.163	0.171	0.176	0.179	0.182	0.187	0.188	0.189	0.189	0.189	0.189
1.4	0.131	0.142	0.151	0.157	0.161	0.164	0.171	0.173	0.174	0.174	0.174	0.174
1.6	0.112	0.124	0.133	0.140	0.145	0.148	0.157	0.159	0.160	0.160	0.160	0.160
1.8	0.097	0.108	0.117	0.124	0.129	0.133	0.143	0.146	0.147	0.148	0.148	0.148
2.0	0.084	0.095	0.103	0.110	0.116	0.120	0.131	0.135	0.136	0.137	0.137	0.137
2.2	0.073	0.083	0.092	0.098	0.104	0.108	0.121	0.125	0.126	0.127	0.128	0.128
2.4	0.064	0.073	0.081	0.088	0.093	0.098	0.111	0.116	0.118	0.118	0.119	0.119
2.6	0.057	0.065	0.072	0.079	0.084	0.089	0.102	0.107	0.110	0.111	0.112	0.112
2.8	0.050	0.058	0.065	0.071	0.076	0.080	0.094	0.100	0.102	0.104	0.105	0.105
3.0	0.045	0.052	0.058	0.064	0.069	0.073	0.087	0.093	0.096	0.097	0.099	0.099
3.2	0.040	0.047	0.053	0.058	0.063	0.067	0.081	0.087	0.090	0.092	0.093	0.094
3.4	0.036	0.042	0.048	0.053	0.057	0.061	0.075	0.081	0.085	0.086	0.088	0.089
3.6	0.033	0.038	0.043	0.048	0.052	0.056	0.069	0.076	0.080	0.082	0.084	0.084
3.8	0.030	0.035	0.040	0.044	0.048	0.052	0.065	0.072	0.075	0.077	0.080	0.080

续表 K.0.1-1

z/b	l/b 1.0	1.2	1.4	1.6	1.8	2.0	3.0	4.0	5.0	6.0	10.0	条形
4.0	0.027	0.032	0.036	0.040	0.044	0.048	0.060	0.067	0.071	0.073	0.076	0.076
4.2	0.025	0.029	0.033	0.037	0.041	0.044	0.056	0.063	0.067	0.070	0.072	0.073
4.4	0.023	0.027	0.031	0.034	0.038	0.041	0.053	0.060	0.064	0.066	0.069	0.070
4.6	0.021	0.025	0.028	0.032	0.035	0.038	0.049	0.056	0.061	0.063	0.066	0.067
4.8	0.019	0.023	0.026	0.029	0.032	0.035	0.046	0.053	0.058	0.060	0.064	0.064
5.0	0.018	0.021	0.024	0.027	0.030	0.033	0.043	0.050	0.055	0.057	0.061	0.062
6.0	0.013	0.015	0.017	0.020	0.022	0.024	0.033	0.039	0.043	0.046	0.051	0.052
7.0	0.009	0.011	0.013	0.015	0.016	0.018	0.025	0.031	0.035	0.038	0.043	0.045
8.0	0.007	0.009	0.010	0.011	0.013	0.014	0.020	0.025	0.028	0.031	0.037	0.039
9.0	0.006	0.007	0.008	0.009	0.010	0.011	0.016	0.020	0.024	0.026	0.032	0.035
10.0	0.005	0.006	0.007	0.007	0.008	0.009	0.013	0.017	0.020	0.022	0.028	0.032
12.0	0.003	0.004	0.005	0.005	0.006	0.006	0.009	0.012	0.014	0.017	0.022	0.026
14.0	0.002	0.003	0.003	0.004	0.004	0.005	0.007	0.009	0.011	0.013	0.018	0.023
16.0	0.002	0.002	0.003	0.003	0.003	0.004	0.005	0.007	0.009	0.010	0.014	0.020
18.0	0.001	0.002	0.002	0.002	0.002	0.003	0.004	0.006	0.007	0.008	0.012	0.018
20.0	0.001	0.001	0.002	0.002	0.002	0.002	0.003	0.005	0.006	0.007	0.010	0.016
25.0	0.001	0.001	0.001	0.001	0.001	0.001	0.002	0.003	0.004	0.004	0.007	0.013
30.0	0.001	0.001	0.001	0.001	0.001	0.001	0.002	0.002	0.003	0.002	0.005	0.011
35.0	0.000	0.000	0.001	0.001	0.001	0.001	0.001	0.002	0.002	0.002	0.004	0.009
40.0	0.000	0.000	0.000	0.000	0.001	0.001	0.001	0.001	0.001	0.002	0.003	0.008

注：l—基础长度（m）；b—基础宽度（m）；z—计算点离基础底面垂直距离（m）。

K.0.2 矩形面积上三角形分布荷载作用下的附加应力系数 α、平均附加应力系数 $\bar{\alpha}$（表 K.0.2）。

K.0.3 圆形面积上均布荷载作用下中点的附加应力系数 α、平均附加应力系数 $\bar{\alpha}$（表 K.0.3）。

K.0.4 圆形面积上三角形分布荷载作用下边点的附加应力系数 α、平均附加应力系数 $\bar{\alpha}$（表 K.0.4）。

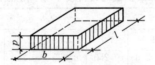

表 K.0.1-2 矩形面积上均布荷载作用下角点的平均附加应力系数 $\bar{\alpha}$

z/b \ l/b	1.0	1.2	1.4	1.6	1.8	2.0	2.4	2.8	3.2	3.6	4.0	5.0	10.0
0.0	0.2500	0.2500	0.2500	0.2500	0.2500	0.2500	0.2500	0.2500	0.2500	0.2500	0.2500	0.2500	0.2500
0.2	0.2496	0.2497	0.2497	0.2498	0.2498	0.2498	0.2498	0.2498	0.2498	0.2498	0.2498	0.2498	0.2498
0.4	0.2474	0.2479	0.2481	0.2483	0.2483	0.2484	0.2485	0.2485	0.2485	0.2485	0.2485	0.2485	0.2485
0.6	0.2423	0.2437	0.2444	0.2448	0.2451	0.2452	0.2454	0.2455	0.2455	0.2455	0.2455	0.2455	0.2456
0.8	0.2346	0.2372	0.2387	0.2395	0.2400	0.2403	0.2407	0.2408	0.2409	0.2409	0.2410	0.2410	0.2410
1.0	0.2252	0.2291	0.2313	0.2326	0.2335	0.2340	0.2346	0.2349	0.2351	0.2352	0.2352	0.2353	0.2353
1.2	0.2149	0.2199	0.2229	0.2248	0.2260	0.2268	0.2278	0.2282	0.2285	0.2286	0.2287	0.2288	0.2289
1.4	0.2043	0.2102	0.2140	0.2164	0.2180	0.2191	0.2204	0.2211	0.2215	0.2217	0.2218	0.2220	0.2221
1.6	0.1939	0.2006	0.2049	0.2079	0.2099	0.2113	0.2130	0.2138	0.2143	0.2146	0.2148	0.2150	0.2152
1.8	0.1840	0.1912	0.1960	0.1994	0.2018	0.2034	0.2055	0.2066	0.2073	0.2077	0.2079	0.2082	0.2084

续表 K.0.1-2

z/b \ l/b	1.0	1.2	1.4	1.6	1.8	2.0	2.4	2.8	3.2	3.6	4.0	5.0	10.0
2.0	0.1746	0.1822	0.1875	0.1912	0.1938	0.1958	0.1982	0.1996	0.2004	0.2009	0.2012	0.2015	0.2018
2.2	0.1659	0.1737	0.1793	0.1833	0.1862	0.1883	0.1911	0.1927	0.1937	0.1943	0.1947	0.1952	0.1955
2.4	0.1578	0.1657	0.1715	0.1757	0.1789	0.1812	0.1843	0.1862	0.1873	0.1880	0.1885	0.1890	0.1895
2.6	0.1503	0.1583	0.1642	0.1686	0.1719	0.1745	0.1779	0.1799	0.1812	0.1820	0.1825	0.1832	0.1838
2.8	0.1433	0.1514	0.1574	0.1619	0.1654	0.1680	0.1717	0.1739	0.1753	0.1763	0.1769	0.1777	0.1784
3.0	0.1369	0.1449	0.1510	0.1556	0.1592	0.1619	0.1658	0.1682	0.1698	0.1708	0.1715	0.1725	0.1733
3.2	0.1310	0.1390	0.1450	0.1497	0.1533	0.1562	0.1602	0.1628	0.1645	0.1657	0.1664	0.1675	0.1685
3.4	0.1256	0.1334	0.1394	0.1441	0.1478	0.1508	0.1550	0.1577	0.1595	0.1607	0.1616	0.1628	0.1639
3.6	0.1205	0.1282	0.1342	0.1389	0.1427	0.1456	0.1500	0.1528	0.1548	0.1561	0.1570	0.1583	0.1595
3.8	0.1158	0.1234	0.1293	0.1340	0.1378	0.1408	0.1452	0.1482	0.1502	0.1516	0.1526	0.1541	0.1554
4.0	0.1114	0.1189	0.1248	0.1294	0.1332	0.1362	0.1408	0.1438	0.1459	0.1474	0.1485	0.1500	0.1516
4.2	0.1073	0.1147	0.1205	0.1251	0.1289	0.1319	0.1365	0.1396	0.1418	0.1434	0.1445	0.1462	0.1479
4.4	0.1035	0.1107	0.1164	0.1210	0.1248	0.1279	0.1325	0.1357	0.1379	0.1396	0.1407	0.1425	0.1444
4.6	0.1000	0.1070	0.1127	0.1172	0.1209	0.1240	0.1287	0.1319	0.1342	0.1359	0.1371	0.1390	0.1410
4.8	0.0967	0.1036	0.1091	0.1136	0.1173	0.1204	0.1250	0.1283	0.1307	0.1324	0.1337	0.1357	0.1379
5.0	0.0935	0.1003	0.1057	0.1102	0.1139	0.1169	0.1216	0.1249	0.1273	0.1291	0.1304	0.1325	0.1348
5.2	0.0906	0.0972	0.1026	0.1070	0.1106	0.1136	0.1183	0.1217	0.1241	0.1259	0.1273	0.1295	0.1320
5.4	0.0878	0.0943	0.0996	0.1039	0.1075	0.1105	0.1152	0.1186	0.1211	0.1229	0.1243	0.1265	0.1292
5.6	0.0852	0.0916	0.0968	0.1010	0.1046	0.1076	0.1122	0.1156	0.1181	0.1200	0.1215	0.1238	0.1266
5.8	0.0828	0.0890	0.0941	0.0983	0.1018	0.1047	0.1094	0.1128	0.1153	0.1172	0.1187	0.1211	0.1240
6.0	0.0805	0.0866	0.0916	0.0957	0.0991	0.1021	0.1067	0.1101	0.1126	0.1146	0.1161	0.1185	0.1216
6.2	0.0783	0.0842	0.0891	0.0932	0.0966	0.0995	0.1041	0.1075	0.1101	0.1120	0.1136	0.1161	0.1193
6.4	0.0762	0.0820	0.0869	0.0909	0.0942	0.0971	0.1016	0.1050	0.1076	0.1096	0.1111	0.1137	0.1171
6.6	0.0742	0.0799	0.0847	0.0886	0.0919	0.0948	0.0993	0.1027	0.1053	0.1073	0.1088	0.1114	0.1149
6.8	0.0723	0.0779	0.0826	0.0865	0.0898	0.0926	0.0970	0.1004	0.1030	0.1050	0.1066	0.1092	0.1129
7.0	0.0705	0.0761	0.0806	0.0844	0.0877	0.0904	0.0949	0.0982	0.1008	0.1028	0.1044	0.1071	0.1109
7.2	0.0688	0.0742	0.0787	0.0825	0.0857	0.0884	0.0928	0.0962	0.0987	0.1008	0.1023	0.1051	0.1090
7.4	0.0672	0.0725	0.0769	0.0806	0.0838	0.0865	0.0908	0.0942	0.0967	0.0988	0.1004	0.1031	0.1071
7.6	0.0656	0.0709	0.0752	0.0789	0.0820	0.0846	0.0889	0.0922	0.0948	0.0968	0.0984	0.1012	0.1054
7.8	0.0642	0.0693	0.0736	0.0771	0.0802	0.0828	0.0871	0.0904	0.0929	0.0950	0.0966	0.0994	0.1036
8.0	0.0627	0.0678	0.0720	0.0755	0.0785	0.0811	0.0853	0.0886	0.0912	0.0932	0.0948	0.0976	0.1020
8.2	0.0614	0.0663	0.0705	0.0739	0.0769	0.0795	0.0837	0.0869	0.0894	0.0914	0.0931	0.0959	0.1004
8.4	0.0601	0.0649	0.0690	0.0724	0.0754	0.0779	0.0820	0.0852	0.0878	0.0893	0.0914	0.0943	0.0938
8.6	0.0588	0.0636	0.0676	0.0710	0.0739	0.0764	0.0805	0.0836	0.0862	0.0882	0.0898	0.0927	0.0973
8.8	0.0576	0.0623	0.0663	0.0696	0.0724	0.0749	0.0790	0.0821	0.0846	0.0866	0.0882	0.0912	0.0959
9.2	0.0554	0.0599	0.0637	0.0670	0.0697	0.0721	0.0761	0.0792	0.0817	0.0837	0.0853	0.0882	0.0931
9.6	0.0533	0.0577	0.0614	0.0645	0.0672	0.0696	0.0734	0.0765	0.0789	0.0809	0.0825	0.0855	0.0905
10.0	0.0514	0.0556	0.0592	0.0622	0.0649	0.0672	0.0710	0.0739	0.0763	0.0783	0.0799	0.0829	0.0880
10.4	0.0496	0.0537	0.0572	0.0601	0.0627	0.0649	0.0686	0.0716	0.0739	0.0759	0.0775	0.0804	0.0857
10.8	0.0479	0.0519	0.0553	0.0581	0.0606	0.0628	0.0664	0.0693	0.0717	0.0736	0.0751	0.0781	0.0834
11.2	0.0463	0.0502	0.0535	0.0563	0.0587	0.0609	0.0644	0.0672	0.0695	0.0714	0.0730	0.0759	0.0813
11.6	0.0448	0.0486	0.0518	0.0545	0.0569	0.0590	0.0625	0.0652	0.0675	0.0694	0.0709	0.0738	0.0793
12.0	0.0435	0.0471	0.0502	0.0529	0.0552	0.0573	0.0606	0.0634	0.0656	0.0674	0.0690	0.0719	0.0774
12.8	0.0409	0.0444	0.0474	0.0499	0.0521	0.0541	0.0573	0.0599	0.0621	0.0639	0.0654	0.0682	0.0739
13.6	0.0387	0.0420	0.0448	0.0472	0.0493	0.0512	0.0543	0.0568	0.0589	0.0607	0.0621	0.0649	0.0707
14.4	0.0367	0.0398	0.0425	0.0448	0.0468	0.0486	0.0516	0.0540	0.0561	0.0577	0.0592	0.0619	0.0677
15.2	0.0349	0.0379	0.0404	0.0426	0.0446	0.0463	0.0492	0.0515	0.0535	0.0551	0.0565	0.0592	0.0650
16.0	0.0332	0.0361	0.0385	0.0407	0.0425	0.0442	0.0469	0.0492	0.0511	0.0527	0.0540	0.0567	0.0625
18.0	0.0297	0.0323	0.0345	0.0364	0.0381	0.0396	0.0422	0.0442	0.0460	0.0475	0.0487	0.0512	0.0570
20.0	0.0269	0.0292	0.0312	0.0330	0.0345	0.0359	0.0383	0.0402	0.0418	0.0432	0.0444	0.0468	0.0524

矩形面积上三角形分布荷载
作用下的附加应力系数 α 与
平均附加应力系数 $\bar{\alpha}$

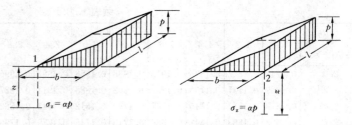

表 K.0.2

l/b	0.2				0.4				0.6				l/b
点	1		2		1		2		1		2		点
系数 z/b	α	$\bar{\alpha}$	α	$\bar{\alpha}$	α	$\bar{\alpha}$	α	$\bar{\alpha}$	α	$\bar{\alpha}$	α	$\bar{\alpha}$	系数 z/b
0.0	0.0000	0.0000	0.2500	0.2500	0.0000	0.0000	0.2500	0.2500	0.0000	0.0000	0.2500	0.2500	0.0
0.2	0.0223	0.0112	0.1821	0.2161	0.0280	0.0140	0.2115	0.2308	0.0296	0.0148	0.2165	0.2333	0.2
0.4	0.0269	0.0179	0.1094	0.1810	0.0420	0.0245	0.1604	0.2084	0.0487	0.0270	0.1781	0.2153	0.4
0.6	0.0259	0.0207	0.0700	0.1505	0.0448	0.0308	0.1165	0.1851	0.0560	0.0355	0.1405	0.1966	0.6
0.8	0.0232	0.0217	0.0480	0.1277	0.0421	0.0340	0.0853	0.1640	0.0553	0.0405	0.1093	0.1787	0.8
1.0	0.0201	0.0217	0.0346	0.1104	0.0375	0.0351	0.0638	0.1461	0.0508	0.0430	0.0852	0.1624	1.0
1.2	0.0171	0.0212	0.0260	0.0970	0.0324	0.0351	0.0491	0.1312	0.0450	0.0439	0.0673	0.1480	1.2
1.4	0.0145	0.0204	0.0202	0.0865	0.0278	0.0344	0.0386	0.1187	0.0392	0.0436	0.0540	0.1356	1.4
1.6	0.0123	0.0195	0.0160	0.0779	0.0238	0.0333	0.0310	0.1082	0.0339	0.0427	0.0440	0.1247	1.6
1.8	0.0105	0.0186	0.0130	0.0709	0.0204	0.0321	0.0254	0.0993	0.0294	0.0415	0.0363	0.1153	1.8
2.0	0.0090	0.0178	0.0108	0.0650	0.0176	0.0308	0.0211	0.0917	0.0255	0.0401	0.0304	0.1071	2.0
2.5	0.0063	0.0157	0.0072	0.0538	0.0125	0.0276	0.0140	0.0769	0.0183	0.0365	0.0205	0.0908	2.5
3.0	0.0046	0.0140	0.0051	0.0458	0.0092	0.0248	0.0100	0.0661	0.0135	0.0330	0.0148	0.0786	3.0
5.0	0.0018	0.0097	0.0019	0.0289	0.0036	0.0175	0.0038	0.0424	0.0054	0.0236	0.0056	0.0476	5.0
7.0	0.0009	0.0073	0.0010	0.0211	0.0019	0.0133	0.0019	0.0311	0.0028	0.0180	0.0029	0.0352	7.0
10.0	0.0005	0.0053	0.0004	0.0150	0.0009	0.0097	0.0010	0.0222	0.0014	0.0133	0.0014	0.0253	10.0
l/b	0.8				1.0				1.2				l/b
点	1		2		1		2		1		2		点
系数 z/b	α	$\bar{\alpha}$	α	$\bar{\alpha}$	α	$\bar{\alpha}$	α	$\bar{\alpha}$	α	$\bar{\alpha}$	α	$\bar{\alpha}$	系数 z/b
0.0	0.0000	0.0000	0.2500	0.2500	0.0000	0.0000	0.2500	0.2500	0.0000	0.0000	0.2500	0.2500	0.0
0.2	0.0301	0.0151	0.2178	0.2339	0.0304	0.0152	0.2182	0.2341	0.0305	0.0153	0.2184	0.2342	0.2
0.4	0.0517	0.0280	0.1844	0.2175	0.0531	0.0285	0.1870	0.2184	0.0539	0.0288	0.1881	0.2187	0.4
0.6	0.0621	0.0376	0.1520	0.2011	0.0654	0.0388	0.1575	0.2030	0.0673	0.0394	0.1602	0.2039	0.6
0.8	0.0637	0.0440	0.1232	0.1852	0.0688	0.0459	0.1311	0.1883	0.0720	0.0470	0.1355	0.1899	0.8
1.0	0.0602	0.0476	0.0996	0.1704	0.0666	0.0502	0.1086	0.1746	0.0708	0.0518	0.1143	0.1769	1.0
1.2	0.0546	0.0492	0.0807	0.1571	0.0615	0.0525	0.0901	0.1621	0.0664	0.0546	0.0962	0.1649	1.2
1.4	0.0483	0.0495	0.0661	0.1451	0.0554	0.0534	0.0751	0.1507	0.0606	0.0559	0.0817	0.1541	1.4
1.6	0.0424	0.0490	0.0547	0.1345	0.0492	0.0533	0.0628	0.1405	0.0545	0.0561	0.0696	0.1443	1.6
1.8	0.0371	0.0480	0.0457	0.1252	0.0435	0.0525	0.0534	0.1313	0.0487	0.0556	0.0596	0.1354	1.8
2.0	0.0324	0.0467	0.0387	0.1169	0.0384	0.0513	0.0456	0.1232	0.0434	0.0547	0.0513	0.1274	2.0
2.5	0.0236	0.0429	0.0265	0.1000	0.0284	0.0478	0.0318	0.1063	0.0326	0.0513	0.0365	0.1107	2.5
3.0	0.0176	0.0392	0.0192	0.0871	0.0214	0.0439	0.0233	0.0931	0.0249	0.0476	0.0270	0.0976	3.0
5.0	0.0071	0.0285	0.0074	0.0576	0.0088	0.0324	0.0091	0.0624	0.0104	0.0356	0.0108	0.0661	5.0
7.0	0.0038	0.0219	0.0038	0.0427	0.0047	0.0251	0.0047	0.0465	0.0056	0.0277	0.0056	0.0496	7.0
10.0	0.0019	0.0162	0.0019	0.0308	0.0023	0.0186	0.0024	0.0336	0.0028	0.0207	0.0028	0.0359	10.0

续表 K.0.2

z/b	1.4 点1 α	1.4 点1 ᾱ	1.4 点2 α	1.4 点2 ᾱ	1.6 点1 α	1.6 点1 ᾱ	1.6 点2 α	1.6 点2 ᾱ	1.8 点1 α	1.8 点1 ᾱ	1.8 点2 α	1.8 点2 ᾱ	z/b
0.0	0.0000	0.0000	0.2500	0.2500	0.0000	0.0000	0.2500	0.2500	0.0000	0.0000	0.2500	0.2500	0.0
0.2	0.0305	0.0153	0.2185	0.2343	0.0306	0.0153	0.2185	0.2343	0.0306	0.0153	0.2185	0.2343	0.2
0.4	0.0543	0.0289	0.1886	0.2189	0.0545	0.0290	0.1889	0.2190	0.0546	0.0290	0.1891	0.2190	0.4
0.6	0.0684	0.0397	0.1616	0.2043	0.0690	0.0399	0.1625	0.2046	0.0694	0.0400	0.1630	0.2047	0.6
0.8	0.0739	0.0476	0.1381	0.1907	0.0751	0.0480	0.1396	0.1912	0.0759	0.0482	0.1405	0.1915	0.8
1.0	0.0735	0.0528	0.1176	0.1781	0.0753	0.0534	0.1202	0.1789	0.0766	0.0538	0.1215	0.1794	1.0
1.2	0.0698	0.0560	0.1007	0.1666	0.0721	0.0568	0.1037	0.1678	0.0738	0.0574	0.1055	0.1684	1.2
1.4	0.0644	0.0575	0.0864	0.1562	0.0672	0.0586	0.0897	0.1576	0.0692	0.0594	0.0921	0.1585	1.4
1.6	0.0586	0.0580	0.0743	0.1467	0.0616	0.0594	0.0780	0.1484	0.0639	0.0603	0.0806	0.1494	1.6
1.8	0.0528	0.0578	0.0644	0.1381	0.0560	0.0593	0.0681	0.1400	0.0585	0.0604	0.0709	0.1413	1.8
2.0	0.0474	0.0570	0.0560	0.1303	0.0507	0.0587	0.0596	0.1324	0.0533	0.0599	0.0625	0.1338	2.0
2.5	0.0362	0.0540	0.0405	0.1139	0.0393	0.0560	0.0440	0.1163	0.0419	0.0575	0.0469	0.1180	2.5
3.0	0.0280	0.0503	0.0303	0.1008	0.0307	0.0525	0.0333	0.1033	0.0331	0.0541	0.0359	0.1052	3.0
5.0	0.0120	0.0382	0.0123	0.0690	0.0135	0.0403	0.0139	0.0714	0.0148	0.0421	0.0154	0.0734	5.0
7.0	0.0064	0.0299	0.0066	0.0520	0.0073	0.0318	0.0074	0.0541	0.0081	0.0333	0.0083	0.0558	7.0
10.0	0.0033	0.0224	0.0032	0.0379	0.0037	0.0239	0.0037	0.0395	0.0041	0.0252	0.0042	0.0409	10.0

z/b	2.0 点1 α	2.0 点1 ᾱ	2.0 点2 α	2.0 点2 ᾱ	3.0 点1 α	3.0 点1 ᾱ	3.0 点2 α	3.0 点2 ᾱ	4.0 点1 α	4.0 点1 ᾱ	4.0 点2 α	4.0 点2 ᾱ	z/b
0.0	0.0000	0.0000	0.2500	0.2500	0.0000	0.0000	0.2500	0.2500	0.0000	0.0000	0.2500	0.2500	0.0
0.2	0.0306	0.0153	0.2185	0.2343	0.0306	0.0153	0.2186	0.2343	0.0306	0.0153	0.2186	0.2343	0.2
0.4	0.0547	0.0290	0.1892	0.2191	0.0548	0.0290	0.1894	0.2192	0.0549	0.0291	0.1894	0.2192	0.4
0.6	0.0696	0.0401	0.1633	0.2048	0.0701	0.0402	0.1638	0.2050	0.0702	0.0402	0.1639	0.2050	0.6
0.8	0.0764	0.0483	0.1412	0.1917	0.0773	0.0486	0.1423	0.1920	0.0776	0.0487	0.1424	0.1920	0.8
1.0	0.0774	0.0540	0.1225	0.1797	0.0790	0.0545	0.1244	0.1803	0.0794	0.0546	0.1248	0.1803	1.0
1.2	0.0749	0.0577	0.1069	0.1689	0.0774	0.0584	0.1096	0.1697	0.0779	0.0586	0.1103	0.1699	1.2
1.4	0.0707	0.0599	0.0937	0.1591	0.0739	0.0609	0.0973	0.1603	0.0748	0.0612	0.0982	0.1605	1.4
1.6	0.0656	0.0609	0.0826	0.1502	0.0697	0.0623	0.0870	0.1517	0.0708	0.0626	0.0882	0.1521	1.6
1.8	0.0604	0.0611	0.0730	0.1422	0.0652	0.0628	0.0782	0.1441	0.0666	0.0633	0.0797	0.1445	1.8
2.0	0.0553	0.0608	0.0649	0.1348	0.0607	0.0629	0.0707	0.1371	0.0624	0.0634	0.0726	0.1377	2.0
2.5	0.0440	0.0586	0.0491	0.1193	0.0504	0.0614	0.0559	0.1223	0.0529	0.0623	0.0585	0.1233	2.5
3.0	0.0352	0.0554	0.0380	0.1067	0.0419	0.0589	0.0451	0.1104	0.0449	0.0600	0.0482	0.1116	3.0
5.0	0.0161	0.0435	0.0167	0.0749	0.0214	0.0480	0.0221	0.0797	0.0248	0.0500	0.0256	0.0817	5.0
7.0	0.0089	0.0347	0.0091	0.0572	0.0124	0.0391	0.0126	0.0619	0.0152	0.0414	0.0154	0.0642	7.0
10.0	0.0046	0.0263	0.0046	0.0403	0.0066	0.0302	0.0066	0.0462	0.0084	0.0325	0.0083	0.0485	10.0

z/b	l/b=6.0 点1 α	ᾱ	点2 α	ᾱ	l/b=8.0 点1 α	ᾱ	点2 α	ᾱ	l/b=10.0 点1 α	ᾱ	点2 α	ᾱ	z/b
0.0	0.0000	0.0000	0.2500	0.2500	0.0000	0.0000	0.2500	0.2500	0.0000	0.0000	0.2500	0.2500	0.0
0.2	0.0306	0.0153	0.2186	0.2343	0.0306	0.0153	0.2186	0.2343	0.0306	0.0153	0.2186	0.2343	0.2
0.4	0.0549	0.0291	0.1894	0.2192	0.0549	0.0291	0.1894	0.2192	0.0549	0.0291	0.1894	0.2192	0.4
0.6	0.0702	0.0402	0.1640	0.2050	0.0702	0.0402	0.1640	0.2050	0.0702	0.0402	0.1640	0.2050	0.6
0.8	0.0776	0.0487	0.1426	0.1921	0.0776	0.0487	0.1426	0.1921	0.0776	0.0487	0.1426	0.1921	0.8
1.0	0.0795	0.0546	0.1250	0.1804	0.0796	0.0546	0.1250	0.1804	0.0796	0.0546	0.1250	0.1804	1.0
1.2	0.0782	0.0587	0.1105	0.1700	0.0783	0.0587	0.1105	0.1700	0.0783	0.0587	0.1105	0.1700	1.2
1.4	0.0752	0.0613	0.0986	0.1606	0.0752	0.0613	0.0987	0.1606	0.0753	0.0613	0.0987	0.1606	1.4
1.6	0.0714	0.0628	0.0887	0.1523	0.0715	0.0628	0.0888	0.1523	0.0715	0.0628	0.0889	0.1523	1.6
1.8	0.0673	0.0635	0.0805	0.1447	0.0675	0.0635	0.0806	0.1448	0.0675	0.0635	0.0808	0.1448	1.8
2.0	0.0634	0.0637	0.0734	0.1380	0.0636	0.0638	0.0736	0.1380	0.0636	0.0638	0.0738	0.1380	2.0
2.5	0.0543	0.0627	0.0601	0.1237	0.0547	0.0628	0.0604	0.1238	0.0548	0.0628	0.0605	0.1239	2.5
3.0	0.0469	0.0607	0.0504	0.1123	0.0474	0.0609	0.0509	0.1124	0.0476	0.0609	0.0511	0.1125	3.0
5.0	0.0283	0.0515	0.0290	0.0833	0.0296	0.0519	0.0303	0.0837	0.0301	0.0521	0.0309	0.0839	5.0
7.0	0.0186	0.0435	0.0190	0.0663	0.0204	0.0442	0.0207	0.0671	0.0212	0.0445	0.0216	0.0674	7.0
10.0	0.0111	0.0349	0.0111	0.0509	0.0128	0.0359	0.0130	0.0520	0.0139	0.0364	0.0141	0.0526	10.0

表 K.0.3 圆形面积上均布荷载作用下中点的附加应力系数 α 与平均附加应力系数 $\bar{\alpha}$

z/r	圆形 α	ᾱ	z/r	圆形 α	ᾱ
0.0	1.000	1.000	2.6	0.187	0.560
0.1	0.999	1.000	2.7	0.175	0.546
0.2	0.992	0.998	2.8	0.165	0.532
0.3	0.976	0.993	2.9	0.155	0.519
0.4	0.949	0.986	3.0	0.146	0.507
0.5	0.911	0.974	3.1	0.138	0.495
0.6	0.864	0.960	3.2	0.130	0.484
0.7	0.811	0.942	3.3	0.124	0.473
0.8	0.756	0.923	3.4	0.117	0.463
0.9	0.701	0.901	3.5	0.111	0.453
1.0	0.647	0.878	3.6	0.106	0.443
1.1	0.595	0.855	3.7	0.101	0.434
1.2	0.547	0.831	3.8	0.096	0.425
1.3	0.502	0.808	3.9	0.091	0.417
1.4	0.461	0.784	4.0	0.087	0.409
1.5	0.424	0.762	4.1	0.083	0.401
1.6	0.390	0.739	4.2	0.079	0.393
1.7	0.360	0.718	4.3	0.076	0.386
1.8	0.332	0.697	4.4	0.073	0.379
1.9	0.307	0.677	4.5	0.070	0.372
2.0	0.285	0.658	4.6	0.067	0.365
2.1	0.264	0.640	4.7	0.064	0.359
2.2	0.245	0.623	4.8	0.062	0.353
2.3	0.229	0.606	4.9	0.059	0.347
2.4	0.210	0.590	5.0	0.057	0.341
2.5	0.200	0.574			

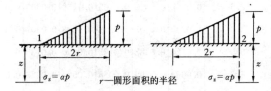

$\sigma_z = \alpha p$ r——圆形面积的半径 $\sigma_z = \alpha p$

表 K.0.4 圆形面积上三角形分布荷载作用下边点的附加应力系数 α 与平均附加应力系数 $\bar{\alpha}$

z/r	点1 α	ᾱ	点2 α	ᾱ
0.0	0.000	0.000	0.500	0.500
0.1	0.016	0.008	0.465	0.483
0.2	0.031	0.016	0.433	0.466
0.3	0.044	0.023	0.403	0.450
0.4	0.054	0.030	0.376	0.435
0.5	0.063	0.035	0.349	0.420
0.6	0.071	0.041	0.324	0.406
0.7	0.078	0.045	0.300	0.393
0.8	0.083	0.050	0.279	0.380
0.9	0.088	0.054	0.258	0.368
1.0	0.091	0.057	0.238	0.356
1.1	0.092	0.061	0.221	0.344
1.2	0.093	0.063	0.205	0.333
1.3	0.092	0.065	0.190	0.323
1.4	0.091	0.067	0.177	0.313
1.5	0.089	0.069	0.165	0.303
1.6	0.087	0.070	0.154	0.294
1.7	0.085	0.071	0.144	0.286
1.8	0.083	0.072	0.134	0.278
1.9	0.080	0.072	0.126	0.270
2.0	0.078	0.073	0.117	0.263

续表 K.0.4

点	1		2	
系数 z/r	α	$\bar{\alpha}$	α	$\bar{\alpha}$
2.1	0.075	0.073	0.110	0.255
2.2	0.072	0.073	0.104	0.249
2.3	0.070	0.073	0.097	0.242
2.4	0.067	0.073	0.091	0.236
2.5	0.064	0.072	0.086	0.230
2.6	0.062	0.072	0.081	0.225
2.7	0.059	0.071	0.078	0.219
2.8	0.057	0.071	0.074	0.214
2.9	0.055	0.070	0.070	0.209
3.0	0.052	0.070	0.067	0.204
3.1	0.050	0.069	0.064	0.200
3.2	0.048	0.069	0.061	0.196
3.3	0.046	0.068	0.059	0.192
3.4	0.045	0.067	0.055	0.188
3.5	0.043	0.067	0.053	0.184
3.6	0.041	0.066	0.051	0.180
3.7	0.040	0.065	0.048	0.177
3.8	0.038	0.065	0.046	0.173
3.9	0.037	0.064	0.043	0.170
4.0	0.036	0.063	0.041	0.167
4.2	0.033	0.062	0.038	0.161
4.4	0.031	0.061	0.034	0.155
4.6	0.029	0.059	0.031	0.150
4.8	0.027	0.058	0.029	0.145
5.0	0.025	0.057	0.027	0.140

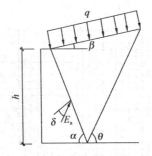

图 L.0.1 计算简图

的填土质量应满足下列规定:

1 Ⅰ类 碎石土,密实度应为中密及以上,干密度应大于或等于2000kg/m³;

2 Ⅱ类 砂土,包括砾砂、粗砂、中砂,其密实度应为中密及以上,干密度应大于或等于1650kg/m³;

3 Ⅲ类 黏土夹块石,干密度应大于或等于1900kg/m³;

4 Ⅳ类 粉质黏土,干密度应大于或等于1650kg/m³。

附录 L 挡土墙主动土压力系数 k_a

L.0.1 挡土墙在土压力作用下,其主动压力系数应按下列公式计算:

$$k_a = \frac{\sin(\alpha+\beta)}{\sin^2\alpha\sin^2(\alpha+\beta-\varphi-\delta)}\{k_q[\sin(\alpha+\beta)\sin(\alpha-\delta)$$
$$+\sin(\varphi+\delta)\sin(\varphi-\beta)]$$
$$+2\eta\sin\alpha\cos\varphi\cos(\alpha+\beta-\varphi-\delta)$$
$$-2[(k_q\sin(\alpha+\beta)\sin(\varphi-\beta)+\eta\sin\alpha\cos\varphi)$$
$$(k_q\sin(\alpha-\delta)\sin(\varphi+\delta)$$
$$+\eta\sin\alpha\cos\varphi)]^{1/2}\} \quad\quad\text{(L.0.1-1)}$$

$$k_q = 1 + \frac{2q}{\gamma h}\frac{\sin\alpha\cos\beta}{\sin(\alpha+\beta)} \quad\quad\text{(L.0.1-2)}$$

$$\eta = \frac{2c}{\gamma h} \quad\quad\text{(L.0.1-3)}$$

式中:q——地表均布荷载(kPa),以单位水平投影面上的荷载强度计算。

L.0.2 对于高度小于或等于5m的挡土墙,当填土质量满足设计要求且排水条件符合本规范第6.7.1条的要求时,其主动土压力系数可按图L.0.2查得,当地下水丰富时,应考虑水压力的作用。

L.0.3 按图L.0.2查主动土压力系数时,图中土类

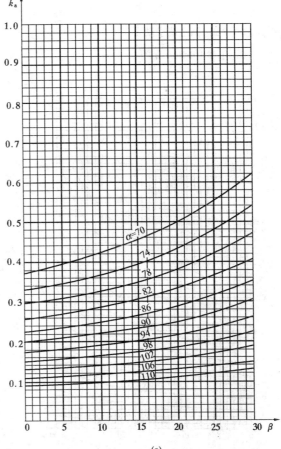

(a)

图 L.0.2-1 挡土墙主动土压力系数 k_a(一)

(a) Ⅰ类土土压力系数 $\left(\delta=\frac{1}{2}\varphi,\ q=0\right)$

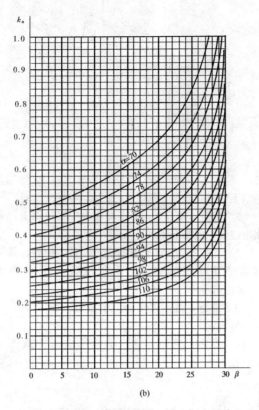

(b)

图 L.0.2-2　挡土墙主动土压力系数 k_a（二）

(b) Ⅱ类土土压力系数 $\left(\delta=\dfrac{1}{2}\varphi,\ q=0\right)$

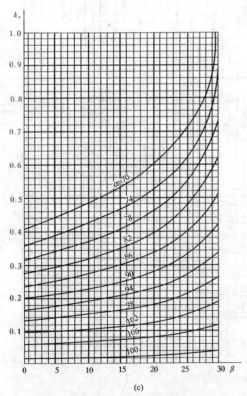

(c)

图 L.0.2-3　挡土墙主动土压力系数 k_a（三）

(c) Ⅲ类土土压力系数 $\left(\delta=\dfrac{1}{2}\varphi,\ q=0,\ H=5\mathrm{m}\right)$

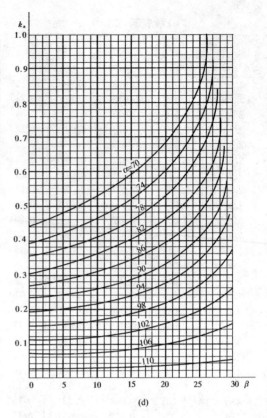

(d)

图 L.0.2-4　挡土墙主动土压力系数 k_a（四）

(d) Ⅳ类土土压力系数 $\left(\delta=\dfrac{1}{2}\varphi,\ q=0,\ H=5\mathrm{m}\right)$

附录 M　岩石锚杆抗拔试验要点

M.0.1　在同一场地同一岩层中的锚杆，试验数不得少于总锚杆的 5%，且不应少于 6 根。

M.0.2　试验采用分级加载，荷载分级不得少于 8 级。试验的最大加载量不应少于锚杆设计荷载的 2 倍。

M.0.3　每级荷载施加完毕后，应立即测读位移量。以后每间隔 5min 测读一次。连续 4 次测读出的锚杆拔升值均小于 0.01mm 时，认为在该级荷载下的位移已达到稳定状态，可继续施加下一级上拔荷载。

M.0.4　当出现下列情况之一时，即可终止锚杆的上拔试验：

　　1　锚杆拔升值持续增长，且在 1h 内未出现稳定的迹象；

　　2　新增加的上拔力无法施加，或者施加后无法使上拔力保持稳定；

　　3　锚杆的钢筋已被拔断，或者锚杆锚筋被拔出。

M.0.5　符合上述终止条件的前一级上拔荷载，即为该锚杆的极限抗拔力。

M.0.6　参加统计的试验锚杆，当满足其极差不超过平均值的 30% 时，可取其平均值为锚杆极限承载力。极差超过平均值的 30% 时，宜增加试验量并分析极差过大的原因，结合工程情况确定极限承载力。

M.0.7 将锚杆极限承载力除以安全系数 2 为锚杆抗拔承载力特征值（R_t）。

M.0.8 锚杆钻孔时，应利用钻孔取出的岩芯加工成标准试件，在天然湿度条件下进行岩石单轴抗压试验，每根试验锚杆的试样数不得少于 3 个。

M.0.9 试验结束后，必须对锚杆试验现场的破坏情况进行详尽的描述和拍摄照片。

附录 N　大面积地面荷载作用下地基附加沉降量计算

N.0.1 由地面荷载引起柱基内侧边缘中点的地基附加沉降计算值可按分层总和法计算，其计算深度按本规范公式（5.3.7）确定。

N.0.2 参与计算的地面荷载包括地面堆载和基础完工后的新填土，地面荷载应按均布荷载考虑，其计算范围：横向取 5 倍基础宽度，纵向为实际堆载长度。其作用面在基底平面处。

N.0.3 当荷载范围横向宽度超过 5 倍基础宽度时，按 5 倍基础宽度计算。小于 5 倍基础宽度或荷载不均匀时，应换算成宽度为 5 倍基础宽度的等效均布地面荷载计算。

N.0.4 换算时，将柱基两侧地面荷载按每段为 0.5 倍基础宽度分成 10 个区段（图 N.0.4），然后按式（N.0.4）计算等效均布地面荷载。当等效均布地面荷载为正值时，说明柱基将发生内倾；为负值时，将发生外倾。

$$q_{eq} = 0.8\left[\sum_{i=0}^{10} \beta_i q_i - \sum_{i=0}^{10} \beta_i p_i\right] \quad (N.0.4)$$

式中：q_{eq}——等效均布地面荷载（kPa）；

　　　β_i——第 i 区段的地面荷载换算系数，按表 N.0.4 查取；

　　　q_i——柱内侧第 i 区段内的平均地面荷载（kPa）；

　　　p_i——柱外侧第 i 区段内的平均地面荷载（kPa）。

表 N.0.4　地面荷载换算系数 β_i

区段	0	1	2	3	4	5	6	7	8	9	10
$\dfrac{a}{5b}\geqslant 1$	0.30	0.29	0.22	0.15	0.10	0.08	0.06	0.04	0.03	0.02	0.01
$\dfrac{a}{5b}<1$	0.52	0.40	0.30	0.13	0.08	0.05	0.02	0.01	0.01	—	—

注：a、b 见本规范表 7.5.5。

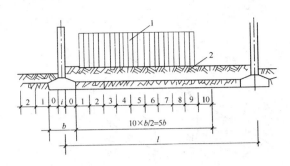

图 N.0.4　地面荷载区段划分
1—地面堆载；2—大面积填土

附录 P　冲切临界截面周长及极惯性矩计算公式

P.0.1 冲切临界截面的周长 u_m 以及冲切临界截面对其重心的极惯性矩 I_s，应根据柱所处的部位分别按下列公式进行计算：

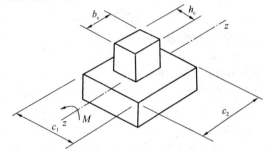

图 P.0.1-1

1 对于内柱，应按下列公式进行计算：

$$u_m = 2c_1 + 2c_2 \quad (P.0.1-1)$$

$$I_s = \frac{c_1 h_0^3}{6} + \frac{c_1^3 h_0}{6} + \frac{c_2 h_0 c_1^2}{2} \quad (P.0.1-2)$$

$$c_1 = h_c + h_0 \quad (P.0.1-3)$$

$$c_2 = b_c + h_0 \quad (P.0.1-4)$$

$$c_{AB} = \frac{c_1}{2} \quad (P.0.1-5)$$

式中：h_c——与弯矩作用方向一致的柱截面的边长（m）；

　　　b_c——垂直于 h_c 的柱截面边长（m）。

2 对于边柱，应按式（P.0.1-6）～式（P.0.1-11）进行计算。公式（P.0.1-6）～式（P.0.1-11）适用于柱外侧齐筏板边缘的边柱。对外伸式筏板，边柱柱下筏板冲切临界截面的计算模式应根据边柱外侧筏板的悬挑长度和柱子的边长确定。当边柱外侧的悬挑长度小于或等于（$h_0 + 0.5 b_c$）时，冲切临界截面可计算至垂直于自由边的板端，计算 c_1 及 I_s 值时应计及边柱外侧的悬挑长度；当边柱外侧筏板的悬挑长度大于（$h_0 + 0.5 b_c$）时，边柱柱下筏板冲切临界截面的计算模式同内柱。

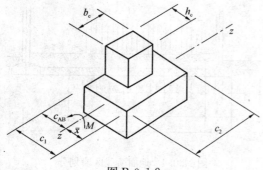

图 P.0.1-2

$$u_m = 2c_1 + c_2 \qquad (P.0.1\text{-}6)$$

$$I_s = \frac{c_1 h_0^3}{6} + \frac{c_1^3 h_0}{6} + 2h_0 c_1 \left(\frac{c_1}{2} - \overline{X}\right)^2 + c_2 h_0 \overline{X}^2 \qquad (P.0.1\text{-}7)$$

$$c_1 = h_c + \frac{h_0}{2} \qquad (P.0.1\text{-}8)$$

$$c_2 = b_c + h_0 \qquad (P.0.1\text{-}9)$$

$$c_{AB} = c_1 - \overline{X} \qquad (P.0.1\text{-}10)$$

$$\overline{X} = \frac{c_1^2}{2c_1 + c_2} \qquad (P.0.1\text{-}11)$$

式中：$\overline{X}$——冲切临界截面重心位置（m）。

3 对于角柱，应按式（P.0.1-12）～式（P.0.1-17）进行计算。公式（P.0.1-12）～式（P.0.1-17）适用于柱两相邻外侧筏板边缘齐平的角柱。对外伸式筏板，角柱柱下筏板冲切临界截面的计算模式应根据角柱外侧筏板的悬挑长度和柱子的边长确定。当角柱两相邻外侧筏板的悬挑长度分别小于或等于（$h_0 + 0.5b_c$）和（$h_0 + 0.5h_c$）时，冲切临界截面可计算至垂直于自由边的板端，计算 c_1、c_2 及 I_s 值应计及角柱外侧筏板的悬挑长度；当角柱两相邻外侧筏板的悬挑长度大于（$h_0 + 0.5b_c$）和（$h_0 + 0.5h_c$）时，角柱柱下筏板冲切临界截面的计算模式同内柱。

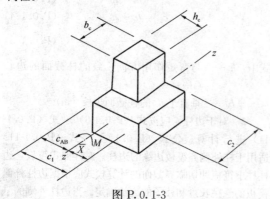

图 P.0.1-3

$$u_m = c_1 + c_2 \qquad (P.0.1\text{-}12)$$

$$I_s = \frac{c_1 h_0^3}{12} + \frac{c_1^3 h_0}{12} + c_1 h_0 \left(\frac{c_1}{2} - \overline{X}\right)^2 + c_2 h_0 \overline{X}^2 \qquad (P.0.1\text{-}13)$$

$$c_1 = h_c + \frac{h_0}{2} \qquad (P.0.1\text{-}14)$$

$$c_2 = b_c + \frac{h_0}{2} \qquad (P.0.1\text{-}15)$$

$$c_{AB} = c_1 - \overline{X} \qquad (P.0.1\text{-}16)$$

$$\overline{X} = \frac{c_1^2}{2c_1 + 2c_2} \qquad (P.0.1\text{-}17)$$

附录 Q 单桩竖向静载荷试验要点

Q.0.1 单桩竖向静载荷试验的加载方式，应按慢速维持荷载法。

Q.0.2 加载反力装置宜采用锚桩，当采用堆载时应符合下列规定：

1 堆载加于地基的压应力不宜超过地基承载力特征值。

2 堆载的限值可根据其对试桩和对基准桩的影响确定。

3 堆载量大时，宜利用桩（可利用工程桩）作为堆载的支点。

4 试验反力装置的最大抗拔或承重能力应满足试验加荷的要求。

Q.0.3 试桩、锚桩（压重平台支座）和基准桩之间的中心距离应符合表 Q.0.3 的规定。

表 Q.0.3 试桩、锚桩和基准桩之间的中心距离

反力系统	试桩与锚桩（或压重平台支座墩边）	试桩与基准桩	基准桩与锚桩（或压重平台支座墩边）
锚桩横梁反力装置压重平台反力装置	≥4d 且 >2.0m	≥4d 且 >2.0m	≥4d 且 >2.0m

注：d—试桩或锚桩的设计直径，取其较大者（如试桩或锚桩为扩底桩时，试桩与锚桩的中心距尚不应小于 2 倍扩大端直径）。

Q.0.4 开始试验的时间：预制桩在砂土中入土 7d 后。黏性土不得少于 15d。对于饱和软黏土不得少于 25d。灌注桩应在桩身混凝土达到设计强度后，才能进行。

Q.0.5 加荷分级不应小于 8 级，每级加载量宜为预估极限荷载的 $1/8 \sim 1/10$。

Q.0.6 测读桩沉降量的间隔时间：每级加载后，每第 5min、10min、15min 时各测读一次，以后每隔 15min 读一次，累计 1h 后每隔半小时读一次。

Q.0.7 在每级荷载作用下，桩的沉降量连续两次在每小时内小于 0.1mm 时可视为稳定。

Q.0.8 符合下列条件之一时即可终止加载：

1 当荷载-沉降（Q-s）曲线上有可判定极限承

载力的陡降段，且桩顶总沉降量超过 40mm；

2 $\frac{\Delta s_{n+1}}{\Delta s_n} \geqslant 2$，且经 24h 尚未达到稳定；

3 25m 以上的非嵌岩桩，Q-s 曲线呈缓变型时，桩顶总沉降量大于 60mm～80mm；

4 在特殊条件下，可根据具体要求加载至桩顶总沉降量大于 100mm。

注：1 Δs_n——第 n 级荷载的沉降量；

Δs_{n+1}——第 $n+1$ 级荷载的沉降量；

2 桩底支承在坚硬岩（土）层上，桩的沉降量很小时，最大加载量不应小于设计荷载的两倍。

Q.0.9 卸载及卸载观测应符合下列规定：

1 每级卸载值为加载值的两倍；

2 卸载后隔 15min 测读一次，读两次后，隔半小时再读一次，即可卸下一级荷载；

3 全部卸载后，隔 3h 再测读一次。

Q.0.10 单桩竖向极限承载力应按下列方法确定：

1 作荷载-沉降（Q-s）曲线和其他辅助分析所需的曲线。

2 当陡降段明显时，取相应于陡降段起点的荷载值。

3 当出现本附录 Q.0.8 第 2 款的情况时，取前一级荷载值。

4 Q-s 曲线呈缓变型时，取桩顶总沉降量 $s=$ 40mm 所对应的荷载值，当桩长大于 40m 时，宜考虑桩身的弹性压缩。

5 按上述方法判断有困难时，可结合其他辅助分析方法综合判定。对桩基沉降有特殊要求者，应根据具体情况选取。

6 参加统计的试桩，当满足其极差不超过平均值的 30% 时，可取其平均值为单桩竖向极限承载力；极差超过平均值的 30% 时，宜增加试桩数量并分析极差过大的原因，结合工程具体情况确定极限承载力。对桩数为 3 根及 3 根以下的柱下桩台，取最小值。

Q.0.11 将单桩竖向极限承载力除以安全系数 2，为单桩竖向承载力特征值（R_a）。

附录 R 桩基础最终沉降量计算

R.0.1 桩基础最终沉降量的计算采用单向压缩总和法：

$$s = \psi_p \sum_{j=1}^{m} \sum_{i=1}^{n_j} \frac{\sigma_{j,i} \Delta h_{j,i}}{E_{sj,i}} \qquad (R.0.1)$$

式中：s——桩基最终计算沉降量（mm）；

m——桩端平面以下压缩层范围内土层总数；

$E_{sj,i}$——桩端平面下第 j 层土第 i 个分层在自重应

力至自重应力加附加应力作用段的压缩模量（MPa）；

n_j——桩端平面下第 j 层土的计算分层数；

$\Delta h_{j,i}$——桩端平面下第 j 层土的第 i 个分层厚度，（m）；

$\sigma_{j,i}$——桩端平面下第 j 层土第 i 个分层的竖向附加应力（kPa），可分别按本附录第 R.0.2 条或第 R.0.4 条的规定计算；

ψ_p——桩基沉降计算经验系数，各地区应根据当地的工程实测资料统计对比确定。

R.0.2 采用实体深基础计算桩基础最终沉降量时，采用单向压缩分层总和法按本规范第 5.3.5 条～第 5.3.8 条的有关公式计算。

R.0.3 本规范公式（5.3.5）中附加压力计算，应为桩底平面处的附加压力。实体基础的支承面积可按图 R.0.3 采用。实体深基础桩基沉降计算经验系数 ψ_{ps} 应根据地区桩基础沉降观测资料及经验统计确定。在不具备条件时，ψ_{ps} 值可按表 R.0.3 选用。

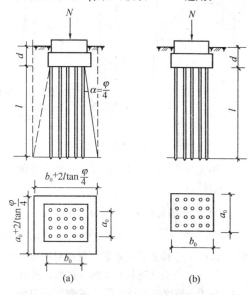

图 R.0.3 实体深基础的底面积

表 R.0.3 实体深基础计算桩基沉降经验系数 ψ_{ps}

$\overline{E}_s$（MPa）	≤15	25	35	≥45
ψ_{ps}	0.5	0.4	0.35	0.25

注：表内数值可以内插。

R.0.4 采用明德林应力公式方法进行桩基础沉降计算时，应符合下列规定：

1 采用明德林应力公式计算地基中的某点的竖向附加应力值时，可将各根桩在该点所产生的附加应力，逐根叠加按下式计算：

$$\sigma_{j,i} = \sum_{k=1}^{n} (\sigma_{zp,k} + \sigma_{zs,k}) \qquad (R.0.4\text{-}1)$$

式中：$\sigma_{zp,k}$——第 k 根桩的端阻力在深度 z 处产生的应力（kPa）；

$\sigma_{zs,k}$——第 k 根桩的侧摩阻力在深度 z 处产生的应力（kPa）。

2 第 k 根桩的端阻力在深度 z 处产生的应力可按下式计算：

$$\sigma_{zp,k} = \frac{\alpha Q}{l^2} I_{p,k} \qquad (R.0.4-2)$$

式中：Q——相应于作用的准永久组合时，轴心竖向力作用下单桩的附加荷载（kN）；由桩端阻力 Q_p 和桩侧摩阻力 Q_s 共同承担，且 $Q_p = \alpha Q$，α 是桩端阻力比；桩的端阻力假定为集中力，桩侧摩阻力可假定为沿桩身均匀分布和沿桩身线性增长分布两种形式组成，其值分别为 βQ 和（$1-\alpha-\beta$）Q，如图 R.0.4 所示；

l——桩长（m）；

$I_{p,k}$——应力影响系数，可用对明德林应力公式进行积分的方式推导得出。

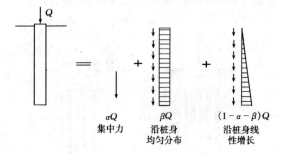

图 R.0.4 单桩荷载分担

3 第 k 根桩的侧摩阻力在深度 z 处产生的应力可按下式计算：

$$\sigma_{zs,k} = \frac{Q}{l^2} \left[\beta I_{s1,k} + (1-\alpha-\beta) I_{s2,k} \right] \qquad (R.0.4-3)$$

式中：I_{s1}, I_{s2}——应力影响系数，可用对明德林应力公式进行积分的方式推导得出。

4 对于一般摩擦型桩可假定桩侧摩阻力全部是沿桩身线性增长的（即 $\beta = 0$），则（R.0.4-3）式可简化为：

$$\sigma_{zs,k} = \frac{Q}{l^2}(1-\alpha) I_{s2,k} \qquad (R.0.4-4)$$

5 对于桩顶的集中力：

$$I_p = \frac{1}{8\pi(1-\nu)} \left\{ \frac{(1-2\nu)(m-1)}{A^3} - \frac{(1-2\nu)(m-1)}{B^3} \right.$$
$$+ \frac{3(m-1)^3}{A^5}$$
$$+ \frac{3(3-4\nu)m(m+1)^2 - 3(m+1)(5m-1)}{B^5}$$
$$\left. + \frac{30m(m+1)^3}{B^7} \right\} \qquad (R.0.4-5)$$

6 对于桩侧摩阻力沿桩身均匀分布的情况：

$$I_{s1} = \frac{1}{8\pi(1-\nu)} \left\{ \frac{2(2-\nu)}{A} \right.$$
$$- \frac{2(2-\nu) + 2(1-2\nu)(m^2/n^2 + m/n^2)}{B}$$
$$+ \frac{(1-2\nu)2(m/n)^2}{F} - \frac{n^2}{A^3}$$
$$- \frac{4m^2 - 4(1+\nu)(m/n)^2 m^2}{F^3}$$
$$- \frac{4m(1+\nu)(m+1)(m/n+1/n)^2 - (4m^2+n^2)}{B^3}$$
$$\left. + \frac{6m^2(m^4-n^4)/n^2}{F^5} - \frac{6m[mn^2 - (m+1)^5/n^2]}{B^5} \right\}$$
$$(R.0.4-6)$$

7 对于桩侧摩阻力沿桩身线性增长的情况：

$$I_{s2} = \frac{1}{4\pi(1-\nu)} \left\{ \frac{2(2-\nu)}{A} \right.$$
$$- \frac{2(2-\nu)(4m+1) - 2(1-2\nu)(1+m)m^2/n^2}{B}$$
$$- \frac{2(1-2\nu)m^3/n^2 - 8(2-\nu)m}{F} - \frac{mn^2 + (m-1)^3}{A^3}$$
$$- \frac{4\nu n^2 m + 4m^3 - 15n^2 m - 2(5+2\nu)(m/n)^2(m+1)^3 + (m+1)^3}{B^3}$$
$$- \frac{2(7-2\nu)mn^2 - 6m^3 + 2(5+2\nu)(m/n)^2 m^3}{F^3}$$
$$- \frac{6mn^2(n^2-m^2) + 12(m/n)^2(m+1)^5}{B^5}$$
$$+ \frac{12(m/n)^2 m^5 + 6mn^2(n^2-m^2)}{F^5}$$
$$\left. + 2(2-\nu)\ln\left(\frac{A+m-1}{F+m} \times \frac{B+m+1}{F+m} \right) \right\}$$
$$(R.0.4-7)$$

式中：$A = [n^2 + (m-1)^2]^{\frac{1}{2}}$、$B = [n^2 + (m+1)^2]^{\frac{1}{2}}$、$F = \sqrt{n^2 + m^2}$，$n = r/l$、$m = z/l$；

ν——地基土的泊松比；

r——计算点离桩身轴线的水平距离（m）；

z——计算应力点离承台底面的竖向距离（m）。

8 将公式（R.0.4-1）～公式（R.0.4-4）代入公式（R.0.1），得到单向压缩分层总和法沉降计算公式：

$$s = \psi_{pm} \frac{Q}{l^2} \sum_{j=1}^{m} \sum_{i=1}^{n_j} \frac{\Delta h_{j,i}}{E_{sj,i}} \sum_{k=1}^{K} \left[\alpha I_{p,k} + (1-\alpha) I_{s2,k} \right]$$
$$(R.0.4-8)$$

R.0.5 采用明德林应力公式计算桩基础最终沉降量时，相应于作用的准永久组合时，轴心竖向力作用下单桩附加荷载的桩端阻力比 α 和桩基沉降计算经验系数 ψ_{pm} 应根据当地工程的实测资料统计确定。无地区经验时，ψ_{pm} 值可按表 R.0.5 选用。

表 R.0.5　明德林应力公式方法计算桩基沉降经验系数 ψ_{pm}

$\overline{E}_s$（MPa）	≤15	25	35	≥40
ψ_{pm}	1.00	0.8	0.6	0.3

注：表内数值可以内插。

附录 S　单桩水平载荷试验要点

S.0.1　单桩水平静载荷试验宜采用多循环加卸载试验法，当需要测量桩身应力或应变时宜采用慢速维持荷载法。

S.0.2　施加水平作用力的作用点宜与实际工程承台底面标高一致。试桩的竖向垂直度偏差不宜大于 1%。

S.0.3　采用千斤顶顶推或采用牵引法施加水平力。力作用点与试桩接触处宜安设球形铰，并保证水平作用力与试桩轴线位于同一平面。

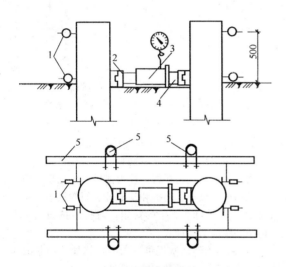

图 S.0.3　单桩水平静载荷试验示意

1—百分表；2—球铰；3—千斤顶；4—垫块；5—基准梁

S.0.4　桩的水平位移宜采用位移传感器或大量程百分表测量，在力作用水平面试桩两侧应对称安装两个百分表或位移传感器。

S.0.5　固定百分表的基准桩应设置在试桩及反力结构影响范围以外。当基准桩设置在与加荷轴线垂直方向上或试桩位移相反方向上，净距可适当减小，但不宜小于 2m。

S.0.6　采用顶推法时，反力结构与试桩之间净距不宜小于 3 倍试桩直径，采用牵引法时不宜小于 10 倍试桩直径。

S.0.7　多循环加载时，荷载分级宜取设计或预估极限水平承载力的 1/10～1/15。每级荷载施加后，维持恒载 4min 测读水平位移，然后卸载至零，停 2min 测读水平残余位移，至此完成一个加卸载循环，如此循环 5 次即完成一级荷载的试验观测。试验不得中途停歇。

S.0.8　慢速维持荷载法的加卸载分级、试验方法及稳定标准应符合本规范第 Q.0.5 条、第 Q.0.6 条、第 Q.0.7 条的规定。

S.0.9　当出现下列情况之一时，可终止加载：

　　1　在恒定荷载作用下，水平位移急剧增加；

　　2　水平位移超过 30mm～40mm（软土或大直径桩时取高值）；

　　3　桩身折断。

S.0.10　单桩水平极限荷载 H_u 可按下列方法综合确定：

　　1　取水平力-时间-位移（$H_0 - t - X_0$）曲线明显陡变的前一级荷载为极限荷载（图 S.0.10-1）；慢速维持荷载法取 $H_0 - X_0$ 曲线产生明显陡变的起始点对应的荷载为极限荷载；

　　2　取水平力-位移梯度（$H_0 - \Delta X_0/\Delta H_0$）曲线第二直线段终点对应的荷载为极限荷载（图 S.0.10-2）；

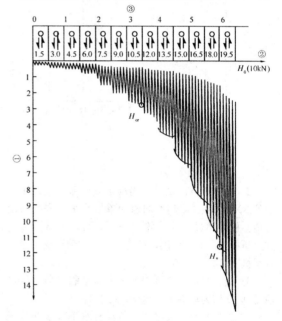

图 S.0.10-1　$H_0 - t - X_0$ 曲线

①—水平位移 X_0（mm）；②—水平力；③—时间 t（h）

　　3　取桩身折断的前一级荷载为极限荷载（图 S.0.10-3）；

　　4　按上述方法判断有困难时，可结合其他辅助分析方法综合判定；

　　5　极限承载力统计取值方法应符合本规范第 Q.0.10 条的有关规定。

S.0.11　单桩水平承载力特征值应按以下方法综合确定：

　　1　单桩水平临界荷载（H_{cr}）可取 $H_0 - \Delta X_0/$

ΔH_0 曲线第一直线段终点或 H_0-σ_g 曲线第一拐点所对应的荷载（图 S.0.10-2、图 S.0.10-3）。

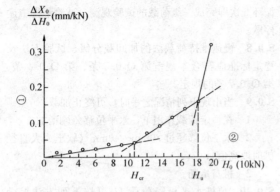

图 S.0.10-2 H_0-$\Delta X_0/\Delta H_0$ 曲线
①—位移梯度；②—水平力

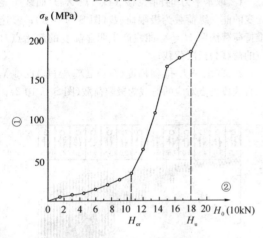

图 S.0.10-3 H_0-σ_g 曲线
①—最大弯矩点钢筋应力；②—水平力

2 参加统计的试桩，当满足其极差不超过平均值的 30% 时，可取其平均值为单桩水平极限荷载统计值。极差超过平均值的 30% 时，宜增加试桩数量并分析极差过大的原因，结合工程具体情况确定单桩水平极限荷载统计值。

3 当桩身不允许裂缝时，取水平临界荷载统计值的 0.75 倍为单桩水平承载力特征值。

4 当桩身允许裂缝时，将单桩水平极限荷载统计值的除以安全系数 2 为单桩水平承载力特征值，且桩身裂缝宽度应满足相关规范要求。

S.0.12 从成桩到开始试验的间隔时间应符合本规范第 Q.0.4 条的规定。

附录 T 单桩竖向抗拔载荷试验要点

T.0.1 单桩竖向抗拔载荷试验应采用慢速维持荷载法进行。

T.0.2 试桩应符合实际工作条件并满足下列规定：

1 试桩桩身钢筋伸出桩顶长度不宜少于 $40d+500mm$（d 为钢筋直径）。为设计提供依据的试验，试桩钢筋按钢筋强度标准值计算的拉力应大于预估极限承载力的 1.25 倍。

2 试桩顶部露出地面高度不宜小于 300mm。

3 试桩的成桩工艺和质量控制应严格遵守有关规定。试验前应对试验桩进行低应变检测，有明显扩径的桩不应作为抗拔试验桩。

4 试桩的位移量测仪表的架设位置与桩顶的距离不应小于 1 倍桩径，当桩径大于 800mm 时，试桩的位移量测仪表的架设位置与桩顶的距离可适当减少，但不得少于 0.5 倍桩径。

5 当采用工程桩作试桩时，桩的配筋应满足在最大试验荷载作用下桩的裂缝宽度控制条件，可采用分段配筋。

T.0.3 试验设备装置主要由加载装置与量测装置组成，如图 T.0.3 所示。

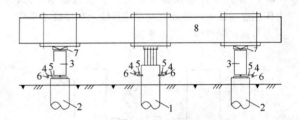

图 T.0.3 单桩竖向抗拔载荷试验示意
1—试桩；2—锚桩；3—液压千斤顶；4—表座；
5—测微表；6—基准梁；7—球铰；8—反力梁

1 量测仪表应采用位移传感器或大量程百分表。加载装置应采用同型号并联同步油压千斤顶，千斤顶的反力装置可为反力锚桩。反力锚桩可根据现场情况利用工程桩。试桩、锚桩和基准桩之间的最小间距应符合本规范第 Q.0.3 条的规定，对扩底抗拔桩，上述最小间距应适当加大。

2 采用天然地基提供反力时，施加于地基的压应力不应大于地基承载力特征值的 1.5 倍。

T.0.4 加载量不宜少于预估的或设计要求的单桩抗拔极限承载力。每级加载为设计或预估单桩极限抗拔承载力的 1/8～1/10，每级荷载达到稳定标准后加下一级荷载，直到满足加载终止条件，然后分级卸载到零。

T.0.5 抗拔静载试验除对试桩的上拔变形量进行观测外，还应对锚桩的变形量、桩周地面土的变形情况及桩身外露部分裂缝开展情况进行观测记录。

T.0.6 每级加载后，在第 5min、10min、15min 各测读一次上拔变形量，以后每隔 15min 测读一次，累计 1h 以后每隔 30min 测读一次。

T.0.7 在每级荷载作用下，桩的上拔变形量连续两次在每小时内小于 0.1mm 时可视为稳定。

T.0.8 每级卸载值为加载值的两倍。卸载后间隔15min测读一次，读两次后，隔30min再读一次，即可卸下一级荷载。全部卸载后，隔3h再测读一次。

T.0.9 在试验过程中，当出现下列情况之一时，可终止加载：

1 桩顶荷载达到桩受拉钢筋强度标准值的0.9倍，或某根钢筋拉断；

2 某级荷载作用下，上拔变形量陡增且总上拔变形量已超过80mm；

3 累计上拔变形量超过100mm；

4 工程桩验收检测时，施加的上拔力应达到设计要求，当桩有抗裂要求时，不应超过桩身抗裂要求所对应的荷载。

T.0.10 单桩竖向抗拔极限承载力的确定应符合下列规定：

1 对于陡变形曲线（图T.0.10-1），取相应于陡升段起点的荷载值。

2 对于缓变形U-Δ曲线，可根据Δ-$\lg t$曲线，取尾部显著弯曲的前一级荷载值（图T.0.10-2）。

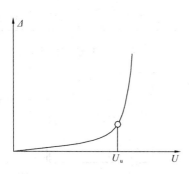

图T.0.10-1 陡变形U-Δ曲线

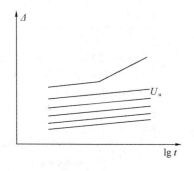

图T.0.10-2 Δ-$\lg t$曲线

3 当出现第T.0.9条第1款情况时，取其前一级荷载。

4 参加统计的试桩，当满足其极差不超过平均值的30%时，可取其平均值为单桩竖向抗拔极限承载力；极差超过平均值的30%时，宜增加试桩数量并分析极差过大的原因，结合工程具体情况确定极限承载力。对桩数为3根及3根以下的柱下桩台，取最小值。

T.0.11 单桩竖向抗拔承载力特征值应按以下方法确定：

1 将单桩竖向抗拔极限承载力除以2，此时桩身配筋应满足裂缝宽度设计要求；

2 当桩身不允许开裂时，应取桩身开裂的前一级荷载；

3 按设计允许的上拔变形量所对应的荷载取值。

T.0.12 从成桩到开始试验的时间间隔，应符合本规范第Q.0.4条的要求。

附录U 阶梯形承台及锥形承台斜截面受剪的截面宽度

U.0.1 对于阶梯形承台应分别在变阶处（A_1-A_1，B_1-B_1）及柱边处（A_2-A_2，B_2-B_2）进行斜截面受剪计算（图U.0.1），并应符合下列规定：

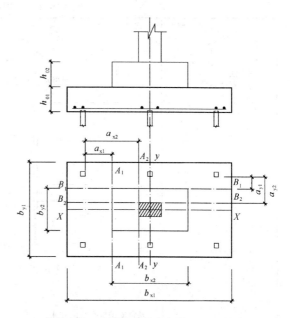

图U.0.1 阶梯形承台斜截面受剪计算

1 计算变阶处截面A_1-A_1、B_1-B_1的斜截面受剪承载力时，其截面有效高度均为h_{01}，截面计算宽度分别为b_{y1}和b_{x1}。

2 计算柱边截面A_2-A_2和B_2-B_2处的斜截面受剪承载力时，其截面有效高度均为$h_{01}+h_{02}$，截面计算宽度按下式进行计算：

对A_2-A_2
$$b_{y0} = \frac{b_{y1} \cdot h_{01} + b_{y2} \cdot h_{02}}{h_{01} + h_{02}} \quad (U.0.1-1)$$

对B_2-B_2
$$b_{x0} = \frac{b_{x1} \cdot h_{01} + b_{x2} \cdot h_{02}}{h_{01} + h_{02}} \quad (U.0.1-2)$$

U.0.2 对于锥形承台应对A-A及B-B两个截面进行受剪承载力计算（图U.0.2），截面有效高度均

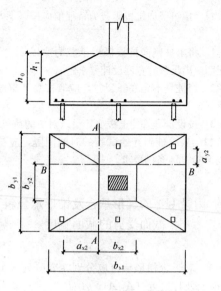

图 U.0.2 锥形承台受剪计算

为 h_0，截面的计算宽度按下式计算：

对 A-A　$b_{y0}=\left[1-0.5\dfrac{h_1}{h_0}\left(1-\dfrac{b_{y2}}{b_{y1}}\right)\right]b_{y1}$

$$(U.0.2-1)$$

对 B-B　$b_{x0}=\left[1-0.5\dfrac{h_1}{h_0}\left(1-\dfrac{b_{x2}}{b_{x1}}\right)\right]b_{x1}$

$$(U.0.2-2)$$

附录 V　支护结构稳定性验算

V.0.1　桩、墙式支护结构应按表 V.0.1 的规定进行抗倾覆稳定、隆起稳定和整体稳定验算。土的抗剪强度指标的选用应符合本规范第 9.1.6 条的规定。

V.0.2　当坡体内有地下水渗流作用时，稳定分析时应进行坡体内的水力坡降与渗流压力计算，也可采用替代重度法作简化分析。

表 V.0.1　支护结构的稳定性验算

稳定性验算　计算方法与稳定安全系数　　结构类型	桩、墙式支护	
	悬臂桩倾覆稳定	带支撑桩的倾覆稳定
计算简图		
计算方法与稳定安全系数	悬臂支护桩在坑内外水、土压力作用下，对 O 点取距的倾覆作用，应满足下式规定： $$K_t=\dfrac{\Sigma M_{E_p}}{\Sigma M_{E_a}}$$ 式中：ΣM_{E_p}——主动区倾覆作用力矩总和（kN·m）； ΣM_{E_a}——被动区抗倾覆作用力矩总和（kN·m）； K_t——桩、墙式悬臂支护抗倾覆稳定安全系数，取 $K_t\geqslant1.30$	最下一道支撑点以下支护桩在坑内外水、土压力作用下，对 O 点取距的倾覆作用应满足下式规定： $$K_t=\dfrac{\Sigma M_{E_p}}{\Sigma M_{E_a}}$$ 式中：ΣM_{E_p}——主动区倾覆作用力矩总和（kN·m）； ΣM_{E_a}——被动区抗倾覆作用力矩总和（kN·m）； K_t——带支撑桩、墙式支护抗倾覆稳定安全系数，取 $K_t\geqslant1.30$
备注		

续表 V.0.1

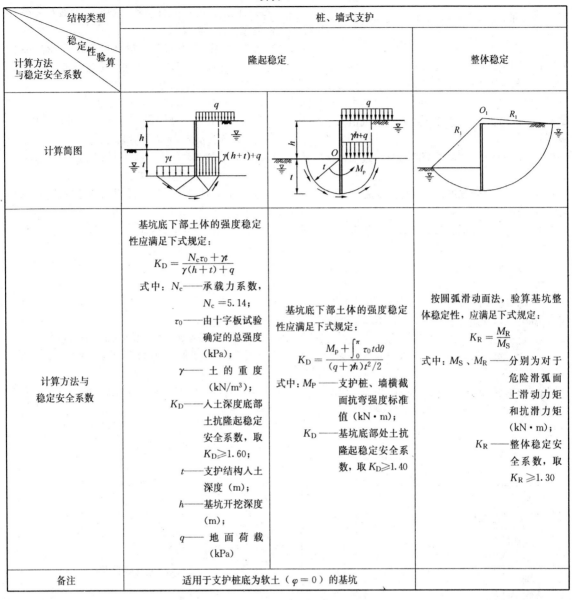

结构类型 稳定性验算 计算方法 与稳定安全系数	桩、墙式支护		
	隆起稳定		整体稳定
计算简图	(见图)	(见图)	(见图)
计算方法与稳定安全系数	基坑底下部土体的强度稳定性应满足下式规定: $$K_D = \frac{N_c\tau_0 + \gamma t}{\gamma(h+t)+q}$$ 式中: N_c——承载力系数, $N_c=5.14$; τ_0——由十字板试验确定的总强度 (kPa); γ——土的重度 (kN/m³); K_D——入土深度底部土抗隆起稳定安全系数, 取 $K_D \geqslant 1.60$; t——支护结构入土深度 (m); h——基坑开挖深度 (m); q——地面荷载 (kPa)	基坑底下部土体的强度稳定性应满足下式规定: $$K_D = \frac{M_P + \int_0^\pi \tau_0 t d\theta}{(q+\gamma h)t^2/2}$$ 式中: M_P——支护桩、墙横截面抗弯强度标准值 (kN·m); K_D——基坑底部处土抗隆起稳定安全系数, 取 $K_D \geqslant 1.40$	按圆弧滑动面法, 验算基坑整体稳定性, 应满足下式规定: $$K_R = \frac{M_R}{M_S}$$ 式中: M_S、M_R——分别为对于危险滑弧面上滑动力矩和抗滑力矩 (kN·m); K_R——整体稳定安全系数, 取 $K_R \geqslant 1.30$
备注	适用于支护桩底为软土 ($\varphi = 0$) 的基坑		

附录 W 基坑抗渗流稳定性计算

W.0.1 当上部为不透水层, 坑底下某深度处有承压水层时, 基坑底抗渗流稳定性可按下式验算 (图 W.0.1):

$$\frac{\gamma_m(t + \Delta t)}{p_w} \geqslant 1.1 \qquad (W.0.1)$$

式中: γ_m——透水层以上土的饱和重度 (kN/m³);

$t + \Delta t$——透水层顶面距基坑底面的深度 (m);

p_w——含水层水压力 (kPa)。

W.0.2 当基坑内外存在水头差时, 粉土和砂土应进行抗渗流稳定性验算, 渗流的水力梯度不应超过临界水力梯度。

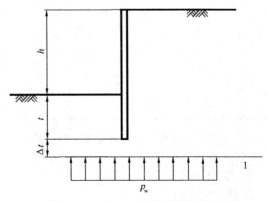

图 W.0.1 基坑底抗渗流稳定验算示意
1—透水层

附录 Y 土层锚杆试验要点

Y.0.1 土层锚杆试验的地质条件、锚杆材料和施工工艺等应与工程锚杆一致。为使确定锚固体与土层粘结强度特征值、验证杆体与砂浆间粘结强度特征值的试验达到极限状态，应使杆体承载力标准值大于预估破坏荷载的 1.2 倍。

Y.0.2 试验时最大的试验荷载不宜超过锚杆杆体承载力标准值的 0.9 倍。

Y.0.3 锚固体灌浆强度达到设计强度的 90% 后，方可进行锚杆试验。

Y.0.4 试验应采用循环加、卸载法，并应符合下列规定：

1 每级加荷观测时间内，测读锚头位移不应小于 3 次；

2 每级加荷观测时间内，当锚头位移增量不大于 0.1mm 时，可施加下一级荷载；不满足时应在锚头位移增量 2h 内小于 2mm 时再施加下一级荷载；

3 加、卸载等级、测读间隔时间宜按表 Y.0.4 确定；

4 如果第六次循环加荷观测时间内，锚头位移增量不大于 0.1mm 时，可视试验装置情况，按每级增加预估破坏荷载的 10% 进行 1 次或 2 次循环。

表 Y.0.4 锚杆基本试验循环加卸载等级与位移观测间隔时间

加荷标准循环数	预估破坏荷载的百分数（%）							
	每级加载量				累计加载量	每级卸载量		
第一循环	10				30			10
第二循环	10	30			50		30	10
第三循环	10	30	50		70		50	30	10
第四循环	10	30	50	70	80	70	50	30	10
第五循环	10	30	50	80	90	80	50	30	10
第六循环	10	30	50	90	100	90	50	30	10
观测时间（min）	5	5	5	5	10	5	5	5	5

Y.0.5 锚杆试验中出现下列情况之一时可视为破坏，应终止加载：

1 锚头位移不收敛，锚固体从土层中拔出或锚杆从锚固体中拔出；

2 锚头总位移量超过设计允许值；

3 土层锚杆试验中后一级荷载产生的锚头位移增量，超过上一级荷载位移增量的 2 倍。

Y.0.6 试验完成后，应根据试验数据绘制荷载-位移（Q-s）曲线、荷载-弹性位移（Q-s_e）曲线和荷载-塑性位移（Q-s_e）曲线。

Y.0.7 单根锚杆的极限承载力取破坏荷载前一级的荷载量；在最大试验荷载作用下未达到破坏标准时，单根锚杆的极限承载力取最大荷载值。

Y.0.8 锚杆试验数量不得少于 3 根。参与统计的试验锚杆，当满足其极差值不大于平均值的 30% 时，取平均值作为锚杆的极限承载力；若最大极差超过 30%，应增加试验数量，并分析极差过大的原因，结合工程情况确定极限承载力。

Y.0.9 将锚杆极限承载力除以安全系数 2，即为锚杆抗拔承载力特征值。

Y.0.10 锚杆验收试验应符合下列规定：

1 试验最大荷载值按 $0.85A_s f_y$ 确定；

2 试验采用单循环法，按试验最大荷载值的 10%、30%、50%、70%、80%、90%、100% 施加；

3 每级试验荷载达到后，观测 10min，测计锚头位移；

4 达到试验最大荷载值，测计锚头位移后卸荷到试验最大荷载值的 10% 观测 10min 并测计锚头位移；

5 锚杆试验完成后，绘制锚杆荷载-位移曲线（Q-s）曲线图；

6 符合下列条件时，试验的锚杆为合格：

　　1）加载到设计荷载后变形稳定；

　　2）锚杆弹性变形不小于自由段长度变形计算值的 80%，且不大于自由段长度与 1/2 锚固段长度之和的弹性变形计算值。

7 验收试验的锚杆数量取锚杆总数的 5%，且不应少于 5 根。

本规范用词说明

1 为便于在执行本规范条文时区别对待，对要求严格程度不同的用词说明如下：

　　1）表示很严格，非这样做不可的用词：

　　　　正面词采用"必须"；反面词采用"严禁"。

　　2）表示严格，在正常情况下均应这样做的用词：

　　　　正面词采用"应"；反面词采用"不应"或"不得"。

　　3）表示允许稍有选择，在条件许可时首先应这样做的用词：

　　　　正面词采用"宜"；反面词采用"不宜"。

　　4）表示有选择，在一定条件下可以这样做的，采用"可"。

2 规范中指明应按其他有关标准执行时的写法为"应符合……的规定"或"应按……执行"。

引用标准名录

1　《建筑结构荷载规范》GB 50009
2　《混凝土结构设计规范》GB 50010
3　《建筑抗震设计规范》GB 50011
4　《工业建筑防腐蚀设计规范》GB 50046
5　《土工试验方法标准》GB/T 50123
6　《混凝土结构耐久性设计规范》GB/T 50476

中华人民共和国国家标准

建筑地基基础设计规范

GB 50007—2011

条 文 说 明

修 订 说 明

《建筑地基基础设计规范》GB 50007－2011，经住房和城乡建设部 2011 年 7 月 26 日以第 1096 号公告批准、发布。

本规范是在《建筑地基基础设计规范》GB 50007－2002 的基础上修订而成的，上一版的主编单位是中国建筑科学研究院，参编单位是北京市勘察设计研究院、建设部综合勘察设计研究院、北京市建筑设计研究院、建设部建筑设计院、上海建筑设计研究院、广西建筑综合设计研究院、云南省设计院、辽宁省建筑设计研究院、中南建筑设计院、湖北省建筑科学研究院、福建省建筑科学研究院、陕西省建筑科学研究院、甘肃省建筑科学研究院、广州市建筑科学研究院、四川省建筑科学研究院、黑龙江省寒地建筑科学研究院、天津大学、同济大学、浙江大学、重庆建筑大学、太原理工大学、广东省基础工程公司，主要起草人员是黄熙龄、滕延京、王铁宏、王公山、王惠昌、白晓红、汪国烈、吴学敏、杨敏、周光孔、周经文、林立岩、罗宇生、陈如桂、钟亮、顾晓鲁、顾宝和、侯光瑜、袁炳麟、袁内镇、唐杰康、黄求顺、龚一鸣、裴捷、潘凯云、潘秋元。本次修订的主要技术内容是：

1 增加地基基础设计等级中基坑工程的相关内容；

2 地基基础设计使用年限不应小于建筑结构的设计使用年限；

3 增加泥炭、泥炭质土的工程定义；

4 增加回弹再压缩变形计算方法；

5 增加建筑物抗浮稳定计算方法；

6 增加当地基中下卧岩面为单向倾斜，岩面坡度大于 10％，基底下的土层厚度大于 1.5m 的土岩组合地基设计原则；

7 增加岩石地基设计内容；

8 增加岩溶地区场地根据岩溶发育程度进行地基基础设计的原则；

9 增加复合地基变形计算方法；

10 增加扩展基础最小配筋率不应小于 0.15％的设计要求；

11 增加当扩展基础底面短边尺寸小于或等于柱宽加 2 倍基础有效高度的斜截面受剪承载力计算要求；

12 对桩基沉降计算方法，经统计分析，调整了沉降经验系数；

13 增加对高地下水位地区，当场地水文地质条件复杂，基坑周边环境保护要求高，设计等级为甲级的基坑工程，应进行地下水控制专项设计的要求；

14 增加对地基处理工程的工程检验要求；

15 增加单桩水平载荷试验要点，单桩竖向抗拔载荷试验要点。

本规范修订过程中，编制组共召开全体会议 4 次，专题研讨会 14 次，总结了我国建筑地基基础领域的实践经验，同时参考了国外先进技术法规、技术标准，通过调研、征求意见及工程试算，对增加和修订内容的反复讨论、分析、论证，取得了重要技术参数。

为便于广大设计、施工、科研、学校等单位有关人员在使用本规范时能正确理解和执行条文规定，《建筑地基基础设计规范》修订组按章、节、条顺序编制了本规范的条文说明，对条文规定的目的、依据以及执行中需注意的有关事项进行了说明，还着重对强制性条文的强制性理由作了解释。但是，本条文说明不具备与规范正文同等的法律效力，仅供使用者作为理解和把握规范规定的参考。

目 次

1 总 则

1.0.1 现行国家标准《工程结构可靠性设计统一标准》GB 50153 对结构设计应满足的功能要求作了如下规定：一、能承受在正常施工和正常使用时可能出现的各种作用；二、保持良好的使用性能；三、具有足够的耐久性能；四、当发生火灾时，在规定的时间内可保持足够的承载力；五、当发生爆炸、撞击、人为错误等偶然事件时，结构能保持必需的整体稳固性，不出现与起因不相称的破坏后果，防止出现结构的连续倒塌。按此规定根据地基工作状态，地基设计时应当考虑：

1 在长期荷载作用下，地基变形不致造成承重结构的损坏；

2 在最不利荷载作用下，地基不出现失稳现象；

3 具有足够的耐久性能。

因此，地基基础设计应注意区分上述三种功能要求。在满足第一功能要求时，地基承载力的选取以不使地基中出现长期塑性变形为原则，同时还要考虑在此条件下各类建筑可能出现的变形特征及变形量。由于地基土的变形具有长期的时间效应，与钢、混凝土、砖石等材料相比，它属于大变形材料。从已有的大量地基事故分析，绝大多数事故皆由地基变形过大或不均匀造成。故在规范中明确规定了按变形设计的原则、方法；对于一部分地基基础设计等级为丙级的建筑物，当按地基承载力设计基础面积及埋深后，其变形亦同时满足要求时可不进行变形计算。

地基基础的设计使用年限应满足上部结构的设计使用年限要求。大量工程实践证明，地基在长期荷载作用下承载力有所提高，基础材料应根据其工作环境满足耐久性设计要求。

1.0.2 本规范主要针对工业与民用建筑（包括构筑物）的地基基础设计提出设计原则和计算方法。

对于湿陷性黄土地基、膨胀土地基、多年冻土地基等，由于这些土类的物理力学性质比较特殊，选用土的承载力、基础埋深、地基处理等应按国家现行标准《湿陷性黄土地区建筑规范》GB 50025、《膨胀土地区建筑技术规范》GBJ 112、《冻土地区建筑地基基础设计规范》JGJ 118 的规定进行设计。对于振动荷载作用下的地基设计，由于土的动力性能与静力性能差异较大，应按现行国家标准《动力机器基础设计规范》GB 50040 的规定进行设计。但基础设计，仍然可以采用本规范的规定进行设计。

1.0.3 由于地基土的性质复杂。在同一地基内土的力学指标离散性一般较大，加上暗塘、古河道、山前洪积、熔岩等许多不良地质条件，必须强调因地制宜原则。本规范对总的设计原则、计算均作出了通用规定，也给出了许多参数。各地区可根据土的特性、地

质情况作具体补充。此外，设计人员必须根据具体工程的地质条件、结构类型以及地基在长期荷载作用下的工作形状，采用优化设计方法，以提高设计质量。

1.0.4 地基基础设计中，作用在基础上的各类荷载及其组合方法按现行国家标准《建筑结构荷载规范》GB 50009 执行。在地下水位以下时应扣去水的浮力。否则，将使计算结果偏差很大而造成重大失误。在计算土压力、滑坡推力、稳定性时尤应注意。

本规范只给出各类基础基底反力、力矩、挡墙所受的土压力等。至于基础断面大小及配筋量尚应满足抗弯、抗冲切、抗剪切、抗压等要求，设计时应根据所选基础材料按照有关规范规定执行。

2 术语和符号

2.1 术 语

2.1.3 由于土为大变形材料，当荷载增加时，随着地基变形的相应增长，地基承载力也在逐渐加大，很难界定出一个真正的"极限值"；另一方面，建筑物的使用有一个功能要求，常常是地基承载力还有潜力可挖，而变形已达到或超过按正常使用的限值。因此，地基设计是采用正常使用极限状态这一原则，所选定的地基承载力是在地基土的压力变形曲线线性变形段内相应于不超过比例界限点的地基压力值，即允许承载力。

根据国外有关文献，相应于我国规范中"标准值"的含义可以有特征值、公称值、名义值、标定值四种，在国际标准《结构可靠性总原则》ISO 2394 中相应的术语直译为"特征值"（Characteristic Value），该值的确定可以是统计得出，也可以是传统经验值或某一物理量限定的值。

本次修订采用"特征值"一词，用以表示正常使用极限状态计算时采用的地基承载力和单桩承载力的设计使用值，其涵义即为在发挥正常使用功能时所允许采用的抗力设计值，以避免过去一律提"标准值"时所带来的混淆。

3 基 本 规 定

3.0.1 建筑地基基础设计等级是按照地基基础设计的复杂性和技术难度确定的，划分时考虑了建筑物的性质、规模、高度和体型；对地基变形的要求；场地和地基条件的复杂程度；以及由于地基问题对建筑物的安全和正常使用可能造成影响的严重程度等因素。

地基基础设计等级采用三级划分，见表 3.0.1。现对该表作如下重点说明：

在地基基础设计等级为甲级的建筑物中，30 层以上的高层建筑，不论其体型复杂与否均列入甲级，

这是考虑到其高度和重量对地基承载力和变形均有较高要求，采用天然地基往往不能满足设计需要，而须考虑桩基或进行地基处理；体型复杂、层数相差超过10层的高低层连成一体的建筑物是指在平面上和立面上高度变化较大、体型变化复杂，且建于同一整体基础上的高层宾馆、办公楼、商业建筑等建筑物。由于上部荷载大小相差悬殊、结构刚度和构造变化复杂，很易出现地基不均匀变形，为使地基变形不超过建筑物的允许值，地基基础设计的复杂程度和技术难度均较大，有时需要采用多种地基和基础类型或考虑采用地基与基础和上部结构共同作用的变形分析计算来解决不均匀沉降对基础和上部结构的影响问题；大面积的多层地下建筑物存在深基坑开挖的降水、支护和对邻近建筑物可能造成严重不良影响等问题，增加了地基基础设计的复杂性，有些地面以上没有荷载或荷载很小的大面积多层地下建筑物，如地下停车场、商场、运动场等还存在抗地下水浮力的设计问题；复杂地质条件下的坡上建筑物是指坡体岩土的种类、性质、产状和地下水条件变化复杂等对坡体稳定性不利的情况，此时应作坡体稳定性分析，必要时应采取整治措施；对原有工程有较大影响的新建建筑物是指在原有建筑物旁和在地铁、地下隧道、重要地下管道上或旁边新建的建筑物，当新建建筑物对原有工程影响较大时，为保证原有工程的安全和正常使用，增加了地基基础设计的复杂性和难度；场地和地基条件复杂的建筑物是指不良地质现象强烈发育的场地，如泥石流、崩塌、滑坡、岩溶土洞塌陷等，或地质环境恶劣的场地，如地下采空区、地面沉降区、地裂缝地区等，复杂地基是指地基岩土种类和性质变化很大、有古河道或暗浜分布、地基为特殊性岩土，如膨胀土、湿陷性土等，以及地下水对工程影响很大需特殊处理等情况，上述情况均增加了地基基础设计的复杂程度和技术难度。对复杂地质条件和软土地区开挖较深的基坑工程，由于基坑支护、开挖和地下水控制等技术复杂、难度较大；挖深大于15m的基坑以及基坑周边环境条件复杂、环境保护要求高时对基坑支挡结构的位移控制严格，也列入甲级。

表3.0.1所列的设计等级为丙级的建筑物是指建筑场地稳定，地基岩土均匀良好、荷载分布均匀的七层及七层以下的民用建筑和一般工业建筑物以及次要的轻型建筑物。

由于情况复杂，设计时应根据建筑物和地基的具体情况参照上述说明确定地基基础的设计等级。

3.0.2 本条为强制性条文。本条规定了地基设计的基本原则，为确保地基设计的安全，在进行地基设计时必须严格执行。地基设计的原则如下：

1 各类建筑物的地基计算均应满足承载力计算的要求。

2 设计等级为甲级、乙级的建筑物均应按地基

变形设计，这是由于因地基变形造成上部结构的破坏和裂缝的事例很多，因此控制地基变形成为地基基础设计的主要原则，在满足承载力计算的前提下，应按控制地基变形的正常使用极限状态设计。

3 对经常受水平荷载作用、建造在边坡附近的建筑物和构筑物以及基坑工程应进行稳定性验算。本规范2002版增加了对地下水埋藏较浅，而地下室或地下建筑存在上浮问题时，应进行抗浮验算的规定。

3.0.4 本条规定了对地基勘察的要求：

1 在地基基础设计前必须进行岩土工程勘察。

2 对岩土工程勘察报告的内容作出规定。

3 对不同地基基础设计等级建筑物的地基勘察方法，测试内容提出了不同要求。

4 强调应进行施工验槽，如发现问题应进行补充勘察，以保证工程质量。

抗浮设防水位是很重要的设计参数，影响因素众多，不仅与气候、水文地质等自然因素有关，有时还涉及地下水开采、上下游水量调配、跨流域调水和大量地下工程建设等复杂因素。对情况复杂的重要工程，要在勘察期间预测建筑物使用期间水位可能发生的变化和最高水位有时相当困难。故现行国家标准《岩土工程勘察规范》GB 50021规定，对情况复杂的重要工程，需论证使用期间水位变化，提出抗浮设防水位时，应进行专门研究。

3.0.5 本条为强制性条文。地基基础设计时，所采用的作用的最不利组合和相应的抗力限值应符合下列规定：

当按地基承载力计算和地基变形计算以确定基础底面积和埋深时应采用正常使用极限状态，相应的作用效应为标准组合和准永久组合的效应设计值。

在计算挡土墙、地基、斜坡的稳定和基础抗浮稳定时，采用承载能力极限状态作用的基本组合，但规定结构重要性系数 γ_0 不应小于1.0，基本组合的效应设计值 S 中作用的分项系数均为1.0。

在根据材料性质确定基础或桩台的高度、支挡结构截面，计算基础或支挡结构内力、确定配筋和验算材料强度时，应按承载能力极限状态采用作用的基本组合。此时，S 中包含相应作用的分项系数。

3.0.6 作用组合的效应设计值应按现行国家标准《建筑结构荷载规范》GB 50009的规定执行。规范编制组对基础构件设计的分项系数进行了大量试算工作，对高层建筑筏板基础5人次8项工程、高耸构筑物1人次2项工程、烟囱2人次8项工程、支挡结构5人次20项工程的试算结果统计，对由永久作用控制的基本组合采用简化算法确定设计值时，作用的综合分项系数可取1.35。

3.0.7 现行国家标准《工程结构可靠性设计统一标准》GB 50153规定，工程设计时应规定结构的设计

使用年限，地基基础设计必须满足上部结构设计使用年限的要求。

4 地基岩土的分类及工程特性指标

4.1 岩土的分类

4.1.2~4.1.4 岩石的工程性质极为多样，差别很大，进行工程分类十分必要。

岩石的分类可以分为地质分类和工程分类。地质分类主要根据其地质成因、矿物成分、结构构造和风化程度，可以用地质名称加风化程度表达，如强风化花岗岩、微风化砂岩等。这对于工程的勘察设计确是十分必要的。工程分类主要根据岩体的工程性状，使工程师建立起明确的工程特性概念。地质分类是一种基本分类，工程分类应在地质分类的基础上进行，目的是为了较好地概括其工程性质，便于进行工程评价。

本规范 2002 版除了规定应确定地质名称和风化程度外，增加了"岩石的坚硬程度"和"岩体的完整程度"的划分，并分别提出了定性和定量的划分标准和方法，对于可以取样试验的岩石，应尽量采用定量的方法，对于难以取样的破碎和极破碎岩石，可用附录 A 的定性方法，可操作性较强。岩石的坚硬程度直接和地基的强度和变形性质有关，其重要性是无疑的。岩体的完整程度反映了它的裂隙性，而裂隙性是岩体十分重要的特性，破碎岩石的强度和稳定性较完整岩石大大削弱，尤其对边坡和基坑工程更为突出。将岩石的坚硬程度和岩体的完整程度各分五级。划分出极软岩十分重要，因为这类岩石常有特殊的工程性质，例如某些泥岩具有很高的膨胀性；泥质砂岩、全风化花岗岩等有很强的软化性（饱和单轴抗压强度可等于零）；有的第三纪砂岩遇水崩解，有流砂性质。划分出极破碎岩体也很重要，有时开挖时很硬，暴露后逐渐崩解。片岩各向异性特别显著，作为边坡极易失稳。

破碎岩石测岩块的纵波波速有时会有困难，不易准确测定，此时，岩块的纵波波速可用现场测定岩性相同但岩体完整的纵波波速代替。

这些内容本次修订保留原规范内容。

4.1.6 碎石土难以取样试验，规范采用以重型动力触探锤击数 $N_{63.5}$ 为主划分其密实度，同时可采用野外鉴别法，列入附录 B。

重型圆锥动力触探在我国已有近 50 年的应用经验，各地积累了大量资料。铁道部第二设计院通过筛选，采用了 59 组对比数据，包括卵石、碎石、圆砾、角砾，分布在四川、广西、辽宁、甘肃等地，数据经修正（表 1），统计分析了 $N_{63.5}$ 与地基承载力关系（表 2）。

表 1 修正系数

$N_{63.5}$ ＼ L (m)	5	10	15	20	25	30	35	40	≥50
≤2	1.0	1.0	1.0	1.0	1.0	1.0	1.0	1.0	
4	0.96	0.95	0.93	0.92	0.90	0.89	0.87	0.86	0.84
6	0.93	0.90	0.88	0.85	0.83	0.81	0.79	0.78	0.75
8	0.90	0.86	0.83	0.80	0.77	0.75	0.73	0.71	0.67
10	0.88	0.83	0.79	0.75	0.72	0.69	0.67	0.64	0.61
12	0.85	0.79	0.75	0.70	0.67	0.64	0.61	0.59	0.55
14	0.82	0.76	0.71	0.66	0.62	0.58	0.56	0.53	0.50
16	0.79	0.73	0.67	0.62	0.57	0.54	0.51	0.48	0.45
18	0.77	0.70	0.63	0.57	0.53	0.49	0.46	0.43	0.40
20	0.75	0.67	0.59	0.53	0.48	0.44	0.41	0.39	0.36

注：L 为杆长。

表 2 $N_{63.5}$ 与承载力的关系

$N_{63.5}$	3	4	5	6	8	10	12	14	16
σ_0 (kPa)	140	170	200	240	320	400	480	540	600
$N_{63.5}$	18	20	22	24	26	28	30	35	40
σ_0 (kPa)	660	720	780	830	870	900	930	970	1000

注：1 适用的深度范围为 1m~20m；
2 表内的 $N_{63.5}$ 为经修正后的平均击数。

表 1 的修正，实际上是对杆长、上覆土自重压力、侧摩阻力的综合修正。

过去积累的资料基本上是 $N_{63.5}$ 与地基承载力的关系，极少与密实度有关系。考虑到碎石土的承载力主要与密实度有关，故本次修订利用了表 2 的数据，参考其他资料，制定了本条按 $N_{63.5}$ 划分碎石土密实度的标准。

4.1.8 关于标准贯入试验锤击数 N 值的修正问题，虽然国内外已有不少研究成果，但意见很不一致。在我国，一直用经过修正后的 N 值确定地基承载力，用不修正的 N 值判别液化。国外和我国某些地方规范，则采用有效上覆自重压力修正。因此，勘察报告首先提供未经修正的实测值，这是基本数据。然后，在应用时根据当地积累资料统计分析时的具体情况，确定是否修正和如何修正。用 N 值确定砂土密实度，确定这个标准时并未经过修正，故表 4.1.8 中的 N 值为未经过修正的数值。

4.1.11 粉土的性质介于砂土和黏性土之间。砂粒含量较多的粉土，地震时可能产生液化，类似于砂土的性质。黏粒含量较多（>10%）的粉土不会液化，性质近似于黏性土。而西北一带的黄土，颗粒成分以粉粒为主，砂粒和黏粒含量都很低。因此，将粉土细分为亚类，是符合工程需要的。但目前，由于经验积累的不同和认识上的差别，尚难确定一个能被普遍接受的划分亚类标准，故本条未作划分亚类的明确规定。

4.1.12 淤泥和淤泥质土有机质含量为 5%~10% 时的工程性质变化较大，应予以重视。

随着城市建设的需要，有些工程遇到泥炭或泥炭质土。泥炭或泥炭质土是在湖相和沼泽静水、缓慢的流水环境中沉积，经生物化学作用形成，含有大量的有机质，具有含水量高、压缩性高、孔隙比高和天然密度低、抗剪强度低、承载力低的工程特性。泥炭、泥炭质土不应直接作为建筑物的天然地基持力层，工程中遇到时应根据地区经验处理。

4.1.13 红黏土是红土的一个亚类。红土化作用是在炎热湿润气候条件下的一种特定的化学风化成土作用。它较为确切地反映了红黏土形成的历程与环境背景。

区域地质资料表明：碳酸盐类岩石与非碳酸盐类岩石常呈互层产出，即使在碳酸盐类岩石成片分布的地区，也常见非碳酸盐类岩石夹杂其中。故将成土母岩扩大到"碳酸盐岩系出露区的岩石"。

在岩溶洼地、谷地、准平原及丘陵斜坡地带，当受片状及间歇性水流冲蚀，红黏土的土粒被带到低洼处堆积成新的土层，其颜色较未搬运者为浅，常含粗颗粒，但总体上仍保持红黏土的基本特征，而明显有别于一般的黏性土。这类土在鄂西、湘西、广西、粤北等山地丘陵区分布，还远较红黏土广泛。为了利于对这类土的认识和研究，将它划定为次生红黏土。

4.2 工程特性指标

4.2.1 静力触探、动力触探、标准贯入试验等原位测试，用于确定地基承载力，在我国已有丰富经验，可以应用，故列入本条，并强调了必须有地区经验，即当地的对比资料。同时还应注意，当地基基础设计等级为甲级和乙级时，应结合室内试验成果综合分析，不宜单独应用。

本规范1974版建立了土的物理力学性指标与地基承载力关系，本规范1989版仍保留了地基承载力表，列入附录，并在使用上加以适当限制。承载力表使用方便是其主要优点，但也存在一些问题。承载力表是用大量的试验数据，通过统计分析得到的。我国各地地质条件各异，用几张表格很难概括全国的规律。用查表法确定承载力，在大多数地区可能基本适合或偏保守，但也不排除个别地区可能不安全。此外，随着设计水平的提高和对工程质量要求的趋于严格，变形控制已是地基设计的重要原则，本规范作为国标，如仍沿用承载力表，显然已不适应当前的要求，本规范2002版已决定取消有关承载力表的条文和附录，勘察单位应根据试验和地区经验确定地基承载力等设计参数。

4.2.2 工程特性指标的代表值，对于地基计算至关重要。本条明确规定了代表值的选取原则。标准值取其概率分布的0.05分位数；地基承载力特征值是指由载荷试验地基土压力变形曲线线性变形段内规定的变形对应的压力值，实际即为地基承载力的允许值。

4.2.3 载荷试验是确定岩土承载力和变形参数的主要方法，本规范1989版列入了浅层平板载荷试验。考虑到浅层平板载荷试验不能解决深层土的问题，本规范2002版修订增加了深层载荷试验的规定。这种方法已积累了一定经验，为了统一操作，将其试验要点列入了本规范的附录D。

4.2.4 采用三轴剪切试验测定土的抗剪强度，是国际上常规的方法。优点是受力条件明确，可以控制排水条件，既可用于总应力法，也可用于有效应力法；缺点是对取样和试验操作要求较高，土质不均时试验成果不理想。相比之下，直剪试验虽然简便，但受力条件复杂，无法控制排水，故本规范2002版修订推荐三轴试验。鉴于多数工程施工速度快，较接近于不固结不排水试验条件，故本规范推荐 UU 试验。而且，用 UU 试验成果计算，一般比较安全。但预压固结的地基，应采用固结不排水剪。进行 UU 试验时，宜在土的有效自重压力下预固结，更符合实际。

鉴于现行国家标准《土工试验方法标准》GB/T 50123中未提出土的有效自重压力下预固结 UU 试验操作方法，本规范对其试验要点说明如下：

1 试验方法适用于细粒土和粒径小于20mm的粗粒土。

2 试验必须制备3个以上性质相同的试样，在不同的周围压力下进行试验，周围压力宜根据工程实际荷重确定。对于填土，最大一级周围压力应与最大的实际荷重大致相等。

注：试验宜在恒温条件下进行。

3 试样的制备应满足相关规范的要求。对于非饱和土，试样应保持土的原始状态；对于饱和土，试样应预先进行饱和。

4 试样的安装、自重压力固结，应按下列步骤进行：

1）在压力室的底座上，依次放上不透水板、试样及不透水试样帽，将橡皮膜用承膜筒套在试样外，并用橡皮圈将橡皮膜两端与底座及试样帽分别扎紧。

2）将压力室罩顶部活塞提高，放下压力室罩，将活塞对准试样中心，并均匀地拧紧底座连接螺母。向压力室内注满纯水，待压力室顶部排气孔有水溢出时，拧紧排气孔，并将活塞对准测力计和试样顶部。

3）将离合器调至粗位，转动粗调手轮，当试样帽与活塞及测力计接近时，将离合器调至细位，改用细调手轮，使试样帽与活塞及测力计接触，装上变形指示计，将测力计和变形指示计调至零位。

4）开周围压力阀，施加相当于自重压力的周围压力。

5）施加周围压力1h后关排水阀。

6）施加试验需要的周围压力。

5 剪切试样应按下列步骤进行：

　　1）剪切应变速率宜为每分钟应变 0.5% ～1.0%。

　　2）启动电动机，合上离合器，开始剪切。试样每产生 0.3%～0.4% 的轴向应变（或 0.2mm 变形值），测记一次测力计读数和轴向变形值。当轴向应变大于 3% 时，试样每产生 0.7%～0.8% 的轴向应变（或 0.5mm 变形值），测记一次。

　　3）当测力计读数出现峰值时，剪切应继续进行到轴向应变为 15%～20%。

　　4）试验结束，关电动机，关周围压力阀，脱开离合器，将离合器调至粗位，转动粗调手轮，将压力室降下，打开排气孔，排除压力室内的水，拆卸压力室罩，拆除试样，描述试样破坏形状，称试样质量，并测定含水率。

6 试验数据的计算和整理应满足相关规范要求。

　　室内试验确定土的抗剪强度指标影响因素很多，包括土的分层合理性、土样均匀性、操作水平等，某些情况下使试验结果的变异系数较大，这时应分析原因，增加试验组数，合理取值。

4.2.5 土的压缩性指标是建筑物沉降计算的依据。为了与沉降计算的受力条件一致，强调施加的最大压力应超过土的有效自重压力与预计的附加压力之和，并取与实际工程相同的压力段计算变形参数。

　　考虑土的应力历史进行沉降计算的方法，注意了欠压密土在土的自重压力下的继续压密和超压密土的卸荷再压缩，比较符合实际情况，是国际上常用的方法，应通过高压固结试验测定有关参数。

5 地 基 计 算

5.1 基础埋置深度

5.1.3 本条为强制性条文。除岩石地基外，位于天然土质地基上的高层建筑筏形或箱形基础应有适当的埋置深度，以保证筏形和箱形基础的抗倾覆和抗滑移稳定性，否则可能导致严重后果，必须严格执行。

　　随着我国城镇化进程，建设土地紧张，高层建筑设地下室，不仅满足埋置深度要求，还增加使用功能，对软土地基还能提高建筑物的整体稳定性，所以一般情况下高层建筑宜设地下室。

5.1.4 本条给出的抗震设防区内的高层建筑筏形和箱形基础埋深不宜小于建筑物高度的 1/15，是基于工程实践和科研成果。北京市勘察设计研究院 张在明 等在分析北京八度抗震设防区内高层建筑地基整体稳定性与基础埋深的关系时，以二幢分别为 15 层和 25 层的建筑，考虑了地震作用和地基的种

不利因素，用圆弧滑动面法进行分析，其结论是：从地基稳定的角度考虑，当 25 层建筑物的基础埋深为 1.8m 时，其稳定安全系数为 1.44，如埋深为 3.8m（1/17.8）时，则安全系数达到 1.64。对位于岩石地基上的高层建筑筏形和箱形基础，其埋置深度应根据抗滑移的要求来确定。

5.1.6 在城市居住密集的地方往往新旧建筑物距离较近，当新建建筑物与原有建筑物距离较近，尤其是新建建筑物基础埋深大于原有建筑物时，新建建筑物会对原有建筑物产生影响，甚至会危及原有建筑物的安全或正常使用。为了避免新建建筑物对原有建筑物的影响，设计时应考虑与原有建筑物保持一定的安全距离，该安全距离应通过分析新旧建筑物的地基承载力、地基变形和地基稳定性来确定。通常决定建筑物相邻影响距离大小的因素，主要有新建建筑物的沉降量和原有建筑物的刚度等。新建建筑物的沉降量与地基土的压缩性、建筑物的荷载大小有关，而原有建筑物的刚度则与其结构形式、长高比以及地基土的性质有关。本规范第 7.3.3 条为相邻建筑物基础间净距的相关规定，这是根据国内 55 个工程实例的调查和分析得到的，满足该条规定的净距要求一般可不考虑对相邻建筑的影响。

　　当相邻建筑物较近时，应采取措施减小相互影响：1 尽量减小新建建筑物的沉降量；2 新建建筑物的基础埋深不宜大于原有建筑基础；3 选择对地基变形不敏感的结构形式；4 采取有效的施工措施，如分段施工、采取有效的支护措施以及对原有建筑物地基进行加固等措施。

5.1.7 "场地冻结深度"在本规范 2002 版中称为"设计冻深"，其值是根据当地标准冻深，考虑建设场地所处地基条件和环境条件，经修正后采取的更接近实际的冻深值。本次修订将"设计冻深"改为"场地冻结深度"，以使概念更加清晰准确。

　　附录 F《中国季节性冻土标准冻深线图》是在标准条件下取得的，该标准条件即为标准冻结深度的定义：地下水位与冻结锋面之间的距离大于 2m，不冻胀黏性土，地表平坦、裸露，城市之外的空旷场地中，多年实测（不少于十年）最大冻深的平均值。由于建设场地通常不具备上述标准条件，所以标准冻结深度一般不直接用于设计中，而是要考虑场地实际条件将标准冻结深度乘以冻深影响系数，使得到的场地冻深更接近实际情况。公式 5.1.7 中主要考虑了土质系数、湿度系数、环境系数。

　　土质对冻深的影响是众所周知的，因岩性不同其热物理参数也不同，粗颗粒土的导热系数比细颗粒土的大。因此，当其他条件一致时，粗颗粒土比细颗粒土的冻深大，砂类土的冻深比黏性土的大。我国对这方面问题的实测数据不多，不系统，前苏联 1974 年和 1983 年《房屋及建筑物地基》设计规范中有明确

规定，本规范采纳了他们的数据。

　　土的含水量和地下水位对冻深也有明显的影响，因土中水在相变时要放出大量的潜热，所以含水量越多，地下水位越高（冻结时向上迁移水量越多），参与相变的水量就越多，放出的潜热也就越多，由于冻胀土冻结的过程也是放热的过程，放热在某种程度上减缓了冻深的发展速度，因此冻深相对变浅。

　　城市的气温高于郊外，这种现象在气象学中称为城市的"热岛效应"。城市里的辐射受热状况发生改变（深色的沥青屋顶及路面吸收大量阳光），高耸的建筑物吸收更多的阳光，各种建筑材料的热容量和传热量大于松土。据计算，城市接受的太阳辐射量比郊外高出 10%～30%，城市建筑物和路面传送热量的速度比郊外湿润的砂质土壤快 3 倍，工业排放、交通车辆排放尾气，人为活动等都放出很多热量，加之建筑群集中，风小对流差等，使周围气温升高。这些都导致了市区冻结深度小于标准冻深，为使设计时采用的冻深数据更接近实际，原规范根据国家气象局气象科学研究院气候所、中国科学院、北京地理研究所气候室提供的数据，给出了环境对冻深的影响系数，经多年使用没有问题，因此本次修订对此不作修改，但使用时应注意，此处所说的城市（市区）是指城市集中区，不包括郊区和市属县、镇。

　　冻结深度与冻土层厚度两个概念容易混淆，对不冻胀土二者相同，但对冻胀性土，尤其强冻胀以上的土，二者相差颇大。对于冻胀性土，冬季自然地面是随冻胀量的加大而逐渐上抬的，此时钻探（挖探）量测的冻土层厚度包含了冻胀量，设计基础埋深时所需的冻深值是自冻前自然地面算起的，它等于实测冻土层厚度减去冻胀量，为避免混淆，在公式 5.1.7 中予以明确。

　　关于冻深的取值，尽量应用当地的实测资料，要注意个别年份挖探一个、两个数据不能算实测数据，多年实测资料（不少于十年）的平均值才为实测数据。

5.1.8　季节冻土地区基础合理浅埋在保证建筑安全方面是可以实现的，为此冻土学界从 20 世纪 70 年代开始做了大量的研究实践工作，取得了一定的成效，并将浅埋方法编入规范中。本次规范修订保留了原规范基础浅埋方法，但缩小了应用范围，将基底允许出现冻土层应用范围控制在深厚季节冻土地区的不冻胀、弱冻胀和冻胀土场地，修订主要依据如下：

　　1　原规范基础浅埋方法目前实际设计中使用不普遍。从本规范 1974 版、1989 版到 2002 版，根据当时国情和低层建筑较多的情况，为降低基础工程费用，规范都给出了基础浅埋方法，但目前在实际应用中实施基础浅埋的工程比例不大。经调查了解，我国浅季节冻土地区（冻深小于 1m）除农村低层建筑外基本没有实施基础浅埋。中厚季节冻土地区（冻深在

1m～2m 之间）多层建筑和冻胀性较强的地基也很少有浅埋基础，基础埋深多数控制在场地冻深以下。在深厚季节性冻土地区（冻深大于 2m）冻胀性不强的地基上浅埋基础较多。浅埋基础应用不多的原因一是设计者对基础浅埋不放心；二是多数勘察资料对冻深范围内的土层不给地基基础设计参数；三是多数情况冻胀性土层不是适宜的持力层。

　　2　随着国家经济的发展，人们对基础浅埋带来的经济效益与房屋建筑的安全性、耐久性之间，更加重视房屋建筑的安全性、耐久性。

　　3　基础浅埋后如果使用过程中地基浸水，会造成地基土冻胀性的增强，导致房屋出现冻胀破坏。此现象在采用了浅埋基础的三层以下建筑时有发生。

　　4　冻胀性强的土融化时的冻融软化现象使基础出现短时的沉陷，多年累积可导致部分浅埋基础房屋使用 20 年～30 年后室内地面低于室外地面，甚至出现进屋下台阶现象。

　　5　目前西欧、北美、日本和俄罗斯规范规定基础埋深均不小于冻深。

　　鉴于上述情况，本次规范修订提出在浅季节冻土地区、中厚季节冻土地区和深厚季节冻土地区中冻胀性较强的地基不宜实施基础浅埋，在深厚季节冻土地区的不冻胀、弱冻胀、冻胀土地基可以实施基础浅埋，并给出了基底最大允许冻土层厚度表。该表是原规范表保留了弱冻胀、冻胀土数据基础上进行了取整修改。

5.1.9　防切向冻胀力的措施如下：

　　切向冻胀力是指地基土冻结膨胀时产生的其作用方向平行基础侧面的冻胀力。基础防切向冻胀力方法很多，采用时应根据工程特点、地方材料和经验确定。以下介绍 3 种可靠方法。

　　（一）基侧填砂

　　用基侧填砂来减小或消除切向冻胀力，是简单易行的方法。地基土在冻结膨胀时所产生的冻胀力通过土与基础牢固冻结在一起的剪切面传递，砂类土的持水能力很小，当砂土处在地下水位之上时，不但为非饱和土而且含水量很小，其力学性能接近松散冻土，所以砂土与基础侧表面冻结在一起的冻结强度很小，可传递的切向冻胀力亦很小。在基础施工完成后回填基坑时在基侧外表（采暖建筑）或四周（非采暖建筑）填入厚度不小于 100mm 的中、粗砂，可以起到良好的防切向冻胀力破坏的效果。本次修订将换填厚度由原来的 100mm 改为 200mm，原因是 100mm 施工困难，且容易造成换填层不连续。

　　（二）斜面基础

　　截面为上小下大的斜面基础就是将独立基础或条形基础的台阶或放大脚做成连续的斜面，其防切向冻胀力作用明显，但它容易被理解为是用下部基础断面中的扩大部分来阻止切向冻胀力将基础抬起，这种理

解是错误的。现对其原理分析如下：

在冬初当第一层土冻结时，土产生冻胀，并同时出现两个方向膨胀：沿水平方向膨胀基础受一水平作用力 H_1；垂直方向上膨胀基础受一作用力 V_1。V_1 可分解成两个分力，即沿基础斜边的 τ_{12} 和沿基础斜边法线方向的 N_{12}，τ_{12} 即是由于土有向上膨胀趋势对基础施加的切向冻胀力，N_{12} 是由于土有向上膨胀的趋势对基础斜边法线方向作用的拉应力。水平冻胀力 H_1 也可分解成两个分力，其一是 τ_{11}，其二是 N_{11}，τ_{11} 是由于水平冻胀力的作用施加在基础斜边上的切向冻胀力，N_{11} 则是由于水平冻胀力作用施加在基础斜边上的正压力（见图 1 受力分布图）。此时，第一层土作用于基侧的切向冻胀力为 $\tau_1=\tau_{11}+\tau_{12}$，正压力 $N_1=N_{11}-N_{12}$。由于 N_{12} 为正拉力，它的存在将降低基侧受到的正压力数值。当冻结界面发展到第二层土时，除第一层的原受力不变之外又叠加了第二层土冻胀时对第一层的作用，由于第二层土冻胀时受到第一层的约束，使第一层土对基侧的切向冻胀力增加至 $\tau_1=\tau_{11}+\tau_{12}+\tau_{22}$，而且当冻结第二层土时第一层土所处位置的土温又有所降低，土在产生水平冻胀后出现冷缩，令冻土层的冷缩拉力为 N_C，此时正压力为 $N_1=N_{11}-N_{12}-N_C$。当冻层发展到第三层土时，第一、二层重又出现一次上述现象。

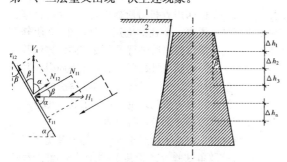

图 1　斜面基础基侧受力分布图
1—冻后地面；2—冻前地面

由以上分析可以看出，某层的切向冻胀力随冻深的发展而逐步增加，而该层位置基础斜面上受到的冻胀压应力随冻深的发展数值逐渐变小，当冻深发展到第 n 层，第一层的切向冻胀力超过基侧与土的冻结强度时，基础便与冻土产生相对位移，切向冻胀力不再增加而下滑，出现卸荷现象。N_1 由一开始冻结产生较大的压应力，随着冻深向下发展、土温的降低、下层土的冻胀等作用，拉应力分量在不断地增长，当达到一定程度，N_1 由压力变成拉力，所以当达到抗拉强度极限时，基侧与土将开裂，由于冻土的受拉呈脆性破坏，一旦开裂很快延基侧向下延伸扩展，这一开裂，使基础与基侧土之间产生空隙，切向冻胀力也就不复存在了。

应该说明的是，在冻胀土层范围之内的基础扩大部分根本起不到锚固作用，因在上层冻胀时基础下部

所出现的锚固力，等冻深发展到该层时，随着该层的冻胀而消失了，只有处在下部未冻土中基础的扩大部分才起锚固作用，但我们所说的浅埋基础根本不存在这一伸入未冻土层中的部分。

在闫家岗冻土站不同冻胀性土的场地上进行了多组方锥形（截头锥）桩基础的多年观测，观测结果表明，当 β 角大于等于 9° 时，基础即是稳定的，见图 2。基础稳定的原因不是由于切向冻胀力被下部扩大部分给锚住，而是由于在倾斜表面上出现拉力分量与冷缩分量叠加之后的开裂，切向冻胀力退出工作所造成的，见图 3 的试验结果。

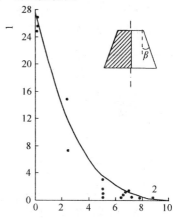

图 2　斜面基础的抗冻拔试验
1—基础冻拔量（cm）；2—β（°）

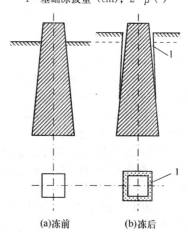

图 3　斜面基础的防冻胀试验
1—空隙

用斜面基础防切向冻胀力具有如下特点：

1　在冻胀作用下基础受力明确，技术可靠。当其倾斜角 β 大于等于 9° 时，将不会出现因切向冻胀力作用而导致的冻害事故发生。

2　不但可以在地下水位之上，也可在地下水位之下应用。

3　耐久性好，在反复冻融作用下防冻胀效果不变。

4　不用任何防冻胀材料就可解决切向冻胀问题。

该种基础施工时比常规基础复杂，当基础侧面较粗糙时，可用水泥砂浆将基础侧面抹平。

（三）保温基础

在基础外侧采取保温措施是消除切向冻胀力的有效方法。日本称其为"裙式保温法"，20世纪90年代开始在北海道进行研究和实践，取得了良好的效果。该方法可在冻胀性较强、地下水位较高的地基中使用，不但可以消除切向冻胀力，还可以减少地面热损耗，同时实现基础浅埋。

基础保温方法见图4。保温层厚度应根据地区气候条件确定，水平保温板上面应有不小于300mm厚土层保护，并有不小于5%的向外排水坡度，保温宽度应不小于自保温层以下算起的场地冻结深度。

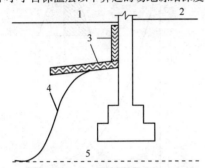

图4 保温基础示意
1—室外地面；2—采暖室内地面；3—苯板保温层；
4—实际冻深线；5—原场地冻深线

5.2 承载力计算

5.2.4 大面积压实填土地基，是指填土宽度大于基础宽度两倍的质量控制严格的填土地基，质量控制不满足要求的填土地基深度修正系数应取1.0。

目前建筑工程大量存在着主裙楼一体的结构，对于主体结构地基承载力的深度修正，宜将基础底面以上范围内的荷载，按基础两侧的超载考虑，当超载宽度大于基础宽度两倍时，可将超载折算成土层厚度作为基础埋深，基础两侧超载不等时，取小值。

5.2.5 根据土的抗剪强度指标确定地基承载力的计算公式，条件原为均布压力。当受到较大的水平荷载而使合力的偏心距过大时，地基反力分布将很不均匀，根据规范要求 $p_{kmax} \leqslant 1.2 f_a$ 的条件，将计算公式增加一个限制条件为：当偏心距 $e \leqslant 0.033b$ 时，可用该式计算。相应式中的抗剪强度指标 c、φ，要求采用附录E求出的标准值。

5.2.6 岩石地基的承载力一般较土高得多。本条规定："用岩石地基载荷试验确定"。但对完整、较完整和较破碎的岩体可以取样试验时，可以根据饱和单轴抗压强度标准值，乘以折减系数确定地基承载力特征值。

关键问题是如何确定折减系数。岩石饱和单轴抗压强度与地基承载力之间的不同在于：第一，抗压强度试验时，岩石试件处于无侧限的单轴受力状态；而地基承载力则处于有围压的三轴应力状态。如果地基是完整的，则后者远远高于前者。第二，岩块强度与岩体强度是不同的，原因在于岩体中存在或多或少、或宽或窄、或显或隐的裂隙，这些裂隙不同程度地降低了地基的承载力。显然，越完整、折减越少；越破碎，折减越多。由于情况复杂，折减系数的取值原则上由地方经验确定，无经验时，按岩体的完整程度，给出了一个范围值。经试算和与已有的经验对比，条文给出的折减系数是安全的。

至于"破碎"和"极破碎"的岩石地基，因无法取样试验，故不能用该法确定地基承载力特征值。

岩样试验中，尺寸效应是一个不可忽视的因素。本规范规定试件尺寸为 $\phi50\text{mm} \times 100\text{mm}$。

5.2.7 本规范1974版中规定了矩形基础和条形基础下的地基压力扩散角（压力扩散线与垂直线的夹角），一般取22°，当土层为密实的碎石土，密实的砾砂、粗砂、中砂以及坚硬和硬塑状态的黏土时，取30°。当基础底面至软弱下卧层顶面以上的土层厚度小于或等于1/4基础宽度时，可按0°计算。

双层土的压力扩散作用有理论解，但缺乏试验证明，在1972年开始编制地基规范时主要根据理论解及仅有的一个由四川省科研所提供的现场载荷试验。为慎重起见，提出了上述的应用条件。在89版修订规范时，由天津市建研所进行了大批室内模型试验及三组野外试验，得到一批数据。由于试验局限在基宽与硬层厚度相同的条件，对于大家希望解决的较薄硬土层的扩散作用只有借助理论公式探求其合理应用范围。以下就修改补充部分进行说明：

天津建研所完成了硬层土厚度 z 等于基宽 b 时硬层的压力扩散角试验，试验共16组，其中野外载荷试验2组，室内模型试验14组，试验中进行了软层顶面处的压力测量。

试验所选用的材料，室内为粉质黏土、淤泥质黏土，用人工制备。野外用煤球灰及石屑。双层土的刚度指标用 $\alpha = E_{s1}/E_{s2}$ 控制，分别取 $\alpha = 2$、4、5、6 等。模型基宽为360mm及200mm两种，现场压板宽度为1410mm。

现场试验下卧层为煤球灰，变形模量为2.2MPa，极限荷载60kPa，按 $s = 0.015b \approx 21.1\text{mm}$ 时所对应的压力仅仅为40kPa。（图5，曲线1）。上层硬土为振密煤球灰及振密石屑，其变形模量为10.4MPa及12.7MPa，这两组试验 $\alpha = 5$、6，从图5曲线中可明显看到：当 $z = b$ 时，$\alpha = 5$、6的硬层有明显的压力扩散作用，曲线2所反映的承载力为曲线1的3.5倍，曲线3所反映的承载力为曲线1的4.25倍。

室内模型试验：硬层为标准砂，$e = 0.66$，$E_s = 11.6\text{MPa} \sim 14.8\text{MPa}$；下卧软层分别选用流塑状粉质

黏土，变形模量在 4MPa 左右；淤泥质土变形模量为 2.5MPa 左右。从载荷试验曲线上很难找到这两类土的比例界线值，见图 6，曲线 1 流塑状粉质黏土 $s=50mm$ 时的强度仅 20kPa。作为双层地基，当 $\alpha=2$，$s=50mm$ 时的强度为 56kPa（曲线 2），$\alpha=4$ 时为 70kPa（曲线 3），$\alpha=6$ 时为 96kPa（曲线 4）。虽然按同一下沉量来确定强度是欠妥的，但可反映垫层的扩散作用，说明 θ 值愈大，压力扩散的效果愈显著。

关于硬层压力扩散角的确定一般有两种方法，一种是取承载力比值倒算 θ 角，另一种是采用实测压力比值，天津建研所采用后一种方法，取软层顶三个压力实测平均值作为扩散到软层上的压力值，然后按扩散角公式求 θ 值。

从图 6 中可以看出：p-θ 曲线上按实测压力求出的 θ 角随载荷增加迅速降低，到硬土层出现开裂后降到最低值。

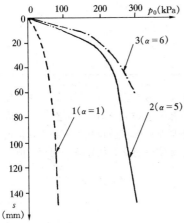

图 5　现场载荷试验 p-s 曲线
1—原有煤球灰地基；2—振密煤球灰地基；3—振密土石屑地基

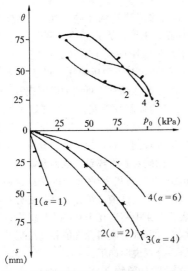

图 6　室内模型试验 p-s 曲线 p-θ 曲线
注：$\alpha=2$、4 时，下层土模量为 4.0MPa；
$\alpha=6$ 时，下层土模量为 2.9MPa。

根据平面模型实测压力计算的 θ 值分别为：$\alpha=4$ 时，$\theta=24.67°$；$\alpha=5$ 时，$\theta=26.98°$；$\alpha=6$ 时，$\theta=27.31°$；均小于 30°，而直观的破裂角却为 30°（图 7）。

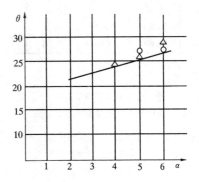

图 7　双层地基试验 α-θ 曲线
△—室内试验；○—现场试验

现场载荷试验实测压力值见表 3。

表 3　现场实测压力

载荷板下压力 p_0 (kPa)		60	80	100	140	160	180	220	240	260	300
软弱下卧层面上平均压力 p_z (kPa)	2 ($\alpha=5$)	27.3		31.2			33.2	50.5		87.9	130.3
	3 ($\alpha=6$)		24			26.7			33.5		704

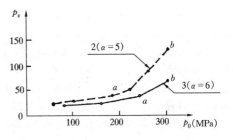

图 8　载荷板压力 p_0 与界面压力 p_z 关系

按表 3 实测压力做图 8，可以看出，当荷载增加到 a 点后，传到软土顶界面上的压力急骤增加，即压力扩散角迅速降低，到 b 点时，$\alpha=5$ 时为 28.6°，$\alpha=6$ 时为 28°，如果按 a 点所对应的压力分别为 180kPa、240kPa，其对应的扩散角为 30.34° 及 36.85°，换言之，在 p-s 曲线中比例界限范围内的 θ 角比破坏时略高。

为讨论这个问题，在缺乏试验论证的条件下，只能借助已有理论解进行分析。

根据叶戈罗夫的平面问题解答，条形均布荷载下双层地基中点应力 p_z 的应力系数 k_z 见表 4。

表 4　条形基础中点地基应力系数

z/b	$\nu=1.0$	$\nu=5.0$	$\nu=10.0$	$\nu=15.0$
0.0	1.00	1.00	1.00	1.00
0.25	1.02	0.95	0.87	0.82
0.50	0.90	0.69	0.58	0.52
1.00	0.60	0.41	0.33	0.29

注：$\nu = \dfrac{E_{s1}}{E_{s2}} \cdot \dfrac{1-\mu_2^2}{\mu_1^2}$；

E_{s1}——硬土层土的变形模量；

E_{s2}——下卧软土层的变形模量。

换算为 α 时，$\nu=5.0$　大约相当　$\alpha=4$；

$\nu=10.0$　大约相当　$\alpha=7\sim8$；

$\nu=15.0$　大约相当　$\alpha=12$。

将应力系数换算为压力扩散角可建表如下：

表 5　压力扩散角 θ

z/b	$\nu=1.0$, $\alpha=1$	$\nu=5.0$, $\alpha\approx4$	$\nu=10.0$, $\alpha\approx7\sim8$	$\nu=15.0$, $\alpha\approx12$
0.00	—	—	—	—
0.25	0	5.94°	16.63°	23.7°
0.50	3.18°	24.0°	35.0°	42.0°
1.00	18.43°	35.73°	45.43°	50.75°

从计算结果分析，该值与图 6 所示试验值不同，当压力小时，试验值大于理论值，随着压力增加，试验值逐渐减小。到接近破坏时，试验值趋近于 25°，比理论值小 50% 左右，出现上述现象的原因可能是理论值只考虑土直线变形段的应力扩散，当压板下出现塑性区即载荷试验出现拐点后，土的应力应变关系已呈非线性性质，当下卧层土较差时，硬层挠曲变形不断增加，直到出现开裂。这时压力扩散角取决于上层土的刚性角逐渐达到某一定值。从地基承载力的角度出发，采用破坏时的扩散角验算下卧层的承载力比较安全可靠，并与实测土的破裂角度相当。因此，在采用理论值计算时，θ 大于 30° 的均以 30° 为限，θ 小于 30° 的则以理论计算值为基础；求出 $z=0.25b$ 时的扩散角，见图 9。

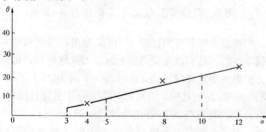

图 9　$z=0.25b$ 时 α-θ 曲线（计算值）

从表 5 可以看到 $z=0.5b$ 时，扩散角计算值均大于 $z=6$ 时图 7 所给出的试验值。同时，$z=0.5b$ 时的扩散角不宜大于 $z=b$ 时所得试验值。故 $z=0.5b$ 时的扩散角仍按 $z=b$ 时考虑，而大于 $0.5b$ 时扩散角

亦不再增加。从试验所示的破裂面的出现以及任一材料都有一个强度限值考虑，将扩散角限制在一定范围内还是合理的。综上所述，建议条形基础下硬土层地基的扩散角如表 6 所示。

表 6　条形基础压力扩散角

E_{s1}/E_{s2}	$z=0.25b$	$z=0.5b$
3	6°	23°
5	10°	25°
10	20°	30°

关于方形基础的扩散角与条形基础扩散角，可按均质土中的压力扩散系数换算，见表 7。

表 7　扩散角对照

z/b	压力扩散系数		压力扩散角	
	方形	条形	方形	条形
0.2	0.960	0.977	2.95°	3.36°
0.4	0.800	0.881	8.39°	9.58°
0.6	0.606	0.755	13.33°	15.13°
1.0	0.334	0.550	20.00°	22.24°

从表 7 可以看出，在相等的均布压力作用下，压力扩散系数差别很大，但在 z/b 在 1.0 以内时，方形基础与条形基础的扩散角相差不到 2°，该值与建表误差相比已无实际意义，故建议采用相同值。

5.3　变形计算

5.3.1　本条为强制性条文。地基变形计算是地基设计中的一个重要组成部分。当建筑物地基产生过大的变形时，对于工业与民用建筑来说，都可能影响正常的生产或生活，危及人们的安全，影响人们的心理状态。

5.3.3　一般多层建筑物在施工期间完成的沉降量，对于碎石或砂土可认为其最终沉降量已完成 80% 以上，对于其他低压缩性土可认为已完成最终沉降量的 50%～80%，对于中压缩性土可认为已完成 20%～50%，对于高压缩性土可认为已完成 5%～20%。

5.3.4　本条为强制性条文。本条规定了地基变形的允许值。本规范从编制 1974 年版开始，收集了大量建筑物的沉降观测资料，加以整理分析，统计其变形特征值，从而确定各类建筑物能够允许的地基变形限制。经历 1989 年版和 2002 年版的修订、补充，本条规定的地基变形允许值已被证明是行之有效的。

对表 5.3.4 中高度在 100m 以上高耸结构物（主要为高烟囱）基础的倾斜允许值和高层建筑物基础倾斜允许值，分别说明如下：

（一）高耸构筑物部分：（增加 $H>100$m 时的允许变形值）

1　国内外规范、文献中烟囱高度 $H>100$m 时

的允许变形值的有关规定：

1）我国《烟囱设计规范》GBJ 51—83（表8）

表8　基础允许倾斜值

烟囱高度 H（m）	基础允许倾斜值	烟囱高度 H（m）	基础允许倾斜值
100＜H≤150	≤0.004	200＜H	≤0.002
150＜H≤200	≤0.003		

上述规定的基础允许倾斜值，主要根据烟囱筒身的附加弯矩不致过大。

2）前苏联地基规范 СНИП 2.02.01—83（1985年）（表9）

表9　地基允许倾斜值和沉降值

烟囱高度 H（m）	地基允许倾斜值	地基平均沉降量（mm）
100＜H＜200	1/(2H)	300
200＜H＜300	1/(2H)	200
300＜H	1/(2H)	100

3）基础分析与设计（美）J. E. BOWLES（1977年）烟囱、水塔的圆环基础的允许倾斜值为0.004。

4）结构的允许沉降（美）M. I. ESRIG（1973年）高大的刚性建筑物明显可见的倾斜为0.004。

2　确定高烟囱基础允许倾斜值的依据：

1）影响高烟囱基础倾斜的因素

①风力；

②日照；

③地基土不均匀及相邻建筑物的影响；

④由施工误差造成的烟囱筒身基础的偏心。

上述诸因素中风、日照的最大值仅为短时间作用，而地基不均匀与施工误差的偏心则为长期作用，相对的讲后者更为重要。根据1977年电力系统高烟囱设计问题讨论会议纪要，从已建成的高烟囱看，烟囱筒身中心垂直偏差，当采用激光对中找直后，顶端施工偏差值均小于 $H/1000$，说明施工偏差是很小的。因此，地基土不均匀及相邻建筑物的影响是高烟囱基础产生不均匀沉降（即倾斜）的重要因素。

确定高烟囱基础的允许倾斜值，必须考虑基础倾斜对烟囱筒身强度和地基土附加压力的影响。

2）**基础倾斜产生的筒身二阶弯矩在烟囱筒身总附加弯矩中的比率**

我国烟囱设计规范中的烟囱筒身由风荷载、基础倾斜和日照所产生的自重附加弯矩公式为：

$$M_f = \frac{Gh}{2}\left[\left(H - \frac{2}{3}h\right)\left(\frac{1}{\rho_w} + \frac{\alpha_{hz}\Delta_t}{2\gamma_0}\right) + m_\theta\right]$$

式中：G——由筒身顶部算起 $h/3$ 处的烟囱每米高的折算自重（kN）；

h——计算截面至筒顶高度（m）；

H——筒身总高度（m）；

$\dfrac{1}{\rho_w}$——筒身代表截面处由风荷载及附加弯矩产生的曲率；

α_{hz}——混凝土总变形系数；

Δ_t——筒身日照温差，可按 20℃采用；

m_θ——基础倾斜值；

γ_0——由筒身顶部算起 0.6H 处的筒壁平均半径（m）。

从上式可看出，当筒身曲率 $\dfrac{1}{\rho_w}$ 较小时附加弯矩中基础倾斜部分才起较大作用，为了研究基础倾斜在筒身附加弯矩中的比率，有必要分析风、日照、地基倾斜对上式的影响。在 m_θ 为定值时，由基础倾斜引起的附加弯矩与总附加弯矩的比值为：

$$m_\theta\bigg/\left[\left(H - \frac{2}{3}h\right)\left(\frac{1}{\rho_w} + \frac{\alpha_{hz}\Delta_t}{2\gamma_0}\right) + m_\theta\right]$$

显然，基倾附加弯矩所占比率在强度阶段与使用阶段是不同的，后者较前者大些。

现以高度为180m、顶部内径为6m、风荷载为 50kgf/m^2 的烟囱为例：

在标高25m处求得的各项弯矩值为

总风弯矩　　　$M_w = 13908.5\text{t}-m$

总附加弯矩　　$M_f = 4394.3\text{t}-m$

其中：风荷附加　$M_{fw} = 3180.4$

　　　日照附加　$M_r = 395.5$

　　　地倾附加　$M_{fj} = 818.4$（$m_\theta = 0.003$）

可见当基础倾斜0.003时，由基础倾斜引起的附加弯矩仅占总弯矩（$M_w + M_f$）值的4.6%，同样当基础倾斜0.006时，为10%。综上所述，可以认为在一般情况下，筒身达到明显可见的倾斜（0.004）时，地基倾斜在高烟囱附加弯矩计算中是次要的。

但高烟囱在风、地震、温度、烟气侵蚀等诸多因素作用下工作，筒身又为环形薄壁截面，有关刚度、应力计算的因素复杂，并考虑到对邻接部分免受损害，参考了国内外规范、文献后认为，随着烟囱高度的增加，适当地递减烟囱基础允许倾斜值是合适的，因此，在修订 TJ 7-74 地基基础设计规范表21时，对高度 h＞100m高耸构筑物基础的允许倾斜值可采用我国烟囱设计规范的有关数据。

（二）高层建筑部分

这部分主要参考《高层建筑箱形与筏形基础技术规范》JGJ 6 有关规定及编制说明中有关资料定出允许变形值。

1　我国箱基规定横向整体倾斜的计算值 α，在非地震区宜符合 $\alpha \leqslant \dfrac{b}{100H}$，式中，$b$ 为箱形基础宽度；

H 为建筑物高度。在箱基编制说明中提到在地震区 α 值宜用 $\dfrac{b}{150H} \sim \dfrac{b}{200H}$。

2 对刚性的高层房屋的允许倾斜值主要取决于人类感觉的敏感程度,倾斜值达到明显可见的程度大致为 1/250,结构损坏则大致在倾斜值达到 1/150 时开始。

5.3.5 该条指出:

1 压缩模量的取值,考虑到地基变形的非线性性质,一律采用固定压力段下的 E_s 值必然会引起沉降计算的误差,因此采用实际压力下的 E_s 值,即

$$E_s = \frac{1+e_0}{\alpha}$$

式中:e_0——土自重压力下的孔隙比;

α——从土自重压力至土的自重压力与附加压力之和压力段的压缩系数。

2 地基压缩层范围内压缩模量 E_s 的加权平均值 提出按分层变形进行 E_s 的加权平均方法

设:$\dfrac{\sum A_i}{E_s} = \dfrac{A_1}{E_{s1}} + \dfrac{A_2}{E_{s2}} + \dfrac{A_3}{E_{s3}} + \cdots\cdots = \sum \dfrac{A_i}{E_{si}}$

则:$\overline{E}_s = \dfrac{\sum A_i}{\sum \dfrac{A_i}{E_{si}}}$

式中:$\overline{E}_s$——压缩层内加权平均的 E_s 值(MPa);

E_{si}——压缩层内第 i 层土的 E_s 值(MPa);

A_i——压缩层内第 i 层土的附加应力面积(m^2)。

显然,应用上式进行计算能够充分体现各分层土的 E_s 值在整个沉降计算中的作用,使在沉降计算中 E_s 完全等效于分层的 E_s。

3 根据对 132 栋建筑物的资料进行沉降计算并与资料值进行对比得出沉降计算经验系教 ψ_s 与平均 E_s 之间的关系,在编制规范表 5.3.5 时,考虑了在实际工作中有时设计压力小于地基承载力的情况,将基底压力小于 $0.75 f_{ak}$ 时另列一栏,在表 5.3.5 的数值方面采用了一个平均压缩模量值可对应给出一个 ψ_s 值,并允许采用内插方法,避免了采用压缩模量区间取一个 ψ_s 值,在区间分界处因 ψ_s 取值不同而引起的误差。

5.3.7 对于存在相邻影响情况下的地基变形计算深度,这次修订时仍以相对变形作为控制标准(以下简称为变形比法)。

在 TJ 7-74 规范之前,我国一直沿用前苏联 НИТУ127-55 规范,以地基附加应力对自重应力之比为 0.2 或 0.1 作为控制计算深度的标准(以下简称应力比法),该法沿用成习,并有相当经验。但它没有考虑到土层的构造与性质,过于强调荷载对压缩层深度的影响而对基础大小这一更为重要的因素重视不足。自 TJ 7-74 规范试行以来,采用变形比法的规定,

纠正了上述的毛病,取得了不少经验,但也存在一些问题。有的文献指出,变形比法规定向上取计算层厚为 1m 的计算变形值,对于不同的基础宽度,其计算精度不等。从与实测资料的对比分析中可以看出,用变形比法计算独立基础、条形基础时,其值偏大。但对于 $b=10m\sim50m$ 的大基础,其值却与实测值相近。为使变形比法在计算小基础时,其计算 z_n 值也不至于过于偏大,经过多次统计,反复试算,提出采用 0.3 $(1+\ln b)$ m 代替向上取计算层厚为 1m 的规定,取得较为满意的结果(以下简称为修正变形比法)。第 5.3.7 条中的表 5.3.7 就是根据 0.3 $(1+\ln b)$ m 的关系,以更粗的分格给出的向上计算层厚 Δz 值。

5.3.8 本条列入了当无相邻荷载影响时确定基础中点的变形计算深度简化公式(5.3.8),该公式系根据具有分层深标的 19 个载荷试验(面积 $0.5m^2 \sim 13.5m^2$)和 31 个工程实测资料统计分析而得。分析结果表明。对于一定的基础宽度,地基压缩层的深度不一定随着荷载(p)的增加而增加。对于基础形状(如矩形基础、圆形基础)与地基土类别(如软土、非软土)对压缩层深度的影响亦无显著的规律,而基础大小和压缩层深度之间却有明显的有规律性的关系。

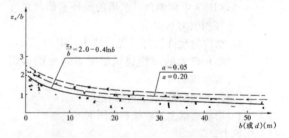

图 10 z_s/b-b 实测点和回归线

•—图形基础;+—方形基础;×—矩形基础

图 10 为以实测压缩层深度 z_s 与基础宽度 b 之比为纵坐标,而以 b 为横坐标的实测点和回归线图。实线方程 $z_s/b = 2.0 - 0.41 n b$ 为根据实测点求得的结果。为使曲线具有更高的保证率,方程式右边引入随机项 $t_a \varphi_0 S$,取置信度 $1-\alpha=95\%$ 时,该随机项偏于安全地取 0.5,故公式变为:

$$z_s = b\,(2.5 - 0.41 n b)$$

图 10 的实线之上有两条虚线。上层虚线为 $\alpha=0.05$,具有置信度为 95% 的方程,即式(5.3.8)。下层虚线为 $\alpha=0.2$,具有置信度为 80% 的方程。为安全起见只推荐前者。

此外,从图 10 中可以看到绝大多数实测点分布在 $z_s/b=2$ 的线以下。即使最高的个别点,也只位于 $z_s/b=2.2$ 之处。国内外一些资料亦认为压缩层深度以取 $2b$ 或稍高一点为宜。

在计算深度范围内存在基岩或存在相对硬层时,

按第5.3.5条的原则计算地基变形时，由于下卧硬层存在，地基应力分布明显不同于 Boussinesq 应力分布。为了减少计算工作量，此次条文修订增加对于计算深度范围内存在基岩和相对硬层时的简化计算原则。

在计算深度范围内存在基岩或存在相对硬层时，地基土层中最大压应力的分布可采用 K. E. 叶戈罗夫带式基础下的结果（表10）。对于矩形基础，长短边边长之比大于或等于2时，可参考该结果。

表10　带式基础下非压缩性地基上面土层中的最大压应力系数

z/h	非压缩性土层的埋深		
	h=b	h=2b	h=5b
1.0	1.000	1.00	1.00
0.8	1.009	0.99	0.82
0.6	1.020	0.92	0.57
0.4	1.024	0.84	0.44
0.2	1.023	0.78	0.37
0	1.022	0.76	0.36

注：表中 h 为非压缩性地基上面土层的厚度，b 为带式荷载的半宽，z 为纵坐标。

5.3.10 应该指出高层建筑由于基础埋置较深，地基回弹再压缩变形往往在总沉降中占重要地位，甚至某些高层建筑设置3层～4层（甚至更多层）地下室时，总荷载有可能等于或小于该深度土的自重压力，这时高层建筑地基沉降变形将由地基回弹变形决定。公式（5.3.10）中，E_{ci} 应按现行国家标准《土工试验方法标准》GB/T 50123 进行试验确定，计算时应按回弹曲线上相应的压力段计算。沉降计算经验系数 ψ_c 应按地区经验采用。

地基回弹变形计算算例：

某工程采用箱形基础，基础平面尺寸 64.8m×12.8m，基础埋深 5.7m，基础底面以下各土层分别在自重压力下做回弹试验，测得回弹模量见表11。

表11　土的回弹模量

土层	层厚（m）	回弹模量（MPa）			
		$E_{0-0.025}$	$E_{0.025-0.05}$	$E_{0.05-0.1}$	$E_{0.1-0.2}$
③粉土	1.8	28.7	30.2	49.1	570
④粉质黏土	5.1	12.8	14.1	22.3	280
⑤卵石	6.7	100（无试验资料，估算值）			

基底附加应力 108kN/m²，计算基础中点最大回弹量。回弹计算结果见表12。

表12　回弹量计算表

z_i	$\bar{a}_i$	$z_i\bar{a}_i - z_{i-1}\bar{a}_{i-1}$	p_z+p_{cz} (kPa)	E_{ci} (MPa)	$p_c(z_i\bar{a}_i - z_{i-1}\bar{a}_{i-1})/E_{ci}$
0	1.000	0	0	—	
1.8	0.996	1.7928	41	28.7	6.75mm
4.9	0.964	2.9308	115	22.3	14.17mm
5.9	0.950	0.8814	139	280	0.34mm
6.9	0.925	0.7775	161	280	0.3mm
合计					21.56mm

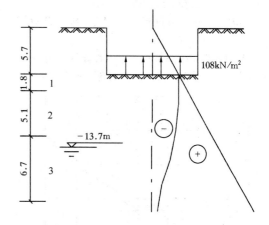

图11　回弹计算示意

1—③粉土；2—④粉质黏土；3—⑤卵石

从计算过程及土的回弹试验曲线特征可知，地基土回弹的初期，回弹模量很大，回弹量较小，所以地基土的回弹变形土层计算深度是有限的。

5.3.11 根据土的固结回弹再压缩试验或平板载荷试验卸荷再加荷试验结果，地基土回弹再压缩曲线在再压缩比率与再加荷比关系中可用两段线性关系模拟。这里再压缩比率定义为：

1）土的固结回弹再压缩试验

$$r' = \frac{e_{max} - e'_i}{e_{max} - e_{min}}$$

式中：e'_i——再加荷过程中 P_i 级荷载施加后再压缩变形稳定时的土样孔隙比；

e_{min}——回弹变形试验中最大预压荷载或初始上覆荷载下的孔隙比；

e_{max}——回弹变形试验中土样上覆荷载全部卸载后土样回弹稳定时的孔隙比。

2）平板载荷试验卸荷再加荷试验

$$r' = \frac{\Delta s_{rci}}{s_c}$$

式中：Δs_{rci}——载荷试验中再加荷过程中，经第 i 级加荷，土体再压缩变形稳定后产生的再压缩变形量；

s_c——载荷试验中卸荷阶段产生的回弹变

形量。

再加荷比定义为：

1）土的固结回弹再压缩试验

$$R' = \frac{P_i}{P_{max}}$$

式中：P_{max}——最大预压荷载，或初始上覆荷载；

P_i——卸荷回弹完成后，再加荷过程中经过第 i 级加荷后作用于土样上的竖向上覆荷载。

2）平板载荷试验卸荷再加荷试验

$$R' = \frac{P_i}{P_0}$$

式中：P_0——卸荷对应的最大压力；

P_i——再加荷过程中，经第 i 级加荷对应的压力。

典型试验曲线关系见图，工程设计中可按图 12 所示的试验结果按两段线性关系确定 r_0' 和 R_0'。

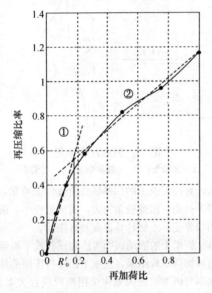

图 12 再压缩比率与再加荷比关系

中国建筑科学研究院滕延京、李建民等在室内压缩回弹试验、原位载荷试验、大比尺模型试验基础上，对回弹变形随卸荷发展规律以及再压缩变形随加荷发展规律进行了较为深入的研究。

图 13、图 14 的试验结果表明，土样卸荷回弹过程中，当卸荷比 $R<0.4$ 时，已完成的回弹变形不到总回弹变形量的 10%；当卸荷比增大至 0.8 时，已完成的回弹变形仅约占总回弹变形量的 40%；而当卸荷比介于 0.8～1.0 之间时，发生的回弹量约占总回弹变形量的 60%。

图 13、图 15 的试验结果表明，土样再压缩过程中，当再加荷量为卸荷量的 20% 时，土样再压缩变形量已接近回弹变形量的 40%～60%；当再加荷量为卸荷量 40% 时，土样再压缩变形量为回弹变形量的 70% 左右；当再加荷量为卸荷量的 60% 时，土样

产生的再压缩变形量接近回弹变形量的 90%。

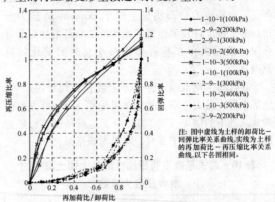

注：图中虚线为土样的卸荷比－回弹比率关系曲线，实线为土样的再加荷比－再压缩比率关系曲线，以下各图相同。

图 13 土样卸荷比-回弹比率、再压缩比率关系曲线（粉质黏土）

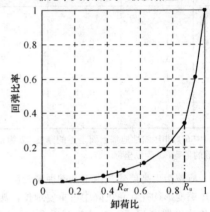

图 14 土样回弹变形发展规律曲线

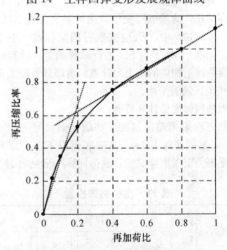

图 15 载荷试验再压缩曲线规律

回弹变形计算可按回弹变形的三个阶段分别计算：小于临界卸荷比时，其变形很小，可按线性模量关系计算；临界卸荷比至极限卸荷比段，可按 log 曲线分布的模量计算。

工程应用时，回弹变形计算的深度可取至土层的临界卸荷比深度；再压缩变形计算时初始荷载产生的变形不会产生结构内力，应在总压缩量中扣除。

工程计算的步骤和方法如下：

1 进行地基土的固结回弹再压缩试验，得到需要进行回弹再压缩计算土层的计算参数。每层土试验土样的数量不得少于 6 个，按《岩土工程勘察规范》GB 50021 的要求统计分析确定计算参数。

2 按本规范第 5.3.10 条的规定进行地基土回弹变形量计算。

3 绘制再压缩比率与再加荷比关系曲线，确定 r_0' 和 R_0'。

4 按本条计算方法计算回弹再压缩变形量。

5 如果工程在需计算回弹再压缩变形量的土层进行过平板载荷试验，并有卸荷再加荷试验数据，同样可按上述方法计算回弹再压缩变形量。

6 进行回弹再压缩变形量计算，地基内的应力分布，可采用各向同性均质线性变形体理论计算。若再压缩变形计算的最终压力小于卸载压力，$r_{R'=1.0}'$ 可取 $r_{R'=a}'$，a 为工程再压缩变形计算的最大压力对应的再加荷比，$a \leqslant 1.0$。

工程算例：

1 模型试验

模型试验在中国建筑科学研究院地基基础研究所试验室内进行，采用刚性变形深标对基坑开挖过程中基底及以下不同深度处土体回弹变形进行观测，最终取得良好结果。

变形深标点布置图 16，其中 A 轴上 5 个深标点所测深度为基底处，其余各点所测为基底下不同深度处土体回弹变形。

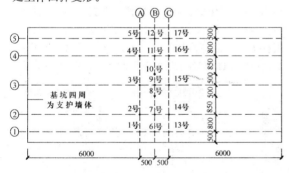

图 16　模型试验刚性变形深标点平面布置图

由图 17 可知 3 号深标点最终测得回弹变形量为 4.54mm，以 3 号深标点为例，对基地处土体再压缩变形量进行计算：

1）确定计算参数

根据土工试验，由再加荷比、再压缩比率进行分析，得到模型试验中基底处土体再压缩变形规律见图 18。

2）计算所得该深标点处回弹变形最终量为 5.14mm。

3）确定 r_0' 和 R_0'。

模型试验中，基底处最终卸荷压力为 72.45kPa，

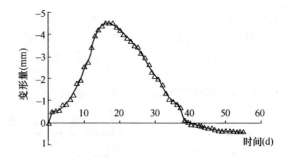

图 17　3 号刚性变形深标点变形时程曲线

土工试验结果得到再加荷比-再压缩比率关系曲线，根据土体再压缩变形两阶段线性关系，切线①与切线②的交点即为两者关系曲线的转折点，得到 $r_0' = 0.42$，$R_0' = 0.25$，见图 19。

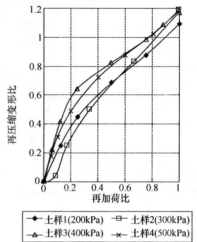

土样1(200kPa)　　土样2(300kPa)
土样3(400kPa)　　土样4(500kPa)

图 18　土工试验所得基底处土体再压缩变形规律

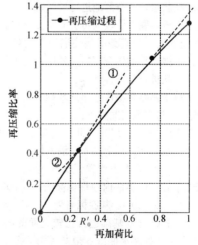

再压缩过程

图 19　模型试验中基底处土体再压缩变形规律

4）再压缩变形量计算

根据模型试验过程，基坑开挖完成后，3 号深标点处最终卸荷量为 72.45kPa，根据其回填过程中各

时间点再加荷情况，由下表可知，因最终加荷完成时，最终再加荷比为 0.8293，此时对应的再压缩比率约为 1.1，故再压缩变形计算中其再压缩变形增大系数取为 $r'_{R'=0.8293} = 1.1$，采用规范公式 (5.3.11) 对其进行再压缩变形计算，计算过程见表 13。

回填完成时基底处土体最终再压缩变形为 4.86mm。

根据模型实测结果，试验结束后又经过一个月变形测试，得到 3 号刚性变形深标点最终再压缩变形量为 4.98mm。

表 13　再压缩变形沉降计算表

工况序号	再加荷量 p (kPa)	总卸荷量 p_c (kPa)	计算回弹变形量 s_c (mm)	再加荷比 R'	$p < R'_0 \cdot p_c$ $\dfrac{p}{p_c \cdot R_0}$ $= \dfrac{p}{72.45 \times 0.25}$	再压缩变形量 (mm)	$R'_0 \cdot p_c \leq p \leq p_c$ $r'_0 + \dfrac{r'_{R'=0.8293} - r'_0}{1-R'_0}$ $\left(\dfrac{p}{p_c} - R'_0\right)$ $= 0.42 + 0.9067$ $\left(\dfrac{p}{p_c} - 0.25\right)$	再压缩变形量 (mm)
1	2.97			0.0410	0.1640	0.354		
2	8.94			0.1234	0.4936	1.066		
3	11.80			0.1628	0.6515	1.406		
4	15.62			0.2156	0.8624	1.862		
5	—	72.45	5.14	0.25	—	—	0.42	2.16
6	39.41			0.5440	—	—	0.6866	3.53
7	45.95			0.6342	—	—	0.7684	3.95
8	54.41			0.7510	—	—	0.8743	4.49
9	60.08			0.8293	—	—	0.9453	4.86

需要说明的是，在上述计算过程中已同时进行了土体再压缩变形增大系数的修正，$r'_{R'=0.8293} = 1.1$ 系数的取值即根据工程最终再加荷情况而确定。

2　上海华盛路高层住宅

在 20 世纪 70 年代，针对高层建筑地基基础回弹问题，我国曾在北京、上海等地进行过系统的实测研究及计算方法分析，取得了较为可贵的实测资料。其中 1976 年建设的上海华盛路高层住宅楼工程就是其中之一，在此根据当年的研究资料，采用上述再压缩变形计算方法对其进行验证性计算。

根据《上海华盛路高层住宅箱形基础测试研究报告》，该工程概况与实测情况如下：

本工程系由南楼（13 层）和北楼（12 层）两单元组成的住宅建筑。南北楼上部女儿墙的标高分别为 +39.80m 和 +37.00m。本工程采用天然地基，两层地下室，箱形基础。底层室内地坪标高为 ±0.000m，室外地面标高为 −0.800m，基底标高为 −6.450m。

为了对本工程的地基基础进行比较全面的研究，采用一些测量手段对降水曲线、地基回弹、基础沉降、压缩层厚度、基底反力等进行了测量，测试布置见图 20。在 G_{14} 和 G_{15} 轴中间埋设一个分层标 F_2（基底标高以下 50cm），以观测井点降水对地基变形的影响和基坑开挖引起的地基回弹；在邻近建筑物埋设沉降标，以研究井点降水和南北楼对邻近建筑物的影

响。基坑开挖前，在北楼埋设 6 个回弹标，以研究基坑开挖引起的地基回弹。基坑开挖过程中，分层标 F_2 被碰坏，有 3 个回弹标被抓土斗挖掉。当北楼浇筑混凝土垫层后，在 G_{14} 和 G_{15} 轴上分别埋设两个分层标 F_1（基底标高以下 5.47m）、F_3（基底标高以下 11.2m），以研究各土层的变形和地基压缩层的厚度。

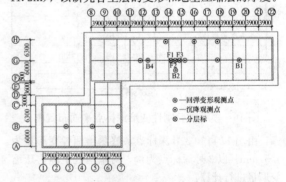

图 20　上海华盛路高层住宅工程基坑回弹点平面位置与测点成果图

1976 年 5 月 8 日南北楼开始井点降水，5 月 19 日根据埋在北楼基底标高以下 50cm 的分层标 F_2，测得由于降水引起的地基下沉 1.2cm，翌日北楼进行挖土，分层标被抓土斗碰坏。5 月 27 日当挖土到基底时，根据埋在北楼基底标高下约 30cm 的回弹标 H_2 和 H_4 的实测结果，并考虑降水预压下沉的影响，基

坑中部的地基回弹为 4.5cm。

1）确定计算参数

根据工程勘察报告，土样 9953 为基底处土体取样，固结回弹试验中其所受固结压力为 110kPa，接近基底处土体自重应力，试验成果见图 21。

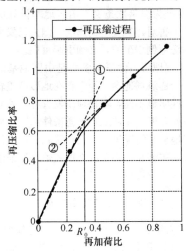

图 21　土样 9953 固结回弹试验
成果再压缩变形分析

在土样 9953 固结回弹再压缩试验所得再加荷比-再压缩比率、卸荷比-回弹比率关系曲线上，采用相同方法得到再加荷比-在压缩比率关系曲线上的切线①与切线②。

2）计算所得该深标点处回弹变形最终量为 49.76mm。

3）确定确定 r'_0 和 R'_0

根据图 22 土样 9953 再压缩变形分析曲线，切线①与切线②的交点即为再压缩变形过程中两阶段线性阶段的转折点，则由上图取 $r'_0 = 0.64$，$R'_0 = 0.32$，$r'_{R'=1.0} = 1.2$。

4）再压缩变形量计算

根据研究资料，结合施工进度，预估再加荷过程中几个工况条件下建筑物沉降量，见表 14。如表中 1976 年 10 月 13 日时，当前工况下基底所受压力为 113kPa，本工程中基坑开挖在基底处卸荷量为 106kPa，则可认为至此时为止对基底下土体来说是其再压缩变形过程。因沉降观测是从基础底板完成后开始的，故此表格中的实测沉降量偏小。

根据上述资料，计算各工况下基底处土体再压缩变形量见表 15。

由工程资料可知至工程实测结束时实际工程再加荷量为 113kPa，而由于基坑开挖基底处土体卸荷量为 106kPa，但鉴于土工试验数据原因，再加荷比取 1.0 进行计算。

则由上述建筑物沉降表，至 1976 年 10 月 13 日，观测到的建筑物累计沉降量为 54.9mm。

同样，根据本节所定义载荷试验再加荷比、再压缩比率概念，可依据载荷试验数据按上述步骤进行再压缩变形计算。

表 14　各施工进度下建筑物沉降表

序号	监测时间	当前工况下基底处所受压力（kPa）	实测累计沉降量（mm）
1	1976 年 6 月 14 日	12	0
2	1976 年 7 月 7 日	32	7.2
3	1976 年 7 月 21 日	59	18.9
4	1976 年 7 月 28 日	60	18.9
5	1976 年 8 月 2 日	61	22.3
6	1976 年 9 月 13 日	78	40.7
7	1976 年 10 月 13 日	113	54.9

表 15　再压缩变形沉降计算表

工况序号	再加荷量 p (kPa)	总卸荷量 p_c (kPa)	计算回弹变形量 s_c (mm)	$p < R'_0 \cdot p_c$ 再加荷比 $R' = \dfrac{p}{p_c \cdot R_0} = \dfrac{p}{106 \times 0.32}$	再压缩变形量 (mm)	$R'_0 \cdot p_c \leqslant p \leqslant p_c$　$r'_0 + \dfrac{r'_{R'=1.0} - r'_0}{1 - R'_0}\left(\dfrac{p}{p_c} - R'_0\right) = 0.64 + 0.8235\left(\dfrac{p}{p_c} - 0.32\right)$	再压缩变形量 (mm)
1	12			0.1132	0.3538	11.27	
2	32			0.3018	0.9434	30.10	
3	—	106	49.76	0.32		0.64	31.85
4	59			0.5566		0.8348	41.54
5	60			0.5660		0.8426	41.93
6	61			0.5754		0.8503	42.31
7	78			0.7358		0.9824	48.88
8	113			1.0		1.1999	59.71

5.3.12　中国建筑科学研究院通过十余组大比尺模型试验和三十余项工程测试，得到大底盘高层建筑地基反力、地基变形的规律，提出该类建筑地基基础设计方法。

大底盘高层建筑由于外挑裙楼和地下结构的存在，使高层建筑地基基础变形由刚性、半刚性向柔性转化，基础挠曲度增加（见图 22），设计时应加以控制。

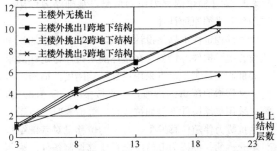

图 22　大底盘高层建筑与单体高层建筑的整体挠曲
（框架结构，2 层地下结构）

主楼外挑出的地下结构可以分担主楼的荷载，降低了整个基础范围内的平均基底压力，使主楼外有挑出时的平均沉降量减小。

裙房扩散主楼荷载的能力是有限的，主楼荷载的有效传递范围是主楼外 1 跨～2 跨。超过 3 跨，主楼荷载将不能通过裙房有效扩散（见图 23）。

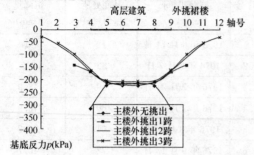

图 23　大底盘高层建筑与单体高层建筑的基底反力（内筒外框结构 20 层，2 层地下结构）

大底盘结构基底中点反力与单体高层建筑基底中点反力大小接近，刚度较大的内筒使该部分基础沉降、反力趋于均匀分布。

单体高层建筑的地基承载力在基础刚度满足规范条件时可按平均基底压力验算，角柱、边柱构件设计可按内力计算值放大 1.2 或 1.1 倍设计；大底盘地下结构的地基反力在高层内筒部位与单体高层建筑内筒部位地基反力接近，是平均基底压力的 0.7 倍～0.8 倍，且高层部位的边缘反力无单体高层建筑的放大现象，可按此地基反力进行地基承载力验算；角柱、边柱构件设计内力计算值无需放大，但外挑一跨的框架梁、柱内力较不整体连接的情况要大，设计时应予以加强。

增加基础底板刚度、楼板厚度或地基刚度可有效减少大底盘结构基础的差异沉降。试验证明大底盘结构基础底板出现弯曲裂缝的基础挠曲度在 0.05%～0.1% 之间。工程设计时，大面积整体筏形基础主楼的整体挠度不宜大于 0.05%，主楼与相邻的裙楼的差异沉降不大于其跨度 0.1% 可保证基础结构安全。

5.4　稳定性计算

5.4.3　对于简单的浮力作用情况，基础浮力作用可采用阿基米德原理计算。

抗浮稳定性不满足设计要求时，可采用增加压重或设置抗浮构件等措施。在整体满足抗浮稳定性要求而局部不满足时，也可采用增加结构刚度的措施。

采用增加压重的措施，可直接按式（5.4.3）验算。采用抗浮构件（例如抗拔桩）等措施时，由于其产生抗拔力伴随位移发生，过大的位移量对基础结构是不允许的，抗拔力取值应满足位移控制条件。采用本规范附录 T 的方法确定的抗拔桩抗拔承载力特征值进行设计对大部分工程可满足要求，对变形要求严格的工程还应进行变形计算。

6　山　区　地　基

6.1　一　般　规　定

6.1.1　本条为强制性条文。山区地基设计应重视潜在的地质灾害对建筑安全的影响，国内已发生几起滑坡引起的房屋倒塌事故，必须引起重视。

6.1.2　工程地质条件复杂多变是山区地基的显著特征。在一个建筑场地内，经常存在地形高差较大，岩土工程特性明显不同，不良地质发育程度差异较大等情况。因此，根据场地工程地质条件和工程地质分区并结合场地整平情况进行平面布置和竖向设计，对避免诱发地质灾害和不必要的大挖大填，保证建筑物的安全和节约建设投资很有必要。

6.2　土岩组合地基

6.2.2　土岩组合地基是山区常见的地基形式之一，其主要特点是不均匀变形。当地基受力范围内存在刚性下卧层时，会使上覆土体中出现应力集中现象，从而引起土层变形增大。本次修订增加了考虑刚性下卧层计算地基变形的一种简便方法，即先按一般土质地基计算变形，然后按本条所列的变形增大系数进行修正。

6.3　填　土　地　基

6.3.1　本条为强制性条文。近几年城市建设高速发展，在新城区的建设过程中，形成了大量的填土场地，但多数情况是未经填方设计，直接将开山的岩屑倾倒填筑到沟谷地带的填土。当利用其作为建筑物地基时，应进行详细的工程地质勘察工作，按照设计的具体要求，选择合适的地基方法进行处理。不允许将未经检验查明的以及不符合要求的填土作为建筑工程的地基持力层。

6.3.2　为节约用地，少占或不占良田，在平原、山区和丘陵地带的建设中，已广泛利用填土作为建筑或其他工程的地基持力层。填土工程设计是一项很重要的工作，只有在精心设计、精心施工的条件下，才能获得高质量的填土地基。

6.3.5　有机质的成分很不稳定且不易压实，其土中含量大于 5% 时不能作为填土的填料。

6.3.6　利用当地的土、石或性能稳定的工业废料作为压实填土的填料，既经济，又省工、省时，符合因地制宜、就地取材和多快好省的建设原则。

利用碎石、块石及爆破开采的岩石碎屑作填料时，为保证夯压密实，应限制其最大粒径，当采用强夯方法进行处理时，其最大粒径可根据夯实能量和当地经验适当加大。

采用黏性土和黏粒含量 ≥10% 的粉土作填料时，

填料的含水量至关重要。在一定的压实功下，填料在最优含水量时，干密度可达最大值，压实效果最好。填料的含水量太大时，应将其适当晾干处理，含水量过小时，则应将其适当增湿。压实填土施工前，应在现场选取有代表性的填料进行击实试验，测定其最优含水量，用以指导施工。

6.3.7、6.3.8 填土地基的压实系数，是填土地基的重要指标，应按建筑物的结构类型、填土部位及对变形的要求确定。压实填土的最大干密度的测定，对于以岩石碎屑为主的粗粒土填料目前存在一些不足，实验室击实试验值偏低而现场小坑灌砂法所得值偏高，导致压实系数偏高较多，应根据地区经验或现场试验确定。

6.3.9 填土地基的承载力，应根据现场静载荷试验确定。考虑到填土的不均匀性，试验数据量应较自然地层多，才能比较准确地反映出地基的性质，可配合采用其他原位测试法进行确定。

6.3.10 在填土施工过程中，应切实做好地面排水工作。对设置在填土场地的上、下水管道，为防止因管道渗漏影响邻近建筑或其他工程，应采取必要的防渗漏措施。

6.3.11 位于斜坡上的填土，其稳定性验算应包含两方面的内容：一是填土在自重及建筑物荷载作用下，沿天然坡面滑动；二是由于填土出现新边坡的稳定问题。填土新边坡的稳定性较差，应注意防护。

6.4 滑坡防治

6.4.1 本条为强制性条文。滑坡是山区建设中常见的不良地质现象，有的滑坡是在自然条件下产生的，有的是在工程活动影响下产生的。滑坡对工程建设危害极大，山区建设对滑坡问题必须重视。

6.5 岩石地基

6.5.1 在岩石地基，特别是在层状岩石中，平面和垂向持力层范围内软岩、硬岩相间出现很常见。在平面上软硬岩石相间分布或在垂向上硬岩有一定厚度、软岩有一定埋深的情况下，为安全合理地使用地基，就有必要通过验算地基的承载力和变形来确定如何对地基进行使用。岩石一般可视为不可压缩地基，上部荷载通过基础传递到岩石地基上时，基底应力以直接传递为主，应力呈柱形分布，当荷载不断增加使岩石裂缝被压密产生微弱沉降而卸荷时，部分荷载将转移到冲切锥范围以外扩散，基底压力呈钟形分布。验算岩石下卧层强度时，其基底压力扩散角可按 $30°\sim40°$ 考虑。

由于岩石地基刚度大，在岩性均匀的情况下可不考虑不均匀沉降的影响，故同一建筑物中允许使用多种基础形式，如桩基与独立基础并用、条形基础、独立基础与桩基础并用等。

基岩面起伏剧烈，高差较大并形成临空面是岩石地基的常见情况，为确保建筑物的安全，应重视临空面对地基稳定性的影响。

6.6 岩溶与土洞

6.6.2 由于岩溶发育具有严重的不均匀性，为区别对待不同岩溶发育程度场地上的地基基础设计，将岩溶场地划分为岩溶强发育、中等发育和微发育三个等级，用以指导勘察、设计、施工。

基岩面相对高差以相邻钻孔的高差确定。

钻孔见洞隙率＝（见洞隙钻孔数量/钻孔总数）×100％。线岩溶率＝（见洞隙的钻探进尺之和/钻探总进尺）×100％。

6.6.4~6.6.9 大量的工程实践证明，岩溶地基经过恰当的处理后，可以作建筑地基。现在建筑用地日趋紧张，在岩溶发育地区要避开岩溶强发育场地非常困难。采取合理可靠的措施对岩溶地基进行处理并加以利用，更加切合当前建筑地基基础设计的实际情况。

土洞的顶板强度低，稳定性差，且土洞的发育速度一般都很快，因此其对地基稳定性的危害大。故在岩溶发育地区的地基基础设计应对土洞给予高度重视。

由于影响岩溶稳定性的因素很多，现行勘探手段一般难以查明岩溶特征，目前对岩溶稳定性的评价，仍然是以定性和经验为主。

对岩溶顶板稳定性的定量评价，仍处于探索阶段。某些技术文献中曾介绍采用结构力学中的梁、板、拱理论评价，但由于计算边界条件不易明确，计算结果难免具有不确定性。

岩溶地基的地基与基础方案的选择应针对具体条件区别对待。大多数岩溶场地的岩溶都需要加以适当处理方能进行地基基础设计。而地基基础方案经济合理与否，除考虑地基自然状况外，还应考虑地基处理方案的选择。

一般情况下，岩溶洞隙侧壁由于受溶蚀风化的影响，此部分岩体强度和完整程度较内部围岩要低，为保证建筑物的安全，要求跨越岩溶洞隙的梁式结构在稳定岩石上的支承长度应大于梁高 1.5 倍。

当采用洞底支撑（穿越）方法处理时，桩的设计应考虑下列因素，并根据不同条件选择：

1 桩底以下 3 倍~5 倍桩径或不小于 5m 深度范围内无影响地基稳定性的洞隙存在，岩体稳定性良好，桩端嵌入中等风化~微风化岩体不宜小于 0.5m，并低于应力扩散范围内的不稳定洞隙底板，或经验算桩端埋置深度已可保证桩不向临空面滑移。

2 基坑涌水易于抽排、成孔条件良好，宜设计人工挖孔桩。

3 基坑涌水量较大，抽排将对环境及相邻建筑物产生不良影响，或成孔条件不好，宜设计钻孔桩。

4 当采用小直径桩时，应设置承台。对地基基础设计等级为甲级、乙级的建筑物，桩的承载力特征值应由静载试验确定，对地基基础设计等级为丙级的建筑物，可借鉴类似工程确定。

当按悬臂梁设计基础时，应对悬臂梁不同受力工况进行验算。

桩身穿越溶洞顶板的岩体，由于岩溶发育的复杂性和不均匀性，顶板情况一般难以查明，通常情况下不计算顶板岩体的侧阻力。

6.7　土质边坡与重力式挡墙

6.7.1 边坡设计的一般原则：

1 边坡工程与环境之间有着密切的关系，边坡处理不当，将破坏环境，毁坏生态平衡，治理边坡必须强调环境保护。

2 在山区进行建设，切忌大挖大填，某些建设项目，不顾环境因素，大搞人造平原，最后出现大规模滑坡，大量投资毁于一旦，还酿成生态环境的破坏。应提倡依山就势。

3 工程地质勘察工作，是不可缺少的基本建设程序。边坡工程的影响面较广，处理不当就可酿成地质灾害，工程地质勘察尤为重要。勘察工作不能局限于红线范围，必须扩大勘察面，一般在坡顶的勘察范围，应达到坡高的1倍～2倍，才能获取较完整的地质资料。对于高大边坡，应进行专题研究，提出可行性方案经论证后方可实施。

4 边坡支挡结构的排水设计，是支挡结构设计很重要的一环，许多支挡结构的失效，都与排水不善有关。根据重庆市的统计，倒塌的支挡结构，由于排水不善造成的事故占80%以上。

6.7.3 重力式挡土墙上的土压力计算应注意的问题：

1 土压力的计算，目前国际上仍采用楔体试算法。根据大量的试验与实际观测结果的对比，对于高大挡土结构来说，采用古典土压力理论计算的结果偏小，土压力的分布也有较大的偏差。对于高大挡土墙，通常也不允许出现达到极限状态时的位移值，因此土压力计算式中计入增大系数。

2 土压力计算公式是在土体达到极限平衡状态的条件下推导出来的，当边坡支挡结构不能达到极限状态时，土压力设计值应取主动土压力与静止土压力的某一中间值。

3 在山区建设中，经常遇到60°～80°陡峻的岩石自然边坡，其倾角远大于库仑破坏面的倾角，这时如果仍然采用古典土压力理论计算土压力，将会出现较大的偏差。当岩石自然边坡的倾角大于 $45°+\varphi/2$ 时，应按楔体试算法计算土压力值。

6.7.4、6.7.5 重力式挡土结构，是过去用得较多的一种挡土结构形式。在山区地盘比较狭窄，重力式挡土结构的基础宽度较大，影响土地的开发利用，对于

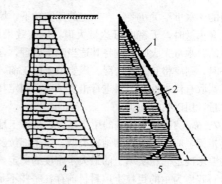

图24　墙体变形与土压力
1—测试曲线；2—静止土压力；3—主动土压力；
4—墙体变形；5—计算曲线

高大挡土墙，往往也是不经济的。石料是主要的地方材料，经多个工程测算，对于高度8m以上的挡土墙，采用桩锚体系挡土结构，其造价、稳定性、安全性、土地利用率等方面，都较重力式挡土结构为好。所以规范规定"重力式挡土墙宜用于高度小于8m、地层稳定、开挖土石方时不会危及相邻建筑物安全的地段"。

对于重力式挡土墙的稳定性验算，主要由抗滑稳定性控制，而现实工程中倾覆稳定破坏的可能性又大于滑动破坏。说明过去抗倾覆稳定性安全系数偏低，这次稍有调整，由原来的1.5调整成1.6。

6.8　岩石边坡与岩石锚杆挡墙

6.8.2 整体稳定边坡，原始地应力释放后回弹较快，在现场很难测量到横向推力。但在高切削的岩石边坡上，很容易发现边坡顶部的拉伸裂隙，其深度约为边坡高度的0.2倍～0.3倍，离开边坡顶部边缘一定距离后便很快消失，说明边坡顶部确实有拉应力存在。这一点从二维光弹试验中也得到了证明。从光弹试验中也证明了边坡的坡脚，存在着压应力与剪切应力，对岩石边坡来说，岩石本身具有较高的抗压与抗剪切强度，所以岩石边坡的破坏，都是从顶部垮塌开始的。因此对于整体结构边坡的支护，应注意加强顶部的支护结构。

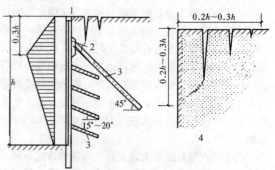

图25　整体稳定边坡顶部裂隙
1—压顶梁；2—连系梁及牛腿；3—构造锚杆；
4—坡顶裂隙分布

边坡的顶部裂隙比较发育，必须采用强有力的锚杆进行支护，在顶部 $0.2h \sim 0.3h$ 高度处，至少布置一排结构锚杆，锚杆的横向间距不应大于 3m，长度不应小于 6m。结构锚杆直径不宜小于 130mm，钢筋不宜小于 3Φ22。其余部分为防止风化剥落，可采用锚杆进行构造防护。防护锚杆的孔径宜采用 50mm～100mm，锚杆长度宜采用 2m～4m，锚杆的间距宜采用 1.5m～2.0m。

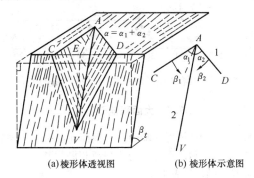

图 26 具有两组结构面的下滑棱柱体示意
1—裂隙走向；2—棱线

6.8.3 单结构面外倾边坡的横推力较大，主要原因是结构面的抗剪强度一般较低。在工程实践中，单结构面外倾边坡的横推力，通常采用楔形体平面课题进行计算。

对于具有两组或多组结构面形成的下滑棱柱体，其下滑力通常采用棱形体分割法进行计算。现举例如下：

1 已知：新开挖的岩石边坡的坡角为 80°。边坡上存在着两组结构面（如图 26 所示）：结构面 1 走向 AC，与边坡顶部边缘线 CD 的夹角为 75°，其倾角 $\beta_1 = 70°$；其结构面 2 走向 AD，与边坡顶部边缘线 DC 的夹角为 40°，其倾角 $\beta_2 = 43°$。即两结构面走向线的夹角 α 为 65°。AE 点的距离为 3m。经试验两个结构面上的内摩擦角均为 $\varphi = 15.6°$，其黏聚力近于 0。岩石的重度为 24kN/m³。

2 棱线 AV 与两结构面走向线间的平面夹角 α_1 及 α_2。可采用下列计算式进行计算：

$$\cot\alpha_1 = \frac{\tan\beta_1}{\sin\alpha\tan\beta_2} + \cot\alpha$$

$$\cot\alpha_2 = \frac{\tan\beta_2}{\sin\alpha\tan\beta_1} + \cot\alpha$$

从而通过计算得出 $\alpha_1 = 15°$，$\alpha_2 = 50°$。

3 进而计算出棱线 AV 的倾角，即沿着棱线方向上结构面的视倾角 β'。

$$\tan\beta' = \tan\beta_1 \sin\alpha_1$$

计算得：$\beta' = 35.5°$。

4 用 AVE 平面将下滑棱柱体分割成两个块体。计算获得两个滑块的重力为：$w_1 = 31$kN，$w_2 = 139$kN；

棱柱体总重为 $w = w_1 + w_2 = 170$kN。

5 对两个块体的重力分解成垂直与平行于结构面的分力：

$$N_1 = w_1 \cos\beta_1 = 10.6\text{kN}$$
$$T_1 = w_1 \sin\beta_1 = 29.1\text{kN}$$
$$N_2 = w_2 \cos\beta_2 = 101.7\text{kN}$$
$$T_2 = w_2 \sin\beta_2 = 94.8\text{kN}$$

6 再将平行于结构面的下滑力分解成垂直与平行于棱线的分力：

$$\tan\theta_1 = \tan(90° - \alpha_1)\cos\beta_1 = 1.28 \quad \theta_1 = 52°$$
$$\tan\theta_2 = \tan(90 - \alpha_2)\cos\beta_2 = 0.61 \quad \theta_2 = 32°$$
$$T_{s1} = T_1 \cos\theta_1 = 18\text{kN}$$
$$T_{s2} = T_2 \cos\theta_2 = 80\text{kN}$$

7 棱柱体总的下滑力：$T_s = T_{s1} + T_{s2} = 98$kN
两结构面上的摩阻力：

$$F_t = (N_1 + N_2)\tan\varphi = (10.6 + 101.7)\tan 15.6° = 31\text{kN}$$

作用在支挡结构上推力：$T = T_s - F_t = 67$kN。

6.8.4 岩石锚杆挡土结构，是一种新型挡土结构体系，对支挡高大土质边坡很有成效。岩石锚杆挡土结构的位移很小，支挡的土体不可能达到极限状态，当按主动土压力理论计算土压力时，必须乘以一个增大系数。

岩石锚杆挡土结构是通过立柱或竖桩将土压力传递给锚杆，再由锚杆将土压力传递给稳定的岩体，达到支挡的目的。立柱间的挡板是一种维护结构，其作用是挡住两立柱间的土体，使其不掉下来。因存在着卸荷拱作用，两立柱间的土体作用在挡土板的土压力是不大的，有些支挡结构没有设置挡板也能安全支挡边坡。

岩石锚杆挡土结构的立柱必须嵌入稳定的岩体中，一般的嵌入深度为立柱断面尺寸的 3 倍。当所支挡的主体位于高度较大的陡崖边坡的顶部时，可有两种处理办法：

1 将立柱延伸到坡脚，为了增强立柱的稳定性，可在陡崖的适当部位增设一定数量的锚杆。

2 将立柱在具有一定承载能力的陡崖顶部截断，在立柱底部增设锚杆，以承受立柱底部的横推力及部分竖向力。

6.8.5 本条为锚杆的构造要求，现说明如下：

1 锚杆宜优先采用热轧带肋的钢筋作主筋，是因为在建筑工程中所用的锚杆大多不使用机械锚头，在很多情况下主筋也不允许设置弯钩，为增加主筋与混凝土的握裹力作出的规定。

2 大量的试验研究表明，岩石锚杆在 15 倍～20 倍锚杆直径以深的部位已没有锚固力分布，只有锚杆顶部周围的岩体出现破坏后，锚固力才会向深部延伸。当岩石锚杆的嵌固深度小于 3 倍锚杆的孔径时，其抗拔力较低，不能采用本规范式（6.8.6）进行抗拔承载力计算。

3 锚杆的施工质量对锚杆抗拔力的影响很大，在施工中必须将钻孔清洗干净，孔壁不允许有泥膜存在。锚杆的施工还应满足有关施工验收规范的规定。

7 软弱地基

7.2 利用与处理

7.2.7 本条为强制性条文。规定了复合地基设计的基本原则，为确保地基设计的安全，在进行地基设计时必须严格执行。

复合地基是指由地基土和竖向增强体（桩）组成、共同承担荷载的人工地基。复合地基按增强体材料可分为刚性桩复合地基、粘结材料桩复合地基和无粘结材料桩复合地基。

当地基土为欠固结土、膨胀土、湿陷性黄土、可液化土等特殊土时，设计时应综合考虑土体的特殊性质，选用适当的增强体和施工工艺，以保证处理后的地基土和增强体共同承担荷载。

7.2.8 本条为强制性条文。强调复合地基的承载力特征值应通过载荷试验确定。可直接通过复合地基载荷试验确定，或通过增强体载荷试验结合土的承载力特征值和地区经验确定。

桩体强度较高的增强体，可以将荷载传递到桩端土层。当桩长较长时，由于单桩复合地基载荷试验的荷载板宽度较小，不能全面反映复合地基的承载特性。因此单纯采用单桩复合地基载荷试验的结果确定复合地基承载力特征值，可能由于试验的载荷板面积或由于褥垫层厚度对复合地基载荷试验结果产生影响。因此对复合地基承载力特征值的试验方法，当采用设计褥垫厚度进行试验时，对于独立基础或条形基础宜采用与基础宽度相等的载荷板进行试验，当基础宽度较大、试验有困难而采用较小宽度载荷板进行试验时，应考虑褥垫层厚度对试验结果的影响。必要时应通过多桩复合地基载荷试验确定。有地区经验时也可采用单桩载荷试验结果和其周边土承载力特征值结合经验确定。

7.2.9 复合地基的承载力计算应同时满足轴心荷载和偏心荷载作用的要求。

7.2.10 复合地基的地基计算变形量可采用单向压缩分层总和法按本规范第 5.3.5 条～第 5.3.8 条有关的公式计算，加固区土层的模量取桩土复合模量。

由于采用复合地基的建筑物沉降观测资料较少，一直沿用天然地基的沉降计算经验系数。各地使用对复合土层模量较低时符合性较好，对于承载力提高幅度较大的刚性桩复合地基出现计算值小于实测值的现象。本次修订通过对收集到的全国 31 个 CFG 桩复合地基工程沉降观测资料分析，得出地基的沉降计算经验系数与沉降计算深度范围内压缩模量当量值的关

系，如图 27 所示，本次修订对于当量模量大于 15MPa 的沉降计算经验系数进行了调整。

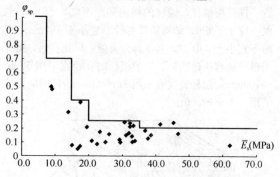

图 27　沉降计算经验系数与当量模量的关系

7.5 大面积地面荷载

7.5.5 在计算依据（基础由于地面荷载引起的倾斜值≤0.008）和计算方法与原规范相同的基础上，作了复算，结果见表 16。

表 16 中：$[q_{eq}]$——地面的均布荷载允许值（kPa）；

$[s_g']$——中间柱基内侧边缘中点的地基附加沉降允许值（mm）；

β_0——压在基础上的地面堆载（不考虑基础外的地面堆载影响）对基础内倾值的影响系数；

β_0'——和压在基础上的地面堆载纵向方向一致的压在地基上的地面堆载对基础内倾值的影响系数；

l——车间跨度（m）；

b——车间跨度方向基础底面边长（m）；

d——基础埋深（m）；

a——地面堆载的纵向长度（m）；

z_n——从室内地坪面起算的地基变形计算深度（m）；

$\overline{E}_s$——地基变形计算深度内按应力面积法求得土的平均压缩模量（MPa）；

$\overline{\alpha}_{Az}$、$\overline{\alpha}_{Bz}$——柱基内、外侧边缘中点自室内地坪面起算至 z_n 处的平均附加应力系数；

$\overline{\alpha}_{Ad}$、$\overline{\alpha}_{Bd}$——柱基内、外侧边缘中点自室内地坪面起算至基底处的平均附加应力系数；

$\tan\theta_0$——纵向方向和压在基础上的地面堆载一致的压在地基上的地面堆载引起基础的内倾值；

$\tan\theta$——地面堆载范围与基础内侧边缘线重合时，均布地面堆载引起的基础内倾值；

$\beta_1 \cdots \cdots \beta_{10}$——分别表示地面堆载离柱基内侧边缘的不同位置和堆载的纵向长度对基础内倾值的影响系数。

表16中：

$$[q_{eq}] = \frac{0.008b\bar{E}_s}{z_n(\bar{\alpha}_{Az} - \bar{\alpha}_{Bz}) - d(\bar{\alpha}_{Ad} - \bar{\alpha}_{Bd})}$$

$$[S'_s] = \frac{0.008bz_n\bar{\alpha}_{Az}}{z_n(\bar{\alpha}_{Az} - \bar{\alpha}_{Bz}) - d(\bar{\alpha}_{Ad} - \bar{\alpha}_{Bd})}$$

$$\beta_0 = \frac{0.033b}{z_n(\bar{\alpha}_{Az} - \bar{\alpha}_{Bz}) - d(\bar{\alpha}_{Ad} - \bar{\alpha}_{Bd})}$$

$$\beta'_0 = \frac{\tan\theta'}{\tan\theta}$$

大面积地面荷载作用下地基附加沉降的计算举例：

单层工业厂房，跨度 $l=24m$，柱基底面边长 $b=3.5m$，基础埋深 1.7m，地基土的压缩模量 $E_s=4MPa$，堆载纵向长度 $a=60m$，厂房填土在基础完工后填筑，地面荷载大小和范围如图28所示，求由于地面荷载作用下柱基内侧边缘中点（A）的地基附加沉降值，并验算是否满足天然地基设计要求。

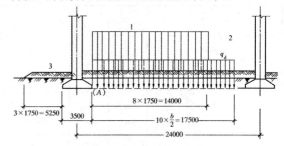

图28 地面荷载计算示意
1—地面堆载 $q_1=20kPa$；2—填土 $q_2=15.2kPa$；3—填土 $p_i=9.5kPa$

一、等效均布地面荷载 q_{eq}
计算步骤如表17所示。

二、柱基内侧边缘中点（A）的地基附加沉降值 s'_g

计算时取 $a'=30m$，$b'=17.5m$。计算步骤如表18所示。

表16 均布荷载允许值 $[q_{eq}]$ 地基沉降允许值 $[s'_g]$ 和系数 β 的计算总表

l (m)	d (m)	b (m)	a (m)	z_n	$\bar{\alpha}_{Az}$	$\bar{\alpha}_{Bz}$	$\bar{\alpha}_{Ad}$	$\bar{\alpha}_{Bd}$	$[q_{eq}]$ (kPa)	$[s'_g]$ (m)	β_0	1	2	3	4	5	6	7	8	9	10	β'_0
12	2	1	6	13.0	0.282	0.163	0.488	0.088	$0.0107\bar{E}_s$	0.0393	0.44											
			11	16.5	0.324	0.216	0.485	0.082	$0.0082\bar{E}_s$	0.0438	0.34											
			22	21.0	0.358	0.264	0.498	0.095	$0.0068\bar{E}_s$	0.0513	0.28											
			33	23.0	0.366	0.276	0.499	0.096	$0.0063\bar{E}_s$	0.0528	0.26											
			44	24.0	0.378	0.284	0.499	0.096	$0.0055\bar{E}_s$	0.0476	0.23											
12	2	2	6	13.0	0.279	0.108	0.488	0.024	$0.0123\bar{E}_s$	0.0448	0.51	0.27	0.24	0.17	0.10	0.08	0.05	0.03	0.03	0.030	0.01	
			10	15.0	0.324	0.150	0.499	0.031	$0.0096\bar{E}_s$	0.0446	0.39											
			20	20.0	0.349	0.198	0.499	0.029	$0.0077\bar{E}_s$	0.0540	0.32	0.21	0.20	0.15	0.12	0.09	0.07	0.06	0.04	0.03	0.03	
			30	22.0	0.363	0.222	0.49	0.029	$0.0074\bar{E}_s$	0.0590	0.31		0.31	0.31	0.18	0.11	0.09					
			40	22.5	0.373	0.231	0.499	0.029	$0.0071\bar{E}_s$	0.0596	0.29											
18	2	3	6	13.5	0.282	0.082	0.488	0.010	$0.0138\bar{E}_s$	0.0526	0.57		0.64	0.24	0.08	0.04	—					
			12	18.0	0.333	0.134	0.498	0.010	$0.0092\bar{E}_s$	0.0551	0.38	0.38	0.23	0.15	0.10	0.06	0.05	0.03	0.02	0.02	0.01	
			15	19.5	0.349	0.153	0.498	0.011	$0.0084\bar{E}_s$	0.0574	0.35	0.31	0.22	0.15	0.10	0.07	0.05	0.04	0.03	0.02	0.01	0.06
			30	24.0	0.388	0.205	0.499	0.012	$0.0071\bar{E}_s$	0.0659	0.29	0.27	0.21	0.14	0.11	0.08	0.06	0.05	0.04	0.03	0.02	
			45	27.0	0.396	0.228	0.499	0.011	$0.0067\bar{E}_s$	0.0723	0.28		0.42	0.28	0.15	0.08	0.07					
			60	28.5	0.399	0.237	0.499	0.012	$0.0066\bar{E}_s$	0.0737	0.27											
24	2	4	6	14.0	0.277	0.059	0.488	0.002	$0.0154\bar{E}_s$	0.0596	0.63	0.40	0.34	0.15	0.06	0.04	0.02	0.01	—			
			12	19.0	0.332	0.110	0.497	0.005	$0.0099\bar{E}_s$	0.0625	0.41	0.40	0.25	0.15	0.08	0.06	0.03	0.02	0.01	0.01	0.01	
			20	23.0	0.370	0.154	0.499	0.006	$0.0080\bar{E}_s$	0.0683	0.33	0.35	0.23	0.14	0.09	0.07	0.04	0.03	0.02	0.02	0.01	
			40	28.0	0.408	0.206	0.499	0.006	$0.0068\bar{E}_s$	0.0780	0.28											
			60	32.0	0.413	0.229	0.499	0.006	$0.0066\bar{E}_s$	0.0866	0.27	0.27	0.21	0.15	0.10	0.06	0.06	0.50	0.08	0.02		
			80	34.0	0.415	0.236	0.499	0.006	$0.0063\bar{E}_s$	0.0884	0.26											
30	2	5	6	14.0	0.279	0.046	0.488	0.002	$0.0175\bar{E}_s$	0.0681	0.72	0.57	0.24	0.10	0.05	0.03	0.01	—	—	—	—	
			12	20.0	0.327	0.091	0.498	0.001	$0.0107\bar{E}_s$	0.0702	0.44	0.47	0.24	0.12	0.07	0.04	0.02	0.02	0.01	—		0.10
			25	26.0	0.384	0.151	0.499	0.003	$0.0079\bar{E}_s$	0.0785	0.32		0.61	0.23	0.29	0.05	0.01					
			50	32.5	0.419	0.204	0.499	0.003	$0.0067\bar{E}_s$	0.0910	0.28											
			75	35.0	0.430	0.226	0.499	0.003	$0.0065\bar{E}_s$	0.0978	0.27	0.60	0.21	0.15	0.09	0.06	0.05	0.04	0.03	0.03	0.02	
			100	37.5	0.430	0.234	0.499	0.003	$0.0063\bar{E}_s$	0.1012	0.26	0.31	0.21	0.12	0.10	0.07	0.06	0.04	0.03	0.02	0.03	

表 17

区　段	0	1	2	3	4	5	6	7	8	9	10
$\beta_i\left(\dfrac{a}{5b}=\dfrac{6000}{1750}>1\right)$	0.30	0.29	0.22	0.15	0.10	0.08	0.06	0.04	0.03	0.02	0.01
q_i (kPa)　堆　载	0	20.0	20.0	20.0	20.0	20.0	20.0	20.0	20.0	0	0
填　土	15.2	15.2	15.2	15.2	15.2	15.2	15.2	15.2	15.2	15.2	15.2
合　计	15.2	35.2	35.2	35.2	35.2	35.2	35.2	35.2	35.2	15.2	15.2
p_i (kPa) 填土	9.5	9.5	9.5	4.8							
$\beta_i q_i-\beta_i p_i$ (kPa)	1.7	7.5	5.7	4.6	3.5	2.8	2.1	1.4	1.1	0.3	0.2

$$q_{eq}=0.8\sum_{i=0}^{10}(\beta_i q_i-\beta_i p_i)=0.8\times30.9=24.7\text{kPa}$$

表 18

z_i (m)	$\dfrac{a'}{b'}$	$\dfrac{z_i}{b'}$	$\bar{\alpha}_i$	$z_i\bar{\alpha}_i$ (m)	$z_i\bar{\alpha}_i-$ $z_{i-1}\bar{\alpha}_{i-1}$	E_{si} (MPa)	$\Delta s'_{gi}=\dfrac{q_{lg}}{E_{si}}\times(z_i\bar{\alpha}_i$ $-z_{i-1}\bar{\alpha}_{i-1})$ (mm)	$s'_g=\sum\limits_{i=1}^{n}\Delta s'_{gi}$ (mm)	$\dfrac{\Delta s'_{gi}}{\sum\limits_{i=1}^{n}\Delta s'_{gi}}$
0	$\dfrac{30.00}{17.50}$ $=1.71$	0							
28.80		$\dfrac{28.80}{17.50}$ $=1.65$	2×0.2069 $=0.4138$	11.92		4.0	73.6	73.6	
30.00		$\dfrac{30.00}{17.50}$ $=1.71$	2×0.2044 $=0.4088$	12.26	0.34	4.0	2.1	75.7	0.028>0.025
29.80		$\dfrac{29.80}{17.50}$ $=1.70$	2×0.2049 $=0.4098$	12.21		4.0		75.4	
31.00		$\dfrac{31.00}{17.50}$ $=1.77$	2×0.2020 $=0.4040$	12.52	0.34	4.0	1.9	77.3	0.0246<0.025

注：地面荷载宽度 $b'=17.5\text{m}$，由地基变形计算深度 z 处向上取计算层厚度为 1.2m。从上表中得知地基变形计算深度 z_n 为 31m，所以由地面荷载引起柱基内侧边缘中点（A）的地基附加沉降值 $s'_g=77.3\text{mm}$。按 $a=60\text{m}$，$b=3.5\text{m}$。查表 16 得地基附加沉降允许值 $[s'_g]=80\text{mm}$，故满足天然地基设计的要求。

8　基　础

8.1　无筋扩展基础

8.1.1 本规范提供的各种无筋扩展基础台阶宽高比的允许值沿用了本规范 1974 版规定的允许值，这些规定都是经过长期的工程实践检验，是行之有效的。在本规范 2002 版编制时，根据现行国家标准《混凝土结构设计规范》GB 50010 以及《砌体结构设计规范》GB 50003 对混凝土和砌体结构的材料强度等级要求作了调整。计算结果表明，当基础单侧扩展范围内基础底面处的平均压力值超过 300kPa 时，应按下

式验算墙（柱）边缘或变阶处的受剪承载力：

$$V_s\leqslant0.366f_tA$$

式中：V_s——相应于作用的基本组合时的地基土平均净反力产生的沿墙（柱）边缘或变阶处的剪力设计值（kN）；

A——沿墙（柱）边缘或变阶处基础的垂直截面面积（m²）。当验算截面为阶形时其截面折算宽度按附录 U 计算。

上式是根据材料力学、素混凝土抗拉强度设计值以及基底反力为直线分布的条件下确定的，适用于除岩石以外的地基。

对基底反力集中于立柱附近的岩石地基，基础的抗剪验算条件应根据各地区具体情况确定。重庆大学

曾对置于泥岩、泥质砂岩和砂岩等变形模量较大的岩石地基上的无筋扩展基础进行了试验，试验研究结果表明，岩石地基上无筋扩展基础的基底反力曲线是一倒置的马鞍形，呈现出中间大，两边小，到了边缘又略为增大的分布形式，反力的分布曲线主要与岩体的变形模量和基础的弹性模量比值、基础的高宽比有关。由于试验数据少，且因我国岩石类别较多，目前尚不能提供有关此类基础的受剪承载力验算公式，因此有关岩石地基上无筋扩展基础的台阶宽高比应结合各地区经验确定。根据已掌握的岩石地基上的无筋扩展基础试验中出现沿柱周边直剪和劈裂破坏现象，提出设计时应对柱下混凝土基础进行局部受压承载力验算，避免柱下素混凝土基础可能因横向拉应力达到混凝土的抗拉强度后引起基础周边混凝土发生竖向劈裂破坏和压陷。

8.2 扩 展 基 础

8.2.1 扩展基础是指柱下钢筋混凝土独立基础和墙下钢筋混凝土条形基础。由于基础底板中垂直于受力钢筋的另一个方向的配筋具有分散部分荷载的作用，有利于底板内力重分布，因此各国规范中基础板的最小配筋率都小于梁的最小配筋率。美国 ACI318 规范中基础板的最小配筋率是按温度和混凝土收缩的要求规定为 0.2%（$f_{yk}=275\text{MPa}\sim345\text{MPa}$）和 0.18%（$f_{yk}=415\text{MPa}$）；英国标准 BS8110 规定板的两个方向的最小配筋率：低碳钢为 0.24%，合金钢为 0.13%；英国规范 CP110 规定板的受力钢筋和次要钢筋的最小配筋率：低碳钢为 0.25% 和 0.15%，合金钢为 0.15% 和 0.12%；我国《混凝土结构设计规范》GB 50010 规定对卧置于地基上的混凝土板受拉钢筋的最小配筋率不应小于 0.15%。本规范此次修订，明确了柱下独立基础的受力钢筋最小配筋率为 0.15%，此要求低于美国规范，与我国《混凝土结构设计规范》GB 50010 对卧置于地基上的混凝土板受拉钢筋的最小配筋率以及英国规范对合金钢的最小配筋率要求相一致。

为减小混凝土收缩产生的裂缝，提高条形基础对不均匀地基土适应能力，本次修订适当加大了分布钢筋的配筋量。

8.2.5 自本规范 GBJ 7-89 版颁布后，国内高杯口基础杯壁厚度以及杯壁和短柱部分的配筋要求基本上照此执行，情况良好。本次修订，保留了本规范 2002 版增加的抗震设防烈度为 8 度和 9 度时，短柱部分的横向箍筋的配置量不宜小于 φ8@150 的要求。

制定高杯口基础的构造依据是：

1 杯壁厚度 t

多数设计在计算有短柱基础的厂房排架时，一般都不考虑短柱的影响，将排架柱视作固定在基础杯口顶面的二阶柱（图 29b）。这种简化计算所得的弯矩

m 较考虑有短柱存在按三阶柱（图 29c）计算所得的弯矩小。

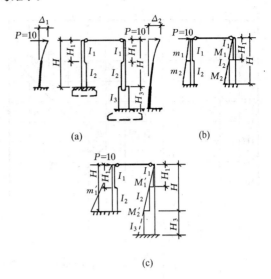

图 29 带短柱基础厂房的计算示意
(a) 厂房图形；(b) 简化计算；(c) 精确计算

原机械工业部设计院对起重机起重量小于或等于 750kN、轨顶标高在 14m 以下的一般工业厂房做了大量分析工作，分析结果表明：短柱刚度愈小即 $\dfrac{\Delta_2}{\Delta_1}$ 的比值愈大（图 29a），则弯矩误差 $\dfrac{\Delta m}{m}\%$，即 $\dfrac{m'-m}{m}\%$ 愈大。图 30 为二阶柱和三阶柱的弯矩误差关系，从图中可以看到，当 $\dfrac{\Delta_2}{\Delta_1}=1.11$ 时，$\dfrac{\Delta m}{m}=8\%$，构件尚属安全使用范围之内。在相同的短柱高度和相同的柱截面条件下，短柱的刚度与杯壁的厚度 t 有关，GBJ 7-89 规范就是据此规定杯壁的厚度。通过十多年实践，按构造配筋的限制条件可适当放宽，本规范 2002 版参照《机械工厂结构设计规范》GBJ 8-97 增加了第 8.2.5 条中第 2、3 款的限制条件。

对符合本规范条文要求，且满足表 8.2.5 杯壁厚度最小要求的设计可不考虑高杯口基础短柱部分对排架的影响，否则应按三阶柱进行分析。

2 杯壁配筋

杯壁配筋的构造要求是基于横向（顶层钢筋网和横向箍筋）和纵向钢筋共同工作的计算方法，并通过试验验证。大量试算工作表明，除较小柱截面的杯口外，均能保证必需的安全度。顶层钢筋网由于抗弯力臂大，设计时应充分利用其抗弯承载力以减少杯壁其他的钢筋用量。横向箍筋 φ8@150 的抗弯承载力随柱的插入杯口深度 h_1 而异，但当柱截面高度 h 大于 1000mm，$h_1=0.8h$ 时，抗弯能力有限，因此设计时横向箍筋不宜大于 φ8@150。纵向钢筋直径可为 12mm～16mm，且其设置量又与 h 成正比，h 愈大则

其抗弯承载力愈大，当 $h \geqslant 1000\mathrm{mm}$ 时，其抗弯承载力已达到其至超过顶层钢筋网的抗弯承载力。

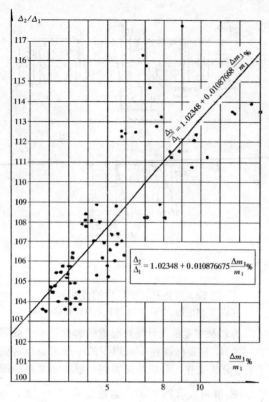

图 30　一般工业厂房 $\dfrac{\Delta_2}{\Delta_1}$ 与 $\dfrac{\Delta m}{m}\%$（上柱）关系

注：Δ_1 和 Δ_2 的相关系数 $\gamma = 0.817824352$

（图中标注）$\dfrac{\Delta_2}{\Delta_1} = 1.02348 + 0.01087668\dfrac{\Delta m_1}{m_1}\%$

$\dfrac{\Delta_2}{\Delta_1} = 1.02348 + 0.010876675\dfrac{\Delta m_1}{m_1}\%$

8.2.7 本条为强制性条文。规定了扩展基础的设计内容：受冲切承载力计算、受剪切承载力计算、抗弯计算、受压承载力计算。为确保扩展基础设计的安全，在进行扩展基础设计时必须严格执行。

8.2.8、8.2.9 为保证柱下独立基础双向受力状态，基础底面两个方向的边长一般都保持在相同或相近的范围内，试验结果和大量工程实践表明，当冲切破坏锥体落在基础底面以内时，此类基础的截面高度由受冲切承载力控制。本规范编制时所作的计算分析和比较也表明，符合本规范要求的双向受力独立基础，其剪切所需的截面有效面积一般都能满足要求，无需进行受剪承载力验算。考虑到实际工作中柱下独立基础底面两个方向的边长比值有可能大于2，此时基础的受力状态接近于单向受力，柱与基础交接处不存在受冲切的问题，仅需对基础进行斜截面受剪承载力验算。因此，本次规范修订时，补充了基础底面短边尺寸小于柱宽加两倍基础有效高度时，验算柱与基础交接处基础受剪承载力的条款。验算截面取柱边缘，当受剪验算截面为阶梯形及锥形时，可将其截面折算成矩形，折算截面的宽度及截面有效高度，可按照本规范附录U确定。需要说明的是：计算斜截面受剪承载力时，验算截面的位置，各国规范的规定不尽相

同。对于非预应力构件，美国规范 ACI318，根据构件端部斜截面脱离体的受力条件规定了：当满足（1）支座反力（沿剪力作用方向）在构件端部产生压力时；（2）距支座边缘 h_0 范围内无集中荷载时；取距支座边缘 h_0 处作为验算受剪承载力的截面，并取距支座边缘 h_0 处的剪力作为验算的剪力设计值。当不符合上述条件时，取支座边缘处作为验算受剪承载力的截面，剪力设计值取支座边缘处的剪力。我国混凝土结构设计规范对均布荷载作用下的板类受弯构件，其斜截面受剪承载力的验算位置一律取支座边缘处，剪力设计值一律取支座边缘处的剪力。在验算单向受剪承载力时，ACI-318 规范的混凝土抗剪强度取 $\phi\sqrt{f'_c}/6$，抗剪强度为冲切承载力（双向受剪）时混凝土抗剪强度 $\phi\sqrt{f'_c}/3$ 的一半，而我国的混凝土单向受剪强度与双向受剪强度相同，设计时只是在截面高度影响系数上略有差别。对于单向受力的基础底板，按照我国混凝土设计规范的受剪承载力公式验算，计算截面从板边退出 h_0 算得的板厚小于美国 ACI318 规范，而验算断面取梁边或墙边时算得的板厚则大于美国 ACI318 规范。

本条文中所说的"短边尺寸"是指垂直于力矩作用方向的基础底边尺寸。

8.2.10 墙下条形基础底板为单向受力，应验算墙与基础交接处单位长度的基础受剪切承载力。

8.2.11 本条中的公式（8.2.11-1）和式（8.2.11-2）是以基础台阶宽高比小于或等于 2.5，以及基础底面与地基土之间不出现零应力区（$e \leqslant b/6$）为条件推导出来的弯矩简化计算公式，适用于除岩石以外的地基。其中，基础台阶宽高比小于或等于 2.5 是基于试验结果，旨在保证基底反力呈直线分布。中国建筑科学研究院地基所黄熙龄、郭天强对不同宽高比的板进行了试验，试验板的面积为 $1.0\mathrm{m} \times 1.0\mathrm{m}$。试验结果表明：在轴向荷载作用下，当 $h/l \leqslant 0.125$ 时，基底反力呈现中部大、端部小（图 31a、31b），地基承载力没有充分发挥基础板就出现井字形受弯破坏裂缝；当 $h/l = 0.16$ 时，地基反力呈直线分布，加载超过地基承载力特征值后，基础板发生冲切破坏（图 31c）；当 $h/l = 0.20$ 时，基础边缘反力逐渐增大，中部反力逐渐减小，在加荷接近冲切承载力时，底部反力向中部集中，最终基础板出现冲切破坏（图 31d）。基于试验结果，对基础台阶宽高比小于或等于 2.5 的独立柱基可采用基底反力直线分布进行内力分析。

此外，考虑到独立基础的高度一般是由冲切或剪切承载力控制，基础板相对较厚，如果用其计算最小配筋量可能导致底板用钢量不必要的增加，因此本规范提出对阶形以及锥形独立基础，可将其截面折算成矩形，其折算截面的宽度 b_0 及截面有效高度 h_0 按本规范附录U确定，并按最小配筋率 0.15% 计算基础底板的最小配筋量。

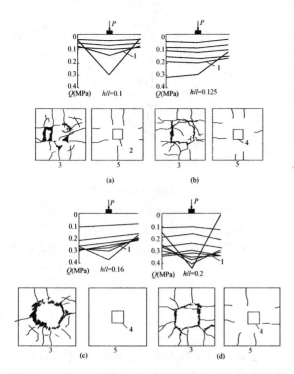

图 31 不同宽高比的基础板下反力分布

h—板厚；l—板宽

1—开裂；2—柱边整齐裂缝；3—板底面；4—裂缝；
5—板顶面

8.3 柱下条形基础

8.3.1、8.3.2 基础梁的截面高度应根据地基反力、柱荷载的大小等因素确定。大量工程实践表明，柱下条形基础梁的截面高度一般为柱距的 1/4～1/8。原上海工业建筑设计院对 50 项工程的统计，条形基础梁的高跨比在 1/4～1/6 之间的占工程数的 88%。在选择基础梁截面时，柱边缘处基础梁的受剪截面尚应满足现行《混凝土结构设计规范》GB 50010 的要求。

关于柱下条形基础梁的内力计算方法，本规范给出了按连续梁计算内力的适用条件。在比较均匀的地基上，上部结构刚度较好，荷载分布较均匀，且条形基础梁的截面高度大于或等于 1/6 柱距时，地基反力可按直线分布考虑。其中基础梁高大于或等于 1/6 柱距的条件是通过与柱距 l 和文克勒地基模型中的弹性特征系数 λ 的乘积 $\lambda l \leqslant 1.75$ 作了比较，结果表明，当高跨比大于或等于 1/6 时，对一般柱距及中等压缩性的地基都可考虑地基反力为直线分布。当不满足上述条件时，宜按弹性地基梁法计算内力，分析时采用的地基模型应结合地区经验进行选择。

8.4 高层建筑筏形基础

8.4.1 筏形基础分为平板式和梁板式两种类型，其选型应根据工程具体条件确定。与梁板式筏基相比，平板式筏基具有抗冲切及抗剪切能力强的特点，且构

造简单，施工便捷，经大量工程实践和部分工程事故分析，平板式筏基具有更好的适应性。

8.4.2 对单幢建筑物，在均匀地基的条件下，基础底面的压力和基础的整体倾斜主要取决于作用的准永久组合下产生的偏心距大小。对基底平面为矩形的筏基，在偏心荷载作用下，基础抗倾覆稳定系数 K_F 可用下式表示：

$$K_F = \frac{y}{e} = \frac{\gamma B}{e} = \frac{\gamma}{\dfrac{e}{B}}$$

式中：B——与组合荷载竖向合力偏心方向平行的基础边长；

e——作用在基底平面的组合荷载全部竖向合力对基底面积形心的偏心距；

y——基底平面形心至最大受压边缘的距离，γ 为 y 与 B 的比值。

从式中可以看出 e/B 直接影响着抗倾覆稳定系数 K_F，K_F 随着 e/B 的增大而降低，因此容易引起较大的倾斜。表 19 三个典型工程的实测证实了在地基条件相同时，e/B 越大，则倾斜越大。

表 19　e/B 值与整体倾斜的关系

地基条件	工程名称	横向偏心距 e（m）	基底宽度 B（m）	e/B	实测倾斜（‰）
上海软土地基	胸科医院	0.164	17.9	1/109	2.1（有相邻建筑影响）
上海软土地基	某研究所	0.154	14.8	1/96	2.7
北京硬土地基	中医医院	0.297	12.6	1/42	1.716（唐山地震时北京烈度为6度，未发现明显变化）

高层建筑由于楼身质心高，荷载重，当筏形基础开始产生倾斜后，建筑物总重对基础底面形心将产生新的倾覆力矩增量，而倾覆力矩的增量又产生新的倾斜增量，倾斜可能随时间而增长，直至地基变形稳定为止。因此，为避免基础产生倾斜，应尽量使结构竖向荷载合力作用点与基础平面形心重合，当偏心难以避免时，则应规定竖向合力偏心距的限值。本规范根据实测资料并参考交通部（公路桥涵设计规范）对桥墩合力偏心距的限制，规定了在作用的准永久组合时，$e \leqslant 0.1 W/A$。从实测结果来看，这个限制对硬土地区稍严格，当有可靠依据时可适当放松。

8.4.3 国内建筑物脉动实测试验结果表明，当地基为非密实土和岩石持力层时，由于地基的柔性改变了上部结构的动力特性，延长了上部结构的基本周期以及增大了结构体系的阻尼，同时土与结构的相互作用

也改变了地基运动的特性。结构按刚性地基假定分析
的水平地震作用比其实际承受的地震作用大，因此可
以根据场地条件、基础埋深、基础和上部结构的刚度
等因素确定是否对水平地震作用进行适当折减。

实测地震记录及理论分析表明，土中的水平地震
加速度一般随深度而渐减，较大的基础埋深，可以减
少来自基底的地震输入，例如日本取地表下 20m 深
处的地震系数为地表的 0.5 倍，法国规定筏基或带地
下室的建筑的地震荷载比一般的建筑少 20%。同时，
较大的基础埋深，可以增加基础侧面的摩擦阻力和土
的被动土压力，增强土对基础的嵌固作用。美国 FE-
MA386 及 IBC 规范采用加长结构物自振周期作为考
虑地基土的柔性影响，同时采用增加结构有效阻尼来
考虑地震过程中结构的能量耗散，并规定了结构的基
底剪力最大可降低 30%。

本次修订，对不同土层剪切波速、不同场地类别
以及不同基础埋深的钢筋混凝土剪力墙结构，框架剪
力墙结构和框架核心筒结构进行分析，结合我国现阶
段的地震作用条件并与美国 UBC1977 和 FEMA386、
IBC 规范进行了比较，提出了对四周与土层紧密接触
带地下室外墙的整体式筏基和箱基，场地类别为Ⅲ类
和Ⅳ类，结构基本自振周期处于特征周期的 1.2 倍～
5 倍范围时，按刚性地基假定分析的基底水平地震剪
力和倾覆力矩可根据抗震设防烈度乘以折减系数，8
度时折减系数取 0.9，9 度时折减系数取 0.85，该折
减系数是一个综合性的包络值，它不能与现行国家标
准《建筑抗震设计规范》GB 50011 第 5.2 节中提出
的折减系数同时使用。

8.4.6 本条为强制性条文。平板式筏基的板厚通常
由冲切控制，包括柱下冲切和内筒冲切，因此其板厚
应满足受冲切承载力的要求。

8.4.7 N. W. Hanson 和 J. M. Hanson 在他们的《混
凝土板柱之间剪力和弯矩的传递》试验报告中指出：
板与柱之间的不平衡弯矩传递，一部分不平衡弯矩是
通过临界截面周边的弯曲应力 T 和 C 来传递，而一
部分不平衡弯矩则通过临界截面上的偏心剪力对临界
截面重心产生的弯矩来传递，如图 32 所示。因此，
在验算距柱边 $h_0/2$ 处的冲切临界截面剪应力时，除
需考虑竖向荷载产生的剪应力外，尚应考虑作用在冲
切临界截面重心上的不平衡弯矩所产生的附加剪应
力。本规范公式（8.4.7-1）右侧第一项是根据现行
国家标准《混凝土结构设计规范》GB 50010 在集中
力作用下的冲切承载力计算公式换算而得，右侧第二
项是引自美国 ACI 318 规范中有关的计算规定。

关于公式（8.4.7-1）中冲切力取值的问题，国
内外大量试验结果表明，内柱的冲切破坏呈完整的锥
体状，我国工程实践中一直沿用柱所承受的轴向力设
计值减去冲切破坏锥体范围内相应的地基净反力作为
冲切力；对边柱和角柱，中国建筑科学研究院地基所

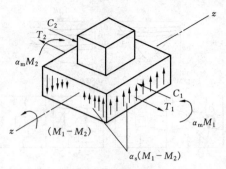

图 32　板与柱不平衡弯矩传递示意

试验结果表明，其冲切破坏锥体近似为 1/2 和 1/4 圆
台体，本规范参考了国外经验，取柱轴力设计值减去
冲切临界截面范围内相应的地基净反力作为冲切力设
计值。

本规范中的角柱和边柱是相对于基础平面而言
的。大量计算结果表明，受基础盆形挠曲的影响，基
础的角柱和边柱产生了附加的压力。本次修订时将角
柱和边柱的冲切力乘以了放大系数 1.2 和 1.1。

公式（8.4.7-1）中的 M_{unb} 是指作用在柱边 $h_0/2$
处冲切临界截面重心上的弯矩，对边柱它包括由柱根
处轴力 N 和该处筏板冲切临界截面范围内相应的地
基反力 P 对临界截面重心产生的弯矩。由于本条中
筏板和上部结构是分别计算的，因此计算 M 值时尚
应包括柱子根部的弯矩设计值 M_c，如图 33 所示，M
的表达式为：

$$M_{unb} = Ne_N - Pe_p \pm M_c$$

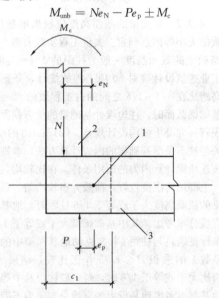

图 33　边柱 M_{unb} 计算示意
1—冲切临界截面重心；2—柱；3—筏板

对于内柱，由于对称关系，柱截面形心与冲切临
界截面重心重合，$e_N = e_p = 0$，因此冲切临界截面重心
上的弯矩，取柱根弯矩设计值。

国外试验结果表明，当柱截面的长边与短边的比
值 β_s 大于 2 时，沿冲切临界截面的长边的受剪承载力

约为柱短边受剪承载力的一半或更低。本规范的公式（8.4.7-2）是在我国受冲切承载力公式的基础上，参考了美国 ACI 318 规范中受冲切承载力公式中有关规定，引进了柱截面长、短边比值的影响，适用于包括扁柱和单片剪力墙在内的平板式筏基。图 34 给出了本规范与美国 ACI 318 规范在不同 β_s 条件下筏板有效高度的比较，由于我国受冲切承载力取值偏低，按本规范算得的筏板有效高度稍大于美国 ACI 318 规范相关公式的结果。

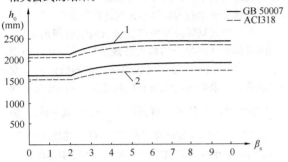

图 34　不同 β_s 条件下筏板有效高度的比较

1—实例一、筏板区格 9m×11m，作用的标准组合的地基土净反力 345.6kPa；2—实例二、筏板区格 7m×9.45m，作用的标准组合的地基土净反力 245.5kPa

对有抗震设防要求的平板式筏基，尚应验算地震作用组合的临界截面的最大剪应力 $\tau_{E,max}$，此时公式（8.4.7-1）和式（8.4.7-2）应改写为：

$$\tau_{E,max} = \frac{V_{sE}}{A_s} + \alpha_s \frac{M_E}{I_s} C_{AB}$$

$$\tau_{E,max} \leqslant \frac{0.7}{\gamma_{RE}}\left(0.4 + \frac{1.2}{\beta_s}\right)\beta_{hp} f_t$$

式中：V_{sE}——作用的地震组合的集中反力设计值（kN）；

M_E——作用的地震组合的冲切临界截面重心上的弯矩设计值 '（kN·m）；

A_s——距柱边 $h_0/2$ 处的冲切临界截面的筏板有效面积（m²）；

γ_{RE}——抗震调整系数，取 0.85。

8.4.8 Venderbilt 在他的《连续板的抗剪强度》试验报告中指出：混凝土抗冲切承载力随比值 u_m/h_0 的增加而降低。由于使用功能上的要求，核心筒占有相当大的面积，因而距核心筒外表面 $h_0/2$ 处的冲切临界截面周长是很大的，在 h_0 保持不变的条件下，核心筒下筏板的受冲切承载力实际上是降低了，因此设计时应验算核心筒下筏板的受冲切承载力，局部提高核心筒下筏板的厚度。此外，我国工程实践和美国休斯敦壳体大厦基础钢筋应力实测结果表明，框架-核心筒结构和框筒结构下筏板底部最大应力出现在核心筒边缘处，因此局部提高核心筒下筏板的厚度，也有利于核心筒边缘处筏板应力较大部位的配筋。本规范给出的核心筒下筏板冲切截面周长影响系数 η，是通

过实际工程中不同尺寸的核心筒，经分析并和美国 ACI 318 规范对比后确定的（详见表 20）。

表 20　内筒下筏板厚度比较

筒尺寸（m×m）	筏板混凝土强度等级	标准组合的内筒轴力（kN）	标准组合的基底净反力（kN/m²）	规范名称	筏板有效高度（m）	
					不考虑冲切临界截面周长影响	考虑冲切临界截面周长影响
11.3×13.0	C30	128051	383.4	GB 50007	1.22	1.39
				ACI 318	1.18	1.44
12.6×27.2	C40	424565	453.1	GB 50007	2.41	2.72
				ACI 318	2.36	2.71
24×24	C40	718848	480	GB 50007	3.2	3.58
				ACI 318	3.07	3.55
24×24	C40	442980	300	GB 50007	2.39	2.57
				ACI 318	2.12	2.67
24×24	C40	336960	225	GB 50007	1.95	2.28
				ACI 318	1.67	2.21

8.4.9 本条为强制性条文。平板式筏基内筒、柱边缘处以及筏板变厚度处剪力较大，应进行抗剪承载力验算。

8.4.10 通过对已建工程的分析，并鉴于梁板式筏基基础梁下实测土反力存在的集中效应、底板与土壤之间的摩擦力作用以及实际工程中底板的跨厚比一般都在 14～6 之间变动等有利因素，本规范明确了取距内柱和内筒边缘 h_0 作为验算筏板受剪的部位，如图 35 所示；角柱下验算筏板受剪的部位取距柱角 h_0 处，如图 36 所示。式（8.4.10）中的 V_s 即作用在图 35 或图 36 中阴影面积上的地基平均净反力设计值除以验算截面处的板格中至中的长度（内柱）、或距角柱角点 h_0 处 45°斜线的长度（角柱）。国内筏板试验报告表明：筏板的裂缝首先出现在板的角部，设计中当采用简化计算方法时，需适当考虑角点附近土反力的集中效应，乘以 1.2 的增大系数。图 37 给出了筏板模型试验中裂缝发展的过程。设计中当角柱下筏板

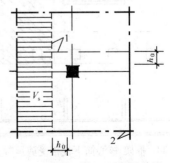

图 35　内柱（筒）下筏板验算
剪切部位示意

1—验算剪切部位；2—板格中线

受剪承载力不满足规范要求时，也可采用适当加大底层角柱横截面或局部增加筏板角隅板厚等有效措施，以期降低受剪截面处的剪力。

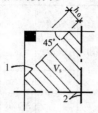

图 36　角柱（筒）下筏板验算
剪切部位示意
1—验算剪切部位；2—板格中线

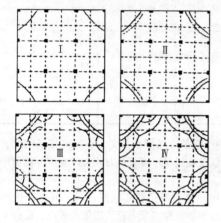

图 37　筏板模型试验裂缝发展过程

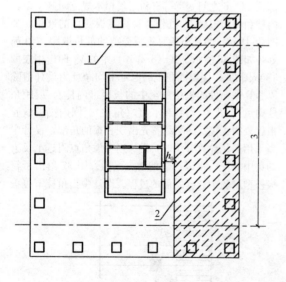

图 38　框架-核心筒下筏板受剪承载力
计算截面位置和计算
1—混凝土核心筒与柱之间的中分线；2—剪切计算截面；
3—验算单元的计算宽度 b

对于上部为框架-核心筒结构的平板式筏形基础，设计人应根据工程的具体情况采用符合实际的计算模型或根据实测确定的地基反力来验算距核心筒 h_0 处的筏板受剪承载力。当边柱与核心筒之间的距离较大时，式（8.4.10）中的 V_s 即作用在图 38 中阴影面积上的地基平均净反力设计值与边柱轴力设计值之差除以 b，b 取核心筒两侧紧邻跨中分线之间的距离。当主楼核心筒外侧有两排以上框架柱或边柱与核心筒之间的距离较小时，设计人应根据工程具体情况慎重确定筏板受剪承载力验算单元的计算宽度。

关于厚筏基础板厚中部设置双向钢筋网的规定，同国家标准《混凝土结构设计规范》GB 50010 的要求。日本 Shioya 等通过对无腹筋构件的截面高度变化试验，结果表明，梁的有效高度从 200mm 变化到 3000mm 时，其名义抗剪强度 $\left(\dfrac{V}{bh_0}\right)$ 降低 64%。加拿大 M. P. Collins 等研究了配有中间纵向钢筋的无腹筋梁的抗剪承载力，试验研究表明，构件中部的纵向钢筋对限制斜裂缝的发展，改善其抗剪性能是有效的。

8.4.11　本条为强制性条文。本条规定了梁板式筏基底板的设计内容：抗弯计算、受冲切承载力计算、受剪切承载力计算。为确保梁板式筏基底板设计的安全，在进行梁板式筏基底板设计时必须严格执行。

8.4.12　板的抗冲切机理要比梁的抗剪复杂，目前各国规范的受冲切承载力计算公式都是基于试验的经验公式。本规范梁板式筏基底板受冲切承载力和受剪承载力验算方法源于《高层建筑箱形基础设计与施工规程》JGJ 6-80。验算底板受剪承载力时，规程 JGJ 6-80 规定了以距墙边 h_0（底板的有效高度）处作为验算底板受剪承载力的部位。在本规范 2002 版编制时，对北京市十余幢已建的箱形基础进行调查及复算，调查结果表明按此规定计算的底板并没有发现异常现象，情况良好。表 21 和表 22 给出了部分已建工程有关箱形基础双向底板的信息，以及箱形基础双向底板按不同规范计算剪切所需的 h_0。分析比较结果表明，取距支座边缘 h_0 处作为验算双向底板受剪承载力的部位，并将梯形受荷面积上的平均净反力摊在（$l_{n2}-2h_0$）上的计算结果与工程实际的板厚以及按 ACI 318 计算结果是十分接近的。

表 21　已建工程箱形基础双向底板信息表

序号	工程名称	板格尺寸（m×m）	地基净反力标准值（kPa）	支座宽度（m）	混凝土强度等级	底板实用厚度 h（mm）
①	海军医院门诊楼	7.2×7.5	231.2	0.60	C25	550
②	望京Ⅱ区1号楼	6.3×7.2	413.6	0.20	C25	850
③	望京Ⅱ区2号楼	6.3×7.2	290.4	0.20	C25	700

续表21

序号	工程名称	板格尺寸(m×m)	地基净反力标准值(kPa)	支座宽度(m)	混凝土强度等级	底板实用厚度h(mm)
④	望京Ⅱ区3号楼	6.3×7.2	384.0	0.20	C25	850
⑤	松榆花园1号楼	8.1×8.4	616.8	0.25	C35	1200
⑥	中鑫花园	6.15×9.0	414.4	0.30	C30	900
⑦	天创成	7.9×10.1	595.5	0.25	C30	1300
⑧	沙板庄小区	6.4×8.7	434.0	0.20	C30	1000

表22 已建工程箱形基础双向底板剪切计算分析

序号	双向底板剪切计算的h_0(mm)			按GB50007双向底板冲切计算的h_0(mm)	工程实用厚度h(mm)
	GB 50010	ACI-318	GB 50007		
	梯形土反力摊在l_{n2}上	梯形土反力摊在$(l_{n2}-2h_0)$上			
	支座边缘	距支座边h_0	距支座边h_0		
①	600	584	514	470	550
②	1200	853	820	710	850
③	760	680	620	540	700
④	1090	815	770	670	850
⑤	1880	1160	1260	1000	1200
⑥	1210	915	824	700	900
⑦	2350	1355	1440	1120	1300
⑧	1300	950	890	740	1000

8.4.14 中国建筑科学研究院地基所黄熙龄和郭天强在他们的框架柱-筏基础模型试验报告中指出,在均匀地基上,上部结构刚度较好,柱网和荷载分布较均匀,且基础梁的截面高度大于或等于1/6的梁板式筏基基础,可不考虑筏板的整体弯曲,只按局部弯曲计算,地基反力可按直线分布。试验是在粉质黏土和碎石土两种不同类型的土层上进行的,筏基平面尺寸为3220mm×2200mm,厚度为150mm(图39),其上为三榀单层框架(图40)。试验结果表明,土质无论是粉质黏土还是碎石土,沉降都相当均匀(图41),筏

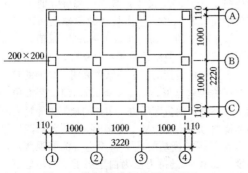

图39 模型试验加载梁平面图

板的整体挠曲度约为万分之三。基础内力的分布规律,按整体分析法(考虑上部结构作用)与倒梁法是一致的,且倒梁板法计算出来的弯矩值还略大于整体分析法(图42)。

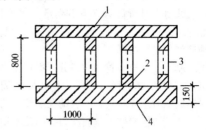

图40 模型试验(B)轴线剖面图
1—框架梁；2—柱；3—传感器；4—筏板

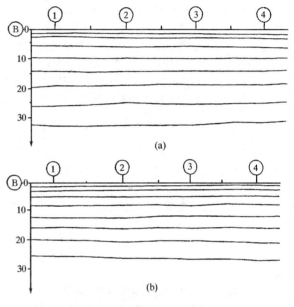

图41 (B)轴线沉降曲线
(a)粉质黏土；(b)碎石土

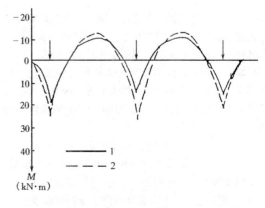

图42 整体分析法与倒梁板法弯矩计算结果比较
1—整体(考虑上部结构刚度)；2—倒梁板法

对单幢平板式筏基,当地基土比较均匀,地基压缩层范围内无软弱土层或可液化土层、上部结构刚度

较好，柱网和荷载较均匀、相邻柱荷载及柱间距的变化不超过20%，上部结构刚度较好，筏板厚度满足受冲切承载力要求，且筏板的厚跨比不小于1/6时，平板式筏基可仅考虑局部弯曲作用。筏形基础的内力，可按直线分布进行计算。当不满足上述条件时，宜按弹性地基理论计算内力，分析时采用的地基模型应结合地区经验进行选择。

对于地基土、结构布置和荷载分布不符合本条要求的结构，如框架-核心筒结构等，核心筒和周边框架柱之间竖向荷载差异较大，一般情况下核心筒下的基底反力大于周边框架柱下基底反力，因此不适用于本条提出的简化计算方法，应采用能正确反映结构实际受力情况的计算方法。

8.4.16 工程实践表明，在柱宽及其两侧一定范围的有效宽度内，其钢筋配置量不应小于柱下板带配筋量的一半，且应能承受板与柱之间部分不平衡弯矩 $\alpha_m M_{unb}$，以保证板柱之间的弯矩传递，并使筏板在地震作用过程中处于弹性状态。条款中有效宽度的范围，是根据筏板较厚的特点，以小于1/4板跨为原则而提出来的。有效宽度范围如图43所示。

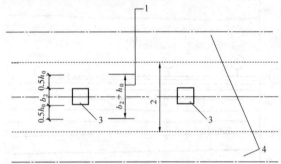

图 43　柱两侧有效宽度范围的示意

1—有效宽度范围内的钢筋应不小于柱下板带配筋量
的一半，且能承担 $\alpha_m M_{unb}$；2—柱下板带；
3—柱；4—跨中板带

8.4.18 本条为强制性条文。梁板式筏基基础梁和平板式筏基的顶面处与结构柱、剪力墙交界处承受较大的竖向力，设计时应进行局部受压承载力计算。

8.4.20 中国建筑科学研究院地基所黄熙龄、袁勋、宫剑飞、朱红波等对塔裙一体大底盘平板式筏形基础进行室内模型系列试验以及实际工程的原位沉降观测，得到以下结论：

1 厚筏基础（厚跨比不小于1/6）具备扩散主楼荷载的作用，扩散范围与相邻裙房地下室的层数、间距以及筏板的厚度有关，影响范围不超过三跨。

2 多塔楼作用下大底盘厚筏基础的变形特征为：各塔楼独立作用下产生的变形效应通过以各个塔楼下面一定范围内的区域为沉降中心，各自沿径向向外围衰减。

3 多塔楼作用下大底盘厚筏基础的基底反力的

分布规律为：各塔楼荷载产出的基底反力以其塔楼下某一区域为中心，通过各自塔楼周围的裙房基础沿径向向外围扩散，并随着距离的增大而逐渐衰减。

4 大比例室内模型系列试验和工程实测结果表明，当高层建筑与相连的裙房之间不设沉降缝和后浇带时，高层建筑的荷载通过裙房基础向周围扩散并逐渐减小，因此与高层建筑紧邻的裙房基础下的地基反力相对较大，该范围内的裙房基础板厚度突然减小过多时，有可能出现基础板的截面因承载力不够而发生破坏或其因变形过大出现裂缝。因此本条提出高层建筑及与其紧邻一跨的裙房筏板应采用相同厚度，裙房筏板的厚度宜从第二跨裙房开始逐渐变化。

5 室内模型试验结果表明，平面呈L形的高层建筑下的大面积整体筏形基础，筏板在满足厚跨比不小于1/6的条件下，裂缝发生在与高层建筑相邻的裙房第一跨和第二跨交接处的柱旁。试验结果还表明，高层建筑连同紧邻一跨的裙房其变形相当均匀，呈现出接近刚性板的变形特征。因此，当需要设置后浇带时，后浇带宜设在与高层建筑相邻裙房的第二跨内（见图44）。

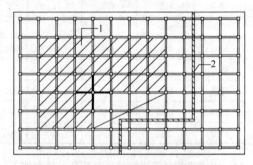

图 44　平面呈 L 形的高层建筑后浇带示意
1—L形高层建筑；2—后浇带

8.4.21 室内模型试验和工程沉降观察以及反算结果表明，在同一大面积整体筏形基础上有多幢高层和低层建筑时，筏形基础的结构分析宜考虑上部结构、基础与地基土的共同作用，否则将得到与沉降测试结果不符的较小的基础边缘沉降值和较大的基础挠曲度。

8.4.22 高层建筑基础不但应满足强度要求，而且应有足够的刚度，方可保证上部结构的安全。本规范基础挠曲度 Δ/L 的定义为：基础两端沉降的平均值和基础中间最大沉降的差值与基础两端之间距离的比值。本条给出的基础挠曲 $\Delta/L = 0.5‰$ 限值，是基于中国建筑科学研究院地基所室内模型系列试验和大量工程实测分析得到的。试验结果表明，模型的整体挠曲变形曲线呈盆形，当 $\Delta/L > 0.7‰$ 时，筏板角部开始出现裂缝，随后底层边、角柱的根部内侧顺着基础整体挠曲方向出现裂缝。英国 Burland 曾对四幢直径为20m平板式筏基的地下仓库进行沉降观测，筏板厚度1.2m，基础持力层为白垩层土。四幢地下仓库的整体挠曲变形曲线均呈反盆状（图45），当基础挠

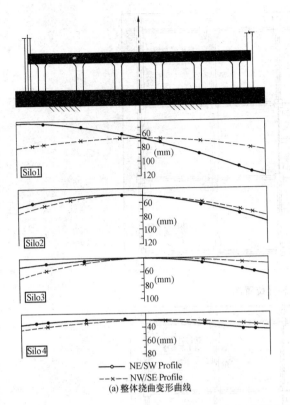

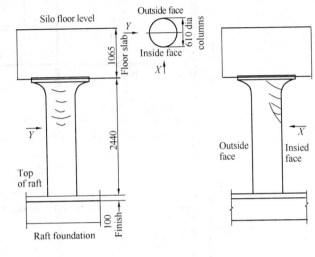

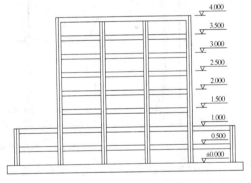

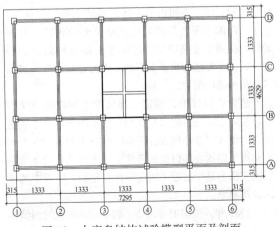

(a) 整体挠曲变形曲线

(b) 柱子裂缝示意

图 45 四幢地下仓库平板式筏基的整体挠曲变形曲线及柱子裂缝示意

曲度 $\Delta/L=0.45‰$ 时，混凝土柱子出现发丝裂缝，当 $\Delta/L=0.6‰$ 时，柱子开裂严重，不得不设置临时支撑。因此，控制基础挠曲度是完全必要的。

8.4.23 中国建筑科学研究院地基所滕延京和石金龙对大底盘框架-核心筒结构筏板基础进行了室内模型试验，试验基坑内为人工换填的均匀粉土，深 2.5m，其下为天然地基老土。通过载荷板试验，地基土承载力特征值为 100kPa。试验模型比例 $i=6$，上部结构为 8 层框架-核心筒结构，其左右两侧各带 1 跨 2 层裙房，筏板厚度为 220mm，楼板厚度：1 层为 35mm，2 层为 50mm，框架柱尺寸为 150mm×150mm，大底盘结构模型平面及剖面见图 46。

试验结果显示：

1 当筏板发生纵向挠曲时，在上部结构共同作用下，外扩裙房的角柱和边柱抑制了筏板纵向挠曲的发展，柱下筏板存在局部负弯矩，同时也使顺着基础整体挠曲方向的裙房底层边、角柱下端的内侧，以及底层边、角柱上端的外侧出现裂缝。

2 裙房的角柱内侧楼板出现弧形裂缝、顺着挠曲方向裙房的外柱内侧楼板以及主裙楼交界处的楼板均发生了裂缝，图 47 及图 48 为一层和二层楼板板面裂缝位置图。本条的目的旨在从构造上加强此类楼板的薄弱环节。

8.4.24 试验资料和理论分析都表明，回填土的质量影响着基础的埋置作用，如果不能保证填土和地下室外墙之间的有效接触，将减弱土对基础的约束作用，

图 46 大底盘结构试验模型平面及剖面

降低基侧土对地下结构的阻抗。因此，应注意地下室四周回填土应均匀分层夯实。

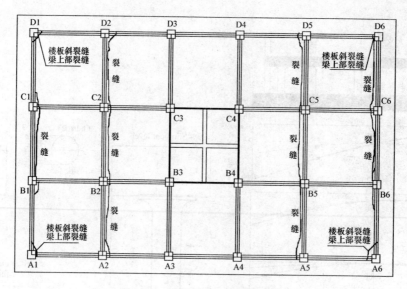

图 47　一层楼板板面裂缝位置图

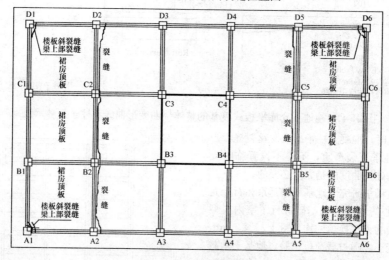

图 48　二层楼板板面裂缝位置图

8.4.25　20 世纪 80 年代，国内王前信、王有为曾对北京和上海 20 余栋 23m～58m 高的剪力墙结构进行脉动试验，结果表明由于上海的地基土质软于北京，建于上海的房屋自振周期比北京类似的建筑物要长 30%，说明了地基的柔性改变了上部结构的动力特性。反之上部结构也影响了地基土的黏滞效应，提高了结构体系的阻尼。

通常在设计中都假定上部结构嵌固在基础结构上，实际上这一假定只有在刚性地基的条件下才能实现。对绝大多数都属柔性地基的地基土而言，在水平力作用下结构底部以及地基都会出现转动，因此所谓嵌固实质上是指接近于固定的计算基面。本条中的嵌固即属此意。

1989 年，美国旧金山市一幢 257.9m 高的钢结构建筑，地下室采用钢筋混凝土剪力墙加强，其下为 2.7m 厚的筏板，基础持力层为黏性土和密实性砂土，基岩位于室外地面下 48m～60m 处。在强震作用下，地下室除了产生 52.4mm 的整体水平位移外，还产生了万分之三的整体转角。实测记录反映了两个基本事实：其一是厚筏基础四周外墙与土层紧密接触，且具有一定数量纵横内墙的地下室变形呈现出与刚体变形相似的特征；其二是地下结构的转角体现了柔性地基的影响。地震作用下，既然四周与土壤接触的具有外墙的地下室变形与刚体变形基本一致，那么在抗震设计中可假设地下结构为一刚体，上部结构嵌固在地下室的顶板上，而在嵌固部位处增加一个大小与柔性地基相同的转角。

对有抗震设防要求的高层建筑基础和地下结构设计中的一个重要原则是，要求基础和地下室结构应具有足够的刚度和承载力，保证上部结构进入非弹性阶段时，基础和地下室结构始终能承受上部结构传来的荷载并将荷载安全传递到地基上。因此，当地下一层结构顶板作为上部结构的嵌固部位时，为避免塑性铰转移到地下一层结构，保证上部结构在地震作用下能实现预期的耗能机制，本规范规定了地下一层的层间侧向刚度大于或等于与其相连的上部结构楼层刚度的1.5倍。地下室的内外墙与主楼剪力墙的间距符合条文中表8.4.25要求时，可将该范围内的地下室的内墙的刚度计入地下室层间侧向刚度内，但该范围内的侧向刚度不能重叠使用于相邻建筑，6度区和非抗震设计的建筑物可参照表8.4.25中的7度、8度区的要求适当放宽。

当上部结构嵌固地下一层结构顶板上时，为保证上部结构的地震等水平作用能有效通过楼板传递到地下室抗侧力构件中，地下一层结构顶板上开设洞口的面积不宜大于该层面积的30%；沿地下室外墙和内墙边缘的楼板不应有大洞口；地下一层结构顶板应采用梁板式楼盖；楼板的厚度、混凝土强度等级及配筋率不应过小。本规范提出地下一层结构顶板的厚度不应小于180mm的要求，不仅旨在保证楼板具有一定的传递水平作用的整体刚度，还在充分发挥其有效减小基础整体弯曲变形和基础内力的作用，使结构受力、变形更为合理、经济。试验和沉降观察结果的反演均显示了楼板参与工作后对降低基础整体挠曲度的贡献，基础整体挠曲度随着楼板厚度的增加而减小。

当不符合本条要求时，建筑物的嵌固部位可设在筏基的顶部，此时宜考虑基侧土对地下室外墙和基底土对地下室底板的抗力。

8.4.26 国内震害调查表明，唐山地震中绝大多数地面以上的工程均遭受严重破坏，而地下人防工程基本完好。如新华旅社上部结构为8层组合框架，8度设防，实际地震烈度为10度。该建筑物的梁、柱和墙体均遭到严重破坏（未倒塌），而地下室仍然完好。天津属软土区，唐山地震波及天津时，该地区的地震烈度为7度～8度，震后已有的人防地下室基本完好，仅人防通道出现裂缝。这不仅仅由于地下室刚度和整体性一般较大，还由于土层深处的水平地震加速度一般比地面小，因此当结构嵌固在基础顶面时，剪力墙底部加强部位的高度应从地下室顶板算起，但地下部分也应作为加强部位。国内震害还表明，个别与上部结构交接处的地下室柱头出现了局部压坏及剪坏现象。这表明在强震作用下，塑性铰的范围有向地下室发展的可能。因此，与上部结构底层相邻的那一层地下室是设计中需要加强的部位。有关地下室的抗震等级、构件的截面设计以及抗震构造措施参照现行国家标准《建筑抗震设计规范》GB 50011 有关条款使用。

8.5 桩 基 础

8.5.1 摩擦型桩分为端承摩擦桩和摩擦桩，端承摩擦桩的桩顶竖向荷载主要由桩侧阻力承受；摩擦桩的桩端阻力可忽略不计，桩顶竖向荷载全部由桩侧阻力承受。端承型桩分为摩擦端承桩和端承桩，摩擦端承桩的桩顶竖向荷载主要由桩端阻力承受；端承桩的桩侧阻力可忽略不计，桩顶竖向荷载全部由桩端阻力承受。

8.5.2 同一结构单元的桩基，由于采用压缩性差较大的持力层或部分采用摩擦桩、部分采用端承桩，常引起较大不均匀沉降，导致建筑物构件开裂或建筑物倾斜；在地震荷载作用下，摩擦桩和端承桩的沉降不同，如果同一结构单元的桩基同时采用部分摩擦桩和部分端承桩，将导致结构产生较大的不均匀沉降。

岩溶地区的嵌岩桩在成孔中常发生漏浆、塌孔和埋钻现象，给施工造成困难，因此应首先考虑利用上覆土层作为桩端持力层的可行性。利用上覆土层作为桩端持力层的条件是上覆土层必须是稳定的土层，其承载力及厚度应满足要求。上覆土层的稳定性的判定至关重要，在岩溶发育区，当基岩上覆土层为饱和砂类土时，应视为地面易塌陷区，不得作为建筑场地。必须用作建筑场地时，可采用嵌岩端承桩基础，同时采取勘探孔注浆等辅助措施。基岩面以上为黏性土层，黏性土有一定厚度且无土洞存在或可溶性岩面上有砂岩、泥岩等非可溶岩层时，上覆土层可视为稳定土层。当上覆黏性土在岩溶水上下交替变化作用下可能形成土洞时，上覆土层也应视为不稳定土层。

在深厚软土中，当基坑开挖较深时，基底土的回弹可引起桩身上浮、桩身开裂，影响单桩承载力和桩身耐久性，应引起高度重视。设计时应考虑加强桩身配筋、支护结构设计时应采取防止基底隆起的措施，同时应加强坑底隆起的监测。

承台及地下室周围的回填土质量对高层建筑抗震性能的影响较大，规范均规定了填土压实系数不小于0.94。除要求施工中采取措施尽量保证填土质量外，可考虑改用灰土回填或增加一至两层混凝土水平加强条带，条带厚度不应小于0.5m。

关于桩、土、承台共同工作问题，各地区根据工程经验有不同的处理方法，如混凝土桩复合地基、复合桩基、减少沉降的桩基、桩基的变刚度调平设计等。实际操作中应根据建筑物的要求和岩土工程条件以及工程经验确定设计参数。无论采用哪种模式，承台下土层均应当是稳定土层。液化土、欠固结土、高灵敏度软土、新填土等皆属于不稳定土层，当沉桩引起承台土体明显隆起时也不宜考虑承台底土层的抗力作用。

8.5.3 本条规定了摩擦型桩的桩中心距限制条件，主要为了减少摩擦型桩侧阻叠加效应及沉桩中对邻桩的影响，对于密集群桩以及挤土型桩，应加大桩距。非挤土桩当承台下桩数少于9根，且少于3排时，桩距可不小于2.5d。对于端承型桩，特别是非挤土端承桩和嵌岩桩桩距的限制可以放宽。

扩底灌注桩的扩底直径，不应大于桩身直径的3倍，是考虑到扩底施工的难易和安全，同时需要保持桩间土的稳定。

桩端进入持力层的最小深度，主要是考虑了在各类持力层中成桩的可能性和难易程度，并保证桩端阻力的发挥。

桩端进入破碎岩石或软质岩的桩，按一般桩来计算桩端进入持力层的深度。桩端进入完整和较完整的未风化、微风化、中等风化硬质岩石时，入岩施工困难，同时硬质岩已提供足够的端阻力。规范条文提出桩周边嵌岩最小深度为 0.5m。

桩身混凝土最低强度等级与桩身所处环境条件有关。有关岩土及地下水的腐蚀性问题，牵涉腐蚀源、腐蚀类别、性质、程度、地下水位变化、桩身材料等诸多因素。现行国家标准《岩土工程勘察规范》GB 50021、《混凝土结构设计规范》GB 50010、《工业建筑防腐蚀设计规范》GB 50046、《混凝土结构耐久性设计规范》GB/T 50476 等不同角度作了相应的表述和规定。

为了便于操作，本条将桩身环境划分为非腐蚀环境（包括微腐蚀环境）和腐蚀环境两大类，对非腐蚀环境中桩身混凝土强度作了明确规定，腐蚀环境中的桩身混凝土强度、材料、最小水泥用量、水灰比、抗渗等级等还应符合相关规范的规定。

桩身埋于地下，不能进行正常维护和维修，必须采取措施保证其使用寿命，特别是许多情况下桩顶附近位于地下水位频繁变化区，对桩身混凝土及钢筋的耐久性应引起重视。

灌注桩水下浇筑混凝土目前大多采用商品混凝土，混凝土各项性能有保障的条件下，可将水下浇筑混凝土强度等级达到 C45。

当场地位于坡地且桩端持力层和地面坡度超过 10% 时，除应进行场地稳定验算并考虑挤土桩对边坡稳定的不利影响外，桩身尚应通长配筋，用来增加桩身水平抗力。关于通长配筋的理解应该是钢筋长度达到设计要求的持力层需要的长度。

采用大直径长灌注桩时，宜将部分构造钢筋通长设置，用以验证孔径及孔深。

8.5.6 为保证桩基设计的可靠性，规定除设计等级为丙级的建筑物外，单桩竖向承载力特征值应采用竖向静载荷试验确定。

设计等级为丙级的建筑物可根据静力触探或标准贯入试验方法确定单桩竖向承载力特征值。用静力触探或标准贯入方法确定单桩承载力已有不少地区和单位进行过研究和总结，取得了许多宝贵经验。其他原位测试方法确定单桩竖向承载力的经验不足，规范未推荐。确定单桩竖向承载力时，应重视类似工程、邻近工程的经验。

试桩前的初步设计，规范推荐了通用的估算公式（8.5.6-1），式中侧阻、端阻采用特征值，规范特别注明侧阻、端阻特征值应由当地载荷试验结果统计分析求得，减少全国采用同一表格所带来的误差。

嵌入完整和较完整的未风化、微风化、中等风化硬质岩石的嵌岩桩，规范给出了单桩竖向承载力特征值的估算式（8.5.6-2），只计端阻。简化计算的意义在于硬质岩强度超过桩身混凝土强度，设计以桩身强度控制，桩长较小时再计入侧阻、嵌岩阻力等已无工程意义。当然，嵌岩桩并不是不存在侧阻力，有时侧阻和嵌岩阻力占有很大的比例。对于嵌入破碎岩和软质岩石中的桩，单桩承载力特征值则按公式（8.5.6-1）进行估算。

为确保大直径嵌岩桩的设计可靠性，必须确定桩底一定深度内岩体性状。此外，在桩底应力扩散范围内可能埋藏有相对软弱的夹层，甚至存在洞隙，应引起足够注意。岩层表面往往起伏不平，有隐伏沟槽存在，特别在碳酸盐类岩石地区，岩面石芽、溶槽密布，此时桩端可能落于岩面隆起或斜面处，有导致滑移的可能，因此，规范规定在桩底端应力扩散范围内应无岩体临空面存在，并确保基底岩体的稳定性。实践证明，作为基础施工图设计依据的详细勘察阶段的工作精度，满足不了这类桩设计施工的要求，因此，当基础方案选定之后，还应根据桩位及要求进行专门性的桩基勘察，以便针对各个桩的持力层选择入岩深度、确定承载力，并为施工处理等提供可靠依据。

8.5.7、8.5.8 单桩水平承载力与诸多因素相关，单桩水平承载力特征值应由单桩水平载荷试验确定。

规范特别写入了带承台桩的水平载荷试验。桩基抵抗水平力很大程度上依赖于承台侧面抗力，带承台桩基的水平载荷试验能反映桩基在水平力作用下的实际工作状况。

带承台桩基水平载荷试验采用慢速维持荷载法，用以确定长期荷载下的桩基水平承载力和地基土水平反力系数。加载分级及每级荷载稳定标准可按单桩竖向静载荷试验的办法。当加载至桩身破坏或位移超过 30mm～40mm（软土取大值）时停止加载。卸载按 2 倍加载等级逐级卸载，每 30min 卸一级载，并于每次卸载前测读位移。

根据试验数据绘制荷载位移 $H_0 - X_0$ 曲线及荷载位移梯度 $H_0 - (\Delta X_0 / \Delta H_0)$ 曲线，取 $H_0 - (\Delta X_0 / \Delta H_0)$ 曲线的第一拐点为临界荷载，取第二拐点或 $H_0 - X_0$ 曲线的陡降起点为极限荷载。若桩身设有应力测读装置，还可根据最大弯矩点变化特征综合判定临界荷载和极限荷载。

对于重要工程，可模拟承台顶竖向荷载的实际状况进行试验。

水平荷载作用下桩基内各单桩的抗力分配与桩数、桩距、桩身刚度、土质性状、承台形式等诸多因素有关。

水平力作用下的群桩效应的研究工作不深入，条文规定了水平力作用面的桩距较大时，桩基的水平承载力可视为各单桩水平承载力的总和，实际上在低桩承台的前提下应注重采取措施充分发挥承台底面及侧面土的抗力作用，加强承台间的连系等。当承台周围填土质量有保证时，应考虑土的抗力作用按弹性抗力法进行计算。

用斜桩来抵抗水平力是一项有效的措施，在桥梁桩基中采用较多。但在一般工业与用民建筑中则很少采用，究其原因是依靠承台埋深大多可以解决水平力的问题。

8.5.9 单桩抗拔承载力特征值应通过单桩竖向抗拔载荷试验确定，并应加载至破坏，试验数量，同条件下的桩不应少于 3 根且不应少于总抗拔桩数的 1%。

8.5.10 本条为强制性条文。为避免基桩在受力过程中发生桩身强度破坏，桩基设计时应进行基桩的桩身强度验算，确保桩身混凝土强度满足桩的承载力要求。

8.5.11 鉴于桩身强度计算中并未考虑荷载偏心、弯矩作用、瞬时荷载的影响等因素，因此，桩身强度设计必须留有一定富裕。在确定工作条件系数时考虑了承台下的土质情况，抗震设防等级、桩长、混凝土浇筑方法、混凝土强度等级以及桩型等因素。本次修订中适当提高了灌注桩的工作条件系数，补充了预应力混凝土管桩工作条件系数。考虑到高强度离心混凝土的延性差、加之沉桩中对桩身混凝土的损坏、加工过程中已对桩身施加轴向预应力等因素，结合日本、广东省的经验，将工作条件系数规定为 0.55～0.65。

日本、美国及广东省等规定管桩允许承载力（相当于承载力特征值）应满足下式要求：

$$R_a \leqslant 0.25(f_{cu,k} - \sigma_{pc})A_G$$

式中：$f_{cu,k}$——桩身混凝土立方体抗压强度；

σ_{pc}——桩身混凝土有效预应力值（约为 4MPa～10MPa）；

A_G——桩身混凝土横截面积。

$$Q \leqslant 0.33(f_{cu,k} - \sigma_{pc})A_G$$

$$f_{cu,k} = [2.18(C60) \sim 2.23(C80)]f_c$$

PHC桩：

$$Q \leqslant 0.33(2.23f_c - \sigma_{pc})A_G$$

当 $\sigma_{pc} = 4MPa$ 时

$$Q \leqslant 0.33(2.23f_c - 0.11f_c)A_G$$

$$Q \leqslant 0.699f_cA_G$$

当 $\sigma_{pc} = 10MPa$ 时

$$Q \leqslant 0.33(2.23f_c - 0.28f_c)A_G$$

$$Q \leqslant 0.644f_cA_G$$

PC桩：

$$Q \leqslant 0.33(2.18f_c - \sigma_{pc})A_G$$

当 $\sigma_{pc} = 4MPa$ 时

$$Q \leqslant 0.33(2.18f_c - 0.145f_c)A_G$$

$$Q \leqslant 0.67f_cA_G$$

当 $\sigma_{pc} = 10MPa$ 时

$$Q \leqslant 0.33(2.18f_c - 0.36f_c)A_G$$

$$Q \leqslant 0.6f_cA_G$$

考虑到当前管桩生产质量、软土中的抗震要求、沉桩中桩身混凝土受损以及接头焊接时高温对桩身混凝土的损伤等因素，将工作条件系数定为 0.55～0.65 是合理的。

8.5.12 非腐蚀性环境中的抗拔桩，桩身裂缝宽度应满足设计要求。预应力混凝土管桩因增加钢筋直径有困难，考虑其钢筋直径较小，耐久性差，所以裂缝控制等级应为二级，即混凝土拉应力不应超过混凝土抗拉强度设计值。

腐蚀性环境中，考虑桩身钢筋耐久性，抗拔桩和受水平力或弯矩较大的桩不允许桩身混凝土出现裂缝。预应力混凝土管桩裂缝等级应为一级（即桩身混凝土不出现拉应力）。

预应力管桩作为抗拔桩使用时，近期出现了数起桩身抗拔破坏的事故，主要表现在主筋墩头与端板连接处拉脱，同时管桩的接头焊缝耐久性也有问题，因此，在抗拔构件中应慎用预应力混凝土管桩。必须使用时应考虑以下几点：

1 预应力筋必须锚入承台；

2 截桩后应考虑预应力损失，在预应力损失段的桩外围应包裹钢筋混凝土；

3 宜采用单节管桩；

4 多节管桩可考虑通长灌芯，另行设置通长的抗拔钢筋，或将抗拔承载力留有余地，防止墩头拔出。

5 端板与钢筋的连接强度应满足抗拔力要求。

8.5.13 本条为强制性条文。地基基础设计强调变形控制原则，桩基础也应按变形控制原则进行设计。本条规定了桩基沉降计算的适用范围以及控制原则。

8.5.15 软土中摩擦桩的桩基础沉降计算是一个非常复杂的问题。纵观许多描述桩基实际沉降和沉降发展过程的文献可知，土体中桩基沉降实质是由桩身压缩、桩端刺入变形和桩端平面以下土层受群桩荷载共同作用产生的整体压缩变形等多个主要分量组成。摩擦桩基础的沉降是历时数年、甚至更长时间才能完成的过程，加荷瞬间完成的沉降只占总沉降中的小部分。大部分沉降都是与时间发展有关的沉降，也就是由于固结或流变产生的沉降。因此，摩擦型桩基础的沉降不是用简单的弹性理论就能描述的问题，这就是为什么依据弹性理论公式的各种桩基沉降计算方法，在实际工程的应用中往往都与实测结果存在较大的出入，即使经过修正，两者也只能在某一范围内比较接近的原因。

近年来越来越多的研究人员和设计人员理解了，目前借用弹性理论的公式计算桩基沉降，实质是一种经验拟合方法。

从经验拟合这一观点出发，本规范推荐 Mindlin

方法和考虑应力扩散以及不考虑应力扩散的实体深基础方法。修订组收集了部分软土地区62栋房屋沉降实测资料和工程计算资料，将大量实际工程的长期沉降观测资料与各种计算方法的计算值对比，经过统计分析，最后推荐了桩基础最终沉降量计算的经验修正系数。考虑应力扩散以及不考虑应力扩散的实体深基础方法计算沉降量和沉降计算深度都有差异，从统计意义上沉降量计算的经验修正系数差异不大。

8.5.16 20世纪80年代上海市开始采用为控制沉降而设置桩基的方法，取得显著的社会经济效益。目前天津、湖北、福建等省市也相继应用了上述方法。开发这种方法是考虑桩、土、承台共同工作时，基础的承载力可以满足要求，而下卧层变形过大，此时采用摩擦型桩旨在减少沉降，以满足建筑物的使用要求。以控制沉降为目的设置桩基是指直接用沉降量指标来确定用桩的数量。能否实行这种设计方法，必须要有当地的经验，特别是符合当地工程实践的桩基沉降计算方法。直接用沉降量确定用桩数量后，还必须满足本条所规定的使用条件和构造措施。上述方法的基本原则有三点：

一、设计用桩数量可以根据沉降控制条件，即允许沉降量计算确定。

二、基础总安全度不能降低，应按桩、土和承台共同作用的实际状态来验算。桩土共同工作是一个复杂的过程，随着沉降的发展，桩、土的荷载分担不断变化，作为一种最不利状态的控制，桩顶荷载可能接近或等于单桩极限承载力。为了保证桩基的安全度，规定按承载力特征值计算的桩群承载力与土承载力之和应大于或等于作用的标准组合产生的作用在桩基承台顶面的竖向力与承台及其上土自重之和。

三、为保证桩、土和承台共同工作，应采用摩擦型桩，使桩基产生可以容许的沉降，承台底不致脱空，在桩基沉降过程中充分发挥桩端持力层的抗力。同时桩端还要置于相对较好的土层中，防止沉降过大，达不到预期控制沉降的目的。为保证承台底不脱空，当承台底土为欠固结土或承载力利用价值不大的软土时，尚应对其进行处理。

8.5.18 本条是桩基承台的弯矩计算。

1 承台试件破坏过程的描述

中国石化总公司洛阳设计院和郑州工学院曾就桩台受弯问题进行专题研究。试验中发现，凡属抗弯破坏的试件均呈梁式破坏的特点。四桩承台试件采用均布方式配筋，试验时初始裂缝首先在承台两个对应边的一边或两边中部或中部附近产生，之后在两个方向交替发展，并逐渐演变成各种复杂的裂缝而向承台中部合拢，最后形成各种不同的破坏模式。三桩承台试件是采用梁式配筋，承台中部因无配筋而抗裂性能较差，初始裂缝多由承台中部开始向外发展，最后形成各种不同的破坏模式。可以得出，不论是三桩试件还

是四桩试件，它们在开裂破坏的过程中，总是在两个方向上互相交替承担上部主要荷载，而不是平均承担，也即是交替起着梁的作用。

2 推荐的抗弯计算公式

通过对众多破坏模式的理论分析，选取图49所示的四种典模型式作为公式推导的依据。

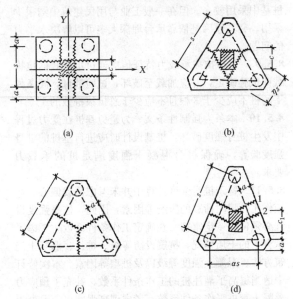

图49 承台破坏模式

(a) 四桩承台；(b) 等边三桩承台（一）；(c) 等边三桩承台（二）；(d) 等腰三桩承台

1）图49a四桩承台破坏模式系屈服线将承台分成很规则的若干块几何块体。设块体为刚性的，变形略去不计，最大弯矩产生于屈服线处，该弯矩全部由钢筋来承担，不考虑混凝土的拉力作用，则利用极限平衡方法并按悬臂梁计算。

$$M_x = \sum (N_i y_i)$$
$$M_y = \sum (N_i x_i)$$

2）图49b是等边三桩承台具有代表性的破坏模式，可利用钢筋混凝土板的屈服线理论，按机动法的基本原理来推导公式得：

$$M = \frac{N_{\max}}{3}\left(s - \frac{\sqrt{3}}{2}c\right) \quad (1)$$

由图49c的等边三桩承台最不利破坏模式，可得另一个公式即：

$$M = \frac{N_{\max}}{3}s \quad (2)$$

式（1）考虑屈服线产生在柱边，过于理想化；式（2）未考虑柱子的约束作用，是偏于安全的。根据试件破坏的多数情况，采用（1）、（2）二式的平均值为规范的推荐公式（8.5.18-3）：

$$M = \frac{N_{\max}}{3}\left(s - \frac{\sqrt{3}}{4}c\right)$$

3）由图49d，等腰三桩承台典型的屈服线基本

上都垂直于等腰三桩承台的两个腰，当试件在长跨产生开裂破坏后，才在短跨内产生裂缝。因此根据试件的破坏形态并考虑梁的约束影响作用，按梁的理论给出计算公式。

在长跨，当屈服线通过柱中心时：

$$M_1 = \frac{N_{max}}{3} s \qquad (3)$$

当屈服线通过柱边缝时：

$$M_1 = \frac{N_{max}}{3}\left(s - \frac{1.5}{\sqrt{4-a^2}}c_1\right) \qquad (4)$$

式（3）未考虑柱子的约束影响，偏于安全；而式（4）考虑屈服线通过往边缘处，又不够安全，今采用两式的平均值作为推荐公式（8.5.18-4）：

$$M_1 = \frac{N_{max}}{3}\left(s - \frac{0.75}{\sqrt{4-a^2}}c_1\right)$$

上述所有三桩承台计算的 M 值均指由柱截面形心到相应承台边的板带宽度范围内的弯矩，因而可按此相应宽度采用三向配筋。

8.5.19 柱对承台的冲切计算方法，本规范在编制时曾考虑了以下两种计算方法：方法一为冲切临界截面取柱边 $0.5h_0$ 处，当冲切临界截面与桩相交时，冲切力扣除相交那部分单桩承载力，采用这种计算方法的国家有美国、新西兰，我国 20 世纪 90 年代前一些设计单位亦多采用此法；方法二为冲切锥体取柱边或承台变阶处至相应桩顶内边缘连线所构成的锥体并考虑了冲跨比的影响，原苏联及我国《建筑桩基技术规范》JGJ 94 均采用这种方法。计算结果表明，这两种方法求得的柱对承台冲切所需的有效高度是十分接近的，相差约 5% 左右。考虑到方法一在计算过程中需要扣除冲切临界截面与柱相交那部分面积的单桩承载力，为避免计算上繁琐，本规范推荐采用方法二。

本规范公式（8.5.19-1）中的冲切系数是按 $\lambda=1$ 时与我国现行《混凝土结构设计规范》GB 50010 的受冲切承载力公式相衔接，即冲切破坏锥体与承台底面的夹角为 $45°$ 时冲切系数 $\alpha=0.7$ 提出来的。

图 50 及图 51 分别给出了采用本规范和美国 ACI 318 计算的一典型九桩承台内柱对承台冲切、角桩对承台冲切所需的承台有效高度比较表，其中桩径为 800mm，柱距为 2400mm，方柱尺寸为 1550mm，承台宽度为 6400mm。按本规范算得的承台有效高度与美国 ACI 318 规范相比较略偏于安全。但是，美国钢筋混凝土学会 CRSI 手册认为由角桩荷载引起的承台角隅 $45°$ 剪切破坏较之角桩冲切破坏更为不利，因此尚需验算距柱边 h_0 承台角隅 $45°$ 处的抗剪强度。

8.5.20 本条为强制性条文。桩基承台的柱边、变阶处等部位剪力较大，应进行斜截面抗剪承载力验算。

8.5.21 桩基承台的抗剪计算，在小剪跨比的条件下具有深梁的特征。关于深梁的抗剪问题，近年来我国已发表了一系列有关的抗剪强度试验报告以及抗剪承

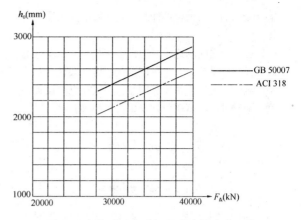

图 50　内柱对承台冲切承台有效高度比较

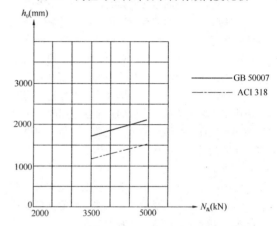

图 51　角桩对承台冲切承台有效高度比较

载力计算文章，尽管文章中给出的抗剪承载力的表达式不尽相同，但结果具有很好的一致性。本规范提出的剪切系数是通过分析和比较后确定的，它已能涵盖深梁、浅梁不同条件的受剪承载力。图 52 给出了一典型的九桩承台的柱边剪切所需的承台有效高度比较表，按本规范求得的柱边剪切所需的承台有效高度与美国 ACI 318 规范求得的结果是相当接近的。

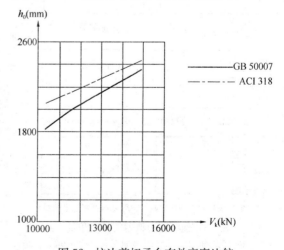

图 52　柱边剪切承台有效高度比较

8.5.22 本条为强制性条文。桩基承台与柱、桩交界

处承受较大的竖向力，设计时应进行局部受压承载力计算。

8.5.23 承台之间的连接，通常应在两个互相垂直的方向上设置连系梁。对于单层工业厂房排架柱基础横向跨度较大、设置连系梁有困难，可仅在纵向设置连系梁，在端部应按基础设计要求设置地梁。

9 基 坑 工 程

9.1 一 般 规 定

9.1.1 基坑支护结构是在建筑物地下工程建造时为确保土方开挖，控制周边环境影响在允许范围内的一种施工措施。设计中通常有两种情况，一种情况是在大多数基坑工程中，基坑支护结构是在地下工程施工过程中作为一种临时性结构设置的，地下工程施工完成后，即失去作用，其工程有效使用期一般不超过2年；另一种情况是基坑支护结构在地下工程施工期间起支护作用，在建筑物建成后的正常使用期间，作为建筑物的永久性构件继续使用，此类支护结构的设计计算，还应满足永久结构的设计使用要求。

基坑支护结构的类型很多，本章所介绍的桩、墙式支护结构的设计计算较为成熟，施工经验丰富，适应性强，是较为安全可靠的支护形式。其他支护形式例如水泥土墙，土钉墙等以及其他复合使用的支护结构，在工程实践中应用，应根据地区经验设计施工。

9.1.2 基坑支护结构的功能是为地下结构的施工创造条件、保证施工安全，并保证基坑周围环境得到应有的保护。图53列出了几种基坑周边典型的环境条

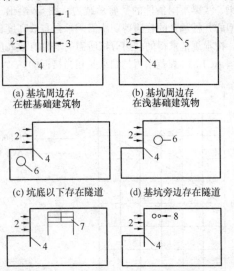

(a) 基坑周边存在桩基础建筑物　　(b) 基坑周边存在浅基础建筑物

(c) 坑底以下存在隧道　　(d) 基坑旁边存在隧道

(e) 基坑周边存在地铁车站　　(f) 基坑紧邻地下管线

图53　基坑周边典型的环境条件

1—建筑物；2—基坑；3—桩基；4—围护墙；
5—浅基础建筑物；6—隧道；7—地铁车站；
8—地下管线

件。基坑工程设计与施工时，应根据场地的地质条件及具体的环境条件，通过有效的工程措施，满足对周边环境的保护要求。

9.1.3 本条为强制性条文。本条规定了基坑支护结构设计的基本原则，为确保基坑支护结构设计的安全，在进行基坑支护结构设计时必须严格执行。

基坑支护结构设计应从稳定、强度和变形三个方面满足设计要求：

1 稳定：指基坑周围土体的稳定性，即不发生土体的滑动破坏，因渗流造成流砂、流土、管涌以及支护结构、支撑体系的失稳。

2 强度：支护结构，包括支撑体系或锚杆结构的强度应满足构件强度和稳定设计的要求。

3 变形：因基坑开挖造成的地层移动及地下水位变化引起的地面变形，不得超过基坑周围建筑物、地下设施的变形允许值，不得影响基坑工程基桩的安全或地下结构的施工。

基坑工程施工过程中的监测应包括对支护结构和对周边环境的监测，并提出各项监测要求的报警值。随基坑开挖，通过对支护结构桩、墙及其支撑系统的内力、变形的测试，掌握其工作性能和状态。通过对影响区域内的建筑物、地下管线的变形监测，了解基坑降水和开挖过程中对其影响的程度，作出在施工过程中基坑安全性的评价。

9.1.4 基坑支护结构设计时，应规定支护结构的设计使用年限。基坑工程的施工条件一般均比较复杂，且易受环境及气象因素影响，施工周期宜短不宜长。支护结构设计的有效期一般不宜超过2年。

基坑工程设计时，应根据支护结构破坏可能产生后果的严重性，确定支护结构的安全等级。基坑工程的事故和破坏，通常受设计、施工、现场管理及地下水控制条件等多种因素影响。其中对于不按设计要求施工及管理水平不高等因素，应有相应的有效措施加以控制，对支护结构设计的安全等级，可按表23的规定确定。

表23　基坑支护结构的安全等级

安全等级	破坏后果	适用范围
一级	很严重	有特殊安全要求的支护结构
二级	严重	重要的支护结构
三级	不严重	一般的支护结构

基坑支护结构施工或使用期间可能遇到设计时无法预测的不利荷载条件，所以基坑支护结构设计采用的结构重要性系数的取值不宜小于1.0。

9.1.5 不同设计等级基坑工程设计原则的区别主要体现在变形控制及地下水控制设计要求。对设计等级为甲级的基坑变形计算除基坑支护结构的变形外，尚应进行基坑周边地面沉降以及周边被保护对象的

变形计算。对场地水文地质条件复杂、设计等级为甲级的基坑应作地下水控制的专项设计，主要目的是要在充分掌握场地地下水规律的基础上，减少因地下水处理不当对周边建（构）筑物以及地下管线的损坏。

9.1.6 基坑工程设计时，对土的强度指标的选用，主要应根据现场土体的排水条件及固结条件确定。

三轴试验受力明确，又可控制排水条件，因此，在基坑工程中确定土的强度指标时规定应采用三轴剪切试验方法。

软黏土灵敏度高，受扰动后强度下降明显。这种黏土矿物颗粒在一定条件下从凝聚状态迅速过渡到胶溶状态的现象，称为"触变现象"。深厚软黏土中的基坑，在扰动源作用下，随着基坑变形的发展，灵敏黏土强度降低的现象是不可忽视的。

9.1.7 基坑设计时对变形的控制主要考虑因土方开挖和降水引起的对基坑周边环境的影响。基坑施工不可避免地会对周边建（构）筑物等产生附加沉降和水平位移，设计时应控制建（构）筑物等地基的总变形值（原有变形加附加变形）不得超过地基的允许变形值。

土方开挖使坑内土体产生隆起变形和侧移，严重时将使坑内工程桩偏位、开裂甚至断裂。设计时应明确对土方开挖过程的要求，保证对工程桩的正常使用。

9.1.9 本条为强制性条文。基坑开挖是大面积的卸载过程，将引起基坑周边土体应力场变化及地面沉降。降雨或施工用水渗入土体会降低土体的强度和增加侧压力，饱和黏性土随着基坑暴露时间延长和经扰动，坑底土强度逐渐降低，从而降低支护体系的安全度。基底暴露后应及时铺筑混凝土垫层，这对保护坑底土不受施工扰动、延缓应力松弛具有重要的作用，特别是雨期施工中作用更为明显。

基坑周边荷载，会增加墙后土体的侧向压力，增大滑动力矩，降低支护体系的安全度。施工过程中，不得随意在基坑周围堆土，形成超过设计要求的地面超载。

9.2 基坑工程勘察与环境调查

9.2.1 拟建建筑物的详细勘察，大多数是沿建筑物外轮廓布置勘探工作，往往使基坑工程的设计和施工依据的地质资料不足。本条要求勘察及勘察范围应超出建筑物轮廓线，一般取基坑周围相当基坑深度的2倍，当有特殊情况时，尚需扩大范围。勘探点的深度一般不应小于基坑深度的2倍。

9.2.2 基坑工程设计时，对土的强度指标有较高要求，在勘察手段上，要求钻探取样与原位测试并重，综合确定提供设计计算用的强度指标。

9.2.3 基坑工程的水文地质勘察，应查明场地地下水类型、潜水、承压水的埋置分布特点，明确含水层及相对隔水层的成因及动态变化特征。通过室内及现场水文地质实验，提供各土层的水平向与垂直向的渗透系数。对于需进行地下水控制专项设计的基坑工程，应对场地含水层及地下水分布情况进行现场抽水试验，计算含水层水文地质参数。

抽水试验的目的：

1 评价含水层的富水性，确定含水层组单井涌水量，了解含水层组水位状况，测定承压水头；

2 获取含水层组的水文地质参数；

3 确定抽水试验影响范围。

抽水试验的成果资料应包括：在成井过程中，井管长度、成井井管、滤水管排列情况、洗井情况等的详细记录；绘制各抽水井及观测井的 s-t 曲线、s-$\lg t$ 曲线，恢复水位 s-$\lg t$ 曲线以及各组抽水试验的 Q-s 关系曲线和 q-s 关系曲线。确定土层的渗透系数、影响半径、单位涌水量等参数。

9.2.4 越冬基坑受土的冻胀影响评价需要土的相关参数，特殊性土也需其相关设计参数。

9.2.6 国外关于基坑围护墙后地表的沉降形状（Peck，1969；Clough，1990；Hsieh 和 Ou，1998等）及上海地区的工程实测资料表明，墙后地表沉降的主要影响区域为2倍基坑开挖深度，而在2倍~4倍开挖深度范围内为次影响区域，即地表沉降由较小值衰减到可以忽略不计。因此本条规定，一般情况下环境调查的范围为2倍开挖深度。但当有重要的建（构）筑物如历代优秀建筑、有精密仪器与设备的厂房、其他采用天然地基或短桩基础的重要建筑物、轨道交通设施、隧道、防汛墙、共同沟、原水管、自来水总管、燃气总管等重要建(构)筑物或设施位于2倍~4倍开挖深度范围内时，为了能全面掌握基坑可能对周围环境产生的影响，也应对这些环境情况作调查。环境调查一般包括如下内容：

1 对于建筑物应查明其用途、平面位置、层数、结构形式、材料强度、基础形式与埋深、历史沿革及现状、荷载、沉降、倾斜、裂缝情况、有关竣工资料（如平面图、立面图和剖面图等）及保护要求等；对历代优秀建筑，一般建造年代较远，保护要求较高，原设计图纸等资料也可能不齐全，有时需要通过专门的房屋结构质量检测与鉴定，对结构的安全性作出综合评价，以进一步确定其抵抗变形的能力。

2 对于隧道、防汛墙、共同沟等构筑物应查明其平面位置、埋深、材料类型、断面尺寸、受力情况及保护要求等。

3 对于管线应查明其平面位置、直径、材料类型、埋深、接头形式、压力、输送的物质（油、气、水等）、建造年代及保护要求等，当无相关资料时可进行必要的地下管线探测工作。

4 环境调查的目的是明确环境的保护要求，从而得到其变形的控制标准，并为基坑工程的环境影响分析提供依据。

9.3 土压力与水压力

9.3.2 自然状态下的土体内水平向有效应力，可认为与静止土压力相等。土体侧向变形会改变其水平应力状态。最终的水平应力，随着变形的大小和方向可呈现出两种极限状态（主动极限平衡状态和被动极限平衡状态），支护结构处于主动极限平衡状态时，受主动土压力作用，是侧向土压力的最小值。

按作用的标准组合计算土压力时，土的重度取平均值，土的强度指标取标准值。

库仑土压理论和朗肯土压理论是工程中常用的两种经典土压理论，无论用库仑或朗肯理论计算土压力，由于其理论的假设与实际工作情况有一定的出入，只能看作是近似的方法，与实测数据有一定差异。一些试验结果证明，库仑土压力理论在计算主动土压力时，与实际较为接近。在计算被动土压力时，其计算结果与实际相比，往往偏大。

静止土压力系数（k_0）宜通过试验测定。当无试验条件时，对正常固结土也可按表24估算。

表24　静止土压力系数 k_0

土类	坚硬土	硬—可塑 黏性土、粉质黏性土、砂土	可—软塑 黏性土	软塑 黏性土	流塑 黏性土
k_0	0.2~0.4	0.4~0.5	0.5~0.6	0.6~0.75	0.75~0.8

对于位移要求严格的支护结构，在设计中宜按静止土压力作为侧向土压力。

9.3.3 高地下水位地区土压力计算时，常涉及水土分算与水土合算两种算法。水土分算采用浮重度计算土的竖向有效应力，如果采用有效应力强度理论，水土分算当然是合理的。但当支护结构内外土体中存在渗流现象和超静孔隙水压力时，特别是在黏性土层中，孔隙压力场的计算是比较复杂的。这时采用半经验的总应力强度理论可能更简便。本规范对饱和黏性土的土压力计算，推荐总应力强度理论水土合算法。

在基坑工程场地范围内，当会出现存在多个含水土层及相对隔水层的情况，各含水层的水头也常存在差异，从区域水文地质条件分析，也存在层间越流补给的条件。计算作用在支护结构上的侧向水压力时，可将含水层的水头近似按潜水位水头进行计算。

9.3.5 作用在支护结构上的土压力及其分布规律取决于支护体的刚度及侧向位移条件。

刚性支护结构的土压力分布可由经典的库仑和朗肯土压理论计算得到，实测结果表明，只要支护结构的顶部的位移不小于其底部的位移，土压力沿垂直方向分布可按三角形计算。但是，如果支护结构底部位移大于顶部位移，土压力将沿高度呈曲线分布，此时，土压力的合力较上述典型条件要大 10%~15%，在设计中应予注意。

相对柔性的支护结构的位移及土压力分布情况比较复杂，设计时应根据具体情况分析，选择适当的土压力值，有条件时土压力值应采用现场实测、反演分析等方法总结地区经验，使设计更加符合实际情况。

9.4 设 计 计 算

9.4.1 结构按承载能力极限状态设计中，应考虑各种作用组合，由于基坑支护结构是房屋地下结构施工过程中的一种围护结构，结构使用期短。本条规定，基坑支护结构的基本组合的效应设计值可采用简化计算原则，按下式确定：

$$S_d = \gamma_F S \left(\sum_{i \geqslant 1} G_{ik} + \sum_{j \geqslant 1} Q_{jk} \right)$$

式中：γ_F ——作用的综合分项系数；

　　　G_{ik} ——第 i 个永久作用的标准值；

　　　Q_{jk} ——第 j 个可变作用的标准值。

作用的综合分项系数 γ_F 可取 1.25，但对于轴向受力为主的构件，γ_F 应取 1.35。

9.4.2 支护结构的入土深度应满足基坑支护结构稳定性及变形验算的要求，并结合地区工程经验综合确定。按当上述要求确定了入土深度，但支护结构的底部位于软土或液化土层中时，支护结构的入土深度应适当加大，支护结构的底部应进入下卧较好的土层。

9.4.4 基坑工程在城市区域的环境保护问题日益突出。基坑设计的稳定性仅是必要条件，大多数情况下的主要控制条件是变形，从而使得基坑工程的设计从强度控制转向变形控制。

1 基坑工程设计时，应根据基坑周边环境的保护要求来确定基坑的变形控制指标。严格地讲，基坑工程的变形控制指标（如围护结构的侧移及地表沉降）应根据基坑周边环境对附加变形的承受能力及基坑开挖对周围环境的影响程度来确定。由于问题的复杂性，在很多情况下，确定基坑周围环境对附加变形的承受能力是一件非常困难的事情，而要较准确地预测基坑开挖对周边环境的影响程度也往往存在较大的难度，因此也就难以针对某个具体工程提出非常合理的变形控制指标。此时根据大量已成功实施的工程实践统计资料来确定基坑的变形控制指标不失为一种有效的方法。上海市《基坑工程技术规范》DG/TJ 08-61 就是采用这种方法并根据基坑周围环境的重要性程度及其与基坑的距离，提出了基坑变形设计控制指标（如表25所示），可作为变形控制设计时的参考。

表 25　基坑变形设计控制指标

环境保护对象	保护对象与基坑距离关系	支护结构最大侧移	坑外地表最大沉降
优秀历史建筑、有精密仪器与设备的厂房、其他采用天然地基或短桩基础的重要建筑物、轨道交通设施、隧道、防汛墙、原水管、自来水总管、煤气总管、共同沟等重要建（构）筑物或设施	$s \leqslant H$	0.18%H	0.15%H
	$H < s \leqslant 2H$	0.3%H	0.25%H
	$2H < s \leqslant 4H$	0.7%H	0.55%H
较重要的自来水管、燃气管、污水管等市政管线、采用天然地基或短桩基础的建筑物等	$s \leqslant H$	0.3%H	0.25%H
	$H < s \leqslant 2H$	0.7%H	0.55%H

注：1　H 为基坑开挖深度，s 为保护对象与基坑开挖边线的净距；
　　2　位于轨道交通设施、优秀历史建筑、重要管线等环境保护对象周边的基坑工程，应遵照政府有关文件和规定执行。

不同地区不同的土质条件，支护结构的位移对周围环境的影响程度不同，各地区应积累工程经验，确定变形控制指标。

2　目前预估基坑开挖对周边环境的附加变形主要有两种方法。一种是建立在大量基坑统计资料基础上的经验方法，该方法预测的是地表沉降，并不考虑周围建（构）筑物存在的影响，可以用来间接评估基坑开挖引起周围环境的附加变形。上海市《基坑工程技术规范》DG/TJ 08－61 提出了如图 54 所示的地表沉降曲线分布，其中最大地表沉降 δ_{vm} 可根据其与围护结构最大侧移 δ_{hm} 的经验关系来确定，一般可取 $\delta_{vm} = 0.8\delta_{hm}$。

另一种方法是有限元法，但在应用时应有可靠的

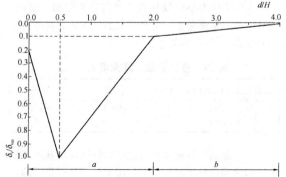

图 54　围护墙后地表沉降预估曲线

δ_v/δ_{vm}—坑外某点的沉降/最大沉降；d/H—坑外地表某点围护墙外侧的距离/基坑开挖深度；a—主影响区域；b—次影响区域

工程实测数据为依据，且该方法分析得到的结果宜与经验方法进行相互校核，以确认分析结果的合理性。采用有限元法分析时应合理地考虑分析方法、边界条件、土体本构模型的选择及计算参数、接触面的设置、初始地应力场的模拟、基坑施工的全过程模拟等因素。

关于建筑物的允许变形值，表 26 是根据国内外有关研究成果给出的建筑物在自重作用下的差异沉降与建筑物损坏程度的关系，可作为确定建筑物对基坑开挖引起的附加变形的承受能力的参考。

表 26　各类建筑物在自重作用下的差异沉降与建筑物损坏程度的关系

建筑结构类型	δ/L（L 为建筑物长度，δ 为差异沉降）	建筑物的损坏程度
1　一般砖墙承重结构，包括有内框架的结构，建筑物长高比小于10；有圈梁；天然地基（条形基础）	达 1/150	分隔墙及承重砖墙发生相当多的裂缝，可能发生结构破坏
	达 1/150	发生严重变形
2　一般钢筋混凝土框架结构	达 1/300	分隔墙或外墙产生裂缝等非结构性破坏
	达 1/500	开始出现裂缝
3　高层刚性建筑（箱形基础、桩基）	达 1/250	可观察到建筑物倾斜
4　有桥式行车的单层排架结构的厂房；天然地基或桩基	达 1/300	桥式行车运转困难，不调整轨面难运行，分割墙有裂缝
5　有斜撑的框架结构	达 1/600	处于安全极限状态
6　一般对沉降差反应敏感的机器基础	达 1/850	机器使用可能会发生困难，处于可运行的极限状态

3　基坑工程是支护结构施工、降水以及基坑开挖的系统工程，其对环境的影响主要分如下三类：支护结构施工过程中产生的挤土效应或土体损失引起的相邻地面隆起或沉降；长时间、大幅度降低地下水可能引起地面沉降，从而引起邻近建（构）筑物及地下管线的变形及开裂；基坑开挖时产生的不平衡力、软黏土发生蠕变和坑外水土流失而导致周围土体及围护墙向开挖区发生侧向移动、地面沉降及坑底隆起，从而引起紧邻建（构）筑物及地下管线的侧移、沉降或倾斜。因此除从设计方面采取有关环境保护措施外，还应从支护结构施工、地下水控制及开挖三个方面分

别采取相关措施保护周围环境。必要时可对被保护的建（构）筑物及管线采取土体加固、结构托换、架空管线等防范措施。

9.4.5 支护结构计算的侧向弹性抗力法来源于单桩水平力计算的侧向弹性地基梁法。用理论方法计算桩的变位和内力时，通常采用文克尔假定的竖向弹性地基梁的计算方法。地基水平抗力系数的分布图式常用的有：常数法、"k"法、"m"法、"c"法等。不同分布图式的计算结果，往往相差很大。国内常采用"m"法，假定地基水平抗力系数（K_x）随深度正比例增加，即 $K_x = mz$，z 为计算点的深度，m 称为地基水平抗力系数的比例系数。按弹性地基梁法求解桩的弹性曲线微分方程式，即可求得桩身各点的内力及变位值。基坑支护桩计算的侧向弹性抗力法，即相当于桩受水平力作用计算的"m"法。

1 地基水平抗力系数的比例系数 m 值

m 值不是一个定值，与现场地质条件，桩身材料与刚度，荷载水平与作用方式以及桩顶水平位移取值大小等因素有关。通过理论分析可得，作用在桩顶的水平力与桩顶位移 X 的关系如下式所示：

$$X = \frac{H}{\alpha^3 EI} A \tag{5}$$

式中：H——作用在桩顶的水平力（kN）；

A——弹性长桩按"m"法计算的无量纲系数；

EI——桩身的抗弯刚度；

α——桩的水平变形系数，$\alpha = \sqrt[5]{\dfrac{mb_0}{EI}}$（1/m），

其中 b_0 为桩身计算宽度（m）。

无试验资料时，m 值可从表 27 中选用。

表 27 非岩石类土的比例系数 m 值表

地基土类别	预制桩、钢桩		灌注桩	
	m（MN/m⁴）	相应单桩地面处水平位移（mm）	m（MN/m⁴）	相应单桩地面处水平位移（mm）
淤泥、淤泥质土和湿陷性黄土	2～4.5	10	2.5～6.0	6～12
液塑（$I_L > 1$）、软塑（$0 < I_L \leqslant 1$）状黏性土、$e > 0.9$ 粉性土、松散粉细砂、松散细土	4.5～6.0	10	6～14	4～8
可塑（$0.25 < I_L \leqslant 0.75$）状黏性土、$e = 0.9$ 粉土、湿陷性黄土、稍密和中密的填土、稍密细砂	6.0～10.0	10	14～35	3～6
硬塑（$0 < I_L \leqslant 0.25$）和坚硬（$I_L \leqslant 0$）的黏性土、湿陷性黄土，$e < 0.9$ 粉土、中密的中粗砂、密实老黄土	10.0～22.0	10	35～100	2～5
中密和密实的砾砂、碎石类土			100～300	1.5～3

2 基坑支护桩的侧向弹性地基抗力法，借助于单桩水平力计算的"m"法，基坑支护桩内力分析的计算简图如图 55 所示。

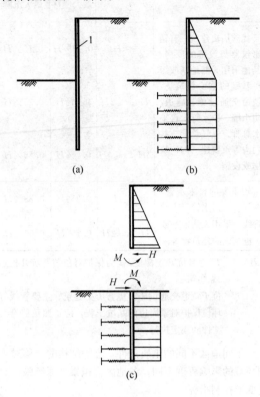

图 55 侧向弹性地基抗力法
1—支护桩

图 55 中，(a) 为基坑支护桩，(b) 为基坑支护桩上作用的土压力分布图，在开挖深度范围内通常取主动土压力分布图式，支护桩入土部分，为侧向受力的弹性地基梁（如 c 所示），地基反力系数取"m"法图形，内力分析时，常按杆系有限元——结构矩阵分析解法即可求得支护桩身的内力、变形解。

当采用密排桩支护时，土压力可作为平面问题计算。当桩间距比较大时，形成分离式排桩墙。桩身变形产生的土抗力不仅仅局限于桩自身宽度的范围内。从土抗力的角度考虑，桩身截面的计算宽度和桩径之间有如表 28 所示的关系。

表 28 桩身截面计算宽度 b_0（m）

截面宽度 b 或直径 d（m）	圆桩	方桩
＞1	$0.9(d+1)$	$b+1$
≤1	$0.9(1.5d+0.5)$	$1.5b+0.5$

由于侧向弹性地基抗力法能较好地反映基坑开挖和回填过程各种工况和复杂情况对支护结构受力的影响，是目前工程界最常用的基坑设计计算方法。

9.4.6 基坑因土体的强度不足，地下水渗流作用而造成基坑失稳，包括：支护结构倾覆失稳；基坑内外侧土体整体滑动失稳；基坑底土因承载力不足而隆

起；地层因地下水渗流作用引起流土、管涌以及承压水突涌等导致基坑工程破坏。本条将基坑稳定性归纳为：支护桩、墙的倾覆稳定；基坑底隆起稳定；基坑边坡整体稳定；坑底土渗流、突涌稳定四个方面，基坑设计时必须满足上述四方面的验算要求。

1 基坑稳定性验算，采用单一安全系数法，应满足下式要求：

$$\frac{R}{S_d} \geqslant K \tag{6}$$

式中：K——各类稳定安全系数；

R——土体抗力极限值；

S_d——承载能力极限状态下基本组合的效应设计值，但其分项系数均为 1.0，当有地区可靠工程经验时，分项系数也可按地区经验确定。

2 基坑稳定性验算时，所选用的强度指标的类别，稳定验算方法与安全系数取值之间必须配套。当按附录 V 进行各项稳定验算时，土的抗剪强度指标的选用，应符合本规范第 9.1.6 条的规定。

3 土坡及基坑内外土体的整体稳定性计算，可按平面问题考虑，宜采用圆弧滑动面计算。有软土夹层和倾斜岩面等情况时，尚需采用非圆弧滑动面计算。

对不同情况的土坡及基坑整体稳定性验算，最危险滑动面上诸力对滑动中心所产生的滑动力矩与抗滑力矩应符合下式要求：

$$M_S \leqslant \frac{1}{K_R} M_R \tag{7}$$

式中：M_S、M_R——分别为对于危险滑弧面上滑动力矩和抗滑力矩（kN·m）；

K_R——整体稳定抗滑安全系数。

M_S 计算中，当有地下水存在时，坑外土条零压线（浸润线）以上的土条重度取天然重度，以下的土条取饱和重度。坑内土条取浮重度。

验算整体稳定时，对于开挖区，有条件时可采用卸荷条件下的抗剪强度指标进行验算。

4 基坑底隆起稳定性验算，实质上是软土地基承载力不足造成，故用 $\varphi = 0$ 的承载力公式进行验算。

当桩底土为一般黏性土时，上海市《基坑工程技术规范》DG/TJ 08-61 提出了适用于一般黏性土的抗隆起计算公式。

板式支护体系按承载能力极限状态验算绕最下道内支撑点的抗隆起稳定性时（图 56），应满足式（8）的要求：

$$M_{SLK} \leqslant \frac{M_{RLK}}{K_{RL}} \tag{8}$$

$$M_{RLK} = K_a \tan \varphi_k \left\{ \frac{D'}{2} \gamma h_0'^2 + q_k D' h_0' + \frac{\pi}{4} (q_k + \gamma h_0') D'^2 \right.$$

$$+ \gamma D'^3 \left[\frac{1}{3} + \frac{1}{3} \cos^3 \alpha - \frac{1}{2} \left(\frac{\pi}{2} - \alpha \right) \sin \alpha \right.$$

$$\left. + \frac{1}{2} \sin^2 \alpha \cos \alpha \right] \right\} + \tan \varphi_k \left\{ \frac{\pi}{4} (q_k + \gamma h_0') D'^2 + \gamma D'^3 \right.$$

$$\left[\frac{2}{3} + \frac{2}{3} \cos \alpha - \frac{\sin \alpha}{2} \left(\frac{\pi}{2} - \alpha \right) - \frac{1}{6} \sin^2 \alpha \cos \alpha \right] \right\}$$

$$+ c_k \left[D' h_0' + D'^2 (\pi - \alpha) \right]$$

$$M_{SLK} = \frac{1}{3} \gamma D'^3 \sin \alpha + \frac{1}{6} \gamma D'^2 (D' - D) \cos^2 \alpha$$

$$+ \frac{1}{2} (q_k + \gamma h_0') D'^2 \tag{9}$$

$$k_a = \tan^2 \left(\frac{\pi}{4} - \frac{\varphi_k}{2} \right) \tag{10}$$

式中：M_{RLK}——抗隆起力矩值（kN·m/m）；

M_{SLK}——隆起力矩值（kN·m/m）；

α——如图 56 所示（弧度）；

γ——围护墙底以上地基土各土层天然重度的加权平均值（kN/m³）；

D——围护墙在基坑开挖面以下的入土深度（m）；

D'——最下一道支撑距墙底的深度（m）；

K_a——主动土压力系数；

c_k、φ_k——滑裂面上地基土的黏聚力标准值（kPa）和内摩擦角标准值（°）的加权平均值；

h_0'——最下一道支撑距地面的深度（m）；

q_k——坑外地面荷载标准值（kPa）；

K_{RL}——抗隆起安全系数。设计等级为甲级的基坑工程取 2.5；乙级的基坑工程取 2.0；丙级的基坑工程取 1.7。

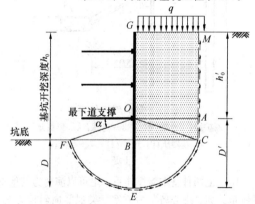

图 56 坑底抗隆起计算简图

5 桩、墙式支护结构的倾覆稳定性验算，对悬臂式支护结构，在附录 V 中采用作用在墙内外的土压力引起的力矩平衡的方法验算，抗倾覆稳定性安全系数应大于或等于 1.30。

对于带支撑的桩、墙式支护体系，支护结构的抗倾覆稳定性又称抗踢脚稳定性，踢脚破坏为作用与围护结构两侧的土压力均达到极限状态，因而使得围护结构（特别是围护结构插入坑底以下的部分）大量地向开挖区移动，导致基坑支护失效。本条取最下道支撑或锚拉点以下的围护结构作为脱离体，将作用于围护结构上的外力进行力矩平衡分析，从而求得抗倾覆分项系数。需指出的是，抗倾覆力矩项中本应包括支护结构的桩身抗力力矩，但由于其值相对而言要小得多，因此在本条的计算公式中不考虑。

9.5 支护结构内支撑

9.5.1 常用的内支撑体系有平面支撑体系和竖向斜撑体系两种。

平面支撑体系可以直接平衡支撑两端支护墙上所受到的侧压力，且构造简单，受力明确，适用范围较广。但当构件长度较大时，应考虑平面受弯及弹性压缩对基坑位移的影响。此外，当基坑两侧的水平作用力相差悬殊时，支护墙的位移会通过水平支撑而相互影响，此时应调整支护结构的计算模型。

竖向斜撑体系（图57）的作用是将支护墙上侧压力通过斜撑传到基坑开挖面以下的地基上。它的施工流程是：支护墙完成后，先对基坑中部的土层采取放坡开挖，然后安装斜撑，再挖除四周留下的土坡。对于平面尺寸较大，形状不很规则，但深度较浅的基坑采用竖向斜撑体系施工比较简单，也可节省支撑材料。

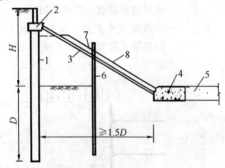

图 57 竖向斜撑体系
1—围护墙；2—墙顶梁；3—斜撑；4—斜撑基础；
5—基础压杆；6—立柱；7—系杆；
8—土堤

由以上两种基本支撑体系，也可以演变为其他支撑体系。如"中心岛"为方案，类似竖向斜撑方案，先在基坑中部放坡挖土，施工中部主体结构，然后利用完成的主体结构安装水平支撑或斜撑，再挖除四周留下的土坡。

当必须利用支撑构件兼作施工平台或栈桥时，除应满足内支撑体系计算的有关规定外，尚应满足作业平台（或栈桥）结构的承载力和变形要求，因此需另行设计。

9.5.2 基坑支护结构的内力和变形分析大多采用平面杆系模型进行计算。通常把支撑系统结构视为平面框架，承受支护桩传来的侧向力。为避免计算模型产生"漂移"现象，应在适当部位加设水平约束或采用

"弹簧"等予以约束。

当基坑周边的土层分布或土性差异大，或坑内挖深差异大，不同的支护桩其受力条件相差较大时，应考虑支撑系统节点与支撑桩支点之间的变形协调。这时应采用支撑桩与支撑系统结合在一起的空间结构计算简图进行内力分析。

支撑系统中的竖向支撑立柱，应按偏心受压构件计算。计算时除应考虑竖向荷载作用外，尚应考虑支撑横向水平力对立柱产生的弯矩，以及土方开挖时，作用在立柱上的侧向土压力引起的弯矩。

9.5.3 本条为强制性条文。当采用内支撑结构时，支撑结构的设置与拆除是支撑结构设计的重要内容之一，设计时应有针对性地对支撑结构的设置和拆除过程中的各种工况进行设计计算。如果支撑结构的施工与设计工况不一致，将可能导致基坑支护结构发生承载力、变形、稳定性破坏。因此支撑结构的施工，包括设置、拆除、土方开挖等，应严格按照设计工况进行。

9.6 土层锚杆

9.6.1 土层锚杆简称土锚，其一端与支护桩、墙连接，另一端锚固在稳定土层中，作用在支护结构上的水土压力，通过自由端传递到锚固段，对支护结构形成锚拉支承作用。因此，锚固段不宜设置在软弱或松散的土层中，锚拉式支承的基坑支护，基坑内部开敞，为挖土、结构施工创造了空间，有利于提高施工效率和工程质量。

9.6.3 锚杆有多种破坏形式，当依靠锚杆保持结构系统稳定的构件时，设计必须仔细校核各种可能的破坏形式。因此除了要求每根土锚必须能够有足够的承载力之外，还必须考虑包括土锚和地基在内的整体稳定性。通常认为锚固段所需的长度是由于承载力的需要，而土锚所需的总长度则取决于稳定的要求。

在土锚支护结构稳定分析中，往往设有许多假定，这些假定的合理程度，有一定的局限性，因此各种计算往往只能作为工程安全性判断的参考。不同的使用者根据不尽相同的计算方法，采用现场试验和现场监测来评价工程的安全度对重要工程来说是十分必要的。

稳定计算方法依建筑物形状而异。对围护系统这类承受土压力的构筑物，必须进行外部稳定和内部稳定两方面的验算。

1 外部稳定计算

所谓外部稳定是指锚杆、围护系统和土体全部合在一起的整体稳定，见图58a。整个土锚均在土体的深滑裂面范围之内，造成整体失稳。一般采用圆弧法具体试算边坡的整体稳定。土锚长度必须超过滑动面，要求稳定安全系数不小于1.30。

2 内部稳定计算

所谓内部稳定计算是指土锚与支护墙基础假想支点之间深滑动面的稳定验算，见图58b。内部稳定最常用的计算是采用 Kranz 稳定分析方法，德国 DIN4125、日本 JSFD1-77 等规范都采用此法，也有的国家如瑞典规范推荐用 Brows 对 Kranz 的修正方法。我国有些锚定式支挡工程设计中采用 Kranz 方法。

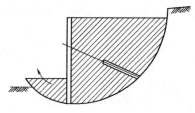

(a) 土体深层滑动(外部稳定)

(b) 内部稳定

图 58 锚杆的整体稳定

9.6.4 锚杆设计包括构件和锚固体截面、锚固段长度、自由段长度、锚固结构稳定性等计算或验算内容。

锚杆支护体系的构造如图59所示。

锚杆支护体系由挡土构筑物、腰梁及托架、锚杆三个部分所组成，以保证施工期间的基坑边坡稳定与安全，见图59。

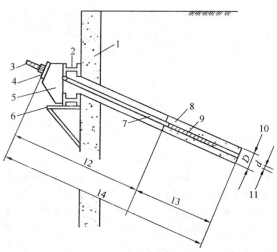

图 59 锚杆构造

1—构筑物；2—腰梁；3—螺母；4—垫板；5—台座；6—托架；7—套管；8—锚固体；9—钢拉杆；10—锚固体直径；11—拉杆直径；12—非锚固段长 L_0；13—有效锚固段长 L_a；14—锚杆全长 L

9.6.5 锚杆预应力筋张拉施工工艺控制系数，应根据锚杆张拉工艺特点确定。当锚杆钢筋或钢绞线为单根时，张拉施工工艺控制系数可取 1.0。当锚杆钢筋或钢绞线为多根时，考虑到张拉施工时锚杆钢筋或钢绞线受力的不均匀性，张拉施工工艺控制系数可取 0.9。

9.6.6 土层锚杆的锚固段长度及锚杆轴向拉力特征值应根据土层锚杆锚杆试验（附录 Y）的规定确定。

9.7 基坑工程逆作法

9.7.4 支护结构与主体结构相结合，是指在施工期间利用地下结构外墙或地下结构的梁、板、柱兼作基坑支护体系，不设置或仅设置部分临时围护支护体系的支护方法。与常规的临时支护方法相比，基坑工程采用支护结构与主体结构相结合的设计施工方法具有诸多优点，如由于可同时向地上和地下施工因而可以缩短工程的施工工期；水平梁板支撑刚度大，挡土安全性高，围护结构和土体的变形小，对周围的环境影响小；采用封闭逆作施工，施工现场文明；已完成的地面层可充分利用，地面层先行完成，无需架设栈桥，可作为材料堆置场或施工作业场；避免了采用大量临时支撑的浪费现象，工程经济效益显著。

利用地下结构兼作基坑的支护结构，基坑开挖阶段与永久使用阶段的荷载状况和结构状况有较大的差别，因此应分别进行设计和验算，同时满足各种工况下的承载力极限状态和正常使用阶段极限状态的设计要求。

支护结构作为主体地下结构的一部分时，地下结构梁板与地下连续墙、竖向支承结构之间的节点连接是需要重点考虑的内容。所谓变形协调，主要指地下结构尚未完工之前，处于支护结构承载状态时，其变形与沉降量及差异沉降均应在限值规定内，保证在地下结构完工、转换成主体工程基础承载时，与主体结构设计对变形和沉降要求一致，同时要求承载转换前后，结构的节点连接和防水构造等均应稳定可靠，满足设计要求。

9.7.5 "两墙合一"的安全性和可靠性已经得到工程界的普遍认同，并在全国得到了大量应用，已经形成了一整套比较成熟的设计方法。"两墙合一"地下连续墙具有良好的技术经济效果：（1）刚度大、防水性能好；（2）将基坑临时围护墙与永久地下室外墙合二为一，节省了常规地下室外墙的工程量；（3）不需要施工操作空间，可减少直接土方开挖量，并且无需再施工换撑板带和进行回填土工作，经济效果明显，尤其对于红线退界紧张或地下室与邻近建（构）筑物距离极近的地下工程，"两墙合一"可大大减小围护体所占空间，具有其他围护形式无可替代的优势；（4）基坑开挖到坑底后，在基础内部结构由下而上施工过程中，"两墙合一"的设计无需再施工地下室外墙，因此比常规两墙分离的工程施工工期要节省，同时也避免了长期困扰地下室外墙浇筑施工过程中混凝土的收缩裂缝问题。

9.7.6 主体地下结构的水平构件用作支撑时，其设计应符合下列规定：

1 结构水平构件与支撑相结合的设计中可用梁板结构体系作为水平支撑，该结构体系受力明确，可根据施工需要在梁间开设孔洞，并在梁周边预留止水片，在逆作法结束后再浇筑封闭；也可采用结构楼板后作的梁格体系，在开挖阶段仅浇筑框架梁作为内支撑，梁格空间均可作为出土口，基础底板浇筑后再封闭楼板结构。另外，结构水平构件与支撑相结合设计中也可采用无梁楼盖作为水平支撑，其整体性好、支撑刚度大，且便于结构模板体系的施工。在无梁楼盖上设置施工孔洞时，一般需设置边梁并附加止水构造。无梁楼板一般在梁柱节点位置设置一定长宽的柱帽，逆作阶段竖向支承钢立柱的尺寸一般占柱帽尺寸的比例较小，因此，无梁楼盖体系梁柱节点位置钢筋穿越矛盾相对梁板体系缓和、易于解决。

对用作支撑的结构水平构件，当采用梁板体系且结构开口较多时，可简化为仅考虑梁系的作用，进行在一定边界条件下及在周边水平荷载作用下的封闭框架的内力和变形计算，其计算结果是偏安全的。当梁板体系需考虑板的共同作用，或结构为无梁楼盖时，应采用有限元的方法进行整体计算分析，根据计算分析结果并结合工程概念和经验，合理确定用于结构构件设计的内力。

2 支护结构与主体结构相结合的设计方法中，作为竖向支承的立柱桩其竖向变形应严格控制。立柱桩的竖向变形主要包含两个方面：一方面为基坑开挖卸荷引起的立柱桩上的回弹隆起；另一方面为已施工完成的水平结构和施工荷载等竖向荷重的加载作用下，立柱桩的沉降。立柱桩竖向变形量和立柱桩间的差异变形过大时，将引发对已施工完成结构的不利结构次应力，因此在主体地下水平结构构件设计时，应通过验算采取必要的措施以控制有害裂缝的产生。

3 主体地下水平结构作为基坑施工期的水平支撑，需承受坑外传来的水土侧向压力。因此水平结构应具有直接的、完整的传力体系。如同层楼板面标高出现较大的高差时，应通过计算采取有效的转换结构以利于水平力的传递。另外，应在结构楼板出现较大面积的缺失区域以及地下各层水平结构梁板的结构分缝以及施工后浇带等位置，通过计算设置必要的水平支撑传力体系。

9.7.7 竖向支承结构的设计应符合下列规定：

1 在支护结构与主体结构相结合的工程中，由于逆作阶段结构梁板的自重相当大，立柱较多采用承载力较高而断面小的角钢拼接格构柱或钢管混凝土柱。

2 立柱应根据其垂直度允许偏差计入竖向荷载偏心的影响，偏心距应按计算跨度乘以允许偏差，并按双向偏心考虑。支护结构与主体结构相结合的工程中，利用各层地下结构梁板作为支护结构的水平内支撑体系。水平支撑的刚度可假定为无穷大，因而钢立柱假定为无水平位移。

3 立柱桩在上部荷载及基坑开挖土体应力释放的作用下，发生竖向变形，同时立柱桩承载的不均匀，增加了立柱桩间及立柱桩与地下连续墙之间产生较大沉降的可能，若差异沉降过大，将会使支撑系统产生裂缝，甚至影响结构体系的安全。控制整个结构的不均匀沉降是支护结构与主体结构相结合施工的关键技术之一。目前事先精确计算立柱桩在底板封闭前的沉降或上抬量还有一定困难，完全消除沉降差也是不可能的，但可通过桩底后注浆等措施，增大立柱桩的承载力并减小沉降，从而达到控制立柱沉降差的目的。

9.8 岩体基坑工程

9.8.1~9.8.6 本节给出岩石基坑和岩土组合基坑的设计原则。

9.9 地下水控制

9.9.1 在高地下水位地区，深基坑工程设计施工中的关键问题之一是如何有效地实施对地下水的控制。地下水控制失效也是引发基坑工程事故的重要源头。

9.9.3 基坑降水设计时对单井降深的计算，通常采用解析法用裘布衣公式计算。使用时，应注意其适用条件，裘布衣公式假定：(1) 进入井中的水流主要是径向水流和水平流；(2) 在整个水流深度上流速是均匀一致的（稳定流状态）。要求含水层是均质、各向同性的无限延伸的。单井抽水经一定时间后水量和水位均趋稳定，形成漏斗，在影响半径以外，水位降落为零，才符合公式使用条件。对于潜水，公式使用时，降深不能过大。降深过大时，水流以垂直分量为主，与公式假定不符。常见的基坑降水计算资料，只是一种粗略的计算，解析法不易取得理想效果。

鉴于计算技术的发展，数值法在降水设计中已有大量研究成果，并已在水资源评价中得到了应用。在基坑降水设计中已开始在重大实际工程中应用，并已取得与实测资料相应的印证。所以在设计等级甲级的基坑降水设计，可采用有限元数值方法进行设计。

9.9.6 地下水抽降将引起大范围的地面沉降。基坑围护结构渗漏亦易发生基坑外侧土层坍陷、地面下沉，引发基坑周边的环境问题。因此，为有效控制基坑周边的地面变形，在高地下水位地区的甲级基坑或基坑周边环境保护要求严格时，应进行基坑降水和环境保护的地下水控制专项设计。

地下水控制专项设计应包括降水设计、运营管理以及风险预测及应对等内容：

  1 制定基坑降水设计方案：

    1）进行工程地下水风险分析，浅层潜水降水的影响，疏干降水效果的估计；

    2）承压水突涌风险分析。

  2 基坑抗突涌稳定性验算。

  3 疏干降水设计计算，疏干井数量、深度。

  4 减压设计，当对下部承压水采取减压降水时，确定减压井数量、深度以及减压运营的要求。

  5 减压降水的三维数值分析，渗流数值模型的建立，减压降水结果的预测。

  6 减压降水对环境影响的分析及应采取的工程措施。

  7 支护桩、墙渗漏风险的预测及应对措施。

  8 降水措施与管理措施：

    1）现场排水系统布置；

    2）深井构造、设计、降水井标准；

    3）成井施工工艺的确定；

    4）降水井运行管理。

深基坑降水和环境保护的专项设计，是一项比较复杂的设计工作。与基坑支护结构（或隔水帷幕）周围的地下水渗流特征及场地水文地质条件、支护结构及隔水帷幕的插入深度、降水井的位置等有关。

10 检验与监测

10.1 一般规定

10.1.1 为设计提供依据的试验为基本试验，应在设计前进行。基本试验应加载到极限或破坏，为设计人员提供足够的设计依据。

10.1.2 为验证设计结果或为工程验收提供依据的试验为验收检验。验收检验是利用工程桩、工程锚杆等进行试验，其最大加载量不应小于设计承载力特征值的 2 倍。

10.1.3 抗拔桩的验收检验应控制裂缝宽度，满足耐久性设计要求。

10.2 检 验

10.2.1 本条为强制性条文。基槽（坑）检验工作应包括下列内容：

  1 应做好验槽（坑）准备工作，熟悉勘察报告，了解拟建建筑物的类型和特点，研究基础设计图纸及环境监测资料。当遇有下列情况时，应列为验槽（坑）的重点：

    1）当持力土层的顶板标高有较大的起伏变化时；

    2）基础范围内存在两种以上不同成因类型的地层时；

    3）基础范围内存在局部异常土质或坑穴、古井、老地基或古迹遗址时；

    4）基础范围内遇有断层破碎带、软弱岩脉以及古河道、湖、沟、坑等不良地质条件时；

    5）在雨期或冬期等不良气候条件下施工，基底土质可能受到影响时。

  2 验槽（坑）应首先核对基槽（坑）的施工位置、平面尺寸和槽（坑）底标高的容许误差，可视具体的工程情况和基础类型确定。一般情况下，槽（坑）底标高的偏差应控制在 0mm～50mm 范围内；平面尺寸，由设计中心线向两边量测，长、宽尺寸不应小于设计要求。

  验槽（坑）方法宜采用轻型动力触探或袖珍贯入仪等简便易行的方法，当持力层下埋藏有下卧砂层而承压水头高于基底时，则不宜进行钎探，以免造成涌砂。当施工揭露的岩土条件与勘察报告有较大差别或者验槽（坑）人员认为必要时，可有针对性地进行补充勘察测试工作。

  3 基槽（坑）检验报告是岩土工程的重要技术档案，应做到资料齐全，及时归档。

10.2.2 复合地基提高地基承载力、减少地基变形的能力主要是设置了增强体，与地基土共同作用的结果，所以复合地基应对增强体施工质量进行检验。复合地基载荷试验由于试验的压板面积有限，考虑到大面积荷载的长期作用结果与小面短时荷载作用的试验结果有一定的差异，故需要对载荷板尺寸限制。条形基础和独立基础复合地基载荷试验的压板宽度的确定宜考虑面积置换率和褥垫层厚度，基础宽度不大时应取基础宽度，基础宽度较大，试验条件达不到时应取较薄厚度褥垫层。

对遇水软化、崩解的风化岩、膨胀性土等特殊土层，不可仅根据试验数据评价承载力等，尚应考虑由于试验条件与实际施工条件的差异带来的潜在风险，试验结果宜考虑一定的折减。

10.2.3 在压实填土的施工过程中，取样检验分层土的厚度视施工机械而定，一般情况下宜按 200mm～500mm 分层进行检验。

10.2.4 利用贯入仪检验垫层质量，通过现场对比试验确定其击数与干密度的对应关系。

垫层质量的检验可采用环刀法；在粗粒土垫层中，可采用灌水法、灌砂法进行检验。

10.2.5 预压处理的软弱地基，应在预压区内预留孔位，在预压前后堆载不同阶段进行原位十字板剪切试验和取土室内土工试验，检验地基处理效果。

10.2.6 强夯地基或强夯置换地基载荷试验的压板面积应考虑压板的尺寸效应，应采用大压板载荷试验，根据处理深度的大小，压板面积可采用 $1m^2 \sim 4m^2$，压板最小直径不得小于1m。

10.2.7 砂石桩对桩体采用动力触探方法检验，对桩间土采用标准贯入、静力触探或其他原位测试方法进行检验可检测砂石桩及桩间土的挤密效果。如处理可液化地层时，可按标准贯入击数来检验砂性土的抗液化性。

10.2.8、10.2.9 水泥土搅拌桩进行标准贯入试验后对成桩质量有怀疑时可采用双管单动取样器对桩身钻芯取样，制成块，测试桩身实际强度。钻孔直径不宜小于108mm。由于取芯和试样制作原因，桩身钻芯取样测试的桩身强度应该是较高值，评价时应给予注意。

单桩载荷试验和复合地基载荷试验是检验水泥土搅拌桩质量的最直接有效的方法，一般在龄期28d后进行。

10.2.10 本条为强制性条文。刚性桩复合地基单桩的桩身完整性检测可采用低应变法；单桩竖向承载力检测可采用静载荷试验；刚性桩复合地基承载力可采用单桩或多桩复合地基载荷试验。当施工工艺对地基土承载力影响较小、有地区经验时，可采用单桩静载荷试验和桩间土静载荷试验结果确定刚性桩复合地基承载力。

10.2.11 预制打入桩、静力压桩应提供经确认的桩顶标高、桩底标高、桩端进入持力层的深度等。其中预制桩还应提供打桩的最后三阵锤贯入度、总锤击数等，静力压桩还应提供最大压力值等。

当预制打入桩、静力压桩的入土深度与勘察资料不符或对桩端下卧层有怀疑时，可采用补勘方法，检查自桩端以上1m起至下卧层5d范围内的标准贯入击数和岩土特性。

10.2.12 混凝土灌注桩提供经确认的参数应包括桩端进入持力层的深度，对锤击沉管灌注桩，应提供最后三阵锤贯入度、总锤击数等。对钻（冲）孔桩，应提供孔底虚土或沉渣情况等。当锤击沉管灌注桩、冲（钻）孔灌注桩的入土（岩）深度与勘察资料不符或对桩端下卧层有怀疑时，可采用补勘方法，检查自桩端以上1m起至下卧层5d范围内的岩土特性。

10.2.13 本条为强制性条文。人工挖孔桩应逐孔进行终孔验收，终孔验收的重点是持力层的岩土特征。对单柱单桩的大直径嵌岩桩，承载能力主要取决嵌岩段岩性特征和下卧层的持力性状，终孔时，应用超前钻逐孔对孔下3d或5m深度范围内持力层进行检验，查明是否存在溶洞、破碎带和软夹层等，并提供岩芯抗压强度试验报告。

终孔验收如发现与勘察报告及设计文件不一致，应由设计人提出处理意见。缺少经验时，应进行桩端持力层岩基原位荷载试验。

10.2.14 本条为强制性条文。单桩竖向静载试验应在工程桩的桩身质量检验后进行。

10.2.15 桩基工程事故，有相当部分是因桩身存在严重的质量问题而造成的。桩基施工完成后，合理地

选取工程桩进行完整性检测，评定工程桩质量是十分重要的。抽检方式必须随机、有代表性。常用桩基完整性检测方法有钻孔抽芯法、声波透射法、高应变动力检测法、低应变动力检测法等。其中低应变方法方便灵活，检测速度快，适宜用于预制桩、小直径灌注桩的检测。一般情况下低应变方法能可靠地检测到桩顶下第一个浅部缺陷的界面，但由于激振能量小，当桩身存在多个缺陷或桩周土阻力很大或桩长较大时，难以检测到桩底反射波和深部缺陷的反射波信号，影响检测结果准确度。改进方法是加大激振能量，相对地采用高应变检测方法的效果要好，但对大直径桩，特别是嵌岩桩，高、低应变均难以取得较好的检测效果。钻孔抽芯法通过钻取混凝土芯样和桩底持力层岩芯，既可直观地判别桩身混凝土的连续性，持力层岩土特征及沉渣情况，又可通过芯样试压，了解相应混凝土和岩样的强度，是大直径桩的重要检测方法。不足之处是一孔之见，存在片面性，且检测费用大，效率低。声波透射法通过预埋管逐个剖面检测桩身质量，既能可靠地发现桩身缺陷，又能合理地评定缺陷的位置、大小和形态，不足之处是需要预埋管，检测时缺乏随机性，且只能有效检测桩身质量。实际工作中，将声波透射法与钻孔抽芯法有机地结合起来进行大直径桩质量检测是科学、合理，且是切实有效的检测手段。

直径大于800mm的嵌岩桩，其承载力一般设计得较高，桩身质量是控制承载力的主要因素之一，应采用可靠的钻孔抽芯或声波透射法（或两者组合）进行检测。每个柱下承台的桩抽检数不得少于一根的规定，涵括了单柱单桩的嵌岩桩必须100%检测，但直径大于800mm非嵌岩桩检测数量不少于总桩数的10%。小直径桩其抽检数量宜为20%。

10.2.16 工程桩竖向承载力检验可根据建筑物的重要程度确定抽检数量及检验方法。对地基基础设计等级为甲级、乙级的工程，宜采用慢速静荷载加载法进行承载力检验。

对预制桩和满足高应变法适用检测范围的灌注桩，当有静载对比试验时，可采用高应变法检验单桩竖向承载力，抽检数量不得少于总桩数的5%，且不得少于5根。

超过试验能力的大直径嵌岩桩的承载力特征值检验，可根据超前钻及钻孔抽芯法检验报告提供的嵌岩深度、桩端桩持力层岩石的单轴抗压强度、桩底沉渣情况和桩身混凝土质量，必要时结合桩端岩基荷载试验和桩侧摩阻力试验进行核验。

10.2.18 对地下连续墙，应提交经确认的成墙记录，主要包括槽段岩性、入岩深度、槽底标高、槽宽、垂直度、清渣、钢筋笼制作和安装质量、混凝土灌注质量记录及预留试块强度检验报告等。由于高低应变检测数学模型与连续墙不符，对地下连续墙的检测，应

采用钻孔抽芯或声波透射法。对承重连续墙,检验槽段不宜少于同条件下总槽段数的20%。

10.2.19 岩石锚杆现在已普遍使用。本规范2002版规定检验数量不得少于锚杆总数的3%,为了更好地控制岩石锚杆施工质量,提高检验数量,规定检验数量不得少于锚杆总数的5%,但最少抽检数量不变。

10.3 监 测

10.3.1 监测剖面及监测点数量应满足监控到填土区的整体稳定性及边界区边坡的滑移稳定性的要求。

10.3.2 本条为强制性条文。由于设计、施工不当造成的基坑事故时有发生,人们认识到基坑工程的监测是实现信息化施工、避免事故发生的有效措施,又是完善、发展设计理论、设计方法和提高施工水平的重要手段。

根据基坑开挖深度及周边环境保护要求确定基坑的地基基础设计等级,依据地基基础设计等级对基坑的监测内容、数量、频次、报警标准及抢险措施提出明确要求,实施动态设计和信息化施工。本条列为强制性条文,使基坑开挖过程必须严格进行第三方监测,确保基坑及周边环境的安全。

10.3.3 人工挖孔桩降水、基坑开挖降水等都对环境有一定的影响,为了确保周边环境的安全和正常使用,施工降水过程中应对地下水位变化、周边地形、建筑物的变形、沉降、倾斜、裂缝和水平位移等情况进行监测。

10.3.4 预应力锚杆施加的预应力实际值因锁定工艺不同和基坑及周边条件变化而发生改变,需要监测。

当监测的锚头预应力不足设计锁定值的70%,且边坡位移超过设计警戒值时,应对预应力锚杆重新进行张拉锁定。

10.3.5 监测项目选择应根据基坑支护形式、地质条件、工程规模、施工工况与季节及环境保护的要求等因素综合而定。对设计等级为丙级的基坑也提出了监测要求,对每种等级的基坑均增加了地面沉降监测要求。

10.3.6 监测值的变化和周边建(构)筑物、管线允许的最大沉降变形是确定监控报警标准的主要因素,其中周边建(构)筑物原有的沉降与基坑开挖造成的附加沉降叠加后,不能超过允许的最大沉降变形值。

爆破对周边环境的影响程度与炸药量、引爆方式、地质条件、离爆破点距离等有关,实际影响程度需对测点的振动速度和频率进行监测确定。

10.3.7 挤土桩施工过程中造成的土体隆起等挤土效应,不但影响周边环境,也会造成邻桩的抬起,严重影响成桩质量和单桩承载力,应实施监控。监测结果反映土体隆起和位移、邻桩桩顶标高及桩位偏差超出设计要求时,应提出处理意见。

10.3.8 本条为强制性条文。本条所指的建筑物沉降观测包括从施工开始,整个施工期内和使用期间对建筑物进行的沉降观测。并以实测资料作为建筑物地基基础工程质量检查的依据之一,建筑物施工期的观测日期和次数,应根据施工进度确定,建筑物竣工后的第一年内,每隔2月~3月观测一次,以后适当延长至4月~6月,直至达到沉降变形稳定标准为止。

中华人民共和国行业标准

建筑桩基技术规范

Technical code for building pile foundations

JGJ 94—2008

J 793—2008

批准部门：中华人民共和国住房和城乡建设部
施行日期：２００８ 年 １０ 月 １ 日

中华人民共和国住房和城乡建设部
公　　告

第 18 号

关于发布行业标准
《建筑桩基技术规范》的公告

　　现批准《建筑桩基技术规范》为行业标准，编号为 JGJ 94－2008，自 2008 年 10 月 1 日起实施。其中，第 3.1.3、3.1.4、5.2.1、5.4.2、5.5.1、5.5.4、5.9.6、5.9.9、5.9.15、8.1.5、8.1.9、9.4.2 条为强制性条文，必须严格执行。原行业标准《建筑桩基技术规范》JGJ 94－94 同时废止。

　　本规范由我部标准定额研究所组织中国建筑工业出版社出版发行。

中华人民共和国住房和城乡建设部
2008 年 4 月 22 日

前　　言

　　本规范是根据建设部《关于印发〈二〇〇二～二〇〇三年度工程建设城建、建工行业标准制订、修订计划〉的通知》建标［2003］104 号文的要求，由中国建筑科学研究院会同有关设计、勘察、施工、研究和教学单位，对《建筑桩基技术规范》JGJ 94－94 修订而成。

　　在修订过程中，开展了专题研究，进行了广泛的调查分析，总结了近年来我国桩基础设计、施工经验，吸纳了该领域新的科研成果，以多种方式广泛征求了全国有关单位的意见，并进行了试设计，对主要问题进行了反复修改，最后经审查定稿。

　　本规范主要技术内容有：基本设计规定、桩基构造、桩基计算、灌注桩施工、混凝土预制桩与钢桩施工、承台施工、桩基工程质量检查和验收及有关附录。

　　本规范修订增加的内容主要有：减少差异沉降和承台内力的变刚度调平设计；桩基耐久性规定；后注浆灌注桩承载力计算与施工工艺；软土地基减沉复合疏桩基础设计；考虑桩径因素的 Mindlin 解计算单桩、单排桩和疏桩基础沉降；抗压桩与抗拔桩桩身承载力计算；长螺旋钻孔压灌混凝土后插钢筋笼灌注桩施工方法；预应力混凝土空心桩承载力计算与沉桩等。调整的主要内容有：基桩和复合基桩承载力设计取值与计算；单桩侧阻力和端阻力经验参数；嵌岩桩

嵌岩段侧阻和端阻综合系数；等效作用分层总和法计算桩基沉降经验系数；钻孔灌注桩孔底沉渣厚度控制标准等。

　　本规范中以黑体字标志的条文为强制性条文，必须严格执行。

　　本规范由住房和城乡建设部负责管理和对强制性条文的解释，由中国建筑科学研究院负责具体技术内容的解释。

　　本规范主编单位：中国建筑科学研究院（地址：北京市北三环东路 30 号；邮编：100013）。

　　本规范参编单位：北京市勘察设计研究院有限公司
　　　　　　　　　　现代设计集团华东建筑设计研究院有限公司
　　　　　　　　　　上海岩土工程勘察设计研究院有限公司
　　　　　　　　　　天津大学
　　　　　　　　　　福建省建筑科学研究院
　　　　　　　　　　中冶集团建筑研究总院
　　　　　　　　　　机械工业勘察设计研究院
　　　　　　　　　　中国建筑东北设计院
　　　　　　　　　　广东省建筑科学研究院
　　　　　　　　　　北京筑都方圆建筑设计有限

公司

广州大学

本规范主要起草人：黄　强　刘金砺　高文生

　　　　　　　　刘金波　沙志国　侯伟生

邱明兵　顾晓鲁　吴春林

顾国荣　王卫东　张　炜

杨志银　唐建华　张丙吉

杨　斌　曹华先　张季超

目　次

1 总　　则

1.0.1　为了在桩基设计与施工中贯彻执行国家的技术经济政策，做到安全适用、技术先进、经济合理、确保质量、保护环境，制定本规范。

1.0.2　本规范适用于建筑（包括构筑物）桩基的设计、施工及验收。

1.0.3　桩基的设计与施工，应综合考虑工程地质与水文地质条件、上部结构类型、使用功能、荷载特征、施工技术条件与环境；应重视地方经验，因地制宜，注重概念设计，合理选择桩型、成桩工艺和承台形式，优化布桩，节约资源；应强化施工质量控制与管理。

1.0.4　在进行桩基设计、施工及验收时，除应符合本规范外，尚应符合国家现行有关标准、规范的规定。

2　术语、符号

2.1　术　　语

2.1.1　桩基　pile foundation
由设置于岩土中的桩和与桩顶连接的承台共同组成的基础或由柱与桩直接连接的单桩基础。

2.1.2　复合桩基　composite pile foundation
由基桩和承台下地基土共同承担荷载的桩基础。

2.1.3　基桩　foundation pile
桩基础中的单桩。

2.1.4　复合基桩　composite foundation pile
单桩及其对应面积的承台下地基土组成的复合承载基桩。

2.1.5　减沉复合疏桩基础　composite foundation with settlement-reducing piles
软土地基天然地基承载力基本满足要求的情况下，为减小沉降采用疏布摩擦型桩的复合桩基。

2.1.6　单桩竖向极限承载力　ultimate vertical bearing capacity of a single pile
单桩在竖向荷载作用下到达破坏状态前或出现不适于继续承载的变形时所对应的最大荷载，它取决于土对桩的支承阻力和桩身承载力。

2.1.7　极限侧阻力　ultimate shaft resistance
相应于桩顶作用极限荷载时，桩身侧表面所发生的岩土阻力。

2.1.8　极限端阻力　ultimate tip resistance
相应于桩顶作用极限荷载时，桩端所发生的岩土阻力。

2.1.9　单桩竖向承载力特征值　characteristic value of the vertical bearing capacity of a single pile

单桩竖向极限承载力标准值除以安全系数后的承载力值。

2.1.10　变刚度调平设计　optimized design of pile foundation stiffness to reduce differential settlement
考虑上部结构形式、荷载和地层分布以及相互作用效应，通过调整桩径、桩长、桩距等改变基桩支承刚度分布，以使建筑物沉降趋于均匀、承台内力降低的设计方法。

2.1.11　承台效应系数　pile cap effect coefficient
竖向荷载下，承台底地基土承载力的发挥率。

2.1.12　负摩阻力　negative skin friction, negative shaft resistance
桩周土由于自重固结、湿陷、地面荷载作用等原因而产生大于基桩的沉降所引起的对桩表面的向下摩阻力。

2.1.13　下拉荷载　downdrag
作用于单桩中性点以上的负摩阻力之和。

2.1.14　土塞效应　plugging effect
敞口空心桩沉桩过程中土体涌入管内形成的土塞，对桩端阻力的发挥程度的影响效应。

2.1.15　灌注桩后注浆　post grouting for cast-in-situ pile
灌注桩成桩后一定时间，通过预设于桩身内的注浆导管及与之相连的桩端、桩侧注浆阀注入水泥浆，使桩端、桩侧土体（包括沉渣和泥皮）得到加固，从而提高单桩承载力，减小沉降。

2.1.16　桩基等效沉降系数　equivalent settlement coefficient for calculating settlement of pile foundations
弹性半无限体中群桩基础按 Mindlin（明德林）解计算沉降量 w_M 与按等代墩基 Boussinesq（布辛奈斯克）解计算沉降量 w_B 之比，用以反映 Mindlin 解应力分布对计算沉降的影响。

2.2　符　　号

2.2.1　作用和作用效应
F_k ——按荷载效应标准组合计算的作用于承台顶面的竖向力；
G_k ——桩基承台和承台上土自重标准值；
H_k ——按荷载效应标准组合计算的作用于承台底面的水平力；
H_{ik} ——按荷载效应标准组合计算的作用于第 i 基桩或复合基桩的水平力；
M_{xk}、M_{yk} ——按荷载效应标准组合计算的作用于承台底面的外力，绕通过桩群形心的 x、y 主轴的力矩；
N_{ik} ——荷载效应标准组合偏心竖向力作用下第 i 基桩或复合基桩的竖向力；
Q_g^n ——作用于群桩中某一基桩的下拉荷载；
q_f ——基桩切向冻胀力。

2.2.2 抗力和材料性能

E_s——土的压缩模量；

f_t、f_c——混凝土抗拉、抗压强度设计值；

f_{rk}——岩石饱和单轴抗压强度标准值；

f_s、q_c——静力触探双桥探头平均侧阻力、平均端阻力；

m——桩侧地基土水平抗力系数的比例系数；

p_s——静力触探单桥探头比贯入阻力；

q_{sik}——单桩第 i 层土的极限侧阻力标准值；

q_{pk}——单桩极限端阻力标准值；

Q_{sk}、Q_{pk}——单桩总极限侧阻力、总极限端阻力标准值；

Q_{uk}——单桩竖向极限承载力标准值；

R——基桩或复合基桩竖向承载力特征值；

R_a——单桩竖向承载力特征值；

R_{ha}——单桩水平承载力特征值；

R_h——基桩水平承载力特征值；

T_{gk}——群桩呈整体破坏时基桩抗拔极限承载力标准值；

T_{uk}——群桩呈非整体破坏时基桩抗拔极限承载力标准值；

γ、γ_e——土的重度、有效重度。

2.2.3 几何参数

A_p——桩端面积；

A_{ps}——桩身截面面积；

A_c——计算基桩所对应的承台底净面积；

B_c——承台宽度；

d——桩身设计直径；

D——桩端扩底设计直径；

l——桩身长度；

L_c——承台长度；

s_a——基桩中心距；

u——桩身周长；

z_n——桩基沉降计算深度（从桩端平面算起）。

2.2.4 计算系数

α_E——钢筋弹性模量与混凝土弹性模量的比值；

η_c——承台效应系数；

η_l——冻胀影响系数；

ζ_r——桩嵌岩段侧阻和端阻综合系数；

ψ_{si}、ψ_p——大直径桩侧阻力、端阻力尺寸效应系数；

λ_p——桩端土塞效应系数；

λ——基桩抗拔系数；

ψ——桩基沉降计算经验系数；

ψ_c——成桩工艺系数；

ψ_e——桩基等效沉降系数；

α、$\bar{\alpha}$——Boussinesq 解的附加应力系数、平均附加应力系数。

3 基本设计规定

3.1 一般规定

3.1.1 桩基础应按下列两类极限状态设计：

1 承载能力极限状态：桩基达到最大承载能力、整体失稳或发生不适于继续承载的变形；

2 正常使用极限状态：桩基达到建筑物正常使用所规定的变形限值或达到耐久性要求的某项限值。

3.1.2 根据建筑规模、功能特征、对差异变形的适应性、场地地基和建筑物体形的复杂性以及由于桩基问题可能造成建筑破坏或影响正常使用的程度，应将桩基设计分为表 3.1.2 所列的三个设计等级。桩基设计时，应根据表 3.1.2 确定设计等级。

表 3.1.2 建筑桩基设计等级

设计等级	建 筑 类 型
甲 级	（1）重要的建筑； （2）30 层以上或高度超过 100m 的高层建筑； （3）体型复杂且层数相差超过 10 层的高低层（含纯地下室）连体建筑； （4）20 层以上框架-核心筒结构及其他对差异沉降有特殊要求的建筑； （5）场地和地基条件复杂的 7 层以上的一般建筑及坡地、岸边建筑； （6）对相邻既有工程影响较大的建筑
乙 级	除甲级、丙级以外的建筑
丙 级	场地和地基条件简单、荷载分布均匀的 7 层及 7 层以下的一般建筑

3.1.3 桩基应根据具体条件分别进行下列承载能力计算和稳定性验算：

1 应根据桩基的使用功能和受力特征分别进行桩基的竖向承载力计算和水平承载力计算；

2 应对桩身和承台结构承载力进行计算；对于桩侧土不排水抗剪强度小于 10kPa 且长径比大于 50 的桩，应进行桩身压屈验算；对于混凝土预制桩，应按吊装、运输和锤击作用进行桩身承载力验算；对于钢管桩，应进行局部压屈验算；

3 当桩端平面以下存在软弱下卧层时，应进行软弱下卧层承载力验算；

4 对位于坡地、岸边的桩基，应进行整体稳定性验算；

5 对于抗浮、抗拔桩基，应进行基桩和群桩的抗拔承载力计算；

6 对于抗震设防区的桩基，应进行抗震承载力验算。

3.1.4 下列建筑桩基应进行沉降计算：

1 设计等级为甲级的非嵌岩桩和非深厚坚硬持力层的建筑桩基；

2 设计等级为乙级的体形复杂、荷载分布显著不均匀或桩端平面以下存在软弱土层的建筑桩基；

3 软土地基多层建筑减沉复合疏桩基础。

3.1.5 对受水平荷载较大，或对水平位移有严格限制的建筑桩基，应计算其水平位移。

3.1.6 应根据桩基所处的环境类别和相应的裂缝控制等级，验算桩和承台正截面的抗裂和裂缝宽度。

3.1.7 桩基设计时，所采用的作用效应组合与相应的抗力应符合下列规定：

1 确定桩数和布桩时，应采用传至承台底面的荷载效应标准组合；相应的抗力应采用基桩或复合基桩承载力特征值。

2 计算荷载作用下的桩基沉降和水平位移时，应采用荷载效应准永久组合；计算水平地震作用、风载作用下的桩基水平位移时，应采用水平地震作用、风载效应标准组合。

3 验算坡地、岸边建筑桩基的整体稳定性时，应采用荷载效应标准组合；抗震设防区，应采用地震作用效应和荷载效应的标准组合。

4 在计算桩基结构承载力、确定尺寸和配筋时，应采用传至承台顶面的荷载效应基本组合。当进行承台和桩身裂缝控制验算时，应分别采用荷载效应标准组合和荷载效应准永久组合。

5 桩基结构安全等级、结构设计使用年限和结构重要性系数 γ_0 应按现行有关建筑结构规范的规定采用，除临时性建筑外，重要性系数 γ_0 应不小于 1.0。

6 对桩基结构进行抗震验算时，其承载力调整系数 γ_{RE} 应按现行国家标准《建筑抗震设计规范》GB 50011 的规定采用。

3.1.8 以减小差异沉降和承台内力为目标的变刚度调平设计，宜结合具体条件按下列规定实施：

1 对于主裙楼连体建筑，当高层主体采用桩基时，裙房（含纯地下室）的地基或桩基刚度宜相对弱化，可采用天然地基、复合地基、疏桩或短桩基础。

2 对于框架-核心筒结构高层建筑桩基，应强化核心筒区域桩基刚度（如适当增加桩长、桩径、桩数、采用后注浆等措施），相对弱化核心筒外围桩基刚度（采用复合桩基，视地层条件减小桩长）。

3 对于框架-核心筒结构高层建筑天然地基承载力满足要求的情况下，宜于核心筒区域局部设置增强刚度、减小沉降的摩擦型桩。

4 对于大体量筒仓、储罐的摩擦型桩基，宜按内强外弱原则布桩。

5 对上述按变刚度调平设计的桩基，宜进行上部结构—承台—桩—土共同工作分析。

3.1.9 软弱地基上的多层建筑物，当天然地基承载力基本满足要求时，可采用减沉复合疏桩基础。

3.1.10 对于本规范第 3.1.4 条规定应进行沉降计算的建筑桩基，在其施工过程及建成后使用期间，应进行系统的沉降观测直至沉降稳定。

3.2 基 本 资 料

3.2.1 桩基设计应具备以下资料：

1 岩土工程勘察文件：

1）桩基按两类极限状态进行设计所需用岩土物理力学参数及原位测试参数；

2）对建筑场地的不良地质作用，如滑坡、崩塌、泥石流、岩溶、土洞等，有明确判断、结论和防治方案；

3）地下水位埋藏情况、类型和水位变化幅度及抗浮设计水位，土、水的腐蚀性评价，地下水浮力计算的设计水位；

4）抗震设防区按设防烈度提供的液化土层资料；

5）有关地基土冻胀性、湿陷性、膨胀性评价。

2 建筑场地与环境条件的有关资料：

1）建筑场地现状，包括交通设施、高压架空线、地下管线和地下构筑物的分布；

2）相邻建筑物安全等级、基础形式及埋置深度；

3）附近类似工程地质条件场地的桩基工程试桩资料和单桩承载力设计参数；

4）周围建筑物的防振、防噪声的要求；

5）泥浆排放、弃土条件；

6）建筑物所在地区的抗震设防烈度和建筑场地类别。

3 建筑物的有关资料：

1）建筑物的总平面布置图；

2）建筑物的结构类型、荷载，建筑物的使用条件和设备对基础竖向及水平位移的要求；

3）建筑结构的安全等级。

4 施工条件的有关资料：

1）施工机械设备条件，制桩条件，动力条件，施工工艺对地质条件的适应性；

2）水、电及有关建筑材料的供应条件；

3）施工机械的进出场及现场运行条件。

5 供设计比较用的有关桩型及实施的可行性的资料。

3.2.2 桩基的详细勘察除应满足现行国家标准《岩土工程勘察规范》GB 50021 的有关要求外，尚应满足下列要求：

1 勘探点间距：

1）对于端承型桩（含嵌岩桩）：主要根据桩端持力层顶面坡度决定，宜为 12~24m。当相邻两个勘察点揭露出的桩端持力层层面坡度大于.10%或持力层起伏较大、地层分布复杂时，应根据具体工程条件适当加密勘探点。

2）对于摩擦型桩：宜按 20~35m 布置勘探孔，但遇到土层的性质或状态在水平方向分布变化较大，或存在可能影响成桩的土层时，应适当加密勘探点。

3）复杂地质条件下的柱下单桩基础应按柱列线布置勘探点，并宜每桩设一勘探点。

2 勘探深度：

1）宜布置 1/3~1/2 的勘探孔为控制性孔。对于设计等级为甲级的建筑桩基，至少应布置 3 个控制性孔；设计等级为乙级的建筑桩基，至少应布置 2 个控制性孔。控制性孔应穿透桩端平面以下压缩层厚度；一般性勘探孔应深入预计桩端平面以下 3~5 倍桩身设计直径，且不得小于 3m；对于大直径桩，不得小于 5m。

2）嵌岩桩的控制性钻孔应深入预计桩端平面以下不小于 3~5 倍桩身设计直径，一般性钻孔应深入预计桩端平面以下不小于 1~3 倍桩身设计直径。当持力层较薄时，应有部分钻孔钻穿持力岩层。在岩溶、断层破碎带地区，应查明溶洞、溶沟、溶槽、石笋等的分布情况，钻孔应钻穿溶洞或断层破碎带进入稳定土层，进入深度应满足上述控制性钻孔和一般性钻孔的要求。

3 在勘探深度范围内的每一地层，均应采取不扰动试样进行室内试验或根据土质情况选用有效的原位测试方法进行原位测试，提供设计所需参数。

3.3 桩的选型与布置

3.3.1 基桩可按下列规定分类：

1 按承载性状分类：

1）摩擦型桩：

摩擦桩：在承载能力极限状态下，桩顶竖向荷载由桩侧阻力承受，桩端阻力小到可忽略不计；

端承摩擦桩：在承载能力极限状态下，桩顶竖向荷载主要由桩侧阻力承受。

2）端承型桩：

端承桩：在承载能力极限状态下，桩顶竖向荷载由桩端阻力承受，桩侧阻力小

到可忽略不计；

摩擦端承桩：在承载能力极限状态下，桩顶竖向荷载主要由桩端阻力承受。

2 按成桩方法分类：

1）非挤土桩：干作业法钻（挖）孔灌注桩、泥浆护壁法钻（挖）孔灌注桩、套管护壁法钻（挖）孔灌注桩；

2）部分挤土桩：冲孔灌注桩、钻孔挤扩灌注桩、搅拌劲芯桩、预钻孔打入（静压）预制桩、打入（静压）式敞口钢管桩、敞口预应力混凝土空心桩和 H 型钢桩；

3）挤土桩：沉管灌注桩、沉管夯（挤）扩灌注桩、打入（静压）预制桩、闭口预应力混凝土空心桩和闭口钢管桩。

3 按桩径（设计直径 d）大小分类：

1）小直径桩：$d \leqslant 250mm$；

2）中等直径桩：$250mm < d < 800mm$；

3）大直径桩：$d \geqslant 800mm$。

3.3.2 桩型与成桩工艺应根据建筑结构类型、荷载性质、桩的使用功能、穿越土层、桩端持力层、地下水位、施工设备、施工环境、施工经验、制桩材料供应条件等，按安全适用、经济合理的原则选择。选择时可按本规范附录 A 进行。

1 对于框架-核心筒等荷载分布很不均匀的桩筏基础，宜选择基桩尺寸和承载力可调性较大的桩型和工艺。

2 挤土沉管灌注桩用于淤泥和淤泥质土层时，应局限于多层住宅桩基。

3 抗震设防烈度为 8 度及以上地区，不宜采用预应力混凝土管桩（PC）和预应力混凝土空心方桩（PS）。

3.3.3 基桩的布置应符合下列条件：

1 基桩的最小中心距应符合表 3.3.3 的规定；当施工中采取减小挤土效应的可靠措施时，可根据当地经验适当减小。

表 3.3.3 基桩的最小中心距

土类与成桩工艺		排数不少于 3 排且桩数不少于 9 根的摩擦型桩桩基	其他情况
非挤土灌注桩		3.0d	3.0d
部分挤土桩	非饱和土、饱和非黏性土	3.5d	3.0d
	饱和黏性土	4.0d	3.5d
挤土桩	非饱和土、饱和非黏性土	4.0d	3.5d
	饱和黏性土	4.5d	4.0d

续表 3.3.3

土类与成桩工艺		排数不少于 3 排且桩数不少于 9 根的摩擦型桩桩基	其他情况
钻、挖孔扩底桩		2D 或 D+2.0m（当 D>2m）	1.5D 或 D+1.5m（当 D>2m）
沉管夯扩、钻孔挤扩桩	非饱和土、饱和非黏性土	2.2D 且 4.0d	2.0D 且 3.5d
	饱和黏性土	2.5D 且 4.5d	2.2D 且 4.0d

注：1　d——圆桩设计直径或方桩设计边长，D——扩大端设计直径。

2　当纵横向桩距不相等时，其最小中心距应满足"其他情况"一栏的规定。

3　当为端承桩时，非挤土灌注桩的"其他情况"一栏可减小至 2.5d。

2　排列基桩时，宜使桩群承载力合力点与竖向永久荷载合力作用点重合，并使基桩受水平力和力矩较大方向有较大抗弯截面模量。

3　对于桩箱基础、剪力墙结构桩筏（含平板和梁板式承台）基础，宜将桩布置于墙下。

4　对于框架-核心筒结构桩筏基础应按荷载分布考虑相互影响，将桩相对集中布置于核心筒和柱下；外围框架柱宜采用复合桩基，有合适桩端持力层时，桩长宜减小。

5　应选择较硬土层作为桩端持力层。桩端全断面进入持力层的深度，对于黏性土、粉土不宜小于 2d，砂土不宜小于 1.5d，碎石类土不宜小于 1d。当存在软弱下卧层时，桩端以下硬持力层厚度不宜小于 3d。

6　对于嵌岩桩，嵌岩深度应综合荷载、上覆土层、基岩、桩径、桩长诸因素确定；对于嵌入倾斜的完整和较完整岩的全断面深度不宜小于 0.4d 且不小于 0.5m，倾斜度大于 30% 的中风化岩，宜根据倾斜度及岩石完整性适当加大嵌岩深度；对于嵌入平整、完整的坚硬岩和较硬岩的深度不宜小于 0.2d，且不应小于 0.2m。

3.4　特殊条件下的桩基

3.4.1　软土地基的桩基设计原则应符合下列规定：

1　软土中的桩基宜选择中、低压缩性土层作为桩端持力层；

2　桩周围软土因自重固结、场地填土、地面大面积堆载、降低地下水位、大面积挤土沉桩等原因而产生的沉降大于基桩的沉降时，应视具体工程情况分析计算桩侧负摩阻力对基桩的影响；

3　采用挤土桩和部分挤土桩时，应采取消减孔隙水压力和挤土效应的技术措施，并应控制沉桩速率，减小挤土效应对成桩质量、邻近建筑物、道路、地下管线和基坑边坡等产生的不利影响；

4　先成桩后开挖基坑时，必须合理安排基坑挖土顺序和控制分层开挖的深度，防止土体侧移对桩的影响。

3.4.2　湿陷性黄土地区的桩基设计原则应符合下列规定：

1　基桩应穿透湿陷性黄土层，桩端应支承在压缩性低的黏性土、粉土、中密和密实砂土以及碎石类土层中；

2　湿陷性黄土地基中，设计等级为甲、乙级建筑桩基的单桩极限承载力，宜以浸水载荷试验为主要依据；

3　自重湿陷性黄土地基中的单桩极限承载力，应根据工程具体情况分析计算桩侧负摩阻力的影响。

3.4.3　季节性冻土和膨胀土地基中的桩基设计原则应符合下列规定：

1　桩端进入冻深线或膨胀土的大气影响急剧层以下的深度，应满足抗拔稳定性验算要求，且不得小于 4 倍桩径及 1 倍扩大端直径，最小深度应大于 1.5m；

2　为减小和消除冻胀或膨胀对桩基的作用，宜采用钻（挖）孔灌注桩；

3　确定基桩竖向极限承载力时，除不计入冻胀、膨胀深度范围内桩侧阻力外，还应考虑地基土的冻胀、膨胀作用，验算基桩的抗拔稳定性和桩身受拉承载力；

4　为消除桩基受冻胀或膨胀作用的危害，可在冻胀或膨胀深度范围内，沿桩周及承台作隔冻、隔胀处理。

3.4.4　岩溶地区的桩基设计原则应符合下列规定：

1　岩溶地区的桩基，宜采用钻、冲孔桩；

2　当单桩荷载较大，岩层埋深较浅时，宜采用嵌岩桩；

3　当基岩面起伏很大且埋深较大时，宜采用摩擦型灌注桩。

3.4.5　坡地、岸边桩基的设计原则应符合下列规定：

1　对建于坡地、岸边的桩基，不得将桩支承于边坡潜在的滑动体上。桩端进入潜在滑裂面以下稳定岩土层内的深度，应能保证桩基的稳定；

2　建筑桩基与边坡应保持一定的水平距离；建筑场地内的边坡必须是完全稳定的边坡，当有崩塌、滑坡等不良地质现象存在时，应按现行国家标准《建筑边坡工程技术规范》GB 50330 的规定进行整治，确保其稳定性；

3　新建坡地、岸边建筑桩基工程应与建筑边坡工程统一规划，同步设计，合理确定施工顺序；

4　不宜采用挤土桩；

5　应验算最不利荷载效应组合下桩基的整体稳

定性和基桩水平承载力。

3.4.6 抗震设防区桩基的设计原则应符合下列规定：

1 桩进入液化土层以下稳定土层的长度（不包括桩尖部分）应按计算确定；对于碎石土，砾、粗、中砂，密实粉土，坚硬黏性土尚不应小于 $(2\sim3)d$，对其他非岩石土尚不宜小于 $(4\sim5)d$；

2 承台和地下室侧墙周围应采用灰土、级配砂石、压实性较好的素土回填，并分层夯实，也可采用素混凝土回填；

3 当承台周围为可液化土或地基承载力特征值小于 40kPa（或不排水抗剪强度小于 15kPa）的软土，且桩基水平承载力不满足计算要求时，可将承台外每侧 1/2 承台边长范围内的土进行加固；

4 对于存在液化扩展的地段，应验算桩基在土流动的侧向作用力下的稳定性。

3.4.7 可能出现负摩阻力的桩基设计原则应符合下列规定：

1 对于填土建筑场地，宜先填土并保证填土的密实性，软土场地填土前应采取预设塑料排水板等措施，待填土地基沉降基本稳定后方可成桩；

2 对于有地面大面积堆载的建筑物，应采取减小地面沉降对建筑物桩基影响的措施；

3 对于自重湿陷性黄土地基，可采用强夯、挤密土桩等先行处理，消除上部或全部土的自重湿陷；对于欠固结土宜采取先期排水预压等措施；

4 对于挤土沉桩，应采取消减超孔隙水压力、控制沉桩速率等措施；

5 对于中性点以上的桩身可对表面进行处理，以减少负摩阻力。

3.4.8 抗拔桩基的设计原则应符合下列规定：

1 应根据环境类别及水、土对钢筋的腐蚀、钢筋种类对腐蚀的敏感性和荷载作用时间等因素确定抗拔桩的裂缝控制等级；

2 对于严格要求不出现裂缝的一级裂缝控制等级，桩身应设置预应力筋；对于一般要求不出现裂缝的二级裂缝控制等级，桩身宜设置预应力筋；

3 对于三级裂缝控制等级，应进行桩身裂缝宽度计算；

4 当基桩抗拔承载力要求较高时，可采用桩侧后注浆、扩底等技术措施。

3.5 耐久性规定

3.5.1 桩基结构的耐久性应根据设计使用年限、现行国家标准《混凝土结构设计规范》GB 50010 的环境类别规定以及水、土对钢、混凝土腐蚀性的评价进行设计。

3.5.2 二类和三类环境中，设计使用年限为 50 年的桩基结构混凝土耐久性应符合表 3.5.2 的规定。

**表 3.5.2 二类和三类环境桩基结构混凝土
耐久性的基本要求**

环境类别		最大水灰比	最小水泥用量（kg/m³）	混凝土最低强度等级	最大氯离子含量（%）	最大碱含量（kg/m³）
二	a	0.60	250	C25	0.3	3.0
	b	0.55	275	C30	0.2	3.0
三		0.50	300	C30	0.1	3.0

注：1 氯离子含量系指其与水泥用量的百分率；

2 预应力构件混凝土中最大氯离子含量为 0.06%，最小水泥用量为300kg/m³；混凝土最低强度等级应按表中规定提高两个等级；

3 当混凝土中加入活性掺合料或能提高耐久性的外加剂时，可适当降低最小水泥用量；

4 当使用非碱活性骨料时，对混凝土中碱含量不作限制；

5 当有可靠工程经验时，表中混凝土最低强度等级可降低一个等级。

3.5.3 桩身裂缝控制等级及最大裂缝宽度应根据环境类别和水、土介质腐蚀性等级按表 3.5.3 规定选用。

**表 3.5.3 桩身的裂缝控制
等级及最大裂缝宽度限值**

环境类别		钢筋混凝土桩		预应力混凝土桩	
		裂缝控制等级	w_{lim}(mm)	裂缝控制等级	w_{lim}(mm)
二	a	三	0.2 (0.3)	二	0
	b	三	0.2	二	0
三		三	0.2	二	0

注：1 水、土为强、中腐蚀性时，抗拔桩裂缝控制等级应提高一级；

2 二 a 类环境中，位于稳定地下水位以下的基桩，其最大裂缝宽度限值可采用括弧中的数值。

3.5.4 四类、五类环境桩基结构耐久性设计可按国家现行标准《港口工程混凝土结构设计规范》JTJ 267 和《工业建筑防腐蚀设计规范》GB 50046 等执行。

3.5.5 对三、四、五类环境桩基结构，受力钢筋宜采用环氧树脂涂层带肋钢筋。

4 桩基构造

4.1 基桩构造

I 灌注桩

4.1.1 灌注桩应按下列规定配筋：

1 配筋率：当桩身直径为 300～2000mm 时，正截面配筋率可取 0.65%～0.2%（小直径桩取高值）；对受荷载特别大的桩、抗拔桩和嵌岩端承桩应根据计算确定配筋率，并不应小于上述规定值；

    2　配筋长度：

      1）端承型桩和位于坡地、岸边的基桩应沿桩身等截面或变截面通长配筋；

      2）摩擦型灌注桩配筋长度不应小于 2/3 桩长；当受水平荷载时，配筋长度尚不宜小于 4.0/α（α 为桩的水平变形系数）；

      3）对于受地震作用的基桩，桩身配筋长度应穿过可液化土层和软弱土层，进入稳定土层的深度不应小于本规范第 3.4.6 条的规定；

      4）受负摩阻力的桩、因先成桩后开挖基坑而随地基土回弹的桩，其配筋长度应穿过软弱土层并进入稳定土层，进入的深度不应小于(2～3)d；

      5）抗拔桩及因地震作用、冻胀或膨胀力作用而受拔力的桩，应等截面或变截面通长配筋。

    3　对于受水平荷载的桩，主筋不应小于 8ϕ12；对于抗压桩和抗拔桩，主筋不应少于 6ϕ10；纵向主筋应沿桩身周边均匀布置，其净距不应小于 60mm；

    4　箍筋应采用螺旋式，直径不应小于 6mm，间距宜为 200～300mm；受水平荷载较大的桩基、承受水平地震作用的桩基以及考虑主筋作用计算桩身受压承载力时，桩顶以下 5d 范围内的箍筋应加密，间距不应大于 100mm；当桩身位于液化土层范围内时箍筋应加密；当考虑箍筋受力作用时，箍筋配置应符合现行国家标准《混凝土结构设计规范》GB 50010 的有关规定；当钢筋笼长度超过 4m 时，应每隔 2m 设一道直径不小于 12mm 的焊接加劲箍筋。

4.1.2　桩身混凝土及混凝土保护层厚度应符合下列要求：

    1　桩身混凝土强度等级不得小于 C25，混凝土预制桩尖强度等级不得小于 C30；

    2　灌注桩主筋的混凝土保护层厚度不应小于 35mm，水下灌注桩的主筋混凝土保护层厚度不得小于 50mm；

    3　四类、五类环境中桩身混凝土保护层厚度应符合国家现行标准《港口工程混凝土结构设计规范》JTJ 267、《工业建筑防腐蚀设计规范》GB 50046 的相关规定。

4.1.3　扩底灌注桩扩底端尺寸应符合下列规定（见图 4.1.3）：

    1　对于持力层承载力较高、上覆土层较差的抗压桩和桩端以上有一定厚度较好土层的抗拔桩，可采用扩底；扩底端直径与桩身直径之比 D/d，应根据承载力要求及扩底端侧面和桩端持力层土性特征以及扩

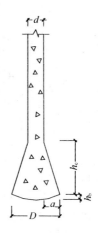

图 4.1.3　扩底灌注桩构造

底施工方法确定；挖孔桩的 D/d 不应大于 3，钻孔桩的 D/d 不应大于 2.5；

    2　扩底端侧面的斜率应根据实际成孔及土体自立条件确定，a/h_c 可取 1/4～1/2，砂土可取 1/4，粉土、黏性土可取 1/3～1/2；

    3　抗压桩扩底端底面宜呈锅底形，矢高 h_b 可取(0.15～0.20)D。

Ⅱ　混凝土预制桩

4.1.4　混凝土预制桩的截面边长不应小于 200mm；预应力混凝土预制实心桩的截面边长不宜小于 350mm。

4.1.5　预制桩的混凝土强度等级不宜低于 C30；预应力混凝土实心桩的混凝土强度等级不应低于 C40；预制桩纵向钢筋的混凝土保护层厚度不宜小于 30mm。

4.1.6　预制桩的桩身配筋应按吊运、打桩及桩在使用中的受力等条件计算确定。采用锤击法沉桩时，预制桩的最小配筋率不宜小于 0.8%。静压法沉桩时，最小配筋率不宜小于 0.6%，主筋直径不宜小于 14mm，打入桩桩顶以下(4～5)d 长度范围内箍筋应加密，并设置钢筋网片。

4.1.7　预制桩的分节长度应根据施工条件及运输条件确定；每根桩的接头数量不宜超过 3 个。

4.1.8　预制桩的桩尖可将主筋合拢焊在桩尖辅助钢筋上，对于持力层为密实砂和碎石类土时，宜在桩尖处包以钢钣桩靴，加强桩尖。

Ⅲ　预应力混凝土空心桩

4.1.9　预应力混凝土空心桩按截面形式可分为管桩、空心方桩；按混凝土强度等级可分为预应力高强混凝土管桩（PHC）和空心方桩（PHS）、预应力混凝土管桩（PC）和空心方桩（PS）。离心成型的先张法预应力混凝土桩的截面尺寸、配筋、桩身极限弯矩、桩身竖向受压承载力设计值等参数可按本规范附录 B

确定。

4.1.10 预应力混凝土空心桩桩尖形式宜根据地层性质选择闭口形或敞口形；闭口形分为平底十字形和锥形。

4.1.11 预应力混凝土空心桩质量要求，尚应符合国家现行标准《先张法预应力混凝土管桩》GB 13476和《预应力混凝土空心方桩》JG 197及其他的有关标准规定。

4.1.12 预应力混凝土桩的连接可采用端板焊接连接、法兰连接、机械啮合连接、螺纹连接。每根桩的接头数量不宜超过3个。

4.1.13 桩端嵌入遇水易软化的强风化岩、全风化岩和非饱和土的预应力混凝土空心桩，沉桩后，应对桩端以上约2m范围内采取有效的防渗措施，可采用微膨胀混凝土填芯或在内壁预涂柔性防水材料。

Ⅳ 钢 桩

4.1.14 钢桩可采用管型、H型或其他异型钢材。

4.1.15 钢桩的分段长度宜为12～15m。

4.1.16 钢桩焊接接头应采用等强度连接。

4.1.17 钢桩的端部形式，应根据桩所穿越的土层、桩端持力层性质、桩的尺寸、挤土效应等因素综合考虑确定，并可按下列规定采用：

　1　钢管桩可采用下列桩端形式：

　　1）敞口：

　　　带加强箍（带内隔板、不带内隔板）；不带加强箍（带内隔板、不带内隔板）。

　　2）闭口：

　　　平底；锥底。

　2　H型钢桩可采用下列桩端形式：

　　1）带端板；

　　2）不带端板：

　　　锥底；

　　　平底（带扩大翼、不带扩大翼）。

4.1.18 钢桩的防腐处理应符合下列规定：

　1　钢桩的腐蚀速率当无实测资料时可按表4.1.18确定；

　2　钢桩防腐处理可采用外表面涂防腐层、增加腐蚀余量及阴极保护；当钢管桩内壁同外界隔绝时，可不考虑内壁防腐。

表 4.1.18　钢桩年腐蚀速率

钢桩所处环境		单面腐蚀率（mm/y）
地面以上	无腐蚀性气体或腐蚀性挥发介质	0.05～0.1
地面以下	水位以上	0.05
	水位以下	0.03
	水位波动区	0.1～0.3

4.2 承 台 构 造

4.2.1 桩基承台的构造，除应满足抗冲切、抗剪切、抗弯承载力和上部结构要求外，尚应符合下列要求：

　1　柱下独立桩基承台的最小宽度不应小于500mm，边桩中心至承台边缘的距离不应小于桩的直径或边长，且桩的外边缘至承台边缘的距离不应小于150mm。对于墙下条形承台梁，桩的外边缘至承台梁边缘的距离不应小于75mm，承台的最小厚度不应小于300mm。

　2　高层建筑平板式和梁板式筏形承台的最小厚度不应小于400mm，墙下布桩的剪力墙结构筏形承台的最小厚度不应小于200mm。

　3　高层建筑箱形承台的构造应符合《高层建筑筏形与箱形基础技术规范》JGJ 6的规定。

4.2.2 承台混凝土材料及其强度等级应符合结构混凝土耐久性的要求和抗渗要求。

4.2.3 承台的钢筋配置应符合下列规定：

　1　柱下独立桩基承台钢筋应通长配置[见图4.2.3(a)]，对四桩以上（含四桩）承台宜按双向均匀布置，对三桩的三角形承台应按三向板带均匀布置，且最里面的三根钢筋围成的三角形应在柱截面范围内[见图4.2.3(b)]。钢筋锚固长度自边桩内侧（当为圆桩时，应将其直径乘以0.8等效为方桩）算起，不应小于$35d_g$（d_g为钢筋直径）；当不满足时应将钢筋向上弯折，此时水平段的长度不应小于$25d_g$，弯折段长度不应小于$10d_g$。承台纵向受力钢筋的直径不应小于12mm，间距不应大于200mm。柱下独立桩基承台的最小配筋率不应小于0.15%。

　2　柱下独立两桩承台，应按现行国家标准《混凝土结构设计规范》GB 50010中的深受弯构件配置纵向受拉钢筋、水平及竖向分布钢筋。承台纵向受力钢筋端部的锚固长度及构造应与柱下多桩承台的规定相同。

　3　条形承台梁的纵向主筋应符合现行国家标准《混凝土结构设计规范》GB 50010关于最小配筋率的规定[见图4.2.3(c)]，主筋直径不应小于12mm，架立筋直径不应小于10mm，箍筋直径不应小于6mm。承台梁端部纵向受力钢筋的锚固长度及构造应与柱下多桩承台的规定相同。

　4　筏形承台板或箱形承台板在计算中当仅考虑局部弯矩作用时，考虑到整体弯曲的影响，在纵横两个方向的下层钢筋配筋率不宜小于0.15%；上层钢筋应按计算配筋率全部连通。当筏板的厚度大于2000mm时，宜在板厚中间部位设置直径不小于12mm、间距不大于300mm的双向钢筋网。

　5　承台底面钢筋的混凝土保护层厚度，当有混凝土垫层时，不应小于50mm，无垫层时不应小于70mm；此外尚不应小于桩头嵌入承台内的长度。

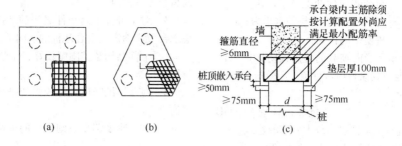

图 4.2.3 承台配筋示意
(a) 矩形承台配筋；(b) 三桩承台配筋；(c) 墙下承台梁配筋图

4.2.4 桩与承台的连接构造应符合下列规定：

1 桩嵌入承台内的长度对中等直径桩不宜小于 50mm；对大直径桩不宜小于 100mm。

2 混凝土桩的桩顶纵向主筋应锚入承台内，其锚入长度不宜小于 35 倍纵向主筋直径。对于抗拔桩，桩顶纵向主筋的锚固长度应按现行国家标准《混凝土结构设计规范》GB 50010 确定。

3 对于大直径灌注桩，当采用一柱一桩时可设置承台或将桩与柱直接连接。

4.2.5 柱与承台的连接构造应符合下列规定：

1 对于一柱一桩基础，柱与桩直接连接时，柱纵向主筋锚入桩身内长度不应小于 35 倍纵向主筋直径。

2 对于多桩承台，柱纵向主筋应锚入承台不小于 35 倍纵向主筋直径；当承台高度不满足锚固要求时，竖向锚固长度不应小于 20 倍纵向主筋直径，并向柱轴线方向呈 90°弯折。

3 当有抗震设防要求时，对于一、二级抗震等级的柱，纵向主筋锚固长度应乘以 1.15 的系数；对于三级抗震等级的柱，纵向主筋锚固长度应乘以 1.05 的系数。

4.2.6 承台与承台之间的连接构造应符合下列规定：

1 一柱一桩时，应在桩顶两个主轴方向上设置联系梁。当桩与柱的截面直径之比大于 2 时，可不设联系梁。

2 两桩桩基的承台，应在其短向设置联系梁。

3 有抗震设防要求的柱下桩基承台，宜沿两个主轴方向设置联系梁。

4 联系梁顶面宜与承台顶面位于同一标高。联系梁宽度不宜小于 250mm，其高度可取承台中心距的 1/10～1/15，且不宜小于 400mm。

5 联系梁配筋应按计算确定，梁上下部配筋不宜小于 2 根直径 12mm 钢筋；位于同一轴线上的相邻跨联系梁纵筋应连通。

4.2.7 承台和地下室外墙与基坑侧壁间隙应灌注素混凝土或搅拌流动性水泥土，或采用灰土、级配砂石、压实性较好的素土分层夯实，其压实系数不宜小于 0.94。

5 桩基计算

5.1 桩顶作用效应计算

5.1.1 对于一般建筑物和受水平力（包括力矩与水平剪力）较小的高层建筑群桩基础，应按下列公式计算柱、墙、核心筒群桩中基桩或复合基桩的桩顶作用效应：

1 竖向力

轴心竖向力作用下

$$N_k = \frac{F_k + G_k}{n} \tag{5.1.1-1}$$

偏心竖向力作用下

$$N_{ik} = \frac{F_k + G_k}{n} \pm \frac{M_{xk} y_i}{\sum y_j^2} \pm \frac{M_{yk} x_i}{\sum x_j^2} \tag{5.1.1-2}$$

2 水平力

$$H_{ik} = \frac{H_k}{n} \tag{5.1.1-3}$$

式中　F_k——荷载效应标准组合下，作用于承台顶面的竖向力；

G_k——桩基承台和承台上土自重标准值，对稳定的地下水位以下部分应扣除水的浮力；

N_k——荷载效应标准组合轴心竖向力作用下，基桩或复合基桩的平均竖向力；

N_{ik}——荷载效应标准组合偏心竖向力作用下，第 i 基桩或复合基桩的竖向力；

M_{xk}、M_{yk}——荷载效应标准组合下，作用于承台底面，绕通过桩群形心的 x、y 主轴的力矩；

x_i、x_j、y_i、y_j——第 i、j 基桩或复合基桩至 y、x 轴的距离；

H_k——荷载效应标准组合下，作用于桩基承台底面的水平力；

H_{ik} ——荷载效应标准组合下，作用于第 i 基桩或复合基桩的水平力；

n ——桩基中的桩数。

5.1.2 对于主要承受竖向荷载的抗震设防区低承台桩基，在同时满足下列条件时，桩顶作用效应计算可不考虑地震作用：

1 按现行国家标准《建筑抗震设计规范》GB 50011 规定可不进行桩基抗震承载力验算的建筑物；

2 建筑场地位于建筑抗震的有利地段。

5.1.3 属于下列情况之一的桩基，计算各基桩的作用效应、桩身内力和位移时，宜考虑承台（包括地下墙体）与基桩协同工作和土的弹性抗力作用，其计算方法可按本规范附录C进行：

1 位于 8 度和 8 度以上抗震设防区的建筑，当其桩基承台刚度较大或由于上部结构与承台协同作用能增强承台的刚度时；

2 其他受较大水平力的桩基。

5.2 桩基竖向承载力计算

5.2.1 桩基竖向承载力计算应符合下列要求：

1 荷载效应标准组合：

轴心竖向力作用下

$$N_k \leqslant R \qquad (5.2.1\text{-}1)$$

偏心竖向力作用下，除满足上式外，尚应满足下式的要求：

$$N_{kmax} \leqslant 1.2R \qquad (5.2.1\text{-}2)$$

2 地震作用效应和荷载效应标准组合：

轴心竖向力作用下

$$N_{Ek} \leqslant 1.25R \qquad (5.2.1\text{-}3)$$

偏心竖向力作用下，除满足上式外，尚应满足下式的要求：

$$N_{Ekmax} \leqslant 1.5R \qquad (5.2.1\text{-}4)$$

式中 N_k ——荷载效应标准组合轴心竖向力作用下，基桩或复合基桩的平均竖向力；

N_{kmax} ——荷载效应标准组合偏心竖向力作用下，桩顶最大竖向力；

N_{Ek} ——地震作用效应和荷载效应标准组合下，基桩或复合基桩的平均竖向力；

N_{Ekmax} ——地震作用效应和荷载效应标准组合下，基桩或复合基桩的最大竖向力；

R ——基桩或复合基桩竖向承载力特征值。

5.2.2 单桩竖向承载力特征值 R_a 应按下式确定：

$$R_a = \frac{1}{K} Q_{uk} \qquad (5.2.2)$$

式中 Q_{uk} ——单桩竖向极限承载力标准值；

K ——安全系数，取 $K=2$。

5.2.3 对于端承型桩基、桩数少于 4 根的摩擦型柱下独立桩基、或由于地层土性、使用条件等因素不宜考虑承台效应时，基桩竖向承载力特征值应取单桩竖向承载力特征值。

5.2.4 对于符合下列条件之一的摩擦型桩基，宜考虑承台效应确定其复合基桩的竖向承载力特征值：

1 上部结构整体刚度较好、体型简单的建（构）筑物；

2 对差异沉降适应性较强的排架结构和柔性构筑物；

3 按变刚度调平原则设计的桩基刚度相对弱化区；

4 软土地基的减沉复合疏桩基础。

5.2.5 考虑承台效应的复合基桩竖向承载力特征值可按下列公式确定：

不考虑地震作用时 $\quad R = R_a + \eta_c f_{ak} A_c$

$$(5.2.5\text{-}1)$$

考虑地震作用时 $\quad R = R_a + \dfrac{\zeta_a}{1.25} \eta_c f_{ak} A_c$

$$(5.2.5\text{-}2)$$

$$A_c = (A - n A_{ps})/n \qquad (5.2.5\text{-}3)$$

式中 η_c ——承台效应系数，可按表 5.2.5 取值；

f_{ak} ——承台下 1/2 承台宽度且不超过 5m 深度范围内各层土的地基承载力特征值按厚度加权的平均值；

A_c ——计算基桩所对应的承台底净面积；

A_{ps} ——桩身截面面积；

A ——承台计算域面积对于柱下独立桩基，A 为承台总面积；对于桩筏基础，A 为柱、墙筏板的 1/2 跨距和悬臂边 2.5 倍筏板厚度所围成的面积；桩集中布置于单片墙下的桩筏基础，取墙两边各 1/2 跨距围成的面积，按条形承台计算 η_c；

ζ_a ——地基抗震承载力调整系数，应按现行国家标准《建筑抗震设计规范》GB 50011采用。

当承台底为可液化土、湿陷性土、高灵敏度软土、欠固结土、新填土时，沉桩引起超孔隙水压力和土体隆起时，不考虑承台效应，取 $\eta_c = 0$。

表 5.2.5 承台效应系数 η_c

B_c/l ＼ s_a/d	3	4	5	6	＞6
≤0.4	0.06～0.08	0.14～0.17	0.22～0.26	0.32～0.38	
0.4～0.8	0.08～0.10	0.17～0.20	0.26～0.30	0.38～0.44	0.50～0.80
＞0.8	0.10～0.12	0.20～0.22	0.30～0.34	0.44～0.50	

续表5.2.5

B_c/l \ s_a/d	3	4	5	6	>6
单排桩条形承台	0.15～0.18	0.25～0.30	0.38～0.45	0.50～0.60	0.50～0.80

注：1 表中 s_a/d 为桩中心距与桩径之比；B_c/l 为承台宽度与桩长之比。当计算基桩为非正方形排列时，$s_a = \sqrt{A/n}$，A 为承台计算域面积，n 为总桩数。

2 对于桩布置于墙下的箱、筏承台，η_c 可按单排桩条形承台取值。

3 对于单排桩条形承台，当承台宽度小于 $1.5d$ 时，η_c 按非条形承台取值。

4 对于采用后浆灌注桩的承台，η_c 宜取低值。

5 对于饱和黏性土中的挤土桩基、软土地基上的桩基承台，η_c 宜取低值的 0.8 倍。

5.3 单桩竖向极限承载力

Ⅰ 一般规定

5.3.1 设计采用的单桩竖向极限承载力标准值应符合下列规定：

1 设计等级为甲级的建筑桩基，应通过单桩静载试验确定；

2 设计等级为乙级的建筑桩基，当地质条件简单时，可参照地质条件相同的试桩资料，结合静力触探等原位测试和经验参数综合确定；其余均应通过单桩静载试验确定；

3 设计等级为丙级的建筑桩基，可根据原位测试和经验参数确定。

5.3.2 单桩竖向极限承载力标准值、极限侧阻力标准值和极限端阻力标准值应按下列规定确定：

1 单桩竖向静载试验应按现行行业标准《建筑基桩检测技术规范》JGJ 106 执行；

2 对于大直径端承型桩，也可通过深层平板（平板直径应与孔径一致）载荷试验确定极限端阻力；

3 对于嵌岩桩，可通过直径为 0.3m 岩基平板载荷试验确定极限端阻力标准值，也可通过直径为 0.3m 嵌岩短墩载荷试验确定极限侧阻力标准值和极限端阻力标准值；

4 桩的极限侧阻力标准值和极限端阻力标准值宜通过埋设桩身轴力测试元件由静载试验确定。并通过测试结果建立极限侧阻力标准值和极限端阻力标准值与土层物理指标、岩石饱和单轴抗压强度以及与静力触探等土的原位测试指标间的经验关系，以经验参数法确定单桩竖向极限承载力。

Ⅱ 原位测试法

5.3.3 当根据单桥探头静力触探资料确定混凝土预制桩单桩竖向极限承载力标准值时，如无当地经验，可按下式计算：

$$Q_{uk} = Q_{sk} + Q_{pk} = u\sum q_{sik}l_i + \alpha p_{sk}A_p$$

$$(5.3.3-1)$$

当 $p_{sk1} \leqslant p_{sk2}$ 时

$$p_{sk} = \frac{1}{2}(p_{sk1} + \beta \cdot p_{sk2}) \quad (5.3.3-2)$$

当 $p_{sk1} > p_{sk2}$ 时

$$p_{sk} = p_{sk2} \quad (5.3.3-3)$$

式中 Q_{sk}、Q_{pk} ——分别为总极限侧阻力标准值和总极限端阻力标准值；

u ——桩身周长；

q_{sik} ——用静力触探比贯入阻力值估算的桩周第 i 层土的极限侧阻力；

l_i ——桩周第 i 层土的厚度；

α ——桩端阻力修正系数，可按表5.3.3-1取值；

p_{sk} ——桩端附近的静力触探比贯入阻力标准值（平均值）；

A_p ——桩端面积；

p_{sk1} ——桩端全截面以上8倍桩径范围内的比贯入阻力平均值；

p_{sk2} ——桩端全截面以下4倍桩径范围内的比贯入阻力平均值，如桩端持力层为密实的砂土层，其比贯入阻力平均值超过20MPa时，则需乘以表5.3.3-2中系数C予以折减后，再计算 p_{sk}；

β ——折减系数，按表5.3.3-3选用。

表 5.3.3-1 桩端阻力修正系数 α 值

桩长（m）	$l < 15$	$15 \leqslant l \leqslant 30$	$30 < l \leqslant 60$
α	0.75	0.75～0.90	0.90

注：桩长 $15m \leqslant l \leqslant 30m$，$\alpha$ 值按 l 值直线内插；l 为桩长（不包括桩尖高度）。

表 5.3.3-2 系 数 C

p_{sk}（MPa）	20～30	35	>40
系数 C	5/6	2/3	1/2

表 5.3.3-3 折减系数 β

p_{sk2}/p_{sk1}	$\leqslant 5$	7.5	12.5	$\geqslant 15$
β	1	5/6	2/3	1/2

注：表5.3.3-2、表5.3.3-3可内插取值。

表 5.3.3-4 系数 η_s 值

p_{sk}/p_{sl}	$\leqslant 5$	7.5	$\geqslant 10$
η_s	1.00	0.50	0.33

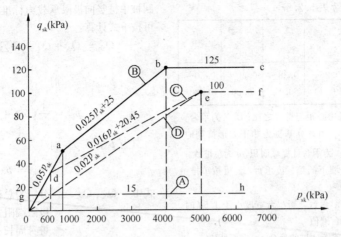

图 5.3.3 q_{sk}-p_{sk} 曲线

注：1 q_{sik} 值应结合土工试验资料，依据土的类别、埋藏深度、排列次序，按图 5.3.3 折线取值；图 5.3.3 中，直线Ⓐ（线段 gh）适用于地表下 6m 范围内的土层；折线Ⓑ（线段 oabc）适用于粉土及砂土土层以上（或无粉土及砂土土层地区）的黏性土；折线Ⓒ（线段 odef）适用于粉土及砂土土层以下的黏性土；折线Ⓓ（线段 oef）适用于粉土、粉砂、细砂及中砂；

2 p_{sk} 为桩端穿过的中密～密实砂土、粉土的比贯入阻力平均值；p_{sl} 为砂土、粉土的下卧软土层的比贯入阻力平均值。

3 采用的单桥探头，圆锥底面积为 15cm²，底部带 7cm 高滑套，锥角 60°。

4 当桩端穿过粉土、粉砂、细砂及中砂层底面时，折线Ⓓ估算的 q_{sik} 值需乘以表 5.3.3-4 中系数 η_s 值。

5.3.4 当根据双桥探头静力触探资料确定混凝土预制桩单桩竖向极限承载力标准值时，对于黏性土、粉土和砂土，如无当地经验时可按下式计算：

$$Q_{uk} = Q_{sk} + Q_{pk} = u\sum l_i \cdot \beta_i \cdot f_{si} + \alpha \cdot q_c \cdot A_p$$

$$(5.3.4)$$

式中 f_{si} ——第 i 层土的探头平均侧阻力（kPa）；

q_c ——桩端平面上、下探头阻力，取桩端平面以上 4d（d 为桩的直径或边长）范围内按土层厚度的探头阻力加权平均值（kPa），然后再和桩端平面以下 1d 范围内的探头阻力进行平均；

α ——桩端阻力修正系数，对于黏性土、粉土取 2/3，饱和砂土取 1/2；

β_i ——第 i 层土桩侧阻力综合修正系数，黏性土、粉土：$\beta_i = 10.04(f_{si})^{-0.55}$；砂

土：$\beta_i = 5.05(f_{si})^{-0.45}$。

注：双桥探头的圆锥底面积为 15cm²，锥角 60°，摩擦套筒高 21.85cm，侧面积 300cm²。

Ⅲ 经验参数法

5.3.5 当根据土的物理指标与承载力参数之间的经验关系确定单桩竖向极限承载力标准值时，宜按下式估算：

$$Q_{uk} = Q_{sk} + Q_{pk} = u\sum q_{sik}l_i + q_{pk}A_p \quad (5.3.5)$$

式中 q_{sik} ——桩侧第 i 层土的极限侧阻力标准值，如无当地经验时，可按表 5.3.5-1 取值；

q_{pk} ——极限端阻力标准值，如无当地经验时，可按表 5.3.5-2 取值。

表 5.3.5-1 桩的极限侧阻力标准值 q_{sik}（kPa）

土的名称	土的状态		混凝土预制桩	泥浆护壁钻（冲）孔桩	干作业钻孔桩
填土	—		22～30	20～28	20～28
淤泥	—		14～20	12～18	12～18
淤泥质土	—		22～30	20～28	20～28
黏性土	流塑	$I_L > 1$	24～40	21～38	21～38
	软塑	$0.75 < I_L \leqslant 1$	40～55	38～53	38～53
	可塑	$0.50 < I_L \leqslant 0.75$	55～70	53～68	53～66
	硬可塑	$0.25 < I_L \leqslant 0.50$	70～86	68～84	66～82
	硬塑	$0 < I_L \leqslant 0.25$	86～98	84～96	82～94
	坚硬	$I_L \leqslant 0$	98～105	96～102	94～104

土的名称	土的状态		混凝土预制桩	泥浆护壁钻(冲)孔桩	干作业钻孔桩
红黏土	$0.7 < a_w \leqslant 1$		13~32	12~30	12~30
	$0.5 < a_w \leqslant 0.7$		32~74	30~70	30~70
粉土	稍密	$e > 0.9$	26~46	24~42	24~42
	中密	$0.75 \leqslant e \leqslant 0.9$	46~66	42~62	42~62
	密实	$e < 0.75$	66~88	62~82	62~82
粉细砂	稍密	$10 < N \leqslant 15$	24~48	22~46	22~46
	中密	$15 < N \leqslant 30$	48~66	46~64	46~64
	密实	$N > 30$	66~88	64~86	64~86
中砂	中密	$15 < N \leqslant 30$	54~74	53~72	53~72
	密实	$N > 30$	74~95	72~94	72~94
粗砂	中密	$15 < N \leqslant 30$	74~95	74~95	76~98
	密实	$N > 30$	95~116	95~116	98~120
砾砂	稍密	$5 < N_{63.5} \leqslant 15$	70~110	50~90	60~100
	中密(密实)	$N_{63.5} > 15$	116~138	116~130	112~130
圆砾、角砾	中密、密实	$N_{63.5} > 10$	160~200	135~150	135~150
碎石、卵石	中密、密实	$N_{63.5} > 10$	200~300	140~170	150~170
全风化软质岩	—	$30 < N \leqslant 50$	100~120	80~100	80~100
全风化硬质岩	—	$30 < N \leqslant 50$	140~160	120~140	120~150
强风化软质岩	—	$N_{63.5} > 10$	160~240	140~200	140~220
强风化硬质岩	—	$N_{63.5} > 10$	220~300	160~240	160~260

注：1 对于尚未完成自重固结的填土和以生活垃圾为主的杂填土，不计算其侧阻力；
2 a_w 为含水比，$a_w = w/w_l$，w 为土的天然含水量，w_l 为土的液限；
3 N 为标准贯入击数；$N_{63.5}$ 为重型圆锥动力触探数；
4 全风化、强风化软质岩和全风化、强风化硬质岩系指其母岩分别为 $f_{rk} \leqslant 15MPa$、$f_{rk} > 30MPa$ 的岩石。

表 5.3.5-2 桩的极限端阻力标准值 q_{pk}（kPa）

土名称	桩型 土的状态		混凝土预制桩桩长 l（m）				泥浆护壁钻(冲)孔桩桩长 l（m）				干作业钻孔桩桩长 l（m）		
			$l \leqslant 9$	$9 < l \leqslant 16$	$16 < l \leqslant 30$	$l > 30$	$5 \leqslant l < 10$	$10 \leqslant l < 15$	$15 \leqslant l < 30$	$30 \leqslant l$	$5 \leqslant l < 10$	$10 \leqslant l < 15$	$15 \leqslant l$
黏性土	软塑	$0.75 < I_L \leqslant 1$	210~850	650~1400	1200~1800	1300~1900	150~250	250~300	300~450	300~450	200~400	400~700	700~950
	可塑	$0.50 < I_L \leqslant 0.75$	850~1700	1400~2200	1900~2800	2300~3600	350~450	450~600	600~750	750~800	500~700	800~1100	1000~1600
	硬可塑	$0.25 < I_L \leqslant 0.50$	1500~2300	2300~3300	2700~3600	3600~4400	800~900	900~1000	1000~1200	1200~1400	850~1100	1500~1700	1700~1900
	硬塑	$0 < I_L \leqslant 0.25$	2500~3800	3800~5500	5500~6000	6000~6800	1100~1200	1200~1400	1400~1600	1600~1800	1600~1800	2200~2400	2600~2800
粉土	中密	$0.75 \leqslant e \leqslant 0.9$	950~1700	1400~2100	1900~2700	2500~3400	300~500	500~650	650~750	750~850	800~1200	1200~1400	1400~1600
	密实	$e < 0.75$	1500~2600	2100~3000	2700~3600	3600~4400	650~900	750~950	900~1100	1100~1200	1200~1700	1400~1900	1600~2100
粉砂	稍密	$10 < N \leqslant 15$	1000~1600	1500~2300	1900~2700	2100~3000	350~500	450~600	600~700	650~750	500~950	1300~1600	1500~1700
	中密、密实	$N > 15$	1400~2200	2100~3000	3000~4500	3800~5500	600~750	750~900	900~1100	1100~1200	900~1000	1700~1900	1700~1900
细砂	中密、密实	$N > 15$	2500~4000	3600~5000	4400~6000	5300~7000	650~850	900~1200	1200~1500	1500~1800	1200~1600	2000~2400	2400~2700
中砂			4000~6000	5500~7000	6500~8000	7500~9000	850~1050	1100~1500	1500~1900	1900~2100	1800~2400	2800~3800	3600~4400
粗砂			5700~7500	7500~8500	8500~10000	9500~11000	1500~1800	2100~2400	2400~2600	2600~2800	2900~3600	4000~4600	4600~5200

土名称 \ 桩型 \ 土的状态		混凝土预制桩桩长 l（m）				泥浆护壁钻（冲）孔桩桩长 l（m）				干作业钻孔桩桩长 l（m）		
		$l \leqslant 9$	$9 < l \leqslant 16$	$16 < l \leqslant 30$	$l > 30$	$5 \leqslant l < 10$	$10 \leqslant l < 15$	$15 \leqslant l < 30$	$30 \leqslant l$	$5 \leqslant l < 10$	$10 \leqslant l < 15$	$15 \leqslant l$
砾砂	$N > 15$	6000~9500	9000~10500			1400~2000		2000~3200		3500~5000		
角砾、圆砾	中密、密实 $N_{63.5} > 10$	7000~10000	9500~11500			1800~2200		2200~3600		4000~5500		
碎石、卵石	$N_{63.5} > 10$	8000~11000	10500~13000			2000~3000		3000~4000		4500~6500		
全风化软质岩	$30 < N \leqslant 50$	4000~6000				1000~1600				1200~2000		
全风化硬质岩	$30 < N \leqslant 50$	5000~8000				1200~2000				1400~2400		
强风化软质岩	$N_{63.5} > 10$	6000~9000				1400~2200				1600~2600		
强风化硬质岩	$N_{63.5} > 10$	7000~11000				1800~2800				2000~3000		

注：1 砂土和碎石类土中桩的极限端阻力取值，宜综合考虑土的密实度，桩端进入持力层的深径比 h_b/d，土愈密实，h_b/d 愈大，取值愈高；
2 预制桩的岩石极限端阻力指桩端支承于中、微风化基岩表面或进入强风化岩、软质岩一定深度条件下极限端阻力；
3 全风化、强风化软质岩和全风化、强风化硬质岩指其母岩分别为 $f_{rk} \leqslant 15MPa$、$f_{rk} > 30MPa$ 的岩石。

5.3.6 根据土的物理指标与承载力参数之间的经验关系，确定大直径桩单桩极限承载力标准值时，可按下式计算：

$$Q_{uk} = Q_{sk} + Q_{pk} = u \sum \psi_{si} q_{sik} l_i + \psi_p q_{pk} A_p$$

(5.3.6)

式中 q_{sik} ——桩侧第 i 层土极限侧阻力标准值，如无当地经验值时，可按本规范表 5.3.5-1 取值，对于扩底桩变截面以上 $2d$ 长度范围不计侧阻力；

q_{pk} ——桩径为 800mm 的极限端阻力标准值，对于干作业挖孔（清底干净）可采用深层载荷板试验确定；当不能进行深层载荷板试验时，可按表 5.3.6-1 取值；

ψ_{si}、ψ_p ——大直径桩侧阻力、端阻力尺寸效应系数，按表 5.3.6-2 取值。

u ——桩身周长，当人工挖孔桩桩周护壁为振捣密实的混凝土时，桩身周长可按护壁外直径计算。

表 5.3.6-1 干作业挖孔桩（清底干净，$D = 800mm$）极限端阻力标准值 q_{pk}（kPa）

土名称		状 态		
黏性土		$0.25 < I_L \leqslant 0.75$	$0 < I_L \leqslant 0.25$	$I_L \leqslant 0$
		800~1800	1800~2400	2400~3000
粉土		—	$0.75 \leqslant e \leqslant 0.9$	$e < 0.75$
			1000~1500	1500~2000
		稍密	中密	密实
砂土、碎石类土	粉砂	500~700	800~1100	1200~2000
	细砂	700~1100	1200~1800	2000~2500
	中砂	1000~2000	2200~3200	3500~5000
	粗砂	1200~2200	2500~3500	4000~5500
	砾砂	1400~2400	2600~4000	5000~7000
	圆砾、角砾	1600~3000	3200~5000	6000~9000
	卵石、碎石	2000~3000	3300~5000	7000~11000

注：1 当桩进入持力层的深度 h_b 分别为：$h_b \leqslant D$，$D < h_b \leqslant 4D$，$h_b > 4D$ 时，q_{pk} 可相应取低、中、高值。
2 砂土密实度可根据标贯击数判定，$N \leqslant 10$ 为松散，$10 < N \leqslant 15$ 为稍密，$15 < N \leqslant 30$ 为中密，$N > 30$ 为密实。
3 当桩的长径比 $l/d \leqslant 8$ 时，q_{pk} 宜取较低值。
4 当对沉降要求不严时，q_{pk} 可取高值。

表 5.3.6-2　大直径灌注桩侧阻力尺寸效应系数 ψ_{si}、端阻力尺寸效应系数 ψ_p

土类型	黏性土、粉土	砂土、碎石类土
ψ_{si}	$(0.8/d)^{1/5}$	$(0.8/d)^{1/3}$
ψ_p	$(0.8/D)^{1/4}$	$(0.8/D)^{1/3}$

注：当为等直径桩时，表中 $D=d$。

Ⅳ　钢　管　桩

5.3.7　当根据土的物理指标与承载力参数之间的经验关系确定钢管桩单桩竖向极限承载力标准值时，可按下列公式计算：

$$Q_{uk} = Q_{sk} + Q_{pk} = u\sum q_{sik}l_i + \lambda_p q_{pk}A_p$$

$$(5.3.7\text{-}1)$$

当 $h_b/d < 5$ 时，　$\lambda_p = 0.16 h_b/d$　(5.3.7-2)

当 $h_b/d \geqslant 5$ 时，　$\lambda_p = 0.8$　(5.3.7-3)

式中　q_{sik}、q_{pk} ——分别按本规范表 5.3.5-1、表 5.3.5-2 取与混凝土预制桩相同值；

λ_p ——桩端土塞效应系数，对于闭口钢管桩 $\lambda_p = 1$，对于敞口钢管桩按式（5.3.7-2）、（5.3.7-3）取值；

h_b ——桩端进入持力层深度；

d ——钢管桩外径。

对于带隔板的半敞口钢管桩，应以等效直径 d_e 代替 d 确定 λ_p；$d_e = d/\sqrt{n}$；其中 n 为桩端隔板分割数（见图 5.3.7）。

$$n=2 \qquad n=4 \qquad n=9$$

图 5.3.7　隔板分割数

Ⅴ　混凝土空心桩

5.3.8　当根据土的物理指标与承载力参数之间的经验关系确定敞口预应力混凝土空心桩单桩竖向极限承载力标准值时，可按下列公式计算：

$$Q_{uk} = Q_{sk} + Q_{pk} = u\sum q_{sik}l_i + q_{pk}(A_j + \lambda_p A_{p1})$$

$$(5.3.8\text{-}1)$$

当 $h_b/d < 5$ 时，　$\lambda_p = 0.16 h_b/d$　(5.3.8-2)

当 $h_b/d \geqslant 5$ 时，　$\lambda_p = 0.8$　(5.3.8-3)

式中　q_{sik}、q_{pk} ——分别按本规范表 5.3.5-1、表 5.3.5-2 取与混凝土预制桩相同值；

A_j ——空心桩桩端净面积：

管桩：$A_j = \dfrac{\pi}{4}(d^2 - d_1^2)$；

空心方桩：$A_j = b^2 - \dfrac{\pi}{4}d_1^2$；

A_{p1} ——空心桩敞口面积：$A_{p1} = \dfrac{\pi}{4}d_1^2$；

λ_p ——桩端土塞效应系数；

d、b ——空心桩外径、边长；

d_1 ——空心桩内径。

Ⅵ　嵌　岩　桩

5.3.9　桩端置于完整、较完整基岩的嵌岩桩单桩竖向极限承载力，由桩周土总极限侧阻力和嵌岩段总极限阻力组成。当根据岩石单轴抗压强度确定单桩竖向极限承载力标准值时，可按下列公式计算：

$$Q_{uk} = Q_{sk} + Q_{rk}　(5.3.9\text{-}1)$$

$$Q_{sk} = u\sum q_{sik}l_i　(5.3.9\text{-}2)$$

$$Q_{rk} = \zeta_r f_{rk}A_p　(5.3.9\text{-}3)$$

式中　Q_{sk}、Q_{rk} ——分别为土的总极限阻力标准值、嵌岩段总极限阻力标准值；

q_{sik} ——桩周第 i 层土的极限侧阻力，无当地经验时，可根据成桩工艺按本规范表 5.3.5-1 取值；

f_{rk} ——岩石饱和单轴抗压强度标准值，黏土岩取天然湿度单轴抗压强度标准值；

ζ_r ——桩嵌岩段侧阻和端阻综合系数，与嵌岩深径比 h_r/d、岩石软硬程度和成桩工艺有关，可按表 5.3.9 采用；表中数值适用于泥浆护壁成桩，对于干作业成桩（清底干净）和泥浆护壁成桩后注浆，ζ_r 应取表列数值的 1.2 倍。

表 5.3.9　桩嵌岩段侧阻和端阻综合系数 ζ_r

嵌岩深径比 h_r/d	0	0.5	1.0	2.0	3.0	4.0	5.0	6.0	7.0	8.0
极软岩、软岩	0.60	0.80	0.95	1.18	1.35	1.48	1.57	1.63	1.66	1.70
较硬岩、坚硬岩	0.45	0.65	0.81	0.90	1.00	1.04	—	—	—	—

注：1　极软岩、软岩指 $f_{rk} \leqslant 15$MPa，较硬岩、坚硬岩指 $f_{rk} > 30$MPa，介于二者之间可内插取值。

2　h_r 为桩身嵌岩深度，当岩面倾斜时，以坡下方嵌岩深度为准；当 h_r/d 为非表列值时，ζ_r 可内插取值。

5.3.10 后注浆灌注桩的单桩极限承载力，应通过静载试验确定。在符合本规范第 6.7 节后注浆技术实施规定的条件下，其后注浆单桩极限承载力标准值可按下式估算：

$$Q_{uk} = Q_{sk} + Q_{gsk} + Q_{gpk}$$
$$= u \sum q_{sjk} l_j + u \sum \beta_{si} q_{sik} l_{gi} + \beta_p q_{pk} A_p$$
$$(5.3.10)$$

式中　Q_{sk} ——后注浆非竖向增强段的总极限侧阻力标准值；

　　　Q_{gsk} ——后注浆竖向增强段的总极限侧阻力标准值；

　　　Q_{gpk} ——后注浆总极限端阻力标准值；

　　　u ——桩身周长；

　　　l_j ——后注浆非竖向增强段第 j 层土厚度；

　　　l_{gi} ——后注浆竖向增强段内第 i 层土厚度；对于泥浆护壁成孔灌注桩，当为单一桩端后注浆时，竖向增强段为桩端以上 12m；当为桩端、桩侧复式注浆时，竖向增强段为桩端以上 12m 及各桩侧注浆断面以上 12m，重叠部分应扣除；对于干作业灌注桩，竖向增强段为桩端以上、桩侧注浆断面上下各 6m；

　　q_{sik}、q_{sjk}、q_{pk} ——分别为后注浆竖向增强段第 i 土层初始极限侧阻力标准值、非竖向增强段第 j 土层初始极限侧阻力标准值、初始极限端阻力标准值；根据本规范第 5.3.5 条确定；

　　　β_{si}、β_p ——分别为后注浆侧阻力、端阻力增强系数，无当地经验时，可按表 5.3.10 取值。对于桩径大于 800mm 的桩，应按本规范表 5.3.6-2 进行侧阻和端阻尺寸效应修正。

表 5.3.10　后注浆侧阻力增强系数 β_{si}，端阻力增强系数 β_p

土层名称	淤泥 淤泥质土	黏性土 粉土	粉砂 细砂	中砂	粗砂 砾砂	砾石 卵石	全风化岩 强风化岩
β_{si}	1.2～1.3	1.4～1.8	1.6～2.0	1.7～2.1	2.0～2.5	2.4～3.0	1.4～1.8
β_p	—	2.2～2.5	2.4～2.8	2.6～3.0	3.0～3.5	3.2～4.0	2.0～2.4

注：干作业钻、挖孔桩，β_p 按表列值乘以小于 1.0 的折减系数。当桩端持力层为黏性土或粉土时，折减系数取 0.6；为砂土或碎石土时，取 0.8。

5.3.11 后注浆钢导管注浆后可等效替代纵向主筋。

Ⅷ　液　化　效　应

5.3.12 对于桩身周围有液化土层的低承台桩基，当承台底面上下分别有厚度不小于 1.5m、1.0m 的非液化土或非软弱土层时，可将液化土层极限侧阻力乘以土层液化影响折减系数计算单桩极限承载力标准值。土层液化影响折减系数 ψ_l 可按表 5.3.12 确定。

表 5.3.12　土层液化影响折减系数 ψ_l

$\lambda_N = \dfrac{N}{N_{cr}}$	自地面算起的液化土层深度 d_L（m）	ψ_l
$\lambda_N \leqslant 0.6$	$d_L \leqslant 10$ $10 < d_L \leqslant 20$	0 1/3
$0.6 < \lambda_N \leqslant 0.8$	$d_L \leqslant 10$ $10 < d_L \leqslant 20$	1/3 2/3
$0.8 < \lambda_N \leqslant 1.0$	$d_L \leqslant 10$ $10 < d_L \leqslant 20$	2/3 1.0

注：1　N 为饱和土标击数实测值；N_{cr} 为液化判别标贯击数临界值；

　　2　对于挤土桩当桩距不大于 $4d$，且桩的排数不少于 5 排，总桩数不少于 25 根时，土层液化影响折减系数可按表列值提高一档取值；桩间土标贯击数达到 N_{cr} 时，取 $\psi_l = 1$。

当承台底面上下非液化土层厚度小于以上规定时，土层液化影响折减系数 ψ_l 取 0。

5.4　特殊条件下桩基竖向承载力验算

Ⅰ　软弱下卧层验算

5.4.1 对于桩距不超过 $6d$ 的群桩基础，桩端持力层下存在承载力低于桩端持力层承载力 1/3 的软弱下卧层时，可按下列公式验算软弱下卧层的承载力（见图 5.4.1）：

$$\sigma_z + \gamma_m z \leqslant f_{az} \qquad (5.4.1\text{-}1)$$

$$\sigma_z = \frac{(F_k + G_k) - 3/2 (A_0 + B_0) \cdot \sum q_{sik} l_i}{(A_0 + 2t \cdot \tan\theta)(B_0 + 2t \cdot \tan\theta)}$$
$$(5.4.1\text{-}2)$$

式中　σ_z ——作用于软弱下卧层顶面的附加应力；

　　　γ_m ——软弱层顶面以上各土层重度（地下水位以下取浮重度）按厚度加权平均值；

　　　t ——硬持力层厚度；

　　　f_{az} ——软弱下卧层经深度 z 修正的地基承载力特征值；

　　　A_0、B_0 ——桩群外缘矩形底面的长、短边边长；

q_{sik}——桩周第 i 层土的极限侧阻力标准值，无当地经验时，可根据成桩工艺按本规范表 5.3.5-1 取值；

θ——桩端硬持力层压力扩散角，按表 5.4.1 取值。

表 5.4.1　桩端硬持力层压力扩散角 θ

E_{s1}/E_{s2}	$t = 0.25B_0$	$t \geqslant 0.50B_0$
1	4°	12°
3	6°	23°
5	10°	25°
10	20°	30°

注：1　E_{s1}、E_{s2} 为硬持力层、软弱下卧层的压缩模量；

2　当 $t < 0.25B_0$ 时，取 $\theta = 0°$，必要时，宜通过试验确定；当 $0.25B_0 < t < 0.50B_0$ 时，可内插取值。

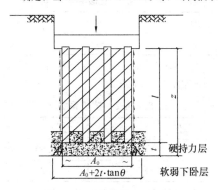

图 5.4.1　软弱下卧层承载力验算

Ⅱ　负摩阻力计算

5.4.2　符合下列条件之一的桩基，当桩周土层产生的沉降超过基桩的沉降时，在计算基桩承载力时应计入桩侧负摩阻力：

　　1　桩穿越较厚松散填土、自重湿陷性黄土、欠固结土、液化土层进入相对较硬土层时；

　　2　桩周存在软弱土层，邻近桩侧地面承受局部较大的长期荷载，或地面大面积堆载（包括填土）时；

　　3　由于降低地下水位，使桩周土有效应力增大，并产生显著压缩沉降时。

5.4.3　桩周土沉降可能引起桩侧负摩阻力时，应根据工程具体情况考虑负摩阻力对桩基承载力和沉降的影响；当缺乏可参照的工程经验时，可按下列规定验算。

　　1　对于摩擦型基桩可取桩身计算中性点以上侧阻力为零，并可按下式验算基桩承载力：

$$N_k \leqslant R_a \qquad (5.4.3\text{-}1)$$

　　2　对于端承型基桩除应满足上式要求外，尚应考虑负摩阻力引起基桩的下拉荷载 Q_g^n，并可按下式验算基桩承载力：

$$N_k + Q_g^n \leqslant R_a \qquad (5.4.3\text{-}2)$$

　　3　当土层不均匀或建筑物对不均匀沉降较敏感时，尚应将负摩阻力引起的下拉荷载计入附加荷载验算桩基沉降。

注：本条中基桩的竖向承载力特征值 R_a 只计中性点以下部分侧阻值及端阻值。

5.4.4　桩侧负摩阻力及其引起的下拉荷载，当无实测资料时可按下列规定计算：

　　1　中性点以上单桩桩周第 i 层土负摩阻力标准值，可按下列公式计算：

$$q_{si}^n = \xi_{ni}\sigma_i' \qquad (5.4.4\text{-}1)$$

当填土、自重湿陷性黄土湿陷、欠固结土层产生固结和地下水降低时：$\sigma_i' = \sigma_{\gamma i}'$

当地面分布大面积荷载时：$\sigma_i' = p + \sigma_{\gamma i}'$

$$\sigma_{\gamma i}' = \sum_{e=1}^{i-1} \gamma_e \Delta z_e + \frac{1}{2}\gamma_i \Delta z_i \qquad (5.4.4\text{-}2)$$

式中　q_{si}^n——第 i 层土桩侧负摩阻力标准值；当按式（5.4.4-1）计算值大于正摩阻力标准值时，取正摩阻力标准值进行设计；

ξ_{ni}——桩周第 i 层土负摩阻力系数，可按表 5.4.4-1 取值；

$\sigma_{\gamma i}'$——由土自重引起的桩周第 i 层土平均竖向有效应力；桩群外围桩自地面算起，桩群内部桩自承台底算起；

σ_i'——桩周第 i 层土平均竖向有效应力；

γ_i、γ_e——分别为第 i 计算土层和其上第 e 土层的重度，地下水位以下取浮重度；

Δz_i、Δz_e——第 i 层土、第 e 层土的厚度；

p——地面均布荷载。

表 5.4.4-1　负摩阻力系数 ξ_n

土　类	ξ_n
饱和软土	0.15～0.25
黏性土、粉土	0.25～0.40
砂土	0.35～0.50
自重湿陷性黄土	0.20～0.35

注：1　在同一类土中，对于挤土桩，取表中较大值，对于非挤土桩，取表中较小值；

2　填土按其组成取表中同类土的较大值。

　　2　考虑群桩效应的基桩下拉荷载可按下式计算：

$$Q_g^n = \eta_n \cdot u \sum_{i=1}^{n} q_{si}^n l_i \qquad (5.4.4\text{-}3)$$

$$\eta_n = s_{ax} \cdot s_{ay} \bigg/ \left[\pi d \left(\frac{q_s^n}{\gamma_m} + \frac{d}{4} \right) \right] \qquad (5.4.4\text{-}4)$$

式中　n——中性点以上土层数；

l_i——中性点以上第 i 土层的厚度；

η_n——负摩阻力群桩效应系数；

s_{ax}、s_{ay}——分别为纵、横向桩的中心距；

q_s^n——中性点以上桩周土层厚度加权平均负摩

阻力标准值;

　　γ_m——中性点以上桩周土层厚度加权平均重度（地下水位以下取浮重度）。

　　对于单桩基础或按式(5.4.4-4)计算的群桩效应系数 $\eta_n > 1$ 时，取 $\eta_n = 1$。

　　3 中性点深度 l_n 应按桩周土层沉降与桩沉降相等的条件计算确定，也可参照表 5.4.4-2 确定。

表 5.4.4-2　中性点深度 l_n

持力层性质	黏性土、粉土	中密以上砂	砾石、卵石	基岩
中性点深度比 l_n/l_0	0.5~0.6	0.7~0.8	0.9	1.0

注：1　l_n、l_0——分别为自桩顶算起的中性点深度和桩周软弱土层下限深度；

　　2　桩穿过自重湿陷性黄土层时，l_n 可按表列值增大 10%（持力层为基岩除外）；

　　3　当桩周土层固结与桩基固结沉降同时完成时，取 $l_n = 0$；

　　4　当桩周土层计算沉降量小于 20mm 时，l_n 应按表列值乘以 0.4~0.8 折减。

Ⅲ　抗拔桩基承载力验算

5.4.5　承受拔力的桩基，应按下列公式同时验算群桩基础呈整体破坏和呈非整体破坏时基桩的抗拔承载力：

$$N_k \leqslant T_{gk}/2 + G_{gp} \qquad (5.4.5-1)$$
$$N_k \leqslant T_{uk}/2 + G_p \qquad (5.4.5-2)$$

式中　N_k——按荷载效应标准组合计算的基桩拔力；

　　T_{gk}——群桩呈整体破坏时基桩的抗拔极限承载力标准值，可按本规范第 5.4.6 条确定；

　　T_{uk}——群桩呈非整体破坏时基桩的抗拔极限承载力标准值，可按本规范第 5.4.6 条确定；

　　G_{gp}——群桩基础所包围体积的桩土总自重除以总桩数，地下水位以下取浮重度；

　　G_P——基桩自重，地下水位以下取浮重度，对于扩底桩应按本规范表 5.4.6-1 确定桩、土柱体周长，计算桩、土自重。

5.4.6　群桩基础及其基桩的抗拔极限承载力的确定应符合下列规定：

　　1　对于设计等级为甲级和乙级建筑桩基，基桩的抗拔极限承载力应通过现场单桩上拔静载荷试验确定。单桩上拔静载荷试验及抗拔极限承载力标准值取值可按现行行业标准《建筑基桩检测技术规范》JGJ 106 进行。

　　2　如无当地经验时，群桩基础及设计等级为丙级建筑桩基，基桩的抗拔极限载力取值可按下列规定计算：

　　1）群桩呈非整体破坏时，基桩的抗拔极限承载力标准值可按下式计算：

$$T_{uk} = \sum \lambda_i q_{sik} u_i l_i \qquad (5.4.6-1)$$

式中　T_{uk}——基桩抗拔极限承载力标准值；

　　u_i——桩身周长，对于等直径桩取 $u = \pi d$；对于扩底桩按表 5.4.6-1 取值；

　　q_{sik}——桩侧表面第 i 层土的抗压极限侧阻力标准值，可按本规范表 5.3.5-1 取值；

　　λ_i——抗拔系数，可按表 5.4.6-2 取值。

表 5.4.6-1　扩底桩破坏表面周长 u_i

自桩底起算的长度 l_i	$\leqslant (4 \sim 10)d$	$> (4 \sim 10)d$
u_i	πD	πd

注：l_i 对于软土取低值，对于卵石、砾石取高值；l_i 取值按内摩擦角增大而增加。

表 5.4.6-2　抗拔系数 λ

土　类	λ 值
砂土	0.50~0.70
黏性土、粉土	0.70~0.80

注：桩长 l 与桩径 d 之比小于 20 时，λ 取小值。

　　2）群桩呈整体破坏时，基桩的抗拔极限承载力标准值可按下式计算：

$$T_{gk} = \frac{1}{n} u_l \sum \lambda_i q_{sik} l_i \qquad (5.4.6-2)$$

式中　u_l——桩群外围周长。

5.4.7　季节性冻土上轻型建筑的短桩基础，应按下列公式验算其抗冻拔稳定性：

$$\eta_f q_f u z_0 \leqslant T_{gk}/2 + N_G + G_{gp} \qquad (5.4.7-1)$$
$$\eta_f q_f u z_0 \leqslant T_{uk}/2 + N_G + G_p \qquad (5.4.7-2)$$

式中　η_f——冻深影响系数，按表 5.4.7-1 采用；

　　q_f——切向冻胀力，按表 5.4.7-2 采用；

　　z_0——季节性冻土的标准冻深；

　　T_{gk}——标准冻深线以下群桩呈整体破坏时基桩抗拔极限承载力标准值，可按本规范第 5.4.6 条确定；

　　T_{uk}——标准冻深线以下单桩抗拔极限承载力标准值，可按本规范第 5.4.6 条确定；

　　N_G——基桩承受的桩承台底面以上建筑物自重、承台及其上土重标准值。

表 5.4.7-1　冻深影响系数 η_f 值

标准冻深（m）	$z_0 \leqslant 2.0$	$2.0 < z_0 \leqslant 3.0$	$z_0 > 3.0$
η_f	1.0	0.9	0.8

表 5.4.7-2 切向冻胀力 q_f（kPa）值

土 类 \ 冻胀性分类	弱冻胀	冻胀	强冻胀	特强冻胀
黏性土、粉土	30～60	60～80	80～120	120～150
砂土、砾（碎）石（黏、粉粒含量>15%)	<10	20～30	40～80	90～200

注：1 表面粗糙的灌注桩，表中数值应乘以系数 1.1～1.3；
　　2 本表不适用于含盐量大于 0.5% 的冻土。

5.4.8 膨胀土上轻型建筑的短桩基础，应按下列公式验算群桩基础呈整体破坏和非整体破坏的抗拔稳定性：

$$u\sum q_{ei}l_{ei} \leqslant T_{gk}/2 + N_G + G_{gp} \quad (5.4.8\text{-}1)$$

$$u\sum q_{ei}l_{ei} \leqslant T_{uk}/2 + N_G + G_p \quad (5.4.8\text{-}2)$$

式中 T_{gk} ——群桩呈整体破坏时，大气影响急剧层下稳定土层中基桩的抗拔极限承载力标准值，可按本规范第 5.4.6 条计算；

T_{uk} ——群桩呈非整体破坏时，大气影响急剧层下稳定土层中基桩的抗拔极限承载力标准值，可按本规范第 5.4.6 条计算；

q_{ei} ——大气影响急剧层中第 i 层土的极限胀切力，由现场浸水试验确定；

l_{ei} ——大气影响急剧层中第 i 层土的厚度。

5.5 桩基沉降计算

5.5.1 建筑桩基沉降变形计算值不应大于桩基沉降变形允许值。

5.5.2 桩基沉降变形可用下列指标表示：

　1 沉降量；

　2 沉降差；

　3 整体倾斜：建筑物桩基础倾斜方向两端点的沉降差与其距离之比值；

　4 局部倾斜：墙下条形承台沿纵向某一长度范围内桩基础两点的沉降差与其距离之比值。

5.5.3 计算桩基沉降变形时，桩基变形指标应按下列规定选用：

　1 由于土层厚度与性质不均匀、荷载差异、体形复杂、相互影响等因素引起的地基沉降变形，对于砌体承重结构应由局部倾斜控制；

　2 对于多层或高层建筑和高耸结构应由整体倾斜值控制；

　3 当其结构为框架、框架-剪力墙、框架-核心筒结构时，尚应控制柱（墙）之间的差异沉降。

5.5.4 建筑桩基沉降变形允许值，应按表 5.5.4 规定采用。

表 5.5.4 建筑桩基沉降变形允许值

变 形 特 征		允许值
砌体承重结构基础的局部倾斜		0.002
各类建筑相邻柱（墙）基的沉降差		
(1) 框架、框架—剪力墙、框架—核心筒结构		$0.002\,l_0$
(2) 砌体墙填充的边排柱		$0.0007l_0$
(3) 当基础不均匀沉降时不产生附加应力的结构		$0.005l_0$
单层排架结构（柱距为 6m）桩基的沉降量（mm）		120
桥式吊车轨面的倾斜（按不调整轨道考虑） 纵向		0.004
横向		0.003
多层和高层建筑的整体倾斜	$H_g \leqslant 24$	0.004
	$24 < H_g \leqslant 60$	0.003
	$60 < H_g \leqslant 100$	0.0025
	$H_g > 100$	0.002
高耸结构桩基的整体倾斜	$H_g \leqslant 20$	0.008
	$20 < H_g \leqslant 50$	0.006
	$50 < H_g \leqslant 100$	0.005
	$100 < H_g \leqslant 150$	0.004
	$150 < H_g \leqslant 200$	0.003
	$200 < H_g \leqslant 250$	0.002
高耸结构基础的沉降量（mm）	$H_g \leqslant 100$	350
	$100 < H_g \leqslant 200$	250
	$200 < H_g \leqslant 250$	150
体型简单的剪力墙结构高层建筑桩基最大沉降量（mm）		200

注：l_0 为相邻柱（墙）二测点间距离，H_g 为自室外地面算起的建筑物高度（m）。

5.5.5 对于本规范表 5.5.4 中未包括的建筑桩基沉降变形允许值，应根据上部结构对桩基沉降变形的适应能力和使用要求确定。

Ⅰ 桩中心距不大于 6 倍桩径的桩基

5.5.6 对于桩中心距不大于 6 倍桩径的桩基，其最终沉降量计算可采用等效作用分层总和法。等效作用面位于桩端平面，等效作用面积为桩承台投影面积，等效作用附加压力近似取承台底平均附加压力。等效作用面以下的应力分布采用各向同性均质直线变形体理论。计算模式如图 5.5.6 所示，桩基任一点最终沉降量可用角点法按下式计算：

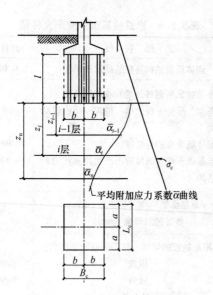

图 5.5.6 桩基沉降计算示意图

$$s = \psi \cdot \psi_e \cdot s'$$
$$= \psi \cdot \psi_e \cdot \sum_{j=1}^{m} p_{0j} \sum_{i=1}^{n} \frac{z_{ij}\bar{\alpha}_{ij} - z_{(i-1)j}\bar{\alpha}_{(i-1)j}}{E_{si}}$$

$$(5.5.6)$$

式中　　s——桩基最终沉降量（mm）；

s'——采用布辛奈斯克（Boussinesq）解，按实体深基础分层总和法计算出的桩基沉降量（mm）；

ψ——桩基沉降计算经验系数，当无当地可靠经验时可按本规范第 5.5.11 条确定；

ψ_e——桩基等效沉降系数，可按本规范第 5.5.9 条确定；

m——角点法计算点对应的矩形荷载分块数；

p_{0j}——第 j 块矩形底面在荷载效应准永久组合下的附加压力（kPa）；

n——桩基沉降计算深度范围内所划分的土层数；

E_{si}——等效作用面以下第 i 层土的压缩模量（MPa），采用地基土在自重压力至自重压力加附加压力作用时的压缩模量；

z_{ij}、$z_{(i-1)j}$——桩端平面第 j 块荷载作用面至第 i 层土、第 $i-1$ 层土底面的距离（m）；

$\bar{\alpha}_{ij}$、$\bar{\alpha}_{(i-1)j}$——桩端平面第 j 块荷载计算点至第 i 层土、第 $i-1$ 层土底面深度范围内平均附加应力系数，可按本规范附录 D 选用。

5.5.7 计算矩形桩基中点沉降时，桩基沉降量可按下式简化计算：

$$s = \psi \cdot \psi_e \cdot s' = 4 \cdot \psi \cdot \psi_e \cdot p_0 \sum_{i=1}^{n} \frac{z_i\bar{\alpha}_i - z_{i-1}\bar{\alpha}_{i-1}}{E_{si}}$$

$$(5.5.7)$$

式中　　p_0——在荷载效应准永久组合下承台底的平均附加压力；

$\bar{\alpha}_i$、$\bar{\alpha}_{i-1}$——平均附加应力系数，根据矩形长宽比 a/b 及深宽比 $\frac{z_i}{b} = \frac{2z_i}{B_c}$，$\frac{z_{i-1}}{b} = \frac{2z_{i-1}}{B_c}$，可按本规范附录 D 选用。

5.5.8 桩基沉降计算深度 z_n 应按应力比法确定，即计算深度处的附加应力 σ_z 与土的自重应力 σ_c 应符合下列公式要求：

$$\sigma_z \leqslant 0.2\sigma_c \qquad (5.5.8\text{-}1)$$

$$\sigma_z = \sum_{j=1}^{m} a_j p_{0j} \qquad (5.5.8\text{-}2)$$

式中　　a_j——附加应力系数，可根据角点法划分的矩形长宽比及深宽比按本规范附录 D 选用。

5.5.9 桩基等效沉降系数 ψ_e 可按下列公式简化计算：

$$\psi_e = C_0 + \frac{n_b - 1}{C_1 (n_b - 1) + C_2} \qquad (5.5.9\text{-}1)$$

$$n_b = \sqrt{n \cdot B_c / L_c} \qquad (5.5.9\text{-}2)$$

式中　　n_b——矩形布桩时的短边布桩数，当布桩不规则时可按式（5.5.9-2）近似计算，$n_b > 1$；$n_b = 1$ 时，可按本规范式（5.5.14）计算；

C_0、C_1、C_2——根据群桩距径比 s_a/d、长径比 l/d 及基础长宽比 L_c/B_c，按本规范附录 E 确定；

L_c、B_c、n——分别为矩形承台的长、宽及总桩数。

5.5.10 当布桩不规则时，等效距径比可按下列公式近似计算：

圆形桩　$s_a/d = \sqrt{A}/(\sqrt{n} \cdot d)$　　(5.5.10-1)

方形桩　$s_a/d = 0.886\sqrt{A}/(\sqrt{n} \cdot b)$　　(5.5.10-2)

式中　　A——桩基承台总面积；

b——方形桩截面边长。

5.5.11 当无当地可靠经验时，桩基沉降计算经验系数 ψ 可按表 5.5.11 选用。对于采用后注浆施工工艺的灌注桩，桩基沉降计算经验系数应根据桩端持力土层类别，乘以 0.7（砂、砾、卵石）~0.8（黏性土、粉土）折减系数；饱和土中采用预制桩（不含复打、复压、引孔沉桩）时，应根据桩距、土质、沉桩速率和顺序等因素，乘以 1.3~1.8 挤土效应系数，土的渗透性低，桩距小，桩数多，沉降速率快时取大值。

表 5.5.11　桩基沉降计算经验系数 ψ

$\overline{E}_s$(MPa)	≤10	15	20	35	≥50
ψ	1.2	0.9	0.65	0.50	0.40

注：1　$\overline{E}_s$ 为沉降计算深度范围内压缩模量的当量值，可

按下式计算：$\overline{E}_s = \sum A_i / \sum \dfrac{A_i}{E_{si}}$，式中 A_i 为第 i 层

土附加压力系数沿土层厚度的积分值，可近似按
分块面积计算；

2　ψ 可根据 $\overline{E}_s$ 内插取值。

5.5.12　计算桩基沉降时，应考虑相邻基础的影响，采用叠加原理计算；桩基等效沉降系数可按独立基础计算。

5.5.13　当桩基形状不规则时，可采用等效矩形面积计算桩基等效沉降系数，等效矩形的长宽比可根据承台实际尺寸和形状确定。

Ⅱ　单桩、单排桩、疏桩基础

5.5.14　对于单桩、单排桩、桩中心距大于 6 倍桩径的疏桩基础的沉降计算应符合下列规定：

1　承台底地基土不分担荷载的桩基。桩端平面以下地基中由基桩引起的附加应力，按考虑桩径影响的明德林（Mindlin）解附录 F 计算确定。将沉降计算点水平面影响范围内各基桩对应力计算点产生的附加应力叠加，采用单向压缩分层总和法计算土层的沉降，并计入桩身压缩 s_e。桩基的最终沉降量可按下列公式计算：

$$s = \psi \sum_{i=1}^{n} \frac{\sigma_{zi}}{E_{si}} \Delta z_i + s_e \qquad (5.5.14-1)$$

$$\sigma_{zi} = \sum_{j=1}^{m} \frac{Q_j}{l_j^2} [\alpha_j I_{p,ij} + (1-\alpha_j) I_{s,ij}] \qquad (5.5.14-2)$$

$$s_e = \xi_e \frac{Q_j l_j}{E_c A_{ps}} \qquad (5.5.14-3)$$

2　承台底地基土分担荷载的复合桩基。将承台底土压力对地基中某点产生的附加应力按 Boussinesq 解（附录 D）计算，与基桩产生的附加应力叠加，采用与本条第 1 款相同方法计算沉降。其最终沉降量可按下列公式计算：

$$s = \psi \sum_{i=1}^{n} \frac{\sigma_{zi} + \sigma_{zci}}{E_{si}} \Delta z_i + s_e \qquad (5.5.14-4)$$

$$\sigma_{zci} = \sum_{k=1}^{u} \alpha_{ki} \cdot p_{c,k} \qquad (5.5.14-5)$$

式中　m ——以沉降计算点为圆心，0.6 倍桩长为半径的水平面影响范围内的基桩数；

n ——沉降计算深度范围内土层的计算分层数；分层数应结合土层性质，分层厚度不应超过计算深度的 0.3 倍；

σ_{zi} ——水平面影响范围内各基桩对应力计算点桩端平面以下第 i 层土 1/2 厚度处产

生的附加竖向应力之和；应力计算点应取与沉降计算点最近的桩中心点；

σ_{zci} ——承台压力对应力计算点桩端平面以下第 i 计算土层 1/2 厚度处产生的应力；可将承台板划分为 u 个矩形块，可按本规范附录 D 采用角点法计算；

Δz_i ——第 i 计算土层厚度（m）；

E_{si} ——第 i 计算土层的压缩模量（MPa），采用土的自重压力至土的自重压力加附加压力作用时的压缩模量；

Q_j ——第 j 桩在荷载效应准永久组合作用下（对于复合桩基应扣除承台底土分担荷载），桩顶的附加荷载（kN）；当地下室埋深超过 5m 时，取荷载效应准永久组合作用下的总荷载为考虑回弹再压缩的等代附加荷载；

l_j ——第 j 桩桩长（m）；

A_{ps} ——桩身截面面积；

α_j ——第 j 桩总桩端阻力与桩顶荷载之比，近似取极限总端阻力与单桩极限承载力之比；

$I_{p,ij}$、$I_{s,ij}$ ——分别为第 j 桩的桩端阻力和桩侧阻力对计算轴线第 i 计算土层 1/2 厚度处的应力影响系数，可按本规范附录 F 确定；

E_c ——桩身混凝土的弹性模量；

$p_{c,k}$ ——第 k 块承台底均布压力，可按 $p_{c,k} = \eta_{c,k} \cdot f_{ak}$ 取值，其中 $\eta_{c,k}$ 为第 k 块承台底板的承台效应系数，按本规范表 5.2.5 确定；f_{ak} 为承台底地基承载力特征值；

α_{ki} ——第 k 块承台底角点处，桩端平面以下第 i 计算土层 1/2 厚度处的附加应力系数，可按本规范附录 D 确定；

s_e ——计算桩身压缩；

ξ_e ——桩身压缩系数。端承型桩，取 $\xi_e = 1.0$；摩擦型桩，当 $l/d \leqslant 30$ 时，取 $\xi_e = 2/3$；$l/d \geqslant 50$ 时，取 $\xi_e = 1/2$；介于两者之间可线性插值；

ψ ——沉降计算经验系数，无当地经验时，可取 1.0。

5.5.15　对于单桩、单排桩、疏桩复合桩基础的最终沉降计算深度 Z_n，可按应力比法确定，即 Z_n 处由桩引起的附加应力 σ_z、由承台土压力引起的附加应力 σ_{zc} 与土的自重应力 σ_c 应符合下式要求：

$$\sigma_z + \sigma_{zc} = 0.2\sigma_c \qquad (5.5.15)$$

5.6　软土地基减沉复合疏桩基础

5.6.1　当软土地基上多层建筑，地基承载力基本满

足要求（以底层平面面积计算）时，可设置穿过软土层进入相对较好土层的疏布摩擦型桩，由桩和桩间土共同分担荷载。该种减沉复合疏桩基础，可按下列公式确定承台面积和桩数：

$$A_c = \xi \frac{F_k + G_k}{f_{ak}} \qquad (5.6.1\text{-}1)$$

$$n \geqslant \frac{F_k + G_k - \eta_c f_{ak} A_c}{R_a} \qquad (5.6.1\text{-}2)$$

式中 A_c ——桩基承台总净面积；

f_{ak} ——承台底地基承载力特征值；

ξ ——承台面积控制系数，$\xi \geqslant 0.60$；

n ——基桩数；

η_c ——桩基承台效应系数，可按本规范表5.2.5取值。

5.6.2 减沉复合疏桩基础中点沉降可按下列公式计算：

$$s = \psi(s_s + s_{sp}) \qquad (5.6.2\text{-}1)$$

$$s_s = 4 p_0 \sum_{i=1}^{m} \frac{z_i \bar{\alpha}_i - z_{(i-1)} \bar{\alpha}_{(i-1)}}{E_{si}} \qquad (5.6.2\text{-}2)$$

$$s_{sp} = 280 \frac{\bar{q}_{su}}{\bar{E}_s} \cdot \frac{d}{(s_a/d)^2} \qquad (5.6.2\text{-}3)$$

$$p_0 = \eta_p \frac{F - n R_a}{A_c} \qquad (5.6.2\text{-}4)$$

式中 s ——桩基中心点沉降量；

s_s ——由承台底地基土附加压力作用下产生的中点沉降（见图5.6.2）；

s_{sp} ——由桩土相互作用产生的沉降；

p_0 ——按荷载效应准永久值组合计算的假想天然地基平均附加压力（kPa）；

E_{si} ——承台底以下第 i 层土的压缩模量，应取自重压力至自重压力与附加压力段的模量值；

m ——地基沉降计算深度范围的土层数；沉降计算深度按 $\sigma_z = 0.1\sigma_c$ 确定，σ_z 可按本规范第5.5.8条确定；

$\bar{q}_{su}$、$\bar{E}_s$ ——桩身范围内按厚度加权的平均桩侧极限摩阻力、平均压缩模量；

d ——桩身直径，当为方形桩时，$d = 1.27b$（b 为方形桩截面边长）；

s_a/d ——等效距径比，可按本规范第5.5.10条执行；

z_i、z_{i-1} ——承台底至第 i 层、第 $i-1$ 层土底面的距离；

$\bar{\alpha}_i$、$\bar{\alpha}_{i-1}$ ——承台底至第 i 层、第 $i-1$ 层土层底范围内的角点平均附加应力系数；根据承台等效面积的计算分块矩形长宽比 a/b 及深宽比 $z_i/b = 2z_i/B_c$，由本规范附录D确定；其中承台等效宽度 $B_c = B\sqrt{A_c}/L$；B、L 为建筑物基础外缘平

面的宽度和长度；

F ——荷载效应准永久值组合下，作用于承台底的总附加荷载（kN）；

η_p ——基桩刺入变形影响系数；按桩端持力层土质确定，砂土为1.0，粉土为1.15，黏性土为1.30；

ψ ——沉降计算经验系数，无当地经验时，可取1.0。

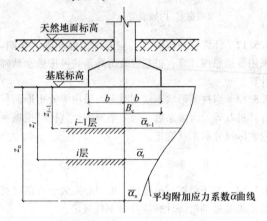

图5.6.2 复合疏桩基础沉降计算的分层示意图

5.7 桩基水平承载力与位移计算

I 单桩基础

5.7.1 受水平荷载的一般建筑物和水平荷载较小的高大建筑物单桩基础和群桩中基桩应满足下式要求：

$$H_{ik} \leqslant R_h \qquad (5.7.1)$$

式中 H_{ik} ——在荷载效应标准组合下，作用于基桩 i 桩顶处的水平力；

R_h ——单桩基础或群桩中基桩的水平承载力特征值，对于单桩基础，可取单桩的水平承载力特征值 R_{ha}。

5.7.2 单桩的水平承载力特征值的确定应符合下列规定：

1 对于受水平荷载较大的设计等级为甲级、乙级的建筑桩基，单桩水平承载力特征值应通过单桩水平静载试验确定，试验方法可按现行行业标准《建筑基桩检测技术规范》JGJ 106执行。

2 对于钢筋混凝土预制桩、钢桩、桩身配筋率不小于0.65%的灌注桩，可根据静载试验结果取地面处水平位移为10mm（对于水平位移敏感的建筑物取水平位移6mm）所对应的荷载的75%为单桩水平承载力特征值。

3 对于桩身配筋率小于0.65%的灌注桩，可取单桩水平静载试验的临界荷载的75%为单桩水平承载力特征值。

4 当缺少单桩水平静载试验资料时，可按下列

公式估算桩身配筋率小于0.65%的灌注桩的单桩水平承载力特征值：

$$R_{ha} = \frac{0.75\alpha\gamma_m f_t W_0}{\nu_M}(1.25 + 22\rho_g)\left(1 \pm \frac{\zeta_N N_k}{\gamma_m f_t A_n}\right)$$

(5.7.2-1)

式中 α —— 桩的水平变形系数，按本规范第5.7.5条确定；

R_{ha} —— 单桩水平承载力特征值，±号根据桩顶竖向力性质确定，压力取"+"，拉力取"−"；

γ_m —— 桩截面模量塑性系数，圆形截面 $\gamma_m = 2$，矩形截面 $\gamma_m = 1.75$；

f_t —— 桩身混凝土抗拉强度设计值；

W_0 —— 桩身换算截面受拉边缘的截面模量，圆形截面为：

$$W_0 = \frac{\pi d}{32}[d^2 + 2(\alpha_E - 1)\rho_g d_0^2]$$

方形截面为：$W_0 = \frac{b}{6}[b^2 + 2(\alpha_E - 1)\rho_g b_0^2]$，

其中 d 为桩直径，d_0 为扣除保护层厚度的桩直径；b 为方形截面边长，b_0 为扣除保护层厚度的桩截面宽度；α_E 为钢筋弹性模量与混凝土弹性模量的比值；

ν_M —— 桩身最大弯距系数，按表5.7.2取值，当单桩基础和单排桩基纵向轴线与水平力方向相垂直时，按桩顶铰接考虑；

ρ_g —— 桩身配筋率；

A_n —— 桩身换算截面积，圆形截面为：$A_n = \frac{\pi d^2}{4}[1 + (\alpha_E - 1)\rho_g]$；方形截面为：$A_n = b^2[1 + (\alpha_E - 1)\rho_g]$

ζ_N —— 桩顶竖向力影响系数，竖向压力取0.5；竖向拉力取1.0；

N_k —— 在荷载效应标准组合下桩顶的竖向力（kN）。

表5.7.2　桩顶（身）最大弯矩系数 ν_M 和桩顶水平位移系数 ν_x

桩顶约束情况	桩的换算埋深（αh）	ν_M	ν_x
铰接、自由	4.0	0.768	2.441
	3.5	0.750	2.502
	3.0	0.703	2.727
	2.8	0.675	2.905
	2.6	0.639	3.163
	2.4	0.601	3.526
固接	4.0	0.926	0.940
	3.5	0.934	0.970
	3.0	0.967	1.028
	2.8	0.990	1.055
	2.6	1.018	1.079
	2.4	1.045	1.095

注：1　铰接（自由）的 ν_M 系桩身的最大弯矩系数，固接的 ν_M 系桩顶的最大弯矩系数；

2　当 $\alpha h > 4$ 时取 $\alpha h = 4.0$。

5 对于混凝土护壁的挖孔桩，计算单桩水平承载力时，其设计桩径取护壁内直径。

6 当桩的水平承载力由水平位移控制，且缺少单桩水平静载试验资料时，可按下式估算预制桩、钢桩、桩身配筋率不小于0.65%的灌注桩单桩水平承载力特征值：

$$R_{ha} = 0.75\frac{\alpha^3 EI}{\nu_x}\chi_{0a}$$

(5.7.2-2)

式中 EI —— 桩身抗弯刚度，对于钢筋混凝土桩，$EI = 0.85E_c I_0$；其中 E_c 为混凝土弹性模量，I_0 为桩身换算截面惯性矩：圆形截面为 $I_0 = W_0 d_0/2$；矩形截面为 $I_0 = W_0 b_0/2$；

χ_{0a} —— 桩顶允许水平位移；

ν_x —— 桩顶水平位移系数，按表5.7.2取值，取值方法同 ν_M。

7 验算永久荷载控制的桩基的水平承载力时，应将上述2～5款方法确定的单桩水平承载力特征值乘以调整系数0.80；验算地震作用桩基的水平承载力时，应将按上述2～5款方法确定的单桩水平承载力特征值乘以调整系数1.25。

Ⅱ　群桩基础

5.7.3 群桩基础（不含水平力垂直于单排桩基纵向轴线和力矩较大的情况）的基桩水平承载力特征值应考虑由承台、桩群、土相互作用产生的群桩效应，可按下列公式确定：

$$R_h = \eta_h R_{ha}$$

(5.7.3-1)

考虑地震作用且 $s_a/d \leqslant 6$ 时：

$$\eta_h = \eta_i \eta_r + \eta_l$$

(5.7.3-2)

$$\eta_i = \frac{\left(\frac{s_a}{d}\right)^{0.015n_2 + 0.45}}{0.15n_1 + 0.10n_2 + 1.9}$$

(5.7.3-3)

$$\eta_l = \frac{m\chi_{0a} B_c' h_c^2}{2n_1 n_2 R_{ha}}$$

(5.7.3-4)

$$\chi_{0a} = \frac{R_{ha}\nu_x}{\alpha^3 EI}$$

(5.7.3-5)

其他情况：$\quad \eta_h = \eta_i \eta_r + \eta_l + \eta_b$ (5.7.3-6)

$$\eta_b = \frac{\mu P_c}{n_1 n_2 R_h}$$

(5.7.3-7)

$$B_c' = B_c + 1$$

(5.7.3-8)

$$P_c = \eta_c f_{ak}(A - nA_{ps})$$

(5.7.3-9)

式中 η_h —— 群桩效应综合系数；

η_i —— 桩的相互影响效应系数；

η_r —— 桩顶约束效应系数（桩顶嵌入承台长度50～100mm时），按表5.7.3-1取值；

η_l —— 承台侧向土水平抗力效应系数（承台外围回填土为松散状态时取 $\eta_l = 0$）；

η_b ——承台底摩阻效应系数;

s_a/d ——沿水平荷载方向的距径比;

n_1, n_2 ——分别为沿水平荷载方向与垂直水平荷载方向每排桩中的桩数;

m ——承台侧向土水平抗力系数的比例系数,当无试验资料时可按本规范表5.7.5取值;

χ_{0a} ——桩顶(承台)的水平位移允许值,当以位移控制时,可取 $\chi_{0a}=10mm$(对水平位移敏感的结构物取 $\chi_{0a}=6mm$);当以桩身强度控制(低配筋率灌注桩)时,可近似按本规范式(5.7.3-5)确定;

B'_c ——承台受侧向土抗力一边的计算宽度(m);

B_c ——承台宽度(m);

h_c ——承台高度(m);

μ ——承台底与地基土间的摩擦系数,可按表5.7.3-2取值;

P_c ——承台底地基土分担的竖向总荷载标准值;

η_c ——按本规范第5.2.5条确定;

A ——承台总面积;

A_{ps} ——桩身截面面积。

表 5.7.3-1 桩顶约束效应系数 η_r

换算深度 αh	2.4	2.6	2.8	3.0	3.5	≥4.0
位移控制	2.58	2.34	2.20	2.13	2.07	2.05
强度控制	1.44	1.57	1.71	1.82	2.00	2.07

注: $\alpha=\sqrt[5]{\dfrac{mb_0}{EI}}$, h 为桩的入土长度。

表 5.7.3-2 承台底与地基土间的摩擦系数 μ

土的类别		摩擦系数 μ
黏性土	可塑	0.25~0.30
	硬塑	0.30~0.35
	坚硬	0.35~0.45
粉土	密实、中密(稍湿)	0.30~0.40
中砂、粗砂、砾砂		0.40~0.50
碎石土		0.40~0.60
软岩、软质岩		0.40~0.60
表面粗糙的较硬岩、坚硬岩		0.65~0.75

5.7.4 计算水平荷载较大和水平地震作用、风载作用的带地下室的高大建筑物桩基的水平位移时,可考虑地下室侧墙、承台、桩群、土共同作用,按本规范附录C方法计算基桩内力和变位,与水平外力作用平面相垂直的单排桩基础可按本规范附录C中表C.0.3-1计算。

5.7.5 桩的水平变形系数和地基土水平抗力系数的比例系数 m 可按下列规定确定:

1 桩的水平变形系数 α (1/m)

$$\alpha=\sqrt[5]{\frac{mb_0}{EI}} \qquad (5.7.5)$$

式中 m ——桩侧土水平抗力系数的比例系数;

b_0 ——桩身的计算宽度(m);

圆形桩:当直径 $d\leqslant 1m$ 时,$b_0=0.9(1.5d+0.5)$;

当直径 $d>1m$ 时,$b_0=0.9(d+1)$;

方形桩:当边宽 $b\leqslant 1m$ 时,$b_0=1.5b+0.5$;

当边宽 $b>1m$ 时,$b_0=b+1$;

EI ——桩身抗弯刚度,按本规范第5.7.2条的规定计算。

2 地基土水平抗力系数的比例系数 m,宜通过单桩水平静载试验确定,当无静载试验资料时,可按表5.7.5取值。

表 5.7.5 地基土水平抗力系数的比例系数 m 值

序号	地 基 土 类 别	预制桩、钢桩		灌注桩	
		m (MN/m⁴)	相应单桩在地面处水平位移(mm)	m (MN/m⁴)	相应单桩在地面处水平位移(mm)
1	淤泥;淤泥质土;饱和湿陷性黄土	2~4.5	10	2.5~6	6~12
2	流塑($I_L>1$)、软塑($0.75<I_L\leqslant1$)状黏性土;$e>0.9$粉土;松散粉细砂;松散、稍密填土	4.5~6.0	10	6~14	4~8
3	可塑($0.25<I_L\leqslant0.75$)状黏性土、湿陷性黄土;$e=0.75$~0.9粉土;中密填土;稍密细砂	6.0~10	10	14~35	3~6
4	硬塑($0<I_L\leqslant0.25$)、坚硬($I_L\leqslant0$)状黏性土、湿陷性黄土;$e<0.75$粉土;中密的中粗砂;密实老填土	10~22	10	35~100	2~5

续表 5.7.5

序号	地基土类别	预制桩、钢桩		灌注桩	
		m (MN/m⁴)	相应单桩在地面处水平位移 (mm)	m (MN/m⁴)	相应单桩在地面处水平位移 (mm)
5	中密、密实的砾砂、碎石类土	—	—	100～300	1.5～3

注：1 当桩顶水平位移大于表列数值或灌注桩配筋率较高（≥0.65%）时，m 值应适当降低；当预制桩的水平向位移小于10mm时，m 值可适当提高；

2 当水平荷载为长期或经常出现的荷载时，应将表列数值乘以 0.4 降低采用；

3 当地基为可液化土层时，应将表列数值乘以本规范表 5.3.12 中相应的系数 ψ_l。

5.8 桩身承载力与裂缝控制计算

5.8.1 桩身应进行承载力和裂缝控制计算。计算时应考虑桩身材料强度、成桩工艺、吊运与沉桩、约束条件、环境类别等因素，除按本节有关规定执行外，尚应符合现行国家标准《混凝土结构设计规范》GB 50010、《钢结构设计规范》GB 50017 和《建筑抗震设计规范》GB 50011 的有关规定。

Ⅰ 受 压 桩

5.8.2 钢筋混凝土轴心受压桩正截面受压承载力应符合下列规定：

1 当桩顶以下 5d 范围的桩身螺旋式箍筋间距不大于 100mm，且符合本规范第 4.1.1 条规定时：

$$N \leqslant \psi_c f_c A_{ps} + 0.9 f'_y A'_s \qquad (5.8.2-1)$$

2 当桩身配筋不符合上述 1 款规定时：

$$N \leqslant \psi_c f_c A_{ps} \qquad (5.8.2-2)$$

式中 N——荷载效应基本组合下的桩顶轴向压力设计值；

ψ_c——基桩成桩工艺系数，按本规范第 5.8.3 条规定取值；

f_c——混凝土轴心抗压强度设计值；

f'_y——纵向主筋抗压强度设计值；

A'_s——纵向主筋截面面积。

5.8.3 基桩成桩工艺系数 ψ_c 应按下列规定取值：

1 混凝土预制桩、预应力混凝土空心桩：$\psi_c = 0.85$；

2 干作业非挤土灌注桩：$\psi_c = 0.90$；

3 泥浆护壁和套管护壁非挤土灌注桩、部分挤土灌注桩、挤土灌注桩：$\psi_c = 0.7 \sim 0.8$；

4 软土地区挤土灌注桩：$\psi_c = 0.6$。

5.8.4 计算轴心受压混凝土桩正截面受压承载力时，一般取稳定系数 $\varphi = 1.0$。对于高承台基桩、桩身穿越可液化土或不排水抗剪强度小于 10kPa 的软弱土层的基桩，应考虑压屈影响，可按本规范式（5.8.2-1）、式（5.8.2-2）计算所得桩身正截面受压承载力乘以 φ 折减。其稳定系数 φ 可根据桩身压屈计算长度 l_c 和桩的设计直径 d（或矩形桩短边尺寸 b）确定。桩身压屈计算长度可根据桩顶的约束情况、桩身露出地面的自由长度 l_0、桩的入土长度 h、桩侧和桩底的土质条件按表 5.8.4-1 确定。桩的稳定系数 φ 可按表 5.8.4-2 确定。

表 5.8.4-1 桩身压屈计算长度 l_c

桩 顶 铰 接			
桩底支于非岩石土中		桩底嵌于岩石内	
$h < \dfrac{4.0}{\alpha}$	$h \geqslant \dfrac{4.0}{\alpha}$	$h < \dfrac{4.0}{\alpha}$	$h \geqslant \dfrac{4.0}{\alpha}$

$l_c = 1.0 \times (l_0 + h)$	$l_c = 0.7 \times \left(l_0 + \dfrac{4.0}{\alpha}\right)$	$l_c = 0.7 \times (l_0 + h)$	$l_c = 0.7 \times \left(l_0 + \dfrac{4.0}{\alpha}\right)$

桩 顶 固 接			
桩底支于非岩石土中		桩底嵌于岩石内	
$h < \dfrac{4.0}{\alpha}$	$h \geqslant \dfrac{4.0}{\alpha}$	$h < \dfrac{4.0}{\alpha}$	$h \geqslant \dfrac{4.0}{\alpha}$

$l_c = 0.7 \times (l_0 + h)$	$l_c = 0.5 \times \left(l_0 + \dfrac{4.0}{\alpha}\right)$	$l_c = 0.5 \times (l_0 + h)$	$l_c = 0.5 \times \left(l_0 + \dfrac{4.0}{\alpha}\right)$

注：1 表中 $\alpha = \sqrt[5]{\dfrac{mb_0}{EI}}$；

2 l_0 为高承台基桩露出地面的长度，对于低承台桩基，$l_0 = 0$；

3 h 为桩的入土长度，当桩侧有厚度为 d_l 的液化土层时，桩露出地面长度 l_0 和桩的入土长度 h 分别调整为，$l'_0 = l_0 + \psi_l d_l，h' = h - \psi_l d_l$，$\psi_l$ 按表 5.3.12 取值。

表5.8.4-2 桩身稳定系数 φ

l_c/d	≤7	8.5	10.5	12	14	15.5	17	19	21	22.5	24	26	28	29.5	31	33	34.5	36.5	38	40	41.5	43
l_c/b	≤8	10	12	14	16	18	20	22	24	26	28	30	32	34	36	38	40	42	44	46	48	50
φ	1.00	0.98	0.95	0.92	0.87	0.81	0.75	0.70	0.65	0.60	0.56	0.52	0.48	0.44	0.40	0.36	0.32	0.29	0.26	0.23	0.21	0.19

注：b 为矩形桩短边尺寸，d 为桩直径。

5.8.5 计算偏心受压混凝土桩正截面受压承载力时，可不考虑偏心距的增大影响，但对于高承台基桩、桩身穿越可液化土或不排水抗剪强度小于 10kPa 的软弱土层的基桩，应考虑桩身在弯矩作用平面内的挠曲对轴向力偏心距的影响，应将轴向力对截面重心的初始偏心矩 e_i 乘以偏心矩增大系数 η，偏心距增大系数 η 的具体计算方法可按现行国家标准《混凝土结构设计规范》GB 50010 执行。

5.8.6 对于打入式钢管桩，可按以下规定验算桩身局部压屈：

1 当 $t/d = \frac{1}{50} \sim \frac{1}{80}$，$d \leqslant 600mm$，最大锤击压应力小于钢材强度设计值时，可不进行局部压屈验算；

2 当 $d > 600mm$，可按下式验算：

$$t/d \geqslant f_y'/0.388E \qquad (5.8.6-1)$$

3 当 $d \geqslant 900mm$，除按（5.8.6-1）式验算外，尚应按下式验算：

$$t/d \geqslant \sqrt{f_y'/14.5E} \qquad (5.8.6-2)$$

式中　t、d——钢管桩壁厚、外径；

E、f_y'——钢材弹性模量、抗压强度设计值。

Ⅱ 抗拔桩

5.8.7 钢筋混凝土轴心抗拔桩的正截面受拉承载力应符合下式规定：

$$N \leqslant f_y A_s + f_{py} A_{py} \qquad (5.8.7)$$

式中　N——荷载效应基本组合下桩顶轴向拉力设计值；

f_y、f_{py}——普通钢筋、预应力钢筋的抗拉强度设计值；

A_s、A_{py}——普通钢筋、预应力钢筋的截面面积。

5.8.8 对于抗拔桩的裂缝控制计算应符合下列规定：

1 对于严格要求不出现裂缝的一级裂缝控制等级预应力混凝土桩，在荷载效应标准组合下混凝土不应产生拉应力，应符合下式要求：

$$\sigma_{ck} - \sigma_{pc} \leqslant 0 \qquad (5.8.8-1)$$

2 对于一般要求不出现裂缝的二级裂缝控制等级预应力混凝土桩，在荷载效应标准组合下的拉应力不应大于混凝土轴心受拉强度标准值，应符合下列公式要求：

在荷载效应标准组合下：$\sigma_{ck} - \sigma_{pc} \leqslant f_{tk}$

$$(5.8.8-2)$$

在荷载效应准永久组合下：$\sigma_{cq} - \sigma_{pc} \leqslant 0$

$$(5.8.8-3)$$

3 对于允许出现裂缝的三级裂缝控制等级基桩，

按荷载效应标准组合计算的最大裂缝宽度应符合下列规定：

$$w_{max} \leqslant w_{lim} \qquad (5.8.8-4)$$

式中　σ_{ck}、σ_{cq}——荷载效应标准组合、准永久组合下正截面法向应力；

σ_{pc}——扣除全部应力损失后，桩身混凝土的预应力；

f_{tk}——混凝土轴心抗拉强度标准值；

w_{max}——按荷载效应标准组合计算的最大裂缝宽度，可按现行国家标准《混凝土结构设计规范》GB 50010 计算；

w_{lim}——最大裂缝宽度限值，按本规范表 3.5.3 取用。

5.8.9 当考虑地震作用验算桩身抗拔承载力时，应根据现行国家标准《建筑抗震设计规范》GB 50011 的规定，对作用于桩顶的地震作用效应进行调整。

Ⅲ 受水平作用桩

5.8.10 对于受水平荷载和地震作用的桩，其桩身受弯承载力和受剪承载力的验算应符合下列规定：

1 对于桩顶固端的桩，应验算桩顶正截面弯矩；对于桩顶自由或铰接的桩，应验算桩身最大弯矩截面处的正截面弯矩；

2 应验算桩顶斜截面的受剪承载力；

3 桩身所承受最大弯矩和水平剪力的计算，可按本规范附录 C 计算；

4 桩身正截面受弯承载力和斜截面受剪承载力，应按现行国家标准《混凝土结构设计规范》GB 50010 执行；

5 当考虑地震作用验算桩身正截面受弯和斜截面受剪承载力时，应根据现行国家标准《建筑抗震设计规范》GB 50011 的规定，对作用于桩顶的地震作用效应进行调整。

Ⅳ 预制桩吊运和锤击验算

5.8.11 预制桩吊运时单吊点和双吊点的设置，应按吊点（或支点）跨间正弯矩与吊点处的负弯矩相等的原则进行布置。考虑预制桩吊运时可能受到冲击和振动的影响，计算吊运弯矩和吊运拉力时，可将桩身重力乘以 1.5 的动力系数。

5.8.12 对于裂缝控制等级为一级、二级的混凝土预制桩、预应力混凝土管桩，可按下列规定验算桩身的锤击压应力和锤击拉应力：

1 最大锤击压应力 σ_p 可按下式计算：

$$\sigma_p = \frac{\alpha \sqrt{2eE\gamma_p H}}{\left[1 + \dfrac{A_c}{A_H}\sqrt{\dfrac{E_c \cdot \gamma_c}{E_H \cdot \gamma_H}}\right]\left[1 + \dfrac{A}{A_c}\sqrt{\dfrac{E \cdot \gamma_p}{E_c \cdot \gamma_c}}\right]}$$

(5.8.12)

式中　σ_p ——桩的最大锤击压应力；

α ——锤型系数；自由落锤为 1.0；柴油锤取 1.4；

e ——锤击效率系数；自由落锤为 0.6；柴油锤取 0.8；

A_H、A_c、A ——锤、桩垫、桩的实际断面面积；

E_H、E_c、E ——锤、桩垫、桩的纵向弹性模量；

γ_H、γ_c、γ_p ——锤、桩垫、桩的重度；

H ——锤落距。

2 当桩需穿越软土层或桩存在变截面时，可按表 5.8.12 确定桩身的最大锤击拉应力。

表 5.8.12　最大锤击拉应力 σ_t 建议值（kPa）

应力类别	桩 类	建议值	出现部位
桩轴向拉应力值	预应力混凝土管桩	$(0.33 \sim 0.5)\sigma_p$	①桩刚穿越软土层时；②距桩尖$(0.5 \sim 0.7)$倍桩长处
	混凝土及预应力混凝土桩	$(0.25 \sim 0.33)\sigma_p$	
桩截面环向拉应力或侧向拉应力	预应力混凝土管桩	$0.25\sigma_p$	最大锤击压应力相应的截面
	混凝土及预应力混凝土桩（侧向）	$(0.22 \sim 0.25)\sigma_p$	

3 最大锤击压应力和最大锤击拉应力分别不应超过混凝土的轴心抗压强度设计值和轴心抗拉强度设计值。

5.9　承 台 计 算

Ⅰ　受 弯 计 算

5.9.1 桩基承台应进行正截面受弯承载力计算。承台弯距可按本规范第 5.9.2～5.9.5 条的规定计算，受弯承载力和配筋可按现行国家标准《混凝土结构设计规范》GB 50010 的规定进行。

5.9.2 柱下独立桩基承台的正截面弯矩设计值可按下列规定计算：

1 两桩条形承台和多桩矩形承台弯矩计算截面取在柱边和承台变阶处 [见图 5.9.2（a）]，可按下列公式计算：

$$M_x = \sum N_i y_i \qquad (5.9.2\text{-}1)$$

$$M_y = \sum N_i x_i \qquad (5.9.2\text{-}2)$$

式中　M_x、M_y ——分别为绕 X 轴和绕 Y 轴方向计算截面处的弯矩设计值；

x_i、y_i ——垂直 Y 轴和 X 轴方向自桩轴线到相应计算截面的距离；

N_i ——不计承台及其上土重，在荷载效应基本组合下的第 i 基桩或复合基桩竖向反力设计值。

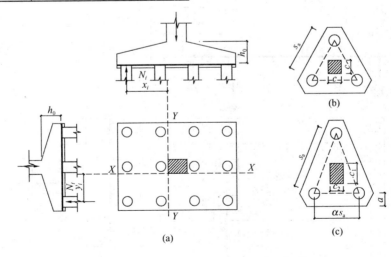

图 5.9.2　承台弯矩计算示意
（a）矩形多桩承台；（b）等边三桩承台；（c）等腰三桩承台

2 三桩承台的正截面弯距值应符合下列要求：

1）等边三桩承台 [见图 5.9.2（b）]

$$M = \frac{N_{max}}{3}\left(s_a - \frac{\sqrt{3}}{4}c\right) \qquad (5.9.2\text{-}3)$$

式中　M ——通过承台形心至各边边缘正交截面范围内板带的弯矩设计值；

N_{max} ——不计承台及其上土重，在荷载效应基本组合下三桩中最大基桩或复合基桩竖向反力设计值；

s_a ——桩中心距；

c——方柱边长，圆柱时 $c=0.8d$（d 为圆柱直径）。

2）等腰三桩承台［见图 5.9.2（c）］

$$M_1 = \frac{N_{\max}}{3}\left(s_a - \frac{0.75}{\sqrt{4-\alpha^2}}c_1\right) \quad (5.9.2\text{-}4)$$

$$M_2 = \frac{N_{\max}}{3}\left(\alpha s_a - \frac{0.75}{\sqrt{4-\alpha^2}}c_2\right) \quad (5.9.2\text{-}5)$$

式中 M_1、M_2——分别为通过承台形心至两腰边缘和底边边缘正交截面范围内板带的弯矩设计值；

s_a——长向桩中心距；

α——短向桩中心距与长向桩中心距之比，当 α 小于 0.5 时，应按变截面的二桩承台设计；

c_1、c_2——分别为垂直于、平行于承台底边的柱截面边长。

5.9.3 箱形承台和筏形承台的弯矩可按下列规定计算：

1 箱形承台和筏形承台的弯矩宜考虑地基土层性质、基桩分布、承台和上部结构类型和刚度，按地基—桩—承台—上部结构共同作用原理分析计算；

2 对于箱形承台，当桩端持力层为基岩、密实的碎石类土、砂土且深厚均匀时；或当上部结构为剪力墙；或当上部结构为框架-核心筒结构且按变刚度

调平原则布桩时，箱形承台底板可仅按局部弯矩作用进行计算；

3 对于筏形承台，当桩端持力层深厚坚硬、上部结构刚度较好，且柱荷载及柱间距的变化不超过 20％时；或当上部结构为框架-核心筒结构且按变刚度调平原则布桩时，可仅按局部弯矩作用进行计算。

5.9.4 柱下条形承台梁的弯矩可按下列规定计算：

1 可按弹性地基梁（地基计算模型应根据地基土层特性选取）进行分析计算；

2 当桩端持力层深厚坚硬且桩柱轴线不重合时，可视桩为不动铰支座，按连续梁计算。

5.9.5 砌体墙下条形承台梁，可按倒置弹性地基梁计算弯矩和剪力，并应符合本规范附录 G 的要求。对于承台上的砌体墙，尚应验算桩顶部位砌体的局部承压强度。

Ⅱ 受冲切计算

5.9.6 桩基承台厚度应满足柱（墙）对承台的冲切和基桩对承台的冲切承载力要求。

5.9.7 轴心竖向力作用下桩基承台受柱（墙）的冲切，可按下列规定计算：

1 冲切破坏锥体应采用自柱（墙）边或承台变阶处至相应桩顶边缘连线所构成的锥体，锥体斜面与承台底面之夹角不应小于 45°（见图 5.9.7）。

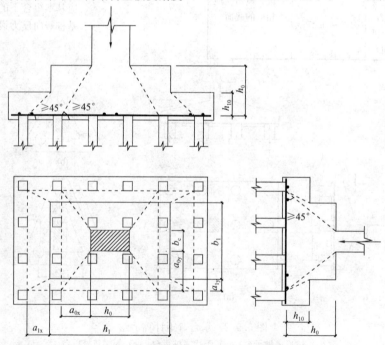

图 5.9.7 柱对承台的冲切计算示意

2 受柱（墙）冲切承载力可按下列公式计算：

$$F_l \leqslant \beta_{\mathrm{hp}}\beta_0 u_{\mathrm{m}} f_t h_0 \quad (5.9.7\text{-}1)$$

$$F_l = F - \sum Q_i \quad (5.9.7\text{-}2)$$

$$\beta_0 = \frac{0.84}{\lambda + 0.2} \quad (5.9.7\text{-}3)$$

式中 F_l——不计承台及其上土重，在荷载效应基本组合下作用于冲切破坏锥体上的冲切力设计值；

f_t——承台混凝土抗拉强度设计值；

β_{hp} ——承台受冲切承载力截面高度影响系数,当 $h \leqslant 800\text{mm}$ 时,β_{hp} 取 1.0,$h \geqslant 2000\text{mm}$ 时,β_{hp} 取 0.9,其间按线性内插法取值;

u_m ——承台冲切破坏锥体一半有效高度处的周长;

h_0 ——承台冲切破坏锥体的有效高度;

β_0 ——柱(墙)冲切系数;

λ ——冲跨比,$\lambda = a_0/h_0$,a_0 为柱(墙)边或承台变阶处到桩边水平距离;当 $\lambda < 0.25$ 时,取 $\lambda = 0.25$;当 $\lambda > 1.0$ 时,取 $\lambda = 1.0$;

F ——不计承台及其上土重,在荷载效应基本组合作用下柱(墙)底的竖向荷载设计值;

$\sum Q_i$ ——不计承台及其上土重,在荷载效应基本组合下冲切破坏锥体内各基桩或复合基桩的反力设计值之和。

3 对于柱下矩形独立承台受柱冲切的承载力可按下列公式计算(图5.9.7):

$$F_l \leqslant 2 \left[\beta_{0x}(b_c + a_{0y}) + \beta_{0y}(h_c + a_{0x}) \right] \beta_{hp} f_t h_0$$
(5.9.7-4)

式中 β_{0x}、β_{0y} ——由式(5.9.7-3)求得,$\lambda_{0x} = a_{0x}/h_0$,$\lambda_{0y} = a_{0y}/h_0$;$\lambda_{0x}$、$\lambda_{0y}$ 均应满足 $0.25 \sim 1.0$ 的要求;

h_c、b_c ——分别为 x、y 方向的柱截面的边长;

a_{0x}、a_{0y} ——分别为 x、y 方向柱边至最近桩边的水平距离。

4 对于柱下矩形独立阶形承台受上阶冲切的承载力可按下列公式计算(见图5.9.7):

$$F_l \leqslant 2 \left[\beta_{1x}(b_1 + a_{1y}) + \beta_{1y}(h_1 + a_{1x}) \right] \beta_{hp} f_t h_{10}$$
(5.9.7-5)

式中 β_{1x}、β_{1y} ——由式(5.9.7-3)求得,$\lambda_{1x} = a_{1x}/h_{10}$,$\lambda_{1y} = a_{1y}/h_{10}$;$\lambda_{1x}$、$\lambda_{1y}$ 均应满足 $0.25 \sim 1.0$ 的要求;

h_1、b_1 ——分别为 x、y 方向承台上阶的边长;

a_{1x}、a_{1y} ——分别为 x、y 方向承台上阶边至最近桩边的水平距离。

对于圆柱及圆桩,计算时应将其截面换算成方柱及方桩,即取换算柱截面边长 $b_c = 0.8d_c$(d_c 为圆柱直径),换算桩截面边长 $b_p = 0.8d$(d 为圆桩直径)。

对于柱下两桩承台,宜按深受弯构件($l_0/h < 5.0$,$l_0 = 1.15l_n$,l_n 为两桩净距)计算受弯、受剪承载力,不需要进行受冲切承载力计算。

5.9.8 对位于柱(墙)冲切破坏锥体以外的基桩,可按下列规定计算承台受基桩冲切的承载力:

1 四桩以上(含四桩)承台受角桩冲切的承载

力可按下列公式计算(见图5.9.8-1):

$$N_l \leqslant \left[\beta_{1x}(c_2 + a_{1y}/2) + \beta_{1y}(c_1 + a_{1x}/2) \right] \beta_{hp} f_t h_0$$
(5.9.8-1)

$$\beta_{1x} = \frac{0.56}{\lambda_{1x} + 0.2}$$
(5.9.8-2)

$$\beta_{1y} = \frac{0.56}{\lambda_{1y} + 0.2}$$
(5.9.8-3)

式中 N_l ——不计承台及其上土重,在荷载效应基本组合作用下角桩(含复合基桩)反力设计值;

β_{1x}、β_{1y} ——角桩冲切系数;

a_{1x}、a_{1y} ——从承台底角桩顶内边缘引 $45°$ 冲切线与承台顶面相交点至角桩内边缘的水平距离;当柱(墙)边或承台变阶处位于该 $45°$ 线以内时,则取由柱(墙)边或承台变阶处与桩内边缘连线为冲切锥体的锥线(见图5.9.8-1);

h_0 ——承台外边缘的有效高度;

λ_{1x}、λ_{1y} ——角桩冲跨比,$\lambda_{1x} = a_{1x}/h_0$,$\lambda_{1y} = a_{1y}/h_0$,其值均应满足 $0.25 \sim 1.0$ 的要求。

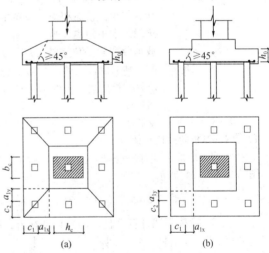

图5.9.8-1 四桩以上(含四桩)承台
角桩冲切计算示意

(a)锥形承台;(b)阶形承台

2 对于三桩三角形承台可按下列公式计算受角桩冲切的承载力(见图5.9.8-2):

底部角桩:

$$N_l \leqslant \beta_{11}(2c_1 + a_{11})\beta_{hp} \tan\frac{\theta_1}{2} f_t h_0$$
(5.9.8-4)

$$\beta_{11} = \frac{0.56}{\lambda_{11} + 0.2}$$
(5.9.8-5)

顶部角桩:

$$N_l \leqslant \beta_{12}(2c_2 + a_{12})\beta_{hp} \tan\frac{\theta_2}{2} f_t h_0$$
(5.9.8-6)

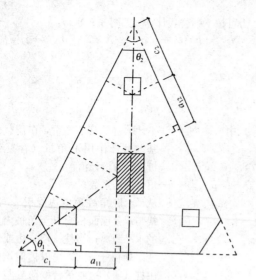

图 5.9.8-2　三桩三角形承台角桩冲切计算示意

$$\beta_{12} = \frac{0.56}{\lambda_{12} + 0.2} \qquad (5.9.8-7)$$

式中　λ_{11}、λ_{12}——角桩冲跨比，$\lambda_{11} = a_{11}/h_0$，$\lambda_{12} = a_{12}/h_0$，其值均应满足 $0.25 \sim 1.0$ 的要求；

a_{11}、a_{12}——从承台底角桩顶内边缘引 $45°$ 冲切线与承台顶面相交点至角桩内边缘的水平距离；当柱（墙）边或承台变阶处位于该 $45°$ 线以内时，则取由柱（墙）边或承台变阶处与桩内边缘连线为冲切锥体的锥线。

3　对于箱形、筏形承台，可按下列公式计算承台受内部基桩的冲切承载力：

1）应按下式计算受基桩的冲切承载力，如图 5.9.8-3（a）所示：

$$N_l \leqslant 2.8(b_p + h_0)\beta_{hp} f_t h_0 \qquad (5.9.8-8)$$

2）应按下式计算受桩群的冲切承载力，如

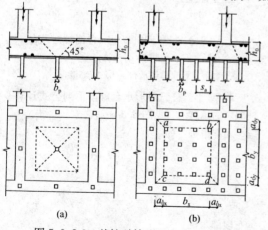

图 5.9.8-3　基桩对筏形承台的冲切和
墙对筏形承台的冲切计算示意
（a）受基桩的冲切；（b）受桩群的冲切

图 5.9.8-3（b）所示：

$$\sum N_{li} \leqslant 2[\beta_{0x}(b_y + a_{0y}) + \beta_{0y}(b_x + a_{0x})]\beta_{hp} f_t h_0 \qquad (5.9.8-9)$$

式中　β_{0x}、β_{0y}——由式（5.9.7-3）求得，其中 $\lambda_{0x} = a_{0x}/h_0$，$\lambda_{0y} = a_{0y}/h_0$，$\lambda_{0x}$、$\lambda_{0y}$ 均应满足 $0.25 \sim 1.0$ 的要求；

N_l、$\sum N_{li}$——不计承台和其上土重，在荷载效应基本组合下，基桩或复合基桩的净反力设计值、冲切锥体内各基桩或复合基桩反力设计值之和。

Ⅲ　受　剪　计　算

5.9.9　柱（墙）下桩基承台，应分别对柱（墙）边、变阶处和桩边联线形成的贯通承台的斜截面的受剪承载力进行验算。当承台悬挑边有多排基桩形成多个斜截面时，应对每个斜截面的受剪承载力进行验算。

5.9.10　柱下独立桩基承台斜截面受剪承载力应按下列规定计算：

1　承台斜截面受剪承载力可按下列公式计算（见图 5.9.10-1）：

$$V \leqslant \beta_{hs} \alpha f_t b_0 h_0 \qquad (5.9.10-1)$$

$$\alpha = \frac{1.75}{\lambda + 1} \qquad (5.9.10-2)$$

$$\beta_{hs} = \left(\frac{800}{h_0}\right)^{1/4} \qquad (5.9.10-3)$$

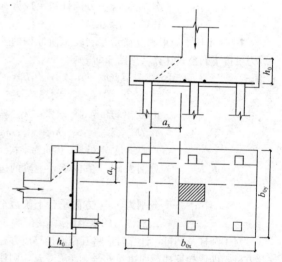

图 5.9.10-1　承台斜截面受剪计算示意

式中　V——不计承台及其上土自重，在荷载效应基本组合下，斜截面的最大剪力设计值；

f_t——混凝土轴心抗拉强度设计值；

b_0——承台计算截面处的计算宽度；

h_0——承台计算截面处的有效高度；

α——承台剪切系数；按式（5.9.10-2）确定；

λ——计算截面的剪跨比，$\lambda_x = a_x/h_0$，$\lambda_y = a_y/h_0$，此处，a_x，a_y 为柱边（墙边）或承台变阶处至 y、x 方向计算一排桩的桩边的水平距离，当 $\lambda < 0.25$ 时，取 $\lambda = 0.25$；当 $\lambda > 3$ 时，取 $\lambda = 3$；

β_{hs}——受剪切承载力截面高度影响系数；当 $h_0 < 800\text{mm}$ 时，取 $h_0 = 800\text{mm}$；当 $h_0 > 2000\text{mm}$ 时，取 $h_0 = 2000\text{mm}$；其间按线性内插法取值。

2 对于阶梯形承台应分别在变阶处（$A_1 - A_1$，$B_1 - B_1$）及柱边处（$A_2 - A_2$，$B_2 - B_2$）进行斜截面受剪承载力计算（见图 5.9.10-2）。

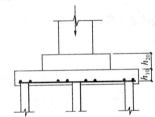

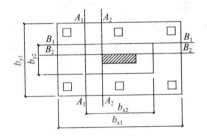

图 5.9.10-2 阶梯形承台斜截面受剪计算示意

计算变阶处截面（$A_1 - A_1$，$B_1 - B_1$）的斜截面受剪承载力时，其截面有效高度均为 h_{10}，截面计算宽度分别为 b_{y1} 和 b_{x1}。

计算柱边截面（$A_2 - A_2$，$B_2 - B_2$）的斜截面受剪承载力时，其截面有效高度均为 $h_{10} + h_{20}$，截面计算宽度分别为：

对 $A_2 - A_2$ $\quad b_{y0} = \dfrac{b_{y1} \cdot h_{10} + b_{y2} \cdot h_{20}}{h_{10} + h_{20}}$

$$(5.9.10\text{-}4)$$

对 $B_2 - B_2$ $\quad b_{x0} = \dfrac{b_{x1} \cdot h_{10} + b_{x2} \cdot h_{20}}{h_{10} + h_{20}}$

$$(5.9.10\text{-}5)$$

3 对于锥形承台应对变阶处及柱边处（$A - A$ 及 $B - B$）两个截面进行受剪承载力计算（见图 5.9.10-3）。截面有效高度均为 h_0，截面的计算宽度分别为：

对 $A - A$ $\quad b_{y0} = \left[1 - 0.5 \dfrac{h_{20}}{h_0} \left(1 - \dfrac{b_{y2}}{b_{y1}} \right) \right] b_{y1}$

$$(5.9.10\text{-}6)$$

对 $B - B$ $\quad b_{x0} = \left[1 - 0.5 \dfrac{h_{20}}{h_0} \left(1 - \dfrac{b_{x2}}{b_{x1}} \right) \right] b_{x1}$

$$(5.9.10\text{-}7)$$

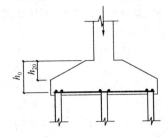

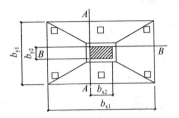

图 5.9.10-3 锥形承台斜截面受剪计算示意

5.9.11 梁板式筏形承台的梁的受剪承载力可按现行国家标准《混凝土结构设计规范》GB 50010 计算。

5.9.12 砌体墙下条形承台梁配有箍筋，但未配弯起钢筋时，斜截面的受剪承载力可按下式计算：

$$V \leqslant 0.7 f_t b h_0 + 1.25 f_{yv} \frac{A_{sv}}{s} h_0 \quad (5.9.12)$$

式中 V——不计承台及其上土自重，在荷载效应基本组合下，计算截面处的剪力设计值；

A_{sv}——配置在同一截面内箍筋各肢的全部截面面积；

s——沿计算斜截面方向箍筋的间距；

f_{yv}——箍筋抗拉强度设计值；

b——承台梁计算截面处的计算宽度；

h_0——承台梁计算截面处的有效高度。

5.9.13 砌体墙下承台梁配有箍筋和弯起钢筋时，斜截面的受剪承载力可按下式计算：

$$V \leqslant 0.7 f_t b h_0 + 1.25 f_y \frac{A_{sv}}{s} h_0 + 0.8 f_y A_{sb} \sin \alpha_s$$

$$(5.9.13)$$

式中 A_{sb}——同一截面弯起钢筋的截面面积；

f_y——弯起钢筋的抗拉强度设计值；

α_s——斜截面上弯起钢筋与承台底面的夹角。

5.9.14 柱下条形承台梁，当配有箍筋但未配弯起钢筋时，其斜截面的受剪承载力可按下式计算：

$$V \leqslant \frac{1.75}{\lambda + 1} f_t b h_0 + f_y \frac{A_{sv}}{s} h_0 \quad (5.9.14)$$

式中 λ——计算截面的剪跨比，$\lambda = a/h_0$，a 为柱边至桩边的水平距离，当 $\lambda < 1.5$ 时，取 $\lambda = 1.5$；当 $\lambda > 3$ 时，取 $\lambda = 3$。

Ⅳ 局部受压计算

5.9.15 对于柱下桩基，当承台混凝土强度等级低于柱或桩的混凝土强度等级时，应验算柱下或桩上承台的局部受压承载力。

Ⅴ 抗震验算

5.9.16 当进行承台的抗震验算时，应根据现行国家标准《建筑抗震设计规范》GB 50011 的规定对承台顶面的地震作用效应和承台的受弯、受冲切、受剪承载力进行抗震调整。

6 灌注桩施工

6.1 施工准备

6.1.1 灌注桩施工应具备下列资料：

1 建筑场地岩土工程勘察报告；

2 桩基工程施工图及图纸会审纪要；

3 建筑场地和邻近区域内的地下管线、地下构筑物、危房、精密仪器车间等的调查资料；

4 主要施工机械及其配套设备的技术性能资料；

5 桩基工程的施工组织设计；

6 水泥、砂、石、钢筋等原材料及其制品的质检报告；

7 有关荷载、施工工艺的试验参考资料。

6.1.2 钻孔机具及工艺的选择，应根据桩型、钻孔深度、土层情况、泥浆排放及处理条件综合确定。

6.1.3 施工组织设计应结合工程特点，有针对性地制定相应质量管理措施，主要应包括下列内容：

1 施工平面图：标明桩位、编号、施工顺序、水电线路和临时设施的位置；采用泥浆护壁成孔时，应标明泥浆制备设施及其循环系统；

2 确定成孔机械、配套设备以及合理施工工艺的有关资料，泥浆护壁灌注桩必须有泥浆处理措施；

3 施工作业计划和劳动力组织计划；

4 机械设备、备件、工具、材料供应计划；

5 桩基施工时，对安全、劳动保护、防火、防雨、防台风、爆破作业、文物和环境保护等方面应按有关规定执行；

6 保证工程质量、安全生产和季节性施工的技术措施。

6.1.4 成桩机械必须经鉴定合格，不得使用不合格机械。

6.1.5 施工前应组织图纸会审，会审纪要连同施工图等应作为施工依据，并应列入工程档案。

6.1.6 桩基施工用的供水、供电、道路、排水、临时房屋等临时设施，必须在开工前准备就绪，施工场地应进行平整处理，保证施工机械正常作业。

6.1.7 基桩轴线的控制点和水准点应设在不受施工影响的地方。开工前，经复核后应妥善保护，施工中应经常复测。

6.1.8 用于施工质量检验的仪表、器具的性能指标，应符合现行国家相关标准的规定。

6.2 一般规定

6.2.1 不同桩型的适用条件应符合下列规定：

1 泥浆护壁钻孔灌注桩宜用于地下水位以下的黏性土、粉土、砂土、填土、碎石土及风化岩层；

2 旋挖成孔灌注桩宜用于黏性土、粉土、砂土、填土、碎石土及风化岩层；

3 冲孔灌注桩除宜用于上述地质情况外，还能穿透旧基础、建筑垃圾填土或大孤石等障碍物。在岩溶发育地区应慎重使用，采用时，应适当加密勘察钻孔；

4 长螺旋钻孔压灌桩后插钢筋笼宜用于黏性土、粉土、砂土、填土、非密实的碎石类土、强风化岩；

5 干作业钻、挖孔灌注桩宜用于地下水位以上的黏性土、粉土、填土、中等密实以上的砂土、风化岩层；

6 在地下水位较高，有承压水的砂土层、滞水层、厚度较大的流塑状淤泥、淤泥质土层中不得选用人工挖孔灌注桩；

7 沉管灌注桩宜用于黏性土、粉土和砂土；夯扩桩宜用于桩端持力层为埋深不超过 20m 的中、低压缩性黏性土、粉土、砂土和碎石类土。

6.2.2 成孔设备就位后，必须平整、稳固，确保在成孔过程中不发生倾斜和偏移。应在成孔钻具上设置控制深度的标尺，并应在施工中进行观测记录。

6.2.3 成孔的控制深度应符合下列要求：

1 摩擦型桩：摩擦桩应以设计桩长控制成孔深度；端承摩擦桩必须保证设计桩长及桩端进入持力层深度。当采用锤击沉管法成孔时，桩管入土深度控制应以标高为主，以贯入度控制为辅。

2 端承型桩：当采用钻（冲）、挖掘成孔时，必须保证桩端进入持力层的设计深度；当采用锤击沉管法成孔时，桩管入土深度控制以贯入度为主，以控制标高为辅。

6.2.4 灌注桩成孔施工的允许偏差应满足表 6.2.4 的要求。

表 6.2.4 灌注桩成孔施工允许偏差

成 孔 方 法		桩径允许偏差（mm）	垂直度允许偏差（％）	桩位允许偏差（mm）	
				1～3 根桩、条形桩基沿垂直轴线方向和群桩基础中的边桩	条形桩基沿轴线方向和群桩基础的中间桩
泥浆护壁钻、挖、冲孔桩	$d \leqslant 1000$mm	±50	1	$d/6$ 且不大于 100	$d/4$ 且不大于 150
	$d > 1000$mm	±50		$100+0.01H$	$150+0.01H$
锤击（振动）沉管振动冲击沉管成孔	$d \leqslant 500$mm	−20	1	70	150
	$d > 500$mm			100	150
螺旋钻、机动洛阳铲干作业成孔		−20	1	70	150
人工挖孔桩	现浇混凝土护壁	±50	0.5	50	150
	长钢套管护壁	±20	1	100	200

注：1 桩径允许偏差的负值是指个别断面；
　　2 H 为施工现场地面标高与桩顶设计标高的距离；d 为设计桩径。

6.2.5 钢筋笼制作、安装的质量应符合下列要求：

1 钢筋笼的材质、尺寸应符合设计要求，制作允许偏差应符合表 6.2.5 的规定；

表 6.2.5 钢筋笼制作允许偏差

项　　　目	允许偏差（mm）
主筋间距	±10
箍筋间距	±20
钢筋笼直径	±10
钢筋笼长度	±100

2 分段制作的钢筋笼，其接头宜采用焊接或机械式接头（钢筋直径大于 20mm），并应遵守国家现行标准《钢筋机械连接通用技术规程》JGJ 107、《钢筋焊接及验收规程》JGJ 18 和《混凝土结构工程施工质量验收规范》GB 50204 的规定；

3 加劲箍宜设在主筋外侧，当因施工工艺有特殊要求时也可置于内侧；

4 导管接头处外径应比钢筋笼的内径小 100mm以上；

5 搬运和吊装钢筋笼时，应防止变形，安放应对准孔位，避免碰撞孔壁和自由落下，就位后应立即固定；

6.2.6 粗骨料可选用卵石或碎石，其粒径不得大于钢筋间最小净距的 1/3。

6.2.7 检查成孔质量合格后应尽快灌注混凝土。直径大于 1m 或单桩混凝土量超过 25m³ 的桩，每根桩桩身混凝土应留有 1 组试件；直径不大于 1m 的桩或单桩混凝土量不超过 25m³ 的桩，每个灌注台班不得少于 1 组；每组试件应留 3 件。

6.2.8 在正式施工前，宜进行试成孔。

6.2.9 灌注桩施工现场所有设备、设施、安全装置、工具配件以及个人劳保用品必须经常检查，确保完好和使用安全。

6.3 泥浆护壁成孔灌注桩

Ⅰ 泥浆的制备和处理

6.3.1 除能自行造浆的黏性土层外，均应制备泥浆。泥浆制备应选用高塑性黏土或膨润土。泥浆应根据施工机械、工艺及穿越土层情况进行配合比设计。

6.3.2 泥浆护壁应符合下列规定：

1 施工期间护筒内的泥浆面应高出地下水位 1.0m 以上，在受水位涨落影响时，泥浆面应高出最高水位 1.5m 以上；

2 在清孔过程中，应不断置换泥浆，直至灌注水下混凝土；

3 灌注混凝土前，孔底 500mm 以内的泥浆相对密度应小于 1.25；含砂率不得大于 8％；黏度不得大于 28s；

4 在容易产生泥浆渗漏的土层中应采取维持孔壁稳定的措施。

6.3.3 废弃的浆、渣应进行处理，不得污染环境。

Ⅱ 正、反循环钻孔灌注桩的施工

6.3.4 对孔深较大的端承型桩和粗粒土层中的摩擦型桩，宜采用反循环工艺成孔或清孔，也可根据土层情况采用正循环钻进，反循环清孔。

6.3.5 泥浆护壁成孔时，宜采用孔口护筒，护筒设置应符合下列规定：

1 护筒埋设应准确、稳定，护筒中心与桩位中心的偏差不得大于 50mm；

2 护筒可用 4～8mm 厚钢板制作，其内径应大于钻头直径 100mm，上部宜开设 1～2 个溢浆孔；

3 护筒的埋设深度：在黏性土中不宜小于 1.0m；砂土中不宜小于 1.5m。护筒下端外侧应采用黏土填实；其高度尚应满足孔内泥浆面高度的要求；

4 受水位涨落影响或水下施工的钻孔灌注桩，护筒应加高加深，必要时应打入不透水层。

6.3.6 当在软土层中钻进时，应根据泥浆补给情况控制钻进速度；在硬层或岩层中的钻进速度应以钻机不发生跳动为准。

6.3.7 钻机设置的导向装置应符合下列规定：

1 潜水钻的钻头上应有不小于 3d 长度的导向装置；

2 利用钻杆加压的正循环回转钻机，在钻具中应加设扶正器。

6.3.8 如在钻进过程中发生斜孔、塌孔和护筒周围冒浆、失稳等现象时，应停钻，待采取相应措施后再进行钻进。

6.3.9 钻孔达到设计深度，灌注混凝土之前，孔底沉渣厚度指标应符合下列规定：

1 对端承桩，不应大于 50mm；

2 对摩擦型桩，不应大于 100mm；

3 对抗拔、抗水平力桩，不应大于 200mm。

Ⅲ 冲击成孔灌注桩的施工

6.3.10 在钻头锥顶和提升钢丝绳之间应设置保证钻头自动转向的装置。

6.3.11 冲孔桩孔口护筒，其内径应大于钻头直径 200mm，护筒应按本规范第 6.3.5 条设置。

6.3.12 泥浆的制备、使用和处理应符合本规范第 6.3.1～6.3.3 条的规定。

6.3.13 冲击成孔质量控制应符合下列规定：

1 开孔时，应低锤密击，当表土为淤泥、细砂等软弱土层时，可加黏土块夹小片石反复冲击造壁，孔内泥浆面应保持稳定；

2 在各种不同的土层、岩层中成孔时，可按照表 6.3.13 的操作要点进行；

3 进入基岩后，应采用大冲程、低频率冲击，当发现成孔偏移时，应回填片石至偏孔上方 300～500mm 处，然后重新冲孔；

4 当遇到孤石时，可预爆或采用高低冲程交替冲击，将大孤石击碎或挤入孔壁；

5 应采取有效的技术措施防止扰动孔壁、塌孔、扩孔、卡钻和掉钻及泥浆流失等事故；

6 每钻进 4～5m 应验孔一次，在更换钻头前或容易缩孔处，均应验孔；

7 进入基岩后，非桩端持力层每钻进 300～500mm 和桩端持力层每钻进 100～300m 时，应清孔

取样一次，并应做记录。

表 6.3.13 冲击成孔操作要点

项　　　目	操　作　要　点
在护筒刃脚以下 2m 范围内	小冲程 1m 左右，泥浆相对密度 1.2～1.5，软弱土层投入黏土块夹小片石
黏性土层	中、小冲程 1～2m，泵入清水或稀泥浆，经常清除钻头上的泥块
粉砂或中粗砂层	中冲程 2～3m，泥浆相对密度 1.2～1.5，投入黏土块，勤冲、勤掏渣
砂卵石层	中、高冲程 3～4m，泥浆相对密度 1.3 左右，勤掏渣
软弱土层或塌孔回填重钻	小冲程反复冲击，加黏土块夹小片石，泥浆相对密度 1.3～1.5

注：1 土层不好时提高泥浆相对密度或加黏土块；
　　2 防黏钻可投入碎砖石。

6.3.14 排渣可采用泥浆循环或抽渣筒等方法，当采用抽渣筒排渣时，应及时补给泥浆。

6.3.15 冲孔中遇到斜孔、弯孔、梅花孔、塌孔及护筒周围冒浆、失稳等情况时，应停止施工，采取措施后方可继续施工。

6.3.16 大直径桩孔可分级成孔，第一级成孔直径应为设计桩径的 0.6～0.8 倍。

6.3.17 清孔宜按下列规定进行：

1 不易塌孔的桩孔，可采用空气吸泥清孔；

2 稳定性差的孔壁应采用泥浆循环或抽渣筒排渣，清孔后灌注混凝土之前的泥浆指标应按本规范第 6.3.1 条执行；

3 清孔时，孔内泥浆面应符合本规范第 6.3.2 条的规定；

4 灌注混凝土前，孔底沉渣允许厚度应符合本规范第 6.3.9 条的规定。

Ⅳ 旋挖成孔灌注桩的施工

6.3.18 旋挖钻成孔灌注桩应根据不同的地层情况及地下水位埋深，采用干作业成孔和泥浆护壁成孔工艺，干作业成孔工艺可按本规范第 6.6 节执行。

6.3.19 泥浆护壁旋挖钻机成孔应配备成孔和清孔用泥浆及泥浆池（箱），在容易产生泥浆渗漏的土层中可采取提高泥浆相对密度、掺入锯末、增黏剂提高泥浆黏度等维持孔壁稳定的措施。

6.3.20 泥浆制备的能力应大于钻孔时的泥浆需求量，每台套钻机的泥浆储备量不应少于单桩体积。

6.3.21 旋挖钻机施工时，应保证机械稳定、安全作业，必要时可在场地辅设能保证其安全行走和操作的钢板或垫层（路基板）。

6.3.22 每根桩均应安设钢护筒，护筒应满足本规范

第 6.3.5 条的规定。

6.3.23 成孔前和每次提出钻斗时,应检查钻斗和钻杆连接销子、钻斗门连接销子以及钢丝绳的状况,并应清除钻斗上的渣土。

6.3.24 旋挖钻机成孔应采用跳挖方式,钻斗倒出的土距桩孔口的最小距离应大于 6m,并应及时清除。应根据钻进速度同步补充泥浆,保持所需的泥浆面高度不变。

6.3.25 钻孔达到设计深度时,应采用清孔钻头进行清孔,并应满足本规范第 6.3.2 条和第 6.3.3 条要求。孔底沉渣厚度控制指标应符合本规范第 6.3.9 条规定。

V 水下混凝土的灌注

6.3.26 钢筋笼吊装完毕后,应安置导管或气泵管二次清孔,并应进行孔位、孔径、垂直度、孔深、沉渣厚度等检验,合格后应立即灌注混凝土。

6.3.27 水下灌注的混凝土应符合下列规定:

1 水下灌注混凝土必须具备良好的和易性,配合比应通过试验确定;坍落度宜为 180~220mm;水泥用量不应少于 360kg/m³(当掺入粉煤灰时水泥用量可不受此限);

2 水下灌注混凝土的含砂率宜为 40%~50%,并宜选用中粗砂;粗骨料的最大粒径应小于 40mm;并应满足本规范第 6.2.6 条的要求;

3 水下灌注混凝土宜掺入外加剂。

6.3.28 导管的构造和使用应符合下列规定:

1 导管壁厚不宜小于 3mm,直径宜为 200~250mm;直径制作偏差不应超过 2mm,导管的分节长度可视工艺要求确定,底管长度不宜小于 4m,接头宜采用双螺纹方扣快速接头;

2 导管使用前应试拼装、试压,试水压力可取为 0.6~1.0MPa;

3 每次灌注后应对导管内外进行清洗。

6.3.29 使用的隔水栓应有良好的隔水性能,并应保证顺利排出;隔水栓宜采用球胆或与桩身混凝土强度等级相同的细石混凝土制作。

6.3.30 灌注水下混凝土的质量控制应满足下列要求:

1 开始灌注混凝土时,导管底部至孔底的距离宜为 300~500mm;

2 应有足够的混凝土储备量,导管一次埋入混凝土灌注面以下不应少于 0.8m;

3 导管埋入混凝土深度宜为 2~6m。严禁将导管提出混凝土灌注面,并应控制提拔导管速度,应有专人测量导管埋深及管内外混凝土灌注面的高差,填写水下混凝土灌注记录;

4 灌注水下混凝土必须连续施工,每根桩的灌注时间应按初盘混凝土的初凝时间控制,对灌注过程

中的故障应记录备案;

5 应控制最后一次灌注量,超灌高度宜为 0.8~1.0m,凿除泛浆后必须保证暴露的桩顶混凝土强度达到设计等级。

6.4 长螺旋钻孔压灌桩

6.4.1 当需要穿越老黏土、厚层砂土、碎石土以及塑性指数大于 25 的黏土时,应进行试钻。

6.4.2 钻机定位后,应进行复检,钻头与桩位点偏差不得大于 20mm,开孔时下钻速度应缓慢;钻进过程中,不宜反转或提升钻杆。

6.4.3 钻进过程中,当遇到卡钻、钻机摇晃、偏斜或发生异常声响时,应立即停钻,查明原因,采取相应措施后方可继续作业。

6.4.4 根据桩身混凝土的设计强度等级,应通过试验确定混凝土配合比;混凝土坍落度宜为 180~220mm;粗骨料可采用卵石或碎石,最大粒径不宜大于 30mm;可掺加粉煤灰或外加剂。

6.4.5 混凝土泵型号应根据桩径选择,混凝土输送泵管布置宜减少弯道,混凝土泵与钻机的距离不宜超过 60m。

6.4.6 桩身混凝土的泵送压灌应连续进行,当钻机移位时,混凝土泵料斗内的混凝土应连续搅拌,泵送混凝土时,料斗内混凝土的高度不得低于 400mm。

6.4.7 混凝土输送泵管宜保持水平,当长距离泵送时,泵管下面应垫实。

6.4.8 当气温高于 30℃时,宜在输送泵管上覆盖隔热材料,每隔一段时间应洒水降温。

6.4.9 钻至设计标高后,应先泵入混凝土并停顿 10~20s,再缓慢提升钻杆。提钻速度应根据土层情况确定,且应与混凝土泵送量相匹配,保证管内有一定高度的混凝土。

6.4.10 在地下水位以下的砂土层中钻进时,钻杆底部活门应有防止进水的措施,压灌混凝土应连续进行。

6.4.11 压灌桩的充盈系数宜为 1.0~1.2。桩顶混凝土超灌高度不宜小于 0.3~0.5m。

6.4.12 成桩后,应及时清除钻杆及泵管内残留混凝土。长时间停置时,应采用清水将钻杆、泵管、混凝土泵清洗干净。

6.4.13 混凝土压灌结束后,应立即将钢筋笼插至设计深度。钢筋笼插设宜采用专用插筋器。

6.5 沉管灌注桩和内夯沉管灌注桩

I 锤击沉管灌注桩施工

6.5.1 锤击沉管灌注桩施工应根据土质情况和荷载要求,分别选用单打法、复打法或反插法。

6.5.2 锤击沉管灌注桩施工应符合下列规定:

1 群桩基础的基桩施工，应根据土质、布桩情况，采取消减负面挤土效应的技术措施，确保成桩质量；

2 桩管、混凝土预制桩尖或钢桩尖的加工质量和埋设位置应与设计相符，桩管与桩尖的接触应有良好的密封性。

6.5.3 灌注混凝土和拔管的操作控制应符合下列规定：

1 沉管至设计标高后，应立即检查和处理桩管内的进泥、进水和吞桩尖等情况，并立即灌注混凝土；

2 当桩身配置局部长度钢筋笼时，第一次灌注混凝土应先灌至笼底标高，然后放置钢筋笼，再灌至桩顶标高。第一次拔管高度应以能容纳第二次灌入的混凝土量为限。在拔管过程中应采用测锤或浮标检测混凝土面的下降情况；

3 拔管速度应保持均匀，对一般土层拔管速度宜为 1m/min，在软弱土层和软硬土层交界处拔管速度宜控制在 0.3～0.8m/min；

4 采用倒打拔管的打击次数，单动汽锤不得少于 50 次/min，自由落锤小落距轻击不得少于 40 次/min；在管底未拔至桩顶设计标高之前，倒打和轻击不得中断。

6.5.4 混凝土的充盈系数不得小于 1.0；对于充盈系数小于 1.0 的桩，应全长复打，对可能断桩和缩颈桩，应进行局部复打。成桩后的桩身混凝土顶面应高于桩顶设计标高 500mm 以内。全长复打时，桩管入土深度宜接近原桩长，局部复打应超过断桩或缩颈区 1m 以上。

6.5.5 全长复打桩施工时应符合下列规定：

1 第一次灌注混凝土应达到自然地面；

2 拔管过程中应及时清除粘在管壁上和散落在地面上的混凝土；

3 初打与复打的桩轴线应重合；

4 复打施工必须在第一次灌注的混凝土初凝之前完成。

6.5.6 混凝土的坍落度宜为 80～100mm。

Ⅱ 振动、振动冲击沉管灌注桩施工

6.5.7 振动、振动冲击沉管灌注桩应根据土质情况和荷载要求，分别选用单打法、复打法、反插法等。单打法可用于含水量较小的土层，且宜采用预制桩尖；反插法及复打法可用于饱和土层。

6.5.8 振动、振动冲击沉管灌注桩单打法施工的质量控制应符合下列规定：

1 必须严格控制最后 30s 的电流、电压值，其值按设计要求或根据试桩和当地经验确定；

2 桩管内灌满混凝土后，应先振动 5～10s，再开始拔管，应边振边拔，每拔出 0.5～1.0m，停拔，

振动 5～10s；如此反复，直至桩管全部拔出；

3 在一般土层内，拔管速度宜为 1.2～1.5m/min，用活瓣桩尖时宜慢，用预制桩尖时可适当加快；在软弱土层中宜控制在 0.6～0.8m/min。

6.5.9 振动、振动冲击沉管灌注桩反插法施工的质量控制应符合下列规定：

1 桩管灌满混凝土后，先振动再拔管，每次拔管高度 0.5～1.0m，反插深度 0.3～0.5m；在拔管过程中，应分段添加混凝土，保持管内混凝土面始终不低于地表面或高于地下水位 1.0～1.5m 以上，拔管速度应小于 0.5m/min；

2 在距桩尖处 1.5m 范围内，宜多次反插以扩大桩端部断面；

3 穿过淤泥夹层时，应减慢拔管速度，并减少拔管高度和反插深度，在流动性淤泥中不宜使用反插法。

6.5.10 振动、振动冲击沉管灌注桩复打法的施工要求可按本规范第 6.5.4 条和第 6.5.5 条执行。

Ⅲ 内夯沉管灌注桩施工

6.5.11 当采用外管与内夯管结合锤击沉管进行夯压、扩底、扩径时，内夯管应比外管短 100mm，内夯管底端可采用闭口平底或闭口锥底（见图6.5.11）。

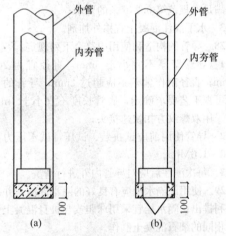

图 6.5.11 内外管及管塞
(a) 平底内夯管；(b) 锥底内夯管

6.5.12 外管封底可采用干硬性混凝土、无水混凝土配料，经夯击形成阻水、阻泥管塞，其高度可为 100mm。当内、外管间不会发生间隙涌水、涌泥时，亦可采用上述封底措施。

6.5.13 桩端夯扩头平均直径可按下列公式估算：

一次夯扩　$D_1 = d_0 \sqrt{\dfrac{H_1 + h_1 - C_1}{h_1}}$　(6.5.13-1)

二次夯扩　$D_2 = d_0 \sqrt{\dfrac{H_1 + H_2 + h_2 - C_1 - C_2}{h_2}}$

(6.5.13-2)

式中 D_1、D_2——第一次、第二次夯扩扩头平均直径（m）；

　　　　d_0——外管直径（m）；

　　　　H_1、H_2——第一次、第二次夯扩工序中，外管内灌注混凝土面从桩底算起的高度（m）；

　　　　h_1、h_2——第一次、第二次夯扩工序中，外管从桩底算起的上拔高度（m），分别可取 $H_1/2$，$H_2/2$；

　　　　C_1、C_2——第一次、二次夯扩工序中，内外管同步下沉至离桩底的距离，均可取为 0.2m（见图 6.5.13）。

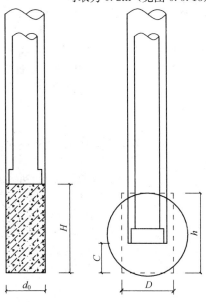

图 6.5.13　扩底端

6.5.14 桩身混凝土宜分段灌注；拔管时内夯管和桩锤应施压于外管中的混凝土顶面，边压边拔。

6.5.15 施工前宜进行试成桩，并应详细记录混凝土的分次灌注量、外管上拔高度、内管夯击次数、双管同步沉入深度，并应检查外管的封底情况，有无进水、涌泥等，经核定后可作为施工控制依据。

6.6 干作业成孔灌注桩

Ⅰ 钻孔（扩底）灌注桩施工

6.6.1 钻孔时应符合下列规定：

　　1 钻杆应保持垂直稳固，位置准确，防止因钻杆晃动引起扩大孔径；

　　2 钻进速度应根据电流值变化，及时调整；

　　3 钻进过程中，应随时清理孔口积土，遇到地下水、塌孔、缩孔等异常情况时，应及时处理。

6.6.2 钻孔扩底桩施工，直孔部分应按本规范第 6.6.1、6.6.3、6.6.4 条规定执行，扩底部位尚应符合下列规定：

　　1 应根据电流值或油压值，调节扩孔刀片削土量，防止出现超负荷现象；

　　2 扩底直径和孔底的虚土厚度应符合设计要求。

6.6.3 成孔达到设计深度后，孔口应予保护，应按本规范第 6.2.4 条规定验收，并应做好记录。

6.6.4 灌注混凝土前，应在孔口安放护孔漏斗，然后放置钢筋笼，并应再次测量孔内虚土厚度。扩底桩灌注混凝土时，第一次应灌到扩底部位的顶面，随即振捣密实；浇筑桩顶以下 5m 范围内混凝土时，应随浇筑随振捣，每次浇筑高度不得大于 1.5m。

Ⅱ 人工挖孔灌注桩施工

6.6.5 人工挖孔桩的孔径（不含护壁）不得小于 0.8m，且不宜大于 2.5m；孔深不宜大于 30m。当桩净距小于 2.5m 时，应采用间隔开挖。相邻排桩跳挖的最小施工净距不得小于 4.5m。

6.6.6 人工挖孔桩混凝土护壁的厚度不应小于 100mm，混凝土强度等级不应低于桩身混凝土强度等级，并应振捣密实；护壁应配置直径不小于 8mm 的构造钢筋，竖向筋应上下搭接或拉接。

6.6.7 人工挖孔桩施工应采取下列安全措施：

　　1 孔内必须设置应急软爬梯供人员上下；使用的电葫芦、吊笼等应安全可靠，并配有自动卡紧保险装置，不得使用麻绳和尼龙绳吊挂或脚踏井壁凸缘上下；电葫芦宜用按钮式开关，使用前必须检验其安全起吊能力；

　　2 每日开工前必须检测井下的有毒、有害气体，并应有相应的安全防范措施；当桩孔开挖深度超过 10m 时，应有专门向井下送风的设备，风量不宜少于 25L/s；

　　3 孔口四周必须设置护栏，护栏高度宜为 0.8m；

　　4 挖出的土石方应及时运离孔口，不得堆放在孔口周边 1m 范围内，机动车辆的通行不得对井壁的安全造成影响；

　　5 施工现场的一切电源、电路的安装和拆除必须遵守现行行业标准《施工现场临时用电安全技术规范》JGJ 46 的规定；

6.6.8 开孔前，桩位应准确定位放样，在桩位外设置定位基准桩，安装护壁模板必须用桩中心点校正模板位置，并应由专人负责。

6.6.9 第一节井圈护壁应符合下列规定：

　　1 井圈中心线与设计轴线的偏差不得大于 20mm；

　　2 井圈顶面应比场地高出 100～150mm，壁厚应比下面井壁厚度增加 100～150mm。

6.6.10 修筑井圈护壁应符合下列规定：

　　1 护壁的厚度、拉接钢筋、配筋、混凝土强度等级均应符合设计要求；

2 上下节护壁的搭接长度不得小于 50mm；

3 每节护壁均应在当日连续施工完毕；

4 护壁混凝土必须保证振捣密实，应根据土层渗水情况使用速凝剂；

5 护壁模板的拆除应在灌注混凝土 24h 之后；

6 发现护壁有蜂窝、漏水现象时，应及时补强；

7 同一水平面上的井圈任意直径的极差不得大于 50mm。

6.6.11 当遇有局部或厚度不大于 1.5m 的流动性淤泥和可能出现涌土涌砂时，护壁施工可按下列方法处理：

1 将每节护壁的高度减小到 300～500mm，并随挖、随验、随灌注混凝土；

2 采用钢护筒或有效的降水措施。

6.6.12 挖至设计标高后，应清除护壁上的泥土和孔底残渣、积水，并应进行隐蔽工程验收。验收合格后，应立即封底和灌注桩身混凝土。

6.6.13 灌注桩身混凝土时，混凝土必须通过溜槽；当落距超过 3m 时，应采用串筒，串筒末端距孔底高度不宜大于 2m；也可采用导管泵送；混凝土宜采用插入式振捣器振实。

6.6.14 当渗水量过大时，应采取场地截水、降水或水下灌注混凝土等有效措施。严禁在桩孔中边抽水边开挖，同时不得灌注相邻桩。

6.7 灌注桩后注浆

6.7.1 灌注桩后注浆工法可用于各类钻、挖、冲孔灌注桩及地下连续墙的沉渣（虚土）、泥皮和桩底、桩侧一定范围土体的加固。

6.7.2 后注浆装置的设置应符合下列规定：

1 后注浆导管采用钢管，且应与钢筋笼加劲筋绑扎固定或焊接；

2 桩端后注浆导管及注浆阀数量宜根据桩径大小设置：对于直径不大于 1200mm 的桩，宜沿钢筋笼圆周对称设置 2 根；对于直径大于 1200mm 而不大于 2500mm 的桩，宜对称设置 3 根；

3 对于桩长超过 15m 且承载力增幅要求较高者，宜采用桩端桩侧复式注浆；桩侧后注浆管阀设置数量应综合地层情况、桩长和承载力增幅要求等因素确定，可在离桩底 5～15m 以上、桩顶 8m 以下，每隔 6～12m 设置一道桩侧注浆阀，当有粗粒土时，宜将注浆阀设置于粗粒土层下部，对于干作业成孔灌注桩宜设于粗粒土层中部；

4 对于非通长配筋桩，下部应有不少于 2 根与注浆管等长的主筋组成的钢筋笼通底；

5 钢筋笼应沉放到底，不得悬吊；下笼受阻时不得撞笼、墩笼、扭笼。

6.7.3 后注浆阀应具备下列性能：

1 注浆阀应能承受 1MPa 以上静水压力；注浆阀外部保护层应能抵抗砂石等硬质物的刮撞而不致使注浆阀受损；

2 注浆阀应具备逆止功能。

6.7.4 浆液配比、终止注浆压力、流量、注浆量等参数设计应符合下列规定：

1 浆液的水灰比应根据土的饱和度、渗透性确定，对于饱和土，水灰比宜为 0.45～0.65；对于非饱和土，水灰比宜为 0.7～0.9（松散碎石土、砂砾宜为 0.5～0.6）；低水灰比浆液宜掺入减水剂；

2 桩端注浆终止注浆压力应根据土层性质及注浆点深度确定，对于风化岩、非饱和黏性土及粉土，注浆压力宜为 3～10MPa；对于饱和土层注浆压力宜为 1.2～4MPa，软土宜取低值，密实黏性土宜取高值；

3 注浆流量不宜超过 75L/min；

4 单桩注浆量的设计应根据桩径、桩长、桩端桩侧土层性质、单桩承载力增幅及是否复式注浆等因素确定，可按下式估算：

$$G_c = \alpha_p d + \alpha_s n d \qquad (6.7.4)$$

式中 α_p、α_s——分别为桩端、桩侧注浆量经验系数，$\alpha_p = 1.5\sim1.8$，$\alpha_s = 0.5\sim0.7$，对于卵、砾石、中粗砂取较高值；

n——桩侧注浆断面数；

d——基桩设计直径（m）；

G_c——注浆量，以水泥质量计（t）。

对独立单桩、桩距大于 6d 的群桩和群桩初始注浆的数根基桩的注浆量应按上述估算值乘以 1.2 的系数；

5 后注浆作业开始前，宜进行注浆试验，优化并最终确定注浆参数。

6.7.5 后注浆作业起始时间、顺序和速率应符合下列规定：

1 注浆作业宜于成桩 2d 后开始；不宜迟于成桩 30d 后；

2 注浆作业与成孔作业点的距离不宜小于 8～10m；

3 对于饱和土中的复式注浆顺序宜先桩侧后桩端；对于非饱和土宜先桩端后桩侧；多断面桩侧注浆应先上后下；桩侧桩端注浆间隔时间不宜少于 2h；

4 桩端注浆应对同一根桩的各注浆导管依次实施等量注浆；

5 对于桩群注浆宜先外围、后内部。

6.7.6 当满足下列条件之一时可终止注浆：

1 注浆总量和注浆压力均达到设计要求；

2 注浆总量已达到设计值的 75%，且注浆压力超过设计值。

6.7.7 当注浆压力长时间低于正常值或地面出现冒浆或周围桩孔串浆，应改为间歇注浆，间歇时间宜为 30～60min，或调低浆液水灰比。

6.7.8 后注浆施工过程中，应经常对后注浆的各项工艺参数进行检查，发现异常应采取相应处理措施。当注浆量等主要参数达不到设计值时，应根据工程具体情况采取相应措施。

6.7.9 后注浆桩基工程质量检查和验收应符合下列要求：

1 后注浆施工完成后应提供水泥材质检验报告、压力表检定证书、试注浆记录、设计工艺参数、后注浆作业记录、特殊情况处理记录等资料；

2 在桩身混凝土强度达到设计要求的条件下，承载力检验应在注浆完成 20d 后进行，浆液中掺入早强剂时可于注浆完成 15d 后进行。

7 混凝土预制桩与钢桩施工

7.1 混凝土预制桩的制作

7.1.1 混凝土预制桩可在施工现场预制，预制场地必须平整、坚实。

7.1.2 制桩模板宜采用钢模板，模板应具有足够刚度，并应平整，尺寸应准确。

7.1.3 钢筋骨架的主筋连接宜采用对焊和电弧焊，当钢筋直径不小于 20mm 时，宜采用机械接头连接。主筋接头配置在同一截面内的数量，应符合下列规定：

1 当采用对焊或电弧焊时，对于受拉钢筋，不得超过 50%；

2 相邻两根主筋接头截面的距离应大于 $35d_g$（d_g 为主筋直径），并不应小于 500mm；

3 必须符合现行行业标准《钢筋焊接及验收规程》JGJ 18 和《钢筋机械连接通用技术规程》JGJ 107 的规定。

7.1.4 预制桩钢筋骨架的允许偏差应符合表 7.1.4 的规定。

表 7.1.4 预制桩钢筋骨架的允许偏差

项次	项　　目	允许偏差（mm）
1	主筋间距	±5
2	桩尖中心线	10
3	箍筋间距或螺旋筋的螺距	±20
4	吊环沿纵轴线方向	±20
5	吊环沿垂直于纵轴线方向	±20
6	吊环露出桩表面的高度	±10
7	主筋距桩顶距离	±5
8	桩顶钢筋网片位置	±10
9	多节桩桩顶预埋件位置	±3

7.1.5 确定桩的单节长度时应符合下列规定：

1 满足桩架的有效高度、制作场地条件、运输

与装卸能力；

2 避免在桩尖接近或处于硬持力层中时接桩。

7.1.6 浇注混凝土预制桩时，宜从桩顶开始灌筑，并应防止另一端的砂浆积聚过多。

7.1.7 锤击预制桩的骨料粒径宜为 5～40mm。

7.1.8 锤击预制桩，应在强度与龄期均达到要求后，方可锤击。

7.1.9 重叠法制作预制桩时，应符合下列规定：

1 桩与邻桩及底模之间的接触面不得粘连；

2 上层桩或邻桩的浇筑，必须在下层桩或邻桩的混凝土达到设计强度的 30% 以上时，方可进行；

3 桩的重叠层数不应超过 4 层。

7.1.10 混凝土预制桩的表面应平整、密实，制作允许偏差应符合表 7.1.10 的规定。

表 7.1.10 混凝土预制桩制作允许偏差

桩　型	项　　目	允许偏差（mm）
钢筋混凝土实心桩	横截面边长	±5
	桩顶对角线之差	≤5
	保护层厚度	±5
	桩身弯曲矢高	不大于 1‰桩长且不大于 20
	桩尖偏心	≤10
	桩端面倾斜	≤0.005
	桩节长度	±20
钢筋混凝土管桩	直径	±5
	长度	±0.5%桩长
	管壁厚度	−5
	保护层厚度	+10，−5
	桩身弯曲（度）矢高	1‰桩长
	桩尖偏心	≤10
	桩头板平整度	≤2
	桩头板偏心	≤2

7.1.11 本规范未作规定的预应力混凝土桩的其他要求及离心混凝土强度等级评定方法，应符合国家现行标准《先张法预应力混凝土管桩》GB 13476 和《预应力混凝土空心方桩》JG 197 的规定。

7.2 混凝土预制桩的起吊、运输和堆放

7.2.1 混凝土实心桩的吊运应符合下列规定：

1 混凝土设计强度达到 70% 及以上方可起吊，达到 100% 方可运输；

2 桩起吊时应采取相应措施，保证安全平稳，保护桩身质量；

3 水平运输时，应做到桩身平稳放置，严禁在场地上直接拖拉桩体。

7.2.2 预应力混凝土空心桩的吊运应符合下列规定：

1 出厂前应作出厂检查，其规格、批号、制作日期应符合所属的验收批号内容；

2 在吊运过程中应轻吊轻放，避免剧烈碰撞；

3 单节桩可采用专用吊钩勾住桩两端内壁直接进行水平起吊；

4 运至施工现场时应进行检查验收，严禁使用质量不合格及在吊运过程中产生裂缝的桩。

7.2.3 预应力混凝土空心桩的堆放应符合下列规定：

1 堆放场地应平整坚实，最下层与地面接触的垫木应有足够的宽度和高度。堆放时桩应稳固，不得滚动；

2 应按不同规格、长度及施工流水顺序分别堆放；

3 当场地条件许可时，宜单层堆放；当叠层堆放时，外径为 500～600mm 的桩不宜超过 4 层，外径为 300～400mm 的桩不宜超过 5 层；

4 叠层堆放桩时，应在垂直于桩长度方向的地面上设置 2 道垫木，垫木应分别位于距桩端 1/5 桩长处；底层最外缘的桩应在垫木处用木楔塞紧；

5 垫木宜选用耐压的长木枋或枕木，不得使用有棱角的金属构件。

7.2.4 取桩应符合下列规定：

1 当桩叠层堆放超过 2 层时，应采用吊机取桩，严禁拖拉取桩；

2 三点支撑自行式打桩机不应拖拉取桩。

7.3 混凝土预制桩的接桩

7.3.1 桩的连接可采用焊接、法兰连接或机械快速连接（螺纹式、啮合式）。

7.3.2 接桩材料应符合下列规定：

1 焊接接桩：钢钣宜采用低碳钢，焊条宜采用 E43；并应符合现行行业标准《建筑钢结构焊接技术规程》JGJ 81 要求。

2 法兰接桩：钢钣和螺栓宜采用低碳钢。

7.3.3 采用焊接接桩除应符合现行行业标准《建筑钢结构焊接技术规程》JGJ 81 的有关规定外，尚应符合下列规定：

1 下节桩段的桩头宜高出地面 0.5m；

2 下节桩的桩头处宜设导向箍；接桩时上下节桩段应保持顺直，错位偏差不宜大于 2mm；接桩就位纠偏时，不得采用大锤横向敲打；

3 桩对接前，上下端钣表面应采用铁刷子清刷干净，坡口处应刷至露出金属光泽；

4 焊接宜在桩四周对称地进行，待上下桩节固定后拆除导向箍再分层施焊；焊接层数不得少于 2 层，第一层焊完后必须把焊渣清理干净，方可进行第二层（的）施焊，焊缝应连续、饱满；

5 焊好后的桩接头应自然冷却后方可继续锤击，

自然冷却时间不宜少于 8min；严禁采用水冷却或焊好即施打；

6 雨天焊接时，应采取可靠的防雨措施；

7 焊接接头的质量检查宜采用探伤检测，同一工程探伤抽样检验不得少于 3 个接头。

7.3.4 采用机械快速螺纹接桩的操作与质量应符合下列规定：

1 接桩前应检查桩两端制作的尺寸偏差及连接件，无受损后方可起吊施工，其下节桩端宜高出地面 0.8m；

2 接桩时，卸下上下节桩两端的保护装置后，应清理接头残物，涂上润滑脂；

3 应采用专用接头锥度对中，对准上下节桩进行旋紧连接；

4 可采用专用链条式扳手进行旋紧，（臂长 1m，卡紧后人工旋紧再用铁锤敲击板臂，）锁紧后两端板尚应有 1～2mm 的间隙。

7.3.5 采用机械啮合接头接桩的操作与质量应符合下列规定：

1 将上下接头钣清理干净，用扳手将已涂抹沥青涂料的连接销逐根旋入上节桩Ⅰ型端头钣的螺栓孔内，并用钢模板调整好连接销的方位；

2 剔除下节桩Ⅱ型端头钣连接槽内泡沫塑料保护块，在连接槽内注入沥青涂料，并在端头钣面周边抹上宽度 20mm、厚度 3mm 的沥青涂料；当地基土、地下水含中等以上腐蚀介质时，桩端钣板面应满涂沥青涂料；

3 将上节桩吊起，使连接销与Ⅱ型端头钣上各连接口对准，随即将连接销插入连接槽内；

4 加压使上下节桩的桩头钣接触，完成接桩。

7.4 锤 击 沉 桩

7.4.1 沉桩前必须处理空中和地下障碍物，场地应平整，排水应畅通，并应满足打桩所需的地面承载力。

7.4.2 桩锤的选用应根据地质条件、桩型、桩的密集程度、单桩竖向承载力及现有施工条件等因素确定，也可按本规范附录 H 选用。

7.4.3 桩打入时应符合下列规定：

1 桩帽或送桩帽与桩周围的间隙应为 5～10mm；

2 锤与桩帽、桩帽与桩之间应加设硬木、麻袋、草垫等弹性衬垫；

3 桩锤、桩帽或送桩帽应和桩身在同一中心线上；

4 桩插入时的垂直度偏差不得超过 0.5%。

7.4.4 打桩顺序要求应符合下列规定：

1 对于密集桩群，自中间向两个方向或四周对称施打；

2 当一侧毗邻建筑物时,由毗邻建筑物处向另一方向施打;

3 根据基础的设计标高,宜先深后浅;

4 根据桩的规格,宜先大后小,先长后短。

7.4.5 打入桩(预制混凝土方桩、预应力混凝土空心桩、钢桩)的桩位偏差,应符合表7.4.5的规定。斜桩倾斜度的偏差不得大于倾斜角正切值的15%(倾斜角系桩的纵向中心线与铅垂线间夹角)。

表7.4.5 打入桩桩位的允许偏差

项　目	允许偏差（mm）
带有基础梁的桩:(1)垂直基础梁的中心线 (2)沿基础梁的中心线	$100+0.01H$ $150+0.01H$
桩数为1~3根桩基中的桩	100
桩数为4~16根桩基中的桩	1/2桩径或边长
桩数大于16根桩基中的桩: (1)最外边的桩 (2)中间桩	1/3桩径或边长 1/2桩径或边长

注:H为施工现场地面标高与桩顶设计标高的距离。

7.4.6 桩终止锤击的控制应符合下列规定:

1 当桩端位于一般土层时,应以控制桩端设计标高为主,贯入度为辅;

2 桩端达到坚硬、硬塑的黏性土、中密以上粉土、砂土、碎石类土及风化岩时,应以贯入度控制为主,桩端标高为辅;

3 贯入度已达到设计要求而桩端标高未达到时,应继续锤击3阵,并按每阵10击的贯入度不应大于设计规定的数值确认,必要时,施工控制贯入度应通过试验确定。

7.4.7 当遇到贯入度剧变,桩身突然发生倾斜、位移或有严重回弹、桩顶或桩身出现严重裂缝、破碎等情况时,应暂停打桩,并分析原因,采取相应措施。

7.4.8 当采用射水法沉桩时,应符合下列规定:

1 射水法沉桩宜用于砂土和碎石土;

2 沉桩至最后1~2m时,应停止射水,并采用锤击至规定标高,终锤控制标准可按本规范第7.4.6条有关规定执行。

7.4.9 施打大面积密集桩群时,应采取下列辅助措施:

1 对预钻孔沉桩,预钻孔孔径可比桩径(或方桩对角线)小50~100mm,深度可根据桩距和土的密实度、渗透性确定,宜为桩长的1/3~1/2;施工时应随钻随打;桩架宜具备钻孔锤击双重性能;

2 对饱和黏性土地基,应设置袋装砂井或塑料排水板;袋装砂井直径宜为70~80mm,间距宜为1.0~1.5m,深度宜为10~12m;塑料排水板的深度、间距与袋装砂井相同;

3 应设置隔离板桩或地下连续墙;

4 可开挖地面防震沟,并可与其他措施结合使用,防震沟沟宽可取0.5~0.8m,深度按土质情况决定;

5 应控制打桩速率和日打桩量,24小时内休止时间不应少于8h;

6 沉桩结束后,宜普遍实施一次复打;

7 应对不少于总桩数10%的桩顶上涌和水平位移进行监测;

8 沉桩过程中应加强邻近建筑物、地下管线等的观测、监护。

7.4.10 预应力混凝土管桩的总锤击数及最后1.0m沉桩锤击数应根据桩身强度和当地工程经验确定。

7.4.11 锤击沉桩送桩应符合下列规定:

1 送桩深度不宜大于2.0m;

2 当桩顶打至接近地面需要送桩时,应测出桩的垂直度并检查桩顶质量,合格后应及时送桩;

3 送桩的最后贯入度应参考相同条件下不送桩时的最后贯入度并修正;

4 送桩后遗留的桩孔应立即回填或覆盖;

5 当送桩深度超过2.0m且不大于6.0m时,打桩机应为三点支撑履带自行式或步履式柴油打桩机;桩帽和桩锤之间应用竖纹硬木或盘圆层叠的钢丝绳作"锤垫",其厚度宜取150~200mm。

7.4.12 送桩器及衬垫设置应符合下列规定:

1 送桩器宜做成圆筒形,并应有足够的强度、刚度和耐打性。送桩器长度应满足送桩深度的要求,弯曲度不得大于1/1000;

2 送桩器上下两端面应平整,且与送桩器中心轴线相垂直;

3 送桩器下端面应开孔,使空心桩内腔与外界连通;

4 送桩器应与桩匹配:套筒式送桩器下端的套筒深度宜取250~350mm,套管内径应比桩外径大20~30mm;插销式送桩器下端的插销长度宜取200~300mm,杆销外径应比(管)桩内径小20~30mm,对于腔内存有余浆的管桩,不宜采用插销式送桩器;

5 送桩作业时,送桩器与桩头之间应设置1~2层麻袋或硬纸板等衬垫。内填弹性衬垫压实后的厚度不宜小于60mm。

7.4.13 施工现场应配备桩身垂直度观测仪器(长条水准尺或经纬仪)和观测人员,随时量测桩身的垂直度。

7.5 静压沉桩

7.5.1 采用静压沉桩时,场地地基承载力不应小于压桩机接地压强的1.2倍,且场地应平整。

7.5.2 静力压桩宜选择液压式和绳索式压桩工艺；宜根据单节桩的长度选用顶压式液压压桩机和抱压式液压压桩机。

7.5.3 选择压桩机的参数应包括下列内容：

　　1 压桩机型号、桩机质量（不含配重）、最大压桩力等；

　　2 压桩机的外型尺寸及拖运尺寸；

　　3 压桩机的最小边桩距及最大压桩力；

　　4 长、短船型履靴的接地压强；

　　5 夹持机构的型式；

　　6 液压油缸的数量、直径，率定后的压力表读数与压桩力的对应关系；

　　7 吊桩机构的性能及吊桩能力。

7.5.4 压桩机的每件配重必须用量具核实，并将其质量标记在该件配重的外露表面；液压式压桩机的最大压桩力应取压桩机的机架重量和配重之和乘以0.9。

7.5.5 当边桩空位不能满足中置式压桩机施压条件时，宜利用吊边桩机构或选用前置式液压压桩机进行压桩，但此时应估计最大压桩能力减少造成的影响。

7.5.6 当设计要求或施工需要采用引孔法压桩时，应配备螺旋钻孔机，或在压桩机上配备专用的螺旋钻。当桩端需进入较坚硬的岩层时，应配备可入岩的钻孔桩机或冲孔桩机。

7.5.7 最大压桩力不宜小于设计的单桩竖向极限承载力标准值，必要时可由现场试验确定。

7.5.8 静力压桩施工的质量控制应符合下列规定：

　　1 第一节桩下压时垂直度偏差不应大于0.5%；

　　2 宜将每根桩一次性连续压到底，且最后一节有效桩长不宜小于5m；

　　3 抱压力不应大于桩身允许侧向压力的1.1倍；

　　4 对于大面积桩群，应控制日压桩量。

7.5.9 终压条件应符合下列规定：

　　1 应根据现场试桩的试验结果确定终压标准；

　　2 终压连续复压次数应根据桩长及地质条件等因素确定。对于入土深度大于或等于8m的桩，复压次数可为2～3次；对于入土深度小于8m的桩，复压次数可为3～5次；

　　3 稳压压桩力不得小于终压力，稳定压桩的时间宜为5～10s。

7.5.10 压桩顺序宜根据场地工程地质条件确定，并应符合下列规定：

　　1 对于场地地层中局部含砂、碎石、卵石时，宜先对该区域进行压桩；

　　2 当持力层埋深或桩的入土深度差别较大时，宜先施压长桩后施压短桩；

7.5.11 压桩过程中应测量桩身的垂直度。当桩身垂直度偏差大于1%时，应找出原因并设法纠正；当桩尖进入较硬土层后，严禁用移动机架等方法强行纠偏。

7.5.12 出现下列情况之一时，应暂停压桩作业，并分析原因，采用相应措施：

　　1 压力表读数显示情况与勘察报告中的土层性质明显不符；

　　2 桩难以穿越硬夹层；

　　3 实际桩长与设计桩长相差较大；

　　4 出现异常响声；压桩机械工作状态出现异常；

　　5 桩身出现纵向裂缝和桩头混凝土出现剥落等异常现象；

　　6 夹持机构打滑；

　　7 压桩机下陷。

7.5.13 静压送桩的质量控制应符合下列规定：

　　1 测量桩的垂直度并检查桩头质量，合格后方可送桩，压桩、送桩作业应连续进行；

　　2 送桩应采用专制钢质送桩器，不得将工程桩用作送桩器；

　　3 当场地上多数桩的有效桩长小于或等于15m或桩端持力层为风化软质岩，需要复压时，送桩深度不宜超过1.5m；

　　4 除满足本条上述3款规定外，当桩的垂直度偏差小于1%，且桩的有效桩长大于15m时，静压桩送桩深度不宜超过8m；

　　5 送桩的最大压桩力不宜超过桩身允许抱压压桩力的1.1倍。

7.5.14 引孔压桩法质量控制应符合下列规定：

　　1 引孔宜采用螺旋钻干作业法；引孔的垂直度偏差不宜大于0.5%；

　　2 引孔作业和压桩作业应连续进行，间隔时间不宜大于12h；在软土地基中不宜大于3h；

　　3 引孔中有积水时，宜采用开口型桩尖。

7.5.15 当桩较密集，或地基为饱和淤泥、淤泥质土及黏性土时，应设置塑料排水板、袋装砂井消减超孔压或采取引孔等措施，并可按本规范第7.4.9条执行。在压桩施工过程中应对总桩数10%的桩设置上涌和水平偏位观测点，定时检测桩的上浮量及桩顶水平偏位值，若上涌和偏位值较大，应采取复压等措施。

7.5.16 对预制混凝土方桩、预应力混凝土空心桩、钢桩等压入桩的桩位偏差，应符合本规范表7.4.5的规定。

7.6　钢桩（钢管桩、H型桩及其他异型钢桩）施工

Ⅰ　钢桩的制作

7.6.1 制作钢桩的材料应符合设计要求，并应有出厂合格证和试验报告。

7.6.2 现场制作钢桩应有平整的场地及挡风防雨措施。

7.6.3 钢桩制作的允许偏差应符合表 7.6.3 的规定，钢桩的分段长度应满足本规范第 7.1.5 条的规定，且不宜大于 15m。

表 7.6.3 钢桩制作的允许偏差

项　　　目		容许偏差（mm）
外径或断面尺寸	桩端部	±0.5%外径或边长
	桩　身	±0.1%外径或边长
长　　　度		>0
矢　　　高		≤1‰桩长
端部平整度		≤2（H 型桩≤1）
端部平面与桩身中心线的倾斜值		≤2

7.6.4 用于地下水有侵蚀性的地区或腐蚀性土层的钢桩，应按设计要求作防腐处理。

Ⅱ 钢桩的焊接

7.6.5 钢桩的焊接应符合下列规定：

1 必须清除桩端部的浮锈、油污等脏物，保持干燥；下节桩顶经锤击后变形的部分应割除；

2 上下节桩焊接时应校正垂直度，对口的间隙宜为 2~3mm；

3 焊丝（自动焊）或焊条应烘干；

4 焊接应对称进行；

5 应采用多层焊，钢管桩各层焊缝的接头应错开，焊渣应清除；

6 当气温低于 0℃或雨雪天及无可靠措施确保焊接质量时，不得焊接；

7 每个接头焊接完毕，应冷却 1min 后方可锤击；

8 焊接质量应符合国家现行标准《钢结构工程施工质量验收规范》GB 50205 和《建筑钢结构焊接技术规程》JGJ 81 的规定，每个接头除应按表 7.6.5 规定进行外观检查外，还应按接头总数的 5%进行超声或 2%进行 X 射线拍片检查，对于同一工程，探伤抽样检验不得少于 3 个接头。

表 7.6.5 接桩焊缝外观允许偏差

项　　　目	允许偏差（mm）
上下节桩错口：	
①钢管桩外径≥700mm	3
②钢管桩外径<700mm	2
H 型钢桩	1
咬边深度（焊缝）	0.5
加强层高度（焊缝）	2
加强层宽度（焊缝）	3

7.6.6 H 型钢桩或其他异型薄壁钢桩，接头处应加连接板，可按等强度设置。

Ⅲ 钢桩的运输和堆放

7.6.7 钢桩的运输与堆放应符合下列规定：

1 堆放场地应平整、坚实、排水通畅；

2 桩的两端应有适当保护措施，钢管桩应设保护圈；

3 搬运时应防止桩体撞击而造成桩端、桩体损坏或弯曲；

4 钢桩应按规格、材质分别堆放，堆放层数：φ900mm 的钢桩，不宜大于 3 层；φ600mm 的钢桩，不宜大于 4 层；φ400mm 的钢桩，不宜大于 5 层；H 型钢桩不宜大于 6 层。支点设置应合理，钢桩的两侧应采用木楔塞住。

Ⅵ 钢桩的沉桩

7.6.8 当钢桩采用锤击沉桩时，可按本规范第 7.4 节有关条文实施；当采用静压沉桩时，可按本规范第 7.5 节有关条文实施。

7.6.9 对敞口钢管桩，当锤击沉桩有困难时，可在管内取土助沉。

7.6.10 锤击 H 型钢桩时，锤重不宜大于 4.5t 级（柴油锤），且在锤击过程中桩架前应有横向约束装置。

7.6.11 当持力层较硬时，H 型钢桩不宜送桩。

7.6.12 当地表层遇有大块石、混凝土块等回填物时，应在插入 H 型钢桩前进行触探，并应清除桩位上的障碍物。

8 承 台 施 工

8.1 基坑开挖和回填

8.1.1 桩基承台施工顺序宜先深后浅。

8.1.2 当承台埋置较深时，应对邻近建筑物及市政设施采取必要的保护措施，在施工期间应进行监测。

8.1.3 基坑开挖前应对边坡支护形式、降水措施、挖土方案、运土路线及堆土位置编制施工方案，若桩基施工引起超孔隙水压力，宜待超孔隙水压力大部分消散后开挖。

8.1.4 当地下水位较高需降水时，可根据周围环境情况采用内降水或外降水措施。

8.1.5 挖土应均衡分层进行，对流塑状软土的基坑开挖，高差不应超过 1m。

8.1.6 挖出的土方不得堆置在基坑附近。

8.1.7 机械挖土时必须确保基坑内的桩体不受损坏。

8.1.8 基坑开挖结束后，应在基坑底做出排水盲沟及集水井，如有降水设施仍应维持运转。

8.1.9 在承台和地下室外墙与基坑侧壁间隙回填土前，应排除积水，清除虚土和建筑垃圾，填土应按设计要求选料，分层夯实，对称进行。

8.2 钢筋和混凝土施工

8.2.1 绑扎钢筋前应将灌注桩桩头浮浆部分和预制桩桩顶锤击面破碎部分去除，桩体及其主筋入承台的长度应符合设计要求；钢管桩尚应加焊桩顶连接件；并应按设计施作桩头和垫层防水。

8.2.2 承台混凝土应一次浇筑完成，混凝土入槽宜采用平铺法。对大体积混凝土施工，应采取有效措施防止温度应力引起裂缝。

9 桩基工程质量检查和验收

9.1 一般规定

9.1.1 桩基工程应进行桩位、桩长、桩径、桩身质量和单桩承载力的检验。

9.1.2 桩基工程的检验按时间顺序可分为三个阶段：施工前检验、施工检验和施工后检验。

9.1.3 对砂、石子、水泥、钢材等桩体原材料质量的检验项目和方法应符合国家现行有关标准的规定。

9.2 施工前检验

9.2.1 施工前应严格对桩位进行检验。

9.2.2 预制桩（混凝土预制桩、钢桩）施工前应进行下列检验：

1 成品桩应按选定的标准图或设计图制作，现场应对其外观质量及桩身混凝土强度进行检验；

2 应对接桩用焊条、压桩用压力表等材料和设备进行检验。

9.2.3 灌注桩施工前应进行下列检验：

1 混凝土拌制应对原材料质量与计量、混凝土配合比、坍落度、混凝土强度等级等进行检查；

2 钢筋笼制作应对钢筋规格、焊条规格、品种、焊口规格、焊缝长度、焊缝外观和质量、主筋和箍筋的制作偏差等进行检查，钢筋笼制作允许偏差应符合本规范表 6.2.5 的要求。

9.3 施 工 检 验

9.3.1 预制桩（混凝土预制桩、钢桩）施工过程中应进行下列检验：

1 打入（静压）深度、停锤标准、静压终止压力值及桩身（架）垂直度检查；

2 接桩质量、接桩间歇时间及桩顶完整状况；

3 每米进尺锤击数、最后 1.0m 进尺锤击数、总锤击数、最后三阵贯入度及桩尖标高等。

9.3.2 灌注桩施工过程中应进行下列检验：

1 灌注混凝土前，应按照本规范第 6 章有关施工质量要求，对已成孔的中心位置、孔深、孔径、垂直度、孔底沉渣厚度进行检验；

2 应对钢筋笼安放的实际位置等进行检查，并填写相应质量检测、检查记录；

3 干作业条件下成孔后应对大直径桩桩端持力层进行检验。

9.3.3 对于沉管灌注桩施工工序的质量检查宜按本规范第 9.1.1～9.3.2 条有关项目进行。

9.3.4 对于挤土预制桩和挤土灌注桩，施工过程均应对桩顶和地面土体的竖向和水平位移进行系统观测；若发现异常，应采取复打、复压、引孔、设置排水措施及调整沉桩速率等措施。

9.4 施工后检验

9.4.1 根据不同桩型应按本规范表 6.2.4 及表 7.4.5 规定检查成桩桩位偏差。

9.4.2 工程桩应进行承载力和桩身质量检验。

9.4.3 有下列情况之一的桩基工程，应采用静荷载试验对工程桩单桩竖向承载力进行检测，检测数量应根据桩基设计等级、施工中取得试验数据的可靠性因素，按现行行业标准《建筑基桩检测技术规范》JGJ 106 确定：

1 工程施工前已进行单桩静载试验，但施工过程变更了工艺参数或施工质量出现异常时；

2 施工前工程未按本规范第 5.3.1 条规定进行单桩静载试验的工程；

3 地质条件复杂、桩的施工质量可靠性低；

4 采用新桩型或新工艺。

9.4.4 有下列情况之一的桩基工程，可采用高应变动测法对工程桩单桩竖向承载力进行检测：

1 除本规范第 9.4.3 条规定条件外的桩基；

2 设计等级为甲、乙级的建筑桩基静载试验检测的辅助检测。

9.4.5 桩身质量除对预留混凝土试件进行强度等级检验外，尚应进行现场检测。检测方法可采用可靠的动测法，对于大直径桩还可采取钻芯法、声波透射法；检测数量可根据现行行业标准《建筑基桩检测技术规范》JGJ 106 确定。

9.4.6 对专用抗拔桩和对水平承载力有特殊要求的桩基工程，应进行单桩抗拔静载试验和水平静载试验检测。

9.5 基桩及承台工程验收资料

9.5.1 当桩顶设计标高与施工场地标高相近时，基桩的验收应待基桩施工完毕后进行；当桩顶设计标高低于施工场地标高时，应待开挖到设计标高后进行验收。

9.5.2 基桩验收应包括下列资料：

1 岩土工程勘察报告、桩基施工图、图纸会审纪要、设计变更单及材料代用通知单等；

2 经审定的施工组织设计、施工方案及执行中的变更单；

3 桩位测量放线图，包括工程桩位线复核签证单；

4 原材料的质量合格和质量鉴定书；

5 半成品如预制桩、钢桩等产品的合格证；

6 施工记录及隐蔽工程验收文件；

7 成桩质量检查报告；

8 单桩承载力检测报告；

9 基坑挖至设计标高的基桩竣工平面图及桩顶标高图；

10 其他必须提供的文件和记录。

9.5.3 承台工程验收时应包括下列资料：

1 承台钢筋、混凝土的施工与检查记录；

2 桩头与承台的锚筋、边桩离承台边缘距离、承台钢筋保护层记录；

3 桩头与承台防水构造及施工质量；

4 承台厚度、长度和宽度的量测记录及外观情况描述等。

9.5.4 承台工程验收除符合本节规定外，尚应符合现行国家标准《混凝土结构工程施工质量验收规范》GB 50204 的规定。

附录 A 桩型与成桩工艺选择

A.0.1 桩型与成桩工艺应根据建筑结构类型、荷载性质、桩的使用功能、穿越土层、桩端持力层、地下水位、施工设备、施工环境、施工经验、制桩材料供应等条件选择。可按表 A.0.1 进行。

表 A.0.1 桩型与成桩工艺选择

桩类			桩身(mm)	扩底端(mm)	最大桩长(m)	一般黏性土及其填土	淤泥和淤泥质土	粉土	砂土	碎石土	季节性冻土膨胀土	非自重湿陷性黄土	自重湿陷性黄土	中间有硬夹层	中间有砂夹层	中间有砾石夹层	硬黏性土	密实砂土	碎石土	软质岩石和风化岩石	以上	以下	振动和噪声	排浆	孔底有无挤密
非挤土成桩	干作业法	长螺旋钻孔灌注桩	300~800	—	28	○	×	○	○	△	×	○	○	△	×	△	○	○	○	△	○	×	无	无	无
		短螺旋钻孔灌注桩	300~800	—	20	○	×	○	○	△	×	○	○	△	×	△	○	○	○	△	○	×	无	无	无
		钻孔扩底灌注桩	300~600	800~1200	30	○	×	△	△	×	×	○	△	△	×	×	○	○	△	×	○	×	无	无	无
		机动洛阳铲成孔灌注桩	300~500	—	20	○	×	△	△	×	×	○	△	△	×	×	○	○	△	×	○	×	无	无	无
		人工挖孔扩底灌注桩	800~2000	1600~3000	30	○	×	△	△	△	×	○	△	○	△	△	○	○	○	△	○	△	无	无	无
	泥浆护壁法	潜水钻成孔灌注桩	500~800	—	50	○	△	○	○	△	×	○	△	△	○	△	○	○	○	△	○	○	无	有	无
		反循环钻成孔灌注桩	600~1200	—	80	○	△	○	○	△	×	○	△	△	○	△	○	○	○	△	○	○	无	有	无
		正循环钻成孔灌注桩	600~1200	—	80	○	△	○	○	△	×	○	△	△	○	△	○	○	○	△	○	○	无	有	无
		旋挖成孔灌注桩	600~1200	—	60	○	△	○	△	△	×	○	△	○	△	△	○	○	○	△	○	○	无	有	无
		钻孔扩底灌注桩	600~1200	1000~1600	30	○	△	○	△	×	×	○	△	△	△	×	○	○	△	×	○	○	无	有	无
	套管护壁	贝诺托灌注桩	800~1600	—	50	○	△	○	○	△	×	○	△	○	○	△	○	○	○	△	○	○	无	无	无
		短螺旋钻孔灌注桩	300~800	—	20	○	×	○	○	△	×	○	○	△	×	△	○	○	○	△	○	×	无	无	无
部分挤土成桩	灌注桩	冲击成孔灌注桩	600~1200	—	50	△	△	△	△	○	×	×	△	○	○	○	○	○	○	△	○	○	有	有	无
		长螺旋钻孔压灌桩	300~800	—	25	○	△	○	○	△	×	○	△	△	×	△	○	○	○	△	○	△	无	无	无
		钻孔挤扩多支盘桩	700~900	1200~1600	40	○	△	○	○	△	×	○	△	○	△	△	○	○	△	×	○	○	无	有	无

续表 A.0.1

桩类			桩径		最大桩长（m）	穿越土层											桩端进入持力层				地下水位		对环境影响		孔底有无挤密
			桩身（mm）	扩底端（mm）		一般黏性土及其填土	淤泥和淤泥质土	粉土	砂土	碎石土	季节性冻土膨胀土	黄土 非自重湿陷性黄土	黄土 自重湿陷性黄土	中间有硬夹层	中间有砂夹层	中间有砾石夹层	硬黏性土	密实砂土	碎石土	软质岩石和风化岩石	以上	以下	振动和噪声	排浆	
部分挤土成桩	预制桩	预钻孔打入式预制桩	500	—	50	○	○	○	△	×	○	○	○	○	○	△	○	○	△	△	○	○	有	无	有
		静压混凝土（预应力混凝土）敞口管桩	800	—	60	○	○	○	△	×	△	○	○	△	△	△	○	○	○	△	○	○	无	无	有
		H型钢桩	规格	—	80	○	○	○	○	○	△	△	△	○	○	○	○	○	○	○	○	○	有	无	无
		敞口钢管桩	600～900	—	80	○	○	○	○	△	△	○	○	○	○	○	○	○	○	○	○	○	有	无	有
挤土成桩	灌注桩	内夯沉管灌注桩	325，377	460～700	25	○	○	○	△	△	○	○	○	×	△	×	○	△	△	×	○	○	有	无	有
	预制桩	打入式混凝土预制桩闭口钢管桩、混凝土管桩	500×500 1000	—	60	○	○	○	△	△	△	○	○	○	○	△	○	○	△	△	○	○	有	无	有
		静压桩	1000	—	60	○	○	△	△	△	△	○	△	△	△	×	○	○	△	×	○	○	无	无	有

注：表中符号○表示比较合适；△表示有可能采用；×表示不宜采用。

附录B 预应力混凝土空心桩基本参数

B.0.1 离心成型的先张法预应力混凝土管桩的基本参数可按表B.0.1选用。

表 B.0.1 预应力混凝土管桩的配筋和力学性能

品种	外径 d（mm）	壁厚 t（mm）	单节桩长（m）	混凝土强度等级	型号	预应力钢筋	螺旋筋规格	混凝土有效预压应力（MPa）	抗裂弯矩检验值 M_{cr}（kN·m）	极限弯矩检验值 M_u（kN·m）	桩身竖向承载力设计值 R_p（kN）	理论质量（kg/m）
预应力高强混凝土管桩（PHC）	300	70	≤11	C80	A	6ϕ7.1	$\phi^{b}4$	3.8	23	34	1410	131
					AB	6ϕ9.0		5.3	28	45		
					B	8ϕ9.0		7.2	33	59		
					C	8ϕ10.7		9.3	38	76		
	400	95	≤12	C80	A	10ϕ7.1	$\phi^{b}4$	3.6	52	77	2550	249
					AB	10ϕ9.0		4.9	63	704		
					B	12ϕ9.0		6.6	75	135		
					C	12ϕ10.7		8.5	87	174		
	500	100	≤15	C80	A	10ϕ9.0	$\phi^{b}5$	3.9	99	148	3570	327
					AB	10ϕ10.7		5.3	121	200		
					B	13ϕ10.7		7.2	144	258		
					C	13ϕ12.6		9.5	166	332		
	500	125	≤15	C80	A	10ϕ9.0	$\phi^{b}5$	3.5	99	148	4190	368
					AB	10ϕ10.7		4.7	121	200		
					B	13ϕ10.7		6.2	144	258		
					C	13ϕ12.6		8.2	166	332		

品种	外径 d (mm)	壁厚 t (mm)	单节桩长 (m)	混凝土强度等级	型号	预应力钢筋	螺旋筋规格	混凝土有效预压应力 (MPa)	抗裂弯矩检验值 M_{cr} (kN·m)	极限弯矩检验值 M_u (kN·m)	桩身竖向承载力设计值 R_p (kN)	理论质量 (kg/m)
预应力高强混凝土管桩 (PHC)	550	100	≤15	C80	A	11φ9.0	φb5	3.9	125	188	4020	368
					AB	11φ10.7		5.3	154	254		
					B	15φ10.7		6.9	182	328		
					C	15φ12.6		9.2	211	422		
	550	125	≤15	C80	A	11φ9.0	φb5	3.4	125	188	4700	434
					AB	11φ10.7		4.7	154	254		
					B	15φ10.7		6.1	182	328		
					C	15φ12.6		7.9	211	422		
	600	110	≤15	C80	A	13φ9.0	φb5	3.9	164	246	4810	440
					AB	13φ10.7		5.5	201	332		
					B	17φ10.7		7	239	430		
					C	17φ12.6		9.1	276	552		
	600	130	≤15	C80	A	13φ9.0	φb5	3.5	164	246	5440	499
					AB	13φ10.7		4.8	201	332		
					B	17φ10.7		6.2	239	430		
					C	17φ12.6		8.2	276	552		
	800	110	≤15	C80	A	15φ10.7	φb6	4.4	367	550	6800	620
					AB	15φ12.6		6.1	451	743		
					B	22φ12.6		8.2	535	962		
					C	27φ12.6		11	619	1238		
	1000	130	≤15	C80	A	22φ10.7	φb6	4.4	689	1030	10080	924
					AB	22φ12.6		6	845	1394		
					B	30φ12.6		8.3	1003	1805		
					C	40φ12.6		10.9	1161	2322		
预应力混凝土管桩 (PC)	300	70	≤11	C60	A	6φ7.1	φb4	3.8	23	34	1070	131
					AB	6φ9.0		5.2	28	45		
					B	8φ9.0		7.1	33	59		
					C	8φ10.7		9.3	38	76		
	400	95	≤12	C60	A	10φ7.1	φb4	3.7	52	77	1980	249
					AB	10φ9.0		5.0	63	104		
					B	13φ9.0		6.7	75	135		
					C	13φ10.7		9.0	87	174		
	500	100	≤15	C60	A	10φ9.0	φb5	3.9	99	148	2720	327
					AB	10φ10.7		5.4	121	200		
					B	14φ10.7		7.2	144	258		
					C	14φ12.6		9.8	166	332		
	550	100	≤15	C60	A	11φ9.0	φb5	3.9	125	188	3060	368
					AB	11φ10.7		5.4	154	254		
					B	15φ10.7		7.2	182	328		
					C	15φ12.6		9.7	211	422		
	600	110	≤15	C60	A	13φ9.0	φb5	3.9	164	246	3680	440
					AB	13φ10.7		5.4	201	332		
					B	18φ10.7		7.2	239	430		
					C	18φ12.6		9.8	276	552		

B.0.2 离心成型的先张法预应力混凝土空心方桩的基本参数可按表 B.0.2 选用。

表 B.0.2 预应力混凝土空心方桩的配筋和力学性能

品种	边长 b (mm)	内径 d_l (mm)	单节桩长 (m)	混凝土强度等级	预应力钢筋	螺旋筋规格	混凝土有效预压应力 (MPa)	抗裂弯矩 M_{cr} (kN·m)	极限弯矩 M_u (kN·m)	桩身竖向承载力设计值 R_p (kN)	理论质量 (kg/m)
预应力高强混凝土空心方桩 (PHS)	300	160	≤12	C80	8ϕ^D7.1	ϕ^b4	3.7	37	48	1880	185
					8ϕ^D9.0	ϕ^b4	5.9	48	77		
	350	190	≤12	C80	8ϕ^D9.0	ϕ^b4	4.4	66	93	2535	245
	400	250	≤14	C80	8ϕ^D9.0	ϕ^b4	3.8	88	110	2985	290
					8ϕ^D10.7	ϕ^b4	5.3	102	155		
	450	250	≤15	C80	12ϕ^D9.0	ϕ^b5	4.1	135	185	4130	400
					12ϕ^D10.7	ϕ^b5	5.7	160	261		
					12ϕ^D12.6	ϕ^b5	7.9	190	352		
	500	300	≤15	C80	12ϕ^D9.0	ϕ^b5	3.5	170	210	4830	470
					12ϕ^D10.7	ϕ^b5	4.9	198	295		
					12ϕ^D12.6	ϕ^b5	6.8	234	406		
	550	350	≤15	C80	16ϕ^D9.0	ϕ^b5	4.1	237	310	5550	535
					16ϕ^D10.7	ϕ^b5	5.7	278	440		
					16ϕ^D12.6	ϕ^b5	7.8	331	582		
	600	380	≤15	C80	20ϕ^D9.0	ϕ^b5	4.2	315	430	6640	645
					20ϕ^D10.7	ϕ^b5	5.9	370	596		
					20ϕ^D12.6	ϕ^b5	8.1	440	782		
预应力混凝土空心方桩 (PS)	300	160	≤12	C60	8ϕ^D7.1	ϕ^b4	3.7	35	48	1440	185
					8ϕ^D9.0	ϕ^b4	5.9	46	77		
	350	190	≤12	C60	8ϕ^D9.0	ϕ^b4	4.4	63	93	1940	245
	400	250	≤14	C60	8ϕ^D9.0	ϕ^b4	3.8	85	110	2285	290
					8ϕ^D10.7	ϕ^b4	5.3	99	155		
	450	250	≤15	C60	12ϕ^D9.0	ϕ^b5	4.1	129	185	3160	400
					12ϕ^D10.7	ϕ^b5	5.7	152	256		
					12ϕ^D12.6	ϕ^b5	7.8	182	331		
	500	300	≤15	C60	12ϕ^D9.0	ϕ^b5	3.5	163	210	3700	470
					12ϕ^D10.7	ϕ^b5	4.9	189	295		
					12ϕ^D12.6	ϕ^b5	6.7	223	388		
	550	350	≤15	C60	16ϕ^D9.0	ϕ^b5	4.1	225	310	4250	535
					16ϕ^D10.7	ϕ^b5	5.6	266	426		
					16ϕ^D12.6	ϕ^b5	7.7	317	558		
	600	380	≤15	C60	20ϕ^D9.0	ϕ^b5	4.2	300	430	5085	645
					20ϕ^D10.7	ϕ^b5	5.9	355	576		
					20ϕ^D12.6	ϕ^b5	8.0	425	735		

附录C 考虑承台(包括地下墙体)、基桩协同工作和土的弹性抗力作用计算受水平荷载的桩基

C.0.1 基本假定：

1 将土体视为弹性介质，其水平抗力系数随深度线性增加(m法)，地面处为零。

对于低承台桩基，在计算桩基时，假定桩顶标高处的水平抗力系数为零并随深度增长。

2 在水平力和竖向压力作用下，基桩、承台、地下墙体表面上任一点的接触应力(法向弹性抗力)与该点的法向位移δ成正比。

3 忽略桩身、承台、地下墙体侧面与土之间的黏着力和摩擦力对抵抗水平力的作用。

4 按复合桩基设计时，即符合本规范第5.2.5条规定，可考虑承台底土的竖向抗力和水平摩阻力。

5 桩顶与承台刚性连接(固接)，承台的刚度视为无穷大。因此，只有当承台的刚度较大，或由于上部结构与承台的协同作用使承台的刚度得到增强的情况下，才适于采用此种方法计算。

计算中考虑土的弹性抗力时，要注意土体的稳定性。

C.0.2 基本计算参数：

1 地基土水平抗力系数的比例系数m，其值按本规范第5.7.5条规定采用。

当基桩侧面为几种土层组成时，应求得主要影响深度

$h_m = 2(d+1)$米范围内的m值作为计算值(见图C.0.2)。

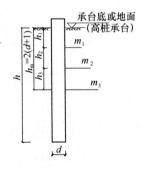

图 C.0.2

当h_m深度内存在两层不同土时：

$$m = \frac{m_1 h_1^2 + m_2(2h_1 + h_2)h_2}{h_m^2} \quad (C.0.2-1)$$

当h_m深度内存在三层不同土时：

$$m = \frac{m_1 h_1^2 + m_2(2h_1 + h_2)h_2 + m_3(2h_1 + 2h_2 + h_3)h_3}{h_m^2}$$

$$(C.0.2-2)$$

2 承台侧面地基土水平抗力系数C_n：

$$C_n = m \cdot h_n \quad (C.0.2-3)$$

式中 m——承台埋深范围地基土的水平抗力系数的比例系数(MN/m^4)；

h_n——承台埋深(m)。

3 地基土竖向抗力系数C_0、C_b和地基土竖向抗力系数的比例系数m_0：

1)桩底面地基土竖向抗力系数C_0

$$C_0 = m_0 h \quad (C.0.2-4)$$

式中 m_0——桩底面地基土竖向抗力系数的比例系数(MN/m^4)，近似取$m_0 = m$；

h——桩的入土深度(m)，当h小于10m时，按10m计算。

2)承台底地基土竖向抗力系数C_b

$$C_b = m_0 h_n \eta_c \quad (C.0.2-5)$$

式中 h_n——承台埋深(m)，当h_n小于1m时，按1m计算；

η_c——承台效应系数，按本规范第5.2.5条确定。

不随岩层埋深而增长，其值按表C.0.2采用。

表 C.0.2 岩石地基竖向抗力系数 C_R

岩石饱和单轴抗压强度标准值 f_{rk}(kPa)	C_R(MN/m³)
1000	300
≥25000	15000

注：f_{rk}为表列数值的中间值时，C_R采用插入法确定。

4 岩石地基的竖向抗力系数C_R

5 桩身抗弯刚度EI：按本规范第5.7.2条第6款的规定计算确定。

6 桩身轴向压力传递系数ξ_N：

$$\xi_N = 0.5 \sim 1.0$$

摩擦型桩取小值，端承型桩取大值。

7 地基土与承台底之间的摩擦系数μ，按本规范表5.7.3-2取值。

C.0.3 计算公式：

1 单桩基础或垂直于外力作用平面的单排桩基础，见表C.0.3-1。

2 位于(或平行于)外力作用平面的单排(或多排)桩低承台桩基，见表C.0.3-2。

3 位于(或平行于)外力作用平面的单排(或多排)桩高承台桩基，见表C.0.3-3。

C.0.4 确定地震作用下桩基计算参数和图式的几个问题：

1 当承台底面以上土层为液化层时，不考虑承台侧面土体的弹性抗力和承台底土的竖向弹性抗力与摩阻力，此时，令$C_n = C_b = 0$，可按表C.0.3-3高承台公式计算。

2 当承台底面以上为非液化层，而承台底面与承台底面下土体可能发生脱离时(承台底面以下有欠固结、自重湿陷、震陷、液化土体时)，不考虑承台底地基土的竖向弹性抗力和摩阻力，只考虑承台侧面土体的

弹性抗力，宜按表C.0.3-3高承台图式进行计算；但计算承台单位变位引起的桩顶、承台、地下墙体的反力和时，应考虑承台和地下墙体侧面土体弹性抗力的影响。可按表C.0.3-2的步骤5的公式计算（C_b=0）。

3 当桩顶以下 $2(d+1)$ 米深度内有液化夹层时，其水平抗力系数的比例系数综合计算值 m，系将液化层的 m 值按本规范表5.3.12折减后，代入式（C.0.2-1）或式（C.0.2-2）中计算确定。

表 C.0.3-1 单桩基础或垂直于外力作用平面的单排桩基础

计算步骤				内容	备注
1	确定荷载和计算图式				桩底支撑在非岩石类土中或基岩表面
2	确定基本参数			m、EI、α	详见附录C.0.2
3	求地面处桩身内力			弯距（$F \times L$）水平力（F） $\quad M_0 = \dfrac{M}{n} + \dfrac{H}{n}l_0 \quad H_0 = \dfrac{H}{n}$	n——单排桩的桩数；低承台桩时，令 $l_0=0$
4	求单位力作用于桩身地面处，桩身在该处产生的变位	$H_0=1$ 作用时	水平位移（$F^{-1} \times L$）	$\delta_{HH} = \dfrac{1}{\alpha^3 EI} \times \dfrac{(B_3 D_4 - B_4 D_3) + K_h (B_2 D_4 - B_4 D_2)}{(A_3 B_4 - A_4 B_3) + K_h (A_2 B_4 - A_4 B_2)}$	桩底支承于非岩石类土中，且当 $h \geqslant 2.5/\alpha$，可令 $K_h=0$；桩底支承于基岩面上，且当 $h \geqslant 3.5/\alpha$，可令 $K_h=0$。K_h 计算见本表注③。系数 $A_1 \cdots\cdots D_4$，A_f、B_f、C_f 根据 $\bar{h} = \alpha h$ 查表 C.0.3-4 中相应 $\bar{h}$ 的值确定
			转角（F^{-1}）	$\delta_{MH} = \dfrac{1}{\alpha^2 EI} \times \dfrac{(A_3 D_4 - A_4 D_3) + K_h (A_2 D_4 - A_4 D_2)}{(A_3 B_4 - A_4 B_3) + K_h (A_2 B_4 - A_4 B_2)}$	
		$M_0=1$ 作用时	水平位移（F^{-1}）	$\delta_{HM} = \delta_{MH}$	
			转角（$F^{-1} \times L^{-1}$）	$\delta_{MM} = \dfrac{1}{\alpha EI} \times \dfrac{(A_3 C_4 - A_4 C_3) + K_h (A_2 C_4 - A_4 C_2)}{(A_3 B_4 - A_4 B_3) + K_h (A_2 B_4 - A_4 B_2)}$	
5	求地面处桩身的变位		水平位移（L）转角（弧度）	$x_0 = H_0 \delta_{HH} + M_0 \delta_{HM}$ $\varphi_0 = -(H_0 \delta_{MH} + M_0 \delta_{MM})$	
6	求地面以下任一深度的桩身内力		弯距（$F \times L$）水平力（F）	$M_y = \alpha^2 EI \left(x_0 A_3 + \dfrac{\varphi_0}{\alpha} B_3 + \dfrac{M_0}{\alpha^2 EI} C_3 + \dfrac{H_0}{\alpha^3 EI} D_3 \right)$ $H_y = \alpha^3 EI \left(x_0 A_4 + \dfrac{\varphi_0}{\alpha} B_4 + \dfrac{M_0}{\alpha^2 EI} C_4 + \dfrac{H_0}{\alpha^3 EI} D_4 \right)$	
7	求桩顶水平位移		（L）	$\Delta = x_0 - \varphi_0 l_0 + \Delta_0$ 其中 $\Delta_0 = \dfrac{H l_0^3}{3nEI} + \dfrac{M l_0^2}{2nEI}$	
8	求桩身最大弯距及其位置		最大弯距位置（L）	由 $\dfrac{\alpha M_0}{H_0} = C_1$ 查表 C.0.3-5 得相应的 αy，$y_{Mmax} = \dfrac{\alpha y}{\alpha}$	C_1、D_{II} 查表 C.0.3-5
			最大弯距（$F \times L$）	$M_{max} = H_0 / D_{II}$	

注：1 δ_{HH}、δ_{MH}、δ_{HM}、δ_{MM} 的图示意义；
    2 当桩底嵌固于基岩中时，$\delta_{HH} \cdots\cdots \delta_{MM}$ 按下列公式计算：

$$\delta_{HH} = \frac{1}{\alpha^3 EI} \times \frac{B_2 D_1 - B_1 D_2}{A_2 B_1 - A_1 B_2}; \quad \delta_{MH} = \frac{1}{\alpha^2 EI} \times \frac{A_2 D_1 - A_1 D_2}{A_2 B_1 - A_1 B_2};$$

$$\delta_{HM} = \delta_{MH}$$

$$\delta_{MM} = \frac{1}{\alpha EI} \times \frac{A_2 C_1 - A_1 C_2}{A_2 B_1 - A_1 B_2};$$

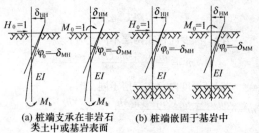

(a) 桩端支承在非岩石类土中或基岩表面 (b) 桩端嵌固于基岩中

    3 系数 $K_h \quad K_h = \dfrac{C_0 I_0}{\alpha EI}$
       式中：C_0、α、E、I——详见附录C.0.2；
               I_0——桩底截面惯性矩；对于非扩底 $I_0 = I$。
    4 表中 F、L 分别为表示力、长度的量纲。

表 C.0.3-2　位于（或平行于）外力作用平面的单排（或多排）桩低承台桩基

	计 算 步 骤			内　容	备　注
1	确定荷载和计算图式			（计算图式：$N+G$，H、M，h_0，x，C_n，h，EI，i，$1\ 2\ y$）	坐标原点应选在桩群对称点上或重心上
2	确定基本计算参数			m、m_0、EI、α、ξ_N、C_0、C_b、μ	详见附录 C.0.2
3	求单位力作用于桩顶时，桩顶产生的变位	$H=1$作用时	水平位移（$F^{-1}\times L$）	δ_{HH}	公式同表 C.0.3-1 中步骤 4，且 $K_h=0$；当桩底嵌入基岩中时，应按表 C.0.3-1 注 2 计算。
			转角（F^{-1}）	δ_{MH}	
		$M=1$作用时	水平位移（F^{-1}）	$\delta_{HM}=\delta_{MH}$	
			转角（$F^{-1}\times L^{-1}$）	δ_{MM}	
4	求桩顶发生单位变位时，在桩顶引起的内力	发生单位竖向位移时	轴向力（$F\times L^{-1}$）	$\rho_{NN}=\dfrac{1}{\dfrac{\zeta_N h}{EA}+\dfrac{1}{C_0 A_0}}$	ξ_N、C_0、A_0——见附录 C.0.2　E、A——桩身弹性模量和横截面面积
		发生单位水平位移时	水平力（$F\times L^{-1}$）	$\rho_{HH}=\dfrac{\delta_{MM}}{\delta_{HH}\delta_{MM}-\delta_{MH}^2}$	
			弯距（F）	$\rho_{MH}=\dfrac{\delta_{MH}}{\delta_{HH}\delta_{MM}-\delta_{MH}^2}$	
		发生单位转角时	水平力（F）	$\rho_{HM}=\rho_{MH}$	
			弯距（$F\times L$）	$\rho_{MM}=\dfrac{\delta_{HH}}{\delta_{HH}\delta_{MM}-\delta_{MH}^2}$	
5	求承台发生单位变位时所有桩顶、承台和侧墙引起的反力和	发生单位竖向位移时	竖向反力（$F\times L^{-1}$）	$\gamma_{VV}=n\rho_{NN}+C_b A_b$	$B_0=B+1$ B——垂直于力作用面方向的承台宽； A_b、I_b、F^c、S^c 和 I^c——详见本表附注 3、4 n——基桩数 x_i——坐标原点至各桩的距离 K_i——第 i 排桩的桩数
			水平反力（$F\times L^{-1}$）	$\gamma_{UV}=\mu C_b A_b$	
		发生单位水平位移时	水平反力（$F\times L^{-1}$）	$\gamma_{UU}=n\rho_{HH}+B_0 F^c$	
			反弯距（F）	$\gamma_{\beta U}=-n\rho_{MH}+B_0 S^c$	
		发生单位转角时	水平反力（F）	$\gamma_{U\beta}=\gamma_{\beta U}$	
			反弯距（$F\times L$）	$\gamma_{\beta\beta}=n\rho_{MM}+\rho_{NN}\Sigma K_i x_i^2+B_0 I^c+C_b I^c$	
6	求承台变位		竖向位移（L）	$V=\dfrac{(N+G)}{\gamma_{VV}}$	
			水平位移（L）	$U=\dfrac{\gamma_{\beta\beta}H-\gamma_{U\beta}M}{\gamma_{UU}\gamma_{\beta\beta}-\gamma_{U\beta}^2}-\dfrac{(N+G)\gamma_{UV}\gamma_{\beta\beta}}{\gamma_{VV}\left(\gamma_{UU}\gamma_{\beta\beta}-\gamma_{U\beta}^2\right)}$	
			转角（弧度）	$\beta=\dfrac{\gamma_{UU}M-\gamma_{U\beta}H}{\gamma_{UU}\gamma_{\beta\beta}-\gamma_{U\beta}^2}+\dfrac{(N+G)\gamma_{UV}\gamma_{U\beta}}{\gamma_{VV}\left(\gamma_{UU}\gamma_{\beta\beta}-\gamma_{U\beta}^2\right)}$	
7	求任一基桩桩顶内力		轴向力（F）	$N_{0i}=(V+\beta\cdot x_i)\rho_{NN}$	x_i 在原点以右取正，以左取负
			水平力（F）	$H_{0i}=U\rho_{HH}-\beta\rho_{HM}$	
			弯距（$F\times L$）	$M_{0i}=\beta\rho_{MM}-U\rho_{MH}$	
8	求任一深度桩身弯距		弯距（$F\times L$）	$M_y=\alpha^2 EI$ $\times\left(UA_3+\dfrac{\beta}{\alpha}B_3+\dfrac{M_0}{\alpha^2 EI}C_3+\dfrac{H_0}{\alpha^3 EI}D_3\right)$	A_3、B_3、C_3、D_3 查表 C.0.3-4，当桩身变截面配筋时作该项计算

	计 算 步 骤		内 容	备 注
9	求任一基桩桩身最大弯距及其位置	最大弯矩位置（L）	y_{Mmax}	计算公式同表C.0.3-1
		最大弯距（F×L）	M_{max}	
10	求承台和侧墙的弹性抗力	水平抗力（F）	$H_E = UB_0 F^c + \beta B_0 S^c$	10、11、12项为非必算内容
		反弯距（F×L）	$M_E = UB_0 S^c + \beta B_0 I^c$	
11	求承台底地基土的弹性抗力和摩阻力	竖向抗力（F）	$N_b = VC_b A_b$	
		水平抗力（F）	$H_b = \mu N_b$	
		反弯距（F×L）	$M_b = \beta C_b I_b$	
12	校核水平力的计算结果		$\sum H_i + H_E + H_b = H$	

注：1　ρ_{NN}、ρ_{HH}、ρ_{MH}、ρ_{HM}和ρ_{MM}的图示意义：

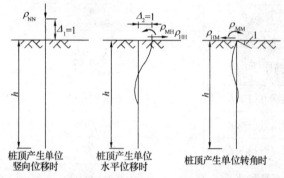

桩顶产生单位竖向位移时　　桩顶产生单位水平位移时　　桩顶产生单位转角时

2　A_0——单桩桩底压力分布面积，对于端承型桩，A_0为单桩的底面，对于摩擦型桩，取下列二公式计算值之较小者：

$$A_0 = \pi \left(h\,\mathrm{tg}\,\frac{\varphi_m}{4} + \frac{d}{2} \right)^2 \qquad A_0 = \frac{\pi}{4}s^2$$

式中　h——桩入土深度；

φ_m——桩周各土层内摩擦角的加权平均值；

d——桩的设计直径；

s——桩的中心距。

3　F^c、S^c、I^c——承台底面以上侧向水平抗力系数C图形的面积、对于底面的面积矩、惯性矩：

$$F^c = \frac{C_n h_n}{2}$$

$$S^c = \frac{C_n h_n^2}{6}$$

$$I^c = \frac{C_n h_n^3}{12}$$

4　A_b、I_b——承台底与地基土的接触面积、惯性矩：

$$A_b = F - nA$$

$$I_b = I_F - \sum AK_i x_i^2$$

式中　F——承台底面积；

nA——各基桩桩顶横截面积和。

表 C.0.3-3　位于(或平行于)外力作用平面的单排(或多排)桩高承台桩基

计　算　步　骤			内　　容	备　　注
1	确定荷载和计算图式			坐标原点应选在桩群对称点上或重心上
2	确定基本计算参数		m、m_0、EI、α、ξ_N、C_0	详见附录 C.0.2
3	求单位力作用于桩身地面处,桩身在该处产生的变位		δ_{HH}、δ_{MH}、δ_{HM}、δ_{MM}	公式同表 C.0.3-2
4	求单位力作用于桩顶时,桩顶产生的变位	$H_i=1$ 作用时 水平位移($F^{-1}\times L$)	$\delta'_{HH}=\dfrac{l_0^3}{3EI}+\sigma_{mm}l_0^2+2\delta_{MH}l_0+\delta_{HH}$	
		$H_i=1$ 作用时 转角(F^{-1})	$\delta'_{HM}=\dfrac{l_0^2}{2EI}+\delta_{MM}l_0+\delta_{MH}$	
		$M_i=1$ 作用时 水平位移(F^{-1})	$\delta'_{MH}=\delta'_{HM}$	
		$M_i=1$ 作用时 转角($F^{-1}\times L^{-1}$)	$\delta'_{MM}=\dfrac{l_0}{EI}+\delta_{MM}$	
5	求桩顶发生单位变位时,桩顶引起的内力	发生单位竖向位移时 轴向力($F\times L^{-1}$)	$\rho_{NN}=\dfrac{1}{\dfrac{l_0+\zeta_N h}{EA}+\dfrac{1}{C_0A_0}}$	
		发生单位水平位移时 水平力($F\times L^{-1}$)	$\rho_{HH}=\dfrac{\delta'_{MM}}{\delta'_{HM}\delta'_{MM}-\delta'^2_{MH}}$	
		发生单位水平位移时 弯距(F)	$\rho_{MH}=\dfrac{\delta'_{MH}}{\delta'_{HH}\delta'_{MM}-\delta'^2_{MH}}$	
		发生单位转角时 水平力(F)	$\rho_{HM}=\rho_{MH}$	
		发生单位转角时 弯距($F\times L$)	$\rho_{MM}=\dfrac{\delta'_{HH}}{\delta'_{HH}\delta'_{MM}-\delta'^2_{MH}}$	
6	求承台发生单位变位时,所有桩顶引起的反力和	发生单位竖向位移时 竖向反力($F\times L^{-1}$)	$\gamma_{VV}=n\rho_{NN}$	n——基桩数 x_i——坐标原点至各桩的距离 K_i——第 i 排桩的根数
		发生单位水平位移时 水平反力($F\times L^{-1}$)	$\gamma_{UU}=n\rho_{HH}$	
		发生单位水平位移时 反弯距(F)	$\gamma_{\beta U}=-n\rho_{MH}$	
		发生单位转角时 水平反力(F)	$\gamma_{U\beta}=\gamma_{\beta U}$	
		发生单位转角时 反弯距($F\times L$)	$\gamma_{\beta\beta}=n\rho_{MM}+\rho_{NN}\Sigma K_i x_i^2$	
7	求承台变位	竖直位移(L)	$V=\dfrac{N+G}{\gamma_{VV}}$	
		水平位移(L)	$U=\dfrac{\gamma_{\beta\beta}H-\gamma_{U\beta}M}{\gamma_{UU}\gamma_{\beta\beta}-\gamma^2_{U\beta}}$	
		转角(弧度)	$\beta=\dfrac{\gamma_{UU}M-\gamma_{U\beta}H}{\gamma_{UU}\gamma_{\beta\beta}-\gamma^2_{U\beta}}$	
8	求任一基桩桩顶内力	竖向力(F)	$N_i=(V+\beta\cdot x_i)\rho_{NN}$	x_i 在原点 O 以右取正,以左取负
		水平力(F)	$H_i=u\rho_{HH}-\beta\rho_{HM}=\dfrac{H}{n}$	
		弯距($F\times L$)	$M_i=\beta\rho_{MM}-U\rho_{MH}$	

	计 算 步 骤		内 容	备 注
9	求地面处任一基桩桩身截面上的内力	水平力（F）	$H_{0i}=H_i$	
		弯距（F×L）	$M_{0i}=M_i+H_il_0$	
10	求地面处任一基桩桩身的变位	水平位移（L）	$x_{0i}=H_{0i}\delta_{HH}+M_{0i}\delta_{HM}$	
		转角（弧度）	$\varphi_{0i}=-(H_{0i}\delta_{MH}+M_{0i}\delta_{MM})$	
11	求任一基桩地面下任一深度桩身截面内力	弯距（F×L）	$M_{yi}=\alpha^2EI\times$ $\left(x_{0i}A_3+\dfrac{\varphi_{0i}}{\alpha}B_3+\dfrac{M_{0i}}{\alpha^2EI}C_3+\dfrac{H_{0i}}{\alpha^3EI}D_3\right)$	$A_3\cdots\cdots D_4$ 查表 C.0.3-4，当桩身变截面配筋时作该项计算
		水平力（F）	$H_{yi}=\alpha^3EI\times$ $\left(x_{0i}A_4+\dfrac{\varphi_{0i}}{\alpha}B_4+\dfrac{M_{0i}}{\alpha^2EI}C_4+\dfrac{H_{0i}}{\alpha^3EI}D_4\right)$	
12	求任一基桩桩身最大弯距及其位置	最大弯距位置（L）	$y_{M\max}$	计算公式同表 C.0.3-1
		最大弯距（F×L）	$M_{\max}$	

表 C.0.3-4　影响函数值表

换算深度 $\bar{h}=\alpha y$	A_3	B_3	C_3	D_3	A_4	B_4	C_4	D_4	B_3D_4 $-B_4D_3$	A_3B_4 $-A_4B_3$	B_2D_4 $-B_4D_2$
0	0.00000	0.00000	1.00000	0.00000	0.00000	0.0000	0.00000	1.00000	0.00000	0.00000	1.00000
0.1	−0.00017	−0.00001	1.00000	0.10000	−0.00500	−0.00033	−0.00001	1.00000	0.00002	0.00000	1.00000
0.2	−0.00133	−0.00013	0.99999	0.20000	−0.02000	−0.00267	−0.00020	0.99999	0.00040	0.00000	1.00004
0.3	−0.00450	−0.00067	0.99994	0.30000	−0.04500	−0.00900	−0.00101	0.99992	0.00203	0.00001	1.00029
0.4	−0.01067	−0.00213	0.99974	0.39998	−0.08000	−0.02133	−0.00320	0.99966	0.00640	0.00006	1.00120
0.5	−0.02083	−0.00521	0.99922	0.49991	−0.12499	−0.04167	−0.00781	0.99896	0.01563	0.00022	1.00365
0.6	−0.03600	−0.01080	0.99806	0.59974	−0.17997	−0.07199	−0.01620	0.99741	0.03240	0.00065	1.00917
0.7	−0.05716	−0.02001	0.99580	0.69935	−0.24490	−0.11433	−0.03001	0.99440	0.06006	0.00163	1.01962
0.8	−0.08532	−0.03412	0.99181	0.79854	−0.31975	−0.17060	−0.05120	0.98908	0.10248	0.00365	1.03824
0.9	−0.12144	−0.05466	0.98524	0.89705	−0.40443	−0.24284	−0.08198	0.98032	0.16426	0.00738	1.06893
1.0	−0.16652	−0.08329	0.97501	0.99445	−0.49881	−0.33298	−0.12493	0.96667	0.25062	0.01390	1.11679
1.1	−0.22152	−0.12192	0.95975	1.09016	−0.60268	−0.44292	−0.18285	0.94634	0.36747	0.02464	1.18823
1.2	−0.28737	−0.17260	0.93783	1.18342	−0.71573	−0.57450	−0.25886	0.91712	0.52158	0.04156	1.29111
1.3	−0.36496	−0.23760	0.90727	1.27320	−0.83753	−0.72950	−0.35631	0.87638	0.72057	0.06724	1.43498
1.4	−0.45515	−0.31933	0.86575	1.35821	−0.96746	−0.90954	−0.47883	0.82102	0.97317	0.10504	1.63125

续表 C.0.3-4

换算深度 $\bar{h}=\alpha y$	A_3	B_3	C_3	D_3	A_4	B_4	C_4	D_4	B_3D_4 $-B_4D_3$	A_3B_4 $-A_4B_3$	B_2D_4 $-B_4D_2$
1.5	−0.55870	−0.42039	0.81054	1.43680	−1.10468	−1.11609	−0.63027	0.74745	1.28938	0.15916	1.89349
1.6	−0.67629	−0.54348	0.73859	1.50695	−1.24808	−1.35042	−0.81466	0.65156	1.68091	0.23497	2.23776
1.7	−0.80848	−0.69144	0.64637	1.56621	−1.39623	−1.61346	−1.03616	0.52871	2.16145	0.33904	2.68296
1.8	−0.95564	−0.86715	0.52997	1.61162	−1.54728	−1.90577	−1.29909	0.37368	2.74734	0.47951	3.25143
1.9	−1.11796	−1.07357	0.38503	1.63969	−1.69889	−2.22745	−1.60770	0.18071	3.45833	0.66632	3.96945
2.0	−1.29535	−1.31361	0.20676	1.64628	−1.84818	−2.57798	−1.96620	−0.05652	4.31831	0.91158	4.86824
2.2	−1.69334	−1.90567	−0.27087	1.57538	−2.12481	−3.35952	−2.84858	−0.69158	6.61044	1.63962	7.36356
2.4	−2.14117	−2.66329	−0.94885	1.35201	−2.33901	−4.22811	−3.97323	−1.59151	9.95510	2.82366	11.13130
2.6	−2.62126	−3.59987	−1.87734	0.91679	−2.43695	−5.14023	−5.35541	−2.82106	14.86800	4.70118	16.74660
2.8	−3.10341	−4.71748	−3.10791	0.19729	−2.34558	−6.02299	−6.99007	−4.44491	22.15710	7.62658	25.06510
3.0	−3.54058	−5.99979	−4.68788	−0.89126	−1.96928	−6.76460	−8.84029	−6.51972	33.08790	12.13530	37.38070
3.5	−3.91921	−9.54367	−10.34040	−5.85402	1.07408	−6.78895	−13.69240	−13.82610	92.20900	36.85800	101.36900
4.0	−1.61428	−11.7307	−17.91860	−15.07550	9.24368	−0.35762	−15.61050	−23.14040	266.06100	109.01200	279.99600

注：表中 y 为桩身计算截面的深度；α 为桩的水平变形系数。

续表 C.0.3-4

换算深度 $\bar{h}=\alpha y$	A_2B_4 $-A_1B_2$	A_3D_4 $-A_4D_3$	A_2D_4 $-A_1D_2$	A_3C_4 $-A_4C_3$	A_2C_4 $-A_4C_2$	$A_f=$ $\dfrac{B_3D_4-B_4D_3}{A_3B_4-A_4B_3}$	$B_f=$ $\dfrac{A_3D_4-A_4D_3}{A_3B_4-A_4B_3}$	$C_f=$ $\dfrac{A_3C_4-A_4C_3}{A_3B_4-A_4B_3}$	$\dfrac{B_2D_1-B_1D_2}{A_2B_1-A_1B_2}$	$\dfrac{A_2D_1-A_1D_2}{A_2B_1-A_1B_2}$	$\dfrac{A_2C_1-C_2A_1}{A_2B_1-A_1B_2}$
0	0.00000	0.00000	0.00000	0.00000	0.00000	∞	∞	∞	0.00000	0.00000	0.00000
0.1	0.00500	0.00033	0.00003	0.00500	0.00050	1800.00	24000.00	36000.00	0.00033	0.00500	0.10000
0.2	0.02000	0.00267	0.00033	0.02000	0.00400	450.00	3000.000	22500.10	0.00269	0.02000	0.20000
0.3	0.04500	0.00900	0.00169	0.04500	0.01350	200.00	888.898	4444.590	0.00900	0.04500	0.30000
0.4	0.07999	0.02133	0.00533	0.08001	0.03200	112.502	375.017	1406.444	0.02133	0.07999	0.39996
0.5	0.12504	0.04167	0.01302	0.12505	0.06251	72.102	192.214	576.825	0.04165	0.12495	0.49988
0.6	0.18013	0.07203	0.02701	0.18020	0.10804	50.012	111.179	278.134	0.07192	0.17893	0.59962
0.7	0.24535	0.11443	0.05004	0.24559	0.17161	36.740	70.001	150.236	0.11406	0.24448	0.69902
0.8	0.32091	0.17094	0.03539	0.32150	0.25632	28.108	46.884	88.179	0.16985	0.31867	0.79783
0.9	0.40709	0.24374	0.13685	0.40842	0.36533	22.245	33.009	55.312	0.24092	0.40199	0.89562
1.0	0.50436	0.33507	0.20873	0.50714	0.50194	18.028	24.102	36.480	0.32855	0.49374	0.99179
1.1	0.61351	0.44739	0.30600	0.61893	0.66965	14.915	18.160	25.122	0.43351	0.59294	1.08560
1.2	0.73565	0.58346	0.43412	0.74562	0.87232	12.550	14.039	17.941	0.55589	0.69811	1.17605
1.3	0.87244	0.74650	0.59910	0.88991	1.11429	10.716	11.102	13.235	0.69488	0.80737	1.26199
1.4	1.02612	0.94032	0.80887	1.05550	1.40059	9.265	8.952	10.049	0.84855	0.91831	1.34213

换算深度 $\bar{h}=\alpha y$	$A_2B_4 -A_4B_2$	$A_3D_4 -A_4D_3$	$A_2D_4 -A_4D_2$	$A_3C_4 -A_4C_3$	$A_2C_4 -A_4C_2$	$A_f= \dfrac{B_3D_4-B_4D_3}{A_3B_4-A_4B_3}$	$B_f= \dfrac{A_3D_4-A_4D_3}{A_3B_4-A_4B_3}$	$C_f= \dfrac{A_3C_4-A_4C_3}{A_3B_4-A_4B_3}$	$\dfrac{B_2D_1-B_1D_2}{A_2B_1-A_1B_2}$	$\dfrac{A_2D_1-A_1D_2}{A_2B_1-A_1B_2}$	$\dfrac{A_2C_1-C_2A_1}{A_2B_1-A_1B_2}$
1.5	1.19981	1.16960	1.07061	1.24752	1.73720	8.101	7.349	7.838	1.01382	1.02816	1.41516
1.6	1.39771	1.44015	1.39379	1.47277	2.13135	7.154	6.129	6.268	1.18632	1.13380	1.47990
1.7	1.62522	1.75934	1.78918	1.74019	2.59200	6.375	5.189	5.133	1.36088	1.23219	1.53540
1.8	1.88946	2.13653	2.26933	2.06147	3.13039	5.730	4.456	4.300	1.53179	1.32058	1.58115
1.9	2.19944	2.58362	2.84909	2.45147	3.76049	5.190	3.878	3.680	1.69343	1.39688	1.61718
2.0	2.56664	3.11583	3.54638	2.92905	4.49999	4.737	3.418	3.213	1.84091	1.43979	1.64405
2.2	3.53366	4.51846	5.38469	4.24806	6.40196	4.032	2.756	2.591	2.08041	1.54549	1.67490
2.4	4.95288	6.57004	8.02219	6.28800	9.09220	3.526	2.327	2.227	2.23974	1.58566	1.68520
2.6	7.07178	9.62890	11.82060	9.46294	12.97190	3.161	2.048	2.013	2.32965	1.59617	1.68665
2.8	10.26420	14.25710	17.33620	14.40320	18.66360	2.905	1.869	1.889	2.37119	1.59262	1.68717
3.0	15.09220	21.32850	25.42750	22.06800	27.12570	2.727	1.758	1.818	2.38547	1.58606	1.69051
3.5	41.01820	60.47600	67.49820	64.76960	72.04850	2.502	1.641	1.757	2.38891	1.58435	1.71100
4.0	114.7220	176.7060	185.9960	190.8340	200.0470	2.441	1.625	1.751	2.40074	1.59979	1.73218

表 C.0.3-5 桩身最大弯距截面系数 C_I、最大弯距系数 D_{II}

换算深度 $\bar{h}=\alpha y$	C_I						D_{II}					
	$\alpha h=4.0$	$\alpha h=3.5$	$\alpha h=3.0$	$\alpha h=2.8$	$\alpha h=2.6$	$\alpha h=2.4$	$\alpha h=4.0$	$\alpha h=3.5$	$\alpha h=3.0$	$\alpha h=2.8$	$\alpha h=2.6$	$\alpha h=2.4$
0.0	∞	∞	∞	∞	∞	∞	∞	∞	∞	∞	∞	∞
0.1	131.252	129.489	120.507	112.954	102.805	90.196	131.250	129.551	120.515	113.017	102.839	90.226
0.2	34.186	33.699	31.158	29.090	26.326	22.939	34.315	33.818	31.282	29.218	26.451	23.065
0.3	15.544	15.282	14.013	13.003	11.671	10.064	15.738	15.476	14.206	13.197	11.864	10.258
0.4	8.781	8.605	7.799	7.176	6.368	5.409	9.039	8.862	8.057	7.434	6.625	5.667
0.5	5.539	5.403	4.821	4.385	3.829	3.183	5.855	5.720	5.138	4.702	4.147	3.502
0.6	3.710	3.597	3.141	2.811	2.400	1.931	4.086	3.973	3.519	3.189	2.778	2.310
0.7	2.566	2.465	2.089	1.826	1.506	1.150	2.999	2.899	2.525	2.263	1.943	1.587
0.8	1.791	1.699	1.377	1.160	0.902	0.623	2.282	2.191	1.871	1.655	1.398	1.119
0.9	1.238	1.151	0.867	0.683	0.471	0.248	1.784	1.698	1.417	1.235	1.024	0.800
1.0	0.824	0.740	0.484	0.327	0.149	−0.032	1.425	1.342	1.091	0.934	0.758	0.577
1.1	0.503	0.420	0.187	0.049	−0.100	−0.247	1.157	1.077	0.848	0.713	0.564	0.416
1.2	0.246	0.163	−0.052	−0.172	−0.299	−0.418	0.952	0.873	0.664	0.546	0.420	0.299
1.3	0.034	−0.049	−0.249	−0.355	−0.465	−0.557	0.792	0.714	0.522	0.418	0.311	0.212
1.4	−0.145	−0.229	−0.416	−0.508	−0.597	−0.672	0.666	0.588	0.410	0.319	0.229	0.148
1.5	−0.299	−0.384	−0.559	−0.639	−0.712	−0.769	0.563	0.486	0.321	0.241	0.166	0.101

换算深度 $\bar{h}=\alpha y$	C_{I}						D_{II}					
	$\alpha h=4.0$	$\alpha h=3.5$	$\alpha h=3.0$	$\alpha h=2.8$	$\alpha h=2.6$	$\alpha h=2.4$	$\alpha h=4.0$	$\alpha h=3.5$	$\alpha h=3.0$	$\alpha h=2.8$	$\alpha h=2.6$	$\alpha h=2.4$
1.6	−0.434	−0.521	−0.634	−0.753	−0.812	−0.853	0.480	0.402	0.250	0.181	0.118	0.067
1.7	−0.555	−0.645	−0.796	−0.854	−0.898	−0.025	0.411	0.333	0.193	0.134	0.082	0.043
1.8	−0.665	−0.756	−0.896	−0.943	−0.975	−0.987	0.353	0.276	0.147	0.097	0.055	0.026
1.9	−0.768	−0.862	−0.988	−1.024	−1.043	−1.043	0.304	0.227	0.110	0.068	0.035	0.014
2.0	−0.865	−0.961	−1.073	−1.098	−1.105	−1.092	0.263	0.186	0.081	0.046	0.022	0.007
2.2	−1.048	−1.148	−1.225	−1.227	−1.210	−1.176	0.196	0.122	0.040	0.019	0.006	0.001
2.4	−1.230	−1.328	−1.360	−1.338	−1.299	0	0.145	0.075	0.016	0.005	0.001	0
2.6	−1.420	−1.507	−1.482	−1.434	0		0.106	0.043	0.005	0.001	0	
2.8	−1.635	−1.692	−1.593	0			0.074	0.021	0.001	0		
3.0	−1.893	−1.886	0				0.049	0.008	0			
3.5	−2.994	0					0.010	0				
4.0	0						0					

注：表中 α 为桩的水平变形系数；y 为桩身计算截面的深度；h 为桩长。当 $\alpha h>4.0$ 时，按 $\alpha h=4.0$ 计算。

附录D Boussinesq(布辛奈斯克)解的附加应力系数 α、平均附加应力系数 $\bar{\alpha}$

D.0.1 矩形面积上均布荷载作用下角点的附加应力系数 α、平均附加应力系数 $\bar{\alpha}$ 应按表D.0.1-1、D.0.1-2确定。

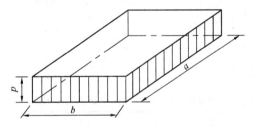

表 D.0.1-1 矩形面积上均布荷载作用下角点附加应力系数 α

z/b \\ a/b	1.0	1.2	1.4	1.6	1.8	2.0	3.0	4.0	5.0	6.0	10.0	条形
0.0	0.250	0.250	0.250	0.250	0.250	0.250	0.250	0.250	0.250	0.250	0.250	0.250
0.2	0.249	0.249	0.249	0.249	0.249	0.249	0.249	0.249	0.249	0.249	0.249	0.249
0.4	0.240	0.242	0.243	0.243	0.244	0.244	0.244	0.244	0.244	0.244	0.244	0.244
0.6	0.223	0.228	0.230	0.232	0.232	0.233	0.234	0.234	0.234	0.234	0.234	0.234
0.8	0.200	0.207	0.212	0.215	0.216	0.218	0.220	0.220	0.220	0.220	0.220	0.220
1.0	0.175	0.185	0.191	0.195	0.198	0.200	0.203	0.204	0.204	0.204	0.205	0.205
1.2	0.152	0.163	0.171	0.176	0.179	0.182	0.187	0.188	0.189	0.189	0.189	0.189
1.4	0.131	0.142	0.151	0.157	0.161	0.164	0.171	0.173	0.174	0.174	0.174	0.174
1.6	0.112	0.124	0.133	0.140	0.145	0.148	0.157	0.159	0.160	0.160	0.160	0.160
1.8	0.097	0.108	0.117	0.124	0.129	0.133	0.143	0.146	0.147	0.148	0.148	0.148
2.0	0.084	0.095	0.103	0.110	0.116	0.120	0.131	0.135	0.136	0.137	0.137	0.137
2.2	0.073	0.083	0.092	0.098	0.104	0.108	0.121	0.125	0.126	0.127	0.128	0.128
2.4	0.064	0.073	0.081	0.088	0.093	0.098	0.111	0.116	0.118	0.118	0.119	0.119
2.6	0.057	0.065	0.072	0.079	0.084	0.089	0.102	0.107	0.110	0.111	0.112	0.112

a/b〔z/b	1.0	1.2	1.4	1.6	1.8	2.0	3.0	4.0	5.0	6.0	10.0	条形
2.8	0.050	0.058	0.065	0.071	0.076	0.080	0.094	0.100	0.102	0.104	0.105	0.105
3.0	0.045	0.052	0.058	0.064	0.069	0.073	0.087	0.093	0.096	0.097	0.099	0.099
3.2	0.040	0.047	0.053	0.058	0.063	0.067	0.081	0.087	0.090	0.092	0.093	0.094
3.4	0.036	0.042	0.048	0.053	0.057	0.061	0.075	0.081	0.085	0.086	0.088	0.089
3.6	0.033	0.038	0.043	0.048	0.052	0.056	0.069	0.076	0.080	0.082	0.084	0.084
3.8	0.030	0.035	0.040	0.044	0.048	0.052	0.065	0.072	0.075	0.077	0.080	0.080
4.0	0.027	0.032	0.036	0.040	0.044	0.048	0.060	0.067	0.071	0.073	0.076	0.076
4.2	0.025	0.029	0.033	0.037	0.041	0.044	0.056	0.063	0.067	0.070	0.072	0.073
4.4	0.023	0.027	0.031	0.034	0.038	0.041	0.053	0.060	0.064	0.066	0.069	0.070
4.6	0.021	0.025	0.028	0.032	0.035	0.038	0.049	0.056	0.061	0.063	0.066	0.067
4.8	0.019	0.023	0.026	0.029	0.032	0.035	0.046	0.053	0.058	0.060	0.064	0.064
5.0	0.018	0.021	0.024	0.027	0.030	0.033	0.043	0.050	0.055	0.057	0.061	0.062
6.0	0.013	0.015	0.017	0.020	0.022	0.024	0.033	0.039	0.043	0.046	0.051	0.052
7.0	0.009	0.011	0.013	0.015	0.016	0.018	0.025	0.031	0.035	0.038	0.043	0.045
8.0	0.007	0.009	0.010	0.011	0.013	0.014	0.020	0.025	0.028	0.031	0.037	0.039
9.0	0.006	0.007	0.008	0.009	0.010	0.011	0.016	0.020	0.024	0.026	0.032	0.035
10.0	0.005	0.006	0.007	0.007	0.008	0.009	0.013	0.017	0.020	0.022	0.028	0.032
12.0	0.003	0.004	0.005	0.005	0.006	0.006	0.009	0.012	0.014	0.017	0.022	0.026
14.0	0.002	0.003	0.003	0.004	0.004	0.005	0.007	0.009	0.011	0.013	0.018	0.023
16.0	0.002	0.002	0.003	0.003	0.003	0.004	0.005	0.007	0.009	0.010	0.014	0.020
18.0	0.001	0.002	0.002	0.002	0.003	0.003	0.004	0.006	0.007	0.008	0.012	0.018
20.0	0.001	0.001	0.002	0.002	0.002	0.002	0.004	0.005	0.006	0.007	0.010	0.016
25.0	0.001	0.001	0.001	0.001	0.001	0.002	0.002	0.003	0.004	0.004	0.007	0.013
30.0	0.001	0.001	0.001	0.001	0.001	0.001	0.002	0.002	0.003	0.003	0.005	0.011
35.0	0.000	0.000	0.001	0.001	0.001	0.001	0.001	0.002	0.002	0.002	0.004	0.009
40.0	0.000	0.000	0.000	0.000	0.001	0.001	0.001	0.001	0.001	0.002	0.003	0.008

注：a——矩形均布荷载长度(m)；b——矩形均布荷载宽度(m)；z——计算点离桩端平面垂直距离(m)。

表 D.0.1-2　矩形面积上均布荷载作用下角点平均附加应力系数 $\bar{\alpha}$

a/b〔z/b	1.0	1.2	1.4	1.6	1.8	2.0	2.4	2.8	3.2	3.6	4.0	5.0	10.0
0.0	0.2500	0.2500	0.2500	0.2500	0.2500	0.2500	0.2500	0.2500	0.2500	0.2500	0.2500	0.2500	0.2500
0.2	0.2496	0.2497	0.2497	0.2498	0.2498	0.2498	0.2498	0.2498	0.2498	0.2498	0.2498	0.2498	0.2498
0.4	0.2474	0.2479	0.2481	0.2483	0.2483	0.2484	0.2485	0.2485	0.2485	0.2485	0.2485	0.2485	0.2485
0.6	0.2423	0.2437	0.2444	0.2448	0.2451	0.2452	0.2454	0.2455	0.2455	0.2455	0.2455	0.2455	0.2456
0.8	0.2346	0.2372	0.2387	0.2395	0.2400	0.2403	0.2407	0.2408	0.2409	0.2409	0.2410	0.2410	0.2410
1.0	0.2252	0.2291	0.2313	0.2326	0.2335	0.2340	0.2346	0.2349	0.2351	0.2352	0.2352	0.2353	0.2353
1.2	0.2149	0.2199	0.2229	0.2248	0.2260	0.2268	0.2278	0.2282	0.2285	0.2286	0.2287	0.2288	0.2289
1.4	0.2043	0.2102	0.2140	0.2164	0.2180	0.2191	0.2204	0.2211	0.2215	0.2217	0.2218	0.2220	0.2221
1.6	0.1939	0.2006	0.2049	0.2079	0.2099	0.2113	0.2130	0.2138	0.2143	0.2146	0.2148	0.2150	0.2152
1.8	0.1840	0.1912	0.1960	0.1994	0.2018	0.2034	0.2055	0.2066	0.2073	0.2077	0.2079	0.2082	0.2084
2.0	0.1746	0.1822	0.1875	0.1912	0.1940	0.1958	0.1982	0.1996	0.2004	0.2009	0.2012	0.2015	0.2018
2.2	0.1659	0.1737	0.1793	0.1833	0.1862	0.1883	0.1911	0.1927	0.1937	0.1943	0.1947	0.1952	0.1955
2.4	0.1578	0.1657	0.1715	0.1757	0.1789	0.1812	0.1843	0.1862	0.1873	0.1880	0.1885	0.1890	0.1895
2.6	0.1503	0.1583	0.1642	0.1686	0.1719	0.1745	0.1779	0.1799	0.1812	0.1820	0.1825	0.1832	0.1838
2.8	0.1433	0.1514	0.1574	0.1619	0.1654	0.1680	0.1717	0.1739	0.1753	0.1763	0.1769	0.1777	0.1784

续表 D.0.1-2

z/b \ a/b	1.0	1.2	1.4	1.6	1.8	2.0	2.4	2.8	3.2	3.6	4.0	5.0	10.0
3.0	0.1369	0.1449	0.1510	0.1556	0.1592	0.1619	0.1658	0.1682	0.1698	0.1708	0.1715	0.1725	0.1733
3.2	0.1310	0.1390	0.1450	0.1497	0.1533	0.1562	0.1602	0.1628	0.1645	0.1657	0.1664	0.1675	0.1685
3.4	0.1256	0.1334	0.1394	0.1441	0.1478	0.1508	0.1550	0.1577	0.1595	0.1607	0.1616	0.1628	0.1639
3.6	0.1205	0.1282	0.1342	0.1389	0.1427	0.1456	0.1500	0.1528	0.1548	0.1561	0.1570	0.1583	0.1595
3.8	0.1158	0.1234	0.1293	0.1340	0.1378	0.1408	0.1452	0.1482	0.1502	0.1516	0.1526	0.1541	0.1554
4.0	0.1114	0.1189	0.1248	0.1294	0.1332	0.1362	0.1408	0.1438	0.1459	0.1474	0.1485	0.1500	0.1516
4.2	0.1073	0.1147	0.1205	0.1251	0.1289	0.1319	0.1365	0.1396	0.1418	0.1434	0.1445	0.1462	0.1479
4.4	0.1035	0.1107	0.1164	0.1210	0.1248	0.1279	0.1325	0.1357	0.1379	0.1396	0.1407	0.1425	0.1444
4.6	0.1000	0.1070	0.1127	0.1172	0.1209	0.1240	0.1287	0.1319	0.1342	0.1359	0.1371	0.1390	0.1410
4.8	0.0967	0.1036	0.1091	0.1136	0.1173	0.1204	0.1250	0.1283	0.1307	0.1324	0.1337	0.1357	0.1379
5.0	0.0935	0.1003	0.1057	0.1102	0.1139	0.1169	0.1216	0.1249	0.1273	0.1291	0.1304	0.1325	0.1348
5.2	0.0906	0.0972	0.1026	0.1070	0.1106	0.1136	0.1183	0.1217	0.1241	0.1259	0.1273	0.1295	0.1320
5.4	0.0878	0.0943	0.0996	0.1039	0.1075	0.1105	0.1152	0.1186	0.1210	0.1229	0.1243	0.1265	0.1292
5.6	0.0852	0.0916	0.0968	0.1010	0.1046	0.1076	0.1122	0.1156	0.1181	0.1200	0.1215	0.1238	0.1266
5.8	0.0828	0.0890	0.0941	0.0983	0.1018	0.1047	0.1094	0.1128	0.1153	0.1172	0.1187	0.1211	0.1240
6.0	0.0805	0.0866	0.0916	0.0957	0.0991	0.1021	0.1067	0.1101	0.1126	0.1146	0.1161	0.1185	0.1216
6.2	0.0783	0.0842	0.0891	0.0932	0.0966	0.0995	0.1041	0.1075	0.1101	0.1120	0.1136	0.1161	0.1193
6.4	0.0762	0.0820	0.0869	0.0909	0.0942	0.0971	0.1016	0.1050	0.1076	0.1096	0.1111	0.1137	0.1171
6.6	0.0742	0.0799	0.0847	0.0886	0.0919	0.0948	0.0993	0.1027	0.1053	0.1073	0.1088	0.1114	0.1149
6.8	0.0723	0.0779	0.0826	0.0865	0.0898	0.0926	0.0970	0.1004	0.1030	0.1050	0.1066	0.1092	0.1129
7.0	0.0705	0.0761	0.0806	0.0844	0.0877	0.0904	0.0949	0.0982	0.1008	0.1028	0.1044	0.1071	0.1109
7.2	0.0688	0.0742	0.0787	0.0825	0.0857	0.0884	0.0928	0.0962	0.0987	0.1008	0.1023	0.1051	0.1090
7.4	0.0672	0.0725	0.0769	0.0806	0.0838	0.0865	0.0908	0.0942	0.0967	0.0988	0.1004	0.1031	0.1071
7.6	0.0656	0.0709	0.0752	0.0789	0.0820	0.0846	0.0889	0.0922	0.0948	0.0968	0.0984	0.1012	0.1054
7.8	0.0642	0.0693	0.0736	0.0771	0.0802	0.0828	0.0871	0.0904	0.0929	0.0950	0.0966	0.0994	0.1036
8.0	0.0627	0.0678	0.0720	0.0755	0.0785	0.0811	0.0853	0.0886	0.0912	0.0932	0.0948	0.0976	0.1020
8.2	0.0614	0.0663	0.0705	0.0739	0.0769	0.0795	0.0837	0.0869	0.0894	0.0914	0.0931	0.0959	0.1004
8.4	0.0601	0.0649	0.0690	0.0724	0.0754	0.0779	0.0820	0.0852	0.0878	0.0893	0.0914	0.0943	0.0938
8.6	0.0588	0.0636	0.0676	0.0710	0.0739	0.0764	0.0805	0.0836	0.0862	0.0882	0.0898	0.0927	0.0973
8.8	0.0576	0.0623	0.0663	0.0696	0.0724	0.0749	0.0790	0.0821	0.0846	0.0866	0.0882	0.0912	0.0959
9.2	0.0554	0.0599	0.0637	0.0670	0.0697	0.0721	0.0761	0.0792	0.0817	0.0837	0.0853	0.0882	0.0931
9.6	0.0533	0.0577	0.0614	0.0645	0.0672	0.0696	0.0734	0.0765	0.0789	0.0809	0.0825	0.0855	0.0905
10.0	0.0514	0.0556	0.0592	0.0622	0.0649	0.0672	0.0710	0.0739	0.0763	0.0783	0.0799	0.0829	0.0880
10.4	0.0496	0.0537	0.0572	0.0601	0.0627	0.0649	0.0686	0.0716	0.0739	0.0759	0.0775	0.0804	0.0857
10.8	0.0479	0.0519	0.0553	0.0581	0.0606	0.0628	0.0664	0.0693	0.0717	0.0736	0.0751	0.0781	0.0834
11.2	0.0463	0.0502	0.0535	0.0563	0.0587	0.0609	0.0664	0.0672	0.0695	0.0714	0.0730	0.0759	0.0813
11.6	0.0448	0.0486	0.0518	0.0545	0.0569	0.0590	0.0625	0.0652	0.0675	0.0694	0.0709	0.0738	0.0793
12.0	0.0435	0.0471	0.0502	0.0529	0.0552	0.0573	0.0606	0.0634	0.0656	0.0674	0.0690	0.0719	0.0774
12.8	0.0409	0.0444	0.0474	0.0499	0.0521	0.0541	0.0573	0.0599	0.0621	0.0639	0.0654	0.0682	0.0739
13.6	0.0387	0.0420	0.0448	0.0472	0.0493	0.0512	0.0543	0.0568	0.0589	0.0607	0.0621	0.0649	0.0707
14.4	0.0367	0.0398	0.0425	0.0488	0.0468	0.0486	0.0516	0.0540	0.0561	0.0577	0.0592	0.0619	0.0677
15.2	0.0349	0.0379	0.0404	0.0426	0.0446	0.0463	0.0492	0.0515	0.0535	0.0551	0.0565	0.0592	0.0650
16.0	0.0332	0.0361	0.0385	0.0407	0.0425	0.0442	0.0469	0.0492	0.0511	0.0527	0.0540	0.0567	0.0625
18.0	0.0297	0.0323	0.0345	0.0364	0.0381	0.0396	0.0422	0.0442	0.0460	0.0475	0.0487	0.0512	0.0570
20.0	0.0269	0.0292	0.0312	0.0330	0.0345	0.0359	0.0383	0.0402	0.0418	0.0432	0.0444	0.0468	0.0524

D.0.2 矩形面积上三角形分布荷载作用下角点的附加应力系数α、平均附加应力系数ᾱ应按表D.0.2确定。

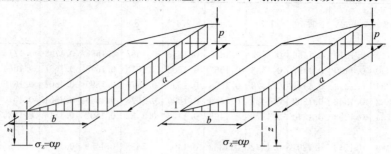

表 D.0.2　矩形面积上三角形分布荷载作用下的附加
应力系数 α 与平均附加应力系数 ᾱ

a/b	0.2 点1		0.2 点2		0.4 点1		0.4 点2		0.6 点1		0.6 点2		a/b
z/b	α	ᾱ	α	ᾱ	α	ᾱ	α	ᾱ	α	ᾱ	α	ᾱ	z/b
0.0	0.0000	0.0000	0.2500	0.2500	0.0000	0.0000	0.2500	0.2500	0.0000	0.0000	0.2500	0.2500	0.0
0.2	0.0223	0.0112	0.1821	0.2161	0.0280	0.0140	0.2115	0.2308	0.0296	0.0148	0.2165	0.2333	0.2
0.4	0.0269	0.0179	0.1094	0.1810	0.0420	0.0245	0.1604	0.2084	0.0487	0.0270	0.1781	0.2153	0.4
0.6	0.0259	0.0207	0.0700	0.1505	0.0448	0.0308	0.1165	0.1851	0.0560	0.0355	0.1405	0.1966	0.6
0.8	0.0232	0.0217	0.0480	0.1277	0.0421	0.0340	0.0853	0.1640	0.0553	0.0405	0.1093	0.1787	0.8
1.0	0.0201	0.0217	0.0346	0.1104	0.0375	0.0351	0.0638	0.1461	0.0508	0.0430	0.0852	0.1624	1.0
1.2	0.0171	0.0212	0.0260	0.0970	0.0324	0.0351	0.0491	0.1312	0.0450	0.0439	0.0673	0.1480	1.2
1.4	0.0145	0.0204	0.0202	0.0865	0.0278	0.0344	0.0386	0.1187	0.0392	0.0436	0.0540	0.1356	1.4
1.6	0.0123	0.0195	0.0160	0.0779	0.0238	0.0333	0.0310	0.1082	0.0339	0.0427	0.0440	0.1247	1.6
1.8	0.0105	0.0186	0.0130	0.0709	0.0204	0.0321	0.0254	0.0993	0.0294	0.0415	0.0363	0.1153	1.8
2.0	0.0090	0.0178	0.0108	0.0650	0.0176	0.0308	0.0211	0.0917	0.0255	0.0401	0.0304	0.1071	2.0
2.5	0.0063	0.0157	0.0072	0.0538	0.0125	0.0276	0.0140	0.0769	0.0183	0.0365	0.0205	0.0908	2.5
3.0	0.0046	0.0140	0.0051	0.0458	0.0092	0.0248	0.0100	0.0661	0.0135	0.0330	0.0148	0.0786	3.0
5.0	0.0018	0.0097	0.0019	0.0289	0.0036	0.0175	0.0038	0.0424	0.0054	0.0236	0.0056	0.0476	5.0
7.0	0.0009	0.0073	0.0010	0.0211	0.0019	0.0133	0.0019	0.0311	0.0028	0.0180	0.0029	0.0352	7.0
10.0	0.0005	0.0053	0.0004	0.0150	0.0009	0.0097	0.0010	0.0222	0.0014	0.0133	0.0014	0.0253	10.0

a/b	0.8 点1		0.8 点2		1.0 点1		1.0 点2		1.2 点1		1.2 点2		a/b
z/b	α	ᾱ	α	ᾱ	α	ᾱ	α	ᾱ	α	ᾱ	α	ᾱ	z/b
0.0	0.0000	0.0000	0.2500	0.2500	0.0000	0.0000	0.2500	0.2500	0.0000	0.0000	0.2500	0.2500	0.0
0.2	0.0301	0.0151	0.2178	0.2339	0.0304	0.0152	0.2182	0.2341	0.0305	0.0153	0.2184	0.2342	0.2
0.4	0.0517	0.0280	0.1844	0.2175	0.0531	0.0285	0.1870	0.2184	0.0539	0.0288	0.1881	0.2187	0.4
0.6	0.6210	0.0376	0.1520	0.2011	0.0654	0.0388	0.1575	0.2030	0.0673	0.0394	0.1602	0.2039	0.6
0.8	0.0637	0.0440	0.1232	0.1852	0.0688	0.0459	0.1311	0.1883	0.0720	0.0470	0.1355	0.1899	0.8
1.0	0.0602	0.0476	0.0996	0.1704	0.0666	0.0502	0.1086	0.1746	0.0708	0.0518	0.1143	0.1769	1.0
1.2	0.0546	0.0492	0.0807	0.1571	0.0615	0.0525	0.0901	0.1621	0.0664	0.0546	0.0962	0.1649	1.2
1.4	0.0483	0.0495	0.0661	0.1451	0.0554	0.0534	0.0751	0.1507	0.0606	0.0559	0.0817	0.1541	1.4
1.6	0.0424	0.0490	0.0547	0.1345	0.0492	0.0533	0.0628	0.1405	0.0545	0.0561	0.0696	0.1443	1.6

续表 D.0.2

| a/b | 0.8 | | | | 1.0 | | | | 1.2 | | | | a/b |
| 点 | 1 | | 2 | | 1 | | 2 | | 1 | | 2 | | 点 |
系数 z/b	α	$\bar{\alpha}$	α	$\bar{\alpha}$	α	$\bar{\alpha}$	α	$\bar{\alpha}$	α	$\bar{\alpha}$	α	$\bar{\alpha}$	系数 z/b
1.8	0.0371	0.0480	0.0457	0.1252	0.0435	0.0525	0.0534	0.1313	0.0487	0.0556	0.0596	0.1354	1.8
2.0	0.0324	0.0467	0.0387	0.1169	0.0384	0.0513	0.0456	0.1232	0.0434	0.0547	0.0513	0.1274	2.0
2.5	0.0236	0.0429	0.0265	0.1000	0.0284	0.0478	0.0318	0.1063	0.0326	0.0513	0.0365	0.1107	2.5
3.0	0.0176	0.0392	0.0192	0.0871	0.0214	0.0439	0.0233	0.0931	0.0249	0.0476	0.0270	0.0976	3.0
5.0	0.0071	0.0285	0.0074	0.0576	0.0088	0.0324	0.0091	0.0624	0.0104	0.0356	0.0108	0.0661	5.0
7.0	0.0038	0.0219	0.0038	0.0427	0.0047	0.0251	0.0047	0.0465	0.0056	0.0277	0.0056	0.0496	7.0
10.0	0.0019	0.0162	0.0019	0.0308	0.0023	0.0186	0.0024	0.0336	0.0028	0.0207	0.0028	0.0359	10.0

| a/b | 1.4 | | | | 1.6 | | | | 1.8 | | | | a/b |
| 点 | 1 | | 2 | | 1 | | 2 | | 1 | | 2 | | 点 |
系数 z/b	α	$\bar{\alpha}$	α	$\bar{\alpha}$	α	$\bar{\alpha}$	α	$\bar{\alpha}$	α	$\bar{\alpha}$	α	$\bar{\alpha}$	系数 z/b
0.0	0.0000	0.0000	0.2500	0.2500	0.0000	0.0000	0.2500	0.2500	0.0000	0.0000	0.2500	0.2500	0.0
0.2	0.0305	0.0153	0.2185	0.2343	0.0306	0.0153	0.2185	0.2343	0.0306	0.0153	0.2185	0.2343	0.2
0.4	0.0543	0.0289	0.1886	0.2189	0.0545	0.0290	0.1889	0.2190	0.0546	0.0290	0.1891	0.2190	0.4
0.6	0.0684	0.0397	0.1616	0.2043	0.0690	0.0399	0.1625	0.2046	0.0649	0.0400	0.1630	0.2047	0.6
0.8	0.0739	0.0476	0.1381	0.1907	0.0751	0.0480	0.1396	0.1912	0.0759	0.0482	0.1405	0.1915	0.8
1.0	0.0735	0.0528	0.1176	0.1781	0.0753	0.0534	0.1202	0.1789	0.0766	0.0538	0.1215	0.1794	1.0
1.2	0.0698	0.0560	0.1007	0.1666	0.0721	0.0568	0.1037	0.1678	0.0738	0.0574	0.1055	0.1684	1.2
1.4	0.0644	0.0575	0.0864	0.1562	0.0672	0.0586	0.0897	0.1576	0.0692	0.0594	0.0921	0.1585	1.4
1.6	0.0586	0.0580	0.0743	0.1467	0.0616	0.0594	0.0780	0.1484	0.0639	0.0603	0.0806	0.1494	1.6
1.8	0.0528	0.0578	0.0644	0.1381	0.0560	0.0593	0.0681	0.1400	0.0585	0.0604	0.0709	0.1413	1.8
2.0	0.0474	0.0570	0.0560	0.1303	0.0507	0.0587	0.0596	0.1324	0.0533	0.0599	0.0625	0.1338	2.0
2.5	0.0362	0.0540	0.0405	0.1139	0.0393	0.0560	0.0440	0.1163	0.0419	0.0575	0.0469	0.1180	2.5
3.0	0.0280	0.0503	0.0303	0.1008	0.0307	0.0525	0.0333	0.1033	0.0331	0.0541	0.0359	0.1052	3.0
5.0	0.0120	0.0382	0.0123	0.0690	0.0135	0.0403	0.0139	0.0714	0.0148	0.0421	0.0154	0.0734	5.0
7.0	0.0064	0.0299	0.0066	0.0520	0.0073	0.0318	0.0074	0.0541	0.0081	0.0333	0.0083	0.0558	7.0
10.0	0.0033	0.0224	0.0032	0.0379	0.0037	0.0239	0.0037	0.0395	0.0041	0.0252	0.0042	0.0409	10.0

続表 D.0.2

a/b	2.0				3.0				4.0				a/b
点	1		2		1		2		1		2		点
系数 z/b	α	$\bar{\alpha}$	α	$\bar{\alpha}$	α	$\bar{\alpha}$	α	$\bar{\alpha}$	α	$\bar{\alpha}$	α	$\bar{\alpha}$	系数 z/b
0.0	0.0000	0.0000	0.2500	0.2500	0.0000	0.0000	0.2500	0.2500	0.0000	0.0000	0.2500	0.2500	0.0
0.2	0.0306	0.0153	0.2185	0.2343	0.0306	0.0153	0.2186	0.2343	0.0306	0.0153	0.2186	0.2343	0.2
0.4	0.0547	0.0290	0.1892	0.2191	0.0548	0.0290	0.1894	0.2192	0.0549	0.0291	0.1894	0.2192	0.4
0.6	0.0696	0.0401	0.1633	0.2048	0.0701	0.0402	0.1638	0.2050	0.0702	0.0402	0.1639	0.2050	0.6
0.8	0.0764	0.0483	0.1412	0.1917	0.0773	0.0486	0.1423	0.1920	0.0776	0.0487	0.1424	0.1920	0.8
1.0	0.0774	0.0540	0.1225	0.1797	0.0790	0.0545	0.1244	0.1803	0.0794	0.0546	0.1248	0.1803	1.0
1.2	0.0749	0.0577	0.1069	0.1689	0.0774	0.0584	0.1096	0.1697	0.0779	0.0586	0.1103	0.1699	1.2
1.4	0.0707	0.0599	0.0937	0.1591	0.0739	0.0609	0.0973	0.1603	0.0748	0.0612	0.0982	0.1605	1.4
1.6	0.0656	0.0609	0.0826	0.1502	0.0697	0.0623	0.0870	0.1517	0.0708	0.0626	0.0882	0.1521	1.6
1.8	0.0604	0.0611	0.0730	0.1422	0.0652	0.0628	0.0782	0.1441	0.0666	0.0633	0.0797	0.1445	1.8
2.0	0.0553	0.0608	0.0649	0.1348	0.0607	0.0629	0.0707	0.1371	0.0624	0.0634	0.0726	0.1377	2.0
2.5	0.0440	0.0586	0.0491	0.1193	0.0504	0.0614	0.0559	0.1223	0.0529	0.0623	0.0585	0.1233	2.5
3.0	0.0352	0.0554	0.0380	0.1067	0.0419	0.0589	0.0451	0.1104	0.0449	0.0600	0.0482	0.1116	3.0
5.0	0.0161	0.0435	0.0167	0.0749	0.0214	0.0480	0.0221	0.0797	0.0248	0.0500	0.0256	0.0817	5.0
7.0	0.0089	0.0347	0.0091	0.0572	0.0124	0.0391	0.0126	0.0619	0.0152	0.0414	0.0154	0.0642	7.0
10.0	0.0046	0.0263	0.0046	0.0403	0.0066	0.0302	0.0066	0.0462	0.0084	0.0325	0.0083	0.0485	10.0

a/b	6.0				8.0				10.0				a/b
点	1		2		1		2		1		2		点
系数 z/b	α	$\bar{\alpha}$	α	$\bar{\alpha}$	α	$\bar{\alpha}$	α	$\bar{\alpha}$	α	$\bar{\alpha}$	α	$\bar{\alpha}$	系数 z/b
0.0	0.0000	0.0000	0.2500	0.2500	0.0000	0.0000	0.2500	0.2500	0.0000	0.0000	0.2500	0.2500	0.0
0.2	0.0306	0.0153	0.2186	0.2343	0.0306	0.0153	0.2186	0.2343	0.0306	0.0153	0.2186	0.2343	0.2
0.4	0.0549	0.0291	0.1894	0.2192	0.0549	0.0291	0.1894	0.2192	0.0549	0.0291	0.1894	0.2192	0.4
0.6	0.0702	0.0402	0.1640	0.2050	0.0702	0.0402	0.1640	0.2050	0.0702	0.0402	0.1640	0.2050	0.6
0.8	0.0776	0.0487	0.1426	0.1921	0.0776	0.0487	0.1426	0.1921	0.0776	0.0487	0.1426	0.1921	0.8
1.0	0.0795	0.0546	0.1250	0.1804	0.0796	0.0546	0.1250	0.1804	0.0796	0.0546	0.1250	0.1804	1.0
1.2	0.0782	0.0587	0.1105	0.1700	0.0783	0.0587	0.1105	0.1700	0.0783	0.0587	0.1105	0.1700	1.2
1.4	0.0752	0.0613	0.0986	0.1606	0.0752	0.0613	0.0987	0.1606	0.0753	0.0613	0.0987	0.1606	1.4
1.6	0.0714	0.0628	0.0887	0.1523	0.0715	0.0628	0.0888	0.1523	0.0715	0.0628	0.0889	0.1523	1.6
1.8	0.0673	0.0635	0.0805	0.1447	0.0675	0.0635	0.0806	0.1448	0.0675	0.0635	0.0808	0.1448	1.8
2.0	0.0634	0.0637	0.0734	0.1380	0.0636	0.0638	0.0736	0.1380	0.0636	0.0638	0.0738	0.1380	2.0
2.5	0.0543	0.0627	0.0601	0.1237	0.0547	0.0628	0.0604	0.1238	0.0548	0.0628	0.0605	0.1239	2.5
3.0	0.0469	0.0607	0.0504	0.1123	0.0474	0.0609	0.0509	0.1124	0.0476	0.0609	0.0511	0.1125	3.0
5.0	0.0283	0.0515	0.0290	0.0833	0.0296	0.0519	0.0303	0.0837	0.0301	0.0521	0.0309	0.0839	5.0
7.0	0.0186	0.0435	0.0190	0.0663	0.0204	0.0442	0.0207	0.0671	0.0212	0.0445	0.0216	0.0674	7.0
10.0	0.0111	0.0349	0.0111	0.0509	0.0128	0.0359	0.0130	0.0520	0.0139	0.0364	0.0141	0.0526	10.0

D.0.3 圆形面积上均布荷载作用下中点的附加应力系数 α、平均附加应力系数 $\bar{\alpha}$ 应按表 D.0.3 确定。

表 D.0.3 (d)圆形面积上均布荷载作用下中点的附加应力系数 α 与平均附加应力系数 $\bar{\alpha}$

z/r	圆形 α	圆形 $\bar{\alpha}$	z/r	圆形 α	圆形 $\bar{\alpha}$
0.0	1.000	1.000	2.6	0.187	0.560
0.1	0.999	1.000	2.7	0.175	0.546
0.2	0.992	0.998	2.8	0.165	0.532
0.3	0.976	0.993	2.9	0.155	0.519
0.4	0.949	0.986	3.0	0.146	0.507
0.5	0.911	0.974	3.1	0.138	0.495
0.6	0.864	0.960	3.2	0.130	0.484
0.7	0.811	0.942	3.3	0.124	0.473
0.8	0.756	0.923	3.4	0.117	0.463
0.9	0.701	0.901	3.5	0.111	0.453
1.0	0.647	0.878	3.6	0.106	0.443
1.1	0.595	0.855	3.7	0.101	0.434
1.2	0.547	0.831	3.8	0.096	0.425
1.3	0.502	0.808	3.9	0.091	0.417
1.4	0.461	0.784	4.0	0.087	0.409
1.5	0.424	0.762	4.1	0.083	0.401
1.6	0.390	0.739	4.2	0.079	0.393
1.7	0.360	0.718	4.3	0.076	0.386
1.8	0.332	0.697	4.4	0.073	0.379
1.9	0.307	0.677	4.5	0.070	0.372
2.0	0.285	0.658	4.6	0.067	0.365
2.1	0.264	0.640	4.7	0.064	0.359
2.2	0.245	0.623	4.8	0.062	0.353
2.3	0.229	0.606	4.9	0.059	0.347
2.4	0.210	0.590	5.0	0.057	0.341
2.5	0.200	0.574			

D.0.4 圆形面积上三角形分布荷载作用下边点的附加应力系数 α、平均附加应力系数 $\bar{\alpha}$ 应按表 D.0.4 确定。

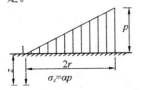 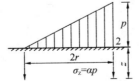

r—圆形面积的半径

表 D.0.4 圆形面积上三角形分布荷载作用下边点的附加应力系数 α 与平均附加应力系数 $\bar{\alpha}$

z/r	点1 α	点1 $\bar{\alpha}$	点2 α	点2 $\bar{\alpha}$
0.0	0.000	0.000	0.500	0.500
0.1	0.016	0.008	0.465	0.483
0.2	0.031	0.016	0.433	0.466
0.3	0.044	0.023	0.403	0.450
0.4	0.054	0.030	0.376	0.435
0.5	0.063	0.035	0.349	0.420
0.6	0.071	0.041	0.324	0.406
0.7	0.078	0.045	0.300	0.393
0.8	0.083	0.050	0.279	0.380
0.9	0.088	0.054	0.258	0.368
1.0	0.091	0.057	0.238	0.356
1.1	0.092	0.061	0.221	0.344
1.2	0.093	0.063	0.205	0.333
1.3	0.092	0.065	0.190	0.323
1.4	0.091	0.067	0.177	0.313
1.5	0.089	0.069	0.165	0.303
1.6	0.087	0.070	0.154	0.294
1.7	0.085	0.071	0.144	0.286
1.8	0.083	0.072	0.134	0.278
1.9	0.080	0.072	0.126	0.270
2.0	0.078	0.073	0.117	0.263
2.1	0.075	0.073	0.110	0.255
2.2	0.072	0.073	0.104	0.249
2.3	0.070	0.073	0.097	0.242
2.4	0.067	0.073	0.091	0.236
2.5	0.064	0.072	0.086	0.230
2.6	0.062	0.072	0.081	0.225
2.7	0.059	0.071	0.078	0.219
2.8	0.057	0.071	0.074	0.214
2.9	0.055	0.070	0.070	0.209
3.0	0.052	0.070	0.067	0.204
3.1	0.050	0.069	0.064	0.200
3.2	0.048	0.069	0.061	0.196
3.3	0.046	0.068	0.059	0.192
3.4	0.045	0.067	0.055	0.188
3.5	0.043	0.067	0.053	0.184
3.6	0.041	0.066	0.051	0.180
3.7	0.040	0.065	0.048	0.177
3.8	0.038	0.065	0.046	0.173
3.9	0.037	0.064	0.043	0.170
4.0	0.036	0.063	0.041	0.167
4.2	0.033	0.062	0.038	0.161
4.4	0.031	0.061	0.034	0.155
4.6	0.029	0.059	0.031	0.150
4.8	0.027	0.058	0.029	0.145
5.0	0.025	0.057	0.027	0.140

附录E 桩基等效沉降系数 ψ_e 计算参数

E.0.1 桩基等效沉降系数应按表 E.0.1-1～表 E.0.1-5 中列出的参数，采用本规范式(5.5.9-1)和式 (5.5.9-2)计算。

表 E.0.1-1 $(s_a/d=2)$

l/d	L_c/B_c	1	2	3	4	5	6	7	8	9	10
5	C_0	0.203	0.282	0.329	0.363	0.389	0.410	0.428	0.443	0.456	0.468
	C_1	1.543	1.687	1.797	1.845	1.915	1.949	1.981	2.047	2.073	2.098
	C_2	5.563	5.356	5.086	5.020	4.878	4.843	4.817	4.704	4.690	4.681
10	C_0	0.125	0.188	0.228	0.258	0.282	0.301	0.318	0.333	0.346	0.357
	C_1	1.487	1.573	1.653	1.676	1.731	1.750	1.768	1.828	1.844	1.860
	C_2	7.000	6.260	5.737	5.535	5.292	5.191	5.114	4.949	4.903	4.865
15	C_0	0.093	0.146	0.180	0.207	0.228	0.246	0.262	0.275	0.287	0.298
	C_1	1.508	1.568	1.637	1.647	1.696	1.707	1.718	1.776	1.787	1.798
	C_2	8.413	7.252	6.520	6.208	5.878	5.722	5.604	5.393	5.320	5.259
20	C_0	0.075	0.120	0.151	0.175	0.194	0.211	0.225	0.238	0.249	0.260
	C_1	1.548	1.592	1.654	1.656	1.701	1.706	1.712	1.770	1.777	1.783
	C_2	9.783	8.236	7.310	6.897	6.486	6.280	6.123	5.870	5.771	5.689
25	C_0	0.063	0.103	0.131	0.152	0.170	0.186	0.199	0.211	0.221	0.231
	C_1	1.596	1.628	1.686	1.679	1.722	1.722	1.724	1.783	1.786	1.789
	C_2	11.118	9.205	8.094	7.583	7.095	6.841	6.647	6.353	6.230	6.128
30	C_0	0.055	0.090	0.116	0.135	0.152	0.166	0.179	0.190	0.200	0.209
	C_1	1.646	1.669	1.724	1.711	1.753	1.748	1.745	1.806	1.806	1.806
	C_2	12.426	10.159	8.868	8.264	7.700	7.400	7.170	6.836	6.689	6.568
40	C_0	0.044	0.073	0.095	0.112	0.126	0.139	0.150	0.160	0.169	0.177
	C_1	1.754	1.761	1.812	1.787	1.827	1.814	1.803	1.867	1.861	1.855
	C_2	14.984	12.036	10.396	9.610	8.900	8.509	8.211	7.797	7.605	7.446
50	C_0	0.036	0.062	0.081	0.096	0.108	0.120	0.129	0.138	0.147	0.154
	C_1	1.865	1.860	1.909	1.873	1.911	1.889	1.872	1.939	1.927	1.916
	C_2	17.492	13.885	11.905	10.945	10.090	9.613	9.247	8.755	8.519	8.323
60	C_0	0.031	0.054	0.070	0.084	0.095	0.105	0.114	0.122	0.130	0.137
	C_1	1.979	1.962	2.010	1.962	1.999	1.970	1.945	2.016	1.998	1.981
	C_2	19.967	15.719	13.406	12.274	11.278	10.715	10.284	9.713	9.433	9.200
70	C_0	0.028	0.048	0.063	0.075	0.085	0.094	0.102	0.110	0.117	0.123
	C_1	2.095	2.067	2.114	2.055	2.091	2.054	2.021	2.097	2.072	2.049
	C_2	22.423	17.546	14.901	13.602	12.465	11.818	11.322	10.672	10.349	10.080
80	C_0	0.025	0.043	0.056	0.067	0.077	0.085	0.093	0.100	0.106	0.112
	C_1	2.213	2.174	2.220	2.150	2.185	2.139	2.099	2.178	2.147	2.119
	C_2	24.868	19.370	16.398	14.933	13.655	12.925	12.364	11.635	11.270	10.964
90	C_0	0.022	0.039	0.051	0.061	0.070	0.078	0.085	0.091	0.097	0.103
	C_1	2.333	2.283	2.328	2.245	2.280	2.225	2.177	2.261	2.223	2.189
	C_2	27.307	21.195	17.897	16.267	14.849	14.036	13.411	12.603	12.194	11.853
100	C_0	0.021	0.036	0.047	0.057	0.065	0.072	0.078	0.084	0.090	0.095
	C_1	2.453	2.392	2.436	2.341	2.375	2.311	2.256	2.344	2.299	2.259
	C_2	29.744	23.024	19.400	17.608	16.049	15.153	14.464	13.575	13.123	12.745

注：L_c——群桩基础承台长度；B_c——群桩基础承台宽度；l——桩长；d——桩径。

表 E.0.1-2　$(s_a/d=3)$

l/d	L_c/B_c	1	2	3	4	5	6	7	8	9	10
5	C_0	0.203	0.318	0.377	0.416	0.445	0.468	0.486	0.502	0.516	0.528
	C_1	1.483	1.723	1.875	1.955	2.045	2.098	2.144	2.218	2.256	2.290
	C_2	3.679	4.036	4.006	4.053	3.995	4.007	4.014	3.938	3.944	3.948
10	C_0	0.125	0.213	0.263	0.298	0.324	0.346	0.364	0.380	0.394	0.406
	C_1	1.419	1.559	1.662	1.705	1.770	1.801	1.828	1.891	1.913	1.935
	C_2	4.861	4.723	4.460	4.384	4.237	4.193	4.158	4.038	4.017	4.000
15	C_0	0.093	0.166	0.209	0.240	0.265	0.285	0.302	0.317	0.330	0.342
	C_1	1.430	1.533	1.619	1.646	1.703	1.723	1.741	1.801	1.817	1.832
	C_2	5.900	5.435	5.010	4.855	4.641	4.559	4.496	4.340	4.300	4.267
20	C_0	0.075	0.138	0.176	0.205	0.227	0.246	0.262	0.276	0.288	0.299
	C_1	1.461	1.542	1.619	1.635	1.687	1.700	1.712	1.772	1.783	1.793
	C_2	6.879	6.137	5.570	5.346	5.073	4.958	4.869	4.679	4.623	4.577
25	C_0	0.063	0.118	0.153	0.179	0.200	0.218	0.233	0.246	0.258	0.268
	C_1	1.500	1.565	1.637	1.644	1.693	1.699	1.706	1.767	1.774	1.780
	C_2	7.822	6.826	6.127	5.839	5.511	5.364	5.252	5.030	4.958	4.899
30	C_0	0.055	0.104	0.136	0.160	0.180	0.196	0.210	0.223	0.234	0.244
	C_1	1.542	1.595	1.663	1.662	1.709	1.711	1.712	1.775	1.777	1.780
	C_2	8.741	7.506	6.680	6.331	5.949	5.772	5.638	5.383	5.297	5.226
40	C_0	0.044	0.085	0.112	0.133	0.150	0.165	0.178	0.189	0.199	0.208
	C_1	1.632	1.667	1.729	1.715	1.759	1.750	1.743	1.808	1.804	1.799
	C_2	10.535	8.845	7.774	7.309	6.822	6.588	6.410	6.093	5.978	5.883
50	C_0	0.036	0.072	0.096	0.114	0.130	0.143	0.155	0.165	0.174	0.182
	C_1	1.726	1.746	1.805	1.778	1.819	1.801	1.786	1.855	1.843	1.832
	C_2	12.292	10.168	8.860	8.284	7.694	7.405	7.185	6.805	6.662	6.543
60	C_0	0.031	0.063	0.084	0.101	0.115	0.127	0.137	0.146	0.155	0.163
	C_1	1.822	1.828	1.885	1.845	1.885	1.858	1.834	1.907	1.888	1.870
	C_2	14.029	11.486	9.944	9.259	8.568	8.224	7.962	7.520	7.348	7.206
70	C_0	0.028	0.056	0.075	0.090	0.103	0.114	0.123	0.132	0.140	0.147
	C_1	1.920	1.913	1.968	1.916	1.954	1.918	1.885	1.962	1.936	1.911
	C_2	15.756	12.801	11.029	10.237	9.444	9.047	8.742	8.238	8.038	7.871
80	C_0	0.025	0.050	0.068	0.081	0.093	0.103	0.112	0.120	0.127	0.134
	C_1	2.019	2.000	2.053	1.988	2.025	1.979	1.938	2.019	1.985	1.954
	C_2	17.478	14.120	12.117	11.220	10.325	9.874	9.527	8.959	8.731	8.540
90	C_0	0.022	0.045	0.062	0.074	0.085	0.095	0.103	0.110	0.117	0.123
	C_1	2.118	2.087	2.139	2.060	2.096	2.041	1.991	2.076	2.036	1.998
	C_2	19.200	15.442	13.210	12.208	11.211	10.705	10.316	9.684	9.427	9.211
100	C_0	0.021	0.042	0.057	0.069	0.097	0.087	0.095	0.102	0.108	0.114
	C_1	2.218	2.174	2.225	2.133	2.168	2.103	2.044	2.133	2.086	2.042
	C_2	20.925	16.770	14.307	13.201	12.101	11.541	11.110	10.413	10.127	9.886

注：L_c——群桩基础承台长度；B_c——群桩基础承台宽度；l——桩长；d——桩径。

表 E.0.1-3 （$s_a/d=4$）

l/d	L_c/B_c	1	2	3	4	5	6	7	8	9	10
5	C_0	0.203	0.354	0.422	0.464	0.495	0.519	0.538	0.555	0.568	0.580
	C_1	1.445	1.786	1.986	2.101	2.213	2.286	2.349	2.434	2.484	2.530
	C_2	2.633	3.243	3.340	3.444	3.431	3.466	3.488	3.433	3.447	3.457
10	C_0	0.125	0.237	0.294	0.332	0.361	0.384	0.403	0.419	0.433	0.445
	C_1	1.378	1.570	1.695	1.756	1.830	1.870	1.906	1.972	2.000	2.027
	C_2	3.707	3.873	3.743	3.729	3.630	3.612	3.597	3.500	3.490	3.482
15	C_0	0.093	0.185	0.234	0.269	0.296	0.317	0.335	0.351	0.364	0.376
	C_1	1.384	1.524	1.626	1.666	1.729	1.757	1.781	1.843	1.863	1.881
	C_2	4.571	4.458	4.188	4.107	3.951	3.904	3.866	3.736	3.712	3.693
20	C_0	0.075	0.153	0.198	0.230	0.254	0.275	0.291	0.306	0.319	0.331
	C_1	1.408	1.521	1.611	1.638	1.695	1.713	1.730	1.791	1.805	1.818
	C_2	5.361	5.024	4.636	4.502	4.297	4.225	4.169	4.009	3.973	3.944
25	C_0	0.063	0.132	0.173	0.202	0.225	0.244	0.260	0.274	0.286	0.297
	C_1	1.441	1.534	1.616	1.633	1.686	1.698	1.708	1.770	1.779	1.786
	C_2	6.114	5.578	5.081	4.900	4.650	4.555	4.482	4.293	4.246	4.208
30	C_0	0.055	0.117	0.154	0.181	0.203	0.221	0.236	0.249	0.261	0.271
	C_1	1.477	1.555	1.633	1.640	1.691	1.696	1.701	1.764	1.768	1.771
	C_2	6.843	6.122	5.524	5.298	5.004	4.887	4.799	4.581	4.524	4.477
40	C_0	0.044	0.095	0.127	0.151	0.170	0.186	0.200	0.212	0.223	0.233
	C_1	1.555	1.611	1.681	1.673	1.720	1.714	1.708	1.774	1.770	1.765
	C_2	8.261	7.195	6.402	6.093	5.713	5.556	5.436	5.163	5.085	5.021
50	C_0	0.036	0.081	0.109	0.130	0.148	0.162	0.175	0.186	0.196	0.205
	C_1	1.636	1.674	1.740	1.718	1.762	1.745	1.730	1.800	1.787	1.775
	C_2	9.648	8.258	7.277	6.887	6.424	6.227	6.077	5.749	5.650	5.569
60	C_0	0.031	0.071	0.096	0.115	0.131	0.144	0.156	0.166	0.175	0.183
	C_1	1.719	1.742	1.805	1.768	1.810	1.783	1.758	1.832	1.811	1.791
	C_2	11.021	9.319	8.152	7.684	7.138	6.902	6.721	6.338	6.219	6.120
70	C_0	0.028	0.063	0.086	0.103	0.117	0.130	0.140	0.150	0.158	0.166
	C_1	1.803	1.811	1.872	1.821	1.861	1.824	1.789	1.867	1.839	1.812
	C_2	12.387	10.381	9.029	8.485	7.856	7.580	7.369	6.929	6.789	6.672
80	C_0	0.025	0.057	0.077	0.093	0.107	0.118	0.128	0.137	0.145	0.152
	C_1	1.887	1.882	1.940	1.876	1.914	1.866	1.822	1.904	1.868	1.834
	C_2	13.753	11.447	9.911	9.291	8.578	8.262	8.020	7.524	7.362	7.226
90	C_0	0.022	0.051	0.071	0.085	0.098	0.108	0.117	0.126	0.133	0.140
	C_1	1.972	1.953	2.009	1.931	1.967	1.909	1.857	1.943	1.899	1.858
	C_2	15.119	12.518	10.799	10.102	9.305	8.949	8.674	8.122	7.938	7.782
100	C_0	0.021	0.047	0.065	0.079	0.090	0.100	0.109	0.117	0.123	0.130
	C_1	2.057	2.025	2.079	1.986	2.021	1.953	1.891	1.981	1.931	1.883
	C_2	16.490	13.595	11.691	10.918	10.036	9.639	9.331	8.722	8.515	8.339

注：L_c——群桩基础承台长度；B_c——群桩基础承台宽度；l——桩长；d——桩径。

表 E.0.1-4 （$s_a/d=5$）

l/d \ L_c/B_c		1	2	3	4	5	6	7	8	9	10
5	C_0	0.203	0.389	0.464	0.510	0.543	0.567	0.587	0.603	0.617	0.628
	C_1	1.416	1.864	2.120	2.277	2.416	2.514	2.599	2.695	2.761	2.821
	C_2	1.941	2.652	2.824	2.957	2.973	3.018	3.045	3.008	3.023	3.033
10	C_0	0.125	0.260	0.323	0.364	0.394	0.417	0.437	0.453	0.467	0.480
	C_1	1.349	1.593	1.740	1.818	1.902	1.952	1.996	2.065	2.099	2.131
	C_2	2.959	3.301	3.255	3.278	3.208	3.206	3.201	3.120	3.116	3.112
15	C_0	0.093	0.202	0.257	0.295	0.323	0.345	0.364	0.379	0.393	0.405
	C_1	1.351	1.528	1.645	1.697	1.766	1.800	1.829	1.893	1.916	1.938
	C_2	3.724	3.825	3.649	3.614	3.492	3.465	3.442	3.329	3.314	3.301
20	C_0	0.075	0.168	0.218	0.252	0.278	0.299	0.317	0.332	0.345	0.357
	C_1	1.372	1.513	1.615	1.651	1.712	1.735	1.755	1.818	1.834	1.849
	C_2	4.407	4.316	4.036	3.957	3.792	3.745	3.708	3.566	3.542	3.522
25	C_0	0.063	0.145	0.190	0.222	0.246	0.267	0.283	0.298	0.310	0.322
	C_1	1.399	1.517	1.609	1.633	1.690	1.705	1.717	1.781	1.791	1.800
	C_2	5.049	4.792	4.418	4.301	4.096	4.031	3.982	3.812	3.780	3.754
30	C_0	0.055	0.128	0.170	0.199	0.222	0.241	0.257	0.271	0.283	0.294
	C_1	1.431	1.531	1.617	1.630	1.684	1.692	1.697	1.762	1.767	1.770
	C_2	5.668	5.258	4.796	4.644	4.401	4.320	4.259	4.063	4.022	3.990
40	C_0	0.044	0.105	0.141	0.167	0.188	0.205	0.219	0.232	0.243	0.253
	C_1	1.498	1.573	1.650	1.646	1.695	1.689	1.683	1.751	1.746	1.741
	C_2	6.865	6.176	5.547	5.331	5.013	4.902	4.817	4.568	4.512	4.467
50	C_0	0.036	0.089	0.121	0.144	0.163	0.179	0.192	0.204	0.214	0.224
	C_1	1.569	1.623	1.695	1.675	1.720	1.703	1.868	1.758	1.743	1.730
	C_2	8.034	7.085	6.296	6.018	5.628	5.486	5.379	5.078	5.006	4.948
60	C_0	0.031	0.078	0.106	0.128	0.145	0.159	0.171	0.182	0.192	0.201
	C_1	1.642	1.678	1.745	1.710	1.753	1.724	1.697	1.772	1.749	1.727
	C_2	9.192	7.994	7.046	6.709	6.246	6.074	5.943	5.590	5.502	5.429
70	C_0	0.028	0.069	0.095	0.114	0.130	0.143	0.155	0.165	0.174	0.182
	C_1	1.715	1.735	1.799	1.748	1.789	1.749	1.712	1.791	1.760	1.730
	C_2	10.345	8.905	7.800	7.403	6.868	6.664	6.509	6.104	5.999	5.911
80	C_0	0.025	0.063	0.086	0.104	0.118	0.131	0.141	0.151	0.159	0.167
	C_1	1.788	1.793	1.854	1.788	1.827	1.776	1.730	1.812	1.773	1.737
	C_2	11.498	9.820	8.558	8.102	7.493	7.258	7.077	6.620	6.497	6.393
90	C_0	0.022	0.057	0.079	0.095	0.109	0.120	0.130	0.139	0.147	0.154
	C_1	1.861	1.851	1.909	1.830	1.866	1.805	1.749	1.835	1.789	1.745
	C_2	12.653	10.741	9.321	8.805	8.123	7.854	7.647	7.138	6.996	6.876
100	C_0	0.021	0.052	0.072	0.088	0.100	0.111	0.120	0.129	0.136	0.143
	C_1	1.934	1.909	1.966	1.871	1.905	1.834	1.769	1.859	1.805	1.755
	C_2	13.812	11.667	10.089	9.512	8.755	8.453	8.218	7.657	7.495	7.358

注：L_c——群桩基础承台长度；B_c——群桩基础承台宽度；l——桩长；d——桩径。

表 E. 0. 1-5　$(s_a/d=6)$

l/d		L_c/B_c 1	2	3	4	5	6	7	8	9	10
5	C_0	0.203	0.423	0.506	0.555	0.588	0.613	0.633	0.649	0.663	0.674
	C_1	1.393	1.956	2.277	2.485	2.658	2.789	2.902	3.021	3.099	3.179
	C_2	1.438	2.152	2.365	2.503	2.538	2.581	2.603	2.586	2.596	2.599
10	C_0	0.125	0.281	0.350	0.393	0.424	0.449	0.468	0.485	0.499	0.511
	C_1	1.328	1.623	1.793	1.889	1.983	2.044	2.096	2.169	2.210	2.247
	C_2	2.421	2.870	2.881	2.927	2.879	2.886	2.887	2.818	2.817	2.815
15	C_0	0.093	0.219	0.279	0.318	0.348	0.371	0.390	0.406	0.419	0.423
	C_1	1.327	1.540	1.671	1.733	1.809	1.848	1.882	1.949	1.975	1.999
	C_2	3.126	3.366	3.256	3.250	3.153	3.139	3.126	3.024	3.015	3.007
20	C_0	0.075	0.182	0.236	0.272	0.300	0.322	0.340	0.355	0.369	0.380
	C_1	1.344	1.513	1.625	1.669	1.735	1.762	1.785	1.850	1.868	1.884
	C_2	3.740	3.815	3.607	3.565	3.428	3.398	3.374	3.243	3.227	3.214
25	C_0	0.063	0.157	0.207	0.024	0.266	0.287	0.304	0.319	0.332	0.343
	C_1	1.368	1.509	1.610	1.640	1.700	1.717	1.731	1.796	1.807	1.816
	C_2	4.311	4.242	3.950	3.877	3.703	3.659	3.625	3.468	3.445	3.427
30	C_0	0.055	0.139	0.184	0.216	0.240	0.260	0.276	0.291	0.303	0.314
	C_1	1.395	1.516	1.608	1.627	1.683	1.692	1.699	1.765	1.769	1.773
	C_2	4.858	4.659	4.288	4.187	3.977	3.921	3.879	3.694	3.666	3.643
40	C_0	0.044	0.114	0.153	0.181	0.203	0.221	0.236	0.249	0.261	0.271
	C_1	1.455	1.545	1.627	1.626	1.676	1.671	1.664	1.733	1.727	1.721
	C_2	5.912	5.477	4.957	4.804	4.528	4.447	4.386	4.151	4.111	4.078
50	C_0	0.036	0.097	0.132	0.157	0.177	0.193	0.207	0.219	0.230	0.240
	C_1	1.517	1.584	1.659	1.640	1.687	1.669	1.650	1.723	1.707	1.691
	C_2	6.939	6.287	5.624	5.423	5.080	4.974	4.896	4.610	4.557	4.514
60	C_0	0.031	0.085	0.116	0.139	0.157	0.172	0.185	0.196	0.207	0.216
	C_1	1.581	1.627	1.698	1.662	1.706	1.675	1.645	1.722	1.697	1.672
	C_2	7.956	7.097	6.292	6.043	5.634	5.504	5.406	5.071	5.004	4.948
70	C_0	0.028	0.076	0.104	0.125	0.141	0.156	0.168	0.178	0.188	0.196
	C_1	1.645	1.673	1.740	1.688	1.728	1.686	1.646	1.726	1.692	1.660
	C_2	8.968	7.908	6.964	6.667	6.191	6.035	5.917	5.532	5.450	5.382
80	C_0	0.025	0.068	0.094	0.113	0.129	0.142	0.153	0.163	0.172	0.180
	C_1	1.708	1.720	1.783	1.716	1.754	1.700	1.650	1.734	1.692	1.652
	C_2	9.981	8.724	7.640	7.293	6.751	6.569	6.428	5.994	5.896	5.814
90	C_0	0.022	0.062	0.086	0.104	0.118	0.131	0.141	0.150	0.159	0.167
	C_1	1.772	1.768	1.827	1.745	1.780	1.716	1.657	1.744	1.694	1.648
	C_2	10.997	9.544	8.319	7.924	7.314	7.103	6.939	6.457	6.342	6.244
100	C_0	0.021	0.057	0.079	0.096	0.110	0.121	0.131	0.140	0.148	0.155
	C_1	1.835	1.815	1.872	1.775	1.808	1.733	1.665	1.755	1.698	1.646
	C_2	12.016	10.370	9.004	8.557	7.879	7.639	7.450	6.919	6.787	6.673

注: L_c——群桩基础承台长度; B_c——群桩基础承台宽度; l——桩长; d——桩径。

附录 F 考虑桩径影响的 Mindlin（明德林） 解应力影响系数

F.0.1 本规范第 5.5.14 条规定基桩引起的附加应力应根据考虑桩径影响的明德林解按下列公式计算：

$$\sigma_z = \sigma_{zp} + \sigma_{zsr} + \sigma_{zst} \qquad (F.0.1-1)$$

$$\sigma_{zp} = \frac{\alpha Q}{l^2} I_p \qquad (F.0.1-2)$$

$$\sigma_{zsr} = \frac{\beta Q}{l^2} I_{sr} \qquad (F.0.1-3)$$

$$\sigma_{zst} = \frac{(1-\alpha-\beta)Q}{l^2} I_{st} \qquad (F.0.1-4)$$

式中 σ_{zp}——端阻力在应力计算点引起的附加应力；

σ_{zsr}——均匀分布侧阻力在应力计算点引起的附加应力；

σ_{zst}——三角形分布侧阻力在应力计算点引起的附加应力；

α——桩端阻力比；

β——均匀分布侧阻力比；

l——桩长；

I_p、I_{sr}、I_{st}——考虑桩径影响的明德林解应力影响系数，按 F.0.2 条确定。

F.0.2 考虑桩径影响的明德林解应力影响系数，将端阻力和侧阻力简化为图 F.0.2 的形式，求解明德林解应力影响系数。

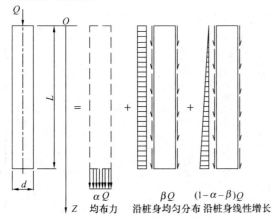

图 F.0.2 单桩荷载分担及侧阻力、端阻力分布

1 考虑桩径影响，沿桩身轴线的竖向应力系数解析式：

$$I_p = \frac{l^2}{\pi \cdot r^2} \cdot \frac{1}{4(1-\mu)}$$

$$\times \left\{ 2(1-\mu) - \frac{(1-2\mu)(z-l)}{\sqrt{r^2+(z-l)^2}} \right.$$

$$\left. - \frac{(1-2\mu)(z-l)}{z+l} + \frac{(1-2\mu)(z-l)}{\sqrt{r^2+(z+l)^2}} \right.$$

$$- \frac{(z-l)^3}{[r^2+(z-l)^2]^{3/2}}$$

$$+ \frac{(3-4\mu)z}{z+l} - \frac{(3-4\mu)z(z+l)^2}{[r^2+(z+l)^2]^{3/2}}$$

$$- \frac{l(5z-l)}{(z+l)^2} + \frac{l(z+l)(5z-l)}{[r^2+(z+l)^2]^{3/2}}$$

$$\left. + \frac{6lz}{(z+l)^2} - \frac{6zl(z+l)^3}{[r^2+(z+l)^2]^{5/2}} \right\}$$

$$(F.0.2-1)$$

$$I_{sr} = \frac{l}{2\pi r} \cdot \frac{1}{4(1-\mu)} \left\{ \frac{2(2-\mu)r}{\sqrt{r^2+(z-l)^2}} \right.$$

$$- \frac{2(2-\mu)r^2 + 2(1-2\mu)z(z+l)}{r\sqrt{r^2+(z+l)^2}}$$

$$+ \frac{2(1-2\mu)z^2}{r\sqrt{r^2+z^2}} - \frac{4z^2[r^2-(1+\mu)z^2]}{r(r^2+z^2)^{3/2}}$$

$$- \frac{4(1+\mu)z(z+l)^3 - 4z^2r^2 - r^4}{r[r^2+(z+l)^2]^{3/2}}$$

$$- \frac{r^3}{[r^2+(z-l)^2]^{3/2}} - \frac{6z^2[z^4-r^4]}{r(r^2+z^2)^{5/2}}$$

$$\left. - \frac{6z[zr^4-(z+l)^5]}{r[r^2+(z+l)^2]^{5/2}} \right\}$$

$$(F.0.2-2)$$

$$I_{st} = \frac{l}{\pi r} \cdot \frac{1}{4(1-\mu)} \left\{ \frac{2(2-\mu)r}{\sqrt{r^2+(z-l)^2}} \right.$$

$$+ \frac{2(1-2\mu)z^2(z+l) - 2(2-\mu)(4z+l)r^2}{lr\sqrt{r^2+(z+l)^2}}$$

$$+ \frac{8(2-\mu)zr^2 - 2(1-2\mu)z^3}{lr\sqrt{r^2+z^2}}$$

$$+ \frac{12z^7 + 6zr^4(r^2-z^2)}{lr(r^2+z^2)^{5/2}}$$

$$+ \frac{15zr^4 + 2(5+2\mu)z^2(z+l)^3 - 4\mu zr^4 - 4z^3r^2 - r^2(z+l)^3}{lr[r^2+(z+l)^2]^{3/2}}$$

$$- \frac{6zr^4(r^2-z^2) + 12z^2(z+l)^5}{lr[r^2+(z+l)^2]^{5/2}}$$

$$+ \frac{6z^3r^2 - 2(5+2\mu)z^5 - 2(7-2\mu)zr^4}{lr(r^2+z^2)^{3/2}}$$

$$- \frac{zr^3 + (z-l)^3r}{l[r^2+(z-l)^2]^{3/2}} + 2(2-\mu)\frac{r}{l}$$

$$\left. \ln\frac{(\sqrt{r^2+(z-l)^2}+z-l)(\sqrt{r^2+(z+l)^2}+z+l)}{[\sqrt{r^2+z^2}+z]^2} \right\}$$

$$(F.0.2-3)$$

式中 μ——地基土的泊松比；

r——桩身半径；

l——桩长；

z——计算应力点离桩顶的竖向距离。

2 考虑桩径影响，明德林解竖向应力影响系数表，1）桩端以下桩身轴线上（$n = \rho/l = 0$）各点的竖向应力影响系数，系按式（F.0.2-1）～式（F.0.2-3）计算，其值列于表 F.0.2-1～表 F.0.2-3。2)水平向有效影响范围内桩的竖向应力影响系数，系按数值积分法计算，其值列于表 F.0.2-1～表 F.0.2-3。表中：$m＝z/l$；$n＝\rho/l$；ρ为相邻桩至计算桩轴线的水平距离。

表 F.0.2-1　考虑桩径影响，均布桩端阻力竖向应力影响系数 I_p

l/d	10												
m \ n	0.000	0.020	0.040	0.060	0.080	0.100	0.120	0.160	0.200	0.300	0.400	0.500	0.600
0.500				−0.600	−0.581	−0.558	−0.531	−0.468	−0.400	−0.236	−0.113	−0.037	0.004
0.550				−0.779	−0.751	−0.716	−0.675	−0.585	−0.488	−0.270	−0.119	−0.034	0.010
0.600				−1.021	−0.976	−0.922	−0.860	−0.725	−0.587	−0.297	−0.119	−0.026	0.018
0.650				−1.357	−1.283	−1.196	−1.099	−0.893	−0.694	−0.314	−0.109	−0.013	0.027
0.700				−1.846	−1.717	−1.568	−1.408	−1.086	−0.797	−0.311	−0.088	0.003	0.038
0.750				−2.589	−2.349	−2.080	−1.805	−1.289	−0.873	−0.279	−0.057	0.022	0.049
0.800				−3.781	−3.289	−2.772	−2.276	−1.448	−0.875	−0.212	−0.018	0.041	0.059
0.850				−5.787	−4.666	−3.606	−2.701	−1.434	−0.737	−0.117	0.023	0.059	0.067
0.900				−9.175	−6.341	−4.137	−2.625	−1.047	−0.426	−0.015	0.057	0.072	0.072
0.950				−13.522	−6.132	−2.699	−1.262	−0.327	−0.078	0.059	0.079	0.080	0.075
1.004	62.563	62.378	60.503	1.756	0.367	0.208	0.157	0.123	0.111	0.100	0.093	0.085	0.078
1.008	61.245	60.784	55.653	4.584	0.705	0.325	0.214	0.144	0.121	0.102	0.093	0.086	0.078
1.012	59.708	58.836	50.294	7.572	1.159	0.468	0.280	0.166	0.131	0.105	0.094	0.086	0.078
1.016	57.894	56.509	45.517	9.951	1.729	0.643	0.356	0.190	0.142	0.108	0.095	0.086	0.078
1.020	55.793	53.863	41.505	11.637	2.379	0.853	0.446	0.217	0.154	0.110	0.096	0.087	0.078
1.024	53.433	51.008	38.145	12.763	3.063	1.094	0.549	0.248	0.167	0.113	0.097	0.087	0.078
1.028	50.868	48.054	35.286	13.474	3.737	1.360	0.666	0.282	0.181	0.116	0.098	0.087	0.078
1.040	42.642	39.423	28.667	14.106	5.432	2.227	1.084	0.406	0.230	0.126	0.101	0.089	0.079
1.060	30.269	27.845	21.170	13.000	6.839	3.469	1.849	0.677	0.342	0.148	0.108	0.091	0.080
1.080	21.437	19.955	16.036	11.179	6.992	4.152	2.467	0.980	0.481	0.176	0.117	0.094	0.081
1.100	15.575	14.702	12.379	9.386	6.552	4.348	2.834	1.254	0.631	0.211	0.127	0.098	0.083
1.120	11.677	11.153	9.734	7.831	5.896	4.240	2.977	1.465	0.773	0.250	0.140	0.103	0.085
1.140	9.017	8.692	7.795	6.548	5.208	3.977	2.960	1.601	0.893	0.292	0.154	0.109	0.087
1.160	7.146	6.937	6.349	5.509	4.565	3.650	2.845	1.669	0.985	0.334	0.170	0.115	0.090
1.180	5.791	5.651	5.254	4.672	3.996	3.310	2.678	1.684	1.048	0.374	0.187	0.122	0.094
1.200	4.782	4.686	4.410	3.996	3.503	2.986	2.489	1.659	1.083	0.411	0.204	0.130	0.097
1.300	2.252	2.230	2.167	2.067	1.938	1.788	1.627	1.302	1.010	0.513	0.277	0.170	0.119
1.400	1.312	1.306	1.284	1.250	1.204	1.149	1.087	0.949	0.807	0.506	0.312	0.201	0.140
1.500	0.866	0.863	0.854	0.839	0.820	0.795	0.767	0.701	0.629	0.451	0.311	0.215	0.154
1.600	0.619	0.617	0.613	0.606	0.596	0.583	0.569	0.534	0.494	0.387	0.290	0.215	0.160

l/d	15												
m \ n	0.000	0.020	0.040	0.060	0.080	0.100	0.120	0.160	0.200	0.300	0.400	0.500	0.600
0.500			−0.619	−0.605	−0.585	−0.562	−0.534	−0.471	−0.402	−0.236	−0.113	−0.037	0.004
0.550			−0.808	−0.786	−0.757	−0.721	−0.680	−0.588	−0.490	−0.269	−0.119	−0.033	0.010
0.600			−1.067	−1.032	−0.986	−0.930	−0.867	−0.729	−0.589	−0.297	−0.118	−0.025	0.018
0.650			−1.433	−1.375	−1.299	−1.208	−1.108	−0.898	−0.695	−0.312	−0.108	−0.013	0.028
0.700			−1.981	−1.876	−1.742	−1.587	−1.422	−1.091	−0.797	−0.308	−0.087	0.004	0.038
0.750			−2.850	−2.645	−2.389	−2.108	−1.820	−1.290	−0.868	−0.275	−0.056	0.023	0.049
0.800			−4.342	−3.889	−3.355	−2.805	−2.286	−1.437	−0.862	−0.207	−0.016	0.042	0.059
0.850			−7.174	−5.996	−4.747	−3.609	−2.668	−1.395	−0.713	−0.112	0.024	0.059	0.067
0.900			−13.179	−9.428	−6.231	−3.949	−2.469	−0.980	−0.401	−0.012	0.057	0.072	0.072
0.950			−25.874	−11.676	−4.925	−2.196	−1.061	−0.288	−0.067	0.060	0.079	0.080	0.076
1.004	139.202	137.028	6.771	0.657	0.288	0.189	0.151	0.122	0.111	0.100	0.093	0.085	0.078
1.008	134.212	127.885	16.907	1.416	0.502	0.283	0.201	0.141	0.120	0.102	0.093	0.086	0.078
1.012	127.849	116.582	24.338	2.473	0.771	0.392	0.256	0.161	0.130	0.105	0.094	0.086	0.078
1.016	120.095	104.985	28.589	3.784	1.109	0.522	0.320	0.184	0.140	0.107	0.095	0.086	0.078
1.020	111.316	94.178	30.723	5.224	1.516	0.677	0.394	0.209	0.152	0.110	0.096	0.087	0.078
1.024	102.035	84.503	31.544	6.655	1.981	0.858	0.478	0.236	0.164	0.113	0.097	0.087	0.078
1.028	92.751	75.959	31.545	7.976	2.487	1.062	0.575	0.267	0.177	0.116	0.098	0.087	0.078
1.040	67.984	55.962	29.127	10.814	4.040	1.776	0.927	0.379	0.223	0.126	0.101	0.089	0.079
1.060	40.837	35.291	22.966	12.108	5.919	2.983	1.625	0.627	0.328	0.147	0.108	0.091	0.080
1.080	26.159	23.586	17.507	11.187	6.586	3.808	2.255	0.914	0.460	0.174	0.116	0.094	0.081
1.100	17.897	16.610	13.391	9.640	6.442	4.160	2.679	1.187	0.605	0.208	0.127	0.098	0.083
1.120	12.923	12.226	10.406	8.106	5.921	4.162	2.881	1.406	0.746	0.246	0.139	0.103	0.085
1.140	9.737	9.332	8.241	6.781	5.281	3.962	2.911	1.555	0.868	0.288	0.153	0.108	0.087
1.160	7.588	7.339	6.652	5.693	4.648	3.666	2.827	1.637	0.963	0.329	0.169	0.115	0.090
1.180	6.075	5.915	5.463	4.813	4.073	3.340	2.678	1.663	1.030	0.369	0.185	0.122	0.093
1.200	4.973	4.866	4.558	4.104	3.570	3.019	2.499	1.647	1.070	0.406	0.202	0.130	0.097
1.300	2.291	2.269	2.202	2.097	1.962	1.807	1.640	1.307	1.010	0.511	0.276	0.170	0.118
1.400	1.325	1.318	1.296	1.261	1.214	1.157	1.094	0.953	0.809	0.505	0.311	0.201	0.139
1.500	0.871	0.868	0.859	0.844	0.824	0.799	0.770	0.704	0.630	0.451	0.310	0.215	0.154
1.600	0.621	0.620	0.615	0.608	0.598	0.586	0.571	0.536	0.496	0.388	0.290	0.215	0.160

续表 F.0.2-1

l/d							20						
m \ n	0.000	0.020	0.040	0.060	0.080	0.100	0.120	0.160	0.200	0.300	0.400	0.500	0.600
0.500			−0.621	−0.606	−0.587	−0.563	−0.535	−0.472	−0.402	−0.236	−0.113	−0.037	0.004
0.550			−0.811	−0.789	−0.759	−0.723	−0.682	−0.589	−0.491	−0.269	−0.118	−0.033	0.010
0.600			−1.071	−1.036	−0.989	−0.933	−0.869	−0.731	−0.590	−0.296	−0.117	−0.025	0.018
0.650			−1.440	−1.381	−1.304	−1.213	−1.112	−0.899	−0.696	−0.312	−0.107	−0.013	0.028
0.700			−1.993	−1.887	−1.751	−1.594	−1.426	−1.092	−0.797	−0.307	−0.086	0.004	0.038
0.750			−2.875	−2.665	−2.404	−2.117	−1.826	−1.290	−0.867	−0.273	−0.055	0.023	0.049
0.800			−4.396	−3.927	−3.378	−2.816	−2.288	−1.432	−0.857	−0.205	−0.016	0.042	0.059
0.850			−7.309	−6.069	−4.773	−3.608	−2.656	−1.382	−0.705	−0.110	0.024	0.059	0.067
0.900			−13.547	−9.494	−6.176	−3.877	−2.414	−0.957	−0.392	−0.011	0.058	0.072	0.072
0.950			−25.714	−10.848	−4.530	−2.043	−1.000	−0.275	−0.064	0.060	0.079	0.080	0.076
1.004	244.665	222.298	2.507	0.549	0.270	0.184	0.149	0.121	0.111	0.100	0.093	0.085	0.078
1.008	231.267	181.758	6.607	1.118	0.459	0.271	0.196	0.140	0.120	0.102	0.093	0.086	0.078
1.012	213.422	152.271	11.947	1.893	0.691	0.372	0.249	0.160	0.130	0.105	0.094	0.086	0.078
1.016	192.367	130.925	17.172	2.882	0.981	0.491	0.309	0.182	0.140	0.107	0.095	0.086	0.078
1.020	170.266	114.368	21.429	4.037	1.330	0.632	0.379	0.206	0.151	0.110	0.096	0.087	0.078
1.024	148.975	100.844	24.487	5.275	1.735	0.796	0.458	0.232	0.163	0.113	0.097	0.087	0.078
1.028	129.596	89.450	26.439	6.511	2.184	0.983	0.549	0.262	0.175	0.116	0.098	0.087	0.078
1.040	85.457	63.853	27.680	9.582	3.636	1.647	0.881	0.370	0.221	0.126	0.101	0.089	0.079
1.060	46.430	38.661	23.310	11.634	5.588	2.825	1.554	0.611	0.323	0.146	0.108	0.091	0.080
1.080	28.320	25.133	17.998	11.118	6.418	3.685	2.183	0.893	0.453	0.174	0.116	0.094	0.081
1.100	18.875	17.385	13.759	9.705	6.387	4.088	2.623	1.164	0.597	0.207	0.126	0.098	0.083
1.120	13.422	12.647	10.654	8.197	5.921	4.130	2.846	1.386	0.737	0.245	0.139	0.103	0.085
1.140	10.016	9.577	8.407	6.863	5.303	3.953	2.892	1.539	0.859	0.286	0.153	0.108	0.087
1.160	7.755	7.490	6.763	5.758	4.676	3.670	2.819	1.626	0.955	0.327	0.169	0.115	0.090
1.180	6.181	6.013	5.540	4.863	4.099	3.349	2.677	1.656	1.024	0.367	0.185	0.122	0.093
1.200	5.044	4.931	4.612	4.142	3.593	3.030	2.502	1.643	1.065	0.404	0.202	0.129	0.097
1.300	2.306	2.283	2.215	2.108	1.971	1.813	1.645	1.308	1.010	0.510	0.275	0.170	0.118
1.400	1.330	1.323	1.301	1.265	1.218	1.160	1.096	0.954	0.810	0.505	0.311	0.201	0.139
1.500	0.873	0.870	0.861	0.846	0.826	0.801	0.772	0.705	0.631	0.451	0.310	0.215	0.154
1.600	0.622	0.621	0.616	0.609	0.599	0.586	0.572	0.536	0.496	0.388	0.290	0.214	0.160

l/d							25						
m \ n	0.000	0.020	0.040	0.060	0.080	0.100	0.120	0.160	0.200	0.300	0.400	0.500	0.600
0.500			−0.622	−0.607	−0.588	−0.564	−0.536	−0.472	−0.402	−0.236	−0.112	−0.037	0.004
0.550			−0.812	−0.790	−0.760	−0.724	−0.683	−0.590	−0.491	−0.269	−0.118	−0.033	0.010
0.600			−1.073	−1.037	−0.991	−0.934	−0.870	−0.731	−0.590	−0.296	−0.117	−0.025	0.018
0.650			−1.444	−1.384	−1.306	−1.215	−1.113	−0.900	−0.696	−0.311	−0.107	−0.012	0.028
0.700			−1.999	−1.892	−1.755	−1.597	−1.428	−1.093	−0.796	−0.307	−0.086	0.004	0.038
0.750			−2.886	−2.674	−2.411	−2.122	−1.828	−1.290	−0.866	−0.273	−0.055	0.023	0.049
0.800			−4.422	−3.945	−3.389	−2.821	−2.290	−1.430	−0.855	−0.205	−0.016	0.042	0.059
0.850			−7.373	−6.103	−4.785	−3.607	−2.650	−1.375	−0.701	−0.109	0.024	0.059	0.067
0.900			−13.719	−9.519	−6.147	−3.843	−2.388	−0.946	−0.388	−0.011	0.058	0.072	0.072
0.950			−25.463	−10.446	−4.355	−1.975	−0.973	−0.270	−0.062	0.060	0.079	0.080	0.076
1.004	377.628	178.408	1.913	0.511	0.263	0.182	0.148	0.121	0.111	0.100	0.093	0.085	0.078
1.008	348.167	161.588	4.792	1.019	0.442	0.267	0.195	0.140	0.120	0.102	0.093	0.086	0.078
1.012	309.027	146.104	8.847	1.700	0.660	0.364	0.246	0.159	0.129	0.105	0.094	0.086	0.078
1.016	265.983	131.641	13.394	2.574	0.930	0.478	0.305	0.181	0.140	0.107	0.095	0.086	0.078
1.020	224.824	118.197	17.660	3.613	1.257	0.613	0.372	0.205	0.150	0.110	0.096	0.087	0.078
1.024	188.664	105.842	21.169	4.756	1.637	0.770	0.450	0.231	0.162	0.113	0.097	0.087	0.078
1.028	158.336	94.627	23.753	5.931	2.062	0.949	0.537	0.260	0.175	0.116	0.098	0.087	0.078
1.040	96.846	67.688	26.679	9.029	3.464	1.592	0.860	0.366	0.220	0.125	0.101	0.089	0.079
1.060	49.548	40.374	23.390	11.390	5.436	2.754	1.522	0.603	0.321	0.146	0.108	0.091	0.080
1.080	29.440	25.906	18.214	11.073	6.336	3.628	2.151	0.883	0.450	0.173	0.116	0.094	0.081
1.100	19.363	17.765	13.931	9.731	6.358	4.054	2.598	1.154	0.593	0.206	0.126	0.098	0.083
1.120	13.666	12.851	10.772	8.237	5.920	4.114	2.829	1.376	0.732	0.244	0.139	0.103	0.085
1.140	10.150	9.695	8.485	6.901	5.313	3.949	2.883	1.532	0.855	0.285	0.153	0.108	0.087
1.160	7.835	7.562	6.816	5.788	4.689	3.671	2.815	1.621	0.952	0.327	0.168	0.115	0.090
1.180	6.232	6.059	5.576	4.887	4.112	3.353	2.677	1.653	1.021	0.366	0.185	0.122	0.093
1.200	5.077	4.963	4.637	4.160	3.604	3.035	2.503	1.641	1.063	0.403	0.202	0.129	0.097
1.300	2.312	2.289	2.221	2.113	1.975	1.816	1.647	1.309	1.010	0.509	0.275	0.170	0.118
1.400	1.332	1.325	1.303	1.267	1.219	1.162	1.097	0.955	0.810	0.505	0.310	0.201	0.139
1.500	0.874	0.871	0.862	0.847	0.826	0.801	0.772	0.705	0.631	0.451	0.310	0.215	0.154
1.600	0.623	0.621	0.617	0.609	0.599	0.587	0.572	0.537	0.496	0.388	0.290	0.214	0.160

续表 F.0.2-1

l/d							30						
n \ m	0.000	0.020	0.040	0.060	0.080	0.100	0.120	0.160	0.200	0.300	0.400	0.500	0.600
0.500		−0.631	−0.622	−0.608	−0.588	−0.564	−0.536	−0.472	−0.403	−0.236	−0.112	−0.037	0.004
0.550		−0.827	−0.813	−0.791	−0.761	−0.725	−0.683	−0.590	−0.491	−0.269	−0.118	−0.033	0.010
0.600		−1.096	−1.074	−1.038	−0.991	−0.935	−0.871	−0.732	−0.590	−0.296	−0.117	−0.025	0.018
0.650		−1.483	−1.445	−1.386	−1.308	−1.216	−1.114	−0.900	−0.696	−0.311	−0.107	−0.012	0.028
0.700		−2.071	−2.002	−1.895	−1.757	−1.598	−1.429	−1.093	−0.796	−0.306	−0.086	0.004	0.038
0.750		−3.032	−2.892	−2.679	−2.414	−2.124	−1.829	−1.290	−0.865	−0.272	−0.054	0.023	0.049
0.800		−4.764	−4.436	−3.955	−3.395	−2.824	−2.290	−1.429	−0.854	−0.204	−0.015	0.042	0.059
0.850		−8.367	−7.408	−6.122	−4.791	−3.606	−2.646	−1.372	−0.699	−0.109	0.025	0.059	0.067
0.900		−17.766	−13.813	−9.532	−6.130	−3.824	−2.374	−0.941	−0.386	−0.010	0.058	0.072	0.072
0.950		−53.070	−25.276	−10.224	−4.262	−1.940	−0.959	−0.267	−0.062	0.060	0.079	0.080	0.076
1.004	536.535	67.314	1.695	0.493	0.259	0.181	0.148	0.121	0.111	0.100	0.093	0.085	0.078
1.008	480.071	114.047	4.129	0.973	0.433	0.264	0.194	0.140	0.120	0.102	0.093	0.086	0.078
1.012	407.830	125.866	7.619	1.610	0.644	0.359	0.245	0.159	0.129	0.105	0.094	0.086	0.078
1.016	335.065	123.804	11.742	2.429	0.905	0.471	0.302	0.180	0.139	0.107	0.095	0.086	0.078
1.020	271.631	116.207	15.857	3.410	1.220	0.603	0.369	0.204	0.150	0.110	0.096	0.087	0.078
1.024	220.202	106.561	19.459	4.502	1.587	0.757	0.445	0.230	0.162	0.113	0.097	0.087	0.078
1.028	179.778	96.493	22.283	5.641	1.999	0.932	0.531	0.259	0.174	0.116	0.098	0.087	0.078
1.040	104.344	69.738	26.055	8.735	3.375	1.563	0.850	0.364	0.219	0.125	0.101	0.089	0.079
1.060	51.415	41.346	23.409	11.251	5.354	2.717	1.505	0.599	0.320	0.146	0.108	0.091	0.080
1.080	30.085	26.343	18.329	11.045	6.290	3.597	2.133	0.878	0.448	0.173	0.116	0.094	0.081
1.100	19.639	17.978	14.025	9.744	6.342	4.035	2.584	1.148	0.591	0.206	0.126	0.098	0.083
1.120	13.802	12.964	10.836	8.259	5.919	4.105	2.820	1.371	0.730	0.244	0.139	0.103	0.085
1.140	10.224	9.760	8.528	6.921	5.318	3.946	2.878	1.528	0.853	0.285	0.153	0.108	0.087
1.160	7.879	7.602	6.845	5.805	4.695	3.672	2.813	1.618	0.950	0.326	0.168	0.115	0.090
1.180	6.259	6.084	5.596	4.900	4.118	3.356	2.676	1.651	1.019	0.366	0.185	0.122	0.093
1.200	5.095	4.980	4.651	4.170	3.610	3.038	2.503	1.640	1.062	0.403	0.202	0.129	0.097
1.300	2.316	2.293	2.224	2.116	1.977	1.818	1.648	1.310	1.010	0.509	0.275	0.169	0.118
1.400	1.333	1.326	1.304	1.268	1.220	1.163	1.098	0.955	0.811	0.505	0.310	0.200	0.139
1.500	0.874	0.872	0.862	0.847	0.827	0.802	0.773	0.705	0.631	0.451	0.310	0.215	0.154
1.600	0.623	0.621	0.617	0.610	0.599	0.587	0.572	0.537	0.496	0.388	0.290	0.214	0.160

l/d							40						
n \ m	0.000	0.020	0.040	0.060	0.080	0.100	0.120	0.160	0.200	0.300	0.400	0.500	0.600
0.500		−0.631	−0.622	−0.608	−0.588	−0.564	−0.536	−0.472	−0.403	−0.236	−0.112	−0.036	0.004
0.550		−0.827	−0.814	−0.791	−0.762	−0.725	−0.684	−0.590	−0.491	−0.269	−0.118	−0.033	0.010
0.600		−1.097	−1.075	−1.039	−0.992	−0.936	−0.872	−0.732	−0.591	−0.296	−0.117	−0.025	0.018
0.650		−1.485	−1.447	−1.387	−1.309	−1.217	−1.115	−0.901	−0.696	−0.311	−0.107	−0.012	0.028
0.700		−2.074	−2.006	−1.898	−1.759	−1.600	−1.431	−1.094	−0.796	−0.306	−0.086	0.004	0.038
0.750		−3.039	−2.899	−2.684	−2.418	−2.126	−1.831	−1.290	−0.865	−0.272	−0.054	0.023	0.049
0.800		−4.781	−4.449	−3.965	−3.401	−2.826	−2.291	−1.428	−0.853	−0.204	−0.015	0.042	0.059
0.850		−8.418	−7.443	−6.140	−4.797	−3.606	−2.643	−1.368	−0.696	−0.108	0.025	0.059	0.067
0.900		−17.982	−13.906	−9.543	−6.114	−3.805	−2.360	−0.935	−0.384	−0.010	0.058	0.072	0.072
0.950		−54.543	−25.054	−10.003	−4.171	−1.905	−0.945	−0.264	−0.061	0.060	0.079	0.080	0.076
1.004	924.755	26.114	1.523	0.477	0.255	0.180	0.147	0.121	0.111	0.100	0.093	0.085	0.078
1.008	769.156	68.377	3.614	0.931	0.425	0.262	0.193	0.139	0.120	0.102	0.093	0.086	0.078
1.012	595.591	97.641	6.633	1.529	0.630	0.355	0.243	0.159	0.129	0.105	0.094	0.086	0.078
1.016	449.984	109.641	10.343	2.298	0.881	0.465	0.300	0.180	0.139	0.107	0.095	0.086	0.078
1.020	341.526	110.416	14.244	3.224	1.185	0.594	0.366	0.203	0.150	0.110	0.096	0.087	0.078
1.024	263.543	105.215	17.851	4.267	1.541	0.744	0.441	0.229	0.162	0.113	0.097	0.087	0.078
1.028	207.450	97.302	20.843	5.369	1.940	0.916	0.526	0.258	0.174	0.116	0.098	0.087	0.079
1.040	112.989	71.701	25.382	8.448	3.288	1.535	0.839	0.362	0.219	0.125	0.101	0.089	0.079
1.060	53.411	42.340	23.410	11.109	5.272	2.680	1.488	0.596	0.319	0.146	0.108	0.091	0.080
1.080	30.754	26.788	18.440	11.014	6.245	3.566	2.116	0.872	0.447	0.173	0.116	0.094	0.081
1.100	19.920	18.194	14.119	9.755	6.325	4.016	2.570	1.143	0.589	0.206	0.126	0.098	0.083
1.120	13.939	13.078	10.900	8.281	5.917	4.096	2.811	1.366	0.728	0.244	0.139	0.103	0.085
1.140	10.300	9.825	8.571	6.941	5.323	3.944	2.873	1.524	0.850	0.284	0.153	0.108	0.087
1.160	7.923	7.642	6.874	5.822	4.702	3.673	2.811	1.615	0.948	0.326	0.168	0.115	0.090
1.180	6.287	6.110	5.616	4.912	4.125	3.358	2.676	1.649	1.018	0.366	0.185	0.122	0.093
1.200	5.113	4.997	4.665	4.180	3.615	3.040	2.504	1.639	1.061	0.402	0.201	0.129	0.097
1.300	2.320	2.297	2.227	2.119	1.980	1.820	1.649	1.310	1.009	0.509	0.275	0.169	0.118
1.400	1.334	1.327	1.305	1.269	1.221	1.163	1.098	0.956	0.811	0.505	0.310	0.200	0.139
1.500	0.875	0.872	0.863	0.848	0.827	0.802	0.773	0.706	0.632	0.451	0.310	0.215	0.154
1.600	0.623	0.622	0.617	0.610	0.600	0.587	0.572	0.537	0.496	0.388	0.290	0.214	0.160

续表 F.0.2-1

l/d							50						
m \ n	0.000	0.020	0.040	0.060	0.080	0.100	0.120	0.160	0.200	0.300	0.400	0.500	0.600
0.500		−0.632	−0.623	−0.608	−0.589	−0.564	−0.537	−0.473	−0.403	−0.236	−0.112	−0.036	0.004
0.550		−0.828	−0.814	−0.792	−0.762	−0.725	−0.684	−0.590	−0.491	−0.269	−0.118	−0.033	0.010
0.600		−1.097	−1.075	−1.040	−0.993	−0.936	−0.872	−0.732	−0.591	−0.296	−0.117	−0.025	0.018
0.650		−1.486	−1.448	−1.388	−1.310	−1.217	−1.115	−0.901	−0.696	−0.311	−0.107	−0.012	0.028
0.700		−2.076	−2.007	−1.899	−1.760	−1.601	−1.431	−1.094	−0.796	−0.306	−0.086	0.004	0.038
0.750		−3.042	−2.902	−2.686	−2.420	−2.127	−1.831	−1.290	−0.865	−0.272	−0.054	0.023	0.049
0.800		−4.789	−4.456	−3.969	−3.403	−2.828	−2.291	−1.428	−0.852	−0.203	−0.015	0.042	0.059
0.850		−8.441	−7.460	−6.149	−4.800	−3.605	−2.641	−1.367	−0.696	−0.108	0.025	0.059	0.067
0.900		−18.083	−13.950	−9.548	−6.106	−3.797	−2.354	−0.933	−0.383	−0.010	0.058	0.072	0.072
0.950		−55.231	−24.939	−9.900	−4.129	−1.889	−0.938	−0.263	−0.060	0.060	0.079	0.080	0.076
1.004	1392.355	18.855	1.455	0.470	0.254	0.180	0.147	0.121	0.111	0.100	0.093	0.085	0.078
1.008	1063.621	53.265	3.413	0.913	0.421	0.261	0.192	0.139	0.120	0.102	0.093	0.086	0.078
1.012	754.349	84.366	6.241	1.495	0.623	0.353	0.242	0.159	0.129	0.105	0.094	0.086	0.078
1.016	533.576	101.473	9.768	2.241	0.871	0.462	0.299	0.180	0.139	0.107	0.095	0.086	0.078
1.020	387.082	106.414	13.556	3.143	1.170	0.590	0.364	0.203	0.150	0.110	0.096	0.087	0.078
1.024	289.666	103.778	17.142	4.164	1.520	0.738	0.438	0.229	0.161	0.113	0.097	0.087	0.078
1.028	223.218	97.234	20.188	5.248	1.914	0.908	0.523	0.257	0.174	0.116	0.098	0.087	0.079
1.040	117.472	72.569	25.055	8.317	3.249	1.522	0.835	0.361	0.219	0.125	0.101	0.089	0.079
1.060	54.386	42.810	23.404	11.042	5.235	2.663	1.481	0.594	0.318	0.146	0.108	0.091	0.080
1.080	31.073	26.999	18.490	10.999	6.223	3.552	2.108	0.870	0.446	0.173	0.116	0.094	0.081
1.100	20.053	18.296	14.162	9.760	6.317	4.007	2.563	1.140	0.588	0.206	0.126	0.098	0.083
1.120	14.004	13.132	10.930	8.290	5.916	4.092	2.806	1.364	0.727	0.244	0.139	0.103	0.085
1.140	10.335	9.856	8.591	6.951	5.325	3.942	2.870	1.522	0.849	0.284	0.153	0.108	0.087
1.160	7.944	7.660	6.887	5.829	4.705	3.673	2.810	1.613	0.947	0.326	0.168	0.115	0.090
1.180	6.300	6.122	5.625	4.918	4.128	3.359	2.676	1.648	1.017	0.365	0.185	0.122	0.093
1.200	5.122	5.005	4.672	4.184	3.618	3.042	2.504	1.639	1.060	0.402	0.201	0.129	0.097
1.300	2.321	2.298	2.229	2.120	1.981	1.821	1.650	1.310	1.009	0.509	0.275	0.169	0.118
1.400	1.335	1.328	1.305	1.269	1.221	1.164	1.099	0.956	0.811	0.505	0.310	0.200	0.139
1.500	0.875	0.872	0.863	0.848	0.827	0.802	0.773	0.706	0.632	0.451	0.310	0.215	0.154
1.600	0.623	0.622	0.617	0.610	0.600	0.587	0.572	0.537	0.497	0.388	0.290	0.214	0.160

l/d							60						
m \ n	0.000	0.020	0.040	0.060	0.080	0.100	0.120	0.160	0.200	0.300	0.400	0.500	0.600
0.500		−0.632	−0.623	−0.608	−0.589	−0.565	−0.537	−0.473	−0.403	−0.236	−0.112	−0.036	0.004
0.550		−0.828	−0.814	−0.792	−0.762	−0.726	−0.684	−0.590	−0.491	−0.269	−0.118	−0.033	0.010
0.600		−1.098	−1.076	−1.040	−0.993	−0.936	−0.872	−0.732	−0.591	−0.296	−0.117	−0.025	0.018
0.650		−1.486	−1.448	−1.389	−1.310	−1.218	−1.116	−0.901	−0.696	−0.311	−0.107	−0.012	0.028
0.700		−2.077	−2.008	−1.900	−1.761	−1.601	−1.431	−1.094	−0.796	−0.306	−0.086	0.004	0.038
0.750		−3.044	−2.903	−2.688	−2.421	−2.128	−1.832	−1.290	−0.864	−0.272	−0.054	0.023	0.049
0.800		−4.793	−4.459	−3.972	−3.405	−2.828	−2.291	−1.427	−0.852	−0.203	−0.015	0.042	0.059
0.850		−8.454	−7.469	−6.153	−4.802	−3.605	−2.640	−1.366	−0.695	−0.108	0.025	0.059	0.067
0.900		−18.139	−13.973	−9.551	−6.101	−3.792	−2.350	−0.931	−0.382	−0.010	0.058	0.072	0.072
0.950		−55.606	−24.874	−9.844	−4.106	−1.881	−0.935	−0.262	−0.060	0.060	0.079	0.080	0.076
1.004	1919.968	16.202	1.420	0.466	0.253	0.179	0.147	0.121	0.111	0.100	0.093	0.085	0.078
1.008	1339.951	46.658	3.312	0.904	0.419	0.260	0.192	0.139	0.120	0.102	0.093	0.086	0.078
1.012	880.499	77.527	6.043	1.476	0.620	0.352	0.242	0.159	0.129	0.105	0.094	0.086	0.078
1.016	592.844	96.782	9.474	2.211	0.865	0.460	0.299	0.180	0.139	0.107	0.095	0.086	0.078
1.020	417.074	103.916	13.198	3.101	1.162	0.587	0.363	0.203	0.150	0.110	0.096	0.087	0.078
1.024	306.046	102.769	16.767	4.110	1.509	0.735	0.437	0.228	0.161	0.113	0.097	0.087	0.078
1.028	232.784	97.065	19.836	5.184	1.900	0.904	0.521	0.257	0.174	0.116	0.098	0.087	0.079
1.040	120.052	73.026	24.874	8.247	3.228	1.515	0.832	0.361	0.218	0.125	0.101	0.089	0.079
1.060	54.929	43.067	23.399	11.006	5.214	2.654	1.477	0.593	0.318	0.146	0.108	0.091	0.080
1.080	31.250	27.114	18.517	10.990	6.212	3.544	2.103	0.869	0.445	0.173	0.116	0.094	0.081
1.100	20.126	18.351	14.185	9.763	6.312	4.002	2.560	1.139	0.587	0.206	0.126	0.098	0.083
1.120	14.040	13.161	10.947	8.296	5.916	4.090	2.804	1.363	0.726	0.243	0.138	0.103	0.085
1.140	10.354	9.873	8.602	6.956	5.326	3.942	2.869	1.521	0.849	0.284	0.153	0.108	0.087
1.160	7.955	7.670	6.895	5.833	4.707	3.673	2.809	1.613	0.947	0.325	0.168	0.115	0.090
1.180	6.307	6.128	5.630	4.922	4.130	3.359	2.676	1.647	1.017	0.365	0.184	0.122	0.093
1.200	5.127	5.009	4.675	4.187	3.620	3.042	2.505	1.638	1.060	0.402	0.201	0.129	0.097
1.300	2.322	2.299	2.230	2.121	1.981	1.821	1.650	1.310	1.009	0.509	0.275	0.169	0.118
1.400	1.335	1.328	1.306	1.270	1.222	1.164	1.099	0.956	0.811	0.505	0.310	0.200	0.139
1.500	0.875	0.872	0.863	0.848	0.828	0.802	0.773	0.706	0.632	0.451	0.310	0.215	0.154
1.600	0.623	0.622	0.617	0.610	0.600	0.587	0.572	0.537	0.497	0.388	0.290	0.214	0.160

续表 F.0.2-1

l/d						70							
m \ n	0.000	0.020	0.040	0.060	0.080	0.100	0.120	0.160	0.200	0.300	0.400	0.500	0.600
0.500		−0.632	−0.623	−0.608	−0.589	−0.565	−0.537	−0.473	−0.403	−0.236	−0.112	−0.036	0.004
0.550		−0.828	−0.814	−0.792	−0.762	−0.726	−0.684	−0.590	−0.492	−0.269	−0.118	−0.033	0.010
0.600		−1.098	−1.076	−1.040	−0.993	−0.936	−0.872	−0.732	−0.591	−0.296	−0.117	−0.025	0.018
0.650		−1.486	−1.449	−1.389	−1.310	−1.218	−1.116	−0.901	−0.696	−0.311	−0.107	−0.012	0.028
0.700		−2.078	−2.008	−1.900	−1.761	−1.601	−1.432	−1.094	−0.796	−0.306	−0.086	0.004	0.038
0.750		−3.045	−2.904	−2.688	−2.421	−2.128	−1.832	−1.290	−0.864	−0.272	−0.054	0.023	0.049
0.800		−4.795	−4.462	−3.973	−3.406	−2.829	−2.292	−1.427	−0.852	−0.203	−0.015	0.042	0.059
0.850		−8.462	−7.474	−6.156	−4.802	−3.605	−2.640	−1.365	−0.695	−0.108	0.025	0.060	0.067
0.900		−18.172	−13.987	−9.553	−6.099	−3.789	−2.348	−0.930	−0.382	−0.010	0.058	0.072	0.072
0.950		−55.833	−24.833	−9.810	−4.093	−1.876	−0.933	−0.261	−0.060	0.060	0.079	0.080	0.076
1.004	2487.589	14.895	1.400	0.464	0.252	0.179	0.147	0.121	0.111	0.100	0.093	0.085	0.078
1.008	1586.401	43.156	3.254	0.898	0.418	0.260	0.192	0.139	0.120	0.102	0.093	0.086	0.078
1.012	978.338	73.579	5.929	1.465	0.617	0.351	0.242	0.159	0.129	0.105	0.094	0.086	0.078
1.016	635.104	93.901	9.302	2.193	0.862	0.459	0.298	0.180	0.139	0.107	0.095	0.086	0.078
1.020	437.410	102.308	12.987	3.075	1.157	0.586	0.363	0.203	0.150	0.110	0.096	0.087	0.078
1.024	316.808	102.082	16.544	4.077	1.502	0.733	0.437	0.228	0.161	0.113	0.097	0.087	0.078
1.028	238.940	96.915	19.626	5.146	1.891	0.902	0.521	0.257	0.174	0.116	0.098	0.087	0.079
1.040	121.661	73.297	24.763	8.205	3.216	1.511	0.831	0.360	0.218	0.125	0.101	0.089	0.079
1.060	55.262	43.223	23.396	10.984	5.202	2.648	1.474	0.592	0.318	0.146	0.108	0.091	0.080
1.080	31.357	27.184	18.534	10.985	6.205	3.540	2.101	0.868	0.445	0.173	0.116	0.094	0.081
1.100	20.170	18.385	14.200	9.764	6.310	3.999	2.558	1.138	0.587	0.206	0.126	0.098	0.083
1.120	14.061	13.179	10.957	8.299	5.916	4.088	2.803	1.362	0.726	0.243	0.138	0.103	0.085
1.140	10.365	9.883	8.608	6.959	5.327	3.941	2.868	1.520	0.849	0.284	0.153	0.108	0.087
1.160	7.962	7.676	6.899	5.836	4.708	3.673	2.809	1.612	0.946	0.325	0.168	0.115	0.090
1.180	6.311	6.132	5.633	4.924	4.131	3.360	2.676	1.647	1.016	0.365	0.184	0.122	0.093
1.200	5.129	5.011	4.677	4.188	3.620	3.043	2.505	1.638	1.060	0.402	0.201	0.129	0.097
1.300	2.323	2.300	2.230	2.121	1.982	1.821	1.650	1.310	1.009	0.508	0.275	0.169	0.118
1.400	1.335	1.328	1.306	1.270	1.222	1.164	1.099	0.956	0.811	0.504	0.310	0.200	0.139
1.500	0.875	0.872	0.863	0.848	0.828	0.802	0.773	0.706	0.632	0.451	0.310	0.215	0.154
1.600	0.623	0.622	0.617	0.610	0.600	0.587	0.572	0.537	0.497	0.388	0.290	0.214	0.160

l/d						80							
m \ n	0.000	0.020	0.040	0.060	0.080	0.100	0.120	0.160	0.200	0.300	0.400	0.500	0.600
0.500		−0.632	−0.623	−0.608	−0.589	−0.565	−0.537	−0.473	−0.403	−0.236	−0.112	−0.036	0.004
0.550		−0.828	−0.814	−0.792	−0.762	−0.726	−0.684	−0.590	−0.492	−0.269	−0.118	−0.033	0.010
0.600		−1.098	−1.076	−1.040	−0.993	−0.936	−0.872	−0.732	−0.591	−0.296	−0.117	−0.025	0.018
0.650		−1.487	−1.449	−1.389	−1.310	−1.218	−1.116	−0.901	−0.696	−0.311	−0.107	−0.012	0.028
0.700		−2.078	−2.009	−1.900	−1.761	−1.602	−1.432	−1.094	−0.796	−0.306	−0.086	0.004	0.038
0.750		−3.046	−2.905	−2.689	−2.422	−2.129	−1.832	−1.290	−0.864	−0.272	−0.054	0.023	0.049
0.800		−4.797	−4.463	−3.974	−3.406	−2.829	−2.292	−1.427	−0.852	−0.203	−0.015	0.042	0.059
0.850		−8.467	−7.478	−6.158	−4.803	−3.605	−2.639	−1.365	−0.694	−0.108	0.025	0.060	0.067
0.900		−18.194	−13.997	−9.554	−6.097	−3.787	−2.347	−0.930	−0.382	−0.010	0.058	0.072	0.072
0.950		−55.980	−24.806	−9.788	−4.084	−1.872	−0.931	−0.261	−0.060	0.060	0.079	0.080	0.076
1.004	3076.311	14.141	1.388	0.462	0.252	0.179	0.147	0.121	0.111	0.100	0.093	0.085	0.078
1.008	1799.624	41.060	3.217	0.894	0.417	0.259	0.192	0.139	0.120	0.102	0.093	0.086	0.078
1.012	1053.864	71.096	5.856	1.458	0.616	0.351	0.242	0.159	0.129	0.105	0.094	0.086	0.078
1.016	665.764	92.018	9.193	2.182	0.860	0.459	0.298	0.180	0.139	0.107	0.095	0.086	0.078
1.020	451.655	101.227	12.853	3.059	1.154	0.585	0.362	0.203	0.150	0.110	0.096	0.087	0.078
1.024	324.188	101.604	16.401	4.056	1.498	0.732	0.436	0.228	0.161	0.113	0.097	0.087	0.078
1.028	243.104	96.798	19.490	5.122	1.886	0.900	0.520	0.257	0.174	0.116	0.098	0.087	0.079
1.040	122.727	73.470	24.691	8.177	3.208	1.508	0.830	0.360	0.218	0.125	0.101	0.089	0.079
1.060	55.480	43.325	23.393	10.969	5.194	2.645	1.473	0.592	0.318	0.146	0.108	0.091	0.080
1.080	31.427	27.230	18.544	10.982	6.200	3.537	2.099	0.868	0.445	0.173	0.116	0.094	0.081
1.100	20.199	18.407	14.209	9.765	6.308	3.997	2.556	1.137	0.587	0.206	0.126	0.098	0.083
1.120	14.075	13.190	10.963	8.301	5.915	4.087	2.802	1.361	0.726	0.243	0.138	0.103	0.085
1.140	10.373	9.889	8.613	6.961	5.327	3.941	2.868	1.520	0.848	0.284	0.153	0.108	0.087
1.160	7.966	7.680	6.902	5.837	4.708	3.673	2.809	1.612	0.946	0.325	0.168	0.115	0.090
1.180	6.314	6.135	5.635	4.925	4.131	3.360	2.676	1.647	1.016	0.365	0.184	0.122	0.093
1.200	5.131	5.013	4.679	4.189	3.621	3.043	2.505	1.638	1.060	0.402	0.201	0.129	0.097
1.300	2.323	2.300	2.231	2.121	1.982	1.821	1.650	1.310	1.009	0.508	0.275	0.169	0.118
1.400	1.335	1.328	1.306	1.270	1.222	1.164	1.099	0.956	0.811	0.504	0.310	0.200	0.139
1.500	0.875	0.872	0.863	0.848	0.828	0.802	0.773	0.706	0.632	0.451	0.310	0.215	0.154
1.600	0.623	0.622	0.617	0.610	0.600	0.587	0.572	0.537	0.497	0.388	0.290	0.214	0.160

l/d	90												
m \ n	0.000	0.020	0.040	0.060	0.080	0.100	0.120	0.160	0.200	0.300	0.400	0.500	0.600
0.500		−0.632	−0.623	−0.608	−0.589	−0.565	−0.537	−0.473	−0.403	−0.236	−0.112	−0.036	0.004
0.550		−0.828	−0.814	−0.792	−0.762	−0.726	−0.684	−0.590	−0.492	−0.269	−0.118	−0.033	0.010
0.600		−1.098	−1.076	−1.040	−0.993	−0.936	−0.872	−0.732	−0.591	−0.296	−0.117	−0.025	0.018
0.650		−1.487	−1.449	−1.389	−1.311	−1.218	−1.116	−0.901	−0.696	−0.311	−0.107	−0.012	0.028
0.700		−2.078	−2.009	−1.900	−1.761	−1.602	−1.432	−1.094	−0.796	−0.306	−0.086	0.004	0.038
0.750		−3.046	−2.905	−2.689	−2.422	−2.129	−1.832	−1.290	−0.864	−0.271	−0.054	0.023	0.049
0.800		−4.798	−4.464	−3.975	−3.407	−2.829	−2.292	−1.427	−0.851	−0.203	−0.015	0.042	0.059
0.850		−8.471	−7.480	−6.159	−4.803	−3.605	−2.639	−1.365	−0.694	−0.108	0.025	0.060	0.067
0.900		−18.209	−14.003	−9.554	−6.096	−3.786	−2.346	−0.929	−0.382	−0.010	0.058	0.072	0.072
0.950		−56.081	−24.787	−9.773	−4.078	−1.870	−0.930	−0.261	−0.060	0.060	0.079	0.080	0.076
1.004	3669.635	13.662	1.379	0.461	0.252	0.179	0.147	0.121	0.111	0.100	0.093	0.085	0.078
1.008	1980.993	39.699	3.192	0.892	0.417	0.259	0.192	0.139	0.120	0.102	0.093	0.086	0.078
1.012	1112.459	69.431	5.807	1.454	0.615	0.351	0.242	0.158	0.129	0.105	0.094	0.086	0.078
1.016	688.476	90.724	9.119	2.174	0.858	0.458	0.298	0.179	0.139	0.107	0.095	0.086	0.078
1.020	461.944	100.469	12.761	3.048	1.151	0.584	0.362	0.203	0.150	0.110	0.096	0.087	0.078
1.024	329.440	101.263	16.303	4.042	1.495	0.731	0.436	0.228	0.161	0.113	0.097	0.087	0.078
1.028	246.040	96.709	19.397	5.105	1.882	0.899	0.520	0.256	0.174	0.116	0.098	0.087	0.079
1.040	123.468	73.588	24.641	8.159	3.202	1.507	0.829	0.360	0.218	0.125	0.101	0.089	0.079
1.060	55.631	43.395	23.391	10.959	5.189	2.642	1.472	0.592	0.318	0.146	0.108	0.091	0.080
1.080	31.475	27.261	18.551	10.979	6.197	3.535	2.098	0.867	0.445	0.173	0.116	0.094	0.081
1.100	20.219	18.422	14.215	9.766	6.307	3.996	2.555	1.137	0.586	0.206	0.126	0.098	0.083
1.120	14.084	13.198	10.967	8.302	5.915	4.087	2.801	1.361	0.725	0.243	0.138	0.103	0.085
1.140	10.378	9.894	8.616	6.962	5.328	3.941	2.867	1.520	0.848	0.284	0.153	0.108	0.087
1.160	7.969	7.683	6.904	5.839	4.709	3.673	2.867	1.612	0.946	0.325	0.168	0.115	0.090
1.180	6.316	6.137	5.636	4.926	4.132	3.360	2.676	1.647	1.016	0.365	0.184	0.122	0.093
1.200	5.132	5.014	4.680	4.190	3.621	3.043	2.505	1.638	1.059	0.402	0.201	0.129	0.097
1.300	2.323	2.300	2.231	2.122	1.982	1.822	1.651	1.310	1.009	0.508	0.275	0.169	0.118
1.400	1.336	1.328	1.306	1.270	1.222	1.164	1.099	0.956	0.811	0.504	0.310	0.200	0.139
1.500	0.875	0.872	0.863	0.848	0.828	0.802	0.773	0.706	0.632	0.451	0.310	0.215	0.154
1.600	0.623	0.622	0.617	0.610	0.600	0.587	0.572	0.537	0.497	0.388	0.290	0.214	0.160

l/d	100												
m \ n	0.000	0.020	0.040	0.060	0.080	0.100	0.120	0.160	0.200	0.300	0.400	0.500	0.600
0.500		−0.632	−0.623	−0.608	−0.589	−0.565	−0.537	−0.473	−0.403	−0.236	−0.112	−0.036	0.004
0.550		−0.828	−0.814	−0.792	−0.762	−0.726	−0.684	−0.590	−0.492	−0.269	−0.118	−0.033	0.010
0.600		−1.098	−1.076	−1.040	−0.993	−0.936	−0.872	−0.732	−0.591	−0.296	−0.117	−0.025	0.018
0.650		−1.487	−1.449	−1.389	−1.311	−1.218	−1.116	−0.901	−0.696	−0.311	−0.107	−0.012	0.028
0.700		−2.078	−2.009	−1.901	−1.761	−1.602	−1.432	−1.094	−0.796	−0.306	−0.086	0.004	0.038
0.750		−3.047	−2.906	−2.689	−2.422	−2.129	−1.832	−1.290	−0.864	−0.271	−0.054	0.023	0.049
0.800		−4.799	−4.465	−3.975	−3.407	−2.829	−2.292	−1.427	−0.851	−0.203	−0.015	0.042	0.059
0.850		−8.473	−7.482	−6.160	−4.804	−3.605	−2.639	−1.364	−0.694	−0.108	0.025	0.060	0.067
0.900		−18.220	−14.007	−9.555	−6.095	−3.785	−2.345	−0.929	−0.381	−0.010	0.058	0.072	0.072
0.950		−56.153	−24.774	−9.762	−4.074	−1.868	−0.930	−0.261	−0.060	0.060	0.079	0.080	0.076
1.004	4254.172	13.337	1.373	0.461	0.252	0.179	0.147	0.121	0.111	0.100	0.093	0.085	0.078
1.008	2133.993	38.762	3.174	0.890	0.416	0.259	0.192	0.139	0.120	0.102	0.093	0.086	0.078
1.012	1158.357	68.260	5.773	1.450	0.615	0.351	0.241	0.158	0.129	0.105	0.094	0.086	0.078
1.016	705.653	89.797	9.066	2.169	0.857	0.458	0.298	0.179	0.139	0.107	0.095	0.086	0.078
1.020	469.584	99.919	12.696	3.040	1.150	0.584	0.362	0.203	0.150	0.110	0.096	0.087	0.078
1.024	333.298	101.011	16.233	4.032	1.493	0.731	0.436	0.228	0.161	0.113	0.097	0.087	0.078
1.028	248.182	96.640	19.330	5.093	1.880	0.898	0.519	0.256	0.174	0.116	0.098	0.087	0.079
1.040	124.004	73.672	24.605	8.145	3.198	1.505	0.828	0.360	0.218	0.125	0.101	0.089	0.079
1.060	55.739	43.445	23.390	10.952	5.185	2.640	1.471	0.592	0.318	0.146	0.108	0.091	0.080
1.080	31.509	27.283	18.556	10.978	6.195	3.533	2.097	0.867	0.445	0.173	0.116	0.094	0.081
1.100	20.233	18.432	14.220	9.766	6.306	3.995	2.555	1.137	0.586	0.206	0.126	0.098	0.083
1.120	14.091	13.204	10.971	8.303	5.915	4.086	2.801	1.361	0.725	0.243	0.138	0.103	0.085
1.140	10.382	9.897	8.618	6.963	5.328	3.941	2.867	1.519	0.848	0.284	0.153	0.108	0.087
1.160	7.971	7.685	6.905	5.839	4.709	3.674	2.809	1.612	0.946	0.325	0.168	0.115	0.090
1.180	6.317	6.138	5.637	4.926	4.132	3.360	2.675	1.647	1.016	0.365	0.184	0.122	0.093
1.200	5.133	5.015	4.680	4.190	3.622	3.043	2.505	1.638	1.059	0.402	0.201	0.129	0.097
1.300	2.324	2.300	2.231	2.122	1.982	1.822	1.651	1.310	1.009	0.508	0.275	0.169	0.118
1.400	1.336	1.328	1.306	1.270	1.222	1.164	1.099	0.956	0.811	0.504	0.310	0.200	0.139
1.500	0.875	0.872	0.863	0.848	0.828	0.802	0.773	0.706	0.632	0.451	0.310	0.215	0.154
1.600	0.623	0.622	0.617	0.610	0.600	0.587	0.572	0.537	0.497	0.388	0.290	0.214	0.160

表 F.0.2-2　考虑桩径影响，沿桩身均布侧阻力竖向应力影响系数 I_{sr}

l/d 　 $\frac{n}{m}$	10												
	0.000	0.020	0.040	0.060	0.080	0.100	0.120	0.160	0.200	0.300	0.400	0.500	0.600
0.500				0.498	0.490	0.480	0.469	0.441	0.409	0.322	0.241	0.175	0.125
0.550				0.517	0.509	0.499	0.488	0.460	0.428	0.340	0.257	0.189	0.137
0.600				0.550	0.541	0.530	0.517	0.487	0.452	0.358	0.271	0.201	0.147
0.650				0.600	0.589	0.575	0.559	0.523	0.482	0.376	0.284	0.211	0.156
0.700				0.672	0.656	0.638	0.617	0.569	0.518	0.395	0.296	0.220	0.163
0.750				0.773	0.750	0.723	0.692	0.626	0.559	0.413	0.305	0.226	0.169
0.800				0.921	0.883	0.839	0.791	0.694	0.604	0.428	0.312	0.231	0.173
0.850				1.140	1.071	0.994	0.916	0.769	0.647	0.440	0.316	0.235	0.177
0.900				1.483	1.342	1.196	1.060	0.838	0.680	0.446	0.318	0.237	0.179
0.950				2.066	1.721	1.415	1.183	0.879	0.695	0.447	0.319	0.238	0.181
1.004	2.801	2.925	3.549	3.062	1.969	1.496	1.214	0.885	0.696	0.446	0.318	0.238	0.183
1.008	2.797	2.918	3.484	3.010	1.966	1.495	1.213	0.885	0.695	0.445	0.318	0.238	0.183
1.012	2.789	2.905	3.371	2.917	1.959	1.493	1.212	0.884	0.695	0.445	0.318	0.238	0.183
1.016	2.776	2.882	3.236	2.807	1.948	1.490	1.211	0.884	0.695	0.445	0.318	0.238	0.183
1.020	2.756	2.850	3.098	2.696	1.932	1.485	1.209	0.883	0.694	0.445	0.318	0.238	0.183
1.024	2.730	2.808	2.966	2.589	1.912	1.480	1.207	0.882	0.694	0.445	0.317	0.238	0.183
1.028	2.696	2.757	2.843	2.489	1.887	1.473	1.204	0.881	0.693	0.444	0.317	0.238	0.183
1.040	2.555	2.569	2.525	2.232	1.797	1.442	1.190	0.877	0.691	0.444	0.317	0.238	0.183
1.060	2.247	2.223	2.121	1.907	1.627	1.365	1.154	0.865	0.685	0.442	0.316	0.238	0.184
1.080	1.940	1.910	1.817	1.661	1.467	1.273	1.102	0.847	0.677	0.440	0.315	0.238	0.184
1.100	1.676	1.652	1.579	1.465	1.325	1.179	1.043	0.823	0.666	0.437	0.314	0.237	0.184
1.120	1.462	1.443	1.389	1.304	1.200	1.089	0.981	0.794	0.652	0.433	0.313	0.237	0.184
1.140	1.289	1.275	1.234	1.171	1.092	1.006	0.920	0.762	0.635	0.428	0.311	0.236	0.184
1.160	1.148	1.138	1.107	1.059	0.998	0.931	0.861	0.729	0.616	0.423	0.309	0.235	0.184
1.180	1.032	1.024	1.001	0.964	0.917	0.863	0.806	0.695	0.596	0.417	0.307	0.235	0.183
1.200	0.936	0.930	0.911	0.882	0.845	0.802	0.756	0.662	0.575	0.410	0.304	0.233	0.183
1.300	0.628	0.626	0.619	0.609	0.595	0.578	0.559	0.517	0.472	0.367	0.286	0.225	0.180
1.400	0.465	0.464	0.461	0.456	0.450	0.442	0.432	0.411	0.386	0.321	0.262	0.213	0.174
1.500	0.364	0.364	0.362	0.360	0.356	0.352	0.347	0.334	0.320	0.278	0.236	0.198	0.165
1.600	0.297	0.296	0.295	0.294	0.292	0.289	0.286	0.278	0.269	0.241	0.211	0.182	0.155

l/d 　 $\frac{n}{m}$	15												
	0.000	0.020	0.040	0.060	0.080	0.100	0.120	0.160	0.200	0.300	0.400	0.500	0.600
0.500				0.508	0.502	0.494	0.484	0.472	0.444	0.411	0.323	0.241	0.175	0.125
0.550				0.527	0.521	0.513	0.503	0.491	0.463	0.430	0.340	0.257	0.189	0.137
0.600				0.561	0.555	0.546	0.534	0.521	0.490	0.454	0.359	0.271	0.201	0.147
0.650				0.614	0.606	0.594	0.580	0.564	0.526	0.484	0.377	0.284	0.211	0.156
0.700				0.691	0.679	0.663	0.644	0.622	0.572	0.520	0.396	0.296	0.220	0.163
0.750				0.804	0.785	0.760	0.731	0.699	0.630	0.561	0.413	0.305	0.226	0.169
0.800				0.973	0.940	0.898	0.850	0.799	0.697	0.605	0.428	0.311	0.231	0.173
0.850				1.241	1.174	1.094	1.008	0.923	0.770	0.646	0.439	0.316	0.234	0.177
0.900				1.703	1.544	1.370	1.204	1.059	0.834	0.676	0.444	0.318	0.236	0.179
0.950				2.597	2.119	1.697	1.385	1.160	0.868	0.690	0.446	0.318	0.237	0.181
1.004	4.206	4.682	4.571	2.553	1.830	1.435	1.181	0.873	0.689	0.444	0.317	0.238	0.182
1.008	4.191	4.625	4.384	2.546	1.829	1.434	1.181	0.872	0.689	0.444	0.317	0.238	0.182
1.012	4.158	4.511	4.135	2.534	1.825	1.433	1.180	0.872	0.689	0.444	0.317	0.238	0.183
1.016	4.103	4.352	3.892	2.513	1.821	1.431	1.179	0.871	0.688	0.443	0.317	0.238	0.183
1.020	4.024	4.172	3.672	2.484	1.814	1.428	1.177	0.870	0.688	0.443	0.317	0.238	0.183
1.024	3.921	3.984	3.477	2.446	1.805	1.424	1.176	0.869	0.687	0.443	0.317	0.238	0.183
1.028	3.800	3.798	3.302	2.402	1.793	1.420	1.173	0.869	0.687	0.443	0.317	0.238	0.183
1.040	3.381	3.288	2.872	2.248	1.744	1.400	1.164	0.865	0.685	0.442	0.316	0.238	0.183
1.060	2.715	2.622	2.349	1.976	1.624	1.346	1.136	0.855	0.680	0.440	0.316	0.238	0.183
1.080	2.207	2.144	1.971	1.732	1.487	1.271	1.094	0.839	0.673	0.438	0.315	0.237	0.184
1.100	1.838	1.797	1.684	1.525	1.352	1.187	1.042	0.818	0.662	0.435	0.314	0.237	0.184
1.120	1.565	1.538	1.462	1.353	1.227	1.101	0.985	0.792	0.649	0.432	0.312	0.236	0.184
1.140	1.358	1.339	1.287	1.209	1.117	1.020	0.926	0.762	0.633	0.427	0.311	0.236	0.184
1.160	1.196	1.183	1.146	1.089	1.019	0.944	0.869	0.730	0.616	0.422	0.309	0.235	0.184
1.180	1.067	1.057	1.030	0.987	0.934	0.875	0.814	0.697	0.596	0.416	0.306	0.234	0.183
1.200	0.962	0.955	0.934	0.901	0.860	0.813	0.763	0.665	0.576	0.409	0.304	0.233	0.183
1.300	0.636	0.634	0.627	0.616	0.601	0.584	0.564	0.520	0.473	0.367	0.286	0.225	0.180
1.400	0.468	0.467	0.464	0.459	0.453	0.444	0.435	0.412	0.387	0.321	0.262	0.213	0.174
1.500	0.366	0.366	0.364	0.361	0.358	0.353	0.348	0.336	0.321	0.279	0.236	0.198	0.165
1.600	0.298	0.297	0.296	0.295	0.293	0.290	0.287	0.279	0.270	0.242	0.211	0.182	0.155

续表 F.0.2-2

l/d	20												
n m	0.000	0.020	0.040	0.060	0.080	0.100	0.120	0.160	0.200	0.300	0.400	0.500	0.600
0.500			0.509	0.503	0.495	0.485	0.473	0.444	0.412	0.323	0.241	0.175	0.125
0.550			0.529	0.523	0.514	0.504	0.492	0.463	0.430	0.341	0.257	0.189	0.137
0.600			0.563	0.556	0.547	0.536	0.522	0.491	0.454	0.359	0.272	0.201	0.147
0.650			0.616	0.608	0.596	0.582	0.565	0.527	0.484	0.377	0.284	0.211	0.156
0.700			0.694	0.682	0.666	0.646	0.623	0.573	0.520	0.396	0.295	0.219	0.163
0.750			0.809	0.789	0.764	0.734	0.701	0.631	0.562	0.413	0.304	0.226	0.169
0.800			0.981	0.947	0.903	0.854	0.802	0.698	0.605	0.428	0.311	0.231	0.173
0.850			1.258	1.187	1.102	1.013	0.925	0.770	0.646	0.438	0.315	0.234	0.177
0.900			1.742	1.565	1.378	1.206	1.058	0.832	0.675	0.444	0.317	0.236	0.179
0.950			2.684	2.123	1.684	1.374	1.152	0.865	0.688	0.445	0.318	0.237	0.181
1.004	5.608	6.983	3.947	2.445	1.791	1.416	1.171	0.868	0.687	0.443	0.317	0.238	0.182
1.008	5.567	6.487	3.913	2.441	1.790	1.415	1.170	0.868	0.687	0.443	0.317	0.238	0.182
1.012	5.476	5.949	3.841	2.434	1.787	1.414	1.170	0.867	0.687	0.443	0.317	0.238	0.182
1.016	5.328	5.476	3.737	2.421	1.783	1.412	1.168	0.867	0.686	0.443	0.317	0.238	0.183
1.020	5.129	5.069	3.613	2.403	1.778	1.410	1.167	0.866	0.686	0.443	0.317	0.238	0.183
1.024	4.895	4.715	3.479	2.379	1.771	1.407	1.165	0.865	0.685	0.442	0.317	0.238	0.183
1.028	4.643	4.405	3.344	2.349	1.762	1.403	1.163	0.864	0.685	0.442	0.316	0.238	0.183
1.040	3.902	3.657	2.958	2.231	1.722	1.386	1.155	0.861	0.683	0.441	0.316	0.238	0.183
1.060	2.951	2.804	2.428	1.991	1.619	1.338	1.129	0.851	0.678	0.440	0.315	0.237	0.183
1.080	2.326	2.243	2.028	1.754	1.491	1.269	1.091	0.837	0.671	0.437	0.314	0.237	0.183
1.100	1.904	1.855	1.724	1.546	1.360	1.189	1.041	0.816	0.661	0.435	0.313	0.237	0.184
1.120	1.605	1.575	1.490	1.370	1.236	1.105	0.986	0.791	0.648	0.431	0.312	0.236	0.184
1.140	1.384	1.364	1.306	1.223	1.125	1.024	0.928	0.762	0.633	0.427	0.310	0.236	0.184
1.160	1.214	1.200	1.160	1.099	1.027	0.949	0.871	0.730	0.615	0.422	0.308	0.235	0.183
1.180	1.080	1.070	1.040	0.996	0.940	0.879	0.817	0.698	0.596	0.416	0.306	0.234	0.183
1.200	0.971	0.964	0.942	0.908	0.865	0.817	0.766	0.666	0.576	0.409	0.304	0.233	0.183
1.300	0.639	0.637	0.630	0.618	0.604	0.586	0.565	0.521	0.474	0.368	0.286	0.225	0.180
1.400	0.469	0.468	0.465	0.460	0.454	0.445	0.436	0.413	0.388	0.321	0.262	0.213	0.174
1.500	0.367	0.366	0.365	0.362	0.359	0.354	0.349	0.336	0.321	0.279	0.236	0.198	0.165
1.600	0.298	0.298	0.297	0.295	0.293	0.290	0.287	0.279	0.270	0.242	0.211	0.182	0.155

l/d	25												
n m	0.000	0.020	0.040	0.060	0.080	0.100	0.120	0.160	0.200	0.300	0.400	0.500	0.600
0.500			0.510	0.504	0.496	0.486	0.473	0.445	0.412	0.323	0.241	0.175	0.125
0.550			0.529	0.523	0.515	0.505	0.493	0.464	0.431	0.341	0.257	0.189	0.137
0.600			0.564	0.557	0.548	0.536	0.523	0.491	0.455	0.359	0.272	0.201	0.147
0.650			0.617	0.609	0.597	0.582	0.566	0.527	0.485	0.377	0.284	0.211	0.155
0.700			0.696	0.683	0.667	0.647	0.624	0.574	0.521	0.396	0.295	0.219	0.163
0.750			0.811	0.791	0.765	0.735	0.702	0.632	0.562	0.413	0.304	0.226	0.169
0.800			0.985	0.950	0.906	0.855	0.803	0.699	0.605	0.428	0.311	0.231	0.173
0.850			1.266	1.192	1.106	1.015	0.927	0.770	0.646	0.438	0.315	0.234	0.176
0.900			1.761	1.574	1.382	1.207	1.058	0.831	0.674	0.444	0.317	0.236	0.179
0.950			2.720	2.122	1.678	1.369	1.149	0.863	0.687	0.445	0.318	0.237	0.181
1.004	7.005	9.219	3.759	2.402	1.774	1.408	1.166	0.866	0.686	0.443	0.317	0.238	0.182
1.008	6.914	7.657	3.740	2.398	1.773	1.407	1.166	0.866	0.686	0.443	0.317	0.238	0.182
1.012	6.717	6.731	3.699	2.392	1.771	1.406	1.165	0.865	0.686	0.443	0.317	0.238	0.182
1.016	6.415	6.063	3.634	2.382	1.767	1.404	1.164	0.865	0.685	0.442	0.317	0.238	0.183
1.020	6.045	5.536	3.547	2.368	1.762	1.402	1.162	0.864	0.685	0.442	0.317	0.238	0.183
1.024	5.648	5.099	3.445	2.348	1.756	1.399	1.161	0.863	0.684	0.442	0.316	0.238	0.183
1.028	5.254	4.725	3.334	2.323	1.748	1.395	1.159	0.862	0.684	0.442	0.316	0.238	0.183
1.040	4.227	3.852	2.986	2.220	1.712	1.380	1.151	0.859	0.682	0.441	0.316	0.237	0.183
1.060	3.079	2.898	2.463	1.996	1.616	1.334	1.127	0.850	0.677	0.439	0.315	0.237	0.183
1.080	2.387	2.293	2.054	1.764	1.493	1.268	1.089	0.835	0.670	0.437	0.314	0.237	0.183
1.100	1.937	1.884	1.743	1.556	1.364	1.189	1.041	0.815	0.660	0.434	0.313	0.237	0.184
1.120	1.625	1.592	1.503	1.378	1.240	1.107	0.986	0.790	0.648	0.431	0.312	0.236	0.184
1.140	1.397	1.375	1.316	1.229	1.129	1.026	0.929	0.762	0.632	0.427	0.310	0.236	0.184
1.160	1.223	1.208	1.167	1.104	1.030	0.951	0.872	0.731	0.615	0.422	0.308	0.235	0.183
1.180	1.086	1.076	1.045	1.000	0.943	0.881	0.818	0.698	0.596	0.416	0.306	0.234	0.183
1.200	0.976	0.968	0.946	0.911	0.867	0.818	0.767	0.666	0.576	0.409	0.303	0.233	0.183
1.300	0.640	0.638	0.631	0.620	0.605	0.587	0.566	0.521	0.474	0.368	0.286	0.225	0.180
1.400	0.470	0.469	0.466	0.461	0.454	0.446	0.436	0.413	0.388	0.321	0.262	0.213	0.173
1.500	0.367	0.367	0.365	0.362	0.359	0.354	0.349	0.336	0.321	0.279	0.236	0.198	0.165
1.600	0.298	0.298	0.297	0.295	0.293	0.291	0.287	0.280	0.270	0.242	0.211	0.182	0.155

l/d	30												
m \ n	0.000	0.020	0.040	0.060	0.080	0.100	0.120	0.160	0.200	0.300	0.400	0.500	0.600
0.500		0.514	0.510	0.504	0.496	0.486	0.474	0.445	0.412	0.323	0.241	0.175	0.125
0.550		0.533	0.530	0.524	0.515	0.505	0.493	0.464	0.431	0.341	0.257	0.189	0.137
0.600		0.568	0.564	0.557	0.548	0.537	0.523	0.491	0.455	0.359	0.272	0.201	0.147
0.650		0.623	0.618	0.609	0.597	0.583	0.566	0.528	0.485	0.378	0.284	0.211	0.155
0.700		0.704	0.696	0.684	0.667	0.647	0.625	0.574	0.521	0.396	0.295	0.219	0.163
0.750		0.824	0.812	0.792	0.766	0.736	0.703	0.632	0.562	0.413	0.304	0.226	0.168
0.800		1.010	0.987	0.952	0.907	0.856	0.803	0.699	0.605	0.428	0.311	0.231	0.173
0.850		1.321	1.270	1.195	1.108	1.016	0.927	0.770	0.645	0.438	0.315	0.234	0.176
0.900		1.919	1.772	1.579	1.384	1.207	1.058	0.831	0.674	0.444	0.317	0.236	0.179
0.950		3.402	2.738	2.120	1.674	1.366	1.147	0.862	0.686	0.445	0.318	0.237	0.181
1.004	8.395	8.783	3.673	2.380	1.765	1.403	1.164	0.865	0.686	0.443	0.317	0.237	0.182
1.008	8.222	7.799	3.658	2.377	1.764	1.402	1.163	0.865	0.685	0.443	0.317	0.238	0.182
1.012	7.859	6.970	3.627	2.371	1.762	1.401	1.162	0.864	0.685	0.443	0.317	0.238	0.182
1.016	7.350	6.307	3.577	2.362	1.759	1.400	1.161	0.864	0.685	0.442	0.317	0.238	0.183
1.020	6.781	5.761	3.507	2.349	1.754	1.397	1.160	0.863	0.684	0.442	0.316	0.238	0.183
1.024	6.216	5.299	3.420	2.331	1.748	1.395	1.158	0.862	0.684	0.442	0.316	0.237	0.183
1.028	5.692	4.899	3.322	2.309	1.741	1.391	1.157	0.861	0.683	0.442	0.316	0.237	0.183
1.040	4.436	3.964	2.997	2.214	1.707	1.376	1.148	0.858	0.681	0.441	0.316	0.237	0.183
1.060	3.156	2.951	2.482	1.998	1.614	1.332	1.125	0.849	0.677	0.439	0.315	0.237	0.183
1.080	2.422	2.321	2.069	1.769	1.494	1.267	1.088	0.835	0.670	0.437	0.314	0.237	0.183
1.100	1.956	1.900	1.753	1.561	1.366	1.190	1.040	0.815	0.660	0.434	0.313	0.237	0.184
1.120	1.636	1.602	1.510	1.382	1.243	1.108	0.986	0.790	0.647	0.431	0.312	0.236	0.184
1.140	1.404	1.382	1.321	1.233	1.131	1.027	0.929	0.762	0.632	0.427	0.310	0.236	0.184
1.160	1.227	1.213	1.170	1.107	1.032	0.952	0.873	0.731	0.615	0.422	0.308	0.235	0.183
1.180	1.089	1.079	1.048	1.002	0.945	0.882	0.819	0.699	0.596	0.416	0.306	0.234	0.183
1.200	0.978	0.970	0.948	0.913	0.869	0.819	0.768	0.666	0.576	0.409	0.303	0.233	0.183
1.300	0.641	0.639	0.632	0.620	0.605	0.587	0.566	0.521	0.474	0.368	0.285	0.225	0.180
1.400	0.470	0.469	0.466	0.461	0.455	0.446	0.436	0.414	0.388	0.322	0.262	0.213	0.173
1.500	0.367	0.367	0.365	0.363	0.359	0.354	0.349	0.336	0.321	0.279	0.236	0.198	0.165
1.600	0.298	0.298	0.297	0.295	0.293	0.291	0.287	0.280	0.270	0.242	0.211	0.182	0.155

l/d	40												
m \ n	0.000	0.020	0.040	0.060	0.080	0.100	0.120	0.160	0.200	0.300	0.400	0.500	0.600
0.500		0.514	0.511	0.505	0.496	0.486	0.474	0.445	0.412	0.323	0.241	0.175	0.125
0.550		0.534	0.530	0.524	0.516	0.505	0.493	0.464	0.431	0.341	0.257	0.189	0.137
0.600		0.569	0.565	0.558	0.549	0.537	0.523	0.491	0.455	0.359	0.272	0.201	0.147
0.650		0.624	0.618	0.610	0.598	0.583	0.566	0.528	0.485	0.378	0.284	0.211	0.155
0.700		0.705	0.697	0.685	0.668	0.648	0.625	0.575	0.521	0.396	0.295	0.219	0.163
0.750		0.826	0.813	0.793	0.767	0.737	0.703	0.632	0.562	0.413	0.304	0.226	0.168
0.800		1.013	0.989	0.953	0.908	0.857	0.804	0.700	0.605	0.428	0.311	0.231	0.173
0.850		1.326	1.275	1.199	1.110	1.017	0.928	0.770	0.645	0.438	0.315	0.234	0.176
0.900		1.935	1.782	1.584	1.386	1.208	1.057	0.830	0.674	0.443	0.317	0.236	0.179
0.950		3.481	2.755	2.119	1.671	1.363	1.145	0.861	0.686	0.445	0.318	0.237	0.181
1.004	11.147	7.840	3.595	2.359	1.757	1.399	1.161	0.864	0.685	0.443	0.317	0.237	0.182
1.008	10.671	7.490	3.583	2.356	1.755	1.398	1.161	0.864	0.685	0.443	0.317	0.237	0.182
1.012	9.805	6.975	3.560	2.351	1.753	1.397	1.160	0.863	0.685	0.442	0.317	0.237	0.182
1.016	8.791	6.438	3.520	2.343	1.750	1.395	1.159	0.863	0.684	0.442	0.316	0.237	0.183
1.020	7.821	5.934	3.464	2.331	1.746	1.393	1.158	0.862	0.684	0.442	0.316	0.237	0.183
1.024	6.967	5.476	3.392	2.315	1.740	1.391	1.156	0.861	0.683	0.442	0.316	0.237	0.183
1.028	6.240	5.066	3.306	2.294	1.733	1.387	1.154	0.860	0.683	0.441	0.316	0.237	0.183
1.040	4.674	4.078	3.006	2.207	1.701	1.373	1.146	0.857	0.681	0.441	0.316	0.237	0.183
1.060	3.237	3.006	2.500	2.000	1.613	1.330	1.123	0.848	0.676	0.439	0.315	0.237	0.183
1.080	2.458	2.349	2.084	1.774	1.494	1.267	1.087	0.834	0.669	0.437	0.314	0.237	0.183
1.100	1.975	1.916	1.763	1.566	1.367	1.190	1.040	0.814	0.660	0.434	0.313	0.237	0.184
1.120	1.647	1.612	1.517	1.387	1.245	1.109	0.986	0.790	0.647	0.431	0.312	0.236	0.184
1.140	1.411	1.388	1.326	1.236	1.133	1.029	0.930	0.761	0.632	0.426	0.310	0.236	0.184
1.160	1.232	1.217	1.174	1.110	1.034	0.953	0.873	0.731	0.615	0.421	0.308	0.235	0.183
1.180	1.093	1.082	1.051	1.004	0.946	0.883	0.819	0.699	0.596	0.416	0.306	0.234	0.183
1.200	0.980	0.973	0.950	0.914	0.870	0.820	0.768	0.667	0.576	0.409	0.303	0.233	0.183
1.300	0.642	0.639	0.632	0.621	0.606	0.587	0.567	0.522	0.474	0.368	0.285	0.225	0.180
1.400	0.471	0.470	0.467	0.462	0.455	0.446	0.437	0.414	0.388	0.322	0.262	0.213	0.173
1.500	0.367	0.367	0.365	0.363	0.359	0.355	0.349	0.336	0.321	0.279	0.236	0.198	0.165
1.600	0.298	0.298	0.297	0.296	0.293	0.291	0.288	0.280	0.270	0.242	0.211	0.182	0.155

续表 F.0.2-2

l/d	50												
m \ n	0.000	0.020	0.040	0.060	0.080	0.100	0.120	0.160	0.200	0.300	0.400	0.500	0.600
0.500		0.514	0.511	0.505	0.497	0.486	0.474	0.445	0.412	0.323	0.241	0.175	0.125
0.550		0.534	0.530	0.524	0.516	0.505	0.493	0.464	0.431	0.341	0.257	0.189	0.137
0.600		0.569	0.565	0.558	0.549	0.537	0.524	0.492	0.455	0.359	0.272	0.201	0.147
0.650		0.624	0.619	0.610	0.598	0.583	0.567	0.528	0.485	0.378	0.284	0.211	0.155
0.700		0.705	0.697	0.685	0.668	0.648	0.625	0.575	0.521	0.396	0.295	0.219	0.163
0.750		0.826	0.814	0.794	0.768	0.737	0.703	0.632	0.562	0.413	0.304	0.226	0.168
0.800		1.014	0.990	0.954	0.909	0.858	0.804	0.700	0.605	0.428	0.311	0.231	0.173
0.850		1.329	1.277	1.200	1.111	1.018	0.928	0.770	0.645	0.438	0.315	0.234	0.176
0.900		1.943	1.787	1.587	1.386	1.208	1.057	0.830	0.674	0.443	0.317	0.236	0.179
0.950		3.519	2.762	2.118	1.669	1.362	1.144	0.861	0.686	0.444	0.317	0.237	0.181
1.004	13.842	7.494	3.561	2.349	1.753	1.397	1.160	0.864	0.685	0.443	0.317	0.237	0.182
1.008	12.845	7.283	3.551	2.346	1.751	1.396	1.159	0.863	0.685	0.443	0.317	0.237	0.182
1.012	11.311	6.907	3.530	2.341	1.749	1.395	1.159	0.863	0.684	0.442	0.317	0.237	0.182
1.016	9.780	6.454	3.495	2.334	1.746	1.393	1.158	0.862	0.684	0.442	0.316	0.237	0.182
1.020	8.471	5.990	3.444	2.323	1.742	1.391	1.156	0.862	0.683	0.442	0.316	0.237	0.183
1.024	7.406	5.547	3.377	2.307	1.737	1.389	1.155	0.861	0.683	0.442	0.316	0.237	0.183
1.028	6.546	5.138	3.298	2.288	1.730	1.385	1.153	0.860	0.682	0.441	0.316	0.237	0.183
1.040	4.796	4.131	3.010	2.203	1.699	1.371	1.145	0.857	0.681	0.441	0.316	0.237	0.183
1.060	3.276	3.032	2.508	2.001	1.612	1.329	1.123	0.848	0.676	0.439	0.315	0.237	0.183
1.080	2.475	2.363	2.090	1.776	1.495	1.266	1.087	0.834	0.669	0.437	0.314	0.237	0.183
1.100	1.983	1.924	1.768	1.568	1.368	1.190	1.040	0.814	0.659	0.434	0.313	0.237	0.183
1.120	1.652	1.617	1.521	1.389	1.246	1.109	0.986	0.790	0.647	0.431	0.312	0.236	0.184
1.140	1.414	1.391	1.328	1.238	1.134	1.029	0.930	0.761	0.632	0.426	0.310	0.236	0.184
1.160	1.234	1.219	1.176	1.111	1.035	0.953	0.874	0.731	0.615	0.421	0.308	0.235	0.183
1.180	1.094	1.083	1.052	1.005	0.947	0.884	0.820	0.699	0.596	0.416	0.306	0.234	0.183
1.200	0.982	0.974	0.951	0.915	0.871	0.821	0.769	0.667	0.576	0.409	0.303	0.233	0.183
1.300	0.642	0.640	0.633	0.621	0.606	0.588	0.567	0.522	0.475	0.368	0.285	0.225	0.180
1.400	0.471	0.470	0.467	0.462	0.455	0.447	0.437	0.414	0.388	0.322	0.262	0.213	0.173
1.500	0.367	0.367	0.365	0.363	0.359	0.355	0.349	0.336	0.321	0.279	0.236	0.198	0.165
1.600	0.298	0.298	0.297	0.296	0.294	0.291	0.288	0.280	0.270	0.242	0.211	0.182	0.155

l/d	60												
m \ n	0.000	0.020	0.040	0.060	0.080	0.100	0.120	0.160	0.200	0.300	0.400	0.500	0.600
0.500		0.515	0.511	0.505	0.497	0.486	0.474	0.446	0.412	0.323	0.241	0.175	0.125
0.550		0.534	0.530	0.524	0.516	0.506	0.493	0.465	0.431	0.341	0.257	0.189	0.137
0.600		0.569	0.565	0.558	0.549	0.537	0.524	0.492	0.455	0.359	0.272	0.201	0.147
0.650		0.624	0.619	0.610	0.598	0.584	0.567	0.528	0.485	0.378	0.284	0.211	0.155
0.700		0.705	0.698	0.685	0.668	0.648	0.626	0.575	0.521	0.396	0.295	0.219	0.163
0.750		0.826	0.814	0.794	0.768	0.737	0.704	0.632	0.562	0.413	0.304	0.226	0.168
0.800		1.014	0.991	0.955	0.909	0.858	0.805	0.700	0.606	0.428	0.311	0.231	0.173
0.850		1.330	1.278	1.201	1.111	1.018	0.928	0.770	0.645	0.438	0.315	0.234	0.176
0.900		1.947	1.789	1.588	1.387	1.208	1.057	0.830	0.674	0.443	0.317	0.236	0.179
0.950		3.540	2.766	2.117	1.668	1.361	1.144	0.860	0.685	0.444	0.317	0.237	0.181
1.004	16.456	7.330	3.543	2.344	1.751	1.396	1.159	0.863	0.685	0.443	0.317	0.237	0.182
1.008	14.714	7.168	3.534	2.341	1.749	1.395	1.159	0.863	0.685	0.443	0.317	0.237	0.182
1.012	12.449	6.856	3.514	2.336	1.747	1.394	1.158	0.863	0.684	0.442	0.317	0.237	0.182
1.016	10.458	6.451	3.481	2.329	1.744	1.392	1.157	0.862	0.684	0.442	0.316	0.237	0.182
1.020	8.890	6.013	3.433	2.318	1.740	1.390	1.156	0.861	0.683	0.442	0.316	0.237	0.183
1.024	7.677	5.581	3.369	2.303	1.735	1.388	1.154	0.861	0.683	0.442	0.316	0.237	0.183
1.028	6.729	5.175	3.293	2.284	1.728	1.384	1.152	0.860	0.682	0.441	0.316	0.237	0.183
1.040	4.865	4.161	3.011	2.202	1.697	1.370	1.145	0.856	0.680	0.441	0.316	0.237	0.183
1.060	3.298	3.047	2.513	2.001	1.611	1.329	1.122	0.848	0.676	0.439	0.315	0.237	0.183
1.080	2.484	2.370	2.094	1.778	1.495	1.266	1.087	0.834	0.669	0.437	0.314	0.237	0.183
1.100	1.988	1.928	1.771	1.570	1.369	1.190	1.040	0.814	0.659	0.434	0.313	0.237	0.183
1.120	1.655	1.619	1.523	1.390	1.246	1.109	0.987	0.790	0.647	0.431	0.312	0.236	0.184
1.140	1.416	1.393	1.330	1.239	1.135	1.029	0.930	0.761	0.632	0.426	0.310	0.236	0.184
1.160	1.236	1.220	1.177	1.112	1.035	0.954	0.874	0.731	0.615	0.421	0.308	0.235	0.183
1.180	1.095	1.084	1.053	1.006	0.948	0.884	0.820	0.699	0.596	0.416	0.306	0.234	0.183
1.200	0.982	0.974	0.951	0.916	0.871	0.821	0.769	0.667	0.576	0.409	0.303	0.233	0.183
1.300	0.642	0.640	0.633	0.621	0.606	0.588	0.567	0.522	0.475	0.368	0.285	0.225	0.180
1.400	0.471	0.470	0.467	0.462	0.455	0.447	0.437	0.414	0.388	0.322	0.262	0.213	0.173
1.500	0.367	0.367	0.365	0.363	0.359	0.355	0.349	0.336	0.321	0.279	0.236	0.198	0.165
1.600	0.298	0.298	0.297	0.296	0.294	0.291	0.288	0.280	0.270	0.242	0.211	0.182	0.155

续表 F.0.2-2

l/d							70						
m \ n	0.000	0.020	0.040	0.060	0.080	0.100	0.120	0.160	0.200	0.300	0.400	0.500	0.600
0.500		0.515	0.511	0.505	0.497	0.486	0.474	0.446	0.413	0.323	0.241	0.175	0.125
0.550		0.534	0.530	0.524	0.516	0.506	0.493	0.465	0.431	0.341	0.257	0.189	0.137
0.600		0.569	0.565	0.558	0.549	0.537	0.524	0.492	0.455	0.359	0.272	0.201	0.147
0.650		0.624	0.619	0.610	0.598	0.584	0.567	0.528	0.485	0.378	0.284	0.211	0.155
0.700		0.705	0.698	0.685	0.669	0.648	0.626	0.575	0.521	0.396	0.295	0.219	0.163
0.750		0.827	0.814	0.794	0.768	0.737	0.704	0.632	0.562	0.413	0.304	0.226	0.168
0.800		1.015	0.991	0.955	0.909	0.858	0.805	0.700	0.606	0.428	0.311	0.231	0.173
0.850		1.331	1.278	1.201	1.111	1.018	0.928	0.770	0.645	0.438	0.315	0.234	0.176
0.900		1.949	1.791	1.589	1.387	1.208	1.057	0.830	0.674	0.443	0.317	0.236	0.179
0.950		3.552	2.768	2.117	1.668	1.361	1.143	0.860	0.685	0.444	0.317	0.237	0.181
1.004	18.968	7.238	3.533	2.341	1.749	1.395	1.159	0.863	0.685	0.443	0.317	0.237	0.182
1.008	16.288	7.100	3.523	2.338	1.748	1.394	1.158	0.863	0.684	0.443	0.317	0.237	0.182
1.012	13.303	6.822	3.504	2.334	1.746	1.393	1.158	0.862	0.684	0.442	0.317	0.237	0.182
1.016	10.933	6.445	3.473	2.326	1.743	1.392	1.157	0.862	0.684	0.442	0.316	0.237	0.182
1.020	9.170	6.024	3.426	2.316	1.739	1.390	1.155	0.861	0.683	0.442	0.316	0.237	0.183
1.024	7.853	5.601	3.365	2.301	1.734	1.387	1.154	0.860	0.683	0.442	0.316	0.237	0.183
1.028	6.845	5.197	3.290	2.282	1.727	1.384	1.152	0.860	0.682	0.441	0.316	0.237	0.183
1.040	4.909	4.178	3.012	2.200	1.697	1.370	1.144	0.856	0.680	0.441	0.316	0.237	0.183
1.060	3.311	3.055	2.515	2.001	1.611	1.328	1.122	0.847	0.676	0.439	0.315	0.237	0.183
1.080	2.490	2.375	2.096	1.778	1.495	1.266	1.086	0.833	0.669	0.437	0.314	0.237	0.183
1.100	1.991	1.930	1.772	1.570	1.369	1.190	1.040	0.814	0.659	0.434	0.313	0.237	0.183
1.120	1.657	1.621	1.524	1.391	1.247	1.109	0.987	0.790	0.647	0.431	0.312	0.236	0.184
1.140	1.417	1.394	1.330	1.239	1.135	1.029	0.930	0.761	0.632	0.426	0.310	0.236	0.183
1.160	1.236	1.221	1.177	1.112	1.035	0.954	0.874	0.731	0.615	0.421	0.308	0.235	0.183
1.180	1.095	1.085	1.053	1.006	0.948	0.884	0.820	0.699	0.596	0.415	0.306	0.234	0.183
1.200	0.983	0.975	0.952	0.916	0.871	0.821	0.769	0.667	0.576	0.409	0.303	0.233	0.183
1.300	0.642	0.640	0.633	0.621	0.606	0.588	0.567	0.522	0.475	0.368	0.285	0.225	0.180
1.400	0.471	0.470	0.467	0.462	0.455	0.447	0.437	0.414	0.388	0.322	0.262	0.213	0.173
1.500	0.367	0.367	0.365	0.363	0.359	0.355	0.349	0.337	0.321	0.279	0.236	0.198	0.165
1.600	0.298	0.298	0.297	0.296	0.294	0.291	0.288	0.280	0.270	0.242	0.211	0.182	0.155

l/d							80						
m \ n	0.000	0.020	0.040	0.060	0.080	0.100	0.120	0.160	0.200	0.300	0.400	0.500	0.600
0.500		0.515	0.511	0.505	0.497	0.486	0.474	0.446	0.413	0.323	0.241	0.175	0.125
0.550		0.534	0.530	0.524	0.516	0.506	0.493	0.465	0.431	0.341	0.257	0.189	0.137
0.600		0.569	0.565	0.558	0.549	0.537	0.524	0.492	0.455	0.359	0.272	0.201	0.147
0.650		0.624	0.619	0.610	0.598	0.584	0.567	0.528	0.485	0.378	0.284	0.211	0.155
0.700		0.706	0.698	0.685	0.669	0.648	0.626	0.575	0.521	0.396	0.295	0.219	0.163
0.750		0.827	0.814	0.794	0.768	0.737	0.704	0.632	0.562	0.413	0.304	0.226	0.168
0.800		1.015	0.991	0.955	0.910	0.858	0.805	0.700	0.606	0.428	0.311	0.231	0.173
0.850		1.332	1.279	1.202	1.112	1.018	0.928	0.770	0.645	0.438	0.315	0.234	0.176
0.900		1.951	1.792	1.589	1.387	1.208	1.057	0.830	0.674	0.443	0.317	0.236	0.179
0.950		3.560	2.770	2.117	1.667	1.360	1.143	0.860	0.685	0.444	0.317	0.237	0.181
1.004	21.355	7.180	3.526	2.339	1.749	1.395	1.159	0.863	0.685	0.443	0.317	0.237	0.182
1.008	17.597	7.056	3.517	2.336	1.747	1.394	1.158	0.863	0.684	0.442	0.317	0.237	0.182
1.012	13.949	6.799	3.498	2.332	1.745	1.393	1.157	0.862	0.684	0.442	0.317	0.237	0.182
1.016	11.273	6.440	3.467	2.324	1.742	1.391	1.156	0.862	0.684	0.442	0.316	0.237	0.182
1.020	9.365	6.031	3.422	2.314	1.738	1.389	1.155	0.861	0.683	0.442	0.316	0.237	0.183
1.024	7.973	5.613	3.361	2.299	1.733	1.387	1.154	0.860	0.683	0.442	0.316	0.237	0.183
1.028	6.924	5.211	3.288	2.281	1.726	1.384	1.152	0.860	0.682	0.441	0.316	0.237	0.183
1.040	4.937	4.190	3.012	2.200	1.696	1.369	1.144	0.856	0.680	0.441	0.316	0.237	0.183
1.060	3.320	3.061	2.517	2.002	1.611	1.328	1.122	0.847	0.676	0.439	0.315	0.237	0.183
1.080	2.494	2.377	2.098	1.779	1.495	1.266	1.086	0.833	0.669	0.437	0.314	0.237	0.183
1.100	1.993	1.932	1.773	1.571	1.369	1.190	1.040	0.814	0.659	0.434	0.313	0.237	0.183
1.120	1.658	1.622	1.524	1.391	1.247	1.110	0.987	0.790	0.647	0.431	0.312	0.236	0.184
1.140	1.418	1.395	1.331	1.239	1.135	1.030	0.930	0.761	0.632	0.426	0.310	0.236	0.183
1.160	1.237	1.221	1.178	1.113	1.035	0.954	0.874	0.731	0.615	0.421	0.308	0.235	0.183
1.180	1.096	1.085	1.054	1.006	0.948	0.884	0.820	0.699	0.596	0.415	0.306	0.234	0.183
1.200	0.983	0.975	0.952	0.916	0.871	0.821	0.769	0.667	0.576	0.409	0.303	0.233	0.183
1.300	0.642	0.640	0.633	0.621	0.606	0.588	0.567	0.522	0.475	0.368	0.285	0.225	0.180
1.400	0.471	0.470	0.467	0.462	0.455	0.447	0.437	0.414	0.388	0.322	0.262	0.213	0.173
1.500	0.368	0.367	0.365	0.363	0.359	0.355	0.349	0.337	0.321	0.279	0.236	0.198	0.165
1.600	0.298	0.298	0.297	0.296	0.294	0.291	0.288	0.280	0.270	0.242	0.211	0.182	0.155

続表 F.0.2-2

l/d	90												
m \ n	0.000	0.020	0.040	0.060	0.080	0.100	0.120	0.160	0.200	0.300	0.400	0.500	0.600
0.500		0.515	0.511	0.505	0.497	0.486	0.474	0.446	0.413	0.323	0.241	0.175	0.125
0.550		0.534	0.530	0.524	0.516	0.506	0.493	0.465	0.431	0.341	0.257	0.189	0.137
0.600		0.569	0.565	0.558	0.549	0.537	0.524	0.492	0.455	0.359	0.272	0.201	0.147
0.650		0.624	0.619	0.610	0.598	0.584	0.567	0.528	0.485	0.378	0.284	0.211	0.155
0.700		0.706	0.698	0.685	0.669	0.649	0.626	0.575	0.521	0.396	0.295	0.219	0.163
0.750		0.827	0.814	0.794	0.768	0.738	0.704	0.632	0.562	0.413	0.304	0.226	0.168
0.800		1.015	0.992	0.955	0.910	0.858	0.805	0.700	0.606	0.428	0.311	0.231	0.173
0.850		1.332	1.279	1.202	1.112	1.018	0.928	0.770	0.645	0.438	0.315	0.234	0.176
0.900		1.952	1.793	1.590	1.387	1.208	1.057	0.830	0.673	0.443	0.317	0.236	0.179
0.950		3.566	2.770	2.116	1.667	1.360	1.143	0.860	0.685	0.444	0.317	0.237	0.181
1.004	23.603	7.142	3.521	2.338	1.748	1.394	1.159	0.863	0.685	0.443	0.317	0.237	0.182
1.008	18.680	7.026	3.512	2.335	1.747	1.394	1.158	0.863	0.684	0.442	0.317	0.237	0.182
1.012	14.444	6.783	3.494	2.330	1.745	1.393	1.157	0.862	0.684	0.442	0.317	0.237	0.182
1.016	11.523	6.436	3.464	2.323	1.742	1.391	1.156	0.862	0.684	0.442	0.316	0.237	0.182
1.020	9.505	6.034	3.419	2.313	1.738	1.389	1.155	0.861	0.683	0.442	0.316	0.237	0.183
1.024	8.058	5.621	3.359	2.298	1.733	1.386	1.154	0.860	0.683	0.442	0.316	0.237	0.183
1.028	6.980	5.220	3.286	2.280	1.726	1.383	1.152	0.859	0.682	0.441	0.316	0.237	0.183
1.040	4.957	4.198	3.013	2.199	1.696	1.369	1.144	0.856	0.680	0.441	0.316	0.237	0.183
1.060	3.326	3.065	2.518	2.002	1.610	1.328	1.122	0.847	0.676	0.439	0.315	0.237	0.183
1.080	2.496	2.379	2.099	1.779	1.495	1.266	1.086	0.833	0.669	0.437	0.314	0.237	0.183
1.100	1.995	1.933	1.774	1.571	1.369	1.190	1.040	0.814	0.659	0.434	0.313	0.237	0.183
1.120	1.659	1.623	1.525	1.391	1.247	1.110	0.987	0.790	0.647	0.431	0.312	0.236	0.184
1.140	1.418	1.395	1.331	1.240	1.135	1.030	0.930	0.761	0.632	0.426	0.310	0.236	0.183
1.160	1.237	1.222	1.178	1.113	1.036	0.954	0.874	0.731	0.615	0.421	0.308	0.235	0.183
1.180	1.096	1.085	1.054	1.006	0.948	0.884	0.820	0.699	0.596	0.415	0.306	0.234	0.183
1.200	0.983	0.975	0.952	0.916	0.871	0.821	0.769	0.667	0.576	0.409	0.303	0.233	0.183
1.300	0.642	0.640	0.633	0.621	0.606	0.588	0.567	0.522	0.475	0.368	0.285	0.225	0.180
1.400	0.471	0.470	0.467	0.462	0.455	0.447	0.437	0.414	0.388	0.322	0.262	0.213	0.173
1.500	0.368	0.367	0.365	0.363	0.359	0.355	0.349	0.337	0.321	0.279	0.236	0.198	0.165
1.600	0.298	0.298	0.297	0.296	0.294	0.291	0.288	0.280	0.270	0.242	0.211	0.182	0.155

l/d	100												
m \ n	0.000	0.020	0.040	0.060	0.080	0.100	0.120	0.160	0.200	0.300	0.400	0.500	0.600
0.500		0.515	0.511	0.505	0.497	0.486	0.474	0.446	0.413	0.323	0.241	0.175	0.125
0.550		0.534	0.530	0.524	0.516	0.506	0.493	0.465	0.431	0.341	0.257	0.189	0.137
0.600		0.569	0.565	0.558	0.549	0.537	0.524	0.492	0.455	0.359	0.272	0.201	0.147
0.650		0.624	0.619	0.610	0.598	0.584	0.567	0.528	0.485	0.378	0.284	0.211	0.155
0.700		0.706	0.698	0.685	0.669	0.649	0.626	0.575	0.521	0.396	0.295	0.219	0.163
0.750		0.827	0.814	0.794	0.768	0.738	0.704	0.633	0.562	0.413	0.304	0.226	0.168
0.800		1.015	0.992	0.955	0.910	0.858	0.805	0.700	0.606	0.428	0.311	0.231	0.173
0.850		1.332	1.279	1.202	1.112	1.018	0.928	0.770	0.645	0.438	0.315	0.234	0.176
0.900		1.953	1.793	1.590	1.388	1.208	1.057	0.830	0.673	0.443	0.317	0.236	0.179
0.950		3.570	2.771	2.116	1.667	1.360	1.143	0.860	0.685	0.444	0.317	0.237	0.181
1.004	25.703	7.115	3.518	2.337	1.748	1.394	1.159	0.863	0.685	0.443	0.317	0.237	0.182
1.008	19.574	7.004	3.509	2.334	1.746	1.393	1.158	0.863	0.684	0.442	0.317	0.237	0.182
1.012	14.827	6.771	3.491	2.329	1.744	1.392	1.157	0.862	0.684	0.442	0.317	0.237	0.182
1.016	11.710	6.433	3.461	2.322	1.741	1.391	1.156	0.862	0.684	0.442	0.316	0.237	0.182
1.020	9.609	6.037	3.417	2.312	1.737	1.389	1.155	0.861	0.683	0.442	0.316	0.237	0.183
1.024	8.121	5.626	3.358	2.298	1.732	1.386	1.153	0.860	0.683	0.442	0.316	0.237	0.183
1.028	7.020	5.227	3.285	2.279	1.726	1.383	1.152	0.859	0.682	0.441	0.316	0.237	0.183
1.040	4.971	4.203	3.013	2.199	1.695	1.369	1.144	0.856	0.680	0.441	0.316	0.237	0.183
1.060	3.330	3.068	2.519	2.002	1.610	1.328	1.122	0.847	0.676	0.439	0.315	0.237	0.183
1.080	2.498	2.381	2.099	1.779	1.495	1.266	1.086	0.833	0.669	0.437	0.314	0.237	0.183
1.100	1.995	1.934	1.775	1.571	1.369	1.190	1.040	0.814	0.659	0.434	0.313	0.237	0.183
1.120	1.659	1.623	1.525	1.391	1.247	1.110	0.987	0.790	0.647	0.431	0.312	0.236	0.184
1.140	1.418	1.395	1.332	1.240	1.135	1.030	0.930	0.761	0.632	0.426	0.310	0.236	0.183
1.160	1.237	1.222	1.178	1.113	1.036	0.954	0.874	0.731	0.615	0.421	0.308	0.235	0.183
1.180	1.096	1.085	1.054	1.006	0.948	0.885	0.820	0.699	0.596	0.415	0.306	0.234	0.183
1.200	0.983	0.975	0.952	0.916	0.871	0.821	0.769	0.667	0.576	0.409	0.303	0.233	0.183
1.300	0.642	0.640	0.633	0.622	0.606	0.588	0.567	0.522	0.475	0.368	0.285	0.225	0.180
1.400	0.471	0.470	0.467	0.462	0.455	0.447	0.437	0.414	0.388	0.322	0.262	0.213	0.173
1.500	0.368	0.367	0.365	0.363	0.359	0.355	0.349	0.337	0.321	0.279	0.236	0.198	0.165
1.600	0.298	0.298	0.297	0.296	0.294	0.291	0.288	0.280	0.270	0.242	0.211	0.182	0.155

表 F.0.2-3　考虑桩径影响，沿桩身线性增长侧阻力竖向应力影响系数 I_{st}

l/d → m ↓ / n	10												
	0.000	0.020	0.040	0.060	0.080	0.100	0.120	0.160	0.200	0.300	0.400	0.500	0.600
0.500				−0.899	−0.681	−0.518	−0.391	−0.209	−0.089	0.061	0.105	0.107	0.092
0.550				−0.842	−0.625	−0.464	−0.340	−0.164	−0.049	0.088	0.123	0.119	0.102
0.600				−0.753	−0.539	−0.383	−0.263	−0.097	0.007	0.122	0.143	0.132	0.111
0.650				−0.626	−0.418	−0.268	−0.156	−0.006	0.081	0.163	0.165	0.144	0.118
0.700				−0.448	−0.250	−0.111	−0.012	0.111	0.173	0.208	0.186	0.155	0.125
0.750				−0.199	−0.019	0.099	0.177	0.257	0.281	0.256	0.208	0.166	0.132
0.800				0.154	0.301	0.383	0.423	0.433	0.403	0.302	0.227	0.175	0.137
0.850				0.671	0.751	0.761	0.733	0.632	0.527	0.344	0.243	0.183	0.142
0.900				1.463	1.390	1.251	1.096	0.828	0.637	0.377	0.257	0.190	0.146
0.950				2.781	2.278	1.797	1.433	0.974	0.714	0.404	0.269	0.196	0.150
1.004	4.437	4.686	5.938	5.035	2.956	2.096	1.604	1.059	0.768	0.427	0.281	0.203	0.154
1.008	4.450	4.694	5.836	4.953	2.963	2.104	1.610	1.064	0.771	0.429	0.282	0.204	0.155
1.012	4.454	4.689	5.635	4.790	2.964	2.110	1.616	1.068	0.774	0.430	0.283	0.204	0.155
1.016	4.449	4.665	5.390	4.592	2.956	2.114	1.622	1.072	0.778	0.432	0.284	0.205	0.155
1.020	4.431	4.622	5.138	4.388	2.938	2.116	1.626	1.076	0.781	0.433	0.285	0.205	0.156
1.024	4.398	4.559	4.897	4.194	2.911	2.115	1.629	1.080	0.783	0.435	0.286	0.206	0.156
1.028	4.351	4.478	4.673	4.014	2.876	2.111	1.631	1.083	0.786	0.436	0.287	0.206	0.156
1.040	4.128	4.161	4.096	3.552	2.734	2.080	1.629	1.091	0.794	0.441	0.289	0.208	0.157
1.060	3.600	3.557	3.373	2.976	2.457	1.975	1.595	1.095	0.803	0.448	0.293	0.210	0.159
1.080	3.060	3.007	2.836	2.547	2.190	1.836	1.530	1.086	0.807	0.454	0.297	0.213	0.161
1.100	2.599	2.554	2.420	2.210	1.954	1.690	1.447	1.064	0.804	0.458	0.301	0.215	0.162
1.120	2.226	2.192	2.092	1.937	1.749	1.548	1.356	1.031	0.795	0.461	0.304	0.217	0.164
1.140	1.927	1.902	1.827	1.713	1.571	1.418	1.264	0.992	0.780	0.463	0.306	0.219	0.165
1.160	1.687	1.668	1.613	1.527	1.419	1.299	1.176	0.948	0.761	0.462	0.308	0.221	0.167
1.180	1.493	1.478	1.436	1.370	1.286	1.192	1.093	0.902	0.738	0.460	0.310	0.223	0.168
1.200	1.332	1.321	1.289	1.238	1.172	1.097	1.017	0.857	0.713	0.457	0.311	0.224	0.170
1.300	0.838	0.834	0.823	0.806	0.783	0.755	0.723	0.653	0.580	0.419	0.304	0.226	0.174
1.400	0.591	0.590	0.585	0.577	0.567	0.554	0.539	0.505	0.466	0.368	0.284	0.220	0.173
1.500	0.447	0.446	0.444	0.440	0.434	0.428	0.420	0.401	0.379	0.318	0.259	0.209	0.168
1.600	0.354	0.353	0.352	0.350	0.347	0.343	0.338	0.327	0.313	0.274	0.232	0.194	0.161

l/d → m ↓ / n	15												
	0.000	0.020	0.040	0.060	0.080	0.100	0.120	0.160	0.200	0.300	0.400	0.500	0.600
0.500			−1.210	−0.892	−0.674	−0.512	−0.385	−0.204	−0.085	0.064	0.107	0.107	0.093
0.550			−1.150	−0.834	−0.617	−0.457	−0.333	−0.158	−0.045	0.091	0.125	0.120	0.102
0.600			−1.057	−0.744	−0.531	−0.374	−0.255	−0.090	0.012	0.125	0.144	0.132	0.111
0.650			−0.922	−0.614	−0.407	−0.258	−0.147	0.001	0.086	0.165	0.165	0.144	0.119
0.700			−0.731	−0.431	−0.234	−0.098	0.000	0.119	0.178	0.210	0.187	0.155	0.125
0.750			−0.459	−0.173	0.004	0.118	0.192	0.266	0.286	0.257	0.208	0.166	0.132
0.800			−0.058	0.196	0.335	0.408	0.441	0.442	0.406	0.302	0.227	0.175	0.137
0.850			0.564	0.746	0.802	0.793	0.751	0.636	0.527	0.342	0.243	0.183	0.142
0.900			1.609	1.596	1.453	1.273	1.099	0.820	0.630	0.375	0.256	0.189	0.146
0.950			3.584	2.907	2.239	1.742	1.391	0.953	0.703	0.401	0.268	0.196	0.150
1.004	7.095	8.049	7.900	4.012	2.678	1.973	1.538	1.034	0.755	0.424	0.280	0.203	0.154
1.008	7.096	7.972	7.562	4.018	2.687	1.981	1.545	1.038	0.759	0.425	0.281	0.203	0.154
1.012	7.063	7.778	7.097	4.012	2.694	1.989	1.551	1.042	0.762	0.427	0.282	0.204	0.155
1.016	6.985	7.496	6.641	3.989	2.697	1.994	1.556	1.047	0.765	0.428	0.283	0.204	0.155
1.020	6.857	7.167	6.230	3.948	2.697	1.999	1.561	1.051	0.768	0.430	0.284	0.205	0.155
1.024	6.682	6.822	5.866	3.891	2.691	2.002	1.566	1.054	0.771	0.431	0.284	0.205	0.156
1.028	6.469	6.481	5.542	3.821	2.681	2.003	1.569	1.058	0.774	0.433	0.285	0.206	0.156
1.040	5.713	5.540	4.750	3.563	2.619	1.992	1.573	1.067	0.782	0.437	0.288	0.207	0.157
1.060	4.493	4.318	3.801	3.097	2.441	1.931	1.556	1.074	0.792	0.444	0.292	0.210	0.159
1.080	3.568	3.450	3.123	2.676	2.221	1.826	1.509	1.069	0.796	0.450	0.296	0.212	0.160
1.100	2.903	2.826	2.615	2.320	2.000	1.700	1.441	1.052	0.795	0.455	0.299	0.215	0.162
1.120	2.417	2.367	2.227	2.025	1.795	1.568	1.359	1.025	0.788	0.458	0.302	0.217	0.164
1.140	2.054	2.020	1.924	1.782	1.614	1.440	1.273	0.989	0.776	0.460	0.305	0.219	0.165
1.160	1.775	1.752	1.683	1.580	1.455	1.321	1.188	0.948	0.758	0.460	0.307	0.221	0.167
1.180	1.555	1.538	1.488	1.412	1.317	1.212	1.105	0.905	0.737	0.458	0.309	0.222	0.168
1.200	1.379	1.366	1.329	1.271	1.197	1.115	1.029	0.860	0.713	0.455	0.310	0.224	0.169
1.300	0.852	0.848	0.836	0.818	0.793	0.763	0.730	0.657	0.582	0.419	0.303	0.226	0.173
1.400	0.597	0.595	0.590	0.582	0.572	0.558	0.543	0.508	0.468	0.369	0.284	0.220	0.173
1.500	0.450	0.449	0.446	0.442	0.437	0.430	0.422	0.403	0.380	0.318	0.259	0.209	0.168
1.600	0.355	0.355	0.353	0.351	0.348	0.344	0.339	0.328	0.314	0.274	0.232	0.194	0.161

续表 F.0.2-3

l/d	20												
m \ n	0.000	0.020	0.040	0.060	0.080	0.100	0.120	0.160	0.200	0.300	0.400	0.500	0.600
0.500			−1.207	−0.890	−0.672	−0.509	−0.383	−0.202	−0.084	0.065	0.107	0.107	0.093
0.550			−1.147	−0.831	−0.615	−0.455	−0.331	−0.156	−0.043	0.092	0.125	0.120	0.102
0.600			−1.054	−0.740	−0.527	−0.371	−0.253	−0.088	0.014	0.125	0.145	0.132	0.111
0.650			−0.918	−0.609	−0.402	−0.254	−0.143	0.003	0.088	0.166	0.166	0.144	0.119
0.700			−0.725	−0.425	−0.229	−0.093	0.004	0.122	0.180	0.210	0.187	0.155	0.126
0.750			−0.448	−0.164	0.012	0.125	0.197	0.269	0.288	0.257	0.208	0.166	0.132
0.800			−0.040	0.212	0.347	0.417	0.448	0.445	0.407	0.302	0.226	0.175	0.137
0.850			0.600	0.773	0.820	0.804	0.757	0.637	0.527	0.342	0.243	0.182	0.142
0.900			1.694	1.642	1.473	1.279	1.099	0.818	0.628	0.374	0.256	0.189	0.146
0.950			3.771	2.920	2.217	1.722	1.376	0.946	0.700	0.400	0.268	0.196	0.150
1.004	9.793	12.556	6.649	3.796	2.599	1.936	1.517	1.025	0.751	0.422	0.280	0.202	0.154
1.008	9.754	11.616	6.610	3.806	2.608	1.944	1.524	1.030	0.754	0.424	0.281	0.203	0.154
1.012	9.616	10.588	6.496	3.809	2.616	1.951	1.530	1.034	0.758	0.426	0.281	0.203	0.155
1.016	9.361	9.685	6.317	3.801	2.621	1.957	1.535	1.038	0.761	0.427	0.282	0.204	0.155
1.020	9.003	8.912	6.096	3.783	2.624	1.962	1.540	1.042	0.764	0.429	0.283	0.204	0.155
1.024	8.573	8.243	5.855	3.752	2.622	1.966	1.545	1.046	0.767	0.430	0.284	0.205	0.156
1.028	8.106	7.656	5.610	3.709	2.617	1.968	1.549	1.049	0.769	0.432	0.285	0.205	0.156
1.040	6.721	6.253	4.909	3.524	2.574	1.963	1.554	1.058	0.777	0.436	0.287	0.207	0.157
1.060	4.947	4.667	3.949	3.121	2.427	1.913	1.542	1.066	0.787	0.443	0.291	0.209	0.159
1.080	3.795	3.638	3.229	2.715	2.227	1.820	1.501	1.063	0.793	0.449	0.295	0.212	0.160
1.100	3.028	2.936	2.689	2.358	2.013	1.701	1.438	1.048	0.792	0.454	0.299	0.214	0.162
1.120	2.493	2.436	2.278	2.056	1.811	1.573	1.360	1.022	0.786	0.457	0.302	0.217	0.163
1.140	2.103	2.066	1.960	1.806	1.628	1.447	1.276	0.988	0.774	0.459	0.305	0.219	0.165
1.160	1.808	1.783	1.709	1.599	1.468	1.328	1.191	0.948	0.757	0.459	0.307	0.221	0.166
1.180	1.579	1.561	1.508	1.427	1.328	1.219	1.110	0.905	0.736	0.458	0.308	0.222	0.168
1.200	1.396	1.382	1.343	1.282	1.206	1.121	1.033	0.861	0.713	0.454	0.309	0.224	0.169
1.300	0.857	0.853	0.841	0.822	0.797	0.766	0.733	0.658	0.583	0.419	0.303	0.226	0.173
1.400	0.599	0.597	0.592	0.584	0.573	0.560	0.544	0.509	0.469	0.369	0.284	0.220	0.173
1.500	0.451	0.450	0.447	0.443	0.438	0.431	0.423	0.403	0.381	0.318	0.259	0.209	0.168
1.600	0.356	0.355	0.354	0.352	0.349	0.345	0.340	0.328	0.315	0.274	0.232	0.194	0.161

l/d	25												
m \ n	0.000	0.020	0.040	0.060	0.080	0.100	0.120	0.160	0.200	0.300	0.400	0.500	0.600
0.500			−1.206	−0.889	−0.671	−0.508	−0.382	−0.202	−0.083	0.065	0.107	0.107	0.093
0.550			−1.146	−0.830	−0.614	−0.453	−0.330	−0.155	−0.042	0.092	0.125	0.120	0.102
0.600			−1.052	−0.739	−0.526	−0.370	−0.252	−0.087	0.015	0.126	0.145	0.132	0.111
0.650			−0.916	−0.607	−0.401	−0.252	−0.142	0.005	0.089	0.166	0.166	0.144	0.119
0.700			−0.722	−0.422	−0.226	−0.091	0.006	0.123	0.181	0.210	0.187	0.155	0.126
0.750			−0.443	−0.160	0.015	0.128	0.200	0.271	0.289	0.257	0.208	0.166	0.132
0.800			−0.031	0.219	0.353	0.422	0.450	0.446	0.408	0.302	0.226	0.175	0.137
0.850			0.617	0.786	0.829	0.809	0.760	0.638	0.526	0.342	0.242	0.182	0.141
0.900			1.734	1.663	1.482	1.281	1.098	0.816	0.627	0.374	0.256	0.189	0.146
0.950			3.849	2.920	2.206	1.712	1.369	0.943	0.698	0.399	0.268	0.196	0.150
1.004	12.508	16.972	6.271	3.709	2.565	1.919	1.508	1.021	0.749	0.422	0.280	0.202	0.154
1.008	12.381	13.914	6.261	3.720	2.575	1.927	1.514	1.026	0.752	0.424	0.280	0.203	0.154
1.012	12.039	12.117	6.208	3.725	2.583	1.934	1.520	1.030	0.756	0.425	0.281	0.203	0.155
1.016	11.487	10.831	6.105	3.722	2.588	1.940	1.526	1.034	0.759	0.427	0.282	0.204	0.155
1.020	10.795	9.822	5.959	3.710	2.592	1.946	1.531	1.038	0.762	0.428	0.283	0.204	0.155
1.024	10.046	8.988	5.781	3.688	2.592	1.950	1.535	1.042	0.765	0.430	0.284	0.205	0.156
1.028	9.301	8.278	5.584	3.655	2.588	1.952	1.539	1.046	0.768	0.431	0.285	0.205	0.156
1.040	7.355	6.630	4.959	3.500	2.553	1.949	1.546	1.055	0.775	0.436	0.287	0.207	0.157
1.060	5.196	4.846	4.015	3.129	2.420	1.905	1.535	1.063	0.786	0.443	0.291	0.209	0.159
1.080	3.912	3.732	3.279	2.733	2.228	1.817	1.497	1.060	0.791	0.449	0.295	0.212	0.160
1.100	3.091	2.990	2.724	2.375	2.019	1.702	1.436	1.046	0.791	0.453	0.299	0.214	0.162
1.120	2.530	2.469	2.302	2.071	1.818	1.576	1.360	1.021	0.785	0.457	0.302	0.216	0.163
1.140	2.127	2.087	1.977	1.818	1.635	1.450	1.277	0.987	0.773	0.459	0.305	0.219	0.165
1.160	1.824	1.797	1.721	1.608	1.474	1.332	1.193	0.948	0.756	0.459	0.307	0.220	0.166
1.180	1.590	1.571	1.517	1.434	1.333	1.223	1.112	0.906	0.736	0.457	0.308	0.222	0.168
1.200	1.404	1.390	1.350	1.288	1.211	1.124	1.035	0.862	0.713	0.454	0.309	0.223	0.169
1.300	0.859	0.855	0.843	0.824	0.798	0.768	0.734	0.659	0.583	0.419	0.303	0.226	0.173
1.400	0.600	0.598	0.593	0.585	0.574	0.561	0.545	0.509	0.469	0.369	0.284	0.220	0.173
1.500	0.451	0.450	0.448	0.444	0.438	0.431	0.423	0.404	0.381	0.319	0.259	0.209	0.168
1.600	0.356	0.356	0.354	0.352	0.349	0.345	0.340	0.329	0.315	0.274	0.232	0.194	0.161

续表 F.0.2-3

l/d	30												
m \ n	0.000	0.020	0.040	0.060	0.080	0.100	0.120	0.160	0.200	0.300	0.400	0.500	0.600
0.500		−1.759	−1.206	−0.888	−0.670	−0.508	−0.382	−0.201	−0.082	0.065	0.107	0.108	0.093
0.550		−1.698	−1.145	−0.829	−0.613	−0.453	−0.329	−0.155	−0.042	0.092	0.125	0.120	0.102
0.600		−1.603	−1.051	−0.738	−0.525	−0.369	−0.251	−0.087	0.015	0.126	0.145	0.132	0.111
0.650		−1.463	−0.915	−0.606	−0.400	−0.251	−0.141	0.005	0.089	0.166	0.166	0.144	0.119
0.700		−1.263	−0.720	−0.420	−0.225	−0.089	0.007	0.124	0.181	0.211	0.187	0.155	0.126
0.750		−0.973	−0.441	−0.157	0.017	0.129	0.201	0.272	0.289	0.257	0.208	0.166	0.132
0.800		−0.536	−0.026	0.223	0.356	0.424	0.452	0.447	0.408	0.302	0.226	0.175	0.137
0.850		0.177	0.627	0.793	0.833	0.812	0.761	0.638	0.526	0.342	0.242	0.182	0.141
0.900		1.507	1.756	1.675	1.486	1.282	1.098	0.816	0.627	0.374	0.256	0.189	0.146
0.950		4.706	3.888	2.919	2.199	1.707	1.366	0.941	0.697	0.399	0.268	0.196	0.150
1.004	15.226	16.081	6.097	3.664	2.547	1.910	1.503	1.019	0.748	0.422	0.279	0.202	0.154
1.008	14.944	14.179	6.096	3.676	2.557	1.918	1.509	1.024	0.751	0.423	0.280	0.203	0.154
1.012	14.281	12.577	6.062	3.682	2.565	1.925	1.515	1.028	0.755	0.425	0.281	0.203	0.155
1.016	13.323	11.303	5.988	3.681	2.571	1.932	1.521	1.032	0.758	0.426	0.282	0.204	0.155
1.020	12.240	10.258	5.874	3.672	2.575	1.937	1.526	1.036	0.761	0.428	0.283	0.204	0.155
1.024	11.162	9.376	5.728	3.654	2.575	1.941	1.530	1.040	0.764	0.429	0.284	0.205	0.156
1.028	10.159	8.616	5.557	3.626	2.573	1.944	1.534	1.043	0.766	0.431	0.285	0.205	0.156
1.040	7.763	6.846	4.979	3.486	2.541	1.942	1.541	1.053	0.774	0.435	0.287	0.207	0.157
1.060	5.344	4.949	4.050	3.132	2.416	1.901	1.532	1.061	0.785	0.442	0.291	0.209	0.159
1.080	3.978	3.786	3.307	2.741	2.229	1.815	1.495	1.059	0.790	0.448	0.295	0.212	0.160
1.100	3.126	3.020	2.743	2.384	2.022	1.702	1.435	1.045	0.790	0.453	0.299	0.214	0.162
1.120	2.551	2.488	2.316	2.079	1.822	1.577	1.360	1.020	0.784	0.457	0.302	0.216	0.163
1.140	2.140	2.099	1.986	1.824	1.639	1.452	1.278	0.987	0.773	0.458	0.304	0.218	0.165
1.160	1.833	1.806	1.728	1.613	1.477	1.334	1.194	0.948	0.756	0.459	0.307	0.220	0.166
1.180	1.596	1.577	1.522	1.438	1.336	1.224	1.113	0.906	0.736	0.457	0.308	0.222	0.168
1.200	1.408	1.394	1.354	1.291	1.213	1.126	1.036	0.862	0.713	0.454	0.309	0.223	0.169
1.300	0.860	0.856	0.844	0.825	0.799	0.769	0.734	0.660	0.584	0.419	0.303	0.226	0.173
1.400	0.600	0.599	0.594	0.586	0.575	0.561	0.545	0.509	0.469	0.369	0.284	0.220	0.173
1.500	0.451	0.451	0.448	0.444	0.439	0.432	0.423	0.404	0.381	0.319	0.259	0.209	0.168
1.600	0.356	0.356	0.354	0.352	0.349	0.345	0.340	0.329	0.315	0.275	0.232	0.194	0.161

l/d	40												
m \ n	0.000	0.020	0.040	0.060	0.080	0.100	0.120	0.160	0.200	0.300	0.400	0.500	0.600
0.500		−1.759	−1.205	−0.888	−0.670	−0.507	−0.381	−0.201	−0.082	0.066	0.108	0.108	0.093
0.550		−1.698	−1.145	−0.829	−0.612	−0.452	−0.329	−0.154	−0.042	0.092	0.125	0.120	0.102
0.600		−1.602	−1.050	−0.737	−0.524	−0.369	−0.250	−0.086	0.015	0.126	0.145	0.132	0.111
0.650		−1.462	−0.913	−0.605	−0.399	−0.250	−0.140	0.006	0.090	0.166	0.166	0.144	0.119
0.700		−1.261	−0.718	−0.419	−0.223	−0.088	0.008	0.125	0.182	0.211	0.187	0.155	0.126
0.750		−0.970	−0.438	−0.155	0.019	0.131	0.203	0.272	0.290	0.257	0.208	0.166	0.132
0.800		−0.531	−0.022	0.227	0.359	0.426	0.454	0.448	0.408	0.302	0.226	0.175	0.137
0.850		0.188	0.636	0.799	0.838	0.814	0.763	0.638	0.526	0.341	0.242	0.182	0.141
0.900		1.542	1.778	1.686	1.491	1.284	1.098	0.815	0.626	0.373	0.256	0.189	0.146
0.950		4.869	3.924	2.917	2.193	1.702	1.362	0.940	0.696	0.399	0.268	0.196	0.150
1.004	20.636	14.185	5.940	3.622	2.530	1.901	1.498	1.017	0.747	0.421	0.279	0.202	0.154
1.008	19.770	13.545	5.945	3.634	2.539	1.909	1.504	1.021	0.750	0.423	0.280	0.203	0.154
1.012	18.119	12.571	5.925	3.641	2.548	1.916	1.510	1.026	0.754	0.425	0.281	0.203	0.155
1.016	16.165	11.550	5.873	3.642	2.554	1.923	1.516	1.030	0.757	0.426	0.282	0.204	0.155
1.020	14.288	10.589	5.786	3.635	2.558	1.928	1.521	1.034	0.760	0.428	0.283	0.204	0.155
1.024	12.638	9.718	5.667	3.621	2.559	1.933	1.526	1.038	0.763	0.429	0.284	0.205	0.156
1.028	11.236	8.937	5.522	3.597	2.557	1.936	1.530	1.041	0.765	0.431	0.284	0.205	0.156
1.040	8.228	7.066	4.993	3.470	2.530	1.935	1.537	1.051	0.773	0.435	0.287	0.207	0.157
1.060	5.500	5.055	4.083	3.134	2.411	1.896	1.528	1.059	0.784	0.442	0.291	0.209	0.159
1.080	4.047	3.840	3.334	2.750	2.230	1.814	1.493	1.057	0.789	0.448	0.295	0.212	0.160
1.100	3.162	3.051	2.762	2.393	2.025	1.702	1.434	1.044	0.789	0.453	0.298	0.214	0.162
1.120	2.572	2.506	2.329	2.086	1.825	1.578	1.360	1.019	0.784	0.456	0.302	0.216	0.163
1.140	2.153	2.111	1.996	1.830	1.642	1.454	1.278	0.987	0.772	0.458	0.304	0.218	0.165
1.160	1.842	1.814	1.735	1.618	1.480	1.335	1.195	0.948	0.756	0.458	0.306	0.220	0.166
1.180	1.602	1.583	1.526	1.442	1.338	1.226	1.114	0.906	0.736	0.457	0.308	0.222	0.168
1.200	1.413	1.399	1.357	1.294	1.215	1.127	1.037	0.863	0.713	0.454	0.309	0.223	0.169
1.300	0.862	0.858	0.845	0.826	0.800	0.769	0.735	0.660	0.584	0.419	0.303	0.226	0.173
1.400	0.601	0.599	0.594	0.586	0.575	0.562	0.546	0.510	0.469	0.369	0.284	0.220	0.173
1.500	0.452	0.451	0.448	0.444	0.439	0.432	0.424	0.404	0.381	0.319	0.259	0.209	0.168
1.600	0.356	0.356	0.355	0.352	0.349	0.345	0.340	0.329	0.315	0.275	0.232	0.194	0.161

l/d	50												
m \ n	0.000	0.020	0.040	0.060	0.080	0.100	0.120	0.160	0.200	0.300	0.400	0.500	0.600
0.500		−1.758	−1.205	−0.887	−0.669	−0.507	−0.381	−0.200	−0.082	0.066	0.108	0.108	0.093
0.550		−1.697	−1.144	−0.828	−0.612	−0.452	−0.329	−0.154	−0.041	0.093	0.125	0.120	0.102
0.600		−1.601	−1.050	−0.737	−0.524	−0.368	−0.250	−0.086	0.016	0.126	0.145	0.132	0.111
0.650		−1.461	−0.913	−0.605	−0.398	−0.250	−0.140	0.006	0.090	0.166	0.166	0.144	0.119
0.700		−1.260	−0.718	−0.418	−0.223	−0.088	0.008	0.125	0.182	0.211	0.187	0.155	0.126
0.750		−0.969	−0.437	−0.154	0.020	0.132	0.203	0.273	0.290	0.257	0.208	0.166	0.132
0.800		−0.528	−0.020	0.229	0.360	0.427	0.454	0.448	0.409	0.302	0.226	0.175	0.137
0.850		0.193	0.641	0.803	0.840	0.816	0.763	0.638	0.526	0.341	0.242	0.182	0.141
0.900		1.558	1.789	1.691	1.493	1.284	1.098	0.815	0.626	0.373	0.256	0.189	0.146
0.950		4.947	3.940	2.916	2.190	1.699	1.360	0.939	0.696	0.398	0.268	0.196	0.150
1.004	25.958	13.491	5.873	3.603	2.522	1.897	1.495	1.016	0.747	0.421	0.279	0.202	0.154
1.008	24.069	13.126	5.879	3.615	2.532	1.905	1.502	1.020	0.750	0.423	0.280	0.203	0.154
1.012	21.098	12.429	5.864	3.622	2.540	1.912	1.508	1.025	0.753	0.424	0.281	0.203	0.155
1.016	18.118	11.575	5.820	3.624	2.546	1.919	1.513	1.029	0.756	0.426	0.282	0.204	0.155
1.020	15.572	10.695	5.745	3.619	2.551	1.924	1.519	1.033	0.759	0.427	0.283	0.204	0.155
1.024	13.503	9.854	5.638	3.605	2.552	1.929	1.523	1.037	0.762	0.429	0.284	0.205	0.156
1.028	11.836	9.077	5.503	3.583	2.551	1.932	1.527	1.040	0.765	0.431	0.284	0.205	0.156
1.040	8.466	7.170	4.998	3.463	2.524	1.931	1.535	1.050	0.773	0.435	0.287	0.207	0.157
1.060	5.577	5.105	4.098	3.135	2.409	1.894	1.527	1.058	0.783	0.442	0.291	0.209	0.159
1.080	4.080	3.866	3.347	2.754	2.230	1.813	1.492	1.057	0.789	0.448	0.295	0.212	0.160
1.100	3.179	3.065	2.771	2.397	2.027	1.702	1.434	1.043	0.789	0.453	0.298	0.214	0.162
1.120	2.581	2.515	2.335	2.090	1.827	1.579	1.360	1.019	0.783	0.456	0.302	0.216	0.163
1.140	2.159	2.117	2.000	1.833	1.644	1.455	1.279	0.987	0.772	0.458	0.304	0.218	0.165
1.160	1.846	1.818	1.738	1.620	1.481	1.336	1.195	0.948	0.756	0.458	0.306	0.220	0.166
1.180	1.605	1.585	1.529	1.443	1.340	1.227	1.114	0.906	0.736	0.457	0.308	0.222	0.168
1.200	1.415	1.401	1.359	1.296	1.216	1.128	1.037	0.863	0.713	0.454	0.309	0.223	0.169
1.300	0.862	0.858	0.846	0.826	0.801	0.770	0.735	0.660	0.584	0.419	0.303	0.226	0.173
1.400	0.601	0.599	0.594	0.586	0.575	0.562	0.546	0.510	0.469	0.369	0.284	0.220	0.173
1.500	0.452	0.451	0.449	0.444	0.439	0.432	0.424	0.404	0.381	0.319	0.259	0.209	0.168
1.600	0.356	0.356	0.355	0.352	0.349	0.345	0.340	0.329	0.315	0.275	0.233	0.194	0.161

l/d	60												
m \ n	0.000	0.020	0.040	0.060	0.080	0.100	0.120	0.160	0.200	0.300	0.400	0.500	0.600
0.500		−1.758	−1.205	−0.887	−0.669	−0.507	−0.381	−0.200	−0.082	0.066	0.108	0.108	0.093
0.550		−1.697	−1.144	−0.828	−0.612	−0.452	−0.328	−0.154	−0.041	0.093	0.125	0.120	0.102
0.600		−1.601	−1.050	−0.737	−0.524	−0.368	−0.250	−0.086	0.016	0.126	0.145	0.132	0.111
0.650		−1.461	−0.913	−0.604	−0.398	−0.250	−0.140	0.006	0.090	0.166	0.166	0.144	0.119
0.700		−1.260	−0.717	−0.417	−0.222	−0.087	0.008	0.125	0.182	0.211	0.187	0.155	0.126
0.750		−0.968	−0.436	−0.153	0.021	0.132	0.203	0.273	0.290	0.257	0.208	0.166	0.132
0.800		−0.527	−0.018	0.230	0.361	0.428	0.455	0.448	0.409	0.302	0.226	0.175	0.137
0.850		0.196	0.643	0.804	0.841	0.816	0.764	0.638	0.526	0.341	0.242	0.182	0.141
0.900		1.566	1.794	1.694	1.494	1.284	1.098	0.814	0.626	0.373	0.256	0.189	0.146
0.950		4.990	3.948	2.915	2.188	1.698	1.360	0.938	0.695	0.398	0.267	0.196	0.150
1.004	31.136	13.161	5.837	3.593	2.518	1.895	1.494	1.015	0.746	0.421	0.279	0.202	0.154
1.008	27.775	12.894	5.845	3.604	2.527	1.903	1.500	1.020	0.750	0.423	0.280	0.203	0.154
1.012	23.351	12.325	5.832	3.612	2.536	1.910	1.507	1.024	0.753	0.424	0.281	0.203	0.155
1.016	19.460	11.565	5.792	3.614	2.542	1.917	1.512	1.028	0.756	0.426	0.282	0.204	0.155
1.020	16.399	10.738	5.722	3.610	2.547	1.922	1.517	1.032	0.759	0.427	0.283	0.204	0.155
1.024	14.037	9.920	5.621	3.597	2.548	1.927	1.522	1.036	0.762	0.429	0.284	0.205	0.156
1.028	12.197	9.149	5.493	3.576	2.547	1.930	1.526	1.040	0.765	0.430	0.284	0.205	0.156
1.040	8.602	7.226	5.000	3.459	2.522	1.930	1.533	1.049	0.773	0.435	0.287	0.207	0.157
1.060	5.619	5.133	4.106	3.135	2.408	1.893	1.526	1.058	0.783	0.442	0.291	0.209	0.159
1.080	4.098	3.880	3.354	2.756	2.230	1.812	1.492	1.056	0.789	0.448	0.295	0.212	0.160
1.100	3.188	3.073	2.776	2.400	2.028	1.702	1.434	1.043	0.789	0.453	0.298	0.214	0.162
1.120	2.587	2.520	2.339	2.092	1.828	1.579	1.360	1.019	0.783	0.456	0.302	0.216	0.163
1.140	2.162	2.120	2.003	1.835	1.645	1.455	1.279	0.987	0.772	0.458	0.304	0.218	0.165
1.160	1.848	1.820	1.740	1.622	1.482	1.337	1.196	0.948	0.756	0.458	0.306	0.220	0.166
1.180	1.606	1.587	1.530	1.444	1.340	1.227	1.114	0.906	0.736	0.457	0.308	0.222	0.168
1.200	1.416	1.402	1.360	1.296	1.217	1.129	1.037	0.863	0.713	0.454	0.309	0.223	0.169
1.300	0.862	0.858	0.846	0.827	0.801	0.770	0.735	0.660	0.584	0.419	0.303	0.226	0.173
1.400	0.601	0.600	0.595	0.586	0.575	0.562	0.546	0.510	0.470	0.369	0.284	0.220	0.173
1.500	0.452	0.451	0.449	0.445	0.439	0.432	0.424	0.404	0.381	0.319	0.259	0.209	0.168
1.600	0.356	0.356	0.355	0.352	0.349	0.345	0.340	0.329	0.315	0.275	0.233	0.194	0.161

续表 F.0.2-3

l/d	70												
m＼n	0.000	0.020	0.040	0.060	0.080	0.100	0.120	0.160	0.200	0.300	0.400	0.500	0.600
0.500		−1.758	−1.204	−0.887	−0.669	−0.507	−0.381	−0.200	−0.082	0.066	0.108	0.108	0.093
0.550		−1.697	−1.144	−0.828	−0.612	−0.452	−0.328	−0.154	−0.041	0.093	0.125	0.120	0.102
0.600		−1.601	−1.050	−0.736	−0.524	−0.368	−0.250	−0.086	0.016	0.126	0.145	0.132	0.111
0.650		−1.461	−0.912	−0.604	−0.398	−0.250	−0.140	0.006	0.090	0.166	0.166	0.144	0.119
0.700		−1.260	−0.717	−0.417	−0.222	−0.087	0.009	0.125	0.182	0.211	0.187	0.155	0.126
0.750		−0.968	−0.436	−0.153	0.021	0.133	0.204	0.273	0.290	0.257	0.208	0.166	0.132
0.800		−0.526	−0.018	0.230	0.362	0.428	0.455	0.448	0.409	0.302	0.226	0.175	0.137
0.850		0.198	0.645	0.805	0.842	0.817	0.764	0.638	0.526	0.341	0.242	0.182	0.141
0.900		1.572	1.798	1.696	1.495	1.285	1.098	0.814	0.626	0.373	0.256	0.189	0.146
0.950		5.016	3.953	2.915	2.187	1.697	1.359	0.938	0.695	0.398	0.267	0.196	0.150
1.004	36.118	12.976	5.816	3.587	2.515	1.894	1.493	1.015	0.746	0.421	0.279	0.202	0.154
1.008	30.900	12.756	5.824	3.598	2.525	1.902	1.500	1.020	0.749	0.423	0.280	0.203	0.154
1.012	25.046	12.255	5.813	3.606	2.533	1.909	1.506	1.024	0.753	0.424	0.281	0.203	0.155
1.016	20.400	11.552	5.775	3.608	2.540	1.915	1.511	1.028	0.756	0.426	0.282	0.204	0.155
1.020	16.954	10.759	5.708	3.604	2.544	1.921	1.517	1.032	0.759	0.427	0.283	0.204	0.155
1.024	14.385	9.957	5.611	3.592	2.546	1.925	1.521	1.036	0.762	0.429	0.284	0.205	0.156
1.028	12.427	9.191	5.486	3.571	2.545	1.929	1.525	1.040	0.764	0.430	0.284	0.205	0.156
1.040	8.687	7.261	5.002	3.457	2.520	1.929	1.533	1.049	0.772	0.435	0.287	0.207	0.157
1.060	5.645	5.150	4.111	3.135	2.407	1.892	1.525	1.058	0.783	0.442	0.291	0.209	0.159
1.080	4.109	3.888	3.358	2.757	2.230	1.812	1.491	1.056	0.789	0.448	0.295	0.212	0.160
1.100	3.194	3.078	2.779	2.401	2.028	1.702	1.434	1.043	0.789	0.453	0.298	0.214	0.162
1.120	2.590	2.523	2.341	2.093	1.829	1.579	1.360	1.019	0.783	0.456	0.302	0.216	0.163
1.140	2.164	2.122	2.004	1.836	1.645	1.455	1.279	0.987	0.772	0.458	0.304	0.218	0.165
1.160	1.849	1.821	1.741	1.622	1.483	1.337	1.196	0.948	0.756	0.458	0.306	0.220	0.166
1.180	1.607	1.588	1.531	1.445	1.341	1.228	1.114	0.906	0.736	0.457	0.308	0.222	0.168
1.200	1.417	1.402	1.361	1.297	1.217	1.129	1.037	0.863	0.713	0.454	0.309	0.223	0.169
1.300	0.863	0.859	0.846	0.827	0.801	0.770	0.736	0.660	0.584	0.419	0.303	0.226	0.173
1.400	0.601	0.600	0.595	0.586	0.575	0.562	0.546	0.510	0.470	0.369	0.284	0.220	0.173
1.500	0.452	0.451	0.449	0.445	0.439	0.432	0.424	0.404	0.381	0.319	0.259	0.209	0.168
1.600	0.356	0.356	0.355	0.352	0.349	0.345	0.340	0.329	0.315	0.275	0.233	0.194	0.161

l/d	80												
m＼n	0.000	0.020	0.040	0.060	0.080	0.100	0.120	0.160	0.200	0.300	0.400	0.500	0.600
0.500		−1.758	−1.204	−0.887	−0.669	−0.507	−0.381	−0.200	−0.082	0.066	0.108	0.108	0.093
0.550		−1.697	−1.144	−0.828	−0.612	−0.452	−0.328	−0.154	−0.041	0.093	0.125	0.120	0.102
0.600		−1.601	−1.050	−0.736	−0.524	−0.368	−0.250	−0.086	0.016	0.126	0.145	0.132	0.111
0.650		−1.461	−0.912	−0.604	−0.398	−0.249	−0.139	0.006	0.090	0.166	0.166	0.144	0.119
0.700		−1.259	−0.717	−0.417	−0.222	−0.087	0.009	0.125	0.182	0.211	0.187	0.155	0.126
0.750		−0.968	−0.436	−0.153	0.021	0.133	0.204	0.273	0.290	0.257	0.208	0.166	0.132
0.800		−0.526	−0.017	0.230	0.362	0.428	0.455	0.448	0.409	0.302	0.226	0.175	0.137
0.850		0.199	0.646	0.806	0.842	0.817	0.764	0.638	0.526	0.341	0.242	0.182	0.141
0.900		1.575	1.800	1.697	1.495	1.285	1.098	0.814	0.625	0.373	0.256	0.189	0.146
0.950		5.032	3.956	2.914	2.186	1.697	1.359	0.938	0.695	0.398	0.267	0.196	0.150
1.004	40.860	12.861	5.803	3.583	2.513	1.893	1.493	1.015	0.746	0.421	0.279	0.202	0.154
1.008	33.500	12.667	5.811	3.594	2.523	1.901	1.499	1.019	0.749	0.423	0.280	0.203	0.154
1.012	26.328	12.207	5.800	3.602	2.532	1.908	1.505	1.024	0.753	0.424	0.281	0.203	0.155
1.016	21.074	11.541	5.765	3.605	2.538	1.915	1.511	1.028	0.756	0.426	0.282	0.204	0.155
1.020	17.339	10.770	5.699	3.601	2.543	1.920	1.516	1.032	0.759	0.427	0.283	0.204	0.155
1.024	14.622	9.979	5.604	3.589	2.544	1.925	1.521	1.036	0.762	0.429	0.284	0.205	0.156
1.028	12.582	9.218	5.482	3.568	2.543	1.928	1.525	1.039	0.764	0.430	0.284	0.205	0.156
1.040	8.743	7.283	5.002	3.455	2.519	1.928	1.532	1.049	0.772	0.435	0.287	0.207	0.157
1.060	5.662	5.161	4.114	3.136	2.407	1.892	1.525	1.058	0.783	0.442	0.291	0.209	0.159
1.080	4.116	3.894	3.360	2.758	2.230	1.812	1.491	1.056	0.788	0.448	0.295	0.212	0.160
1.100	3.197	3.081	2.781	2.402	2.028	1.702	1.433	1.043	0.789	0.453	0.298	0.214	0.162
1.120	2.592	2.524	2.342	2.094	1.829	1.580	1.360	1.019	0.783	0.456	0.301	0.216	0.163
1.140	2.166	2.123	2.005	1.836	1.646	1.455	1.279	0.986	0.772	0.458	0.304	0.218	0.165
1.160	1.850	1.822	1.741	1.623	1.483	1.337	1.196	0.948	0.756	0.458	0.306	0.220	0.166
1.180	1.608	1.588	1.531	1.445	1.341	1.228	1.115	0.906	0.736	0.457	0.308	0.222	0.168
1.200	1.417	1.403	1.361	1.297	1.217	1.129	1.038	0.863	0.713	0.454	0.309	0.223	0.169
1.300	0.863	0.859	0.847	0.827	0.801	0.770	0.736	0.660	0.584	0.419	0.303	0.226	0.173
1.400	0.601	0.600	0.595	0.587	0.575	0.562	0.546	0.510	0.470	0.369	0.284	0.220	0.173
1.500	0.452	0.451	0.449	0.445	0.439	0.432	0.424	0.404	0.381	0.319	0.259	0.209	0.168
1.600	0.356	0.356	0.355	0.352	0.349	0.345	0.340	0.329	0.315	0.275	0.233	0.194	0.161

续表 F.0.2-3

l/d						90							
n / m	0.000	0.020	0.040	0.060	0.080	0.100	0.120	0.160	0.200	0.300	0.400	0.500	0.600
0.500		−1.758	−1.204	−0.887	−0.669	−0.507	−0.381	−0.200	−0.082	0.066	0.108	0.108	0.093
0.550		−1.697	−1.144	−0.828	−0.612	−0.452	−0.328	−0.154	−0.041	0.093	0.125	0.120	0.102
0.600		−1.601	−1.050	−0.736	−0.524	−0.368	−0.249	−0.086	0.016	0.126	0.145	0.132	0.111
0.650		−1.460	−0.912	−0.604	−0.398	−0.249	−0.139	0.006	0.090	0.166	0.166	0.144	0.119
0.700		−1.259	−0.717	−0.417	−0.222	−0.087	0.009	0.125	0.182	0.211	0.187	0.155	0.126
0.750		−0.967	−0.435	−0.152	0.022	0.133	0.204	0.273	0.290	0.257	0.208	0.166	0.132
0.800		−0.525	−0.017	0.231	0.362	0.428	0.455	0.448	0.409	0.302	0.226	0.175	0.137
0.850		0.200	0.646	0.807	0.842	0.817	0.764	0.639	0.526	0.341	0.242	0.182	0.141
0.900		1.578	1.801	1.697	1.495	1.285	1.098	0.814	0.625	0.373	0.256	0.189	0.146
0.950		5.044	3.958	2.914	2.186	1.696	1.358	0.938	0.695	0.398	0.267	0.196	0.150
1.004	45.330	12.784	5.793	3.580	2.512	1.892	1.492	1.015	0.746	0.421	0.279	0.202	0.154
1.008	35.651	12.606	5.802	3.592	2.522	1.900	1.499	1.019	0.749	0.423	0.280	0.203	0.154
1.012	27.309	12.174	5.792	3.600	2.530	1.908	1.505	1.024	0.752	0.424	0.281	0.203	0.155
1.016	21.569	11.532	5.757	3.602	2.537	1.914	1.511	1.028	0.756	0.426	0.282	0.204	0.155
1.020	17.616	10.777	5.693	3.598	2.541	1.920	1.516	1.032	0.759	0.427	0.283	0.204	0.155
1.024	14.790	9.994	5.600	3.587	2.543	1.924	1.521	1.036	0.761	0.429	0.283	0.205	0.156
1.028	12.691	9.236	5.479	3.566	2.542	1.927	1.525	1.039	0.764	0.430	0.284	0.205	0.156
1.040	8.782	7.298	5.003	3.454	2.518	1.927	1.532	1.049	0.772	0.435	0.287	0.207	0.157
1.060	5.674	5.168	4.116	3.136	2.406	1.891	1.525	1.057	0.783	0.442	0.291	0.209	0.159
1.080	4.121	3.898	3.362	2.759	2.230	1.812	1.491	1.056	0.788	0.448	0.295	0.212	0.160
1.100	3.200	3.083	2.783	2.402	2.029	1.702	1.433	1.043	0.789	0.453	0.298	0.214	0.162
1.120	2.594	2.526	2.343	2.094	1.829	1.580	1.360	1.019	0.783	0.456	0.301	0.216	0.163
1.140	2.166	2.124	2.006	1.837	1.646	1.456	1.279	0.986	0.772	0.458	0.304	0.218	0.165
1.160	1.851	1.822	1.742	1.623	1.483	1.337	1.196	0.948	0.756	0.458	0.306	0.220	0.166
1.180	1.608	1.589	1.532	1.446	1.341	1.228	1.115	0.906	0.736	0.457	0.308	0.222	0.168
1.200	1.417	1.403	1.361	1.297	1.218	1.129	1.038	0.863	0.713	0.454	0.309	0.223	0.169
1.300	0.863	0.859	0.847	0.827	0.801	0.770	0.736	0.660	0.584	0.419	0.303	0.226	0.173
1.400	0.601	0.600	0.595	0.587	0.576	0.562	0.546	0.510	0.470	0.369	0.284	0.220	0.173
1.500	0.452	0.451	0.449	0.445	0.439	0.432	0.424	0.404	0.381	0.319	0.259	0.209	0.168
1.600	0.356	0.356	0.355	0.352	0.349	0.345	0.340	0.329	0.315	0.275	0.233	0.194	0.161

l/d						100							
n / m	0.000	0.020	0.040	0.060	0.080	0.100	0.120	0.160	0.200	0.300	0.400	0.500	0.600
0.500		−1.758	−1.204	−0.887	−0.669	−0.507	−0.381	−0.200	−0.082	0.066	0.108	0.108	0.093
0.550		−1.697	−1.144	−0.828	−0.612	−0.452	−0.328	−0.154	−0.041	0.093	0.125	0.120	0.102
0.600		−1.601	−1.049	−0.736	−0.524	−0.368	−0.249	−0.085	0.016	0.127	0.145	0.132	0.111
0.650		−1.460	−0.912	−0.604	−0.397	−0.249	−0.139	0.007	0.090	0.166	0.166	0.144	0.119
0.700		−1.259	−0.717	−0.417	−0.222	−0.087	0.009	0.125	0.182	0.211	0.187	0.155	0.126
0.750		−0.967	−0.435	−0.152	0.022	0.133	0.204	0.273	0.290	0.257	0.208	0.166	0.132
0.800		−0.525	−0.017	0.231	0.362	0.428	0.455	0.448	0.409	0.302	0.226	0.175	0.137
0.850		0.201	0.647	0.807	0.843	0.817	0.764	0.639	0.526	0.341	0.242	0.182	0.141
0.900		1.579	1.803	1.698	1.495	1.285	1.098	0.814	0.625	0.373	0.256	0.189	0.146
0.950		5.052	3.960	2.914	2.186	1.696	1.358	0.938	0.695	0.398	0.267	0.196	0.150
1.004	49.507	12.730	5.787	3.578	2.511	1.892	1.492	1.015	0.746	0.421	0.279	0.202	0.154
1.008	37.430	12.563	5.795	3.590	2.521	1.900	1.499	1.019	0.749	0.423	0.280	0.203	0.154
1.012	28.070	12.149	5.786	3.598	2.530	1.907	1.505	1.024	0.752	0.424	0.281	0.203	0.155
1.016	21.941	11.524	5.752	3.600	2.536	1.914	1.510	1.028	0.755	0.426	0.282	0.204	0.155
1.020	17.820	10.782	5.689	3.596	2.541	1.919	1.516	1.032	0.759	0.427	0.283	0.204	0.155
1.024	14.913	10.005	5.596	3.585	2.543	1.924	1.520	1.036	0.761	0.429	0.283	0.205	0.156
1.028	12.771	9.249	5.477	3.565	2.541	1.927	1.524	1.039	0.764	0.430	0.284	0.205	0.156
1.040	8.810	7.309	5.003	3.453	2.517	1.927	1.532	1.048	0.772	0.435	0.287	0.207	0.157
1.060	5.682	5.174	4.118	3.136	2.406	1.891	1.525	1.057	0.783	0.442	0.291	0.209	0.159
1.080	4.125	3.900	3.364	2.759	2.230	1.812	1.491	1.056	0.788	0.448	0.295	0.212	0.160
1.100	3.202	3.085	2.783	2.403	2.029	1.702	1.433	1.043	0.789	0.453	0.298	0.214	0.162
1.120	2.595	2.527	2.344	2.095	1.829	1.580	1.360	1.019	0.783	0.456	0.301	0.216	0.163
1.140	2.167	2.124	2.006	1.837	1.646	1.456	1.279	0.986	0.772	0.458	0.304	0.218	0.165
1.160	1.851	1.823	1.742	1.623	1.483	1.337	1.196	0.948	0.756	0.458	0.306	0.220	0.166
1.180	1.609	1.589	1.532	1.446	1.341	1.228	1.115	0.906	0.736	0.457	0.308	0.222	0.168
1.200	1.417	1.403	1.361	1.297	1.218	1.129	1.038	0.863	0.713	0.454	0.309	0.223	0.169
1.300	0.863	0.859	0.847	0.827	0.801	0.770	0.736	0.660	0.584	0.419	0.303	0.226	0.173
1.400	0.601	0.600	0.595	0.587	0.576	0.562	0.546	0.510	0.470	0.369	0.284	0.220	0.173
1.500	0.452	0.451	0.449	0.445	0.439	0.432	0.424	0.404	0.381	0.319	0.259	0.209	0.168
1.600	0.356	0.356	0.355	0.352	0.349	0.345	0.340	0.329	0.315	0.275	0.233	0.194	0.161

F.0.3 桩侧阻力分布可采用下列模式：

基桩侧阻力分布简化为沿桩身均匀分布模式，即取 $\beta=1-\alpha$［式（F.0.1-1）中 $\sigma_{zst}=0$］。当有测试依据时，可根据测试结果分别采用沿深度线性增长的正三角形分布［$\beta=0$，式（F.0.1-1）中 $\sigma_{zsr}=0$］、正梯形分布（均布＋正三角形分布）或倒梯形分布（均布－正三角形分布）等。

F.0.4 长、短桩竖向应力影响系数应按下列原则计算：

1 计算长桩 l_1 对短桩 l_2 影响时，应以长桩的 $m_1=z/l_1=l_2/l_1$ 为起始计算点，向下计算对短桩桩端以下不同深度产生的竖向应力影响系数；

2 计算短桩 l_2 对长桩 l_1 影响时，应以短桩的 $m_2=z/l_2=l_1/l_2$ 为起始计算点，向下计算对长桩桩端以下不同深度产生的竖向应力影响系数；

3 当计算点下正应力叠加结果为负值时，应按零取值。

附录 G 按倒置弹性地基梁
计算砌体墙下条形桩基承台梁

G.0.1 按倒置弹性地基梁计算砌体墙下条形桩基连续承台梁时，先求得作用于梁上的荷载，然后按普通连续梁计算其弯距和剪力。弯距和剪力的计算公式可根据图 G.0.1 所示计算简图，分别按表 G.0.1 采用。

表 G.0.1 砌体墙下条形桩基连续承台梁内力计算公式

内力	计算简图编号	内力计算公式
支座弯距	(a)、(b)、(c)	$M=-p_0 \dfrac{a_0^2}{12}\left(2-\dfrac{a_0}{L_c}\right)$ (G.0.1-1)
	(d)	$M=-q\dfrac{L_c^2}{12}$ (G.0.1-2)
跨中弯距	(a)、(c)	$M=p_0 \dfrac{a_0^3}{12L_c}$ (G.0.1-3)
	(b)	$M=\dfrac{p_0}{12}\left[L_c\left(6a_0-3L_c+0.5\dfrac{L_c^2}{a_0}\right)-a_0^2\left(4-\dfrac{a_0}{L_c}\right)\right]$ (G.0.1-4)
	(d)	$M=\dfrac{qL_c^2}{24}$ (G.0.1-5)
最大剪力	(a)、(b)、(c)	$Q=\dfrac{p_0 a_0}{2}$ (G.0.1-6)
	(d)	$Q=\dfrac{qL}{2}$ (G.0.1-7)

注：当连续承台梁少于 6 跨时，其支座与跨中弯距应按实际跨数和图 G.0.1-1 求计算公式。

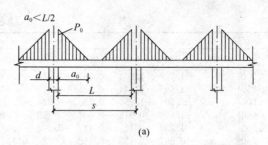

(a)

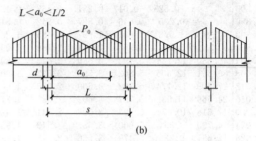

(b)

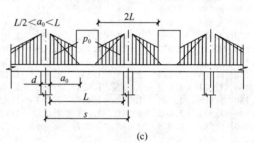

(c)

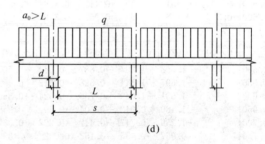

(d)

图 G.0.1 砌体墙下条形桩基
连续承台梁计算简图

式（G.0.1-1）～式（G.0.1-7）中：

p_0——线荷载的最大值（kN/m），按下式确定：

$$p_0=\dfrac{qL_c}{a_0} \qquad (G.0.1-8)$$

a_0——自桩边算起的三角形荷载图形的底边长度，分别按下列公式确定：

中间跨　$a_0=3.14\sqrt[3]{\dfrac{E_n I}{E_k b_k}}$ 　(G.0.1-9)

边跨　$a_0=2.4\sqrt[3]{\dfrac{E_n I}{E_k b_k}}$ 　(G.0.1-10)

式中　L_c——计算跨度，$L_c=1.05L$；

　　　L——两相邻桩之间的净距；

　　　s——两相邻桩之间的中心距；

　　　d——桩身直径；

　　　q——承台梁底面以上的均布荷载；

　　　$E_n I$——承台梁的抗弯刚度；

E_n——承台梁混凝土弹性模量；

I——承台梁横截面的惯性矩；

E_k——墙体的弹性模量；

b_k——墙体的宽度。

当门窗口下布有桩，且承台梁顶面至门窗口的砌体高度小于门窗口的净宽时，则应按倒置的简支梁计算该段梁的弯距，即取门窗净宽的 1.05 倍为计算跨度，取门窗下桩顶荷载为计算集中荷载进行计算。

附录 H　锤击沉桩锤重的选用

H.0.1　锤击沉桩的锤重可根据表 H.0.1 选用。

表 H.0.1　锤重选择表

锤　　型		柴油锤（t）						
		D25	D35	D45	D60	D72	D80	D100
锤的动力性能	冲击部分质量（t）	2.5	3.5	4.5	6.0	7.2	8.0	10.0
	总质量（t）	6.5	7.2	9.6	15.0	18.0	17.0	20.0
	冲击力（kN）	2000～2500	2500～4000	4000～5000	5000～7000	7000～10000	>10000	>12000
	常用冲程（m）	1.8～2.3						
持力层	预制方桩、预应力管桩的边长或直径（mm）	350～400	400～450	450～500	500～550	550～600	600 以上	600 以上
	钢管桩直径（mm）	400		600	900	900～1000	900 以上	900 以上
黏性土粉土	一般进入深度（m）	1.5～2.5	2.0～3.0	2.5～3.5	3.0～4.0	3.0～5.0		
	静力触探比贯入阻力 P_s 平均值（MPa）	4	5	>5	>5	>5		
砂土	一般进入深度（m）	0.5～1.5	1.0～2.0	1.5～2.5	2.0～3.0	2.5～3.5	4.0～5.0	5.0～6.0
	标准贯入击数 $N_{63.5}$（未修正）	20～30	30～40	40～45	45～50	50	>50	>50
锤的常用控制贯入度（cm/10 击）		2～3		3～5		4～8	5～10	7～12
设计单桩极限承载力（kN）		800～1600	2500～4000	3000～5000	5000～7000	7000～10000	>10000	>10000

注：1　本表仅供选锤用；
　　2　本表适用于桩端进入硬土层一定深度的长度为 20～60m 的钢筋混凝土预制桩及长度为 40～60m 的钢管桩。

本规范用词说明

1　为了便于在执行本规范条文时区别对待，对于要求严格程度不同的用词说明如下：

1) 表示很严格，非这样做不可的：
　　正面词采用"必须"，反面词采用"严禁"。

2) 表示严格，在正常情况下均应这样做的：
　　正面词采用"应"，反面词采用"不应"或"不得"。

3) 表示允许稍有选择，在条件允许时首先应这样做的：
　　正面词采用"宜"，反面词采用"不宜"。
　　表示有选择，在一定条件下可以这样做的，采用"可"。

2　条文中指明应按其他有关标准、规范执行的，写法为："应按……执行"或"应符合……的规定（或要求）"。

中华人民共和国行业标准

建筑桩基技术规范

JGJ 94—2008

条 文 说 明

前　言

《建筑桩基技术规范》JGJ 94－2008，经住房和城乡建设部 2008 年 4 月 22 日以第 18 号公告批准、发布。

本规范的主编单位是中国建筑科学研究院，参编单位是北京市勘察设计研究院有限公司、现代设计集团华东建筑设计研究院有限公司、上海岩土工程勘察设计研究院有限公司、天津大学、福建省建筑科学研究院、中冶集团建筑研究总院、机械工业勘察设计研究院、中国建筑东北设计院、广东省建筑科学研究院、北京筑都方圆建筑设计有限公司、广州大学。

为便于广大设计、施工、科研、学校等单位有关人员在使用本标准时能正确理解和执行条文规定，《建筑桩基技术规范》编制组按章、节、条顺序编制了本规范的条文说明，供使用者参考。在使用中如发现本条文说明有不妥之处，请将意见函寄中国建筑科学研究院。

目 次

1 总 则

1.0.1~1.0.3 桩基的设计与施工要实现安全适用、技术先进、经济合理、确保质量、保护环境的目标，应综合考虑下列诸因素，把握相关技术要点。

1 地质条件。建设场地的工程地质和水文地质条件，包括地层分布特征和土性、地下水赋存状态与水质等，是选择桩型、成桩工艺、桩端持力层及抗浮设计等的关键因素。因此，场地勘察做到完整可靠，设计和施工者对于勘察资料做出正确解析和应用均至关重要。

2 上部结构类型、使用功能与荷载特征。不同的上部结构类型对于抵抗或适应桩基差异沉降的性能不同，如剪力墙结构抵抗差异沉降的能力优于框架、框架-剪力墙、框架-核心筒结构；排架结构适应差异沉降的性能优于框架、框架-剪力墙、框架-核心筒结构。建筑物使用功能的特殊性和重要性是决定桩基设计等级的依据之一；荷载大小与分布是确定桩型、桩的几何参数与布桩所应考虑的主要因素。地震作用在一定条件下制约桩的设计。

3 施工技术条件与环境。桩型与成桩工艺的优选，在综合考虑地质条件、单桩承载力要求前提下，尚应考虑成桩设备与技术的既有条件，力求既先进且实际可行、质量可靠；成桩过程产生的噪声、振动、泥浆、挤土效应等对于环境的影响应作为选择成桩工艺的重要因素。

4 注重概念设计。桩基概念设计的内涵是指综合上述诸因素制定该工程桩基设计的总体构思。包括桩型、成桩工艺、桩端持力层、桩径、桩长、单桩承载力、布桩、承台形式、是否设置后浇带等，它是施工图设计的基础。概念设计应在规范框架内，考虑桩、土、承台、上部结构相互作用对于承载力和变形的影响，既满足荷载与抗力的整体平衡，又兼顾荷载与抗力的局部平衡，以优化桩型选择和布桩为重点，力求减小差异变形，降低承台内力和上部结构次内力，实现节约资源、增强可靠性和耐久性。可以说，概念设计是桩基设计的核心。

2 术语、符号

2.1 术 语

术语以《建筑桩基技术规范》JGJ94-94为基础，根据本规范内容，作了相应的增补、修订和删节；增加了减沉复合疏桩基础、变刚度调平设计、承台效应系数、灌注桩后注浆、桩基等效沉降系数。

2.2 符 号

符号以沿用《建筑桩基技术规范》JGJ94-94既有符号为主，根据规范条文的变化作了相应调整，主要是由于桩基竖向和水平承载力计算由原规范按荷载效应基本组合改为按标准组合。共有四条：2.2.1作用和作用效应；2.2.2抗力和材料性能：用单桩竖向承载力特征值、单桩水平承载力特征值取代原规范的竖向和水平承载力设计值；2.2.3几何参数；2.2.4计算系数。

3 基本设计规定

3.1 一 般 规 定

3.1.1 本条说明桩基设计的两类极限状态的相关内容。

1 承载能力极限状态

原《建筑桩基技术规范》JGJ 94-94采用桩基承载能力概率极限状态分项系数的设计法，相应的荷载效应采用基本组合。本规范改为以综合安全系数 K 代替荷载分项系数和抗力分项系数，以单桩极限承载力和综合安全系数 K 为桩基抗力的基本参数。这意味着承载能力极限状态的荷载效应基本组合的荷载分项系数为1.0，亦即为荷载效应标准组合。本规范作这种调整的原因如下：

1) 与现行国家标准《建筑地基基础设计规范》（GB 50007）的设计原则一致，以方便使用。

2) 关于不同桩型和成桩工艺对极限承载力的影响，实际上已反映于单桩极限承载力静载试验值或极限侧阻力与极限端阻力经验参数中，因此承载力随桩型和成桩工艺的变异特征已在单桩极限承载力取值中得到较大程度反映，采用不同的承载力分项系数意义不大。

3) 鉴于地基土性的不确定性对基桩承载力可靠性影响目前仍处于研究探索阶段，原《建筑桩基技术规范》JGJ 94-94的承载力概率极限状态设计模式尚属不完全的可靠性分析设计。

关于桩身、承台结构承载力极限状态的抗力仍采用现行国家标准《混凝土结构设计规范》GB 50010、《钢结构设计规范》GB 50017（钢桩）规定的材料强度设计值，作用力采用现行国家标准《建筑结构荷载规范》GB 50009规定的荷载效应基本组合设计值计算确定。

2 正常使用极限状态

由于问题的复杂性，以桩基的变形、抗裂、裂缝宽度为控制内涵的正常使用极限状态计算，如同上部结构一样从未实现基于可靠性分析的概率极限状态设计。因此桩基正常使用极限状态设计计算维持原《建筑桩基技术规范》JGJ 94－94规范的规定。

3.1.2 划分建筑桩基设计等级，旨在界定桩基设计的复杂程度、计算内容和应采取的相应技术措施。桩基设计等级是根据建筑物规模、体型与功能特征、场地地质与环境的复杂程度，以及由于桩基问题可能造成建筑物破坏或影响正常使用的程度划分为三个等级。

甲级建筑桩基，第一类是（1）重要的建筑；（2）30层以上或高度超过100m的高层建筑。这类建筑物的特点是荷载大、重心高、风载和地震作用水平剪力大，设计时应选择基桩承载力变幅大、布桩具有较大灵活性的桩型，基础埋置深度足够大，严格控制桩基的整体倾斜和稳定。第二类是（3）体型复杂且层数相差超过10层的高低层（含纯地下室）连体建筑物；（4）20层以上框架-核心筒结构及其他对于差异沉降有特殊要求的建筑物。这类建筑物由于荷载与刚度分布极为不均，抵抗和适应差异变形的性能较差，或使用功能上对变形有特殊要求（如冷藏库、精密生产工艺的多层厂房、液面控制严格的贮液罐体、精密机床和透平设备基础等）的建（构）筑物桩基，须严格控制差异变形乃至沉降量。桩基设计中，首先，概念设计要遵循变刚度调平设计原则；其二，在概念设计的基础上要进行上部结构——承台——桩土的共同作用分析，计算沉降等值线、承台内力和配筋。第三类是（5）场地和地基条件复杂的7层以上的一般建筑物及坡地、岸边建筑；（6）对相邻既有工程影响较大的建筑物。这类建筑物自身无特殊性，但由于场地条件、环境条件的特殊性，应按桩基设计等级甲级设计。如场地处于岸边高坡、地基为半填半挖、基底同置于岩石和土质地层、岩溶极为发育且岩面起伏很大、桩身范围有较厚自重湿陷性黄土或可液化土等等，这种情况下首先应把握好桩基的概念设计，控制差异变形和整体稳定、考虑负摩阻力等至关重要；又如在相邻既有工程的场地上建造新建筑物，包括基础跨越地铁、基础埋深大于紧邻的重要或高层建筑物等，此时如何确定桩基传递荷载和施工不致影响既有建筑物的安全成为设计施工应予控制的关键因素。

丙级建筑桩基的要素同时包含两方面，一是场地和地基条件简单，二是荷载分布较均匀、体型简单的7层及7层以下一般建筑；桩基设计较简单，计算内容可视具体情况简略。

乙级建筑桩基，为甲级、丙级以外的建筑桩基，设计较甲级简单，计算内容应根据场地与地基条件、建筑物类型酌定。

3.1.3 关于桩基承载力计算和稳定性验算，是承载能力极限状态设计的具体内容，应结合工程具体条件有针对性地进行计算或验算，条文所列6项内容中有的为必算项，有的为可算项。

3.1.4、3.1.5 桩基变形涵盖沉降和水平位移两大方面，后者包括长期水平荷载、高烈度区水平地震作用以及风荷载等引起的水平位移；桩基沉降是计算绝对沉降、差异沉降、整体倾斜和局部倾斜的基本参数。

3.1.6 根据基桩所处环境类别，参照现行《混凝土结构设计规范》GB 50010关于结构构件正截面的裂缝控制等级分为三级：一级严格要求不出现裂缝的构件，按荷载效应标准组合计算的构件受拉边缘混凝土不应产生拉应力；二级一般要求不出现裂缝的构件，按荷载效应标准组合计算的构件受拉边缘混凝土拉应力不应大于混凝土轴心抗拉强度标准值；按荷载效应准永久组合计算构件受拉边缘混凝土不宜产生拉应力；三级允许出现裂缝的构件，应按荷载效应标准组合计算裂缝宽度。最大裂缝宽度限值见本规范表3.5.3。

3.1.7 桩基设计所采用的作用效应组合和抗力是根据计算或验算的内容相适应的原则确定的。

1 确定桩数和布桩时，由于抗力是采用基桩或复合基桩极限承载力除以综合安全系数 $K=2$ 确定的特征值，故采用荷载分项系数 γ_G、$\gamma_Q=1$ 的荷载效应标准组合。

2 计算荷载作用下基桩沉降和水平位移时，考虑土体固结变形时效特点，应采用荷载效应准永久组合；计算水平地震作用、风荷载作用下桩基的水平位移时，应按水平地震作用、风载作用效应的标准组合。

3 验算坡地、岸边建筑桩基整体稳定性采用综合安全系数，故其荷载效应采用 γ_G、$\gamma_Q=1$ 的标准组合。

4 在计算承台结构和桩身结构时，应与上部混凝土结构一致，承台顶面作用效应应采用基本组合，其抗力应采用包含抗力分项系数的设计值；在进行承台和桩身的裂缝控制验算时，应与上部混凝土结构一致，采用荷载效应标准组合和荷载效应准永久组合。

5 桩基结构作为结构体系的一部分，其安全等级、结构设计使用年限，应与混凝土结构设计规范一致。考虑到桩基结构的修复难度更大，故结构重要性系数 γ_0 除临时性建筑外，不应小于1.0。

3.1.8 本条说明关于变刚度调平设计的相关内容。

变刚度调平概念设计旨在减小差异变形、降低承台内力和上部结构次内力，以节约资源，提高建筑物使用寿命，确保正常使用功能。以下就传统设计存在的问题、变刚度调平设计原理与方法、试验验证、工程应用效果进行说明。

1 天然地基箱基的变形特征

图1所示为北京中信国际大厦天然地基箱形基础竣工时和使用3.5年相应的沉降等值线。该大厦高104.1m，框架-核心筒结构；双层箱基，高11.8m；地基为砂砾与黏性土交互层；1984年建成至今20年，最大沉降由6.0cm发展至12.5cm，最大差异沉降

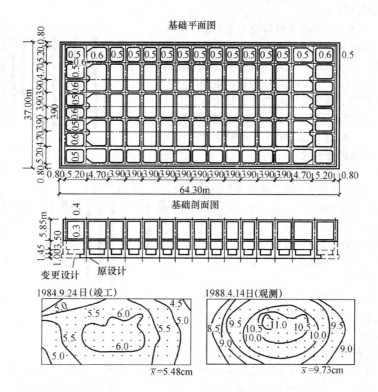

图1 北京中信国际大厦箱基沉降等值线（s 单位：cm）

$\Delta s_{max} = 0.004 L_0$，超过规范允许值 $[\Delta s_{max}] = 0.002 L_0$（$L_0$ 为二测点距离）一倍，碟形沉降明显。这说明加大基础的抗弯刚度对于减小差异沉降的效果并不突出，但材料消耗相当可观。

2 均匀布桩的桩筏基础的变形特征

图2为北京南银大厦桩筏基础建成一年的沉降等值线。该大厦高 113m，框架-核心筒结构；采用 ϕ400PHC 管桩，桩长 $l = 11$m，均匀布桩；考虑到预制桩沉桩出现上浮，对所有桩实施了复打；筏板厚 2.5m；建成一年，最大差异沉降 $[\Delta s_{max}] = 0.002 L_0$。

由于桩端以下有黏性土下卧层，桩长相对较短，预计最终最大沉降量将达 7.0cm 左右，Δs_{max} 将超过允许值。沉降分布与天然地基上箱基类似，呈明显碟形。

3 均匀布桩的桩顶反力分布特征

图3所示为武汉某大厦桩箱基础的实测桩顶反力分布。该大厦为 22 层框架-剪力墙结构，桩基为 ϕ500PHC 管桩，桩长 22m，均匀布桩，桩距 3.3d，桩数 344 根，桩端持力层为粗中砂。由图3看出，随荷载和结构刚度增加，中、边桩反力差增大，最终达 1：1.9，呈马鞍形分布。

4 碟形沉降和马鞍形反力分布的负面效应

1）碟形沉降

约束状态下的非均匀变形与荷载一样也是一种作用，受作用体将产生附加应力。箱筏基础或桩承台的碟形沉降，将引起自身和上部结构的附加弯、剪内力乃至开裂。

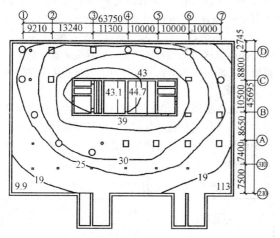

图2 南银大厦桩筏基础沉降等值线
（建成一年，s 单位：mm）

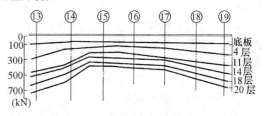

图3 武汉某大厦桩箱基础桩
顶反力实测结果

2）马鞍形反力分布

天然地基箱筏基础土反力的马鞍形反力分布的负面效应将导致基础的整体弯矩增大。以图1北京中信国际大厦为例，土反力按《高层建筑箱形与筏形基础技术规范》JGJ 6-99 所给反力系数，近似计算中间单位宽板带核心筒一侧的附加弯矩较均布反力增加 16.2%。根据图3所示桩箱基础实测反力内外比达 1:1.9，由此引起的整体弯矩增量比中信国际大厦天然地基的箱基更大。

5 变刚度调平概念设计

天然地基和均匀布桩的初始竖向支承刚度是均匀分布的，设置于其上的刚度有限的基础（承台）受均布荷载作用时，由于土与土、桩与桩、土与桩的相互作用导致地基或桩群的竖向支承刚度分布发生内弱外强变化，沉降变形出现内大外小的碟形分布，基底反力出现内小外大的马鞍形分布。

当上部结构为荷载与刚度内大外小的框架-核心筒结构时，碟形沉降会更趋明显[见图4(a)]，上述工程实例证实了这一点。为避免上述负面效应，突破传统设计理念，通过调整地基或基桩的竖向支承刚度分布，促使差异沉降减到最小，基础或承台内力和上部结构次应力显著降低。这就是变刚度调平概念设计的内涵。

1）局部增强变刚度

在天然地基满足承载力要求的情况下，可对荷载集度高的区域如核心筒等实施局部增强处理，包括采用局部桩基与局部刚性桩复合地基[见图4(c)]。

2）桩基变刚度

对于荷载分布较均匀的大型油罐等构筑物，宜按变桩距、变桩长布桩（图5）以抵消因相互作用对中心区支承刚度的削弱效应。对于框架-核心筒和框架-剪力墙结构，应按荷载分布考虑相互作用，将桩相对集中布置于核心筒和柱下，对于外围框架区应适当弱化，按复合桩基设计，桩长宜减小（当有合适桩端持力层时），如图4(b)所示。

3）主裙连体变刚度

对于主裙连体建筑基础，应按增强主体（采用桩基）、弱化裙房（采用天然地基、疏短桩、复合地基、褥垫增沉等）的原则设计。

4）上部结构—基础—地基（桩土）共同工作分析

在概念设计的基础上，进行上部结构—基础—地基（桩土）共同作用分析计算，进一步优化布桩，并确定承台内力与配筋。

6 试验验证

1）变桩长模型试验

在石家庄某现场进行了20层框架-核心筒结构1/10现场模型试验。从图6看出，等桩长布桩（$d=150mm$，$l=2m$）与变桩长（$d=150mm$，$l=2m$、

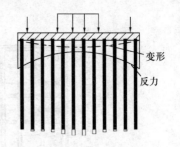

(a)

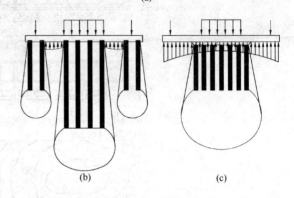

(b)   (c)

图4 框架-核心筒结构均匀布桩与变刚度布桩

(a) 均匀布桩；(b) 桩基-复合桩基；
(c) 局部刚性桩复合地基或桩基

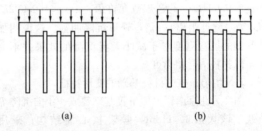

(a)   (b)

图5 均布荷载下变刚度布桩模式

(a) 变桩距；(b) 变桩长

3m、4m）布桩相比，在总荷载 $F=3250kN$ 下，其最大沉降由 $s_{max}=6mm$ 减至 $s_{max}=2.5mm$，最大沉降差由 $\Delta s_{max} \leqslant 0.012L_0$（$L_0$ 为二测点距离）减至 $\Delta s_{max} \leqslant 0.0005L_0$。这说明按常规布桩，差异沉降难免超出规范要求，而按变刚度调平设计可大幅减小最大沉降和差异沉降。

由表1桩顶反力测试结果看出，等桩长桩基桩顶反力呈内小外大马鞍形分布，变桩长桩基转变为内大外小碟形分布。后者可使承台整体弯矩、核心筒冲切力显著降低。

表1 桩顶反力比（$F=3250kN$）

试验细目	内部桩 Q_i/Q_{av}	边桩 Q_b/Q_{bv}	角桩 Q_c/Q_{av}
等长度布桩试验C	76%	140%	115%
变长度布桩试验D	105%	93%	92%

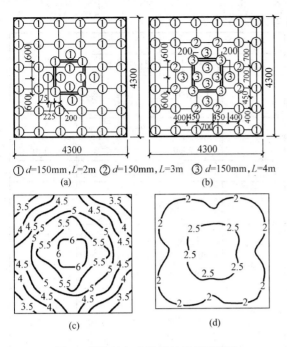

① d=150mm, L=2m ② d=150mm, L=3m ③ d=150mm, L=4m

(a)

(b)

(c)

(d)

图 6 等桩长与变桩长桩基模型试验
(P=3250kN)
(a) 等长度布桩试验 C；(b) 变长度布桩试验 D；
(c) 等长度布桩沉降等值线；
(d) 变长度布桩沉降等值线

2）核心筒局部增强模型试验

图 7 为试验场地在粉质黏土地基上的 20 层框架结构 1/10 模型试验，无桩筏板与局部增强（刚性桩复合地基）试验比较。从图 7(a)、(b)可看出，在相同荷载（F=3250kN）下，后者最大沉降量 s_{max}=8mm，外围沉降为 7.8mm，差异沉降接近于零；而前者最大沉降量 s_{max}=20mm，外围最大沉降量 s_{min}=10mm，最大相对差异沉降 $\Delta s_{max}/L_0$=0.4%＞容许值

0.2%。可见，在天然地基承载力满足设计要求的情况下，采用对荷载集度高的核心区局部增强措施，其调平效果十分显著。

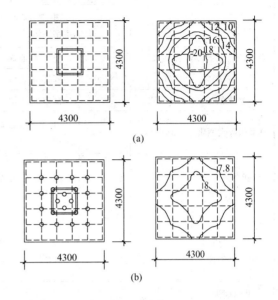

(a)

(b)

图 7 核心筒区局部增强（刚性桩复合地基）
与无桩筏板模型试验（P=3250kN）
(a) 无桩筏板；(b) 核心区刚性桩复合地基
(d=150mm, L=2m)

7 工程应用

采用变刚度调平设计理论与方法结合后注浆技术对北京皂君庙电信楼、山东农行大厦、北京长青大厦、北京电视台、北京呼家楼等 27 项工程的桩基设计进行了优化，取得了良好的技术经济效益（部分工程见表 2）。最大沉降 s_{max}≤38mm，最大差异沉降 Δs_{max}≤0.0008L_0，节约投资逾亿元。

表 2 变刚度调平设计工程实例

工程名称	层数（层）/高度（m）	建筑面积（m²）	结构形式	桩 数		承台板厚		节约投资（万元）
				原设计	优 化	原设计	优 化	
农行山东省分行大厦	44/170	80000	框架-核心筒，主裙连体	377φ1000	146φ1000	—	—	300
北京皂君庙电信大厦	18/150	66308	框架-剪力墙，主裙连体	373φ800 391φ1000	302φ800	—	—	400
北京盛富大厦	26/100	60000	框架-核心筒，主裙连体	365φ1000	120φ1000	—	—	150
北京机械工业经营大厦	27/99.8	41700	框架-核心筒，主裙连体	桩基	复合地基	—	—	60
北京长青大厦	26/99.6	240000	框架-核心筒，主裙连体	1251φ800	860φ800	—	1.4m	959

工程名称	层数（层）/高度（m）	建筑面积（m²）	结构形式	桩数		承台板厚		节约投资（万元）
				原设计	优化	原设计	优化	
北京紫云大厦	32/113	68000	框架-核心筒，主裙连体	—	92ϕ1000			50
BTV综合业务楼	41/255	—	框架-核心筒	—	126ϕ1000	3m	2m	
BTV演播楼	11/48	183000	框架-剪力墙	—	470ϕ800			1100
BTV生活楼	11/52		框架-剪力墙	—	504ϕ600			
万豪国际大酒店	33/128	—	框架-核心筒，主裙连体	—	162ϕ800			
北京嘉美风尚中心公寓式酒店	28/99.8	180000	框架-剪力墙，主群连体	233ϕ800，$l=38$m	64 根，$l=38$m，152 根 $l=18$m	1.5m	1.5m	150
北京嘉美风尚中心办公楼	24/99.8		框架-剪力墙，主群连体	194ϕ800，$l=38$m	65 根，$l=38$m，117 根 $l=18$m	1.5m	1.5m	200
北京财源国际中心西塔	36/156.5	220000	框架-核心筒	ϕ800 桩，扩底后注浆	280ϕ1000	3.0m	2.2m	200
北京悠乐汇B区酒店、商业及写字楼（共3栋塔楼）	28/99.15	220000	框架-核心筒，主群连体	—	558ϕ800	核心下3.0m外围柱下2.2m	1.6m	685

3.1.9 软土地区多层建筑，若采用天然地基，其承载力许多情况下满足要求，但最大沉降往往超过20cm，差异变形超过允许值，引发墙体开裂者多见。20 世纪 90 年代以来，首先在上海采用以减小沉降为目标的疏布小截面预制桩复合桩基，简称为减沉复合疏桩基础，上海称其为沉降控制复合桩基。近年来，这种减沉复合疏桩基础在温州、天津、济南等地也相继应用。

对于减沉复合疏桩基础应用中要注意把握三个关键技术，一是桩端持力层不应是坚硬岩层、密实砂、卵石层，以确保基桩受荷能产生刺入变形，承台底基土能有效分担份额很大的荷载；二是桩距应在 5～6d以上，使桩间土受桩牵连变形较小，确保桩间土较充分发挥承载作用；三是由于基桩数量少而疏，成桩质量可靠性应严加控制。

3.1.10 对于按规范第 3.1.4 条进行沉降计算的建筑桩基，在施工过程及建成后使用期间，必须进行系统的沉降观测直至稳定。系统的沉降观测，包含四个要点：一是桩基完工之后即应在柱、墙脚部位设置测点，以测量地基的回弹再压缩量。待地下室建造出地面后，将测点移至地面柱、墙脚部成为长期测点，并加设保护措施；二是对于框架-核心筒、框架-剪力墙结构，应于内部柱、墙和外围柱、墙上设置测点，以

获取建筑物内、外部的沉降和差异沉降值；三是沉降观测应委托专业单位负责进行，施工单位自测自检平行作业，以资校对；四是沉降观测应事先制定观测间隔时间和全程计划，观测数据和所绘曲线应作为工程验收内容，移交建设单位存档，并按相关规范观测直至稳定。

3.2 基 本 资 料

3.2.1、3.2.2 为满足桩基设计所需的基本资料，除建筑场地工程地质、水文地质资料外，对于场地的环境条件、新建工程的平面布置、结构类型、荷载分布、使用功能上的特殊要求、结构安全等级、抗震设防烈度、场地类别、桩的施工条件、类似地质条件的试桩资料等，都是桩基设计所需的基本资料。根据工程与场地条件，结合桩基工程特点，对勘探点间距、勘探深度、原位试验这三方面制定合理完整的勘探方案，以满足桩型、桩端持力层、单桩承载力、布桩等概念设计阶段和施工图设计阶段的资料要求。

3.3 桩的选型与布置

3.3.1、3.3.2 本条说明桩的分类与选型的相关内容。

1 应正确理解桩的分类内涵

1）按承载力发挥性状分类

承载性状的两个大类和四个亚类是根据其在极限承载力状态下，总侧阻力和总端阻力所占份额而定。承载性状的变化不仅与桩端持力层性质有关，还与桩的长径比、桩周土层性质、成桩工艺等有关。对于设计而言，应依据基桩竖向承载性状合理配筋、计算负摩阻力引起的下拉荷载、确定沉降计算图式、制定灌注桩沉渣控制标准和预制桩锤击和静压终止标准等。

2）按成桩方法分类

按成桩挤土效应分类，经大量工程实践证明是必要的，也是借鉴国外相关标准的规定。成桩过程中有无挤土效应，涉及设计选型、布桩和成桩过程质量控制。

成桩过程的挤土效应在饱和黏性土中是负面的，会引发灌注桩断桩、缩颈等质量事故，对于挤土预制混凝土桩和钢桩会导致桩体上浮，降低承载力，增大沉降；挤土效应还会造成周边房屋、市政设施受损；在松散土和非饱和填土中则是正面的，会起到加密、提高承载力的作用。

对于非挤土桩，由于其既不存在挤土负面效应，又具有穿越各种硬夹层、嵌岩和进入各类硬持力层的能力，桩的几何尺寸和单桩的承载力可调空间大。因此钻、挖孔灌注桩使用范围大，尤以高重建筑物更为合适。

3）按桩径大小分类

桩径大小影响桩的承载力性状，大直径钻（挖、冲）孔桩成孔过程中，孔壁的松弛变形导致侧阻力降低的效应随桩径增大而增大，桩端阻力则随直径增大而减小。这种尺寸效应与土的性质有关，黏性土、粉土与砂土、碎石类土相比，尺寸效应相对较弱。另外侧阻和端阻的尺寸效应与桩身直径 d、桩底直径 D 呈双曲线函数关系，尺寸效应系数：$\psi_{si} = (0.8/d)^m$；$\psi_p = (0.8/D)^n$。

2 应避免基桩选型常见误区

1）凡嵌岩桩必为端承桩

将嵌岩桩一律视为端承桩会导致将桩端嵌岩深度不必要地加大，施工周期延长，造价增加。

2）挤土灌注桩也可应用于高层建筑

沉管挤土灌注桩无需排土排浆，造价低。20世纪80年代曾风行于南方各省，由于设计施工对于这类桩的挤土效应认识不足，造成的事故极多，因而21世纪以来趋于淘汰。然而，重温这类桩使用不当的教训仍属必要。某28层建筑，框架-剪力墙结构；场地地层自上面下为饱和粉质黏土、粉土、黏土；采用 $\phi500$、$l=22m$、沉管灌注桩，梁板式筏形承台，桩距 $3.6d$，均匀满堂布桩；成桩过程出现明显地面隆起和桩上浮；建至12层底板即开裂，建成后梁板式筏形承台的主次梁及部分与核心筒相连的框架梁开裂。最后采取加固措施，将梁板式筏形承台主次梁两

侧加焊钢板，梁与梁之间充填混凝土变为平板式筏形承台。

鉴于沉管灌注桩应用不当的普遍性及其严重后果，本次规范修订中，严格控制沉管灌注桩的应用范围，在软土地区仅限于多层住宅单排桩条基使用。

3）预制桩的质量稳定性高于灌注桩

近年来，由于沉管灌注桩事故频发，PHC 和 PC 管桩迅猛发展，取代沉管灌注桩。毋庸置疑，预应力管桩不存在缩颈、夹泥等质量问题，其质量稳定性优于沉管灌注桩，但是与钻、挖、冲孔灌注桩比较则不然。首先，沉桩过程的挤土效应常常导致断桩（接头处）、桩端上浮、增大沉降，以及对周边建筑物和市政设施造成破坏等；其次，预制桩不能穿透硬夹层，往往使得桩长过短，持力层不理想，导致沉降过大；其三，预制桩的桩径、桩长、单桩承载力可调范围小，不能或难于按变刚度调平原则优化设计。因此，预制桩的使用要因地、因工程对象制宜。

4）人工挖孔桩质量稳定可靠

人工挖孔桩在低水位非饱和土中成孔，可进行彻底清孔，直观检查持力层，因此质量稳定性较高。但是，设计者对于高水位条件下采用人工挖孔桩的潜在隐患认识不足。有的边挖孔边抽水，以至将桩侧细颗粒淘走，引起地面下沉，甚至导致护壁整体滑脱，造成人身事故；还有的将相邻桩新灌注混凝土的水泥颗粒带走，造成离析；在流动性淤泥中实施强制性挖孔，引起大量淤泥发生侧向流动，导致土体滑移将桩体推歪、推断。

5）凡扩底可提高承载力

扩底桩用于持力层较好、桩较短的端承型灌注桩，可取得较好的技术经济效益。但是，若将扩底不适当应用，则可能走进误区。如：在饱和单轴抗压强度高于桩身混凝土强度的基岩中扩底，是不必要的；在桩侧土层较好、桩长较大的情况下扩底，一则损失扩底端以上部分侧阻力，二则增加扩底费用，可能得失相当或失大于得；将扩底端放置于有软弱下卧层的薄硬土层上，既无增强效应，还可能留下安全隐患。

近年来，全国各地研发的新桩型，有的已取得一定的工程应用经验，编制了推荐性专业标准或企业标准，各有其适用条件。由于选用不当，造成事故者也不少见。

3.3.3 基桩的布置是桩基概念设计的主要内涵，是合理设计、优化设计的主要环节。

1 基桩的最小中心距。基桩最小中心距规定基于两个因素确定。第一，有效发挥桩的承载力，群桩试验表明对于非挤土桩，桩距 $3\sim4d$ 时，侧阻和端阻的群桩效应系数接近或略大于1；砂土、粉土略高于黏性土。考虑承台效应的群桩效率则均大于1。但桩基的变形因群桩效应而增大，亦即桩基的竖向支承刚度因桩土相互作用而降低。

基桩最小中心距所考虑的第二个因素是成桩工艺。对于非挤土桩而言，无需考虑挤土效应问题；对于挤土桩，为减小挤土负面效应，在饱和黏性土和密实土层条件下，桩距应适当加大。因此最小桩距的规定，考虑了非挤土、部分挤土和挤土效应，同时考虑桩的排列与数量等因素。

2 考虑力系的最优平衡状态。桩群承载力合力点宜与竖向永久荷载合力作用点重合，以减小荷载偏心的负面效应。当桩基受水平力时，应使基桩受水平力和力矩较大方向有较大的抗弯截面模量，以增强桩基的水平承载力，减小桩基的倾斜变形。

3 桩箱、桩筏基础的布桩原则。为改善承台的受力状态，特别是降低承台的整体弯矩、冲切力和剪切力，宜将桩布置于墙下和梁下，并适当弱化外围。

4 框架-核心筒结构的优化布桩。为减小差异变形、优化反力分布、降低承台内力，应按变刚度调平原则布桩。也就是根据荷载分布，作到局部平衡，并考虑相互作用对于桩土刚度的影响，强化内部核心筒和剪力墙区，弱化外围框架区。调整基桩支承刚度的具体做法是：对于刚度强化区，采取加大桩长（有多层持力层）、或加大桩径（端承型桩）、减小桩距（满足最小桩距）；对于刚度相对弱化区，除调整桩的几何尺寸外，宜按复合桩基设计。由此改变传统设计带来的碟形沉降和马鞍形反力分布，降低冲切力、剪切力和弯矩，优化承台设计。

5 关于桩端持力层选择和进入持力层的深度要求。桩端持力层是影响基桩承载力的关键性因素，不仅制约桩端阻力而且影响侧阻力的发挥，因此选择较硬土层为桩端持力层至关重要；其次，应确保桩端进入持力层的深度，有效发挥其承载力。进入持力层的深度除考虑承载性状外尚应同成桩工艺可行性相结合。本款是综合以上二因素结合工程经验确定的。

6 关于嵌岩桩的嵌岩深度原则上应按计算确定，计算中综合反映荷载、上覆土层、基岩性质、桩径、桩长诸因素，但对于嵌入倾斜的完整和较完整岩的深度不宜小于 $0.4d$（以岩面坡下方深度计），对于倾斜度大于 30% 的中风化岩，宜根据倾斜度及岩石完整程度适当加大嵌岩深度，以确保基桩的稳定性。

3.4 特殊条件下的桩基

3.4.1 本条说明关于软土地基桩基的设计原则。

1 软土地基特别是沿海深厚软土区，一般坚硬地层埋置很深，但选择较好的中、低压缩性土层作为桩端持力层仍有可能，且十分重要。

2 软土地区桩基因负摩阻力而受损的事故不少，原因各异。一是有些地区覆盖有新近沉积的欠固结土层；二是采取开山或吹填围海造地；三是使用过程地面大面积堆载；四是邻近场地降低地下水；五是大面积挤土沉桩引起超孔隙水压和土体上涌等等。负摩阻

力的发生和危害是可以预防、消减的。问题是设计和施工者的事先预测和采取应对措施。

3 挤土沉桩在软土地区造成的事故不少，一是预制桩接头被拉断、桩体侧移和上涌，沉管灌注桩发生断桩、缩颈；二是邻近建筑物、道路和管线受到破坏。设计时要因地制宜选择桩型和工艺，尽量避免采用沉管灌注桩。对于预制桩和钢桩的沉桩，应采取减小孔压和减轻挤土效应的措施，包括施打塑料排水板、应力释放孔、引孔沉桩、控制沉桩速率等。

4 关于基坑开挖对已成桩的影响问题。在软土地区，考虑到基桩施工有利的作业条件，往往采取先成桩后开挖基坑的施工程序。由于基坑开挖得不均衡，形成"坑中坑"，导致土体蠕变滑移将基桩推歪推断，有的水平位移达 1m 多，造成严重的质量事故。这类事故自 20 世纪 80 年代以来，从南到北屡见不鲜。因此，软土场地在已成桩的条件下开挖基坑，必须严格实行均衡开挖，高差不应超过 1m，不得在坑边弃土，以确保已成基桩不因土体滑移而发生水平位移和折断。

3.4.2 本条说明湿陷性黄土地区桩基的设计原则。

1 湿陷性黄土地区的桩基，由于土的自重湿陷对基桩产生负摩阻力，非自重湿陷性土由于浸水削弱桩侧阻力，承台底土抗力也随之消减，导致基桩承载力降低。为确保基桩承载力的安全可靠，桩端持力层应选择低压缩性的黏性土、粉土、中密和密实土以及碎石类土层。

2 湿陷性黄土地基中的单桩极限承载力的不确定性较大，故设计等级为甲、乙级桩基工程的单桩极限承载力的确定，强调采用浸水载荷试验方法。

3 自重湿陷性黄土地基中的单桩极限承载力，应视浸水可能性、桩端持力层性质、建筑桩基设计等级等因素考虑负摩阻力的影响。

3.4.3 本条说明季节性冻土和膨胀土地基中的桩基的设计原则。

主要应考虑冻胀和膨胀对于基桩抗拔稳定性问题，避免冻胀或膨胀力作用下产生上拔变形，乃至因累积上拔变形而引起建筑物开裂。因此，对于荷载不大的多层建筑桩基设计应考虑以下诸因素：桩端进入冻深线或膨胀土的大气影响急剧层以下一定深度；宜采用无挤土效应的钻、挖孔桩；对桩基的抗拔稳定性和桩身受拉承载力进行验算；对承台和桩身上部采取隔冻、隔胀处理。

3.4.4 本条说明岩溶地区桩基的设计原则。

主要考虑岩溶地区的基岩表面起伏大，溶沟、溶槽、溶洞往往较发育，无风化岩层覆盖等特点，设计应把握三方面要点：一是基桩选型和工艺宜采用钻、冲孔灌注桩，以利于嵌岩；二是应控制嵌岩最小深度，以确保倾斜基岩上基桩的稳定；三是当基岩的溶蚀极为发育，溶沟、溶槽、溶洞密布，岩面起伏很

大，而上覆土层厚度较大时，考虑到嵌岩桩桩长变异性过大，嵌岩施工难以实施，可采用较小桩径（$\phi500\sim\phi700$）密布非嵌岩桩，并后注浆，形成整体性和刚度很大的块体基础。如宜春邮电大楼即是一例，楼高 80m，框架-剪力墙结构，地质条件与上述情况类似，原设计为嵌岩桩，成桩过程出现个别桩充盈系数达 20 以上，后改为 $\phi700$ 灌注桩，利用上部 20m 左右较好的土层，实施桩端桩侧后注浆，筏板承台。建成后沉降均匀，最大不超过 10mm。

3.4.5 本条说明坡地、岸边建筑桩基的设计原则。

坡地、岸边建筑桩基的设计，关键是确保其整体稳定性，一旦失稳既影响自身建筑物的安全也会波及相邻建筑的安全。整体稳定性涉及这样三个方面问题：一是建筑场地必须是稳定的，如果存在软弱土层或岩土界面等潜在滑移面，必须将桩支承于稳定岩土层以下足够深度，并验算桩基的整体稳定性和基桩的水平承载力；二是建筑桩基外缘与坡顶的水平距离必须符合有关规范规定，边坡自身必须是稳定的或经整治后确保其稳定性；三是成桩过程不得产生挤土效应。

3.4.6 本条说明抗震设防区桩基的设计原则。

桩基较其他基础形式具有较好的抗震性能，但设计中应把握这样三点：一是基桩进入液化土层以下稳定土层的长度不应小于本条规定的最小值；二是为确保承台和地下室外墙土抗力能分担水平地震作用，肥槽回填质量必须确保；三是当承台周围为软土和可液化土，且桩基水平承载力不满足要求时，可对外侧土体进行适当加固以提高水平抗力。

3.4.7 本条说明可能出现负摩阻力的桩基的设计原则。

1 对于填土建筑场地，宜先填土后成桩，为保证填土的密实性，应根据填料及下卧层性质，对低水位场地应分层填土分层辗压或分层强夯，压实系数不应小于 0.94。为加速下卧层固结，宜采取插塑料排水板等措施。

2 室内大面积堆载常见于各类仓库、炼钢、轧钢车间，由堆载引起上部结构开裂乃至破坏的事故不少。要防止堆载对桩基产生负摩阻力，对堆载地基进行加固处理是措施之一，但造价往往偏高。对与堆载相邻的桩基采用刚性排桩进行隔离，对预制桩表面涂层处理等都是可供选用的措施。

3 对于自重湿陷性黄土，采用强夯、挤密土桩等处理，消除土层的湿陷性，属于防止负摩阻力的有效措施。

3.4.8 本条说明关于抗拔桩基的设计原则。

建筑桩基的抗拔问题主要出现于两种情况，一种是建筑物在风荷载、地震作用下的局部非永久上拔力；另一种是抵抗超补偿地下室地下水浮力的抗浮桩。对于前者，抗拔力与建筑物高度、风压强度、抗

震设防等级等因素相关。当建筑物设有地下室时，由于风荷载、地震引起的桩顶拔力显著减小，一般不起控制作用。

随着近年地下空间的开发利用，抗浮成为较普遍的问题。抗浮有多种方式，包括地下室底板上配重（如素混凝土或钢渣混凝土）、设置抗浮桩。后者具有较好的灵活性、适用性和经济性。对于抗浮桩基的设计，首要问题是根据场地勘察报告关于环境类别，水、土腐蚀性，参照现行《混凝土结构设计规范》GB 50010 确定桩身的裂缝控制等级，对于不同裂缝控制等级采取相应设计原则。对于抗浮荷载较大的情况宜采用桩侧后注浆、扩底灌注桩，当裂缝控制等级较高时，可采用预应力桩；以岩层为主的地基宜采用岩石锚杆抗浮。其次，对于抗浮桩承载力应本规范进行单桩和群桩抗拔承载力计算。

3.5 耐久性规定

3.5.2 二、三类环境桩基结构耐久性设计，对于混凝土的基本要求应根据现行《混凝土结构设计规范》GB 50010 规定执行，最大水灰比、最小水泥用量、混凝土最低强度等级、混凝土的最大氯离子含量、最大碱含量应符合相应的规定。

3.5.3 关于二、三类环境桩基结构的裂缝控制等级的判别，应按现行《混凝土结构设计规范》GB 50010 规定的环境类别和水、土对混凝土结构的腐蚀性等级制定，对桩基结构正截面尤其是对抗拔桩的抗裂和裂缝宽度控制进行设计计算。

4 桩 基 构 造

4.1 基 桩 构 造

4.1.1 本条说明关于灌注桩的配筋率、配筋长度和箍筋的配置的相关内容。

灌注桩的配筋与预制桩不同之处是无需考虑吊装、锤击沉桩等因素。正截面最小配筋率宜根据桩径确定，如 $\phi300mm$ 桩，配 $6\phi10$，$A_g = 471mm^2$，$\mu_g = A_g/A_{ps} = 0.67\%$；又如 $\phi2000mm$ 桩，配 $16\phi22$，$A_g = 6280mm^2$，$\mu_g = A_g/A_{ps} = 0.2\%$。另外，从承受水平力的角度考虑，桩身受弯截面模量为桩径的 3 次方，配筋对水平抗力的贡献随桩径增大显著增大。从以上两方面考虑，规定正截面最小配筋率为 $0.2\%\sim0.65\%$，大桩径取低值，小桩径取高值。

关于配筋长度，主要考虑轴向荷载的传递特征及荷载性质。对于端承桩应通长等截面配筋，摩擦型桩宜分段变截面配筋；当桩较长也可部分长度配筋，但不宜小于 2/3 桩长。当受水平力时，尚不应小于反弯点下限 $4.0/\alpha$；当有可液化层、软弱土层时，纵向主筋应穿越这些土层进入稳定土层一定深度。对于抗拔桩

应根据桩长、裂缝控制等级、桩侧土性等因素通长等截面或变截面配筋。对于受水平荷载桩，其极限承载力受配筋率影响大，主筋不应小于8ϕ12，以保证受拉区主筋不小于3ϕ12。对于抗压桩和抗拔桩，为保证桩身钢筋笼的成型刚度以及桩身承载力的可靠性，主筋不应小于6ϕ10；$d \leq 400mm$时，不应小于4ϕ10。

关于箍筋的配置，主要考虑三方面因素。一是箍筋的受剪作用，对于地震设防地区，基桩桩顶要承受较大剪力和弯矩，在风载等水平力作用下也同样如此，故规定桩顶5d范围箍筋应适当加密，一般间距为100mm；二是箍筋在轴压荷载下对混凝土起到约束加强作用，可大幅提高桩身受压承载力，而桩顶部分荷载最大，故桩顶部位箍筋应适当加密；三是为控制钢筋笼的刚度，根据桩身直径不同，箍筋直径一般为ϕ6～ϕ12，加劲箍为ϕ12～ϕ18。

4.1.2 桩身混凝土的最低强度等级由原规定C20提高到C25，这主要是根据《混凝土结构设计规范》GB 50010规定，设计使用年限为50年，环境类别为二a时，最低强度等级为C25；环境类别为二b时，最低强度等级为C30。

4.1.13 根据广东省采用预应力管桩的经验，当桩端持力层为非饱和状态的强风化岩时，闭口桩沉桩后一定时间由于桩端构造缝隙浸水导致风化岩软化，端阻力有显著降低现象。经研究，沉桩后立刻灌入微膨胀性混凝土至桩端以上约2m，能起到防止渗水软化现象发生。

4.2 承 台 构 造

4.2.1 承台除满足抗冲切、抗剪切、抗弯承载力和上部结构的需要外，尚需满足如下构造要求才能保证实现上述要求。

1 承台最小宽度不应小于500mm，桩中心至承台边缘的距离不宜小于桩直径或边长，边缘挑出部分不应小于150mm，主要是为满足嵌固及斜截面承载力（抗冲切、抗剪切）的要求。对于墙下条形承台梁，其边缘挑出部分可减少至75mm，主要是考虑到墙体与承台梁共同工作可增强承台梁的整体刚度，受力情况良好。

2 承台的最小厚度规定为不应小于300mm，高层建筑平板式筏形基础承台最小厚度不应小于400mm，是为满足承台基本刚度、桩与承台的连接等构造需要。

4.2.2 承台混凝土强度等级应满足结构混凝土耐久性要求，对设计使用年限为50年的承台，根据现行《混凝土结构设计规范》GB 50010的规定，当环境类别为二a类别时不应低于C25，二b类别时不应低于C30。有抗渗要求时，其混凝土的抗渗等级应符合有关标准的要求。

4.2.3 承台的钢筋配置除应满足计算要求外，尚需满足构造要求。

1 柱下独立桩基承台的受力钢筋应通长配置，主要是为保证桩基承台的受力性能良好，根据工程经验及承台受弯试验对矩形承台将受力钢筋双向均匀布置；对三桩的三角形承台应按三向板带均匀布置，为提高承台中部的抗裂性能，最里面的三根钢筋围成的三角形应在柱截面范围内。承台受力钢筋的直径不宜小于12mm，间距不宜大于200mm。主要是为满足施工及受力要求。独立桩基承台的最小配筋率不应小于0.15%。具体工程的实际最小配筋率宜考虑结构安全等级、基桩承载力等因素综合确定。

2 柱下独立两桩承台，当桩距与承台有效高度之比小于5时，其受力性能属深受弯构件范畴，因而宜按现行《混凝土结构设计规范》GB 50010中的深受弯构件配置纵向受拉钢筋、水平及竖向分布钢筋。

3 条形承台梁纵向主筋应满足现行《混凝土结构设计规范》GB 50010关于最小配筋率0.2%的要求以保证具有最小抗弯能力。关于主筋、架立筋、箍筋直径的要求是为满足施工及受力要求。

4 筏板承台在计算中仅考虑局部弯矩时，由于未考虑实际存在的整体弯距的影响，因此需要加强构造，故规定纵横两个方向的下层钢筋配筋率不宜小于0.15%；上层钢筋按计算钢筋全部连通。当筏板厚度大于2000mm时，在筏板中部设置直径不小于12mm、间距不大于300mm的双向钢筋网，是为减小大体积混凝土温度收缩的影响，并提高筏板的抗剪承载力。

5 承台底面钢筋的混凝土保护层厚度除应符合现行《混凝土结构设计规范》GB 50010的要求外，尚不应小于桩头嵌入承台的长度。

4.2.4 本条说明桩与承台的连接构造要求。

1 桩嵌入承台的长度规定是根据实际工程经验确定。如果桩嵌入承台深度过大，会降低承台的有效高度，使受力不利。

2 混凝土桩的桩顶纵向主筋锚入承台内的长度一般情况下为35倍直径，对于专用抗拔桩，桩顶纵向主筋的锚固长度应按现行《混凝土结构设计规范》GB 50010的受拉钢筋锚固长度确定。

3 对于大直径灌注桩，当采用一柱一桩时，连接构造通常有两种方案：一是设置承台，将桩与柱通过承台相连接；二是将桩与柱直接相连。实际工程根据具体情况选择。

关于桩与承台连接的防水构造问题：

当前工程实践中，桩与承台连接的防水构造形式繁多，有的用防水卷材将整个桩头包裹起来，致使桩与承台无连接，仅是将承台支承于桩顶；有的虽设有防水措施，但在钢筋与混凝土或底板与桩之间形成渗水通道，影响桩及底板的耐久性。本规范建议的防水构造如图8。

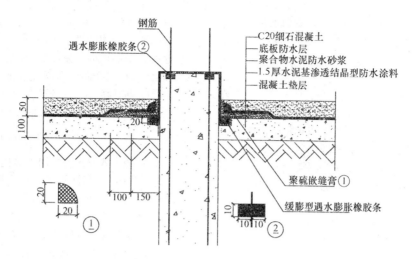

图8 桩与承台连接的防水构造

具体操作时要注意以下几点:

1)桩头要剔凿至设计标高,并用聚合物水泥防水砂浆找平;桩侧剔凿至混凝土密实处;

2)破桩后如发现渗漏水,应采取相应堵漏措施;

3)清除基层上的混凝土、粉尘等,用清水冲洗干净;基面要求潮湿,但不得有明水;

4)沿桩头根部及桩头钢筋根部分别剔凿20mm×25mm 及 10mm×10mm 的凹槽;

5)涂刷水泥基渗透结晶型防水涂料必须连续、均匀,待第二层涂料呈半干状态后开始喷水养护,养护时间不小于三天;

6)待膨胀型止水条紧密、连续、牢固地填塞于凹槽后,方可施工聚合物水泥防水砂浆层;

7)聚硫嵌缝膏嵌填时,应保护好垫层防水层,并与之搭接严密;

8)垫层防水层及聚硫嵌缝膏施工完成后,应及时做细石混凝土保护层。

4.2.6 本条说明承台与承台之间的连接构造要求。

1 一柱一桩时,应在桩顶两个相互垂直方向上设置联系梁,以保证桩基的整体刚度。当桩与柱的截面直径之比大于 2 时,在水平作用下,承台水平变位较小,可以认为满足结构内力分析时柱底为固端的假定。

2 两桩桩基承台短向抗弯刚度较小,因此应设置承台连系梁。

3 有抗震设防要求的柱下桩基承台,由于地震作用下,建筑物的各桩基承台所受的地震剪力和弯矩是不确定的,因此在纵横两方向设置连系梁,有利于桩基的受力性能。

4 连系梁顶面与承台顶面位于同一标高,有利于直接将柱底剪力、弯矩传递至承台。

连系梁的截面尺寸及配筋一般按下述方法确定:以柱剪力作用于梁端,按轴心受压构件确定其截面尺寸,配筋则取与轴心受压相同的轴力(绝对值),按

轴心受拉构件确定。在抗震设防区也可取柱轴力的 1/10 为梁端拉压力的粗略方法确定截面尺寸及配筋。连系梁最小宽度和高度尺寸的规定,是为了确保其平面外有足够的刚度。

5 连系梁配筋除按计算确定外,从施工和受力要求,其最小配筋量为上下配置不小于 2φ12 钢筋。

4.2.7 承台和地下室外墙的肥槽回填土质量至关重要。在地震和风载作用下,可利用其外侧土抗力分担相当大份额的水平荷载,从而减小桩顶剪力分担,降低上部结构反应。但工程实践中,往往忽视肥槽回填质量,以至出现浸水湿陷,导致散水破坏,给桩基结构在遭遇地震工况下留下安全隐患。设计人员应加以重视,避免这种情况发生。一般情况下,采用灰土和压实性较好的素土分层夯实;当施工中分层夯实有困难时,可采用素混凝土回填。

5 桩 基 计 算

5.1 桩顶作用效应计算

5.1.1 关于桩顶竖向力和水平力的计算,应是在上部结构分析将荷载凝聚于柱、墙底部的基础上进行。这样,对于柱下独立桩基,按承台为刚性板和反力呈线性分布的假定,得到计算各基桩或复合基桩的桩顶竖向力和水平力公式(5.1.1-1)~(5.1.1-3)。对于桩筏、桩箱基础,则按各柱、剪力墙、核心筒底部荷载分别按上述公式进行桩竖向力和水平力的计算。

5.1.3 属于本条所列的第一种情况,为了考虑其在高烈度地震作用或风载作用下桩基承台和地下室侧墙的侧向土抗力,合理的计算基桩的水平承载力和位移,宜按附录 C 进行承台——桩——土协同作用分析。属于本条所列的第二种情况,高承台桩基(使用要求架空的大型储罐、上部土层液化、湿陷)和低承台桩基,在较大水平力作用下,为使基桩桩顶竖向

力、剪力、弯矩分配符合实际，也需按附录 C 进行计算，尤其是当桩径、桩长不等时更为必要。

5.2 桩基竖向承载力计算

5.2.1、5.2.2 关于桩基竖向承载力计算，本规范采用以综合安全系数 $K=2$ 取代原规范的荷载分项系数 γ_G、γ_Q 和抗力分项系数 γ_s、γ_p，以单桩竖向极限承载力标准值 Q_{uk} 或极限侧阻力标准值 q_{sik}、极限端阻力标准值 q_{pk}、桩的几何参数 a_k 为参数确定抗力，以荷载效应标准组合 S_k 为作用力的设计表达式：

$$S_k \leqslant R(Q_{uk}, K)$$
$$或\ S_k \leqslant R(q_{sik}, q_{pk}, a_k, K)$$

采用上述承载力极限状态设计表达式，桩基安全度水准与《建筑桩基技术规范》JGJ 94-94 相比，有所提高。这是由于（1）建筑结构荷载规范的均布活载标准值较前提高了 1/4（办公楼、住宅），荷载组合系数提高了 17%；由此使以土的支承阻力制约的桩基承载力安全度有所提高；（2）基本组合的荷载分项系数由 1.25 提高至 1.35（以永久荷载控制的情况）；（3）钢筋和混凝土强度设计值略有降低。以上（2）、（3）因素使桩基结构承载力安全度有所提高。

5.2.4 对于本条规定的考虑承台竖向土抗力的四种情况：一是上部结构刚度较大、体形简单的建（构）筑物，由于其可适应较大的变形，承台分担的荷载份额往往也较大；二是对于差异变形适应性较强的排架结构和柔性构筑物桩基，采用考虑承台效应的复合桩基不致降低安全度；三是按变刚度调平原则设计的核心筒外围框架柱桩基，适当增加沉降、降低基桩支承刚度，可达到减小差异沉降、降低承台外围基桩反力、减小承台整体弯距的目标；四是软土地区减沉复合疏桩基础，考虑承台效应按复合桩基设计是该方法的核心。以上四种情况，在近年工程实践中的应用已取得成功经验。

5.2.5 本条说明关于承台效应及复合桩基承载力计算的相关内容

1 承台效应系数

摩擦型群桩在竖向荷载作用下，由于桩土相对位移，桩间土对承台产生一定竖向抗力，成为桩基竖向承载力的一部分而分担荷载，称此种效应为承台效应。承台底地基土承载力特征值发挥率为承台效应系数。承台效应和承台效应系数随下列因素影响而变化。

1）桩距大小。桩顶受荷载下沉时，桩周土受桩侧剪应力作用而产生竖向位移 w_r

$$w_r = \frac{1+\mu_s}{E_o} q_s d \ln \frac{nd}{r}$$

由上式看出，桩周土竖向位移随桩侧剪应力 q_s 和桩径 d 增大而线性增加，随与桩中心距离 r 增大，呈自然对数关系减小，当距离 r 达到 nd 时，位移为零；而 nd 根据实测结果约为 $(6\sim10)d$，随土的变形模量减小而减小。显然，土竖向位移愈小，土反力愈大，对于群桩，桩距愈大，土反力愈大。

2）承台土抗力随承台宽度与桩长之比 B_c/l 减小而减小。现场原型试验表明，当承台宽度与桩长之比较大时，承台土反力形成的压力泡包围整个桩群，由此导致桩侧阻力、端阻力发挥值降低，承台底土抗力随之加大。由图 9 看出，在相同桩数、桩距条件下，承台分担荷载比随 B_c/l 增大而增大。

3）承台土抗力随区位和桩的排列而变化。承台内区（桩群包络线以内）由于桩土相互影响明显，土的竖向位移加大，导致内区土反力明显小于外区（承台悬挑部分），即呈马鞍形分布。从图 10（a）还可看出，桩数由 2^2 增至 3^2、4^2，承台分担荷载比 P_c/P 递减，这也反映出承台内、外区面积比随桩数增多而增大导致承台土抗力随之降低。对于单排桩条基，由于承台外区面积比大，故其土抗力显著大于多排桩桩基。图 10 所示多排和单排桩基承台分担荷载比明显不同证实了这一点。

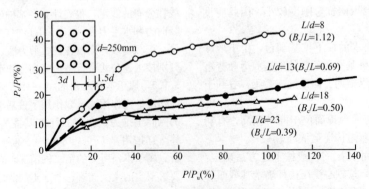

图 9　粉土中承台分担荷载比 P_c/P 随承台宽度与桩长比 B_c/L 的变化

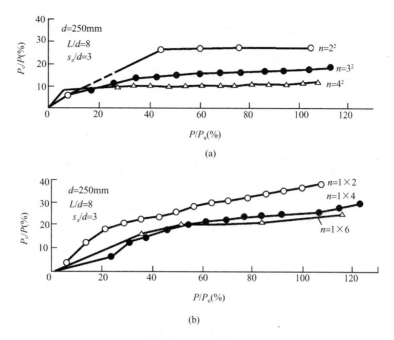

图10 粉土中多排群桩和单排群桩承台分担荷载比

(a) 多排桩；(b) 单排桩

4） 承台土抗力随荷载的变化。由图9、图10看出，桩基受荷后承台底产生一定土抗力，随荷载增加土抗力及其荷载分担比的变化分二种模式。一种模式是，到达工作荷载（$P_u/2$）时，荷载分担比P_c/P趋于稳值，也就是说土抗力和荷载增速是同步的；这种变化模式出现于$B_c/l \leqslant 1$和多排桩。对于$B_c/l > 1$和单排桩桩基属于第二种变化模式，P_c/P在荷载达到$P_u/2$后仍随荷载水平增大而持续增长；这说明这两种类型桩基承台土抗力的增速持续大于荷载增速。

5） 承台效应系数模型试验实测、工程实测与计算比较（见表3、表4）。

表3 承台效应系数模型试验实测与计算比较

序号	土类	桩径	长径比	距径比	桩数	承台宽与桩长比	承台底土承载力特征值	桩端持力层	实测土抗力平均值	承台效应系数	
		d(mm)	l/d	s_a/d	$r \times m$	B_c/l	f_{ak}(kPa)		(kPa)	实测 η_c	计算 η_c
1		250	18	3	3×3	0.50	125		32	0.26	0.16
2		250	8	3	3×3	1.125	125		40	0.32	0.18
3		250	13	3	3×3	0.692	125		35	0.28	0.16
4		250	23	3	3×3	0.391	125		30	0.24	0.14
5		250	18	4	3×3	0.611	125		34	0.27	0.22
6		250	18	6	3×3	0.833	125		60	0.48	0.44
7	粉土	250	18	3	1×4	0.167	125	粉黏	40	0.32	0.30
8		250	18	3	2×4	0.333	125		32	0.26	0.14
9		250	18	3	3×4	0.507	125		30	0.24	0.15
10		250	18	3	4×4	0.667	125		29	0.23	0.16
11		250	18	3	2×2	0.333	125		40	0.32	0.14
12		250	18	3	1×6	0.167	125		32	0.26	0.14
13		250	18	3	3×3	0.500	125		28	0.22	0.15

续表3

序号	土类	桩径 d(mm)	长径比 l/d	距径比 sₐ/d	桩数 r×m	承台宽与桩长比 Bc/l	承台底土承载力特征值 fak(kPa)	桩端持力层	实测土抗力平均值 (kPa)	承台效应系数 实测 ηc	承台效应系数 计算 ηc
14	粉黏	150	11	3	6×6	1.55	75	砾砂	13.3	0.18	0.18
15		150	11	3.75	5×5	1.55	75	砾砂	21.1	0.28	0.23
16		150	11	5	4×4	1.55	75	砾砂	27.7	0.37	0.37
17		114	17.5	3.5	3×9	0.50	200	粉黏	48	0.24	0.19
18	粉土	325	12.3	4	2×2	1.55	150	粉土	51	0.34	0.24
19	淤泥质黏土	100	45	3	4×4	0.267	40	黏土	11.2	0.28	0.13
20		100	45	3	4×4	0.333	40	黏土	12.0	0.30	0.21
21		100	45	6	4×4	0.467	40	黏土	14.4	0.36	0.38
22		100	45	6	3×3	0.333	40	黏土	16.4	0.41	0.36

表4 承台效应系数工程实测与计算比较

序号	建筑结构	桩径 d(mm)	桩长 l(m)	距径比 sₐ/d	承台平面尺寸 (m²)	承台宽与桩长比 Bc/l	承台底土承载力特征值 fak(kPa)	计算承台效应系数	承台土抗力 计算 pc	承台土抗力 实测 p'c	实测 p'c / 计算 pc
1	22层框架—剪力墙	550	22.0	3.29	42.7×24.7	1.12	80	0.15	12	13.4	1.12
2	25层框架—剪力墙	450	25.8	3.94	37.0×37.0	1.44	90	0.20	18	25.3	1.40
3	独立柱基	400	24.5	3.55	5.6×4.4	0.18	60	0.21	17.1	17.7	1.04
4	20层剪力墙	400	7.5	3.75	29.7×16.7	2.95	90	0.20	18.0	20.4	1.13
5	12层剪力墙	450	25.5	3.82	25.5×12.9	0.506	80	0.80	23.2	33.8	1.46
6	16层框架—剪力墙	500	26.0	3.14	44.2×12.3	0.456	80	0.23	16.1	15	0.93
7	32层剪力墙	500	54.6	4.31	27.5×24.5	0.453	80	0.27	18.9	19	1.01
8	26层框架—核心筒	609	53.0	4.26	38.7×36.4	0.687	80	0.33	26.4	29.4	1.11
9	7层砖混	400	13.5	4.6	439	0.163	79	0.18	13.7	14.4	1.05
10	7层砖混	400	13.5	4.6	335	0.111	79	0.18	14.2	18.5	1.30
11	7层框架	380	15.5	4.15	14.7×17.7	0.98	110	0.17	19.0	19.5	1.03
12	7层框架	380	15.5	4.3	10.5×39.6	0.73	110	0.16	18.0	24.5	1.36
13	7层框架	380	15.5	4.4	9.1×36.3	0.61	110	0.18	19.3	32.1	1.66
14	7层框架	380	15.5	4.3	10.5×39.6	0.73	110	0.16	19.1	19.4	1.02
15	某油田塔基	325	4.0	5.5	φ=6.9	1.4	120	0.50	60	66	1.10

2 复合基桩承载力特征值

根据粉土、粉质黏土、软土地基群桩试验取得的承台土抗力的变化特征（见表3），结合15项工程桩基承台土抗力实测结果（见表4），给出承台效应系数 η_c。承台效应系数 η_c 按距径比 s_a/d 和承台宽度与桩长比 B_c/l 确定（见本规范表5.2.5）。相应于单根

桩的承台抗力特征值为 $\eta_c f_{ak} A_c$，由此得规范式（5.2.5-1）、式（5.2.5-2）。对于单排条形桩基的 η_c，如前所述大于多排桩群桩，故单独给出其 η_c 值。但对于承台宽度小于 $1.5d$ 的条形基础，内区面积比大，故 η_c 按非条基取值。上述承台土抗力计算方法，较 JGJ 94-94 简化，不区分承台内外区面积比。按该法

计算，对于柱下独立桩基计算值偏小，对于大桩群筏形承台差别不大。A_c 为计算基桩对应的承台底净面积。关于承台计算域 A、基桩对应的承台面积 A_c 和承台效应系数 η_c，具体规定如下：

　　1）柱下独立桩基：A 为全承台面积。

　　2）桩筏、桩箱基础：按柱、墙侧 1/2 跨距，悬臂边取 2.5 倍板厚处确定计算域，桩距、桩径、桩长不同，采用上式分区计算，或取平均 s_a、B_c/l 计算 η_c。

　　3）桩集中布置于墙下的剪力墙高层建筑桩筏基础：计算域自墙两边外扩各 1/2 跨距，对于悬臂板自墙边外扩 2.5 倍板厚，按条基计算 η_c。

　　4）对于按变刚度调平原则布桩的核心筒外围平板式和梁板式筏形承台复合桩基：计算域为自柱侧 1/2 跨，悬臂板边取 2.5 倍板厚处构成。

　　不能考虑承台效应的特殊条件：可液化土、湿陷性土、高灵敏度软土、欠固结土、新填土、沉桩引起孔隙水压力和土体隆起等，这是由于这些条件下承台土抗力随时可能消失。

　　对于考虑地震作用时，按本规范式（5.2.5-2）计算复合基桩承载力特征值。由于地震作用下轴心竖向力作用下基桩承载力按本规范式（5.2.1-3）提高 25％，故地基土抗力乘以 $\zeta_a/1.25$ 系数，其中 ζ_a 为地基抗震承载力调整系数；除以 1.25 是与本规范式（5.2.1-3）相适应的。

　　3　忽略侧阻和端阻的群桩效应的说明

　　影响桩基的竖向承载力的因素包含三个方面，一是基桩的承载力；二是桩土相互作用对于桩侧阻力和端阻力的影响，即侧阻和端阻的群桩效应；三是承台底土抗力分担荷载效应。对于第三部分，上面已就条文的规定作了说明。对于第二部分，在《建筑桩基技术规范》JGJ 94-94 中规定了侧阻的群桩效应系数 η_s，端阻的群桩效应系数 η_p。所给出的 η_s、η_p 源自不同土质中的群桩试验结果。其总的变化规律是：对于侧阻力，在黏性土中因群桩效应而削弱，即非挤土桩在常用桩距条件下 η_s 小于 1，在非密实的粉土、砂土中因群桩效应产生沉降硬化而增强，即 η_s 大于 1；对于端阻力，在黏性土和非黏性土中，均因相邻桩桩端土互逆的侧向变形而增强，即 $\eta_p > 1$。但侧阻、端阻的综合群桩效应系数 η_{sp} 对于非单一黏性土大于 1，单一黏性土当桩距为 $3 \sim 4d$ 时略小于 1。计入承台土抗力的综合群桩效应系数略大于 1，非黏性土群桩较黏性土更大一些。就实际工程而言，桩所穿越的土层往往是两种以上性质土层交互出现，且水平向变化不均，由此计算群桩效应确定承载力较为繁琐。另据美国、英国规范规定，当桩距 $s_a \geqslant 3d$ 时不考虑群桩效应。本规范第 3.3.3 条所规定的最小桩距除桩数少于

3 排和 9 根桩的非挤土端承桩群桩外，其余均不小于 $3d$。鉴于此，本规范关于侧阻和端阻的群桩效应不予考虑，即取 $\eta_s = \eta_p = 1.0$。这样处理，方便设计，多数情况下可留给工程更多安全储备。对单一黏性土中的小桩距低承台桩基，不应再另行计入承台效应。

　　关于群桩沉降变形的群桩效应，由于桩—桩、桩—土、土—桩、土—土的相互作用导致桩群的竖向刚度降低，压缩层加深，沉降增大，则是概念设计布桩应考虑的问题。

5.3　单桩竖向极限承载力

5.3.1　本条说明不同桩基设计等级对于单桩竖向极限承载力标准值确定方法的要求。

　　目前对单桩竖向极限承载力计算受土强度参数、成桩工艺、计算模式不确定性影响的可靠度分析仍处于探索阶段的情况下，单桩竖向极限承载力仍以原位原型试验为最可靠的确定方法，其次是利用地质条件相同的试桩资料和原位测试及端阻力、侧阻力与土的物理指标的经验关系参数确定。对于不同桩基设计等级应采用不同可靠性水准的单桩竖向极限承载力确定的方法。单桩竖向极限承载力的确定，要把握两点，一是以单桩静载试验为主要依据，二是要重视综合判定的思想。因为静载试验一则数量少，二则在很多情况下如地下室土方尚未开挖，设计前进行完全与实际条件相符的试验不可能。因此，在设计过程中，离不开综合判定。

　　本规范规定采用单桩极限承载力标准值作为桩基承载力设计计算的基本参数。试验单桩极限承载力标准值指通过不少于 2 根的单桩现场静载试验确定的，反映特定地质条件、桩型与工艺、几何尺寸的单桩极限承载力代表值。计算单桩极限承载力标准值指根据特定地质条件、桩型与工艺、几何尺寸、以极限侧阻力标准值和极限端阻力标准值的统计经验值计算的单桩极限承载力标准值。

5.3.2　本条主旨是说明单桩竖向极限承载力标准值及其参数包括侧阻力、端阻力以及嵌岩桩嵌岩段的侧阻力、端阻力如何根据具体情况通过试验直接测定，并建立承载力参数与土层物性指标、静探等原位测试指标的相关关系以及岩石侧阻、端阻与饱和单轴抗压强度等的相关关系。直径为 0.3m 的嵌岩短墩试验，其嵌岩深度根据岩层软硬程度确定。

5.3.5　根据土的物理指标与承载力参数之间的经验关系计算单桩竖向极限承载力，核心问题是经验参数的收集，统计分析，力求涵盖不同桩型、地区、土质，具有一定的可靠性和较大适用性。

　　原《建筑桩基技术规范》JGJ 94-94 收集的试桩资料经筛选得到完整资料 229 根，涵盖 11 个省市。本次修订又共收集试桩资料 416 根，其中预制桩资料 88 根，水下钻（冲）孔灌注桩资料 184 根，干作业

钻孔灌注桩资料 144 根。前后合计总试桩数为 645 根。以原规范表列 q_{sik}、q_{pk} 为基础对新收集到的资料进行试算调整，其间还参考了上海、天津、浙江、福建、深圳等省市地方标准给出的经验值，最终得到本规范表 5.3.5-1、表 5.3.5-2 所列各桩型的 q_{sik}、q_{pk} 经验值。

对按各桩型建议的 q_{sik}、q_{pk} 经验值计算统计样本的极限承载力 Q_{uk}，各试桩的极限承载力实测值 Q'_u 与计算值 Q_{uk} 比较，$\eta = Q'_u/Q_{uk}$，将统计得到预制桩（317 根）、水下钻（冲）孔桩（184 根）、干作业钻孔桩（144 根）的 η 按 0.1 分位与其频数 N 之间的关系，Q'_u/Q_{uk} 平均值及均方差 S_n 分别表示于图 11～图 13。

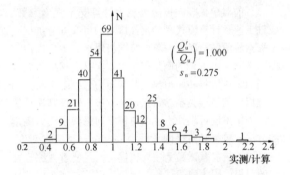

图 11　预制桩（317 根）极限承载力实测/计算频数分布

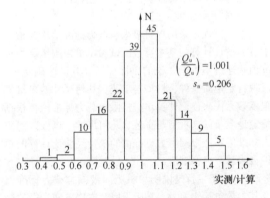

图 12　水下钻（冲）孔桩（184 根）极限承载力实测/计算频数分布

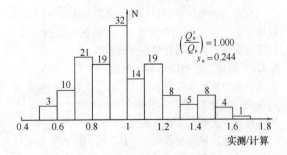

图 13　干作业钻孔桩（144 根）极限承载力实测/计算频数分布

5.3.6 本条说明关于大直径桩（$d \geqslant 800$mm）极限侧阻力和极限端阻力的尺寸效应。

　　1）大直径桩端阻力的尺寸效应。大直径桩静载试验 Q-S 曲线均呈缓变型，反映出其端阻力以压剪变形为主导的渐进破坏。G. G. Meyerhof（1998）指出，砂土中大直径桩的极限端阻随桩径增大而呈双曲线减小。根据这一特性，将极限端阻的尺寸效应系数表示为：

$$\psi_p = \left(\frac{0.8}{D}\right)^n$$

式中　D——桩端直径；
　　　n——经验指数，对于黏性土、粉土，$n = 1/4$；对于砂土、碎石土，$n = 1/3$。

　　图 14 为试验结果与上式计算端阻尺寸效应系数 ψ_p 的比较。

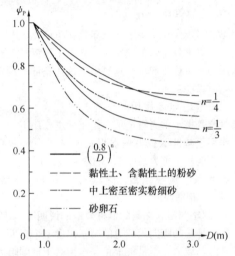

图 14　大直径桩端阻尺寸效应系数 ψ_p 与桩径 D 关系计算与试验比较

　　2）大直径桩侧阻尺寸效应系数

桩成孔后产生应力释放，孔壁出现松弛变形，导致侧阻力有所降低，侧阻力随桩径增大呈双曲线型减小（图 15 H. Brandl. 1988）。本规范建议采用如下表达式进行侧阻尺寸效应计算。

$$\psi_s = \left(\frac{0.8}{d}\right)^m$$

式中　d——桩身直径；
　　　m——经验指数；黏性土、粉土 $m = 1/5$；砂土、碎石 $m = 1/3$。

5.3.7 本条说明关于钢管桩的单桩竖向极限承载力的相关内容。

1　闭口钢管桩

闭口钢管桩的承载变形机理与混凝土预制桩相同。钢管桩表面性质与混凝土桩表面虽有所不同，但大量试验表明，两者的极限侧阻力可视为相等，因为除坚硬黏性土外，侧阻剪切破坏面是发生于靠近桩表

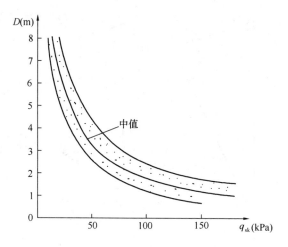

图15 砂、砾土中极限侧阻力随桩径的变化

面的土体中，而不是发生于桩土介面。因此，闭口钢管桩承载力的计算可采用与混凝土预制桩相同的模式与承载力参数。

2 敞口钢管桩的端阻力

敞口钢管桩的承载力机理与承载力随有关因素的变化比闭口钢管桩复杂。这是由于沉桩过程，桩端部

分土将涌入管内形成"土塞"。土塞的高度及闭塞效果随土性、管径、壁厚、桩进入持力层的深度等诸多因素变化。而桩端土的闭塞程度又直接影响桩的承载力性状。称此为土塞效应。闭塞程度的不同导致端阻力以两种不同模式破坏。

一种是土塞沿管内向上挤出，或由于土塞压缩量大而导致桩端土大量涌入。这种状态称为非完全闭塞，这种非完全闭塞将导致端阻力降低。

另一种是如同闭口桩一样破坏，称其为完全闭塞。

土塞的闭塞程度主要随桩端进入持力层的相对深度 h_b/d（h_b 为桩端进入持力层的深度，d 为桩外径）而变化。

为简化计算，以桩端土塞效应系数 λ_p 表征闭塞程度对端阻力的影响。图16 为 λ_p 与桩进入持力层相对深度 h_b/d 的关系，$\lambda_p = $ 静载试验总极限端阻/$30 NA_p$。其中 $30 NA_p$ 为闭口桩总极限端阻，N 为桩端土标贯击数，A_p 为桩端投影面积。从该图看出，当 $h_b/d \leqslant 5$ 时，λ_p 随 h_b/d 线性增大；当 $h_b/d > 5$ 时，λ_p 趋于常量。由此得到本规范式（5.3.7-2）、式（5.3.7-3）。

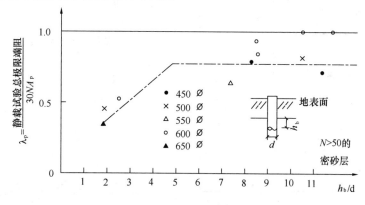

图16 λ_p 与 h_b/d 关系（日本钢管桩协会，1986）

5.3.8 混凝土敞口管桩单桩竖向极限承载力的计算。与实心混凝土预制桩相同的是，桩端阻力由于桩端敞口，类似于钢管桩也存在桩端的土塞效应；不同的是，混凝土管桩壁厚度较钢管桩大得多，计算端阻力时，不能忽略管壁端部提供的端阻力，故分为两部分：一部分为管壁端部的端阻力，另一部分为敞口部分端阻力。对于后者类似于钢管桩的承载机理，考虑桩端土塞效应系数 λ_p，λ_p 随桩端进入持力层的相对深度 h_b/d 而变化（d 为管桩外径），按本规范式（5.3.8-2）、式（5.3.8-3）计算确定。敞口部分端阻力为 $\lambda_p q_{pk} A_{p1}$（$A_{p1} = \frac{\pi}{4} d_1^2$，$d_1$ 为空心内径），管壁端部端阻力为 $q_{pk} A_j$（A_j 为桩端净面积，圆形管桩 $A_j = \frac{\pi}{4}(d^2 - d_1^2)$，空心方桩 $A_j = b^2 - \frac{\pi}{4} d_1^2$）。故敞口混凝土空心桩总极限端阻力 $Q_{pk} = q_{pk}(A_j + $

$\lambda_p A_{p1}$）。总极限侧阻力计算与闭口预应力混凝土空心桩相同。

5.3.9 嵌岩桩极限承载力由桩周土总阻力 Q_{sk}、嵌岩段总侧阻力 Q_{rk} 和总端阻力 Q_{pk} 三部分组成。

《建筑桩基技术规范》JGJ 94-94 是基于当时数量不多的小直径嵌岩桩试验确定嵌岩段侧阻力和端阻力系数，近十余年嵌岩桩工程和试验研究积累了更多资料，对其承载性状的认识进一步深化，这是本次修订的良好基础。

1 关于嵌岩段侧阻力发挥机理及侧阻力系数 $\zeta_s(q_{rs}/f_{rk})$

1) 嵌岩段桩岩之间的剪切模式即其剪切面可分为三种，对于软质岩（$f_{rk} \leqslant 15\text{MPa}$），剪切面发生于岩体一侧；对于硬质岩（$f_{rk} > 30\text{MPa}$），发生于桩体一侧；对于泥浆护壁成桩，剪切面一般发

生于桩岩介面，当清孔好，泥浆相对密度小，与上述规律一致。

2）嵌岩段桩的极限侧阻力大小与岩性、桩体材料和成桩清孔情况有关。表5～表8是部分不同岩性嵌岩段极限侧阻力 q_{rs} 和侧阻系数 ζ_s。

表5　Thorne（1997）的试验结果

q_{rs}（MPa）	0.5	2.0
f_{rk}（MPa）	5	50
$\zeta_s = q_{rs}/f_{rk}$	0.1	0.04

表6　Shin and chung（1994）和 Lam et al（1991）的试验结果

q_{rs}（MPa）	0.5	0.7	1.2	2.0
f_{rk}（MPa）	5	10	40	100
$\zeta_s = q_{rs}/f_{rk}$	0.1	0.07	0.03	0.02

表7　王国民论文所述试验结果

岩　类	砂砾岩	中粗砂岩	中细砂岩	黏土质粉砂岩	粉细砂岩
q_{rs}（MPa）	0.7～0.8	0.5～0.6	0.8	0.7	0.6
f_{rk}（MPa）	7.5	—	4.76	7.5	8.3
$\zeta_s = q_{rs}/f_{rk}$	0.1	—	0.168	0.09	0.072

表8　席宁中论文所述试验结果

模拟材料	M5 砂浆		C30 混凝土	
q_{rs}（MPa）	1.3	1.7	2.2	2.7
f_{rk}（MPa）	3.34		20.1	
$\zeta_s = q_{rs}/f_{rk}$	0.39	0.51	0.11	0.13

由表5～表8看出实测 ζ_s 较为离散，但总的规律是岩石强度愈高，ζ_s 愈低。作为规范经验值，取嵌岩段极限侧阻力峰值，硬质岩 $q_{s1} = 0.1 f_{rk}$，软质岩 $q_{s1} = 0.12 f_{rk}$。

3）根据有限元分析，硬质岩（$E_r > E_p$）嵌岩段侧阻力分布呈单驼峰形分布，软质岩（$E_r < E_p$）嵌岩段呈双驼峰形分布。为计算侧阻系数 ζ_s 的平均值，将侧阻力分布概化为图17。各特征点侧阻力为：

硬质岩　$q_{s1} = 0.1 f_r$，$q_{s4} = \dfrac{d}{4h_r} q_{s1}$

软质岩　$q_{s1} = 0.12 f_r$，$q_{s2} = 0.8 q_{s1}$，$q_{s3} = 0.6 q_{s1}$，$q_{s4} = \dfrac{d}{4h_r} q_{s1}$

分别计算出硬质岩 $h_r = 0.5d$，$1d$，$2d$，$3d$，$4d$；软质岩 $h_r = 0.5d$，$1d$，$2d$，$3d$，$4d$，$5d$，$6d$，$7d$，$8d$ 情况下的嵌岩段侧阻力系数 ζ_s 如表9所示。

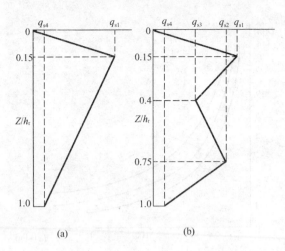

图17　嵌岩段侧阻力分布概化
（a）硬质岩；（b）软质岩

2　嵌岩桩极限端阻力发挥机理及端阻力系数 ζ_p（$\zeta_p = q_{rp}/f_{rk}$）。

1）嵌岩桩端阻性状

图18所示不同桩、岩刚度比（E_p/E_r）干作业条件下，桩端分担荷载比 F_b/F_t（F_b ——总桩端阻力；F_t ——岩面桩顶荷载）随嵌岩深径比 d_r/r_0（$2h_r/d$）的变化。从图中看出，桩端总阻力 F_b 随 E_p/E_r 增大而增大，随深径比 d_r/r_0 增大而减小。

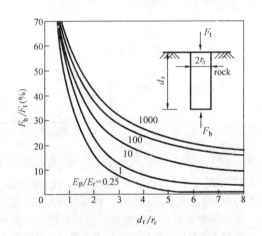

图18　嵌岩桩端阻分担荷载随桩岩刚度比和嵌岩深径比的变化
（引自 Pells and Turner，1979）

2）端阻系数 ζ_p

Thorne（1997）所给端阻系数 $\zeta_p = 0.25 \sim 0.75$；吴其芳等通过孔底载荷板（$d = 0.3m$）试验得到 $\zeta_p = 1.38 \sim 4.50$，相应的岩石 $f_{rk} = 1.2 \sim 5.2MPa$，载荷板在岩石中埋深 $0.5 \sim 4m$。总的说来，ζ_p 是随岩石饱和单轴抗压强度 f_{rk} 降低而增大，随嵌岩深度增加而减小，受清底情况影响较大。

基于以上端阻性状及有关试验资料，给出硬质岩和软质岩的端阻系数 ζ_p 如表9所示。

3 嵌岩段总极限阻力简化计算

嵌岩段总极限阻力由总极限侧阻力和总极限端阻力组成：

$$Q_{rk} = Q_{rs} + Q_{rp}$$

$$= \zeta_s f_{rk} \pi d h_r + \zeta_p f_{rk} \frac{\pi}{4} d^2$$

$$= \left[\zeta_s \frac{4 h_r}{d} + \zeta_{rp} \right] f_{rk} \frac{\pi}{4} d^2$$

令

$$\zeta_s \frac{4 h_r}{d} + \zeta_{rp} = \zeta_r$$

称 ζ_r 为嵌岩段侧阻和端阻综合系数。故嵌岩段总极限阻力标准值可按如下简化公式计算：

$$Q_{rk} = \zeta_r f_{rk} \frac{\pi}{4} d^2$$

其中 ζ_r 可按表9确定。

表9 嵌岩段侧阻力系数 ζ_s、端阻系数 ζ_p 及侧阻和端阻综合系数 ζ_r

嵌岩深径比 h_r/d		0	0.5	1.0	2.0	3.0	4.0	5.0	6.0	7.0	8.0
极软岩 软岩	ζ_s	0.0	0.052	0.056	0.056	0.054	0.051	0.048	0.045	0.042	0.040
	ζ_p	0.60	0.70	0.73	0.73	0.70	0.66	0.61	0.55	0.48	0.42
	ζ_r	0.60	0.80	0.95	1.18	1.35	1.48	1.57	1.63	1.66	1.70
较硬岩 坚硬岩	ζ_s	0.0	0.050	0.052	0.050	0.045	0.040	—	—	—	—
	ζ_p	0.45	0.55	0.60	0.50	0.46	0.40	—	—	—	—
	ζ_r	0.45	0.65	0.81	0.90	1.00	1.04	—	—	—	—

5.3.10 后注浆灌注桩单桩极限承载力计算模式与普通灌注桩相同，区别在于侧阻力和端阻力乘以增强系数 β_{si} 和 β_p。β_{si} 和 β_p 系通过数十根不同土层中的后注浆灌注桩与未注浆灌注桩静载对比试验求得。浆液在不同桩端和桩侧土层中的扩散与加固机理不尽相同，因此侧阻和端阻增强系数 β_{si} 和 β_p 不同，而且变幅很大。总的变化规律是：端阻的增幅高于侧阻，粗粒土的增幅高于细粒土。桩端、桩侧复式注浆高于桩端、桩侧单一注浆。这是由于端阻受沉渣影响敏感，经后注浆后沉渣得到加固且桩端有扩底效应，桩端沉渣和土的加固效应强于桩侧泥皮的加固效应；粗粒土是渗透注浆，细粒土是劈裂注浆，前者的加固效应强于后者。另一点是桩侧注浆增强段对于泥浆护壁和干作业桩，由于浆液扩散特性不同，承载力计算时应有区别。

收集北京、上海、天津、河南、山东、西安、武汉、福州等城市后注浆灌注桩静载试桩资料106份，根据本规范第5.3.10条的计算公式求得 Q_{ult}，其中 q_{sik}、q_{pk} 取勘察报告提供的经验值或本规范所列经验值；增强系数 β_{si}、β_p 取本规范表5.3.10所列上限值。计算值 Q_{ult} 与实测值 $Q_{u实}$ 散点图如图19所示。该图显示，实测值均位于45°线以上，即均高于或接近于计算值。这说明后注浆灌注桩极限承载力按规范第5.3.10条计算的可靠性是较高的。

5.3.11 振动台试验和工程地震液化实际观测表明，首先土层的地震液化严重程度与土层的标贯数 N 与液化临界标贯数 N_{cr} 之比 λ_N 有关，λ_N 愈小液化愈严重；其二，土层的液化并非随地震同步出现，而显示滞后，即地震过后若干小时乃至一二天后才出现喷水冒砂。这说明，桩的极限侧阻力并非瞬间丧失，而且

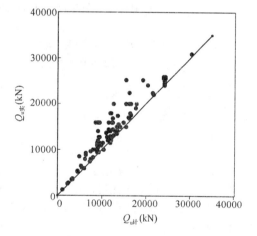

图19 后注浆灌注桩单桩极限
承载力实测值与计算值关系

并非全部损失，而上部有无一定厚度非液化覆盖层对此也有很大影响。因此，存在3.5m厚非液化覆盖层时，桩侧阻力根据 λ_N 值和液化土层埋深乘以不同的折减系数。

5.4 特殊条件下桩基竖向承载力验算

5.4.1 桩距不超过 $6d$ 的群桩，当桩端平面以下软弱下卧层承载力与桩端持力层相差过大（低于持力层的1/3）且荷载引起的局部压力超出其承载力过多时，将引起软弱下卧层侧向挤出，桩基偏沉，严重者引起整体失稳。对于本条软弱下卧层承载力验算公式着重说明四点：

1）验算范围。规定在桩端平面以下受力层范围存在低于持力层承载力1/3的软弱下卧层。实际工程持力层以下存在相对

软弱土层是常见现象，只有当强度相差过大时才有必要验算。因下卧层地基承载力与桩端持力层差异过小，土体的塑性挤出和失稳也不致出现。

  2）传递至桩端平面的荷载，按扣除实体基础外表面总极限侧阻力的 3/4 而非 1/2 总极限侧阻力。这是主要考虑荷载传递机理，在软弱下卧层进入临界状态前基桩侧阻平均值已接近于极限。

  3）桩端荷载扩散。持力层刚度愈大扩散角愈大，这是基本性状，这里所规定的压力扩散角与《建筑地基基础设计规范》GB 50007 一致。

  4）软弱下卧层承载力只进行深度修正。这是因为下卧层受压区应力分布并非均匀，呈内大外小，不应作宽度修正；考虑到承台底面以上土已挖除且可能和土体脱空，因此修正深度从承台底部计算至软弱土层顶面。另外，既然是软弱下卧层，即多为软弱黏性土，故深度修正系数取1.0。

5.4.3 桩周负摩阻力对基桩承载力和沉降的影响，取决于桩周负摩阻力强度、桩的竖向承载类型，因此分三种情况验算。

  1 对于摩擦型桩，由于受负摩阻力沉降增大，中性点随之上移，即负摩阻力、中性点与桩顶荷载处于动态平衡。作为一种简化，取假想中性点（按桩端持力层性质取值）以上摩阻力为零验算基桩承载力。

  2 对于端承型桩，由于桩受负摩阻力后桩不发生沉降或沉降量很小，桩土无相对位移或相对位移很小，中性点无变化，故负摩阻力构成的下拉荷载应作为附加荷载考虑。

  3 当土层分布不均匀或建筑物对不均匀沉降较敏感时，由于下拉荷载是附加荷载的一部分，故应将其计入附加荷载进行沉降验算。

5.4.4 本条说明关于负摩阻力及下拉荷载计算的相关内容。

  1 负摩阻力计算

  负摩阻力对基桩而言是一种主动作用。多数学者认为桩侧负摩阻力的大小与桩侧土的有效应力有关，不同负摩阻力计算式中也多反映有效应力因素。大量试验与工程实测结果表明，以负摩阻力有效应力法计算较接近于实际。因此本规范规定如下有效应力法为负摩阻力计算方法。

$$q_{ni} = k \cdot \text{tg}\varphi' \cdot \sigma'_i = \zeta_n \cdot \sigma'_i$$

式中 q_{ni} ——第 i 层土桩侧负摩阻力；

k ——土的侧压力系数；

φ' ——土的有效内摩擦角；

σ'_i ——第 i 层土的平均竖向有效应力；

ζ_n ——负摩阻力系数。

ζ_n 与土的类别和状态有关，对于粗粒土，ζ_n 随土的粒度和密实度增加而增大；对于细粒土，则随土的塑性指数、孔隙比、饱和度增大而降低。综合有关文献的建议值和各类土中的测试结果，给出如本规范表5.4.4-1 所列 ζ_n 值。由于竖向有效应力随上覆土层自重增大而增加，当 $q_{ni} = \zeta_n \cdot \sigma'_i$ 超过土的极限侧阻力 q_{sk} 时，负摩阻力不再增大。故当计算负摩阻力 q_{ni} 超过极限侧摩阻力时，取极限侧摩阻力值。

下面列举饱和软土中负摩阻力实测与按规范方法计算的比较（图20）。

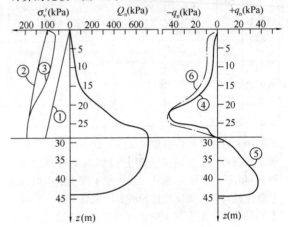

图 20 采用有效应力法计算负摩阻力图

① 土的计算自重应力 $\sigma_c = \gamma_m z$，γ_m——土的浮重度加权平均值；

② 竖向应力 $\sigma_v = \sigma_z + \sigma_c$；

③ 竖向有效应力 $\sigma'_v = \sigma_v - u$，u——实测孔隙水压力；

④ 由实测桩身轴力 Q_n，求得的负摩阻力 $-q_n$；

⑤ 由实测桩身轴力 Q_n，求得的正摩阻力 $+q_n$；

⑥ 由实测孔隙水压力，按有效应力法计算的负摩阻力。

某电厂的贮煤场位于厚 70～80m 的第四系全新统海相地层上，上部为厚 20～35m 的低强度、高压缩性饱和软黏土。用底面积为 35m×35m、高度为 4.85m 的土石堆载模拟煤堆荷载，堆载底面压力为 99kPa，在堆载中心设置了一根入土 44m 的 $\phi610$ 闭口钢管桩，桩端进入超固结黏土、粉质黏土和粉土层中。在钢管桩内采用应变计量测了桩身应变，从而得到桩身正、负摩阻力分布图、中性点位置；在桩周土中埋设了孔隙水压力计，测得地基中不同深度的孔隙水压力变化。

按本规范式（5.4.4-1）估算，得图 20 所示曲线。

由图中曲线比较可知，计算值与实测值相近。

  2 关于中性点的确定

当桩穿越厚度为 l_0 的高压缩土层，桩端设置于较坚硬的持力层时，在桩的某一深度 l_n 以上，土的沉降大于桩的沉降，在该段桩长内，桩侧产生负摩阻力；l_1深度以下的可压缩层内，土的沉降小于桩的沉降，土对桩产生正摩阻力，在l_1深度处，桩土相对位移为零，既没有负摩阻力，又没有正摩阻力，习惯上称该点为中性点。中性点截面桩身的轴力最大。

一般来说，中性点的位置，在初期多少是有变化的，它随着桩的沉降增加而向上移动，当沉降趋于稳定，中性点也将稳定在某一固定的深度l_n处。

工程实测表明，在高压缩性土层l_0的范围内，负摩阻力的作用长度，即中性点的稳定深度l_n，是随桩端持力层的强度和刚度的增大而增加的，其深度比l_n/l_0的经验值列于本规范表5.4.4-2中。

3　关于负摩阻力的群桩效应的考虑

对于单桩基础，桩侧负摩阻力的总和即为下拉荷载。

对于桩距较小的群桩，其基桩的负摩阻力因群桩效应而降低。这是由于桩侧负摩阻力是由桩侧土体沉降而引起，若群桩中各桩表面单位面积所分担的土体重量小于单桩的负摩阻力极限值，将导致基桩负摩阻力降低，即显示群桩效应。计算群桩中基桩的下拉荷载时，应乘以群桩效应系数$\eta_n < 1$。

本规范推荐按等效圆法计算其群桩效应，即独立单桩单位长度的负摩阻力由相应长度范围内半径r_e形成的土体重量与之等效，得

$$\pi d q_s^n = \left(\pi r_e^2 - \frac{\pi d^2}{4} \right) \gamma_m$$

解上式得

$$r_e = \sqrt{\frac{d q_s^n}{\gamma_m} + \frac{d^2}{4}}$$

式中　r_e——等效圆半径（m）；
　　　d——桩身直径（m）；
　　　q_s^n——单桩平均极限负摩阻力标准值（kPa）；
　　　γ_m——桩侧土体加权平均重度（kN/m³）；地下水位以下取浮重度。

以群桩各基桩中心为圆心，以r_e为半径做圆，由各圆的相交点作矩形。矩形面积$A_r = s_{ax} \cdot s_{ay}$与圆面积$A_e = \pi r_e^2$之比，即为负摩阻力群桩效应系数。

$$\eta_n = A_r / A_e = \frac{s_{ax} \cdot s_{ay}}{\pi r_e^2} = s_{ax} \cdot s_{ay}/\pi d \left(\frac{q_s^n}{\gamma_m} + \frac{d}{4} \right)$$

式中　s_{ax}、s_{ay}——分别为纵、横向桩的中心距。
　　　　　$\eta_n \leq 1$，当计算$\eta_n > 1$时，取$\eta_n = 1$。

5.4.5　桩基的抗拔承载力破坏可能呈单桩拔出或群桩整体拔出，即呈非整体破坏或整体破坏模式，对两种破坏的承载力均应进行验算。

5.4.6　本条说明关于群桩基础及其基桩的抗拔极限承载力的确定问题。

1　对于设计等级为甲、乙级建筑桩基应通过单桩现场上拔试验确定单桩抗拔极限承载力。群桩的抗拔极限承载力难以通过试验确定，故可通过计算确定。

2　对于设计等级为丙级建筑桩基可通过计算确定单桩抗拔极限承载力，但应进行工程桩抗拔静载试验检测。单桩抗拔极限承载力计算涉及如下三个问题：

　　1）单桩抗拔承载力计算分为两大类：一类为理论计算模式，以土的抗剪强度及侧压力系数为参数按不同破坏模式建立的计算公式；另一类是以抗拔桩试验资料为基础，采用抗拔极限承载力计算模式乘以抗拔系数λ的经验性公式。前一类公式影响其剪切破坏面模式的因素较多，包括桩的长径比、有无扩底、成桩工艺、地层土性等，不确定因素多，计算较为复杂。为此，本规范采用后者。

　　2）关于抗拔系数λ（抗拔极限承载力/抗压极限承载力）。

从表10所列部分单桩抗拔抗压极限承载力之比即抗拔系数λ看出，灌注桩高于预制桩，长桩高于短桩，黏性土高于砂土。本规范表5.4.6-2给出的λ是基于上述试验结果并参照有关规范给出的。

表10　抗拔系数λ部分试验结果

资料来源	工艺	桩径 d (m)	桩长 l (m)	l/d	土质	λ
无锡国棉一厂	钻孔桩	0.6	20	33	黏性土	0.6～0.8
南通200kV泰刘线	反循环	0.45	12	26.7	粉土	0.9
南通1979年试验	反循环	—	9 12		黏性土 黏性土	0.79 0.98
四航局广州试验	预制桩	—	—	13～33	砂土	0.38～0.53
甘肃建研所	钻孔桩	—	—		天然黄土 饱和黄土	0.78 0.5
《港口工程桩基规范》(JTJ 254)	—	—	—	—	黏性土	0.8

3) 对于扩底抗拔桩的抗拔承载力。扩底桩的抗拔承载力破坏模式，随土的内摩擦角大小而变，内摩擦角愈大，受扩底影响的破坏柱体愈长。桩底以上长度约 $4\sim10d$ 范围内，破裂柱体直径增大至扩底直径 D；超过该范围以上部分，破裂面缩小至桩土界面。按此模型给出扩底抗拔承载力计算周长 u_i，如本规范表 5.4.6-1。

5.5 桩基沉降计算

5.5.6～5.5.9 桩距小于和等于 6 倍桩径的群桩基础，在工作荷载下的沉降计算方法，目前有两大类。一类是按实体深基础计算模型，采用弹性半空间表面荷载下 Boussinesq 应力解计算附加应力，用分层总和法计算沉降；另一类是以半无限弹性体内部集中力作用下的 Mindlin 解为基础计算沉降。后者主要分为两种，一种是 Poulos 提出的相互作用因子法；第二种是 Geddes 对 Mindlin 公式积分而导出集中力作用于弹性半空间内部的应力解，按叠加原理，求得群桩桩端平面下各单桩附加应力和，按分层总和法计算群桩沉降。

上述方法存在如下缺陷：①实体深基础法，其附加应力按 Boussinesq 解计算与实际不符（计算应力偏大），且实体深基础模型不能反映桩的长径比、距径比等的影响；②相互作用因子法不能反映压缩层范围内土的成层性；③Geddes 应力叠加—分层总和法对于大桩群不能手算，且要求假定侧阻力分布，并给出桩端荷载分担比。针对以上问题，本规范给出等效作用分层总和法。

1 运用弹性半无限体内作用力的 Mindlin 位移解，基于桩、土位移协调条件，略去桩身弹性压缩，给出匀质土中不同距径比、长径比、桩数、基础长宽比条件下刚性承台群桩的沉降数值解：

$$w_M = \frac{\overline{Q}}{E_s d} \overline{w}_M \quad (1)$$

式中 $\overline{Q}$——群桩中各桩的平均荷载；

E_s——均质土的压缩模量；

d——桩径；

$\overline{w}_M$——Mindlin 解群桩沉降系数，随群桩的距径比、长径比、桩数、基础长宽比而变。

2 运用弹性半无限体表面均布荷载下的 Boussinesq 解，不计实体深基础侧阻力和应力扩散，求得实体深基础的沉降：

$$w_B = \frac{P}{aE_s} \overline{w}_B \quad (2)$$

式中 $\overline{w}_B = \frac{1}{4\pi}$

$$\left[\ln \frac{\sqrt{1+m^2}+m}{\sqrt{1+m^2}-m} + m\ln \frac{\sqrt{1+m^2}+1}{\sqrt{1+m^2}-1} \right]$$

$$(3)$$

m——矩形基础的长宽比；$m = a/b$；

P——矩形基础上的均布荷载之和。

由于数据过多，为便于分析应用，当 $m \leq 15$ 时，式（3）经统计分析后简化为

$$\overline{w}_B = (m+0.6336)/(1.1951m+4.6275) \quad (4)$$

由此引起的误差在 2.1% 以内。

3 两种沉降解之比：

相同基础平面尺寸条件下，对于按不同几何参数刚性承台群桩 Mindlin 位移解沉降计算值 w_M 与不考虑群桩侧面剪应力和应力不扩散实体深基础 Boussinesq 解沉降计算值 w_B 二者之比为等效沉降系数 ψ_e。按实体深基础 Boussinesq 解分层总和法计算沉降 w_B，乘以等效沉降系数 ψ_e，实质上纳入了按 Mindlin 位移解计算桩基础沉降时，附加应力及桩群几何参数的影响，称此为等效作用分层总和法。

$$\psi_e = \frac{w_M}{w_B} = \frac{\dfrac{\overline{Q}}{E_s \cdot d} \cdot \overline{w}_M}{\dfrac{n_a \cdot n_b \cdot \overline{Q} \cdot \overline{w}_B}{a \cdot E_s}}$$

$$= \frac{\overline{w}_M}{\overline{w}_B} \cdot \frac{a}{n_a \cdot n_b \cdot d} \quad (5)$$

式中 n_a、n_b——分别为矩形桩基础长边布桩数和短边布桩数。

为应用方便，将按不同距径比 $s_a/d = 2$、3、4、5、6，长径比 $l/d = 5$、10、15…100，总桩数 $n = 4…600$，各种布桩形式（$n_a/n_b = 1$，2，…10），桩基承台长宽比 $L_c/B_c = 1$、2…10，对式（5）计算出的 ψ_e 进行回归分析，得到本规范式（5.5.9-1）。

4 等效作用分层总和法桩基最终沉降量计算式

$$s = \psi \cdot \psi_e \cdot s'$$

$$= \psi \cdot \psi_e \cdot \sum_{j=1}^{m} p_{oj} \sum_{i=1}^{n} \frac{z_{ij}\overline{\alpha}_{ij} - z_{(i-1)j}\overline{\alpha}_{(i-1)j}}{E_{si}} \quad (6)$$

沉降计算公式与习惯使用的等代实体深基础分层总和法基本相同，仅增加一个等效沉降系数 ψ_e。其中要注意的是：等效作用面位于桩端平面，等效作用面积为桩基承台投影面积，等效作用附加压力取承台底附加压力，等效作用面以下（等代实体深基底以下）的应力分布按弹性半空间 Boussinesq 解确定，应力系数为角点下平均附加应力系数 $\overline{\alpha}$。各分层沉降量 $\Delta s'_i = p_0 \dfrac{z_i \overline{\alpha}_i - z_{(i-1)}\overline{\alpha}_{(i-1)}}{E_{si}}$，其中 z_i、$z_{(i-1)}$ 为有效作用面至 i，$i-1$ 层层底的深度；$\overline{\alpha}_i$、$\overline{\alpha}_{(i-1)}$ 为按计算分块长宽比 a/b 及深宽比 z_i/b、$z_{(i-1)}/b$，由附录 D 确定。p_0 为承台底面荷载效应准永久组合附加压力，将其作用于桩端等效作用面。

5.5.11 本条说明关于桩基沉降计算经验系数 ψ。本次规范修编时，收集了软土地区的上海、天津，一般第四纪土地区的北京、沈阳，黄土地区的西安等共计 150 份已建桩基工程的沉降观测资料，得出实测沉降与计算沉降之比 ψ 与沉降计算深度范围内压缩模量当

量值 $\overline{E_s}$ 的关系如图21所示，同时给出 ψ 值列于本规范表5.5.11。

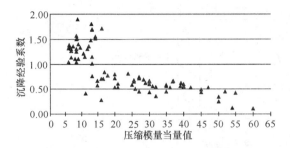

图21　沉降经验系数 ψ 与压缩模量当量值 $\overline{E_s}$ 的关系

关于预制桩沉桩挤土效应对桩基沉降的影响问题。根据收集到的上海、天津、温州地区预制桩和灌注桩基础沉降观测资料共计110份，将实测最终沉降量与桩长关系散点图分别表示于图22（a）、（b）、（c）。图22反映出一个共同规律：预制桩基础的最终沉降量显著大于灌注桩基础的最终沉降量，桩长愈

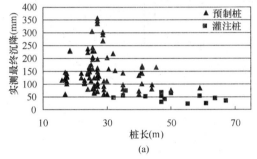

(a)

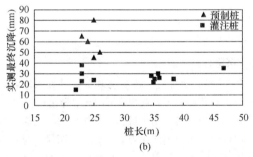

(b)

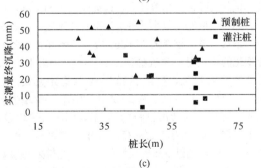

(c)

图22　预制桩基础与灌注桩基础实测
沉降量与桩长关系

（a）上海地区；（b）天津地区；（c）温州地区

小，其差异愈大。这一现象反映出预制桩因挤土沉桩产生桩土上涌导致沉降增大的负面效应。由于三个地区地层条件存在差异，桩端持力层、桩长、桩距、沉桩工艺流程等因素变化，使得预制桩挤土效应不同。为使计算沉降更符合实际，建立以灌注桩基础实测沉降与计算沉降之比 ψ 随桩端压缩层范围内模量当量值 $\overline{E_s}$ 而变的经验值，对于饱和土中未经复打、复压、引孔沉桩的预制桩基础按本规范表5.5.11所列值再乘以挤土效应系数1.3～1.8，对于桩数多、桩距小、沉桩速率快、土体渗透性低的情况，挤土效应系数取大值；对于后注浆灌注桩则乘以0.7～0.8折减系数。

5.5.14 本条说明关于单桩、单排桩、疏桩（桩距大于6d）基础的最终沉降量计算。工程实际中，采用一柱一桩或一柱两桩、单排桩、桩距大于6d的疏桩基础并非罕见。如：按变刚度调平设计的框架-核心筒结构工程中，刚度相对弱化的外围桩基，柱下布1～3桩者居多；剪力墙结构，常采取墙下布桩（单排桩）；框架和排架结构建筑桩基按一柱一桩或一柱二桩布置也不少。有的设计考虑承台分担荷载，即设计为复合桩基，此时承台多数为平板式或梁板式筏形承台；另一种情况是仅在柱、墙下单独设置承台，或即使设计为满堂筏形承台，由于承台底土层为软土、欠固结土、可液化、湿陷性土等原因，承台不分担荷载，或因使用要求，变形控制严格，只能考虑桩的承载作用。首先，就桩数、桩距等而言，这类桩基不能应用等效作用分层总和法，需要另行给出沉降计算方法。其次，对于复合桩基和普通桩基的计算模式应予区分。

单桩、单排桩、疏桩复合桩基沉降计算模式是基于新推导的Mindlin解计入桩径影响公式计算桩的附加应力，以Boussinesq解计算承台底压力引起的附加应力，将二者叠加按分层总和法计算沉降，计算式为本规范式（5.5.14-1）～式（5.5.14-5）。

计算时应注意，沉降计算点取底层柱、墙中心点，应力计算点应取与沉降计算点最近的桩中心点，见图23。当沉降计算点与应力计算点不重合时，二者的沉降并不相等，但由于承台刚度的作用，在工程实践的意义上，近似取二者相同。本规范中，应力计算点的沉降包含桩端以下土层的压缩和桩身压缩，桩端以下土层的压缩应按桩端以下轴线处的附加应力计算（桩身以外土中附加应力远小于轴线处）。

承台底压力引起的沉降实际上包含两部分，一部分为回弹再压缩变形，另一部分为超出土自重部分的附加压力引起的变形。对于前者的计算较为复杂，一是回弹再压缩量对于整个基础而言分布是不均的，坑中央最大，基坑边缘最小；二是再压缩层深度及其分布难以确定。若将此二部分压缩变形分别计算，目前尚难解决。故计算时近似将全部承台底压力等效为附加压力计算沉降。

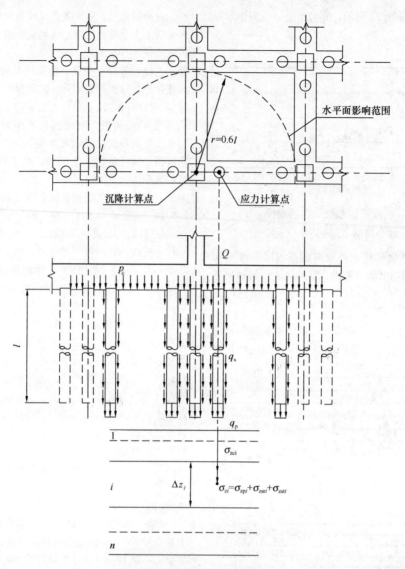

图 23 单桩、单排桩、疏桩基础沉降计算示意图

这里应着重说明三点：一是考虑单排桩、疏桩基础在基坑开挖（软土地区往往是先成桩后开挖；非软土地区，则是开挖一定深度后再成桩）时，桩对土体的回弹约束效应减小，故应将回弹再压缩计入沉降量；二是当基坑深度小于 5m 时，回弹量很小，可忽略不计；三是中、小桩距桩基的桩对于土体回弹的约束效应导致回弹量减小，故其回弹再压缩可予忽略。

计算复合桩基沉降时，假定承台底附加压力为均布，$p_c = \eta_c f_{ak}$，η_c 按 $s_a > 6d$ 取值，f_{ak} 为地基承载力特征值，对全承台分块按式（5.5.14-5）计算桩端平面以下土层的应力 σ_{zci}，与基桩产生的应力 σ_{zi} 叠加，按本规范式（5.5.14-4）计算最终沉降量。若核心筒桩群在计算点 0.6 倍桩长范围以内，应考虑其影响。

单桩、单排桩、疏桩常规桩基，取承台压力 $p_c = 0$，即按本规范式（5.5.14-1）进行沉降计算。

这里应着重说明上述计算式有关的五个问题：

1 单桩、单排桩、疏桩桩基沉降计算深度相对于常规群桩要小得多，而由 Mindlin 解导出得 Geddes 应力计算式模型是作用于桩轴线的集中力，因而其桩端平面以下一定范围内应力集中现象极明显，与一定直径桩的实际性状相差甚大，远远超出土的强度，用于计算压缩层厚度很小的桩基沉降显然不妥。Geddes 应力系数与考虑桩径的 Mindlin 应力系数相比，其差异变化的特点是：愈近桩端差异愈大，桩端下 $l/10$ 处二者趋向接近；桩的长径比愈小差异愈大，如 $l/d = 10$ 时，桩端以下 $0.008\ l$ 处，Geddes 解端阻产生的竖向应力为考虑桩径的 44 倍，侧阻（按均布）产生的竖向应力为考虑桩径的 8 倍。而单桩、单排桩、疏桩的桩端以下压缩层又较小，由此带来的误差过大。故对 Mindlin 应力解考虑桩径因素求解，桩端、桩侧阻力的分布如附录 F 图 F.0.2 所示。为便于使用，求得基桩长径比 $l/d = 10, 15, 20, 25, 30, 40 \sim 100$ 的应力系数 I_p、I_{sr}、I_{st} 列于附录 F。

2 关于土的泊松比 ν 的取值。土的泊松比 $\nu = 0.25 \sim 0.42$；鉴于对计算结果不敏感，故统一取 $\nu = 0.35$ 计算应力系数。

3 关于相邻基桩的水平面影响范围。对于相邻基桩荷载对计算点竖向应力的影响，以水平距离 $\rho = 0.6l$（l 为计算点桩长）范围内的桩为限，即取最大 $n = \rho/l = 0.6$。

4 沉降计算经验系数 ψ。这里仅对收集到的部分单桩、双桩、单排桩的试验资料进行计算。若无当地经验，取 $\psi = 1.0$。对部分单桩、单排桩沉降进行计算与实测的对比，列于表 11。

5 关于桩身压缩。由表 11 单桩、单排桩计算与实测沉降比较可见，桩身压缩比 s_e/s 随桩的长径比 l/d 增大和桩端持力层刚度增大而增加。如 CCTV 新

台址桩基，长径比 l/d 为 43 和 28，桩端持力层为卵砾、中粗砂层，$E_s \geqslant 100\mathrm{MPa}$，桩身压缩分别为 22mm，$s_e/s = 88\%$；14.4mm，$s_e/s = 59\%$。因此，本规范第 5.5.14 条规定应计入桩身压缩。这是基于单桩、单排桩总沉降量较小，桩身压缩比例超过 50%，若忽略桩身压缩，则引起的误差过大。

6 桩身弹性压缩的计算。基于桩身材料的弹性假定及桩侧阻力呈矩形、三角形分布，由下式可简化计算桩身弹性压缩量：

$$s_e = \frac{1}{AE_p}\int_0^l \left[Q_0 - \pi d \int_0^z q_s(z)\mathrm{d}z\right]\mathrm{d}z = \xi_e \frac{Q_0 l}{AE_p}$$

对于端承型桩，$\xi_e = 1.0$；对于摩擦型桩，随桩侧阻力份额增加和桩长增加，ξ_e 减小；$\xi_e = 1/2 \sim 2/3$。

表 11　单桩、单排桩计算与实测沉降对比

项　　目		桩顶特征荷载（kN）	桩长/桩径（m）	压缩模量（MPa）	计算沉降（mm）			实测沉降（mm）	$S_{实测}/S_{计}$	备注
					桩端土压缩（mm）	桩身压缩（mm）	预估总沉降量（mm）			
长青大厦	4#	2400	17.8/0.8	100	0.8	1.4	2.2	1.76	0.80	—
	3#	5600			2.9	3.4	6.3	5.60	0.89	
	2#	4800			2.3	2.9	5.2	5.66	1.09	
	1#	4000			1.8	2.4	4.2	4.93	1.17	
		2400			0.9	1.5	2.4	3.04	1.27	
皇冠大厦	465#	6000	15/0.8	100	3.6	2.8	6.4	4.74	0.74	
	467#	5000			2.9	2.3	5.2	4.55	0.88	
北京SOHO	S1	8000	29.5/1.0	70	2.8	4.7	7.5	13.30	1.77	
	S2	6500	29.5/0.8		3.8	6.5	10.3	9.88	0.96	
	S3	8000	29.5/1.0		2.8	4.7	7.5	9.61	1.28	
洛口试桩①	D-8	316	4.5/0.25	8	16.0			20	1.25	
	G-19	280	4.5/0.25		28.7			23.9	0.83	
	G-24	201.7	4.5/0.25		28.0			30	1.07	
北京电视中心	S1	7200	27/1.0	70	2.6	3.9	6.5	7.41	1.14	
	S2	7200	27/1.0		2.6	3.9	6.5	9.59	1.48	
	S3	7200	27/1.0		2.6	3.9	6.5	6.48	1.00	
	S4	5600	27/0.8		2.5	4.8	7.3	8.84	1.21	
	S5	5600	27/0.8		2.5	4.8	7.3	7.82	1.07	
	S6	5600	27/0.8		2.5	4.8	7.3	8.18	1.12	
北京银泰中心	A-S1	9600	30/1.1	70	2.9	4.5	7.4	3.99	0.54	
	A-S1-1	6800			1.6	3.2	4.8	2.59	0.54	
	A-S1-2	6800			1.6	3.2	4.8	3.16	0.66	
	B-S3	9600			2.9	4.5	7.4	3.87	0.52	
	B1-14	5100			1.0	2.4	3.4	1.53	0.45	
	B-S1-2	5100			1.0	2.4	3.4	1.96	0.58	

项 目		桩顶特征荷载（kN）	桩长/桩径（m）	压缩模量（MPa）	计算沉降（mm）			实测沉降（mm）	$S_{实测}/S_{计}$	备注
					桩端土压缩（mm）	桩身压缩（mm）	预估总沉降量（mm）			
北京银泰中心	C-S2	9600		70	2.9	4.5	7.4	4.28	0.58	—
	C-S1-1	5100	30/1.1		1.0	2.4	3.4	3.09	0.91	—
	C-S1-2	5100			1.0	2.4	3.4	2.85	0.84	—
CCTV[②]	TP-A1	33000	51.7/1.2	120	3.3	22.5	25.8	21.78	0.85	1.98
	TP-A2	30250	51.7/1.2		2.5	20.6	23.1	21.44	0.93	5.22
	TP-A3	33000	53.4/1.2		3.0	23.2	26.2	18.78	0.72	1.78
	TP-B1	33000	33.4/1.2	100	10.0	14.5	24.5	20.92	0.85	5.38
	TP-B2	33000	33.4/1.2		10.0	14.5	24.5	14.50	0.59	3.79
	TP-B3	35000	33.4/1.2		11.0	15.4	26.4	21.80	0.83	3.32

注：① 洛口试桩为单排桩（分别是单排2桩、4桩、6桩），采用桩顶极限荷载。
② CCTV试桩备注栏为实测桩端沉降，采用桩顶极限荷载。

5.5.15 上述单桩、单排桩、疏桩基础及其复合桩基的沉降计算深度均采用应力比法，即按 $\sigma_z + \sigma_{zc} = 0.2\sigma_c$ 确定。

关于单桩、单排桩、疏桩复合桩基沉降计算方法的可靠性问题。从表11单桩、单排桩静载试验实测与计算比较来看，还是具有较大可靠性。采用考虑桩径因素的 Mindlin 解进行单桩应力计算，较之 Geddes 集中应力公式应该说是前进了一大步。其缺陷与其他手算方法一样，不能考虑承台整体和上部结构刚度调整沉降的作用。因此，这种手算方法主要用于初步设计阶段，最终应采用上部结构—承台—桩土共同作用

有限元方法进行分析。

为说明本规范第3.1.8条变刚度调平设计要点及本规范第5.5.14条疏桩复合桩基沉降计算过程，以某框架-核心筒结构为例，叙述如下：

1 概念设计

1）桩型、桩径、桩长、桩距、桩端持力层、单桩承载力

该办公楼由地上36层、地下7层与周围地下7层车库连成一体，基础埋深26m。框架-核心筒结构。建筑标准层平面图见图24，立面图见图25，主体高度156m。拟建场地地层柱状土如图26所示，第⑨层

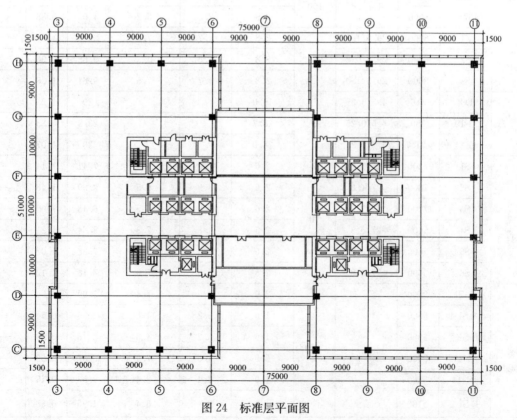

图24 标准层平面图

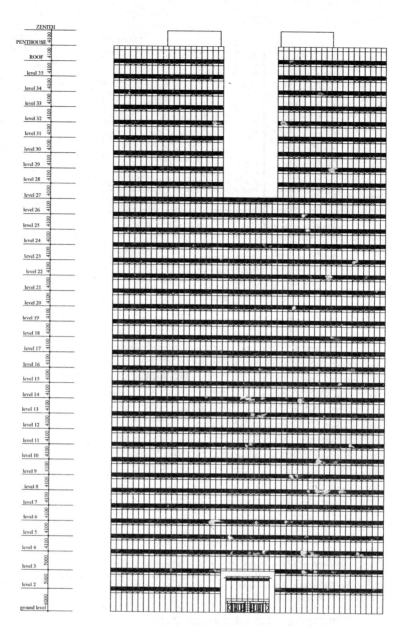

图 25　立面图

为卵石—圆砾,第⑬层为细—中砂,是桩基础良好持力层。采用后注浆灌注桩桩筏基础,设计桩径1000mm。按强化核心筒桩基的竖向支承刚度、相对弱化外围框架柱桩基竖向支承刚度的总体思路,核心筒采用常规桩基,桩长25m,外围框架采用复合桩基,桩长15m。核心筒桩端持力层选为第⑬层细—中砂,单桩承载力特征值 $R_a = 9500$kN,桩距 $s_a = 3d$;外围边框架柱采用复合桩基础,荷载由桩土共同承担,单桩承载力特征值 $R_a = 7000$kN。

2)承台结构形式

由于变刚度调平布桩起到减小承台筏板整体弯距和冲切力的作用,板厚可减少。核心筒承台采用平板式,厚度 $h_1 = 2200$mm;外围框架采用梁板式筏板承台,梁截面 $b_b \times h_b = 2000$mm × 2200mm,板厚 $h_2 =$

1600mm。与主体相连裙房(含地下室)采用天然地基,梁板式片筏基础。

2　基桩承载力计算与布桩

1)核心筒

荷载效应标准组合(含承台自重): $N_{ck} = 843592$kN;

基桩承载力特征值 $R_a = 9500$kN,每个核心筒布桩90根,并使桩反力合力点与荷载重心接近重合。偏心距如下:

左核心筒荷载偏心距: $\Delta X = -0.04$m; $\Delta Y = 0.26$m

右核心筒荷载偏心距: $\Delta X = 0.04$m; $\Delta Y = 0.15$m

9500kN × 90 = 855000kN > 843592kN

2)外围边框架柱

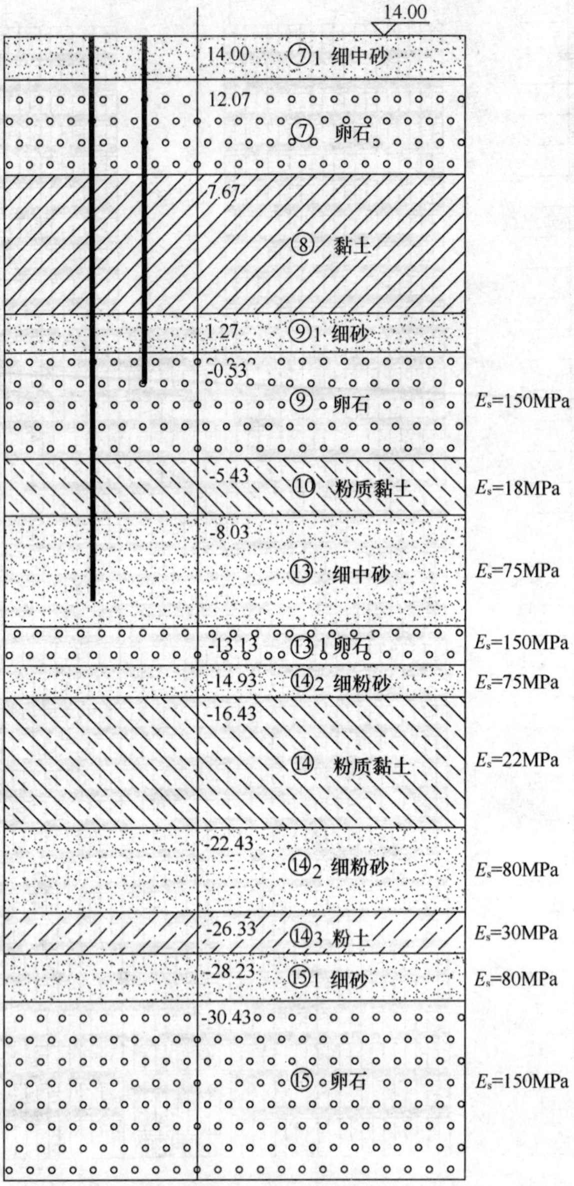

图 26 场地地层柱状土

选荷载最大的框架柱进行验算，柱下布桩 3 根。桩底荷载标准值 $F_k = 36025$kN，

单根复合基桩承台面积 $A_c = (9 \times 7.5 - 2.36)/3 = 21.7 m^2$

承台梁自重 $G_{kb} = 2.0 \times 2.2 \times 14.5 \times 25 = 1595$kN

承台板自重 $G_{ks} = 5.5 \times 3.5 \times 2 \times 1.6 \times 25 = 1540$kN

承台上土重 $G = 5.5 \times 3.5 \times 2 \times 0.6 \times 18 = 415.8$kN

总重 $G_k = 1595 + 1540 + 415.8 = 3550.8$kN

承台效应系数 η_c 取 0.7，地基承载力特征值 $f_{ak} = 350$kPa

复合基桩承载力特征值

$R = R_a + \eta_c f_{ak} A_c = 7000 + 0.7 \times 350 \times 21.7 = 12317$kN

复合基桩荷载标准值

$(F_k + G_k)/3 = 13192$kN，超出承载力 6.6%。考虑到以下二个因素，一是所验算柱为荷载最大者，这种荷载与承载力的局部差异通过上部结构和承台的共同作用得到调整；二是按变刚度调平原则，外框架桩基刚度宜适当弱化。故外框架柱桩基满足设计要求。桩基础平面布置图见图 27。

3 沉降计算

1) 核心筒沉降采用等效作用分层总和法计算

附加压力 $p_0 = 680$kPa，$L_c = 32$m，$B_c = 21.5$m，$n = 90$，$d = 1.0$m，$l = 25$m；

$$n_b = \sqrt{n \cdot B_c/L_c} = 7.75, \quad l/d = 25, \quad s_a/d = 3$$

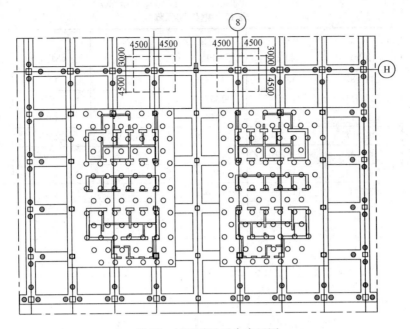

图 27 桩基础及承台布置图

由附录 E 得：

$L_c/B_c = 1$，$l/d = 25$ 时，$C_0 = 0.063$，$C_1 = 1.500$，$C_2 = 7.822$

$L_c/B_c = 2$，$l/d = 25$ 时，$C_0 = 0.118$，$C_1 = 1.565$，$C_2 = 6.826$

$$\psi_{e1} = C_0 + \frac{n_b - 1}{C_1(n_b - 1) + C_2} = 0.44,\quad \psi_{e2} = 0.50,$$

插值得：$\psi_e = 0.47$

外围框架柱桩基对核心筒桩端以下应力的影响，按本规范第 5.5.14 条计算其对核心筒计算点桩端平面以下的应力影响，进行叠加，按单向压缩分层总和法计算核心筒沉降。

沉降计算深度由 $\sigma_z = 0.2\sigma_c$ 得：$z_n = 20$m

压缩模量当量值：$\overline{E_s} = 35$MPa

由本规范第 5.5.11 条得：$\psi = 0.5$；采用后注浆施工工艺乘以 0.7 折减系数

由本规范第 5.5.7 条及第 5.5.12 条得：$s' = 272$mm

最终沉降量：

$$s = \psi \cdot \psi_e \cdot s' = 0.5 \times 0.7 \times 0.47 \times 272\text{mm} = 45\text{mm}$$

2）边框架复合桩基沉降计算，采用复合应力分层总和法，即按本规范式（5.5.14-4）

计算范围见图 28，计算参数及结果列于表 12。

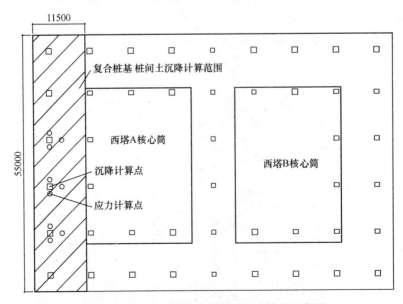

图 28 复合桩基沉降计算范围及计算点示意图

表 12 框架柱沉降

σ / (z/l)	σ_{zi} (kPa)	σ_{zci} (kPa)	$\sum\sigma$ (kPa)	$0.2\sigma_{ci}$ (kPa)	E_s (MPa)	分层沉降 (mm)
1.004	1319.87	118.65	1438.52	168.25	150	0.62
1.008	1279.44	118.21	1397.65	168.51	150	0.60
1.012	1227.14	117.77	1344.91	168.76	150	0.58
1.016	1162.57	117.34	1279.91	169.02	150	0.55
1.020	1088.67	116.91	1205.58	169.28	150	0.52
1.024	1009.80	116.48	1126.28	169.53	150	0.49
1.028	930.21	116.06	1046.27	169.79	150	0.46
1.040	714.80	114.80	829.60	170.56	150	1.09
1.060	473.19	112.74	585.93	171.84	150	1.30
1.080	339.68	110.73	450.41	173.12	150	1.01
1.100	263.05	108.78	371.83	174.4	150	0.85
1.120	215.47	106.87	322.34	175.68	150	0.75
1.14	183.49	105.02	288.51	176.96	150	0.68
1.16	160.24	103.21	263.45	178.24	150	0.62
1.18	142.34	101.44	243.78	179.52	150	0.58
1.2	127.88	99.72	227.60	180.80	150	0.55
1.3	82.14	91.72	173.86	187.20	18	18.30
1.4	57.63	84.61	142.24	193.60	—	—
最终沉降量 (mm)					30	

注：z 为承台底至应力计算点的竖向距离。

沉降计算荷载应考虑回弹再压缩，采用准永久荷载效应组合的总荷载为等效附加荷载；桩顶荷载取 $Q=7000$kN；

承台土压力，近似取 $p_{ck}=\eta_c f_{ak}=245$kPa；

用应力比法得计算深度：$z_n=6.0$m，桩身压缩量 $s_e=2$mm。

最终沉降量，$s=\psi\cdot s'+s_e=0.7\times30.0+2.0=23$mm（采用后注浆乘以 0.7 折减系数）。

上述沉降计算只计入相邻基桩对桩端平面以下应力的影响，未考虑筏板整体刚度和上部结构刚度对调整差异沉降的贡献，故实际差异沉降比上述计算值要小。

4 按上部结构刚度—承台—桩土相互作用有限元法计算沉降。按共同作用有限元分析程序计算所得沉降等值线如图 29 所示。从中看出，最大沉降为 40mm，最大差异沉降 $\Delta s_{max}=0.0005L_0$，仅为规范允许值的 1/4。

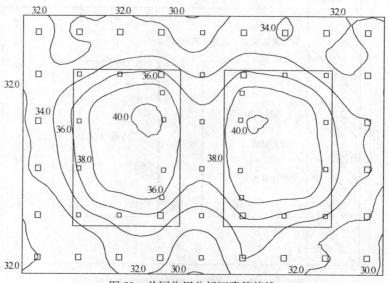

图 29 共同作用分析沉降等值线

5.6 软土地基减沉复合疏桩基础

5.6.1 软土地基减沉复合疏桩基础的设计应遵循两个原则，一是桩和桩间土在受荷变形过程中始终确保两者共同分担荷载，因此单桩承载力宜控制在较小范围，桩的横截面尺寸一般宜选择 $\phi200 \sim \phi400$（或 $200\mathrm{mm} \times 200\mathrm{mm} \sim 300\mathrm{mm} \times 300\mathrm{mm}$），桩应穿越上部软土层，桩端支承于相对较硬土层；二是桩距 $s_a > (5 \sim 6)d$，以确保桩间土的荷载分担比足够大。

减沉复合疏桩基础承台型式可采用两种，一种是筏式承台，多用于承载力小于荷载要求和建筑物对差异沉降控制较严或带有地下室的情况；另一种是条形承台，但承台面积系数（承台与首层面积相比）较大，多用于无地下室的多层住宅。

桩数除满足承载力要求外，尚应经沉降计算最终确定。

5.6.2 本条说明减沉复合疏桩基础的沉降计算。

对于复合疏桩基础而言，与常规桩基相比其沉降性状有两个特点。一是桩的沉降发生塑性刺入的可能性大，在受荷变形过程中桩、土分担荷载比随土体固结而使其在一定范围变动，随固结变形逐渐完成而趋于稳定。二是桩间土体的压缩固结受承台压力作用为主，受桩、土相互作用影响居次。由于承台底面桩、土的沉降是相等的，桩基的沉降既可通过计算桩的沉降，也可通过计算桩间土沉降实现。桩的沉降包含桩端平面以下土的压缩和塑性刺入（忽略桩的弹性压缩），同时应考虑承台土反力对桩沉降的影响。桩间土的沉降包含承台底土的压缩和桩对土的影响。为了回避桩端塑性刺入这一难以计算的问题，本规范采取计算桩间土沉降的方法。

基础平面中点最终沉降计算式为：$s = \psi(s_s + s_{sp})$。

1 承台底地基土附加应力作用下的压缩变形沉降 s_s。按 Boussinesq 解计算土中的附加应力，按单向压缩分层总和法计算沉降，与常规浅基沉降计算模式相同。

关于承台底附加压力 p_0，考虑到桩的刺入变形导致承台分担荷载量增大，故计算 p_0 时乘以刺入变形影响系数，对于黏性土 $\eta_p = 1.30$，粉土 $\eta_p = 1.15$，砂土 $\eta_p = 1.0$。

2 关于桩对土影响的沉降增加值 s_{sp}。桩侧阻力引起桩周土的沉降，按桩侧剪切位移传递法计算，桩侧土离桩中心任一点 r 的竖向位移为：

$$w_r = \frac{\tau_0 r_0}{G_s} \int_r^{r_m} \frac{\mathrm{d}r}{r} = \frac{\tau_0 r_0}{G_s} \ln \frac{r_m}{r} \qquad (7)$$

减沉桩桩端阻力比例较小，端阻力对承台底地基土位移的影响也较小，予以忽略。

式（7）中，τ_0 为桩侧阻力平均值；r_0 为桩半径；G_s 为土的剪切模量，$G_s = E_0/2(1+\nu)$，ν 为泊松

比，软土取 $\nu = 0.4$；E_0 为土的变形模量，其理论关系式 $E_0 = 1 - \dfrac{2\nu^2}{(1-\nu)}E_s \approx 0.5E_s$，$E_s$ 为土的压缩模量；软土桩侧土剪切位移最大半径 r_m，软土地区取 $r_m = 8d$。将式（7）进行积分，求得任一基桩桩周碟形位移体积，为：

$$
\begin{aligned}
V_{sp} &= \int_0^{2\pi} \int_{r_0}^{r_m} \frac{\tau_0 r_0}{G_s} r \ln \frac{r_m}{r} \mathrm{d}r \mathrm{d}\theta \\
&= \frac{2\pi\tau_0 r_0}{G_s} \left(\frac{r_0^2}{2} \ln \frac{r_0}{r_m} + \frac{r_m^2}{4} - \frac{r_0^2}{4} \right) \qquad (8)
\end{aligned}
$$

桩对土的影响值 s_{sp} 为单一基桩桩周位移体积除以圆面积 $\pi(r_m^2 - r_0^2)$；另考虑桩距较小时剪切位移的重叠效应，当桩侧土剪切位移最大半径 r_m 大于平均桩距 $\overline{s_a}$ 时，引入近似重叠系数 $\pi(r_m/s_a)^2$，则

$$
\begin{aligned}
s_{sp} &= \frac{V_{sp}}{\pi(r_m^2 - r_0^2)} \cdot \pi \frac{r_m^2}{s_a^2} \\
&= \frac{\dfrac{8(1+\nu)\pi\tau_0 r_0}{E_s}\left(\dfrac{r_0^2}{2}\ln\dfrac{r_0}{r_m} + \dfrac{r_m^2}{4} - \dfrac{r_0^2}{4}\right)}{\pi(r_m^2 - r_0^2)} \cdot \pi \frac{r_m^2}{s_a^2} \\
&= \frac{(1+\nu)8\pi\tau_0}{4E_s} \cdot \frac{1}{(s_a/d)^2} \\
&\quad \cdot \frac{r_m^2\left(\dfrac{r_0^2}{2}\ln\dfrac{r_0}{r_m} + \dfrac{r_m^2}{4} - \dfrac{r_0^2}{4}\right)}{(r_m^2 - r_0^2)r_0}
\end{aligned}
$$

因 $r_m = 8d \gg r_0$，且 $\tau_0 = q_{su}$，$\nu = 0.4$，故上式简化为：

$$s_{sp} = \frac{280 q_{su}}{E_s} \cdot \frac{d}{(s_a/d)^2}$$

因此，$s = \psi(s_s + s_{sp})$；

$$s_s = 4p_0 \sum_{i=1}^{m} \frac{z_i \overline{\alpha}_i - z_{(i-1)} \overline{\alpha}_{(i-1)}}{E_{si}},$$

$$s_{sp} = 280 \frac{\overline{q_{su}}}{\overline{E_s}} \cdot \frac{d}{(s_a/d)^2}$$

一般地，$\overline{q_{su}} = 30\mathrm{kPa}$，$\overline{E_s} = 2\mathrm{MPa}$，$s_a/d = 6$，$d = 0.4\mathrm{m}$

$$
\begin{aligned}
s_{sp} &= \frac{280\overline{q_{su}}}{\overline{E_s}} \cdot \frac{d}{(s_a/d)^2} = 280 \times \frac{30\ (\mathrm{kPa})}{2\ (\mathrm{MPa})} \\
&\quad \times \frac{1}{36} \times 0.4\ (\mathrm{m}) \\
&= 47\mathrm{mm}。
\end{aligned}
$$

3 条形承台减沉复合疏桩基础沉降计算

无地下室多层住宅多将承台设计为墙下条形承台板，条基之间净距较小，若按实际平面计算相邻影响十分繁锁，为此，宜将其简化为等效平板式承台，按角点法分块计算基础中点沉降。

4 工程验证

表 13 软土地基减沉复合疏桩基础计算沉降与实测沉降

名称（编号）	建筑物层数（地下）/附加压力（kN）	基础平面尺寸（m×m）	桩径 d（m）/桩长 L（m）	承台埋深（m）/桩数	桩端持力层	计算沉降（mm）	按实测推算的最终沉降（mm）
上海×××	6/61210	53×11.7	0.2×0.2/16	1.6/161	黏土	108	77
上海×××	6/52100	52.5×11	0.2×0.2/16	1.6/148	黏土	76	81
上海×××	6/49718	42×11	0.2×0.2/16	1.6/118	黏土	120	69
上海×××	6/43076	40×10	0.2×0.2/16	1.6/139	黏土	76	76
上海×××	6/45490	58×10	0.2×0.2/16	1.6/250	黏土	132	127
绍兴×××	6/49505	35×10	ϕ0.4/12	1.45/142	粉土	55	50
上海×××	6/43500	40×9	0.2×0.2/16	1.27/152	黏土夹砂	158	150
天津×××	−/56864	46×16	ϕ0.42/10	1.7/161	黏质粉土	63.7	40
天津×××	−/62507	52×15	ϕ0.42/10	1.7/176	黏质粉土	62	50
天津×××	−/74017	62×15	ϕ0.42/10	1.7/224	黏质粉土	55	50
天津×××	−/62000	52×14	0.35×0.35/17	1.5/127	粉质黏土	100	80
天津×××	−/106840	84×15	0.35×0.35/17	1.5/220	粉质黏土	100	90
天津×××	−/64200	54×14	0.35×0.35/17	1.5/135	粉质黏土	95	90
天津×××	−/82932	56×18	0.35×0.35/12.5	1.5/155	粉质黏土	161	120

5.7 桩基水平承载力与位移计算

5.7.2 本条说明单桩水平承载力特征值的确定。

影响单桩水平承载力和位移的因素包括桩身截面抗弯刚度、材料强度、桩侧土质条件、桩的入土深度、桩顶约束条件。如对于低配筋率的灌注桩，通常是桩身先出现裂缝，随后断裂破坏；此时，单桩水平承载力由桩身强度控制。对于抗弯性能强的桩，如高配筋率的混凝土预制桩和钢桩，桩身虽未断裂，但由于桩侧土体塑性隆起，或桩顶水平位移大大超过使用允许值，也认为桩的水平承载力达到极限状态。此时，单桩水平承载力由位移控制。由桩身强度控制和桩顶水平位移控制两种工况均受桩侧土水平抗力系数的比例系数 m 的影响，但是，前者受影响较小，呈 $m^{1/5}$ 的关系；后者受影响较大，呈 $m^{3/5}$ 的关系。对于受水平荷载较大的建筑桩基，应通过现场单桩水平承载力试验确定单桩水平承载力特征值。对于初设阶段可通过规范所列的按桩身承载力控制的本规范式（5.7.2-1）和按桩顶水平位移控制的本规范式（5.7.2-2）进行计算。最后对工程桩进行静载试验检测。

5.7.3 建筑物的群桩基础多数为低承台，且多数带地下室，故承台侧面和地下室外墙侧面均能分担水平荷载，对于带地下室桩基受水平荷载较大时应按本规范附录 C 计算基桩、承台与地下室外墙水平抗力及位移。本条适用于无地下室，作用于承台顶面的弯矩较小的情况。本条所述群桩效应综合系数法，是以单

桩水平承载力特征值 R_{ha} 为基础，考虑四种群桩效应，求得群桩综合效应系数 η_h，单桩水平承载力特征值乘以 η_h 即得群桩中基桩的水平承载力特征值 R_h。

1 桩的相互影响效应系数 η_i

桩的相互影响随桩距减小、桩数增加而增大，沿荷载方向的影响远大于垂直于荷载作用方向，根据 23 组双桩、25 组群桩的水平荷载试验结果的统计分析，得到相互影响系数 η_i，见本规范式（5.7.3-3）。

2 桩顶约束效应系数 η_r

建筑桩基桩顶嵌入承台的深度较浅，为 5～10cm，实际约束状态介于铰接与固接之间。这种有限约束连接既减小桩顶水平位移（相对于桩顶自由），又能降低桩顶约束弯矩（相对于桩顶固接），重新分配桩身弯矩。

根据试验结果统计分析表明，由于桩顶的非完全嵌固导致桩顶弯矩降低至完全嵌固理论值的 40% 左右，桩顶位移较完全嵌固增大约 25%。

为确定桩顶约束效应对群桩水平承载力的影响，以桩顶自由单桩与桩顶固接单桩的桩顶位移比 R_x、最大弯矩比 R_M 基准进行比较，确定其桩顶约束效应系数为：

当以位移控制时

$$\eta_r = \frac{1}{1.25} R_x$$

$$R_x = \frac{\chi_0^\circ}{\chi_0^r}$$

当以强度控制时

$$\eta_r = \frac{1}{0.4} R_M$$

$$R_M = \frac{M_{max}^o}{M_{max}^r}$$

式中 χ_0^o、χ_0^r——分别为单位水平力作用下桩顶自由、桩顶固接的桩顶水平位移；

M_{max}^o、M_{max}^r——分别为单位水平力作用下桩顶自由的桩，其桩身最大弯矩；桩顶固接的桩，其桩顶最大弯矩。

将 m 法对应的桩顶有限约束效应系数 η_r 列于本规范表 5.7.3-1。

3 承台侧向土抗力效应系数 η_l

桩基发生水平位移时，面向位移方向的承台侧面将受到土的弹性抗力。由于承台位移一般较小，不足以使其发挥至被动土压力，因此承台侧向土抗力应采用与桩相同的方法——线弹性地基反力系数法计算。该弹性总土抗力为：

$$\Delta R_{hl} = \chi_{0a} B_c' \int_0^{h_c} K_n(z) dz$$

按 m 法，$K_n(z) = mz$（m 法），则

$$\Delta R_{hl} = \frac{1}{2} m \chi_{0a} B_c' h_c^2$$

由此得本规范式（5.7.3-4）承台侧向土抗力效应系数 η_l。

4 承台底摩阻效应系数 η_b

本规范规定，考虑地震作用且 $s_a/d \leqslant 6$ 时，不计入承台底的摩阻效应，即 $\eta_b = 0$；其他情况应计入承台底摩阻效应。

5 群桩中基桩的群桩综合效应系数分别由本规范式（5.7.3-2）和式（5.7.3-6）计算。

5.7.5 按 m 法计算桩的水平承载力。桩的水平变形系数 α，由桩身计算宽度 b_0、桩身抗弯刚度 EI、以及土的水平抗力系数沿深度变化的比例系数 m 确定，

$\alpha = \sqrt[5]{\dfrac{mb_0}{EI}}$。$m$ 值，当无条件进行现场试验测定时，可采用本规范表 5.7.5 的经验值。这里应指出，m 值对于同一根桩并非定值，与荷载呈非线性关系，低荷载水平下，m 值较高；随荷载增加，桩侧土的塑性区逐渐扩展而降低。因此，m 取值应与实际荷载、允许位移相适应。如根据试验结果求低配筋率桩的 m，应取临界荷载 H_{cr} 及对应位移 χ_{cr} 按下式计算

$$m = \frac{\left(\dfrac{H_{cr}}{\chi_{cr}} v_x\right)^{\frac{5}{3}}}{b_0 (EI)^{\frac{2}{3}}} \qquad (9)$$

对于配筋率较高的预制桩和钢桩，则应取允许位移及其对应的荷载按上式计算 m。

根据所收集到的具有完整资料参加统计的试桩，灌注桩 114 根，相应桩径 $d = 300 \sim 1000mm$，其中 $d = 300 \sim 600mm$ 占 60%；预制桩 85 根。统计前，将水平承载力主要影响深度 $[2(d+1)]$ 内的土层划分为 5 类，然后

分别按上式（9）计算 m 值。对各类土层的实测 m 值采用最小二乘法统计，取 m 值置信区间按可靠度大于 95%，即 $m = \overline{m} - 1.96\sigma_m$，$\sigma_m$ 为均方差，统计经验值 m 值列于本规范表 5.7.5。表中预制桩、钢桩的 m 值系根据水平位移为 10 mm 时求得，故当其位移小于 10mm 时，m 应予适当提高；对于灌注桩，当水平位移大于表列值时，则应将 m 值适当降低。

5.8 桩身承载力与裂缝控制计算

5.8.2、5.8.3 钢筋混凝土轴向受压桩正截面受压承载力计算，涉及以下三方面因素：

1 纵向主筋的作用。轴向受压桩的承载性状与上部结构柱相近，较柱的受力条件更为有利的是桩周受土的约束，侧阻力使轴向荷载随深度递减，因此，桩身受压承载力由桩顶下一定区段控制。纵向主筋的配置，对于长摩擦型桩和摩擦端承桩可随深度变断面或局部长度配置。纵向主筋的承压作用在一定条件下可计入桩身受压承载力。

2 箍筋的作用。箍筋不仅起水平抗剪作用，更重要的是对混凝土起侧向约束增强作用。图 30 是带箍筋与不带箍筋混凝土轴压应力-应变关系。由图看出，带箍筋的约束混凝土轴压强度较无约束混凝土提高 80% 左右，且其应力-应变关系改善。因此，本规范明确规定凡桩顶 5d 范围箍筋间距不大于 100mm 者，均可考虑纵向主筋的作用。

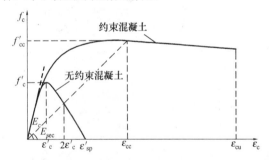

图 30 约束与无约束混凝土应力-应变关系
（引自 Mander et al 1984）

3 成桩工艺系数 ψ_c。桩身混凝土的受压承载力是桩身受压承载力的主要部分，但其强度和截面变异受成桩工艺的影响。就其成桩环境、质量可控度不同，将成桩工艺系数 ψ_c 规定如下。ψ_c 取值在原 JGJ 94-94 规范的基础上，汲取了工程试桩的经验数据，适当提高了安全度。

混凝土预制桩、预应力混凝土空心桩：$\psi_c = 0.85$；主要考虑在沉桩后桩身常出现裂缝。

干作业非挤土灌注桩（含机钻、挖、冲孔桩、人工挖孔桩）：$\psi_c = 0.90$；泥浆护壁和套管护壁非挤土灌注桩、部分挤土灌注桩、挤土灌注桩：$\psi_c = 0.7 \sim 0.8$；软土地区挤土灌注桩：$\psi_c = 0.6$。对于泥浆护壁非挤土灌注桩应视地层土质取 ψ_c 值，对于易塌孔的

流塑状软土、松散粉土、粉砂，ψ_c 宜取 0.7。

4 桩身受压承载力计算及其与静载试验比较

本规范规定，对于桩顶以下 $5d$ 范围箍筋间距不大于 100mm 者，桩身受压承载力设计值可考虑纵向主筋按本规范式(5.8.2-1)计算，否则只考虑桩身混凝土的受压承载力。对于按本规范式 (5.8.2-1) 计算桩身受压承载力的合理性及其安全度，从所收集到的 43 根泥浆护壁后注浆钻孔灌注桩静载试验结果与桩身极限受压承载力计算值 R_u 进行比较，以检验桩身受压承载力计算模式的合理性和安全性(列于表14)。其中 R_u 按如下关系计算：

$$R_u = \frac{2R_p}{1.35}$$

$$R_p = \psi_c f_c A_{ps} + 0.9 f'_y A'_s$$

其中 R_p 为桩身受压承载力设计值；ψ_c 为成桩工艺系数；f_c 为混凝土轴心抗压强度设计值；f'_y 为主

筋受压强度设计值；A_{ps}、A'_s 为桩身和主筋截面积，其中 A'_s 包含后注浆钢管截面积；1.35 系数为单桩承载力特征值与设计值的换算系数(综合荷载分项系数)。

从表 14 可见，虽然后注浆桩由于土的支承阻力(侧阻、端阻)大幅提高，绝大部分试桩未能加载至破坏，但其荷载水平是相当高的。最大加载值 Q_{max} 与桩身受压承载力极限值 R_u 之比 Q_{max}/R_u 均大于 1，且无一根桩桩身被压坏。

以上计算与试验结果说明三个问题：一是影响混凝土受压承载力的成桩工艺系数，对于泥浆护壁非挤土桩一般取 $\psi_c = 0.8$ 是合理的；二是在桩顶 $5d$ 范围箍筋加密情况下计入纵向主筋承载力是合理的；三是按本规范公式计算桩身受压承载力的安全系数高于由土的支承阻力确定的单桩承载力特征值安全系数 $K=2$，桩身承载力的安全可靠性处于合理水平。

表14 灌注桩(泥浆护壁、后注浆)桩身受压承载力计算与试验结果

工程名称	桩号	桩径 d (mm)	桩长 L (m)	桩端持力层	桩身混凝土等级	主筋	桩顶 $5d$ 箍筋	最大加载 Q_{max} (kN)	沉降 (mm)	桩身受压极限承载力 R_u (kN)	$\frac{Q_{max}}{R_u}$
银泰中心 A座	A-S1	1100	30.0	⑨层卵砾、砾粗砂	C40	10ϕ22	ϕ8@100	24×10³	16.31	22.76×10³	
	AS1-1	1100	30.0		C40	10ϕ22	ϕ8@100	17×10³	7.65	22.76×10³	>1.05
	AS1-2	1100	30.0		C40	10ϕ22	ϕ8@100	17×10³	10.11	22.76×10³	
银泰中心 B座	B-S3	1100	30.0	⑨层卵砾、砾粗砂	C40	10ϕ22	ϕ8@100	24×10³	16.70	22.76×10³	
	B1-14	1100	30.0		C40	10ϕ22	ϕ8@100	17×10³	10.34	22.76×10³	>1.05
	BS1-2	1100	30.0		C40	10ϕ22	ϕ8@100	17×10³	10.62	22.76×10³	
银泰中心 C座	C-S2	1100	30.0	⑨层卵砾、砾粗砂	C40	10ϕ22	ϕ8@100	24×10³	18.71	22.76×10³	
	CS1-1	1100	30.0		C40	10ϕ22	ϕ8@100	17×10³	14.89	22.76×10³	>1.05
	S1-2	1100	30.0		C40	10ϕ22	ϕ8@100	17×10³	13.14	22.76×10³	
北京电视中心	S1	1000	27.0	⑦层卵砾、砾	C40	12ϕ20	ϕ8@100	18×10³	21.94	19.01×10³	—
	S2	1000	27.0		C40	12ϕ20	ϕ8@100	18×10³	27.38	19.01×10³	—
	S3	1000	27.0		C40	12ϕ20	ϕ8@100	18×10³	24.78	19.01×10³	—
	S4	800	27.0		C40	10ϕ20	ϕ8@100	14×10³	25.81	12.40×10³	>1.13
	S6	800	27.0		C40	10ϕ20	ϕ8@100	16.8×10³	29.86	12.40×10³	>1.35
财富中心一期公寓	22#	800	24.6	⑦层卵砾	C40	12ϕ18	ϕ8@100	13.8×10³	12.32	11.39×10³	>1.12
	21#	800	24.6		C40	12ϕ18	ϕ8@100	13.8×10³	12.17	11.39×10³	>1.12
	59#	800	24.6		C40	12ϕ18	ϕ8@100	13.8×10³	14.98	11.39×10³	>1.12
财富中心二期办公楼	64#	800	25.2	⑦层卵砾	C40	12ϕ18	ϕ8@100	13.7×10³	17.30	11.39×10³	>1.11
	1#	800	25.2		C40	12ϕ18	ϕ8@100	13.7×10³	16.12	11.39×10³	>1.11
	127#	800	25.2		C40	12ϕ18	ϕ8@100	13.7×10³	16.34	11.39×10³	>1.11
财富中心二期公寓	402#	800	21.0	⑦层卵砾	C40	12ϕ18	ϕ8@100	13.0×10³	18.60	11.39×10³	>1.05
	340#	800	21.0		C40	12ϕ18	ϕ8@100	13.0×10³	14.35	11.39×10³	>1.05
	93#	800	21.0		C40	12ϕ18	ϕ8@100	13.0×10³	12.64	11.39×10³	>1.05

工程名称	桩号	桩径 d (mm)	桩长 L (m)	桩端持力层	桩身混凝土等级	主筋	桩顶 $5d$ 箍筋	最大加载 Q_{max} (kN)	沉降 (mm)	桩身受压极限承载力 R_u (kN)	$\frac{Q_{max}}{R_u}$
财富中心酒店	16#	800	22.0		C40	12ϕ18	ϕ8@100	13.0×10³	13.72	11.39×10³	>1.05
	148#	800	22.0	⑦层卵砾	C40	12ϕ18	ϕ8@100	13.0×10³	14.27	11.39×10³	>1.05
	226#	800	22.0		C40	12ϕ18	ϕ8@100	13.0×10³	13.66	11.39×10³	>1.05
首都国际机场航站楼	NB-T	800	30.8		C40	10ϕ22	ϕ8@100	16.0×10³	37.43	19.89×10³	>1.26
	NB-T	800	41.8		C40	16ϕ22	ϕ8@100	28.0×10³	53.72	19.89×10³	>1.57
	NB-T	1000	30.8		C40	16ϕ22	ϕ8@100	18.0×10³	37.65	11.70×10³	—
	NC-T	800	25.5	粉砂、粉土	C40	10ϕ22	ϕ8@100	12.8×10³	43.50	18.30×10³	>1.12
	NC-T	1000	25.5		C40	12ϕ22	ϕ8@100	16.0×10³	68.44	11.70×10³	>1.13
	ND-T	800	27.65		C40	10ϕ22	ϕ8@100	14.4×10³	62.33	11.70×10³	>1.23
	ND-T	1000	38.65		C40	16ϕ22	ϕ8@100	24.5×10³	61.03	19.89×10³	>1.03
	ND-T	1000	27.65		C40	12ϕ22	ϕ8@100	20.0×10³	67.56	19.39×10³	>1.40
	ND-T	800	38.65		C40	12ϕ22	ϕ8@100	18.0×10³	69.27	12.91×10³	>1.42
中央电视台	TP-A1	1200	51.70		C40	24ϕ25	ϕ10@100	33.0×10³	21.78	29.4×10³	>1.12
	TP-A2	1200	51.70		C40	24ϕ25	ϕ10@100	30.0×10³	31.44	29.4×10³	>1.03
	TP-A3	1200	53.40		C40	24ϕ25	ϕ10@100	33.0×10³	18.78	29.4×10³	>1.12
	TP-B2	1200	33.40	中粗砂、卵砾	C40	24ϕ25	ϕ10@100	33.0×10³	14.50	29.4×10³	>1.12
	TP-B3	1200	33.40		C40	24ϕ25	ϕ10@100	35.0×10³	21.80	29.4×10³	>1.19
	TP-C1	800	23.40		C40	16ϕ20	ϕ8@100	17.6×10³	18.50	13.0×10³	>1.35
	TP-C2	800	22.60		C40	16ϕ20	ϕ8@100	17.6×10³	18.65	13.0×10³	>1.35
	TP-C3	800	22.60		C40	16ϕ20	ϕ8@100	17.6×10³	18.14	13.0×10³	>1.35

这里应强调说明一个问题，在工程实践中常见有静载试验中桩头被压坏的现象，其实这是试桩桩头处理不当所致。试桩桩头未按现行行业标准《建筑基桩检测技术规范》JGJ 106 规定进行处理，如：桩顶千斤顶接触不平整引起应力集中；桩顶混凝土再处理后强度过低；桩顶未加钢板围裹或未设箍筋等，由此导致桩头先行破坏。很明显，这种由于试验处置不当而引发无法真实评价单桩承载力的现象是应该而且完全可以杜绝的。

5.8.4 本条说明关于桩身稳定系数的相关内容。工程实践中，桩身处于土体内，一般不会出现压屈失稳问题，但下列两种情况应考虑桩身稳定系数确定桩身受压承载力，即将按本规范第 5.8.2 条计算的桩身受压承载力乘以稳定系数 φ。一是桩的自由长度较大（这种情况只见于少数构筑物桩基）、桩周围为可液化土；二是桩周围为超软弱土，即土的不排水抗剪强度小于 10kPa。当桩的计算长度与桩径比 $l_c/d>7.0$ 时要按本规范表 5.8.4-2 确定 φ 值。而桩的压屈计算长度 l_c 与桩顶、桩端约束条件有关，l_c 的具体确定方法按本规范表 5.8.4-1 规定执行。

5.8.7、5.8.8 对于抗拔桩桩身正截面设计应满足受拉承载力，同时应按裂缝控制等级，进行裂缝控制计算。

1 桩身承载力设计

本规范式（5.8.7）中预应力筋的受拉承载力为 $f_{py}A_{py}$，由于目前工程实践中多数为非预应力抗拔桩，故该项承载力为零。近来较多工程将预应力混凝土空心桩用于抗拔桩，此时桩顶与承台连接系通过桩顶管内埋设吊筋浇注混凝土芯，此时应确保加芯的抗拔承载力。对抗拔灌注桩施加预应力，由于构造、工艺较复杂，实践中应用不多，仅限于单桩承载力要求高的条件。从目前既有工程应用情况看，预应力灌注桩要处理好两个核心问题，一是无粘结预应力筋在桩身下部的锚固：宜于端部加锚头，并剥掉 2m 长左右塑料套管，以确保端头有效锚固。二是张拉锁定，有两种模式，一种是于桩顶预埋张拉锁定垫板，桩顶张拉锁定；另一种是在承台浇注预留张拉锁定平台，张拉锁定后，第二次浇注承台锁定锚头部分。

2 裂缝控制

首先根据本规范第3.5节耐久性规定，参考现行《混凝土结构设计规范》GB 50010，按环境类别和腐蚀性介质弱、中、强等级诸因素划分抗拔桩裂缝控制等级，对于不同裂缝控制等级桩基采取相应措施。对于严格要求不出现裂缝的一级和一般要求不出现裂缝的二级裂缝控制等级基桩，宜设预应力筋；对于允许出现裂缝的三级裂缝控制等级基桩，应按荷载效应标准组合计算裂缝最大宽度 w_{max}，使其不超过裂缝宽度限值，即 $w_{max} \leqslant w_{lim}$。

5.8.10 当桩处于成层土中且土层刚度相差大时，水平地震作用下，软硬土层界面处的剪力和弯距将出现突增，这是基桩震害的主要原因之一。因此，应采用地震反应的时程分析方法分析软硬土层界面处的地震作用效应，进而采取相应的措施。

5.9 承台计算

5.9.1 本条对桩基承台的弯矩及其正截面受弯承载力和配筋的计算原则作出规定。

5.9.2 本条对柱下独立桩基承台的正截面弯矩设计值的取值计算方法系依据承台的破坏试验资料作出规定。20世纪80年代以来，同济大学、郑州工业大学（郑州工学院）、中国石化总公司、洛阳设计院等单位进行的大量模型试验表明，柱下多桩矩形承台呈"梁式破坏"，即弯曲裂缝在平行于柱边两个方向交替出现，承台在两个方向交替呈梁式承担荷载（见图31），最大弯矩产生在平行于柱边两个方向的屈服线处。利用极限平衡原理导得柱下多桩矩形承台两个方向的承台正截面弯矩为本规范式（5.9.2-1）、式（5.9.2-2）。

对柱下三桩三角形承台进行的模型试验，其破坏模式也为"梁式破坏"。由于三桩承台的钢筋一般均平行于承台边呈三角形配置，因而等边三桩承台具有代表性的破坏模式见图31（b），可利用钢筋混凝土板的屈服线理论按机动法基本原理推导，得到通过柱边屈服曲线的等边三桩承台正截面弯矩计算公式：

$$M = \frac{N_{max}}{3}\left(s_a - \frac{\sqrt{3}}{2}c\right) \quad (10)$$

由图31（c）的等边三桩承台最不利破坏模式，可得另一公式：

$$M = \frac{N_{max}}{3}s_a \quad (11)$$

考虑到图31（b）的屈服线产生在柱边，过于理想化，而图31（c）的屈服线未考虑柱的约束作用，其弯矩偏于安全。根据试件破坏的多数情况采用式（10）、式（11）两式的平均值作为本规范的弯矩计算公式，即得到本规范式（5.9.2-3）。

对等腰三桩承台，其典型的屈服线基本上都垂直于等腰三桩承台的两个腰，试件通常在长跨发生弯曲

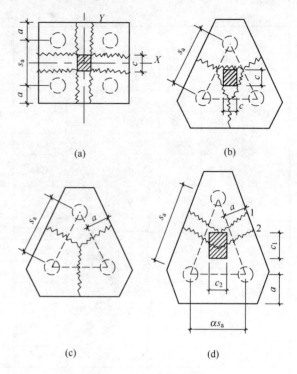

图31 承台破坏模式
(a) 四桩承台；(b) 等边三桩承台；
(c) 等边三桩承台；(d) 等腰三桩承台

破坏，其屈服线见图31（d）。按梁的理论可导出承台正截面弯矩的计算公式：

当屈服线2通过柱中心时 $\quad M_1 = \frac{N_{max}}{3}s_a \quad (12)$

当屈服线1通过柱边时 $\quad M_2 = \frac{N_{max}}{3}\left(s_a - \frac{1.5}{\sqrt{4-\alpha^2}}c_1\right)$

$\quad (13)$

式（12）未考虑柱的约束影响，偏于安全；而式（13）又不够安全，因而本规范采用该两式的平均值确定等腰三桩承台的正截面弯矩，即本规范式（5.9.2-4）、式（5.9.2-5）。

上述关于三桩承台计算的 M 值均指通过承台形心与相应承台边正交截面的弯矩设计值，因而可按此相应宽度采用三向均匀配筋。

5.9.3 本条对箱形承台和筏形承台的弯矩计算原则进行规定。

1 对箱形承台及筏形承台的弯矩宜按地基——桩——承台——上部结构共同作用的原理分析计算。这是考虑到结构的实际受力情况具有共同作用的特性，因而分析计算应反映这一特性。

2 对箱形承台，当桩端持力层为基岩、密实的碎石类土、砂土且深厚均匀时；或当上部结构为剪力墙；或当上部结构为框架－核心筒结构且按变刚度调平原则布桩时，由于基础各部分的沉降变形较均匀，桩顶反力分布较均匀，整体弯矩较小，因而箱形承台顶、底板可仅考虑局部弯矩作用进行计算、忽略基础

的整体弯矩，但需在配筋构造上采取措施承受实际上存在的一定数量的整体弯矩。

3 对筏形承台，当桩端持力层深厚坚硬、上部结构刚度较好，且柱荷载及柱间距变化不超过 20% 时；或当上部结构为框架—核心筒结构且按变刚度调平原则布桩时，由于基础各部分的沉降变形均较均匀，整体弯矩较小，因而可仅考虑局部弯矩作用进行计算，忽略基础的整体弯矩，但需在配筋构造上采取措施承受实际上存在的一定数量的整体弯矩。

5.9.4 本条对柱下条形承台梁的弯矩计算方法根据桩端持力层情况不同，规定可按下列两种方法计算。

1 按弹性地基梁（地基计算模型应根据地基土层特性选取）进行分析计算，考虑桩、柱垂直位移对承台梁内力的影响。

2 当桩端持力层深厚坚硬且桩柱轴线不重合时，可将桩视为不动铰支座，采用结构力学方法，按连续梁计算。

5.9.5 本条对砌体墙下条形承台梁的弯矩和剪力计算方法规定可按倒置弹性地基梁计算。将承台上的砌体墙视为弹性半无限体，根据弹性理论求解承台梁上的荷载，进而求得承台梁的弯矩和剪力。为方便设计，附录 G 已列出承台梁不同位置处的弯矩和剪力计算公式。对于承台上的砌体墙，尚应验算桩顶以上部分砌体的局部承压强度，防止砌体发生压坏。

5.9.7 本条对桩基承台受柱（墙）冲切承载力的计算方法作出规定：

1 根据冲切破坏的试验结果进行简化计算，取冲切破坏锥体为自柱（墙）边或承台变阶处至相应桩顶边缘连线所构成的锥体。锥体斜面与承台底面之夹角不小于 45°。

2 对承台受柱的冲切承载力按本规范式（5.9.7-1）～式（5.9.7-3）计算。依据现行国家标准《混凝土结构设计规范》GB 50010，对冲切系数作了调整。对混凝土冲切破坏承载力由 $0.6f_tu_mh_o$ 提高至 $0.7f_tu_mh_o$，即冲切系数 β_0 提高了 16.7%，故本规范将其表达式 $\beta_0=0.72/(\lambda+0.2)$ 调整为 $\beta_0=0.84/(\lambda+0.2)$。

3 关于最小冲跨比取值，原 $\lambda=0.2$ 调整为 $\lambda=0.25$，λ 满足 0.25～1.0。

根据现行《混凝土结构设计规范》GB 50010 的规定，需考虑承台受冲切承载力截面高度影响系数 β_{hp}。

必须强调对圆柱及圆桩计算时应将其截面换算成方柱或方桩，即取换算柱截面边长 $b_c=0.8d_c$（d_c 为圆柱直径），换算桩截面边长 $b_p=0.8d$，以确定冲切破坏锥体。

5.9.8 本条对承台受柱冲切破坏锥体以外基桩的冲切承载力的计算方法作出规定，这些规定与《建筑桩基技术规范》JGJ 94-94 的计算模式相同。同时按现行《混凝土结构设计规范》GB 50010 规定，对冲切系数 β_0 进行调整，并增加受冲切承载力截面高度影

响系数 β_{hp}。

5.9.9 本条对柱（墙）下桩基承台斜截面的受剪承载力计算作出规定。由于剪切破坏面通常发生在柱边（墙边）与桩边连线形成的贯通承台的斜截面处，因而受剪计算斜截面取在柱边处。当柱（墙）承台悬挑边有多排基桩时，应对多个斜截面的受剪承载力进行计算。

5.9.10 本条说明柱下独立桩基承台的斜截面受剪承载力的计算。

1 斜截面受剪承载力的计算公式是以《建筑桩基技术规范》JGJ 94-94 计算模式为基础，根据现行《混凝土结构设计规范》GB 50010 规定，斜截面受剪承载力由按混凝土受压强度设计值改为按受拉强度设计值进行计算，作了相应调整。即由原承台剪切系数 $\alpha=0.12/(\lambda+0.3)$（$0.3\leqslant\lambda<1.4$）、$\alpha=0.20/(\lambda+1.5)$（$1.4\leqslant\lambda<3.0$）调整为 $\alpha=1.75/(\lambda+1)$（$0.25\leqslant\lambda\leqslant 3.0$）。最小剪跨比取值由 $\lambda=0.3$ 调整为 $\lambda=0.25$。

2 对柱下阶梯形和锥形、矩形承台斜截面受剪承载力计算时的截面计算有效高度和宽度的确定作出相应规定，与《建筑桩基技术规范》JGJ 94-94 规定相同。

5.9.11 本条对梁板式筏形承台的梁的受剪承载力计算作出规定，求得各计算斜截面的剪力设计值后，其受剪承载力可按现行《混凝土结构设计规范》GB 50010 的有关公式进行计算。

5.9.12 本条对配有箍筋但未配弯起钢筋的砌体墙下条形承台梁，规定其斜截面的受剪承载力可按本规范式（5.9.12）计算。该公式来源于《混凝土结构设计规范》GB 50010-2002。

5.9.13 本条对配有箍筋和弯起钢筋的砌体墙下条形承台梁，规定其斜截面的受剪承载力可按本规范式（5.9.13）计算，该公式来源同上。

5.9.14 本条对配有箍筋但未配弯起钢筋的柱下条形承台梁，由于梁受集中荷载，故规定其斜截面的受剪承载力可按本规范式（5.9.14）计算，该公式来源同上。

5.9.15 承台混凝土强度等级低于柱或桩的混凝土强度等级时，应按现行《混凝土结构设计规范》GB 50010 的规定验算柱下或桩顶承台的局部受压承载力，避免承台发生局部受压破坏。

5.9.16 对处于抗震设防区的承台受弯、受剪、受冲切承载力进行抗震验算时，应根据现行《建筑抗震设计规范》GB 50011，将上部结构传至承台顶面的地震作用效应乘以相应的调整系数；同时将承载力除以相应的抗震调整系数 γ_{RE}，予以提高。

6 灌注桩施工

6.2 一般规定

6.2.1 在岩溶发育地区采用冲、钻孔桩应适当加密

勘察钻孔。在较复杂的岩溶地段施工时经常会发生偏孔、掉钻、卡钻及泥浆流失等情况，所以应在施工前制定出相应的处理方案。

人工挖孔桩在地质、施工条件较差时，难以保证施工人员的安全工作条件，特别是遇有承压水、流动性淤泥层、流砂层时，易引发安全和质量事故，因此不得选用此种工艺。

6.2.3 当很大深度范围内无良好持力层时的摩擦桩，应按设计桩长控制成孔深度。当桩较长且桩端置于较好持力层时，应以确保桩端置于较好持力层作主控标准。

6.3 泥浆护壁成孔灌注桩

6.3.2 清孔后要求测定的泥浆指标有三项，即相对密度、含砂率和黏度。它们是影响混凝土灌注质量的主要指标。

6.3.9 灌注混凝土之前，孔底沉渣厚度指标规定，对端承型桩不应大于 50mm；对摩擦型桩不应大于 100mm。首先这是多年灌注桩的施工经验；其二，近年对于桩底不同沉渣厚度的试桩结果表明，沉渣厚度大小不仅影响端阻力的发挥，而且也影响侧阻力的发挥值。这是近年来灌注桩承载性状的重要发现之一，故对原规范关于摩擦桩沉渣厚度≤300mm 作修订。

6.3.18～6.3.24 旋挖钻机重量较大、机架较高、设备较昂贵，保证其安全作业很重要。强调其作业的注意事项，这是总结近几年的施工经验后得出的。

6.3.25 旋挖钻机成孔，孔底沉渣（虚土）厚度较难控制，目前积累的工程经验表明，采用旋挖钻机成孔时，应采用清孔钻头进行清渣清孔，并采用桩端后注浆工艺保证桩端承载力。

6.3.27 细骨料宜选用中粗砂，是根据全国多数地区的使用经验和条件制订，少数地区若无中粗砂而选用其他砂，可通过试验进行选定，也可用合格的石屑代替。

6.3.30 条文中规定了最小的埋管深度宜为 2～6m，是为了防止导管拔出混凝土面造成断桩事故，但埋管也不宜太深，以免造成埋管事故。

6.4 长螺旋钻孔压灌桩

6.4.1～6.4.13 长螺旋钻孔压灌桩成桩工艺是国内近年开发且使用较广的一种新工艺，适用于地下水位以上的黏性土、粉土、素填土、中等密实以上的砂土，属非挤土成桩工艺，该工艺有穿透力强、低噪声、无振动、无泥浆污染、施工效率高、质量稳定等特点。

长螺旋钻孔压灌桩成桩施工时，为提高混凝土的流动性，一般宜掺入粉煤灰。每方混凝土的粉煤灰掺量宜为 70～90kg，坍落度应控制在 160～200mm，这主要是考虑保证施工中混合料的顺利输送。坍落度过大，易产生泌水、离析等现象，在泵压作用下，骨料与砂浆分离，导致堵管。坍落度过小，混合料流动性差，也容易造成堵管。另外所用粗骨料石子粒径不宜大于 30mm。

长螺旋钻孔压灌桩成桩，应准确掌握提拔钻杆时间，钻至预定标高后，开始泵送混凝土，管内空气从排气阀排出，待钻杆内管及输送软、硬管内混凝土达到连续时提钻。若提钻时间较晚，在泵送压力下钻头处的水泥浆液被挤出，容易造成管路堵塞。应杜绝在泵送混凝土前提拔钻杆，以免造成桩端处存在虚土或桩端混合料离析、端阻力减小。提拔钻杆中应连续泵料，特别是在饱和砂土、饱和粉土层中不得停泵待料，避免造成混凝土离析、桩身缩径和断桩，目前施工多采用商品混凝土或现场用两台 0.5m³ 的强制式搅拌机拌制。

灌注桩后插钢筋笼工艺近年有较大发展，插笼深度提高到目前 20～30m，较好地解决了地下水位以下压灌桩的配筋问题。但后插钢筋笼的导向问题没有得到很好的解决，施工时应注意根据具体条件采取综合措施控制钢筋笼的垂直度和保护层有效厚度。

6.5 沉管灌注桩和内夯沉管灌注桩

振动沉管灌注成桩若混凝土坍落度过大，将导致桩顶浮浆过多，桩体强度降低。

6.6 干作业成孔灌注桩

人工挖孔桩在地下水疏干状态不佳时，对桩端及时采用低水混凝土封底是保证桩基础承载力的关键之一。

6.7 灌注桩后注浆

灌注桩桩底后注浆和桩侧后注浆技术具有以下特点：一是桩底注浆采用管式单向注浆阀，有别于构造复杂的注浆预载箱、注浆囊、U 形注浆管，实施开敞式注浆，其竖向导管可与桩身完整性声速检测兼用，注浆后可代替纵向主筋；二是桩侧注浆是外置于桩土界面的弹性注浆管阀，不同于设置于桩身内的袖阀式注浆管，可实现桩身无损注浆。注浆装置安装简便、成本较低、可靠性高，适用于不同钻具成孔的锥形和平底孔型。

6.7.1 灌注桩后注浆（Cast-in-place pile post grouting，简写 PPG）是灌注桩的辅助工法。该技术旨在通过桩底桩侧后注浆固化沉渣（虚土）和泥皮，并加固桩底和桩周一定范围的土体，以大幅提高桩的承载力，增强桩的质量稳定性，减小桩基沉降。对于干作业的钻、挖孔灌注桩，经实践表明均取得良好成效。故本规定适用于除沉管灌注桩外的各类钻、挖、冲孔灌注桩。该技术目前已应用于全国二十多个省市的数以千计的桩基工程中。

6.7.2 桩底后注浆管阀的设置数量应根据桩径大小确定，最少不少于 2 根，对于 $d>1200mm$ 桩应增至 3 根。目的在于确保后注浆浆液扩散的均匀对称及后注浆的可靠性。桩侧注浆断面间距视土层性质、桩长、承载力增幅要求而定，宜为 6～12m。

6.7.4～6.7.5 浆液水灰比是根据大量工程实践经验提出的。水灰比过大容易造成浆液流失，降低后注浆的有效性，水灰比过小会增大注浆阻力，降低可注性，乃至转化为压密注浆。因此，水灰比的大小应根据土层类别、土的密实度、土是否饱和诸因素确定。当浆液水灰比不超过 0.5 时，加入减水、微膨胀等外加剂在于增加浆液的流动性和对土体的增强效应。确保最佳注浆量是确保桩的承载力增幅达到要求的重要因素，过量注浆会增加不必要的消耗，应通过试注浆确定。这里推荐的用于预估注浆量公式是以大量工程经验确定有关参数推导提出的。关于注浆作业起始时间和顺序的规定是大量工程实践经验的总结，对于提高后注浆的可靠性和有效性至关重要。

6.7.6～6.7.9 规定终止注浆的条件是为了保证后注浆的预期效果及避免无效过量注浆。采用间歇注浆的目的是通过一定时间的休止使已压入浆提高抗浆液流失阻力，并通过调整水灰比消除规定中所述的两种不正常现象。实践过程曾发生过高压输浆管接口松脱爆管而伤人的事故，因此，操作人员应采取相应的安全防护措施。

7 混凝土预制桩与钢桩施工

7.1 混凝土预制桩的制作

7.1.3 预制桩在锤击沉桩过程中要出现拉应力，对于受水平、上拔荷载桩桩身拉应力是不可避免的，故按现行《混凝土结构工程施工质量验收规范》GB 50204 的规定，同一截面的主筋接头数量不得超过主筋数量的 50%，相邻主筋接头截面的距离应大于 $35d_g$。

7.1.4 本规范表 7.1.4 中 7 和 8 项次应予以强调。按以往经验，如制作时质量控制不严，造成主筋距桩顶面过近，甚至与桩顶齐平，在锤击时桩身容易产生纵向裂缝，被迫停锤。网片位置不准，往往会造成桩顶被击碎事故。

7.1.5 桩尖停在硬层内接桩，如电焊连接耗时较长，桩周摩阻得到恢复，使进一步锤击发生困难。对于静力压桩，则沉桩更困难，甚至压不下去。若采用机械式快速接头，则可避免这种情况。

7.1.8 根据实践经验，凡达到强度与龄期的预制桩大都能顺利打入土中，很少打裂；而仅满足强度不满足龄期的预制桩打裂或打断的比例较大。为使沉桩顺利进行，应做到强度与龄期双控。

7.3 混凝土预制桩的接桩

管桩接桩有焊接、法兰连接和机械快速连接三种方式。本规范对不同连接方式的技术要点和质量控制环节作出相应规定，以避免以往工程实践中常见的由于接桩质量问题导致沉桩过程由于锤击拉应力和土体上涌接头被拉断的事故。

7.4 锤击沉桩

7.4.3 桩帽或送桩帽的规格应与桩的断面相适应，太小会将桩顶打碎，太大易造成偏心锤击。插桩应控制其垂直度，才能确保沉桩的垂直度，重要工程插桩均应采用二台经纬仪从两个方向控制垂直度。

7.4.4 沉桩顺序是沉桩施工方案的一项重要内容。以往施工单位不注意合理安排沉桩顺序造成事故的事例很多，如桩位偏移、桩体上涌、地面隆起过多、建筑物破坏等。

7.4.6 本条所规定的停止锤击的控制原则适用于一般情况，实践中也存在某些特例。如软土中的密集桩群，由于大量桩入土中产生挤土效应，对后续桩的沉桩带来困难，如坚持按设计标高控制很难实现。按贯入度控制的桩，有时也会出现满足不了设计要求的情况。对于重要建筑，强调贯入度和桩端标高均达到设计要求，即实行双控是必要的。因此确定停锤标准是较复杂的，宜借鉴经验与通过静载试验综合确定停锤标准。

7.4.9 本条列出的一些减少打桩对邻近建筑物影响的措施是对多年实践经验的总结。如某工程，未采取任何措施沉桩地面隆起达 15～50cm，采用预钻孔措施后地面隆起则降为 2～10cm。控制打桩速率减少挤土隆起也是有效措施之一。对于经检测，确有桩体上涌的情况，应实施复打。具体用哪一种措施要根据工程实际条件，综合分析确定，有时可同时采用几种措施。即使采取了措施，也应加强监测。

7.6 钢桩（钢管桩、H 型桩及其他异型钢桩）施工

7.6.3 钢桩制作偏差不仅要在制作过程中控制，运到工地后在施打前还应检查，否则沉桩时会发生困难，甚至成桩失败。这是因为出厂后在运输或堆放过程中会因措施不当而造成桩身局部变形。此外，出厂成品均为定尺钢桩，而实际施工时都是由数根焊接而成，但不会正好是定尺桩的组合，多数情况下，最后一节为非定尺桩，这就要进行切割。因此要对切割后的节段及拼接后的桩进行外形尺寸检验。

7.6.5 焊接是钢桩施工中的关键工序，必须严格控制质量。如焊丝不烘干，会引起烧焊时含氢量高，使焊缝容易产生气孔并降低其强度和韧性，因而焊丝必须在 200～300℃温度下烘干 2h。据有关资料，未烘干的焊丝其含氢量为 12mL/100gm，经过 300℃温度

烘干 2h 后，减少到 9.5mL/100gm。

现场焊接受气候的影响较大，雨天烧焊时，由于水分蒸发会有大量氢气混入焊缝内形成气孔。大于 10m/s 的风速会使自保护气体和电弧火焰不稳定。雨天或刮风条件下施工，必须采取防风避雨措施，否则质量不能保证。

焊缝温度未冷却到一定温度就锤击，易导致焊缝出现裂缝。浇水骤冷更易使之发生脆裂。因此，必须对冷却时间予以限定且要自然冷却。有资料介绍，1min 停歇，母材温度即降至 300℃，此时焊缝强度可以经受锤击压力。

外观检查和无破损检验是确保焊接质量的重要环节。超声或拍片的数量应视工程的重要程度和焊接人员的技术水平而定，这里提供的数量，仅是一般工程的要求。还应注意，检验应实行随机抽样。

7.6.6 H 型钢桩或其他薄壁钢桩不同于钢管桩，其断面与刚度本来很小，为保证原有的刚度和强度不致因焊接而削弱，一般应加连接板。

7.6.7 钢管桩出厂时，两端应有防护圈，以防坡口受损；对 H 型桩，因其刚度不大，若支点不合理，堆放层数过多，均会造成桩体弯曲，影响施工。

7.6.9 钢管桩内取土，需配以专用抓斗，若要穿透砂层或硬土层，可在桩下端焊一圈钢箍以增强穿透力，厚度为 8~12mm，但需先试沉桩，方可确定采用。

7.6.10 H 型钢桩，其刚度不如钢管桩，且两个方向的刚度不一，很容易在刚度小的方向发生失稳，因而要对锤重予以限制。如在刚度小的方向设约束装置有利于顺利沉桩。

7.6.11 H 型钢桩送桩时，锤的能量损失约 1/3~4/5，故桩端持力层较好时，一般不送桩。

7.6.12 大块石或混凝土块容易嵌入 H 钢桩的槽口内，随桩一起沉入下层土内，如遇硬土层则使沉桩困难，甚至继续锤击导致桩体失稳，故应事先清除桩位上的障碍物。

8 承台施工

8.1 基坑开挖和回填

8.1.3 目前大型基坑越来越多，且许多工程位于建筑群中或闹市区。完善的基坑开挖方案，对确保邻近建筑物和公用设施（煤气管线、上下水道、电缆等）的安全至关重要。本条中所列的各项工作均应慎重研究以定出最佳方案。

8.1.4 外降水可降低主动土压力，增加边坡的稳定；内降水可增加被动土压，减少支护结构的变形，且利于机具在基坑内作业。

8.1.5 软土地区基坑开挖分层均衡进行极其重要。某电厂厂房基础，桩断面尺寸为 450mm×450mm，基坑开挖深度 4.5m。由于没有分层挖土，由基坑的一边挖至另一边，先挖部分的桩体发生很大水平位移，有些桩由于位移过大而断裂。类似的由于基坑开挖失当而引起的事故在软土地区屡见不鲜。因此对挖土顺序必须合理适当，严格均衡开挖，高差不应超过 1m；不得于坑边弃土；对已成桩须妥善保护，不得让挖土设备撞击；对支护结构和已成桩应进行严密监测。

8.2 钢筋和混凝土施工

8.2.2 大体积承台日益增多，钢厂、电厂、大型桥墩的承台一次浇注混凝土量近万方，厚达 3~4m。对这种桩基承台的浇注，事先应作充分研究。当浇注设备适应时，可用平铺法；如不适应，则应从一端开始采用滚浇法，以减少混凝土的浇注面。对水泥用量，减少温差措施均需慎重研究；措施得当，可实现一次浇注。

9 桩基工程质量检查和验收

9.1.1~9.1.3 现行国家标准《建筑地基基础工程施工质量验收规范》GB 50202 和行业标准《建筑基桩检测技术规范》JGJ 106 以强制性条文规定必须对基桩承载力和桩身完整性进行检验。桩基质量与基桩承载力密切相关，桩身质量有时会严重影响基桩承载力，桩身质量检测抽样率较高，费用较低，通过检测可减少桩基安全隐患，并可为判定基桩承载力提供参考。

9.2.1~9.4.5 对于具体的检测项目，应根据检测目的、内容和要求，结合各检测方法的适用范围和检测能力，考虑工程重要性、设计要求、地质条件、施工因素等情况选择检测方法和检测数量。影响桩基承载力和桩身质量的因素存在于桩基施工的全过程中，仅有施工后的试验和施工后的验收是不全面、不完整的。桩基施工过程中出现的局部地质条件与勘察报告不符、工程桩施工参数与施工前的试验参数不同、原材料发生变化、设计变更、施工单位变更等情况，都可能产生质量隐患，因此，加强施工过程中的检验是有必要的。不同阶段的检验要求可参照现行《建筑地基基础工程施工质量验收规范》GB 50202 和现行《建筑基桩检测技术规范》JGJ 106 执行。

中华人民共和国国家标准

建筑抗震设计规范

Code for seismic design of buildings

GB 50011—2010

（2016 年版）

主编部门：中华人民共和国住房和城乡建设部
批准部门：中华人民共和国住房和城乡建设部
施行日期：２０１０年１２月１日

中华人民共和国住房和城乡建设部
公 告

第 1199 号

住房城乡建设部关于发布国家标准
《建筑抗震设计规范》局部修订的公告

现批准《建筑抗震设计规范》GB 50011－2010 局部修订的条文，自 2016 年 8 月 1 日起实施。经此次修改的原条文同时废止。

局部修订的条文及具体内容，将刊登在我部有关网站和近期出版的《工程建设标准化》刊物上。

中华人民共和国住房和城乡建设部

2016 年 7 月 7 日

修 订 说 明

本次局部修订系根据住房和城乡建设部《关于印发 2014 年工程建设标准规范制订、修订计划的通知》（建标〔2013〕169 号）的要求，由中国建筑科学研究院会同有关的设计、勘察、研究和教学单位对《建筑抗震设计规范》GB 50011－2010 进行局部修订而成。

此次局部修订的主要内容包括两个方面，即，(1) 根据《中国地震动参数区划图》GB 18306－2015 和《中华人民共和国行政区划简册 2015》以及民政部发布 2015 年行政区划变更公报，修订《建筑抗震设计规范》GB 50011－2010 附录 A：我国主要城镇抗震设防烈度、设计基本地震加速度和设计地震分组；(2) 根据《建筑抗震设计规范》GB 50011－2010 实施以来各方反馈的意见和建议，对部分条款进行文字性调整。修订过程中广泛征求了各方面的意见，对具体修订内容进行了反复的讨论和修改，与相关标准进行协调，最后经审查定稿。

此次局部修订，共涉及一个附录和 10 条条文的修改，分别为附录 A 和第 3.4.3 条、第 3.4.4 条、第 4.4.1 条、第 6.4.5 条、第 7.1.7 条、第 8.2.7 条、第 8.2.8 条、第 9.2.16 条、第 14.3.1 条、第 14.3.2 条。

本规范条文下划线部分为修改的内容；用黑体字标志的条文为强制性条文，必须严格执行。

本次局部修订的主编单位：中国建筑科学研究院

本次局部修订的参编单位：中国地震局地球物理研究所

中国建筑标准设计研究院

北京市建筑设计研究院

中国电子工程设计院

本规范主要起草人员：黄世敏　王亚勇　戴国莹　符圣聪　罗开海　李小军　柯长华　郁银泉　娄　宇　薛慧立

本规范主要审查人员：徐培福　齐五辉　范　重　吴　健　郭明田　吴汉福　马东辉　宋　波　潘　鹏

中华人民共和国住房和城乡建设部
公 告

第 609 号

关于发布国家标准
《建筑抗震设计规范》的公告

现批准《建筑抗震设计规范》为国家标准，编号为GB 50011-2010，自2010年12月1日起实施。其中，第 1.0.2、1.0.4、3.1.1、3.3.1、3.3.2、3.4.1、3.5.2、3.7.1、3.7.4、3.9.1、3.9.2、3.9.4、3.9.6、4.1.6、4.1.8、4.1.9、4.2.2、4.3.2、4.4.5、5.1.1、5.1.3、5.1.4、5.1.6、5.2.5、5.4.1、5.4.2、5.4.3、6.1.2、6.3.3、6.3.7、6.4.3、7.1.2、7.1.5、7.1.8、7.2.4、7.2.6、7.3.1、7.3.3、7.3.5、7.3.6、7.3.8、7.4.1、7.4.4、7.5.7、7.5.8、8.1.3、8.3.1、8.3.6、8.4.1、8.5.1、10.1.3、10.1.12、10.1.15、12.1.5、12.2.1、12.2.9 条为强制性条文，必须严格执行。原《建筑抗震设计规范》GB 50011-2001同时废止。

本规范由我部标准定额研究所组织中国建筑工业出版社出版发行。

中华人民共和国住房和城乡建设部
2010年5月31日

前 言

本规范系根据原建设部《关于印发〈2006年工程建设标准规范制订、修订计划（第一批）〉的通知》（建标〔2006〕77号）的要求，由中国建筑科学研究院会同有关的设计、勘察、研究和教学单位对《建筑抗震设计规范》GB 50011-2001进行修订而成。

修订过程中，编制组总结了2008年汶川地震震害经验，对灾区设防烈度进行了调整，增加了有关山区场地、框架结构填充墙设置、砌体结构楼梯间、抗震结构施工要求的强制性条文，提高了装配式楼板构造和钢筋伸长率的要求。此后，继续开展了专题研究和部分试验研究，调查总结了近年来国内外大地震（包括汶川地震）的经验教训，采纳了地震工程的新科研成果，考虑了我国的经济条件和工程实践，并在全国范围内广泛征求了有关设计、勘察、科研、教学单位及抗震管理部门的意见，经反复讨论、修改、充实和试设计，最后经审查定稿。

本次修订后共有14章12个附录。除了保持2008年局部修订的规定外，主要修订内容是：补充了关于7度（0.15g）和8度（0.30g）设防的抗震措施规定，按《中国地震动参数区划图》调整了设计地震分组；改进了土壤液化判别公式；调整了地震影响系数曲线的阻尼调整参数、钢结构的阻尼比和承载力抗震调整系数、隔震结构的水平向减震系数的计算，并补充了大跨屋盖建筑水平和竖向地震作用的计算方法；提高了对混凝土框架结构房屋、底部框架砌体房屋的抗震设计要求；提出了钢结构房屋抗震等级并相应调整了抗震措施的规定；改进了多层砌体房屋、混凝土抗震墙房屋、配筋砌体房屋的抗震措施；扩大了隔震和消能减震房屋的适用范围；新增建筑抗震性能化设计原则以及有关大跨屋盖建筑、地下建筑、框排架厂房、钢支撑-混凝土框架和钢框架-钢筋混凝土核心筒结构的抗震设计规定。取消了内框架砖房的内容。

本规范中以黑体字标志的条文为强制性条文，必须严格执行。

本规范由住房和城乡建设部负责管理和对强制性条文的解释，中国建筑科学研究院负责具体技术内容的解释。在执行过程中，请各单位结合工程实践，认真总结经验，并将意见和建议寄交北京市北三环东路30号中国建筑科学研究院国家标准《建筑抗震设计规范》管理组（邮编：100013，E-mail：GB 50011-cabr@163.com）。

主 编 单 位：中国建筑科学研究院

参 编 单 位：中国地震局工程力学研究所、中国建筑设计研究院、中国建筑标准设计研究院、北京市建筑设计研究院、中国电子工程设计院、中国建筑西南设计研究院、中国建筑西北设计研究院、中国建筑东北设计研究院、华东建筑设计研究院、中南建筑设计院、广东省建筑设计研究院、上海建筑设计研究院、新疆维吾尔自治区建筑设计研究院、云南省设计院、四川省建筑设计院、深圳市建筑设计研究总院、北京市勘察设计研究院、上海市隧道工程轨道交通设计研究院、中建国际（深圳）设计顾问有限公司、中冶集团建筑研究总院、中国机械工业集团公司、中国中元国际工程公司、清华大学、同济大学、哈尔滨工业大学、浙江大学、重庆大学、云南大学、广州大学、大连理工大学、北京工业大学

主要起草人：黄世敏　王亚勇（以下按姓氏笔画排列）

丁洁民　方泰生　邓　华　叶燎原
冯　远　吕西林　刘琼祥　李　亮
李　惠　李　霆　李小军　李亚明
李英民　李国强　杨林德　苏经宇

肖　伟　吴明舜　辛鸿博　张瑞龙
陈　炯　陈富生　欧进萍　郁银泉
易方民　罗开海　周正华　周炳章
周福霖　周锡元　柯长华　娄　宇
姜文伟　袁金西　钱基宏　钱稼茹
徐　建　徐永基　唐曹明　容柏生
曹文宏　符圣聪　章一萍　葛学礼
董津城　程才渊　傅学怡　曾德民
窦南华　蔡益燕　薛彦涛　薛慧立
戴国莹

主要审查人：徐培福　吴学敏　刘志刚（以下按姓氏笔画排列）

刘树屯　李　黎　李学兰　陈国义
侯忠良　莫　庸　顾宝和　高孟谭
黄小坤　程懋堃

目　　次

Contents

1 总 则

1.0.1 为贯彻执行国家有关建筑工程、防震减灾的法律法规并实行以预防为主的方针，使建筑经抗震设防后，减轻建筑的地震破坏，避免人员伤亡，减少经济损失，制定本规范。

按本规范进行抗震设计的建筑，其基本的抗震设防目标是：当遭受低于本地区抗震设防烈度的多遇地震影响时，主体结构不受损坏或不需修理可继续使用；当遭受相当于本地区抗震设防烈度的设防地震影响时，可能发生损坏，但经一般性修理仍可继续使用；当遭受高于本地区抗震设防烈度的罕遇地震影响时，不致倒塌或发生危及生命的严重破坏。使用功能或其他方面有专门要求的建筑，当采用抗震性能化设计时，具有更具体或更高的抗震设防目标。

1.0.2 抗震设防烈度为 6 度及以上地区的建筑，必须进行抗震设计。

1.0.3 本规范适用于抗震设防烈度为 6、7、8 和 9 度地区建筑工程的抗震设计以及隔震、消能减震设计。建筑的抗震性能化设计，可采用本规范规定的基本方法。

抗震设防烈度大于 9 度地区的建筑及行业有特殊要求的工业建筑，其抗震设计应按有关专门规定执行。

注：本规范"6 度、7 度、8 度、9 度"即"抗震设防烈度为 6 度、7 度、8 度、9 度"的简称。

1.0.4 抗震设防烈度必须按国家规定的权限审批、颁发的文件（图件）确定。

1.0.5 一般情况下，建筑的抗震设防烈度应采用根据中国地震动参数区划图确定的地震基本烈度（本规范设计基本地震加速度值所对应的烈度值）。

1.0.6 建筑的抗震设计，除应符合本规范要求外，尚应符合国家现行有关标准的规定。

2 术语和符号

2.1 术 语

2.1.1 抗震设防烈度 seismic precautionary intensity

按国家规定的权限批准作为一个地区抗震设防依据的地震烈度。一般情况，取 50 年内超越概率 10% 的地震烈度。

2.1.2 抗震设防标准 seismic precautionary criterion

衡量抗震设防要求高低的尺度，由抗震设防烈度或设计地震动参数及建筑抗震设防类别确定。

2.1.3 地震动参数区划图 seismic ground motion parameter zonation map

以地震动参数（以加速度表示地震作用强弱程度）为指标，将全国划分为不同抗震设防要求区域的图件。

2.1.4 地震作用 earthquake action

由地震动引起的结构动态作用，包括水平地震作用和竖向地震作用。

2.1.5 设计地震动参数 design parameters of ground motion

抗震设计用的地震加速度（速度、位移）时程曲线、加速度反应谱和峰值加速度。

2.1.6 设计基本地震加速度 design basic acceleration of ground motion

50 年设计基准期超越概率 10% 的地震加速度的设计取值。

2.1.7 设计特征周期 design characteristic period of ground motion

抗震设计用的地震影响系数曲线中，反映地震震级、震中距和场地类别等因素的下降段起始点对应的周期值，简称特征周期。

2.1.8 场地 site

工程群体所在地，具有相似的反应谱特征。其范围相当于厂区、居民小区和自然村或不小于 $1.0 \mathrm{km}^2$ 的平面面积。

2.1.9 建筑抗震概念设计 seismic concept design of buildings

根据地震灾害和工程经验等所形成的基本设计原则和设计思想，进行建筑和结构总体布置并确定细部构造的过程。

2.1.10 抗震措施 seismic measures

除地震作用计算和抗力计算以外的抗震设计内容，包括抗震构造措施。

2.1.11 抗震构造措施 details of seismic design

根据抗震概念设计原则，一般不需计算而对结构和非结构各部分必须采取的各种细部要求。

2.2 主 要 符 号

2.2.1 作用和作用效应

F_{Ek}、F_{Evk}——结构总水平、竖向地震作用标准值；

G_E、G_{eq}——地震时结构（构件）的重力荷载代表值、等效总重力荷载代表值；

w_k——风荷载标准值；

S_E——地震作用效应（弯矩、轴向力、剪力、应力和变形）；

S——地震作用效应与其他荷载效应的基本组合；

S_k——作用、荷载标准值的效应；

M——弯矩；

N——轴向压力；

V——剪力；

p——基础底面压力；

u——侧移；

θ——楼层位移角。

2.2.2 材料性能和抗力

K——结构（构件）的刚度；

R——结构构件承载力；

f、f_k、f_E——各种材料强度（含地基承载力）设计值、标准值和抗震设计值；

$[\theta]$——楼层位移角限值。

2.2.3 几何参数

A——构件截面面积；

A_s——钢筋截面面积；

B——结构总宽度；

H——结构总高度、柱高度；

L——结构（单元）总长度；

a——距离；

a_s、a'_s——纵向受拉、受压钢筋合力点至截面边缘的最小距离；

b——构件截面宽度；

d——土层深度或厚度，钢筋直径；

h——构件截面高度；

l——构件长度或跨度；

t——抗震墙厚度、楼板厚度。

2.2.4 计算系数

α——水平地震影响系数；

α_{max}——水平地震影响系数最大值；

α_{vmax}——竖向地震影响系数最大值；

γ_G、γ_E、γ_w——作用分项系数；

γ_{RE}——承载力抗震调整系数；

ζ——计算系数；

η——地震作用效应（内力和变形）的增大或调整系数；

λ——构件长细比，比例系数；

ξ_y——结构（构件）屈服强度系数；

ρ——配筋率，比率；

ϕ——构件受压稳定系数；

ψ——组合值系数，影响系数。

2.2.5 其他

T——结构自振周期；

N——贯入锤击数；

I_{lE}——地震时地基的液化指数；

X_{ji}——位移振型坐标（j振型i质点的x方向相对位移）；

Y_{ji}——位移振型坐标（j振型i质点的y方向相对位移）；

n——总数，如楼层数、质点数、钢筋根数、跨数等；

v_{se}——土层等效剪切波速；

Φ_{ji}——转角振型坐标（j振型i质点的转角方向相对位移）。

3 基 本 规 定

3.1 建筑抗震设防分类和设防标准

3.1.1 抗震设防的所有建筑应按现行国家标准《建筑工程抗震设防分类标准》GB 50223 确定其抗震设防类别及其抗震设防标准。

3.1.2 抗震设防烈度为 6 度时，除本规范有具体规定外，对乙、丙、丁类的建筑可不进行地震作用计算。

3.2 地 震 影 响

3.2.1 建筑所在地区遭受的地震影响，应采用相应于抗震设防烈度的设计基本地震加速度和特征周期表征。

3.2.2 抗震设防烈度和设计基本地震加速度取值的对应关系，应符合表 3.2.2 的规定。设计基本地震加速度为 0.15g 和 0.30g 地区内的建筑，除本规范另有规定外，应分别按抗震设防烈度 7 度和 8 度的要求进行抗震设计。

表 3.2.2 抗震设防烈度和设计基本地震加速度值的对应关系

抗震设防烈度	6	7	8	9
设计基本地震加速度值	0.05g	0.10(0.15)g	0.20(0.30)g	0.40g

注：g 为重力加速度。

3.2.3 地震影响的特征周期应根据建筑所在地的设计地震分组和场地类别确定。本规范的设计地震共分为三组，其特征周期应按本规范第 5 章的有关规定采用。

3.2.4 我国主要城镇（县级及县级以上城镇）中心地区的抗震设防烈度、设计基本地震加速度值和所属的设计地震分组，可按本规范附录 A 采用。

3.3 场地和地基

3.3.1 选择建筑场地时，应根据工程需要和地震活动情况、工程地质和地震地质的有关资料，对抗震有利、一般、不利和危险地段做出综合评价。对不利地段，应提出避开要求；当无法避开时应采取有效的措施。对危险地段，严禁建造甲、乙类的建筑，不应建造丙类的建筑。

3.3.2 建筑场地为 I 类时，对甲、乙类的建筑应允许仍按本地区抗震设防烈度的要求采取抗震构造措施；对丙类的建筑应允许按本地区抗震设防烈度降低一度的要求采取抗震构造措施，但抗震设防烈度为 6 度时仍应按本地区抗震设防烈度的要求采取抗震构造措施。

3.3.3 建筑场地为Ⅲ、Ⅳ类时，对设计基本地震加速度为 0.15g 和 0.30g 的地区，除本规范另有规定外，宜分别按抗震设防烈度 8 度（0.20g）和 9 度（0.40g）时各抗震设防类别建筑的要求采取抗震构造措施。

3.3.4 地基和基础设计应符合下列要求：

　　1 同一结构单元的基础不宜设置在性质截然不同的地基上。

　　2 同一结构单元不宜部分采用天然地基部分采用桩基；当采用不同基础类型或基础埋深显著不同时，应根据地震时两部分地基基础的沉降差异，在基础、上部结构的相关部位采取相应措施。

　　3 地基为软弱黏性土、液化土、新近填土或严重不均匀土时，应根据地震时地基不均匀沉降和其他不利影响，采取相应的措施。

3.3.5 山区建筑的场地和地基基础应符合下列要求：

　　1 山区建筑场地勘察应有边坡稳定性评价和防治方案建议；应根据地质、地形条件和使用要求，因地制宜设置符合抗震设防要求的边坡工程。

　　2 边坡设计应符合现行国家标准《建筑边坡工程技术规范》GB 50330 的要求；其稳定性验算时，有关的摩擦角应按设防烈度的高低相应修正。

　　3 边坡附近的建筑基础应进行抗震稳定性设计。建筑基础与土质、强风化岩质边坡的边缘应留有足够的距离，其值应根据设防烈度的高低确定，并采取措施避免地震时地基基础破坏。

3.4　建筑形体及其构件布置的规则性

3.4.1 建筑设计应根据抗震概念设计的要求明确建筑形体的规则性。不规则的建筑应按规定采取加强措施；特别不规则的建筑应进行专门研究和论证，采取特别的加强措施；严重不规则的建筑不应采用。

　　注：形体指建筑平面形状和立面、竖向剖面的变化。

3.4.2 建筑设计应重视其平面、立面和竖向剖面的规则性对抗震性能及经济合理性的影响，宜择优选用规则的形体，其抗侧力构件的平面布置宜规则对称、侧向刚度沿竖向宜均匀变化、竖向抗侧力构件的截面尺寸和材料强度宜自下而上逐渐减小、避免侧向刚度和承载力突变。

　　不规则建筑的抗震设计应符合本规范第 3.4.4 条的有关规定。

3.4.3 建筑形体及其构件布置的平面、竖向不规则性，应按下列要求划分：

　　1 混凝土房屋、钢结构房屋和钢-混凝土混合结构房屋存在表 3.4.3-1 所列举的某项平面不规则类型或表 3.4.3-2 所列举的某项竖向不规则类型以及类似

的不规则类型，应属于不规则的建筑。

表 3.4.3-1　平面不规则的主要类型

不规则类型	定义和参考指标
扭转不规则	在具有偶然偏心的规定水平力作用下，楼层两端抗侧力构件弹性水平位移（或层间位移）的最大值与平均值的比值大于 1.2
凹凸不规则	平面凹进的尺寸，大于相应投影方向总尺寸的 30%
楼板局部不连续	楼板的尺寸和平面刚度急剧变化，例如，有效楼板宽度小于该层楼板典型宽度的 50%，或开洞面积大于该层楼面面积的 30%，或较大的楼层错层

表 3.4.3-2　竖向不规则的主要类型

不规则类型	定义和参考指标
侧向刚度不规则	该层的侧向刚度小于相邻上一层的 70%，或小于其上相邻三个楼层侧向刚度平均值的 80%；除顶层或出屋面小建筑外，局部收进的水平向尺寸大于相邻下一层的 25%
竖向抗侧力构件不连续	竖向抗侧力构件（柱、抗震墙、抗震支撑）的内力由水平转换构件（梁、桁架等）向下传递
楼层承载力突变	抗侧力结构的层间受剪承载力小于相邻上一楼层的 80%

　　2 砌体房屋、单层工业厂房、单层空旷房屋、大跨屋盖建筑和地下建筑的平面和竖向不规则性的划分，应符合本规范有关章节的规定。

　　3 当存在多项不规则或某项不规则超过规定的参考指标较多时，应属于特别不规则的建筑。

3.4.4 建筑形体及其构件布置不规则时，应按下列要求进行地震作用计算和内力调整，并应对薄弱部位采取有效的抗震构造措施：

　　1 平面不规则而竖向规则的建筑，应采用空间结构计算模型，并应符合下列要求：

　　　　1）扭转不规则时，应计入扭转影响，且在具有偶然偏心的规定水平力作用下，楼层两端抗侧力构件弹性水平位移或层间位移的最大值与平均值的比值不宜大于 1.5，当最大层间位移远小于规范限值时，可适当放宽；

2）凹凸不规则或楼板局部不连续时，应采用符合楼板平面内实际刚度变化的计算模型；高烈度或不规则程度较大时，宜计入楼板局部变形的影响；

3）平面不对称且凹凸不规则或局部不连续，可根据实际情况分块计算扭转位移比，对扭转较大的部位应采用局部的内力增大系数。

2 平面规则而竖向不规则的建筑，应采用空间结构计算模型，刚度小的楼层的地震剪力应乘以不小于1.15的增大系数，其薄弱层应按本规范有关规定进行弹塑性变形分析，并应符合下列要求：

1）竖向抗侧力构件不连续时，该构件传递给水平转换构件的地震内力应根据烈度高低和水平转换构件的类型、受力情况、几何尺寸等，乘以1.25～2.0的增大系数；

2）侧向刚度不规则时，相邻层的侧向刚度比应依据其结构类型符合本规范相关章节的规定；

3）楼层承载力突变时，薄弱层抗侧力结构的受剪承载力不应小于相邻上一楼层的65%。

3 平面不规则且竖向不规则的建筑，应根据不规则类型的数量和程度，有针对性地采取不低于本条1、2款要求的各项抗震措施。特别不规则的建筑，应经专门研究，采取更有效的加强措施或对薄弱部位采用相应的抗震性能化设计方法。

3.4.5 体型复杂、平立面不规则的建筑，应根据不规则程度、地基基础条件和技术经济等因素的比较分析，确定是否设置防震缝，并分别符合下列要求：

1 当不设置防震缝时，应采用符合实际的计算模型，分析判明其应力集中、变形集中或地震扭转效应等导致的易损部位，采取相应的加强措施。

2 当在适当部位设置防震缝时，宜形成多个较规则的抗侧力结构单元。防震缝应根据抗震设防烈度、结构材料种类、结构类型、结构单元的高度和高差以及可能的地震扭转效应的情况，留有足够的宽度，其两侧的上部结构应完全分开。

3 当设置伸缩缝和沉降缝时，其宽度应符合防震缝的要求。

3.5 结 构 体 系

3.5.1 结构体系应根据建筑的抗震设防类别、抗震设防烈度、建筑高度、场地条件、地基、结构材料和施工等因素，经技术、经济和使用条件综合比较确定。

3.5.2 结构体系应符合下列各项要求：

1 应具有明确的计算简图和合理的地震作用传递途径。

2 应避免因部分结构或构件破坏而导致整个结构丧失抗震能力或对重力荷载的承载能力。

3 应具备必要的抗震承载力，良好的变形能力和消耗地震能量的能力。

4 对可能出现的薄弱部位，应采取措施提高其抗震能力。

3.5.3 结构体系尚宜符合下列各项要求：

1 宜有多道抗震防线。

2 宜具有合理的刚度和承载力分布，避免因局部削弱或突变形成薄弱部位，产生过大的应力集中或塑性变形集中。

3 结构在两个主轴方向的动力特性宜相近。

3.5.4 结构构件应符合下列要求：

1 砌体结构应按规定设置钢筋混凝土圈梁和构造柱、芯柱，或采用约束砌体、配筋砌体等。

2 混凝土结构构件应控制截面尺寸和受力钢筋、箍筋的设置，防止剪切破坏先于弯曲破坏、混凝土的压溃先于钢筋的屈服、钢筋的锚固粘结破坏先于钢筋破坏。

3 预应力混凝土的构件，应配有足够的非预应力钢筋。

4 钢结构构件的尺寸应合理控制，避免局部失稳或整个构件失稳。

5 多、高层的混凝土楼、屋盖宜优先采用现浇混凝土板。当采用预制装配式混凝土楼、屋盖时，应从楼盖体系和构造上采取措施确保各预制板之间连接的整体性。

3.5.5 结构各构件之间的连接，应符合下列要求：

1 构件节点的破坏，不应先于其连接的构件。

2 预埋件的锚固破坏，不应先于连接件。

3 装配式结构构件的连接，应能保证结构的整体性。

4 预应力混凝土构件的预应力钢筋，宜在节点核心区以外锚固。

3.5.6 装配式单层厂房的各种抗震支撑系统，应保证地震时厂房的整体性和稳定性。

3.6 结 构 分 析

3.6.1 除本规范特别规定者外，建筑结构应进行多遇地震作用下的内力和变形分析，此时，可假定结构与构件处于弹性工作状态，内力和变形分析可采用线性静力方法或线性动力方法。

3.6.2 不规则且具有明显薄弱部位可能导致重大地震破坏的建筑结构，应按本规范有关规定进行罕遇地震作用下的弹塑性变形分析。此时，可根据结构特点采用静力弹塑性分析或弹塑性时程分析方法。

当本规范有具体规定时，尚可采用简化方法计算结构的弹塑性变形。

3.6.3 当结构在地震作用下的重力附加弯矩大于初

始弯矩的 10% 时，应计入重力二阶效应的影响。

注：重力附加弯矩指任一楼层以上全部重力荷载与该楼层地震平均层间位移的乘积；初始弯矩指该楼层地震剪力与楼层层高的乘积。

3.6.4 结构抗震分析时，应按照楼、屋盖的平面形状和平面内变形情况确定为刚性、分块刚性、半刚性、局部弹性和柔性等的横隔板，再按抗侧力系统的布置确定抗侧力构件间的共同工作并进行各构件间的地震内力分析。

3.6.5 质量和侧向刚度分布接近对称且楼、屋盖可视为刚性横隔板的结构，以及本规范有关章节有具体规定的结构，可采用平面结构模型进行抗震分析。其他情况，应采用空间结构模型进行抗震分析。

3.6.6 利用计算机进行结构抗震分析，应符合下列要求：

1 计算模型的建立、必要的简化计算与处理，应符合结构的实际工作状况，计算中应考虑楼梯构件的影响。

2 计算软件的技术条件应符合本规范及有关标准的规定，并应阐明其特殊处理的内容和依据。

3 复杂结构在多遇地震作用下的内力和变形分析时，应采用不少于两个合适的不同力学模型，并对其计算结果进行分析比较。

4 所有计算机计算结果，应经分析判断确认其合理、有效后方可用于工程设计。

3.7 非结构构件

3.7.1 非结构构件，包括建筑非结构构件和建筑附属机电设备，自身及其与结构主体的连接，应进行抗震设计。

3.7.2 非结构构件的抗震设计，应由相关专业人员分别负责进行。

3.7.3 附着于楼、屋面结构上的非结构构件，以及楼梯间的非承重墙体，应与主体结构有可靠的连接或锚固，避免地震时倒塌伤人或砸坏重要设备。

3.7.4 框架结构的围护墙和隔墙，应估计其设置对结构抗震的不利影响，避免不合理设置而导致主体结构的破坏。

3.7.5 幕墙、装饰贴面与主体结构应有可靠连接，避免地震时脱落伤人。

3.7.6 安装在建筑上的附属机械、电气设备系统的支座和连接，应符合地震时使用功能的要求，且不应导致相关部件的损坏。

3.8 隔震与消能减震设计

3.8.1 隔震与消能减震设计，可用于对抗震安全性和使用功能有较高要求或专门要求的建筑。

3.8.2 采用隔震或消能减震设计的建筑，当遭遇到本地区的多遇地震影响、设防地震影响和罕遇地震影响时，可按高于本规范第 1.0.1 条的基本设防目标进行设计。

3.9 结构材料与施工

3.9.1 抗震结构对材料和施工质量的特别要求，应在设计文件上注明。

3.9.2 结构材料性能指标，应符合下列最低要求：

1 砌体结构材料应符合下列规定：

1) 普通砖和多孔砖的强度等级不应低于 MU10，其砌筑砂浆强度等级不应低于 M5；

2) 混凝土小型空心砌块的强度等级不应低于 MU7.5，其砌筑砂浆强度等级不应低于 Mb7.5；

2 混凝土结构材料应符合下列规定：

1) 混凝土的强度等级，框支梁、框支柱及抗震等级为一级的框架梁、柱、节点核芯区，不应低于 C30；构造柱、芯柱、圈梁及其他各类构件不应低于 C20；

2) 抗震等级为一、二、三级的框架和斜撑构件（含梯段），其纵向受力钢筋采用普通钢筋时，钢筋的抗拉强度实测值与屈服强度实测值的比值不应小于 1.25；钢筋的屈服强度实测值与屈服强度标准值的比值不应大于 1.3，且钢筋在最大拉力下的总伸长率实测值不应小于 9%。

3 钢结构的钢材应符合下列规定：

1) 钢材的屈服强度实测值与抗拉强度实测值的比值不应大于 0.85；

2) 钢材应有明显的屈服台阶，且伸长率不应小于 20%；

3) 钢材应有良好的焊接性和合格的冲击韧性。

3.9.3 结构材料性能指标，尚宜符合下列要求：

1 普通钢筋宜优先采用延性、韧性和焊接性较好的钢筋；普通钢筋的强度等级，纵向受力钢筋宜选用符合抗震性能指标的不低于 HRB400 级的热轧钢筋，也可采用符合抗震性能指标的 HRB335 级热轧钢筋；箍筋宜选用符合抗震性能指标的不低于 HRB335 级的热轧钢筋，也可选用 HPB300 级热轧钢筋。

注：钢筋的检验方法应符合现行国家标准《混凝土结构工程施工质量验收规范》GB 50204 的规定。

2 混凝土结构的混凝土强度等级，抗震墙不宜超过 C60，其他构件，9 度时不宜超过 C60，8 度时不宜超过 C70。

3 钢结构的钢材宜采用 Q235 等级 B、C、D 的碳素结构钢及 Q345 等级 B、C、D、E 的低合金高强度结构钢；当有可靠依据时，尚可采用其他钢种和钢号。

3.9.4 在施工中，当需要以强度等级较高的钢筋替代原设计中的纵向受力钢筋时，应按照钢筋受拉承载力设计值相等的原则换算，并应满足最小配筋率要求。

3.9.5 采用焊接连接的钢结构，当接头的焊接拘束度较大、钢板厚度不小于40mm且承受沿板厚方向的拉力时，钢板厚度方向截面收缩率不应小于国家标准《厚度方向性能钢板》GB/T 5313关于Z15级规定的容许值。

3.9.6 钢筋混凝土构造柱和底部框架-抗震墙房屋中的砌体抗震墙，其施工应先砌墙后浇构造柱和框架梁柱。

3.9.7 混凝土墙体、框架柱的水平施工缝，应采取措施加强混凝土的结合性能。对于抗震等级一级的墙体和转换层楼板与落地混凝土墙体的交接处，宜验算水平施工缝截面的受剪承载力。

3.10 建筑抗震性能化设计

3.10.1 当建筑结构采用抗震性能化设计时，应根据其抗震设防类别、设防烈度、场地条件、结构类型和不规则性，建筑使用功能和附属设施功能的要求、投资大小、震后损失和修复难易程度等，对选定的抗震性能目标提出技术和经济可行性综合分析和论证。

3.10.2 建筑结构的抗震性能化设计，应根据实际需要和可能，具有针对性：可分别选定针对整个结构、结构的局部部位或关键部位、结构的关键部件、重要构件、次要构件以及建筑构件和机电设备支座的性能目标。

3.10.3 建筑结构的抗震性能化设计应符合下列要求：

    1 选定地震动水准。对设计使用年限50年的结构，可选用本规范的多遇地震、设防地震和罕遇地震的地震作用，其中，设防地震的加速度应按本规范表3.2.2的设计基本地震加速度采用，设防地震的地震影响系数最大值，6度、7度（0.10g）、7度（0.15g）、8度（0.20g）、8度（0.30g）、9度可分别采用0.12、0.23、0.34、0.45、0.68和0.90。对设计使用年限超过50年的结构，宜考虑实际需要和可能，经专门研究后对地震作用作适当调整。对处于发震断裂两侧10km以内的结构，地震动参数应计入近场影响，5km以内宜乘以增大系数1.5，5km以外宜乘以不小于1.25的增大系数。

    2 选定性能目标，即对应于不同地震动水准的预期损坏状态或使用功能，应不低于本规范第1.0.1条对基本设防目标的规定。

    3 选定性能设计指标。设计应选定分别提高结构或其关键部位的抗震承载力、变形能力或同时提高抗震承载力和变形能力的具体指标，尚应计及不同水准地震作用取值的不确定性而留有余地。设计宜确定在不同地震动水准下结构不同部位的水平和竖向构件承载力的要求（含不发生脆性剪切破坏、形成塑性铰、达到屈服值或保持弹性等）；宜选择在不同地震

动水准下结构不同部位的预期弹性或弹塑性变形状态，以及相应的构件延性构造的高、中或低要求。当构件的承载力明显提高时，相应的延性构造可适当降低。

3.10.4 建筑结构的抗震性能化设计的计算应符合下列要求：

    1 分析模型应正确、合理地反映地震作用的传递途径和楼盖在不同地震动水准下是否整体或分块处于弹性工作状态。

    2 弹性分析可采用线性方法，弹塑性分析可根据性能目标所预期的结构弹塑性状态，分别采用增加阻尼的等效线性化方法以及静力或动力非线性分析方法。

    3 结构非线性分析模型相对于弹性分析模型可有所简化，但二者在多遇地震下的线性分析结果应基本一致；应计入重力二阶效应、合理确定弹塑性参数，应依据构件的实际截面、配筋等计算承载力，可通过与理想弹性假定计算结果的对比分析，着重发现构件可能破坏的部位及其弹塑性变形程度。

3.10.5 结构及其构件抗震性能化设计的参考目标和计算方法，可按本规范附录M第M.1节的规定采用。

3.11 建筑物地震反应观测系统

3.11.1 抗震设防烈度为7、8、9度时，高度分别超过160m、120m、80m的大型公共建筑，应按规定设置建筑结构的地震反应观测系统，建筑设计应留有观测仪器和线路的位置。

4 场地、地基和基础

4.1 场 地

4.1.1 选择建筑场地时，应按表4.1.1划分对建筑抗震有利、一般、不利和危险的地段。

表4.1.1 有利、一般、不利和危险地段的划分

地段类别	地质、地形、地貌
有利地段	稳定基岩，坚硬土，开阔、平坦、密实、均匀的中硬土等
一般地段	不属于有利、不利和危险的地段
不利地段	软弱土，液化土，条状突出的山嘴，高耸孤立的山丘，陡坡，陡坎，河岸和边坡的边缘，平面分布上成因、岩性、状态明显不均匀的土层（含故河道、疏松的断层破碎带、暗埋的塘浜沟谷和半填半挖地基），高含水量的可塑黄土，地表存在结构性裂缝等
危险地段	地震时可能发生滑坡、崩塌、地陷、地裂、泥石流等及发震断裂带上可能发生地表位错的部位

4.1.2 建筑场地的类别划分，应以土层等效剪切波速和场地覆盖层厚度为准。

4.1.3 土层剪切波速的测量，应符合下列要求：

1 在场地初步勘察阶段，对大面积的同一地质单元，测试土层剪切波速的钻孔数量不宜少于3个。

2 在场地详细勘察阶段，对单幢建筑，测试土层剪切波速的钻孔数量不宜少于2个，测试数据变化较大时，可适量增加；对小区中处于同一地质单元内的密集建筑群，测试土层剪切波速的钻孔数量可适量减少，但每幢高层建筑和大跨空间结构的钻孔数量均不得少于1个。

3 对丁类建筑及丙类建筑中层数不超过10层、高度不超过24m的多层建筑，当无实测剪切波速时，可根据岩土名称和性状，按表4.1.3划分土的类型，再利用当地经验在表4.1.3的剪切波速范围内估算各土层的剪切波速。

表 4.1.3　土的类型划分和剪切波速范围

土的类型	岩土名称和性状	土层剪切波速范围（m/s）
岩石	坚硬、较硬且完整的岩石	$v_s > 800$
坚硬土或软质岩石	破碎和较破碎的岩石或软和较软的岩石，密实的碎石土	$800 \geqslant v_s > 500$
中硬土	中密、稍密的碎石土，密实、中密的砾、粗、中砂，$f_{ak} > 150$ 的黏性土和粉土，坚硬黄土	$500 \geqslant v_s > 250$
中软土	稍密的砾、粗、中砂，除松散外的细、粉砂，$f_{ak} \leqslant 150$ 的黏性土和粉土，$f_{ak} > 130$ 的填土，可塑新黄土	$250 \geqslant v_s > 150$
软弱土	淤泥和淤泥质土，松散的砂，新近沉积的黏性土和粉土，$f_{ak} \leqslant 130$ 的填土，流塑黄土	$v_s \leqslant 150$

注：f_{ak} 为由载荷试验等方法得到的地基承载力特征值（kPa）；v_s 为岩土剪切波速。

4.1.4 建筑场地覆盖层厚度的确定，应符合下列要求：

1 一般情况下，应按地面至剪切波速大于500m/s且其下卧各层岩土的剪切波速均不小于500m/s的土层顶面的距离确定。

2 当地面5m以下存在剪切波速大于其上部各土层剪切波速2.5倍的土层，且该层及其下卧各层岩土的剪切波速均不小于400m/s时，可按地面至该土层顶面的距离确定。

3 剪切波速大于500m/s的孤石、透镜体，应视同周围土层。

4 土层中的火山岩硬夹层，应视为刚体，其厚度应从覆盖土层中扣除。

4.1.5 土层的等效剪切波速，应按下列公式计算：

$$v_{se} = d_0 / t \qquad (4.1.5\text{-}1)$$

$$t = \sum_{i=1}^{n} (d_i / v_{si}) \qquad (4.1.5\text{-}2)$$

式中：v_{se}——土层等效剪切波速（m/s）；

d_0——计算深度（m），取覆盖层厚度和20m两者的较小值；

t——剪切波在地面至计算深度之间的传播时间；

d_i——计算深度范围内第 i 土层的厚度（m）；

v_{si}——计算深度范围内第 i 土层的剪切波速（m/s）；

n——计算深度范围内土层的分层数。

4.1.6 建筑的场地类别，应根据土层等效剪切波速和场地覆盖层厚度按表4.1.6划分为四类，其中Ⅰ类分为 I_0、I_1 两个亚类。当有可靠的剪切波速和覆盖层厚度且其值处于表4.1.6所列场地类别的分界线附近时，应允许按插值方法确定地震作用计算所用的特征周期。

表 4.1.6　各类建筑场地的覆盖层厚度（m）

岩石的剪切波速或土的等效剪切波速（m/s）	场 地 类 别				
	I_0	I_1	Ⅱ	Ⅲ	Ⅳ
$v_s > 800$	0				
$800 \geqslant v_s > 500$		0			
$500 \geqslant v_{se} > 250$		<5	≥5		
$250 \geqslant v_{se} > 150$		<3	3~50	>50	
$v_{se} \leqslant 150$		<3	3~15	15~80	>80

注：表中 v_s 系岩石的剪切波速。

4.1.7 场地内存在发震断裂时，应对断裂的工程影响进行评价，并应符合下列要求：

1 对符合下列规定之一的情况，可忽略发震断裂错动对地面建筑的影响：

1) 抗震设防烈度小于8度；

2) 非全新世活动断裂；

3) 抗震设防烈度为8度和9度时，隐伏断裂的土层覆盖厚度分别大于60m和90m。

2 对不符合本条1款规定的情况，应避开主断裂带。其避让距离不宜小于表4.1.7对发震断裂最小避让距离的规定。在避让距离的范围内确有需要建造分散的、低于三层的丙、丁类建筑时，应按提高一度采取抗震措施，并提高基础和上部结构的整体性，且不得跨越断层线。

表 4.1.7　发震断裂的最小避让距离（m）

烈　度	建筑抗震设防类别			
	甲	乙	丙	丁
8	专门研究	200m	100m	—
9	专门研究	400m	200m	—

4.1.8　当需要在条状突出的山嘴、高耸孤立的山丘、非岩石和强风化岩石的陡坡、河岸和边坡边缘等不利地段建造丙类及丙类以上建筑时，除保证其在地震作用下的稳定性外，尚应估计不利地段对设计地震动参数可能产生的放大作用，其水平地震影响系数最大值应乘以增大系数。其值应根据不利地段的具体情况确定，在 1.1～1.6 范围内采用。

4.1.9　场地岩土工程勘察，应根据实际需要划分的对建筑有利、一般、不利和危险的地段，提供建筑的场地类别和岩土地震稳定性（含滑坡、崩塌、液化和震陷特性）评价，对需要采用时程分析法补充计算的建筑，尚应根据设计要求提供土层剖面、场地覆盖层厚度和有关的动力参数。

4.2　天然地基和基础

4.2.1　下列建筑可不进行天然地基及基础的抗震承载力验算：

　　1　本规范规定可不进行上部结构抗震验算的建筑。

　　2　地基主要受力层范围内不存在软弱黏性土层的下列建筑：

　　　　1）一般的单层厂房和单层空旷房屋；

　　　　2）砌体房屋；

　　　　3）不超过 8 层且高度在 24m 以下的一般民用框架和框架-抗震墙房屋；

　　　　4）基础荷载与 3）项相当的多层框架厂房和多层混凝土抗震墙房屋。

　　注：软弱黏性土层指 7 度、8 度和 9 度时，地基承载力特征值分别小于 80、100 和 120kPa 的土层。

4.2.2　天然地基基础抗震验算时，应采用地震作用效应标准组合，且地基抗震承载力应取地基承载力特征值乘以地基抗震承载力调整系数计算。

4.2.3　地基抗震承载力应按下式计算：

$$f_{aE} = \zeta_a f_a \qquad (4.2.3)$$

式中：f_{aE}——调整后的地基抗震承载力；

　　　　ζ_a——地基抗震承载力调整系数，应按表 4.2.3 采用；

　　　　f_a——深宽修正后的地基承载力特征值，应按现行国家标准《建筑地基基础设计规范》GB 50007 采用。

表 4.2.3　地基抗震承载力调整系数

岩土名称和性状	ζ_a
岩石，密实的碎石土，密实的砾、粗、中砂，$f_{ak} \geqslant 300$ 的黏性土和粉土	1.5
中密、稍密的碎石土，中密和稍密的砾、粗、中砂，密实和中密的细、粉砂，150kPa$\leqslant f_{ak} <$ 300kPa 的黏性土和粉土，坚硬黄土	1.3
稍密的细、粉砂，100kPa$\leqslant f_{ak} <$150kPa 的黏性土和粉土，可塑黄土	1.1
淤泥，淤泥质土，松散的砂，杂填土，新近堆积黄土及流塑黄土	1.0

4.2.4　验算天然地基地震作用下的竖向承载力时，按地震作用效应标准组合的基础底面平均压力和边缘最大压力应符合下列各式要求：

$$p \leqslant f_{aE} \qquad (4.2.4-1)$$
$$p_{max} \leqslant 1.2 f_{aE} \qquad (4.2.4-2)$$

式中：p——地震作用效应标准组合的基础底面平均压力；

　　　　p_{max}——地震作用效应标准组合的基础边缘的最大压力。

高宽比大于 4 的高层建筑，在地震作用下基础底面不宜出现脱离区（零应力区）；其他建筑，基础底面与地基土之间脱离区（零应力区）面积不应超过基础底面面积的 15%。

4.3　液化土和软土地基

4.3.1　饱和砂土和饱和粉土（不含黄土）的液化判别和地基处理，6 度时，一般情况下可不进行判别和处理，但对液化沉陷敏感的乙类建筑可按 7 度的要求进行判别和处理，7～9 度时，乙类建筑可按本地区抗震设防烈度的要求进行判别和处理。

4.3.2　地面下存在饱和砂土和饱和粉土时，除 6 度外，应进行液化判别；存在液化土层的地基，应根据建筑的抗震设防类别、地基的液化等级，结合具体情况采取相应的措施。

　　注：本条饱和土液化判别要求不含黄土、粉质黏土。

4.3.3　饱和的砂土或粉土（不含黄土），当符合下列条件之一时，可初步判别为不液化或可不考虑液化影响：

　　1　地质年代为第四纪晚更新世（Q_3）及其以前时，7、8 度时可判为不液化。

　　2　粉土的黏粒（粒径小于 0.005mm 的颗粒）含量百分率，7 度、8 度和 9 度分别不小于 10、13 和 16 时，可判为不液化土。

　　注：用于液化判别的黏粒含量系采用六偏磷酸钠作分散剂测定，采用其他方法时应按有关规定换算。

3 浅埋天然地基的建筑，当上覆非液化土层厚度和地下水位深度符合下列条件之一时，可不考虑液化影响：

$$d_u > d_0 + d_b - 2 \quad (4.3.3-1)$$
$$d_w > d_0 + d_b - 3 \quad (4.3.3-2)$$
$$d_u + d_w > 1.5d_0 + 2d_b - 4.5 \quad (4.3.3-3)$$

式中：d_w——地下水位深度（m），宜按设计基准期内年平均最高水位采用，也可按近期内年最高水位采用；

d_u——上覆盖非液化土层厚度（m），计算时宜将淤泥和淤泥质土层扣除；

d_b——基础埋置深度（m），不超过 2m 时应采用 2m；

d_0——液化土特征深度（m），可按表 4.3.3 采用。

表 4.3.3　液化土特征深度（m）

饱和土类别	7 度	8 度	9 度
粉土	6	7	8
砂土	7	8	9

注：当区域的地下水位处于变动状态时，应按不利的情况考虑。

4.3.4 当饱和砂土、粉土的初步判别认为需进一步进行液化判别时，应采用标准贯入试验判别法判别地面下 20m 范围内土的液化；但对本规范第 4.2.1 条规定可不进行天然地基及基础的抗震承载力验算的各类建筑，可只判别地面下 15m 范围内土的液化。当饱和土标准贯入锤击数（未经杆长修正）小于或等于液化判别标准贯入锤击数临界值时，应判为液化土。当有成熟经验时，尚可采用其他判别方法。

在地面下 20m 深度范围内，液化判别标准贯入锤击数临界值可按下式计算：

$$N_{cr} = N_0 \beta [\ln(0.6d_s + 1.5) - 0.1d_w] \sqrt{3/\rho_c}$$
$$(4.3.4)$$

式中：N_{cr}——液化判别标准贯入锤击数临界值；

N_0——液化判别标准贯入锤击数基准值，可按表 4.3.4 采用；

d_s——饱和土标准贯入点深度（m）；

d_w——地下水位（m）；

ρ_c——黏粒含量百分率，当小于 3 或为砂土时，应采用 3；

β——调整系数，设计地震第一组取 0.80，第二组取 0.95，第三组取 1.05。

表 4.3.4　液化判别标准贯入锤击数基准值 N_0

设计基本地震加速度（g）	0.10	0.15	0.20	0.30	0.40
液化判别标准贯入锤击数基准值	7	10	12	16	19

4.3.5 对存在液化砂土层、粉土层的地基，应探明各液化土层的深度和厚度，按下式计算每个钻孔的液化指数，并按表 4.3.5 综合划分地基的液化等级：

$$I_{lE} = \sum_{i=1}^{n} \left[1 - \frac{N_i}{N_{cri}} \right] d_i W_i \quad (4.3.5)$$

式中：I_{lE}——液化指数；

n——在判别深度范围内每一个钻孔标准贯入试验点的总数；

N_i、N_{cri}——分别为 i 点标准贯入锤击数的实测值和临界值，当实测值大于临界值时应取临界值；当只需要判别 15m 范围以内的液化时，15m 以下的实测值可按临界值采用；

d_i——i 点所代表的土层厚度（m），可采用与该标准贯入试验点相邻的上、下两标准贯入试验点深度差的一半，但上界不高于地下水位深度，下界不深于液化深度；

W_i——i 土层单位土层厚度的层位影响权函数值（单位为 m^{-1}）。当该层中点深度不大于 5m 时应采用 10，等于 20m 时应采用零值，5～20m 时应按线性内插法取值。

表 4.3.5　液化等级与液化指数的对应关系

液化等级	轻微	中等	严重
液化指数 I_{lE}	$0 < I_{lE} \leqslant 6$	$6 < I_{lE} \leqslant 18$	$I_{lE} > 18$

4.3.6 当液化砂土层、粉土层较平坦且均匀时，宜按表 4.3.6 选用地基抗液化措施；尚可计入上部结构重力荷载对液化危害的影响，根据液化震陷量的估计适当调整抗液化措施。

不宜将未经处理的液化土层作为天然地基持力层。

表 4.3.6　抗液化措施

建筑抗震设防类别	地基的液化等级		
	轻微	中等	严重
乙类	部分消除液化沉陷，或对基础和上部结构处理	全部消除液化沉陷，或部分消除液化沉陷且对基础和上部结构处理	全部消除液化沉陷
丙类	基础和上部结构处理，亦可不采取措施	基础和上部结构处理，或更高要求的措施	全部消除液化沉陷，或部分消除液化沉陷且对基础和上部结构处理

续表4.3.6

建筑抗震设防类别	地基的液化等级		
	轻微	中等	严重
丁类	可不采取措施	可不采取措施	基础和上部结构处理，或其他经济的措施

注：甲类建筑的地基抗液化措施应进行专门研究，但不宜低于乙类的相应要求。

4.3.7 全部消除地基液化沉陷的措施，应符合下列要求：

1 采用桩基时，桩端伸入液化深度以下稳定土层中的长度（不包括桩尖部分），应按计算确定，且对碎石土，砾、粗、中砂，坚硬黏性土和密实粉土尚不应小于0.8m，对其他非岩石土尚不宜小于1.5m。

2 采用深基础时，基础底面应埋入液化深度以下的稳定土层中，其深度不应小于0.5m。

3 采用加密法（如振冲、振动加密、挤密碎石桩、强夯等）加固时，应处理至液化深度下界；振冲或挤密碎石桩加固后，桩间土的标准贯入锤击数不宜小于本规范第4.3.4条规定的液化判别标准贯入锤击数临界值。

4 用非液化土替换全部液化土层，或增加上覆非液化土层的厚度。

5 采用加密法或换土法处理时，在基础边缘以外的处理宽度，应超过基础底面下处理深度的1/2且不小于基础宽度的1/5。

4.3.8 部分消除地基液化沉陷的措施，应符合下列要求：

1 处理深度应使处理后的地基液化指数减少，其值不宜大于5；大面积筏基、箱基的中心区域，处理后的液化指数可比上述规定降低1；对独立基础和条形基础，尚不应小于基础底面下液化土特征深度和基础宽度的较大值。

注：中心区域指位于基础外边界以内沿长宽方向距外边界大于相应方向1/4长度的区域。

2 采用振冲或挤密碎石桩加固后，桩间土的标准贯入锤击数不宜小于按本规范第4.3.4条规定的液化判别标准贯入锤击数临界值。

3 基础边缘以外的处理宽度，应符合本规范第4.3.7条5款的要求。

4 采取减小液化震陷的其他方法，如增厚上覆非液化土层的厚度和改善周边的排水条件等。

4.3.9 减轻液化影响的基础和上部结构处理，可综合采用下列各项措施：

1 选择合适的基础埋置深度。

2 调整基础底面积，减少基础偏心。

3 加强基础的整体性和刚度，如采用箱基、筏基或钢筋混凝土交叉条形基础，加设基础圈梁等。

4 减轻荷载，增强上部结构的整体刚度和均匀对称性，合理设置沉降缝，避免采用对不均匀沉降敏感的结构形式等。

5 管道穿过建筑处应预留足够尺寸或采用柔性接头等。

4.3.10 在故河道以及临近河岸、海岸和边坡等有液化侧向扩展或流滑可能的地段内不宜修建永久性建筑，否则应进行抗滑动验算、采取防土体滑动措施或结构抗裂措施。

4.3.11 地基中软弱黏性土层的震陷判别，可采用下列方法。饱和粉质黏土震陷的危害性和抗震陷措施应根据沉降和横向变形大小等因素综合研究确定，8度（0.30g）和9度时，当塑性指数小于15且符合下式规定的饱和粉质黏土可判为震陷性软土。

$$W_S \geq 0.9W_L \qquad (4.3.11-1)$$
$$I_L \geq 0.75 \qquad (4.3.11-2)$$

式中：W_S——天然含水量；

W_L——液限含水量，采用液、塑限联合测定法测定；

I_L——液性指数。

4.3.12 地基主要受力层范围内存在软弱黏性土层和高含水量的可塑性黄土时，应结合具体情况综合考虑，采用桩基、地基加固处理或本规范第4.3.9条的各项措施，也可根据软土震陷量的估计，采取相应措施。

4.4 桩 基

4.4.1 承受竖向荷载为主的低承台桩基，当地面下无液化土层，且桩承台周围无淤泥、淤泥质土和地基承载力特征值不大于100kPa的填土时，下列建筑可不进行桩基抗震承载力验算：

1 6度~8度时的下列建筑：

　1）一般的单层厂房和单层空旷房屋；

　2）不超过8层且高度在24m以下的一般民用框架房屋和框架-抗震墙房屋；

　3）基础荷载与2）项相当的多层框架厂房和多层混凝土抗震墙房屋。

2 本规范第4.2.1条之1款规定的建筑及砌体房屋。

4.4.2 非液化土中低承台桩基的抗震验算，应符合下列规定：

1 单桩的竖向和水平向抗震承载力特征值，可均比非抗震设计时提高25%。

2 当承台周围的回填土夯实至干密度不小于现行国家标准《建筑地基基础设计规范》GB 50007对填土的要求时，可由承台正面填土与桩共同承担水平地震作用；但不应计入承台底面与地基土间的摩擦力。

4.4.3 存在液化土层的低承台桩基抗震验算，应符合下列规定：

1 承台埋深较浅时，不宜计入承台周围土的抗力或刚性地坪对水平地震作用的分担作用。

2 当桩承受底面上、下分别有厚度不小于1.5m、1.0m的非液化土层或非软弱土层时，可按下列二种情况进行桩的抗震验算，并按不利情况设计：

　　1) 桩承受全部地震作用，桩承载力按本规范第4.4.2条取用，液化土的桩周摩阻力及桩水平抗力均应乘以表4.4.3的折减系数。

表4.4.3　土层液化影响折减系数

实际标贯锤击数/临界标贯锤击数	深度 d_s（m）	折减系数
$\leqslant 0.6$	$d_s \leqslant 10$	0
	$10 < d_s \leqslant 20$	1/3
$>0.6 \sim 0.8$	$d_s \leqslant 10$	1/3
	$10 < d_s \leqslant 20$	2/3
$>0.8 \sim 1.0$	$d_s \leqslant 10$	2/3
	$10 < d_s \leqslant 20$	1

　　2) 地震作用按水平地震影响系数最大值的10%采用，桩承载力仍按本规范第4.4.2条1款取用，但应扣除液化土层的全部摩阻力及桩承台下2m深度范围内非液化土的桩周摩阻力。

3 打入式预制桩及其他挤土桩，当平均桩距为2.5~4倍桩径且桩数不少于5×5时，可计入打桩对土的加密作用及桩身对液化土变形限制的有利影响。当打桩后桩间土的标准贯入锤击数值达到不液化的要求时，单桩承载力可不折减，但对桩尖持力层作强度校核时，桩群外侧的应力扩散角应取为零。打桩后桩间土的标准贯入锤击数宜由试验确定，也可按下式计算：

$$N_1 = N_p + 100\rho(1 - e^{-0.3N_p}) \qquad (4.4.3)$$

式中：N_1——打桩后的标准贯入锤击数；
　　　　ρ——打入式预制桩的面积置换率；
　　　　N_p——打桩前的标准贯入锤击数。

4.4.4 处于液化土中的桩基承台周围，宜用密实干土填筑夯实，若用砂土或粉土则应使土层的标准贯入锤击数不小于本规范第4.3.4条规定的液化判别标准贯入锤击数临界值。

4.4.5 液化土和震陷软土中桩的配筋范围，应自桩顶至液化深度以下符合全部消除液化沉陷所要求的深度，其纵向钢筋应与桩顶部相同，箍筋应加粗和加密。

4.4.6 在有液化侧向扩展的地段，桩基除应满足本节中的其他规定外，尚应考虑土流动时的侧向作用力，且承受侧向推力的面积应按边桩外缘间的宽度计算。

5　地震作用和结构抗震验算

5.1　一般规定

5.1.1 各类建筑结构的地震作用，应符合下列规定：

1 一般情况下，应至少在建筑结构的两个主轴方向分别计算水平地震作用，各方向的水平地震作用应由该方向抗侧力构件承担。

2 有斜交抗侧力构件的结构，当相交角度大于15°时，应分别计算各抗侧力构件方向的水平地震作用。

3 质量和刚度分布明显不对称的结构，应计入双向水平地震作用下的扭转影响；其他情况，应允许采用调整地震作用效应的方法计入扭转影响。

4 8、9度时的大跨度和长悬臂结构及9度时的高层建筑，应计算竖向地震作用。

　　注：8、9度时采用隔震设计的建筑结构，应按有关规定计算竖向地震作用。

5.1.2 各类建筑结构的抗震计算，应采用下列方法：

1 高度不超过40m、以剪切变形为主且质量和刚度沿高度分布比较均匀的结构，以及近似于单质点体系的结构，可采用底部剪力法等简化方法。

2 除1款外的建筑结构，宜采用振型分解反应谱法。

3 特别不规则的建筑、甲类建筑和表5.1.2-1所列高度范围的高层建筑，应采用时程分析法进行多遇地震下的补充计算；当取三组加速度时程曲线输入时，计算结果宜取时程法的包络值和振型分解反应谱法的较大值；当取七组及七组以上的时程曲线时，计算结果可取时程法的平均值和振型分解反应谱法的较大值。

采用时程分析法时，应按建筑场地类别和设计地震分组选用实际强震记录和人工模拟的加速度时程曲线，其中实际强震记录的数量不应少于总数的2/3，多组时程曲线的平均地震影响系数曲线应与振型分解反应谱法所采用的地震影响系数曲线在统计意义上相符，其加速度时程的最大值可按表5.1.2-2采用。弹性时程分析时，每条时程曲线计算所得结构底部剪力不应小于振型分解反应谱法计算结果的65%，多条时程曲线计算所得结构底部剪力的平均值不应小于振型分解反应谱法计算结果的80%。

表5.1.2-1　采用时程分析的房屋高度范围

烈度、场地类别	房屋高度范围（m）
8度Ⅰ、Ⅱ类场地和7度	>100
8度Ⅲ、Ⅳ类场地	>80
9度	>60

表 5.1.2-2 时程分析所用地震加速度
时程的最大值（cm/s²）

地震影响	6 度	7 度	8 度	9 度
多遇地震	18	35(55)	70(110)	140
罕遇地震	125	220(310)	400(510)	620

注：括号内数值分别用于设计基本地震加速度为 0.15g 和 0.30g 的地区。

4' 计算罕遇地震下结构的变形，应按本规范第 5.5 节规定，采用简化的弹塑性分析方法或弹塑性时程分析法。

5 平面投影尺度很大的空间结构，应根据结构形式和支承条件，分别按单点一致、多点、多向单点或多向多点输入进行抗震计算。按多点输入计算时，应考虑地震行波效应和局部场地效应。6 度和 7 度 Ⅰ、Ⅱ 类场地的支承结构、上部结构和基础的抗震验算可采用简化方法，根据结构跨度、长度不同，其短边构件可乘以附加地震作用效应系数 1.15～1.30；7 度 Ⅲ、Ⅳ 类场地和 8、9 度时，应采用时程分析方法进行抗震验算。

6 建筑结构的隔震和消能减震设计，应采用本规范第 12 章规定的计算方法。

7 地下建筑结构应采用本规范第 14 章规定的计算方法。

5.1.3 计算地震作用时，建筑的重力荷载代表值应取结构和构配件自重标准值和各可变荷载组合值之和。各可变荷载的组合值系数，应按表 5.1.3 采用。

表 5.1.3 组合值系数

可变荷载种类		组合值系数
雪荷载		0.5
屋面积灰荷载		0.5
屋面活荷载		不计入
按实际情况计算的楼面活荷载		1.0
按等效均布荷载计算的楼面活荷载	藏书库、档案库	0.8
	其他民用建筑	0.5
起重机悬吊物重力	硬钩吊车	0.3
	软钩吊车	不计入

注：硬钩吊车的吊重较大时，组合值系数应按实际情况采用。

5.1.4 建筑结构的地震影响系数应根据烈度、场地类别、设计地震分组和结构自振周期以及阻尼比确定。其水平地震影响系数最大值应按表 5.1.4-1 采用；特征周期应根据场地类别和设计地震分组按表 5.1.4-2 采用，计算罕遇地震作用时，特征周期应增加 0.05s。

注：周期大于 6.0s 的建筑结构所采用的地震影响系数应专门研究。

表 5.1.4-1 水平地震影响系数最大值

地震影响	6 度	7 度	8 度	9 度
多遇地震	0.04	0.08(0.12)	0.16(0.24)	0.32
罕遇地震	0.28	0.50(0.72)	0.90(1.20)	1.40

注：括号中数值分别用于设计基本地震加速度为 0.15g 和 0.30g 的地区。

表 5.1.4-2 特征周期值(s)

设计地震分组	场 地 类 别				
	Ⅰ₀	Ⅰ₁	Ⅱ	Ⅲ	Ⅳ
第一组	0.20	0.25	0.35	0.45	0.65
第二组	0.25	0.30	0.40	0.55	0.75
第三组	0.30	0.35	0.45	0.65	0.90

5.1.5 建筑结构地震影响系数曲线（图 5.1.5）的阻尼调整和形状参数应符合下列要求：

1 除有专门规定外，建筑结构的阻尼比应取 0.05，地震影响系数曲线的阻尼调整系数应按 1.0 采用，形状参数应符合下列规定：

1）直线上升段，周期小于 0.1s 的区段。

2）水平段，自 0.1s 至特征周期区段，应取最大值（$\alpha_{\max}$）。

3）曲线下降段，自特征周期至 5 倍特征周期区段，衰减指数取 0.9。

4）直线下降段，自 5 倍特征周期至 6s 区段，下降斜率调整系数应取 0.02。

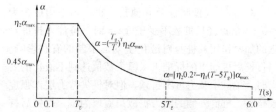

图 5.1.5 地震影响系数曲线

α—地震影响系数；$\alpha_{\max}$—地震影响系数最大值；η_1—直线下降段的下降斜率调整系数；γ—衰减指数；T_g—特征周期；η_2—阻尼调整系数；T—结构自振周期

2 当建筑结构的阻尼比按有关规定不等于 0.05 时，地震影响系数曲线的阻尼调整系数和形状参数应符合下列规定：

1）曲线下降段的衰减指数应按下式确定：

$$\gamma = 0.9 + \frac{0.05 - \zeta}{0.3 + 6\zeta} \quad (5.1.5-1)$$

式中：γ——曲线下降段的衰减指数；
ζ——阻尼比。

2）直线下降段的下降斜率调整系数应按下式确定：

$$\eta_1 = 0.02 + \frac{0.05 - \zeta}{4 + 32\zeta} \quad (5.1.5-2)$$

式中：η_1——直线下降段的下降斜率调整系数，小于 0 时取 0。

3）阻尼调整系数应按下式确定：

$$\eta_2 = 1 + \frac{0.05 - \zeta}{0.08 + 1.6\zeta} \quad (5.1.5\text{-}3)$$

式中：η_2——阻尼调整系数，当小于 0.55 时，应取 0.55。

5.1.6 结构的截面抗震验算，应符合下列规定：

1 6 度时的建筑（不规则建筑及建造于Ⅳ类场地上较高的高层建筑除外），以及生土房屋和木结构房屋等，应符合有关的抗震措施要求，但应允许不进行截面抗震验算。

2 6 度时不规则建筑、建造于Ⅳ类场地上较高的高层建筑，7 度和 7 度以上的建筑结构（生土房屋和木结构房屋等除外），应进行多遇地震作用下的截面抗震验算。

注：采用隔震设计的建筑结构，其抗震验算应符合有关规定。

5.1.7 符合本规范第 5.5 节规定的结构，除按规定进行多遇地震作用下的截面抗震验算外，尚应进行相应的变形验算。

5.2 水平地震作用计算

5.2.1 采用底部剪力法时，各楼层可仅取一个自由度，结构的水平地震作用标准值，应按下列公式确定（图 5.2.1）：

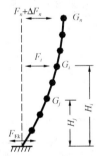

图 5.2.1 结构水平
地震作用计算简图

$$F_{Ek} = \alpha_1 G_{eq} \quad (5.2.1\text{-}1)$$

$$F_i = \frac{G_i H_i}{\sum_{j=1}^{n} G_j H_j} F_{Ek}(1 - \delta_n) \quad (i = 1, 2, \cdots n)$$
$$(5.2.1\text{-}2)$$

$$\Delta F_n = \delta_n F_{Ek} \quad (5.2.1\text{-}3)$$

式中：F_{Ek}——结构总水平地震作用标准值；

α_1——相应于结构基本自振周期的水平地震影响系数值，应按本规范第 5.1.4、第 5.1.5 条确定，多层砌体房屋、底部框架砌体房屋，宜取水平地震影响系数最大值；

G_{eq}——结构等效总重力荷载，单质点应取总重力荷载代表值，多质点可取总重力

荷载代表值的 85%；

F_i——质点 i 的水平地震作用标准值；

G_i、G_j——分别为集中于质点 i、j 的重力荷载代表值，应按本规范第 5.1.3 条确定；

H_i、H_j——分别为质点 i、j 的计算高度；

δ_n——顶部附加地震作用系数，多层钢筋混凝土和钢结构房屋可按表 5.2.1 采用，其他房屋可采用 0.0；

ΔF_n——顶部附加水平地震作用。

表 5.2.1 顶部附加地震作用系数

T_g（s）	$T_1 > 1.4T_g$	$T_1 \leqslant 1.4T_g$
$T_g \leqslant 0.35$	$0.08T_1 + 0.07$	
$0.35 < T_g \leqslant 0.55$	$0.08T_1 + 0.01$	0.0
$T_g > 0.55$	$0.08T_1 - 0.02$	

注：T_1 为结构基本自振周期。

5.2.2 采用振型分解反应谱法时，不进行扭转耦联计算的结构，应按下列规定计算其地震作用和作用效应：

1 结构 j 振型 i 质点的水平地震作用标准值，应按下列公式确定：

$$F_{ji} = \alpha_j \gamma_j X_{ji} G_i \quad (i = 1, 2, \cdots n, j = 1, 2, \cdots m)$$
$$(5.2.2\text{-}1)$$

$$\gamma_j = \sum_{i=1}^{n} X_{ji} G_i \bigg/ \sum_{i=1}^{n} X_{ji}^2 G_i \quad (5.2.2\text{-}2)$$

式中：F_{ji}——j 振型 i 质点的水平地震作用标准值；

α_j——相应于 j 振型自振周期的地震影响系数，应按本规范第 5.1.4、第 5.1.5 条确定；

X_{ji}——j 振型 i 质点的水平相对位移；

γ_j——j 振型的参与系数。

2 水平地震作用效应（弯矩、剪力、轴向力和变形），当相邻振型的周期比小于 0.85 时，可按下式确定：

$$S_{Ek} = \sqrt{\sum S_j^2} \quad (5.2.2\text{-}3)$$

式中：S_{Ek}——水平地震作用标准值的效应；

S_j——j 振型水平地震作用标准值的效应，可只取前 2～3 个振型，当基本自振周期大于 1.5s 或房屋高宽比大于 5 时，振型个数应适当增加。

5.2.3 水平地震作用下，建筑结构的扭转耦联地震效应应符合下列要求：

1 规则结构不进行扭转耦联计算时，平行于地震作用方向的两个边榀各构件，其地震作用效应应乘以增大系数。一般情况下，短边可按 1.15 采用，长边可按 1.05 采用；当扭转刚度较小时，周边各构件宜按不小于 1.3 采用。角部构件宜同时乘以两个方向各自的增大系数。

2 按扭转耦联振型分解法计算时，各楼层可取两个正交的水平位移和一个转角共三个自由度，并应按下列公式计算结构的地震作用和作用效应。确有依据时，尚可采用简化计算方法确定地震作用效应。

1) j 振型 i 层的水平地震作用标准值，应按下列公式确定：

$$F_{xji} = \alpha_j \gamma_{tj} X_{ji} G_i$$
$$F_{yji} = \alpha_j \gamma_{tj} Y_{ji} G_i \quad (i = 1, 2, \cdots n, j = 1, 2, \cdots m)$$
$$F_{tji} = \alpha_j \gamma_{tj} r_i^2 \varphi_{ji} G_i \qquad (5.2.3\text{-}1)$$

式中：F_{xji}、F_{yji}、F_{tji} ——分别为 j 振型 i 层的 x 方向、y 方向和转角方向的地震作用标准值；

X_{ji}、Y_{ji} ——分别为 j 振型 i 层质心在 x、y 方向的水平相对位移；

φ_{ji} —— j 振型 i 层的相对扭转角；

r_i —— i 层转动半径，可取 i 层绕质心的转动惯量除以该层质量的商的正二次方根；

γ_{tj} ——计入扭转的 j 振型的参与系数，可按下列公式确定：

当仅取 x 方向地震作用时

$$\gamma_{tj} = \sum_{i=1}^{n} X_{ji} G_i \Big/ \sum_{i=1}^{n} (X_{ji}^2 + Y_{ji}^2 + \varphi_{ji}^2 r_i^2) G_i$$

$$(5.2.3\text{-}2)$$

当仅取 y 方向地震作用时

$$\gamma_{tj} = \sum_{i=1}^{n} Y_{ji} G_i \Big/ \sum_{i=1}^{n} (X_{ji}^2 + Y_{ji}^2 + \varphi_{ji}^2 r_i^2) G_i$$

$$(5.2.3\text{-}3)$$

当取与 x 方向斜交的地震作用时，

$$\gamma_{tj} = \gamma_{xj} \cos\theta + \gamma_{yj} \sin\theta \qquad (5.2.3\text{-}4)$$

式中：γ_{xj}、γ_{yj} ——分别由式（5.2.3-2）、式（5.2.3-3）求得的参与系数；

θ ——地震作用方向与 x 方向的夹角。

2) 单向水平地震作用下的扭转耦联效应，可按下列公式确定：

$$S_{Ek} = \sqrt{\sum_{j=1}^{m} \sum_{k=1}^{m} \rho_{jk} S_j S_k} \qquad (5.2.3\text{-}5)$$

$$\rho_{jk} = \frac{8 \sqrt{\zeta_j \zeta_k} (\zeta_j + \lambda_T \zeta_k) \lambda_T^{1.5}}{(1 - \lambda_T^2)^2 + 4\zeta_j \zeta_k (1 + \lambda_T^2) \lambda_T + 4(\zeta_j^2 + \zeta_k^2) \lambda_T^2}$$

$$(5.2.3\text{-}6)$$

式中：S_{Ek} ——地震作用标准值的扭转效应；

S_j、S_k ——分别为 j、k 振型地震作用标准值的效应，可取前 9~15 个振型；

ζ_j、ζ_k ——分别为 j、k 振型的阻尼比；

ρ_{jk} —— j 振型与 k 振型的耦联系数；

λ_T —— k 振型与 j 振型的自振周期比。

3) 双向水平地震作用下的扭转耦联效应，可按下列公式中的较大值确定：

$$S_{Ek} = \sqrt{S_x^2 + (0.85 S_y)^2} \qquad (5.2.3\text{-}7)$$

或

$$S_{Ek} = \sqrt{S_y^2 + (0.85 S_x)^2} \qquad (5.2.3\text{-}8)$$

式中，S_x、S_y 分别为 x 向、y 向单向水平地震作用按式（5.2.3-5）计算的扭转效应。

5.2.4 采用底部剪力法时，突出屋面的屋顶间、女儿墙、烟囱等的地震作用效应，宜乘以增大系数 3，此增大部分不应往下传递，但与该突出部分相连的构件应予计入；采用振型分解法时，突出屋面部分可作为一个质点；单层厂房突出屋面天窗架的地震作用效应的增大系数，应按本规范第 9 章的有关规定采用。

5.2.5 抗震验算时，结构任一楼层的水平地震剪力应符合下式要求：

$$V_{EKi} > \lambda \sum_{j=i}^{n} G_j \qquad (5.2.5)$$

式中：V_{EKi} ——第 i 层对应于水平地震作用标准值的楼层剪力；

λ ——剪力系数，不应小于表 5.2.5 规定的楼层最小地震剪力系数值，对竖向不规则结构的薄弱层，尚应乘以 1.15 的增大系数；

G_j ——第 j 层的重力荷载代表值。

表 5.2.5 楼层最小地震剪力系数值

类　别	6 度	7 度	8 度	9 度
扭转效应明显或基本周期小于 3.5s 的结构	0.008	0.016(0.024)	0.032(0.048)	0.064
基本周期大于 5.0s 的结构	0.006	0.012(0.018)	0.024(0.036)	0.048

注：1　基本周期介于 3.5s 和 5s 之间的结构，按插入法取值。

2　括号内数值分别用于设计基本地震加速度为 0.15g 和 0.30g 的地区。

5.2.6 结构的楼层水平地震剪力，应按下列原则分配：

1 现浇和装配整体式混凝土楼、屋盖等刚性楼、屋盖建筑，宜按抗侧力构件等效刚度的比例分配。

2 木楼盖、木屋盖等柔性楼、屋盖建筑，宜按抗侧力构件从属面积上重力荷载代表值的比例分配。

3 普通的预制装配式混凝土楼、屋盖等半刚性楼、屋盖的建筑，可取上述两种分配结果的平均值。

4 计入空间作用、楼盖变形、墙体弹塑性变形和扭转的影响时，可按本规范各有关规定对上述分配结果作适当调整。

5.2.7 结构抗震计算，一般情况下可不计入地基与结构相互作用的影响；8 度和 9 度时建造于 Ⅲ、Ⅳ 类场地，采用箱基、刚性较好的筏基和桩箱联合基础的钢筋混凝土高层建筑，当结构基本自振周期处于特征周期的1.2倍至5倍范围时，若计入地基与结构动力相互作用的影响，对刚性地基假定计算的水平地震剪力可按下列规定折减，其层间变形可按折减后的楼层剪力计算。

1 高宽比小于3的结构，各楼层水平地震剪力的折减系数，可按下式计算：

$$\psi = \left(\frac{T_1}{T_1 + \Delta T} \right)^{0.9} \qquad (5.2.7)$$

式中：ψ——计入地基与结构动力相互作用后的地震剪力折减系数；

T_1——按刚性地基假定确定的结构基本自振周期（s）；

ΔT——计入地基与结构动力相互作用的附加周期（s），可按表5.2.7采用。

表5.2.7 附加周期（s）

烈 度	场 地 类 别	
	Ⅲ类	Ⅳ类
8	0.08	0.20
9	0.10	0.25

2 高宽比不小于3的结构，底部的地震剪力按第1款规定折减，顶部不折减，中间各层按线性插入值折减。

3 折减后各楼层的水平地震剪力，应符合本规范第5.2.5条的规定。

5.3 竖向地震作用计算

5.3.1 9度时的高层建筑，其竖向地震作用标准值应按下列公式确定（图5.3.1）；楼层的竖向地震作用效应可按各构件承受的重力荷载代表值的比例分配，并宜乘以增大系数1.5。

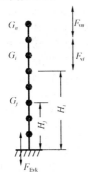

图5.3.1 结构竖向地震
作用计算简图

$$F_{Evk} = \alpha_{vmax} G_{eq} \qquad (5.3.1-1)$$

$$F_{vi} = \frac{G_i H_i}{\sum G_j H_j} F_{Evk} \qquad (5.3.1-2)$$

式中：F_{Evk}——结构总竖向地震作用标准值；

F_{vi}——质点i的竖向地震作用标准值；

α_{vmax}——竖向地震影响系数的最大值，可取水平地震影响系数最大值的65%；

G_{eq}——结构等效总重力荷载，可取其重力荷载代表值的75%。

5.3.2 跨度、长度小于本规范第5.1.2条第5款规定且规则的平板型网架屋盖和跨度大于24m的屋架、屋盖横梁及托架的竖向地震作用标准值，宜取其重力荷载代表值和竖向地震作用系数的乘积；竖向地震作用系数可按表5.3.2采用。

表5.3.2 竖向地震作用系数

结构类型	烈度	场 地 类 别		
		Ⅰ	Ⅱ	Ⅲ、Ⅳ
平板型网架、钢屋架	8	可不计算 (0.10)	0.08(0.12)	0.10(0.15)
	9	0.15	0.15	0.20
钢筋混凝土屋架	8	0.10(0.15)	0.13(0.19)	0.13(0.19)
	9	0.20	0.25	0.25

注：括号中数值用于设计基本地震加速度为0.30g的地区。

5.3.3 长悬臂构件和不属于本规范第5.3.2条的大跨结构的竖向地震作用标准值，8度和9度可分别取该结构、构件重力荷载代表值的10%和20%，设计基本地震加速度为0.30g时，可取该结构、构件重力荷载代表值的15%。

5.3.4 大跨度空间结构的竖向地震作用，尚可按竖向振型分解反应谱方法计算。其竖向地震影响系数可采用本规范第5.1.4、第5.1.5条规定的水平地震影响系数的65%，但特征周期可均按设计第一组采用。

5.4 截面抗震验算

5.4.1 结构构件的地震作用效应和其他荷载效应的基本组合，应按下式计算：

$$S = \gamma_G S_{GE} + \gamma_{Eh} S_{Ehk} + \gamma_{Ev} S_{Evk} + \psi_w \gamma_w S_{wk} \qquad (5.4.1)$$

式中：S——结构构件内力组合的设计值，包括组合的弯矩、轴向力和剪力设计值等；

γ_G——重力荷载分项系数，一般情况应采用**1.2**，当重力荷载效应对构件承载能力有利时，不应大于**1.0**；

γ_{Eh}、γ_{Ev}——分别为水平、竖向地震作用分项系数，应按表5.4.1采用；

γ_w——风荷载分项系数，应采用**1.4**；

S_{GE}——重力荷载代表值的效应，可按本规范第5.1.3条采用，但有吊车时，尚应包括悬吊物重力标准值的效应；

S_{Ehk}——水平地震作用标准值的效应，尚应乘以相应的增大系数或调整系数；

S_{Evk}——竖向地震作用标准值的效应，尚应乘以相应的增大系数或调整系数；

S_{wk}——风荷载标准值的效应；

ψ_w——风荷载组合值系数，一般结构取 0.0，风荷载起控制作用的建筑应采用 0.2。

注：本规范一般略去表示水平方向的下标。

表 5.4.1 地震作用分项系数

地 震 作 用	γ_{Eh}	γ_{Ev}
仅计算水平地震作用	1.3	0.0
仅计算竖向地震作用	0.0	1.3
同时计算水平与竖向地震作用（水平地震为主）	1.3	0.5
同时计算水平与竖向地震作用（竖向地震为主）	0.5	1.3

5.4.2 结构构件的截面抗震验算，应采用下列设计表达式：

$$S \leqslant R/\gamma_{RE} \qquad (5.4.2)$$

式中：γ_{RE}——承载力抗震调整系数，除另有规定外，应按表 5.4.2 采用；

R——结构构件承载力设计值。

表 5.4.2 承载力抗震调整系数

材料	结构构件	受力状态	γ_{RE}
钢	柱，梁，支撑，节点板件，螺栓，焊缝柱，支撑	强度	0.75
		稳定	0.80
砌体	两端均有构造柱、芯柱的抗震墙其他抗震墙	受剪	0.9
		受剪	1.0
混凝土	梁	受弯	0.75
	轴压比小于 0.15 的柱	偏压	0.75
	轴压比不小于 0.15 的柱	偏压	0.80
	抗震墙	偏压	0.85
	各类构件	受剪、偏拉	0.85

5.4.3 当仅计算竖向地震作用时，各类结构构件承载力抗震调整系数均应采用 1.0。

5.5 抗震变形验算

5.5.1 表 5.5.1 所列各类结构应进行多遇地震作用下的抗震变形验算，其楼层内最大的弹性层间位移应符合下式要求：

$$\Delta u_e \leqslant [\theta_e]h \qquad (5.5.1)$$

式中：Δu_e——多遇地震作用标准值产生的楼层内最大的弹性层间位移；计算时，除以弯曲变形为主的高层建筑外，可不扣除结构整体弯曲变形；应计入扭转变形，各作用分项系数均应采用 1.0；钢筋混凝土结构构件的截面刚度可采用弹性刚度；

$[\theta_e]$——弹性层间位移角限值，宜按表 5.5.1

采用；

h——计算楼层层高。

表 5.5.1 弹性层间位移角限值

结 构 类 型	$[\theta_e]$
钢筋混凝土框架	1/550
钢筋混凝土框架-抗震墙、板柱-抗震墙、框架-核心筒	1/800
钢筋混凝土抗震墙、筒中筒	1/1000
钢筋混凝土框支层	1/1000
多、高层钢结构	1/250

5.5.2 结构在罕遇地震作用下薄弱层的弹塑性变形验算，应符合下列要求：

1 下列结构应进行弹塑性变形验算：

1）8 度 III、IV 类场地和 9 度时，高大的单层钢筋混凝土柱厂房的横向排架；

2）7~9 度时楼层屈服强度系数小于 0.5 的钢筋混凝土框架结构和框排架结构；

3）高度大于 150m 的结构；

4）甲类建筑和 9 度时乙类建筑中的钢筋混凝土结构和钢结构；

5）采用隔震和消能减震设计的结构。

2 下列结构宜进行弹塑性变形验算：

1）本规范表 5.1.2-1 所列高度范围且属于本规范表 3.4.3-2 所列竖向不规则类型的高层建筑结构；

2）7 度 III、IV 类场地和 8 度时乙类建筑中的钢筋混凝土结构和钢结构；

3）板柱-抗震墙结构和底部框架砌体房屋；

4）高度不大于 150m 的其他高层钢结构；

5）不规则的地下建筑结构及地下空间综合体。

注：楼层屈服强度系数为按钢筋混凝土构件实际配筋和材料强度标准值计算的楼层受剪承载力和按罕遇地震作用标准值计算的楼层弹性地震剪力的比值；对排架柱，指按实际配筋面积、材料强度标准值和轴向力计算的正截面受弯承载力与按罕遇地震作用标准值计算的弹性地震弯矩的比值。

5.5.3 结构在罕遇地震作用下薄弱层（部位）弹塑性变形计算，可采用下列方法：

1 不超过 12 层且层刚度无突变的钢筋混凝土框架和框排架结构、单层钢筋混凝土柱厂房可采用本规范第 5.5.4 条的简化计算法；

2 除 1 款以外的建筑结构，可采用静力弹塑性分析方法或弹塑性时程分析法等；

3 规则结构可采用弯剪层模型或平面杆系模型，属于本规范第 3.4 节规定的不规则结构应采用空间结构模型。

5.5.4 结构薄弱层（部位）弹塑性层间位移的简化

计算，宜符合下列要求：

1 结构薄弱层（部位）的位置可按下列情况确定：

1）楼层屈服强度系数沿高度分布均匀的结构，可取底层；

2）楼层屈服强度系数沿高度分布不均匀的结构，可取该系数最小的楼层（部位）和相对较小的楼层，一般不超过2~3处；

3）单层厂房，可取上柱。

2 弹塑性层间位移可按下列公式计算：

$$\Delta u_p = \eta_p \Delta u_e \quad\quad (5.5.4\text{-}1)$$

或

$$\Delta u_p = \mu \Delta u_y = \frac{\eta_p}{\xi_y} \Delta u_y \quad\quad (5.5.4\text{-}2)$$

式中：Δu_p——弹塑性层间位移；

Δu_y——层间屈服位移；

μ——楼层延性系数；

Δu_e——罕遇地震作用下按弹性分析的层间位移；

η_p——弹塑性层间位移增大系数，当薄弱层（部位）的屈服强度系数不小于相邻层（部位）该系数平均值的0.8时，可按表5.5.4采用。当不大于该平均值的0.5时，可按表内相应数值的1.5倍采用；其他情况可采用内插法取值；

ξ_y——楼层屈服强度系数。

表5.5.4 弹塑性层间位移增大系数

结构类型	总层数 n 或部位	ξ_y		
		0.5	0.4	0.3
多层均匀框架结构	2~4	1.30	1.40	1.60
	5~7	1.50	1.65	1.80
	8~12	1.80	2.00	2.20
单层厂房	上柱	1.30	1.60	2.00

5.5.5 结构薄弱层（部位）弹塑性层间位移应符合下式要求：

$$\Delta u_p \leqslant [\theta_p] h \quad\quad (5.5.5)$$

式中：$[\theta_p]$——弹塑性层间位移角限值，可按表5.5.5采用；对钢筋混凝土框架结构，当轴压比小于0.40时，可提高10%；当柱子全高的箍筋构造比本规范第6.3.9条规定的体积配箍率大30%时，可提高20%，但累计不超过25%；

h——薄弱层楼层高度或单层厂房上柱高度。

表5.5.5 弹塑性层间位移角限值

结构类型	$[\theta_p]$
单层钢筋混凝土柱排架	1/30
钢筋混凝土框架	1/50
底部框架砌体房屋中的框架-抗震墙	1/100
钢筋混凝土框架-抗震墙、板柱-抗震墙、框架-核心筒	1/100
钢筋混凝土抗震墙、筒中筒	1/120
多、高层钢结构	1/50

6 多层和高层钢筋混凝土房屋

6.1 一 般 规 定

6.1.1 本章适用的现浇钢筋混凝土房屋的结构类型和最大高度应符合表6.1.1的要求。平面和竖向均不规则的结构，适用的最大高度宜适当降低。

注：本章"抗震墙"指结构抗侧力体系中的钢筋混凝土剪力墙，不包括只承担重力荷载的混凝土墙。

表6.1.1 现浇钢筋混凝土房屋适用的最大高度（m）

结构类型		烈 度				
		6	7	8(0.2g)	8(0.3g)	9
框架		60	50	40	35	24
框架-抗震墙		130	120	100	80	50
抗震墙		140	120	100	80	60
部分框支抗震墙		120	100	80	50	不应采用
筒体	框架-核心筒	150	130	100	90	70
	筒中筒	180	150	120	100	80
板柱-抗震墙		80	70	55	40	不应采用

注：1 房屋高度指室外地面到主要屋面板板顶的高度（不包括局部突出屋顶部分）；

2 框架-核心筒结构指周边稀柱框架与核心筒组成的结构；

3 部分框支抗震墙结构指首层或底部两层为框支层的结构，不包括仅个别框支墙的情况；

4 表中框架，不包括异形柱框架；

5 板柱-抗震墙结构指板柱、框架和抗震墙组成抗侧力体系的结构；

6 乙类建筑可按本地区抗震设防烈度确定其适用的最大高度；

7 超过表内高度的房屋，应进行专门研究和论证，采取有效的加强措施。

6.1.2 钢筋混凝土房屋应根据设防类别、烈度、结构类型和房屋高度采用不同的抗震等级，并应符合相应的计算和构造措施要求。丙类建筑的抗震等级应按表6.1.2确定。

表 6.1.2　现浇钢筋混凝土房屋的抗震等级

结构类型		设防烈度									
		6		7			8			9	
框架结构	高度(m)	≤24	>24	≤24	>24		≤24	>24		≤24	
	框架	四	三	三	二		二	一		一	
	大跨度框架	三		二			一			一	
框架-抗震墙结构	高度(m)	≤60	>60	≤24	25~60	>60	≤24	25~60	>60	≤24	25~50
	框架	四	三	四	三	二	三	二	一	二	一
	抗震墙	三		三		二	二		一	一	
抗震墙结构	高度(m)	≤80	>80	≤24	25~80	>80	≤24	25~80	>80	≤24	25~60
	抗震墙	四	三	四	三	二	三	二	一	二	一
部分框支抗震墙结构	高度(m)	≤80	>80	≤24	25~80	>80	≤24	25~80	>80		
	抗震墙 一般部位	四	三	四	三	二	三	二			
	抗震墙 加强部位	三	二	三	二	一	二	一			
	框支层框架	二		二	一		一				
框架-核心筒结构	框架	三		二			一				
	核心筒	二		二			一				
筒中筒结构	外筒	三		二			一				
	内筒	三		二			一				
板柱-抗震墙结构	高度(m)	≤35	>35	≤35	>35		≤35	>35			
	框架、板柱的柱	三	二	二	二		一	一			
	抗震墙	二		二			二	一			

注:1　建筑场地为 I 类时,除 6 度外应允许按表内降低一度所对应的抗震等级采取抗震构造措施,但相应的计算要求不应降低;
2　接近或等于高度分界时,应允许结合房屋不规则程度及场地、地基条件确定抗震等级;
3　大跨度框架指跨度不小于 18m 的框架;
4　高度不超过 60m 的框架-核心筒结构按框架-抗震墙的要求设计时,应按表中框架-抗震墙结构的规定确定其抗震等级。

6.1.3　钢筋混凝土房屋抗震等级的确定,尚应符合下列要求:

1　设置少量抗震墙的框架结构,在规定的水平力作用下,底层框架部分所承担的地震倾覆力矩大于结构总地震倾覆力矩的 50% 时,其框架的抗震等级应按框架结构确定,抗震墙的抗震等级可与其框架的抗震等级相同。

注:底层指计算嵌固端所在的层。

2　裙房与主楼相连,除应按裙房本身确定抗震等级外,相关范围不应低于主楼的抗震等级;主楼结构在裙房顶板对应的相邻上下各一层应适当加强抗震构造措施。裙房与主楼分离时,应按裙房本身确定抗震等级。

3　当地下室顶板作为上部结构的嵌固部位时,地下一层的抗震等级应与上部结构相同,地下一层以下抗震构造措施的抗震等级可逐层降低一级,但不应低于四级。地下室中无上部结构的部分,抗震构造措施的抗震等级可根据具体情况采用三级或四级。

4　当甲乙类建筑按规定提高一度确定其抗震等级而房屋的高度超过本规范表 6.1.2 相应规定的上界时,应采取比一级更有效的抗震构造措施。

注:本章"一、二、三、四级"即"抗震等级为一、二、三、四级"的简称。

6.1.4　钢筋混凝土房屋需要设置防震缝时,应符合下列规定:

1　防震缝宽度应分别符合下列要求:

　　1) 框架结构(包括设置少量抗震墙的框架结构)房屋的防震缝宽度,当高度不超过 15m 时不应小于 100mm;高度超过 15m 时,6 度、7 度、8 度和 9 度分别每增加高度 5m、4m、3m 和 2m,宜加宽 20mm;

　　2) 框架-抗震墙结构房屋的防震缝宽度不应小于本款 1) 项规定数值的 70%,抗震墙结构房屋的防震缝宽度不应小于本款 1) 项规定数值的 50%;且均不宜小于 100mm;

　　3) 防震缝两侧结构类型不同时,宜按需要较宽防震缝的结构类型和较低房屋高度确定缝宽。

2　8、9 度框架结构房屋防震缝两侧结构层高相差较大时,防震缝两侧框架柱的箍筋应沿房屋全高加密,并可根据需要在缝两侧沿房屋全高各设置不少于两道垂直于防震缝的抗撞墙。抗撞墙的布置宜避免加大扭转效应,其长度可不大于 1/2 层高,抗震等级可同框架结构;框架构件的内力应按设置和不设置抗撞墙两种计算模型的不利情况取值。

6.1.5　框架结构和框架-抗震墙结构中,框架和抗震墙均应双向设置,柱中线与抗震墙中线、梁中线与柱中线之间偏心距大于柱宽的 1/4 时,应计入偏心的影响。

甲、乙类建筑以及高度大于 24m 的丙类建筑,不应采用单跨框架结构;高度不大于 24m 的丙类建筑不宜采用单跨框架结构。

6.1.6　框架-抗震墙、板柱-抗震墙结构以及框支层中,抗震墙之间无大洞口的楼、屋盖的长宽比,不宜超过表 6.1.6 的规定;超过时,应计入楼盖平面内变形的影响。

表 6.1.6　抗震墙之间楼屋盖的长宽比

楼、屋盖类型		设防烈度			
		6	7	8	9
框架-抗震墙结构	现浇或叠合楼、屋盖	4	4	3	2
	装配整体式楼、屋盖	3	3	2	不宜采用

续表 6.1.6

楼、屋盖类型	设防烈度			
	6	7	8	9
板柱-抗震墙结构的现浇楼、屋盖	3	3	2	—
框支层的现浇楼、屋盖	2.5	2.5	2	—

6.1.7 采用装配整体式楼、屋盖时，应采取措施保证楼、屋盖的整体性及其与抗震墙的可靠连接。装配整体式楼、屋盖采用配筋现浇面层加强时，其厚度不应小于 50mm。

6.1.8 框架-抗震墙结构和板柱-抗震墙结构中的抗震墙设置，宜符合下列要求：

1 抗震墙宜贯通房屋全高。

2 楼梯间宜设置抗震墙，但不宜造成较大的扭转效应。

3 抗震墙的两端（不包括洞口两侧）宜设置端柱或与另一方向的抗震墙相连。

4 房屋较长时，刚度较大的纵向抗震墙不宜设置在房屋的端开间。

5 抗震墙洞口宜上下对齐；洞边距端柱不宜小于 300mm。

6.1.9 抗震墙结构和部分框支抗震墙结构中的抗震墙设置，应符合下列要求：

1 抗震墙的两端（不包括洞口两侧）宜设置端柱或与另一方向的抗震墙相连；框支部分落地墙的两端（不包括洞口两侧）应设置端柱或与另一方向的抗震墙相连。

2 较长的抗震墙宜设置跨高比大于 6 的连梁形成洞口，将一道抗震墙分成长度较均匀的若干墙段，各墙段的高宽比不宜小于 3。

3 墙肢的长度沿结构全高不宜有突变；抗震墙有较大洞口时，以及一、二级抗震墙的底部加强部位，洞口宜上下对齐。

4 矩形平面的部分框支抗震墙结构，其框支层的楼层侧向刚度不应小于相邻非框支楼层侧向刚度的 50%；框支层落地抗震墙间距不宜大于 24m，框支层的平面布置宜对称，且宜设抗震筒体；底层框架部分承担的地震倾覆力矩，不应大于结构总地震倾覆力矩的 50%。

6.1.10 抗震墙底部加强部位的范围，应符合下列规定：

1 底部加强部位的高度，应从地下室顶板算起。

2 部分框支抗震墙结构的抗震墙，其底部加强部位的高度，可取框支层加框支层以上两层的高度及落地抗震墙总高度的 1/10 二者的较大值。其他结构的抗震墙，房屋高度大于 24m 时，底部加强部位的高度可取底部两层和墙体总高度的 1/10 二者的较大值；房屋高度不大于 24m 时，底部加强部位可取底部

一层。

3 当结构计算嵌固端位于地下一层的底板或以下时，底部加强部位尚宜向下延伸到计算嵌固端。

6.1.11 框架单独柱基有下列情况之一时，宜沿两个主轴方向设置基础系梁：

1 一级框架和Ⅳ类场地的二级框架；

2 各柱基础底面在重力荷载代表值作用下的压应力差别较大；

3 基础埋置较深，或各基础埋置深度差别较大；

4 地基主要受力层范围内存在软弱黏性土层、液化土层或严重不均匀土层；

5 桩基承台之间。

6.1.12 框架-抗震墙结构、板柱-抗震墙结构中的抗震墙基础和部分框支抗震墙结构的落地抗震墙基础，应有良好的整体性和抗转动的能力。

6.1.13 主楼与裙房相连且采用天然地基，除应符合本规范第 4.2.4 条的规定外，在多遇地震作用下主楼基础底面不宜出现零应力区。

6.1.14 地下室顶板作为上部结构的嵌固部位时，应符合下列要求：

1 地下室顶板应避免开设大洞口；地下室在地上结构相关范围的顶板应采用现浇梁板结构，相关范围以外的地下室顶板宜采用现浇梁板结构；其楼板厚度不宜小于 180mm，混凝土强度等级不宜小于 C30，应采用双层双向配筋，且每层每个方向的配筋率不宜小于 0.25%。

2 结构地上一层的侧向刚度，不宜大于相关范围地下一层侧向刚度的 0.5 倍；地下室周边宜有与其顶板相连的抗震墙。

3 地下室顶板对应于地上框架柱的梁柱节点除应满足抗震计算要求外，尚应符合下列规定之一：

1) 地下一层柱截面每侧纵向钢筋不应小于地上一层柱对应纵向钢筋的 1.1 倍，且地下一层柱上端和节点左右梁端实配的抗震受弯承载力之和应大于地上一层柱下端实配的抗震受弯承载力的 1.3 倍。

2) 地下一层梁刚度较大时，柱截面每侧的纵向钢筋面积应大于地上一层对应柱每侧纵向钢筋面积的 1.1 倍；同时梁端顶面和底面的纵向钢筋面积均应比计算增大 10% 以上。

4 地下一层抗震墙墙肢端部边缘构件纵向钢筋的截面面积，不应少于地上一层对应墙肢端部边缘构件纵向钢筋的截面面积。

6.1.15 楼梯间应符合下列要求：

1 宜采用现浇钢筋混凝土楼梯。

2 对于框架结构，楼梯间的布置不应导致结构平面特别不规则；楼梯构件与主体结构整浇时，应计入楼梯构件对地震作用及其效应的影响，应进行楼梯

构件的抗震承载力验算；宜采取构造措施，减少楼梯构件对主体结构刚度的影响。

3 楼梯间两侧填充墙与柱之间应加强拉结。

6.1.16 框架的填充墙应符合本规范第 13 章的规定。

6.1.17 高强混凝土结构抗震设计应符合本规范附录 B 的规定。

6.1.18 预应力混凝土结构抗震设计应符合本规范附录 C 的规定。

6.2 计算要点

6.2.1 钢筋混凝土结构应按本节规定调整构件的组合内力设计值，其层间变形应符合本规范第 5.5 节的有关规定。构件截面抗震验算时，非抗震的承载力设计值应除以本规范规定的承载力抗震调整系数；凡本章和本规范附录未作规定者，应符合现行有关结构设计规范的要求。

6.2.2 一、二、三、四级框架的梁柱节点处，除框架顶层和柱轴压比小于 0.15 者及框支梁与框支柱的节点外，柱端组合的弯矩设计值应符合下式要求：

$$\sum M_c = \eta_c \sum M_b \qquad (6.2.2\text{-}1)$$

一级的框架结构和 9 度的一级框架可不符合上式要求，但应符合下式要求：

$$\sum M_c = 1.2 \sum M_{bua} \qquad (6.2.2\text{-}2)$$

式中：$\sum M_c$——节点上下柱端截面顺时针或反时针方向组合的弯矩设计值之和，上下柱端的弯矩设计值，可按弹性分析分配；

$\sum M_b$——节点左右梁端截面反时针或顺时针方向组合的弯矩设计值之和，一级框架节点左右梁端均为负弯矩时，绝对值较小的弯矩应取零；

$\sum M_{bua}$——节点左右梁端截面反时针或顺时针方向实配的正截面抗震受弯承载力所对应的弯矩值之和，根据实配钢筋面积（计入梁受压筋和相关楼板钢筋）和材料强度标准值确定；

η_c——框架柱端弯矩增大系数；对框架结构，一、二、三、四级可分别取 1.7、1.5、1.3、1.2；其他结构类型中的框架，一级可取 1.4，二级可取 1.2，三、四级可取 1.1。

当反弯点不在柱的层高范围内时，柱端截面组合的弯矩设计值可乘以上述柱端弯矩增大系数。

6.2.3 一、二、三、四级框架结构的底层，柱下端截面组合的弯矩设计值，应分别乘以增大系数 1.7、1.5、1.3 和 1.2。底层柱纵向钢筋应按上下端的不利情况配置。

6.2.4 一、二、三级的框架梁和抗震墙的连梁，其梁端截面组合的剪力设计值应按下式调整：

$$V = \eta_{vb}(M_b^l + M_b^r)/l_n + V_{Gb} \qquad (6.2.4\text{-}1)$$

一级的框架结构和 9 度的一级框架梁、连梁可不按上式调整，但应符合下式要求：

$$V = 1.1(M_{bua}^l + M_{bua}^r)/l_n + V_{Gb} \quad (6.2.4\text{-}2)$$

式中： V——梁端截面组合的剪力设计值；

l_n——梁的净跨；

V_{Gb}——梁在重力荷载代表值（9 度时高层建筑还应包括竖向地震作用标准值）作用下，按简支梁分析的梁端截面剪力设计值；

M_b^l、M_b^r——分别为梁左右端反时针或顺时针方向组合的弯矩设计值，一级框架两端弯矩均为负弯矩时，绝对值较小的弯矩应取零；

M_{bua}^l、M_{bua}^r——分别为梁左右端反时针或顺时针方向实配的正截面抗震受弯承载力所对应的弯矩值，根据实配钢筋面积（计入受压筋和相关楼板钢筋）和材料强度标准值确定；

η_{vb}——梁端剪力增大系数，一级可取 1.3，二级可取 1.2，三级可取 1.1。

6.2.5 一、二、三、四级的框架柱和框支柱组合的剪力设计值应按下式调整：

$$V = \eta_{vc}(M_c^b + M_c^t)/H_n \qquad (6.2.5\text{-}1)$$

一级的框架结构和 9 度的一级框架可不按上式调整，但应符合下式要求：

$$V = 1.2(M_{cua}^t + M_{cua}^b)/H_n \qquad (6.2.5\text{-}2)$$

式中：V——柱端截面组合的剪力设计值；框支柱的剪力设计值尚应符合本规范第 6.2.10 条的规定；

H_n——柱的净高；

M_c^t、M_c^b——分别为柱的上下端顺时针或反时针方向截面组合的弯矩设计值，应符合本规范第 6.2.2、6.2.3 条的规定；框支柱的弯矩设计值尚应符合本规范第 6.2.10 条的规定；

M_{cua}^t、M_{cua}^b——分别为偏心受压柱的上下端顺时针或反时针方向实配的正截面抗震受弯承载力所对应的弯矩值，根据实配钢筋面积、材料强度标准值和轴压力等确定；

η_{vc}——柱剪力增大系数；对框架结构，一、二、三、四级可分别取 1.5、1.3、1.2、1.1；对其他结构类型的框架，一级可取 1.4，二级可取 1.2，三、四级可取 1.1。

6.2.6 一、二、三、四级框架的角柱，经本规范第 6.2.2、6.2.3、6.2.5、6.2.10 条调整后的组合弯矩设计值、剪力设计值尚应乘以不小于 1.10 的增大系数。

6.2.7 抗震墙各墙肢截面组合的内力设计值，应按下列规定采用：

1 一级抗震墙的底部加强部位以上部位，墙肢的组合弯矩设计值应乘以增大系数，其值可采用 1.2；剪力相应调整。

2 部分框支抗震墙结构的落地抗震墙墙肢不应出现小偏心受拉。

3 双肢抗震墙中，墙肢不宜出现小偏心受拉；当任一墙肢为偏心受拉时，另一墙肢的剪力设计值、弯矩设计值应乘以增大系数 1.25。

6.2.8 一、二、三级的抗震墙底部加强部位，其截面组合的剪力设计值应按下式调整：

$$V = \eta_{vw} V_w \qquad (6.2.8-1)$$

9 度的一级可不按上式调整，但应符合下式要求：

$$V = 1.1 \frac{M_{wua}}{M_w} V_w \qquad (6.2.8-2)$$

式中：V——抗震墙底部加强部位截面组合的剪力设计值；

V_w——抗震墙底部加强部位截面组合的剪力计算值；

M_{wua}——抗震墙底部截面按实配纵向钢筋面积、材料强度标准值和轴力等计算的抗震受弯承载力所对应的弯矩值；有翼墙时应计入墙两侧各一倍翼墙厚度范围内的纵向钢筋；

M_w——抗震墙底部截面组合的弯矩设计值；

η_{vw}——抗震墙剪力增大系数，一级可取 1.6，二级可取 1.4，三级可取 1.2。

6.2.9 钢筋混凝土结构的梁、柱、抗震墙和连梁，其截面组合的剪力设计值应符合下列要求：

跨高比大于 2.5 的梁和连梁及剪跨比大于 2 的柱和抗震墙：

$$V \leqslant \frac{1}{\gamma_{RE}} (0.20 f_c b h_0) \qquad (6.2.9-1)$$

跨高比不大于 2.5 的连梁、剪跨比不大于 2 的柱和抗震墙、部分框支抗震墙结构的框支柱和框支梁、以及落地抗震墙的底部加强部位：

$$V \leqslant \frac{1}{\gamma_{RE}} (0.15 f_c b h_0) \qquad (6.2.9-2)$$

剪跨比应按下式计算：

$$\lambda = M^c / (V^c h_0) \qquad (6.2.9-3)$$

式中：λ——剪跨比，应按柱端或墙端截面组合的弯矩计算值 M^c、对应的截面组合剪力计算值 V^c 及截面有效高度 h_0 确定，并取上下端计算结果的较大值；反弯点位于柱高中部的框架柱可按柱净高与 2 倍柱截面高度之比计算；

V——按本规范第 6.2.4、6.2.5、6.2.6、6.2.8、6.2.10 条等规定调整后的梁端、柱端或墙端截面组合的剪力设计值；

f_c——混凝土轴心抗压强度设计值；

b——梁、柱截面宽度或抗震墙肢截面宽度；圆形截面柱可按面积相等的方形截面柱计算；

h_0——截面有效高度，抗震墙可取墙肢长度。

6.2.10 部分框支抗震墙结构的框支柱尚应满足下列要求：

1 框支柱承受的最小地震剪力，当框支柱的数量不少于 10 根时，柱承受地震剪力之和不应小于结构底部总地震剪力的 20%；当框支柱的数量少于 10 根时，每根柱承受的地震剪力不应小于结构底部总地震剪力的 2%。框支柱的地震弯矩应相应调整。

2 一、二级框支柱由地震作用引起的附加轴力应分别乘以增大系数 1.5、1.2；计算轴压比时，该附加轴力可不乘以增大系数。

3 一、二级框支柱的顶层柱上端和底层柱下端，其组合的弯矩设计值应分别乘以增大系数 1.5 和 1.25，框支柱的中间节点应满足本规范第 6.2.2 条的要求。

4 框支梁中线宜与框支柱中线重合。

6.2.11 部分框支抗震墙结构的一级落地抗震墙底部加强部位尚应满足下列要求：

1 当墙肢在边缘构件以外的部位在两排钢筋间设置直径不小于 8mm、间距不大于 400mm 的拉结筋时，抗震墙受剪承载力验算可计入混凝土的受剪作用。

2 墙肢底部截面出现大偏心受拉时，宜在墙肢的底截面处另设交叉防滑斜筋，防滑斜筋承担的地震剪力可按墙肢底截面处剪力设计值的 30% 采用。

6.2.12 部分框支抗震墙结构的框支柱顶层楼盖应符合本规范附录 E 第 E.1 节的规定。

6.2.13 钢筋混凝土结构抗震计算时，尚应符合下列要求：

1 侧向刚度沿竖向分布基本均匀的框架-抗震墙结构和框架-核心筒结构，任一层框架部分承担的剪力值，不应小于结构底部总地震剪力的 20% 和按框架-抗震墙结构、框架-核心筒结构计算的框架部分各楼层地震剪力中最大值 1.5 倍二者的较小值。

2 抗震墙地震内力计算时，连梁的刚度可折减，折减系数不宜小于 0.50。

3 抗震墙结构、部分框支抗震墙结构、框架-抗震墙结构、框架-核心筒结构、筒中筒结构、板柱-抗震墙结构计算内力和变形时，其抗震墙应计入端部翼墙的共同工作。

4 设置少量抗震墙的框架结构，其框架部分的地震剪力值，宜采用框架结构模型和框架-抗震墙结构模型二者计算结果的较大值。

6.2.14 框架节点核芯区的抗震验算应符合下列要求：

1 一、二、三级框架的节点核芯区应进行抗震验算；四级框架节点核芯区可不进行抗震验算，但应符合抗震构造措施的要求。

2 核芯区截面抗震验算方法应符合本规范附录D的规定。

6.3 框架的基本抗震构造措施

6.3.1 梁的截面尺寸，宜符合下列各项要求：

1 截面宽度不宜小于200mm；

2 截面高宽比不宜大于4；

3 净跨与截面高度之比不宜小于4。

6.3.2 梁宽大于柱宽的扁梁应符合下列要求：

1 采用扁梁的楼、屋盖应现浇，梁中线宜与柱中线重合，扁梁应双向布置。扁梁的截面尺寸应符合下列要求，并应满足现行有关规范对挠度和裂缝宽度的规定：

$$b_b \leq 2b_c \qquad (6.3.2-1)$$
$$b_b \leq b_c + h_b \qquad (6.3.2-2)$$
$$h_b \geq 16d \qquad (6.3.2-3)$$

式中：b_c——柱截面宽度，圆形截面取柱直径的0.8倍；

b_b、h_b——分别为梁截面宽度和高度；

d——柱纵筋直径。

2 扁梁不宜用于一级框架结构。

6.3.3 梁的钢筋配置，应符合下列各项要求：

1 梁端计入受压钢筋的混凝土受压区高度和有效高度之比，一级不应大于0.25，二、三级不应大于0.35。

2 梁端截面的底面和顶面纵向钢筋配筋量的比值，除按计算确定外，一级不应小于0.5，二、三级不应小于0.3。

3 梁端箍筋加密区的长度、箍筋最大间距和最小直径应按表6.3.3采用，当梁端纵向受拉钢筋配筋率大于2%时，表中箍筋最小直径数值应增大2mm。

表6.3.3 梁端箍筋加密区的长度、
箍筋的最大间距和最小直径

抗震等级	加密区长度（采用较大值）（mm）	箍筋最大间距（采用最小值）（mm）	箍筋最小直径（mm）
一	$2h_b$，500	$h_b/4$，$6d$，100	10
二	$1.5h_b$，500	$h_b/4$，$8d$，100	8
三	$1.5h_b$，500	$h_b/4$，$8d$，150	8
四	$1.5h_b$，500	$h_b/4$，$8d$，150	6

注：1 d为纵向钢筋直径，h_b为梁截面高度；

　　2 箍筋直径大于12mm、数量不少于4肢且肢距不大于150mm时，一、二级的最大间距应允许适当放宽，但不得大于150mm。

6.3.4 梁的钢筋配置，尚应符合下列规定：

1 梁端纵向受拉钢筋的配筋率不宜大于2.5%。沿梁全长顶面、底面的配筋，一、二级不应少于2φ14，且分别不应少于梁顶面、底面两端纵向配筋中较大截面面积的1/4；三、四级不应少于2φ12。

2 一、二、三级框架梁内贯通中柱的每根纵向钢筋直径，对框架结构不应大于矩形截面柱在该方向截面尺寸的1/20，或纵向钢筋所在位置圆形截面柱弦长的1/20；对其他结构类型的框架不宜大于矩形截面柱在该方向截面尺寸的1/20，或纵向钢筋所在位置圆形截面柱弦长的1/20。

3 梁端加密区的箍筋肢距，一级不宜大于200mm和20倍箍筋直径的较大值，二、三级不宜大于250mm和20倍箍筋直径的较大值，四级不宜大于300mm。

6.3.5 柱的截面尺寸，宜符合下列各项要求：

1 截面的宽度和高度，四级或不超过2层时不宜小于300mm，一、二、三级且超过2层时不宜小于400mm；圆柱的直径，四级或不超过2层时不宜小于350mm，一、二、三级且超过2层时不宜小于450mm。

2 剪跨比宜大于2。

3 截面长边与短边的边长比不宜大于3。

6.3.6 柱轴压比不宜超过表6.3.6的规定；建造于Ⅳ类场地且较高的高层建筑，柱轴压比限值应适当减小。

表6.3.6 柱轴压比限值

结构类型	抗震等级			
	一	二	三	四
框架结构	0.65	0.75	0.85	0.90
框架-抗震墙，板柱-抗震墙、框架-核心筒及筒中筒	0.75	0.85	0.90	0.95
部分框支抗震墙	0.6	0.7	—	—

注：1 轴压比指柱组合的轴压力设计值与柱的全截面面积和混凝土轴心抗压强度设计值乘积之比值；对本规范规定不进行地震作用计算的结构，可取无地震作用组合的轴力设计值计算；

　　2 表内限值适用于剪跨比大于2、混凝土强度等级不高于C60的柱；剪跨比不大于2的柱，轴压比限值应降低0.05；剪跨比小于1.5的柱，轴压比限值应专门研究并采取特殊构造措施；

　　3 沿柱全高采用井字复合箍且箍筋肢距不大于200mm、间距不大于100mm、直径不小于12mm，或沿柱全高采用复合螺旋箍、螺旋间距不大于100mm、箍筋肢距不大于200mm、直径不小于12mm，或沿柱全高采用连续复合矩形螺旋箍、螺旋净距不大于80mm、箍筋肢距不大于200mm、直径不小于10mm，轴压比限值均可增加0.10；上述三种箍筋的最小配箍特征值均应按增大的轴压比由本规范表6.3.9确定；

　　4 在柱的截面中部附加芯柱，其中另加的纵向钢筋的总面积不少于柱截面面积的0.8%，轴压比限值可增加0.05；此项措施与注3的措施共同采用时，轴压比限值可增加0.15，但箍筋的体积配箍率仍可按轴压比增加0.10的要求确定；

　　5 柱轴压比不应大于1.05。

6.3.7 柱的钢筋配置，应符合下列各项要求：

1 柱纵向受力钢筋的最小总配筋率应按表6.3.7-1采用，同时每一侧配筋率不应小于0.2%；对建造于Ⅳ类场地且较高的高层建筑，最小总配筋率应增加0.1%。

表6.3.7-1 柱截面纵向钢筋的
最小总配筋率（百分率）

类别	抗 震 等 级			
	一	二	三	四
中柱和边柱	0.9(1.0)	0.7(0.8)	0.6(0.7)	0.5(0.6)
角柱、框支柱	1.1	0.9	0.8	0.7

注：1 表中括号内数值用于框架结构的柱；
　　2 钢筋强度标准值小于400MPa时，表中数值应增加0.1，钢筋强度标准值为400MPa时，表中数值应增加0.05；
　　3 混凝土强度等级高于C60时，上述数值应相应增加0.1。

2 柱箍筋在规定的范围内应加密，加密区的箍筋间距和直径，应符合下列要求：

　　1）一般情况下，箍筋的最大间距和最小直径，应按表6.3.7-2采用。

表6.3.7-2 柱箍筋加密区的箍筋
最大间距和最小直径

抗震等级	箍筋最大间距 （采用较小值，mm）	箍筋最小直径 （mm）
一	6d，100	10
二	8d，100	8
三	8d，150（柱根100）	8
四	8d，150（柱根100）	6（柱根8）

注：1 d为柱纵筋最小直径；
　　2 柱根指底层柱下端箍筋加密区。

　　2）一级框架柱的箍筋直径大于12mm且箍筋肢距不大于150mm及二级框架柱的箍筋直径不小于10mm且箍筋肢距不大于200mm时，除底层柱下端外，最大间距应允许采用150mm；三级框架柱的截面尺寸不大于400mm时，箍筋最小直径应允许采用6mm；四级框架柱剪跨比不大于2时，箍筋直径不应小于8mm。

　　3）框支柱和剪跨比不大于2的框架柱，箍筋间距不应大于100mm。

6.3.8 柱的纵向钢筋配置，尚应符合下列规定：

1 柱的纵向钢筋宜对称配置。

2 截面边长大于400mm的柱，纵向钢筋间距不宜大于200mm。

3 柱总配筋率不应大于5%；剪跨比不大于2的一级框架的柱，每侧纵向钢筋配筋率不宜大

于1.2%。

4 边柱、角柱及抗震墙端柱在小偏心受拉时，柱内纵筋总截面面积应比计算值增加25%。

5 柱纵向钢筋的绑扎接头应避开柱端的箍筋加密区。

6.3.9 柱的箍筋配置，尚应符合下列要求：

1 柱的箍筋加密范围，应按下列规定采用：

　　1）柱端，取截面高度（圆柱直径）、柱净高的1/6和500mm三者的最大值；

　　2）底层柱的下端不小于柱净高的1/3；

　　3）刚性地面上下各500mm；

　　4）剪跨比不大于2的柱、因设置填充墙等形成的柱净高与柱截面高度之比不大于4的柱、框支柱、一级和二级框架的角柱，取全高。

2 柱箍筋加密区的箍筋肢距，一级不宜大于200mm，二、三级不宜大于250mm，四级不宜大于300mm。至少每隔一根纵向钢筋宜在两个方向有箍筋或拉筋约束；采用拉筋复合箍时，拉筋宜紧靠纵向钢筋并钩住箍筋。

3 柱箍筋加密区的体积配箍率，应按下列规定采用：

　　1）柱箍筋加密区的体积配箍率应符合下式要求：

$$\rho_v \geqslant \lambda_v f_c / f_{yv} \qquad (6.3.9)$$

式中：ρ_v ——柱箍筋加密区的体积配箍率，一级不应小于0.8%，二级不应小于0.6%，三、四级不应小于0.4%；计算复合螺旋箍的体积配箍率时，其非螺旋箍的箍筋体积应乘以折减系数0.80；

　　　f_c ——混凝土轴心抗压强度设计值，强度等级低于C35时，应按C35计算；

　　　f_{yv} ——箍筋或拉筋抗拉强度设计值；

　　　λ_v ——最小配箍特征值，宜按表6.3.9采用。

表6.3.9 柱箍筋加密区的箍筋最小配箍特征值

抗震等级	箍筋形式	柱 轴 压 比								
		≤0.3	0.4	0.5	0.6	0.7	0.8	0.9	1.0	1.05
一	普通箍、复合箍	0.10	0.11	0.13	0.15	0.17	0.20	0.23	—	—
	螺旋箍、复合或连续复合矩形螺旋箍	0.08	0.09	0.11	0.13	0.15	0.18	0.21	—	—
二	普通箍、复合箍	0.08	0.09	0.11	0.13	0.15	0.17	0.19	0.22	0.24
	螺旋箍、复合或连续复合矩形螺旋箍	0.06	0.07	0.09	0.11	0.13	0.15	0.17	0.20	0.22
三、四	普通箍、复合箍	0.06	0.07	0.09	0.11	0.13	0.15	0.17	0.20	0.22
	螺旋箍、复合或连续复合矩形螺旋箍	0.05	0.06	0.07	0.09	0.11	0.13	0.15	0.18	0.20

注：普通箍指单个矩形箍和单个圆形箍；复合箍指由矩形、多边形、圆形箍或拉筋组成的箍筋；复合螺旋箍指由螺旋箍与矩形、多边形、圆形箍或拉筋组成的箍筋；连续复合矩形螺旋箍指用一根通长钢筋加工而成的箍筋。

2）框支柱宜采用复合螺旋箍或井字复合箍，其最小配箍特征值应比表6.3.9内数值增加0.02，且体积配箍率不应小于1.5%。

3）剪跨比不大于2的柱宜采用复合螺旋箍或井字复合箍，其体积配箍率不应小于1.2%，9度一级时不应小于1.5%。

4 柱箍筋非加密区的箍筋配置，应符合下列要求：

1）柱箍筋非加密区的体积配箍率不宜小于加密区的50%。

2）箍筋间距，一、二级框架柱不应大于10倍纵向钢筋直径，三、四级框架柱不应大于15倍纵向钢筋直径。

6.3.10 框架节点核芯区箍筋的最大间距和最小直径宜按本规范第6.3.7条采用；一、二、三级框架节点核芯区配箍特征值分别不宜小于0.12、0.10和0.08，且体积配箍率分别不宜小于0.6%、0.5%和0.4%。柱剪跨比不大于2的框架节点核芯区，体积配箍率不宜小于核芯区上、下柱端的较大体积配箍率。

6.4 抗震墙结构的基本抗震构造措施

6.4.1 抗震墙的厚度，一、二级不应小于160mm且不宜小于层高或无支长度的1/20，三、四级不应小于140mm且不宜小于层高或无支长度的1/25；无端柱或翼墙时，一、二级不宜小于层高或无支长度的1/16，三、四级不宜小于层高或无支长度的1/20。

底部加强部位的墙厚，一、二级不应小于200mm且不宜小于层高或无支长度的1/16，三、四级不应小于160mm且不宜小于层高或无支长度的1/20；无端柱或翼墙时，一、二级不宜小于层高或无支长度的1/12，三、四级不宜小于层高或无支长度的1/16。

6.4.2 一、二、三级抗震墙在重力荷载代表值作用下墙肢的轴压比，一级时，9度不宜大于0.4，7、8度不宜大于0.5；二、三级时不宜大于0.6。

注：墙肢轴压比指墙的轴压力设计值与墙的全截面面积和混凝土轴心抗压强度设计值乘积之比值。

6.4.3 抗震墙竖向、横向分布钢筋的配筋，应符合下列要求：

1 一、二、三级抗震墙的竖向和横向分布钢筋最小配筋率均不应小于0.25%，四级抗震墙分布钢筋最小配筋率不应小于0.20%。

注：高度小于24m且剪压比很小的四级抗震墙，其竖向分布筋的最小配筋率应允许按0.15%采用。

2 部分框支抗震墙结构的落地抗震墙底部加强部位，竖向和横向分布钢筋配筋率均不应小于0.3%。

6.4.4 抗震墙竖向和横向分布钢筋的配置，尚应符合下列规定：

1 抗震墙的竖向和横向分布钢筋的间距不宜大于300mm，部分框支抗震墙结构的落地抗震墙底部加强部位，竖向和横向分布钢筋的间距不宜大于200mm。

2 抗震墙厚度大于140mm时，其竖向和横向分布钢筋应双排布置，双排分布钢筋间拉筋的间距不宜大于600mm，直径不应小于6mm。

3 抗震墙竖向和横向分布钢筋的直径，均不宜大于墙厚的1/10且不应小于8mm；竖向钢筋直径不宜小于10mm。

6.4.5 抗震墙两端和洞口两侧应设置边缘构件，边缘构件包括暗柱、端柱和翼墙，并应符合下列要求：

1 对于抗震墙结构，底层墙肢底截面的轴压比不大于表6.4.5-1规定的一、二、三级抗震墙及四级抗震墙，墙肢两端可设置构造边缘构件，构造边缘构件的范围可按图6.4.5-1采用，构造边缘构件的配筋除应满足受弯承载力要求外，并宜符合表6.4.5-2的要求。

表6.4.5-1 抗震墙设置构造边缘构件的最大轴压比

抗震等级或烈度	一级（9度）	一级（7、8度）	二、三级
轴压比	0.1	0.2	0.3

表6.4.5-2 抗震墙构造边缘构件的配筋要求

抗震等级	底部加强部位			其他部位		
	纵向钢筋最小量（取较大值）	箍筋		纵向钢筋最小量（取较大值）	拉筋	
		最小直径（mm）	沿竖向最大间距（mm）		最小直径（mm）	沿竖向最大间距（mm）
一	$0.010A_c$，$6\phi16$	8	100	$0.008A_c$，$6\phi14$	8	150
二	$0.008A_c$，$6\phi14$	8	150	$0.006A_c$，$6\phi12$	8	200
三	$0.006A_c$，$6\phi12$	6	150	$0.005A_c$，$4\phi12$	6	200
四	$0.005A_c$，$4\phi12$	6	200	$0.004A_c$，$4\phi12$	6	250

注：1 A_c为边缘构件的截面面积；

2 其他部位的拉筋，水平间距不应大于纵筋间距的2倍；转角处宜采用箍筋；

3 当端柱承受集中荷载时，其纵向钢筋、箍筋直径和间距应满足柱的相应要求。

2 底层墙肢底截面的轴压比大于表6.4.5-1规定的一、二、三级抗震墙，以及部分框支抗震墙结构的抗震墙，应在底部加强部位及相邻的上一层设置约束边缘构件，在以上的其他部位可设置构造边缘构件。约束边缘构件沿墙肢的长度、配箍特征值、箍筋和纵向钢筋宜符合表6.4.5-3的要求（图6.4.5-2）。

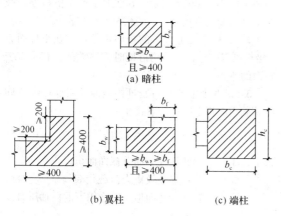

(a) 暗柱

(b) 翼柱 　　(c) 端柱

图 6.4.5-1　抗震墙的构造边缘构件范围

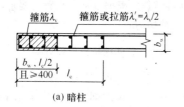

(a) 暗柱

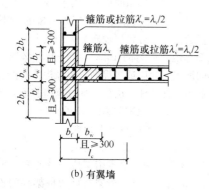

(b) 有翼墙

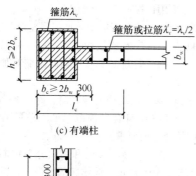

(c) 有端柱

(d) 转角墙(L形墙)

图 6.4.5-2　抗震墙的约束边缘构件

表 6.4.5-3　抗震墙约束边缘构件
的范围及配筋要求

项　目	一级 (9度)		一级 (7、8度)		二、三级	
	$\lambda \leqslant 0.2$	$\lambda > 0.2$	$\lambda \leqslant 0.3$	$\lambda > 0.3$	$\lambda \leqslant 0.4$	$\lambda > 0.4$
l_c (暗柱)	$0.20h_w$	$0.25h_w$	$0.15h_w$	$0.20h_w$	$0.15h_w$	$0.20h_w$
l_c (翼墙或端柱)	$0.15h_w$	$0.20h_w$	$0.10h_w$	$0.15h_w$	$0.10h_w$	$0.15h_w$
λ_v	0.12	0.20	0.12	0.20	0.12	0.20
纵向钢筋 (取较大值)	$0.012A_c$，$8\phi16$		$0.012A_c$，$8\phi16$		$0.010A_c$，$6\phi16$ (三级 $6\phi14$)	
箍筋或拉筋沿竖向间距	100mm		100mm		150mm	

注：1　抗震墙的翼墙长度小于其 3 倍厚度或端柱截面边长小于 2 倍墙厚时，按无翼墙、无端柱查表；端柱有集中荷载时，配筋构造尚应满足与墙相同抗震等级框架柱的要求；

　　2　l_c 为约束边缘构件沿墙肢长度，且不小于墙厚和 400mm；有翼墙或端柱时不应小于翼墙厚度或端柱沿墙肢方向截面高度加 300mm；

　　3　λ_v 为约束边缘构件的配箍特征值，体积配箍率可按本规范式 (6.3.9) 计算，并可适当计入满足构造要求且在墙端有可靠锚固的水平分布钢筋的截面面积；

　　4　h_w 为抗震墙墙肢长度；

　　5　λ 为墙肢轴压比；

　　6　A_c 为图 6.4.5-2 中约束边缘构件阴影部分的截面面积。

6.4.6　抗震墙的墙肢长度不大于墙厚的 3 倍时，应按柱的有关要求进行设计；矩形墙肢的厚度不大于 300mm 时，尚宜全高加密箍筋。

6.4.7　跨高比较小的高连梁，可设水平缝形成双连梁、多连梁或采取其他加强受剪承载力的构造。顶层连梁的纵向钢筋伸入墙体的锚固长度范围内，应设置箍筋。

6.5　框架-抗震墙结构的基本抗震构造措施

6.5.1　框架-抗震墙结构的抗震墙厚度和边框设置，应符合下列要求：

　　1　抗震墙的厚度不应小于 160mm 且不宜小于层高或无支长度的 1/20，底部加强部位的抗震墙厚度不应小于 200mm 且不宜小于层高或无支长度的 1/16。

　　2　有端柱时，墙体在楼盖处宜设置暗梁，暗梁的截面高度不宜小于墙厚和 400mm 的较大值；端柱截面宜与同层框架柱相同，并应满足本规范第 6.3 节对框架柱的要求；抗震墙底部加强部位的端柱和紧靠抗震墙洞口的端柱宜按柱箍筋加密区的要求沿全高加密箍筋。

6.5.2　抗震墙的竖向和横向分布钢筋，配筋率均不应小于 0.25%，钢筋直径不宜小于 10mm，间距不宜大于 300mm，并应双排布置，双排分布钢筋间应设置拉筋。

6.5.3 楼面梁与抗震墙平面外连接时，不宜支承在洞口连梁上；沿梁轴线方向宜设置与梁连接的抗震墙，梁的纵筋应锚固在墙内；也可在支承梁的位置设置扶壁柱或暗柱，并应按计算确定其截面尺寸和配筋。

6.5.4 框架-抗震墙结构的其他抗震构造措施，应符合本规范第6.3节、6.4节的有关要求。

> 注：设置少量抗震墙的框架结构，其抗震墙的抗震构造措施，可仍按本规范第6.4节对抗震墙的规定执行。

6.6 板柱-抗震墙结构抗震设计要求

6.6.1 板柱-抗震墙结构的抗震墙，其抗震构造措施应符合本节规定，尚应符合本规范第6.5节的有关规定；柱（包括抗震墙端柱）和梁的抗震构造措施应符合本规范第6.3节的有关规定。

6.6.2 板柱-抗震墙的结构布置，尚应符合下列要求：

1 抗震墙厚度不应小于180mm，且不宜小于层高或无支长度的1/20；房屋高度大于12m时，墙厚不应小于200mm。

2 房屋的周边应采用有梁框架，楼、电梯洞口周边宜设置边框梁。

3 8度时宜采用有托板或柱帽的板柱节点，托板或柱帽根部的厚度（包括板厚）不宜小于柱纵筋直径的16倍，托板或柱帽的边长不宜小于4倍板厚和柱截面对应边长之和。

4 房屋的地下一层顶板，宜采用梁板结构。

6.6.3 板柱-抗震墙结构的抗震计算，应符合下列要求：

1 房屋高度大于12m时，抗震墙应承担结构的全部地震作用；房屋高度不大于12m时，抗震墙宜承担结构的全部地震作用。各层板柱和框架部分应能承担不少于本层地震剪力的20%。

2 板柱结构在地震作用下按等代平面框架分析时，其等代梁的宽度宜采用垂直于等代平面框架方向两侧柱距各1/4。

3 板柱节点应进行冲切承载力的抗震验算，应计入不平衡弯矩引起的冲切，节点处地震作用组合的不平衡弯矩引起的冲切反力设计值应乘以增大系数，一、二、三级板柱的增大系数可分别取1.7、1.5、1.3。

6.6.4 板柱-抗震墙结构的板柱节点构造应符合下列要求：

1 无柱帽平板应在柱上板带中设构造暗梁，暗梁宽度可取柱宽及柱两侧各不大于1.5倍板厚。暗梁支座上部钢筋面积应不小于柱上板带钢筋面积的50%，暗梁下部钢筋不宜少于上部钢筋的1/2；箍筋

直径不应小于8mm，间距不宜大于3/4倍板厚，肢距不宜大于2倍板厚，在暗梁两端应加密。

2 无柱帽柱上板带的板底钢筋，宜在距柱面为2倍板厚以外连接，采用搭接时钢筋端部宜有垂直于板面的弯钩。

3 沿两个主轴方向通过柱截面的板底连续钢筋的总截面面积，应符合下式要求：

$$A_s \geqslant N_G / f_y \qquad (6.6.4)$$

式中：A_s——板底连续钢筋总截面面积；

N_G——在本层楼板重力荷载代表值（8度时尚宜计入竖向地震）作用下的柱轴压力设计值；

f_y——楼板钢筋的抗拉强度设计值。

4 板柱节点应根据抗冲切承载力要求，配置抗剪栓钉或抗冲切钢筋。

6.7 筒体结构抗震设计要求

6.7.1 框架-核心筒结构应符合下列要求：

1 核心筒与框架之间的楼盖宜采用梁板体系；部分楼层采用平板体系时应有加强措施。

2 除加强层及其相邻上下层外，按框架-核心筒计算分析的框架部分各层地震剪力的最大值不宜小于结构底部总地震剪力的10%。当小于10%时，核心筒墙体的地震剪力应适当提高，边缘构件的抗震构造措施应适当加强；任一层框架部分承担的地震剪力不应小于结构底部总地震剪力的15%。

3 加强层设置应符合下列规定：

1）9度时不应采用加强层；

2）加强层的大梁或桁架应与核心筒内的墙肢贯通；大梁或桁架与周边框架柱的连接宜采用铰接或半刚性连接；

3）结构整体分析应计入加强层变形的影响；

4）施工程序及连接构造上，应采取措施减小结构竖向温度变形及轴向压缩对加强层的影响。

6.7.2 框架-核心筒结构的核心筒、筒中筒结构的内筒，其抗震墙除应符合本规范第6.4节的有关规定外，尚应符合下列要求：

1 抗震墙的厚度、竖向和横向分布钢筋应符合本规范第6.5节的规定；筒体底部加强部位及相邻上一层，当侧向刚度无突变时不宜改变墙体厚度。

2 框架-核心筒结构一、二级筒体角部的边缘构件宜按下列要求加强：底部加强部位，约束边缘构件范围内宜全部采用箍筋，且约束边缘构件沿墙肢的长度宜取墙肢截面高度的1/4，底部加强部位以上的全高范围内宜按转角墙的要求设置约束边缘构件。

3 内筒的门洞不宜靠近转角。

6.7.3 楼面大梁不宜支承在内筒连梁上。楼面大梁

与内筒或核心筒墙体平面外连接时，应符合本规范第6.5.3条的规定。

6.7.4 一、二级核心筒和内筒中跨高比不大于2的连梁，当梁截面宽度不小于400mm时，可采用交叉暗柱配筋，并应设置普通箍筋；截面宽度小于400mm但不小于200mm时，除配置普通箍筋外，可另增设斜向交叉构造钢筋。

6.7.5 筒体结构转换层的抗震设计应符合本规范附录E第E.2节的规定。

7 多层砌体房屋和底部框架砌体房屋

7.1 一 般 规 定

7.1.1 本章适用于普通砖（包括烧结、蒸压、混凝土普通砖）、多孔砖（包括烧结、混凝土多孔砖）和混凝土小型空心砌块等砌体承重的多层房屋，底层或底部两层框架-抗震墙砌体房屋。

配筋混凝土小型空心砌块房屋的抗震设计，应符合本规范附录F的规定。

> 注：1 采用非黏土的烧结砖、蒸压砖、混凝土砖的砌体房屋，块体的材料性能应有可靠的试验数据；当本章未作具体规定时，可按本章普通砖、多孔砖房屋的相应规定执行；
> 2 本章中"小砌块"为"混凝土小型空心砌块"的简称；
> 3 非空旷的单层砌体房屋，可按本章规定的原则进行抗震设计。

7.1.2 多层房屋的层数和高度应符合下列要求：

1 一般情况下，房屋的层数和总高度不应超过表7.1.2的规定。

表7.1.2 房屋的层数和总高度限值（m）

房屋类别		最小抗震墙厚度(mm)	烈度和设计基本地震加速度											
			6		7				8				9	
			0.05g		0.10g		0.15g		0.20g		0.30g		0.40g	
			高度	层数	高度	层数	高度	层数	高度	层数	高度	层数	高度	层数
多层砌体房屋	普通砖	240	21	7	21	7	21	7	18	6	15	5	12	4
	多孔砖	240	21	7	21	7	18	6	18	6	15	5	9	3
	多孔砖	190	21	7	18	6	15	5	15	5	12	4	—	—
	小砌块	190	21	7	21	7	18	6	18	6	15	5	—	3

续表7.1.2

房屋类别		最小抗震墙厚度(mm)	烈度和设计基本地震加速度											
			6		7				8				9	
			0.05g		0.10g		0.15g		0.20g		0.30g		0.40g	
			高度	层数	高度	层数	高度	层数	高度	层数	高度	层数	高度	层数
底部框架-抗震墙砌体房屋	普通砖 多孔砖	240	22	7	22	7	19	6	16	5	—	—	—	—
	多孔砖	190	22	7	19	6	16	5	13	4	—	—	—	—
	小砌块	190	22	7	22	7	19	6	16	5	—	—	—	—

> 注：1 房屋的总高度指室外地面到主要屋面板板顶或檐口的高度，半地下室从地下室室内地面算起，全地下室和嵌固条件好的半地下室应允许从室外地面算起；对带阁楼的坡屋面应算到山尖墙的1/2高度处；
> 2 室内外高差大于0.6m时，房屋总高度应允许比表中的数据适当增加，但增加量应少于1.0m；
> 3 乙类的多层砌体房屋仍按本地区设防烈度查表，其层数应减少一层且总高度应降低3m；不应采用底部框架-抗震墙砌体房屋；
> 4 本表小砌块砌体房屋不包括配筋混凝土小型空心砌块砌体房屋。

2 横墙较少的多层砌体房屋，总高度应比表7.1.2的规定降低3m，层数相应减少一层；各层横墙很少的多层砌体房屋，还应再减少一层。

> 注：横墙较少是指同一楼层内开间大于4.2m的房间占该层总面积的40%以上；其中，开间不大于4.2m的房间占该层总面积不到20%且开间大于4.8m的房间占该层总面积的50%以上为横墙很少。

3 6、7度时，横墙较少的丙类多层砌体房屋，当按规定采取加强措施并满足抗震承载力要求时，其高度和层数应允许仍按表7.1.2的规定采用。

4 采用蒸压灰砂砖和蒸压粉煤灰砖的砌体的房屋，当砌体的抗剪强度仅达到普通黏土砖砌体的70%时，房屋的层数应比普通砖房减少一层，总高度应减少3m；当砌体的抗剪强度达到普通黏土砖砌体的取值时，房屋层数和总高度的要求同普通砖房屋。

7.1.3 多层砌体承重房屋的层高，不应超过3.6m。

底部框架-抗震墙砌体房屋的底部，层高不应超过4.5m；当底层采用约束砌体抗震墙时，底层的层高不应超过4.2m。

> 注：当使用功能确有需要时，采用约束砌体等加强措施的普通砖房屋，层高不应超过3.9m。

7.1.4 多层砌体房屋总高度与总宽度的最大比值，宜符合表7.1.4的要求。

表7.1.4 房屋最大高宽比

烈　度	6	7	8	9
最大高宽比	2.5	2.5	2.0	1.5

注：1　单面走廊房屋的总宽度不包括走廊宽度；
　　2　建筑平面接近正方形时，其高宽比宜适当减小。

7.1.5　房屋抗震横墙的间距，不应超过表7.1.5的要求：

表7.1.5　房屋抗震横墙的间距（m）

房屋类别		烈度			
		6	7	8	9
多层砌体房屋	现浇或装配整体式钢筋混凝土楼、屋盖	15	15	11	7
	装配式钢筋混凝土楼、屋盖	11	11	9	4
	木屋盖	9	9	4	—
底部框架-抗震墙砌体房屋	上部各层	同多层砌体房屋			
	底层或底部两层	18	15	11	

注：1　多层砌体房屋的顶层，除木屋盖外的最大横墙间距应允许适当放宽，
　　　但应采取相应加强措施；
　　2　多孔砖抗震横墙厚度为190mm时，最大横墙间距应比表中数值减
　　　少3m。

7.1.6　多层砌体房屋中砌体墙段的局部尺寸限值，宜符合表7.1.6的要求：

表7.1.6　房屋的局部尺寸限值（m）

部　位	6度	7度	8度	9度
承重窗间墙最小宽度	1.0	1.0	1.2	1.5
承重外墙尽端至门窗洞边的最小距离	1.0	1.0	1.2	1.5
非承重外墙尽端至门窗洞边的最小距离	1.0	1.0	1.0	1.0
内墙阳角至门窗洞边的最小距离	1.0	1.0	1.5	2.0
无锚固女儿墙（非出入口处）的最大高度	0.5	0.5	0.5	0.0

注：1　局部尺寸不足时，应采取局部加强措施弥补，且最小宽度
　　　不宜小于1/4层高和表列数据的80%；
　　2　出入口处的女儿墙应有锚固。

7.1.7　多层砌体房屋的建筑布置和结构体系，应符合下列要求：

　　1　应优先采用横墙承重或纵横墙共同承重的结构体系。不应采用砌体墙和混凝土墙混合承重的结构体系。

　　2　纵横向砌体抗震墙的布置应符合下列要求：

　　　1）宜均匀对称，沿平面内宜对齐，沿竖向应上下连续；且纵横向墙体的数量不宜相差过大；

　　　2）平面轮廓凹凸尺寸，不应超过典型尺寸的50%；当超过典型尺寸的25%时，房屋转角处应采取加强措施；

　　　3）楼板局部大洞口的尺寸不宜超过楼板宽度

的30%，且不应在墙体两侧同时开洞；

　　　4）房屋错层的楼板高差超过500mm时，应按两层计算；错层部位的墙体应采取加强措施；

　　　5）同一轴线上的窗间墙宽度宜均匀；在满足本规范第7.1.6条要求的前提下，墙面洞口的立面面积，6、7度时不宜大于墙面总面积的55%，8、9度时不宜大于50%；

　　　6）在房屋宽度方向的中部应设置内纵墙，其累计长度不宜小于房屋总长度的60%（高宽比大于4的墙段不计入）。

　　3　房屋有下列情况之一时宜设置防震缝，缝两侧均应设置墙体，缝宽应根据烈度和房屋高度确定，可采用70mm～100mm：

　　　1）房屋立面高差在6m以上；

　　　2）房屋有错层，且楼板高差大于层高的1/4；

　　　3）各部分结构刚度、质量截然不同。

　　4　楼梯间不宜设置在房屋的尽端或转角处。

　　5　不应在房屋转角处设置转角窗。

　　6　横墙较少、跨度较大的房屋，宜采用现浇钢筋混凝土楼、屋盖。

7.1.8　底部框架-抗震墙砌体房屋的结构布置，应符合下列要求：

　　1　上部的砌体墙体与底部的框架梁或抗震墙，除楼梯间附近的个别墙段外均应对齐。

　　2　房屋的底部，应沿纵横两方向设置一定数量的抗震墙，并应均匀对称布置。6度且总层数不超过四层的底层框架-抗震墙砌体房屋，应允许采用嵌砌于框架之间的约束普通砖砌体或小砌块砌体的砌体抗震墙，但应计入砌体墙对框架的附加轴力和附加剪力并进行底层的抗震验算，且同一方向不应同时采用钢筋混凝土抗震墙和约束砌体抗震墙；其余情况，8度时应采用钢筋混凝土抗震墙，6、7度时应采用钢筋混凝土抗震墙或配筋小砌块砌体抗震墙。

　　3　底层框架-抗震墙砌体房屋的纵横两个方向，第二层计入构造柱影响的侧向刚度与底层侧向刚度的比值，6、7度时不应大于2.5，8度时不应大于2.0，且均不应小于1.0。

　　4　底部两层框架-抗震墙砌体房屋纵横两个方向，底层与底部第二层侧向刚度应接近，第三层计入构造柱影响的侧向刚度与底部第二层侧向刚度的比值，6、7度时不应大于2.0，8度时不应大于1.5，且均不应小于1.0。

　　5　底部框架-抗震墙砌体房屋的抗震墙应设置条形基础、筏形基础等整体性好的基础。

7.1.9　底部框架-抗震墙砌体房屋的钢筋混凝土结构部分，除应符合本章规定外，尚应符合本规范第6章的有关要求；此时，底部混凝土框架的抗震等级，6、7、8度应分别按三、二、一级采用，混凝土墙体的抗震等

级，6、7、8 度应分别按三、三、二级采用。

7.2 计 算 要 点

7.2.1 多层砌体房屋、底部框架-抗震墙砌体房屋的抗震计算，可采用底部剪力法，并应按本节规定调整地震作用效应。

7.2.2 对砌体房屋，可只选从属面积较大或竖向应力较小的墙段进行截面抗震承载力验算。

7.2.3 进行地震剪力分配和截面验算时，砌体墙段的层间等效侧向刚度应按下列原则确定：

    1 刚度的计算应计及高宽比的影响。高宽比小于 1 时，可只计算剪切变形；高宽比不大于 4 且不小于 1 时，应同时计算弯曲和剪切变形；高宽比大于 4 时，等效侧向刚度可取 0.0。

    注：墙段的高宽比指层高与墙长之比，对门窗洞边的小墙段指洞净高与洞侧墙宽之比。

    2 墙段宜按门窗洞口划分；对设置构造柱的小开口墙段按毛墙面计算的刚度，可根据开洞率乘以表 7.2.3 的墙段洞口影响系数：

表 7.2.3 墙段洞口影响系数

开洞率	0.10	0.20	0.30
影响系数	0.98	0.94	0.88

    注：1 开洞率为洞口水平截面积与墙段水平毛截面积之比，相邻洞口之间净宽小于 500mm 的墙段视为洞口；

        2 洞口中线偏离墙段中线大于墙段长度的 1/4 时，表中影响系数值折减 0.9；门洞的洞顶高度大于层高 80% 时，表中数据不适用；窗洞高度大于 50% 层高时，按门洞对待。

7.2.4 底部框架-抗震墙砌体房屋的地震作用效应，应按下列规定调整：

    1 对底层框架-抗震墙砌体房屋，底层的纵向和横向地震剪力设计值均应乘以增大系数；其值应允许在 1.2～1.5 范围内选用，第二层与底层侧向刚度比大者应取大值。

    2 对底部两层框架-抗震墙砌体房屋，底层和第二层的纵向和横向地震剪力设计值亦均应乘以增大系数；其值应允许在 1.2～1.5 范围内选用，第三层与第二层侧向刚度比大者应取大值。

    3 底层或底部两层的纵向和横向地震剪力设计值应全部由该方向的抗震墙承担，并按各墙体的侧向刚度比例分配。

7.2.5 底部框架-抗震墙砌体房屋中，底部框架的地震作用效应宜采用下列方法确定：

    1 底部框架柱的地震剪力和轴向力，宜按下列规定调整：

        1）框架柱承担的地震剪力设计值，可按各抗侧力构件有效侧向刚度比例分配确定；有

效侧向刚度的取值，框架不折减；混凝土墙或配筋混凝土小砌块砌体墙可乘以折减系数 0.30；约束普通砖砌体或小砌块砌体抗震墙可乘以折减系数 0.20；

        2）框架柱的轴向应计入地震倾覆力矩引起的附加轴力，上部砖房可视为刚体，底部各轴线承受的地震倾覆力矩，可近似按底部抗震墙和框架的有效侧向刚度的比例分配确定；

        3）当抗震墙之间楼盖长宽比大于 2.5 时，框架柱各轴线承担的地震剪力和轴向力，尚应计入楼盖平面内变形的影响。

    2 底部框架-抗震墙砌体房屋的钢筋混凝土托墙梁计算地震组合内力时，应采用合适的计算简图。若考虑上部墙体与托墙梁的组合作用，应计入地震时墙体开裂对组合作用的不利影响，可调整有关的弯矩系数、轴力系数等计算参数。

7.2.6 各类砌体沿阶梯形截面破坏的抗震抗剪强度设计值，应按下式确定：

$$f_{vE} = \zeta_N f_v \qquad (7.2.6)$$

式中：f_{vE}——砌体沿阶梯形截面破坏的抗震抗剪强度设计值；

        f_v——非抗震设计的砌体抗剪强度设计值；

        ζ_N——砌体抗震抗剪强度的正应力影响系数，应按表 7.2.6 采用。

表 7.2.6 砌体强度的正应力影响系数

砌体类别	σ_0/f_v							
	0.0	1.0	3.0	5.0	7.0	10.0	12.0	≥16.0
普通砖，多孔砖	0.80	0.99	1.25	1.47	1.65	1.90	2.05	—
小砌块	—	1.23	1.69	2.15	2.57	3.02	3.32	3.92

    注：σ_0 为对应于重力荷载代表值的砌体截面平均压应力。

7.2.7 普通砖、多孔砖墙体的截面抗震受剪承载力，应按下列规定验算：

    1 一般情况下，应按下式验算：

$$V \leqslant f_{vE} A / \gamma_{RE} \qquad (7.2.7\text{-}1)$$

式中：V——墙体剪力设计值；

        f_{vE}——砖砌体沿阶梯形截面破坏的抗震抗剪强度设计值；

        A——墙体横截面面积，多孔砖取毛截面面积；

        γ_{RE}——承载力抗震调整系数，承重墙按本规范表 5.4.2 采用，自承重墙按 0.75 采用。

    2 采用水平配筋的墙体，应按下式验算：

$$V \leqslant \frac{1}{\gamma_{RE}} (f_{vE} A + \zeta_s f_{yh} A_{sh}) \qquad (7.2.7\text{-}2)$$

式中：f_{yh}——水平钢筋抗拉强度设计值；

        A_{sh}——层间墙体竖向截面的总水平钢筋面积，

其配筋率应不小于 0.07% 且不大于 0.17%;

ζ_s——钢筋参与工作系数,可按表 7.2.7 采用。

表 7.2.7 钢筋参与工作系数

墙体高宽比	0.4	0.6	0.8	1.0	1.2
ζ_s	0.10	0.12	0.14	0.15	0.12

3 当按式 (7.2.7-1)、式 (7.2.7-2) 验算不满足要求时,可计入基本均匀设置于墙段中部、截面不小于 240mm×240mm(墙厚 190mm 时为 240mm×190mm)且间距不大于 4m 的构造柱对受剪承载力的提高作用,按下列简化方法验算:

$$V \leqslant \frac{1}{\gamma_{RE}}[\eta_c f_{vE}(A-A_c) + \zeta_c f_t A_c + 0.08 f_{yc} A_{sc} + \zeta_s f_{yh} A_{sh}]$$

(7.2.7-3)

式中:A_c——中部构造柱的横截面总面积(对横墙和内纵墙,$A_c > 0.15A$ 时,取 0.15A;对外纵墙,$A_c > 0.25A$ 时,取 0.25A);

f_t——中部构造柱的混凝土轴心抗拉强度设计值;

A_{sc}——中部构造柱的纵向钢筋截面总面积(配筋率不小于 0.6%,大于 1.4% 时取 1.4%);

f_{yh}、f_{yc}——分别为墙体水平钢筋、构造柱钢筋抗拉强度设计值;

ζ_c——中部构造柱参与工作系数;居中设一根时取 0.5,多于一根时取 0.4;

η_c——墙体约束修正系数;一般情况取 1.0,构造柱间距不大于 3.0m 时取 1.1;

A_{sh}——层间墙体竖向截面的总水平钢筋面积,无水平钢筋时取 0.0。

7.2.8 小砌块墙体的截面抗震受剪承载力,应按下式验算:

$$V \leqslant \frac{1}{\gamma_{RE}}[f_{vE}A + (0.3 f_t A_c + 0.05 f_y A_s)\zeta_c]$$

(7.2.8)

式中:f_t——芯柱混凝土轴心抗拉强度设计值;

A_c——芯柱截面总面积;

A_s——芯柱钢筋截面总面积;

f_y——芯柱钢筋抗拉强度设计值;

ζ_c——芯柱参与工作系数,可按表 7.2.8 采用。

注:当同时设置芯柱和构造柱时,构造柱截面可作为芯柱截面,构造柱钢筋可作为芯柱钢筋。

表 7.2.8 芯柱参与工作系数

填孔率 ρ	$\rho < 0.15$	$0.15 \leqslant \rho < 0.25$	$0.25 \leqslant \rho < 0.5$	$\rho \geqslant 0.5$
ζ_c	0.0	1.0	1.10	1.15

注:填孔率指芯柱根数(含构造柱和填实孔洞数量)与孔洞总数之比。

7.2.9 底层框架-抗震墙砌体房屋中嵌砌于框架之间的普通砖或小砌块的砌体墙,当符合本规范第 7.5.4 条、第 7.5.5 条的构造要求时,其抗震验算应符合下列规定:

1 底层框架柱的轴向力和剪力,应计入砖墙或小砌块墙引起的附加轴向力和附加剪力,其值可按下列公式确定:

$$N_f = V_w H_f / l$$

(7.2.9-1)

$$V_f = V_w$$

(7.2.9-2)

式中:V_w——墙体承担的剪力设计值,柱两侧有墙时可取二者的较大值;

N_f——框架柱的附加轴压力设计值;

V_f——框架柱的附加剪力设计值;

H_f、l——分别为框架的层高和跨度。

2 嵌砌于框架之间的普通砖墙或小砌块墙及两端框架柱,其抗震受剪承载力应按下式验算:

$$V \leqslant \frac{1}{\gamma_{REc}} \sum (M_{yc}^u + M_{yc}^l)/H_0 + \frac{1}{\gamma_{REw}} \sum f_{vE} A_{w0}$$

(7.2.9-3)

式中:V——嵌砌普通砖墙或小砌块墙及两端框架柱剪力设计值;

A_{w0}——砖墙或小砌块墙水平截面的计算面积,无洞口时取实际截面的 1.25 倍,有洞口时取截面净面积,但不计入宽度小于洞口高度 1/4 的墙肢截面面积;

M_{yc}^u、M_{yc}^l——分别为底层框架柱上下端的正截面受弯承载力设计值,可按现行国家标准《混凝土结构设计规范》GB 50010 非抗震设计的有关公式取等号计算;

H_0——底层框架柱的计算高度,两侧均有砌体墙时取柱净高的 2/3,其余情况取柱净高;

γ_{REc}——底层框架柱承载力抗震调整系数,可采用 0.8;

γ_{REw}——嵌砌普通砖墙或小砌块墙承载力抗震调整系数,可采用 0.9。

7.3 多层砖砌体房屋抗震构造措施

7.3.1 各类多层砖砌体房屋,应按下列要求设置现浇钢筋混凝土构造柱(以下简称构造柱):

1 构造柱设置部位,一般情况下应符合表 7.3.1 的要求。

2 外廊式和单面走廊式的多层房屋,应根据房屋增加一层的层数,按表 7.3.1 的要求设置构造柱,且单面走廊两侧的纵墙均应按外墙处理。

3 横墙较少的房屋,应根据房屋增加一层的层数,按表 7.3.1 的要求设置构造柱。当横墙较少的房屋为外廊式或单面走廊式时,应按本条 2 款要求设置构造柱;但 6 度不超过四层、7 度不超过三层和 8 度不超过二层时，应按增加二层的层数对待。

4 各层横墙很少的房屋，应按增加二层的层数设置构造柱。

5 采用蒸压灰砂砖和蒸压粉煤灰砖的砌体房屋，当砌体的抗剪强度仅达到普通黏土砖砌体的 **70%** 时，应根据增加一层的层数按本条 **1～4** 款要求设置构造柱；但 **6** 度不超过四层、**7** 度不超过三层和 **8** 度不超过二层时，应按增加二层的层数对待。

表 7.3.1　多层砖砌体房屋构造柱设置要求

房屋层数				设置部位	
6度	7度	8度	9度		
四、五	三、四	二、三		楼、电梯间四角，楼梯斜梯段上下端对应的墙体处；外墙四角和对应转角；错层部位横墙与外纵墙交接处；大房间内外墙交接处；较大洞口两侧	隔12m或单元横墙与外纵墙交接处；楼梯间对应的另一侧内横墙与外纵墙交接处
六	五	四	二		隔开间横墙（轴线）与外墙交接处；山墙与内纵墙交接处
七	≥六	≥五	≥三		内墙（轴线）与外墙交接处；内墙的局部较小墙垛处；内纵墙与横墙（轴线）交接处

注：较大洞口，内墙指不小于 **2.1m** 的洞口；外墙在内外墙交接处已设置构造柱时应允许适当放宽，但洞口墙体应加强。

7.3.2 多层砖砌体房屋的构造柱应符合下列构造要求：

1 构造柱最小截面可采用180mm×240mm（墙厚190mm时为 180mm×190mm），纵向钢筋宜采用 4φ12，箍筋间距不宜大于 250mm，且在柱上下端适当加密；6、7 度时超过六层、8 度时超过五层和 9 度时，构造柱纵向钢筋宜采用 4φ14，箍筋间距不应大于 200mm；房屋四角的构造柱应适当加大截面及配筋。

2 构造柱与墙连接处应砌成马牙槎，沿墙高每隔 500mm 设 2φ6 水平钢筋和 φ4 分布短筋平面内点焊组成的拉结网片或 φ4 点焊钢筋网片，每边伸入墙内不宜小于1m。6、7 度时底部 1/3 楼层，8 度时底部 1/2 楼层，9 度时全部楼层，上述拉结钢筋网片应沿墙体水平通长设置。

3 构造柱与圈梁连接处，构造柱的纵筋应在圈梁纵筋内侧穿过，保证构造柱纵筋上下贯通。

4 构造柱可不单独设置基础，但应伸入室外地

面下 500mm，或与埋深小于 500mm 的基础圈梁相连。

5 房屋高度和层数接近本规范表 7.1.2 的限值时，纵、横墙内构造柱间距尚应符合下列要求：

　1）横墙内的构造柱间距不宜大于层高的二倍；下部 1/3 楼层的构造柱间距适当减小；

　2）当外纵墙开间大于 3.9m 时，应另设加强措施。内纵墙的构造柱间距不宜大于 4.2m。

7.3.3 多层砖砌体房屋的现浇钢筋混凝土圈梁设置应符合下列要求：

1 装配式钢筋混凝土楼、屋盖或木屋盖的砖房，应按表 7.3.3 的要求设置圈梁；纵墙承重时，抗震横墙上的圈梁间距应比表内要求适当加密。

2 现浇或装配整体式钢筋混凝土楼、屋盖与墙体有可靠连接的房屋，应允许不另设圈梁，但楼板沿抗震墙体周边均应加强配筋并应与相应的构造柱钢筋可靠连接。

表 7.3.3　多层砖砌体房屋现浇钢筋
混凝土圈梁设置要求

墙类	烈度		
	6、7	8	9
外墙和内纵墙	屋盖处及每层楼盖处	屋盖处及每层楼盖处	屋盖处及每层楼盖处
内横墙	同上；屋盖处间距不应大于4.5m；楼盖处间距不应大于7.2m；构造柱对应部位	同上；各层所有横墙，且间距不应大于4.5m；构造柱对应部位	同上；各层所有横墙

7.3.4 多层砖砌体房屋现浇混凝土圈梁的构造应符合下列要求：

1 圈梁应闭合，遇有洞口圈梁应上下搭接。圈梁宜与预制板设在同一标高处或紧靠板底；

2 圈梁在本规范第 7.3.3 条要求的间距内无横墙时，应利用梁或板缝中配筋替代圈梁；

3 圈梁的截面高度不应小于 120mm，配筋应符合表 7.3.4 的要求；按本规范第 3.3.4 条 3 款要求增设的基础圈梁，截面高度不应小于 180mm，配筋不应少于 4φ12。

表 7.3.4　多层砖砌体房屋圈梁配筋要求

配筋	烈度		
	6、7	8	9
最小纵筋	4φ10	4φ12	4φ14
箍筋最大间距（mm）	250	200	150

7.3.5 多层砖砌体房屋的楼、屋盖应符合下列要求：

1 现浇钢筋混凝土楼板或屋面板伸进纵、横墙内的长度，均不应小于 **120mm**。

2 装配式钢筋混凝土楼板或屋面板，当圈梁未设在板的同一标高时，板端伸进外墙的长度不应小于120mm，伸进内墙的长度不应小于100mm或采用硬架支模连接，在梁上不应小于80mm或采用硬架支模连接。

3 当板的跨度大于4.8m并与外墙平行时，靠外墙的预制板侧边应与墙或圈梁拉结。

4 房屋端部大房间的楼盖，6度时房屋的屋盖和7～9度时房屋的楼、屋盖，当圈梁设在板底时，钢筋混凝土预制板应相互拉结，并与梁、墙或圈梁拉结。

7.3.6 楼、屋盖的钢筋混凝土梁或屋架应与墙、柱（包括构造柱）或圈梁可靠连接；不得采用独立砖柱。跨度不小于6m大梁的支承构件应采用组合砌体等加强措施，并满足承载力要求。

7.3.7 6、7度时长度大于7.2m的大房间，以及8、9度时外墙转角及内外墙交接处，应沿墙高每隔500mm配置2φ6的通长钢筋和φ4分布短筋平面内点焊组成的拉结网片或φ4点焊网片。

7.3.8 楼梯间尚应符合下列要求：

1 顶层楼梯间墙体应沿墙高每隔500mm设2φ6通长钢筋和φ4分布短钢筋平面内点焊组成的拉结网片或φ4点焊网片；7～9度时其他各层楼梯间墙体应在休息平台或楼层半高处设置60mm厚、纵向钢筋不应少于2φ10的钢筋混凝土带或配筋砖带，配筋砖带不少于3皮，每皮的配筋不少于2φ6，砂浆强度等级不应低于M7.5且不低于同层墙体的砂浆强度等级。

2 楼梯间及门厅内墙阳角处的大梁支承长度不应小于500mm，并应与圈梁连接。

3 装配式楼梯段应与平台板的梁可靠连接，8、9度时不应采用装配式楼梯段；不应采用墙中悬挑式踏步或踏步竖肋插入墙体的楼梯，不应采用无筋砖砌栏板。

4 突出屋顶的楼、电梯间，构造柱应伸到顶部，并与顶部圈梁连接，所有墙体应沿墙高每隔500mm设2φ6通长钢筋和φ4分布短筋平面内点焊组成的拉结网片或φ4点焊网片。

7.3.9 坡屋顶房屋的屋架应与顶层圈梁可靠连接，檩条或屋面板应与墙、屋架可靠连接，房屋出入口处的檐口瓦应与屋面构件锚固。采用硬山搁檩时，顶层内纵墙顶宜增砌支承山墙的踏步式墙垛，并设置构造柱。

7.3.10 门窗洞处不应采用砖过梁；过梁支承长度，6～8度时不应小于240mm，9度时不应小于360mm。

7.3.11 预制阳台，6、7度时应与圈梁和楼板的现浇板带可靠连接，8、9度时不应采用预制阳台。

7.3.12 后砌的非承重砌体隔墙、烟道、风道、垃圾道等应符合本规范第13.3节的有关规定。

7.3.13 同一结构单元的基础（或桩承台），宜采用同一类型的基础，底面宜埋置在同一标高上，否则应增设基础圈梁并应按1∶2的台阶逐步放坡。

7.3.14 丙类的多层砖砌体房屋，当横墙较少且总高度和层数接近或达到本规范表7.1.2规定限值时，应采取下列加强措施：

1 房屋的最大开间尺寸不宜大于6.6m。

2 同一结构单元内横墙错位数量不宜超过横墙总数的1/3，且连续错位不宜多于两道；错位的墙体交接处应增设构造柱，且楼、屋面板应采用现浇钢筋混凝土板。

3 横墙和内纵墙上洞口的宽度不宜大于1.5m；外纵墙上洞口的宽度不宜大于2.1m或开间尺寸的一半；且内外墙上洞口位置不应影响内外纵墙与横墙的整体连接。

4 所有纵横墙均应在楼、屋盖标高处设置加强的现浇钢筋混凝土圈梁：圈梁的截面高度不宜小于150mm，上下纵筋各不应少于3φ10，箍筋不小于φ6，间距不大于300mm。

5 所有纵横墙交接处及横墙的中部，均应增设满足下列要求的构造柱：在纵、横墙内的柱距不宜大于3.0m，最小截面尺寸不宜小于240mm×240mm（墙厚190mm时为240mm×190mm），配筋宜符合表7.3.14的要求。

表7.3.14 增设构造柱的纵筋和箍筋设置要求

位置	纵 向 钢 筋			箍 筋		
	最大配筋率（%）	最小配筋率（%）	最小直径（mm）	加密区范围（mm）	加密区间距（mm）	最小直径（mm）
角柱	1.8	0.8	14	全高	100	6
边柱			14	上端700下端500		
中柱	1.4	0.6	12			

6 同一结构单元的楼、屋面板应设置在同一标高处。

7 房屋底层和顶层的窗台标高处，宜设置沿纵横墙通长的水平现浇钢筋混凝土带；其截面高度不小于60mm，宽度不小于墙厚，纵向钢筋不少于2φ10，横向分布筋的直径不小于φ6且其间距不大于200mm。

7.4 多层砌块房屋抗震构造措施

7.4.1 多层小砌块房屋应按表7.4.1的要求设置钢筋混凝土芯柱。对外廊式和单面走廊式的多层房屋、横墙较少的房屋、各层横墙很少的房屋，尚应分别按本规范第7.3.1条第2、3、4款关于增加层数的对应要求，按表7.4.1的要求设置芯柱。

表7.4.1 多层小砌块房屋芯柱设置要求

房屋层数				设置部位	设置数量
6度	7度	8度	9度		
四、五	三、四	二、三		外墙转角，楼、电梯间四角，楼梯斜梯段上下端对应的墙体处；大房间内外墙交接处；错层部位横墙与外纵墙交接处；隔12m或单元横墙与外纵墙交接处	外墙转角，灌实3个孔；内外墙交接处，灌实4个孔；楼梯斜段上下端对应的墙体处，灌实2个孔
六	五	四		同上；隔开间横墙（轴线）与外纵墙交接处	
七	六	五	二	同上；各内墙（轴线）与外纵墙交接处；内纵墙与横墙（轴线）交接处和洞口两侧	外墙转角，灌实5个孔；内外墙交接处，灌实4个孔；内墙交接处，灌实4～5个孔；洞口两侧各灌实1个孔
	七	≥六	≥三	同上；横墙内芯柱间距不大于2m	外墙转角，灌实7个孔；内外墙交接处，灌实5个孔；内墙交接处，灌实4～5个孔；洞口两侧各灌实1个孔

注：外墙转角、内外墙交接处、楼电梯间四角等部位，应允许采用钢筋混凝土构造柱替代部分芯柱。

7.4.2 多层小砌块房屋的芯柱，应符合下列构造要求：

1 小砌块房屋芯柱截面不宜小于120mm×120mm。

2 芯柱混凝土强度等级，不应低于Cb20。

3 芯柱的竖向插筋应贯通墙身且与圈梁连接；插筋不应小于1ϕ12，6、7度时超过五层、8度时超过四层和9度时，插筋不应小于1ϕ14。

4 芯柱应伸入室外地面下500mm或与埋深小于500mm的基础圈梁相连。

5 为提高墙体抗震受剪承载力而设置的芯柱，宜在墙体内均匀布置，最大净距不宜大于2.0m。

6 多层小砌块房屋墙体交接处或芯柱与墙体连接处应设置拉结钢筋网片，网片可采用直径4mm的钢筋点焊而成，沿墙高间距不大于600mm，并应沿墙体水平通长设置。6、7度时底部1/3楼层，8度时底部1/2楼层，9度时全部楼层，上述拉结钢筋网片沿墙高间距不大于400mm。

7.4.3 小砌块房屋中替代芯柱的钢筋混凝土构造柱，

应符合下列构造要求：

1 构造柱截面不宜小于190mm×190mm，纵向钢筋宜采用4ϕ12，箍筋间距不宜大于250mm，且在柱上下端应适当加密；6、7度时超过五层、8度时超过四层和9度时，构造柱纵向钢筋宜采用4ϕ14，箍筋间距不应大于200mm；外墙转角的构造柱可适当加大截面及配筋。

2 构造柱与砌块墙连接处应砌成马牙槎，与构造柱相邻的砌块孔洞，6度时宜填实，7度时应填实，8、9度时应填实并插筋。构造柱与砌块墙之间沿墙高每隔600mm设置ϕ4点焊拉结钢筋网片，并应沿墙体水平通长设置。6、7度时底部1/3楼层，8度时底部1/2楼层，9度全部楼层，上述拉结钢筋网片沿墙高间距不大于400mm。

3 构造柱与圈梁连接处，构造柱的纵筋应在圈梁纵筋内侧穿过，保证构造柱纵筋上下贯通。

4 构造柱可不单独设置基础，但应伸入室外地面下500mm，或与埋深小于500mm的基础圈梁相连。

7.4.4 多层小砌块房屋的现浇钢筋混凝土圈梁的设置位置应按本规范第7.3.3条多层砖砌体房屋圈梁的要求执行，圈梁宽度不应小于190mm，配筋不应少于4ϕ12，箍筋间距不应大于200mm。

7.4.5 多层小砌块房屋的层数，6度时超过五层、7度时超过四层、8度时超过三层和9度时，在底层和顶层的窗台标高处，沿纵横墙应设置通长的水平现浇钢筋混凝土带；其截面高度不小于60mm，纵筋不少于2ϕ10，并应有分布拉结钢筋；其混凝土强度等级不应低于C20。

水平现浇混凝土带亦可采用槽形砌块替代模板，其纵筋和拉结钢筋不变。

7.4.6 丙类的多层小砌块房屋，当横墙较少且总高度和层数接近或达到本规范表7.1.2规定限值时，应符合本规范第7.3.14条的相关要求；其中，墙体中部的构造柱可采用芯柱替代，芯柱的灌孔数量不应少于2孔，每孔插筋的直径不应小于18mm。

7.4.7 小砌块房屋的其他抗震构造措施，尚应符合本规范第7.3.5条至第7.3.13条有关要求。其中，墙体的拉结钢筋网片间距应符合本节的相应规定，分别取600mm和400mm。

7.5 底部框架-抗震墙砌体房屋抗震构造措施

7.5.1 底部框架-抗震墙砌体房屋的上部墙体应设置钢筋混凝土构造柱或芯柱，并应符合下列要求：

1 钢筋混凝土构造柱、芯柱的设置部位，应根据房屋的总层数分别按本规范第7.3.1条、7.4.1条的规定设置。

2 构造柱、芯柱的构造，除应符合下列要求外，尚应符合本规范第7.3.2、7.4.2、7.4.3条的规定：

1） 砖砌体墙中构造柱截面不宜小于240mm×

240mm（墙厚190mm时为240mm×190mm）；

  2）构造柱的纵向钢筋不宜少于4φ14，箍筋间距不宜大于200mm；芯柱每孔插筋不应小于1φ14，芯柱之间沿墙高应每隔400mm设φ4焊接钢筋网片。

  3 构造柱、芯柱应与每层圈梁连接，或与现浇楼板可靠拉接。

7.5.2 过渡层墙体的构造，应符合下列要求：

  1 上部砌体墙的中心线宜与底部的框架梁、抗震墙的中心线相重合；构造柱或芯柱宜与框架柱上下贯通。

  2 过渡层应在底部框架柱、混凝土墙或约束砌体墙的构造柱所对应处设置构造柱或芯柱；墙体内的构造柱间距不宜大于层高；芯柱除按本规范表7.4.1设置外，最大间距不宜大于1m。

  3 过渡层构造柱的纵向钢筋，6、7度时不宜少于4φ16，8度时不宜少于4φ18。过渡层芯柱的纵向钢筋，6、7度时不宜少于每孔1φ16，8度时不宜少于每孔1φ18。一般情况下，纵向钢筋应锚入下部的框架柱或混凝土墙内；当纵向钢筋锚固在托墙梁内时，托墙梁的相应位置应加强。

  4 过渡层的砌体墙在窗台标高处，应设置沿纵横墙通长的水平现浇钢筋混凝土带；其截面高度不小于60mm，宽度不小于墙厚，纵向钢筋不少于2φ10，横向分布筋的直径不小于6mm且其间距不大于200mm。此外，砖砌体墙在相邻构造柱间的墙体，应沿墙高每隔360mm设置2φ6通长水平钢筋和φ4分布短筋平面内点焊组成的拉结网片或φ4点焊钢筋网片，并锚入构造柱内；小砌块砌体墙芯柱之间沿墙高应每隔400mm设置φ4通长水平点焊钢筋网片。

  5 过渡层的砌体墙，凡宽度不小于1.2m的门洞和2.1m的窗洞，洞口两侧宜增设截面不小于120mm×240mm（墙厚190mm时为120mm×190mm）的构造柱或单孔芯柱。

  6 当过渡层的砌体抗震墙与底部框架梁、墙体不对齐时，应在底部框架内设置托墙转换梁，并且过渡层砖墙或砌块墙应采取比本条4款更高的加强措施。

7.5.3 底部框架-抗震墙砌体房屋的底部采用钢筋混凝土墙时，其截面和构造应符合下列要求：

  1 墙体周边应设置梁（或暗梁）和边框柱（或框架柱）组成的边框；边框梁的截面宽度不宜小于墙板厚度的1.5倍，截面高度不宜小于墙板厚度的2.5倍；边框柱的截面高度不宜小于墙板厚度的2倍。

  2 墙板的厚度不宜小于160mm，且不应小于墙板净高的1/20；墙体宜开设洞口形成若干墙段，各墙段的高宽比不宜小于2。

  3 墙体的竖向和横向分布钢筋配筋率均不应小于0.30%，并应采用双排布置；双排分布钢筋间拉筋的间距不应大于600mm，直径不应小于6mm。

  4 墙体的边缘构件可按本规范第6.4节关于一般部位的规定设置。

7.5.4 当6度设防的底层框架-抗震墙砖房的底层采用约束砖砌体墙时，其构造应符合下列要求：

  1 砖墙厚不应小于240mm，砌筑砂浆强度等级不应低于M10，应先砌墙后浇框架。

  2 沿框架柱每隔300mm配置2φ8水平钢筋和φ4分布短筋平面内点焊组成的拉结网片，并沿砖墙水平通长设置；在墙体半高处尚应设置与框架柱相连的钢筋混凝土水平系梁。

  3 墙长大于4m时和洞口两侧，应在墙内增设钢筋混凝土构造柱。

7.5.5 当6度设防的底层框架-抗震墙砌块房屋的底层采用约束小砌块砌体墙时，其构造应符合下列要求：

  1 墙厚不应小于190mm，砌筑砂浆强度等级不应低于Mb10，应先砌墙后浇框架。

  2 沿框架柱每隔400mm配置2φ8水平钢筋和φ4分布短筋平面内点焊组成的拉结网片，并沿砌块墙水平通长设置；在墙体半高处尚应设置与框架柱相连的钢筋混凝土水平系梁，系梁截面不应小于190mm×190mm，纵筋不应小于4φ12，箍筋直径不应小于φ6，间距不应大于200mm。

  3 墙体在门、窗洞口两侧应设置芯柱，墙长大于4m时，应在墙内增设芯柱，芯柱应符合本规范第7.4.2条的有关规定；其余位置，宜采用钢筋混凝土构造柱替代芯柱，钢筋混凝土构造柱应符合本规范第7.4.3条的有关规定。

7.5.6 底部框架-抗震墙砌体房屋的框架柱应符合下列要求：

  1 柱的截面不应小于400mm×400mm，圆柱直径不应小于450mm。

  2 柱的轴压比，6度时不宜大于0.85，7度时不宜大于0.75，8度时不宜大于0.65。

  3 柱的纵向钢筋最小总配筋率，当钢筋的强度标准值低于400MPa时，中柱在6、7度时不应小于0.9%，8度时不应小于1.1%；边柱、角柱和混凝土抗震墙端柱在6、7度时不应小于1.0%，8度时不应小于1.2%。

  4 柱的箍筋直径，6、7度时不应小于8mm，8度时不应小于10mm，并应全高加密箍筋，间距不大于100mm。

  5 柱的最上端和最下端组合的弯矩设计值应乘以增大系数，一、二、三级的增大系数应分别按1.5、1.25和1.15采用。

7.5.7 底部框架-抗震墙砌体房屋的楼盖应符合下列要求：

  1 过渡层的底板应采用现浇钢筋混凝土板，板厚不应小于120mm；并应少开洞、开小洞，当洞口尺寸大于800mm时，洞口周边应设置边梁。

  2 其他楼层，采用装配式钢筋混凝土楼板时均应设现浇圈梁；采用现浇钢筋混凝土楼板时应允许不另设圈梁，但楼板沿抗震墙体周边均应加强配筋并应与相应的构造柱可靠连接。

7.5.8 底部框架-抗震墙砌体房屋的钢筋混凝土托墙梁，其截面和构造应符合下列要求：

1 梁的截面宽度不应小于 300mm，梁的截面高度不应小于跨度的 1/10。

2 箍筋的直径不应小于 8mm，间距不大于 200mm；梁端在 1.5 倍梁高且不小于 1/5 梁净跨范围内，以及上部墙体的洞口处和洞口两侧各 500mm 且不小于梁高的范围内，箍筋间距不应大于 100mm。

3 沿梁高应设腰筋，数量不应少于 $2\phi14$，间距不应大于 200mm。

4 梁的纵向受力钢筋和腰筋应按受拉钢筋的要求锚固在柱内，且支座上部的纵向钢筋在柱内的锚固长度应符合钢筋混凝土框支梁的有关要求。

7.5.9 底部框架-抗震墙砌体房屋的材料强度等级，应符合下列要求：

1 框架柱、混凝土墙和托墙梁的混凝土强度等级，不应低于 C30。

2 过渡层砌体块材的强度等级不应低于 MU10，砖砌体砌筑砂浆强度的等级不应低于 M10，砌块砌体砌筑砂浆强度的等级不应低于 Mb10。

7.5.10 底部框架-抗震墙砌体房屋的其他抗震构造措施，应符合本规范第 7.3 节、第 7.4 节和第 6 章的有关要求。

8 多层和高层钢结构房屋

8.1 一般规定

8.1.1 本章适用的钢结构民用房屋的结构类型和最大高度应符合表 8.1.1 的规定。平面和竖向均不规则的钢结构，适用的最大高度宜适当降低。

注：1 钢支撑-混凝土框架和钢框架-混凝土筒体结构的抗震设计，应符合本规范附录 G 的规定；

2 多层钢结构厂房的抗震设计，应符合本规范附录 H 第 H.2 节的规定。

表 8.1.1 钢结构房屋适用的最大高度（m）

结构类型	6、7度 (0.10g)	7度 (0.15g)	8度 (0.20g)	8度 (0.30g)	9度 (0.40g)
框架	110	90	90	70	50
框架-中心支撑	220	200	180	150	120
框架-偏心支撑（延性墙板）	240	220	200	180	160
筒体（框筒、筒中筒、桁架筒、束筒）和巨型框架	300	280	260	240	180

注：1 房屋高度指室外地面到主要屋面板板顶的高度（不包括局部突出屋顶部分）；

2 超过表内高度的房屋，应进行专门研究和论证，采取有效的加强措施；

3 表内的筒体不包括混凝土筒。

8.1.2 本章适用的钢结构民用房屋的最大高宽比不宜超过表 8.1.2 的规定。

表 8.1.2 钢结构民用房屋适用的最大高宽比

烈度	6、7	8	9
最大高宽比	6.5	6.0	5.5

注：塔形建筑的底部有大底盘时，高宽比可按大底盘以上计算。

8.1.3 钢结构房屋应根据设防分类、烈度和房屋高度采用不同的抗震等级，并应符合相应的计算和构造措施要求。丙类建筑的抗震等级应按表 8.1.3 确定。

表 8.1.3 钢结构房屋的抗震等级

房屋高度	烈度			
	6	7	8	9
≤50m		四	三	二
>50m	四	三	二	一

注：1 高度接近或等于高度分界时，应允许结合房屋不规则程度和场地、地基条件确定抗震等级；

2 一般情况，构件的抗震等级应与结构相同；当某个部位各构件的承载力均满足 2 倍地震作用组合下的内力要求时，7～9 度的构件抗震等级应允许按降低一度确定。

8.1.4 钢结构房屋需要设置防震缝时，缝宽应不小于相应钢筋混凝土结构房屋的 1.5 倍。

8.1.5 一、二级的钢结构房屋，宜设置偏心支撑、带竖缝钢筋混凝土抗震墙板、内藏钢支撑钢筋混凝土墙板、屈曲约束支撑等消能支撑或筒体。

采用框架结构时，甲、乙类建筑和高层的丙类建筑不应采用单跨框架，多层的丙类建筑不宜采用单跨框架。

注：本章"一、二、三、四级"即"抗震等级为一、二、三、四级"的简称。

8.1.6 采用框架-支撑结构的钢结构房屋应符合下列规定：

1 支撑框架在两个方向的布置均宜基本对称，支撑框架之间楼盖的长宽比不宜大于 3。

2 三、四级且高度不大于 50m 的钢结构宜采用中心支撑，也可采用偏心支撑、屈曲约束支撑等消能支撑。

3 中心支撑框架宜采用交叉支撑，也可采用人字支撑或单斜杆支撑，不宜采用 K 形支撑；支撑的轴线宜交汇于梁柱构件轴线的交点，偏离交点时的偏心距不应超过支撑杆件宽度，并应计入由此产生的附加弯矩。当中心支撑采用只能受拉的单斜杆体系时，应同时设置不同倾斜方向的两组斜杆，且每组中不同方向单斜杆的截面面积在水平方向的投影面积之差不应大于 10%。

4 偏心支撑框架的每根支撑应至少有一端与框

架梁连接，并在支撑与梁交点和柱之间或同一跨内另一支撑与梁交点之间形成消能梁段。

5 采用屈曲约束支撑时，宜采用人字支撑、成对布置的单斜杆支撑等形式，不应采用 K 形或 X 形，支撑与柱的夹角宜在 35°～55° 之间。屈曲约束支撑受压时，其设计参数、性能检验和作为一种消能部件的计算方法可按相关要求设计。

8.1.7 钢框架-筒体结构，必要时可设置由筒体外伸臂或外伸臂和周边桁架组成的加强层。

8.1.8 钢结构房屋的楼盖应符合下列要求：

1 宜采用压型钢板现浇钢筋混凝土组合楼板或钢筋混凝土楼板，并应与钢梁有可靠连接。

2 对 6、7 度时不超过 50m 的钢结构，尚可采用装配整体式钢筋混凝土楼板，也可采用装配式楼板或其他轻型楼盖；但应将楼板预埋件与钢梁焊接，或采取其他保证楼盖整体性的措施。

3 对转换层楼盖或楼板有大洞口等情况，必要时可设置水平支撑。

8.1.9 钢结构房屋的地下室设置，应符合下列要求：

1 设置地下室时，框架-支撑（抗震墙板）结构中竖向连续布置的支撑（抗震墙板）应延伸至基础；钢框架柱应至少延伸至地下一层，其竖向荷载应直接传至基础。

2 超过 50m 的钢结构房屋应设置地下室。其基础埋置深度，当采用天然地基时不宜小于房屋总高度的 1/15；当采用桩基时，桩承台埋深不宜小于房屋总高度的 1/20。

8.2 计算要点

8.2.1 钢结构应按本节规定调整地震作用效应，其层间变形应符合本规范第 5.5 节的有关规定。构件截面和连接抗震验算时，非抗震的承载力设计值应除以本规范规定的承载力抗震调整系数；凡本章未作规定者，应符合现行有关设计规范、规程的要求。

8.2.2 钢结构抗震计算的阻尼比宜符合下列规定：

1 多遇地震下的计算，高度不大于 50m 时可取 0.04；高度大于 50m 且小于 200m 时，可取 0.03；高度不小于 200m 时，宜取 0.02。

2 当偏心支撑框架部分承担的地震倾覆力矩大于结构总地震倾覆力矩的 50% 时，其阻尼比可比本条 1 款相应增加 0.005。

3 在罕遇地震下的弹塑性分析，阻尼比可取 0.05。

8.2.3 钢结构在地震作用下的内力和变形分析，应符合下列规定：

1 钢结构应按本规范第 3.6.3 条规定计入重力二阶效应。进行二阶效应的弹性分析时，应按现行国家标准《钢结构设计规范》GB 50017 的有关规定，在每层柱顶附加假想水平力。

2 框架梁可按梁端截面的内力设计。对工字形截面柱，宜计入梁柱节点域剪切变形对结构侧移的影响；对箱形柱框架、中心支撑框架和不超过 50m 的钢结构，其层间位移计算可不计入梁柱节点域剪切变形的影响，近似按框架轴线进行分析。

3 钢框架-支撑结构的斜杆可按端部铰接杆计算；其框架部分按刚度分配计算得到的地震层剪力应乘以调整系数，达到不小于结构底部总地震剪力的 25% 和框架部分计算最大层剪力 1.8 倍二者的较小值。

4 中心支撑框架的斜杆轴线偏离梁柱轴线交点不超过支撑杆件的宽度时，仍可按中心支撑框架分析，但应计及由此产生的附加弯矩。

5 偏心支撑框架中，与消能梁段相连构件的内力设计值，应按下列要求调整：

1） 支撑斜杆的轴力设计值，应取与支撑斜杆相连接的消能梁段达到受剪承载力时支撑斜杆轴力与增大系数的乘积；其增大系数，一级不应小于 1.4，二级不应小于 1.3，三级不应小于 1.2；

2） 位于消能梁段同一跨的框架梁内力设计值，应取消能梁段达到受剪承载力时框架梁内力与增大系数的乘积；其增大系数，一级不应小于 1.3，二级不应小于 1.2，三级不应小于 1.1；

3） 框架柱的内力设计值，应取消能梁段达到受剪承载力时柱内力与增大系数的乘积；其增大系数，一级不应小于 1.3，二级不应小于 1.2，三级不应小于 1.1。

6 内藏钢支撑钢筋混凝土墙板和带竖缝钢筋混凝土墙板应按有关规定计算，带竖缝钢筋混凝土墙板可仅承受水平荷载产生的剪力，不承受竖向荷载产生的压力。

7 钢结构转换构件下的钢框架柱，地震内力应乘以增大系数，其值可采用 1.5。

8.2.4 钢框架梁的上翼缘采用抗剪连接件与组合楼板连接时，可不验算地震作用下的整体稳定。

8.2.5 钢框架节点处的抗震承载力验算，应符合下列规定：

1 节点左右梁端和上下柱端的全塑性承载力，除下列情况之一外，应符合下式要求：

1） 柱所在楼层的受剪承载力比相邻上一层的受剪承载力高出 25%；

2） 柱轴压比不超过 0.4，或 $N_2 \leqslant \varphi A_c f$（$N_2$ 为 2 倍地震作用下的组合轴力设计值）；

3） 与支撑斜杆相连的节点。

等截面梁

$$\sum W_{pc}(f_{yc} - N/A_c) \geqslant \eta \sum W_{pb} f_{yb}$$

(8.2.5-1)

端部翼缘变截面的梁

$$\sum W_{pc}(f_{yc} - N/A_c) \geqslant \sum(\eta W_{pb1}f_{yb} + V_{pb}s)$$
$$(8.2.5\text{-}2)$$

式中：W_{pc}、W_{pb}——分别为交汇于节点的柱和梁的塑性截面模量；

$\quad\quad\quad W_{pb1}$——梁塑性铰所在截面的梁塑性截面模量；

$\quad\quad\quad f_{yc}$、f_{yb}——分别为柱和梁的钢材屈服强度；

$\quad\quad\quad N$——地震组合的柱轴力；

$\quad\quad\quad A_c$——框架柱的截面面积；

$\quad\quad\quad \eta$——强柱系数，一级取 1.15，二级取 1.10，三级取 1.05；

$\quad\quad\quad V_{pb}$——梁塑性铰剪力；

$\quad\quad\quad s$——塑性铰至柱面的距离，塑性铰可取梁端部变截面翼缘的最小处。

2 节点域的屈服承载力应符合下列要求：

$$\psi(M_{pb1} + M_{pb2})/V_p \leqslant (4/3)f_{yv} \quad (8.2.5\text{-}3)$$

工字形截面柱

$$V_p = h_{b1}h_{c1}t_w \quad (8.2.5\text{-}4)$$

箱形截面柱

$$V_p = 1.8h_{b1}h_{c1}t_w \quad (8.2.5\text{-}5)$$

圆管截面柱

$$V_p = (\pi/2)h_{b1}h_{c1}t_w \quad (8.2.5\text{-}6)$$

3 工字形截面柱和箱形截面柱的节点域应按下列公式验算：

$$t_w \geqslant (h_{b1} + h_{c1})/90 \quad (8.2.5\text{-}7)$$

$$(M_{b1} + M_{b2})/V_p \leqslant (4/3)f_v/\gamma_{RE} \quad (8.2.5\text{-}8)$$

式中：M_{pb1}、M_{pb2}——分别为节点域两侧梁的全塑性受弯承载力；

$\quad\quad\quad V_p$——节点域的体积；

$\quad\quad\quad f_v$——钢材的抗剪强度设计值；

$\quad\quad\quad f_{yv}$——钢材的屈服抗剪强度，取钢材屈服强度的 0.58 倍；

$\quad\quad\quad \psi$——折减系数；三、四级取 0.6，一、二级取 0.7；

$\quad\quad\quad h_{b1}$、h_{c1}——分别为梁翼缘厚度中点间的距离和柱翼缘（或钢管直径线上管壁）厚度中点间的距离；

$\quad\quad\quad t_w$——柱在节点域的腹板厚度；

$\quad\quad\quad M_{b1}$、M_{b2}——分别为节点域两侧梁的弯矩设计值；

$\quad\quad\quad \gamma_{RE}$——节点域承载力抗震调整系数，取 0.75。

8.2.6 中心支撑框架构件的抗震承载力验算，应符合下列规定：

1 支撑斜杆的受压承载力应按下式验算：

$$N/(\varphi A_{br}) \leqslant \psi f/\gamma_{RE} \quad (8.2.6\text{-}1)$$

$$\psi = 1/(1 + 0.35\lambda_n) \quad (8.2.6\text{-}2)$$

$$\lambda_n = (\lambda/\pi)\sqrt{f_{ay}/E} \quad (8.2.6\text{-}3)$$

式中：N——支撑斜杆的轴向力设计值；

$\quad\quad\quad A_{br}$——支撑斜杆的截面面积；

$\quad\quad\quad \varphi$——轴心受压构件的稳定系数；

$\quad\quad\quad \psi$——受循环荷载时的强度降低系数；

$\quad\quad\quad \lambda$、λ_n——支撑斜杆的长细比和正则化长细比；

$\quad\quad\quad E$——支撑斜杆钢材的弹性模量；

$\quad\quad\quad f$、f_{ay}——分别为钢材强度设计值和屈服强度；

$\quad\quad\quad \gamma_{RE}$——支撑稳定破坏承载力抗震调整系数。

2 人字支撑和 V 形支撑的框架梁在支撑连接处应保持连续，并按不计入支撑支点作用的梁验算重力荷载和支撑屈曲时不平衡力作用下的承载力；不平衡力应按受拉支撑的最小屈服承载力和受压支撑最大屈曲承载力的 0.3 倍计算。必要时，人字支撑和 V 形支撑可沿竖向交替设置或采用拉链柱。

注：顶层和出屋面房间的梁可不执行本款。

8.2.7 偏心支撑框架构件的抗震承载力验算，应符合下列规定：

1 消能梁段的受剪承载力应符合下列要求：

当 $N \leqslant 0.15Af$ 时

$$V \leqslant \phi V_l/\gamma_{RE} \quad (8.2.7\text{-}1)$$

$V_l = 0.58A_wf_{ay}$ 或 $V_l = 2M_{lp}/a$，取较小值

$$A_w = (h - 2t_f)t_w$$

$$M_{lp} = fW_p$$

当 $N > 0.15Af$ 时

$$V \leqslant \phi V_{lc}/\gamma_{RE} \quad (8.2.7\text{-}2)$$

$$V_{lc} = 0.58A_wf_{ay}\sqrt{1 - [N/(Af)]^2}$$

或 $\quad V_{lc} = 2.4M_{lp}[1 - N/(Af)]/a$，取较小值

式中：N、V——分别为消能梁段的轴力设计值和剪力设计值；

$\quad\quad\quad V_l$、V_{lc}——分别为消能梁段的受剪承载力和计入轴力影响的受剪承载力；

$\quad\quad\quad M_{lp}$——消能梁段的全塑性受弯承载力；

$\quad\quad\quad A$、A_w——分别为消能梁段的截面面积和腹板截面面积；

$\quad\quad\quad W_p$——消能梁段的塑性截面模量；

$\quad\quad\quad a$、h——分别为消能梁段的净长和截面高度；

$\quad\quad\quad t_w$、t_f——分别为消能梁段的腹板厚度和翼缘厚度；

$\quad\quad\quad f$、f_{ay}——消能梁段钢材的抗压强度设计值和屈服强度；

$\quad\quad\quad \phi$——系数，可取 0.9；

$\quad\quad\quad \gamma_{RE}$——消能梁段承载力抗震调整系数，取 0.75。

2 支撑斜杆与消能梁段连接的承载力不得小于支撑的承载力。若支撑需抵抗弯矩，支撑与梁的连接应按抗压弯连接设计。

8.2.8 钢结构抗侧力构件的连接计算，应符合下列要求：

1 钢结构抗侧力构件连接的承载力设计值，不应小于相连构件的承载力设计值；高强度螺栓连接不得滑移。

2 钢结构抗侧力构件连接的极限承载力应大于相连构件的屈服承载力。

3 梁与柱刚性连接的极限承载力，应按下列公式验算：

$$M_u^j \geqslant \eta_j M_p \quad (8.2.8\text{-}1)$$

$$V_u^j \geqslant 1.2(\sum M_p/l_n) + V_{Gb} \quad (8.2.8\text{-}2)$$

4 支撑与框架连接和梁、柱、支撑的拼接极限承载力，应按下列公式验算：

支撑连接和拼接 $N_{ubr}^j \geqslant \eta_j A_{br} f_y \quad (8.2.8\text{-}3)$

梁的拼接 $M_{ub,sp}^j \geqslant \eta_j M_p \quad (8.2.8\text{-}4)$

柱的拼接 $M_{uc,sp}^j \geqslant \eta_j M_{pc} \quad (8.2.8\text{-}5)$

5 柱脚与基础的连接极限承载力，应按下列公式验算：

$$M_{u,base}^j \geqslant \eta_j M_{pc} \quad (8.2.8\text{-}6)$$

式中： M_p、M_{pc}——分别为梁的塑性受弯承载力和考虑轴力影响时柱的塑性受弯承载力；

V_{Gb}——梁在重力荷载代表值（9度时高层建筑尚应包括竖向地震作用标准值）作用下，按简支梁分析的梁端截面剪力设计值；

l_n——梁的净跨；

A_{br}——支撑杆件的截面面积；

M_u、V_u——分别为连接的极限受弯、受剪承载力；

N_{ubr}^j、$M_{ub,sp}^j$、$M_{uc,sp}^j$——分别为支撑连接和拼接、梁、柱拼接的极限受压（拉）、受弯承载力；

$M_{u,base}^j$——柱脚的极限受弯承载力；

η_j——连接系数，可按表8.2.8采用。

表 8.2.8 钢结构抗震设计的连接系数

母材牌号	梁柱连接		支撑连接，构件拼接		柱脚	
	焊接	螺栓连接	焊接	螺栓连接		
Q235	1.40	1.45	1.25	1.30	埋入式	1.2
Q345	1.30	1.35	1.20	1.25	外包式	1.2
Q345GJ	1.25	1.30	1.15	1.20	外露式	1.1

注：1 屈服强度高于Q345的钢材，按Q345的规定采用；
　　2 屈服强度高于Q345GJ的GJ钢材，按Q345GJ的规定采用；
　　3 翼缘焊接腹板栓接时，连接系数分别按表中连接形式取用。

8.3 钢框架结构的抗震构造措施

8.3.1 框架柱的长细比，一级不应大于 $60\sqrt{235/f_{ay}}$，二级不应大于 $80\sqrt{235/f_{ay}}$，三级不应大于 $100\sqrt{235/f_{ay}}$，四级时不应大于 $120\sqrt{235/f_{ay}}$。

8.3.2 框架梁、柱板件宽厚比，应符合表8.3.2的规定：

表 8.3.2 框架梁、柱板件宽厚比限值

板件名称		一级	二级	三级	四级
柱	工字形截面翼缘外伸部分	10	11	12	13
	工字形截面腹板	43	45	48	52
	箱形截面壁板	33	36	38	40
梁	工字形截面和箱形截面翼缘外伸部分	9	9	10	11
	箱形截面翼缘在两腹板之间部分	30	30	32	36
	工字形截面和箱形截面腹板	$72-120N_b/(Af)$ $\leqslant 60$	$72-100N_b/(Af)$ $\leqslant 65$	$80-110N_b/(Af)$ $\leqslant 70$	$85-120N_b/(Af)$ $\leqslant 75$

注：1 表列数值适用于Q235钢，采用其他牌号钢材时，应乘以 $\sqrt{235/f_{ay}}$。
　　2 $N_b/(Af)$为梁轴压比。

8.3.3 梁柱构件的侧向支承应符合下列要求：

1 梁柱构件受压翼缘应根据需要设置侧向支承。

2 梁柱构件在出现塑性铰的截面，上下翼缘均应设置侧向支承。

3 相邻两侧向支承点间的构件长细比，应符合现行国家标准《钢结构设计规范》GB 50017的有关规定。

8.3.4 梁与柱的连接构造应符合下列要求：

1 梁与柱的连接宜采用柱贯通型。

2 柱在两个互相垂直的方向都与梁刚接时宜采用箱形截面，并在梁翼缘连接处设置隔板；隔板采用电渣焊时，柱壁板厚度不宜小于16mm，小于16mm时可改用工字形截面或采用贯通式隔板。当柱仅在一个方向与梁刚接时，宜采用工字形截面，并将柱腹板置于刚接框架平面内。

3 工字形柱（绕强轴）和箱形柱与梁刚接时（图8.3.4-1），应符合下列要求：

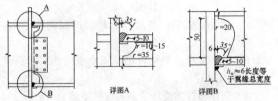

图 8.3.4-1 框架梁与柱的现场连接

1）梁翼缘与柱翼缘间应采用全熔透坡口焊缝；一、二级时，应检验焊缝的 V 形切口冲击韧性，其夏比冲击韧性在 −20℃时不低于 27J；

2）柱在梁翼缘对应位置应设置横向加劲肋（隔板），加劲肋（隔板）厚度不应小于梁翼缘厚度，强度与梁翼缘相同；

3）梁腹板宜采用摩擦型高强度螺栓与柱连接板连接（经工艺试验合格能确保现场焊接质量时，可用气体保护焊进行焊接）；腹板角部应设置焊接孔，孔形应使其端部与梁翼缘和柱翼缘间的全熔透坡口焊缝完全隔开；

4）腹板连接板与柱的焊接，当板厚不大于 16mm 时应采用双面角焊缝，焊缝有效厚度应满足等强度要求，且不小于 5mm；板厚大于 16mm 时采用 K 形坡口对接焊缝。该焊缝宜采用气体保护焊，且板端应绕焊；

5）一级和二级时，宜采用能将塑性铰自梁端外移的端部扩大形连接、梁端加盖板或骨形连接。

4 框架梁采用悬臂梁段与柱刚性连接时（图 8.3.4-2），悬臂梁段与柱应采用全焊接连接，此时上下翼缘焊接孔的形式宜相同；梁的现场拼接可采用翼缘焊接腹板螺栓连接或全部螺栓连接。

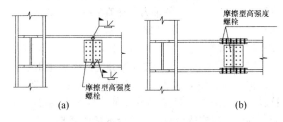

(a)   (b)

图 8.3.4-2 框架柱与梁悬臂段的连接

5 箱形柱在与梁翼缘对应位置设置的隔板，应采用全熔透对接焊缝与壁板相连。工字形柱的横向加劲肋与柱翼缘，应采用全熔透对接焊缝连接，与腹板可采用角焊缝连接。

8.3.5 当节点域的腹板厚度不满足本规范第 8.2.5 条第 2、3 款的规定时，应采取加厚柱腹板或采取贴焊补强板的措施。补强板的厚度及其焊缝应按传递补强板所分担剪力的要求设计。

8.3.6 梁与柱刚性连接时，柱在梁翼缘上下各 500mm 的范围内，柱翼缘与柱腹板间或箱形柱壁板间的连接焊缝应采用全熔透坡口焊缝。

8.3.7 框架柱的接头距框架梁上方的距离，可取 1.3m 和柱净高一半二者的较小值。

上下柱的对接接头应采用全熔透焊缝，柱拼接接头上下各 100mm 范围内，工字形柱翼缘与腹板间及

箱形柱角部壁板间的焊缝，应采用全熔透焊缝。

8.3.8 钢结构的刚接柱脚宜采用埋入式，也可采用外包式；6、7 度且高度不超过 50m 时也可采用外露式。

8.4 钢框架-中心支撑结构的抗震构造措施

8.4.1 中心支撑的杆件长细比和板件宽厚比限值应符合下列规定：

1 支撑杆件的长细比，按压杆设计时，不应大于 $120 \sqrt{235/f_{ay}}$；一、二、三级中心支撑不得采用拉杆设计，四级采用拉杆设计时，其长细比不应大于 180。

2 支撑杆件的板件宽厚比，不应大于表 8.4.1 规定的限值。采用节点板连接时，应注意节点板的强度和稳定。

表 8.4.1 钢结构中心支撑板件宽厚比限值

板件名称	一级	二级	三级	四级
翼缘外伸部分	8	9	10	13
工字形截面腹板	25	26	27	33
箱形截面壁板	18	20	25	30
圆管外径与壁厚比	38	40	40	42

注：表列数值适用于 Q235 钢，采用其他牌号钢材应乘以 $\sqrt{235/f_{ay}}$，圆管应乘以 $235/f_{ay}$。

8.4.2 中心支撑节点的构造应符合下列要求：

1 一、二、三级，支撑宜采用 H 形钢制作，两端与框架可采用刚接构造，梁柱与支撑连接处应设置加劲肋；一级和二级采用焊接工字形截面的支撑时，其翼缘与腹板的连接宜采用全熔透连续焊缝。

2 支撑与框架连接处，支撑杆端宜做成圆弧。

3 梁在其与 V 形支撑或人字支撑相交处，应设置侧向支承；该支承点与梁端支承点间的侧向长细比（λ_y）以及支承力，应符合现行国家标准《钢结构设计规范》GB 50017 关于塑性设计的规定。

4 若支撑和框架采用节点板连接，应符合现行国家标准《钢结构设计规范》GB 50017 关于节点板在连接杆件每侧有不小于 30°夹角的规定；一、二级时，支撑端部至节点板最近嵌固点（节点板与框架构件连接焊缝的端部）在沿支撑杆件轴线方向的距离，不应小于节点板厚度的 2 倍。

8.4.3 框架-中心支撑结构的框架部分，当房屋高度不高于 100m 且框架部分按计算分配的地震剪力不大于结构底部总地震剪力的 25％时，一、二、三级的抗震构造措施可按框架结构降低一级的相应要求采用。其他抗震构造措施，应符合本规范第 8.3 节对框

架结构抗震构造措施的规定。

8.5 钢框架-偏心支撑结构的抗震构造措施

8.5.1 偏心支撑框架消能梁段的钢材屈服强度不应大于345MPa。消能梁段及与消能梁段同一跨内的非消能梁段，其板件的宽厚比不应大于表8.5.1规定的限值。

表8.5.1 偏心支撑框架梁的板件宽厚比限值

板件名称		宽厚比限值
翼缘外伸部分		8
腹板	当 $N/(Af) \leqslant 0.14$ 时	$90[1-1.65N/(Af)]$
	当 $N/(Af) > 0.14$ 时	$33[2.3-N/(Af)]$

注：表列数值适用于 Q235 钢，当材料为其他钢号时应乘以 $\sqrt{235/f_{ay}}$，$N/(Af)$ 为梁轴压比。

8.5.2 偏心支撑框架的支撑杆件长细比不应大于 $120\sqrt{235/f_{ay}}$，支撑杆件的板件宽厚比不应超过现行国家标准《钢结构设计规范》GB 50017 规定的轴心受压构件在弹性设计时的宽度比限值。

8.5.3 消能梁段的构造应符合下列要求：

1 当 $N > 0.16Af$ 时，消能梁段的长度应符合下列规定：

当 $\rho(A_w/A) < 0.3$ 时

$$a < 1.6M_{lp}/V_l \qquad (8.5.3-1)$$

当 $\rho(A_w/A) \geqslant 0.3$ 时

$$a \leqslant [1.15-0.5\rho(A_w/A)]1.6M_{lp}/V_l \qquad (8.5.3-2)$$

$$\rho = N/V \qquad (8.5.3-3)$$

式中：a——消能梁段的长度；

ρ——消能梁段轴向力设计值与剪力设计值之比。

2 消能梁段的腹板不得贴焊补强板，也不得开洞。

3 消能梁段与支撑连接处，应在其腹板两侧配置加劲肋，加劲肋的高度应为梁腹板高度，一侧的加劲肋宽度不应小于 $(b_f/2 - t_w)$，厚度不应小于 $0.75t_w$ 和 10mm 的较大值。

4 消能梁段应按下列要求在其腹板上设置中间加劲肋：

1）当 $a \leqslant 1.6M_{lp}/V_l$ 时，加劲肋间距不大于 $(30t_w - h/5)$；

2）当 $2.6M_{lp}/V_l < a \leqslant 5M_{lp}/V_l$ 时，应在距消能梁段端部 $1.5b_f$ 处配置中间加劲肋，且中间加劲肋间距不应大于 $(52t_w - h/5)$；

3）当 $1.6M_{lp}/V_l < a \leqslant 2.6M_{lp}/V_l$ 时，中间加

劲肋的间距宜在上述二者间线性插入；

4）当 $a > 5M_{lp}/V_l$ 时，可不配置中间加劲肋；

5）中间加劲肋应与消能梁段的腹板等高，当消能梁段截面高度不大于 640mm 时，可配置单侧加劲肋，消能梁段截面高度大于 640mm 时，应在两侧配置加劲肋，一侧加劲肋的宽度不应小于 $(b_f/2 - t_w)$，厚度不应小于 t_w 和 10mm。

8.5.4 消能梁段与柱的连接应符合下列要求：

1 消能梁段与柱连接时，其长度不得大于 $1.6M_{lp}/V_l$，且应满足相关标准的规定。

2 消能梁段翼缘与柱翼缘之间应采用坡口全熔透对接焊缝连接，消能梁段腹板与柱之间应采用角焊缝（气体保护焊）连接；角焊缝的承载力不得小于消能梁段腹板的轴力、剪力和弯矩同时作用时的承载力。

3 消能梁段与柱腹板连接时，消能梁段翼缘与横向加劲肋间应采用坡口全熔透焊缝，其腹板与柱连接板间应采用角焊缝（气体保护焊）连接；角焊缝的承载力不得小于消能梁段腹板的轴力、剪力和弯矩同时作用时的承载力。

8.5.5 消能梁段两端上下翼缘应设置侧向支撑，支撑的轴力设计值不得小于消能梁段翼缘轴向承载力设计值的 6%，即 $0.06b_f t_f f$。

8.5.6 偏心支撑框架梁的非消能梁段上下翼缘，应设置侧向支撑，支撑的轴力设计值不得小于梁翼缘轴向承载力设计值的 2%，即 $0.02b_f t_f f$。

8.5.7 框架-偏心支撑结构的框架部分，当房屋高度不高于 100m 且框架部分按计算分配的地震作用不大于结构底部总地震剪力的 25% 时，一、二、三级的抗震构造措施可按框架结构降低一级的相应要求采用。其他抗震构造措施，应符合本规范第 8.3 节对框架结构抗震构造措施的规定。

9 单层工业厂房

9.1 单层钢筋混凝土柱厂房

（Ⅰ）一般规定

9.1.1 本节主要适用于装配式单层钢筋混凝土柱厂房，其结构布置应符合下列要求：

1 多跨厂房宜等高和等长，高低跨厂房不宜采用一端开口的结构布置。

2 厂房的贴建房屋和构筑物，不宜布置在厂房角部和紧邻防震缝处。

3 厂房体型复杂或有贴建的房屋和构筑物时，宜设防震缝；在厂房纵横跨交接处、大柱网厂房或不设柱间支撑的厂房，防震缝宽度可采用 100mm～

150mm，其他情况可采用 50mm～90mm。

4 两个主厂房之间的过渡跨至少应有一侧采用防震缝与主厂房脱开。

5 厂房内上起重机的铁梯不应靠近防震缝设置；多跨厂房各跨上起重机的铁梯不宜设置在同一横向轴线附近。

6 厂房内的工作平台、刚性工作间宜与厂房主体结构脱开。

7 厂房的同一结构单元内，不应采用不同的结构形式；厂房端部应设屋架，不应采用山墙承重；厂房单元内不应采用横墙和排架混合承重。

8 厂房柱距宜相等，各柱列的侧移刚度宜均匀，当有抽柱时，应采取抗震加强措施。

注：钢筋混凝土框排架厂房的抗震设计，应符合本规范附录 H 第 H.1 节的规定。

9.1.2 厂房天窗架的设置，应符合下列要求：

1 天窗宜采用突出屋面较小的避风型天窗，有条件或 9 度时宜采用下沉式天窗。

2 突出屋面的天窗宜采用钢天窗架；6～8 度时，可采用矩形截面杆件的钢筋混凝土天窗架。

3 天窗架不宜从厂房结构单元第一开间开始设置；8 度和 9 度时，天窗架宜从厂房单元端部第三柱间开始设置。

4 天窗屋盖、端壁板和侧板，宜采用轻型板材；不应采用端壁板代替端天窗架。

9.1.3 厂房屋架的设置，应符合下列要求：

1 厂房宜采用钢屋架或重心较低的预应力混凝土、钢筋混凝土屋架。

2 跨度不大于 15m 时，可采用钢筋混凝土屋面梁。

3 跨度大于 24m，或 8 度Ⅲ、Ⅳ类场地和 9 度时，应优先采用钢屋架。

4 柱距为 12m 时，可采用预应力混凝土托架（梁）；当采用钢屋架时，亦可采用钢托架（梁）。

5 有突出屋面天窗架的屋盖不宜采用预应力混凝土或钢筋混凝土空腹屋架。

6 8 度（0.30g）和 9 度时，跨度大于 24m 的厂房不宜采用大型屋面板。

9.1.4 厂房柱的设置，应符合下列要求：

1 8 度和 9 度时，宜采用矩形、工字形截面柱或斜腹杆双肢柱，不宜采用薄壁工字形柱、腹板开孔工字形柱、预制腹板的工字形柱和管柱。

2 柱底至室内地坪以上 500mm 范围内和阶形柱的上柱宜采用矩形截面。

9.1.5 厂房围护墙、砌体女儿墙的布置、材料选型和抗震构造措施，应符合本规范第 13.3 节的有关规定。

（Ⅱ）计　算　要　点

9.1.6 单层厂房按本规范的规定采取抗震构造措施并符合下列条件之一时，可不进行横向和纵向抗震验算：

1 7 度Ⅰ、Ⅱ类场地，柱高不超过 10m 且结构单元两端均有山墙的单跨和等高多跨厂房（锯齿形厂房除外）。

2 7 度时和 8 度（0.20g）Ⅰ、Ⅱ类场地的露天吊车栈桥。

9.1.7 厂房的横向抗震计算，应采用下列方法：

1 混凝土无檩和有檩屋盖厂房，一般情况下，宜计及屋盖的横向弹性变形，按多质点空间结构分析；当符合本规范附录 J 的条件时，可按平面排架计算，并按附录 J 的规定对排架柱的地震剪力和弯矩进行调整。

2 轻型屋盖厂房，柱距相等时，可按平面排架计算。

注：本节轻型屋盖指屋面为压型钢板、瓦楞铁等有檩屋盖。

9.1.8 厂房的纵向抗震计算，应采用下列方法：

1 混凝土无檩和有檩屋盖及有较完整支撑系统的轻型屋盖厂房，可采用下列方法：

　　1）一般情况下，宜计及屋盖的纵向弹性变形、围护墙与隔墙的有效刚度，不对称时尚宜计及扭转的影响，按多质点进行空间结构分析；

　　2）柱顶标高不大于 15m 且平均跨度不大于 30m 的单跨或等高多跨的钢筋混凝土柱厂房，宜采用本规范附录 K 第 K.1 节规定的修正刚度法计算。

2 纵墙对称布置的单跨厂房和轻型屋盖的多跨厂房，可按柱列分片独立计算。

9.1.9 突出屋面天窗架的横向抗震计算，可采用下列方法：

1 有斜撑杆的三铰拱式钢筋混凝土和钢天窗架的横向抗震计算可采用底部剪力法；跨度大于 9m 或 9 度时，混凝土天窗架的地震作用效应应乘以增大系数，其值可采用 1.5。

2 其他情况下天窗架的横向水平地震作用可采用振型分解反应谱法。

9.1.10 突出屋面天窗架的纵向抗震计算，可采用下列方法：

1 天窗架的纵向抗震计算，可采用空间结构分析法，并计及屋盖平面弹性变形和纵墙的有效刚度。

2 柱高不超过 15m 的单跨和等高多跨混凝土无檩屋盖厂房的天窗架纵向地震作用计算，可采用底部剪力法，但天窗架的地震作用效应应乘以效应增大系数，其值可按下列规定采用：

　　1）单跨、边跨屋盖或有纵向内隔墙的中跨屋盖：

$$\eta = 1 + 0.5n \qquad (9.1.10\text{-}1)$$

2）其他中跨屋盖：

$$\eta = 0.5n \qquad (9.1.10\text{-}2)$$

式中：η——效应增大系数；

n——厂房跨数，超过四跨时取四跨。

9.1.11 两个主轴方向柱距均不小于 12m、无桥式起重机且无柱间支撑的大柱网厂房，柱截面抗震验算应同时计算两个主轴方向的水平地震作用，并应计入位移引起的附加弯矩。

9.1.12 不等高厂房中，支承低跨屋盖的柱牛腿（柱肩）的纵向受拉钢筋截面面积，应按下式确定：

$$A_s \geqslant \left(\frac{N_G a}{0.85 h_0 f_y} + 1.2\frac{N_E}{f_y} \right)\gamma_{RE} \qquad (9.1.12)$$

式中：A_s——纵向水平受拉钢筋的截面面积；

N_G——柱牛腿面上重力荷载代表值产生的压力设计值；

a——重力作用点至下柱近侧边缘的距离，当小于 $0.3h_0$ 时采用 $0.3h_0$；

h_0——牛腿最大竖向截面的有效高度；

N_E——柱牛腿面上地震组合的水平拉力设计值；

f_y——钢筋抗拉强度设计值；

γ_{RE}——承载力抗震调整系数，可采用 1.0。

9.1.13 柱间交叉支撑斜杆的地震作用效应及其与柱连接节点的抗震验算，可按本规范附录 K 第 K.2 节的规定进行。下柱柱间支撑的下节点位置按本规范第 9.1.23 条规定设置于基础顶面以上时，宜进行纵向柱列柱根的斜截面受剪承载力验算。

9.1.14 厂房的抗风柱、屋架小立柱和计及工作平台影响的抗震计算，应符合下列规定：

1 高大山墙的抗风柱，在 8 度和 9 度时应进行平面外的截面抗震承载力验算。

2 当抗风柱与屋架下弦相连接时，连接点应设在下弦横向支撑节点处，下弦横向支撑杆件的截面和连接节点应进行抗震承载力验算。

3 当工作平台和刚性内隔墙与厂房主体结构连接时，应采用与厂房实际受力相适应的计算简图，并计入工作平台和刚性内隔墙对厂房的附加地震作用影响。变位受约束且剪跨比不大于 2 的排架柱，其斜截面受剪承载力应按现行国家标准《混凝土结构设计规范》GB 50010 的规定计算，并按本规范第 9.1.25 条采取相应的抗震构造措施。

4 8 度Ⅲ、Ⅳ类场地和 9 度时，带有小立柱的拱形和折线型屋架或上弦节间较长且矢高较大的屋架，其上弦宜进行抗扭验算。

（Ⅲ）抗震构造措施

9.1.15 有檩屋盖构件的连接及支撑布置，应符合下列要求：

1 檩条应与混凝土屋架（屋面梁）焊牢，并应有足够的支承长度。

2 双脊檩应在跨度 1/3 处相互拉结。

3 压型钢板应与檩条可靠连接，瓦楞铁、石棉瓦等应与檩条拉结。

4 支撑布置宜符合表 9.1.15 的要求。

表 9.1.15　有檩屋盖的支撑布置

支撑名称		烈　　度		
		6、7	8	9
屋架支撑	上弦横向支撑	单元端开间各设一道	单元端开间及单元长度大于 66m 的柱间支撑开间各设一道；天窗开洞范围的两端各增设局部的支撑一道	单元端开间及单元长度大于 42m 的柱间支撑开间各设一道；天窗开洞范围的两端各增设局部的上弦横向支撑一道
	下弦横向支撑	同非抗震设计		
	跨中竖向支撑			
	端部竖向支撑	屋架端部高度大于 900mm 时，单元端开间及柱间支撑开间各设一道		
天窗架支撑	上弦横向支撑	单元天窗端开间各设一道	单元天窗端开间及每隔 30m 各设一道	单元天窗端开间及每隔 18m 各设一道
	两侧竖向支撑	单元天窗端开间及每隔 36m 各设一道		

9.1.16 无檩屋盖构件的连接及支撑布置，应符合下列要求：

1 大型屋面板应与屋架（屋面梁）焊牢，靠柱列的屋面板与屋架（屋面梁）的连接焊缝长度不宜小于 80mm。

2 6 度和 7 度时有天窗厂房单元的端开间，或 8 度和 9 度时各开间，宜将垂直屋架方向两侧相邻的大型屋面板的顶面彼此焊牢。

3 8 度和 9 度时，大型屋面板端头底面的预埋件宜采用角钢并与主筋焊牢。

4 非标准屋面板宜采用装配整体式接头，或将板四角切掉后与屋架（屋面梁）焊牢。

5 屋架（屋面梁）端部顶面预埋件的锚筋，8 度时不宜少于 4φ10，9 度时不宜少于 4φ12。

6 支撑的布置宜符合表 9.1.16-1 的要求，有中间井式天窗时宜符合表 9.1.16-2 的要求；8 度和 9 度跨度不大于 15m 的厂房屋盖采用屋面梁时，可仅在厂房单元两端各设竖向支撑一道；单坡屋面梁的屋盖支撑布置，宜按屋架端部高度大于 900mm 的屋盖支撑布置执行。

表 9.1.16-1　无檩屋盖的支撑布置

支撑名称		烈度		
		6、7	8	9
屋架支撑	上弦横向支撑	屋架跨度小于18m时同非抗震设计，跨度不小于18m时在厂房单元端开间各设一道	单元端开间及柱间支撑开间各设一道，天窗开洞范围的两端各增设局部的支撑一道	
	上弦通长水平系杆	同非抗震设计	沿屋架跨度不大于15m设一道，但装配整体式屋面可仅在天窗范围内设置	沿屋架跨度不大于12m设一道，但装配整体式屋面可仅在天窗范围内设置；围护墙在屋架上弦高度有现浇圈梁时，其端部处可不另设
	下弦横向支撑		同非抗震设计	同上弦横向支撑
	跨中竖向支撑			
	两端竖向支撑 屋架端部高度≤900mm	单元端开间各设一道	单元端开间各设一道	单元端开间及柱间支撑开间及每隔30m各设一道
	两端竖向支撑 屋架端部高度>900mm	单元端开间各设一道	单元端开间及柱间支撑开间各设一道	单元端开间、柱间支撑开间及每隔18m各设一道
天窗架支撑	天窗两侧竖向支撑	厂房单元天窗端开间及每隔30m各设一道	厂房单元天窗端开间及每隔24m各设一道	厂房单元天窗端开间及每隔18m各设一道
	上弦横向支撑	同非抗震设计	天窗跨度≥9m时，单元天窗端开间及柱间支撑开间各设一道	单元天窗端开间及柱间支撑开间各设一道

表 9.1.16-2　中间井式天窗无檩屋盖支撑布置

支撑名称		6、7度	8度	9度
上弦横向支撑 下弦横向支撑		厂房单元端开间各设一道	厂房单元端开间及柱间支撑开间各设一道	
上弦通长水平系杆		天窗范围内屋架跨中上弦节点处设置		
下弦通长水平系杆		天窗两侧及天窗范围内屋架下弦节点处设置		
跨中竖向支撑		有上弦横向支撑开间设置，位置与下弦通长系杆相对应		
两端竖向支撑	屋架端部高度≤900mm	同非抗震设计		有上弦横向支撑开间，且间距不大于48m
	屋架端部高度>900mm	厂房单元端开间各设一道	有上弦横向支撑开间，且间距不大于48m	有上弦横向支撑开间，且间距不大于30m

9.1.17　屋盖支撑尚应符合下列要求：

1　天窗开洞范围内，在屋架脊点处应设上弦通长水平压杆；8度Ⅲ、Ⅳ类场地和9度时，梯形屋架端部上节点应沿厂房纵向设置通长水平压杆。

2　屋架跨中竖向支撑在跨度方向的间距，6～8度时不大于15m，9度时不大于12m；当仅在跨中设一道时，应设在跨中屋架屋脊处；当设二道时，应在跨度方向均匀布置。

3　屋架上、下弦通长水平系杆与竖向支撑宜配合设置。

4　柱距不小于12m且屋架间距6m的厂房，托架（梁）区段及其相邻开间应设下弦纵向水平支撑。

5　屋盖支撑杆件宜用型钢。

9.1.18　突出屋面的混凝土天窗架，其两侧墙板与天窗立柱宜采用螺栓连接。

9.1.19　混凝土屋架的截面和配筋，应符合下列要求：

1　屋架上弦第一节间和梯形屋架端竖杆的配筋，6度和7度时不宜少于$4\phi12$，8度和9度时不宜少于$4\phi14$。

2　梯形屋架的端竖杆截面宽度宜与上弦宽度相同。

3　拱形和折线形屋架上弦端部支撑屋面板的小立柱，截面不宜小于$200mm \times 200mm$，高度不宜大于500mm，主筋宜采用Π形，6度和7度时不宜少于$4\phi12$，8度和9度时不宜少于$4\phi14$，箍筋可采用$\phi6$，间距不宜大于100mm。

9.1.20　厂房柱子的箍筋，应符合下列要求：

1　下列范围内柱的箍筋应加密：

1）柱头，取柱顶以下500mm并不小于柱截面长边尺寸；

2）上柱，取阶形柱自牛腿面至起重机梁顶面以上300mm高度范围内；

3）牛腿（柱肩），取全高；

4）柱根，取下柱柱底至室内地坪以上500mm；

5）柱间支撑与柱连接节点和柱变位受平台等约束的部位，取节点上、下各300mm。

2　加密区箍筋间距不应大于100mm，箍筋肢距和最小直径应符合表9.1.20的规定。

表 9.1.20　柱加密区箍筋最大肢距和最小箍筋直径

烈度和场地类别		6度和7度Ⅰ、Ⅱ类场地	7度Ⅲ、Ⅳ类场地和8度Ⅰ、Ⅱ类场地	8度Ⅲ、Ⅳ类场地和9度
箍筋最大肢距（mm）		300	250	200
箍筋最小直径	一般柱头和柱根	$\phi6$	$\phi8$	$\phi8（\phi10）$
	角柱柱头	$\phi8$	$\phi10$	$\phi10$
	上柱牛腿和有支撑的柱根	$\phi8$	$\phi8$	$\phi10$
	有支撑的柱头和柱变位受约束部位	$\phi8$	$\phi10$	$\phi12$

注：括号内数值用于柱根。

3 厂房柱侧向受约束且剪跨比不大于 2 的排架柱，柱顶预埋钢板和柱箍筋加密区的构造尚应符合下列要求：

　　1）柱顶预埋钢板沿排架平面方向的长度，宜取柱顶的截面高度，且不得小于截面高度的 1/2 及 300mm；

　　2）屋架的安装位置，宜减小在柱顶的偏心，其柱顶轴向力的偏心距不应大于截面高度的 1/4；

　　3）柱顶轴向力排架平面内的偏心距在截面高度的 1/6~1/4 范围内时，柱顶箍筋加密区的箍筋体积配筋率：9 度不宜小于 1.2%；8 度不宜小于 1.0%；6、7 度不宜小于 0.8%；

　　4）加密区箍筋宜配置四肢箍，肢距不大于 200mm。

9.1.21 大柱网厂房柱的截面和配筋构造，应符合下列要求：

　　1 柱截面宜采用正方形或接近正方形的矩形，边长不宜小于柱全高的 1/18~1/16。

　　2 重屋盖厂房地震组合的柱轴压比，6、7 度时不宜大于 0.8，8 度时不宜大于 0.7，9 度时不应大于 0.6。

　　3 纵向钢筋宜沿柱截面周边对称配置，间距不宜大于 200mm，角部宜配置直径较大的钢筋。

　　4 柱头和柱根的箍筋应加密，并应符合下列要求：

　　1）加密范围，柱根取基础顶面至室内地坪以上 1m，且不小于柱全高的 1/6；柱头取柱顶以下 500mm，且不小于柱截面长边尺寸；

　　2）箍筋直径、间距和肢距，应符合本规范第 9.1.20 条的规定。

9.1.22 山墙抗风柱的配筋，应符合下列要求：

　　1 抗风柱柱顶以下 300mm 和牛腿（柱肩）面以上 300mm 范围内的箍筋，直径不宜小于 6mm，间距不应大于 100mm，肢距不宜大于 250mm。

　　2 抗风柱的变截面牛腿（柱肩）处，宜设纵向受拉钢筋。

9.1.23 厂房柱间支撑的设置和构造，应符合下列要求：

　　1 厂房柱间支撑的布置，应符合下列规定：

　　1）一般情况下，应在厂房单元中部设置上、下柱间支撑，且下柱支撑应与上柱支撑配套设置；

　　2）有起重机或 8 度和 9 度时，宜在厂房单元两端增设上柱支撑；

　　3）厂房单元较长或 8 度Ⅲ、Ⅳ类场地和 9 度时，可在厂房单元中部 1/3 区段内设置两

道柱间支撑。

　　2 柱间支撑应采用型钢，支撑形式宜采用交叉式，其斜杆与水平面的交角不宜大于 55 度。

　　3 支撑杆件的长细比，不宜超过表 9.1.23 的规定。

表 9.1.23　交叉支撑斜杆的最大长细比

位置	烈　　　度			
	6 度和 7 度Ⅰ、Ⅱ类场地	7 度Ⅲ、Ⅳ类场地和 8 度Ⅰ、Ⅱ类场地	8 度Ⅲ、Ⅳ类场地和 9 度Ⅰ、Ⅱ类场地	9 度Ⅲ、Ⅳ类场地
上柱支撑	250	250	200	150
下柱支撑	200	150	120	120

　　4 下柱支撑的下节点位置和构造措施，应保证将地震作用直接传给基础；当 6 度和 7 度（0.10g）不能直接传给基础时，应计及支撑对柱和基础的不利影响采取加强措施。

　　5 交叉支撑在交叉点应设置节点板，其厚度不应小于 10mm，斜杆与交叉节点板应焊接，与端节点板宜焊接。

9.1.24 8 度时跨度不小于 18m 的多跨厂房中柱和 9 度时多跨厂房各柱，柱顶宜设置通长水平压杆，此压杆可与梯形屋架支座处通长水平系杆合并设置，钢筋混凝土杆端头与屋架间的空隙应采用混凝土填实。

9.1.25 厂房结构构件的连接节点，应符合下列要求：

　　1 屋架（屋面梁）与柱顶的连接，8 度时宜采用螺栓，9 度时宜采用钢板铰，亦可采用螺栓；屋架（屋面梁）端部支承垫板的厚度不宜小于 16mm。

　　2 柱顶预埋件的锚筋，8 度时不宜少于 4φ14，9 度时不宜少于 4φ16；有柱间支撑的柱子，柱顶预埋件尚应增设抗剪钢板。

　　3 山墙抗风柱的柱顶，应设置预埋板，使柱顶与端屋架的上弦（屋面梁上翼缘）可靠连接。连接部位应位于上弦横向支撑与屋架的连接点处，不符合时可在支撑中增设次腹杆或设置型钢横梁，将水平地震作用传至节点部位。

　　4 支承低跨屋盖的中柱牛腿（柱肩）的预埋件，应与牛腿（柱肩）中按计算承受水平拉力部分的纵向钢筋焊接，且焊接的钢筋，6 度和 7 度时不应少于 2φ12，8 度时不应少于 2φ14，9 度时不应少于 2φ16。

　　5 柱间支撑与柱连接节点预埋件的锚件，8 度Ⅲ、Ⅳ类场地和 9 度时，宜采用角钢加端板，其他情况可采用不低于 HRB335 级的热轧钢筋，但锚固长度不应小于 30 倍钢筋直径或增设端板。

　　6 厂房中的起重机走道板、端屋架与山墙间的

填充小屋面板、天沟板、天窗端壁板和天窗侧板下的填充砌体等构件应与支承结构有可靠的连接。

9.2 单层钢结构厂房

（Ⅰ）一般规定

9.2.1 本节主要适用于钢柱、钢屋架或钢屋面梁承重的单层厂房。

单层的轻型钢结构厂房的抗震设计，应符合专门的规定。

9.2.2 厂房的结构体系应符合下列要求：

1 厂房的横向抗侧力体系，可采用刚接框架、铰接框架、门式刚架或其他结构体系。厂房的纵向抗侧力体系，8、9度应采用柱间支撑；6、7度宜采用柱间支撑，也可采用刚接框架。

2 厂房内设有桥式起重机时，起重机梁系统的构件与厂房框架柱的连接应能可靠地传递纵向水平地震作用。

3 屋盖应设置完整的屋盖支撑系统。屋盖横梁与柱顶铰接时，宜采用螺栓连接。

9.2.3 厂房的平面布置、钢筋混凝土屋面板和天窗架的设置要求等，可参照本规范第9.1节单层钢筋混凝土柱厂房的有关规定。当设置防震缝时，其缝宽不宜小于单层混凝土柱厂房防震缝宽度的1.5倍。

9.2.4 厂房的围护墙板应符合本规范第13.3节的有关规定。

（Ⅱ）抗震验算

9.2.5 厂房抗震计算时，应根据屋盖高差、起重机设置情况，采用与厂房结构的实际工作状况相适应的计算模型计算地震作用。

单层厂房的阻尼比，可依据屋盖和围护墙的类型，取0.045～0.05。

9.2.6 厂房地震作用计算时，围护墙体的自重和刚度，应按下列规定取值：

1 轻型墙板或与柱柔性连接的预制混凝土墙板，应计入其全部自重，但不应计入其刚度；

2 柱边贴砌且与柱有拉结的砌体围护墙，应计入其全部自重；当沿墙体纵向进行地震作用计算时，尚可计入普通砖砌体墙的折算刚度，折算系数，7、8和9度可分别取0.6、0.4和0.2。

9.2.7 厂房的横向抗震计算，可采用下列方法：

1 一般情况下，宜采用考虑屋盖弹性变形的空间分析方法；

2 平面规则、抗侧刚度均匀的轻型屋盖厂房，可按平面框架进行计算。等高厂房可采用底部剪力法，高低跨厂房应采用振型分解反应谱法。

9.2.8 厂房的纵向抗震计算，可采用下列方法：

1 采用轻型板材围护或与柱柔性连接的大型墙

板的厂房，可采用底部剪力法计算，各纵向柱列的地震作用可按下列原则分配：

1）轻型屋盖可按纵向柱列承受的重力荷载代表值的比例分配；

2）钢筋混凝土无檩屋盖可按纵向柱列刚度比例分配；

3）钢筋混凝土有檩屋盖可取上述两种分配结果的平均值。

2 采用柱边贴砌且与柱拉结的普通砖砌体围护墙厂房，可参照本规范第9.1节的规定计算。

3 设置柱间支撑的柱列应计入支撑杆件屈曲后的地震作用效应。

9.2.9 厂房屋盖构件的抗震计算，应符合下列要求：

1 竖向支撑桁架的腹杆应能承受和传递屋盖的水平地震作用，其连接的承载力应大于腹杆的承载力，并满足构造要求。

2 屋盖横向水平支撑、纵向水平支撑的交叉斜杆均可按拉杆设计，并取相同的截面面积。

3 8、9度时，支承跨度大于24m的屋盖横梁的托架以及设备荷重较大的屋盖横梁，均应按本规范第5.3节计算其竖向地震作用。

9.2.10 柱间X形支撑、V形或Λ形支撑应考虑拉压杆共同作用，其地震作用及验算可按本规范附录K第K.2节的规定按拉杆计算，并计及相交受压杆的影响，但压杆卸载系数宜改取0.30。

交叉支撑端部的连接，对单角钢支撑应计入强度折减，8、9度时不得采用单面偏心连接；交叉支撑有一杆中断时，交叉节点板应予以加强，其承载力不小于1.1倍杆件承载力。

支撑杆件的截面应力比，不宜大于0.75。

9.2.11 厂房结构构件连接的承载力计算，应符合下列规定：

1 框架上柱的拼接位置应选择弯矩较小区域，其承载力不应小于按上柱两端呈全截面塑性屈服状态计算的拼接处的内力，且不得小于柱全截面受拉屈服承载力的0.5倍。

2 刚接框架屋盖横梁的拼接，当位于横梁最大应力区以外时，宜按与被拼接截面等强度设计。

3 实腹屋面梁与柱的刚性连接、梁端梁与梁的拼接，应采用地震组合内力进行弹性阶段设计。梁柱刚性连接、梁与梁拼接的极限受弯承载力应符合下列要求：

1）一般情况，可按本规范第8.2.8条钢结构梁柱刚接、梁与梁拼接的规定考虑连接系数进行验算。其中，当最大应力区在上柱时，全塑性受弯承载力应取实腹梁、上柱二者的较小值；

2）当屋面梁采用钢结构弹性设计阶段的板件宽厚比时，梁柱刚性连接和梁与梁拼接，应能可靠传递设防烈度地震组合内力或按本款1项验算。

刚接框架的屋架上弦与柱相连的连接板，在设防地震下不宜出现塑性变形。

4 柱间支撑与构件的连接，不应小于支撑杆件塑性承载力的1.2倍。

(Ⅲ) 抗震构造措施

9.2.12 厂房的屋盖支撑，应符合下列要求：

1 无檩屋盖的支撑布置，宜符合表9.2.12-1的要求。

2 有檩屋盖的支撑布置，宜符合表9.2.12-2的要求。

3 当轻型屋盖采用实腹屋面梁、柱刚性连接的刚架体系时，屋盖水平支撑可布置在屋面梁的上翼缘平面。屋面梁下翼缘应设置隔撑侧向支承，隔撑的另一端可与屋面檩条连接。屋盖横向支撑、纵向天窗架支撑的布置可参照表9.2.12的要求。

4 屋盖纵向水平支撑的布置，尚应符合下列规定：

1）当采用托架支承屋盖横梁的屋盖结构时，应沿厂房单元全长设置纵向水平支撑；

2）对于高低跨厂房，在低跨屋盖横梁端部支承处，应沿屋盖全长设置纵向水平支撑；

3）纵向柱列局部柱间采用托架支承屋盖横梁时，应沿托架的柱间及向其两侧至少各延伸一个柱间设置屋盖纵向水平支撑；

4）当设置沿结构单元全长的纵向水平支撑时，应与横向水平支撑形成封闭的水平支撑体系。多跨厂房屋盖纵向水平支撑的间距不宜超过两跨，不得超过三跨；高跨和低跨宜按各自的标高组成相对独立的封闭支撑体系。

5 支撑杆宜采用型钢；设置交叉支撑时，支撑杆的长细比限值可取350。

表 9.2.12-1　无檩屋盖的支撑系统布置

支撑名称			烈度		
			6、7	8	9
屋架支撑	上、下弦横向支撑		屋架跨度小于18m时同非抗震设计；屋架跨度不小于18m时，在厂房单元端开间各设一道	厂房单元端开间及上柱支撑开间各设一道，天窗开洞范围的两端各增设局部上弦支撑一道。当屋架端部支承在屋架上弦时，其下弦横向支撑同非抗震设计	
	上弦通长水平系杆			在屋脊处、天窗架竖向支撑处、横向支撑节点处和屋架两端处设置	
	下弦通长水平系杆			屋架竖向支撑节点处设置；当屋架与柱刚接时，在屋架端节间处按控制下弦平面外长细比不大于150设置	
	竖向支撑	屋架跨度小于30m	同非抗震设计	厂房单元两端开间及上柱支撑各开间屋架端部各设一道	同8度，且每隔42m在屋架端部设置
		屋架跨度大于等于30m		厂房单元的端开间，屋架1/3跨度处和上柱支撑开间内的屋架端部设置，并与上、下弦横向支撑相对应	同8度，且每隔36m在屋架端部设置
纵向天窗架支撑	上弦横向支撑		天窗架单元两端开间各设一道	天窗架单元端开间及柱间支撑开间各设一道	
	竖向支撑	跨中	跨度不小于12m时设置，其道数与两侧相同	跨度不小于9m时设置，其道数与两侧相同	
		两侧	天窗架单元端开间及每隔36m设置	天窗架单元端开间及每隔30m设置	天窗架单元端开间及每隔24m设置

表 9.2.12-2　有檩屋盖的支撑系统布置

支撑名称			烈度		
			6、7	8	9
屋架支撑	上弦横向支撑		厂房单元端开间及每隔60m各设一道	厂房单元端开间及上柱柱间支撑开间各设一道	同8度，且天窗开洞范围的两端各增设局部上弦横向支撑一道
	下弦横向支撑		同非抗震设计；当屋架端部支承在屋架下弦时，同上弦横向支撑		
	跨中竖向支撑		同非抗震设计		屋架跨度大于等于30m时，跨中增设一道
	两侧竖向支撑		屋架端部高度大于900mm时，厂房单元端开间及柱间支撑开间各设一道		
	下弦通长水平系杆		屋架两端和屋架竖向支撑处设置；与柱刚接时，屋架端节间处按控制下弦平面外长细比不大于150设置		
纵向天窗架支撑	上弦横向支撑		天窗架单元两端开间各设一道	天窗架单元两端开间及每隔54m各设一道	天窗架单元两端开间及每隔48m各设一道
	两侧竖向支撑		天窗架单元端开间及每隔42m各设一道	天窗架单元端开间及每隔36m各设一道	天窗架单元端开间及每隔24m各设一道

9.2.13 厂房框架柱的长细比，轴压比小于 0.2 时不宜大于 150；轴压比不小于 0.2 时，不宜大于 120 $\sqrt{235/f_{ay}}$。

9.2.14 厂房框架柱、梁的板件宽厚比，应符合下列要求：

1 重屋盖厂房，板件宽厚比限值可按本规范第 8.3.2 条的规定采用，7、8、9 度的抗震等级可分别按四、三、二级采用。

2 轻屋盖厂房，塑性耗能区板件宽厚比限值可根据其承载力的高低按性能目标确定。塑性耗能区外的板件宽厚比限值，可采用现行《钢结构设计规范》GB 50017 弹性设计阶段的板件宽厚比限值。

注：腹板的宽厚比，可通过设置纵向加劲肋减小。

9.2.15 柱间支撑应符合下列要求：

1 厂房单元的各纵向柱列，应在厂房单元中部布置一道下柱柱间支撑；当 7 度厂房单元长度大于 120m（采用轻型围护材料时为 150m）、8 度和 9 度厂房单元大于 90m（采用轻型围护材料时为 120m）时，应在厂房单元 1/3 区段内各布置一道下柱支撑；当柱距数不超过 5 个且厂房长度小于 60m 时，亦可在厂房单元的两端布置下柱支撑。上柱柱间支撑应布置在厂房单元两端和具有下柱支撑的柱间。

2 柱间支撑宜采用 X 形支撑，条件限制时也可采用 V 形、Δ 形及其他形式的支撑。X 形支撑斜杆与水平面的夹角、支撑斜杆交叉点的节点板厚度，应符合本规范第 9.1 节的规定。

3 柱支撑杆件的长细比限值，应符合现行国家标准《钢结构设计规范》GB 50017 的规定。

4 柱间支撑宜采用整根型钢，当热轧型钢超过材料最大长度规格时，采用拼接等强接长。

5 有条件时，可采用消能支撑。

9.2.16 柱脚应能可靠传递柱身承载力，宜采用埋入式、插入式或外包式柱脚，6、7 度时也可采用外露式柱脚。柱脚设计应符合下列要求：

1 实腹式钢柱采用埋入式、插入式柱脚的埋入深度，应由计算确定，且不得小于钢柱截面高度的 2.5 倍。

2 格构式柱采用插入式柱脚的埋入深度，应由计算确定，其最小插入深度不得小于单肢截面高度（或外径）的 2.5 倍，且不得小于柱总宽度的 0.5 倍。

3 采用外包式柱脚时，实腹 H 形截面柱的钢筋混凝土外包高度不宜小于 2.5 倍的钢结构截面高度，箱型截面柱或圆管截面柱的钢筋混凝土外包高度不宜小于 3.0 倍的钢结构截面高度或圆管截面直径。

4 当采用外露式柱脚时，柱脚极限承载力不宜小于柱截面塑性屈服承载力的 1.2 倍。柱脚锚栓不宜用以承受柱底水平剪力，柱底剪力应由钢底板与基础间的摩擦力或设置抗剪键及其他措施承担。柱脚锚栓应可靠锚固。

9.3 单层砖柱厂房

（Ⅰ）一般规定

9.3.1 本节适用于 6～8 度（0.20g）的烧结普通砖（黏土砖、页岩砖）、混凝土普通砖砌筑的砖柱（墙垛）承重的下列中小型单层工业厂房：

1 单跨和等高多跨且无桥式起重机。

2 跨度不大于 15m 且柱顶标高不大于 6.6m。

9.3.2 厂房的结构布置应符合下列要求，并宜符合本规范第 9.1.1 条的有关规定：

1 厂房两端均应设置砖承重山墙。

2 与柱等高并相连的纵横内隔墙宜采用砖抗震墙。

3 防震缝设置应符合下列规定：

1）轻型屋盖厂房，可不设防震缝；

2）钢筋混凝土屋盖厂房与贴建的建（构）筑物间宜设防震缝，防震缝的宽度可采用 50mm～70mm，防震缝处应设置双柱或双墙。

4 天窗不应通至厂房单元的端开间，天窗不应采用端砖壁承重。

注：本章轻型屋盖指木屋盖和轻钢屋架、压型钢板、瓦楞铁等屋面的屋盖。

9.3.3 厂房的结构体系，尚应符合下列要求：

1 厂房屋盖宜采用轻型屋盖。

2 6 度和 7 度时，可采用十字形截面的无筋砖柱；8 度时不应采用无筋砖柱。

3 厂房纵向的独立砖柱柱列，可在柱间设置与柱等高的抗震墙承受纵向地震作用；不设置抗震墙的独立砖柱柱顶，应设通长水平压杆。

4 纵、横向内隔墙宜采用抗震墙，非承重横隔墙和非整体砌筑且不到顶的纵向隔墙宜采用轻质墙；当采用非轻质墙时，应计及隔墙对柱及其与屋架（屋面梁）连接节点的附加地震剪力。独立的纵向和横向内隔墙应采取措施保证其平面外的稳定性，且顶部应设置现浇钢筋混凝土压顶梁。

（Ⅱ）计算要点

9.3.4 按本节规定采取抗震构造措施的单层砖柱厂房，当符合下列条件之一时，可不进行横向或纵向截面抗震验算：

1 7 度（0.10g）Ⅰ、Ⅱ类场地，柱顶标高不超过 4.5m，且结构单元两端均有山墙的单跨及等高多跨砖柱厂房，可不进行横向和纵向抗震验算。

2 7 度（0.10g）Ⅰ、Ⅱ类场地，柱顶标高不超过 6.6m，两侧设有厚度不小于 240mm 且开洞截面面积不超过 50% 的外纵墙，结构单元两端均有山墙的单跨厂房，可不进行纵向抗震验算。

9.3.5 厂房的横向抗震计算，可采用下列方法：

1 轻型屋盖厂房可按平面排架进行计算。

2 钢筋混凝土屋盖厂房和密铺望板的瓦木屋盖厂房可按平面排架进行计算并计及空间工作，按本规范附录 J 调整地震作用效应。

9.3.6 厂房的纵向抗震计算，可采用下列方法：

1 钢筋混凝土屋盖厂房宜采用振型分解反应谱法进行计算。

2 钢筋混凝土屋盖的等高多跨砖柱厂房，可按本规范附录 K 规定的修正刚度法进行计算。

3 纵墙对称布置的单跨厂房和轻型屋盖的多跨厂房，可采用柱列分片独立进行计算。

9.3.7 突出屋面天窗架的横向和纵向抗震计算应符合本规范第 9.1.9 条和第 9.1.10 条的规定。

9.3.8 偏心受压砖柱的抗震验算，应符合下列要求：

1 无筋砖柱地震组合轴向力设计值的偏心距，不宜超过 0.9 倍截面形心到轴向力所在方向截面边缘的距离；承载力抗震调整系数可采用 0.9。

2 组合砖柱的配筋应按计算确定，承载力抗震调整系数可采用 0.85。

（Ⅲ）抗震构造措施

9.3.9 钢屋架、压型钢板、瓦楞铁等轻型屋盖的支撑，可按本规范表 9.2.12-2 的规定设置，上、下弦横向支撑应布置在两端第二开间；木屋盖的支撑布置，宜符合表 9.3.9 的要求，支撑与屋架或天窗架应采用螺栓连接；木天窗架的边柱，宜采用通长木夹板或铁板并通过螺栓加强边柱与屋架上弦的连接。

表 9.3.9　木屋盖的支撑布置

支撑名称		烈　度	
		6、7	8
		各类屋盖	满铺望板	稀铺望板或无望板
屋架支撑	上弦横向支撑	同非抗震设计	屋架跨度大于 6m 时，房屋单元两端第二开间及每隔 20m 设一道
屋架支撑	下弦横向支撑	同非抗震设计	
	跨中竖向支撑	同非抗震设计	
天窗架支撑	天窗两侧竖向支撑	同非抗震设计	不宜设置天窗
	上弦横向支撑		

9.3.10 檩条与山墙卧梁应可靠连接，搁置长度不应小于 120mm，有条件时可采用檩条伸出山墙的屋面结构。

9.3.11 钢筋混凝土屋盖的构造措施，应符合本规范第 9.1 节的有关规定。

9.3.12 厂房柱顶标高处应沿房屋外墙及承重内墙设置现浇闭合圈梁，8 度时还应沿墙高每隔 3m～4m 增设一道圈梁，圈梁的截面高度不应小于 180mm，配筋不应少于 4φ12；当地基为软弱黏性土、液化土、新近填土或严重不均匀土层时，尚应设置基础圈梁。当圈梁兼作门窗过梁或抵抗不均匀沉降影响时，其截面和配筋除满足抗震要求外，尚应根据实际受力计算确定。

9.3.13 山墙应沿屋面设置现浇钢筋混凝土卧梁，并应与屋盖构件锚拉；山墙壁柱的截面与配筋，不宜小于排架柱，壁柱应通到墙顶并与卧梁或屋盖构件连接。

9.3.14 屋架（屋面梁）与墙顶圈梁或柱顶垫块，应采用螺栓或焊接连接；柱顶垫块厚度不应小于 240mm，并应配置两层直径不小于 8mm 间距不大于 100mm 的钢筋网；墙顶圈梁应与柱顶垫块整浇。

9.3.15 砖柱的构造应符合下列要求：

1 砖的强度等级不应低于 MU10，砂浆的强度等级不应低于 M5；组合砖柱中的混凝土强度等级不应低于 C20。

2 砖柱的防潮层应采用防水砂浆。

9.3.16 钢筋混凝土屋盖的砖柱厂房，山墙开洞的水平截面面积不宜超过总截面面积的 50%；8 度时，应在山墙、横墙两端设置钢筋混凝土构造柱，构造柱的截面尺寸可采用 240mm×240mm，竖向钢筋不应少于 4φ12，箍筋可采用 φ6，间距宜为 250mm～300mm。

9.3.17 砖砌体墙的构造应符合下列要求：

1 8 度时，钢筋混凝土无檩屋盖砖柱厂房，砖围护墙顶部宜沿墙长每隔 1m 埋入 1φ8 竖向钢筋，并插入顶部圈梁内。

2 7 度且墙顶高度大于 4.8m 或 8 度时，不设置构造柱的外墙转角及承重内横墙与外纵墙交接处，应沿墙高每 500mm 配置 2φ6 钢筋，每边伸入墙内不小于 1m。

3 出屋面女儿墙的抗震构造措施，应符合本规范第 13.3 节的有关规定。

10　空旷房屋和大跨屋盖建筑

10.1　单层空旷房屋

（Ⅰ）一　般　规　定

10.1.1 本节适用于较空旷的单层大厅和附属房屋组成的公共建筑。

10.1.2 大厅、前厅、舞台之间，不宜设防震缝分开；大厅与两侧附属房屋之间可不设防震缝。但不设缝时应加强连接。

10.1.3 单层空旷房屋大厅屋盖的承重结构，在下列情况下不应采用砖柱：

    1 7 度 (0.15g)、8 度、9 度时的大厅。

    2 大厅内设有挑台。

    3 7 度 (0.10g) 时，大厅跨度大于 12m 或柱顶高度大于 6m。

    4 6 度时，大厅跨度大于 15m 或柱顶高度大于 8m。

10.1.4 单层空旷房屋大厅屋盖的承重结构，除本规范第 10.1.3 条规定者外，可在大厅纵墙屋架支点下增设钢筋混凝土-砖组合壁柱，不得采用无筋砖壁柱。

10.1.5 前厅结构布置应加强横向的侧向刚度，大门处壁柱和前厅内独立柱应采用钢筋混凝土柱。

10.1.6 前厅与大厅、大厅与舞台连接处的横墙，应加强侧向刚度，设置一定数量的钢筋混凝土抗震墙。

10.1.7 大厅部分其他要求可参照本规范第 9 章，附属房屋应符合本规范的有关规定。

（Ⅱ）计 算 要 点

10.1.8 单层空旷房屋的抗震计算，可将房屋划分为前厅、舞台、大厅和附属房屋等若干独立结构，按本规范有关规定执行，但应计及相互影响。

10.1.9 单层空旷房屋的抗震计算，可采用底部剪力法，地震影响系数可取最大值。

10.1.10 大厅的纵向水平地震作用标准值，可按下式计算：

$$F_{Ek} = \alpha_{max} G_{eq} \qquad (10.1.10)$$

式中：F_{Ek}——大厅一侧纵墙或柱列的纵向水平地震作用标准值；

    G_{eq}——等效重力荷载代表值。包括大厅屋盖和毗连附属房屋屋盖各一半的自重和 50% 雪荷载标准值，及一侧纵墙或柱列的折算自重。

10.1.11 大厅的横向抗震计算，宜符合下列原则：

    1 两侧无附属房屋的大厅，有挑台部分和无挑台部分可各取一个典型开间计算；符合本规范第 9 章规定时，尚可计及空间工作。

    2 两侧有附属房屋时，应根据附属房屋的结构类型，选择适当的计算方法。

10.1.12 8 度和 9 度时，高大山墙的壁柱应进行平面外的截面抗震验算。

（Ⅲ）抗震构造措施

10.1.13 大厅的屋盖构造，应符合本规范第 9 章的规定。

10.1.14 大厅的钢筋混凝土柱和组合砖柱应符合下列要求：

    1 组合砖柱纵向钢筋的上端应锚入屋架底部的钢筋混凝土圈梁内。组合砖柱的纵向钢筋，除按计算

确定外，6 度Ⅲ、Ⅳ类场地和 7 度 (0.10g) Ⅰ、Ⅱ类场地每侧不应少于 4φ14；7 度 (0.10g) Ⅲ、Ⅳ类场地每侧不应少于 4φ16。

    2 钢筋混凝土柱应按抗震等级不低于二级的框架柱设计，其配筋量应按计算确定。

10.1.15 前厅与大厅，大厅与舞台间轴线上横墙，应符合下列要求：

    1 应在横墙两端、纵向梁支点及大洞口两侧设置钢筋混凝土框架柱或构造柱。

    2 嵌砌在框架柱间的横墙应有部分设计成抗震等级不低于二级的钢筋混凝土抗震墙。

    3 舞台口的柱和梁应采用钢筋混凝土结构，舞台口大梁上承重砌体墙应设置间距不大于 4m 的立柱和间距不大于 3m 的圈梁，立柱、圈梁的截面尺寸、配筋及与周围砌体的拉结应符合多层砌体房屋的要求。

    4 9 度时，舞台口大梁上的墙体应采用轻质隔墙。

10.1.16 大厅柱（墙）顶标高处应设置现浇圈梁，并宜沿墙高每隔 3m 左右增设一道圈梁。梯形屋架端部高度大于 900mm 时还应在上弦标高处增设一道圈梁。圈梁的截面高度不宜小于 180mm，宽度宜与墙厚相同，纵筋不应少于 4φ12，箍筋间距不宜大于 200mm。

10.1.17 大厅与两侧附属房屋间不设防震缝时，应在同一标高处设置封闭圈梁并在交接处贯通，墙体交接处应沿墙高每隔 400mm 在水平灰缝内设置拉结钢筋网片，且每边伸入墙内不宜小于 1m。

10.1.18 悬挑式挑台应有可靠的锚固和防止倾覆的措施。

10.1.19 山墙应沿屋面设置钢筋混凝土卧梁，并应与屋盖构件锚拉；山墙应设置钢筋混凝土柱或组合柱，其截面和配筋分别不宜小于排架柱或纵墙组合柱，并应通到山墙的顶端与卧梁连接。

10.1.20 舞台后墙，大厅与前厅交接处的高大山墙，应利用工作平台或楼层作为水平支撑。

10.2 大跨屋盖建筑

（Ⅰ）一 般 规 定

10.2.1 本节适用于采用拱、平面桁架、立体桁架、网架、网壳、张弦梁、弦支穹顶等基本形式及其组合而成的大跨度钢屋盖建筑。

采用非常用形式以及跨度大于 120m、结构单元长度大于 300m 或悬挑长度大于 40m 的大跨钢屋盖建筑的抗震设计，应进行专门研究和论证，采取有效的加强措施。

10.2.2 屋盖及其支承结构的选型和布置，应符合下列各项要求：

1 应能将屋盖的地震作用有效地传递到下部支承结构。

2 应具有合理的刚度和承载力分布，屋盖及其支承的布置宜均匀对称。

3 宜优先采用两个水平方向刚度均衡的空间传力体系。

4 结构布置宜避免因局部削弱或突变形成薄弱部位，产生过大的内力、变形集中。对于可能出现的薄弱部位，应采取措施提高其抗震能力。

5 宜采用轻型屋面系统。

6 下部支承结构应合理布置，避免使屋盖产生过大的地震扭转效应。

10.2.3 屋盖体系的结构布置，尚应分别符合下列要求：

1 单向传力体系的结构布置，应符合下列规定：

　1）主结构（桁架、拱、张弦梁）间应设置可靠的支撑，保证垂直于主结构方向的水平地震作用的有效传递；

　2）当桁架支座采用下弦节点支承时，应在支座间设置纵向桁架或采取其他可靠措施，防止桁架在支座处发生平面外扭转。

2 空间传力体系的结构布置，应符合下列规定：

　1）平面形状为矩形且三边支承一边开口的结构，其开口边应加强，保证足够的刚度；

　2）两向正交正放网架、双向张弦梁，应沿周边支座设置封闭的水平支撑；

　3）单层网壳应采用刚接节点。

注：单向传力体系指平面拱、单向平面桁架、单向立体桁架、单向张弦梁等结构形式；空间传力体系指网架、网壳、双向立体桁架、双向张弦梁和弦支穹顶等结构形式。

10.2.4 当屋盖分区域采用不同的结构形式时，交界区域的杆件和节点应加强；也可设置防震缝，缝宽不宜小于150mm。

10.2.5 屋面围护系统、吊顶及悬吊物等非结构构件应与结构可靠连接，其抗震措施应符合本规范第13章的有关规定。

（Ⅱ）计算要点

10.2.6 下列屋盖结构可不进行地震作用计算，但应符合本节有关的抗震措施要求：

1 7度时，矢跨比小于1/5的单向平面桁架和单向立体桁架结构可不进行沿桁架的水平向以及竖向地震作用计算。

2 7度时，网架结构可不进行地震作用计算。

10.2.7 屋盖结构抗震分析的计算模型，应符合下列要求：

1 应合理确定计算模型，屋盖与主要支承部位的连接假定应与构造相符。

2 计算模型应计入屋盖结构与下部结构的协同作用。

3 单向传力体系支撑构件的地震作用，宜按屋盖结构整体模型计算。

4 张弦梁和弦支穹顶的地震作用计算模型，宜计入几何刚度的影响。

10.2.8 屋盖钢结构和下部支承结构协同分析时，阻尼比应符合下列规定：

1 当下部支承结构为钢结构或屋盖直接支承在地面时，阻尼比可取0.02。

2 当下部支承结构为混凝土结构时，阻尼比可取0.025～0.035。

10.2.9 屋盖结构的水平地震作用计算，应符合下列要求：

1 对于单向传力体系，可取主结构方向和垂直主结构方向分别计算水平地震作用。

2 对于空间传力体系，应至少取两个主轴方向同时计算水平地震作用；对于有两个以上主轴或质量、刚度明显不对称的屋盖结构，应增加水平地震作用的计算方向。

10.2.10 一般情况，屋盖结构的多遇地震作用计算可采用振型分解反应谱法；体型复杂或跨度较大的结构，也可采用多向地震反应谱法或时程分析法进行补充计算。对于周边支承或周边支承和多点支承相结合、且规则的网架、平面桁架和立体桁架结构，其竖向地震作用可按本规范第5.3.2条规定进行简化计算。

10.2.11 屋盖结构构件的地震作用效应的组合应符合下列要求：

1 单向传力体系，主结构构件的验算可取主结构方向的水平地震效应和竖向地震效应的组合、主结构间支撑构件的验算可仅计入垂直于主结构方向的水平地震效应。

2 一般结构，应进行三向地震作用效应的组合。

10.2.12 大跨屋盖结构在重力荷载代表值和多遇竖向地震作用标准值下的组合挠度值不宜超过表10.2.12的限值。

表10.2.12 大跨屋盖结构的挠度限值

结构体系	屋盖结构（短向跨度 l_1）	悬挑结构（悬挑跨度 l_2）
平面桁架、立体桁架、网架、张弦梁	$l_1/250$	$l_2/125$
拱、单层网壳	$l_1/400$	—
双层网壳、弦支穹顶	$l_1/300$	$l_2/150$

10.2.13 屋盖构件截面抗震验算除应符合本规范第5.4节的有关规定外，尚应符合下列要求：

1 关键杆件的地震组合内力设计值应乘以增大

系数；其取值，7、8、9度宜分别按1.1、1.15、1.2采用。

2 关键节点的地震作用效应组合设计值应乘以增大系数；其取值，7、8、9度宜分别按1.15、1.2、1.25采用。

3 预张拉结构中的拉索，在多遇地震作用下应不出现松弛。

注：对于空间传力体系，关键杆件指临支座杆件，即：临支座2个区（网）格内的弦、腹杆；临支座1/10跨度范围内的弦、腹杆，两者取较小的范围。对于单向传力体系，关键杆件指与支座直接相临间的弦杆和腹杆。关键节点为与关键杆件连接的节点。

（Ⅲ）抗震构造措施

10.2.14 屋盖钢杆件的长细比，宜符合表10.2.14的规定：

表 10.2.14 钢杆件的长细比限值

杆件类型	受 拉	受 压	压 弯	拉 弯
一般杆件	250	180	150	250
关键杆件	200	150(120)	150(120)	200

注：1 括号内数值用于8、9度；
  2 表列数据不适用于拉索等柔性构件。

10.2.15 屋盖构件节点的抗震构造，应符合下列要求：

1 采用节点板连接各杆件时，节点板的厚度不宜小于连接杆件最大壁厚的1.2倍。

2 采用相贯节点时，应将内力较大方向的杆件直通。直通杆件的壁厚不应小于焊于其上各杆件的壁厚。

3 采用焊接球节点时，球体的壁厚不应小于相连杆件最大壁厚的1.3倍。

4 杆件宜相交于节点中心。

10.2.16 支座的抗震构造应符合下列要求：

1 应具有足够的强度和刚度，在荷载作用下不应先于杆件和其他节点破坏，也不得产生不可忽略的变形。支座节点构造形式应传力可靠、连接简单，并符合计算假定。

2 对于水平可滑动的支座，应保证屋盖在罕遇地震下的滑移不超出支承面，并应采取限位措施。

3 8、9度时，多遇地震下只承受竖向压力的支座，宜采用拉压型构造。

10.2.17 屋盖结构采用隔震及减震支座时，其性能参数、耐久性及相关构造应符合本规范第12章的有关规定。

11 土、木、石结构房屋

11.1 一 般 规 定

11.1.1 土、木、石结构房屋的建筑、结构布置应符合下列要求：

1 房屋的平面布置应避免拐角或突出。

2 纵横向承重墙的布置宜均匀对称，在平面内宜对齐，沿竖向应上下连续；在同一轴线上，窗间墙的宽度宜均匀。

3 多层房屋的楼层不应错层，不应采用板式单边悬挑楼梯。

4 不应在同一高度内采用不同材料的承重构件。

5 屋檐外挑梁上不得砌筑砌体。

11.1.2 木楼、屋盖房屋应在下列部位采取拉结措施：

1 两端开间屋架和中间隔开间屋架应设置竖向剪刀撑；

2 在屋檐高度处应设置纵向通长水平系杆，系杆应采用墙揽与各道横墙连接或与木梁、屋架下弦连接牢固；纵向水平系杆端宜采用木夹板对接，墙揽可采用方木、角铁等材料；

3 山墙、山尖墙应采用墙揽与木屋架、木构架或檩条拉结；

4 内隔墙墙顶应与梁或屋架下弦拉结。

11.1.3 木楼、屋盖构件的支承长度应不小于表11.1.3的规定：

表 11.1.3 木楼、屋盖构件的最小支承长度（mm）

构件名称	木屋架、木梁	对接木龙骨、木檩条		搭接木龙骨、木檩条
位置	墙上	屋架上	墙上	屋架上、墙上
支承长度与连接方式	240（木垫板）	60（木夹板与螺栓）	120（木夹板与螺栓）	满搭

11.1.4 门窗洞口过梁的支承长度，6～8度时不应小于240mm，9度时不应小于360mm。

11.1.5 当采用冷摊瓦屋面时，底瓦的弧边两角宜设置钉孔，可采用铁钉与檩条钉牢；盖瓦与底瓦宜采用石灰或水泥砂浆压垄等做法与底瓦粘结牢固。

11.1.6 土木石房屋突出屋面的烟囱、女儿墙等易倒塌构件的出屋面高度，6、7度时不应大于600mm；8度（0.20g）时不应大于500mm；8度（0.30g）和9度时不应大于400mm。并应采取拉结措施。

注：坡屋面上的烟囱高度由烟囱的根部上沿算起。

11.1.7 土木石房屋的结构材料应符合下列要求：

1 木构件应选用干燥、纹理直、节疤少、无腐朽的木材。

2 生土墙体土料应选用杂质少的黏性土。

3 石材应质地坚实，无风化、剥落和裂纹。

11.1.8 土木石房屋的施工应符合下列要求：

1 HPB300 钢筋端头应设置 180°弯钩。

2 外露铁件应做防锈处理。

11.2 生 土 房 屋

11.2.1 本节适用于 6 度、7 度（0.10g）未经焙烧的土坯、灰土和夯土承重墙体的房屋及土窑洞、土拱房。

注：1 灰土墙指掺石灰（或其他粘结材料）的土筑墙和掺石灰土坯墙；

2 土窑洞指未经扰动的原土中开挖而成的崖窑。

11.2.2 生土房屋的高度和承重横墙墙间距应符合下列要求：

1 生土房屋宜建单层，灰土墙房屋可建二层，但总高度不应超过 6m。

2 单层生土房屋的檐口高度不宜大于 2.5m。

3 单层生土房屋的承重横墙间距不宜大于 3.2m。

4 窑洞净跨不宜大于 2.5m。

11.2.3 生土房屋的屋盖应符合下列要求：

1 应采用轻屋面材料。

2 硬山搁檩房屋宜采用双坡屋面或弧形屋面，檩条支承处应设垫木；端檩应出檐，内墙上檩条应满搭或采用夹板对接和燕尾榫加扒钉连接。

3 木屋盖各构件应采用圆钉、扒钉、钢丝等相互连接。

4 木屋架、木梁在外墙上宜满搭，支承处应设置木圈梁或木垫板；木垫板的长度、宽度和厚度分别不宜小于 500mm、370mm 和 60mm；木垫板下应铺设砂浆垫层或黏土石灰浆垫层。

11.2.4 生土房屋的承重墙体应符合下列要求：

1 承重墙体门窗洞口的宽度，6、7 度时不应大于 1.5m。

2 门窗洞口宜采用木过梁；当过梁由多根木杆组成时，宜采用木板、扒钉、铅丝等将各根木杆连接成整体。

3 内外墙体应同时分层交错夯筑或咬砌。外墙四角和内外墙交接处，应沿墙高每隔 500mm 左右放置一层竹筋、木条、荆条等编织的拉结网片，每边伸入墙体应不小于 1000mm 或至门窗洞边，拉结网片在相交处应绑扎；或采取其他加强整体性的措施。

11.2.5 各类生土房屋的地基应夯实，应采用毛石、片石、凿开的卵石或普通砖基础，基础墙应采用混合砂浆或水泥砂浆砌筑。外墙宜做墙裙防潮处理（墙脚宜设防潮层）。

11.2.6 土坯宜采用黏性土湿法成型并宜掺入草苇等拉结材料；土坯应卧砌并宜采用黏土浆或黏土石灰浆砌筑。

11.2.7 灰土墙房屋应每层设置圈梁，并在横墙上拉通；内纵墙顶面宜在山尖墙两侧增砌踏步式墙垛。

11.2.8 土拱房应多跨连接布置，各拱脚均应支承在稳固的崖体上或支承在人工土墙上；拱圈厚度宜为 300mm～400mm，应支模砌筑，不应后倾贴砌；外侧支承墙和拱圈上不应布置门窗。

11.2.9 土窑洞应避开易产生滑坡、山崩的地段；开挖窑洞的崖体应土质密实、土体稳定、坡度较平缓、无明显的竖向节理；崖窑前不宜接砌土坯或其他材料的前脸；不宜开挖层窑，否则应保持足够的间距，且上、下不宜对齐。

11.3 木结构房屋

11.3.1 本节适用于 6～9 度的穿斗木构架、木柱木屋架和木柱木梁等房屋。

11.3.2 木结构房屋不应采用木柱与砖柱或砖墙等混合承重；山墙应设置端屋架（木梁），不得采用硬山搁檩。

11.3.3 木结构房屋的高度应符合下列要求：

1 木柱木屋架和穿斗木构架房屋，6～8 度时不宜超过二层，总高度不宜超过 6m；9 度时宜建单层，高度不应超过 3.3m。

2 木柱木梁房屋宜建单层，高度不宜超过 3m。

11.3.4 礼堂、剧院、粮仓等较大跨度的空旷房屋，宜采用四柱落地的三跨木排架。

11.3.5 木屋架屋盖的支撑布置，应符合本规范第9.3 节有关规定的要求，但房屋两端的屋架支撑，应设置在端开间。

11.3.6 木柱木屋架和木柱木梁房屋应在木柱与屋架（或梁）间设置斜撑；横隔墙较多的居住房屋应在非抗震隔墙内设斜撑；斜撑宜采用木夹板，并应通到屋架的上弦。

11.3.7 穿斗木构架房屋的横向和纵向均应在木柱的上、下柱端和楼层下部设置穿枋，并应在每一纵向柱列间设置 1～2 道剪刀撑或斜撑。

11.3.8 木结构房屋的构件连接，应符合下列要求：

1 柱顶应有暗榫插入屋架下弦，并用 U 形铁件连接；8、9 度时，柱脚应采用铁件或其他措施与基础锚固。柱础埋入地面以下的深度不应小于 200mm。

2 斜撑和屋盖支撑结构，均应采用螺栓与主体构件相连接；除穿斗木构件外，其他木构件宜采用螺栓连接。

3 椽与檩的搭接处应满钉，以增强屋盖的整体性。木构架中，宜在柱檐口以上沿房屋纵向设置竖向剪刀撑等措施，以增强纵向稳定性。

11.3.9 木构件应符合下列要求：

1 木柱的梢径不宜小于 150mm；应避免在柱的同一高度处纵横向同时开槽，且在柱的同一截面开槽面积不应超过截面总面积的 1/2。

2 柱子不能有接头。

3 穿枋应贯通木构架各柱。

11.3.10 围护墙应符合下列要求：

1 围护墙与木柱的拉结应符合下列要求：

1）沿墙高每隔500mm左右，应采用8号钢丝将墙体内的水平拉结筋或拉结网片与木柱拉结；

2）配筋砖圈梁、配筋砂浆带与木柱应采用$\phi6$钢筋或8号钢丝拉结。

2 土坯砌筑的围护墙，洞口宽度应符合本规范第11.2节的要求。砖等砌筑的围护墙，横墙和内纵墙上的洞口宽度不宜大于1.5m，外纵墙上的洞口宽度不宜大于1.8m或开间尺寸的一半。

3 土坯、砖等砌筑的围护墙不应将木柱完全包裹，应贴砌在木柱外侧。

11.4 石结构房屋

11.4.1 本节适用于6～8度，砂浆砌筑的料石砌体（包括有垫片或无垫片）承重的房屋。

11.4.2 多层石砌体房屋的总高度和层数不应超过表11.4.2的规定。

表11.4.2 多层石砌体房屋总高度（m）和层数限值

墙体类别	烈 度					
	6		7		8	
	高度	层数	高度	层数	高度	层数
细、半细料石砌体（无垫片）	16	五	13	四	10	三
粗料石及毛料石砌体（有垫片）	13	四	10	三	7	二

注：1 房屋总高度的计算同本规范表7.1.2注。

2 横墙较少的房屋，总高度应降低3m，层数相应减少一层。

11.4.3 多层石砌体房屋的层高不宜超过3m。

11.4.4 多层石砌体房屋的抗震横墙间距，不应超过表11.4.4的规定。

表11.4.4 多层石砌体房屋的抗震横墙间距（m）

楼、屋盖类型	烈 度		
	6	7	8
现浇及装配整体式钢筋混凝土	10	10	7
装配式钢筋混凝土	7	7	4

11.4.5 多层石砌体房屋，宜采用现浇或装配整体式钢筋混凝土楼、屋盖。

11.4.6 石墙的截面抗震验算，可参照本规范第7.2节；其抗剪强度应根据试验数据确定。

11.4.7 多层石砌体房屋应在外墙四角、楼梯间四角和每开间的内外墙交接处设置钢筋混凝土构造柱。

11.4.8 抗震横墙洞口的水平截面面积，不应大于全截面面积的1/3。

11.4.9 每层的纵横墙均应设置圈梁，其截面高度不应小于120mm，宽度宜与墙厚相同，纵向钢筋不应小于$4\phi10$，箍筋间距不宜大于200mm。

11.4.10 无构造柱的纵横墙交接处，应采用条石无垫片砌筑，且应沿墙高每隔500mm设置拉结钢筋网片，每边每侧伸入墙内不宜小于1m。

11.4.11 不应采用石板作为承重构件。

11.4.12 其他有关抗震构造措施要求，参照本规范第7章的相关规定。

12 隔震和消能减震设计

12.1 一般规定

12.1.1 本章适用于设置隔震层以隔离水平地震动的房屋隔震设计，以及设置消能部件吸收与消耗地震能量的房屋消能减震设计。

采用隔震和消能减震设计的建筑结构，应符合本规范第3.8.1条的规定，其抗震设防目标符合本规范第3.8.2条的规定。

注：1 本章隔震设计指在房屋基础、底部或下部结构与上部结构之间设置由橡胶隔震支座和阻尼装置等部件组成具有整体复位功能的隔震层，以延长整个结构体系的自振周期，减少输入上部结构的水平地震作用，达到预期防震要求。

2 消能减震设计指在房屋结构中设置消能器，通过消能器的相对变形和相对速度提供附加阻尼，以消耗输入结构的地震能量，达到预期防震减震要求。

12.1.2 建筑结构隔震设计和消能减震设计确定设计方案时，除应符合本规范第3.5.1条的规定外，尚应与采用抗震设计的方案进行对比分析。

12.1.3 建筑结构采用隔震设计时应符合下列各项要求：

1 结构高宽比宜小于4，且不应大于相关规范规程对非隔震结构的具体规定，其变形特征接近剪切变形，最大高度应满足本规范非隔震结构的要求；高宽比大于4或非隔震结构相关规定的结构采用隔震设计时，应进行专门研究。

2 建筑场地宜为Ⅰ、Ⅱ、Ⅲ类，并应选用稳定性较好的基础类型。

3 风荷载和其他非地震作用的水平荷载标准值产生的总水平力不宜超过结构总重力的10%。

4 隔震层应提供必要的竖向承载力、侧向刚度和阻尼；穿过隔震层的设备配管、配线，应采用柔性连接或其他有效措施以适应隔震层的罕遇地震水平位移。

12.1.4 消能减震设计可用于钢、钢筋混凝土、钢-混凝土混合等结构类型的房屋。

消能部件应对结构提供足够的附加阻尼，尚应根据其结构类型分别符合本规范相应章节的设计要求。

12.1.5 隔震和消能减震设计时，隔震装置和消能部件应符合下列要求：

1 隔震装置和消能部件的性能参数应经试验确定。

2 隔震装置和消能部件的设置部位，应采取便于检查和替换的措施。

3 设计文件上应注明对隔震装置和消能部件的性能要求，安装前应按规定进行检测，确保性能符合要求。

12.1.6 建筑结构的隔震设计和消能减震设计，尚应符合相关专门标准的规定；也可按抗震性能目标的要求进行性能化设计。

12.2 房屋隔震设计要点

12.2.1 隔震设计应根据预期的竖向承载力、水平向减震系数和位移控制要求，选择适当的隔震装置及抗风装置组成结构的隔震层。

隔震支座应进行竖向承载力的验算和罕遇地震下水平位移的验算。

隔震层以上结构的水平地震作用应根据水平向减震系数确定；其竖向地震作用标准值，8 度 (0.20g)、8 度 (0.30g) 和 9 度时分别不应小于隔震层以上结构总重力荷载代表值的 20%、30% 和 40%。

12.2.2 建筑结构隔震设计的计算分析，应符合下列规定：

1 隔震体系的计算简图，应增加由隔震支座及其顶部梁板组成的质点；对变形特征为剪切型的结构可采用剪切模型（图 12.2.2）；当隔震层以上结构的质心与隔震层刚度中心不重合时，应计入扭转效应的影响。隔震层顶部的梁板结构，应作为其上部结构的一部分进行计算和设计。

2 一般情况下，宜采用时程分析法进行计算；输入地震波的反应谱特性和数量，应符合本规范第 5.1.2 条的规定，计算结果宜取其包络值；当处于发震断层 10km 以内时，输入地震波应考虑近场影响系数，5km 以内宜取 1.5，5km 以外可取不小于 1.25。

3 砌体结构及基本周期与其相当的结构可按本规范附录 L 简化计算。

12.2.3 隔震层的橡胶隔震支座应符合下列要求：

1 隔震支座在表 12.2.3 所列的压应力下的极限

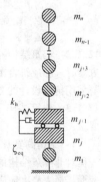

图 12.2.2 隔震结构计算简图

水平变位，应大于其有效直径的 0.55 倍和支座内部橡胶总厚度 3 倍二者的较大值。

2 在经历相应设计基准期的耐久试验后，隔震支座刚度、阻尼特性变化不超过初期值的 ±20%；徐变量不超过支座内部橡胶总厚度的 5%。

3 橡胶隔震支座在重力荷载代表值的竖向压应力不应超过表 12.2.3 的规定。

表 12.2.3 橡胶隔震支座压应力限值

建筑类别	甲类建筑	乙类建筑	丙类建筑
压应力限值（MPa）	10	12	15

注：1 压应力设计值应按永久荷载和可变荷载的组合计算；其中，楼面活荷载应按现行国家标准《建筑结构荷载规范》GB 50009 的规定乘以折减系数；

　　2 结构倾覆验算时应包括水平地震作用效应组合；对需进行竖向地震作用计算的结构，尚应包括竖向地震作用效应组合；

　　3 当橡胶支座的第二形状系数（有效直径与橡胶层总厚度之比）小于 5.0 时应降低压应力限值：小于 5 不小于 4 时降低 20%，小于 4 不小于 3 时降低 40%；

　　4 外径小于 300mm 的橡胶支座，丙类建筑的压应力限值为 10MPa。

12.2.4 隔震层的布置、竖向承载力、侧向刚度和阻尼应符合下列规定：

1 隔震层宜设置在结构的底部或下部，其橡胶隔震支座应设置在受力较大的位置，间距不宜过大，其规格、数量和分布应根据竖向承载力、侧向刚度和阻尼的要求通过计算确定。隔震层在罕遇地震下应保持稳定，不宜出现不可恢复的变形；其橡胶支座在罕遇地震的水平和竖向地震同时作用下，拉应力不应大于 1MPa。

2 隔震层的水平等效刚度和等效黏滞阻尼比可按下列公式计算：

$$K_h = \sum K_j \tag{12.2.4-1}$$

$$\zeta_{eq} = \sum K_j \zeta_j / K_h \tag{12.2.4-2}$$

式中：ζ_{eq}——隔震层等效黏滞阻尼比；

K_h——隔震层水平等效刚度；

ζ_j——j 隔震支座由试验确定的等效黏滞阻尼比，设置阻尼装置时，应包括相应阻尼比；

K_j——j 隔震支座（含消能器）由试验确定的水平等效刚度。

3 隔震支座由试验确定设计参数时，竖向荷载应保持本规范表 12.2.3 的压应力限值；对水平向减震系数计算，应取剪切变形 100% 的等效刚度和等效黏滞阻尼比；对罕遇地震验算，宜采用剪切变形 250% 时的等效刚度和等效黏滞阻尼比，当隔震支座直径较大时可采用剪切变形 100% 时的等效刚度和等效黏滞阻尼比。当采用时程分析时，应以试验所得滞回曲线作为计算依据。

12.2.5 隔震层以上结构的地震作用计算，应符合下列规定：

1 对多层结构，水平地震作用沿高度可按重力荷载代表值分布。

2 隔震后水平地震作用计算的水平地震影响系数可按本规范第 5.1.4、第 5.1.5 条确定。其中，水平地震影响系数最大值可按下式计算：

$$\alpha_{max1} = \beta\alpha_{max}/\psi \qquad (12.2.5)$$

式中：α_{max1}——隔震后的水平地震影响系数最大值；

　　　α_{max}——非隔震的水平地震影响系数最大值，按本规范第 5.1.4 条采用；

　　　β——水平向减震系数；对于多层建筑，为按弹性计算所得的隔震与非隔震各层层间剪力的最大比值。对高层建筑结构，尚应计算隔震与非隔震各层倾覆力矩的最大比值，并与层间剪力的最大比值相比较，取二者的较大值；

　　　ψ——调整系数；一般橡胶支座，取 0.80；支座剪切性能偏差为 S-A 类，取 0.85；隔震装置带有阻尼器时，相应减少 0.05。

注：1 弹性计算时，简化计算和反应谱分析时宜按隔震支座水平剪切应变为 100% 时的性能参数进行计算；当采用时程分析法时按设计基本地震加速度输入进行计算；

2 支座剪切性能偏差按现行国家产品标准《橡胶支座　第 3 部分：建筑隔震橡胶支座》GB 20688.3 确定。

3 隔震层以上结构的总水平地震作用不得低于非隔震结构在 6 度设防时的总水平地震作用，并应进行抗震验算；各楼层的水平地震剪力尚应符合本规范第 5.2.5 条对本地区设防烈度的最小地震剪力系数的规定。

4 9 度时和 8 度且水平向减震系数不大于 0.3 时，隔震层以上的结构应进行竖向地震作用的计算。隔震层以上结构竖向地震作用标准值计算时，各楼层可视为质点，并按本规范式（5.3.1-2）计算竖向地震作用标准值沿高度的分布。

12.2.6 隔震支座的水平剪力应根据隔震层在罕遇地震下的水平剪力按各隔震支座的水平等效刚度分配；当按扭转耦联计算时，尚应计及隔震层的扭转刚度。

隔震支座对应于罕遇地震水平剪力的水平位移，应符合下列要求：

$$u_i \leqslant [u_i] \qquad (12.2.6-1)$$
$$u_i = \eta_i u_c \qquad (12.2.6-2)$$

式中：u_i——罕遇地震作用下，第 i 个隔震支座考虑扭转的水平位移；

　　　$[u_i]$——第 i 个隔震支座的水平位移限值；对橡

胶隔震支座，不应超过该支座有效直径的 0.55 倍和支座内部橡胶总厚度 3.0 倍二者的较小值；

　　　u_c——罕遇地震下隔震层质心处或不考虑扭转的水平位移；

　　　η_i——第 i 个隔震支座的扭转影响系数，应取考虑扭转和不考虑扭转时 i 支座计算位移的比值；当隔震层以上结构的质心与隔震层刚度中心在两个主轴方向均无偏心时，边支座的扭转影响系数不应小于 1.15。

12.2.7 隔震结构的隔震措施，应符合下列规定：

1 隔震结构应采取不阻碍隔震层在罕遇地震下发生大变形的下列措施：

　1） 上部结构的周边应设置竖向隔离缝，缝宽不宜小于各隔震支座在罕遇地震下的最大水平位移值的 1.2 倍且不小于 200mm。对两相邻隔震结构，其缝宽取最大水平位移值之和，且不小于 400mm。

　2） 上部结构与下部结构之间，应设置完全贯通的水平隔离缝，缝高可取 20mm，并用柔性材料填充；当设置水平隔离缝确有困难时，应设置可靠的水平滑移垫层。

　3） 穿越隔震层的门廊、楼梯、电梯、车道等部位，应防止可能的碰撞。

2 隔震层以上结构的抗震措施，当水平向减震系数大于 0.40 时（设置阻尼器时为 0.38）不应降低非隔震时的有关要求；水平向减震系数不大于 0.40 时（设置阻尼器时为 0.38），可适当降低本规范有关章节对非隔震建筑的要求，但烈度降低不得超过 1 度，与抵抗竖向地震作用有关的抗震构造措施不应降低。此时，对砌体结构，可按本规范附录 L 采取抗震构造措施。

注：与抵抗竖向地震作用有关的抗震措施，对钢筋混凝土结构，指墙、柱的轴压比规定；对砌体结构，指外墙尽端墙体的最小尺寸和圈梁的有关规定。

12.2.8 隔震层与上部结构的连接，应符合下列规定：

1 隔震层顶部应设置梁板式楼盖，且应符合下列要求：

　1） 隔震支座的相关部位应采用现浇混凝土梁板结构，现浇板厚度不应小于 160mm；

　2） 隔震层顶部梁、板的刚度和承载力，宜大于一般楼盖梁板的刚度和承载力；

　3） 隔震支座附近的梁、柱应计算冲切和局部承压，加密箍筋并根据需要配置网状钢筋。

2 隔震支座和阻尼装置的连接构造，应符合下列要求：

　1） 隔震支座和阻尼装置应安装在便于维护人

员接近的部位；

  2）隔震支座与上部结构、下部结构之间的连接件，应能传递罕遇地震下支座的最大水平剪力和弯矩；

  3）外露的预埋件应有可靠的防锈措施。预埋件的锚固钢筋应与钢板牢固连接，锚固钢筋的锚固长度宜大于 20 倍锚固钢筋直径，且不应小于 250mm。

12.2.9 隔震层以下的结构和基础应符合下列要求：

  1 隔震层支墩、支柱及相连构件，应采用隔震结构罕遇地震下隔震支座底部的竖向力、水平力和力矩进行承载力验算。

  2 隔震层以下的结构（包括地下室和隔震塔楼下的底盘）中直接支承隔震层以上结构的相关构件，应满足嵌固的刚度比和隔震后设防地震的抗震承载力要求，并按罕遇地震进行抗剪承载力验算。隔震层以下地面以上的结构在罕遇地震下的层间位移角限值应满足表 12.2.9 要求。

  3 隔震建筑地基基础的抗震验算和地基处理仍应按本地区抗震设防烈度进行，甲、乙类建筑的抗液化措施应按提高一个液化等级确定，直至全部消除液化沉陷。

表 12.2.9 隔震层以下地面以上结构罕遇地震
作用下层间弹塑性位移角限值

下部结构类型	$[\theta_p]$
钢筋混凝土框架结构和钢结构	1/100
钢筋混凝土框架-抗震墙	1/200
钢筋混凝土抗震墙	1/250

12.3 房屋消能减震设计要点

12.3.1 消能减震设计时，应根据多遇地震下的预期减震要求及罕遇地震下的预期结构位移控制要求，设置适当的消能部件。消能部件可由消能器及斜撑、墙体、梁等支承构件组成。消能器可采用速度相关型、位移相关型或其他类型。

  注：1 速度相关型消能器指黏滞消能器和黏弹性消能器等；

    2 位移相关型消能器指金属屈服消能器和摩擦消能器等。

12.3.2 消能部件可根据需要沿结构的两个主轴方向分别设置。消能部件宜设置在变形较大的位置，其数量和分布应通过综合分析合理确定，并有利于提高整个结构的消能减震能力，形成均匀合理的受力体系。

12.3.3 消能减震设计的计算分析，应符合下列规定：

  1 当主体结构基本处于弹性工作阶段时，可采用线性分析方法作简化估算，并根据结构的变形特征和高度等，按本规范第 5.1 节的规定分别采用底部剪力法、振型分解反应谱法和时程分析法。消能减震结构的地震影响系数可根据消能减震结构的总阻尼比按本规范第 5.1.5 条的规定采用。

  消能减震结构的自振周期应根据消能减震结构的总刚度确定，总刚度应为结构刚度和消能部件有效刚度的总和。

  消能减震结构的总阻尼比应为结构阻尼比和消能部件附加给结构的有效阻尼比的总和；多遇地震和罕遇地震下的总阻尼比应分别计算。

  2 对主体结构进入弹塑性阶段的情况，应根据主体结构体系特征，采用静力非线性分析方法或非线性时程分析方法。

  在非线性分析中，消能减震结构的恢复力模型应包括结构恢复力模型和消能部件的恢复力模型。

  3 消能减震结构的层间弹塑性位移角限值，应符合预期的变形控制要求，宜比非消能减震结构适当减小。

12.3.4 消能部件附加给结构的有效阻尼比和有效刚度，可按下列方法确定：

  1 位移相关型消能部件和非线性速度相关型消能部件附加给结构的有效刚度应采用等效线性化方法确定。

  2 消能部件附加给结构的有效阻尼比可按下式估算：

$$\xi_a = \sum_j W_{cj} / (4\pi W_s) \qquad (12.3.4\text{-}1)$$

式中：ξ_a——消能减震结构的附加有效阻尼比；

   W_{cj}——第 j 个消能部件在结构预期层间位移 Δu_j 下往复循环一周所消耗的能量；

   W_s——设置消能部件的结构在预期位移下的总应变能。

  注：当消能部件在结构上分布较均匀，且附加给结构的有效阻尼比小于 20% 时，消能部件附加给结构的有效阻尼比也可采用强行解耦方法确定。

  3 不计及扭转影响时，消能减震结构在水平地震作用下的总应变能，可按下式估算：

$$W_s = (1/2) \sum F_i u_i \qquad (12.3.4\text{-}2)$$

式中：F_i——质点 i 的水平地震作用标准值；

   u_i——质点 i 对应于水平地震作用标准值的位移。

  4 速度线性相关型消能器在水平地震作用下往复循环一周所消耗的能量，可按下式估算：

$$W_{cj} = (2\pi^2 / T_1) C_j \cos^2\theta_j \Delta u_j^2 \qquad (12.3.4\text{-}3)$$

式中：T_1——消能减震结构的基本自振周期；

   C_j——第 j 个消能器的线性阻尼系数；

   θ_j——第 j 个消能器的消能方向与水平面的

夹角；

Δu_j——第 j 个消能器两端的相对水平位移。

当消能器的阻尼系数和有效刚度与结构振动周期有关时，可取相应于消能减震结构基本自振周期的值。

5 位移相关型和速度非线性相关型消能器在水平地震作用下往复循环一周所消耗的能量，可按下式估算：

$$W_{cj} = A_j \quad (12.3.4\text{-}4)$$

式中：A_j——第 j 个消能器的恢复力滞回环在相对水平位移 Δu_j 时的面积。

消能器的有效刚度可取消能器的恢复力滞回环在相对水平位移 Δu_j 时的割线刚度。

6 消能部件附加给结构的有效阻尼比超过 25% 时，宜按 25% 计算。

12.3.5 消能部件的设计参数，应符合下列规定：

1 速度线性相关型消能器与斜撑、墙体或梁等支承构件组成消能部件时，支承构件沿消能器消能方向的刚度应满足下式：

$$K_b \geqslant (6\pi/T_1)C_D \quad (12.3.5\text{-}1)$$

式中：K_b——支承构件沿消能器方向的刚度；

C_D——消能器的线性阻尼系数；

T_1——消能减震结构的基本自振周期。

2 黏弹性消能器的黏弹性材料总厚度应满足下式：

$$t \geqslant \Delta u/[\gamma] \quad (12.3.5\text{-}2)$$

式中：t——黏弹性消能器的黏弹性材料的总厚度；

Δu——沿消能器方向的最大可能的位移；

$[\gamma]$——黏弹性材料允许的最大剪切应变。

3 位移相关型消能器与斜撑、墙体或梁等支承构件组成消能部件时，消能部件的恢复力模型参数宜符合下列要求：

$$\Delta u_{py}/\Delta u_{sy} \leqslant 2/3 \quad (12.3.5\text{-}3)$$

式中：Δu_{py}——消能部件在水平方向的屈服位移或起滑位移；

Δu_{sy}——设置消能部件的结构层间屈服位移。

4 消能器的极限位移应不小于罕遇地震下消能器最大位移的 1.2 倍；对速度相关型消能器，消能器的极限速度应不小于地震作用下消能器最大速度的 1.2 倍，且消能器应满足在此极限速度下的承载力要求。

12.3.6 消能器的性能检验，应符合下列规定：

1 对黏滞流体消能器，由第三方进行抽样检验，其数量为同一工程同一类型同一规格数量的 20%，但不少于 2 个，检测合格率为 100%，检测后的消能器可用于主体结构；对其他类型消能器，抽检数量为同一类型同一规格数量的 3%，当同一类型同一规格的消能器数量较少时，可以在同一类型消能器中抽检总数量的 3%，但不应少于 2 个，检测合格率为

100%，检测后的消能器不能用于主体结构。

2 对速度相关型消能器，在消能器设计位移和设计速度幅值下，以结构基本频率往复循环 30 圈后，消能器的主要设计指标误差和衰减量不应超过 15%；对位移相关型消能器，在消能器设计位移幅值下往复循环 30 圈后，消能器的主要设计指标误差和衰减量不应超过 15%，且不应有明显的低周疲劳现象。

12.3.7 结构采用消能减震设计时，消能部件的相关部位应符合下列要求：

1 消能器与支承构件的连接，应符合本规范和有关规程对相关构件连接的构造要求。

2 在消能器施加给主结构最大阻尼力作用下，消能器与主结构之间的连接部件应在弹性范围内工作。

3 与消能部件相连的结构构件设计时，应计入消能部件传递的附加内力。

12.3.8 当消能减震结构的抗震性能明显提高时，主体结构的抗震构造要求可适当降低。降低程度可根据消能减震结构地震影响系数与不设置消能减震装置结构的地震影响系数之比确定，最大降低程度应控制在 1 度以内。

13 非结构构件

13.1 一般规定

13.1.1 本章主要适用于非结构构件与建筑结构的连接。非结构构件包括持久性的建筑非结构构件和支承于建筑结构的附属机电设备。

注：1 建筑非结构构件指建筑中除承重骨架体系以外的固定构件和部件，主要包括非承重墙体，附着于楼面和屋面结构的构件、装饰构件和部件、固定于楼面的大型储物架等。

2 建筑附属机电设备指为现代建筑使用功能服务的附属机械、电气构件、部件和系统，主要包括电梯、照明和应急电源、通信设备，管道系统，采暖和空气调节系统，烟火监测和消防系统，公用天线等。

13.1.2 非结构构件应根据所属建筑的抗震设防类别和非结构地震破坏的后果及其对整个建筑结构影响的范围，采取不同的抗震措施，达到相应的性能化设计目标。

建筑非结构构件和建筑附属机电设备实现抗震性能化设计目标的某些方法可按本规范附录 M 第 M.2 节执行。

13.1.3 当抗震要求不同的两个非结构构件连接在一起时，应按较高的要求进行抗震设计。其中一个非结构构件连接损坏时，应不致引起与之相连的有较高要求的非结构构件失效。

13.2 基本计算要求

13.2.1 建筑结构抗震计算时，应按下列规定计入非结构构件的影响：

1 地震作用计算时，应计入支承于结构构件的建筑构件和建筑附属机电设备的重力。

2 对柔性连接的建筑构件，可不计入刚度；对嵌入抗侧力构件平面内的刚性建筑非结构构件，应计入其刚度影响，可采用周期调整等简化方法；一般情况下不应计入其抗震承载力，当有专门的构造措施时，尚可按有关规定计入其抗震承载力。

3 支承非结构构件的结构构件，应将非结构构件地震作用效应作为附加作用对待，并满足连接件的锚固要求。

13.2.2 非结构构件的地震作用计算方法，应符合下列要求：

1 各构件和部件的地震力应施加于其重心，水平地震力应沿任一水平方向。

2 一般情况下，非结构构件自身重力产生的地震作用可采用等效侧力法计算；对支承于不同楼层或防震缝两侧的非结构构件，除自身重力产生的地震作用外，尚应同时计及地震时支承点之间相对位移产生的作用效应。

3 建筑附属设备（含支架）的体系自振周期大于 0.1s 且其重力超过所在楼层重力的 1%，或建筑附属设备的重力超过所在楼层重力的 10% 时，宜进入整体结构模型的抗震设计，也可采用本规范附录 M 第 M.3 节的楼面谱方法计算。其中，与楼盖非弹性连接的设备，可直接将设备与楼盖作为一个质点计入整个结构的分析中得到设备所受的地震作用。

13.2.3 采用等效侧力法时，水平地震作用标准值宜按下列公式计算：

$$F = \gamma \eta \zeta_1 \zeta_2 \alpha_{max} G \qquad (13.2.3)$$

式中：F——沿最不利方向施加于非结构构件重心处的水平地震作用标准值；

γ——非结构构件功能系数，由相关标准确定或按本规范附录 M 第 M.2 节执行；

η——非结构构件类别系数，由相关标准确定或按本规范附录 M 第 M.2 节执行；

ζ_1——状态系数；对预制建筑构件、悬臂类构件、支承点低于质心的任何设备和柔性体系宜取 2.0，其余情况可取 1.0；

ζ_2——位置系数，建筑的顶点宜取 2.0，底部宜取 1.0，沿高度线性分布；对本规范第 5 章要求采用时程分析法补充计算的结构，应按其计算结果调整；

α_{max}——水平地震影响系数最大值；可按本规范

第 5.1.4 条关于多遇地震的规定采用；

G——非结构构件的重力，应包括运行时有关的人员、容器和管道中的介质及储物柜中物品的重力。

13.2.4 非结构构件因支承点相对水平位移产生的内力，可按该构件在位移方向的刚度乘以规定的支承点相对水平位移计算。

非结构构件在位移方向的刚度，应根据其端部的实际连接状态，分别采用刚接、铰接、弹性连接或滑动连接等简化的力学模型。

相邻楼层的相对水平位移，可按本规范规定的限值采用。

13.2.5 非结构构件的地震作用效应（包括自身重力产生的效应和支座相对位移产生的效应）和其他荷载效应的基本组合，按本规范结构构件的有关规定计算；幕墙需计算地震作用效应与风荷载效应的组合；容器类尚应计及设备运转时的温度、工作压力等产生的作用效应。

非结构构件抗震验算时，摩擦力不得作为抵抗地震作用的抗力；承载力抗震调整系数可采用 1.0。

13.3 建筑非结构构件的基本抗震措施

13.3.1 建筑结构中，设置连接幕墙、围护墙、隔墙、女儿墙、雨篷、商标、广告牌、顶篷支架、大型储物架等建筑非结构构件的预埋件、锚固件的部位，应采取加强措施，以承受建筑非结构构件传给主体结构的地震作用。

13.3.2 非承重墙体的材料、选型和布置，应根据烈度、房屋高度、建筑体型、结构层间变形、墙体自身抗侧力性能的利用等因素，经综合分析后确定，并应符合下列要求：

1 非承重墙体宜优先采用轻质墙体材料；采用砌体墙时，应采取措施减少对主体结构的不利影响，并应设置拉结筋、水平系梁、圈梁、构造柱等与主体结构可靠拉结。

2 刚性非承重墙体的布置，应避免使结构形成刚度和强度分布上的突变；当围护墙非对称均匀布置时，应考虑质量和刚度的差异对主体结构抗震不利的影响。

3 墙体与主体结构应有可靠的拉结，应能适应主体结构不同方向的层间位移；8、9 度时应具有满足层间变位的变形能力，与悬挑构件相连接时，尚应具有满足节点转动引起的竖向变形的能力。

4 外墙板的连接件应具有足够的延性和适当的转动能力，宜满足在设防地震下主体结构层间变形的要求。

5 砌体女儿墙在人流出入口和通道处应与主体结构锚固；非出入口无锚固的女儿墙高度，6～8 度时不宜超过 0.5m，9 度时应有锚固。防震缝处女儿墙应留有足够的宽度，缝两侧的自由端应予以加强。

13.3.3 多层砌体结构中，非承重墙体等建筑非结构构件应符合下列要求：

1 后砌的非承重隔墙应沿墙高每隔 500mm～600mm 配置 2φ6 拉结钢筋与承重墙或柱拉结，每边伸入墙内不应少于 500mm；8 度和 9 度时，长度大于 5m 的后砌隔墙，墙顶尚应与楼板或梁拉结，独立墙肢端部及大门洞边宜设钢筋混凝土构造柱。

2 烟道、风道、垃圾道等不应削弱墙体；当墙体被削弱时，应对墙体采取加强措施；不宜采用无竖向配筋的附墙烟囱或出屋面的烟囱。

3 不应采用无锚固的钢筋混凝土预制挑檐。

13.3.4 钢筋混凝土结构中的砌体填充墙，尚应符合下列要求：

1 填充墙在平面和竖向的布置，宜均匀对称，宜避免形成薄弱层或短柱。

2 砌体的砂浆强度等级不应低于 M5；实心块体的强度等级不宜低于 MU2.5，空心块体的强度等级不宜低于 MU3.5；墙顶应与框架梁密切结合。

3 填充墙应沿框架柱全高每隔 500mm～600mm 设 2φ6 拉筋，拉筋伸入墙内的长度，6、7 度时宜沿墙全长贯通，8、9 度时应全长贯通。

4 墙长大于 5m 时，墙顶与梁宜有拉结；墙长超过 8m 或层高 2 倍时，宜设置钢筋混凝土构造柱；墙高超过 4m 时，墙体半高宜设置与柱连接且沿墙全长贯通的钢筋混凝土水平系梁。

5 楼梯间和人流通道的填充墙，尚应采用钢丝网砂浆面层加强。

13.3.5 单层钢筋混凝土柱厂房的围护墙和隔墙，尚应符合下列要求：

1 厂房的围护墙宜采用轻质墙板或钢筋混凝土大型墙板，砌体围护墙应采用外贴式并与柱可靠拉结；外侧柱距为 12m 时应采用轻质墙板或钢筋混凝土大型墙板。

2 刚性围护墙沿纵向宜均匀对称布置，不宜一侧为外贴式，另一侧为嵌砌式或开敞式；不宜一侧采用砌体墙一侧采用轻质墙板。

3 不等高厂房的高跨封墙和纵横向厂房交接处的悬墙宜采用轻质墙板，6、7 度采用砌体时不应直接砌在低跨屋面上。

4 砌体围护墙在下列部位应设置现浇钢筋混凝土圈梁：

    1）梯形屋架端部上弦和柱顶的标高处应各设一道，但屋架端部高度不大于 900mm 时可合并设置；

    2）应按上密下稀的原则每隔 4m 左右在窗顶增设一道圈梁，不等高厂房的高低跨封墙和纵墙跨交接处的悬墙，圈梁的竖向间距不应大于 3m；

    3）山墙沿屋面应设钢筋混凝土卧梁，并应与屋架端部上弦标高处的圈梁连接。

5 圈梁的构造应符合下列规定：

    1）圈梁宜闭合，圈梁截面宽度宜与墙厚相同，截面高度不应小于 180mm；圈梁的纵筋，6～8 度时不应少于 4φ12，9 度时不应少于 4φ14；

    2）厂房转角处柱顶圈梁在端开间范围内的纵筋，6～8 度时不宜少于 4φ14，9 度时不宜少于 4φ16，转角两侧各 1m 范围内的箍筋直径不宜小于 φ8，间距不宜大于 100mm；圈梁转角处应增设不少于 3 根且直径与纵筋相同的水平斜筋；

    3）圈梁应与柱或屋架牢固连接，山墙卧梁应与屋面板拉结；顶部圈梁与柱或屋架连接的锚拉钢筋不宜少于 4φ12，且锚固长度不宜少于 35 倍钢筋直径，防震缝处圈梁与柱或屋架的拉结宜加强。

6 墙梁宜采用现浇，当采用预制墙梁时，梁底应与砖墙顶面牢固拉结并应与柱锚拉；厂房转角处相邻的墙梁，应相互可靠连接。

7 砌体隔墙与柱宜脱开或柔性连接，并应采取措施使墙体稳定，隔墙顶部应设现浇钢筋混凝土压顶梁。

8 砖墙的基础，8 度 III、IV 类场地和 9 度时，预制基础梁应采用现浇接头；当另设条形基础时，在柱基础顶面标高处应设置连续的现浇钢筋混凝土圈梁，其配筋不应少于 4φ12。

9 砌体女儿墙高度不宜大于 1m，且应采取措施防止地震时倾倒。

13.3.6 钢结构厂房的围护墙，应符合下列要求：

1 厂房的围护墙，应优先采用轻型板材，预制钢筋混凝土墙板宜与柱柔性连接；9 度时宜采用轻型板材。

2 单层厂房的砌体围护墙应贴砌并与柱拉结，尚应采取措施使墙体不妨碍厂房柱列沿纵向的水平位移；8、9 度时不应采用嵌砌式。

13.3.7 各类顶棚的构件与楼板的连接件，应能承受顶棚、悬挂重物和有关机电设施的自重和地震附加作用；其锚固的承载力应大于连接件的承载力。

13.3.8 悬挑雨篷或一端由柱支承的雨篷，应与主体结构可靠连接。

13.3.9 玻璃幕墙、预制墙板、附属于楼屋面的悬臂构件和大型储物架的抗震构造，应符合相关专门标准的规定。

13.4 建筑附属机电设备支架的基本抗震措施

13.4.1 附属于建筑的电梯、照明和应急电源系统、烟火监测和消防系统、采暖和空气调节系统、通信系统、公用天线等与建筑结构的连接构件和部件的抗震措施，应根据设防烈度、建筑使用功能、房屋高度、结构类型和变形特征、附属设备所处的位置和运转要求等经综合分析后确定。

13.4.2 下列附属机电设备的支架可不考虑抗震设防要求：

   1 重力不超过 1.8kN 的设备。

   2 内径小于 25mm 的燃气管道和内径小于 60mm 的电气配管。

   3 矩形截面面积小于 0.38 m² 和圆形直径小于 0.70m 的风管。

   4 吊杆计算长度不超过 300mm 的吊杆悬挂管道。

13.4.3 建筑附属机电设备不应设置在可能导致其使用功能发生障碍等二次灾害的部位；对于有隔振装置的设备，应注意其强烈振动对连接件的影响，并防止设备和建筑结构发生谐振现象。

   建筑附属机电设备的支架应具有足够的刚度和强度；其与建筑结构应有可靠的连接和锚固，并应使设备在遭遇设防烈度地震影响后能迅速恢复运转。

13.4.4 管道、电缆、通风管和设备的洞口设置，应减少对主要承重结构构件的削弱；洞口边缘应有补强措施。

   管道和设备与建筑结构的连接，应能允许二者间有一定的相对变位。

13.4.5 建筑附属机电设备的基座或连接件应能将设备承受的地震作用全部传递到建筑结构上。建筑结构中，用以固定建筑附属机电设备预埋件、锚固件的部位，应采取加强措施，以承受附属机电设备传给主体结构的地震作用。

13.4.6 建筑内的高位水箱应与所在的结构构件可靠连接；且应计及水箱及所含水重对建筑结构产生的地震作用效应。

13.4.7 在设防地震下需要连续工作的附属设备，宜设置在建筑结构地震反应较小的部位；相关部位的结构构件应采取相应的加强措施。

14 地下建筑

14.1 一般规定

14.1.1 本章主要适用于地下车库、过街通道、地下变电站和地下空间综合体等单建式地下建筑。不包括地下铁道、城市公路隧道等。

14.1.2 地下建筑宜建造在密实、均匀、稳定的地基上。当处于软弱土、液化土或断层破碎带等不利地段时，应分析其对结构抗震稳定性的影响，采取相应措施。

14.1.3 地下建筑的建筑布置应力求简单、对称、规则、平顺；横剖面的形状和构造不宜沿纵向突变。

14.1.4 地下建筑的结构体系应根据使用要求、场地工程地质条件和施工方法等确定，并应具有良好的整体性，避免抗侧力结构的侧向刚度和承载力突变。

   丙类钢筋混凝土地下结构的抗震等级，6、7度时不应低于四级，8、9度时不宜低于三级；乙类钢筋混凝土地下结构的抗震等级，6、7度时不宜低于三级，8、9度时不宜低于二级。

14.1.5 位于岩石中的地下建筑，其出入口通道两侧的边坡和洞口仰坡，应依据地形、地质条件选用合理的口部结构类型，提高其抗震稳定性。

14.2 计算要点

14.2.1 按本章要求采取抗震措施的下列地下建筑，可不进行地震作用计算：

   1 7度Ⅰ、Ⅱ类场地的丙类地下建筑。

   2 8度（0.20g）Ⅰ、Ⅱ类场地时，不超过二层、体型规则的中小跨度丙类地下建筑。

14.2.2 地下建筑的抗震计算模型，应根据结构实际情况确定并符合下列要求：

   1 应能较准确地反映周围挡土结构和内部各构件的实际受力状况；与周围挡土结构分离的内部结构，可采用与地上建筑同样的计算模型。

   2 周围地层分布均匀、规则且具有对称轴的纵向较长的地下建筑，结构分析可选择平面应变分析模型并采用反应位移法或等效水平地震加速度法、等效侧力法计算。

   3 长宽比和高宽比均小于3及本条第2款以外的地下建筑，宜采用空间结构分析计算模型并采用土层-结构时程分析法计算。

14.2.3 地下建筑抗震计算的设计参数，应符合下列要求：

   1 地震作用的方向应符合下列规定：

    1）按平面应变模型分析的地下结构，可仅计算横向的水平地震作用；

    2）不规则的地下结构，宜同时计算结构横向和纵向的水平地震作用；

    3）地下空间综合体等体型复杂的地下结构，8、9度时尚宜计及竖向地震作用。

   2 地震作用的取值，应随地下的深度比地面相应减少：基岩处的地震作用可取地面的一半，地面至基岩的不同深度处可按插入法确定；地表、土层界面和基岩面较平坦时，也可采用一维波动法确定；土层界面、基岩面或地表起伏较大时，宜采用二维或三维有限元法确定。

   3 结构的重力荷载代表值应取结构、构件自重和水、土压力的标准值及各可变荷载的组合值之和。

   4 采用土层-结构时程分析法或等效水平地震加

速度法时，土、岩石的动力特性参数可由试验确定。

14.2.4 地下建筑的抗震验算，除应符合本规范第5章的要求外，尚应符合下列规定：

　1 应进行多遇地震作用下截面承载力和构件变形的抗震验算。

　2 对于不规则的地下建筑以及地下变电站和地下空间综合体等，尚应进行罕遇地震作用下的抗震变形验算。计算可采用本规范第5.5节的简化方法，混凝土结构弹塑性层间位移角限值 $[\theta_p]$ 宜取1/250。

　3 液化地基中的地下建筑，应验算液化时的抗浮稳定性。液化土层对地下连续墙和抗拔桩等的摩阻力，宜根据实测的标准贯入锤击数与临界标准贯入锤击数的比值确定其液化折减系数。

14.3　抗震构造措施和抗液化措施

14.3.1 钢筋混凝土地下建筑的抗震构造，应符合下列要求：

　1 宜采用现浇结构。需要设置部分装配式构件时，应使其与周围构件有可靠的连接。

　2 地下钢筋混凝土框架结构构件的最小尺寸应不低于同类地面结构构件的规定。

　3 中柱的纵向钢筋最小总配筋率，应比本规范表6.3.7-1的规定增加0.2%。中柱与梁或顶板、中间楼板及底板连接处的箍筋应加密，其范围和构造与地面框架结构的柱相同。

14.3.2 地下建筑的顶板、底板和楼板，应符合下列要求：

　1 宜采用梁板结构。当采用板柱-抗震墙结构时，无柱帽的平板应在柱上板带中设构造暗梁，其构造措施按本规范第6.6.4条第1款的规定采用。

　2 对地下连续墙的复合墙体，顶板、底板及各层楼板的负弯矩钢筋至少应有50%锚入地下连续墙，锚入长度按受力计算确定；正弯矩钢筋需锚入内衬，并均不小于规定的锚固长度。

　3 楼板开孔时，孔洞宽度应不大于该层楼板宽度的30%；洞口的布置宜使结构质量和刚度的分布仍较均匀、对称，避免局部突变。孔洞周围应设置满足构造要求的边梁或暗梁。

14.3.3 地下建筑周围土体和地基存在液化土层时，应采取下列措施：

　1 对液化土层采取注浆加固和换土等消除或减轻液化影响的措施。

　2 进行地下结构液化上浮验算，必要时采取增设抗拔桩、配置压重等相应的抗浮措施。

　3 存在液化土薄夹层，或施工中深度大于20m的地下连续墙围护结构遇到液化土层时，可不做地基抗液化处理，但其承载力及抗浮稳定性验算应计入土层液化引起的土压力增加及摩阻力降低等因素的影响。

14.3.4 地下建筑穿越地震时岸坡可能滑动的古河道或可能发生明显不均匀沉陷的软土地带时，应采取更换软弱土或设置桩基础等措施。

14.3.5 位于岩石中的地下建筑，应采取下列抗震措施：

　1 口部通道和未经注浆加固处理的断层破碎带区段采用复合式支护结构时，内衬结构应采用钢筋混凝土衬砌，不得采用素混凝土衬砌。

　2 采用离壁式衬砌时，内衬结构应在拱墙相交处设置水平撑抵紧围岩。

　3 采用钻爆法施工时，初期支护和围岩地层间应密实回填。干砌块石回填时应注浆加强。

附录A　我国主要城镇抗震设防烈度、设计基本地震加速度和设计地震分组

　本附录仅提供我国各县级及县级以上城镇地区建筑工程抗震设计时所采用的抗震设防烈度（以下简称"烈度"）、设计基本地震加速度值（以下简称"加速度"）和所属的设计地震分组（以下简称"分组"）。

A.0.1 北京市

烈度	加速度	分组	县级及县级以上城镇
8度	0.20g	第二组	东城区、西城区、朝阳区、丰台区、石景山区、海淀区、门头沟区、房山区、通州区、顺义区、昌平区、大兴区、怀柔区、平谷区、密云区、延庆区

A.0.2 天津市

烈度	加速度	分组	县级及县级以上城镇
8度	0.20g	第二组	和平区、河东区、河西区、南开区、河北区、红桥区、东丽区、津南区、北辰区、武清区、宝坻区、滨海新区、宁河区
7度	0.15g	第二组	西青区、静海区、蓟县

A.0.3 河北省

	烈度	加速度	分组	县级及县级以上城镇
石家庄市	7度	0.15g	第一组	辛集市
	7度	0.10g	第一组	赵县
	7度	0.10g	第二组	长安区、桥西区、新华区、井陉矿区、裕华区、栾城区、藁城区、鹿泉区、井陉县、正定县、高邑县、深泽县、无极县、平山县、元氏县、晋州市
	7度	0.10g	第三组	灵寿县
	6度	0.05g	第三组	行唐县、赞皇县、新乐市
唐山市	8度	0.30g	第二组	路南区、丰南区
	8度	0.20g	第二组	路北、古冶区、开平区、丰润区、滦县
	7度	0.15g	第三组	曹妃甸区（唐海）、乐亭县、玉田县
	7度	0.15g	第二组	滦南县、迁安市
	7度	0.10g	第三组	迁西县、遵化市
秦皇岛市	7度	0.15g	第二组	卢龙县
	7度	0.10g	第三组	青龙满族自治县、海港区
	7度	0.10g	第二组	抚宁区、北戴河区、昌黎县
	6度	0.05g	第三组	山海关区
邯郸市	8度	0.20g	第二组	峰峰矿区、临漳县、磁县
	7度	0.15g	第二组	邯山区、丛台区、复兴区、邯郸县、成安县、大名县、魏县、武安市
	7度	0.15g	第一组	永年县
	7度	0.10g	第三组	邱县、馆陶县
	7度	0.10g	第二组	涉县、肥乡县、鸡泽县、广平县、曲周县
邢台市	7度	0.15g	第一组	桥东区、桥西区、邢台县[1]、内丘县、柏乡县、隆尧县、任县、南和县、宁晋县、巨鹿县、新河县、沙河市
	7度	0.10g	第二组	临城县、广宗县、平乡县、南宫市
	6度	0.05g	第三组	威县、清河县、临西县
保定市	7度	0.15g	第二组	涞水县、定兴县、涿州市、高碑店市
	7度	0.10g	第二组	竞秀区、莲池区、徐水区、高阳县、容城县、安新县、易县、蠡县、博野县、雄县
	7度	0.10g	第三组	清苑区、涞源县、安国市
	6度	0.05g	第三组	满城区、阜平县、唐县、望都县、曲阳县、顺平县、定州市
张家口市	8度	0.20g	第二组	下花园区、怀来县、涿鹿县
	7度	0.15g	第二组	桥东区、桥西区、宣化区、宣化县[2]、蔚县、阳原县、怀安县、万全县
	7度	0.10g	第三组	赤城县
	7度	0.10g	第二组	张北县、尚义县、崇礼县
	6度	0.05g	第三组	沽源县
	6度	0.05g	第二组	康保县
承德市	7度	0.10g	第三组	鹰手营子矿区、兴隆县
	6度	0.05g	第三组	双桥区、双滦区、承德县、平泉县、滦平县、隆化县、丰宁满族自治县、宽城满族自治县
	6度	0.05g	第一组	围场满族蒙古族自治县

续表

	烈度	加速度	分组	县级及县级以上城镇
沧州市	7度	0.15g	第二组	青县
	7度	0.15g	第一组	肃宁县、献县、任丘市、河间市
	7度	0.10g	第三组	黄骅市
	7度	0.10g	第二组	新华、运河区、沧县³、东光县、南皮县、吴桥县、泊头市
	6度	0.05g	第三组	海兴县、盐山县、孟村回族自治县
廊坊市	8度	0.20g	第二组	安次区、广阳区、香河县、大厂回族自治县、三河市
	7度	0.15g	第二组	固安县、永清县、文安县
	7度	0.15g	第一组	大城县
	7度	0.10g	第二组	霸州市
衡水市	7度	0.15g	第一组	饶阳县、深州市
	7度	0.10g	第二组	桃城区、武强县、冀州市
	7度	0.10g	第一组	安平县
	6度	0.05g	第三组	枣强县、武邑县、故城县、阜城县
	6度	0.05g	第二组	景县

注： 1 邢台县政府驻邢台市桥东区；
 2 宣化县政府驻张家口市宣化区；
 3 沧县政府驻沧州市新华区。

A.0.4 山西省

	烈度	加速度	分组	县级及县级以上城镇
太原市	8度	0.20g	第二组	小店区、迎泽区、杏花岭区、尖草坪区、万柏林区、晋源区、清徐县、阳曲县
	7度	0.15g	第二组	古交市
	7度	0.10g	第三组	娄烦县
大同市	8度	0.20g	第二组	城区、矿区、南郊区、大同县
	7度	0.15g	第三组	浑源县
	7度	0.15g	第二组	新荣区、阳高县、天镇县、广灵县、灵丘县、左云县
阳泉市	7度	0.10g	第三组	盂县
	7度	0.10g	第二组	城区、矿区、郊区、平定县
长治市	7度	0.10g	第三组	平顺县、武乡县、沁县、沁源县
	7度	0.10g	第二组	城区、郊区、长治县、黎城县、壶关县、潞城市
	6度	0.05g	第三组	襄垣县、屯留县、长子县
晋城市	7度	0.10g	第三组	沁水县、陵川县
	6度	0.05g	第三组	城区、阳城县、泽州县、高平市
朔州市	8度	0.20g	第二组	山阴县、应县、怀仁县
	7度	0.15g	第二组	朔城区、平鲁区、右玉县
晋中市	8度	0.20g	第二组	榆次区、太谷县、祁县、平遥县、灵石县、介休市
	7度	0.10g	第三组	榆社县、和顺县、寿阳县
	7度	0.10g	第二组	昔阳县
	6度	0.05g	第三组	左权县
运城市	8度	0.20g	第三组	永济市
	7度	0.15g	第三组	临猗县、万荣县、闻喜县、稷山县、绛县

续表

	烈度	加速度	分组	县级及县级以上城镇
运城市	7度	0.15g	第二组	盐湖区、新绛县、夏县、平陆县、芮城县、河津市
	7度	0.10g	第二组	垣曲县
忻州市	8度	0.20g	第二组	忻府区、定襄县、五台县、代县、原平市
	7度	0.15g	第三组	宁武县
	7度	0.15g	第二组	繁峙县
	7度	0.10g	第三组	静乐县、神池县、五寨县
	6度	0.05g	第三组	岢岚县、河曲县、保德县、偏关县
临汾市	8度	0.30g	第二组	洪洞县
	8度	0.20g	第二组	尧都区、襄汾县、古县、浮山县、汾西县、霍州市
	7度	0.15g	第二组	曲沃县、翼城县、蒲县、侯马市
	7度	0.10g	第三组	安泽县、吉县、乡宁县、隰县
	6度	0.05g	第三组	大宁县、永和县
吕梁市	8度	0.20g	第二组	文水县、交城县、孝义市、汾阳市
	7度	0.10g	第三组	离石区、岚县、中阳县、交口县
	6度	0.05g	第三组	兴县、临县、柳林县、石楼县、方山县

A.0.5 内蒙古自治区

	烈度	加速度	分组	县级及县级以上城镇
呼和浩特市	8度	0.20g	第二组	新城区、回民区、玉泉区、赛罕区、土默特左旗
	7度	0.15g	第二组	托克托县、和林格尔县、武川县
	7度	0.10g	第二组	清水河县
包头市	8度	0.30g	第二组	土默特右旗
	8度	0.20g	第二组	东河区、石拐区、九原区、昆都仑区、青山区
	7度	0.15g	第二组	固阳县
	6度	0.05g	第三组	白云鄂博矿区、达尔罕茂明安联合旗
乌海市	8度	0.20g	第二组	海勃湾区、海南区、乌达区
赤峰市	8度	0.20g	第一组	元宝山区、宁城县
	7度	0.15g	第一组	红山区、喀喇沁旗
	7度	0.10g	第一组	松山区、阿鲁科尔沁旗、敖汉旗
	6度	0.05g	第一组	巴林左旗、巴林右旗、林西县、克什克腾旗、翁牛特旗
通辽市	7度	0.10g	第一组	科尔沁区、开鲁县
	6度	0.05g	第一组	科尔沁左翼中旗、科尔沁左翼后旗、库伦旗、奈曼旗、扎鲁特旗、霍林郭勒市
鄂尔多斯市	8度	0.20g	第二组	达拉特旗
	7度	0.10g	第三组	东胜区、准格尔旗
	6度	0.05g	第三组	鄂托克前旗、鄂托克旗、杭锦旗、伊金霍洛旗
	6度	0.05g	第一组	乌审旗
呼伦贝尔市	7度	0.10g	第一组	扎赉诺尔区、新巴尔虎右旗、扎兰屯市
	6度	0.05g	第一组	海拉尔区、阿荣旗、莫力达瓦达斡尔族自治旗、鄂伦春自治旗、鄂温克族自治旗、陈巴尔虎旗、新巴尔虎左旗、满洲里市、牙克石市、额尔古纳市、根河市

续表

	烈度	加速度	分组	县级及县级以上城镇
巴彦淖尔市	8度	0.20g	第二组	杭锦后旗
	8度	0.20g	第一组	磴口县、乌拉特前旗、乌拉特后旗
	7度	0.15g	第二组	临河区、五原县
	7度	0.10g	第二组	乌拉特中旗
乌兰察布市	7度	0.15g	第二组	凉城县、察哈尔右翼前旗、丰镇市
	7度	0.10g	第三组	察哈尔右翼中旗
	7度	0.10g	第二组	集宁区、卓资县、兴和县
	6度	0.05g	第三组	四子王旗
	6度	0.05g	第二组	化德县、商都县、察哈尔右翼后旗
兴安盟	6度	0.05g	第一组	乌兰浩特市、阿尔山市、科尔沁右翼前旗、科尔沁右翼中旗、扎赉特旗、突泉县
锡林郭勒盟	6度	0.05g	第三组	太仆寺旗
	6度	0.05g	第二组	正蓝旗
	6度	0.05g	第一组	二连浩特市、锡林浩特市、阿巴嘎旗、苏尼特左旗、苏尼特右旗、东乌珠穆沁旗、西乌珠穆沁旗、镶黄旗、正镶白旗、多伦县
阿拉善盟	8度	0.20g	第二组	阿拉善左旗、阿拉善右旗
	6度	0.05g	第一组	额济纳旗

A.0.6 辽宁省

	烈度	加速度	分组	县级及县级以上城镇
沈阳市	7度	0.10g	第一组	和平区、沈河区、大东区、皇姑区、铁西区、苏家屯区、浑南区（原东陵区）、沈北新区、于洪区、辽中县
	6度	0.05g	第一组	康平县、法库县、新民市
大连市	8度	0.20g	第一组	瓦房店市、普兰店市
	7度	0.15g	第一组	金州区
	7度	0.10g	第二组	中山区、西岗区、沙河口区、甘井子区、旅顺口区
	6度	0.05g	第二组	长海县
	6度	0.05g	第一组	庄河市
鞍山市	8度	0.20g	第二组	海城市
	7度	0.10g	第二组	铁东区、铁西区、立山区、千山区、岫岩满族自治县
	7度	0.10g	第一组	台安县
抚顺市	7度	0.10g	第一组	新抚区、东洲区、望花区、顺城区、抚顺县[1]
	6度	0.05g	第一组	新宾满族自治县、清原满族自治县
本溪市	7度	0.10g	第二组	南芬区
	7度	0.10g	第一组	平山区、溪湖区、明山区
	6度	0.05g	第一组	本溪满族自治县、桓仁满族自治县
丹东市	8度	0.20g	第一组	东港市
	7度	0.15g	第一组	元宝区、振兴区、振安区
	6度	0.05g	第二组	凤城市
	6度	0.05g	第一组	宽甸满族自治县

续表

	烈度	加速度	分组	县级及县级以上城镇
锦州市	6度	0.05g	第二组	古塔区、凌河区、太和区、凌海市
	6度	0.05g	第一组	黑山县、义县、北镇市
营口市	8度	0.20g	第二组	老边、盖州市、大石桥市
	7度	0.15g	第二组	站前区、西市区、鲅鱼圈区
阜新市	6度	0.05g	第一组	海州区、新邱区、太平区、清河门区、细河区、阜新蒙古族自治县、彰武县
辽阳市	7度	0.10g	第二组	弓长岭区、宏伟区、辽阳县
	7度	0.10g	第一组	白塔区、文圣区、太子河区、灯塔市
盘锦市	7度	0.10g	第二组	双台子区、兴隆台区、大洼县、盘山县
铁岭市	7度	0.10g	第一组	银州区、清河区、铁岭县[2]、昌图县、开原市
	6度	0.05g	第一组	西丰县、调兵山市
朝阳市	7度	0.10g	第二组	凌源市
	7度	0.10g	第一组	双塔区、龙城区、朝阳县[3]、建平县、北票市
	6度	0.05g	第二组	喀喇沁左翼蒙古族自治县
葫芦岛市	6度	0.05g	第二组	连山区、龙港区、南票区
	6度	0.05g	第三组	绥中县、建昌县、兴城市

注：1　抚顺县政府驻抚顺市顺城区新城路中段；
　　2　铁岭县政府驻铁岭市银州区工人街道；
　　3　朝阳县政府驻朝阳市双塔区前进街道。

A.0.7　吉林省

	烈度	加速度	分组	县级及县级以上城镇
长春市	7度	0.10g	第一组	南关区、宽城区、朝阳区、二道区、绿园区、双阳区、九台区
	6度	0.05g	第一组	农安县、榆树市、德惠市
吉林市	8度	0.20g	第一组	舒兰市
	7度	0.10g	第一组	昌邑区、龙潭区、船营区、丰满区、永吉县
	6度	0.05g	第一组	蛟河市、桦甸市、磐石市
四平市	7度	0.10g	第一组	伊通满族自治县
	6度	0.05g	第一组	铁西区、铁东区、梨树县、公主岭市、双辽市
辽源市	6度	0.05g	第一组	龙山区、西安区、东丰县、东辽县
通化市	6度	0.05g	第一组	东昌区、二道江区、通化县、辉南县、柳河县、梅河口市、集安市
白山市	6度	0.05g	第一组	浑江区、江源区、抚松县、靖宇县、长白朝鲜族自治县、临江市
松原市	8度	0.20g	第一组	宁江区、前郭尔罗斯蒙古族自治县
	7度	0.10g	第一组	乾安县
	6度	0.05g	第一组	长岭县、扶余市
白城市	7度	0.15g	第一组	大安市
	7度	0.10g	第一组	洮北区
	6度	0.05g	第一组	镇赉县、通榆县、洮南市
延边朝鲜族自治州	7度	0.15g	第一组	安图县
	6度	0.05g	第一组	延吉市、图们市、敦化市、珲春市、龙井市、和龙市、汪清县

A.0.8 黑龙江省

	烈度	加速度	分组	县级及县级以上城镇
哈尔滨市	8度	0.20g	第一组	方正县
	7度	0.15g	第一组	依兰县、通河县、延寿县
	7度	0.10g	第一组	道里区、南岗区、道外区、松北区、香坊区、呼兰区、尚志市、五常市
	6度	0.05g	第一组	平房区、阿城区、宾县、巴彦县、木兰县、双城区
齐齐哈尔市	7度	0.10g	第一组	昂昂溪区、富拉尔基区、泰来县
	6度	0.05g	第一组	龙沙区、建华区、铁锋区、碾子山区、梅里斯达斡尔族区、龙江县、依安县、甘南县、富裕县、克山县、克东县、拜泉县、讷河市
鸡西市	6度	0.05g	第一组	鸡冠区、恒山区、滴道区、梨树区、城子河区、麻山区、鸡东县、虎林市、密山市
鹤岗市	7度	0.10g	第一组	向阳区、工农区、南山区、兴安区、东山区、兴山区、萝北县
	6度	0.05g	第一组	绥滨县
双鸭山市	6度	0.05g	第一组	尖山区、岭东区、四方台区、宝山区、集贤县、友谊县、宝清县、饶河县
大庆市	7度	0.10g	第一组	肇源县
	6度	0.05g	第一组	萨尔图区、龙凤区、让胡路区、红岗区、大同区、肇州县、林甸县、杜尔伯特蒙古族自治县
伊春市	6度	0.05g	第一组	伊春区、南岔区、友好区、西林区、翠峦区、新青区、美溪区、金山屯区、五营区、乌马河区、汤旺河区、带岭区、乌伊岭区、红星区、上甘岭区、嘉荫县、铁力市
佳木斯市	7度	0.10g	第一组	向阳区、前进区、东风区、郊区、汤原县
	6度	0.05g	第一组	桦南县、桦川县、抚远县、同江市、富锦市
七台河市	6度	0.05g	第一组	新兴区、桃山区、茄子河区、勃利县
牡丹江市	6度	0.05g	第一组	东安区、阳明区、爱民区、西安区、东宁县、林口县、绥芬河市、海林市、宁安市、穆棱市
黑河市	6度	0.05g	第一组	爱辉区、嫩江县、逊克县、孙吴县、北安市、五大连池市
绥化市	7度	0.10g	第一组	北林区、庆安县
	6度	0.05g	第一组	望奎县、兰西县、青冈县、明水县、绥棱县、安达市、肇东市、海伦市
大兴安岭地区	6度	0.05g	第一组	加格达奇区、呼玛县、塔河县、漠河县

A.0.9 上海市

烈度	加速度	分组	县级及县级以上城镇
7度	0.10g	第二组	黄浦区、徐汇区、长宁区、静安区、普陀区、闸北区、虹口区、杨浦区、闵行区、宝山区、嘉定区、浦东新区、金山区、松江区、青浦区、奉贤区、崇明县

A.0.10 江苏省

	烈度	加速度	分组	县级及县级以上城镇
南京市	7度	0.10g	第二组	六合区
	7度	0.10g	第一组	玄武区、秦淮区、建邺区、鼓楼区、浦口区、栖霞区、雨花台区、江宁区、溧水区
	6度	0.05g	第一组	高淳区

	烈度	加速度	分组	县级及县级以上城镇
无锡市	7 度	0.10g	第一组	崇安区、南长区、北塘区、锡山区、滨湖区、惠山区、宜兴市
	6 度	0.05g	第二组	江阴市
徐州市	8 度	0.20g	第二组	睢宁县、新沂市、邳州市
	7 度	0.10g	第三组	鼓楼区、云龙区、贾汪区、泉山区、铜山区
	7 度	0.10g	第二组	沛县
	6 度	0.05g	第二组	丰县
常州市	7 度	0.10g	第一组	天宁区、钟楼区、新北区、武进区、金坛区、溧阳市
苏州市	7 度	0.10g	第一组	虎丘、吴中区、相城区、姑苏区、吴江区、常熟市、昆山市、太仓市
	6 度	0.05g	第二组	张家港市
南通市	7 度	0.10g	第二组	崇川区、港闸区、海安县、如东县、如皋市
	6 度	0.05g	第二组	通州区、启东市、海门市
连云港市	7 度	0.15g	第三组	东海县
	7 度	0.10g	第三组	连云区、海州区、赣榆区、灌云县
	6 度	0.05g	第三组	灌南县
淮安市	7 度	0.10g	第三组	清河区、淮阴区、清浦区
	7 度	0.10g	第二组	盱眙县
	6 度	0.05g	第三组	淮安区、涟水县、洪泽县、金湖县
盐城市	7 度	0.15g	第三组	大丰区
	7 度	0.10g	第三组	盐都区
	7 度	0.10g	第二组	亭湖区、射阳县、东台市
	6 度	0.05g	第三组	响水县、滨海县、阜宁县、建湖县
扬州市	7 度	0.15g	第二组	广陵区、江都区
	7 度	0.15g	第一组	邗江区、仪征市
	7 度	0.10g	第二组	高邮市
	6 度	0.05g	第三组	宝应县
镇江市	7 度	0.15g	第一组	京口区、润州区
	7 度	0.10g	第一组	丹徒区、丹阳市、扬中市、句容市
泰州市	7 度	0.10g	第二组	海陵区、高港区、姜堰区、兴化市
	6 度	0.05g	第二组	靖江市
	6 度	0.05g	第一组	泰兴市
宿迁市	8 度	0.30g	第二组	宿城区、宿豫区
	8 度	0.20g	第二组	泗洪县
	7 度	0.15g	第三组	沭阳县
	7 度	0.10g	第三组	泗阳县

A.0.11 浙江省

	烈度	加速度	分组	县级及县级以上城镇
杭州市	7 度	0.10g	第一组	上城区、下城区、江干区、拱墅区、西湖区、余杭区
	6 度	0.05g	第一组	滨江区、萧山区、富阳区、桐庐县、淳安县、建德市、临安市

	烈度	加速度	分组	县级及县级以上城镇
宁波市	7度	0.10g	第一组	海曙区、江东区、江北区、北仑区、镇海区、鄞州区
	6度	0.05g	第一组	象山县、宁海县、余姚市、慈溪市、奉化市
温州市	6度	0.05g	第二组	洞头区、平阳县、苍南县、瑞安市
	6度	0.05g	第一组	鹿城区、龙湾区、瓯海区、永嘉县、文成县、泰顺县、乐清市
嘉兴市	7度	0.10g	第一组	南湖区、秀洲区、嘉善县、海宁市、平湖市、桐乡市
	6度	0.05g	第一组	海盐县
湖州市	6度	0.05g	第一组	吴兴区、南浔区、德清县、长兴县、安吉县
绍兴市	6度	0.05g	第一组	越城区、柯桥区、上虞区、新昌县、诸暨市、嵊州市
金华市	6度	0.05g	第一组	婺城区、金东区、武义县、浦江县、磐安县、兰溪市、义乌市、东阳市、永康市
衢州市	6度	0.05g	第一组	柯城区、衢江区、常山县、开化县、龙游县、江山市
舟山市	7度	0.10g	第一组	定海区、普陀区、岱山县、嵊泗县
台州市	6度	0.05g	第二组	玉环县
	6度	0.05g	第一组	椒江区、黄岩区、路桥区、三门县、天台县、仙居县、温岭市、临海市
丽水市	6度	0.05g	第二组	庆元县
	6度	0.05g	第一组	莲都区、青田县、缙云县、遂昌县、松阳县、云和县、景宁畲族自治县、龙泉市

A.0.12 安徽省

	烈度	加速度	分组	县级及县级以上城镇
合肥市	7度	0.10g	第一组	瑶海区、庐阳区、蜀山区、包河区、长丰县、肥东县、肥西县、庐江县、巢湖市
芜湖市	6度	0.05g	第一组	镜湖区、弋江区、鸠江区、三山区、芜湖县、繁昌县、南陵县、无为县
蚌埠市	7度	0.15g	第二组	五河县
	7度	0.10g	第二组	固镇县
	7度	0.10g	第一组	龙子湖区、蚌山区、禹会区、淮上区、怀远县
淮南市	7度	0.10g	第一组	大通区、田家庵区、谢家集区、八公山区、潘集区、凤台县
马鞍山市	6度	0.05g	第一组	花山区、雨山区、博望区、当涂县、含山县、和县
淮北市	6度	0.05g	第三组	杜集区、相山区、烈山区、濉溪县
铜陵市	7度	0.10g	第一组	铜官山区、狮子山区、郊区、铜陵县
安庆市	7度	0.10g	第一组	迎江区、大观区、宜秀区、枞阳县、桐城市
	6度	0.05g	第一组	怀宁县、潜山县、太湖县、宿松县、望江县、岳西县
黄山市	6度	0.05g	第一组	屯溪区、黄山区、徽州区、歙县、休宁县、黟县、祁门县
滁州市	7度	0.10g	第二组	天长市、明光市
	7度	0.10g	第一组	定远县、凤阳县
	6度	0.05g	第二组	琅琊区、南谯区、来安县、全椒县
阜阳市	7度	0.10g	第一组	颍州区、颍东区、颍泉区
	6度	0.05g	第一组	临泉县、太和县、阜南县、颍上县、界首市

	烈度	加速度	分组	县级及县级以上城镇
宿州市	7度	0.15g	第二组	泗县
	7度	0.10g	第三组	萧县
	7度	0.10g	第二组	灵璧县
	6度	0.05g	第三组	埇桥区
	6度	0.05g	第二组	砀山县
六安市	7度	0.15g	第一组	霍山县
	7度	0.10g	第一组	金安区、裕安区、寿县、舒城县
	6度	0.05g	第一组	霍邱县、金寨县
亳州市	7度	0.10g	第二组	谯城区、涡阳县
	6度	0.05g	第二组	蒙城县
	6度	0.05g	第一组	利辛县
池州市	7度	0.10g	第一组	贵池区
	6度	0.05g	第一组	东至县、石台县、青阳县
宣城市	7度	0.10g	第一组	郎溪县
	6度	0.05g	第一组	宣州区、广德县、泾县、绩溪县、旌德县、宁国市

A.0.13 福建省

	烈度	加速度	分组	县级及县级以上城镇
福州市	7度	0.10g	第三组	鼓楼区、台江区、仓山区、马尾区、晋安区、平潭县、福清市、长乐市
	6度	0.05g	第三组	连江县、永泰县
	6度	0.05g	第二组	闽侯县、罗源县、闽清县
厦门市	7度	0.15g	第三组	思明区、湖里区、集美区、翔安区
	7度	0.15g	第二组	海沧区
	7度	0.10g	第三组	同安区
莆田市	7度	0.10g	第三组	城厢区、涵江区、荔城区、秀屿区、仙游县
三明市	6度	0.05g	第一组	梅列区、三元区、明溪县、清流县、宁化县、大田县、尤溪县、沙县、将乐县、泰宁县、建宁县、永安市
泉州市	7度	0.15g	第二组	鲤城区、丰泽区、洛江区、石狮市、晋江市
	7度	0.10g	第三组	泉港区、惠安县、安溪县、永春县、南安市
	6度	0.05g	第三组	德化县
漳州市	7度	0.15g	第三组	漳浦县
	7度	0.15g	第二组	芗城区、龙文区、诏安县、长泰县、东山县、南靖县、龙海市
	7度	0.10g	第三组	云霄县
	7度	0.10g	第二组	平和县、华安县
南平市	6度	0.05g	第二组	政和县
	6度	0.05g	第一组	延平区、建阳区、顺昌县、浦城县、光泽县、松溪县、邵武市、武夷山市、建瓯市
龙岩市	6度	0.05g	第二组	新罗区、永定区、漳平市
	6度	0.05g	第一组	长汀县、上杭县、武平县、连城县
宁德市	6度	0.05g	第二组	蕉城区、霞浦县、周宁县、柘荣县、福安市、福鼎市
	6度	0.05g	第一组	古田县、屏南县、寿宁县

A. 0. 14　江西省

	烈度	加速度	分组	县级及县级以上城镇
南昌市	6度	0.05g	第一组	东湖区、西湖区、青云谱区、湾里区、青山湖区、新建区、南昌县、安义县、进贤县
景德镇市	6度	0.05g	第一组	昌江区、珠山区、浮梁县、乐平市
萍乡市	6度	0.05g	第一组	安源区、湘东区、莲花县、上栗县、芦溪县
九江市	6度	0.05g	第一组	庐山区、浔阳区、九江县、武宁县、修水县、永修县、德安县、星子县、都昌县、湖口县、彭泽县、瑞昌市、共青城市
新余市	6度	0.05g	第一组	渝水区、分宜县
鹰潭市	6度	0.05g	第一组	月湖区、余江县、贵溪市
赣州市	7度	0.10g	第一组	安远县、会昌县、寻乌县、瑞金市
	6度	0.05g	第一组	章贡区、南康区、赣县、信丰县、大余县、上犹县、崇义县、龙南县、定南县、全南县、宁都县、于都县、兴国县、石城县
吉安市	6度	0.05g	第一组	吉州区、青原区、吉安县、吉水县、峡江县、新干县、永丰县、泰和县、遂川县、万安县、安福县、永新县、井冈山市
宜春市	6度	0.05g	第一组	袁州区、奉新县、万载县、上高县、宜丰县、靖安县、铜鼓县、丰城市、樟树市、高安市
抚州市	6度	0.05g	第一组	临川区、南城县、黎川县、南丰县、崇仁县、乐安县、宜黄县、金溪县、资溪县、东乡县、广昌县
上饶市	6度	0.05g	第一组	信州区、广丰区、上饶县、玉山县、铅山县、横峰县、弋阳县、余干县、鄱阳县、万年县、婺源县、德兴市

A. 0. 15　山东省

	烈度	加速度	分组	县级及县级以上城镇
济南市	7度	0.10g	第三组	长清区
	7度	0.10g	第二组	平阴县
	6度	0.05g	第三组	历下区、市中区、槐荫区、天桥区、历城区、济阳县、商河县、章丘市
青岛市	7度	0.10g	第三组	黄岛区、平度市、胶州市、即墨市
	7度	0.10g	第二组	市南区、市北区、崂山区、李沧区、城阳区
	6度	0.05g	第三组	莱西市
淄博市	7度	0.15g	第二组	临淄区
	7度	0.10g	第三组	张店区、周村区、桓台县、高青县、沂源县
	7度	0.10g	第二组	淄川区、博山区
枣庄市	7度	0.15g	第三组	山亭区
	7度	0.15g	第二组	台儿庄区
	7度	0.10g	第三组	市中区、薛城区、峄城区
	7度	0.10g	第二组	滕州市
东营市	7度	0.10g	第三组	东营区、河口区、垦利县、广饶县
	6度	0.05g	第三组	利津县
烟台市	7度	0.15g	第三组	龙口市
	7度	0.15g	第二组	长岛县、蓬莱市

	烈度	加速度	分组	县级及县级以上城镇
烟台市	7度	0.10g	第三组	莱州市、招远市、栖霞市
	7度	0.10g	第二组	芝罘区、福山区、莱山区
	7度	0.10g	第一组	牟平区
	6度	0.05g	第三组	莱阳市、海阳市
潍坊市	8度	0.20g	第二组	潍城区、坊子区、奎文区、安丘市
	7度	0.15g	第三组	诸城市
	7度	0.15g	第二组	寒亭区、临朐县、昌乐县、青州市、寿光市、昌邑市
	7度	0.10g	第三组	高密市
济宁市	7度	0.10g	第三组	微山县、梁山县
	7度	0.10g	第二组	兖州区、汶上县、泗水县、曲阜市、邹城市
	6度	0.05g	第三组	任城区、金乡县、嘉祥县
	6度	0.05g	第二组	鱼台县
泰安市	7度	0.10g	第三组	新泰市
	7度	0.10g	第二组	泰山区、岱岳区、宁阳县
	6度	0.05g	第三组	东平县、肥城市
威海市	7度	0.10g	第一组	环翠区、文登区、荣成市
	6度	0.05g	第二组	乳山市
日照市	8度	0.20g	第二组	莒县
	7度	0.15g	第三组	五莲县
	7度	0.10g	第三组	东港区、岚山区
莱芜市	7度	0.10g	第三组	钢城区
	7度	0.10g	第二组	莱城区
临沂市	8度	0.20g	第二组	兰山区、罗庄区、河东区、郯城县、沂水县、莒南县、临沭县
	7度	0.15g	第二组	沂南县、兰陵县、费县
	7度	0.10g	第三组	平邑县、蒙阴县
德州市	7度	0.15g	第二组	平原县、禹城市
	7度	0.10g	第三组	临邑县、齐河县
	7度	0.10g	第二组	德城区、陵城区、夏津县
	6度	0.05g	第三组	宁津县、庆云县、武城县、乐陵市
聊城市	8度	0.20g	第二组	阳谷县、莘县
	7度	0.15g	第二组	东昌府区、茌平县、高唐县
	7度	0.10g	第三组	冠县、临清市
	7度	0.10g	第二组	东阿县
滨州市	7度	0.10g	第三组	滨城区、博兴县、邹平县
	6度	0.05g	第三组	沾化区、惠民县、阳信县、无棣县
菏泽市	8度	0.20g	第二组	鄄城县、东明县
	7度	0.15g	第二组	牡丹区、郓城县、定陶县
	7度	0.10g	第三组	巨野县
	7度	0.10g	第二组	曹县、单县、成武县

A. 0. 16 河南省

	烈度	加速度	分组	县级及县级以上城镇
郑州市	7度	0.15g	第二组	中原区、二七区、管城回族区、金水区、惠济区
	7度	0.10g	第二组	上街区、中牟县、巩义市、荥阳市、新密市、新郑市、登封市
开封市	7度	0.15g	第二组	兰考县
	7度	0.10g	第二组	龙亭区、顺河回族区、鼓楼区、禹王台区、祥符区、通许县、尉氏县
	6度	0.05g	第二组	杞县
洛阳市	7度	0.10g	第二组	老城区、西工区、瀍河回族区、涧西区、吉利区、洛龙区、孟津县、新安县、宜阳县、偃师市
	6度	0.05g	第三组	洛宁县
	6度	0.05g	第二组	嵩县、伊川县
	6度	0.05g	第一组	栾川县、汝阳县
平顶山市	6度	0.05g	第一组	新华区、卫东区、石龙区、湛河区[1]、宝丰县、叶县、鲁山县、舞钢市
	6度	0.05g	第二组	郏县、汝州市
安阳市	8度	0.20g	第二组	文峰区、殷都区、龙安区、北关区、安阳县[2]、汤阴县
	7度	0.15g	第二组	滑县、内黄县
	7度	0.10g	第二组	林州市
鹤壁市	8度	0.20g	第二组	山城区、淇滨区、淇县
	7度	0.15g	第二组	鹤山区、浚县
新乡市	8度	0.20g	第二组	红旗区、卫滨区、凤泉区、牧野区、新乡县、获嘉县、原阳县、延津县、卫辉市、辉县市
	7度	0.15g	第二组	封丘县、长垣县
焦作市	7度	0.15g	第二组	修武县、武陟县
	7度	0.10g	第二组	解放区、中站区、马村区、山阳区、博爱县、温县、沁阳市、孟州市
濮阳市	8度	0.20g	第二组	范县
	7度	0.15g	第二组	华龙区、清丰县、南乐县、台前县、濮阳县
许昌市	7度	0.10g	第一组	魏都区、许昌县、鄢陵县、禹州市、长葛市
	6度	0.05g	第二组	襄城县
漯河市	7度	0.10g	第一组	舞阳县
	6度	0.05g	第一组	召陵区、源汇区、郾城区、临颍县
三门峡市	7度	0.15g	第二组	湖滨区、陕州区、灵宝市
	6度	0.05g	第三组	渑池县、卢氏县
	6度	0.05g	第二组	义马市
南阳市	7度	0.10g	第一组	宛城区、卧龙区、西峡县、镇平县、内乡县、唐河县
	6度	0.05g	第一组	南召县、方城县、淅川县、社旗县、新野县、桐柏县、邓州市
商丘市	7度	0.10g	第二组	梁园区、睢阳区、民权县、虞城县
	6度	0.05g	第三组	睢县、永城市
	6度	0.05g	第二组	宁陵县、柘城县、夏邑县
信阳市	7度	0.10g	第一组	罗山县、潢川县、息县
	6度	0.05g	第一组	浉河区、平桥区、光山县、新县、商城县、固始县、淮滨县

	烈度	加速度	分组	县级及县级以上城镇
周口市	7度	0.10g	第一组	扶沟县、太康县
	6度	0.05g	第一组	川汇区、西华县、商水县、沈丘县、郸城县、淮阳县、鹿邑县、项城市
驻马店市	7度	0.10g	第一组	西平县
	6度	0.05g	第一组	驿城区、上蔡县、平舆县、正阳县、确山县、泌阳县、汝南县、遂平县、新蔡县
省直辖县级行政单位	7度	0.10g	第二组	济源市

注: 1 湛河区政府驻平顶山市新华区曙光街街道;
　　 2 安阳县政府驻安阳市北关区灯塔路街道。

A.0.17 湖北省

	烈度	加速度	分组	县级及县级以上城镇
武汉市	7度	0.10g	第一组	新洲区
	6度	0.05g	第一组	江岸区、江汉区、硚口区、汉阳区、武昌区、青山区、洪山区、东西湖区、汉南区、蔡甸区、江夏区、黄陂区
黄石市	6度	0.05g	第一组	黄石港区、西塞山区、下陆区、铁山区、阳新县、大冶市
十堰市	7度	0.15g	第一组	竹山县、竹溪县
	7度	0.10g	第一组	郧阳区、房县
	6度	0.05g	第一组	茅箭区、张湾区、郧西县、丹江口市
宜昌市	6度	0.05g	第一组	西陵区、伍家岗区、点军区、猇亭区、夷陵区、远安县、兴山县、秭归县、长阳土家族自治县、五峰土家族自治县、宜都市、当阳市、枝江市
襄阳市	6度	0.05g	第一组	襄城区、樊城区、襄州区、南漳县、谷城县、保康县、老河口市、枣阳市、宜城市
鄂州市	6度	0.05g	第一组	梁子湖区、华容区、鄂城区
荆门市	6度	0.05g	第一组	东宝区、掇刀区、京山县、沙洋县、钟祥市
孝感市	6度	0.05g	第一组	孝南区、孝昌县、大悟县、云梦县、应城市、安陆市、汉川市
荆州市	6度	0.05g	第一组	沙市区、荆州区、公安县、监利县、江陵县、石首市、洪湖市、松滋市
黄冈市	7度	0.10g	第一组	团风县、罗田县、英山县、麻城市
	6度	0.05g	第一组	黄州区、红安县、浠水县、蕲春县、黄梅县、武穴市
咸宁市	6度	0.05g	第一组	咸安区、嘉鱼县、通城县、崇阳县、通山县、赤壁市
随州市	6度	0.05g	第一组	曾都区、随县、广水市
恩施土家族苗族自治州	6度	0.05g	第一组	恩施市、利川市、建始县、巴东县、宣恩县、咸丰县、来凤县、鹤峰县
省直辖县级行政单位	6度	0.05g	第一组	仙桃市、潜江市、天门市、神农架林区

A.0.18 湖南省

	烈度	加速度	分组	县级及县级以上城镇
长沙市	6度	0.05g	第一组	芙蓉区、天心区、岳麓区、开福区、雨花区、望城区、长沙县、宁乡县、浏阳市

	烈度	加速度	分组	县级及县级以上城镇
株洲市	6度	0.05g	第一组	荷塘区、芦淞区、石峰区、天元区、株洲县、攸县、茶陵县、炎陵县、醴陵市
湘潭市	6度	0.05g	第一组	雨湖区、岳塘区、湘潭县、湘乡市、韶山市
衡阳市	6度	0.05g	第一组	珠晖区、雁峰区、石鼓区、蒸湘区、南岳区、衡阳县、衡南县、衡山县、衡东县、祁东县、耒阳市、常宁市
邵阳市	6度	0.05g	第一组	双清区、大祥区、北塔区、邵东县、新邵县、邵阳县、隆回县、洞口县、绥宁县、新宁县、城步苗族自治县、武冈市
岳阳市	7度	0.10g	第二组	湘阴县、汨罗市
	7度	0.10g	第一组	岳阳楼区、岳阳县
	6度	0.05g	第一组	云溪区、君山区、华容县、平江县、临湘市
常德市	7度	0.15g	第一组	武陵区、鼎城区
	7度	0.10g	第一组	安乡县、汉寿县、澧县、临澧县、桃源县、津市市
	6度	0.05g	第一组	石门县
张家界市	6度	0.05g	第一组	永定区、武陵源区、慈利县、桑植县
益阳市	6度	0.05g	第一组	资阳区、赫山区、南县、桃江县、安化县、沅江市
郴州市	6度	0.05g	第一组	北湖区、苏仙区、桂阳县、宜章县、永兴县、嘉禾县、临武县、汝城县、桂东县、安仁县、资兴市
永州市	6度	0.05g	第一组	零陵区、冷水滩区、祁阳县、东安县、双牌县、道县、江永县、宁远县、蓝山县、新田县、江华瑶族自治县
怀化市	6度	0.05g	第一组	鹤城区、中方县、沅陵县、辰溪县、溆浦县、会同县、麻阳苗族自治县、新晃侗族自治县、芷江侗族自治县、靖州苗族侗族自治县、通道侗族自治县、洪江市
娄底市	6度	0.05g	第一组	娄星区、双峰县、新化县、冷水江市、涟源市
湘西土家族苗族自治州	6度	0.05g	第一组	吉首市、泸溪县、凤凰县、花垣县、保靖县、古丈县、永顺县、龙山县

A.0.19 广东省

	烈度	加速度	分组	县级及县级以上城镇
广州市	7度	0.10g	第一组	荔湾区、越秀区、海珠区、天河区、白云区、黄埔区、番禺区、南沙区
	6度	0.05g	第一组	花都区、增城区、从化区
韶关市	6度	0.05g	第一组	武江区、浈江区、曲江区、始兴县、仁化县、翁源县、乳源瑶族自治县、新丰县、乐昌市、南雄市
深圳市	7度	0.10g	第一组	罗湖区、福田区、南山区、宝安区、龙岗区、盐田区
珠海市	7度	0.10g	第二组	香洲区、金湾区
	7度	0.10g	第一组	斗门区
汕头市	8度	0.20g	第二组	龙湖区、金平区、濠江区、潮阳区、澄海区、南澳县
	7度	0.15g	第二组	潮南区
佛山市	7度	0.10g	第一组	禅城区、南海区、顺德区、三水区、高明区
江门市	7度	0.10g	第一组	蓬江区、江海区、新会区、鹤山市
	6度	0.05g	第一组	台山市、开平市、恩平市
湛江市	8度	0.20g	第二组	徐闻县
	7度	0.10g	第一组	赤坎区、霞山区、坡头区、麻章区、遂溪县、廉江市、雷州市、吴川市

	烈度	加速度	分组	县级及县级以上城镇
茂名市	7度	0.10g	第一组	茂南区、电白区、化州市
	6度	0.05g	第一组	高州市、信宜市
肇庆市	7度	0.10g	第一组	端州区、鼎湖区、高要区
	6度	0.05g	第一组	广宁县、怀集县、封开县、德庆县、四会市
惠州市	6度	0.05g	第一组	惠城区、惠阳区、博罗县、惠东县、龙门县
梅州市	7度	0.10g	第二组	大埔县
	7度	0.10g	第一组	梅江区、梅县区、丰顺县
	6度	0.05g	第一组	五华县、平远县、蕉岭县、兴宁市
汕尾市	7度	0.10g	第一组	城区、海丰县、陆丰市
	6度	0.05g	第一组	陆河县
河源市	7度	0.10g	第一组	源城区、东源县
	6度	0.05g	第一组	紫金县、龙川县、连平县、和平县
阳江市	7度	0.15g	第一组	江城区
	7度	0.10g	第一组	阳东区、阳西县
	6度	0.05g	第一组	阳春市
清远市	6度	0.05g	第一组	清城区、清新区、佛冈县、阳山县、连山壮族瑶族自治县、连南瑶族自治县、英德市、连州市
东莞市	6度	0.05g	第一组	东莞市
中山市	7度	0.10g	第一组	中山市
潮州市	8度	0.20g	第二组	湘桥区、潮安区
	7度	0.15g	第二组	饶平县
揭阳市	7度	0.15g	第二组	榕城区、揭东区
	7度	0.10g	第二组	惠来县、普宁市
	6度	0.05g	第一组	揭西县
云浮市	6度	0.05g	第一组	云城区、云安区、新兴县、郁南县、罗定市

A.0.20 广西壮族自治区

	烈度	加速度	分组	县级及县级以上城镇
南宁市	7度	0.15g	第一组	隆安县
	7度	0.10g	第一组	兴宁区、青秀区、江南区、西乡塘区、良庆区、邕宁区、横县
	6度	0.05g	第一组	武鸣区、马山县、上林县、宾阳县
柳州市	6度	0.05g	第一组	城中区、鱼峰区、柳南区、柳北区、柳江区、柳城县、鹿寨县、融安县、融水苗族自治县、三江侗族自治县
桂林市	6度	0.05g	第一组	秀峰区、叠彩区、象山区、七星区、雁山区、临桂区、阳朔县、灵川县、全州县、兴安县、永福县、灌阳县、龙胜各族自治县、资源县、平乐县、荔浦县、恭城瑶族自治县
梧州市	6度	0.05g	第一组	万秀区、长洲区、龙圩区、苍梧县、藤县、蒙山县、岑溪市
北海市	7度	0.10g	第一组	合浦县
	6度	0.05g	第一组	海城区、银海区、铁山港区

	烈度	加速度	分组	县级及县级以上城镇
防城港市	6度	0.05g	第一组	港口区、防城区、上思县、东兴市
钦州市	7度	0.15g	第一组	灵山县
	7度	0.10g	第一组	钦南区、钦北区、浦北县
贵港市	6度	0.05g	第一组	港北区、港南区、覃塘区、平南县、桂平市
玉林市	7度	0.10g	第一组	玉州区、福绵区、陆川县、博白县、兴业县、北流市
	6度	0.05g	第一组	容县
百色市	7度	0.15g	第一组	田东县、平果县、乐业县
	7度	0.10g	第一组	右江区、田阳县、田林县
	6度	0.05g	第二组	西林县、隆林各族自治县
	6度	0.05g	第一组	德保县、那坡县、凌云县
贺州市	6度	0.05g	第一组	八步区、昭平县、钟山县、富川瑶族自治县
河池市	6度	0.05g	第一组	金城江区、南丹县、天峨县、凤山县、东兰县、罗城仫佬族自治县、环江毛南族自治县、巴马瑶族自治县、都安瑶族自治县、大化瑶族自治县、宜州市
来宾市	6度	0.05g	第一组	兴宾区、忻城县、象州县、武宣县、金秀瑶族自治县、合山市
崇左市	7度	0.10g	第一组	扶绥县
	6度	0.05g	第一组	江州区、宁明县、龙州县、大新县、天等县、凭祥市
自治区直辖县级行政单位	6度	0.05g	第一组	靖西市

A. 0. 21 海南省

	烈度	加速度	分组	县级及县级以上城镇
海口市	8度	0.30g	第二组	秀英区、龙华区、琼山区、美兰区
三亚市	6度	0.05g	第一组	海棠区、吉阳区、天涯区、崖州区
三沙市	7度	0.10g	第一组	三沙市[1]
儋州市	7度	0.10g	第二组	儋州市
省直辖县级行政单位	8度	0.20g	第二组	文昌市、定安县
	7度	0.15g	第二组	澄迈县
	7度	0.15g	第一组	临高县
	7度	0.10g	第二组	琼海市、屯昌县
	6度	0.05g	第二组	白沙黎族自治县、琼中黎族苗族自治县
	6度	0.05g	第一组	五指山市、万宁市、东方市、昌江黎族自治县、乐东黎族自治县、陵水黎族自治县、保亭黎族苗族自治县

注：1 三沙市政府驻地西沙永兴岛。

A. 0. 22 重庆市

烈度	加速度	分组	县级及县级以上城镇
7度	0.10g	第一组	黔江区、荣昌区
6度	0.05g	第一组	万州区、涪陵区、渝中区、大渡口区、江北区、沙坪坝区、九龙坡区、南岸区、北碚区、綦江区、大足区、渝北区、巴南区、长寿区、江津区、合川区、永川区、南川区、铜梁区、璧山区、潼南区、梁平县、城口县、丰都县、垫江县、武隆县、忠县、开县、云阳县、奉节县、巫山县、巫溪县、石柱土家族自治县、秀山土家族苗族自治县、西阳土家族自治县、彭水苗族土家族自治县

A.0.23 四川省

	烈度	加速度	分组	县级及县级以上城镇
成都市	8度	0.20g	第二组	都江堰市
	7度	0.15g	第二组	彭州市
	7度	0.10g	第三组	锦江区、青羊区、金牛区、武侯区、成华区、龙泉驿区、青白江区、新都区、温江区、金堂县、双流县、郫县、大邑县、蒲江县、新津县、邛崃市、崇州市
自贡市	7度	0.10g	第二组	富顺县
	7度	0.10g	第一组	自流井区、贡井区、大安区、沿滩区
	6度	0.05g	第三组	荣县
攀枝花市	7度	0.15g	第三组	东区、西区、仁和区、米易县、盐边县
泸州市	6度	0.05g	第二组	泸县
	6度	0.05g	第一组	江阳区、纳溪区、龙马潭区、合江县、叙永县、古蔺县
德阳市	7度	0.15g	第二组	什邡市、绵竹市
	7度	0.10g	第三组	广汉市
	7度	0.10g	第二组	旌阳区、中江县、罗江县
绵阳市	8度	0.20g	第二组	平武县
	7度	0.15g	第二组	北川羌族自治县（新）、江油市
	7度	0.10g	第二组	涪城区、游仙区、安县
	6度	0.05g	第二组	三台县、盐亭县、梓潼县
广元市	7度	0.15g	第二组	朝天区、青川县
	7度	0.10g	第二组	利州区、昭化区、剑阁县
	6度	0.05g	第二组	旺苍县、苍溪县
遂宁市	6度	0.05g	第一组	船山区、安居区、蓬溪县、射洪县、大英县
内江市	7度	0.10g	第一组	隆昌县
	6度	0.05g	第二组	威远县
	6度	0.05g	第一组	市中区、东兴区、资中县
乐山市	7度	0.15g	第三组	金口河区
	7度	0.15g	第二组	沙湾区、沐川县、峨边彝族自治县、马边彝族自治县
	7度	0.10g	第三组	五通桥区、犍为县、夹江县
	7度	0.10g	第二组	市中区、峨眉山市
	6度	0.05g	第三组	井研县
南充市	6度	0.05g	第二组	阆中市
	6度	0.05g	第一组	顺庆区、高坪区、嘉陵区、南部县、营山县、蓬安县、仪陇县、西充县
眉山市	7度	0.10g	第三组	东坡区、彭山区、洪雅县、丹棱县、青神县
	6度	0.05g	第二组	仁寿县
宜宾市	7度	0.10g	第三组	高县
	7度	0.10g	第二组	翠屏区、宜宾县、屏山县
	6度	0.05g	第三组	珙县、筠连县
	6度	0.05g	第二组	南溪区、江安县、长宁县
	6度	0.05g	第一组	兴文县
广安市	6度	0.05g	第一组	广安区、前锋区、岳池县、武胜县、邻水县、华蓥市

续表

	烈度	加速度	分组	县级及县级以上城镇
达州市	6度	0.05g	第一组	通川区、达川区、宣汉县、开江县、大竹县、渠县、万源市
雅安市	8度	0.20g	第三组	石棉县
	8度	0.20g	第一组	宝兴县
	7度	0.15g	第三组	荥经县、汉源县
	7度	0.15g	第二组	天全县、芦山县
	7度	0.10g	第三组	名山区
	7度	0.10g	第二组	雨城区
巴中市	6度	0.05g	第一组	巴州区、恩阳区、通江县、平昌县
	6度	0.05g	第二组	南江县
资阳市	6度	0.05g	第一组	雁江区、安岳县、乐至县
	6度	0.05g	第二组	简阳市
阿坝藏族羌族自治州	8度	0.20g	第三组	九寨沟县
	8度	0.20g	第二组	松潘县
	8度	0.20g	第一组	汶川县、茂县
	7度	0.15g	第二组	理县、阿坝县
	7度	0.10g	第三组	金川县、小金县、黑水县、壤塘县、若尔盖县、红原县
	7度	0.10g	第二组	马尔康县
甘孜藏族自治州	9度	0.40g	第二组	康定市
	8度	0.30g	第二组	道孚县、炉霍县
	8度	0.20g	第三组	理塘县、甘孜县
	8度	0.20g	第二组	泸定县、德格县、白玉县、巴塘县、得荣县
	7度	0.15g	第三组	九龙县、雅江县、新龙县
	7度	0.15g	第二组	丹巴县
	7度	0.10g	第三组	石渠县、色达县、稻城县
	7度	0.10g	第二组	乡城县
凉山彝族自治州	9度	0.40g	第三组	西昌市
	8度	0.30g	第三组	宁南县、普格县、冕宁县
	8度	0.20g	第三组	盐源县、德昌县、布拖县、昭觉县、喜德县、越西县、雷波县
	7度	0.15g	第三组	木里藏族自治县、会东县、金阳县、甘洛县、美姑县
	7度	0.10g	第三组	会理县

A.0.24 贵州省

	烈度	加速度	分组	县级及县级以上城镇
贵阳市	6度	0.05g	第一组	南明区、云岩区、花溪区、乌当区、白云区、观山湖区、开阳县、息烽县、修文县、清镇市
六盘水市	7度	0.10g	第二组	钟山区
	6度	0.05g	第三组	盘县
	6度	0.05g	第二组	水城县
	6度	0.05g	第一组	六枝特区

续表

	烈度	加速度	分组	县级及县级以上城镇
遵义市	6度	0.05g	第一组	红花岗区、汇川区、遵义县、桐梓县、绥阳县、正安县、道真仡佬族苗族自治县、务川仡佬族苗族自治县凤、冈县、湄潭县、余庆县、习水县、赤水市、仁怀市
安顺市	6度	0.05g	第一组	西秀区、平坝区、普定县、镇宁布依族苗族自治县、关岭布依族苗族自治县、紫云苗族布依族自治县
铜仁市	6度	0.05g	第一组	碧江区、万山区、江口县、玉屏侗族自治县、石阡县、思南县、印江土家族苗族自治县、德江县、沿河土家族自治县、松桃苗族自治县
黔西南布依族苗族自治州	7度	0.15g	第一组	望谟县
	7度	0.10g	第二组	普安、晴隆县
	6度	0.05g	第三组	兴义市
	6度	0.05g	第二组	兴仁县、贞丰县、册亨县、安龙县
毕节市	7度	0.10g	第三组	威宁彝族回族苗族自治县
	6度	0.05g	第三组	赫章县
	6度	0.05g	第二组	七星关区、大方县、纳雍县
	6度	0.05g	第一组	金沙县、黔西县、织金县
黔东南苗族侗族自治州	6度	0.05g	第一组	凯里市、黄平县、施秉县、三穗县、镇远县、岑巩县、天柱县、锦屏县、剑河县、台江县、黎平县、榕江县、从江县、雷山县、麻江县、丹寨县
黔南布依族苗族自治州	7度	0.10g	第一组	福泉市、贵定县、龙里县
	6度	0.05g	第一组	都匀市、荔波县、瓮安县、独山县、平塘县、罗甸县、长顺县、惠水县、三都水族自治县

A.0.25 云南省

	烈度	加速度	分组	县级及县级以上城镇
昆明市	9度	0.40g	第三组	东川区、寻甸回族彝族自治县
	8度	0.30g	第三组	宜良县、嵩明县
	8度	0.20g	第三组	五华区、盘龙区、官渡区、西山区、呈贡区、晋宁县、石林彝族自治县、安宁市
	7度	0.15g	第三组	富民县、禄劝彝族苗族自治县
曲靖市	8度	0.20g	第三组	马龙县、会泽县
	7度	0.15g	第三组	麒麟区、陆良县、沾益县
	7度	0.10g	第三组	师宗县、富源县、罗平县、宣威市
玉溪市	8度	0.30g	第三组	江川县、澄江县、通海县、华宁县、峨山彝族自治县
	8度	0.20g	第三组	红塔区、易门县
	7度	0.15g	第三组	新平彝族傣族自治县、元江哈尼族彝族傣族自治县
保山市	8度	0.30g	第三组	龙陵县
	8度	0.20g	第三组	隆阳区、施甸县
	7度	0.15g	第三组	昌宁县
昭通市	8度	0.20g	第三组	巧家县、永善县
	7度	0.15g	第三组	大关县、彝良县、鲁甸县
	7度	0.15g	第二组	绥江县

	烈度	加速度	分组	县级及县级以上城镇
昭通市	7度	0.10g	第三组	昭阳区、盐津县
	7度	0.10g	第二组	水富县
	6度	0.05g	第二组	镇雄县、威信县
丽江市	8度	0.30g	第三组	古城区、玉龙纳西族自治县、永胜县
	8度	0.20g	第三组	宁蒗彝族自治县
	7度	0.15g	第三组	华坪县
普洱市	9度	0.40g	第三组	澜沧拉祜族自治县
	8度	0.30g	第三组	孟连傣族拉祜族佤族自治县、西盟佤族自治县
	8度	0.20g	第三组	思茅区、宁洱哈尼族彝族自县
	7度	0.15g	第三组	景东彝族自治县、景谷傣族彝族自治县
	7度	0.10g	第三组	墨江哈尼族自治县、镇沅彝族哈尼族拉祜族自治县、江城哈尼族彝族自治县
临沧市	8度	0.30g	第三组	双江拉祜族佤族布朗族傣族自治县、耿马傣族佤族自治县、沧源佤族自治县
	8度	0.20g	第三组	临翔区、凤庆县、云县、永德县、镇康县
楚雄彝族自治州	8度	0.20g	第三组	楚雄市、南华县
	7度	0.15g	第三组	双柏县、牟定县、姚安县、大姚县、元谋县、武定县、禄丰县
	7度	0.10g	第三组	永仁县
红河哈尼族彝族自治州	8度	0.30g	第三组	建水县、石屏县
	7度	0.15g	第三组	个旧市、开远市、弥勒市、元阳县、红河县
	7度	0.10g	第三组	蒙自市、泸西县、金平苗族瑶族傣族自治县、绿春县
	7度	0.10g	第一组	河口瑶族自治县
	6度	0.05g	第三组	屏边苗族自治县
文山壮族苗族自治州	7度	0.10g	第三组	文山市
	6度	0.05g	第三组	砚山县、丘北县
	6度	0.05g	第二组	广南县
	6度	0.05g	第一组	西畴县、麻栗坡县、马关县、富宁县
西双版纳傣族自治州	8度	0.30g	第三组	勐海县
	8度	0.20g	第三组	景洪市
	7度	0.15g	第三组	勐腊县
大理白族自治州	8度	0.30g	第三组	洱源县、剑川县、鹤庆县
	8度	0.20g	第三组	大理市、漾濞彝族自治县、祥云县、宾川县、弥渡县、南涧彝族自治县、巍山彝族回族自治县
	7度	0.15g	第三组	永平县、云龙县
德宏傣族景颇族自治州	8度	0.30g	第三组	瑞丽市、芒市
	8度	0.20g	第三组	梁河县、盈江县、陇川县
怒江傈僳族自治州	8度	0.20g	第三组	泸水县
	8度	0.20g	第二组	福贡县、贡山独龙族怒族自治县
	7度	0.15g	第三组	兰坪白族普米族自治县
迪庆藏族自治州	8度	0.20g	第二组	香格里拉市、德钦县、维西傈僳族自治县
省直辖县级行政单位	8度	0.20g	第三组	腾冲市

A.0.26 西藏自治区

	烈度	加速度	分组	县级及县级以上城镇
拉萨市	9度	0.40g	第三组	当雄县
	8度	0.20g	第三组	城关区、林周县、尼木县、堆龙德庆县
	7度	0.15g	第三组	曲水县、达孜县、墨竹工卡县
昌都市	8度	0.20g	第三组	卡若区、边坝县、洛隆县
	7度	0.15g	第三组	类乌齐县、丁青县、察雅县、八宿县、左贡县
	7度	0.15g	第二组	江达县、芒康县
	7度	0.10g	第三组	贡觉县
山南地区	8度	0.30g	第三组	错那县
	8度	0.20g	第三组	桑日县、曲松县、隆子县
	7度	0.15g	第三组	乃东县、扎囊县、贡嘎县、琼结县、措美县、洛扎县、加查县、浪卡子县
日喀则市	8度	0.20g	第三组	仁布县、康马县、聂拉木县
	8度	0.20g	第二组	拉孜县、定结县、亚东县
	7度	0.15g	第三组	桑珠孜区（原日喀则市）、南木林县、江孜县、定日县、萨迦县、白朗县、吉隆县、萨嘎县、岗巴县
	7度	0.15g	第二组	昂仁县、谢通门县、仲巴县
那曲地区	8度	0.30g	第三组	申扎县
	8度	0.20g	第三组	那曲县、安多县、尼玛县
	8度	0.20g	第二组	嘉黎县
	7度	0.15g	第三组	聂荣县、班戈县
	7度	0.15g	第二组	索县、巴青县、双湖县
	7度	0.10g	第三组	比如县
阿里地区	8度	0.20g	第三组	普兰县
	7度	0.15g	第三组	噶尔县、日土县
	7度	0.15g	第二组	札达县、改则县
	7度	0.10g	第三组	革吉县
	7度	0.10g	第二组	措勤县
林芝市	9度	0.40g	第三组	墨脱县
	8度	0.30g	第三组	米林县、波密县
	8度	0.20g	第三组	巴宜区（原林芝县）
	7度	0.15g	第三组	察隅县、朗县
	7度	0.10g	第三组	工布江达县

A.0.27 陕西省

	烈度	加速度	分组	县级及县级以上城镇
西安市	8度	0.20g	第二组	新城区、碑林区、莲湖区、灞桥区、未央区、雁塔区、阎良区、临潼区、长安区、高陵区、蓝田县、周至县、户县
铜川市	7度	0.10g	第三组	王益区、印台区、耀州区
	6度	0.05g	第三组	宜君县

续表

	烈度	加速度	分组	县级及县级以上城镇
宝鸡市	8度	0.20g	第三组	凤翔县、岐山县、陇县、千阳县
	8度	0.20g	第二组	渭滨区、金台区、陈仓区、扶风县、眉县
	7度	0.15g	第三组	凤县
	7度	0.10g	第三组	麟游县、太白县
咸阳市	8度	0.20g	第二组	秦都区、杨陵区、渭城区、泾阳县、武功县、兴平市
	7度	0.15g	第三组	乾县
	7度	0.15g	第二组	三原县、礼泉县
	7度	0.10g	第三组	永寿县、淳化县
	6度	0.05g	第三组	彬县、长武县、旬邑县
渭南市	8度	0.30g	第二组	华县
	8度	0.20g	第二组	临渭区、潼关县、大荔县、华阴市
	7度	0.15g	第三组	澄城县、富平县
	7度	0.15g	第二组	合阳县、蒲城县、韩城市
	7度	0.10g	第三组	白水县
延安市	6度	0.05g	第三组	吴起县、富县、洛川县、宜川县、黄龙县、黄陵县
	6度	0.05g	第二组	延长县、延川县
	6度	0.05g	第一组	宝塔区、子长县、安塞县、志丹县、甘泉县
汉中市	7度	0.15g	第二组	略阳县
	7度	0.10g	第三组	留坝县
	7度	0.10g	第二组	汉台区、南郑县、勉县、宁强县
	6度	0.05g	第三组	城固县、洋县、西乡县、佛坪县
	6度	0.05g	第一组	镇巴县
榆林市	6度	0.05g	第三组	府谷县、定边县、吴堡县
	6度	0.05g	第一组	榆阳区、神木县、横山县、靖边县、绥德县、米脂县、佳县、清涧县、子洲县
安康市	7度	0.10g	第一组	汉滨区、平利县
	6度	0.05g	第三组	汉阴县、石泉县、宁陕县
	6度	0.05g	第二组	紫阳县、岚皋县、旬阳县、白河县
	6度	0.05g	第一组	镇坪县
商洛市	7度	0.15g	第二组	洛南县
	7度	0.10g	第三组	商州区、柞水县
	7度	0.10g	第一组	商南县
	6度	0.05g	第三组	丹凤县、山阳县、镇安县

A.0.28 甘肃省

	烈度	加速度	分组	县级及县级以上城镇
兰州市	8度	0.20g	第三组	城关区、七里河区、西固区、安宁区、永登县
	7度	0.15g	第三组	红古区、皋兰县、榆中县
嘉峪关市	8度	0.20g	第二组	嘉峪关市
金昌市	7度	0.15g	第三组	金川区、永昌县

	烈度	加速度	分组	县级及县级以上城镇
白银市	8度	0.30g	第三组	平川区
	8度	0.20g	第三组	靖远县、会宁县、景泰县
	7度	0.15g	第三组	白银区
天水市	8度	0.30g	第二组	秦州区、麦积区
	8度	0.20g	第三组	清水县、秦安县、武山县、张家川回族自治县
	8度	0.20g	第二组	甘谷县
武威市	8度	0.30g	第三组	古浪县
	8度	0.20g	第三组	凉州区、天祝藏族自治县
	7度	0.10g	第三组	民勤县
张掖市	8度	0.20g	第三组	临泽县
	8度	0.20g	第二组	肃南裕固族自治县、高台县
	7度	0.15g	第三组	甘州区
	7度	0.15g	第二组	民乐县、山丹县
平凉市	8度	0.20g	第三组	华亭县、庄浪县、静宁县
	7度	0.15g	第三组	崆峒区、崇信县
	7度	0.10g	第三组	泾川县、灵台县
酒泉市	8度	0.20g	第二组	肃北蒙古族自治县
	7度	0.15g	第三组	肃州区、玉门市
	7度	0.15g	第二组	金塔县、阿克塞哈萨克族自治县
	7度	0.10g	第三组	瓜州县、敦煌市
庆阳市	7度	0.10g	第三组	西峰区、环县、镇原县
	6度	0.05g	第三组	庆城县、华池县、合水县、正宁县、宁县
定西市	8度	0.20g	第三组	通渭县、陇西县、漳县
	7度	0.15g	第三组	安定区、渭源县、临洮县、岷县
陇南市	8度	0.30g	第二组	西和县、礼县
	8度	0.20g	第三组	两当县
	8度	0.20g	第二组	武都区、成县、文县、宕昌县、康县、徽县
临夏回族自治州	8度	0.20g	第三组	永靖县
	7度	0.15g	第三组	临夏市、康乐县、广河县、和政县、东乡族自治县、
	7度	0.15g	第二组	临夏县
	7度	0.10g	第三组	积石山保安族东乡族撒拉族自治县
甘南藏族自治州	8度	0.20g	第三组	舟曲县
	8度	0.20g	第二组	玛曲县
	7度	0.15g	第三组	临潭县、卓尼县、迭部县
	7度	0.15g	第二组	合作市、夏河县
	7度	0.10g	第三组	碌曲县

A.0.29 青海省

	烈度	加速度	分组	县级及县级以上城镇
西宁市	7度	0.10g	第三组	城中区、城东区、城西区、城北区、大通回族土族自治县、湟中县、湟源县
海东市	7度	0.10g	第三组	乐都区、平安区、民和回族土族自治县、互助土族自治县、化隆回族自治县、循化撒拉族自治县
海北藏族自治州	8度	0.20g	第二组	祁连县
	7度	0.15g	第三组	门源回族自治县
	7度	0.15g	第二组	海晏县
	7度	0.10g	第三组	刚察县
黄南藏族自治州	7度	0.15g	第二组	同仁县
	7度	0.10g	第三组	尖扎县、河南蒙古族自治县
	7度	0.10g	第二组	泽库县
海南藏族自治州	7度	0.15g	第二组	贵德县
	7度	0.10g	第三组	共和县、同德县、兴海县、贵南县
果洛藏族自治州	8度	0.30g	第三组	玛沁县
	8度	0.20g	第三组	甘德县、达日县
	7度	0.15g	第三组	玛多县
	7度	0.10g	第三组	班玛县、久治县
玉树藏族自治州	8度	0.20g	第三组	曲麻莱县
	7度	0.15g	第三组	玉树市、治多县
	7度	0.10g	第三组	称多县
	7度	0.10g	第二组	杂多县、囊谦县
海西蒙古族藏族自治州	7度	0.15g	第三组	德令哈市
	7度	0.15g	第二组	乌兰县
	7度	0.10g	第三组	格尔木市、都兰县、天峻县

A.0.30 宁夏回族自治区

	烈度	加速度	分组	县级及县级以上城镇
银川市	8度	0.20g	第三组	灵武市
	8度	0.20g	第二组	兴庆区、西夏区、金凤区、永宁县、贺兰县
石嘴山市	8度	0.20g	第二组	大武口区、惠农区、平罗县
吴忠市	8度	0.20g	第三组	利通区、红寺堡区、同心县、青铜峡市
	6度	0.05g	第三组	盐池县
固原市	8度	0.20g	第三组	原州区、西吉县、隆德县、泾源县
	7度	0.15g	第三组	彭阳县
中卫市	8度	0.30g	第三组	海原县
	8度	0.20g	第三组	沙坡头区、中宁县

A.0.31 新疆维吾尔自治区

	烈度	加速度	分组	县级及县级以上城镇
乌鲁木齐市	8度	0.20g	第二组	天山区、沙依巴克区、新市区、水磨沟区、头屯河区、达阪城区、米东区、乌鲁木齐县[1]

续表

	烈度	加速度	分组	县级及县级以上城镇
克拉玛依市	8度	0.20g	第三组	独山子区
	7度	0.10g	第三组	克拉玛依区、白碱滩区
	7度	0.10g	第一组	乌尔禾区
吐鲁番市	7度	0.15g	第二组	高昌区（原吐鲁番市）
	7度	0.10g	第二组	鄯善县、托克逊县
哈密地区	8度	0.20g	第二组	巴里坤哈萨克自治县
	7度	0.15g	第二组	伊吾县
	7度	0.10g	第二组	哈密市
昌吉回族自治州	8度	0.20g	第三组	昌吉市、玛纳斯县
	8度	0.20g	第二组	木垒哈萨克自治县
	7度	0.15g	第三组	呼图壁县
	7度	0.15g	第二组	阜康市、吉木萨尔县
	7度	0.10g	第二组	奇台县
博尔塔拉蒙古自治州	8度	0.20g	第三组	精河县
	8度	0.20g	第二组	阿拉山口市
	7度	0.15g	第三组	博乐市、温泉县
巴音郭楞蒙古自治州	8度	0.20g	第二组	库尔勒市、焉耆回族自治县、和静镇、和硕县、博湖县
	7度	0.15g	第二组	轮台县
	7度	0.10g	第三组	且末县
	7度	0.10g	第二组	尉犁县、若羌县
阿克苏地区	8度	0.20g	第二组	阿克苏市、温宿县、库车县、拜城县、乌什县、柯坪县
	7度	0.15g	第二组	新和县
	7度	0.10g	第三组	沙雅县、阿瓦提县、阿瓦提镇
克孜勒苏柯尔克孜自治州	9度	0.40g	第三组	乌恰县
	8度	0.30g	第三组	阿图什市
	8度	0.20g	第三组	阿克陶县
	8度	0.20g	第二组	阿合奇县
喀什地区	9度	0.40g	第三组	塔什库尔干塔吉克自治县
	8度	0.30g	第三组	喀什市、疏附县、英吉沙县
	8度	0.20g	第三组	疏勒县、岳普湖县、伽师县、巴楚县
	7度	0.15g	第三组	泽普县、叶城县
	7度	0.10g	第三组	莎车县、麦盖提县
和田地区	7度	0.15g	第二组	和田市、和田县[2]、墨玉县、洛浦县、策勒县
	7度	0.10g	第三组	皮山县
	7度	0.10g	第二组	于田县、民丰县
伊犁哈萨克自治州	8度	0.30g	第三组	昭苏县、特克斯县、尼勒克县
	8度	0.20g	第三组	伊宁市、奎屯市、霍尔果斯市、伊宁县、霍城县、巩留县、新源县
	7度	0.15g	第三组	察布查尔锡伯自治县

续表

	烈度	加速度	分组	县级及县级以上城镇
塔城地区	8度	0.20g	第三组	乌苏市、沙湾县
	7度	0.15g	第二组	托里县
	7度	0.15g	第一组	和布克赛尔蒙古自治县
	7度	0.10g	第二组	裕民县
	7度	0.10g	第一组	塔城市、额敏县
阿勒泰地区	8度	0.20g	第三组	富蕴县、青河县
	7度	0.15g	第二组	阿勒泰市、哈巴河县
	7度	0.10g	第二组	布尔津县
	6度	0.05g	第三组	福海县、吉木乃县
自治区直辖县级行政单位	8度	0.20g	第三组	石河子市、可克达拉市
	8度	0.20g	第二组	铁门关市
	7度	0.15g	第三组	图木舒克市、五家渠市、双河市
	7度	0.10g	第二组	北屯市、阿拉尔市

注：1 乌鲁木齐县政府驻乌鲁木齐市水磨沟区南湖南路街道；
    2 和田县政府驻和田市古江巴格街道。

A.0.32 港澳特区和台湾省

	烈度	加速度	分组	县级及县级以上城镇
香港特别行政区	7度	0.15g	第二组	香港
澳门特别行政区	7度	0.10g	第二组	澳门
台湾省	9度	0.40g	第三组	嘉义县、嘉义市、云林县、南投县、彰化县、台中市、苗栗县、花莲县
	9度	0.40g	第二组	台南县、台中县
	8度	0.30g	第三组	台北市、台北县、基隆市、桃园县、新竹县、新竹市、宜兰县、台东县、屏东县
	8度	0.20g	第三组	高雄市、高雄县、金门县
	8度	0.20g	第二组	澎湖县
	6度	0.05g	第三组	妈祖县

附录 B　高强混凝土结构抗震设计要求

B.0.1 高强混凝土结构所采用的混凝土强度等级应符合本规范第3.9.3条的规定；其抗震设计，除应符合普通混凝土结构抗震设计要求外，尚应符合本附录的规定。

B.0.2 结构构件截面剪力设计值的限值中含有混凝土轴心抗压强度设计值（f_c）的项应乘以混凝土强度影响系数（β_c）。其值，混凝土强度等级为C50时取1.0，C80时取0.8，介于C50和C80之间时取其内插值。

结构构件受压区高度计算和承载力验算时，公式中含有混凝土轴心抗压强度设计值（f_c）的项也应按国家标准《混凝土结构设计规范》GB 50010的有关规定乘以相应的混凝土强度影响系数。

B.0.3 高强混凝土框架的抗震构造措施，应符合下列要求：

1 梁端纵向受拉钢筋的配筋率不宜大于3%（HRB335级钢筋）和2.6%（HRB400级钢筋）。梁端箍筋加密区的箍筋最小直径应比普通混凝土梁箍筋的最小直径增大2mm。

2 柱的轴压比限值宜按下列规定采用：不超过C60混凝土的柱可与普通混凝土柱相同，C65～C70混凝土的柱宜比普通混凝土柱减小0.05，C75～C80

混凝土的柱宜比普通混凝土柱减小 0.1。

3 当混凝土强度等级大于 C60 时，柱纵向钢筋的最小总配筋率应比普通混凝土柱增大 0.1%。

4 柱加密区的最小配箍特征值宜按下列规定采用；混凝土强度等级高于 C60 时，箍筋宜采用复合箍、复合螺旋箍或连续复合矩形螺旋箍。

  1）轴压比不大于 0.6 时，宜比普通混凝土柱大 0.02；

  2）轴压比大于 0.6 时，宜比普通混凝土柱大 0.03。

B.0.4 当抗震墙的混凝土强度等级大于 C60 时，应经过专门研究，采取加强措施。

附录 C 预应力混凝土结构抗震设计要求

C.0.1 本附录适用于 6、7、8 度时先张法和后张有粘结预应力混凝土结构的抗震设计，9 度时应进行专门研究。

  无粘结预应力混凝土结构的抗震设计，应采取措施防止罕遇地震下结构构件塑性铰区以外有效预加力松弛，并符合专门的规定。

C.0.2 抗震设计的预应力混凝土结构，应采取措施使其具有良好的变形和消耗地震能量的能力，达到延性结构的基本要求；应避免构件剪切破坏先于弯曲破坏、节点先于被连接构件破坏、预应力筋的锚固粘结先于构件破坏。

C.0.3 抗震设计时，后张预应力框架、门架、转换层的转换大梁，宜采用有粘结预应力筋。承重结构的受拉杆件和抗震等级为一级的框架，不得采用无粘结预应力筋。

C.0.4 抗震设计时，预应力混凝土结构的抗震等级及相应的地震组合内力调整，应按本规范第 6 章对钢筋混凝土结构的要求执行。

C.0.5 预应力混凝土结构的混凝土强度等级，框架和转换层的转换构件不宜低于 C40。其他抗侧力的预应力混凝土构件，不应低于 C30。

C.0.6 预应力混凝土结构的抗震计算，除应符合本规范第 5 章的规定外，尚应符合下列规定：

  1 预应力混凝土结构自身的阻尼比可采用 0.03，并可按钢筋混凝土结构部分和预应力混凝土结构部分在整个结构总变形能所占的比例折算为等效阻尼比。

  2 预应力混凝土结构构件截面抗震验算时，本规范第 5.4.1 条地震作用效应基本组合中，应增加预应力作用效应项，其分项系数，一般情况应采用 1.0，当预应力作用效应对构件承载力不利时，应采用 1.2。

  3 预应力筋穿过框架节点核芯区时，节点核芯区的截面抗震验算，应计入总有效预加力以及预应力孔道削弱核芯区有效验算宽度的影响。

C.0.7 预应力混凝土结构的抗震构造，除下列规定外，应符合本规范第 6 章对钢筋混凝土结构的要求：

  1 抗侧力的预应力混凝土构件，应采用预应力筋和非预应力筋混合配筋方式。二者的比例应依据抗震等级按有关规定控制，其预应力强度比不宜大于 0.75。

  2 预应力混凝土框架梁端纵向受拉钢筋的最大配筋率、底面和顶面非预应力钢筋配筋量的比值，应按预应力强度比相应换算后符合钢筋混凝土框架梁的要求。

  3 预应力混凝土框架柱可采用非对称配筋方式；其轴压比计算，应计入预应力筋的总有效预加力形成的轴向压力设计值，并符合钢筋混凝土结构中对应框架柱的要求；箍筋宜全高加密。

  4 板柱-抗震墙结构中，在柱截面范围内通过板底连续钢筋的要求，应计入预应力钢筋截面面积。

C.0.8 后张预应力筋的锚具不宜设置在梁柱节点核芯区。预应力筋-锚具组装件的锚固性能，应符合专门的规定。

附录 D 框架梁柱节点核芯区截面抗震验算

D.1 一般框架梁柱节点

D.1.1 一、二、三级框架梁柱节点核芯区组合的剪力设计值，应按下列公式确定：

$$V_j = \frac{\eta_{jb} \sum M_b}{h_{b0} - a'_s} \left(1 - \frac{h_{b0} - a'_s}{H_c - h_b}\right) \quad \text{(D.1.1-1)}$$

  一级框架结构和 9 度的一级框架可不按上式确定，但应符合下式：

$$V_j = \frac{1.15 \sum M_{bua}}{h_{b0} - a'_s} \left(1 - \frac{h_{b0} - a'_s}{H_c - h_b}\right)$$

$$\text{(D.1.1-2)}$$

式中：V_j —— 梁柱节点核芯区组合的剪力设计值；

  h_{b0} —— 梁截面的有效高度，节点两侧梁截面高度不等时可采用平均值；

  a'_s —— 梁受压钢筋合力点至受压边缘的距离；

  H_c —— 柱的计算高度，可采用节点上、下柱反弯点之间的距离；

  h_b —— 梁的截面高度，节点两侧梁截面高度不等时可采用平均值；

  η_{jb} —— 强节点系数，对于框架结构，一级宜取 1.5，二级宜取 1.35，三级宜取 1.2；对于其他结构中的框架，一级宜取 1.35，二级宜取 1.2，三级宜取 1.1；

$\sum M_b$ ——节点左右梁端反时针或顺时针方向组合
弯矩设计值之和，一级框架节点左右梁
端均为负弯矩时，绝对值较小的弯矩应
取零；

$\sum M_{bua}$ ——节点左右梁端反时针或顺时针方向实配
的正截面抗震受弯承载力所对应的弯矩
值之和，可根据实配钢筋面积（计入受
压筋）和材料强度标准值确定。

D.1.2 核芯区截面有效验算宽度，应按下列规定
采用：

1 核芯区截面有效验算宽度，当验算方向的梁
截面宽度不小于该侧柱截面宽度的 1/2 时，可采用该
侧柱截面宽度，当小于柱截面宽度的 1/2 时采用下
列二者的较小值：

$$b_j = b_b + 0.5h_c \quad (D.1.2\text{-}1)$$
$$b_j = b_c \quad (D.1.2\text{-}2)$$

式中：b_j ——节点核芯区的截面有效验算宽度；

b_b ——梁截面宽度；

h_c ——验算方向的柱截面高度；

b_c ——验算方向的柱截面宽度。

2 当梁、柱的中线不重合且偏心距不大于柱宽
的 1/4 时，核芯区的截面有效验算宽度可采用上款和
下式计算结果的较小值。

$$b_j = 0.5(b_b + b_c) + 0.25h_c - e \quad (D.1.2\text{-}3)$$

式中：e ——梁与柱中线偏心距。

D.1.3 节点核芯区组合的剪力设计值，应符合下列
要求：

$$V_j \leqslant \frac{1}{\gamma_{RE}}(0.30\eta_j f_c b_j h_j) \quad (D.1.3)$$

式中：η_j ——正交梁的约束影响系数；楼板为现浇、
梁柱中线重合、四侧各梁截面宽度不小
于该侧柱截面宽度的 1/2，且正交方向
梁高度不小于框架梁高度的 3/4 时，可
采用 1.5，9 度的一级宜采用 1.25；其
他情况均采用 1.0；

h_j ——节点核芯区的截面高度，可采用验算方
向的柱截面高度；

γ_{RE} ——承载力抗震调整系数，可采用 0.85。

D.1.4 节点核芯区截面抗震受剪承载力，应采用下
列公式验算：

$$V_j \leqslant \frac{1}{\gamma_{RE}}\left(1.1\eta_j f_t b_j h_j + 0.05\eta_j N \frac{b_j}{b_c} + f_{yv} A_{svj} \frac{h_{b0} - a'_s}{s}\right)$$
$$(D.1.4\text{-}1)$$

9 度的一级

$$V_j \leqslant \frac{1}{\gamma_{RE}}\left(0.9\eta_j f_t b_j h_j + f_{yv} A_{svj} \frac{h_{b0} - a'_s}{s}\right)$$
$$(D.1.4\text{-}2)$$

式中：N——对应于组合剪力设计值的上柱组合轴向
压力较小值，其取值不应大于柱的截面

面积和混凝土轴心抗压强度设计值的乘
积的 50%，当 N 为拉力时，取 $N=0$；

f_{yv} ——箍筋的抗拉强度设计值；

f_t ——混凝土轴心抗拉强度设计值；

A_{svj} ——核芯区有效验算宽度范围内同一截面验
算方向箍筋的总截面面积；

s ——箍筋间距。

D.2 扁梁框架的梁柱节点

D.2.1 扁梁框架的梁宽大于柱宽时，梁柱节点应符
合本段的规定。

D.2.2 扁梁框架的梁柱节点核芯区应根据梁纵筋在
柱宽范围内、外的截面面积比例，对柱宽以内和柱宽
以外的范围分别验算受剪承载力。

D.2.3 核芯区验算方法除应符合一般框架梁柱节点
的要求外，尚应符合下列要求：

1 按本规范式（D.1.3）验算核芯区剪力限值
时，核芯区有效宽度可取梁宽与柱宽之和的平均值；

2 四边有梁的约束影响系数，验算柱宽范围内
核芯区的受剪承载力时可取 1.5；验算柱宽范围以外
核芯区的受剪承载力时宜取 1.0；

3 验算核芯区受剪承载力时，在柱宽范围内的
核芯区，轴向力的取值可与一般梁柱节点相同；柱宽
以外的核芯区，可不考虑轴力对受剪承载力的有利
作用；

4 锚入柱内的梁上部钢筋宜大于其全部截面面
积的 60%。

D.3 圆柱框架的梁柱节点

D.3.1 梁中线与柱中线重合时，圆柱框架梁柱节点
核芯区组合的剪力设计值应符合下列要求：

$$V_j \leqslant \frac{1}{\gamma_{RE}}(0.30\eta_j f_c A_j) \quad (D.3.1)$$

式中：η_j ——正交梁的约束影响系数，按本规范第
D.1.3 条确定，其中柱截面宽度按柱直
径采用；

A_j ——节点核芯区有效截面面积，梁宽（b_b）
不小于柱直径（D）之半时，取 $A_j = 0.8D^2$；梁宽（b_b）小于柱直径（D）之
半且不小于 0.4D 时，取 $A_j = 0.8D(b_b + D/2)$。

D.3.2 梁中线与柱中线重合时，圆柱框架梁柱节点
核芯区截面抗震受剪承载力应采用下列公式验算：

$$V_j \leqslant \frac{1}{\gamma_{RE}}\Big(1.5\eta_j f_t A_j + 0.05\eta_j \frac{N}{D^2}A_j$$
$$+ 1.57 f_{yv} A_{sh} \frac{h_{b0} - a'_s}{s}$$
$$+ f_{yv} A_{svj} \frac{h_{b0} - a'_s}{s}\Big) \quad (D.3.2\text{-}1)$$

9度的一级

$$V_j \leqslant \frac{1}{\gamma_{RE}} \left(1.2\eta_j f_t A_j + 1.57 f_{yv} A_{sh} \frac{h_{b0} - a'_s}{s} \right.$$
$$\left. + f_{yv} A_{hvj} \frac{h_{b0} - a'_s}{s} \right) \qquad (D.3.2\text{-}2)$$

式中：A_{sh}——单根圆形箍筋的截面面积；

A_{svj}——同一截面验算方向的拉筋和非圆形箍筋的总截面面积；

D——圆柱截面直径；

N——轴向力设计值，按一般梁柱节点的规定取值。

附录 E 转换层结构的抗震设计要求

E.1 矩形平面抗震墙结构框支层楼板设计要求

E.1.1 框支层应采用现浇楼板，厚度不宜小于 180mm，混凝土强度等级不宜低于 C30，应采用双层双向配筋，且每层每个方向的配筋率不应小于 0.25%。

E.1.2 部分框支抗震墙结构的框支层楼板剪力设计值，应符合下列要求：

$$V_f \leqslant \frac{1}{\gamma_{RE}} (0.1 f_c b_f t_f) \qquad (E.1.2)$$

式中：V_f——由不落地抗震墙传到落地抗震墙处按刚性楼板计算的框支层楼板组合的剪力设计值，8 度时应乘以增大系数 2，7 度时应乘以增大系数 1.5；验算落地抗震墙时不考虑此项增大系数；

b_f、t_f——分别为框支层楼板的宽度和厚度；

γ_{RE}——承载力抗震调整系数，可采用 0.85。

E.1.3 部分框支抗震墙结构的框支层楼板与落地抗震墙交接截面的受剪承载力，应按下列公式验算：

$$V_f \leqslant \frac{1}{\gamma_{RE}} (f_y A_s) \qquad (E.1.3)$$

式中：A_s——穿过落地抗震墙的框支层楼盖（包括梁和板）的全部钢筋的截面面积。

E.1.4 框支层楼板的边缘和较大洞口周边应设置边梁，其宽度不宜小于板厚的 2 倍，纵向钢筋配筋率不应小于 1%，钢筋接头宜采用机械连接或焊接，楼板的钢筋应锚固在边梁内。

E.1.5 对建筑平面较长或不规则及各抗震墙内力相差较大的框支层，必要时可采用简化方法验算楼板平面内的受弯、受剪承载力。

E.2 筒体结构转换层抗震设计要求

E.2.1 转换层上下的结构质量中心宜接近重合（不包括裙房），转换层上下层的侧向刚度比不宜大于 2。

E.2.2 转换层上部的竖向抗侧力构件（墙、柱）宜直接落在转换层的主结构上。

E.2.3 厚板转换层结构不宜用于 7 度及 7 度以上的高层建筑。

E.2.4 转换层楼盖不应有大洞口，在平面内宜接近刚性。

E.2.5 转换层楼盖与筒体、抗震墙应有可靠的连接，转换层楼板的抗震验算和构造宜符合本附录第 E.1 节对框支层楼板的有关规定。

E.2.6 8 度时转换层结构应考虑竖向地震作用。

E.2.7 9 度时不应采用转换层结构。

附录 F 配筋混凝土小型空心砌块抗震墙房屋抗震设计要求

F.1 一般规定

F.1.1 本附录适用的配筋混凝土小型空心砌块抗震墙房屋的最大高度应符合表 F.1.1-1 的规定，且房屋总高度与总宽度的比值不宜超过表 F.1.1-2 的规定。

表 F.1.1-1 配筋混凝土小型空心砌块抗震墙房屋适用的最大高度（m）

最小墙厚 (mm)	6 度	7 度		8 度		9 度
	0.05g	0.10g	0.15g	0.20g	0.30g	0.40g
190	60	55	45	40	30	24

注：1 房屋高度超过表内高度时，应进行专门研究和论证，采取有效的加强措施；

2 某层或几层开间大于 6.0m 以上的房间建筑面积占相应层建筑面积 40% 以上时，表中数据相应减少 6m；

3 房屋高度指室外地面到主要屋面板板顶的高度（不包括局部突出屋顶部分）。

表 F.1.1-2 配筋混凝土小型空心砌块抗震墙房屋的最大高宽比

烈 度	6 度	7 度	8 度	9 度
最大高宽比	4.5	4.0	3.0	2.0

注：房屋的平面布置和竖向布置不规则时应适当减小最大高宽比。

F.1.2 配筋混凝土小型空心砌块抗震墙房屋应根据抗震设防类别、烈度和房屋高度采用不同的抗震等级，并应符合相应的计算和构造措施要求。丙类建筑的抗震等级宜按表 F.1.2 确定。

表 F.1.2　配筋混凝土小型空心砌块抗震墙房屋的抗震等级

烈　度	6 度		7 度		8 度		9 度
高度（m）	≤24	>24	≤24	>24	≤24	>24	≤24
抗震等级	四	三	三	二	二	一	一

注：接近或等于高度分界时，可结合房屋不规则程度及场地、地基条件确定抗震等级。

F.1.3　配筋混凝土小型空心砌块抗震墙房屋应避免采用本规范第 3.4 节规定的不规则建筑结构方案，并应符合下列要求：

　　1　平面形状宜简单、规则，凹凸不宜过大；竖向布置宜规则、均匀，避免过大的外挑和内收。

　　2　纵横向抗震墙宜拉通对直；每个独立墙段长度不宜大于 8m，且不宜小于墙厚的 5 倍；墙段的总高度与墙段长度之比不宜小于 2；门洞口宜上下对齐，成列布置。

　　3　采用现浇钢筋混凝土楼、屋盖时，抗震横墙的最大间距，应符合表 F.1.3 的要求。

表 F.1.3　配筋混凝土小型空心砌块抗震横墙的最大间距

烈　度	6 度	7 度	8 度	9 度
最大间距（m）	15	15	11	7

　　4　房屋需要设置防震缝时，其最小宽度应符合下列要求：

　　当房屋高度不超过 24m 时，可采用 100mm；当超过 24m 时，6 度、7 度、8 度和 9 度相应每增加 6m、5m、4m 和 3m，宜加宽 20mm。

F.1.4　配筋混凝土小型空心砌块抗震墙房屋的层高应符合下列要求：

　　1　底部加强部位的层高，一、二级不宜大于 3.2m，三、四级不应大于 3.9m。

　　2　其他部位的层高，一、二级不应大于 3.9m，三、四级不应大于 4.8m。

　　注：底部加强部位指不小于房屋高度的 1/6 且不小于底部二层的高度范围，房屋总高度小于 21m 时取一层。

F.1.5　配筋混凝土小型空心砌块抗震墙的短肢墙应符合下列要求：

　　1　不应采用全部为短肢墙的配筋小砌块抗震墙结构，应形成短肢抗震墙与一般抗震墙共同抵抗水平地震作用的抗震墙结构。9 度时不宜采用短肢墙。

　　2　在规定的水平力作用下，一般抗震墙承受的底部地震倾覆力矩不应小于结构总倾覆力矩的 50%，且短肢抗震墙截面面积与同层抗震墙总截面面积比例，两个主轴方向均不宜大于 20%。

　　3　短肢墙宜设置翼墙；不应在一字形短肢墙平面外布置与之单侧相交的楼、屋面梁。

　　4　短肢墙的抗震等级应比表 F.1.2 的规定提高一级采用；已为一级时，配筋应按 9 度的要求提高。

　　注：短肢抗震墙指墙肢截面高度与宽度之比为 5～8 的抗震墙，一般抗震墙指墙肢截面高度与宽度之比大于 8 的抗震墙。"L"形、"T"形、"＋"形等多肢墙截面的长短肢性质应由较长一肢确定。

F.2　计 算 要 点

F.2.1　配筋混凝土小型空心砌块抗震墙房屋抗震计算时，应按本节规定调整地震作用效应；6 度时可不进行截面抗震验算，但应按本附录的有关要求采取抗震构造措施。配筋混凝土小砌块抗震墙房屋应进行多遇地震作用下的抗震变形验算，其楼层内最大的弹性层间位移角，底层不宜超过 1/1200，其他楼层不宜超过 1/800。

F.2.2　配筋混凝土小砌块抗震墙承载力计算时，底部加强部位截面的组合剪力设计值应按下列规定调整：

$$V = \eta_{vw} V_w \qquad (F.2.2)$$

式中：V——抗震墙底部加强部位截面组合的剪力设计值；

　　　　V_w——抗震墙底部加强部位截面组合的剪力计算值；

　　　　η_{vw}——剪力增大系数，一级取 1.6，二级取 1.4，三级取 1.2，四级取 1.0。

F.2.3　配筋混凝土小型空心砌块抗震墙截面组合的剪力设计值，应符合下列要求：

　　剪跨比大于 2

$$V \leqslant \frac{1}{\gamma_{RE}}(0.2 f_g bh) \qquad (F.2.3-1)$$

　　剪跨比不大于 2

$$V \leqslant \frac{1}{\gamma_{RE}}(0.15 f_g bh) \qquad (F.2.3-2)$$

式中：f_g——灌孔小砌块砌体抗压强度设计值；

　　　　b——抗震墙截面宽度；

　　　　h——抗震墙截面高度；

　　　　γ_{RE}——承载力抗震调整系数，取 0.85。

　　注：剪跨比按本规范式（6.2.9-3）计算。

F.2.4　偏心受压配筋混凝土小型空心砌块抗震墙截面受剪承载力，应按下列公式验算：

$$V \leqslant \frac{1}{\gamma_{RE}}\left[\frac{1}{\lambda - 0.5}(0.48 f_{gv} bh_0 + 0.1N) + 0.72 f_{yh}\frac{A_{sh}}{s}h_0\right]$$

$$(F.2.4-1)$$

$$0.5V \leqslant \frac{1}{\gamma_{RE}}\left(0.72 f_{yh}\frac{A_{sh}}{s}h_0\right) \qquad (F.2.4-2)$$

式中：N——抗震墙组合的轴向压力设计值；当 $N > 0.2 f_g bh$ 时，取 $N = 0.2 f_g bh$；

　　　　λ——计算截面处的剪跨比，取 $\lambda = M/Vh_0$，小于 1.5 时取 1.5，大于 2.2 时取 2.2；

　　　　f_{gv}——灌孔小砌块砌体抗剪强度设计值；$f_{gv} =$

$0.2f_\mathrm{g}^{0.55}$；

A_{sh}——同一截面的水平钢筋截面面积；

s——水平分布筋间距；

f_{yh}——水平分布筋抗拉强度设计值；

h_0——抗震墙截面有效高度。

F.2.5 在多遇地震作用组合下，配筋混凝土小型空心砌块抗震墙的墙肢不应出现小偏心受拉。大偏心受拉配筋混凝土小型空心砌块抗震墙，其斜截面受剪承载力应按下列公式计算：

$$V \leqslant \frac{1}{\gamma_{\mathrm{RE}}}\left[\frac{1}{\lambda - 0.5}(0.48f_{\mathrm{gv}}bh_0 - 0.17N)\right.$$
$$\left. + 0.72f_{\mathrm{yh}}\frac{A_{\mathrm{sh}}}{s}h_0\right] \qquad (\text{F.2.5-1})$$

$$0.5V \leqslant \frac{1}{\gamma_{\mathrm{RE}}}\left(0.72f_{\mathrm{yh}}\frac{A_{\mathrm{sh}}}{s}h_0\right) \quad (\text{F.2.5-2})$$

当 $0.48f_{\mathrm{gv}}bh_0 - 0.17N \leqslant 0$ 时，取 $0.48f_{\mathrm{gv}}bh_0 - 0.17N = 0$

式中：N——抗震墙组合的轴向拉力设计值。

F.2.6 配筋小型空心砌块抗震墙跨高比大于 2.5 的连梁宜采用钢筋混凝土连梁，其截面组合的剪力设计值和斜截面受剪承载力，应符合现行国家标准《混凝土结构设计规范》GB 50010 对连梁的有关规定。

F.2.7 抗震墙采用配筋混凝土小型空心砌块砌体连梁时，应符合下列要求：

1 连梁的截面应满足下式的要求：

$$V \leqslant \frac{1}{\gamma_{\mathrm{RE}}}(0.15f_{\mathrm{g}}bh_0) \qquad (\text{F.2.7-1})$$

2 连梁的斜截面受剪承载力应按下式计算：

$$V \leqslant \frac{1}{\gamma_{\mathrm{RE}}}\left(0.56f_{\mathrm{gv}}bh_0 + 0.7f_{\mathrm{yv}}\frac{A_{\mathrm{sv}}}{s}h_0\right)$$

$$(\text{F.2.7-2})$$

式中：A_{sv}——配置在同一截面内的箍筋各肢的全部截面面积；

f_{yv}——箍筋的抗拉强度设计值。

F.3 抗震构造措施

F.3.1 配筋混凝土小型空心砌块抗震墙房屋的灌孔混凝土应采用坍落度大、流动性及和易性好，并与砌块结合良好的混凝土，灌孔混凝土的强度等级不应低于 Cb20。

F.3.2 配筋混凝土小型空心砌块抗震墙房屋的抗震墙，应全部采用灌孔混凝土灌实。

F.3.3 配筋混凝土小型空心砌块抗震墙的横向和竖向分布钢筋应符合表 F.3.3-1 和表 F.3.3-2 的要求；横向分布钢筋宜双排布置，双排分布钢筋之间拉结筋的间距不应大于 400mm，直径不应小于 6mm；竖向分布钢筋宜采用单排布置，直径不应大于 25mm。

表 F.3.3-1　配筋混凝土小型空心砌块抗震墙横向分布钢筋构造要求

抗震等级	最小配筋率（%）		最大间距（mm）	最小直径（mm）
	一般部位	加强部位		
一级	0.13	0.15	400	$\phi 8$
二级	0.13	0.13	600	$\phi 8$
三级	0.11	0.13	600	$\phi 8$
四级	0.10	0.10	600	$\phi 6$

注：9度时配筋率不应小于 0.2%；在顶层和底部加强部位，最大间距不应大于 400mm。

表 F.3.3-2　配筋混凝土小型空心砌块抗震墙竖向分布钢筋构造要求

抗震等级	最小配筋率（%）		最大间距（mm）	最小直径（mm）
	一般部位	加强部位		
一级	0.15	0.15	400	$\phi 12$
二级	0.13	0.13	600	$\phi 12$
三级	0.11	0.13	600	$\phi 12$
四级	0.10	0.10	600	$\phi 12$

注：9度时配筋率不应小于 0.2%；在顶层和底部加强部位，最大间距应适当减小。

F.3.4 配筋混凝土小型空心砌块抗震墙在重力荷载代表值作用下的轴压比，应符合下列要求：

1 一般墙体的底部加强部位，一级（9 度）不宜大于 0.4，一级（8 度）不宜大于 0.5，二、三级不宜大于 0.6；一般部位，均不宜大于 0.6。

2 短肢墙体全高范围，一级不宜大于 0.50，二、三级不宜大于 0.60；对于无翼缘的一字形短肢墙，其轴压比限值应相应降低 0.1。

3 各向墙肢截面均为 $3b < h < 5b$ 的独立小墙肢，一级不宜大于 0.4，二、三级不宜大于 0.5；对于无翼缘的一字形独立小墙肢，其轴压比限值应相应降低 0.1。

F.3.5 配筋混凝土小型空心砌块抗震墙墙肢端部应设置边缘构件；底部加强部位的轴压比，一级大于 0.2 和二级大于 0.3 时，应设置约束边缘构件。构造边缘构件的配筋范围：无翼墙端部为 3 孔配筋；"L"形转角节点为 3 孔配筋；"T"形转角节点为 4 孔配筋；边缘构件范围内应设置水平箍筋，最小配筋应符合表 F.3.5 的要求。约束边缘构件的范围应沿受力方向比构造边缘构件增加 1 孔，水平箍筋应相应加强，也可采用混凝土边框柱加强。

表 F.3.5 抗震墙边缘构件的配筋要求

抗震等级	每孔竖向钢筋最小配筋量		水平箍筋最小直径	水平箍筋最大间距
	底部加强部位	一般部位		
一级	1φ20	1φ18	φ8	200mm
二级	1φ18	1φ16	φ6	200mm
三级	1φ16	1φ14	φ6	200mm
四级	1φ14	1φ12	φ6	200mm

注：1 边缘构件水平箍筋宜采用搭接点焊网片形式；
    2 一、二、三级时，边缘构件箍筋应采用不低于 HRB335 级的热轧钢筋；
    3 二级轴压比大于 0.3 时，底部加强部位水平箍筋的最小直径不应小于 8mm。

F.3.6 配筋混凝土小型空心砌块抗震墙内竖向和横向分布钢筋的搭接长度不应小于 48 倍钢筋直径，锚固长度不应小于 42 倍钢筋直径。

F.3.7 配筋混凝土小型空心砌块抗震墙的横向分布钢筋，沿墙长应连续设置，两端的锚固应符合下列规定：

    1 一、二级的抗震墙，横向分布钢筋可绕竖向主筋弯 180 度弯钩，弯钩端部直段长度不宜小于 12 倍钢筋直径；横向分布钢筋亦可弯入端部灌孔混凝土中，锚固长度不应小于 30 倍钢筋直径且不应小于 250mm。

    2 三、四级的抗震墙，横向分布钢筋可弯入端部灌孔混凝土中，锚固长度不应小于 25 倍钢筋直径且不应小于 200mm。

F.3.8 配筋混凝土小型空心砌块抗震墙中，跨高比小于 2.5 的连梁可采用砌体连梁；其构造应符合下列要求：

    1 连梁的上下纵向钢筋锚入墙内的长度，一、二级不应小于 1.15 倍锚固长度，三级不应小于 1.05 倍锚固长度，四级不应小于锚固长度；且均不应小于 600mm。

    2 连梁的箍筋应沿梁全长设置；箍筋直径，一级不小于 10mm，二、三、四级不小于 8mm；箍筋间距，一级不大于 75mm，二级不大于 100mm，三级不大于 120mm。

    3 顶层连梁在伸入墙体的纵向钢筋长度范围内应设置间距不大于 200mm 的构造箍筋，其直径应与该连梁的箍筋直径相同。

    4 自梁顶面下 200mm 至梁底面上 200mm 范围内应增设腰筋，其间距不大于 200mm；每层腰筋的数量，一级不少于 2φ12，二～四级不少于 2φ10；腰筋伸入墙内的长度不应小于 30 倍的钢筋直径且不应小于 300mm。

    5 连梁内不宜开洞，需要开洞时应符合下列要求：

        1）在跨中梁高 1/3 处预埋外径不大于 200mm

的钢套管；

        2）洞口上下的有效高度不应小于 1/3 梁高，且不应小于 200mm；

        3）洞口处应配补强钢筋，被洞口削弱的截面应进行受剪承载力验算。

F.3.9 配筋混凝土小型空心砌块抗震墙的圈梁构造，应符合下列要求：

    1 墙体在基础和各楼层标高处均应设置现浇钢筋混凝土圈梁，圈梁的宽度应同墙厚，其截面高度不宜小于 200mm。

    2 圈梁混凝土抗压强度不应小于相应灌孔小砌块砌体的强度，且不应小于 C20。

    3 圈梁纵向钢筋直径不应小于墙中横向分布钢筋的直径，且不应小于 4φ12；基础圈梁纵筋不应小于 4φ12；圈梁及基础圈梁箍筋直径不应小于 8mm，间距不应大于 200mm；当圈梁高度大于 300mm 时，应沿圈梁截面高度方向设置腰筋，其间距不应大于 200mm，直径不应小于 10mm。

    4 圈梁底部嵌入墙顶小砌块孔洞内，深度不宜小于 30mm；圈梁顶部应是毛面。

F.3.10 配筋混凝土小型空心砌块抗震墙房屋的楼、屋盖，高层建筑和 9 度时应采用现浇钢筋混凝土板，多层建筑宜采用现浇钢筋混凝土板；抗震等级为四级时，也可采用装配整体式钢筋混凝土楼盖。

附录 G 钢支撑-混凝土框架和钢框架-钢筋混凝土核心筒结构房屋抗震设计要求

G.1 钢支撑-钢筋混凝土框架

G.1.1 抗震设防烈度为 6～8 度且房屋高度超过本规范第 6.1.1 条规定的钢筋混凝土框架结构最大适用高度时，可采用钢支撑-混凝土框架组成抗侧力体系的结构。

按本节要求进行抗震设计时，其适用的最大高度不宜超过本规范第 6.1.1 条钢筋混凝土框架结构和框架-抗震墙结构二者最大适用高度的平均值。超过最大适用高度的房屋，应进行专门研究和论证，采取有效的加强措施。

G.1.2 钢支撑-混凝土框架结构房屋应根据设防类别、烈度和房屋高度采用不同的抗震等级，并应符合相应的计算和构造措施要求。丙类建筑的抗震等级，钢支撑框架部分应比本规范第 8.1.3 条和第 6.1.2 条框架结构的规定提高一个等级，钢筋混凝土框架部分仍按本规范第 6.1.2 条框架结构确定。

G.1.3 钢支撑-混凝土框架结构的结构布置，应符合下列要求：

1 钢支撑框架应在结构的两个主轴方向同时设置。

2 钢支撑宜上下连续布置，当受建筑方案影响无法连续布置时，宜在邻跨延续布置。

3 钢支撑宜采用交叉支撑，也可采用人字支撑或V形支撑；采用单支撑时，两方向的斜杆应基本对称布置。

4 钢支撑在平面内的布置应避免导致扭转效应；钢支撑之间无大洞口的楼、屋盖的长宽比，宜符合本规范6.1.6条对抗震墙间距的要求；楼梯间宜布置钢支撑。

5 底层的钢支撑框架按刚度分配的地震倾覆力矩应大于结构总地震倾覆力矩的50%。

G.1.4 钢支撑-混凝土框架结构的抗震计算，尚应符合下列要求：

1 结构的阻尼比不应大于0.045，也可按混凝土框架部分和钢支撑部分在结构总变形能所占的比例折算为等效阻尼比。

2 钢支撑框架部分的斜杆，可按端部铰接杆计算。当支撑斜杆的轴线偏离混凝土柱轴线超过柱宽1/4时，应考虑附加弯矩。

3 混凝土框架部分承担的地震作用，应按框架结构和支撑框架结构两种模型计算，并宜取二者的较大值。

4 钢支撑-混凝土框架的层间位移限值，宜按框架和框架-抗震墙结构内插。

G.1.5 钢支撑与混凝土柱的连接构造，应符合本规范第9.1节关于单层钢筋混凝土柱厂房支撑与柱连接的相关要求。钢支撑与混凝土梁的连接构造，应符合连接不先于支撑破坏的要求。

G.1.6 钢支撑-混凝土框架结构中，钢支撑部分尚应按本规范第8章、现行国家标准《钢结构设计规范》GB 50017的规定进行设计；钢筋混凝土框架部分尚应按本规范第6章的规定进行设计。

G.2 钢框架-钢筋混凝土核心筒结构

G.2.1 抗震设防烈度为6~8度且房屋高度超过本规范第6.1.1条规定的混凝土框架-核心筒结构最大适用高度时，可采用钢框架-混凝土核心筒组成抗侧力体系的结构。

按本节要求进行抗震设计时，其适用的最大高度不宜超过本规范第6.1.1条钢筋混凝土框架-核心筒结构最大适用高度和本规范第8.1.1条钢框架-中心支撑结构最大适用高度二者的平均值。超过最大适用高度的房屋，应进行专门研究和论证，采取有效的加强措施。

G.2.2 钢框架-混凝土核心筒结构房屋应根据设防类别、烈度和房屋高度采用不同的抗震等级，并应符合相应的计算和构造措施要求。丙类建筑的抗震等级，

钢框架部分仍按本规范第8.1.3条确定，混凝土部分应比本规范第6.1.2条的规定提高一个等级（8度时应高于一级）。

G.2.3 钢框架-钢筋混凝土核心筒结构房屋的结构布置，尚应符合下列要求：

1 钢框架-核心筒结构的钢外框架梁、柱的连接应采用刚接；楼面梁宜采用钢梁。混凝土墙体与钢梁刚接的部位宜设置连接用的构造型钢。

2 钢框架部分按刚度计算分配的最大楼层地震剪力，不宜小于结构总地震剪力的10%。当小于10%时，核心筒的墙体承担的地震作用应适当增大；墙体构造的抗震等级宜提高一级，一级时应适当提高。

3 钢框架-核心筒结构的楼盖应具有良好的刚度并确保罕遇地震作用下的整体性。楼盖应采用压型钢板组合楼盖或现浇钢筋混凝土楼板，并采取措施加强楼盖与钢梁的连接。当楼面有较大开口或属于转换层楼面时，应采用现浇实心楼盖等措施加强。

4 当钢框架柱下部采用型钢混凝土柱时，不同材料的框架柱连接处应设置过渡层，避免刚度和承载力突变。过渡层钢柱计入外包混凝土后，其截面刚度可按过渡层下部型钢混凝土柱和过渡层上部钢柱二者截面刚度的平均值设计。

G.2.4 钢框架-钢筋混凝土核心筒结构的抗震计算，尚应符合下列要求：

1 结构的阻尼比不应大于0.045，也可按钢筋混凝土筒体部分和钢框架部分在结构总变形能所占的比例折算为等效阻尼比。

2 钢框架部分除伸臂加强层及相邻楼层外的任一楼层按计算分配的地震剪力应乘以增大系数，达到不小于结构底部总地震剪力的20%和框架部分计算最大楼层地震剪力1.5倍二者的较小值，且不少于结构底部地震剪力的15%。由地震作用产生的该楼层框架各构件的剪力、弯矩、轴力计算值均应进行相应调整。

3 结构计算宜考虑钢框架柱和钢筋混凝土墙体轴向变形差异的影响。

4 结构层间位移限值，可采用钢筋混凝土结构的限值。

G.2.5 钢框架-钢筋混凝土核心筒结构房屋中的钢结构、混凝土结构部分尚应按本规范第6章、第8章和现行国家标准《钢结构设计规范》GB 50017及现行有关行业标准的规定进行设计。

附录 H 多层工业厂房抗震设计要求

H.1 钢筋混凝土框排架结构厂房

H.1.1 本节适用于由钢筋混凝土框架与排架侧向连

接组成的侧向框排架结构厂房、下部为钢筋混凝土框架上部顶层为排架的竖向框排架结构厂房的抗震设计。当本节未作规定时，其抗震设计应按本规范第6章和第9.1节的有关规定执行。

H. 1. 2 框排架结构厂房的框架部分应根据烈度、结构类型和高度采用不同的抗震等级，并应符合相应的计算和构造措施要求。

不设置贮仓时，抗震等级可按本规范第6章确定；设置贮仓时，侧向框排架的抗震等级可按现行国家标准《构筑物抗震设计规范》GB 50191的规定采用，竖向框排架的抗震等级应按本规范第6章框架的高度分界降低4m确定。

> 注：框架设置贮仓，但竖壁的跨高比大于2.5，仍按不设置贮仓的框架确定抗震等级。

H. 1. 3 厂房的结构布置，应符合下列要求：

1 厂房的平面宜为矩形，立面宜简单、对称。

2 在结构单元平面内，框架、柱子支撑等抗侧力构件宜对称均匀布置，避免抗侧力结构的侧向刚度和承载力产生突变。

3 质量大的设备不宜布置在结构单元的边缘楼层上，宜设置在距刚度中心较近的部位；当不可避免时宜将设备平台与主体结构分开，或在满足工艺要求的条件下尽量低位布置。

H. 1. 4 竖向框排架厂房的结构布置，尚应符合下列要求：

1 屋盖宜采用无檩屋盖体系；当采用其他屋盖体系时，应加强屋盖支撑设置和构件之间的连接，保证屋盖具有足够的水平刚度。

2 纵向端部应设屋架、屋面梁或采用框架结构承重，不应采用山墙承重；排架跨内不应采用横墙和排架混合承重。

3 顶层的排架跨，尚应满足下列要求：

1）排架重心宜与下部结构刚度中心接近或重合，多跨排架宜等高等长；

2）楼盖应现浇，顶层排架嵌固楼层应避免开设大洞口，其楼板厚度不宜小于150mm；

3）排架柱应竖向连续延伸至底部；

4）顶层排架设置纵向柱间支撑处，楼盖不应设有楼梯间或开洞；柱间支撑斜杆中心线应与连接处的梁柱中心线汇交于一点。

H. 1. 5 竖向框排架厂房的地震作用计算，尚应符合下列要求：

1 地震作用的计算宜采用空间结构模型，质点宜设置在梁柱轴线交点、牛腿、柱顶、柱变截面处和柱上集中荷载处。

2 确定重力荷载代表值时，可变荷载应根据行业特点，对楼面活荷载取相应的组合值系数。贮料的荷载组合值系数可采用0.9。

3 楼层有贮仓和支承重心较高的设备时，支承

构件和连接应计及料斗、贮仓和设备水平地震作用产生的附加弯矩。该水平地震作用可按下式计算：

$$F_s = \alpha_{max}(1.0 + H_x/H_n)G_{eq} \qquad (H.1.5)$$

式中：F_s —— 设备或料斗重心处的水平地震作用标准值；

α_{max} —— 水平地震影响系数最大值；

G_{eq} —— 设备或料斗的重力荷载代表值；

H_x —— 设备或料斗重心至室外地坪的距离；

H_n —— 厂房高度。

H. 1. 6 竖向框排架厂房的地震作用效应调整和抗震验算，应符合下列规定：

1 一、二、三、四级支承贮仓竖壁的框架柱，按本规范第6.2.2、6.2.3、6.2.5条调整后的组合弯矩设计值、剪力设计值尚应乘以增大系数，增大系数不应小于1.1。

2 竖向框排架结构与排架柱相连的顶层框架节点处，柱端组合的弯矩设计值应按第6.2.2条进行调整，其他顶层框架节点处的梁端、柱端弯矩设计值可不调整。

3 顶层排架设置纵向柱间支撑时，与柱间支撑相连排架柱的下部框架柱，一、二级框架柱由地震引起的附加轴力应分别乘以调整系数1.5、1.2；计算轴压比时，附加轴力可不乘以调整系数。

4 框排架厂房的抗震验算，尚应符合下列要求：

1）8度Ⅲ、Ⅳ类场地和9度时，框排架结构的排架柱及伸出框架跨屋顶支承排架跨屋盖的单柱，应进行弹塑性变形验算，弹塑性位移角限值可取1/30。

2）当一、二级框架梁柱节点两侧梁截面高度差大于较高梁截面高度的25%或500mm时，尚应按下式验算节点下柱抗震受剪承载力：

$$\frac{\eta_{jb}M_{b1}}{h_{01} - a'_s} - V_{col} \leqslant V_{RE} \qquad (H.1.6-1)$$

9度及一级时可不符合上式，但应符合：

$$\frac{1.15M_{b1ua}}{h_{01} - a'_s} - V_{col} \leqslant V_{RE} \qquad (H.1.6-2)$$

式中：η_{jb} —— 节点剪力增大系数，一级取1.35，二级取1.2；

M_{b1} —— 较高梁端梁底组合弯矩设计值；

M_{b1ua} —— 较高梁端实配梁底正截面抗震受弯承载力所对应的弯矩值，根据实配钢筋面积（计入受压钢筋）和材料强度标准值确定；

h_{01} —— 较高梁截面的有效高度；

a'_s —— 较高梁端梁底受拉时，受压钢筋合力点至受压边缘的距离；

V_{col}——节点下柱计算剪力设计值；

V_{RE}——节点下柱抗震受剪承载力设计值。

H.1.7 竖向框排架厂房的基本抗震构造措施尚应符合下列要求：

1 支承贮仓的框架柱轴压比不宜超过本规范表6.3.6中框架结构的规定数值减少0.05。

2 支承贮仓的框架柱纵向钢筋最小总配筋率应不小于本规范表6.3.7中对角柱的要求。

3 竖向框排架结构的顶层排架设置纵向柱间支撑时，与柱间支撑相连排架柱的下部框架柱，纵向钢筋配筋率、箍筋的配置应满足本规范第6.3.7条中对于框支柱的要求；箍筋加密区取柱全高。

4 框架柱的剪跨比不大于1.5时，应符合下列规定：

　1）箍筋应按提高一级抗震等级配置，一级时应适当提高箍筋的要求；

　2）框架柱每个方向应配置两根对角斜筋（图H.1.7），对角斜筋的直径，一、二级框架不应小于20和18mm，三、四级框架不应小于16mm；对角斜筋的锚固长度，不应小于40倍斜筋直径。

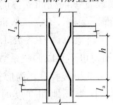

h—短柱净高；

l_a—斜筋锚固长度

图 H.1.7

5 框架柱段内设置牛腿时，牛腿及上下各500mm范围内的框架柱箍筋应加密；牛腿的上下柱段净高与柱截面高度之比不大于4时，柱箍筋应全高加密。

H.1.8 侧向框排架结构的结构布置、地震作用效应调整和抗震验算，以及无檩屋盖和有檩屋盖的支撑布置，应分别符合现行国家标准《构筑物抗震设计规范》GB 50191的有关规定。

H.2 多层钢结构厂房

H.2.1 本节适用于钢结构的框架、支撑框架、框排架等结构体系的多层厂房。本节未作规定时，多层部分可按本规范第8章的有关规定执行，其抗震等级的高度分界应比本规范第8.1节规定降低10m；单层部分可按本规范第9.2节的规定执行。

H.2.2 多层钢结构厂房的布置，除应符合本规范第8章的有关要求外，尚应符合下列规定：

1 平面形状复杂、各部分构架高度差异大或楼层荷载相差悬殊时，应设防震缝或采取其他措施。当设置防震缝时，缝宽不应小于相应混凝土结构房屋的1.5倍。

2 重型设备宜低位布置。

3 当设备重量直接由基础承受，且设备竖向需要穿过楼层时，厂房楼层应与设备分开。设备与楼层之间的缝宽，不得小于防震缝的宽度。

4 楼层上的设备不应跨越防震缝布置；当运输机、管线等长条设备必须穿越防震缝布置时，设备应具有适应地震时结构变形的能力或防止断裂的措施。

5 厂房内的工作平台结构与厂房框架结构宜采用防震缝脱开布置。当与厂房结构连接成整体时，平台结构的标高宜与厂房框架的相应楼层标高一致。

H.2.3 多层钢结构厂房的支撑布置，应符合下列要求：

1 柱间支撑宜布置在荷载较大的柱间，且在同一柱间上下贯通；当条件限制必须错开布置时，应在紧邻柱间连续布置，并宜适当增加相近楼层或屋面的水平支撑或柱间支撑搭接一层，确保支撑承担的水平地震作用可靠传递至基础。

2 有抽柱的结构，应适当增加相近楼层、屋面的水平支撑，并在相邻柱间设置竖向支撑。

3 当各榀框架侧向刚度相差较大、柱间支撑布置又不规则时，采用钢铺板的楼盖，应设置楼盖水平支撑。

4 各柱列的纵向刚度宜相等或接近。

H.2.4 厂房楼盖宜采用现浇混凝土的组合楼板，亦可采用装配整体式楼盖或钢铺板，尚应符合下列要求：

1 混凝土楼盖应与钢梁有可靠的连接。

2 当楼板开设孔洞时，应有可靠的措施保证楼板传递地震作用。

H.2.5 框排架结构应设置完整的屋盖支撑，尚应符合下列要求：

1 排架的屋盖横梁与多层框架的连接支座的标高，宜与多层框架相应楼层标高一致，并应沿单层与多层相连柱列全长设置屋盖纵向水平支撑。

2 高跨和低跨宜按各自的标高组成相对独立的封闭支撑体系。

H.2.6 多层钢结构厂房的地震作用计算，尚应符合下列规定：

1 一般情况下，宜采用空间结构模型分析；当结构布置规则，质量分布均匀时，亦可分别沿结构横向和纵向进行验算。现浇钢筋混凝土楼板，当板面开孔较小且用抗剪连接件与钢梁连接成为整体时，可视为刚性楼盖。

2 在多遇地震下，结构阻尼比可采用0.03~0.04；在罕遇地震下，阻尼比可采用0.05。

3 确定重力荷载代表值时，可变荷载应根据行业的特点，对楼面检修荷载、成品或原料堆积楼面荷载、设备和料斗及管道内的物料等，采用相应的组合值系数。

　　4　直接支承设备、料斗的构件及其连接，应计入设备等产生的地震作用。一般的设备对支承构件及其连接产生的水平地震作用，可按本附录第 H.1.5 条的规定计算；该水平地震作用对支承构件产生的弯矩、扭矩，取设备重心至支承构件形心距离计算。

　　H.2.7　多层钢结构厂房构件和节点的抗震承载力验算，尚应符合下列规定：

　　1　按本规范式（8.2.5）验算节点左右梁端和上下柱端的全塑性承载力时，框架柱的强柱系数，一级和地震作用控制时，取 1.25；二级和 1.5 倍地震作用控制时，取 1.20；三级和 2 倍地震作用控制时，取 1.10。

　　2　下列情况可不满足本规范式（8.2.5）的要求：

　　　　1）单层框架的柱顶或多层框架顶层的柱顶；

　　　　2）不满足本规范式（8.2.5）的框架柱沿验算方向的受剪承载力总和小于该楼层框架受剪承载力的 20%；且该楼层每一柱列不满足本规范式（8.2.5）的框架柱的受剪承载力总和小于本柱列全部框架柱受剪承载力总和的 33%。

　　3　柱间支撑杆件设计内力与其承载力设计值之比不宜大于 0.8；当柱间支撑承担不小于 70% 的楼层剪力时，不宜大于 0.65。

　　H.2.8　多层钢结构厂房的基本抗震构造措施，尚应符合下列规定：

　　1　框架柱的长细比不宜大于 150；当轴压比大于 0.2 时，不宜大于 $125(1-0.8N/Af)\sqrt{235/f_y}$。

　　2　厂房框架柱、梁的板件宽厚比，应符合下列要求：

　　　　1）单层部分和总高度不大于 40m 的多层部分，可按本规范第 9.2 节规定执行；

　　　　2）多层部分总高度大于 40m 时，可按本规范第 8.3 节规定执行。

　　3　框架梁、柱的最大应力区，不得突然改变翼缘截面，其上下翼缘均应设置侧向支承，此支承点与相邻支承点之间距应符合现行《钢结构设计规范》GB 50017 中塑性设计的有关要求。

　　4　柱间支撑构件宜符合下列要求：

　　　　1）多层框架部分的柱间支撑，宜与框架横梁组成 X 形或其他有利于抗震的形式，其长细比不宜大于 150；

　　　　2）支撑杆件的板件宽厚比应符合本规范第 9.2 节的要求。

　　5　框架梁采用高强度螺栓摩擦型拼接时，其位置宜避开最大应力区（1/10 梁净跨和 1.5 倍梁高的

较大值）。梁翼缘拼接时，在平行于内力方向的高强度螺栓不宜少于 3 排，拼接板的截面模量应大于被拼接截面模量的 1.1 倍。

　　6　厂房柱脚应能保证传递柱的承载力，宜采用埋入式、插入式或外包式柱脚，并按本规范第 9.2 节的规定执行。

附录 J　单层厂房横向平面排架地震作用效应调整

J.1　基本自振周期的调整

　　J.1.1　按平面排架计算厂房的横向地震作用时，排架的基本自振周期应考虑纵墙及屋架与柱连接的固结作用，可按下列规定进行调整：

　　1　由钢筋混凝土屋架或钢屋架与钢筋混凝土柱组成的排架，有纵墙时取周期计算值的 80%，无纵墙时取 90%；

　　2　由钢筋混凝土屋架或钢屋架与砖柱组成的排架，取周期计算值的 90%；

　　3　由木屋架、钢木屋架或轻钢屋架与砖柱组成排架，取周期计算值。

J.2　排架柱地震剪力和弯矩的调整系数

　　J.2.1　钢筋混凝土屋盖的单层钢筋混凝柱厂房，按本规范第 J.1.1 条确定基本自振周期且按平面排架计算的排架柱地震剪力和弯矩，当符合下列要求时，可考虑空间工作和扭转影响，并按本规范第 J.2.3 条的规定调整：

　　1　7 度和 8 度；

　　2　厂房单元屋盖长度与总跨度之比小于 8 或厂房总跨度大于 12m；

　　3　山墙的厚度不小于 240mm，开洞所占的水平截面积不超过总面积 50%，并与屋盖系统有良好的连接；

　　4　柱顶高度不大于 15m。

　　注：1　屋盖长度指山墙到山墙的间距，仅一端有山墙时，应取所考虑排架至山墙的距离；

　　　　2　高低跨相差较大的不等高厂房，总跨度可不包括低跨。

　　J.2.2　钢筋混凝土屋盖和密铺望板瓦木屋盖的单层砖柱厂房，按本规范第 J.1.1 条确定基本自振周期且按平面排架计算的排架柱地震剪力和弯矩，当符合下列要求时，可考虑空间工作，并按本规范第 J.2.3 条的规定调整：

　　1　7 度和 8 度；

　　2　两端均有承重山墙；

　　3　山墙或承重（抗震）横墙的厚度不小于 240mm，开洞所占的水平截面积不超过总面积 50%，

并与屋盖系统有良好的连接；

  4 山墙或承重（抗震）横墙的长度不宜小于其高度；

  5 单元屋盖长度与总跨度之比小于8或厂房总跨度大于12m。

  注：屋盖长度指山墙到山墙或承重（抗震）横墙的间距。

J.2.3 排架柱的剪力和弯矩应分别乘以相应的调整系数，除高低跨度交接处上柱以外的钢筋混凝土柱，其值可按表 J.2.3-1 采用，两端均有山墙的砖柱，其值可按表 J.2.3-2 采用。

表 J.2.3-1 钢筋混凝土柱（除高低跨交接处上柱外）考虑空间工作和扭转影响的效应调整系数

屋盖	山墙		屋盖长度（m）											
			≤30	36	42	48	54	60	66	72	78	84	90	96
钢筋混凝土无檩屋盖	两端山墙	等高厂房	—	—	0.75	0.75	0.75	0.80	0.80	0.80	0.85	0.85	0.85	0.90
		不等高厂房	—	—	0.85	0.85	0.85	0.90	0.90	0.90	0.95	0.95	0.95	1.00
	一端山墙		1.05	1.15	1.20	1.25	1.30	1.30	1.30	1.30	1.35	1.35	1.35	1.35
钢筋混凝土有檩屋盖	两端山墙	等高厂房	—	—	0.80	0.85	0.90	0.95	0.95	1.00	1.00	1.05	1.05	1.10
		不等高厂房	—	—	0.85	0.90	0.95	1.00	1.00	1.05	1.05	1.10	1.10	1.15
	一端山墙		1.00	1.05	1.10	1.10	1.15	1.15	1.15	1.20	1.20	1.20	1.25	1.25

表 J.2.3-2 砖柱考虑空间作用的效应调整系数

屋盖类型	山墙或承重(抗震)横墙间距（m）											
	≤12	18	24	30	36	42	48	54	60	66	72
钢筋混凝土无檩屋盖	0.60	0.65	0.70	0.75	0.80	0.85	0.85	0.90	0.95	0.95	1.00
钢筋混凝土有檩屋盖或密铺望板瓦木屋盖	0.65	0.70	0.75	0.80	0.90	0.95	0.95	1.00	1.05	1.05	1.10

J.2.4 高低跨交接处的钢筋混凝土柱的支承低跨屋盖牛腿以上各截面，按底部剪力法求得的地震剪力和弯矩应乘以增大系数，其值可按下式采用：

$$\eta = \zeta\left(1 + 1.7\frac{n_h}{n_0} \cdot \frac{G_{EL}}{G_{Eh}}\right) \quad (J.2.4)$$

式中：η——地震剪力和弯矩的增大系数；

  ζ——不等高厂房低跨交接处的空间工作影响系数，可按表 J.2.4 采用；

  n_h——高跨的跨数；

  n_0——计算跨数，仅一侧有低跨时应取总跨数，两侧均有低跨时应取总跨数与高跨跨数之和；

  G_{EL}——集中于交接处一侧各低跨屋盖标高处的

  总重力荷载代表值；

  G_{Eh}——集中于高跨柱顶标高处的总重力荷载代表值。

表 J.2.4 高低跨交接处钢筋混凝土上柱空间工作影响系数

屋盖	山墙	屋盖长度（m）										
		≤36	42	48	54	60	66	72	78	84	90	96
钢筋混凝土无檩屋盖	两端山墙	—	0.70	0.76	0.82	0.88	0.94	1.00	1.06	1.06	1.06	1.06
	一端山墙	1.25										
钢筋混凝土有檩屋盖	两端山墙	—	0.90	1.00	1.05	1.10	1.10	1.15	1.15	1.15	1.20	1.20
	一端山墙	1.05										

J.2.5 钢筋混凝土柱单层厂房的吊车梁顶标高处的上柱截面，由起重机桥架引起的地震剪力和弯矩应乘以增大系数，当按底部剪力法等简化计算方法计算时，其值可按表 J.2.5 采用。

表 J.2.5 桥架引起的地震剪力和弯矩增大系数

屋盖类型	山墙	边柱	高低跨柱	其他中柱
钢筋混凝土无檩屋盖	两端山墙	2.0	2.5	3.0
	一端山墙	1.5	2.0	2.5
钢筋混凝土有檩屋盖	两端山墙	1.5	2.0	2.5
	一端山墙	1.5	2.0	2.0

附录 K 单层厂房纵向抗震验算

K.1 单层钢筋混凝土柱厂房纵向抗震计算的修正刚度法

K.1.1 纵向基本自振周期的计算。

  按本附录计算单跨或等高多跨的钢筋混凝土柱厂房纵向地震作用时，在柱顶标高不大于 15m 且平均跨度不大于 30m 时，纵向基本周期可按下列公式确定：

  1 砖围护墙厂房，可按下式计算：

$$T_1 = 0.23 + 0.00025\psi_1 l \sqrt{H^3} \quad (K.1.1-1)$$

式中：ψ_1——屋盖类型系数，大型屋面板钢筋混凝土屋架可采用 1.0，钢屋架采用 0.85；

  l——厂房跨度（m），多跨厂房可取各跨的平均值；

  H——基础顶面至柱顶的高度（m）。

  2 敞开、半敞开或墙板与柱子柔性连接的厂房，可按式（K.1.1-1）进行计算并乘以下列围护墙影响系数：

$$\psi_2 = 2.6 - 0.002l\sqrt{H^3} \qquad (\text{K.1.1-2})$$

式中：ψ_2 —— 围护墙影响系数，小于 1.0 时应采用 1.0。

K.1.2 柱列地震作用的计算。

1 等高多跨钢筋混凝土屋盖的厂房，各纵向柱列的柱顶标高处的地震作用标准值，可按下列公式确定：

$$F_i = \alpha_1 G_{eq}\frac{K_{ai}}{\sum K_{ai}} \qquad (\text{K.1.2-1})$$

$$K_{ai} = \psi_3\psi_4 K_i \qquad (\text{K.1.2-2})$$

式中：F_i —— i 柱列柱顶标高处的纵向地震作用标准值；

α_1 —— 相应于厂房纵向基本自振周期的水平地震影响系数，应按本规范第 5.1.5 条确定；

G_{eq} —— 厂房单元柱列总等效重力荷载代表值，应包括按本规范第 5.1.3 条确定的屋盖重力荷载代表值、70% 纵墙自重、50% 横墙与山墙自重及折算的柱自重（有吊车时采用 10% 柱自重，无吊车时采用50% 柱自重）；

K_i —— i 柱列柱顶的总侧移刚度，应包括 i 柱列内柱子和上、下柱间支撑的侧移刚度及纵墙的折减侧移刚度的总和，贴砌的砖围护墙侧移刚度的折减系数，可根据柱列侧移值的大小，采用 0.2～0.6；

K_{ai} —— i 柱列柱顶的调整侧移刚度；

ψ_3 —— 柱列侧移刚度的围护墙影响系数，可按表 K.1.2-1 采用；有纵向砖围护墙的四跨或五跨厂房，由边柱列数起的第三柱列，可按表内相应数值的 1.15 倍采用；

ψ_4 —— 柱列侧移刚度的柱间支撑影响系数，纵向为砖围护墙时，边柱列可采用 1.0，中柱列可按表 K.1.2-2 采用。

表 K.1.2-1 围护墙影响系数

围护墙类别和烈度		柱列和屋盖类别				
			中柱列			
		边柱列	无檩屋盖		有檩屋盖	
240 砖墙	370 砖墙		边跨无天窗	边跨有天窗	边跨无天窗	边跨有天窗
	7 度	0.85	1.7	1.8	1.8	1.9
7 度	8 度	0.85	1.5	1.6	1.6	1.7
8 度	9 度	0.85	1.3	1.4	1.4	1.5
9 度		0.85	1.2	1.3	1.3	1.4
无墙、石棉瓦或挂板		0.90	1.1	1.1	1.1	1.2

表 K.1.2-2 纵向采用砖围护墙的中柱列柱间支撑影响系数

厂房单元内设置下柱支撑的柱间数	中柱列下柱支撑斜杆的长细比					中柱列无支撑
	≤40	41～80	81～120	121～150	>150	
一柱间	0.9	0.95	1.0	1.1	1.25	1.4
二柱间	—	—	0.9	0.95	1.0	

2 等高多跨钢筋混凝土屋盖厂房，柱列各吊车梁顶标高处的纵向地震作用标准值，可按下式确定：

$$F_{ci} = \alpha_1 G_{ci}\frac{H_{ci}}{H_i} \qquad (\text{K.1.2-3})$$

式中：F_{ci} —— i 柱列在吊车梁顶标高处的纵向地震作用标准值；

G_{ci} —— 集中于 i 柱列吊车梁顶标高处的等效重力荷载代表值，应包括按本规范第 5.1.3 条确定的吊车梁与悬吊物的重力荷载代表值和 40% 柱子自重；

H_{ci} —— i 柱列吊车梁顶高度；

H_i —— i 柱列柱顶高度。

K.2 单层钢筋混凝土柱厂房柱间支撑地震作用效应及验算

K.2.1 斜杆长细比不大于 200 的柱间支撑在单位侧力作用下的水平位移，可按下式确定：

$$u = \sum \frac{1}{1+\varphi_i}u_{ti} \qquad (\text{K.2.1})$$

式中：u —— 单位侧力作用点的位移；

φ_i —— i 节间斜杆轴心受压稳定系数，应按现行国家标准《钢结构设计规范》GB 50017 采用；

u_{ti} —— 单位侧力作用下 i 节间仅考虑拉杆受力的相对位移。

K.2.2 长细比不大于 200 的斜杆截面可仅按抗拉验算，但应考虑压杆的卸载影响，其拉力可按下式确定：

$$N_t = \frac{l_i}{(1+\psi_c\varphi_i)s_c}V_{bi} \qquad (\text{K.2.2})$$

式中：N_t —— i 节间支撑斜杆抗拉验算时的轴向拉力设计值；

l_i —— i 节间斜杆的全长；

ψ_c —— 压杆卸载系数，压杆长细比为 60、100 和 200 时，可分别采用 0.7、0.6 和0.5；

V_{bi} —— i 节间支撑承受的地震剪力设计值；

s_c —— 支撑所在柱间的净距。

K.2.3 无贴砌墙的纵向柱列，上柱支撑与同列下柱支撑宜等强设计。

K.3 单层钢筋混凝土柱厂房柱间支撑端节点预埋件的截面抗震验算

K.3.1 柱间支撑与柱连接节点预埋件的锚件采用锚筋时，其截面抗震承载力宜按下列公式验算：

$$N \leqslant \frac{0.8 f_y A_s}{\gamma_{RE}\left(\frac{\cos\theta}{0.8\zeta_m\psi} + \frac{\sin\theta}{\zeta_r\zeta_v}\right)} \quad (K.3.1-1)$$

$$\psi = \frac{1}{1 + \frac{0.6e_0}{\zeta_r s}} \quad (K.3.1-2)$$

$$\zeta_m = 0.6 + 0.25 t/d \quad (K.3.1-3)$$

$$\zeta_v = (4 - 0.08d)\sqrt{f_c/f_y} \quad (K.3.1-4)$$

式中：A_s —— 锚筋总截面面积；

γ_{RE} —— 承载力抗震调整系数，可采用 1.0；

N —— 预埋板的斜向拉力，可采用全截面屈服点强度计算的支撑斜杆轴向力的 1.05 倍；

e_0 —— 斜向拉力对锚筋合力作用线的偏心距，应小于外排锚筋之间距离的 20%（mm）；

θ —— 斜向拉力与其水平投影的夹角；

ψ —— 偏心影响系数；

s —— 外排锚筋之间的距离（mm）；

ζ_m —— 预埋板弯曲变形影响系数；

t —— 预埋板厚度（mm）；

d —— 锚筋直径（mm）；

ζ_r —— 验算方向锚筋排数的影响系数，二、三和四排可分别采用 1.0、0.9 和 0.85；

ζ_v —— 锚筋的受剪影响系数，大于 0.7 时应采用 0.7。

K.3.2 柱间支撑与柱连接节点预埋件的锚件采用角钢加端板时，其截面抗震承载力宜按下列公式验算：

$$N \leqslant \frac{0.7}{\gamma_{RE}\left(\frac{\cos\theta}{\psi N_{u0}} + \frac{\sin\theta}{V_{u0}}\right)} \quad (K.3.2-1)$$

$$V_{uo} = 3n\zeta_r \sqrt{W_{min} b f_a f_c} \quad (K.3.2-2)$$

$$N_{uo} = 0.8 n f_a A_s \quad (K.3.2-3)$$

式中：n —— 角钢根数；

b —— 角钢肢宽；

W_{min} —— 与剪力方向垂直的角钢最小截面模量；

A_s —— 根角钢的截面面积；

f_a —— 角钢抗拉强度设计值。

K.4 单层砖柱厂房纵向抗震计算的修正刚度法

K.4.1 本节适用于钢筋混凝土无檩或有檩屋盖等高多跨单层砖柱厂房的纵向抗震验算。

K.4.2 单层砖柱厂房的纵向基本自振周期可按下式计算：

$$T_1 = 2\psi_T \sqrt{\frac{\sum G_s}{\sum K_s}} \quad (K.4.2)$$

式中：ψ_T —— 周期修正系数，按表 K.4.2 采用；

G_s —— 第 s 柱列的集中重力荷载，包括柱列左右各半跨的屋盖和山墙重力荷载，及按动能等效原则换算集中到柱顶或墙顶处的墙、柱重力荷载；

K_s —— 第 s 柱列的侧移刚度。

表 K.4.2 厂房纵向基本自振周期修正系数

屋盖类型	钢筋混凝土无檩屋盖		钢筋混凝土有檩屋盖	
	边跨无天窗	边跨有天窗	边跨无天窗	边跨有天窗
周期修正系数	1.3	1.35	1.4	1.45

K.4.3 单层砖柱厂房纵向总水平地震作用标准值可按下式计算：

$$F_{Ek} = \alpha_1 \sum G_s \quad (K.4.3)$$

式中：α_1 —— 相应于单层砖柱厂房纵向基本自振周期 T_1 的地震影响系数；

G_s —— 按照柱列底部剪力相等原则，第 s 柱列换算集中到墙顶处的重力荷载代表值。

K.4.4 沿厂房纵向第 s 柱列上端的水平地震作用可按下式计算：

$$F_s = \frac{\psi_s K_s}{\sum \psi_s K_s} F_{Ek} \quad (K.4.4)$$

式中：ψ_s —— 反映屋盖水平变形影响的柱列刚度调整系数，根据屋盖类型和各柱列的纵墙设置情况，按表 K.4.4 采用。

表 K.4.4 柱列刚度调整系数

纵墙设置情况		屋盖类型			
		钢筋混凝土无檩屋盖		钢筋混凝土有檩屋盖	
		边柱列	中柱列	边柱列	中柱列
砖柱敞棚		0.95	1.1	0.9	1.6
各柱列均为带壁柱砖墙		0.95	1.1	0.9	1.2
边柱列为带壁柱砖墙	中柱列的纵墙不少于 4 开间	0.7	1.4	0.75	1.5
	中柱列的纵墙少于 4 开间	0.6	1.8	0.65	1.9

附录 L 隔震设计简化计算和砌体结构隔震措施

L.1 隔震设计的简化计算

L.1.1 多层砌体结构及与砌体结构周期相当的结构

采用隔震设计时，上部结构的总水平地震作用可按本规范式（5.2.1-1）简化计算，但应符合下列规定：

1 水平向减震系数，宜根据隔震后整个体系的基本周期，按下式确定：

$$\beta = 1.2\eta_2 (T_{gm}/T_1)^{\gamma} \quad (L.1.1\text{-}1)$$

式中：β——水平向减震系数；

η_2——地震影响系数的阻尼调整系数，根据隔震层等效阻尼按本规范第5.1.5条确定；

γ——地震影响系数的曲线下降段衰减指数，根据隔震层等效阻尼按本规范第5.1.5条确定；

T_{gm}——砌体结构采用隔震方案时的特征周期，根据本地区所属的设计地震分组按本规范第5.1.4条确定，但小于0.4s时应按0.4s采用；

T_1——隔震后体系的基本周期，不应大于2.0s和5倍特征周期的较大值。

2 与砌体结构周期相当的结构，其水平向减震系数宜根据隔震后整个体系的基本周期，按下式确定：

$$\beta = 1.2\eta_2 (T_g/T_1)^{\gamma} (T_0/T_g)^{0.9} \quad (L.1.1\text{-}2)$$

式中：T_0——非隔震结构的计算周期，当小于特征周期时应采用特征周期的数值；

T_1——隔震后体系的基本周期，不应大于5倍特征周期值；

T_g——特征周期；其余符号同上。

3 砌体结构及与其基本周期相当的结构，隔震后体系的基本周期可按下式计算：

$$T_1 = 2\pi \sqrt{G/K_h g} \quad (L.1.1\text{-}3)$$

式中：T_1——隔震体系的基本周期；

G——隔震层以上结构的重力荷载代表值；

K_h——隔震层的水平等效刚度，可按本规范第12.2.4条的规定计算；

g——重力加速度。

L.1.2 砌体结构及与其基本周期相当的结构，隔震层在罕遇地震下的水平剪力可按下式计算：

$$V_c = \lambda_s \alpha_1 (\zeta_{eq}) G \quad (L.1.2)$$

式中：V_c——隔震层在罕遇地震下的水平剪力。

L.1.3 砌体结构及与其基本周期相当的结构，隔震层质心处在罕遇地震下的水平位移可按下式计算：

$$u_e = \lambda_s \alpha_1 (\zeta_{eq}) G/K_h \quad (L.1.3)$$

式中：λ_s——近场系数；距发震断层5km以内取1.5；（5～10）km取不小于1.25；

$\alpha_1 (\zeta_{eq})$——罕遇地震下的地震影响系数值，可根据隔震层参数，按本规范第5.1.5条的规

定进行计算；

K_h——罕遇地震下隔震层的水平等效刚度，应按本规范第12.2.4条的有关规定采用。

L.1.4 当隔震支座的平面布置为矩形或接近于矩形，但上部结构的质心与隔震层刚度中心不重合时，隔震支座扭转影响系数可按下列方法确定：

1 仅考虑单向地震作用的扭转时（图L.1.4），扭转影响系数可按下列公式估计：

$$\eta = 1 + 12es_i/(a^2+b^2) \quad (L.1.4\text{-}1)$$

式中：e——上部结构质心与隔震层刚度中心在垂直于地震作用方向的偏心距；

s_i——第i个隔震支座与隔震层刚度中心在垂直于地震作用方向的距离；

a、b——隔震层平面的两个边长。

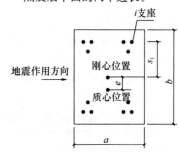

图 L.1.4 扭转计算示意图

对边支座，其扭转影响系数不宜小于1.15；当隔震层和上部结构采取有效的抗扭措施后或扭转周期小于平动周期的70%，扭转影响系数可取1.15。

2 同时考虑双向地震作用的扭转时，扭转影响系数可仍按式（L.1.4-1）计算，但其中的偏心距值（e）应采用下列公式中的较大值替代：

$$e = \sqrt{e_x^2 + (0.85e_y)^2} \quad (L.1.4\text{-}2)$$

$$e = \sqrt{e_y^2 + (0.85e_x)^2} \quad (L.1.4\text{-}3)$$

式中：e_x——y方向地震作用时的偏心距；

e_y——x方向地震作用时的偏心距。

对边支座，其扭转影响系数不宜小于1.2。

L.1.5 砌体结构按本规范第12.2.5条规定进行竖向地震作用下的抗震验算时，砌体抗震抗剪强度的正应力影响系数，宜按减去竖向地震作用效应后的平均压应力取值。

L.1.6 砌体结构的隔震层顶部各纵、横梁均可按承受均布荷载的单跨简支梁或多跨连续梁计算。均布荷载可按本规范第7.2.5条关于底部框架砖房的钢筋混凝土托墙梁的规定取值；当按连续梁算出的正弯矩小于单跨简支梁跨中弯矩的0.8倍时，应按0.8倍单跨简支梁跨中弯矩配筋。

L.2 砌体结构的隔震措施

L.2.1 当水平向减震系数不大于0.40时（设置阻

尼器时为 0.38），丙类建筑的多层砌体结构，房屋的层数、总高度和高宽比限值，可按本规范第 7.1 节中降低一度的有关规定采用。

L.2.2 砌体结构隔震层的构造应符合下列规定：

1 多层砌体房屋的隔震层位于地下室顶部时，隔震支座不宜直接放置在砌体墙上，并应验算砌体的局部承压。

2 隔震层顶部纵、横梁的构造均应符合本规范第 7.5.8 条关于底部框架砖房的钢筋混凝土托墙梁的要求。

L.2.3 丙类建筑隔震后上部砌体结构的抗震构造措施应符合下列要求：

1 承重外墙尽端至门窗洞边的最小距离及圈梁的截面和配筋构造，仍应符合本规范第 7.1 节和第 7.3、7.4 节的有关规定。

2 多层砖砌体房屋的钢筋混凝土构造柱设置，水平向减震系数大于 0.40 时（设置阻尼器时为 0.38），仍应符合本规范表 7.3.1 的规定；（7～9）度，水平向减震系数不大于 0.40 时（设置阻尼器时为 0.38），应符合表 L.2.3-1 的规定。

表 L.2.3-1　隔震后砖房构造柱设置要求

| 房屋层数 | | | 设置部位 | |
7度	8度	9度		
三、四	二、三			每隔 12m 或单元横墙与外墙交接处
五	四	二	楼、电梯间四角，楼梯斜段上下端对应的墙体处；外墙四角和对应转角，错层部位横墙与外纵墙交接处，较大洞口两侧，大房间内外墙交接处	每隔三开间的横墙与外墙交接处
六、五	五	三、四		隔开间横墙（轴线）与外墙交接处，山墙与内纵墙交接处；9度四层，外纵墙与内墙（轴线）交接处
七	六、七	五		内墙（轴线）与外墙交接处，内墙局部较小墙垛处；内纵墙与横墙（轴线）交接处

3 混凝土小砌块房屋芯柱的设置，水平向减震系数大于 0.40 时（设置阻尼器时为 0.38），仍应符合本规范表 7.4.1 的规定；（7～9）度，当水平向减震系数不大于 0.40 时（设置阻尼器时为 0.38），应符合表 L.2.3-2 的规定。

表 L.2.3-2　隔震后混凝土小砌块房屋构造柱设置要求

| 房屋层数 | | | 设置部位 | 设置数量 |
7度	8度	9度		
三、四	二、三		外墙转角，楼梯间四角，楼梯斜段上下端对应的墙体处；大房间内外墙交接处；每隔 12m 或单元横墙与外墙交接处	外墙转角，灌实 3 个孔　内外墙交接处，灌实 4 个孔
五	四	二	外墙转角，楼梯间四角，楼梯斜段上下端对应的墙体处；大房间内外墙交接处，山墙与内纵墙交接处，隔三开间横墙（轴线）与外纵墙交接处	
六	五	三	外墙转角，楼梯间四角，楼梯斜段上下端对应的墙体处；大房间内外墙交接处，隔开间横墙（轴线）与外纵墙交接处，山墙与内纵墙交接处；8、9 度时，外纵墙与横墙（轴线）交接处，大洞口两侧	外墙转角，灌实 5 个孔　内外墙交接处，灌实 5 个孔　洞口两侧各灌实 1 个孔
七	六	四	外墙转角，楼梯间四角，楼梯斜段上下端对应的墙体处；各内外墙（轴线）与外墙交接处；内纵墙与横墙（轴线）交接处；洞口两侧	外墙转角，灌实 7 个孔　内外墙交接处，灌实 4 个孔　内墙交接处，灌实 4～5 个孔　洞口两侧各灌实 1 个孔

4 上部结构的其他抗震构造措施，水平向减系数大于 0.40 时（设置阻尼器时为 0.38）仍按本规范第 7 章的相应规定采用；（7～9）度，水平向减震系数不大于 0.40 时（设置阻尼器时为 0.38），可按本规范第 7 章降低一度的相应规定采用。

附录 M　实现抗震性能设计目标的参考方法

M.1　结构构件抗震性能设计方法

M.1.1 结构构件可按下列规定选择实现抗震性能要求的抗震承载力、变形能力和构造的抗震等级；整个结构不同部位的构件、竖向构件和水平构件，可选用相同或不同的抗震性能要求：

1 当以提高抗震安全性为主时，结构构件对应于不同性能要求的承载力参考指标，可按表 M.1.1-1 的示例选用。

表 M.1.1-1　结构构件实现抗震性能要求的承载力参考指标示例

性能要求	多遇地震	设防地震	罕遇地震
性能 1	完好，按常规设计	完好，承载力按抗震等级调整地震效应的设计值复核	基本完好，承载力按不计抗震等级调整地震效应的设计值复核
性能 2	完好，按常规设计	基本完好，承载力按不计抗震等级调整地震效应的设计值复核	轻~中等破坏，承载力按极限值复核
性能 3	完好，按常规设计	轻微损坏，承载力按标准值复核	中等破坏，承载力达到极限值后能维持稳定，降低少于 5%
性能 4	完好，按常规设计	轻~中等破坏，承载力按极限值复核	不严重破坏，承载力达到极限值后基本维持稳定，降低少于 10%

2 当需要按地震残余变形确定使用性能时，结构构件除满足提高抗震安全性的性能要求外，不同性能要求的层间位移参考指标，可按表 M.1.1-2 的示例选用。

表 M.1.1-2　结构构件实现抗震性能要求的层间位移参考指标示例

性能要求	多遇地震	设防地震	罕遇地震
性能 1	完好，变形远小于弹性位移限值	完好，变形小于弹性位移限值	基本完好，变形略大于弹性位移限值
性能 2	完好，变形远小于弹性位移限值	基本完好，变形略大于弹性位移限值	有轻微塑性变形，变形小于 2 倍弹性位移限值
性能 3	完好，变形明显小于弹性位移限值	轻微损坏，变形小于 2 倍弹性位移限值	有明显塑性变形，变形约 4 倍弹性位移限值
性能 4	完好，变形小于弹性位移限值	轻~中等破坏，变形小于 3 倍弹性位移限值	不严重破坏，变形不大于 0.9 倍塑性变形限值

注：设防烈度和罕遇地震下的变形计算，应考虑重力二阶效应，可扣除整体弯曲变形。

3 结构构件细部构造对应于不同性能要求的抗震等级，可按表 M.1.1-3 的示例选用；结构中同一部位的不同构件，可区分竖向构件和水平构件，按各自最低的性能要求所对应的抗震构造等级选用。

表 M.1.1-3　结构构件对应于不同性能要求的构造抗震等级示例

性能要求	构造的抗震等级
性能 1	基本抗震构造。可按常规设计的有关规定降低二度采用，但不得低于 6 度，且不发生脆性破坏
性能 2	低延性构造。可按常规设计的有关规定降低一度采用，当构件的承载力高于多遇地震提高二度的要求时，可按降低二度采用；均不得低于 6 度，且不发生脆性破坏
性能 3	中等延性构造。当构件的承载力高于多遇地震提高一度的要求时，可按常规设计的有关规定降低一度且不低于 6 度采用，否则仍按常规设计的规定采用
性能 4	高延性构造。仍按常规设计的有关规定采用

M.1.2 结构构件承载力按不同要求进行复核时，地震内力计算和调整、地震作用效应组合、材料强度取值和验算方法，应符合下列要求：

1 设防烈度下结构构件承载力，包括混凝土构件压弯、拉弯、受剪、受弯承载力，钢构件受拉、受压、受弯、稳定承载力等，按考虑地震效应调整的设计值复核时，应采用对应于抗震等级而不计入风荷载效应的地震作用效应基本组合，并按下式验算：

$$\gamma_G S_{GE} + \gamma_E S_{Ek}(I_2, \lambda, \zeta) \leqslant R/\gamma_{RE}$$
$$(M.1.2-1)$$

式中：I_2——表示设防地震动，隔震结构包含水平向减震影响；

　　　λ——按非抗震性能设计考虑抗震等级的地震效应调整系数；

　　　ζ——考虑部分次要构件进入塑性的刚度降低或消能减震结构附加的阻尼影响。

其他符号同非抗震性能设计。

2 结构构件承载力按不考虑地震作用效应调整的设计值复核时，应采用不计入风荷载效应的基本组合，并按下式验算：

$$\gamma_G S_{GE} + \gamma_E S_{Ek}(I, \zeta) \leqslant R/\gamma_{RE} \quad (M.1.2-2)$$

式中：I——表示设防烈度地震动或罕遇地震动，隔震结构包含水平向减震影响；

　　　ζ——考虑部分次要构件进入塑性的刚度降低或消能减震结构附加的阻尼影响。

3 结构构件承载力按标准值复核时，应采用不计入风荷载效应的地震作用效应标准组合，并按下式验算：

$$S_{GE} + S_{Ek}(I, \zeta) \leqslant R_k \qquad (M.1.2-3)$$

式中：I——表示设防地震动或罕遇地震动，隔震结构包含水平向减震影响；

ζ——考虑部分次要构件进入塑性的刚度降低或消能减震结构附加的阻尼影响；

R_k——按材料强度标准值计算的承载力。

4 结构构件按极限承载力复核时，应采用不计入风荷载效应的地震作用效应标准组合，并按下式验算：

$$S_{GE} + S_{Ek}(I, \zeta) < R_u \qquad (M.1.2-4)$$

式中：I——表示设防地震动或罕遇地震动，隔震结构包含水平向减震影响；

ζ——考虑部分次要构件进入塑性的刚度降低或消能减震结构附加的阻尼影响；

R_u——按材料最小极限强度值计算的承载力；钢材强度可取最小极限值，钢筋强度可取屈服强度的1.25倍，混凝土强度可取立方强度的0.88倍。

M.1.3 结构竖向构件在设防地震、罕遇地震作用下的层间弹塑性变形按不同控制目标进行复核时，地震层间剪力计算、地震作用效应调整、构件层间位移计算和验算方法，应符合下列要求：

1 地震层间剪力和地震作用效应调整，应根据整个结构不同部位进入弹塑性阶段程度的不同，采用不同的方法。构件总体上处于开裂阶段或刚刚进入屈服阶段，可取等效刚度和等效阻尼，按等效线性方法估算；构件总体上处于承载力屈服至极限阶段，宜采用静力或动力弹塑性分析方法估算；构件总体上处于承载力下降阶段，应采用计入下降段参数的动力弹塑性分析方法估算。

2 在设防地震下，混凝土构件的初始刚度，宜采用长期刚度。

3 构件层间弹塑性变形计算时，应依据其实际的承载力，并应按本规范的规定计入重力二阶效应；风荷载和重力作用下的变形不参与地震组合。

4 构件层间弹塑性变形的验算，可采用下列公式：

$$\triangle u_p(I, \zeta, \xi_y, G_E) < [\triangle u] \qquad (M.1.3)$$

式中：$\triangle u_p(\cdots)$——竖向构件在设防地震或罕遇地震下计入重力二阶效应和阻尼影响取决于其实际承载力的弹塑性层间位移角；对高宽比大于3的结构，可扣除整体转动的影响；

$[\triangle u]$——弹塑性位移角限值，应根据性能控制目标确定；整个结构中变形最大部位的竖向构件，轻

微损坏可取中等破坏的一半，中等破坏可取本规范表5.5.1和表5.5.5规定值的平均值，不严重破坏按小于本规范表5.5.5规定值的0.9倍控制。

M.2 建筑构件和建筑附属设备支座抗震性能设计方法

M.2.1 当非结构的建筑构件和附属机电设备按使用功能的专门要求进行性能设计时，在遭遇设防烈度地震影响下的性能要求可按表M.2.1选用。

表M.2.1　建筑构件和附属机电设备的参考性能水准

性能水准	功能描述	变形指标
性能1	外观可能损坏，不影响使用和防火能力，安全玻璃开裂；使用、应急系统可照常运行	可经受相连结构构件出现1.4倍的建筑构件、设备支架设计挠度
性能2	可基本正常使用或很快恢复，耐火时间减少1/4，强化玻璃破碎；使用系统检修后运行，应急系统可照常运行	可经受相连结构构件出现1.0倍的建筑构件、设备支架设计挠度
性能3	耐火时间明显减少，玻璃掉落，出口受碎片堵碍；使用系统明显损坏，需修理才能恢复功能，应急系统受损仍可基本运行	只能经受相连结构构件出现0.6倍的建筑构件、设备支架设计挠度

M.2.2 建筑围护墙、附属构件及固定储物柜等进行抗震性能设计时，其地震作用的构件类别系数和功能系数可参考表M.2.2确定。

表M.2.2　建筑非结构构件的类别系数和功能系数

构件、部件名称	构件类别系数	功能系数	
		乙类	丙类
非承重外墙： 　围护墙 　玻璃幕墙等	0.9 0.9	1.4 1.4	1.0 1.4
连接： 　墙体连接件 　饰面连接件 　防火顶棚连接件 　非防火顶棚连接件	1.0 1.0 0.9 0.6	1.4 1.0 1.0 1.0	1.0 0.6 1.0 0.6
附属构件： 　标志或广告牌等	1.2	1.0	1.0
高于2.4m储物柜支架： 　货架（柜）文件柜 　文物柜	0.6 1.0	1.0 1.4	0.6 1.0

M.2.3 建筑附属设备的支座及连接件进行抗震性能设计时，其地震作用的构件类别系数和功能系数可参考表 M.2.3 确定。

表 M.2.3 建筑附属设备构件的类别系数和功能系数

构件、部件所属系统	构件类别系数	功能系数	
		乙类	丙类
应急电源的主控系统、发电机、冷冻机等	1.0	1.4	1.4
电梯的支承结构、导轨、支架、轿箱导向构件等	1.0	1.0	1.0
悬挂式或摇摆式灯具	0.9	1.0	0.6
其他灯具	0.6	1.0	0.6
柜式设备支座	0.6	1.0	0.6
水箱、冷却塔支座	1.2	1.0	1.0
锅炉、压力容器支座	1.0	1.0	1.0
公用天线支座	1.2	1.0	1.0

M.3 建筑构件和建筑附属设备抗震计算的楼面谱方法

M.3.1 非结构构件的楼面谱，应反映支承非结构构件的具体结构自身动力特性、非结构构件所在楼层位置，以及结构和非结构阻尼特性对结构所在地点的地面地震运动的放大作用。

计算楼面谱时，一般情况，非结构构件可采用单质点模型；对支座间有相对位移的非结构构件，宜采用多支点体系计算。

M.3.2 采用楼面反应谱法时，非结构构件的水平地震作用标准值可按下列公式计算：

$$F = \gamma \eta \beta_s G \tag{M.3.2}$$

式中：β_s——非结构构件的楼面反应谱值，取决于设防烈度、场地条件、非结构构件与结构体系之间的周期比、质量比和阻尼，以及非结构构件在结构的支承位置、数量和连接性质；

γ——非结构构件功能系数，取决于建筑抗震设防类别和使用要求，一般分为 1.4、1.0、0.6 三档；

η——非结构构件类别系数，取决于构件材料性能等因素，一般在 0.6~1.2 范围内取值。

本规范用词说明

1 为了便于在执行本规范条文时区别对待，对要求严格程度不同的用词说明如下：

　1） 表示很严格，非这样做不可的：
　　正面词采用"必须"；反面词采用"严禁"；

　2） 表示严格，在正常情况下均应这样做的：
　　正面词采用"应"；反面词采用"不应"或"不得"；

　3） 表示允许稍有选择，在条件许可时首先这样做的：
　　正面词采用"宜"；反面词采用"不宜"；

　4） 表示有选择，在一定条件下可以这样做的，采用"可"。

2 条文中指明应按其他有关标准、规范执行的写法为："应符合……的规定"或"应按……执行"。

引用标准名录

1《建筑地基基础设计规范》GB 50007

2《建筑结构荷载规范》GB 50009

3《混凝土结构设计规范》GB 50010

4《钢结构设计规范》GB 50017

5《构筑物抗震设计规范》GB 50191

6《混凝土结构工程施工质量验收规范》GB 50204

7《建筑工程抗震设防分类标准》GB 50223

8《建筑边坡工程技术规范》GB 50330

9《橡胶支座 第 3 部分：建筑隔震橡胶支座》GB 20688.3

10《厚度方向性能钢板》GB/T 5313

中华人民共和国国家标准

建筑抗震设计规范

GB 50011—2010
（2016 年版）

条 文 说 明

修 订 说 明

本次修订系根据原建设部《关于印发〈2006年工程建设标准规范制订、修订计划（第一批）的通知〉》（建标[2006]77号）的要求，由中国建筑科学研究院会同有关的设计、勘察、研究和教学单位，于2007年1月开始对《建筑抗震设计规范》GB 50011-2001（以下简称2001规范）进行全面修订。

本次修订过程中，发生了2008年"5·12"汶川大地震，其震害经验表明，严格按照2001规范进行设计、施工和使用的建筑，在遭遇比当地设防烈度高一度的地震作用下，可以达到在预估的罕遇地震下保障生命安全的抗震设防目标。汶川地震建筑震害经验对我国建筑抗震设计规范的修订具有重要启示，地震后，根据住房和城乡建设部落实国务院《汶川地震灾后恢复重建条例》的要求，对2001规范进行了应急局部修订，形成了《建筑抗震设计规范》GB 50011-2001（2008年版），此次修订共涉及31条规定，主要包括灾区设防烈度的调整，增加了有关山区场地、框架结构填充墙设置、砌体结构楼梯间、抗震结构施工要求的强制性条文，提高了装配式楼板构造和钢筋伸长率的要求。

在完成2008年版局部修订之后，《建筑抗震设计规范》的全面修订工作继续进行，于2009年5月形成了"征求意见稿"并发至全国勘察、设计、教学单位和抗震管理部门征求意见，其方式有三种：设计单位或抗震管理部门召开讨论会，形成书面意见；设计、勘察及研究人员直接用书面或电子邮件提出意见；以及有关刊物上发表论文。累计共收集到千余条次意见。同年8月，对所收集的意见进行分析、整理，修改了条文，开展了试设计工作。

与2001版规范相比，《建筑抗震设计规范》GB 50011-2010的条文数量有下列变动：

2001版规范共有13章54节11附录，共554条；其中，正文447条，附录107条。

《建筑抗震设计规范》GB 50011-2010共有14章59节12附录，共630条。其中，正文增加39条，占原条文的9%；附录增加37条，占36%。

原有各章修改的主要内容见前言。新增的内容是：大跨屋盖建筑、地下建筑、框排架厂房、钢支撑-混凝土框架和钢框架-混凝土筒体房屋，以及抗震性能化设计原则，并删去内框架房屋的有关内容。

2001规范2008年局部修订后共有58条强制性条文，本次修订减少了2条：设防标准直接引用《建筑工程抗震设防分类标准》GB 50223；对隔震设计

的可行性论证，不再作为强制性要求。

2009年11月，由住房和城乡建设部标准定额司主持，召开了《建筑抗震设计规范》修订送审稿审查会。会议认为，修订送审稿继续保持2001版规范的基本规定是合适的，所增加的新内容总体上符合汶川地震后的要求和设计需要，反映了我国抗震科研的新成果和工程实践的经验，吸取了一些国外的先进经验，更加全面、更加细致、更加科学。新规范的颁布和实施将使我国的建筑抗震设计提高到新的水平。

本次修订，附录A依据《中国地震动参数区划图》GB 18306-2001及其第1、2号修改单进行了设计地震分组。目前，《中国地震动参数区划图》正在修订，今后，随着《中国地震动参数区划图》的修订和施行，该附录将及时与之协调，进行修改。

2001规范的主编单位：中国建筑科学研究院

2001规范的参编单位：中国地震局工程力学研究所、中国建筑技术研究院、冶金工业部建筑研究总院、建设部建筑设计院、机械工业部设计研究院、中国轻工国际工程设计院（中国轻工业北京设计院）、北京市建筑设计研究院、上海建筑设计研究院、中南建筑设计院、中国建筑西北设计研究院、新疆建筑设计研究院、广东省建筑设计研究院、云南省设计院、辽宁省建筑设计研究院、深圳市建筑设计研究总院、北京勘察设计研究院、深圳大学建筑设计研究院、清华大学、同济大学、哈尔滨建筑大学、华中理工大学、重庆建筑大学、云南工业大学、华南建设学院（西院）。

2001规范的主要起草人：徐正忠 王亚勇（以下按姓氏笔画排列）

王迪民 王彦深 王骏孙 韦承基 叶燎原

刘惠珊 吕西林 孙平善 李国强 吴明舜 苏经宇

张前国 陈 健 陈富生 沙 安 欧进萍

周炳章 周锡元 周雍年 周福霖 胡庆昌

袁金西 秦 权 高小旺 容柏生 唐家祥

徐 建 徐永基 钱稼茹 龚思礼 董津城 赖 明

傅学怡 蔡益燕 樊小卿 潘凯云 戴国莹

本次修订过程中，2001规范的一些主要起草人如胡庆昌、徐正忠、龚思礼、张前国等作为此次修订的顾问专家，对规范修订的原则、指导思想及具体条文的技术规定等提出了中肯的意见和建议。

目　次

1 总　则

1.0.1　国家有关建筑的防震减灾法律法规，主要指《中华人民共和国建筑法》、《中华人民共和国防震减灾法》及相关的条例等。

本规范对于建筑抗震设防的基本思想和原则继续同《建筑抗震设计规范》GBJ 11－89（以下简称 89 规范）、《建筑抗震设计规范》GB 50011－2001（以下简称 2001 规范）保持一致，仍以"三个水准"为抗震设防目标。

抗震设防是以现有的科学水平和经济条件为前提。规范的科学依据只能是现有的经验和资料。目前对地震规律性的认识还很不足，随着科学水平的提高，规范的规定会有相应的突破；而且规范的编制要根据国家的经济条件的发展，适当地考虑抗震设防水平，制定相应的设防标准。

本次修订，继续保持 89 规范提出的并在 2001 规范延续的抗震设防三个水准目标，即"小震不坏、中震可修、大震不倒"的某种具体化。根据我国华北、西北和西南地区对建筑工程有影响的地震发生概率的统计分析，50 年内超越概率约为 63% 的地震烈度为对应于统计"众值"的烈度，比基本烈度约低一度半，本规范取为第一水准烈度，称为"多遇地震"；50 年超越概率约 10% 的地震烈度，即 1990 中国地震区划图规定的"地震基本烈度"或中国地震动参数区划图规定的峰值加速度所对应的烈度，规范取为第二水准烈度，称为"设防地震"；50 年超越概率 2%～3% 的地震烈度，规范取为第三水准烈度，称为"罕遇地震"，当基本烈度 6 度时为 7 度强，7 度时为 8 度强，8 度时为 9 度弱，9 度时为 9 度强。

与三个地震烈度水准相应的抗震设防目标是：一般情况下（不是所有情况下），遭遇第一水准烈度——众值烈度（多遇地震）影响时，建筑处于正常使用状态，从结构抗震分析角度，可以视为弹性体系，采用弹性反应谱进行弹性分析；遭遇第二水准烈度——基本烈度（设防地震）影响时，结构进入非弹性工作阶段，但非弹性变形或结构体系的损坏控制在可修复的范围［与 89 规范、2001 规范相同，其承载力的可靠性与《工业与民用建筑抗震设计规范》TJ 11－78（以下简称 78 规范）相当并略有提高］；遭遇第三水准烈度——最大预估烈度（罕遇地震）影响时，结构有较大的非弹性变形，但应控制在规定的范围内，以免倒塌。

还需说明的是：

1　抗震设防烈度为 6 度时，建筑按本规范采取相应的抗震措施之后，抗震能力比不设防时有实质性的提高，但其抗震能力仍是较低的。

2　不同抗震设防类别的建筑按本规范规定采取抗震措施之后，相应的抗震设防目标在程度上有所提高或降低。例如，丁类建筑在设防地震下的损坏程度可能会重些，且其倒塌不危及人们的生命安全，在罕遇地震下的表现会比一般的情况要差；甲类建筑在设防地震下的损坏是轻微甚至是基本完好的，在罕遇地震下的表现将会比一般的情况好些。

3　本次修订继续采用二阶段设计实现上述三个水准的设防目标：第一阶段设计是承载力验算，取第一水准的地震动参数计算结构的弹性地震作用标准值和相应的地震作用效应，继续采用《建筑结构可靠度设计统一标准》GB 50068 规定的分项系数设计表达式进行结构构件的截面承载力抗震验算，这样，其可靠度水平同 78 规范相当，并由于非抗震构件设计可靠性水准的提高而有所提高，既满足了在第一水准下具有必要的承载力可靠度，又满足第二水准的损坏可修的目标。对大多数的结构，可只进行第一阶段设计，而通过概念设计和抗震构造措施来满足第三水准的设计要求。

第二阶段设计是弹塑性变形验算，对地震时易倒塌的结构、有明显薄弱层的不规则结构以及有专门要求的建筑，除进行第一阶段设计外，还要进行结构薄弱部位的弹塑性层间变形验算并采取相应的抗震构造措施，实现第三水准的设防要求。

4　在 89 规范和 2001 规范所提出的以结构安全性为主的"小震不坏、中震可修、大震不倒"三水准目标，就是一种抗震性能目标——小震、中震、大震有明确的概率指标；房屋建筑不坏、可修、不倒的破坏程度，在《建筑地震破坏等级划分标准》（建设部 90 建抗字 377 号）中提出了定性的划分。本次修订，对某些有专门要求的建筑结构，在本规范第 3.10 节和附录 M 增加了关于中震、大震的进一步定量的抗震性能化设计原则和设计指标。

1.0.2　本条是强制性条文，要求处于抗震设防地区的所有新建建筑工程均必须进行抗震设计。以下，凡用粗体表示的条文，均为建筑工程房屋建筑部分的强制性条文。

1.0.3　本规范的适用范围，继续保持 89 规范、2001 规范的规定，适用于 6～9 度一般的建筑工程。多年来，很多位于区划图 6 度的地区发生了较大的地震，6 度地震区的建筑要适当考虑一些抗震要求，以减轻地震灾害。

工业建筑中，一些因生产工艺要求而造成的特殊问题的抗震设计，与一般的建筑工程不同，需由有关的专业标准予以规定。

因缺乏可靠的近场地震的资料和数据，抗震设防烈度大于 9 度地区的建筑抗震设计，仍没有条件列入规范。因此，在没有新的专门规定前，可仍按 1989 年建设部印发（89）建抗字第 426 号《地震基本烈度

X度区建筑抗震设防暂行规定》的通知执行。

2001规范比89规范增加了隔震、消能减震的设计规定，本次修订，还增加了抗震性能化设计的原则性规定。

1.0.4 为适应强制性条文的要求，采用最严的规范用语"必须"。

作为抗震设防依据的文件和图件，如地震烈度区划图和地震动参数区划图，其审批权限，由国家有关主管部门依法规定。

1.0.5 在89规范和2001规范中，均规定了抗震设防依据的"双轨制"，即一般情况采用抗震设防烈度（作为一个地区抗震设防依据的地震烈度），在一定条件下，可采用经国家有关主管部门规定的权限批准发布的供设计采用的抗震设防区划的地震动参数（如地面运动加速度峰值、反应谱值、地震影响系数曲线和地震加速度时程曲线）。

本次修订，按2009年发布的《中华人民共和国防震减灾法》对"地震小区划"的规定，删去2001规范对城市设防区划的相关规定，保留"一般情况"这几个字。

新一代的地震区划图正在编制中，本次修订的有关条文和附录将依据新的区划图进行相应的协调性修改。

2　术语和符号

抗震设防烈度是一个地区的设防依据，不能随意提高或降低。

抗震设防标准，是一种衡量对建筑抗震能力要求高低的综合尺度，既取决于建设地点预期地震影响强弱的不同，又取决于建筑抗震设防分类的不同。本规范规定的设防标准是最低的要求，具体工程的设防标准可按业主要求提高。

结构上地震作用的涵义，强调了其动态作用的性质，不仅包括多个方向地震加速度的作用，还包括地震动的速度和动位移的作用。

2001规范明确了抗震措施和抗震构造措施的区别。抗震构造措施只是抗震措施的一个组成部分。在本规范的目录中，可以看到一般规定、计算要点、抗震构造措施、设计要求等。其中的一般规定及计算要点中的地震作用效应（内力和变形）调整的规定均属于抗震措施，而设计要求中的规定，可能包含有抗震措施和抗震构造措施，需按术语的定义加以区分。

本次修订，按《中华人民共和国防震减灾法》的规定，补充了"地震动参数区划图"这个术语。明确在国家法律中，"地震动参数"是"以加速度表示地震作用强弱程度"，"区划图"是将国土"划分为不同抗震设防要求区域的图件"。

3　基本规定

3.1　建筑抗震设防分类和设防标准

3.1.1 根据我国的实际情况——经济实力有了较大的提高，但仍属于发展中国家的水平，提出适当的抗震设防标准，既能合理使用建设投资，又能达到抗震安全的要求。

89规范、2001规范关于建筑抗震设防分类和设防标准的规定，已被国家标准《建筑工程抗震设防分类标准》GB 50223所替代。按照国家标准编写的规定，本次修订的条文直接引用而不重复该国家标准的规定。

按照《建筑工程抗震设防分类标准》GB 50223-2008，各个设防分类建筑的名称有所变更，但明确甲类、乙类、丙类、丁类是分别作为特殊设防类、重点设防类、标准设防类、适度设防类的简称。因此，在本规范以及建筑结构设计文件中，继续采用简称。

《建筑工程抗震设防分类标准》GB 50223-2008进一步突出了设防类别划分是侧重于使用功能和灾害后果的区分，并更强调体现对人员安全的保障。

自1989年《建筑抗震设计规范》GBJ 11-89发布以来，按技术标准设计的所有房屋建筑，均应达到"多遇地震不坏、设防地震可修和罕遇地震不倒"的设防目标。这里，多遇地震、设防地震和罕遇地震，一般按地震基本烈度区划或地震动参数区划对当地的规定采用，分别为50年超越概率63%、10%和2%~3%的地震，或重现期分别为50年、475年和1600年~2400年的地震。

针对我国地震区划图所规定的烈度有很大不确定性的事实，在建设行政主管部门领导下，89规范明确规定了"小震不坏、中震可修、大震不倒"的抗震设防目标。这个目标可保障"房屋建筑在遭遇设防地震影响时不致有灾难性后果，在遭遇罕遇地震影响时不致倒塌"。2008年汶川地震表明，严格按照现行抗震规范进行设计、施工和使用的房屋建筑，达到了规范规定的设防目标，在遭遇到高于地震区划图一度的地震作用下，没有出现倒塌破坏——实现了生命安全的目标。因此，《建筑工程抗震设防分类标准》GB 50223-2008继续规定，绝大部分建筑均可划为标准设防类（简称丙类），将使用上需要提高防震减灾能力的房屋建筑控制在很小的范围。

在需要提高设防标准的建筑中，乙类需按提高一度的要求加强其抗震措施——增加关键部位的投资即可达到提高安全性的目标；甲类在提高一度的要求加强其抗震措施的基础上，"地震作用应按高于本地区设防烈度计算，其值应按批准的地震安全性评价结果确定"。地震安全性评价通常包括给定年限内不同超越概率的地震动参数，应由具备资质的单位按相关标准执行并对其评价报告的质量负责。这意味着，地震作用计算提高的幅度应经专门研究，并需要按规定的权限审批。条件许可时，专门研究还可包括基于建筑地震破坏损失和投资关系的优化原则确定的方法。

《建筑结构可靠度设计统一标准》GB 50068，提出了设计使用年限的原则规定。显然，抗震设防的甲、乙、丙、丁分类，也可体现设计使用年限的不同。

还需说明，《建筑工程抗震设防分类标准》GB 50223 规定乙类提高抗震措施而不要求提高地震作用，同一些国家的规范只提高地震作用（10%~30%）而不提高抗震措施，在设防概念上有所不同：提高抗震措施，着眼于把财力、物力用在增加结构薄弱部位的抗震能力上，是经济而有效的方法，适合于我国经济有较大发展而人均经济水平仍属于发展中国家的情况；只提高地震作用，则结构的各构件均全面增加材料，投资增加的效果不如前者。

3.1.2 鉴于 6 度设防的房屋建筑，其地震作用往往不属于结构设计的控制作用，为减少设计计算的工作量，本规范明确，6 度设防时，除有明确规定的情况，其抗震设计可仅进行抗震措施的设计而不进行地震作用计算。

3.2 地震影响

多年来地震经验表明，在宏观烈度相似的情况下，处在大震级、远震中距下的柔性建筑，其震害要比中、小震级近震中距的情况重得多；理论分析也发现，震中距不同时反应谱频谱特性并不相同。抗震设计时，对同样场地条件、同样烈度的地震，按震源机制、震级大小和震中距远近区别对待是必要的，建筑所受到的地震影响，需要采用设计地震动的强度及设计反应谱的特征周期来表征。

作为一种简化，89 规范主要藉助于当时的地震烈度区划，引入了设计近震和设计远震，后者可能遭遇近、远两种地震影响，设防烈度为 9 度时只考虑近震的地震影响；在水平地震作用计算时，设计近、远震用两组地震影响系数 α 曲线表达，按远震的曲线设计就已包含两种地震用不利情况。

2001 规范明确引入了"设计基本地震加速度"和"设计特征周期"，与当时的中国地震动参数区划（中国地震动峰值加速度区划图 A1 和中国地震动反应谱特征周期区划图 B1）相匹配。

"设计基本地震加速度"是根据建设部 1992 年 7 月 3 日颁发的建标 [1992] 419 号《关于统一抗震设计规范地面运动加速度设计取值的通知》而作出的。通知中有如下规定：

术语名称：设计基本地震加速度值。

定义：50 年设计基准期超越概率 10% 的地震加速度的设计取值。

取值：7 度 0.10g，8 度 0.20g，9 度 0.40g。

本规范表 3.2.2 所列的设计基本地震加速度与抗震设防烈度的对应关系即来源于上述文件。其取值与《中国地震动参数区划图》GB 18306－2015 附录 A 所规定的"地震动峰值加速度"相当：即在 0.10g 和 0.20g 之间有一个 0.15g 的区域，0.20g 和 0.40g 之间有一个 0.30g 的区域，在这二个区域内建的抗震设计要求，除另有具体规定外，分别同 7 度和 8 度，在本规范表 3.2.2 中用括号内数值表示。本规范表 3.2.2 中还引入了与 6 度相当的设计基本地震加速度值 0.05g。

"设计特征周期"即设计所用的地震影响系数的特征周期（T_g），简称特征周期。89 规范规定，其取值根据设计近、远震和场地类别来确定，我国绝大多数地区只考虑设计近震，需要考虑设计远震的地区很少（约占县级城镇的 5%）。2001 规范将 89 规范的设计近震、远震改称设计地震分组，可更好体现震级和震中距的影响，建筑工程的设计地震分为三组。根据规范编制保持其规定延续性的要求和房屋建筑抗震设防决策，2001 规范的设计地震的分组在《中国地震动参数区划图》GB 18306－2001 附录 B 的基础上略作调整。2010 年修订对各地的设计地震分组作了较大的调整，使之与《中国地震动参数区划图》GB 18306－2001 一致。此次局部修订继续保持这一原则，按照《中国地震动参数区划图》GB 18306－2015 附录 B 的规定确定设计地震分组。

为便于设计单位使用，本规范在附录 A 给出了县级及县级以上城镇（按民政部编 2015 行政区划简册，包括地级市的市辖区）的中心地区（如城关地区）的抗震设防烈度、设计基本地震加速度和所属的设计地震分组。

3.3 场地和地基

3.3.1 在抗震设计中，场地指具有相似的反应谱特征的房屋群体所在地，不仅仅是房屋基础下的地基土，其范围相当于厂区、居民点和自然村，在平坦地区面积一般不小于 1km×1km。

地震造成建筑的破坏，除地震动直接引起结构破坏外，还有场地条件的原因，诸如：地震引起的地表错动与地裂，地基土的不均匀沉陷、滑坡和粉、砂土液化等。因此，选择有利于抗震的建筑场地，是减轻场地引起的地震灾害的第一道工序，抗震设防区的建筑工程宜选择有利的地段，应避开不利的地段并不在危险的地段建设。针对汶川地震的教训，2008 年局部修订强调：严禁在危险地段建造甲、乙类建筑。还需要注意，按全文强制的《住宅设计规范》GB 50096，严禁在危险地段建造住宅，必须严格执行。

场地地段的划分，是在选择建筑场地的勘察阶段进行的，要根据地震活动情况和工程地质资料进行综合评价。本规范第4.1.1条给出划分建筑场地有利、一般、不利和危险地段的依据。

3.3.2、3.3.3 抗震构造措施不同于抗震措施，二者的区别见本规范第2.1.10条和第2.1.11条。历次大地震的经验表明，同样或相近的建筑，建造于Ⅰ类场地时震害较轻，建造于Ⅲ、Ⅳ类场地震害较重。

本规范对Ⅰ类场地，仅降低抗震构造措施，不降低抗震措施中的其他要求，如按概念设计要求的内力调整措施。对于丁类建筑，其抗震措施已降低，不再重复降低。

对Ⅲ、Ⅳ类场地，除各章有具体规定外，仅提高抗震构造措施，不提高抗震措施中的其他要求，如按概念设计要求的内力调整措施。

3.3.4 对同一结构单元不宜部分采用天然地基部分采用桩基的要求，一般情况执行没有困难。在高层建筑中，当主楼和裙房不分缝的情况下难以满足时，需仔细分析不同地基在地震下变形的差异及上部结构各部分地震反应差异的影响，采取相应措施。

本次修订，对不同地基基础类型的要求，提出了较为明确的对策。

3.3.5 本条系在2008年局部修订时增加的，针对山区房屋选址和地基基础设计，提出明确的抗震要求。需注意：

1 有关山区建筑距边坡边缘的距离，参照《建筑地基基础设计规范》GB 50007-2002第5.4.1、第5.4.2条计算时，其边坡坡角需按地震烈度的高低修正——减去地震角，滑动力矩需计入水平地震和竖向地震产生的效应。

2 挡土结构抗震设计稳定验算时有关摩擦角的修正，指地震主动土压力按库伦理论计算时：土的重度除以地震角的余弦，填土的内摩擦角减去地震角，土对墙背的摩擦角增加地震角。

地震角的范围取 $1.5°\sim10°$，取决于地下水位以上和以下，以及设防烈度的高低。可参见《建筑抗震鉴定标准》GB 50023-2009第4.2.9条。

3.4 建筑形体及其构件布置的规则性

3.4.1 合理的建筑形体和布置（configuration）在抗震设计中是头等重要的。提倡平、立面简单对称。因为震害表明，简单、对称的建筑在地震时较不容易破坏。而且道理也很清楚，简单、对称的结构容易估计其地震时的反应，容易采取抗震构造措施和进行细部处理。"规则"包含了对建筑的平、立面外形尺寸，抗侧力构件布置、质量分布，直至承载力分布等诸多因素的综合要求。"规则"的具体界限，随着结构类型的不同而异，需要建筑师和结构工程师互相配合，才能设计出抗震性能良好的建筑。

本条主要对建筑师设计的建筑方案的规则性提出了强制性要求。在2008年局部修订时，为提高建筑

设计和结构设计的协调性，明确规定：首先，建筑形体和布置应依据抗震概念设计原则划分为规则与不规则两大类；对于具有不规则的建筑，针对其不规程的具体情况，明确提出不同的要求；强调应避免采用严重不规则的设计方案。

概念设计的定义见本规范第2.1.9条。规则性是其中的一个重要概念。

规则的建筑方案体现在体型（平面和立面的形状）简单，抗侧力体系的刚度和承载力上下变化连续、均匀，平面布置基本对称。即在平立面、竖向剖面或抗侧力体系上，没有明显的、实质的不连续（突变）。

规则与不规则的区分，本规范在第3.4.3条规定了一些定量的参考界限，但实际上引起建筑不规则的因素还有很多，特别是复杂的建筑体型，很难一一用若干简化的定量指标来划分不规则程度并规定限制范围，但是，有经验的、有抗震知识素养的建筑设计人员，应该对所设计的建筑的抗震性能有所估计，要区分不规则、特别不规则和严重不规则等不规则程度，避免采用抗震性能差的严重不规则的设计方案。

三种不规则程度的主要划分方法如下：

不规则，指的是超过表3.4.3-1和表3.4.3-2中一项及以上的不规则指标；

特别不规则，指具有较明显的抗震薄弱部位，可能引起不良后果者，其参考界限可参见《超限高层建筑工程抗震设防专项审查技术要点》，通常有三类：其一，同时具有本规范表3.4.3所列六个主要不规则类型的三个或三个以上；其二，具有表1所列的一项不规则；其三，具有本规范表3.4.3所列两个方面的基本不规则且其中有一项接近表1的不规则指标。

表1　特别不规则的项目举例

序	不规则类型	简要涵义
1	扭转偏大	裙房以上有较多楼层考虑偶然偏心的扭转位移比大于1.4
2	抗扭刚度弱	扭转周期比大于0.9，混合结构扭转周期比大于0.85
3	层刚度偏小	本层侧向刚度小于相邻上层的50%
4	高位转换	框支墙体的转换构件位置：7度超过5层，8度超过3层
5	厚板转换	7~9度设防的厚板转换结构
6	塔楼偏置	单塔或多塔合质心与大底盘的质心偏心距大于底盘相应边长20%
7	复杂连接	各部分层数、刚度、布置不同的错层或连体两端塔楼显著不规则的结构
8	多重复杂	同时具有转换层、加强层、错层、连体和多塔类型中的2种以上

对于特别不规则的建筑方案，只要不属于严重不规则，结构设计应采取比本规范第 3.4.4 条等的要求更加有效的措施。

严重不规则，指的是形体复杂，多项不规则指标超过本规范 3.4.4 条上限值或某一项大大超过规定值，具有现有技术和经济条件不能克服的严重的抗震薄弱环节，可能导致地震破坏的严重后果者。

3.4.2 本条要求建筑设计需特别重视其平、立、剖面及构件布置不规则对抗震性能的影响。

3.4.3、3.4.4 2001 规范考虑了当时 89 规范和《钢筋混凝土高层建筑结构设计与施工规范》JGJ 3-91 的相应规定，并参考了美国 UBC（1997）日本 BSL（1987 年版）和欧洲规范 8。上述五本规范对不规则结构的条文规定有以下三种方式：

1 规定了规则结构的准则，不规定不规则结构的相应设计规定，如 89 规范和《钢筋混凝土高层建筑结构设计与施工规范》JGJ 3-91。

2 对结构的不规则性作出限制，如日本 BSL。

3 对规则与不规则结构作出了定量的划分，并规定了相应的设计计算要求，如美国 UBC 及欧洲规范 8。

本规范基本上采用了第 3 种方式，但对容易避免或危害性较小的不规则问题未作规定。

对于结构扭转不规则，按刚性楼盖计算，当最大层间位移与其平均值的比值为 1.2 时，相当于一端为 1.0，另一端为 1.45；当比值 1.5 时，相当于一端为 1.0，另一端为 3。美国 FEMA 的 NEHRP 规定，限 1.4。

对于较大错层，如超过梁高的错层，需按楼板开洞对待；当错层面积大于该层总面积 30% 时，则属于楼板局部不连续。楼板典型宽度按楼板外形的基本宽度计算。

上层缩进尺寸超过相邻下层对应尺寸的 1/4，属于用尺寸衡量的刚度不规则的范畴。侧向刚度可取地震作用下的层剪力与层间位移之比值计算，刚度突变上限（如框支层）在有关章节规定。

除了表 3.4.3 所列的不规则，UBC 的规定中，对平面不规则尚有抗侧力构件上下错位、与主轴斜交或不对称布置，对竖向不规则尚有相邻楼层质量比大于 150% 或竖向抗侧力构件在平面内收进的尺寸大于构件的长度（如棋盘式布置）等。

图 1～图 6 为典型示例，以便理解本规范表 3.4.3-1 和表 3.4.3-2 中所列的不规则类型。

本规范 3.4.3 条 1 款的规定，主要针对钢筋混凝土和钢结构的多层和高层建筑所作的不规则性的限制，对砌体结构多层房屋和单层工业厂房的不规则性应符合本规范有关章节的专门规定。

2010 年修订的变化如下：

1 明确规定表 3.4.3 所列的不规则类型是主要

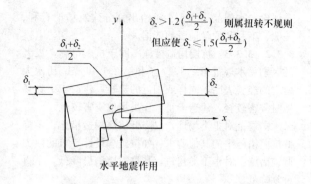

图 1　建筑结构平面的扭转不规则示例

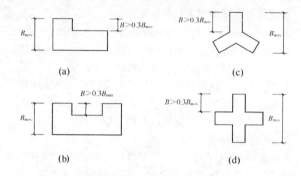

图 2　建筑结构平面的凸角或凹角不规则示例

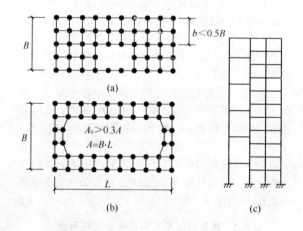

图 3　建筑结构平面的局部不连续示例（大开洞及错层）

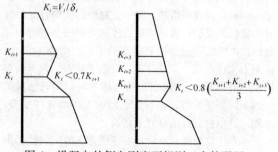

图 4　沿竖向的侧向刚度不规则（有软弱层）

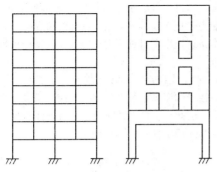

图 5　竖向抗侧力构件不连续示例

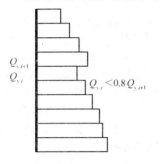

图 6　竖向抗侧力结构屈服抗
剪强度非均匀化（有薄弱层）

的面不是全部不规则，所列的指标是概念设计的参考性数值而不是严格的数值，使用时需要综合判断。明确规定按不规则类型的数量和程度，采取不同的抗震措施。不规则的程度和设计的上限控制，可根据设防烈度的高低适当调整。对于特别不规则的建筑结构要求专门研究和论证。

2 对于扭转不规则计算，需注意以下几点：

1）按国外的有关规定，楼盖周边两端位移不超过平均位移 2 倍的情况称为刚性楼盖，超过 2 倍则属于柔性楼盖。因此，这种"刚性楼盖"，并不是刚度无限大。计算扭转位移比时，楼盖刚度可按实际情况确定而不限于刚度无限大假定。

2）扭转位移比计算时，楼层的位移不采用各振型位移的 CQC 组合计算，按国外的规定明确改为取"给定水平力"计算，可避免有时 CQC 计算的最大位移出现在楼盖边缘的中部而不在角部，而且对无限刚楼盖、分块无限刚楼盖和弹性楼盖均可采用相同的计算方法处理；该水平力一般采用振型组合后的楼层地震剪力换算的水平作用力，并考虑偶然偏心；结构楼层位移和层间位移控制值验算时，仍采用 CQC 的效应组合。

3）偶然偏心大小的取值，除采用该方向最大尺寸的 5% 外，也可考虑具体的平面形状和抗侧力构件的布置调整。

4）扭转不规则的判断，还可依据楼层质量中心和刚度中心的距离用偏心率的大小作为参考方法。

3 对于侧向刚度的不规则，建议根据结构特点采用合适的方法，包括楼层标高处产生单位位移所需要的水平力、结构层间位移角的变化等进行综合分析。

4 为避免水平转换构件在大震下失效，不连续的竖向构件传递到转换构件的小震地震内力应加大，借鉴美国 IBC 规定取 2.5 倍（分项系数为 1.0），对增大系数作了调整。

本次局部修订，主要进行文字性修改，以进一步明确扭转位移比的含义。

3.4.5 体型复杂的建筑并不一概提倡设置防震缝。由于是否设置防震缝各有利弊，历来有不同的观点，总体倾向是：

1 可设缝、可不设缝时，不设缝。设置防震缝可使结构抗震分析模型较为简单，容易估计其地震作用和采取抗震措施，但需考虑扭转地震效应，并按本规范各章的规定确定缝宽，使防震缝两侧在预期的地震（如中震）下不发生碰撞或减轻碰撞引起的局部损坏。

2 当不设置防震缝时，结构分析模型复杂，连接处局部应力集中需要加强，而且需仔细估计地震扭转效应等可能导致的不利影响。

3.5　结　构　体　系

3.5.1 抗震结构体系要通过综合分析，采用合理而经济的结构类型。结构的地震反应同场地的频谱特性有密切关系，场地的地面运动特性又同地震震源机制、震级大小、震中的远近有关；建筑的重要性、装修的水准对结构的侧向变形大小有所限制，从而对结构选型提出要求；结构的选型又受结构材料和施工条件的制约以及经济条件的许可等。这是一个综合的技术经济问题，应周密加以考虑。

3.5.2、3.5.3 抗震结构体系要求受力明确、传力途径合理且传力路线不间断，使结构的抗震分析更符合结构在地震时的实际表现，对提高结构的抗震性能十分有利，是结构选型与布置结构抗侧力体系时首先考虑的因素之一。2001 规范将结构体系的要求分为强制性和非强制性两类。第 3.5.2 条是属于强制性要求的内容。

多道防线对于结构在强震下的安全是很重要的。所谓多道防线的概念，通常指的是：

第一，整个抗震结构体系由若干个延性较好的分体系组成，并由延性较好的结构构件连接起来协同工作。如框架-抗震墙体系是由延性框架和抗震墙二个系统组成；双肢或多肢抗震墙体系由若干个单肢墙分系统组成；框架-支撑框架体系由延性框架和支撑框架二个系统组成；框架-筒体体系由延性框架和筒体二个系统组成。

第二，抗震结构体系具有最大可能数量的内部、外部赘余度，有意识地建立起一系列分布的塑性屈服区，以使结构能吸收和耗散大量的地震能量，一旦破坏也易于修复。设计计算时，需考虑部分构件出现塑性变形后的内力重分布，使各个分体系所承担的地震作用的总和大于不考虑塑性内力重分布时的数值。

本次修订，按征求意见的结果，多道防线仍作为非强制性要求保留在第3.5.3条，但能够设置多道防线的结构类型，在相关章节中予以明确规定。

抗震薄弱层（部位）的概念，也是抗震设计中的重要概念，包括：

1 结构在强烈地震下不存在强度安全储备，构件的实际承载力分析（而不是承载力设计值的分析）是判断薄弱层（部位）的基础；

2 要使楼层（部位）的实际承载力和设计计算的弹性受力之比在总体上保持一个相对均匀的变化，一旦楼层（或部位）的这个比例有突变时，会由于塑性内力重分布导致塑性变形的集中；

3 要防止在局部加强而忽视整个结构各部位刚度、强度的协调；

4 在抗震设计中有意识、有目的地控制薄弱层（部位），使之有足够的变形能力又不使薄弱层发生转移，这是提高结构总体抗震性能的有效手段。

考虑到有些建筑结构，横向抗侧力构件（如墙体）很多而纵向很少，在强烈地震中往往由于纵向的破坏导致整体倒塌，2001规范增加了结构两个主轴方向的动力特性（周期和振型）相近的抗震概念。

3.5.4 本条对各种不同材料的结构构件提出了改善其变形能力的原则和途径：

1 无筋砌体本身是脆性材料，只能利用约束条件（圈梁、构造柱、组合柱等来分割、包围）使砌体发生裂缝后不致崩塌和散落，地震时不致丧失对重力荷载的承载能力。

2 钢筋混凝土构件抗震性能与砌体相比是比较好的，但若处理不当，也会造成不可修复的脆性破坏。这种破坏包括：混凝土压碎、构件剪切破坏、钢筋锚固部分拉脱（粘结破坏），应力求避免；混凝土结构构件的尺寸控制，包括轴压比、截面长宽比、墙体高厚比、宽厚比等，当墙厚偏薄时，也有自身稳定问题。

3 提出了对预应力混凝土结构构件的要求。

4 钢结构杆件的压屈破坏（杆件失去稳定）或局部失稳也是一种脆性破坏，应予以防止。

5 针对预制混凝土板在强烈地震中容易脱落导致人员伤亡的震害，2008年局部修订增加了推荐采用现浇楼、屋盖，特别强调装配式楼、屋盖需加强整体性的基本要求。

3.5.5 本条指出了主体结构构件之间的连接应遵守

的原则：通过连接的承载力来发挥各构件的承载力、变形能力，从而获得整个结构良好的抗震能力。

本条还提出了对预应力混凝土及钢结构构件的连接要求。

3.5.6 本条支撑系统指屋盖支撑。支撑系统的不完善，往往导致屋盖系统失稳倒塌，使厂房发生灾难性的震害，因此在支撑系统布置上应特别注意保证屋盖系统的整体稳定性。

3.6 结 构 分 析

3.6.1 由于地震动的不确定性、地震的破坏作用、结构地震破坏机理的复杂性，以及结构计算模型的各种假定与实际情况的差异，迄今为止，依据所规定的地震作用进行结构抗震验算，不论计算理论和工具如何发展，计算怎样严格，计算的结果总还是一种比较粗略的估计，过分地追求数值上的精确是不必要的；然而，从工程的震害看，这样的抗震验算是有成效的，不可轻视。因此，本规范自1974年第一版以来，对抗震计算着重于把方法放在比较合理的基础上，不拘泥于细节，不追求过高的计算精度，力求简单易行，以线性的计算分析方法为基本方法，并反复强调按概念设计进行各种调整。本节列出一些原则性规定，继续保持和体现上述精神。

多遇地震作用下的内力和变形分析是本规范对结构地震反应、截面承载力验算和变形验算最基本的要求。按本规范第1.0.1条的规定，建筑物当遭受低于本地区抗震设防烈度的多遇地震影响时，主体结构不受损坏或不需修理可继续使用，与此相应，结构在多遇地震作用下的反应分析的方法，截面抗震验算（按照现行国家标准《建筑结构可靠度设计统一标准》GB 50068 的基本要求），以及层间弹性位移的验算，都是以线弹性理论为基础，因此，本条规定，当建筑结构进行多遇地震作用下的内力和变形分析时，可假定结构与构件处于弹性工作状态。

3.6.2 按本规范第1.0.1条的规定：当建筑物遭受高于本地区抗震设防烈度的罕遇地震影响时，不致倒塌或发生危及生命的严重破坏，这也是本规范的基本要求。特别是建筑物的体型和抗侧力系统复杂时，将在结构的薄弱部位发生应力集中和弹塑性变形集中，严重时会导致重大的破坏甚至有倒塌的危险。因此本规范提出了检验结构抗震薄弱部位采用弹塑性（即非线性）分析方法的要求。

考虑到非线性分析的难度较大，规范只限于对不规则并具有明显薄弱部位可能导致重大地震破坏，特别是有严重的变形集中可能导致地震倒塌的结构，应按本规范第5章具体规定进行罕遇地震作用下的弹塑性变形分析。

本规范推荐了两种非线性分析方法：静力的非线性分析（推覆分析）和动力的非线性分析（弹塑性时

程分析）。

静力的非线性分析是：沿结构高度施加按一定形式分布的模拟地震作用的等效侧力，并从小到大逐步增加侧力的强度，使结构由弹性工作状态逐步进入弹塑性工作状态，最终达到并超过规定的弹塑性位移。这是目前较为实用的简化的弹塑性分析技术，比动力非线性分析节省计算工作量，但需要注意，静力非线性分析有一定的局限性和适用性，其计算结果需要工程经验判断。

动力非线性分析，即弹塑性时程分析，是较为严格的分析方法，需要较好的计算机软件和很好的工程经验判断才能得到有用的结果，是难度较大的一种方法。规范还允许采用简化的弹塑性分析技术，如本规范第5章规定的钢筋混凝土框架等的弹塑性分析简化方法。

3.6.3 本条规定，框架结构和框架-抗震墙（支撑）结构在重力附加弯矩 M_a 与初始弯矩 M_0 之比符合下式条件下，应考虑几何非线性，即重力二阶效应的影响。

$$\theta_i = \frac{M_a}{M_0} = \frac{\sum G_i \cdot \triangle u_i}{V_i \cdot h_i} > 0.1 \quad (1)$$

式中：θ_i——稳定系数；

$\sum G_i$——i 层以上全部重力荷载计算值；

$\triangle u_i$——第 i 层楼层质心处的弹性或弹塑性层间位移；

V_i——第 i 层地震剪力计算值；

h_i——第 i 层层间高度。

上式规定是考虑重力二阶效应影响的下限，其上限则受弹性层间位移角限值控制。对混凝土结构，弹性位移角限值较小，上述稳定系数一般均在 0.1 以下，可不考虑弹性阶段重力二阶效应影响。

当在弹性分析时，作为简化方法，二阶效应的内力增大系数可取 $1/(1-\theta)$。

当在弹塑性分析时，宜采用考虑所有受轴向力的结构和构件的几何刚度的计算机程序进行重力二阶效应分析，亦可采用其他简化分析方法。

混凝土柱考虑多遇地震作用产生的重力二阶效应的内力时，不应与混凝土规范承载力计算时考虑的重力二阶效应重复。

砌体结构和混凝土墙结构，通常不需要考虑重力二阶效应。

3.6.4 刚性、半刚性、柔性横隔板分别指在平面内不考虑变形、考虑变形、不考虑刚度的楼、屋盖。

3.6.6 本条规定主要依据《建筑工程设计文件编制深度规定》，要求使用计算机进行结构抗震分析时，应对软件的功能有切实的了解，计算模型的选取必须符合结构的实际工作情况，计算软件的技术条件应符合本规范及有关标准的规定，设计时对所有计算结果

应进行判别，确认其合理有效后方可在设计中应用。

2008 年局部修订，注意到地震中楼梯的梯板具有斜撑的受力状态，增加了楼梯构件的计算要求：针对具体结构的不同，"考虑"的结果，楼梯构件的可能影响很大或不大，然后区别对待，楼梯构件自身应计算抗震，但并不要求一律参与整体结构的计算。

复杂结构指计算的力学模型十分复杂、难以找到完全符合实际工作状态的理想模型，只能依据各个软件自身的特点在力学模型上分别作某些程度不同的简化后才能运用该软件进行计算的结构。例如，多塔类结构，其计算模型可以是底部一个塔通过水平刚臂分成上部若干个不落地分塔的分叉结构，也可以用多个落地塔通过底部的低塔连成整个结构，还可以将底部按高塔分区分别归入相应的高塔中再按多个高塔进行联合计算，等等。因此本规范对这类复杂结构要求用多个相对恰当、合适的力学模型而不是截然不同不合理的模型进行比较计算。复杂结构应是计算模型复杂的结构，不同的力学模型还应属于不同的计算机程序。

3.7 非结构构件

非结构构件包括建筑非结构构件和建筑附属机电设备的支架等。建筑非结构构件在地震中的破坏允许大于结构构件，其抗震设防目标要低于本规范第1.0.1条的规定。非结构构件的地震破坏会影响安全和使用功能，需引起重视，应进行抗震设计。

建筑非结构构件一般指下列三类：①附属结构构件，如：女儿墙、高低跨封墙、雨篷等；②装饰物，如：贴面、顶棚、悬吊重物等；③围护墙和隔墙。处理好非结构构件和主体结构的关系，可防止附加灾害，减少损失。在第3.7.3条所列的非结构构件主要指在人流出入口、通道及重要设备附近的附属结构构件，其破坏往往伤人或砸坏设备，因此要求加强与主体结构的可靠锚固，在其他位置可以放宽要求。2008年局部修订时，明确增加作为疏散通道的楼梯间墙体的抗震安全性要求，提高对生命的保护。

砌体填充墙与框架或单层厂房柱的连接，影响整个结构的动力性能和抗震能力。两者之间的连接处理不同时，影响也不同。建议两者之间采用柔性连接或彼此脱开，可只考虑填充墙的重量而不计其刚度和强度的影响。砌体填充墙的不合理设置，例如：框架或厂房，柱间的填充墙不到顶，或房屋外墙在混凝土柱间局部高度砌墙，使这些柱子处于短柱状态，许多震害表明，这些短柱破坏很多，应予注意。

2008年局部修订时，第3.7.4条新增为强制性条文。强调围护墙、隔墙等非结构构件是否合理设置对主体结构的影响，以加强围护墙、隔墙等建筑非结构构件的抗震安全性，提高对生命的保护。

第3.7.6条提出了对幕墙、附属机械、电气设备

系统支座和连接等需符合地震时对使用功能的要求。这里的使用要求，一般指设防地震。

3.8 隔震与消能减震设计

3.8.1 建筑结构采用隔震与消能减震设计是一种有效地减轻地震灾害的技术。

本次修订，取消了2001规范"主要用于高烈度设防"的规定。强调了这种技术在提高结构抗震性能上具有优势，可适用于对使用功能有较高或专门要求的建筑，即用于投资方愿意通过适当增加投资来提高抗震安全要求的建筑。

3.8.2 本条对建筑结构隔震设计和消能减震设计的设防目标提出了原则要求。采用隔震和消能减震方案，具有可能满足提高抗震性能要求的优势，故推荐其按较高的设防目标进行设计。

按本规范12章规定进行隔震设计，还不能做到在设防烈度下上部结构不受损坏或主体结构处于弹性工作阶段的要求，但与非隔震或非消能减震建筑相比，设防目标会有所提高，大体上是：当遭受多遇地震影响时，将基本不受损坏和影响使用功能；当遭受设防地震影响时，不需修理仍可继续使用；当遭受罕遇地震影响时，将不发生危及生命安全和丧失使用价值的破坏。

3.9 结构材料与施工

3.9.1 抗震结构在材料选用、施工程序特别是材料代用上有其特殊的要求，主要是指减少材料的脆性和贯彻原设计意图。

3.9.2、3.9.3 本规范对结构材料的要求分为强制性和非强制性两种。

1 本次修订，将烧结黏土砖改为各种砖，适用范围更宽些。

2 对钢筋混凝土结构中的混凝土强度等级有所限制，这是因为高强度混凝土具有脆性性质，且随强度等级提高而增加，在抗震设计中应考虑此因素，根据现有的试验研究和工程经验，现阶段混凝土墙体的强度等级不宜超过C60；其他构件，9度时不宜超过C60，8度时不宜超过C70。当耐久性有要求时，混凝土的最低强度等级，应遵守有关的规定。

3 本次修订，对一、二、三级抗震等级的框架，规定其普通纵向受力钢筋的抗拉强度实测值与屈服强度实测值的比值不应小于1.25，这是为了保证当构件某个部位出现塑性铰以后，塑性铰处有足够的转动能力与耗能能力；同时还规定了屈服强度实测值与标准值的比值，否则本规范为实现强柱弱梁、强剪弱弯所规定的内力调整将难以奏效。在2008年局部修订的基础上，要求框架梁、框架柱、框支梁、框支柱、板柱-抗震墙的柱，以及伸臂桁架的斜撑、楼梯的梯段等，纵向钢筋均应有足够的延性及钢筋伸长率的要

求，是控制钢筋延性的重要性能指标。其取值依据产品标准《钢筋混凝土用钢 第2部分：热轧带肋钢筋》GB 1499.2-2007规定的钢筋抗震性能指标提出，凡钢筋产品标准中带E编号的钢筋，均属于符合抗震性能指标。本条的规定，是正规建筑用钢生产厂家的一般热轧钢筋均能达到的性能指标。从发展趋势考虑，不再推荐箍筋采用HPB235级钢筋；当然，现有生产的HPB235级钢筋仍可继续作为箍筋使用。

4 钢结构中所用的钢材，应保证抗拉强度、屈服强度、冲击韧性合格及硫、磷和碳含量的限制值。对高层钢结构，按黑色冶金工业标准《高层建筑结构用钢板》YB 4104-2000的规定选用。抗拉强度是实际上决定结构安全储备的关键，伸长率反映钢材能承受残余变形的程度及塑性变形能力，钢材的屈服强度不宜过高，同时要求有明显的屈服台阶，伸长率应大于20%，以保证构件具有足够的塑性变形能力，冲击韧性是抗震结构的要求。当采用国外钢材时，亦应符合我国国家标准的要求。结构钢材的性能指标，按钢材产品标准《建筑结构用钢板》GB/T 19879-2005规定的性能指标，将分子、分母对换，改为屈服强度与抗拉强度的比值。

5 国家产品标准《碳素结构钢》GB/T 700中，Q235钢分为A、B、C、D四个等级，其中A级钢不要求任何冲击试验值，并只在用户要求时才进行冷弯试验，且不保证焊接要求的含碳量，故不建议采用。国家产品标准《低合金高强度结构钢》GB/T 1591中，Q345钢分为A、B、C、D、E五个等级，其中A级钢不保证冲击韧性要求和延性性能的基本要求，故亦不建议采用。

3.9.4 混凝土结构施工中，往往因缺乏设计规定的钢筋型号（规格）而采用另外型号（规格）的钢筋代替，此时应注意替代后的纵向钢筋的总承载力设计值不应高于原设计的纵向钢筋总承载力设计值，以免造成薄弱部位的转移，以及构件在有影响的部位发生混凝土的脆性破坏（混凝土压碎、剪切破坏等）。

除按照上述等承载力原则换算外，还应满足最小配筋率和钢筋间距等构造要求，并应注意由于钢筋的强度和直径改变会影响正常使用阶段的挠度和裂缝宽度。

本条在2008年局部修订时提升为强制性条文，以加强对施工质量的监督和控制，实现预期的抗震设防目标。

3.9.5 厚度较大的钢板在轧制过程中存在各向异性，由于在焊缝附近常形成约束，焊接时容易引起层状撕裂。国家产品标准《厚度方向性能钢板》GB/T 5313将厚度方向的断面收缩率分为Z15、Z25、Z35三个等级，并规定了试件取材方法和试件尺寸等要求。本条规定钢结构采用的钢材，当钢材板厚大于或等于40mm时，至少应符合Z15级规定的受拉试件截面收

缩率。

3.9.6 为确保砌体抗震墙与构造柱、底层框架柱的连接，以提高抗侧力砌体墙的变形能力，要求施工时先砌墙后浇筑。

本条在 2008 年局部修订提升为强制性条文。以加强对施工质量的监督和控制，实现预期的抗震设防目标。

3.9.7 本条是新增的，将 2001 规范第 6.2.14 条对施工的要求移此。抗震墙的水平施工缝处，由于混凝土结合不良，可能形成抗震薄弱部位。故规定一级抗震墙要进行水平施工缝处的受剪承载力验算。验算依据试验资料，考虑穿过施工缝处的钢筋处于复合受力状态，其强度采用 0.6 的折减系数，并考虑轴向压力的摩擦作用和轴向拉力的不利影响，计算公式如下：

$$V_{wj} \leqslant \frac{1}{\gamma_{RE}}(0.6f_y A_s + 0.8N)$$

式中：V_{wj}——抗震墙施工缝处组合的剪力设计值；

f_y——竖向钢筋抗拉强度设计值；

A_s——施工缝处抗震墙的竖向分布钢筋、竖向插筋和边缘构件（不包括边缘构件以外的两侧翼墙）纵向钢筋的总截面面积；

N——施工缝处不利组合的轴向力设计值，压力取正值，拉力取负值。其中，重力荷载的分项系数，受压时为有利，取 1.0；受拉时取 1.2。

3.10 建筑抗震性能化设计

3.10.1 考虑当前技术和经济条件，慎重发展性能化目标设计方法，本条明确规定需要进行可行性论证。

性能化设计仍然是以现有的抗震科学水平和经济条件为前提的，一般需要综合考虑使用功能、设防烈度、结构的不规则程度和类型、结构发挥延性变形的能力、造价、震后的各种损失及修复难度等等因素。不同的抗震设防类别，其性能设计要求也有所不同。

鉴于目前强烈地震下结构非线性分析方法的计算模型及参数的选用尚存在不少经验因素，缺少从强震记录、设计施工资料到实际震害的验证，对结构性能的判断难以十分准确，因此在性能目标选用中宜偏于安全一些。

确有需要在处于发震断裂避让区域建造房屋，抗震性能化设计是可供选择的设计手段之一。

3.10.2 建筑的抗震性能化设计，立足于承载力和变形能力的综合考虑，具有很强的针对性和灵活性。针对具体工程的需要和可能，可以对整个结构，也可以对某些部位或关键构件，灵活运用各种措施达到预期的性能目标——着重提高抗震安全性或满足使用功能的专门要求。

例如，可以根据楼梯间作为"抗震安全岛"的要求，提出确保大震下能具有安全避难通道的具体目标和性能要求；可以针对特别不规则、复杂建筑结构的具体情况，对抗侧力结构的水平构件和竖向构件提出相应的性能目标，提高其整体或关键部位的抗震安全性；也可针对水平转换构件，为确保大震下自身及相关构件的安全而提出大震下的性能目标；地震时需要连续工作的机电设施，其相关部位的层间位移需满足规定层间位移限值的专门要求；其他情况，可对震后的残余变形提出满足设施检修后运行的位移要求，也可提出大震后可修复运行的位移要求。建筑构件采用与结构构件柔性连接，只要可靠拉结并留有足够的间隙，如玻璃幕墙与钢框之间预留变形缝隙，震害经验表明，幕墙在结构总体安全时可以满足大震后继续使用的要求。

3.10.3 我国的 89 规范提出了"小震不坏、中震可修和大震不倒"，明确要求大震下不发生危及生命的严重破坏即达到"生命安全"，就是属于一般情况的性能设计目标。本次修订所提出的性能化设计，要比本规范的一般情况较为明确，尽可能达到可操作性。

1 鉴于地震具有很大的不确定性，性能化设计需要估计各种水准的地震影响，包括考虑近场地震的影响。规范的地震水准是按 50 年设计基准期确定的。结构设计使用年限是国务院《建设工程质量管理条例》规定的在设计时考虑施工完成后正常使用、正常维护情况下不需要大修仍可完成预定功能的保修年限，国内外的一般建筑结构取 50 年。结构抗震设计的基准期是抗震规范确定地震作用取值时选用的统计时间参数，也取为 50 年，即地震发生的超越概率是按 50 年统计的，多遇地震的理论重现期 50 年，设防地震是 475 年，罕遇地震随烈度高度而有所区别，7 度约 1600 年，9 度约 2400 年。其地震加速度值，设防地震取本规范表 3.2.2 的"设计基本地震加速度值"，多遇地震、罕遇地震取本规范表 5.1.2-2 的"加速度时程最大值"。其水平地震影响系数最大值，多遇地震、罕遇地震按本规范表 5.1.4-1 取值，设防地震按本条规定取值，7 度（0.15g）和 8 度（0.30g）分别在 7、8 度和 8、9 度之间内插取值。

对于设计使用年限不同于 50 年的结构，其地震作用需要作适当调整，取值经专门研究提出并按规定的权限批准后确定。当缺乏当地的相关资料时，可参考《建筑工程抗震性态设计通则（试用）》CECS 160：2004 的附录 A，其调整系数的范围大体是：设计使用年限 70 年，取 1.15～1.2；100 年取 1.3～1.4。

2 建筑结构遭遇各种水准的地震影响时，其可能的损坏状态和继续使用的可能，与 89 规范配套的《建筑地震破坏等级划分标准》（建设部 90 建抗字 377 号）已经明确划分了各类房屋（砖房、混凝土框架、底层框架砖房、单层工业厂房、单层空旷房屋等）的地震破坏分级和地震直接经济损失估计方法，总体上可分为下列五级，与此后国外标准的相关描述不完全相同：

名称	破坏描述	继续使用的可能性	变形参考值
基本完好（含完好）	承重构件完好；个别非承重构件轻微损坏，附属构件有不同程度破坏	一般不需修理即可继续使用	$<[\triangle u_e]$
轻微损坏	个别承重构件轻微裂缝（对钢结构构件指残余变形），个别非承重构件明显破坏；附属构件有不同程度破坏	不需修理或需稍加修理，仍可继续使用	$(1.5\sim 2)$ $[\triangle u_e]$
中等破坏	多数承重构件轻微裂缝（或残余变形），部分明显裂缝（或残余变形）；个别非承重构件严重破坏	需一般修理，采取安全措施后可适当使用	$(3\sim 4)$ $[\triangle u_e]$
严重破坏	多数承重构件严重破坏或部分倒塌	应排险大修，局部拆除	<0.9 $[\triangle u_p]$
倒　塌	多数承重构件倒塌	需拆除	$>[\triangle u_p]$

注：1　个别指5%以下，部分指30%以下，多数指50%以上。
　　2　中等破坏的变形参考值，大致取规范弹性和弹塑性位移角限值的平均值，轻微损坏取1/2平均值。

参照上述等级划分，地震下可供选定的高于一般情况的预期性能目标可大致归纳如下：

地震水准	性能1	性能2	性能3	性能4
多遇地震	完好	完好	完好	完好
设防地震	完好，正常使用	基本完好，检修后继续使用	轻微损坏，简单修理后继续使用	轻微至接近中等损坏，变形<3 $[\triangle u_e]$
罕遇地震	基本完好，检修后继续使用	轻微至中等破坏，修复后继续使用	其破坏需加固后继续使用	接近严重破坏，大修后继续使用

3　实现上述性能目标，需要落实到具体设计指标，即各个地震水准下构件的承载力、变形和细部构造的指标。仅提高承载力时，安全性有相应提高，但使用上的变形要求不一定满足；仅提高变形能力，则结构在小震、中震下的损坏情况大致没有改变，但抗御大震倒塌的能力提高。因此，性能设计目标往往侧重于通过提高承载力推迟结构进入塑性工作阶段并减少塑性变形，必要时还需同时提高刚度以满足使用功能的变形要求，而变形能力的要求可根据结构及其构

件在中震、大震下进入弹塑性的程度加以调整。

完好，即所有构件保持弹性状态：各种承载力设计值（拉、压、弯、剪、压弯、拉弯、稳定等）满足规范对抗震承载力的要求 $S<R/\gamma_{RE}$，层间变形（以弯曲变形为主的结构宜扣除整体弯曲变形）满足规范多遇地震下的位移角限值 $[\triangle u_e]$。这是各种预期性能目标在多遇地震下的基本要求——多遇地震下必须满足规范规定的承载力和弹性变形的要求。

基本完好，即构件基本保持弹性状态：各种承载力设计值基本满足规范对抗震承载力的要求 $S\leqslant R/\gamma_{RE}$（其中的效应 S 不含抗震等级的调整系数），层间变形可能略微超过弹性变形限值。

轻微损坏，即结构构件可能出现轻微的塑性变形，但不达到屈服状态，按材料标准值计算的承载力大于作用标准组合的效应。

中等破坏，结构构件出现明显的塑性变形，但控制在一般加固即恢复使用的范围。

接近严重破坏，结构关键的竖向构件出现明显的塑性变形，部分水平构件可能失效需要更换，经过大修加固后可恢复使用。

对性能1，结构构件在预期大震下仍基本处于弹性状态，则其细部构造仅需要满足最基本的构造要求，工程实例表明，采用隔震、减震技术或低烈度设防且风力很大时有可能实现；条件许可时，也可对某些关键构件提出这个性能目标。

对性能2，结构构件在中震下完好，在预期大震下可能屈服，其细部构造需满足低延性的要求。例如，某6度设防的核心筒-外框结构，其风力是小震的2.4倍，风载层间位移是小震的2.5倍。结构所有构件的承载力和层间位移均可满足中震（不计入风载效应组合）的设计要求；考虑水平构件在大震下损坏使刚度降低和阻尼加大，按等效线性化方法估算，竖向构件的最小极限承载力仍可满足大震下的验算要求。于是，结构总体上可达到性能2的要求。

对性能3，在中震下已有轻微塑性变形，大震下有明显的塑性变形，因而，其细部构造需要满足中等延性的构造要求。

对性能4，在中震下的损坏已大于性能3，结构总体的抗震承载力仅略高于一般情况，因而，其细部构造仍需满足高延性的要求。

3.10.4　本条规定了性能化设计时计算的注意事项。一般情况，应考虑构件在强烈地震下进入弹塑性工作阶段和重力二阶效应。鉴于目前的弹塑性参数、分析软件对构件裂缝的闭合状态和残余变形、结构自身阻尼系数、施工图中构件实际截面、配筋与计算书取值的差异等等的处理，还需要进一步研究和改进，当预期的弹塑性变形不大时，可用等效阻尼等模型简化估算。为了判断弹塑性计算结果的可靠程度，可借助于理想弹性假定的计算结果，从下列几方面进行综合

分析：

1 结构弹塑性模型一般要比多遇地震下反应谱计算时的分析模型有所简化，但在弹性阶段的主要计算结果应与多遇地震分析模型的计算结果基本相同，两种模型的嵌固端、主要振动周期、振型和总地震作用应一致。弹塑性阶段，结构构件和整个结构实际具有的抵抗地震作用的承载力是客观存在的，在计算模型合理时，不因计算方法、输入地震波形的不同而改变。若计算得到的承载力明显异常，则计算方法或参数存在问题，需仔细复核、排除。

2 整个结构客观存在的、实际具有的最大受剪承载力（底部总剪力）应控制在合理的、经济上可接受的范围，不需要接近更不可能超过按同样阻尼比的理想弹性假定计算的大震剪力，如果弹塑性计算的结果超过，则该计算的承载力数据需认真检查、复核，判断其合理性。

3 进入弹塑性变形阶段的薄弱部位会出现一定程度的塑性变形集中，该楼层的层间位移（以弯曲变形为主的结构宜扣除整体弯曲变形）应大于按同样阻尼比的理想弹性假定计算的该部位大震的层间位移；如果明显小于此值，则该位移数据需认真检查、复核，判断其合理性。

4 薄弱部位可借助于上下相邻楼层或主要竖向构件的屈服强度系数（其计算方法参见本规范第5.5.2条的说明）的比较予以复核，不同的方法、不同的波形，尽管彼此计算的承载力、位移、进入塑性变形的程度差别较大，但发现的薄弱部位一般相同。

5 影响弹塑性位移计算结果的因素很多，现阶段，其计算值的离散性，与承载力计算的离散性相比较大。注意到常规设计中，考虑与小震弹性时程分析的波形数量较少，而且计算的位移多数明显小于反应谱法的计算结果，需要以反应谱法为基础进行对比分析；大震弹塑性时程分析时，由于阻尼的处理方法不够完善，波形数量也较少（建议尽可能增加数量，如不少于7条；数量较少时宜取包络），不宜直接把计算的弹塑性位移值视为结构实际弹塑性位移，同样需要借助小震的反应谱法计算结果进行分析。建议按下列方法确定其层间位移参考数值：用同一软件、同一波形进行弹性和弹塑性计算，得到同一波形、同一部位弹塑性位移（层间位移）与小震弹性位移（层间位移）的比值，然后将此比值取平均或包络值，再乘以反应谱法计算的该部位小震位移（层间位移），从而得到大震下该部位的弹塑性位移（层间位移）的参考值。

3.10.5 本条属于原则规定，其具体化，如结构、构件在中震下的性能化设计要求等，列于附录 M 中第 M.1 节。

3.11 建筑物地震反应观测系统

3.11.1 2001 规范提出了在建筑物内设置建筑物地震反应观测系统的要求。建筑物地震反应观测是发展地震工程和工程抗震科学的必要手段，我国过去仅限于基建资金，发展不快，这次在规范中予以规定，以促进其发展。

附录 A　我国主要城镇抗震设防烈度、设计基本地震加速度和设计地震分组

本附录系根据《中国地震动参数区划图》GB 18306-2015 和《中华人民共和国行政区划简册 2015》以及中华人民共和国民政部发布的《2015年县级以上行政区划变更情况（截至 2015 年 9 月 12 日）》编制。

本附录仅给出了我国各县级及县级以上城镇的中心地区（如城关地区）的抗震设防烈度、设计基本地震加速度和所属的设计地震分组。当在各县级及县级以上城镇中心地区以外的行政区域从事建筑工程建设活动时，应根据工程场址的地理坐标查询《中国地震动参数区划图》GB 18306-2015 的"附录 A（规范性附录）中国地震动峰值加速度区划图"和"附录 B（规范性附录）中国地震动加速度反应谱特征周期区划图"，以确定工程场址的地震动峰值加速度和地震动加速度反应谱特征周期，并根据下述原则确定工程场址所在地的抗震设防烈度、设计基本地震加速度和所属的设计地震分组：

抗震设防烈度、设计基本地震加速度和 GB 18306 地震动峰值加速度的对应关系

抗震设防烈度	6	7		8		9
设计基本地震加速度值	0.05g	0.10g	0.15g	0.20g	0.30g	0.40g
GB 18306：地震动峰值加速度	0.05g	0.10g	0.15g	0.20g	0.30g	0.40g

注：g 为重力加速度。

设计地震分组与 GB 18306 地震动加速度反应谱特征周期的对应关系

设计地震分组	第一组	第二组	第三组
GB 18306：地震加速度反应谱特征周期	0.35s	0.40s	0.45s

4　场地、地基和基础

4.1　场　　地

4.1.1 有利、不利和危险地段的划分，基本沿用历次规范的规定。本条中地形、地貌和岩土特性的影响

是综合在一起加以评价的，这是因为由不同岩土构成的同样地形条件的地震影响是不同的。2001规范只列出了有利、不利和危险地段的划分，本次修订，明确其他地段划为可进行建设的一般场地。考虑到高含水量的可塑黄土在地震作用下会产生震陷，历次地震的震害也比较重，当地表存在结构性裂缝时对建筑物抗震也是不利的，因此将其列入不利地段。

关于局部地形条件的影响，从国内几次大地震的宏观调查资料来看，岩质地形与非岩质地形有所不同。1970年云南通海地震和2008年汶川大地震的宏观调查表明，非岩质地形对烈度的影响比岩质地形的影响更为明显。如通海和东川的许多岩石地基上很陡的山坡，震害也未见有明显的加重。因此对于岩石地基的陡坡、陡坎等，本规范未列为不利的地段。但对于岩石地基的高度达数十米的条状突出的山脊和高耸孤立的山丘，由于鞭梢效应明显，振动有所加大，烈度仍有增高的趋势。因此本规范均将其列为不利地形条件。

应该指出：有些资料中曾提出过有利和不利于抗震的地貌部位。本规范在编制过程中曾对抗震不利的地貌部位实例进行了分析，认为：地貌是研究不同地表形态形成的原因，其中包括组成不同地形的物质（即岩性）。也就是说地貌部位的影响意味着地表形态和岩性二者共同作用的结果，将场地土的影响包括进去了。但通过一些震害实例说明：当处于平坦的冲积平原和古河道不同地貌部位时，地表形态是基本相同的，造成古河道上房屋震害加重的原因主要因地基土质条件很差所致。因此本规范将地貌条件分别在地形条件与场地土中加以考虑，不再提出地貌部位这个概念。

4.1.2～4.1.6 89规范中的场地分类，是在尽量保持抗震规范延续性的基础上，进一步考虑了覆盖层厚度的影响，从而形成了以平均剪切波速和覆盖层厚度作为评定指标的双参数分类方法。为了在保障安全的条件下尽可能减少设防投资，在保持技术上合理的前提下适当扩大了Ⅱ类场地的范围。另外，由于我国规范中Ⅰ、Ⅱ类场地的T_g值与国外抗震规范相比是偏小的，因此有意识地将Ⅰ类场地的范围划得比较小。

在场地划分时，需要注意以下几点：

1 关于场地覆盖层厚度的定义。要求其下部所有土层的波速均大于500m/s，在89规范的说明中已有所阐述。执行中常出现一见到大于500m/s的土层就确定覆盖厚度而忽略对以下各土层的要求，这种错误应予以避免。2001规范补充了当地面下某一下卧土层的剪切波速大于或等于400m/s且不小于相邻的上层土的剪切波速的2.5倍时，覆盖层厚度可按地面至该下卧层顶面的距离取值的规定。需要注意的是，只有当波速不小于400m/s且该土层以上的各土层的波速（不包括孤石和硬透镜体）都满足不大于该土层

波速的40%时才可按该土层确定覆盖层厚度；而且这一规定只适用于当下卧层硬土层顶面的埋深大于5m时的情况。

2 关于土层剪切波速的测试。2001规范的波速平均采用更富有物理意义的等效剪切波速的公式计算，即：

$$v_{se} = d_0/t$$

式中，d_0为场地评定用的计算深度，取覆盖层厚度和20m两者中的较小值，t为剪切波在地表与计算深度之间传播的时间。

本次修订，初勘阶段的波速测试孔数量改为不宜小于3个。多层与高层建筑的分界，参照《民用建筑设计通则》改为24m。

3 关于不同场地的分界。

为了保持与89规范的延续性并与其他有关规范的协调，2001规范对89规范的规定作了调整，Ⅱ类、Ⅲ类场地的范围稍有扩大，并避免了89规范Ⅱ类至Ⅳ类的跳跃。作为一种补充手段，当有充分依据时，允许使用插入方法确定边界线附近（指相差±15%的范围）的T_g值。图7给出了一种连续化插入方案。该图在场地覆盖层厚度d_{ov}和等效剪切波速v_{se}平面上用等步长和按线性规则改变步长的方案进行连续化插入，相邻等值线的T_g值均相差0.01s。

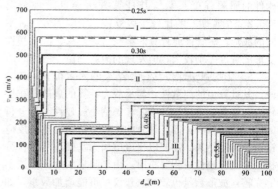

图7 在d_{ov}-v_{se}平面上的T_g等值线图
（用于设计特征周期一组，图中相邻
T_g等值线的差值均为0.01s）

本次修订，考虑到f_{ak}<200的黏性土和粉土的实测波速可能大于250m/s，将2001规范的中硬土与中软土地基承载力的分界改为f_{ak}>150。考虑到软弱土的指标140m/s与国际标准相比略偏低，将其改为150m/s。场地类别的分界也改为150m/s。

考虑到波速为（500～800）m/s的场地还不是很坚硬，将原场地类别Ⅰ类场地（坚硬土或岩石场地）中的硬质岩石场地明确为Ⅰ₀类场地。因此，土的类型划分也相应区分。硬质岩石的波速，我国核电站抗震设计为700m，美国抗震设计规范为760m，欧洲抗震规范为800m，从偏于安全方面考虑，调整为800m/s。

4 高层建筑的场地类别问题是工程界关心的问题。按理论及实测，一般土层中的地震加速度随距地面深度而渐减。我国亦有对高层建筑修正场地类别（由高层建筑基底起算）或折减地震力建议。因高层建筑埋深常达 10m 以上，与浅基础相比，有利之处是：基底地震输入小了；但深基础的地震动输入机制很复杂，涉及地基土和结构相互作用，目前尚无公认的理论分析模型更未能总结出实用规律，因此暂不列入规范。深基础的高层建筑的场地类别仍按浅基础考虑。

5 本条中规定的场地分类方法主要适用于剪切波速随深度呈递增趋势的一般场地，对于有较厚软夹层的场地，由于其对短周期地震动具有抑制作用，可以根据分析结果适当调整场地类别和设计地震动参数。

6 新黄土是指 Q_3 以来的黄土。

4.1.7 断裂对工程影响的评价问题，长期以来，不同学科之间存在着不同看法，经过近些年来的不断研究与交流，认为需要考虑断裂影响，这主要是指地震时老断裂重新错动直通地表，在地面产生位错，对建在位错带上的建筑，其破坏是不易用工程措施加以避免的。因此规范中划为危险地段应予避开。至于地震强度，一般在确定抗震设防烈度时已给予考虑。

在活动断裂时间下限方面也已取得了一致意见：即对一般的建筑工程只考虑 1.0 万年（全新世）以来活动过的断裂，在此地质时期以前的活动断裂可不予考虑。对于核电、水电等工程则应考虑 10 万年以来（晚更新世）活动过的断裂，晚更新世以前活动过的断裂亦可不予考虑。

另外一个较为一致的看法是，在地震烈度小于 8 度的地区，可不考虑断裂对工程的错动影响，因为多次国内外地震中的破坏现象均说明，在小于 8 度的地震区，地面一般不产生断裂错动。

目前尚有看法分歧的是关于隐伏断裂的评价问题，在基岩以上覆盖土层多厚，是什么土层，地面建筑就可以不考虑下部断裂的错动影响。根据我国近年来的地震宏观地表位错考察，学者们看法不够一致。有人认为 30m 厚土层就可以不考虑，有些学者认为是 50m，还有人提出用基岩位错量大小来衡量，如土层厚度是基岩位错量的（25～30）倍以上就可不考虑等等。唐山地震震中区的地裂缝，经有关单位详细工作证明，不是沿地下岩石错动直通地表的构造断裂形成的，而是由于地面振动，表面应力形成的表层地裂。这种裂缝仅分布在地面以下 3m 左右，下部土层并未断开（挖探井证实），在采煤巷道中也未发现错动，对有一定深度基础的建筑物影响不大。

为了对问题更深入的研究，由北京市勘察设计研究院在建设部抗震办公室申请立项，开展了发震断裂上覆土层厚度对工程影响的专项研究。此项研究主要采用大型离心机模拟实验，可将缩小的模型通过提高加速度的办法达到与原型应力状况相同的状态；为了模拟断裂错动，专门加工了模拟断裂突然错动的装置，可实现垂直与水平二种错动，其位错量大小是根据国内外历次地震不同震级条件下位错量统计分析结果确定的；上覆土层则按不同岩性、不同厚度分为数种情况。实验时的位错量为 1.0m～4.0m，基本上包括了 8 度、9 度情况下的位错量；当离心机提高加速度达到与原型应力条件相同时，下部基岩突然错动，观察上部土层破裂高度，以便确定安全厚度。根据实验结果，考虑一定的安全储备和模拟实验与地震时震动特性的差异，安全系数取为 3，据此提出了 8 度、9 度地区上覆土层安全厚度的界限值。应当说这是初步的，可能有些因素尚未考虑。但毕竟是第一次以模拟实验为基础的定量提法，跟以往的分析和宏观经验是相近的，有一定的可信度。2001 规范根据搜集到的国内外地震断裂破裂宽度的资料提出了避让距离，这是宏观的分析结果，随着地震资料的不断积累将会得到补充与完善。

近年来，北京市地震局在上述离心机试验基础上进行了基底断裂错动在覆盖土层中向上传播过程的更精细的离心机模拟，认为以前试验的结论偏于保守，可放宽对破裂带的避让要求。本次修订，考虑到原条文中"前第四纪基岩隐伏断裂"的含义不够明确，容易引起误解；这里的"断裂"只能是"全新世活动断裂"或其活动性不明的其他断裂。因此删除了原条文中"前第四纪基岩"这几个字。还需要说明的是，这里所说的避让距离是断层面在地面上的投影或到断层破裂线的距离，不是指到断裂带的距离。

综合考虑历次大地震的断裂震害，离心机试验结果和我国地震区、特别是山区民居建造的实际情况，本次修订适度减少了避让距离，并规定当确实需要在避让范围内建造房屋时，仅限于建造分散的、不超过三层的丙、丁类建筑，同时应按提高一度采取抗震措施，并提高基础和上部结构的整体性，且不得跨越断层。严格禁止在避让范围内建造甲、乙类建筑。对于山区中可能发生滑坡的地带，属于特别危险的地段，严禁建造民居。

4.1.8 本条考虑局部突出地形对地震动参数的放大作用，主要依据宏观震害调查的结果和对不同地形条件和岩土构成的形体所进行的二维地震反应分析结果。所谓局部突出地形主要是指山包、山梁和悬崖、陡坎等，情况比较复杂，对各种可能出现的情况的地震动参数的放大作用都作出具体的规定是很困难的。从宏观震害经验和地震反应分析结果所反映的总趋势，大致可以归纳为以下几点：①高突地形距离基准面的高度愈大，高处的反应愈强烈；②离陡坎和边坡顶部边缘的距离愈大，反应相对减小；③从岩土构成方面看，在同样地形条件下，土质结构的反应比岩质结构大；④高突地形顶面愈开阔，远离边缘的中心部位的反应是明显减小的；⑤边坡愈陡，其顶部的放大效应相应加大。

基于以上变化趋势，以突出地形的高差 H，坡降角度的正切 H/L 以及场址距突出地形边缘的相对距离 L_1/H 为参数，归纳出各种地形的地震力放大作用如下：

$$\lambda = 1 + \xi\alpha \qquad (2)$$

式中：λ——局部突出地形顶部的地震影响系数的放大系数；

α——局部突出地形地震动参数的增大幅度，按表 2 采用；

ξ——附加调整系数，与建筑场地离突出台地边缘的距离 L_1 与相对高差 H 的比值有关。当 $L_1/H < 2.5$ 时，ξ 可取为 1.0；当 $2.5 \leqslant L_1/H < 5$ 时，ξ 可取为 0.6；当 $L_1/H \geqslant 5$ 时，ξ 可取为 0.3。L、L_1 均应按距离场地的最近点考虑。

表 2　局部突出地形地震影响系数的增大幅度

突出地形的高度 H（m）	非岩质地层	$H<5$	$5 \leqslant H < 15$	$15 \leqslant H < 25$	$H \geqslant 25$
	岩质地层	$H<20$	$20 \leqslant H < 40$	$40 \leqslant H < 60$	$H \geqslant 60$
局部突出台地边缘的侧向平均坡降（H/L）	$H/L < 0.3$	0	0.1	0.2	0.3
	$0.3 \leqslant H/L < 0.6$	0.1	0.2	0.3	0.4
	$0.6 \leqslant H/L < 1.0$	0.2	0.3	0.4	0.5
	$H/L \geqslant 1.0$	0.3	0.4	0.5	0.6

条文中规定的最大增大幅度 0.6 是根据分析结果和综合判断给出的。本条的规定对各种地形，包括山包、山梁、悬崖、陡坡都可以应用。

本条在 2008 年局部修订时提升为强制性条文。

4.1.9 本条属于强制性条文。

勘察内容应根据实际的土层情况确定：有些地段，既不属于有利地段也不属于不利地段，而属于一般地段；不存在饱和砂土和饱和粉土时，不判别液化，若判别结果为不考虑液化，也不属于不利地段；无法避开的不利地段，要在详细查明地质、地貌、地形条件的基础上，提供岩土稳定性评价报告和相应的抗震措施。

场地地段的划分，是在选择建筑场地的勘察阶段进行的，要根据地震活动情况和工程地质资料进行综合评价。对软弱土、液化土等不利地段，要按规范的相关规定提出相应的措施。

场地类别划分，不要误为"场地土类别"划分，要依据场地覆盖层厚度和场地土层软硬程度这两个因素。其中，土层软硬程度不再采用 89 规范的"场地土类型"这个提法，一律采用"土层的等效剪切波速"值予以反映。

4.2　天然地基和基础

4.2.1 我国多次强烈地震的震害经验表明，在遭受破坏的建筑中，因地基失效导致的破坏较上部结构惯性力的破坏为少，这些地基主要由饱和松砂、软弱黏性土和成因岩性状态严重不均匀的土层组成。大量的一般的天然地基都具有较好的抗震性能。因此 89 规范规定了天然地基可以不验算的范围。

本次修订的内容如下：

1 将可不进行天然地基和基础抗震验算的框架房屋的层数和高度作了更明确的规定。考虑到砌体结构也应该满足 2001 规范条文第二款中的前提条件，故也将其列入本条文的第二款中。

2 限制使用黏土砖以来，有些地区改为建造多层的混凝土抗震墙房屋，当其基础荷载与一般民用框架相当时，由于其地基基础情况与砌体结构类同，故也可不进行抗震承载力验算。

条文中主要受力层包括地基中的所有压缩层。

4.2.2、4.2.3 在天然地基抗震验算中，对地基土承载力特征值调整系数的规定，主要参考国内外资料和相关规范的规定，考虑了地基土在有限次循环动力作用下强度一般较静强度提高和在地震作用下结构可靠度容许有一定程度降低这两个因素。

在 2001 规范中，增加了对黄土地基的承载力调整系数的规定，此规定主要根据国内动、静强度对比试验结果。静强度是在预湿与固结不排水条件下进行的。破坏标准是：对软化型土取峰值强度，对硬化型土取应变为 15% 的对应强度，由此求得黄土静抗剪强度指标 C_s、φ_s 值。

动强度试验参数是：均压固结取双幅应变 5%，偏压固结取总应变为 10%；等效循环数按 7、7.5 及 8 级地震分别对应 12、20 及 30 次循环。取等价循环数所对应的动应力 σ_d，绘制强度包线，得到动抗剪强度指标 C_d 及 φ_d。

动静强度比为：

$$\frac{\tau_d}{\tau_s} = \frac{C_d + \sigma_d \mathrm{tg}\varphi_d}{C_s + \sigma_s \mathrm{tg}\varphi_s}$$

近似认为动静强度比等于动、静承载力之比，则可求得承载力调整系数：

$$\zeta_a = \frac{R_d}{R_s} \approx \left(\frac{\tau_d}{K_d}\right) / \left(\frac{\tau_s}{K_s}\right) = \frac{\tau_d}{\tau_s} \cdot \frac{K_s}{K_d} = \zeta$$

式中：K_d、K_s——分别为动、静承载力安全系数；

R_d、R_s——分别为动、静极限承载力。

试验结果见表 3，此试验大多考虑地基土处于偏压固结状态，实际的应力水平也不太大，故采用偏压固结、正应力 100kPa～300kPa、震级（7～8）级条件下的调整系数平均值为宜。本条上述试验，对坚硬黄土取 $\zeta = 1.3$，对可塑黄土取 1.1，对流塑黄土取 1.0。

表3 ζ_a 的平均值

名称	西安黄土				兰州黄土	洛川黄土		
含水量 W	饱和状态		20%		饱和	饱和状态		
固结比 K_c	1.0	2.0	1.0	1.5	1.0	1.0	1.5	2.0
ζ_a 的平均值	0.608	1.271	0.607	1.415	0.378	0.721	1.14	1.438

注：固结比为轴压力 σ_1 与压力 σ_3 的比值。

4.2.4 地基基础的抗震验算，一般采用所谓"拟静力法"，此法假定地震作用如同静力，然后在这种条件下验算地基和基础的承载力和稳定性。所列的公式主要是参考相关规范的规定提出的，压力的计算应采用地震作用效应标准组合，即各作用分项系数均取1.0的组合。

4.3 液化土和软土地基

4.3.1 本条规定主要依据液化场地的震害调查结果。许多资料表明在6度区液化对房屋结构所造成的震害是比较轻的，因此本条规定除对液化沉陷敏感的乙类建筑外，6度区的一般建筑可不考虑液化影响。当然，6度的甲类建筑的液化问题也需要专门研究。

关于黄土的液化可能性及其危害在我国的历史地震中虽不乏报导，但缺乏较详细的评价资料，在20世纪50年代以来的多次地震中，黄土液化现象很少见到，对黄土的液化判别尚缺乏经验，但值得重视。近年来的国内外震害与研究还表明，砾石在一定条件下也会液化，但是由于黄土与砾石液化研究资料还不够充分，暂不列入规范，有待进一步研究。

4.3.2 本条是有关液化判别和处理的强制性条文。

本条较全面地规定了减少地基液化危害的对策：首先，液化判别的范围为，除6度设防外存在饱和砂土和饱和粉土的土层；其次，一旦属于液化土，应确定地基的液化等级；最后，根据液化等级和建筑抗震设防分类，选择合适的处理措施，包括地基处理和对上部结构采取加强整体性的相应措施等。

4.3.3 89规范初判的提法是根据20世纪50年代以来历次地震对液化与非液化场地的实际考察、测试分析结果得出来的。从地貌单元来讲这些地震现场主要为河流冲洪积形成的地层，没有包括黄土分布区及其他沉积类型。如唐山地震震中区（路北区）为滦河二级阶地，地层年代为晚更新世（Q_3）地层，对地震烈度10度区考察，钻探测试表明，地下水位为3m～4m，表层为3m左右的黏性土，其下即为饱和砂层，在10度情况下没有发生液化，而在一级阶地及高河漫滩等地分布的地质年代较新的地层，地震烈度虽然只有7度和8度却也发生了大面积液化，其他震区的河流冲积地层在地质年代较老的地层中也未发现液化实例。国外学者 T. L. Youd 和 Perkins 的研究结果表明：饱和松散的水力冲填土差不多总会液化，而且全

新世的无黏性土沉积层对液化也是很敏感的，更新世沉积层发生液化的情况很罕见，前更新世沉积层发生液化则是更为罕见。这些结论是根据1975年以前世界范围的地震液化资料给出的，并已被1978年日本的两次大地震以及1977年罗马尼亚地震液化现象所证实。

89规范颁布后，在执行中不断有些单位和学者提出液化初步判别中第1款在有些地区不适合。从举出的实例来看，多为高烈度区（10度以上）黄土高原的黄土状土，很多是古地震从描述等方面判定为液化的，没有现代地震液化与否的实际数据。有些例子是用现行公式判别的结果。

根据诸多现代地震液化资料分析认为，89规范中有关地质年代的判断条文除高烈度区中的黄土液化外都能适用。为慎重起见，2001规范将此款的适用范围改为局限于7、8度区。

4.3.4 89规范关于地基液化判别方法，在地震区工程项目地基勘察中已广泛应用。2001规范的砂土液化判别公式，在地面下15m范围内与89规范完全相同，是对78版液化判别公式加以改进得到的：保持了15m内随深度直线变化的简化，但减少了随深度变化的斜率（由0.125改为0.10），增加了随水位变化的斜率（由0.05改为0.10），使液化判别的成功率比78规范有所增加。

随着高层及超高层建筑的不断发展，基础埋深越来越大。高大的建筑采用桩基和深基础，要求判别液化的深度也相应加大，判别深度为15m，已不能满足这些工程的需要。由于15m以下深层液化资料较少，从实际液化与非液化资料中进行统计分析尚不具备条件。在20世纪50年代以来的历次地震中，尤其是唐山地震，液化资料均在15m以内，图8中15m下的曲线是根据统计得到的经验公式外推得到的结果。国外虽有零星深层液化资料，但也不太确切。根据唐山地震资料及美国 H. B. Seed 教授资料进行分析的结果，其液化临界值沿深度变化均为非线性变化。为了解决15m以下液化判别，2001规范对唐山地震砂土液化研究资料、美国 H. B. Seed 教授研究资料和我国铁路工程抗震设计规范中的远震液化判别方法与89建筑规范判别方法的液化临界值（N_{cr}）沿深度的变化情况，以8度区为例做了对比，见图8。

从图8可以明显看出：在设计地震一组（或89规范的近震情况，$N_0=10$），深度为12m以上时，各种方法的临界锤击数较接近，相差不大；深度15m～20m范围内，铁路抗震规范方法比 H. B. Seed 资料要大1.2击～1.5击，89规范由于是线性延伸，比铁路抗震规范方法要大1.8击～8.4击，是偏于保守的。经过比较分析，2001规范考虑到判别方法的延续性及广大工程技术人员熟悉程度，仍采用线性判别方法。15m～20m深度范围内取15m深度处的 N_{cr} 值进

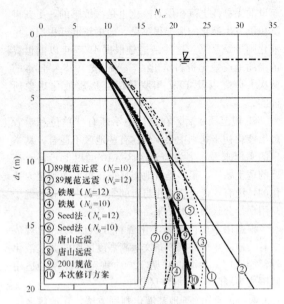

图 8　不同方法液化临界值随深度
变化比较（以 8 度区为例）

①89规范近震（N_0＝10）
②89规范远震（N_0＝12）
③铁规（N_0＝12）
④铁规（N_0＝10）
⑤Seed法（N_0＝12）
⑥Seed法（N_0＝10）
⑦唐山近震
⑧唐山远震
⑨2001规范
⑩本次修订方案

行判别，这样处理与非线性判别方法也较为接近。铁路抗震规范 N_0 值，如 8 度取 10，则 N_{cr} 值在 15m～20m 范围内比 2001 规范小 1.4 击～1.8 击。经过全面分析对比后，认为这样调整方案既简便又与其他方法接近。

本次修订的变化如下：

1 液化判别深度。一般要求将液化判别深度加深到 20m，对于本规范第 4.2.1 条规定可不进行天然地基及基础的抗震承载力验算的各类建筑，可只判别地面下 15m 范围内土的液化。

2 液化判别公式。自 1994 年美国 Northridge 地震和 1995 年日本 Kobe 地震以来，北美和日本都对其使用的地震液化简化判别方法进行了改进与完善，1996、1997 年美国举行了专题研讨会，2000 年左右，日本的几本规范皆对液化判别方法进行了修订。考虑到影响土壤液化的因素很多，而且它们具有显著的不确定性，采用概率方法进行液化判别是一种合理的选择。自 1988 年以来，特别是 20 世纪末和 21 世纪初，国内外在砂土液化判别概率方法的研究都有了长足的进展。我国学者在 H. B. Seed 的简化液化判别方法的框架下，根据人工神经网络模型与我国大量的液化和未液化现场观测数据，可得到极限状态时的液化强度比函数，建立安全裕量方程，利用结构系统的可靠度理论可得到液化概率与安全系数的映射函数，并可给出任一震级不同概率水平、不同地面加速度以及不同地下水位和埋深的液化临界锤击数。式（4.3.4）是基于以上研究结果并考虑规范延续性修改而成的。选用对数曲线的形式来表示液化临界锤击数随深度的变化，比 2001 规范折线形式更为合理。

考虑一般结构可接受的液化风险水平以及国际惯

例，选用震级 M＝7.5，液化概率 P_L＝0.32，水位为 2m，埋深为 3m 处的液化临界锤击数作为液化判别标准贯入锤击数基准值，见正文表 4.3.4。不同地震分组乘以调整系数。研究表明，理想的调整系数 β 与震级大小有关，可近似用式 β＝0.25M－0.89 表示。鉴于本规范规定按设计地震分组进行抗震设计，而各地震分组之间又没有明确的震级关系，因此本条依据 2001 规范两个地震组的液化判别标准以及 β 值所对应的震级大小的代表性，规定了三个地震组的 β 数值。

以 8 度第一组地下水位 2m 为例，本次修订后的液化临界值随深度变化也在图 8 中给出。可以看到，其临界锤击数与 2001 规范相差不大。

4.3.5 本条提供了一个简化的预估液化危害的方法，可对场地的喷水冒砂程度、一般浅基础建筑的可能损坏，作粗略的预估，以便为采取工程措施提供依据。

1 液化指数表达式的特点是：为使液化指数为无量纲参数，权函数 W 具有量纲 m^{-1}；权函数沿深度分布为梯形，其图形面积判别深度 20m 时为 125。

2 液化等级的名称为轻微、中等、严重三级；各级的液化指数、地面喷水冒砂情况以及对建筑危害程度的描述见表 4，系根据我国百余个液化震害资料得出的。

表 4　液化等级和对建筑物的相应危害程度

液化等级	液化指数（20m）	地面喷水冒砂情况	对建筑的危害情况
轻微	＜6	地面无喷水冒砂，或仅在洼地、河边有零星的喷水冒砂点	危害性小，一般不至引起明显的震害
中等	6～18	喷水冒砂可能性大，从轻微到严重均有，多数属中等	危害性较大，可造成不均匀沉陷和开裂，有时不均匀沉陷可能达到 200mm
严重	＞18	一般喷水冒砂都很严重，地面变形很明显	危害性大，不均匀沉陷可能大于 200mm，高重心结构可能产生不容许的倾斜

2001 规范中，层位影响权函数值 W_i 的确定考虑了判别深度为 15m 和 20m 两种情况。本次修订明确采用 20m 判别深度。因此，只保留原条文中的判别深度为 20m 情况的 W_i 确定方案和液化等级与液化指数的对应关系。对本规范第 4.2.1 条规定可不进行天然地基及基础的抗震承载力验算的各类建筑，计算液化指数时 15m 地面下的土层均视为不液化。

4.3.6 抗液化措施是对液化地基的综合治理，89 规范已说明要注意以下几点：

1 倾斜场地的土层液化往往带来大面积土体滑动，造成严重后果，而水平场地土层液化的后果一般只造成建筑的不均匀下沉和倾斜，本条的规定不适用于坡度大于 10° 的倾斜场地和液化土层严重不均的情况；

2 液化等级属于轻微者，除甲、乙类建筑由于其重要性需确保安全外，一般不作特殊处理，因为这类场地可能不发生喷水冒砂，即使发生也不致造成建筑的严重震害；

3 对于液化等级属于中等的场地，尽量多考虑采用较易实施的基础与上部结构处理的构造措施，不一定要加固处理液化土层；

4 在液化层深厚的情况下，消除部分液化沉陷的措施，即处理深度不一定达到液化下界而残留部分未经处理的液化层。

本次修订继续保持 2001 规范针对 89 规范的修改内容：

1 89 规范中不允许液化地基作持力层的规定有些偏严，改为不宜将未加处理的液化土层作为天然地基的持力层。因为：理论分析与振动台试验均已证明液化的主要危害来自基础外侧，液化持力层范围内位于基础直下方的部位其实最难液化，由于最先液化区域对基础直下方未液化部分的影响，使之失去侧边土压力支持。在外侧易液化区的影响得到控制的情况下，轻微液化的土层是可以作为基础的持力层的，例如：

例 1，1975 年海城地震中营口宾馆筏基以液化土层为持力层，震后无震害，基础下液化层厚度为 4.2m，为筏基宽度的 1/3 左右，液化土层的标贯锤击数 $N=2\sim5$，烈度为 7 度。在此情况下基础外侧液化对地基中间部分的影响很小。

例 2，1995 年日本阪神地震中有数座建筑位于液化严重的六甲人工岛上，地基未加处理而未遭液化危害的工程实录（见松尾雅夫等人论文，载"基础工"96 年 11 期，P54）：

① 仓库二栋，平面均为 36m×24m，设计中采用了补偿式基础，即使仓库满载时的基底压力也只是与移去的土自重相当。地基为欠固结的可液化砂砾，震后有震陷，但建筑物无损，据认为无震害的原因是：液化后的减震效果使输入基底的地震作用削弱；补偿式筏式基础防止了表层土喷砂冒水；良好的基础刚度可使不均匀沉降减小；采用了吊车轨道调平，地脚螺栓加长等构造措施以减少不均匀沉降的影响。

② 平面为 116.8m×54.5m 的仓库建在六甲人工岛厚 15m 的可液化土上，设计时预期建成后欠固结的黏土下卧层尚可能产生 1.1m～1.4m 的沉降。为防止不均匀沉降及液化，设计中采用了三方面的措施：补偿式基础＋基础下 2m 深度内以水泥土加固液化层＋防止不均匀沉降的构造措施。地震使该房屋产生震

陷，但情况良好。

例 3，震害调查与有限元分析显示，当基础宽度与液化层厚之比大于 3 时，则液化震陷不超过液化层厚的 1%，不致引起结构严重破坏。

因此，将轻微和中等液化的土层作为持力层不是绝对不允许，但应经过严密的论证。

2 液化的危害主要来自震陷，特别是不均匀震陷。震陷量主要决定于土层的液化程度和上部结构的荷载。由于液化指数不能反映上部结构的荷载影响，因此有趋势直接采用震陷量来评价液化的危害程度。例如，对 4 层以下的民用建筑，当精细计算的平均震陷值 $S_E<5cm$ 时，可不采取抗液化措施，当 $S_E=5cm\sim15cm$ 时，可优先考虑采取结构和基础的构造措施，当 $S_E>15cm$ 时需要进行地基处理，基本消除液化震陷；在同样震陷量下，乙类建筑应该采取较丙类建筑更高的抗液化措施。

依据实测震陷、振动台试验以及有限元法对一系列典型液化地基计算得出的震陷变化规律，发现震陷量取决于液化土的密度（或承载力）、基底压力、基底宽度、液化层底面和顶面的位置和地震震级等因素，曾提出估计砂土与粉土液化平均震陷量的经验方法如下：

砂土

$$S_E=\frac{0.44}{B}\xi S_0(d_1^2-d_2^2)(0.01p)^{0.6}\left(\frac{1-D_r}{0.5}\right)^{1.5}$$

$$(3)$$

粉土　　$$S_E=\frac{0.44}{B}\xi kS_0(d_1^2-d_2^2)(0.01p)^{0.6}$$

$$(4)$$

式中：S_E——液化震陷量平均值；液化层为多层时，先按各层次分别计算后再相加；

　　　B——基础宽度（m）；对住房等密集型基础取建筑平面宽度；当 $B\leqslant0.44d_1$ 时，取 $B=0.44d_1$；

　　　S_0——经验系数，对第一组，7、8、9 度分别取 0.05、0.15 及 0.3；

　　　d_1——由地面算起的液化深度（m）；

　　　d_2——由地面算起的上覆非液化土层深度（m）；液化层为持力层取 $d_2=0$；

　　　p——宽度为 B 的基础底面地震作用效应标准组合的压力（kPa）；

　　　D_r——砂土相对密实度（%），可依据标贯锤击数 N 取 $D_r=\left(\frac{N}{0.23\sigma'_v+16}\right)^{0.5}$；

　　　k——与粉土承载力有关的经验系数，当承载力特征值不大于 80kPa 时，取 0.30，当不小于 300kPa 时取 0.08，其余可内插取值；

　　　ξ——修正系数，直接位于基础下的非液化厚度满足本规范第 4.3.3 条第 3 款对上覆非液化土层厚度 d_u 的要求，$\xi=0$；无非

液化层，$\xi=1$；中间情况内插确定。

采用以上经验方法计算得到的震陷值，与日本的实测震陷基本符合；但与国内资料的符合程度较差，主要的原因可能是：国内资料中实测震陷值常常是相对值，如相对于车间某个柱子或相对于室外地面的震陷；地质剖面则往往是附近的，而不是针对所考察的基础的；有的震陷值（如天津上古林的场地）含有震前沉降及软土震陷；不明确沉降值是最大沉降或平均沉降。

鉴于震陷量的评价方法目前还不够成熟，因此本条只是给出了必要时可以根据液化震陷量的评价结果适当调整抗液化措施的原则规定。

4.3.7~4.3.9 在这几条中规定了消除液化震陷和减轻液化影响的具体措施，这些措施都是在震害调查和分析判断的基础上提出来的。

采用振冲加固或挤密碎石桩加固后构成了复合地基。此时，如桩间土的实测标贯值仍低于本规范4.3.4条规定的临界值，不能简单判为液化。许多文献或工程实践均已指出振冲桩或挤密碎石桩有挤密、排水和增大桩身刚度等多重作用，而实测的桩间土标贯值不能反映排水的作用。因此，89规范要求加固后的桩间土的标贯值应大于临界标贯值是偏保守的。

新的研究成果与工程实践中，已提出了一些考虑桩身强度与排水效应的方法，以及根据桩的面积置换率和桩土应力比适当降低复合地基桩间土液化判别的临界标贯值的经验方法，2001规范将"桩间土的实测标贯值不应小于临界标贯锤击数"的要求，改为"不宜"。本次修订继续保持。

注意到历次地震的震害经验表明，筏基、箱基等整体性好的基础对抗液化十分有利。例如1975年海城地震中，营口市营口饭店直接坐落在4.2m厚的液化土层上，震后仅沉降缝（筏基与裙房间）有错位；1976年唐山地震中，天津医院12.8m宽的筏基下有2.3m的液化粉土，液化层距基底3.5m，未做抗液化处理，震后室外有喷水冒砂，但房屋基本不受影响。1995年日本神户地震中也有许多类似的实例。实验和理论分析结果也表明，液化往往最先发生在房屋基础下外侧的地方，基础中部以下是最不容易液化的。因此对大面积箱形基础中部区域的抗液化措施可以适当放宽要求。

4.3.10 本条规定了有可能发生侧扩或流动时滑动土体的最危险范围并要求采取土体抗滑和结构抗裂措施。

1 液化侧扩地段的宽度来自1975年海城地震、1976年唐山地震及1995年日本阪神地震对液化侧扩区的大量调查。根据对阪神地震的调查，在距水线50m范围内，水平位移及竖向位移均很大；在50m～150m范围内，水平地面位移仍较显著；大于150m以后水平位移趋于减小，基本不构成震害。上述调查结果与我国海城、唐山地震后的调查结果仍基本一致：

海河故道、滦运河、新滦河、陡河岸波滑坍范围约距水线100m～150m，辽河、黄河等则可达500m。

2 侧向流动土体对结构的侧向推力，根据阪神地震后对受害结构的反算结果得到的：1）非液化上覆土层施加于结构的侧压相当于被动土压力，破坏土楔的运动方向是土楔向上滑而楔后土体向下，与被动土压发生时的运动方向一致；2）液化层中的侧压相当于竖向总压的1/3；3）桩基承受侧压的面积相当于垂直于流动方向桩排的宽度。

3 减小地裂对结构影响的措施包括：1）将建筑的主轴沿平行河流放置；2）使建筑的长高比小于3；3）采用筏基或箱基，基础板内应根据需要加配抗拉裂钢筋，筏基内的抗弯钢筋可兼作抗拉裂钢筋，抗拉裂钢筋可由中部向基础边缘逐段减少。当土体产生引张裂缝并流向河心或海岸线时，基础底面的极限摩阻力形成对基础的撕拉力，理论上，其最大值等于建筑物重力荷载之半乘以土与基础间的摩擦系数，实际上常因基础底面与土有部分脱离接触而减少。

4.3.11、4.3.12 从1976年唐山地震、1999年我国台湾和土耳其地震中的破坏实例分析，软土震陷确是造成震害的重要原因，实有明确判别标准和抗御措施之必要。

我国《构筑物抗震设计规范》GB 50191的1993年版根据唐山地震经验，规定7度区不考虑软土震陷；8度区f_{ak}大于100kPa，9度区f_{ak}大于120kPa的土亦可不考虑。但上述规定有以下不足：

（1）缺少系统的震陷试验研究资料。

（2）震陷实录局限于津塘8、9度地区，7度区是未知的空白；不少7度区的软土比津塘地区（唐山地震时为8、9度区）要差，津塘地区的多层建筑在8、9度地震时产生了15cm～30cm的震陷，比它们差的土在7度时是否会产生大于5cm的震陷？初步认为对7度区$f_k<70$kPa的软土还是应该考虑震陷的可能性并宜采用室内动三轴试验和H. B. Seed简化方法加以判定。

（3）对8、9度规定的f_{ak}值偏于保守。根据天津实际震陷资料并考虑地震的偶发性及所需的设防费用，暂时规定软土震陷量小于5cm者可不采取措施，则8度区$f_{ak}>90$kPa及9度区$f_{ak}>100$kPa的软土均可不考虑震陷的影响。

对少黏性土的液化判别，我国学者最早给出了判别方法。1980年汪闻韶院士提出根据液限、塑限判别少黏性土的地震液化，此方法在国内已获得普遍认可，在国际上也有一定影响。我国水利和电力部门的地质勘察规范已将此写入条文。虽然近几年国外学者[Bray et al.（2004）、Seed et al.（2003）、Martin et al.（2000）等]对此判别方法进行了改进，但基本思路和框架没变。本次修订，借鉴和考虑了国内外学者对该判别法的修改意见，及《水利水电工程地质勘察规范》GB 50478 和《水工建筑物抗震设计规范》DL 5073 的有关规定，增加了软弱粉质土震陷的判别法。

对自重湿陷性黄土或黄土状土，研究表明具有震陷性。若孔隙比大于 0.8，当含水量在缩限（指固体与半固体的界限）与 25%之间时，应该根据需要评估其震陷量。对含水量在 25%以上的黄土或黄土状土的震陷量可按一般软土评估。关于软土及黄土的可能震陷目前已有了一些研究成果可以参考。例如，当建筑基础底面以下非软土层厚度符合表 5 中的要求时，可不采取消除软土地基的震陷影响措施。

表 5　基础底面以下非软土层厚度

烈　度	基础底面以下非软土层厚度（m）
7	≥0.5b 且≥3
8	≥b 且≥5
9	≥1.5b 且≥8

注：b 为基础底面宽度（m）。

4.4　桩　基

4.4.1　根据桩基抗震性能一般比同类结构的天然地基要好的宏观经验，继续保留 89 规范关于桩基不验算范围的规定。

本次修订，进一步明确了本条的适用范围。限制使用黏土砖以来，有些地区改为多层的混凝土抗震墙房屋和框架-抗震墙房屋，当其基础荷载与一般民用框架相当时，也可不进行桩基的抗震承载力验算。

4.4.2　桩基抗震验算方法已与《构筑物抗震设计规范》GB 50191 和《建筑桩基技术规范》JGJ 94 等协调。

关于地下室外墙侧的被动土压与桩共同承担地震水平力问题，大致有以下做法：假定由桩承担全部地震水平力；假定由地下室外的土承担全部水平力；由桩、土分担水平力（或由经验公式求出分担比，或用 m 法求土抗力或由有限元法计算）。目前看来，桩完全不承担地震水平力的假定偏于不安全，因为从日本的资料来看，桩基的震害是相当多的，因此这种做法不宜采用；由桩承受全部地震力的假定又过于保守。日本 1984 年发布的"建筑基础抗震设计规程"提出下列估算桩所承担的地震剪力的公式：

$$V = 0.2V_0 \sqrt{H} / \sqrt[5]{d_f}$$

上述公式主要根据是对地上（3～10）层、地下（1～4）层、平面 14m×14m 的塔楼所作的一系列试算结果。在这些计算中假定抗地震水平的因素有桩、前方的被动土抗力，侧面土的摩擦力三部分。土性质为标贯值 $N = 10～20$，q（单轴压强）为 0.5kg/cm²～1.0kg/cm²（黏土）。土的摩擦抗力与水平位移成以下弹塑性关系：位移≤1cm 时抗力呈线性变化，当位移>1cm 时抗力保持不变。被动土抗力最大值取朗肯被动土压，达到最大值之前土抗力与水平位移呈线

性关系。由于背景材料只包括高度 45m 以下的建筑，对 45m 以上的建筑没有相应的计算资料。但从计算结果的发展趋势推断，对更高的建筑其值估计不超过 0.9，因而桩负担的地震力宜在（0.3～0.9）V_0 之间取值。

关于不计桩基承台底面与土的摩阻力为抗地震水平力的组成部分问题：主要是因为这部分摩阻力不可靠：软弱黏性土有震陷问题，一般黏性土也可能因桩身摩擦力产生的桩间土在附加应力下的压缩使土与承台脱空；欠固结土有固结下沉问题；非液化的砂砾则有震密问题等。实践中不乏有静载下桩台与土脱空的报导，地震情况下震后桩台与土脱空的报导也屡见不鲜。此外，计算摩阻力亦很困难，因为解答此问题须明确桩基在竖向荷载作用下的桩、土荷载分担比。出于上述考虑，为安全计，本条规定不应考虑承台与土的摩擦阻抗。

对于疏桩基础，如果桩的设计承载力按桩极限荷载取用则可以考虑承台与土间的摩阻力。因为此时承台与土不会脱空，且桩、土的竖向荷载分担比也比较明确。

4.4.3　本条中规定的液化土中桩的抗震验算原则和方法主要考虑了以下情况：

1　不计承台旁的土抗力或地坪的分担作用是出于安全考虑，拟将此作为安全储备，主要是目前对液化土中桩的地震作用与土中液化进程的关系尚未弄清。

2　根据地震反应分析与振动台试验，地面加速度最大时刻出现在液化土的孔压比为小于 1（常为 0.5～0.6）时，此时土尚未充分液化，只是刚度比未液化时下降很多，因之对液化土的刚度作折减。折减系数的取值与构筑物抗震设计规范基本一致。

3　液化土中孔隙水压力的消散往往需要较长的时间。地震时土中孔压不会排泄消散，往往于震后才出现喷砂冒水，这一过程通常持续几小时甚至一二天，其间常有沿桩与基础四周排水现象，这说明此时桩身摩阻力已大减，从而出现竖向承载力不足和缓慢的沉降，因此应按静力荷载组合校核桩身的强度与承载力。

式（4.4.3）主要根据由工程实践中总结出来的打桩前后土性变化规律，并已在许多工程实例中得到验证。

4.4.5　本条在保证桩基安全方面是相当关键的。桩基理论分析已经证明，地震作用下的桩基在软、硬土层交界面处最易受到剪、弯损害。日本 1995 年阪神地震后对许多桩基的实际考查也证实了这一点，但在采用 m 法的桩身内力计算方法中却无法反映，目前除考虑桩土相互作用的地震反应分析可以较好地反映桩身受力情况外，还没有简便实用的计算方法保证桩在地震作用下的安全，因此必须采取有效的构造措

施。本条的要点在于保证软土或液化土层附近桩身的抗弯和抗剪能力。

5 地震作用和结构抗震验算

5.1 一般规定

5.1.1 抗震设计时，结构所承受的"地震力"实际上是由于地震地面运动引起的动态作用，包括地震加速度、速度和动位移的作用，按照国家标准《建筑结构设计术语和符号标准》GB/T 50083 的规定，属于间接作用，不可称为"荷载"，应称"地震作用"。

结构应考虑的地震作用方向有以下规定：

1 某一方向水平地震作用主要由该方向抗侧力构件承担，如该构件带有翼缘、翼墙等，尚应包括翼缘、翼墙的抗侧力作用。

2 考虑到地震可能来自任意方向，为此要求有斜交抗侧力构件的结构，应考虑对各构件的最不利方向的水平地震作用，一般即与该构件平行的方向。明确交角大于 15°时，应考虑斜向地震作用。

3 不对称不均匀的结构是"不规则结构"的一种，同一建筑单元同一平面内质量、刚度分布不对称，或虽在本层平面内对称，但沿高度分布不对称的结构。需考虑扭转影响的结构，具有明显的不规则性。扭转计算应同时"考虑双向水平地震作用下的扭转影响"。

4 研究表明，对于较高的高层建筑，其竖向地震作用产生的轴力在结构上部是不可忽略的，故要求 9 度区高层建筑需考虑竖向地震作用。

5 关于大跨度和长悬臂结构，根据我国大陆和台湾地震的经验，9 度和 9 度以上时，跨度大于 18m 的屋架、1.5m 以上的悬挑阳台和走廊等震害严重甚至倒塌；8 度时，跨度大于 24m 的屋架、2m 以上的悬挑阳台和走廊等震害严重。

5.1.2 不同的结构采用不同的分析方法在各国抗震规范中均有体现，底部剪力法和振型分解反应谱法仍是基本方法，时程分析法作为补充计算方法，对特别不规则（参照本规范表 3.4.3 的规定）、特别重要的和较高的高层建筑才要求采用。所谓"补充"，主要指对计算结果的底部剪力、楼层剪力和层间位移进行比较，当时程分析法大于振型分解反应谱法时，相关部位的构件内力和配筋作相应的调整。

进行时程分析时，鉴于不同地震波输入进行时程分析的结果不同，本条规定一般可以根据小样本容量下的计算结果来估计地震作用效应值。通过大量地震加速度记录输入不同结构类型进行时程分析结果的统计分析，若选用不少于二组实际记录和一组人工模拟的加速度时程曲线作为输入，计算的平均地震效应值不小于大样本容量平均值的保证率在 85%以上，而

且一般也不会偏大很多。当选用数量较多的地震波，如 5 组实际记录和 2 组人工模拟时程曲线，则保证率更高。所谓"在统计意义上相符"指的是，多组时程波的平均地震影响系数曲线与振型分解反应谱法所用的地震影响系数曲线相比，在对应于结构主要振型的周期点上相差不大于 20%。计算结果在结构主方向的平均底部剪力一般不会小于振型分解反应谱法计算结果的 80%，每条地震波输入的计算结果不会小于 65%。从工程角度考虑，这样可以保证时程分析结果满足最低安全要求。但计算结果也不能太大，每条地震波输入计算不大于 135%，平均不大于 120%。

正确选择输入的地震加速度时程曲线，要满足地震动三要素的要求，即频谱特性、有效峰值和持续时间均要符合规定。

频谱特性可用地震影响系数曲线表征，依据所处的场地类别和设计地震分组确定。

加速度的有效峰值按规范表 5.1.2-2 中所列地震加速度最大值采用，即以地震影响系数最大值除以放大系数（约 2.25）得到。计算输入的加速度曲线的峰值，必要时可比上述有效峰值适当加大。当结构采用三维空间模型等需要双向（二个水平向）或三向（二个水平和一个竖向）地震波输入时，其加速度最大值通常按 1（水平 1）：0.85（水平 2）：0.65（竖向）的比例调整。人工模拟的加速度时程曲线，也应按上述要求生成。

输入的地震加速度时程曲线的有效持续时间，一般从首次达到该时程曲线最大峰值的 10%那一点算起，到最后一点达到最大峰值的 10%为止；不论是实际的强震记录还是人工模拟波形，有效持续时间一般为结构基本周期的（5～10）倍，即结构顶点的位移可按基本周期往复（5～10）次。

抗震性能设计所需要对应于设防地震（中震）的加速度最大峰值，即本规范表 3.2.2 的设计基本地震加速度值，对应的地震影响系数最大值，见本规范 3.10 节。

本次修订，增加了平面投影尺度很大的大跨空间结构地震作用的下列计算要求：

1 平面投影尺度很大的空间结构，指跨度大于 120m、或长度大于 300m、或悬臂大于 40m 的结构。

2 关于结构形式和支承条件

对周边支承空间结构，如：网架、单、双层网壳，索穹顶，弦支穹顶屋盖和下部圈梁-框架结构，当下部支承结构为一个整体、且与上部空间结构侧向刚度比大于等于 2 时，可采用三向（水平两向加竖向）单点一致输入计算地震作用；当下部支承结构由结构缝分开、且每个独立的支承结构单元与上部空间结构侧向刚度比小于 2 时，应采用三向多点输入计算地震作用；

对两线边支承空间结构，如：拱，拱桁架；门式

刚架，门式桁架；圆柱面网壳等结构，当支承于独立基础时，应采用三向多点输入计算地震作用；

对长悬臂空间结构，应视其支承结构特点，采用多向单点一致输入、或多向多点输入计算地震作用。

3 关于单点一致输入、多向单点输入、多点输入和多向多点输入

单点一致输入，即仅对基础底部输入一致的加速度反应谱或加速度时程进行结构计算。

多向单点输入，即沿空间结构基础底部、三向同时输入，其地震动参数（加速度峰值或反应谱最大值）比例取：水平主向∶水平次向∶竖向＝1.00∶0.85∶0.65。

多点输入，即考虑地震行波效应和局部场地效应，对各独立基础或支承结构输入不同的设计反应谱或加速度时程进行计算，估计可能造成的地震效应。对于6度和7度Ⅰ、Ⅱ类场地上的大跨空间结构，多点输入下的地震效应不太明显，可以采用简化计算方法，乘以附加地震作用效应系数，跨度越大、场地条件越差，附加地震作用系数越大；对于7度Ⅲ、Ⅳ场地和8、9度区，多点输入下的地震效应比较明显，应考虑行波和局部场地效应对输入加速度时程进行修正，采用结构时程分析方法进行多点输入下的抗震验算。

多向多点输入，即同时考虑多向和多点输入进行计算。

4 关于行波效应

研究证明，地震传播过程的行波效应、相干效应和局部场地效应对于大跨空间结构的地震效应有不同程度的影响，其中，以行波效应和场地效应的影响较为显著，一般情况下，可不考虑相干效应。对于周边支承空间结构，行波效应影响表现在对大跨屋盖系统和下部支承结构；对于两线边支承空间结构，行波效应通过支座影响到上部结构。

行波效应将使不同点支承结构或支座处的加速度峰值不同，相位也不同，从而使不同点的设计反应谱或加速度时程不同，计算分析应考虑这些差异。由于地震动是一种随机过程，多点输入时，应考虑最不利的组合情况。行波效应与潜在震源、传播路径、场地的地震地质特性有关，当需要进行多点输入计算分析时，应对此作专门研究。

5 关于局部场地效应

当独立基础或支承结构下卧土层剖面地质条件相差较大时，可采用一维或二维模型计算求得基础底部的土层地震反应谱或加速度时程、或按土层等效剪切波速对基岩地震反应谱或加速度时程进行修正后，作为多点输入的地震反应谱或加速度时程。当下卧土层剖面地质条件比较均匀时，可不考虑局部场地效应，不需要对地震反应谱或加速度时程进行修正。

5.1.3 按现行国家标准《建筑结构可靠度设计统一标准》GB 50068的原则规定，地震发生时恒荷载与其他重力荷载可能的遇合结果总称为"抗震设计的重力荷载代表值G_E"，即永久荷载标准值与有关可变荷载组合值之和。组合值系数基本上沿用78规范的取值，考虑到藏书库等活荷载在地震时遇合的概率较大，故按等效楼面均布荷载计算活荷载时，其组合值系数为0.8。

表中硬钩吊车的组合值系数，只适用于一般情况，吊重较大时按实际情况取值。

5.1.4 本次修订，表5.1.4-1增加6度区罕遇地震的水平地震影响系数最大值。与第4章场地类别相对应，表5.1.4-2增加I₀类场地的特征周期。

5.1.5 弹性反应谱理论仍是现阶段抗震设计的最基本理论，规范所采用的设计反应谱以地震影响系数曲线的形式给出。

本规范的地震影响系数的特点是：

1 同样烈度、同样场地条件的反应谱形状，随着震源机制、震级大小、震中距远近等的变化，有较大的差别，影响因素很多。在继续保留烈度概念的基础上，用设计地震分组的特征周期T_g予以反映。其中，Ⅰ、Ⅱ、Ⅲ类场地的特征周期值，2001规范较89规范的取值增大了0.05s；本次修订，计算罕遇地震作用时，特征周期T_g值又增大0.05s。这些改进，适当提高了结构的抗震安全性，也比较符合近年来得到的大量地震加速度资料的统计结果。

2 在$T \leqslant 0.1s$的范围内，各类场地的地震影响系数一律采用同样的斜线，使之符合$T=0$时（刚体）动力不放大的规律；在$T \geqslant T_g$时，设计反应谱在理论上存在二个下降段，即速度控制段和位移控制段，在加速度反应谱中，前者衰减指数为1，后者衰减指数为2。设计反应谱是用来预估建筑结构在其设计基准期内可能经受的地震作用，通常根据大量实际地震记录的反应谱进行统计并结合工程经验判断加以规定。为保持规范的延续性，地震影响系数在$T \leqslant 5T_g$范围内与2001规范维持一致，各曲线的衰减指数为非整数；在$T > 5T_g$的范围为倾斜下降段，不同场地类别的最小值不同，较符合实际反应谱的统计规律。对于周期大于6s的结构，地震影响系数仍专门研究。

3 按二阶段设计要求，在截面承载力验算时的设计地震作用，取众值烈度下结构按完全弹性分析的数值，据此调整了本规范相应的地震影响系数最大值，其取值继续与按78规范各结构影响系数C折减的平均值大致相当。在罕遇地震的变形验算时，按超越概率2%～3%提供了对应的地震影响系数最大值。

4 考虑到不同结构类型建筑的抗震设计需要，提供了不同阻尼比（0.02～0.30）地震影响系数曲线相对于标准的地震影响系数（阻尼比为0.05）的修正方法。根据实际强震记录的统计分析结果，这种修

正可分二段进行：在反应谱平台段（$\alpha=\alpha_{max}$），修正幅度最大；在反应谱上升段（$T<T_g$）和下降段（$T>T_g$），修正幅度变小；在曲线两端（0s和6s），不同阻尼比下的α系数趋向接近。

本次修订，保持2001规范地震影响系数曲线的计算表达式不变，只对其参数进行调整，达到以下效果：

1 阻尼比为5％的地震影响系数与2001规范相同，维持不变。

2 基本解决了2001规范在长周期段，不同阻尼比地震影响系数曲线交叉、大阻尼曲线值高于小阻尼曲线值的不合理现象。Ⅰ、Ⅱ、Ⅲ类场地的地震影响系数曲线在周期接近6s时，基本交汇在一点上，符合理论和统计规律。

3 降低了小阻尼（2％～3.5％）的地震影响系数值，最大降低幅度达18％。略微提高了阻尼比6％～10％的地震影响系数值，长周期部分最大增幅约5％。

4 适当降低了大阻尼（20％～30％）的地震影响系数值，在$5T_g$周期以内，基本不变，长周期部分最大降幅约10％，有利于消能减震技术的推广应用。

对应于不同特征周期T_g的地震影响系数曲线如图9所示：

5.1.6 在强烈地震下，结构和构件并不存在最大承载力极限状态的可靠度。从根本上说，抗震验算应该是弹塑性变形能力极限状态的验算。研究表明，地震作用下结构和构件的变形和其最大承载能力有密切的联系，但因结构的不同而异。本条继续保持89规范和2001规范关于不同的结构应采取不同验算方法的规定。

1 当地震作用在结构设计中基本上不起控制作用时，例如6度区的大多数建筑，以及被地震经验所证明者，可不做抗震验算，只需满足有关抗震构造要求。但"较高的高层建筑（以后各章同）"，诸如高于40m的钢筋混凝土框架、高于60m的其他钢筋混凝土民用房屋和类似的工业厂房，以及高层钢结构房屋，其基本周期可能大于Ⅳ类场地的特征周期T_g，则6度的地震作用值可能相当于同一建筑在7度Ⅱ类场地下的取值，此时仍须进行抗震验算。本次修订增加了6度设防的不规则建筑应进行抗震验算的要求。

2 对于大部分结构，包括6度设防的上述较高的高层建筑和不规则建筑，可以将设防地震下的变形验算，转换为以多遇地震下按弹性分析获得的地震作用效应（内力）作为额定统计指标，进行承载力极限状态的验算，即只需满足第一阶段的设计要求，就可具有比78规范适当提高的抗震承载力的可靠度，保持了规范的延续性。

3 我国历次大地震的经验表明，发生高于基本烈度的地震是可能的，设计时考虑"大震不倒"是必要的，规范要求对薄弱层进行罕遇地震下变形验算，

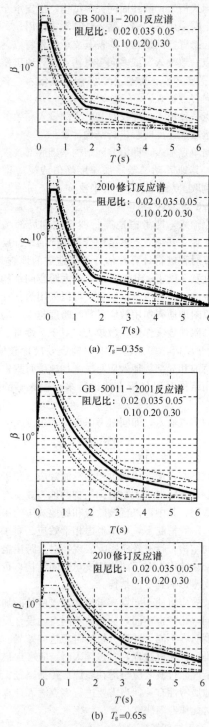

(a) T_g=0.35s

(b) T_g=0.65s

图9 调整后不同特征周期T_g的地震影响系数曲线

即满足第二阶段设计的要求。89规范仅对框架、填充墙框架、高大单层厂房等（这些结构，由于存在明显的薄弱层，在唐山地震中倒塌较多）及特殊要求的建筑做了要求，2001规范对其他结构，如各类钢筋混凝土结构、钢结构、采用隔震和消能减震技术的结构，也需要进行第二阶段设计。

5.2 水平地震作用计算

5.2.1 底部剪力法视多质点体系为等效单质点系。根据大量的计算分析，本条继续保持 89 规范的如下规定：

1 引入等效质量系数 0.85，它反映了多质点系底部剪力值与对应单质点系（质量等于多质点系总质量，周期等于多质点系基本周期）剪力值的差异。

2 地震作用沿高度倒三角形分布，在周期较长时顶部误差可达 25%，故引入依赖于结构周期和场地类别的顶点附加集中地震力予以调整。单层厂房沿高度分布在 9 章中已另有规定，故本条不重复调整（取 $\delta_n = 0$）。

5.2.2 对于振型分解法，由于时程分析法亦可利用振型分解法进行计算，故加上"反应谱"以示区别。为使高柔建筑的分析精度有所改进，其组合的振型个数适当增加。振型个数一般可以取振型参与质量达到总质量 90% 所需的振型数。

随机振动理论分析表明，当结构体系的振型密集、两个振型的周期接近时，振型之间的耦联明显。在阻尼比均为 5% 的情况下，由本规范式 (5.2.3-6) 可以得出（如图 10 所示）：当相邻振型的周期比为 0.85 时，耦联系数大约为 0.27，采用平方和开方 SRSS 方法进行振型组合的误差不大；而当周期比为 0.90 时，耦联系数增大一倍，约为 0.50，两个振型之间的互相影响不可忽略。这时，计算地震作用效应不能采用 SRSS 组合方法，而应采用完全方根组合 CQC 方法，如本规范式 (5.2.3-5) 和式 (5.2.3-6) 所示。

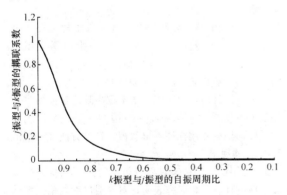

图 10　不同振型周期比对应的耦联系数

5.2.3 地震扭转效应是一个极其复杂的问题，一般情况，宜采用较规则的结构体型，以避免扭转效应。体型复杂的建筑结构，即使使楼层"计算刚心"和质心重合，往往仍然存在明显的扭转效应。因此，89 规范规定，考虑结构扭转效应时，一般只能取各楼层质心为相对坐标原点，按多维振型分解法计算，其振型效应彼此耦联，用完全二次型方根法组合，可以由计算机运算。

89 规范修订过程中，提出了许多简化计算方法，例如，扭转效应系数法，表示扭转时某榀抗侧力构件按平动分析的层剪力效应的增大，物理概念明确，而数值依赖于各类结构大量算例的统计。对低于 40m 的框架结构，当各层的质心和"计算刚心"接近于两串轴线时，根据上千个算例的分析，若偏心参数 ε 满足 $0.1 < \varepsilon < 0.3$，则边框架的扭转效应增大系数 $\eta = 0.65 + 4.5\varepsilon$。偏心参数的计算公式是 $\varepsilon = e_y s_y / (K_\varphi / K_x)$，其中，$e_y$、$s_y$ 分别为 i 层刚心和 i 层边榀框架距 i 层以上总质心的距离（y 方向），K_x、K_φ 分别为 i 层平动刚度和绕质心的扭转刚度。其他类型结构，如单层厂房也有相应的扭转效应系数。对单层结构，多采用基于刚心和质心概念的动力偏心距法估算。这些简化方法各有一定的适用范围，故规范要求在确有依据时才可用来近似估计。

本次修订，保持了 2001 规范的如下改进：

1 即使对于平面规则的建筑结构，国外的多数抗震设计规范也考虑由于施工、使用等原因所产生的偶然偏心引起的地震扭转效应及地震地面运动扭转分量的影响。故要求规则结构不考虑扭转耦联计算时，应采用增大边框构件地震内力的简化处理方法。

2 增加考虑双向水平地震作用下的地震效应组合。根据强震观测记录的统计分析，二个水平方向地震加速度的最大值不相等，二者之比约为 1：0.85；而且两个方向的最大值不一定发生在同一时刻，因此采用平方和开方计算二个方向地震作用效应的组合。条文中的地震作用效应，系指两个正交方向地震作用在每个构件的同一局部坐标方向的地震作用效应，如 x 方向地震作用下在局部坐标 x_i 向的弯矩 M_{xx} 和 y 方向地震作用下在局部坐标 x_i 方向的弯矩 M_{xy}；按不利情况考虑时，则取上述组合的最大弯矩与对应的剪力，或上述组合的最大剪力与对应的弯矩，或上述组合的最大轴力与对应的弯矩等等。

3 扭转刚度较小的结构，例如某些核心筒-外稀柱框架结构或类似的结构，第一振型周期为 T_θ，或满足 $T_\theta > 0.75T_{x1}$，或 $T_\theta > 0.75T_{y1}$，对较高的高层建筑，$0.75T_\theta > T_{x2}$，或 $0.75T_\theta > T_{y2}$，均需考虑地震扭转效应。但如果考虑扭转影响的地震作用效应小于考虑偶然偏心引起的地震效应时，应取后者以策安全。但现阶段，偶然偏心与扭转二者不需要同时参与计算。

4 增加了不同阻尼比时耦联系数的计算方法，以供高层钢结构等使用。

5.2.4 突出屋面的小建筑，一般按其重力荷载小于标准层 1/3 控制。

对于顶层带有空旷大房间或轻钢结构的房屋，不宜视为突出屋面的小屋并采用底部剪力法乘以增大系数的办法计算地震作用效应，而应视为结构体系一部分，用振型分解法等计算。

5.2.5 由于地震影响系数在长周期段下降较快，对于基本周期大于 3.5s 的结构，由此计算所得的水平地震作用下的结构效应可能太小。而对于长周期结构，地震动态作用中的地面运动速度和位移可能对结构的破坏具有更大影响，但是规范所采用的振型分解反应谱法尚无法对此作出估计。出于结构安全的考虑，提出了对结构总水平地震剪力及各楼层水平地震剪力最小值的要求，规定了不同烈度下的剪力系数，当不满足时，需改变结构布置或调整结构总剪力和各楼层的水平地震剪力使之满足要求。例如，当结构底部的总地震剪力略小于本条规定而中、上部楼层均满足最小值时，可采用下列方法调整：若结构基本周期位于设计反应谱的加速度控制段时，则各楼层均需乘以同样大小的增大系数；若结构基本周期位于反应谱的位移控制段时，则各楼层 i 需按底部的剪力系数的差值 $\triangle \lambda_0$ 增加该层的地震剪力——$\triangle F_{Eki} = \triangle \lambda_0 G_{Ei}$；若结构基本周期位于反应谱的速度控制段时，则增加值应大于 $\triangle \lambda_0 G_{Ei}$，顶部增加值可取动位移作用和加速度作用二者的平均值，中间各层的增加值可近似按线性分布。

需要注意：①当底部总剪力相差较多时，结构的选型和总体布置需要重新调整，不能仅采用乘以增大系数方法处理。②只要底部总剪力不满足要求，则结构各楼层的剪力均需要调整，不能仅调整不满足的楼层。③满足最小地震剪力是结构后续抗震计算的前提，只有调整到符合最小剪力要求才能进行相应的地震倾覆力矩、构件内力、位移等等的计算分析；即意味着，当各层的地震剪力需要调整时，原先计算的倾覆力矩、内力和位移均需要相应调整。④采用时程分析法时，其计算的总剪力也需符合最小地震剪力的要求。⑤本条规定不考虑阻尼比的不同，是最低要求，各类结构，包括钢结构、隔震和消能减震结构均需一律遵守。

扭转效应明显与否一般可由考虑耦联的振型分解反应谱法分析结果判断，例如前三个振型中，二个水平方向的振型参与系数为同一个量级，即存在明显的扭转效应。对于扭转效应明显或基本周期小于 3.5s 的结构，剪力系数取 $0.2\alpha_{max}$，保证足够的抗震安全度。对于存在竖向不规则的结构，突变部位的薄弱楼层，尚应按本规范 3.4.4 条的规定，再乘以不小于 1.15 的系数。

本次修订增加了 6 度区楼层最小地震剪力系数值。

5.2.7 由于地基和结构动力相互作用的影响，按刚性地基分析的水平地震作用在一定范围内有明显的折减。考虑到我国的地震作用取值与国外相比还较小，故仅在必要时才利用这一折减。研究表明，水平地震作用的折减系数主要与场地条件、结构自振周期、上部结构和地基的阻尼特性等因素有关，柔性地基上的

建筑结构的折减系数随结构周期的增大而减小，结构越刚，水平地震作用的折减量越大。89 规范在统计分析基础上建议，框架结构折减 10%，抗震墙结构折减 15%～20%。研究表明，折减量与上部结构的刚度有关，同样高度的框架结构，其刚度明显小于抗震墙结构，水平地震作用的折减量也减小，当地震作用很小时不宜再考虑水平地震作用的折减。据此规定了可考虑地基与结构动力相互作用的结构自振周期的范围和折减量。

研究表明，对于高宽比较大的高层建筑，考虑地基与结构动力相互作用后水平地震作用的折减系数并非各楼层均为同一常数，由于高振型的影响，结构上部几层的水平地震作用一般不宜折减。大量计算分析表明，折减系数沿楼层高度的变化较符合抛物线型分布，2001 规范提供了建筑顶部和底部的折减系数的计算公式。对于中间楼层，为了简化，采用按高度线性插值方法计算折减系数。本次修订保留了这一规定。

5.3 竖向地震作用计算

5.3.1 高层建筑的竖向地震作用计算，是 89 规范增加的规定。输入竖向地震加速度波的时程反应分析发现，高层建筑由竖向地震引起的轴向力在结构的上部明显大于底部，是不可忽视的。作为简化方法，原则上与水平地震作用的底部剪力法类似：结构竖向振动的基本周期较短，总竖向地震作用可表示为竖向地震影响系数最大值和等效总重力荷载代表值的乘积；沿高度分布按第一振型考虑，也采用倒三角形分布；在楼层平面内的分布，则按构件所承受的重力荷载代表值分配。只是等效质量系数取 0.75。

根据台湾 921 大地震的经验，2001 规范要求高层建筑楼层的竖向地震作用效应应乘以增大系数 1.5，使结构总竖向地震作用标准值，8、9 度分别略大于重力荷载代表值的 10% 和 20%。

隔震设计时，由于隔震垫不仅不隔离竖向地震作用反而有所放大，与隔震后结构的水平地震作用相比，竖向地震作用往往不可忽视，计算方法在本规范 12 章具体规定。

5.3.2 用反应谱法、时程分析法等进行结构竖向地震反应的计算分析研究表明，对一般尺度的平板型网架和大跨度屋架各主要杆件，竖向地震内力和重力荷载下的内力之比值，彼此相差一般不太大，此比值随烈度和场地条件而异，且当结构周期大于特征周期时，随跨度的增大，比值反而有所下降。由于在常用的跨度范围内，这个下降还不很大，为了简化，本规范略去跨度的影响。

5.3.3 对长悬臂等大跨度结构的竖向地震作用计算，本次修订未修改，仍采用 78 规范的静力法。

5.3.4 空间结构的竖向地震作用，除了第 5.3.2、

第 5.3.3 条的简化方法外，还可采用竖向振型的振型分解反应谱方法。对于竖向反应谱，各国学者有一些研究，但研究成果纳入规范的不多。现阶段，多数规范仍采用水平反应谱的 65%，包括最大值和形状参数。但认为竖向反应谱的特征周期与水平反应谱相比，尤其在远震中距时，明显小于水平反应谱。故本条规定，特征周期均按第一组采用。对处于发震断裂 10km 以内的场地，竖向反应谱的最大值可能接近于水平谱，但特征周期小于水平谱。

5.4 截面抗震验算

本节基本同 89 规范，仅按《建筑结构可靠度设计统一标准》GB 50068（以下简称《统一标准》）的修订，对符号表达做了修改，并修改了钢结构的 γ_{RE}。

5.4.1 在设防烈度的地震作用下，结构构件承载力按《统一标准》计算的可靠指标 β 是负值，难于按《统一标准》的要求进行设计表达式的分析。因此，89 规范以来，在第一阶段的抗震设计时取相当于众值烈度下的弹性地震作用作为额定设计指标，使此时的设计表达式可按《统一标准》的要求导出。

1 地震作用分项系数的确定

在众值烈度下的地震作用，应视为可变作用而不是偶然作用。这样，根据《统一标准》中确定直接作用（荷载）分项系数的方法，通过综合比较，本规范对水平地震作用，确定 $\gamma_{Eh}=1.3$，至于竖向地震作用分项系数，则参照水平地震作用，也取 $\gamma_{Ev}=1.3$。当竖向与水平地震作用同时考虑时，根据加速度峰值记录和反应谱的分析，二者的组合为 1:0.4，故 $\gamma_{Eh}=1.3$，$\gamma_{Ev}=0.4\times1.3\approx0.5$。

此次修订，考虑大跨、大悬臂结构的竖向地震作用效应比较显著，表 5.4.1 增加了同时计算水平与竖向地震作用（竖向地震为主）的组合。

此外，按照《统一标准》的规定，当重力荷载对结构构件承载力有利时，取 $\gamma_G=1.0$。

2 抗震验算中作用组合值系数的确定

本规范在计算地震作用时，已经考虑了地震作用与各种重力荷载（恒荷载与活荷载、雪荷载等）的组合问题，在本规范 5.1.3 条中规定了一组组合值系数，形成了抗震设计的重力荷载代表值，本规范继续沿用 78 规范在验算和计算地震作用时（除吊车悬吊重力外）对重力荷载均采用相同的组合值系数的规定，可简化计算，并避免有两种不同的组合值系数。因此，本条中仅出现风荷载的组合值系数，并按《统一标准》的方法，将 78 规范的取值予以转换得到。这里，所谓风荷载起控制作用，指风荷载和地震作用产生的总剪力和倾覆力矩相当的情况。

3 地震作用标准值的效应

规范的作用效应组合是建立在弹性分析叠加原理基础上的，考虑到抗震计算模型的简化和塑性内力分布与弹性内力分布的差异等因素，本条中还规定，对地震作用效应，当本规范各章有规定时尚应乘以相应的效应调整系数 η，如突出屋面小建筑、天窗架、高低跨厂房交接处的柱子、框架柱，底层框架-抗震墙结构的柱子、梁端和抗震墙底部加强部位的剪力等的增大系数。

4 关于重要性系数

根据地震作用的特点、抗震设计的现状，以及抗震设防分类与《统一标准》中安全等级的差异，重要性系数对抗震设计的实际意义不大，本规范对建筑重要性的处理仍采用抗震措施的改变来实现，不考虑此项系数。

5.4.2 结构在设防烈度下的抗震验算根本上应该是弹塑性变形验算，但为减少验算工作量并符合设计习惯，对大部分结构，将变形验算转换为众值烈度地震作用下构件承载力验算的形式来表现。按照《统一标准》的原则，89 规范与 78 规范在众值烈度下有基本相同的可靠指标，研究发现，78 规范钢结构构件的可靠指标比混凝土结构构件明显偏低，故 89 规范予以适当提高，使之与砌体、混凝土构件有相近的可靠指标；而且随着非抗震设计材料指标的提高，2001 规范各类材料结构的抗震可靠性也略有提高。基于此前提，在确定地震作用分项系数取 1.3 的同时，则可得到与抗力标准值 R_k 相应的最优抗力分项系数，并进一步转换为抗震的抗力函数（即抗震承载力设计值 R_{dE}），使抗力分项系数取 1.0 或不出现。本规范砌体结构的截面抗震验算，就是这样处理的。

现阶段大部分结构构件截面抗震验算时，采用了各有关规范的承载力设计值 R_d，因此，抗震设计的抗力分项系数，就相应地变为非抗震设计的构件承载力设计值的抗震调整系数 γ_{RE}，即 $\gamma_{RE}=R_d/R_{dE}$ 或 $R_{dE}=R_d/\gamma_{RE}$。还需注意，地震作用下结构的弹塑性变形直接依赖于结构实际的屈服强度（承载力），本节的承载力是设计值，不可误作为标准值来进行本章 5.5 节要求的弹塑性变形验算。

本次修订，配合钢结构构件、连接的内力调整系数的变化，调整了其承载力抗震调整系数的取值。

5.4.3 本条在 2008 年局部修订时，提升为强制性条文。

5.5 抗震变形验算

5.5.1 根据本规范所提出的抗震设防三个水准的要求，采用二阶段设计方法来实现，即：在多遇地震作用下，建筑主体结构不受损坏，非结构构件（包括围护墙、隔墙、幕墙、内外装修等）没有过重破坏并导致人员伤亡，保证建筑的正常使用功能；在罕遇地震作用下，建筑主体结构遭受破坏或严重破坏但不倒塌。根据各国规范的规定、震害经验和实验研究结果及工程实例分析，采用层间位移角作为衡量结构变形能力从而判别是否满足建筑功能要求的指标是合理的。

对各类钢筋混凝土结构和钢结构要求进行多遇地震作用下的弹性变形验算，实现第一水准下的设防要求。弹性变形验算属于正常使用极限状态的验算，各作用分项系数均取1.0。钢筋混凝土结构构件的刚度，国外规范规定需考虑一定的非线性而取有效刚度，本规范规定与位移限值相配套，一般可取弹性刚度；当计算的变形较大时，宜适当考虑构件开裂时的刚度退化，如取 $0.85E_cI_0$。

第一阶段设计，变形验算以弹性层间位移角表示。不同结构类型给出弹性层间位移角限值范围，主要依据国内外大量的试验研究和有限元分析的结果，以钢筋混凝土构件（框架柱、抗震墙等）开裂时的层间位移角作为多遇地震下结构弹性层间位移角限值。

计算时，一般不扣除由于结构重力 P-△ 效应所产生的水平相对位移；高度超过150m或 $H/B>6$ 的高层建筑，可以扣除结构整体弯曲所产生的楼层水平绝对位移值，因为以弯曲变形为主的高层建筑结构，这部分位移在计算的层间位移中占有相当的比例，加以扣除比较合理。如未扣除，位移角限值可有所放宽。

框架结构试验结果表明，对于开裂层间位移角，不开洞填充墙框架为1/2500，开洞填充墙框架为1/926；有限元分析结果表明，不带填充墙时为1/800，不开洞填充墙时为1/2000。本规范不再区分有填充墙和无填充墙，均按89规范的1/550采用，并仍按构件截面弹性刚度计算。

对于框架-抗震墙结构的抗震墙，其开裂层间位移角：试验结果为 1/3300～1/1100，有限元分析结果为 1/4000～1/2500，取二者的平均值约为 1/3000～1/1600。2001规范统计了我国当时建成的124幢钢筋混凝土框-墙、框-筒、抗震墙、筒结构高层建筑的结构抗震计算结果，在多遇地震作用下的最大弹性层间位移均小于1/800，其中85%小于1/1200。因此对框-墙、板柱-墙、框-筒结构的弹性位移角限值范围为1/800；对抗震墙和筒中筒结构层间弹性位移角限值范围为1/1000，与现行的混凝土高层规程相当；对框支层要求较框-墙结构加严，取1/1000。

钢结构在弹性阶段的层间位移限值，日本建筑法施行令定为层高的 1/200。参照美国加州规范(1988)对基本自振周期大于0.7s的结构的规定，本规范取1/250。

单层工业厂房的弹性层间位移角需根据吊车使用要求加以限制，严于抗震要求，因此不必再对地震作用下的弹性位移加以限制；弹塑性层间位移的计算和限值在本规范第5.5.4和第5.5.5条有规定，单层钢筋混凝土柱排架为1/30。因此本条不再单列对于单层工业厂房的弹性位移限值。

多层工业厂房应区分结构材料（钢和混凝土）和结构类型（框、排架），分别采用相应的弹性及弹塑性层间位移角限值，框排架结构中的排架柱的弹塑性层间位移角限值，在本规范附录H第H.1节中规定为1/30。

5.5.2 震害经验表明，如果建筑结构中存在薄弱层或薄弱部位，在强烈地震作用下，由于结构薄弱部位产生了弹塑性变形，结构构件严重破坏甚至引起结构倒塌；属于乙类建筑的生命线工程中的关键部位在强烈地震作用下一旦遭受破坏将带来严重后果，或产生次生灾害或对救灾、恢复重建及生产、生活造成很大影响。除了89规范所规定的高大的单层工业厂房的横向排架、楼层屈服强度系数小于0.5的框架结构、底部框架砖房等之外，板柱-抗震墙及结构体系不规则的某些高层建筑结构和乙类建筑也要求进行罕遇地震作用下的抗震变形验算。采用隔震和消能减震技术的建筑结构，对隔震和消能减震部件应有位移限制要求，在罕遇地震作用下隔震和消能减震部件应能起到降低地震效应和保护主体结构的作用，因此要求进行抗震变形验算。

考虑到弹塑性变形计算的复杂性，对不同的建筑结构提出不同的要求。随着弹塑性分析模型和软件的发展和改进，本次修订进一步增加了弹塑性变形验算的范围。

5.5.3 对建筑结构在罕遇地震作用下薄弱层（部位）弹塑性变形计算，12层以下且层刚度无突变的框架结构及单层钢筋混凝土柱厂房可采用规范的简化方法计算；较为精确的结构弹塑性分析方法，可以是三维的静力弹塑性（如 push-over 方法）或弹塑性时程分析方法；有时尚可采用塑性内力重分布的分析方法等。

5.5.4 钢筋混凝土框架结构及高大单层钢筋混凝土柱厂房等结构，在大地震中往往受到严重破坏甚至倒塌。实际震害分析及实验研究表明，除了这些结构刚度相对较小而变形较大外，更主要的是存在承载力验算所没有发现的薄弱部位——其承载力本身虽满足设计地震作用下抗震承载力的要求，却比相邻部位要弱得多。对于单层厂房，这种破坏多发生在8度III、IV类场地和9度区，破坏部位是上柱，因为上柱的承载力一般相对较小且其下端的支承条件不如下柱。对于底部框架-抗震墙结构，则底部和过渡层是明显的薄弱部位。

迄今，各国规范的变形估计公式有三种；一是按假想的完全弹性体计算；二是将额定的地震作用下的弹性变形乘以放大系数，即 $\triangle u_p = \eta_p \triangle u_e$；三是按时程分析法等专门程序计算。其中采用第二种的最多，本条继续保持89规范所采用的方法。

1 根据数千个（1～15）层剪切型结构采用理想弹塑性恢复力模型进行弹塑性时程分析的计算结果，

获得如下统计规律：

　　1）多层结构存在"塑性变形集中"的薄弱层是一种普遍现象，其位置，对屈服强度系数 ξ_y 分布均匀的结构多在底层，分布不均匀结构则在 ξ_y 最小处和相对较小处，单层厂房往往在上柱。

　　2）多层剪切型结构薄弱层的弹塑性变形与弹性变形之间有相对稳定的关系。

　　对于屈服强度系数 ξ_y 均匀的多层结构，其最大的层间弹塑性变形增大系数 η_p 可按层数和 ξ_y 的差异用表格形式给出；对于 ξ_y 不均匀的结构，其情况复杂，在弹性刚度沿高度变化较平缓时，可近似用均匀结构的 η_p 适当放大取值；对其他情况，一般需要用静力弹塑性分析、弹塑性时程分析法或内力重分布法等予以估计。

　　2 本规范的设计反应谱是在大量单质点系的弹性反应分析基础上统计得到的"平均值"，弹塑性变形增大系数也在统计平均意义下有一定的可靠性。当然，还应注意简化方法都有其适用范围。

　　此外，如采用延性系数来表示多层结构的层间变形，可用 $\mu = \eta_p / \xi_y$ 计算。

　　3 计算结构楼层或构件的屈服强度系数时，实际承载力应取截面的实际配筋和材料强度标准值计算，钢筋混凝土梁柱的正截面受弯实际承载力公式如下：

梁：　　$M_{byk}^a = f_{yk} A_{sb}^a (h_{b0} - a_s')$

柱：轴向力满足 $N_G / (f_{ck} b_c h_c) \leqslant 0.5$ 时，

$M_{cyk}^a = f_{yk} A_{sc}^a (h_0 - a_s') + 0.5 N_G h_c (1 - N_G / f_{ck} b_c h_c)$

式中，N_G 为对应于重力荷载代表值的柱轴压力（分项系数取 1.0）。

　　注：上角 a 表示"实际的"。

　　4 2001 规范修订过程中，对不超过 20 层的钢框架和框架-支撑结构的薄弱层层间弹塑性位移的简化计算公式开展了研究。利用 DRAIN-2D 程序对三跨的平面钢框架和中跨为交叉支撑的三跨钢结构进行了不同层数钢结构的弹塑性地震反应分析。主要计算参数如下：结构周期，框架取 $0.1n$（层数），支撑框架取 $0.09n$；恢复力模型，框架取屈服后刚度为弹性刚度 0.02 的不退化双线性模型，支撑框架的恢复力模型同时考虑了压屈后的强度退化和刚度退化；楼层屈服剪力，框架的一般层约为底层的 0.7，支撑框架的一般层约为底层的 0.9，底层的屈服强度系数为 0.7~0.3；在支撑框架中，支撑承担的地震剪力为总地震剪力的 75%，框架部分承担 25%；地震波取 80 条天然波。

　　根据计算结果的统计分析发现：①纯框架结构的弹塑性位移反应与弹性位移反应差不多，弹塑性位移增大系数接近 1；②随着屈服强度系数的减小，弹塑性位移增大系数增大；③楼层屈服强度系数较小时，

由于支撑的屈曲失效效应，支撑框架的弹塑性位移增大系数大于框架结构。

　　以下是 15 层和 20 层钢结构的弹塑性增大系数的统计数值（平均值加一倍方差）：

屈服强度系数	15 层框架	20 层框架	15 层支撑框架	20 层支撑框架
0.50	1.15	1.20	1.05	1.15
0.40	1.20	1.30	1.15	1.25
0.30	1.30	1.50	1.65	1.90

　　上述统计值与 89 规范对剪切型结构的统计值有一定的差异，可能与钢结构基本周期较长、弯曲变形所占比重较大，采用杆系模型时楼层屈服强度系数计算，以及钢结构恢复力模型的屈服后刚度取为初始刚度的 0.02 而不是理想弹塑性恢复力模型等有关。

　　5.5.5 在罕遇地震作用下，结构要进入弹塑性变形状态。根据震害经验、试验研究和计算分析结果，提出以构件（梁、柱、墙）和节点达到极限变形时的层间极限位移角作为罕遇地震作用下结构弹塑性层间位移角限值的依据。

　　国内外许多研究结果表明，不同结构类型的不同结构构件的弹塑性变形能力是不同的，钢筋混凝土结构的弹塑性变形主要由构件关键受力区的弯曲变形、剪切变形和节点区受拉钢筋的滑移变形等三部分非线性变形组成。影响结构层间极限位移角的因素很多，包括：梁柱的相对强弱关系、配筋率、轴压比、剪跨比、混凝土强度等级、配筋率等，其中轴压比和配箍率是最主要的因素。

　　钢筋混凝土框架结构的层间位移是楼层梁、柱、节点弹塑性变形的综合结果，美国对 36 个梁-柱组合试件试验结果表明，极限侧移角的分布为 1/27~1/8，我国学者对数十幢填充墙框架的试验结果表明，不开洞填充墙和开洞填充墙框架的极限侧移角平均值分别为 1/30 和 1/38。本条规定框架和板柱-框架的位移角限值为 1/50 是留有安全储备的。

　　由于底部框架砌体房屋沿竖向存在刚度突变，因此对其混凝土框架部分适当从严；同时，考虑到底部框架一般均带一定数量的抗震墙，故类比框架-抗震墙结构，取位移角限值为 1/100。

　　钢筋混凝土结构在罕遇地震作用下，抗震墙要比框架柱先进入弹塑性状态，而且最终破坏也相对集中在抗震墙单元。日本对 176 个带边框柱抗震墙的试验研究表明，抗震墙的极限位移角的分布为 1/333~1/125，国内对 11 个带边框低矮抗震墙试验所得到的极限位移角分布为 1/192~1/112。在上述试验研究结果的基础上，取 1/120 作为抗震墙和筒中筒结构的弹塑性层间位移角限值。考虑到框架-抗震墙结构、板柱-抗震墙和框架-核心筒结构中大部分水平地震作

用由抗震墙承担，弹塑性层间位移角限值可比框架结构的框架柱严，但比抗震墙和筒中筒结构要松，故取1/100。高层钢结构，美国 ATC3-06 规定，Ⅱ类危险性的建筑（容纳人数较多），层间最大位移角限值为1/67；美国 AISC《房屋钢结构抗震规定》（1997）中规定，与小震相比，大震时的位移角放大系数，对双重抗侧力体系中的框架-中心支撑结构取 5，对框架-偏心支撑结构，取 4。如果弹性位移角限值为 1/300，则对应的弹塑性位移角限值分别大于 1/60 和 1/75。考虑到钢结构在构件稳定有保证时具有较好的延性，弹塑性层间位移角限值适当放宽至 1/50。

鉴于甲类建筑在抗震安全性上的特殊要求，其层间变位角限值应专门研究确定。

6 多层和高层钢筋混凝土房屋

6.1 一般规定

6.1.1 本章适用于现浇钢筋混凝土多层和高层房屋，包括采用符合本章第 6.1.7 条要求的装配整体式楼屋盖的房屋。

对采用钢筋混凝土材料的高层建筑，从安全和经济诸方面综合考虑，其适用最大高度应有限制。当钢筋混凝土结构的房屋高度超过最大适用高度时，应通过专门研究，采取有效加强措施，如采用型钢混凝土构件、钢管混凝土构件等，并按建设部部长令的有关规定进行专项审查。

与 2001 规范相比，本章对适用最大高度的修改如下：

1 补充了 8 度（0.3g）时的最大适用高度，按8 度和 9 度之间内插且偏于 8 度。

2 框架结构的适用最大高度，除 6 度外有所降低。

3 板柱-抗震墙结构的适用最大高度，有所增加。

4 删除了在Ⅳ类场地适用的最大高度应适当降低的规定。

5 对于平面和竖向均不规则的结构，适用的最大高度适当降低的规范用词，由"应"改为"宜"，一般减少 10%左右。对于部分框支结构，表 6.1.1 的适用高度已经考虑框支的不规则而比全落地抗震墙结构降低，故对于框支结构的"竖向和平面均不规则"，指框支层以上的结构同时存在竖向和平面不规则的情况。

还需说明：

仅有个别墙体不落地，例如不落地墙的截面面积不大于总截面面积的 10%，只要框支部分的设计合理且不致加大扭转不规则，仍可视为抗震墙结构，其适用最大高度仍可按全部落地的抗震墙结构确定。

框架-核心筒结构存在抗扭不利和加强层刚度突变问题，其适用最大高度略低于筒中筒结构。框架-核心筒结构中，带有部分仅承受竖向荷载的无梁楼盖时，不作为表 6.1.1 的板柱-抗震墙结构对待。

6.1.2 钢筋混凝土房屋的抗震等级是重要的设计参数，89 规范就明确规定应根据设防类别、结构类型、烈度和房屋高度四个因素确定。抗震等级的划分，体现了对不同抗震设防类别、不同结构类型、不同烈度、同一烈度但不同高度的钢筋混凝土房屋结构延性要求的不同，以及同一种构件在不同结构类型中的延性要求的不同。

钢筋混凝土房屋结构应根据抗震等级采取相应的抗震措施。这里，抗震措施包括抗震计算时的内力调整措施和各种抗震构造措施。因此，乙类建筑应提高一度查表 6.1.2 确定其抗震等级。

本章条文中，"×级框架"包括框架结构、框架-抗震墙结构、框支层和框架-核心筒结构、板柱-抗震墙结构中的框架，"×级框架结构"仅指框架结构的框架，"×级抗震墙"包括抗震墙结构、框架-抗震墙结构、筒体结构和板柱-抗震墙结构中的抗震墙。

本次修订的主要变化如下：

1 注意到《民用建筑设计通则》GB 50362 规定，住宅 10 层及以上为高层建筑，多层公共建筑高度 24m 以上为高层建筑。本次修订，将框架结构的30m 高度分界改为 24m；对于 7、8、9 度时的框架-抗震墙结构，抗震墙结构以及部分框支抗震墙结构，增加 24m 作为一个高度分界，其抗震等级比 2001 规范降低一级，但四级不再降低，框支层框架不降低，总体上与 89 规范对"低层较规则结构"的要求相近。

2 明确了框架-核心筒结构的高度不超过 60m时，当按框架-抗震墙结构的要求设计时，其抗震等级按框架-抗震墙结构的规定采用。

3 将"大跨度公共建筑"改为"大跨度框架"，并明确其跨度按 18m 划分。

6.1.3 本条是关于混凝土结构抗震等级的进一步补充规定。

1 关于框架和抗震墙组成的结构的抗震等级。设计中有三种情况：其一，个别或少量框架，此时结构属于抗震墙体系的范畴，其抗震墙的抗震等级，仍按抗震墙确定；框架的抗震等级可参照框架-抗震墙结构的框架确定。其二，当框架-抗震墙结构有足够的抗震墙时，其框架部分是次要抗侧力构件，按本规范表 6.1.2 框架-抗震墙结构确定抗震等级；89 规范要求其抗震墙底部承受的地震倾覆力矩不小于结构底部总地震倾覆力矩的 50%。其三，墙体很少，即 2001 规范规定"在基本振型地震作用下，框架部分承受的地震倾覆力矩大于结构总地震倾覆力矩的 50%"，其框架部分的抗震等级应按框架结构确定。对于这类结构，本次修订进一步明确以下几点：一是将"在基本振型地震作用下"改为"在规定的水平力作用下"，"规定的水平力"的含义见本规范第3.4节；二是明确底层框架部分所承担的地震倾覆力矩大于结构总地震倾覆力矩的50%时仍属于框架结构范畴；三是删除了"最大适用高度可比框架结构适当增加"的规定；四是补充规定了其抗震墙的抗震等级。

框架部分按刚度分配的地震倾覆力矩的计算公式，保持2001规范的规定不变：

$$M_c = \sum_{i=1}^{n} \sum_{j=1}^{m} V_{ij} h_i$$

式中：M_c——框架-抗震墙结构在规定的侧向力作用下框架部分分配的地震倾覆力矩；

n——结构层数；

m——框架 i 层的柱根数；

V_{ij}——第 i 层第 j 根框架柱的计算地震剪力；

h_i——第 i 层层高。

在框架结构中设置少量抗震墙，往往是为了增大框架结构的刚度、满足层间位移角限值的要求，仍然属于框架结构范畴，但层间位移角限值需按底层框架部分承担倾覆力矩的大小，在框架结构和框架-抗震墙结构两者的层间位移角限值之间偏于安全内插。

2 关于裙房的抗震等级。裙房与主楼相连，主楼结构在裙房顶板对应的上下各一层受刚度与承载力突变影响较大，抗震构造措施需要适当加强。裙房与主楼之间设防震缝，在大震作用下可能发生碰撞，该部位也需要采取加强措施。

裙房与主楼相连的相关范围，一般可从主楼周边外延3跨且不小于20m，相关范围以外的区域可按裙房自身的结构类型确定其抗震等级。裙房偏置时，其端部有较大扭转效应，也需要加强。

3 关于地下室的抗震等级。带地下室的多层和高层建筑，当地下室结构的刚度和受剪承载力比上部楼层相对较大时（参见本规范第6.1.14条），地下室顶板可视作嵌固部位，在地震作用下的屈服部位将发生在地上楼层，同时将影响到地下一层。地面以下地震响应逐渐减小，规定地下一层的抗震等级不能降低；而地下一层以下不要求计算地震作用，规定其抗震构造措施的抗震等级可逐层降低（图11）。

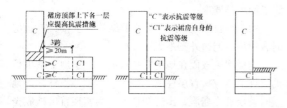

图 11 裙房和地下室的抗震等级

4 关于乙类建筑的抗震等级。根据《建筑工程抗震设防分类标准》GB 50223的规定，乙类建筑应按提高一度查本规范表6.1.2确定抗震等级（内力调整和构造措施）。本规范第6.1.1条规定，乙类建筑的钢筋混凝土房屋可按本地区抗震设防烈度确定其适用的最大高度，于是可能出现7度乙类的框支结构房屋和8度乙类的框架结构、框架-抗震墙结构、部分框支抗震墙结构、板柱-抗震墙结构的房屋提高一度后，其高度超过本规范表6.1.2中抗震等级为一级的高度上界。此时，内力调整不提高，只要求抗震构造措施"高于一级"，大体与《高层建筑混凝土结构技术规程》JGJ 3中特一级的构造要求相当。

6.1.4 震害表明，本条规定的防震缝宽度的最小值，在强烈地震下相邻结构仍可能局部碰撞而损坏，但宽度过大会给立面处理造成困难。因此，是否设置防震缝应按本规范第3.4.5条的要求判断。

防震缝可以结合沉降缝要求贯通到地基，当无沉降问题时也可以从基础或地下室以上贯通。当有多层地下室，上部结构为带裙房的单塔或多塔结构时，可将裙房用防震缝自地下室以上分隔，地下室顶板应有良好的整体性和刚度，能将地震剪力分布到整个地下室结构。

8、9度框架结构房屋防震缝两侧层高相差较大时，可在防震缝两侧房屋的尽端沿全高设置垂直于防震缝的抗撞墙，通过抗撞墙的损坏减少防震缝两侧碰撞时框架的破坏。本次修订，抗撞墙的长度由2001规范的可不大于一个柱距，修改为"可不大于层高的1/2"。结构单元较长时，抗撞墙可能引起较大温度内力，也可能有较大扭转效应，故设置时应综合分析（图12）。

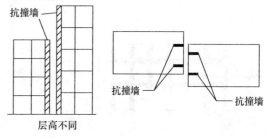

图 12 抗撞墙示意图

6.1.5 梁中线与柱中线之间、柱中线与抗震墙中线之间有较大偏心距时，在地震作用下可能导致核芯区受剪面积不足，对柱带来不利的扭转效应。当偏心距超过1/4柱宽时，需进行具体分析并采取有效措施，如采用水平加腋梁及加强柱的箍筋等。

2008年局部修订，本条增加了控制单跨框架结构适用范围的要求。框架结构中某个主轴方向均为单跨，也属于单跨框架结构；某个主轴方向有局部的单跨框架，可不作为单跨框架结构对待。一、二层的连廊采用单跨框架时，需要注意加强。框-墙结构中的框架，可以是单跨。

6.1.6 楼、屋盖平面内的变形，将影响楼层水平地震剪力在各抗侧力构件之间的分配。为使楼、屋盖具有传递水平地震剪力的刚度，从 78 规范起，就提出了不同烈度下抗震墙之间不同类型楼、屋盖的长宽比限值。超过该限值时，需考虑楼、屋盖平面内变形对楼层水平地震剪力分配的影响。本次修订，8 度框架-抗震墙结构装配整体式楼、屋盖的长宽比由 2.5 调整为 2；适当放宽板柱-抗震墙结构现浇楼、屋盖的长宽比。

6.1.7 预制板的连接不足时，地震中将造成严重的震害。需要特别加强。在混凝土结构中，本规范仅适用于采用符合要求的装配整体式混凝土楼、屋盖。

6.1.8 在框架-抗震墙结构和板柱-抗震墙结构中，抗震墙是主要抗侧力构件，竖向布置应连续，防止刚度和承载力突变。本次修订，增加结合楼梯间布置抗震墙形成安全通道的要求；将 2001 规范"横向与纵向的抗震墙宜相连"改为"抗震墙的两端（不包括洞口两侧）宜设置端柱，或与另一方向的抗震墙相连"，明确要求两端设置端柱或翼墙；取消抗震墙设置在不需要开洞部位的规定，以及连梁最大跨高比和最小高度的规定。

6.1.9 本次修订，增加纵横向墙体互为翼墙或设置端柱的要求。

部分框支抗震墙属于抗震不利的结构体系，本规范的抗震措施只限于框支层不超过两层的情况。本次修订，明确部分框支抗震墙结构的底层框架应满足框架-抗震墙结构对框架部分承担地震倾覆力矩的限值——框支层不应设计为少墙框架体系（图 13）。

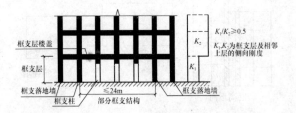

图 13　框支结构示意图

为提高较长抗震墙的延性，分段后各墙段的总高度与墙宽之比，由不应小于 2 改为不宜小于 3（图 14）。

6.1.10 延性抗震墙一般控制在其底部即计算嵌固端以上一定高度范围内屈服、出现塑性铰。设计时，将墙体底部可能出现塑性铰的高度范围作为底部加强部位，提高其受剪承载力，加强其抗震构造措施，使其具有大的弹塑性变形能力，从而提高整个结构的抗地震倒塌能力。

89 规范的底部加强部位与墙肢高度和长度有

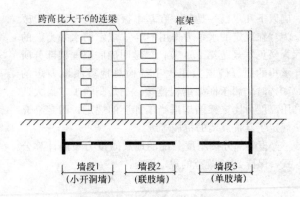

图 14　较长抗震墙的组成示意图

关，不同长度墙肢的加强部位高度不同。为了简化设计，2001 规范改为底部加强部位的高度仅与墙肢总高度相关。本次修订，将"墙体总高度的 1/8"改为"墙体总高度的 1/10"；明确加强部位的高度一律从地下室顶板算起；当计算嵌固端位于地面以下时，还需向下延伸，但加强部位的高度仍从地下室顶板算起。

此外，还补充了高度不超过 24m 的多层建筑的底部加强部位高度的规定。

有裙房时，按本规范第 6.1.3 条的要求，主楼与裙房顶对应的相邻上下层需要加强。此时，加强部位的高度也可以延伸至裙房以上一层。

6.1.12 当地基土较弱，基础刚度和整体性较差，在地震作用下抗震墙基础将产生较大的转动，从而降低了抗震墙的抗侧力刚度，对内力和位移都将产生不利影响。

6.1.13 配合本规范第 4.2.4 条的规定，针对主楼与裙房相连的情况，明确其天然地基底部不宜出现零应力区。

6.1.14 为了能使地下室顶板作为上部结构的嵌固部位，本条规定了地下室顶板和地下一层的设计要求：

地下室顶板必须具有足够的平面内刚度，以有效传递地震基底剪力。地下室顶板的厚度不宜小于 180mm，若柱网内设置多个次梁时，板厚可适当减小。这里所指地下室应为完整的地下室，在山（坡）地建筑中出现地下室各边填埋深度差异较大时，宜单独设置支挡结构。

框架柱嵌固端屈服时，或抗震墙墙肢的嵌固端屈服时，地下一层对应的框架柱或抗震墙墙肢不应屈服。据此规定了地下一层框架柱纵筋面积和墙肢端部纵筋面积的要求。

"相关范围"一般可从地上结构（主楼、有裙房时含裙房）周边外延不大于 20m。

当框架柱嵌固在地下室顶板时，位于地下室顶板的梁柱节点应按首层柱的下端为"弱柱"设计，即地震时首层柱底屈服、出现塑性铰。为实现首层柱底先屈服的设计概念，本规范提供了两种方法：

其一，按下式复核：

$$\sum M_{bua} + M_{cua}^t \geq 1.3 M_{cua}^b$$

式中：$\sum M_{bua}$——节点左右梁端截面反时针或顺时针方向实配的正截面抗震受弯承载力所对应的弯矩值之和，根据实配钢筋面积（计入梁受压筋和相关楼板钢筋）和材料强度标准值确定；

$\sum M_{cua}^t$——地下室柱上端与梁端受弯承载力同一方向实配的正截面抗震受弯承载力所对应的弯矩值，应根据轴力设计值、实配钢筋面积和材料强度标准值等确定；

$\sum M_{cua}^b$——地上一层柱下端与梁端受弯承载力不同方向实配的正截面抗震受弯承载力所对应弯矩值，应根据轴力设计值、实配钢筋面积和材料强度标准值等确定。

设计时，梁柱纵向钢筋增加的比例也可不同，但柱的纵向钢筋至少比地上结构柱下端的钢筋增加10%。

其二，作为简化，当梁按计算分配的弯矩接近柱的弯矩时，地下室顶板的柱上端、梁顶面和梁底面的纵向钢筋均增加10%以上。可满足上式的要求。

6.1.15 本条是新增的。发生强烈地震时，楼梯间是重要的紧急逃生竖向通道，楼梯间（包括楼梯板）的破坏会延误人员撤离及救援工作，从而造成严重伤亡。本次修订增加了楼梯间的抗震设计要求。对于框架结构，楼梯构件与主体结构整浇时，梯板起到斜支撑的作用，对结构刚度、承载力、规则性的影响比较大，应参与抗震计算；当采取措施，如梯板滑动支承于平台板，楼梯构件对结构刚度等的影响较小，是否参与整体抗震计算差别不大。对于楼梯间设置刚度足够大的抗震墙的结构，楼梯构件对结构刚度的影响较小，也可不参与整体抗震计算。

6.2 计 算 要 点

6.2.2 框架结构的抗地震倒塌能力与其破坏机制密切相关。试验研究表明，梁端屈服型框架有较大的内力重分布和能量消耗能力，极限层间位移大，抗震性能较好；柱端屈服型框架容易形成倒塌机制。

在强震作用下结构构件不存在承载力储备，梁端受弯承载力即为实际可能达到的最大弯矩，柱端实际可能达到的最大弯矩也与其偏压下的受弯承载力相等。这是地震作用效应的一个特点。因此，所谓"强柱弱梁"指的是：节点处梁端实际受弯承载力 M_{by}^a 和柱端实际受弯承载力 M_{cy}^a 之间满足下列不等式：

$$\sum M_{cy}^a > \sum M_{by}^a$$

这种概念设计，由于地震的复杂性、楼板的影响和钢筋屈服强度的超强，难以通过精确的承载力计算真正实现。

本规范自89规范以来，在梁端实配钢筋不超过计算配筋10%的前提下，将梁、柱之间的承载力不等式转为梁、柱的地震组合内力设计值的关系式，并使不同抗震等级的柱端弯矩设计值有不同程度的差异。采用增大柱端弯矩设计值的方法，只在一定程度上推迟柱端出现塑性铰；研究表明，当计入楼板和钢筋超强影响时，要实现承载力不等式，内力增大系数的取值往往需要大于2。由于地震是往复作用，两个方向的柱端弯矩设计值均要满足要求：当梁端截面为反时针方向弯矩之和时，柱端截面应为顺时针方向弯矩之和；反之亦然。

对于一级框架，89规范除了用增大系数的方法外，还提出了采用梁端实配钢筋面积和材料强度标准值计算的抗震受弯承载力所对应的弯矩值的调整、验算方法。这里，抗震承载力即本规范5章的 $R_E = R/\gamma_{RE} = R/0.75$，此时必须将抗震承载力验算公式取等号转换为对应的内力，即 $S = R/\gamma_{RE}$。当计算梁端抗震受弯承载力时，若计入楼板的钢筋，且材料强度标准值考虑一定的超强系数，则可提高框架"强柱弱梁"的程度。89规范规定，一级的增大系数可根据工程经验估计节点左右梁端顺时针或反时针方向受拉钢筋的实际截面面积与计算面积的比值 $\lambda_s = A_s^a/A_s^c$，取 $1.1\lambda_s$ 作为实配增大系数的近似估计，其中的1.1来自钢筋材料标准值与设计值的比值 f_{yk}/f_y。柱弯矩增大系数值可参考 λ_s 的可能变化范围确定：例如，当梁顶面为计算配筋而梁底面为构造配筋时，一级的 λ_s 不小于1.5，于是，柱弯矩增大系数不小于 $1.1 \times 1.5 = 1.65$；二级 λ_s 不小于1.3，柱弯矩增大系数不小于1.43。

2001规范比89规范提高了强柱弱梁的弯矩增大系数 η_c，弯矩增大系数 η_c 考虑了一定的超配钢筋（包括楼板的配筋）和钢筋超强。一级的框架结构及9度时，仍应采用框架梁的实际抗震受弯承载力确定柱端组合的弯矩设计值，取二者的较大值。

本次修订，提高了框架结构的柱端弯矩增大系数，而其他结构中框架的柱端弯矩增大系数仍与2001规范相同；并补充了四级框架的柱端弯矩增大系数。对于一级框架结构和9度时的一级框架，明确只需按梁端实配抗震受弯承载力确定柱端弯矩设计值；即使按增大系数的方法比实配方法保守，也可不采用增大系数的方法。对于二、三级框架结构，也可按式(6.2.2-2)的梁端实配抗震受弯承载力确定柱端弯矩设计值，但式中的系数1.2可适当降低，如取1.1即可；这样，有可能比按内力增大系数，即按式(6.2.2-1)调整的方法更经济、合理。计算梁端实配抗震受弯承载力时，还应计入梁两侧有效翼缘范围的楼板。因此，在框架刚度和承载力计算时，所计入的梁两侧有效翼缘范围应相互协调。

即使按"强柱弱梁"设计的框架，在强震作用下，柱端仍有可能出现塑性铰，保证柱的抗地震倒塌能力是框架抗震设计的关键。本规范通过柱的抗震构造措施，使柱具有大的弹塑性变形能力和耗能能力，达到在大震作用下，即使柱端出铰，也不会引起框架倒塌的目标。

当框架底部若干层的柱反弯点不在楼层内时，说明这些层的框架梁相对较弱。为避免在竖向荷载和地震共同作用下变形集中，压屈失稳，柱端弯矩也应乘以增大系数。

对于轴压比小于 0.15 的柱，包括顶层柱在内，因其具有比较大的变形能力，可不满足上述要求；对框支柱，在本规范第 6.2.10 条另有规定。

6.2.3 框架结构计算嵌固端所在层即底层的柱下端过早出现塑性屈服，将影响整个结构的抗地震倒塌能力。嵌固端截面乘以弯矩增大系数是为了避免框架结构柱下端过早屈服。对其他结构中的框架，其主要抗侧力构件为抗震墙，对其框架部分的嵌固端截面，可不作要求。

当仅用插筋满足柱嵌固端截面弯矩增大的要求时，可能造成塑性铰向底层柱的上部转移，对抗震不利。规范提出按柱上下端不利情况配置纵向钢筋的要求。

6.2.4、6.2.5、6.2.8 防止梁、柱和抗震墙底部在弯曲屈服前出现剪切破坏是抗震概念设计的要求，它意味着构件的受剪承载力要大于构件弯曲时实际达到的剪力，即按实际配筋面积和材料强度标准值计算的承载力之间满足下列不等式：

$$V_{bu} > (M_{bu}^l + M_{bu}^r)/l_{bo} + V_{Gb}$$

$$V_{cu} > (M_{cu}^t + M_{cu}^b)/H_{cn}$$

$$V_{wu} > (M_{wu}^b - M_{wu}^t)/H_{wn}$$

规范在纵向受力钢筋不超过计算配筋 10% 的前提下，将承载力不等式转为内力设计值表达式，不同抗震等级采用不同的剪力增大系数，使"强剪弱弯"的程度有所差别。该系数同样考虑了材料实际强度和钢筋实际面积这两个因素的影响，对柱和墙还考虑了轴向力的影响，并简化计算。

一级的剪力增大系数，需从上述不等式中导出。直接取实配钢筋面积 A_s^a 与计算实配筋面积 A_s^c 之比 λ_s 的 1.1 倍，是 η_v 最简单的近似，对梁和节点的"强剪"能满足工程的要求，对柱和墙偏于保守。89 规范在条文说明中给出较为复杂的近似计算公式如下：

$$\eta_{vc} \approx \frac{1.1\lambda_s + 0.58\lambda_N(1 - 0.56\lambda_N)(f_c/f_y\rho_t)}{1.1 + 0.58\lambda_N(1 - 0.75\lambda_N)(f_c/f_y\rho_t)}$$

$$\eta_{vw} \approx \frac{1.1\lambda_{sw} + 0.58\lambda_N(1 - 0.56\lambda_N)(f_c/f_y\rho_{tw})}{1.1 + 0.58\lambda_N(1 - 0.75\lambda_N\zeta)(f_c/f_y\rho_{tw})}$$

式中，λ_N 为轴压比，λ_{sw} 为墙体实际受拉钢筋（分布

筋和集中筋）截面面积与计算面积之比，ζ 为考虑墙体边缘构件影响的系数，ρ_{tw} 为墙体受拉钢筋配筋率。

当柱 $\lambda_s \le 1.8$，$\lambda_N \ge 0.2$ 且 $\rho_t = 0.5\% \sim 2.5\%$，墙 $\lambda_{sw} \le 1.8$，$\lambda_N \le 0.3$ 且 $\rho_{tw} = 0.4\% \sim 1.2\%$ 时，通过数百个算例的统计分析，能满足工程要求的剪力增大系数 η_v 的进一步简化计算公式如下：

$$\eta_{vc} \approx 0.15 + 0.7[\lambda_s + 1/(2.5 - \lambda_N)]$$

$$\eta_{vw} \approx 1.2 + (\lambda_{sw} - 1)(0.6 + 0.02/\lambda_N)$$

2001 规范的框架柱、抗震墙的剪力增大系数 η_{vc}、η_{vw}，即参考上述近似公式确定。此次修订，框架梁、框架结构以外框架的柱、连梁和抗震墙的剪力增大系数与 2001 规范相同，框架结构的柱的剪力增大系数随柱端弯矩增大系数的提高而提高；同时，明确一级的框架结构及 9 度的一级框架，只需满足实配要求，而即使增大系数为偏保守也可不满足。同样，二、三、四级框架结构的框架柱，也可采用实配方法而不采用增大系数的方法，使之较为经济又合理。

注意：柱和抗震墙的弯矩设计值系经本节有关规定调整后的取值；梁端、柱端弯矩设计值之和须取顺时针方向之和以及反时针方向之和两者的较大值；梁端纵向受拉钢筋也按顺时针及反时针方向考虑。

6.2.6 地震时角柱处于复杂的受力状态，其弯矩和剪力设计值的增大系数，比其他柱略有增加，以提高抗震能力。

6.2.7 对一级抗震墙规定调整截面的组合弯矩设计值，目的是通过配筋方式迫使塑性铰区位于墙肢的底部加强部位。89 规范要求底部加强部位的组合弯矩设计值均按墙底截面的设计值采用，以上一般部位的组合弯矩设计值按线性变化，对于较高的房屋，会导致与加强部位相邻一般部位的弯矩取值过大。2001 规范改为：底部加强部位的弯矩设计值均取墙底部截面的组合弯矩设计值，底部加强部位以上，均采用各墙肢截面的组合弯矩设计值乘以增大系数，但增大后与加强部位紧邻一般部位的弯矩有可能小于相邻加强部位的组合弯矩。本次修订，改为仅加强部位以上乘以增大系数。主要有两个目的：一是使墙肢的塑性铰在底部加强部位的范围内得到发展，不是将塑性铰集中在底层，甚至集中在底截面以上不大的范围内，从而减轻墙肢底截面附近的破坏程度，使墙肢有较大的塑性变形能力；二是避免底部加强部位紧邻的上层墙肢屈服而底部加强部位不屈服。

当抗震墙的墙肢在多遇地震下出现小偏心受拉时，在设防地震、罕遇地震下的抗震能力可能大大丧失；而且，即使多遇地震下为偏压的墙肢而设防地震下转为偏拉，则其抗震能力有实质性的改变，也需要采取相应的加强措施。

双肢抗震墙的某个墙肢为偏心受拉时，一旦出现全截面受拉开裂，则其刚度退化严重，大部分地震作用将转移到受压墙肢，因此，受压肢需适当增大弯矩

和剪力设计值以提高承载能力。注意到地震是往复的作用，实际上双肢墙的两个墙肢，都可能要按增大后的内力配筋。

6.2.9 框架柱和抗震墙的剪跨比可按图 15 及公式进行计算。

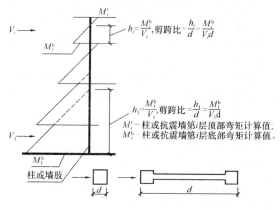

$h_i = \dfrac{M_i^t}{V_i}$，剪跨比 $= \dfrac{h_i}{d} = \dfrac{M_i^t}{V_i d}$

$h_i = \dfrac{M_i^b}{V_i}$，剪跨比 $= \dfrac{h_i}{d} = \dfrac{M_i^b}{V_i d}$

M_i^t——柱或抗震墙第 i 层顶部弯矩计算值；
M_i^b——柱或抗震墙第 i 层底部弯矩计算值。

图 15　剪跨比计算简图

6.2.10～6.2.12 这几条规定了部分框支结构设计计算的注意事项。

第 6.2.10 条 1 款的规定，适用于本章 6.1.1 条所指的框支层不超过 2 层的情况。本次修订，将本层地震剪力改为底层地震剪力即基底剪力，但主楼与裙房相连时，不含裙房部分的地震剪力，框支柱也不含裙房的框架柱。

框支结构的落地墙，在转换层以下的部位是保证框支结构抗震性能的关键部位，这部位的剪力传递还可能存在矮墙效应。为了保证抗震墙在大震时的受剪承载力，只考虑有拉筋约束部分的混凝土受剪承载力。

无地下室的部分框支抗震墙结构的落地墙，特别是联肢或双肢墙，当考虑不利荷载组合出现偏心受拉时，为了防止墙与基础交接处产生滑移，宜按总剪力的 30% 设置 45° 交叉防滑斜筋，斜筋可按单排设在墙截面中部并应满足锚固要求。

6.2.13 本条规定了在结构整体分析中的内力调整：

1 按照框墙结构（不包括少墙框架体系和少框架的抗震墙体系）中框架和墙体协同工作的分析结果，在一定高度以上，框架按侧向刚度分配的剪力与墙体的剪力反号，二者相减等于楼层的地震剪力，此时，框架承担的剪力与底部总地震剪力的比值基本保持某个比例；按多道防线的概念设计要求，墙体是第一道防线，在设防地震、罕遇地震下先于框架破坏，由于塑性内力重分布，框架部分按侧向刚度分配的剪力会比多遇地震下加大。

我国 20 世纪 80 年代 1/3 比例的空间框墙结构模型反复荷载试验及该试验模型的弹塑性分析表明：保持楼层侧向位移协调的情况下，弹性阶段底部的框架仅承担不到 5% 的总剪力；随着墙体开裂，框架承担

的剪力逐步增大；当墙体端部的纵向钢筋开始受拉屈服时，框架承担大于 20% 总剪力；墙体压坏时框架承担大于 33% 的总剪力。本规范规定的取值，既体现了多道抗震设防的原则，又考虑了当前的经济条件。对于框架-核心筒结构，尚应符合本规范 6.7.1 条 1 款的规定。

此项规定适用于竖向结构布置基本均匀的情况；对塔类结构出现分段规则的情况，可分段调整；对有加强层的结构，不含加强层及相邻上下层的调整。此项规定不适用于部分框支柱不到顶，使上部框架柱数量较少的楼层。

2 计算地震内力时，抗震墙连梁刚度可折减；计算位移时，连梁刚度可不折减。抗震墙的连梁刚度折减后，如部分连梁尚不能满足剪压比限值，可采用双连梁、多连梁的布置，还可按剪压比要求降低连梁剪力设计值及弯矩，并相应调整抗震墙的墙肢内力。

3 抗震墙应计入腹板与翼墙共同工作。对于翼墙的有效长度，89 规范和 2001 规范有不同的具体规定，本次修订不再给出具体规定。2001 规范规定："每侧由墙面起可取相邻抗震墙净间距的一半、至门窗洞口的墙长度及抗震墙总高度的 15% 三者的最小值"，可供参考。

4 对于少墙框架结构，框架部分的地震剪力取两种计算模型的较大值较为妥当。

6.2.14 节点核芯区是保证框架承载力和抗倒塌能力的关键部位。本次修订，增加了三级框架的节点核芯区进行抗震验算的规定。

2001 规范提供了梁宽大于柱宽的框架和圆柱框架的节点核芯区验算方法。梁宽大于柱宽时，按柱宽范围内和范围外分别计算。圆柱的计算公式依据国外资料和国内试验结果提出：

$$V_j \leqslant \dfrac{1}{\gamma_{RE}}\left(1.5\eta_j f_t A_j + 0.05\eta_j \dfrac{N}{D^2}A_j + 1.57 f_{yv}A_{sh}\dfrac{h_{b0}-a_s'}{s}\right)$$

上式中，A_j 为圆柱截面面积，A_{sh} 为核芯区环形箍筋的单根截面面积。去掉 γ_{RE} 及 η_j 附加系数，上式可写为：

$$V_j \leqslant 1.5 f_t A_j + 0.05\dfrac{N}{D^2}A_j + 1.57 f_{yv}A_{sh}\dfrac{h_{b0}-a_s'}{s}$$

上式中系数 1.57 来自 ACI Structural Journal, Jan-Feb. 1989, Priestley 和 Paulay 的文章：Seismic strength of circular reinforced concrete columns.

圆形截面柱受剪，环形箍筋所承受的剪力可用下式表达：

$$V_s = \dfrac{\pi A_{sh} f_{yv} D'}{2s} = 1.57 f_{yv}A_{sh}\dfrac{D'}{s} \approx 1.57 f_{yv}A_{sh}\dfrac{h_{b0}-a_s'}{s}$$

式中：A_{sh}——环形箍筋单肢截面面积；
D'——纵向钢筋所在圆周的直径；
h_{b0}——框架梁截面有效高度；
s——环形箍筋间距。

根据重庆建筑大学 2000 年完成的 4 个圆柱梁柱节点试验,对比了计算和试验的节点核芯区受剪承载力,计算值与试验之比约为 85%,说明此计算公式的可靠性有一定保证。

6.3 框架的基本抗震构造措施

6.3.1、6.3.2 合理控制混凝土结构构件的尺寸,是本规范第 3.5.4 条的基本要求之一。梁的截面尺寸,应从整个框架结构中梁、柱的相互关系,如在强柱弱梁基础上提高梁变形能力的要求等来处理。

为了避免或减小扭转的不利影响,宽扁梁框架的梁柱中线宜重合,并应采用整体现浇楼盖。为了使宽扁梁端部在柱外的纵向钢筋有足够的锚固,应在两个主轴方向都设置宽扁梁。

6.3.3、6.3.4 梁的变形能力主要取决于梁端的塑性转动量,而梁的塑性转动量与截面混凝土相对受压区高度有关。当相对受压区高度为 0.25 至 0.35 范围时,梁的位移延性系数可到达 3~4。计算梁端截面纵向受拉钢筋时,应采用与柱交界面的组合弯矩设计值,并应计入受压钢筋。计算梁端相对受压区高度时,宜按梁端截面实际受拉和受压钢筋面积进行计算。

梁端底面和顶面纵向钢筋的比值,同样对梁的变形能力有较大影响。梁端底面的钢筋可增加负弯矩时的塑性转动能力,还能防止在地震中梁底出现正弯矩时过早屈服或破坏过重,从而影响承载力和变形能力的正常发挥。

根据试验和震害经验,梁端的破坏主要集中在 (1.5~2.0) 倍梁高的长度范围内;当箍筋间距小于 $6d~8d$ (d 为纵向钢筋直径)时,混凝土压溃前受压钢筋一般不致压屈,延性较好。因此规定了箍筋加密区的最小长度,限制了箍筋最大肢距;当纵向受拉钢筋的配筋率超过 2% 时,箍筋的最小直径相应增大。

本次修订,将梁端纵向受拉钢筋的配筋率不大于 2.5% 的要求,由强制性改为非强制性,移到 6.3.4 条。还提高了框架结构梁的纵向受力钢筋伸入节点的握裹要求。

6.3.5 本次修订,根据汶川地震的经验,对一、二、三级且层数超过 2 层的房屋,增大了柱截面最小尺寸的要求,以有利于实现“强柱弱梁”。

6.3.6 限制框架柱的轴压比主要是为了保证柱的塑性变形能力和保证框架的抗倒塌能力。抗震设计时,除了预计不可能进入屈服的柱外,通常希望框架柱最终为大偏心受压破坏。由于轴压比直接影响柱的截面设计,2001 规范仍以 89 规范的限值为依据,根据不同情况进行适当调整,同时控制轴压比最大值。在框架-抗震墙、板柱-抗震墙及筒体结构中,框架属于第二道防线,其中框架的柱与框架结构的柱相比,其重要性相对较低,为此可以适当增大轴压比值。本次

修订,将框架结构的轴压比限值减小了 0.05,框架-抗震墙、板柱-抗震墙及筒体中三级框架的柱的轴压比限值也减小了 0.05,增加了四级框架的柱的轴压比限值。

利用箍筋对混凝土进行约束,可以提高混凝土的轴心抗压强度和混凝土的受压极限变形能力。但在计算柱的轴压比时,仍取无箍筋约束的混凝土的轴心抗压强度设计值,不考虑箍筋约束对混凝土轴心抗压强度的提高作用。

我国清华大学研究成果和日本 AIJ 钢筋混凝土房屋设计指南都提出,考虑箍筋对混凝土的约束作用时,复合箍筋肢距不宜大于 200mm,箍筋间距不宜大于 100mm,箍筋直径不小于 10mm 的构造要求。参考美国 ACI 资料,考虑螺旋箍筋对混凝土的约束作用时,箍筋直径不宜小于 10mm,净螺距不宜大于 75mm。为便于施工,采用螺旋间距不大于 100mm,箍筋直径不小于 12mm。矩形截面柱采用连续矩形复合螺旋箍是一种非常有效的提高延性的措施,这已被西安建筑科技大学的试验研究所证实。根据日本川铁株式会社 1998 年发表的试验报告,相同柱截面、相同配筋、配箍率、箍距及箍筋肢距,采用连续复合螺旋箍比一般复合箍筋可提高柱的极限变形角 25%。采用连续复合矩形螺旋箍可按圆形复合螺旋箍对待。用上述方法提高柱的轴压比后,应按增大的轴压比由本规范表 6.3.9 确定配箍量,且沿柱全高采用相同的配箍特征值。

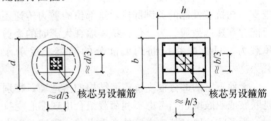

图 16　芯柱尺寸示意图

试验研究和工程经验都证明,在矩形或圆形截面柱内设置矩形核芯柱,不但可以提高柱的受压承载力,还可以提高柱的变形能力。在压、弯、剪作用下,当柱出现弯、剪裂缝,在大变形情况下芯柱可以有效地减小柱的压缩,保持柱的外形和截面承载力,特别对于承受高轴压的短柱,更有利于提高变形能力,延缓倒塌。为了便于梁筋通过,芯柱边长不宜小于柱边长或直径的 1/3,且不宜小于 250mm(图 16)。

6.3.7、6.3.8 柱纵向钢筋的最小总配筋率,89 规范的比 78 规范有所提高,但仍偏低,很多情况小于非抗震配筋率,2001 规范适当调整。本次修订,提高了框架结构中柱和边柱纵向钢筋的最小总配筋率的要求。随着高强钢筋和高强混凝土的使用,最小纵向钢筋的配筋率要求,将随混凝土强度和钢筋的强度而有所变化,但表中的数据是最低的要求,必须满足。

当框架柱在地震作用组合下处于小偏心受拉状态时，柱的纵筋总截面面积应比计算值增加 25%，是为了避免柱的受拉纵筋屈服后再受压时，由于包兴格效应导致纵筋压屈。

6.3.9 框架柱的弹塑性变形能力，主要与柱的轴压比和箍筋对混凝土的约束程度有关。为了具有大体上相同的变形能力，轴压比大的柱，要求的箍筋约束程度高。箍筋对混凝土的约束程度，主要与箍筋形式、体积配箍率、箍筋抗拉强度以及混凝土轴心抗压强度等因素有关，而体积配箍率、箍筋强度及混凝土强度三者又可以用配箍特征值表示，配箍特征值相同时，螺旋箍、复合螺旋箍及连续复合螺旋箍的约束程度，比普通箍和复合箍对混凝土的约束更好。因此，规范规定，轴压比大的柱，其配箍特征值大于轴压比低的柱；轴压比相同的柱，采用普通箍或复合箍时的配箍特征值，大于采用螺旋箍、复合螺旋箍或连续复合螺旋箍时的配箍特征值。

89 规范的体积配箍率，是在配箍特征值基础上，对箍筋抗拉强度和混凝土轴心抗压强度的关系做了一定简化得到的，仅适用于混凝土强度在 C35 以下和 HPB235 级钢箍筋。2001 规范直接给出配箍特征值，能够经济合理地反映箍筋对混凝土的约束作用。为了避免配箍率过小，2001 规范还规定了最小体积配箍率。普通箍筋的体积配箍率随轴压比增大而增加的对应关系举例如下：采用符合抗震性能要求的 HRB335 级钢筋且混凝土强度等级大于 C35 时，一、二、三级轴压比分别小于 0.6、0.5 和 0.4 时，体积配箍率取正文中的最小值——分别为 0.8%、0.6% 和 0.4%，轴压比分别超过 0.6、0.5 和 0.4 但在最大轴压比范围内，轴压比每增加 0.1，体积配箍率增加 $0.02(f_c/f_y) \approx 0.0011(f_c/16.7)$；超过最大轴压比范围，轴压比每增加 0.1，体积配箍率增加 $0.03(f_c/f_y) = 0.0001f_c$。

本次修订，删除了 89 规范和 2001 规范关于复合箍应扣除重叠部分箍筋体积的规定，因重叠部分对混凝土的约束情况比较复杂，如何换算有待进一步研究；箍筋的强度也不限制在标准值 400MPa 以内。四级框架柱的箍筋加密区的最小体积配箍特征值，与三级框架柱相同。

对于封闭箍筋与两端为 135° 弯钩的拉筋组成的复合箍，约束效果最好的是拉筋同时钩住主筋和箍筋，其次是拉筋紧靠纵向钢筋并钩住箍筋；当拉筋间距符合箍筋肢距的要求，纵筋与箍筋有可靠拉结时，拉筋也可紧靠箍筋并钩住纵筋。

考虑到框架柱在层高范围内剪力不变及可能的扭转影响，为避免箍筋非加密区的受剪能力突然降低很多，导致柱的中段破坏，对非加密区的最小箍筋量也作了规定。

箍筋类别参见图 17。

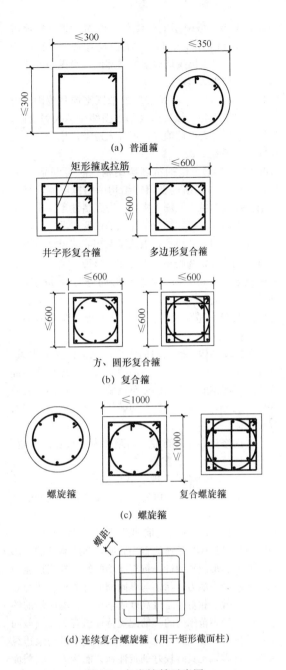

图 17 各类箍筋示意图

6.3.10 为使框架的梁柱纵向钢筋有可靠的锚固条件，框架梁柱节点核芯区的混凝土要具有良好的约束。考虑到核芯区内箍筋的作用与柱端有所不同，其构造要求与柱端有所区别。

6.4 抗震墙结构的基本抗震构造措施

6.4.1 本次修订，将墙厚与层高之比的要求，由"应"改为"宜"，并增加无支长度的相应规定。无端柱或翼墙是指墙的两端（不包括洞口两侧）为一字形的矩形截面。

试验表明，有边缘构件约束的矩形截面抗震墙与无边缘构件约束的矩形截面抗震墙相比，极限承载力约提高 40%，极限层间位移角约增加一倍，对地震能量的消耗能力增大 20% 左右，且有利于墙板的稳定。对一、二级抗震墙底部加强部位，当无端柱或翼墙时，墙厚需适当增加。

6.4.2 本次修订，将抗震墙的轴压比控制范围，由一、二级扩大到三级，由底部加强部位扩大到全高。计算墙肢轴压力设计值时，不计入地震作用组合，但应取分项系数 1.2。

6.4.3 抗震墙，包括抗震墙结构、框架-抗震墙结构、板柱-抗震墙结构及筒体结构中的抗震墙，是这些结构体系的主要抗侧力构件。在强制性条文中，纳入了关于墙体分布钢筋数量控制的最低要求。

美国 ACI 318 规定，当抗震结构墙的设计剪力小于 $A_{cv}\sqrt{f'_c}$（A_{cv} 为腹板截面面积，该设计剪力对应的剪压比小于 0.02）时，腹板的竖向分布钢筋允许降到同非抗震的要求。因此，本次修订，四级抗震墙的剪压比低于上述数值时，竖向分布筋允许按不小于 0.15% 控制。

对框支结构，抗震墙的底部加强部位受力很大，其分布钢筋应高于一般抗震墙的要求。通过在这些部位增加竖向钢筋和横向的分布钢筋，提高墙体开裂后的变形能力，以避免脆性剪切破坏，改善整个结构的抗震性能。

本次修订，将钢筋最大间距和最小直径的规定，移至本规范第 6.4.4 条。

6.4.4 本条包括 2001 规范第 6.4.2 条、6.4.4 条的内容和部分 6.4.3 条的内容，对抗震墙分布钢筋的最大间距和最小直径作了调整。

6.4.5 对于开洞的抗震墙即联肢墙，强震作用下合理的破坏过程应当是连梁首先屈服，然后墙肢的底部钢筋屈服、形成塑性铰。抗震墙墙肢的塑性变形能力和抗地震倒塌能力，除了与纵向配筋有关外，还与截面形状、截面相对受压区高度或轴压比、墙两端的约束范围、约束范围内的箍筋配箍特征值有关。当截面相对受压区高度或轴压比较小时，即使不设约束边缘构件，抗震墙也具有较好的延性和耗能能力。当截面相对受压区高度或轴压比大到一定值时，就需设置约束边缘构件，使墙肢端部成为箍筋约束混凝土，具有较大的受压变形能力。当轴压比更大时，即使设置约束边缘构件，在强烈地震作用下，抗震墙有可能压溃、丧失承担竖向荷载的能力。因此，2001 规范规定了一、二级抗震墙在重力荷载代表值作用下的轴压比限值；当墙底截面的轴压比超过一定值时，底部加强部位墙的两端及洞口两侧应设置约束边缘构件，使底部加强部位有良好的延性和耗能能力；考虑到底部加强部位以上相邻层的抗震墙，其轴压比可能仍较大，将约束边缘构件向上延伸一层；还规定了构造边缘构件和约束边缘构件的具体构造要求。

2010 年修订的主要内容是：

1 将设置约束边缘构件的要求扩大至三级抗震墙。

2 约束边缘构件的尺寸及其配箍特征值，根据轴压比的大小确定。当墙体的水平分布钢筋满足锚固要求且水平分布钢筋之间设置足够的拉筋形成复合箍时，约束边缘构件的体积配箍率可计入分布筋，考虑水平筋同时为抗剪受力钢筋，且竖向间距往往大于约束边缘构件的箍筋间距，需要另增一道封闭箍筋，故计入的水平分布钢筋的配箍特征值不宜大于 0.3 倍总配箍特征值。

3 对于底部加强区以上的一般部位，带翼墙时构造边缘构件的总长度改为与矩形端相同，即不小于墙厚和 400mm；转角墙在内侧改为不小于 200mm。在加强部位与一般部位的过渡区（可大体取加强部位以上与加强部位的高度相同的范围），边缘构件的长度需逐步过渡。

此次局部修订，补充约束边缘构件的端柱有集中荷载时的设计要求。

6.4.6 当抗震墙的墙肢长度不大于墙厚的 3 倍时，要求应按柱的有关要求进行设计。本次修订，降低了小墙肢的箍筋全高加密的要求。

6.4.7 高连梁设置水平缝，使一根连梁成为大跨高比的两根或多根连梁，其破坏形态从剪切破坏变为弯曲破坏。

6.5 框架-抗震墙结构的基本抗震构造措施

6.5.1 框架-抗震墙结构中的抗震墙，是作为该结构体系第一道防线的主要的抗侧力构件，需要比一般的抗震墙有所加强。

其抗震墙通常有两种布置方式：一种是抗震墙与框架分开，抗震墙围成筒，墙的两端没有柱；另一种是抗震墙嵌入框架内，有端柱、有边框梁，成为带边框抗震墙。第一种情况的抗震墙，与抗震墙结构中的抗震墙、筒体结构中的核心筒或内筒墙体区别不大。对于第二种情况的抗震墙，如果梁的宽度大于墙的厚度，则每一层的抗震墙有可能成为高宽比小的矮墙，强震作用下发生剪切破坏，同时，抗震墙给柱端施加很大的剪力，使柱端剪坏，这对抗地震倒塌是非常不利的。2005 年，日本完成了一个 1/3 比例的 6 层 2 跨、3 开间的框架-抗震墙结构模型的振动台试验，抗震墙嵌入框架内。最后，首层抗震墙剪切破坏，抗震墙的端柱剪坏，首层其他柱的两端出塑性铰，首层倒塌。2006 年，日本完成了一个足尺的 6 层 2 跨、3 开间的框架-抗震墙结构模型的振动台试验。与 1/3 比例的模型相比，除了模型比例不同外，嵌入框架内的抗震墙采用开缝墙。最后，首层开缝墙出现弯曲破坏和剪切斜裂缝，没有出现首层倒塌的破坏现象。

本次修订，对墙厚与层高之比的要求，由"应改为"宜";对于有端柱的情况，不要求一定设置边框梁。

6.5.2 本次修订，增加了抗震墙分布钢筋的最小直径和最大间距的规定，拉筋具体配置方式的规定可参照本规范第6.4.4条。

6.5.3 楼面梁与抗震墙平面外连接，主要出现在抗震墙与框架分开布置的情况。试验表明，在往复荷载作用下，锚固在墙内的梁的纵筋有可能产生滑移，与梁连接的墙面混凝土有可能拉脱。

6.5.4 少墙框架结构中抗震墙的地位不同于框架-抗震墙，不需要按本节的规定设计其抗震墙。

6.6 板柱-抗震墙结构抗震设计要求

6.6.2 规定了板柱-抗震墙结构中抗震墙的最小厚度；放松了楼、电梯洞口周边设置边框梁的要求。按柱纵筋直径16倍控制托板或柱帽根部的厚度是为了保证板柱节点的抗弯刚度。

6.6.3 本次修订，对高度不超过12m的板柱-抗震墙结构，放松抗震墙所承担的地震剪力的要求；新增板柱节点冲切承载力的抗震验算要求。

无柱帽平板在柱上板带中按本规范要求设置构造暗梁时，不可把平板作为有边梁的双向板进行设计。

6.6.4 为了防止强震作用下楼板脱落，穿过柱截面的板底两个方向钢筋的受拉承载力应满足该层楼板重力荷载代表值作用下的柱轴压力设计值。试验研究表明，抗剪栓钉的抗冲切效果优于抗冲切钢筋。

6.7 筒体结构抗震设计要求

6.7.1 本条新增框架-核心筒结构框架部分地震剪力的要求，以避免外框太弱。框架-核心筒结构框架部分的地震剪力应同时满足本条与第6.2.13条的规定。

框架-核心筒结构的核心筒与周边框架之间采用梁板结构时，各层梁对核心筒有一定的约束，可不设加强层，梁与核心筒连接应避开核心筒的连梁。当楼层采用平板结构且核心筒较柔，在地震作用下不能满足变形要求，或筒体由于受弯产生拉力时，宜设置加强层，其部位应结合建筑功能设置。为了避免加强层周边框架柱在地震作用下由于强梁带来的不利影响，加强层的大梁或桁架与周边框架不宜刚性连接。9度时不应采用加强层。核心筒的轴向压缩及外框架的竖向温度变形对加强层产生附加内力，在加强层与周边框架柱之间采取后浇连接及有效的外保温措施是必要的。

筒中筒结构的外筒可采取下列措施提高延性：

1 采用非结构幕墙。当采用钢筋混凝土裙墙时，可在裙墙与柱连接处设置受剪控制缝。

2 外筒为壁式筒体时，在裙墙与窗间墙连接处设置受剪控制缝，外筒按联肢抗震墙设计；三级的壁式筒体可按壁式框架设计，但壁式框架柱除满足计算

要求外，尚需满足本章第6.4.5条的构造要求；支承大梁的壁式筒体在大梁支座宜设置壁柱，一级时，由壁柱承担大梁传来的全部轴力，但验算轴压比时仍取全部截面。

3 受剪控制缝的构造如图18所示。

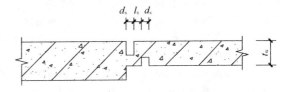

缝宽 d_s 大于5mm；两缝间距 l_s 大于50mm
图18 外筒裙墙受剪控制缝构造

6.7.2 框架-核心筒结构的核心筒、筒中筒结构的内筒，都是由抗震墙组成的，也都是结构的主要抗侧力竖向构件，其抗震构造措施应符合本章第6.4节和第6.5节的规定，包括墙的最小厚度、分布钢筋的配置、轴压比限值、边缘构件的要求等，以使筒体具有足够大的抗震能力。

框架-核心筒结构的框架较弱，宜加强核心筒的抗震能力；核心筒连梁的跨高比一般较小，墙的整体作用较强。因此，核心筒角部的抗震构造措施予以加强。

6.7.4 试验表明，跨高比小的连梁配置斜向交叉暗柱，可以改善其抗剪性能，但施工比较困难，本次修订，将2001规范设置交叉暗柱、交叉构造钢筋的要求，由"宜"改为"可"。

7 多层砌体房屋和底部框架砌体房屋

7.1 一般规定

7.1.1 考虑到黏土砖被限用，本章的适用范围由黏土砖砌体改为各类砖砌体，包括非黏土烧结砖、蒸压砖砌体，并增加混凝土类砖，该类砖已有产品国标。对非黏土烧结砖和蒸压砖，仍按2001规范的规定依据其抗剪强度区别对待。

对配筋混凝土小砌块承重房屋的抗震设计，仍然在本规范的附录F中予以规定。

本次修订，明确本章的规定，原则上也可用于单层非空旷砌体房屋的抗震设计。

砌体结构房屋抗震设计的适用范围，随国家经济的发展而不断改变。89规范删去了"底部内框架砖房"的结构形式；2001规范删去了混凝土中型砌块和粉煤灰中型砌块的规定，并将"内框架砖房"限制于多排柱内框架；本次修订，考虑到"内框架砖房"已很少使用且抗震性能较低，取消了相关内容。

7.1.2 砌体房屋的高度限制，是十分敏感且深受关注的规定。基于砌体材料的脆性性质和震害经验，限

制其层数和高度是主要的抗震措施。

多层砖房的抗震能力，除依赖于横墙间距、砖和砂浆强度等级、结构的整体性和施工质量等因素外，还与房屋的总高度有直接的联系。

历次地震的宏观调查资料说明：二、三层砖房在不同烈度区的震害，比四、五层的震害轻得多，六层及六层以上的砖房在地震时震害明显加重。海城和唐山地震中，相邻的砖房，四、五层的比二、三层的破坏严重，倒塌的百分比亦高得多。

国外在地震区对砖结构房屋的高度限制较严。不少国家在 7 度及以上地震区不允许采用无筋砖结构，前苏联等国对配筋和无筋砖结构的高度和层数作了相应的限制。结合我国具体情况，砌体房屋的高度限制是指设置了构造柱的房屋高度。

多层砌块房屋的总高度限制，主要是依据计算分析、部分震害调查和足尺模型试验，并参照多层砖房确定的。

2008 局部修订时，补充了属于乙类的多层砌体结构房屋按当地设防烈度查表 7.1.2 的高度和层数控制要求。本条在 2008 年局部修订基础上作下列变动：

1 偏于安全，6 度的普通砖砌体房屋的高度和层数适当降低。

2 明确补充规定了 7 度（0.15g）和 8 度（0.30g）的高度和层数限值。

3 底部框架-抗震墙砌体房屋，不允许用于乙类建筑和 8 度（0.3g）的丙类建筑。表 7.1.2 中底部框架-抗震墙砌体房屋的最小砌体墙厚系指上部砌体房屋部分。

4 横墙较少的房屋，按规定的措施加强后，总层数和总高度不变的适用范围，比 2001 规范有所调整：扩大到丙类建筑；根据横墙较少砖砌体房屋的试设计结果，当砖墙厚度为 240mm 时，7 度（0.1g 和 0.15g）纵横墙计算承载力基本满足；8 度（0.2g）六层时纵墙承载力大多不能满足，五层时部分纵墙承载力不满足；8 度（0.3g）五层时纵横墙承载力均不能满足要求。故本次修订，规定仅 6、7 度时允许总层数和总高度不降低。

5 补充了横墙很少的多层砌体房屋的定义。对各层横墙很少的多层砌体房屋，其总层数应比横墙较少时再减少一层，由于层高的限值，总高度也有所降低。

需要注意：

表 7.1.2 的注 2 表明，房屋高度按有效数字控制。当室内外高差不大于 0.6m 时，房屋总高度限值按表中数据的有效数字控制，则意味着可比表中数据增加 0.4m；当室内外高差大于 0.6m 时，虽然房屋总高度允许比表中的数据增加不多于 1.0m，实际上其增加量只能少于 0.4m。

坡屋面阁楼层一般仍需计入房屋总高度和层数；

但属于本规范第 5.2.4 条规定的出屋面小建筑范围时，不计入层数和高度的控制范围。斜屋面下的"小建筑"通常按实际有效使用面积或重力荷载代表值小于顶层 30% 控制。

对于半地下室和全地下室的嵌固条件，仍与 2001 规范相同。

7.1.3 本条在 2008 局部修订中作了修改，以适应教学楼等需要层高 3.9m 的使用要求。约束砌体，大体上指间距接近层高的构造柱与圈梁组成的砌体、同时拉结网片符合相应的构造要求，可参见本规范第 7.3.14、7.5.4、7.5.5 条等。

对于采用约束砌体抗震墙的底框房屋，根据试设计结果，底层的层高也比 2001 规范有所减少。

7.1.4 若砌体房屋考虑整体弯曲进行验算，目前的方法即使在 7 度时，超过三层就不满足要求，与大量的地震宏观调查结果不符。实际上，多层砌体房屋一般可以不做整体弯曲验算，但为了保证房屋的稳定性，限制了其高宽比。

7.1.5 多层砌体房屋的横向地震力主要由横墙承担，地震中横墙间距大小对房屋倒塌影响很大，不仅横墙需具有足够的承载力，而且楼盖须具有传递地震力给横墙的水平刚度，本条规定是为了满足楼盖对传递水平地震力所需的刚度要求。

对于多层砖房，历来均沿用 78 规范的规定；对砌块房屋则参照多层砖房给出，且不宜采用木楼、屋盖。

纵墙承重的房屋，横墙间距同样应满足本条规定。

地震中，横墙间距大小对房屋倒塌影响很大，本次修订，考虑到原规定的抗震横墙最大间距在实际工程中一般也不需要这么大，故减小（2～3）m。

鉴于基本不采用木楼盖，将"木楼、屋盖"改为"木屋盖"。

多层砌体房屋顶层的横墙最大间距，在采用钢筋混凝土屋盖时允许适当放宽，大致指大房间平面长宽比不大于 2.5，最大抗震横墙间距不超过表 7.1.5 中数值的 1.4 倍及 18m。此时，抗震横墙除应满足抗震承载力计算要求外，相应的构造柱需要加强并至少向下延伸一层。

7.1.6 砌体房屋局部尺寸的限制，在于防止因这些部位的失效，而造成整栋结构的破坏甚至倒塌，本条系根据地震区的宏观调查资料分析规定的，如采用另增设构造柱等措施，可适当放宽。本次修订进一步明确了尺寸不足的小墙段的最小值限制。

外墙尽端指，建筑物平面凸角处（不包括外墙总长的中部局部凸折处）的外墙端头，以及建筑物平面凹角处（不包括外墙总长的中部局部凹折处）未与内墙相连的外墙端头。

7.1.7 本条对多层砌体房屋的建筑布置和结构体系

作了较详细的规定，是对本规范第 3 章关于建筑结构规则布置的补充。

根据历次地震调查统计，纵墙承重的结构布置方案，因横向支承较少，纵墙较易受弯曲破坏而导致倒塌，为此，要优先采用横墙承重的结构布置方案。

纵横墙均匀对称布置，可使各墙垛受力基本相同，避免薄弱部位的破坏。

震害调查表明，不设防震缝造成的房屋破坏，一般多只是局部的，在 7 度和 8 度地区，一些平面较复杂的一、二层房屋，其震害与平面规则的同类房屋相比，并无明显的差别，同时，考虑到设置防震缝所耗的投资较多，所以 89 规范以来，对设置防震缝的要求比 78 规范有所放宽。

楼梯间墙体缺少各层楼板的侧向支承，有时还因为楼梯踏步削弱楼梯间的墙体，尤其是楼梯间顶层，墙体有一层半楼层的高度，震害加重。因此，在建筑布置时尽量不设在尽端，或对尽端开间采取专门的加强措施。

本次修订，除按 2008 年局部修订外，有关烟道、预制挑檐板移入第 13 章。对建筑结构体系的规则性增加了下列要求：

1 为保证房屋纵向的抗震能力，并根据本规范第 3.5.3 条两个主轴方向振动特性不宜相差过大的要求，规定多层砌体的纵横向墙体数量不宜相差过大，在房屋宽度的中部（约 1/3 宽度范围）应有内纵墙，且多道内纵墙开洞后累计长度不宜小于房屋纵向长度的 60%。"宜"表示，当房屋层数很少时，还可比 60% 适当放宽。

2 避免采用混凝土墙与砌体墙混合承重的体系，防止不同材料性能的墙体被各个击破。

3 房屋转角处不应设窗，避免局部破坏严重。

4 根据汶川地震的经验，外纵墙体开洞率不应过大，宜按 55% 左右控制。

5 明确砌体结构的楼板外轮廓、开大洞、较大错层等不规则的划分，以及设计要求。考虑到砌体结构的抗震性能不及混凝土墙，相应的不规则界限比混凝土结构有所加严。

6 本条规定同一轴线（直线或弧线）上的窗间墙宽度宜均匀，包括与同一直线或弧线上墙段平行错位净距离不超过 2 倍墙厚的墙段上的窗间墙（此时错位处两墙段之间连接墙的厚度不应小于外墙厚度），在满足本规范第 7.1.6 条的局部尺寸要求的情况下，墙体的立面开洞率亦应进行控制。

7.1.8 本次修订，将 2001 规范"基本对齐"明确为"除楼梯间附近的个别墙段外"，并明确上部砌体侧向刚度应计入构造柱影响的要求。

底层采用砌体抗震墙的情况，仅允许用于 6 度设防时，且明确应采用约束砌体加强，但不应采用约束多孔砖砌体，有关的构造要求见本章第 7.5 节；6、7

度时，也允许采用配筋小砌块墙体。还需注意，砌体抗震墙应对称布置，避免或减少扭转效应，不作为抗震墙的砌体墙，应按填充墙处理，施工时后砌。

底部抗震墙的基础，不限定具体的基础形式，明确为"整体性好的基础"。

7.1.9 底部框架-抗震墙房屋的钢筋混凝土结构部分，其抗震要求原则上均应符合本规范第 6 章的要求，抗震等级与钢筋混凝土结构的框支层相当。但考虑到底部框架-抗震墙房屋高度较低，底部的钢筋混凝土抗震墙应按低矮墙或开竖缝设计，构造上有所区别。

7.2 计 算 要 点

7.2.1 砌体房屋层数不多，刚度沿高度分布一般比较均匀，并以剪切变形为主，因此可采用底部剪力法计算。底部框架-抗震墙房屋属于竖向不规则结构，层数不多，仍可采用底部剪力法简化计算，但应考虑一系列的地震作用效应调整，使之较符合实际。

自承重墙体（如横墙承重方案中的纵墙等），如按常规方法进行抗震验算，往往比承重墙还要厚，但抗震安全性的要求可以考虑降低，为此，利用 γ_{RE} 适当调整。

7.2.2 根据一般的设计经验，抗震验算时，只需对纵、横向的不利墙段进行截面验算，不利墙段为：① 承担地震作用较大的；② 竖向压应力较小的；③ 局部截面较小的墙段。

7.2.3 在楼层各墙段间进行地震剪力的分配和截面验算时，根据层间墙段的不同高宽比（一般墙段和门窗洞边的小墙段，高宽比按本条"注"的方法分别计算），分别按剪切或弯剪变形同时考虑，较符合实际情况。

砌体的墙段按门窗洞口划分、小开口墙等效刚度的计算方法等内容同 2001 规范。

本次修订明确，关于开洞率的定义及适用范围，系参照原行业标准《设置钢筋混凝土构造柱多层砖房抗震技术规程》JGJ/T 13 的相关内容得到的，该表仅适用于带构造柱的小开口墙段。当本层门窗过梁及以上墙体的合计高度小于层高的 20% 时，洞口两侧应分为不同的墙段。

7.2.4、7.2.5 底部框架-抗震墙砌体房屋是我国现阶段经济条件下特有的一种结构。强烈地震的震害表明，这类房屋设计不合理时，其底部可能发生变形集中，出现较大的侧移而破坏，甚至坍塌。近十多年来，各地进行了许多试验研究和分析计算，对这类结构有进一步的认识。但总体上仍需持谨慎的态度。其抗震计算上需注意：

1 继续保持 2001 规范对底层框架-抗震墙砌体房屋地震作用效应调整的要求。按第二层与底层侧移刚度的比例相应地增大底层的地震剪力，比例越大，增加越多，以减少底层的薄弱程度。通常，增大系数可依据刚度比用线性插值法近似确定。

底层框架-抗震墙砌体房屋，二层以上全部为砌体墙承重结构，仅底层为框架-抗震墙结构，水平地震剪力要根据对应的单层的框架-抗震墙结构中各构件的侧移刚度比例，并考虑塑性内力重分布来分配。

作用于房屋二层以上的各楼层水平地震力对底层引起的倾覆力矩，将使底层抗震墙产生附加弯矩，并使底层框架柱产生附加轴力。倾覆力矩引起构件变形的性质与水平剪力不同，本次修订，考虑实际运算的可操作性，近似地将倾覆力矩在底层框架和抗震墙之间按它们的有效侧移刚度比例分配。需注意，框架部分的倾覆力矩近似按有效侧向刚度分配计算，所承担的倾覆力矩略偏小。

2 底部两层框架-抗震墙砌体房屋的地震作用效应调整原则，同底层框架-抗震墙砌体房屋。

3 该类房屋底部托墙梁在抗震设计中的组合弯矩计算方法：

考虑到大震时墙体严重开裂，托墙梁与非抗震的墙梁受力状态有所差异，当按静力的方法考虑两端框架柱落地的托梁与上部墙体组合作用时，若计算系数不变会导致不安全，应调整计算参数。作为简化计算，偏于安全，在托墙梁上部各层墙体不开洞和跨中1/3范围内开一个洞口的情况，也可采用折减荷载的方法：托墙梁弯矩计算时，由重力荷载代表值产生的弯矩，四层以下全部计入组合，四层以上可有所折减，取不小于四层的数值计入组合；对托墙梁剪力计算时，由重力荷载产生的剪力不折减。

4 本次修订，增加考虑楼盖平面内变形影响的要求。

7.2.6 砌体材料抗震强度设计值的计算，继续保持89规范的规定：

地震作用下砌体材料的强度指标，因不同于静力，宜单独给出。其中砖砌体强度是按震害调查资料综合估算并参照部分试验给出的，砌块砌体强度则依据试验。为了方便，当前仍继续沿用静力指标。但是，强度设计值和标准值的关系则是针对抗震设计的特点按《统一标准》可靠度分析得到的，并采用调整静强度设计值的形式。

关于砌体结构抗剪承载力的计算，有两种半理论半经验的方法——主拉和剪摩。在砂浆等级≥M2.5且在$1<\sigma_0/f_v\leqslant 4$时，两种方法结果相近。本规范采用正应力影响系数的形式，将两种方法用同样的表达方式给出。

对砖砌体，此系数与89规范相同，继续沿用78规范的方法，采用在震害统计基础上的主拉公式得到，以保持规范的延续性：

$$\zeta_N = \frac{1}{1.2}\sqrt{1+0.45\sigma_0/f_v} \qquad (5)$$

对于混凝土小砌块砌体，其f_v较低，σ_0/f_v相对较大，两种方法差异也大，震害经验又较少，根据试验资料，正应力影响系数由剪摩公式得到：

$$\zeta_N = 1+0.23\sigma_0/f_v \qquad (\sigma_0/f_v \leqslant 6.5) \qquad (6)$$

$$\zeta_N = 1.52+0.15\sigma_0/f_v \qquad (6.5<\sigma_0/f_v\leqslant 16)(7)$$

本次修订，根据砌体规范f_v取值的变化，对表内数据作了调整，使f_{vE}与σ_0的函数关系基本不变。根据有关试验资料，当$\sigma_0/f_v\geqslant 16$时，小砌块砌体的正应力影响系数如仍按剪摩公式线性增加，则其值偏高，偏于不安全。因此当σ_0/f_v大于16时，小砌块砌体的正应力影响系数都按$\sigma_0/f_v=16$时取3.92。

7.2.7 继续沿用了2001规范关于设置构造柱墙段抗震承载力验算方法：

一般情况下，构造柱仍不以显式计入受剪承载力计算中，抗震承载力验算的公式与89规范完全相同。

当构造柱的截面和配筋满足一定要求后，必要时可采用显式计入墙段中部位置处构造柱对抗震承载力的提高作用。有关构造柱规程、地方规程和有关的资料，对计入构造柱承载力的计算方法有三种：其一，换算截面法，根据混凝土和砌体的弹性模量比折算，刚度和承载力均按同一比例换算，并忽略钢筋的作用；其二，并联叠加法，构造柱和砌体分别计算刚度和承载力，再将二者相加，构造柱的受剪承载力分别考虑了混凝土和钢筋的承载力，砌体的受剪承载力还考虑了小间距构造柱的约束提高作用；其三，混合法，构造柱混凝土的承载力以换算截面并入砌体截面计算受剪承载力，钢筋的作用单独计算后再叠加。在三种方法中，对承载力抗震调整系数γ_{RE}的取值各有不同。由于不同的方法均根据试验成果引入不同的经验修正系数，使计算结果彼此相差不大，但计算基本假定和概念在理论上不够理想。

收集了国内许多单位所进行的一系列两端设置、中间设置1~3根构造柱及开洞砖墙体，并有不同截面、不同配筋、不同材料强度的试验成果，通过累计百余个试验结果的统计分析，结合混凝土构件抗剪计算方法，提出了抗震承载力简化计算公式。此简化公式的主要特点是：

（1）墙段两端的构造柱对承载力的影响，仍按89规范仅采用承载力抗震调整系数γ_{RE}反映其约束作用，忽略构造柱对墙段刚度的影响，仍按门窗洞口划分墙段，使之与现行国家标准的方法有延续性。

（2）引入中部构造柱参与工作系数及构造柱对墙体的约束修正系数，本次修订时该系数取1.1时的构造柱间距由2001规范的不大于2.8m调整为3.0m，以和7.3.14条的构造措施相对应。

（3）构造柱的承载力分别考虑了混凝土和钢筋的抗剪作用，但不能随意加大混凝土的截面和钢筋的用量。

（4）该公式是简化方法，计算的结果与试验结果相比偏于保守，供必要时利用。

横墙较少房屋及外纵墙的墙设入其中部构造柱参与工作，抗震承载力可有所提高。

砖砌体横向配筋的抗剪验算公式是根据试验资料得到的。钢筋的效应系数随墙段高宽比在 0.07～0.15 之间变化，水平配筋的适用范围是 0.07%～0.17%。

本次修订，增加了同时考虑水平钢筋和中部构造柱对墙体受剪承载力贡献的简化计算方法。

7.2.8 混凝土小砌块的验算公式，系根据混凝土小砌块技术规程的基础资料，无芯柱时取 $\gamma_{RE}=1.0$ 和 $\zeta_c=0.0$，有芯柱时取 $\gamma_{RE}=0.9$，按《统一标准》的原则要求分析得到的。

2001 规范修订时进行了同时设置芯柱和构造柱的墙片试验。结果发现，只要把式（7.2.8）的芯柱截面（120mm×120mm）用构造柱截面（如 180mm×240mm）替代，芯柱钢筋截面（如 1φ12）用构造柱钢筋（如 4φ12）替代，则计算结果与试验结果基本一致。于是，2001 规范对式（7.2.8）的适用范围作了调整，也适用于同时设置芯柱和构造柱的情况。

7.2.9 底层框架-抗震墙房屋中采用砖砌体作为抗震墙时，砖墙和框架成为组合的抗侧力构件，直接引用 89 规范在试验和震害调查基础上提出的抗侧力砖填充墙的承载力计算方法。由砖抗震墙-周边框架所承担的地震作用，将通过周边框架向下传递，故底层砖抗震墙周边的框架柱还需考虑砖墙的附加轴向力和附加剪力。

本次修订，比 2001 版增加了底框房屋采用混凝土小砌块的约束砌体抗震墙承载力验算的内容。这类由混凝土边框与约束砌体墙组成的抗震构件，在满足上下层刚度比 2.5 的前提下，数量较少而需承担全楼层 100% 的地震剪力（6 度时约为全楼总重力的 4%）。因此，虽然仅适用于 6 度设防，为判断其安全性，仍应进行抗震验算。

7.3　多层砖砌体房屋抗震构造措施

7.3.1、7.3.2 钢筋混凝土构造柱在多层砖砌体结构中的应用，根据历次大地震的经验和大量试验研究，得到了比较一致的结论，即：①构造柱能够提高砌体的受剪承载力 10%～30% 左右，提高幅度与墙体高宽比、竖向压力和开洞情况有关；②构造柱主要是对砌体起约束作用，使之有较高的变形能力；③构造柱应当设置在震害较重、连接构造比较薄弱和易于应力集中的部位。

本次修订继续保持 2001 规范的规定，根据房屋的用途、结构部位、烈度和承担地震作用的大小来设置构造柱。当房屋高度接近本规范表 7.1.2 的总高度

和层数限值时，纵、横墙中构造柱间距的要求不变。对较长的纵、横墙需有构造柱来加强墙体的约束和抗倒塌能力。

由于钢筋混凝土构造柱的作用主要在于对墙体的约束，构造上截面不必很大，但需与各层纵横墙的圈梁或现浇楼板连接，才能发挥约束作用。

为保证钢筋混凝土构造柱的施工质量，构造柱须有外露面。一般利用马牙槎外露即可。

当 6、7 度房屋的层数少于本规范表 7.2.1 规定时，如 6 度二、三层和 7 度二层且横墙较多的丙类房屋，只要合理设计、施工质量好，在地震时可到达预期的设防目标，本规范对其构造柱设置未作强制性要求。注意到构造柱有利于提高砌体房屋抗地震倒塌能力，这些低层、小规模且设防烈度低的房屋，可根据具体条件和可能适当设置构造柱。

2008 年局部修订时，增加了不规则平面的外墙对应转角（凸角）处设置构造柱的要求；楼梯斜段上下端对应墙体处增加四根构造柱，与在楼梯间四角设置的构造柱合计有八根构造柱，再与本规范 7.3.8 条规定的楼层半高的钢筋混凝土带等可组成应急疏散安全岛。

本次修订，在 2008 年局部修订的基础上作下列修改：

①文字修改，明确适用于各类砖砌体，包括蒸压砖、烧结砖和混凝土砖。

②对横墙很少的多层砌体房屋，明确按增加二层的层数设置构造柱。

③调整了 6 度设防时 7 层砖房的构造柱设置要求。

④提高了隔 15m 内横墙与外纵墙交接处设置构造柱的要求，调整至 12m；同时增加了楼梯间对应的另一侧内横墙与外纵墙交接处设置构造柱的要求。间隔 12m 和楼梯间相对的内外墙交接处的要求二者取一。

⑤增加了较大洞口的说明。对于内外墙交接处的外墙小墙段，其两端存在较大洞口时，在内外墙交接处按规定设置构造柱，考虑到施工时难以在一个不大的墙段内设置三根构造柱，墙段两端可不再设置构造柱，但小墙段的墙体需要加强，如拉结钢筋网片通长设置，间距加密。

⑥原规定拉结筋每边伸入墙内不小于 1m，构造柱间距 4m，中间只剩下 2m 无拉结筋。为加强下部楼层墙体的抗震性能，本次修订将下部楼层构造柱间的拉结筋贯通，拉结筋与 φ4 钢筋在平面内点焊组成拉结网片，提高抗倒塌能力。

7.3.3、7.3.4 圈梁能增强房屋的整体性，提高房屋的抗震能力，是抗震的有效措施，本次修订，提高了对楼层内横墙圈梁间距的要求，以增强房屋的整体性能。

74、78 规范根据震害调查结果，明确现浇钢筋混凝土楼盖不需要设置圈梁。89 规范和 2001 规范均规定，现浇或装配整体式钢筋混凝土楼、屋盖与墙体有可靠连接的房屋，允许不另设圈梁，但为加强砌体房屋的整体性，楼板沿抗震墙体周边均应加强配筋并应与相应的构造柱钢筋可靠连接。

圈梁的截面和配筋等构造要求，与 2001 规范保持一致。

7.3.5、7.3.6 砌体房屋楼、屋盖的抗震构造要求，包括楼板搁置长度，楼板与圈梁、墙体的拉结，屋架（梁）与墙、柱的锚固、拉结等等，是保证楼、屋盖与墙体整体性的重要措施。

本次修订，在 2008 年局部修订的基础上，提高了 6～8 度时预制板相互拉结的要求，同时取消了独立砖柱的做法。在装配式楼板伸入墙（梁）内长度的规定中，明确了硬架支模的做法（硬架支模的施工方法是：先架设梁或圈梁的模板，再将预制楼板支承在具有一定刚度的硬支架上，然后浇筑梁、圈梁、现浇叠合层等的混凝土）。

组合砌体的定义见砌体设计规范。

7.3.7 由于砌体材料的特性，较大的房间在地震中会加重破坏程度，需要局部加强墙体的连接构造要求。本次修订，将拉结筋的长度改为通长，并明确为拉结网片。

7.3.8 历次地震震害表明，楼梯间由于比较空旷常常破坏严重，必须采取一系列有效措施。本条在 2008 年局部修订时改为强制性条文。本次修订增加 8、9 度时不应采用装配式楼梯段的要求。

突出屋顶的楼、电梯间，地震中受到较大的地震作用，因此在构造措施上也需要特别加强。

7.3.9 坡屋顶与平屋顶相比，震害有明显差别。硬山搁檩的做法不利于抗震，2001 规范修订提高了硬山搁檩的构造要求。屋架的支撑应保证屋架的纵向稳定。出入口处要加强屋盖构件的连接和锚固，以防脱落伤人。

7.3.10 砌体结构中的过梁应采用钢筋混凝土过梁，本次修订，明确不能采用砖过梁，不论是配筋还是无筋。

7.3.11 预制的悬挑构件，特别是较大跨度时，需要加强与现浇构件的连接，以增强稳定性。本次修订，对预制阳台的限制有所加严。

7.3.12 本次修订，将 2001 规范第 7.1.7 条有关风道等非结构构件的规定移入第 13 章。

7.3.13 房屋的同一独立单元中，基础底面最好处于同一标高，否则易因地面运动传递到基础不同标高处而造成震害。如有困难时，则应设基础圈梁并放坡逐步过渡，不宜有高差上的过大突变。

对于软弱地基上的房屋，按本规范第 3 章的原则，应在外墙及所有承重墙下设置基础圈梁，以增强抵抗不均匀沉陷和加强房屋基础部分的整体性。

7.3.14 本条对应于本规范第 7.1.2 条第 3 款，2001 规范规定为住宅类房屋，本次修订扩大为所有丙类建筑中横墙较少的多层砌体房屋（6、7 度时）。对于横墙间距大于 4.2m 的房间超过楼层总面积 40% 且房屋总高度和层数接近本章表 7.1.2 规定限值的砌体房屋，其抗震设计方法大致包括以下方面：

（1）墙体的布置和开洞大小不妨碍纵横墙的整体连接的要求；

（2）楼、屋盖结构采用现浇钢筋混凝土板等加强整体性的构造要求；

（3）增设满足截面和配筋要求的钢筋混凝土构造柱并控制其间距、在房屋底层和顶层沿楼层半高处设置现浇钢筋混凝土带，并增大配筋数量，以形成约束砌体墙段的要求；

（4）按本规范 7.2.7 条第 3 款计入墙段中部钢筋混凝土构造柱的承载力。

本次修订，根据试设计结果，要求横墙较少时构造柱的间距，纵横墙均不大于 3m。

7.4 多层砌块房屋抗震构造措施

7.4.1、7.4.2 为了增加混凝土小型空心砌块砌体房屋的整体性和延性，提高其抗震能力，结合空心砌块的特点，规定了在墙体的适当部位设置钢筋混凝土芯柱的构造措施。这些芯柱设置要求均比砖房构造柱设置严格，且芯柱与墙体的连接要采用钢筋网片。

芯柱伸入室外地面下 500mm，地下部分为砖砌体时，可采用类似于构造柱的方法。

本次修订，按多层砖房的本规范表 7.3.1 的要求，增加了楼、电梯间的芯柱或构造柱的布置要求；并补充 9 度的设置要求。

砌块房屋墙体交接处、墙体与构造柱、芯柱的连接，均要设钢筋网片，保证连接的有效性。本次修订，将原 7.4.5 条有关拉结钢筋网片设置要求调整至本规范第 7.4.2、7.4.3 条中。要求拉结钢筋网片沿墙体水平通长设置。为加强下部楼层墙体的抗震性能，将下部楼层墙体的拉结钢筋网片沿墙高的间距加密，提高抗倒塌能力。

7.4.3 本条规定了替代芯柱的构造柱的基本要求，与砖房的构造柱规定大致相同。小砌块墙体在马牙槎部位浇灌混凝土后，需形成无插筋的芯柱。

试验表明，在墙体交接处用构造柱代替芯柱，可较大程度地提高对砌块砌体的约束能力，也为施工带来方便。

7.4.4 本次修订，小砌块房屋的圈梁设置位置的要求同砖砌体房屋，直接引用而不重复。

7.4.5 根据振动台模拟试验的结果，作为砌块房屋的层数和高度达到与普通砖房屋相同的加强措施之一，在房屋的底层和顶层，沿楼层半高处增设一道通长的现浇钢筋混凝土带，以增强结构抗震的整体性。

本次修订，补充了可采用槽形砌块作为模板的做法，便于施工。

7.4.6 本条为新增条文。与多层砖砌体横墙较少的房屋一样，当房屋高度和层数接近或达到本规范表7.1.2的规定限值，丙类建筑中横墙较少的多层小砌块房屋应满足本章第7.3.14条的相关要求。本条对墙体中部替代增设构造柱的芯柱给出了具体规定。

7.4.7 砌块砌体房屋楼盖、屋盖、楼梯间、门窗过梁和基础等的抗震构造要求，则基本上与多层砖房相同。其中，墙体的拉结构造，沿墙体竖向间距按砌块模数修改。

7.5 底部框架-抗震墙砌体房屋抗震构造措施

7.5.1 总体上看，底部框架-抗震墙砌体房屋比多层砌体房屋抗震性能稍弱，因此构造柱的设置要求更严格。本次修订，增加了上部为混凝土小砌块砌体墙的相关要求。上部小砌块墙体内代替芯柱的构造柱，考虑到模数的原因，构造柱截面不再加大。

7.5.2 本条为新增条文。过渡层即与底部框架-抗震墙相邻的上一砌体楼层，其在地震时破坏较重，因此，本次修订将关于过渡层的要求集中在一条内叙述并予以特别加强。

1 增加了过渡层墙体为混凝土小砌块砌体墙时芯柱设置及插筋的要求。

2 加强了过渡层构造柱或芯柱的设置间距要求。

3 过渡层构造柱纵向钢筋配置的最小要求，增加了6度时的加强要求，8度时考虑到构造柱纵筋根数与其截面的匹配性，统一取为4根。

4 增加了过渡层墙体在窗台标高处设置通长水平现浇钢筋混凝土带的要求；加强了墙体与构造柱或芯柱拉结措施。

5 过渡层墙体开洞较大时，要求在洞口两侧增设构造柱或单孔芯柱。

6 对于底部次梁转换的情况，过渡层墙体应另外采取加强措施。

7.5.3 底框房屋中的钢筋混凝土抗震墙，是底部的主要抗侧力构件，而且往往为低矮抗震墙。对其构造上提出了更为严格的要求，以加强抗震能力。

由于底框中的混凝土抗震墙为带边框的抗震墙且总高度不超过二层，其边缘构件只需要满足构造边缘构件的要求。

7.5.4 对6度底层采用砌体抗震墙的底框房屋，补充了约束砖砌体抗震墙的构造要求，切实加强砖抗震墙的抗震能力，并在使用中不致随意拆除更换。

7.5.5 本条是新增的，主要适用于6度设防时上部为小砌块墙体的底层框架-抗震墙砌体房屋。

7.5.6 本条是新增的。规定底框房屋的框架柱不同于一般框架-抗震墙结构中的框架柱的要求，大体上接近框支柱的有关要求。柱的轴压比、纵向钢筋和箍筋要求，参照本规范第6章对框架结构柱的要求，同时箍筋全高加密。

7.5.7 底部框架-抗震墙房屋的底部与上部各层的抗侧力结构体系不同，为使楼盖具有传递水平地震力的刚度，要求过渡层的底板为现浇钢筋混凝土板。

底部框架-抗震墙砌体房屋上部各层对楼盖的要求，同多层砖房。

7.5.8 底部框架的托墙梁是极其重要的受力构件，根据有关试验资料和工程经验，对其构造作了较多的规定。

7.5.9 针对底框房屋在结构上的特殊性，提出了有别于一般多层房屋的材料强度等级要求。本次修订，提高了过渡层砌筑砂浆强度等级的要求。

附录 F 配筋混凝土小型空心砌块抗震墙房屋抗震设计要求

F.1 一般规定

F.1.1 国内外有关试验研究结果表明，配筋混凝土小砌块抗震墙的最小分布钢筋仅为混凝土抗震墙的一半，但承载力明显高于普通砌体，而竖向和水平灰缝使其具有较大的耗能能力，结构的设计计算方法与钢筋混凝土抗震墙结构基本相似。从安全、经济诸方面综合考虑，对于满灌的配筋混凝土小砌块抗震墙房屋，本附录所适用高度可比 2001 规范适当增加，同时补充了 7 度（0.15g）、8 度（0.30g）和 9 度的有关规定。当横墙较少时，类似多层砌体房屋，也要求其适用高度有所降低。

当经过专门研究，有可靠技术依据，采取必要的加强措施，按住房和城乡建设部的有关规定进行专项审查，房屋高度可以适当增加。

配筋混凝土小砌块房屋高宽比限制在一定范围内时，有利于房屋的稳定性，减少房屋发生整体弯曲破坏的可能性。配筋砌块砌体抗震墙抗拉相对不利，限制房屋高宽比，可使墙肢在多遇地震下不致出现小偏心受拉状况，本次修订对 6 度时的高宽比限制适当加严。根据试验研究和计算分析，当房屋的平面布置和竖向布置不规则时，会增大房屋的地震反应，应适当减小房屋高宽比以保证在地震作用下结构不会发生整体弯曲破坏。

F.1.2 配筋小砌块砌体抗震墙房屋的抗震等级是确定其抗震措施的重要设计参数，依据抗震设防分类、烈度和房屋高度等划分抗震等级。本次修订，参照现浇钢筋混凝土房屋以 24m 为界划分抗震等级的规定，对 2001规范的规定作了调整，并增加了 9 度的有关规定。

F.1.3 根据本规范第3.4节的规则性要求，提出配筋混凝土小砌块房屋平面和竖向布置简单、规则、抗震墙拉通对直的要求，从结构体型的设计上保证房屋具有较好的抗震性能。

本次修订，对墙肢长度提出了具体的要求。考虑到抗震墙结构应具有延性，高宽比大于2的延性抗震墙，可避免脆性的剪切破坏，要求墙段的长度（即墙段截面高度）不宜大于8m。当墙很长时，可通过开设洞口将长墙分成长度较小、较均匀的超静定次数较高的联肢墙，洞口连梁宜采用约束弯矩较小的弱连梁（其跨高比宜大于6）。由于配筋小砌块砌体抗震墙的竖向钢筋设置在砌块孔洞内（距墙端约100mm），墙肢长度很短时很难充分发挥作用，因此设计时墙肢长度也不宜过短。

楼、屋盖平面内的变形，将影响楼层水平地震作用在各抗侧力构件之间的分配，为了保证配筋小砌块砌体抗震墙结构房屋的整体性，楼、屋盖宜采用现浇钢筋混凝土楼、屋盖，横墙间距也不应过大，使楼盖具备传递地震力给横墙所需的水平刚度。

根据试验研究结果，由于配筋小砌块砌体抗震墙存在水平灰缝和垂直灰缝，其结构整体刚度小于钢筋混凝土抗震墙，因此防震缝的宽度要大于钢筋混凝土抗震墙房屋。

F.1.4 本条是新增条文。试验研究表明，抗震墙的高度对抗震墙出平面偏心受压强度和变形有直接关系，控制层高主要是为了保证抗震墙出平面的强度、刚度和稳定性。由于小砌块墙体的厚度是190mm，当房屋的层高为3.2m～4.8m时，与现浇钢筋混凝土抗震墙的要求基本相当。

F.1.5 本条是新增条文，对配筋小砌块砌体抗震墙房屋中的短肢墙布置作了规定。虽然短肢抗震墙有利于建筑布置，能扩大使用空间，减轻结构自重，但是其抗震性能较差，因此在整个结构中应设置足够数量的一般抗震墙，形成以一般抗震墙为主、短肢抗震墙与一般抗震墙相结合共同抵抗水平力的结构体系，保证房屋的抗震能力。本条参照有关规定，对短肢抗震墙截面面积与同一层内所有抗震墙截面面积的比例作了规定。

一字形短肢抗震墙的延性及平面外稳定均相对较差，因此规定不宜布置单侧楼、屋面梁与之平面外垂直或斜交，同时要求短肢抗震墙应尽可能设置翼缘，保证短肢抗震墙具有适当的抗震能力。

F.2 计 算 要 点

F.2.1 本条是新增条文。配筋小砌块砌体抗震墙存在水平灰缝和垂直灰缝，在地震作用下具有较好的耗能能力，而且灌孔砌体的强度和弹性模量也要低于相对应的混凝土，其变形比普通钢筋混凝土抗震墙大。根据同济大学、哈尔滨工业大学、湖南大学等有关单位的试验研究结果，综合参考了钢筋混凝土抗震墙弹性层间位移角限值，规定了配筋小砌块砌体抗震墙结

构在多遇地震作用下的弹性层间位移角限值为1/800，底层承受的剪力最大且主要是剪切变形，其弹性层间位移角限值要求相对较高，取1/1200。

F.2.2～F.2.7 配筋小砌块砌体抗震墙房屋的抗震计算分析，包括内力调整和截面应力计算方法，大多参照钢筋混凝土结构的有关规定，并针对配筋小砌块砌体结构的特点做了修改。

在配筋小砌块砌体抗震墙房屋抗震设计计算中，抗震墙底部的荷载作用效应最大，因此应根据计算分析结果，对底部截面的组合剪力设计值采用按不同抗震等级确定剪力放大系数的形式进行调整，以使房屋的最不利截面得到加强。

条文中规定配筋小砌块砌体抗震墙的截面抗剪能力限制条件，是为了规定抗震墙截面尺寸的最小值，或者说是限制了抗震墙截面的最大名义剪应力值。试验研究结果表明，抗震墙的名义剪应力过高，灌孔砌体会在早期出现斜裂缝，水平抗剪钢筋不能充分发挥作用，即使配置很多水平抗剪钢筋，也不能有效地提高抗震墙的抗剪能力。

配筋小砌块砌体抗震墙截面应力控制值，类似于混凝土抗压强度设计值，采用"灌孔小砌块砌体"的抗压强度，它不同于砌体抗压强度，也不同于混凝土抗压强度。

配筋小砌块砌体抗震墙截面受剪承载力由砌体、竖向和水平分布筋三者共同承担，为使水平分布钢筋不致过小，要求水平分布筋应承担一半以上的水平剪力。

配筋小砌块砌体由于受其块型、砌筑方法和配筋方式的影响，不适宜做跨高比较大的梁构件。而在配筋小砌块砌体抗震墙结构中，连梁是保证房屋整体性的重要构件，为了保证连梁与抗震墙节点处在弯曲屈服前不会出现剪切破坏和具有适当的刚度和承载能力，对于跨高比大于2.5的连梁宜采用受力性能更好的钢筋混凝土连梁，以确保连梁构件的"强剪弱弯"。对于跨高比小于2.5的连梁（主要指窗下墙部分），新增了允许采用配筋小砌块砌体连梁的规定。

F.3 抗震构造措施

F.3.1 灌孔混凝土是指由水泥、砂、石等主要原材料配制的大流动性细石混凝土，石子粒径控制在（5～16）mm之间，坍落度控制在（230～250）mm。过高的灌孔混凝土强度与混凝土小砌块块材的强度不匹配，由此组成的灌孔砌体的性能不能充分发挥，而且低强度的灌孔混凝土其和易性也较差，施工质量无法保证。

F.3.2 本条是新增条文。配筋小砌块砌体抗震墙是一个整体，必须全部灌孔。在配筋小砌块砌体抗震墙结构的房屋中，允许有部分墙体不灌孔，但不灌孔的墙体只能按填充墙对待并后砌。

F.3.3 本条根据有关的试验研究结果、配筋小砌块砌体的特点和试点工程的经验，并参照了国内外相应的规范等资料，规定了配筋小砌块砌体抗震墙中配筋的最低构造要求。本次修改把原条文规定改为表格形式，同时对抗震等级为一、二级的配筋要求略有提高，并新增加了9度的配筋率不应小于 0.2% 的规定。

F.3.4 配筋小砌块砌体抗震墙在重力荷载代表值作用下的轴压比控制是为了保证配筋小砌块砌体在水平荷载作用下的延性和强度的发挥，同时也是为了防止墙片截面过小、配筋率过高，保证抗震墙结构延性。本次修订对一般墙、短肢墙、一字形短肢墙的轴压比限值做了区别对待；由于短肢墙和无翼缘的一字形短肢墙的抗震性能较差，因此其轴压比限值更为严格。

F.3.5 在配筋小砌块砌体抗震墙结构中，边缘构件在提高墙体承载力方面和变形能力方面的作用都非常明显，因此参照混凝土抗震墙结构边缘构件设置的要求，结合配筋小砌块砌体抗震墙的特点，规定了边缘构件的配筋要求。

配筋小砌块砌体抗震墙的水平筋放置于砌块横肋的凹槽和灰缝中，直径不小于 6mm 且不大于 8mm 比较合适。因此一级的水平筋最小直径为 φ8，二～四级为 φ6，为了适当弥补钢筋直径小的影响，抗震等级为一、二、三级时，应采用不低于 HRB335 级的热轧钢筋。

本次修订，还增加了一、二级抗震墙的底部加强部位设置约束边缘构件的要求。当房屋高度接近本附录表 F.1.1-1 的限值时，也可以采用钢筋混凝土边框柱作为约束边缘构件来加强对墙体的约束，边框柱截面沿墙体方向的长度可取 400mm。在设计时还应注意，过于强大的边框柱可能会造成墙体与边框柱的受力和变形不协调，使边框柱和配筋小砌块墙体的连接处开裂，影响整片墙体的抗震性能。

F.3.6 根据配筋小砌块砌体抗震墙的施工特点，墙内的竖向钢筋布置无法绑扎搭接，钢筋的搭接长度应比普通混凝土构件的搭接长度长些。

F.3.7 本条是新增条文，规定了水平分布钢筋的锚固要求。根据国内外有关试验研究成果，砌块砌体抗震墙的水平钢筋，当采用围绕墙端竖向钢筋 180°加 12d 延长段锚固时，施工难度较大，而一般做法可将该水平钢筋末端弯钩锚于灌孔混凝土中，弯入长度不小于 200mm，在试验中发现这样的弯折锚固长度已能保证该水平钢筋能达到屈服。因此，考虑不同的抗震等级和施工因素，分别规定相应的锚固长度。

F.3.8 本条是根据国内外试验研究成果和经验、以及配筋砌块砌体连梁的特点而制定的。

F.3.9 本次修订，进一步细化了对圈梁的构造要求。在配筋小砌块砌体抗震墙和楼、屋盖的结合处设置钢筋混凝土圈梁，可进一步增加结构的整体性，同时该圈梁也可作为建筑竖向尺寸调整的手段。钢筋混凝土圈梁作为配筋小砌块砌体抗震墙的一部分，其强度应和灌孔小砌块砌体强度基本一致，相互匹配，其纵筋配筋量不应小于配筋小砌块砌体抗震墙水平筋的数量，其腰筋间距不应大于配筋小砌块砌体抗震墙水平筋间距，并宜适当加密。

F.3.10 对于预制板的楼盖，配筋混凝土小型空心砌块砌体抗震墙房屋与其他结构类型房屋一样，均要求楼、屋盖有足够的刚度和整体性。

8 多层和高层钢结构房屋

8.1 一 般 规 定

8.1.1 本章主要适用于民用建筑，多层工业建筑不同于民用建筑的部分，由附录 H 予以规定。用冷弯薄壁型钢作为主要承重结构的房屋，构件截面较小，自重较轻，可不执行本章的规定。

本章不适用于上层为钢结构下层为钢筋混凝土结构的混合型结构。对于混凝土核心筒-钢框架混合结构，在美国主要用于非抗震设防区，且认为不宜大于 150m。在日本，1992 年建了两幢，其高度分别为 78m 和 107m，结合这两项工程开展了一些研究，但并未推广。据报道，日本规定采用这类体系要经建筑中心评定和建设大臣批准。

我国自 20 世纪 80 年代在当时不设防的上海希尔顿酒店采用混合结构以来，应用较多，除大量应用于 7 度和 6 度地区外，也用于 8 度地区。由于这种体系主要由混凝土核心筒承担地震作用，钢框架和混凝土筒的侧向刚度差异较大，国内对其抗震性能虽有一些研究，尚不够完善。本次修订，将混凝土核心筒-钢框架结构做了一些原则性的规定，列入附录 G 第 G.2 节中。

本次修订，将框架-偏心支撑（延性墙板）单列，有利于促进它的推广应用。筒体和巨型框架以及框架-偏心支撑的适用最大高度，与国内现有建筑已达到的高度相比是保守的，需结合超限审查要求确定。AISC 抗震规程对 B、C 等级（大致相当于我国 0.10g 及以下）的结构，不要求执行规定的抗震构造措施，明显放宽。据此，对 7 度按设计基本地震加速度划分。对 8 度也按设计基本地震加速度作了划分。

8.1.2 国外 20 世纪 70 年代及以前建造的高层钢结构，高宽比较大的，如纽约世界贸易中心双塔，为 6.6，其他建筑很少超过此值。注意到美国东部的地震烈度很小，《高层民用建筑钢结构技术规程》JGJ 99 据此对高宽比作了规定。本规范考虑到市场经济发展的现实，在合理的前提下比高层钢结构规程适当放宽高宽比要求。

本次修订，按《高层民用建筑钢结构技术规程》

JGJ 99 增加了表注，规定了底部有大底盘的房屋高度的取法。

8.1.3 将 2001 规范对不同烈度、不同层数所规定的"作用效应调整系数"和"抗震构造措施"共 7 种，调整、归纳、整理为四个不同的要求，称之为抗震等级。2001 规范以 12 层为界区分改为 50m 为界。对 6 度高度不超过 50m 的钢结构，与 2001 规范相同，其"作用效应调整系数"和"抗震构造措施"可按非抗震设计执行。

不同的抗震等级，体现不同的延性要求。可借鉴国外相应的抗震规范，如欧洲 Eurocode8、美国 AISC、日本 BCJ 的高、中、低等延性要求的规定。而且，按抗震设计等能量的概念，当构件的承载力明显提高，能满足烈度高一度的地震作用的要求时，延性要求可适当降低，故允许降低其抗震等级。

甲、乙类设防的建筑结构，其抗震设防标准的确定，按现行国家标准《建筑工程抗震设防分类标准》GB 50223 的规定处理，不再重复。

8.1.5 本次修订，将 2001 规范的 12 层和烈度的划分方法改为抗震等级划分。所以本章对钢结构房屋的抗震措施，一般以抗震等级区分。凡未注明的规定，则各种高度、各种烈度的钢结构房屋均应遵守。

本次修订，补充了控制单跨框架结构适用范围的要求。

8.1.6 三、四级且高度不大于 50m 的钢结构房屋宜优先采用交叉支撑，它可按拉杆设计，较经济。若采用受压支撑，其长细比及板件宽厚比应符合有关规定。

大量研究表明，偏心支撑具有弹性阶段刚度接近中心支撑框架，弹塑性阶段的延性和消能能力接近延性框架的特点，是一种良好的抗震结构。常用的偏心支撑形式如图 19 所示。

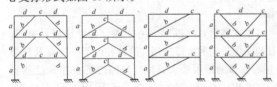

图 19 偏心支撑示意图
a—柱；b—支撑；c—消能梁段；d—其他梁段

偏心支撑框架的设计原则是强柱、强支撑和弱消能梁段，即在大震时消能梁段屈服形成塑性铰，且具有稳定的滞回性能，即使消能梁段进入应变硬化阶段，支撑斜杆、柱和其余梁段仍保持弹性。因此，每根斜杆只能在一端与消能梁段连接，若两端均与消能梁段相连，则可能一端的消能梁段屈服，另一端消能梁段不屈服，使偏心支撑的承载力和消能能力降低。

本次修订，考虑了设置屈曲约束支撑框架的情况。屈曲约束支撑是由芯材、约束芯材屈曲的套管

和位于芯材和套管间的无粘结材料及填充材料组成的一种支撑构件。这是一种受拉时同普通支撑而受压时承载力与受拉时相当且具有某种消能机制的支撑，采用单斜杆布置时宜成对设置。屈曲约束支撑在多遇地震下不发生屈曲，可按中心支撑设计；与 V 形、Λ 形支撑相连的框架梁可不考虑支撑屈曲引起的竖向不平衡力。此时，需要控制屈曲约束支撑轴力设计值：

$$N \leqslant 0.9 N_{ysc} / \eta_y$$

$$N_{ysc} = \eta_y f_{ay} A_1$$

式中：N——屈曲约束支撑轴力设计值；

N_{ysc}——芯板的受拉或受压屈服承载力，根据芯材约束屈服段的截面面积来计算；

A_1——约束屈服段的钢材截面面积；

f_{ay}——芯板钢材的屈服强度标准值；

η_y——芯板钢材的超强系数，Q235 取 1.25，Q195 取 1.15，低屈服点钢材（$f_{ay} < 160$）取 1.1，其实测值不应大于上述数值的 15%。

作为消能构件时，其设计参数、性能检验、计算方法的具体要求需按专门的规定执行，主要内容如下：

1 屈曲约束支撑的性能要求：

1）芯材钢材应有明显的屈服台阶，屈服强度不宜大于 235kN/mm²，伸长率不应小于 25%；

2）钢套管的弹性屈曲承载力不宜小于屈曲约束支撑极限承载力计算值的 1.2 倍；

3）屈曲约束支撑应能在 2 倍设计层间位移角的情况下，限制芯材的局部和整体屈曲。

2 屈曲约束支撑应按照同一工程中支撑的构造形式、约束屈服段材料和屈服承载力分类进行抽样试验检验，构造形式和约束屈服段材料相同且屈服承载力在 50% 至 150% 范围内的屈曲约束支撑划分为同一类别。每种类别抽样比例为 2%，且不少于一根。试验时，依次在 1/300，1/200，1/150，1/100 支撑长度的拉伸和压缩往复各 3 次变形。试验得到的滞回曲线应稳定、饱满，具有正的增量刚度，且最后一级变形第 3 次循环的承载力不低于历经最大承载力的 85%，历经最大承载力不高于屈曲约束支撑极限承载力计算值的 1.1 倍。

3 计算方法可按照位移型阻尼器的相关规定执行。

8.1.9 支撑桁架沿竖向连续布置，可使层间刚度变化较均匀。支撑桁架需延伸到地下室，不可因建筑方面的要求而在地下室移动位置。支撑在地下室是否改为混凝土抗震墙形式，与是否设置钢骨混凝土结构层有关，设置钢骨混凝土结构层时采用混凝土墙较协

调。该抗震墙是否由钢支撑外包混凝土构成还是采用混凝土墙，由设计确定。

日本在高层钢结构的下部（地下室）设钢骨混凝土结构层，目的是使内力传递平稳，保证柱脚的嵌固性，增加建筑底部刚性、整体性和抗倾覆稳定性；而美国无此要求。本规范对此不作规定。

多层钢结构与高层钢结构不同，根据工程情况可设置或不设置地下室。当设置地下室时，房屋一般较高，钢框架柱宜伸至地下一层。

钢结构的基础埋置深度，参照高层混凝土结构的规定和上海的工程经验确定。

8.2 计 算 要 点

8.2.1 钢结构构件按地震组合内力设计值进行抗震验算时，钢材的各种强度设计值需除以本规范规定的承载力抗震调整系数 γ_{RE}，以体现钢材动静强度和抗震设计与非抗震设计可靠指标的不同。国外采用许用应力设计的规范中，考虑地震组合时钢材的强度通常规定提高 1/3 或 30%，与本规范 γ_{RE} 的作用类似。

8.2.2 2001 规范的钢结构阻尼比偏严，本次修订依据试验结果适当放宽。采用屈曲约束支撑的钢结构，阻尼比按本规范第 12 章消能减震结构的规定采用。

采用该阻尼比后，地震影响系数均按本规范第 5 章的规定采用。

8.2.3 本条规定了钢结构内力和变形分析的一些原则要求。

1 钢结构考虑二阶效应的计算，《钢结构设计规范》GB 50017-2003 第 3.2.8 条的规定，应计入构件初始缺陷（初倾斜、初弯曲、残余应力等）对内力的影响，其影响程度可通过在框架每层柱顶作用有附加的假想水平力来体现。

2 对工字形截面柱，美国 NEHRP 抗震设计手册（第二版）2000 年节点域考虑剪切变形的方法如下，可供参考：

考虑节点域剪切变形对层间位移角的影响，可近似将所得层间位移角与由节点域在相应楼层设计弯矩下的剪切变形角平均值相加求得。节点域剪切变形角的楼层平均值可按下式计算。

$$\Delta\gamma_i = \frac{1}{n}\sum\frac{M_{j,i}}{GV_{pe,ji}}, \quad (j = 1,2,\cdots n)$$

式中：$\Delta\gamma_i$——第 i 层钢框架在所考虑的受弯平面内节点域剪切变形引起的变形角平均值；

$M_{j,i}$——第 i 层框架的第 j 个节点域在所考虑的受弯平面内的不平衡弯矩，由框架分析得出，即 $M_{ji} = M_{b1} + M_{b2}$；

$V_{pe,ji}$——第 i 层框架的第 j 个节点域的有效体积；

M_{b1}、M_{b2}——分别为受弯平面内第 i 层第 j 个节点域左、右梁端同方向地震作用组合下的弯矩设计值。

对箱形截面柱节点域变形较小，其对框架位移的影响可略去不计。

3 本款修订依据多道防线的概念设计，框架-支撑体系中，支撑框架是第一道防线，在强烈地震中支撑先屈服，内力重分布使框架部分承担的地震剪力必需增大，二者之和应大于弹性计算的总剪力；如果调整的结果框架部分承担的地震剪力不适当增大，则不是"双重体系"而是按刚度分配的结构体系。美国 IBC 规范中，这两种体系的延性折减系数是不同的，适用高度也不同。日本在钢支撑-框架结构设计中，去掉支撑的纯框架按总剪力的 40% 设计，远大于 25% 总剪力。这一规定体现了多道设防的原则，抗震分析时可通过框架部分的楼层剪力调整系数来实现，也可采用删去支撑框架进行计算来实现。

4 为使偏心支撑框架仅在耗能梁段屈服，支撑斜杆、柱和非耗能梁段的内力设计值应根据耗能梁段屈服时的内力确定并考虑耗能梁段的实际有效超强系数，再根据各构件的承载力抗震调整系数，确定斜杆、柱和非耗能梁段保持弹性所需的承载力。2005 AISC 抗震规程规定，位于消能梁段同一跨的框架梁和框架柱的内力设计值增大系数不小于 1.1，支撑斜杆的内力增大系数不小于 1.25。据此，对 2001 规范的规定适当调整，梁和柱由原来的 8 度不小于 1.5 和 9 度不小于 1.6 调整为二级不小于 1.2 和一级不小于 1.3，支撑斜杆由原来的 8 度不小于 1.4 和 9 度不小于 1.5 调整为二级不小于 1.3 和一级不小于 1.4。

8.2.5 本条是实现"强柱弱梁"抗震概念设计的基本要求。

1 轴压比较小时可不验算强柱弱梁。条文所要求的是按 2 倍的小震地震作用的地震组合得出的内力设计值，而不是取小震地震组合轴向力的 2 倍。

参考美国规定增加了梁端塑性铰外移的强柱弱梁验算公式。骨形连接（RBS）连接的塑性铰至柱面距离，参考 FEMA350 的规定，取 $(0.5\sim0.75)b_f + (0.65\sim0.85)h_b/2$（其中，$b_f$ 和 h_b 分别为梁翼缘宽度和梁截面高度）；梁端扩大型和加盖板的连接按日本规定，取净跨的 1/10 和梁高二者的较大值。强柱系数建议以 7 度（0.10g）作为低烈度区分界，大致相当于 AISC 的等级 C，按 AISC 抗震规程，等级 B、C 是低烈度区，可不执行该标准规定的抗震构造措施。强柱系数实际上已隐含系数 1.15。本次修订，只是将强柱系数，按抗震等级作了相应的划分，基本维持了 2001 规范的数值。

2 关于节点域。日本规定节点板域尺寸自梁柱翼缘中心线算起，AISC 的节点域稳定公式规定自翼缘内侧算起。本次修订，拟取自翼缘中心线算起。

美国节点板域稳定公式为高度和宽度之和除以90，历次修订此式未变；我国同济大学和哈尔滨工业大学做过试验，结果都是 1/70，考虑到试件板厚有一定限制，过去对高层用 1/90，对多层用 1/70。板的初始缺陷对平面内稳定影响较大，特别是板厚有限时，一次试验也难以得出可靠结果。考虑到该式一般不控制，本次修订拟统一采用美国的参数 1/90。

研究表明，节点域既不能太厚，也不能太薄，太厚了使节点域不能发挥其耗能作用，太薄了将使框架侧向位移太大，规范使用折减系数来设计。取 0.7 是参考日本研究结果采用。《高层民用建筑钢结构技术规程》JGJ 99-98 规定在 7 度时改用 0.6，是考虑到我国 7 度地区较大，可减少节点域加厚。日本第一阶段设计相当于我国 8 度；考虑 7 度可适当降低要求，所以按抗震等级划分拟就了系数。

当两侧梁不等高时，节点域剪应力计算公式可参阅《钢结构设计规范》管理组编著的《钢结构设计计算示例》p582 页，中国计划出版社，2007 年 3 月。

8.2.6 本条规定了支撑框架的验算。

1 考虑循环荷载时的强度降低系数，是高钢规编制时陈绍蕃教授提出的。考虑中心支撑长细比限值改动较大，拟保留此系数。

2 当人字支撑的腹杆在大震下受压屈曲后，其承载力将下降，导致横梁在支撑处出现向下的不平衡集中力，可能引起横梁破坏和楼板下陷，并在横梁两端出现塑性铰；此不平衡集中力取受拉支撑的竖向分量减去受压支撑屈曲压力竖向分量的 30%。V 形支撑情况类似，仅当斜杆失稳时楼板不是下陷而是向上隆起，不平衡力与前种情况相反。设计单位反映，考虑不平衡力后梁截面过大。条文中的建议是 AISC 抗震规程中针对此情况提出的，具有实用性，参见图 20。

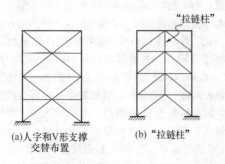

(a)人字和V形支撑   (b)"拉链柱"
交替布置

图 20 人字支撑的布置

8.2.7 偏心支撑框架的设计计算，主要参考 AISC 于 1997 年颁布的《钢结构房屋抗震规程》并根据我国情况作了适当调整。

当消能梁段的轴力设计值不超过 $0.15Af$ 时，按 AISC 规定，忽略轴力影响，消能梁段的受剪承载力取腹板屈服时的剪力和梁段两端形成塑性铰时的剪力两者的较小值。本规范根据我国钢结构设计规范关于钢材拉、压、弯强度设计值与屈服强度的关系，取承载力抗震调整系数为 1.0，计算结果与 AISC 相当；当轴力设计值超过 $0.15Af$ 时，则降低梁段的受剪承载力，以保证该梁段具有稳定的滞回性能。

为使支撑斜杆能承受消能梁段的梁端弯矩，支撑与梁段的连接应设计成刚接（图 21）。

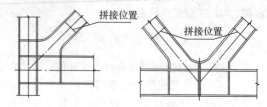

图 21 支撑端部刚接构造示意图

8.2.8 构件的连接，需符合强连接弱构件的原则。

1 需要对连接作二阶段设计。第一阶段，要求按构件承载力而不是设计内力进行连接计算，是考虑设计内力较小时将导致连接件型号和数量偏少，或焊缝的有效截面尺寸偏小，给第二阶段连接（极限承载力）设计带来困难。另外，高强度螺栓滑移对钢结构连接的弹性设计是不允许的。

2 框架梁一般为弯矩控制，剪力控制的情况很少，其设计剪力应采用与梁屈服弯矩相应的剪力，2001 规范规定采用腹板全截面屈服时的剪力，过于保守。另一方面，2001 规范用 1.3 代替 1.2 考虑竖向荷载往往偏小，故作了相应修改。采用系数 1.2，是考虑梁腹板的塑性变形小于翼缘的变形要求较多，当梁截面受剪力控制时，该系数宜适当加大。

3 钢结构连接系数修订，系参考日本建筑学会《钢结构连接设计指南》（2001/2006）的下列规定拟定。

母材牌号	梁端连接时		支撑连接/构件拼接		柱脚	
	母材破断	螺栓破断	母材破断	螺栓破断		
SS400	1.40	1.45	1.25	1.30	埋入式	1.2
SM490	1.35	1.40	1.20	1.25	外包式	1.2
SN400	1.30	1.35	1.15	1.20	外露式	1.0
SN490	1.25	1.30	1.10	1.15		

注：螺栓是指高强度螺栓，极限承载力计算时按承压型连接考虑。

表中的连接系数包括了超强系数和应变硬化系数；SS 是碳素结构钢，SM 是焊接结构钢，SN 是抗震结构钢，其性能是逐步提高的。连接系数随钢种的性能提高而递减，也随钢材的强度等级递增而递减，是以钢材超强系数统计数据为依据的，而应变硬化系数各国普遍取 1.1。该文献说明，梁端连接的塑性变形要求最高，连接系数也最高，而支撑连接和构件拼接的塑性变形相对较小，故连接系数可取较低值。螺栓连接受滑移的影响，且钉孔使截面减弱，影响了承载力。美国和欧盟规范中，连接系数都没有这样细致的划分和规定。我国目前对建筑钢材的超强系数还没有作过统计，本规范表 8.2.8 是按上述文献 2006 版列出的，它比 2001 规范对螺栓破断的规定降低了 0.05。借鉴日本上述规定，将构件承载力抗震调整系数中的焊接连接和螺栓连接都取 0.75，连接系数在连接承力计算表达式中统一考虑，有利于按不同情况区别对待，也有利于提高连接系数的直观性。对于 Q345 钢材，连接系数 $1.30 < f_u/f_y = 470/345 = 1.36$，解决了 2001 规范所规定综合连接系数偏高，材料强度不能充分利用的问题。另外，对于外露式柱脚，考虑在我国应用较多，适当提高抗震设计时的承载力是必要的，采用了 1.1 系数。本规范表 8.2.8 与日本规定相当接近。

8.3 钢框架结构的抗震构造措施

8.3.1 框架柱的长细比关系到钢结构的整体稳定。研究表明，钢结构高度加大时，轴力加大，竖向地震对框架柱的影响很大。本条规定与 2001 规范相比，高于 50m 时，7、8 度有所放松；低于 50m 时，8、9 度有所加严。

8.3.2 框架梁、柱板件宽厚比的规定，是以结构符合强柱弱梁为前提，考虑柱仅在后期出现少量塑性不需要很高的转动能力，综合美国和日本规定制定的。陈绍蕃教授指出，以轴压比 0.37 为界的 12 层以下梁腹板宽厚比限值的计算公式，适用于采用塑性内力重分布的连续组合梁负弯矩区，如果不考虑出现塑性铰后的内力重分布，宽厚比限值可以放宽。据此，将 2001 规范对梁宽厚比限值中的 $(N_b/Af < 0.37)$ 和 $(N_b/Af \geqslant 0.37)$ 两个限值条件取消。考虑到按刚性楼盖分析时，得不出梁的轴力，但在进入弹塑性阶段时，上翼缘的负弯矩区楼板将退出工作，迫使钢梁翼缘承受一定轴力，不考虑是不安全的。注意到日本对梁腹板宽厚比限值的规定为 60（65），括号内为缓和值，不考虑轴力影响；AISC 341-05 规定，当梁腹板轴压比为 0.125 时其宽厚比限值为 75。据此，梁腹板宽厚比限值对一、二、三、四抗震等级分别取上限值（60、65、70、75）$\sqrt{235/f_{ay}}$。

本次修订按抗震等级划分后，12 层以下柱的板

件宽厚比几乎不变，12 层以上有所放松：8 度由 10、43、35 放松为 11、45、36；7 度由 11、43、37 放松为 12、48、38；6 度由 13、43、39 放松为 13、52、40。

注意，从抗震设计的角度，对于板件宽厚比的要求，主要是地震下构件端部可能的塑性铰范围，非塑性铰范围的构件宽厚比可有所放宽。

8.3.3 当梁上翼缘与楼板有可靠连接时，简支梁可不设置侧向支撑，固端梁下翼缘在梁端 0.15 倍梁跨附近宜设置隅撑。梁端采用梁端扩大、加盖板或骨形连接时，应在塑性区外设置竖向加劲肋，隅撑与偏置的竖向加劲肋相连。梁端翼缘宽度较大，对梁下翼缘侧向约束较大时，也可不设隅撑。朱聘儒著《钢-混凝土组合梁设计原理》（第二版）一书，对负弯矩区段组合梁钢部件的稳定性作了计算分析，指出负弯矩区段内的梁部件名义上虽是压弯构件，由于其截面轴压比较小，稳定问题不突出。李国强著《多高层建筑钢结构设计》第 203 页介绍了提供侧向约束的几种方法，也可供参考。首先验算钢梁受压区长细比 λ_y 是否满足：

$$\lambda_y \leqslant 60 \sqrt{235/f_y}$$

若不满足可按图 22 所示方法设置侧向约束。

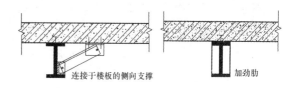

图 22 钢梁受压翼缘侧向约束

8.3.4 本条规定了梁柱连接构造要求。

1 电渣焊时壁板最小厚度 16mm，是征求日本焊接专家意见并得到国内钢结构制作专家的认同。贯通式隔板是和冷成形箱形柱配套使用的，柱边缘受拉时要求对其采用 Z 向钢制作，限于设备条件，目前我国应用不多，其构造要求可参见现行行业标准《高层民用建筑钢结构技术规程》JGJ 99。隔板厚度一般不宜小于翼缘厚度。

2 现场连接时焊接孔如规范条文图 8.3.4-1 所示，应严格按规定形状和尺寸用刀具加工。FEMA 中推荐的孔形如下（图 23），美国规定为必须采用之孔形。其最大应力不出现在腹板与翼缘连接处，香港学者做过有限元分析比较，认为是当前国际上最佳孔形，且与梁腹板连接方便。有条件时也可采用该焊接孔形。

3 日本规定腹板连接板 $t_w \leqslant 16m$ 时采用双面角焊缝，焊缝计算厚度取 5mm；t_w 大于 16mm 时用 K 形坡口对接焊缝，端部均要求绕焊。美国将梁腹板连接板连接焊缝列为重要焊缝，要求符合与翼缘焊缝同

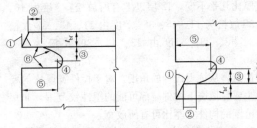

说明:
①坡口角度符合有关规定;②翼缘厚度或12mm,取小者;③(1~0.75)倍翼缘厚度;④最小半径19mm;⑤3倍翼缘厚度(±12mm);⑥表面平整。圆弧开口不大于25°。

图23 FEMA推荐的焊接孔形

等的低温冲击韧性指标。本条不要求符合较高冲击韧性指标,但要求用气保焊和板端绕焊。

4 日本普遍采用梁端扩大形,不采用 RBS 形;美国主要采用 RBS 形。RBS 形加工要求较高,且需在关键截面削减部分钢材,国内技术人员表示难以接受。现将二者都列出供选用。此外,还有梁端用矩形加强板、加腋等形式加强的方案,这里列入常用的四种形式(图24)。梁端扩大部分的直角边长比可取 1:2 至 1:3。AISC 将 7 度(0.15g)及以上列入强震区,宜按此要求对梁端采用塑性铰外移构造。

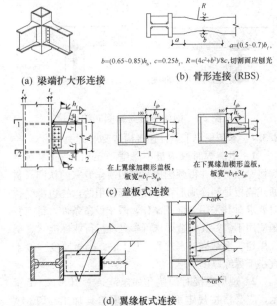

$a=(0.5\sim0.7)b_f$
$b=(0.65\sim0.85)h_b$, $c=0.25b_f$, $R=(4c^2+b^2)/8c$,切割面应刨光

(a) 梁端扩大形连接   (b) 骨形连接 (RBS)

1—1
在上翼缘加楔形盖板,板宽=b_f+3t_{gb}

2—2
在下翼缘加楔形盖板,板宽=b_f+3t_{gb}

(c) 盖板式连接

(d) 翼缘板式连接

图24 梁端扩大形连接、骨形连接、盖板式连接和翼缘板式连接

5 日本在梁高小于 700mm 时,采用本规范图 8.3.4-2 的悬臂梁段式连接。

6 AISC 规定,隔板与柱壁板的连接,也可用角焊缝加强的双面部分熔透焊缝连接,但焊缝的承载力不应小于隔板与柱翼缘全截面连接时的承载力。

8.3.5 当节点域的体积不满足第 8.2.5 条有关规定

时,参考日本规定和美国 AISC 钢结构抗震规程 1997 年版的规定,提出了加厚节点域和贴焊补强板的加强措施:

(1) 对焊接组合柱,宜加厚节点板,将柱腹板在节点域范围更换为较厚板件。加厚板件应伸出柱横向加劲肋之外各 150mm,并采用对接焊缝与柱腹板相连;

(2) 对轧制 H 形柱,可贴焊补强板加强。补强板上下边缘可不伸过横向加劲肋或伸过柱横向加劲肋之外各 150mm。当补强板不伸过横向加劲肋时,加劲肋应与柱腹板焊接,补强板与加劲肋之间的角焊缝应能传递补强板所分担的剪力,且厚度不小于 5mm;当补强板伸过加劲肋时,加劲肋仅与补强板焊接,此焊缝应能将加劲肋传来的力传递给补强板,补强板的厚度及其焊缝应按传递该力的要求设计。补强板侧边可采用角焊缝与柱翼缘相连,其板面尚应采用塞焊与柱腹板连成整体。塞焊点之间的距离,不应大于相连板件中较薄板件厚度的 $21\sqrt{235/f_y}$ 倍。

8.3.6 罕遇地震作用下,框架节点将进入塑性区,保证结构在塑性区的整体性是很必要的。参考国外关于高层钢结构的设计要求,提出相应规定。

8.3.7 本条规定主要考虑柱连接接头放在柱受力小的位置。本次修订增加了对净高小于 2.6m 柱的接头位置要求。

8.3.8 本条要求,对 8、9 度有所放松。外露式只能用于 6、7 度高度不超过 50m 的情况。

8.4 钢框架-中心支撑结构的抗震构造措施

8.4.1 本节规定了中心支撑框架的构造要求,主要用于高度 50m 以上的钢结构房屋。

AISC 341-05 抗震规程,特殊中心支撑框架和普通中心支撑框架的支撑长细比限值均规定不大于 $120\sqrt{235/f_y}$。本次修订作了相应修改。

本次修订,按抗震等级划分后,支撑板件宽厚限值也作了适当修改和补充。对 50m 以上房屋的工字形截面构件有所放松:9 度由 7,21 放松为 8,25;8 度时由 8,23 放松为 9,26;7 度时由 8,23 放松为 10,27;6 度时由 9,25 放松为 13,33。

8.4.2 美国规定,加速度 0.15g 以上的地区,支撑框架结构的梁与柱连接不应采用铰接。考虑到双重抗侧力体系对高层建筑抗震很重要,且梁与柱铰接将使结构位移增大,故规定一、二、三级不应铰接。

支撑与节点板嵌固点保留一个小距离,可使节点板在大震时产生平面外屈曲,从而减轻对支撑的破坏,这是 AISC-97(补充)的规定,如图25所示。

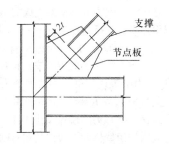

图 25 支撑端部节点板
的构造示意图

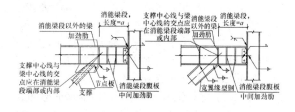

图 26 偏心支撑构造

8.5 钢框架-偏心支撑结构的抗震构造措施

8.5.1 本节规定了保证消能梁段发挥作用的一系列构造要求。

为使消能梁段有良好的延性和消能能力,其钢材应采用 Q235、Q345 或 Q345GJ。

板件宽厚比参照 AISC 的规定作了适当调整。当梁上翼缘与楼板固定但不能表明其下翼缘侧向固定时,仍需设置侧向支撑。

8.5.3 为使消能梁段在反复荷载作用下具有良好的滞回性能,需采取合适的构造并加强对腹板的约束:

1 支撑斜杆轴力的水平分量成为消能梁段的轴向力,当此轴向力较大时,除降低此梁段的受剪承载力外,还需减少该梁段的长度,以保证它具有良好的滞回性能。

2 由于腹板上贴焊的补强板不能进入弹塑性变形,因此不能采用补强板;腹板上开洞也会影响其弹塑性变形能力。

3 消能梁段与支撑斜杆的连接处,需设置与腹板等高的加劲肋,以传递梁段的剪力并防止梁腹板屈曲。

4 消能梁段腹板的中间加劲肋,需按梁段的长度区别对待,较短时为剪切屈服型,加劲肋间距小些;较长时为弯曲屈服型,需在距端部 1.5 倍的翼缘宽度处配置加劲肋;中等长度时需同时满足剪切屈服型和弯曲屈服型的要求。

偏心支撑的斜杆中心线与梁中心线的交点,一般在消能梁段的端部,也允许在消能梁段内,此时将产生与消能梁段端部弯矩方向相反的附加弯矩,从而减少消能梁段和支撑杆的弯矩,对抗震有利;但交点不应在消能梁段以外,因此时将增大支撑和消能梁段的弯矩,于抗震不利(图 26)。

8.5.5 消能梁段两端设置翼缘的侧向隔撑,是为了承受平面外扭转。

8.5.6 与消能梁段处于同一跨内的框架梁,同样承受轴力和弯矩,为保持其稳定,也需设置翼缘的侧向隔撑。

附录 G 钢支撑-混凝土框架和钢框架-钢筋混凝土核心筒结构房屋抗震设计要求

G.1 钢支撑-钢筋混凝土框架

G.1.1 我国的钢支撑-混凝土框架结构,钢支撑承担较大的水平力,但不及抗震墙,其适用高度不宜超过框架结构和框剪结构二者最大适用高度的平均值。

本节的规定,除抗震等级外也可适用于房屋高度在混凝土框架结构最大适用高度内的情况。

G.1.2 由于房屋高度超过本规范第 6.1.1 条混凝土框架结构的最大适用高度,故参照框剪结构提高抗震等级。

G.1.3 本条规定了钢支撑-混凝土框架结构不同于钢支撑结构、混凝土框架结构的设计要求,主要参照混凝土框架-抗震墙结构的要求,将钢支撑框架在整个结构中的地位类比于混凝土框架-抗震墙结构中的抗震墙。

G.1.4 混合结构的阻尼比,取决于混凝土结构和钢结构在总变形能中所占比例的大小。采用振型分解反应谱法时,不同振型的阻尼比可能不同。当简化估算时,可取 0.045。

按照多道防线的概念设计,支撑是第一道防线,混凝土框架需适当增大按刚度分配的地震作用,可取两种模型计算的较大值。

G.2 钢框架-钢筋混凝土核心筒结构

G.2.1 我国的钢框架-钢筋混凝土核心筒,由钢筋混凝土筒体承担主要水平力,其适用高度应低于高层钢结构而高于钢筋混凝土结构,参考《高层建筑混凝土结构技术规程》JGJ 3－2002 第 11 章的规定,其最大适用高度不大于二者的平均值。

G.2.2 本条抗震等级的划分,基本参照《高层建筑混凝土结构技术规程》JGJ 3－2002 的第 11 章和本规范第 6.1.2、8.1.3 条的规定。

G.2.3 本条规定了钢框架-钢筋混凝土核心筒结构体系设计中不同于混凝土结构、钢结构的一些基本要求:

1 近年来的试验和计算分析,对钢框架部分应承担的最小地震作用有些新的认识：框架部分承担一定比例的地震作用是非常重要的，如果钢框架部分按计算分配的地震剪力过小，则混凝土、筒体的受力状态和地震下的表现与普通钢筋混凝土结构几乎没有差别，甚至混凝土墙体更容易破坏。

清华大学土木系选择了一幢国内的钢框架-混凝土核心筒结构，变换其钢框架部分和混凝土核心筒的截面尺寸，并将它们进行不同组合，分析了共20个截面尺寸互不相同的结构方案，进行了在地震作用下的受力性能研究和比较，提出了钢框架部分剪力分担率的设计建议。

考虑钢框架-钢筋混凝土核心筒的总高度大于普通的钢筋混凝土框架-核心筒房屋，为给混凝土墙体留有一定的安全储备，规定钢框架按刚度分配的最小地震作用。当小于规定时，混凝土筒承担的地震作用和抗震构造均应适当提高。

2 钢框架柱的应力一般较高，而混凝土墙体大多由位移控制，墙的应力较低，而且两种材料弹性模量不等，此外，混凝土存在徐变和收缩，因此会使钢框架和混凝土筒体间存在较大变形。为了其差异变形不致使结构产生过大的附加内力，国外这类结构的楼盖梁大多两端都做成铰接。我国的习惯做法是，楼盖梁与周边框架刚接，但与钢筋混凝土墙体做成铰接，当墙体内设置连接用的构造型钢时，也可采用刚接。

3 试验表明，混凝土墙体与钢梁连接处存在局部弯矩及轴向力，但墙体平面外刚度较小，很容易出现裂缝；设置构造型钢有助于提高墙体的局部性能，也便于钢结构的安装。

4 底部或下部楼层用型钢混凝土柱，上部楼层用钢柱，可提高结构刚度和节约钢材，是常见的做法。阪神地震表明，此时应避免刚度突变引起的破坏，设置过渡层使结构刚度逐渐变化，可以减缓此种效应。

5 要使钢框架与混凝土核心筒能协同工作，其楼板的刚度和大震作用下的整体性是十分重要的，本条要求其楼板应采用现浇实心板。

G.2.4 本条规定了抗震计算中，不同于钢筋混凝土结构的要求：

1 混合结构的阻尼比，取决于混凝土结构和钢结构在总变形能中所占比例的大小。采用振型分解反应谱法时，不同振型的阻尼比可能不同。必要时，可参照本规范第10章关于大跨空间钢结构与混凝土支座综合阻尼比的换算方法确定，当简化估算时，可取0.045。

2 根据多道抗震防线的要求，钢框架部分应按其刚度承担一定比例的楼层地震力。

按美国IBC 2006规定，凡在设计时考虑提供所需要的抵抗地震力的结构部件所组成的体系均为抗震

结构体系。其中，由剪力墙和框架组成的结构有以下三类：①双重体系是"抗弯框架（moment frame）具有至少提供抵抗25%设计力（design forces）的能力，而总地震抗力由抗弯框架和剪力墙按其相对刚度的比例共同提供"；由中等抗弯框架和普通剪力墙组成的双重体系，其折减系数 $R=5.5$，不许用于加速度大于 $0.20g$ 的地区。②在剪力墙-框架协同体系中，"每个楼层的地震力均由墙体和框架按其相对刚度的比例并考虑协同工作共同承担"；其折减系数也是 $R=5.5$，但不许用于加速度大于 $0.13g$ 的地区。③当设计中不考虑框架部分承受地震力时，称为房屋框架（building frame）体系；对于普通剪力墙和建筑框架的体系，其折减系数 $R=5$，不许用于加速度大于 $0.20g$ 的地区。

关于双重体系中钢框架部分的剪力分担率要求，美国 UBC85 已经明确为"不少于所需侧向力的25%"，在 UBC97 是"应能独立承受至少25%的设计基底剪力"。我国在2001抗震规范修订时，第8章多高层钢结构房屋的设计规定是"不小于钢框架部分最大楼层地震剪力的1.8倍和25%结构总地震剪力二者的较小值"。考虑到混凝土核心筒的刚度远大于支撑钢框架或钢筒体，参考混凝土核心筒结构的相关要求，本条规定调整后钢框架承担的剪力至少达到底部总剪力的15%。

9 单层工业厂房

9.1 单层钢筋混凝土柱厂房

（Ⅰ）一 般 规 定

9.1.1 本规范关于单层钢筋混凝土柱厂房的规定，系根据20世纪60年代以来装配式单层工业厂房的震害和工程经验总结得到的。因此，对于现浇的单层钢筋混凝土柱厂房，需注意本节针对装配式结构的某些规定不适用。

根据震害经验，厂房结构布置应注意的问题是：

1 历次地震的震害表明，不等高多跨厂房有高振型反应，不等长多跨厂房有扭转效应，破坏较重；均对抗震不利，故多跨厂房宜采用等高和等长。

2 地震的震害表明，单层厂房的毗邻建筑任意布置是不利的，在厂房纵墙与山墙交汇的角部是不允许布置的。在地震作用下，防震缝处排架柱的侧移量大，当有毗邻建筑时，相互碰撞或变位受约束的情况严重；地震中有不少倒塌、严重破坏等加重震害的震例，因此，在防震缝附近不宜布置毗邻建筑。

3 大柱网厂房和其他不设柱间支撑的厂房，在地震作用下侧移量较设置柱间支撑的厂房大，防震缝

的宽度需适当加大。

4 地震作用下，相邻两个独立的主厂房的振动变形可能不同步协调，与之相连接的过渡跨的屋盖常倒塌破坏；为此过渡跨至少应有一侧采用防震缝与主厂房脱开。

5 上吊车的铁梯，晚间停放吊车时，增大该处排架侧移刚度，加大地震反应，特别是多跨厂房各跨上吊车的铁梯集中在同一横向轴线时，会导致震害破坏，应避免。

6 工作平台或刚性内隔墙与厂房主体结构连接时，改变了主体结构的工作性状，加大地震反应；导致应力集中，可能造成短柱效应，不仅影响排架柱，还可能涉及柱顶的连接和相邻的屋盖结构，计算和加强措施均较困难，故以脱开为佳。

7 不同形式的结构，振动特性不同，材料强度不同，侧移刚度不同。在地震作用下，往往由于荷载、位移、强度的不均衡，而造成结构破坏。山墙承重和中间有横墙承重的单层钢筋混凝土柱厂房和端砖壁承重的天窗架，在地震中均有较重破坏，为此，厂房的一个结构单元内，不宜采用不同的结构形式。

8 两侧为嵌砌墙，中柱列设柱间支撑；一侧为外贴墙或嵌砌墙，另一侧为开敞；一侧为嵌砌墙，另一侧为外贴墙等各柱列纵向刚度严重不均匀的厂房，由于各柱列的地震作用分配不均匀，变形不协调，常导致柱列和屋盖的纵向破坏，在7度区就有这种震害反映，在8度和大于8度区，破坏就更普遍且严重，不少厂房柱倒屋塌，在设计中应予以避免。

9.1.2 根据震害经验，天窗架的设置应注意下列问题：

1 突出屋面的天窗架对厂房的抗震带来很不利的影响，因此，宜采用突出屋面较小的避风型天窗。采用下沉式天窗的屋盖有良好的抗震性能，唐山地震中甚至经受了10度地震的考验，不仅是8度区，有条件时均可采用。

2 第二开间起开设天窗，将使端开间每块屋面板与屋架无法焊接或焊连的可靠性大大降低而导致地震时掉落，同时也大大降低屋面纵向水平刚度。所以，如果山墙能够开窗，或者采光要求不太高时，天窗从第三开间起设置。

天窗架从厂房单元端第三柱间开始设置，虽增强屋面纵向水平刚度，但对建筑通风、采光不利，考虑到6度和7度区的地震作用效应较小，且很少有屋盖破坏的震例，本次修订改为对6度和7度区不做此要求。

3 历次地震经验表明，不仅是天窗屋盖和端壁板，就是天窗侧板也宜采用轻型板材。

9.1.3 根据震害经验，厂房屋盖结构的设置应注意下列问题：

1 轻型大型屋面板无檩屋盖和钢筋混凝土有檩屋盖的抗震性能好，经过8~10度强烈地震考验，有条件时可采用。

2 唐山地震震害统计分析表明，屋盖的震害破坏程度与屋盖承重结构的形式密切相关，根据8~11度地震的震害调查统计发现：梯形屋架屋盖共调查91跨，全部或大部倒塌41跨，部分或局部倒塌11跨，共计52跨，占56.7%；拱形屋架屋盖共调查151跨，全部或大部倒塌13跨，部分或局部倒塌16跨，共计29跨，占19.2%；屋面梁屋盖共调查168跨，全部或大部倒塌11跨，部分或局部倒塌17跨，共计28跨，占16.7%。

另外，采用下沉式屋架的屋盖，经8~10度强烈地震的考验，没有破坏的震例。为此，提出厂房宜采用低重心的屋盖承重结构。

3 拼块式的预应力混凝土和钢筋混凝土屋架（屋面梁）的结构整体性差，在唐山地震中其破坏率和破坏程度均较整榀式重得多。因此，在地震区不宜采用。

4 预应力混凝土和钢筋混凝土空腹桁架的腹杆及其上弦节点均较薄弱，在天窗两侧竖向支撑的附加地震作用下，容易产生节点破坏、腹杆折断的严重破坏，因此，不宜采用有突出屋面天窗架的空腹桁架屋盖。

5 随着经济的发展，组合屋架已很少采用，本次修订继续保持89规范、2001规范的规定，不列入这种屋架的规定。

本次修订，根据震害经验，建议在高烈度（8度0.30g和9度）且跨度大于24m的厂房，不采用重量大的大型屋面板。

9.1.4 不开孔的薄壁工字形柱、腹板开孔的普通工字形柱以及管柱，均存在抗震薄弱环节，故规定不宜采用。

（Ⅱ）计 算 要 点

9.1.7、9.1.8 对厂房的纵横向抗震分析，本规范明确规定，一般情况下，采用多质点空间结构分析方法。

关于横向计算：

当符合本规范附录J的条件时可采用平面排架简化方法，但计算所得的排架地震内力应考虑各种效应调整。本规范附录J的调整系数有以下特点：

1 适用于7~8度柱顶标高不超过15m且砖墙刚度较大等情况的厂房，9度时砖墙开裂严重，空间工作影响明显减弱，一般不考虑调整。

2 计算地震作用时，采用经过调整的排架计算周期。

3 调整系数采用了考虑屋盖平面内剪切刚度、扭转和砖墙开裂后刚度下降影响的空间模型，用振型分解法进行分析，取不同屋盖类型、各种山墙间距、各种厂房跨度、高度和单元长度，得出了统计规律，给出了较为合理的调整系数。因排架计算周期偏长，地震作用偏小，当山墙间距较大或仅一端有山墙时，按排架分析的地震内力需要增大而不是减小。对一端山墙的厂房，所考虑的排架一般指无山墙端的第二榀，而不是端榀。

4 研究发现，对不等高厂房高低跨交接处支承低跨屋盖牛腿以上的中柱截面，其地震作用效应的调整系数随高、低跨屋盖重力的比值是线性下降，要由公式计算。公式中的空间工作影响系数与其他各截面（包括上述中柱的下柱截面）的作用效应调整系数含义不同，分别列于不同的表格，要避免混淆。

5 地震中，吊车桥架造成了厂房局部的严重破坏。为此，把吊车桥架作为移动质点，进行了大量的多质点空间结构分析，并与平面排架简化分析比较，得出其放大系数。使用时，只乘以吊车桥架重力荷载在吊车梁顶标高处产生的地震作用，而不乘以截面的总地震作用。

关于纵向计算：

历次地震，特别是海城、唐山地震，厂房沿纵向发生破坏的例子很多，而且中柱列的破坏普遍比边柱列严重得多。在计算分析和震害总结的基础上，规范提出了厂房纵向抗震计算原则和简化方法。

钢筋混凝土屋盖厂房的纵向抗震计算，要考虑围护墙有效刚度、强度和屋盖的变形，采用空间分析模型。本规范附录K第K.1节的实用计算方法，仅适用于柱顶标高不超过15m且有纵向砖围护墙的等高厂房，是选取多种简化方法与空间分析计算结果比较而得到的。其中，要用经验公式计算基本周期。考虑到随着烈度的提高，厂房纵向侧移加大，围护墙开裂加重，刚度降低明显，故一般情况，围护墙的有效刚度折减系数，在7、8、9度时可近似取0.6、0.4和0.2。不等高和纵向不对称厂房，还需考虑厂房扭转的影响，尚无合适的简化方法。

9.1.9、9.1.10 地震震害表明，没有考虑抗震设防的一般钢筋混凝土天窗架，其横向受损并不明显，而纵向破坏却相当普遍。计算分析表明，常用的钢筋混凝土带斜腹杆的天窗架，横向刚度很大，基本上随屋盖平移，可以直接采用底部剪力法的计算结果，但纵向则要按跨数和位置调整。

有斜撑杆的三铰拱式钢天窗架的横向刚度也较厂房屋盖的横向刚度大很多，也是基本上随屋盖平移，故其横向抗震计算方法可与混凝土天窗架一样采用底部剪力法。由于钢天窗架的强度和延性优于混凝土天窗架，且可靠度高，故当跨度大于9m或9度时，钢天窗架的地震作用效应不必乘以增大系数1.5。

本规范明确关于突出屋面天窗架简化计算的适用范围为有斜杆的三铰拱式天窗架，避免与其他桁架式天窗架混淆。

对于天窗架的纵向抗震分析，继续保持89规范的相关规定。

9.1.11 关于大柱网厂房的双向水平地震作用，89规范规定取一个主轴方向100%加上相应垂直方向的30%的不利组合，相当于两个方向的地震作用效应完全相同时按本规范5.2节规定计算的结果，因此是一种略偏安全的简化方法。为避免与本规范5.2节的规定不协调，保持2001规范的规定，不再专门列出。

位移引起的附加弯矩，即"P-Δ"效应，按本规范3.6节的规定计算。

9.1.12 不等高厂房支承低跨屋盖的柱牛腿在地震作用下开裂较多，甚至牛腿面预埋板向外位移破坏。在重力荷载和水平地震作用下的柱牛腿纵向水平受拉钢筋的计算公式，第一项为承受重力荷载纵向钢筋的计算，第二项为承受水平拉力纵向钢筋的计算。

9.1.13 震害和试验研究表明：交叉支撑杆件的最大长细比小于200时，斜拉杆和斜压杆在支撑桁架中是共同工作的。支撑中的最大作用相当于单压杆的临界状态值。据此，在本规范的附录K第K.2节中规定了柱间支撑的设计原则和简化方法：

1 支撑侧移的计算：按剪切构件考虑，支撑任一点的侧移等于该点以下各节间相对侧移值的叠加。它可用以确定厂房纵向柱列的侧移刚度及上、下支撑地震作用的分配。

2 支撑斜杆抗震验算：试验结果发现，支撑的水平承载力，相当于拉杆承载力与压杆承载力乘以折减系数之和的水平分量。此折减系数即本规范附录K中的"压杆卸载系数"，可以线性内插；亦可直接用下列公式确定斜拉杆的净截面 A_n：

$$A_n \geqslant \gamma_{RE} l_i V_{bi} / [(1+\psi_c \phi_i) s_c f_{at}]$$

3 震害表明，单层钢筋混凝土柱厂房的柱间支撑虽有一定数量的破坏，但这些厂房大多数未考虑抗震设防。据计算分析，抗震验算的柱间支撑斜杆内力大于非抗震设计时的内力几倍。

4 柱间支撑与柱的连接节点在地震反复荷载作用下承受拉弯剪和压弯剪，试验表明其承载力比单调荷载作用下有所降低；在抗震安全性综合分析基础上，提出了确定预埋板钢筋截面面积的计算公式，适用于符合本规范第9.1.25条5款构造规定的情况。

5 提出了柱间支撑节点预埋件采用角钢时的验算方法。

本规范第9.1.23条对下柱柱间支撑的下节点位置有明确的规定，一般将节点位置置于基础顶标高处。6、7度时地震力较小，采取加强措施后可设在基础顶面以上；本次修订明确，必要时也可沿纵向柱列进行柱根的斜截面受剪承载力验算来确定加强措施。

9.1.14 本条规定了与厂房次要构件有关的计算。

1 地震震害表明：8度和9度区，不少抗风柱的上柱和下柱根部开裂、折断，导致山尖墙倒塌，严重的抗风柱连同山墙全部向外倾倒。抗风柱虽非单层厂房的主要承重构件，但它却是厂房纵向抗震中的重要构件，对保证厂房的纵向抗震安全，具有不可忽视的作用，补充规定8、9度时需进行平面外的截面抗震验算。

2 当抗风柱与屋架下弦相连接时，虽然此类厂房均在厂房两端第一开间设置下弦横向支撑，但当厂房遭到地震作用时，高大山墙引起的纵向水平地震作用具有较大的数值，由于阶形抗风柱的下柱刚度远大于上柱刚度，大部分水平地震作用将通过下柱的上端连接传至屋架下弦，但屋架下弦支撑的强度和刚度往往不能满足要求，从而导致屋架下弦支撑杆件压曲。1966年邢台地震6度区、1975年海城地震8度区均出现过这种震害。故要求进行相应的抗震验算。

3 当工作平台、刚性内隔墙与厂房主体结构相连时，将提高排架的侧移刚度，改变其动力特性，加大地震作用，还可能造成应力和变形集中，加重厂房的震害。地震中由此造成排架柱折断或屋盖倒塌，其严重程度因具体条件而异，很难作出统一规定。因此抗震计算时，需采用符合实际的结构计算简图，并采取相应的措施。

4 震害表明，上弦有小立柱的拱形和折线形屋架及上弦节间长和间矢高较大的屋架，在地震作用下屋架上弦将产生附加扭矩，导致屋架上弦破坏。为此，8、9度在这种情况下需进行截面抗扭验算。

(Ⅲ) 抗震构造措施

9.1.15 本节所指有檩屋盖，主要是波形瓦（包括石棉瓦及槽瓦）屋盖。这类屋盖只要设置保证整体刚度的支撑体系，屋面瓦与檩条间以及檩条与屋架间有牢固的拉结，一般均具有一定的抗震能力，甚至在唐山10度地震区也基本完好地保存下来。但是，如果屋面瓦与檩条或檩条与屋架拉结不牢，在7度地震区也会出现严重震害，海城地震和唐山地震中均有这种例子。

89规范对有檩屋盖的规定，系针对钢筋混凝土体系而言。2001规范增加了对钢结构有檩体系的要求。本次修订，未作修改。

9.1.16 无檩屋盖指的是各类不用檩条的钢筋混凝土屋面板与屋架（梁）组成的屋盖。屋盖的各构件相互间联成整体是厂房抗震的重要保证，这是根据唐山、海城震害经验提出的总要求。鉴于我国目前仍大量采用钢筋混凝土大型屋面板，故重点对大型屋面板与屋架（梁）焊连的屋盖体系作了具体规定。

这些规定中，屋面板和屋架（梁）可靠焊连是第一道防线，为保证焊连强度，要求屋面板端头底面预埋板和屋架端部顶面预埋件均应加强锚固；相邻屋面板吊钩或四角顶面预埋铁件间的焊连是第二道防线；当制作非标准屋面板时，也应采取相应的措施。

设置屋盖支撑是保证屋盖整体性的重要抗震措施，基本沿用了89规范的规定。

根据震害经验，8度区天窗跨度等于或大于9m和9度区天窗架宜设置上弦横向支撑。

9.1.17 本规范在进一步总结地震经验的基础上，对有檩和无檩屋盖支撑布置的规定作适当的补充。

9.1.18 唐山地震震害表明，采用刚性焊连构造时，天窗立柱普遍在下挡和侧板连接处出现开裂和破坏，甚至倒塌，刚性连接仅在支撑很强的情况下才是可行的措施，故规定一般单层厂房宜用螺栓连接。

9.1.19 屋架端竖杆和第一节间上弦杆，静力分析中常作为非受力杆件而采用构造配筋，截面受弯、受剪承载力不足，需适当加强。对折线形屋架为调整屋面坡度而在端节间上弦顶面设置的小立柱，也要适当增大配筋和加密箍筋。以提高其拉弯剪能力。

9.1.20 根据震害经验，排架柱的抗震构造，增加了箍筋肢距的要求，并提高了角柱柱头的箍筋构造要求。

1 柱子在变位受约束的部位容易出现剪切破坏，要增加箍筋。变位受约束的部位包括：设有柱间支撑的部位、嵌砌内隔墙、侧边贴建披屋、靠山墙的角柱、平台连接处等。

2 唐山地震震害表明：当排架柱的变位受平台，刚性横隔墙等约束，其影响的严重程度和部位，因约束条件而异，有的仅在约束部位的柱身出现裂缝；有的造成屋架上弦折断、屋盖坍落（如天津拖拉机厂冲压车间）；有的导致柱头和连接破坏屋盖倒塌（如天津第一机床厂铸工车间配砂间）。必须区别情况从设计计算和构造上采取相应的有效措施，不能统一采用局部加强排架柱的箍筋，如高低跨柱的上柱的剪跨比较小时就应全高加密箍筋，并加强柱头与屋架的连接。

3 为了保证排架柱箍筋加密区的延性和抗剪强度，除箍施的最小直径和最大间距外，增加对箍筋最大肢距的要求。

4 在地震作用下，排架柱的柱头由于构造上的原因，不是完全的铰接；而是处于压弯剪的复杂受力状态，在高烈度地区，这种情况更为严重，排架柱头破坏较重，加密区的箍筋直径需适当加大。

5 厂房角柱的柱头处于双向地震作用，侧向变形受约束和压弯剪的复杂受力状态，其抗震强度和延性较中间排架柱头弱得多，地震中，6度区就有角柱顶开裂的破坏；8度和大于8度时，震害就更多，严重的柱头折断，端屋架塌落，为此，厂房角柱的柱头加密箍筋宜提高一度配置。

6 本次修订，增加了柱侧向受约束且剪跨比不大于 2 的排架柱柱顶的构造要求。

9.1.21 大柱网厂房的抗震性能是唐山地震中发现的新问题，其震害特征是：①柱根出现对角破坏，混凝土酥碎剥落，纵筋压曲，说明主要是纵、横两个方向或斜向地震作用的影响，柱根的强度和延性不足；②中柱的破坏率和破坏程度均大于边柱，说明与柱的轴压比有关。

本次修订，保持了 2001 规范对大柱网厂房的抗震验算规定，包括轴压比和相应的箍筋构造要求。其中的轴压比限值，考虑到柱子承受双向压弯剪和 P-Δ 效应的影响，受力复杂，参照了钢筋混凝土框支柱的要求，以保证延性；大柱网厂房柱仅承受屋盖（包括屋面、屋架、托架、悬挂吊车）和柱的自重，尚不致因控制轴压比而给设计带来困难。

9.1.22 对抗风柱，除了提出验算要求外，还提出纵筋和箍筋的构造规定。

地震中，抗风柱的柱头和上、下柱的根部都有产生裂缝、甚至折断的震害，另外，柱肩产生劈裂的情况也不少。为此，柱头和上、下柱根部需加强箍筋的配置，并在柱肩处设置纵向受拉钢筋，以提高其抗震能力。

9.1.23 柱间支撑的抗震构造，本次修订基本保持 2001 规范对 89 规范的改进：

①支撑杆件的长细比限值随烈度和场地类别而变化；本次修订，调整了 8、9 度下柱支撑的长细比要求；②进一步明确了支撑柱子连接节点的位置和相应的构造；③增加了关于交叉支撑节点板及其连接的构造要求。

柱间支撑是单层钢筋混凝土柱厂房的纵向主要抗侧力构件，当厂房单元较长或 8 度 III、IV 类场地和 9 度时，纵向地震作用效应较大，设置一道下柱支撑不能满足要求时，可设置两道下柱支撑，但应注意：两道下柱支撑宜设置在厂房单元中间三分之一区段内，不宜设置在厂房单元的两端，以避免温度应力过大；在满足工艺条件的前提下，两者靠近设置时，温度应力小；在厂房单元中部三分之一区段内，适当拉开设置则有利于缩短地震作用的传递路线，设计中可根据具体情况确定。

交叉式柱间支撑的侧移刚度大，对保证单层钢筋混凝土柱厂房在纵向地震作用下的稳定性有良好的效果，但在与下柱连接的节点处理时，会遇到一些困难。

9.1.25 本条规定厂房各构件连接节点的要求，具体贯彻了本规范第 3.5 节的原则规定，包括屋架与柱的连接，柱顶锚件；抗风柱、牛腿（柱肩）、柱与柱间支撑连接处的预埋件：

1 柱顶与屋架采用钢板铰，在原苏联的地震中经受了考验，效果较好；建议在 9 度时采用。

2 为加强柱牛腿（柱肩）预埋板的锚固，要把相当于承受水平拉力的纵向钢筋（即本节第 9.1.12 公式中的第 2 项）与预埋板焊连。

3 在设置柱间支撑的截面处（包括柱顶、柱底等），为加强锚固，发挥支撑的作用，提出了节点预埋件采用角钢加端板锚固的要求，埋板与锚件的焊接，通常用埋弧焊或开锥形孔塞焊。

4 抗风柱的柱顶与屋架上弦的连接节点，要具有传递纵向水平地震力的承载力和延性。抗风柱顶与屋架（屋面梁）上弦可靠连接，不仅保证抗风柱的强度和稳定，同时也保证山墙产生的纵向地震作用的可靠传递，但连接点必须在上弦横向支撑与屋架的连接点，否则将使屋架上弦产生附加的节间平面外弯矩。由于现在的预应力混凝土和钢筋混凝土屋架，一般均不符合抗风柱布置间距的要求，故补充规定以引起注意，当遇到这种情况时，可以采用在屋架横向支撑中加设次腹杆或型钢横梁，使抗风柱顶的水平力传递至上弦横向支撑的节点。

9.2 单层钢结构厂房

（I）一 般 规 定

9.2.1 国内外的多次地震经验表明，钢结构的抗震性能一般比其他结构的要好。总体上说，单层钢结构厂房在地震中破坏较轻，但也有损坏或坍塌的。因此，单层钢结构厂房进行抗震设防是必要的。

本次修订，仍不包括轻型钢结构厂房。

9.2.2 从单层钢结构厂房的震害实例分析，在 7～9 度的地震作用下，其主要震害是柱间支撑的失稳变形和连接节点的断裂或拉脱，柱脚锚栓剪断和拉断，以及锚栓锚固过短所致的拔出破坏。亦有少量厂房的屋盖支撑杆件失稳变形或连接节点板开裂破坏。

9.2.3 原则上，单层钢结构厂房的平面、竖向布置的抗震设计要求，是使结构的质量和刚度分布均匀，厂房受力合理、变形协调。

钢结构厂房的侧向刚度小于混凝土柱厂房，其防震缝缝宽要大于混凝土柱厂房。当设防烈度高或厂房较高时，或当厂房坐落在较软弱场地土或有明显扭转效应时，尚需适当增加。

（II）抗 震 验 算

9.2.5 通常设计时，单层钢结构厂房的阻尼比与混凝土柱厂房相同。本次修订，考虑到轻型围护的单层钢结构厂房，在弹性状态工作的阻尼比较小，根据单层、多层到高层钢结构房屋的阻尼比由大到小变化的规律，建议阻尼比按屋盖和围护墙的类型区别对待。

9.2.6 本条保持 2001 规范的规定。单层钢结构厂房的围护墙类型较多。围护墙的自重和刚度主要由其类型、与厂房柱的连接所决定。因此，为使厂房的抗震计算更符合实际情况、更合理，其自重和刚度取值应结合所采用的围护墙类型、与厂房柱的连接方式来决定。对于与柱贴砌的普通砖墙围护厂房，除需考虑墙体的侧移刚度外，尚应考虑墙体开裂而对其侧移刚度退化的影响。当为外贴式砖砌纵墙，7、8、9度设防时，其等效系数分别可取 0.6、0.4、0.2。

9.2.7、9.2.8 单层钢结构厂房的地震作用计算，应根据厂房的竖向布置（等高或不等高）、起重机设置、屋盖类别等情况，采用能反映出厂房地震反应特点的单质点、两质点和多质点的计算模型。总体上，单层钢结构厂房地震作用计算的单元划分、质量集中等，可参照钢筋混凝土柱厂房的执行。但对于不等高单层钢结构厂房，不能采用底部剪力法计算，而应采用多质点模型振型分解反应谱法计算。

轻型墙板通过墙架构件与厂房框架柱连接，预制混凝土大型墙板可与厂房框架柱柔性连接。这些围护墙类型和连接方式对框架柱纵向侧移的影响较小。亦即，当各柱列的刚度基本相同时，其纵向柱列的变位亦基本相同。因此，等高单跨或多跨厂房的纵向抗震计算时，对无檩屋盖可按柱列刚度分配；对有檩屋盖可按柱列所承受的重力荷载代表值比例分配和按单柱列计算，并取两者之较大值。而当采用与柱贴砌的砖围护墙时，其纵向抗震计算与混凝土柱厂房的基本相同。

按底部剪力法计算纵向柱列的水平地震作用时，所得的中间柱列纵向基本周期偏长，可利用周期折减系数予以修正。

单层钢结构厂房纵向主要由柱间支撑抵抗水平地震作用，是震害多发部位。在地震作用下，柱间支撑可能屈曲，也可能不屈曲。柱间支撑处于屈曲状态或者不屈曲状态，对与支撑相连的框架柱的受力差异较大，因此需针对支撑杆件是否屈曲的两种状态，分别验算设置支撑的纵向柱列的受力。当然，目前采用轻型围护结构的单层钢结构厂房，在风荷载较大时，7、8度的柱间支撑杆件在7、8度也可处于不屈曲状态。这种情况可不进行支撑屈曲后状态的验算。

9.2.9 屋盖的竖向支承桁架可包括支承天窗架的竖向桁架、竖向支撑桁架等。屋盖竖向支承桁架承受的作用力包括屋盖自重产生的地震力，尚需将其传递给主框架，故其杆件截面需由计算确定。

屋盖水平支撑交叉斜杆，在地震作用下，考虑受压斜杆失稳而需按拉杆设计，故其连接的承载力不应小于支撑杆的全塑性承载力。条文参考上海市的规定给出。

参照冶金部门的规定，支承跨度大于24m屋面横梁的托架系直接传递地震竖向作用的构件，应考虑屋架传来的竖向地震作用。

对于厂房屋面设置荷重较大的设备等情况，不论厂房跨度大小，都应对屋盖横梁进行竖向地震作用验算。

9.2.10 单层钢结构厂房的柱间支撑一般采用中心支撑。X形柱间支撑用料省，抗震性能好，应首先考虑采用。但单层钢结构厂房的柱距，往往比单层混凝土柱厂房的基本柱距（6m）要大几倍，V或Λ形也是常用的几种柱间支撑形式，下柱柱间支撑也有用单斜杆的。

支撑杆件屈曲后状态支撑框架按本规范第5章的规定进行抗震验算。本条卸载系数主要依据日本、美国的资料导出，与附录K第K.2节对我国混凝土柱厂房柱间支撑规定的卸载系数有所不同。但同样适用于支撑杆件长细比大于 $60\sqrt{235/f_y}$ 的情况，长细比大于200时不考虑压杆卸载影响。

与V或Λ形支撑相连的横梁，除了轻型围护结构的厂房满足设防地震下不屈曲的支承外，通常需要按本规范第8.2.6条计入支撑屈曲后的不平衡力的影响。即横梁截面 A_{br} 满足：

$$M_{bp,N} \geq \frac{1}{4}S_c sin\theta(1-0.3\varphi_i)A_{br}f/\gamma_{RE}$$

式中：$M_{bp,N}$ ——考虑轴力作用的横梁全截面塑性抗弯承载力；

S_c ——支撑所在柱间的净距。

9.2.11 设计经验表明，跨度不很大的轻型屋盖钢结构厂房，如仅从新建的一次投资比较，采用实腹屋面梁的造价略比采用屋架的高些。但实腹屋面梁制作简便，厂房施工期和使用期的涂装、维护量小而方便，且质量好、进度快。如按厂房全寿命的支出比较，这些跨度不很大的厂房采用实腹屋面梁比采用屋架要合理一些。实腹屋面梁一般与柱刚性连接。这种刚架结构应用日益广泛。

1 受运输条件限制，较高厂房柱有时需在上柱拼接接长。条文给出的拼接承载力要求是最小要求，有条件时可采用等强度拼接接长。

2 梁柱刚性连接、拼接的极限承载力验算及相应的构造措施（如潜在塑性铰位置的侧向支承），应针对单层刚架厂房的受力特征和遭遇强震时可能形成的极限机构进行。一般情况下，单跨横向刚架的最大应力区在梁底上柱截面，多跨横向刚架在中间柱列处也可出现在梁端截面。这是钢结构单层刚架厂房的特征。柱顶和柱底出现塑性铰是单层刚架厂房的极限承载力状态之一，故可放弃"强柱弱梁"的抗震概念。

条文中的刚架梁端的最大应力区，可按距梁端1/10梁净跨和1.5倍梁高中的较大值确定。实际工程中，受构件运输条件限制，梁的现场拼接往往在梁端附近，即最大应力区，此时，其极限承载力验算应与梁柱刚性连接的相同。

（Ⅲ）抗震构造措施

9.2.12 屋盖支撑系统（包括系杆）的布置和构造

应满足的主要功能是：保证屋盖的整体性（主要指屋盖各构件之间不错位）和屋盖横梁平面外的稳定性，保证屋盖和山墙水平地震作用传递路线的合理、简捷，且不中断。本次修订，针对钢结构厂房的特点规定了不同于钢筋混凝土柱厂房的屋盖支撑布置要求：

1　一般情况下，屋盖横向支撑应对应于上柱柱间支撑布置，故其间距取决于柱间支撑间距。表9.2.12屋盖横向支撑间距限值可按本节第9.2.15条的柱间支撑间距限值执行。

2　无檩屋盖（重型屋盖）是指通用的1.5m×6.0m预制大型屋面板。大型屋面板与屋架的连接需保证三个角点牢固焊接，才能起到上弦水平支撑的作用。

屋架的主要横向支撑应设置在传递厂房框架支座反力的平面内。即，当屋架为端斜杆上承式时，应以上弦横向支撑为主；当屋架为端斜杆下承式时，以下弦横向支撑为主。当主要横向支撑设置在屋架的下弦平面区间内时，宜对应地设置上弦横向支撑；当采用以上弦横向支撑为主的屋架区间内时，一般可不设置对应的下弦横向支撑。

3　有檩屋盖（轻型屋盖）主要是指彩色涂层压形钢板、硬质金属面夹芯板等轻型板材和高频焊接薄壁型钢檩条组成的屋盖。在轻型屋盖中，高频焊接薄壁型钢等型钢檩条一般都可兼作上弦系杆，故在表9.2.12中未列入。

对于有檩屋盖，宜将主要横向支撑设置在上弦平面，水平地震作用通过上弦平面传递，相应的，屋架亦应采用端斜杆上承式。在设置横向支撑开间的柱顶刚性系杆或竖向支撑、屋面檩条应加强，使屋盖横向支撑能通过屋面檩条、柱顶刚性系杆或竖向支撑等构件可靠地传递水平地震作用。但当采用下沉式横向天窗时，应在屋架下弦平面设置封闭的屋盖水平支撑系统。

4　8、9度时，屋盖支撑体系（上、下弦横向支撑）与柱间支撑应布置在同一开间，以便加强结构单元的整体性。

5　支撑设置还需注意：当厂房跨度不很大时，压型钢板轻型屋盖比较适合于采用与柱刚接的屋面梁。压型钢板屋面的坡度较平缓，跨变效应可略去不计。

对轻型有檩屋盖，亦可采用屋架端斜杆为上承式的铰接框架，柱顶水平力通过屋架上弦平面传递。屋盖支撑布置也可参照实腹屋面梁的，隔撑间距宜按屋架下弦的平面外长细比小于240确定，但横向支撑开间的屋架两端应设置竖向支撑。

檩条隔撑系统布置时，需考虑合理的传力路径，檩条及其两端连接应足以承受隔撑传至的作用力。

屋盖纵向水平支撑的布置比较灵活。设计时，应据具体情况综合分析，以达到合理布置的目的。

9.2.13　单层钢结构厂房的最大柱顶位移限值、吊车梁顶面标高处的位移限值，一般已可控制出现长细比过大的柔韧厂房。

本次修订，参考美国、欧洲、日本钢结构规范和抗震规范，结合我国现行钢结构设计规范的规定和设计习惯，按轴压比大小对厂房框架柱的长细比限值适当调整。

9.2.14　板件的宽厚比，是保证厂房框架延性的关键指标，也是影响单位面积耗钢量的关键指标。本次修订，对重屋盖和轻屋盖予以区别对待。重屋盖参照多层钢结构低于50m的抗震等级采用，柱的宽厚比要求比2001规范有所放松。

对于采用压型钢板轻型屋盖的单层钢结构厂房，对于设防烈度8度（0.20g）及以下的情况，即使按设防烈度的地震动参数进行弹性计算，也经常出现由非地震组合控制厂房框架受力的情况。因此，根据实际工程的计算分析，发现如果采用性能化设计的方法，可以分别按"高延性，低弹性承载力"或"低延性，高弹性承载力"的抗震设计思路来确定板件宽厚比。即通过厂房框架承受的地震内力与其具有的弹性抗力进行比较来选择板件宽厚比：

当构件的强度和稳定的承载力均满足高承载力——2倍多遇地震作用下的要求（$\gamma_G S_{GE} + \gamma_{Eh} 2 S_E \leqslant R/\gamma_{RE}$）时，可采用现行《钢结构设计规范》GB 50017弹性设计阶段的板件宽厚比限值，即C类；当强度和稳定的承载力均满足中等承载力——1.5倍多遇地震作用下的要求（$\gamma_G S_{GE} + \gamma_{Eh} 1.5 S_E \leqslant R/\gamma_{RE}$）时，可按表6中B类采用；其他情况，则按表6中A类采用。

表6　柱、梁构件的板件宽厚比限值

构件	板件名称		A类	B类
柱	I形截面	翼缘 b/t	10	12
		腹板 h_0/t_w	44	50
	箱形截面	壁板、腹板间翼缘 b/t	33	37
		腹板 h_0/t_w	44	48
	圆形截面	外径壁厚比 D/t	50	70
梁	I形截面	翼缘 b/t	9	11
		腹板 h_0/t_w	65	72
	箱形截面	腹板间翼缘 b/t	30	36
		腹板 h_0/t_w	65	72

注：表列数值适用于Q235钢。当材料为其他钢号时，除圆管的外径壁厚比应乘以$235/f_y$外，其余应乘以$\sqrt{235/f_y}$。

A、B、C三类宽厚比的数值，系参照欧、日、美等国家的抗震规范选定。大体上，A 类可达全截面塑性且塑性铰在转动过程中承载力不降低；B 类可达全截面塑性，在应力强化开始前足以抵抗局部屈曲发生，但由于局部屈曲使塑性铰的转动能力有限。C 类是指现行《钢结构设计规范》GB 50017 按弹性准则设计时腹板不发生局部屈曲的情况，如双轴对称 H 形截面翼缘需满足 $b/t \leqslant 15\sqrt{235/f_y}$，受弯构件腹板需满足 $72\sqrt{235/f_y} < h_0/t_w \leqslant 130\sqrt{235/f_y}$，压弯构件腹板应符合《钢结构设计规范》GB 50017-2003 式（5.4.2）的要求。

上述板件宽厚比与地震作用的对应关系，系根据底部剪力相当的条件，与欧洲 EC8 规范、日本 BCJ 规范给出的板件宽厚比限值与地震作用的对应关系大致持平。

鉴于单跨单层厂房横向刚架的耗能区（潜在塑性铰区），一般在上柱梁底截面附近，因此，即使遭遇强烈地震在上柱梁底区域形成塑性铰，并考虑塑性铰区钢材应变硬化，屋面梁仍可能处于弹性状态工作。所以框架塑性耗能区外的构件区段（即使遭遇强烈地震，截面应力始终在弹性范围内波动的构件区段），可采用 C 类截面。

设计经验表明，就目前广泛采用轻型围护材料的情况，采用上述方法确定宽厚比，虽然增加了一些计算工作量，但充分利用了构件自身所具有的承载力，在 6、7 度设防时可以较大地降低耗钢量。

9.2.15 柱间支撑对整个厂房的纵向刚度、自振特性、塑性铰产生部位都有影响。柱间支撑的布置应合理确定其间距，合理选择和配置其刚度以减小厂房整体扭转。

1 柱间支撑长细比限值，大于细柔长细比下限值 $130\sqrt{235/f_y}$（考虑 $0.5f_y$ 的残余应力）时，不需作钢号修正。

2 采用焊接型钢时，应采用整根型钢制作支撑杆件；但当采用热轧型钢时，采用拼接板加强才能达到等强接长。

3 对于大型屋面板无檩屋盖，柱顶的集中质量往往要大于各层吊车梁处的集中质量，其地震作用对各层柱间支撑大体相同，因此，上层柱间支撑的刚度、强度宜接近下层柱间支撑的。

4 压型钢板等轻型墙屋面围护，其波形垂直厂房纵向，对结构的约束较小，故可放宽厂房柱间支撑的间距。条文参考冶金部门的规定，对轻型围护厂房的柱间支撑间距作出规定。

9.2.16 震害表明，外露式柱脚破坏的特征是锚栓剪断、拉断或拔出。由于柱脚锚栓破坏，使钢结构倾斜，严重者导致厂房坍塌。外包式柱脚表现为顶部箍筋不足的破坏。

1 埋入式柱脚，在钢柱根部截面容易满足塑性

铰的要求。当埋入深度达到钢柱截面高度 2 倍的深度，可认为其柱脚部位的恢复力特性基本呈纺锤形。插入式柱脚引用冶金部门的有关规定。埋入式、插入式柱脚应确保钢柱的埋入深度和钢柱埋入部分的周边混凝土厚度。

2 外包式柱脚的力学性能主要取决于外包钢筋混凝土的力学性能。所以，外包短柱的钢筋应加强，特别是顶部箍筋，并确保外包混凝土的厚度。

3 一般的外露式柱脚，从力学的角度看，作为半刚性考虑更加合适。与钢柱根部截面的全截面屈服承载力相比，柱脚在多数情况下由锚栓屈服所决定的塑性弯矩较小。这种柱脚受弯时的力学性能，主要由锚栓的性能决定。如锚栓受拉屈服后能充分发展塑性，则承受反复荷载作用时，外露式柱脚的恢复力特性呈典型的滑移型滞回特性。但实际的柱脚，往往在锚栓截面未削弱部分屈服前，螺纹部分就发生断裂，难以有充分的塑性发展。并且，当钢柱截面大到一定程度时，设计大于柱截面受弯承载力的外露式柱脚往往是困难的。因此，当柱脚承受的地震作用大时，采用外露式不经济，也不合适。采用外露式柱脚时，与柱间支撑连接的柱脚，不论计算是否需要，都必须设置剪力键，以可靠抵抗水平地震作用。

此次局部修订，进一步补充说明外露式柱脚的承载力验算要求，明确为"极限承载力不宜小于柱截面塑性屈服承载力的 1.2 倍"。

9.3 单层砖柱厂房

（Ⅰ）一般规定

9.3.1 本次修订明确本节适用范围为 6～8 度（0.20g）的烧结普通砖（黏土砖、页岩砖）、混凝土普通砖砌体。

在历次大地震中，变截面砖柱的上柱震害严重且不易修复，故规定砖柱厂房的适用范围为等高的中小型工业厂房。超出此范围的砖柱厂房，要采取比本节规定更有效的措施。

9.3.2 针对中小型工业厂房的特点，对钢筋混凝土无檩屋盖的砖柱厂房，要求设置防震缝。对钢、木等有檩屋盖的砖柱厂房，则明确可不设防震缝。

防震缝处需设置双柱或双墙，以保证结构的整体稳定性和刚性。

本次修订规定，屋盖设置天窗时，天窗不应通到端开间，以免过多削弱屋盖的整体性。天窗采用端砖壁时，地震中较多严重破坏，甚至倒塌，不应采用。

9.3.3 厂房的结构选型应注意：

1 历次大地震中，均有相当数量不配筋的无阶形柱的单层砖柱厂房，经受 8 度地震仍基本完好或轻微损坏。分析认为，当砖柱厂房山墙的间距、开洞率和高宽比均符合砌体结构静力计算的"刚性方案"条

件且山墙的厚度不小于240mm时，即：

①厂房两端均设有承重山墙且山墙和横墙间距，对钢筋混凝土无檩屋盖不大于32m，对钢筋混凝土有檩屋盖、轻型屋盖和有密铺望板的木屋盖不大于20m；

②山墙或横墙上洞口的水平截面面积不应超过山墙或横墙截面面积的50%；

③山墙和横墙的长度不小于其高度。

不配筋的砖排架柱仍可满足8度的抗震承载力要求。仅从承载力方面，8度地震时可不配筋；但历次的震害表明，当遭遇9度地震时，不配筋的砖柱大多数倒塌，按照"大震不倒"的设计原则，本次修订强调，8度（0.20g）时不应采用无筋砖柱。即仍保留78规范、89规范关于8度设防时至少应设置"组合砖柱"的规定，且多跨厂房在8度Ⅲ、Ⅳ类场地时，中柱宜采用钢筋混凝土柱，仅边柱可略放宽为采用组合砖柱。

2 震害表明，单层砖柱厂房的纵向也要有足够的强度和刚度，单靠独立砖柱是不够的，像钢筋混凝土柱厂房那样设置交叉支撑也不妥，因为支撑吸引来的地震剪力很大，将会剪断砖柱。比较经济有效的办法是，在柱间砌筑与柱整体连接的纵向砖墙并设置砖墙基础，以代替柱间支撑加强厂房的纵向抗震能力。

采用钢筋混凝土屋盖时，由于纵向水平地震作用较大，不能单靠屋盖中的一般纵向构件传递，所以要求在无上述抗震墙的砖柱顶部处设压杆（或用满足压杆构造的圈梁、天沟或檩条等代替）。

3 强调隔墙与抗震墙合并设置，目的在于充分利用墙体的功能，并避免非承重墙对柱及屋架与柱连接点的不利影响。当不能合并设置时，隔墙要采用轻质材料。

单层砖柱厂房的纵向隔墙与横向内隔墙一样，也宜做成抗震墙，否则会导致主体结构的破坏，独立的纵向、横向内隔墙，受震后容易倒塌，需采取保证其平面外稳定性的措施。

（Ⅱ）计 算 要 点

9.3.4 本次修订基本保持了2001规范可不进行纵向抗震验算的条件。明确为7度（0.10g）的情况，不适用于7度（0.15g）的情况。

9.3.5、9.3.6 在本节适用范围内的砖柱厂房，纵、横向抗震计算原则与钢筋混凝土柱厂房基本相同，故可参照本章第9.1节所提供的方法进行计算。其中，纵向简化计算的附录K不适用，而屋盖为钢筋混凝土或密铺望板的瓦木屋盖时，2001规范规定，横向平面排架计算同样考虑厂房的空间作用影响。理由如下：

① 根据国家标准《砌体结构设计规范》GB 50003的规定：密铺望板瓦木屋盖与钢筋混凝土有檩屋盖属于同一种屋盖类型，静力计算中，符合刚弹性方案的条件时（20~48）m均可考虑空间工作，但89抗震规范规定：钢筋混凝土有檩屋盖可以考虑空间工作，而密铺望板的瓦木屋盖不可以考虑空间工作，二者不协调。

② 历次地震，特别是辽南地震和唐山地震中，不少密铺望板瓦木屋盖单层砖柱厂房反映了明显的空间工作特性。

③ 根据王光远教授《建筑结构的振动》的分析结论，不仅仅钢筋混凝土无檩屋盖和有檩屋盖（大波瓦、槽瓦）厂房；就是石棉瓦和黏土瓦屋盖厂房在地震作用下，也有明显的空间工作。

④ 从具有木望板的瓦木屋盖单层砖柱厂房的实测可以看出：实测厂房的基本周期均比按排架计算周期为短，同时其横向振型与钢筋混凝土屋盖的振型基本一致。

⑤ 山楼墙间距小于24m时，其空间工作更明显，且排架柱的剪力和弯矩的折减有更大的趋势，而单层砖柱厂房山、楼墙间距小于24m的情况，在工程建设中也是常见的。

根据以上分析，本次修订继续保持2001规范对单层砖柱厂房的空间工作的如下修订：

1） 7度和8度时，符合砌体结构刚弹性方案（20~48）m的密铺望板瓦木屋盖单层砖柱厂房与钢筋混凝土有檩屋盖单层砖柱厂房一样，也可考虑地震作用下的空间工作。

2） 附录J"砖柱考虑空间工作的调整系数"中的"两端山墙间距"改为"山墙、承重（抗震）横墙的间距"；并将小于24m分为24m、18m、12m。

3） 单层砖柱厂房考虑空间工作的条件与单层钢筋混凝土柱厂房不同，在附录K中加以区别和修正。

9.3.8 砖柱的抗震验算，在现行国家标准《砌体结构设计规范》GB 50003的基础上，按可靠度分析，同样引入承载力调整系数后进行验算。

（Ⅲ）抗震构造措施

9.3.9 砖柱厂房一般多采用瓦木屋盖，89规范关于木屋盖的规定基本上是合理的，本次修订，保持89规范、2001规范的规定；并依据木结构设计规范的规定，明确8度时的木屋盖不宜设置天窗。

木屋盖的支撑布置中，如端开间下弦水平系杆与山墙连接，地震后容易将山墙顶坏，故不宜采用。木天窗架需加强与屋架的连接，防止受震后倾倒。

当采用钢筋混凝土和钢屋盖时，可参照第9.1、9.2节的规定。

9.3.10 檩条与山墙连接不好，地震时将使支承处的砌体错动，甚至造成山尖墙倒塌，檩条伸出山墙的出山屋面有利于加强檩条与山墙的连接，对抗震有利，可以采用。

9.3.12 震害调查发现，预制圈梁的抗震性能较差，故规定在屋架底部标高处设置现浇钢筋混凝土圈梁。为加强圈梁的功能，规定圈梁的截面高度不应小于180mm；宽度习惯上与砖墙同宽。

9.3.13 震害还表明，山墙是砖柱厂房抗震的薄弱部位之一，外倾、局部倒塌较多；甚至有全部倒塌的。为此，要求采用卧梁并加强锚拉的措施。

9.3.14 屋架（屋面梁）与柱顶或墙顶的圈梁锚固的修订如下：

  1 震害表明：屋架（屋面梁）和柱子可用螺栓连接，也可采用焊接连接。

  2 对垫块的厚度和配筋作了具体规定。垫块厚度太薄或配筋太少时，本身可能局部承压破坏，且埋件锚固不足。

9.3.15 根据设计需要，本次修订规定了砖柱的抗震要求。

9.3.16 钢筋混凝土屋盖单层砖柱厂房，在横向水平地震作用下，由于空间工作的因素，山墙、横墙将负担较大的水平地震剪力，为了减轻山墙、横墙的剪切破坏，保证房屋的空间工作，对山墙、横墙的开洞面积加以限制，8度时宜在山墙、横墙的两端设置构造柱。

9.3.17 采用钢筋混凝土无檩屋盖等刚性屋盖的单层砖柱厂房，地震时砖墙往往在屋盖处圈梁底面下一至四皮砖范围内出现周围水平裂缝。为此，对于高烈度地区刚性屋盖的单层砖柱厂房，在砖墙顶部沿墙长每隔1m左右埋设一根φ8竖向钢筋，并插入顶部圈梁内，以防止柱周围水平裂缝，甚至墙体错动破坏的产生。

附录 H 多层工业厂房抗震设计要求

H.1 钢筋混凝土框排架结构厂房

H.1.1 多层钢筋混凝土厂房结构特点：柱网为（6～12）m，跨度大，层高高（4～8）m，楼层荷载大（10～20）kN/m²，可能会有错层，有设备振动扰力、吊车荷载，隔墙少，竖向质量、刚度不均匀，平面扭转。框排架结构是多、高层工业厂房的一种特殊结构，其特点是平面、竖向布置不规则、不对称，纵向、横向和竖向的质量分布很不均匀，结构的薄弱环节较多；地震反应特征和震害要比框架结构和排架结构复杂，表现出更显著的空间作用效应，抗震设计有特殊要求。

H.1.2 为减少与国家标准《构筑物抗震设计规范》GB 50191重复，本附录主要针对上下排列的框排架

的特点予以规定。

针对框排架厂房的特点，其抗震措施要求更高。震害表明，同等高度设有贮仓的比不设贮仓的框架在地震中破坏的严重。钢筋混凝土贮仓竖壁与纵横向框架柱相连，以竖壁的跨高比来确定贮仓的影响，当竖壁的跨高比大于2.5时，竖壁为浅梁，可按不设贮仓的框架考虑。

H.1.3 对于框排架结构厂房，如在排架跨采用有檩或其他轻屋盖体系，与结构的整体刚度不协调，会产生过大的位移和扭转，为了提高抗扭刚度，保证变形尽量趋于协调，使排架柱列与框架柱列能较好地共同工作，本条规定目的是保证排架跨屋盖的水平刚度；山墙承重属结构单元内有不同的结构形式，造成刚度、荷载、材料强度不均衡，本条规定借鉴单层厂房的规定和震害调查制订。

H.1.5 在地震时，成品或原料堆积楼面荷载、设备和料斗及管道内的物料等可变荷载的遇合概率较大，应根据行业特点和使用条件，取用不同的组合值系数；厂房除外墙外，一般内隔墙较少，结构自振周期调整系数建议取 0.8～0.9；框排架结构的排架柱，是厂房的薄弱部位或薄弱层，应进行弹塑性变形验算；高大设备、料斗、贮仓的地震作用对结构构件和连接的影响不容忽视，其重力荷载除参与结构整体分析外，还应考虑水平地震作用下产生的附加弯矩。式（H.1.5）为设备水平地震作用的简化计算公式。

H.1.6 支承贮仓竖壁的框架柱的上端截面，在地震作用下如果过早屈服，将影响整体结构的变形能力。对于上述部位的组合弯矩设计值，在第6章规定基础上再增大 1.1 倍。

与排架柱相连的顶层框架节点处，框架梁端、柱端组合的弯矩设计值乘以增大系数，是为了提高节点承载力。排架纵向地震作用将通过纵向柱间支撑传至下部框架柱，本条参照框支柱要求调整构件内力。

竖向框排架结构的排架柱，是厂房的薄弱部位，需进行弹塑性变形验算。

针对框排架厂房节点两侧梁高通常不等的特点，为防止柱端和小核芯区剪切破坏，提出了高差大于大梁25％或500mm时的承载力验算公式。

H.1.7 框架柱的剪跨比不大于 1.5 时，为超短柱，破坏为剪切脆性型破坏。抗震设计应尽量避免采用超短柱，但由于工艺使用要求，有时不可避免（如有错层等情况），应采取特殊构造措施。在短柱内配置斜钢筋，可以改善其延性，控制斜裂缝发展。

H.2 多层钢结构厂房

H.2.1 考虑多层厂房受力复杂，其抗震等级的高度分界比民用建筑有所降低。

H.2.2 当设备、料斗等设备穿过楼层时，由于各楼层梁的竖向挠度难以同步，如采用分层支承，则各楼

层结构的受力不明确。同时，在水平地震作用下，各层的层间位移对设备、料斗产生附加作用效应，严重时可损坏设备。

细而高的设备必须借助厂房楼层侧向支承才能稳定，楼层与设备之间应采用能适应层间位移差异的柔性连接。

装料后的设备、料斗总重心接近楼层的支承点处，是为了降低设备或料斗的地震作用对支承结构所产生的附加效应。

H.2.3 结构布置合理的支撑位置，往往与工艺布置冲突，支撑布置难以上下贯通，支撑平面布置错位。在保证支撑能把水平地震作用通过适当的途径，可靠地传递至基础前提下，支撑位置也可不设置在同一柱间。

H.2.6 本条与 2001 规范相比，主要增加关于阻尼比的规定：

在众值烈度的地震作用下，结构处于弹性阶段。根据 33 个冶金钢结构厂房用脉动法和吊车刹车进行大位移自由衰减阻尼比测试结果，钢结构厂房小位移阻尼比为 0.012~0.029 之间，平均阻尼比 0.018；大位移阻尼比为 0.0188~0.0363 之间，平均阻尼比 0.026。与本规范第 8.2.2 条协调，规定多遇地震作用计算的阻尼比取 0.03~0.04。板件宽厚比限值的选择计算的阻尼比也取此值。当结构经受强烈地震作用（如中震、大震等）时，考虑到结构已可能进入非弹性阶段，结构以延性耗能为主。因此，罕遇地震分析的阻尼比可适当取大一些。

H.2.7 "强柱弱梁"抗震概念，考虑的不仅是单独的梁柱连接部位，在更大程度上是反映结构的整体性能。多层工业厂房中，由于工艺设备布置的要求，有时较难做到"强柱弱梁"要求，因此，应着眼于结构整体的角度全面考虑和计算分析。

对梁柱节点左右梁端和上下柱端的全塑性承载力的验算要求，比本规范第 8.2.5 条增加两种例外情况：

①单层或多层结构顶层的低轴力柱，弹塑性软弱层的影响不明显，不需要满足要求。

②柱列中允许占一定比例的柱，当轴力较小而足以限制其在地震下出现不利反应且仍有可接受的刚度时，可不必满足强柱弱梁要求（如在厂房钢结构的一些大跨梁处、民用建筑转换大梁处）。条文中的柱列，指一个单线柱列或垂直于该柱列方向平面尺寸 10% 范围内的几列平行的柱列。

H.2.8 框架柱长细比限值大小对钢结构耗钢量有较大影响。构件长细比增加，往往误解为承载力退化严重。其实，这时的比较对象是构件的强度承载力，而不是稳定承载力。构件长细比属于稳定设计的范畴（实质上是位移问题）。构件长细比愈大，设计可使用的稳定承载力则愈小。在此基础上的比较表明，长细

比增加，并不表现出稳定承载力退化趋势加重的迹象。

显然，框架柱的长细比增大，结构层间刚度减小，整体稳定性降低。但这些概念上已由结构的最大位移限值、层间位移限值、二阶效应验算以及限制软弱层、薄弱层、平面和竖向布置的抗震概念措施等所控制。美国 AISC 钢结构规范在提示中述及受压构件的长细比不应超过 200，钢结构抗震规范未作规定；日本 BCJ 抗震规范规定柱的长细比不得超过 200。条文参考美国、欧洲、日本钢结构规范和抗震规范，结合我国钢结构设计习惯，对框架柱的长细比限值作出规定。

当构件长细比不大于 $125\sqrt{235/f_{ay}}$（弹塑性屈曲范围）时，长细比的钢号修正项才起作用。

抗侧力结构构件的截面板件宽厚比，是抗震钢结构构件局部延性要求的关键指标。板件宽厚比对工程设计的耗钢量影响很大。考虑多层钢结构厂房的特点，其板件宽厚比的抗震等级分界，比民用建筑降低 10m。

多层钢结构厂房的支撑布置往往受工艺要求制约，故增大其地震组合设计值。为避免出现过度刚强的支撑而吸引过多的地震作用，其长细比宜在弹性屈曲范围内选用。条文给出的柱间支撑长细比限值，下限值与欧洲规范的 X 形支撑、美国规范特殊中心支撑框架（SCBF）、日本规范的 BB 级支撑相当，上限值要稍严些。条文限定支撑长细比下限值的原因是，长细比在部分弹塑性屈曲范围（$60\sqrt{235/f_{ay}}\leqslant\lambda\leqslant125\sqrt{235/f_{ay}}$）中心受压构件，表现为承载力值不稳定，滞回环波动大。

10 空旷房屋和大跨屋盖建筑

10.1 单层空旷房屋

（Ⅰ）一般规定

单层空旷房屋是一组不同类型的结构组成的建筑，包含有单层的观众厅和多层的前后左右的附属用房。无侧厅的食堂，可参照本规范第 9 章设计。

观众厅与前后厅之间、观众厅与两侧厅之间一般不设缝，震害较轻；个别房屋在观众厅与侧厅处留缝，反而破坏较重。因此，在单层空旷房屋中的观众厅与侧厅、前后厅之间可不设防震缝，但根据本规范第 3 章的要求，布置要对称，避免扭转，并按本章采取措施，使整组建筑形成相互支持和有良好联系的空间结构体系。

本节主要规定了单层空旷房屋大厅抗震设计中有别于单层厂房的要求，对屋盖选型、构造、非承重隔

墙及各种结构类型的附属房屋的要求,见其他各有关章节。

大厅人员密集,抗震要求较高,故观众厅有挑台,或房屋高、跨度大,或烈度高,需要采用钢筋混凝土框架或门式刚架结构等。根据震害调查及分析,为进一步提高其抗震安全性,本次修订对第10.1.3条进行了修改,对砖柱承重的情况作了更为严格的限制:

① 增加了 7 度 (0.15g) 时不应采用砖柱的规定;

② 鉴于现阶段各地区经济发展不平衡,对于设防烈度 6 度、7 度 (0.10g),经济条件不足的地区,还不宜全部取消砖柱承重,只是在跨度和柱顶高度方面较 2001 规范限制更加严格。

（Ⅱ）计算要点

本次修订对计算要点的规定未作修改,同 2001 规范。

单层空旷房屋的平面和体型均较复杂,尚难以采用符合实际工作状态的假定和合理的模型进行整体计算分析。为了简化,从工程设计的角度考虑,可将整个房屋划为若干个部分,分别进行计算,然后从构造上和荷载的局部影响上加以考虑,互相协调。例如,通过周期的经验修正,使各部分的计算周期趋于一致;横向抗震分析时,考虑附属房屋的结构类型及其与大厅的连接方式,选用排架、框排架或排架-抗震墙的计算简图,条件合适时亦可考虑空间工作的影响,交接处的柱子要考虑高振型的影响;纵向抗震分析时,考虑屋盖的类型和前后厅等影响,选用单柱列或空间协同分析模型。

根据宏观震害调查分析,单层空旷房屋中,舞台后山墙等高大山墙的壁柱,地震中容易破坏。为减少其破坏,特别强调,高烈度时高大山墙应进行出平面的抗震验算。验算要求可参考本规范第 9 章,即壁柱在水平地震力作用下的偏心距超过规定值时,应设置组合壁柱,并验算其偏心受压的承载力。

（Ⅲ）抗震构造措施

单层空旷房屋的主要抗震构造措施如下:

1 6、7 度时,中、小型单层空旷房屋的大厅,无筋的纵墙壁柱虽可满足承载力的设计要求,但考虑到大厅使用上的重要性,仍要求采用配筋砖柱或组合砖柱。

本次修订,在第 10.1.3 条不允许 8 度Ⅰ、Ⅱ类场地和 7 度 (0.15g) 采用砖柱承重,故在第 10.1.14 条删去了 2001 规范的有关规定。

当大厅采用钢筋混凝土柱时,其抗震等级不应低于二级。当附属房屋低于大厅柱顶标高时,大厅柱成为短柱,则其箍筋应全高加密。

2 前厅与大厅、大厅与舞台之间的墙体是单层空旷房屋的主要抗侧力构件,承担横向地震作用。因此,应根据抗震设防烈度及房屋的跨度、高度等因素,设置一定数量的抗震墙。采用钢筋混凝土抗震墙时,其抗震等级不应低于二级。与此同时,还应加强墙上的大梁及其连接的构造措施。

舞台口梁为悬梁,上部支承有舞台上的屋架,受力复杂,而且舞台口两侧墙体为一端自由的高大悬墙,在舞台口处不能形成一个门架式的抗震横墙,在地震作用下破坏较多。因此,舞台口要加强与大厅屋盖体系的拉结,用钢筋混凝土墙体、立柱和水平圈梁来加强自身的整体性和稳定性。9 度时不应采用舞台口砌体悬墙承重。本次修订,进一步明确 9 度时舞台口悬墙应采用轻质墙体。

3 大厅四周的墙体一般较高,需增设多道水平圈梁来加强整体性和稳定性。特别是墙顶标高处的圈梁更为重要。

4 大厅与两侧的附属房屋之间一般不设防震缝,其交接处受力较大,故要加强相互间的连接,以增强房屋的整体性。本次修订,与本规范第 7 章对砌体结构的规定相协调,进一步提高了拉结措施——间距不大于 400mm,且采用由拉结钢筋与分布短筋在平面内焊接而成的钢筋网片。

5 二层悬挑式挑台不但荷载大,而且悬挑跨度也较大,需要进行专门的抗震设计计算分析。

10.2 大跨屋盖建筑

（Ⅰ）一般规定

10.2.1 近年来,大跨屋盖的建筑工程越来越广泛。为适应该类结构抗震设计的要求,本次修订增加了大跨屋盖建筑结构抗震设计的相关规定,并形成单独一节。

本条规定了本规范适用的屋盖结构范围及主要结构形式。本规范的大跨屋盖建筑是指与传统板式、梁板式屋盖结构相区别,具有更大跨越能力的屋盖体系,不应单从跨度大小的角度来理解大跨屋盖建筑结构。

大跨屋盖的结构形式多样,新形式也不断出现,本规范适用于一些常用结构形式,包括:拱、平面桁架、立体桁架、网架、网壳、张弦梁和弦支穹顶等七类基本形式以及由这些基本形式组合而成的结构。相应的,针对于这些屋盖结构形式的抗震研究开展较多,也积累了一定的抗震设计经验。

对于索结构、膜结构、索杆张力结构等柔性屋盖体系,由于几何非线性效应,其地震作用计算方法和抗震设计理论目前尚不成熟,本次修订暂不纳入。此外,大跨屋盖结构基本以钢结构为主,故本节也未对混凝土薄壳、组合网架、组合网壳等屋盖结构形式作出具体规定。

还需指出的是，对于存在拉索的预张拉屋盖结构，总体可分为三类：预应力结构，如预应力桁架、网架或网壳等；悬挂（斜拉）结构，如悬挂（斜拉）桁架、网架或网壳等；张弦结构，主要指张弦梁结构和弦支穹顶结构。本节中，预应力结构、悬挂（斜拉）结构归类在其依托的基本形式中。考虑到张弦结构的受力性能与常规预应力结构、悬挂（斜拉）结构有较大的区别，且是近些年发展起来的一类大跨屋盖结构新体系，因此将其作为基本形式列入。

大跨屋盖的结构新形式不断出现、体型复杂化、跨度极限不断突破，为保证结构的安全性、避免抗震性能差、受力很不合理的结构形式被采用，有必要对超出适用范围的大型建筑屋盖结构进行专门的抗震性能研究和论证，这也是国际上通常采用的技术保障措施。根据当前工程实践经验，对于跨度大于120m、结构单元长度大于300m或悬挑长度大于40m的屋盖结构，需要进行专门的抗震性能研究和论证。同时由于抗震设计经验的缺乏，新出现的屋盖结构形式也需要进行专门的研究和论证。

对于可开启屋盖，也属于非常用形式之一，其抗震设计除满足本节的规定外，与开闭功能有关的设计也需要另行研究和论证。

10.2.2 本条规定为抗震概念设计的主要原则，是本规范第3.4节和第3.5节规定的补充。

大跨屋盖结构的选型和布置首先应保证屋盖的地震效应能够有效地通过支座节点传递给下部结构或基础，且传递途径合理。

屋盖结构的地震作用不仅与屋盖自身结构相关，而且还与支承条件以及下部结构的动力性能密切相关，是整体结构的反应。根据抗震概念设计的基本原则，屋盖结构及其支承点的布置宜均匀对称，具有合理的刚度和承载力分布。同时下部结构设计也应充分考虑屋盖结构地震响应的特点，避免采用很不规则的结构布置而造成屋盖结构产生过大的地震扭转效应。

屋盖自身的结构形式宜优先采用两个水平方向刚度均衡、整体刚度良好的网架、网壳、双向立体桁架、双向张弦梁或弦支穹顶等空间传力体系。同时宜避免局部削弱或突变的薄弱部位。对于可能出现的薄弱部位，应采取措施提高抗震能力。

10.2.3 本条针对屋盖体系自身传递地震作用的主要特点，对两类结构的布置要求作了规定。

1 单向传力体系的抗震薄弱环节是垂直于主结构（桁架、拱、张弦梁）方向的水平地震力传递以及主结构的平面外稳定性，设置可靠的屋盖支撑是重要的抗震措施。在单榀立体桁架中，与屋面支撑同层的两（多）根主弦杆间也应设置斜杆。这一方面可提高桁架的平面外刚度，同时也使得纵向水平地震内力在同层主弦杆中分布均匀，避免薄弱区域的出现。

当桁架支座采用下弦节点支承时，必须采取有效措施确保支座处桁架不发生平面外扭转，设置纵向桁架是一种有效的做法，同时还可保证纵向水平地震力的有效传递。

2 空间传力结构体系具有良好的整体性和空间受力特点，抗震性能优于单向传力体系。对于平面形状为矩形且三边支承一边开口的屋盖结构，可以通过在开口边局部增加层数来形成边桁架，以提高开口边的刚度和加强结构整体性。对于两向正交正放网架和双向张弦梁，屋盖平面内的水平刚度较弱。为保证结构的整体性及水平地震作用的有效传递与分配，应沿上弦周边网格设置封闭的水平支撑。当结构跨度较大或下弦周边支承时，下弦周边网格也应设置封闭的水平支撑。

10.2.4 当屋盖分区域采用不同抗震性能的结构形式时，在结构交界区域通常会产生复杂的地震响应，一般避免采用此类结构。如确要采用，应对交界区域的杆件和节点采用加强措施。如果建筑设计和下部支承条件允许，设置防震缝也是可采用的有效措施。此时，由于实际工程情况复杂，为避免其两侧结构在强烈地震中碰撞，条文规定的防震缝宽度可能不足，最好按设防烈度下两侧独立结构在交界线上的相对位移最大值来复核。对于规则结构，缝宽也可将多遇地震下的最大相对变形值乘以不小于3的放大系数近似估计。

（Ⅱ）计 算 要 点

10.2.6 本条规定屋盖结构可不进行地震作用计算的范围。

1 研究表明，单向平面桁架和单向立体桁架是否受沿桁架方向的水平地震效应控制主要取决于矢跨比的大小。对于矢跨比小于1/5的该类结构，水平地震效应较小，7度时可不进行沿桁架的水平向和竖向地震作用计算。但是由于垂直桁架方向的水平地震作用主要由屋盖支撑承担，本节并没有对支撑的布置进行详细规定，因此对于7度及7度以上的该类体系，均应进行垂直于桁架方向的水平地震作用计算并对支撑构件进行验算。

2 网架属于平板形屋盖结构。大量计算分析结果表明，当支承结构刚度较大时，网架结构以竖向振动为主。7度时，网架结构的设计往往由非地震作用工况控制，因此可不进行地震作用计算，但应满足相应的抗震措施的要求。

10.2.7 本条规定抗震计算模型。

1 屋盖结构自身的地震效应是与下部结构协同工作的结果。由于下部结构的竖向刚度一般较大，以往在屋盖结构的竖向地震作用计算时通常习惯于仅单独以屋盖结构作为分析模型。但研究表明，不考虑屋盖结构与下部结构的协同工作，会对屋盖结构的地震作用，特别是水平地震作用计算产生显著影响，甚至得出错误结果。即便在竖向地震作用计算时，当下部结构给屋盖提供的竖向刚度较弱或分布不均匀时，仅按屋盖结构模型所计算的结果也会产生较大的误差。因此，考虑上下部结构的协同作用是屋盖结构地震作用计算的基本原则。

考虑上下部结构协同工作的最合理方法是按整体结构模型进行地震作用计算。因此对于不规则的结构，抗震计算应采用整体结构模型。当下部结构比较规则时，也可以采用一些简化方法（譬如等效为支座弹性约束）来计入下部结构的影响。但是，这种简化必须依据可靠且符合动力学原理。

2 研究表明，对于跨度较大的张弦梁和弦支穹顶结构，由预张力引起的非线性几何刚度对结构动力特性有一定的影响。此外，对于某些布索方案（譬如肋环型布索）的弦支穹顶结构，撑杆和下弦拉索系统实际上是需要依靠预张力来保证体系稳定性的几何可变体系，且不计入几何刚度也将导致结构总刚矩阵奇异。因此，这些形式的张弦结构计算模型就必须计入几何刚度。几何刚度一般可取重力荷载代表值作用下的结构平衡态的内力（包括预张力）贡献。

10.2.8 本条规定了整体、协同计算时的阻尼比取值。

屋盖钢结构和下部混凝土支承结构的阻尼比不同，协同分析时阻尼比取值方面的研究较少。工程设计中阻尼比取值大多在 0.025～0.035 间，具体数值一般认为与屋盖钢结构和下部混凝土支承结构的组成比例有关。下面根据位能等效原则提供两种计算整体结构阻尼比的方法，供设计中采用。

方法一：振型阻尼比法。振型阻尼比是指针对于各阶振型所定义的阻尼比。组合结构中，不同材料的能量耗散机理不同，因此相应构件的阻尼比也不相同，一般钢构件取 0.02，混凝土构件取 0.05。对于每一阶振型，不同构件单元对于振型阻尼比的贡献认为与单元变形能有关，变形能大的单元对该振型阻尼比的贡献较大，反之则较小。所以，可根据该阶振型下的单元变形能，采用加权平均的方法计算出振型阻尼比 ζ_i：

$$\zeta_i = \sum_{s=1}^{n} \zeta_s W_{si} / \sum_{s=1}^{n} W_{si}$$

式中：ζ_i——结构第 i 阶振型的阻尼比；

ζ_s——第 s 个单元阻尼比，对钢构件取 0.02，对混凝土构件取 0.05；

n——结构的单元总数；

W_{si}——第 s 个单元对应于第 i 阶振型的单元变形能。

方法二：统一阻尼比法。依然采用方法一的公式，但并不针对各振型 i 分别计算单元变形能 W_{si}，而是取各单元在重力荷载代表值作用下的变形能

W_{si}，这样便求得对应于整体结构的一个阻尼比。

在罕遇地震作用下，一些实际工程的计算结果表明，屋盖钢结构也仅有少量构件能进入塑性屈服状态，所以阻尼比仍建议与多遇地震下的结构阻尼比取值相同。

10.2.9 本条规定水平地震作用的计算方向和宜考虑水平多向地震作用计算的范围。

不同于单向传力体系，空间传力体系的屋盖结构通常难以明确划分为沿某个方向的抗侧力构件，通常需要沿两个水平主轴方向同时计算水平地震作用。对于平面为圆形、正多边形的屋盖结构，可能存在两个以上的主轴方向，此时需要根据实际情况增加地震作用的计算方向。另外，当屋盖结构、支承条件或下部结构的布置明显不对称时，也应增加水平地震作用的计算方向。

10.2.10 本条规定了屋盖结构地震作用计算的方法。

本节适用的大跨屋盖结构形式属于线性结构范畴，因此振型分解反应谱法依然可作为是结构弹性地震效应计算的基本方法。随着近年来结构动力学理论和计算技术的发展，一些更为精确的动力学计算方法逐步被接受和应用，包括多向地震反应谱法、时程分析法，甚至多向随机振动分析方法。对于结构动力响应复杂和跨度较大的结构，应该鼓励采用这些方法进行地震作用计算，以作为振型分解反应谱法的补充。

自振周期分布密集是大跨屋盖结构区别于多高层结构的重要特点。在采用振型分解反应谱法时，一般应考虑更多阶振型的组合。研究表明，在不按上下部结构整体模型进行计算时，网架结构的组合振型数宜至少取前（10～15）阶，网壳结构宜至少取前（25～30）阶。对于体型复杂的屋盖结构或按上下部结构整体模型计算时，应取更多阶组合振型。对于存在明显扭转效应的屋盖结构，组合应采用完全二次型方根（CQC）法。

10.2.11 对于单向传力体系，结构的抗侧力构件通常是明确的。桁架构件抵抗其面内的水平地震作用和竖向地震作用，垂直桁架方向的水平地震作用则由屋盖支撑承担。因此，可针对各向抗侧力构件分别进行地震作用计算。

除单向传力体系外，一般屋盖结构的构件难以明确划分为沿某个方向的抗侧力构件，即构件的地震效应往往包含三向地震作用的结果，因此其构件验算应考虑三向（两个水平向和竖向）地震作用效应的组合，其组合值系数可按本规范第 5 章的规定采用。这也是基本原则。

10.2.12 多遇地震作用下的屋盖结构变形限值部分参考了《空间网格结构技术规程》的相关规定。

10.2.13 本条规定屋盖构件及其连接的抗震验算。

大跨屋盖结构由于其自重轻、刚度好，所受震害

一般要小于其他类型的结构。但震害情况也表明，支座及其邻近构件发生破坏的情况较多，因此通过放大地震作用效应来提高该区域杆件和节点的承载力，是重要的抗震措施。由于通常该区域的节点和杆件数量不多，对于总工程造价的增加是有限的。

拉索是预张拉结构的重要构件。在多遇地震作用下，应保证拉索不发生松弛而退出工作。在设防烈度下，也宜保证拉索在各地震作用参与的工况组合下不出现松弛。

（Ⅲ）抗震构造措施

10.2.14 本条规定了杆件的长细比限值。

杆件长细比限值参考了国家现行标准《钢结构设计规范》GB 50017 和《空间网格结构技术规程》JGJ 7 的相关规定，并作了适当加强。

10.2.15 本条规定了节点的构造要求。

节点选型要与屋盖结构的类型及整体刚度等因素结合起来，采用的节点要便于加工、制作、焊接。设计中，结构杆件内力的正确计算，必须用有效的构造措施来保证，其中节点构造应符合计算假定。

在地震作用下，节点应不先于杆件破坏，也不产生不可恢复的变形，所以要求节点具有足够的强度和刚度。杆件相交于节点中心将不产生附加弯矩，也使模型计算假定更加符合实际情况。

10.2.16 本条规定了屋盖支座的抗震构造。

支座节点是屋盖地震作用传递给下部结构的关键部件，其构造应与结构分析所取的边界条件相符，否则将使结构实际内力与计算内力出现较大差异，并可能危及结构的整体安全。

支座节点往往是地震破坏的部位，属于前面定义的关键节点的范畴，应予加强。在节点验算方面，对地震作用效应进行了必要的提高（第 10.2.13 条）。此外根据延性设计的要求，支座节点在超过设防烈度的地震作用下，应有一定的抗变形能力。但对于水平可滑动的支座节点，较难得到保证。因此建议按设防烈度计算值作为可滑动支座的位移限值（确定支承面的大小），在罕遇地震作用下采用限位措施确保不致滑移出支承面。

对于 8、9 度时多遇地震下竖向仅受压的支座节点，考虑到在强烈地震作用（如中震、大震）下可能出现受拉，因此建议采用构造上也能承受拉力的拉压型支座形式，且预埋锚筋、锚栓也按受拉情况进行构造配置。

11 土、木、石结构房屋

11.1 一般规定

本节是在 2001 规范基础上增加的内容。主要依据云南丽江、普洱、大姚地震，新疆巴楚、伽师地震，河北张北地震，内蒙古西乌旗地震，江西九江-瑞昌地震，浙江文成地震，四川道孚、汶川等地震灾区房屋震害调查资料，对土木石房屋具有共性的震害问题进行了总结，在此基础上提出了本节的有关规定。本章其他条款也据此做了部分改动与细化。

11.1.1 形状比较简单、规则的房屋，在地震作用下受力明确、简洁，同时便于进行结构分析，在设计上易于处理。震害经验也充分表明，简单、规整的房屋在遭遇地震时破坏也相对较轻。

墙体均匀、对称布置，在平面内对齐、竖向连续是传递地震作用的要求，这样沿主轴方向的地震作用能够均匀对称地分配到各个抗侧力墙段，避免出现应力集中或因扭转造成部分墙段受力过大而破坏、倒塌。我国不少地区的二、三层房屋，外纵墙在一、二层上下不连续，即二层外纵墙外挑，在 7 度地震影响下二层墙体开裂严重。

板式单边悬挑楼梯在墙体开裂后会因嵌固端破坏而失去承载能力，容易造成人员跌落伤亡。

震害调查发现，有的房屋纵横墙采用不同材料砌筑，如纵墙用砖砌筑、横墙和山墙用土坯砌筑，这类房屋由于两种材料砌块的规格不同，砖与土坯之间不能咬槎砌筑，不同材料墙体之间为通缝，导致房屋整体性差，在地震中破坏严重；又如有些地区采用的外砖里坯（亦称里生外熟）承重墙，地震中墙体倒塌现象较为普遍。这里所说的不同墙体混合承重，是指同一高度左右相邻不同材料的墙体，对于下部采用砖（石）墙，上部采用土坯墙，下部采用石墙，上部采用砖或土坯墙的做法则不受此限制，但这类房屋的抗震承载力应按上部相对较弱的墙体考虑。

调查发现，一些村镇房屋设有较宽的外挑檐，在屋檐外挑梁的上面砌筑用于搁置檩条的小段墙体，甚至砌成花格状，没有任何拉结措施，地震时中容易破坏掉落伤人，因此明确规定不得采用。该位置可采用三角形小屋架或设瓜柱解决外挑部位檩条的支承问题。

11.1.2 木楼、屋盖房屋刚性较弱，加强木楼、屋盖的整体性可以有效地提高房屋的抗震性能，各构件之间的拉结是加强整体性的重要措施。试验研究表明，木屋盖加设竖向剪刀撑可增强木屋架纵向稳定性。

纵向通长水平系杆主要用于竖向剪刀撑、横墙、山墙的拉结。

采用墙揽将山墙与屋盖构件拉结牢固，可防止山墙外闪破坏；内隔墙稳定性差，墙顶与梁或屋架下弦拉结是防止其平面外失稳倒塌的有效措施。

11.1.3 本条规定了木楼、屋盖构件在屋架和墙上的最小支承长度和对应的连接方式。

11.1.4 本条规定了门窗洞口过梁的支承长度。

11.1.5 地震中坡屋面溜瓦是瓦屋面常见的破坏现

象，冷摊瓦屋面的底瓦浮搁在椽条上时更容易发生溜瓦、掉落伤人。因此，本条要求冷摊瓦屋面的底瓦与椽条应有锚固措施。根据地震现场调查情况，建议在底瓦的弧边两角设置钉孔，采用铁钉与椽条钉牢。盖瓦可用石灰或水泥砂浆压垄等做法与底瓦粘结牢固。该项措施还可以防止暴风对冷摊瓦屋面造成的破坏。四川汶川地震灾区恢复重建中已有平瓦预留了锚固钉孔。

11.1.6 本条对突出屋面的烟囱、女儿墙等易倒塌构件的出屋面高度提出了限值。

11.1.7 本条对土木石房屋的结构材料提出了基本要求。

11.1.8 本条对土木石房屋施工中钢筋端头弯钩和外露铁件防锈处理提出要求。

11.2 生 土 房 屋

11.2.1 本次修订，根据生土房屋在不同地震烈度下的震害情况，将本节生土房屋的适用范围较 2001 规范降低一度。

11.2.2 生土房的层数，因其抗震能力有限，一般仅限于单层；本次修订，生土房的高度和开间尺寸限制保持不变。

灰土墙指掺有石灰的土坯砌筑或灰土夯筑而成的墙体，其承载力明显高于土墙。1970 年云南通海地震，7、8 度区两层及两层以下的土墙房屋仅轻微损坏。1918 年广东南澳大地震，汕头为 8 度，一些由贝壳煅烧的白灰夯筑的 2、3 层灰土承重房屋，包括医院和办公楼，受到轻微损坏，修复后继续使用。因此，灰土墙承重房屋采取适当的措施后，7 度设防时可建二层房屋。

11.2.3 生土房屋的屋面采用轻质材料，可减轻地震作用；提倡用双坡和弧形屋面，可降低山墙高度，增加其稳定性；单坡屋面的后纵墙过高，稳定性差，平屋面防水有问题，不宜采用。

由于土墙抗压强度低，支承屋面构件部位均应有垫板或圈梁。檩条要满搭在墙上或椽子上，端檩要出檐，以使外墙受荷均匀，增加接触面积。

11.2.4 抗震墙上开洞过大会削弱墙体抗震能力，因此对门窗洞口宽度进行限制。

当一个洞口采用多根木杆组成过梁时，在木杆上表面采用木板、扒钉、钢丝等将各根木杆连接成整体可避免地震时局部破坏塌落。

生土墙在纵横墙交接处沿高度每隔 500mm 左右设一层荆条、竹片、树条等拉结网片，可以加强转角处和内外墙交接处墙体的连接，约束该部位墙体，提高墙体的整体性，减轻地震时的破坏。震害表明，较细的多根荆条、竹片编制的网片，比较粗的几根竹竿或木杆的拉结效果好。原因是网片与墙体的接触面积

大，握裹好。

11.2.5 调查表明，村镇房屋墙体非地震作用开裂现象普遍，主要原因是不重视地基处理和基础的砌筑质量，导致地基不均匀沉降使墙体开裂。因此，本条要求对房屋的地基应夯实，并对基础的材料和砌筑砂浆提出了相应要求。设置防潮层以防止生土墙体酥落。

11.2.6 土坯的土质和成型方法，决定了土坯质量的好坏并最终决定土墙的强度，应予以重视。

11.2.7 为加强灰土墙房屋的整体性，要求设置圈梁。圈梁可用配筋砖带或木圈梁。

11.2.8 提高土拱房的抗震性能，主要是拱脚的稳定、拱圈的牢固和整体性。若一侧为崖体一侧为人工土墙，会因软硬不同导致破坏。

11.2.9 土窑洞有一定的抗震能力，在宏观震害调查时看到，土体稳定、土质密实、坡度较平缓的土窑洞在 7 度区有较完好的例子。因此，对土窑洞来说，首先要选择良好的建筑场地，应避开易产生滑坡、崩塌的地段。

崖窑前不要接砌土坯或其他材料的前脸，否则前脸部分将极易遭到破坏。

有些地区习惯开挖层窑，一般来说比较危险，如需要时应注意间隔足够的距离，避免一旦土体破坏时发生连锁反应，造成大面积坍塌。

11.3 木结构房屋

11.3.1 本节所规定的木结构房屋，不适用于木柱与屋架（梁）铰接的房屋。因其柱子上、下端均为铰接，是不稳定的结构体系。

11.3.2 木柱与砖柱或砖墙在力学性能上是完全不同的材料，木柱属于柔性材料，变形能力强，砖柱或砖墙属于脆性材料，变形能力差。若两者混用，在水平地震作用下变形不协调，将使房屋产生严重破坏。

震害表明，无端屋架山墙往往容易在地震中破坏，导致端开间塌落，故要求设置端屋架（木梁），不得采用硬山搁檩做法。

11.3.3 由于结构构造的不同，各种木结构房屋的抗震性能也有一定的差异。其中穿斗木构架和木柱木屋架房屋结构性能较好，通常采用重量较轻的瓦屋面，具有结构重量轻、延性与整体性较好的优点，其抗震性能比木柱木梁房屋要好，6~8 度可建造两层房屋。

木柱木梁房屋一般为重量较大的平屋盖泥被屋顶，通常为粗梁细柱，梁、柱之间连接简单，从震害调查结果看，其抗震性能低于穿斗木构架和木柱木屋架房屋，一般仅建单层房屋。

11.3.4 四柱三跨木排架指的是中间有一个较大的主跨，两侧各有一个较小边跨的结构，是大跨空旷木柱房屋较为经济合理的方案。

震害表明，15m~18m 宽的木柱房屋，若仅用单跨，破坏严重，甚至倒塌；而采用四柱三跨的结构形

式，甚至出现地裂缝，主跨也安然无恙。

11.3.5 木结构房屋无承重山墙，故本规范第 9.3 节规定的房屋两端第二开间设置屋盖支撑的要求需向外移到端开间。

11.3.6～11.3.8 木柱与屋架（梁）设置斜撑，目的是控制横向侧移和加强整体性，穿斗木构架房屋整体性较好，有相当的抗倒力和变形能力，故可不必采用斜撑来限制侧移，但平面外的稳定性还需采用纵向支撑来加强。

震害表明，木柱与木屋架的斜撑若用夹板形式，通过螺栓与屋架下弦节点和上弦处紧密连接，则基本完好，而斜撑连接于下弦任意部位时，往往倒塌或严重破坏。

为保证排架的稳定性，加强柱脚和基础的锚固是十分必要的，可采用拉结铁件和螺栓连接的方式，或有石销键的柱础，也可对柱脚采取防腐处理后埋入地面以下。

11.3.9 本条对木构件截面尺寸、开榫、接头等的构造提出了要求。

11.3.10 震害表明，木结构围护墙是非常容易破坏和倒塌的构件。木构架和砌体围护墙的质量、刚度有明显差异，自振特性不同，在地震作用下变形性能和产生的位移不一致，木构件的变形能力大于砌体围护墙，连接不牢时两者不能共同工作，甚至会相互碰撞，引起墙体开裂、错位，严重时倒塌。本条的目的是尽可能使围护墙在采取适当措施后不倒塌，以减轻人员伤亡和地震损失。

1 沿墙高每隔 500mm 采用 8 号钢丝将墙体内的水平拉结筋或拉结网片与木柱拉结，配筋砖圈梁、配筋砂浆带等与木柱采用 $\phi6$ 钢筋或 8 号钢丝拉结，可以使木构架与围护墙协同工作，避免两者相互碰撞破坏。振动台试验表明，在较强地震作用下即使墙体因抗剪承载力不足而开裂，在与木柱有可靠拉结的情况下也不致倒塌。

2 对土坯、砖等砌筑的围护墙洞口的宽度提出了限制。

3 完全包裹在土坯、砖等砌筑的围护墙中的木柱不通风，较易腐蚀，且难于检查木柱的变质情况。

11.4 石结构房屋

11.4.1、11.4.2 多层石房震害经验不多，唐山地区多数是二层，少数三、四层，而昭通地区大部分是二、三层，仅泉州石结构古塔高达 48.24m，经过 1604 年 8 级地震（泉州烈度为 8 度）的考验至今犹存。

多层石房高度限值相对于砖房是较小的，这是考虑到石块加工不平整，性能差别很大，且目前石结构的地震经验还不足。2008 年局部修订将总高度和层数限值由"不宜"，改为"不应"，要求更加严格了。

11.4.6 从宏观震害和试验情况来看，石墙体的破坏特征和砖结构相近，石墙体的抗剪承载力验算可与多层砌体结构采用同样的方法。但其承载力设计值应由试验确定。

11.4.7 石结构房屋的构造柱设置要求，系参照 89 规范混凝土中型砌块房屋对芯柱的设置要求规定的，而构造柱的配筋构造等要求，需参照多层黏土砖房的规定。

11.4.8 洞口是石墙体的薄弱环节，因此需对其洞口的面积加以限制。

11.4.9 多层石房每层设置钢筋混凝土圈梁，能够提高其抗震能力，减轻震害，例如，唐山地震中，10 度区有 5 栋设置了圈梁的二层石房，震后基本完好，或仅轻微破坏。

与多层砖房相比，石墙体房屋圈梁的截面加大，配筋略有增加，因为石墙材料重量较大。在每开间及每道墙上，均设置现浇圈梁是为了加强墙体间的连接和整体性。

11.4.10 石墙在交接处用条石无垫片砌筑，并设置拉结钢筋网片，是根据石墙材料的特点，为加强房屋整体性而采取的措施。

11.4.11 本条为新增条文。石板多有节理缺陷，在建房过程中常因堆载断裂造成人员伤亡事故。因此，明确不得采用对抗震不利的料石作为承重构件。

12 隔震和消能减震设计

12.1 一般规定

12.1.1 隔震和消能减震是建筑结构减轻地震灾害的有效技术。

隔震体系通过延长结构的自振周期能够减少结构的水平地震作用，已被国外强震记录所证实。国内外的大量试验和工程经验表明：隔震一般可使结构的水平地震加速度反应降低 60％ 左右，从而消除或有效地减轻结构和非结构的地震损坏，提高建筑物及其内部设施和人员的地震安全性，增加了震后建筑物继续使用的功能。

采用消能减震的方案，通过消能器增加结构阻尼来减少结构在风作用下的位移是公认的事实，对减少结构水平和竖向的地震反应也是有效的。

适应我国经济发展的需要，有条件地利用隔震和消能减震来减轻建筑结构的地震灾害，是完全可能的。本章主要吸收国内外研究成果中较成熟的内容，目前仅列入橡胶隔震支座的隔震技术和关于消能减震设计的基本要求。

2001 规范隔震层位置仅限于基础与上部结构之间，本次修订，隔震设计的适用范围有所扩大，考虑国内外已有隔震建筑的隔震层不仅是设置在基础上，而且设置在一层柱顶等下部结构或多塔楼的底盘上。

12.1.2 隔震技术和消能减震技术的主要使用范围，是可增加投资来提高抗震安全的建筑。进行方案比较时，需对建筑的抗震设防分类、抗震设防烈度、场地条件、使用功能及建筑、结构的方案，从安全和经济两方面进行综合分析对比。

考虑到随着技术的发展，隔震和消能减震设计的方案分析不需要特别的论证，本次修订不作为强制性条文，只保留其与本规范第3.5.1条关于抗震设计的规定不同的特点——与抗震设计方案进行对比，这是确定隔震设计的水平向减震系数和减震设计的阻尼比所需要的，也能显示出隔震和减震设计比抗震设计在提高结构抗震能力上的优势。

12.1.3 本次修订，对隔震设计的结构类型不作限制，修改2001版规定的基本周期小于1s和采用底部剪力法进行非隔震设计的结构。在隔震设计的方案比较和选择时仍应注意：

1 隔震技术对低层和多层建筑比较合适，日本和美国的经验表明，不隔震时基本周期小于1.0s的建筑结构效果最佳；建筑结构基本周期的估计，普通的砌体房屋可取0.4s，钢筋混凝土框架取$T_1 = 0.075H^{3/4}$，钢筋混凝土抗震墙结构取$T_1 = 0.05H^{3/4}$。但是，不应仅限于基本自振周期在1s内的结构，因为超过1s的结构采用隔震技术有可能同样有效，国外大量隔震建筑也验证了此点，故取消了2001规范要求结构周期小于1s的限制。

2 根据橡胶隔震支座抗拉屈服强度低的特点，需限制非地震作用的水平荷载，结构的变形特点需符合剪切变形为主且房屋高宽比小于4或有关规范、规程对非隔震结构的高宽比限制要求。现行规范、规程有关非隔震结构高宽比的规定如下：

高宽比大于4的结构小震下基础不应出现拉应力；砌体结构，6、7度不大于2.5，8度不大于2.0，9度不大于1.5；混凝土框架结构，6、7度不大于4，8度不大于3，9度不大于2；混凝土抗震墙结构，6、7度不大于6，8度不大于5，9度不大于4。

对高宽比大的结构，需进行整体倾覆验算，防止支座压屈或出现拉应力超过1MPa。

3 国外对隔震工程的许多考察发现：硬土场地较适合于隔震房屋；软弱场地滤掉了地震波的中高频分量，延长结构的周期将增大而不是减小其地震反应，墨西哥地震就是一个典型的例子。2001规范的要求仍然保留，当在Ⅳ类场地建造隔震房屋时，应进行专门研究和专项审查。

4 隔震层防火措施和穿越隔震层的配管、配线，有与隔震要求相关的专门要求。2008年汶川地震中，位于7、8度区的隔震建筑，上部结构完好，但隔震层的管线受损，故需要特别注意改进。

12.1.4 消能减震房屋最基本的特点是：

1 消能装置可同时减少结构的水平和竖向的地震作用，适用范围较广，结构类型和高度均不受限制；

2 消能装置使结构具有足够的附加阻尼，可满足罕遇地震下预期的结构位移要求；

3 由于消能装置不改变结构的基本形式，除消能部件和相关部件外的结构设计仍可按本规范各章对相应结构类型的要求执行。这样，消能减震房屋的抗震构造，与普通房屋相比不降低，其抗震安全性可有明显的提高。

12.1.5 隔震支座、阻尼器和消能减震部件在长期使用过程中需要检查和维护。因此，其安装位置应便于维护人员接近和操作。

为了确保隔震和消能减震的效果，隔震支座、阻尼器和消能减震部件的性能参数应严格检验。

按照国家产品标准《橡胶支座　第3部分：建筑隔震橡胶支座》GB 20688.3－2006的规定，橡胶支座产品在安装前应对工程中所用的各种类型和规格的原型部件进行抽样检验，其要求是：

采用随机抽样方式确定检测试件。若有一件抽样的一项性能不合格，则该次抽样检验不合格。

对一般建筑，每种规格的产品抽样数量应不少于总数的20%；若有不合格，应重新抽取总数的50%，若仍有不合格，则应100%检测。

一般情况下，每项工程抽样总数不少于20件，每种规格的产品抽样数量不少于4件。

尚没有国家标准和行业标准的消能部件中的消能器，应采用本章第12.3节规定的方法进行检验。对黏滞流体消能器等可重复利用的消能器，抽检数量适当增多，抽检的消能器可用于主体结构；对金属屈服位移相关型消能器等不可重复利用的消能器，在同一类型中抽检数量不少于2个，抽检合格率为100%，抽检后不能用于主体结构。

型式检验和出厂检验应由第三方完成。

12.1.6 本条明确提出，可采用隔震、减震技术进行结构的抗震性能化设计。此时，本章的规定应依据性能化目标加以调整。

12.2　房屋隔震设计要点

12.2.1 本规范对隔震的基本要求是：通过隔震层的大变形来减少其上部结构的地震作用，从而减少地震破坏。隔震设计需解决的主要问题是：隔震层位置的确定，隔震垫的数量、规格和布置，隔震层在罕遇地震下的承载力和变形控制，隔震层不隔离竖向地震作用的影响，上部结构的水平向减震系数及其与隔震层的连接构造等。

隔震层的位置通常位于第一层以下。当位于第一层及以上时，隔震体系的特点与普通隔震结构可有较大差异，隔震层以下的结构设计计算也更复杂。

为便于我国设计人员掌握隔震设计方法，本规范提出了"水平向减震系数"的概念。按减震系数进行设计，隔震层以上结构的水平地震作用和抗震验算，构件承载力留有一定的安全储备。对于丙类建筑，相应的构造要求也可有所降低。但必须注意，结构所受的地震作用，既有水平也有竖向，目前的橡胶隔震支座只具有隔离水平地震的功能，对竖向地震没有隔震效果，隔震后结构的竖向地震力可能大于水平地震力，应予以重视并做相应的验算，采取适当的措施。

12.2.2 本条规定了隔震体系的计算模型，且一般要求采用时程分析法进行设计计算。在附录 L 中提供了简化计算方法。

图 12.2.2 是对应于底部剪力法的等效剪切型结构的示意图；其他情况，质点 j 可有多个自由度，隔震装置也有相应的多个自由度。

本次修订，当隔震结构位于发震断裂主断裂带 10km 以内时，要求各个设防类别的房屋均应计及地震近场效应。

12.2.3、12.2.4 规定了隔震层设计的基本要求。

1 关于橡胶隔震支座的压应力和最大拉应力限值。

    1) 根据 Haringx 弹性理论，按稳定要求，以压缩荷载下叠层橡胶水平刚度为零的压应力作为屈曲应力 σ_{cr}，该屈曲应力取决于橡胶的硬度、钢板厚度与橡胶厚度的比值、第一形状参数 s_1（有效直径与中央孔洞直径之差 $D-D_0$ 与橡胶层 4 倍厚度 $4t_r$ 之比）和第二形状参数 s_2（有效直径 D 与橡胶层总厚度 nt_r 之比）等。

通常，隔震支座中间钢板厚度是单层橡胶厚度的一半，取比值为 0.5。对硬度为 30~60 共七种橡胶，以及 $s_1 = 11$、13、15、17、19、20 和 $s_2 = 3$、4、5、6、7，累计 210 种组合进行了计算。结果表明：满足 $s_1 \geq 15$ 和 $s_2 \geq 5$ 且橡胶硬度不小于 40 时，最小的屈曲应力值为 34.0MPa。

将橡胶支座在地震下发生剪切变形后上下钢板投影的重叠部分作为有效受压面积，以该有效受压面积得到的平均应力达到最小屈曲应力作为控制橡胶支座稳定的条件，取容许剪切变形为 0.55D（D 为支座有效直径），则可得本条规定的丙类建筑的压应力限值

$$\sigma_{max} = 0.45\sigma_{cr} = 15.0 \text{MPa}$$

对 $s_2 < 5$ 且橡胶硬度不小于 40 的支座，当 $s_2 = 4$，$\sigma_{max} = 12.0 \text{MPa}$；当 $s_2 = 3$，$\sigma_{max} = 9.0 \text{MPa}$。因此规定，当 $s_2 < 5$ 时，平均压应力限值需予以降低。

    2) 规定隔震支座控制拉应力，主要考虑下列三个因素：

    ①橡胶受拉后内部有损伤，降低了支座的弹性性能；

    ②隔震支座出现拉应力，意味着上部结构存在倾覆危险；

    ③规定隔震支座拉应力 $\sigma_t < 1 \text{MPa}$ 理由是：1) 广州大学工程抗震研究中心所做的橡胶垫的抗拉试验中，其极限抗拉强度为（2.0~2.5）MPa；2) 美国 UBC 规范采用的容许抗拉强度为 1.5MPa。

2 关于隔震层水平刚度和等效黏滞阻尼比的计算方法，系根据振动方程的复阻尼理论得到的。其实部为水平刚度，虚部为等效黏滞阻尼比。

本次修订，考虑到随着橡胶隔震支座的制作工艺越来越成熟，隔震支座的直径越来越大，建议在隔震支座选型时尽量选用大直径的支座，对 300mm 直径的支座，由于其直径小，稳定性差，故将其设计承载力由 12MPa 降低到 10MPa。

橡胶支座随着水平剪切变形的增大，其容许竖向承载能力将逐渐减小，为防止隔震支座在大变形的情况下失去承载能力，故要求支座的剪切变形应满足 $\sigma \leq \sigma_{cr}(1 - \gamma/s_2)$，式中，$\gamma$ 为水平剪切变形，s_2 为支座第二形状系数，σ 为支座竖向面压，σ_{cr} 为支座极限抗压强度。同时支座的竖向压应力不大于 30MPa，水平变形不大于 0.55D 和 300% 的较小值。

隔震支座直径较大时，如直径不小于 600mm，考虑实际工程隔震后的位移和现有试验设备的条件，对于罕遇地震位移验算时的支座设计参数，可取水平剪切变形 100% 的刚度和阻尼。

还需注意，橡胶材料是非线性弹性体，橡胶隔震支座的有效刚度与振动周期有关，动静刚度的差别甚大。因此，为了保证隔震的有效性，最好取相应于隔震体系基本周期的刚度进行计算。本次修订，将 2001 规范隐含加载频率影响的"动刚度"改为"等效刚度"，用语更明确，方便同国家标准《橡胶支座》接轨；之所以去掉有关频率对刚度影响的语句，因相关的产品标准已有明确的规定。

12.2.5 隔震后，隔震层以上结构的水平地震作用可根据水平向减震系数确定。对于多层结构，层间地震剪力代表了水平地震作用取值及其分布，可用来识别结构的水平向减震系数。

考虑到隔震层不能隔离结构的竖向地震作用，隔震结构的竖向地震力可能大于其水平地震力，竖向地震的影响不可忽略，故至少要求 9 度时和 8 度水平向减震系数为 0.30 时应进行竖向地震作用验算。

本次修订，拟对水平向减震系数的概念作某些调整：直接将"隔震结构与非隔震结构最大水平剪力的比值"改称为"水平向减震系数"，采用该概念力图使其意义更明确，以方便设计人员理解和操作（美

国、日本等国也同样采用此方法）。

隔震后上部结构按本规范相关结构的规定进行设计时，地震作用可以降低，降低后的地震影响系数曲线形式参见本规范 5.1.5 条，仅地震影响系数最大值 α_{max1} 减小。

2001 规范确定隔震后水平地震作用时所考虑的安全系数 1.4，对于当时隔震支座的性能是合适的。当前，在国家产品标准《橡胶支座 第 3 部分：建筑隔震橡胶支座》GB 20688.3 - 2006 中，橡胶支座按剪切性能允许偏差分为 S-A 和 S-B 两类，其中 S-A 类的允许偏差为±15%，S-B 类的允许偏差为±25%。因此，随着隔震支座产品性能的提高，该系数可适当减少。本次修订，按照《建筑结构可靠度设计统一标准》GB 50068 的要求，确定设计用的水平地震作用的降低程度，需根据概率可靠度分析提供一定的概率保证，一般考虑 1.645 倍变异系数。于是，依据支座剪变刚度与隔震后体系周期及对应地震总剪力的关系，由支座刚度的变异导出地震总剪力的变异，再乘以 1.645，则大致得到不同支座的 ψ 值，S-A 类为 0.85，S-B 类为 0.80。当设置阻尼器时还需要附加与阻尼器有关的变异系数，ψ 值相应减少，对于 S-A 类，取 0.80，对于 S-B 类，取 0.75。

隔震后的上部结构用软件计算时，直接取 α_{max1} 进行结构计算分析。从宏观的角度，可以将隔震后结构的水平地震作用大致归纳为比非隔震时降低半度、一度和一度半三个档次，如表 7 所示（对于一般橡胶支座）；而上部结构的抗震构造，只能按降低一度分档，即以 $\beta=0.40$ 分档。

表 7　水平向减震系数与隔震后结构
水平地震作用所对应烈度的分档

本地区设防烈度（设计基本地震加速度）	水平向减震系数 β		
	$0.53\geqslant\beta\geqslant0.40$	$0.40>\beta>0.27$	$\beta\leqslant0.27$
9 (0.40g)	8 (0.30g)	8 (0.20g)	7 (0.15g)
8 (0.30g)	8 (0.20g)	7 (0.15g)	7 (0.10g)
8 (0.20g)	7 (0.15g)	7 (0.10g)	7 (0.10g)
7 (0.15g)	7 (0.10g)	7 (0.10g)	6 (0.05g)
7 (0.10g)	7 (0.10g)	6 (0.05g)	6 (0.05g)

本次修订对 2001 规范的规定，还有下列变化：

1　计算水平减震系数的隔震支座参数，橡胶支座的水平剪切应变由 50% 改为 100%，大致接近设防地震的变形状态，支座的等效刚度比 2001 规范减少，计算的隔震效果更明显。

2　多层隔震结构的水平地震作用沿高度矩形分布改为按重力荷载代表值分布。还补充了高层隔震建筑确定水平向减震系数的方法。

3　对 8 度设防考虑竖向地震的要求有所加严，由"宜"改为"应"。

12.2.7　隔震后上部结构的抗震措施可以适当降低，一般的橡胶支座以水平向减震系数 0.40 为界划分，并明确降低的要求不得超过一度，对于不同的设防度如表 8 所示：

表 8　水平向减震系数与隔震后上部
结构抗震措施所对应烈度的分档

本地区设防烈度（设计基本地震加速度）	水平向减震系数	
	$\beta\geqslant0.40$	$\beta<0.40$
9 (0.40g)	8 (0.30g)	8 (0.20g)
8 (0.30g)	8 (0.20g)	7 (0.15g)
8 (0.20g)	7 (0.15g)	7 (0.10g)
7 (0.15g)	7 (0.10g)	7 (0.10g)
7 (0.10g)	7 (0.10g)	6 (0.05g)

需注意，本规范的抗震措施，一般没有 8 度 (0.30g) 和 7 度 (0.15g) 的具体规定。因此，当 $\beta\geqslant0.40$ 时抗震措施不降低，对于 7 度 (0.15g) 设防时，即使 $\beta<0.40$，隔震后的抗震措施基本上不降低。

砌体结构隔震后的抗震措施，在附录 L 中有较为具体的规定。对混凝土结构的具体要求，可直接按降低后的烈度确定，本次修订不再给出具体要求。

考虑到隔震层对竖向地震作用没有隔振效果，隔震层以上结构的抗震构造措施应保留与竖向抗力有关的要求。本次修订，与抵抗竖向地震有关的措施用条注的方式予以明确。

12.2.8　本次修订，删去 2001 规范关于墙体下隔震支座的间距不宜大于 2m 的规定，使大直径的隔震支座布置更为合理。

为了保证隔震层能够整体协调工作，隔震层顶部应设置平面内刚度足够大的梁板体系。当采用装配整体式钢筋混凝土楼盖时，为使纵横梁体系能传递竖向荷载并协调横向剪力在每个隔震支座的分配，支座上方的纵横梁体系应为现浇。为增大隔震层顶部梁板的平面内刚度，需加大梁的截面尺寸和配筋。

隔震支座附近的梁、柱受力状态复杂，地震时还会受到冲切，应加密箍筋，必要时配置网状钢筋。

上部结构的底部剪力通过隔震支座传给基础结构。因此，上部结构与隔震支座的连接件、隔震支座与基础的连接件应具有传递上部结构最大底部剪力的能力。

12.2.9　对隔震层以下的结构部分，主要设计要求是：保证隔震设计能在罕遇地震下发挥隔震效果。因此，需进行与设防地震、罕遇地震有关的验算，并适当提高抗液化措施。

本次修订，增加了隔震层位于下部或大底盘顶部时对隔震层以下结构的规定，进一步明确了按隔震后而不是隔震前的受力和变形状态进行抗震承载力和变形验算的要求。

12.3 房屋消能减震设计要点

12.3.1 本规范对消能减震的基本要求是：通过消能器的设置来控制预期的结构变形，从而使主体结构构件在罕遇地震下不发生严重破坏。消能减震设计需解决的主要问题是：消能器和消能部件的选型，消能部件在结构中的分布和数量，消能器附加给结构的阻尼比估算，消能减震体系在罕遇地震下的位移计算，以及消能部件与主体结构的连接构造和其附加的作用等等。

罕遇地震下预期结构位移的控制值，取决于使用要求，本规范第 5.5 节的限值是针对非消能减震结构"大震不倒"的规定。采用消能减震技术后，结构位移的控制可明显小于第 5.5 节的规定。

消能器的类型甚多，按 ATC-33.03 的划分，主要分为位移相关型、速度相关型和其他类型。金属屈服型和摩擦型属于位移相关型，当位移达到预定的启动限才能发挥消能作用，有些摩擦型消能器的性能有时不够稳定。黏滞型和黏弹性型属于速度相关型。消能器的性能主要用恢复力模型表示，应通过试验确定，并需根据结构预期位移控制等因素合理选用。位移要求愈严，附加阻尼愈大，消能部件的要求愈高。

12.3.2 消能部件的布置需经分析确定。设置在结构的两个主轴方向，可使两方向均有附加阻尼和刚度；设置于结构变形较大的部位，可更好发挥消耗地震能量的作用。

本次修订，将 2001 规范规定框架结构的层间弹塑性位移角不应大于 1/80 改为符合预期的变形控制要求，宜比不设置消能器的结构适当减小，设计上较为合理，仍体现消能减震提高结构抗震能力的优势。

12.3.3 消能减震设计计算的基本内容是：预估结构的位移，并与未采用消能减震结构的位移相比，求出所需的附加阻尼，选择消能部件的数量、布置和所能提供的阻尼大小，设计相应的消能部件，然后对消能减震体系进行整体分析，确认其是否满足位移控制要求。

消能减震结构的计算方法，与消能部件的类型、数量、布置及所提供的阻尼大小有关。理论上，大阻尼比的阻尼矩阵不满足振型分解的正交性条件，需直接采用恢复力模型进行非线性静力分析或非线性时程分析计算。从实用的角度，ATC-33 建议适当简化；特别是主体结构基本控制在弹性工作范围内时，可采用线性计算方法估计。

12.3.4 采用底部剪力法或振型分解反应谱法计算消能减震结构时，需要通过强行解耦，然后计算消能减震结构的自振周期、振型和阻尼比。此时，消能部件附加给结构的阻尼，参照 ATC-33，用消能部件本身在地震下变形所吸收的能量与设置消能器后结构总地震变形能的比值来表征。

消能减震结构的总刚度取为结构刚度和消能部件刚度之和，消能减震结构的阻尼比按下列公式近似估算：

$$\zeta_j = \zeta_{sj} + \zeta_{cj}$$

$$\zeta_{cj} = \frac{T_j}{4\pi M_j} \Phi_j^{\mathrm{T}} C_c \Phi_j$$

式中：ζ_j、ζ_{sj}、ζ_{cj}——分别为消能减震结构的 j 振型阻尼比、原结构的 j 振型阻尼比和消能器附加的 j 振型阻尼比；

T_j、Φ_j、M_j——消能减震结构第 j 自振周期、振型和广义质量；

C_c——消能器产生的结构附加阻尼矩阵。

国内外的一些研究表明，当消能部件较均匀分布且阻尼比不大于 0.20 时，强行解耦与精确解的误差，大多数可控制在 5% 以内。

12.3.5 本次修订，增加了对黏弹性材料总厚度以及极限位移、极限速度的规定。

12.3.6 本次修订，根据实际工程经验，细化了 2001 版的检测要求，试验的循环次数，由 60 圈改为 30 圈。性能的衰减程度，由 10% 降低为 15%。

12.3.7 本次修订，进一步明确消能器与主结构连接部件应在弹性范围内工作。

12.3.8 本条是新增的。当消能减震的地震影响系数不到非消能减震的 50% 时，可降低一度。

附录 L 隔震设计简化计算和砌体结构隔震措施

1 对于剪切型结构，可根据基本周期和规范的地震影响系数曲线估计其隔震和不隔震的水平地震作用。此时，分别考虑结构基本周期不大于特征周期和大于特征周期两种情况，在每一种情况中又以 5 倍特征周期为界加以区分。

1）不隔震结构的基本周期不大于特征周期 T_g 的情况：

设隔震结构的地震影响系数为 α，不隔震结构的地震影响系数为 α'，则对隔震结构，整个体系的基本周期为 T_1，当不大于 $5T_g$ 时地震影响系数

$$\alpha = \eta_2 (T_g/T_1)^\gamma \alpha_{max} \qquad (8)$$

由于不隔震结构的基本周期小于或等于特征周期，其地震影响系数

$$\alpha' = \alpha_{max} \qquad (9)$$

式中：α_{max}——阻尼比 0.05 的不隔震结构的水平地震影响系数最大值；

η_2、γ——分别为与阻尼比有关的最大值调整系数和曲线下降段衰减指数，见本规范第 5.1 节条文说明。

按照减震系数的定义，若水平向减震系数为 β，则隔震后结构的总水平地震作用为不隔震结构总水平地震作用的 β 倍，即

$$\alpha \leqslant \beta\alpha'$$

于是

$$\beta \geqslant \eta_2 (T_g/T_1)^\gamma$$

根据 2001 规范试设计的结果，简化法的减震系数小于时程法，采用 1.2 的系数可接近时程法，故规定：

$$\beta = 1.2\eta_2 (T_g/T_1)^\gamma \qquad (10)$$

当隔震后结构基本周期 $T_1 > 5T_g$ 时，地震影响系数为倾斜下降段且要求不小于 $0.2\alpha_{max}$，确定水平向减震系数需专门研究，往往不易实现。例如要使水平向减震系数 0.25，需有：

$$T_1/T_g = 5 + (\eta_2 0.2^\gamma - 0.175)/(\eta_1 T_g)$$

对 II 类场地 $T_g = 0.35s$，阻尼比 0.05，相应的 T_1 为 4.7s

但此时 $\alpha = 0.175\alpha_{max}$，不满足 $\alpha \geqslant 0.2\alpha_{max}$ 的要求。

2）结构基本周期大于特征周期的情况：

不隔震结构的基本周期 T_0 大于特征周期 T_g 时，地震影响系数为

$$\alpha' = (T_g/T_0)^{0.9}\alpha_{max} \qquad (11)$$

为使隔震结构的水平向减震系数达到 β，同样考虑 1.2 的调整系数，需有

$$\beta = 1.2\eta_2 (T_g/T_1)^\gamma (T_0/T_g)^{0.9} \qquad (12)$$

当隔震后结构基本周期 $T_1 > 5T_g$ 时，也需专门研究。

注意，若在 $T_0 \leqslant T_g$ 时，取 $T_0 = T_g$，则式（12）可转化为式（10），意味着也适用于结构基本周期不大于特征周期的情况。

多层砌体结构的自振周期较短，对多层砌体结构及与其基本周期相当的结构，本规范按不隔震时基本周期不大于 0.4s 考虑。于是，在上述公式中引入"不隔震结构的计算周期 T_0"表示不隔震的基本周期，并规定多层砌体取 0.4s 和特征周期二者的较大值，其他结构取计算基本周期和特征周期的较大值，即得到规范条文中的公式：砌体结构用式（L.1.1-1）表达；与砌体周期相当的结构用式（L.1.1-2）表达。

2 本条提出的隔震层扭转影响系数是简化计算

（图 27）。在隔震层顶板为刚性的假定下，由几何关系，第 i 支座的水平位移可写为：

$$u_i = \sqrt{(u_c + u_{ti}\sin\alpha_i)^2 + (u_{ti}\cos\alpha_i)^2}$$
$$= \sqrt{u_c^2 + 2u_c u_{ti}\sin\alpha_i + u_{ti}^2}$$

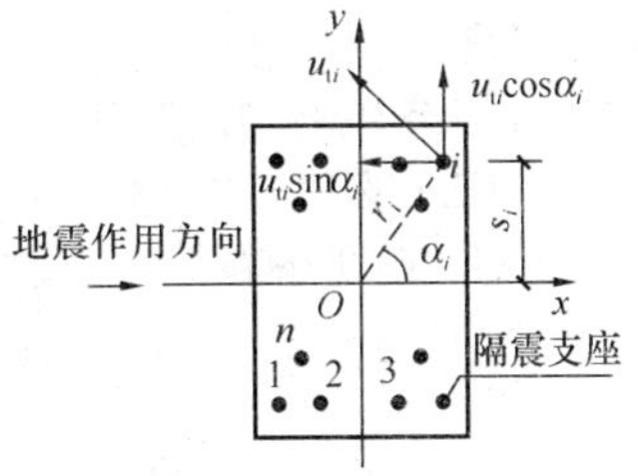

图 27 隔震层扭转计算简图

略去高阶量，可得：

$$u_i = \eta_i u_c$$

$$\eta_i = 1 + (u_{ti}/u_c)\sin\alpha_i$$

另一方面，在水平地震下 i 支座的附加位移可根据楼层的扭转角与支座至隔震层刚度中心的距离得到

$$\frac{u_{ti}}{u_c} = \frac{k_h}{\sum k_j r_j^2} r_i e$$

$$\eta_i = 1 + \frac{k_h}{\sum k_j r_j^2} r_i e \sin\alpha_i$$

如果将隔震层平移刚度和扭转刚度用隔震层平面的几何尺寸表述，并设隔震层平面为矩形且隔震支座均匀布置，可得

$$k_h \propto ab$$

$$\sum k_j r_j^2 \propto ab(a^2 + b^2)/12$$

于是

$$\eta_i = 1 + 12es_i/(a^2 + b^2)$$

对于同时考虑双向水平地震作用的扭转影响的情况，由于隔震层在两个水平方向的刚度和阻尼特性相同，若两方向隔震层顶部的水平力近似认为相等，均取为 F_{Ek}，可有地震扭矩

$$M_{tx} = F_{EK}e_y, \quad M_{ty} = F_{EK}e_x$$

同时作用的地震扭矩取下列二者的较大：

$$M_t = \sqrt{M_{tx}^2 + (0.85M_{ty})^2} \text{ 和 } M_t = \sqrt{M_{ty}^2 + (0.85M_{tx})^2}$$

记为

$$M_{tx} = F_{EK}e$$

其中，偏心距 e 为下列二式的较大值：

$$e = \sqrt{e_x^2 + (0.85e_y)^2} \text{ 和 } e = \sqrt{e_y^2 + (0.85e_x)^2}$$

考虑到施工的误差，地震剪力的偏心距 e 宜计入偶然偏心距的影响，与本规范第 5.2 节的规定相同，隔震层也采用限制扭转影响系数最小值的方法处理。由于

隔震结构设计有助于减轻结构扭转反应，建议偶然偏心距可根据隔震层的情况取值，不一定取垂直于地震作用方向边长的 5%。

3 对于砌体结构，其竖向抗震验算可简化为墙体抗震承载力验算时在墙体的平均正应力 σ_0 计入竖向地震应力的不利影响。

4 考虑到隔震层对竖向地震作用没有隔震效果，上部砌体结构的构造应保留与竖向抗力有关的要求。对砌体结构的局部尺寸、圈梁配筋和构造柱、芯柱的最大间距作了原则规定。

13 非结构构件

13.1 一般规定

13.1.1 非结构的抗震设计所涉及的设计领域较多，本章主要涉及与主体结构设计有关的内容，即非结构构件与主体结构的连接件及其锚固的设计。

非结构构件（如墙板、幕墙、广告牌、机电设备等）自身的抗震，系以其不受损坏为前提的，本章不直接涉及这方面的内容。

本章所列的建筑附属设备，不包括工业建筑中的生产设备和相关设施。

13.1.2 非结构构件的抗震设防目标列于本规范第3.7节。与主体结构三水准设防目标相协调，容许建筑非结构构件的损坏程度略大于主体结构，但不得危及生命。

建筑非结构构件和建筑附属机电设备支架的抗震设防分类，各国的抗震规范、标准有不同的规定，本规范大致分为高、中、低三个层次：

高要求时，外观可能损坏而不影响使用功能和防火能力，安全玻璃可能裂缝，可经受相连结构构件出现 1.4 倍以上设计挠度的变形，即功能系数取 $\geqslant 1.4$；

中等要求时，使用功能基本正常或可很快恢复，耐火时间减少 1/4，强化玻璃破碎，其他玻璃无下落，可经受相连结构构件出现设计挠度的变形，功能系数取 1.0；

一般要求，多数构件基本处于原位，但系统可能损坏，需修理才能恢复功能，耐火时间明显降低，容许玻璃破碎下落，只能经受相连结构构件出现 0.6 倍设计挠度的变形，功能系数取 0.6。

世界各国的抗震规范、规定中，要求对非结构的地震作用进行计算的有 60%，而仅有 28% 对非结构的构造作出规定。考虑到我国设计人员的习惯，首先要求采取抗震措施，对于抗震计算的范围由相关标准规定，一般情况下，除本规范第 5 章有明确规定的非结构构件，如出屋面女儿墙、长悬臂构件（雨篷等）外，尽量减少非结构构件地震作用计算和构件抗震验算的范围。例如，需要进行抗震验算的非结构构件大致如下：

1 7～9 度时，基本上为脆性材料制作的幕墙及各类幕墙的连接；

2 8、9 度时，悬挂重物的支座及其连接、出屋面广告牌和类似构件的锚固；

3 附着于高层建筑的重型商标、标志、信号等的支架；

4 8、9 度时，乙类建筑的文物陈列柜的支座及其连接；

5 7～9 度时，电梯提升设备的锚固件、高层建筑的电梯构件及其锚固；

6 7～9 度时，建筑附属设备自重超过 1.8kN 或其体系自振周期大于 0.1s 的设备支架、基座及其锚固。

13.1.3 很多情况下，同一部位有多个非结构构件，如出入口通道可包括非承重墙体、悬吊顶棚、应急照明和出入信号四个非结构构件；电气转换开关可能安装在非承重隔墙上等。当抗震设防要求不同的非结构构件连接在一起时，要求低的构件也需按较高的要求设计，以确保较高设防要求的构件能满足规定。

13.2 基本计算要求

13.2.1 本条明确了结构专业所需考虑的非结构构件的影响，包括如何在结构设计中计入相关的重力、刚度、承载力和必要的相互作用。结构构件设计时仅计入支承非结构部位的集中作用并验算连接件的锚固。

13.2.2 非结构构件的地震作用，除了自身质量产生的惯性力外，还有支座间相对位移产生的附加作用；二者需同时组合计算。

非结构构件的地震作用，除了本规范第 5 章规定的长悬臂构件外，只考虑水平方向。其基本的计算方法是对应于"地面反应谱"的"楼面谱"，即反映支承非结构构件的主体结构体系自身动力特性、非结构构件所在楼层位置和支点数量、结构和非结构阻尼特性对地面地震运动的放大作用；当非结构构件的质量较大时或非结构体系的自振特性与主结构体系的某一振型的振动特性相近时，非结构体系还将与主结构体系的地震反应产生相互影响。一般情况下，可采用简化方法，即等效侧力法计算；同时计入支座间相对位移产生的附加内力。对刚性连接于楼盖上的设备，当与楼层并为一个质点参与整个结构的计算分析时，也不必另用楼面谱进行其地震作用计算。

要求进行楼面谱计算的非结构构件，主要是建筑附属设备，如巨大的高位水箱、出屋面的大型塔架等。采用第二代楼面谱计算可反映非结构构件对所在建筑结构的反作用，不仅导致结构本身地震反应的变化，固定在其上的非结构的地震反应也明显不同。

计算楼面谱的基本方法是随机振动法和时程分析法，当非结构构件的材料与结构体系相同时，可直接利用一般的时程分析软件得到；当非结构构件的质量较大，或材料阻尼特性明显不同，或在不同楼层上有支点，需采用第二代楼面谱的方法进行验算。此时，可考虑非结构与主体结构的相互作用，包括"吸振效应"，计算结果更加可靠。采用时程分析法和随机振动法计算楼面谱需有专门的计算软件。

13.2.3 非结构构件的抗震计算，最早见于 ACT-3，采用了静力法。

等效侧力法在第一代楼面谱（以建筑的楼面运动作为地震输入，将非结构构件作为单自由度系统，将其最大反应的均值作为楼面谱，不考虑非结构构件对楼层的反作用）基础上做了简化。各国抗震规范的非结构构件的等效侧力法，一般由设计加速度、功能（或重要）系数、构件类别系数、位置系数、动力放大系数和构件重力六个因素所决定。

设计加速度一般取相当于设防烈度的地面运动加速度；与本规范各章协调，这里仍取多遇地震对应的加速度。

部分非结构构件的功能系数和类别系数参见本规范附录 M 第 M.2 节。

位置系数，一般沿高度为线性分布，顶点的取值，UBC97 为 4.0，欧洲规范为 2.0，日本取 3.3。根据强震观测记录的分析，对多层和一般的高层建筑，顶部的加速度约为底层的二倍；当结构有明显的扭转效应或高宽比较大时，房屋顶部和底部的加速度比例大于 2.0。因此，凡采用时程分析法补充计算的建筑结构，此比值应依据时程分析法相应调整。

状态系数，取决于非结构体系的自振周期，UBC97 在不同场地条件下，以周期 1s 时的动力放大系数为基础再乘以 2.5 和 1.0 两档，欧洲规范要求计算非结构体系的自振周期 T_a，取值为 $3/[1+(1-T_a/T_1)^2]$，日本取 1.0、1.5 和 2.0 三档。本规范不要求计算体系的周期，简化为两种极端情况，1.0 适用于非结构的体系自振周期不大于 0.06s 等体系刚度较大的情况，其余按 T_a 接近于 T_1 的情况取值。当计算非结构体系的自振周期时，则可按 $2/[1+(1-T_a/T_1)^2]$ 采用。

由此得到的地震作用系数（取位置、状态和构件类别三个系数的乘积）的取值范围，与主体结构体系相比，UBC97 按场地不同为（0.7～4.0）倍[若以硬土条件下结构周期 1.0s 为 1.0，则为（0.5～5.6）倍]，欧洲规范为 0.75～6.0 倍[若以硬土条件下结构周期 1.0s 为 1.0，则为（1.2～10）倍]。我国一般为（0.6～4.8）倍[若以 $T_g=0.4s$、结构周期 1.0s 为 1.0，则为（1.3～11）倍]。

13.2.4 非结构构件支座间相对位移的取值，凡需验算层间位移者，除有关标准的规定外，一般按本规范规定的位移限值采用。

对建筑非结构构件，其变形能力相差较大。砌体材料构成的非结构构件，由于变形能力较差而限制在要求高的场所使用，国外的规范也只有构造要求而不要求进行抗震计算；金属幕墙和高级装修材料具有较大的变形能力，国外通常由生产厂家按主体结构设计的变形要求提供相应的材料，而不是由材料决定结构的变形要求；对玻璃幕墙，《建筑幕墙》标准中已规定其平面内变形分为五个等级，最大 1/100，最小 1/400。

对设备支架，支座间相对位移的取值与使用要求有直接联系。例如，要求在设防烈度地震下保持使用功能（如管道不破碎等），取设防烈度下的变形，即功能系数可取 2～3，相应的变形限值取多遇地震的（3～4）倍；要求在罕遇地震下不造成次生灾害，则取罕遇地震下的变形限值。

13.2.5 本条规定非结构构件地震作用效应组合和承载力验算的原则。强调不得将摩擦力作为抗震设计的抗力。

13.3 建筑非结构构件的基本抗震措施

89 规范各章中有关建筑非结构构件的构造要求如下：

1 砌体房屋中，后砌隔墙、楼梯间砖砌栏板的规定；

2 多层钢筋混凝土房屋中，围护墙和隔墙材料、砖填充墙布置和连接的规定；

3 单层钢筋混凝土柱厂房中，天窗端壁板、围护墙、高低跨封墙和纵横跨悬墙的材料和布置的规定，砌体隔墙和围护墙、墙梁、大型墙板等与排架柱、抗风柱的连接构造要求；

4 单层砖柱厂房中，隔墙的选型和连接构造规定；

5 单层钢结构厂房中，围护墙选型和连接要求。

2001 规范将上述规定加以合并整理，形成建筑非结构构件材料、选型、布置和锚固的基本抗震要求。还补充了吊车走道板、天沟板、端屋架与山墙间的填充小屋面板，天窗端壁板和天窗侧板下的填充砌体等非结构构件与支承结构可靠连接的规定。

玻璃幕墙已有专门的规程，预制墙板、顶棚及女儿墙、雨篷等附属构件的规定，也由专门的非结构抗震设计规程加以规定。

本次修订的主要内容如下：

13.3.3 将砌体房屋中关于烟道、垃圾道的规定移入本节。

13.3.4 增加了框架楼梯间等处填充墙设置钢丝网面层加强的要求。

13.3.5 进一步明确厂房围护墙的设置应注意下列问题：

1 唐山地震震害经验表明：嵌砌墙的墙体破坏较外贴墙轻得多，但对厂房的整体抗震性能极为不利，在多跨厂房和外纵墙不对称布置的厂房中，由于各柱列的纵向侧移刚度差别悬殊，导致厂房纵向破坏、倒塌的震例不少，即使两侧均为嵌砌墙的单跨厂房，也会由于纵向侧移刚度的增加而加大厂房的纵向地震作用效应，特别是柱顶地震作用的集中对柱顶节点的抗震很不利，容易造成柱顶节点破坏，危及屋盖的安全，同时由于门窗洞口处刚度的削弱和突变，还会导致门窗洞口处柱子的破坏，因此，单跨厂房也不宜在两侧采用嵌砌墙。

2 砖砌体的高低跨封墙和纵横向厂房交接处的悬墙，由于质量大、位置高，在水平地震作用特别是高振型影响下，外甩力大，容易发生外倾、倒塌，造成高砸低的震害，不仅砸坏低屋盖，还可能破坏低跨设备或伤人，危害严重，唐山地震中，这种震害的发生率很高，因此，宜采用轻质墙板，当必须采用砖砌体时，应加强与主体结构的锚拉。

3 高低跨封墙直接砌在低跨屋面板上时，由于高振型和上、下变形不协调的影响，容易发生倒塌破坏，并砸坏低跨屋盖，邢台地震7度区就有这种震例。

4 砌体女儿墙的震害较普遍，故规定需设置时，应控制其高度，并采取防地震时倾倒的构造措施。

5 不同墙体材料的质量、刚度不同，对主体结构的地震影响不同，对抗震不利，故不宜采用。必要时，宜采用相应的措施。

13.3.6 本条文字表达略有修改。轻型板材是指彩色涂层压型钢板、硬质金属面夹芯板，以及铝合金板等轻型板材。

降低厂房屋盖和围护结构的重量，对抗震十分有利。震害调查表明，轻型墙板的抗震效果很好。大型墙板围护厂房的抗震性能明显优于砌体围护墙厂房。大型墙板与厂房柱刚性连接，对厂房的抗震不利，并对厂房的纵向温度变形、厂房柱不均匀沉降以及各种振动也都不利。因此，大型墙板与厂房柱应优先采用柔性连接。

嵌砌砌体墙对厂房的纵向抗震不利，故一般不应采用。

13.4 建筑附属机电设备支架的基本抗震措施

本规范仅规定对附属机电设备支架的基本要求。并参照美国 UBC 规范的规定，给出了可不作抗震设防要求的一些小型设备和小直径的管道。

建筑附属机电设备的种类繁多，参照美国 UBC97 规范，要求自重超过 1.8kN（400 磅）或自振周期大于 0.1s 时，要进行抗震计算。计算自振周期时，一般采用单质点模型。对于支承条件复杂的机电设备，其计算模型应符合相关设备标准的要求。

附录 M 实现抗震性能设计目标的参考方法

M.1 结构构件抗震性能设计方法

M.1.1 本条依据震害，尽可能将结构构件在地震中的破坏程度，用构件的承载力和变形的状态做适当的定量描述，以作为性能设计的参考指标。

关于中等破坏时构件变形的参考值，大致取规范弹性限值和弹塑性限值的平均值；构件接近极限承载力时，其变形比中等破坏小些；轻微损坏，构件处于开裂状态，大致取中等破坏的一半。不严重破坏，大致取规范不倒塌的弹塑性变形限值的 90%。

不同性能要求的位移及其延性要求，参见图 28。从中可见，对于非隔震、减震结构，性能 1，在罕遇地震时层间位移可按线性弹性计算，约为 $[\Delta u_e]$，震后基本不存在残余变形；性能 2，震时位移小于 2 $[\Delta u_e]$，震后残余变形小于 $0.5[\Delta u_e]$；性能 3，考虑阻尼有所增加，震时位移约为 $(4\sim5)[\Delta u_e]$，按退化刚度估计震后残余变形约 $[\Delta u_e]$；性能 4，考虑等效阻尼加大和刚度退化，震时位移约为 $(7\sim8)[\Delta u_e]$，震后残余变形约 $2[\Delta u_e]$。

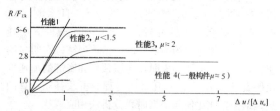

图 28 不同性能要求的位移和延性需求示意图

从抗震能力的等能量原理，当承载力提高一倍时，延性要求减少一半，故构造所对应的抗震等级大致可按降低一度的规定采用。延性的细部构造，对混凝土构件主要指箍筋、边缘构件和轴压比等构造，不包括影响正截面承载力的纵向受力钢筋的构造要求；对钢结构构件主要指长细比、板件宽厚比、加劲肋等构造。

M.1.2 本条列出了实现不同性能要求的构件承载力验算表达式，中震和大震均不考虑地震效应与风荷载效应的组合。

设计值复核，需计入作用分项系数、抗力的材料分项系数、承载力抗震调整系数，但计入和不计入不同抗震等级的内力调整系数时，其安全性的高低略有区别。

标准值和极限值复核，不计入作用分项系数、承载力抗震调整系数和内力调整系数，但材料强度分别取标准值和最小极限值。其中，钢材强度的最小极限值 f_u 按《高层民用建筑钢结构技术规程》JGJ 99 采用，约为钢材屈服强度的（1.35～1.5）倍；钢筋最小极限强度参照本规范第 3.9.2 条，取钢筋屈服强度 f_y 的 1.25 倍；混凝土最小极限强度参照《混凝土结构设计规范》GB 50011-2002 第 4.1.3 条的说明，考虑实际结构混凝土强度与试件混凝土强度的差异，取立方强度的 0.88 倍。

M.1.3 本条给出竖向构件弹塑性变形验算的注意事项。

对于不同的破坏状态，弹塑性分析的地震作用和变形计算的方法也不同，需分别处理。

地震作用下构件弹塑性变形计算时，必须依据其实际的承载力——取材料强度标准值、实际截面尺寸（含钢筋截面）、轴向力等计算，考虑地震强度的不确定性，构件材料动静强度的差异等等因素的影响，从工程的角度，构件弹塑性参数可仍按杆件模型适当简化，参照 IBC 的规定，建议混凝土构件的初始刚度取短期或长期刚度，至少按 $0.85E_cI$ 简化计算。

结构的竖向构件在不同破坏状态下层间位移角的参考控制目标，若依据试验结果并扣除整体转动影响，墙体的控制值要远小于框架柱。从工程应用的角度，参照常规设计时各楼层最大层间位移角的限值，若干结构类型按本条正文规定得到的变形最大的楼层中竖向构件最大位移角限值，如表 9 所示。

**表 9   结构竖向构件对应于不同破坏状态的
最大层间位移角参考控制目标**

结构类型	完 好	轻微损坏	中等破坏	不严重破坏
钢筋混凝土框架	1/550	1/250	1/120	1/60
钢筋混凝土抗震墙、筒中筒	1/1000	1/500	1/250	1/135
钢筋混凝土框架-抗震墙、板柱-抗震墙、框架-核心筒	1/800	1/400	1/200	1/110
钢筋混凝土框支层	1/1000	1/500	1/250	1/135
钢结构	1/300	1/200	1/100	1/55
钢框架-钢筋混凝土内筒、型钢混凝土框架-钢筋混凝土内筒	1/800	1/400	1/200	1/110

M.2   建筑构件和建筑附属设备支座抗震性能设计方法

各类建筑构件在强烈地震下的性能，一般允许其损坏大于结构构件，在大震下损坏不对生命造成危害。固定于结构的各类机电设备，则需考虑使用功能保持的程度，如检修后照常使用、一般性修理后恢复使用、更换部分构件的大修后恢复使用等。

本附录的表 M.2.2 和表 M.2.3 来自 2001 规范第 13.2.3 条的条文说明，主要参考国外的相关规定。

关于功能系数，UBC97 分 1.5 和 1.0 两档，欧洲规范分 1.5、1.4、1.2、1.0 和 0.8 五档，日本取 1.0，2/3，1/2 三档。本附录按设防类别和使用要求确定，一般分为三档，取 ≥1.4、1.0 和 0.6。

关于构件类别系数，美国早期的 ATC-3 分 0.6、0.9、1.5、2.0、3.0 五档，UBC97 称反应修正系数，无延性材料或采用胶粘剂的锚固为 1.0，其余分为 2/3、1/3、1/4 三档，欧洲规范分 1.0 和 1/2 两档。本附录分 0.6、0.9、1.0 和 1.2 四档。

M.3   建筑构件和建筑附属设备抗震计算的楼面谱方法

非结构抗震设计的楼面谱，即从具体的结构及非结构所在的楼层在地震下的运动（如实际加速度记录或模拟加速度时程）得到具体的加速度谱，体现非结构动力特性对所处环境（场地条件、结构特性、非结构位置等）地震反应的再次放大效果。对不同的结构或同一结构的不同楼层，其楼面谱均不相同，在与结构体系主要振动周期相近的若干周期段，均有明显的放大效果。下面给出北京长富宫的楼面谱，可以看到上述特点。

北京长富宫为地上 25 层的钢结构，前六个自振周期为 3.45s、1.15s、0.66s、0.48s、0.46s、0.35s。采用随机振动法计算的顶层楼面反应谱如图 29 所示，说明非结构的支承条件不同时，与主体结构的某个振型发生共振的机会是较多的。

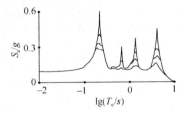

图 29   长富宫顶层的楼面反应谱

14   地 下 建 筑

14.1   一 般 规 定

14.1.1 本章是新增加的，主要规定地下建筑不同于地面建筑的抗震设计要求。

地下建筑种类较多，有的抗震能力强，有的使用要求高，有的服务于人流、车流，有的服务于物资储藏，抗震设防应有不同的要求。本章的适用范围为单建式地下建筑，且不包括地下铁道和城市公路隧道，因为地下铁道和城市公路隧道等属于交通运输类工程。

高层建筑的地下室（包括设置防震缝与主楼对应范围分开的地下室）属于附建式地下建筑，其性能要求通常与地面建筑一致，可按本规范有关章节所提出的要求设计。

随着城市建设的快速发展，单建式地下建筑的规模正在增大，类型正在增多，其抗震能力和抗震设防要求也有差异，需要在工程设计中进一步研究，逐步解决。

14.1.2 建设场地的地形、地质条件对地下建筑结构的抗震性能均有直接或间接的影响。选择在密实、均匀、稳定的地基上建造，有利于结构在经受地震作用时保持稳定。

14.1.3、14.1.4 对称、规则并具有良好的整体性，及结构的侧向刚度宜自下而上逐渐减小等是抗震结构建筑布置的常见要求。地下建筑与地面建筑的区别是，地下建筑结构尤应力求体型简单，纵向、横向外形平顺，剖面形状、构件组成和尺寸不沿纵向经常变化，使其抗震能力提高。

关于钢筋混凝土结构的地下建筑的抗震等级，其要求略高于高层建筑的地下室，这是由于：

① 高层建筑地下室，在楼房倒塌后一般即弃之不用，单建式地下建筑则在附近房屋倒塌后仍常有继续服役的必要，其使用功能的重要性常高于高层建筑地下室；

② 地下结构一般不宜带缝工作，尤其是在地下水位较高的场合，其整体性要求高于地面建筑；

③ 地下空间通常是不可再生的资源，损坏后一般不能推倒重来，需原地修复，而难度较大。

本条的具体规定主要针对乙类、丙类设防的地下建筑，其他设防类别，除有具体规定外，可按本规范相关规定提高或降低。

14.1.5 岩石地下建筑的口部结构往往是抗震能力薄弱的部位，洞口的地形、地质条件则对口部结构的抗震稳定性有直接的影响，故应特别注意洞口位置和口部结构类型的选择的合理性。

14.2 计算要点

14.2.1 本条根据当前的工程经验，确定抗震设计中可不进行计算分析的地下建筑的范围。

设防烈度为 7 度时 Ⅰ、Ⅱ 类场地中的丙类建筑可不计算，主要是参考唐山地震中天津市人防工程震害调查的资料。

设防烈度为 8 度（0.20g）Ⅰ、Ⅱ 类场地中层数不多于 2 层、体型简单、跨度不大、构件连结整体性好的丙类建筑，其结构刚度相对较大，抗震能力相对较强，具有设计经验时也可不进行地震作用计算。

14.2.2 本条规定地下建筑抗震计算的模型和相应的计算方法。

1 地下建筑结构抗震计算模型的最大特点是，除了结构自身受力、传力途径的模拟外，还需要正确模拟周围土层的影响。

长条形地下结构按横截面的平面应变问题进行抗震计算的方法，一般适用于离端部或接头的距离达1.5 倍结构跨度以上的地下建筑结构。端部和接头部位等的结构受力变形情况较复杂，进行抗震计算时原则上应按空间结构模型进行分析。

结构形式、土层和荷载分布的规则性对结构的地震反应都有影响，差异较大时地下结构的地震反应也将有明显的空间效应。此时，即使是外形相仿的长条形结构，也宜按空间结构模型进行抗震计算和分析。

2 对地下建筑结构，反应位移法、等效水平地震加速度法或等效侧力法，作为简便方法，仅适用于平面应变问题的地震反应分析；其余情况，需要采用具有普遍适用性的时程分析法。

3 反应位移法。采用反应位移法计算时，将土层动力反应位移的最大值作为强制位移施加于结构上，然后按静力原理计算内力。土层动力反应位移的最大值可通过输入地震波的动力有限元计算确定。

以长条形地下结构为例，其横截面的等效侧向荷载为由两侧土层变形形成的侧向力 $p(z)$、结构自重产生的惯性力及结构与周围土层间的剪切力 τ 三者的总和（图 30）。地下结构本身的惯性力，可取结构的质量乘以最大加速度，并施加在结构重心上。$p(z)$ 和 τ

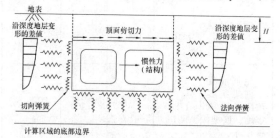

图 30 反应位移法的等效荷载

可按下列公式计算：

$$\tau = \frac{G}{\pi H} S_v T_s \tag{13}$$

$$p(z) = k_h [u(z) - u(z_b)] \tag{14}$$

式中，τ 为地下结构顶板上表面与土层接触处的剪切力；G 为土层的动剪变模量，可采用结构周围地层中应变水平为 10^{-4} 量级的地层的剪切刚度，其值约为初始值的 70%～80%；H 为顶板以上土层的厚度，S_v 为基底上的速度反应谱，可由地面加速度反应谱得到；T_s 为顶板以上土层的固有周期；$p(z)$ 为土层变形形成的侧向力，$u(z)$ 为距地表深度 z 处的地震土层变形；z_b 为地下结构底面距地表面的深度；k_h 为地震时单位面积的水平向土层弹簧系数，可采用不包含地下结构的土层有限元网格，在地下结构处施加单位水平力然后求出对应的水平变形得到。

4 等效水平地震加速度法。此法将地下结构的地震反应简化为沿垂直向线性分布的等效水平地震加速度的作用效应，计算采用的数值方法常为有限元法；等效侧力法将地下结构的地震反应简化为作用在节点上的等效水平地震惯性力的作用效应，从而可采用结构力学方法计算结构的动内力。两种方法都较简单，尤其是等效侧力法。但二者需分别得出等效水平地震加速度荷载系数和等效侧力系数等的取值，普遍适用性较差。

5 时程分析法。根据软土地区的研究成果，平面应变问题时程分析法网格划分时，侧向边界宜取至离相邻结构边墙至少 3 倍结构宽度处，底部边界取至基岩表面，或经时程分析试算结果趋于稳定的深度处，上部边界取至地表。计算的边界条件，侧向边界可采用自由场边界，底部边界离结构底面较远时可取为可输入地震加速度时程的固定边界，地表为自由变形边界。

采用空间结构模型计算时，在横截面上的计算范围和边界条件可与平面应变问题的计算相同，纵向边界可取为离结构端部距离为 2 倍结构横断面面积当量宽度处的横剖面，边界条件均宜为自由场边界。

14.2.3 本条规定地下结构抗震计算的主要设计参数：

1 地下结构的地震作用方向与地面建筑的区别。首先是对于长条形地下结构，作用方向与其纵轴方向斜交的水平地震作用，可分解为横断面上和沿纵轴方向作用的水平地震作用，二者强度均将降低，一般不可能单独起控制作用。因而对其按平面应变问题分析时，一般可仅考虑沿结构横向的水平地震作用；对地下空间综合体等体型复杂的地下建筑结构，宜同时计算结构横向和纵向的水平地震作用。其次是对竖向地震作用的要求，体型复杂的地下空间结构或地基地质条件复杂的长条形地下结构，都易产生不均匀沉降并导致结构裂损，因而即使设防烈度为 7 度，必要时也需考虑竖向地震作用效应的综合作用。

2 地面以下地震作用的大小。地面下设计基本地震加速度值随深度逐渐减小是公认的，但取值各国有不同的规定；一般在基岩面取地表的 1/2，基岩至地表按深度线性内插。我国《水工建筑物抗震设计规范》DL 5073 第 9.1.2 条规定地表为基岩面时，基岩面下 50m 及其以下部位的设计地震加速度代表值可取为地表规定值的 1/2，不足 50m 处可按深度由线性插值确定。对于进行地震安全性评价的场地，则可根据具体情况按一维或多维的模型进行分析后确定其减小的规律。

3 地下结构的重力荷载代表值。地下建筑结构静力设计时，水、土压力是主要荷载，故在确定地下建筑结构的重力荷载的代表值时，应包含水、土压力的标准值。

4 土层的计算参数。软土的动力特性采用 Davidenkov 模型表述时，动剪变模量 G、阻尼比 λ 与动剪应变 γ_d 之间满足关系式：

$$\frac{G}{G_{max}} = 1 - \left[\frac{(\gamma_d/\gamma_0)^{2B}}{1 + (\gamma_d/\gamma_0)^{2B}} \right]^A \tag{15}$$

$$\frac{\lambda}{\lambda_{max}} = \left[1 - \frac{G}{G_{max}} \right]^\beta \tag{16}$$

式中，G_{max} 为最大动剪变模量，γ_0 为参考应变，λ_{max} 为最大阻尼比，A、B、β 为拟合参数。

以上参数可由土的动力特性试验确定，缺乏资料时也可按下列经验公式估算。

$$G_{max} = \rho c_s^2 \tag{17}$$

$$\lambda_{max} = \alpha_2 - \alpha_3 (\sigma'_v)^{\frac{1}{2}} \tag{18}$$

$$\sigma'_v = \sum_{i=1}^{n} \gamma'_i h_i \tag{19}$$

式中，ρ 为质量密度，c_s 为剪切波速，σ'_v 为有效上覆压力，γ'_i 为第 i 层土的有效重度，h_i 为第 i 层土的厚度，α_2、α_3 为经验常数，可由当地试验数据拟合分析确定。

14.2.4 地下建筑不同于地面建筑的抗震验算内容如下：

1 一般应进行多遇地震下承载力和变形的验算。

2 考虑地下建筑修复的难度较大，将罕遇地震作用下混凝土结构弹塑性层间位移角的限值取为 $[\theta_p] = 1/250$。由于多遇地震作用下按结构弹性状态计算得到的结果可能不满足罕遇地震作用下的弹塑性变形要求，建议进行设防地震下构件承载力和结构变形验算，使其在设防地震下可安全使用，在罕遇地震下能满足抗震变形验算的要求。

3 在有可能液化的地基中建造地下建筑结构时，应注意检验其抗浮稳定性，并在必要时采取措施加固地基，以防地震时结构周围的场地液化。鉴于经采取措施加固后地基的动力特性将有变化，本条要求根据实测标准贯入锤击数与临界锤击数的比值确定液化折减系数，并进而计算地下连续墙和抗拔桩等的摩阻力。

14.3 抗震构造措施和抗液化措施

14.3.1 地下钢筋混凝土框架结构构件的尺寸常大于同类地面结构的构件，但因使用功能不同的框架结构要求不一致，因而本条仅提构件最小尺寸应至少符合同类地面建筑结构构件的规定，而未对其规定具体尺寸。

地下钢筋混凝土结构按抗震等级提出的构造要求，第 3 款为根据"强柱弱梁"的设计概念适当加强框架柱的措施。

此次局部修订进行文字调整，以明确最小总配筋率取值规定。

14.3.2 本条规定比地上板柱结构有所加强，旨在便于协调安全受力和方便施工的需要。为加快施工进度，减少基坑暴露时间，地下建筑结构的底板、顶板和楼板常采用无梁肋结构，由此使底板、顶板和楼板等的受力体系不再是板梁体系，故在必要时宜通过在柱上板带中设置暗梁对其加强。

为加强楼盖结构的整体性，第2款提出加强周边墙体与楼板的连接构造的措施。

水平地震作用下，地下建筑侧墙、顶板和楼板开孔都将影响结构体系的抗震承载能力，故有必要适当限制开孔面积，并辅以必要的措施加强孔口周围的构件。

此次局部修订进行文字调整，明确暗梁的设置范围。

14.3.3 根据单建式地下建筑结构的特点，提出遇到液化地基时可采用的处理技术和要求。

对周围土体和地基中存在的液化土层，注浆加固和换土等技术措施可有效地消除或减轻液化危害。

对液化土层未采取措施时，应考虑其上浮的可能性，验算方法及要求见本章第14.2节，必要时应采取抗浮措施。

地基中包含薄的液化土夹层时，以加强地下结构而不是加固地基为好。当基坑开挖中采用深度大于20m的地下连续墙作为围护结构时，坑内土体将因受到地下连续墙的挟持包围而形成较好的场地条件，地震时一般不可能液化。这两种情况，围岩土体都存在液化土，在承载力及抗浮稳定性验算中，仍应计入周围土层液化引起的土压力增加和摩阻力降低等因素的影响。

14.3.4 当地下建筑不可避免地必须通过滑坡和地质条件剧烈变化的地段时，本条给出了减轻地下建筑结构地震作用效应的构造措施。

14.3.5 汶川地震中公路隧道的震害调查表明，当断层破碎带的复合式支护采用素混凝土内衬时，地震下内衬结构严重裂损并大量坍塌，而采用钢筋混凝土内衬结构的隧道口部地段，复合式支护的内衬结构仅出现裂缝。因此，要求在断层破碎带中采用钢筋混凝土内衬结构。